上册

室内构造节点与专项模式图集

叶铮 著

INTERIOR DESIGN ATLAS OF
STRUCTURAL DETAILS
AND
SPECIAL PATTERNS

中国建筑工业出版社

图书在版编目（CIP）数据

室内构造节点与专项模式图集 / 叶铮著. -- 北京：中国建筑工业出版社，2019.5

ISBN 978-7-112-23212-3

Ⅰ.①室… Ⅱ.①叶… Ⅲ.①建筑设计—图集②室内装饰设计—图集 Ⅳ.①TU206②TU238.2-64

中国版本图书馆CIP数据核字(2019)第016038号

责任编辑：徐 纺　胡 毅　郑紫嫣
责任校对：王 瑞
装帧设计：陈 瑶
装帧制作：南京月叶图文制作有限公司

室内构造节点与专项模式图集
叶 铮 著
*
中国建筑工业出版社出版、发行（北京海淀三里河路9号）
各地新华书店、建筑书店经销
北京富诚彩色印刷有限公司印刷
*
开本：889×1194 毫米　1/12　印张：129$\frac{2}{3}$　字数：1929千字
2019年8月第一版　2019年8月第一次印刷
定价：480.00 元（上、中、下册）
ISBN 978-7-112-23212-3
　　　　（33281）

版权所有　翻印必究
如有印装质量问题，可寄本社退换
（邮政编码 100037）

作者简介

叶 铮

中国著名室内设计师

中国建筑学会室内设计分会副理事长

上海应用技术大学环境艺术系主任，副教授，硕士生导师

上海 HYID 泓叶室内设计公司创始人

首批入选美国室内设计名人堂（Hall of Fame China）

蝉联两届 CIID 中国室内设计十大影响力人物

首获中国最佳酒店设计师

9 次荣获全国性各类室内设计大赛金奖

长期从事室内设计实践及理论探索，专注于室内设计专业深度与广义范畴的技术性研究。1992 年在上海艺术类高校招生中首创室内设计专业，并于 1999 年创办了上海第一家民营室内设计企业。完成以酒店设计为主的各类室内设计案例 400 余项，发表专著多部及论文无数，引起业界广泛关注。作为中国室内设计行业第一代设计师，他见证了中国室内行业的发展。

主要著作：

《室内构造节点与专项模式图集》

《从概念到意念：25 例酒店空间设计解析》

《室内设计纲要：概念思考与过程表述》

《概念设计》

《室内建筑工程制图》

《常用室内设计家具图集》

《叶铮暨泓叶室内工作室作品集》

《建筑画艺术》

前言

概念创意与技术落地，是室内设计两大组成部分，前一部分追求想象力，需要后一部分的专业知识和技术支持方能实现。而室内设计的专业性往往反映在后一部分对技术知识的解答中，这是专业设计师与非专业人士的分水岭，同时也是室内设计专业艰巨性和务实性特征的体现。

我们不难发现，当下的中国室内设计界，高谈文化思想与哲学观念的设计师越来越多，且越来越红；而传播专业技术知识层面的设计师越来越少，也越来越淡。可能人们潜意识中存在着一种观念，认为谈论文化理念是高大上，而研习专业技术则相对是低层面的事。其实，这完全是认知误区，本末倒置。

与此同时的另一误区，则是不少设计企业一味注重电脑渲染效果图，甚至认为设计水准的体现完全取决于前期的概念方案，方案的成败关键又依赖于效果图制作的水准。而如何进一步实现技术落实，进行扎实深入的设计扩初，及专业严谨的施工图设计表达等环节，却被明显地弱化和轻视。

一个专业的设计团队，其核心就是对技术的研发管理。这不仅需要有超前的设计意识、高品格的审美追求，更需具备对专业设计技术层面的研究和积累，其中就包括对材料构造、节点做法、空间专项功能等问题的解决。如此专业框架的建设，更能帮助入行的新人，打造富有成效的团队培训体系，同时面对日新月异的设计变化，使创意与技术保持与时俱进的发展，不断丰富各自专业平台的建设储备。

本书的成形，源于上述理念，基于HYID泓叶室内设计团队所积累的构造节点资料库，经进一步整理精选后出版。"泓叶构造"资料库的建立始于20世纪90年代末，在近20年中，不断变化扩充节点内容，涉及泓叶设计的数百项竣工项目，3000余组构造节点，9000余页图版内容。在此资料库的基础上，本书进一步提取汇编，形成了这本汇集400余组构造节点、1500余页图版内容的节点图集。

本书以构造节点为基础内容，并包括兼具相关功能设计的专项模式，鉴于其编制伊始的宗旨，是服务于泓叶室内设计公司内部设计管理和人员培训所建立的资料归档，因而编制方式具有自身明显的特点，而非同常见的构造节点图集。这些构造节点和专项模式在实用便捷、快速有效的原则下，不断积累成库，并日渐形成如下六大特点。

（一）交错分类，可按需查寻

常规的构造分类通常以空间界面或构件内容区分，如顶面构造、地坪构造、墙面构造、门窗构造、楼梯构造等；或者按照设计材料分类，如木材构造、石材构造、玻璃构造、陶瓷构造、金属构造……一般均分为 5～7 个类别不等。但本书对于构造的分类，是按实际需求和常见问题进行交错分类，涵盖了 29 个类别，其中包括空间界面、设计风格、使用功能、设计材料、设备与设施、专项模式等方面。如此的分类是为满足不同问题的查询需求，针对性地解决相关问题，避免按常规分类而难以包含相关内容。

（二）侧重疑难节点的整理

本书着重挑选在室内设计中具有一定难度的常用节点构造，且不按常规性、原理性构造为主，突出实用性和当下性为编制方向，旨在解决目前室内设计中所面对的各种问题，这具体体现为：在材料上倾向金属与玻璃等现代用材，而非传统的木制节点；在固定家具中注重其内部设备设施的组合配置，而非仅仅是反映外观造型的构造；在界面与设施的关系中，强调常被设计忽视的检修口设计处理，使检修口与整体界面设计更趋完美组合；注重有技术含量的节点内容，比如照明节点、配电图计划、五金件接驳节点等，这些节点构造在室内设计中较为常见，且有一定难度，而在以往同类出版物中鲜有表述。

（三）突出简易性、实用性俱佳的构造做法

构造做法历来是设计领域，尤其是室内设计教学中的一个难点，而不同的设计公司对节点的处理往往各具特色，并随施工实践与时俱进。我们通常在工地中会遇见某种对节点处理的创新与简化思维，使许多构造问题在满足基本需求的条件下，呈现出一定的灵活性与工匠智慧。这类简单、实用的工地创见，同样也是本书收集的对象，如此在传统常规的施工基础上进行简化创新，既方便装修施工的过程，更方便设计施工图的制作和室内装修构造的学习。

（四）构造节点与功能模式并存

本室内构造节点图集是以款客空间为主线，结合空间专项功能，构成模式分类，并综合提供款客空间设计的主要技术节点及系列模式设计，形成带有设计资料性与参考书式的汇编方式。全书具体包括餐饮模式、客房模式、宴会模式、健身模式、走道模式等，并将这些功能布局、配电设计、设备设施、材料构造等专项内容系统整合，使局部节点纳入整体空间的功能设计中，有效贯通碎片化知识点，形成在空间中系统化的认识，有助构成知识的关联性解读。如此的整合，也是本书一个特有的内容，只可惜整理尚处起步阶段，许多内容不十分健全。但按此方式，可梳理出更大范畴的关联性知识点，为室内款客空间设计与室内教学提供一定的参考借鉴。

（五）加强构造图的易读性

节点构造是所有室内装修图中较难读懂的内容，其技术含量相对较高，三维正投影图的表述方式又较抽象，更主要是节点的局部片段化内容对于多数设计师而言都需要花费相当时间才能理解和掌握。由于本构造节点图集的编制是基于自身从设计到竣工的实际案例筛选提取，所以大多案例能提供与该节点构造图相对应的细部实景照片，如此可帮助读者加强对书中各节点的理解，极大提高读图效率，尤其方便教学讲解和初学者使用。

（六）具备一定的史料性

本书所收集的节点，时间上有一定的跨度，从改革开放之初建筑装饰行业的起步阶段，直到最近几年室内界的整体繁荣，其间的一些节点做法，反映出不同时期的施工技术与设计认知，无形中展示了近20年来，我国室内设计与装修行业发展变化的轨迹，具有一定的史料性特点。

此外，本书以构造节点为基础，更多连接与设计内容密切相关的其他各类专业知识，例如，面对酒吧和咖啡厅设计，就需要进一步了解有关吧台内设备配置的专业知识；而在酒店大堂总台的设计中，亦需掌握相关管理与操作流程的知识内容。所以，面对不同的功能空间，设计师对相关专业的了解，最终都将反映在设计的每一个节点中，因此本构造节点图集又成为延伸相关专项知识的资料图集，只是时间与能力所限，提供的仅是冰山一角。

节点构造的学习是一个漫长的过程，任何节点书籍一旦产生，可以说都成往事。设计发展、材料创新及施工技术的提升，都促使着构造做法不断地推陈出新，因而掌握好构造节点的设计能力，是每个室内设计师不断提高和精进的必修课。节点设计不仅能够为施工图绘制奠定专业基础，更能够在方案设计阶段，尤其是深化设计阶段，精准地帮助敲定设计概念的最终落实，以节点图严谨的尺寸、明确的用材、合理的构造、细微的形态、不同界面的衔接等，来保障设计思维的固化与实现。可以说，节点思维始终存在于设计的每一个阶段，而不仅仅是为了施工图绘制。

室内设计涉及的构造节点内容繁杂，需集全行业之力来投入，本书的出版仅是作为对此课题的抛砖引玉。虽说本书具有上述六大特点，但同时亦是一种局限与不足。由于单凭一己之力，在专业认知与时间精力等方面都相当有限，疏漏和不当之处在所难免，衷心希望各位同行多提宝贵意见，并希望本书的出版能为后来者的学术成果作一铺垫。

叶铮

2018年春节于牛津

总目录

1	前言
1	上篇 构造节点
3	1 骨架构造
44	2 立面、连续界面构造
129	3 顶面构造
154	4 地坪构造
174	5 平行线构造
212	6 门窗构造
301	7 楼梯及扶手、栏杆构造
375	8 隔断构造
405	9 幕墙构造
421	10 检修构造
455	11 玻璃构造
497	12 石材构造
530	13 金属构造
559	14 五金
576	15 非透光照明构造
615	16 透光照明构造
658	17 室内设施
724	18 固定家具
796	19 技术设备
810	20 室外、水池、景观构造
852	21 西方古典风格
904	22 东方古典风格
935	下篇 专项模式
937	23 餐饮设施
1015	24 办公及会议设施
1039	25 卫浴设施、防水构造
1086	26 客房模式
1378	27 健身房模式
1407	28 宴会厅模式
1503	29 客房走道模式
1525	附录一 "泓叶设计"室内节点构造分类归档标准
1529	附录二 节点构造分类索引
1537	致谢

目录 上篇 构造节点

1 骨架构造
- 3　1.1　透光石材吧台
- 6　1.2　透光石材墙面
- 9　1.3　波浪式造型墙面
- 12　1.4　轻钢龙骨隔墙
- 17　1.5　木龙骨做法布置
- 21　1.6　YT砖固定节点
- 22　1.7　吧台透光背景墙
- 28　1.8　透光玻璃墙构造
- 34　1.9　倾斜造型墙面固定
- 36　1.10　造型墙面
- 37　1.11　酒吧固定式长桌构造

2 立面、连续界面构造
- 44　2.1　墙面不同材质相接
- 46　2.2　墙面节点（一）
- 48　2.3　墙面节点（二）
- 49　2.4　墙面转角及踢脚
- 50　2.5　屏风及硬包墙面
- 53　2.6　木丝吸声板造型墙
- 59　2.7　镜面玻璃造型墙
- 61　2.8　造型墙面节点（一）
- 64　2.9　造型墙面节点（二）
- 66　2.10　造型墙面节点（三）
- 69　2.11　造型墙面节点（四）
- 71　2.12　造型墙面节点（五）
- 74　2.13　折墙立面造型
- 79　2.14　立面构造节点
- 88　2.15　西餐厅墙面组合线脚
- 93　2.16　古典风格踢脚
- 94　2.17　咖啡厅立面造型节点（一）
- 100　2.18　咖啡厅立面造型节点（二）
- 103　2.19　造型立面节点
- 104　2.20　电梯厅立面
- 110　2.21　自动感应门立面
- 113　2.22　立柱节点
- 114　2.23　画框装置立面节点
- 117　2.24　组合镜框立面节点
- 118　2.25　连续界面（一）
- 119　2.26　连续界面（二）
- 120　2.27　连续界面（三）
- 121　2.28　连续界面卷片节点
- 122　2.29　连续界面卷片构造
- 124　2.30　马赛克连续界面卷片节点（一）
- 126　2.31　马赛克连续界面卷片节点（二）
- 128　2.32　窗帘盒、窗台构造

3 顶面构造
- 129　3.1　顶棚节点（一）
- 130　3.2　顶棚节点（二）
- 132　3.3　顶棚节点（三）
- 134　3.4　顶棚节点（四）
- 135　3.5　古典顶面大样
- 137　3.6　顶棚大样
- 140　3.7　穹顶
- 143　3.8　建筑沉降缝干挂石材节点
- 144　3.9　顶棚伸缩缝节点
- 145　3.10　铝合金吊顶节点
- 148　3.11　顶棚照明节点
- 150　3.12　渐变灯槽节点
- 152　3.13　平行线木格栅吊顶
- 153　3.14　古典顶棚线脚节点

4 地坪构造
- 154　4.1　不同材料相接
- 156　4.2　架空地坪
- 161　4.3　门槛节点
- 164　4.4　踢脚节点
- 166　4.5　踏步、旋转舞台节点
- 167　4.6　台阶节点
- 169　4.7　地暖节点
- 170　4.8　石材拼花地坪（一）
- 171　4.9　石材拼花地坪（二）
- 172　4.10　地坪透光槽节点
- 173　4.11　地坪图

5 平行线构造
- 174　5.1　铝合金栅格镜面墙
- 175　5.2　平行线节点（一）
- 176　5.3　平行线节点（二）
- 178　5.4　平行线节点（三）
- 180　5.5　平行线节点（四）
- 182　5.6　平行线节点（五）
- 183　5.7　平行线节点（六）
- 185　5.8　彩色平行线
- 187　5.9　铝合金线条
- 190　5.10　渐变玻璃隔断节点
- 191　5.11　平行线立面构造
- 194　5.12　铝合金装饰条
- 196　5.13　造型顶棚及平行线节点
- 200　5.14　造型墙面节点
- 202　5.15　不等距等宽平行线节点
- 205　5.16　造型顶棚
- 207　5.17　宴会前厅造型立面
- 210　5.18　走道立面

6 门窗构造
- 212　6.1　门节点
- 213　6.2　木门节点（一）
- 214　6.3　木门节点（二）
- 215　6.4　门套节点（一）
- 216　6.5　门套节点（二）

217	6.6	门套节点（三）	296	6.40	中轴折叠门	405	**9 幕墙构造**
218	6.7	门套节点（四）	299	6.41	金属框玻璃门	405	9.1 瓷板幕墙节点
219	6.8	防火板弯曲木门套				406	9.2 氟维特板安装节点
221	6.9	电梯门套	301	**7 楼梯及扶手、栏杆构造**		407	9.3 玻璃节点
222	6.10	窗台、窗帘盒节点	301	7.1	玻璃结构楼梯	408	9.4 入口门厅玻璃盒
224	6.11	无框玻璃门	303	7.2	钢结构楼梯	415	9.5 室内观景电梯幕墙节点
225	6.12	玻璃移门滑轨	305	7.3	大理石楼梯	420	9.6 玻璃门厅节点
226	6.13	木质双扇移门	308	7.4	旋转楼梯		
227	6.14	自动移门	329	7.5	西方古典风格楼梯	421	**10 检修构造**
229	6.15	电子感应无框玻璃移门	337	7.6	三跑楼梯	421	10.1 玻璃楼梯栏杆
232	6.16	手动无框玻璃移门	349	7.7	双跑楼梯	422	10.2 透光玻璃灯柱
235	6.17	铝合金推拉门	353	7.8	金属栏杆扶手	426	10.3 点式透光墙
237	6.18	移门节点	354	7.9	玻璃接驳点栏板扶手	428	10.4 吧台
239	6.19	会议室移门节点	356	7.10	楼梯转角扶手	431	10.5 总服务台（一）
242	6.20	残疾人卫生间移门	358	7.11	楼梯透光栏板节点	432	10.6 总服务台（二）
244	6.21	暗门节点（一）	363	7.12	楼梯扶手及踏步	435	10.7 透光玻璃隔断
245	6.22	暗门节点（二）	368	7.13	金属扶手	440	10.8 透光楼梯扶手
246	6.23	弧形暗门	370	7.14	铁艺栏杆扶手	444	10.9 透光玻璃装饰墙面
247	6.24	逃生门节点	373	7.15	栏杆扶手	447	10.10 客房顶棚检修口
249	6.25	会议厅门节点详图	374	7.16	玻璃栏杆	448	10.11 墙面嵌入式电视机检修节点
252	6.26	客房进户门节点				452	10.12 洗手台透光化妆镜节点
253	6.27	客房连通门节点	375	**8 隔断构造**			
255	6.28	仿透光落地门窗	375	8.1	中式花格隔断		
259	6.29	180°平开门	378	8.2	古典低隔断		
260	6.30	室内观景挑台与移门构造	380	8.3	矮隔断		
267	6.31	暗藏式双开门节点	382	8.4	发光玻璃屏风		
268	6.32	露台铝合金中空玻璃门	384	8.5	透光玻璃隔断		
271	6.33	中式木质花格门	386	8.6	透光隔断		
275	6.34	360°中心旋转地轴	396	8.7	玻璃隔断（一）		
278	6.35	天地轴门扇节点	398	8.8	玻璃隔断（二）		
281	6.36	大堂入口玻璃盒	400	8.9	隔屏		
286	6.37	大堂入口玻璃旋转门	401	8.10	达尼罗涂料仿锈板隔断		
290	6.38	侧轴折叠门	402	8.11	金属门框隔断		
293	6.39	半侧轴折叠门	404	8.12	木框隔断与地坪固定节点		

上篇 | 构造节点

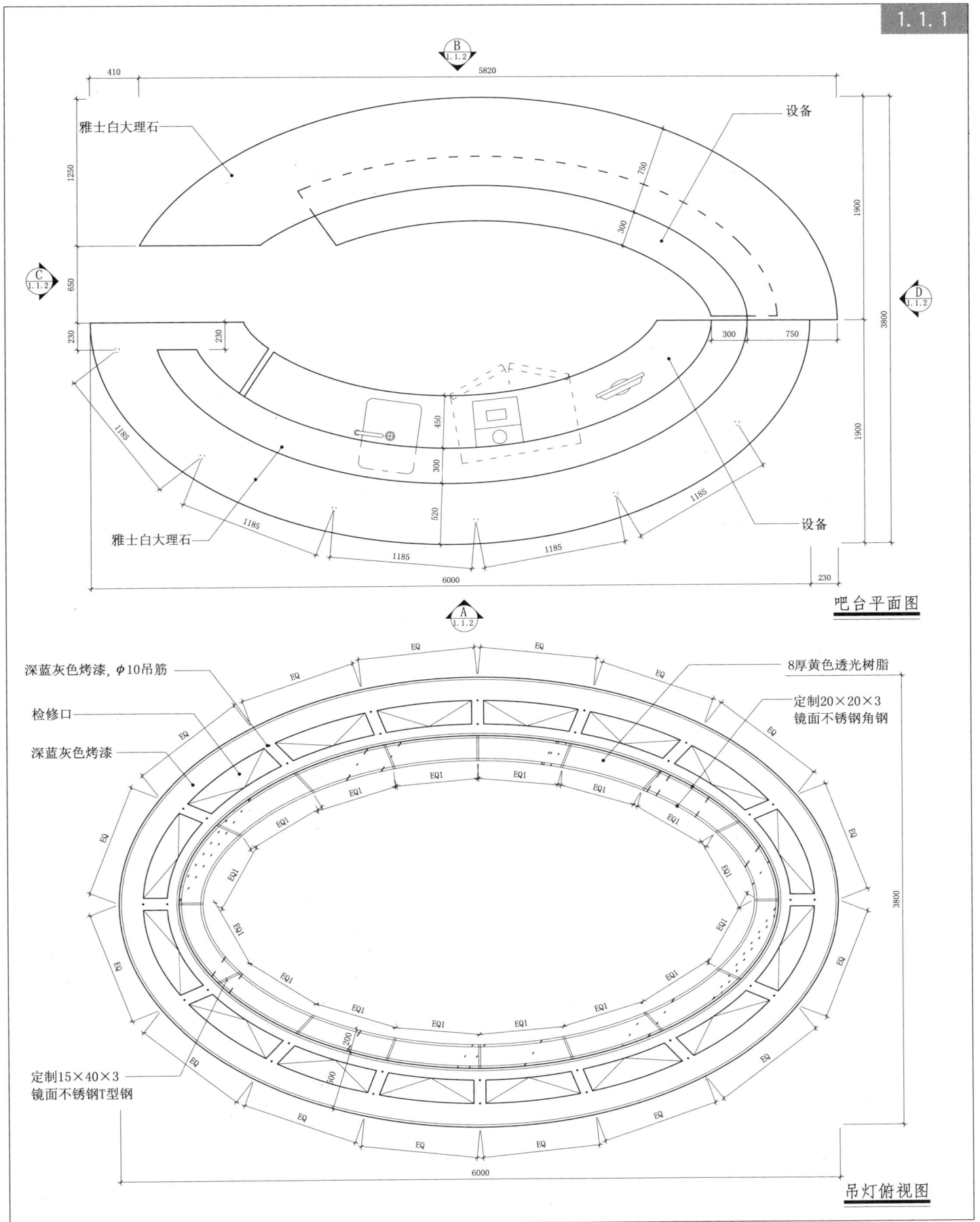

1 1.1 透光石材吧台

骨架构造
- 固定家具 餐饮设施 室内设施 透光照明构造 检修构造

1.1.2

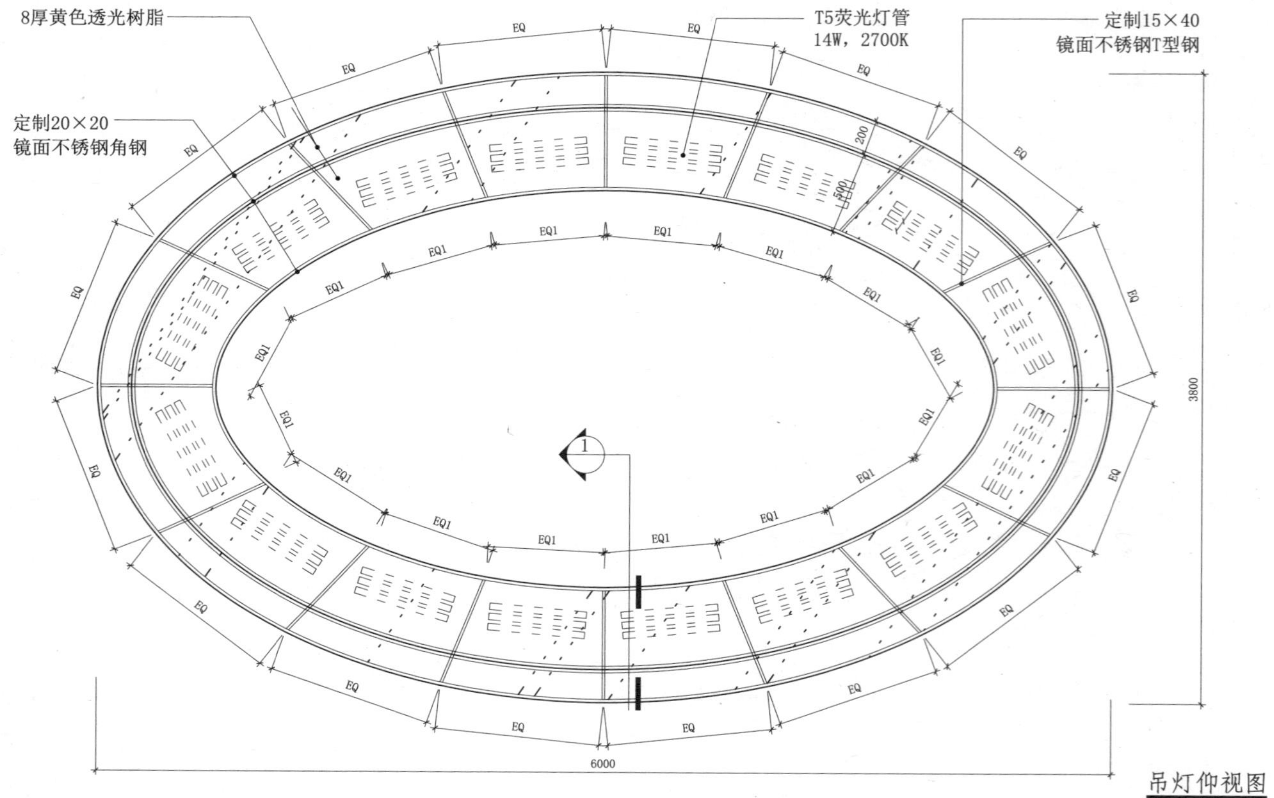

吊灯仰视图

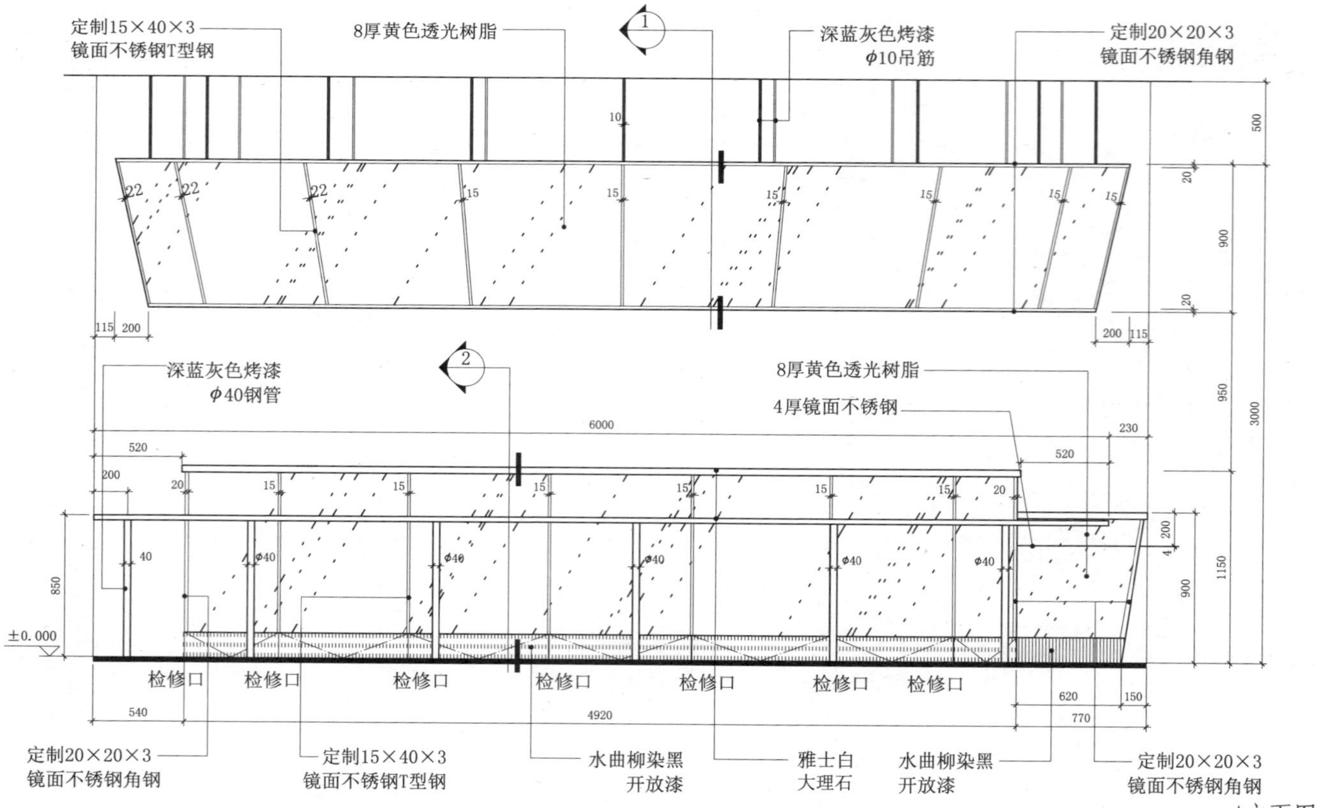

A立面图

室内构造节点与专项模式图集

1.1 透光石材吧台

1 骨架构造·固定家具 餐饮设施 室内设施 透光照明构造 检修构造

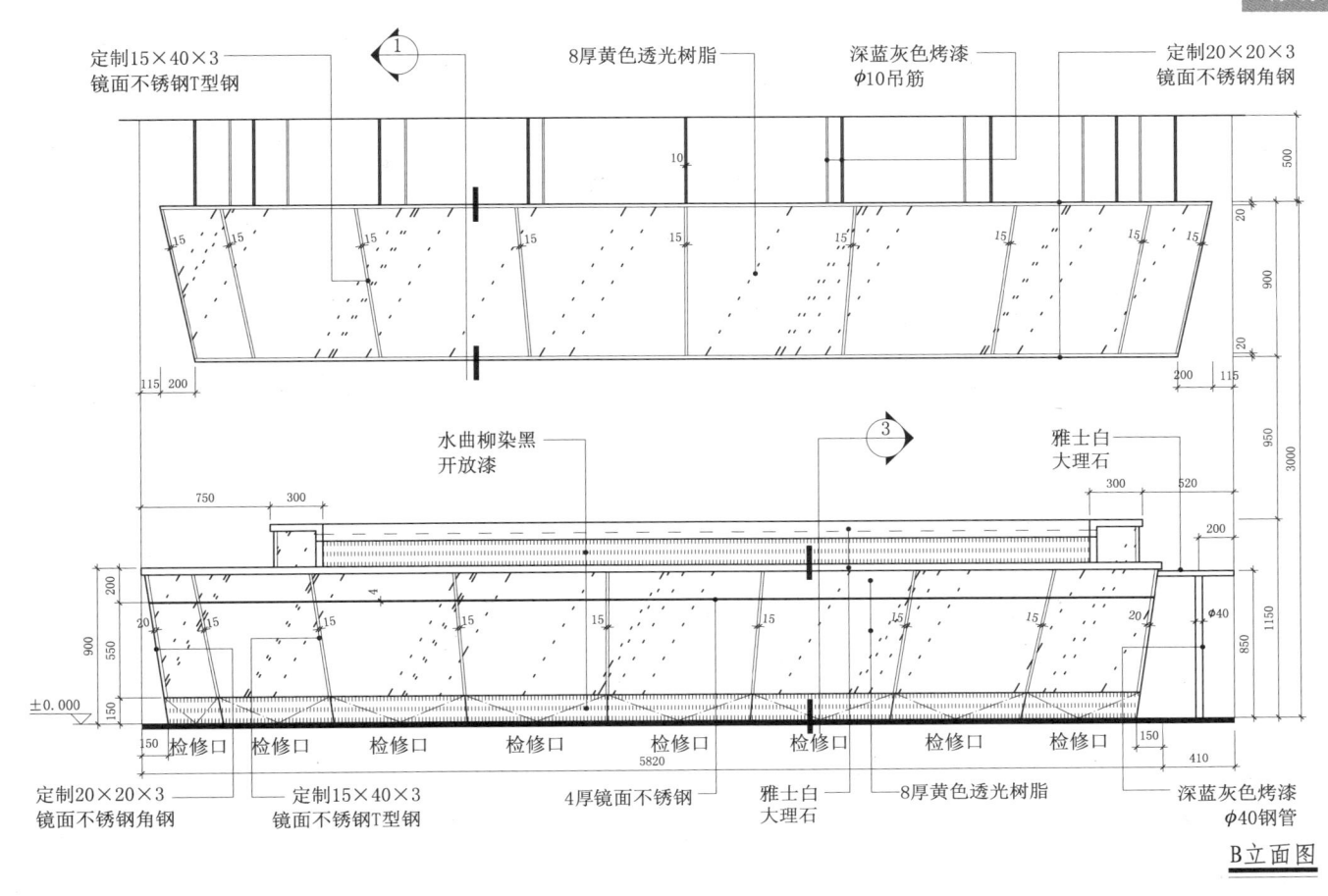

B立面图

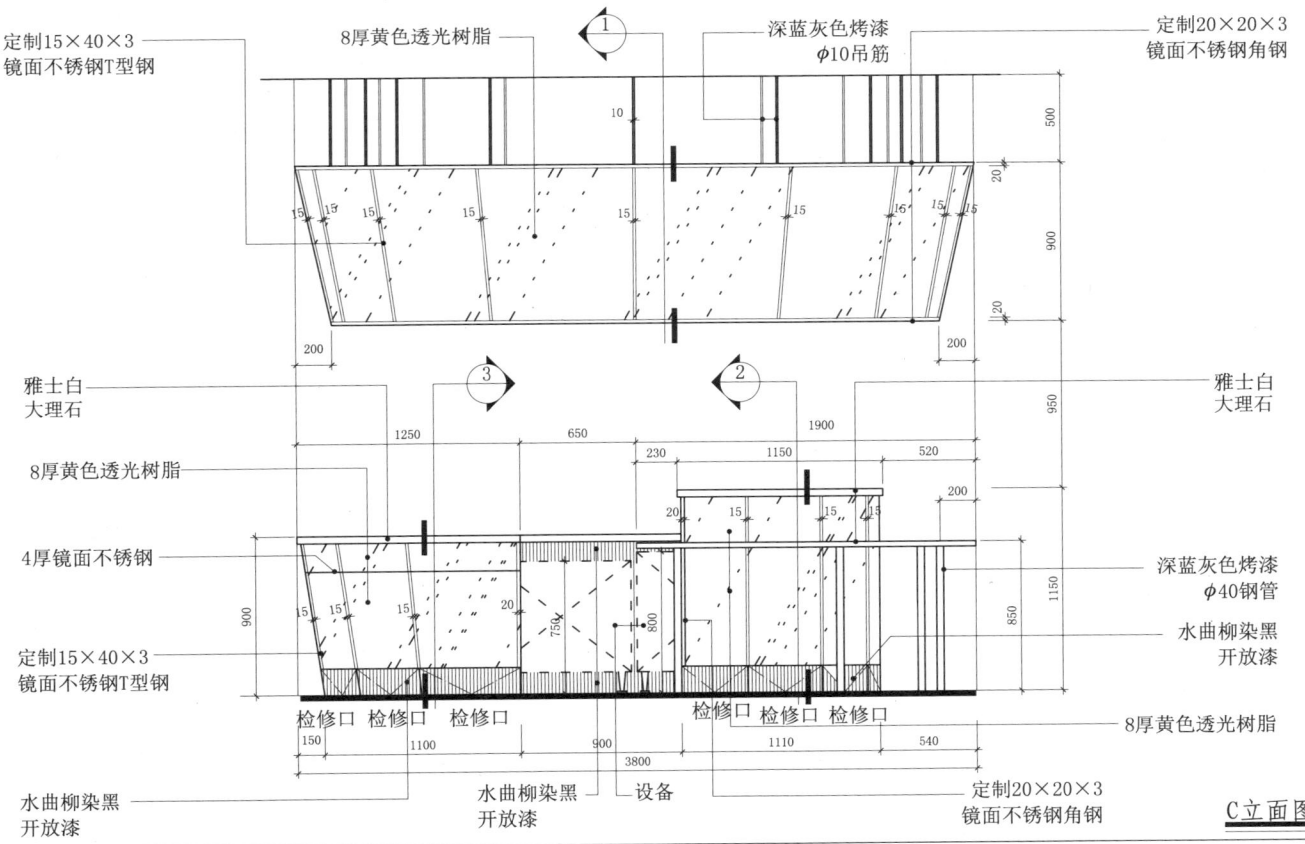

C立面图

1.2 透光石材墙面

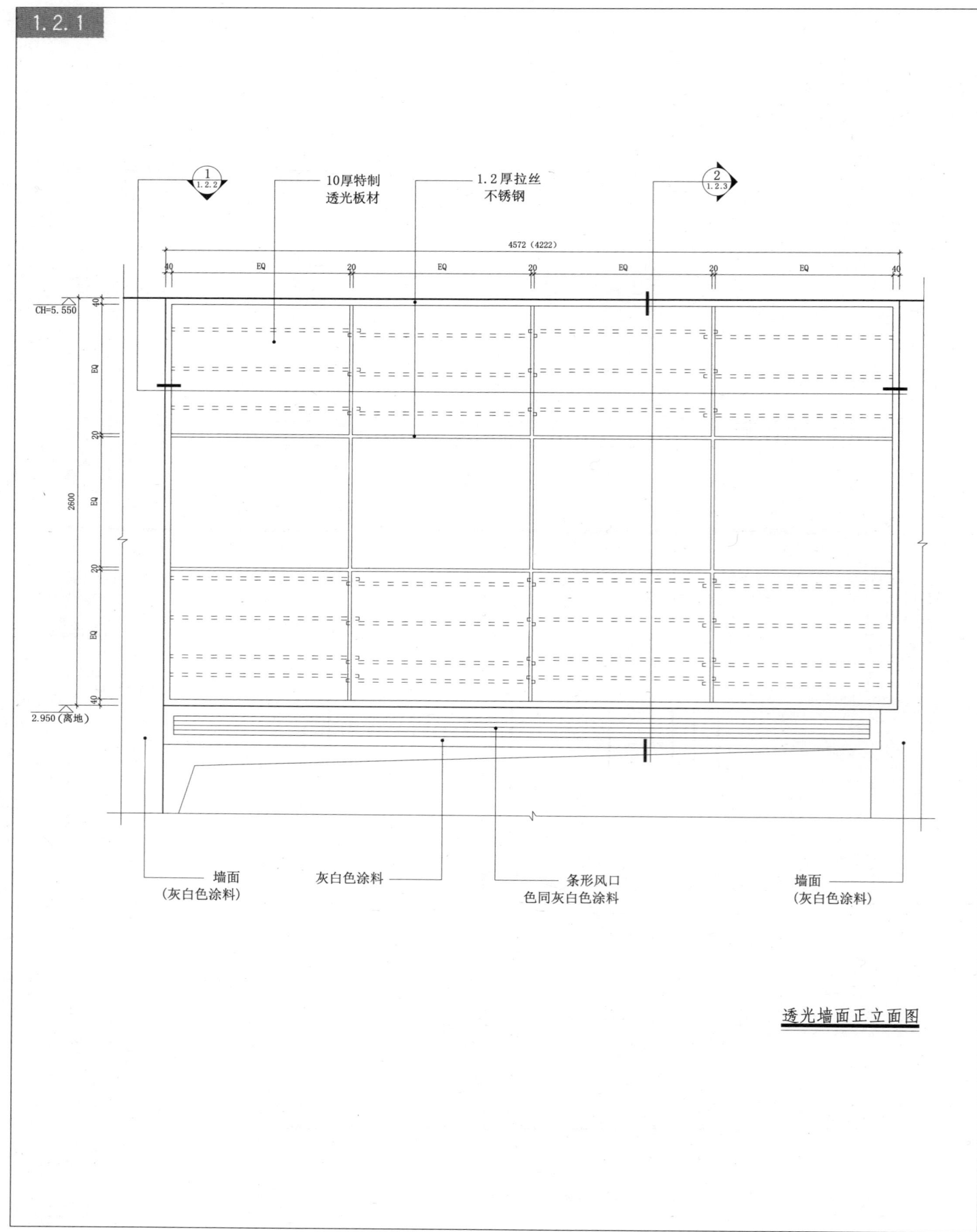

透光墙面正立面图

1.2 透光石材墙面

1 骨架构造 · 立面构造　透光照明构造　石材构造　检修构造

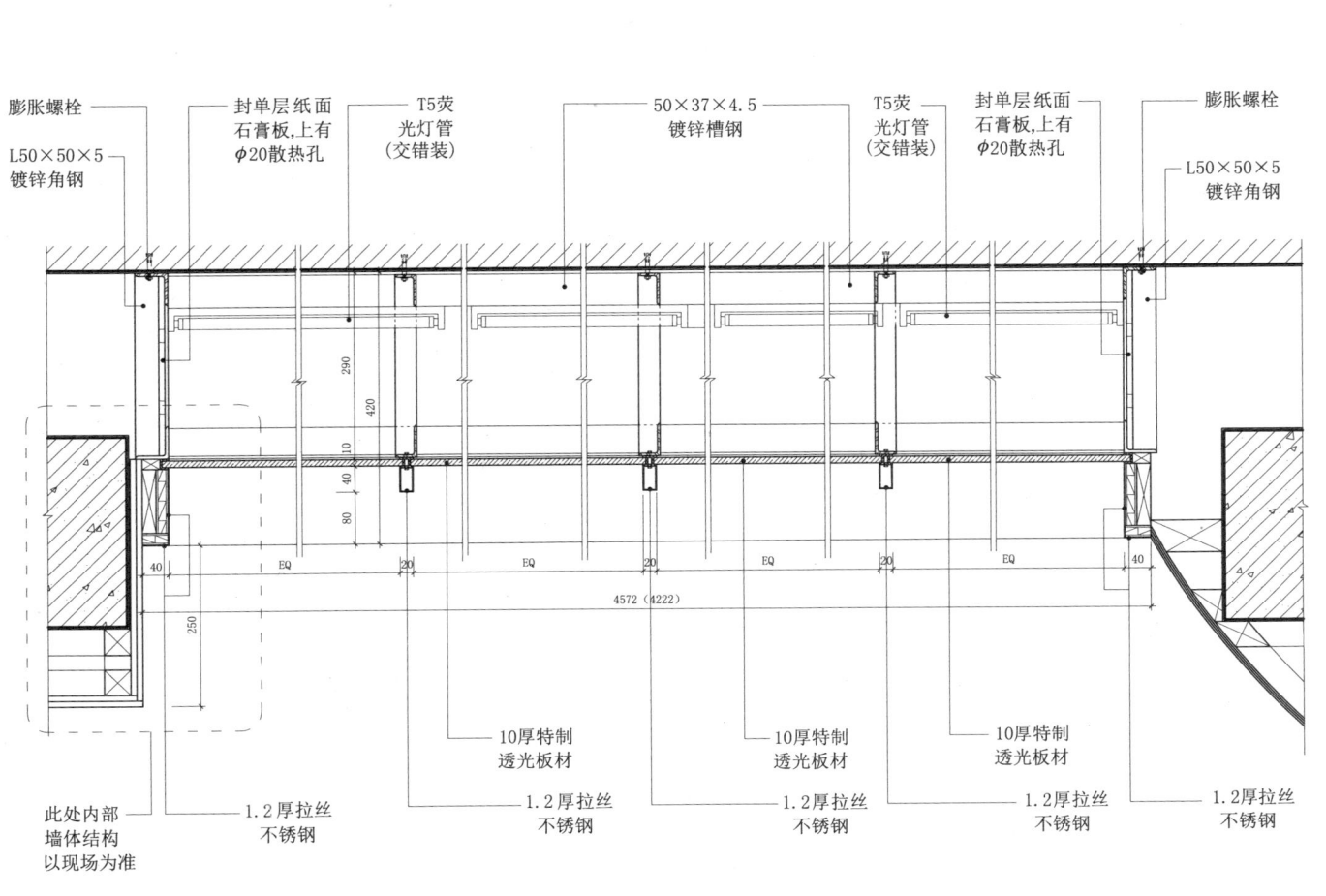

1 节点图

1

1.2 透光石材墙面

骨架构造
- 立面构造
- 透光照明构造
- 石材构造
- 检修构造

1.2.3

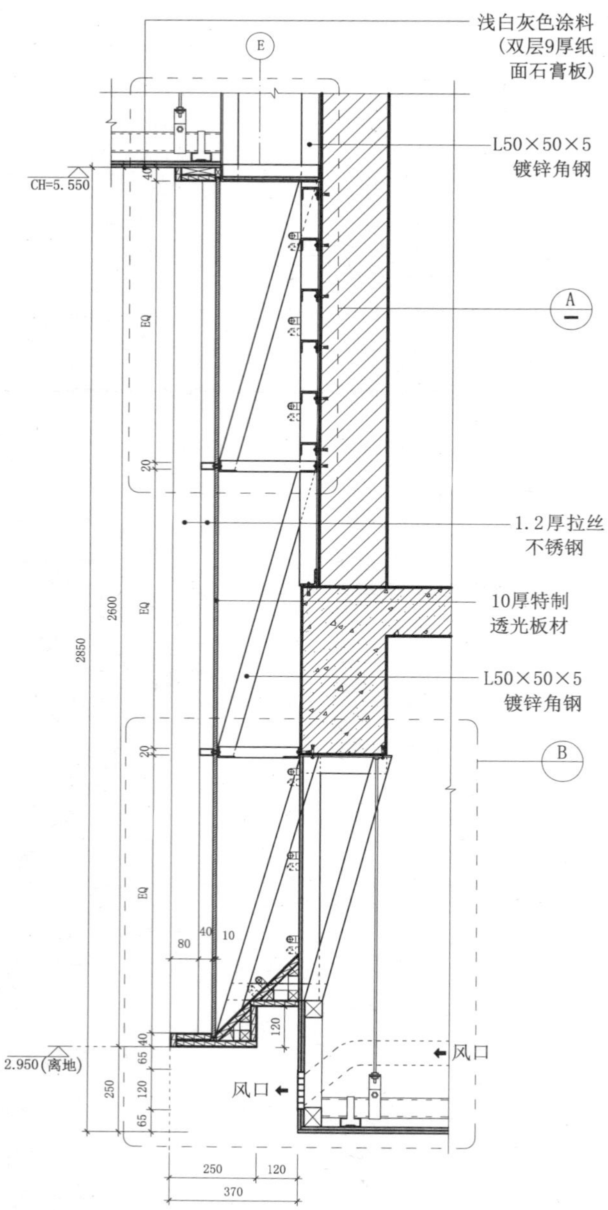

2节点图

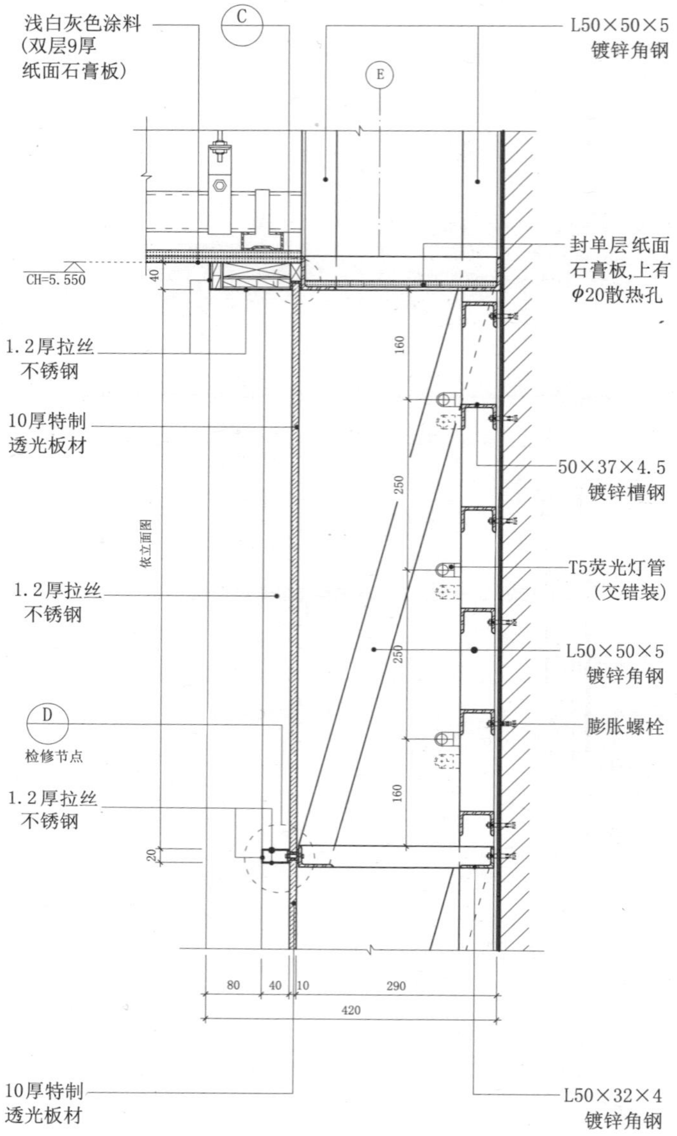

标注：
- 浅白灰色涂料（双层9厚纸面石膏板）
- 1.2厚拉丝不锈钢
- 10厚特制透光板材
- L50×50×5 镀锌角钢
- 风口

A节点图

标注：
- 浅白灰色涂料（双层9厚纸面石膏板）
- L50×50×5 镀锌角钢
- 封单层纸面石膏板，上有φ20散热孔
- 1.2厚拉丝不锈钢
- 50×37×4.5 镀锌槽钢
- T5荧光灯管（交错装）
- L50×50×5 镀锌角钢
- 膨胀螺栓
- 10厚特制透光板材
- L50×32×4 镀锌角钢

室内构造节点与专项模式图集

1.3 波浪式造型墙面

1 骨架构造·立面构造

1.3.1

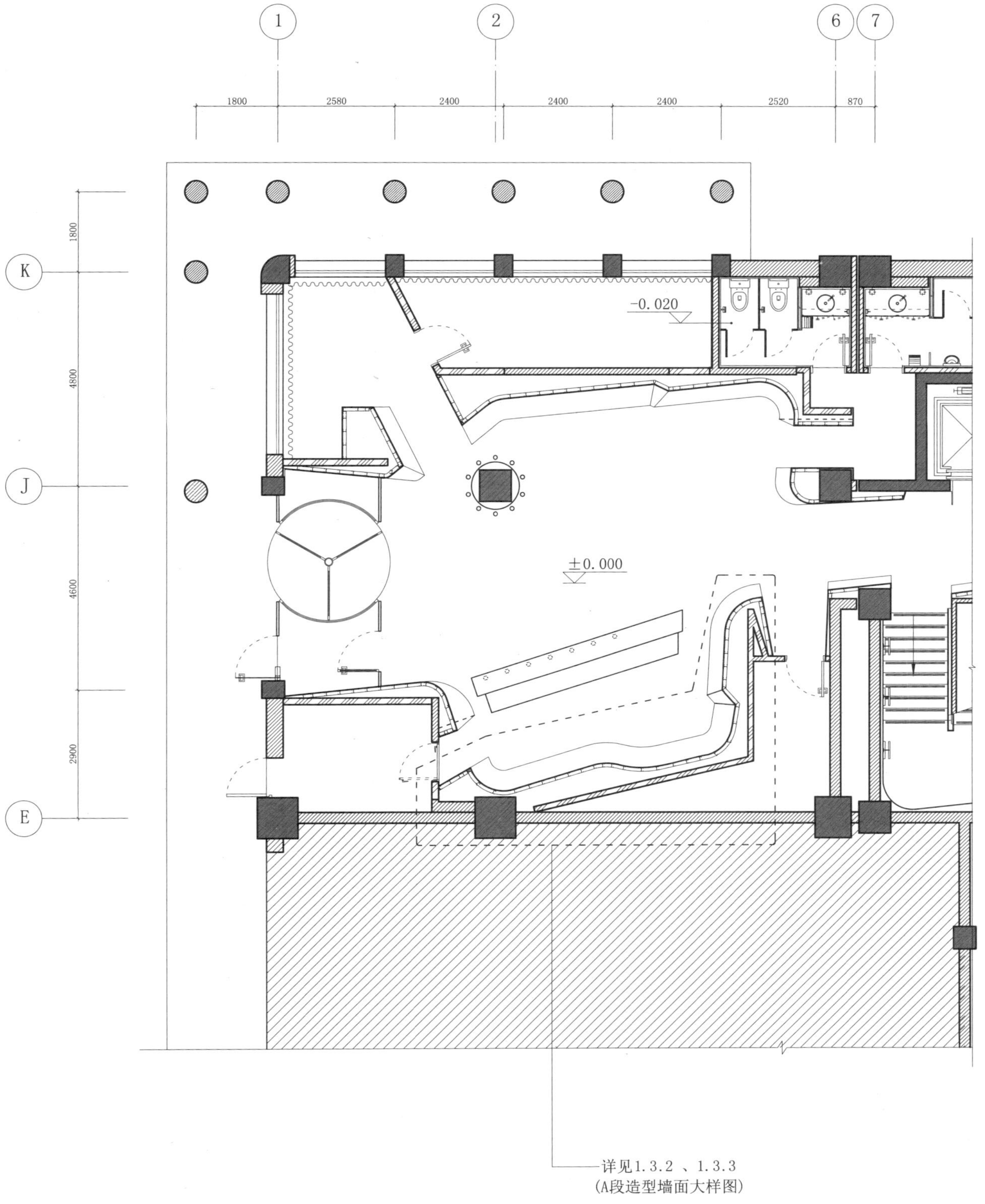

详见1.3.2、1.3.3
（A段造型墙面大样图）

墙面装修索引图

1.3 波浪式造型墙面

1 骨架构造 · 立面构造

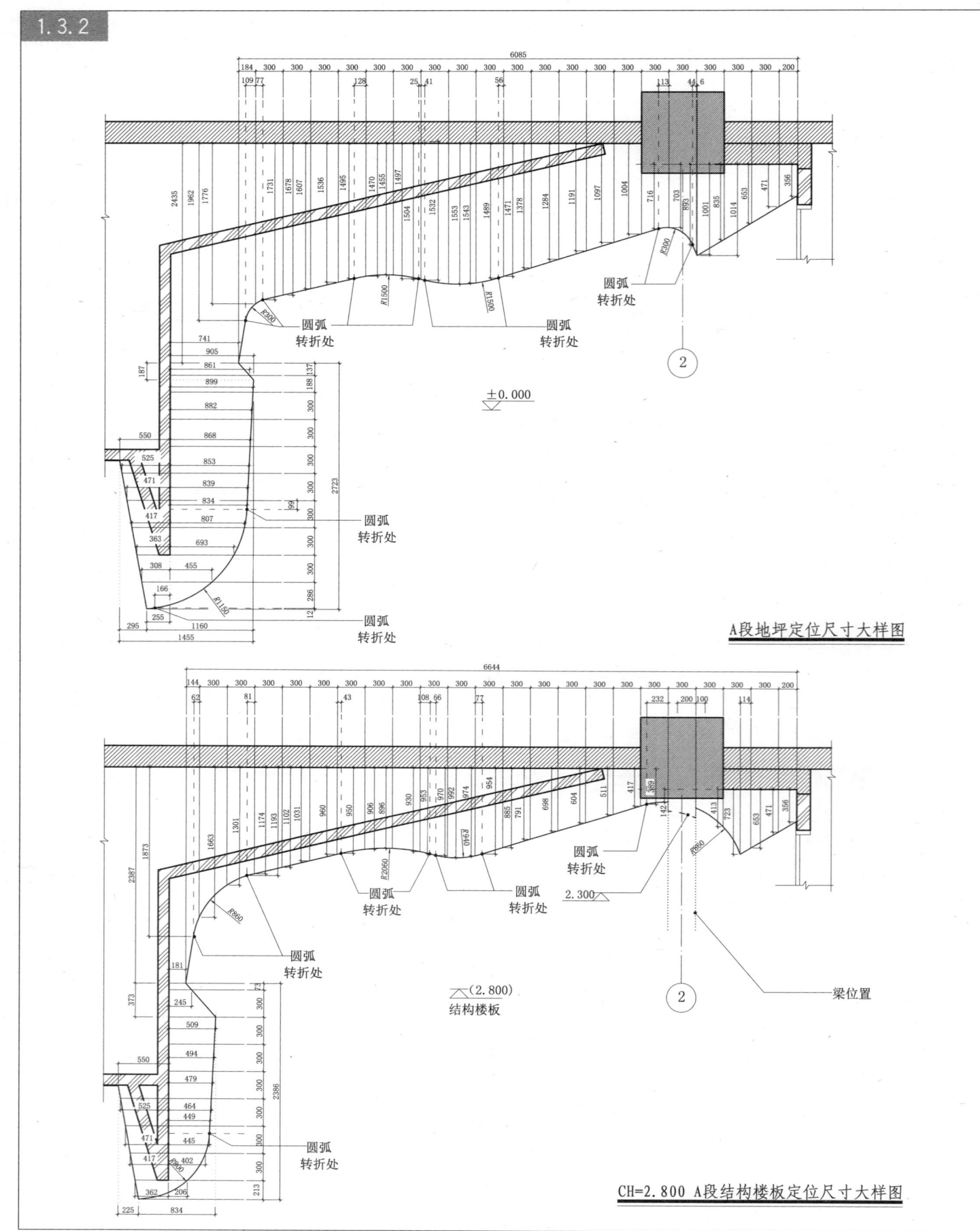

1.3.2

A段地坪定位尺寸大样图

CH=2.800 A段结构楼板定位尺寸大样图

1.3 波浪式造型墙面

1.3.3

1 骨架构造 · 立面构造

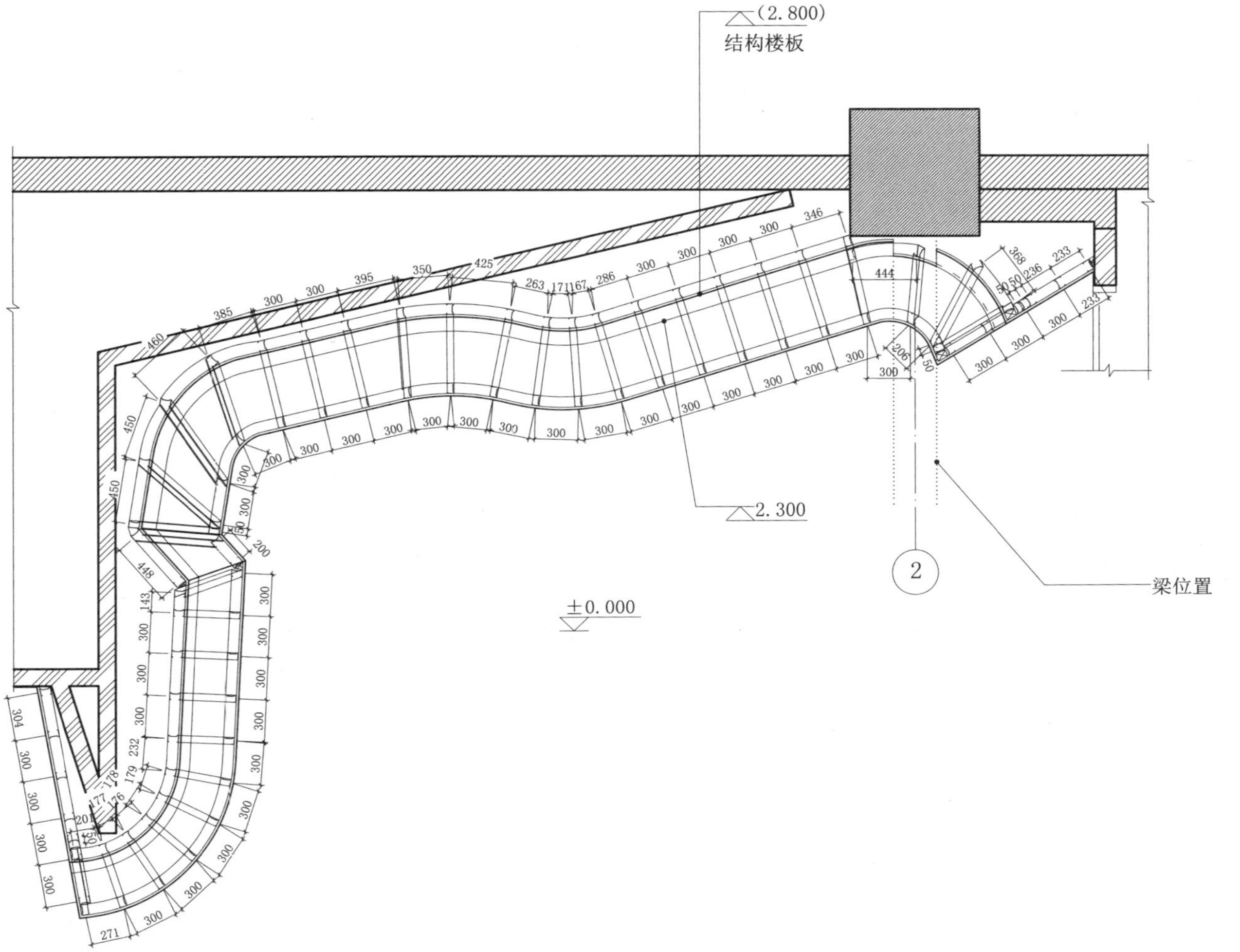

A段轻钢龙骨布置图

室内构造节点与专项模式图集 | 11

1 骨架构造

1.4 轻钢龙骨隔墙

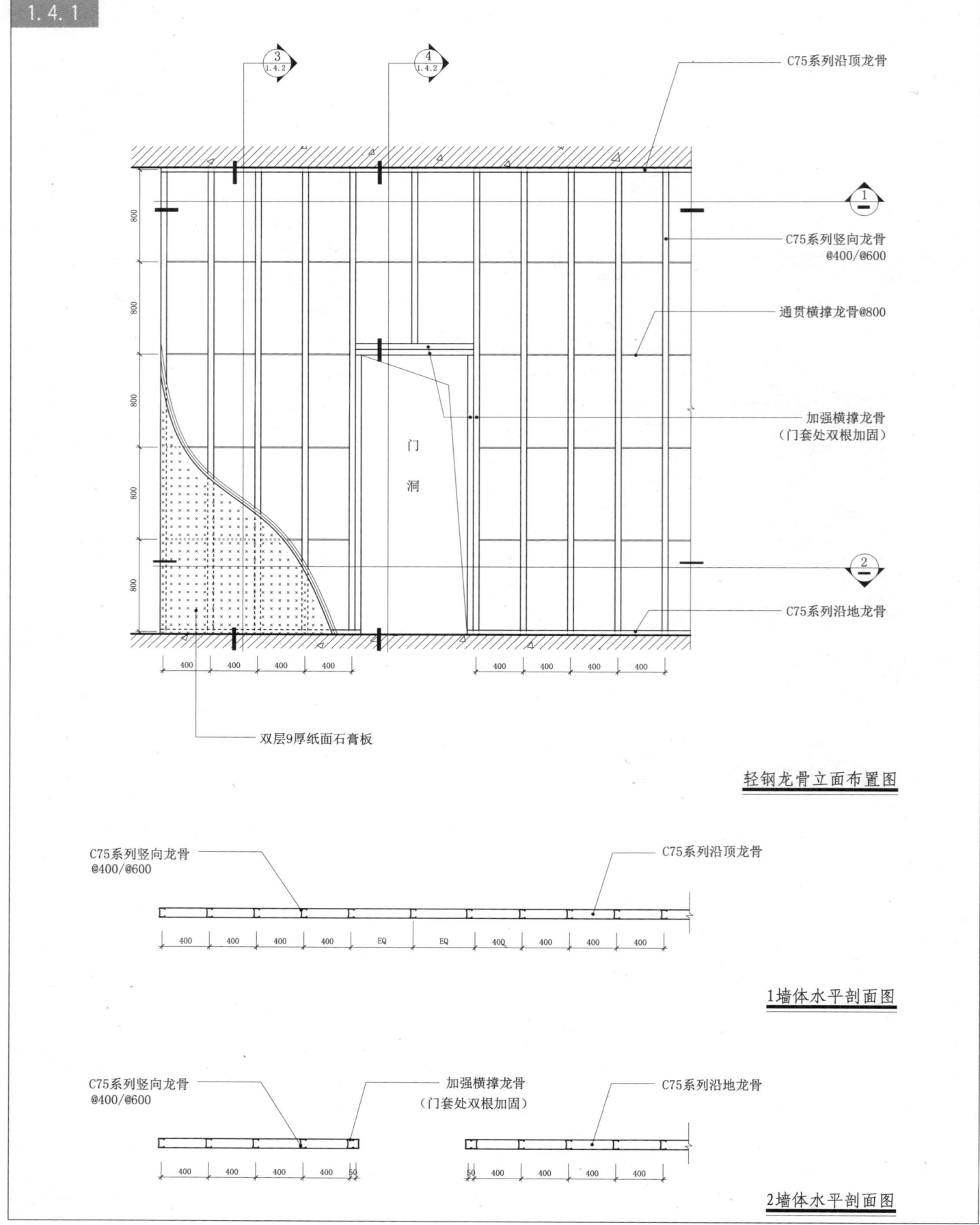

轻钢龙骨立面布置图

1墙体水平剖面图

2墙体水平剖面图

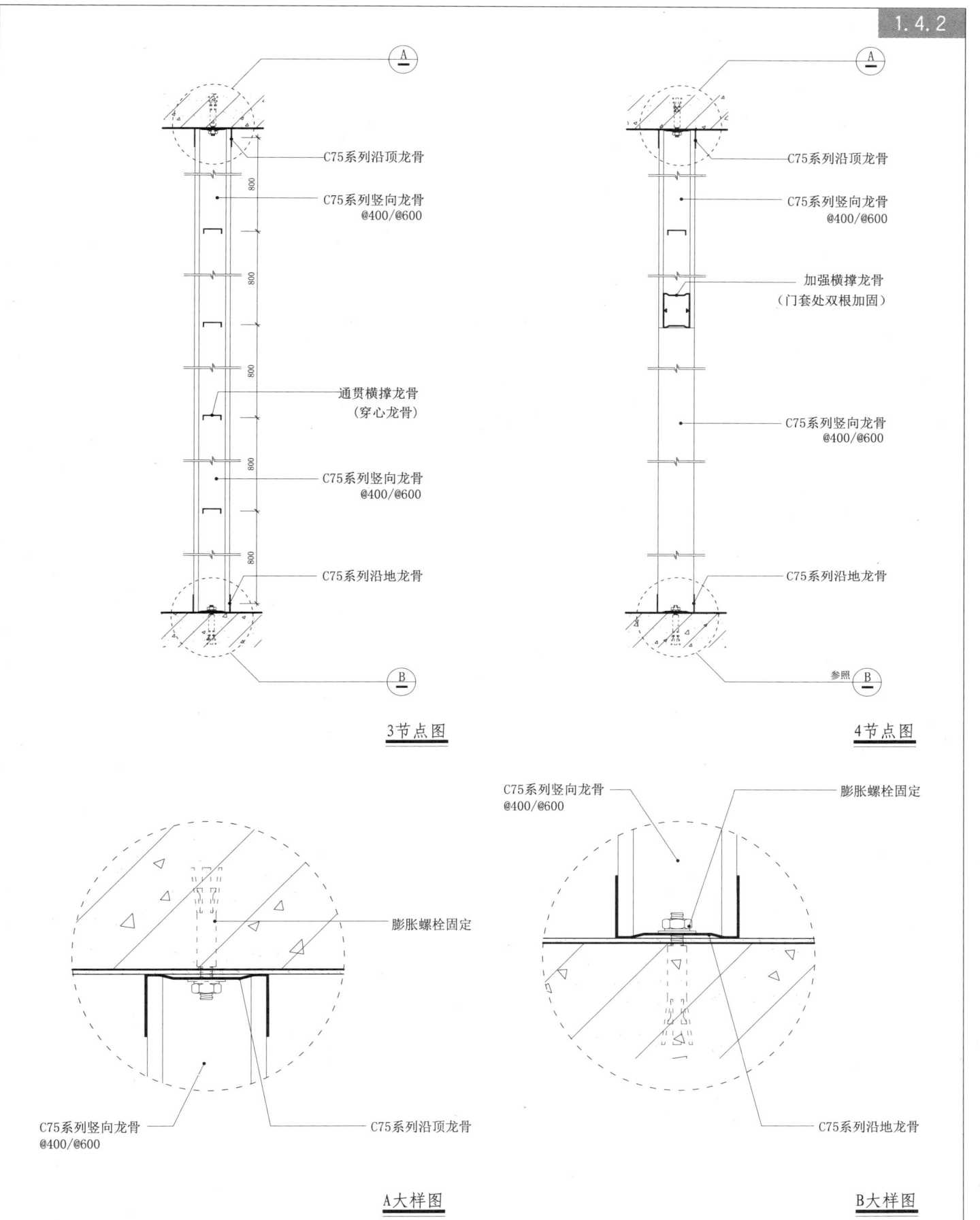

1.4 轻钢龙骨隔墙

1.4.3

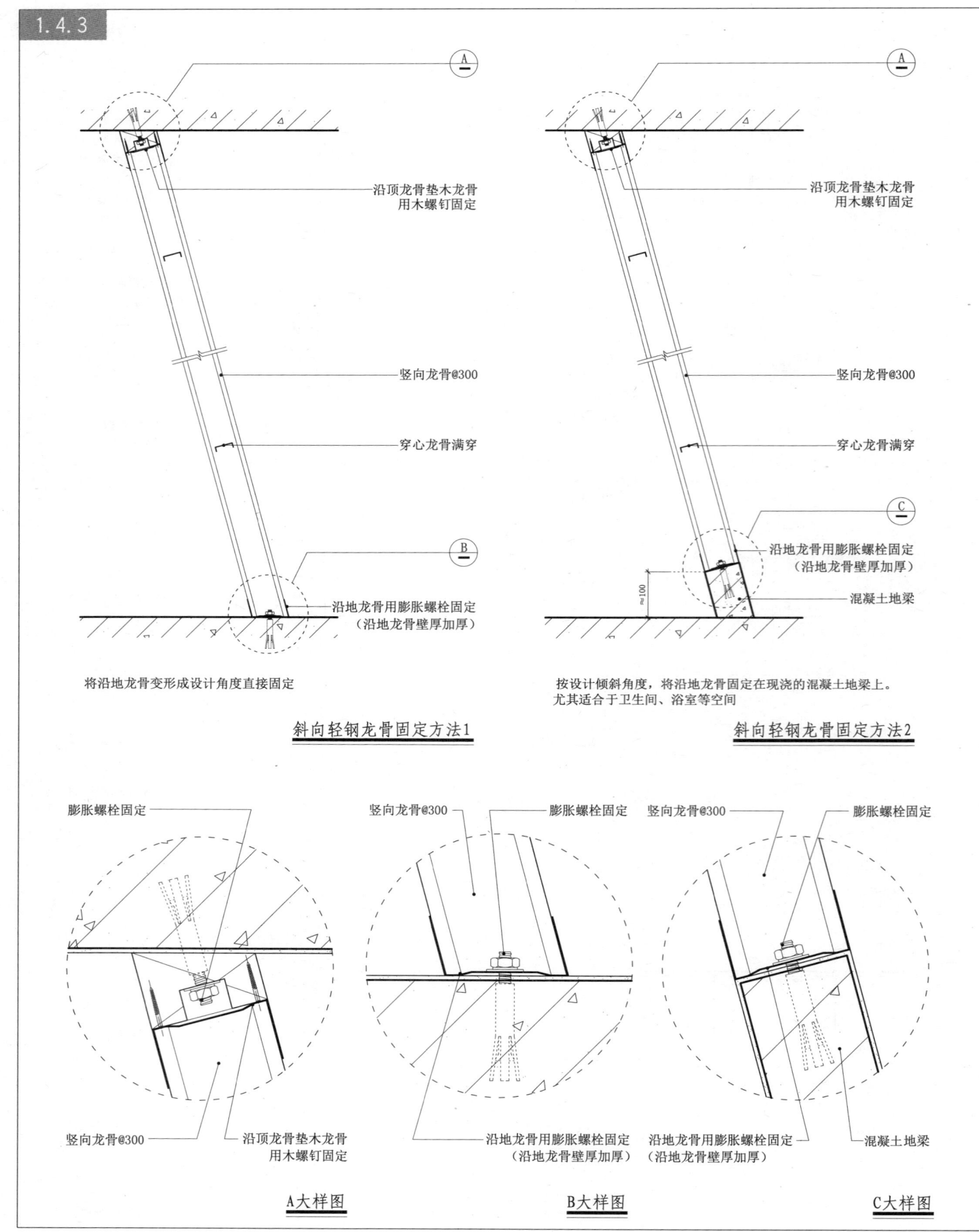

1.4 轻钢龙骨隔墙

1.4.4

骨架构造

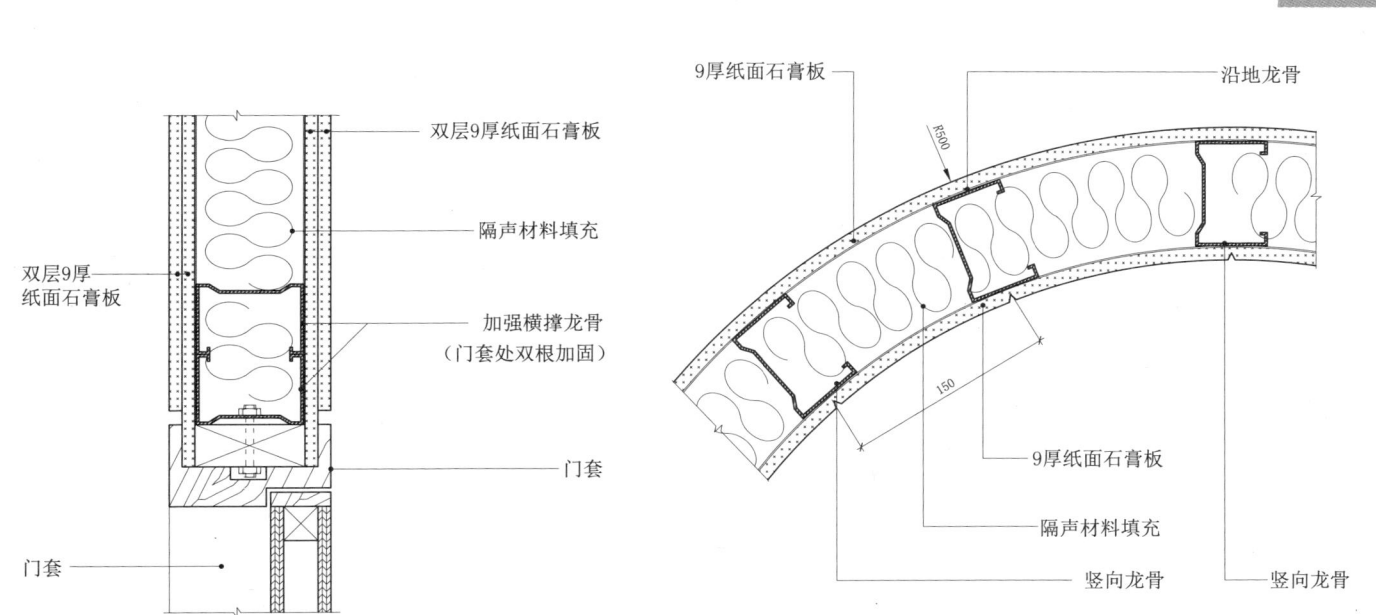

轻钢龙骨门套

轻钢龙骨圆弧节点

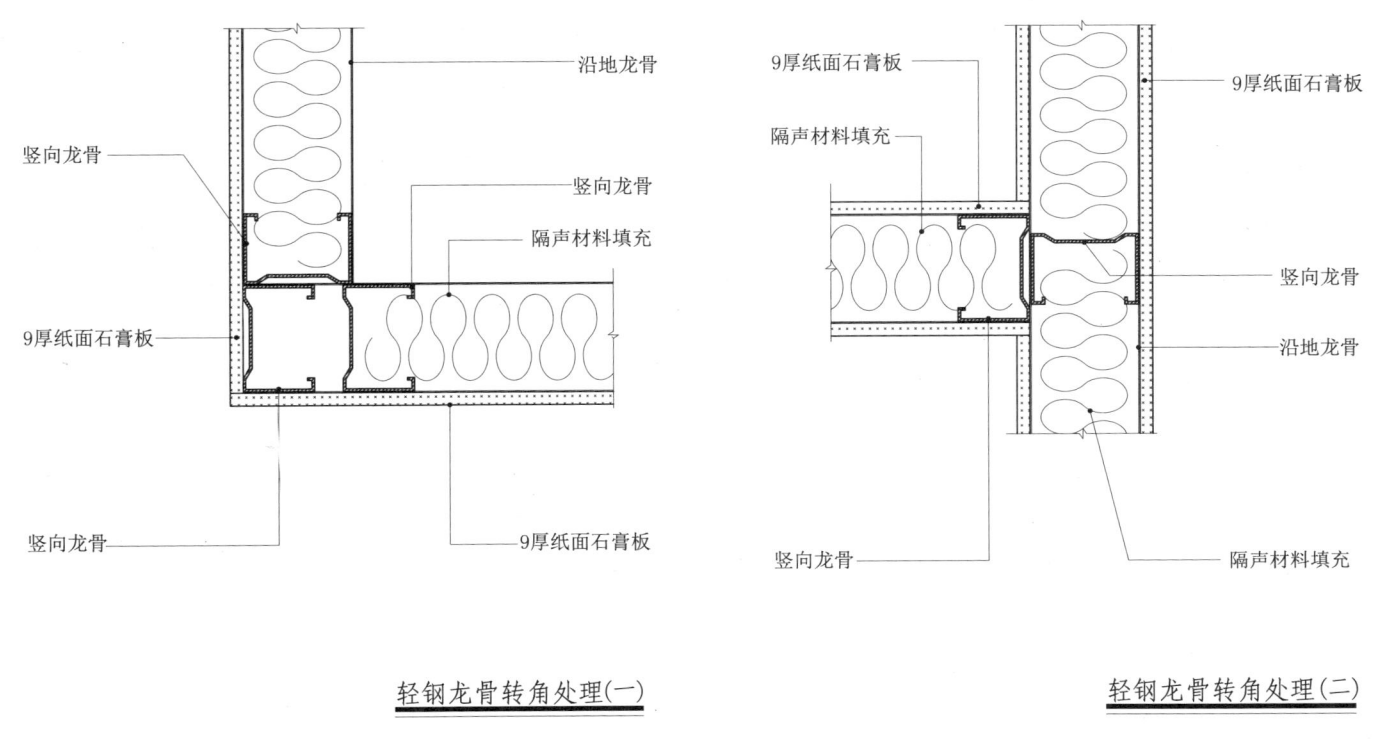

轻钢龙骨转角处理(一)

轻钢龙骨转角处理(二)

1 骨架构造

1.4 轻钢龙骨隔墙

1.4.5

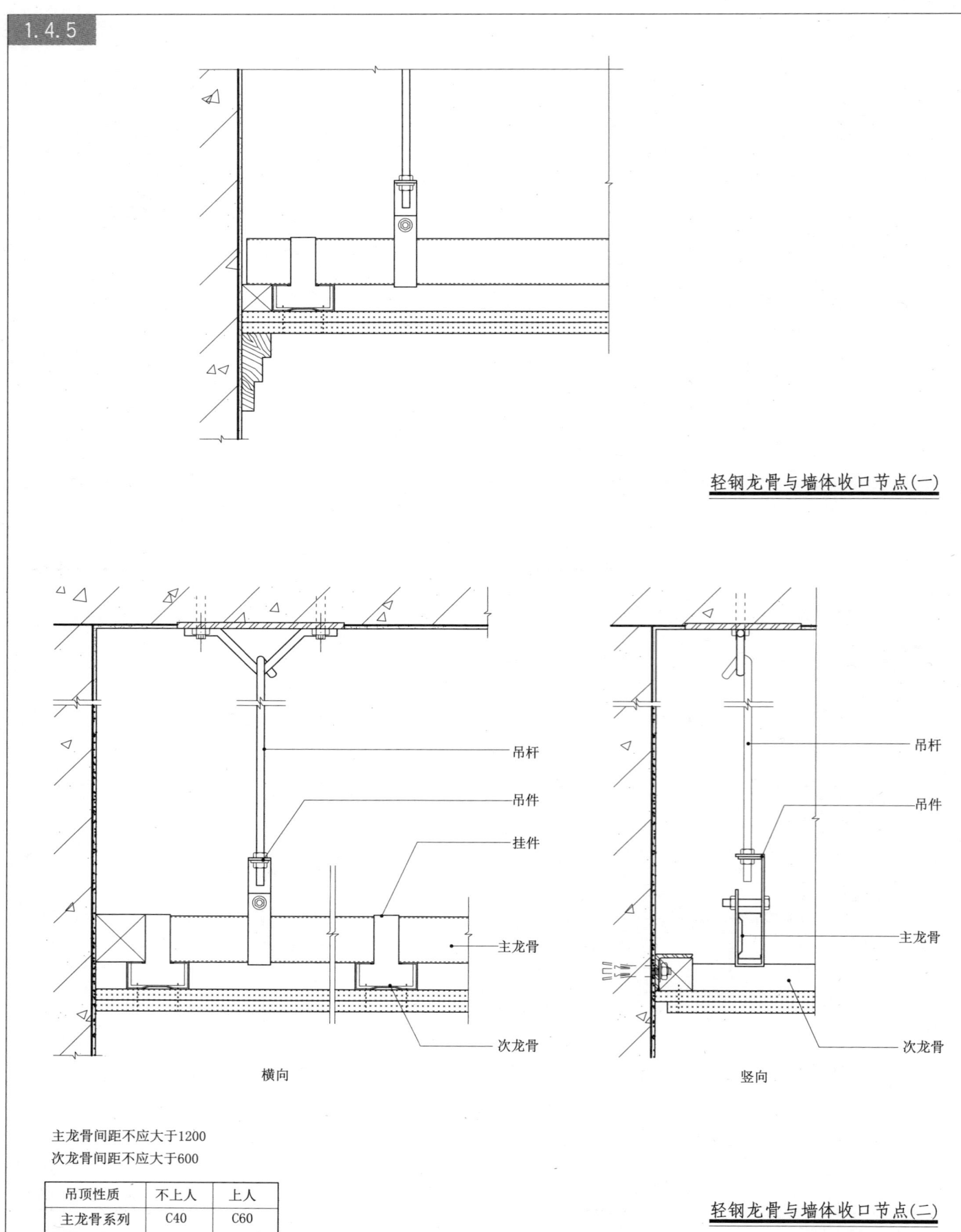

轻钢龙骨与墙体收口节点(一)

横向

竖向

主龙骨间距不应大于1200
次龙骨间距不应大于600

吊顶性质	不上人	上人
主龙骨系列	C40	C60

轻钢龙骨与墙体收口节点(二)

1.5 木龙骨做法布置

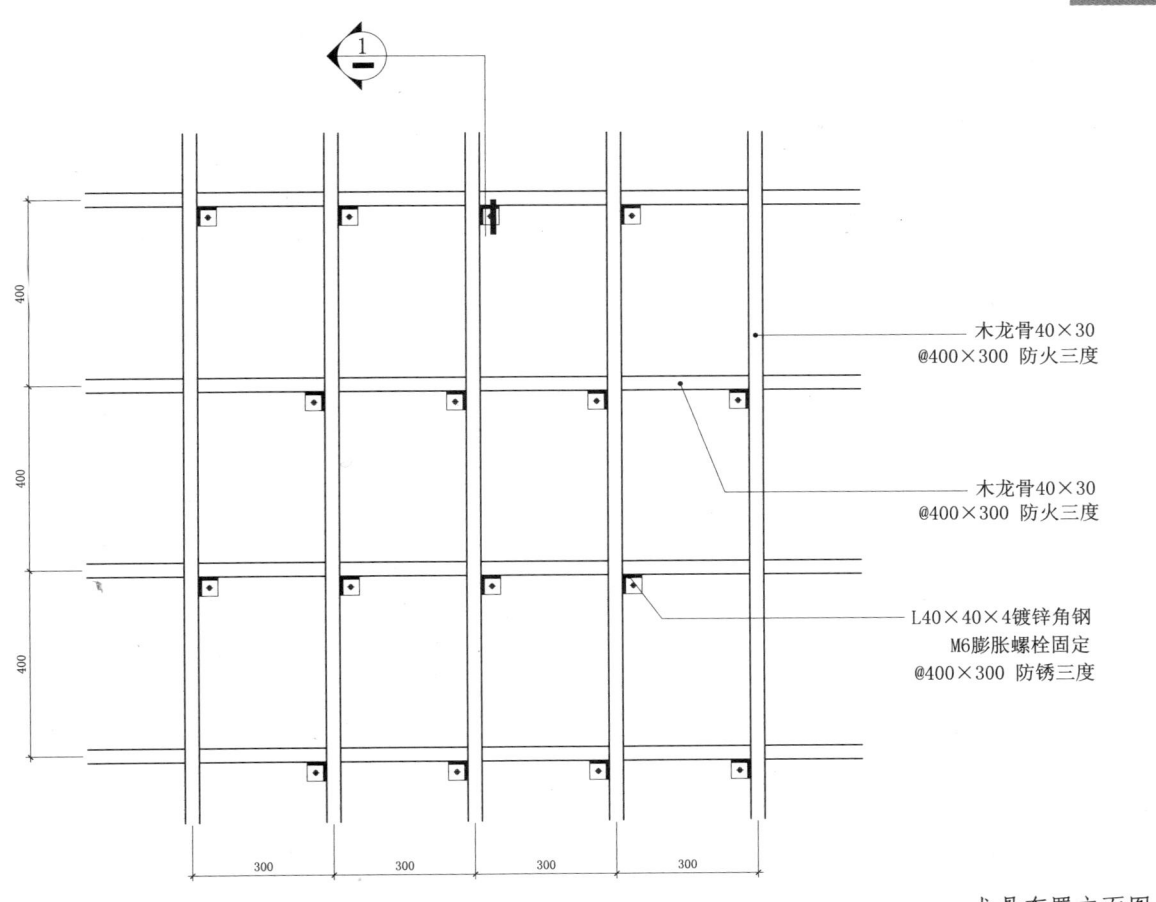

龙骨布置立面图

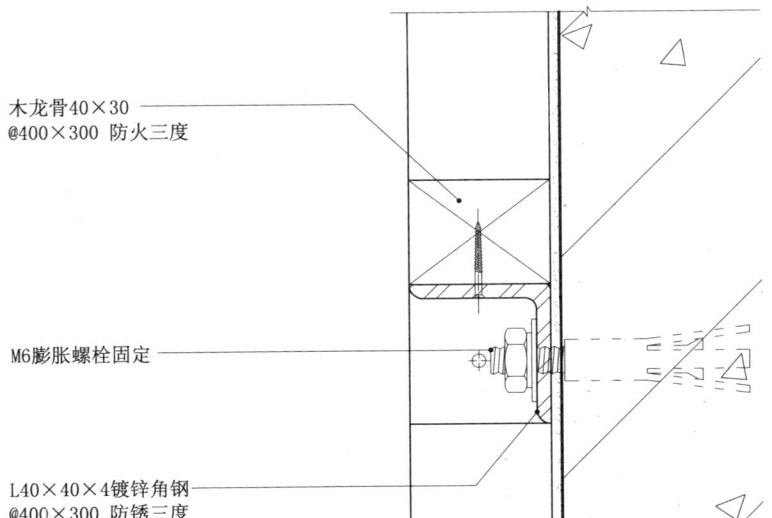

*将角钢与墙体先固定，木龙骨通过角钢固定于墙体上

1节点图

1.5 木龙骨做法布置

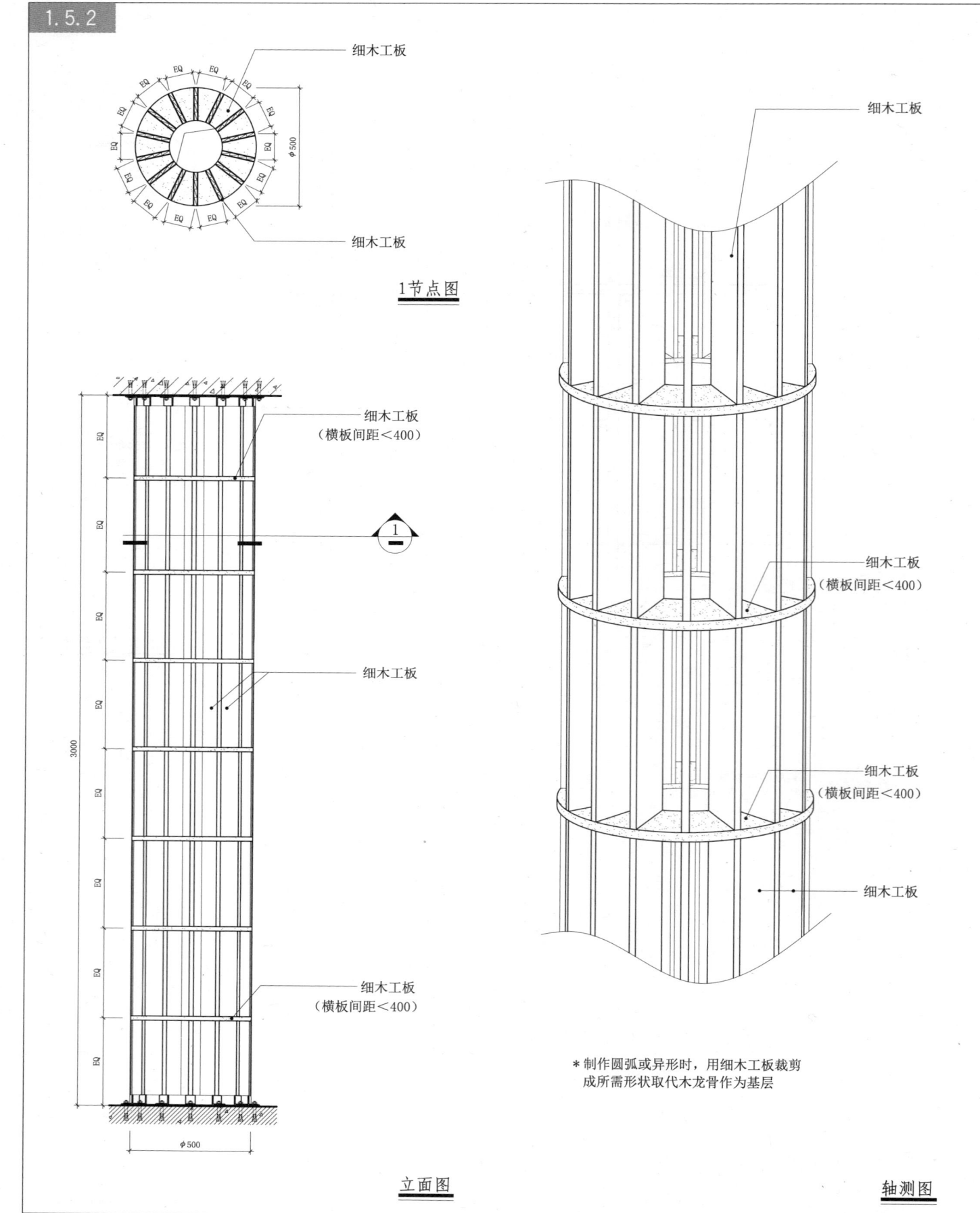

1.5 木龙骨做法布置 1.5.3

骨架构造

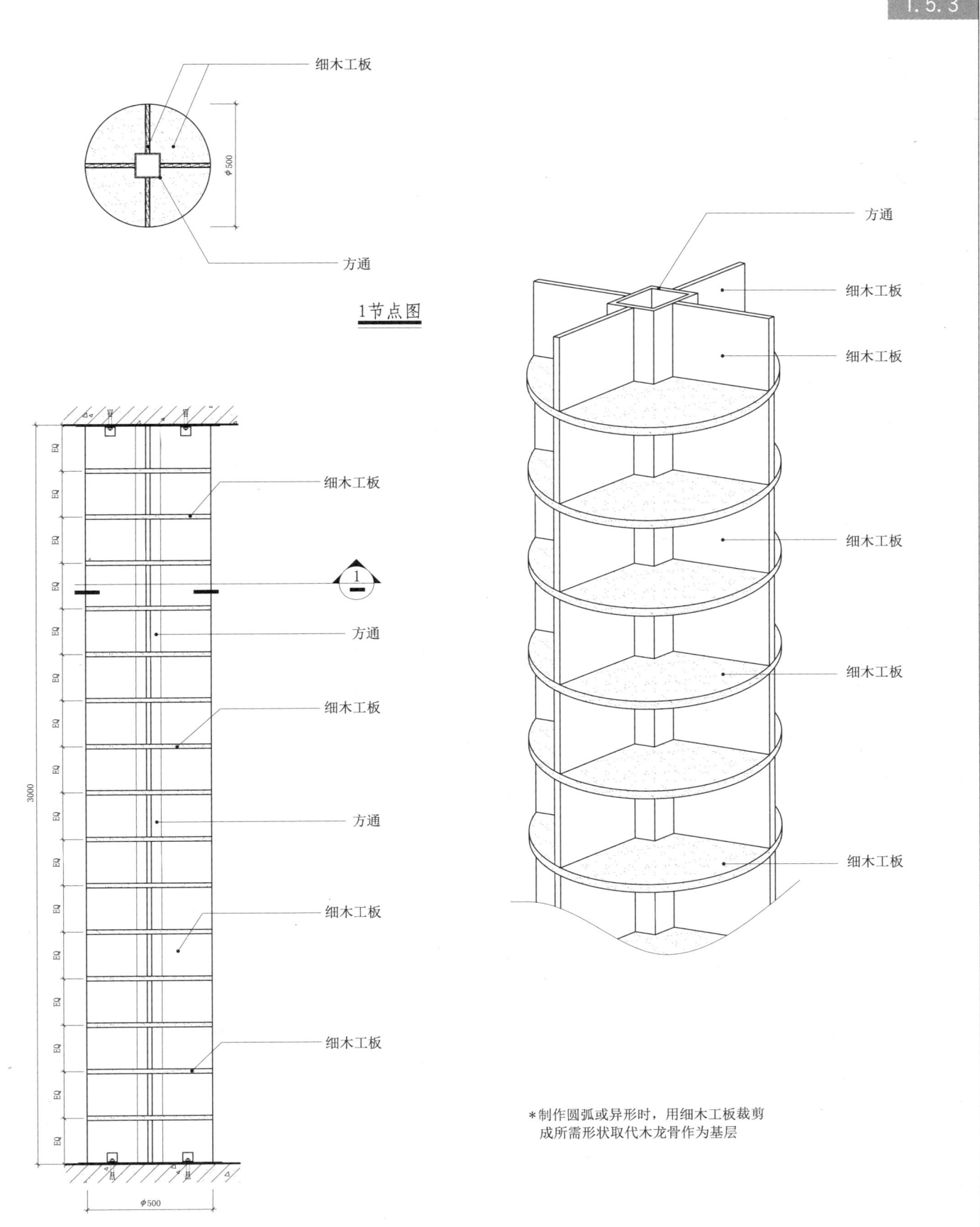

1节点图

立面图

轴测图

*制作圆弧或异形时，用细木工板裁剪成所需形状取代木龙骨作为基层

1.5 木龙骨做法布置

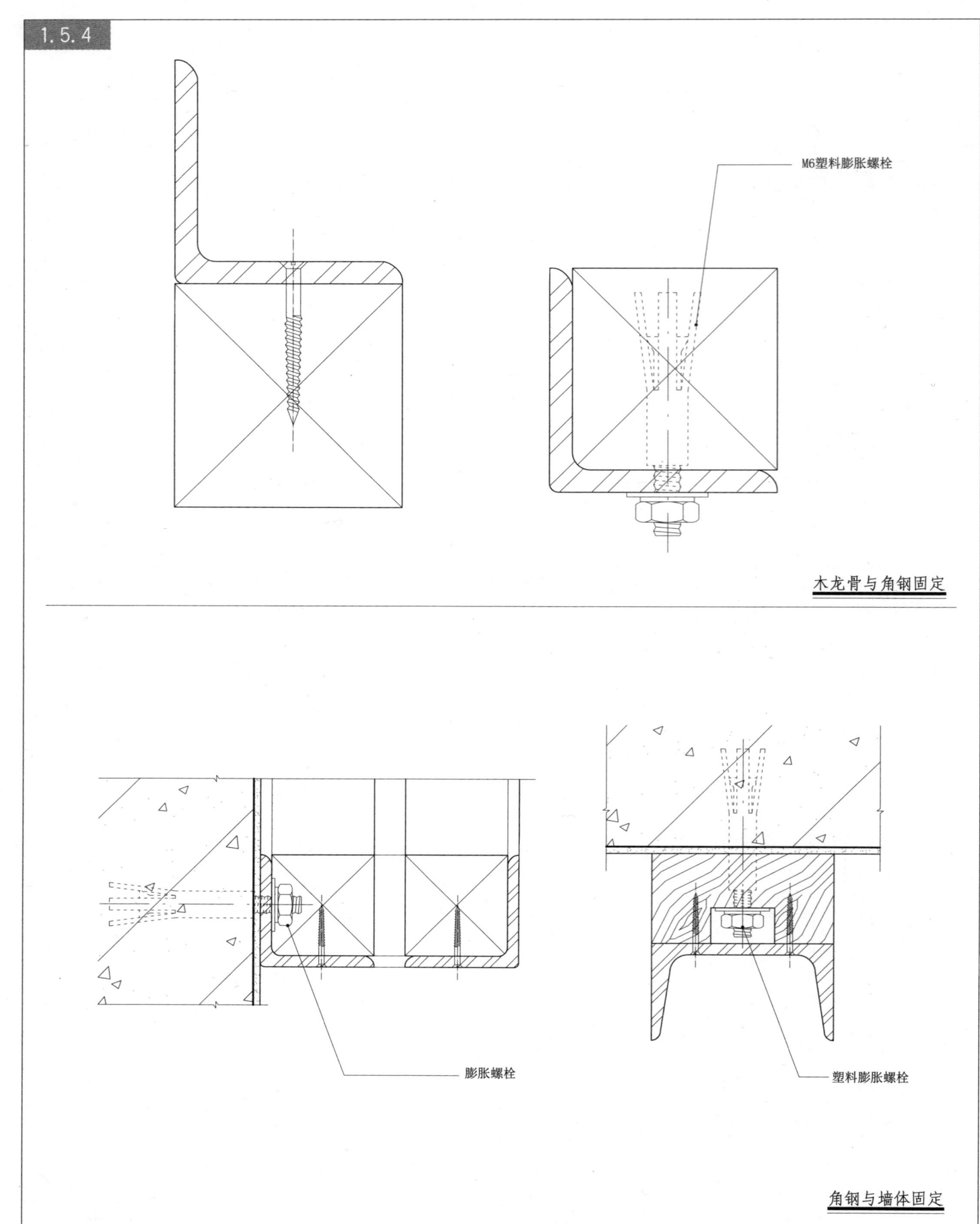

1.6　YT砖固定节点

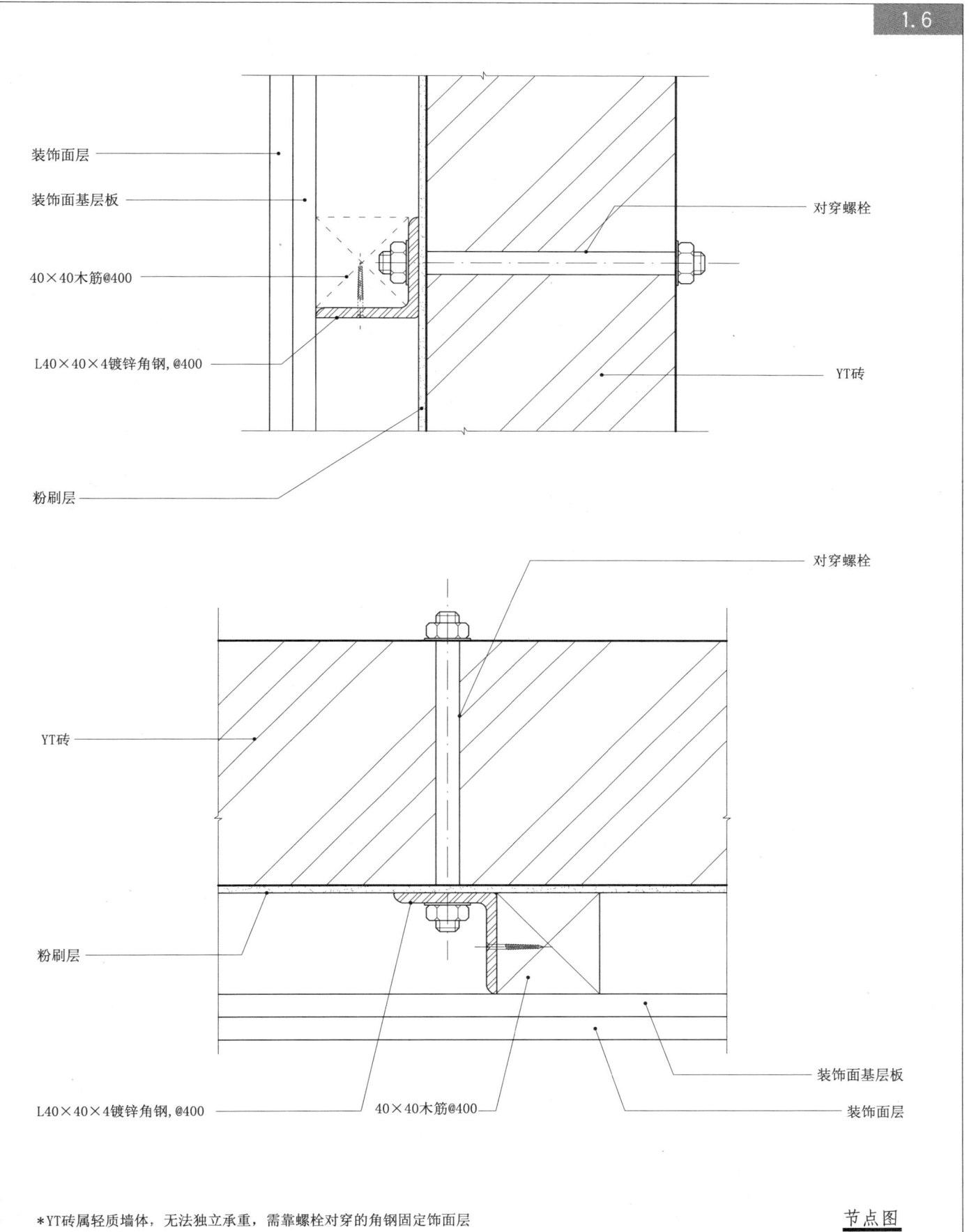

*YT砖属轻质墙体，无法独立承重，需靠螺栓对穿的角钢固定饰面层

节点图

1 骨架构造

1.7 吧台透光背景墙

- 餐饮设施
- 玻璃构造
- 检修构造
- 室内设施
- 透光照明构造

1.7.1

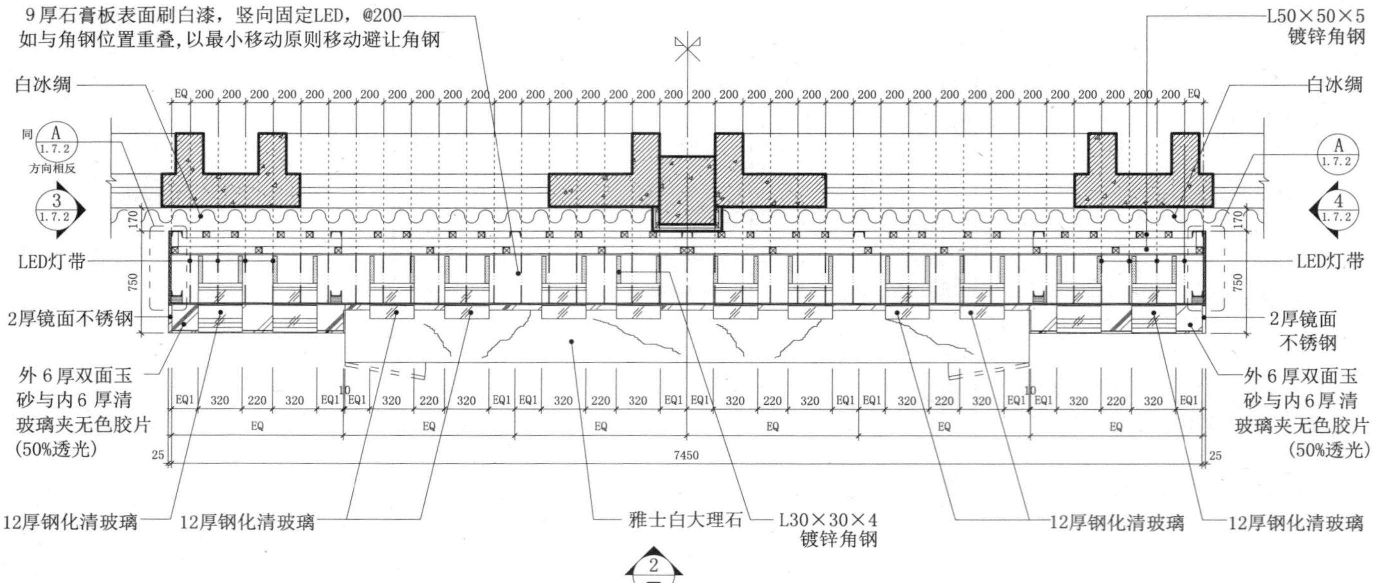

1 剖面图

标注：
- 9厚石膏板表面刷白漆，竖向固定LED，@200 如与角钢位置重叠，以最小移动原则移动避让角钢
- L50×50×5 镀锌角钢
- 白冰绸
- LED灯带
- 2厚镜面不锈钢
- 外6厚双面玉砂与内6厚清玻璃夹无色胶片（50%透光）
- 12厚钢化清玻璃
- 雅士白大理石
- L30×30×4 镀锌角钢

2 立面图

标注：
- 2厚镜面不锈钢
- 12厚钢化清玻璃
- 顶部检修盖表面黑色全亚光硝基漆
- 白冰绸
- 外6厚双面玉砂与内6厚清玻璃夹无色胶片（50%透光）
- 饮料冷藏展示柜
- 白色背漆
- 3厚镜面不锈钢
- 1厚镜面不锈钢
- 8厚药水砂玻璃
- 2厚镜面不锈钢
- 雅士白大理石
- 黑胡桃木表面深褐色全亚光漆
- 依总长度推算

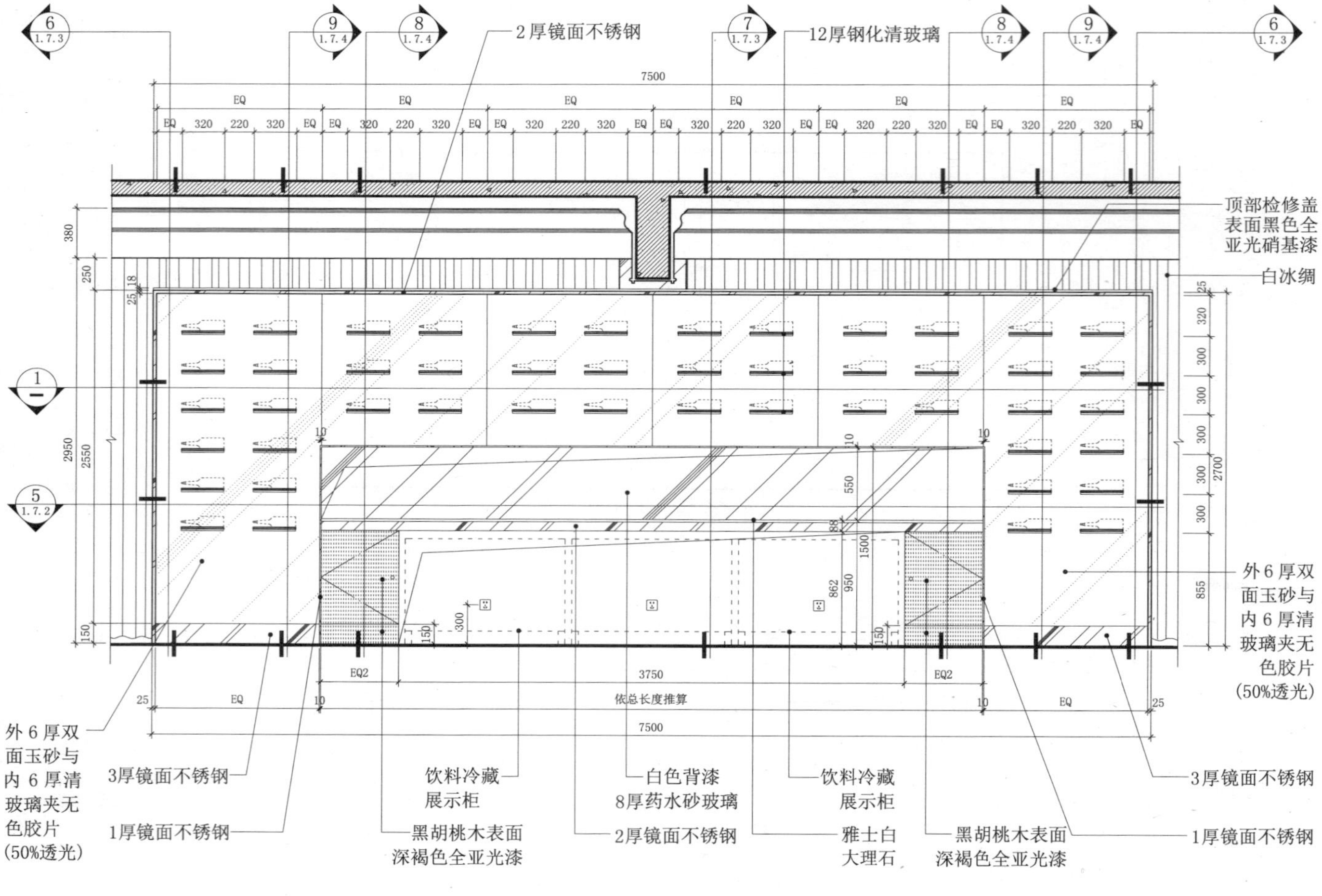

* 本节点中LED灯带均为：0.3W/颗，48颗/m，24V，2700K

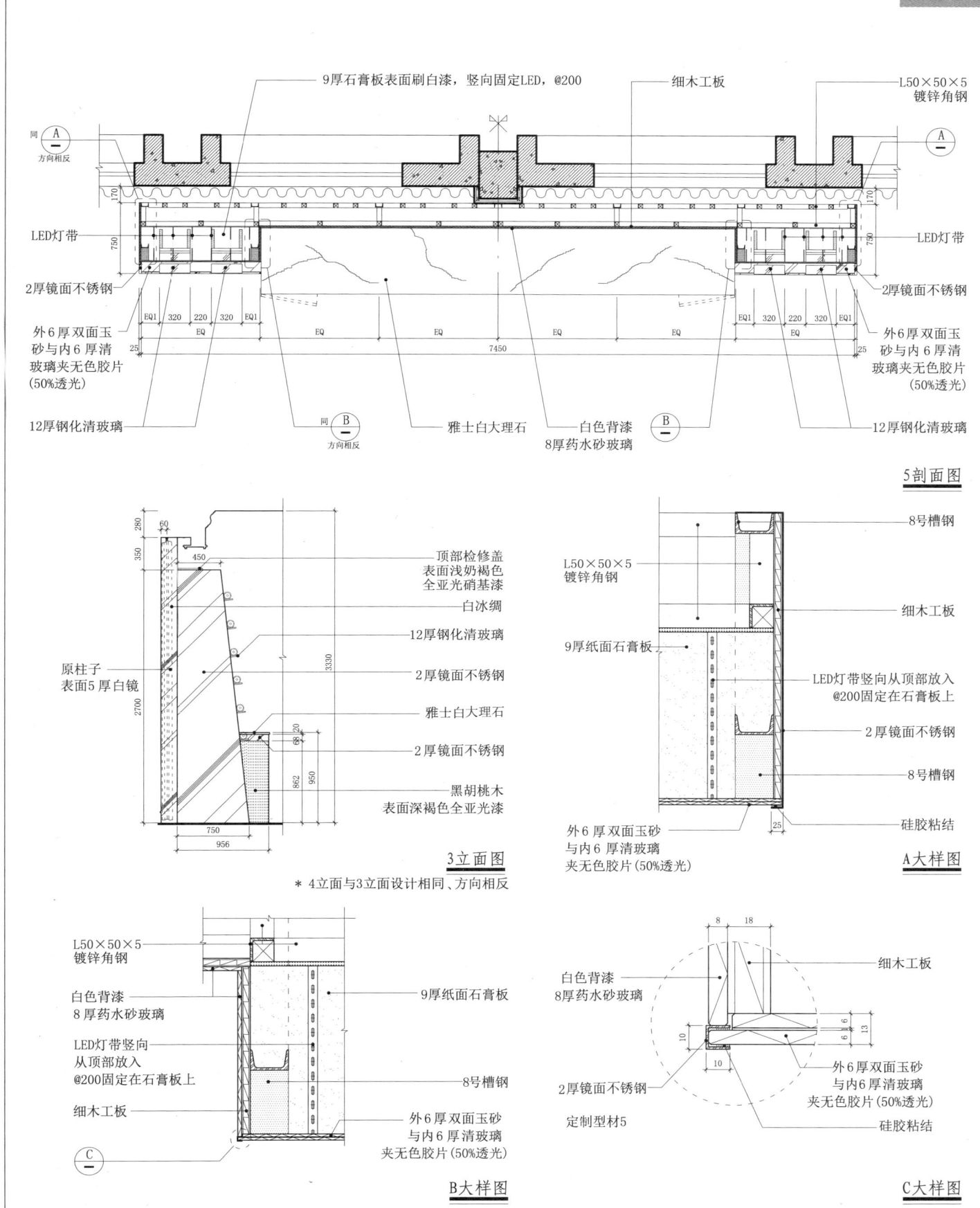

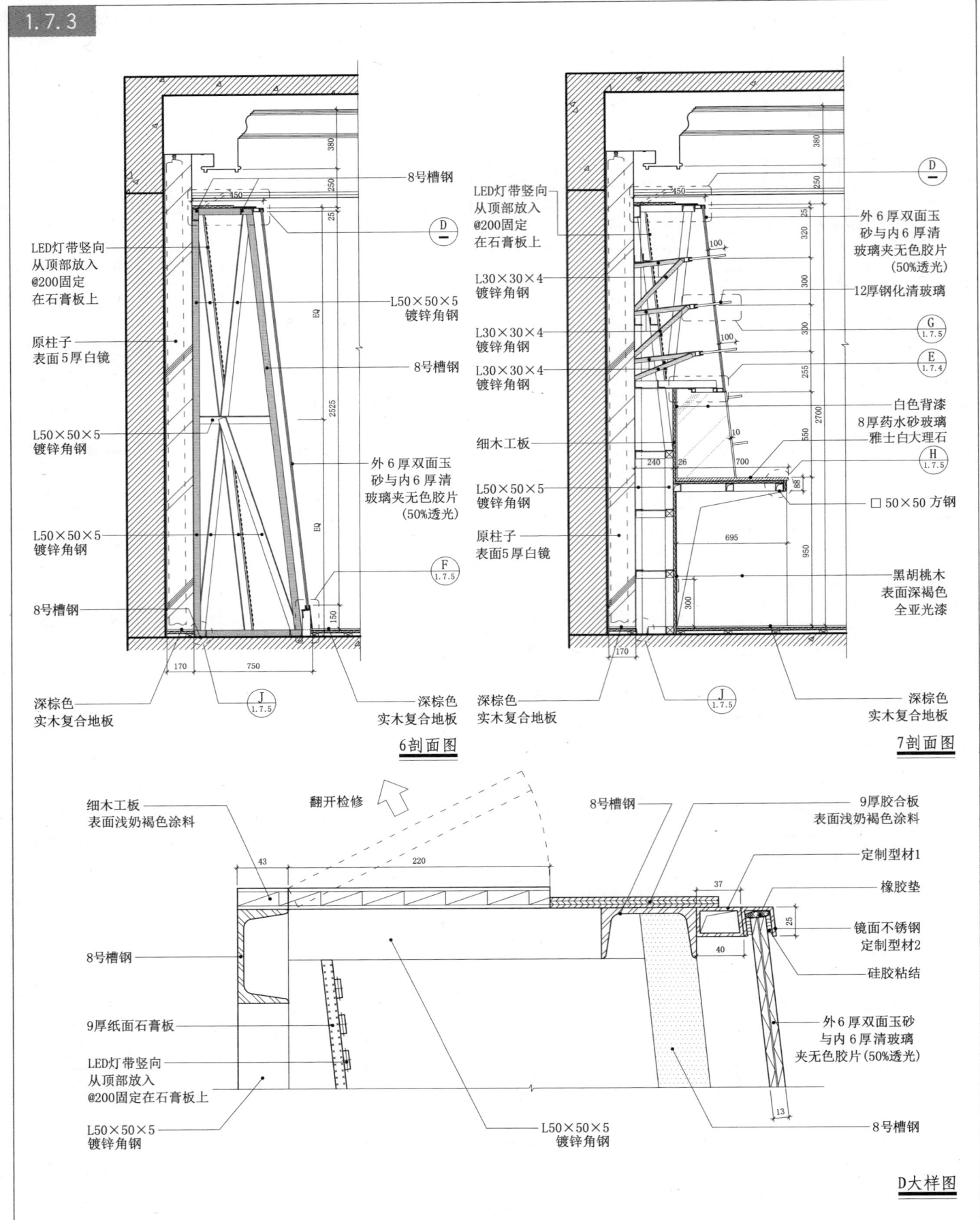

1.7 吧台透光背景墙

1.7.4

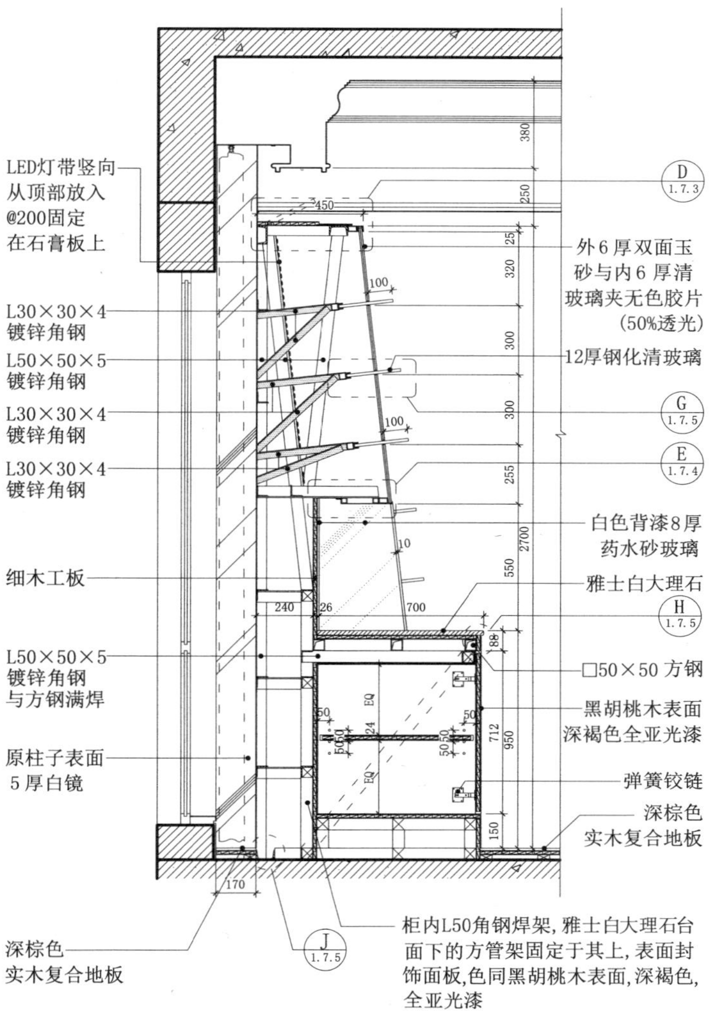

8剖面图

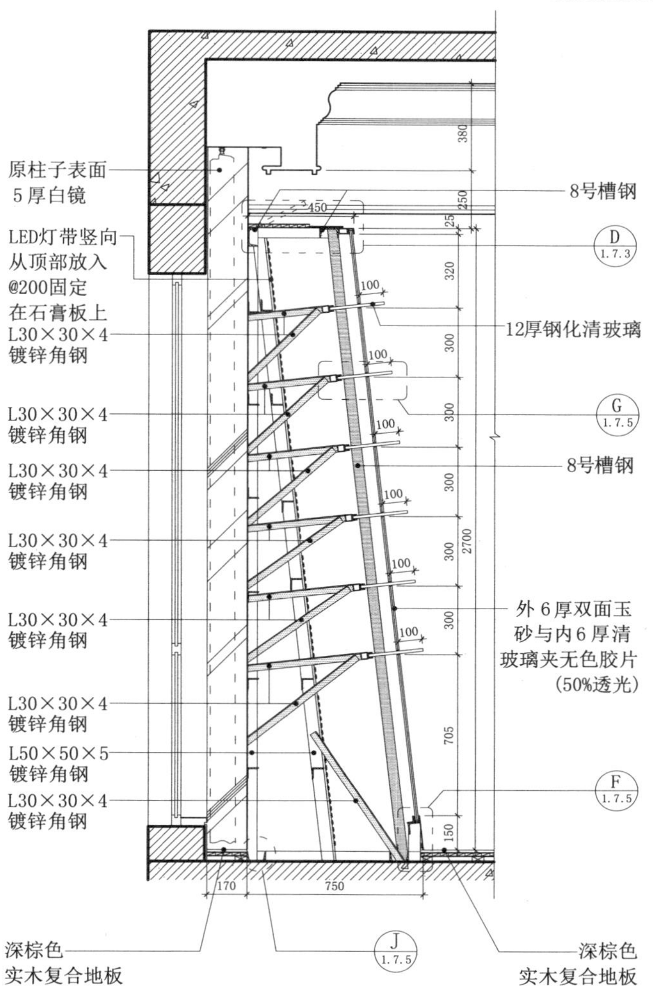

- LED灯带竖向从顶部放入@200固定在石膏板上
- L30×30×4 镀锌角钢
- L50×50×5 镀锌角钢
- L30×30×4 镀锌角钢
- L30×30×4 镀锌角钢
- 细木工板
- L50×50×5 镀锌角钢 与方钢满焊
- 原柱子表面 5厚白镜
- 深棕色实木复合地板
- 原柱子表面 5厚白镜
- 外6厚双面玉砂与内6厚清玻璃夹无色胶片(50%透光)
- 12厚钢化清玻璃
- 白色背漆8厚药水砂玻璃
- 雅士白大理石
- □50×50 方钢
- 黑胡桃木表面 深褐色全亚光漆
- 弹簧铰链
- 深棕色实木复合地板
- 柜内L50角钢焊架，雅士白大理石台面下的方管架固定于其上，表面封饰面板，色同黑胡桃木表面，深褐色，全亚光漆

9剖面图

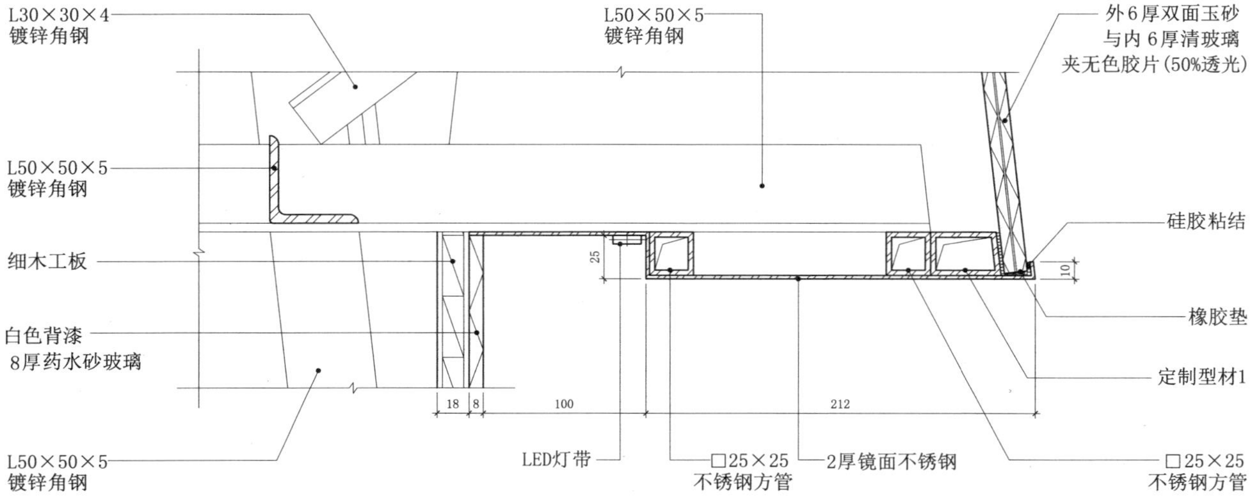

- 原柱子表面 5厚白镜
- LED灯带竖向从顶部放入@200固定在石膏板上
- L30×30×4 镀锌角钢
- L30×30×4 镀锌角钢
- L30×30×4 镀锌角钢
- L30×30×4 镀锌角钢
- L50×50×5 镀锌角钢
- L30×30×4 镀锌角钢
- 深棕色实木复合地板
- 8号槽钢
- 12厚钢化清玻璃
- 8号槽钢
- 外6厚双面玉砂与内6厚清玻璃夹无色胶片(50%透光)
- 深棕色实木复合地板

E大样图

- L30×30×4 镀锌角钢
- L50×50×5 镀锌角钢
- 细木工板
- L50×50×5 镀锌角钢
- 白色背漆8厚药水砂玻璃
- L50×50×5 镀锌角钢
- LED灯带
- □25×25 2厚镜面不锈钢
- □25×25 不锈钢方管
- 外6厚双面玉砂与内6厚清玻璃夹无色胶片(50%透光)
- 硅胶粘结
- 橡胶垫
- 定制型材1
- □25×25 不锈钢方管

骨架构造·餐饮设施　玻璃构造　检修构造　室内设施　透光照明构造

1.7 吧台透光背景墙

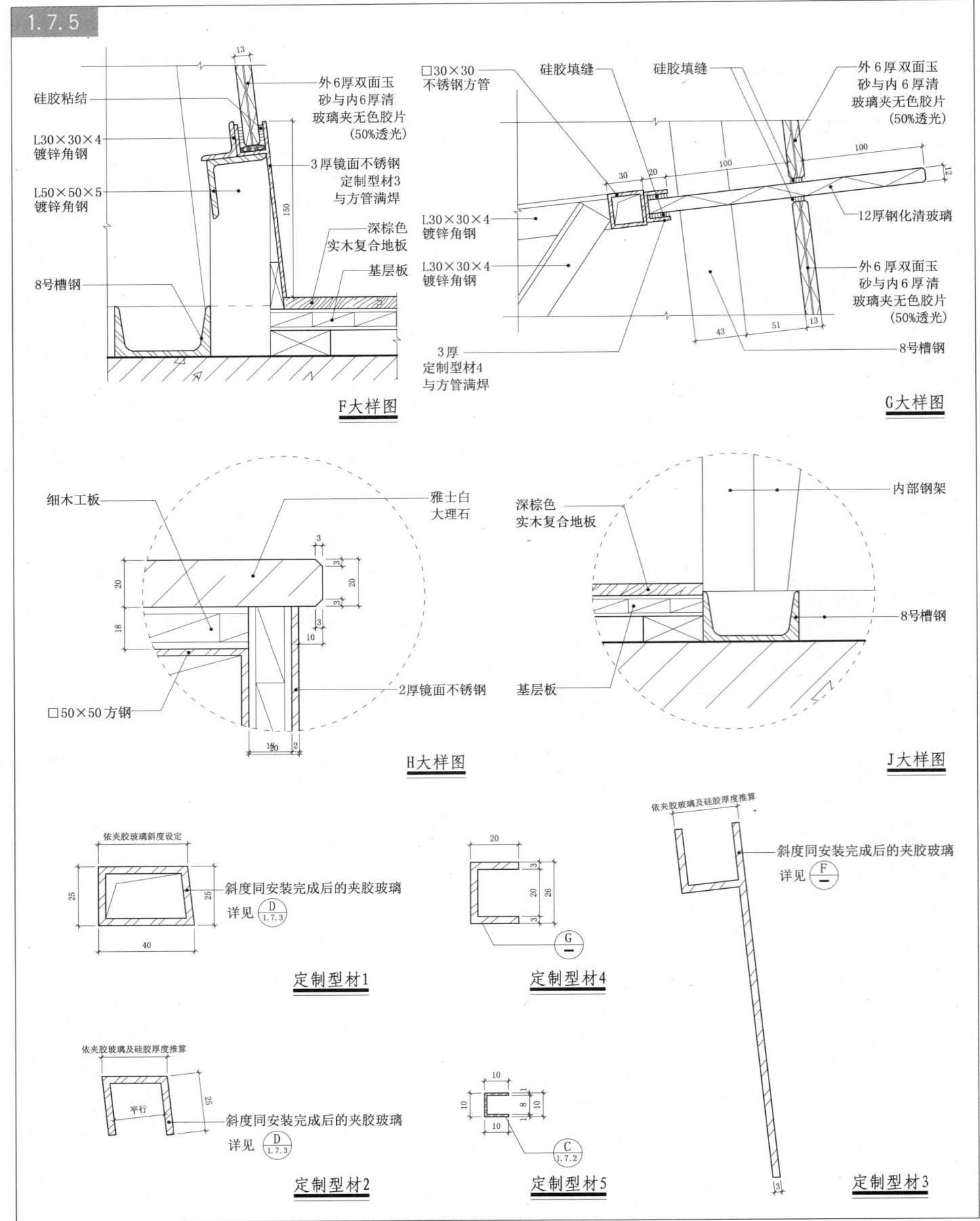

1.7 吧台透光背景墙

1.7.6

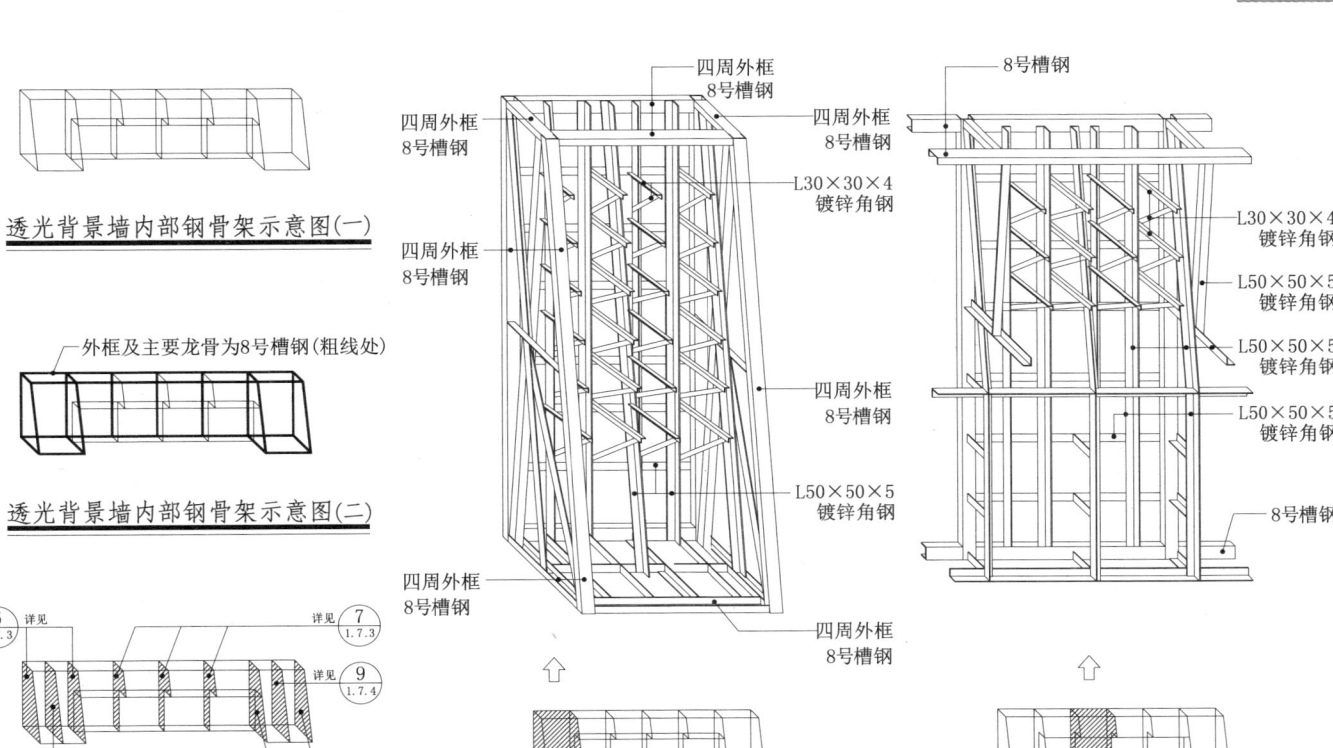

透光背景墙内部钢骨架示意图(一)

透光背景墙内部钢骨架示意图(二)

透光背景墙内部钢骨架断面索引图

透光背景墙内部钢骨架轴测图(局部)(一)

透光背景墙内部钢骨架轴测图(局部)(二)

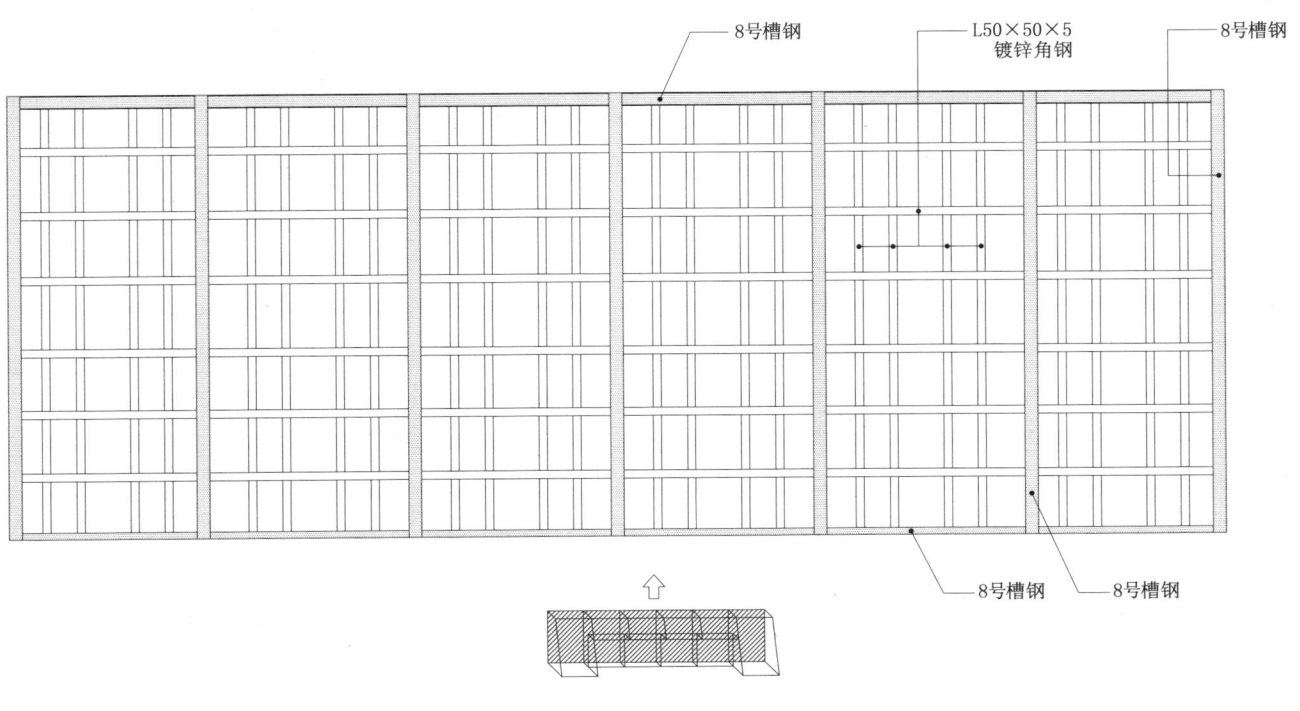

透光背景墙背部钢骨架立面示意图

1 骨架构造 · 餐饮设施　玻璃构造　检修构造　室内设施　透光照明构造

1.8 透光玻璃墙构造

1 骨架构造·幕墙构造 玻璃构造 检修构造 透光照明构造

1.8.1

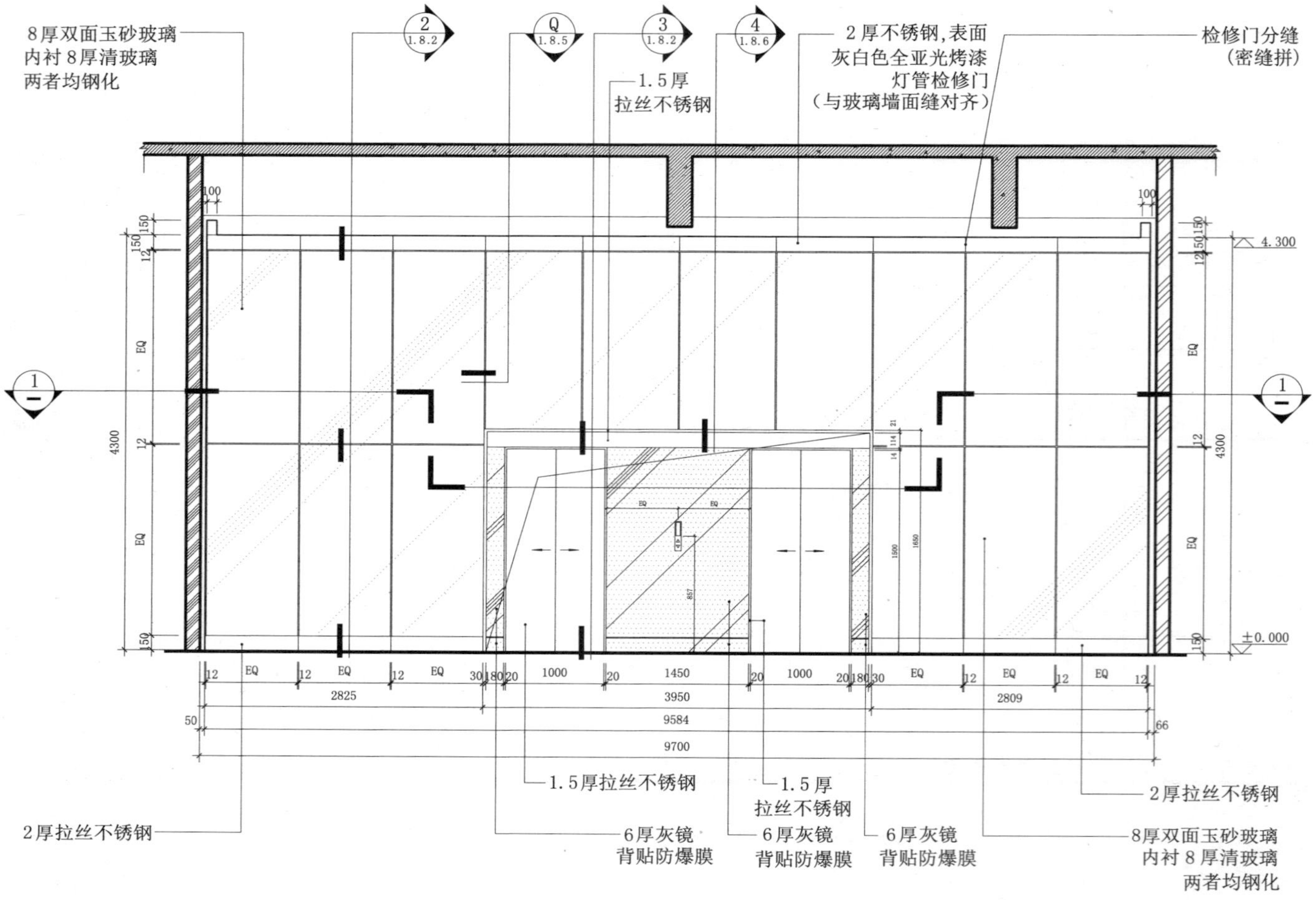

透光墙立面图

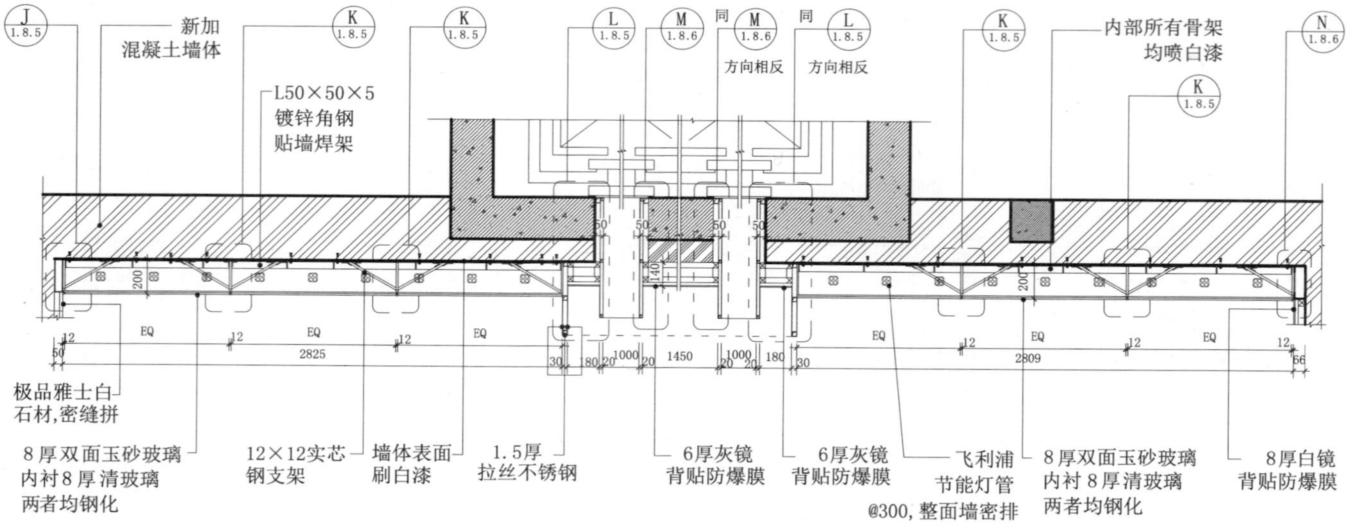

1节点图

主要标注说明：
- 8厚双面玉砂玻璃内衬8厚清玻璃 两者均钢化
- 1.5厚拉丝不锈钢
- 2厚不锈钢,表面灰白色全亚光烤漆 灯管检修门（与玻璃墙面缝对齐）
- 检修门分缝（密缝拼）
- 2厚拉丝不锈钢
- 6厚灰镜背贴防爆膜
- 8厚白镜背贴防爆膜
- 新加混凝土墙体
- L50×50×5 镀锌角钢贴墙焊架
- 方向相反
- 内部所有骨架均喷白漆
- 极品雅士白石材,密缝拼
- 12×12实芯钢支架
- 墙体表面刷白漆
- 飞利浦节能灯管@300,整面墙密排

室内构造节点与专项模式图集

1.8 透光玻璃墙构造

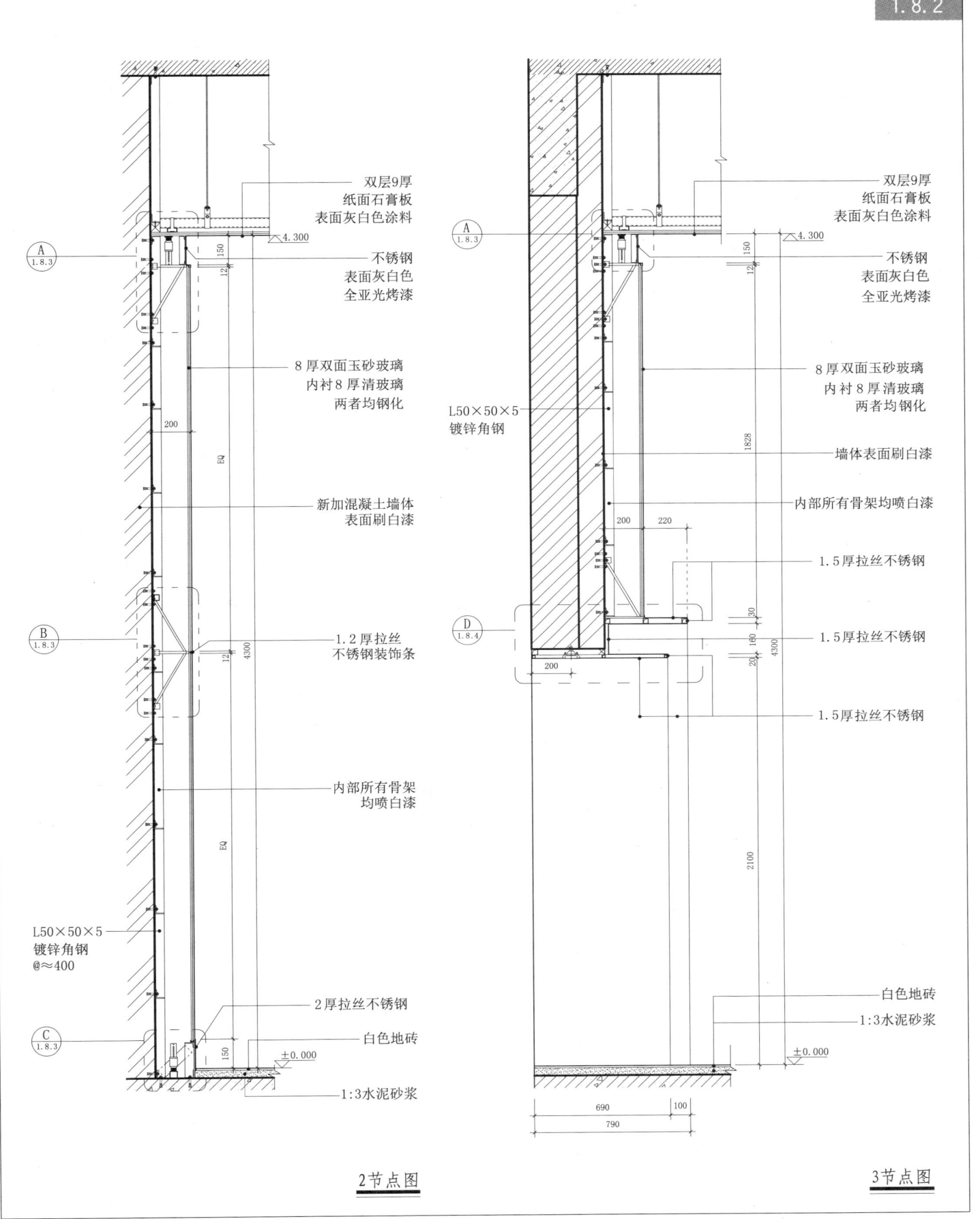

2节点图　　　3节点图

1.8 透光玻璃墙构造

1.8.3

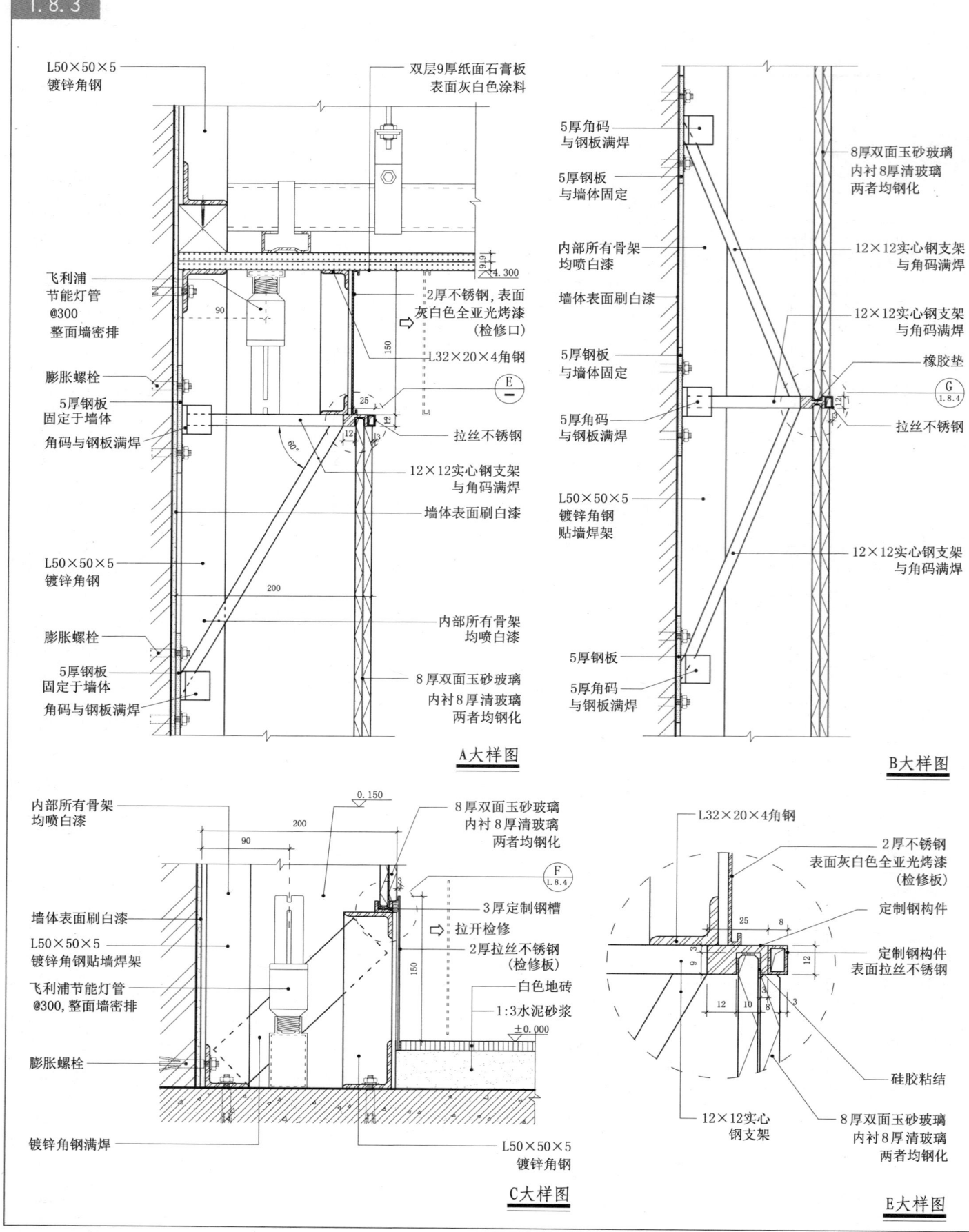

A大样图　B大样图　C大样图　E大样图

1.8 透光玻璃墙构造

1.8.4

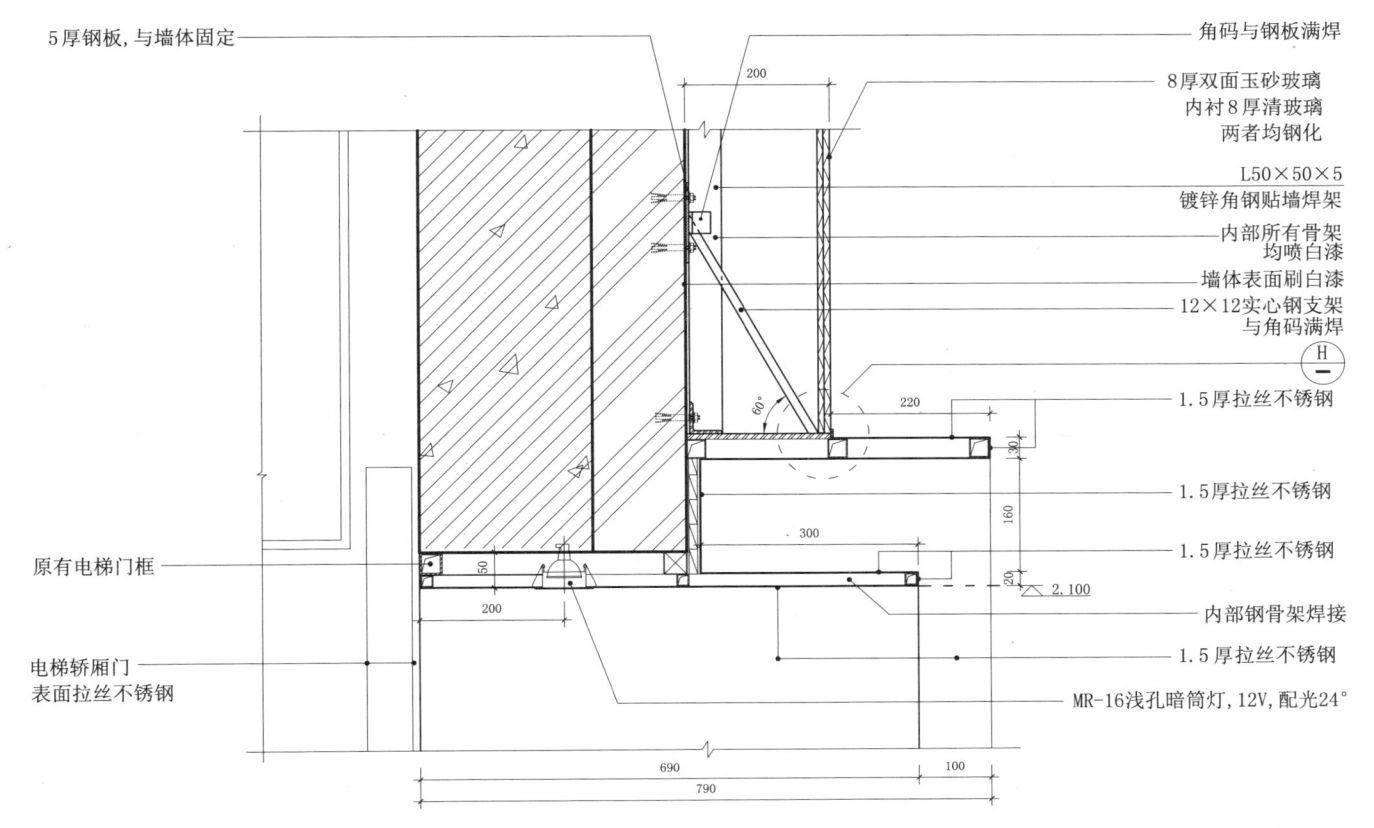

D大样图

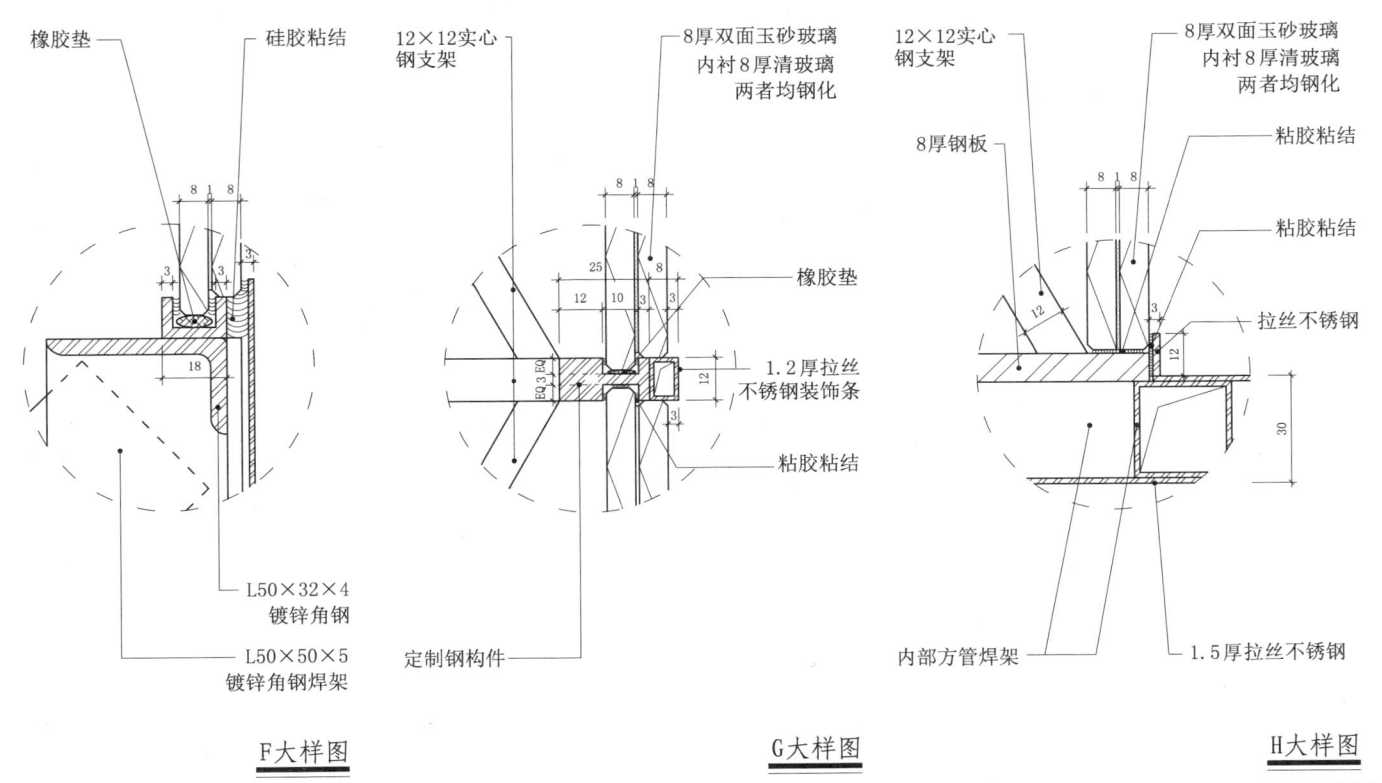

F大样图　　G大样图　　H大样图

骨架构造 · 幕墙构造　玻璃构造　检修构造　透光照明构造

1.8 透光玻璃墙构造

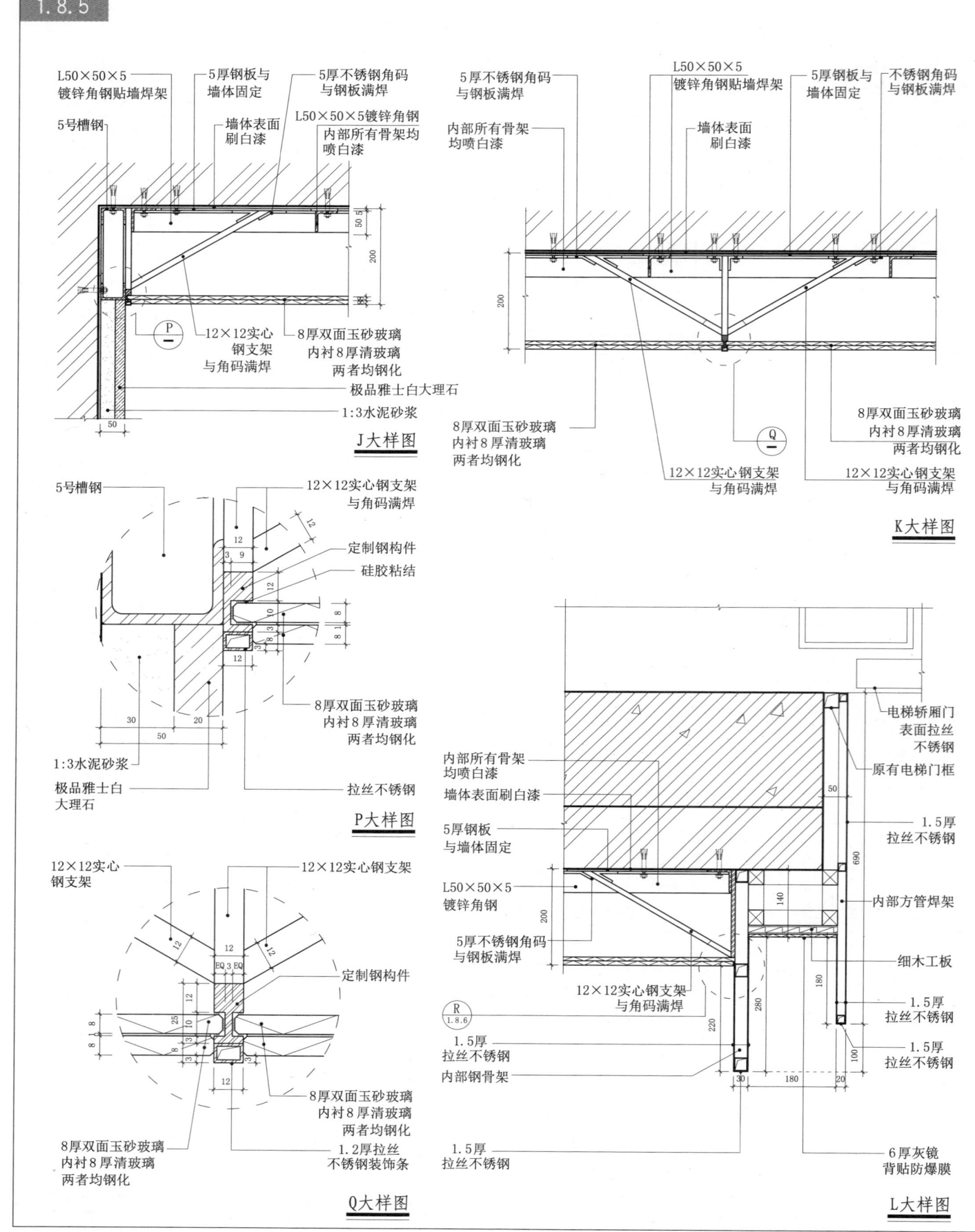

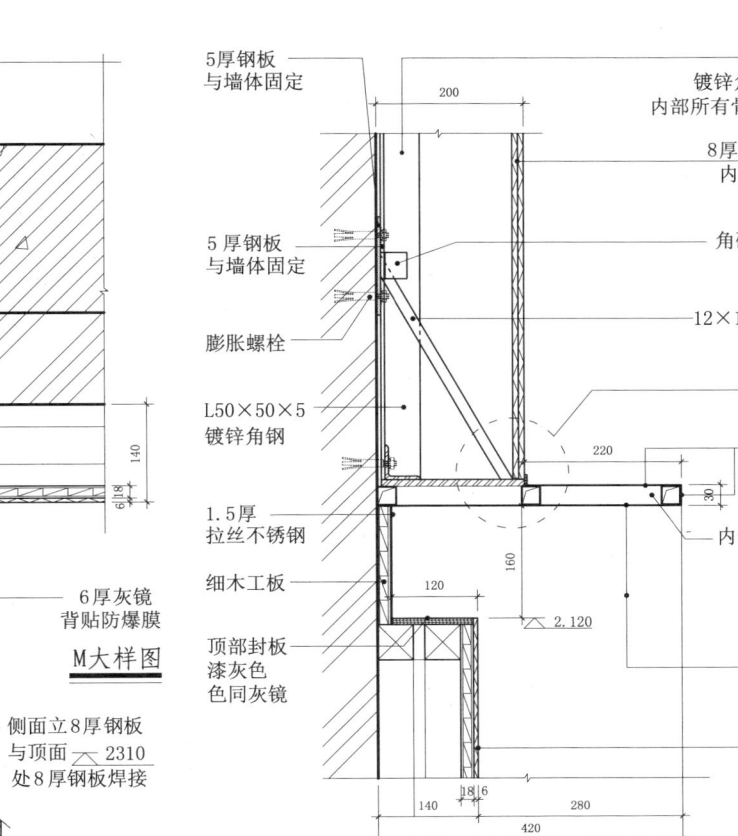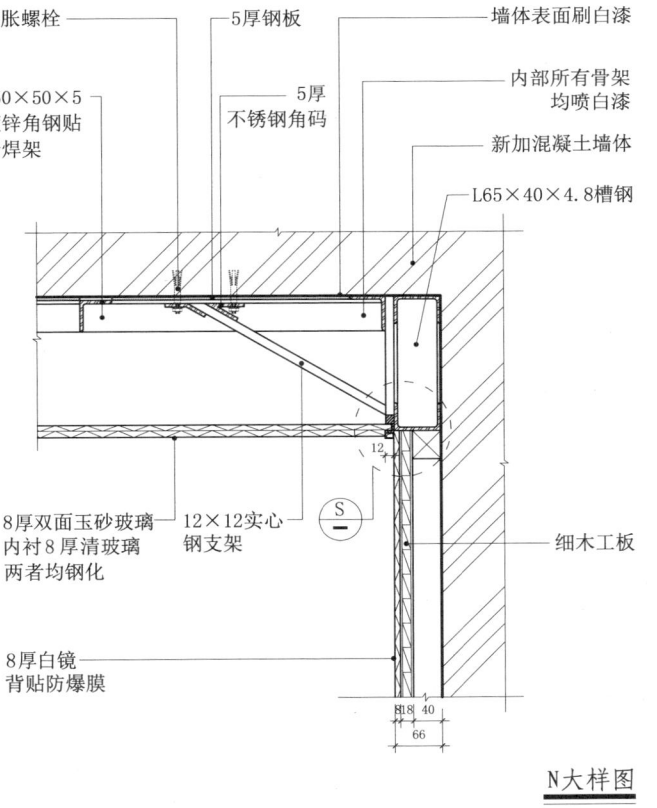

1.9 倾斜造型墙面固定

1.9.1

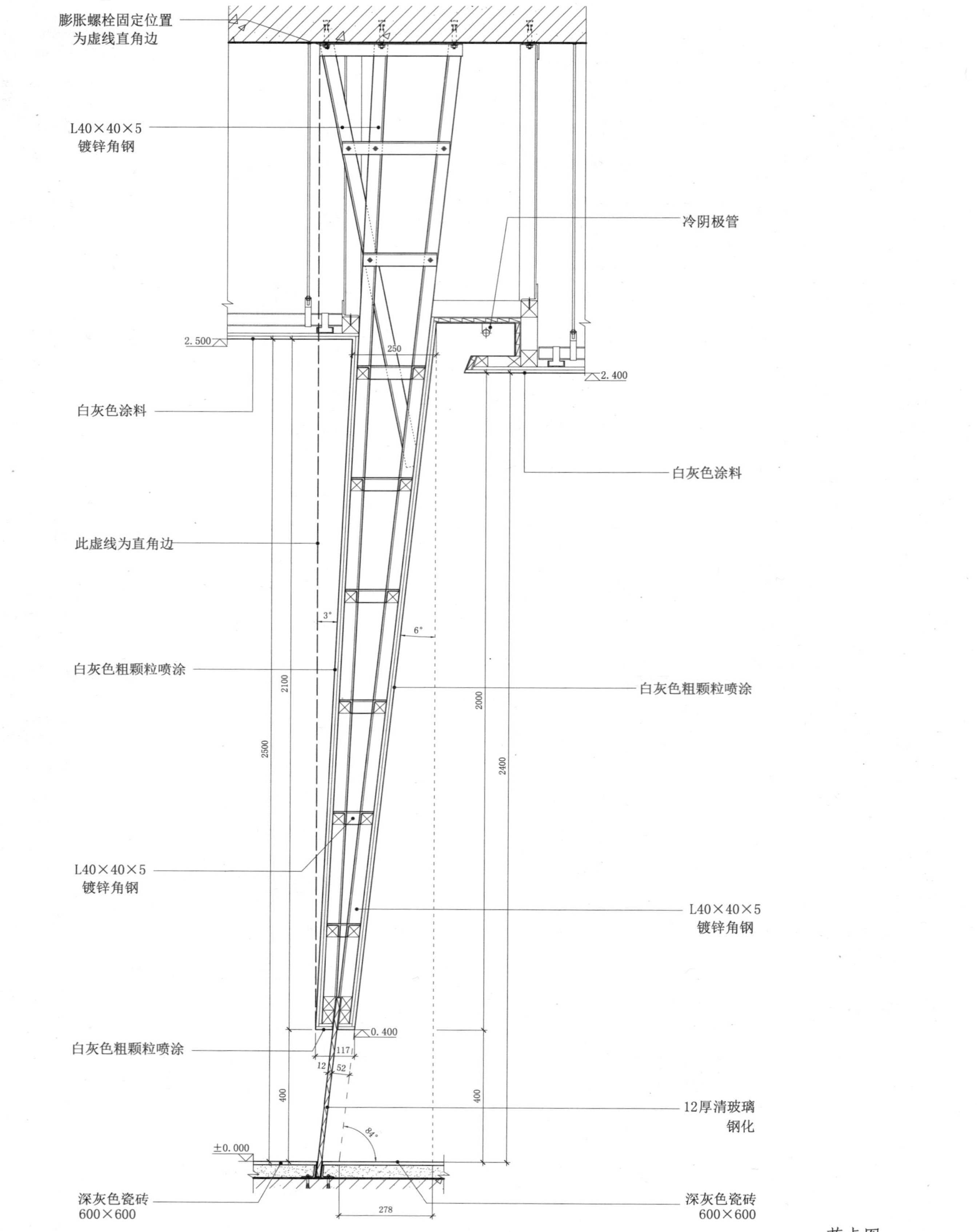
膨胀螺栓固定位置
为虚线直角边
L40×40×5
镀锌角钢
冷阴极管
2.500
250
2.400
白灰色涂料
白灰色涂料
此虚线为直角边
3°
6°
白灰色粗颗粒喷涂
白灰色粗颗粒喷涂
2100
2000
2500
2400
L40×40×5
镀锌角钢
L40×40×5
镀锌角钢
0.400
白灰色粗颗粒喷涂
117
12
52
400
400
12厚清玻璃
钢化
84°
±0.000
深灰色瓷砖
600×600
278
深灰色瓷砖
600×600

节点图

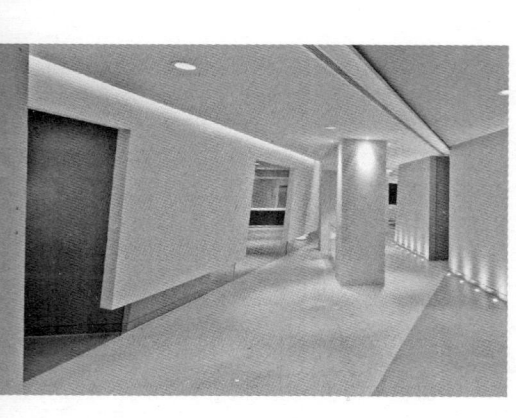

1.9 倾斜造型墙面固定

1.9.2

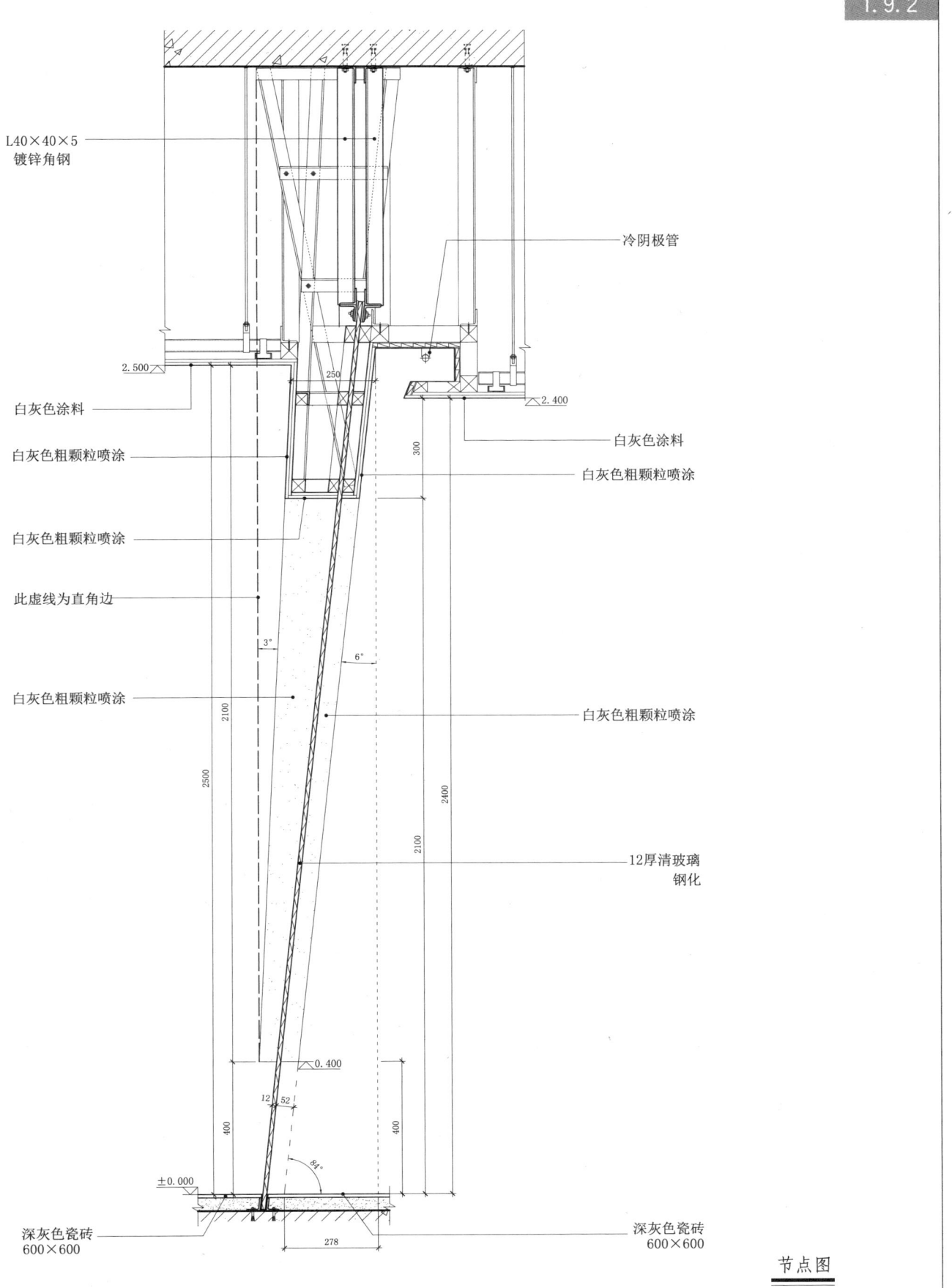

节点图

1 骨架构造 · 立面构造

1.10 造型墙面

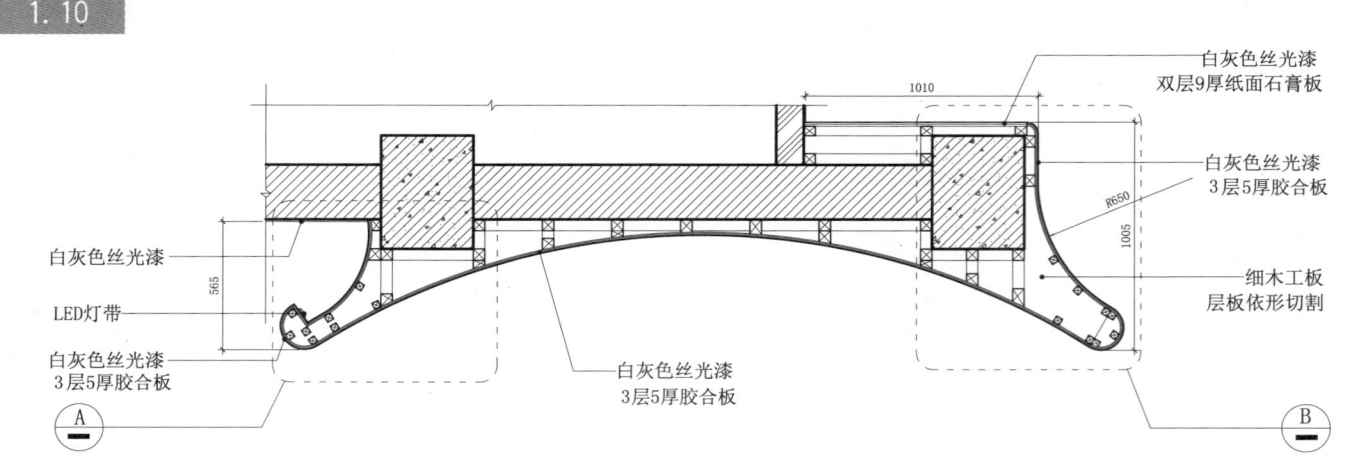

弧形墙节点图

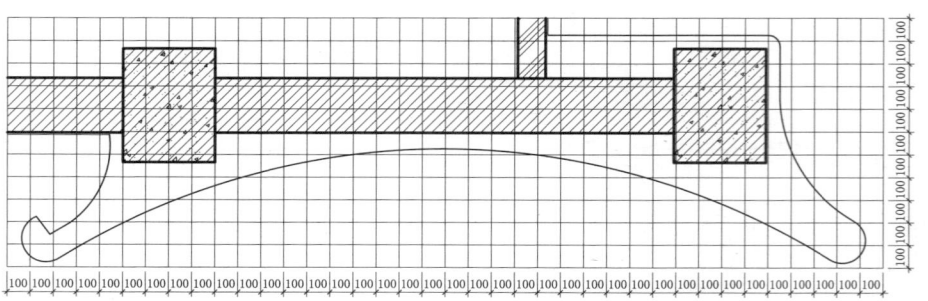

大样图

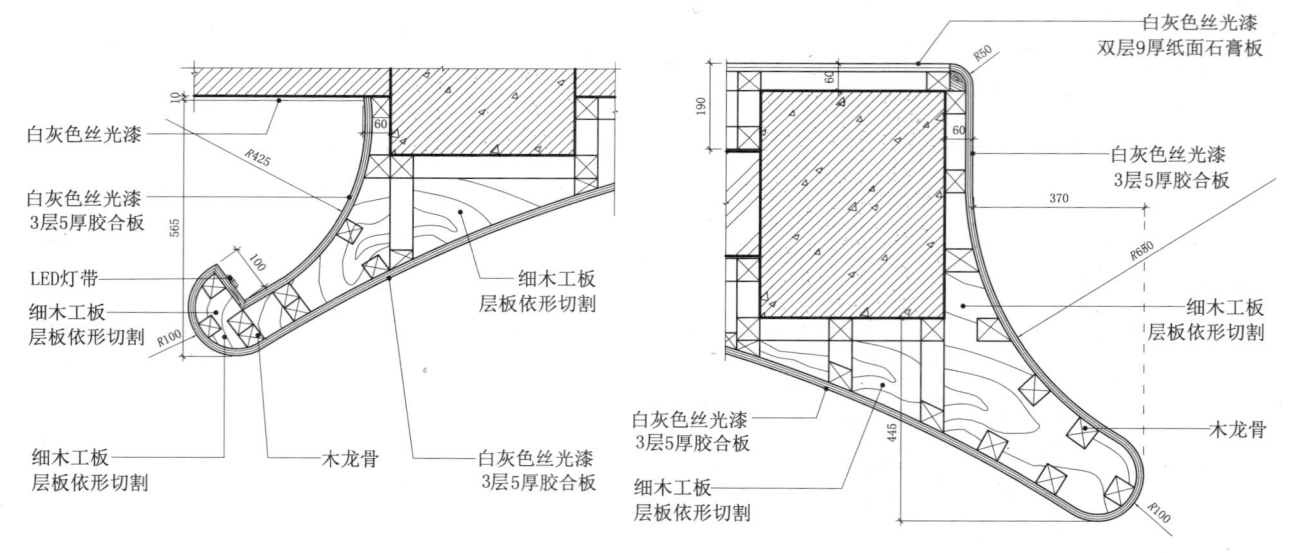

A节点图　　　　　　　B节点图

1.11 酒吧固定式长桌构造

1.11.1

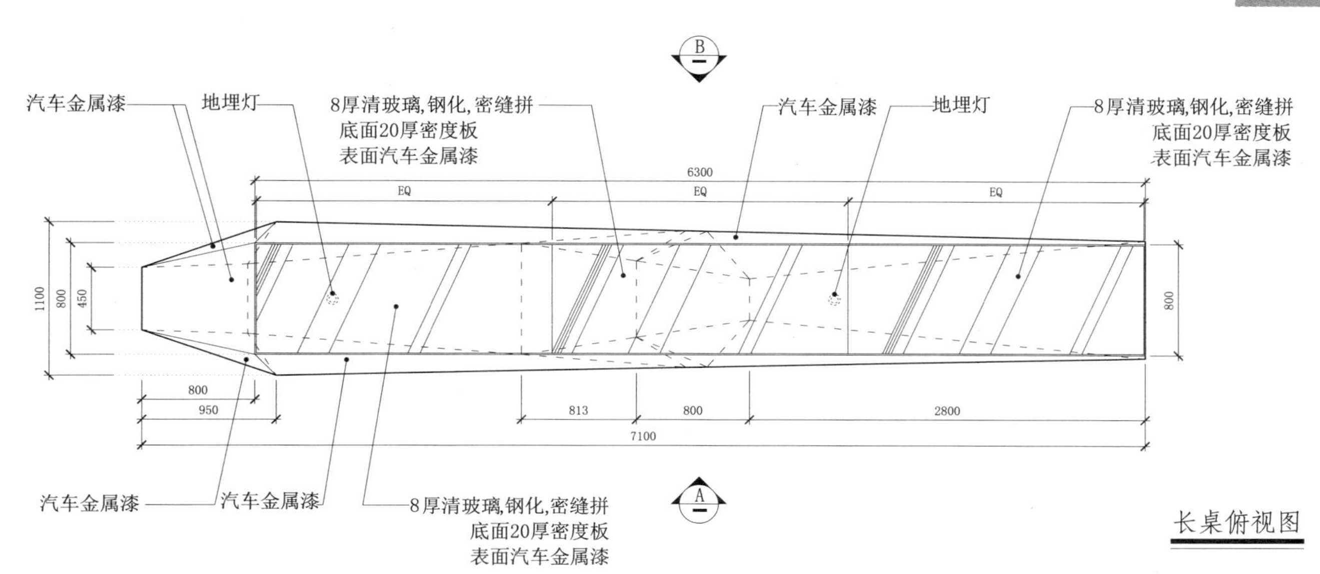

长桌俯视图

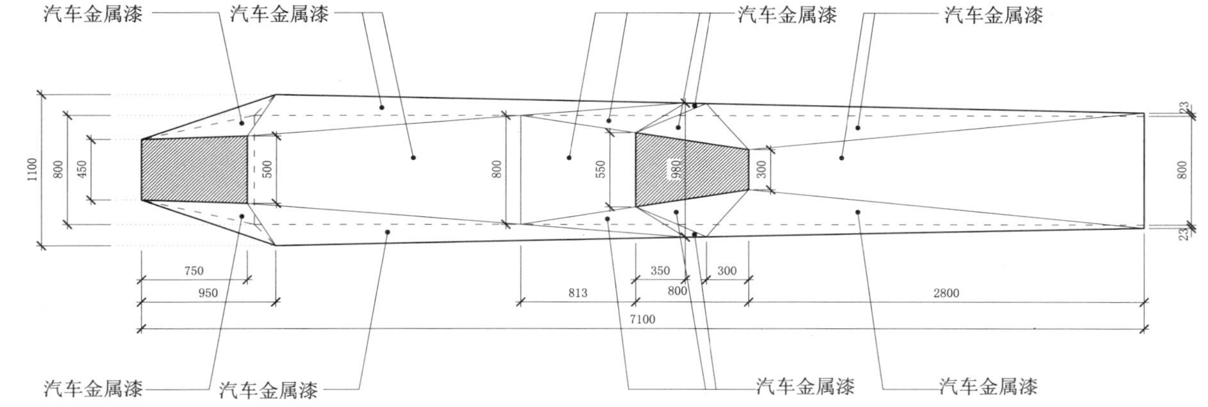

标注：汽车金属漆、地埋灯、8厚清玻璃,钢化,密缝拼 底面20厚密度板 表面汽车金属漆

长桌仰视图

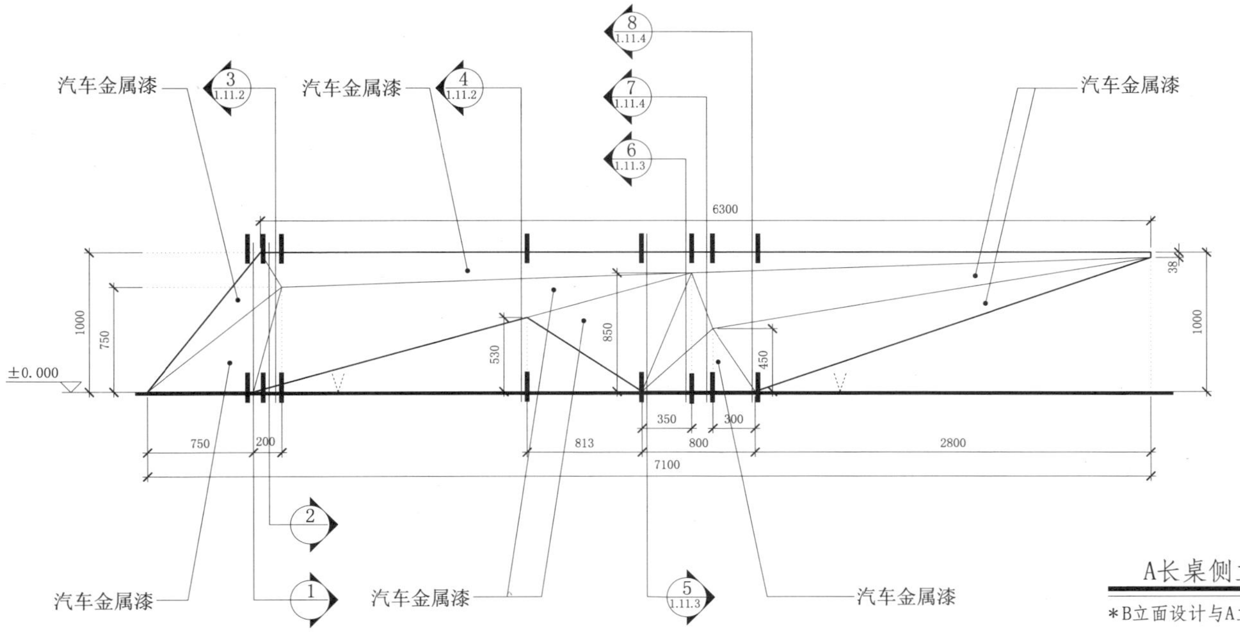

A长桌侧立面图

＊B立面设计与A立面相同

1 骨架构造 · 餐饮设施 固定式家具

1.11 酒吧固定式长桌构造

1 骨架构造 · 餐饮设施 固定式家具

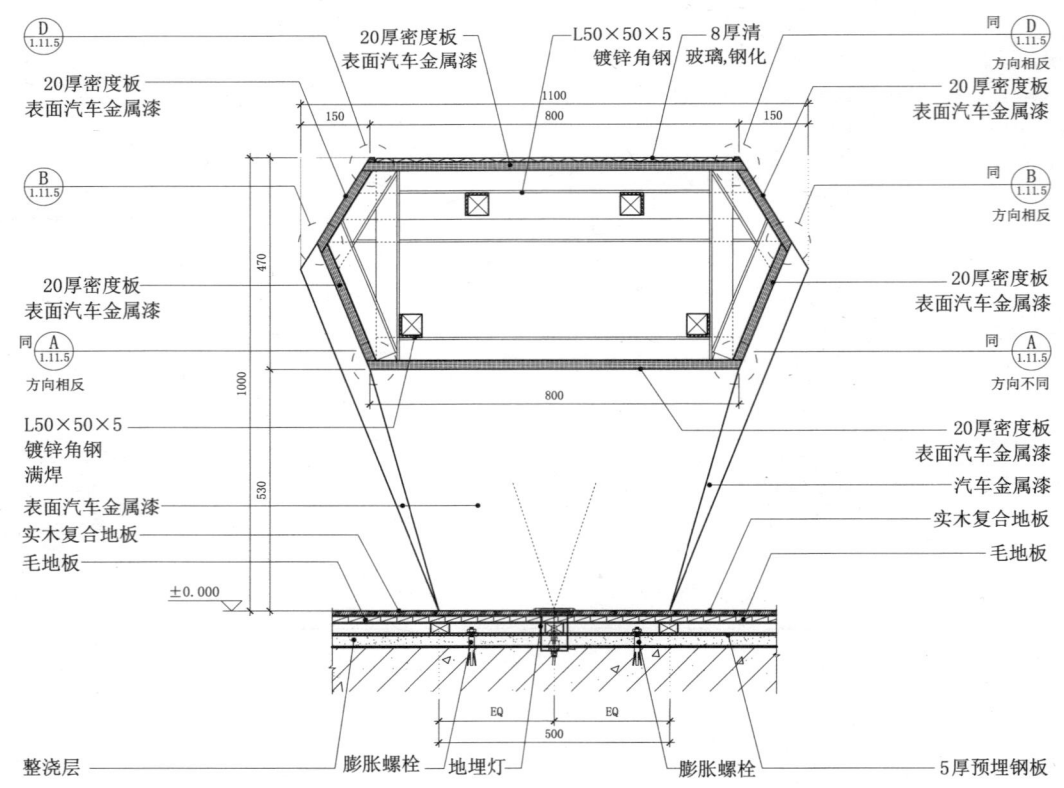

3节点图

4节点图

1.11 酒吧固定式长桌构造

骨架构造·餐饮设施 固定式家具

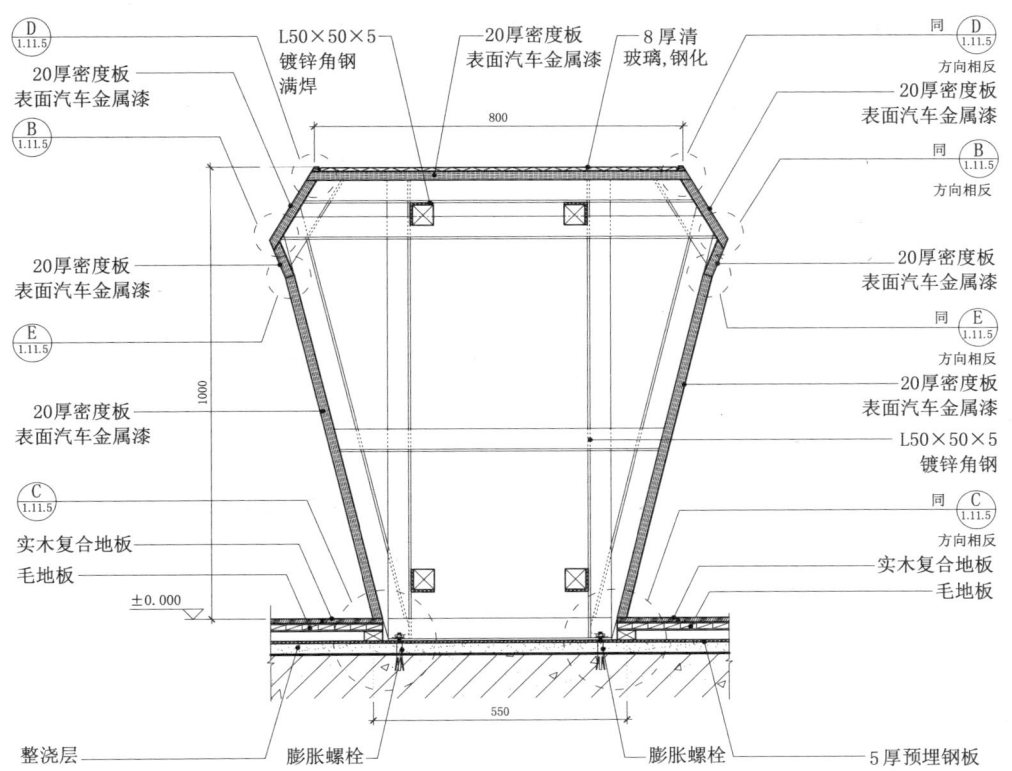

5节点图

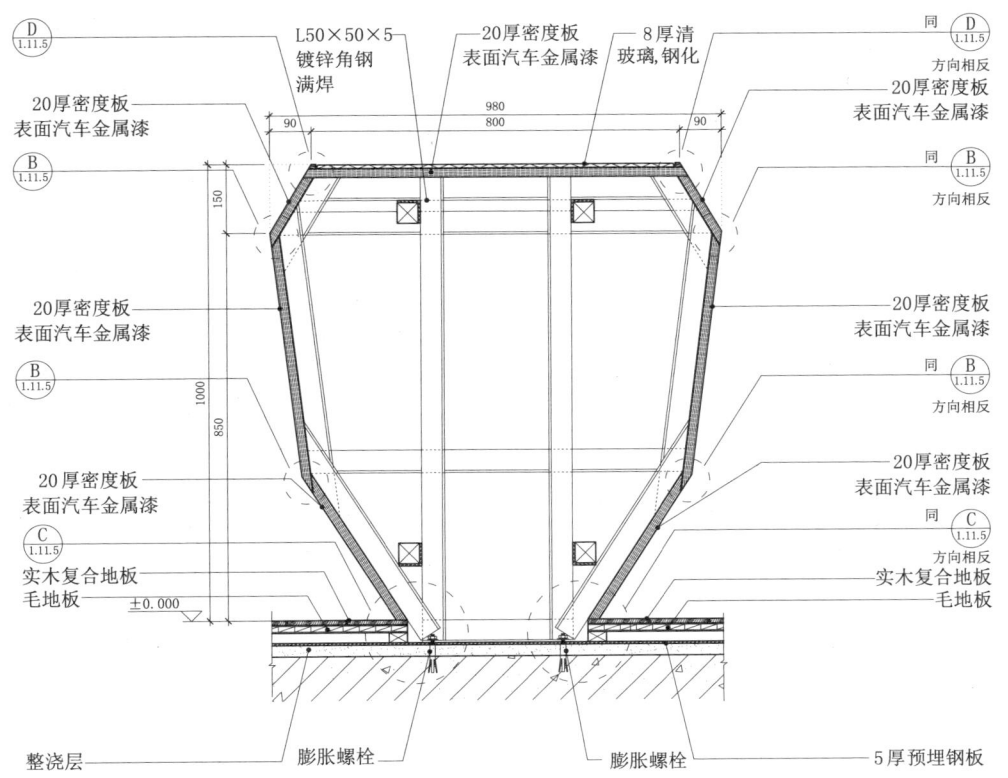

6节点图

1.11 酒吧固定式长桌构造

1.11.4

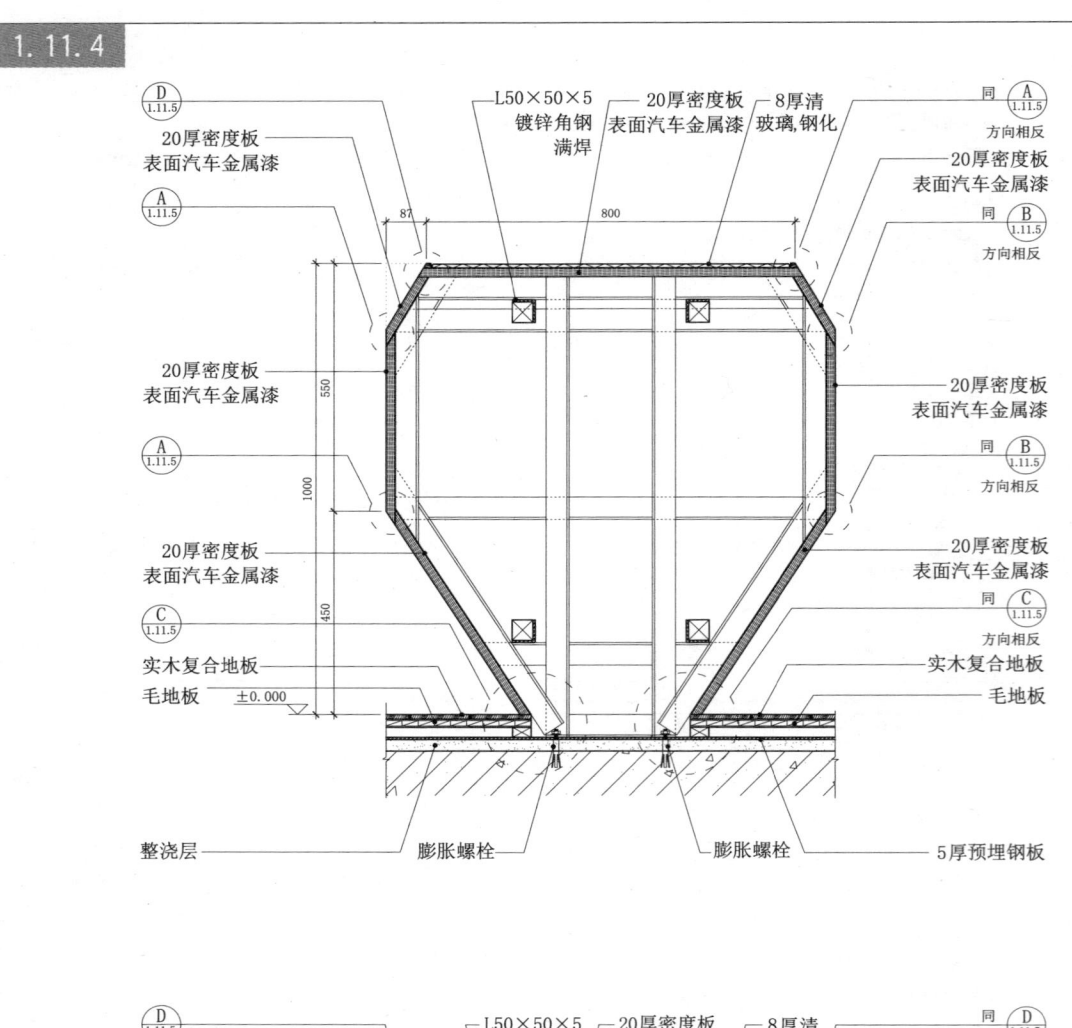

7节点图

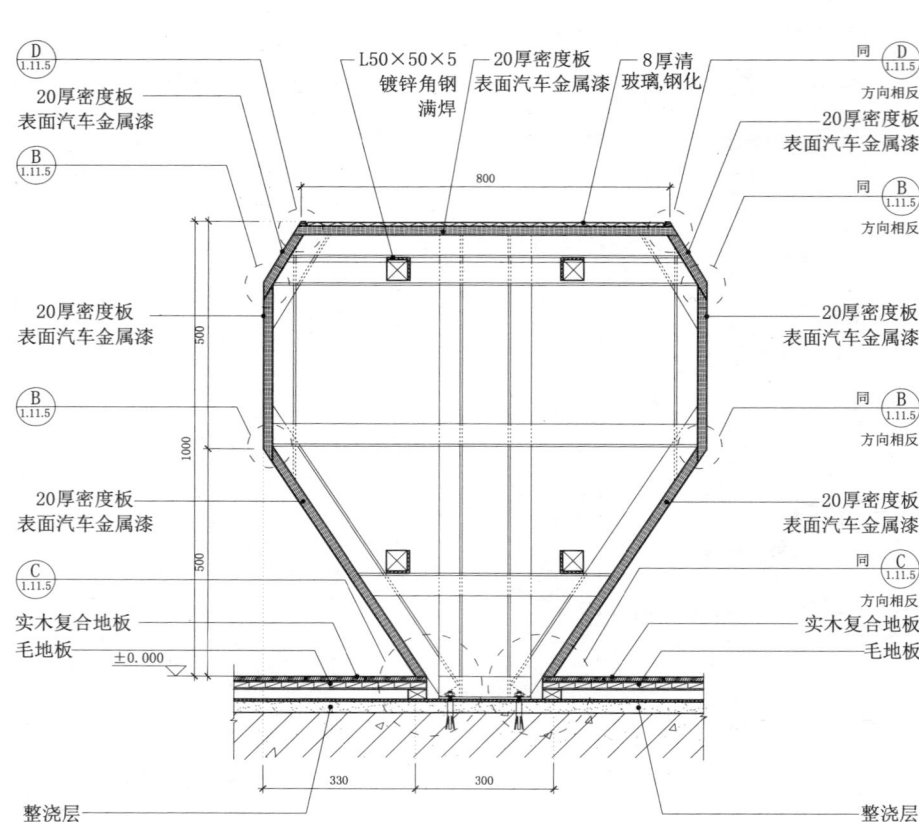

8节点图

1.11 酒吧固定式长桌构造

1 骨架构造 · 餐饮设施 固定式家具

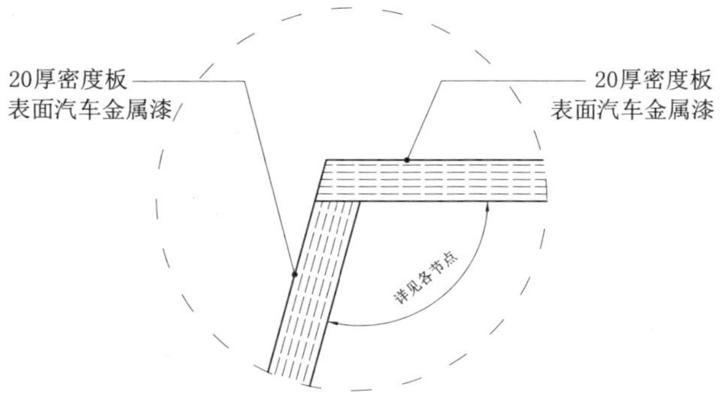

A节点图
- 20厚密度板 表面汽车金属漆
- 20厚密度板 表面汽车金属漆

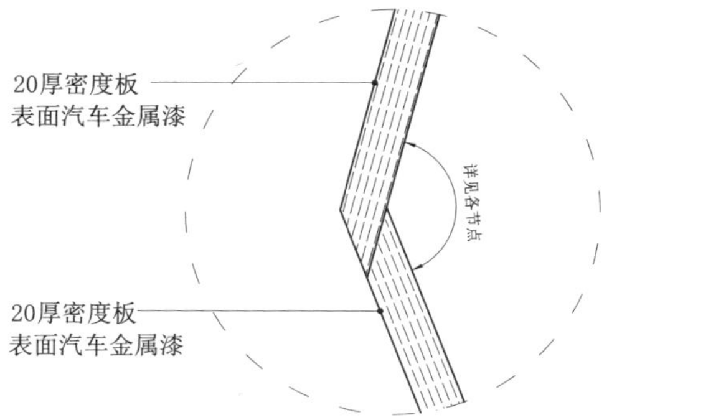

B节点图
- 20厚密度板 表面汽车金属漆
- 20厚密度板 表面汽车金属漆

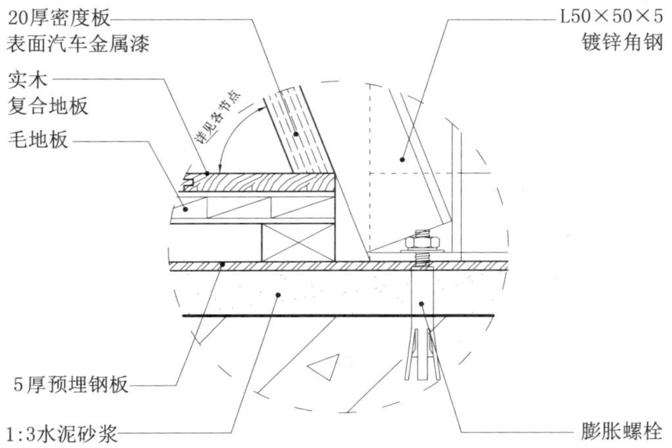

C节点图
- 20厚密度板 表面汽车金属漆
- 实木复合地板
- 毛地板
- 5厚预埋钢板
- 1:3水泥砂浆
- L50×50×5 镀锌角钢
- 膨胀螺栓

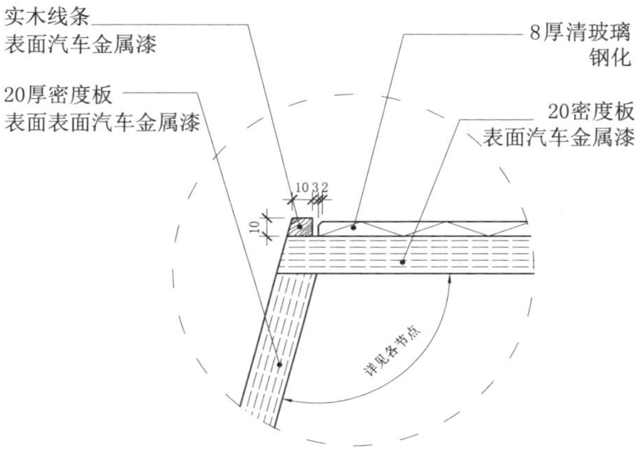

D节点图
- 实木线条 表面汽车金属漆
- 20厚密度板 表面表面汽车金属漆
- 8厚清玻璃 钢化
- 20密度板 表面汽车金属漆

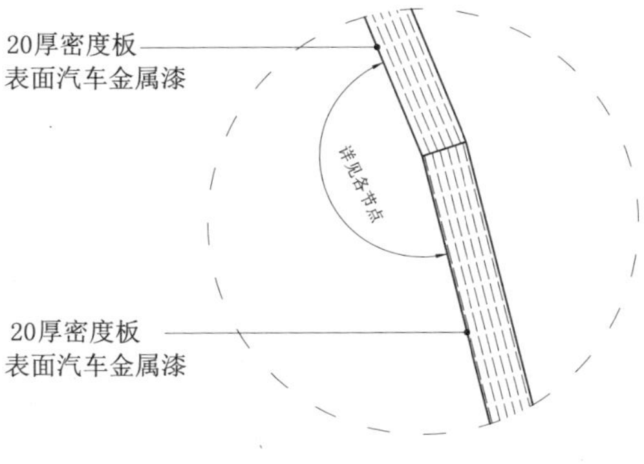

E节点图
- 20厚密度板 表面汽车金属漆
- 20厚密度板 表面汽车金属漆

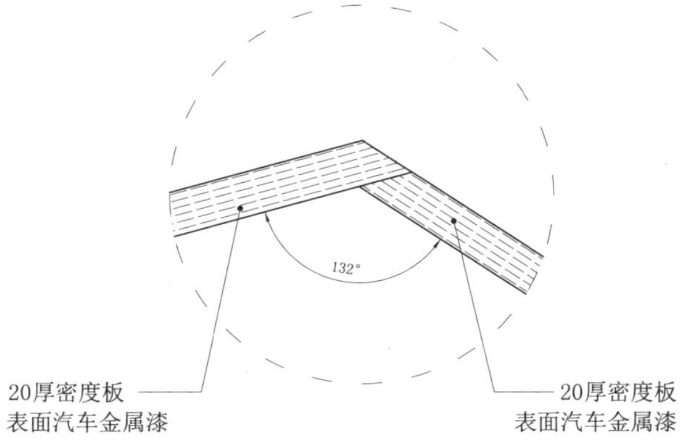

F节点图
- 20厚密度板 表面汽车金属漆
- 20厚密度板 表面汽车金属漆
- 132°

1.11 酒吧固定式长桌构造

1.11.6

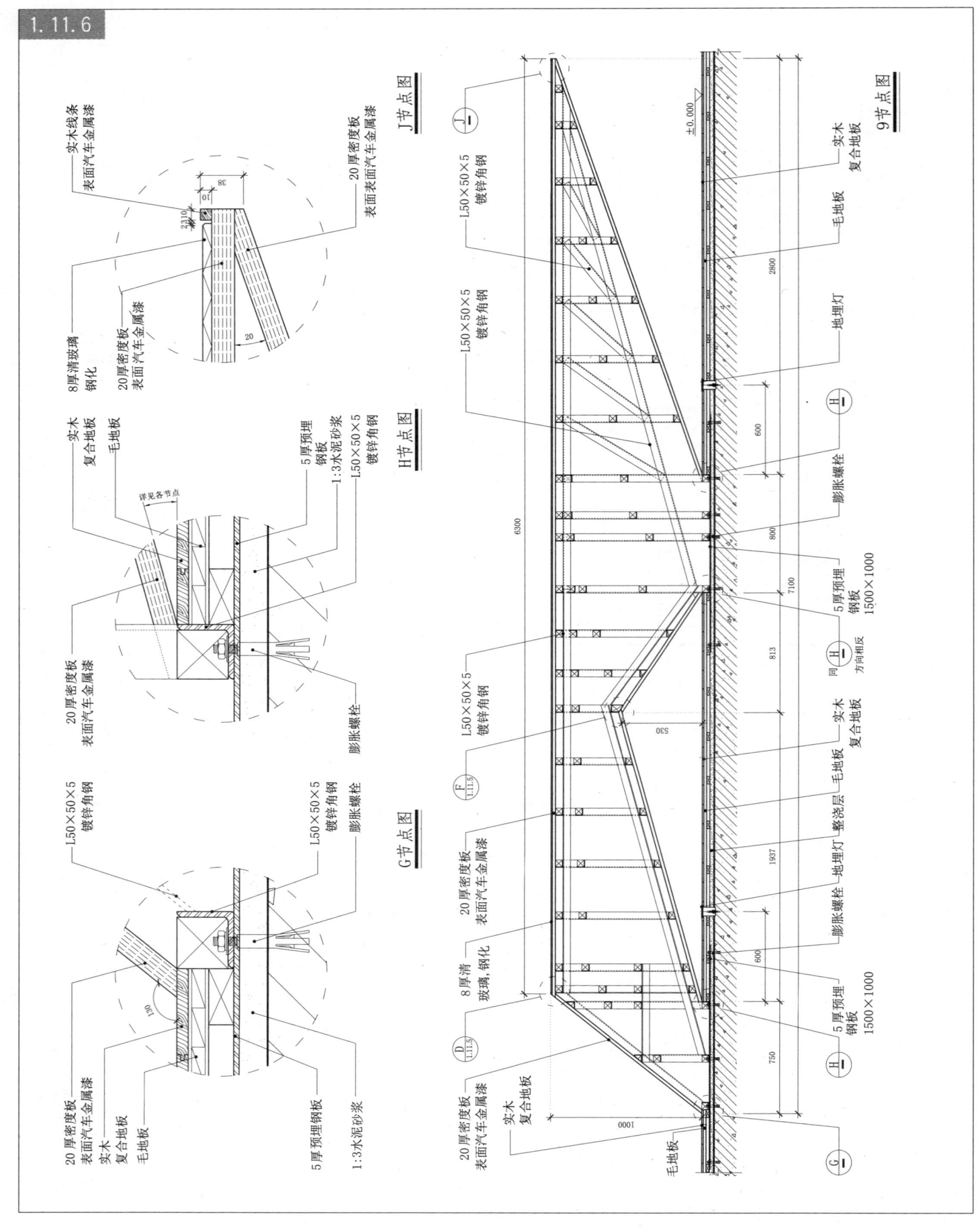

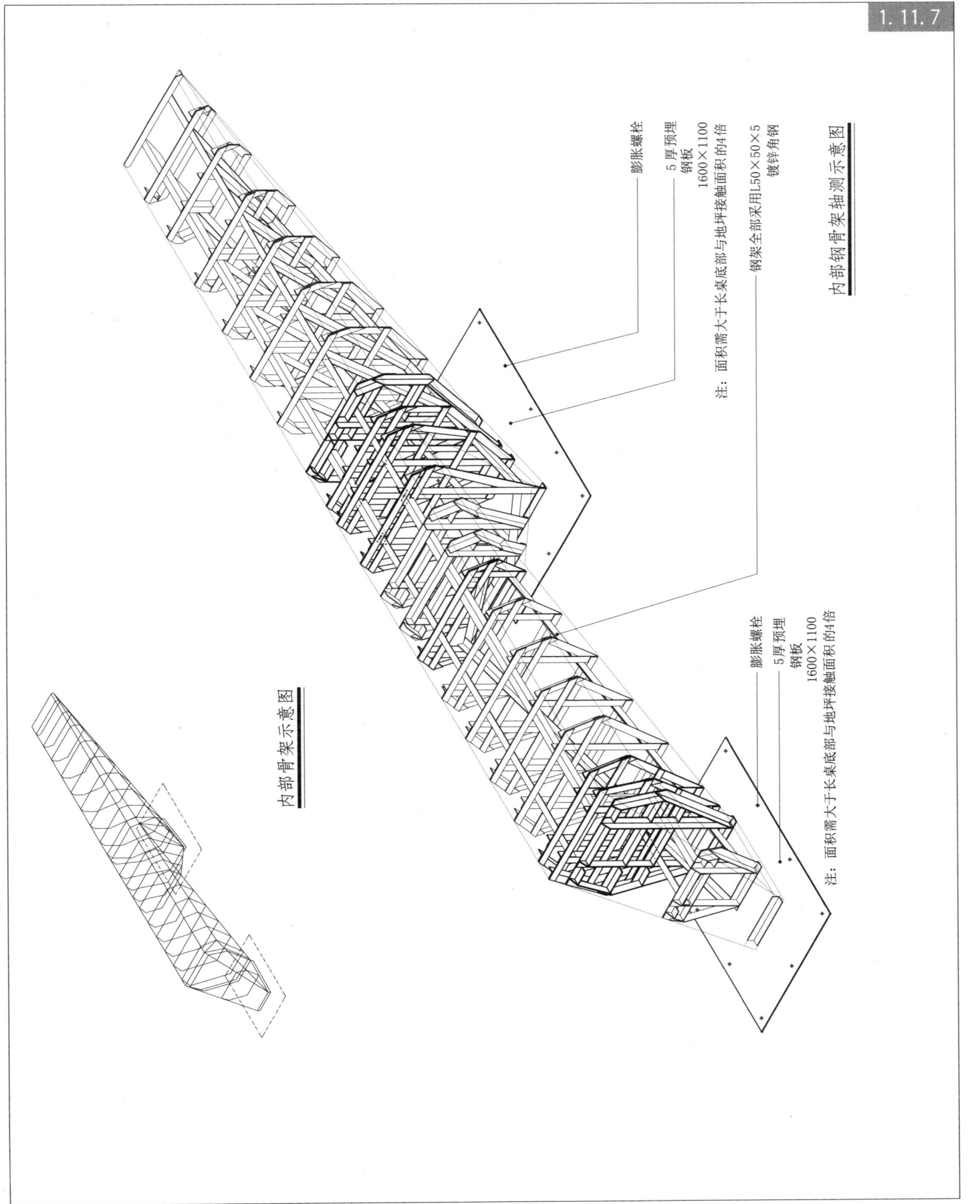

2.1 墙面不同材质相接

2.1.1

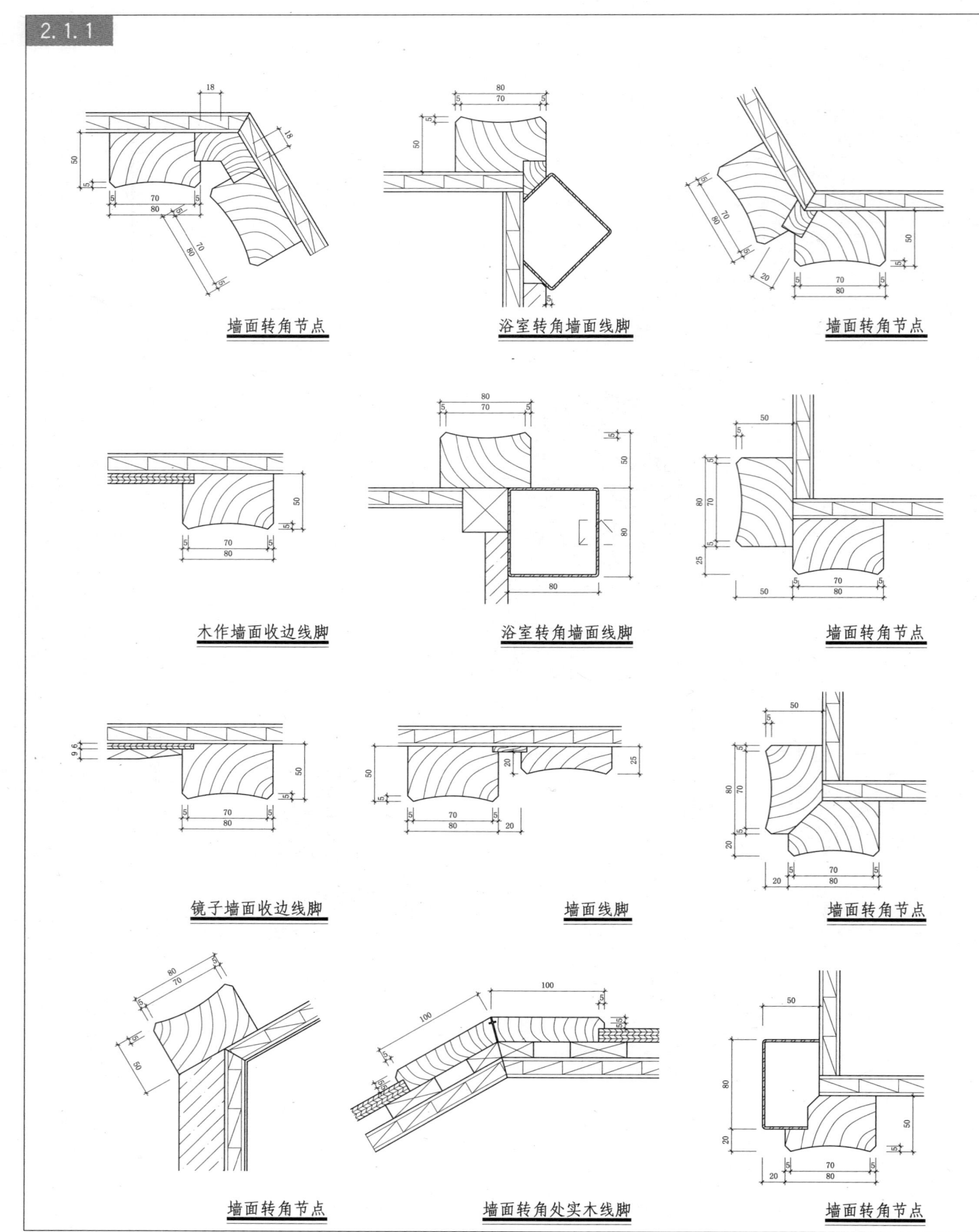

2.1 墙面不同材质相接

2.1.2

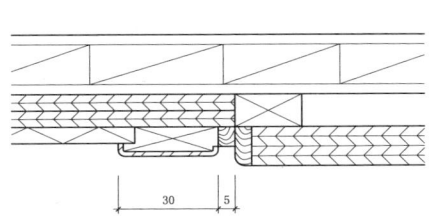
镜子与夹板交接处

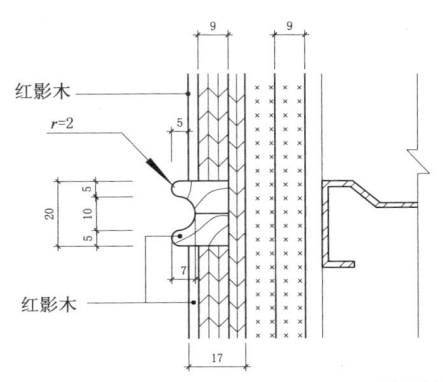
红影木
红影木
9厚胶合板
5厚胶合板

墙面线脚

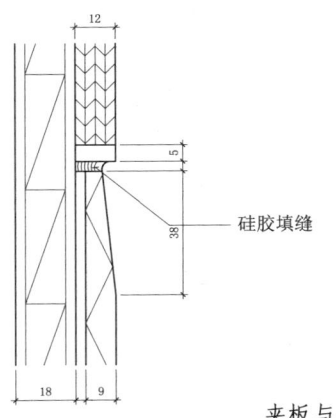
硅胶填缝

夹板与镜子交接处

红影木
r=2
红影木

墙面线脚

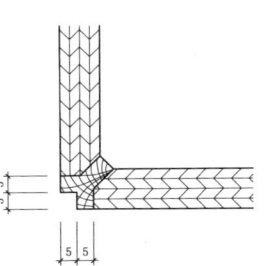

夹板与夹板转角处

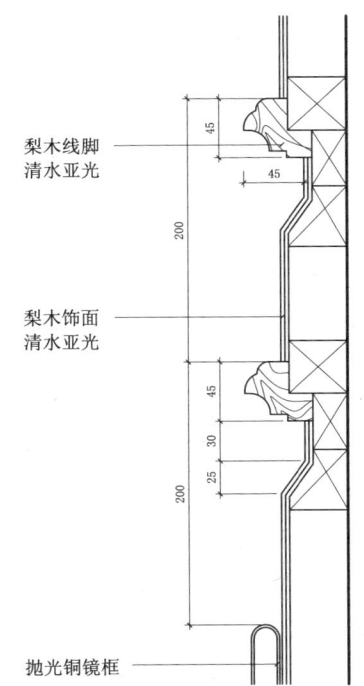
梨木线脚 清水亚光

梨木饰面 清水亚光

抛光铜镜框

石墙与木墙转角处

墙面线脚

2 立面、连续界面构造

2.2 墙面节点(一)

2.2.1

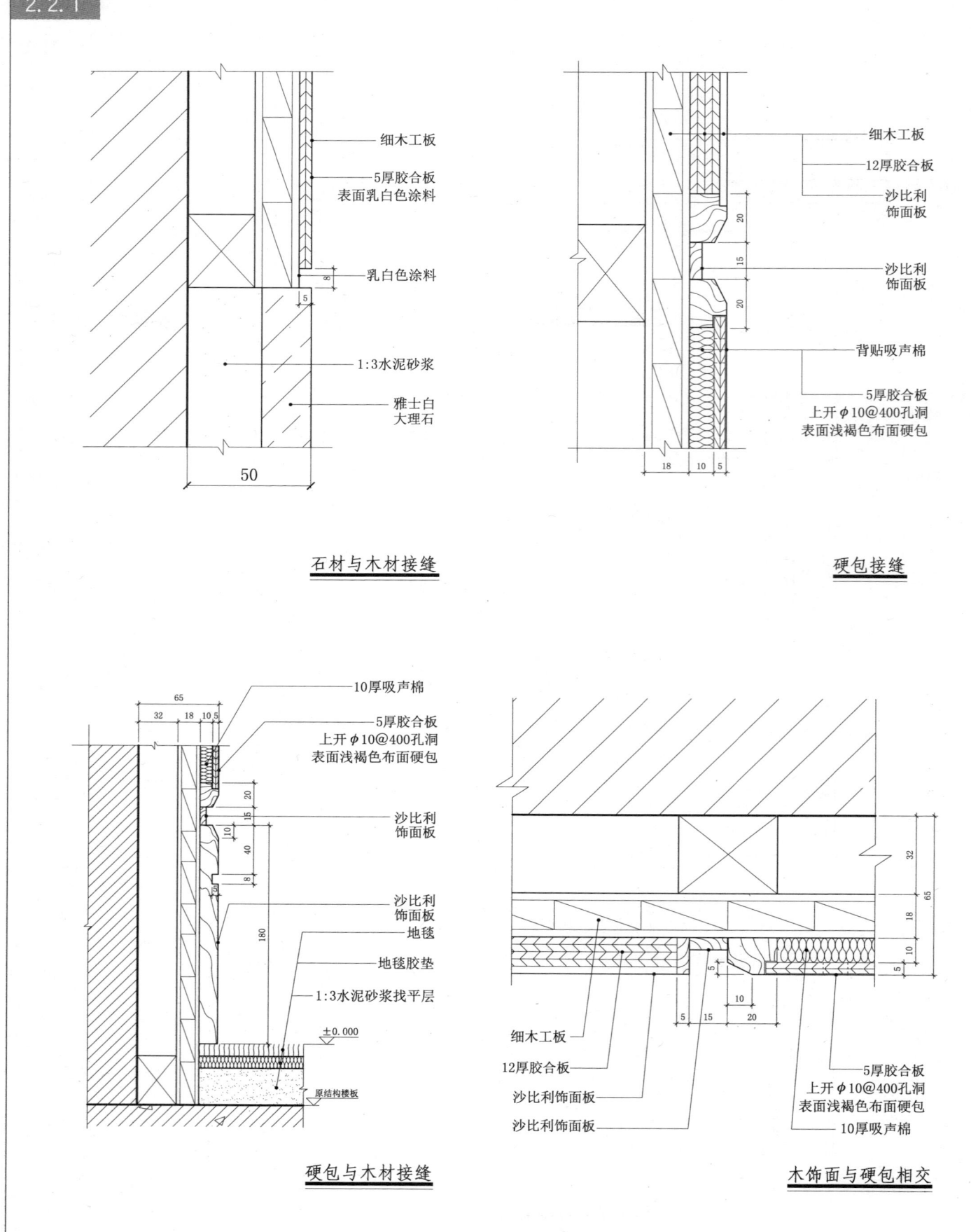

2.2 墙面节点（一）

2 立面、连续界面构造

2.2.2

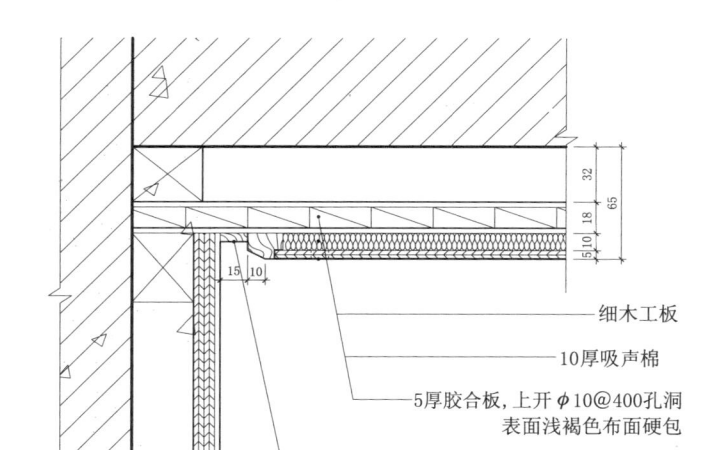

硬包与木饰面相交节点（一）

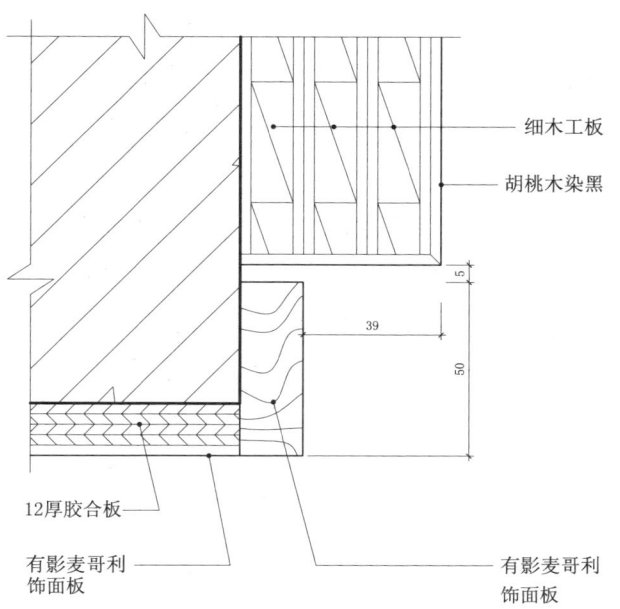

木饰面阳角转折处节点

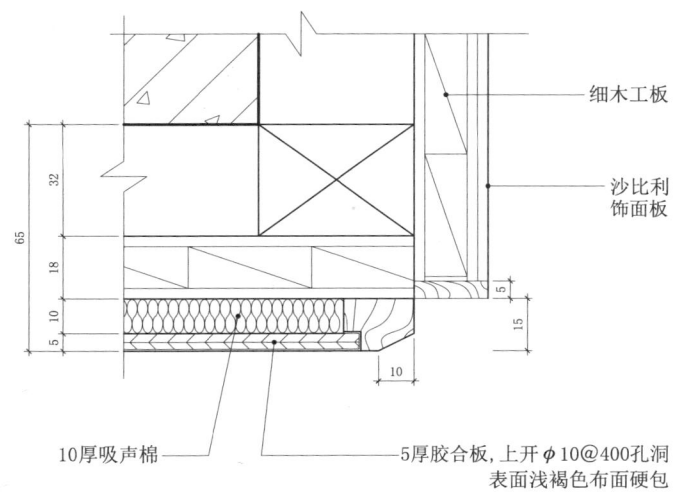

硬包与木饰面相交节点（二）

2.3

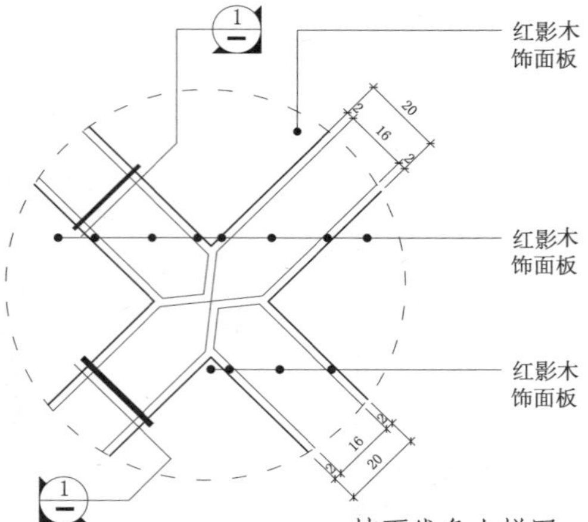

墙面线条大样图

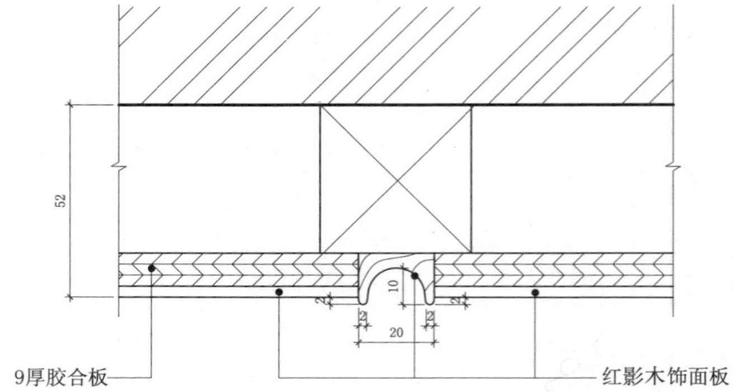

1节点图

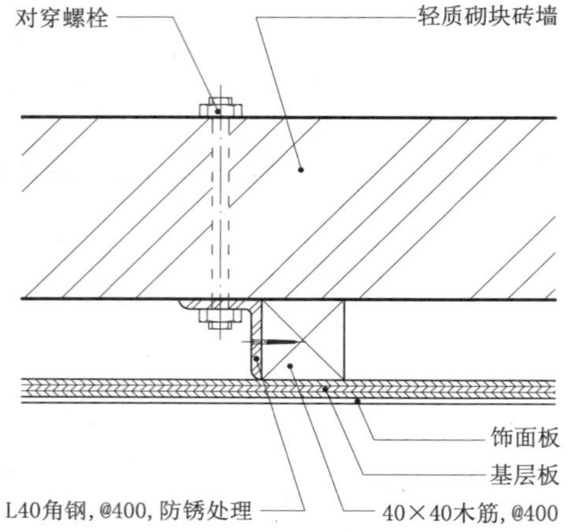

墙面外包饰面

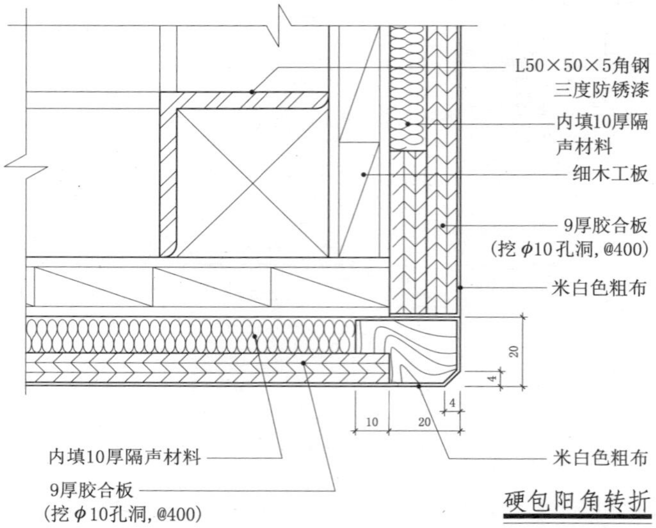

硬包阳角转折

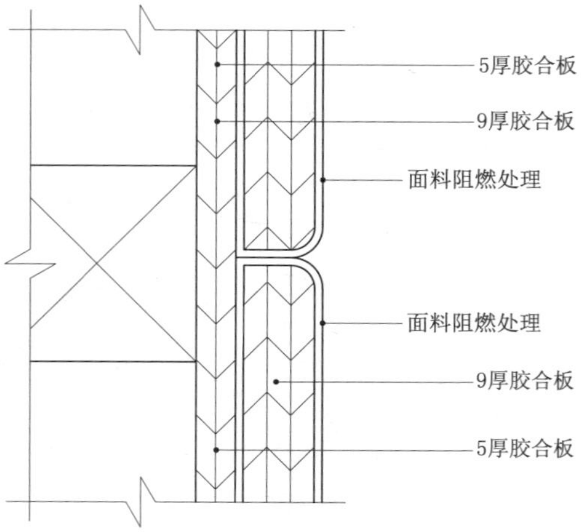

硬包接缝节点

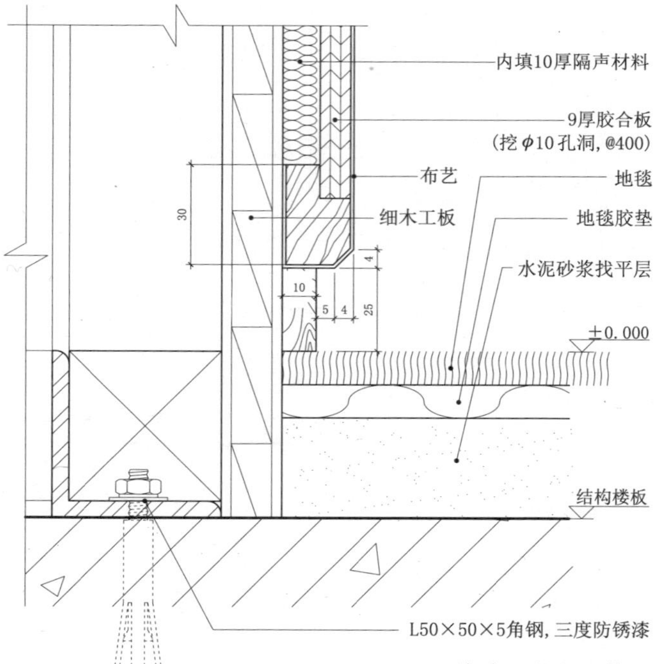

地毯至踢脚处收口

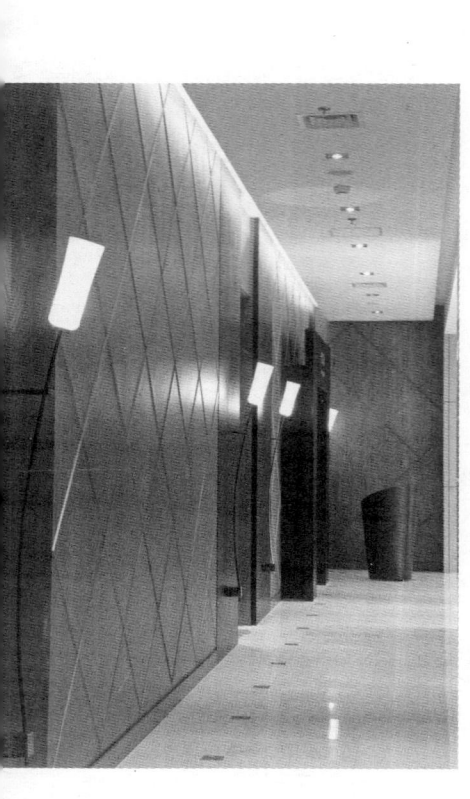

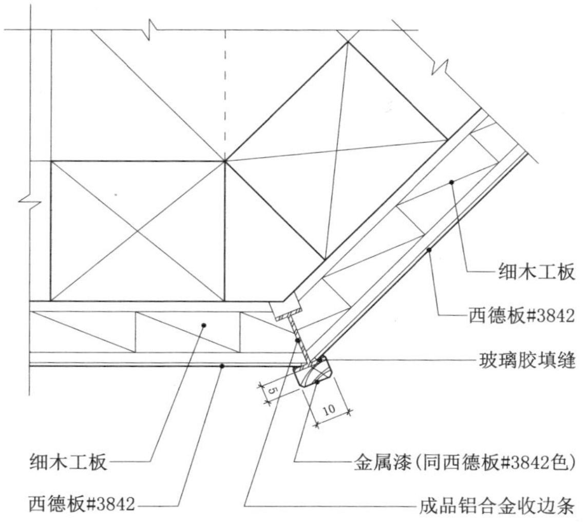
细木工板
西德板#3842
玻璃胶填缝
5
10
细木工板
西德板#3842
金属漆(同西德板#3842色)
成品铝合金收边条

防火板转角处节点

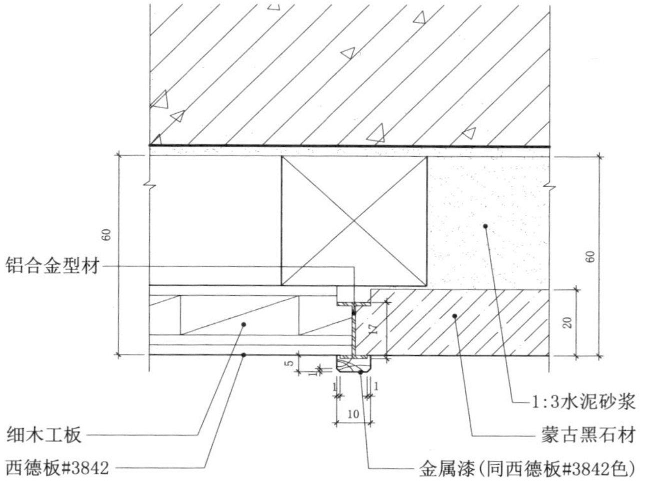
60
铝合金型材
60
20
17
5
1
1
10
1:3水泥砂浆
细木工板
蒙古黑石材
西德板#3842
金属漆(同西德板#3842色)

防火板转角处节点

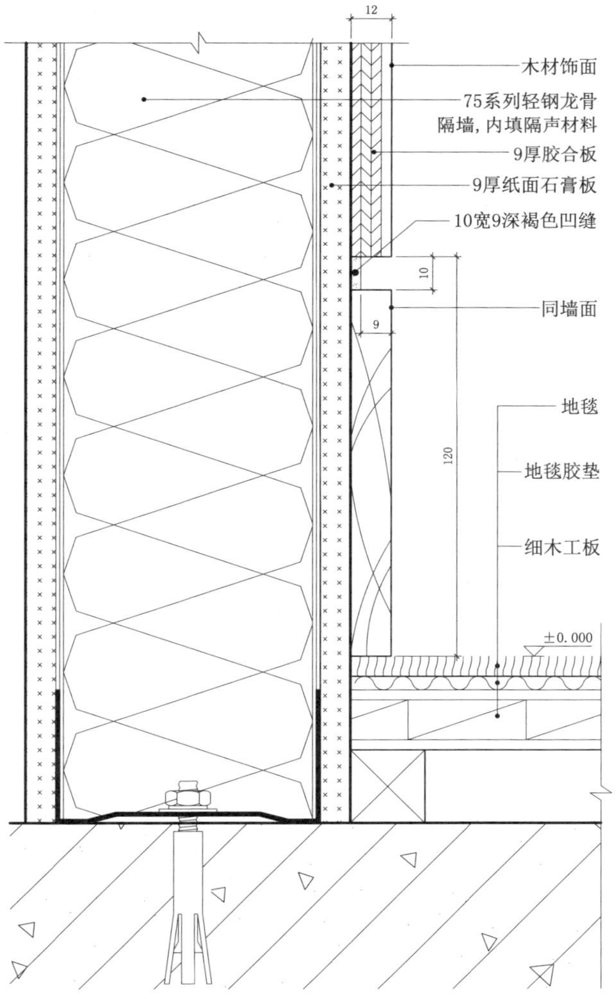
12
木材饰面
75系列轻钢龙骨
隔墙，内填隔声材料
9厚胶合板
9厚纸面石膏板
10宽9深褐色凹缝
10
同墙面
9
地毯
120
地毯胶垫
细木工板
±0.000

轻钢龙骨墙面木踢脚与地面交接做法节点

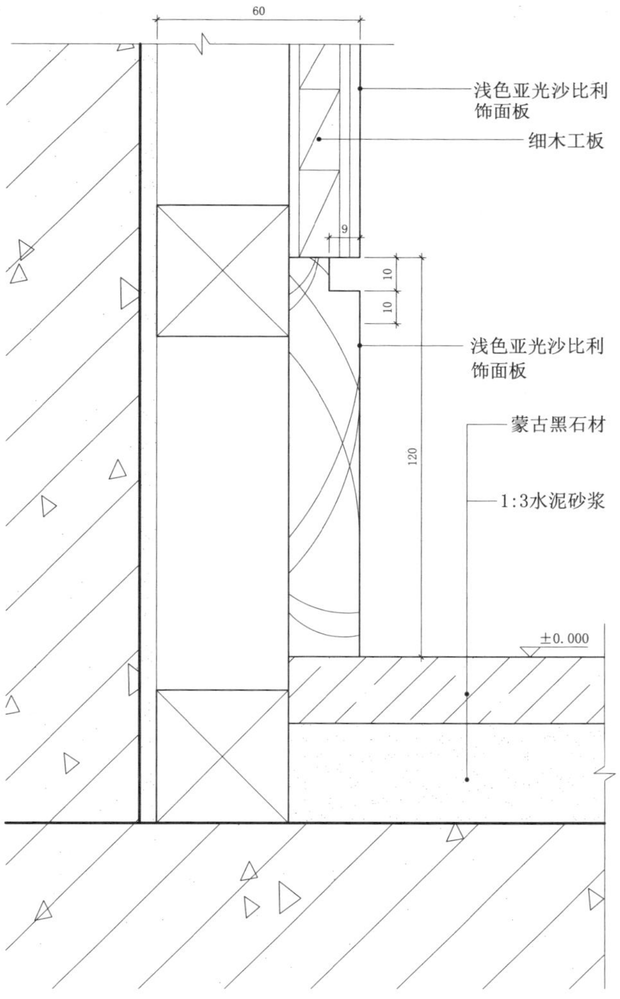
60
浅色亚光沙比利
饰面板
细木工板
9
10
10
浅色亚光沙比利
饰面板
蒙古黑石材
120
1:3水泥砂浆
±0.000

砖墙木作踢脚与地毯地面交接节点

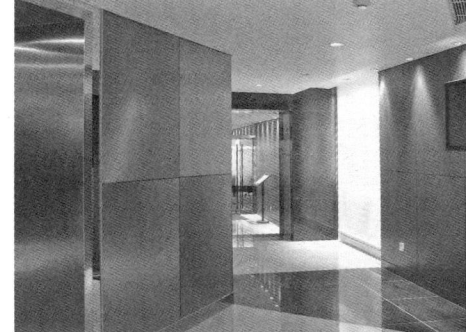

2.5 屏风及硬包墙面

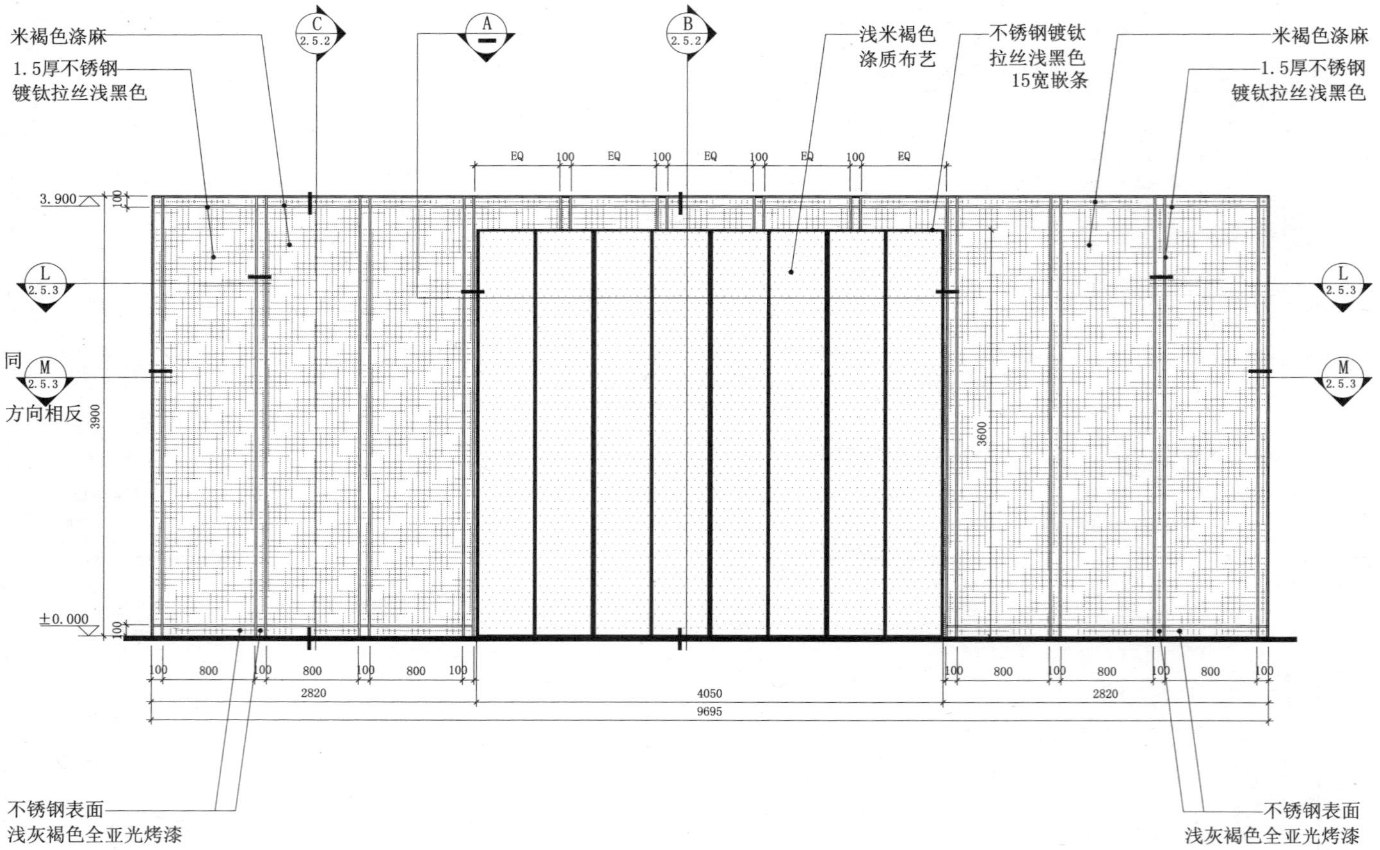

2 立面、连续界面构造

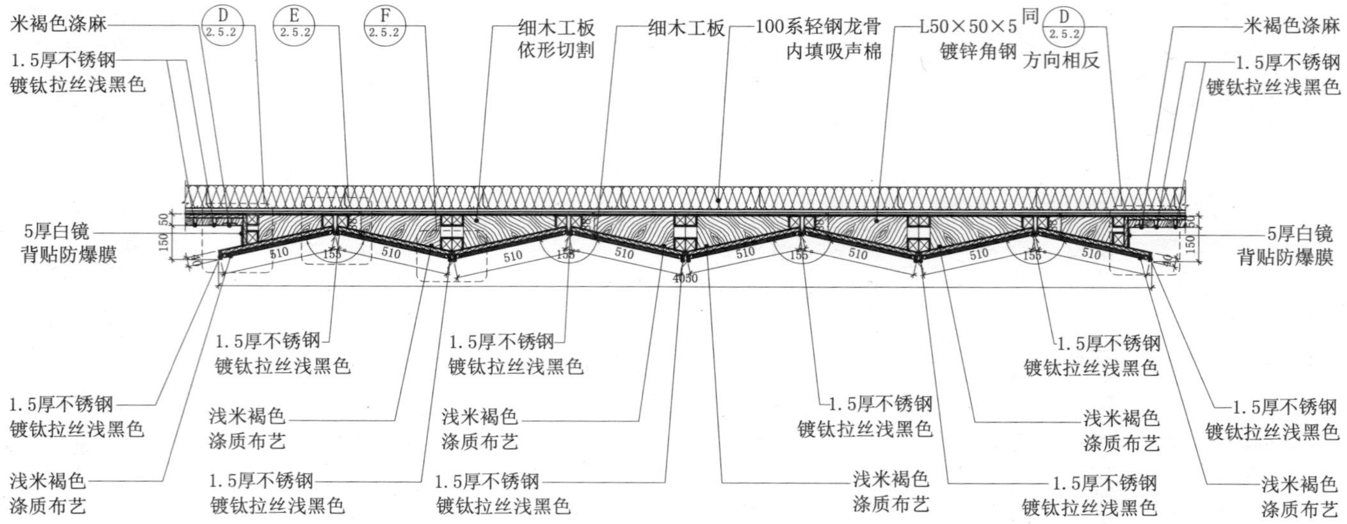

2.5.1

立面图

A节点图

2.5 屏风及硬包墙面

2 立面、连续界面构造

2.5.2

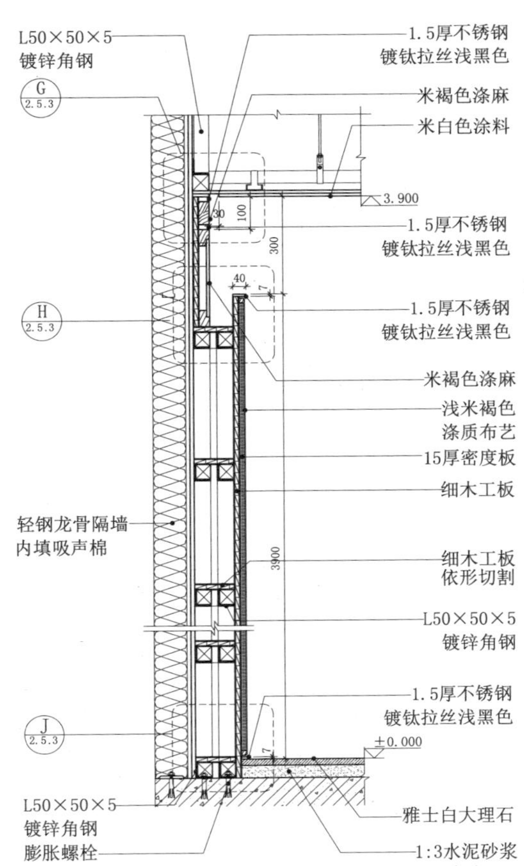

B节点图
- L50×50×5 镀锌角钢
- 1.5厚不锈钢镀钛拉丝浅黑色
- 米褐色涤麻
- 米白色涂料
- 1.5厚不锈钢镀钛拉丝浅黑色
- 米褐色涤麻
- 浅米褐色涤质布艺
- 15厚密度板
- 细木工板
- 轻钢龙骨隔墙内填吸声棉
- 细木工板依形切割
- 1.5厚不锈钢镀钛拉丝浅黑色
- L50×50×5 镀锌角钢
- 1.5厚不锈钢镀钛拉丝浅黑色
- L50×50×5 镀锌角钢 膨胀螺栓
- 雅士白大理石
- 1:3水泥砂浆

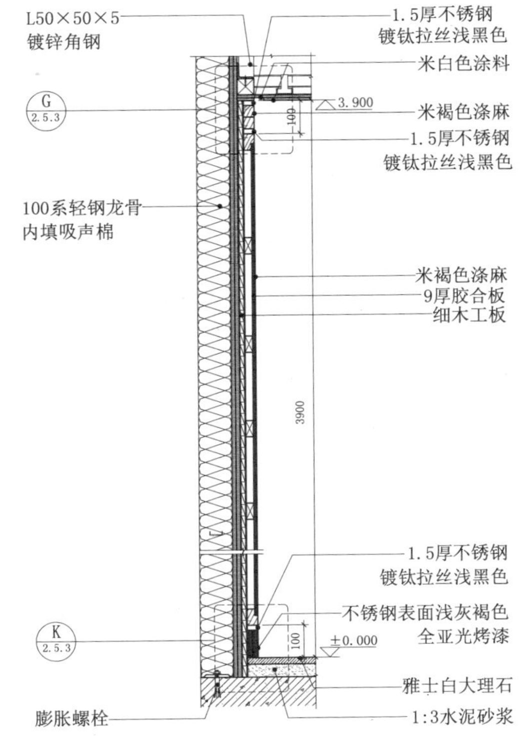

C节点图
- L50×50×5 镀锌角钢
- 1.5厚不锈钢镀钛拉丝浅黑色
- 米白色涂料
- 米褐色涤麻
- 1.5厚不锈钢镀钛拉丝浅黑色
- 100系轻钢龙骨内填吸声棉
- 米褐色涤麻
- 9厚胶合板
- 细木工板
- 1.5厚不锈钢镀钛拉丝浅黑色
- 不锈钢表面浅灰褐色全亚光烤漆
- 雅士白大理石
- 膨胀螺栓
- 1:3水泥砂浆

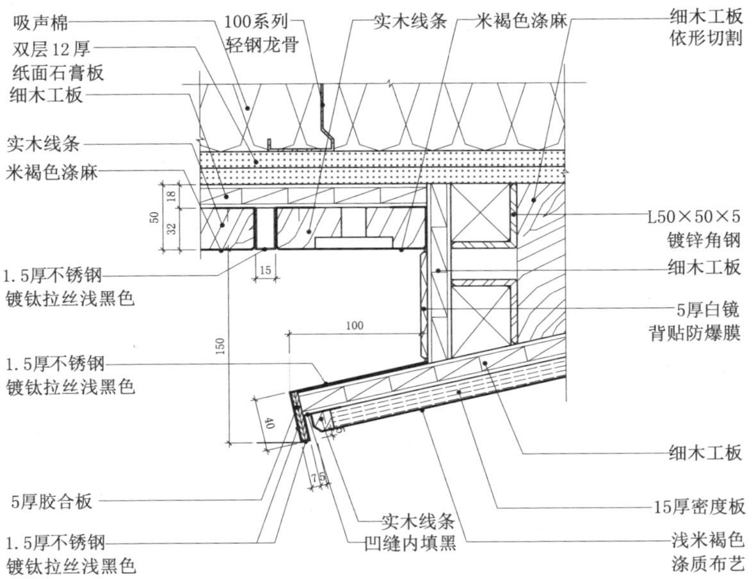

D节点图
- 吸声棉
- 100系列轻钢龙骨
- 双层12厚纸面石膏板
- 细木工板
- 实木线条
- 米褐色涤麻
- 实木线条
- 米褐色涤麻
- 1.5厚不锈钢镀钛拉丝浅黑色
- L50×50×5 镀锌角钢
- 细木工板
- 5厚白镜背贴防爆膜
- 细木工板
- 15厚密度板
- 浅米褐色涤质布艺
- 5厚胶合板
- 实木线条
- 凹缝内填黑

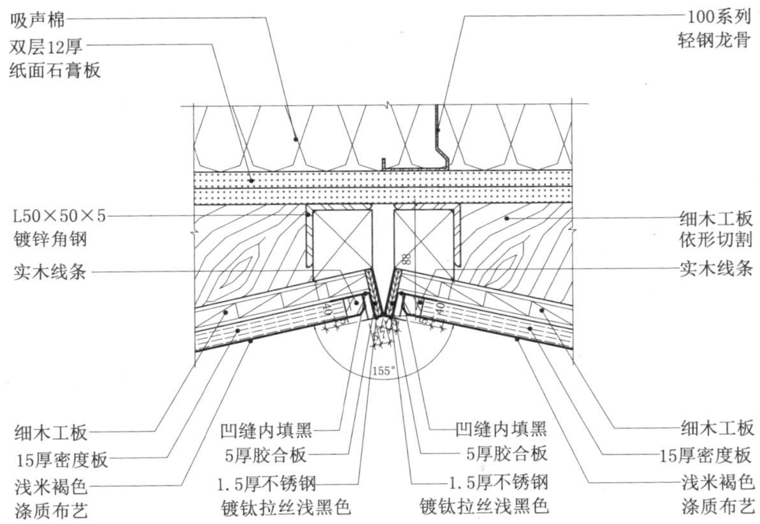

E节点图
- 吸声棉
- 100系列轻钢龙骨
- 双层12厚纸面石膏板
- L50×50×5 镀锌角钢
- 实木线条
- 细木工板依形切割
- 实木线条
- 细木工板
- 凹缝内填黑
- 凹缝内填黑
- 细木工板
- 15厚密度板
- 15厚密度板
- 5厚胶合板
- 5厚胶合板
- 浅米褐色涤质布艺
- 1.5厚不锈钢镀钛拉丝浅黑色

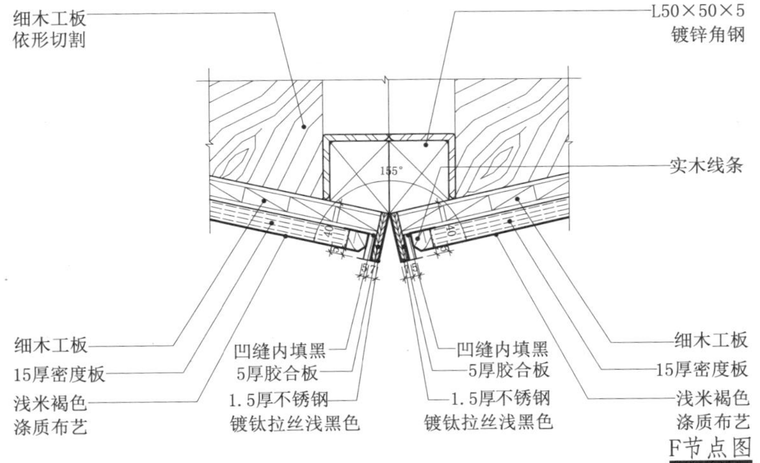

F节点图
- 细木工板依形切割
- L50×50×5 镀锌角钢
- 实木线条
- 细木工板
- 凹缝内填黑
- 凹缝内填黑
- 细木工板
- 15厚密度板
- 5厚胶合板
- 5厚胶合板
- 15厚密度板
- 1.5厚不锈钢镀钛拉丝浅黑色
- 浅米褐色涤质布艺

2.5 屏风及硬包墙面

2.5.3

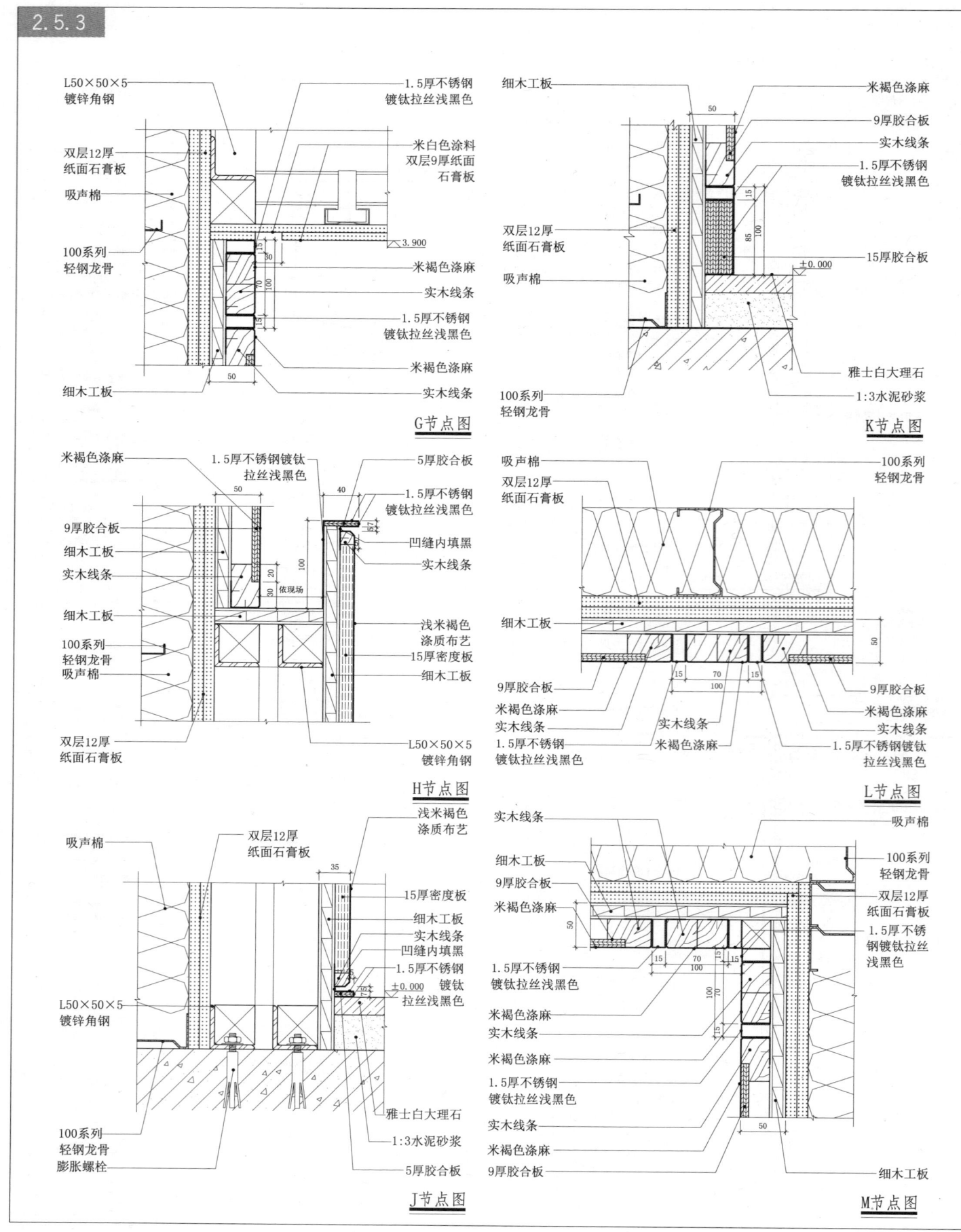

G节点图 / K节点图 / H节点图 / L节点图 / J节点图 / M节点图

2.6 木丝吸声板造型墙

2. 立面、连续界面构造

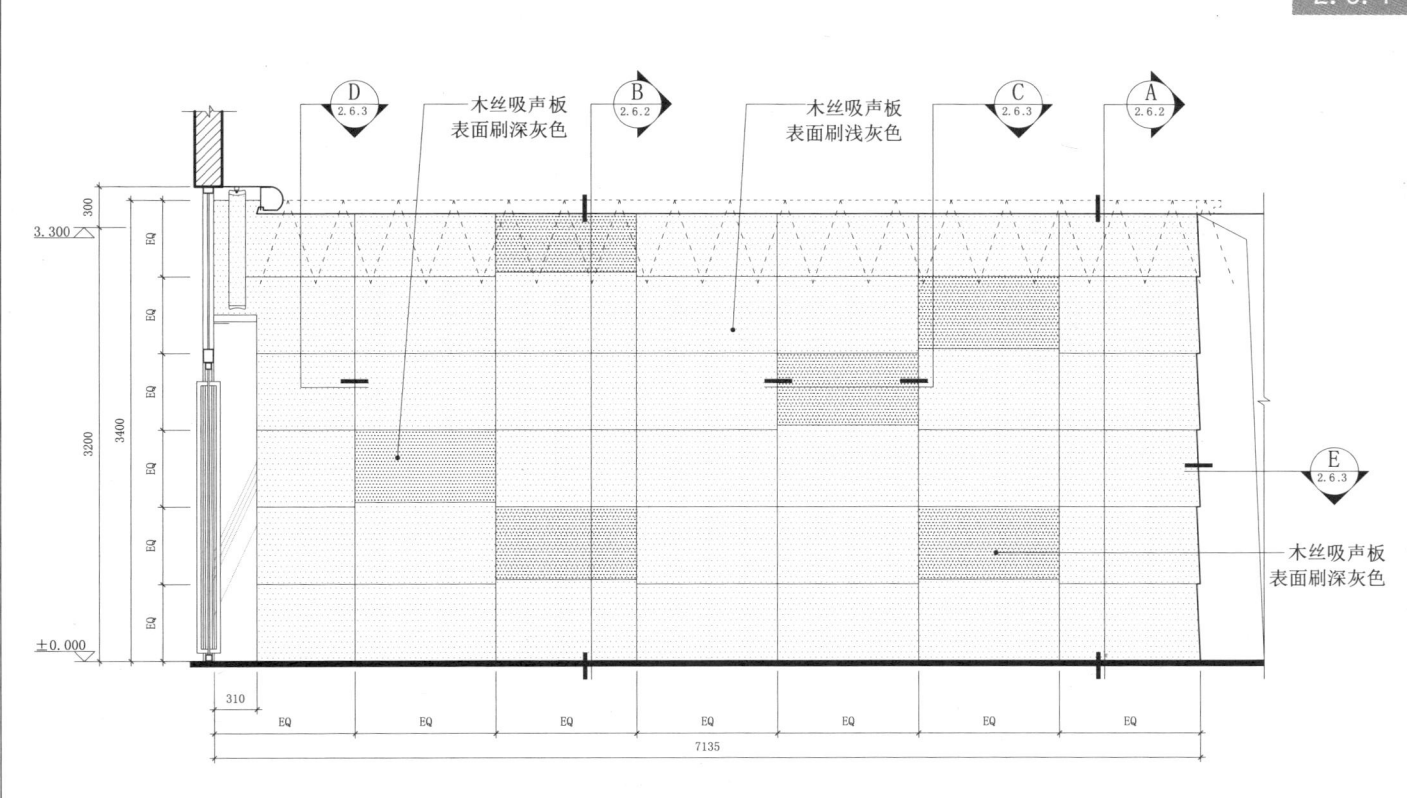

1 立面图

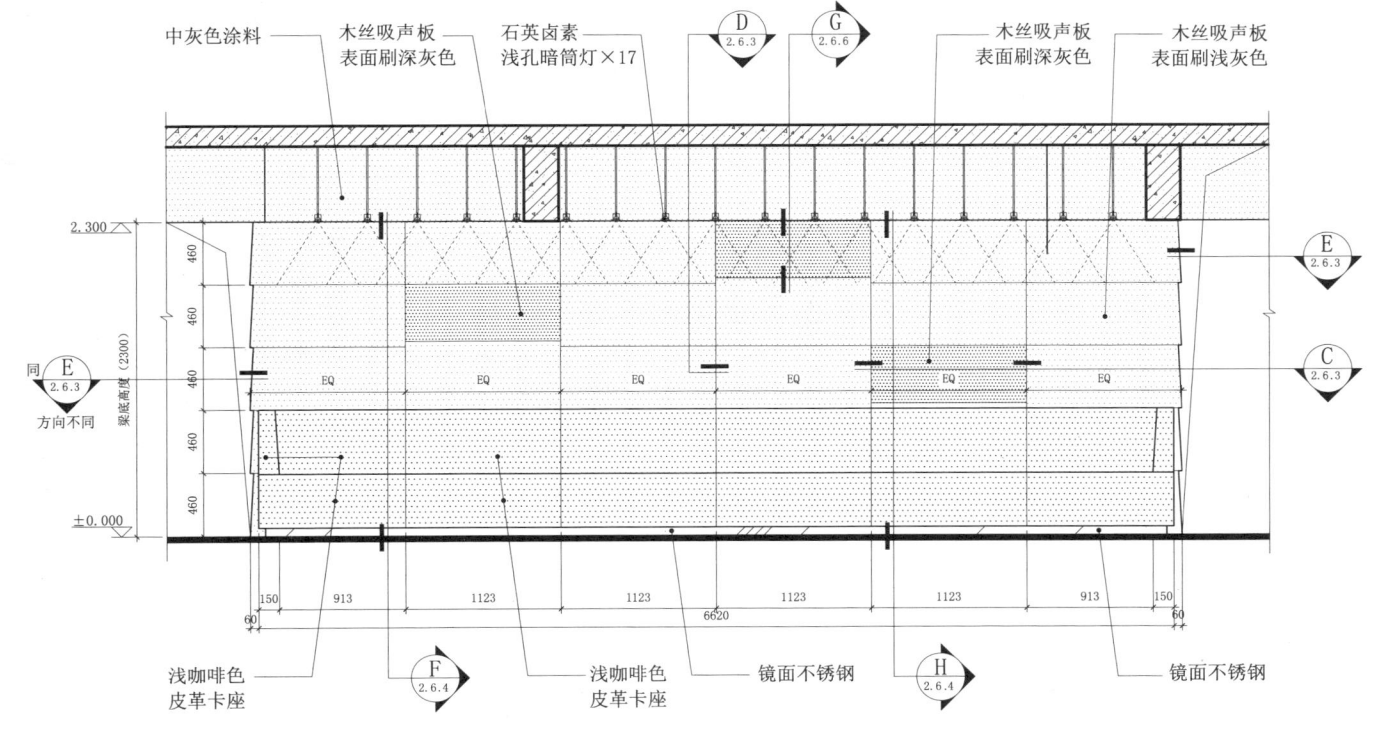

2 立面图

2.6 木丝吸声板造型墙

2.6.2

A节点图

- 石英卤素浅孔暗筒灯
- ⑤ (2.6.5)
- 细木工板
- 木丝吸声板 表面刷浅灰色
- ⑥ (2.6.6)
- 细木工板
- 木丝吸声板 表面刷浅灰色
- 细木工板
- 木丝吸声板 表面刷浅灰色
- 细木工板
- 木丝吸声板 表面刷浅灰色
- 深灰色地砖
- 1:3水泥砂浆

B节点图

- 石英卤素浅孔暗筒灯
- ① (2.6.5)
- 细木工板 表面刷深灰色
- 木丝吸声板 表面刷浅灰色
- ② (2.6.5)
- 细木工板
- 木丝吸声板 表面刷浅灰色
- 细木工板
- 木丝吸声板 表面刷浅灰色
- ③ (2.6.5)
- 细木工板
- 木丝吸声板 表面刷浅灰色
- 木丝吸声板 表面刷深灰色
- ④ (2.6.5)
- 细木工板
- 木丝吸声板 表面刷浅灰色
- 深灰色地砖
- 1:3水泥砂浆

2.6 木丝吸声板造型墙

2.6.3

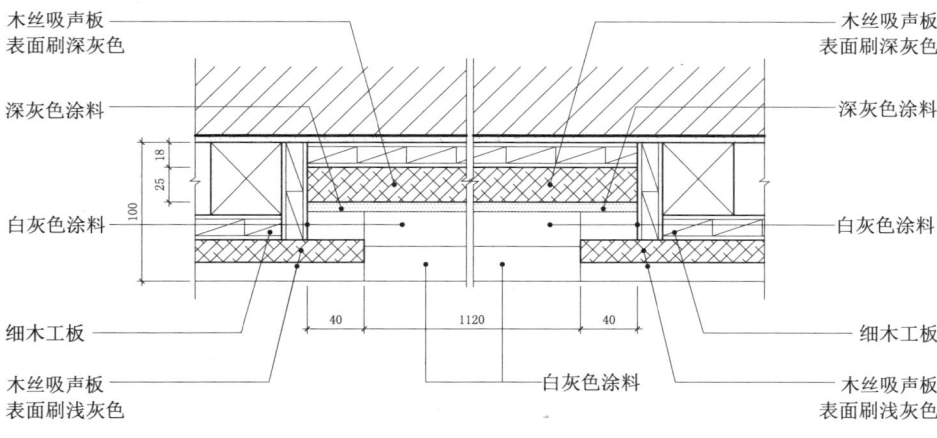

C节点图

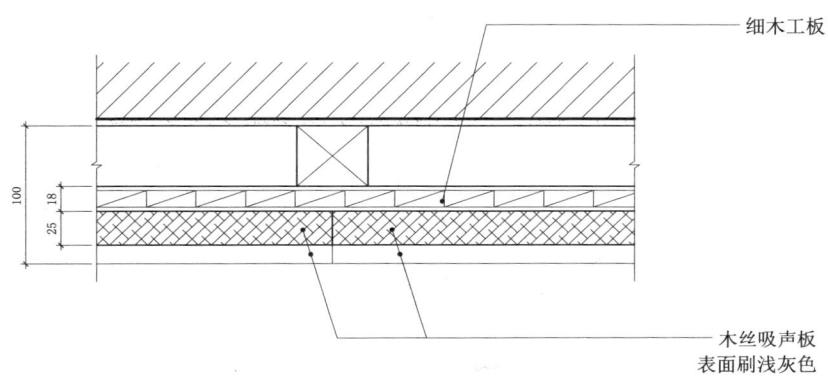

D节点图

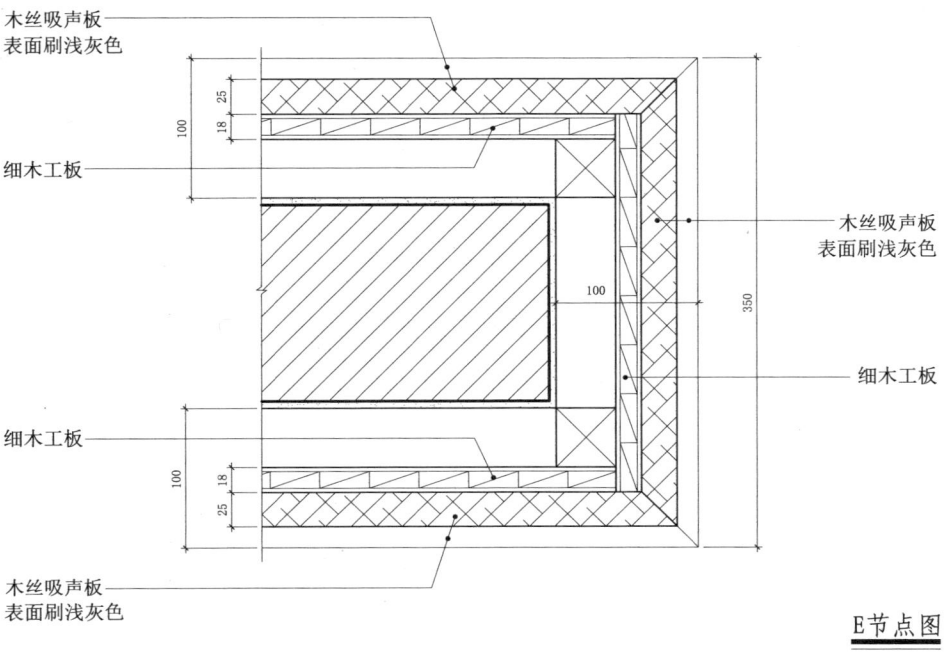

E节点图

2.6 木丝吸声板造型墙

2 立面、连续界面构造

2.6.4

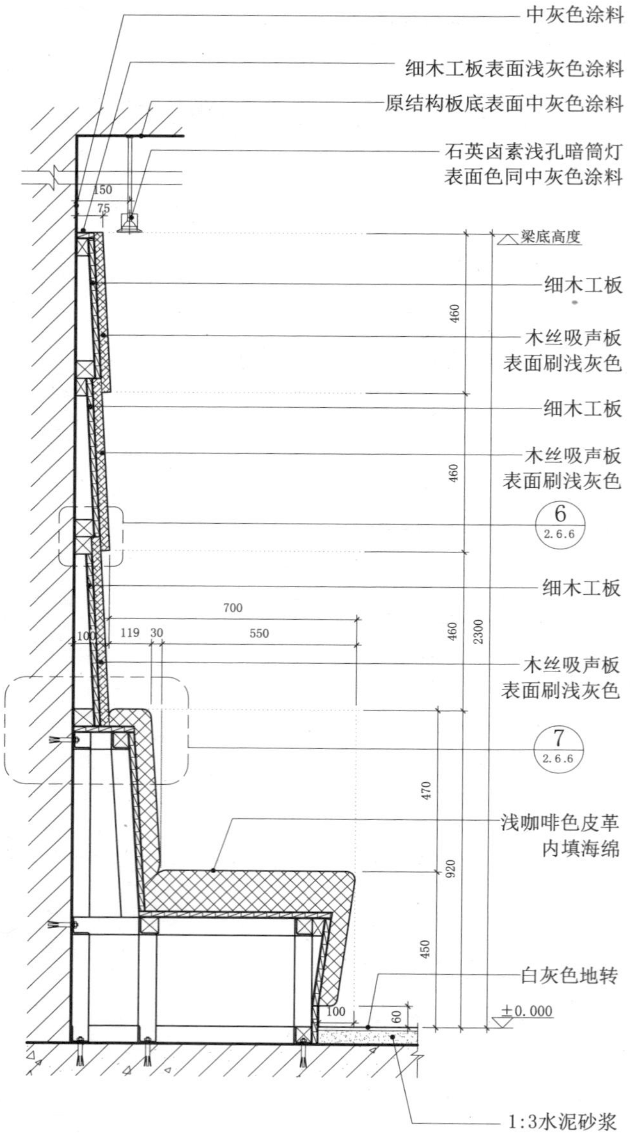

F节点图 — 标注：中灰色涂料；细木工板表面浅灰色涂料；原结构板底表面中灰色涂料；石英卤素浅孔暗筒灯表面色同中灰色涂料；梁底高度；细木工板；木丝吸声板表面刷浅灰色；细木工板；木丝吸声板表面刷浅灰色（⑥ 2.6.6）；细木工板；木丝吸声板表面刷浅灰色（⑦ 2.6.6）；浅咖啡色皮革内填海绵；白灰色地砖；1:3水泥砂浆。尺寸：150、75、460、460、460、460、100、119、30、550、700、2300、470、920、450、100、60、±0.000。

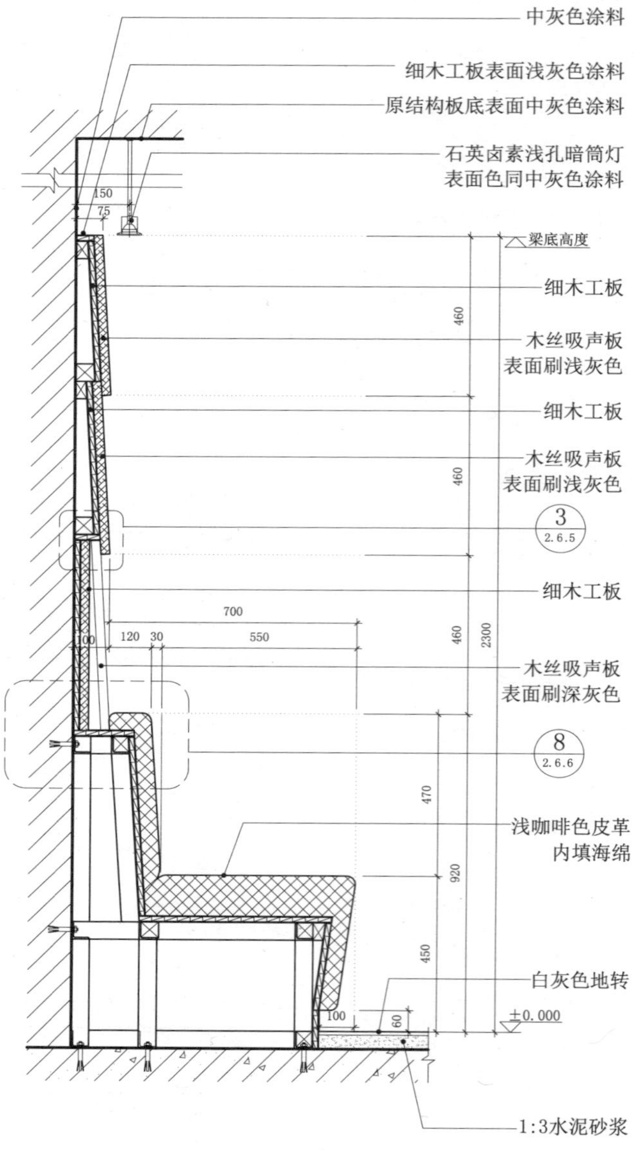

H节点图 — 标注：中灰色涂料；细木工板表面浅灰色涂料；原结构板底表面中灰色涂料；石英卤素浅孔暗筒灯表面色同中灰色涂料；梁底高度；细木工板；木丝吸声板表面刷浅灰色；细木工板；木丝吸声板表面刷浅灰色（③ 2.6.5）；细木工板；木丝吸声板表面刷深灰色（⑧ 2.6.6）；浅咖啡色皮革内填海绵；白灰色地砖；1:3水泥砂浆。尺寸：150、75、460、460、460、460、100、120、30、550、700、2300、470、920、450、100、60、±0.000。

2.6 木丝吸声板造型墙

2.6.5 立面、连续界面构造

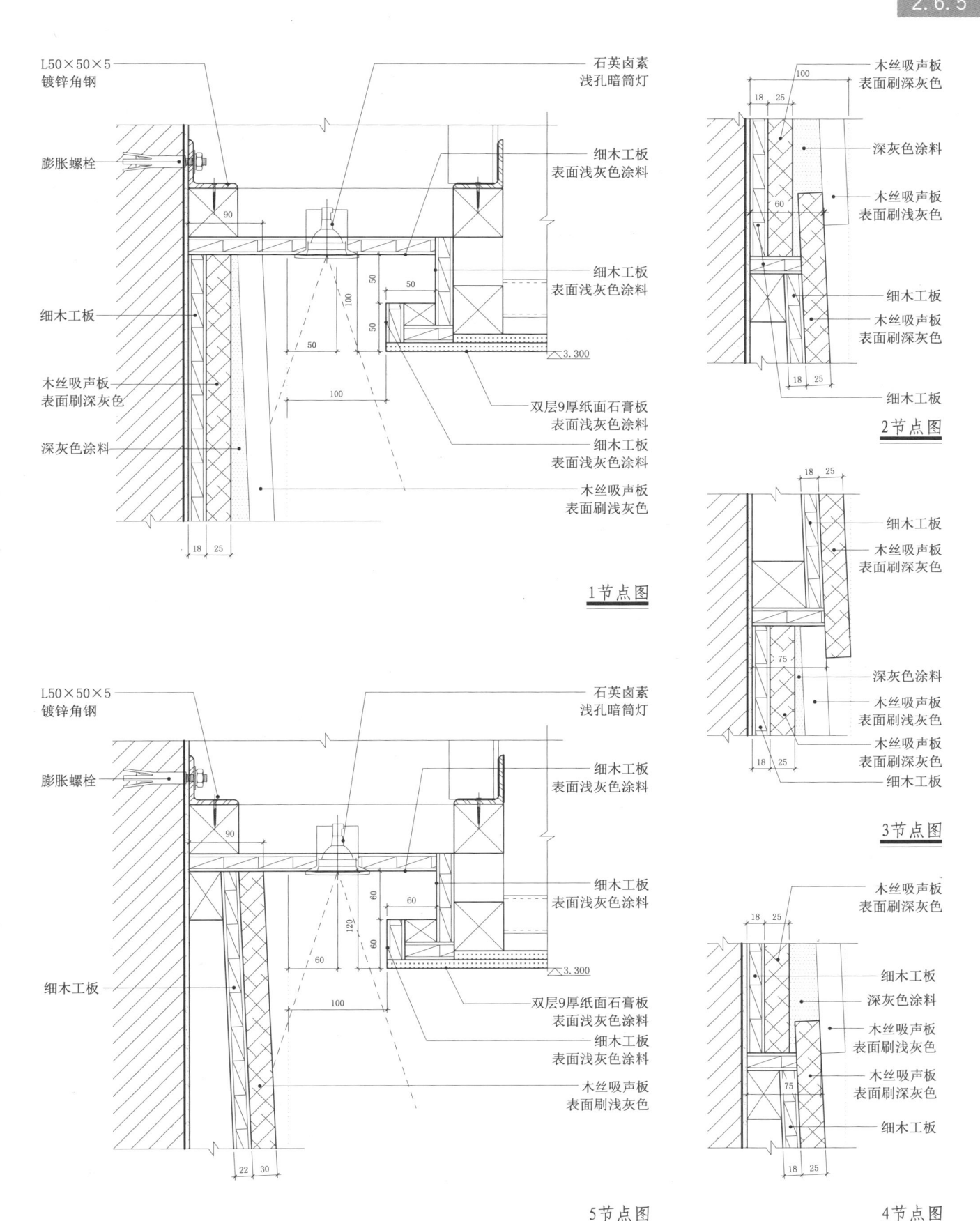

2.6 木丝吸声板造型墙

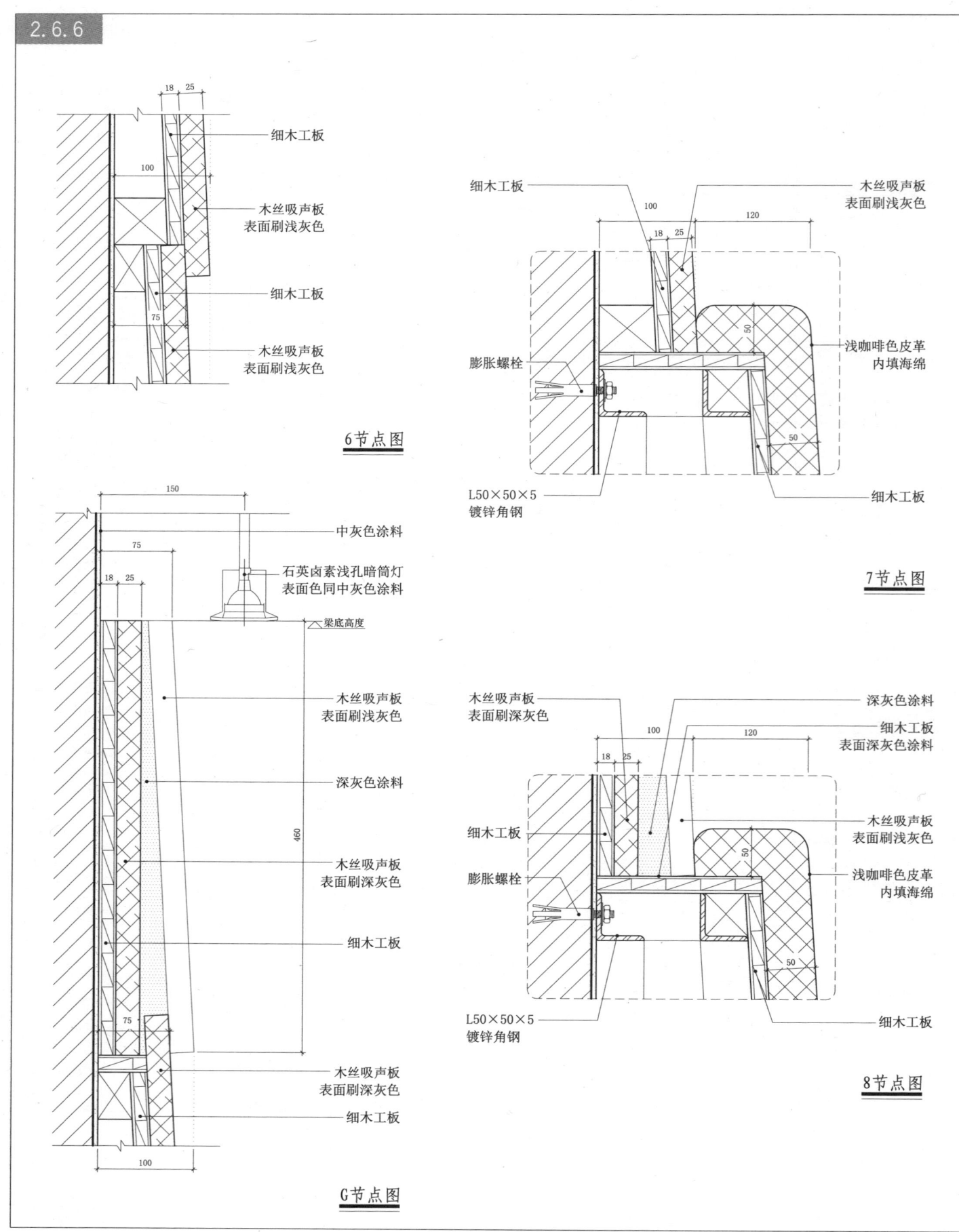

2.7 镜面玻璃造型墙

2立面、连续界面构造·玻璃构造 非透光照明构造

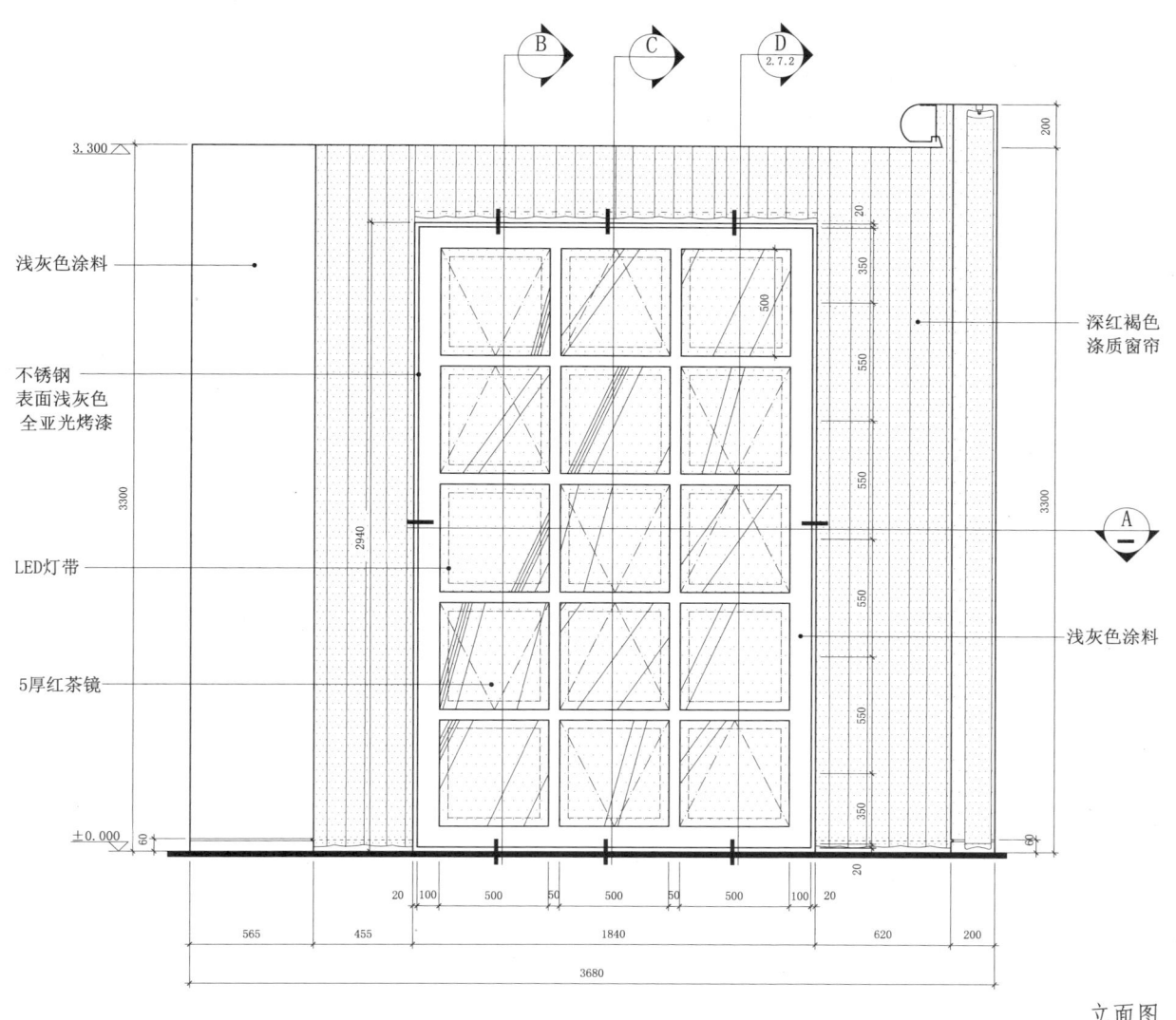

立面图

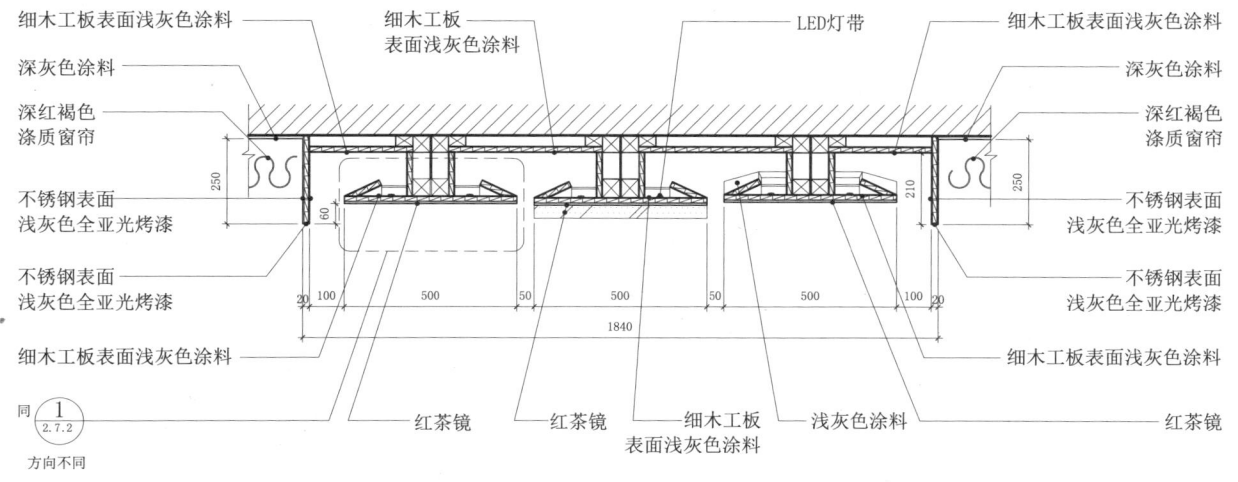

A节点图

2.7 镜面玻璃造型墙

2 立面、连续界面构造·玻璃构造 非透光照明构造

2.7.2

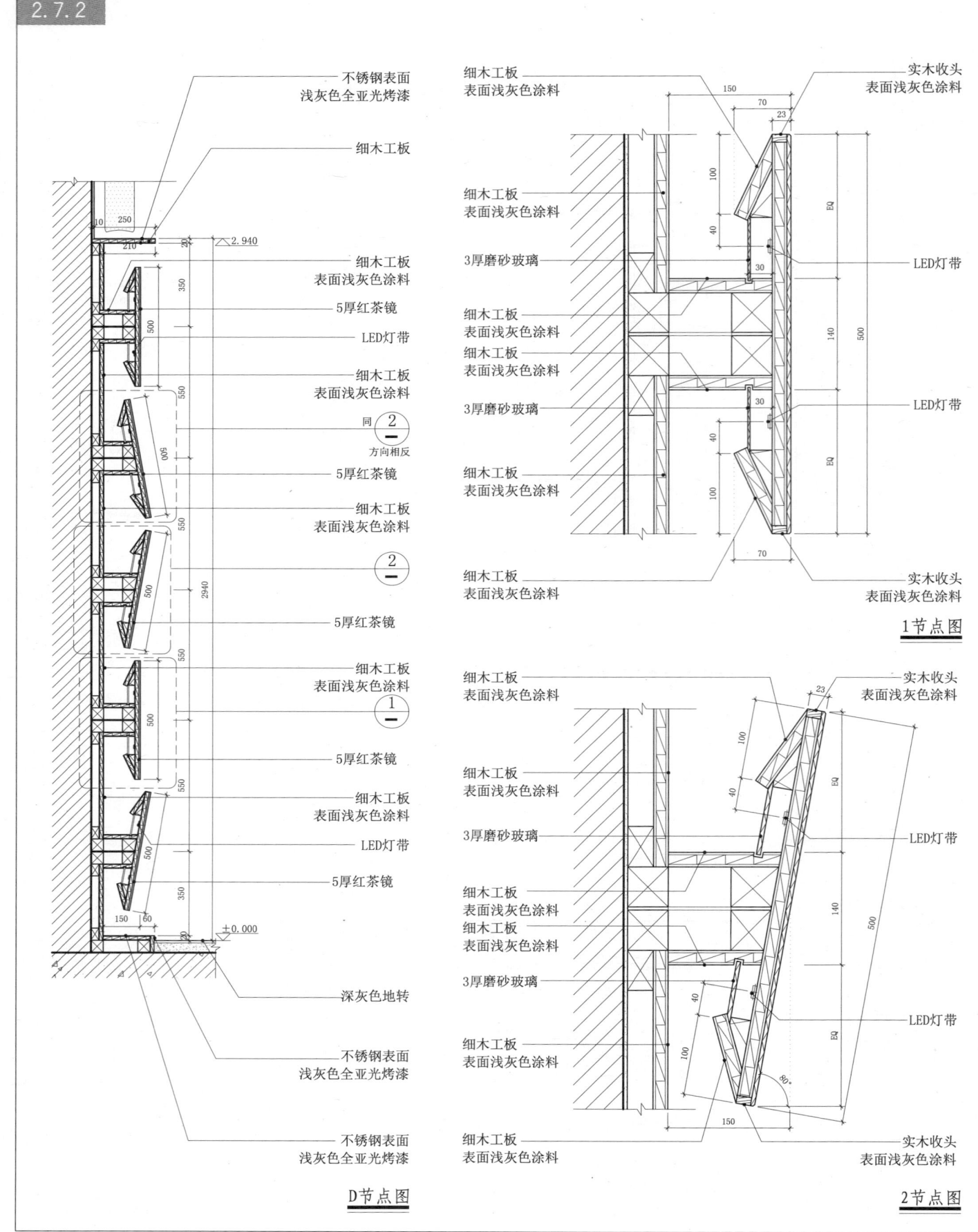

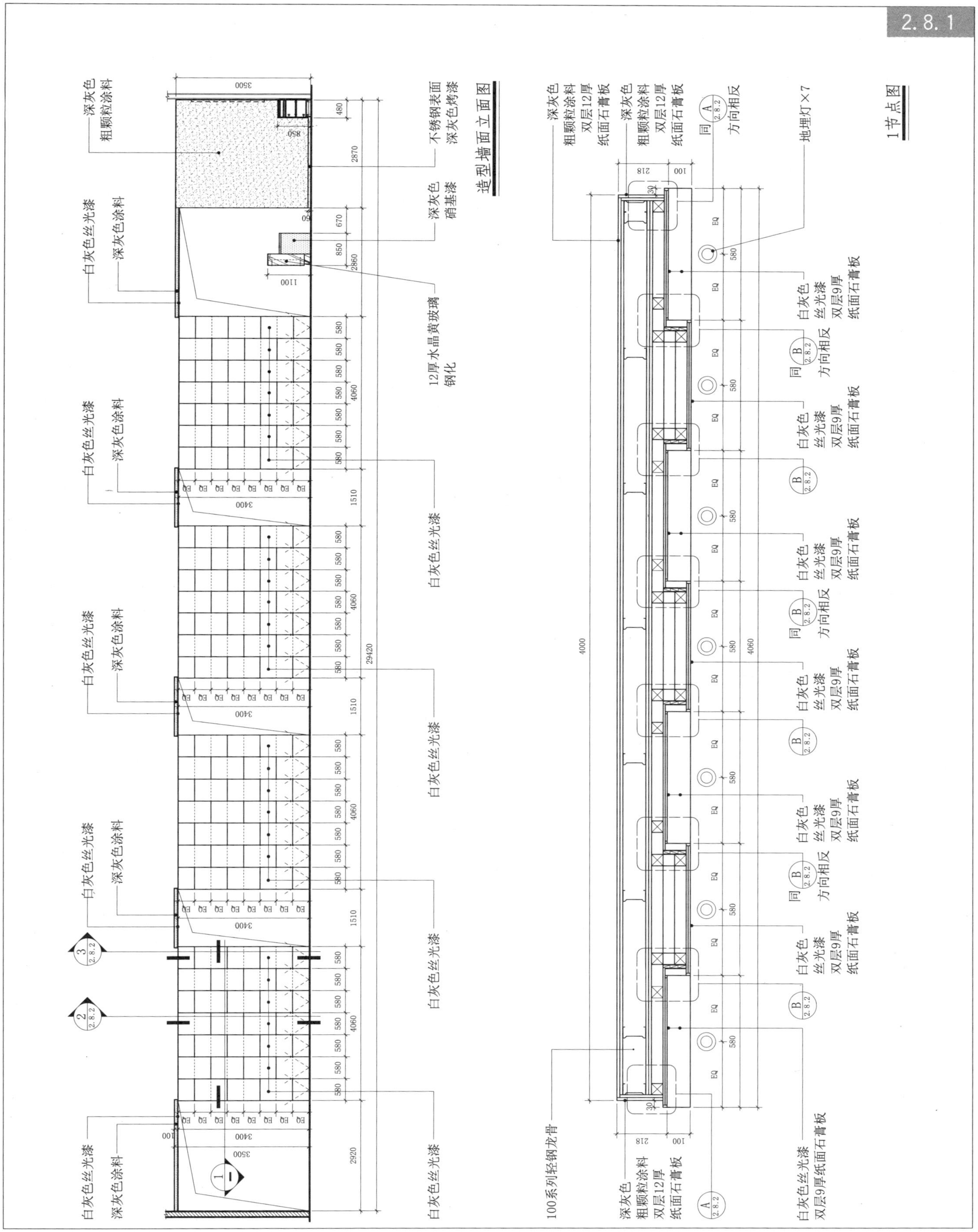
2.8.1
造型墙面立面图
深灰色
粗颗粒涂料
白灰色丝光漆
深灰色涂料
不锈钢表面
深灰色烤漆
深灰色
硝基漆
12厚水晶黄玻璃
钢化
白灰色丝光漆
1节点图
深灰色
粗颗粒涂料
双层12厚
纸面石膏板
同 A 2.8.2 方向相反
地埋灯×7
白灰色
丝光漆
双层9厚
纸面石膏板
同 B 2.8.2 方向相反
100系列轻钢龙骨
白灰色丝光漆
双层9厚纸面石膏板

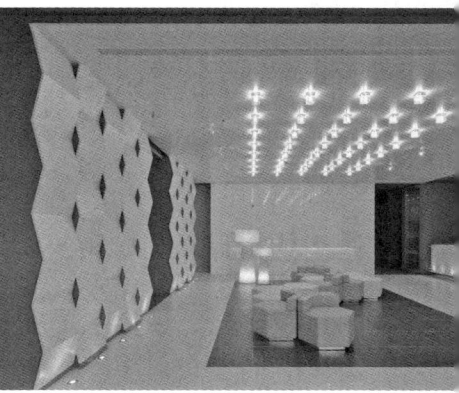

2.8 造型墙面节点（一）

2.8.2

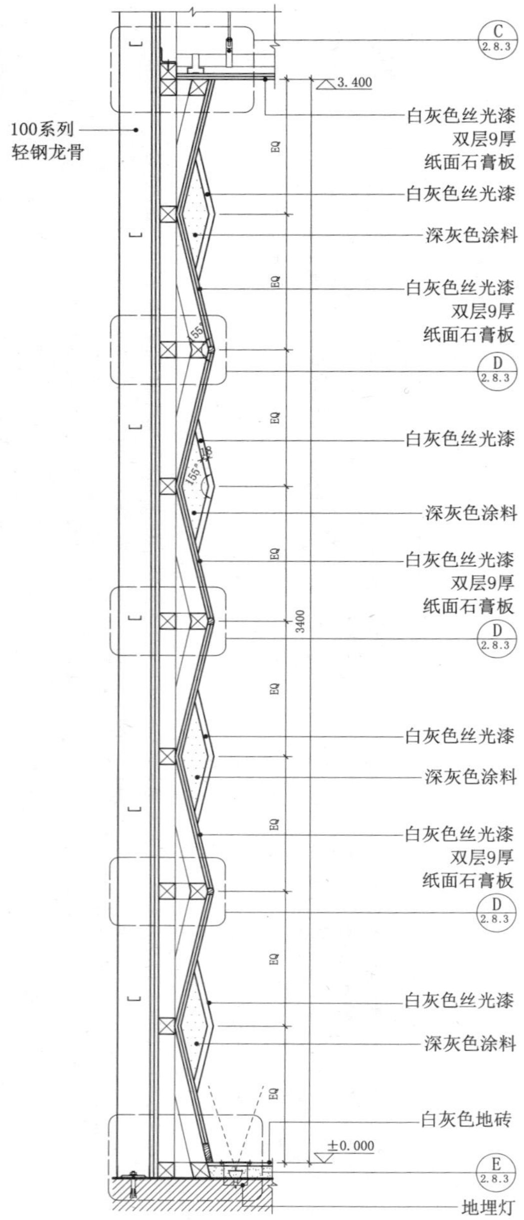

2节点图、3节点图、A节点图、B节点图

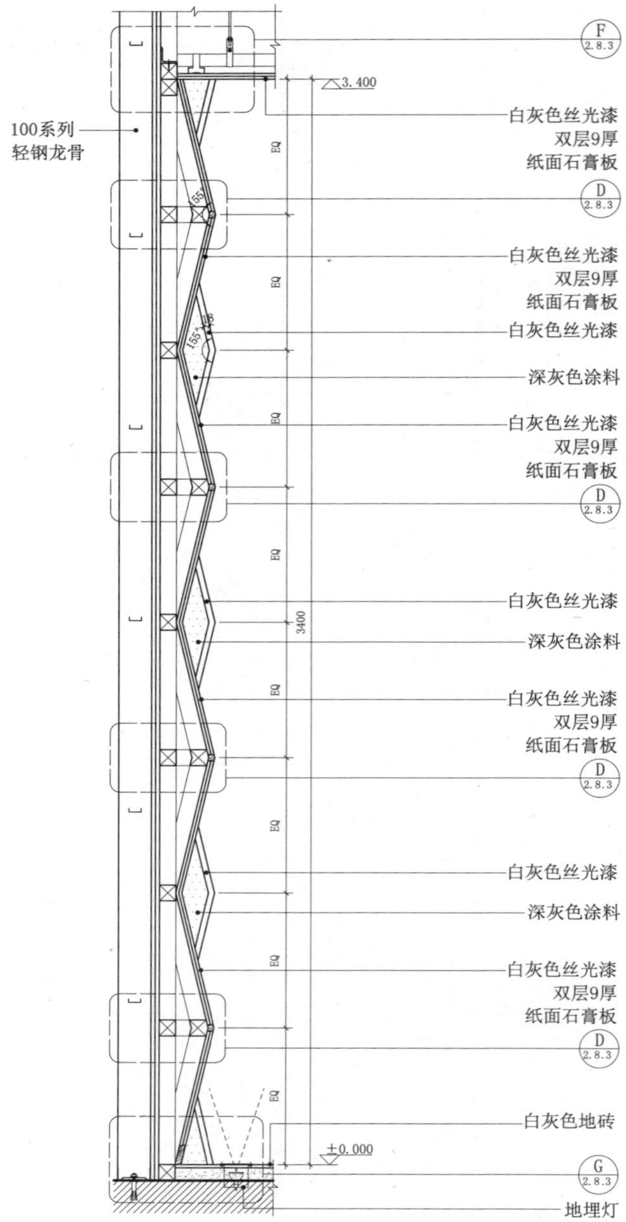

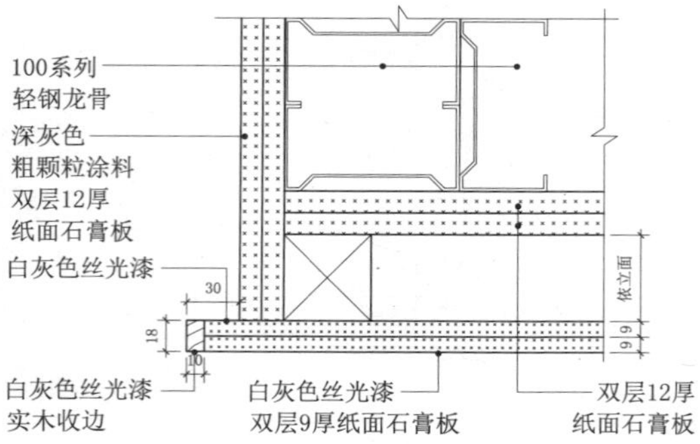

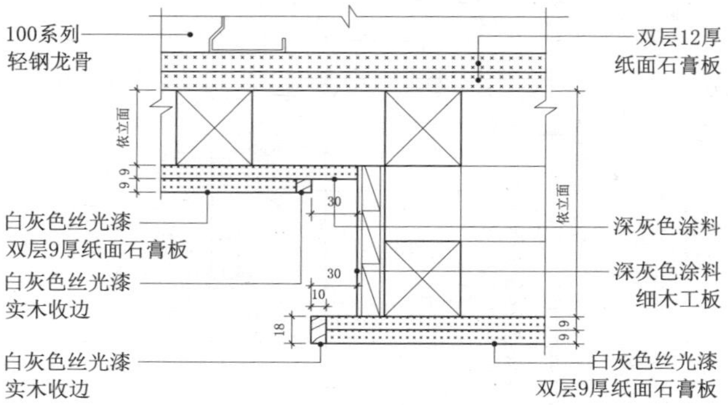

主要标注：
- 100系列轻钢龙骨
- 白灰色丝光漆 双层9厚纸面石膏板
- 白灰色丝光漆
- 深灰色涂料
- 白灰色地砖
- 地埋灯
- 深灰色粗颗粒涂料 双层12厚纸面石膏板
- 白灰色丝光漆 实木收边
- 双层12厚纸面石膏板
- 细木工板

标高：3.400、±0.000，总高3400

2.8 造型墙面节点(一)

2.8.3

2 立面、连续界面构造

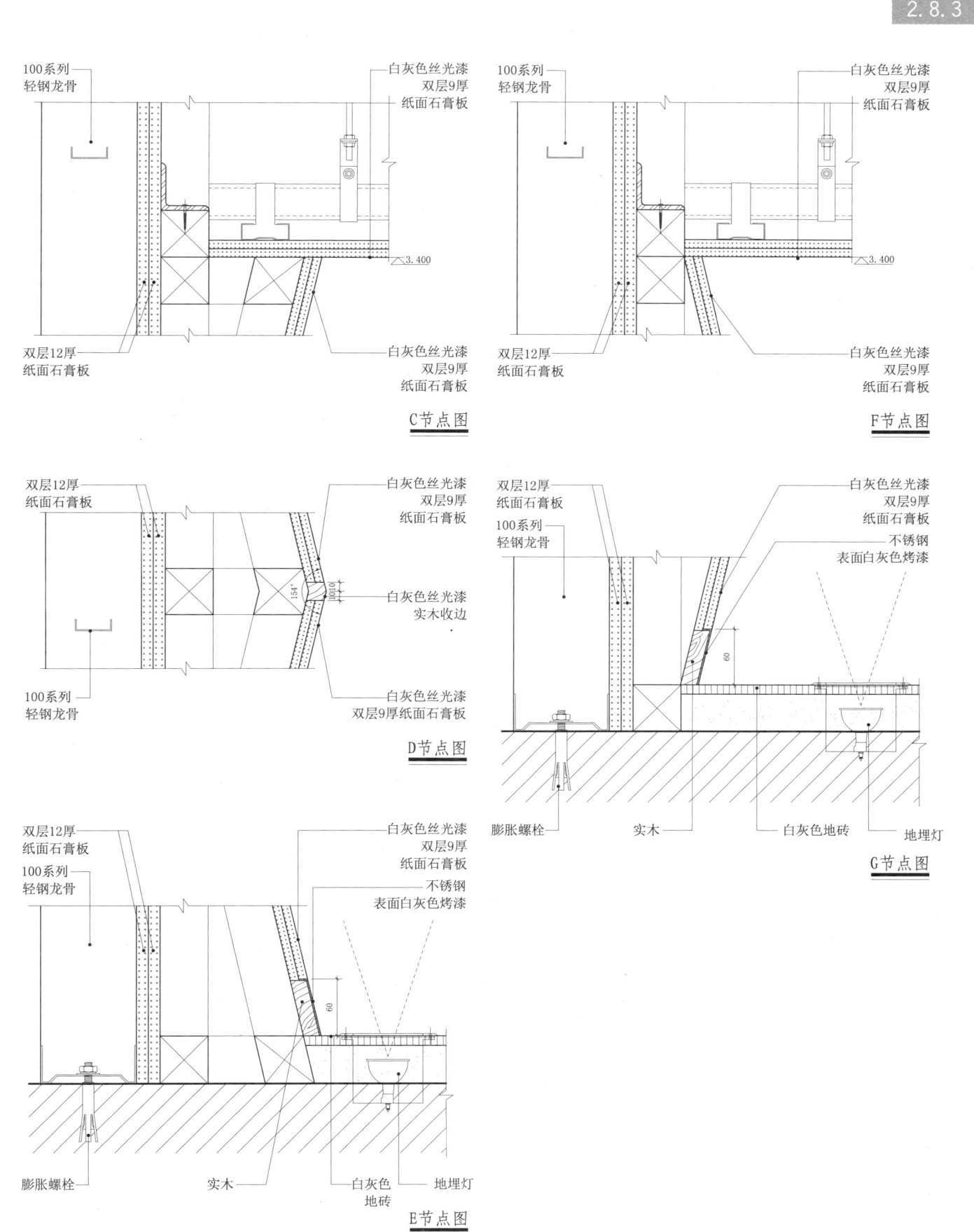

2.9 造型墙面节点(二)

2 立面、连续界面构造·非透光照明构造

2.9.1

立面图

- 达尼罗黑色金属质感涂料
- 米白色粗颗粒质感
- 仿清水混凝土
- 不锈钢 表面米白色全亚光烤漆

A节点图

- 100系轻钢龙骨
- 米白色粗颗粒质感 实木收头
- 米白色粗颗粒质感 双层9厚纸面石膏板
- 3厚磨砂玻璃 沿光槽通长安装
- 达尼罗黑色金属质感涂料 实木收头
- 达尼罗黑色金属质感涂料 3厚胶合板
- LED软管 灯带双排
- 细木工板

2.9 造型墙面节点(二)

2.9.2

2 立面、连续界面构造 · 非透光照明构造

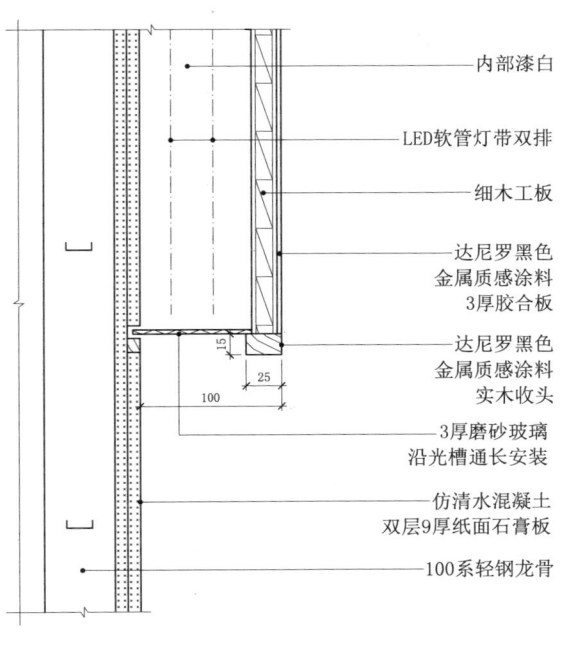

B节点图

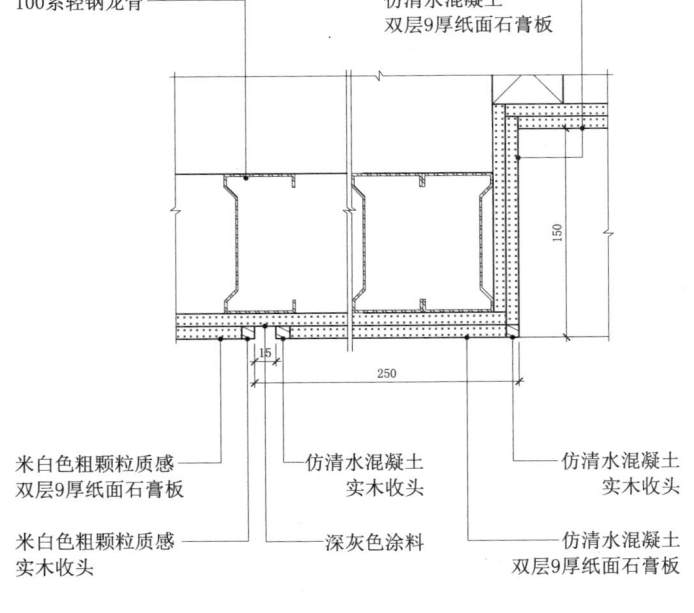

C节点图

D节点图

2.10 造型墙面节点（三）

2 立面、连续界面构造·隔断构造 透光照明构造

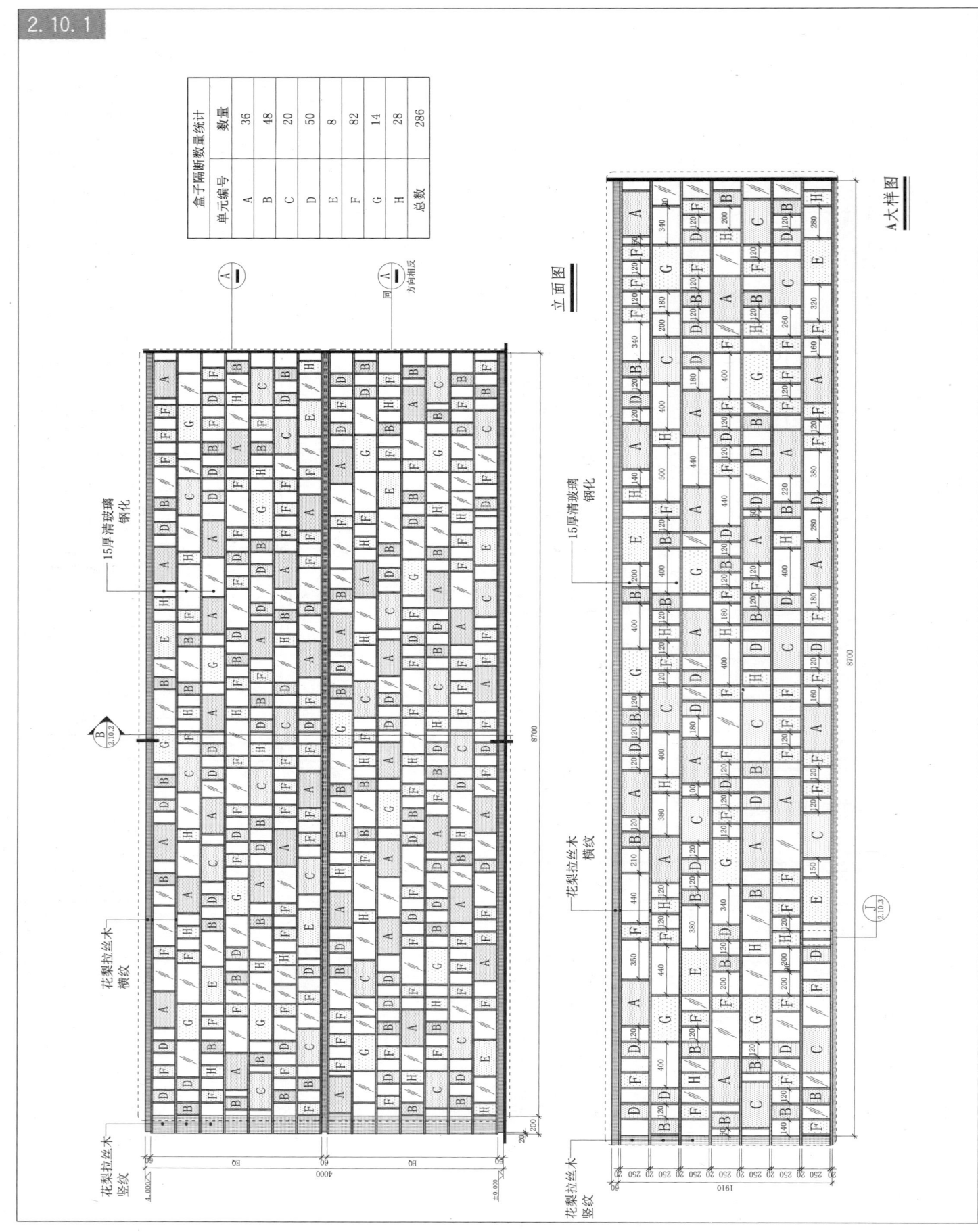

2.10 造型墙面节点（三）

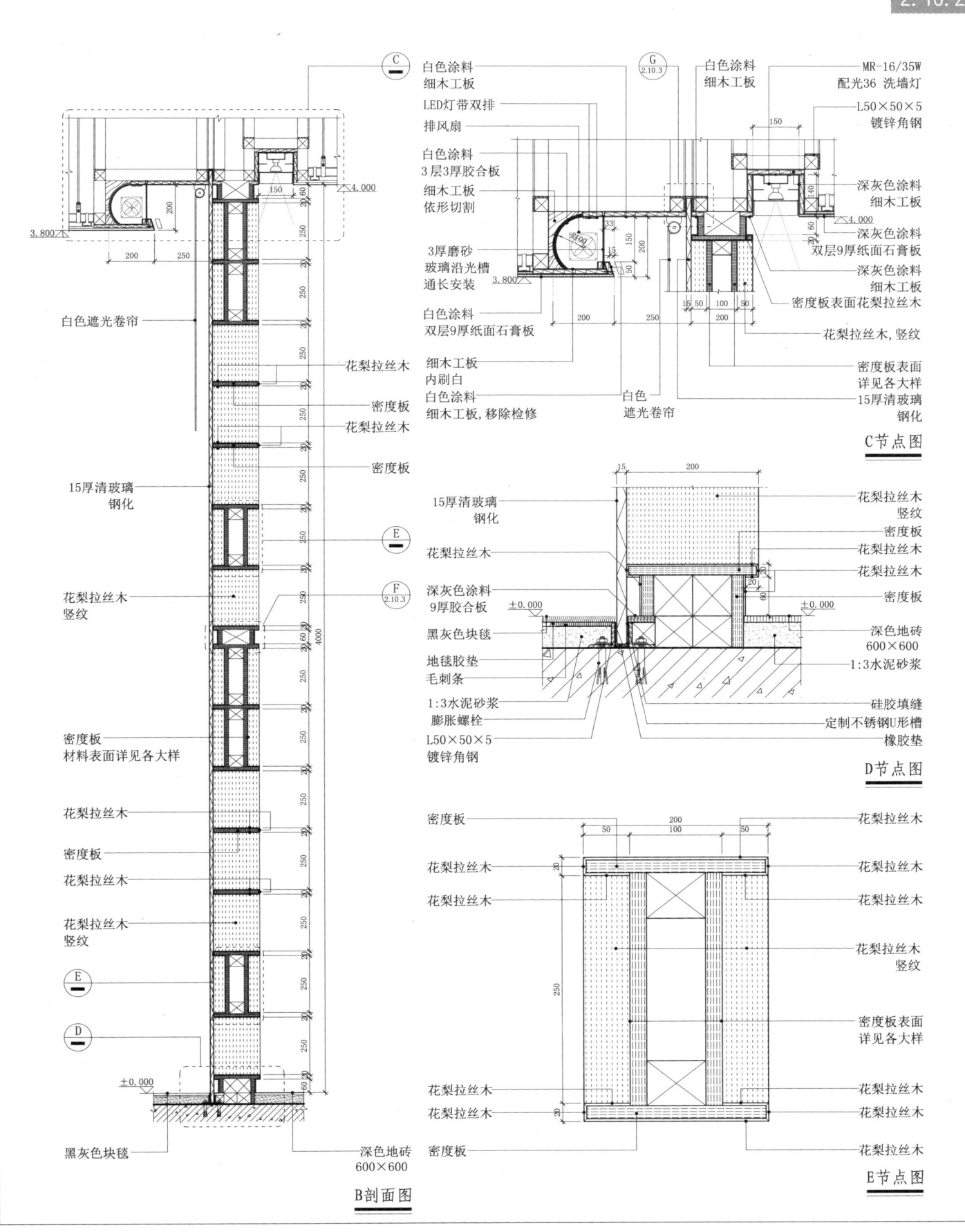

2.10 造型墙面节点(三)

2.10.3

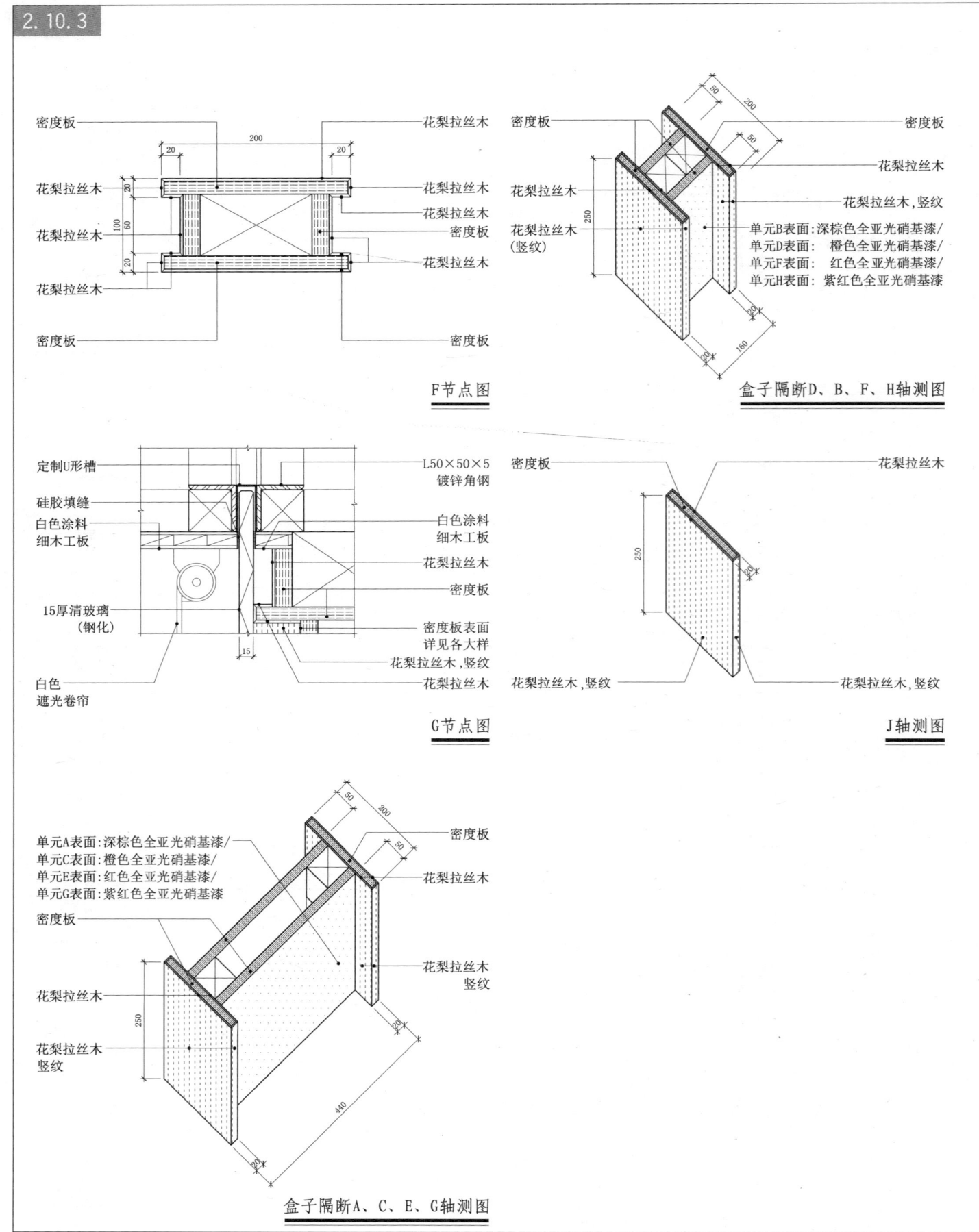

F节点图

G节点图

盒子隔断D、B、F、H轴测图

J轴测图

盒子隔断A、C、E、G轴测图

2.11 造型墙面节点(四)

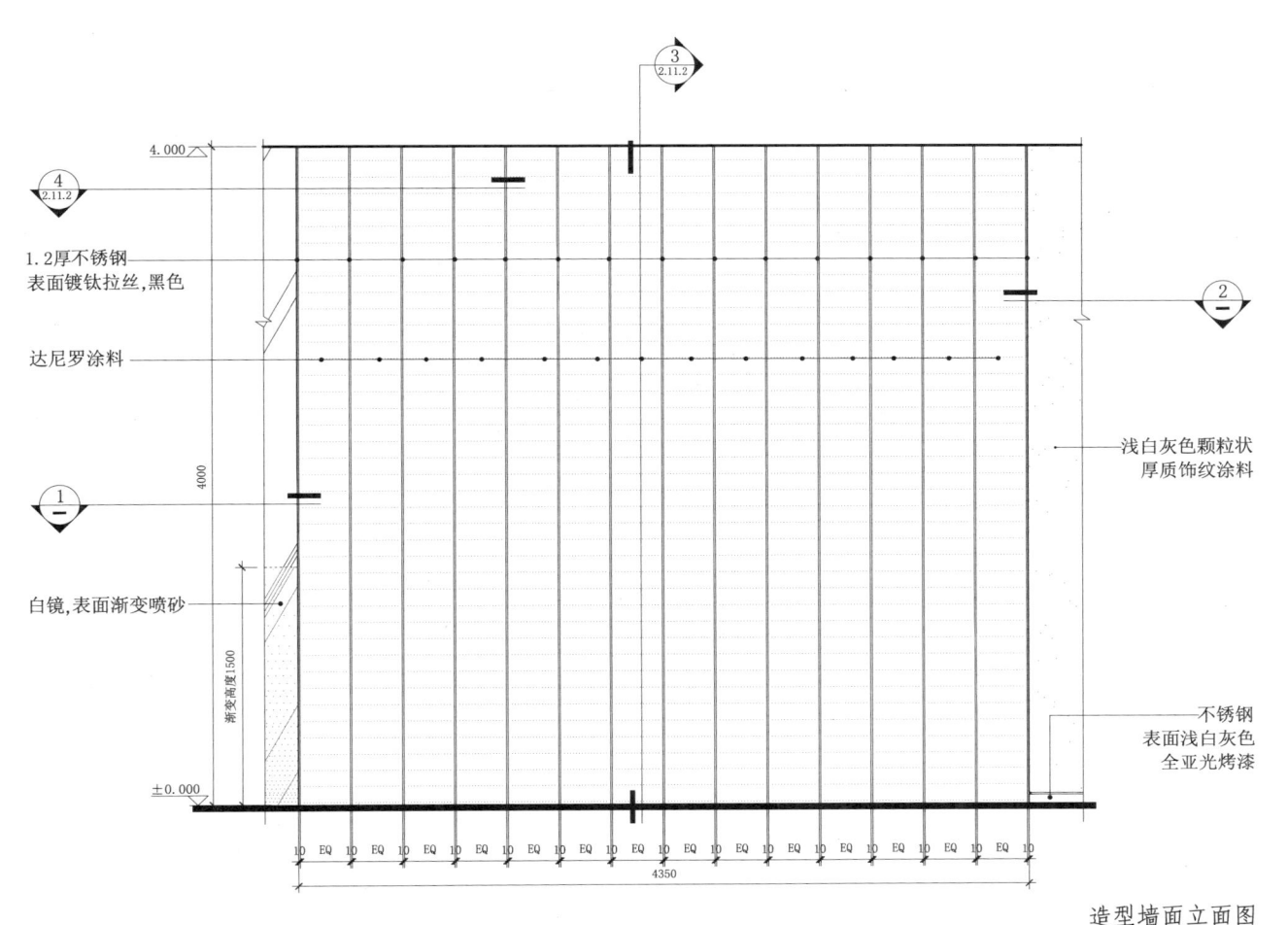

造型墙面立面图

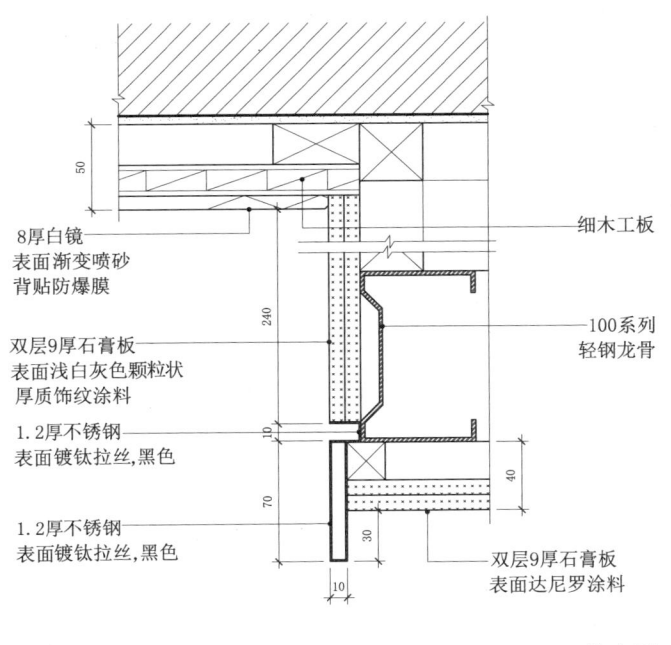

1节点图

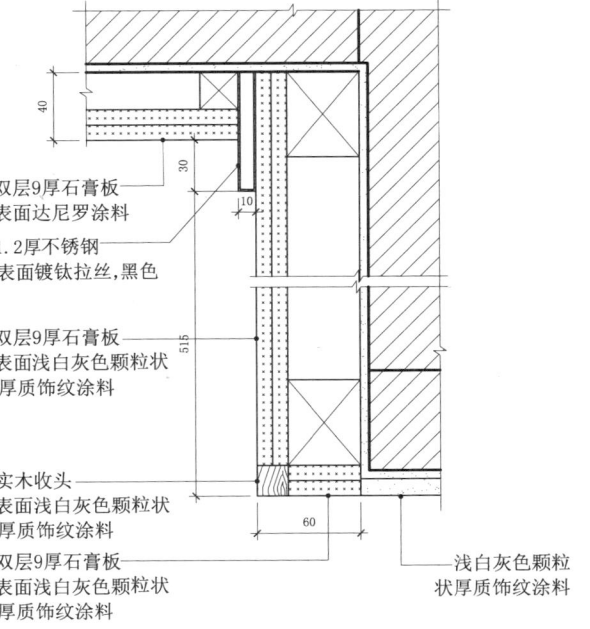

2节点图

2.11 造型墙面节点(四)

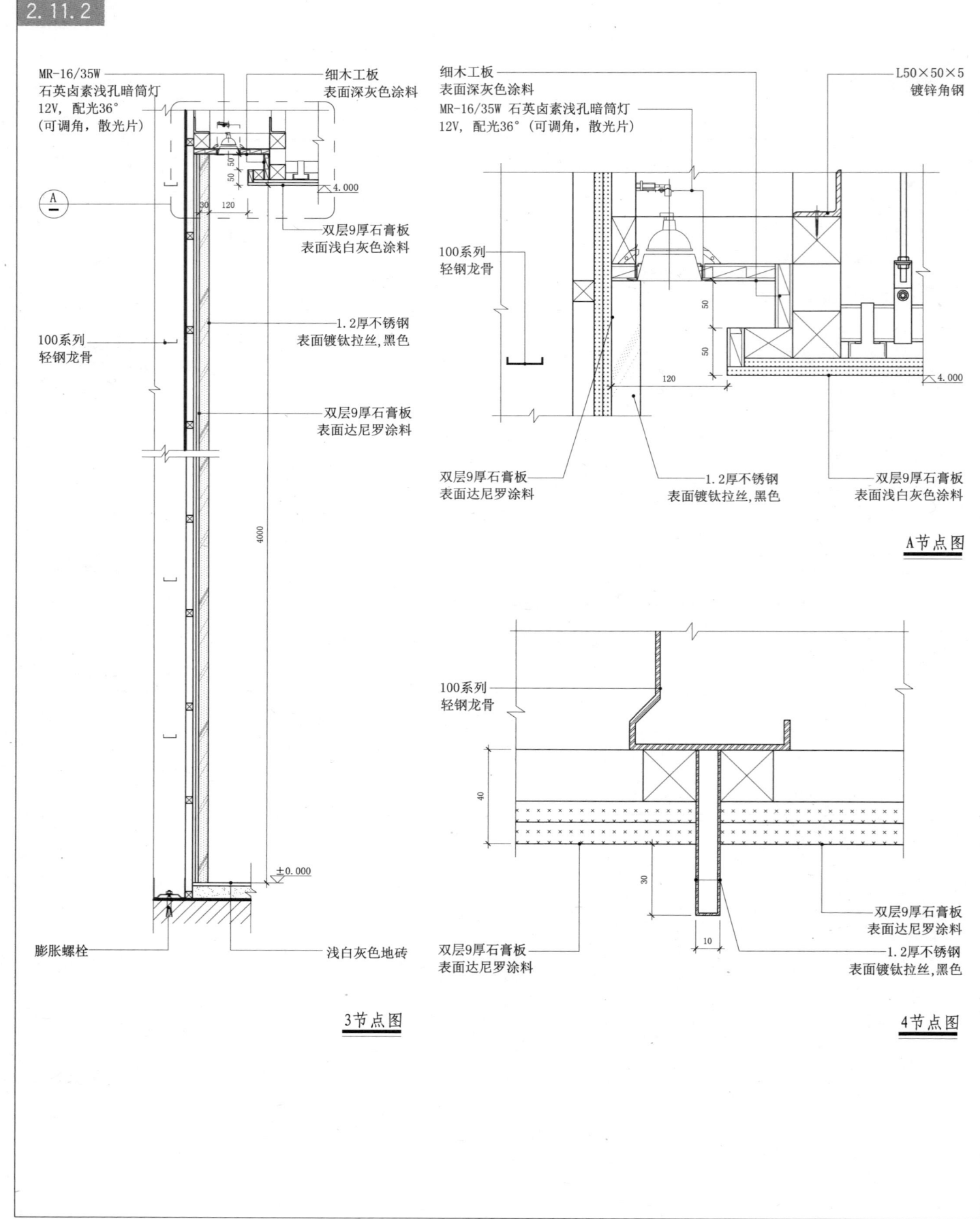

2.12 造型墙面节点(五)

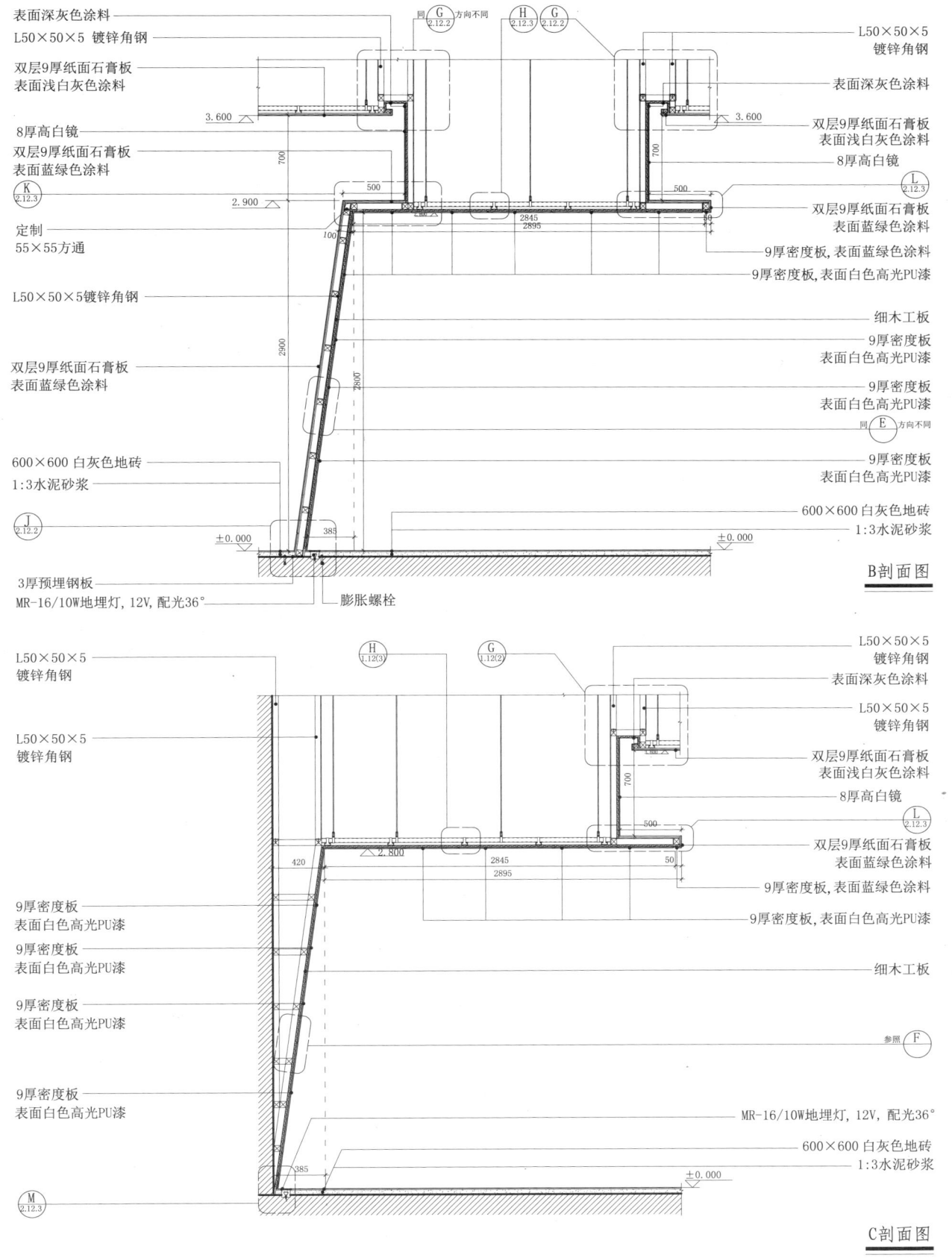

B剖面图

C剖面图

2.12 造型墙面节点(五)

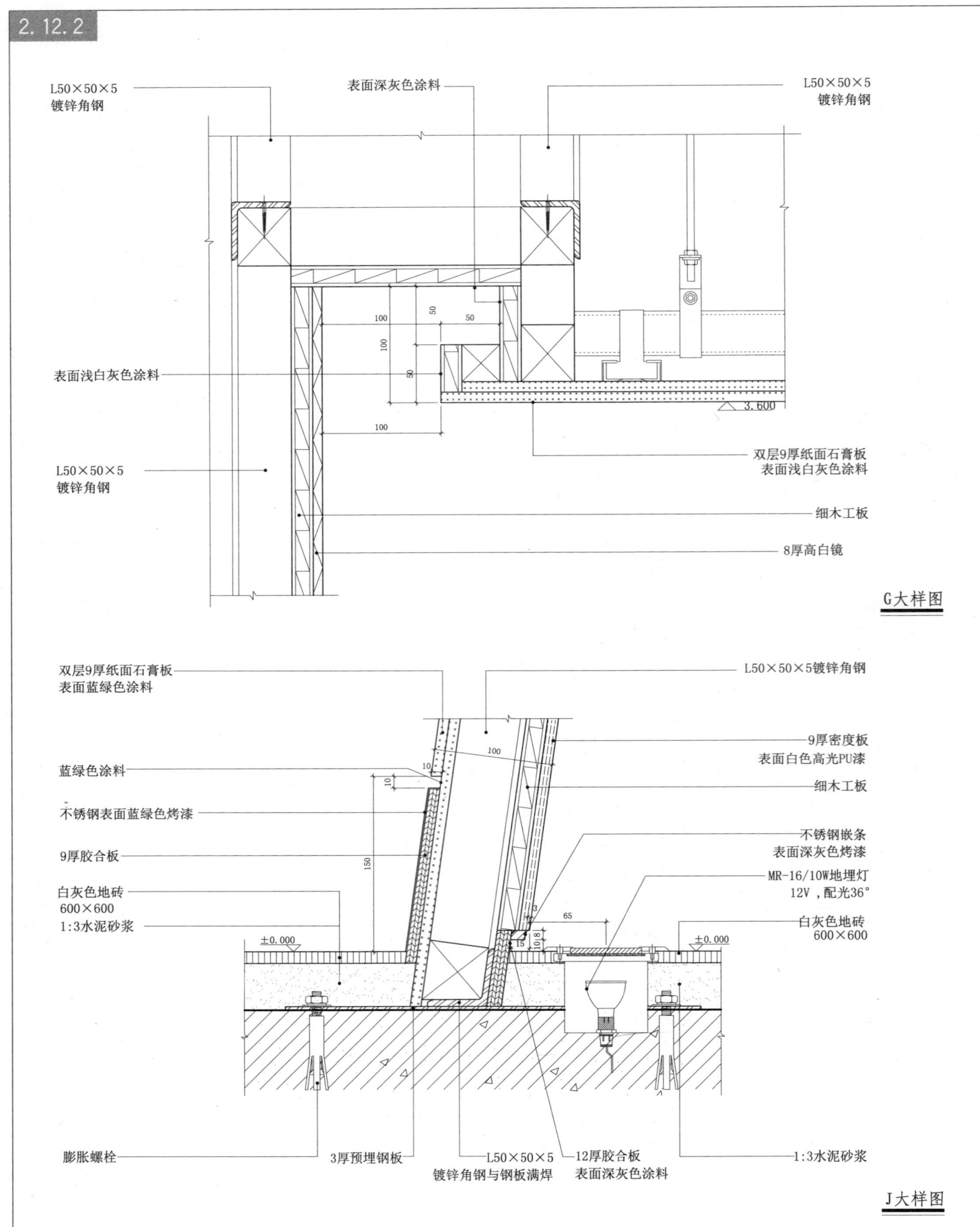

2.12 造型墙面节点（五）

2.12.3

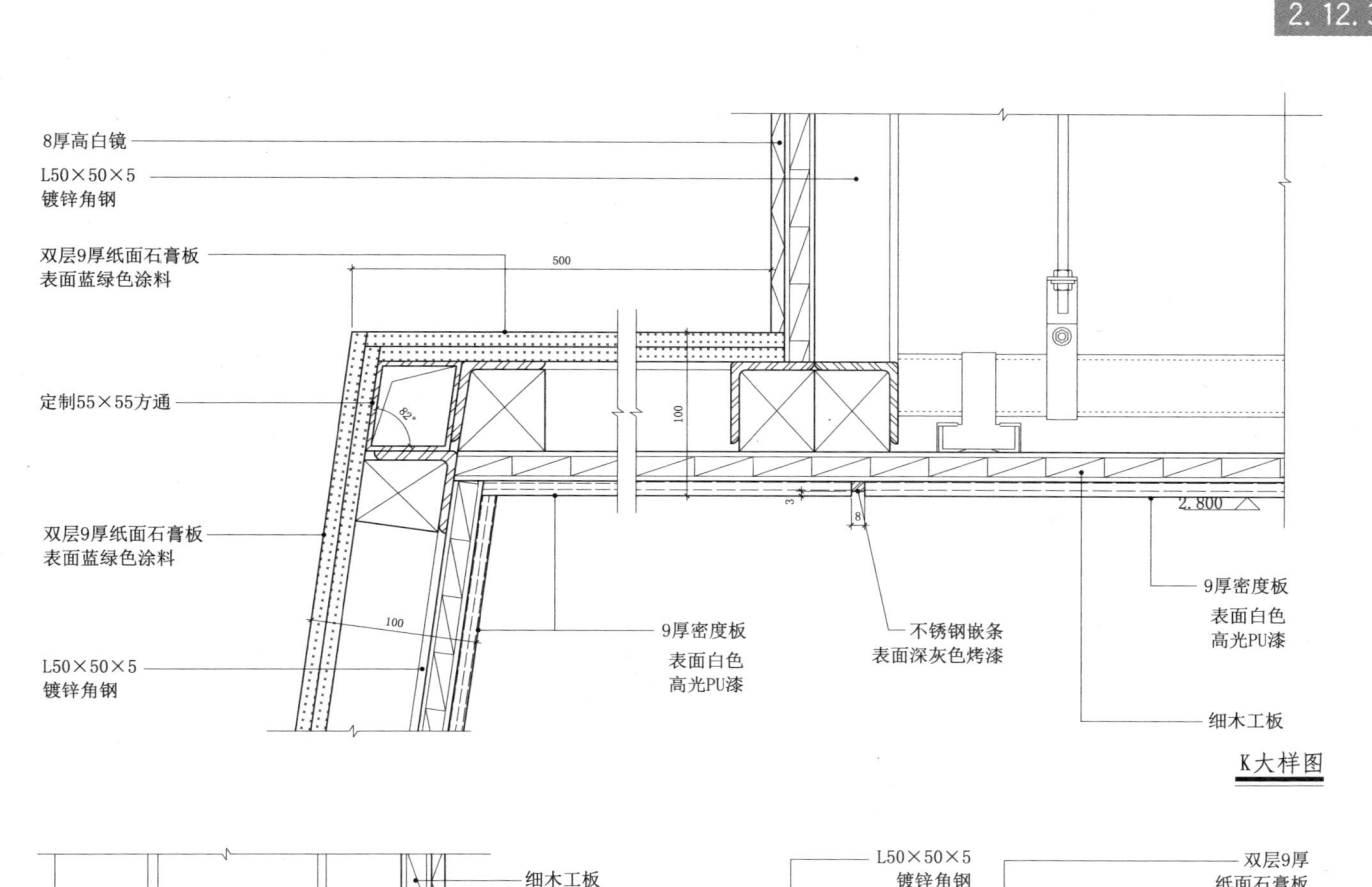

K大样图

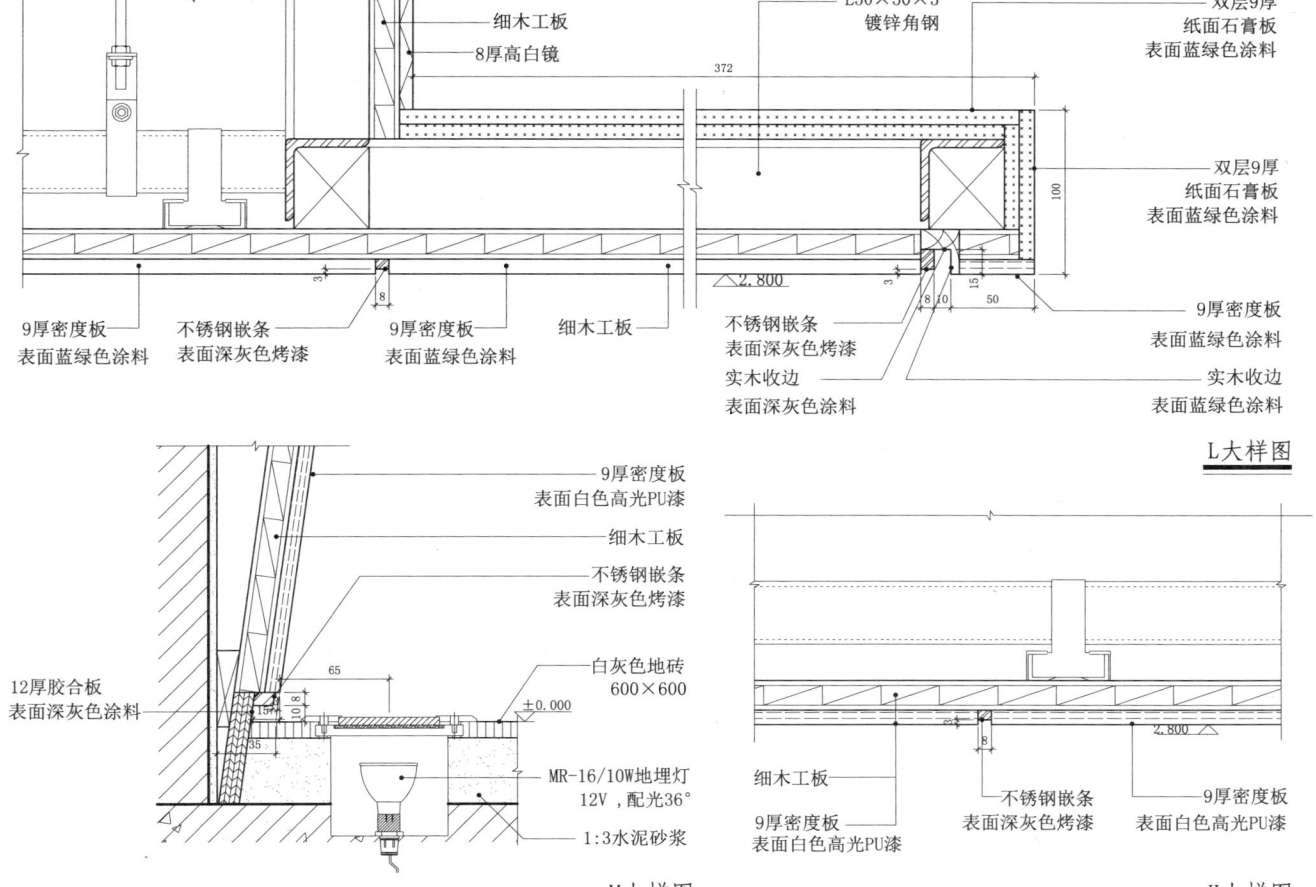

L大样图

M大样图　　H大样图

2 立面、连续界面构造

2.13 折墙立面造型

2.13.1

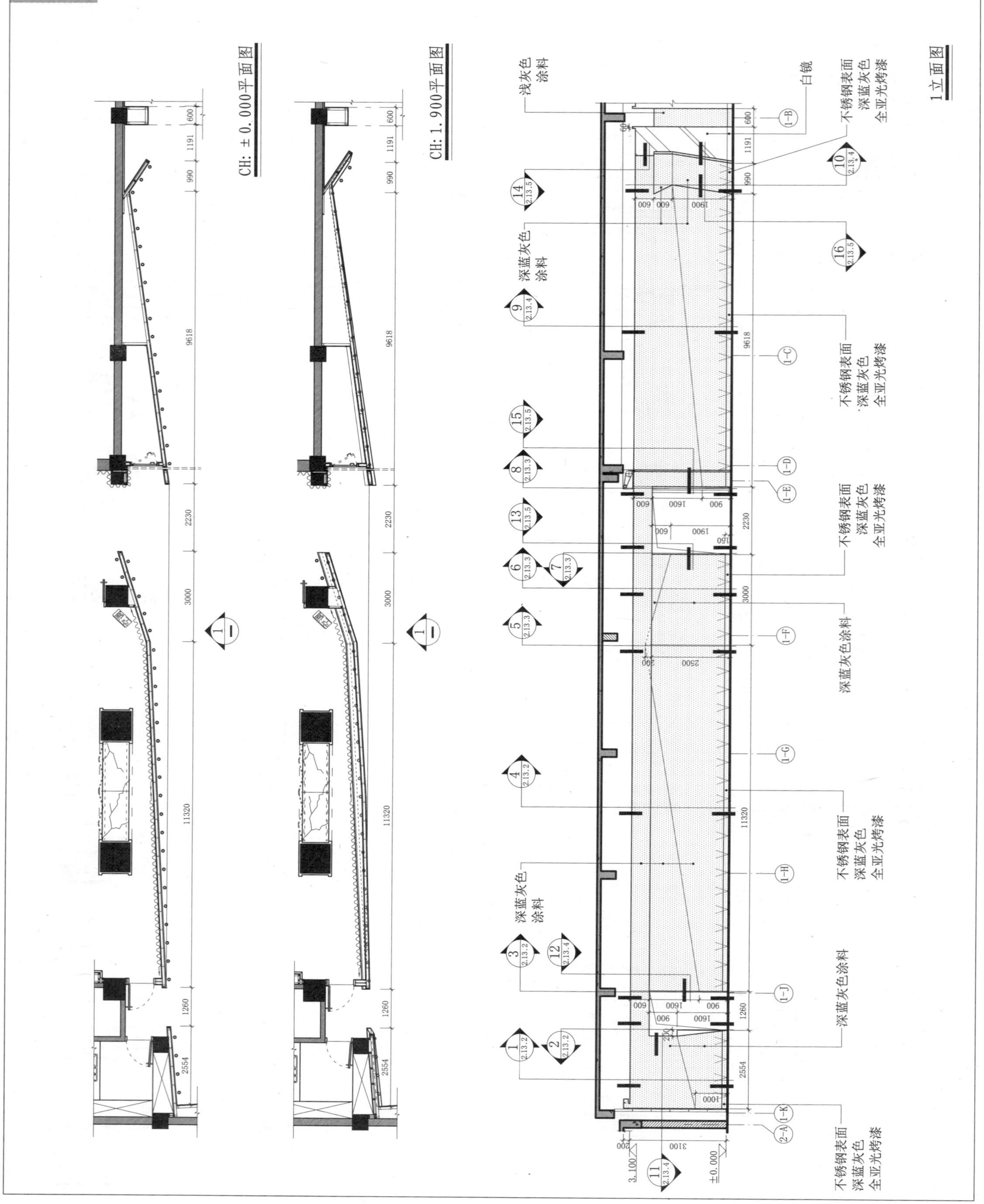

2.13 折墙立面造型

2.13.2

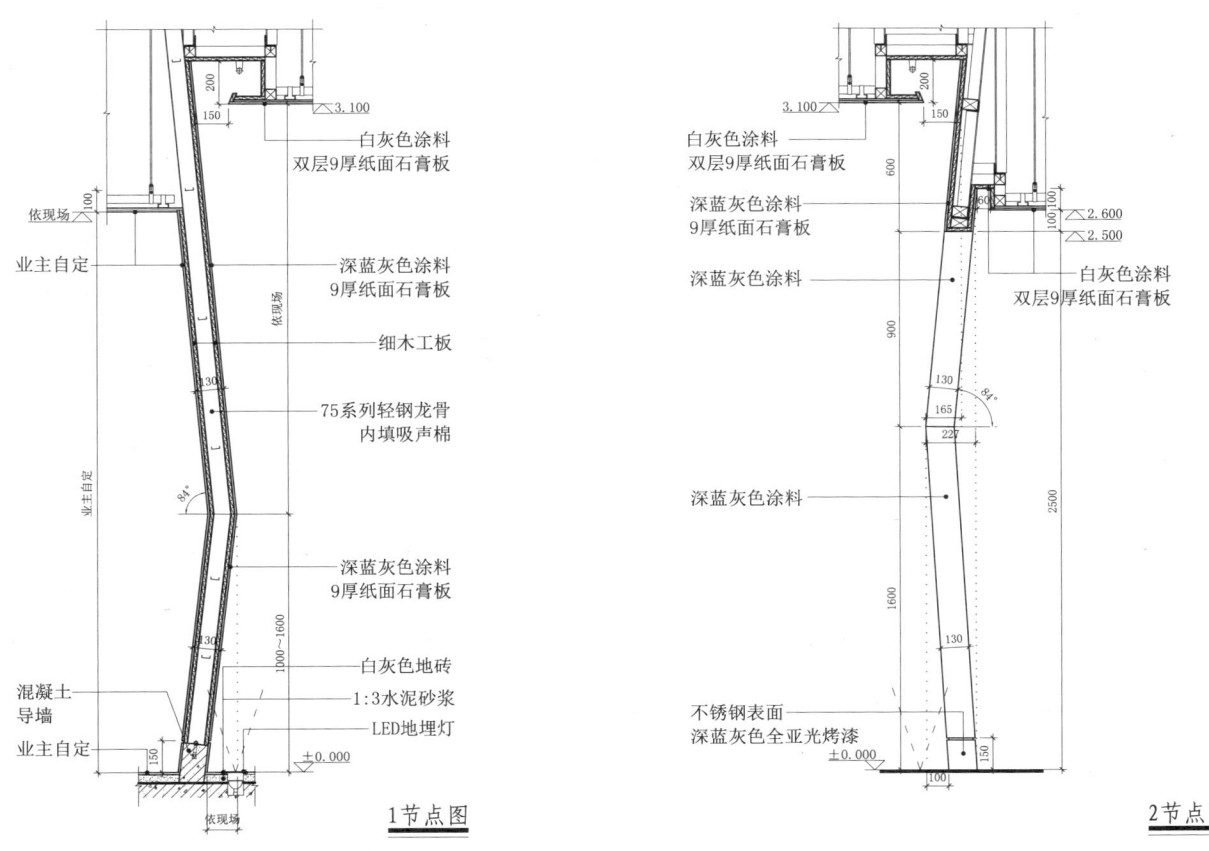
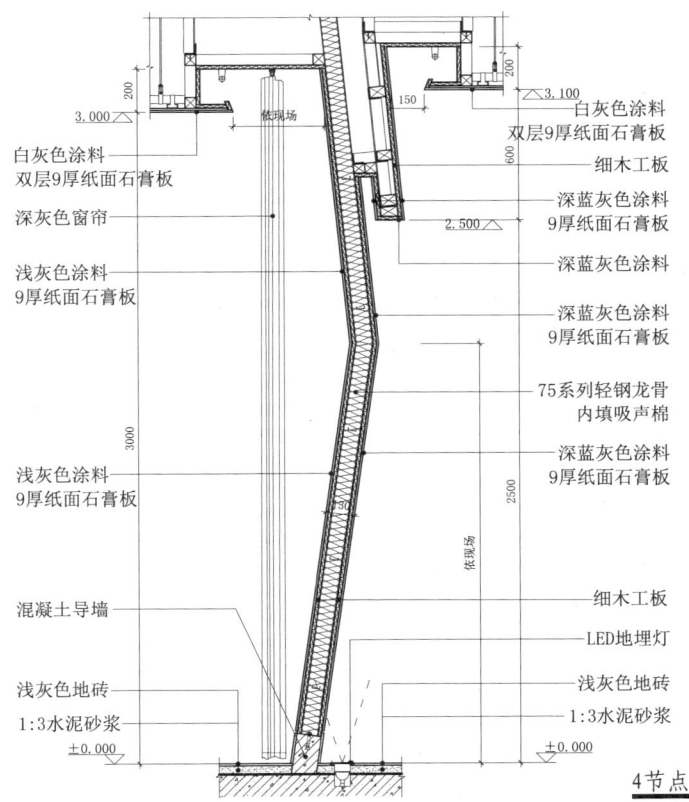

2.13 折墙立面造型

2.13.3

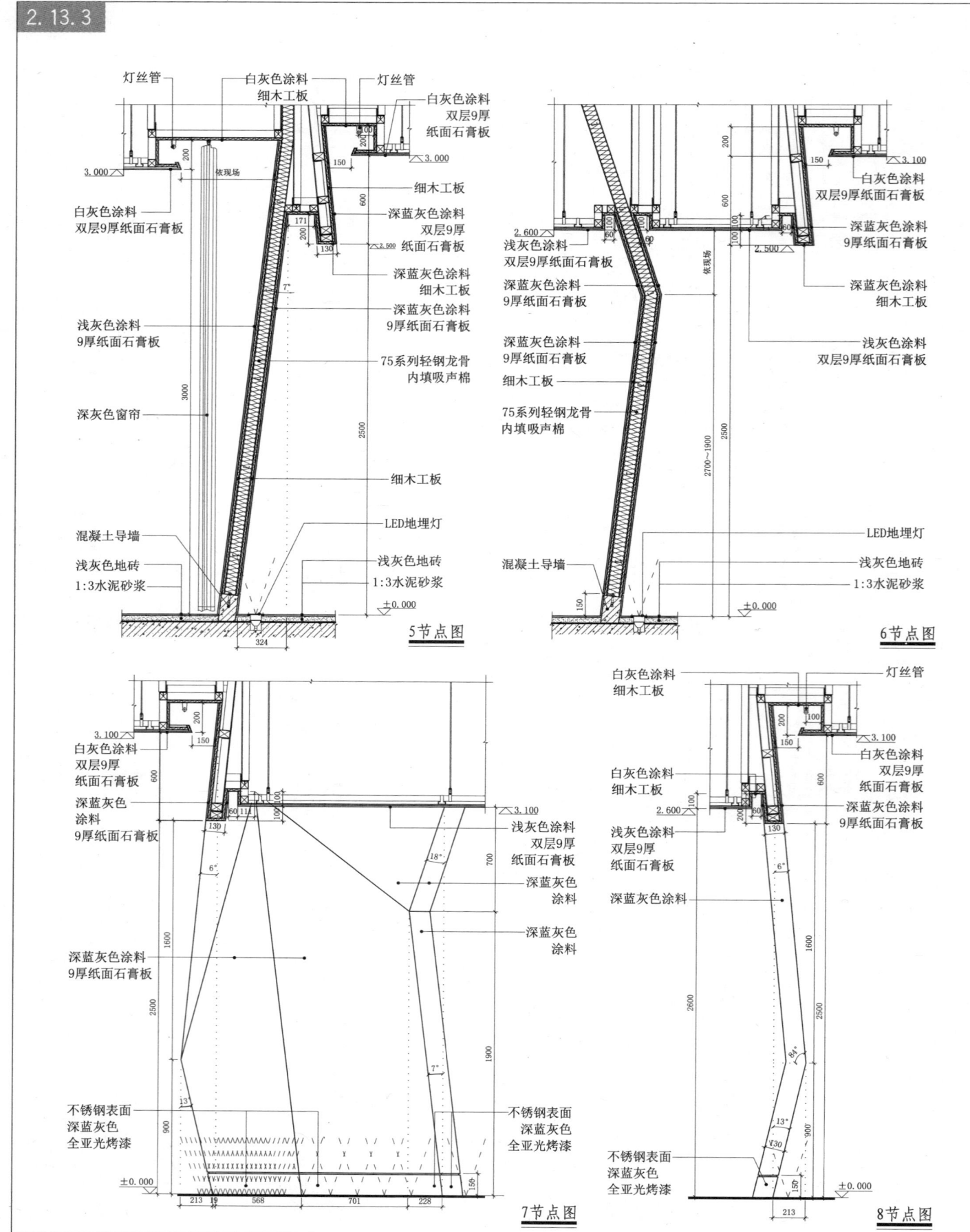

2.13 折墙立面造型

2 立面、连续界面构造

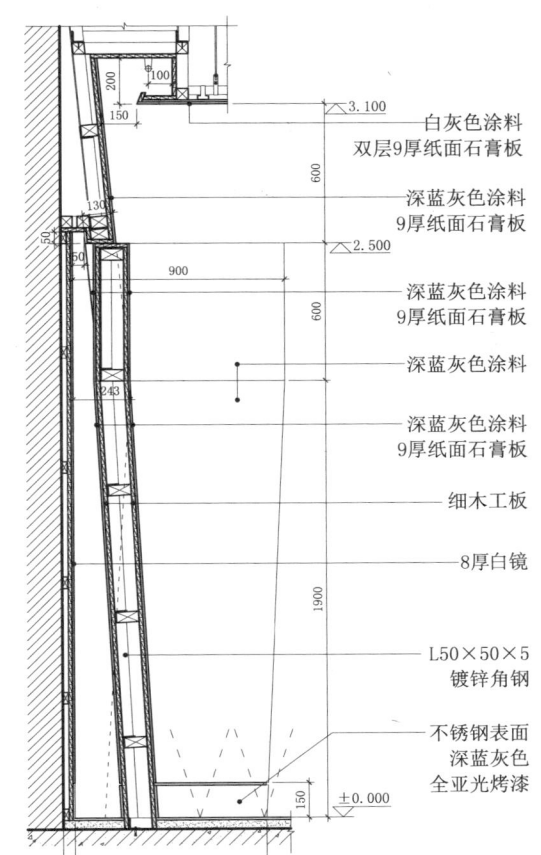

9节点图

10节点图

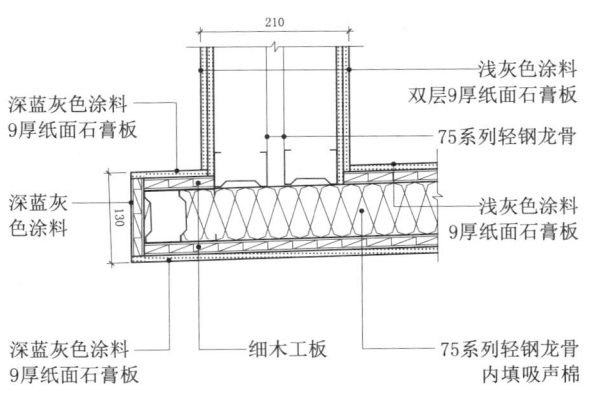

11节点图

12节点图

2.13 折墙立面造型

2.13.5

13节点图

- LED地埋灯
- 不锈钢表面深蓝灰色全亚光烤漆
- 深蓝灰色涂料
- 75系列轻钢龙骨内填吸声棉
- 深蓝灰色涂料
- 细木工板
- 深蓝灰色涂料 9厚纸面石膏板

14节点图

- 深蓝灰色涂料 9厚纸面石膏板
- 细木工板
- 8厚白镜

15节点图

- 75系列轻钢龙骨
- 9厚纸面石膏板
- 9厚胶合板
- 白镜
- 75系列轻钢龙骨
- 不锈钢表面深蓝灰色全亚光烤漆
- 浅灰色涂料双层9厚纸面石膏板
- 不锈钢表面深蓝灰色全亚光烤漆
- 深蓝灰色涂料 9厚纸面石膏板
- 深蓝灰色涂料 9厚纸面石膏板
- 深蓝灰色涂料 细木工板
- 防火卷帘
- 深蓝灰色涂料 9厚纸面石膏板
- 细木工板

16节点图

- 深蓝灰色涂料 9厚纸面石膏板
- 8厚白镜
- 细木工板
- L50×50×5 镀锌角钢
- 深蓝灰色涂料
- LED地埋灯
- 不锈钢表面深蓝灰色全亚光烤漆
- 75系列轻钢龙骨
- LED地埋灯
- L50×50×5 镀锌角钢
- 深蓝灰色涂料 细木工板

2.14 立面构造节点

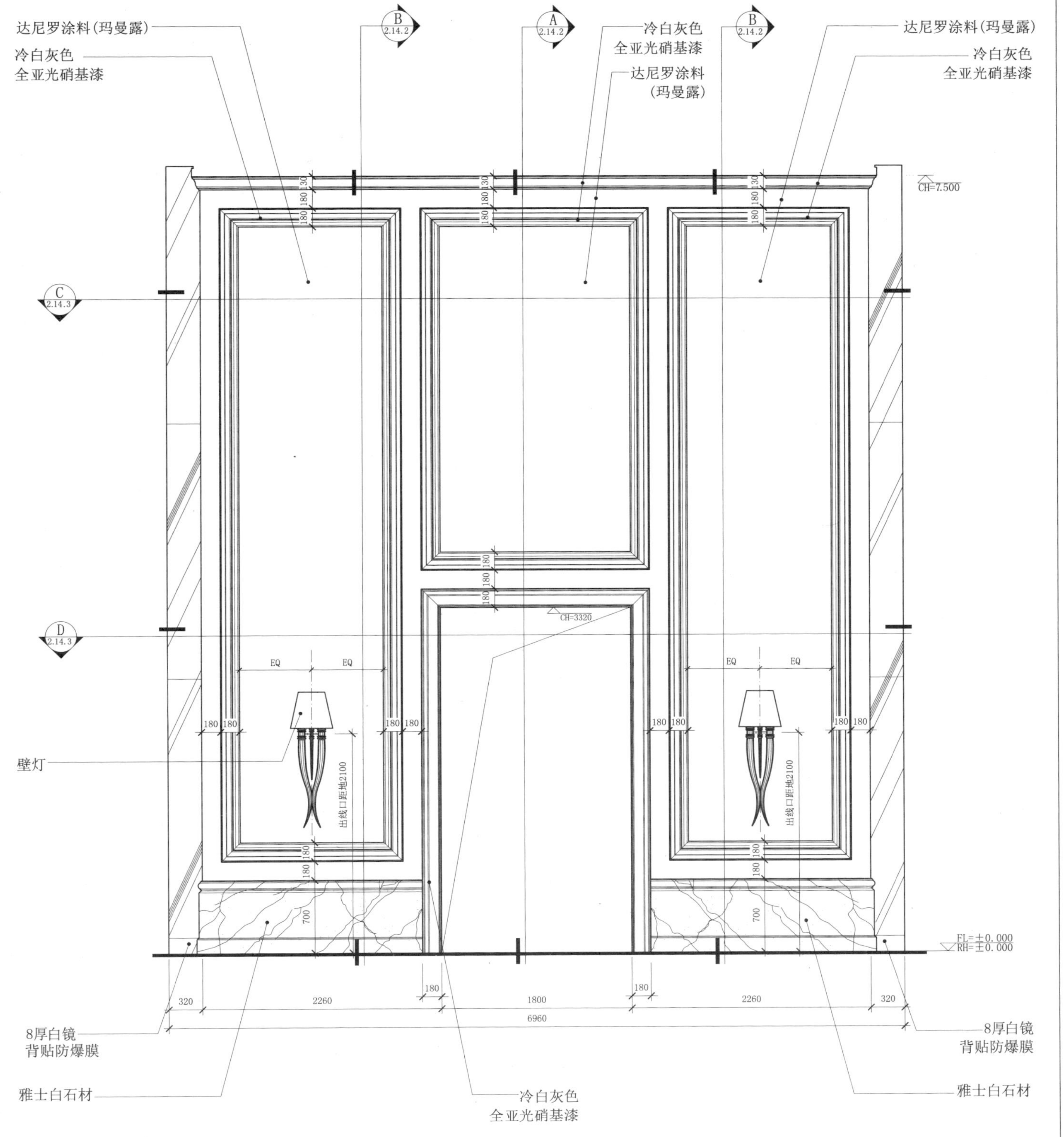

2 立面、连续界面构造 · 西方古典风格 · 石材构造

门厅立面图

图注：
- 达尼罗涂料（玛曼露）
- 冷白灰色全亚光硝基漆
- 达尼罗涂料（玛曼露）
- 冷白灰色全亚光硝基漆
- 达尼罗涂料（玛曼露）
- 冷白灰色全亚光硝基漆
- 壁灯
- 8厚白镜 背贴防爆膜
- 雅士白石材
- 冷白灰色全亚光硝基漆
- 8厚白镜 背贴防爆膜
- 雅士白石材

室内构造节点与专项模式图集 | 79

2.14 立面构造节点

2 立面、连续界面构造·西方古典风格 石材构造

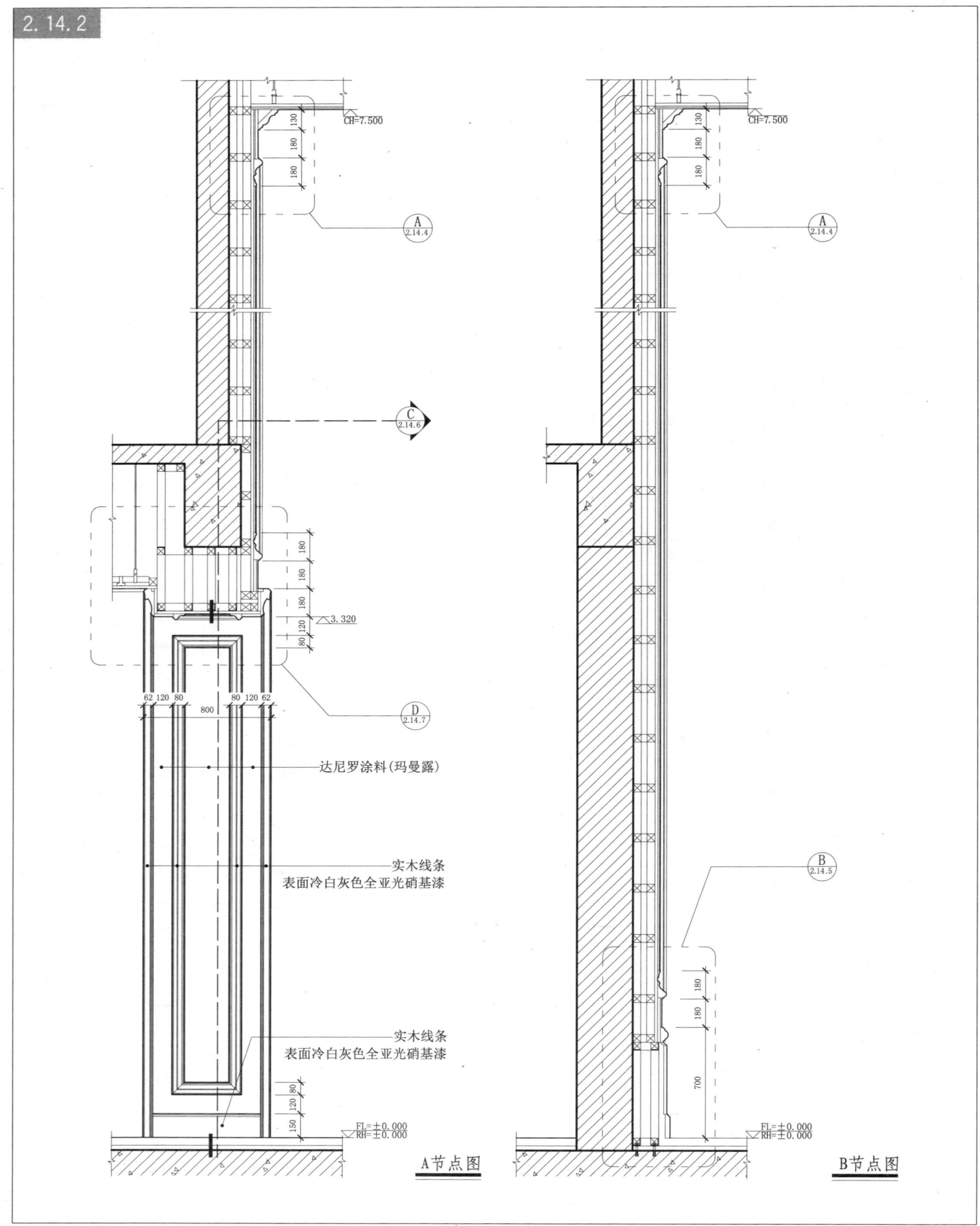

A节点图　　B节点图

2.14.3

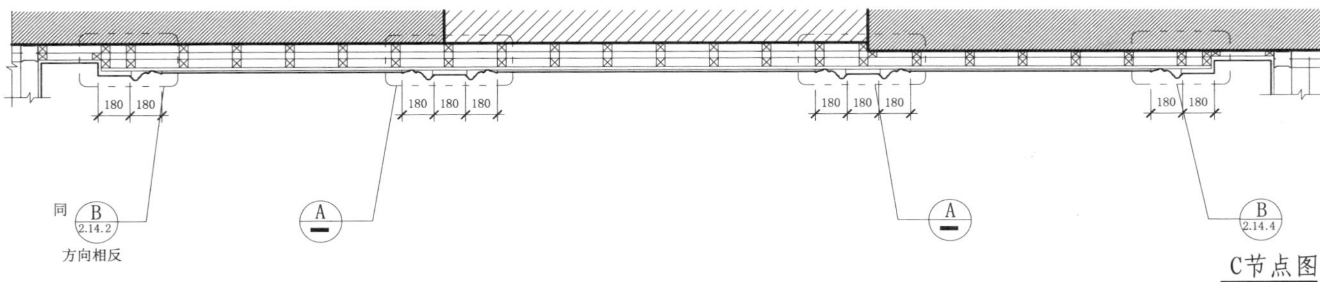

2.14 立面构造节点 **2**

立面、连续界面构造·西方古典风格 石材构造

C节点图

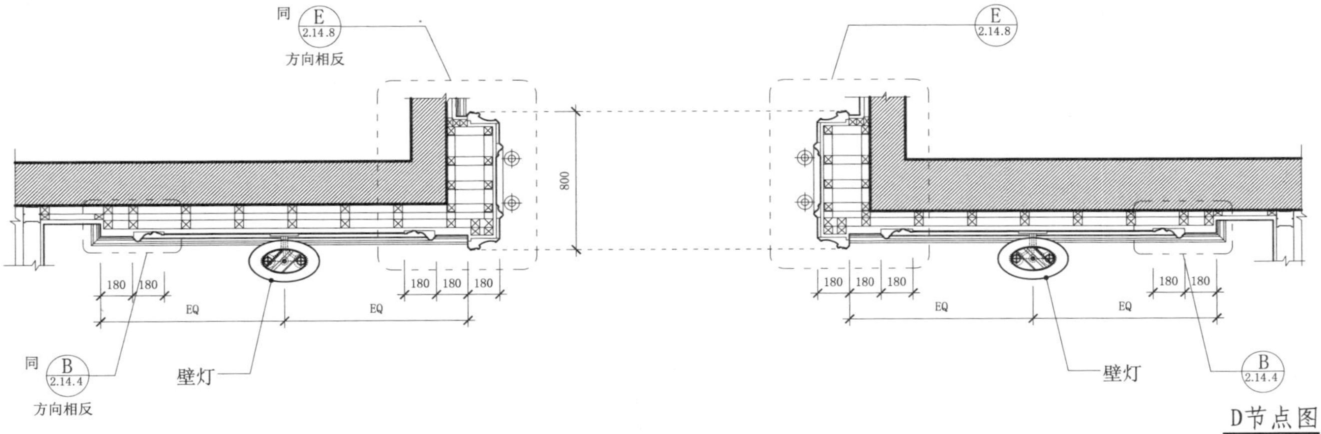

D节点图

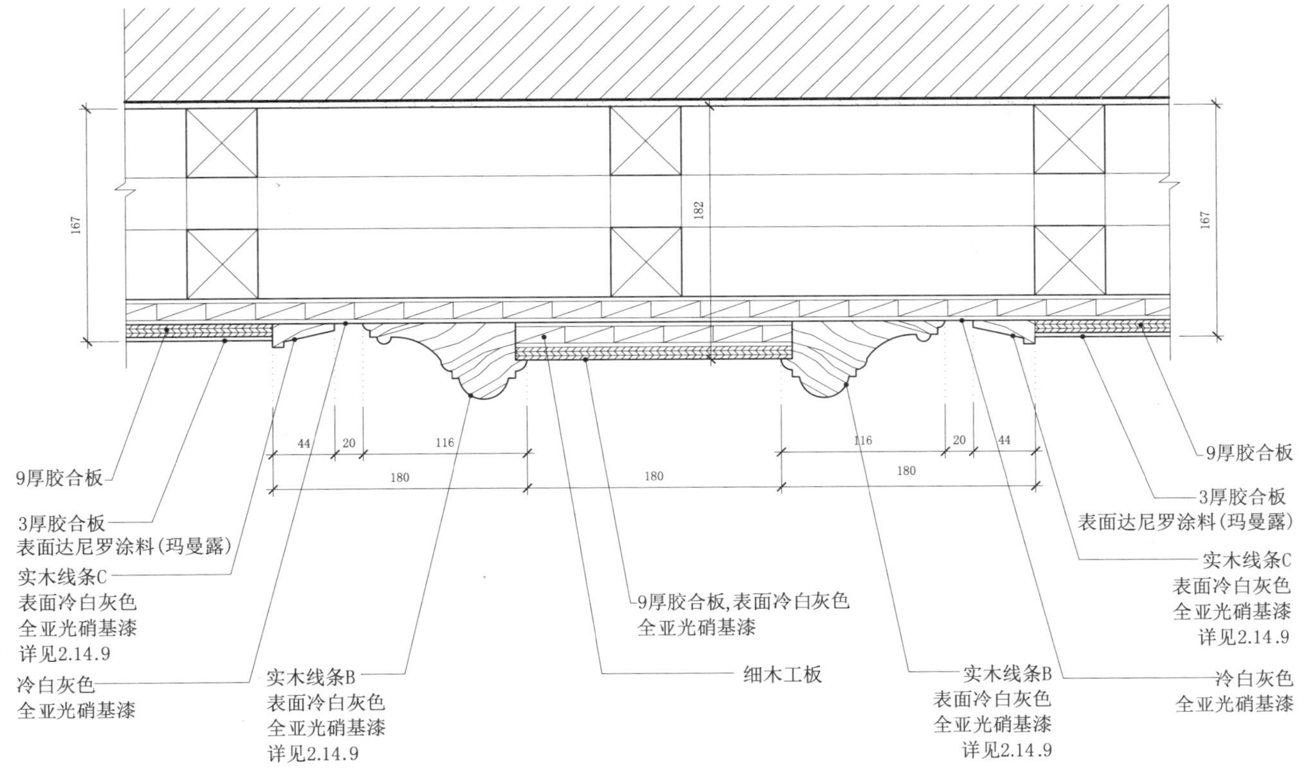

9厚胶合板

3厚胶合板
表面达尼罗涂料(玛曼露)

实木线条C
表面冷白灰色
全亚光硝基漆
详见2.14.9

冷白灰色
全亚光硝基漆

实木线条B
表面冷白灰色
全亚光硝基漆
详见2.14.9

9厚胶合板,表面冷白灰色
全亚光硝基漆

细木工板

实木线条B
表面冷白灰色
全亚光硝基漆
详见2.14.9

9厚胶合板

3厚胶合板
表面达尼罗涂料(玛曼露)

实木线条C
表面冷白灰色
全亚光硝基漆
详见2.14.9

冷白灰色
全亚光硝基漆

A节点图

室内构造节点与专项模式图集 | 81

2 立面、连续界面构造·西方古典风格 石材构造

2.14 立面构造节点

2.14.4

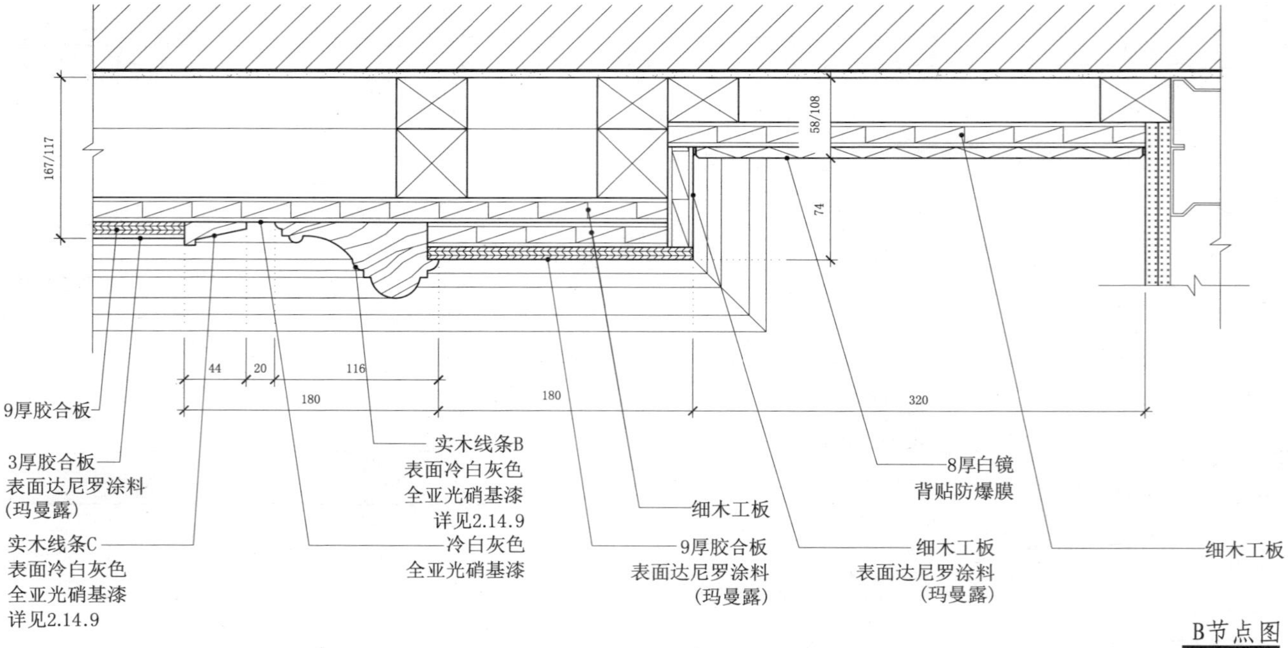

标注说明（B节点图）：
- 9厚胶合板
- 3厚胶合板 表面达尼罗涂料（玛曼露）
- 实木线条C 表面冷白灰色 全亚光硝基漆 详见2.14.9
- 实木线条B 表面冷白灰色 全亚光硝基漆 详见2.14.9
- 冷白灰色 全亚光硝基漆
- 细木工板
- 9厚胶合板 表面达尼罗涂料（玛曼露）
- 8厚白镜 背贴防爆膜
- 细木工板 表面达尼罗涂料（玛曼露）
- 细木工板

B节点图

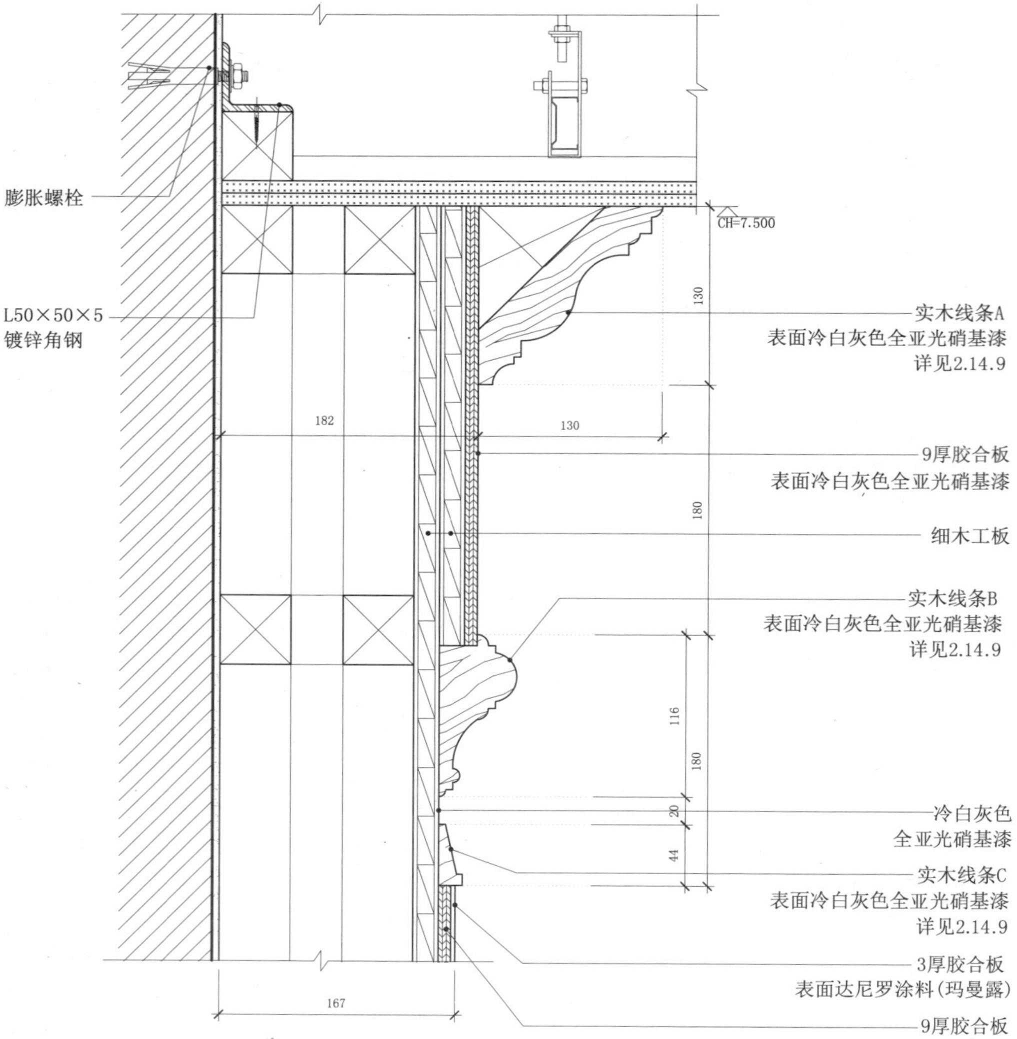

标注说明（A节点图）：
- 膨胀螺栓
- L50×50×5 镀锌角钢
- 实木线条A 表面冷白灰色全亚光硝基漆 详见2.14.9
- 9厚胶合板 表面冷白灰色全亚光硝基漆
- 细木工板
- 实木线条B 表面冷白灰色全亚光硝基漆 详见2.14.9
- 冷白灰色 全亚光硝基漆
- 实木线条C 表面冷白灰色全亚光硝基漆 详见2.14.9
- 3厚胶合板 表面达尼罗涂料（玛曼露）
- 9厚胶合板

A节点图

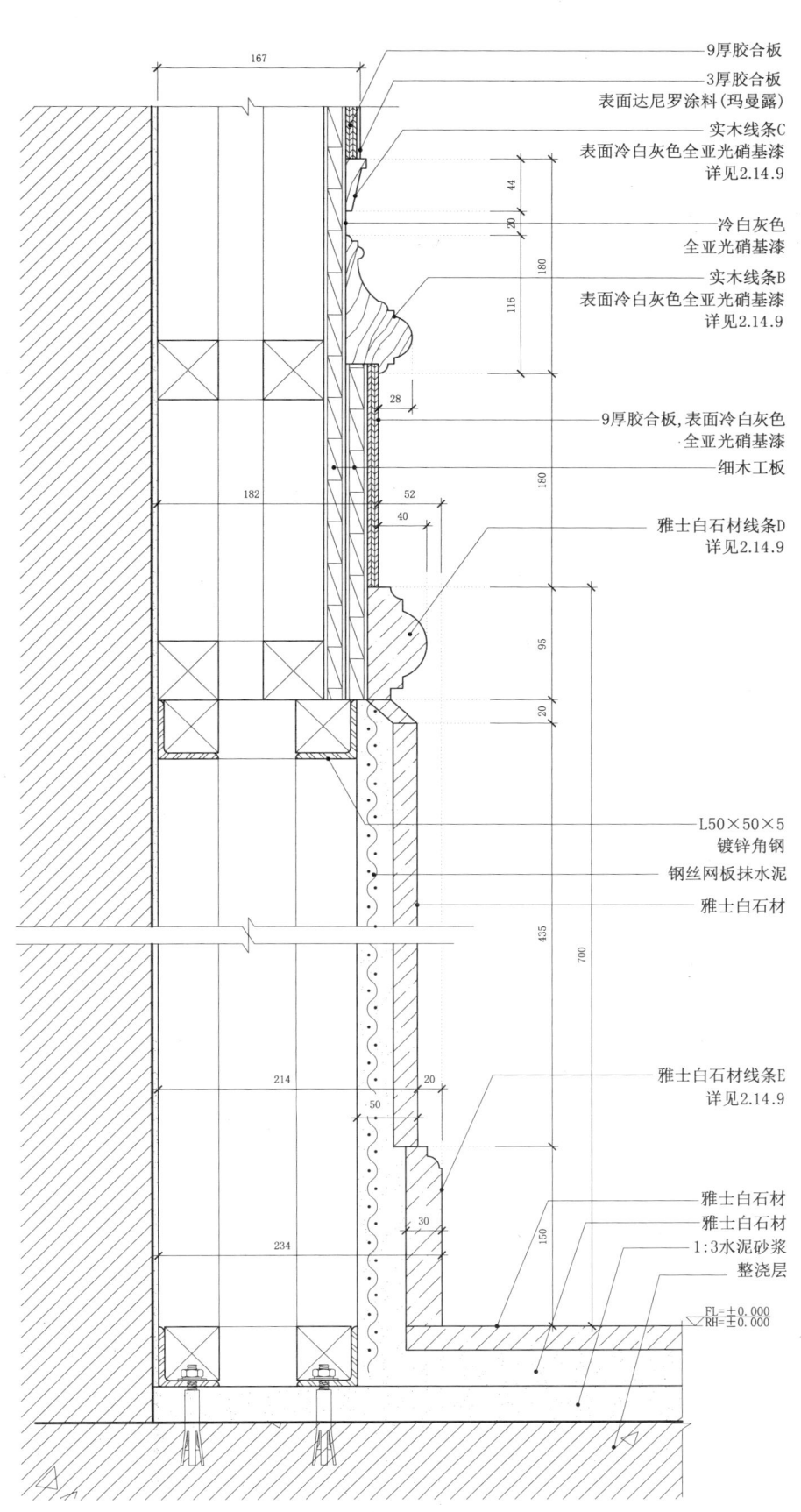

B节点图

2.14 立面构造节点

2.14.6

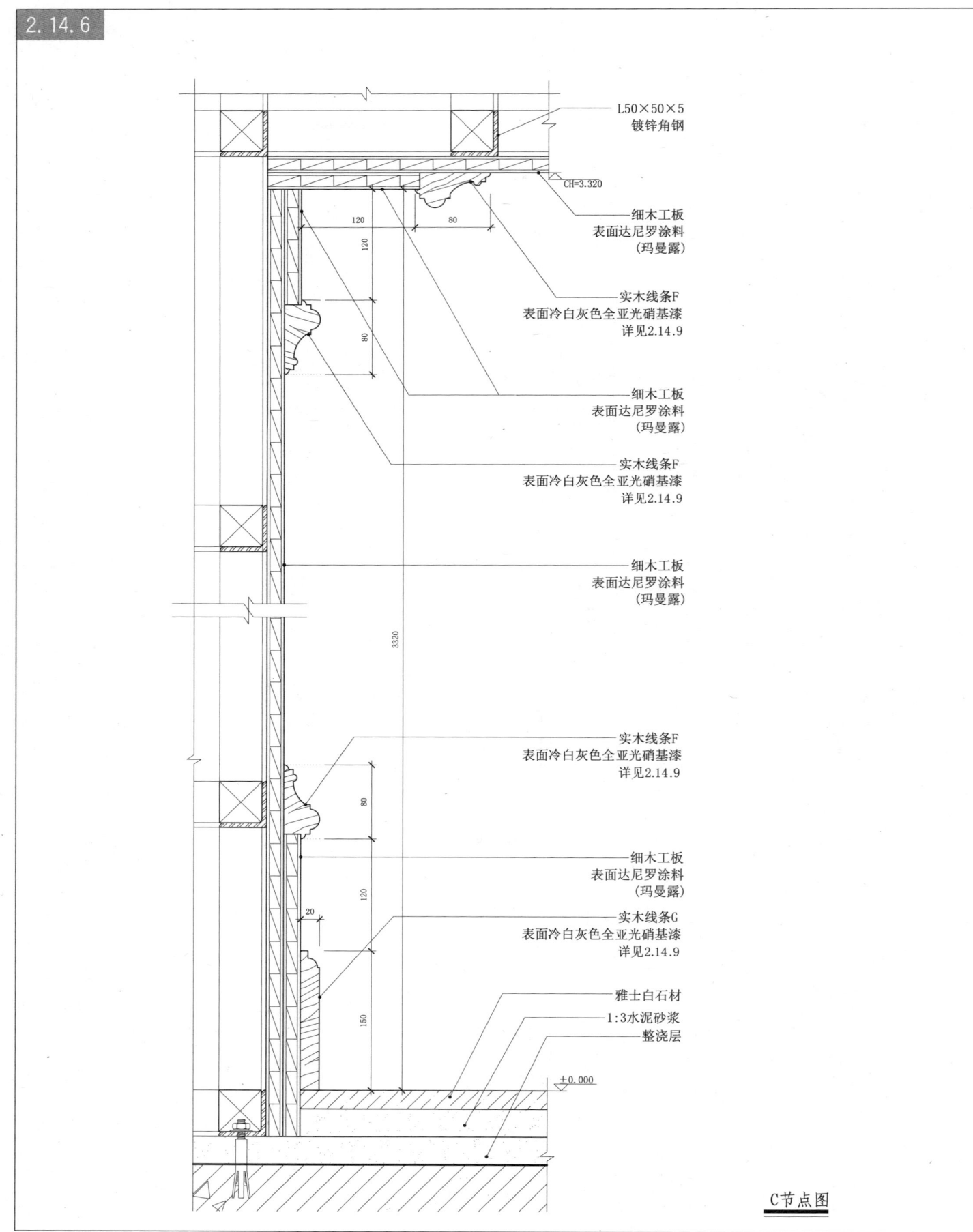

C节点图

2.14 立面构造节点

2 立面、连续界面构造 · 西方古典风格 石材构造

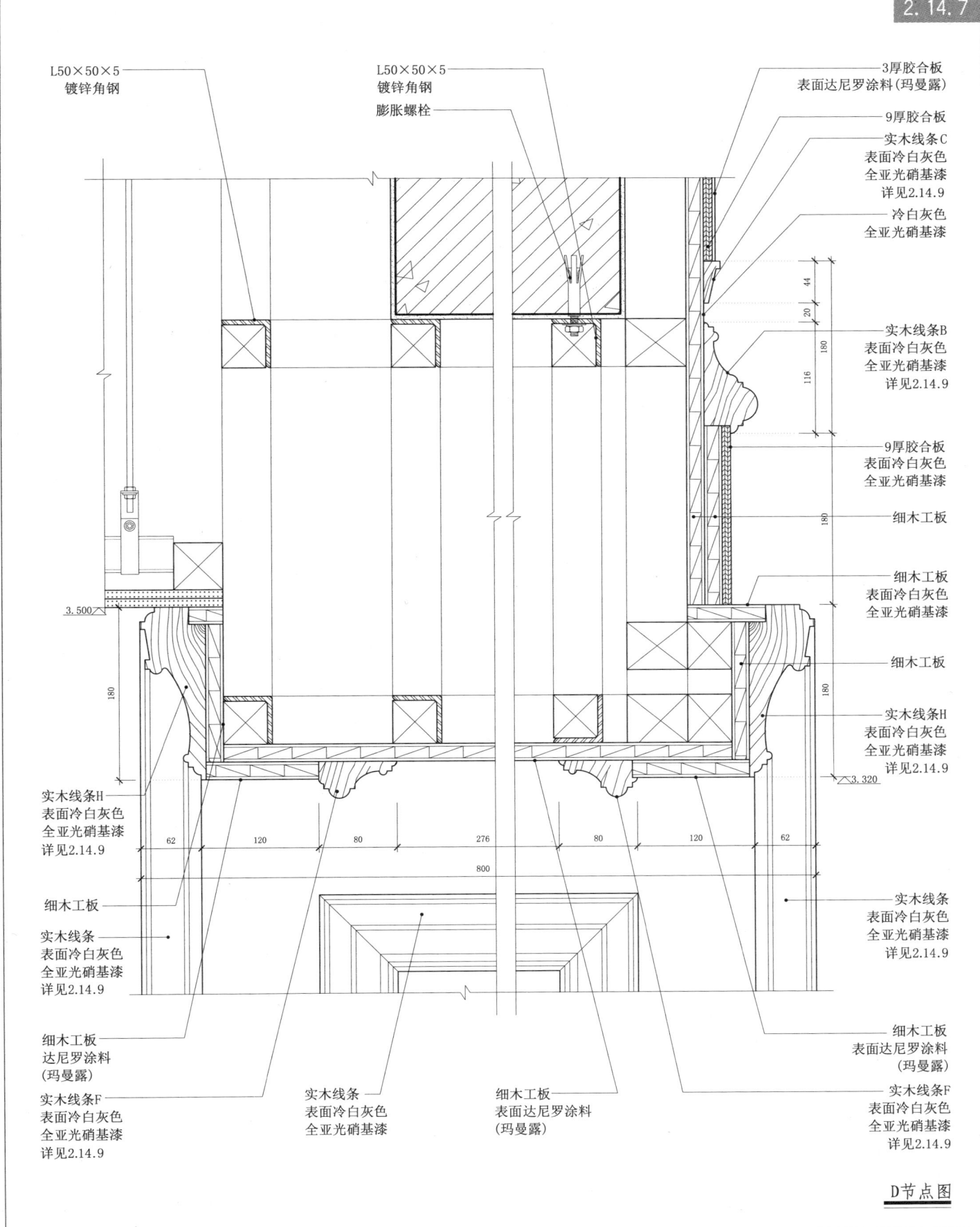

D节点图

2.14 立面构造节点

2.14.8

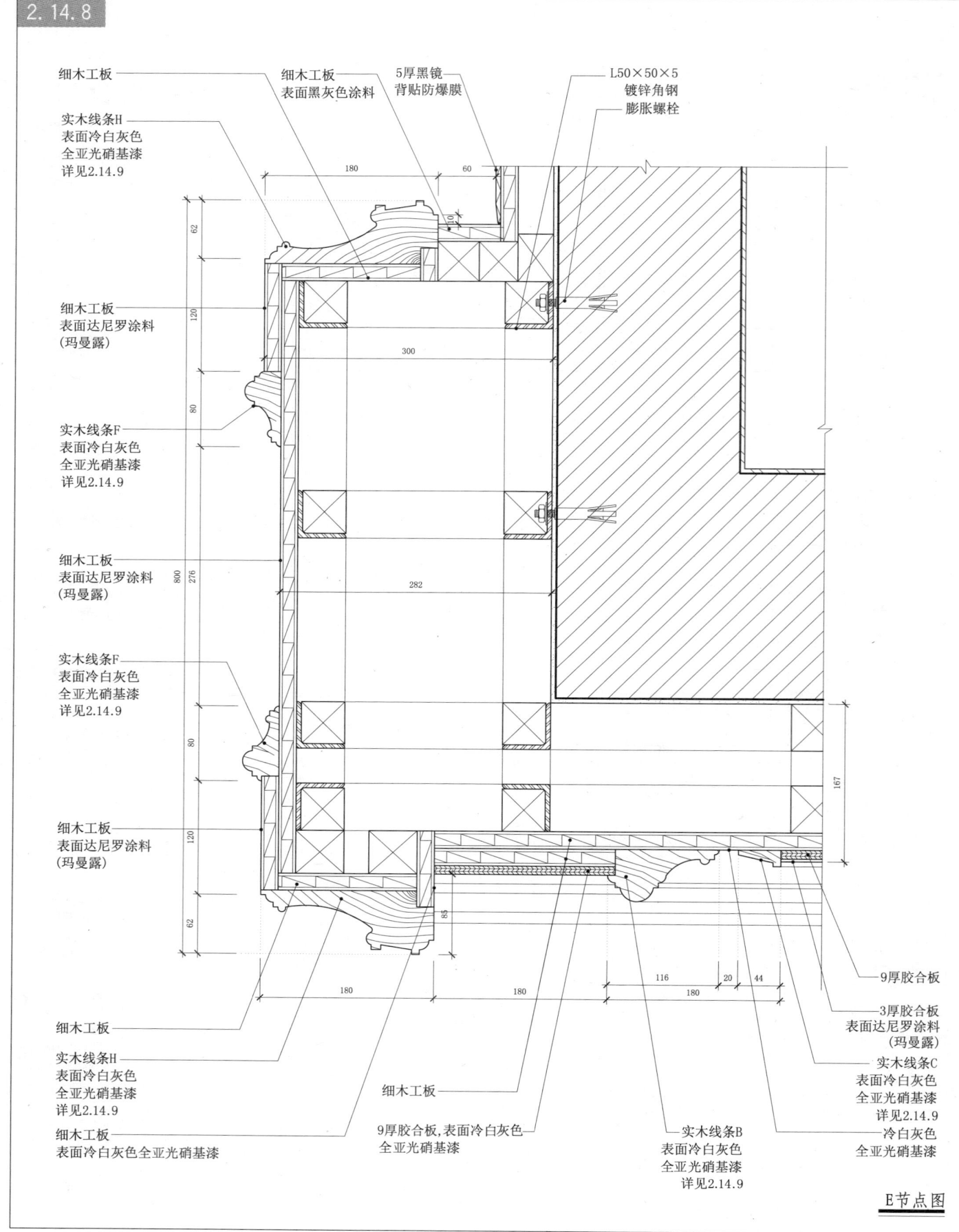

E节点图

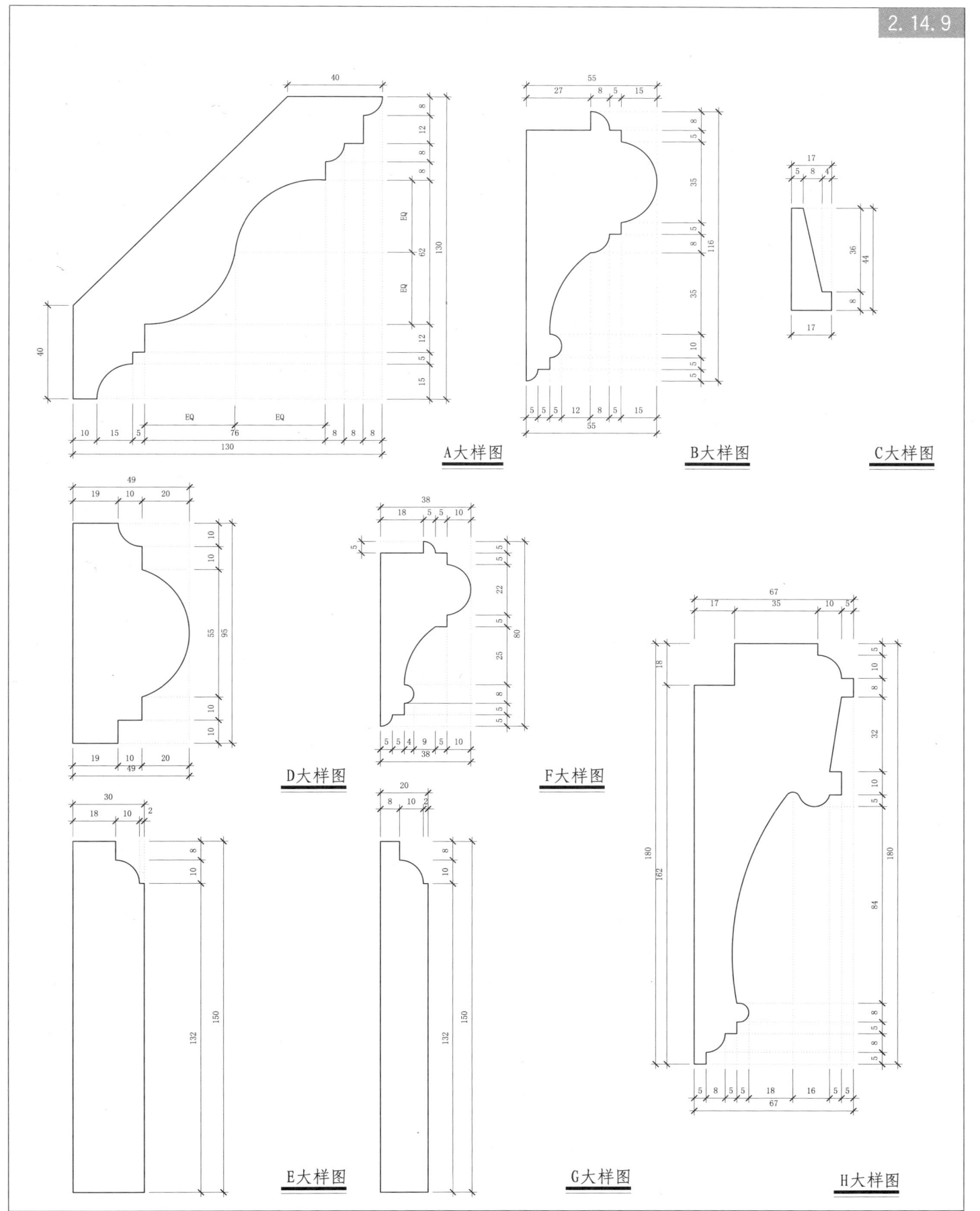

2.15 西餐厅墙面组合线脚

2.15.1

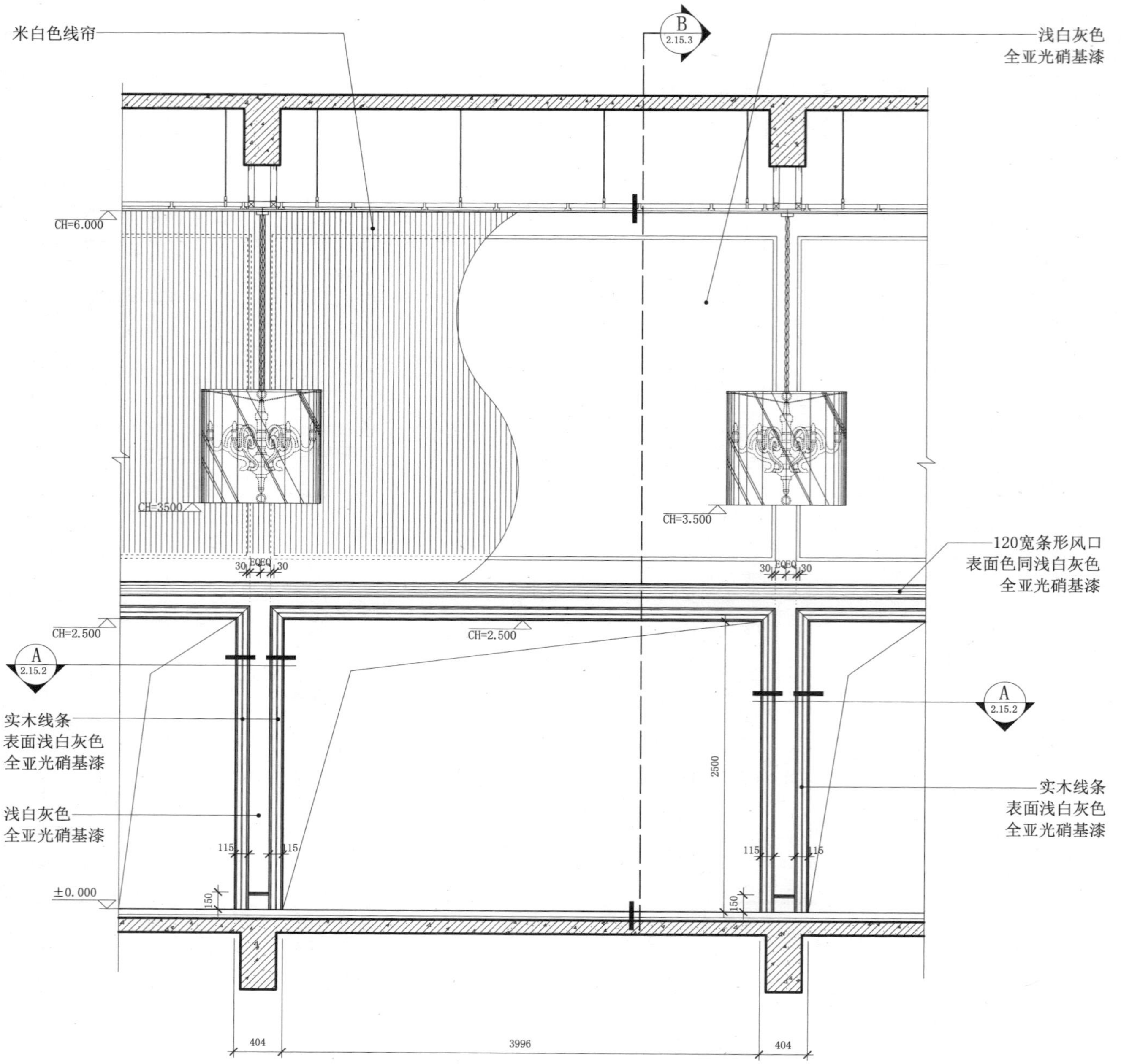

立面、连续界面构造 · 西方古典风格

标注：
- 米白色线帘
- 浅白灰色 全亚光硝基漆
- 120宽条形风口 表面色同浅白灰色 全亚光硝基漆
- 实木线条 表面浅白灰色 全亚光硝基漆
- 浅白灰色 全亚光硝基漆
- 实木线条 表面浅白灰色 全亚光硝基漆

立面图

88 | 室内构造节点与专项模式图集

2.15 西餐厅墙面组合线脚

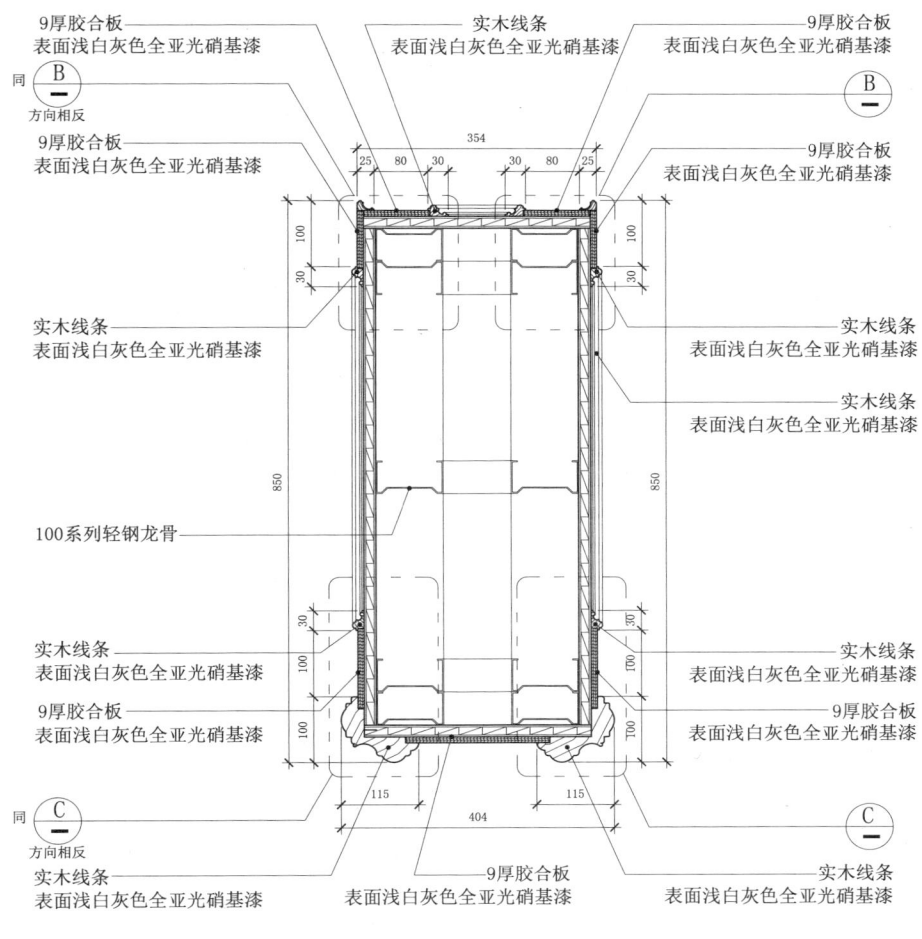

A节点图

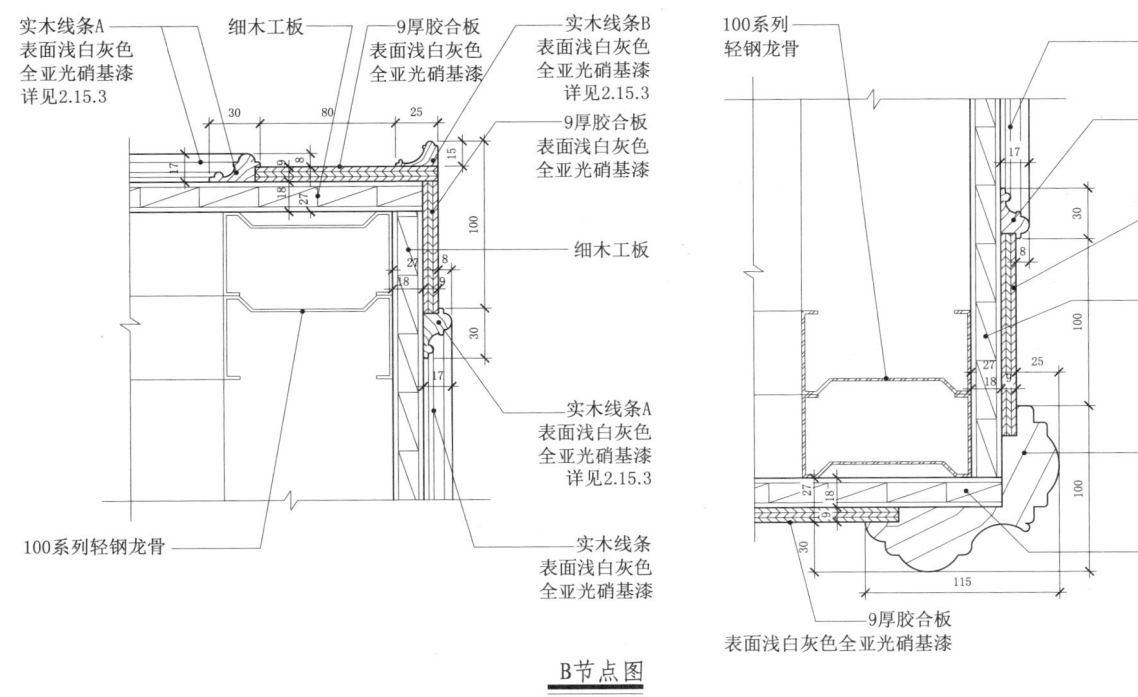

B节点图   C节点图

2.15 西餐厅墙面组合线脚

2.15.3

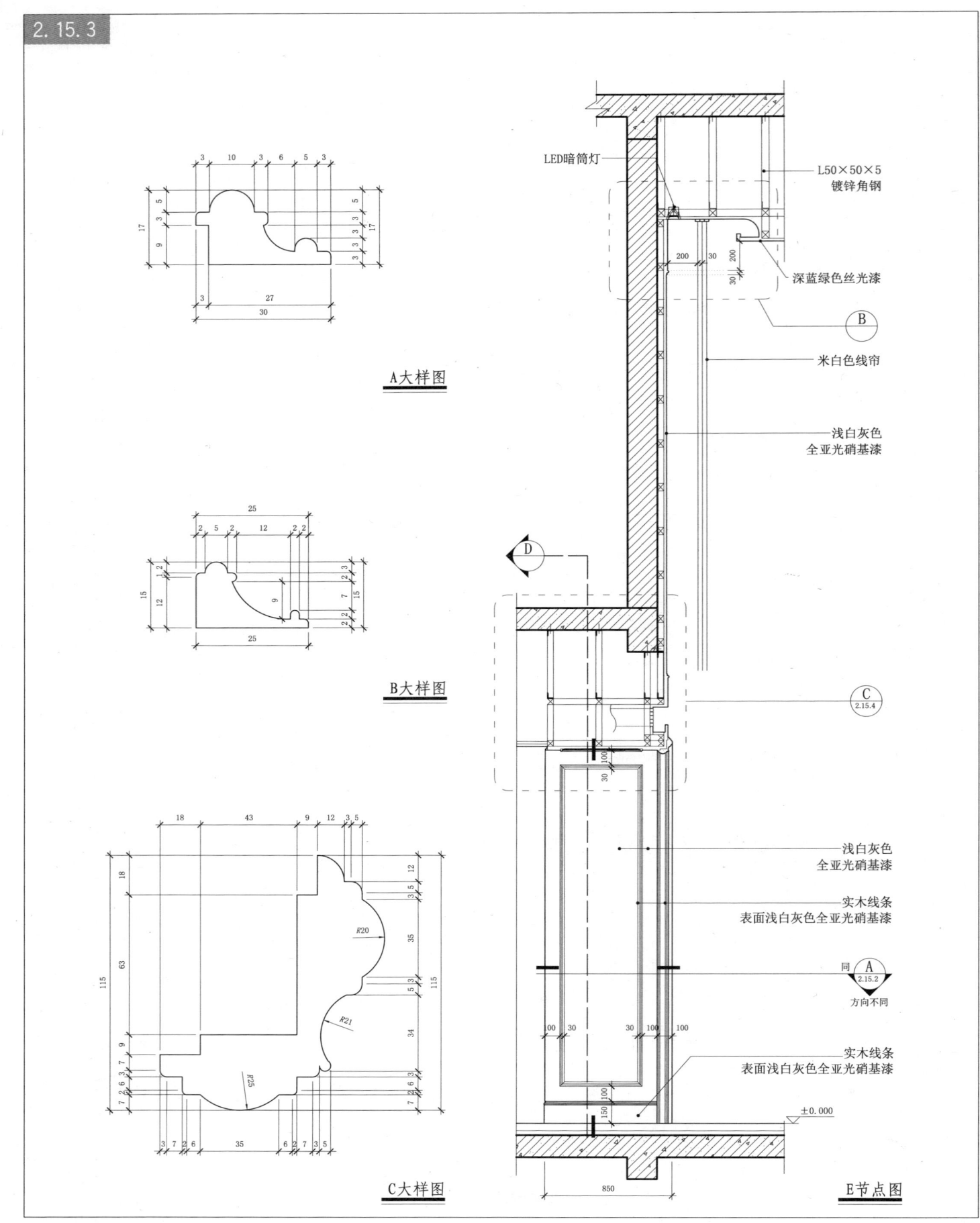

A大样图

B大样图

C大样图

E节点图

2.15 西餐厅墙面组合线脚

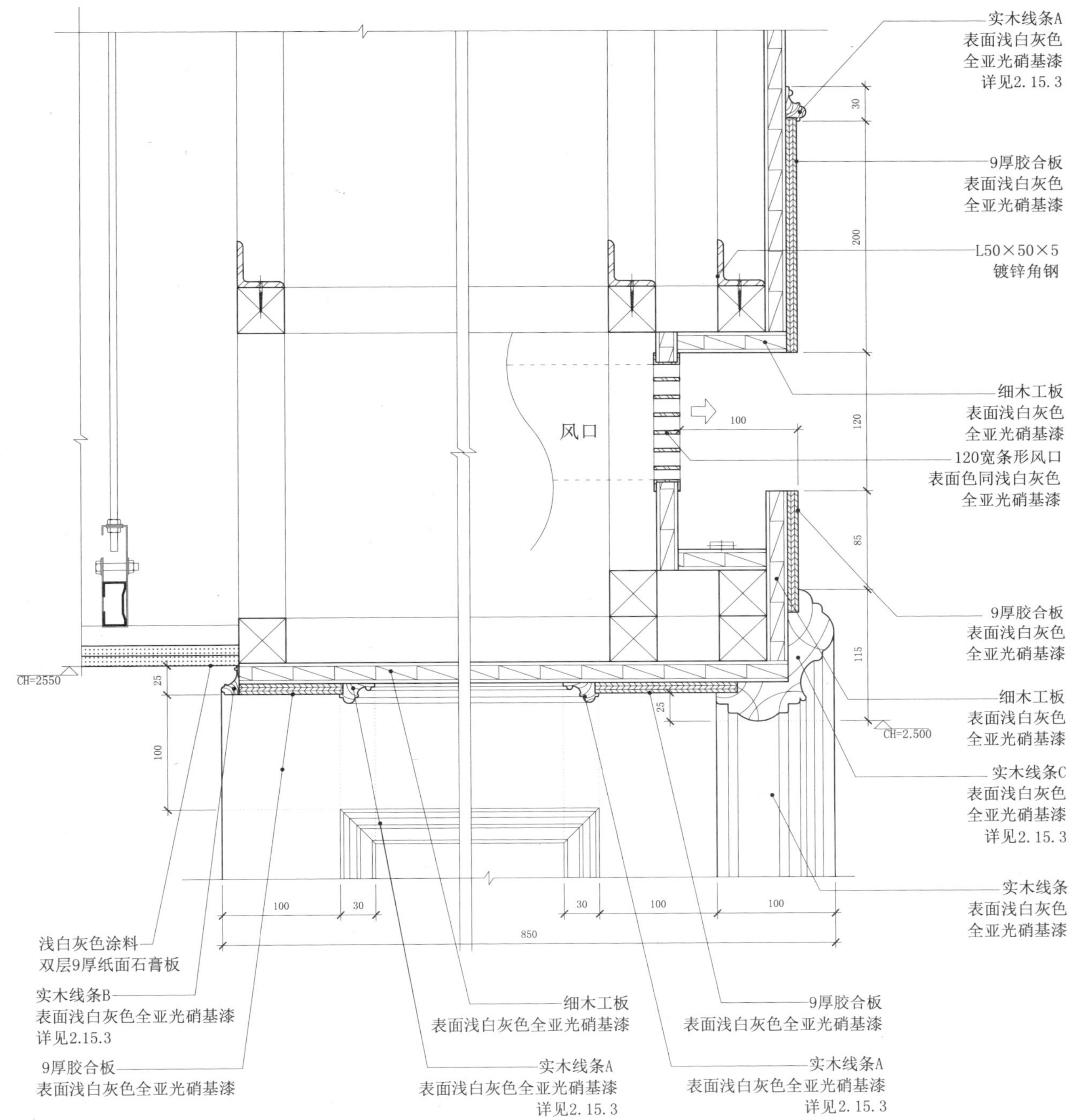

2.15.4

立面、连续界面构造·西方古典风格

标注说明：
- 实木线条A 表面浅白灰色 全亚光硝基漆 详见2.15.3
- 9厚胶合板 表面浅白灰色 全亚光硝基漆
- L50×50×5 镀锌角钢
- 细木工板 表面浅白灰色 全亚光硝基漆
- 120宽条形风口 表面色同浅白灰色 全亚光硝基漆
- 9厚胶合板 表面浅白灰色 全亚光硝基漆
- 细木工板 表面浅白灰色 全亚光硝基漆
- 实木线条C 表面浅白灰色 全亚光硝基漆 详见2.15.3
- 实木线条 表面浅白灰色 全亚光硝基漆
- 浅白灰色涂料 双层9厚纸面石膏板
- 实木线条B 表面浅白灰色全亚光硝基漆 详见2.15.3
- 细木工板 表面浅白灰色全亚光硝基漆
- 9厚胶合板 表面浅白灰色全亚光硝基漆
- 9厚胶合板 表面浅白灰色全亚光硝基漆
- 实木线条A 表面浅白灰色全亚光硝基漆 详见2.15.3
- 实木线条A 表面浅白灰色全亚光硝基漆 详见2.15.3

CH=2550 CH=2.500

风口

C节点图

室内构造节点与专项模式图集 | 91

2.15 西餐厅墙面组合线脚

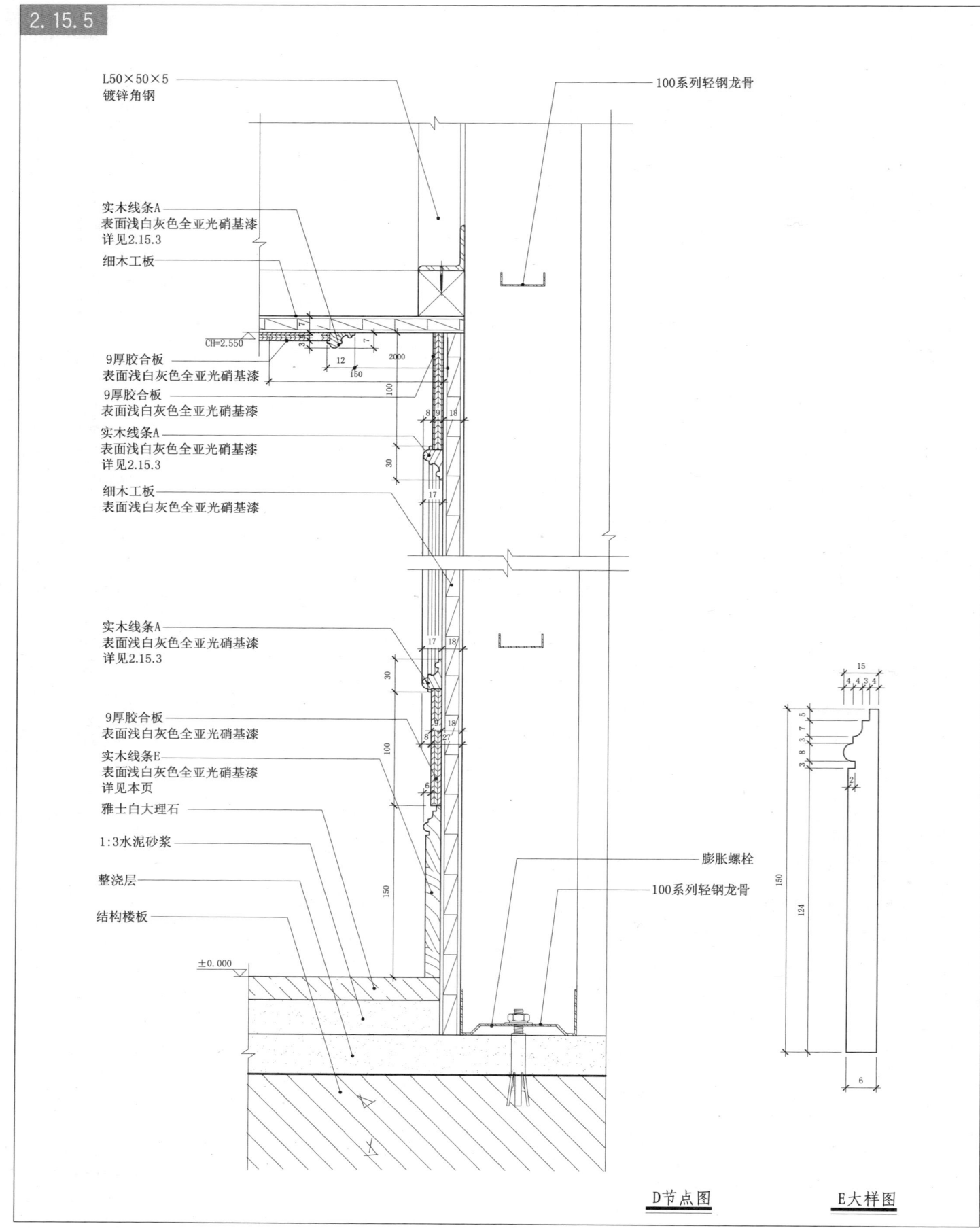

D节点图 E大样图

2.16 古典风格踢脚

立面、连续界面构造 · 西方古典风格

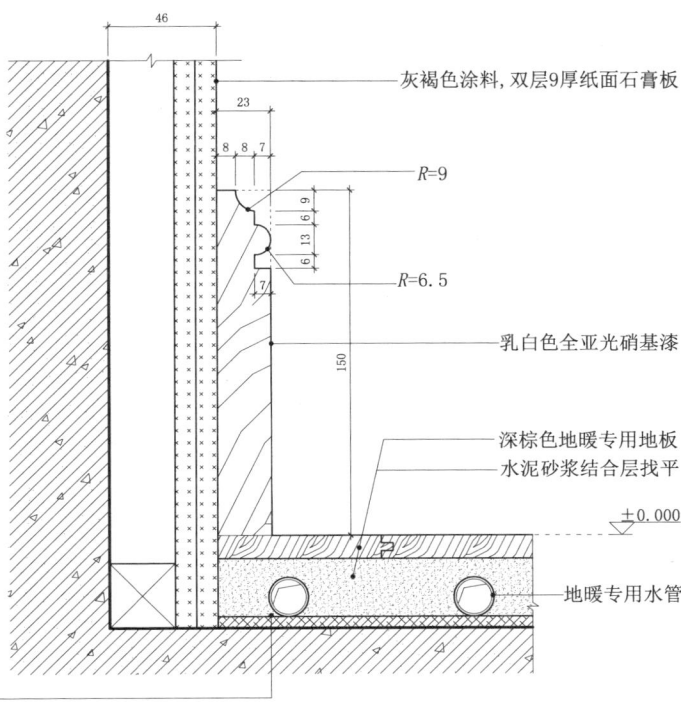

灰褐色涂料,双层9厚纸面石膏板

乳白色全亚光硝基漆

深棕色地暖专用地板
水泥砂浆结合层找平

地暖专用水管

地暖专用保温层水暖型地暖,此图仅做示意,具体做法由厂家定

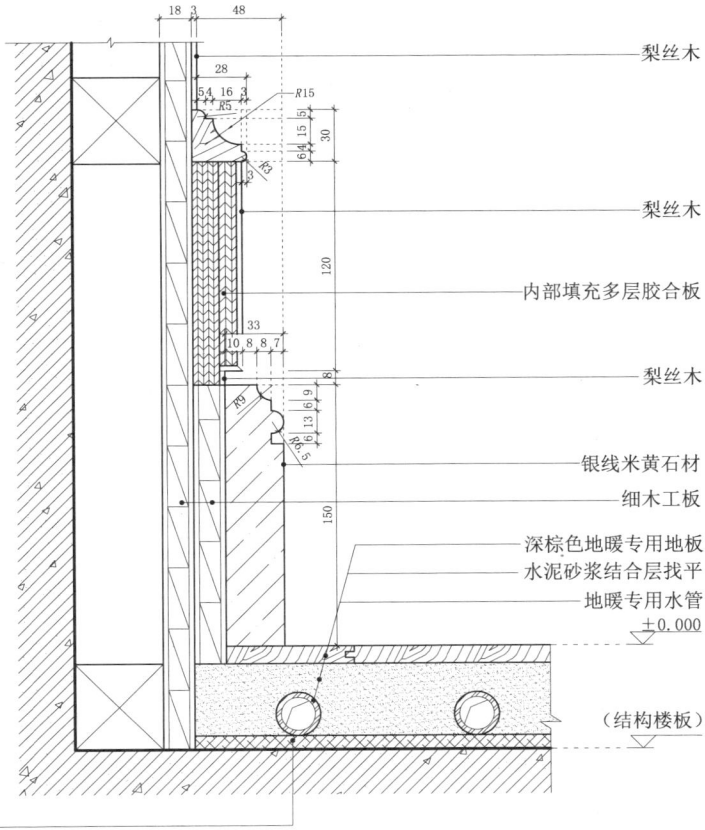

梨丝木

梨丝木

内部填充多层胶合板

梨丝木

银线米黄石材

细木工板

深棕色地暖专用地板
水泥砂浆结合层找平
地暖专用水管

(结构楼板)

地暖专用保温层水暖型地暖,此图仅做示意,具体做法由厂家定

2

2.17 咖啡厅立面造型节点（一）

立面、连续界面构造・平行线构造　非透光照明构造

2.17.1

立面图

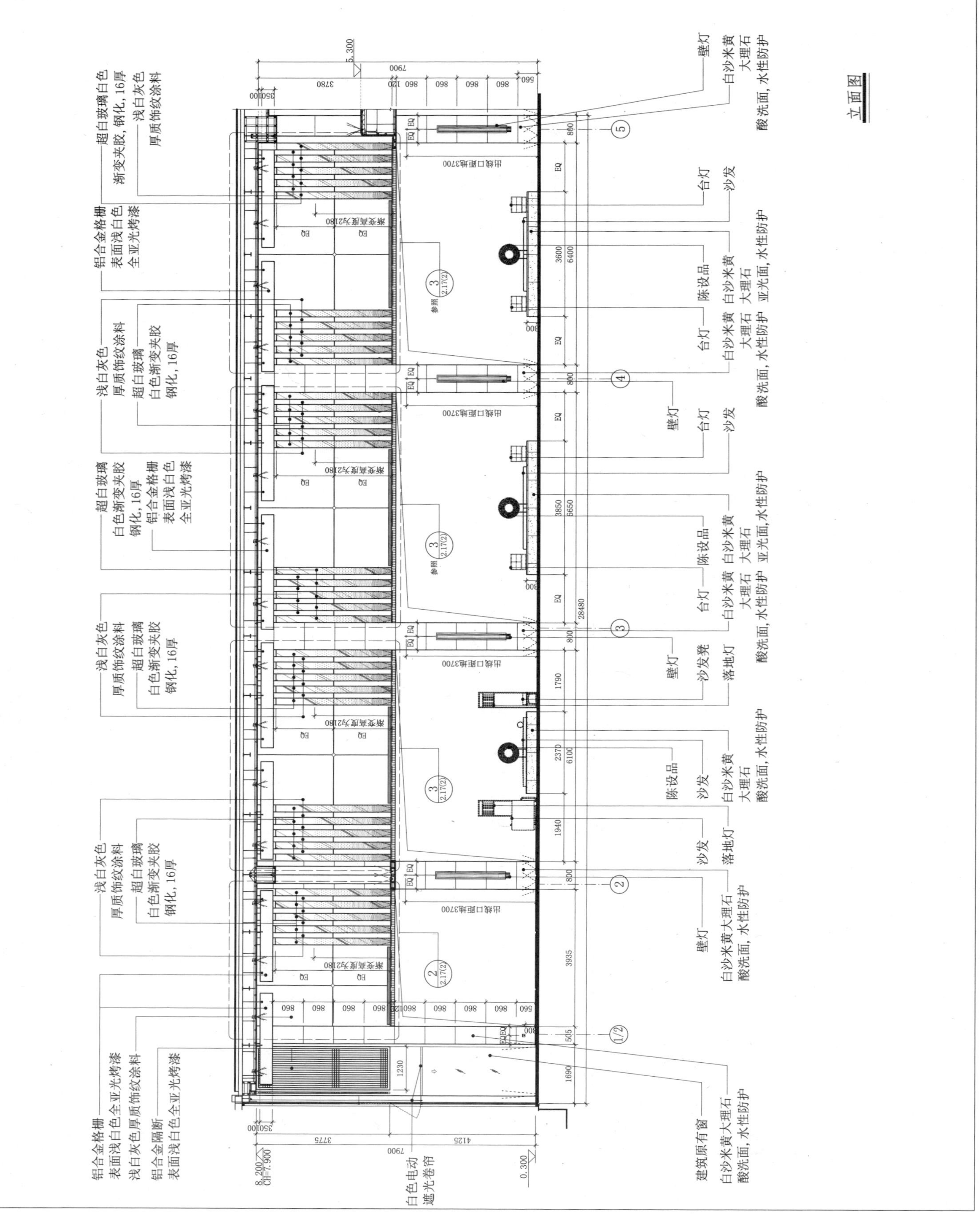

2.17 咖啡厅立面造型节点（一）

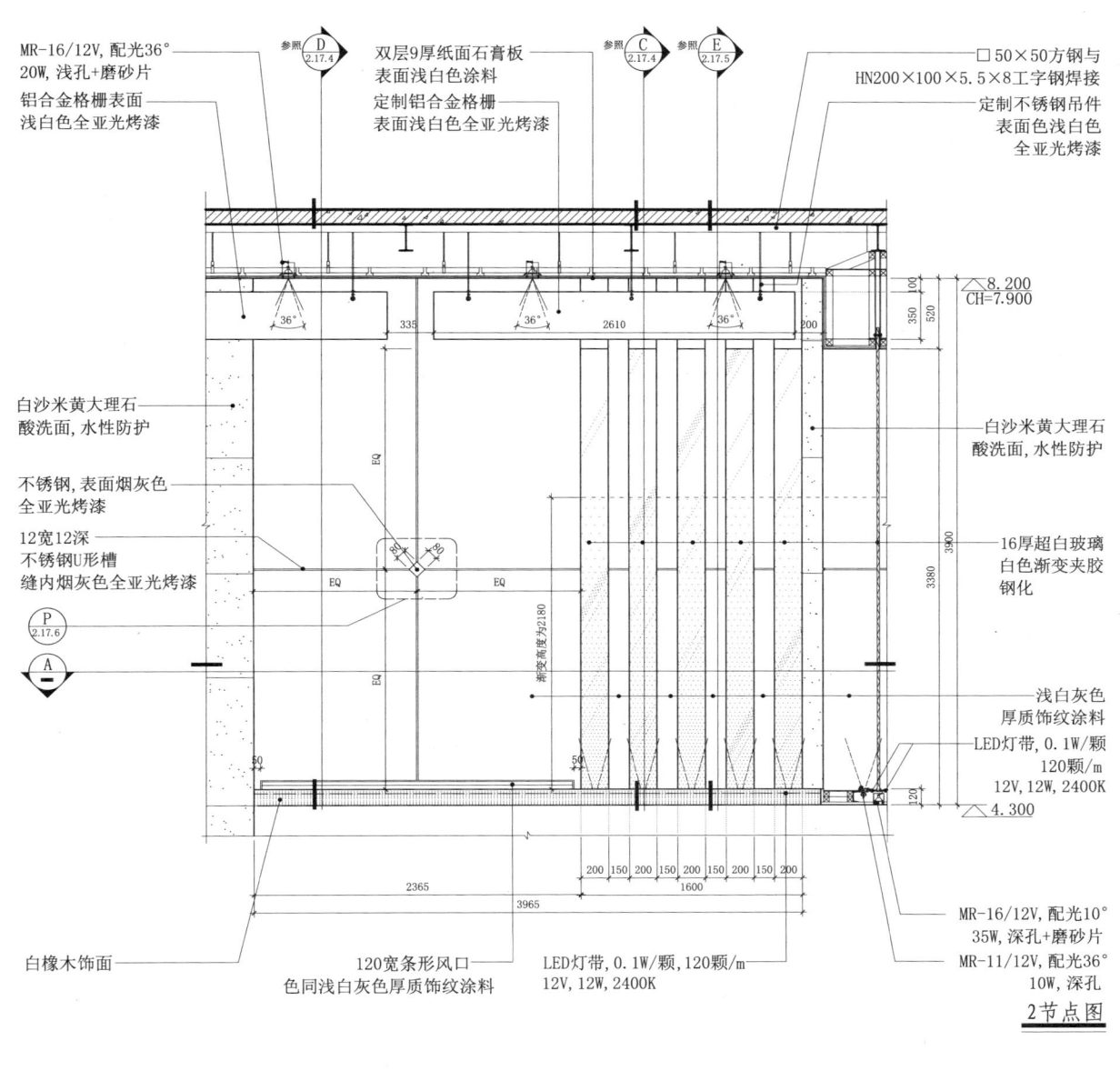

2节点图

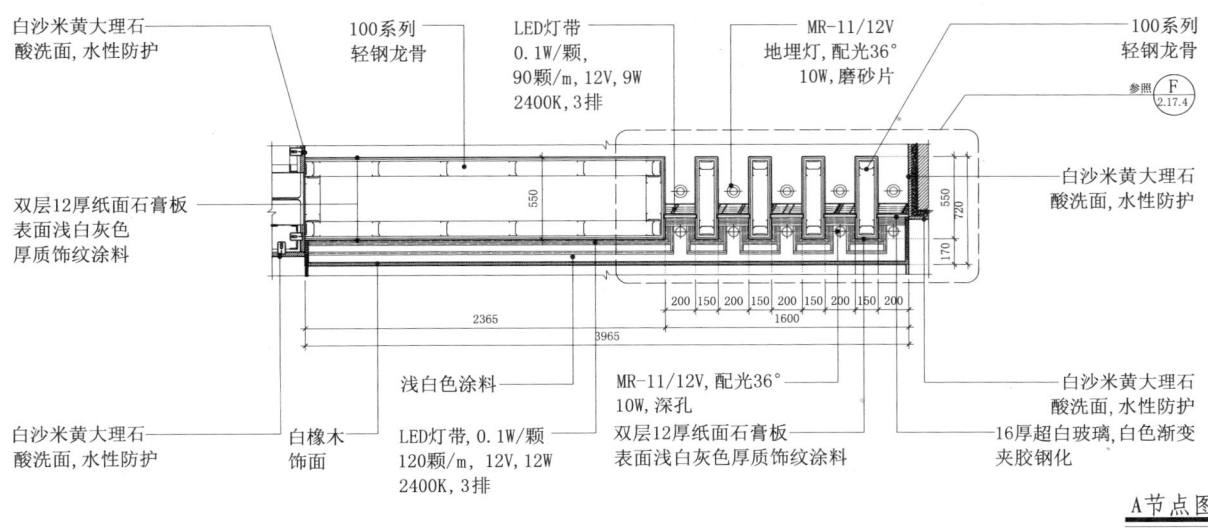

A节点图

2.17 咖啡厅立面造型节点（一）

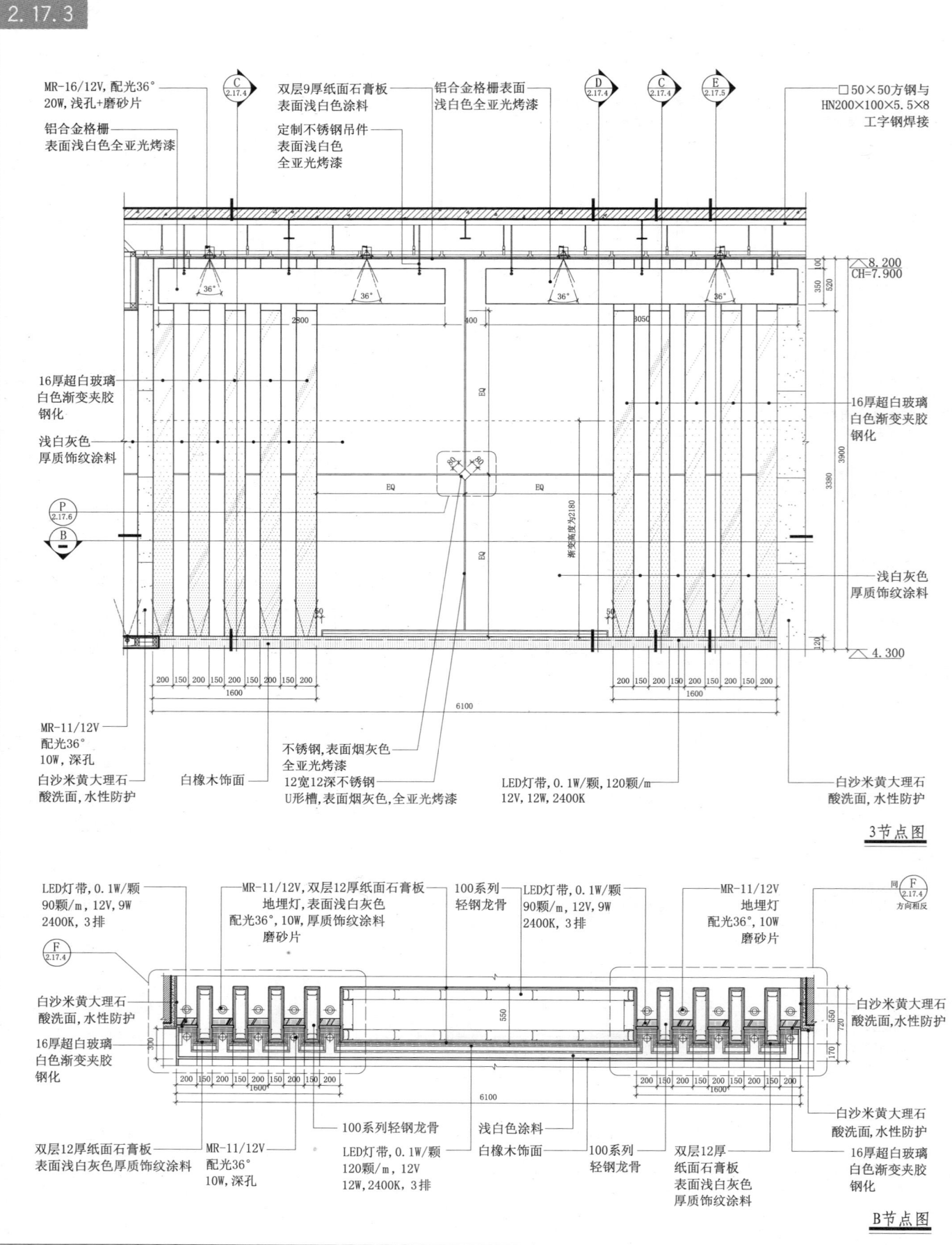

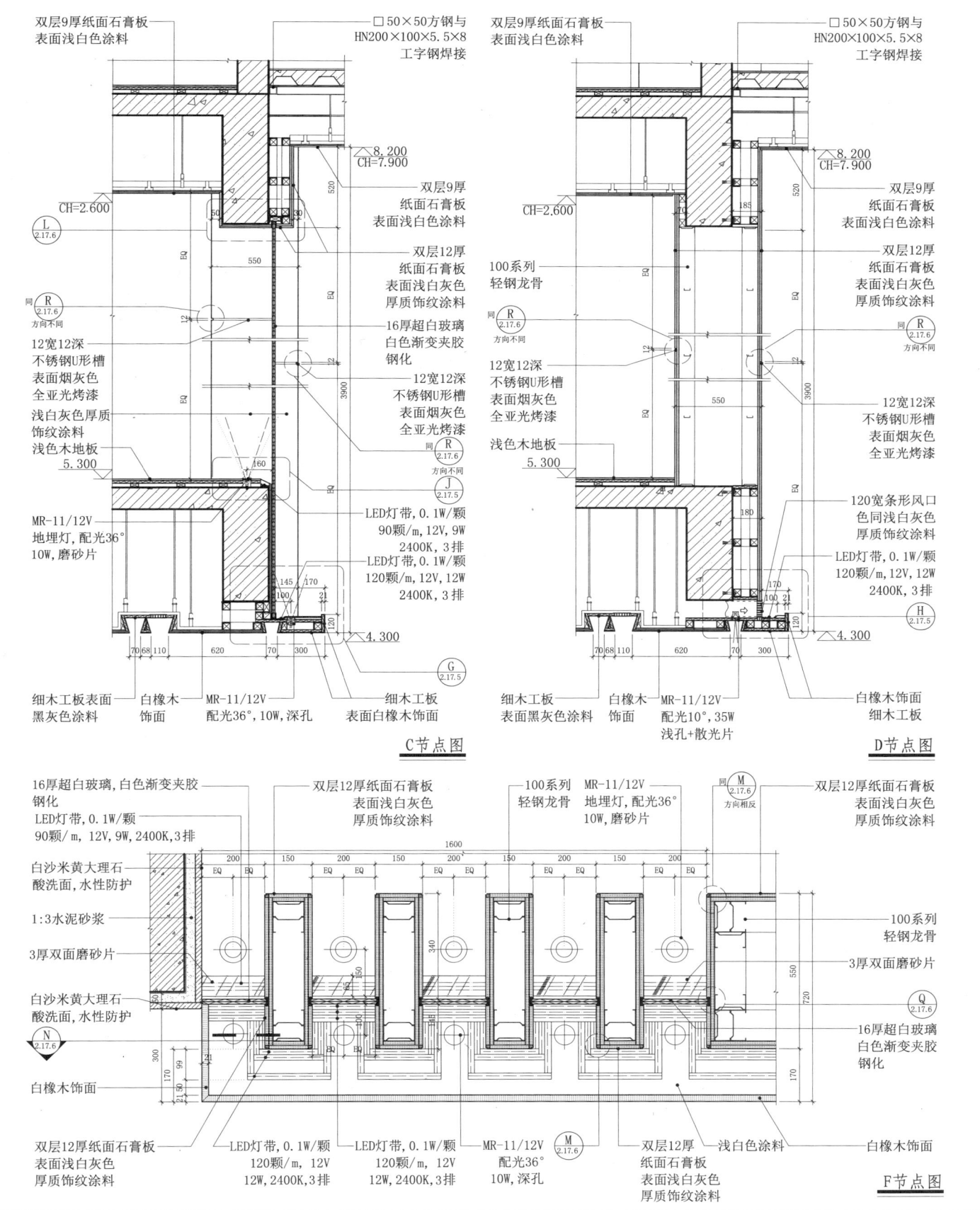

2.17 咖啡厅立面造型节点（一）

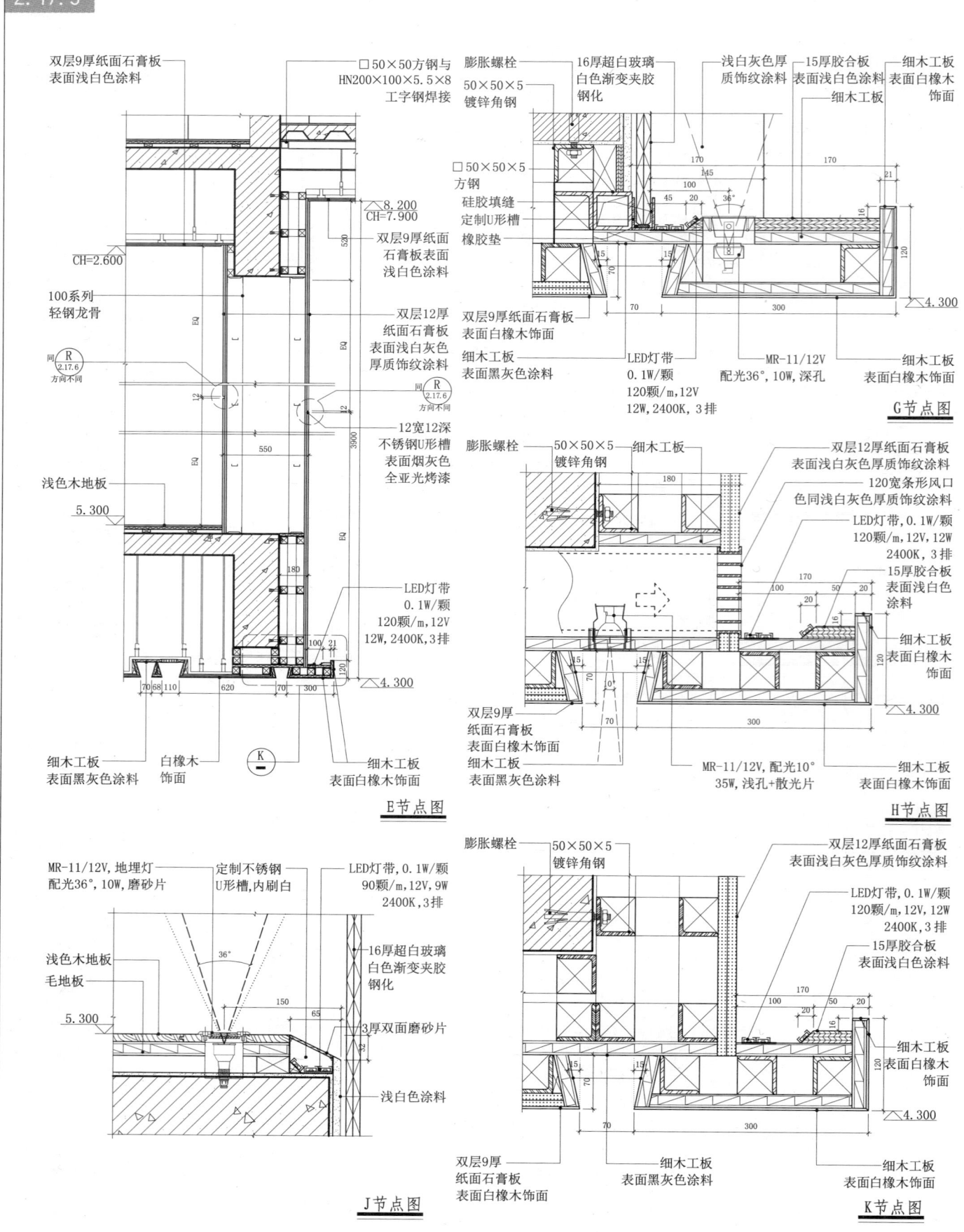

2.17 咖啡厅立面造型节点（一）

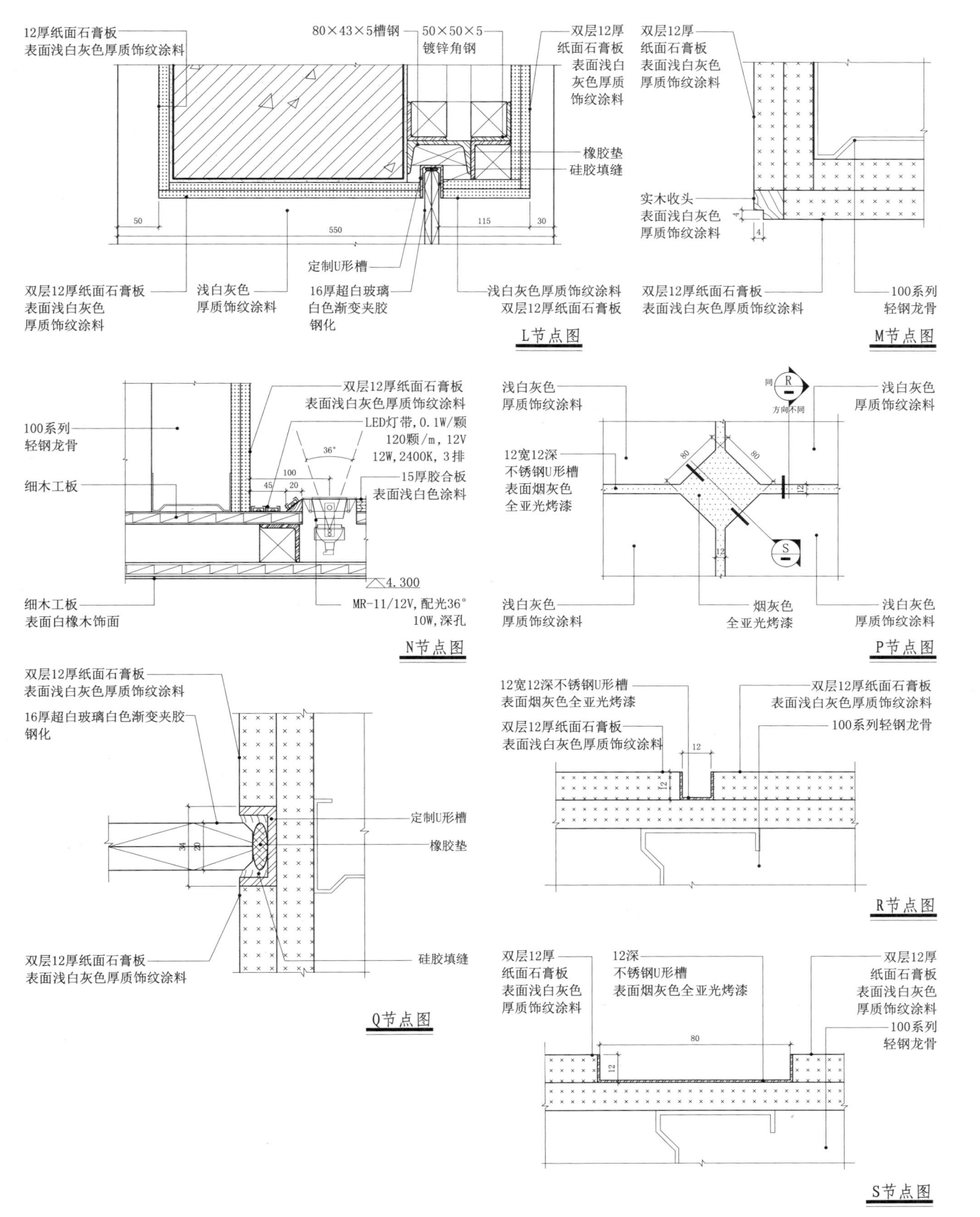

2.18 咖啡厅立面造型节点（二）

2 立面、连续界面构造·隔断构造 东方古典风格

2.18.1

剖立面图

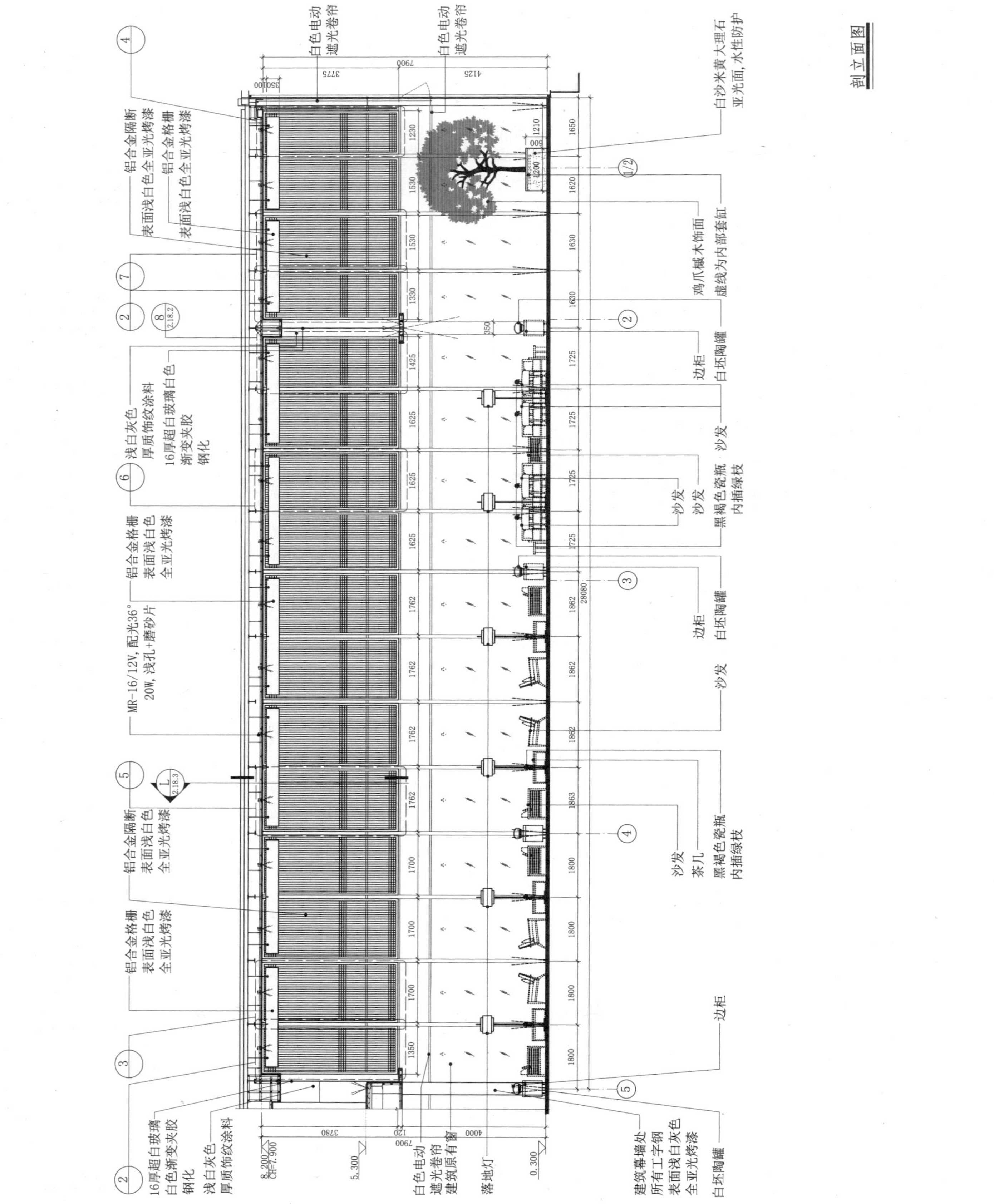

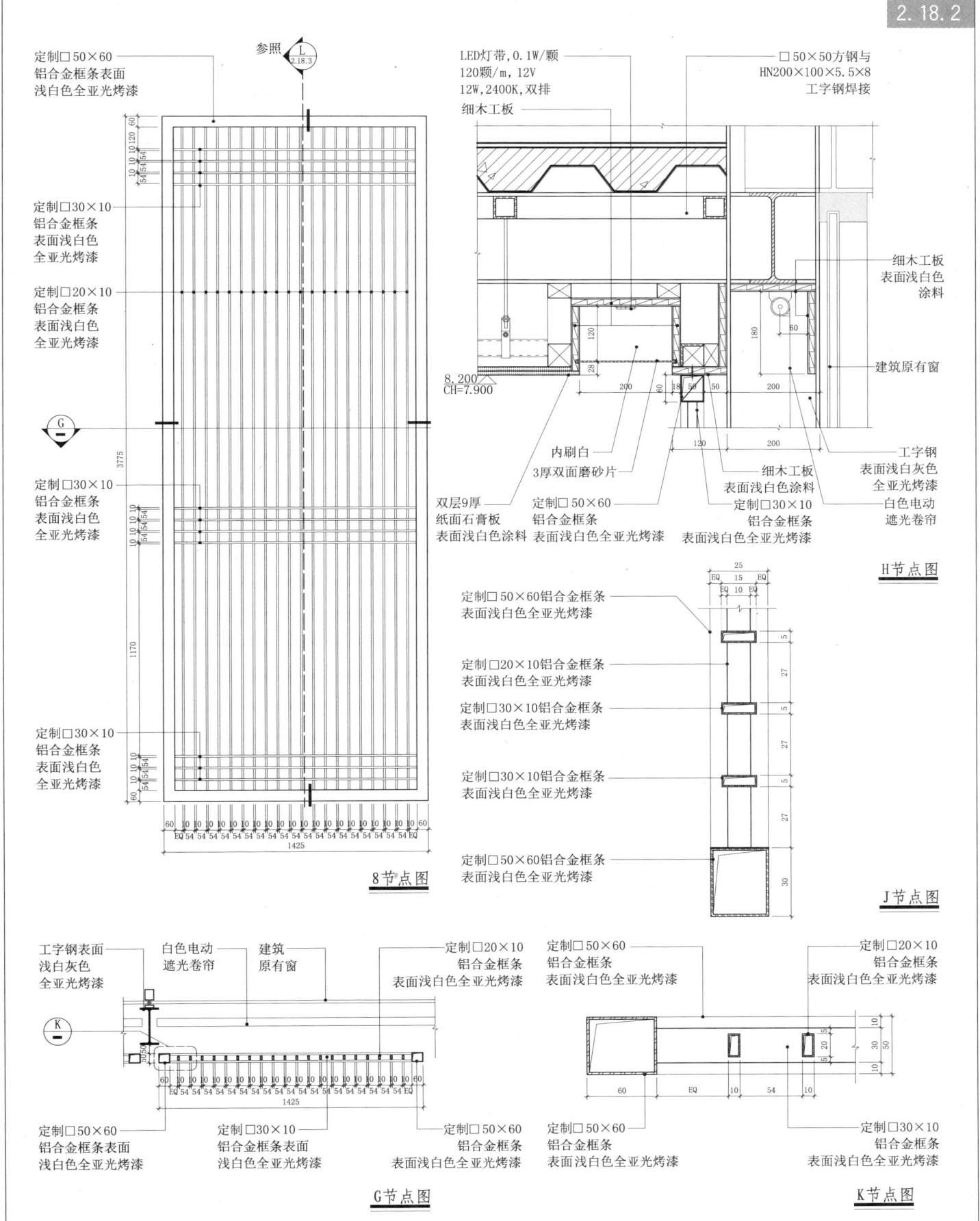

2.18 咖啡厅立面造型节点（二）

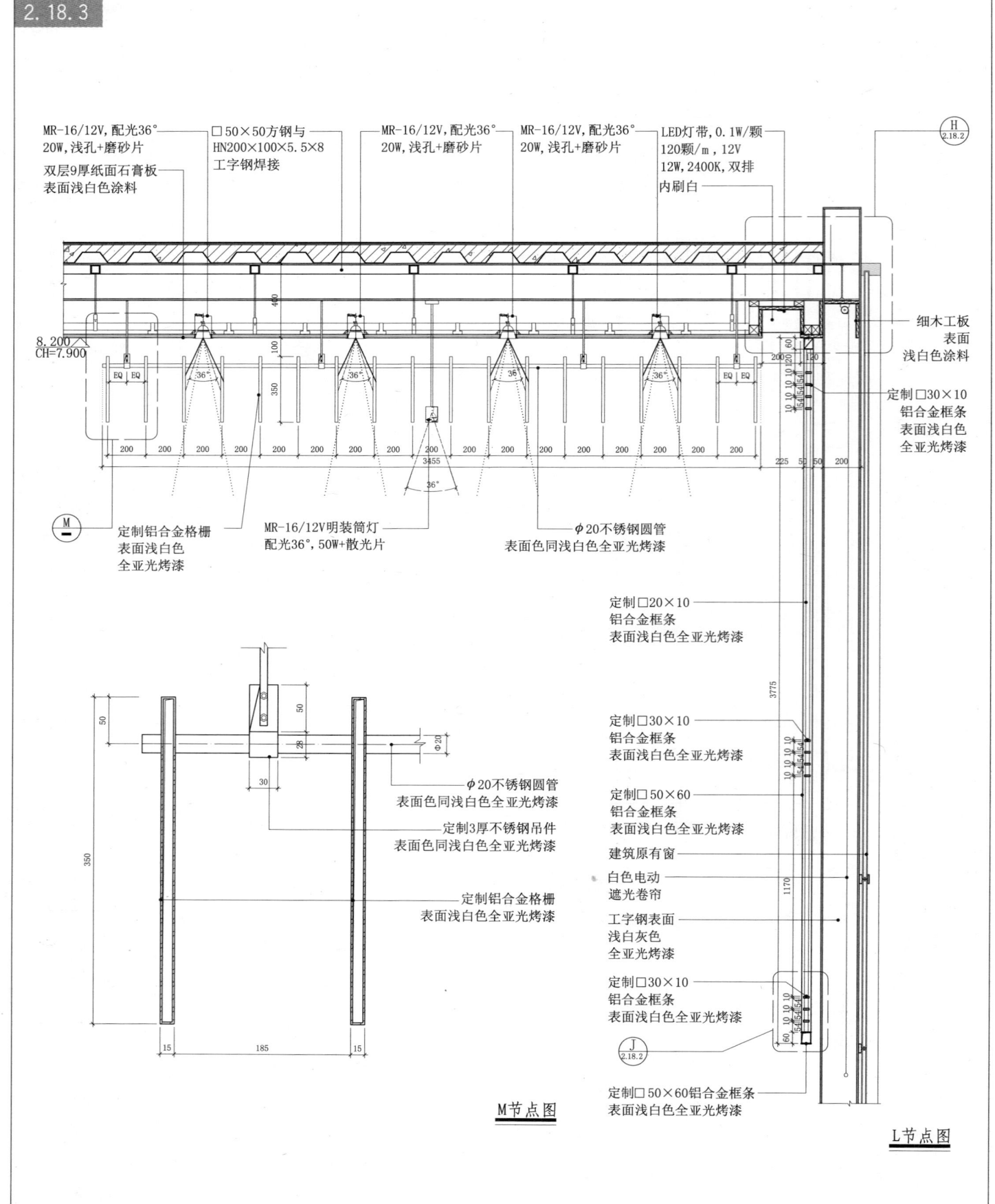

2.19 造型立面节点

2 立面、连续界面构造·平行线构造

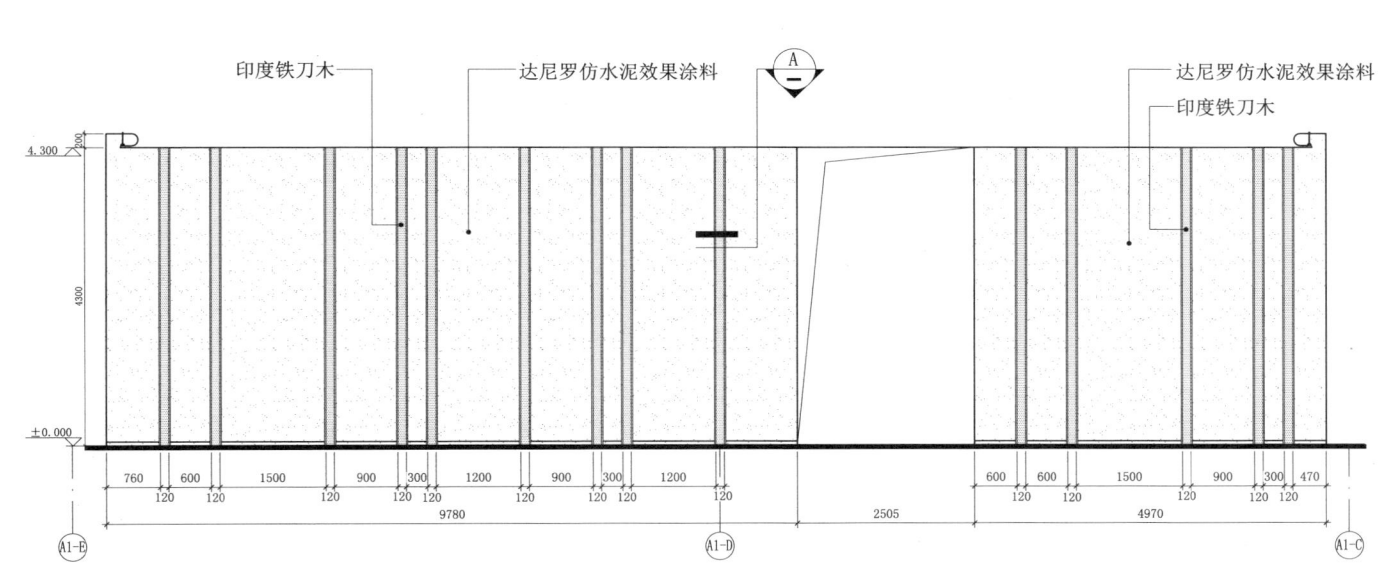

立面图

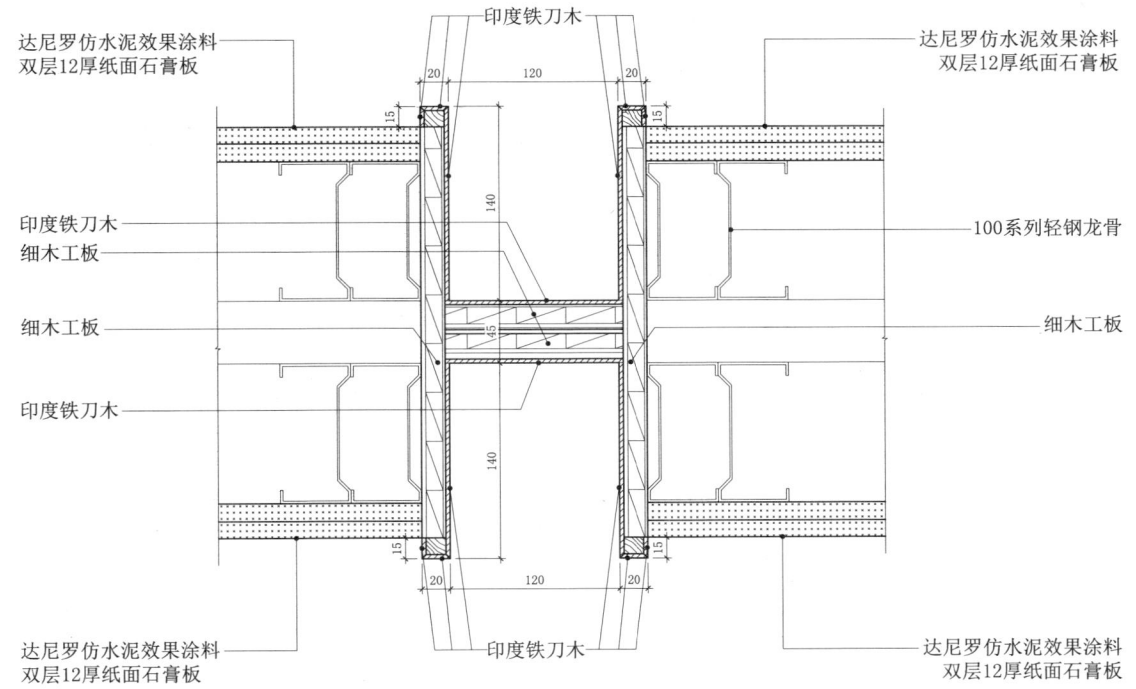

A节点图

2

立面、连续界面构造·西方古典风格 门窗构造

2.20 电梯厅立面

2.20.1

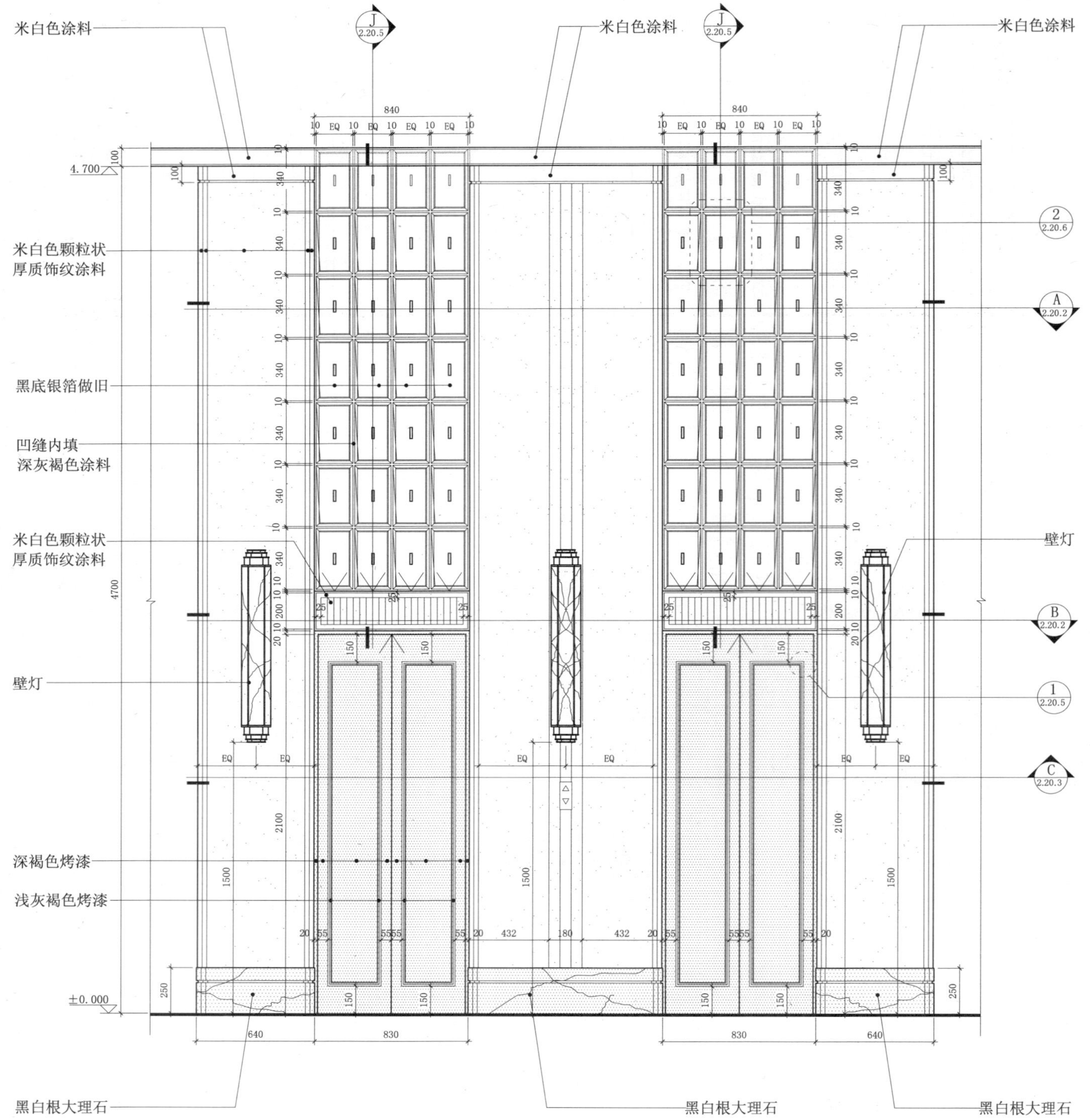
米白色涂料
米白色涂料
米白色涂料
米白色颗粒状
厚质饰纹涂料
黑底银箔做旧
凹缝内填
深灰褐色涂料
米白色颗粒状
厚质饰纹涂料
壁灯
壁灯
深褐色烤漆
浅灰褐色烤漆
黑白根大理石
黑白根大理石
黑白根大理石
4.700
±0.000
840
840
4700
2100
1500
640
830
830
640
432
180
432
250

电梯厅墙面立面图

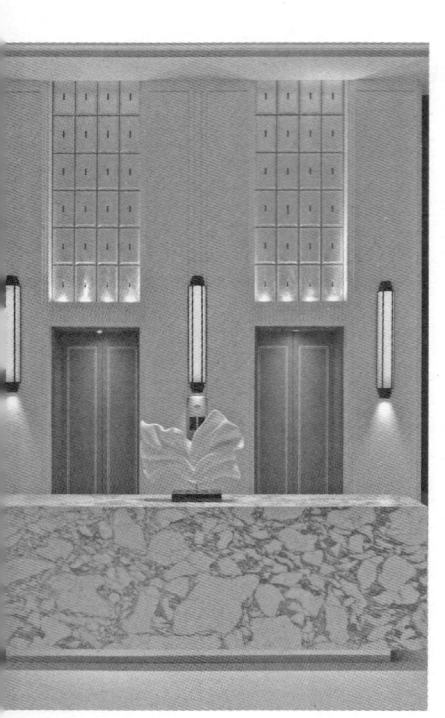

2.20 电梯厅立面

2 立面、连续界面构造 · 西方古典风格 门窗构造

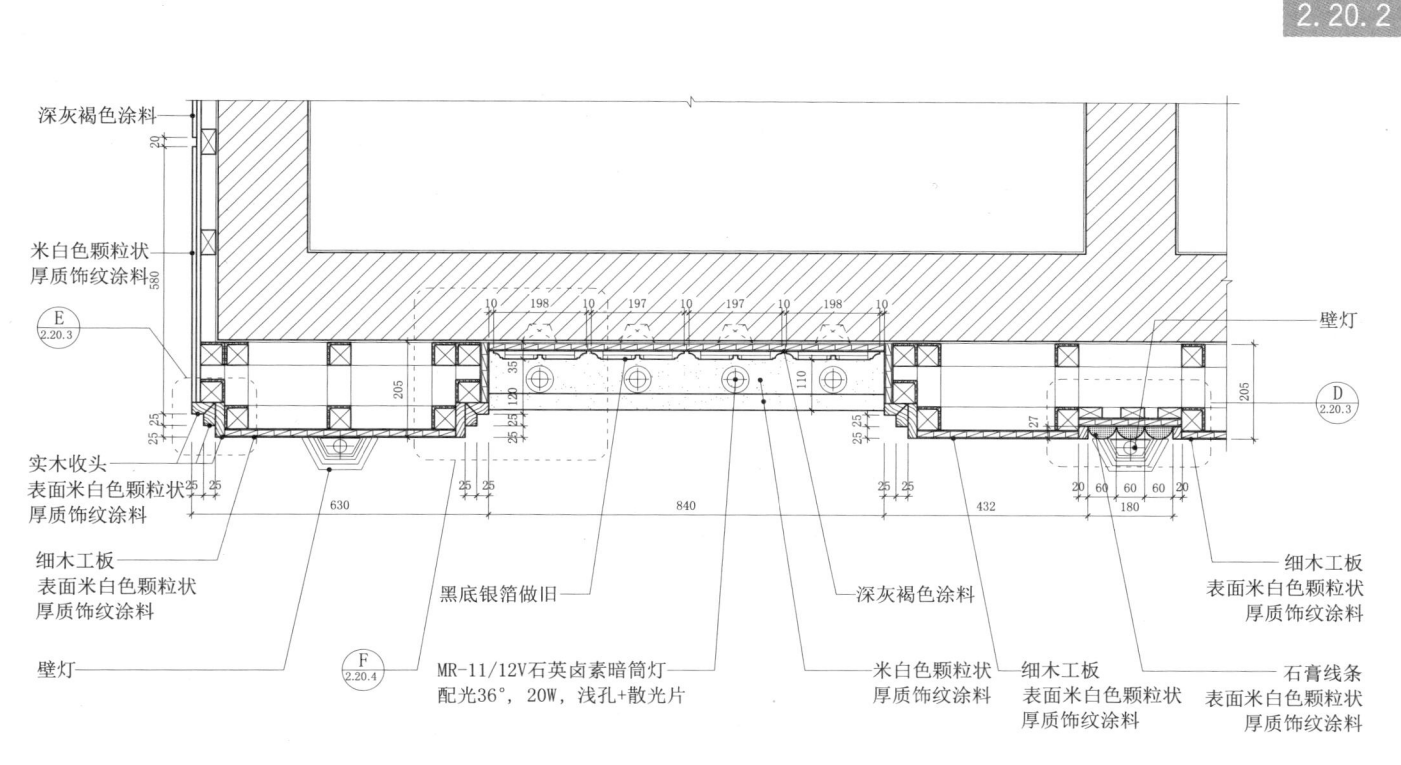

A节点图

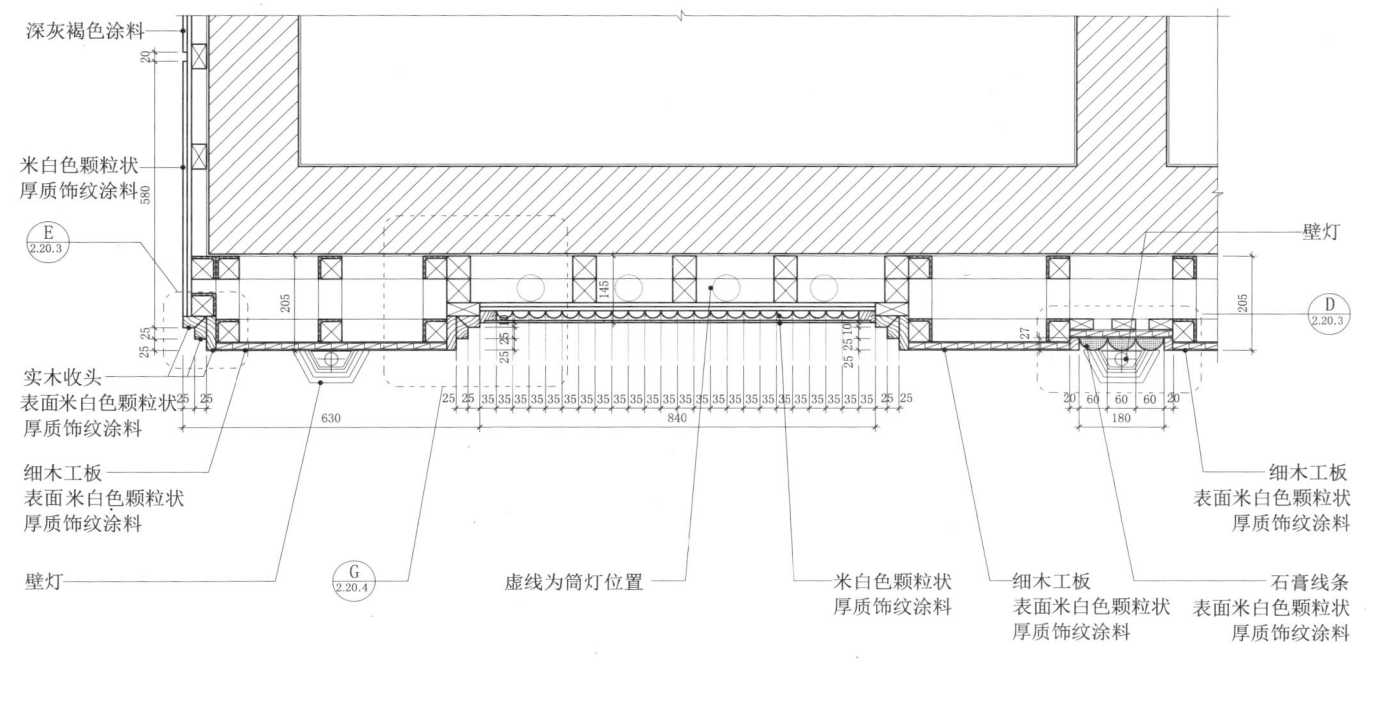

B节点图

2.20 电梯厅立面

2 立面、连续界面构造·西方古典风格 门窗构造

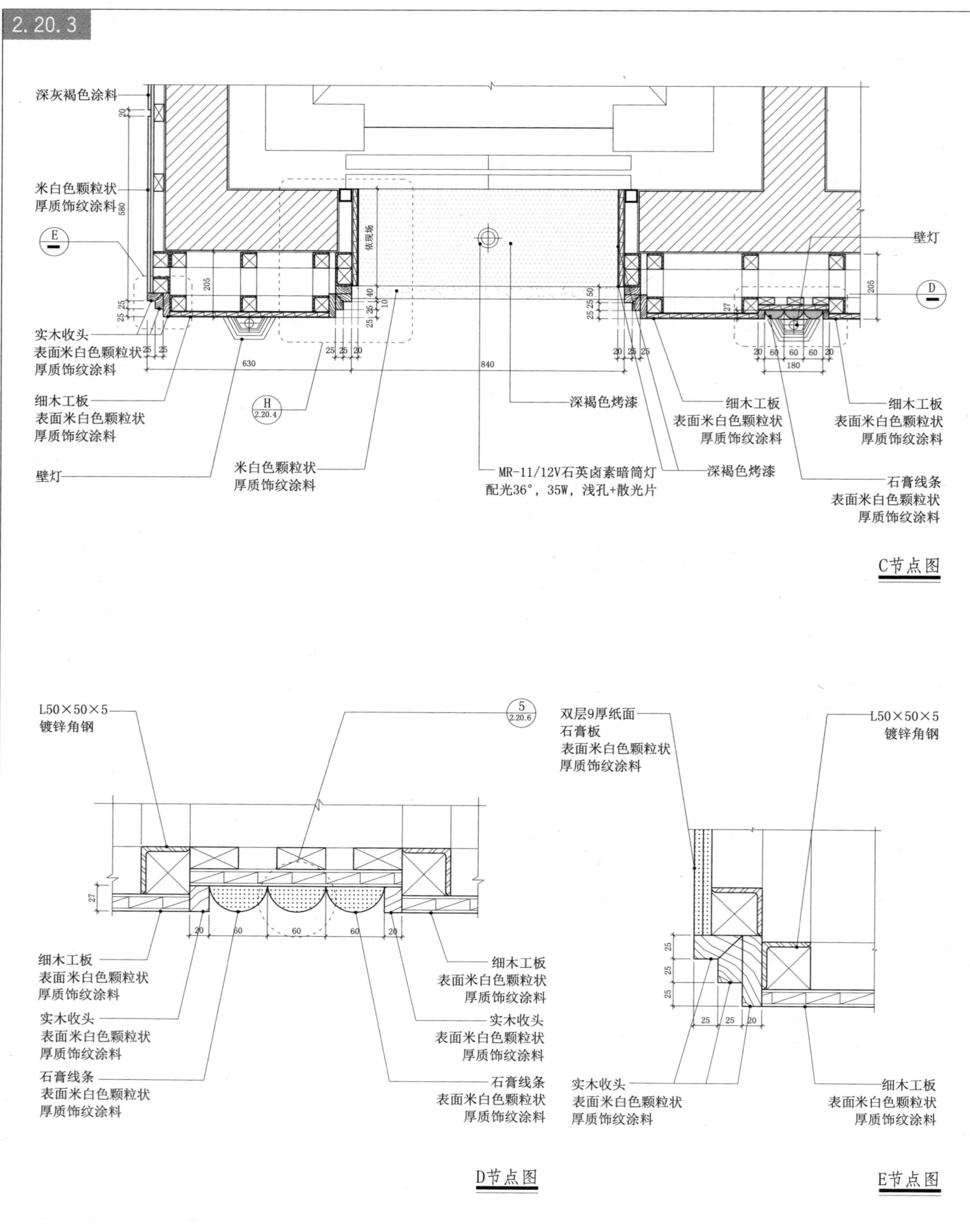

106 | 室内构造节点与专项模式图集

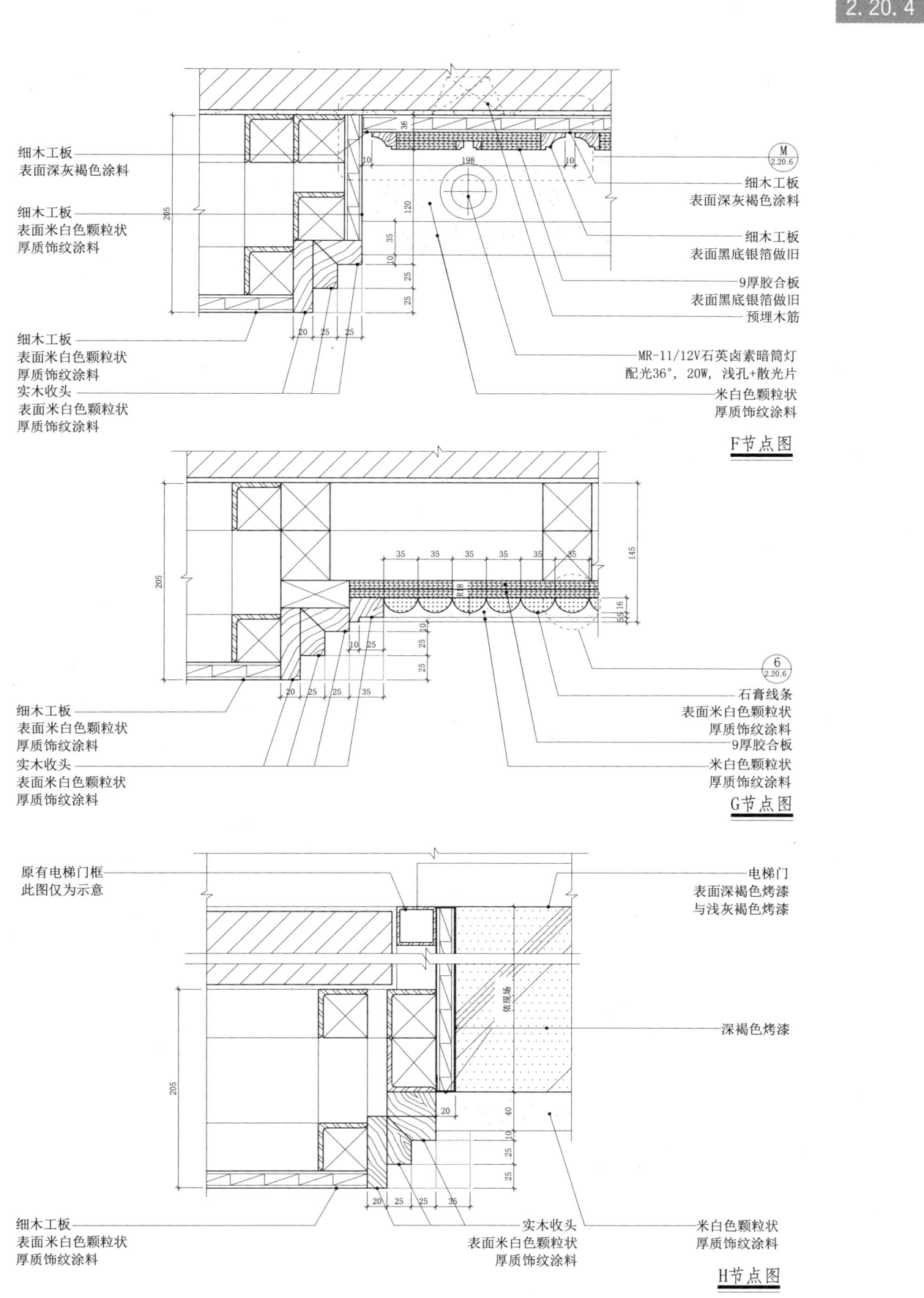

2.20 电梯厅立面

2.20.5

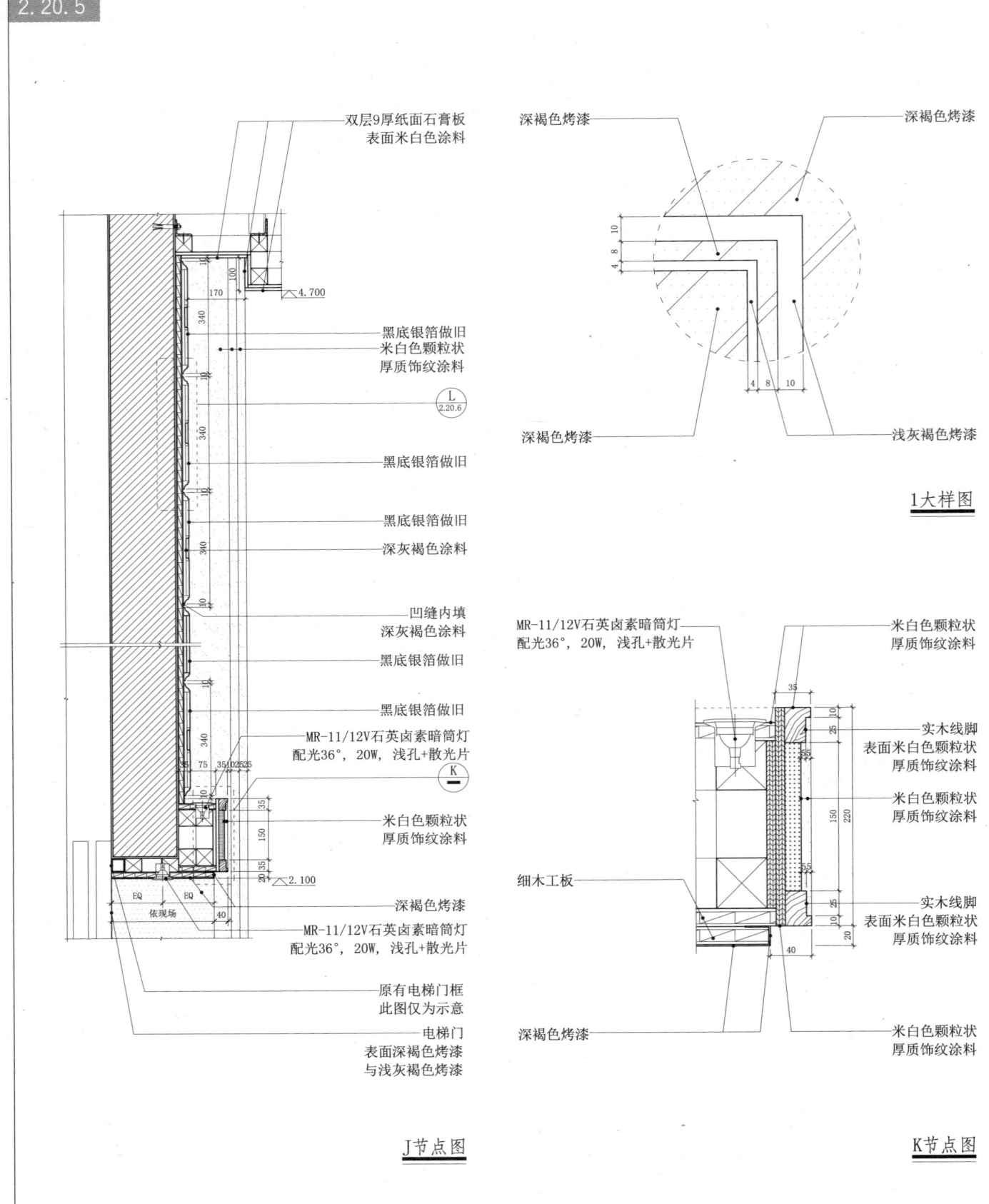

J节点图　　K节点图

2.20 电梯厅立面

2.20.6

2 立面、连续界面构造 · 西方古典风格 门窗构造

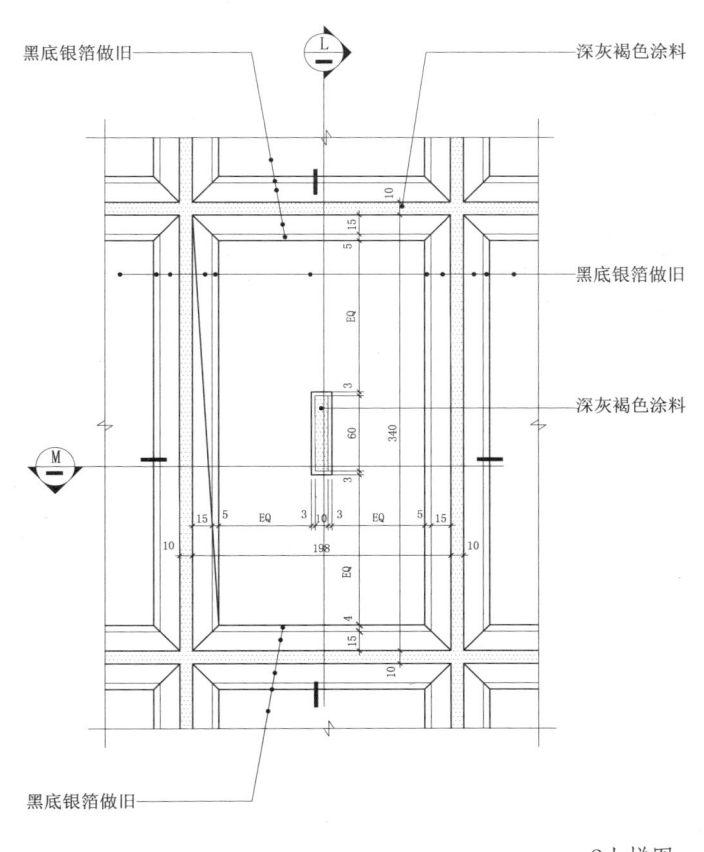

2大样图

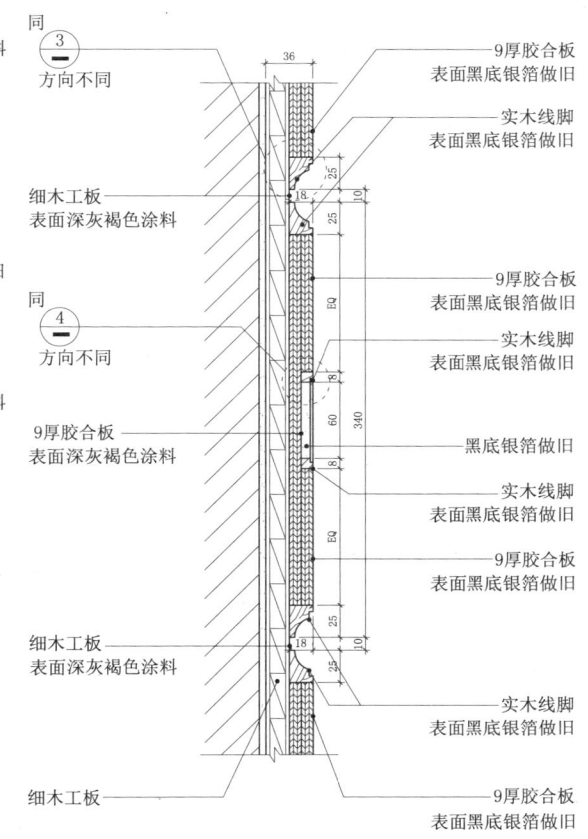

L节点图

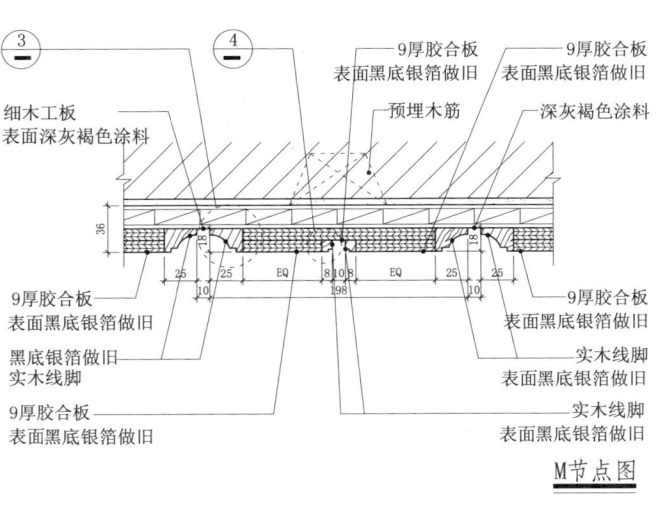

M节点图

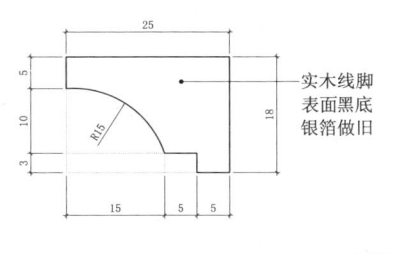

3大样图

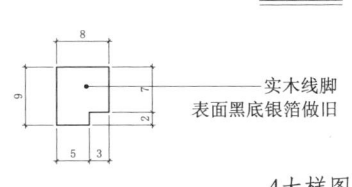

4大样图

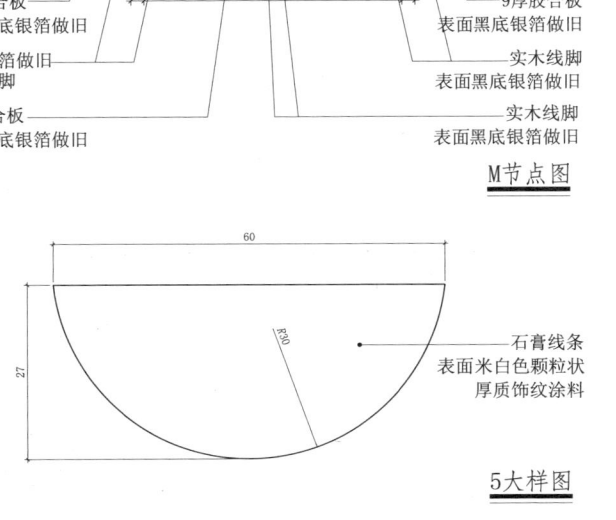

5大样图

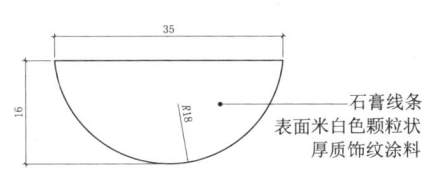

6大样图

室内构造节点与专项模式图集 | 109

2.21 自动感应门立面

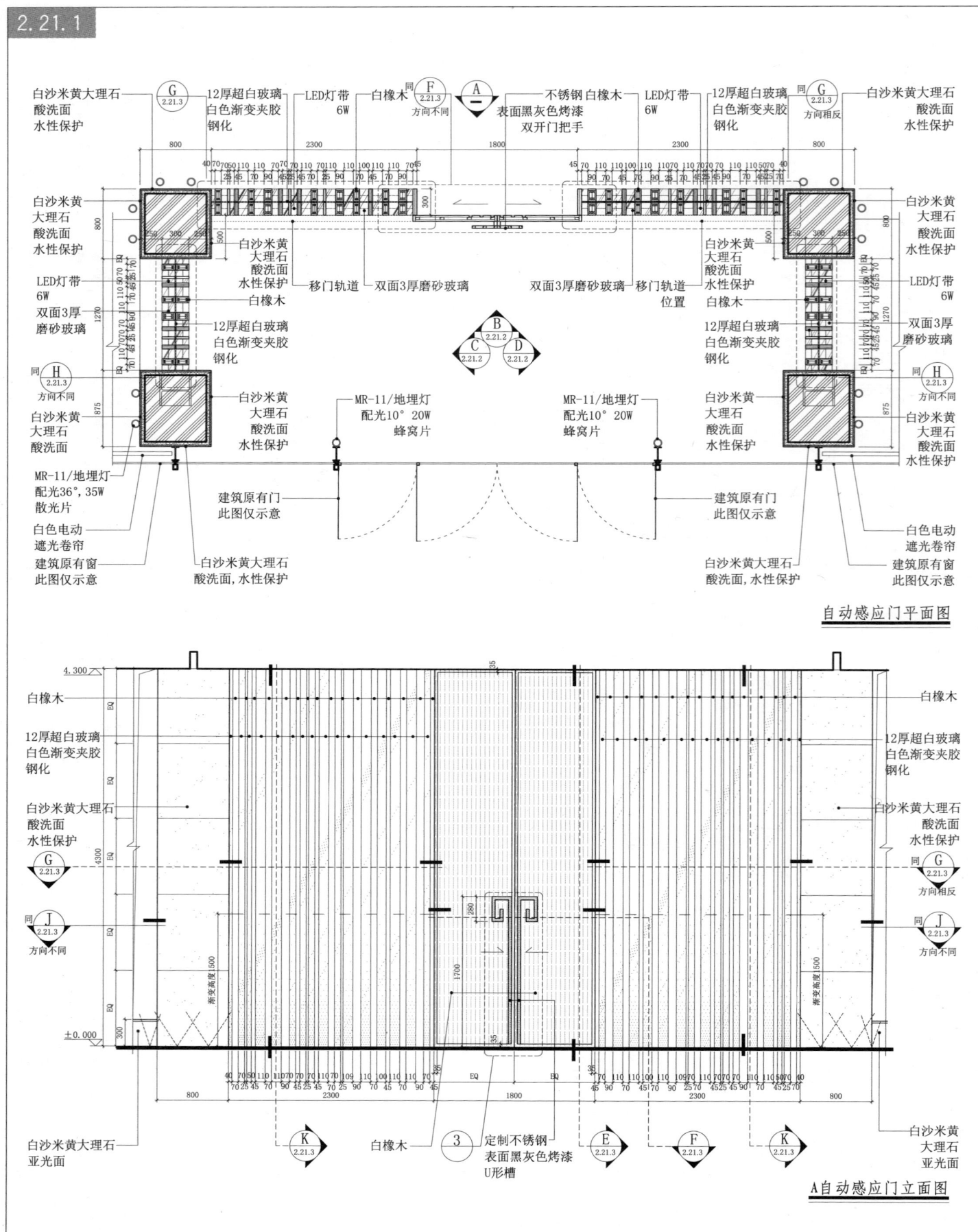

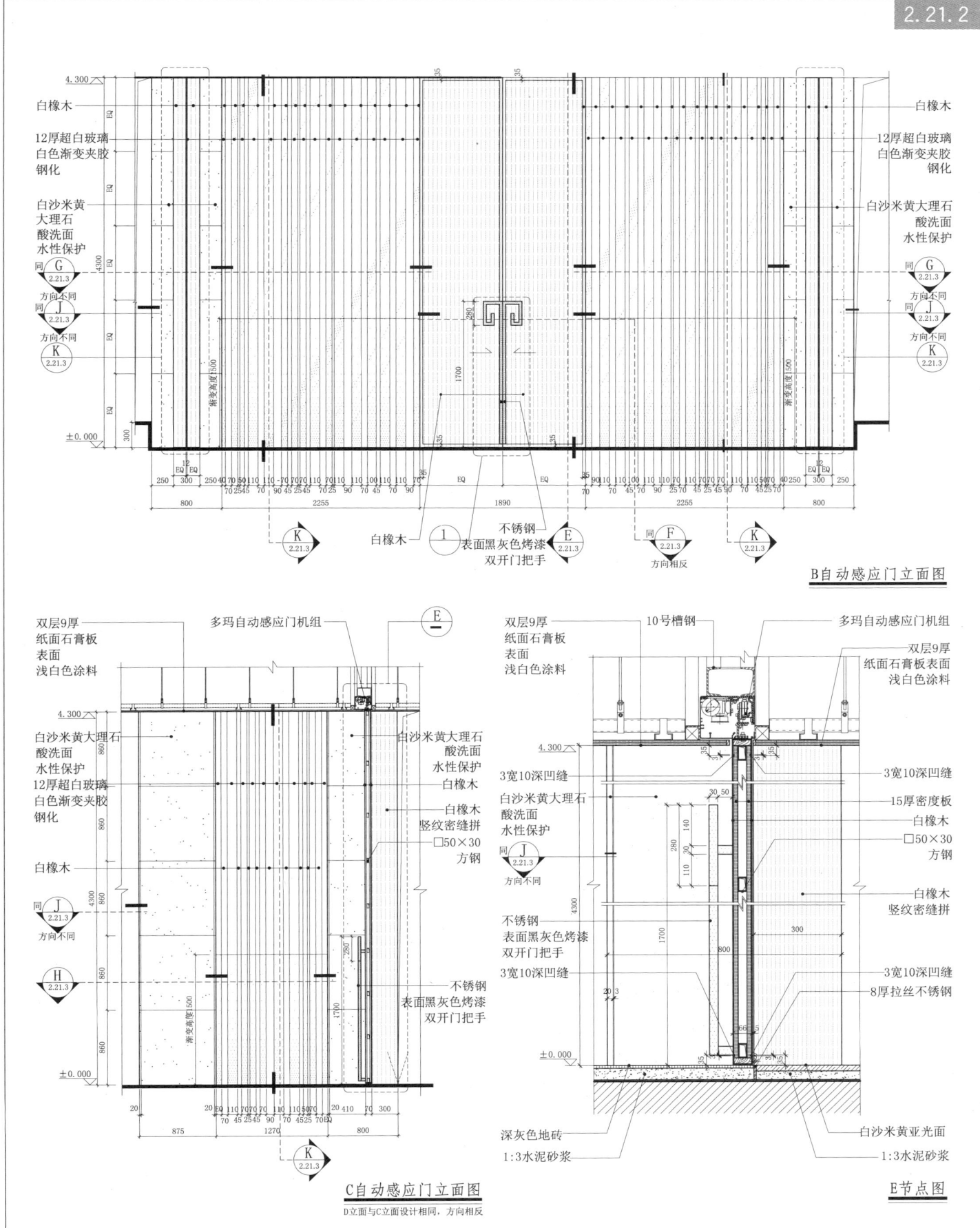

2.21 自动感应门立面

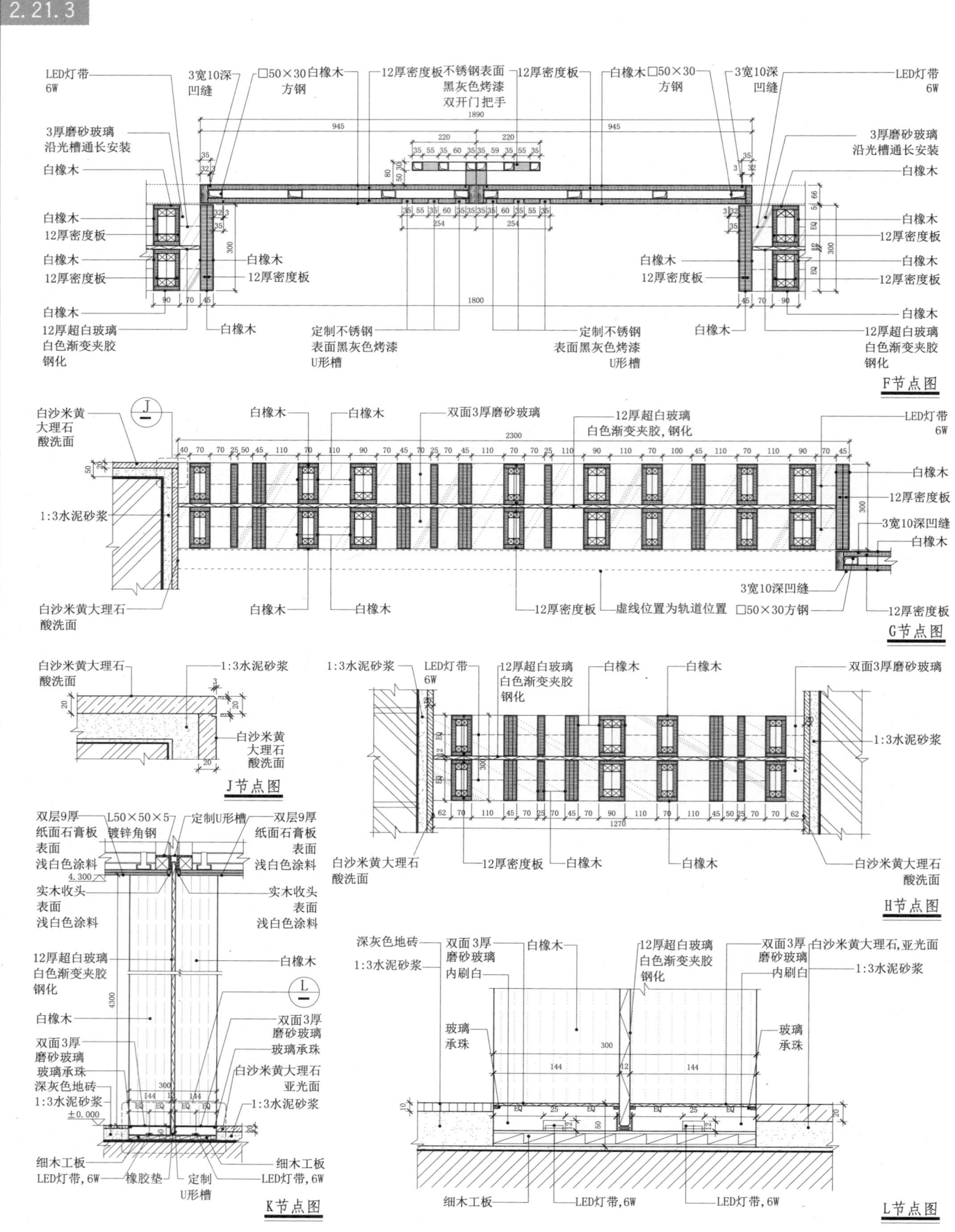

2.22 立柱节点

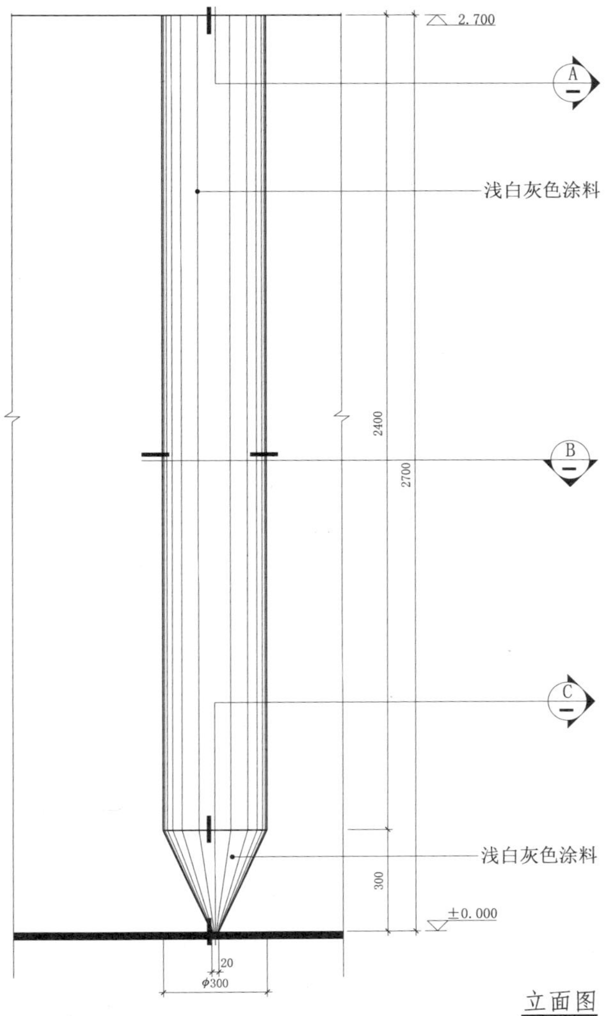

立面、连续界面构造

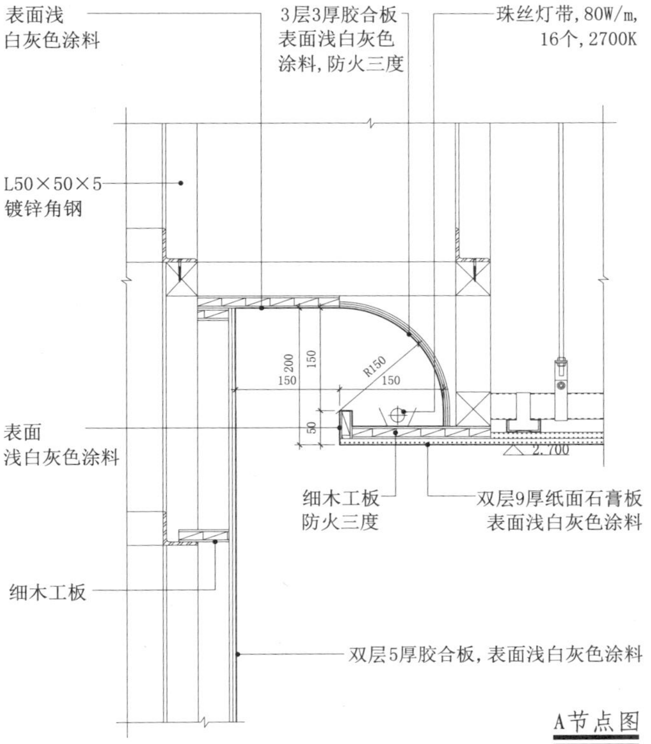

立面图

B节点图

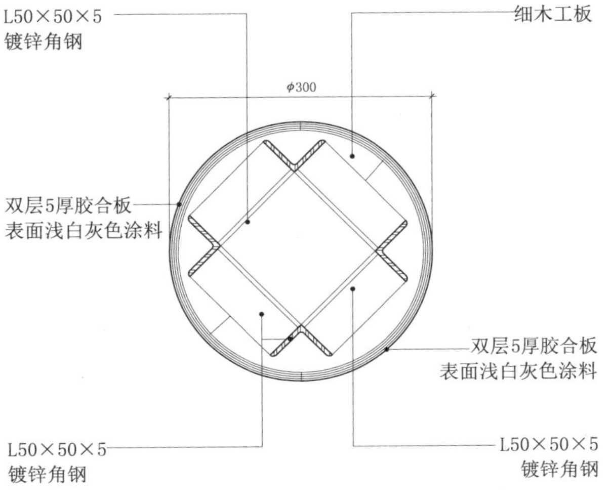

A节点图

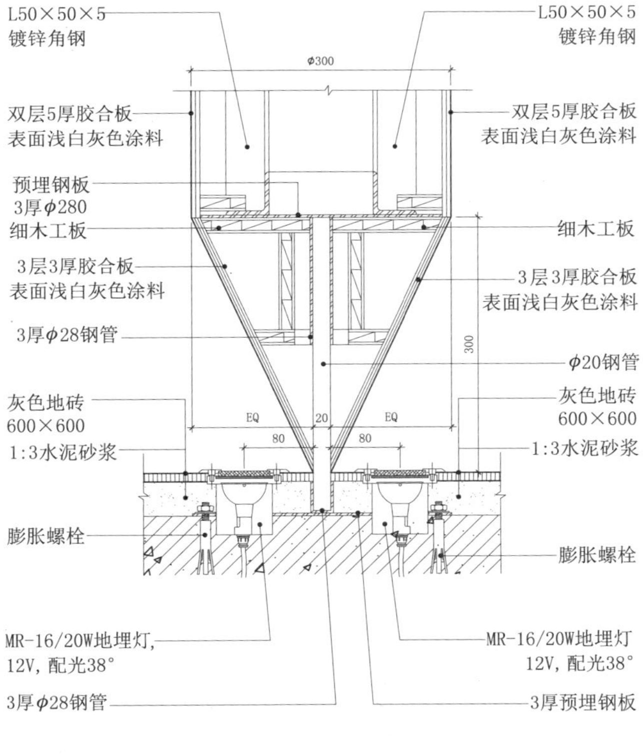

C节点图

2.23 画框装置立面节点

2.23.1

立面大样图

2.23 画框装置立面节点

2.23.2

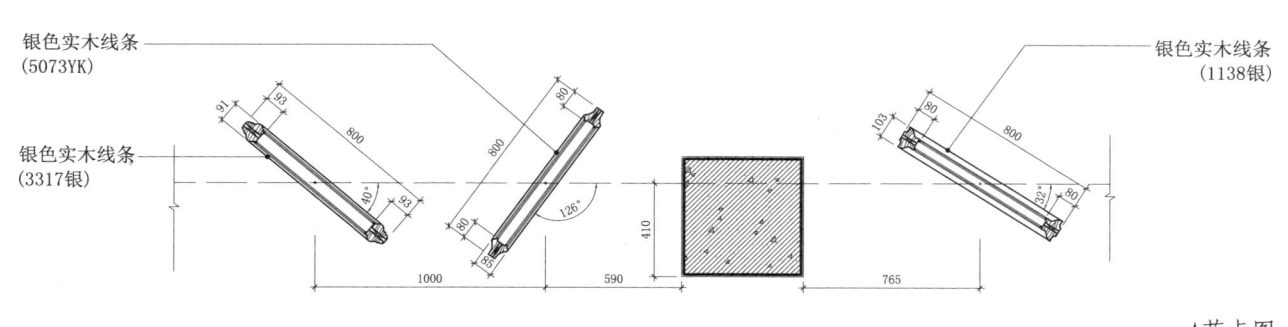

A节点图

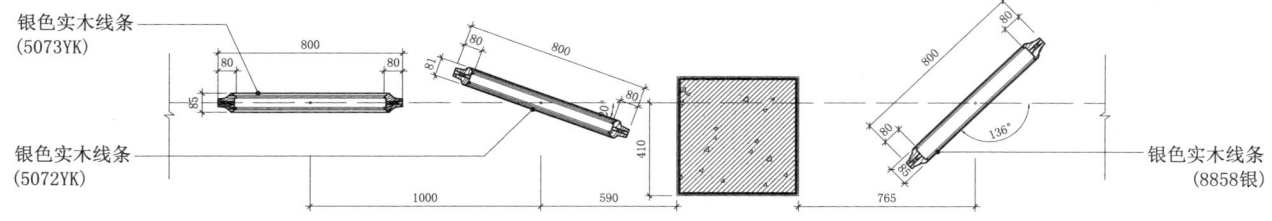

B节点图

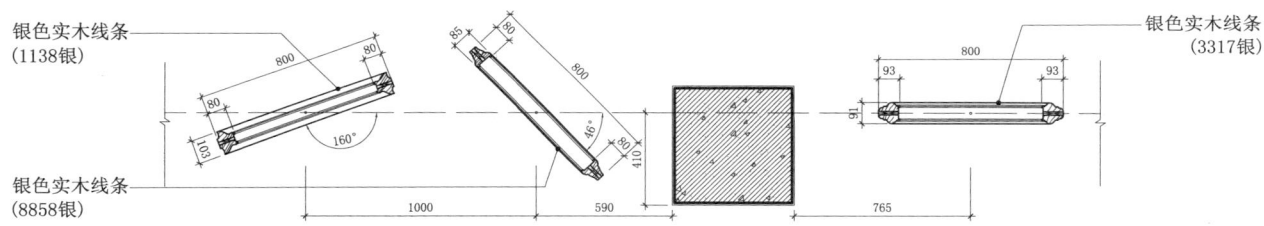

C节点图

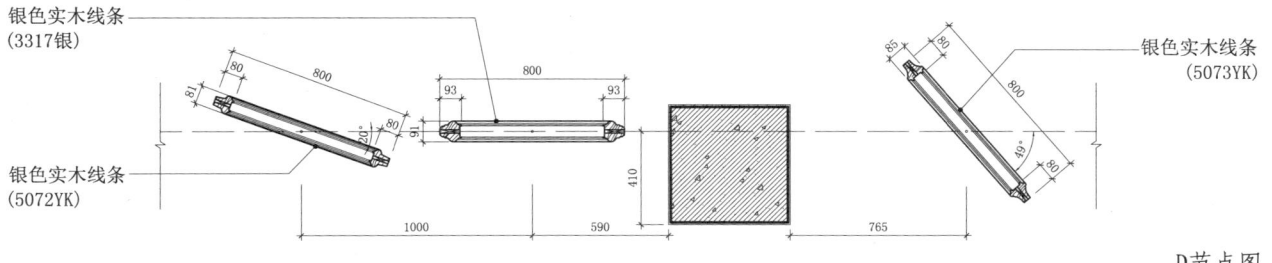

D节点图

E节点图

2.23 画框装置立面节点

2.23.3

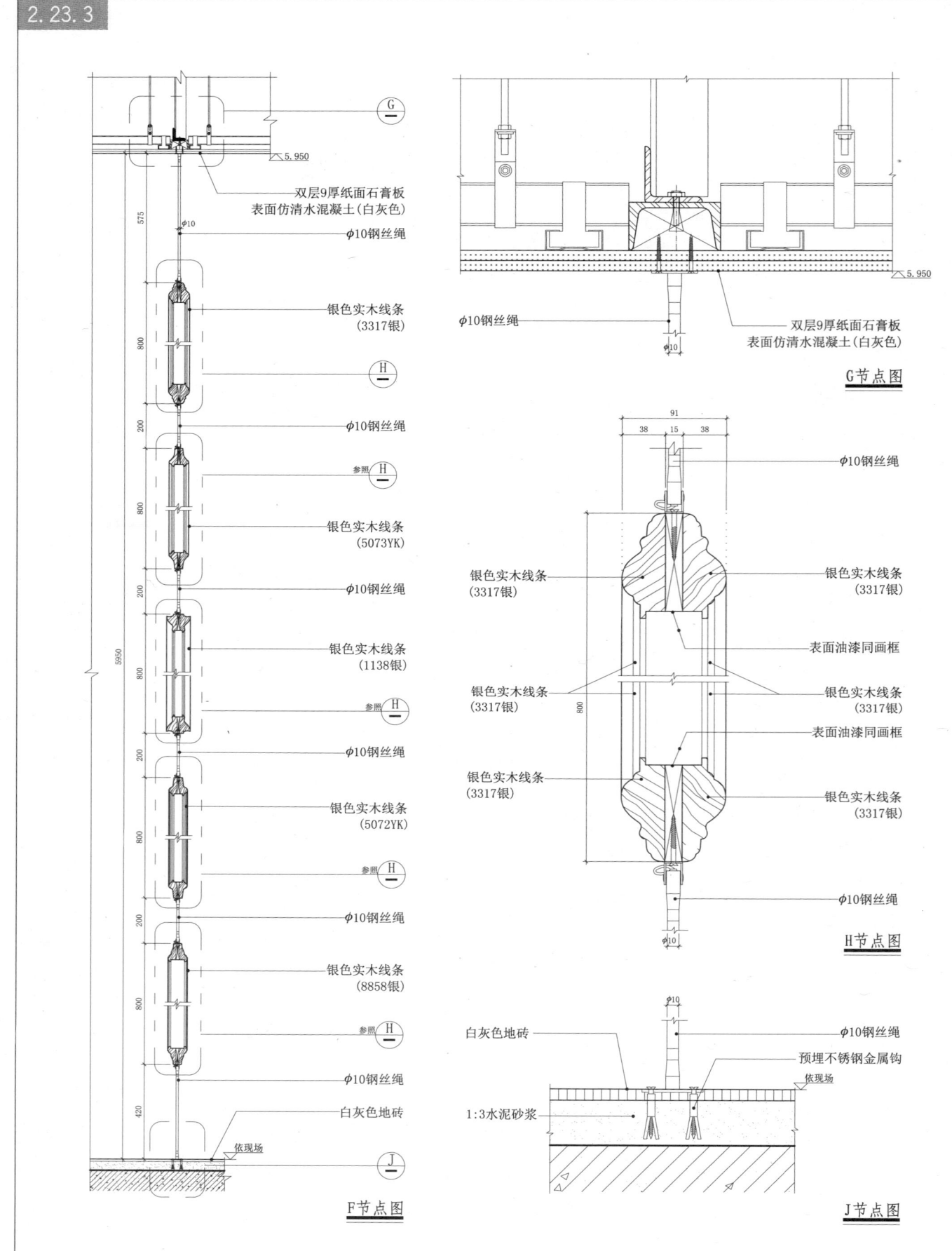

2.24 组合镜框立面节点

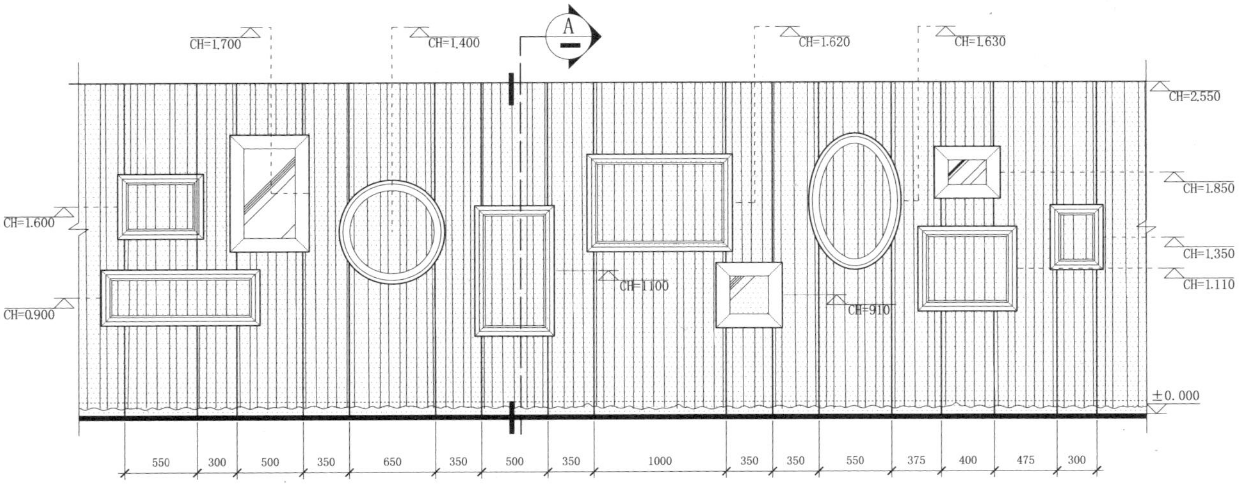

2 立面、连续界面构造

立面图

节点图

标注：膨胀螺栓、L50×50×5 镀锌角钢、钢丝紧固件、细木工板 表面浅白色涂料、石英卤素暗筒灯、双层9厚纸面石膏板、φ3钢丝、镜框，详见立面图、窗帘、φ3钢丝、钢丝紧固件、木地板、毛地板、整浇层、结构楼板

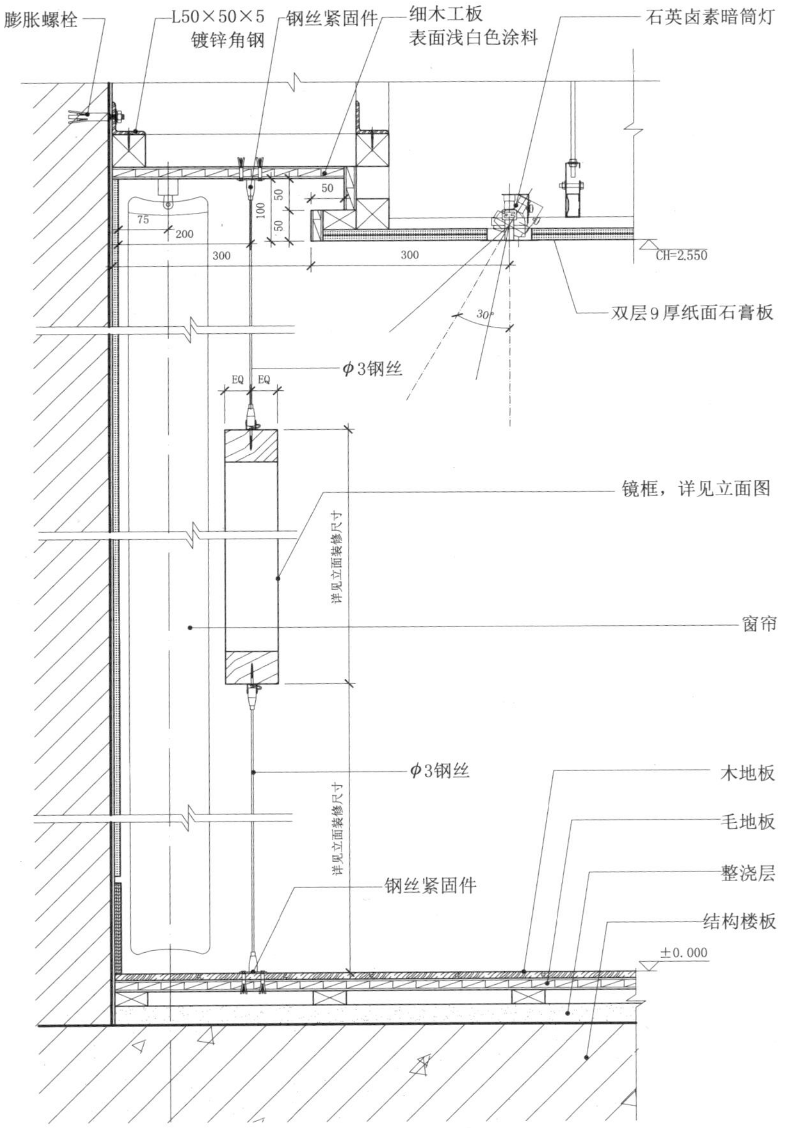

室内构造节点与专项模式图集 | 117

2.25 连续界面(一)

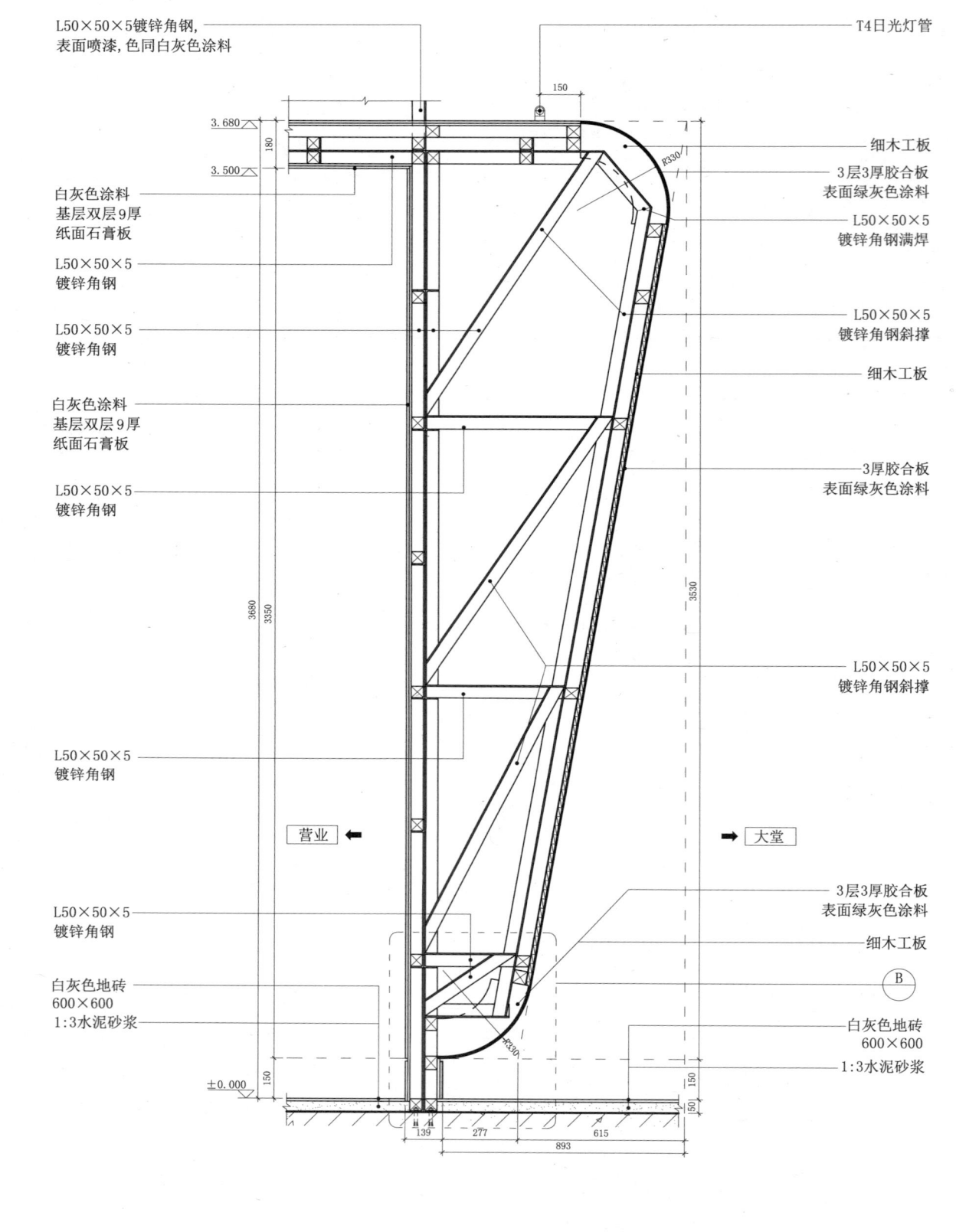

C节点图

2.26 连续界面(二)

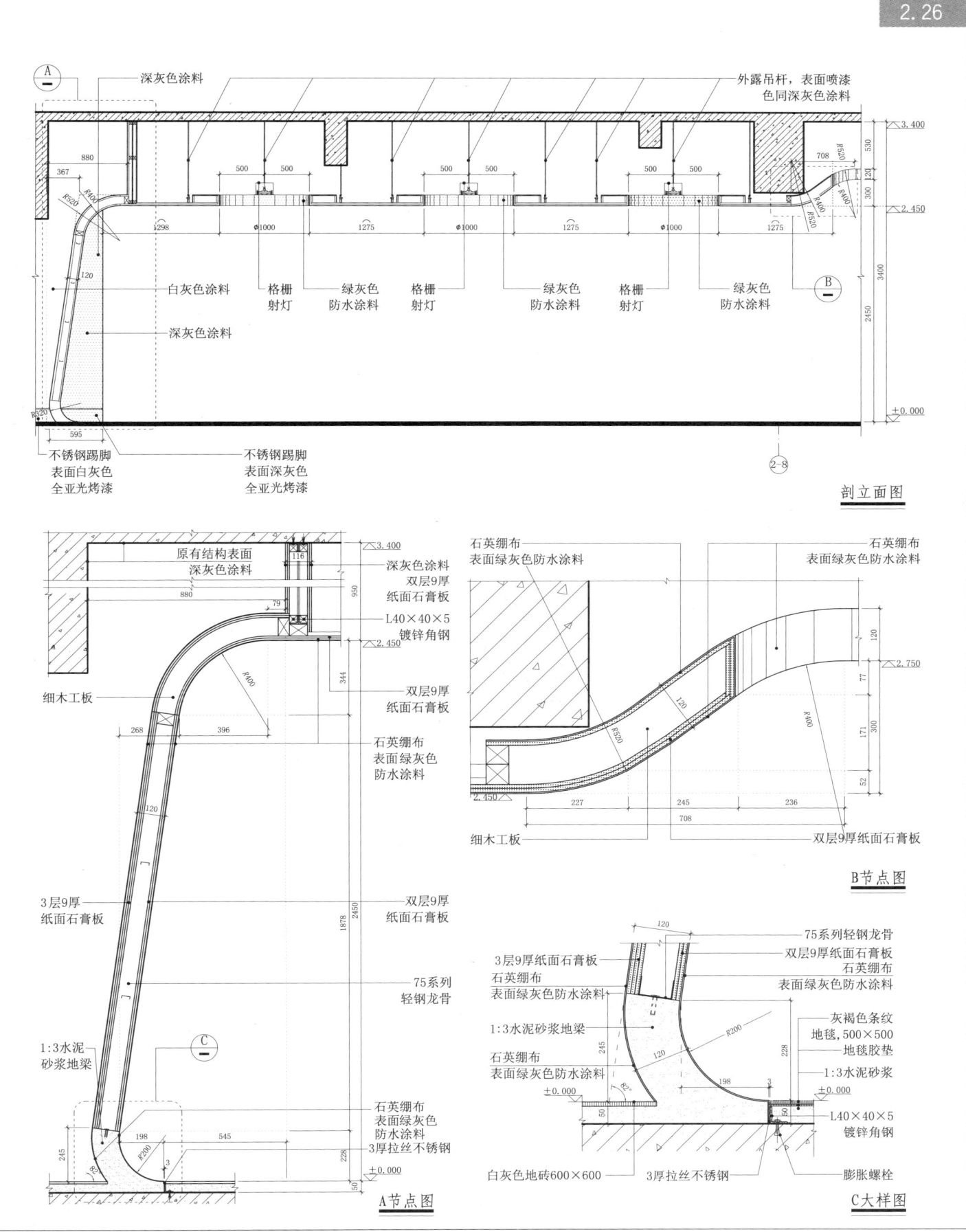

2.27 连续界面(三)

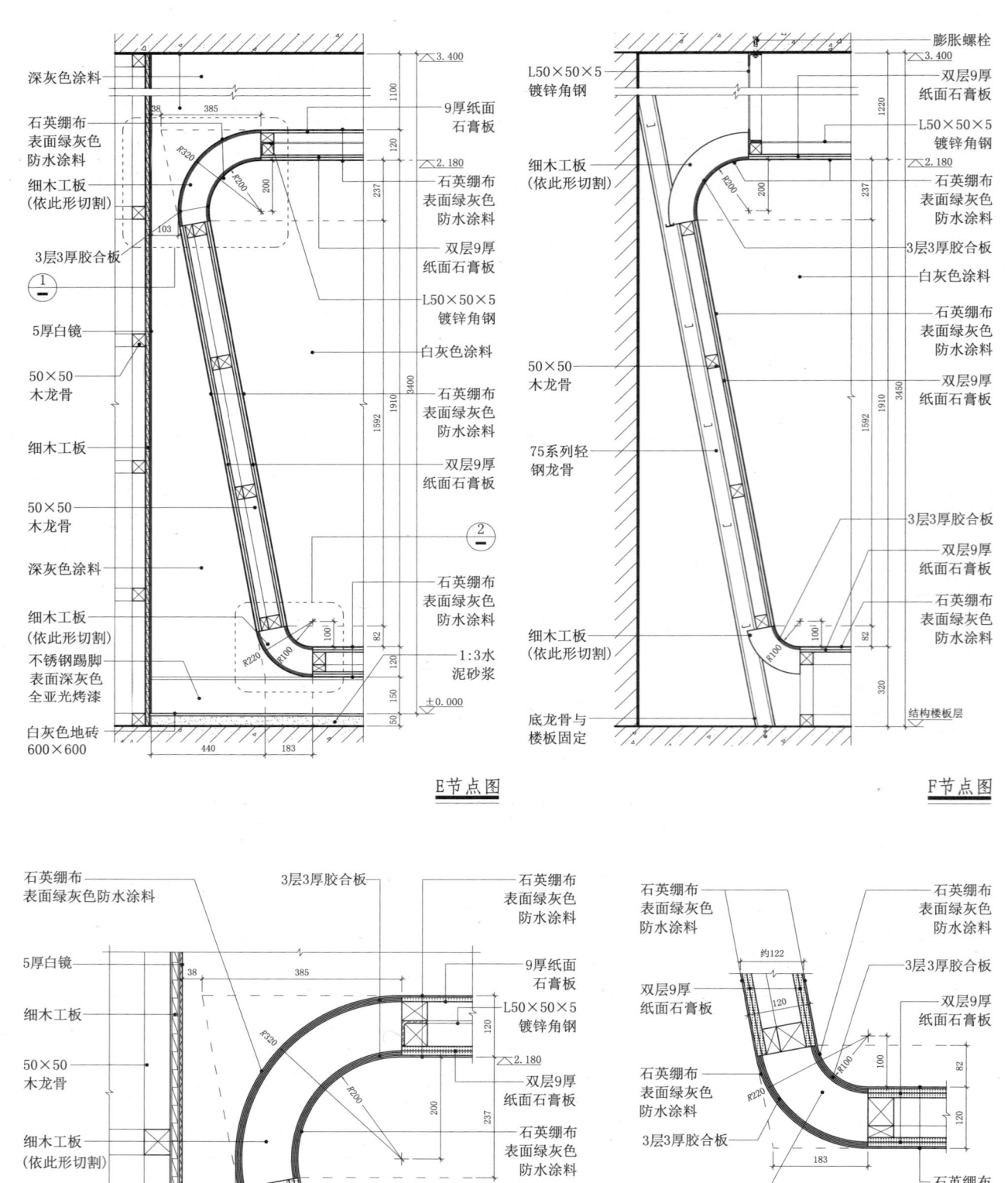

2.28 连续界面卷片节点

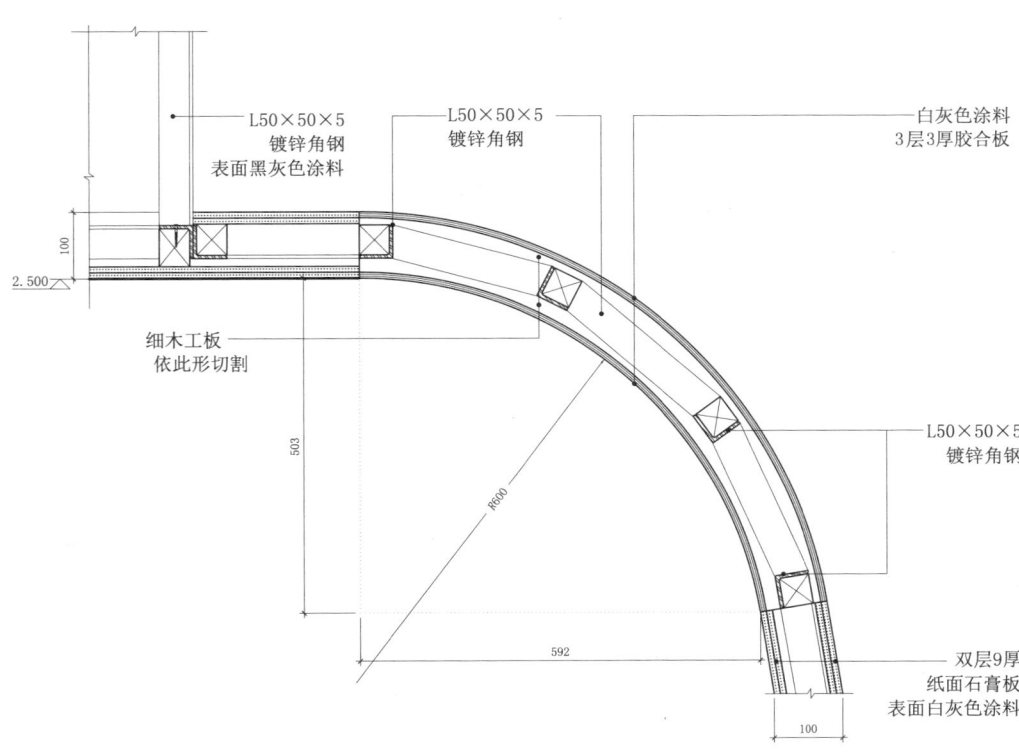

大样图

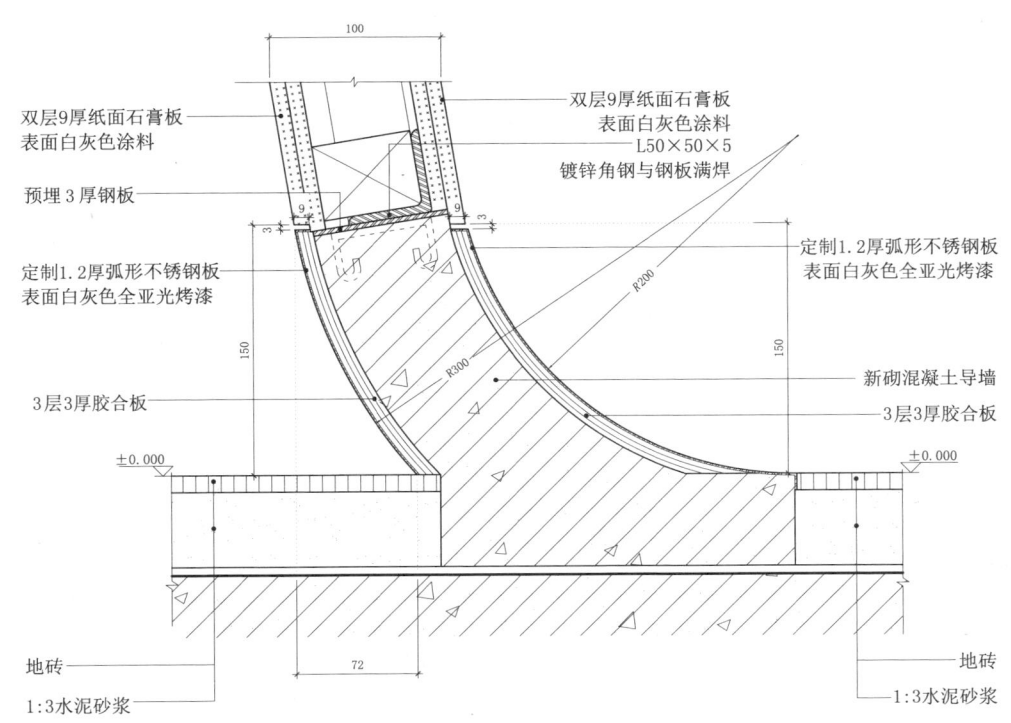

大样图

2.29 连续界面卷片构造

2立面、连续界面构造

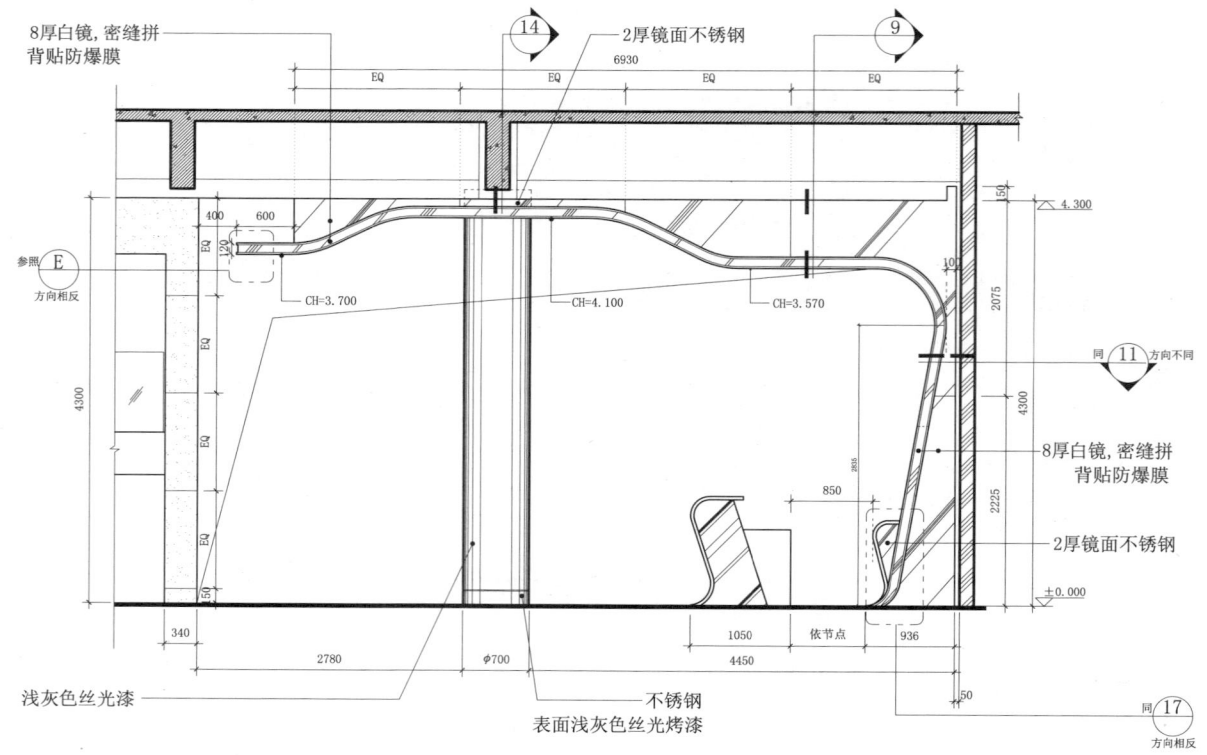

2.29 连续界面卷片构造

2.29.2

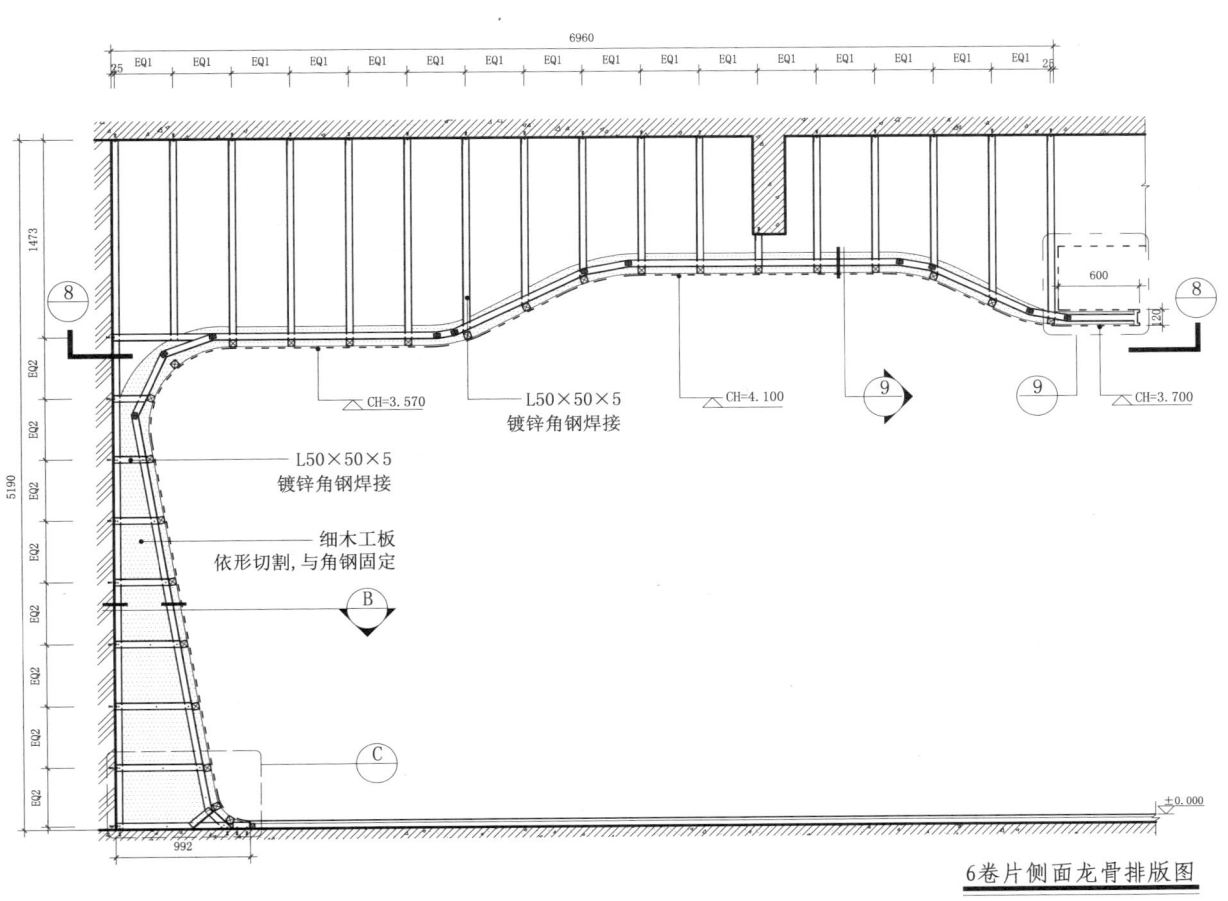

6 卷片侧面龙骨排版图

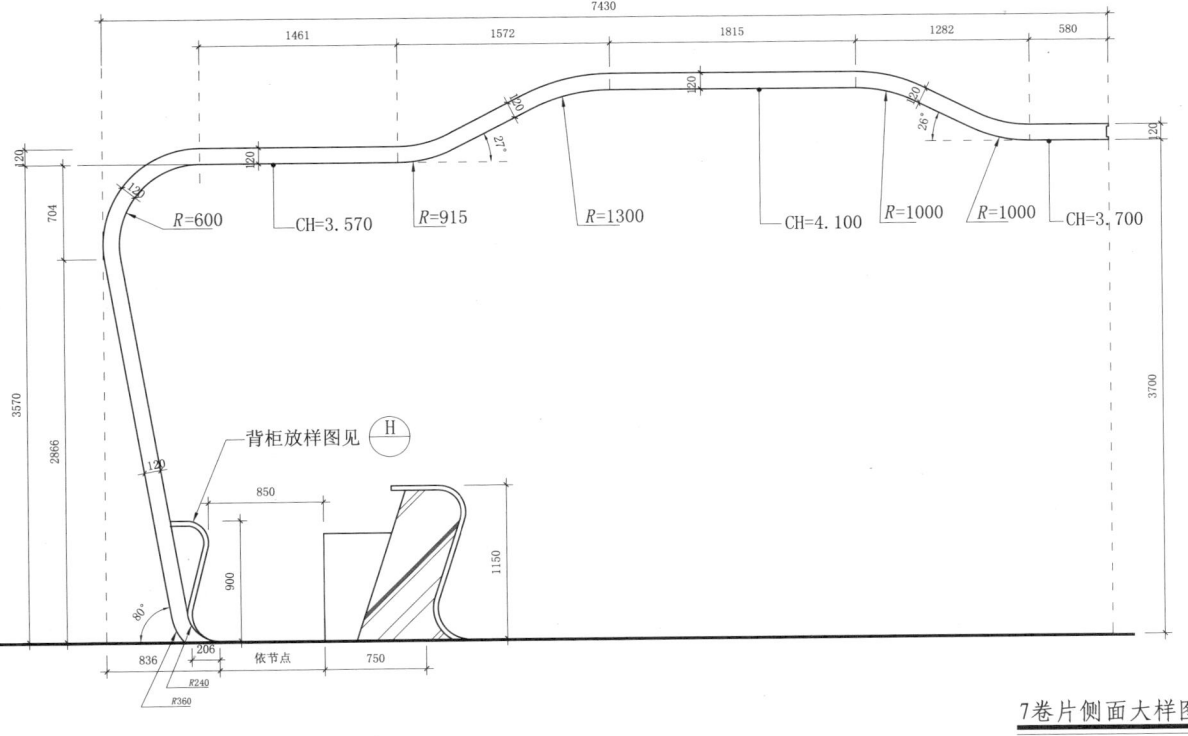

7 卷片侧面大样图

2.30 马赛克连续界面卷片节点(一)

2.30.1

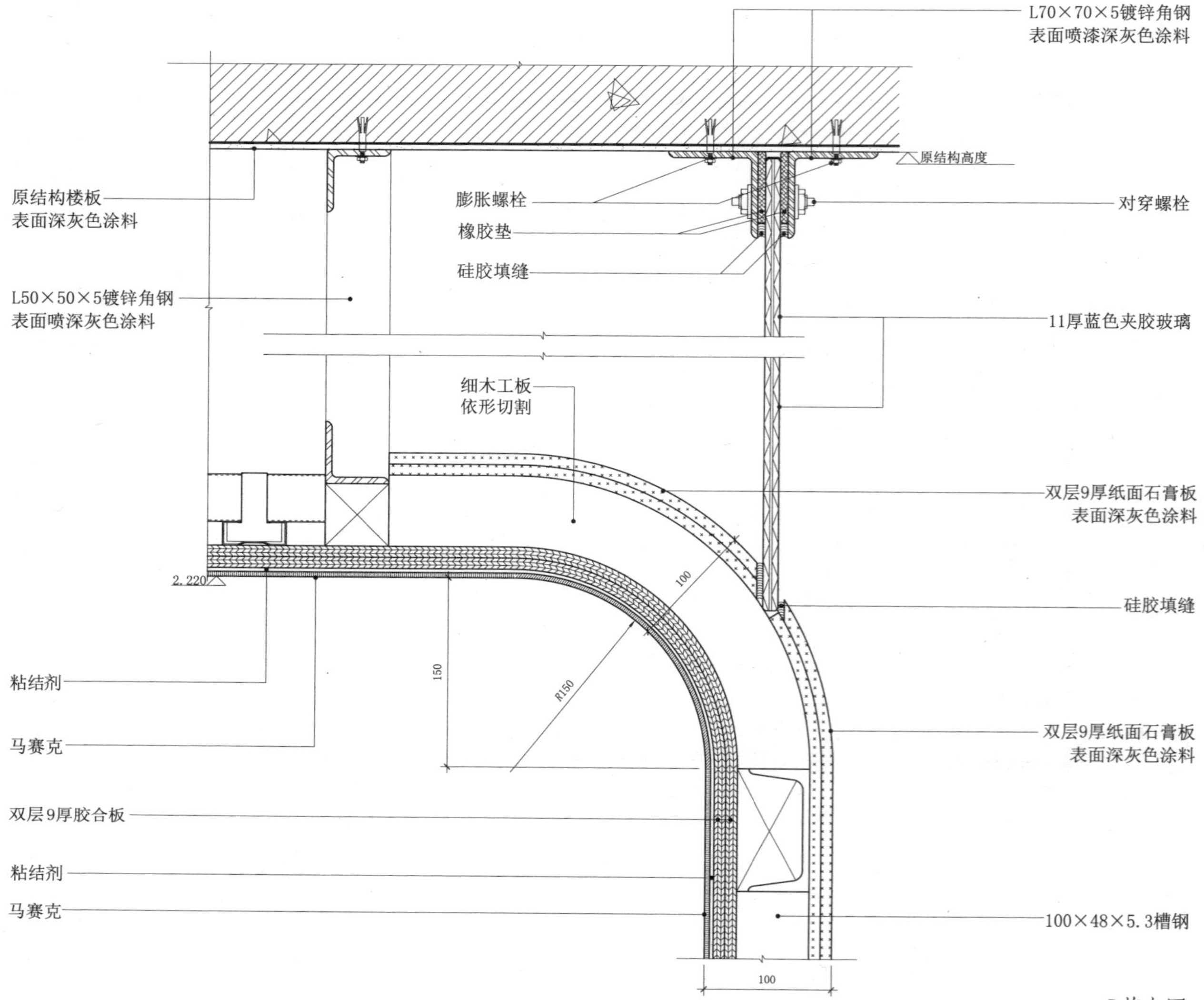
L70×70×5镀锌角钢
表面喷漆深灰色涂料
原结构高度
原结构楼板
表面深灰色涂料
膨胀螺栓
橡胶垫
硅胶填缝
对穿螺栓
L50×50×5镀锌角钢
表面喷深灰色涂料
11厚蓝色夹胶玻璃
细木工板
依形切割
双层9厚纸面石膏板
表面深灰色涂料
2.220
100
硅胶填缝
粘结剂
150
R150
马赛克
双层9厚纸面石膏板
表面深灰色涂料
双层9厚胶合板
粘结剂
马赛克
100×48×5.3槽钢
100

D节点图

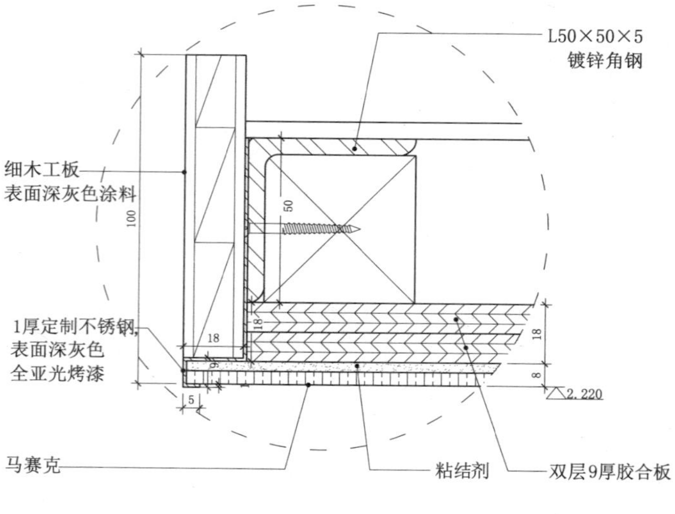
L50×50×5
镀锌角钢
细木工板
表面深灰色涂料
100
50
1厚定制不锈钢
表面深灰色
全亚光烤漆
18
18
18
9
8
5
2.220
马赛克
粘结剂
双层9厚胶合板

E节点图

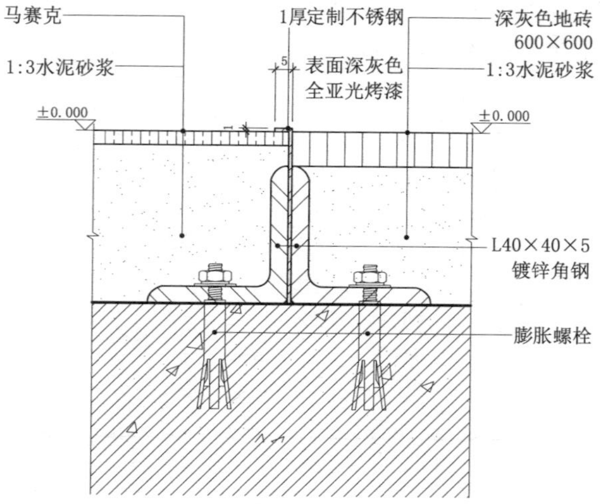
马赛克
1:3水泥砂浆
1厚定制不锈钢
5
表面深灰色
全亚光烤漆
深灰色地砖
600×600
1:3水泥砂浆
±0.000
±0.000
L40×40×5
镀锌角钢
膨胀螺栓

F节点图

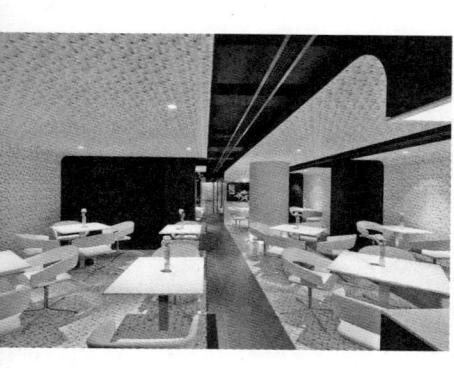

2.30 马赛克连续界面卷片节点(一)

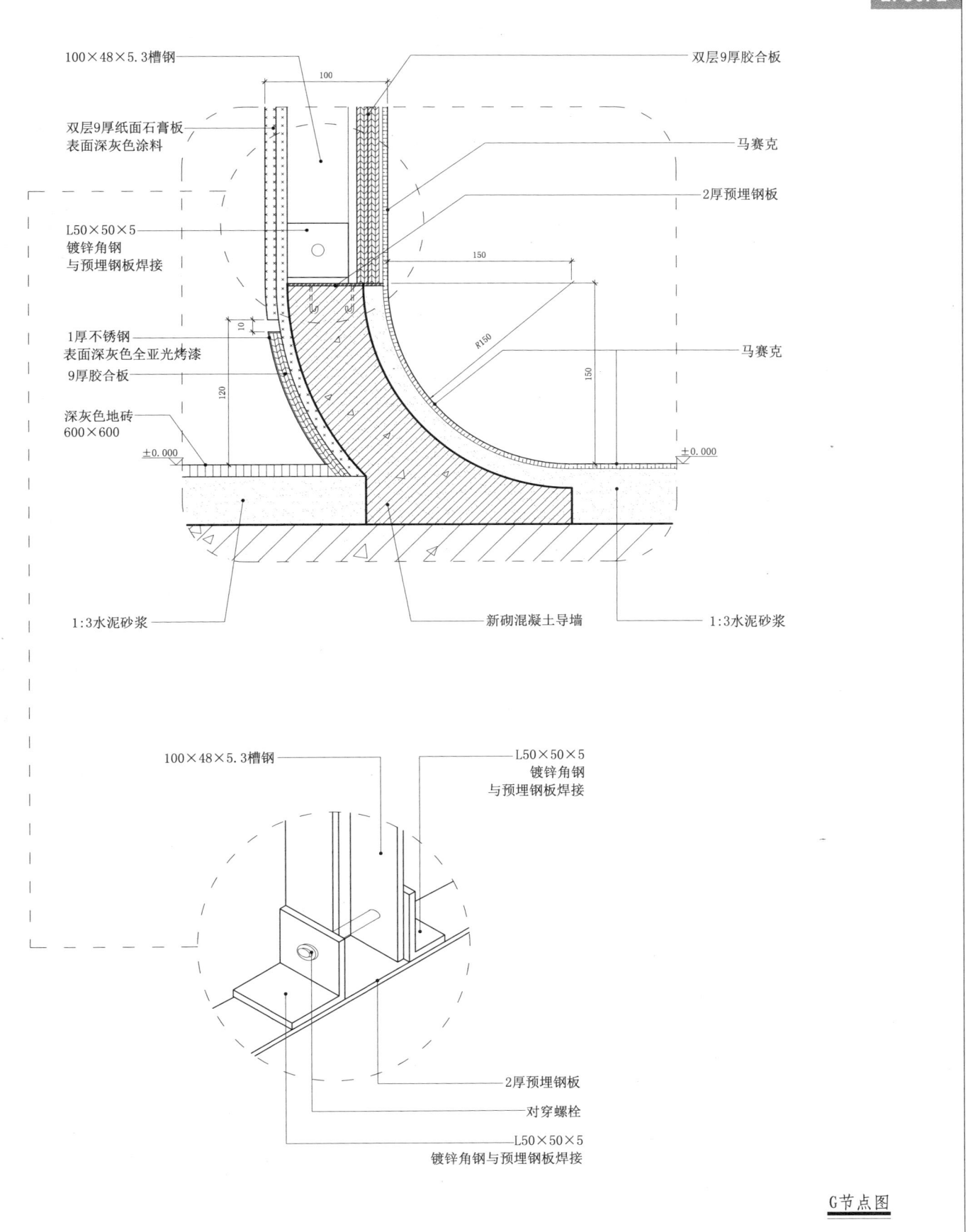

G节点图

2.31 马赛克连续界面卷片节点(二)

2 立面、连续界面构造·固定式家具 透光照明构造 检修构造

2.31.1

主要标注：
- 深灰色涂料
- 定制1厚不锈钢表面深灰色全亚光烤漆
- 白色布艺
- 雅士白石材
- 定制1厚不锈钢，表面深灰色全亚光烤漆
- 深灰色涂料
- 深灰色涂料
- 1厚不锈钢，表面深灰色全亚光烤漆

A节点图标注：
- 马赛克
- 冷阴极管
- 马赛克
- 深灰色涂料
- 白色布艺 内衬□40×10 不锈钢方管白色烤漆
- 雅士白石材
- 马赛克
- 马赛克

2立面图　　A节点图

126 | 室内构造节点与专项模式图集

2.31 马赛克连续界面卷片节点(二)

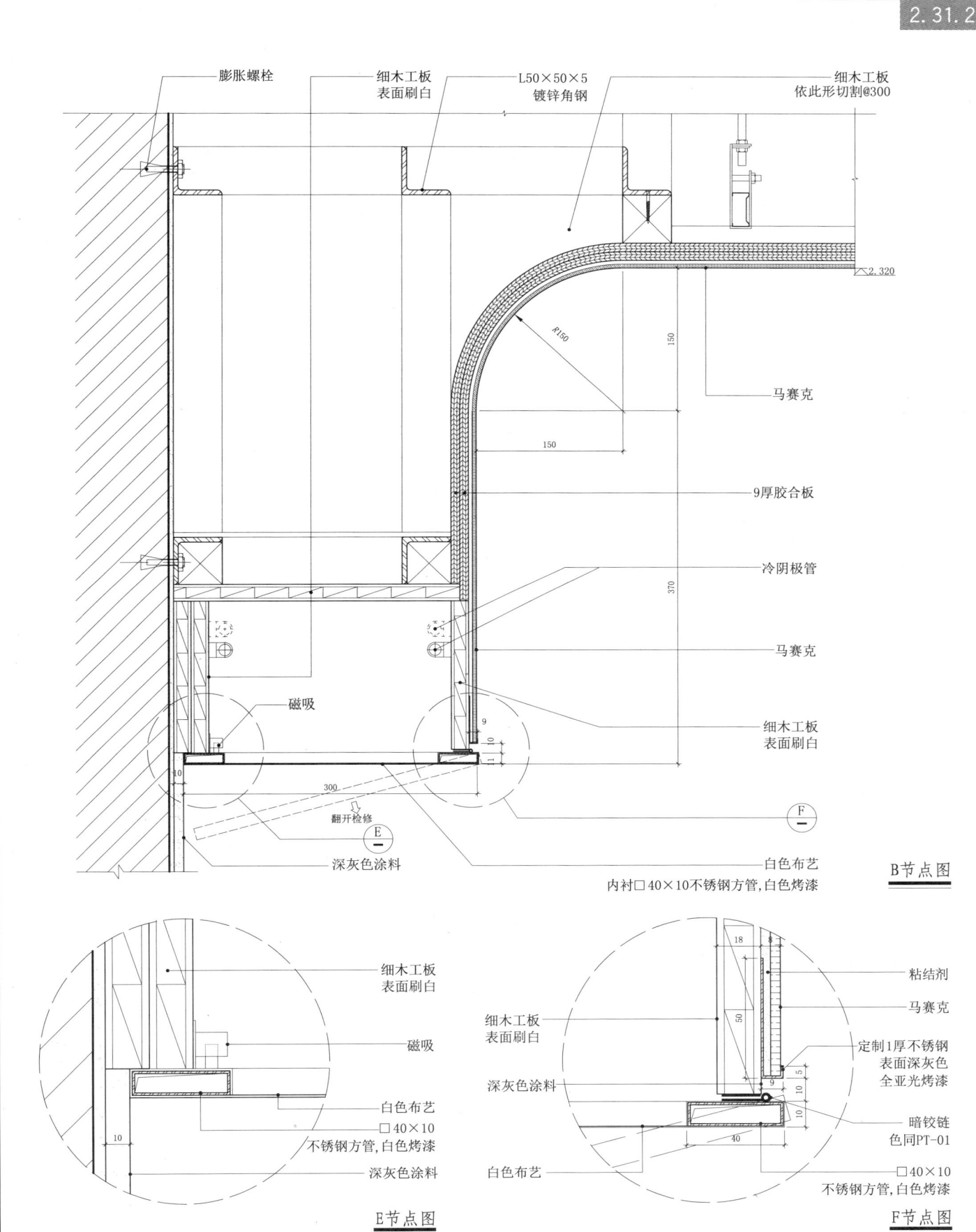

B节点图
E节点图
F节点图

2.32 窗帘盒、窗台构造

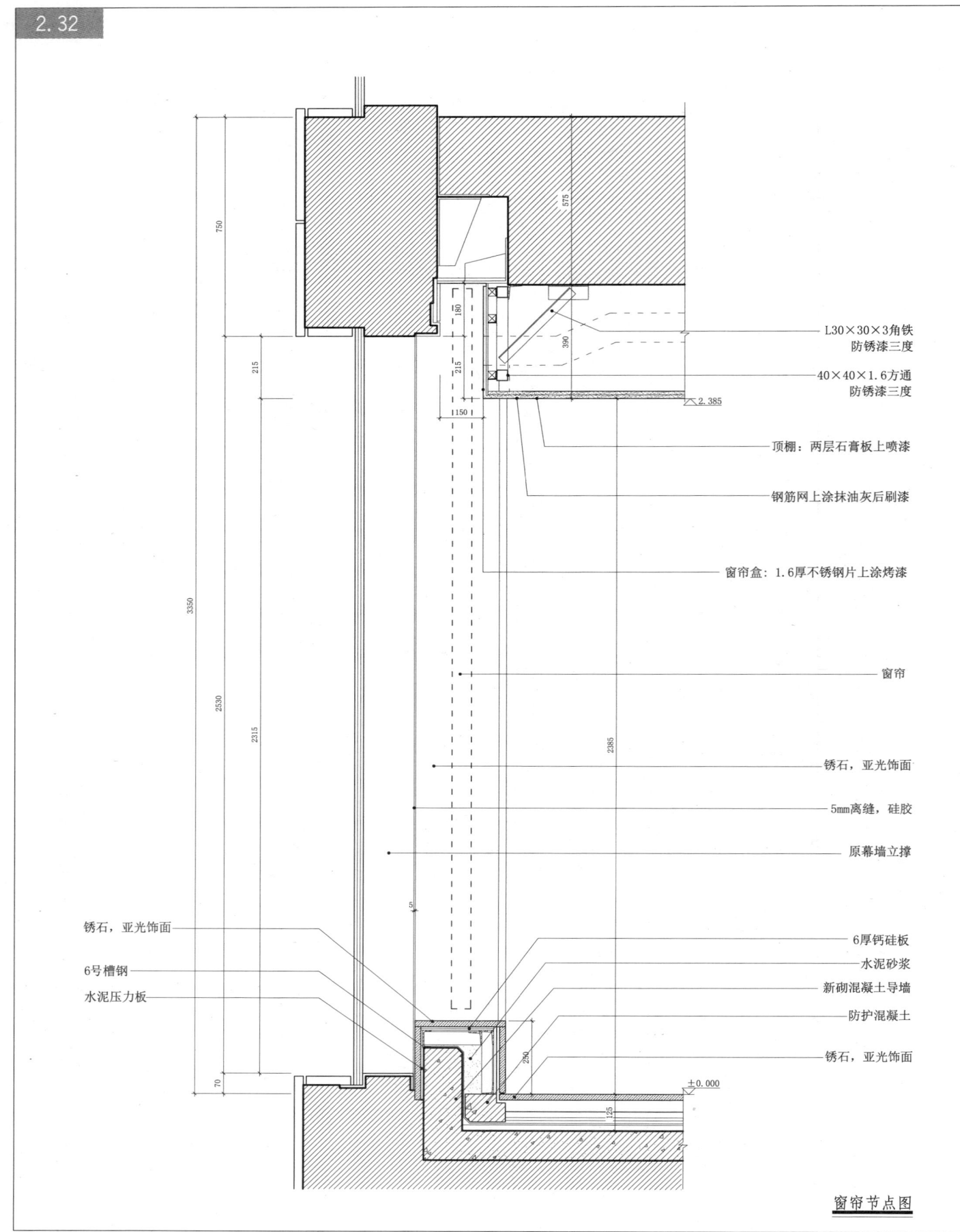

窗帘节点图

3.1 顶棚节点（一）

3 顶面构造·西方古典风格 非透光照明构造

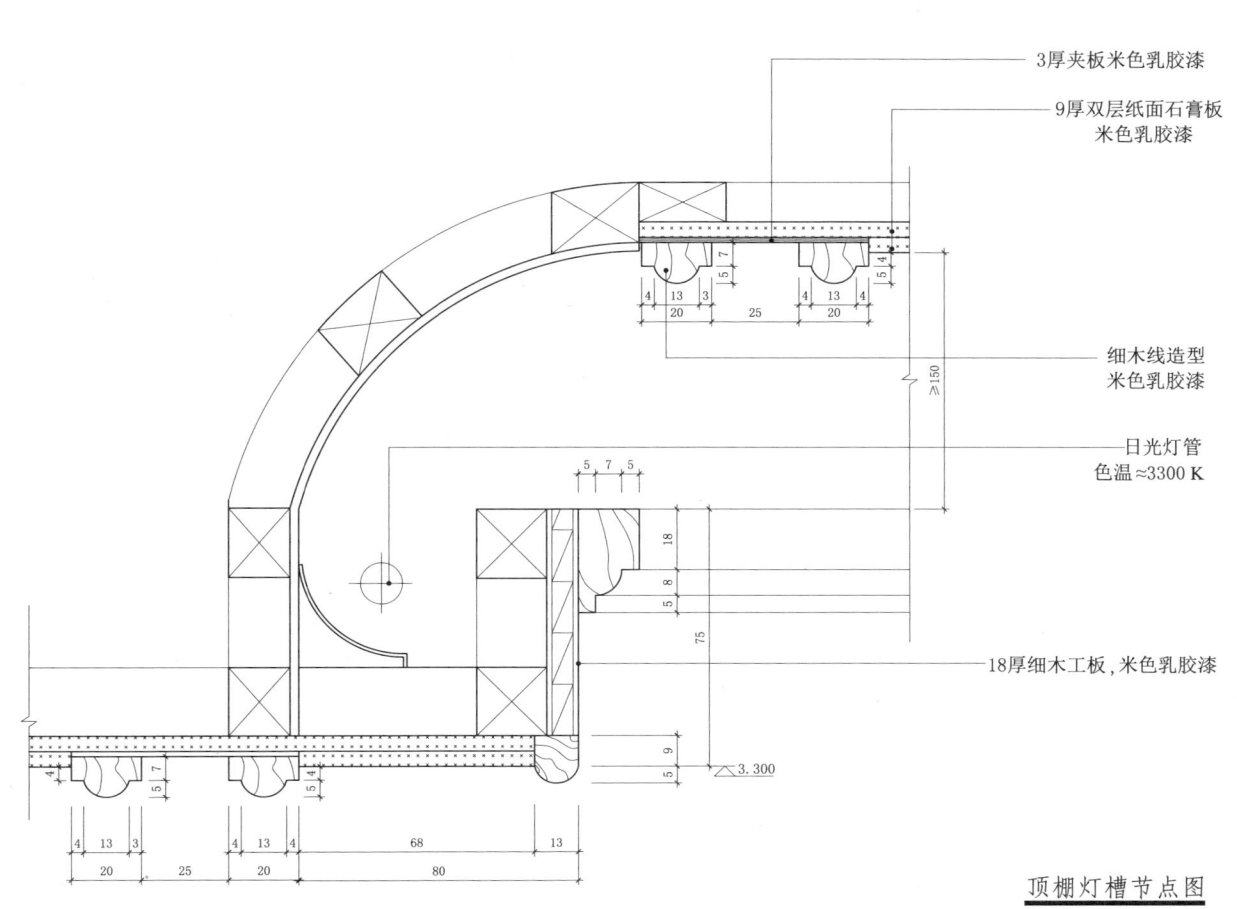

顶棚灯槽节点图

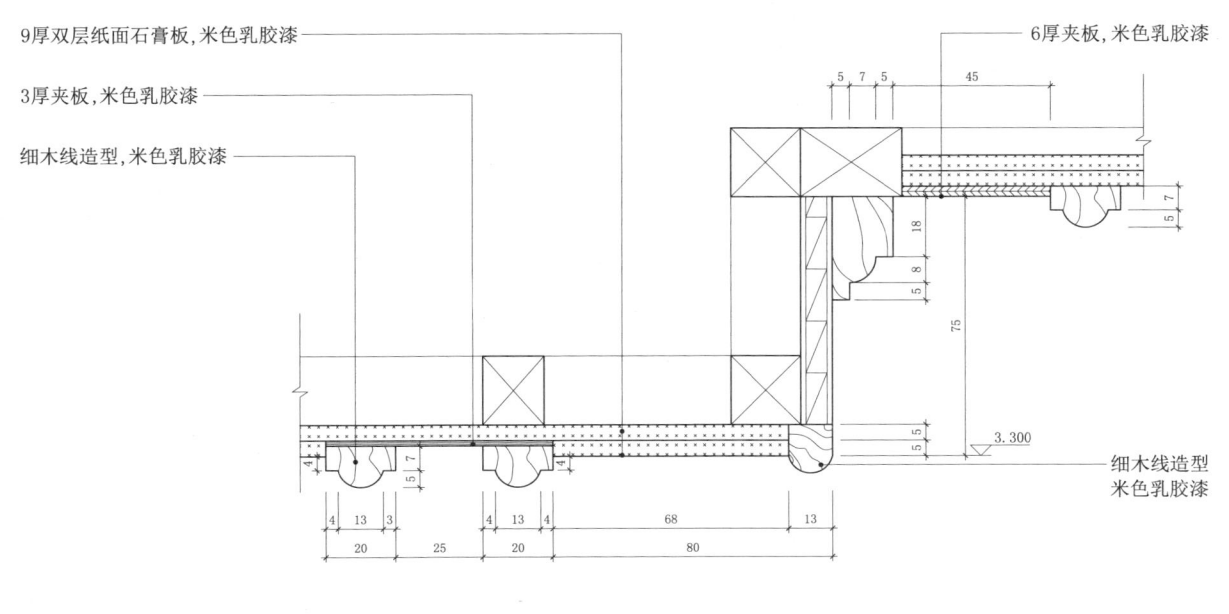

顶棚节点图

3.2 顶棚节点（二）

3.2.1

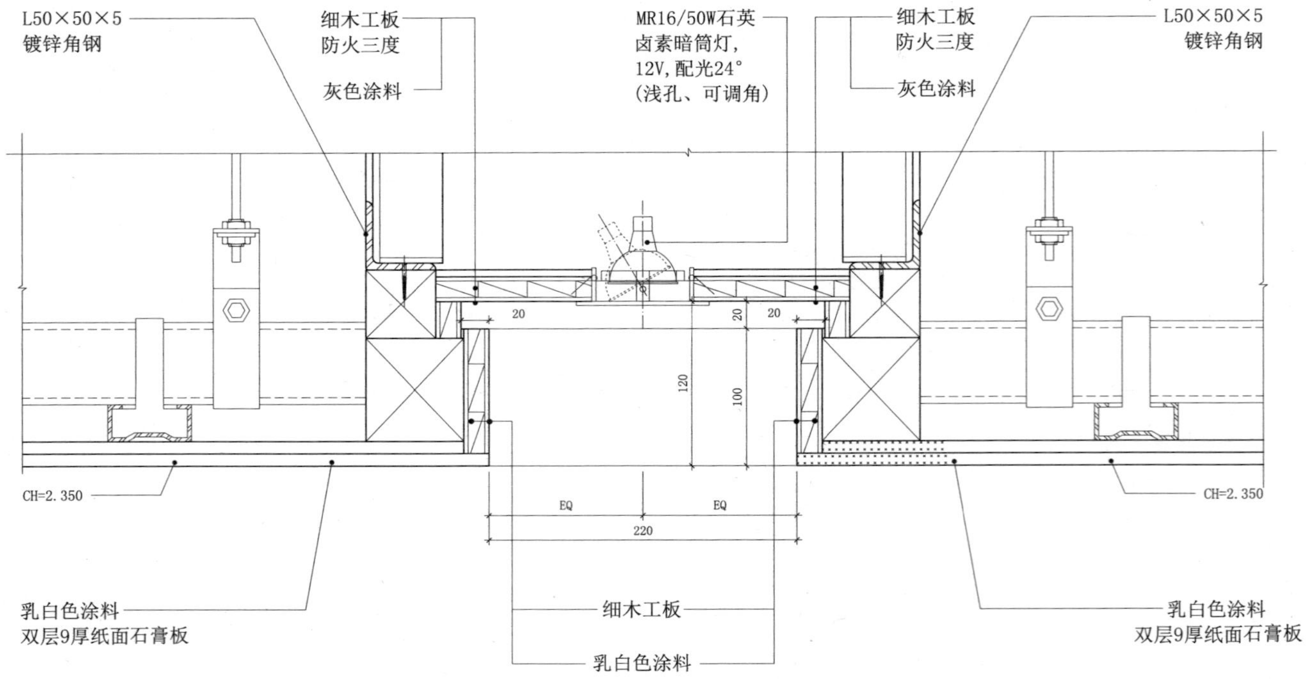

1 顶棚灯槽节点

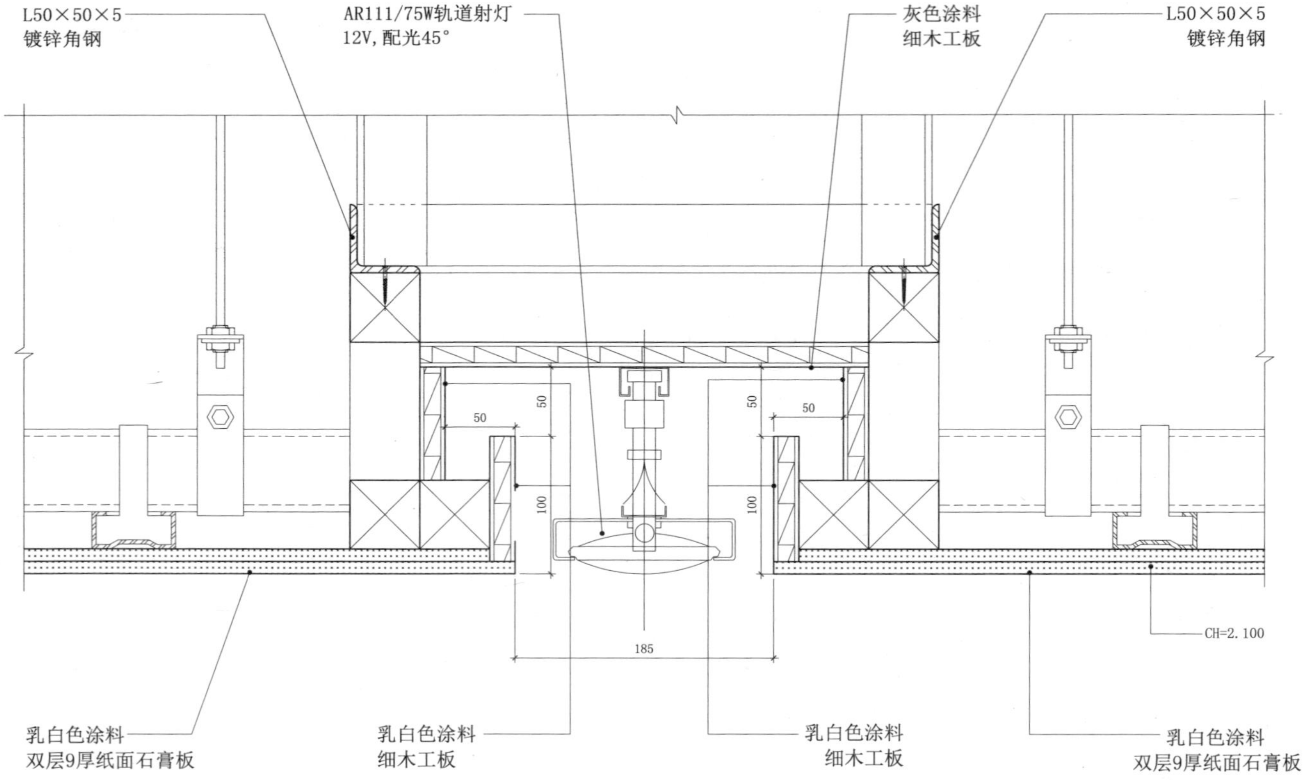

2 顶棚灯槽节点

3.2 顶棚节点（二）

3.2.2

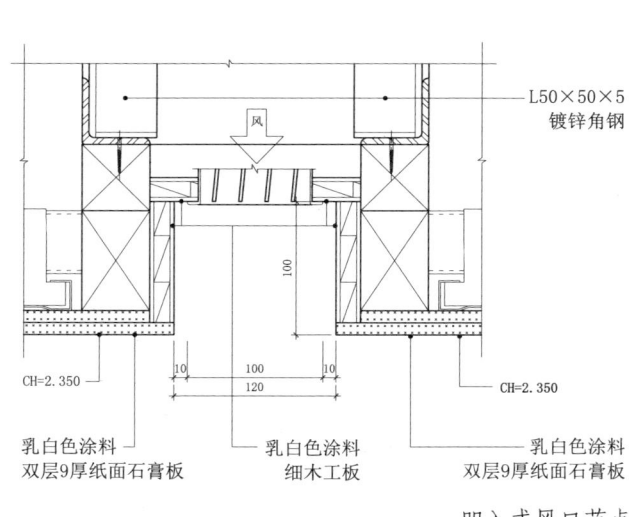
凹入式风口节点

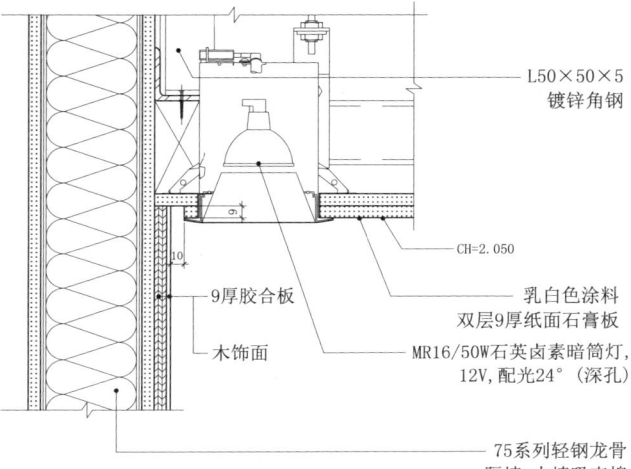
射墙灯（24°）节点

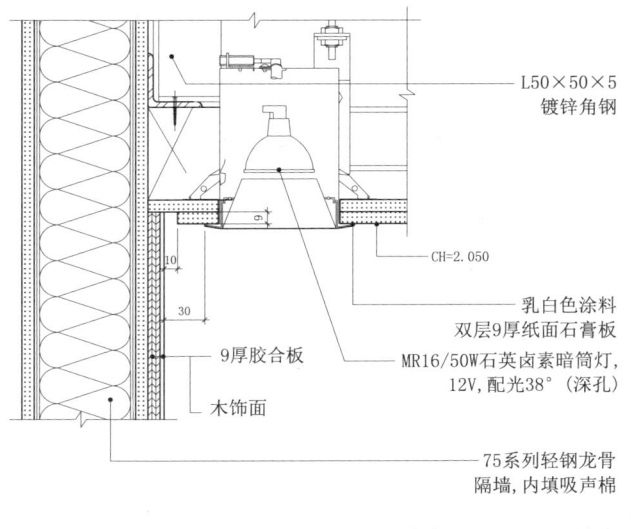
射墙灯（38°）节点

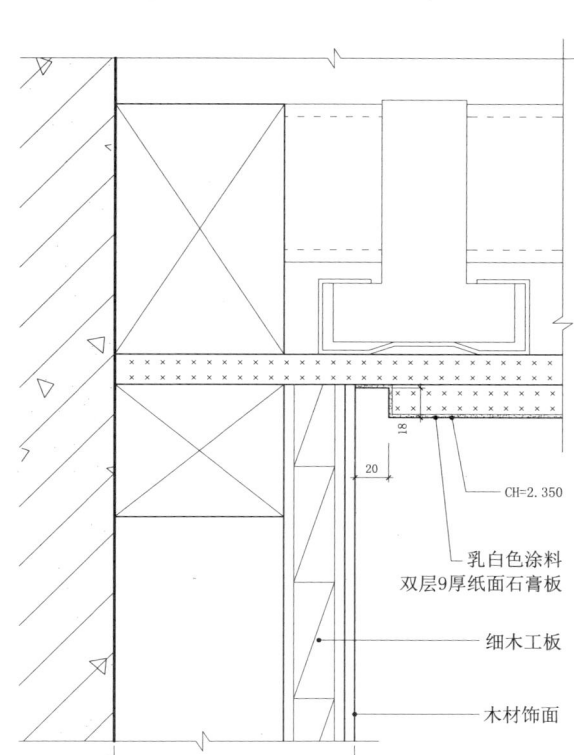
顶棚-墙体（木）凹缝节点

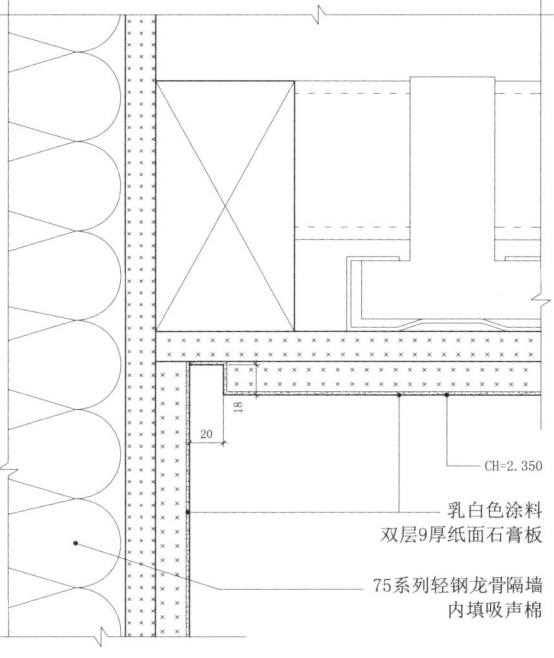
顶棚-墙体（涂料）凹缝节点

3 顶面构造 · 西方古典风格　非透光照明构造

3.3 顶棚节点(三)

3 顶面构造·西方古典风格 非透光照明构造

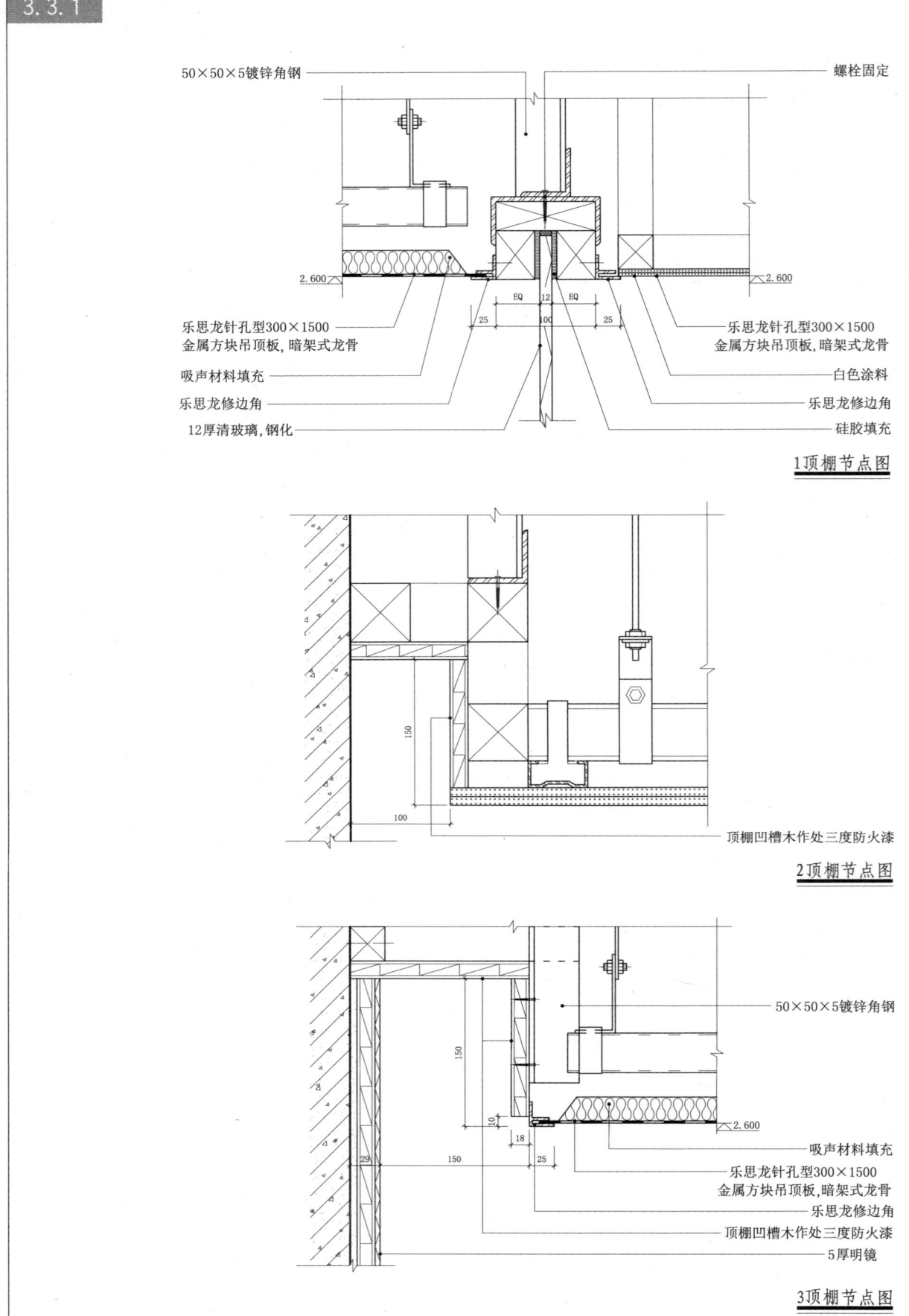

3.3.1

1 顶棚节点图

2 顶棚节点图

3 顶棚节点图

3.3 顶棚节点(三)

3.3.2

3 顶面构造·西方古典风格 非透光照明构造

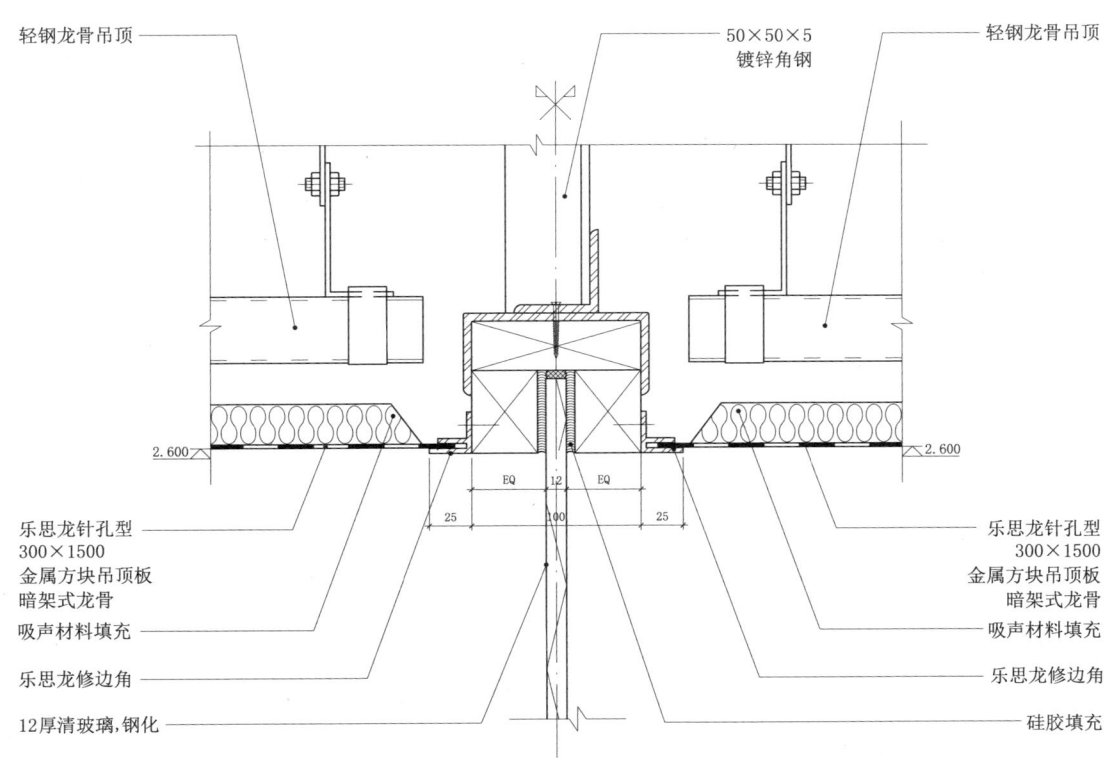

4 顶棚节点图

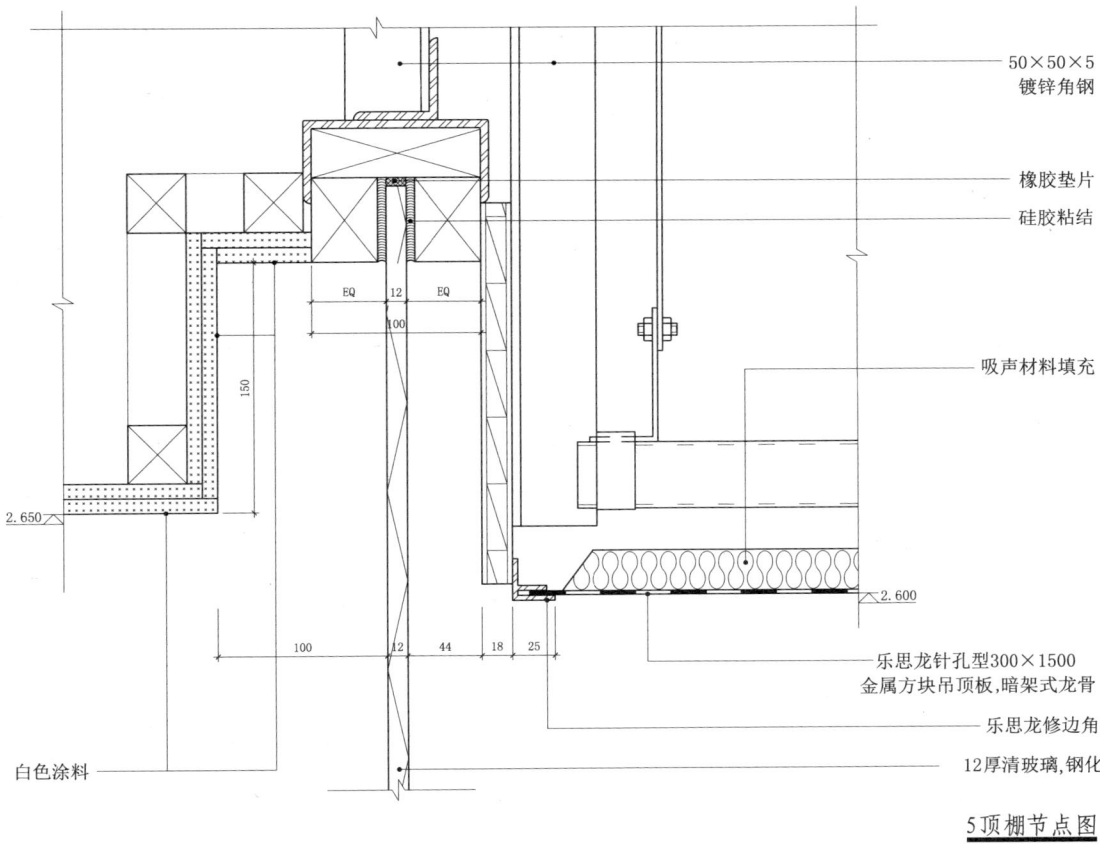

5 顶棚节点图

室内构造节点与专项模式图集 | 133

3.4 顶棚节点（四）

3 顶面构造 · 西方古典风格 非透光照明构造

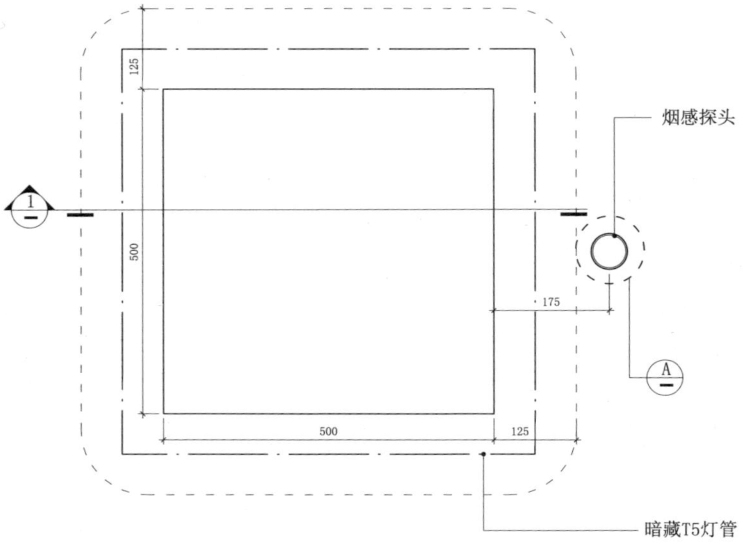

灯槽平面图

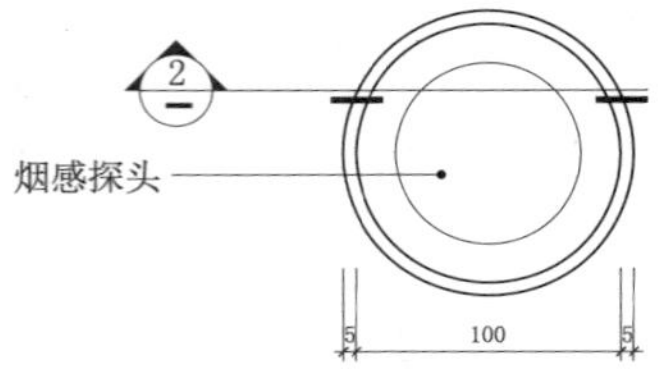

烟感探头A大样图

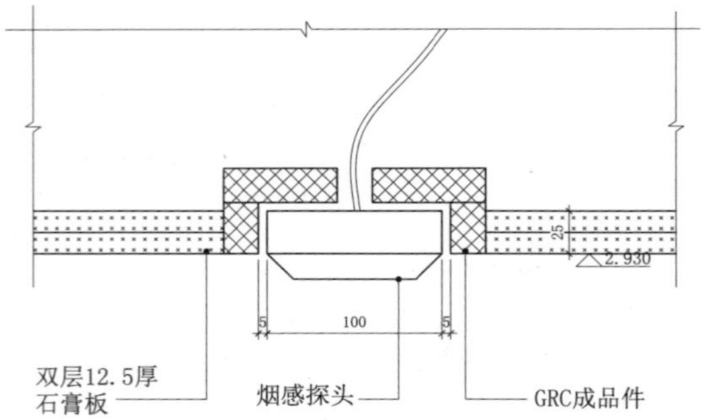

烟感探头2节点图

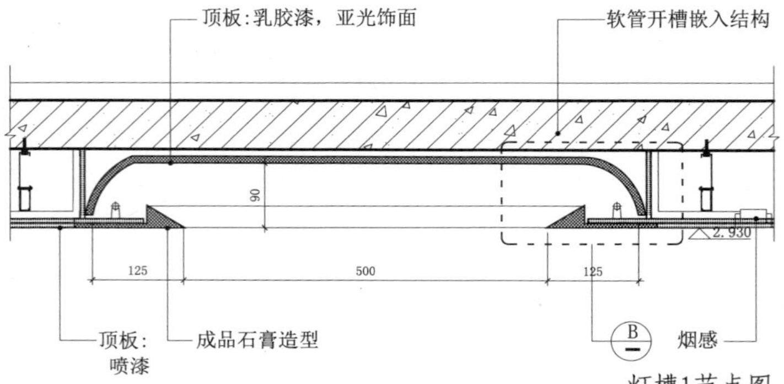

灯槽1节点图

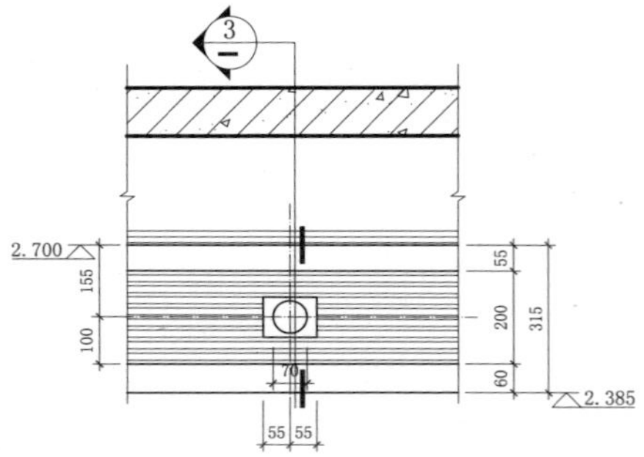

风口喷淋平面图

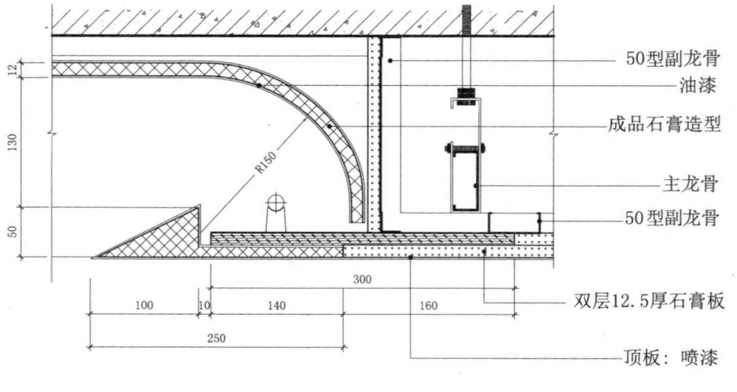

灯槽B大样图

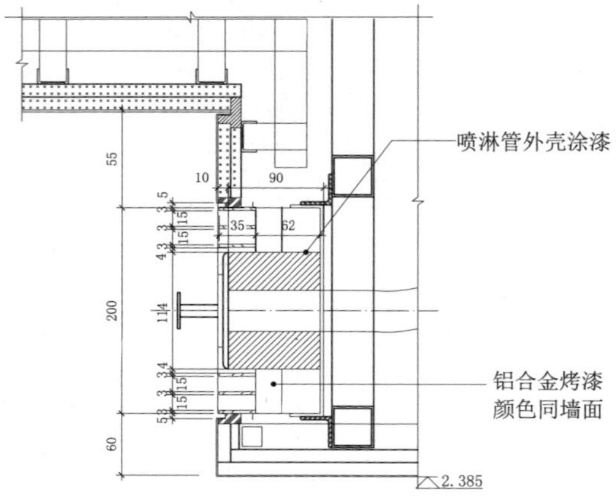

风口喷淋3节点图

3.5 古典顶面大样

3 顶面构造 · 西方古典风格

3.5.1

- 硬木线脚（蛋壳色乳胶漆）
- 双排日光灯
- 硬木线（蛋壳色乳胶漆）
- 硬木线脚（蛋壳色乳胶漆）
- 双层石膏板
- 硬木线脚
- 硬木线脚（蛋壳色乳胶漆）
- 风口
- 硬木线脚（蛋壳色乳胶漆）
- 50～75W，HO
- 石膏花饰
- 硬木线脚（蛋壳色乳胶漆）
- 手绘金顶

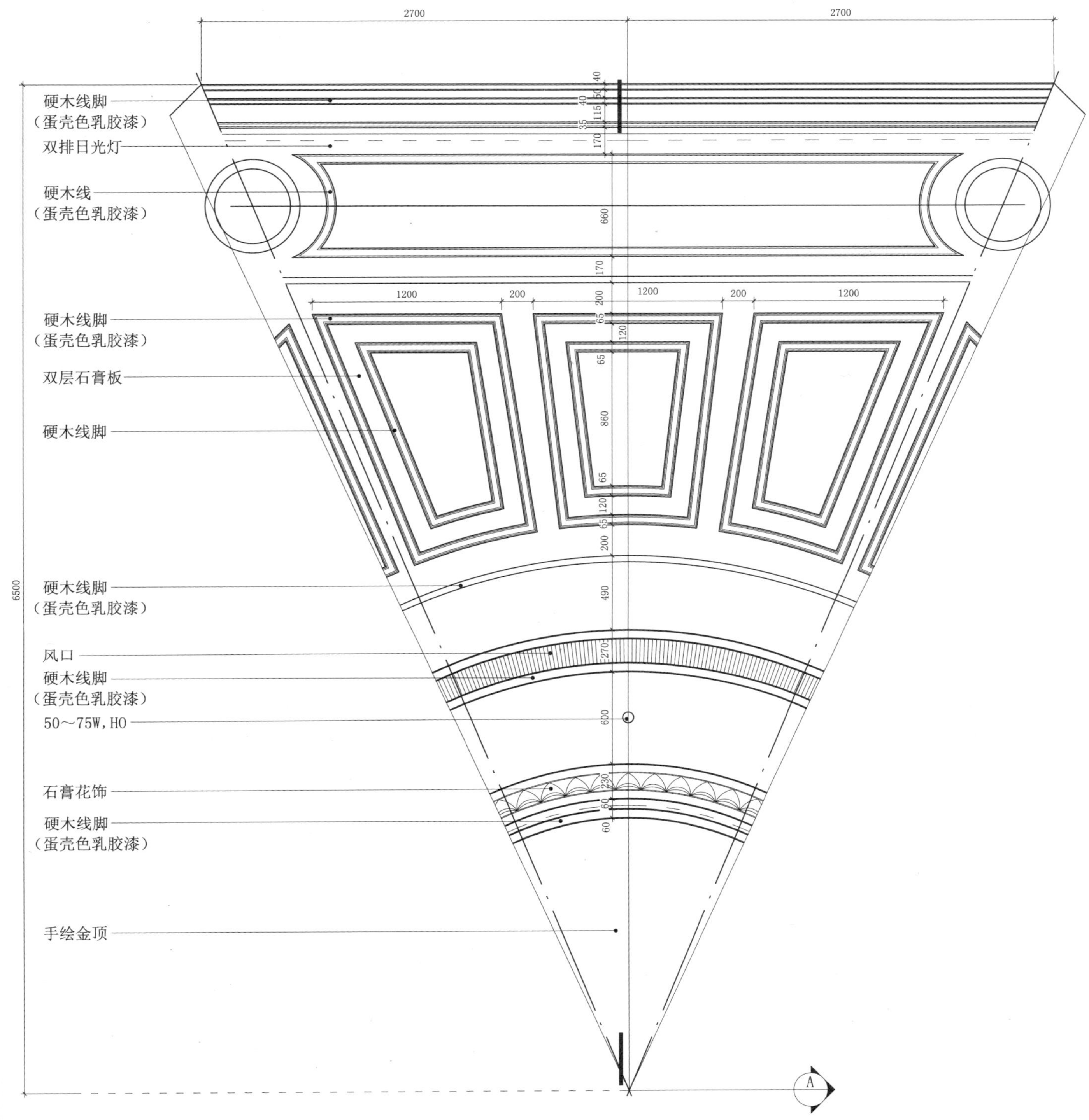

古典顶棚造型大样图

3.5 古典顶面大样

3.5.2

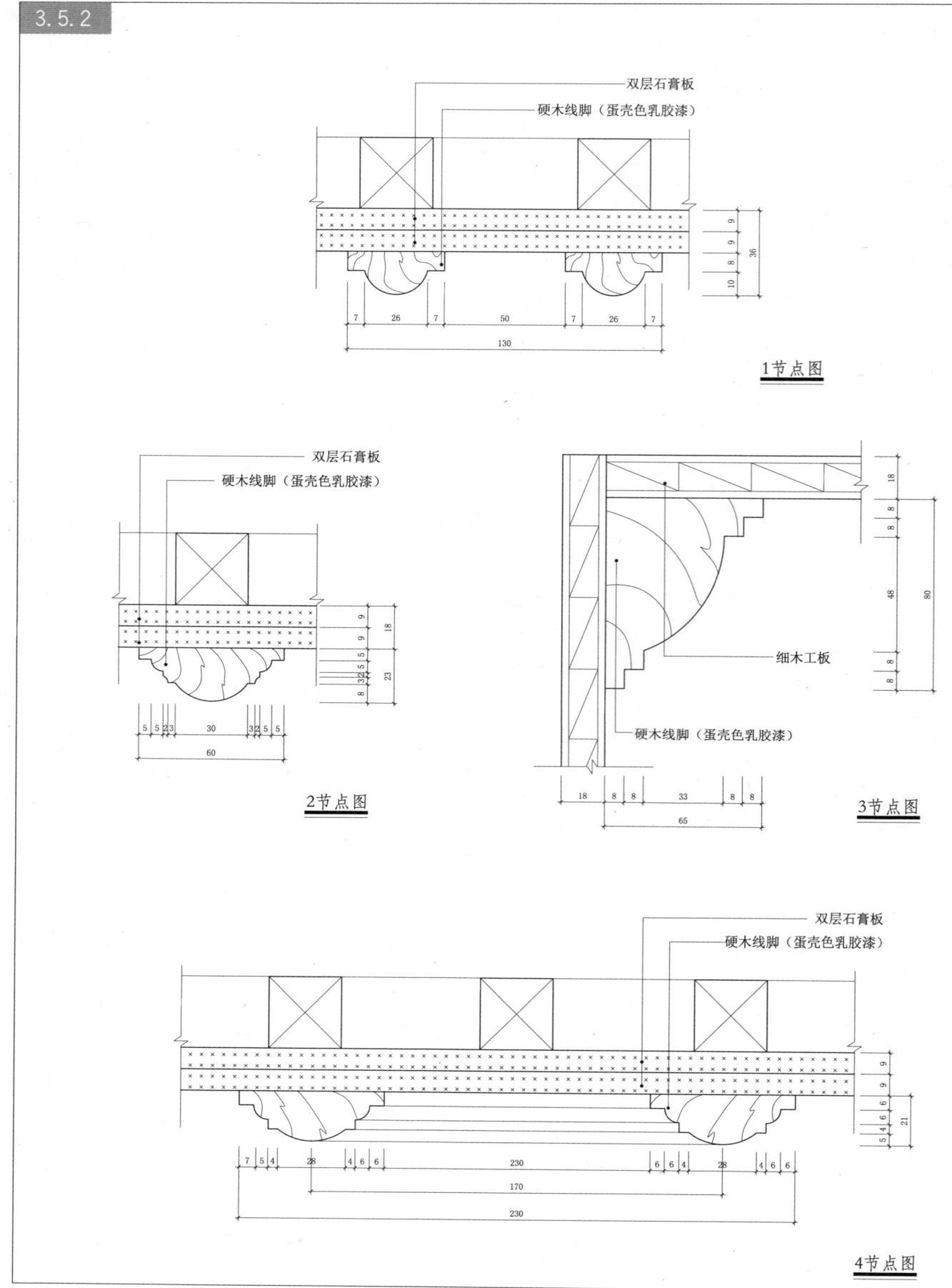

3.6 顶棚大样

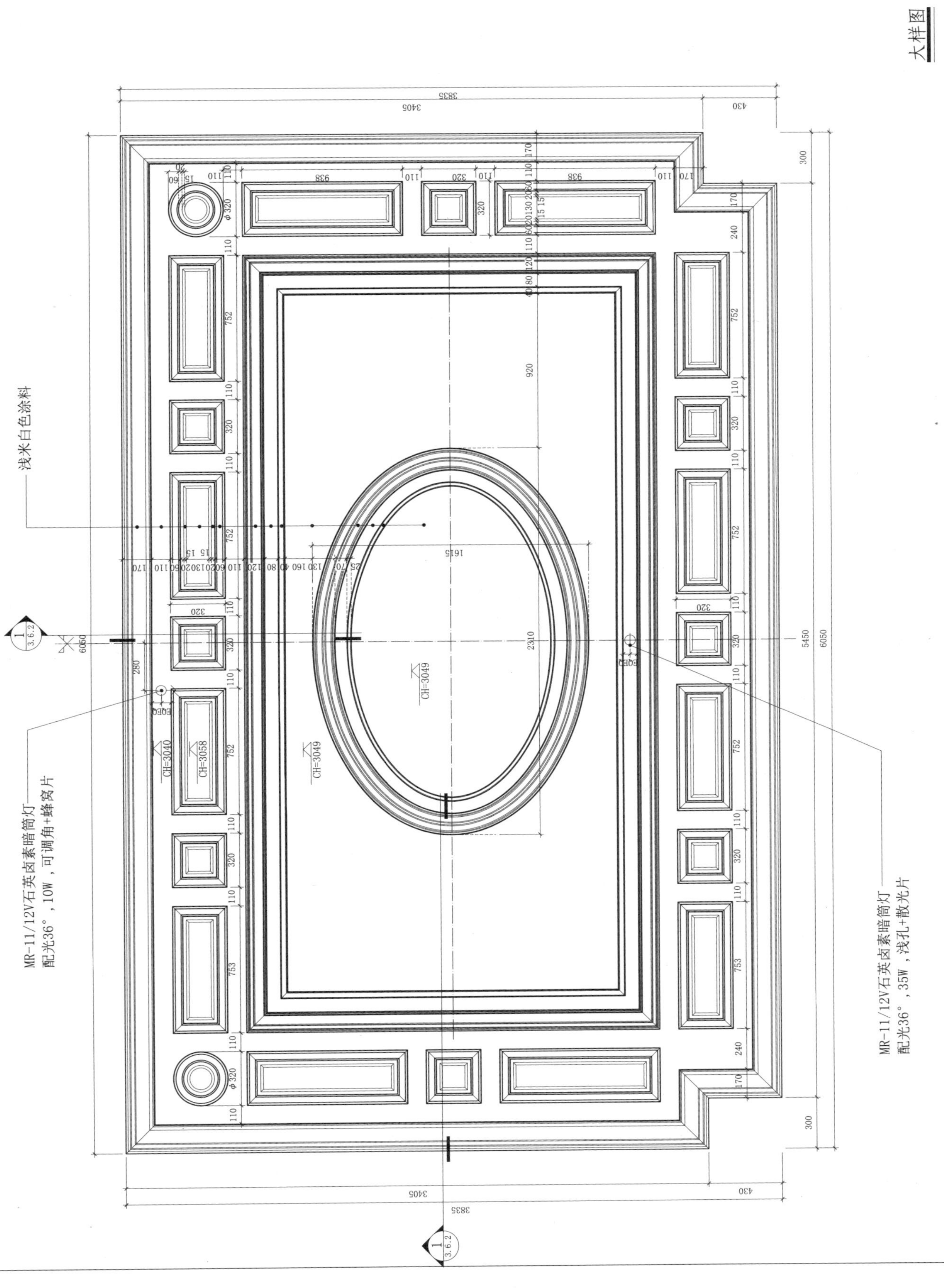

3 顶面构造·西方古典风格

3.6.1 大样图

浅米色涂料

MR-11/12V石英卤素暗筒灯
配光36°，10W，可调角+蜂窝片

MR-11/12V石英卤素暗筒灯
配光36°，35W，浅孔+散光片

室内构造节点与专项模式图集 | 137

3 顶面构造·西方古典风格

3.6 顶棚大样

3.6.2

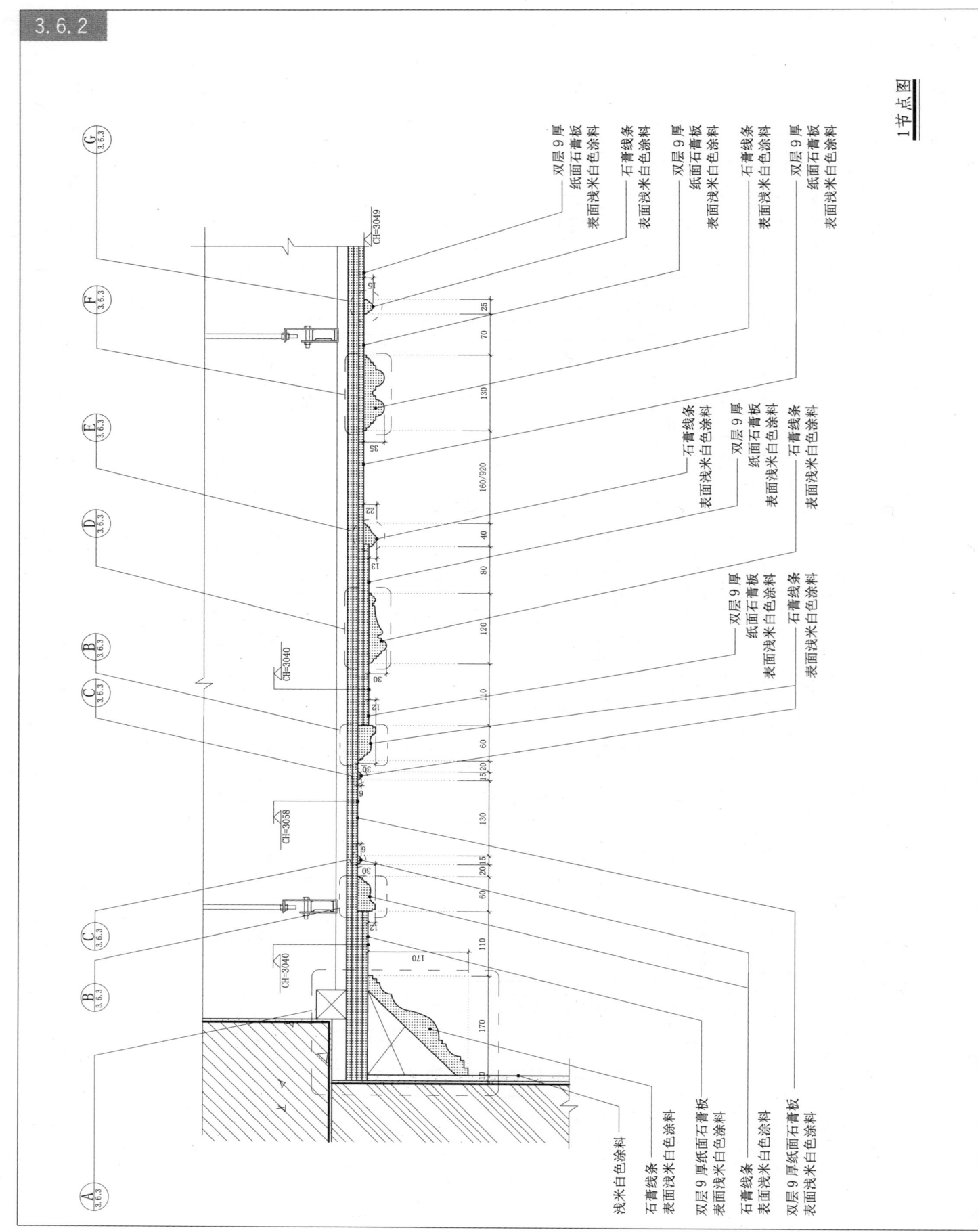

1 节点图

3.6 顶棚大样

3.6.3 顶面构造·西方古典风格

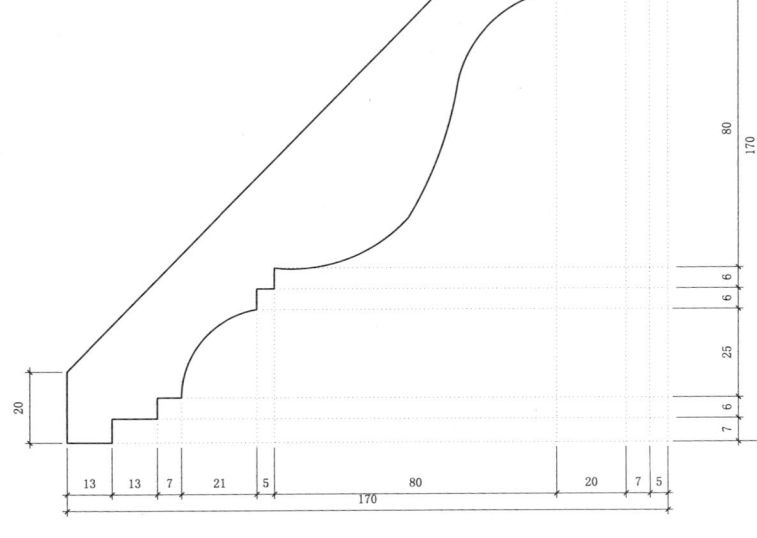

A大样图

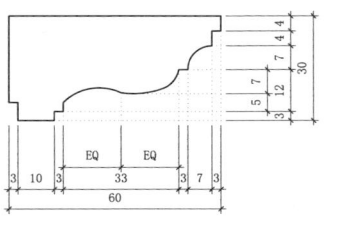

B大样图

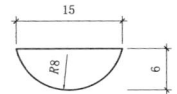

C大样图

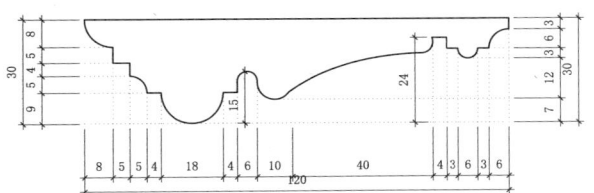

D大样图

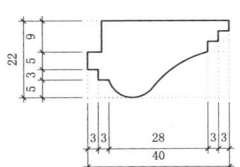

E大样图

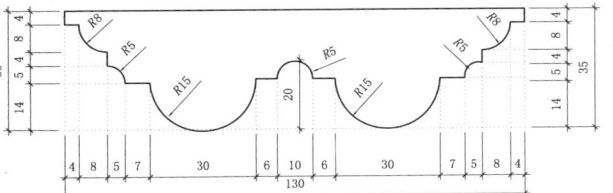

F大样图

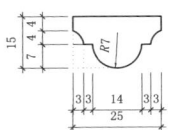

G大样图

3.7 穹顶

3 顶面构造 · 非透光照明构造 西方古典风格

3.7.1

穹顶剖面放样图

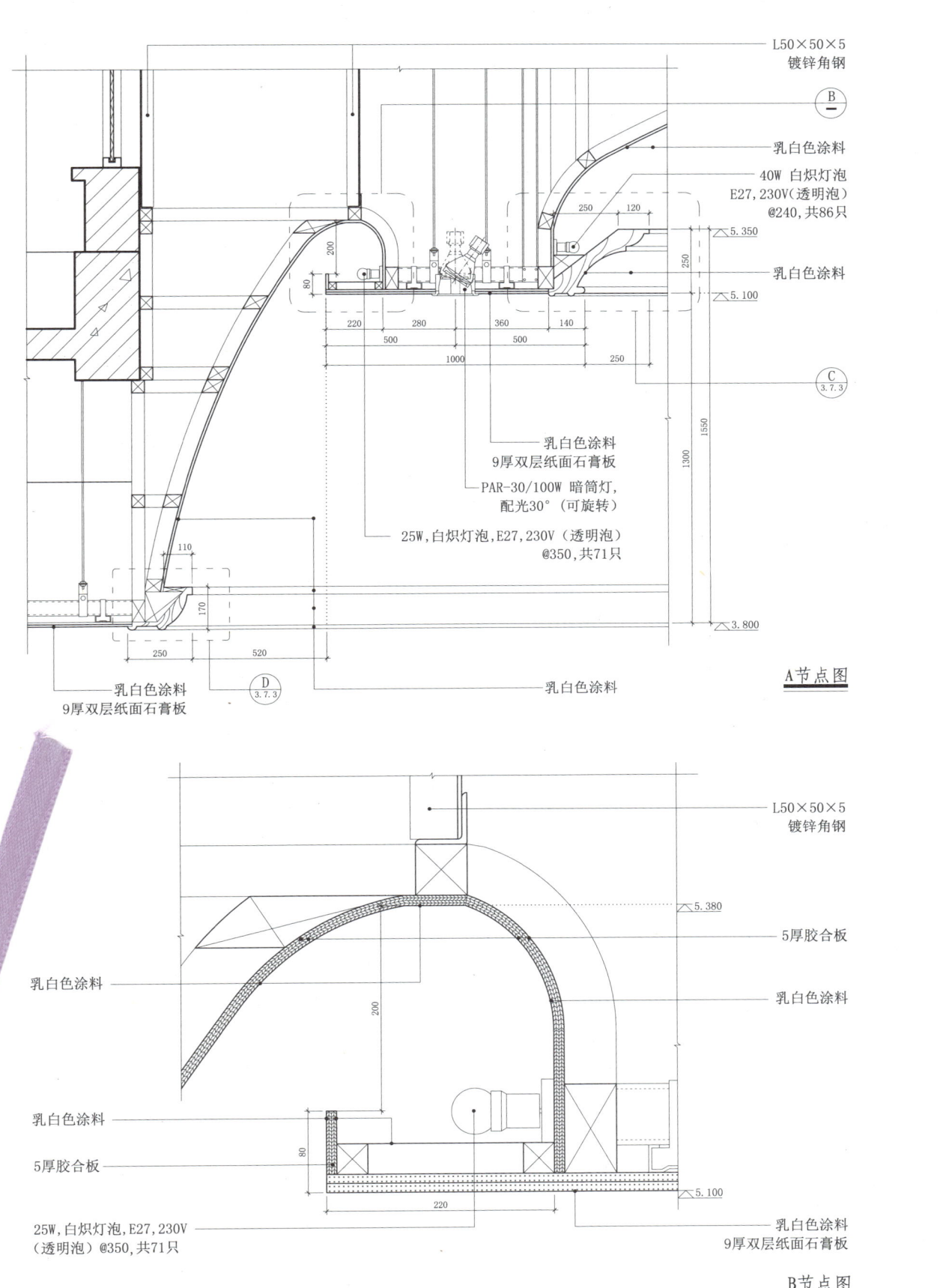

3.7 穹顶

3.7.3

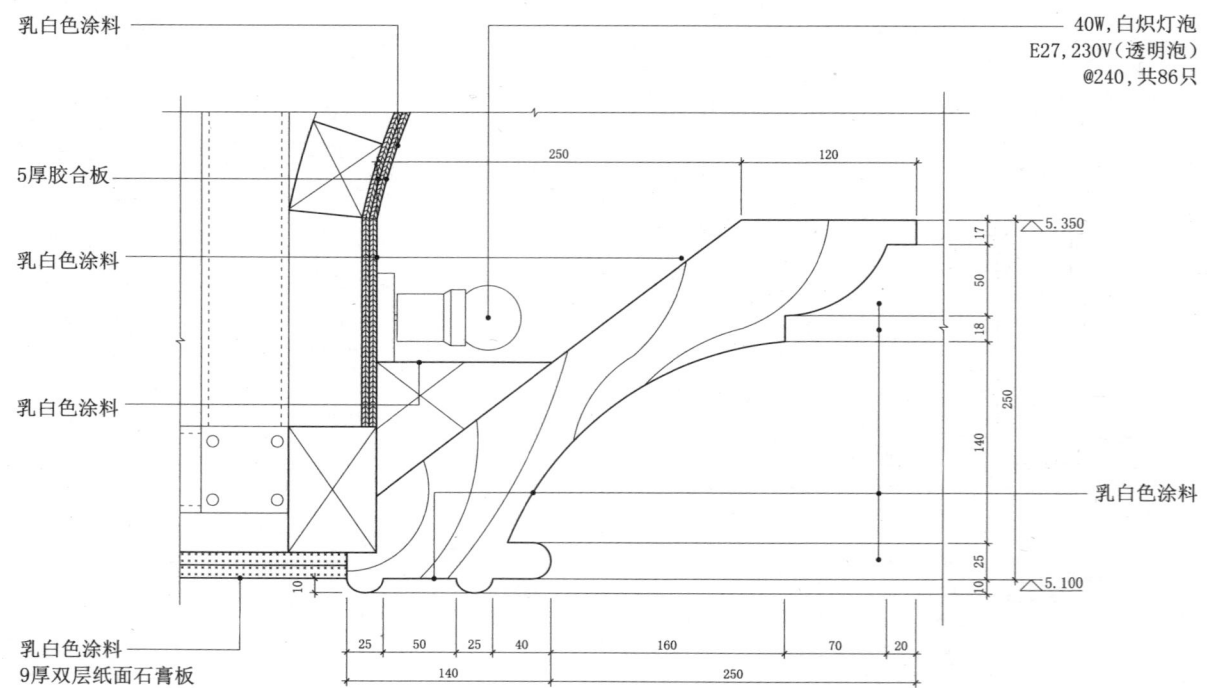

C节点图

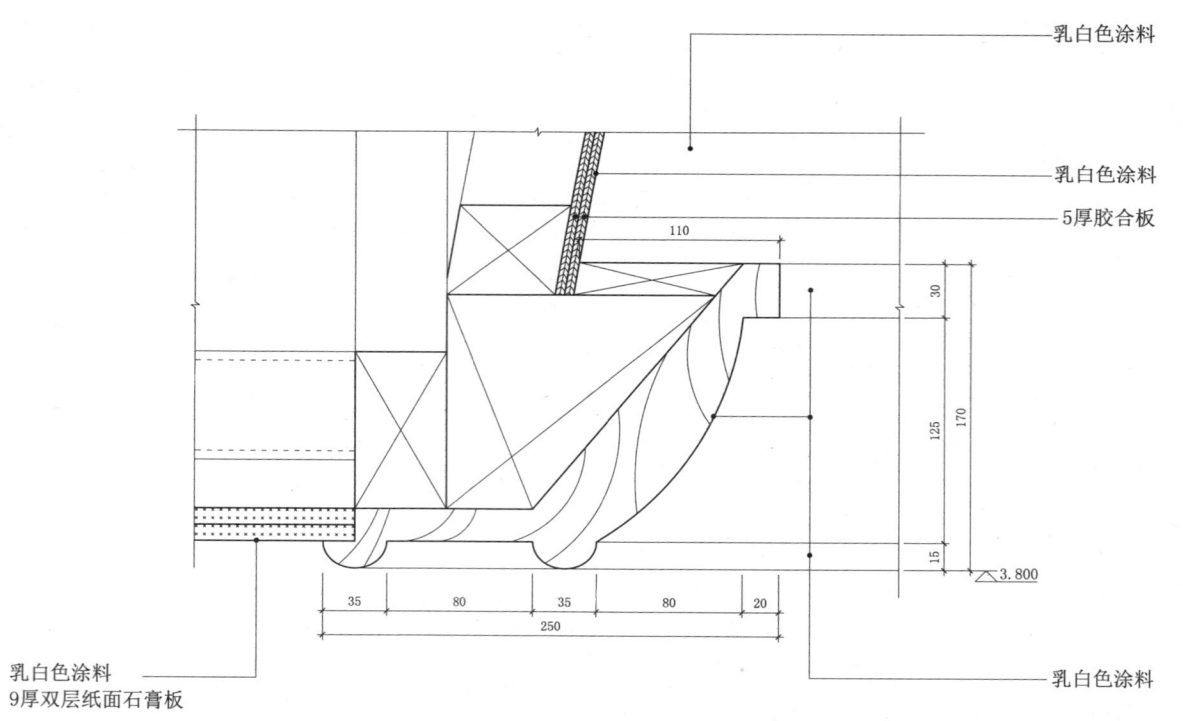

D节点图

3.8 建筑沉降缝干挂石材节点

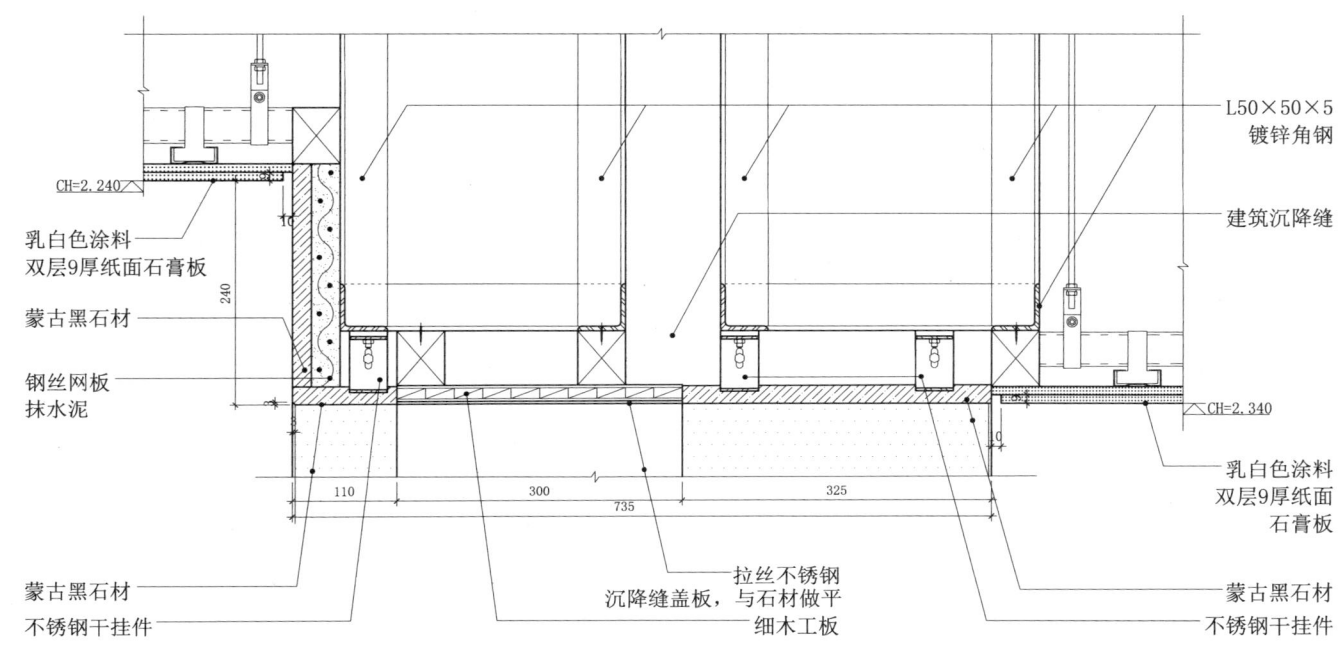

建筑沉降缝干挂石材节点

3.9 顶棚伸缩缝节点

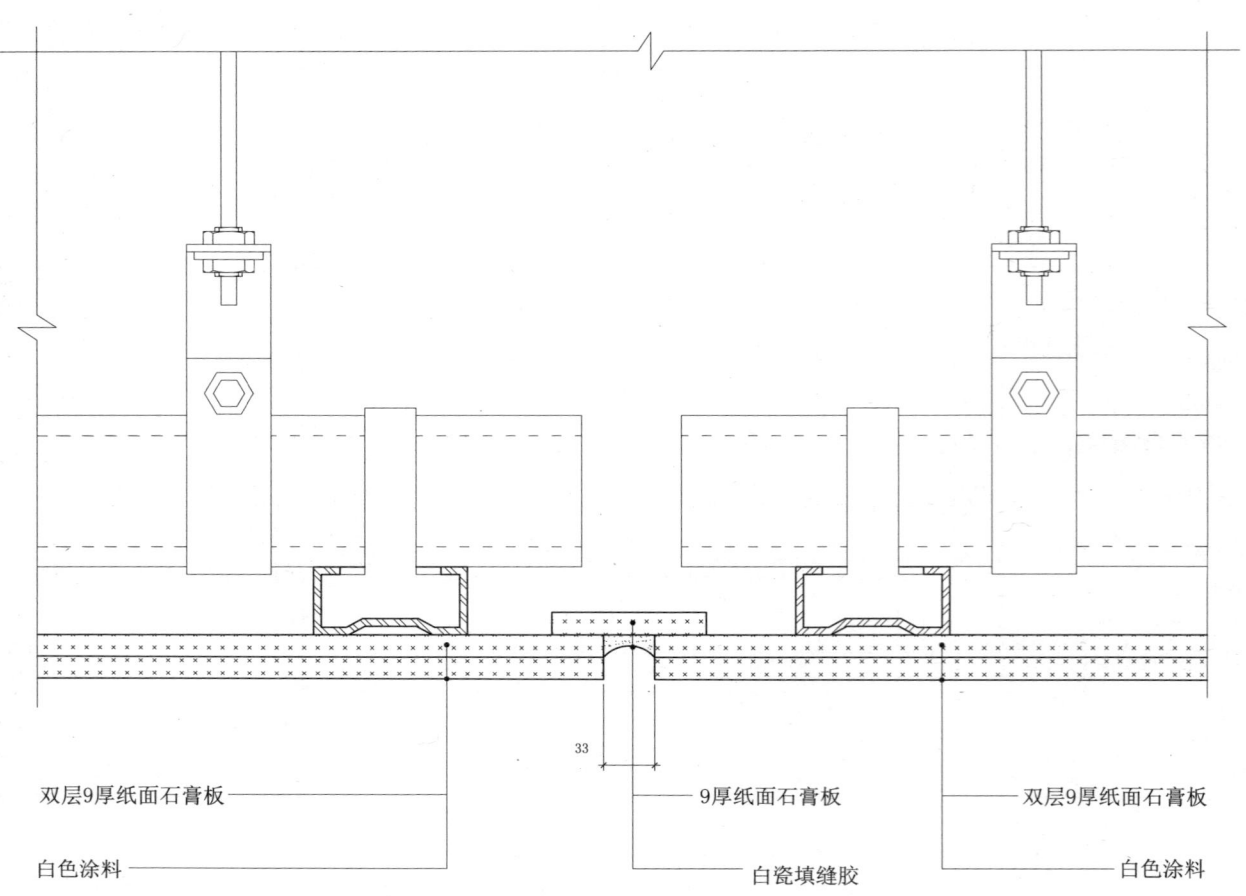

注：顶面石膏板吊顶水平跨度超过15m，应设置伸缩缝，如上图所示

石膏板吊顶伸缩缝节点图

3.10 铝合金吊顶节点

3.10.1

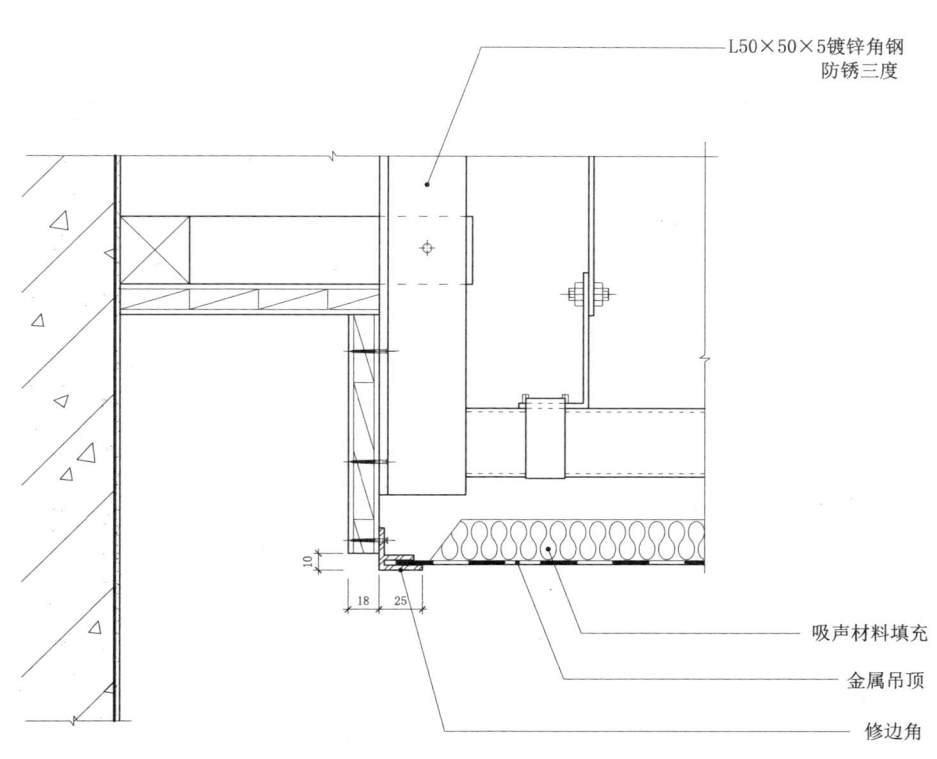

吊顶与墙面收口节点

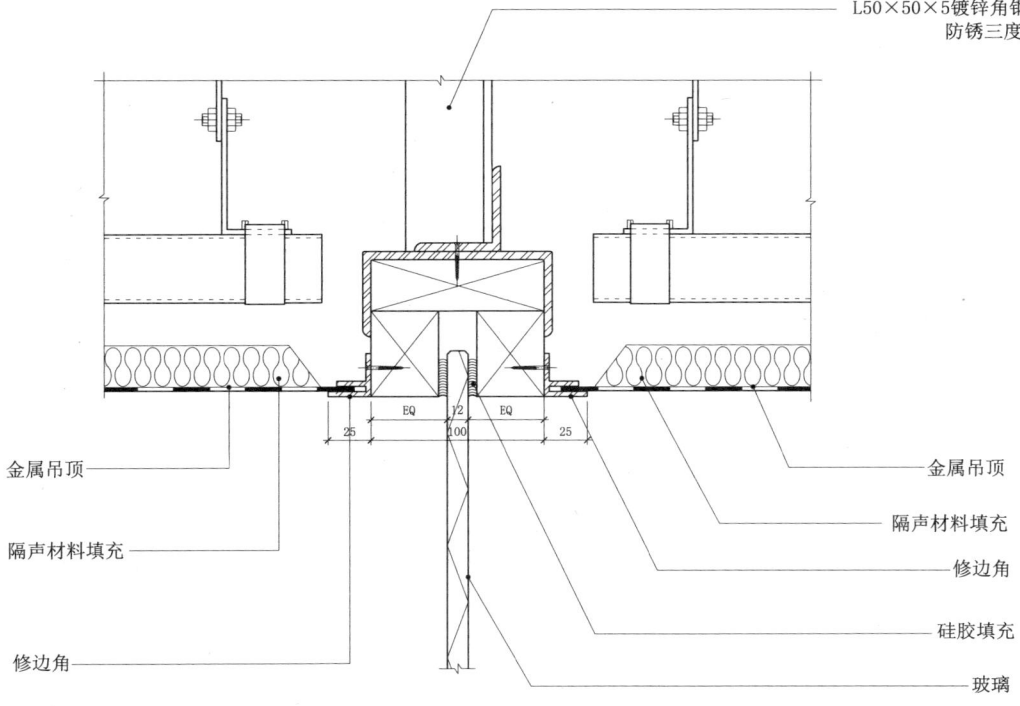

金属吊顶板夹玻璃节点

3.10 铝合金吊顶节点

3.10.2

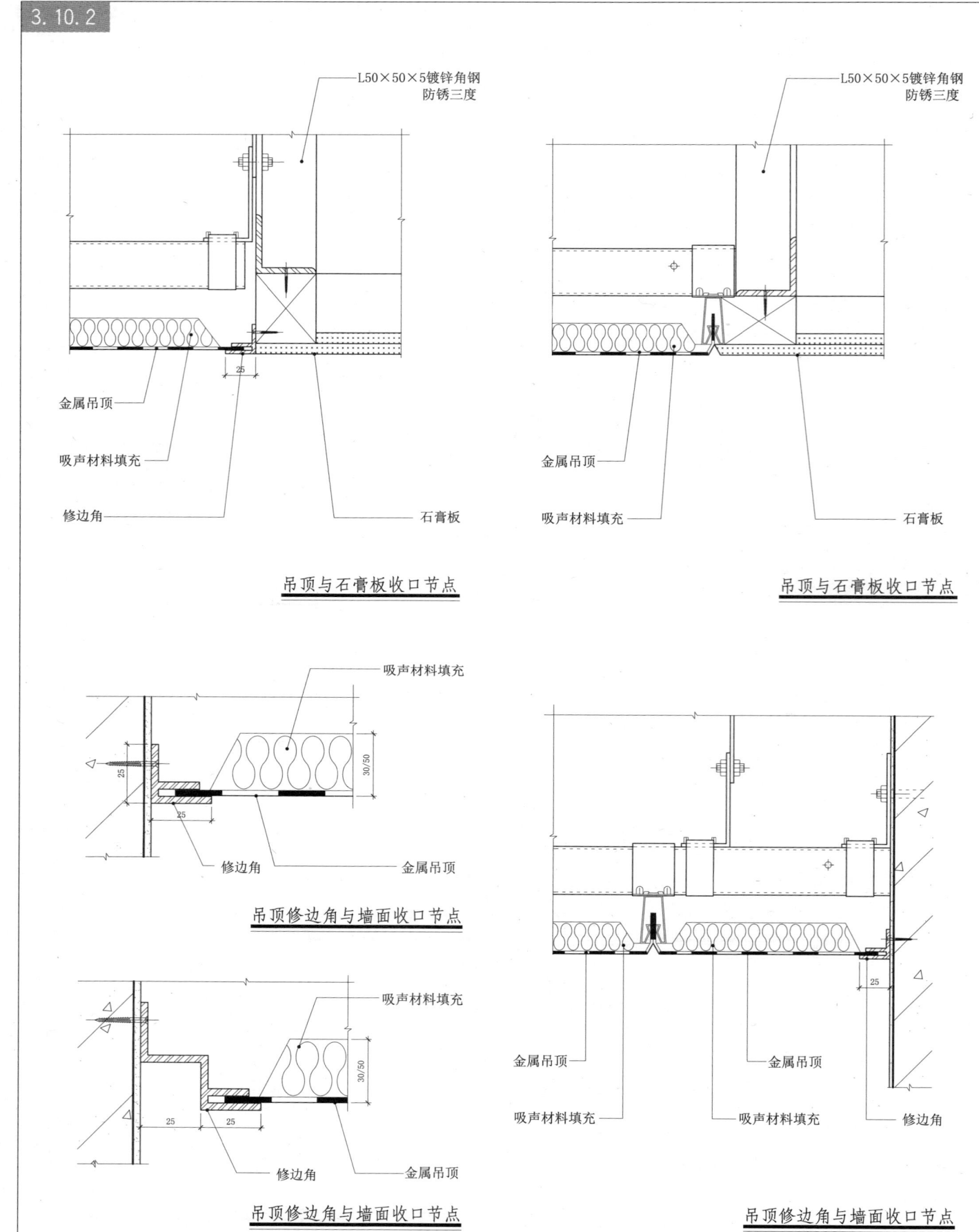

吊顶与石膏板收口节点

吊顶与石膏板收口节点

吊顶修边角与墙面收口节点

吊顶修边角与墙面收口节点

吊顶修边角与墙面收口节点

3.10 铝合金吊顶节点

3.10.3

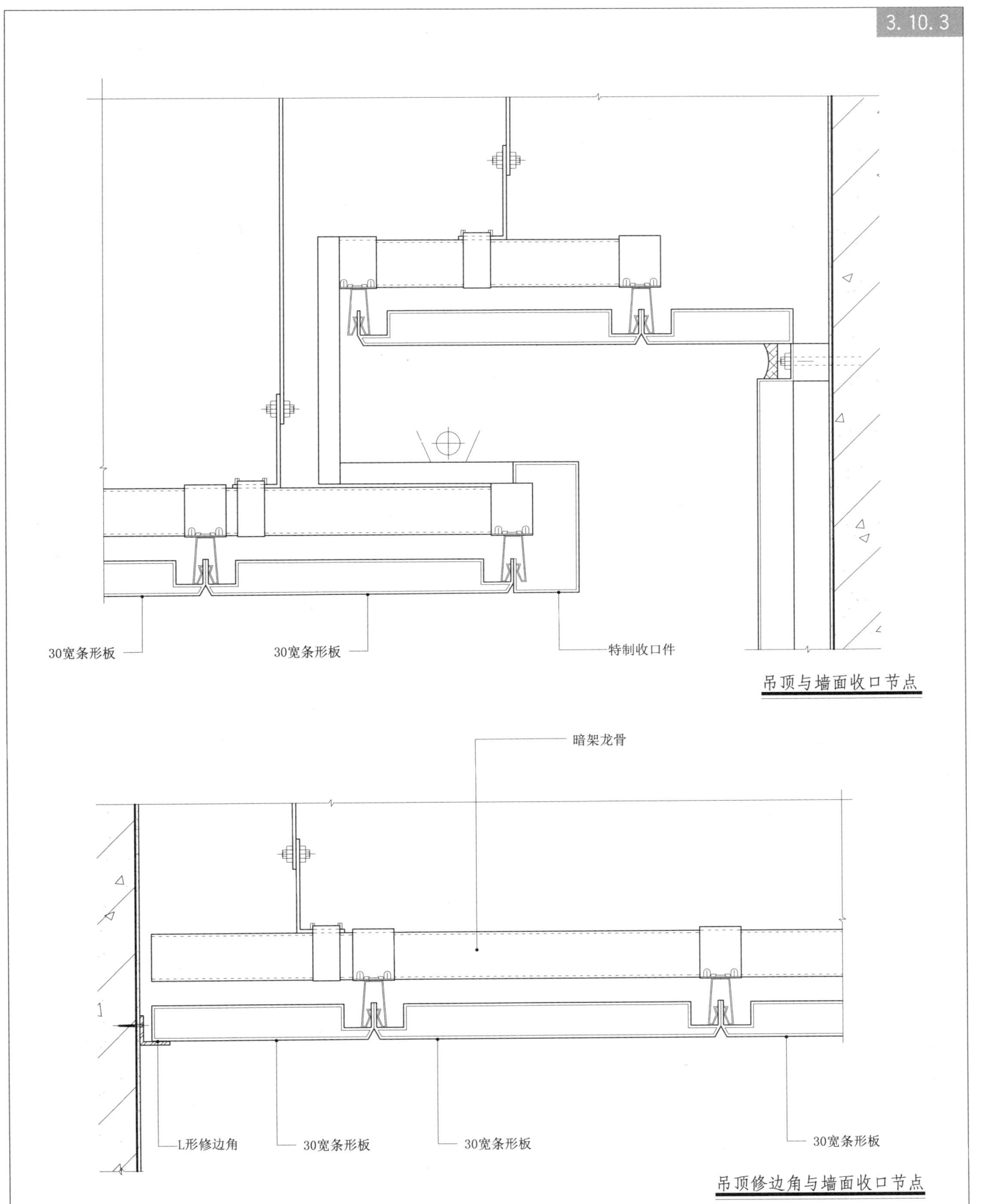

吊顶与墙面收口节点

吊顶修边角与墙面收口节点

3 顶面构造 · 非透光照明构造

3.11 顶棚照明节点

3.11.1

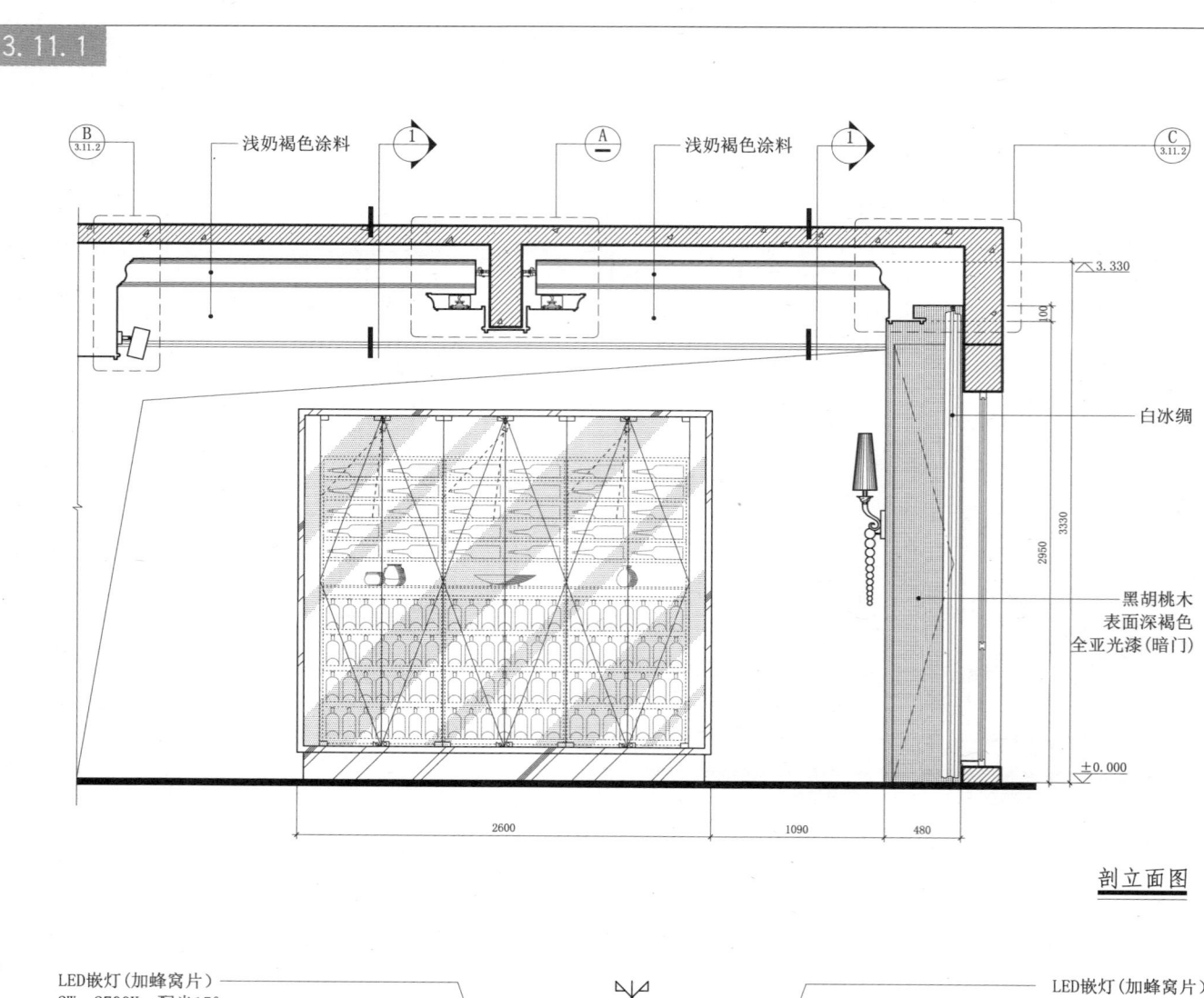

剖立面图

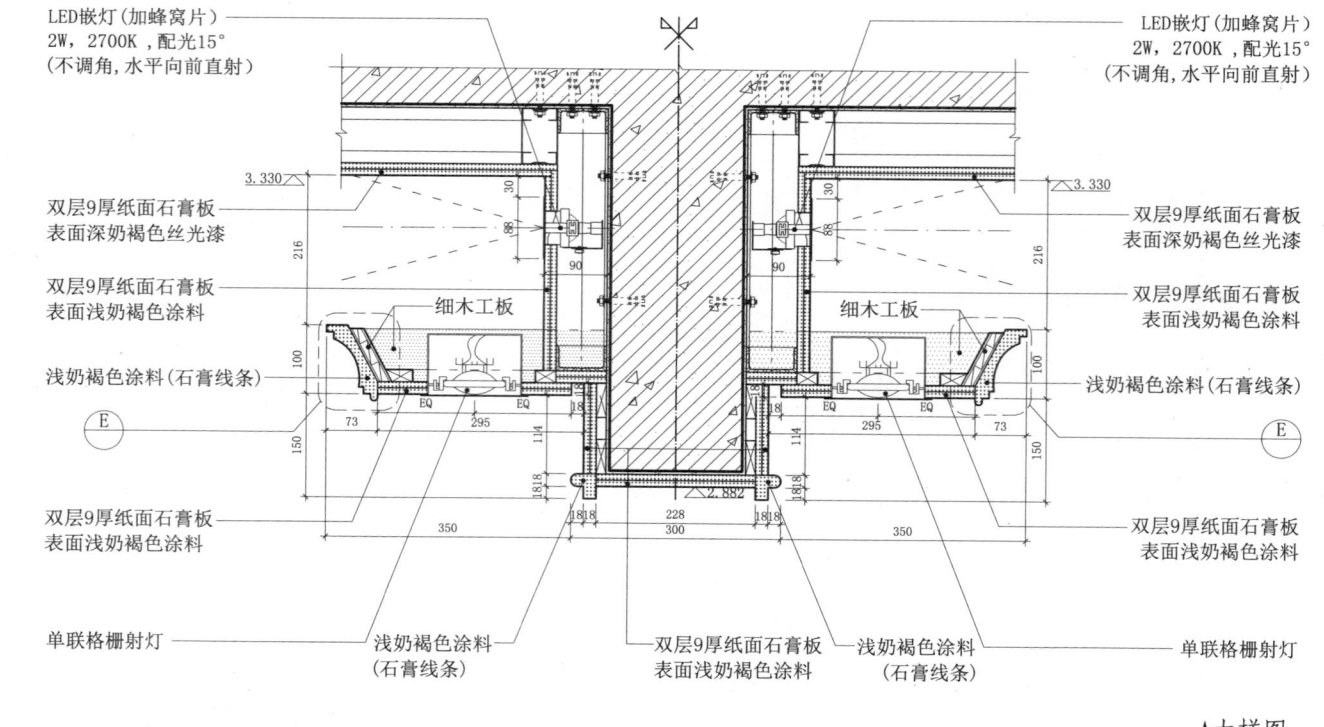

A大样图

3.11 顶棚照明节点

3.11.2

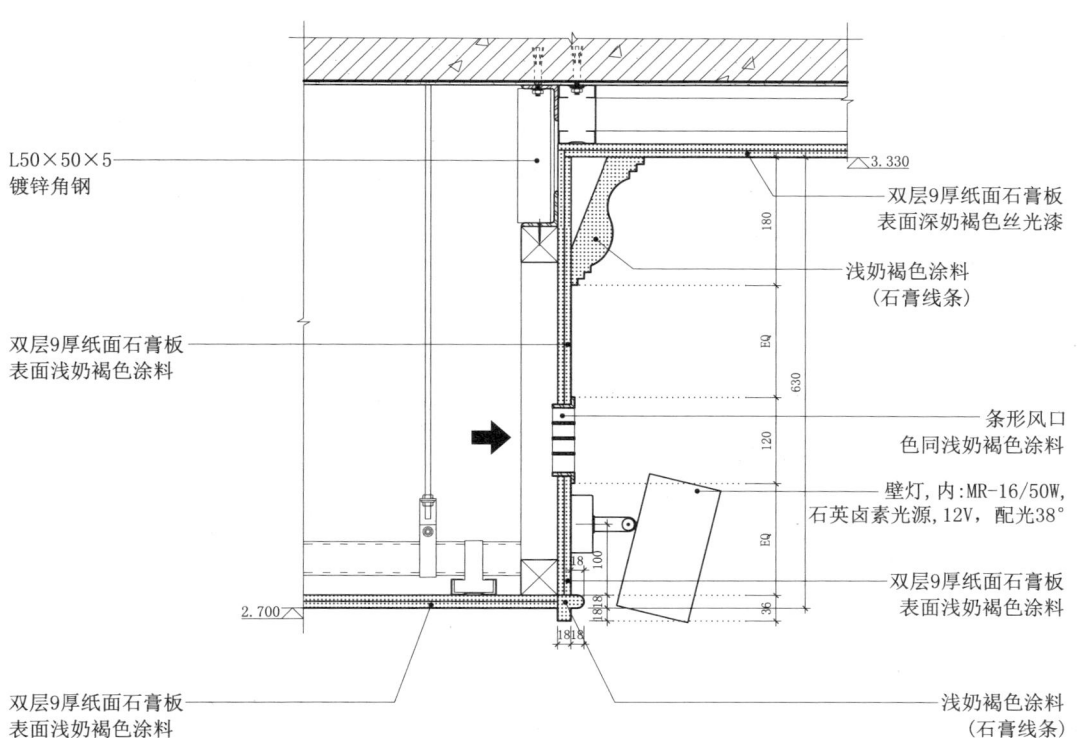

B大样图

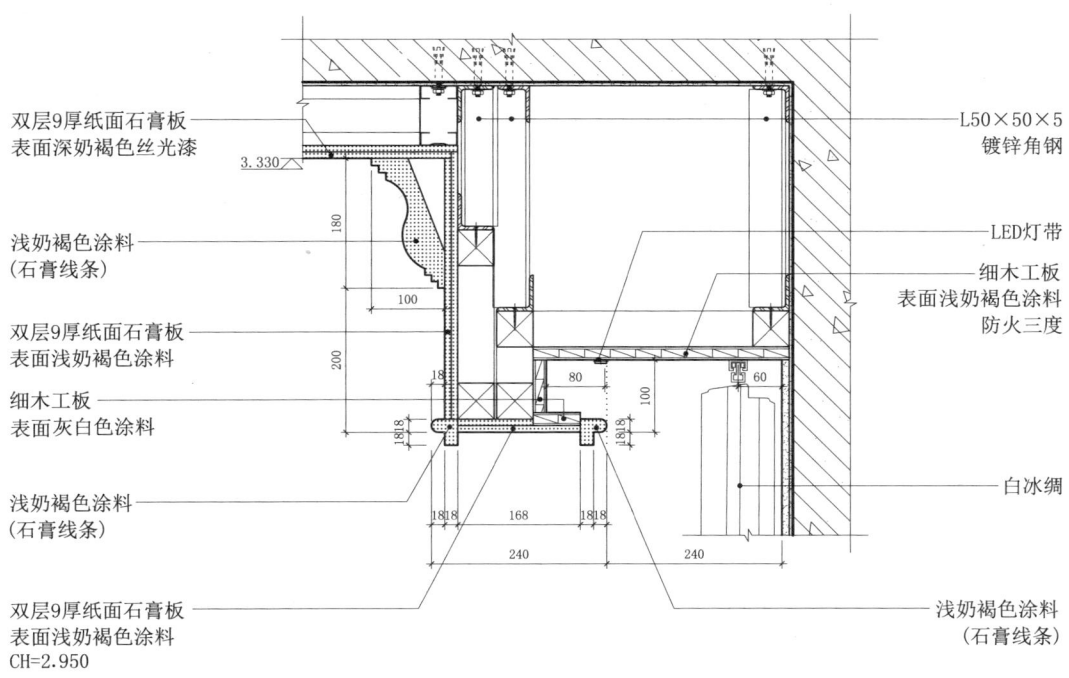

C大样图

3 顶面构造 · 非透光照明构造

3.12 渐变灯槽节点

3.12.1

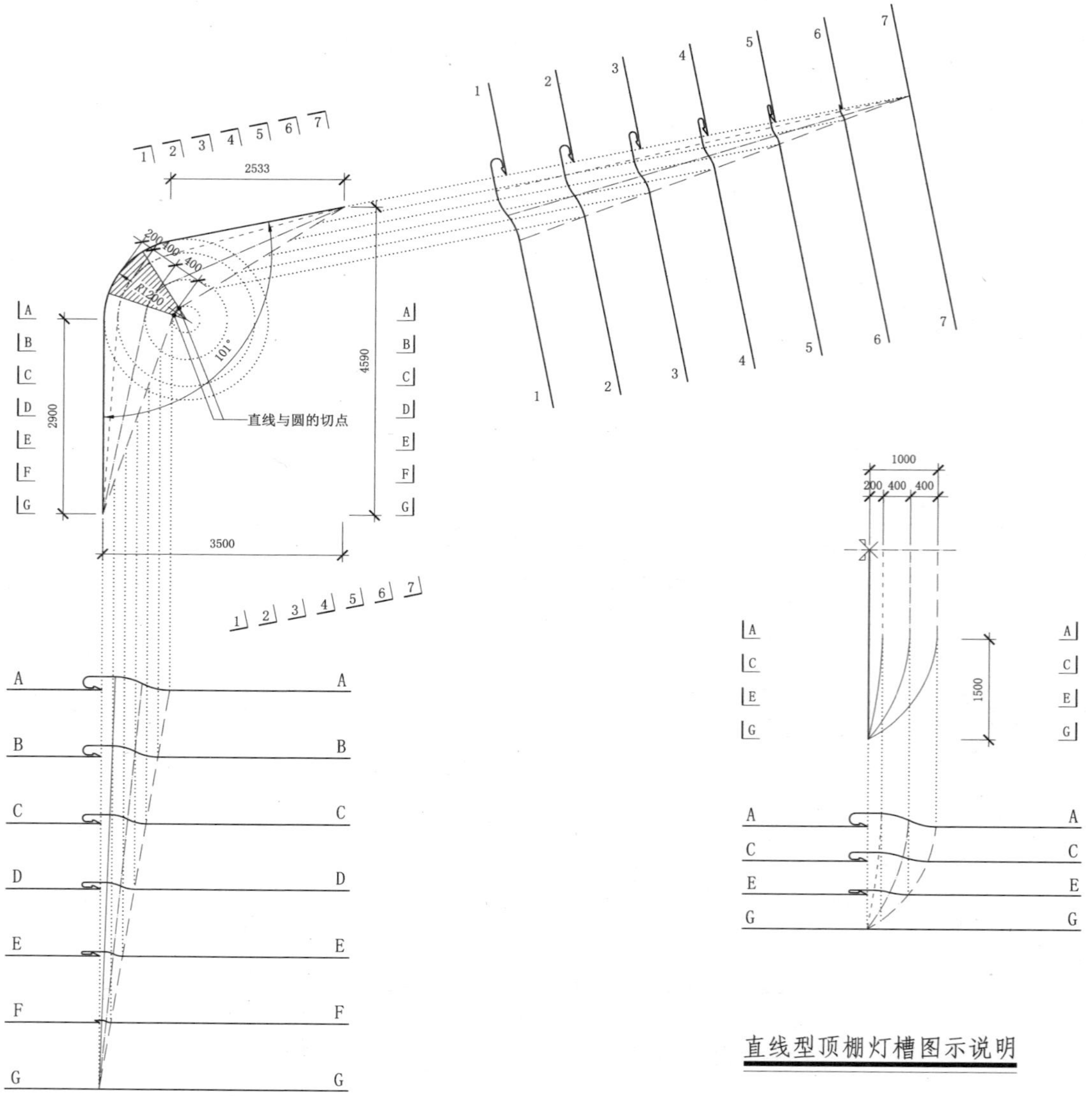

直线型顶棚灯槽图示说明

L型顶棚灯槽图示说明

扇形填充区域是标准节点区域对应A剖节点

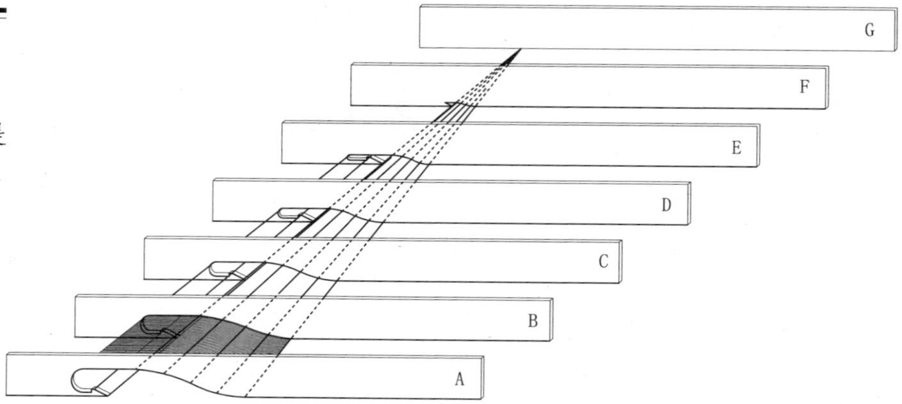

顶棚灯槽结构轴测示意图

3.12 渐变灯槽节点

3.12.2

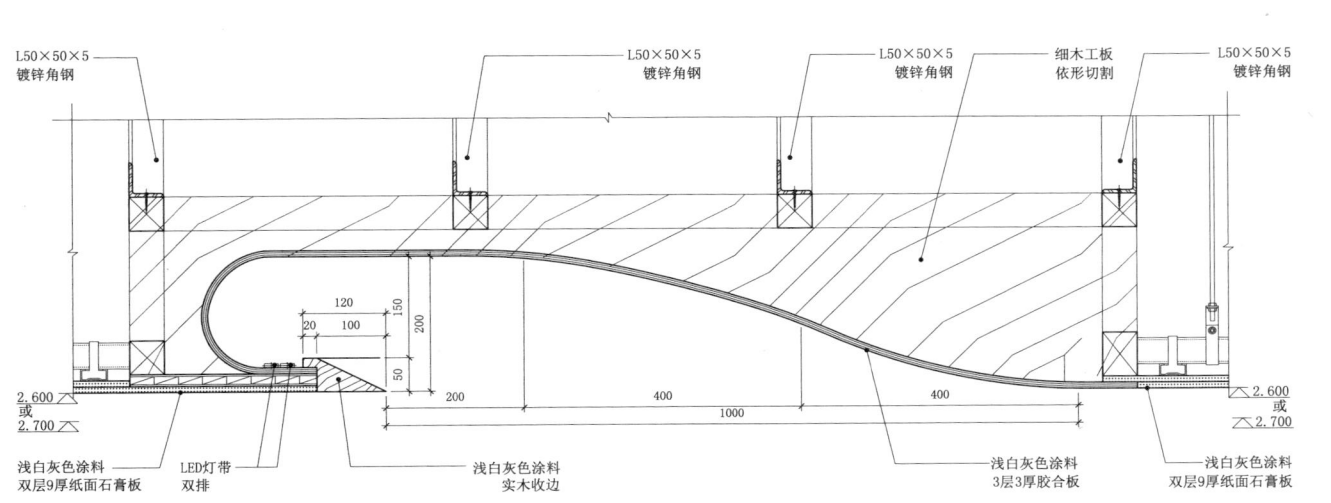

标准区域剖节点

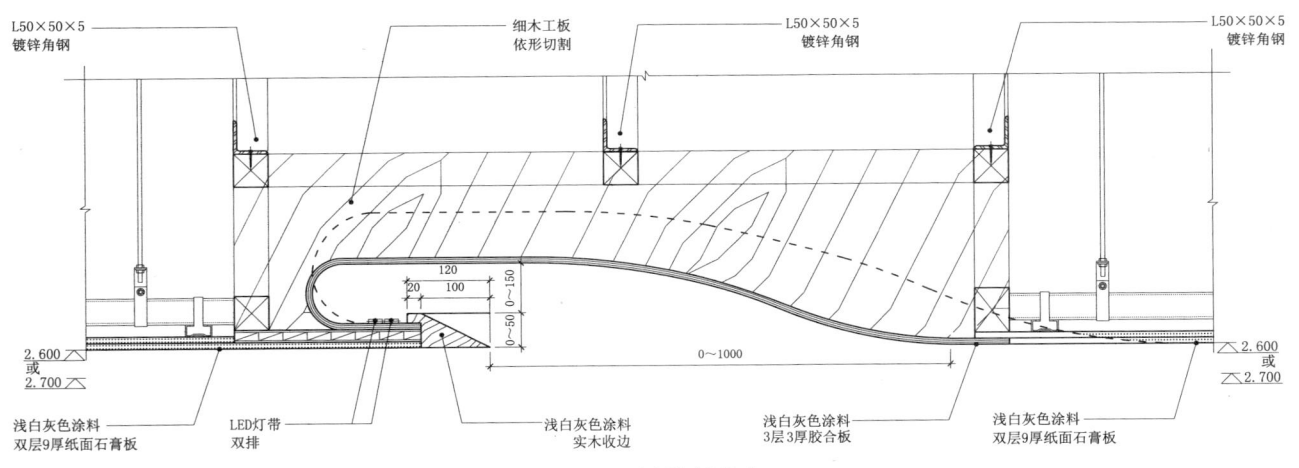

A~F区域剖节点

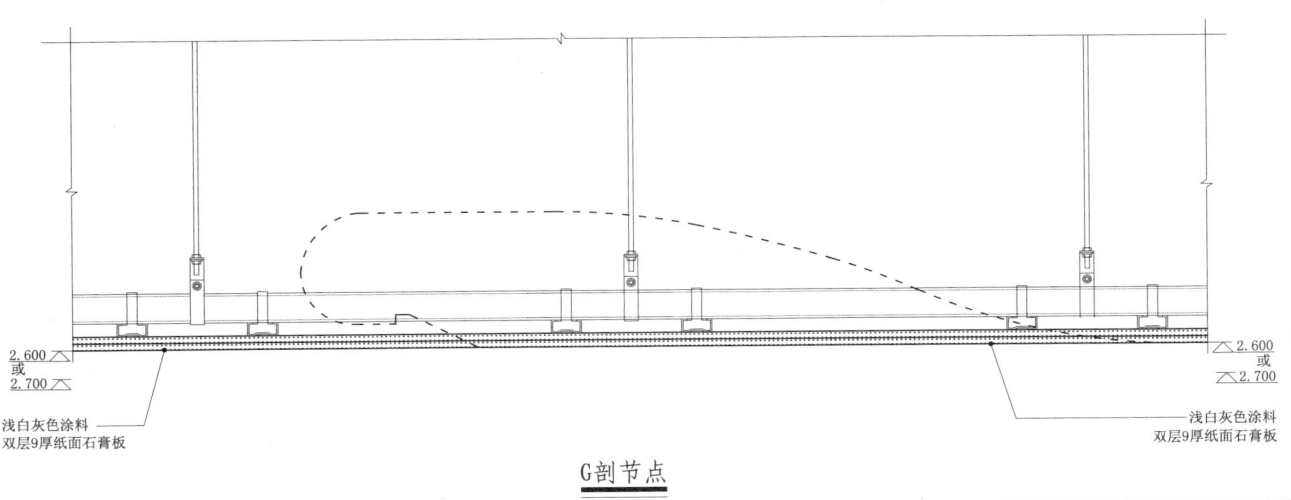

G剖节点

3 顶面构造·平行线构造 东方古典风格

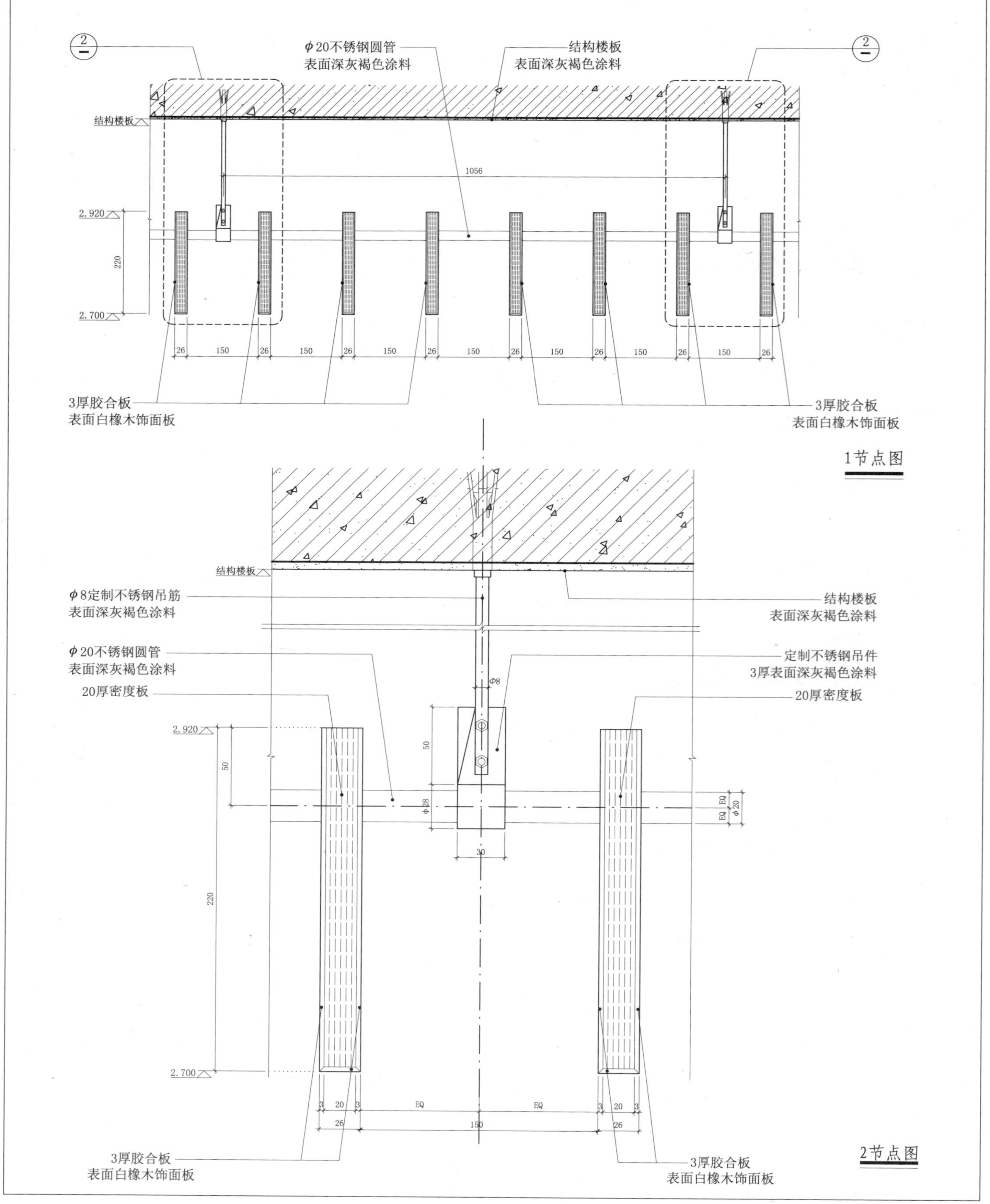

3.13 平行线木格栅吊顶

3.13.1

1节点图

2节点图

3.14 古典顶棚线脚节点

3 顶面构造 · 西方古典风格

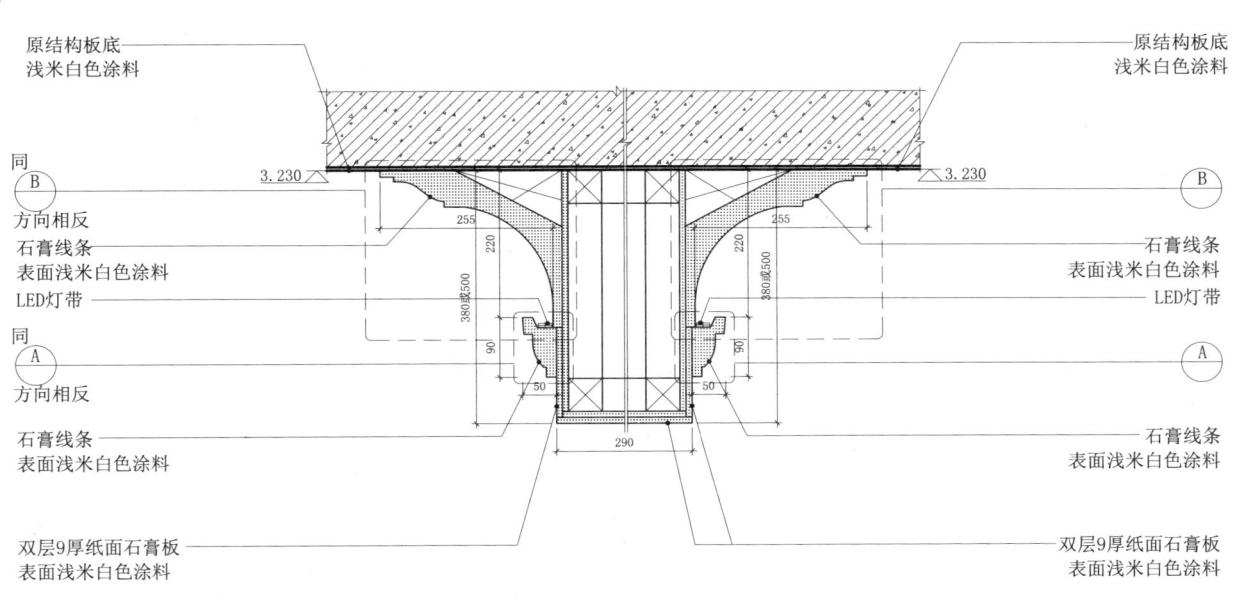

1 节点图

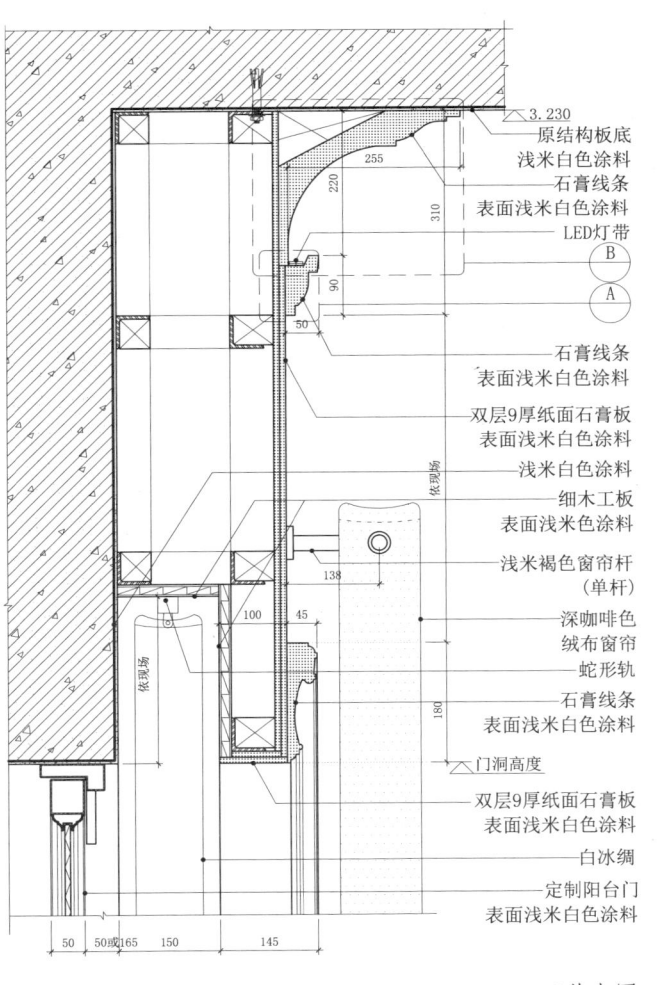

2 节点图

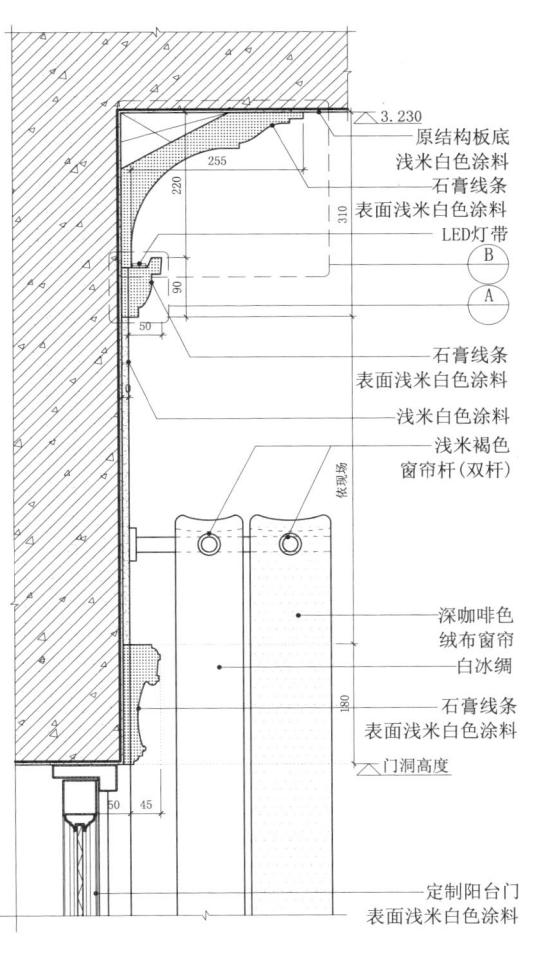

3 节点图

4 地坪构造

4.1 不同材料相接

4.1.1

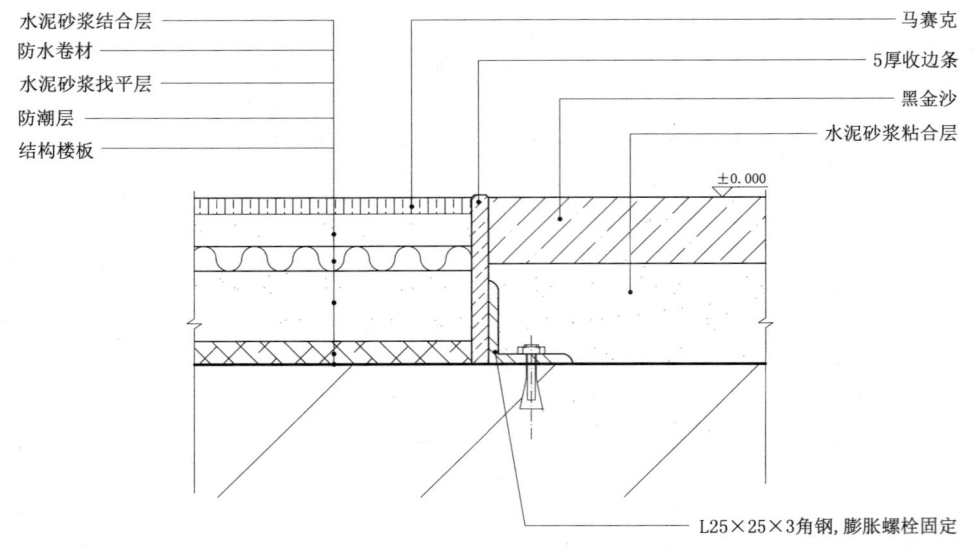

节点图(一)

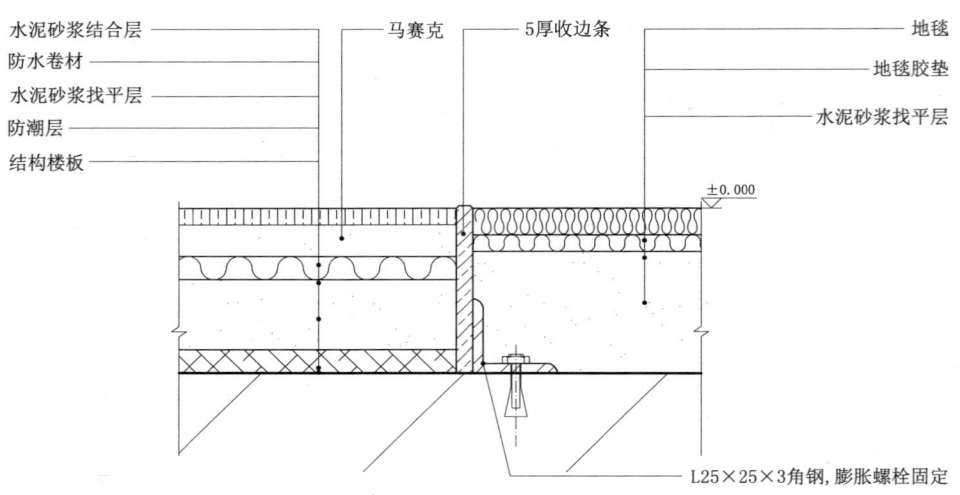

节点图(二)

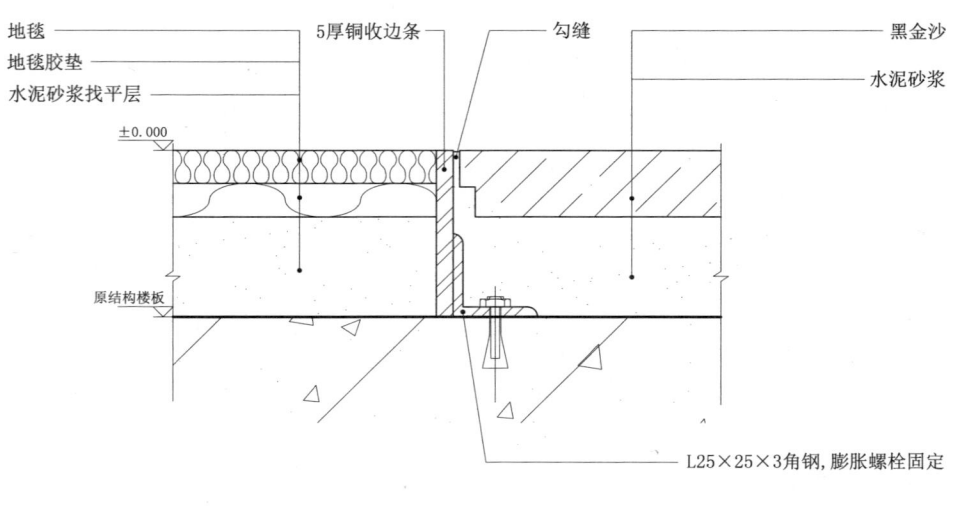

节点图(三)

4.1 不同材料相接

4.1.2

4 地坪构造

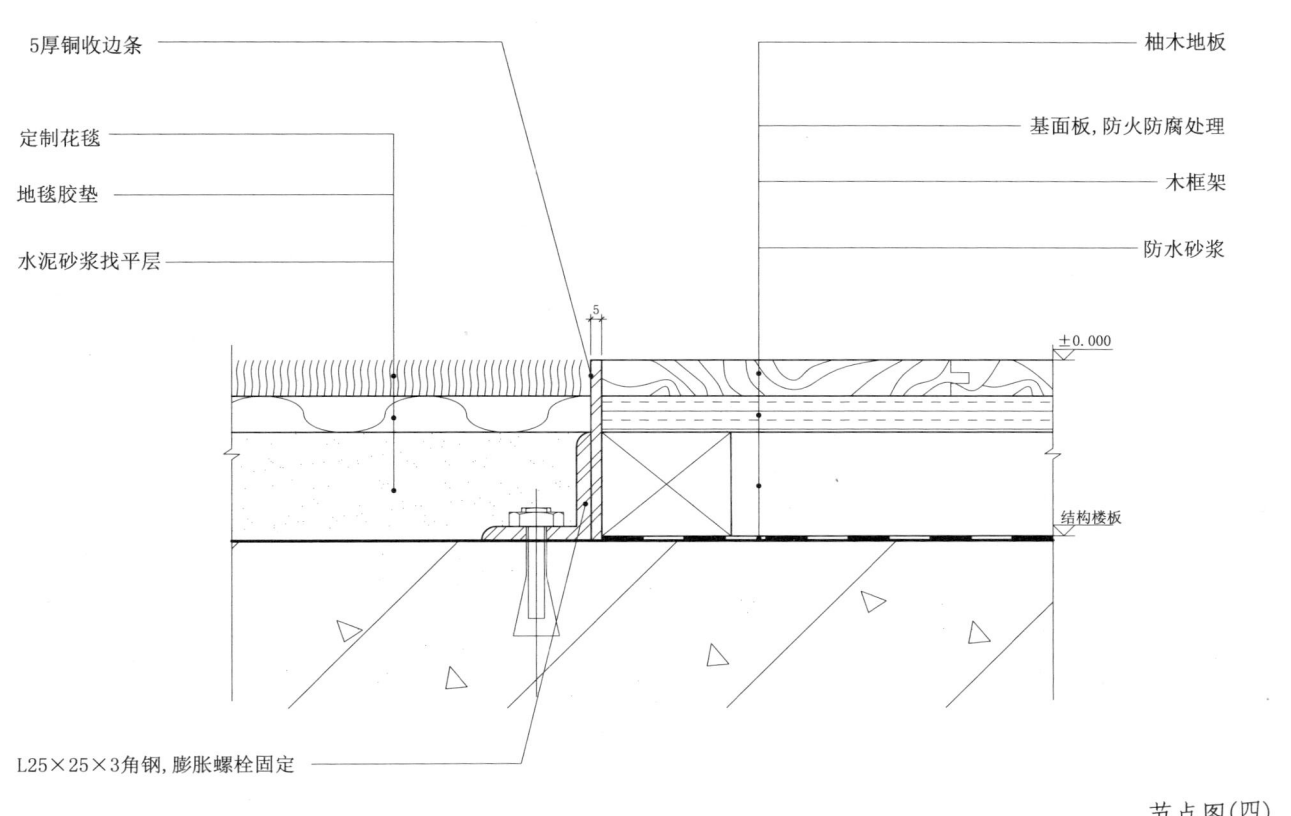

节点图(四)

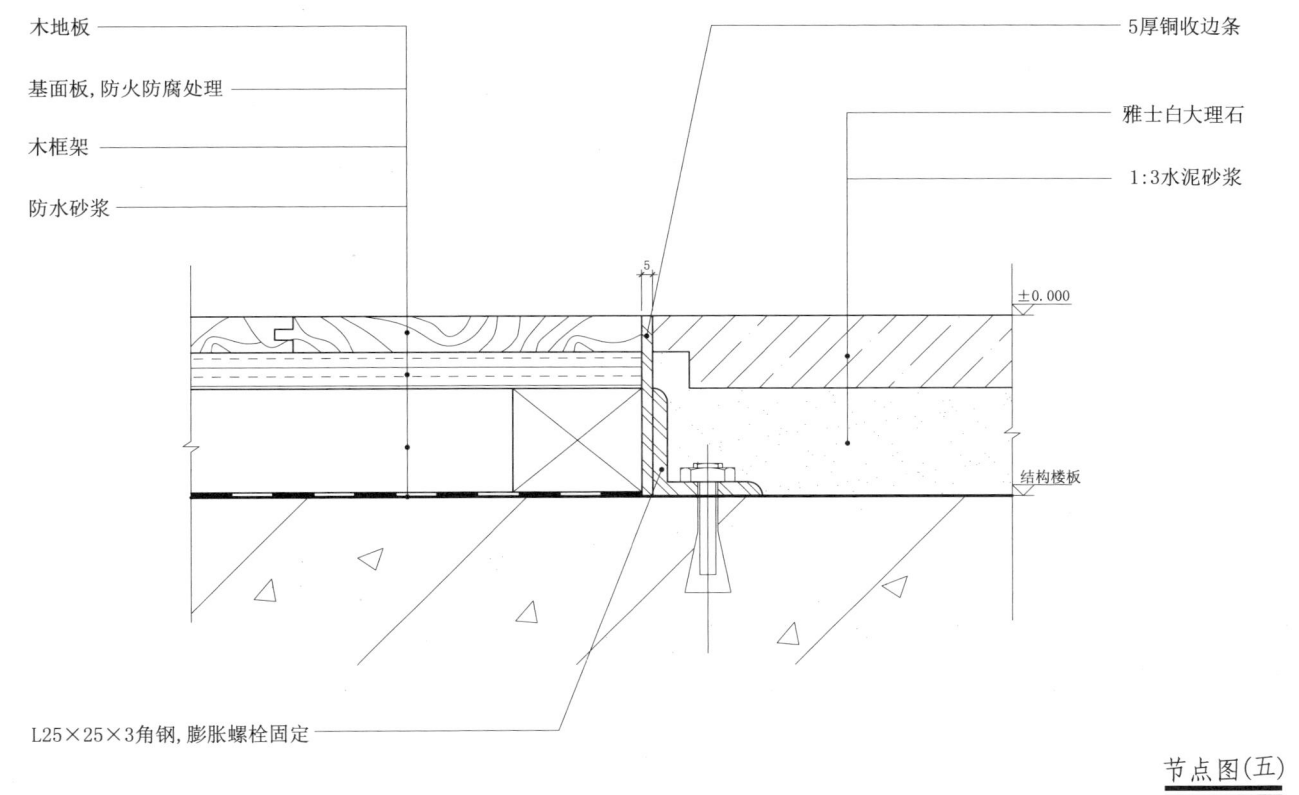

节点图(五)

4.2 架空地坪

4.2.1

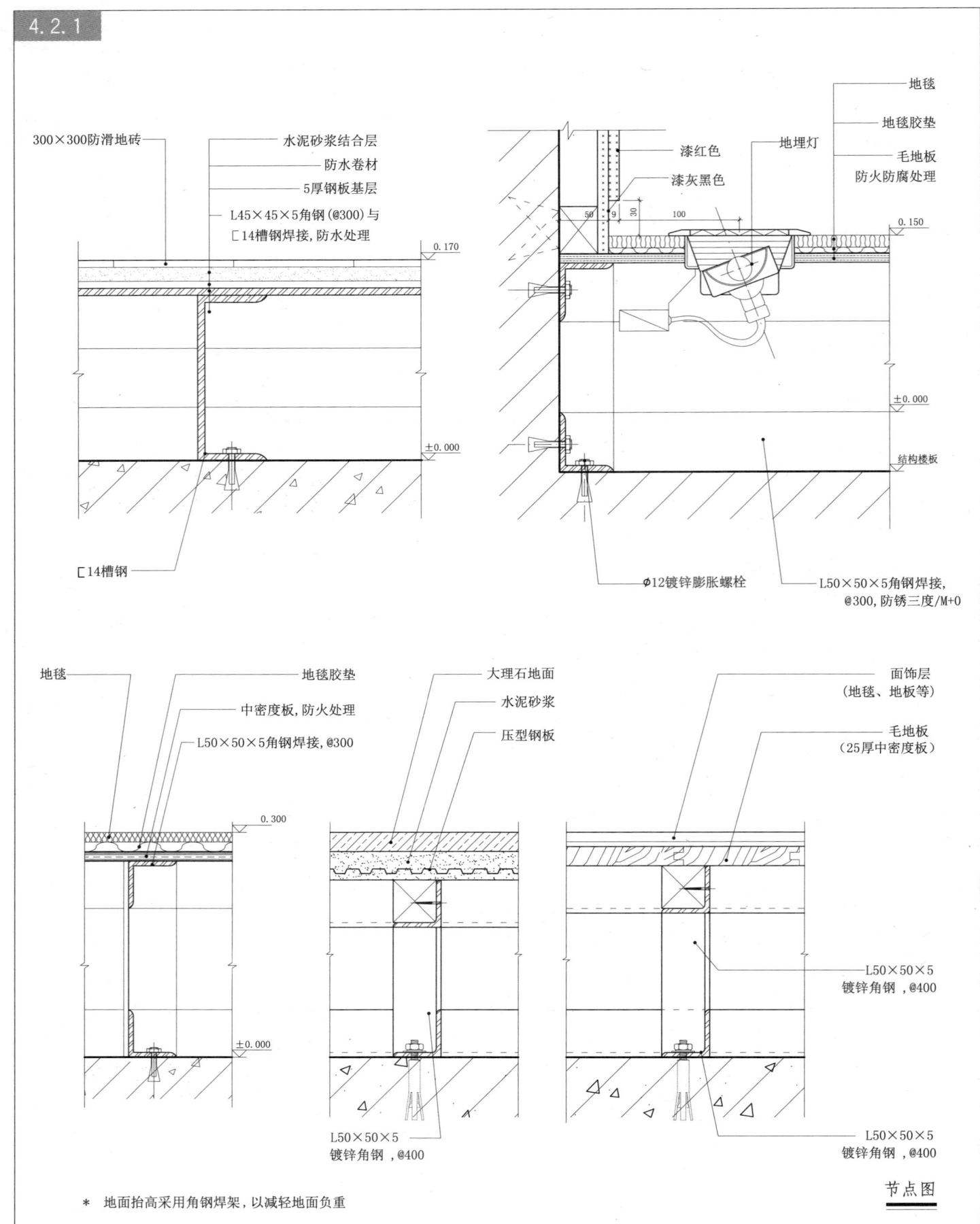

* 地面抬高采用角钢焊架，以减轻地面负重

节点图

4.2 架空地坪

4.2.2

4 地坪构造 · 骨架构造

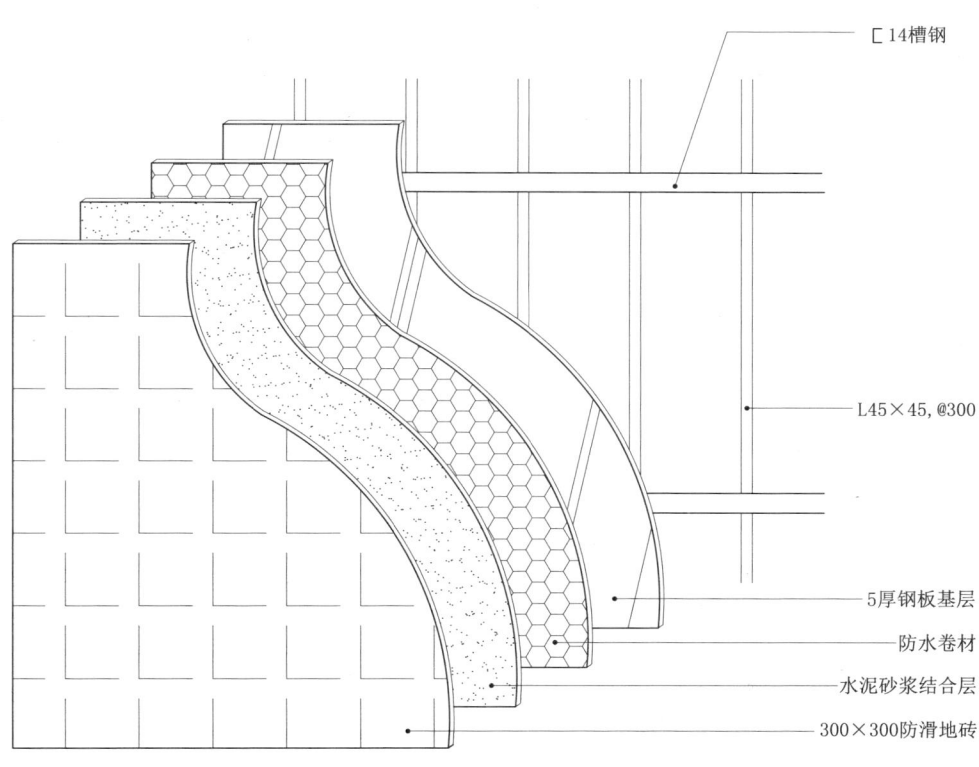

- 〔14槽钢
- L45×45,@300
- 5厚钢板基层
- 防水卷材
- 水泥砂浆结合层
- 300×300防滑地砖

地砖架空地板示意图

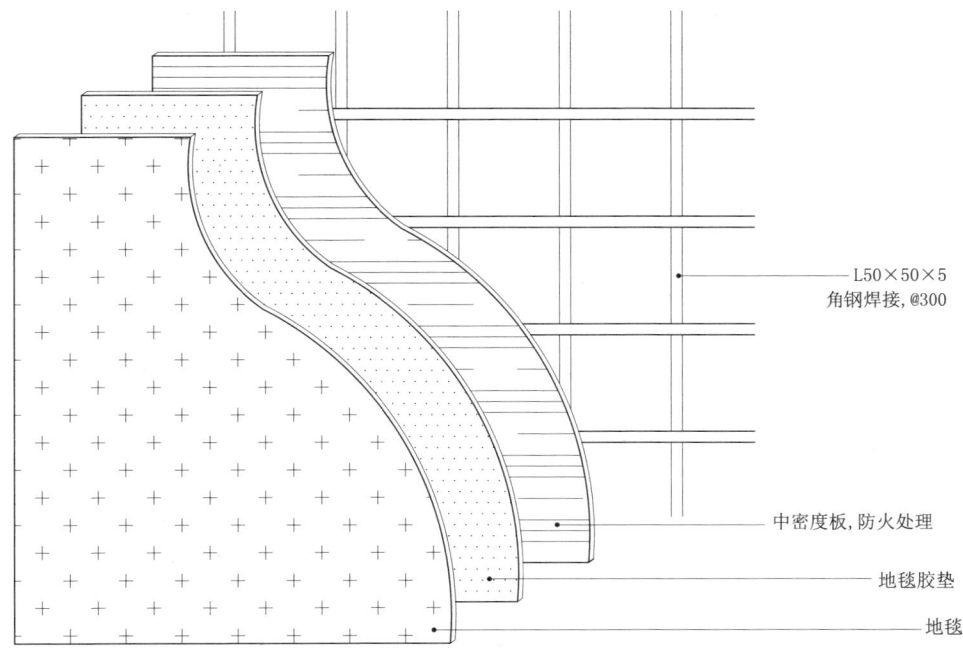

- L50×50×5 角钢焊接,@300
- 中密度板,防火处理
- 地毯胶垫
- 地毯

地毯架空地板示意图

4 地坪构造 · 骨架构造

4.2 架空地坪

4.2.3

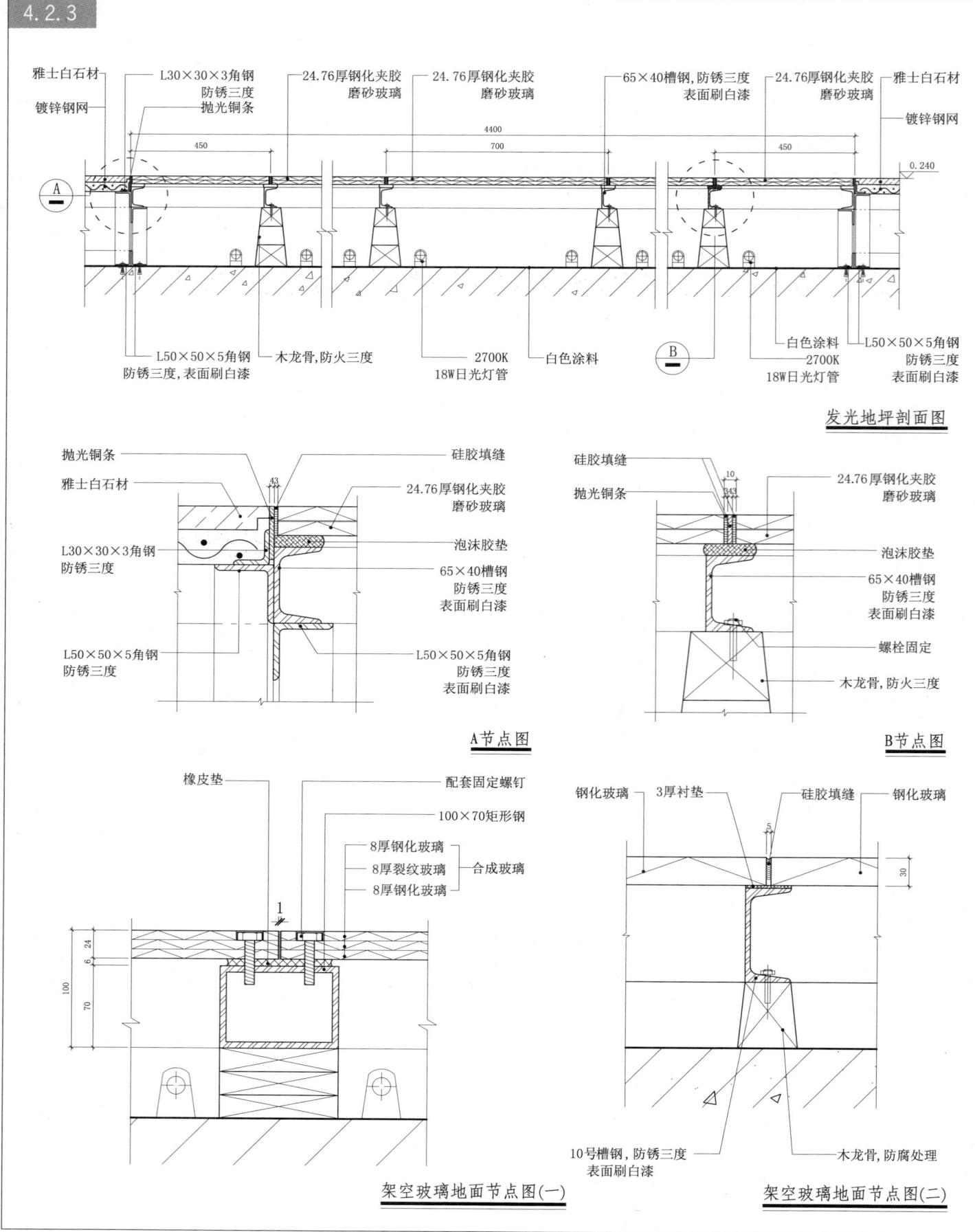

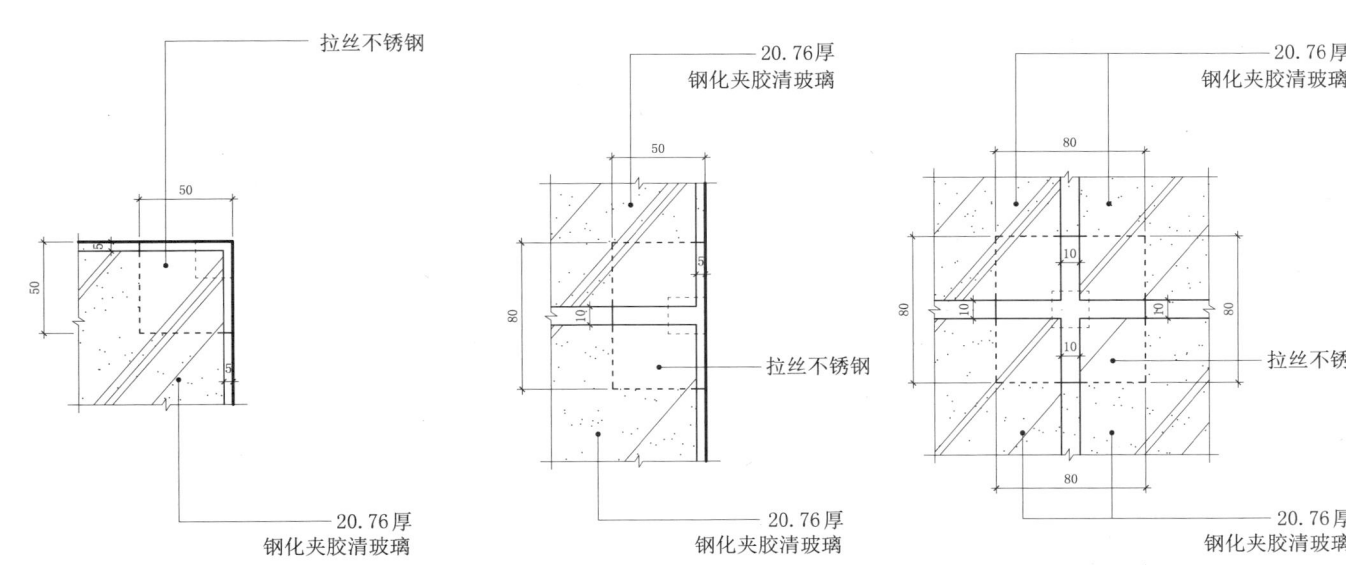

玻璃地坪支点（单向）平面图　　玻璃地坪支点（双向）平面图　　玻璃地坪支点（四向）平面图

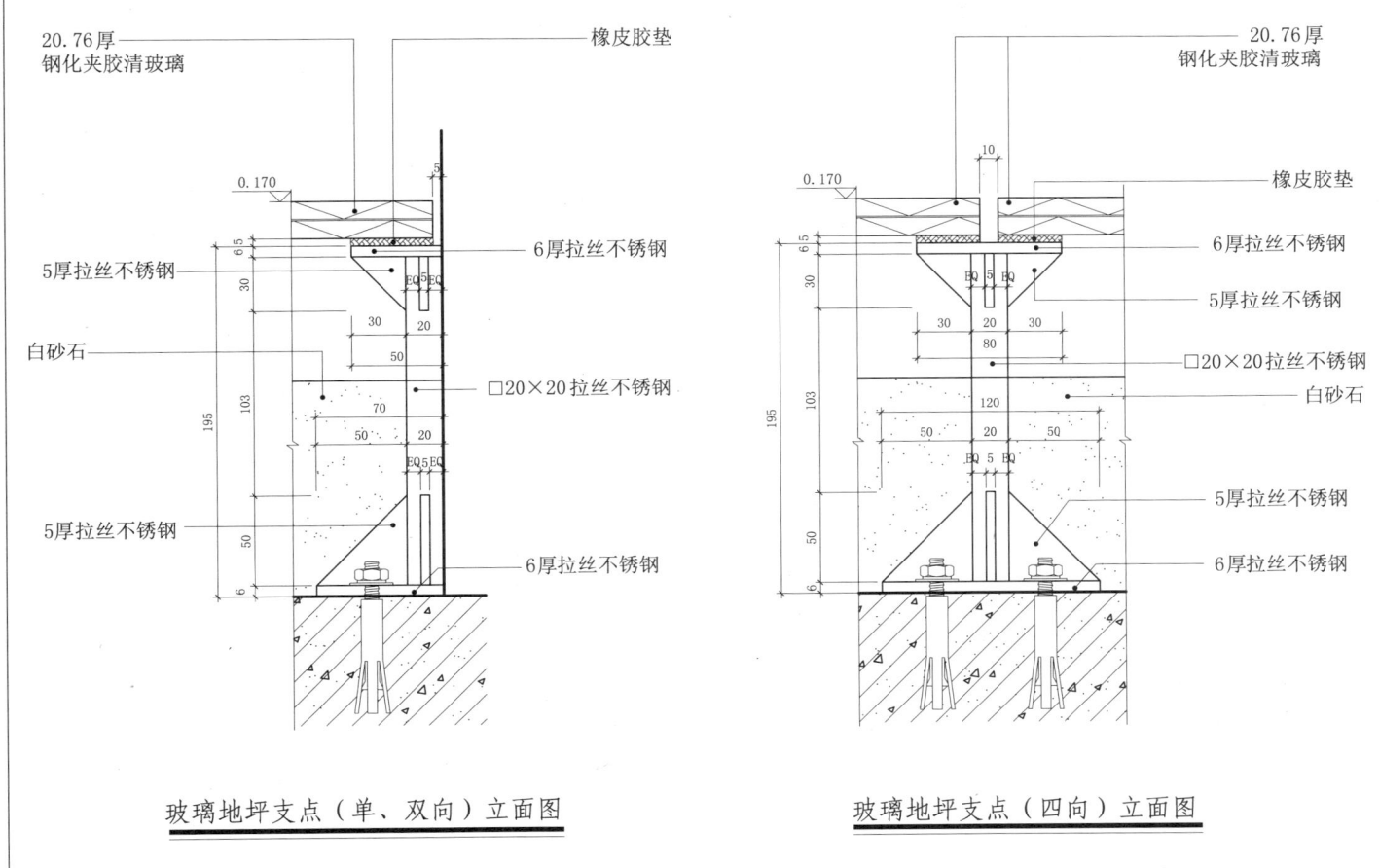

玻璃地坪支点（单、双向）立面图　　玻璃地坪支点（四向）立面图

4.2 架空地坪

4.2.5

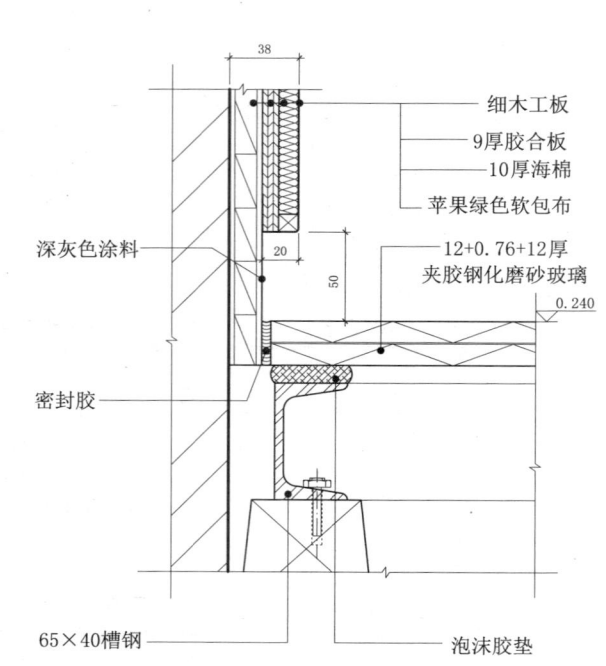

玻璃地坪与软包墙面(砖砌墙体)交接节点

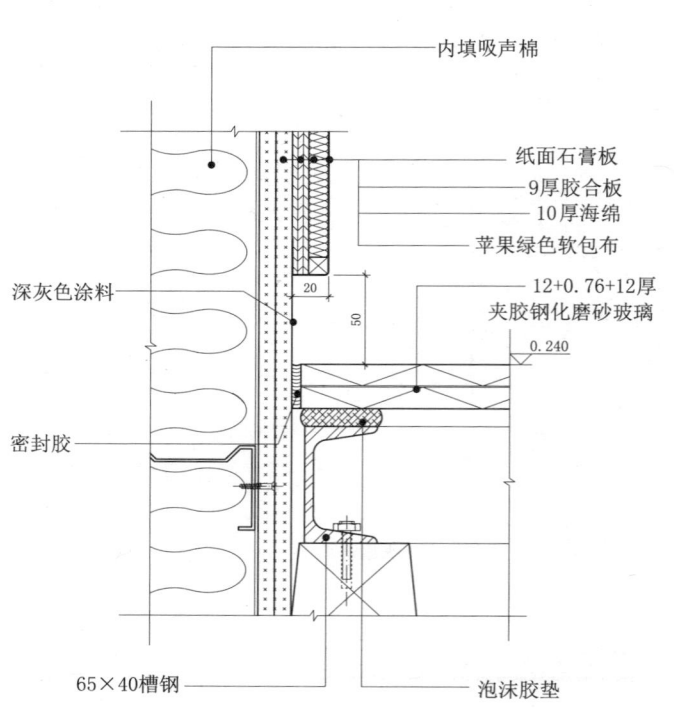

玻璃地坪与软包墙面(轻钢龙骨隔墙)交接节点

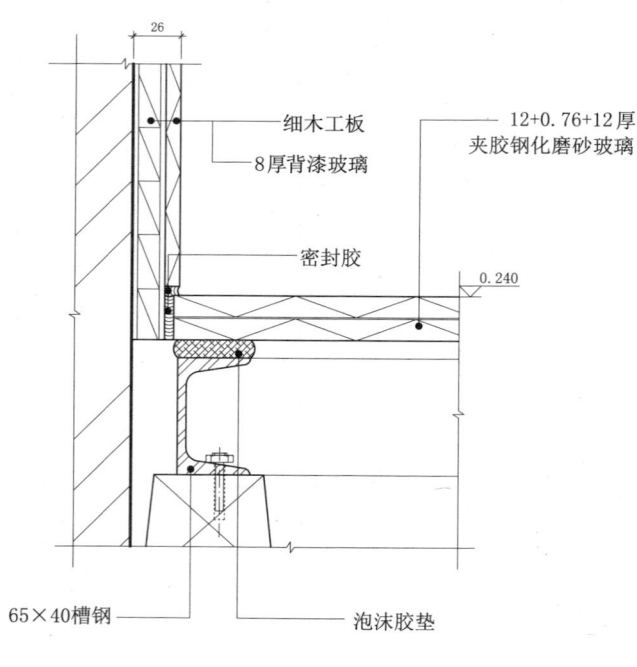

玻璃地坪与玻璃墙面交接节点

玻璃地坪与马赛克墙面交接节点

4.3 门槛节点

4.3.1

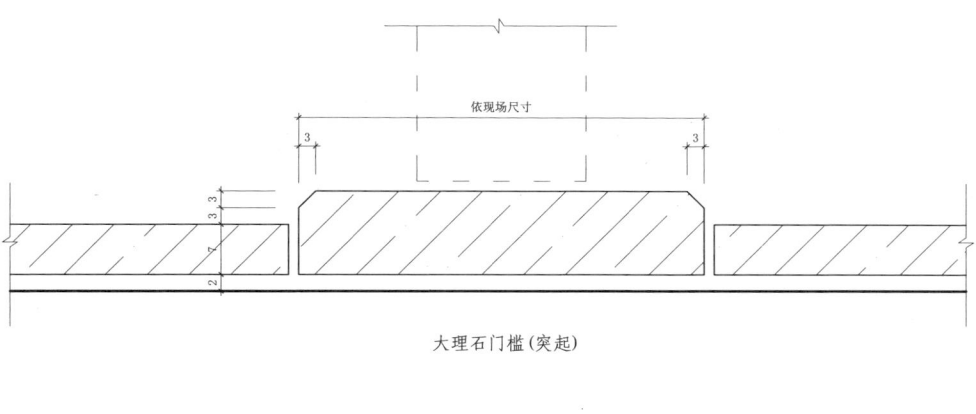

大理石门槛(突起)

节点图(一)

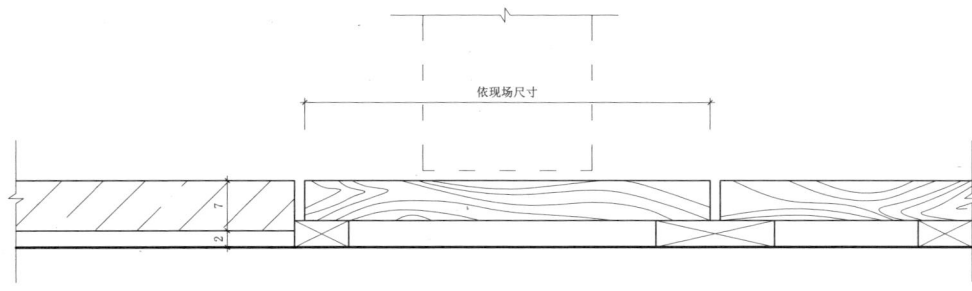

大理石与木地板接头处门槛

节点图(二)

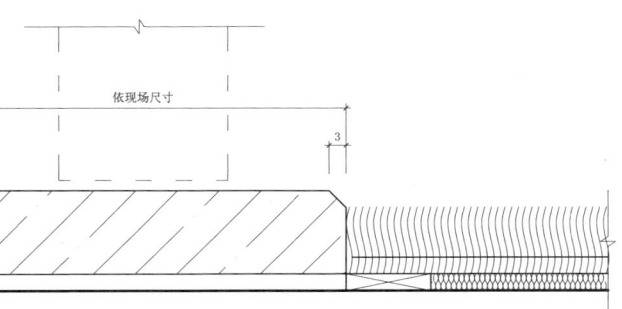

大理石与地毯接头处门槛(突起)

节点图(三)

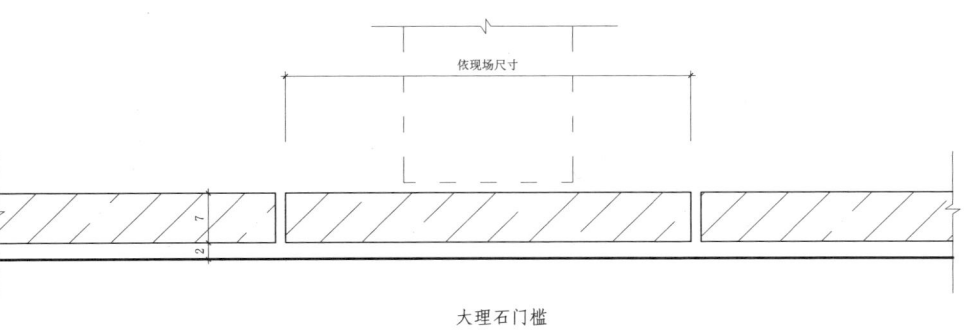

大理石门槛

节点图(四)

4.3 门槛节点

4.3.2

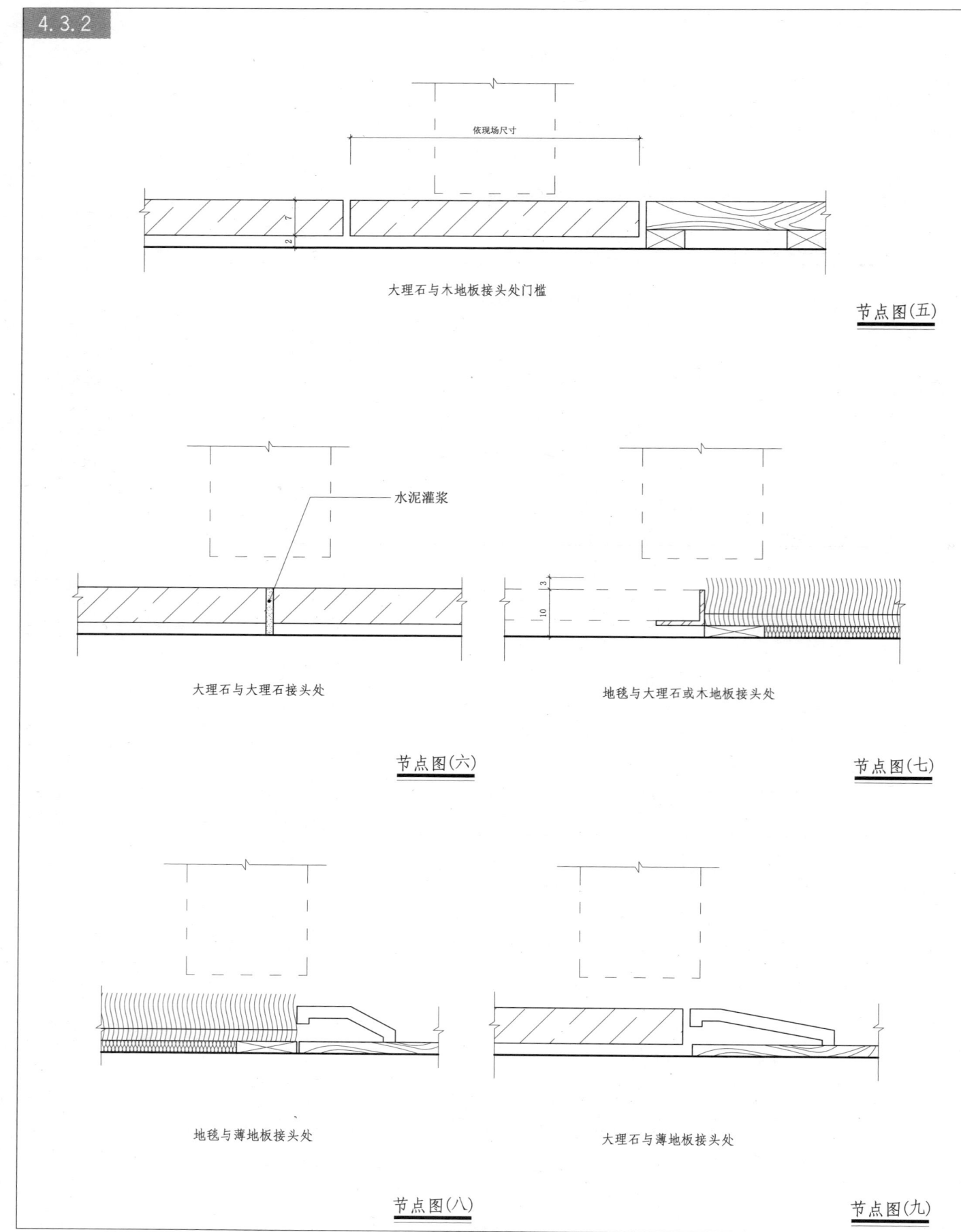

节点图(五) 大理石与木地板接头处门槛

节点图(六) 大理石与大理石接头处（水泥灌浆）

节点图(七) 地毯与大理石或木地板接头处

节点图(八) 地毯与薄地板接头处

节点图(九) 大理石与薄地板接头处

4.3 门槛节点

4.3.3

4 地坪构造

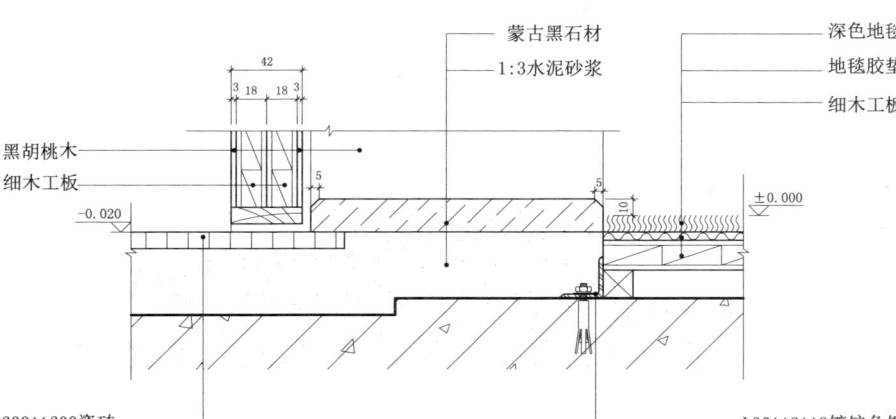

节点图(十)

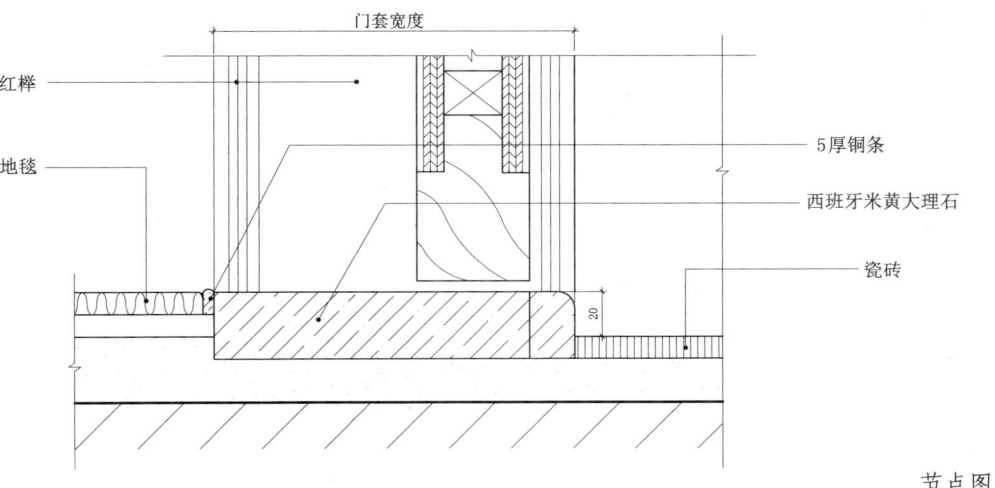

节点图(十一)

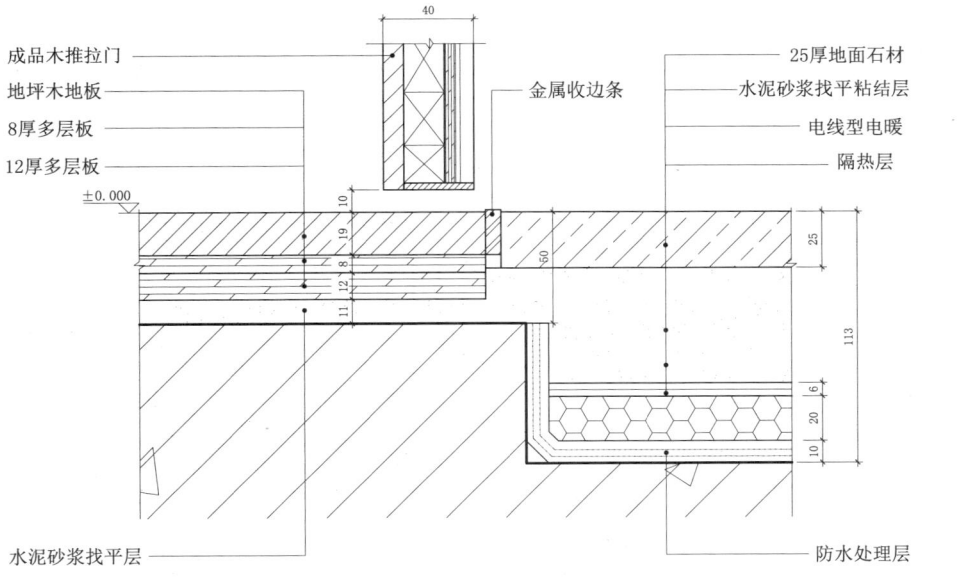

卫生间室内外交接处门槛节点

4.4 踢脚节点

4.4.1

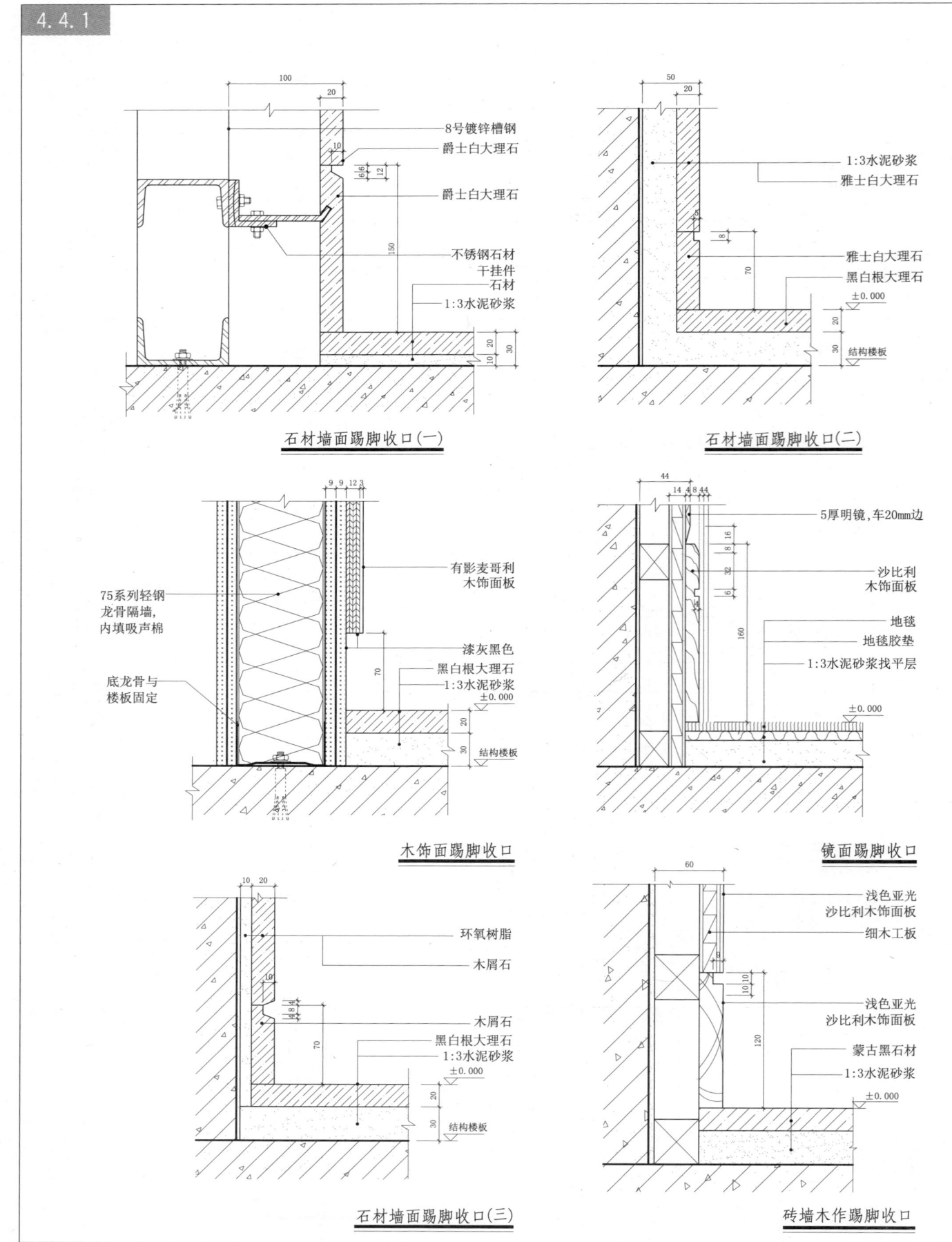

石材墙面踢脚收口（一）

石材墙面踢脚收口（二）

木饰面踢脚收口

镜面踢脚收口

石材墙面踢脚收口（三）

砖墙木作踢脚收口

4.4 踢脚节点

4.4.2

4 地坪构造

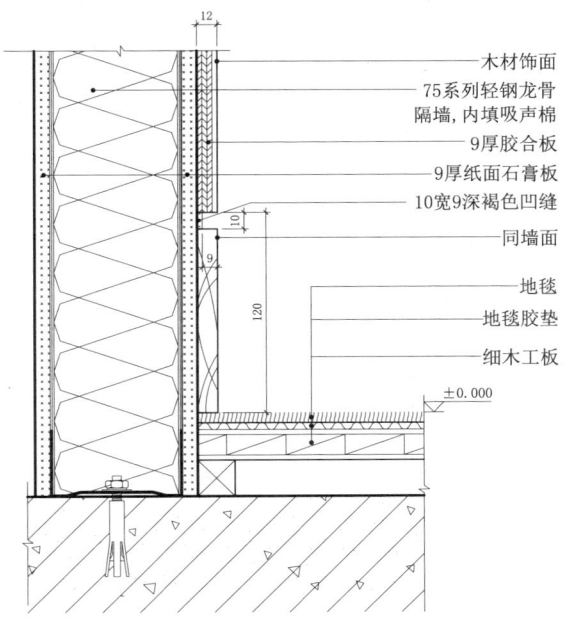

轻钢龙骨墙面木踢脚收口

涂料墙面踢脚收口

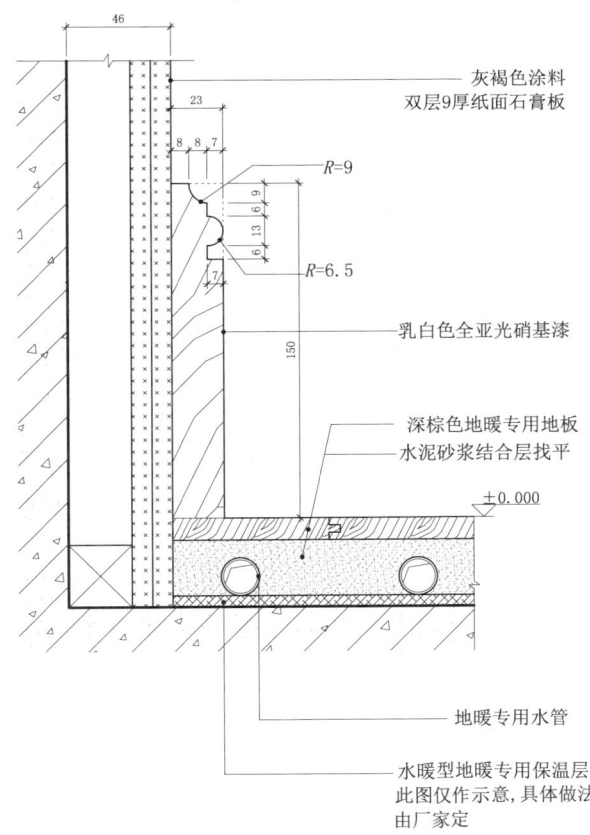

古典线条踢脚收口(一)

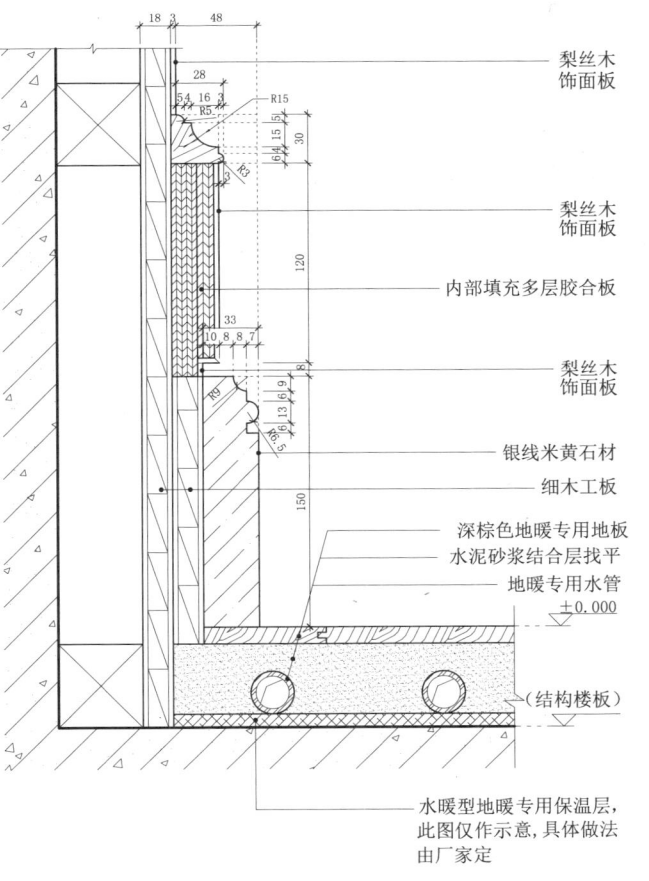

古典线条踢脚收口(二)

室内构造节点与专项模式图集 | 165

4 地坪构造 · 非透光照明构造

4.5 踏步、旋转舞台节点

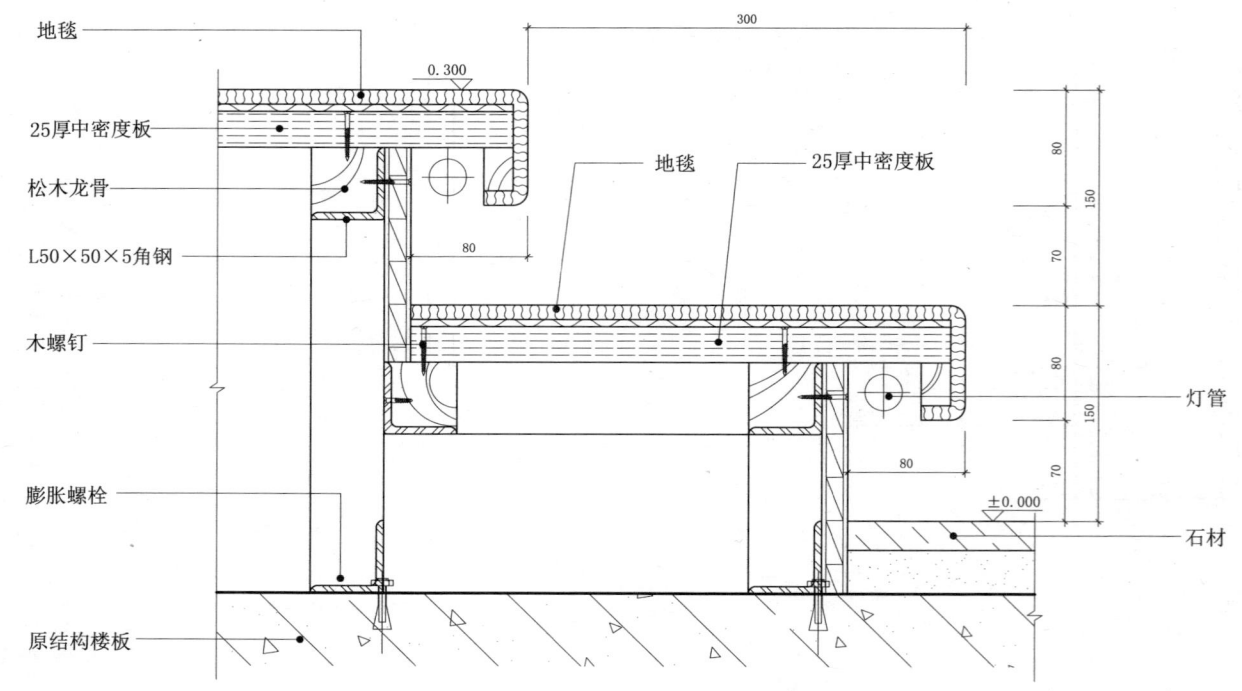

钢木结构地台踏步节点图

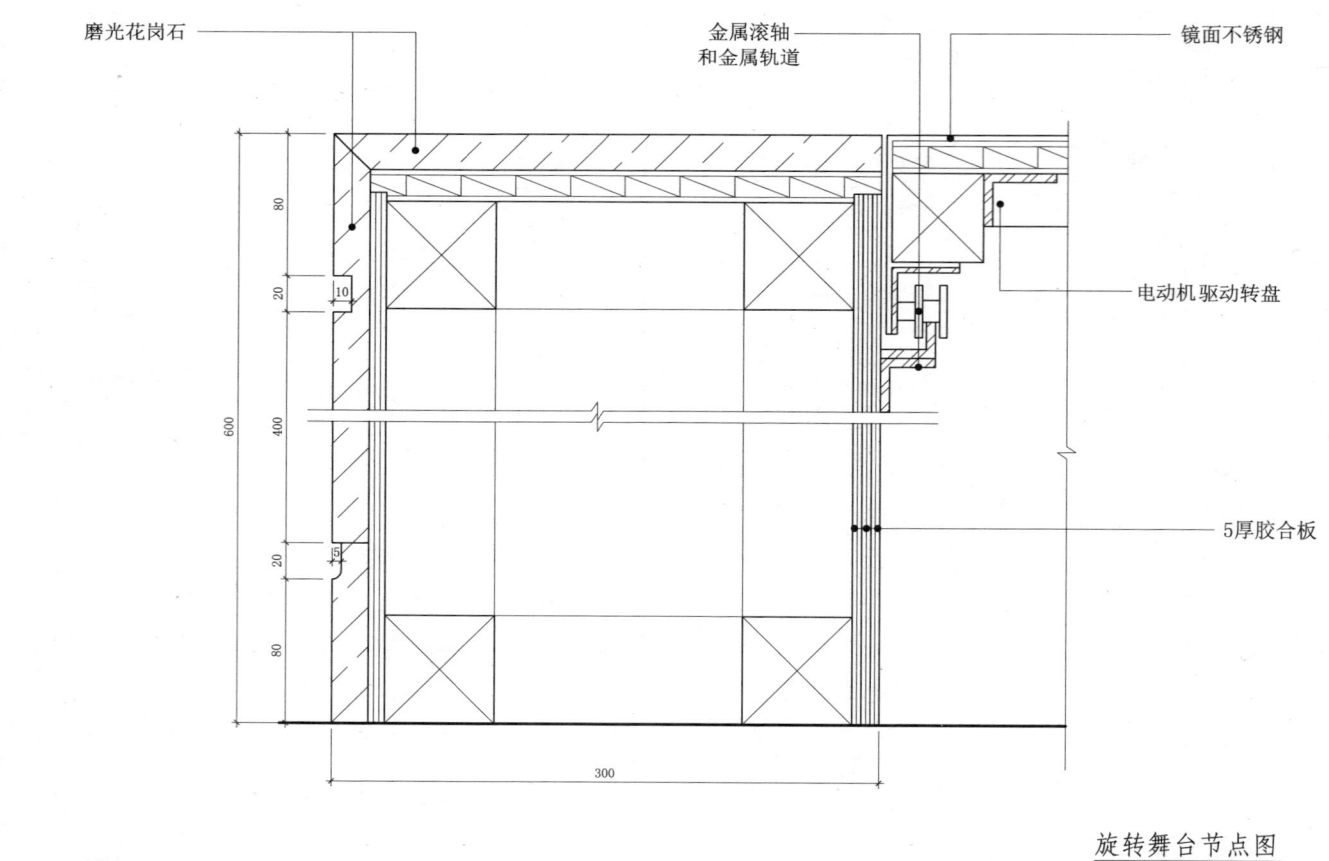

旋转舞台节点图

4.6 台阶节点

4 地坪构造 · 非透光照明构造

4.6.1

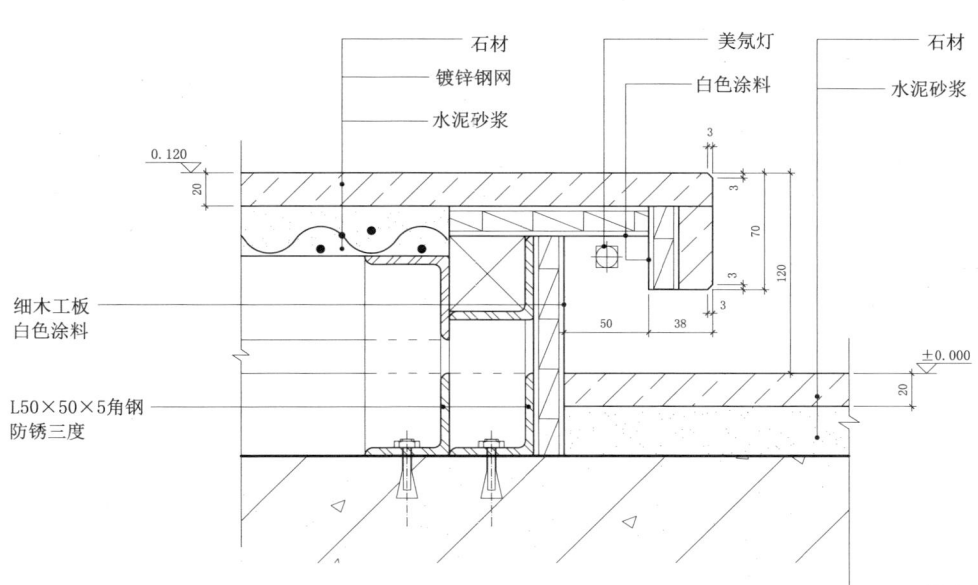

石材台阶-石材地面剖面图

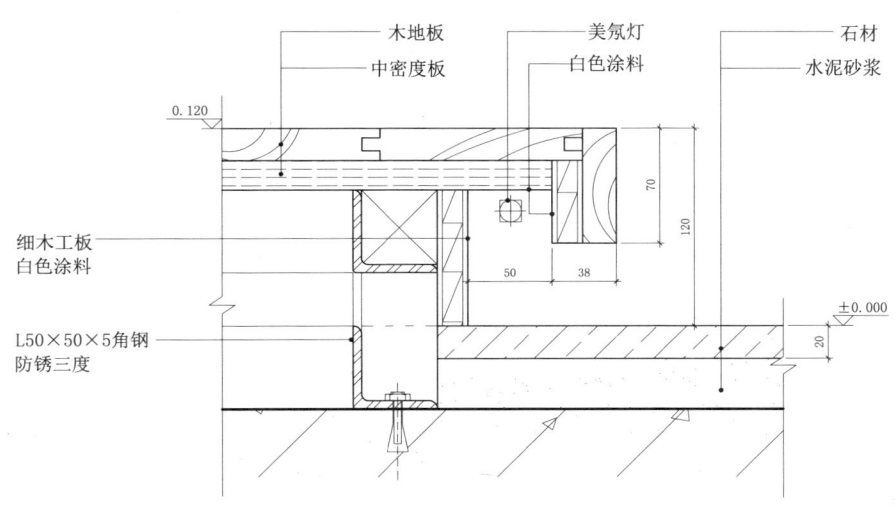

木材台阶-石材地面剖面图

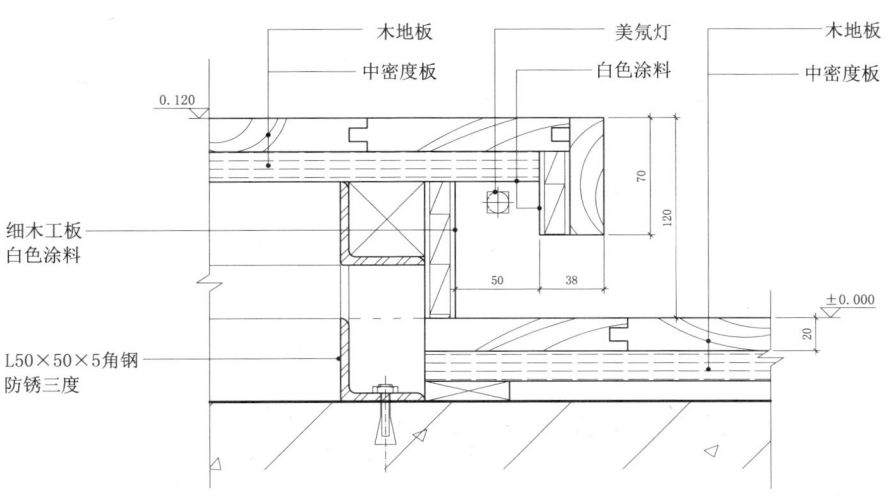

木材台阶-木材地面剖面图

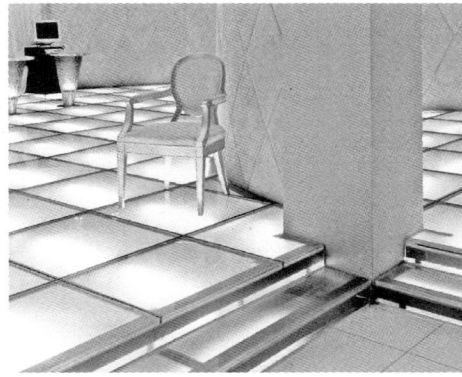

4.6 台阶节点

4.6.2

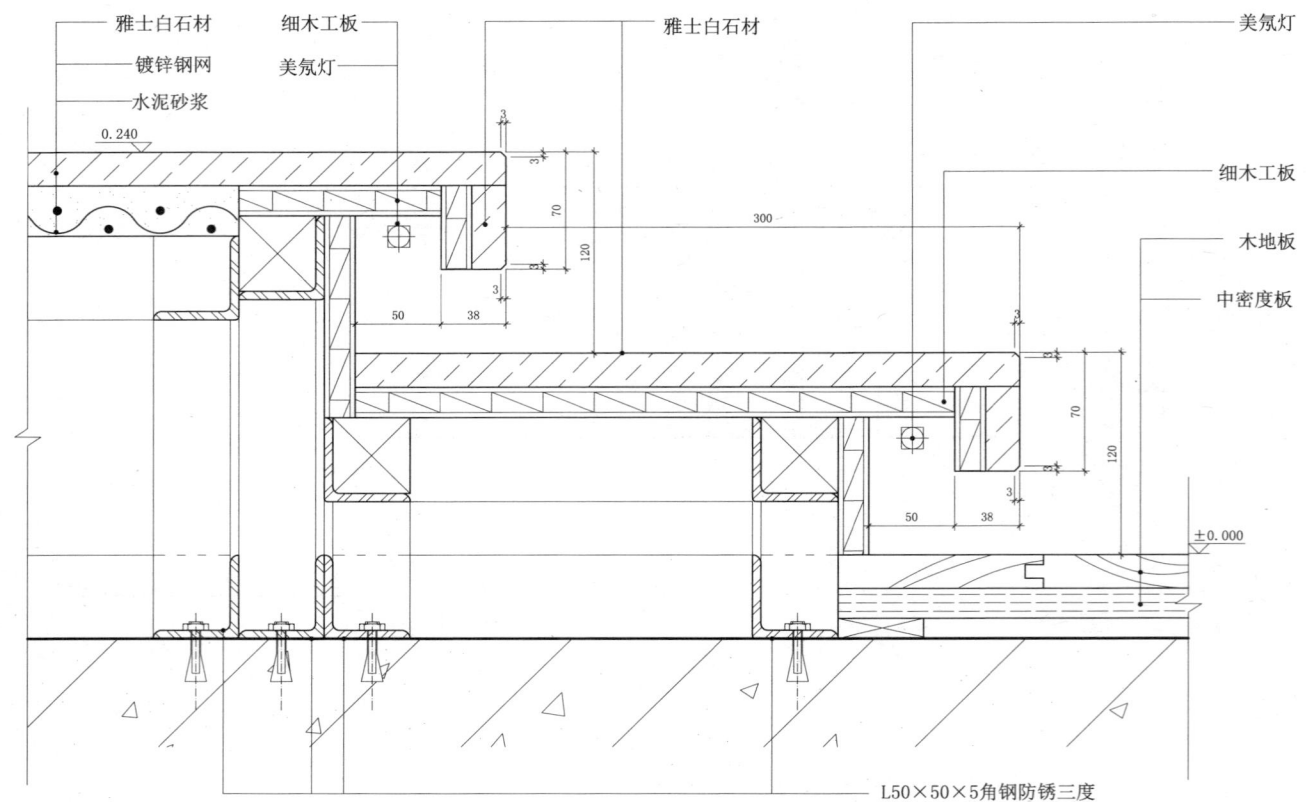

石材台阶-实木地面剖面图

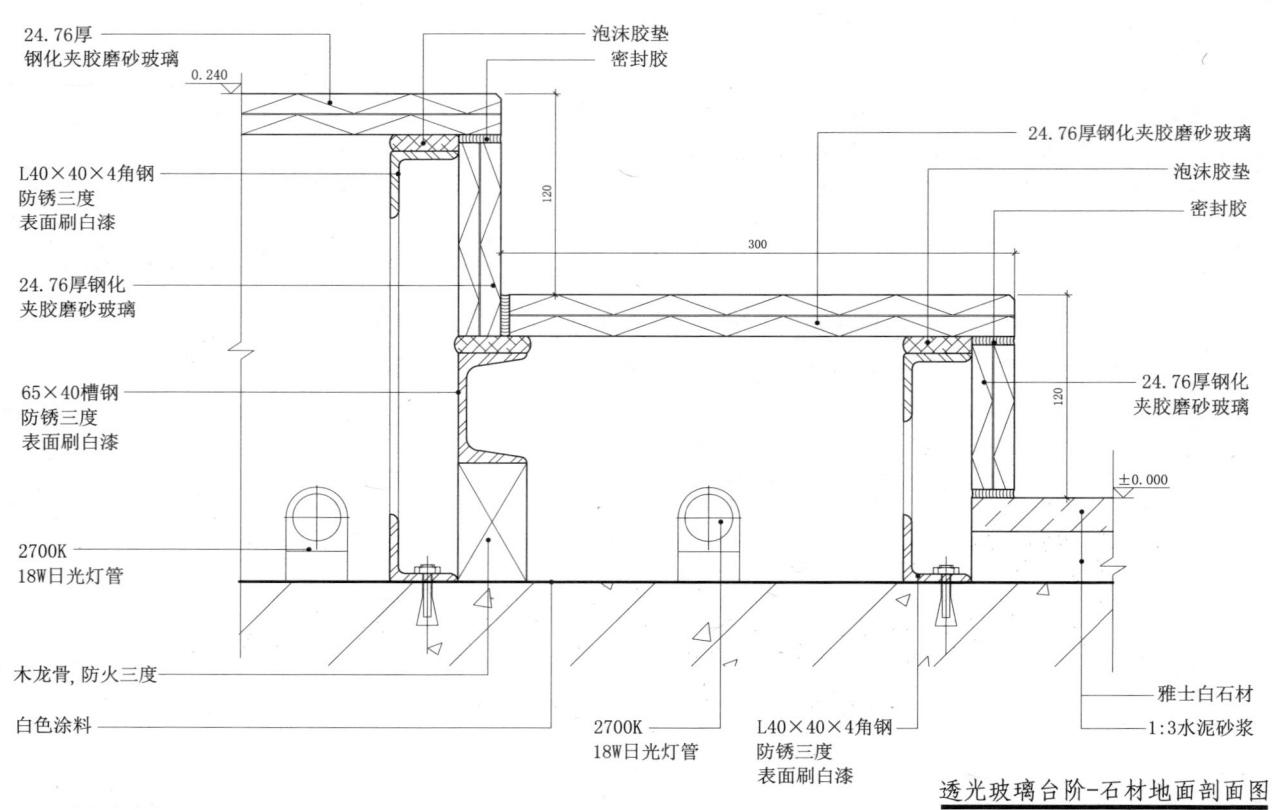

透光玻璃台阶-石材地面剖面图

4.7 地暖节点

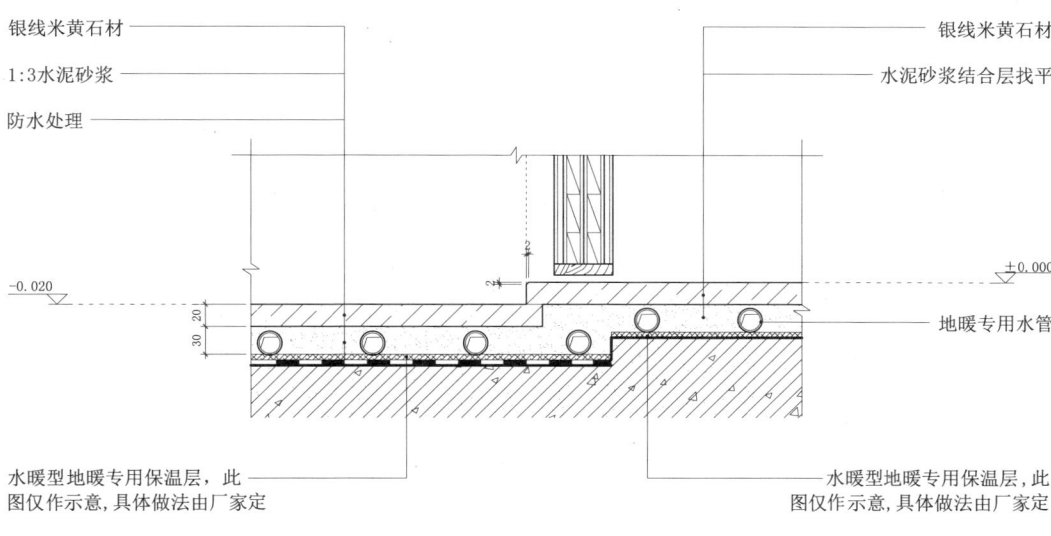

节点图(一)

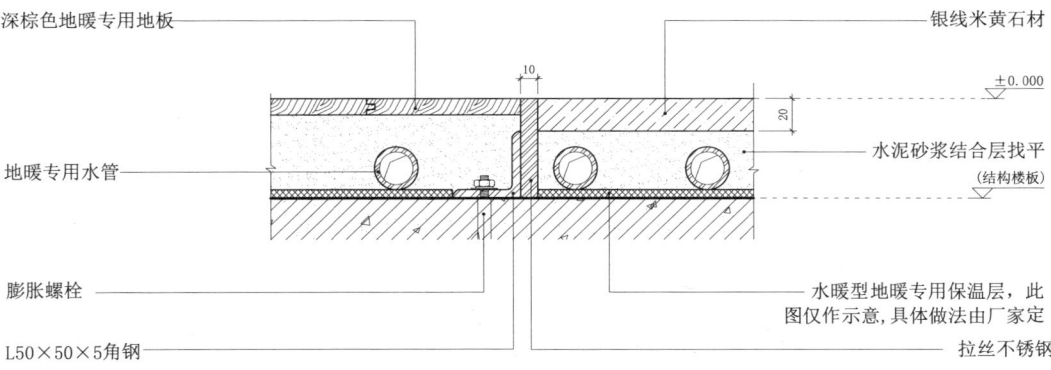

节点图(二)

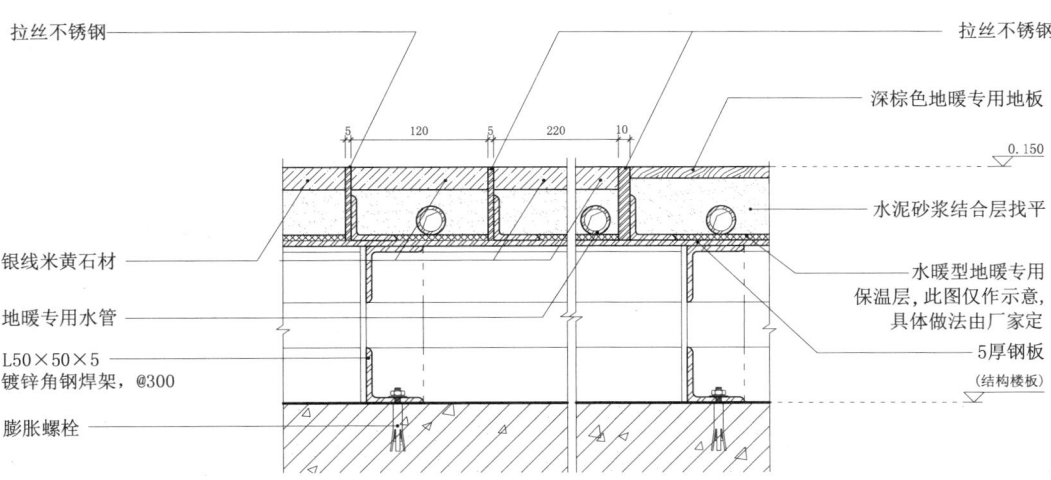

节点图(三)

4.8 石材拼花地坪（一）

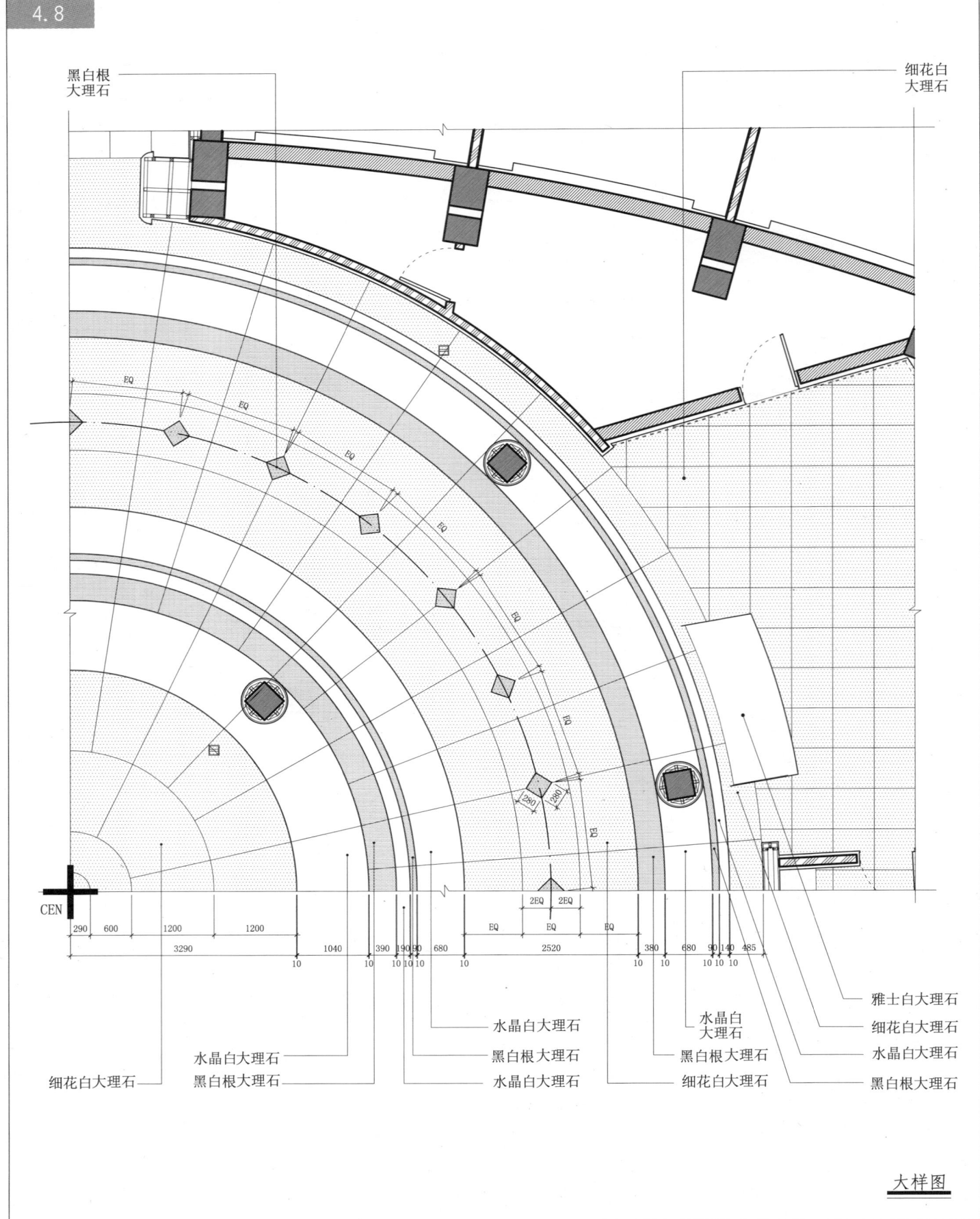

大样图

4.9 石材拼花地坪(二)

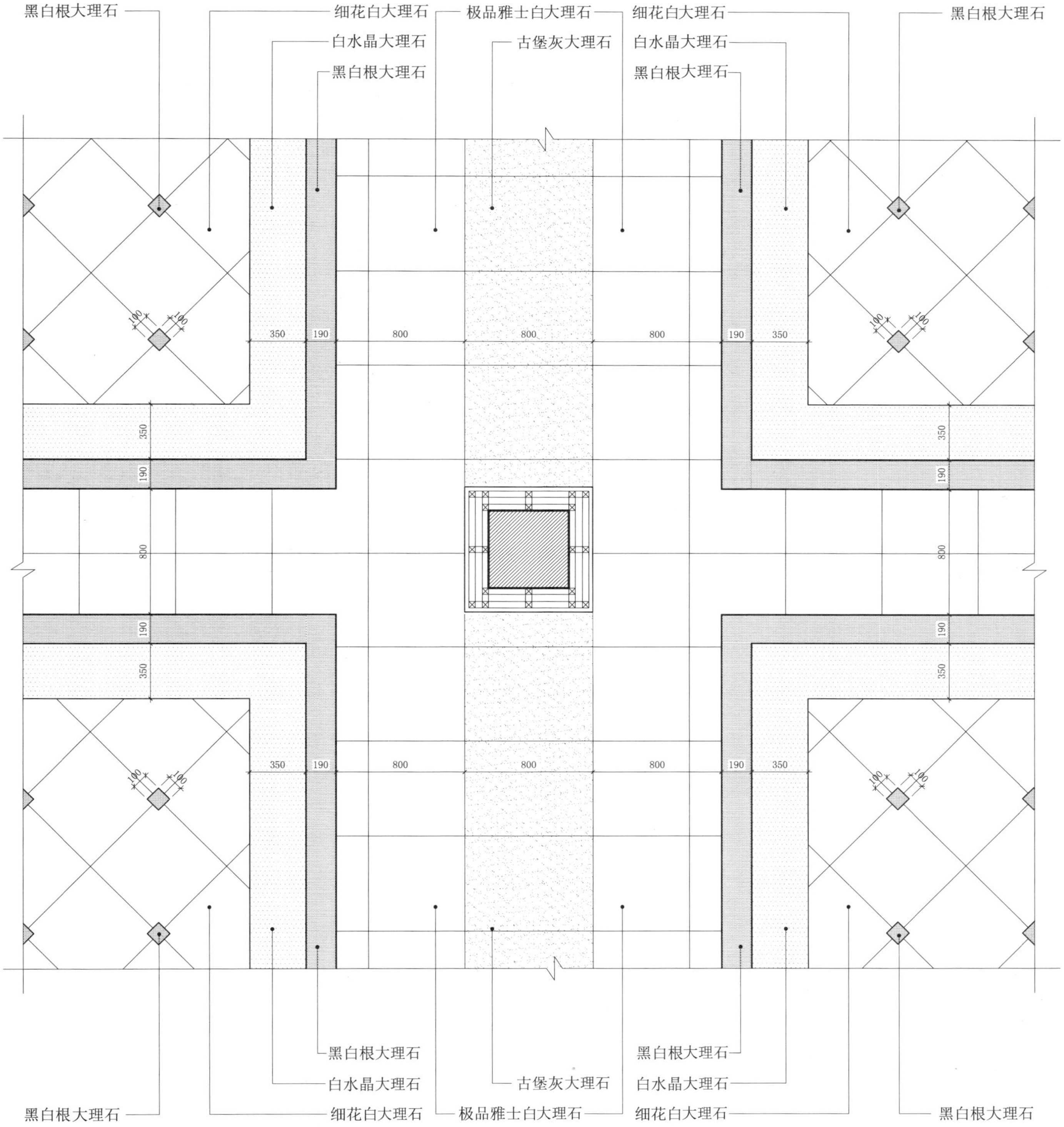

4 地坪构造·石材构造

图中标注材料：
- 黑白根大理石
- 细花白大理石
- 极品雅士白大理石
- 白水晶大理石
- 古堡灰大理石

大样图

4 地坪构造·透光照明构造

4.10 地坪透光槽节点

4.10

深蓝绿色涂料

不锈钢
表面深蓝绿色全亚光烤漆

9厚胶合板

硅胶填缝

定制不锈钢U形槽
表面漆白,2厚

LED灯带,12W
亚克力遮光罩(#432)

双面磨砂玻璃
10厚,钢化

硅胶填缝

雅士白石材(A级)

±0.000

1:3水泥砂浆

节点图

4.11 地坪图

4 地坪构造·石材构造 西方古典风格

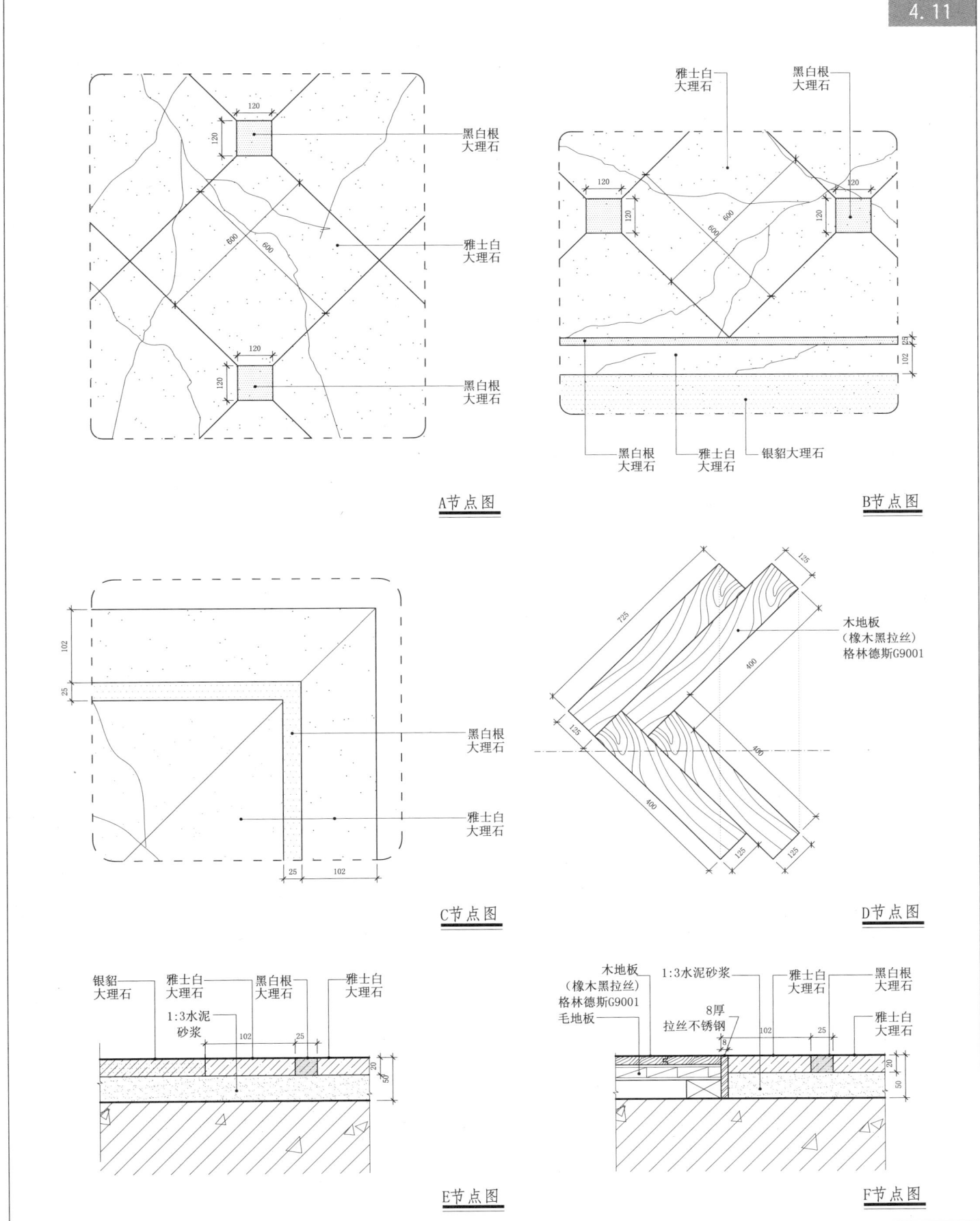

5.1 铝合金栅格镜面墙

5 平行线构造·立面构造 金属构造 东方古典风格

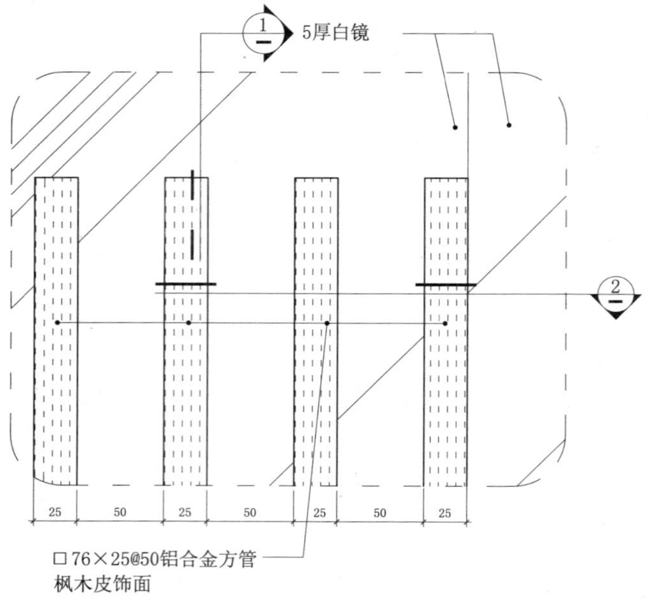

墙面铝合金方管装饰条节点图

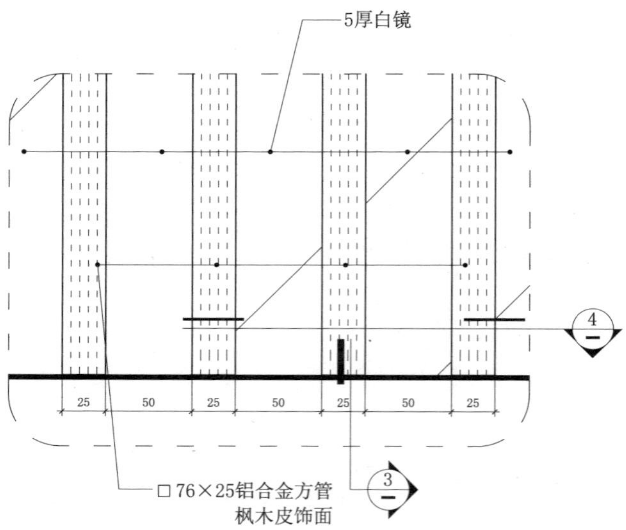

墙面铝合金方管装饰条节点图

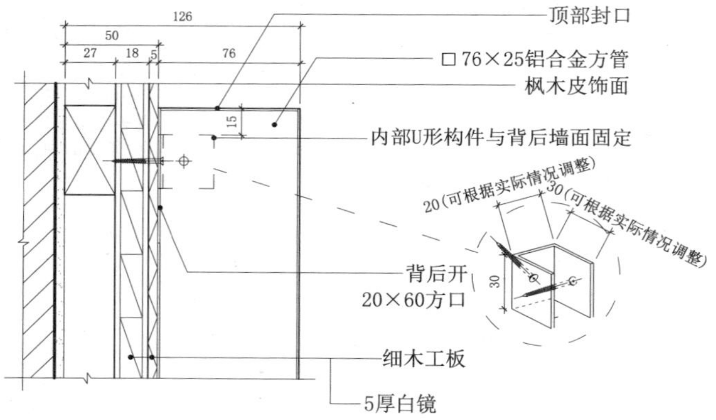

1节点图

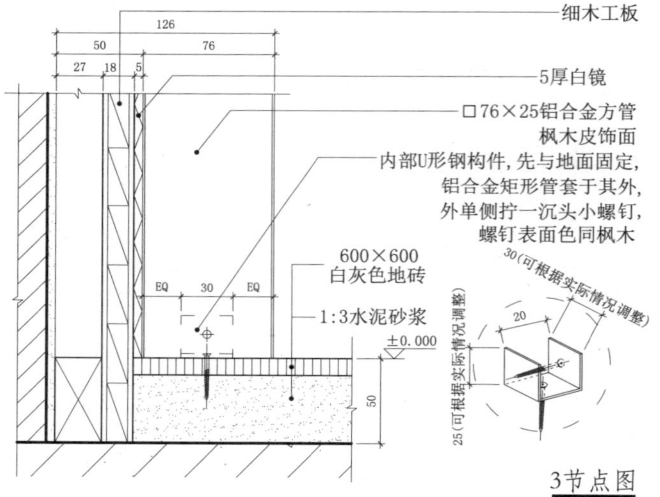

2节点图

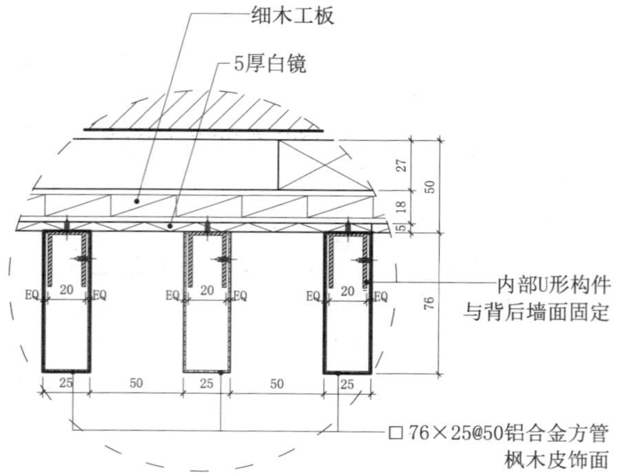

3节点图

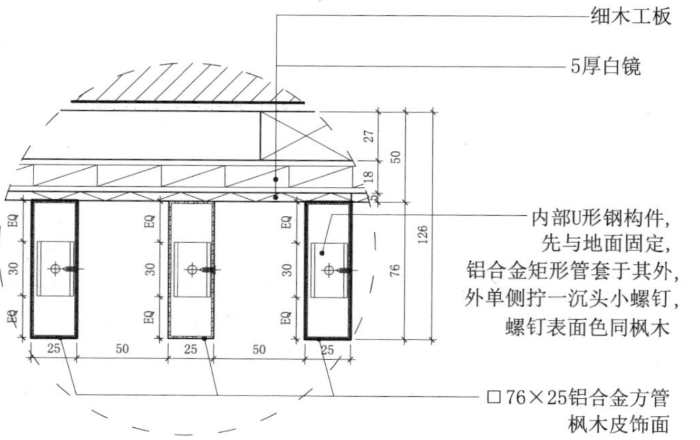

4节点图

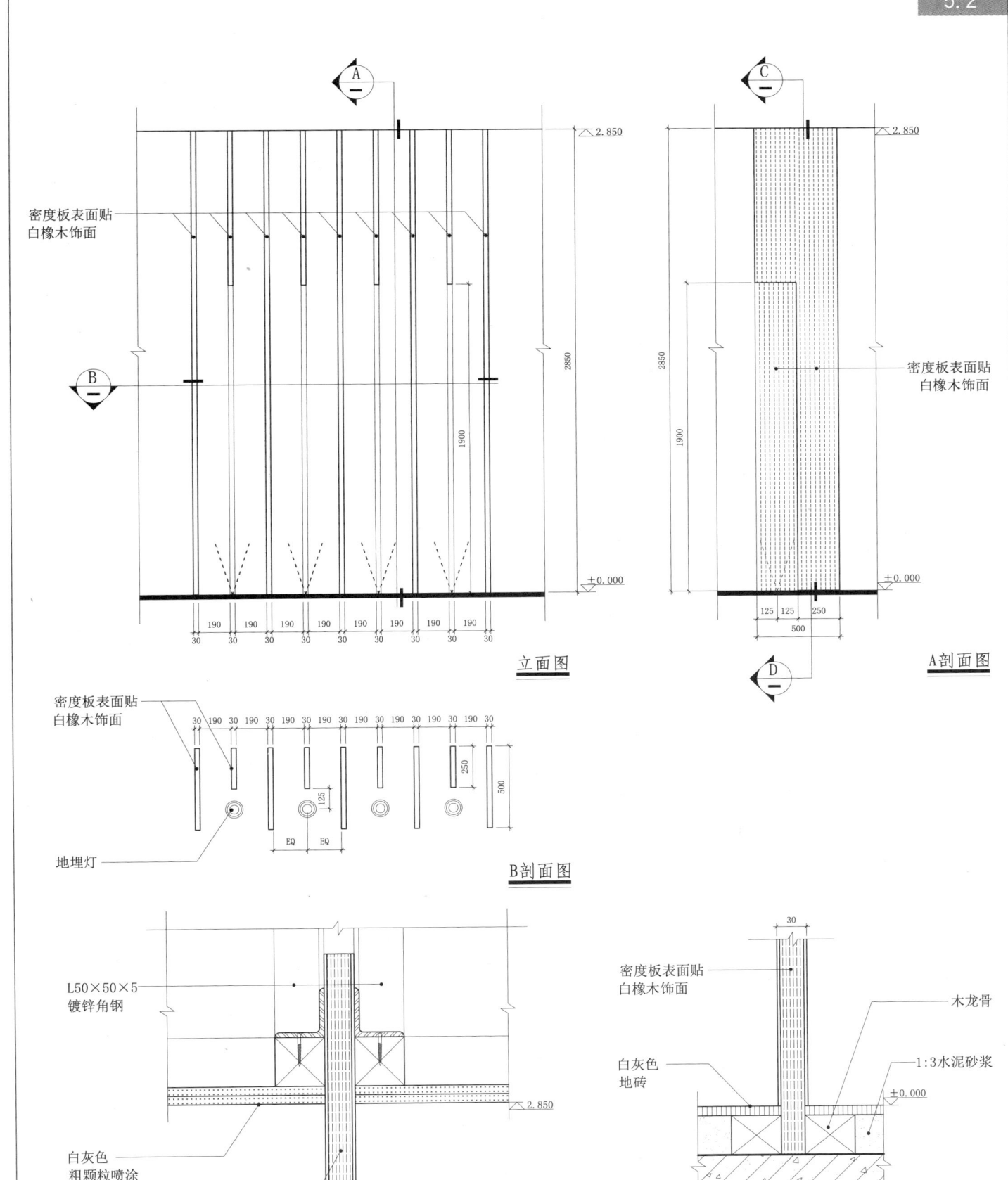

5.3 平行线节点(二)

5 平行线构造 · 立面构造 东方古典风格

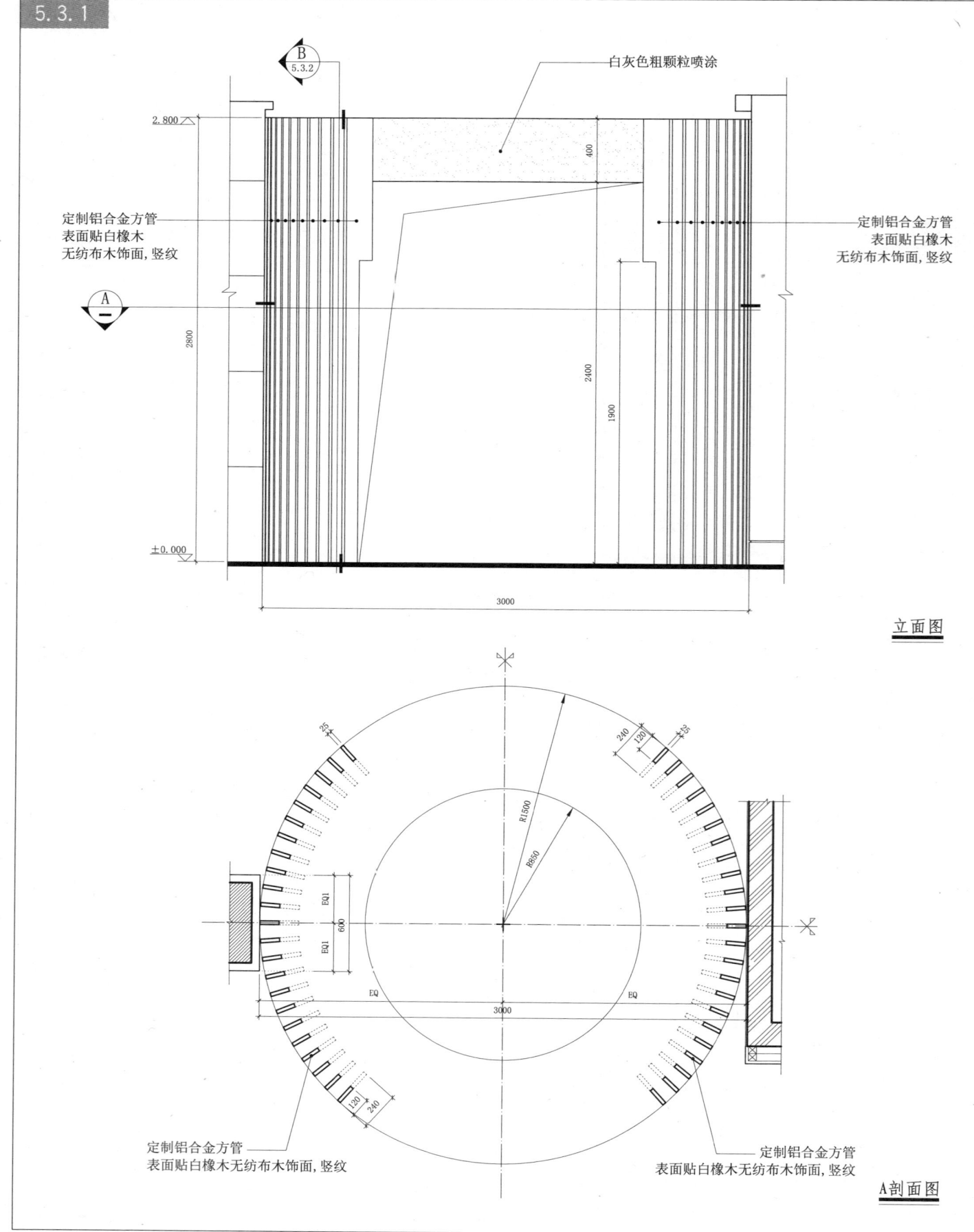

立面图

A剖面图

5.3 平行线节点(二)

5.3.2

5 平行线构造·立面构造·东方古典风格

L50×50×5
镀锌角钢

LED灯带

筒灯

白灰色
粗颗粒喷涂

白灰色
粗颗粒喷涂

白灰色
粗颗粒喷涂

白灰色
粗颗粒喷涂

定制铝合金方管
表面贴白橡木
无纺布木饰面,竖纹

定制铝合金方管
表面贴白橡木
无纺布木饰面,竖纹

L40×40×5
镀锌角钢

螺栓固定

1:3水泥砂浆

雅士白
大理石

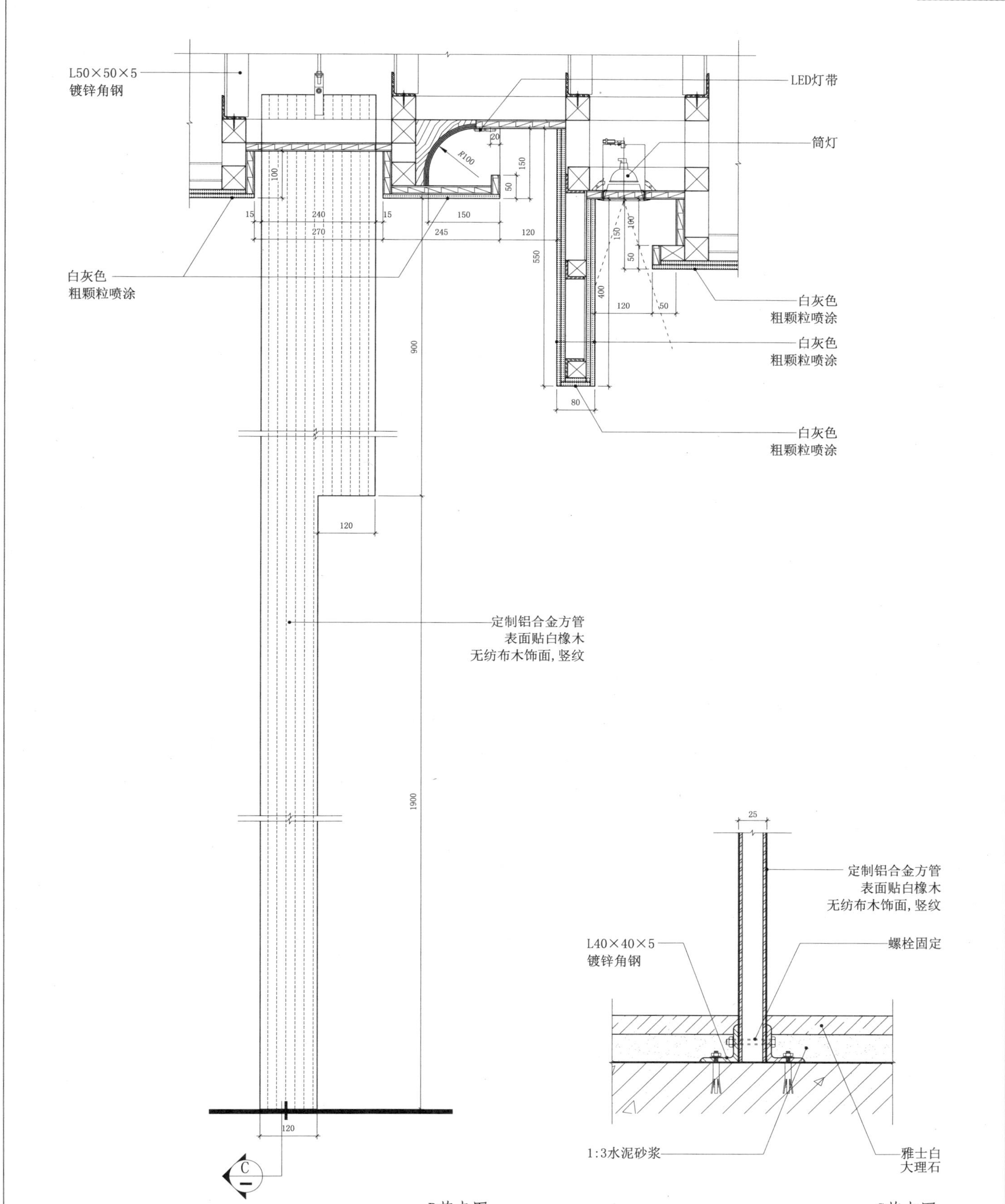

B节点图

C节点图

室内构造节点与专项模式图集 | 177

5 平行线构造·立面构造 东方古典风格

5.4 平行线节点(三)

5.4.1

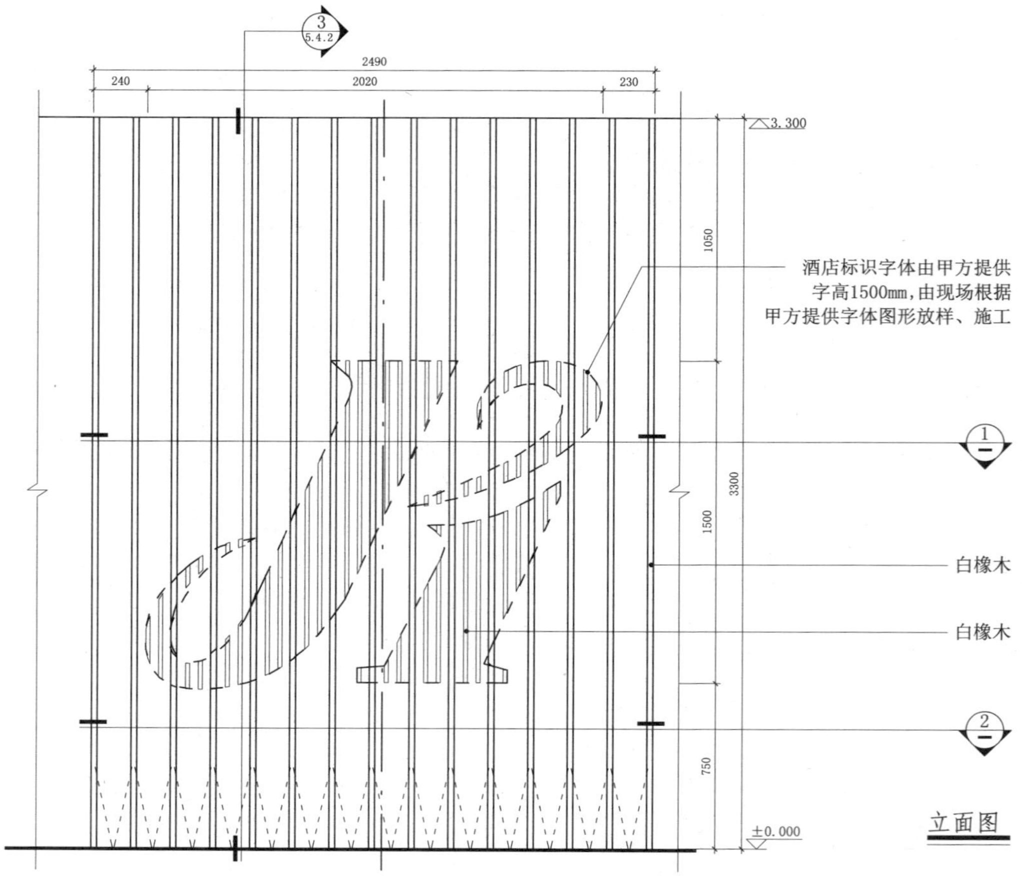

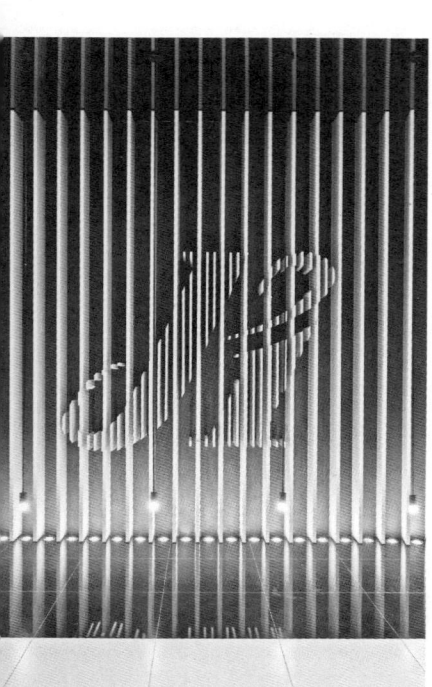

立面图

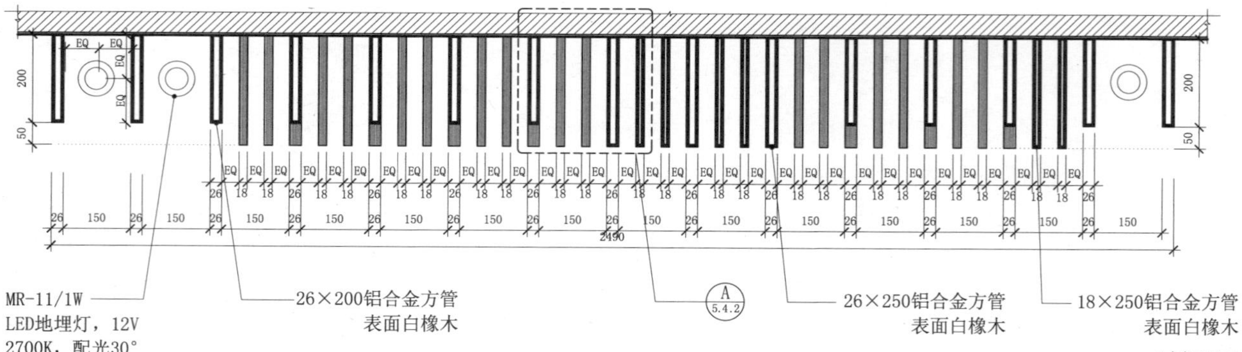

- 酒店标识字体由甲方提供，字高1500mm，由现场根据甲方提供字体图形放样、施工
- 白橡木
- 白橡木

1剖面图
- MR-11/1W LED地埋灯，12V 2700K，配光30°
- 26×200铝合金方管 表面白橡木
- 26×250铝合金方管 表面白橡木
- 18×250铝合金方管 表面白橡木

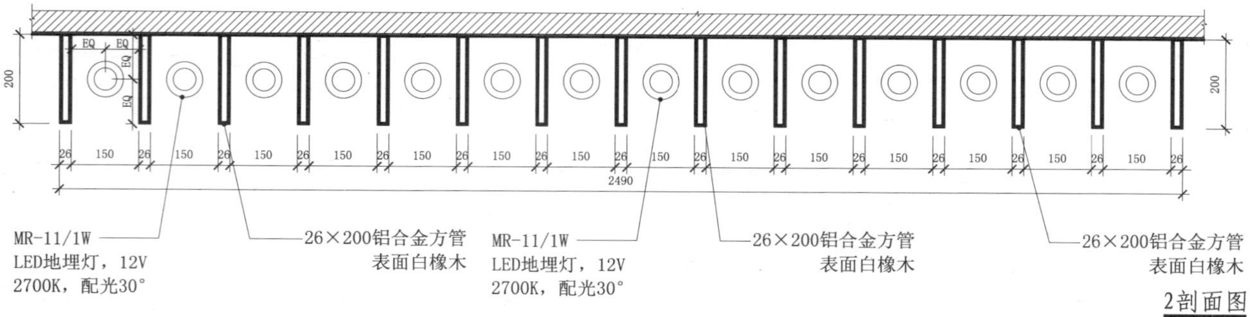

2剖面图
- MR-11/1W LED地埋灯，12V 2700K，配光30°
- 26×200铝合金方管 表面白橡木
- MR-11/1W LED地埋灯，12V 2700K，配光30°
- 26×200铝合金方管 表面白橡木
- 26×200铝合金方管 表面白橡木

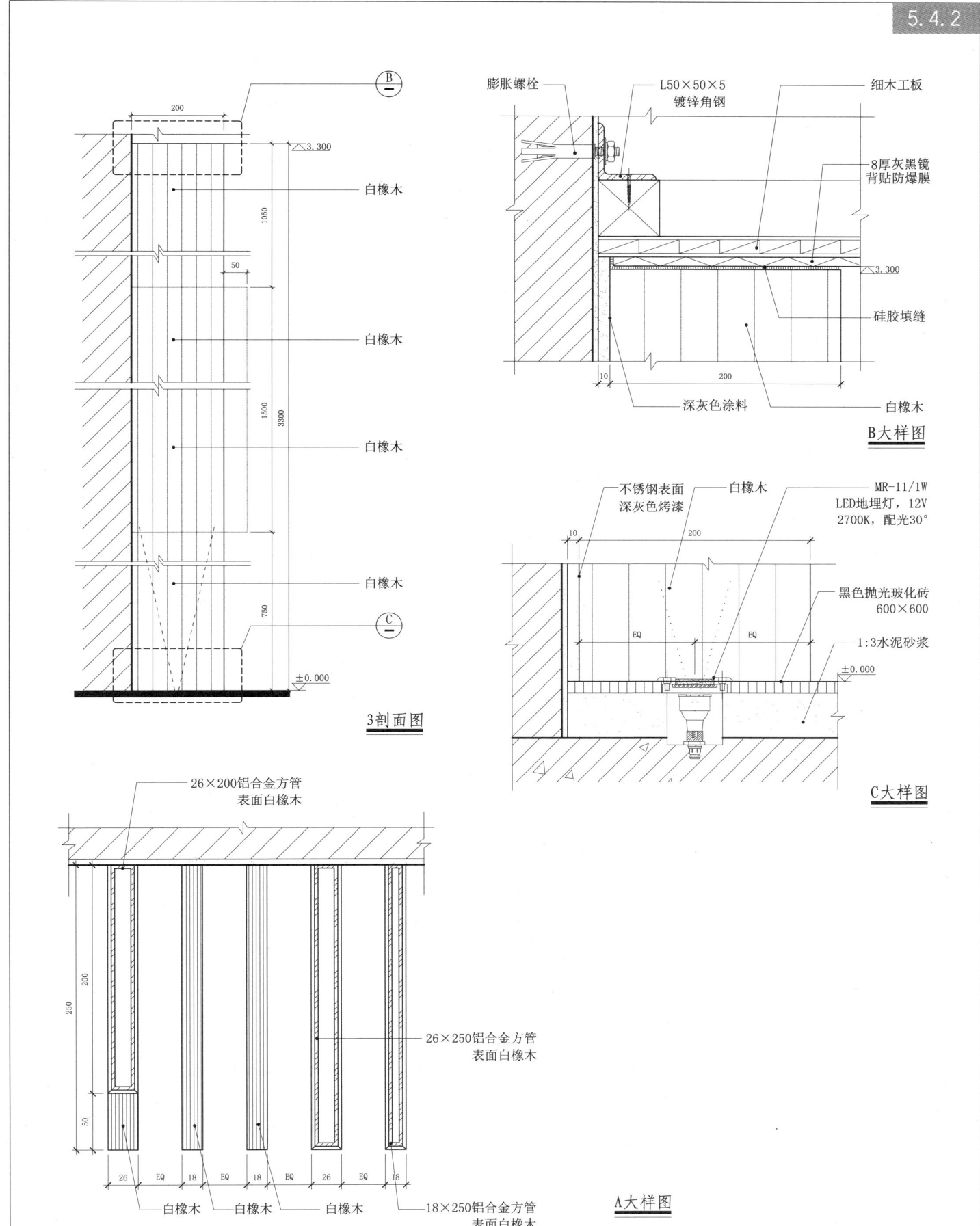

5.5 平行线节点(四)

5 平行线构造 · 立面构造

5.5.1

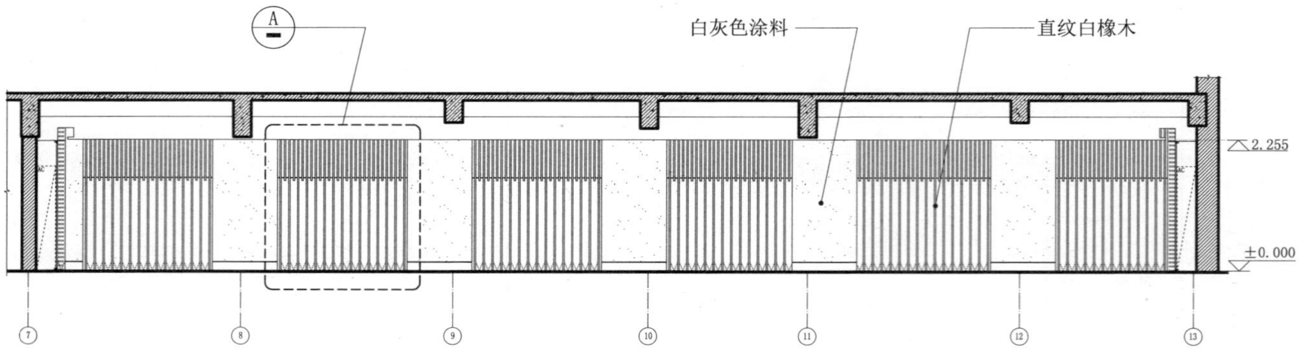

立面图

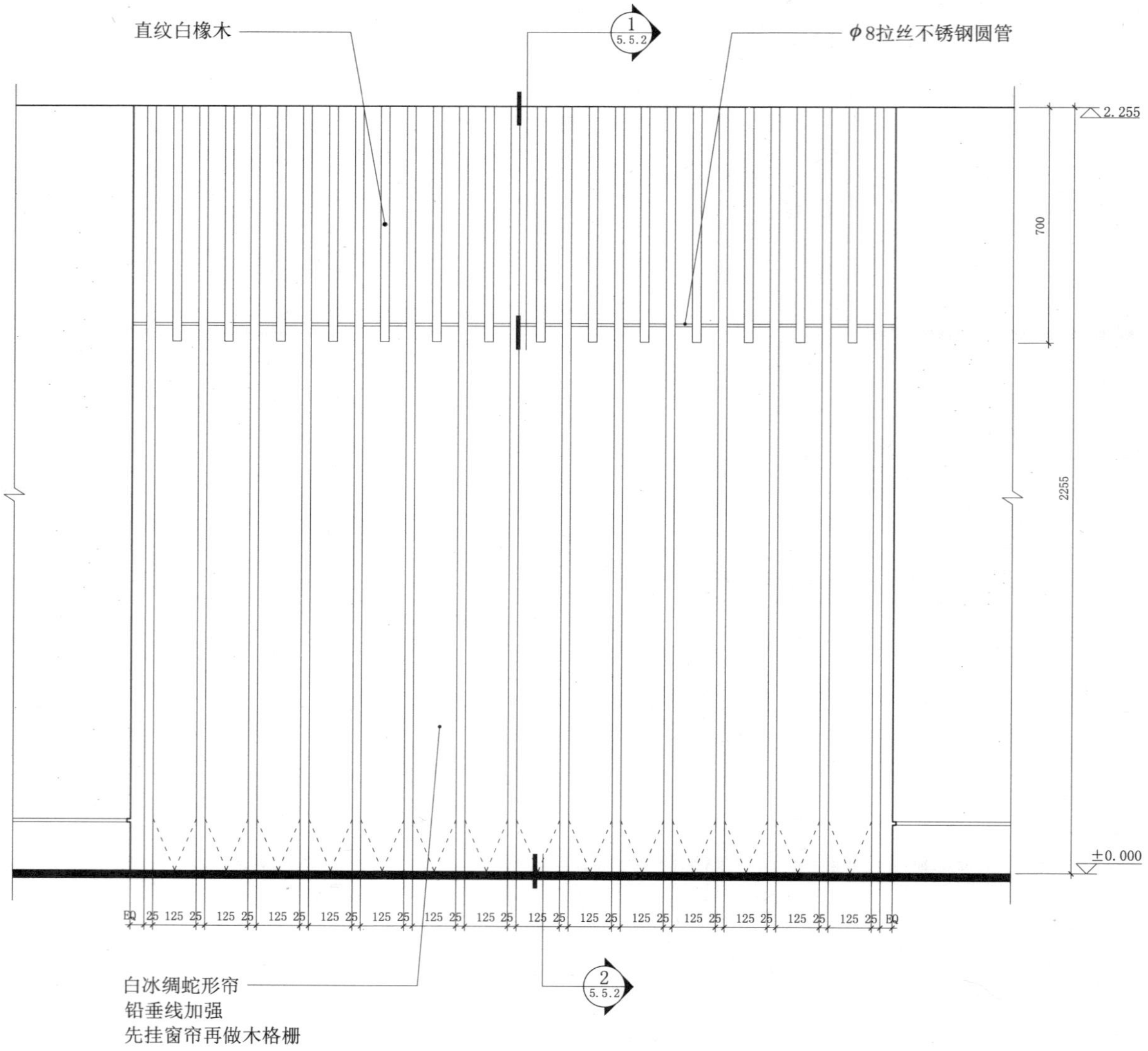

- 白灰色涂料
- 直纹白橡木
- φ8拉丝不锈钢圆管
- 白冰绸蛇形帘
- 铅垂线加强
- 先挂窗帘再做木格栅

A立面大样图

5.5 平行线节点(四)

5.5.2

5 平行线构造·立面构造

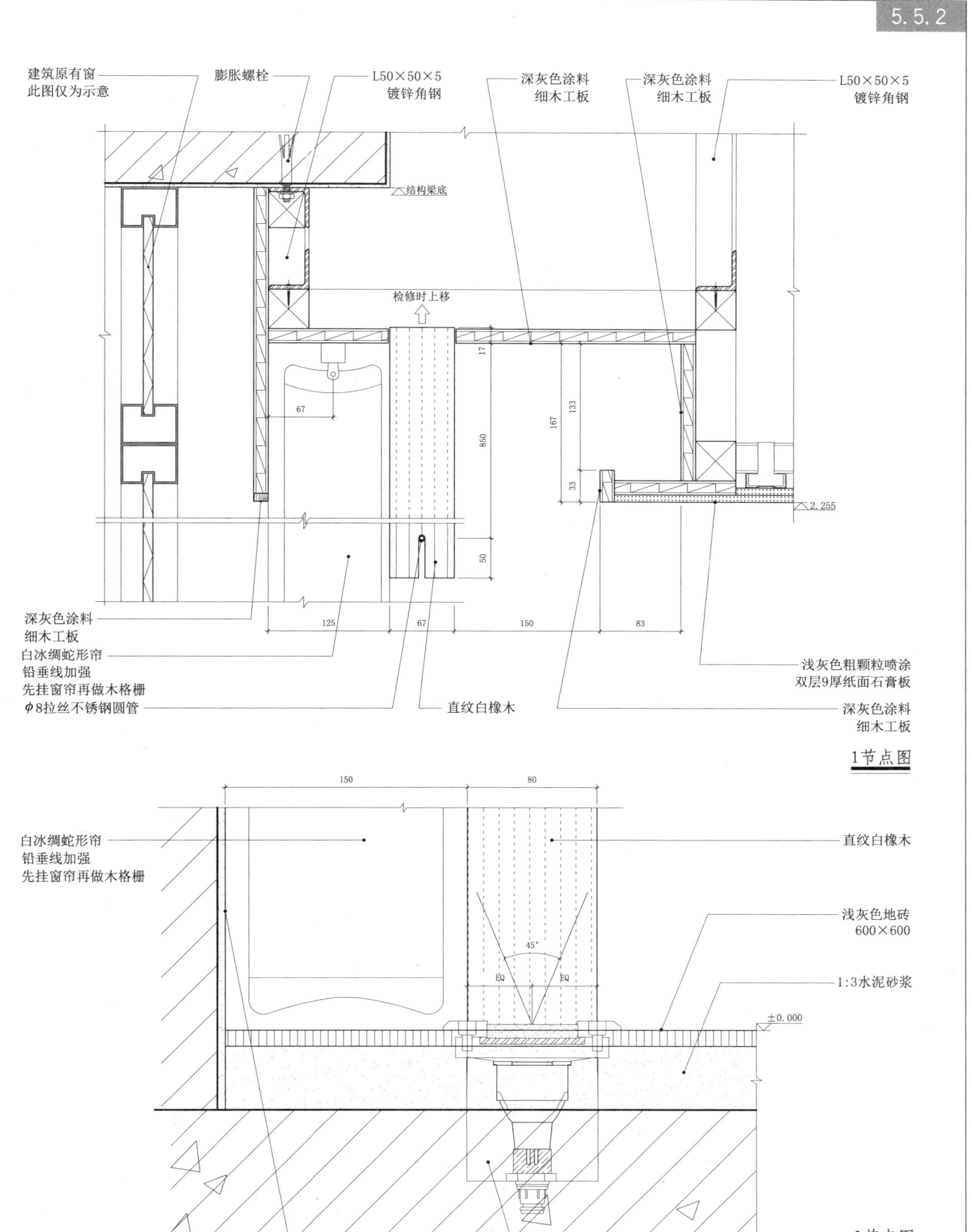

1节点图

2节点图

室内构造节点与专项模式图集 | 181

5.6 平行线节点(五)

5.6

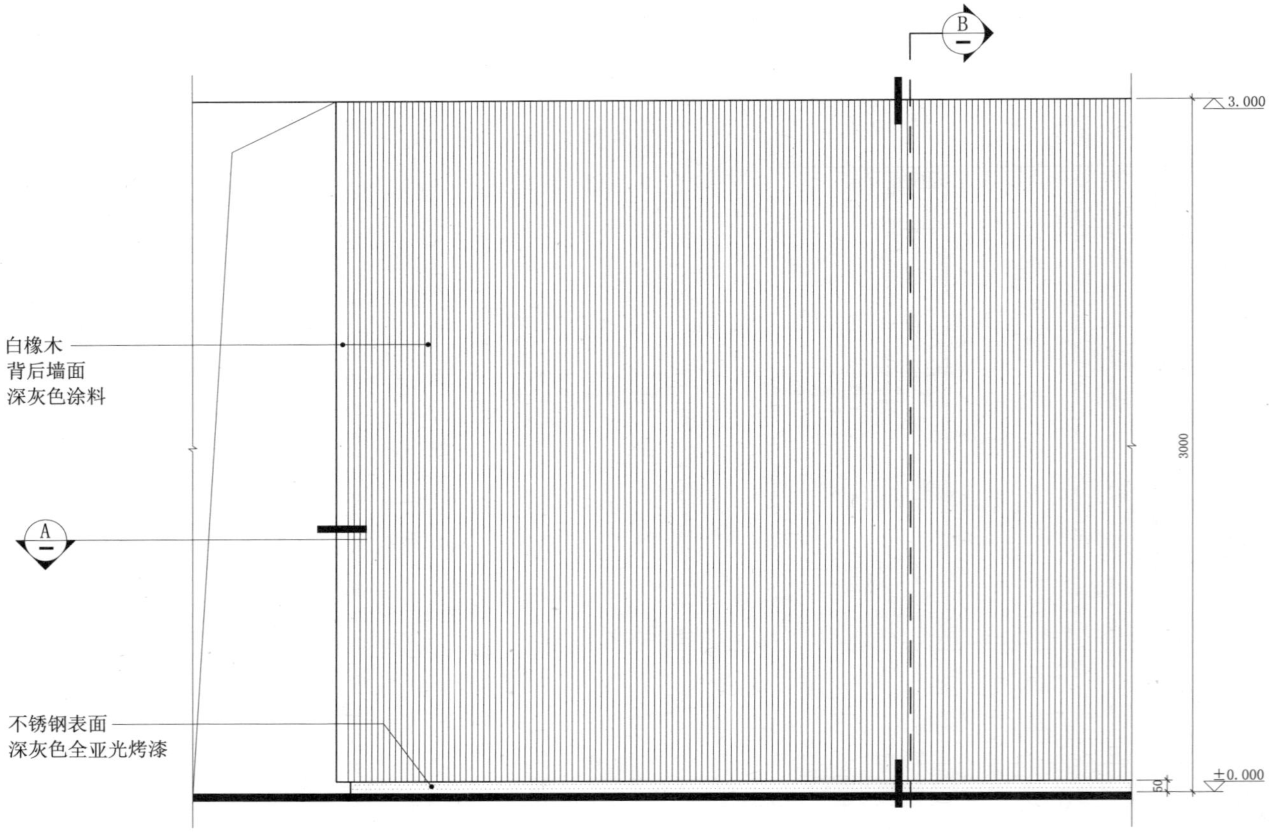

白橡木
背后墙面
深灰色涂料
不锈钢表面
深灰色全亚光烤漆
A
B
3.000
±0.000
3000
50

立面图

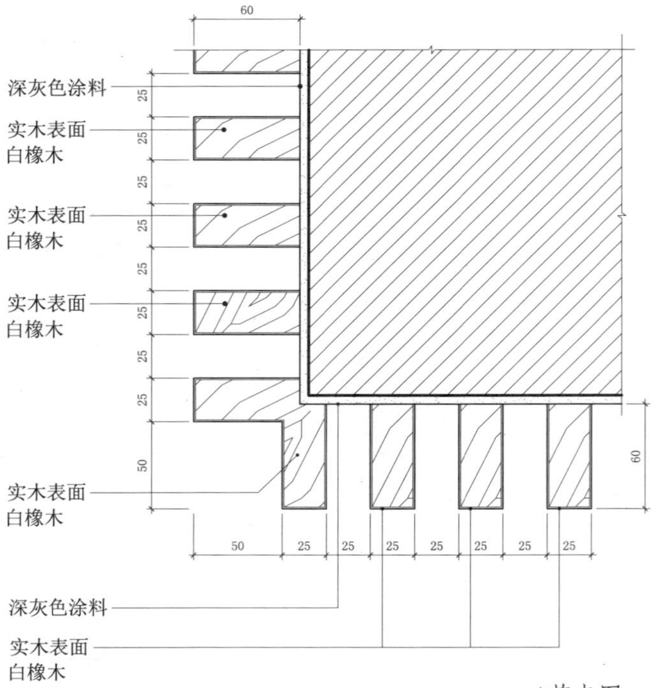

60
深灰色涂料
实木表面
白橡木
实木表面
白橡木
实木表面
白橡木
实木表面
白橡木
深灰色涂料
实木表面
白橡木
25
50
60

A节点图

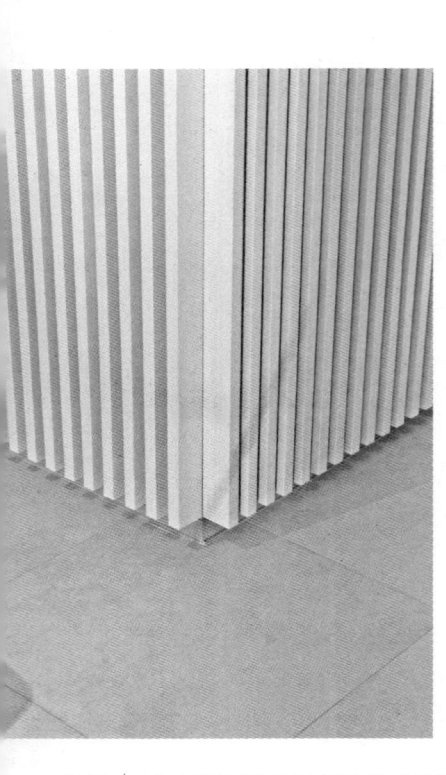

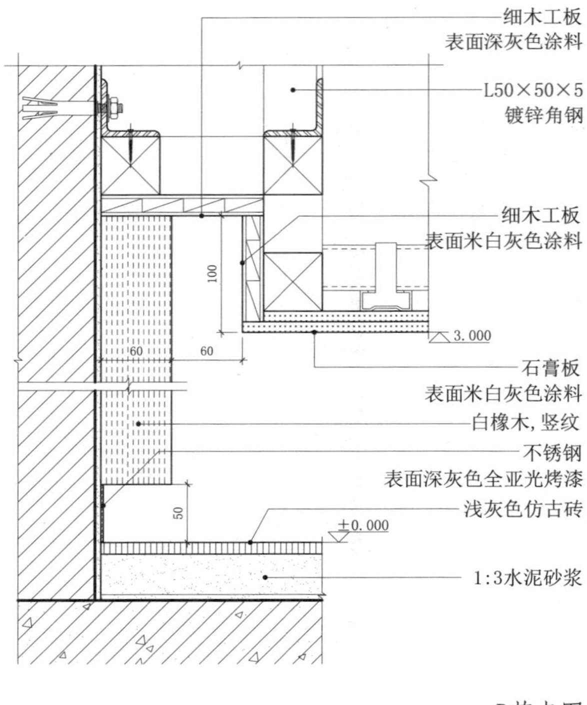

细木工板
表面深灰色涂料
L50×50×5
镀锌角钢
细木工板
表面米白灰色涂料
石膏板
表面米白灰色涂料
白橡木,竖纹
不锈钢
表面深灰色全亚光烤漆
浅灰色仿古砖
1:3水泥砂浆
3.000
±0.000
100
60
60
50

B节点图

5.7 平行线节点（六）

5 平行线构造·立面构造

5.7.1

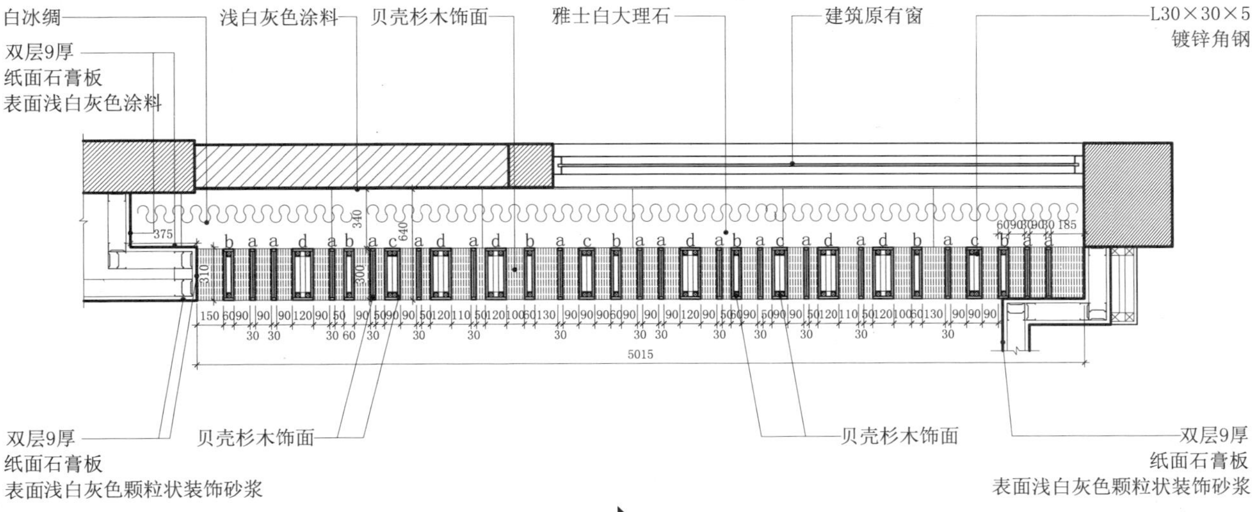

白冰绸 ｜ 浅白灰色涂料 ｜ 贝壳杉木饰面 ｜ 雅士白大理石 ｜ 建筑原有窗 ｜ L30×30×5 镀锌角钢

双层9厚纸面石膏板表面浅白灰色涂料

双层9厚纸面石膏板表面浅白灰色颗粒状装饰砂浆

贝壳杉木饰面

贝壳杉木饰面

双层9厚纸面石膏板表面浅白灰色颗粒状装饰砂浆

A 节点图

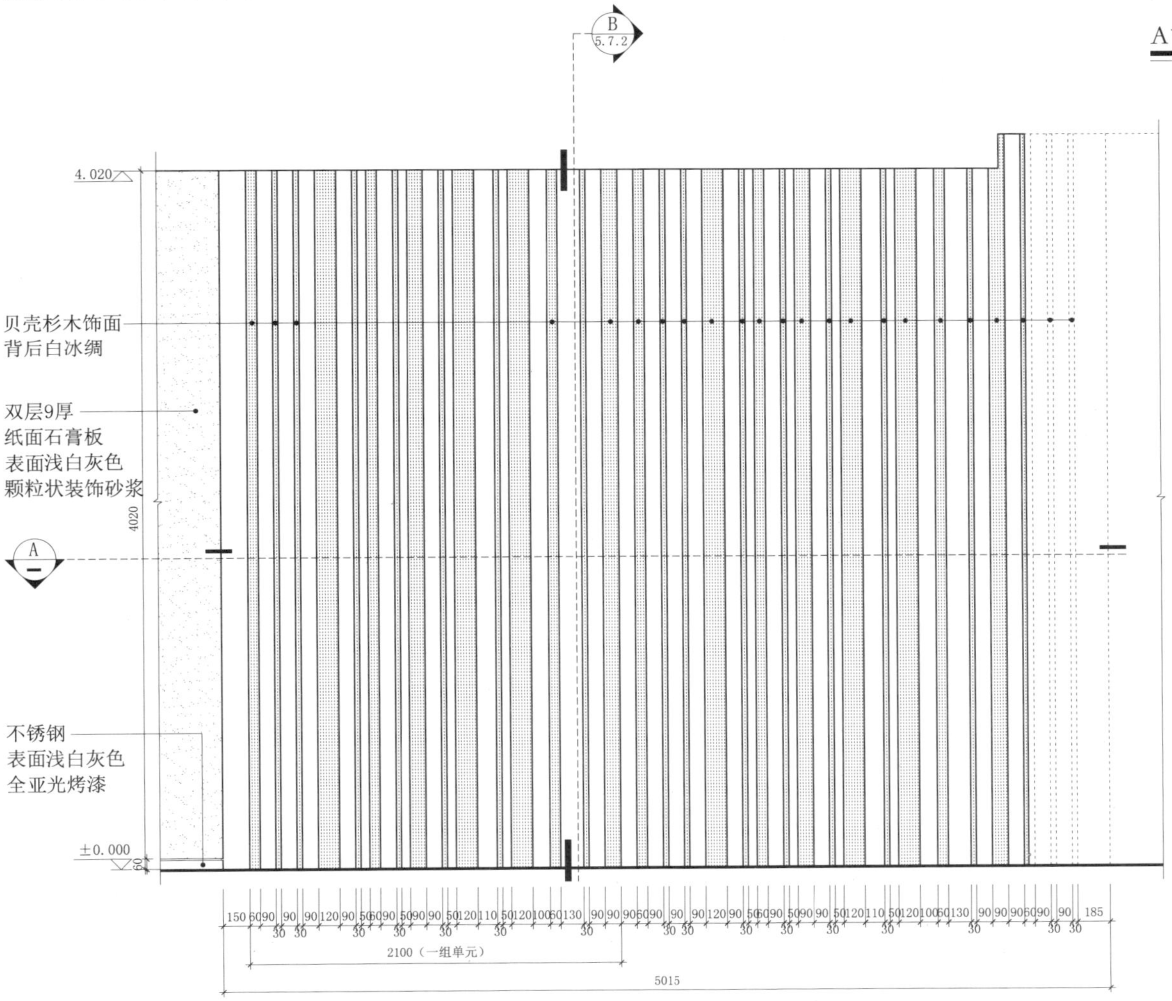

贝壳杉木饰面 背后白冰绸

双层9厚纸面石膏板表面浅白灰色颗粒状装饰砂浆

不锈钢表面浅白灰色全亚光烤漆

立面图

室内构造节点与专项模式图集 ｜ 183

5.7 平行线节点(六)

5.7.2

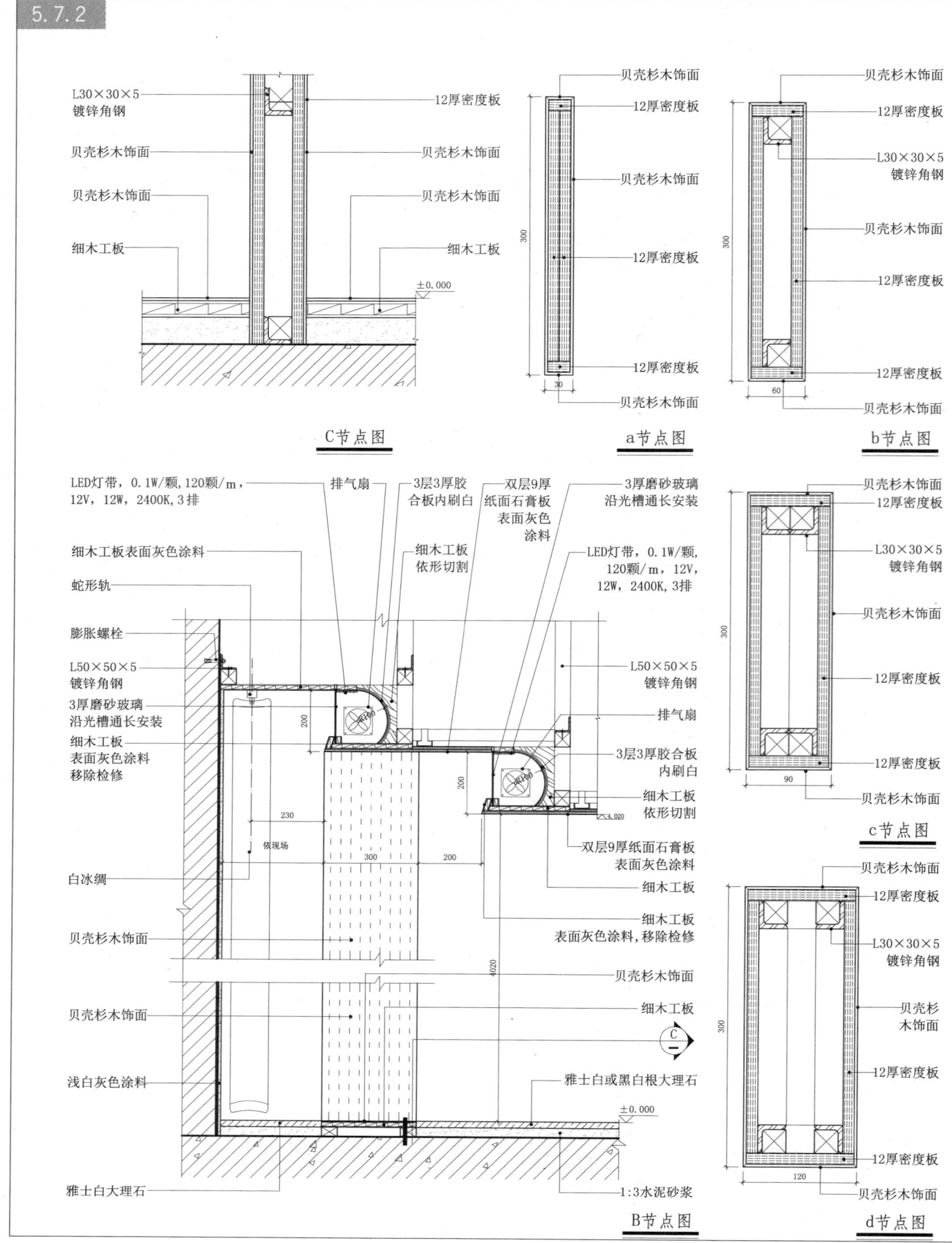

5.8 彩色平行线

平行线构造·非透光照明构造 立面构造

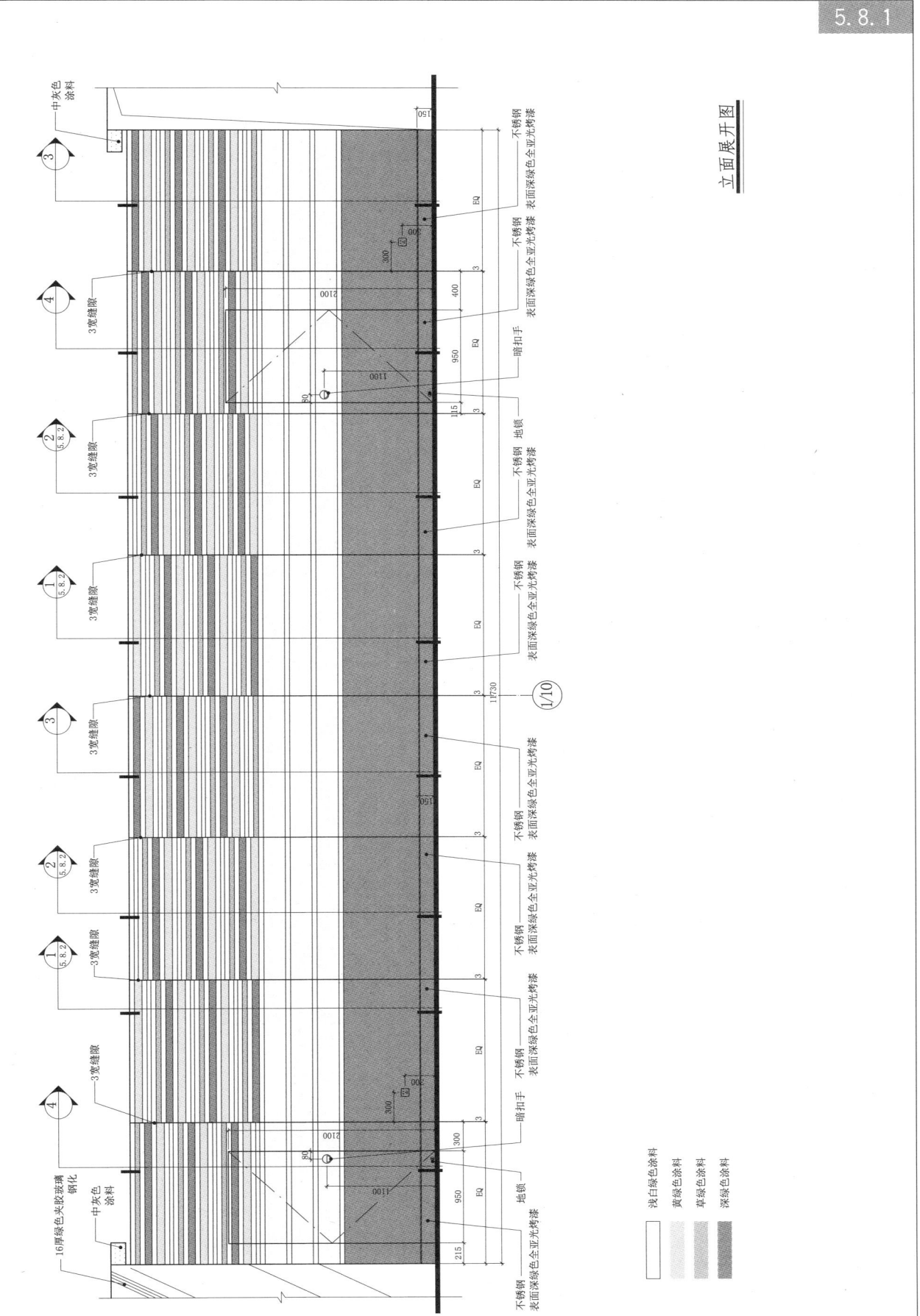

5.8 彩色平行线

5.8.2

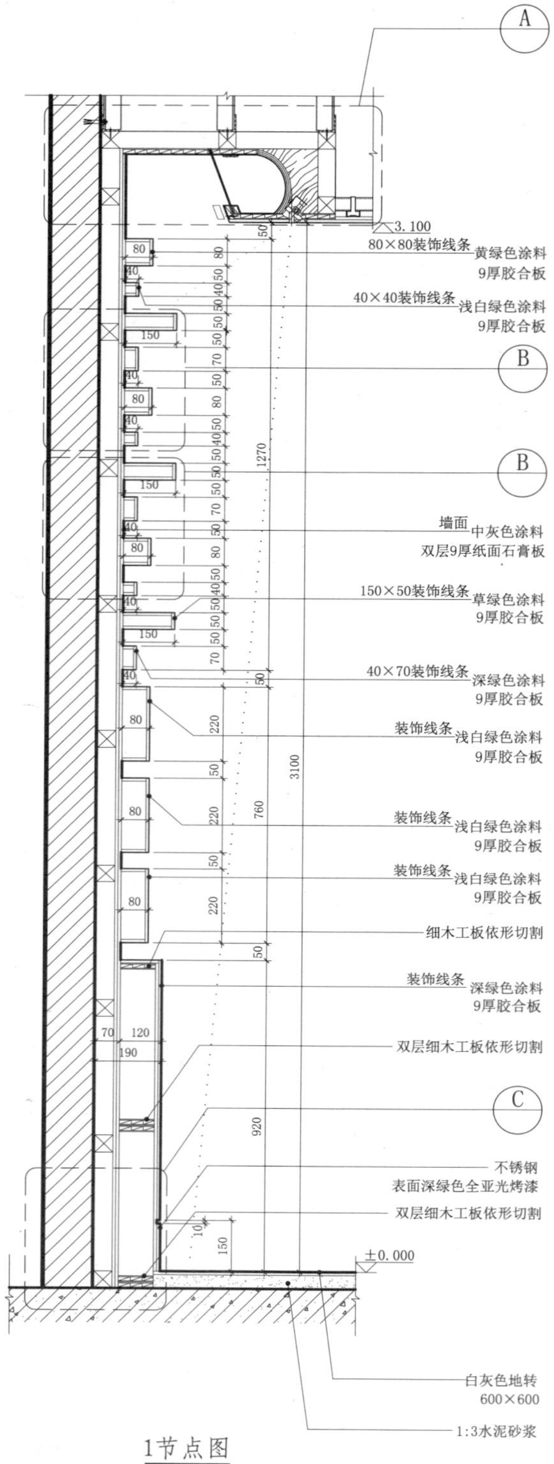

1节点图

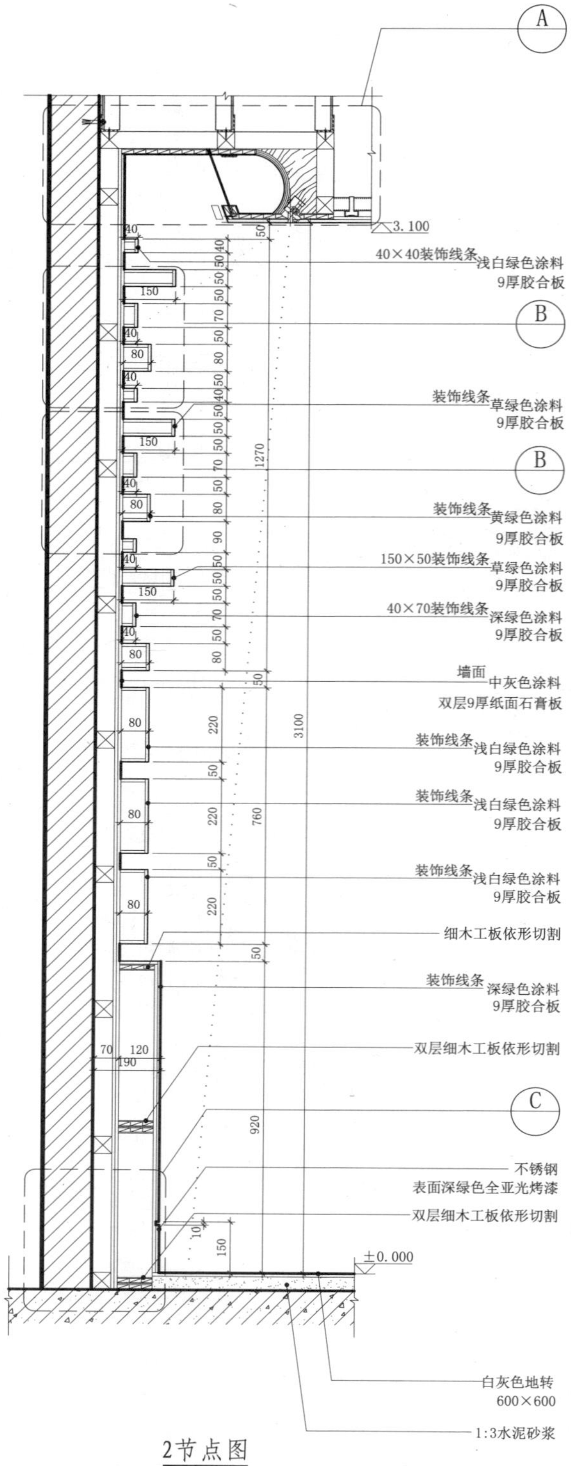

2节点图

4种装饰线条一组

150×50 装饰线条表面草绿色涂料
40×70 装饰线条表面深绿色涂料
80×80 装饰线条表面黄绿色涂料
40×40 装饰线条表面浅白绿色涂料

5.9 铝合金线条

平行线构造 · 立面构造 金属构造 透光照明构造

铝合金线条平面大样图
表面灰黑色全亚光烤漆
铝合金方管

1 立面图

地坪为双面玉砂玻璃
(10厚,钢化,玻璃盒内LT-01,4排)

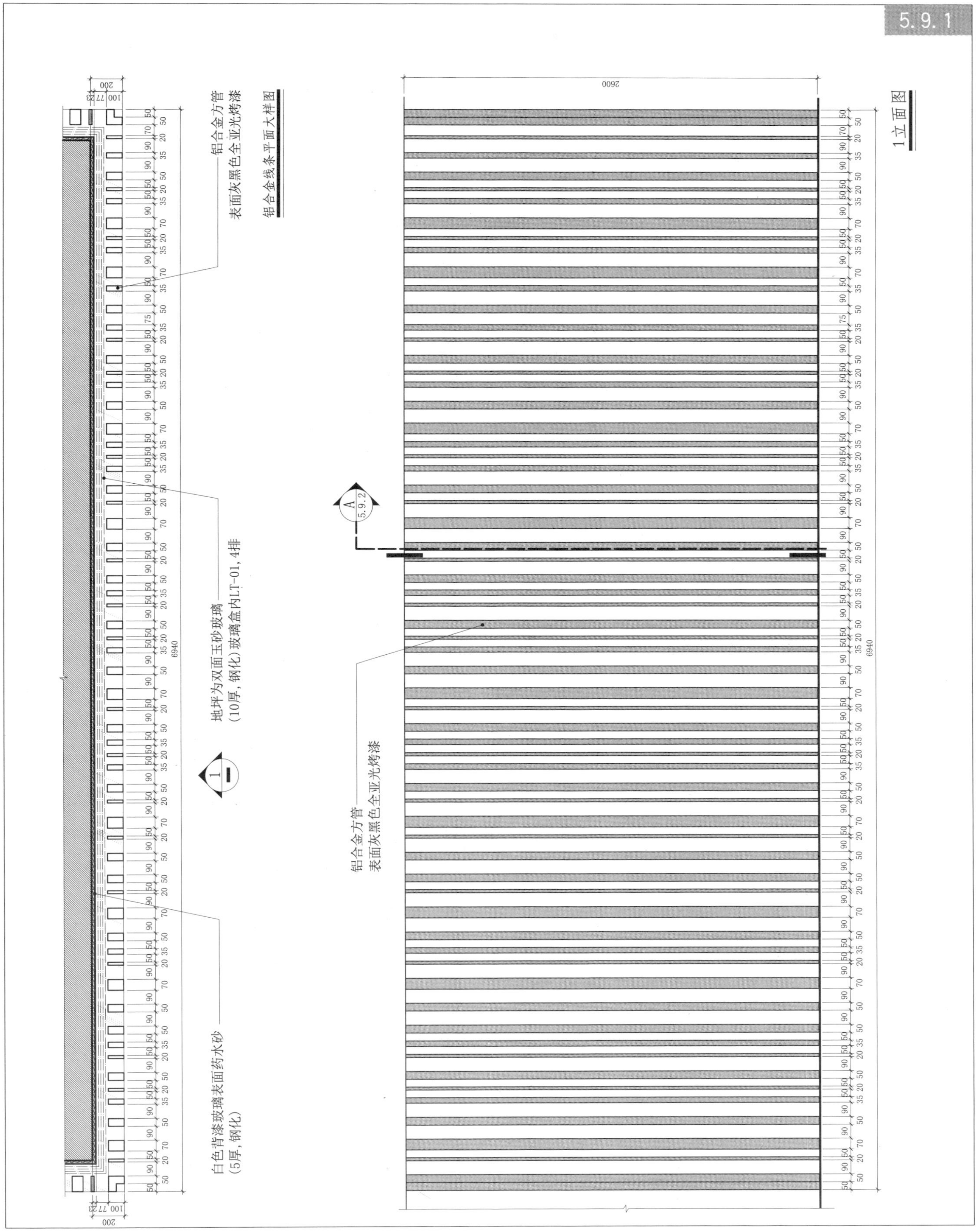

铝合金方管
表面灰黑色全亚光烤漆

白色背漆玻璃表面药水砂
(5厚,钢化)

5.9 铝合金线条

5.9.2

平行线构造·立面构造 金属构造 透光照明构造

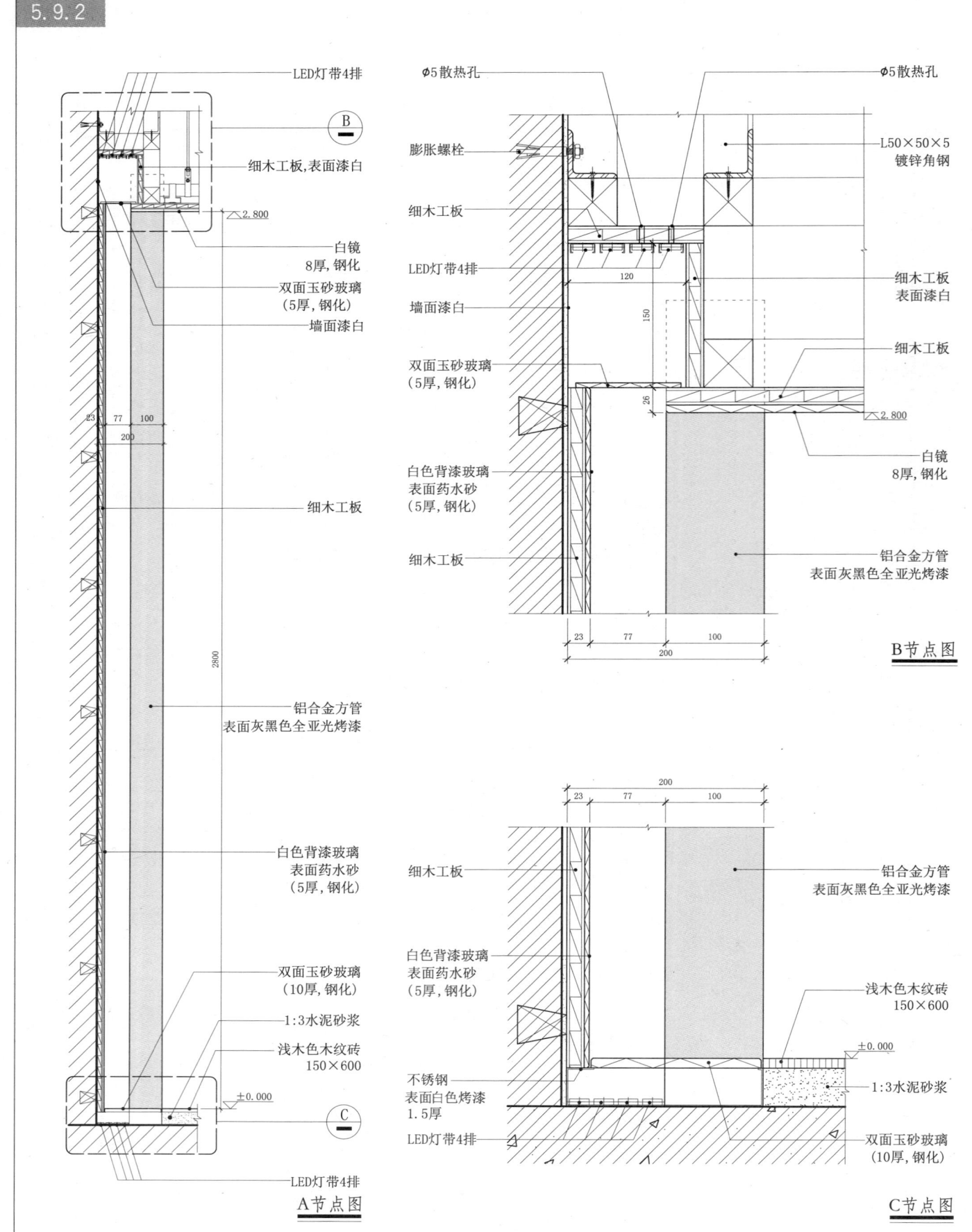

A节点图　　B节点图　　C节点图

5.9.3

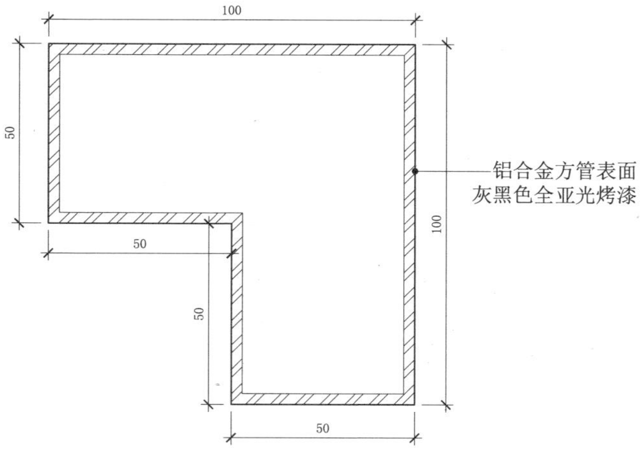
100
50
50
50
50
100
铝合金方管表面
灰黑色全亚光烤漆

转角处铝合金线条大样图

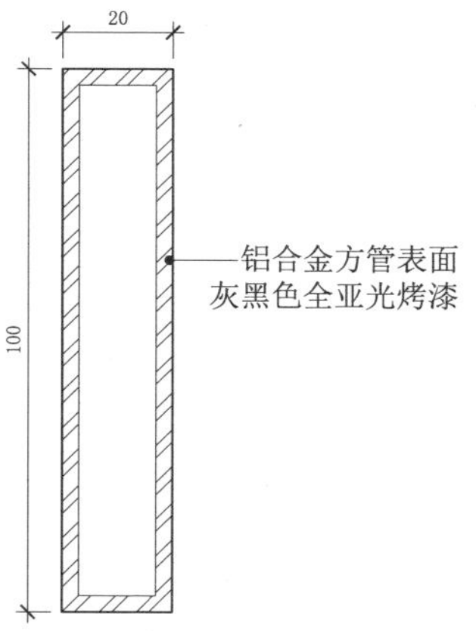
20
100
铝合金方管表面
灰黑色全亚光烤漆

□20×100铝合金线条大样图

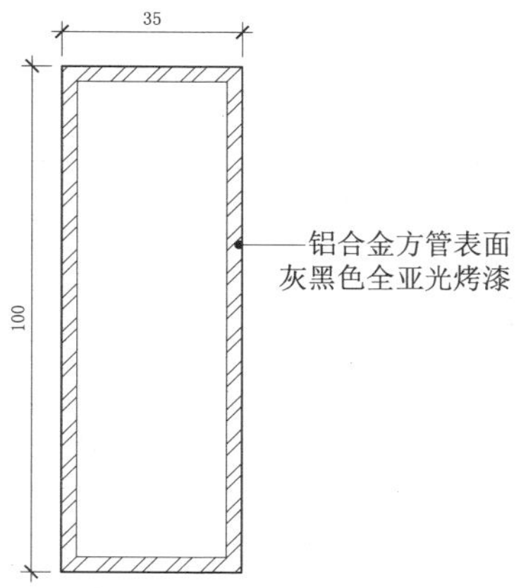
35
100
铝合金方管表面
灰黑色全亚光烤漆

□35×100铝合金线条大样图

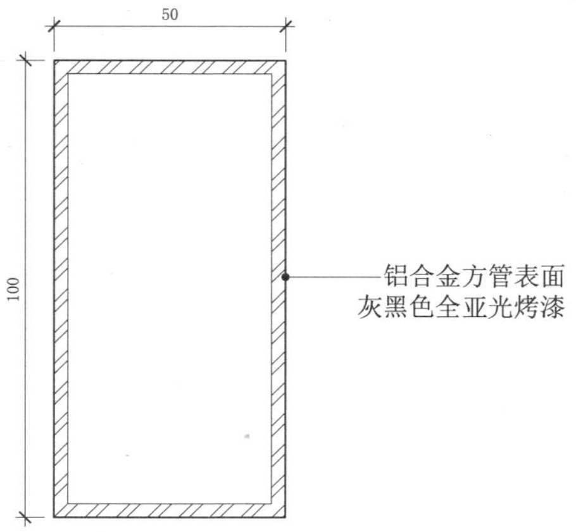
50
100
铝合金方管表面
灰黑色全亚光烤漆

□50×100铝合金线条大样图

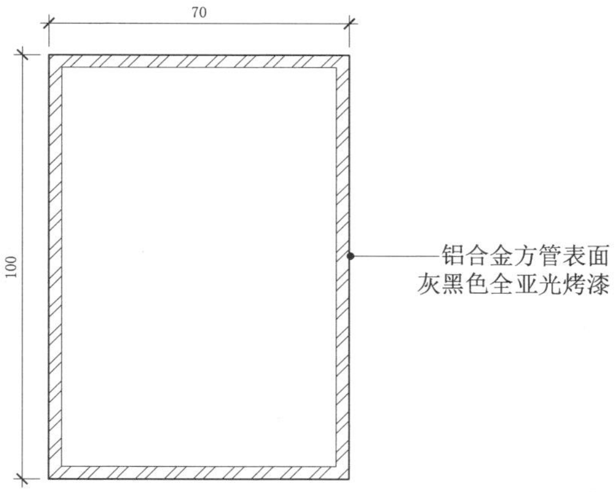
70
100
铝合金方管表面
灰黑色全亚光烤漆

□70×100铝合金线条大样图

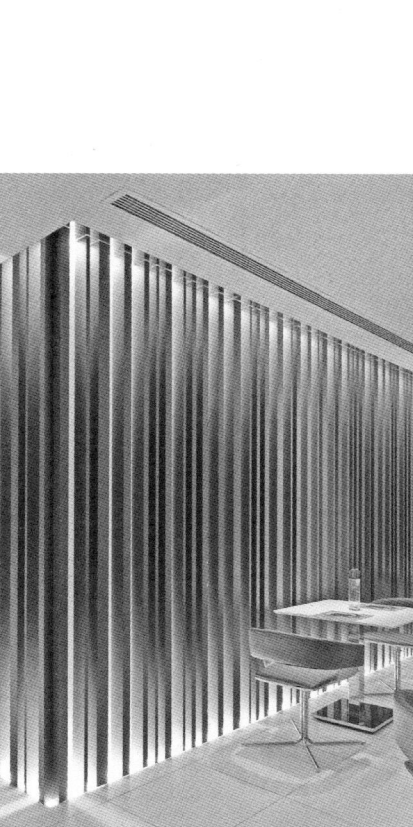

5.10　渐变玻璃隔断节点

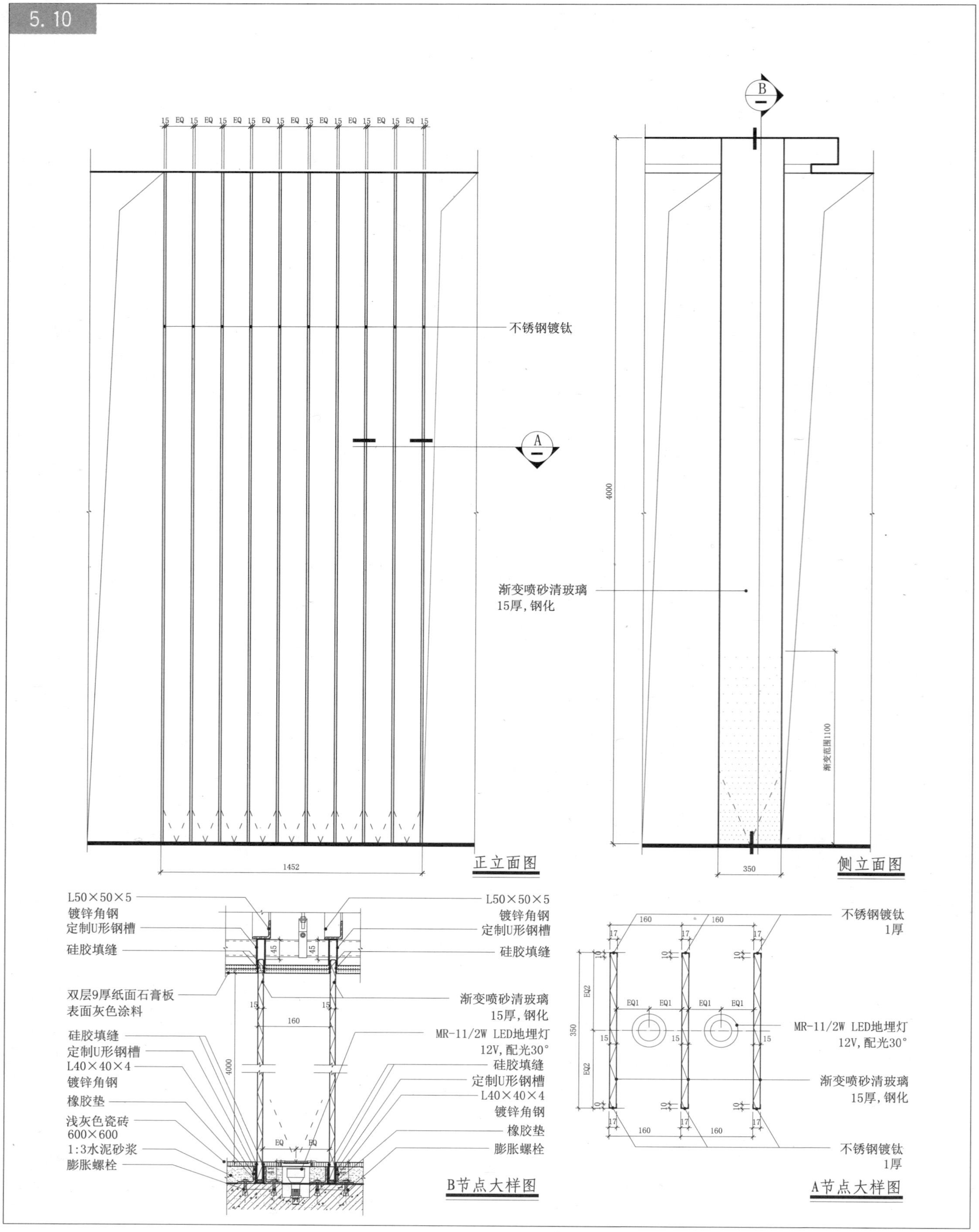
5.10
B
不锈钢镀钛
A
4000
渐变喷砂清玻璃
15厚，钢化
渐变范围1100
1452
正立面图
350
侧立面图
L50×50×5
镀锌角钢
定制U形钢槽
硅胶填缝
双层9厚纸面石膏板
表面灰色涂料
硅胶填缝
定制U形钢槽
L40×40×4
镀锌角钢
橡胶垫
浅灰色瓷砖
600×600
1:3水泥砂浆
膨胀螺栓
L50×50×5
镀锌角钢
定制U形钢槽
硅胶填缝
渐变喷砂清玻璃
15厚，钢化
MR-11/2W LED地埋灯
12V，配光30°
硅胶填缝
定制U形钢槽
L40×40×4
镀锌角钢
橡胶垫
膨胀螺栓
B节点大样图
不锈钢镀钛
1厚
MR-11/2W LED地埋灯
12V，配光30°
渐变喷砂清玻璃
15厚，钢化
不锈钢镀钛
1厚
A节点大样图

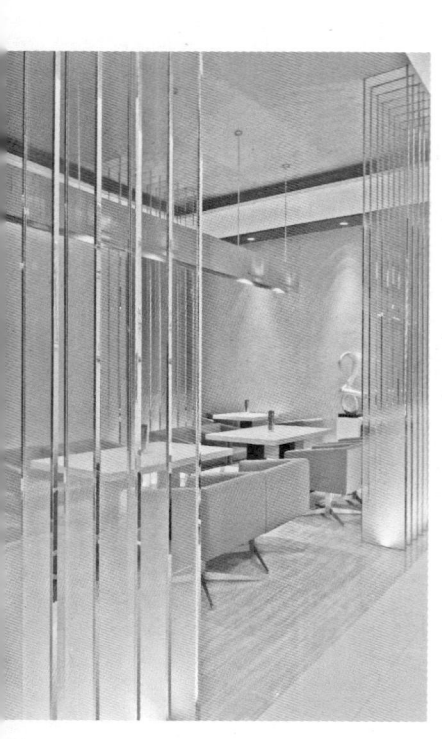

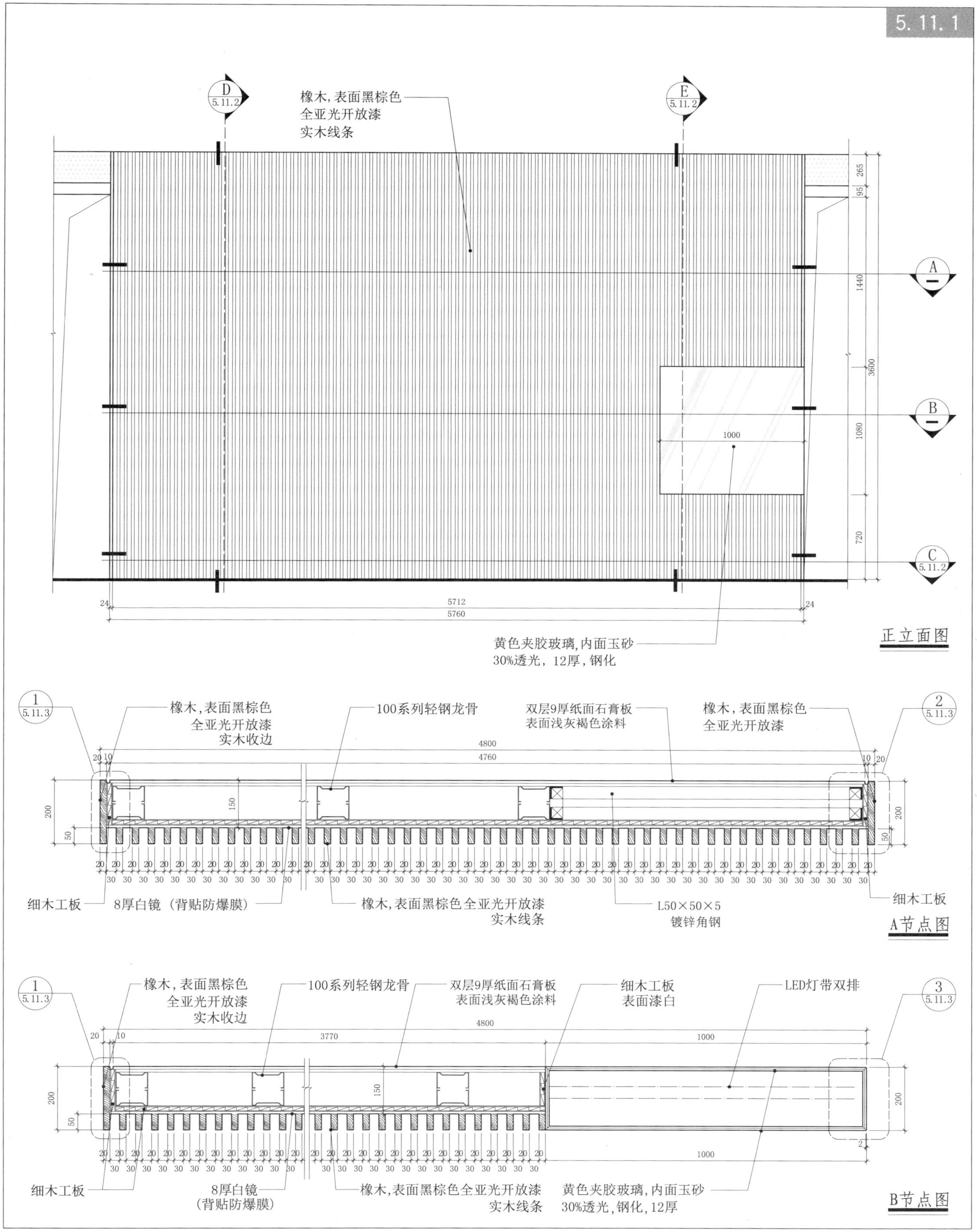

5.11 平行线立面构造

5 平行线构造·立面构造 玻璃构造 透光照明构造

5.11.1

正立面图

- 橡木,表面黑棕色全亚光开放漆实木线条
- 黄色夹胶玻璃,内面玉砂 30%透光,12厚,钢化

A节点图

- 橡木,表面黑棕色全亚光开放漆实木收边
- 100系列轻钢龙骨
- 双层9厚纸面石膏板表面浅灰褐色涂料
- 橡木,表面黑棕色全亚光开放漆
- 细木工板
- 8厚白镜（背贴防爆膜）
- 橡木,表面黑棕色全亚光开放漆实木线条
- L50×50×5 镀锌角钢
- 细木工板

B节点图

- 橡木,表面黑棕色全亚光开放漆实木收边
- 100系列轻钢龙骨
- 双层9厚纸面石膏板表面浅灰褐色涂料
- 细木工板表面漆白
- LED灯带双排
- 细木工板
- 8厚白镜（背贴防爆膜）
- 橡木,表面黑棕色全亚光开放漆实木线条
- 黄色夹胶玻璃,内面玉砂 30%透光,钢化,12厚

室内构造节点与专项模式图集 | 191

5.11 平行线立面构造

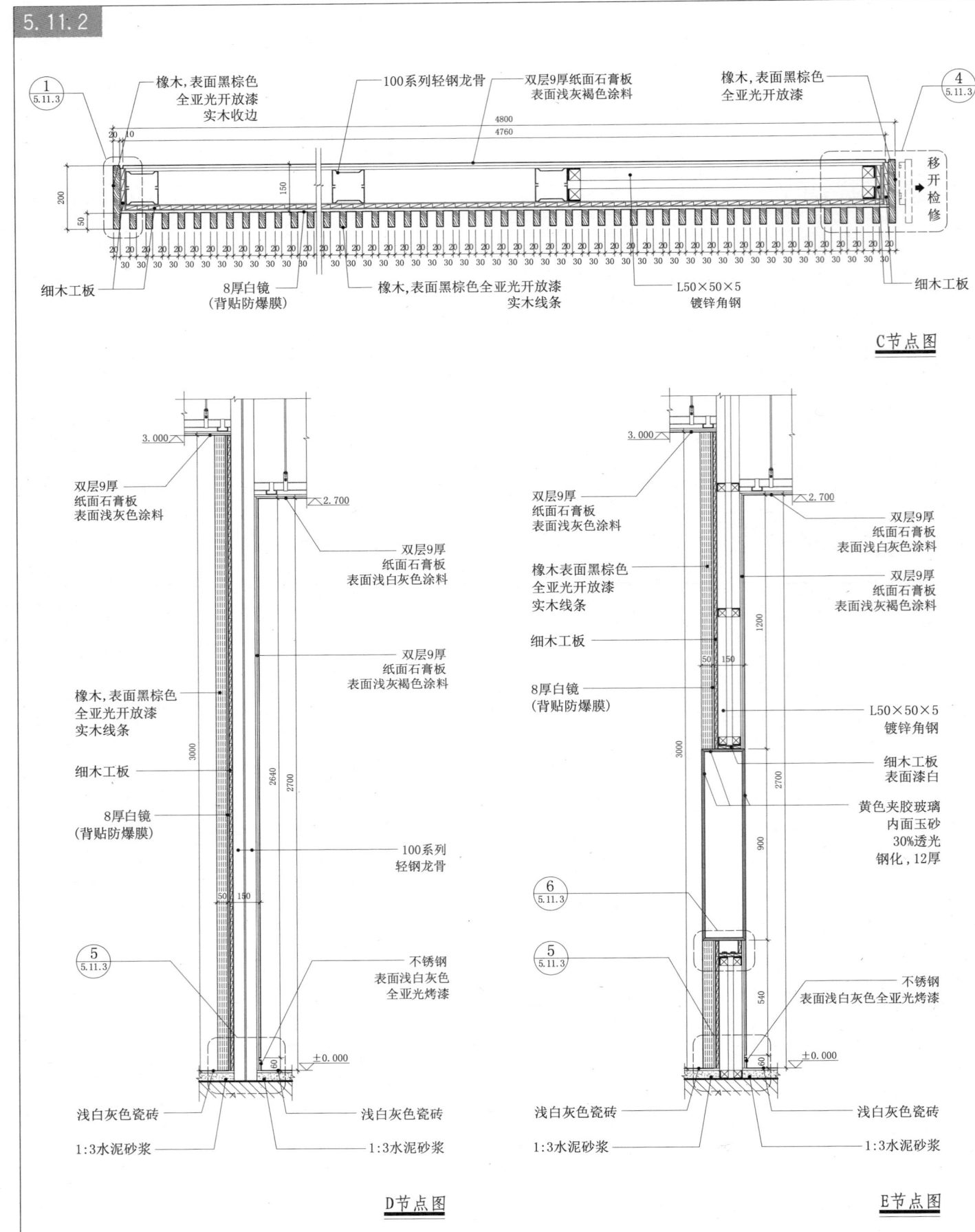

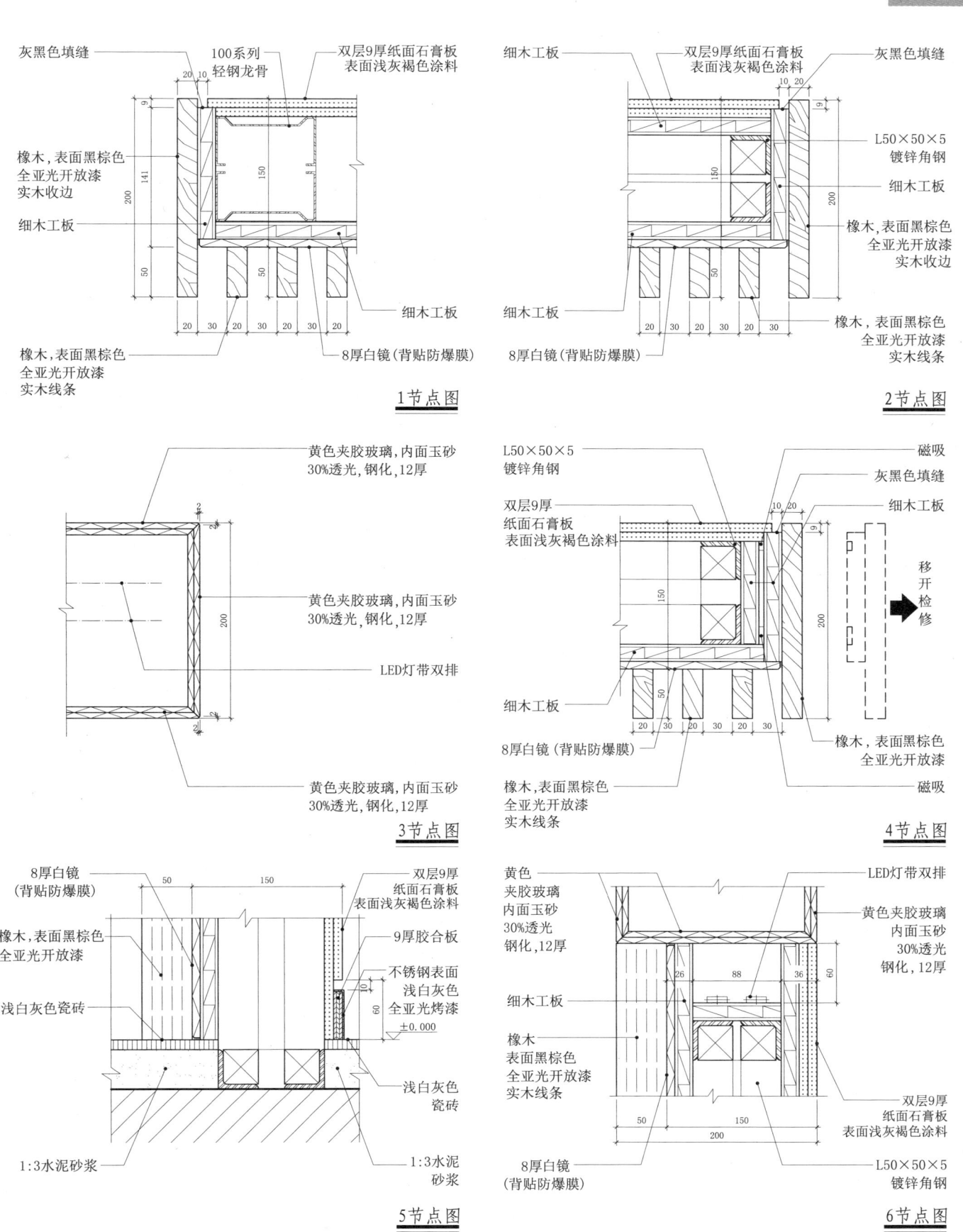

5.11 平行线立面构造

5.11.3

5.12 铝合金装饰条

5.12.1

立面图

1大样图

A节点图

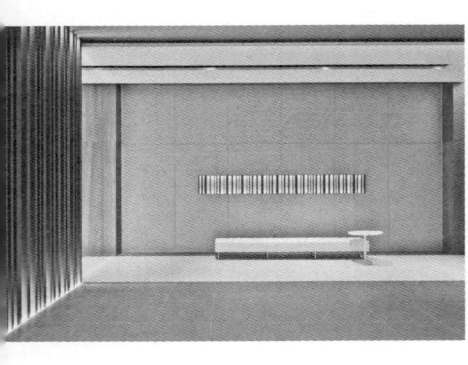

5.12 铝合金装饰条

5 平行线构造·检修构造

5.12.2

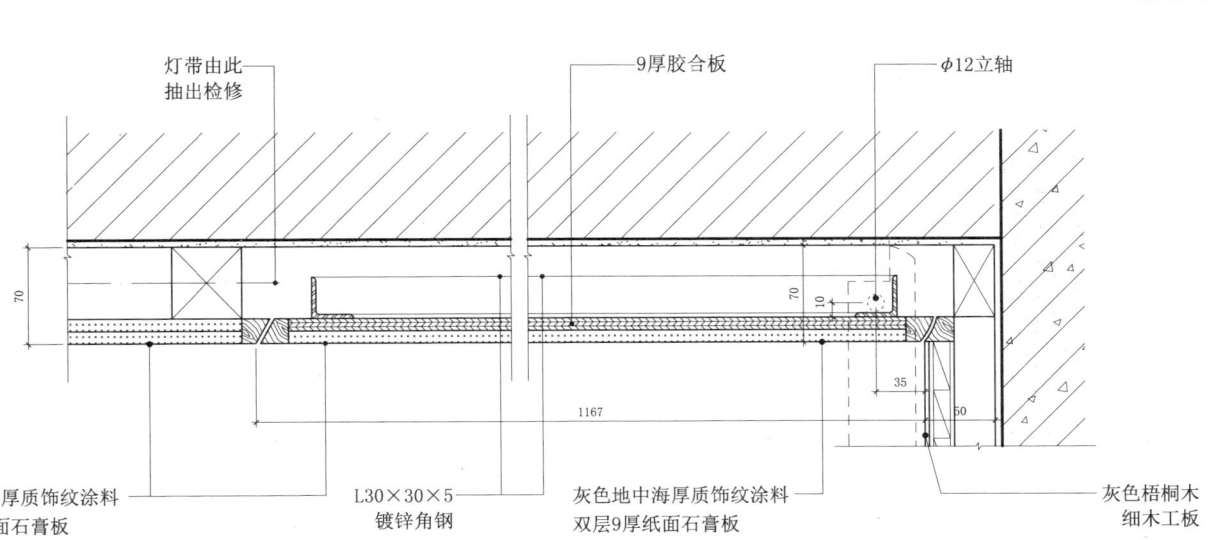

B节点图

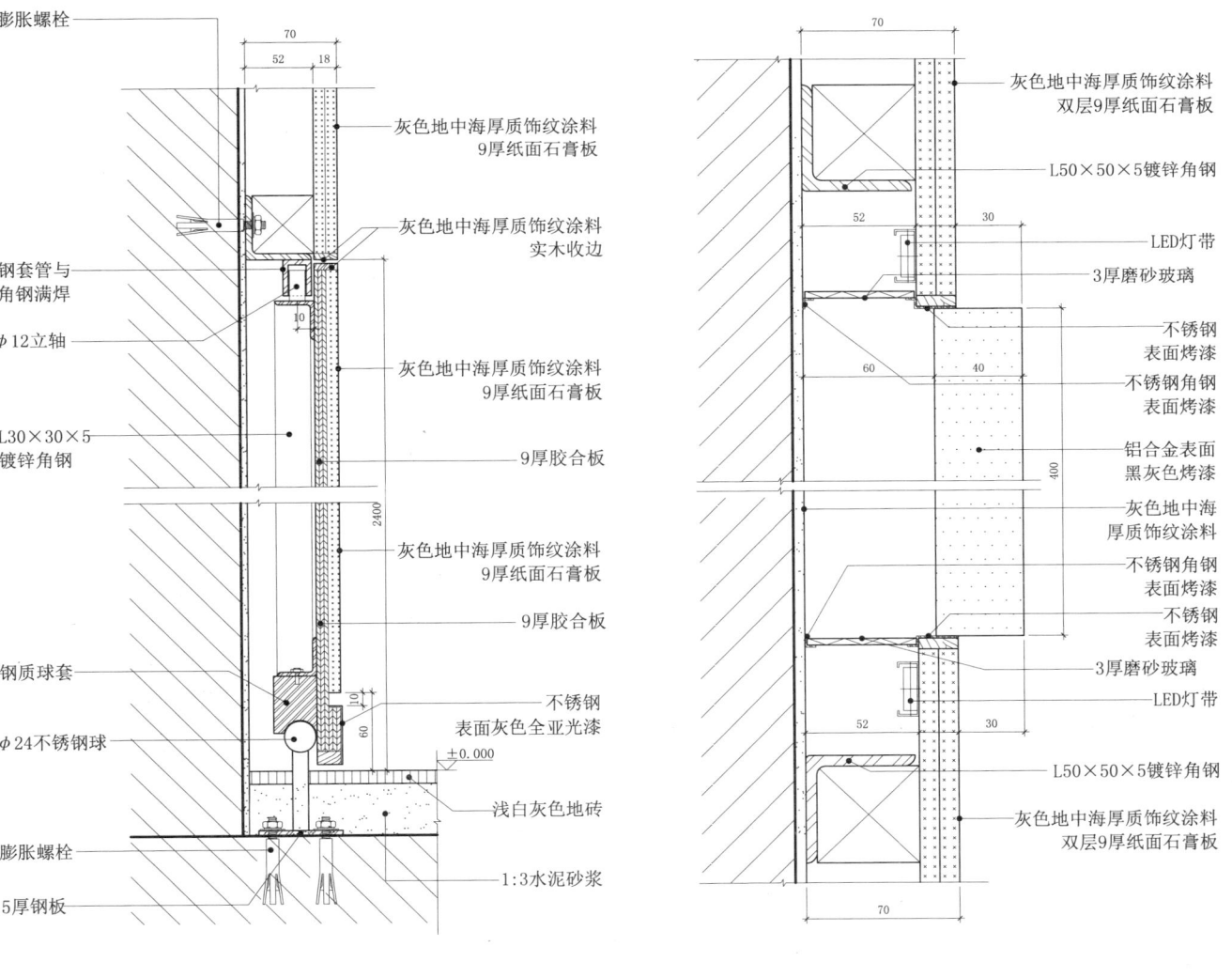

C节点图　　D节点图

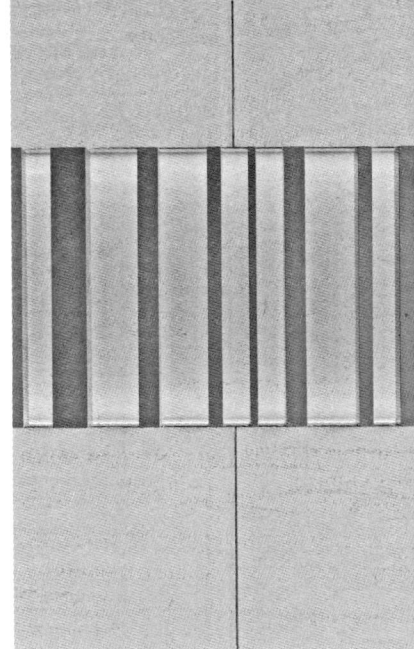

5.13 造型顶棚及平行线节点

5.13.1

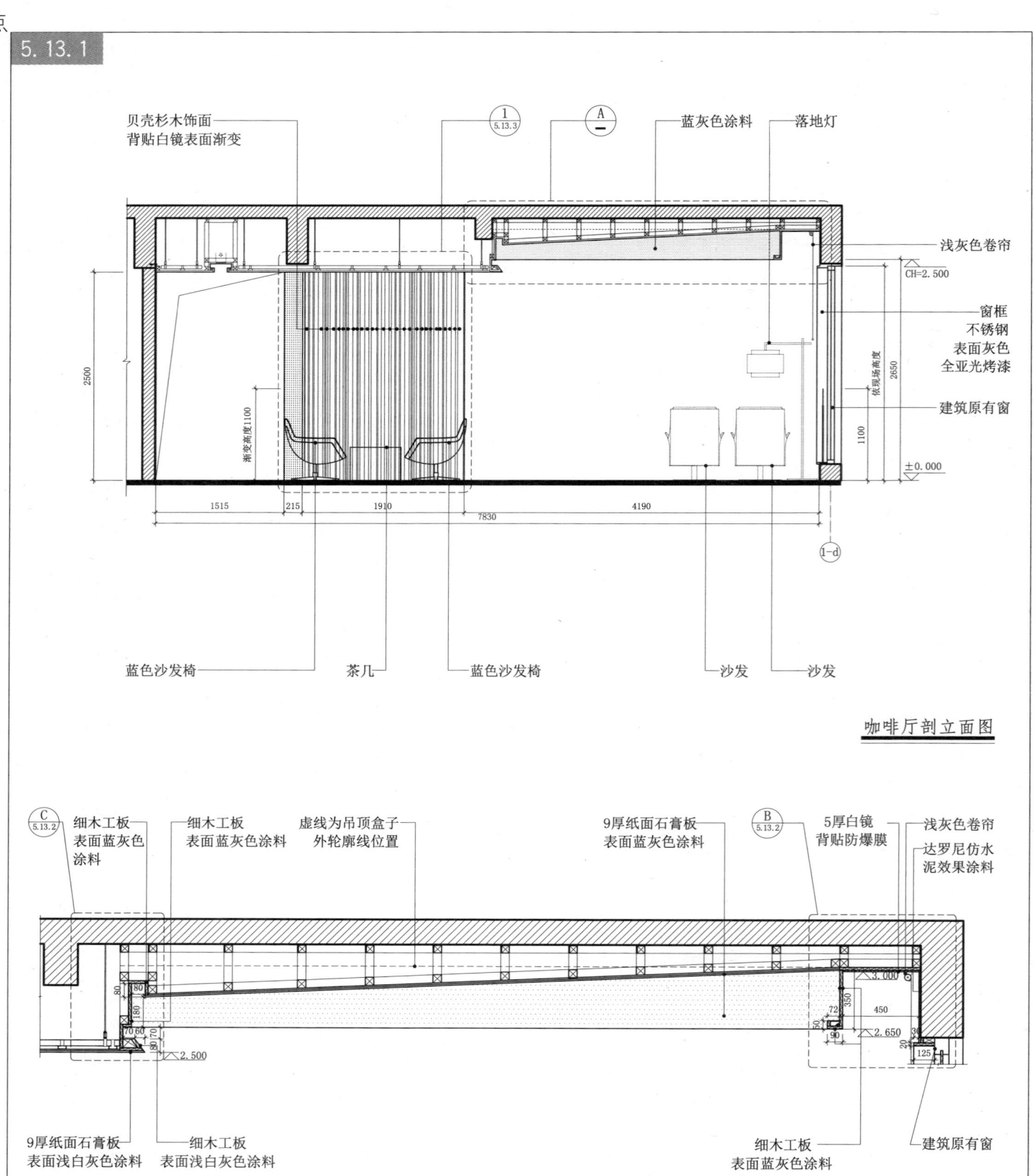

咖啡厅剖立面图

A节点图

顶棚非吊顶区域：外露梁、楼板、龙骨、吊筋、空调设备等表面喷中灰色涂料

5.13 造型顶棚及平行线节点

5.13.2

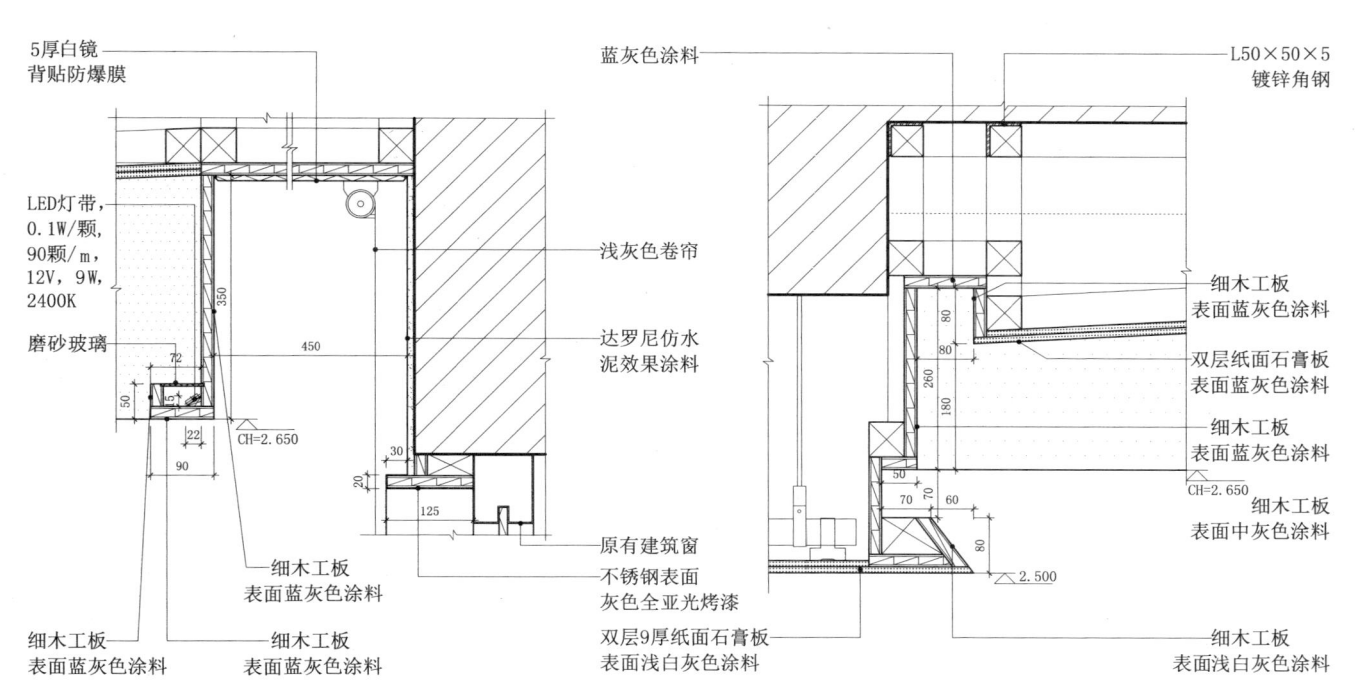

B节点图

C节点图

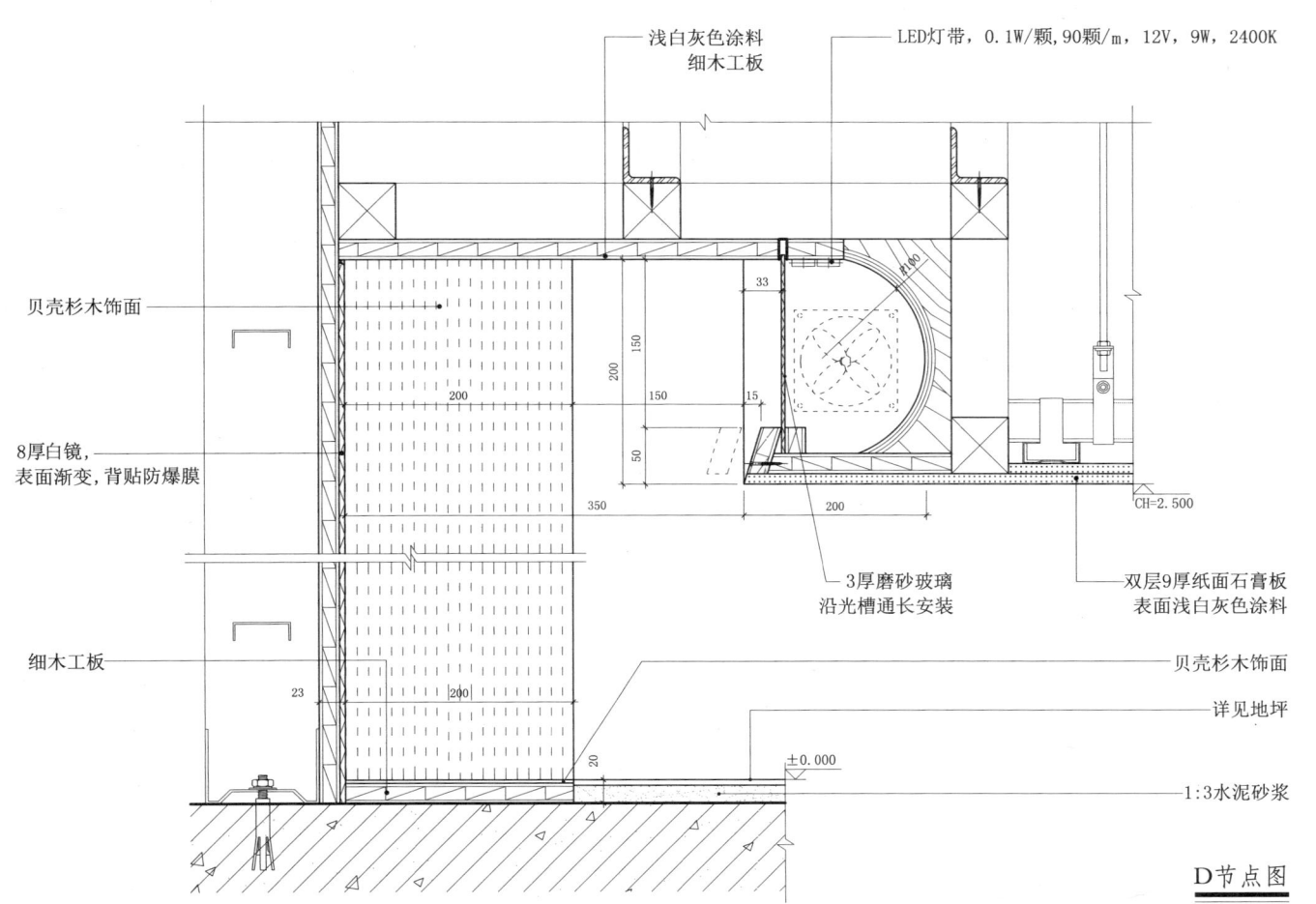

D节点图

5 平行线构造·照明构造

5.13 造型顶棚及平行线节点

5.13.3

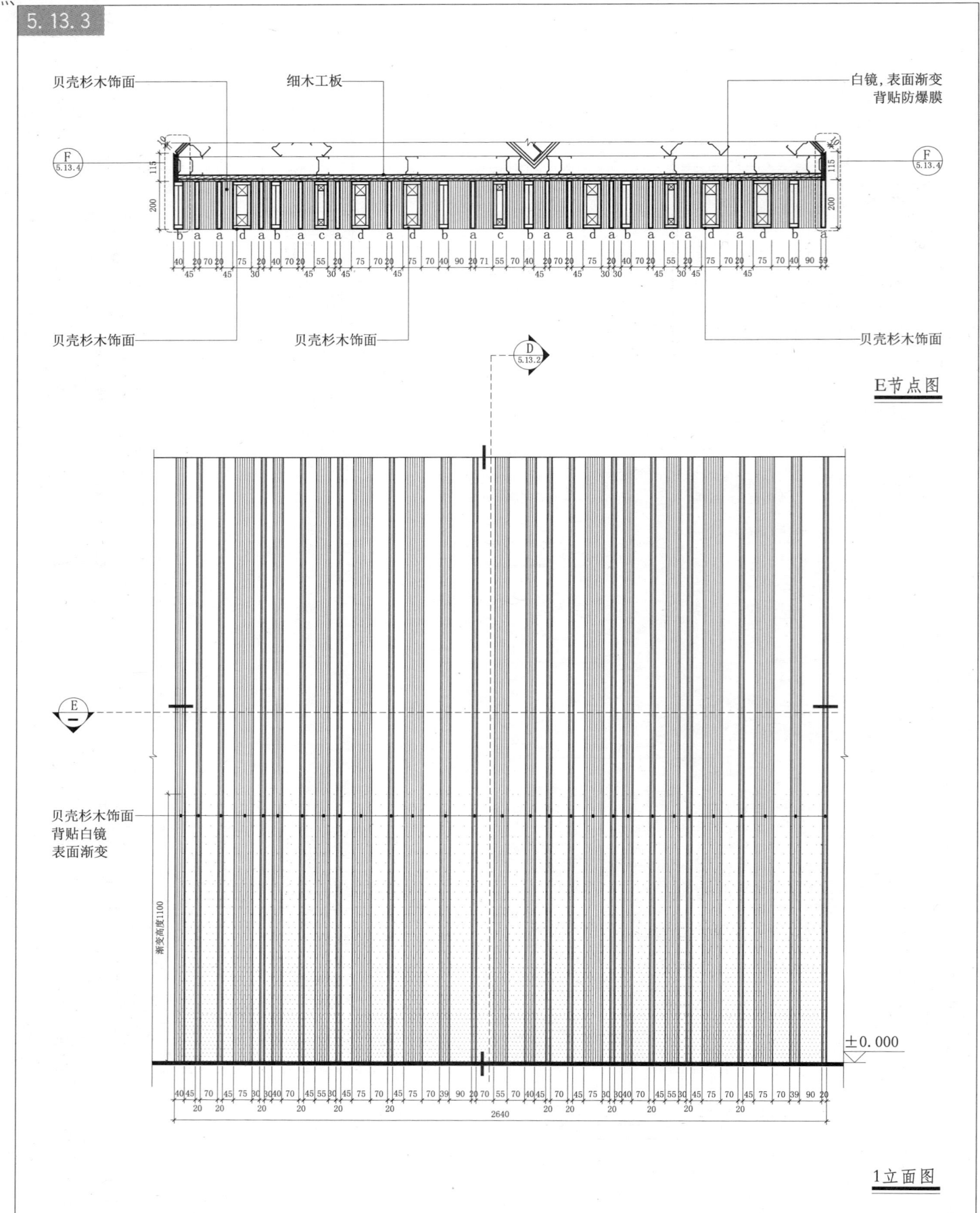

E节点图

1立面图

5.13 造型顶棚及平行线节点

5.13.4

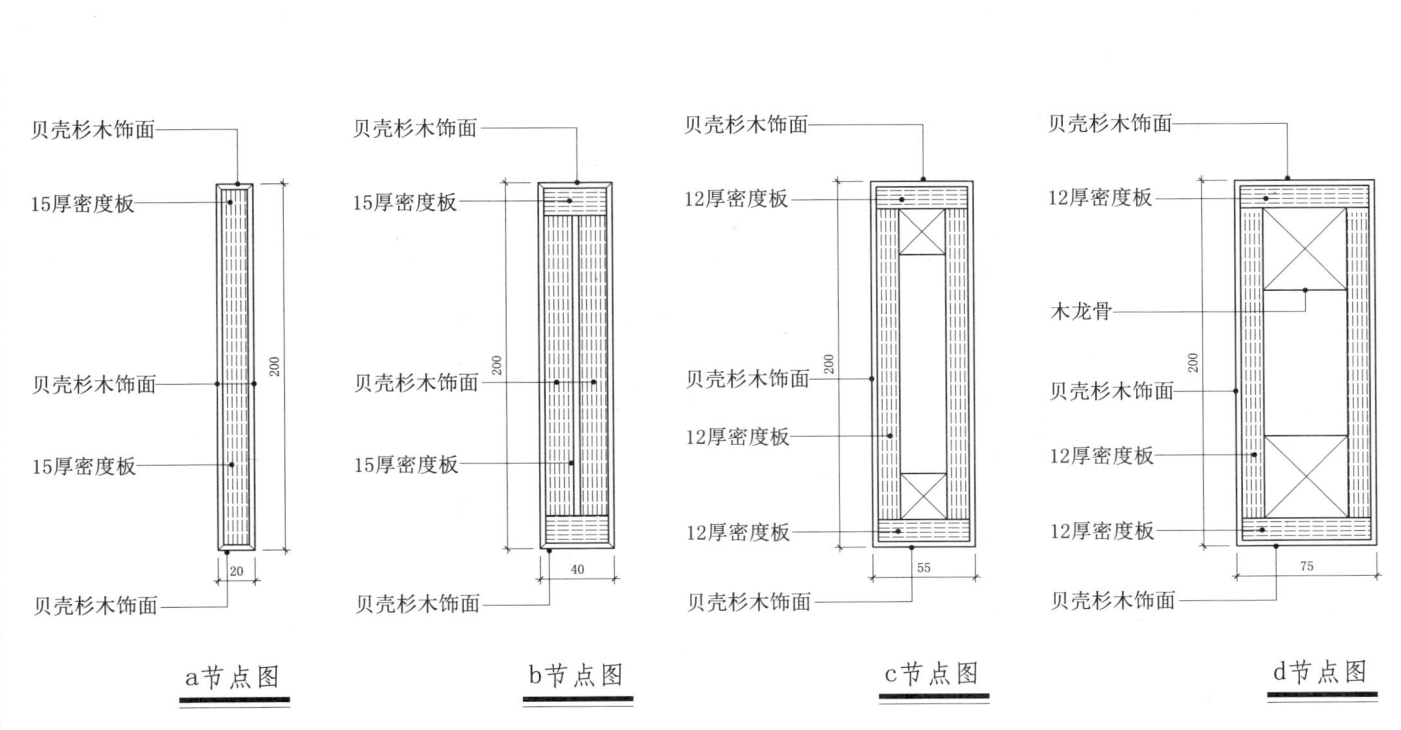

a节点图　　b节点图　　c节点图　　d节点图

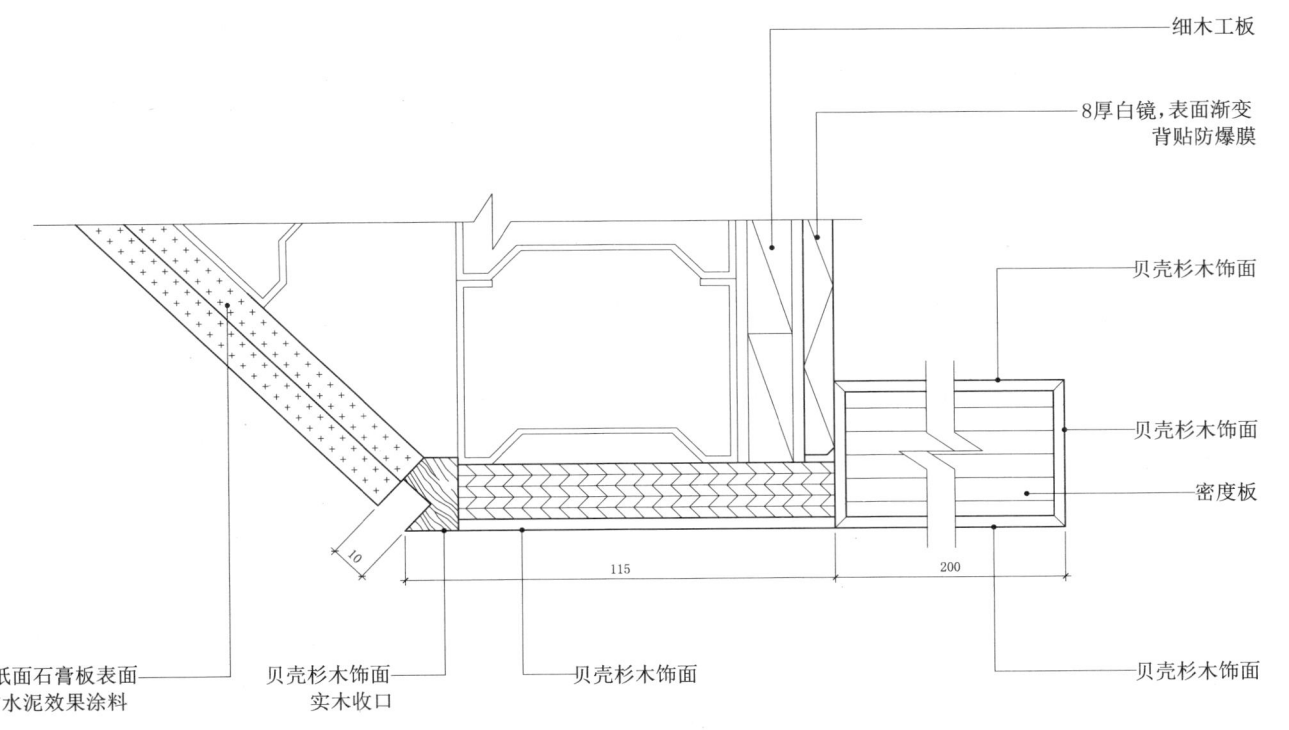

F节点图

5

平行线构造
· 立面构造
  透光照明构造

5.14 造型墙面节点

5.14.1

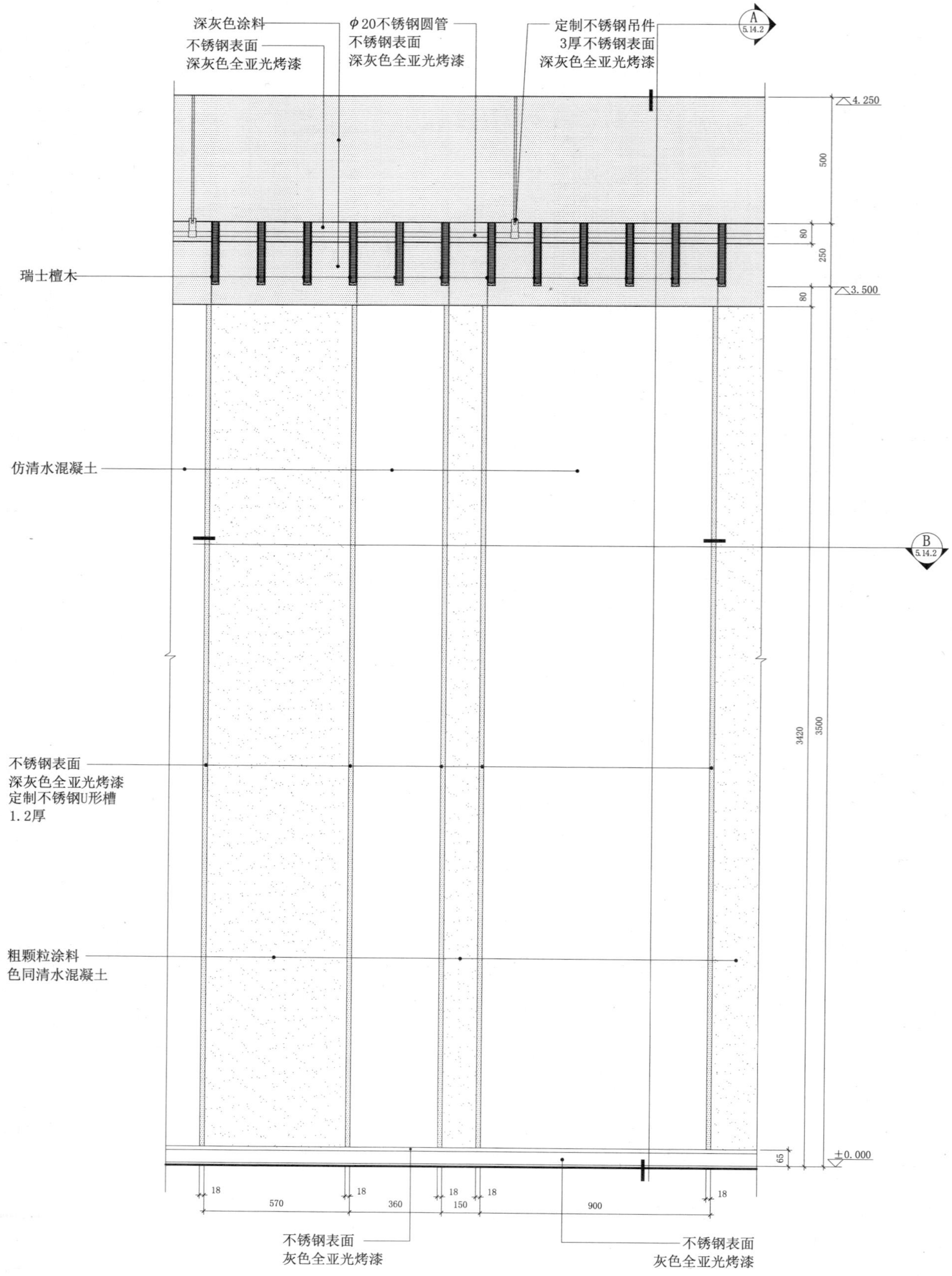

标注说明：
- 深灰色涂料
- φ20不锈钢圆管 不锈钢表面 深灰色全亚光烤漆
- 定制不锈钢吊件 3厚不锈钢表面 深灰色全亚光烤漆
- 不锈钢表面 深灰色全亚光烤漆
- 瑞士檀木
- 仿清水混凝土
- 不锈钢表面 深灰色全亚光烤漆 定制不锈钢U形槽 1.2厚
- 粗颗粒涂料 色同清水混凝土
- 不锈钢表面 灰色全亚光烤漆
- 不锈钢表面 灰色全亚光烤漆

标高：4.250 / 3.500 / ±0.000
尺寸：500、80、250、80、3420、3500、65
底部分段：18、570、18、360、18、150、18、900、18

立面图

200 | 室内构造节点与专项模式图集

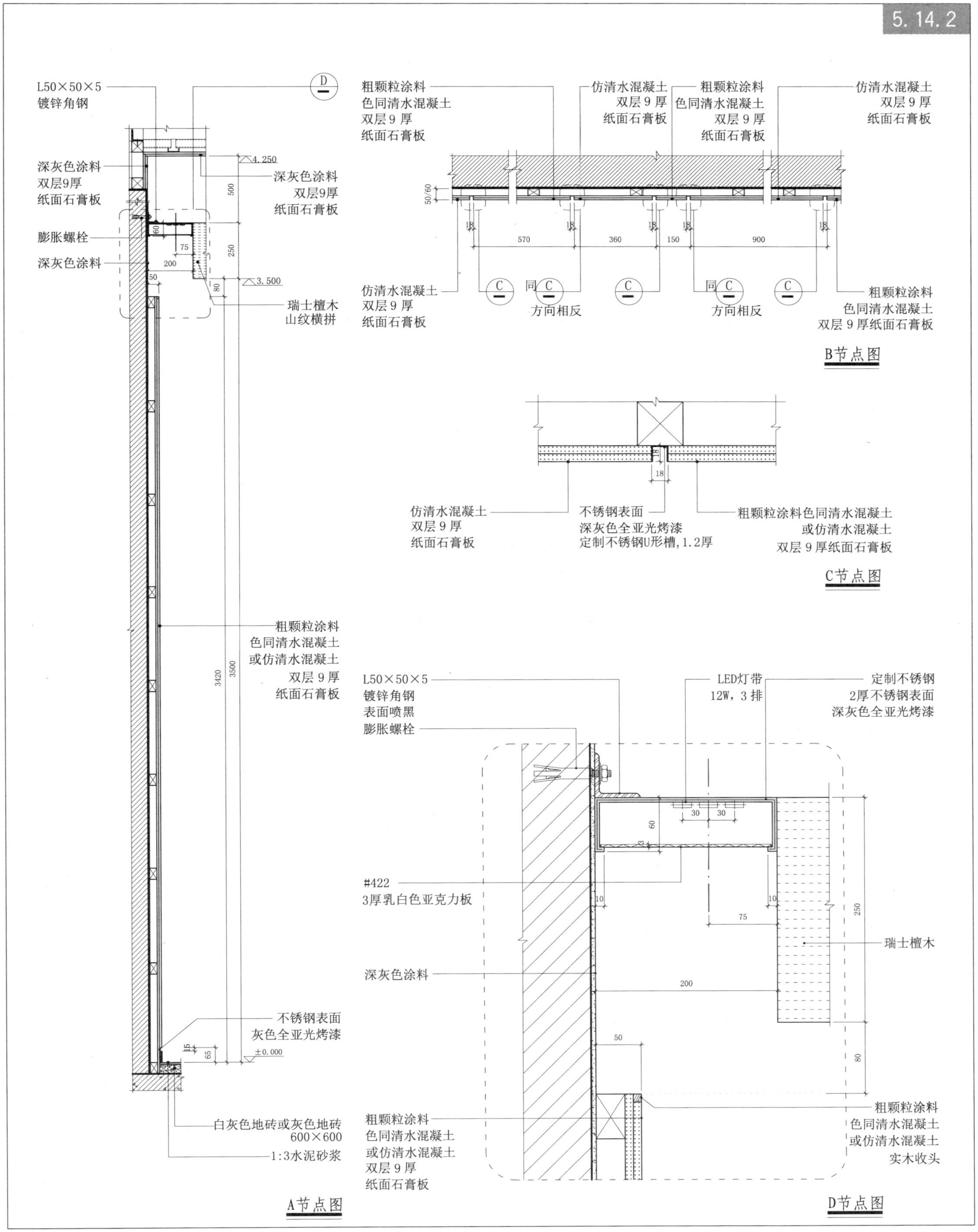

5.14 造型墙面节点

5.14.2

平行线构造 · 立面构造 透光照明构造

A节点图

- L50×50×5 镀锌角钢
- 深灰色涂料 双层9厚 纸面石膏板
- 膨胀螺栓
- 深灰色涂料
- 瑞士檀木 山纹横拼
- 粗颗粒涂料 色同清水混凝土 或仿清水混凝土 双层9厚 纸面石膏板
- 不锈钢表面 灰色全亚光烤漆
- 白灰色地砖或灰色地砖 600×600
- 1:3水泥砂浆

B节点图

- 粗颗粒涂料 色同清水混凝土 双层9厚 纸面石膏板
- 仿清水混凝土 双层9厚 纸面石膏板
- 仿清水混凝土 双层9厚 纸面石膏板
- 粗颗粒涂料 色同清水混凝土 双层9厚 纸面石膏板
- 粗颗粒涂料 色同清水混凝土 双层9厚 纸面石膏板
- 仿清水混凝土 双层9厚 纸面石膏板
- 同 C 方向相反
- 同 C 方向相反

C节点图

- 仿清水混凝土 双层9厚 纸面石膏板
- 不锈钢表面 深灰色全亚光烤漆 定制不锈钢U形槽,1.2厚
- 粗颗粒涂料色同清水混凝土 或仿清水混凝土 双层9厚纸面石膏板

D节点图

- L50×50×5 镀锌角钢 表面喷黑
- 膨胀螺栓
- LED灯带 12W, 3排
- 定制不锈钢 2厚不锈钢表面 深灰色全亚光烤漆
- #422 3厚乳白色亚克力板
- 深灰色涂料
- 瑞士檀木
- 粗颗粒涂料 色同清水混凝土 或仿清水混凝土 实木收头

室内构造节点与专项模式图集 | 201

5 平行线构造·立面构造 非透光照明构造

5.15 不等距等宽平行线节点

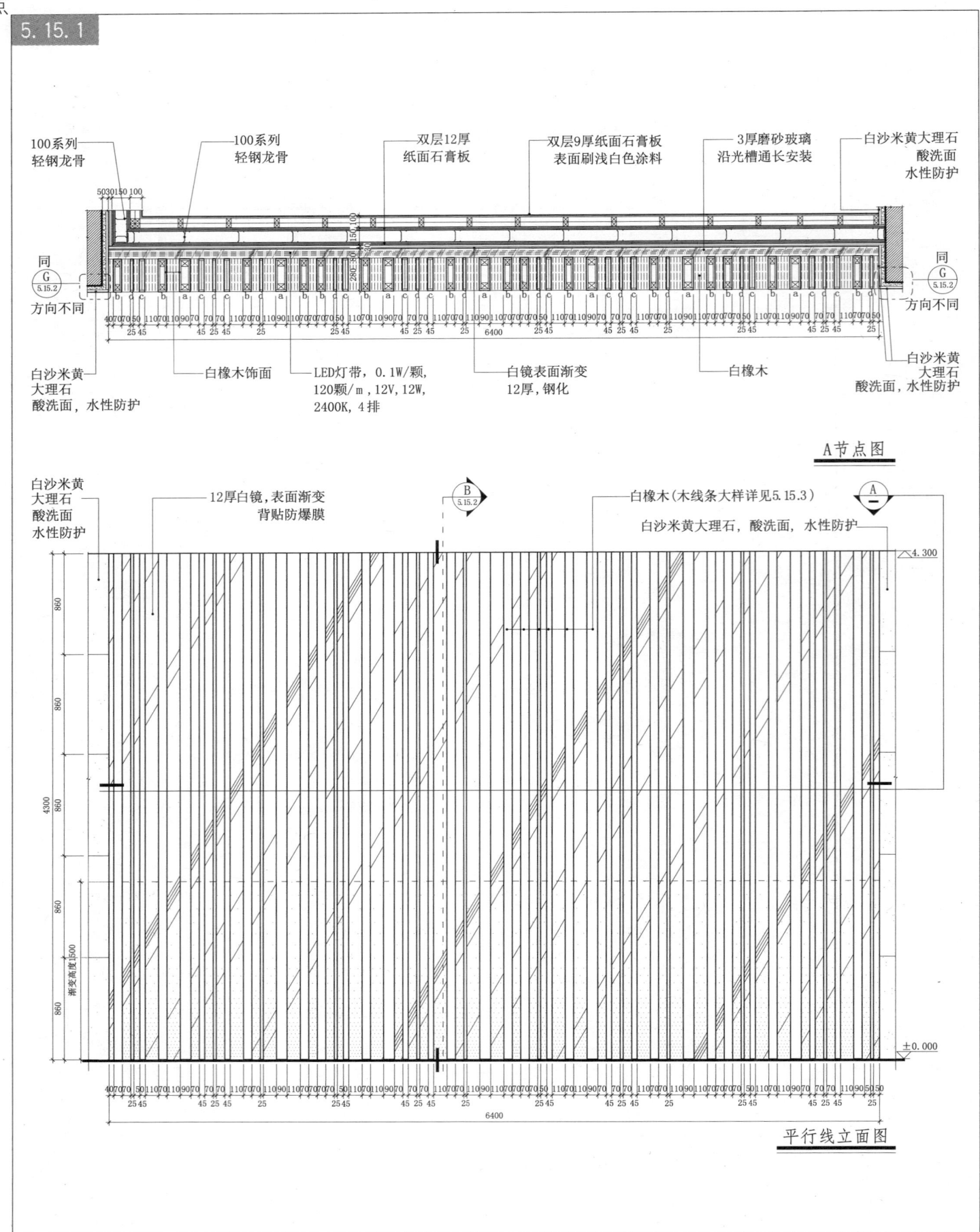

5.15 不等距等宽平行线节点

5.15.2

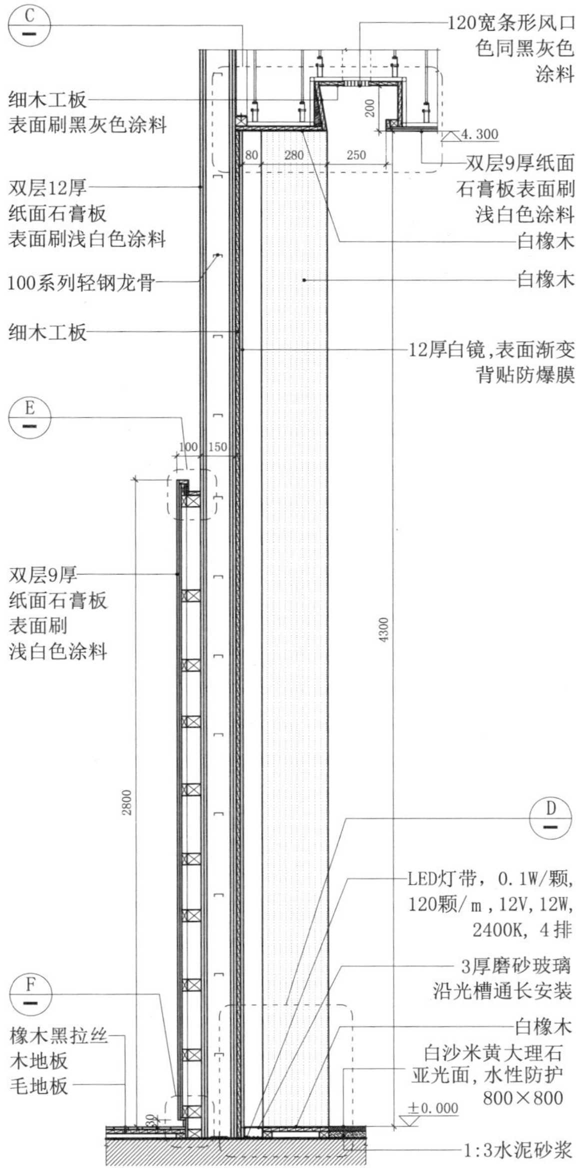

平行线构造·立面构造 非透光照明构造

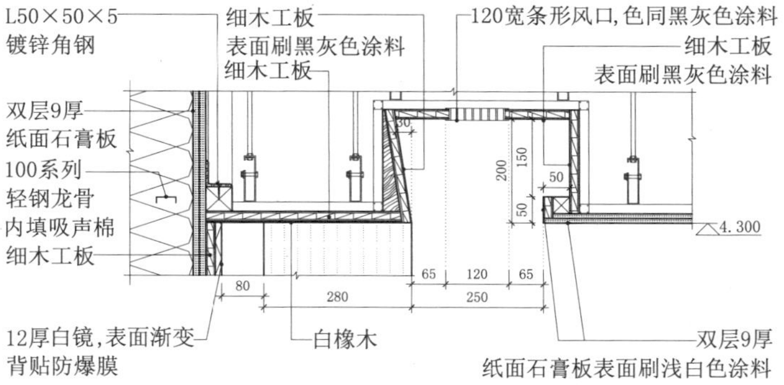

C节点图

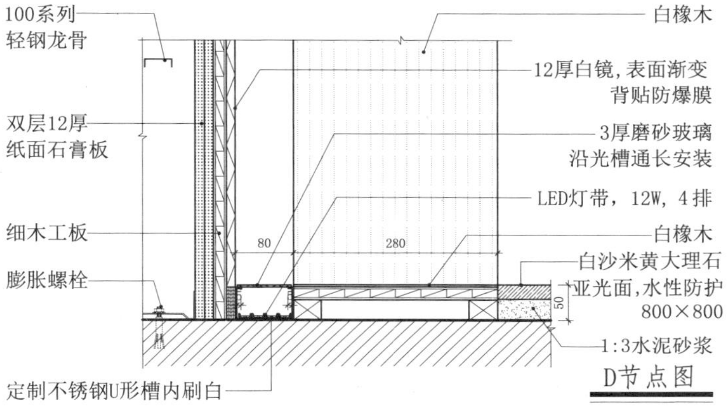

D节点图

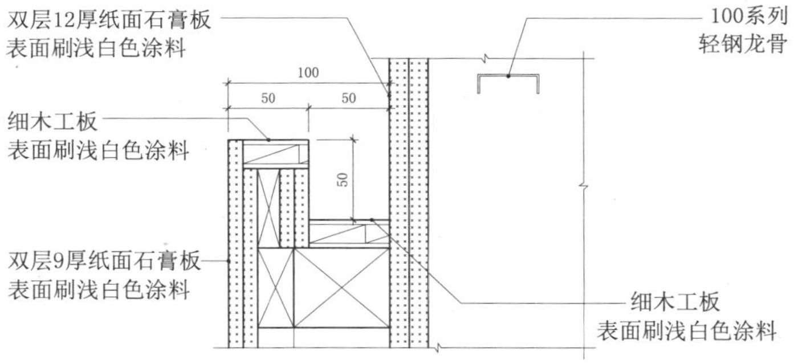

E节点图

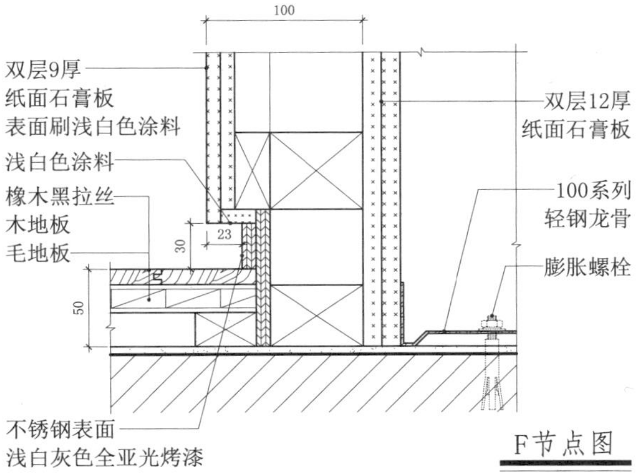

B节点图

F节点图

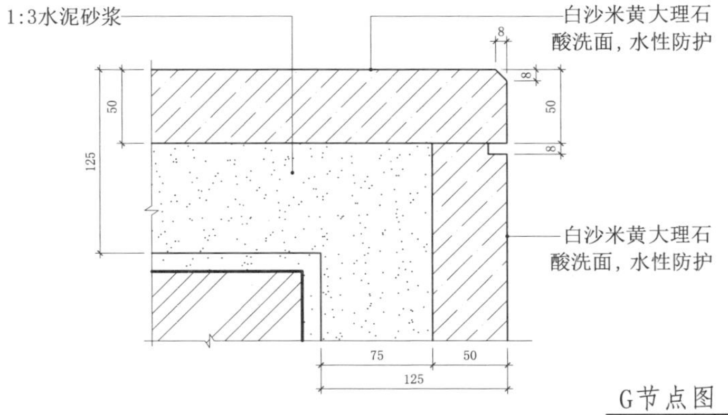

G节点图

5.15 不等距等宽平行线节点

5.15.3

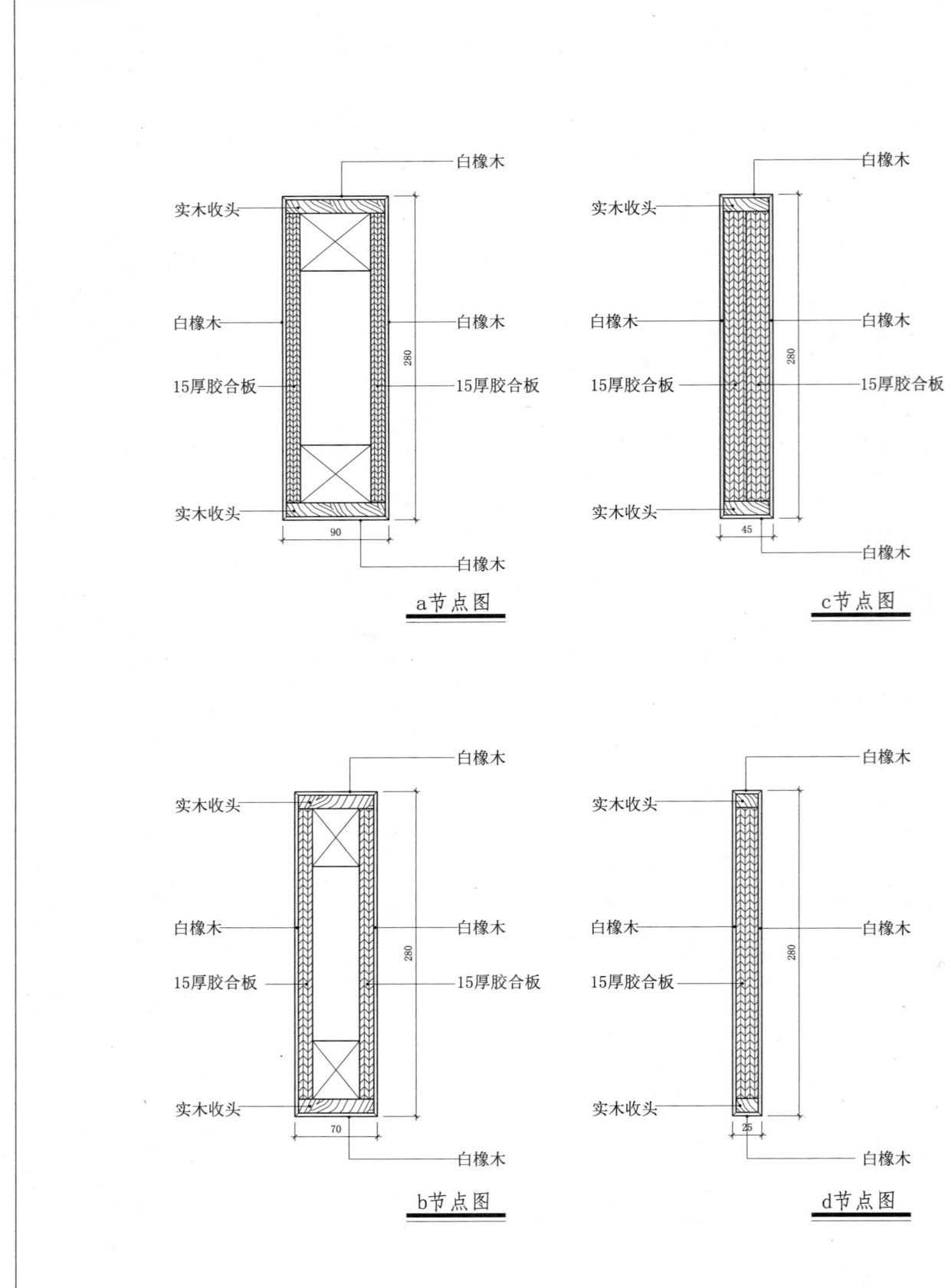

a节点图 b节点图 c节点图 d节点图

5.16.1

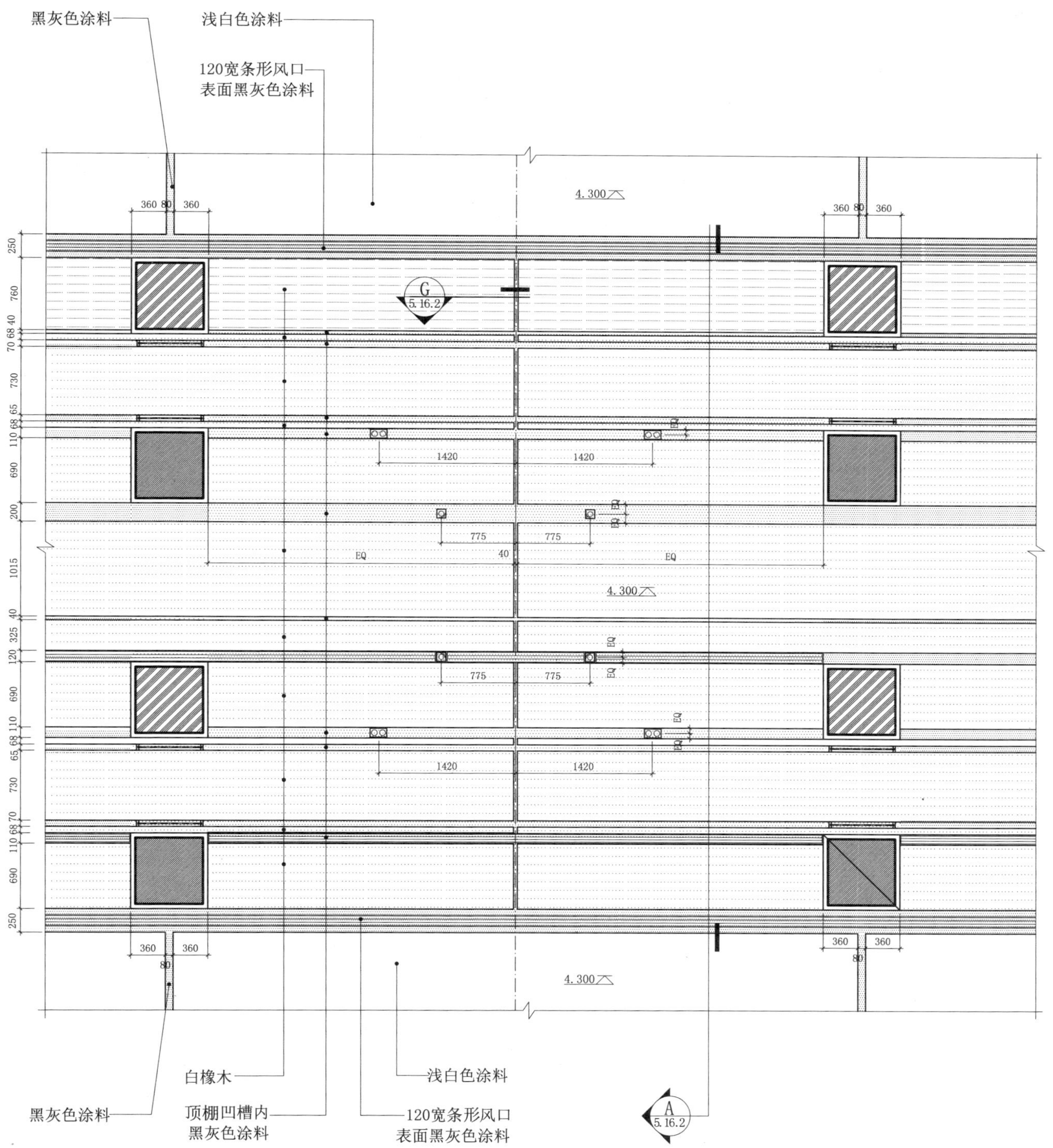
黑灰色涂料
浅白色涂料
120宽条形风口
表面黑灰色涂料
4.300
G
5.16.2
1420
775
EQ
40
白橡木
黑灰色涂料
顶棚凹槽内
黑灰色涂料
浅白色涂料
120宽条形风口
表面黑灰色涂料
A
5.16.2

造型顶棚平顶图

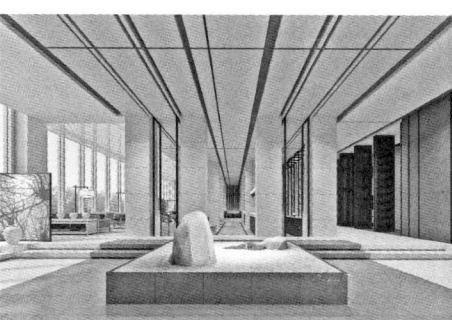

5.16 造型顶棚

5.16.2

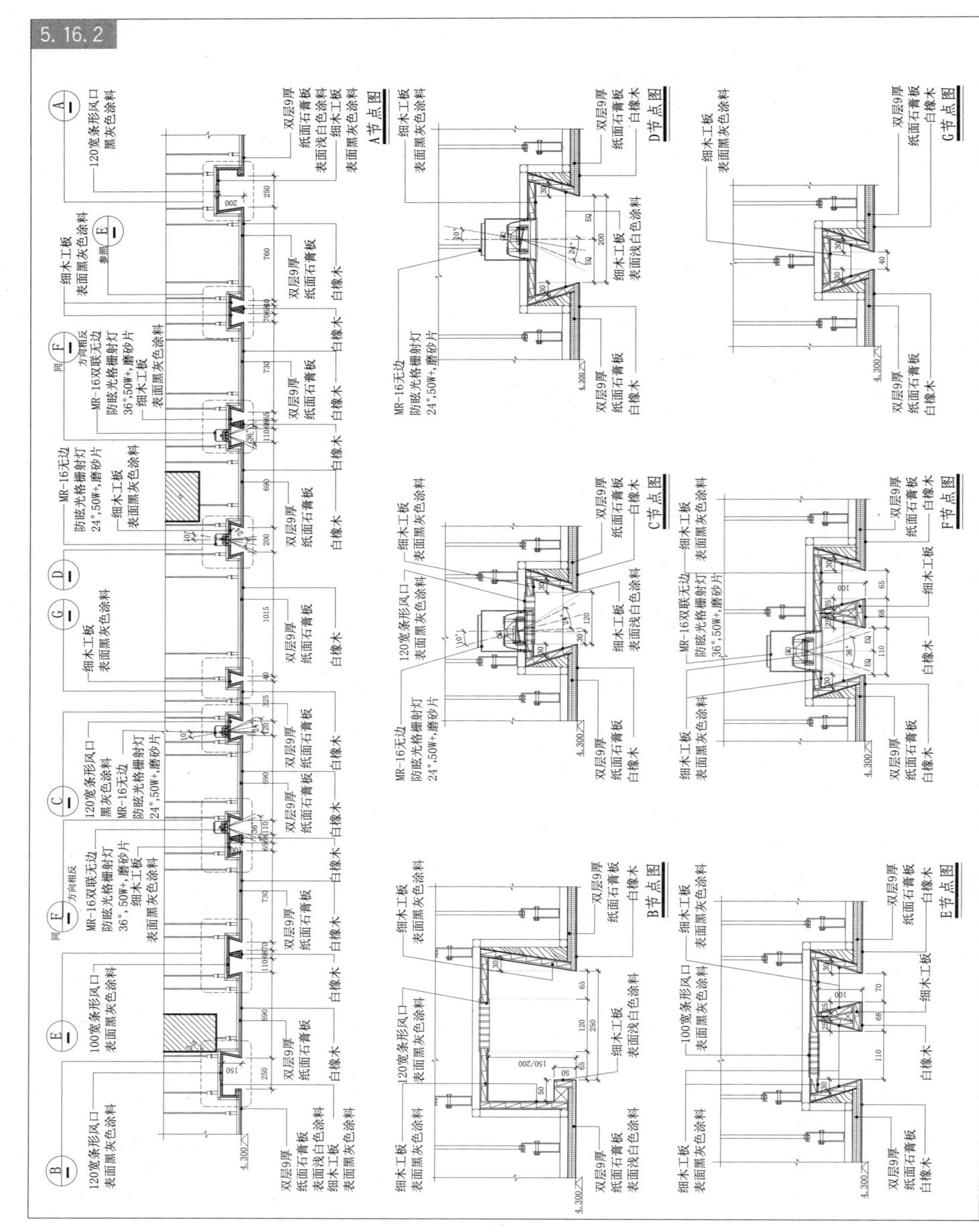

5.17 宴会前厅造型立面

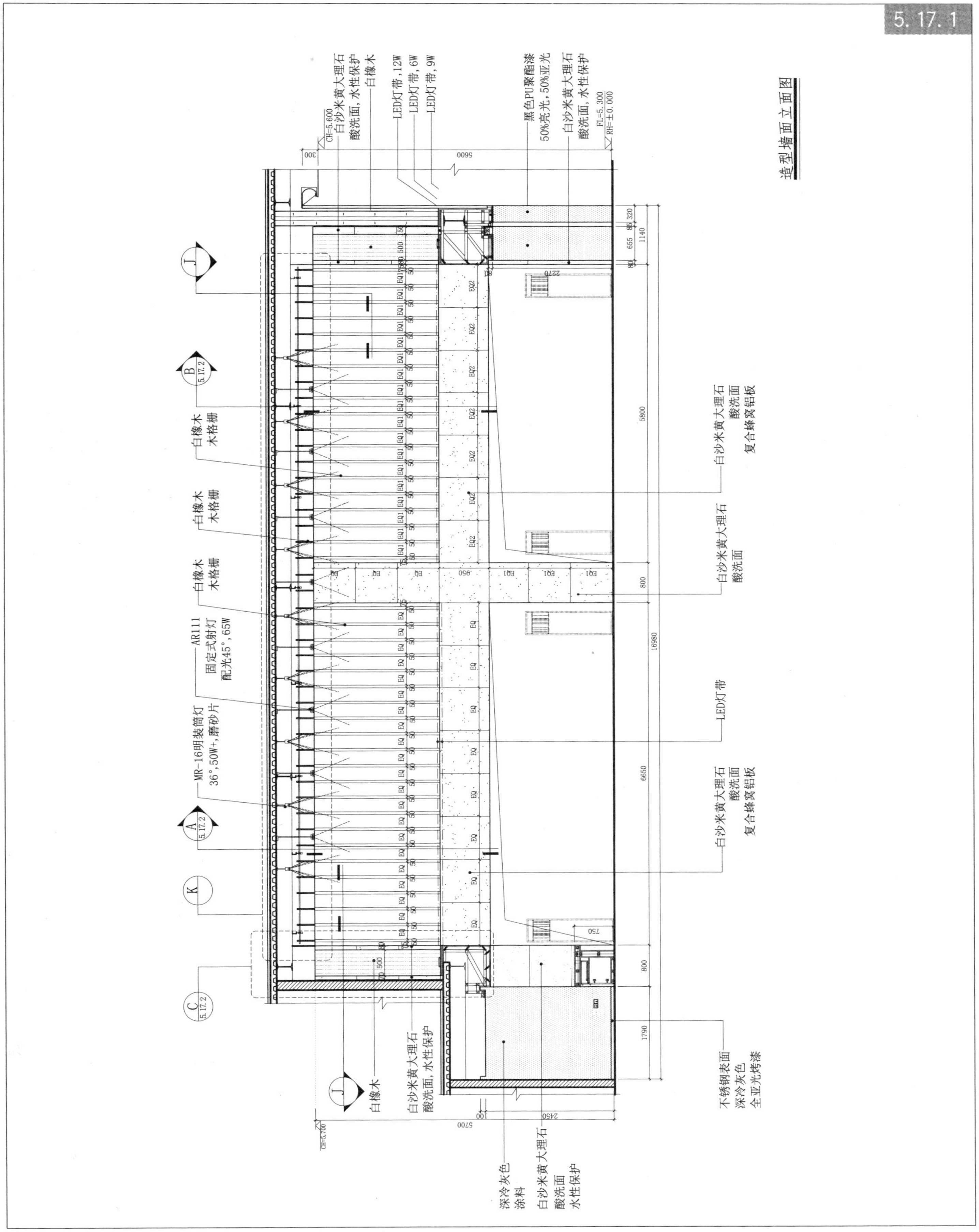

5.17.1 造型墙面立面图

平行线构造 · 照明构造 立面构造 顶棚构造 骨架构造

5.17 宴会前厅造型立面

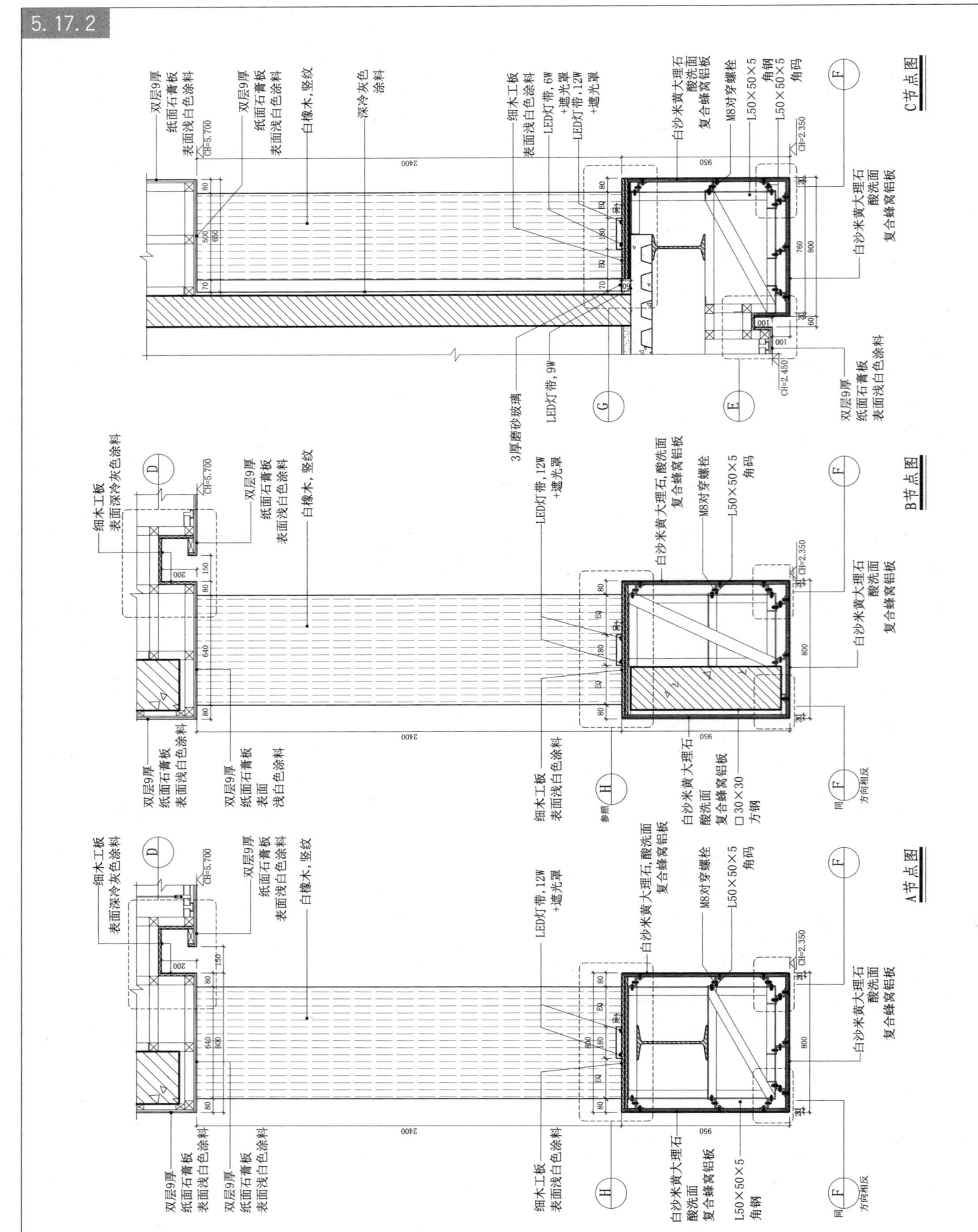

5.17 宴会前厅造型立面

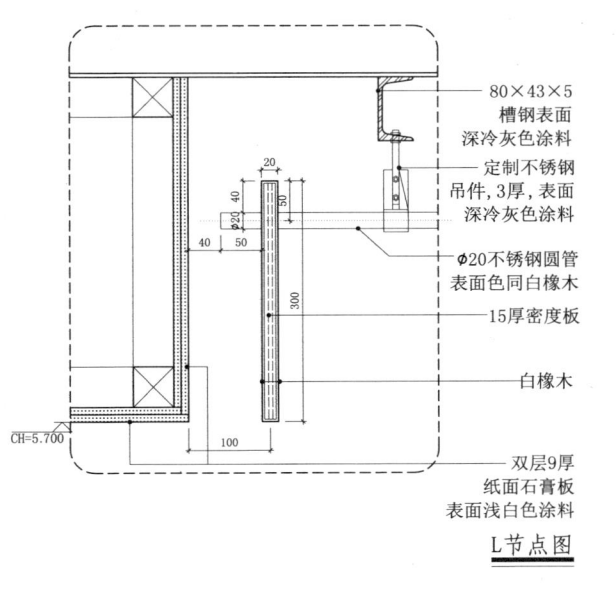

L节点图

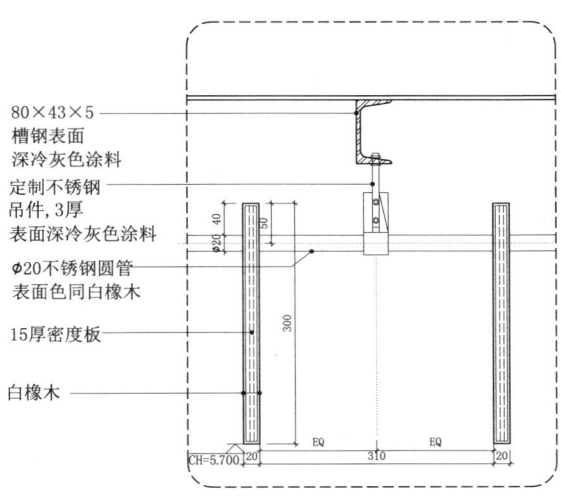

M节点图

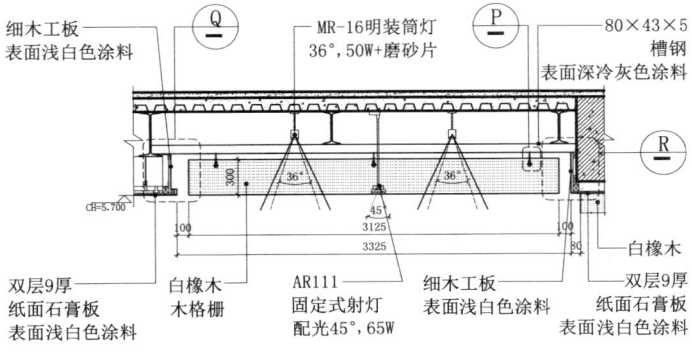

N节点图

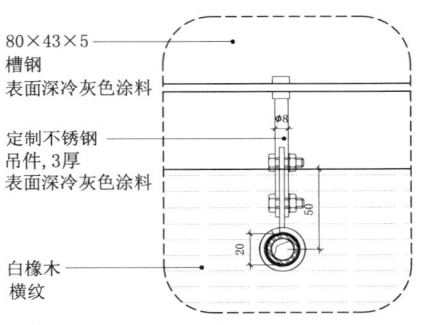

P节点图

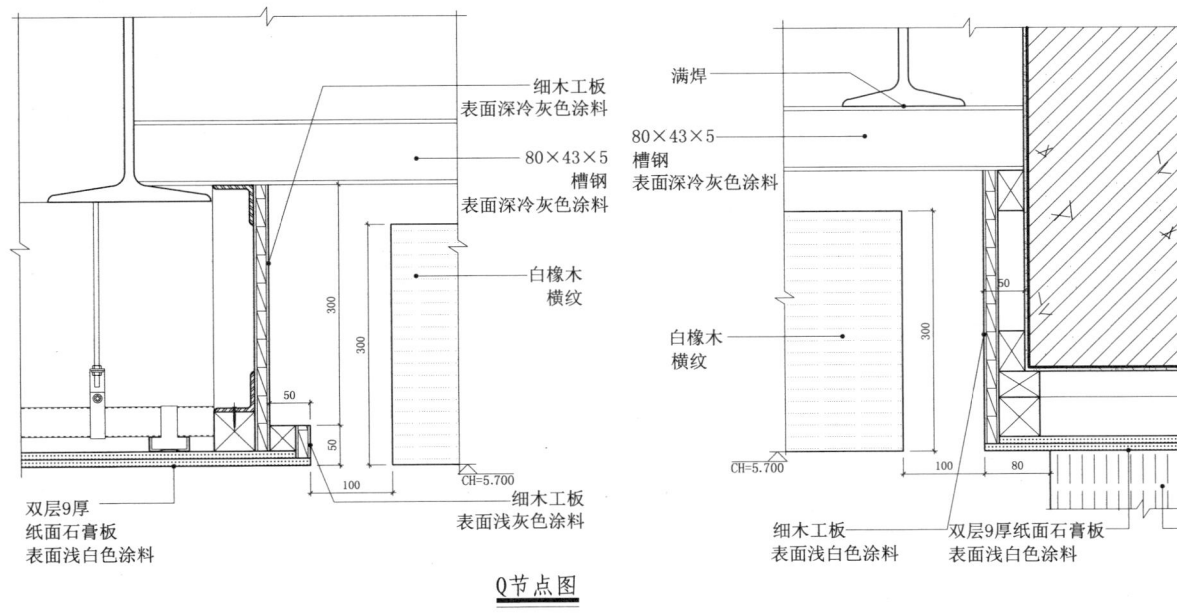

Q节点图　　　R节点图

5.18 走道立面

5.18.1

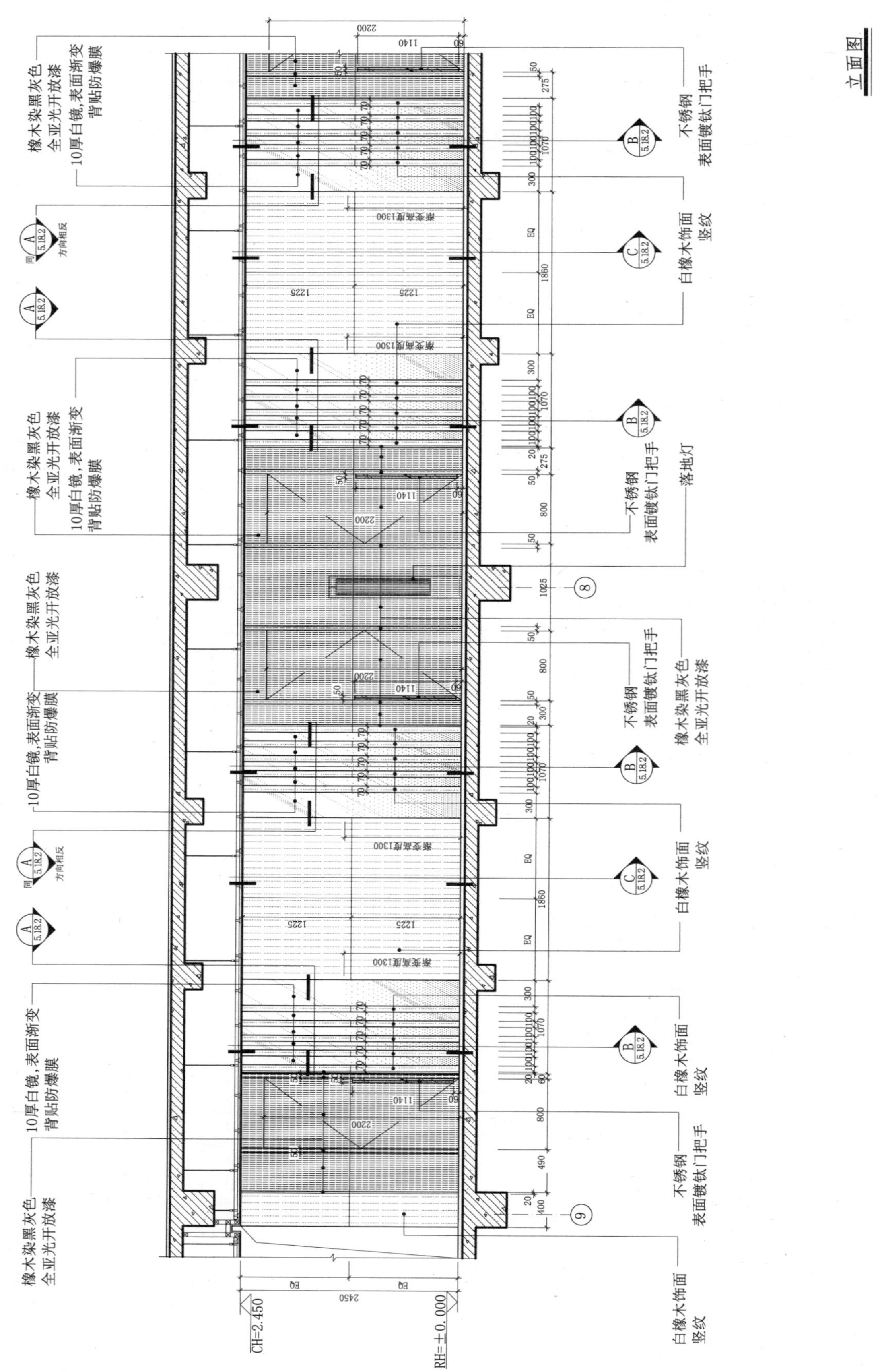

立面图

平行线构造 · 立面构造

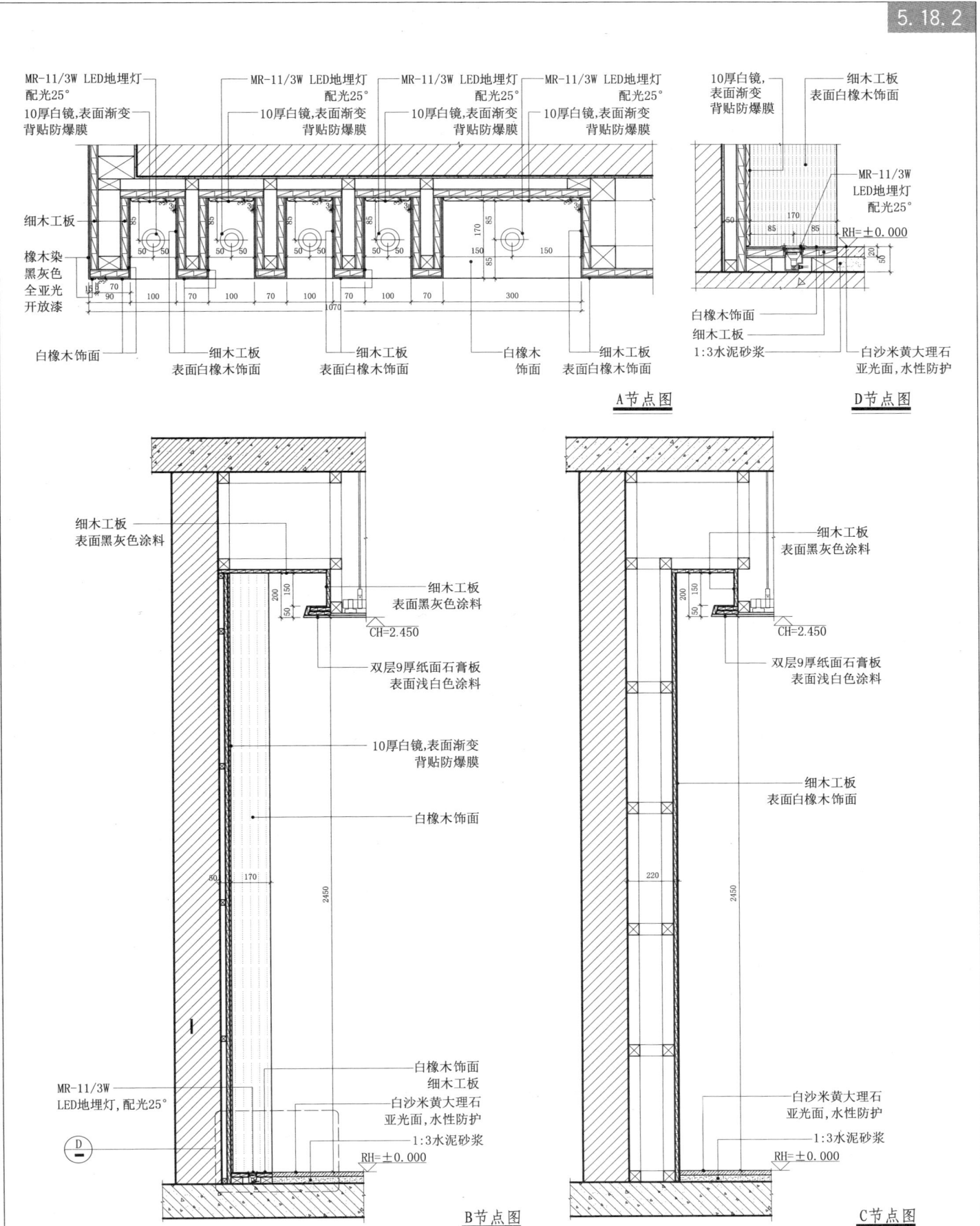

5.18 走道立面

6 门窗构造

6.1 门节点

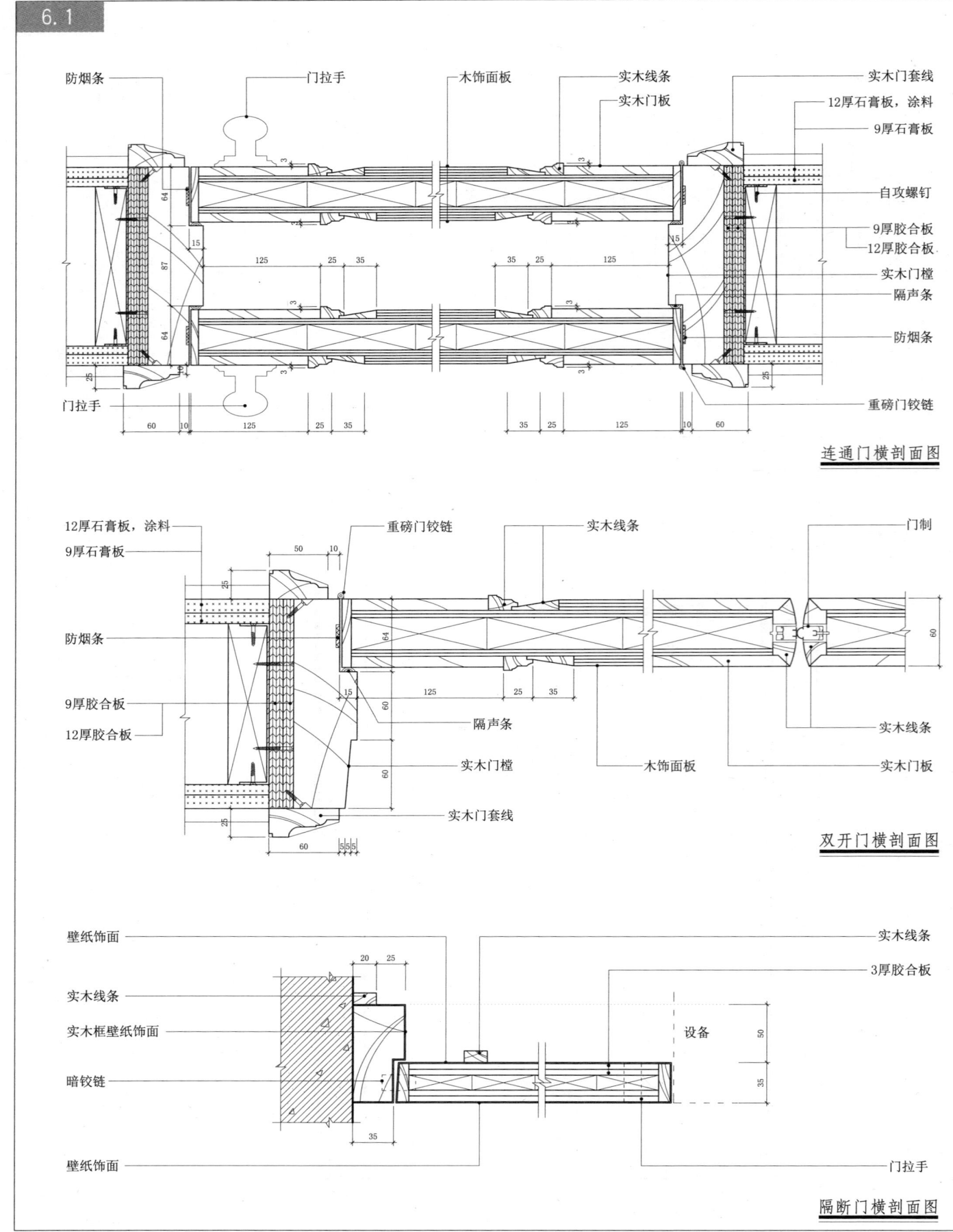

连通门横剖面图

双开门横剖面图

隔断门横剖面图

6.2 木门节点(一)

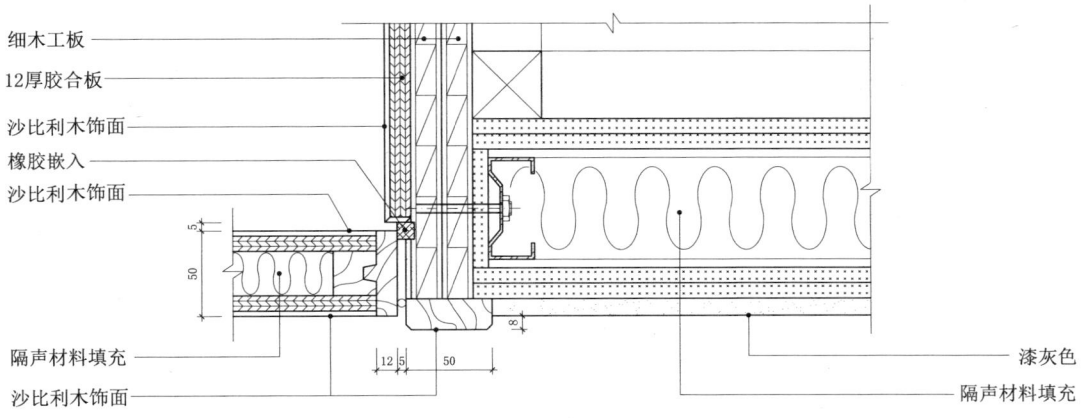

1 木门节点

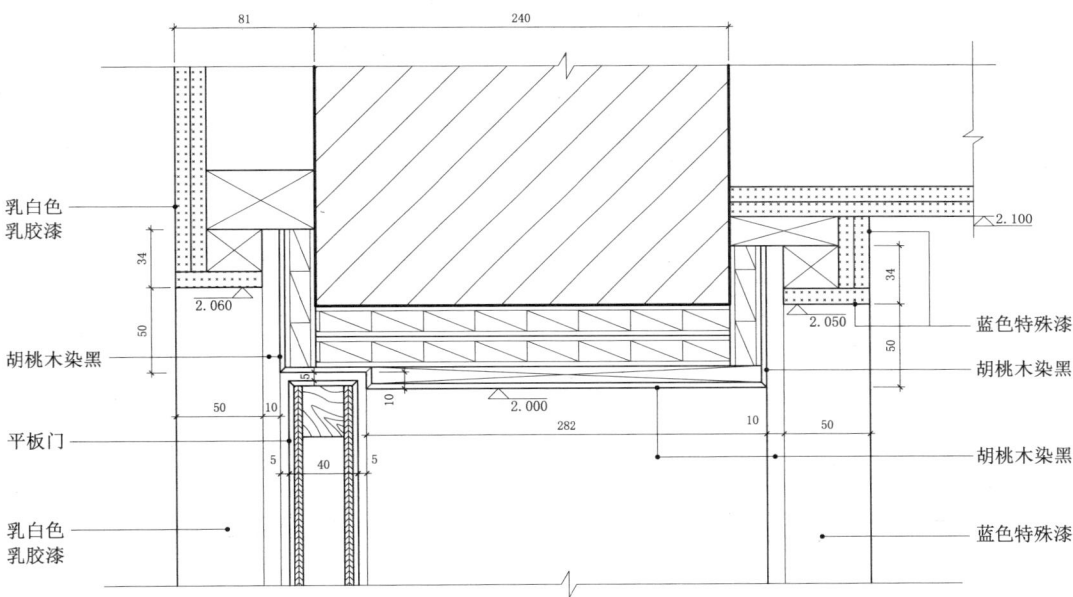

2 木门节点

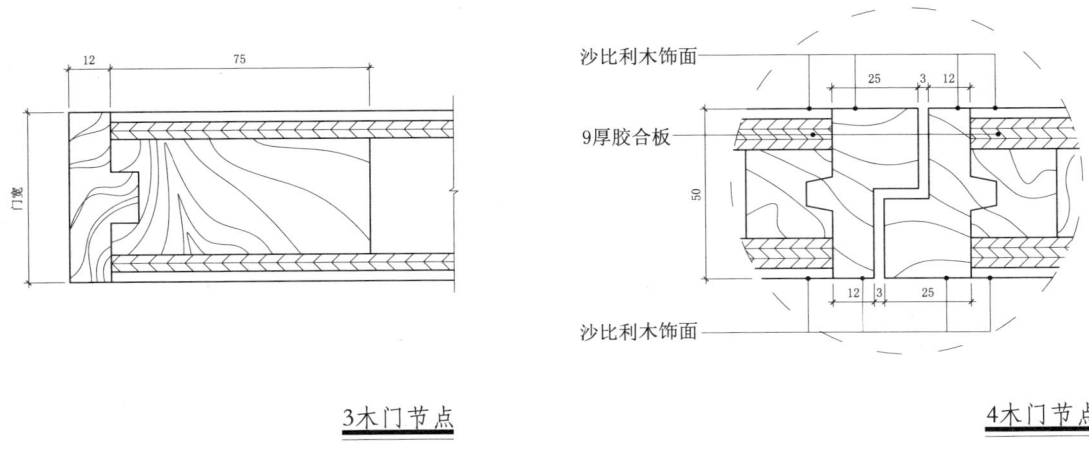

3 木门节点   4 木门节点

6.3 木门节点(二)

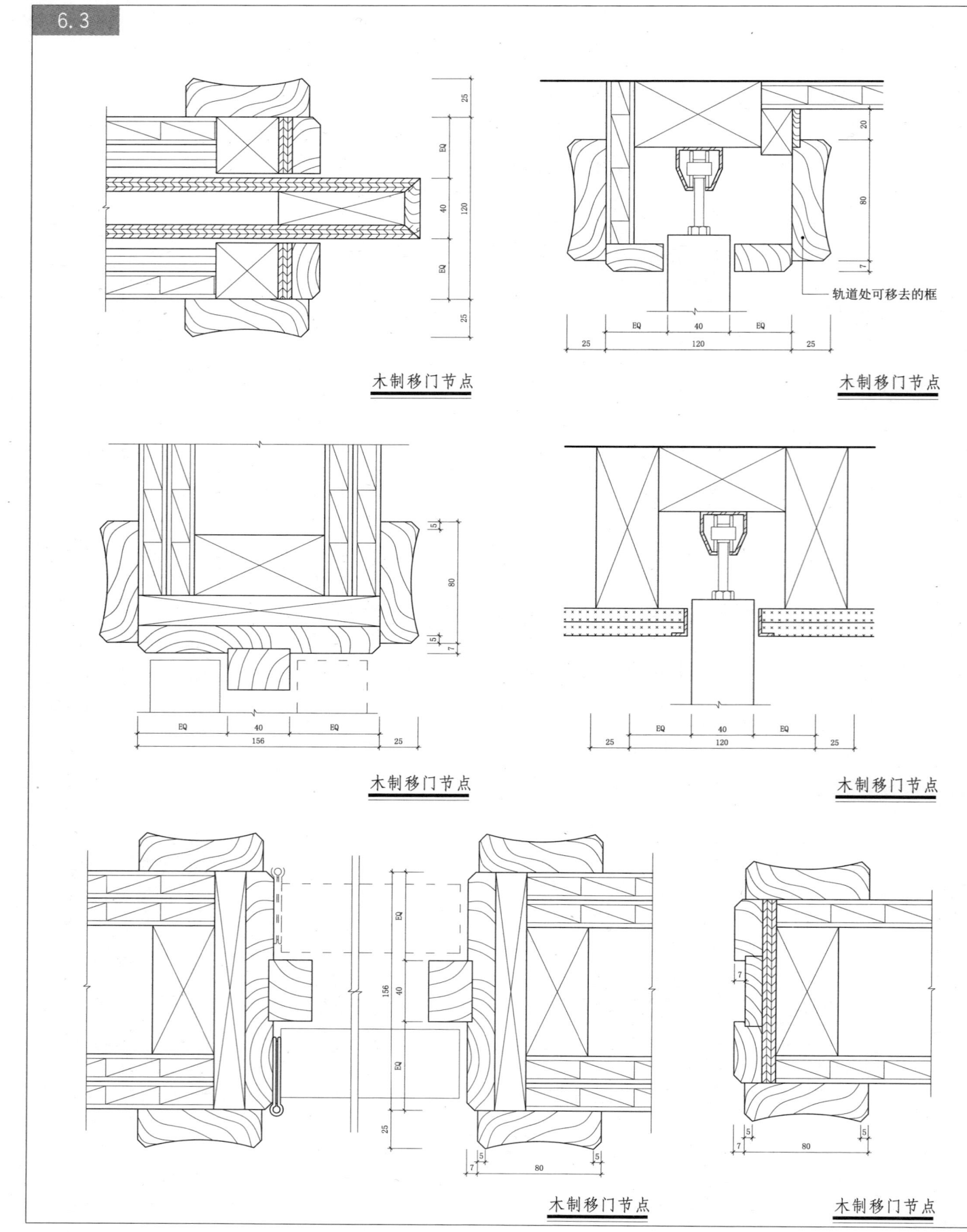

木制移门节点

6.4 门套节点(一)

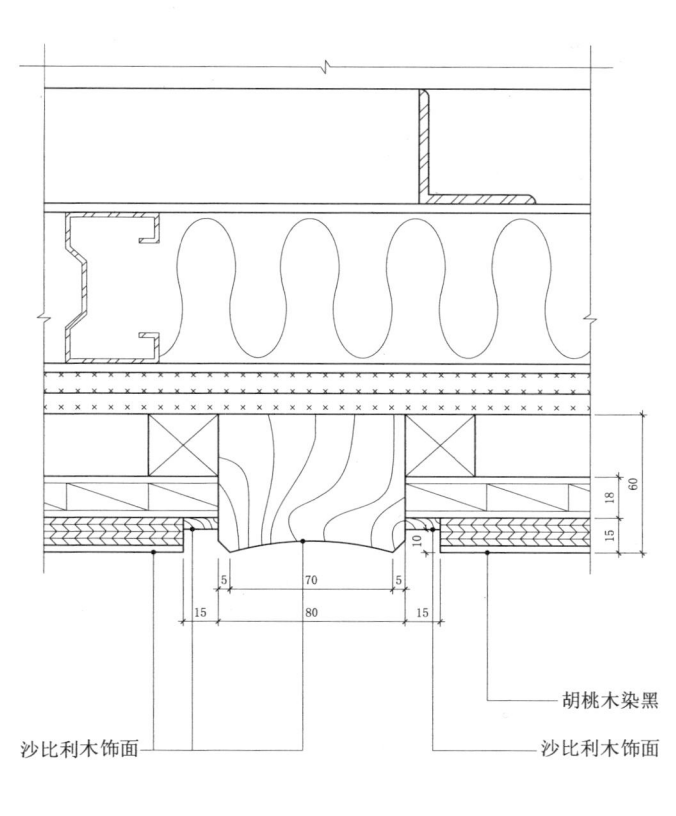

2节点图

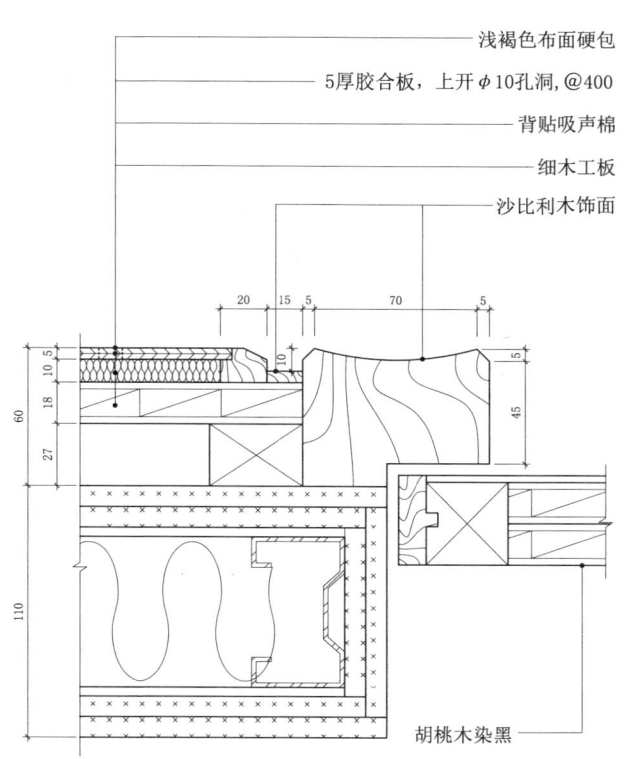

A节点图

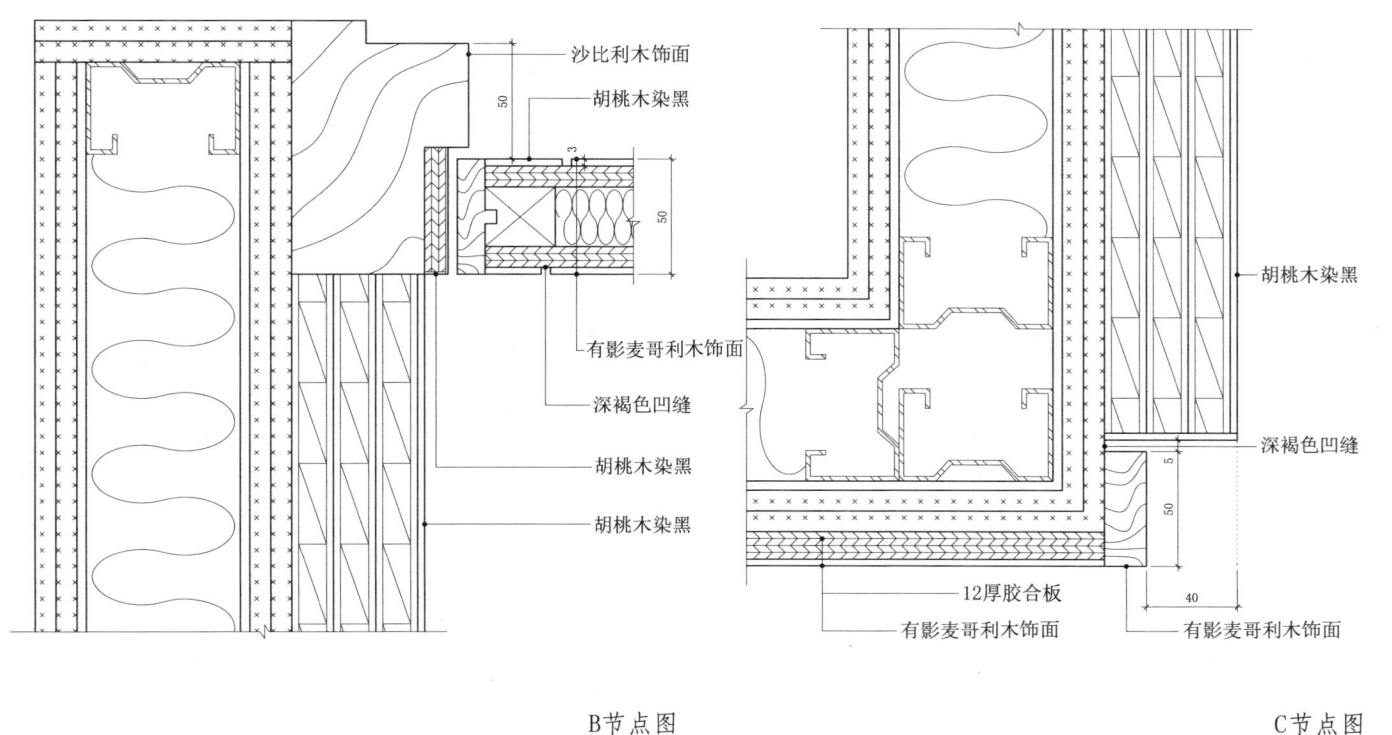

B节点图

C节点图

6.5 门套节点(二)

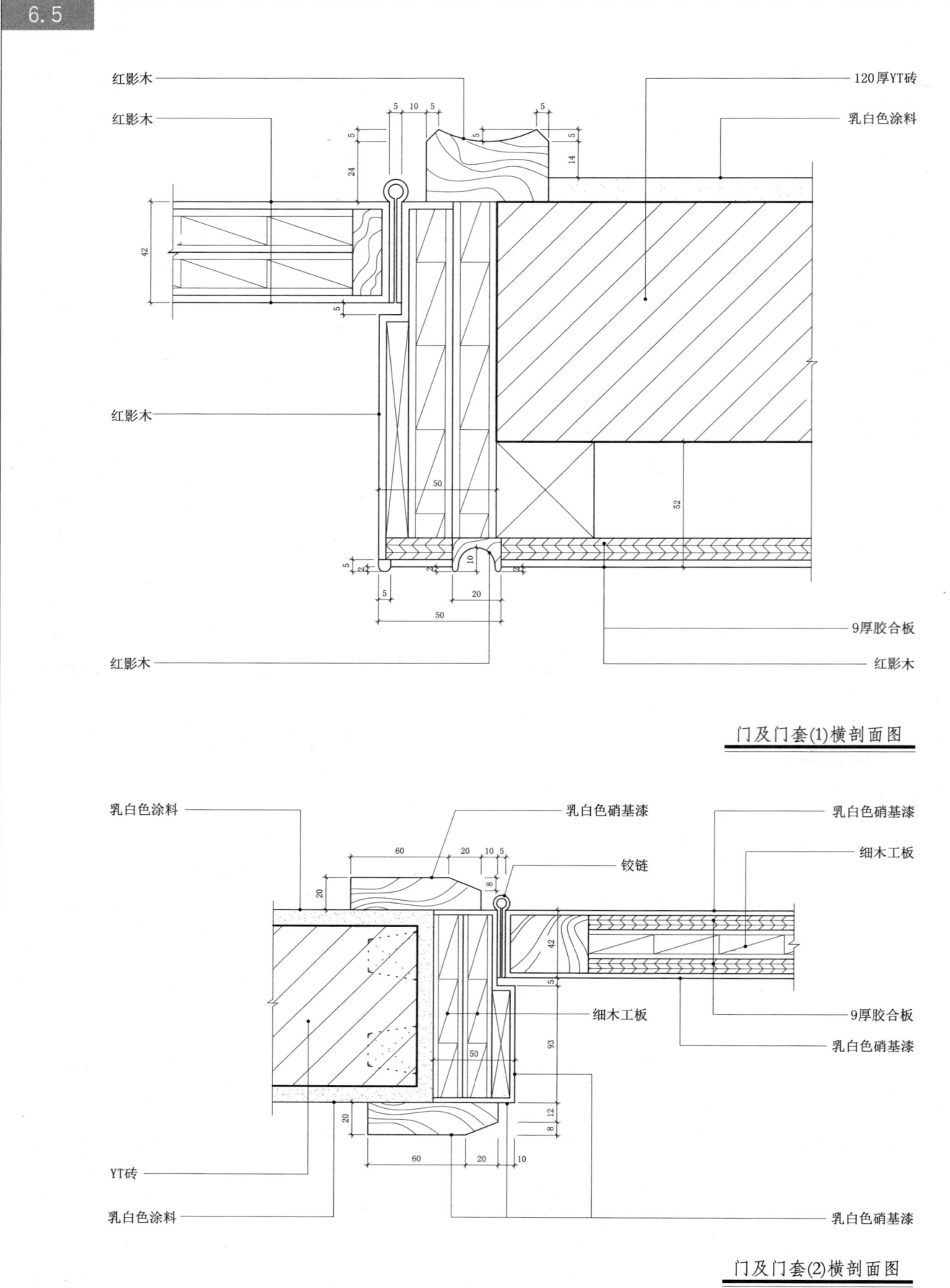

门及门套(1)横剖面图

门及门套(2)横剖面图

6.6 门套节点(三)

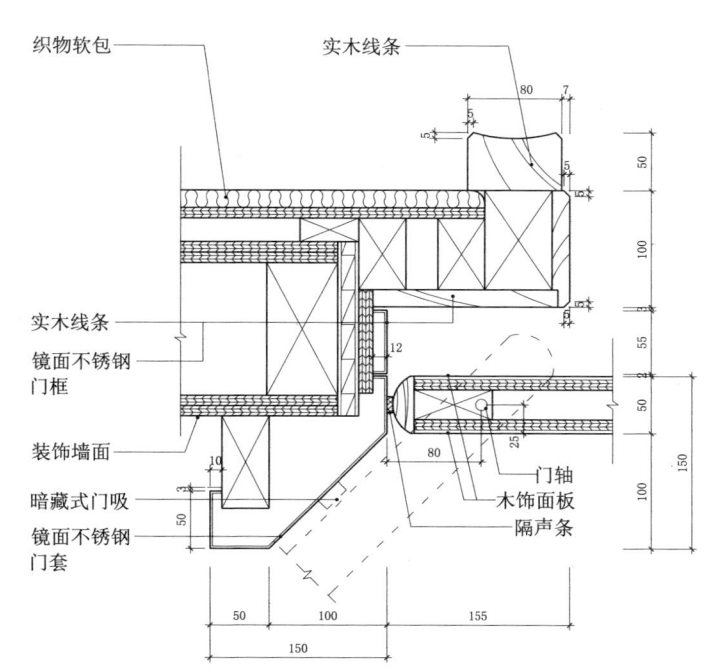

木作门横剖面图

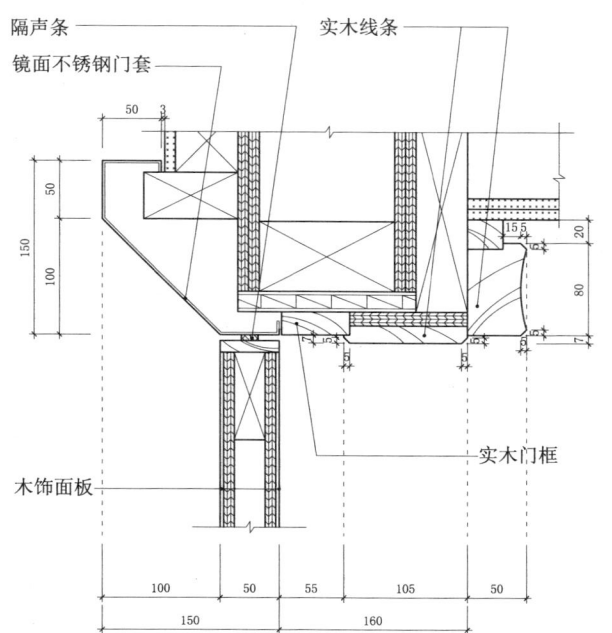

木作门纵剖面图

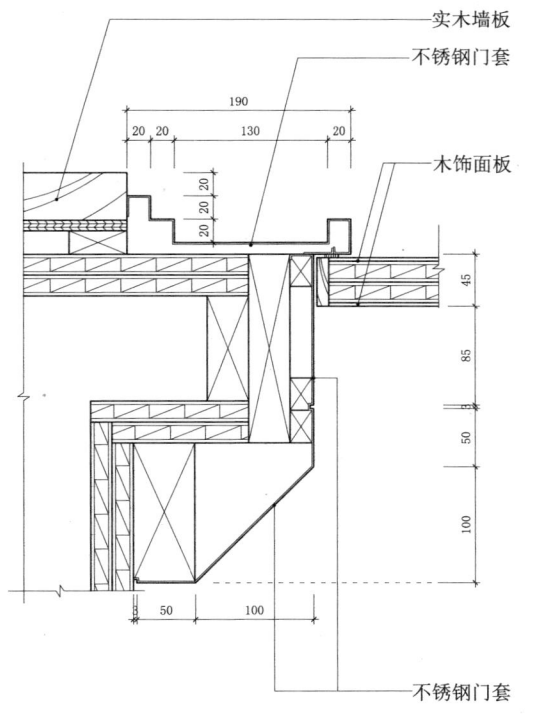

不锈钢门套横剖面图

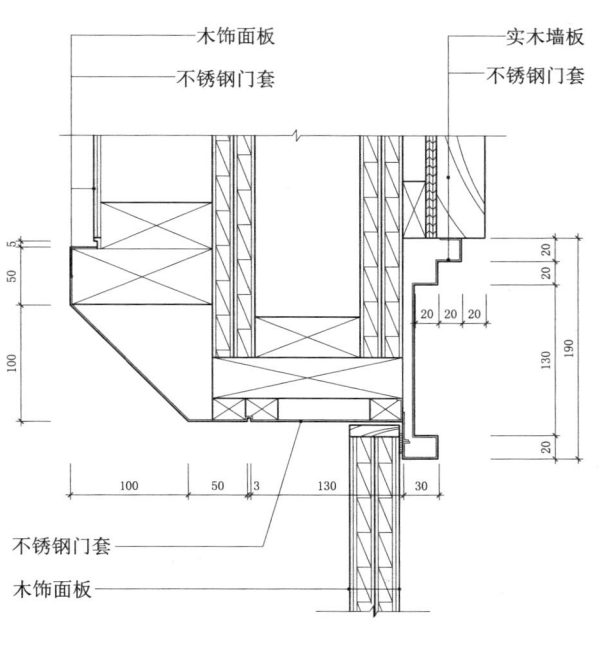

不锈钢门套纵剖面图

6.7 门套节点(四)

6 门窗构造·西方古典风格

节点图标注：
- 浅米白色涂料
- 建筑原有结构
- 细木工板 表面浅米白色涂料
- 蛇形轨
- 双层9厚纸面石膏板 表面浅米白色涂料
- 浅米白色窗帘杆
- 石膏线条 表面浅米白色涂料
- 浅米白色涂料
- 阳台门
- 浅米白色涂料
- 白冰绸
- L50×50×5 镀锌角钢
- 双层9厚纸面石膏板 表面浅米白色涂料
- 深咖啡色绒布窗帘 背贴遮光帘 铅垂线加强
- 浅米白色涂料

尺寸：157 / 163 / 155；100 / 55；105 / 180；CH=2550

节点图

A大样图
尺寸：5 / 10 / 8 / 24 / 8 / 6 / 180 / 91 / 8 / 7 / 8 / 5；10 / 8 / 5 / 6 / 5 / 13 / 5 / 2；55

218 | 室内构造节点与专项模式图集

6.8 防火板弯曲木门套

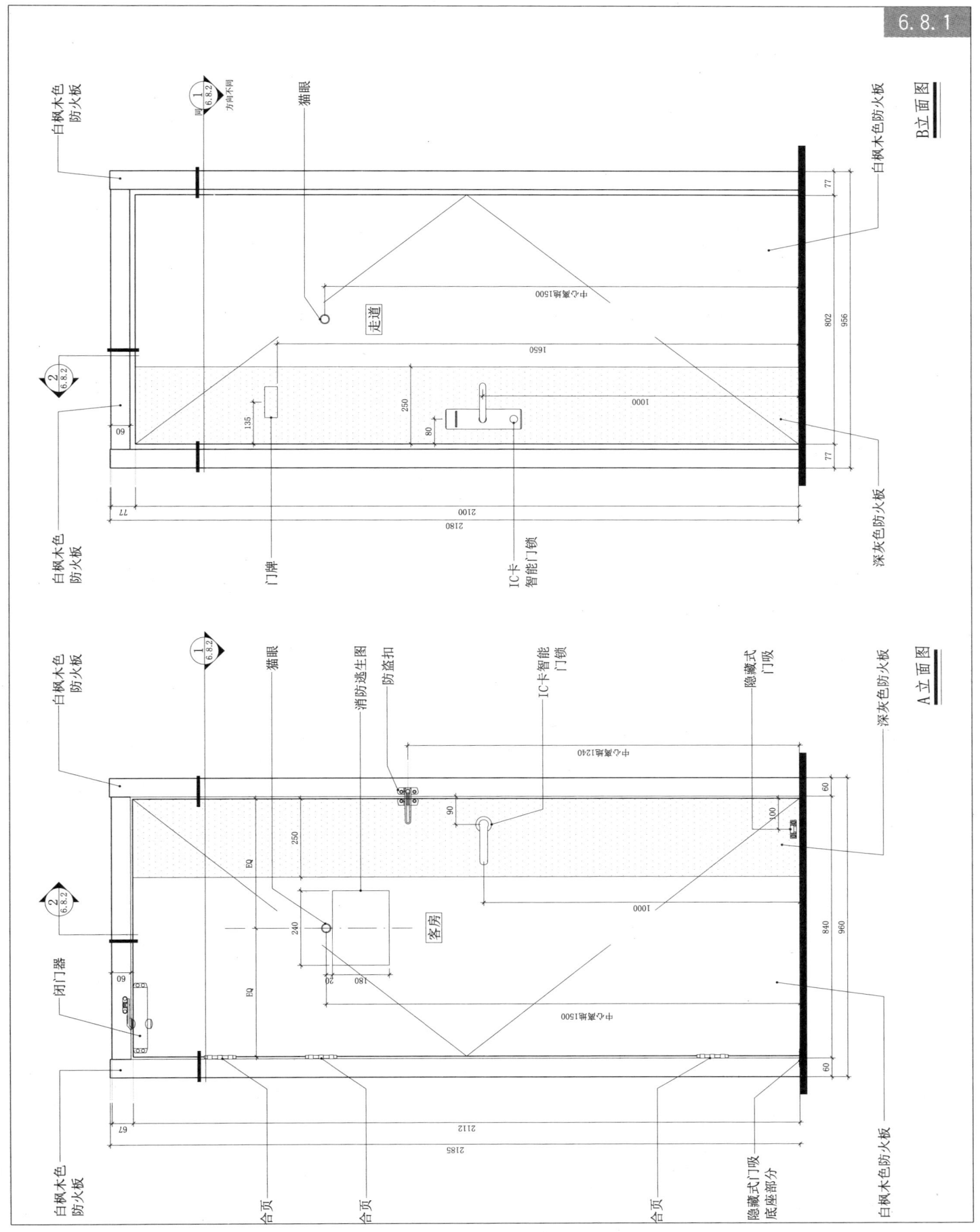

6.8.1

6.8 防火板弯曲木门套

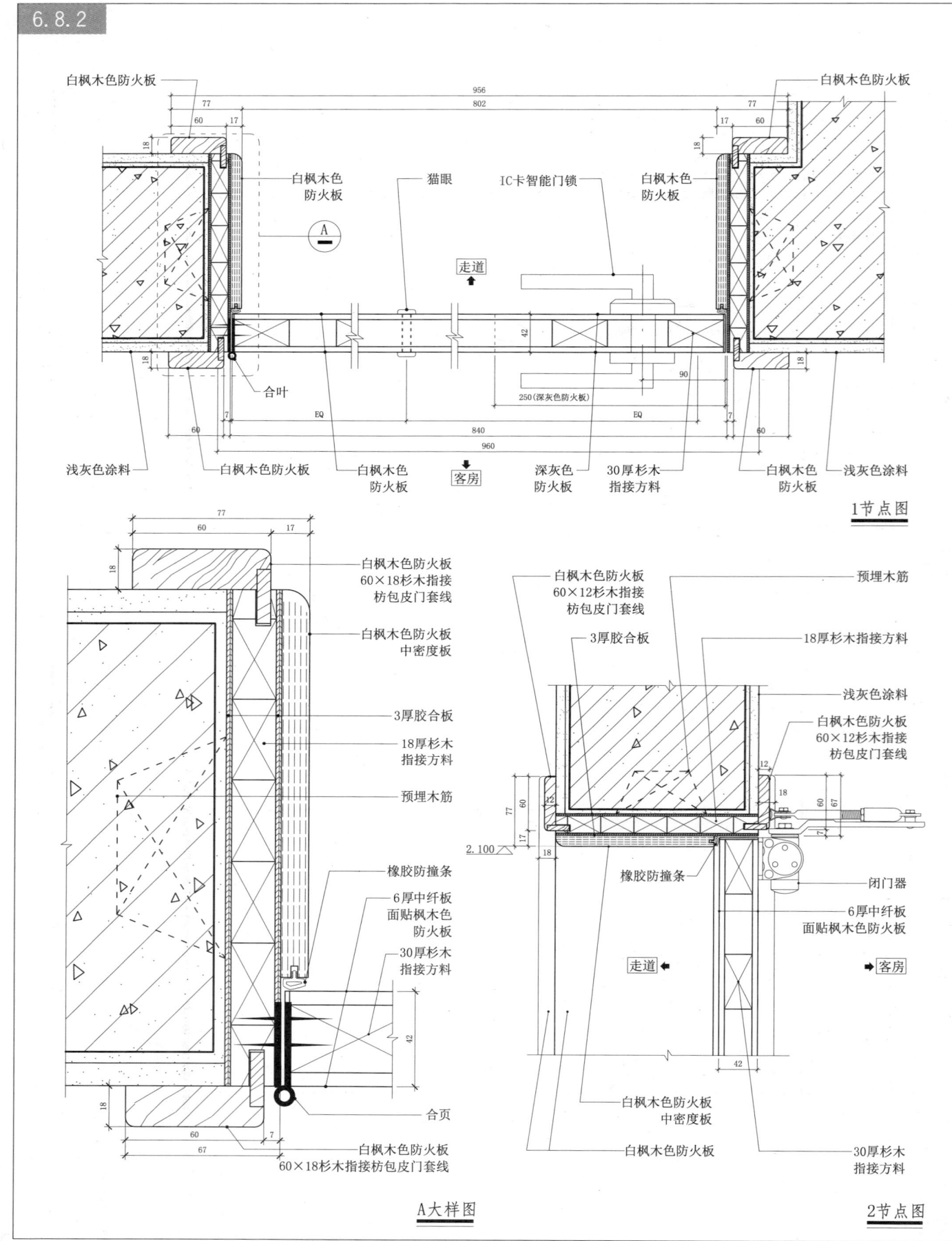

6.9 电梯门套

6 门窗构造

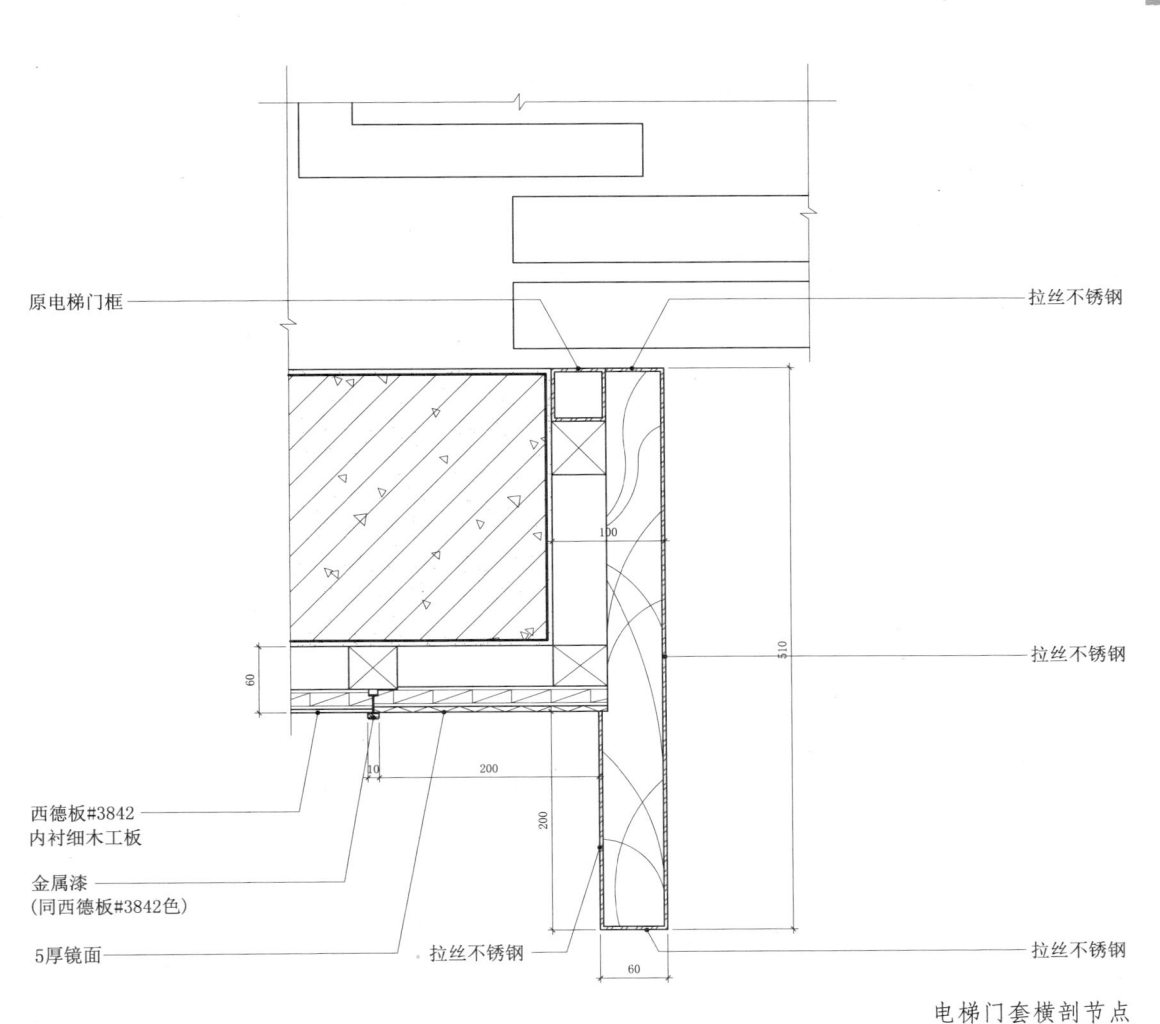

电梯门套横剖节点

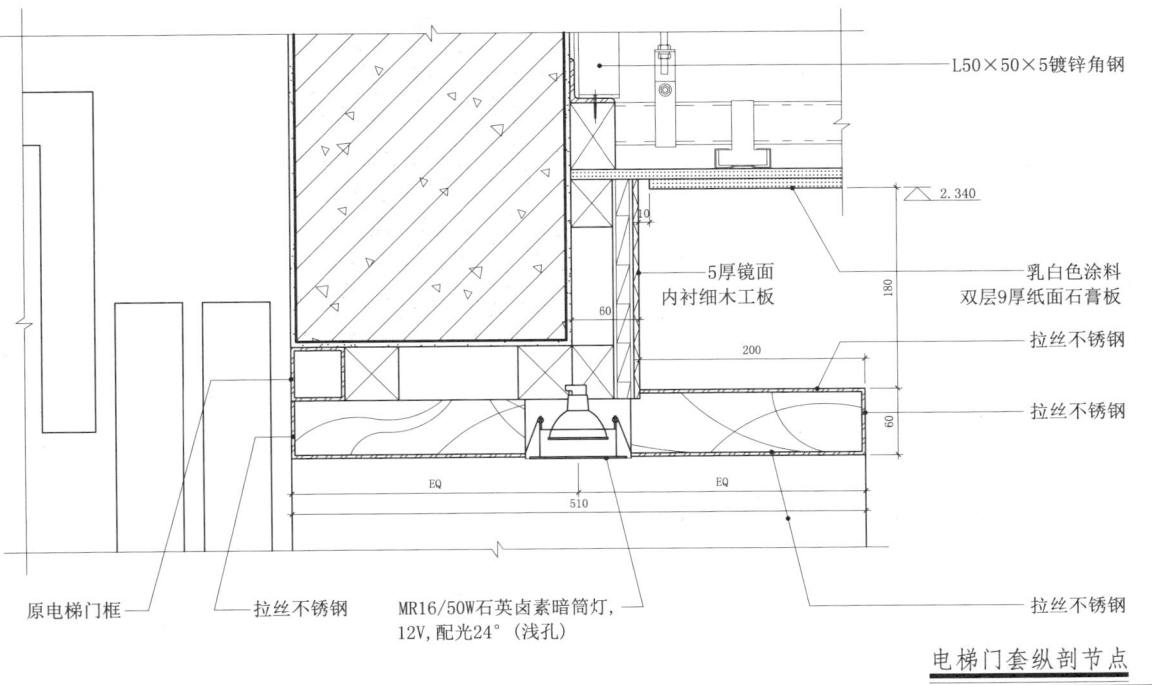

电梯门套纵剖节点

室内构造节点与专项模式图集 | 221

6.10 窗台、窗帘盒节点

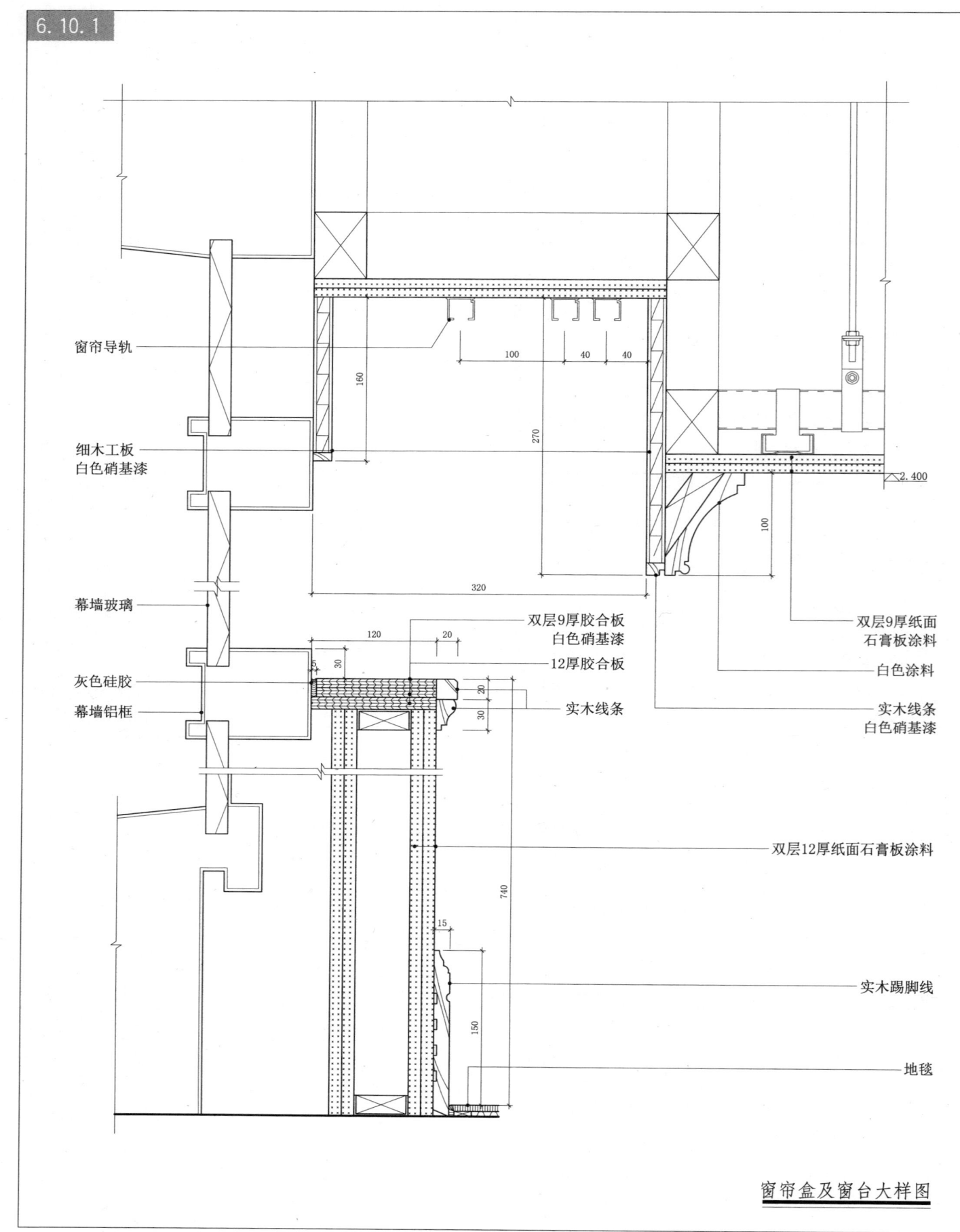

窗帘盒及窗台大样图

6.10 窗台、窗帘盒节点

6.10.2

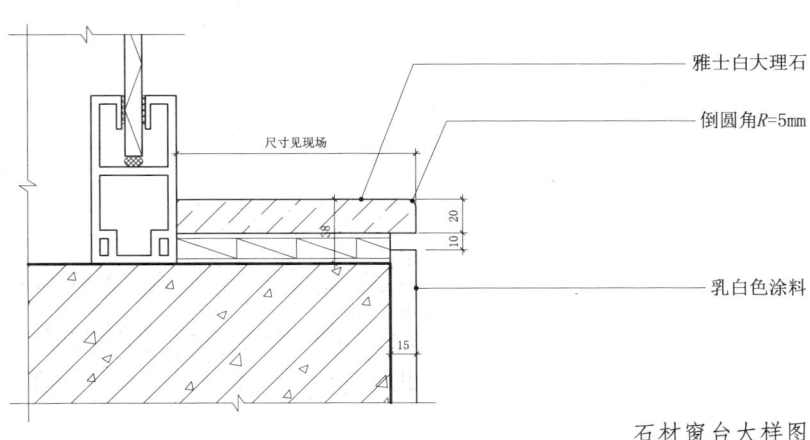

石材窗台大样图

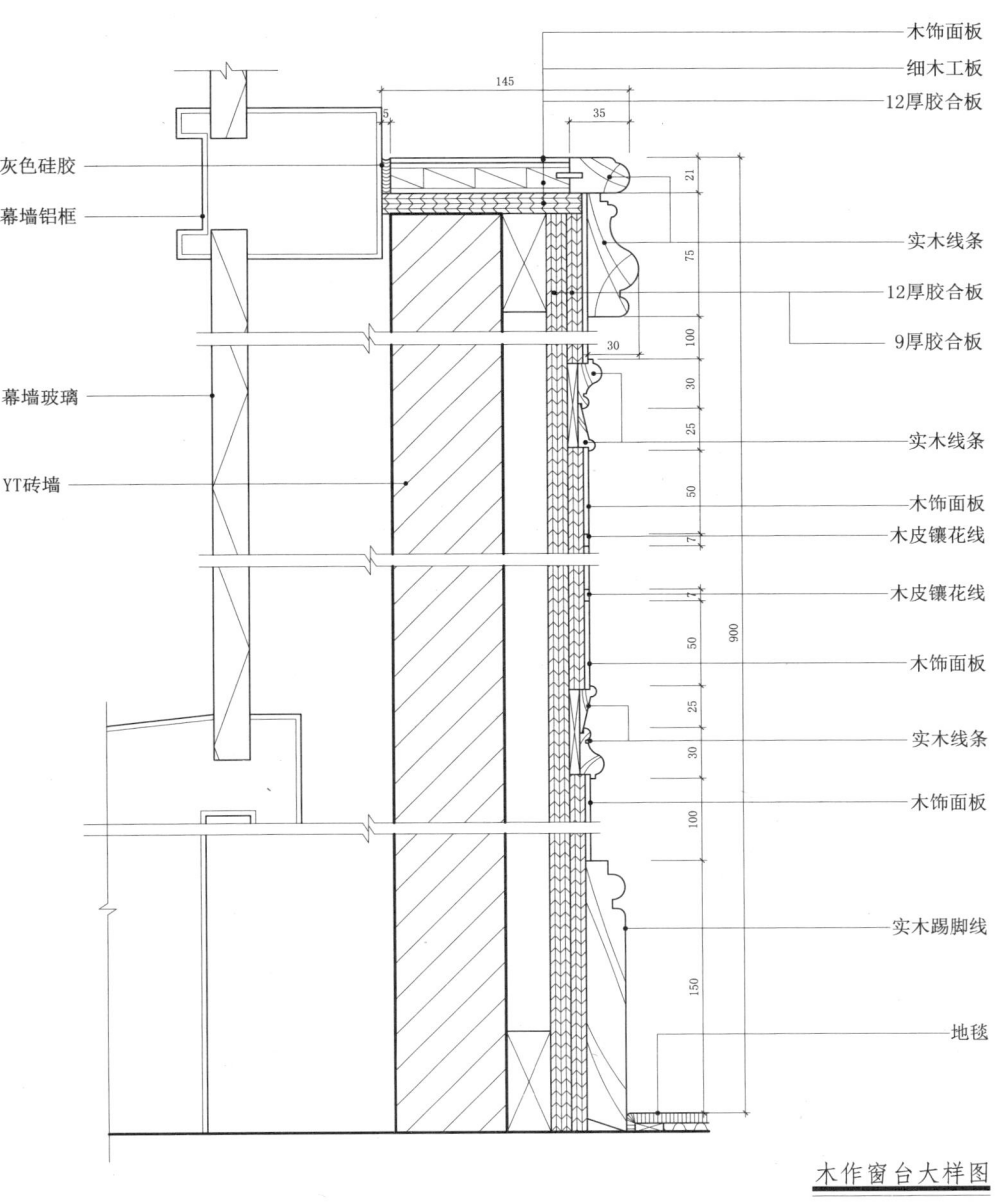

木作窗台大样图

6.11 无框玻璃门

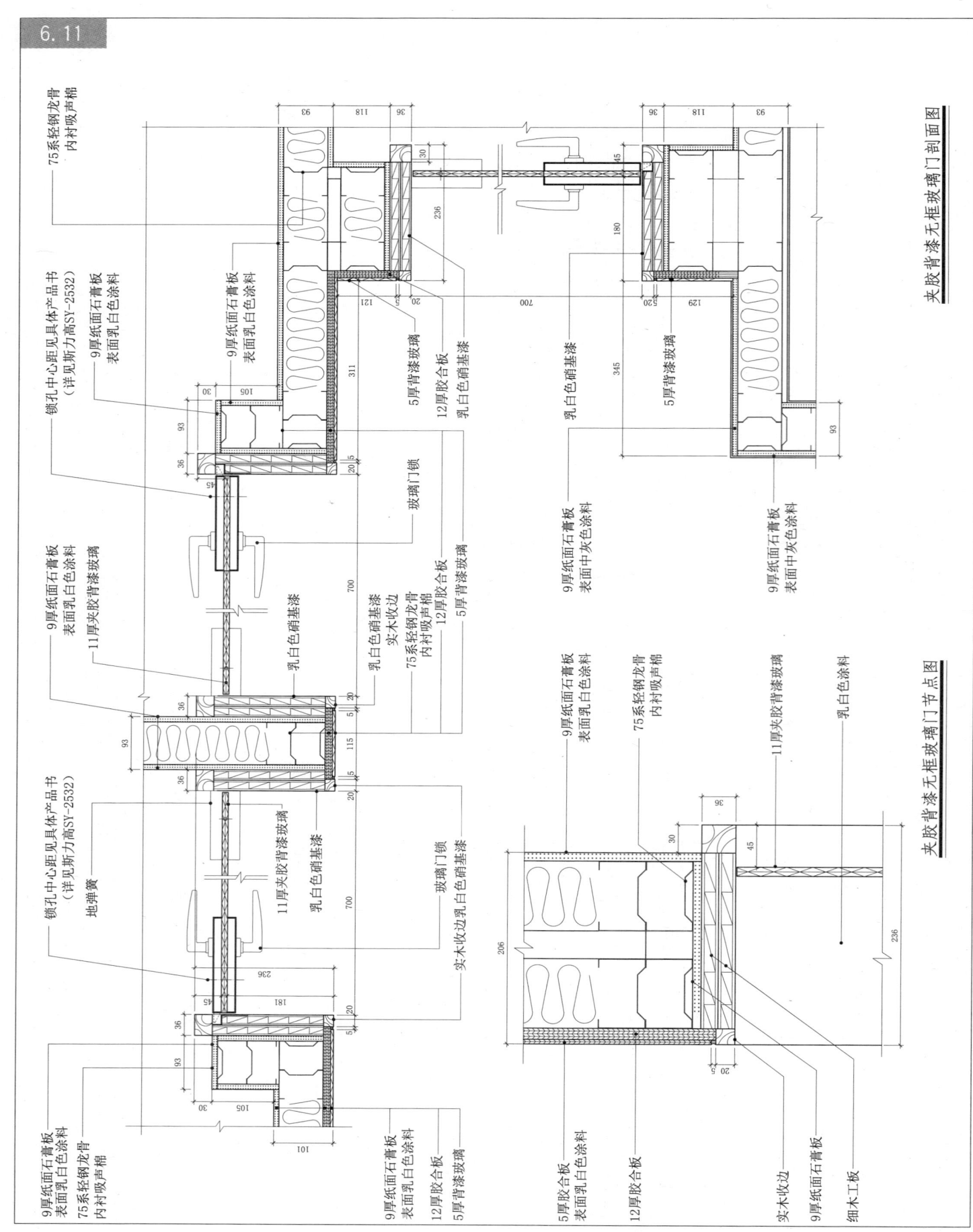

6.12 玻璃移门滑轨

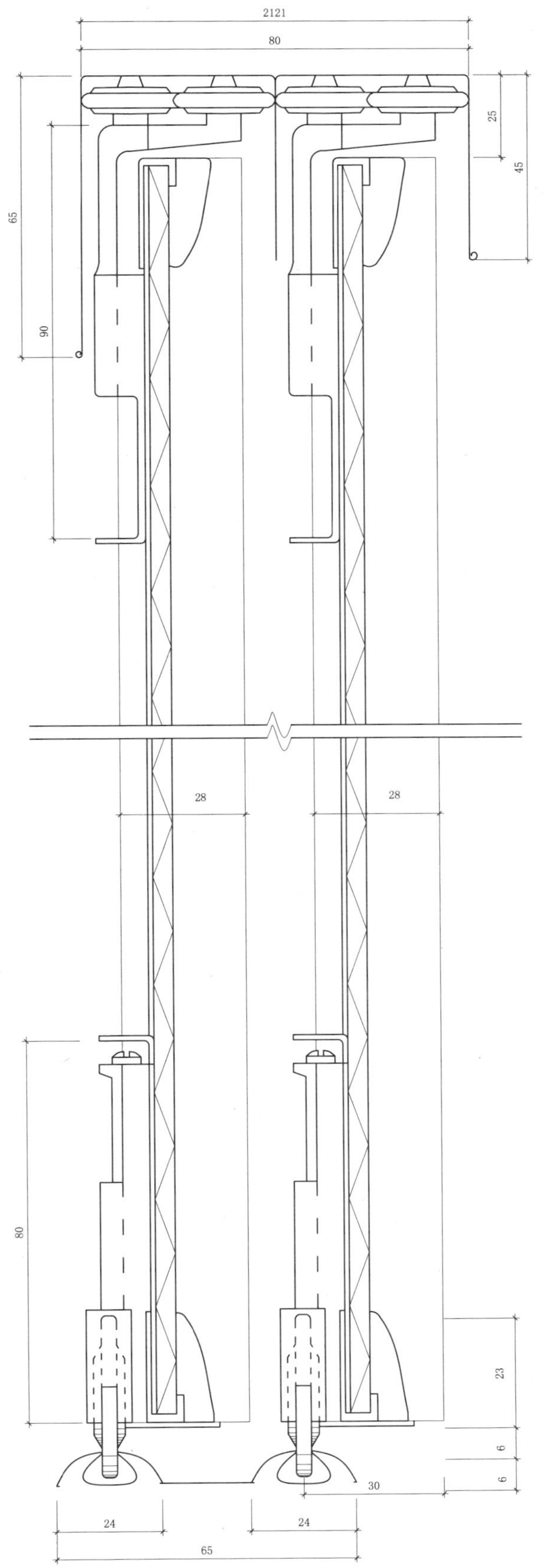

玻璃移门滑轨详图

6 门窗构造·玻璃构造 金属构造

6.13 木质双扇移门

6 门窗构造·西方古典风格

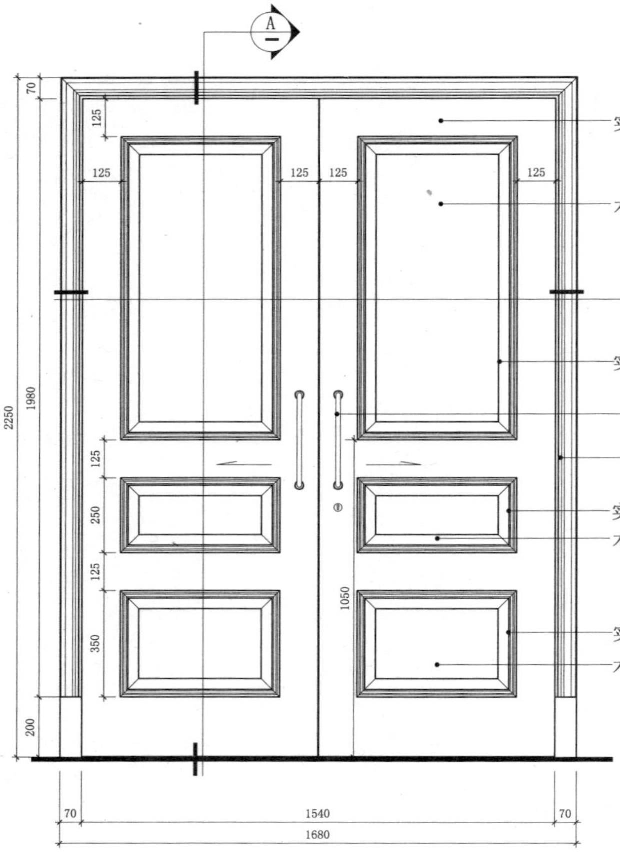

双扇移门立面图

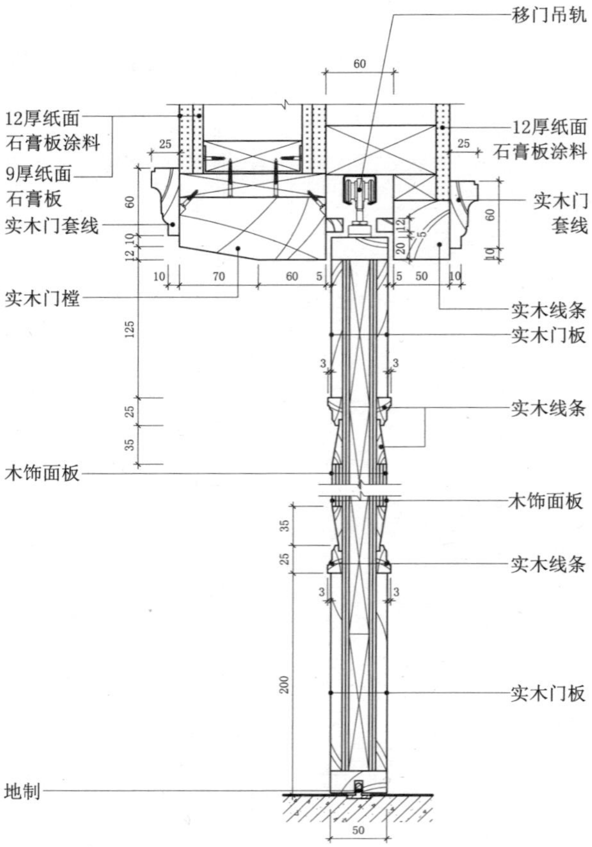

A剖面图

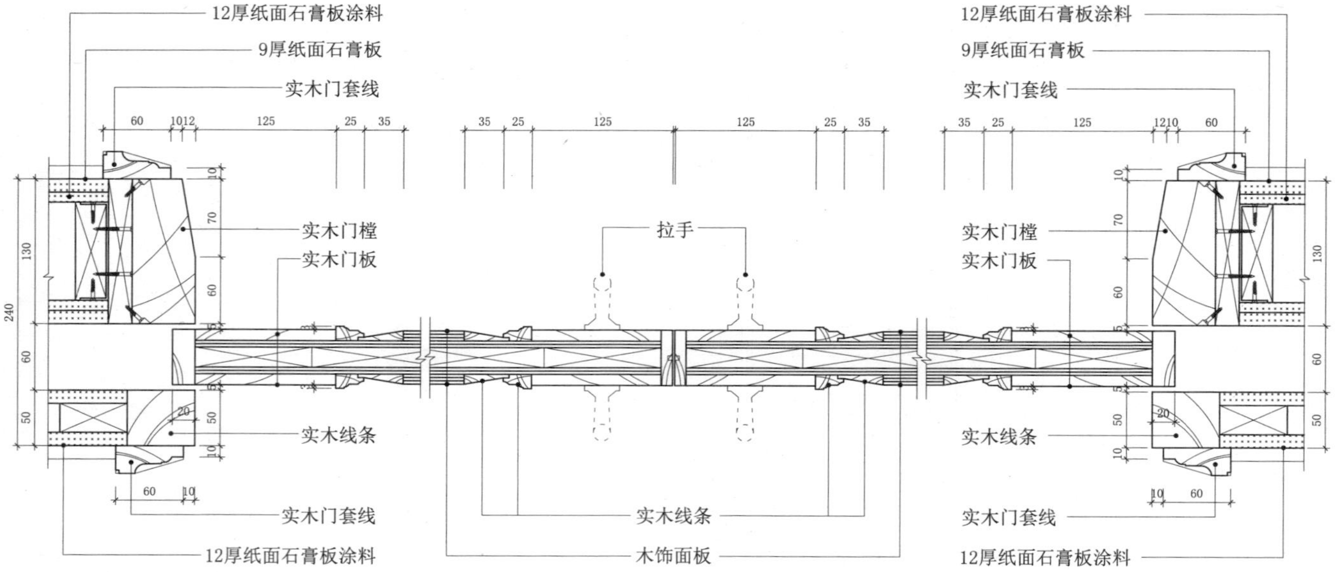

B剖面图

6.14 自动移门

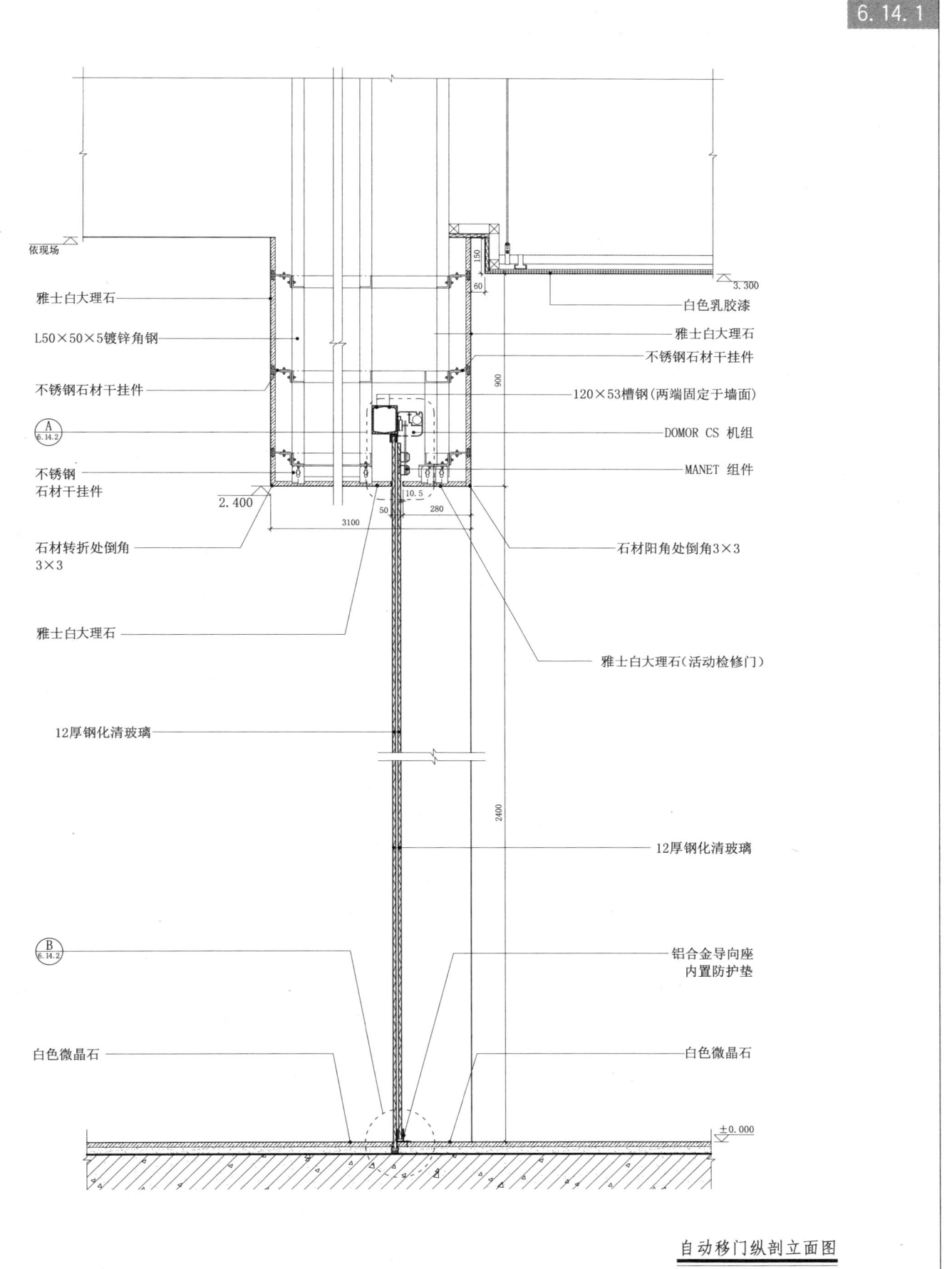

自动移门纵剖立面图

6.14 自动移门

6.14.2

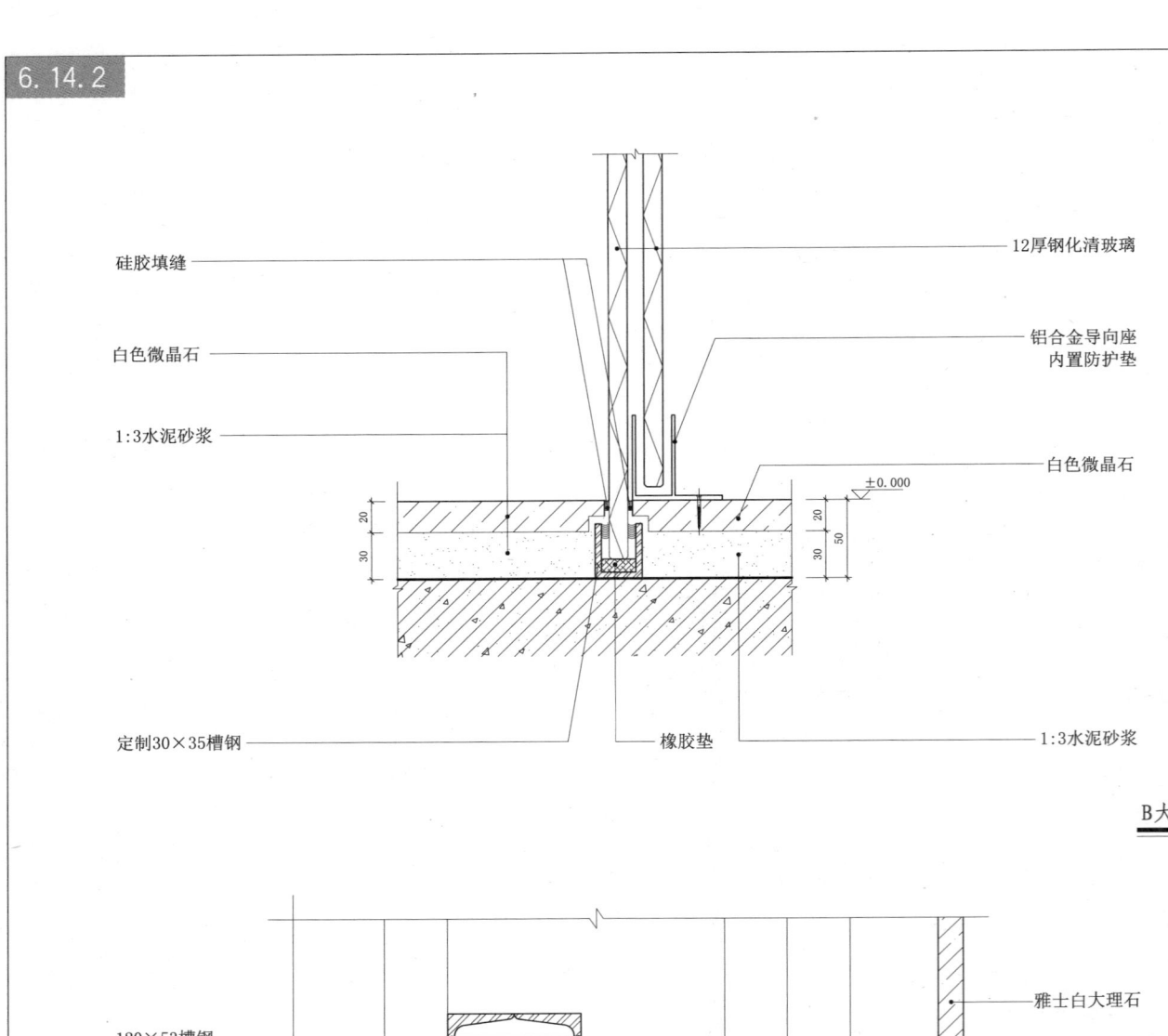

B大样图

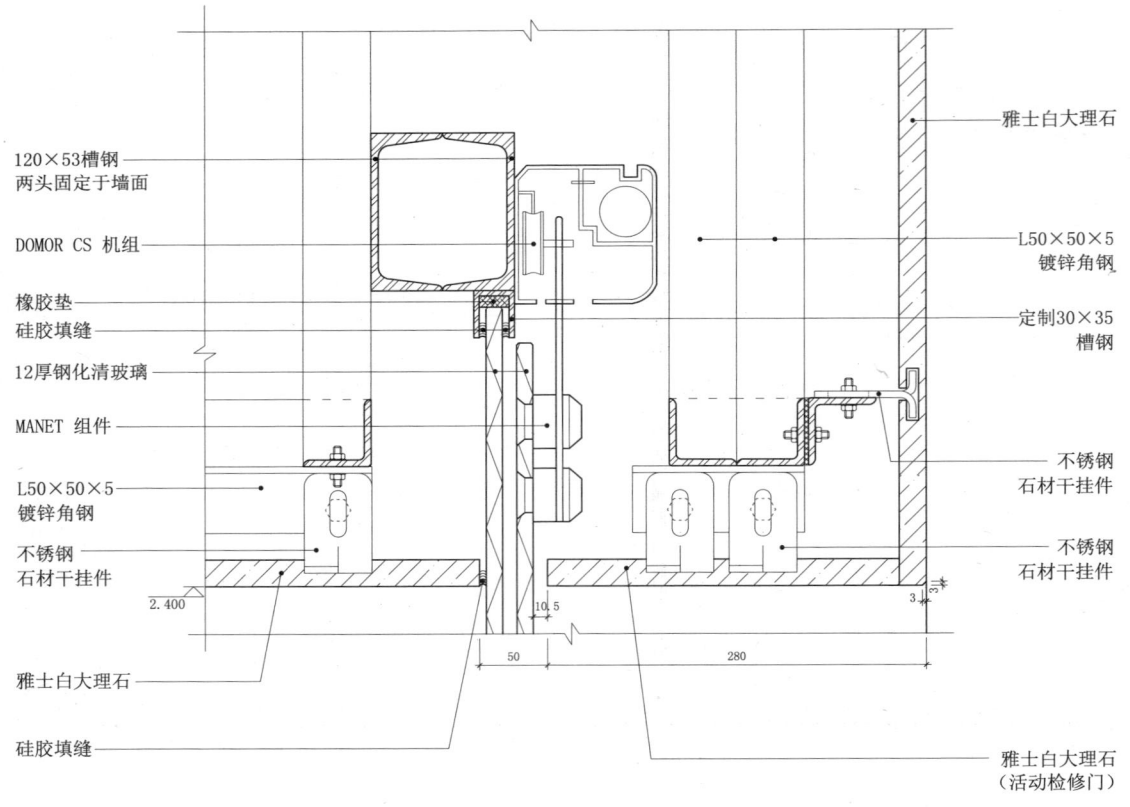

A大样图

6.15 电子感应无框玻璃移门

6.15.1

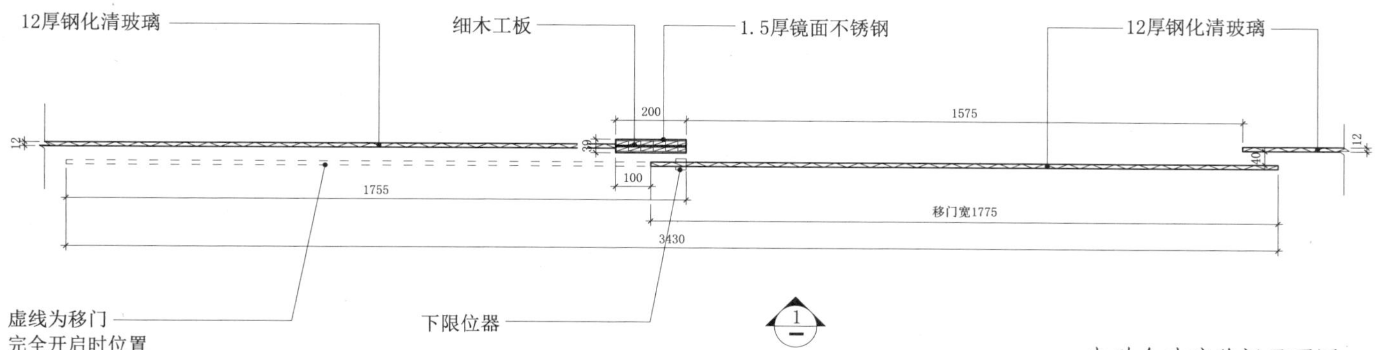

电动全玻璃移门平面图

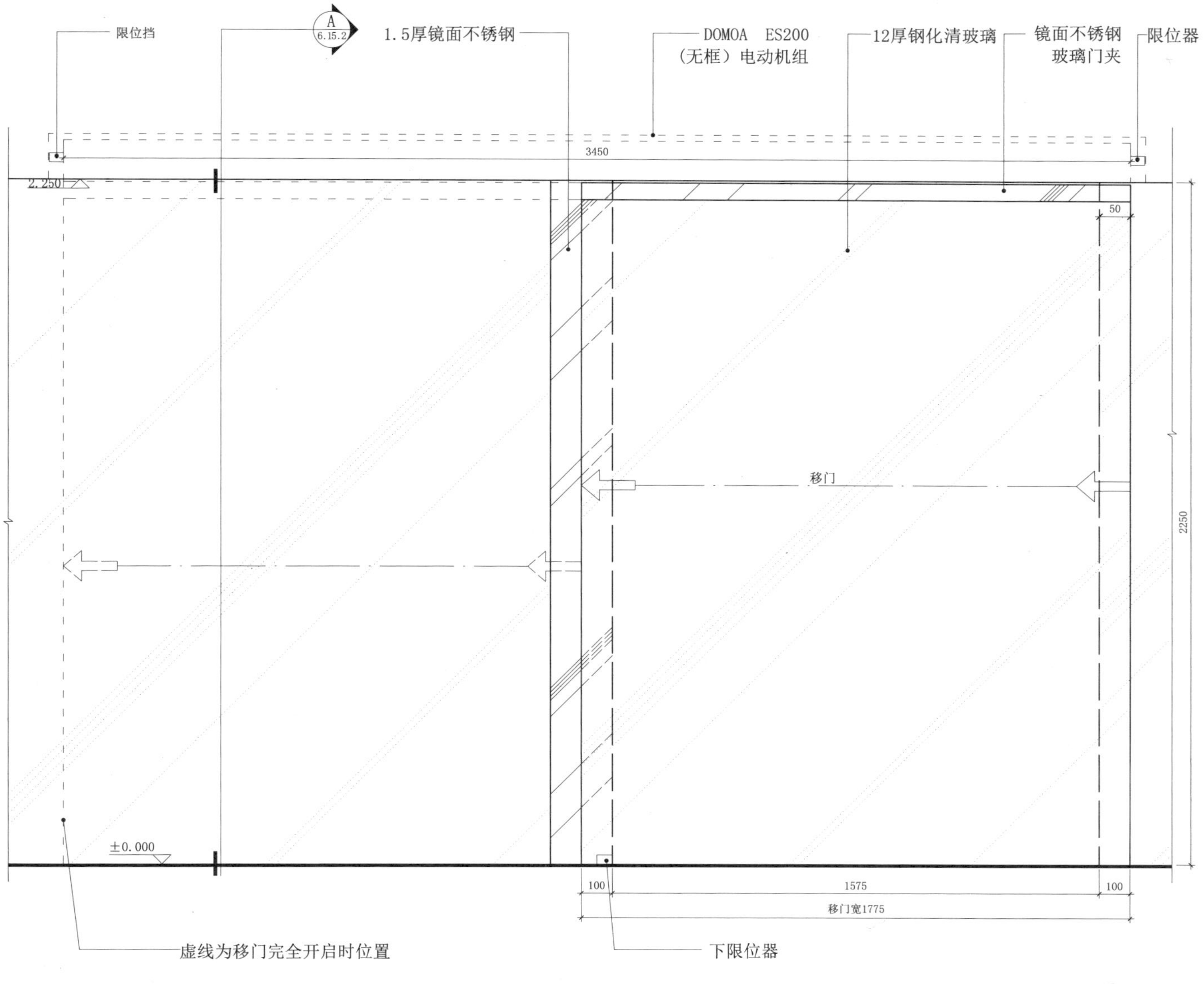

标注：12厚钢化清玻璃、细木工板、1.5厚镜面不锈钢、12厚钢化清玻璃、虚线为移门完全开启时位置、下限位器、移门宽1775

电动全玻璃移门1立面图

标注：限位挡、1.5厚镜面不锈钢、DOMOA ES200（无框）电动机组、12厚钢化清玻璃、镜面不锈钢玻璃门夹、限位器、虚线为移门完全开启时位置、下限位器、移门宽1775

6.15 电子感应无框玻璃移门

6.15.2

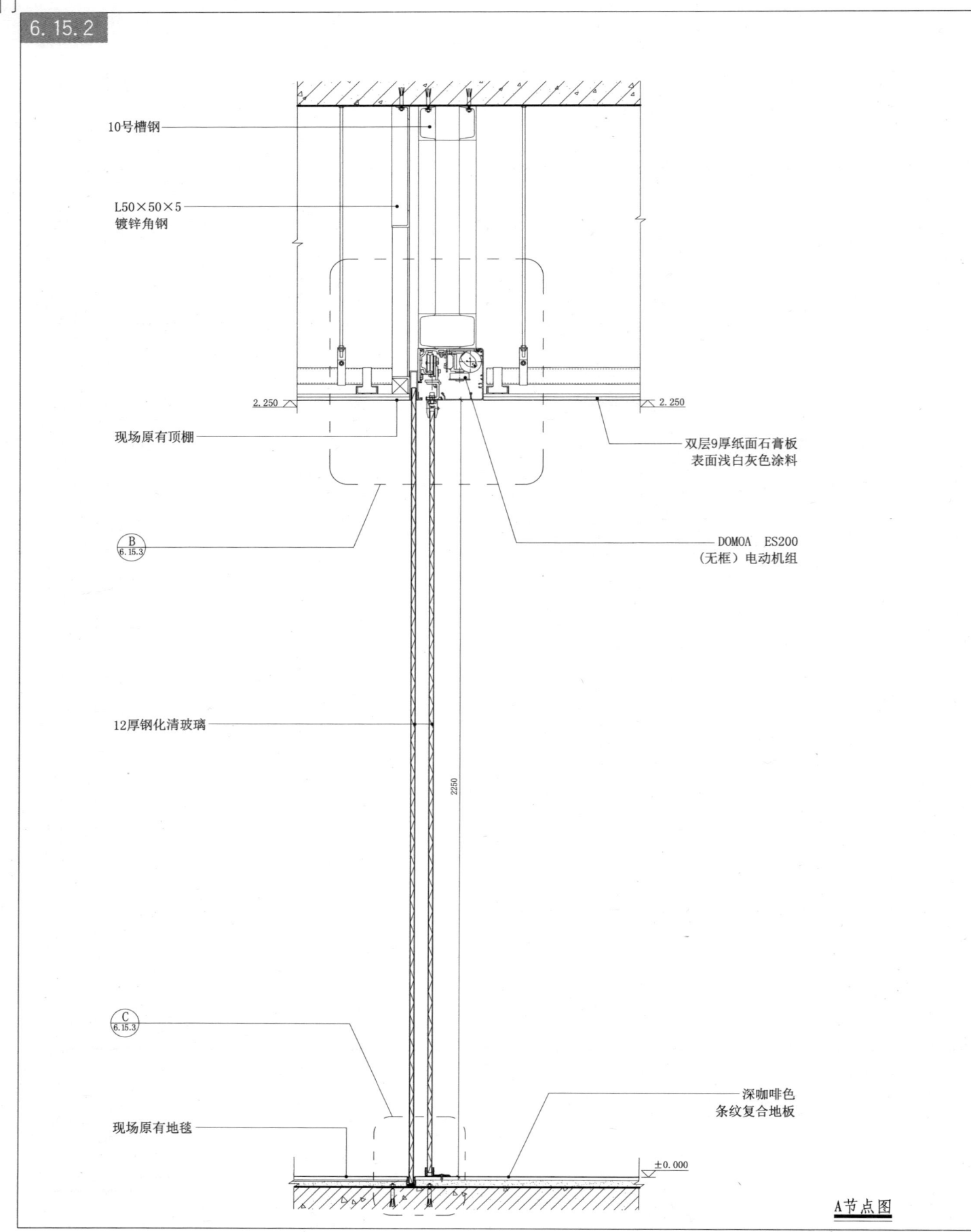

A节点图

6.15 电子感应无框玻璃移门

6.15.3

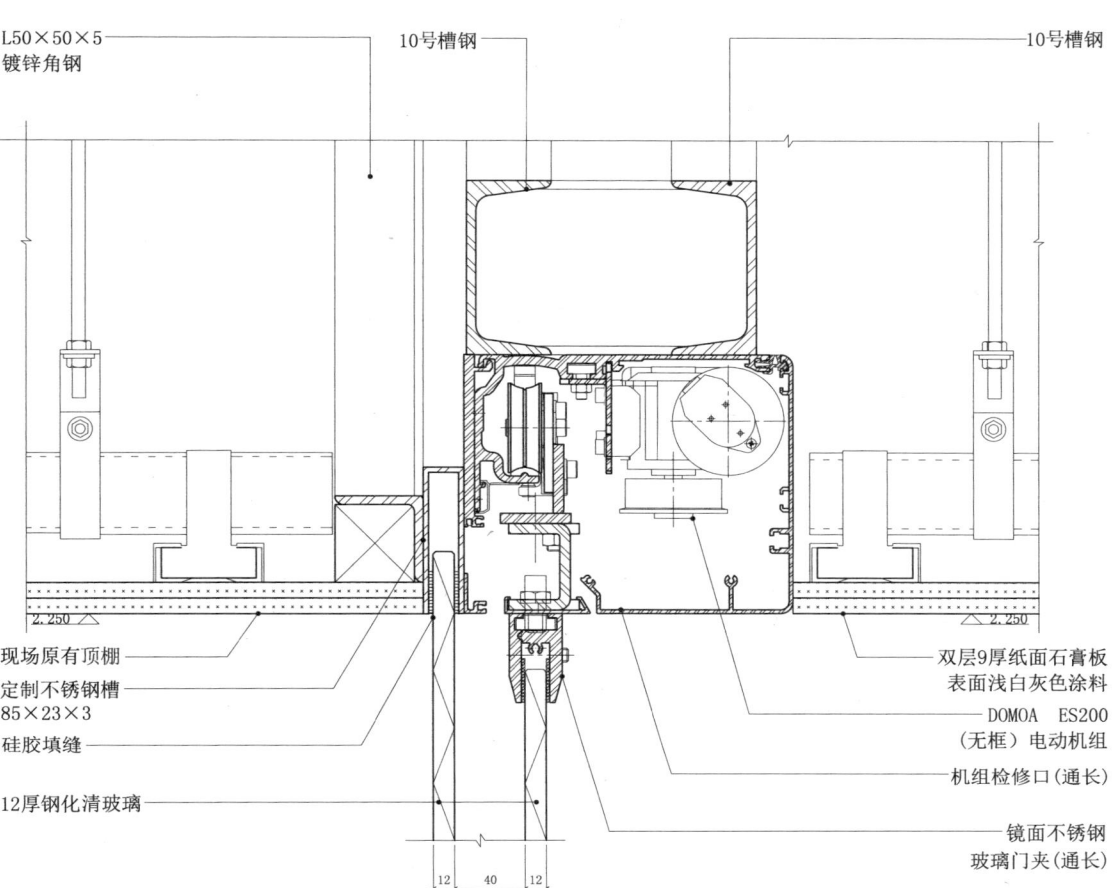

B节点图

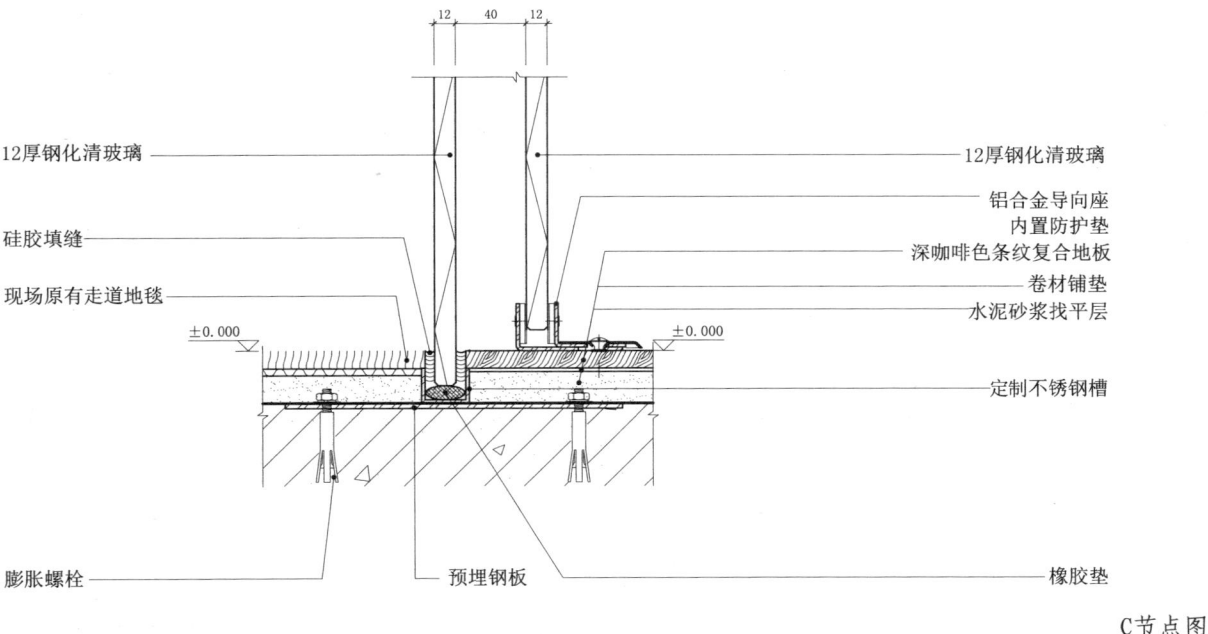

C节点图

6.16 手动无框玻璃移门

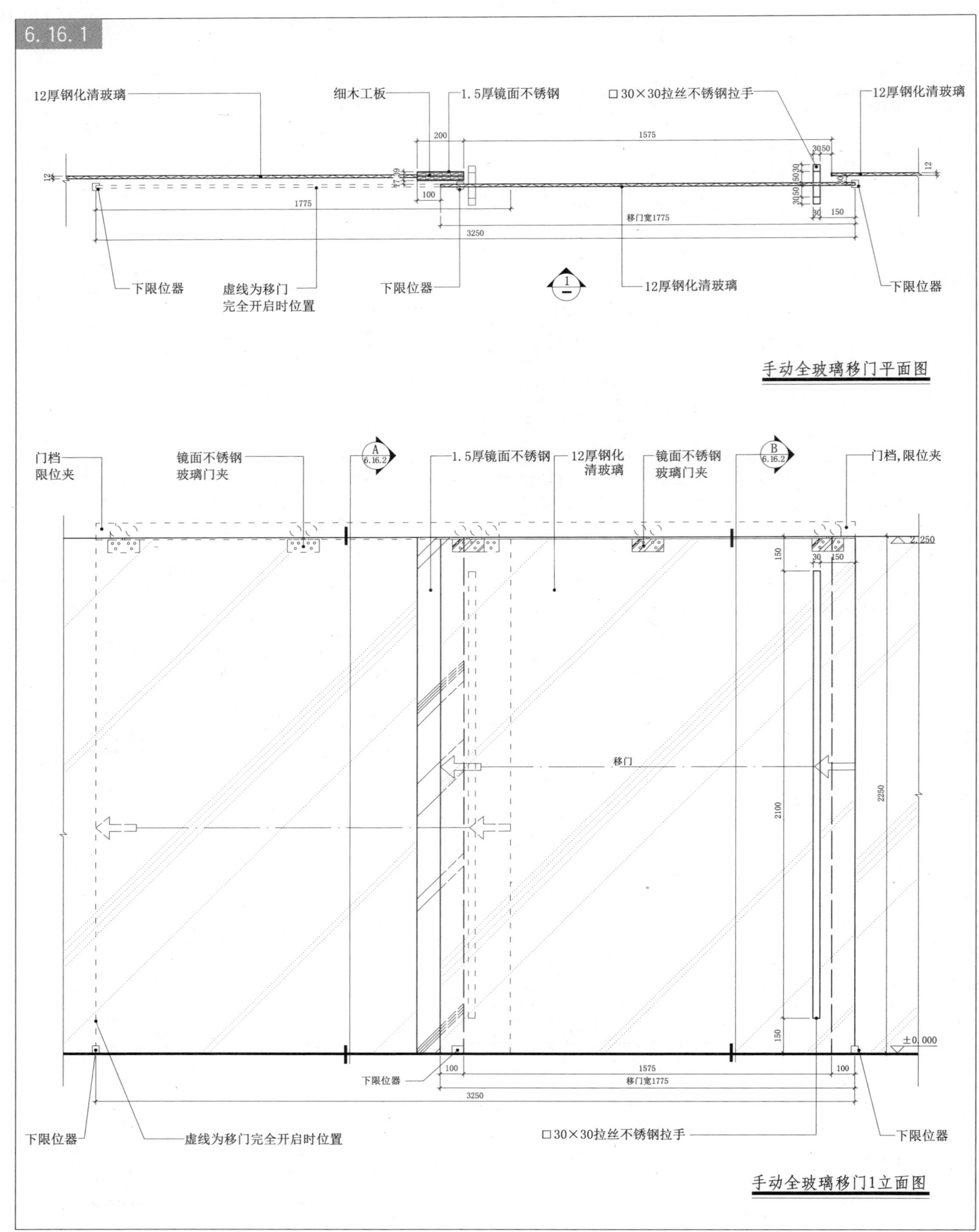

手动全玻璃移门平面图

手动全玻璃移门1立面图

6.16 手动无框玻璃移门

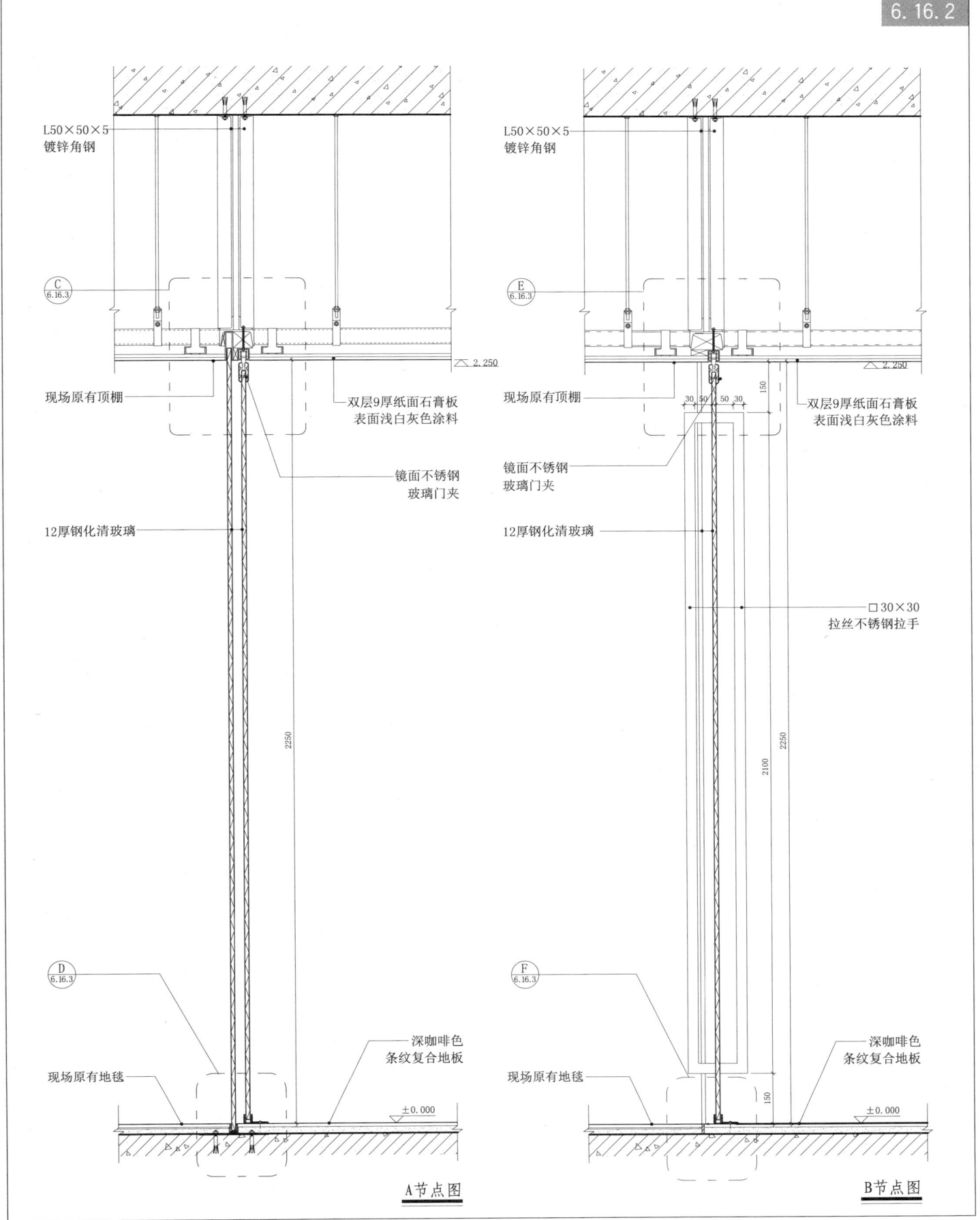

6.16 手动无框玻璃移门

6.16.3

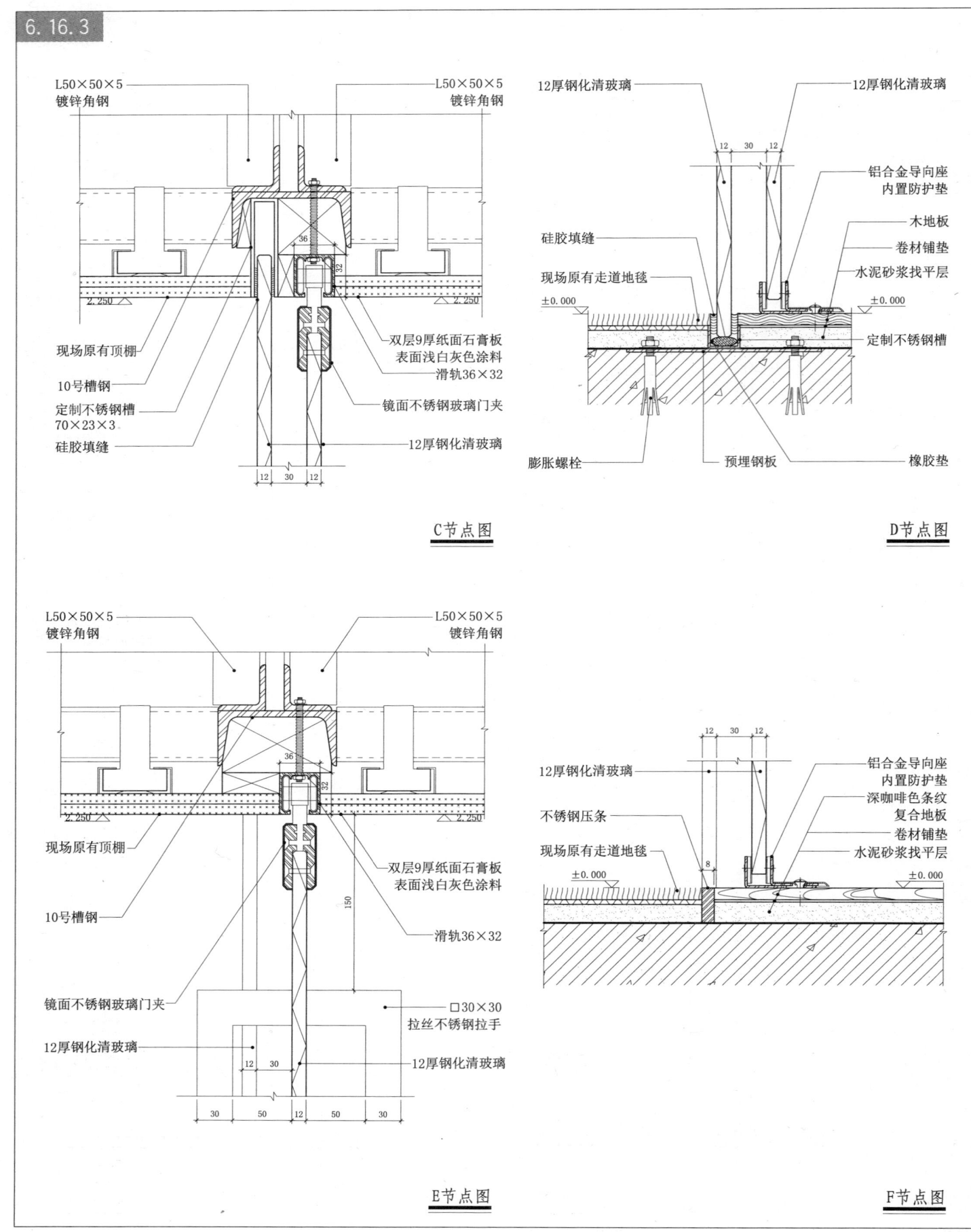

C节点图

D节点图

E节点图

F节点图

6.17 铝合金推拉门

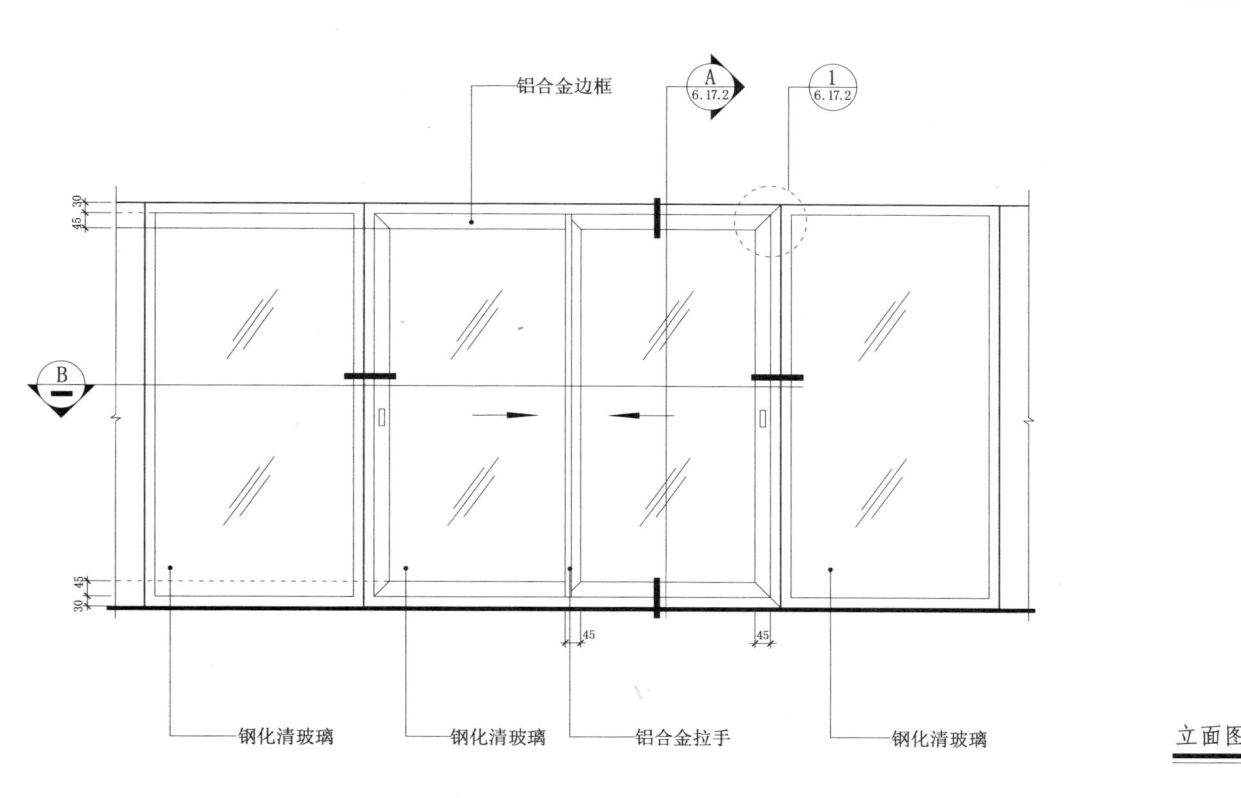

立面图

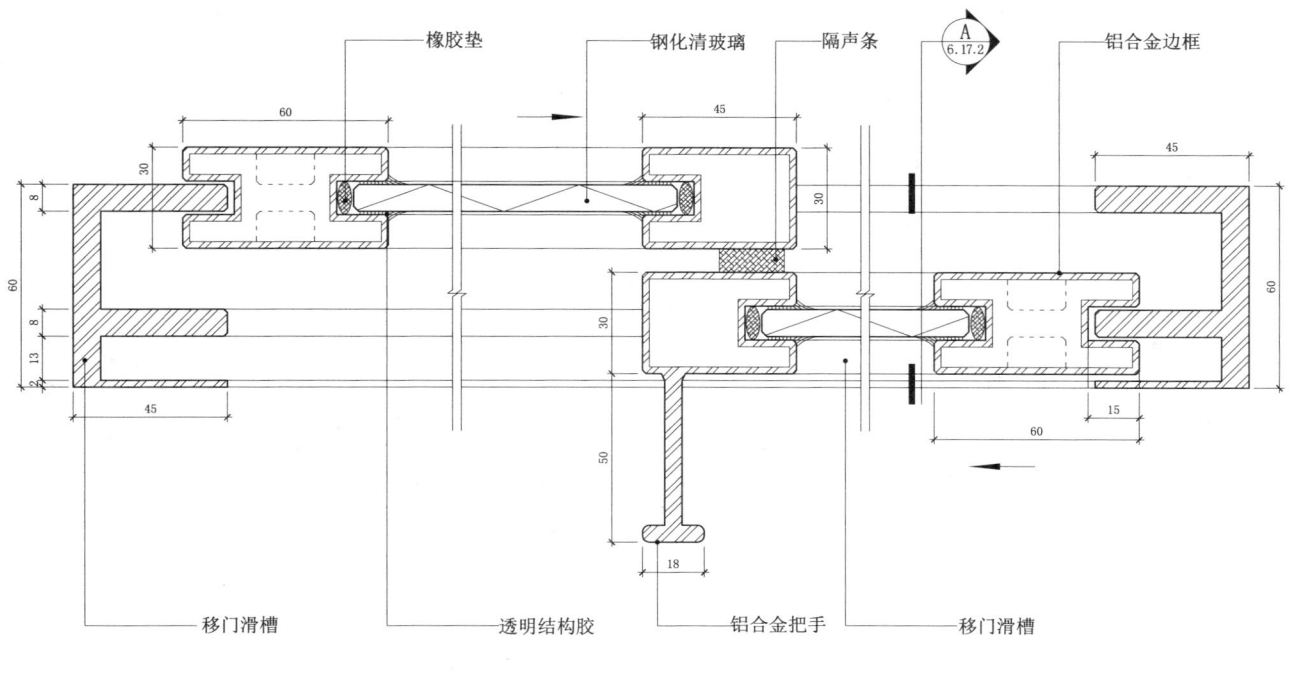

B水平剖节点

6.17 铝合金推拉门

6.17.2

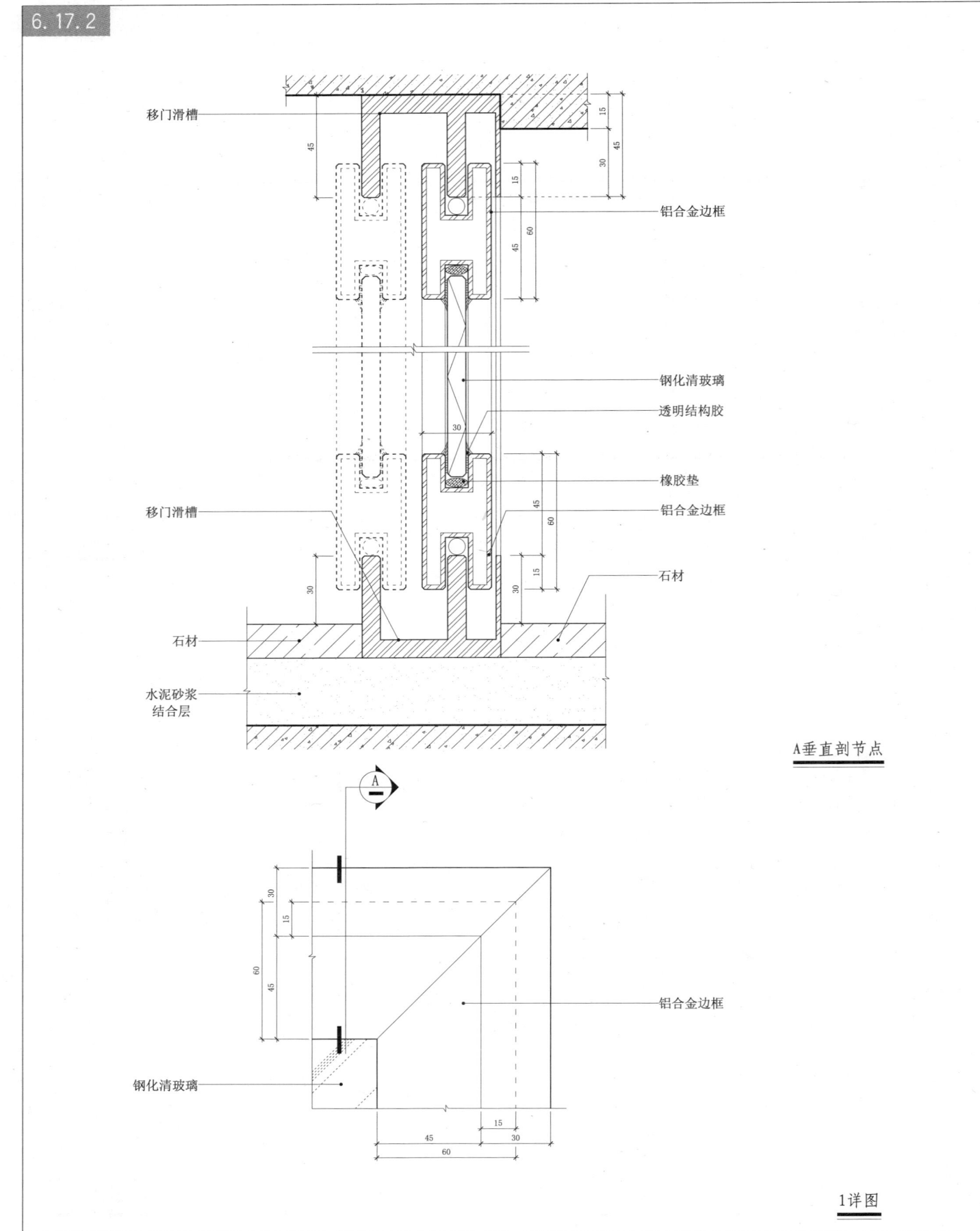

A垂直剖节点

1详图

6.18.1

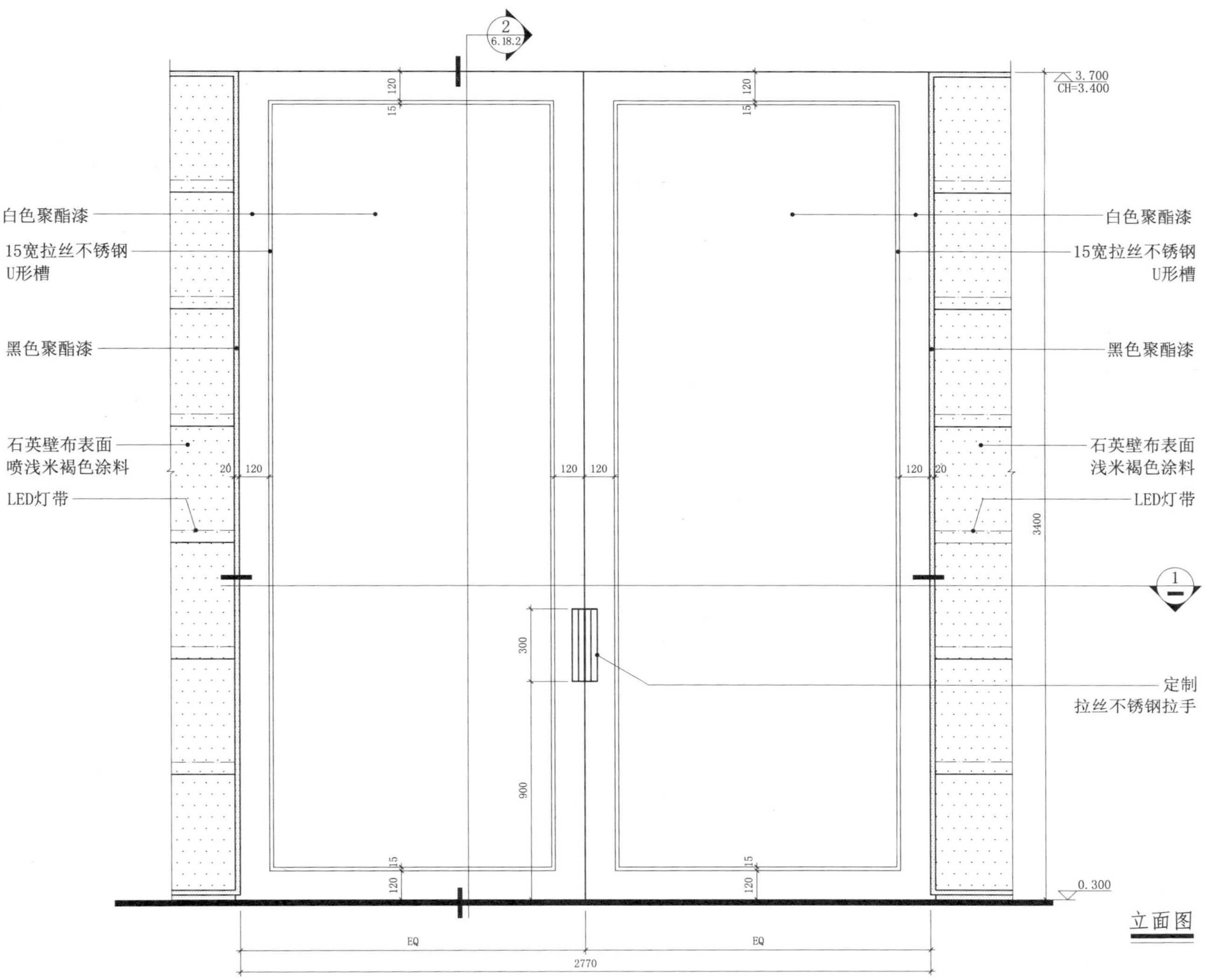
2
6.18.2
3.700
CH=3.400
白色聚酯漆
15宽拉丝不锈钢
U形槽
黑色聚酯漆
石英壁布表面
喷浅米褐色涂料
LED灯带
白色聚酯漆
15宽拉丝不锈钢
U形槽
黑色聚酯漆
石英壁布表面
浅米褐色涂料
LED灯带
定制
拉丝不锈钢拉手
1
120
15
20
120
300
900
3400
0.300
EQ
EQ
2770

立面图

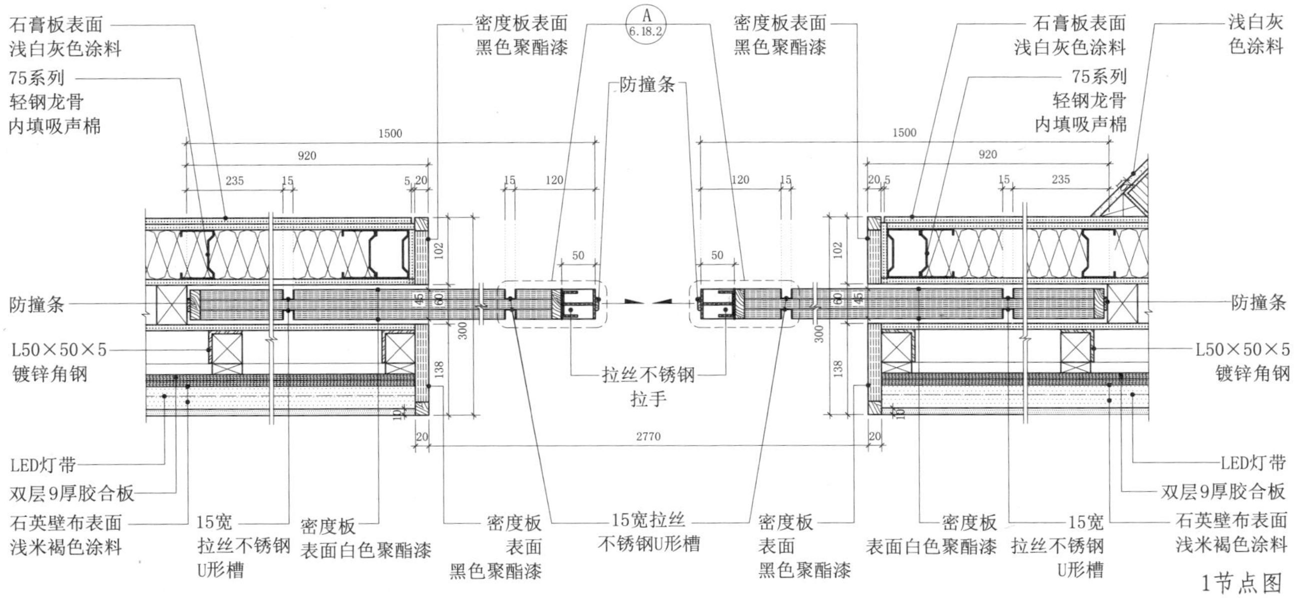
石膏板表面
浅白灰色涂料
75系列
轻钢龙骨
内填吸声棉
密度板表面
黑色聚酯漆
A
6.18.2
防撞条
密度板表面
黑色聚酯漆
石膏板表面
浅白灰色涂料
75系列
轻钢龙骨
内填吸声棉
浅白灰
色涂料
1500
920
235
15
5
20
120
50
102
300
138
2770
防撞条
L50×50×5
镀锌角钢
拉丝不锈钢
拉手
防撞条
L50×50×5
镀锌角钢
LED灯带
双层9厚胶合板
石英壁布表面
浅米褐色涂料
15宽
拉丝不锈钢
U形槽
密度板
表面白色聚酯漆
密度板
表面
黑色聚酯漆
15宽拉丝
不锈钢U形槽
密度板
表面
黑色聚酯漆
密度板
表面白色聚酯漆
15宽
拉丝不锈钢
U形槽
LED灯带
双层9厚胶合板
石英壁布表面
浅米褐色涂料

1节点图

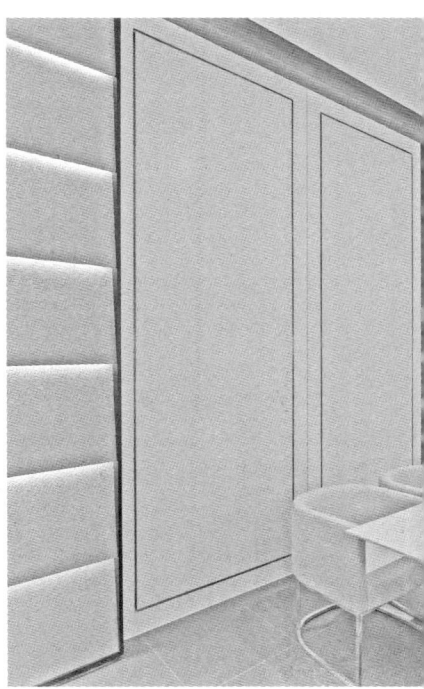

6 门窗构造

6.18 移门节点

6.18.2

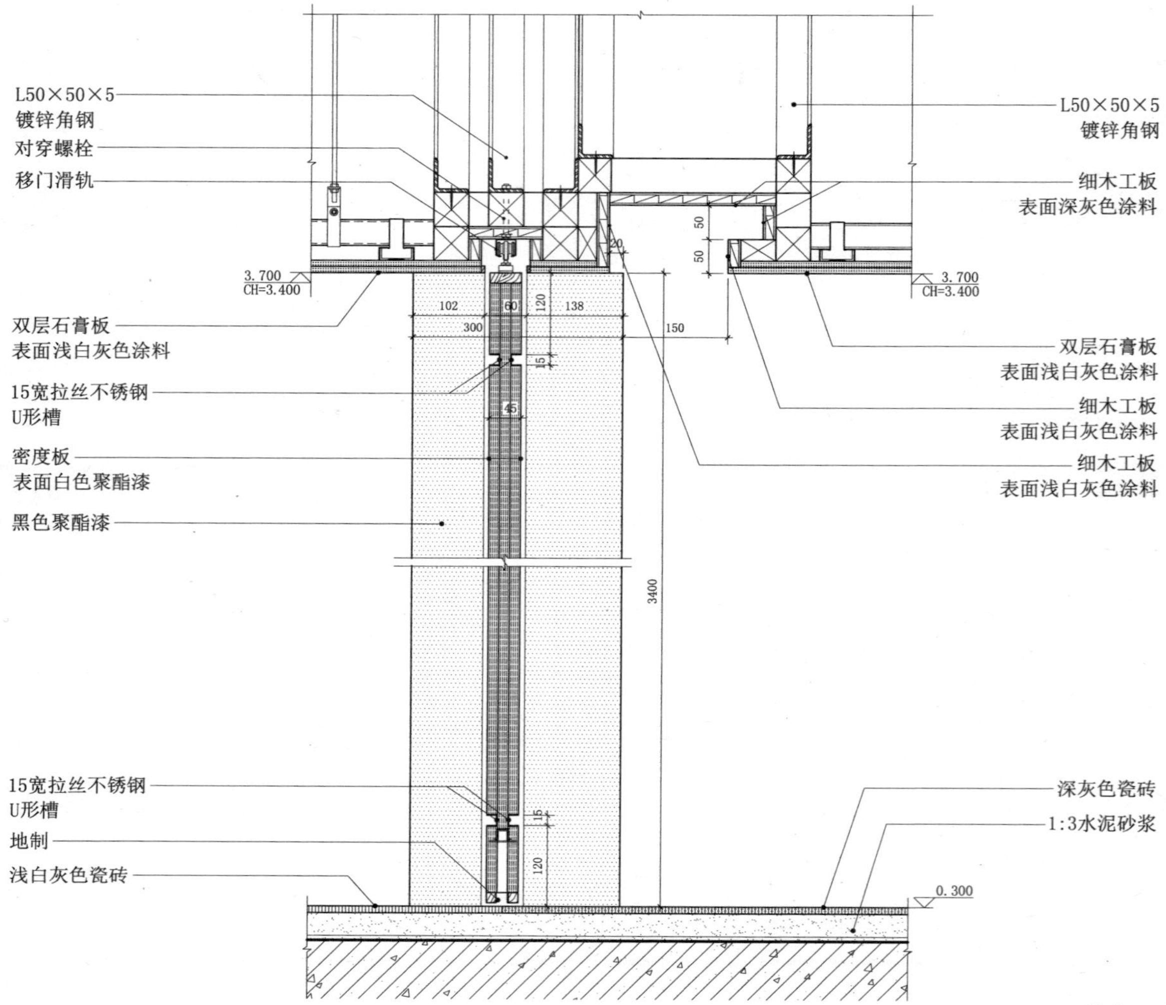

2节点图

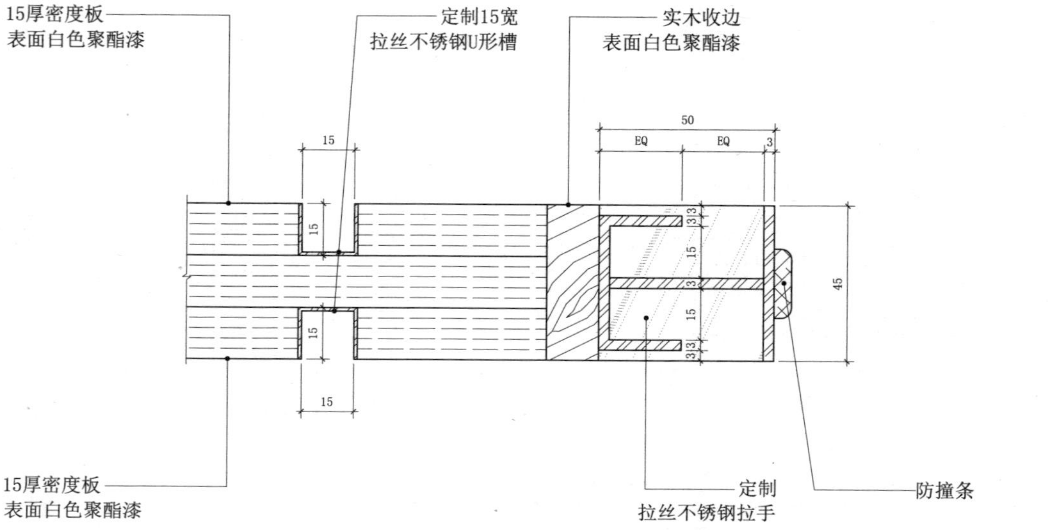

标注：
- L50×50×5 镀锌角钢
- 对穿螺栓
- 移门滑轨
- 双层石膏板 表面浅白灰色涂料
- 15宽拉丝不锈钢U形槽
- 密度板 表面白色聚酯漆
- 黑色聚酯漆
- 15宽拉丝不锈钢U形槽
- 地制
- 浅白灰色瓷砖
- L50×50×5 镀锌角钢
- 细木工板 表面深灰色涂料
- 双层石膏板 表面浅白灰色涂料
- 细木工板 表面浅白灰色涂料
- 细木工板 表面浅白灰色涂料
- 深灰色瓷砖
- 1:3水泥砂浆

A大样图

标注：
- 15厚密度板 表面白色聚酯漆
- 定制15宽拉丝不锈钢U形槽
- 实木收边 表面白色聚酯漆
- 15厚密度板 表面白色聚酯漆
- 定制拉丝不锈钢拉手
- 防撞条

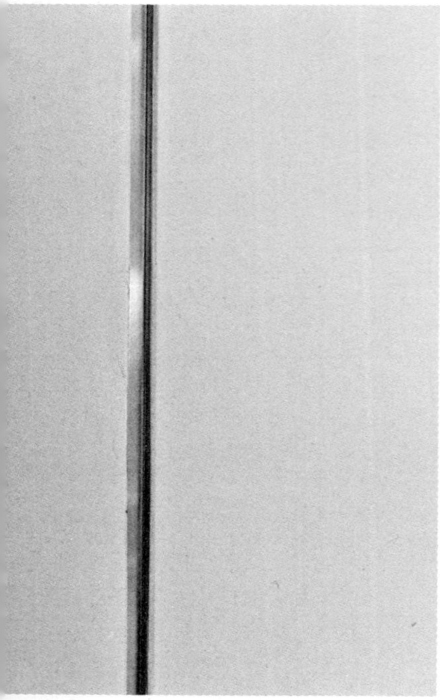

6.19 会议室移门节点

6 门窗构造

6.19.1

胡桃木染黑 全亚光开放漆
橡木染黑灰色
白橡木
不锈钢U形槽 镀钛喷砂黑

胡桃木染黑 全亚光开放漆
橡木染黑灰色
白橡木
不锈钢U形槽 镀钛喷砂黑
达尼罗涂料 EA 布料色
定制 不锈钢镀钛 移门门把手

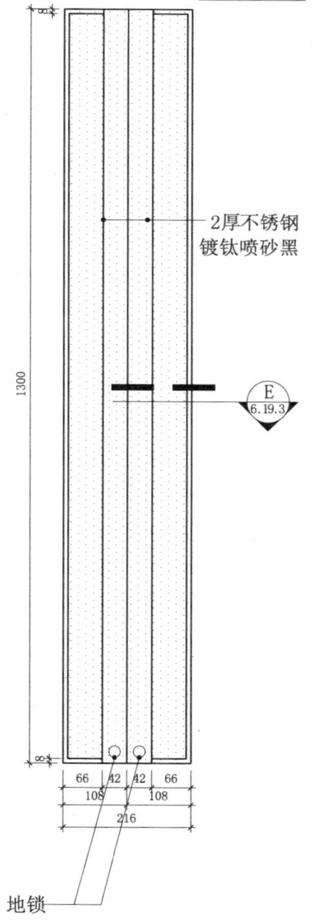

2厚不锈钢 镀钛喷砂黑

达尼罗涂料 EA 布料色

地锁

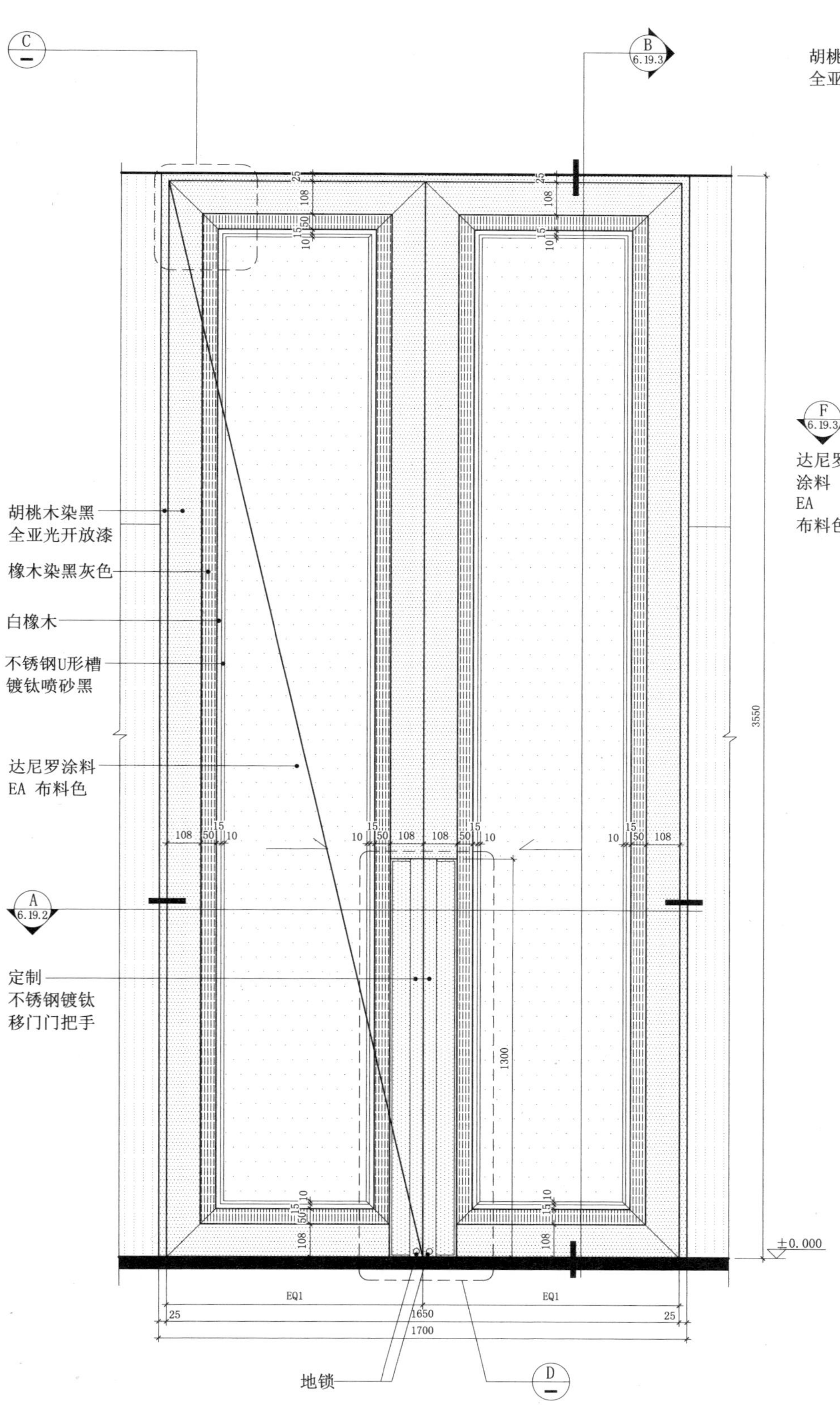

会议室门立面图

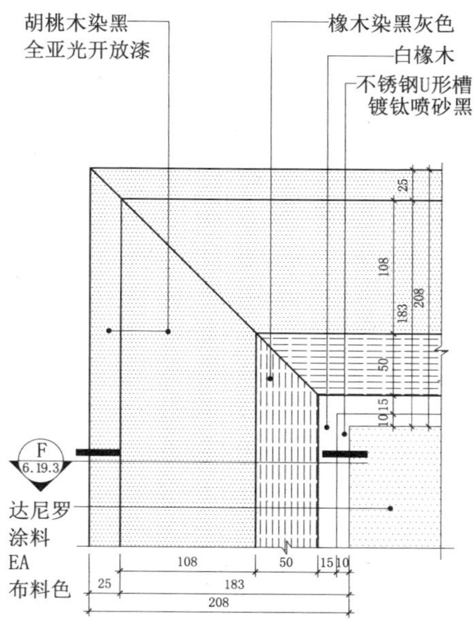

C节点图

D节点图

地锁

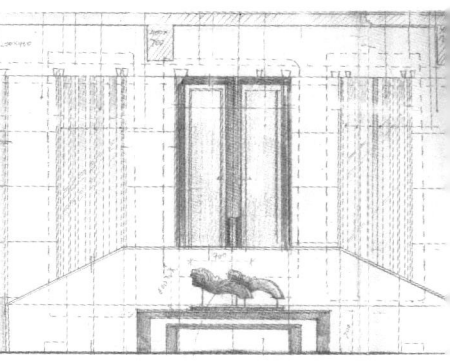

室内构造节点与专项模式图集 | 239

6.19 会议室移门节点

6.19.2

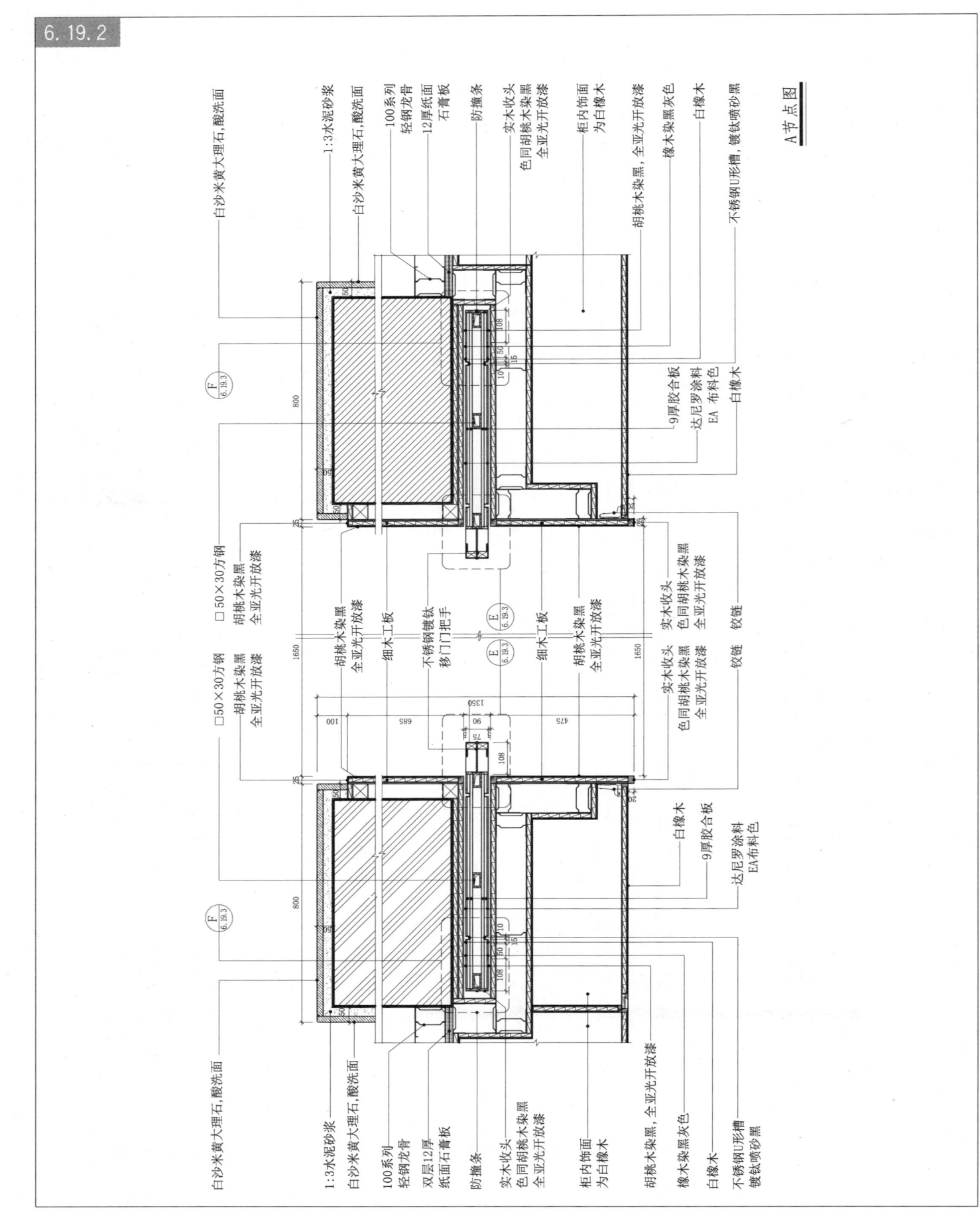

A节点图

6.19 会议室移门节点

6.19.3

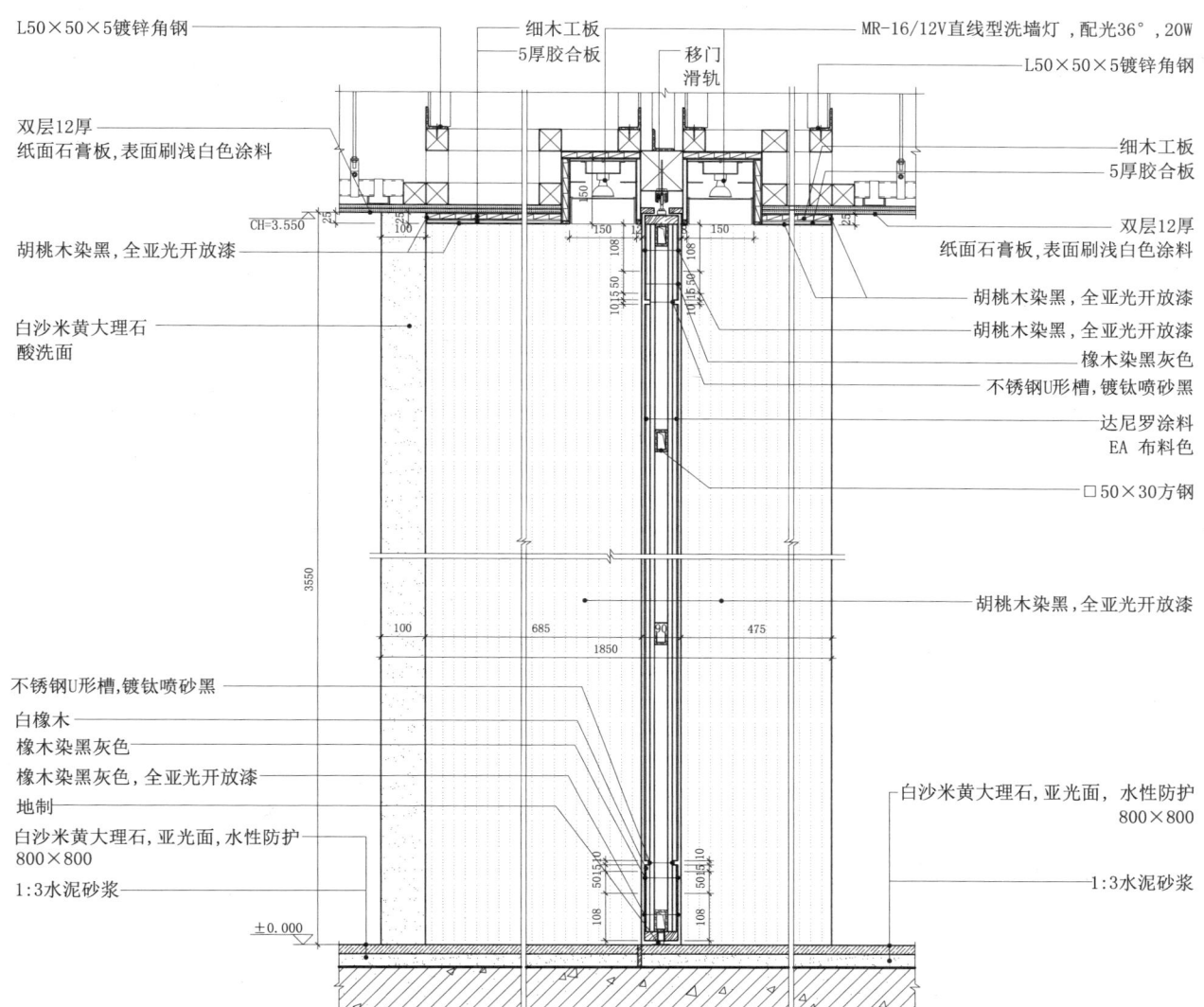

B节点图

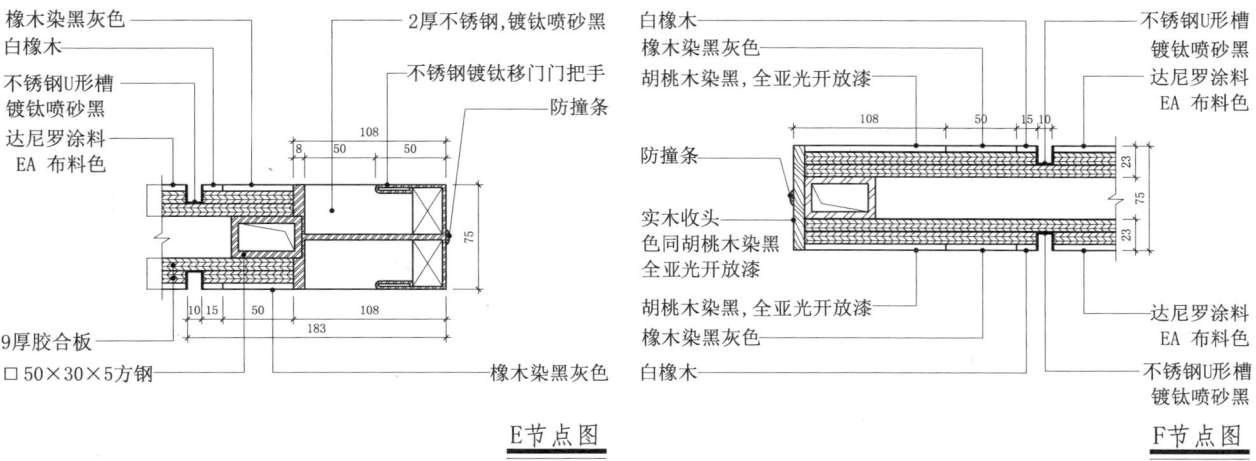

E节点图　　　F节点图

6.20 残疾人卫生间移门

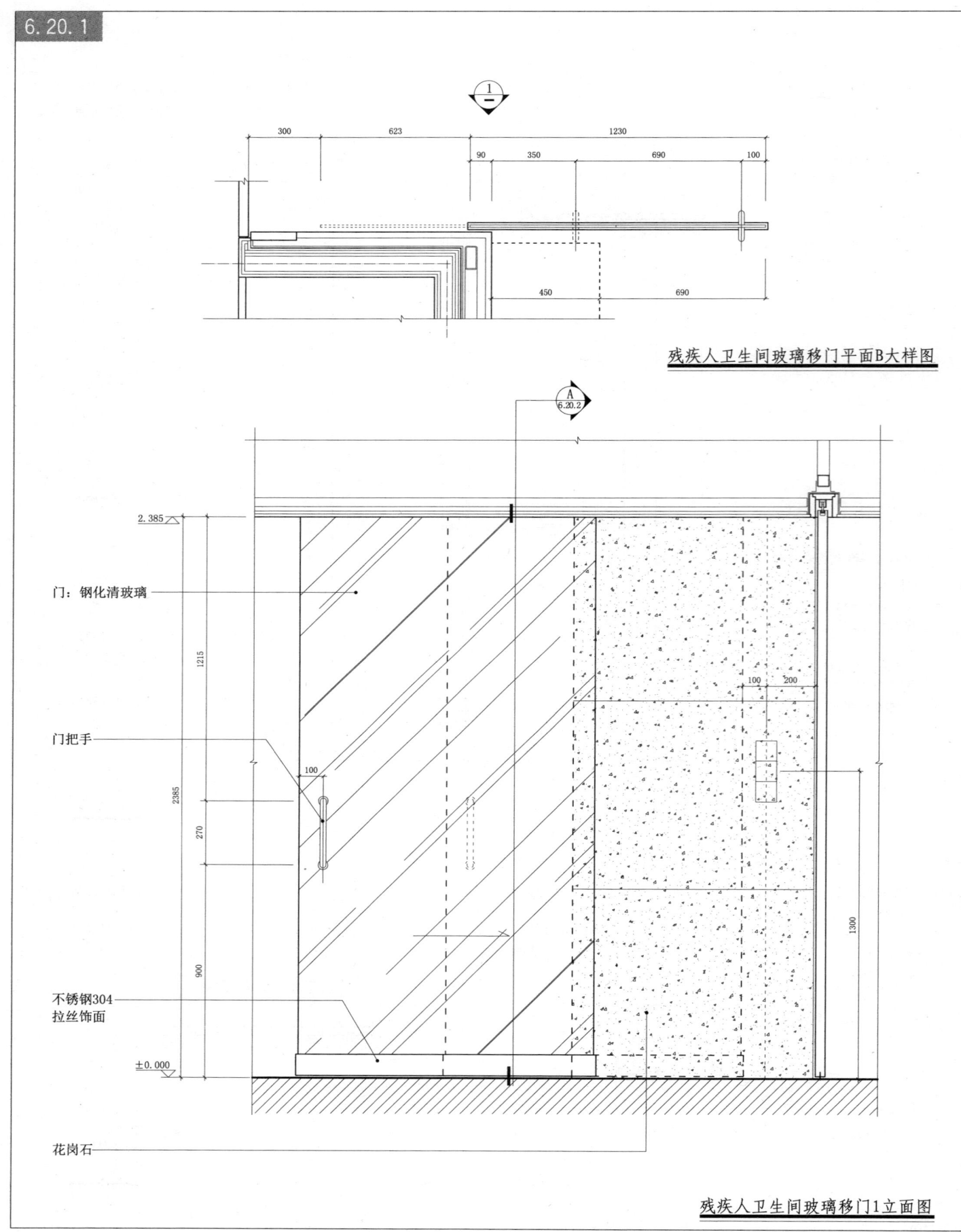

残疾人卫生间玻璃移门平面B大样图

残疾人卫生间玻璃移门1立面图

6.20 残疾人卫生间移门

6.20.2

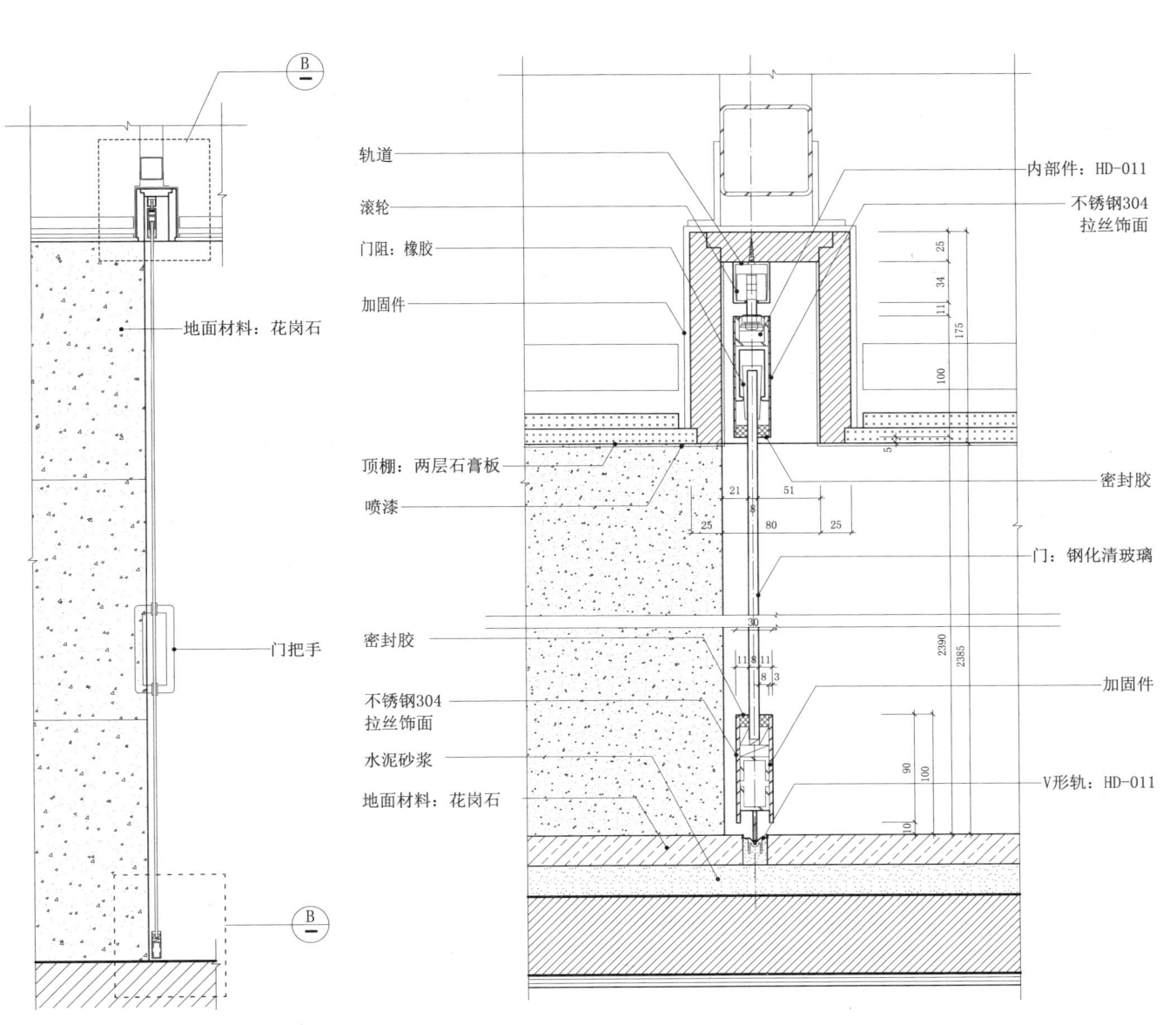

残疾人卫生间玻璃移门A节点图　　残疾人卫生间玻璃移门B大样图

6.21 暗门节点(一)

暗门节点

标注说明：
- 乳白色涂料
- 胡桃木染黑 开放漆
- 胡桃木染黑 开放漆
- 衣帽间 →
- 胡桃木染黑 开放漆
- 乳白色涂料
- 细木工板
- 隔声橡胶条
- 细木工板
- 胡桃木染黑 开放漆
- ← 卧室
- 5厚胡桃木饰面染黑,开放漆
- 胡桃木染黑 开放漆
- 5厚胡桃木饰面染黑,开放漆
- 细木工板

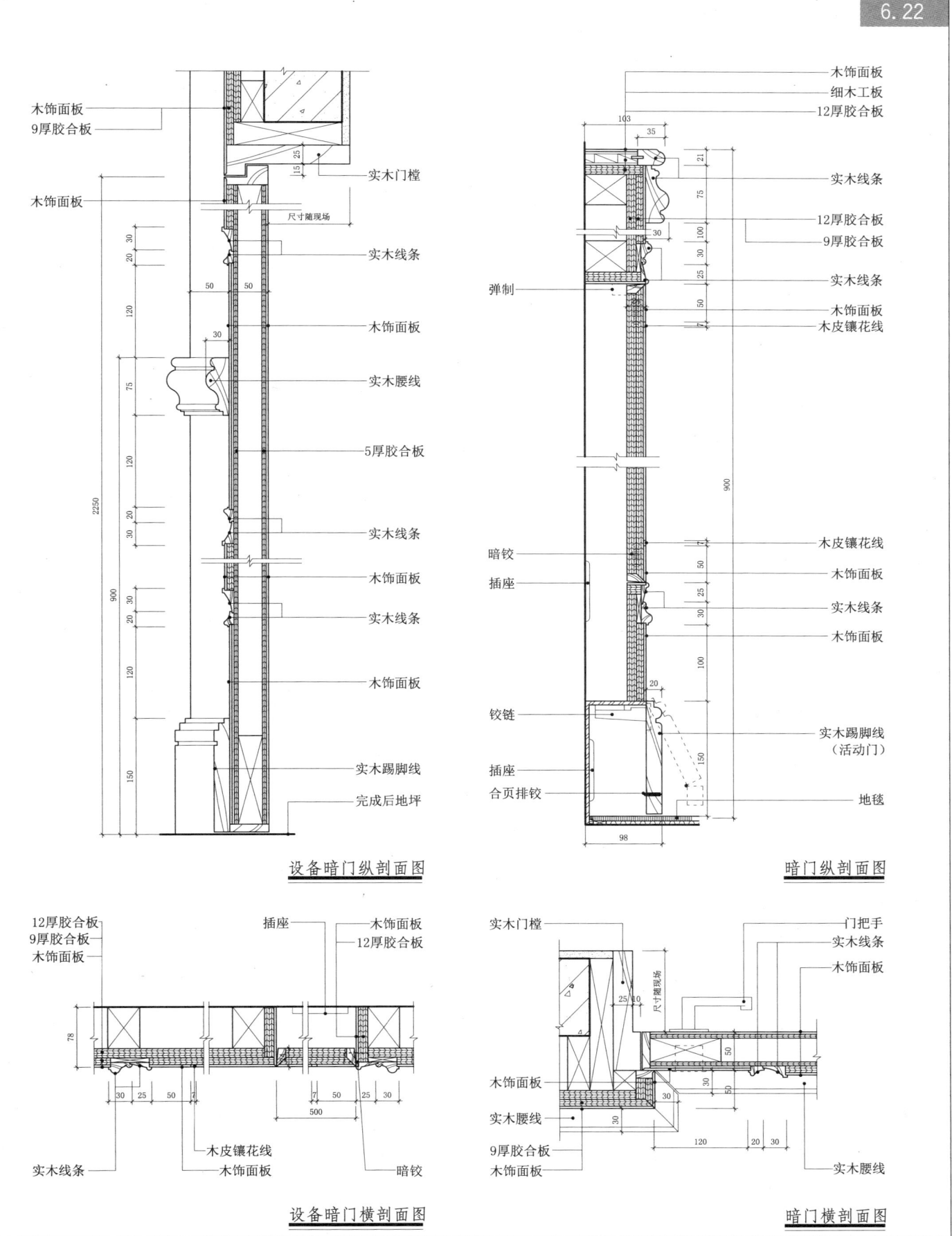

6.23 弧形暗门

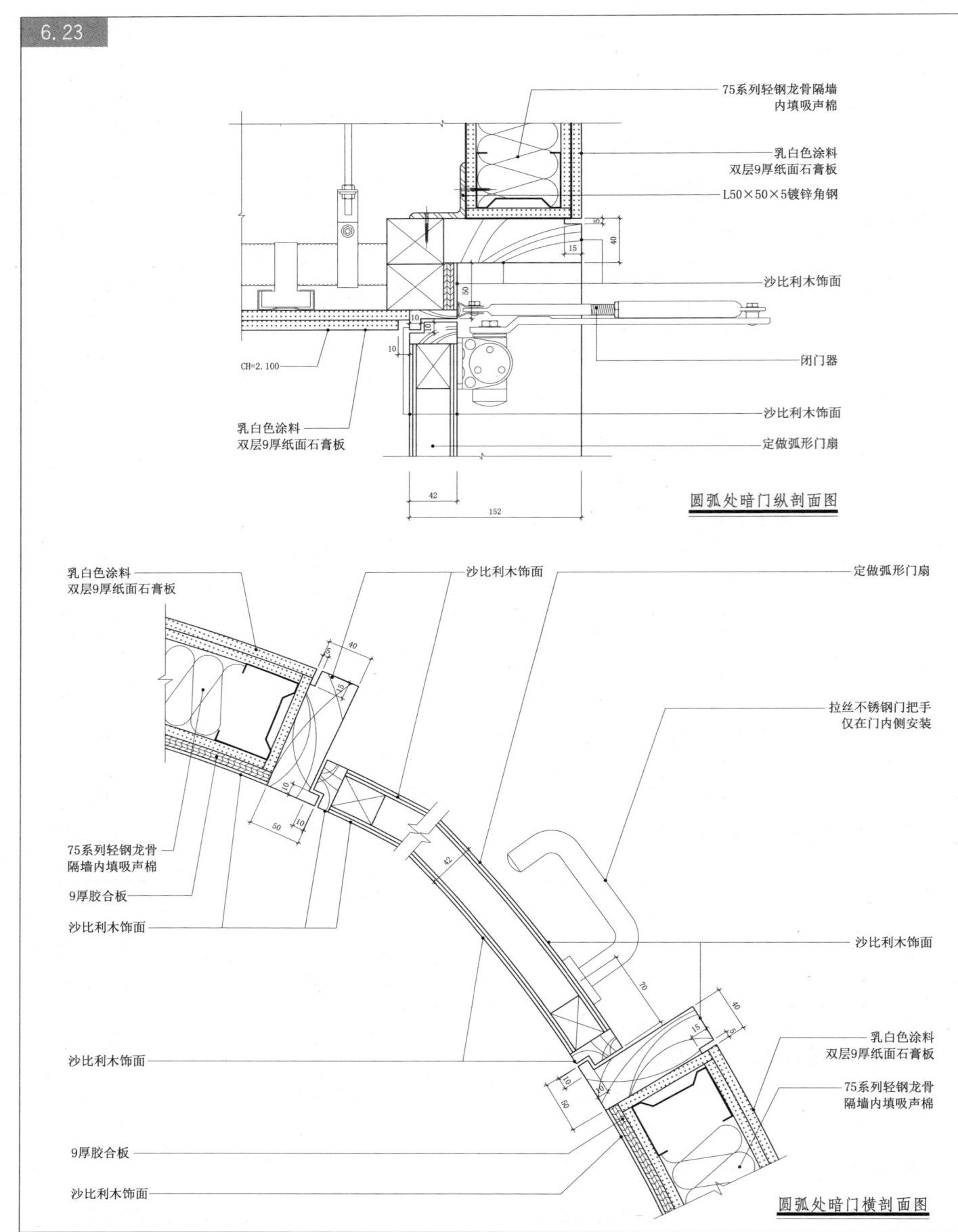

6.24 逃生门节点

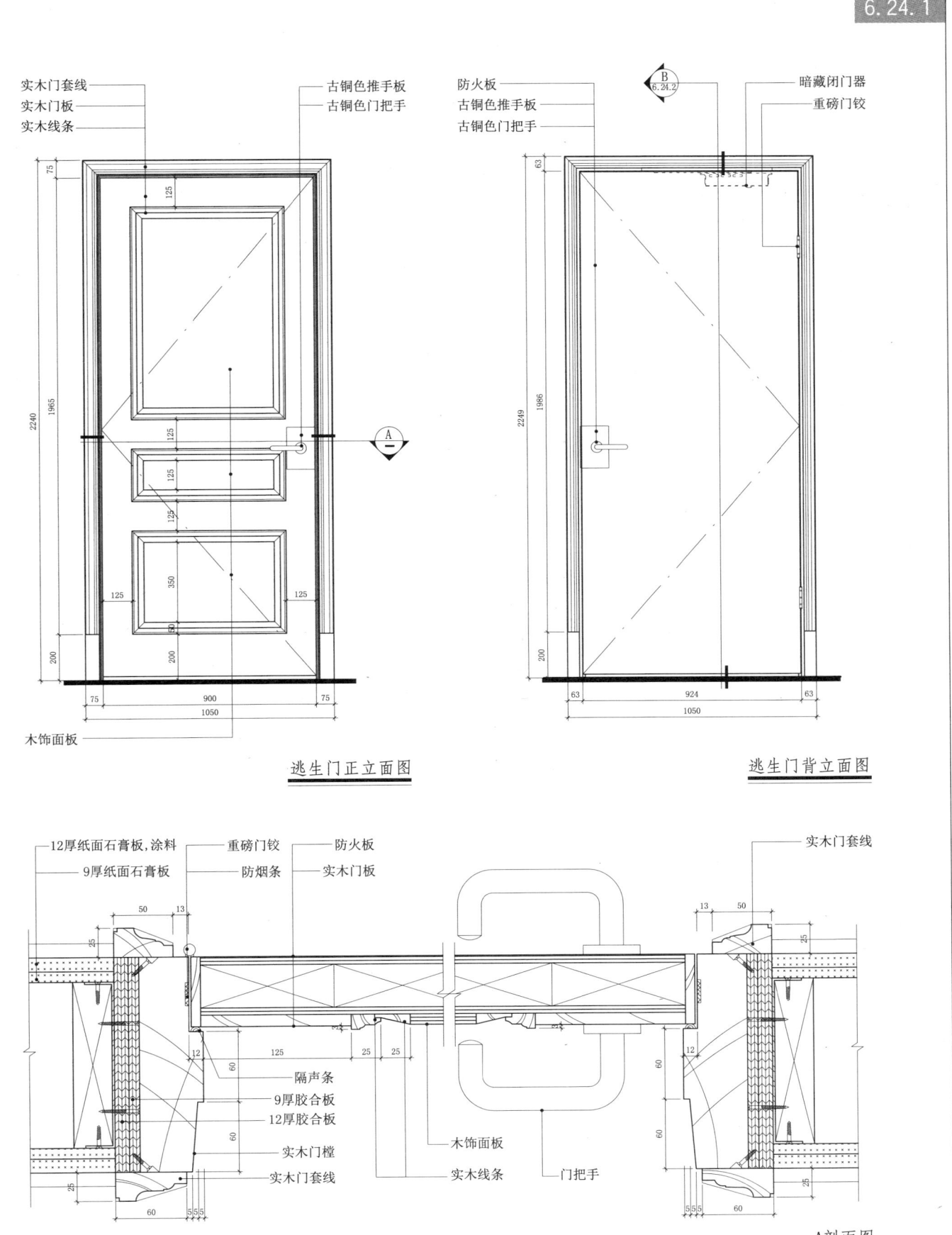

6.24 逃生门节点

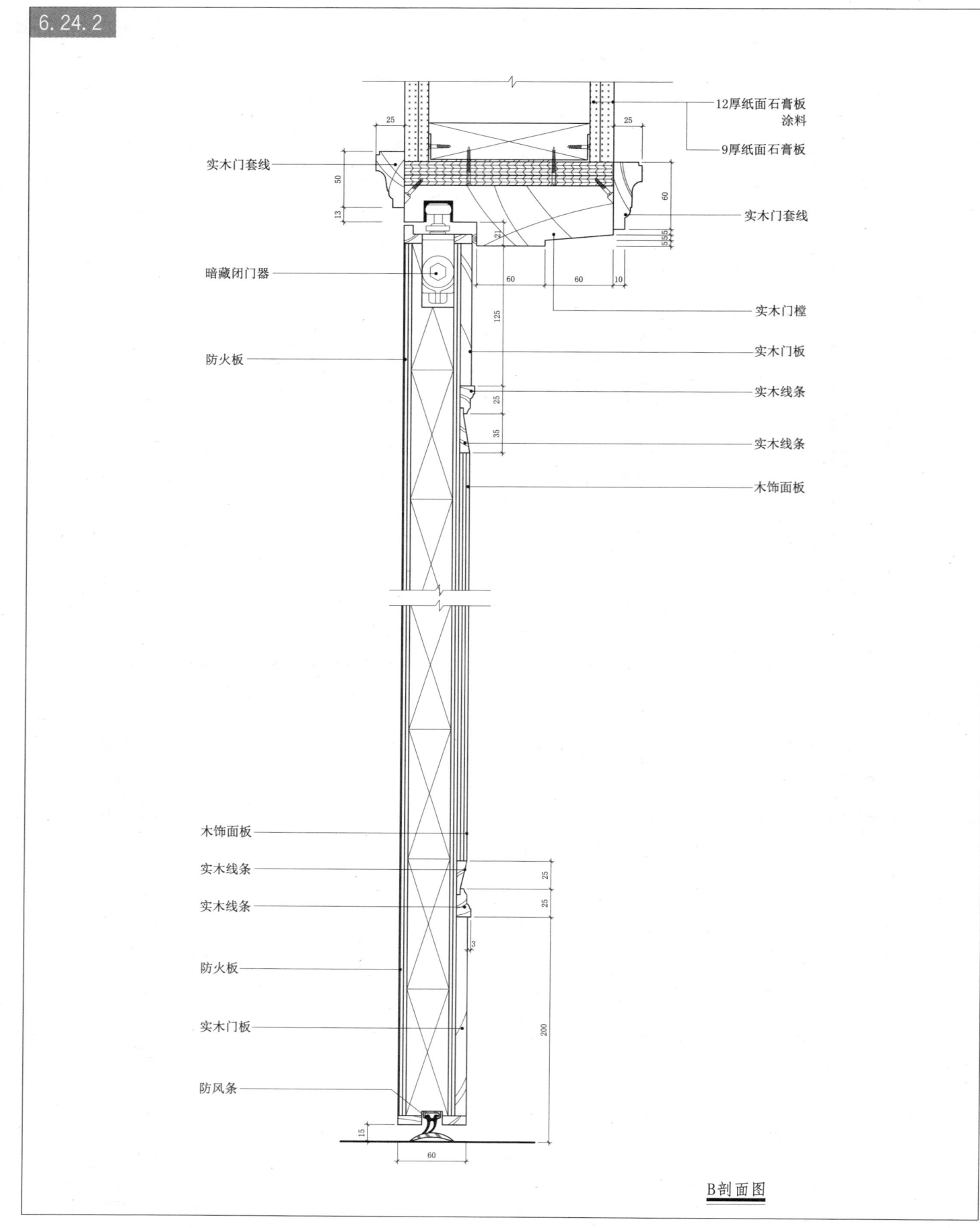

B剖面图

6.25 会议厅门节点详图

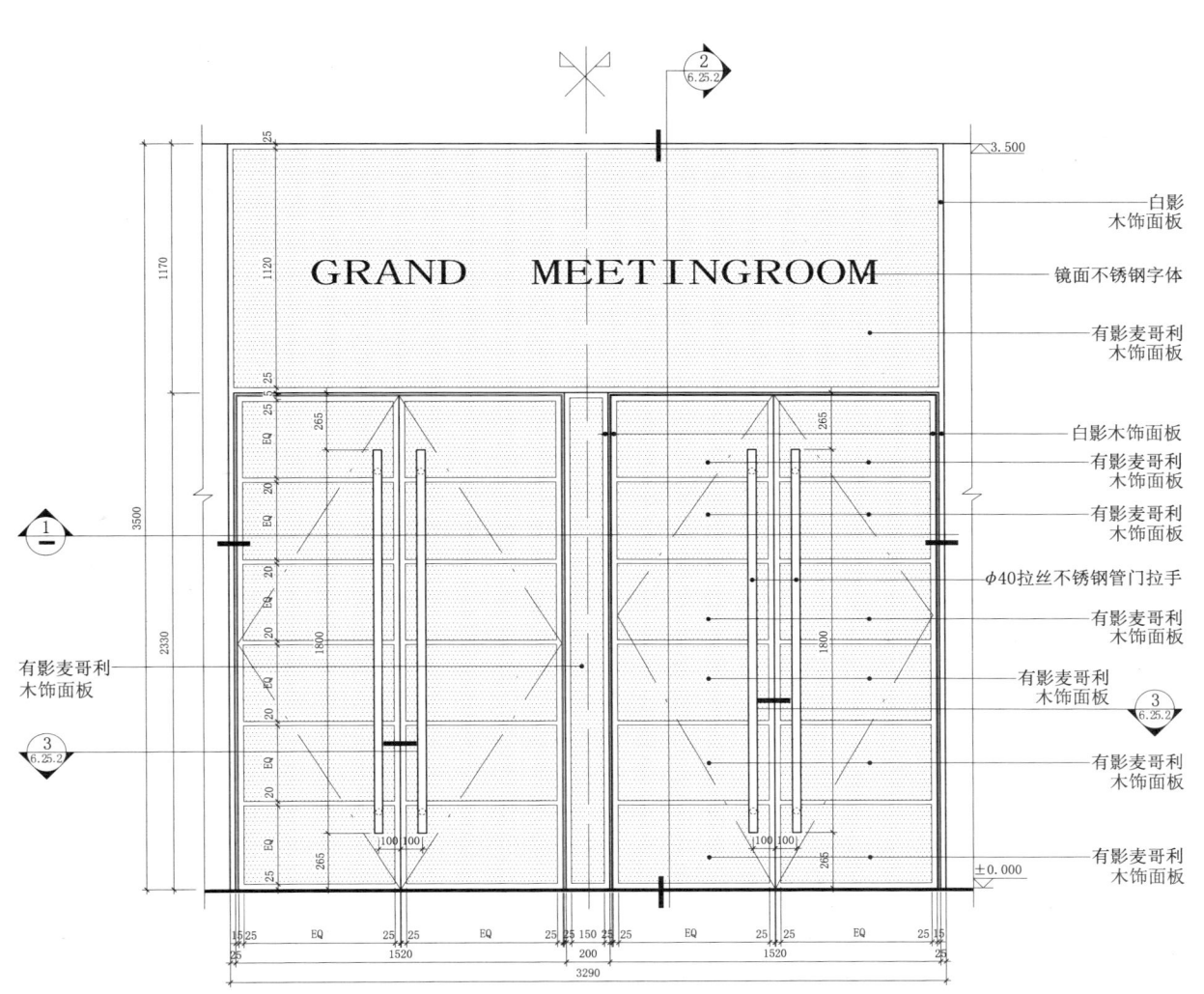

立面图

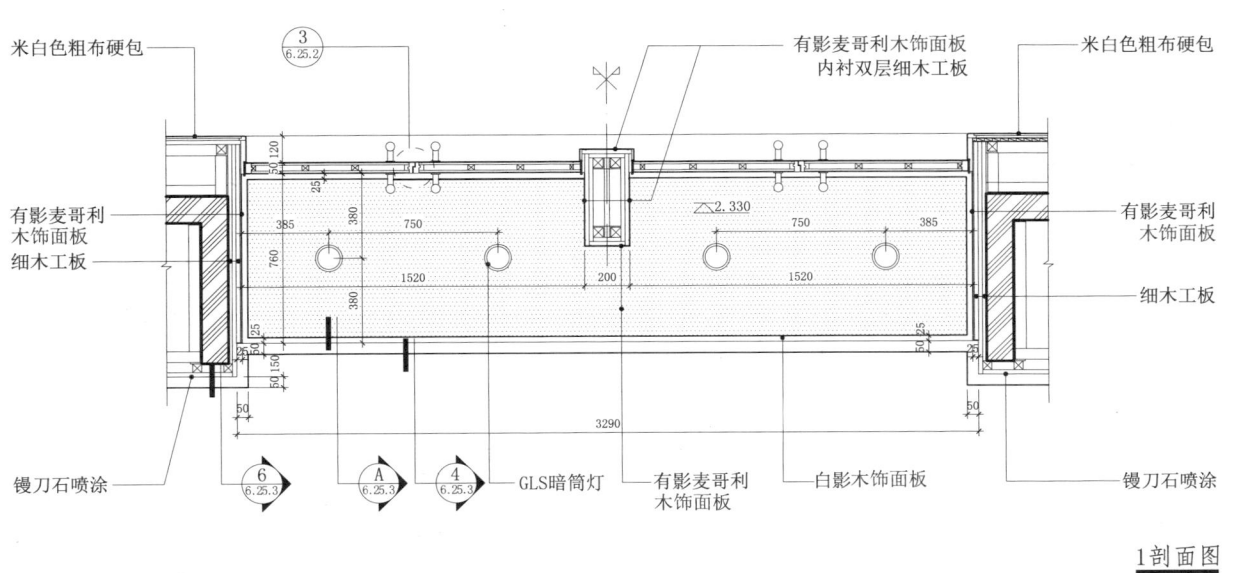

1 剖面图

6.25 会议厅门节点详图

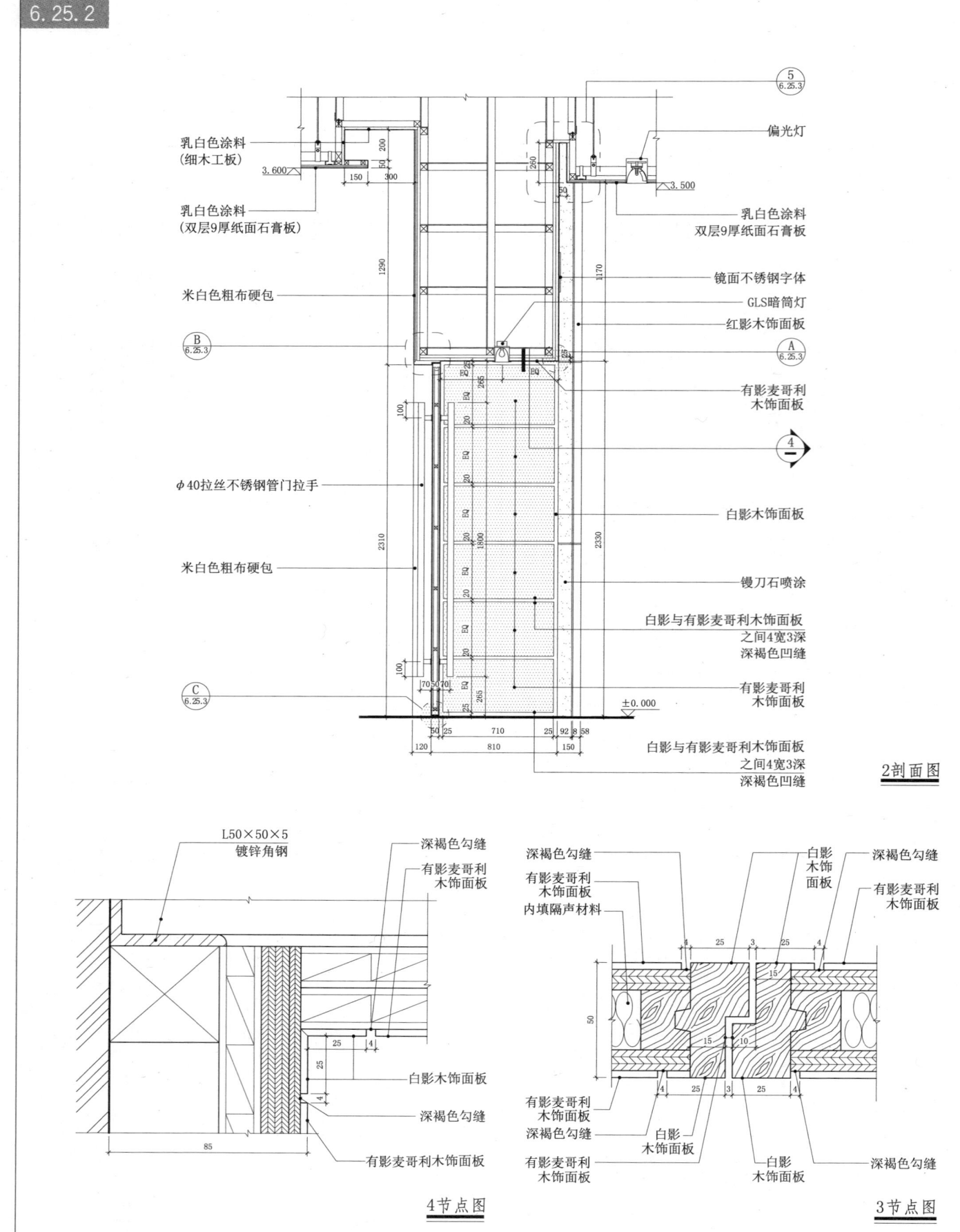

2剖面图

4节点图　　　3节点图

6.25 会议厅门节点详图

6.25.3

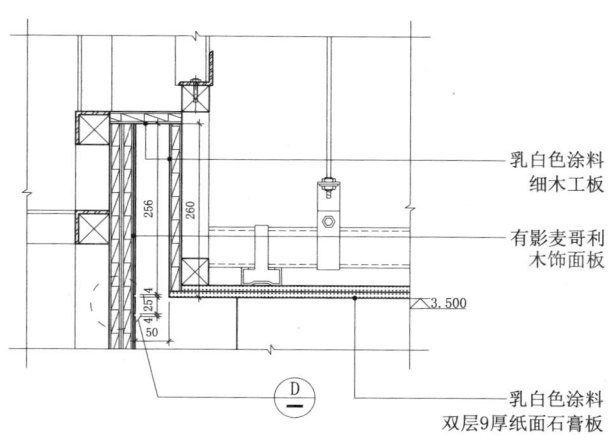

5节点图

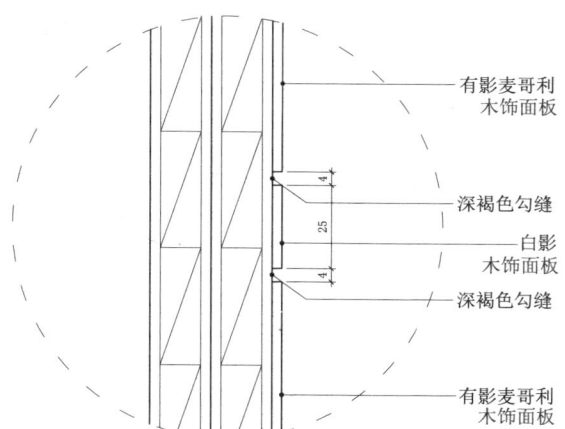

D大样图

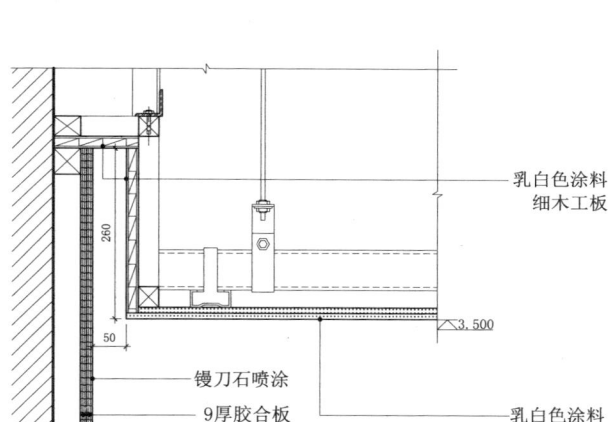

6节点图

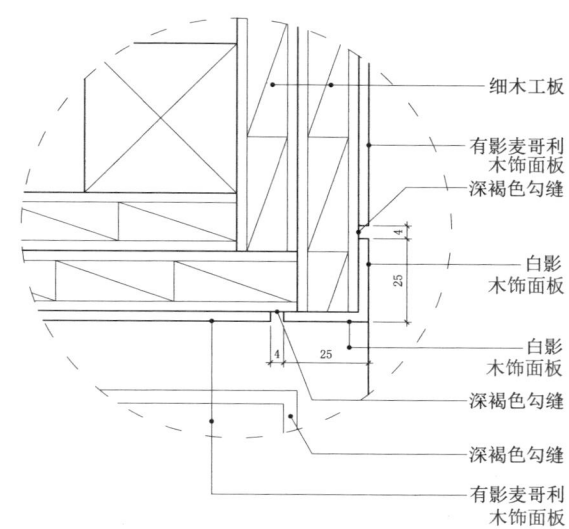

A大样图

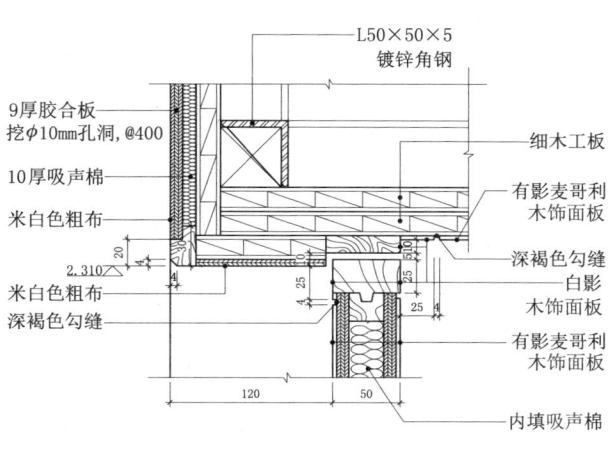

B大样图

C大样图

6.26 客房进户门节点

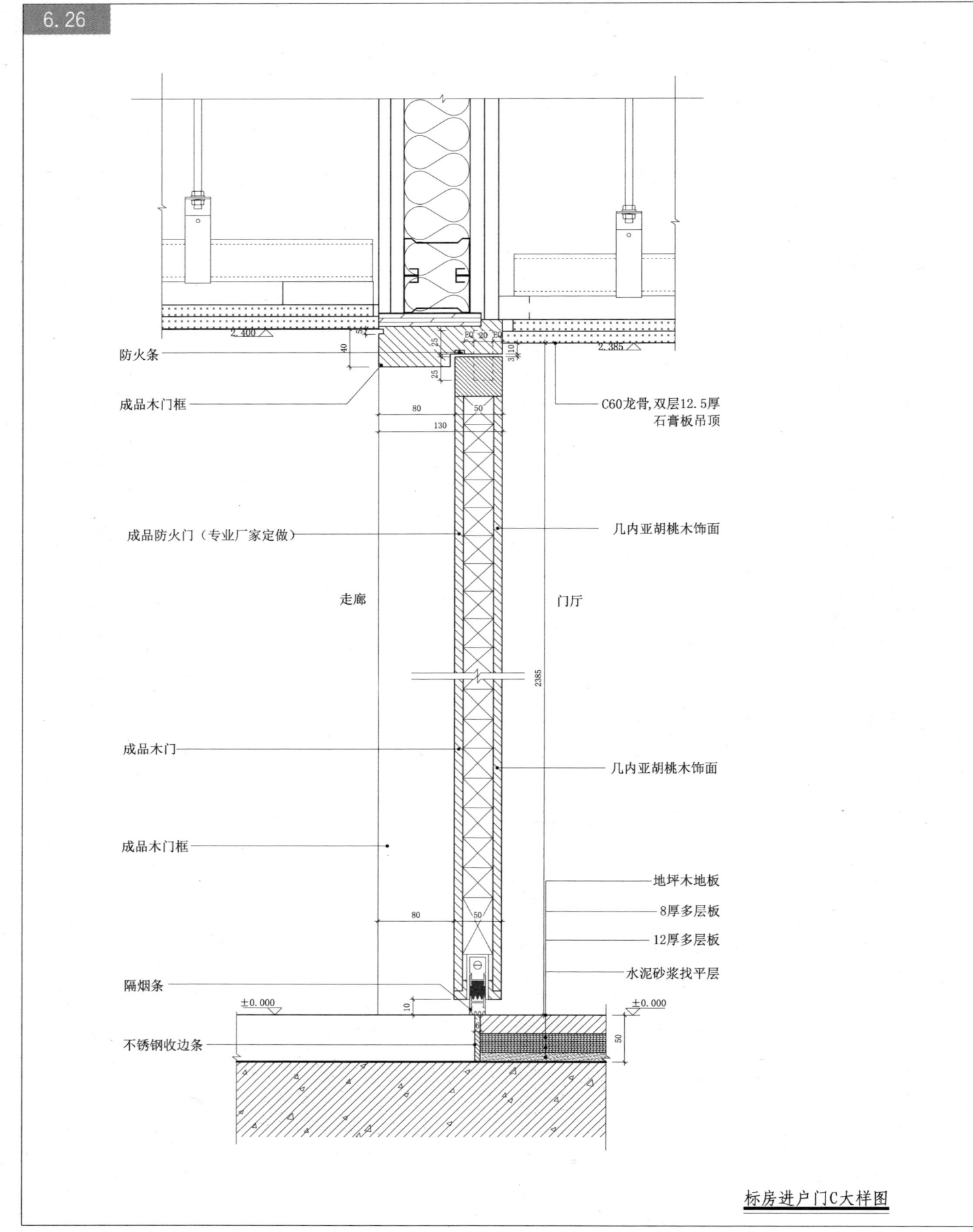

标房进户门C大样图

6.27 客房连通门节点

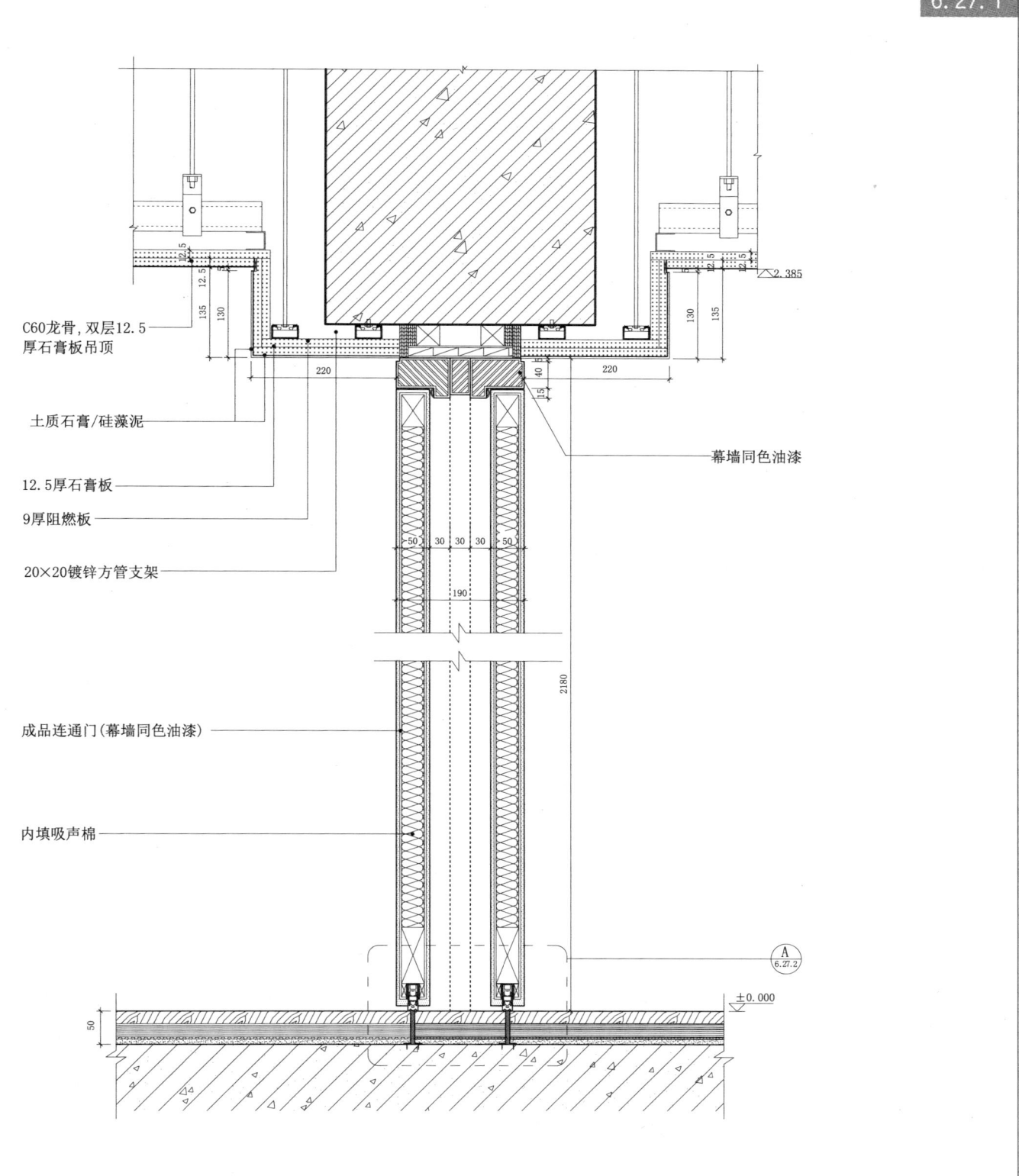

C60龙骨,双层12.5厚石膏板吊顶

土质石膏/硅藻泥

12.5厚石膏板

9厚阻燃板

20×20镀锌方管支架

成品连通门(幕墙同色油漆)

内填吸声棉

幕墙同色油漆

客房连通门A节点图

6.27 客房连通门节点

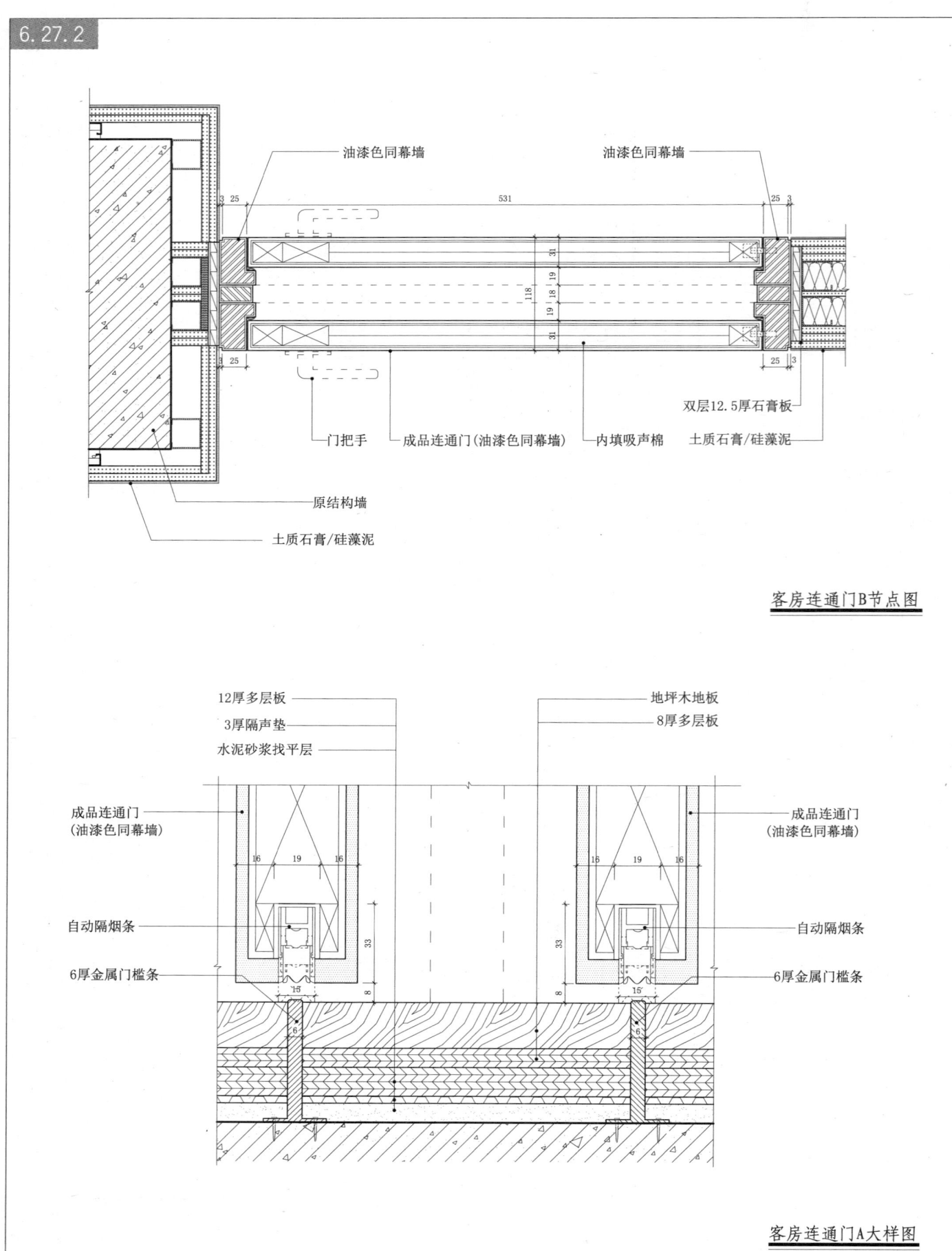

客房连通门B节点图

客房连通门A大样图

6.28 仿透光落地门窗

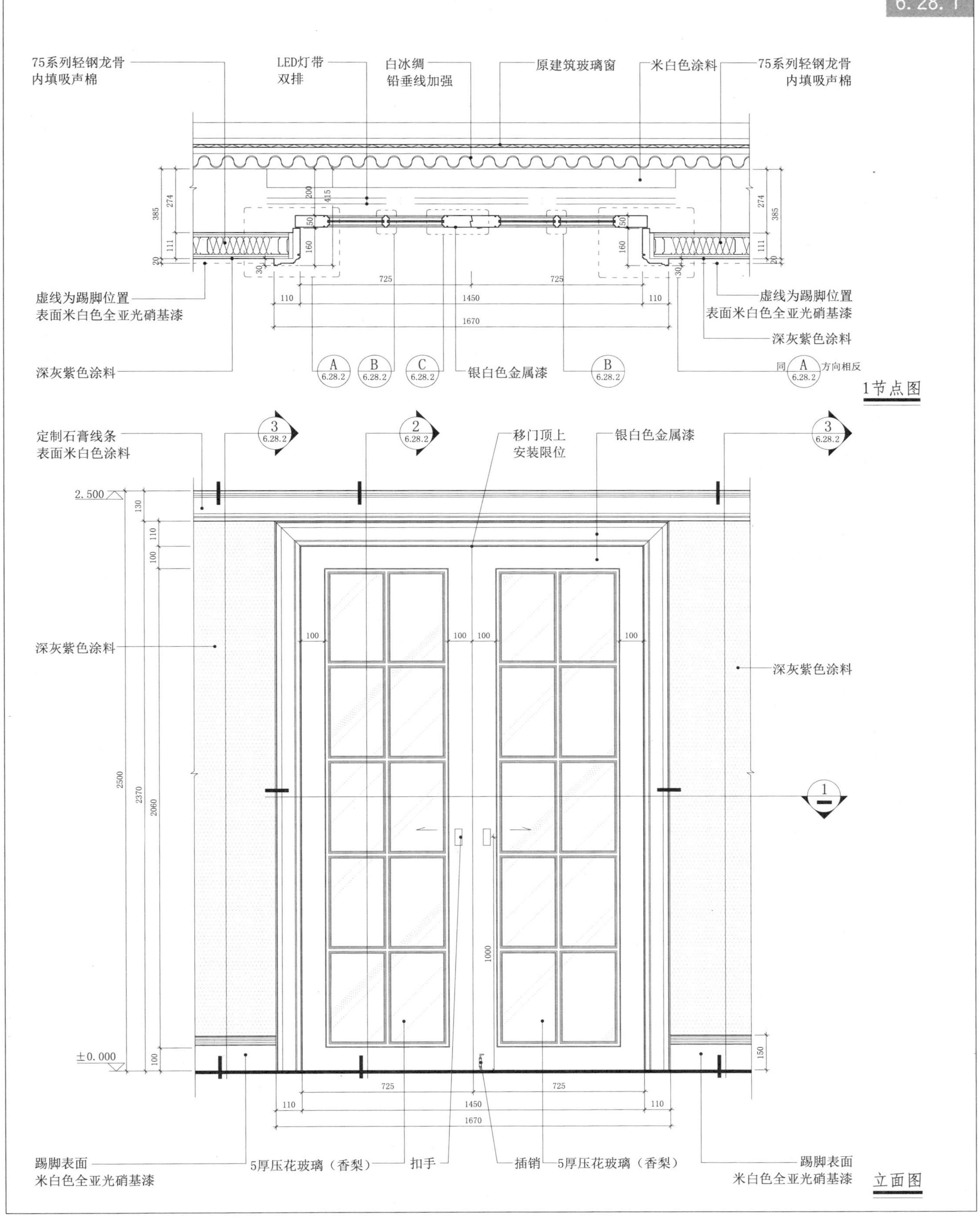

6 门窗构造·西方古典风格 透光照明构造

6.28.1

1 节点图

立面图

6.28 仿透光落地门窗

门窗构造·西方古典风格 透光照明构造

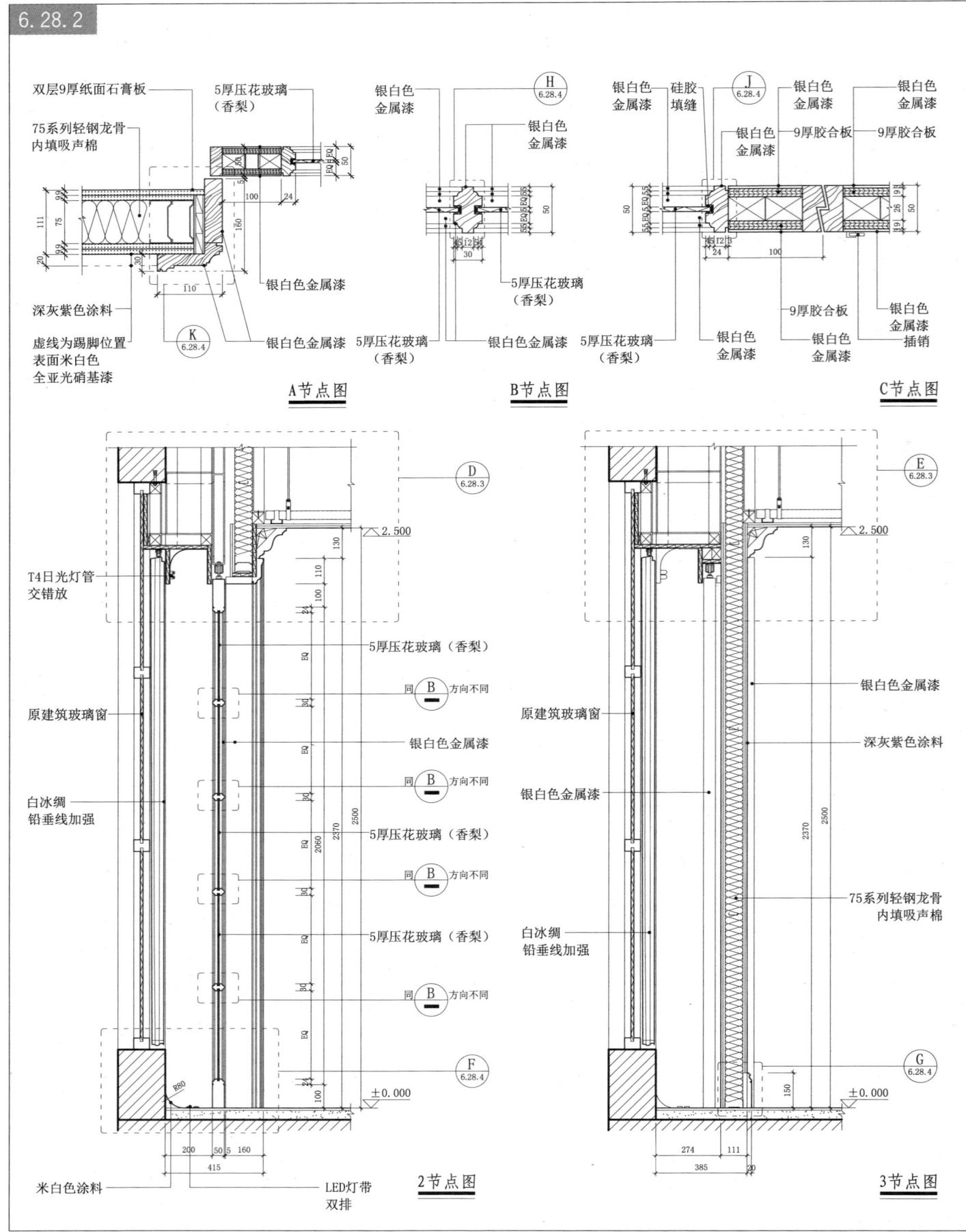

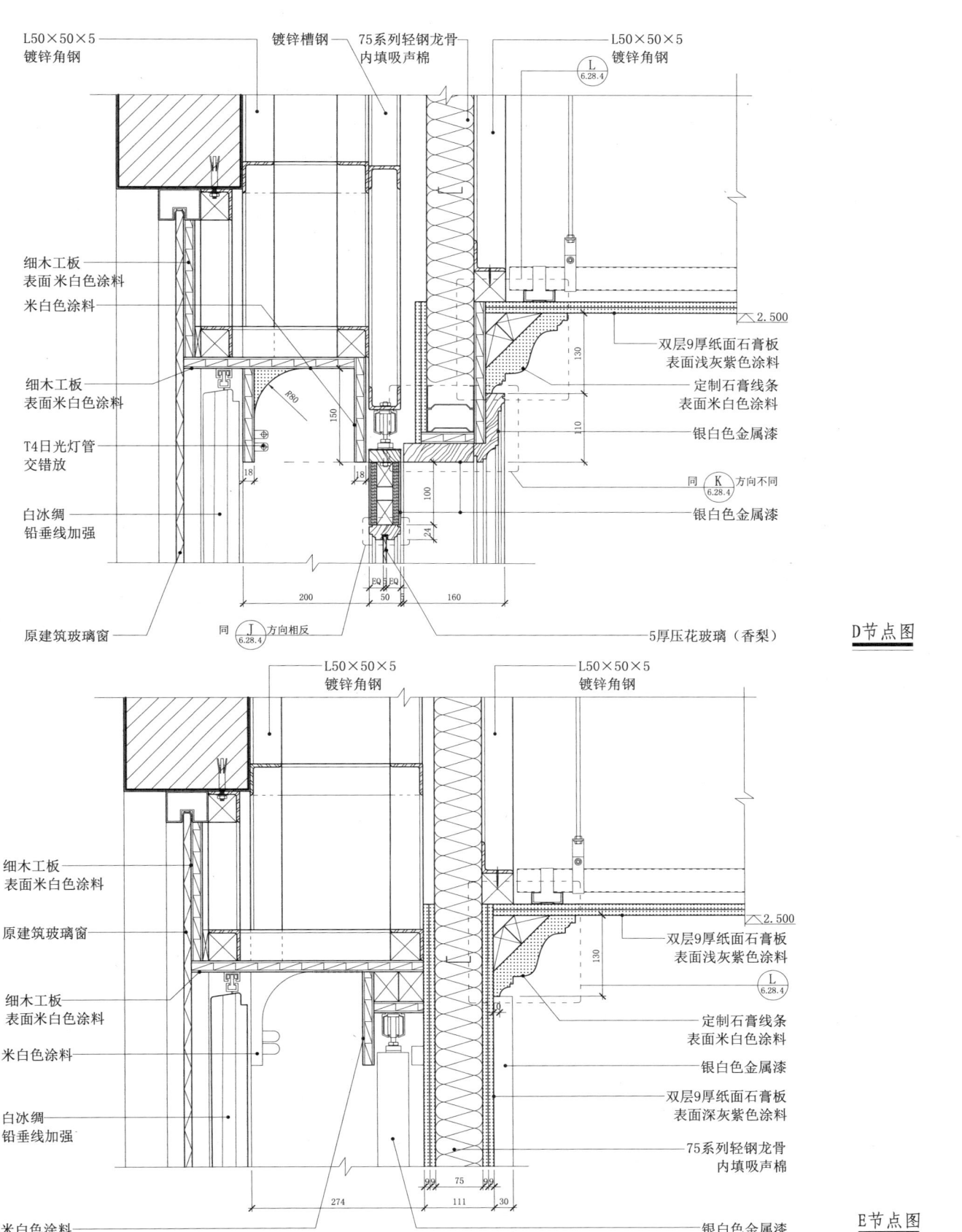

6.28 仿透光落地门窗

6.28.3

门窗构造 · 西方古典风格 透光照明构造

D节点图

E节点图

6.28 仿透光落地门窗

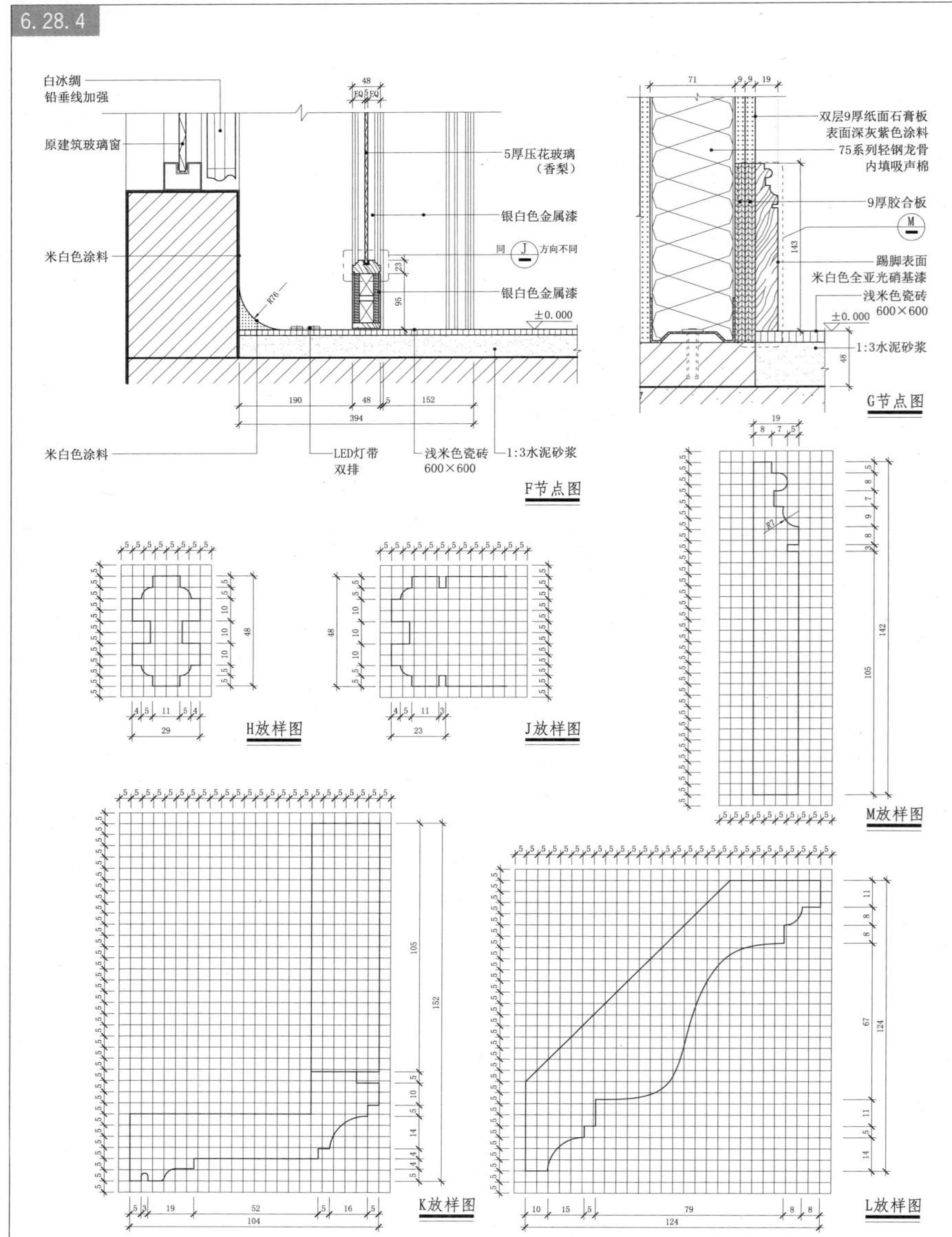

6.29 180°平开门

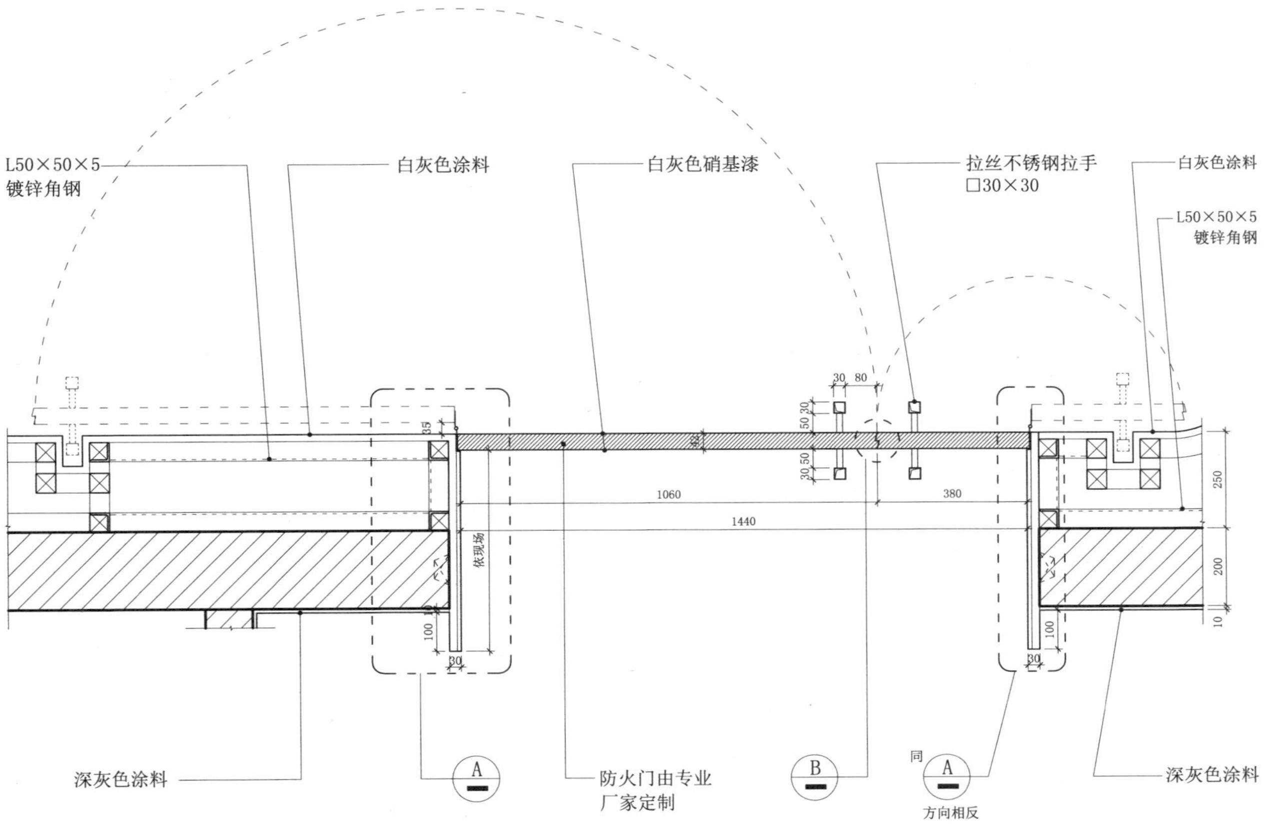

180°平开门剖面图

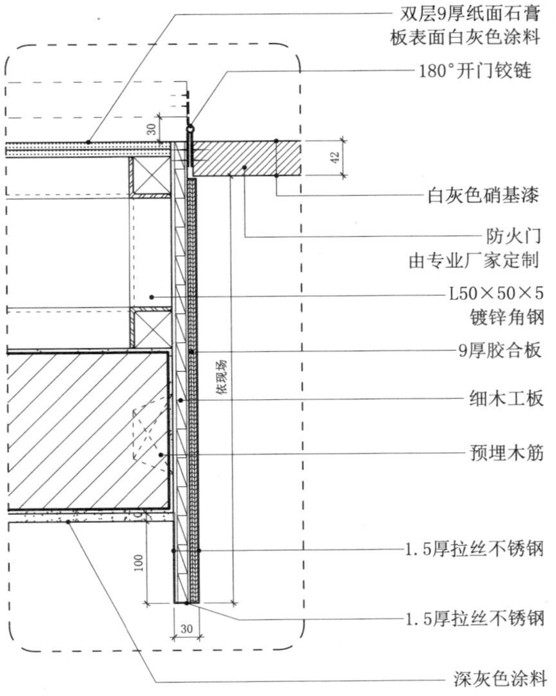

A节点图

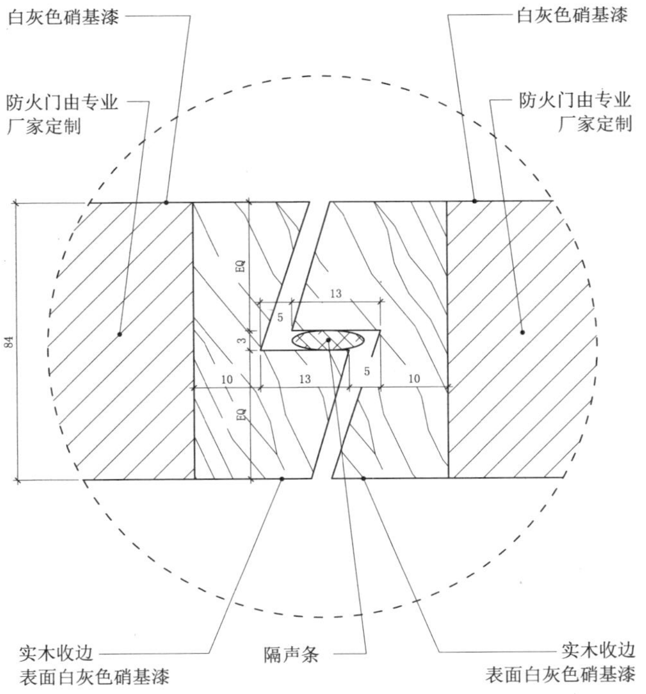

B节点图

6.30 室内观景挑台与移门构造

6.30.1

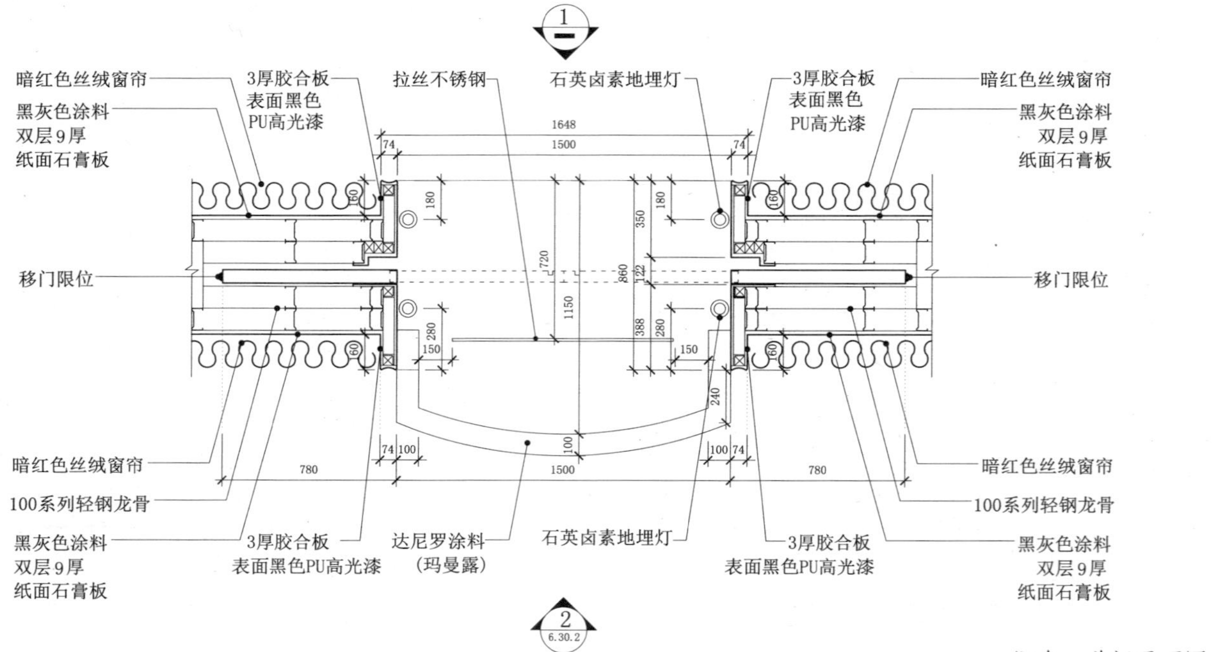

阳台、移门平面图

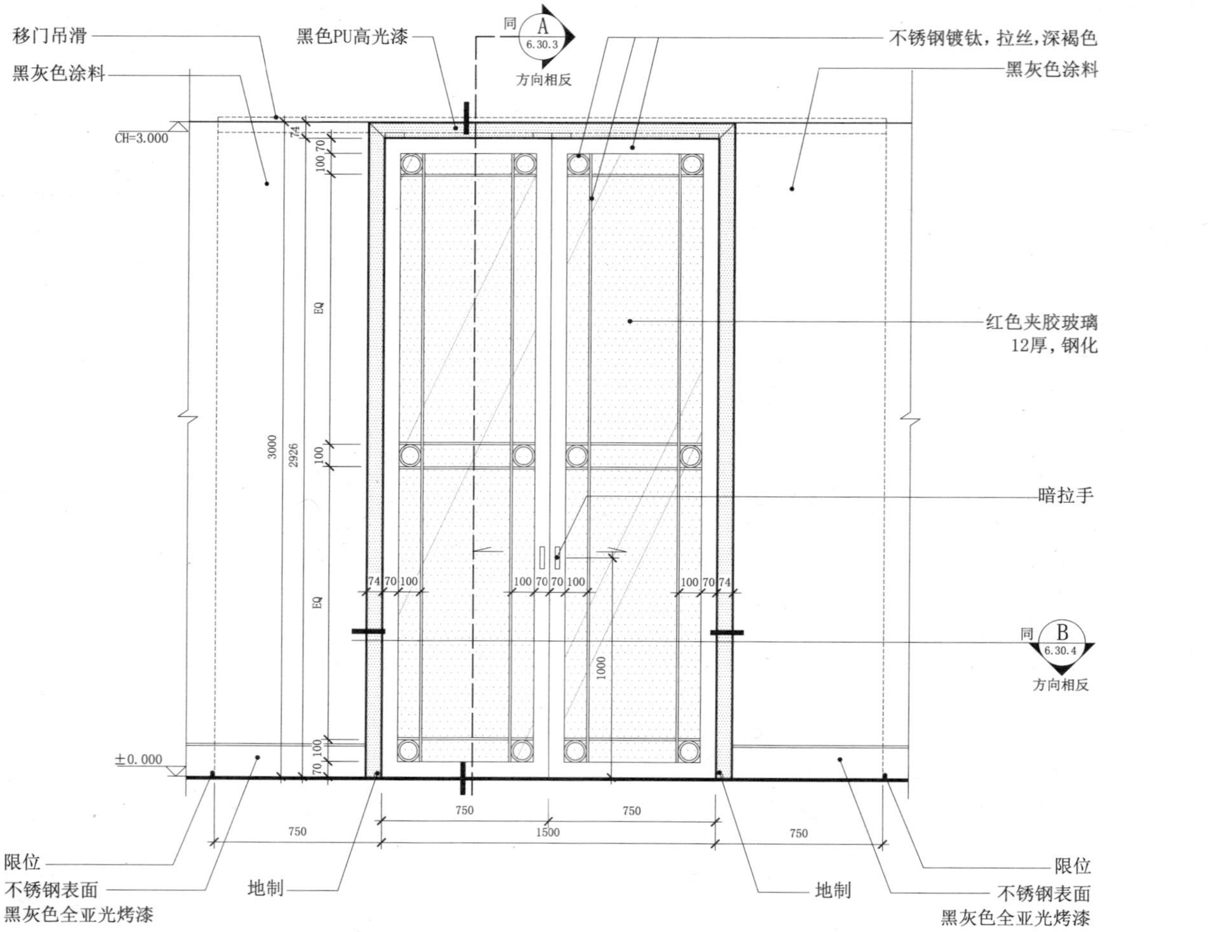

1 阳台、移门正立面图

6.30 室内观景挑台与移门构造

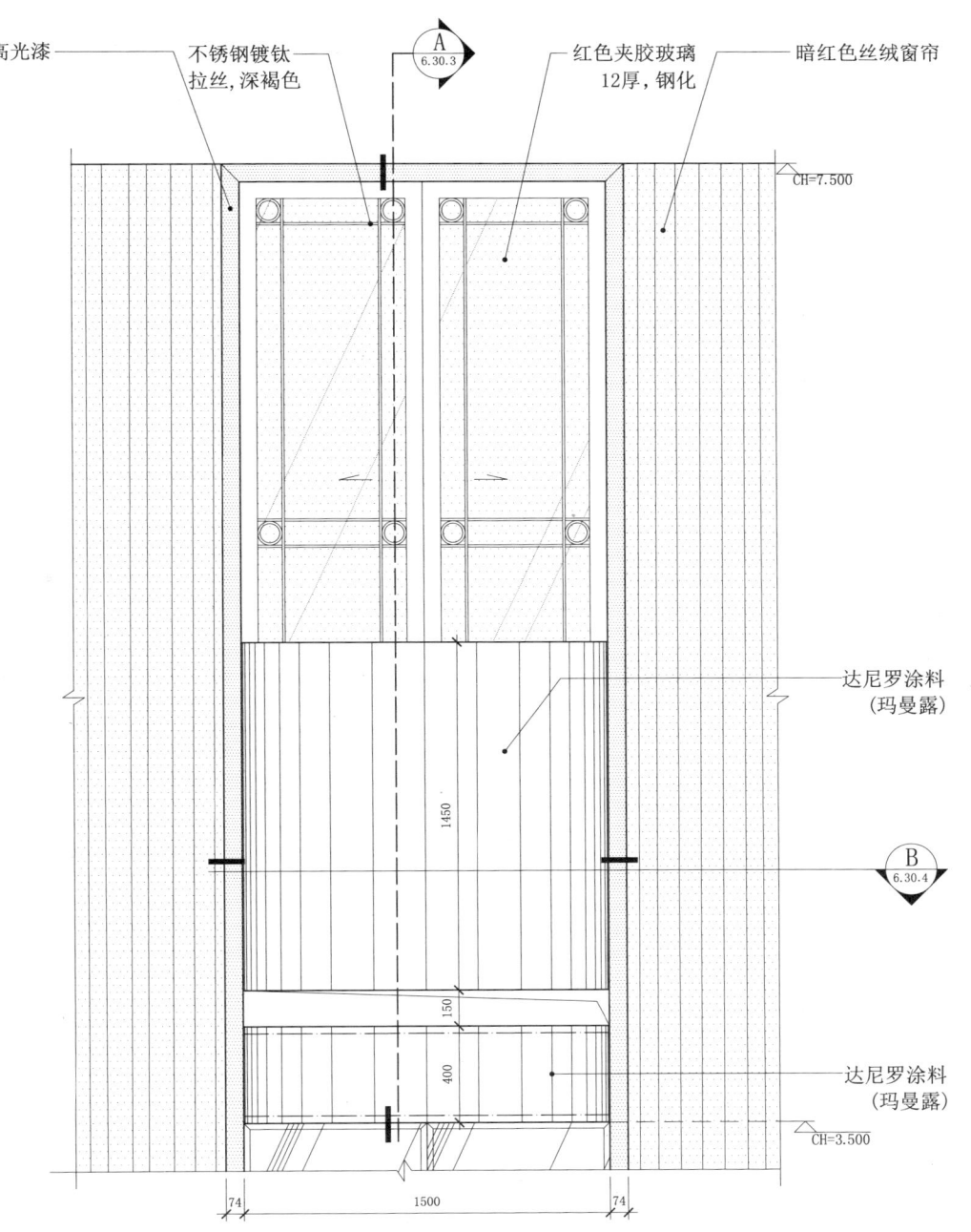

2 阳台、移门背立面图

6.30 室内观景挑台与移门构造

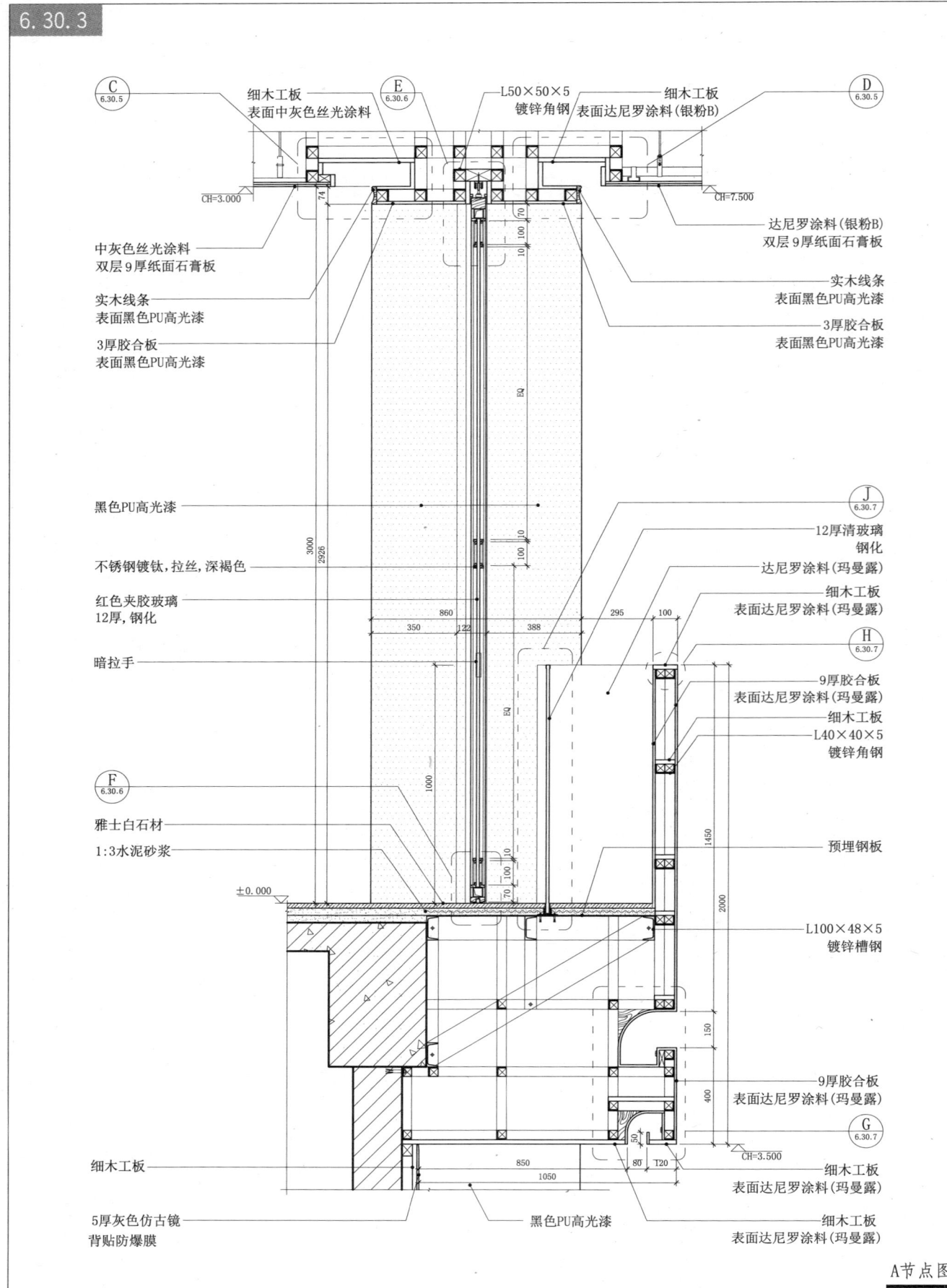

A节点图

6.30 室内观景挑台与移门构造

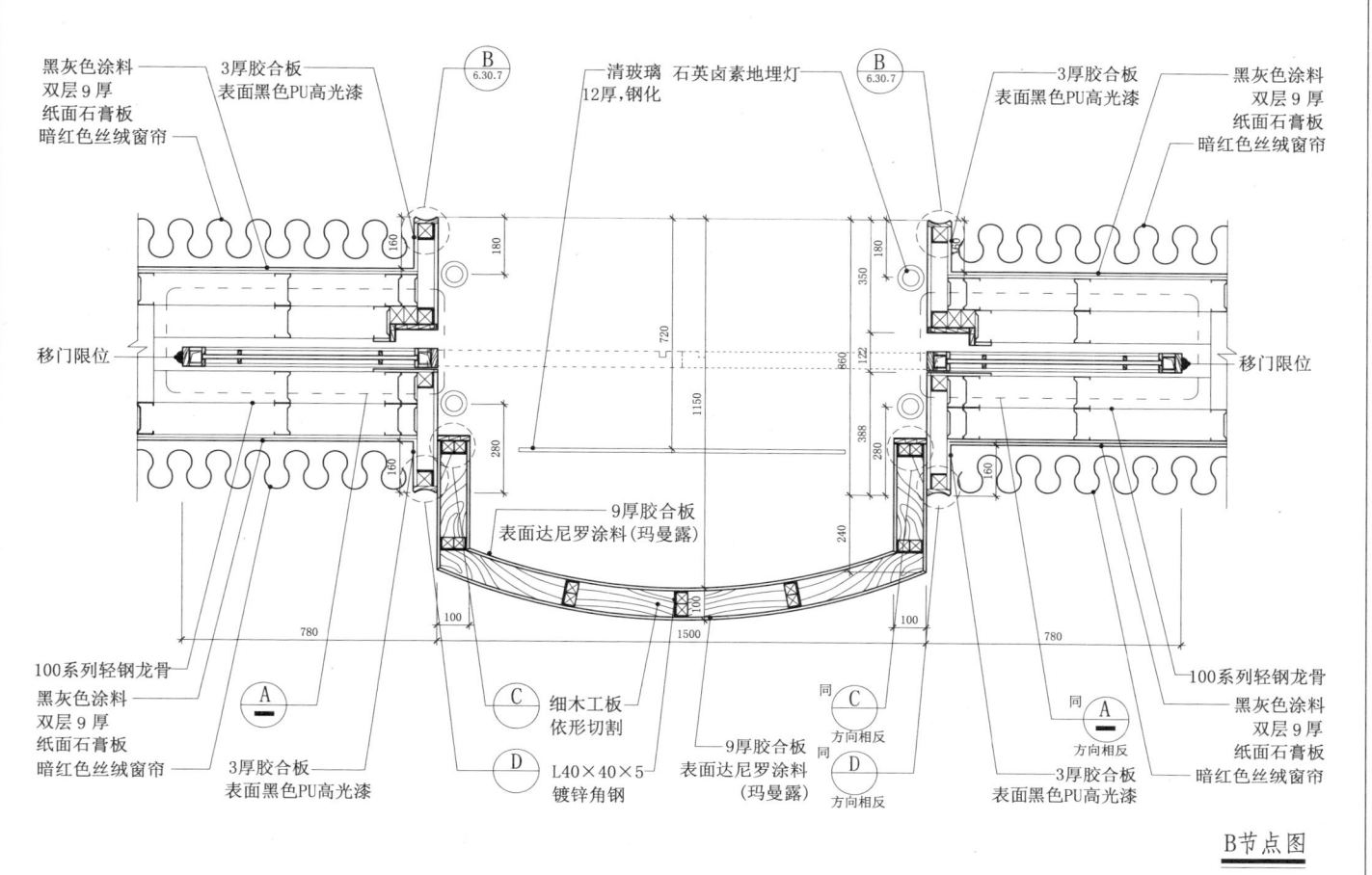

B节点图

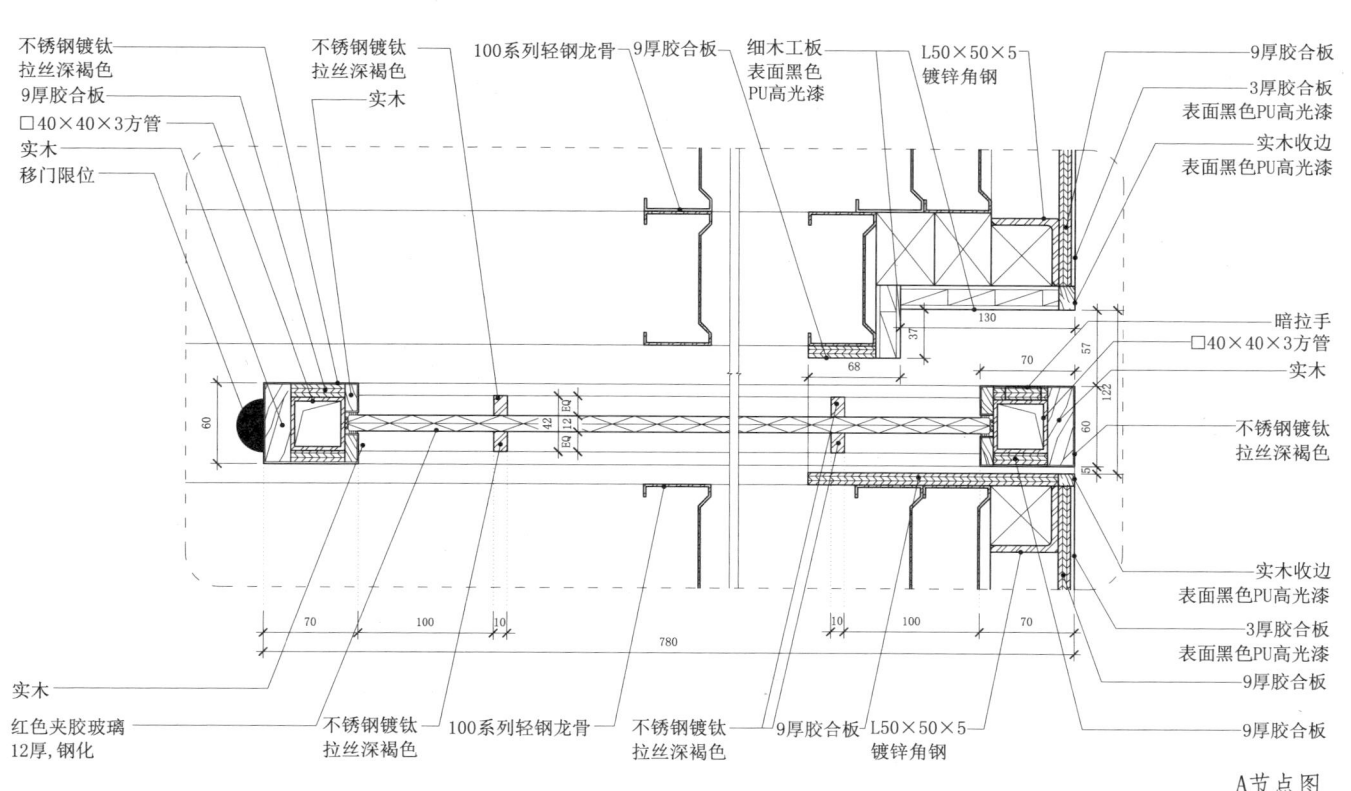

A节点图

6.30 室内观景挑台与移门构造

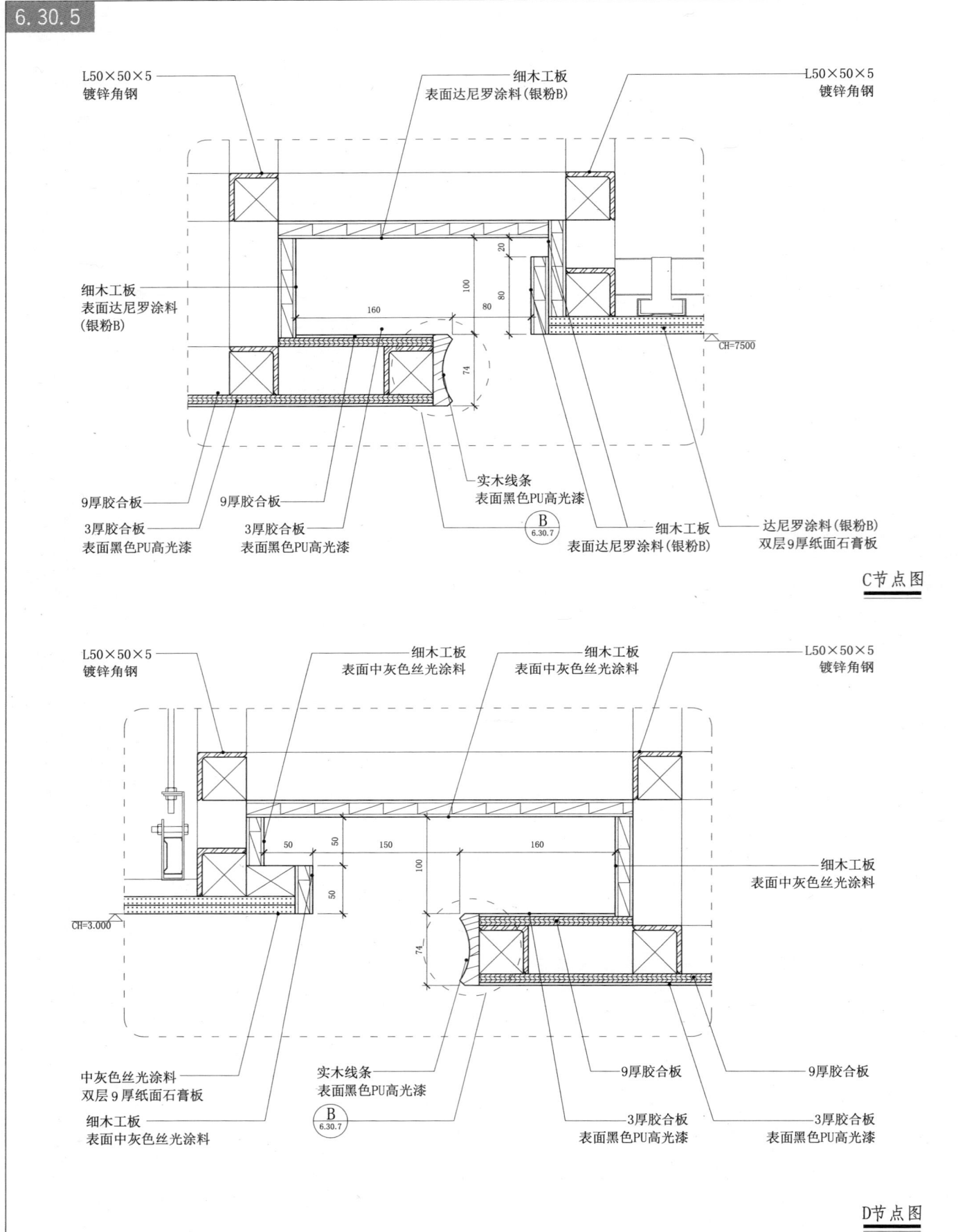

C节点图

D节点图

6.30 室内观景挑台与移门构造

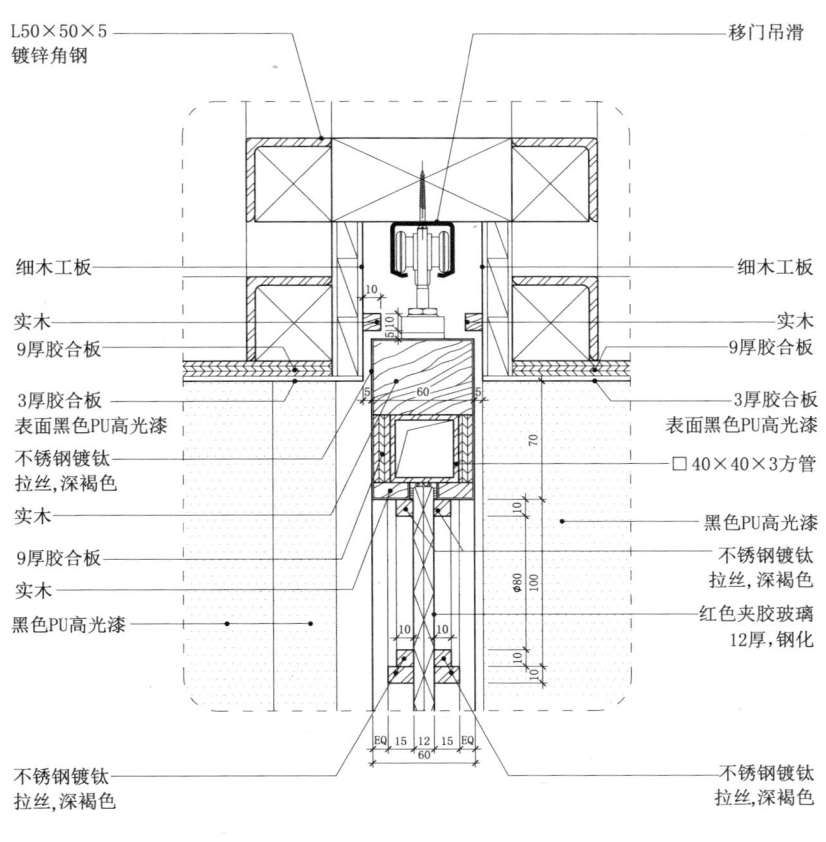

E节点图

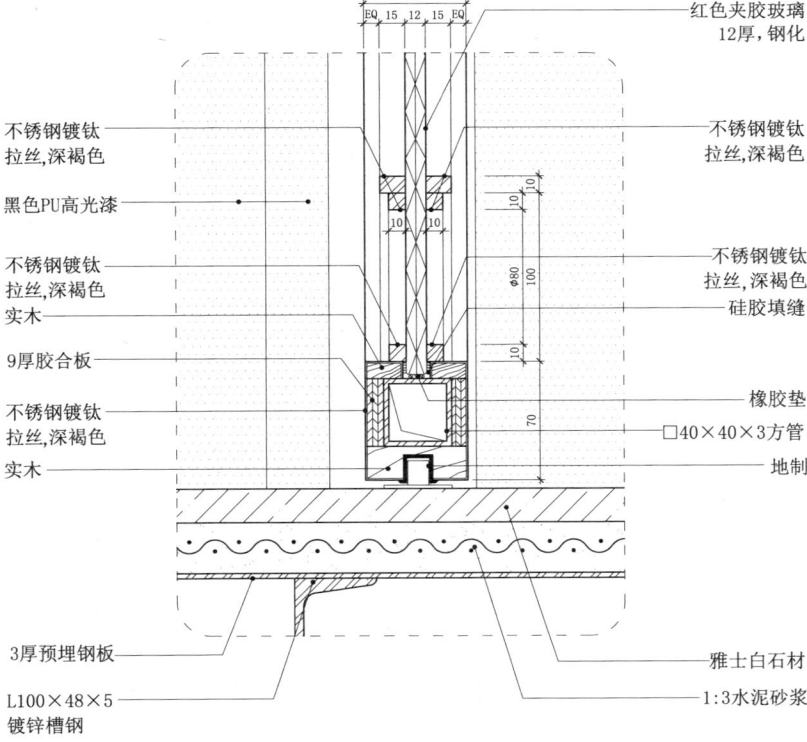

F节点图

6.30 室内观景挑台与移门构造

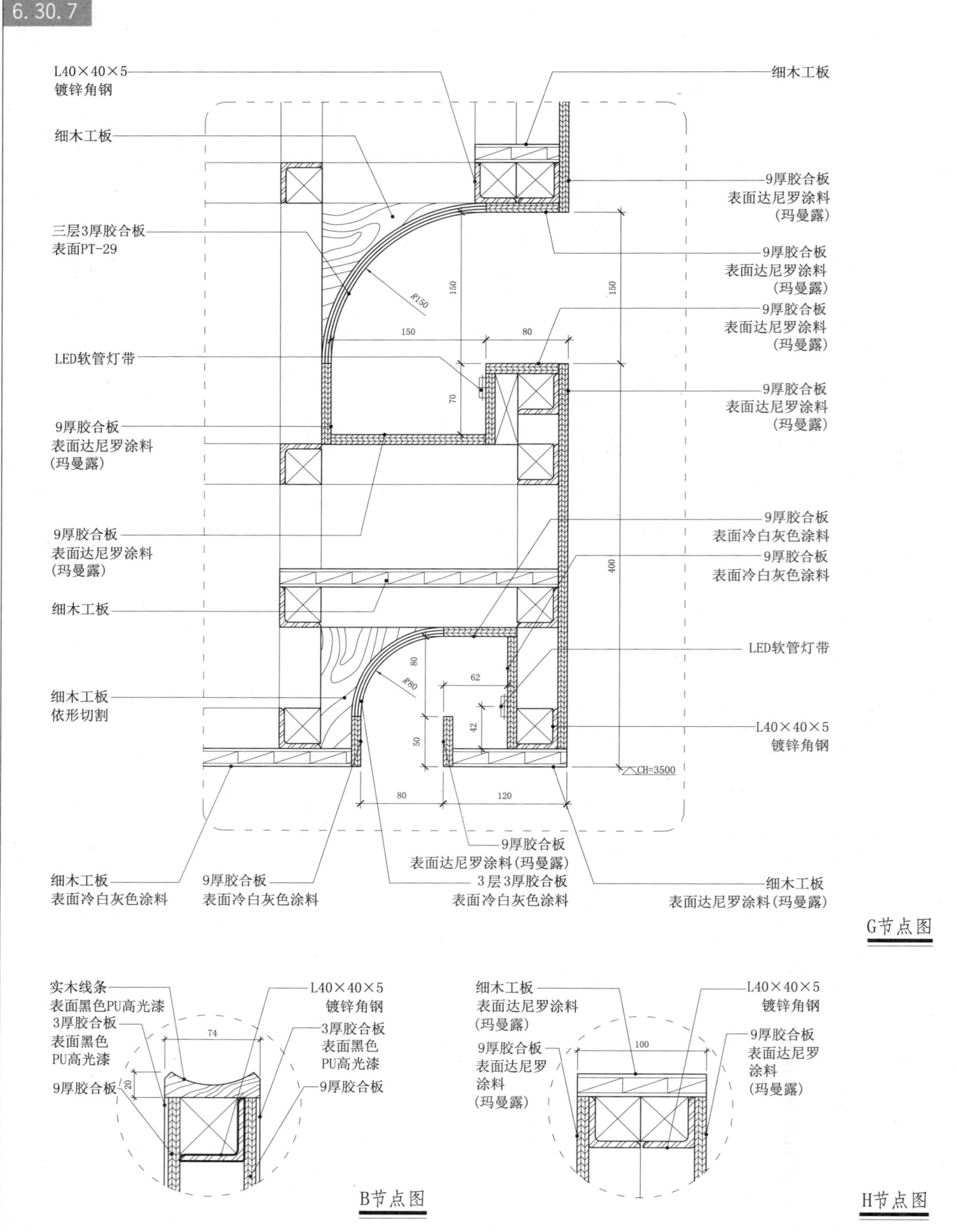

6.30.7

6.31 暗藏式双开门节点

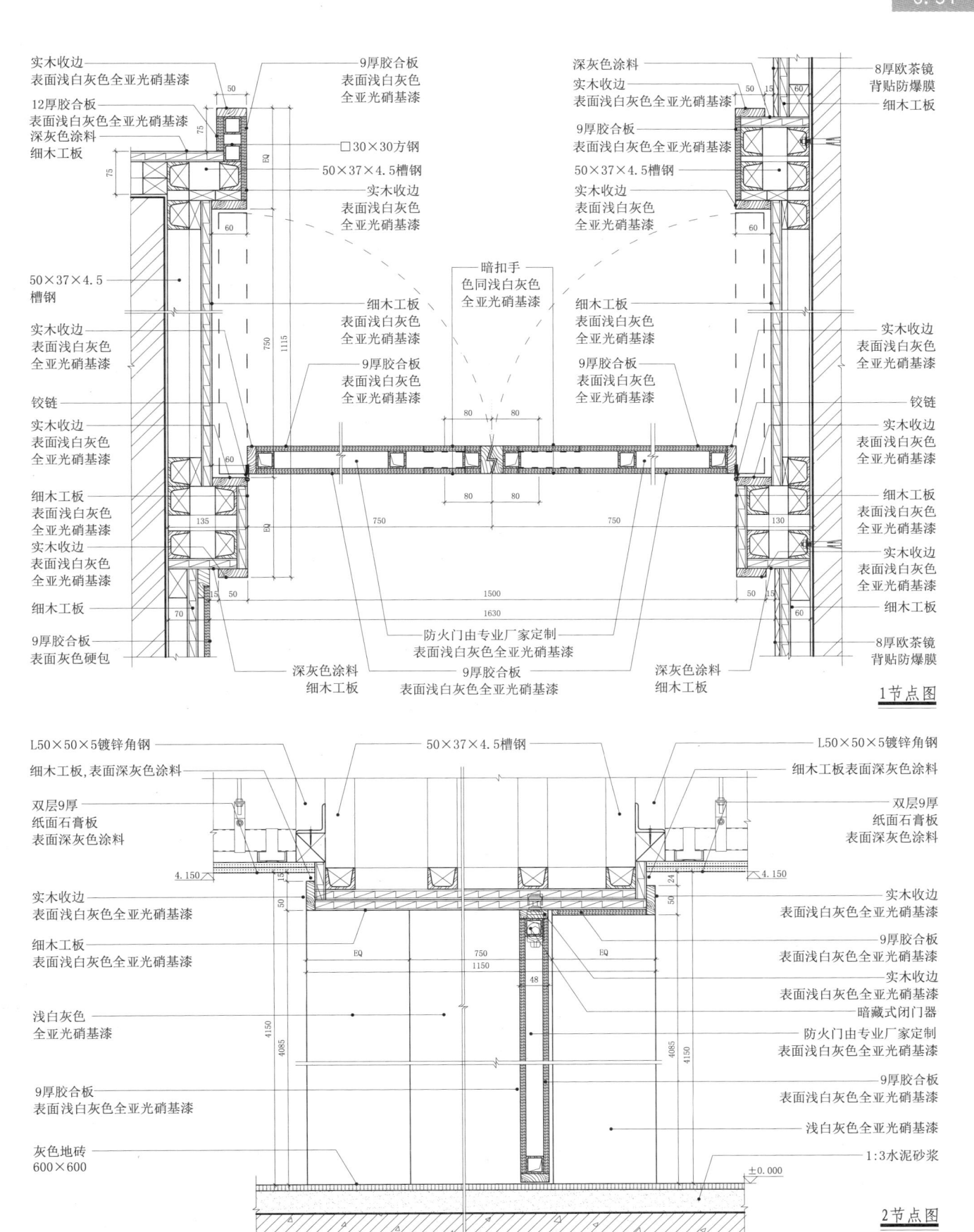

1节点图

2节点图

6.32 露台铝合金中空玻璃门

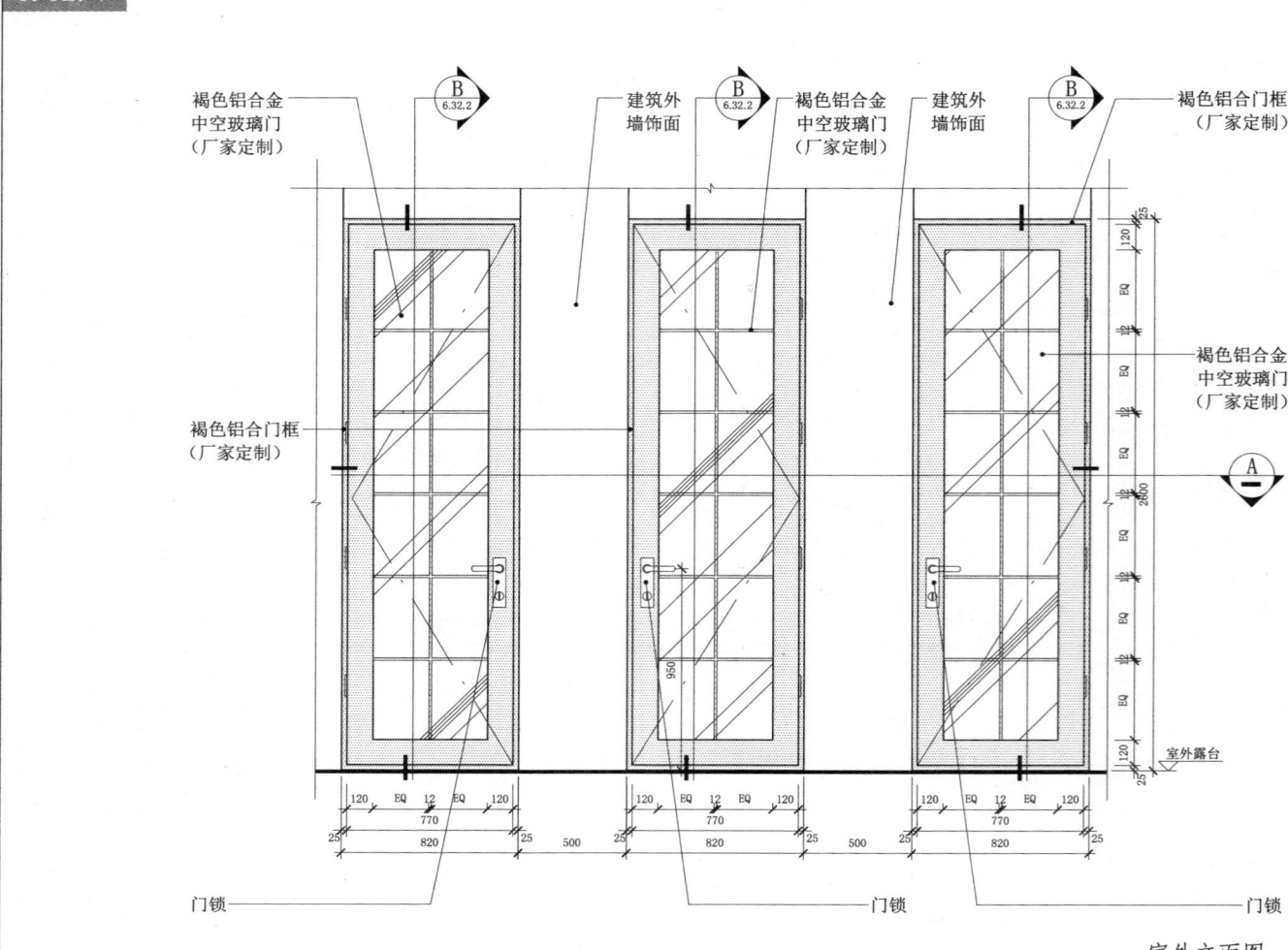

室外立面图

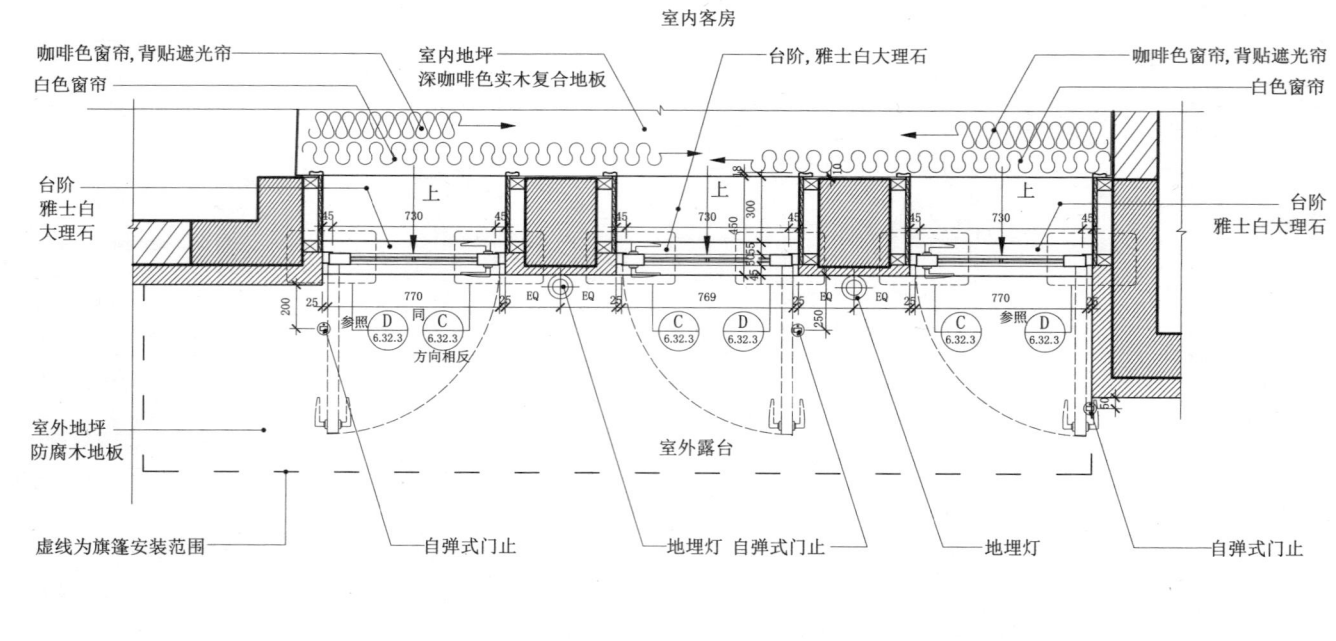

A剖面图

6.32 露台铝合金中空玻璃门

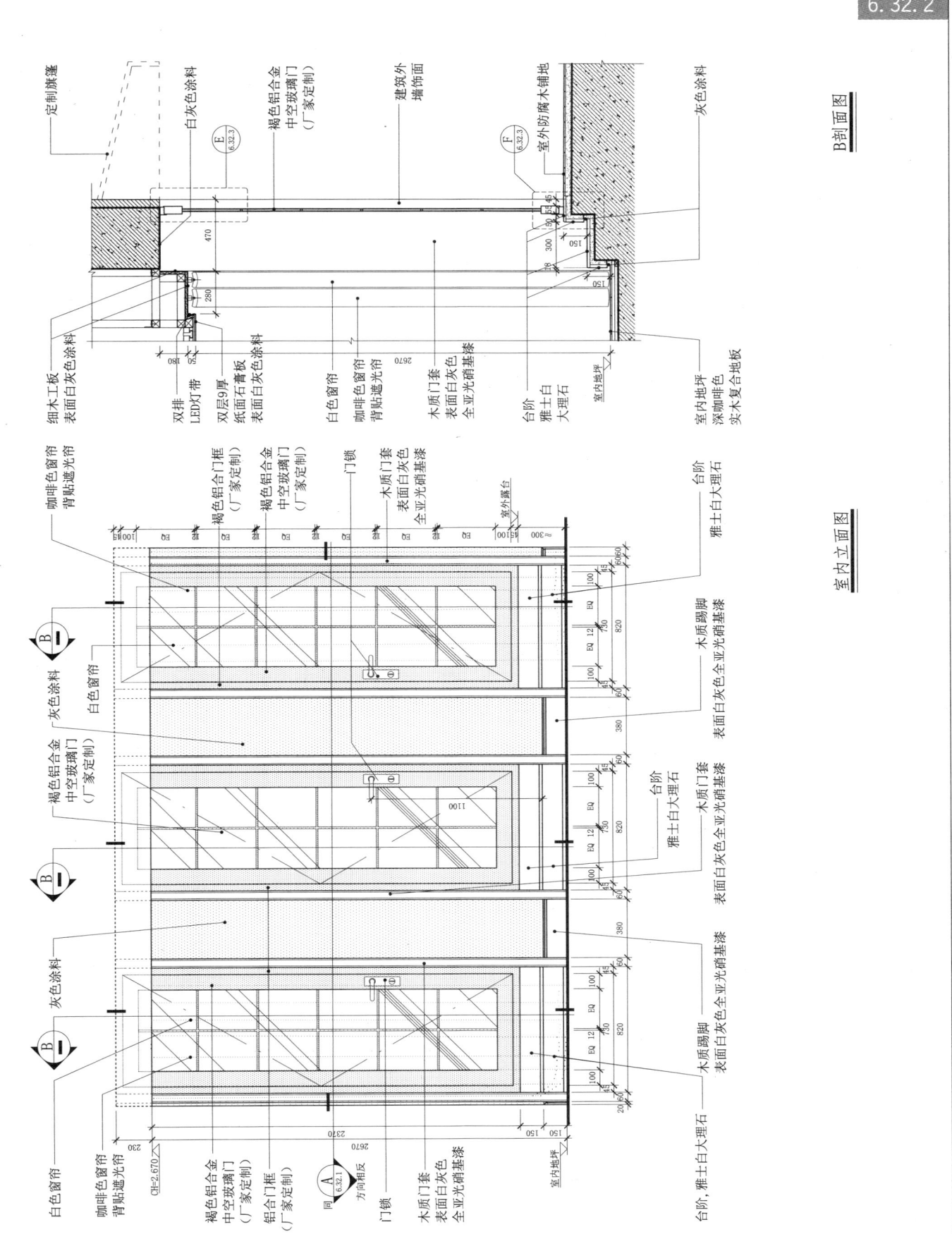

6.32 露台铝合金中空玻璃门

6.32.3

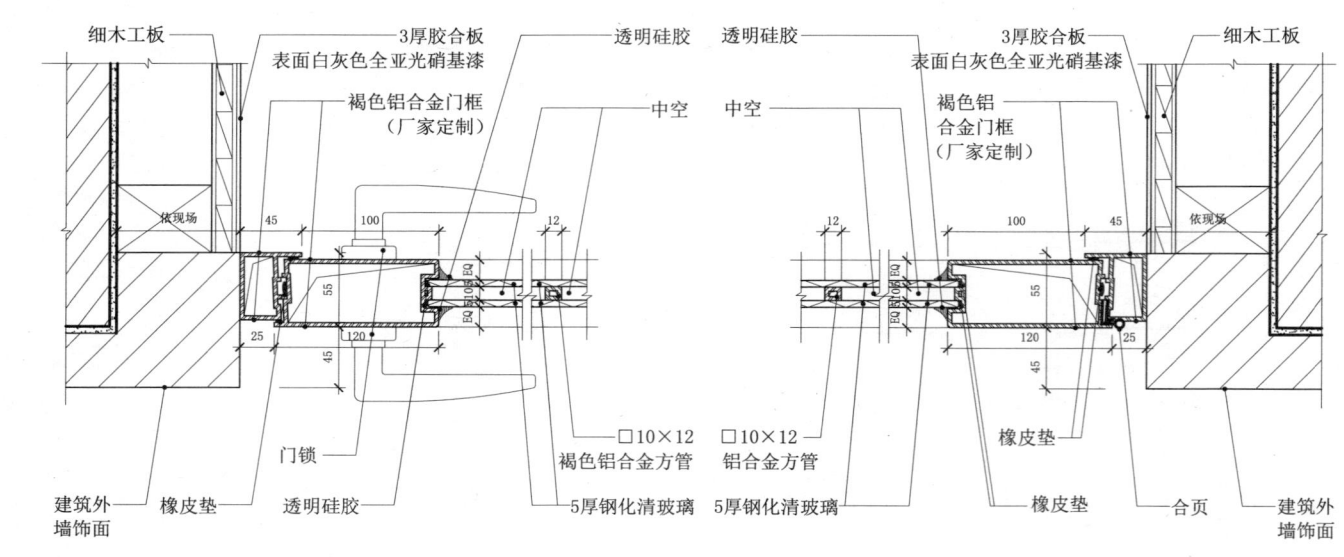

C节点图　　　　D节点图

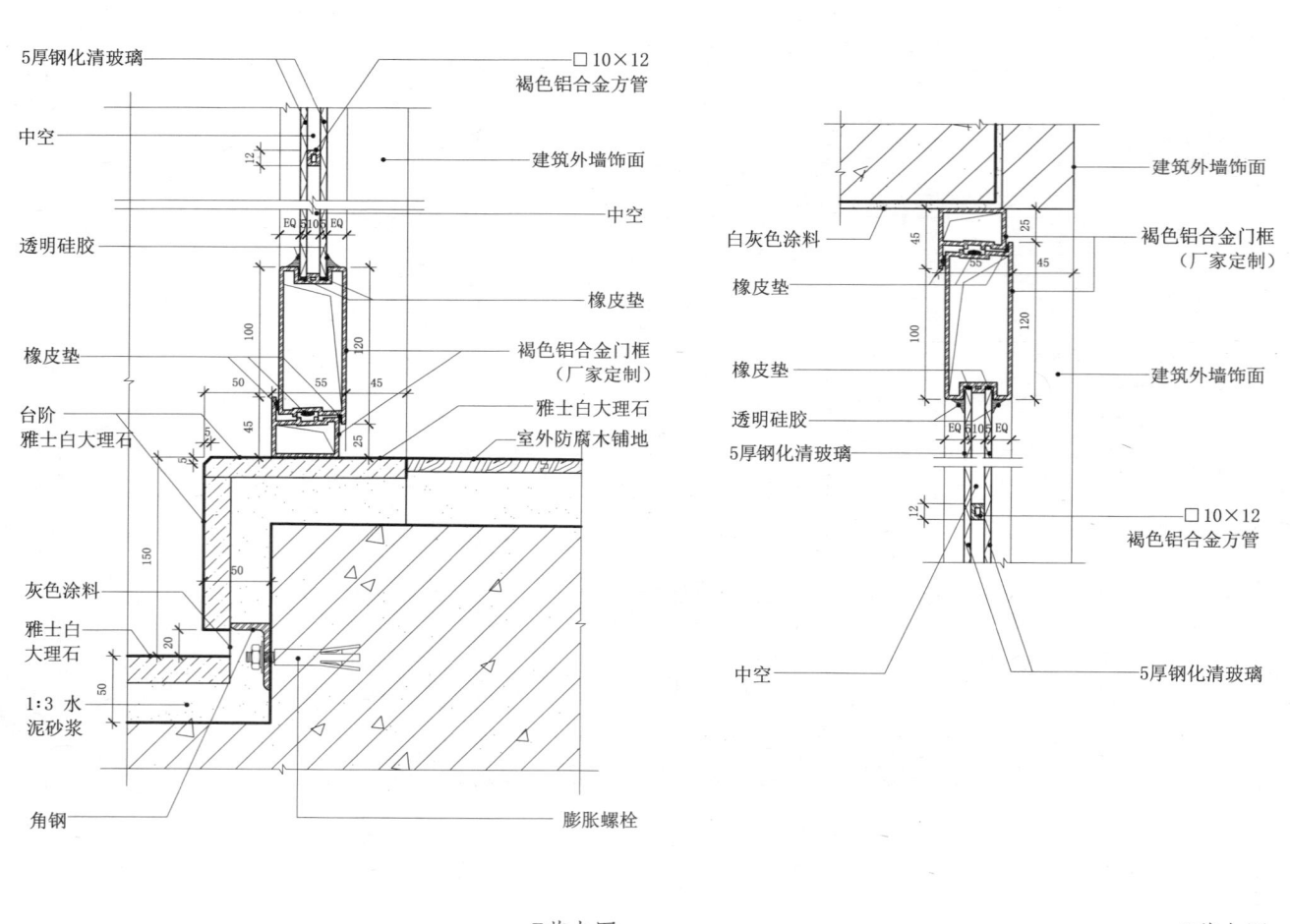

E节点图　　　　F节点图

6.33 中式木质花格门

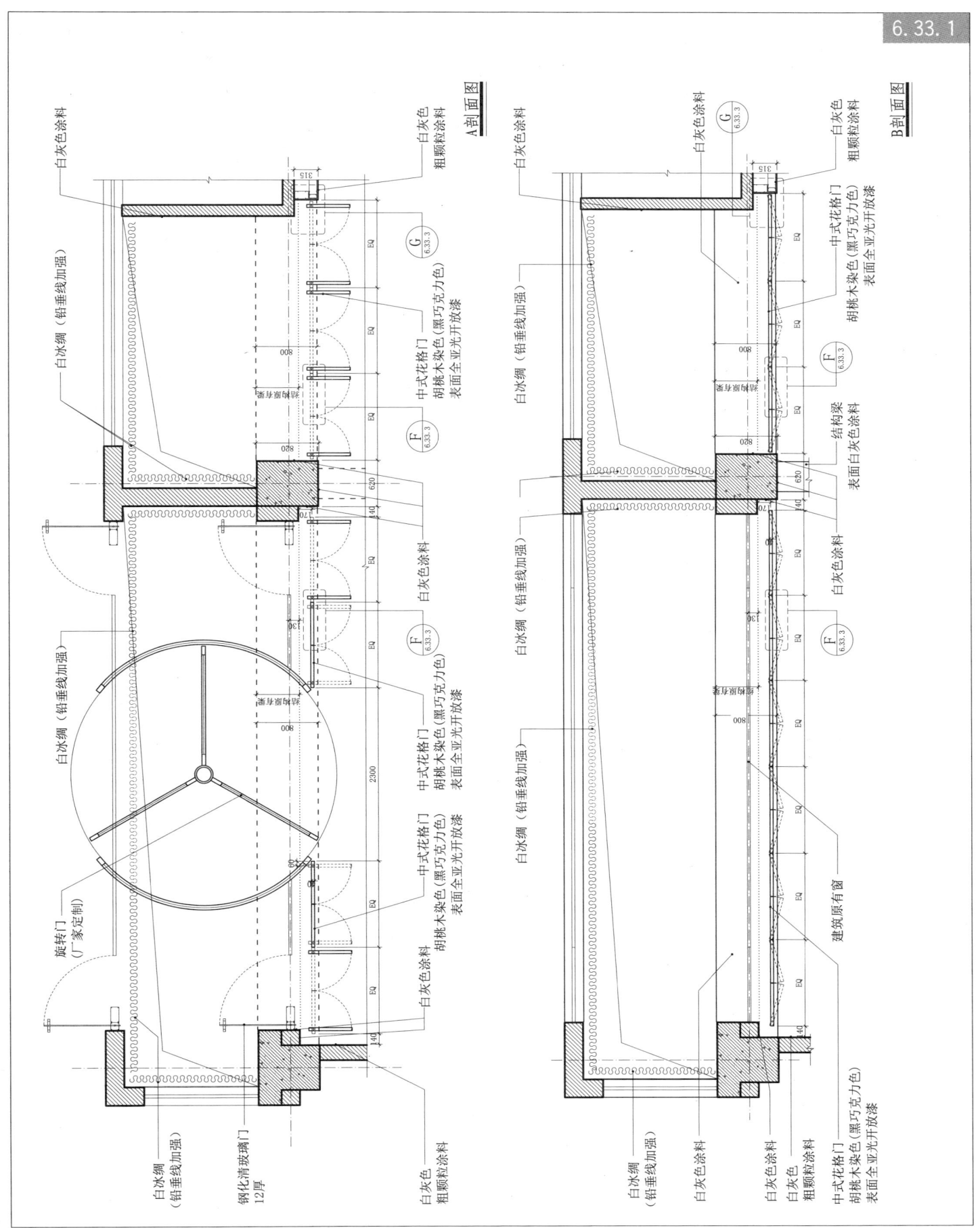

6.33 中式木质花格门

6.33.2

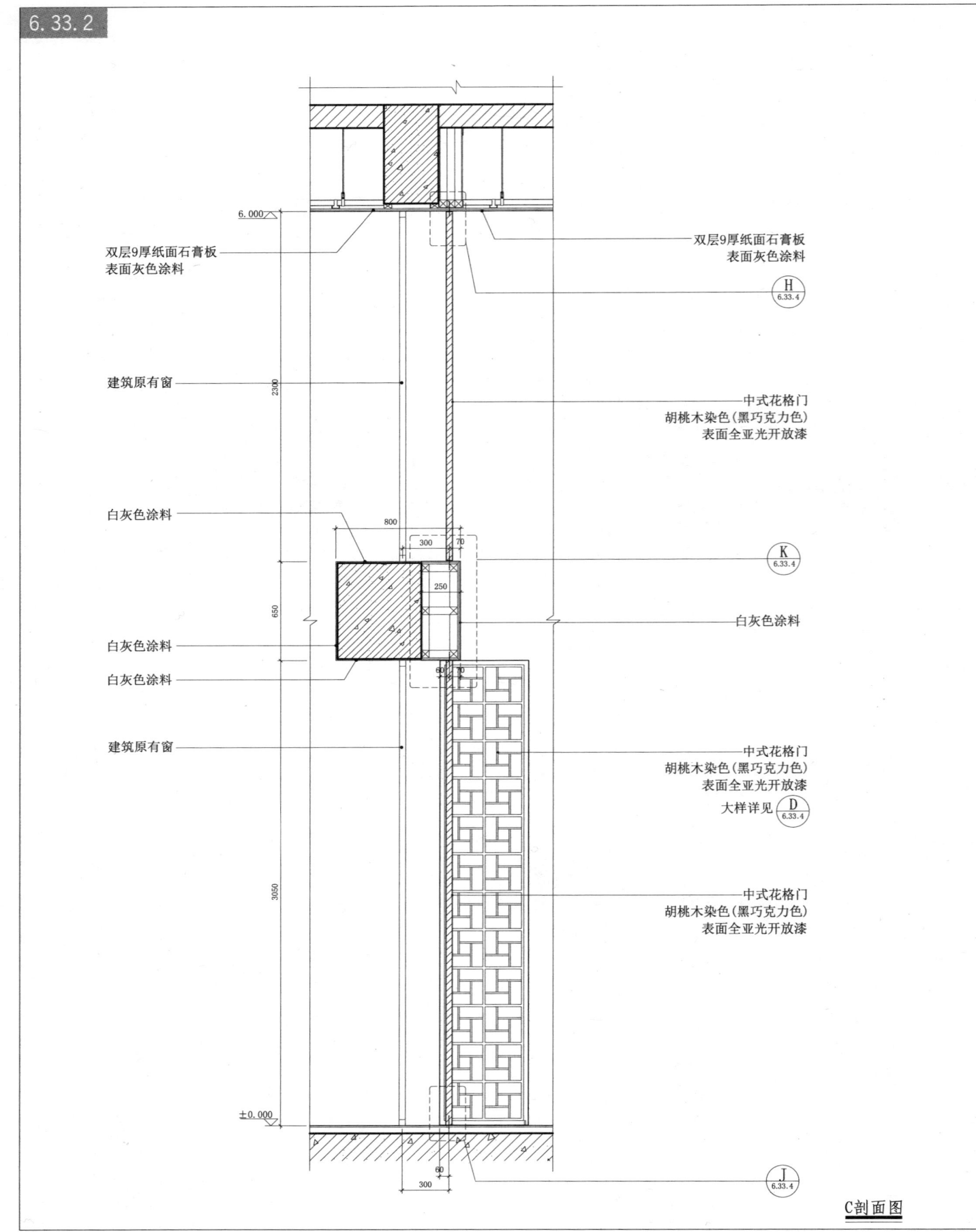

C剖面图

6.33 中式木质花格门

6.33.3

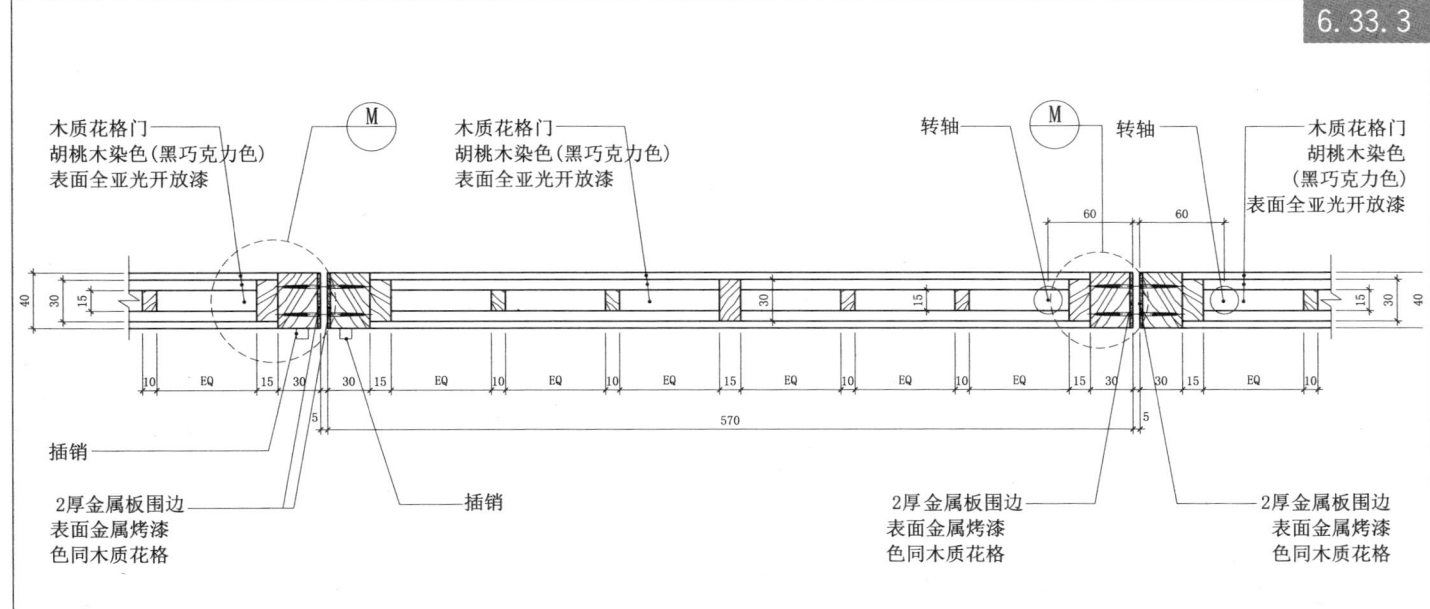

F节点图

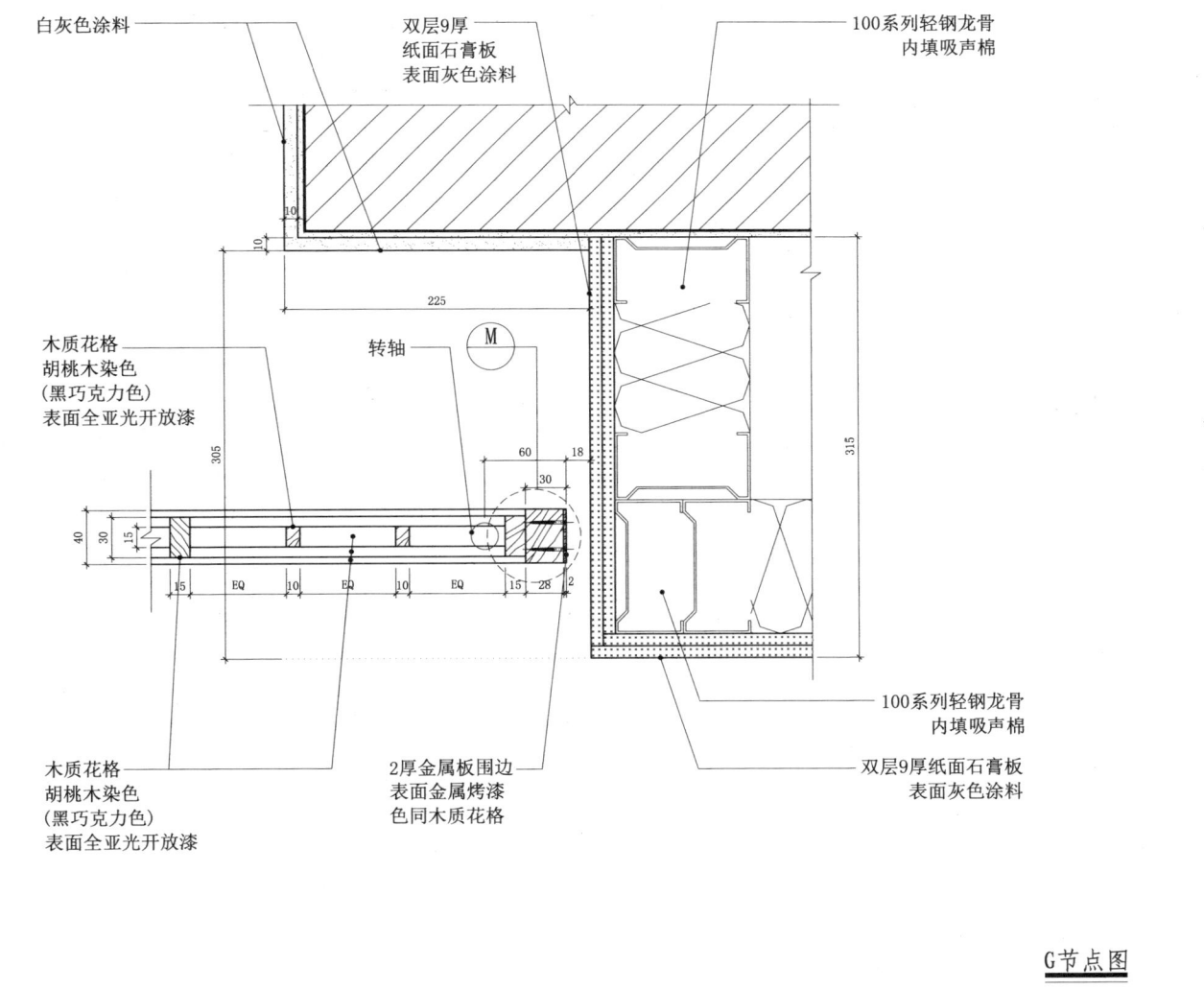

G节点图

6.33 中式木质花格门

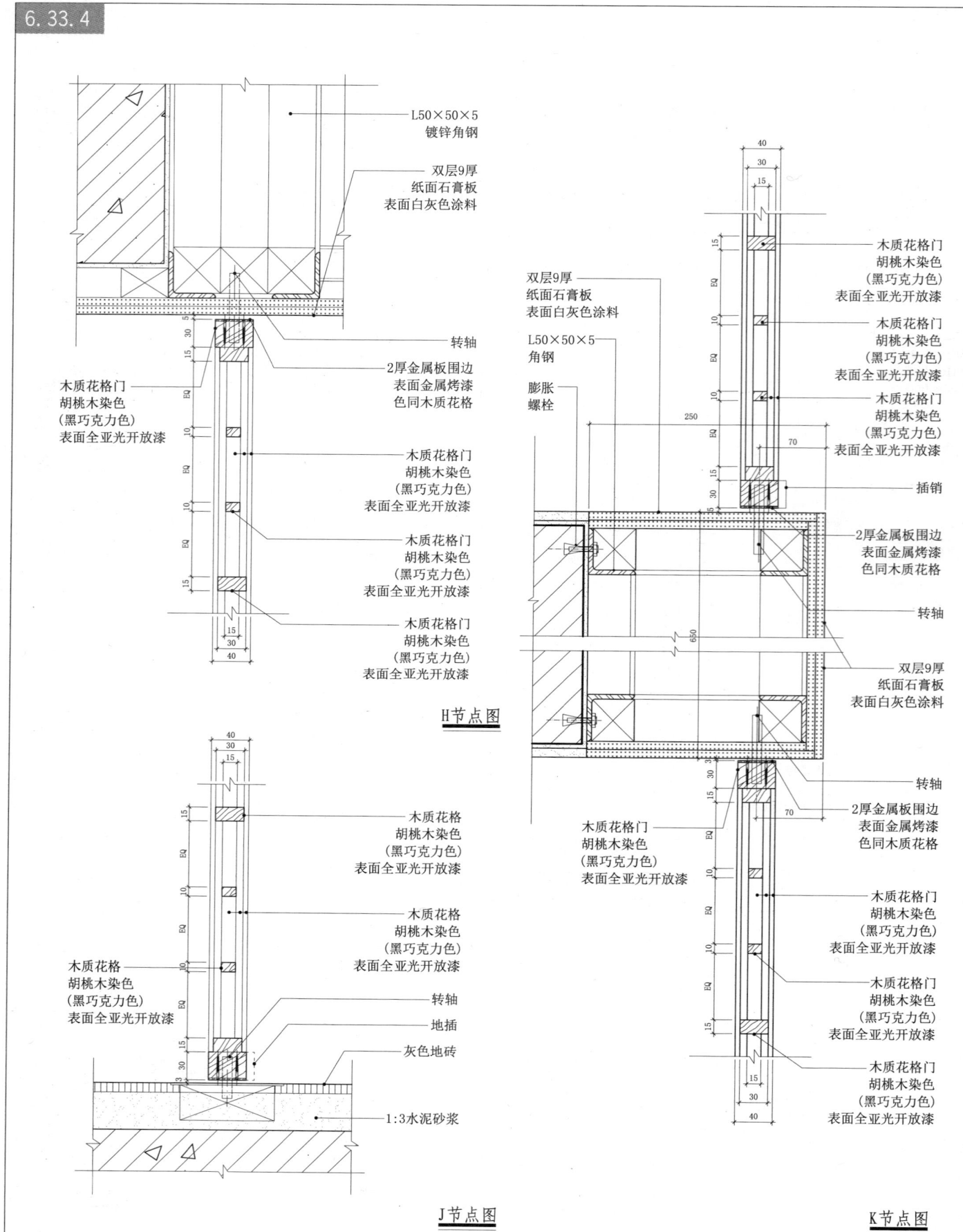

H节点图　J节点图　K节点图

6.34　360°中心旋转地轴

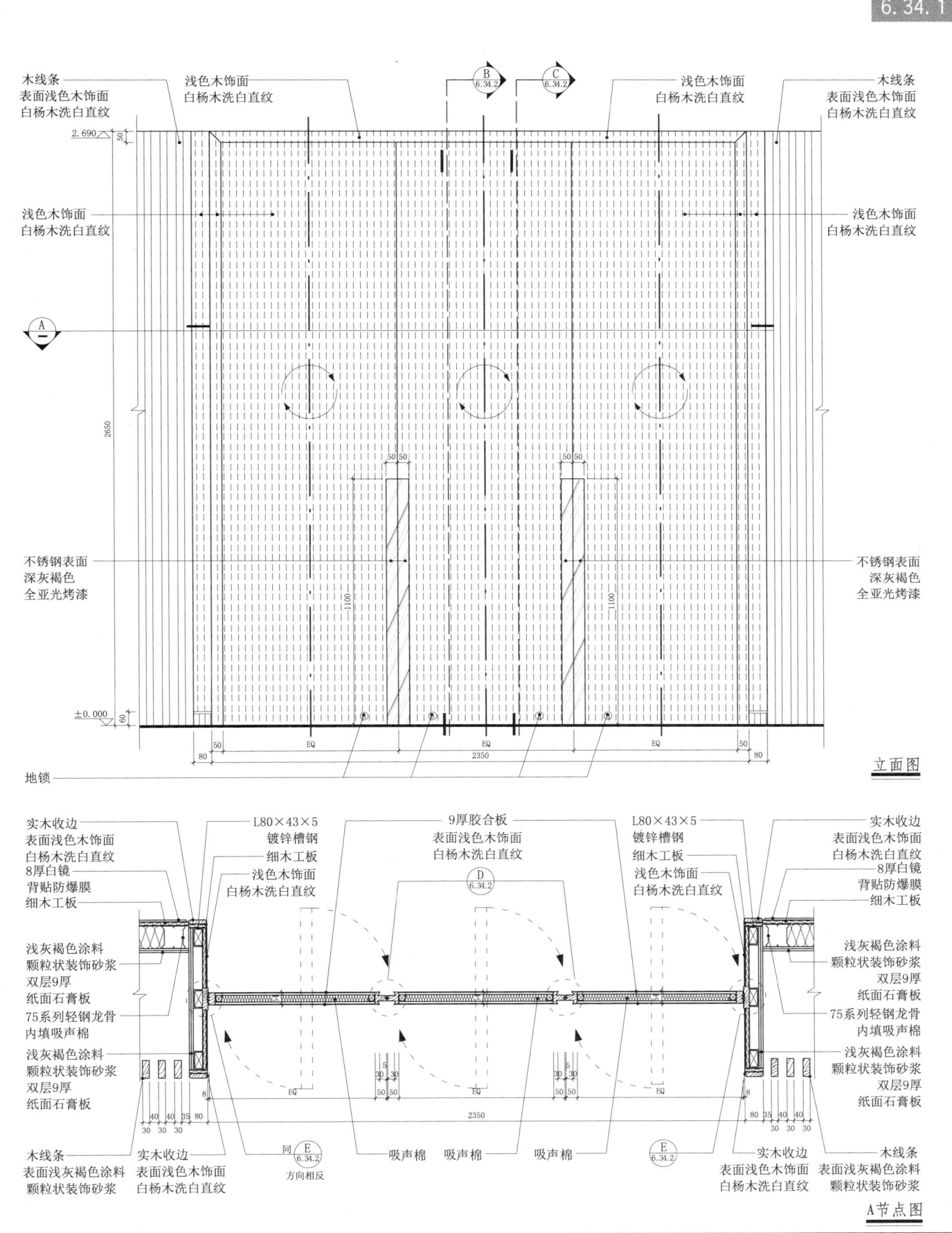

立面图

A节点图

6.34 360°中心旋转地轴

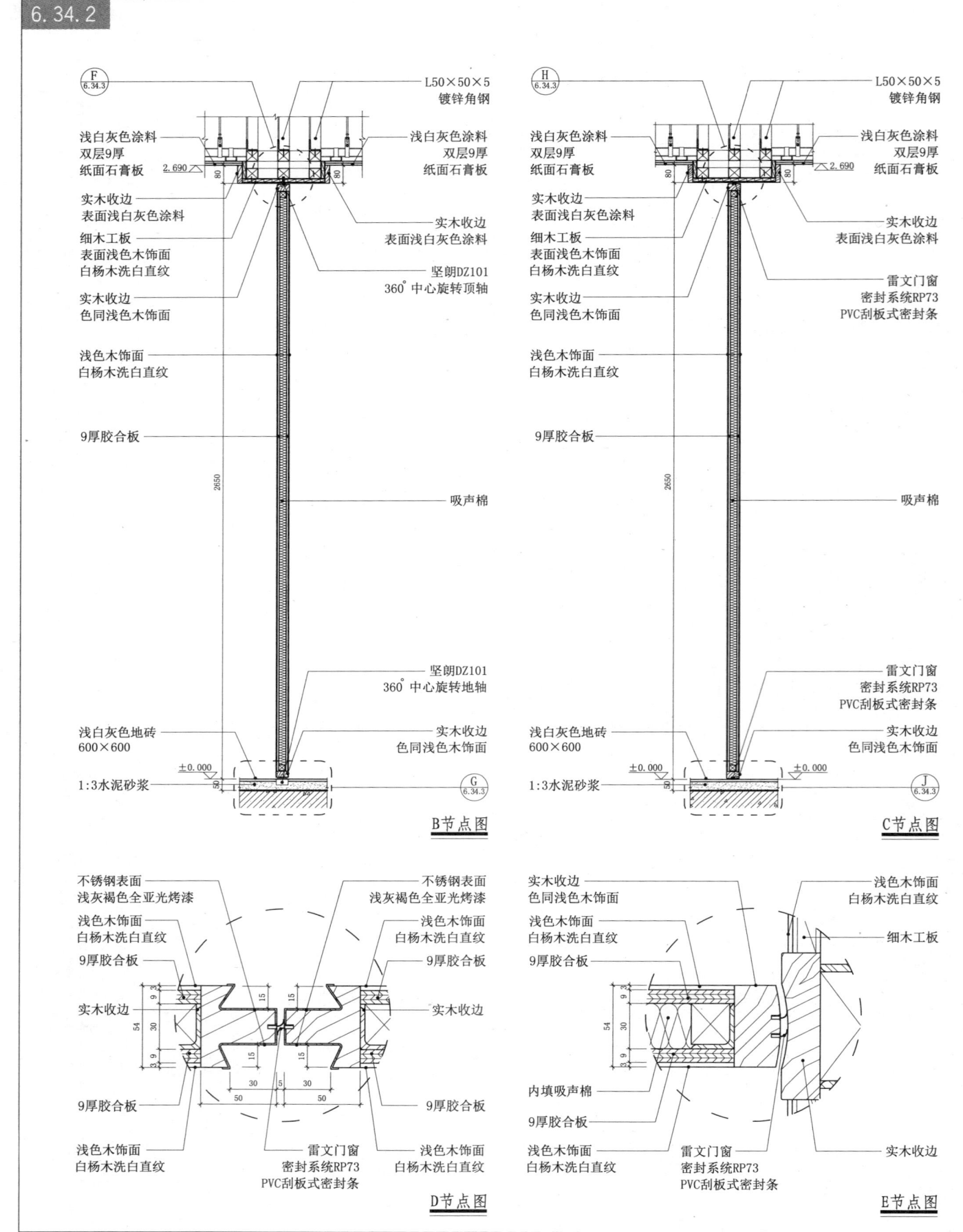

6.34　360°中心旋转地轴

6.34.3

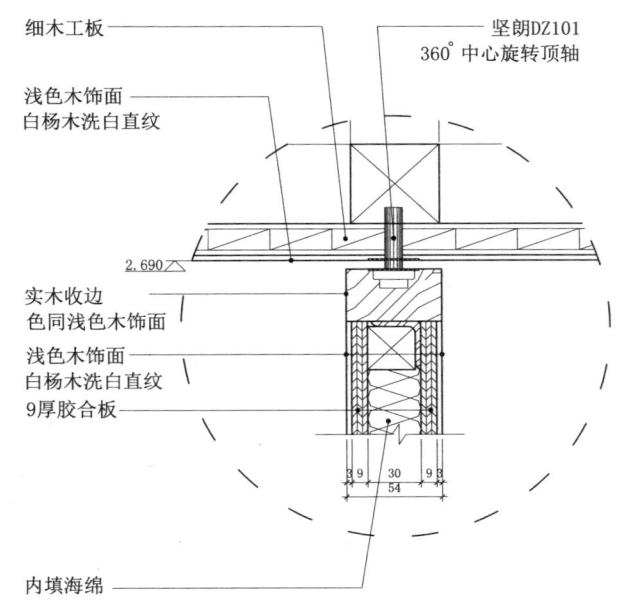

F节点图

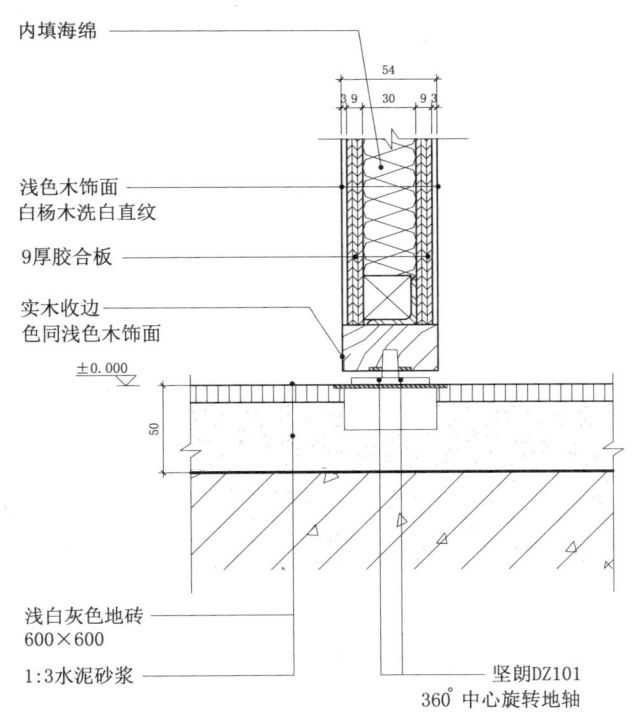

G节点图

H节点图

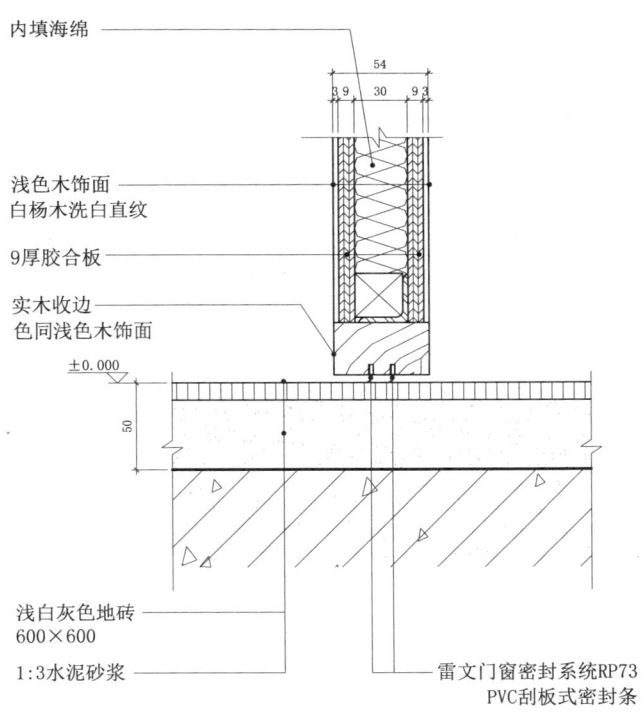

J节点图

6.35 天地轴门扇节点

6.35.1

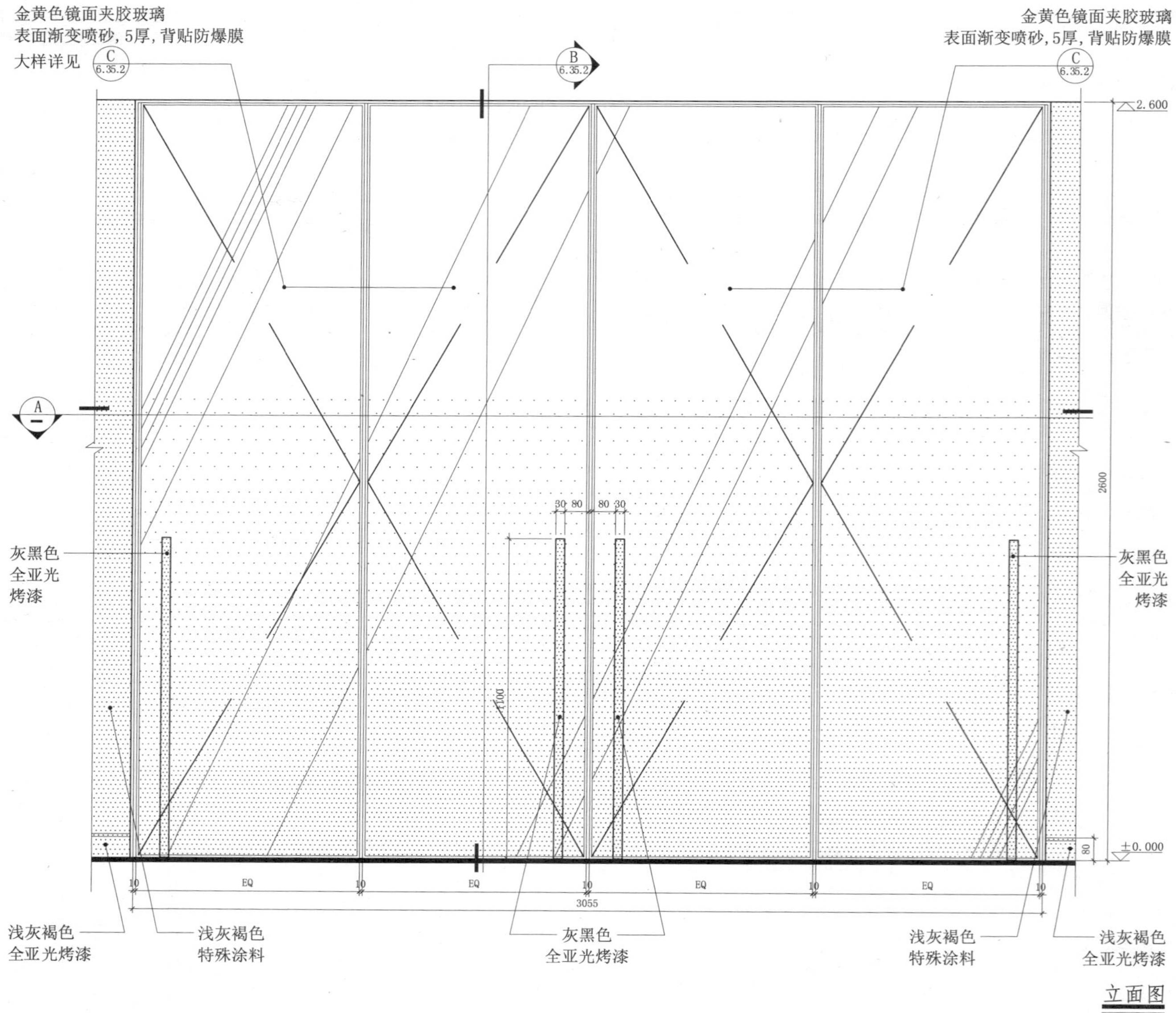

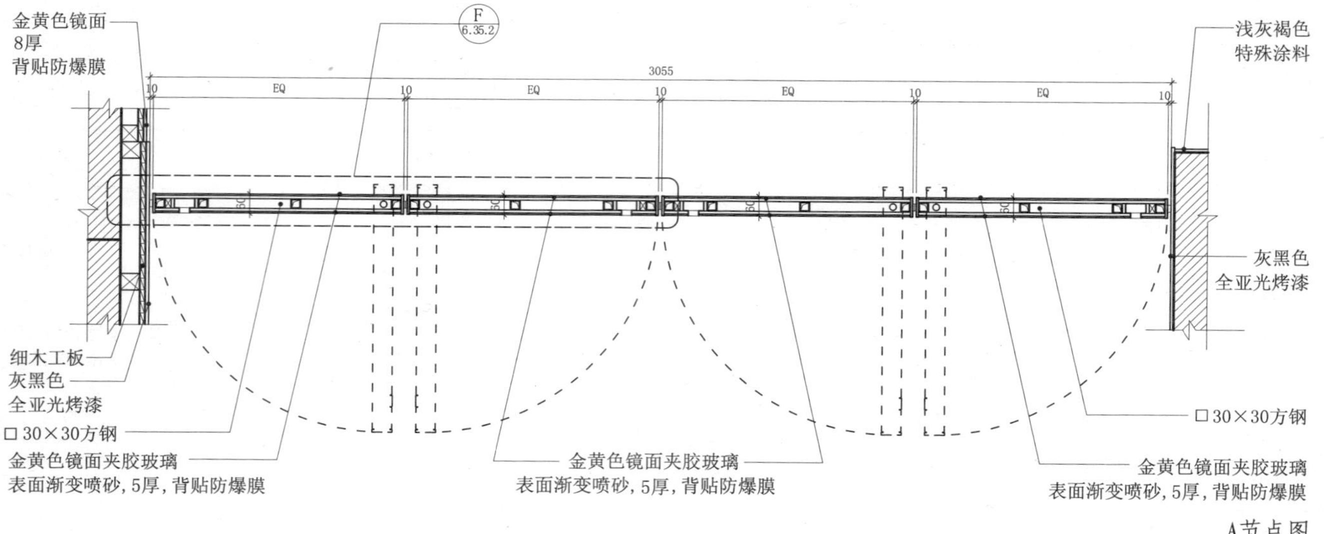

立面图

A节点图

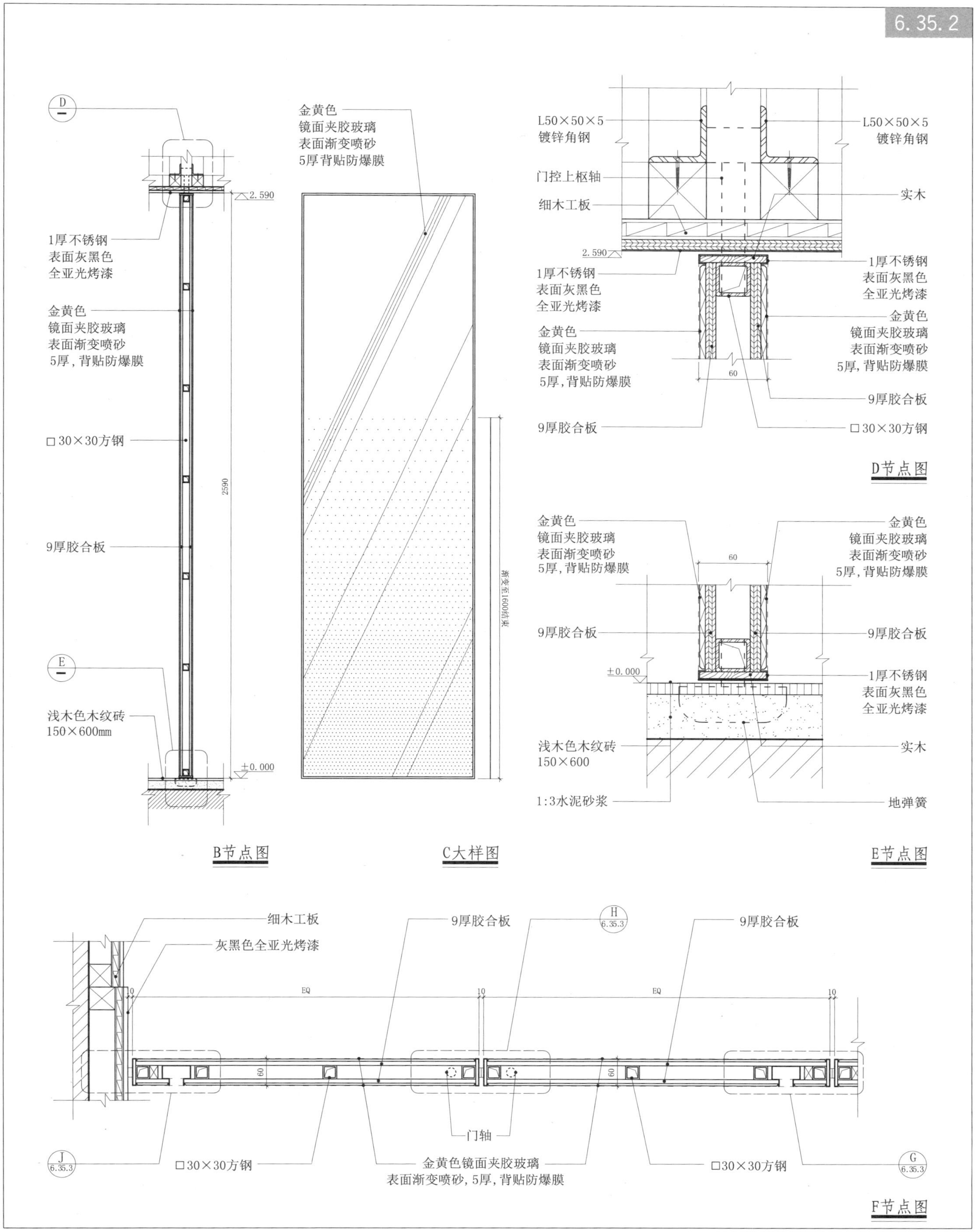

6.35 天地轴门扇节点

6.35.2

门窗构造

B节点图
- 1厚不锈钢 表面灰黑色 全亚光烤漆
- 金黄色 镜面夹胶玻璃 表面渐变喷砂 5厚,背贴防爆膜
- □30×30方钢
- 9厚胶合板
- 浅木色木纹砖 150×600mm
- 金黄色 镜面夹胶玻璃 表面渐变喷砂 5厚背贴防爆膜
- 2.590
- 2590 (渐变至1600结束)
- ±0.000

C大样图

D节点图
- L50×50×5 镀锌角钢
- 门控上枢轴
- 细木工板
- L50×50×5 镀锌角钢
- 实木
- 1厚不锈钢 表面灰黑色 全亚光烤漆
- 金黄色 镜面夹胶玻璃 表面渐变喷砂 5厚,背贴防爆膜
- 9厚胶合板
- □30×30方钢
- 2.590
- 60

E节点图
- 金黄色 镜面夹胶玻璃 表面渐变喷砂 5厚,背贴防爆膜
- 9厚胶合板
- 浅木色木纹砖 150×600
- 1:3水泥砂浆
- 1厚不锈钢 表面灰黑色 全亚光烤漆
- 实木
- 地弹簧
- ±0.000
- 60

F节点图
- 细木工板
- 灰黑色全亚光烤漆
- 9厚胶合板
- 9厚胶合板
- □30×30方钢
- 门轴
- 金黄色镜面夹胶玻璃 表面渐变喷砂,5厚,背贴防爆膜
- □30×30方钢

室内构造节点与专项模式图集 | 279

6.35 天地轴门扇节点

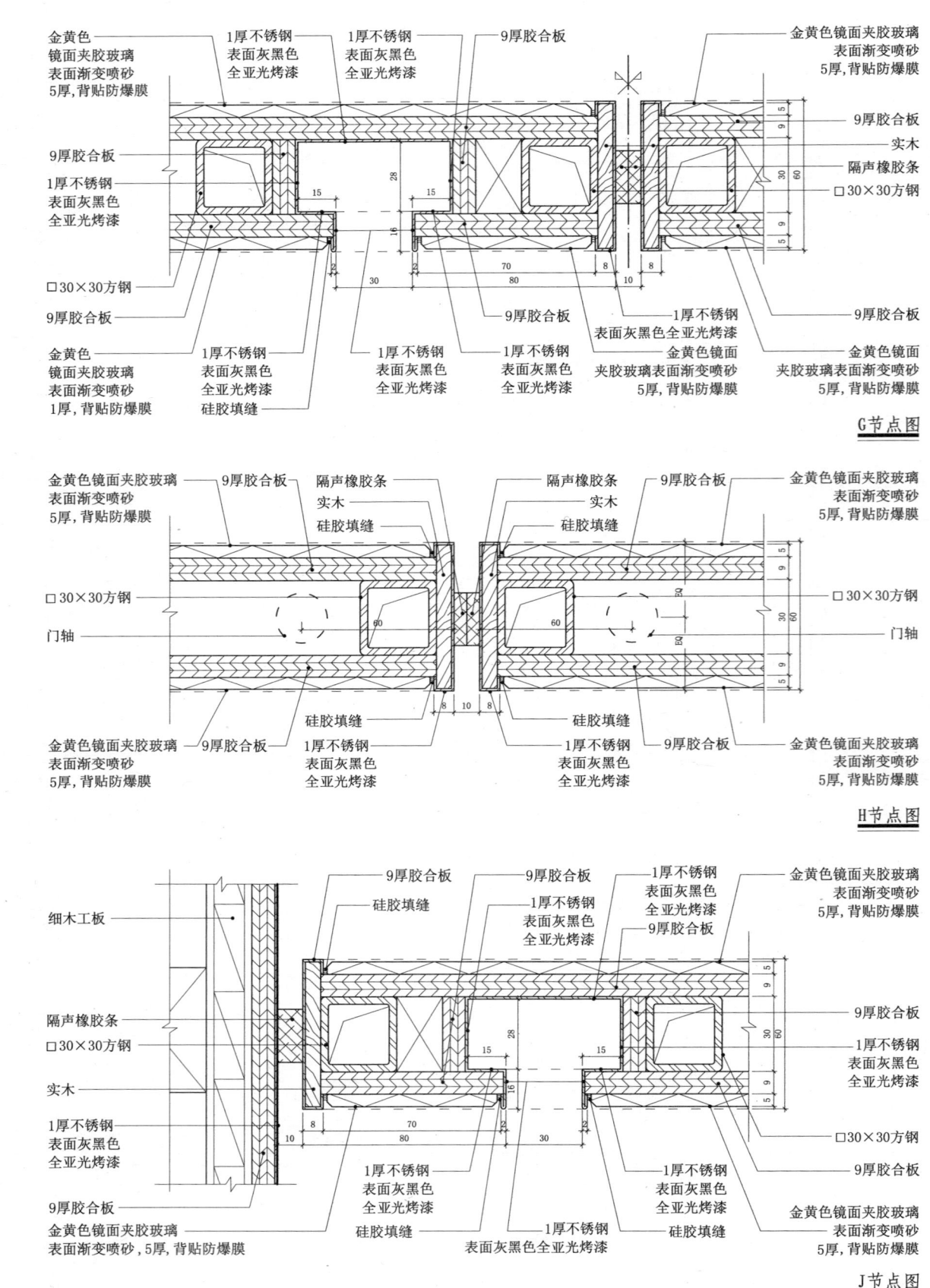

G节点图

H节点图

J节点图

6.36 大堂入口玻璃盒

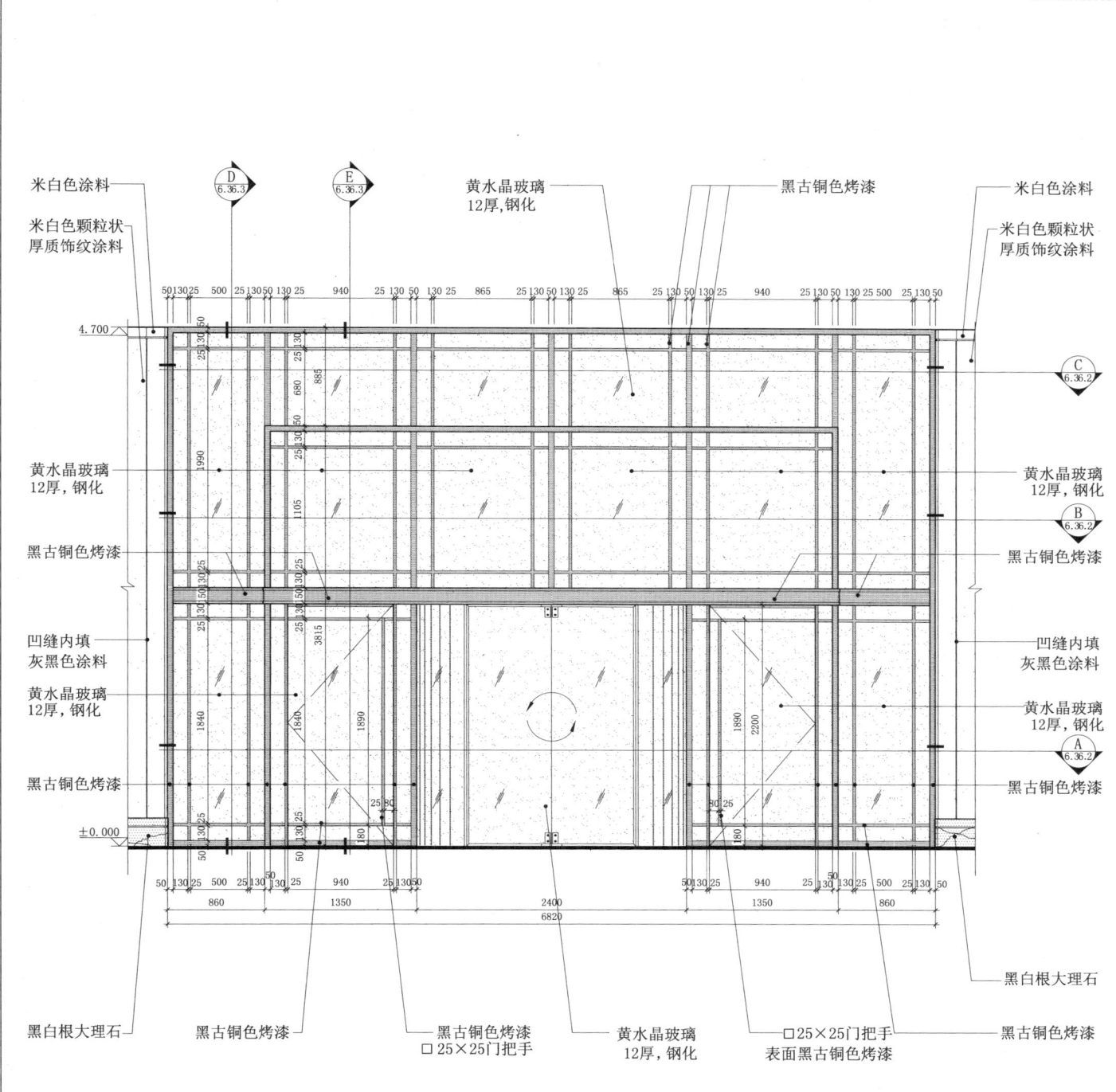

立面图

6.36 大堂入口玻璃盒

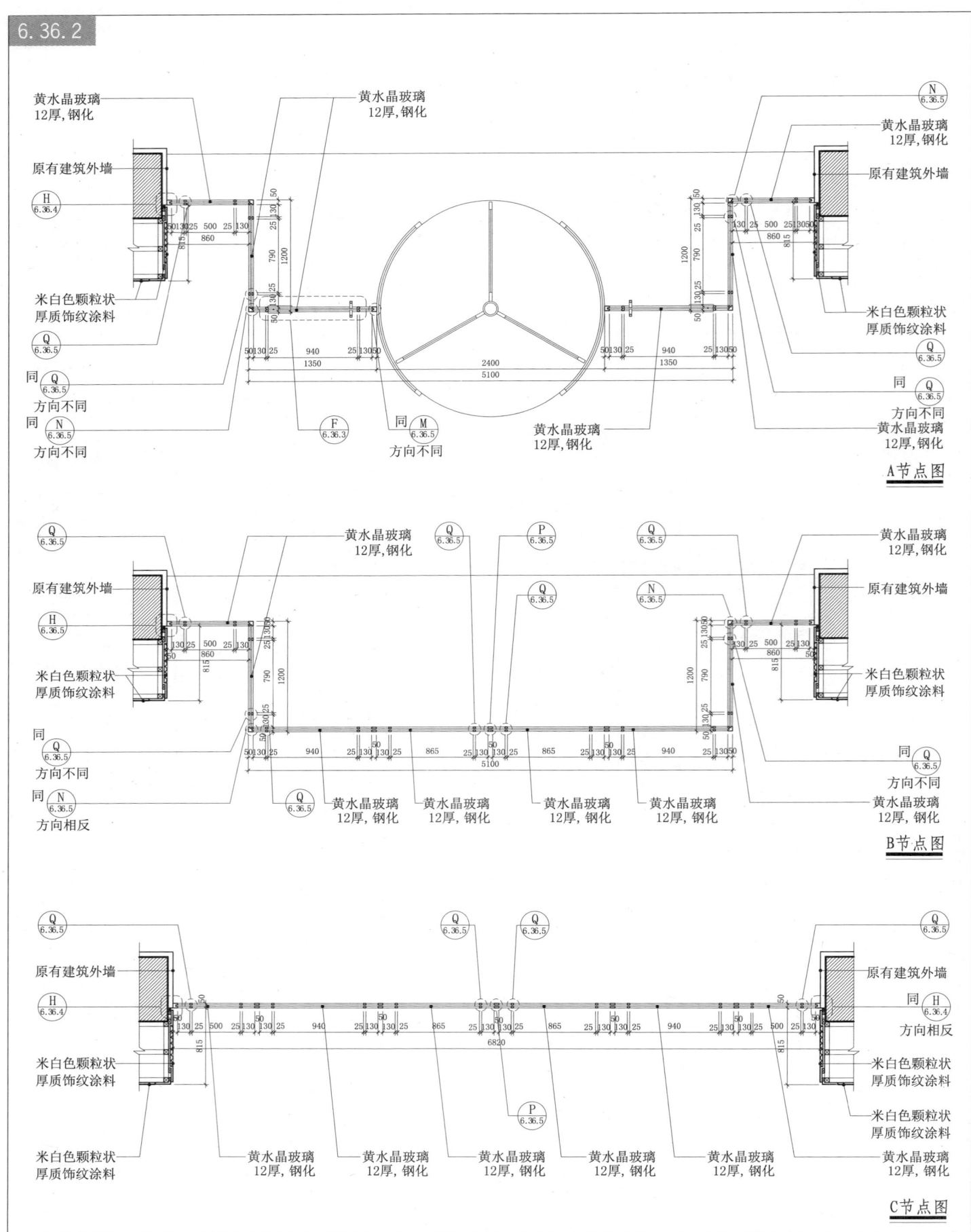

A节点图

B节点图

C节点图

6.36 大堂入口玻璃盒

6.36.3

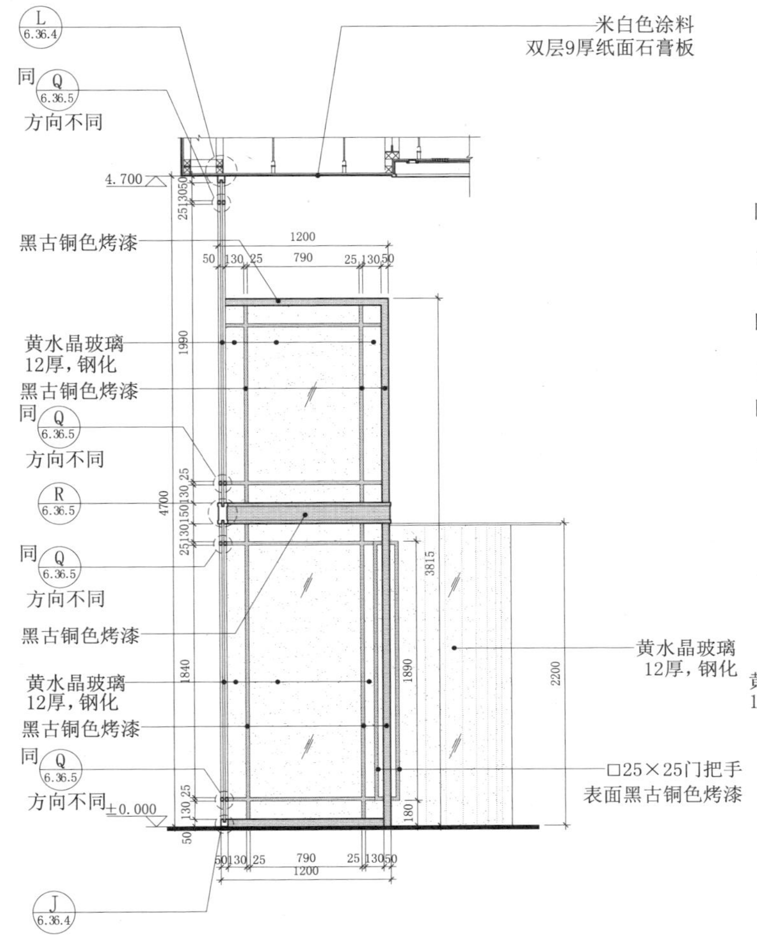

D节点图

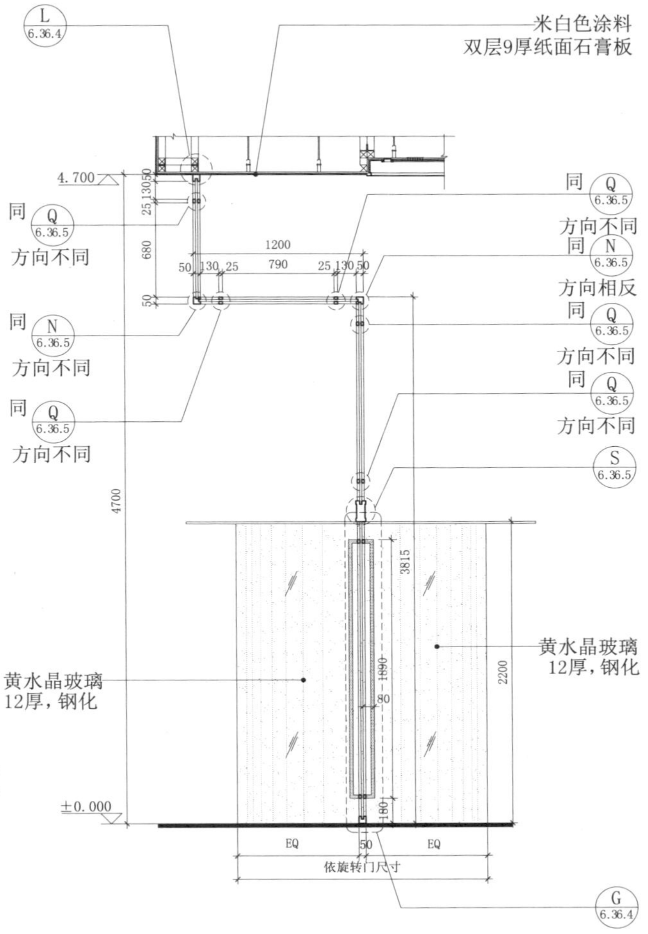

- 米白色涂料
- 双层9厚纸面石膏板
- 黑古铜色烤漆
- 黄水晶玻璃 12厚，钢化
- 黑古铜色烤漆
- 黄水晶玻璃 12厚，钢化
- 黑古铜色烤漆
- □25×25门把手 表面黑古铜色烤漆

E节点图

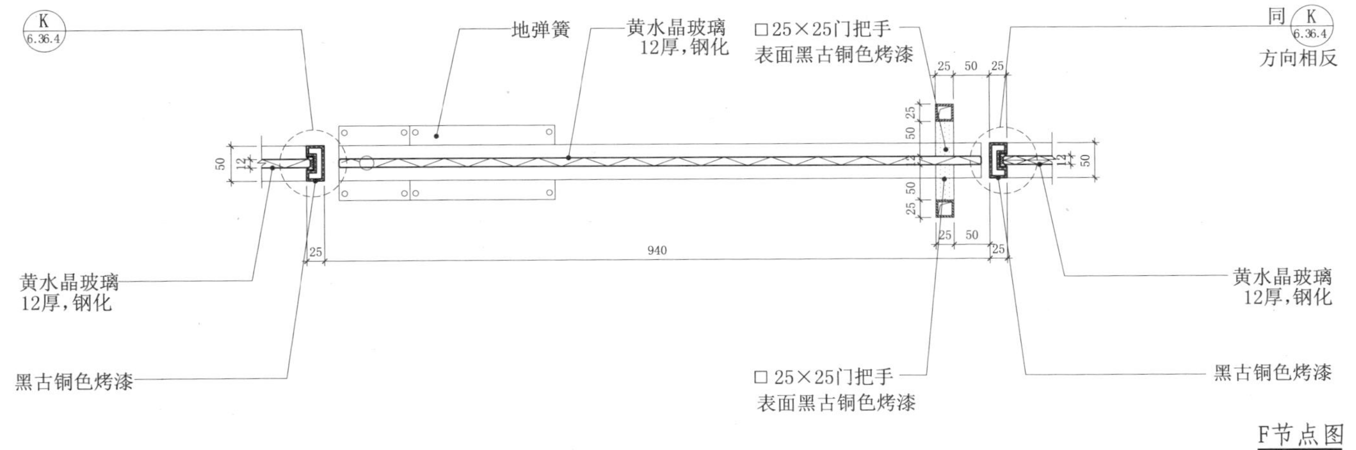

- 米白色涂料
- 双层9厚纸面石膏板
- 黄水晶玻璃 12厚，钢化
- 依旋转门尺寸

F节点图

- 地弹簧
- 黄水晶玻璃 12厚，钢化
- □25×25门把手 表面黑古铜色烤漆
- 黑古铜色烤漆

6 门窗构造·幕墙构造 玻璃构造 金属构造

6.36 大堂入口玻璃盒

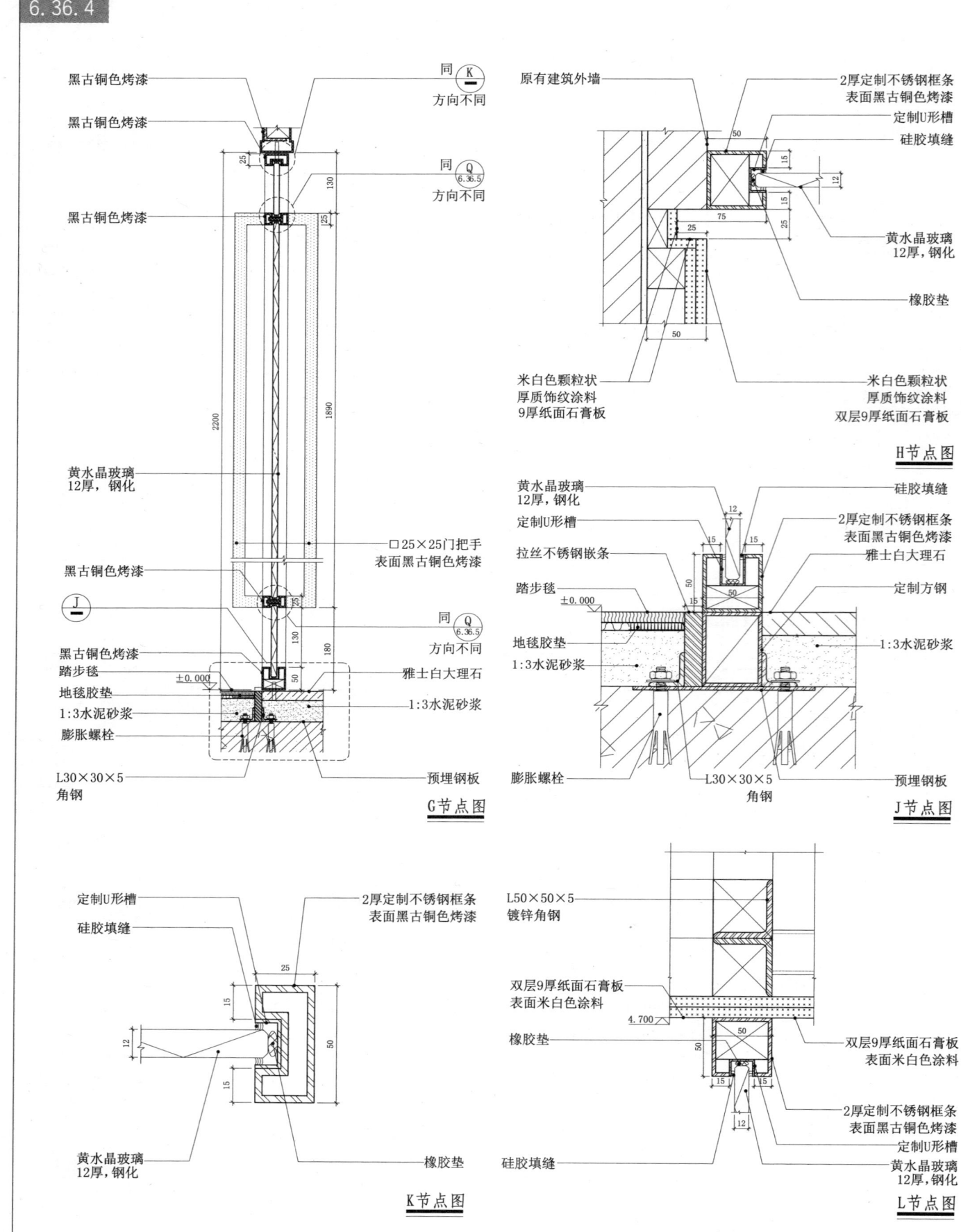

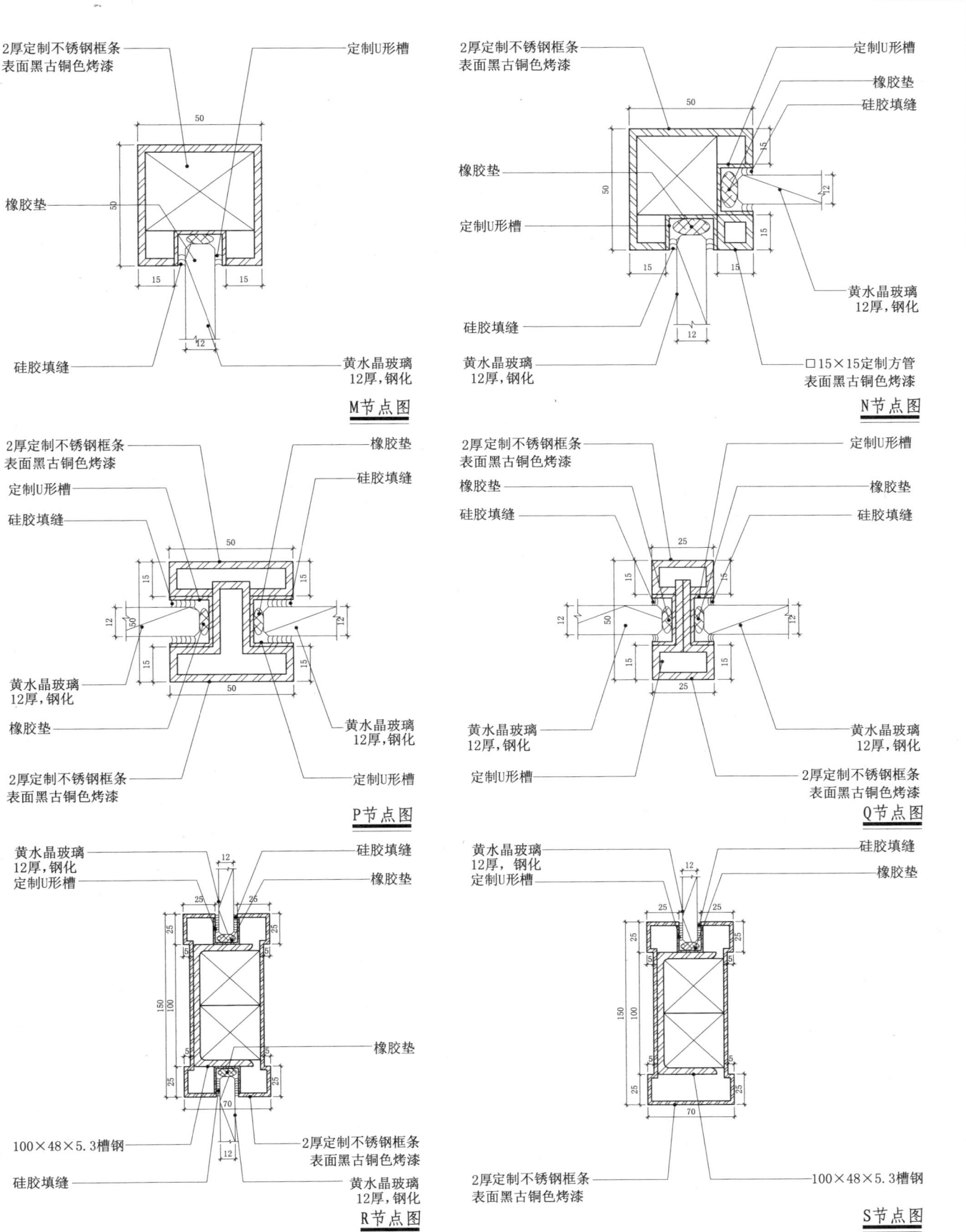

6.37 大堂入口玻璃旋转门

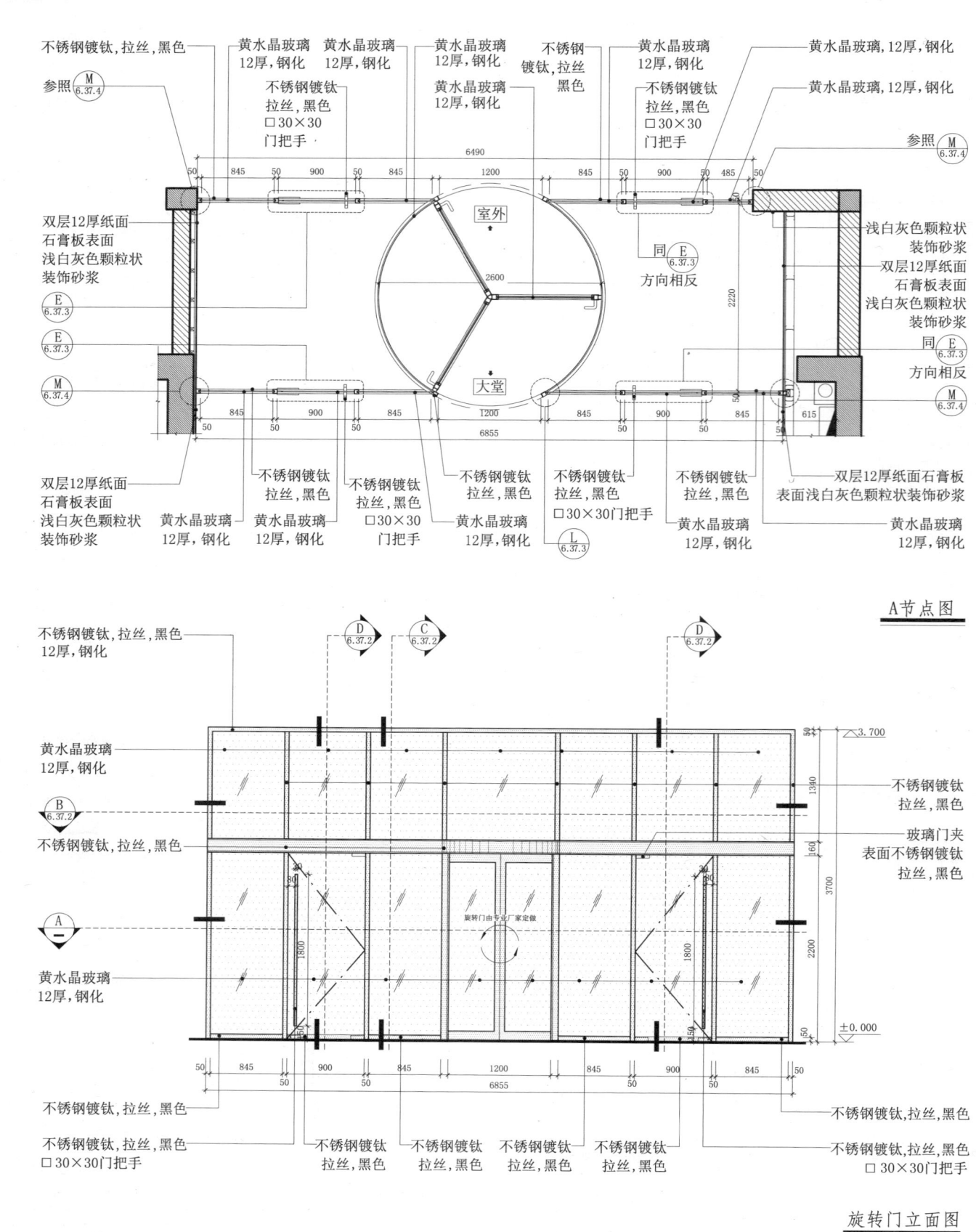

A节点图

旋转门立面图

6.37 大堂入口玻璃旋转门

6.37.2

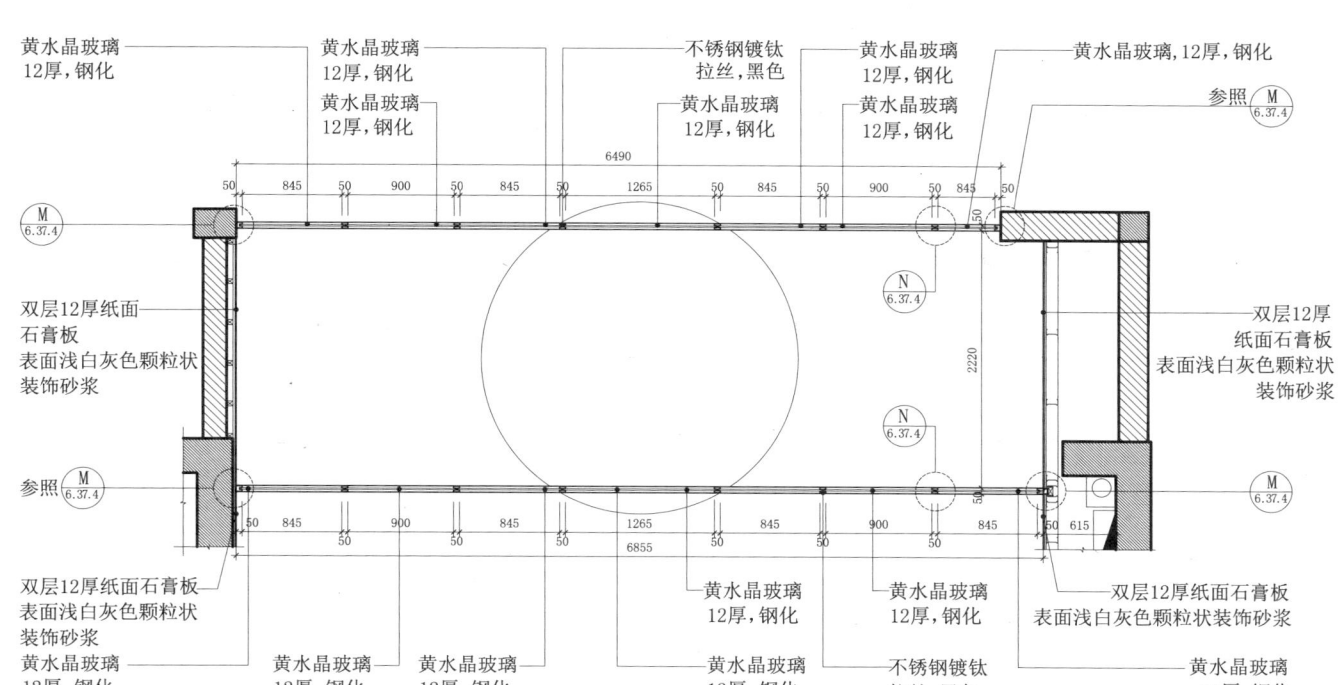

B节点图

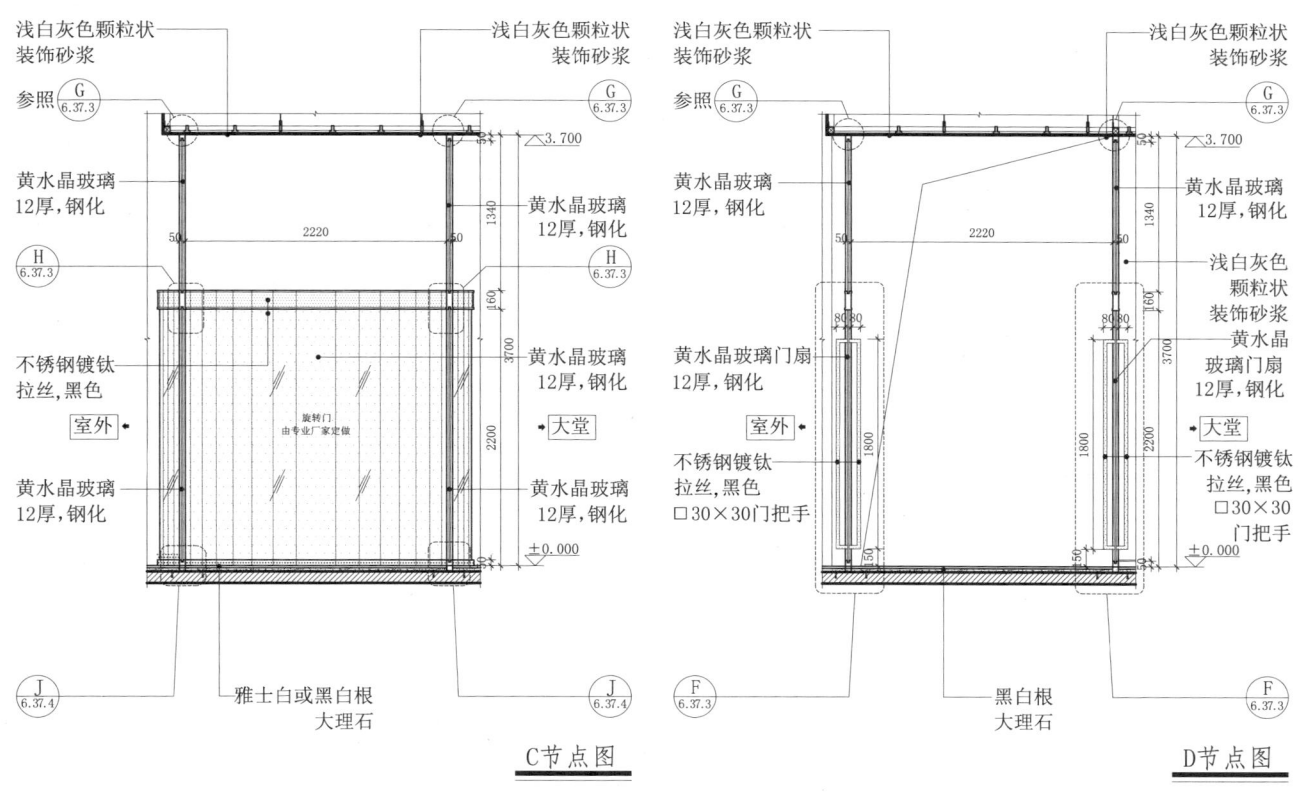

C节点图　　　　　D节点图

6.37 大堂入口玻璃旋转门

6.37.3

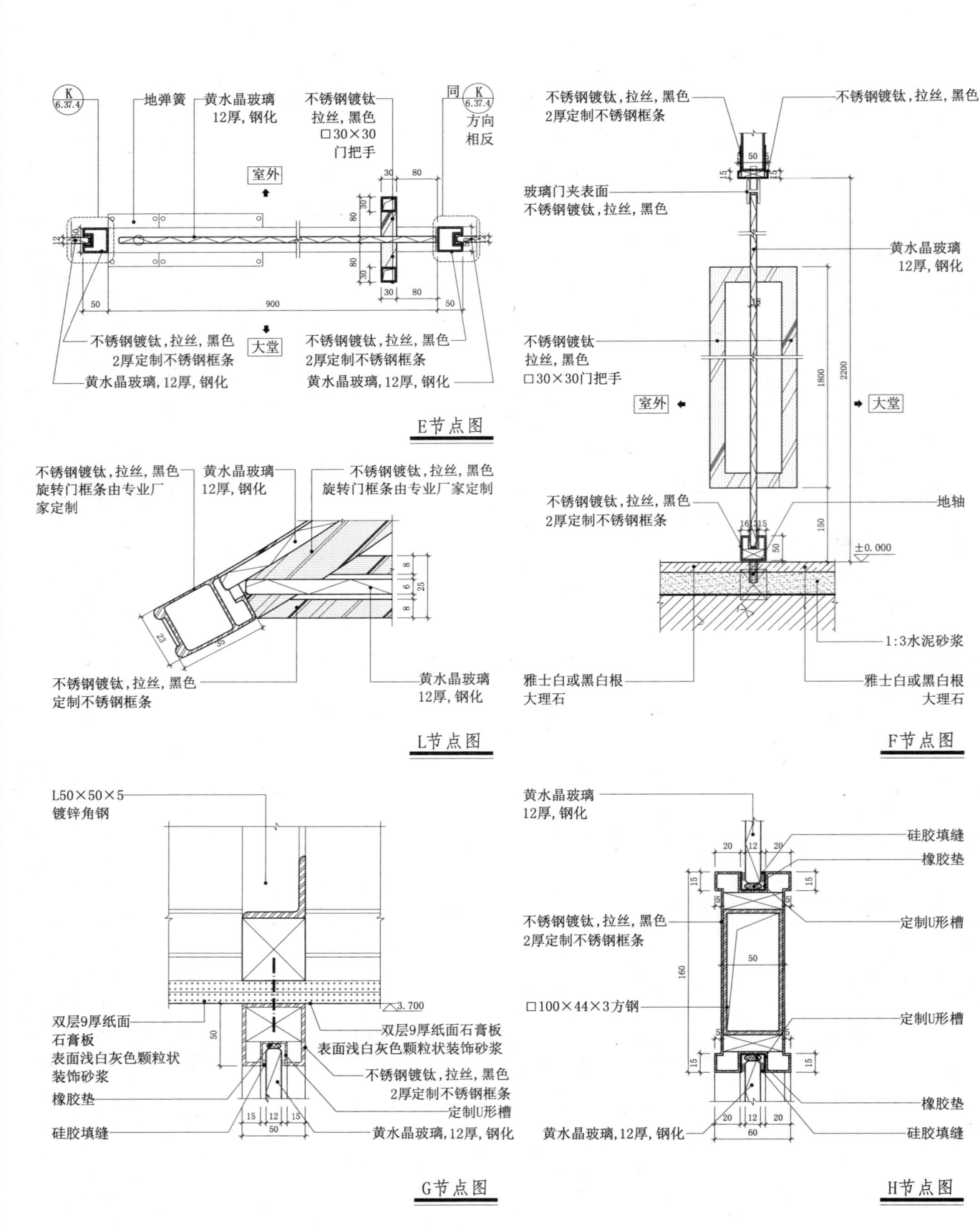

6.37 大堂入口玻璃旋转门

6.37.4

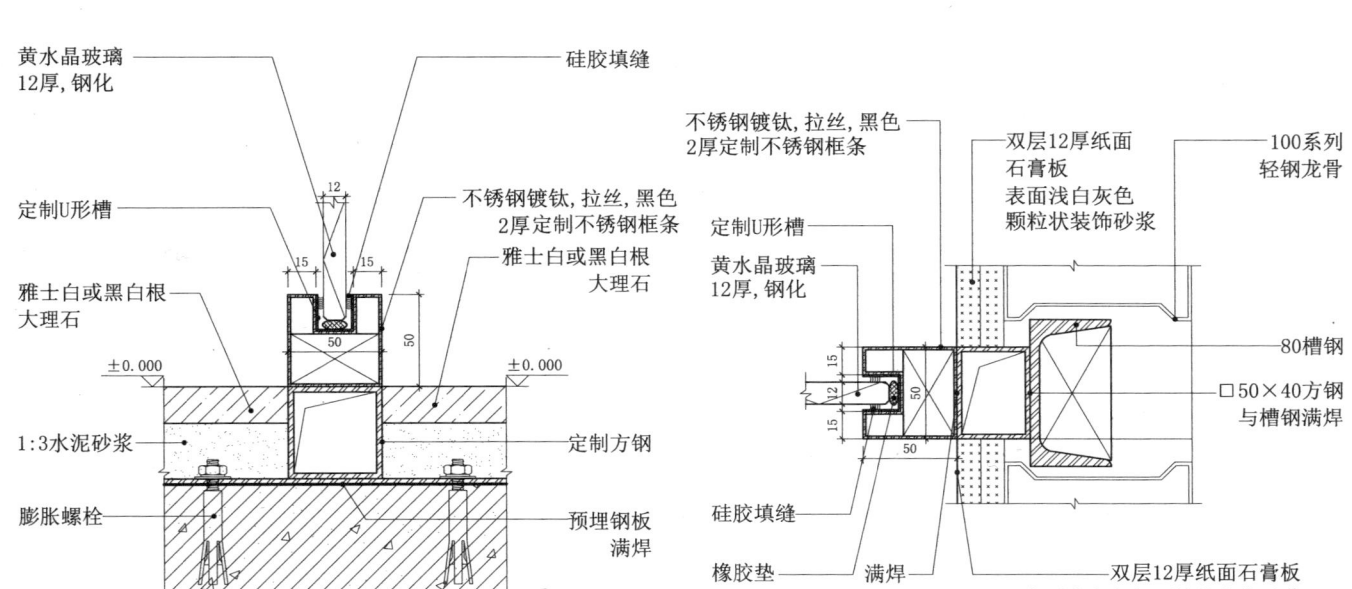

J 节 点 图

M 节 点 图

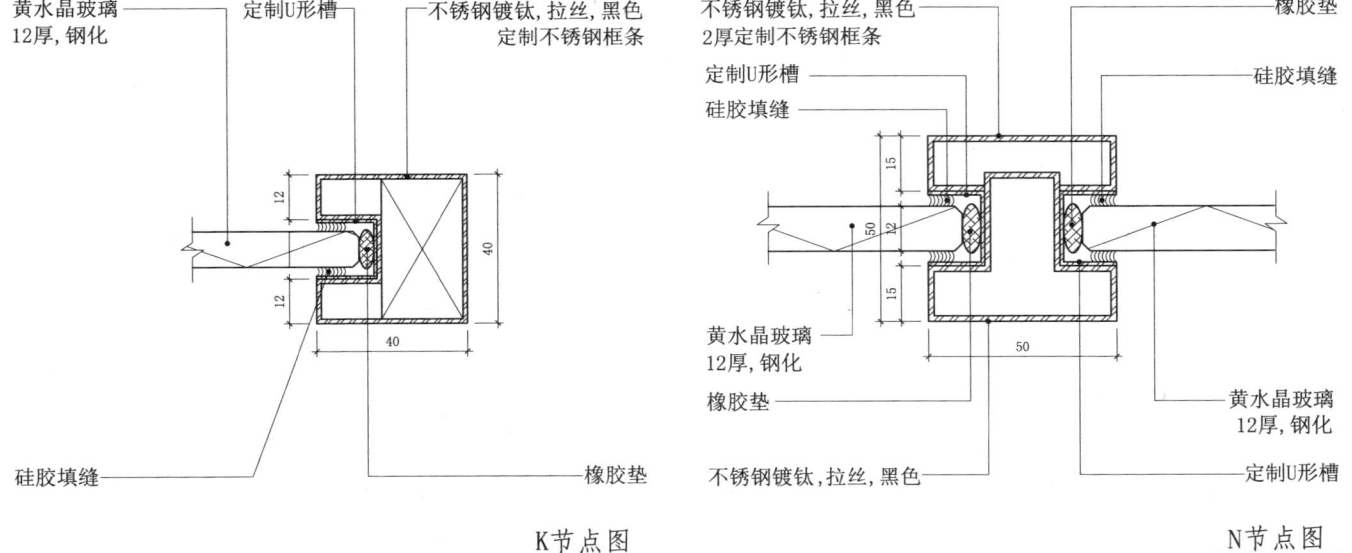

K 节 点 图

N 节 点 图

6.38 侧轴折叠门

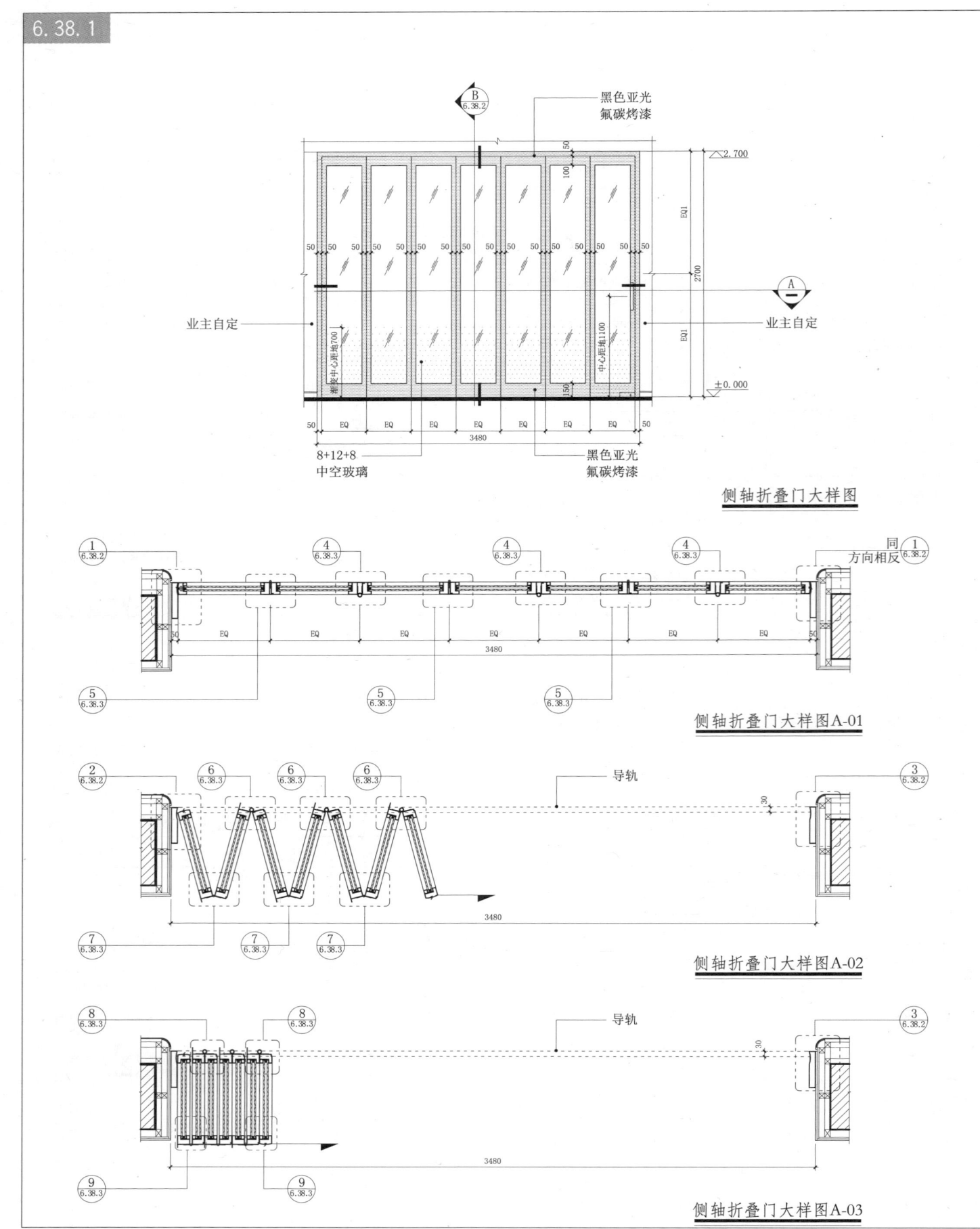

6.38 侧轴折叠门

6.38.2

6 门窗构造·金属构造

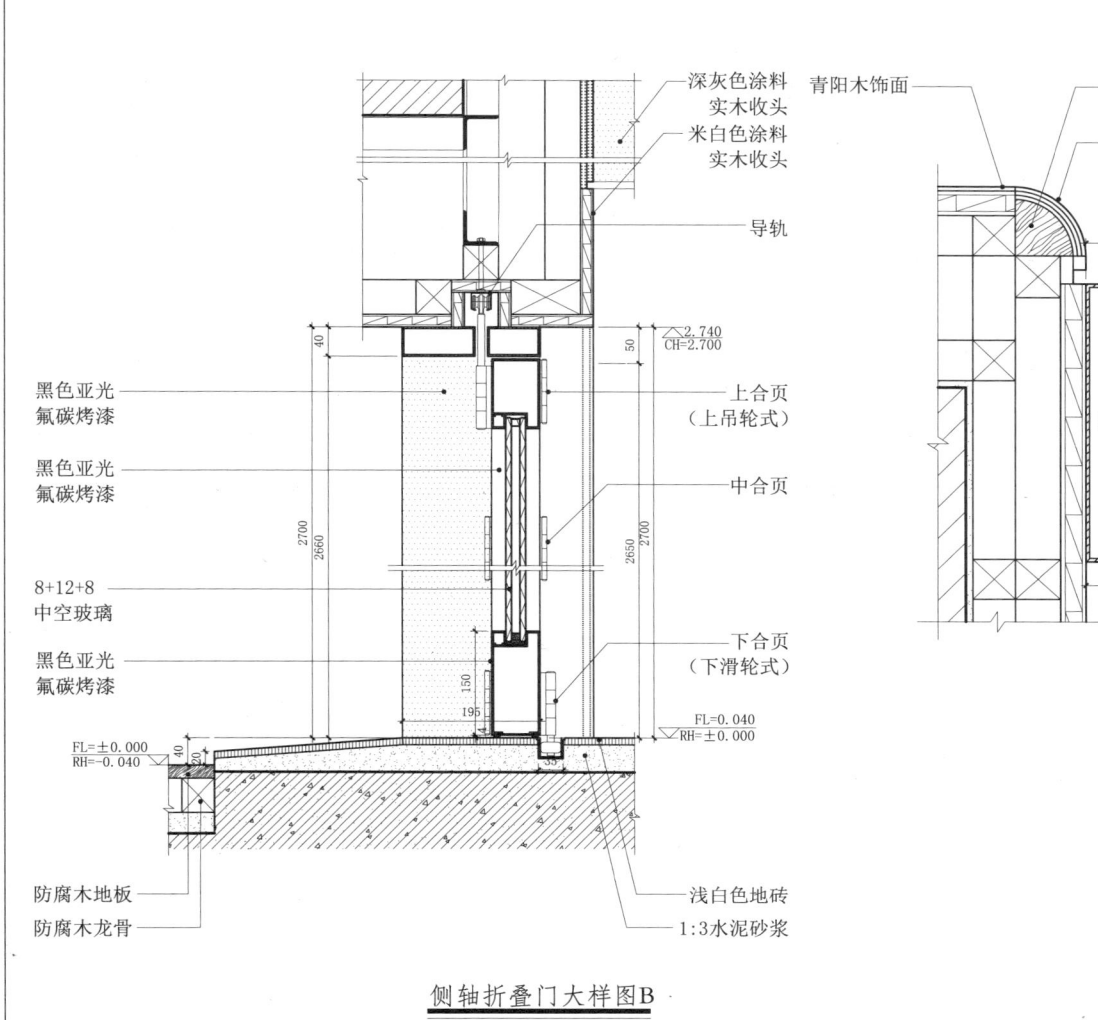

侧轴折叠门大样图B

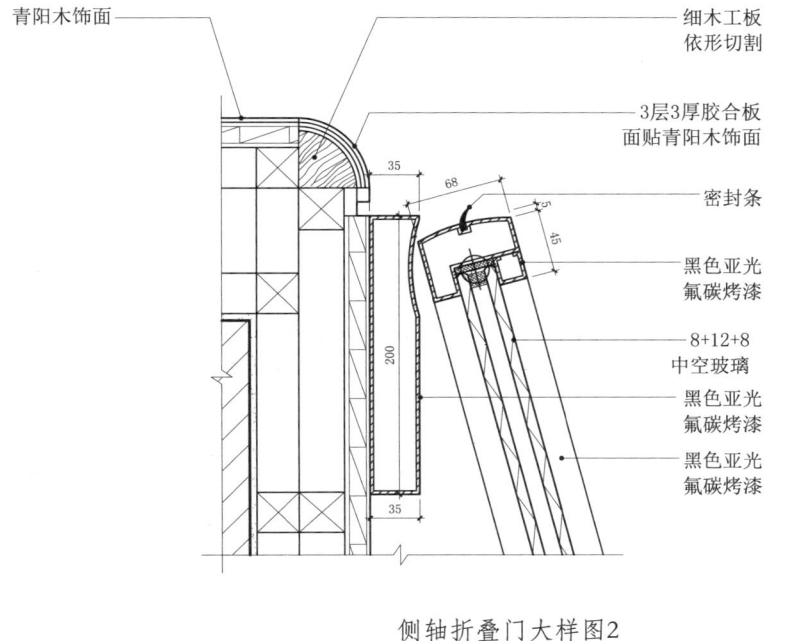

侧轴折叠门大样图2

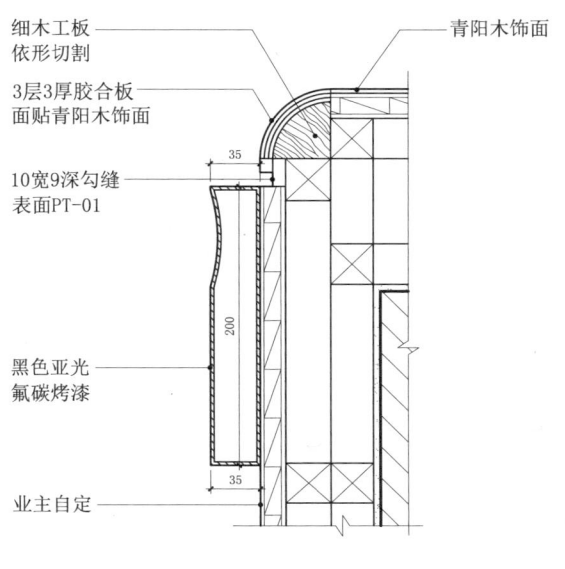

侧轴折叠门大样图1

侧轴折叠门大样图3

6.38 侧轴折叠门

6.38.3

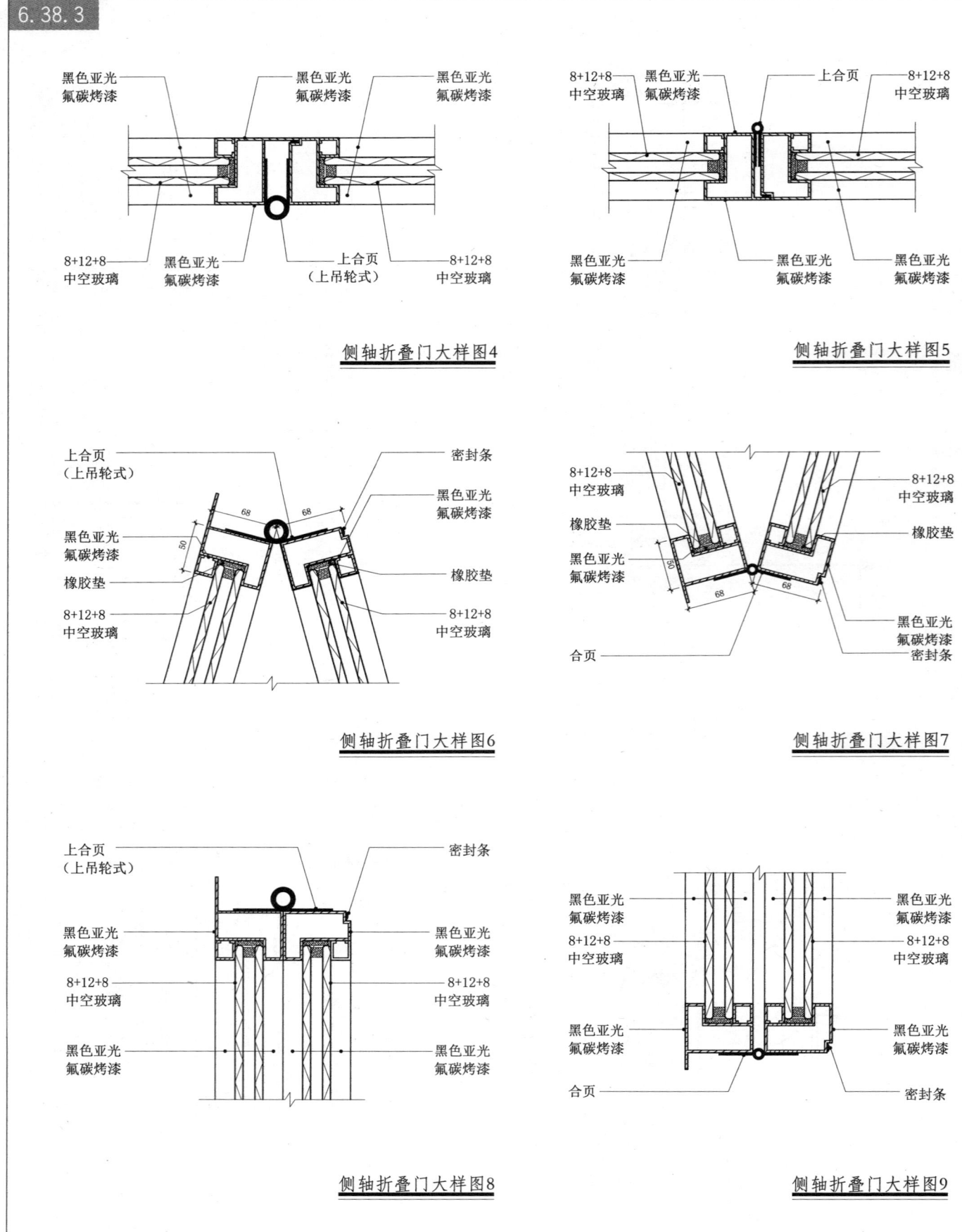

侧轴折叠门大样图4　　侧轴折叠门大样图5

侧轴折叠门大样图6　　侧轴折叠门大样图7

侧轴折叠门大样图8　　侧轴折叠门大样图9

6.39 半侧轴折叠门

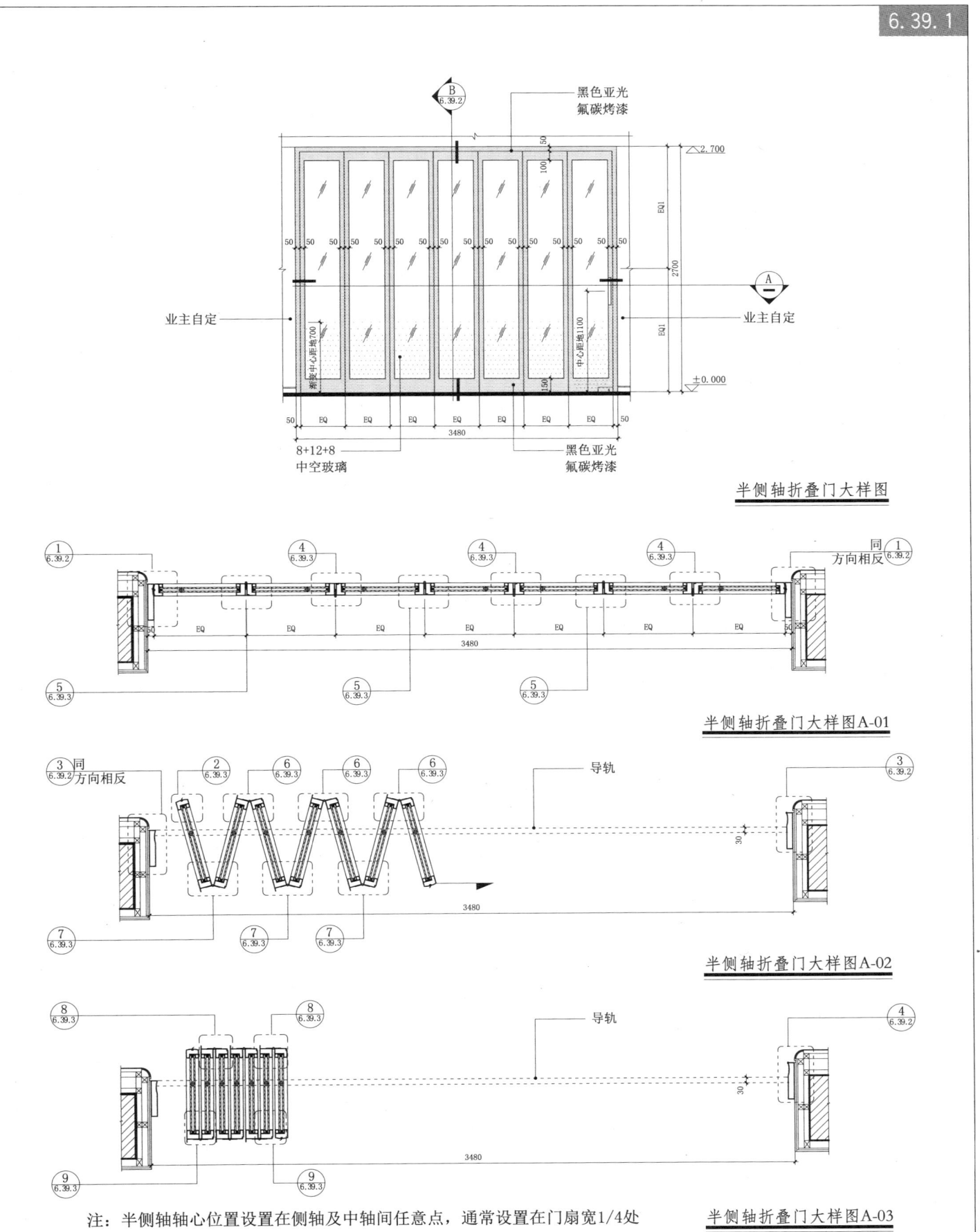

半侧轴折叠门大样图

半侧轴折叠门大样图A-01

半侧轴折叠门大样图A-02

半侧轴折叠门大样图A-03

注：半侧轴轴心位置设置在侧轴及中轴间任意点，通常设置在门扇宽1/4处

6.39 半侧轴折叠门

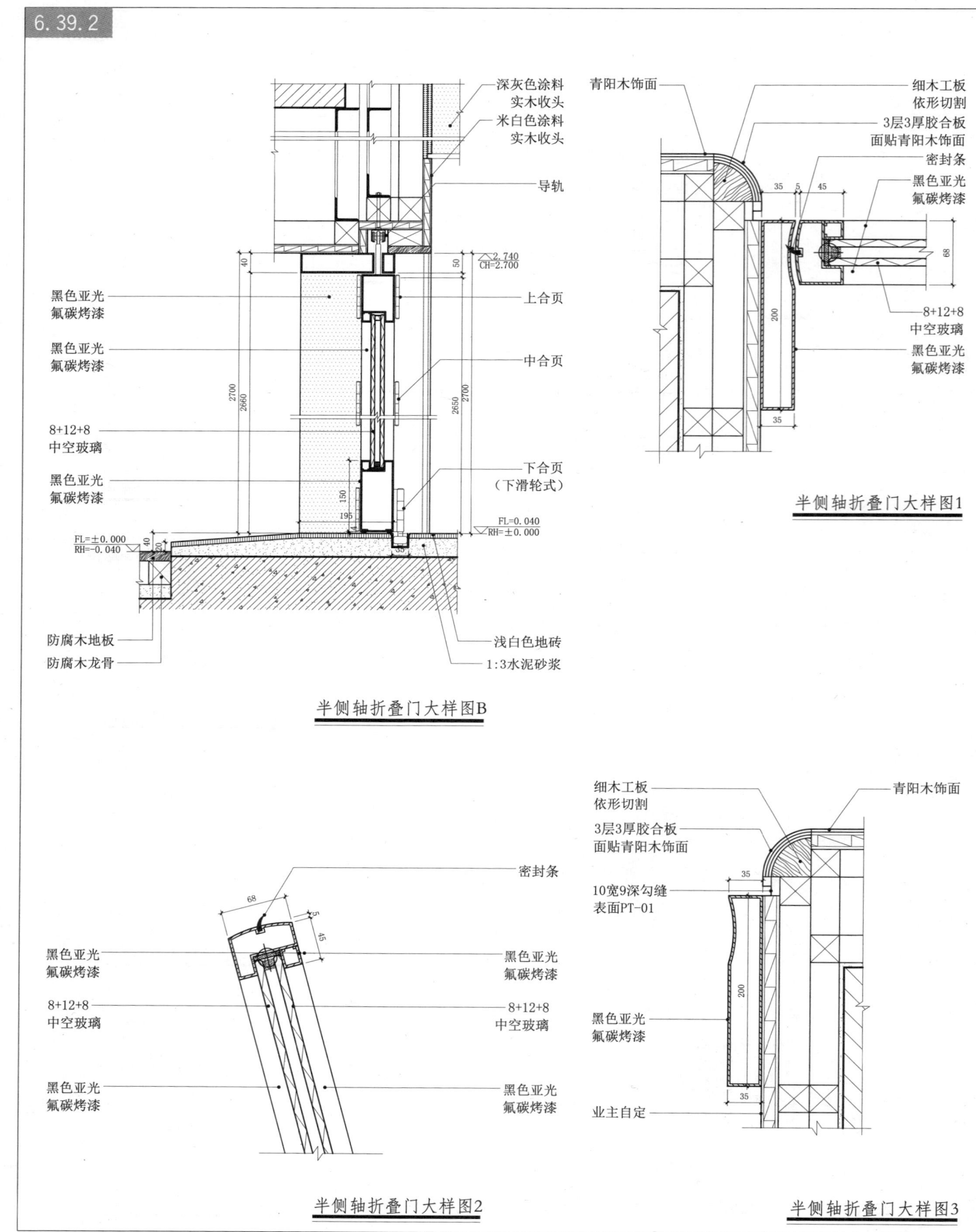

半侧轴折叠门大样图B

半侧轴折叠门大样图1

半侧轴折叠门大样图2

半侧轴折叠门大样图3

6.39 半侧轴折叠门

6.39.3

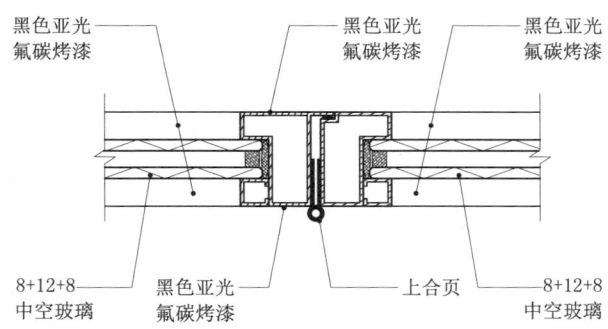

半侧轴折叠门大样图4

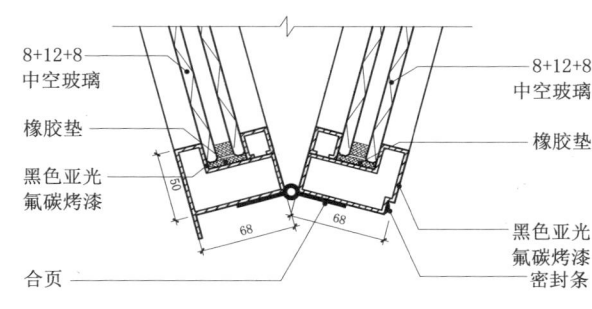

半侧轴折叠门大样图5

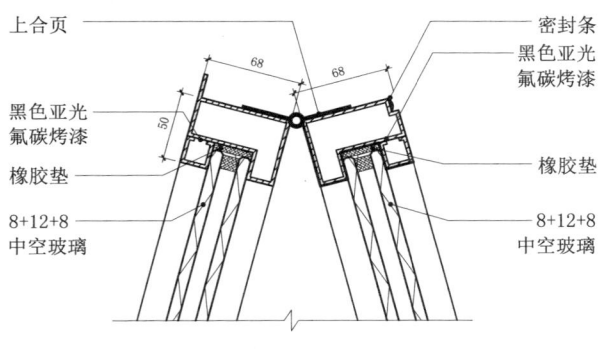

半侧轴折叠门大样图6

半侧轴折叠门大样图7

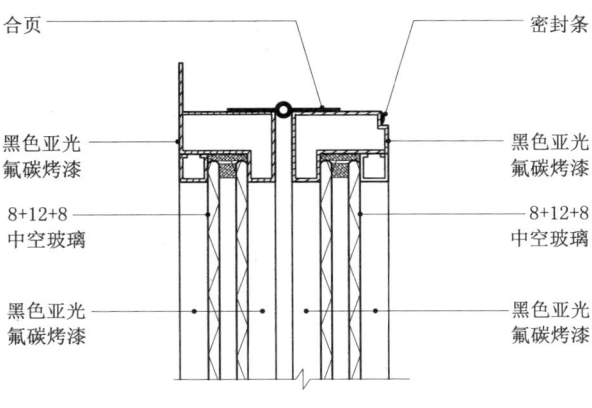

半侧轴折叠门大样图8

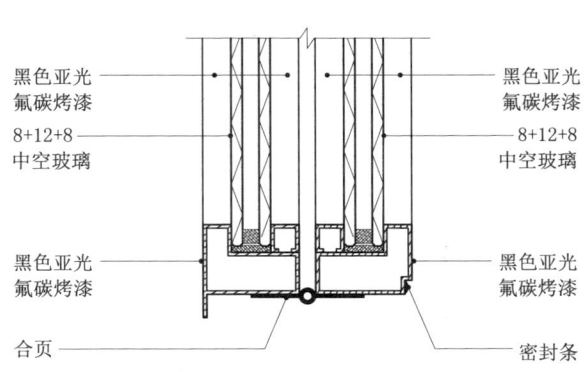

半侧轴折叠门大样图9

6.40 中轴折叠门

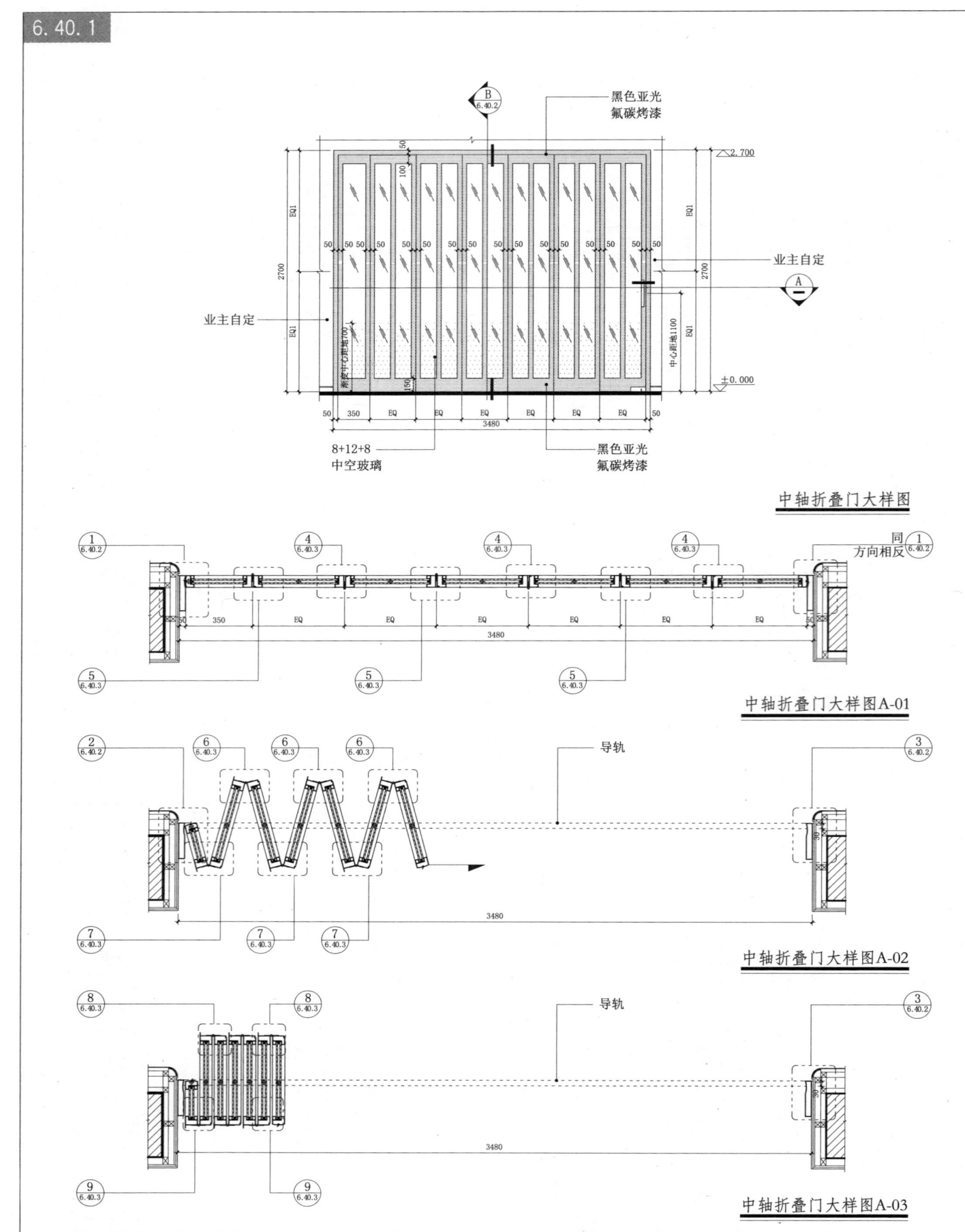

6.40 中轴折叠门

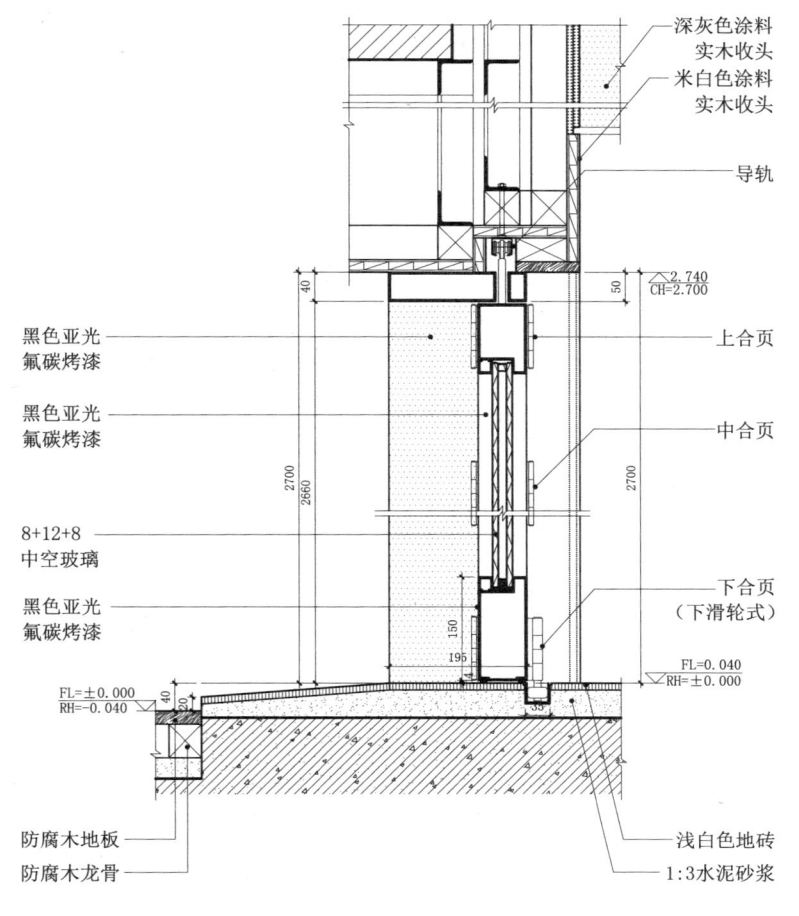

中轴折叠门大样图B

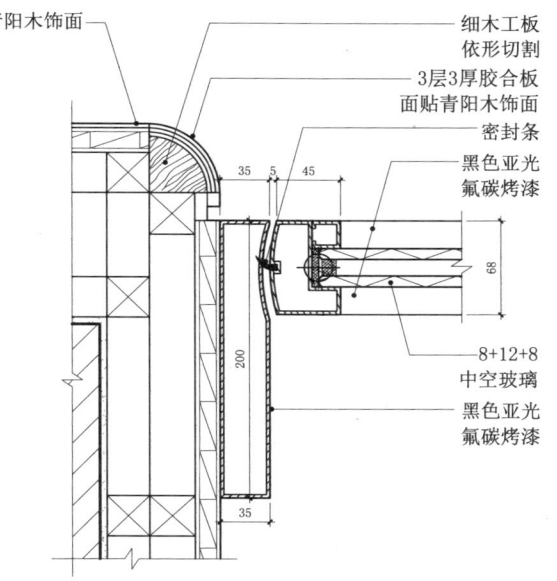

中轴折叠门大样图1

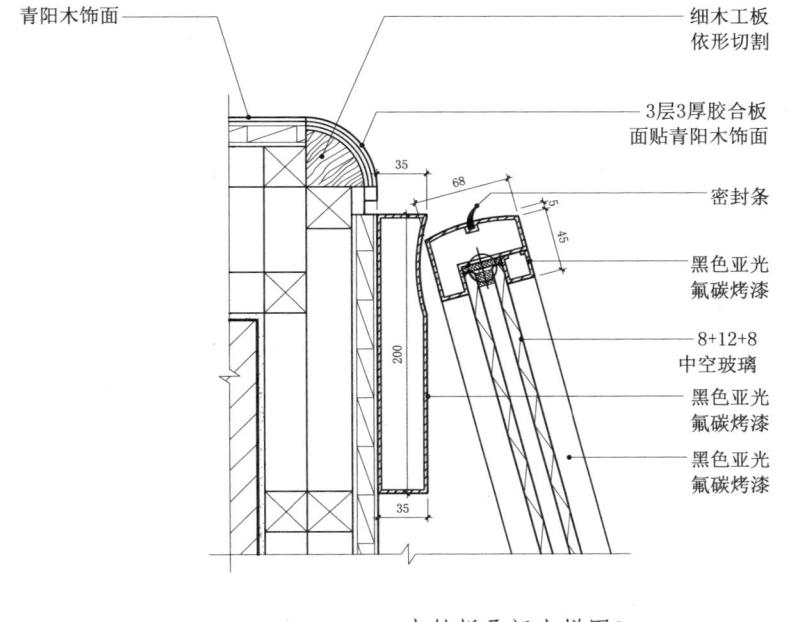

中轴折叠门大样图2

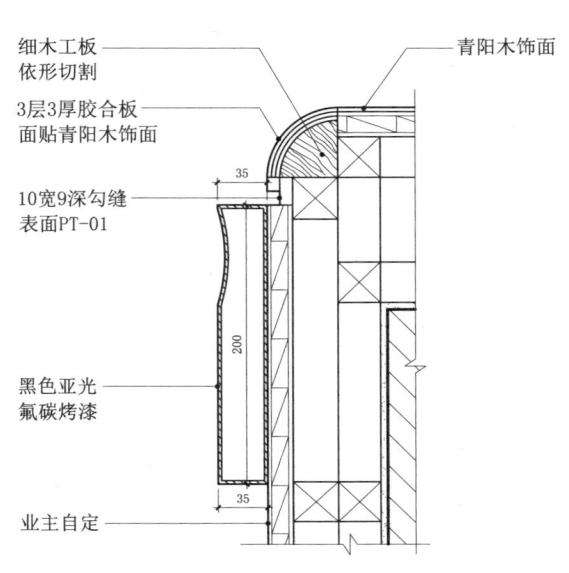

中轴折叠门大样图3

6.40 中轴折叠门

6.40.3

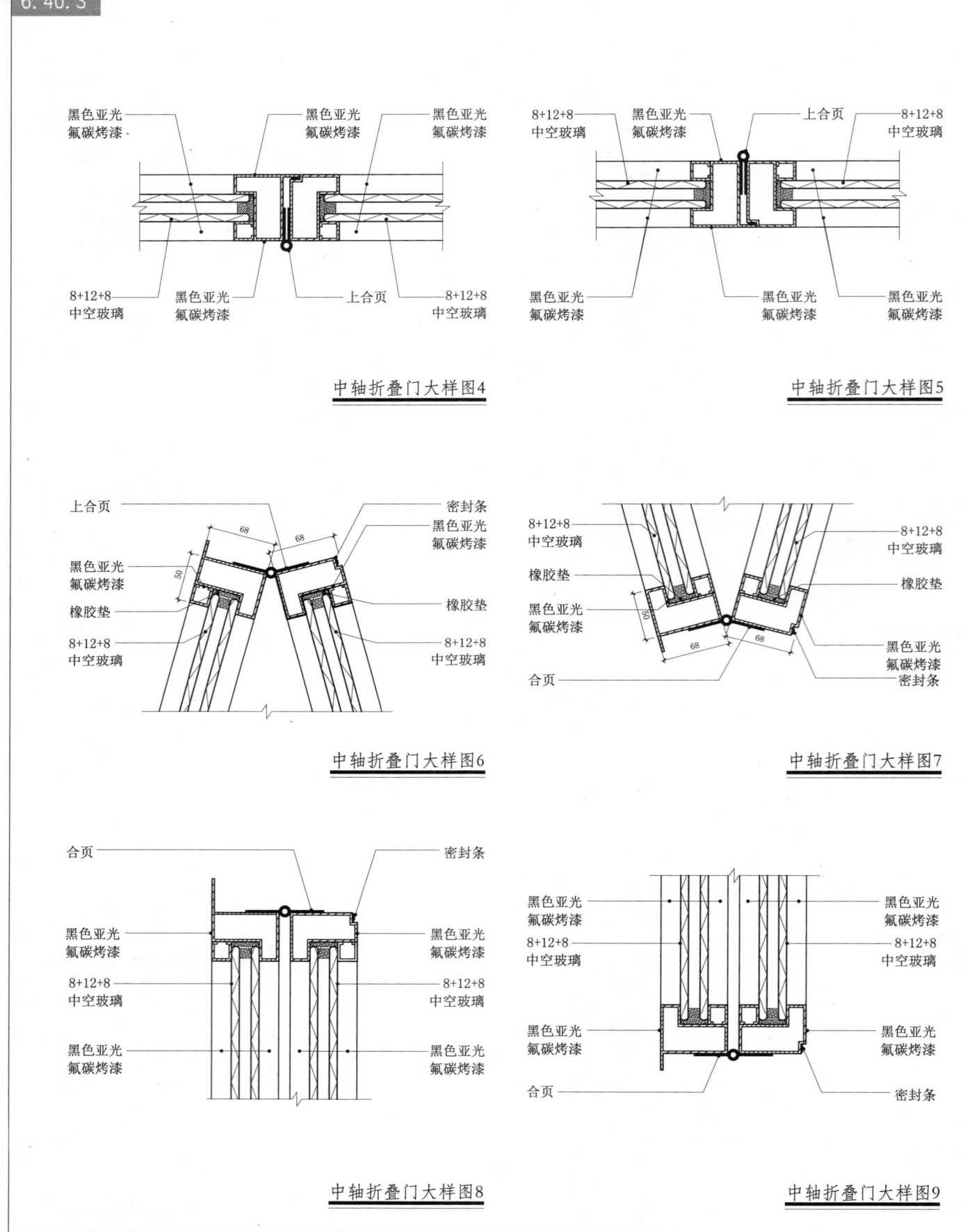

中轴折叠门大样图4

中轴折叠门大样图5

中轴折叠门大样图6

中轴折叠门大样图7

中轴折叠门大样图8

中轴折叠门大样图9

6.41 金属框玻璃门

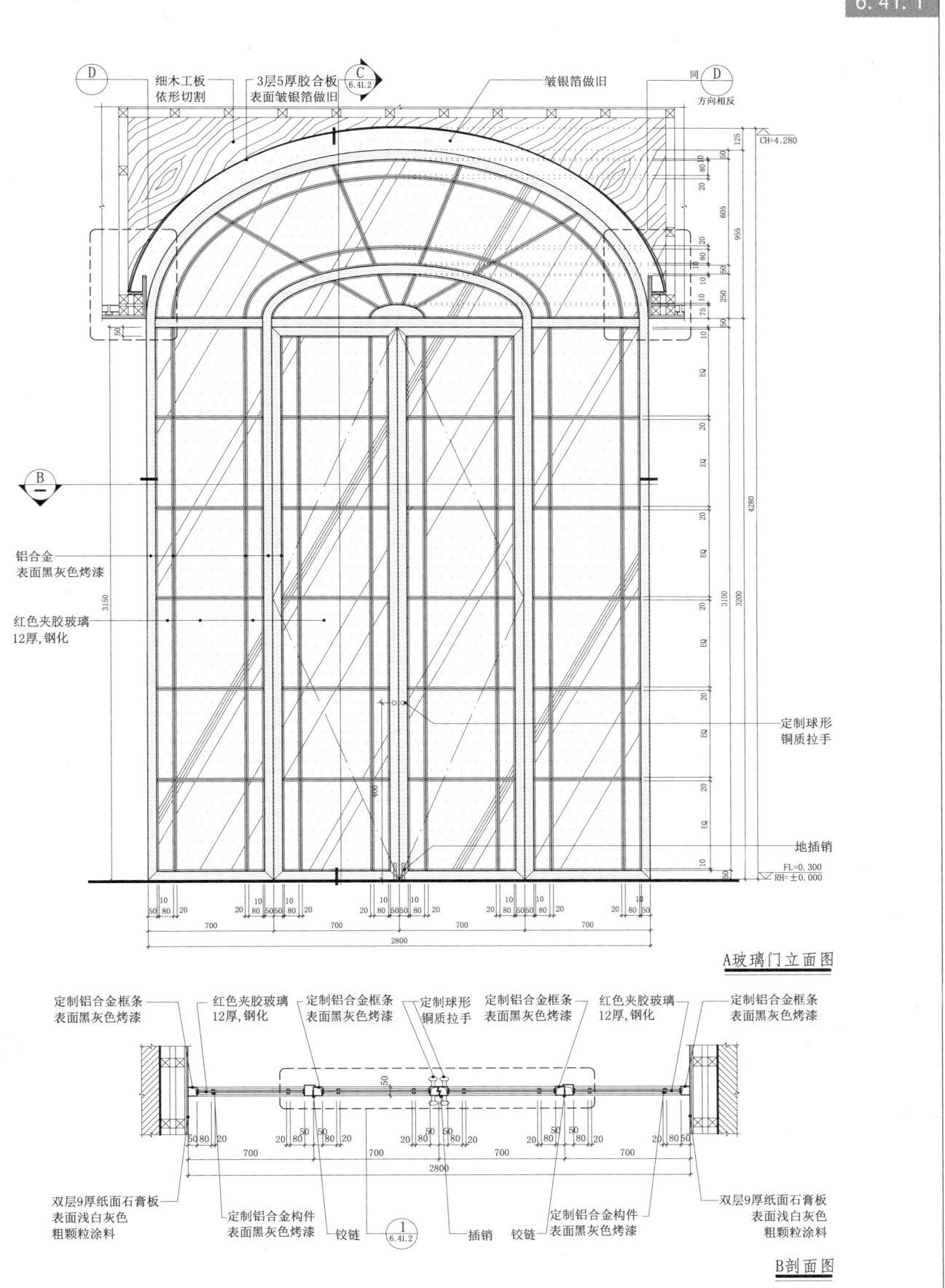

6.41 金属框玻璃门

6.41.2

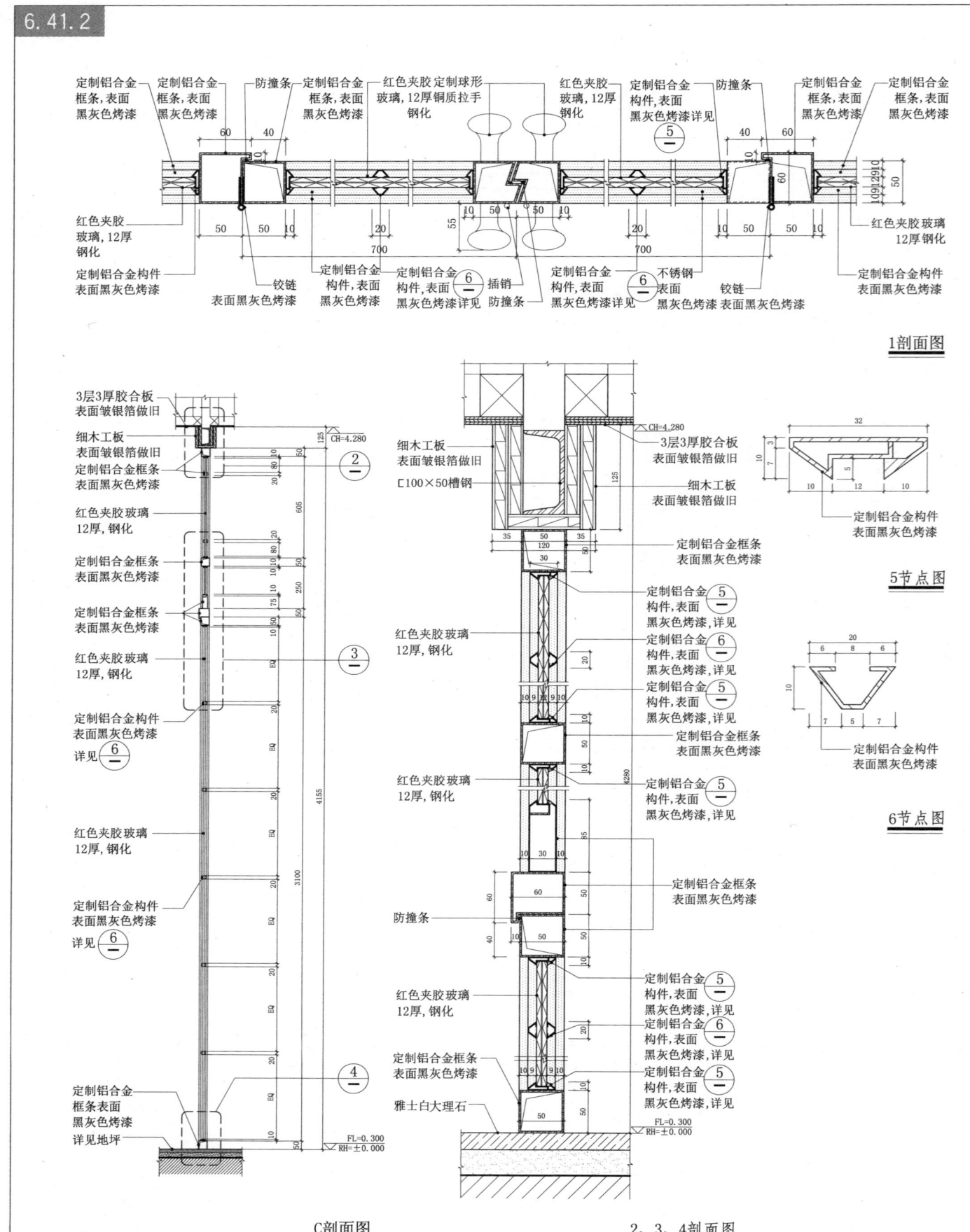

7.1 玻璃结构楼梯

7.1.1

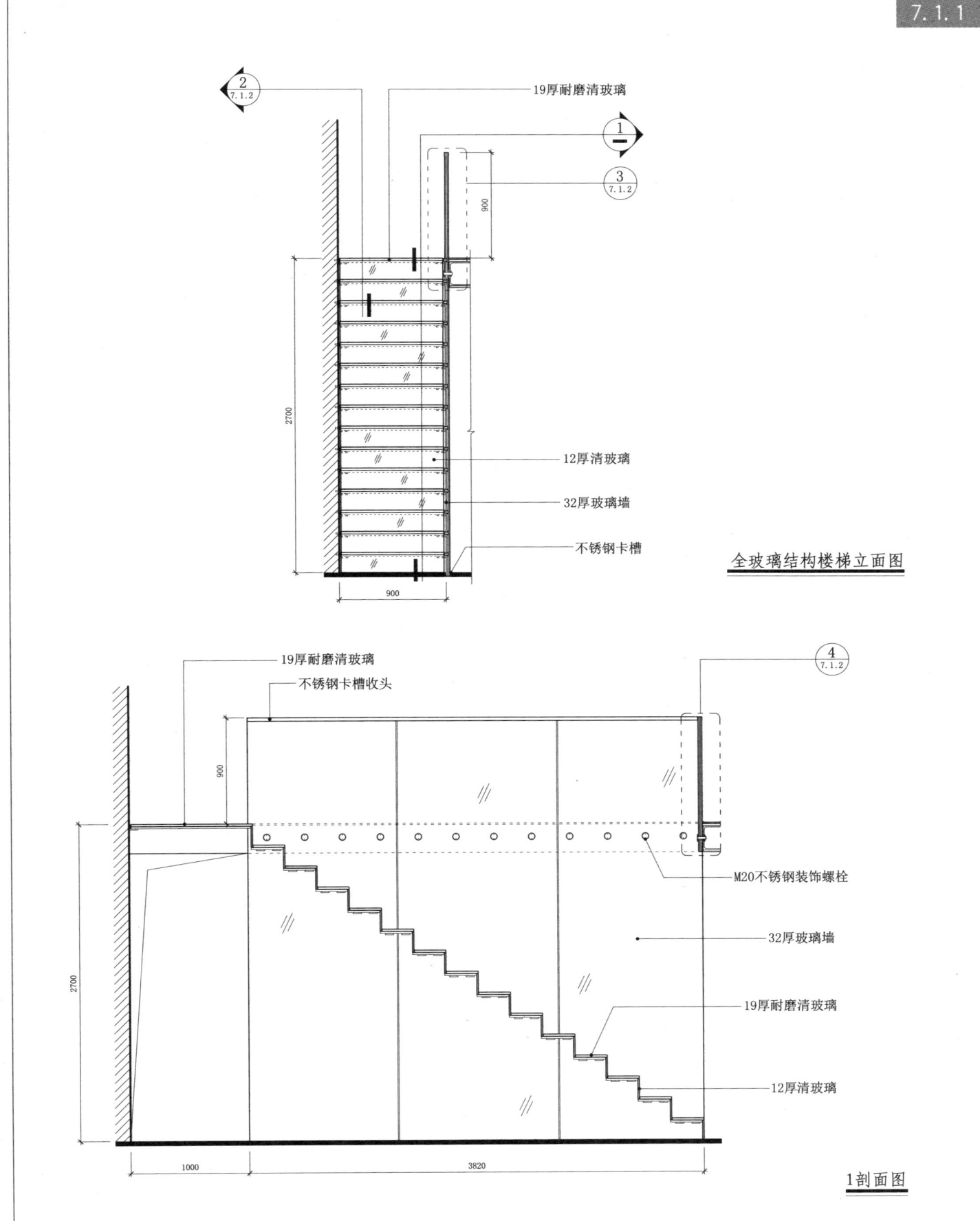

全玻璃结构楼梯立面图

1剖面图

7 楼梯及扶手、栏杆构造

骨架构造　玻璃构造　金属构造

7.1 玻璃结构楼梯

7.1.2

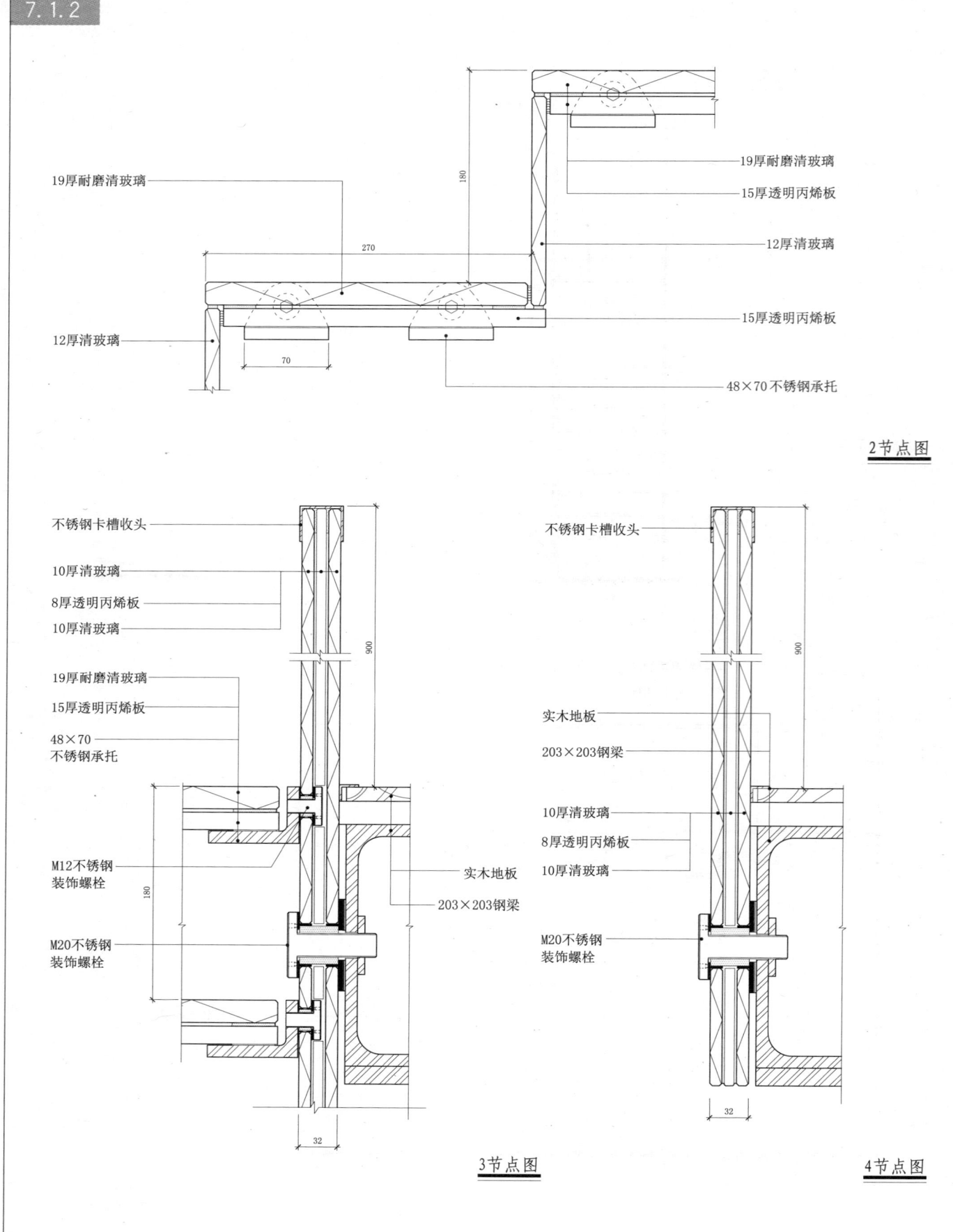

2节点图

3节点图

4节点图

7.2 钢结构楼梯

7.2.1

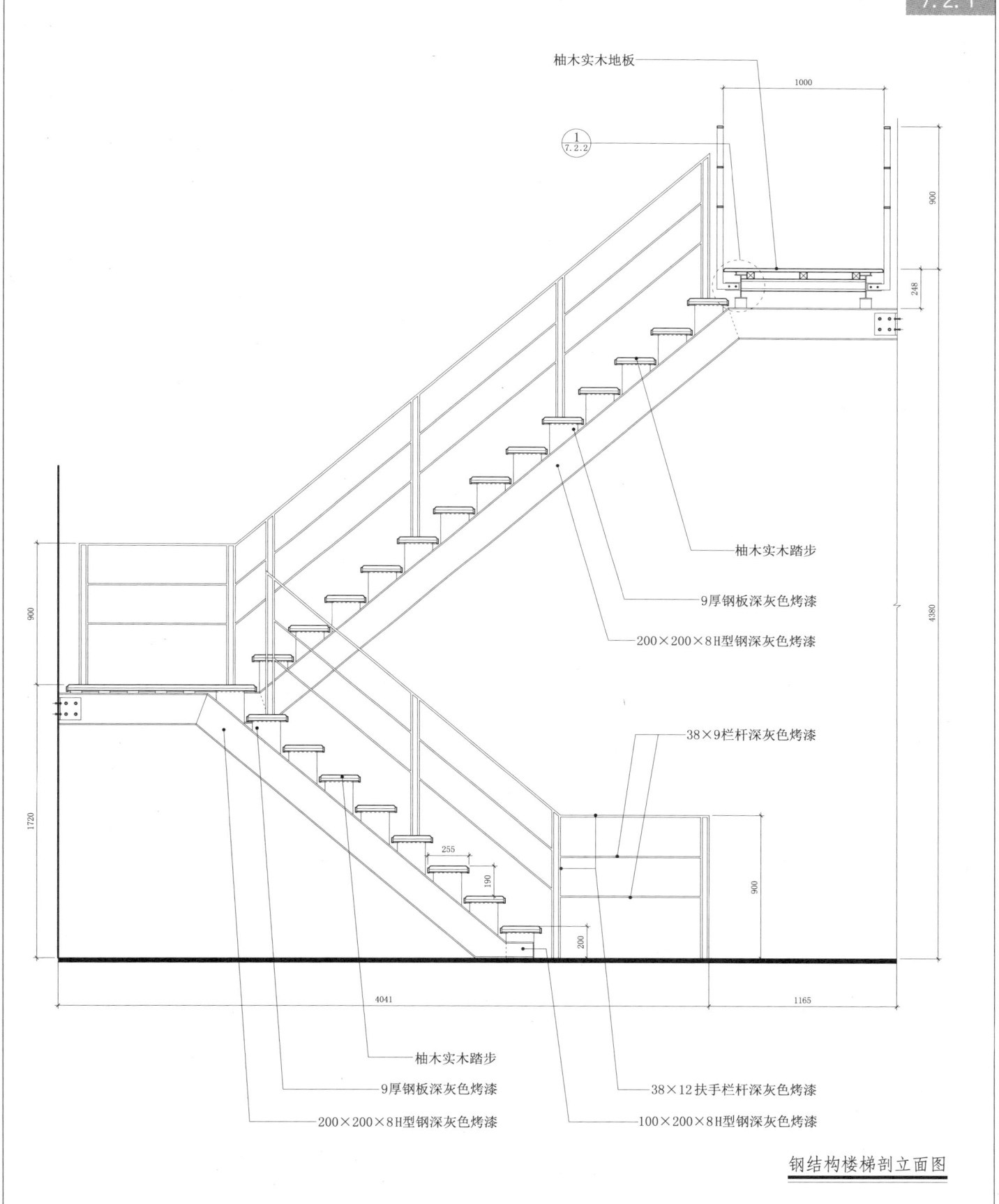

钢结构楼梯剖立面图

7.2 钢结构楼梯

7.2.2

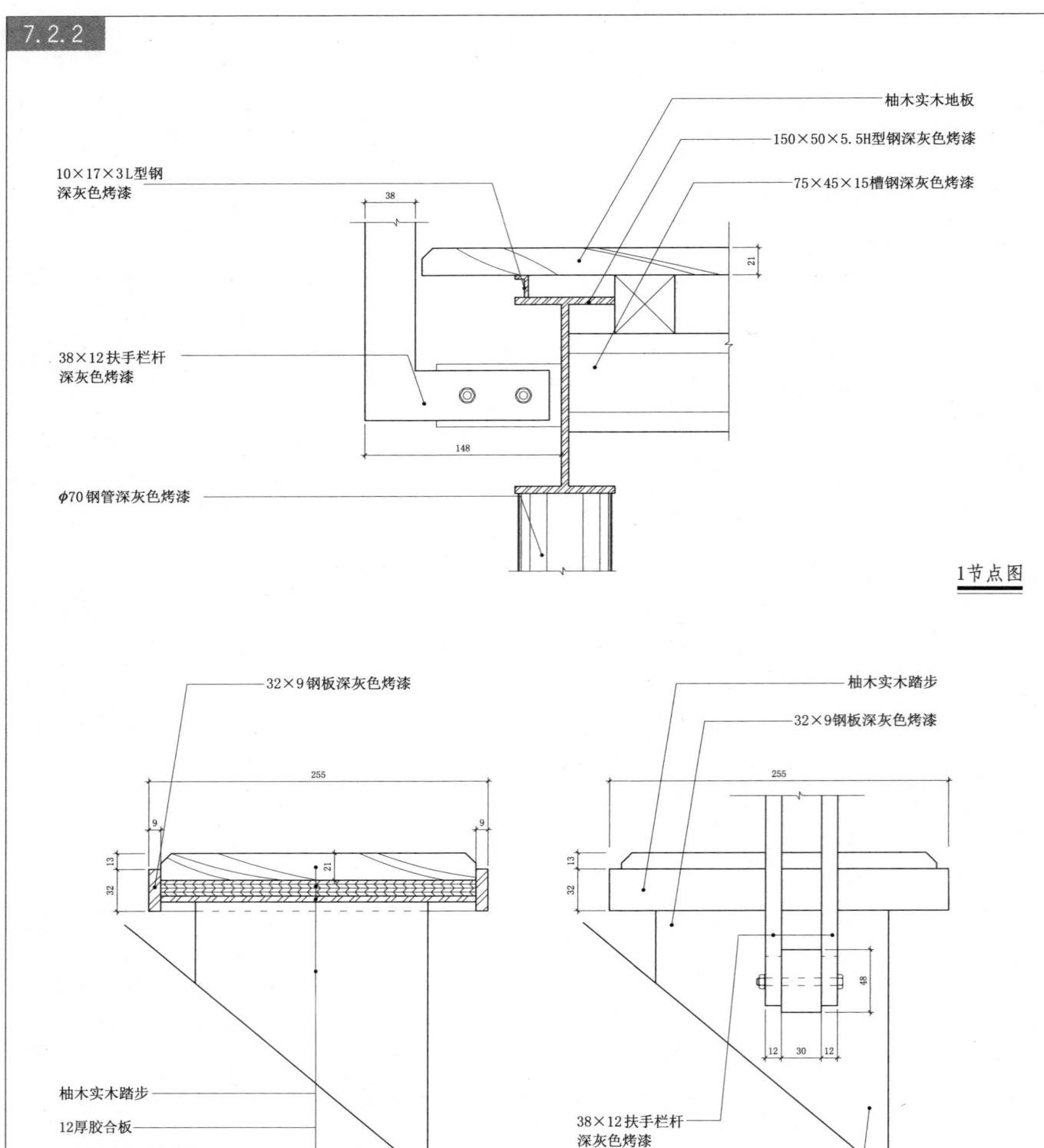

1 节点图

楼梯踏步剖面图　　楼梯栏杆立面图

7.3 大理石楼梯

7.3.1

7 楼梯及扶手、栏杆构造

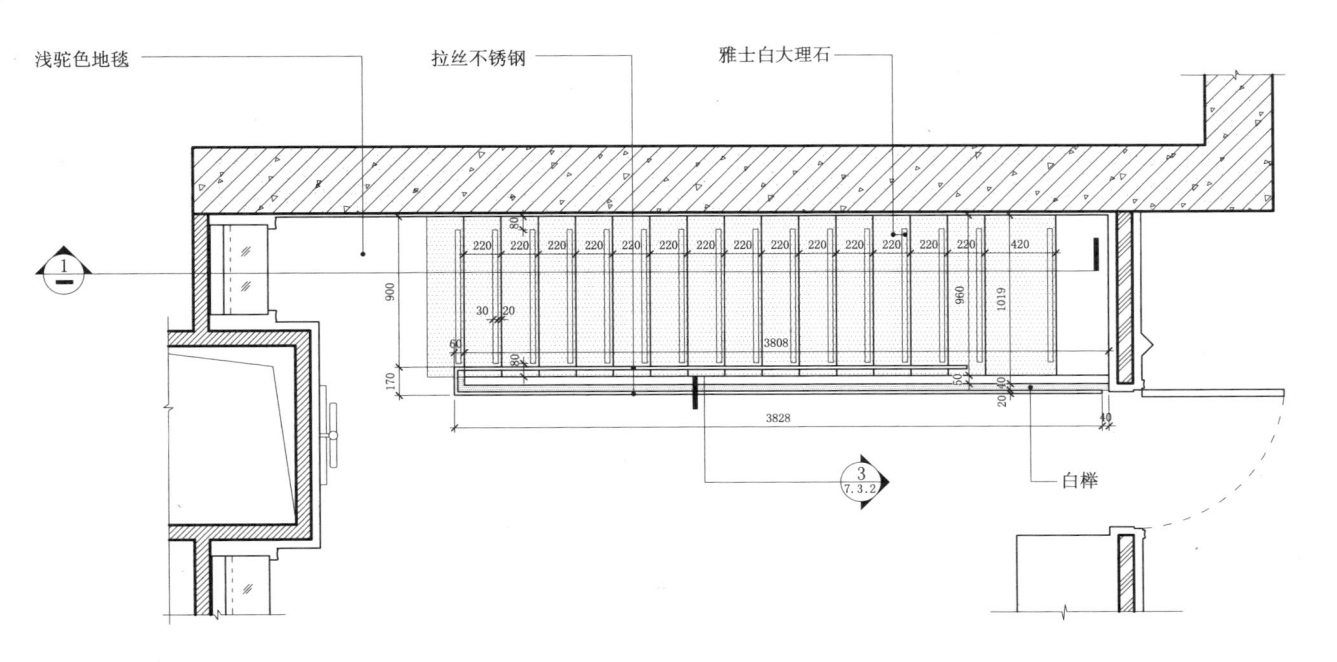

楼梯平面大样图

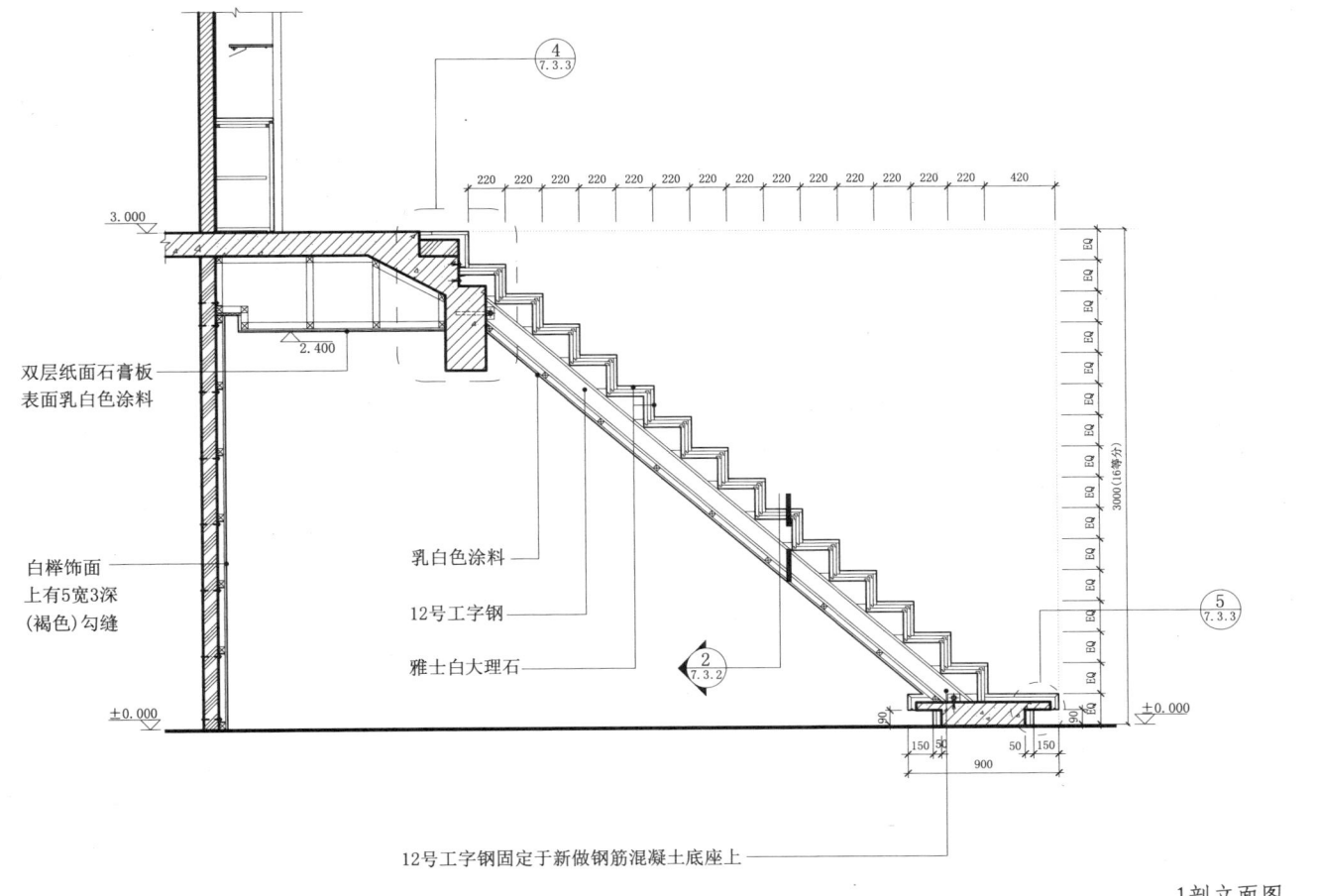

1剖立面图

7.3 大理石楼梯

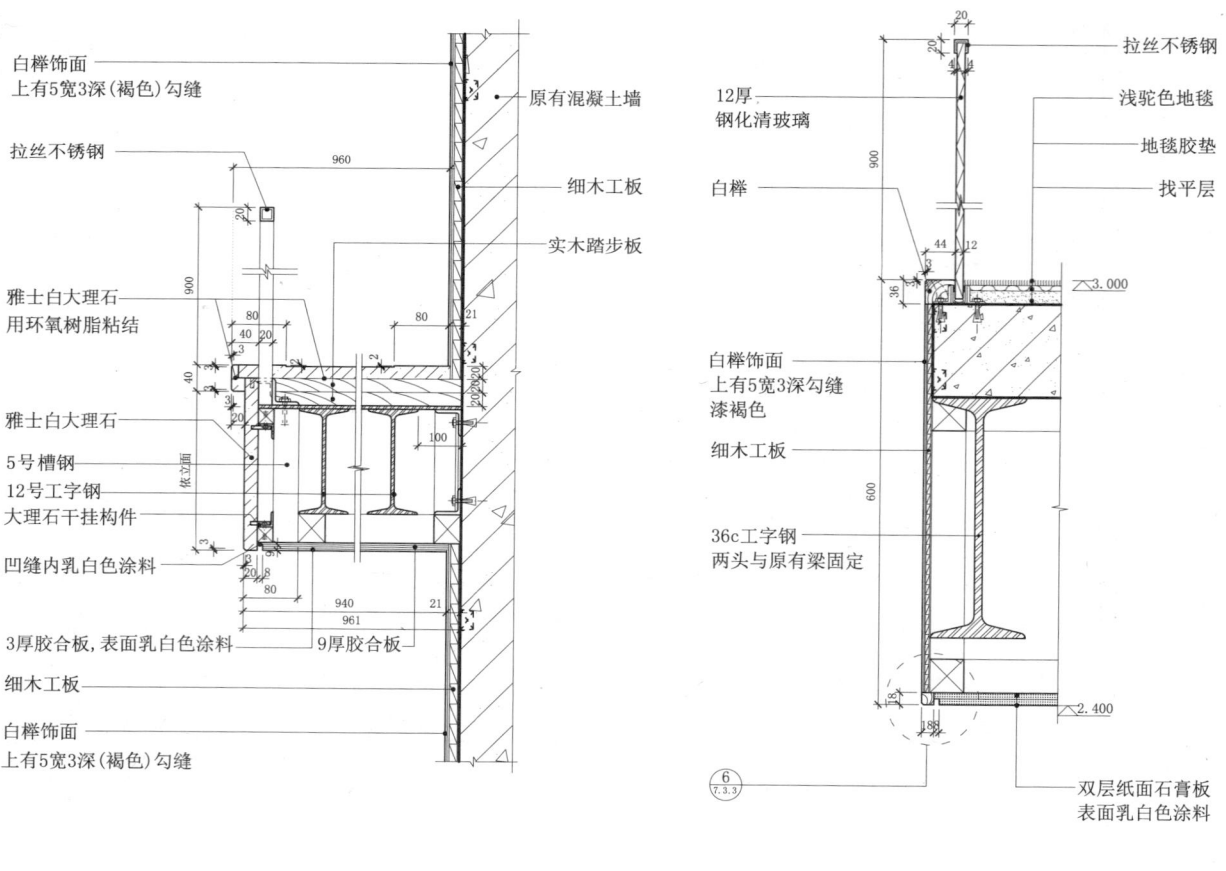

7.3 大理石楼梯

7.3.3

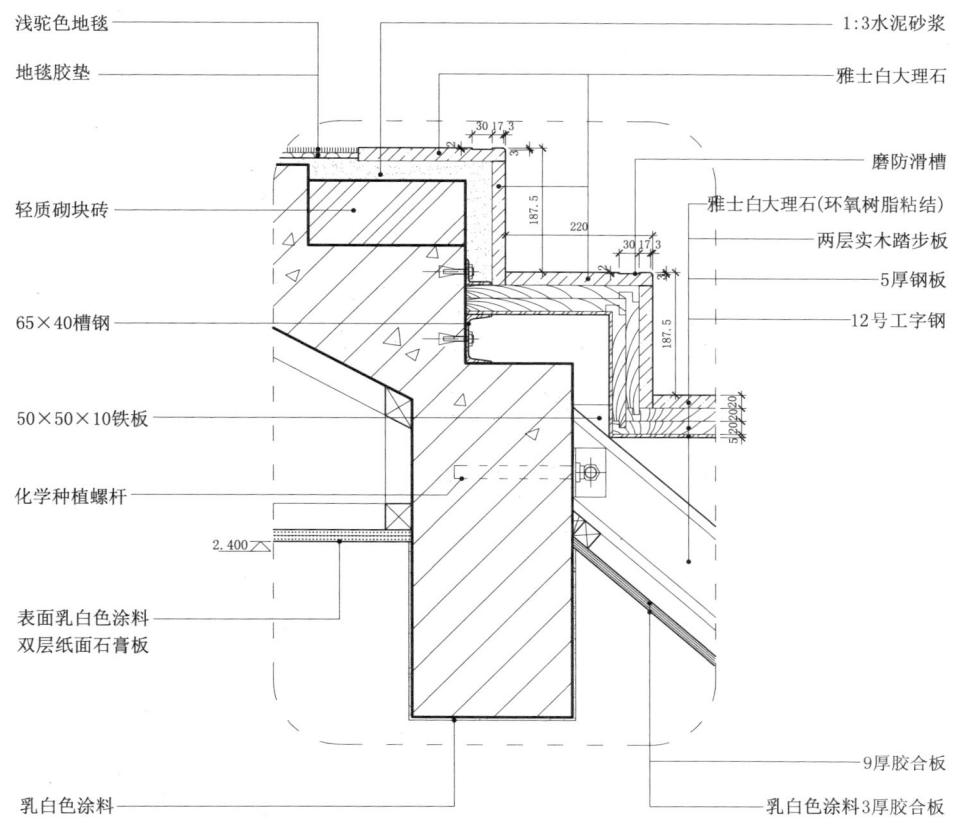

4节点图

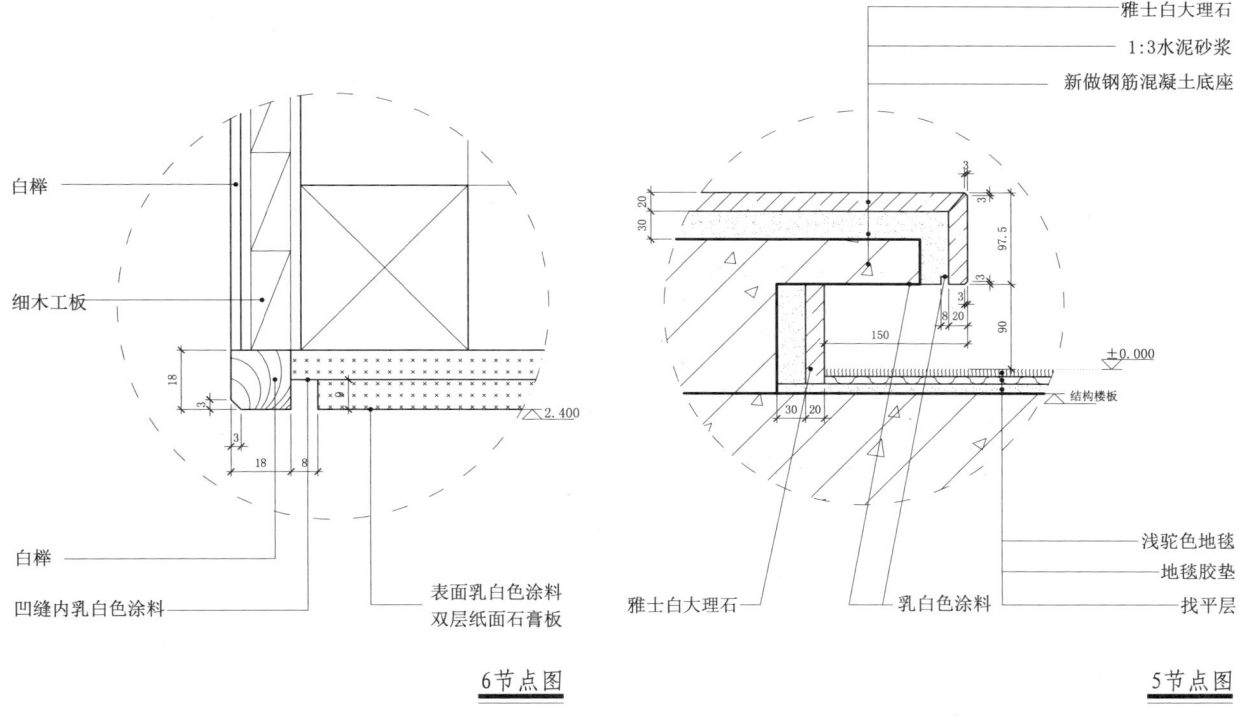

6节点图　　　5节点图

7　楼梯及扶手、栏杆构造

- 立面构造
- 顶面构造
- 石材构造
- 玻璃构造
- 照明构造

7.4　旋转楼梯

7.4.1

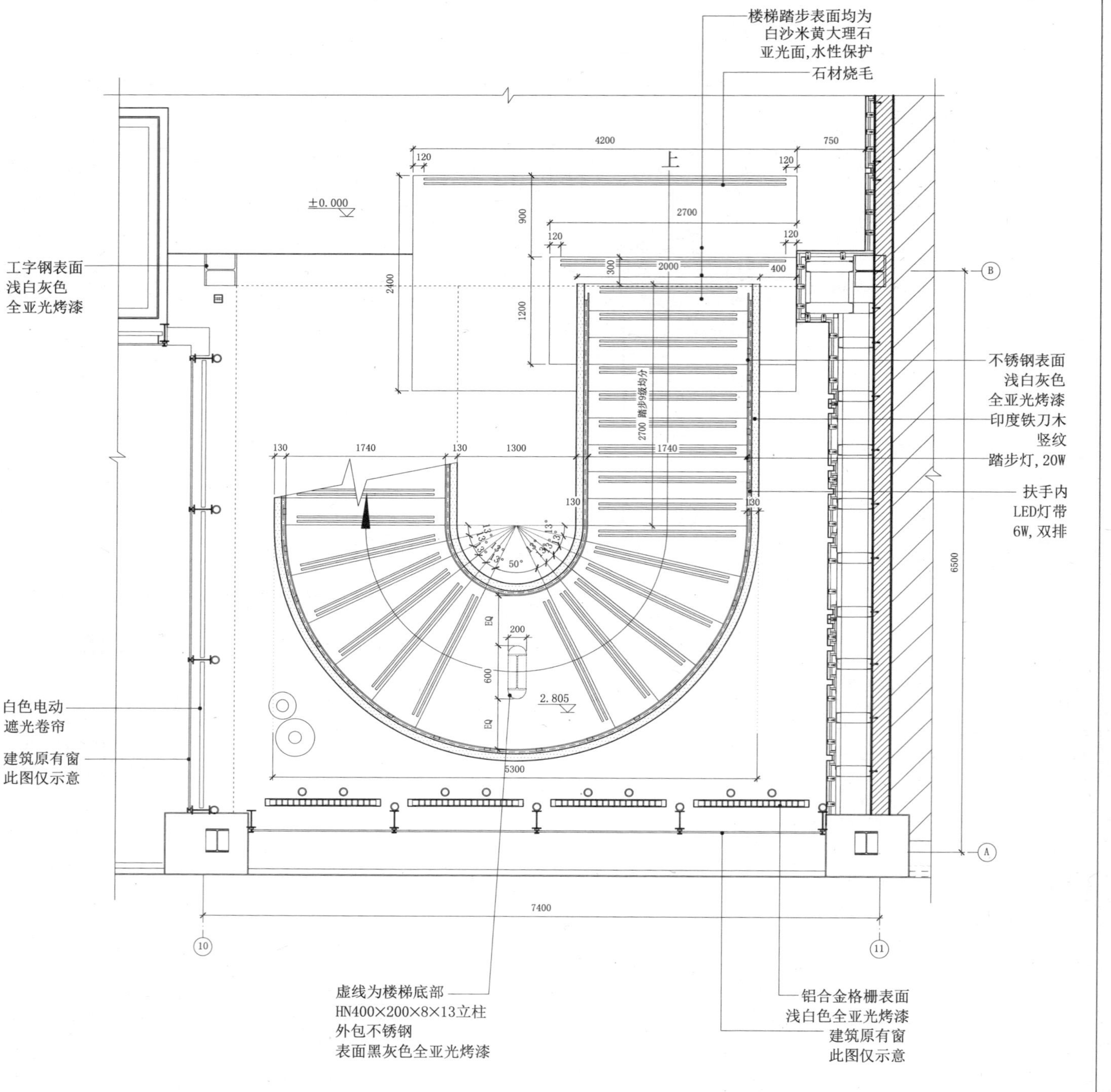

一层楼梯间平面装修尺寸图

主要标注说明：
- 楼梯踏步表面均为白沙米黄大理石亚光面，水性保护
- 石材烧毛
- 工字钢表面浅白灰色全亚光烤漆
- 不锈钢表面浅白灰色全亚光烤漆
- 印度铁刀木竖纹
- 踏步灯，20W
- 扶手内LED灯带6W，双排
- 白色电动遮光卷帘
- 建筑原有窗此图仅示意
- 虚线为楼梯底部 HN400×200×8×13 立柱 外包不锈钢 表面黑灰色全亚光烤漆
- 铝合金格栅表面浅白色全亚光烤漆 建筑原有窗此图仅示意

7.4 旋转楼梯

7.4.2 楼梯及扶手、栏杆构造 · 立面构造 顶面构造 石材构造 玻璃构造 照明构造

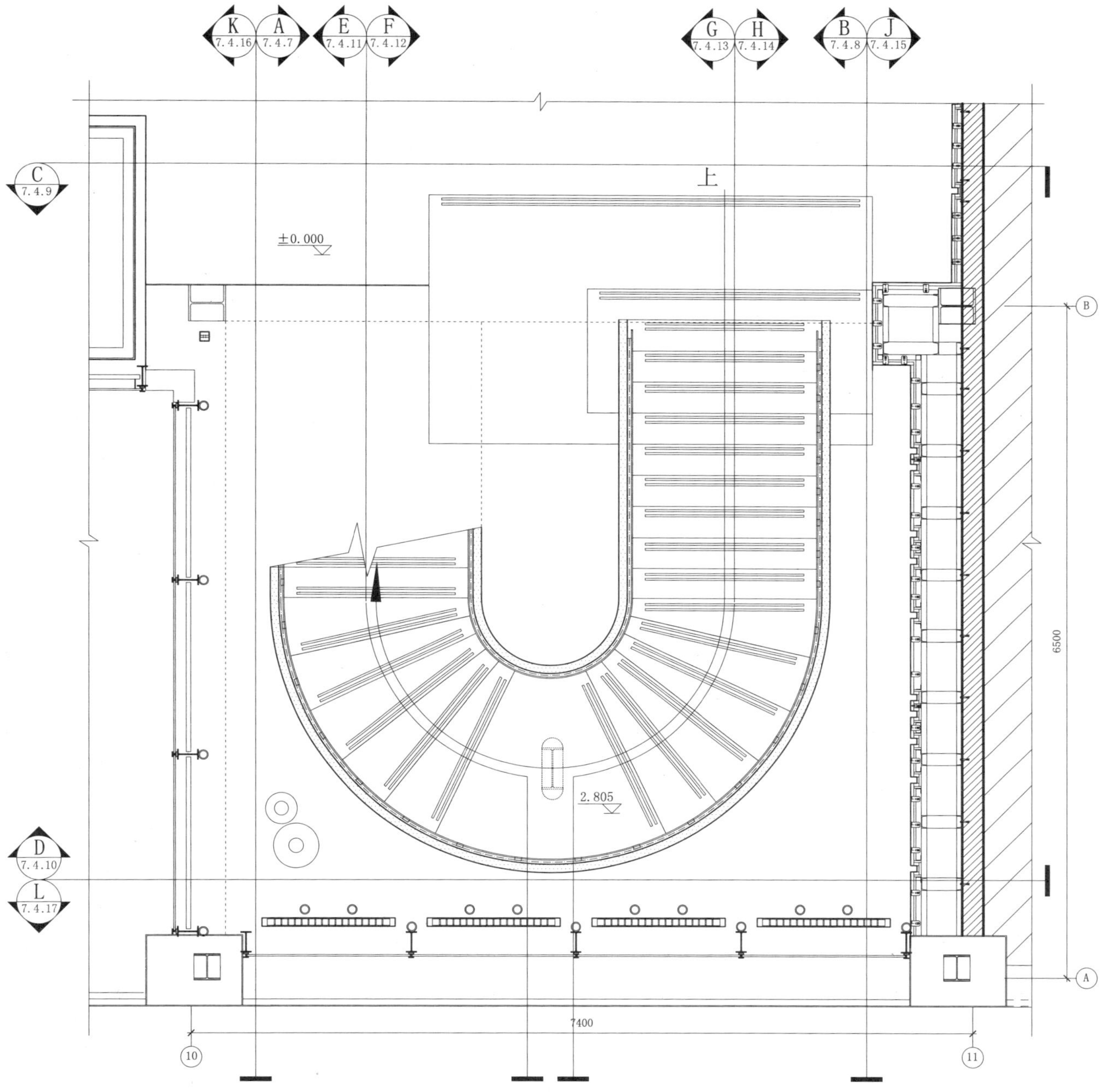

一层楼梯间立面索引图

7 楼梯及扶手、栏杆构造

立面构造 顶面构造 石材构造 玻璃构造 照明构造

7.4 旋转楼梯

7.4.3

标注：
- 黑灰色涂料
- 工字钢表面浅白色全亚光烤漆
- 120宽条形风口 色同浅白色涂料
- 印度铁刀木竖纹
- 浅白色涂料
- 白色电动遮光卷帘
- 建筑原有窗 此图仅示意
- HN400×200×8×13立柱 外包不锈钢 表面黑灰色全亚光烤漆

尺寸标注：80、150 100 100 230、150 100、2000、4.300、6500、EQ 1260 EQ EQ 1260 EQ EQ 1260 EQ EQ 1260 EQ、7400

轴号：⑩ ⑪ Ⓐ Ⓑ

详图索引：⑧ / 7.4.20

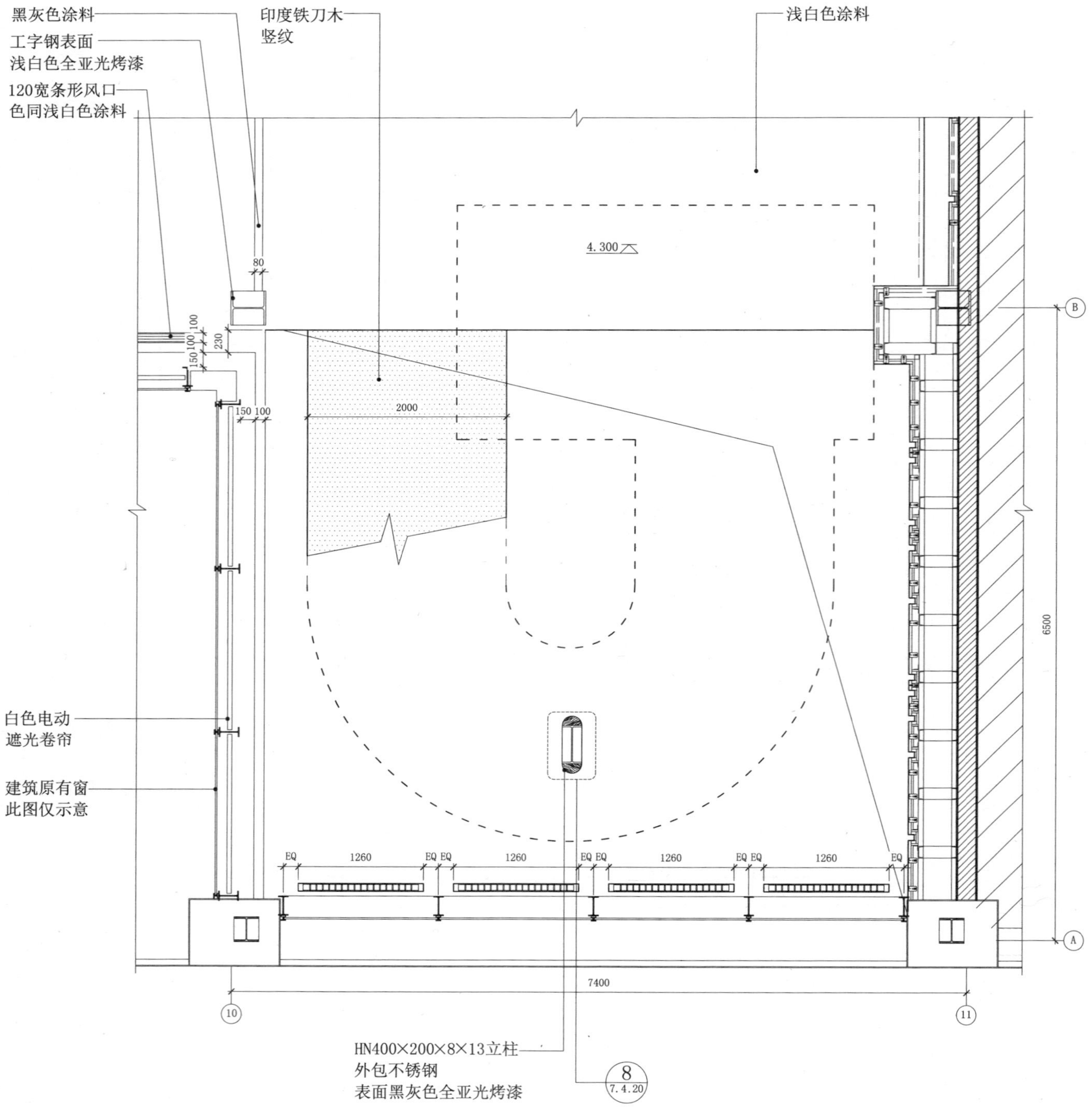

一层楼梯间平顶装修尺寸图

7.4.4

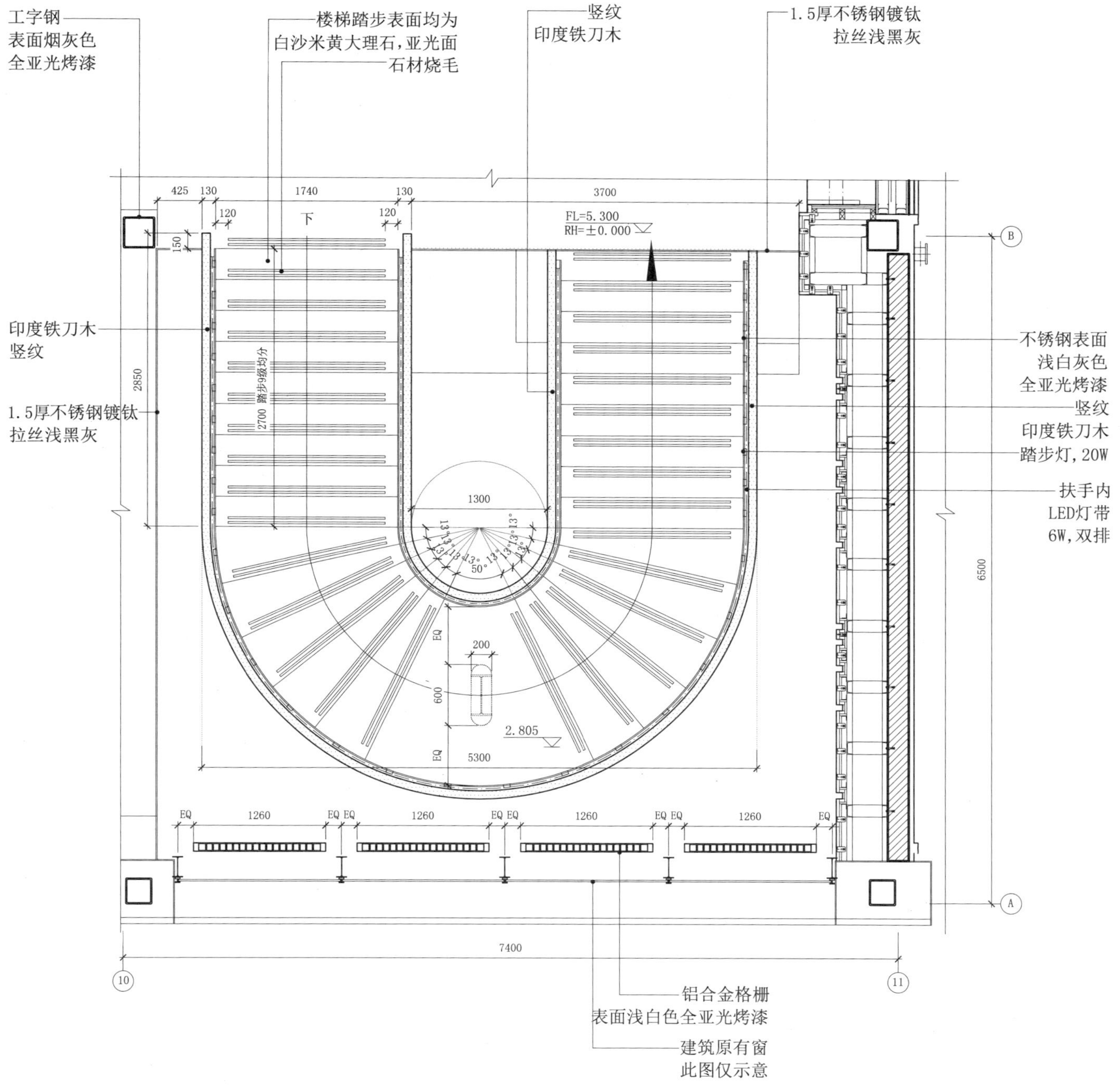
工字钢
表面烟灰色
全亚光烤漆
楼梯踏步表面均为
白沙米黄大理石，亚光面
石材烧毛
竖纹
印度铁刀木
1.5厚不锈钢镀钛
拉丝浅黑灰
印度铁刀木
竖纹
1.5厚不锈钢镀钛
拉丝浅黑灰
不锈钢表面
浅白灰色
全亚光烤漆
竖纹
印度铁刀木
踏步灯，20W
扶手内
LED灯带
6W，双排
FL=5.300
RH=±0.000
2.805
425
130
1740
130
3700
120
120
150
2850
2700 踏步9级均分
1300
200
600
5300
6500
1260
7400
铝合金格栅
表面浅白色全亚光烤漆
建筑原有窗
此图仅示意

二层楼梯间平面装修尺寸图

7　楼梯及扶手、栏杆构造

7.4　旋转楼梯

立面构造　顶面构造　石材构造　玻璃构造　照明构造

7.4.5

FL=5.300
RH=±0.000

二层楼梯间立面索引图

7.4　旋转楼梯

7.4.6

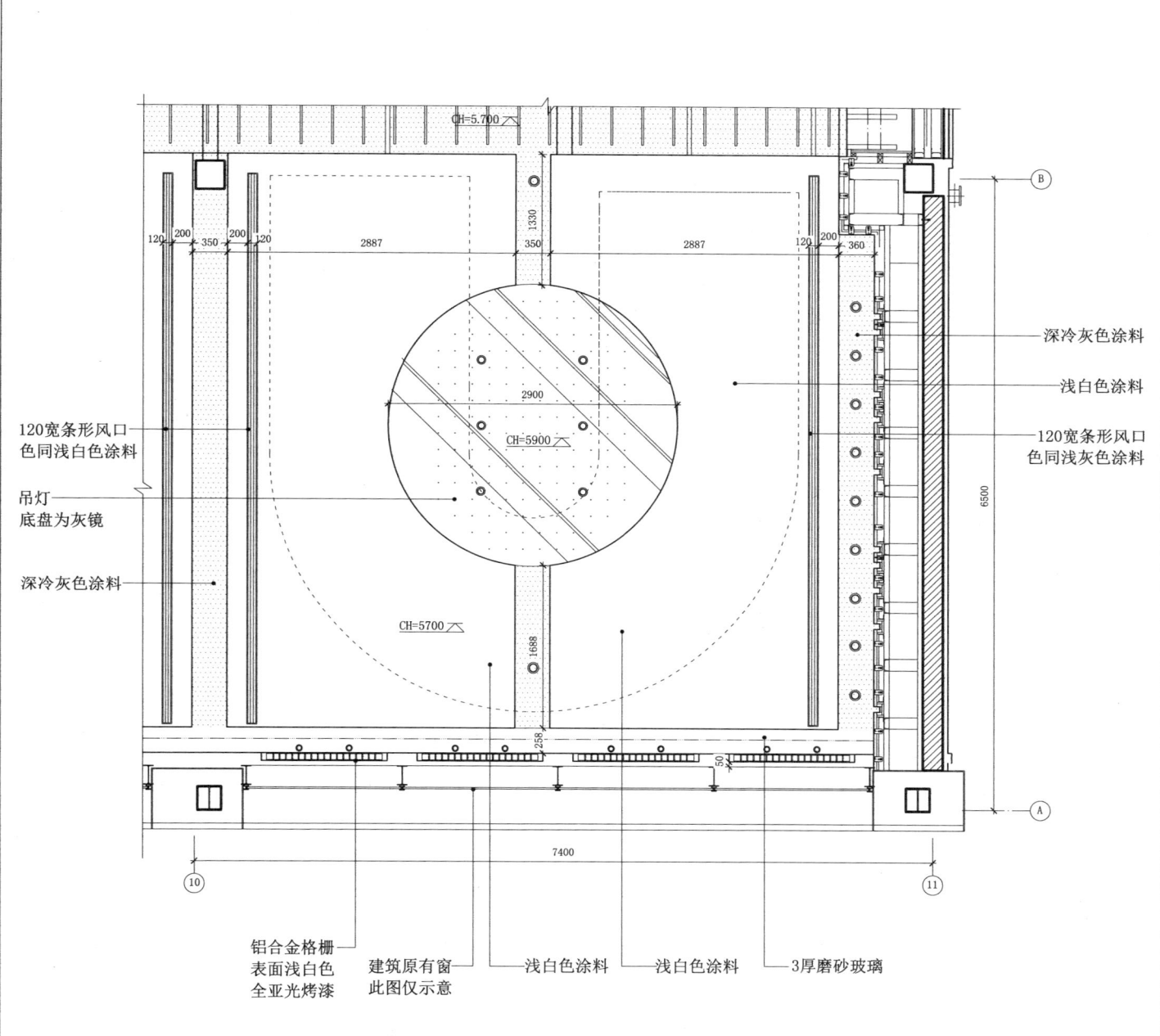

二层楼梯间平顶装修尺寸图

7　7.4　旋转楼梯

楼梯及扶手、栏杆构造 · 立面构造　顶面构造　石材构造　玻璃构造　照明构造

7.4.7

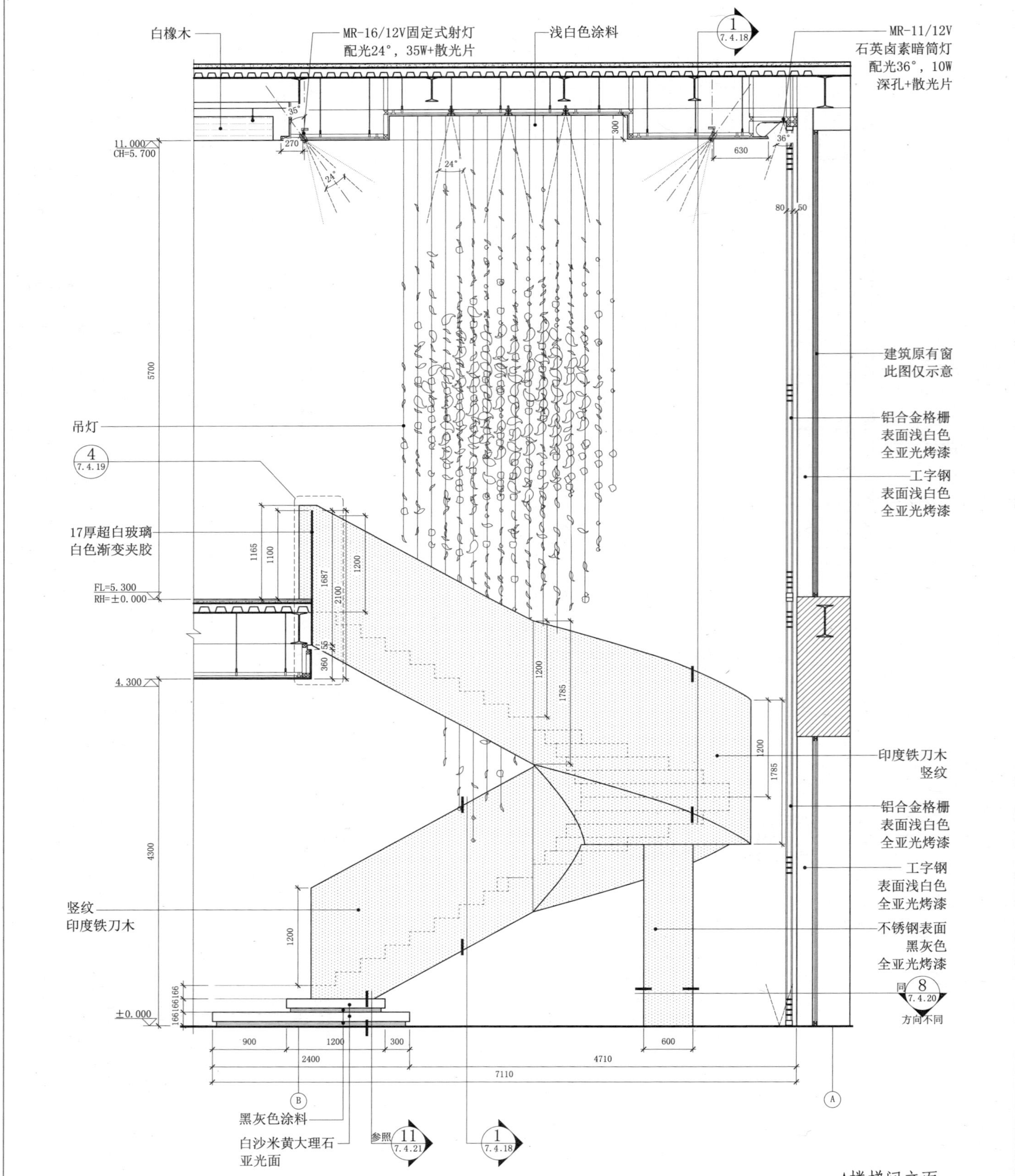

标注说明：
- 白橡木
- MR-16/12V固定式射灯 配光24°，35W+散光片
- 浅白色涂料
- MR-11/12V 石英卤素暗筒灯 配光36°，10W 深孔+散光片
- 吊灯
- 17厚超白玻璃 白色渐变夹胶
- 建筑原有窗 此图仅示意
- 铝合金格栅 表面浅白色 全亚光烤漆
- 工字钢 表面浅白色 全亚光烤漆
- 印度铁刀木 竖纹
- 铝合金格栅 表面浅白色 全亚光烤漆
- 工字钢 表面浅白色 全亚光烤漆
- 竖纹 印度铁刀木
- 不锈钢表面 黑灰色 全亚光烤漆
- 黑灰色涂料
- 白沙米黄大理石 亚光面

同 ⑧ (7.4.20) 方向不同

参照 ⑪ (7.4.21)　① (7.4.18)

A楼梯间立面

7.4 旋转楼梯

7.4.8

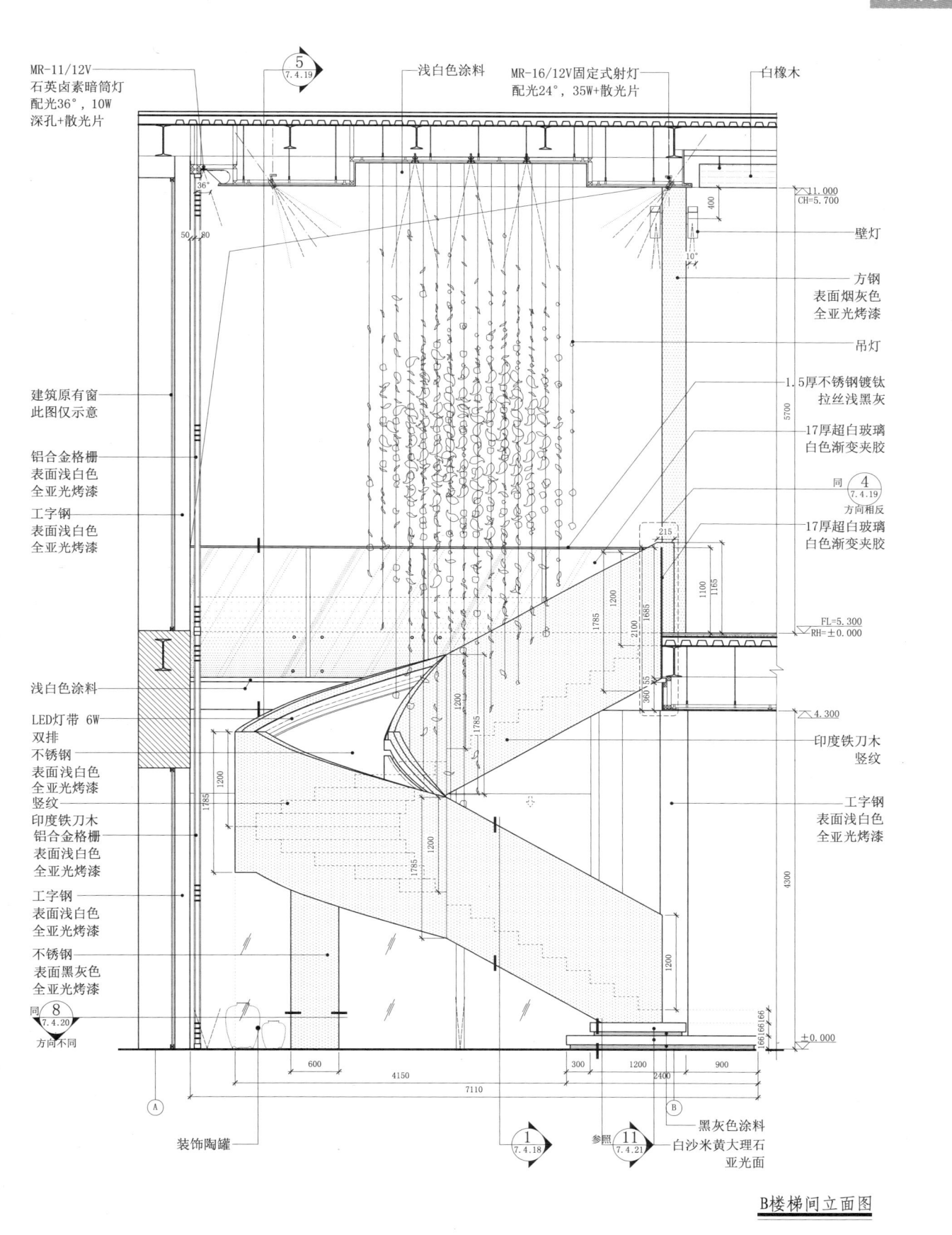

B楼梯间立面图

7.4 旋转楼梯

7.4.9

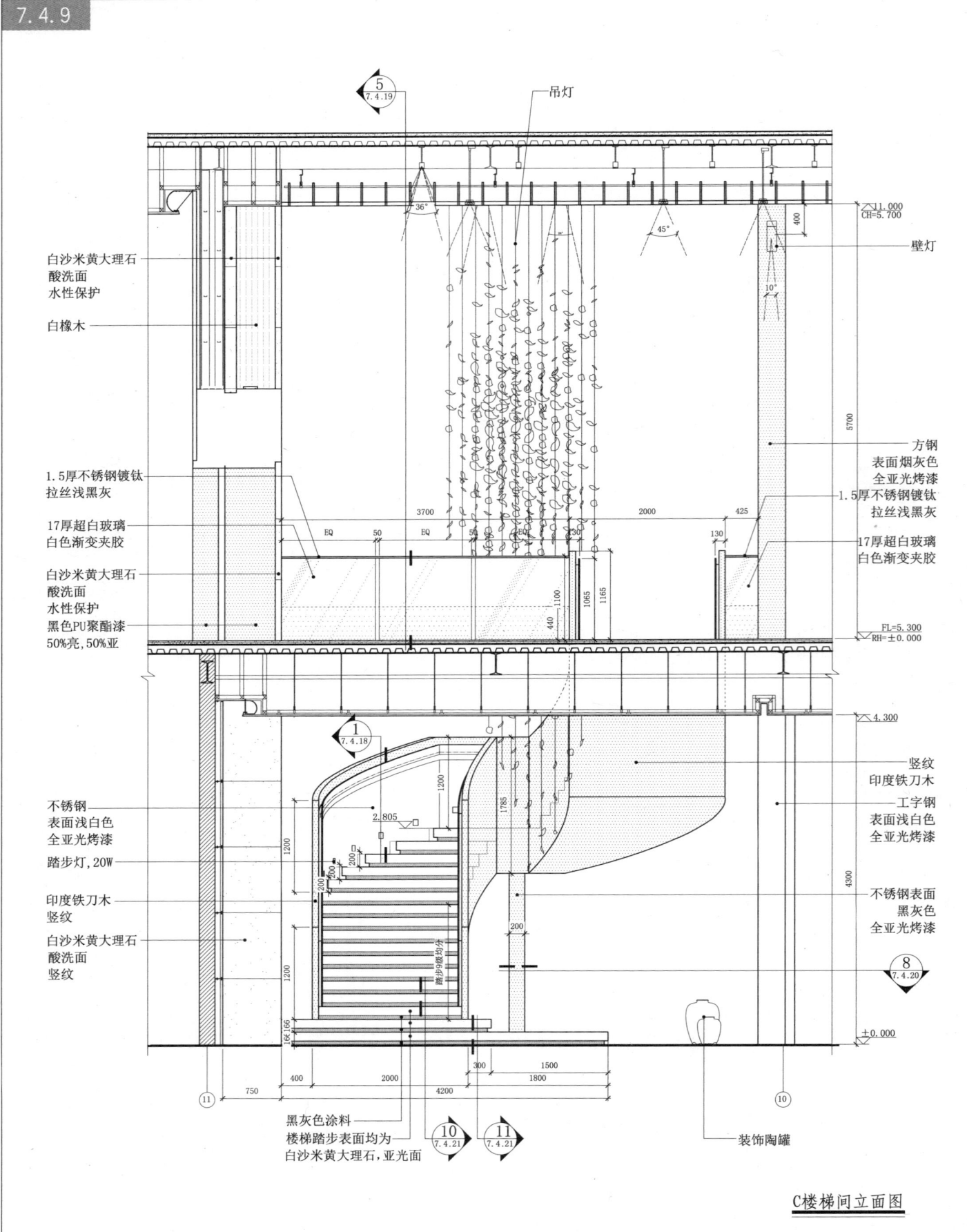

C楼梯间立面图

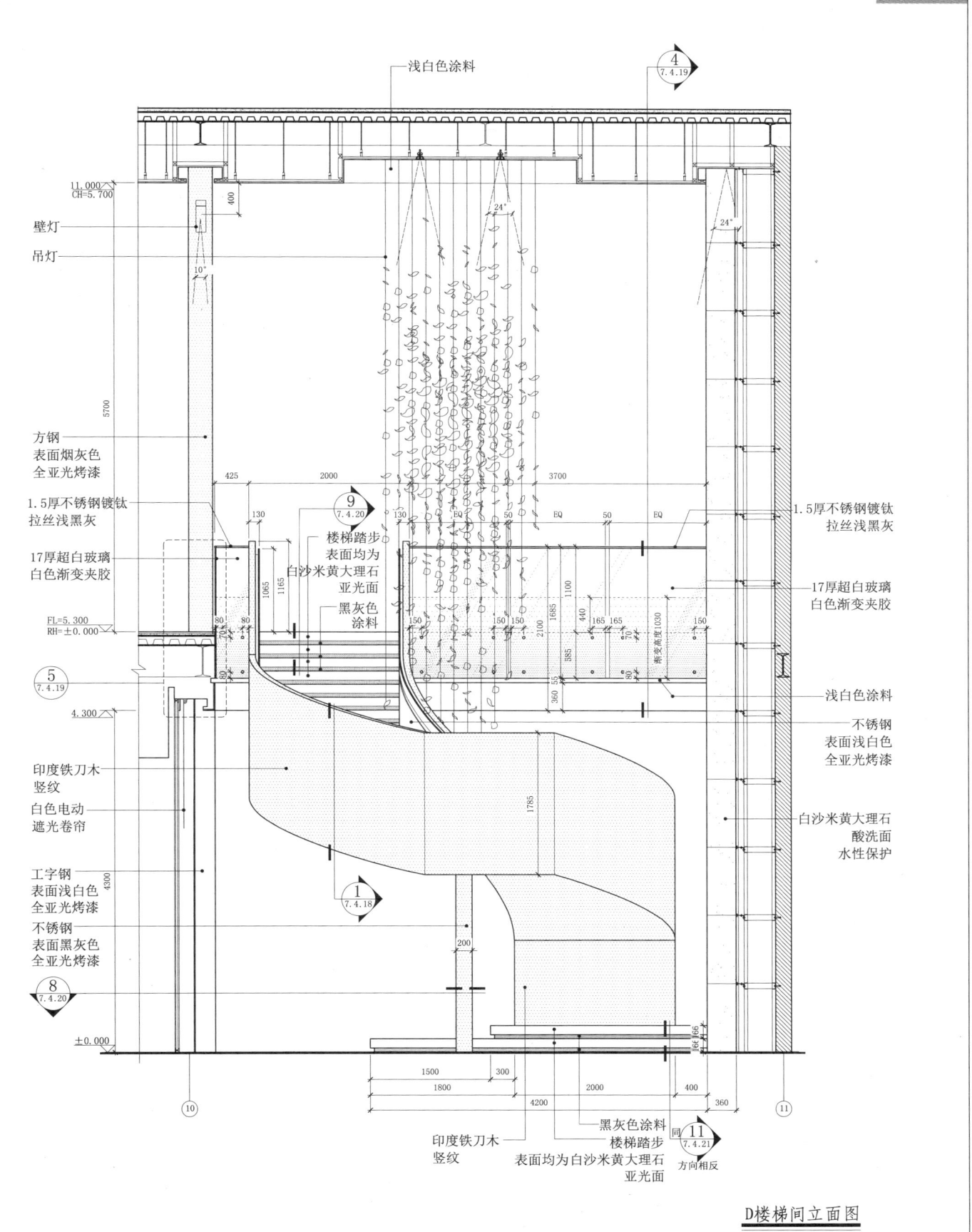

D楼梯间立面图

7 楼梯及扶手、栏杆构造

7.4 旋转楼梯

- 立面构造
- 顶面构造
- 石材构造
- 玻璃构造
- 照明构造

7.4.11

标注说明：

- MR-11/12V 石英卤素暗筒灯 配光36°，10W 深孔+散光片
- 浅白色涂料
- MR-16/12V固定式射灯 配光24°，35W+散光片
- 白橡木
- 壁灯
- 吊灯
- 方钢 表面烟灰色 全亚光烤漆
- 1.5厚不锈钢镀钛 拉丝浅黑灰
- 17厚超白玻璃 白色渐变夹胶
- 印度铁刀木 竖纹
- LED灯带6W双排
- 不锈钢 表面浅白色 全亚光烤漆
- 踏步灯，20W
- 建筑原有窗 此图仅示意
- 铝合金格栅 表面浅白色 全亚光烤漆
- 工字钢 表面浅白色 全亚光烤漆
- 浅白色涂料
- 铝合金格栅 表面浅白色 全亚光烤漆
- 工字钢 表面浅白色 全亚光烤漆
- 不锈钢 表面黑灰色 全亚光烤漆
- 白色电动 遮光卷帘
- 工字钢 表面浅白色 全亚光烤漆
- 装饰陶罐

E楼梯间剖立面图

7.4 旋转楼梯

7.4.12

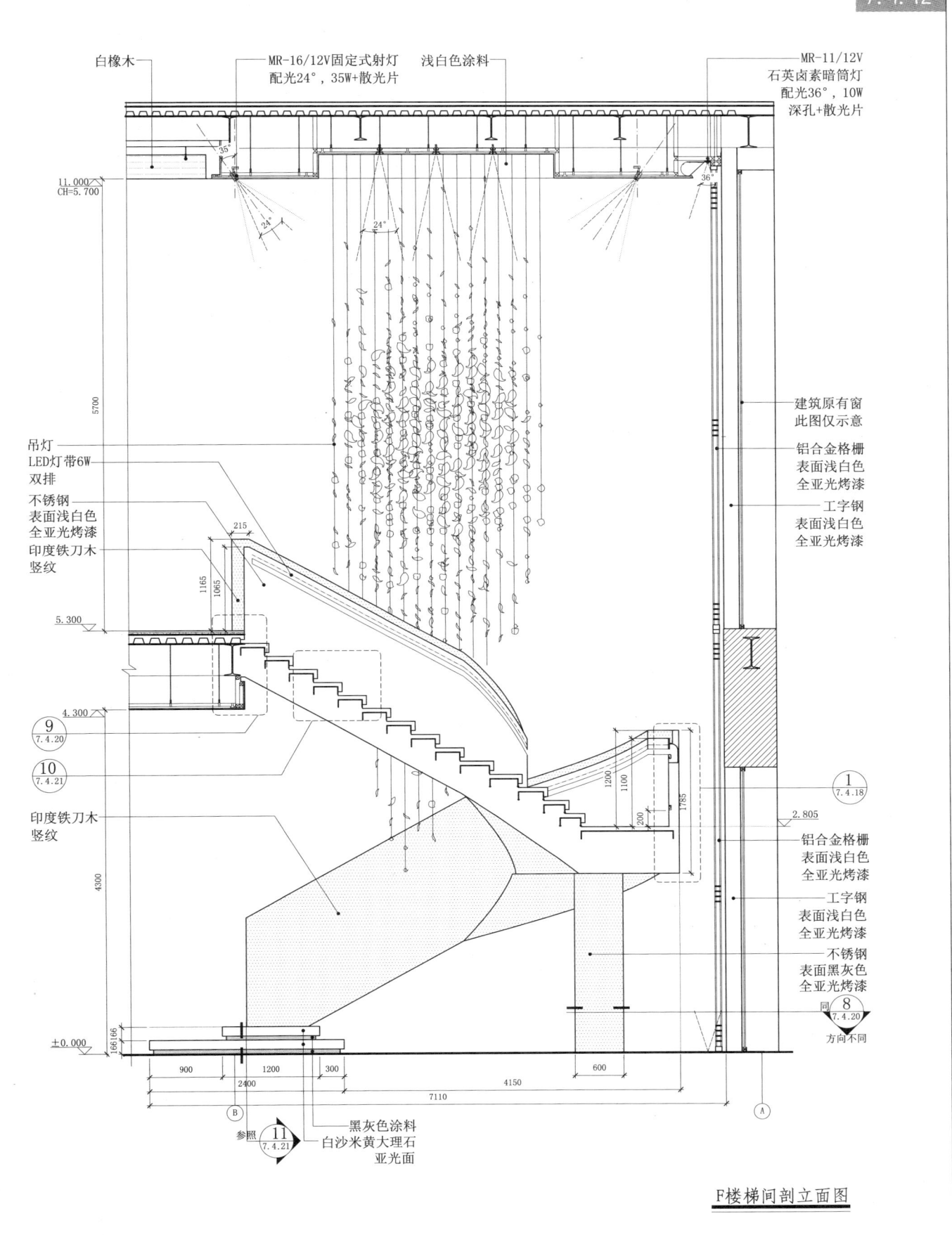

F楼梯间剖立面图

7 楼梯及扶手、栏杆构造·立面构造 顶面构造 石材构造 玻璃构造 照明构造

7.4 旋转楼梯

7.4.13

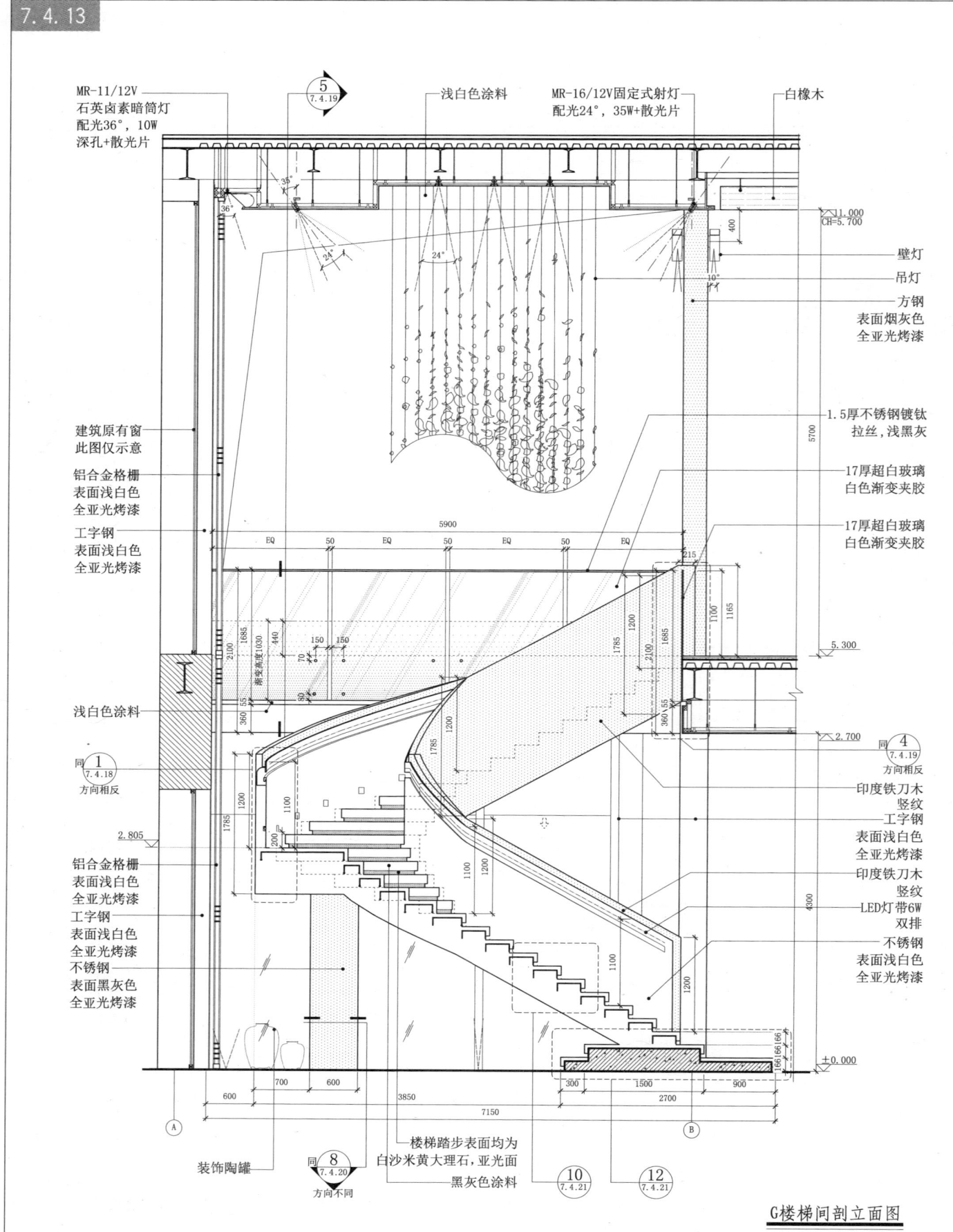

G楼梯间剖立面图

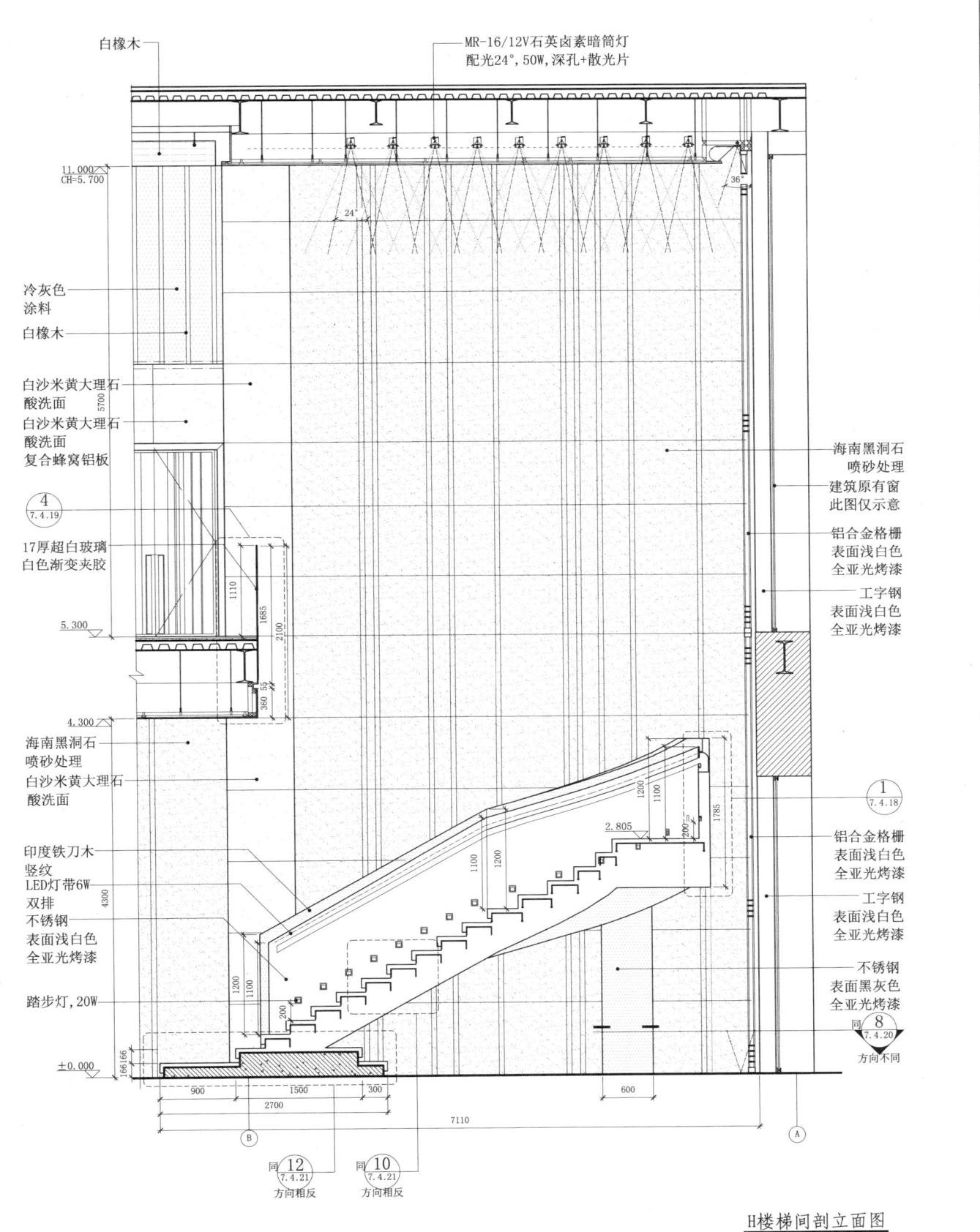

7.4 旋转楼梯

7.4.15

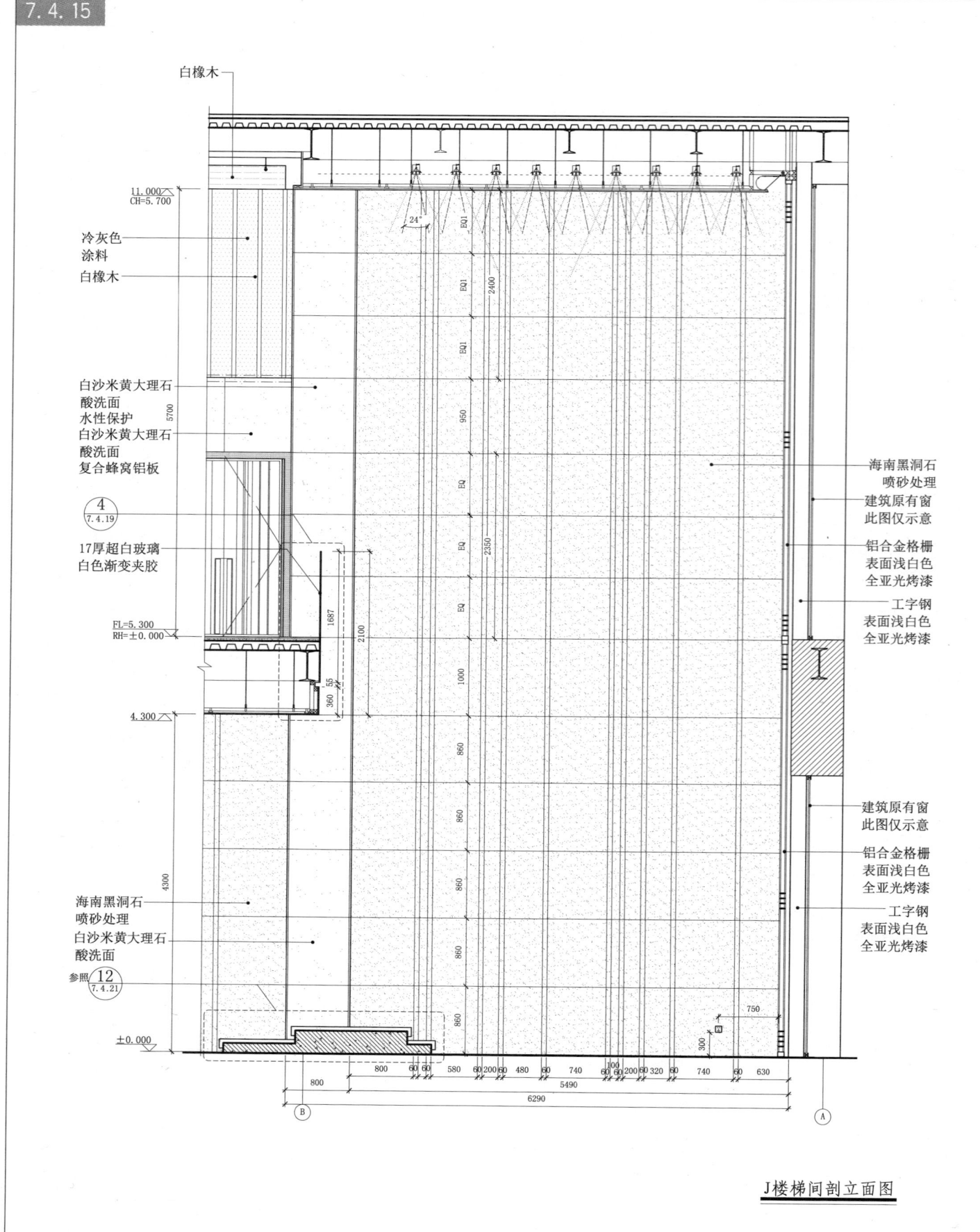

J楼梯间剖立面图

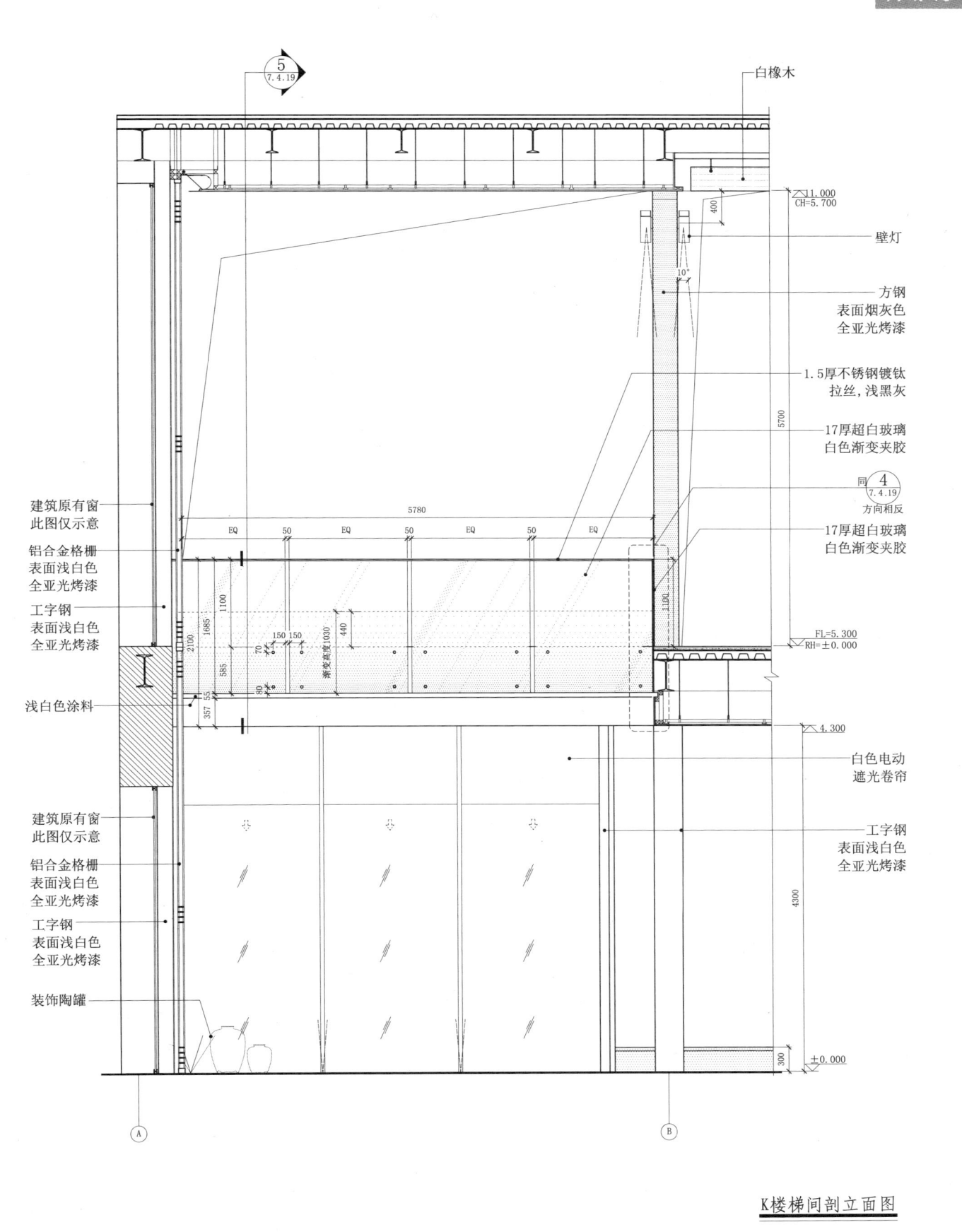

7.4 旋转楼梯

7.4.17

标注说明：
- 工字钢 表面浅白色 全亚光烤漆
- 白沙米黄大理石 酸洗面 水性保护
- 17厚超白玻璃 白色渐变夹胶
- 同 5/7.4.19 方向相反
- 窗间墙 表面 浅白色涂料
- 格栅后有 50×50 方钢支撑架
- 白色电动 遮光卷帘
- 工字钢 表面浅白色 全亚光烤漆
- 铝合金格栅 表面浅白色 全亚光烤漆

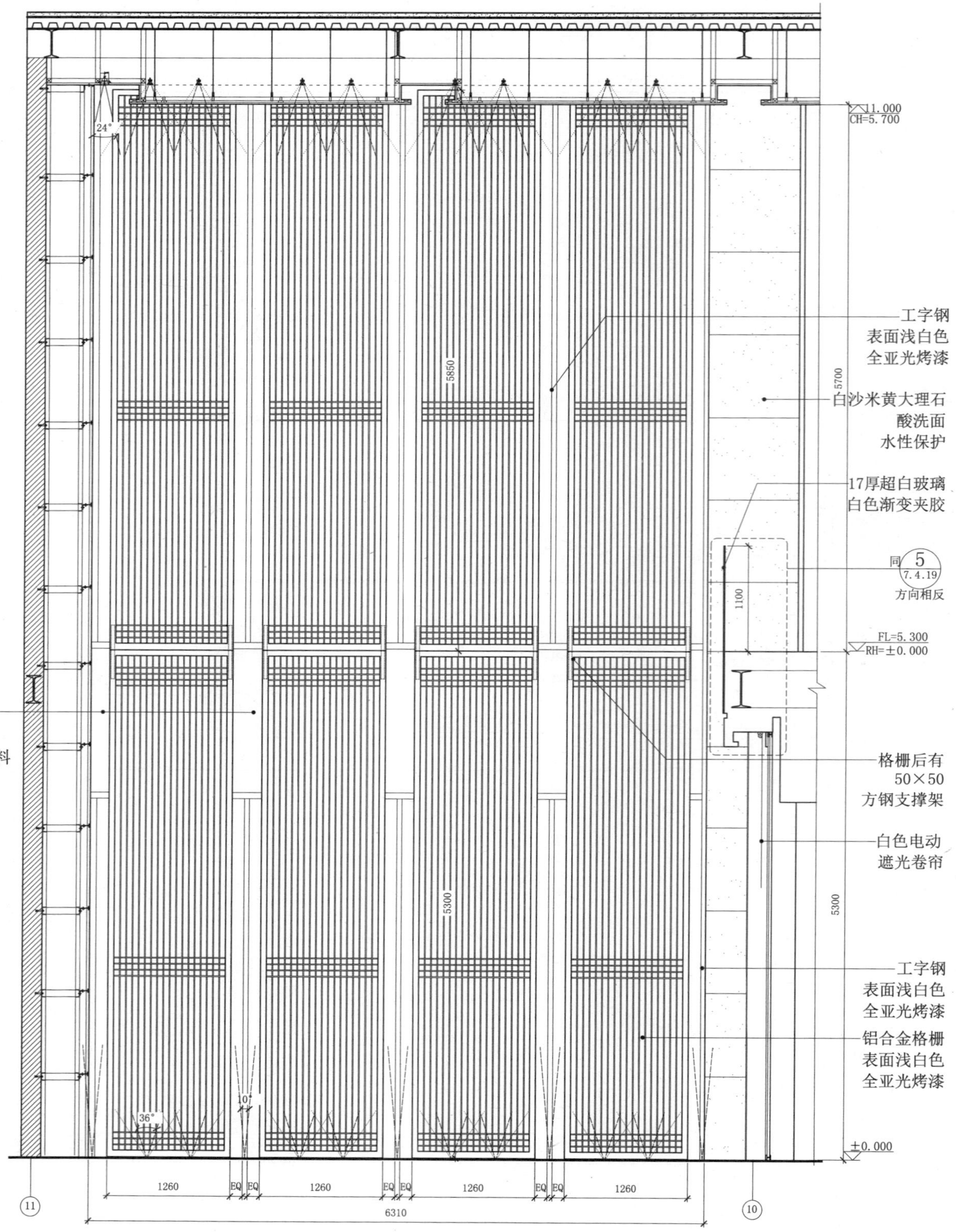

L楼梯间剖立面图

7.4 旋转楼梯

7.4.18

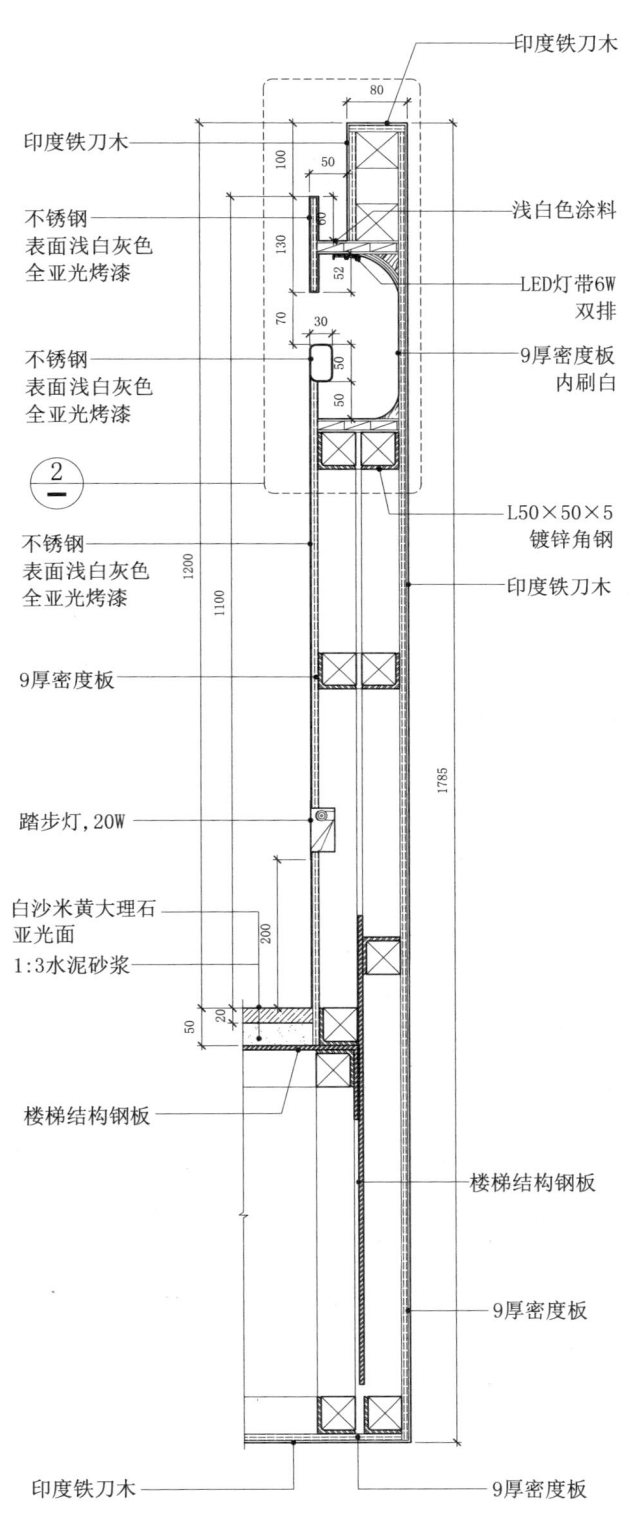

1节点图

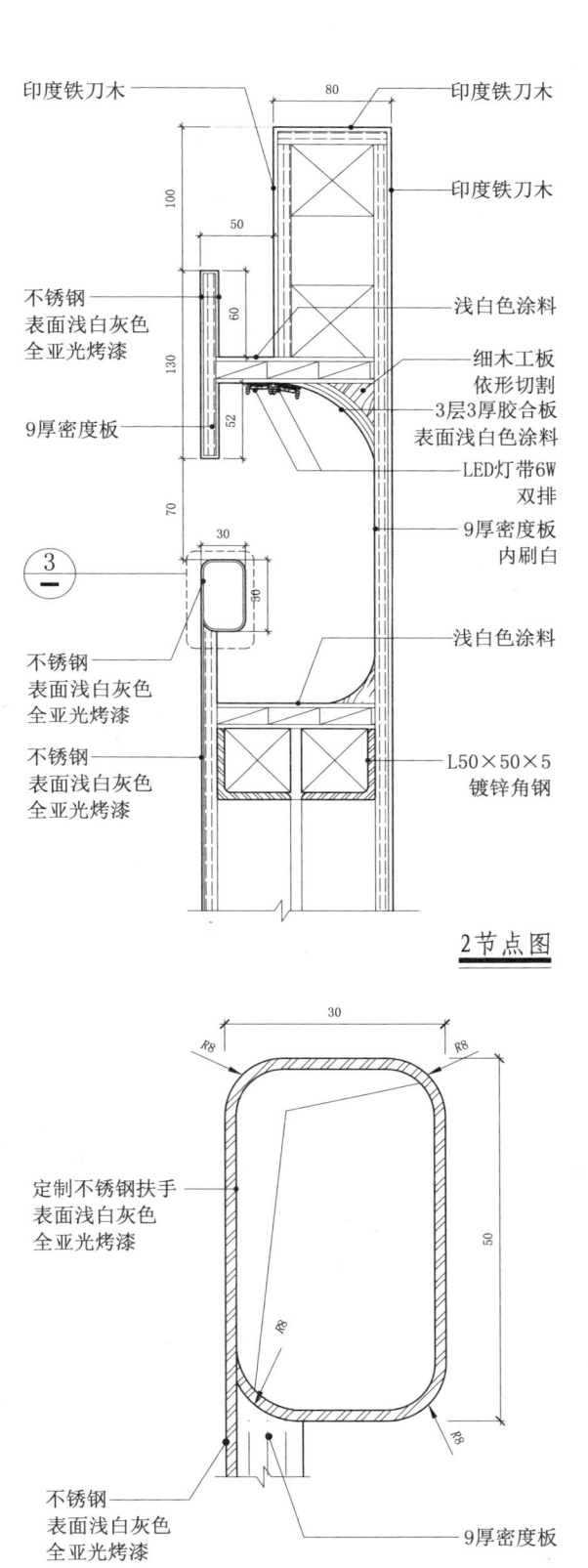

2节点图

3节点图

7.4 旋转楼梯

7.4.19

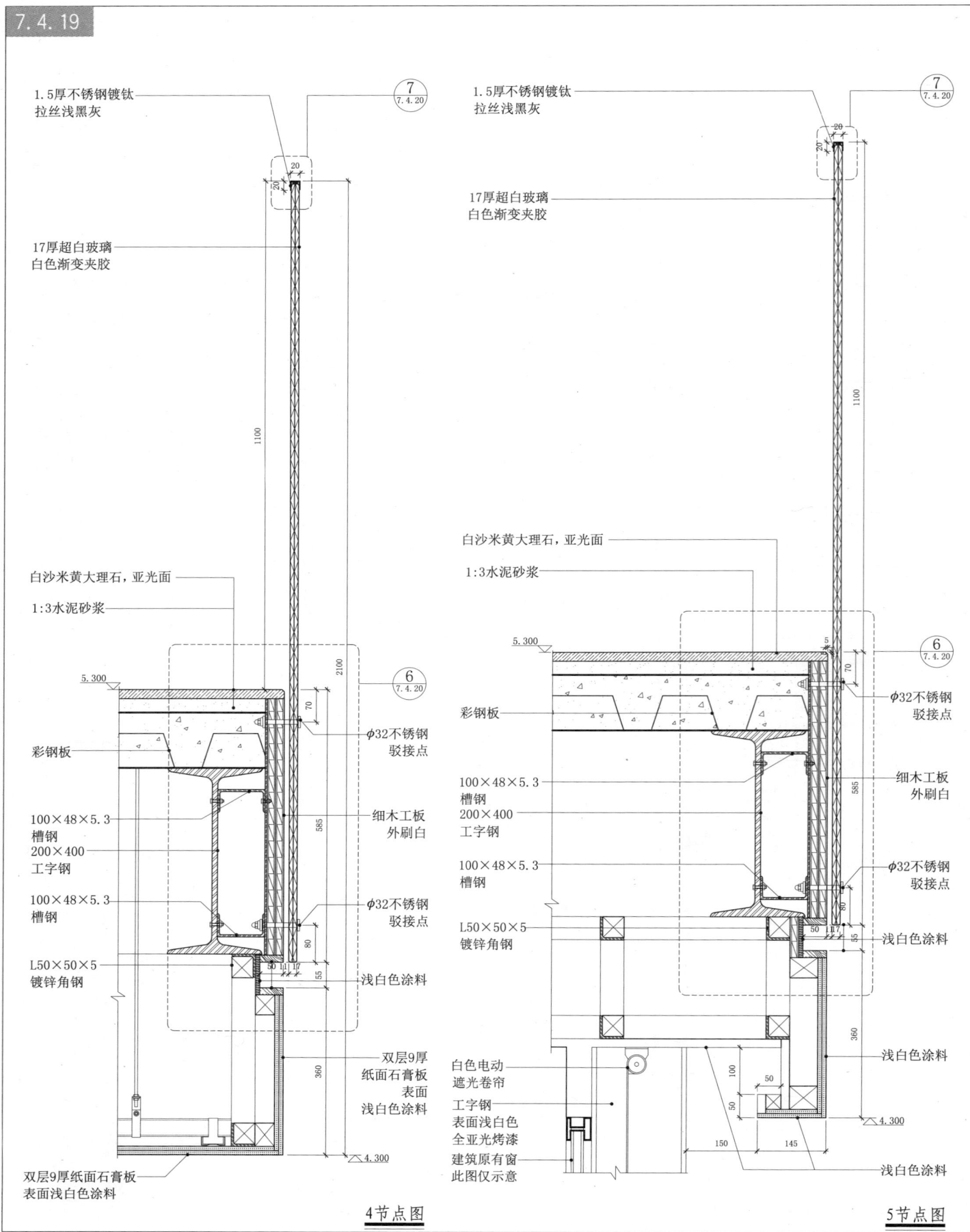

4节点图　　5节点图

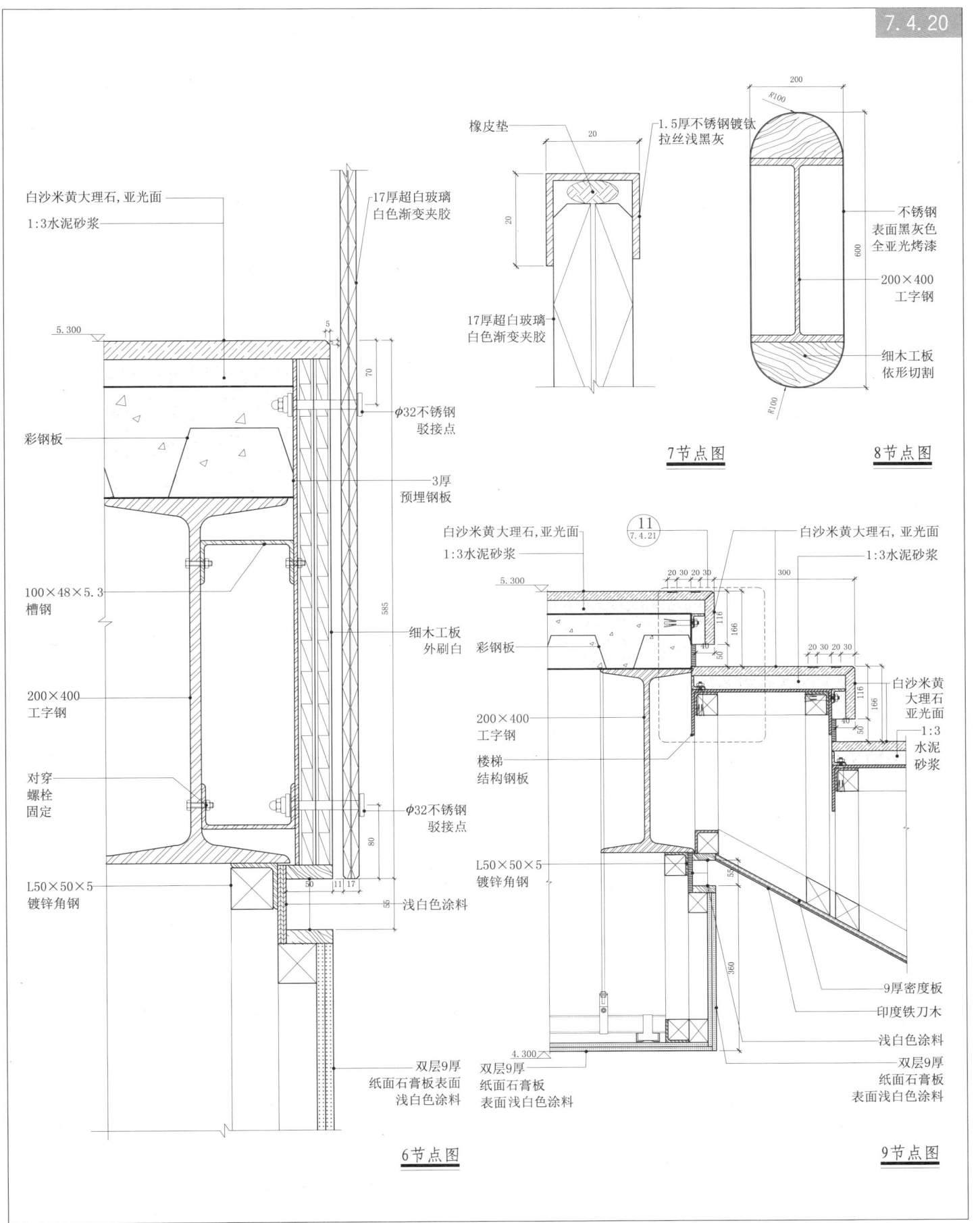

7.4 旋转楼梯

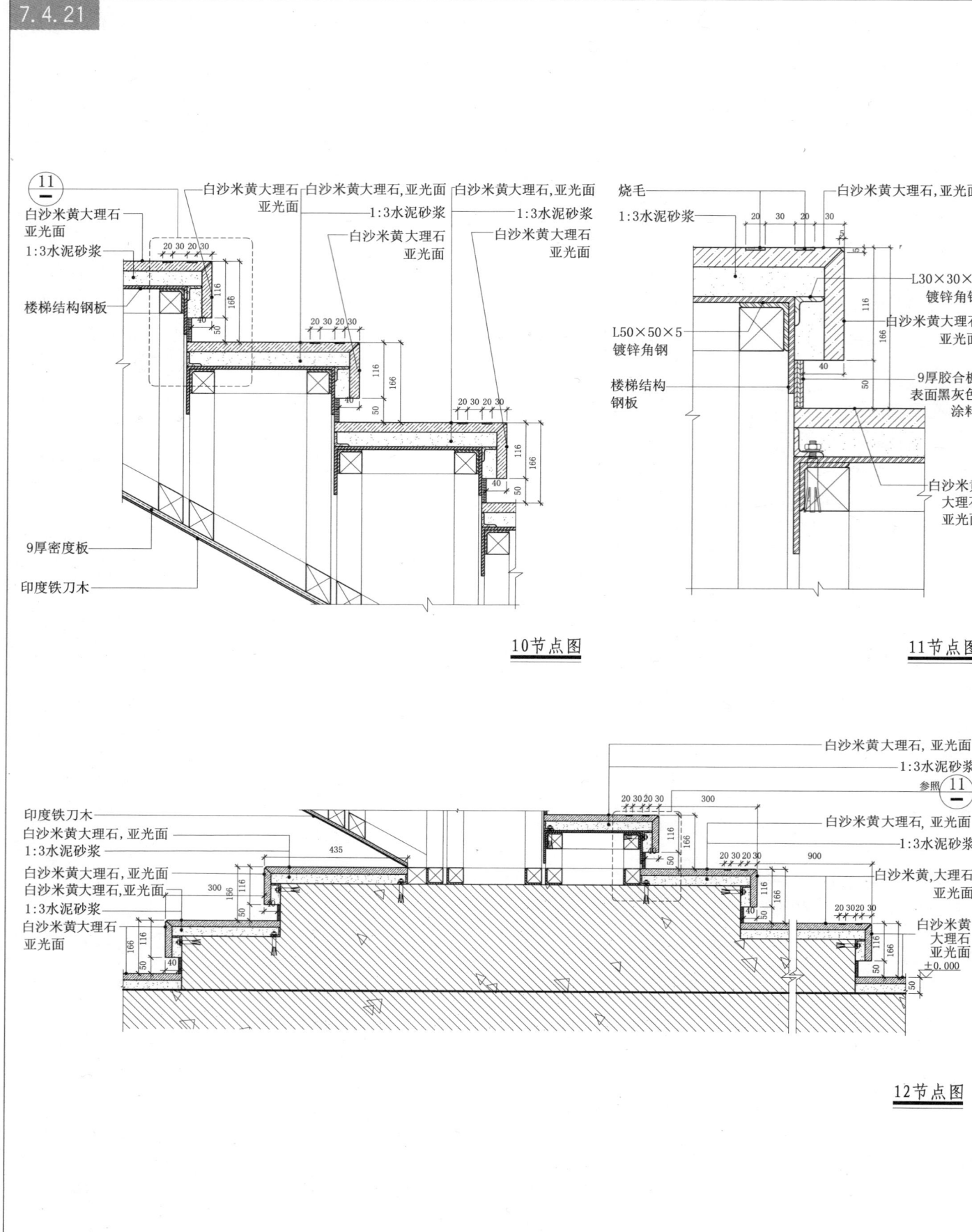

10节点图

11节点图

12节点图

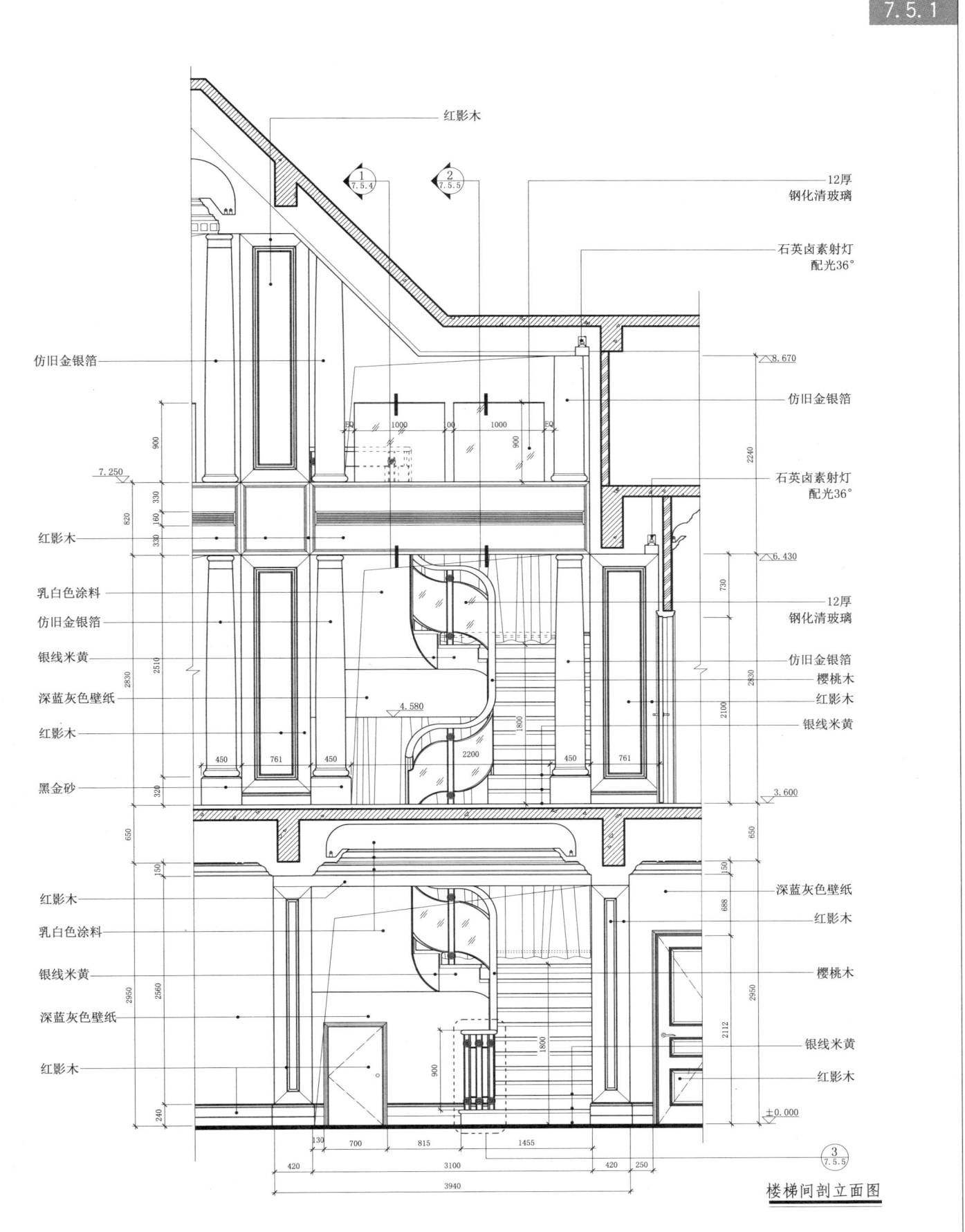

7.5 西方古典风格楼梯

7.5.1

楼梯间剖立面图

7 楼梯及扶手、栏杆构造 · 西方古典风格

7.5 西方古典风格楼梯

7.5.2

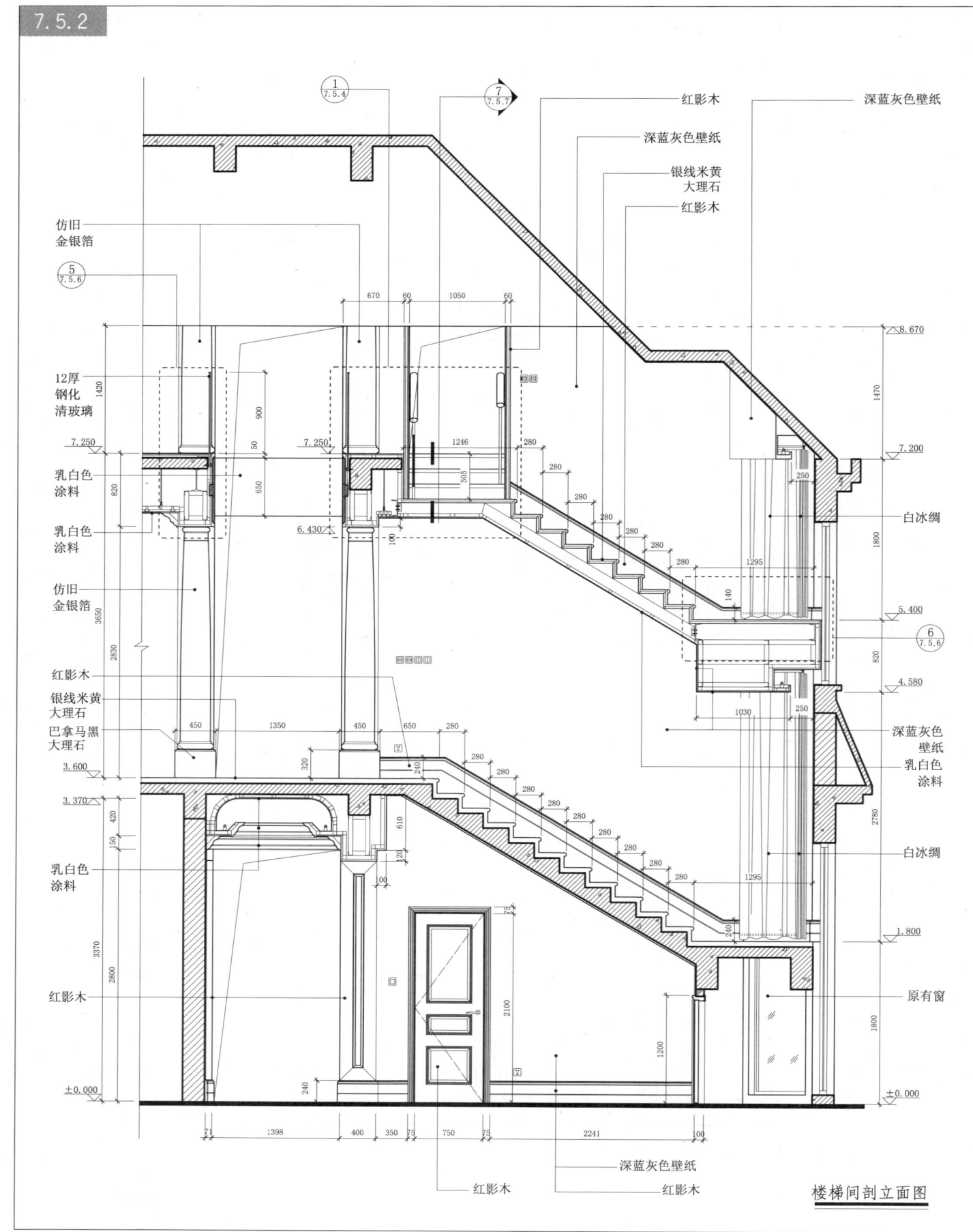

楼梯间剖立面图

7.5 西方古典风格楼梯 — 7.5.3

7 楼梯及扶手、栏杆构造 · 西方古典风格

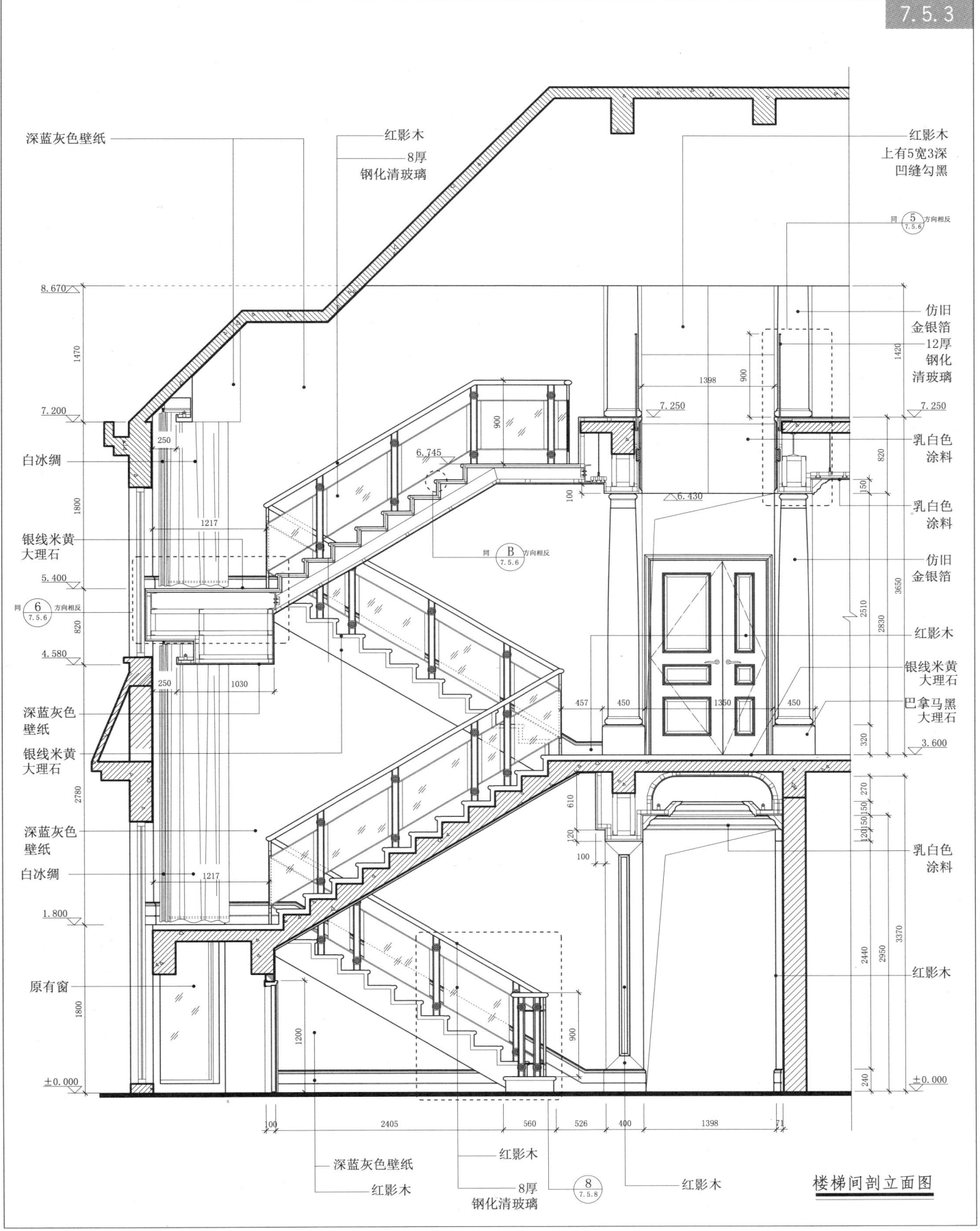

楼梯间剖立面图

7.5 西方古典风格楼梯

7.5.4

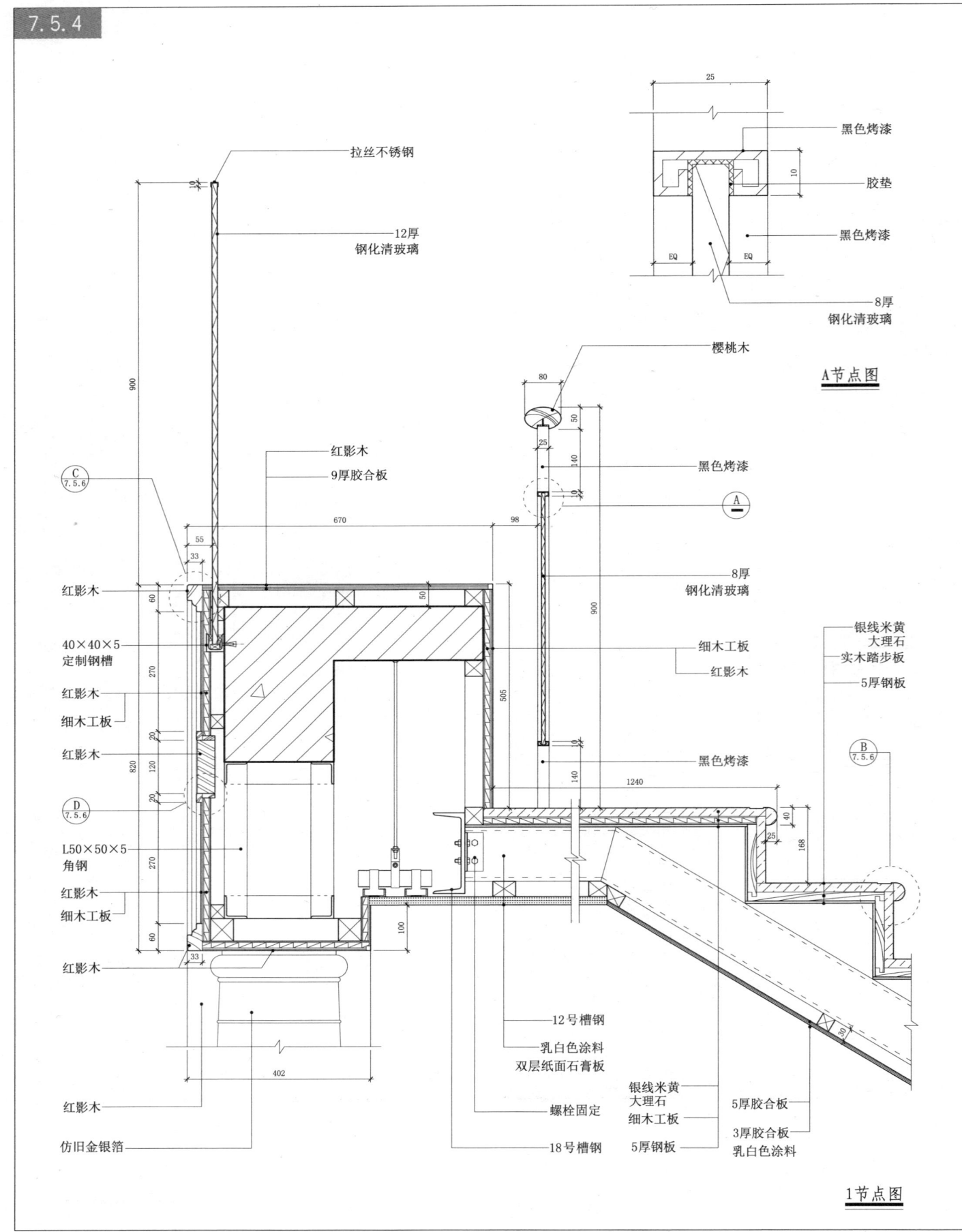

A节点图

1节点图

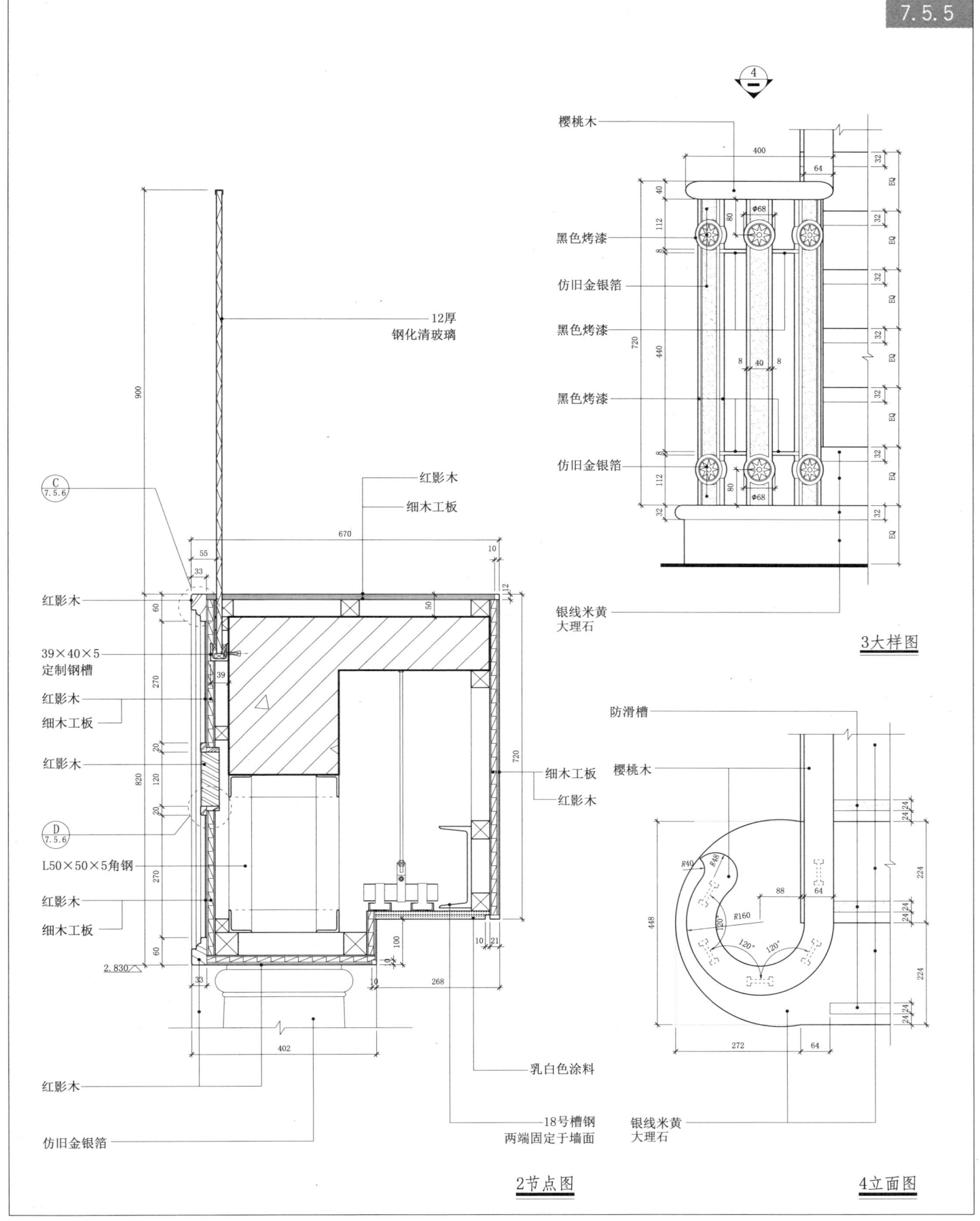

7.5 西方古典风格楼梯

7.5.6

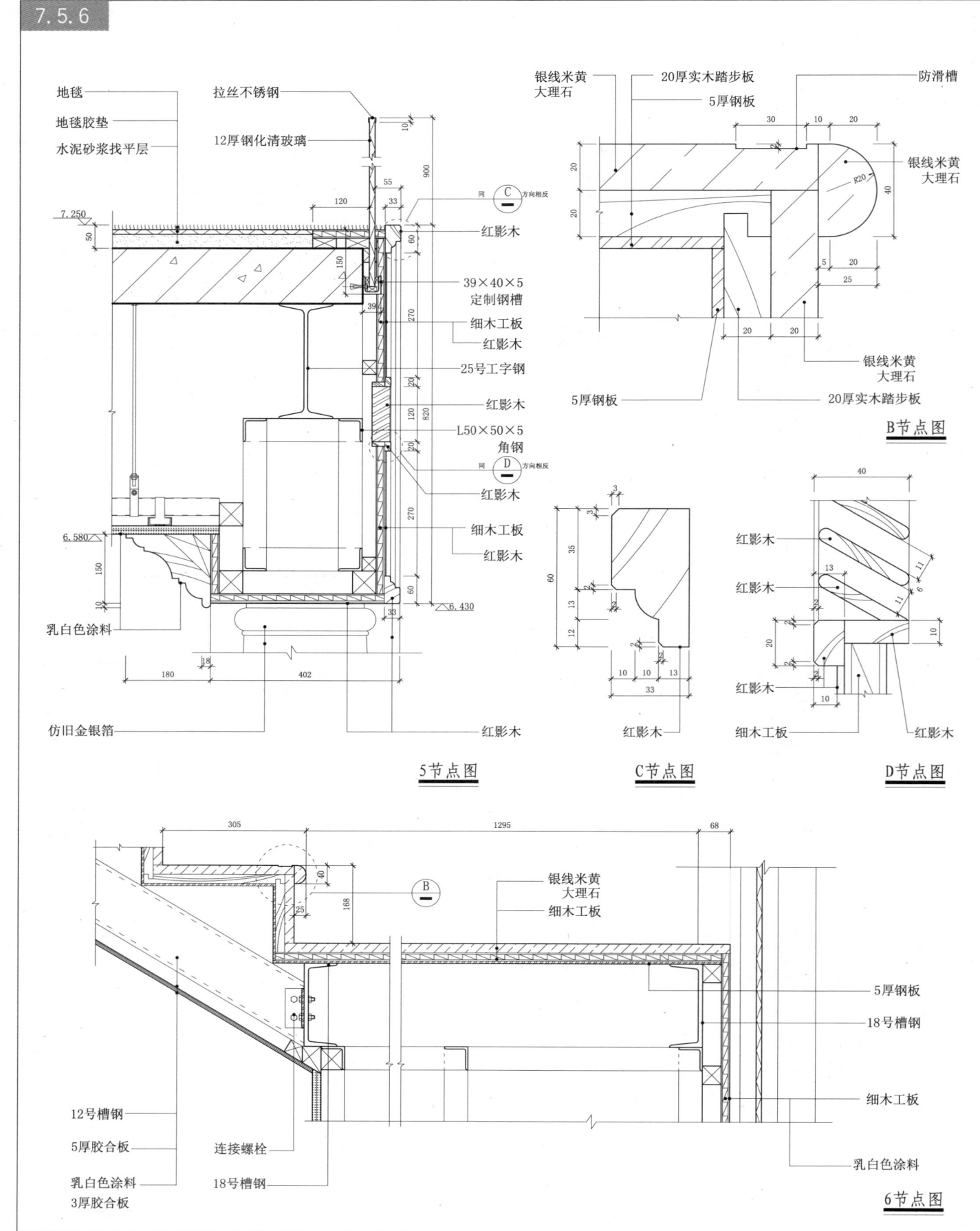

7.5 西方古典风格楼梯

7.5.7

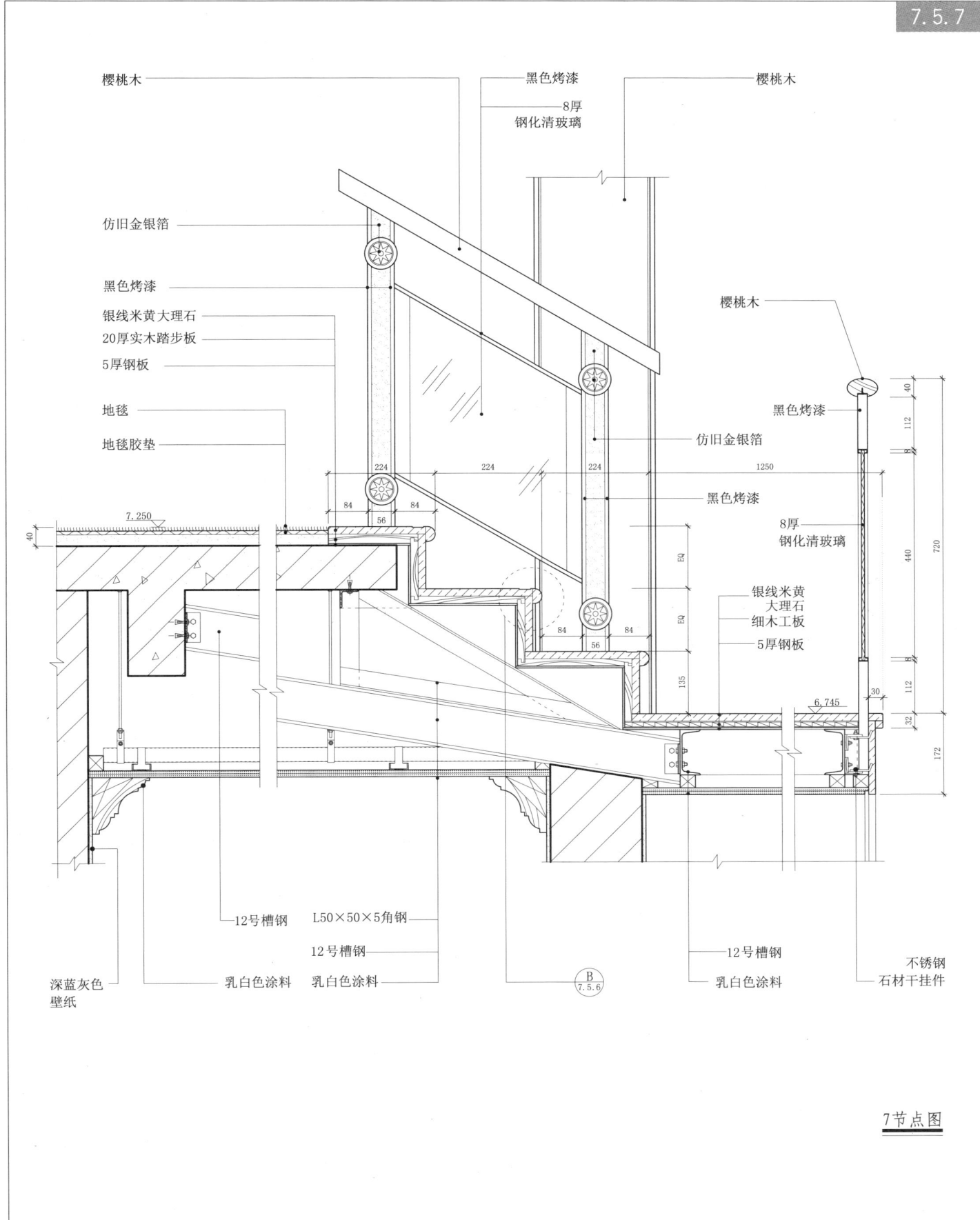

7节点图

7.5 西方古典风格楼梯

7.5.8

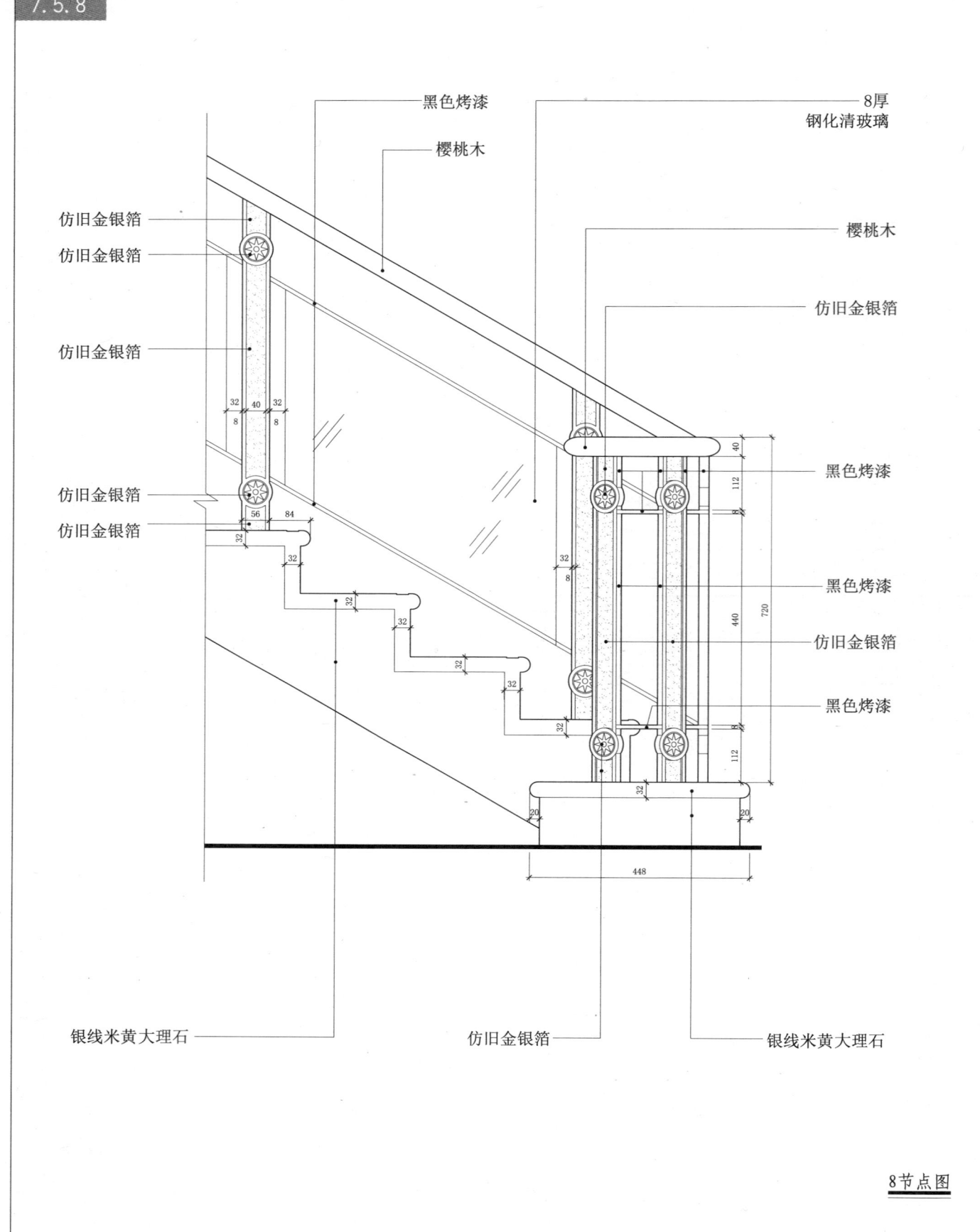

8节点图

7.6 三跑楼梯

7 楼梯及扶手、栏杆构造

7.6.1

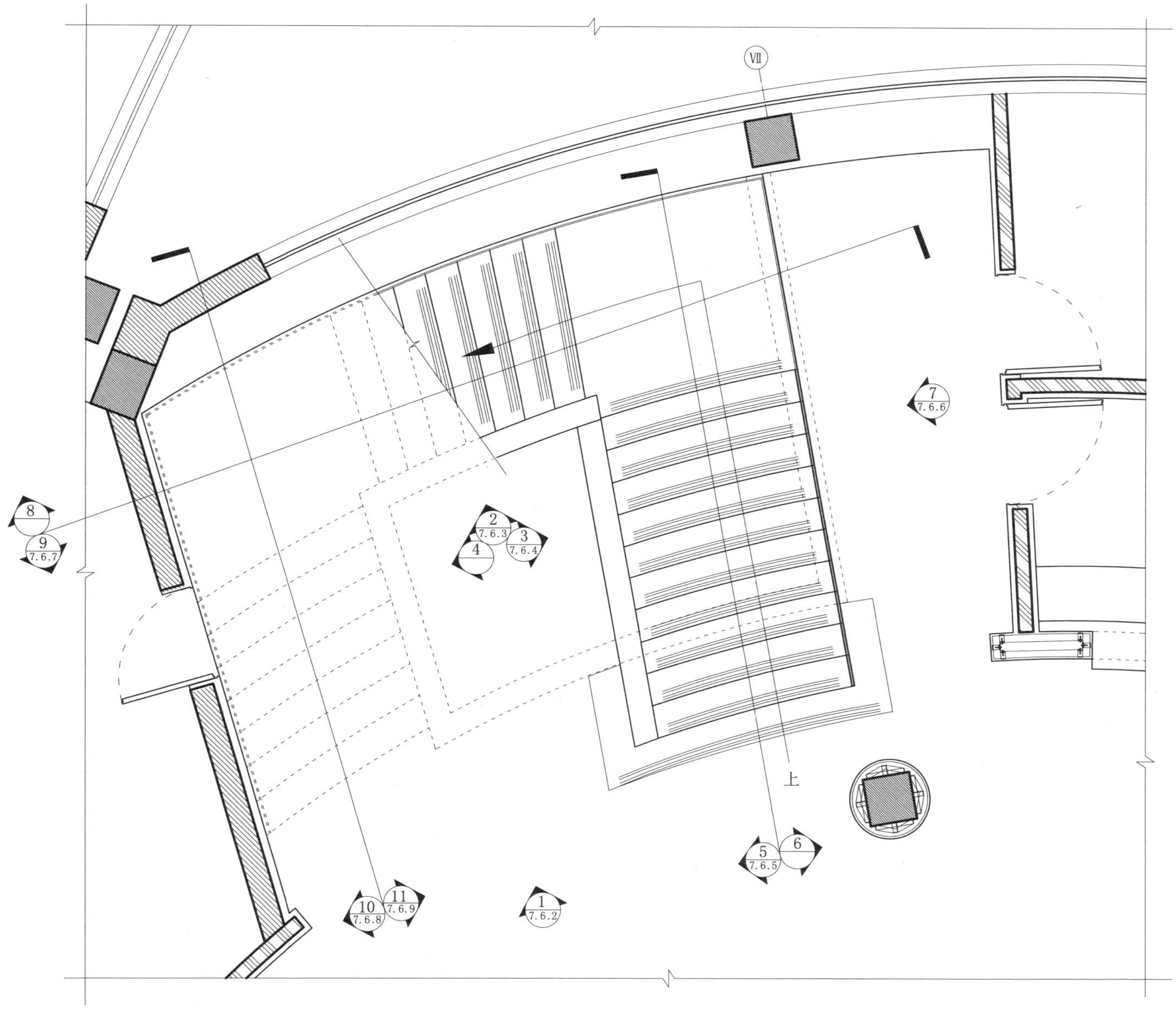

一层楼梯平面装修立面索引图

室内构造节点与专项模式图集 | 337

7 楼梯及扶手、栏杆构造

7.6 三跑楼梯

7.6.2

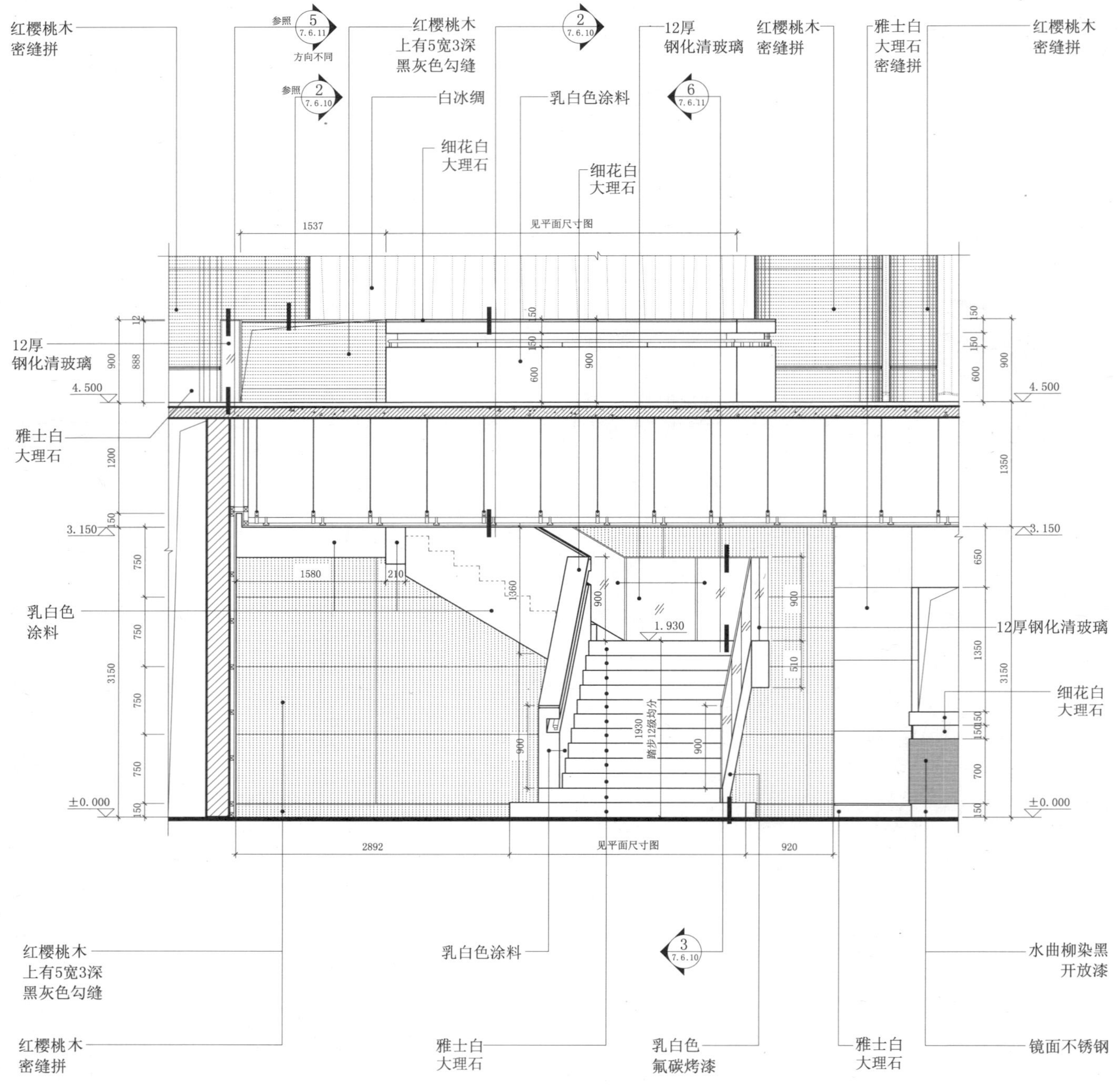

楼梯间1剖立面图

7.6.3

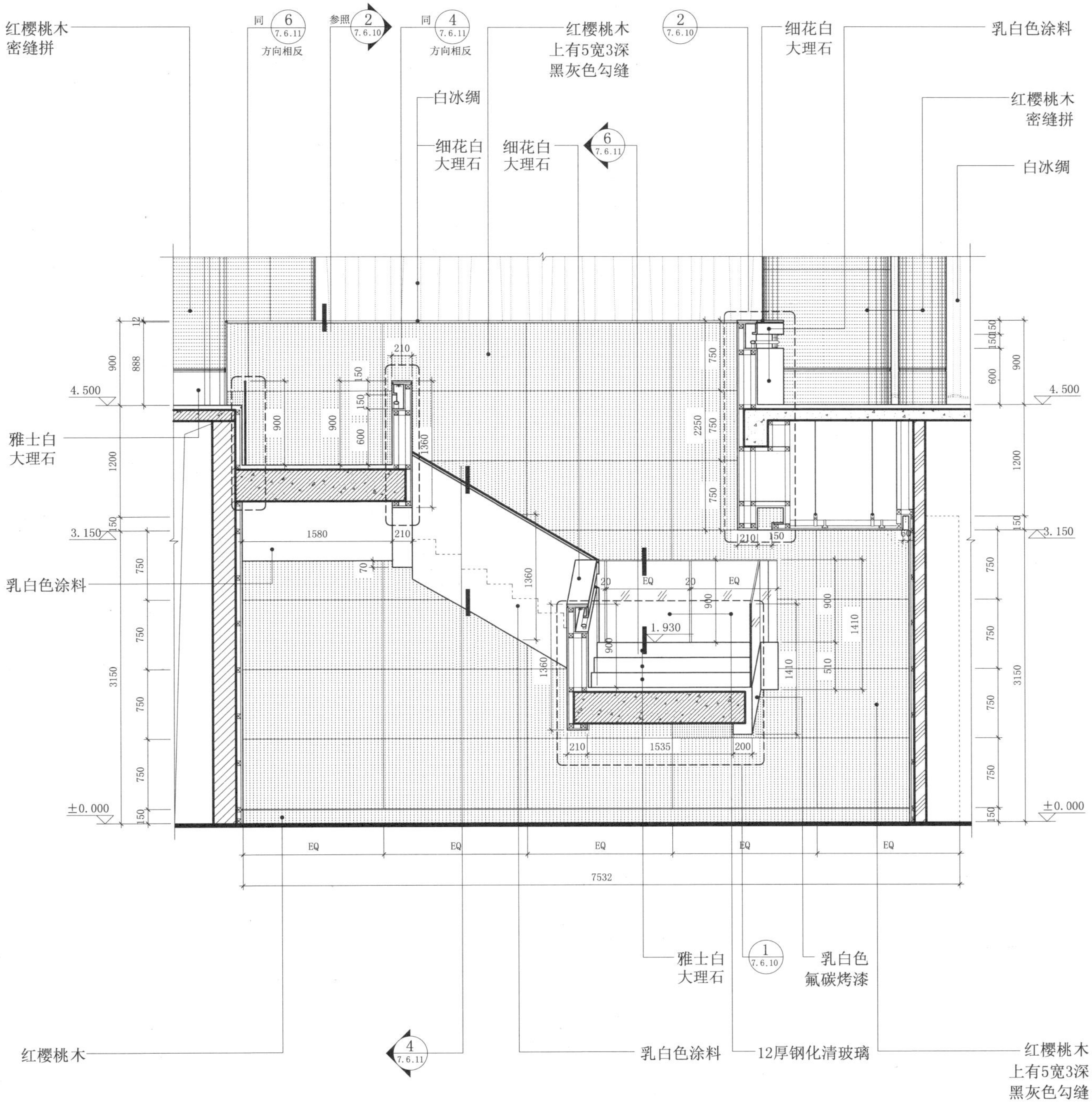
红樱桃木
密缝拼
同 6 7.6.11 方向相反
参照 2 7.6.10
同 4 7.6.11 方向相反
红樱桃木
上有5宽3深
黑灰色勾缝
2 7.6.10
细花白
大理石
乳白色涂料
白冰绸
红樱桃木
密缝拼
细花白
大理石
细花白
大理石
6 7.6.11
白冰绸
4.500
雅士白
大理石
3.150
1580
乳白色涂料
1.930
210
1535
200
±0.000
EQ
7532
雅士白
大理石
1 7.6.10
乳白色
氟碳烤漆
红樱桃木
4 7.6.11
乳白色涂料
12厚钢化清玻璃
红樱桃木
上有5宽3深
黑灰色勾缝

楼梯间2剖立面图

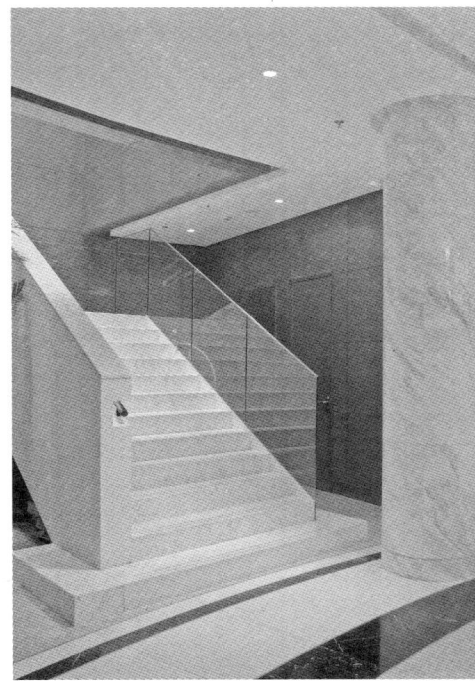

7.6 三跑楼梯

7.6.4

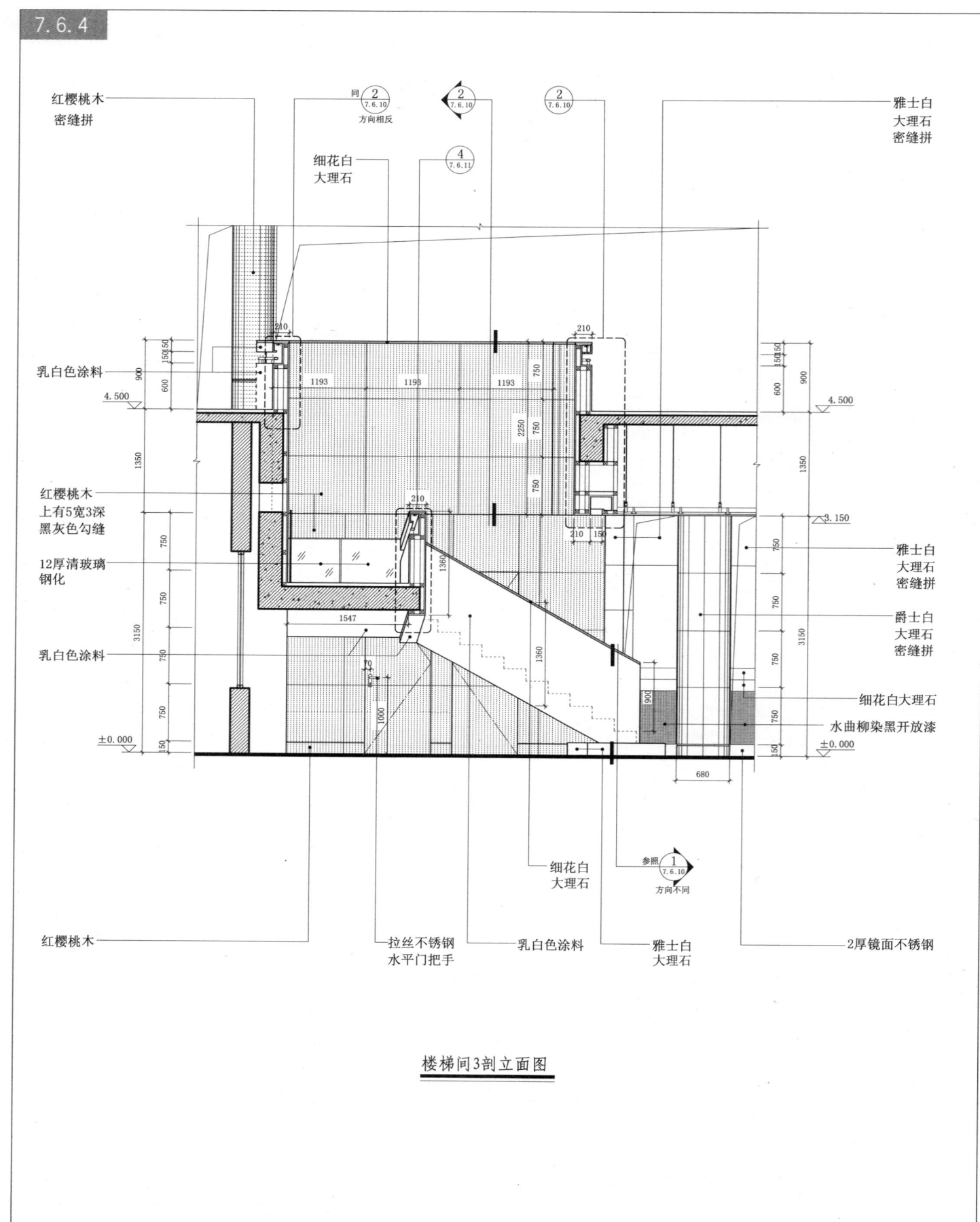

楼梯间3剖立面图

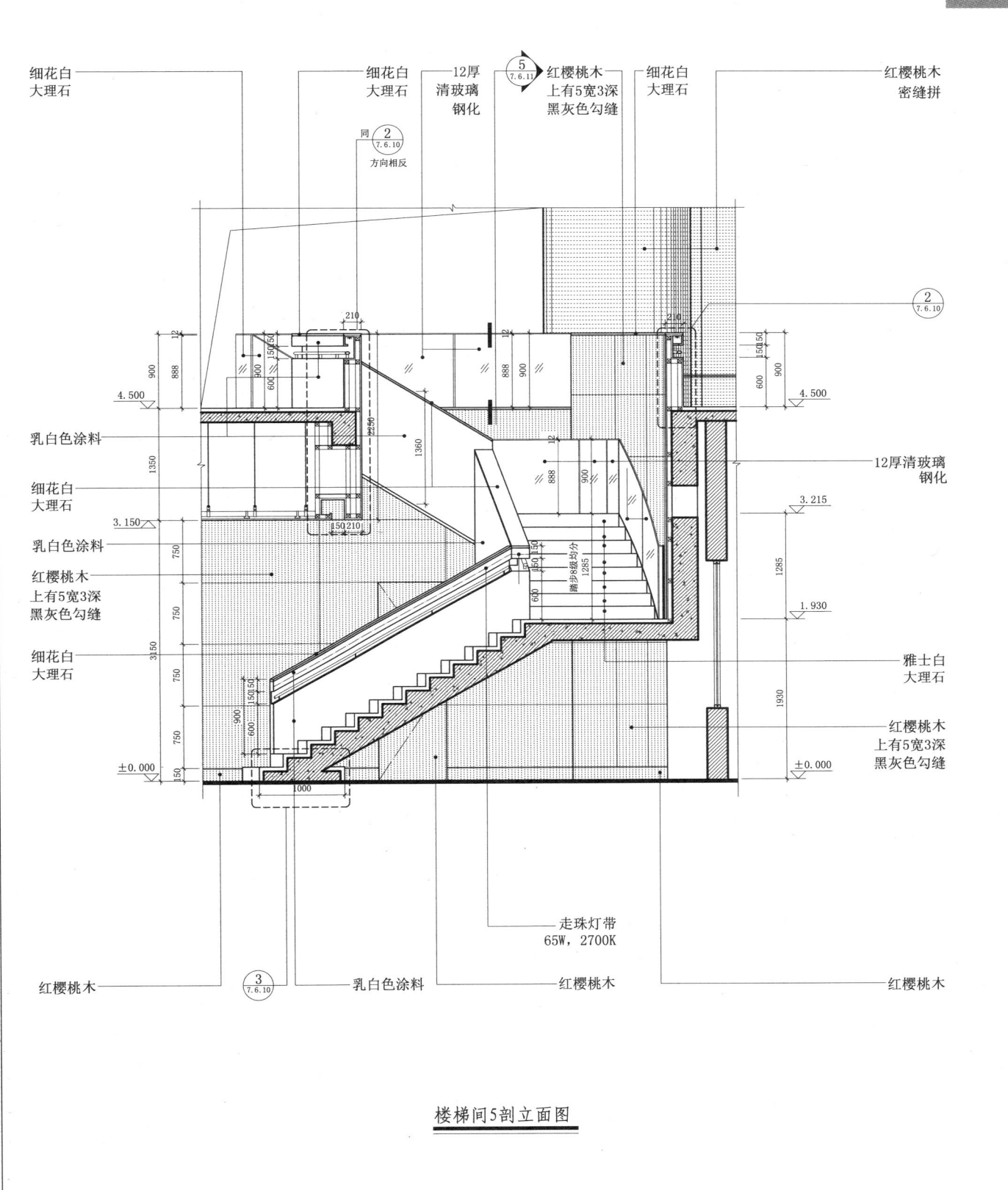

楼梯间5剖立面图

7.6 三跑楼梯

7.6.6

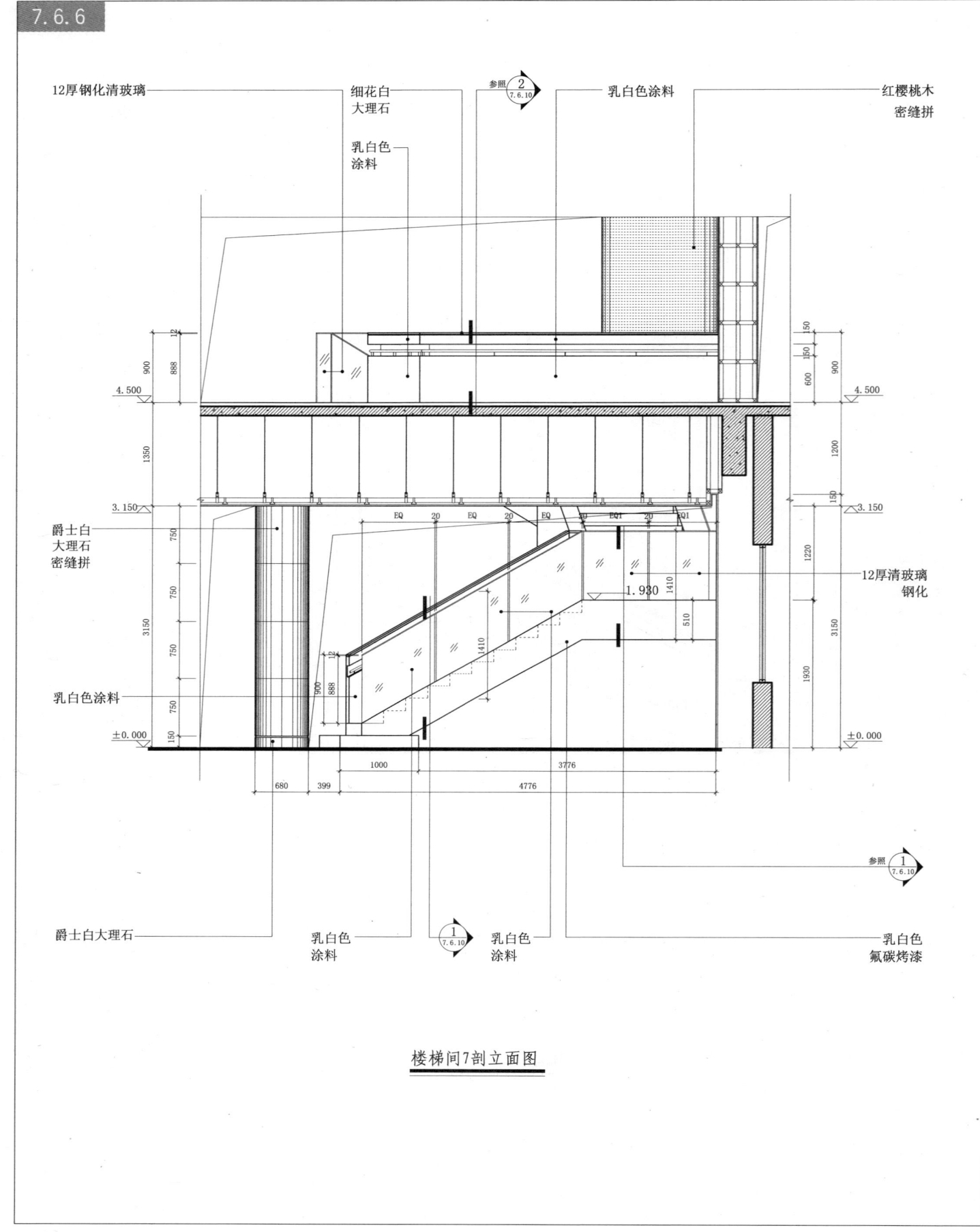

楼梯间7剖立面图

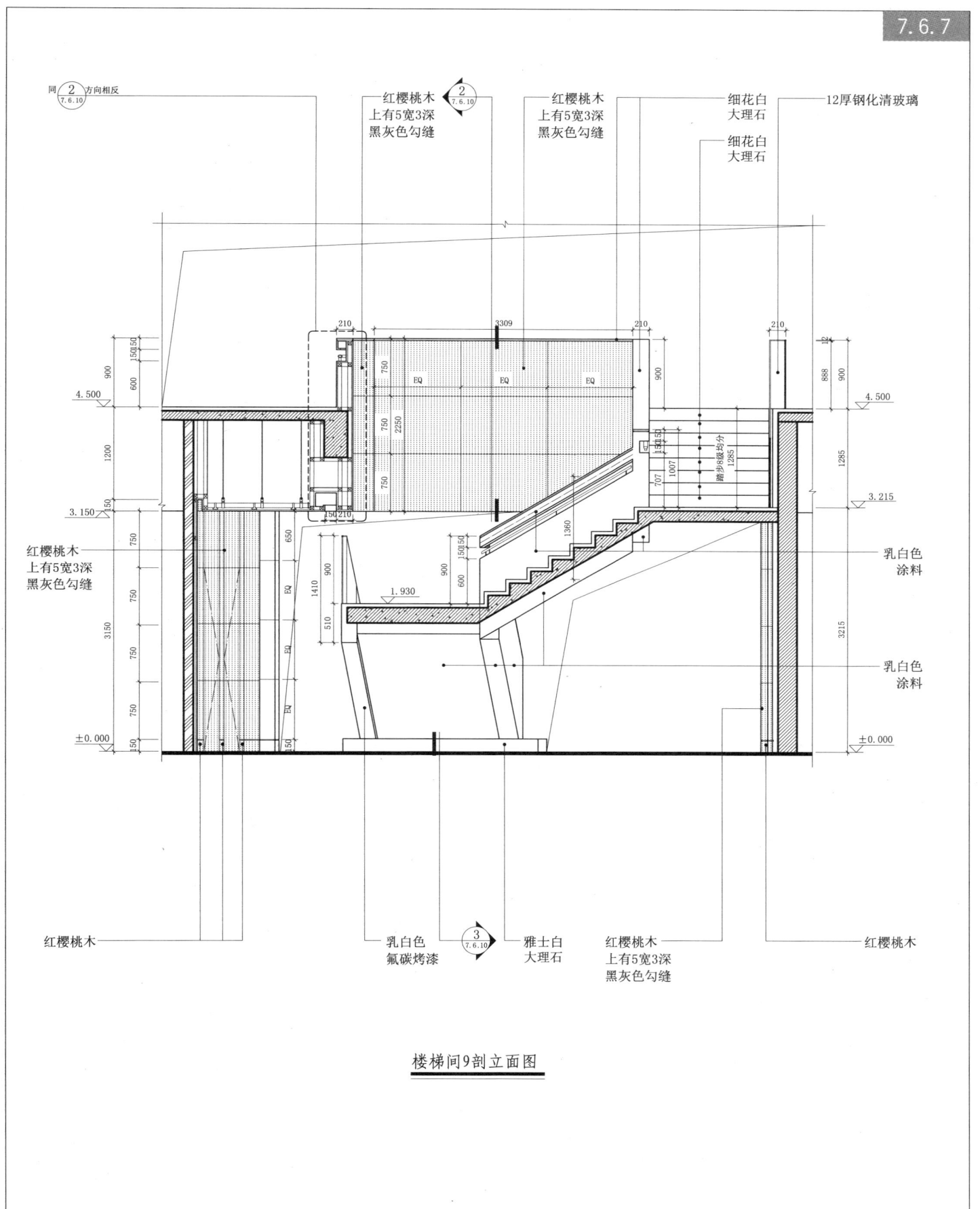

楼梯间9剖立面图

7.6 三跑楼梯

7.6.8

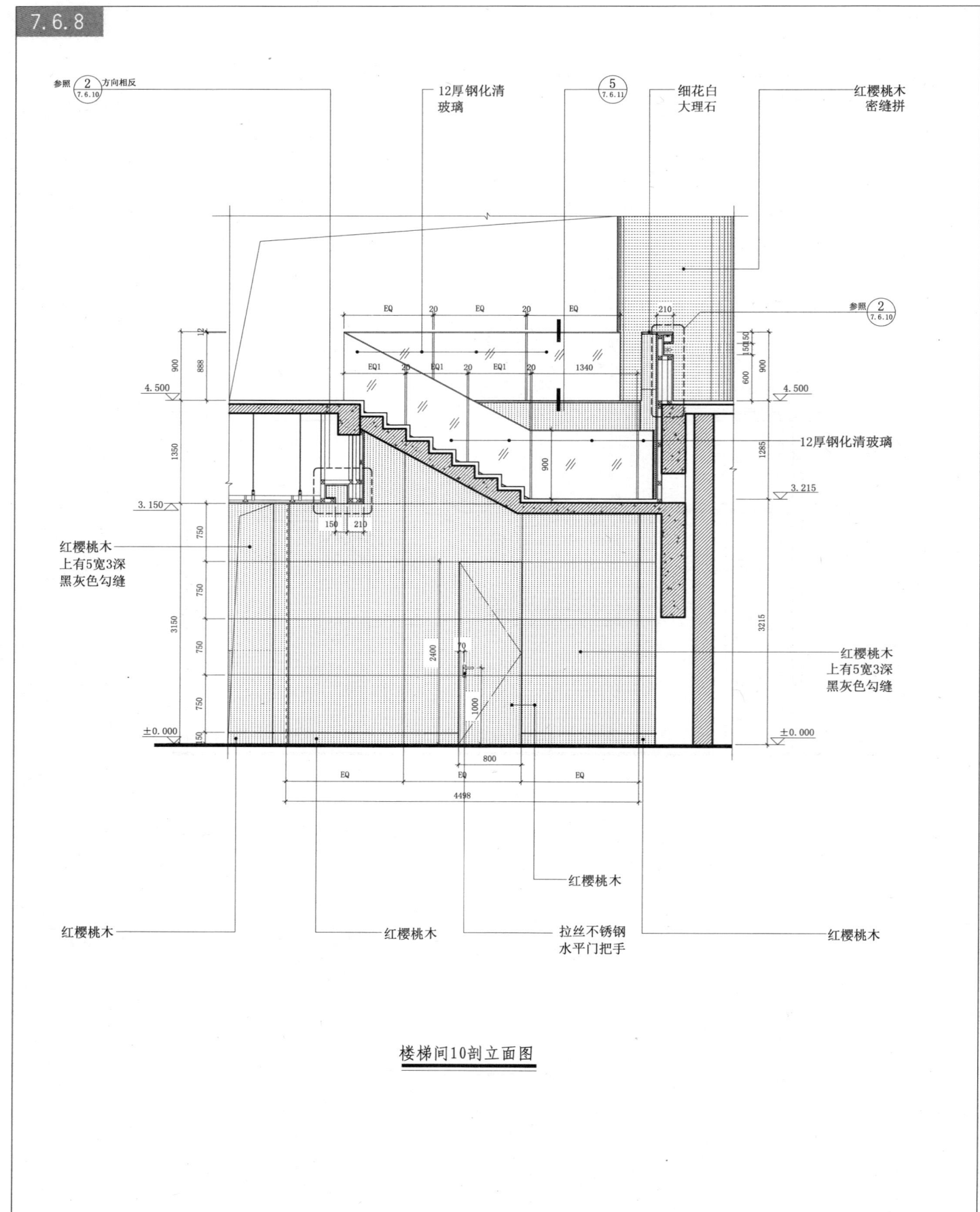

楼梯间10剖立面图

7.6 三跑楼梯

7.6.9

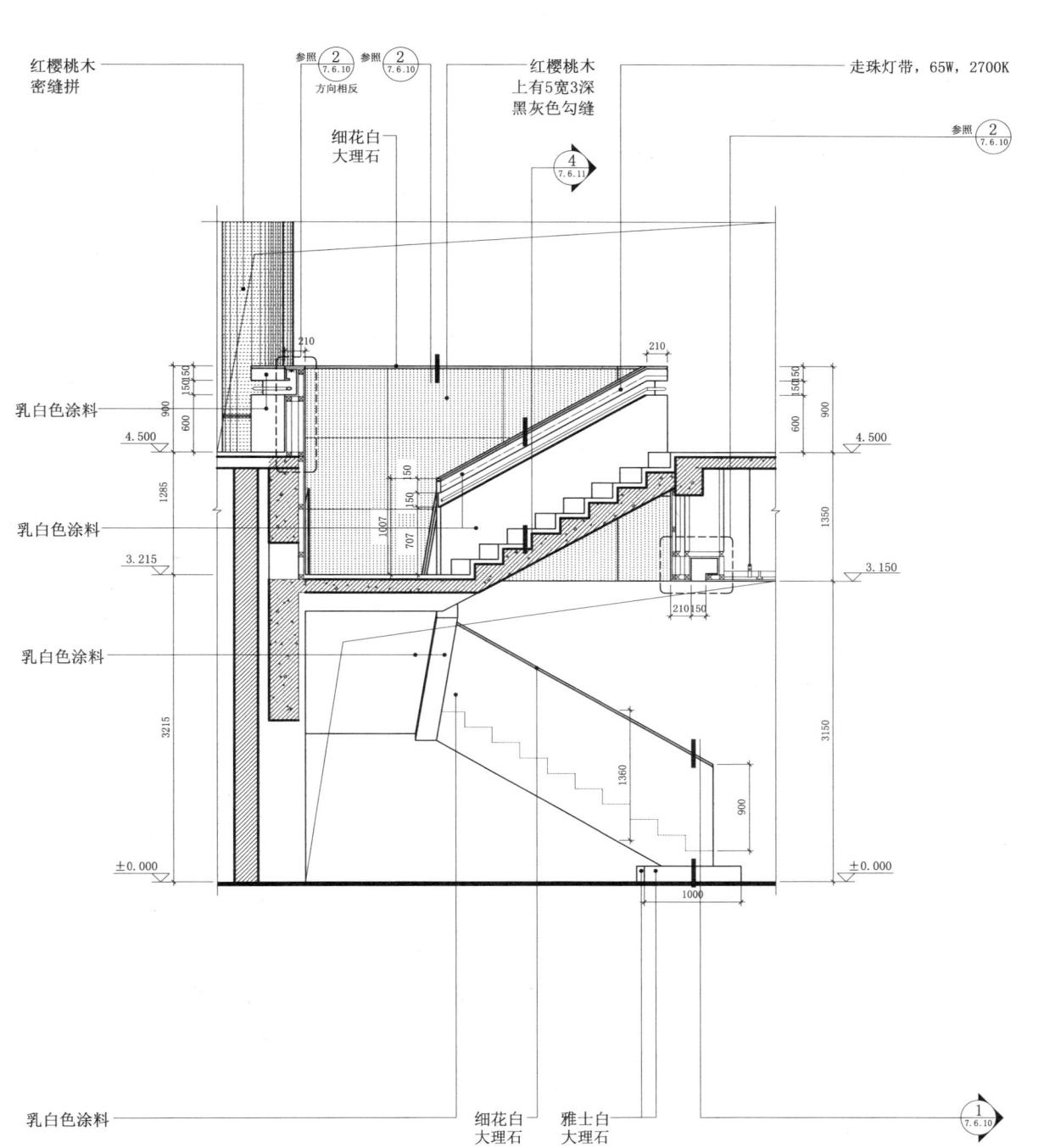

楼梯间11剖立面图

7.6 三跑楼梯

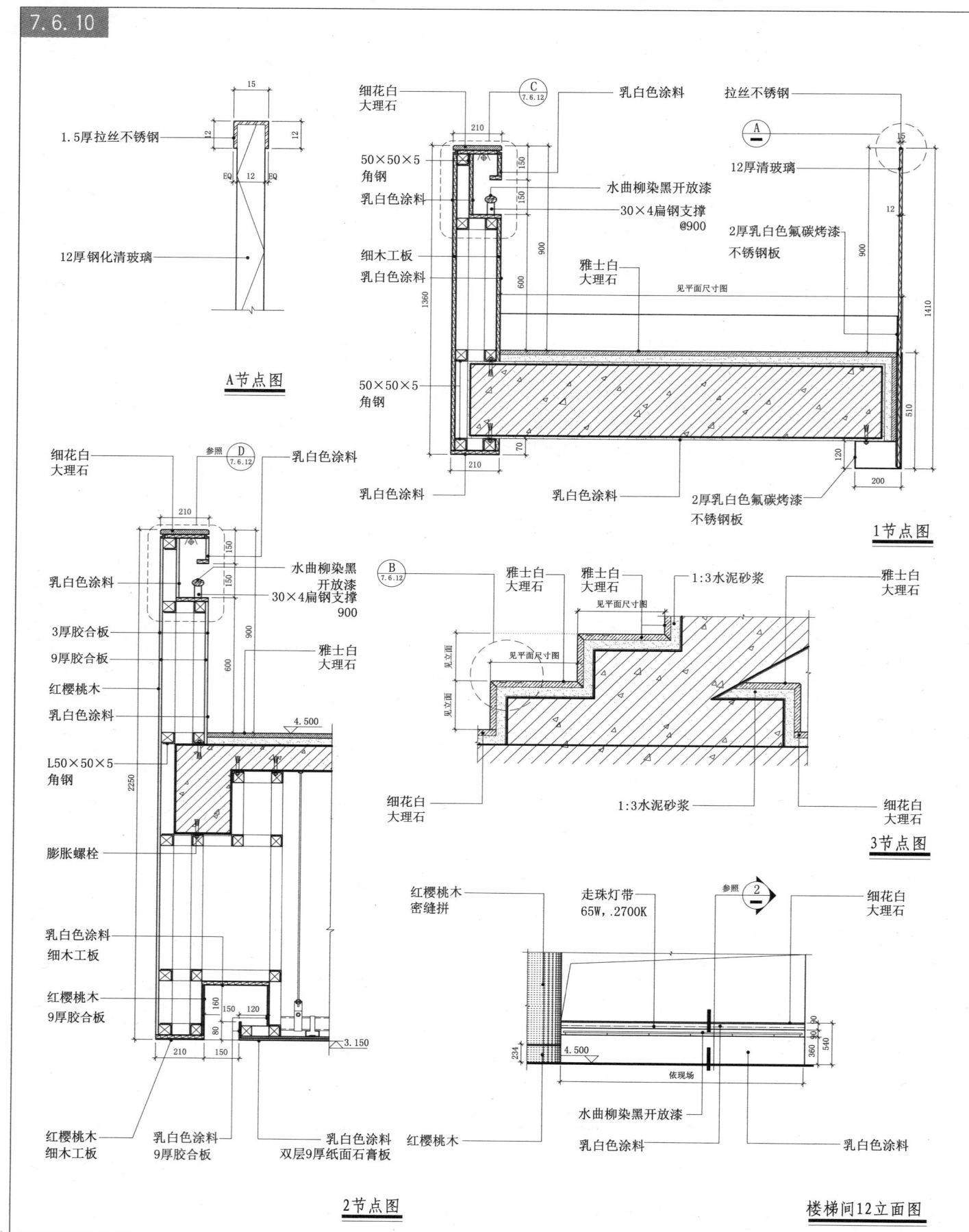

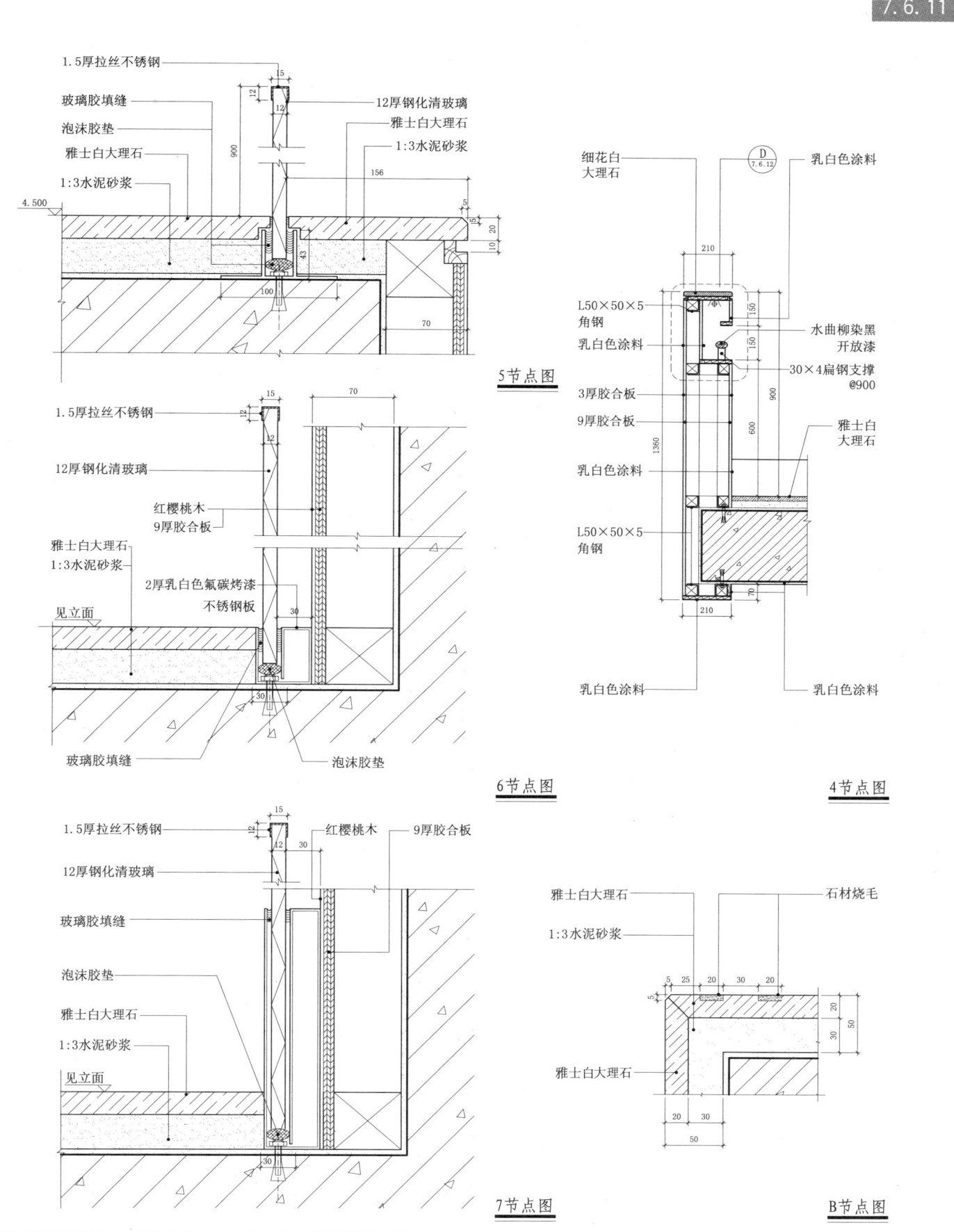

7.6 三跑楼梯

7.6.12

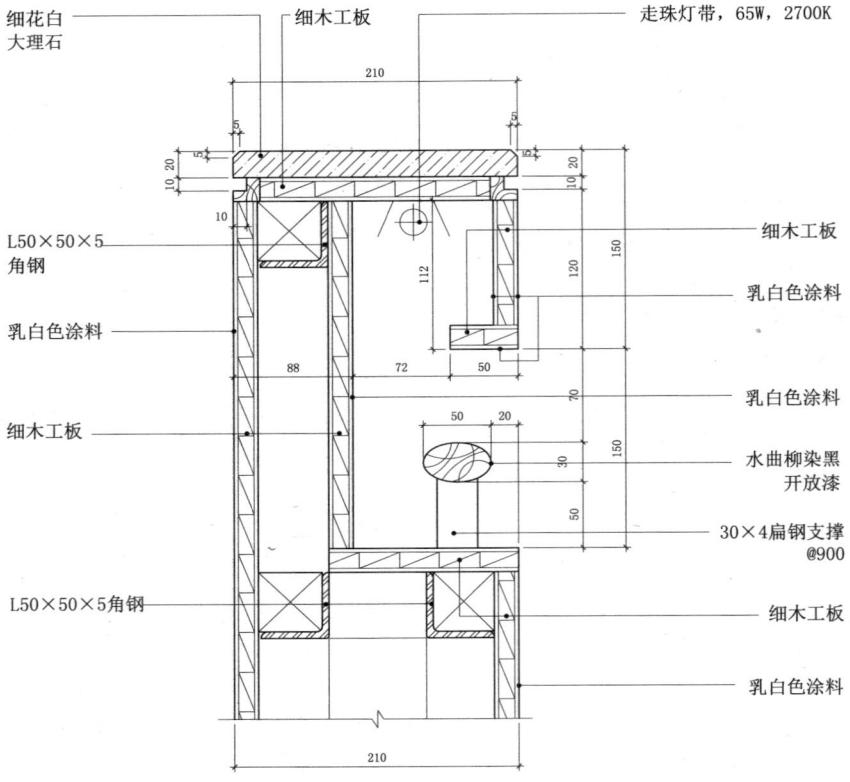

C节点图

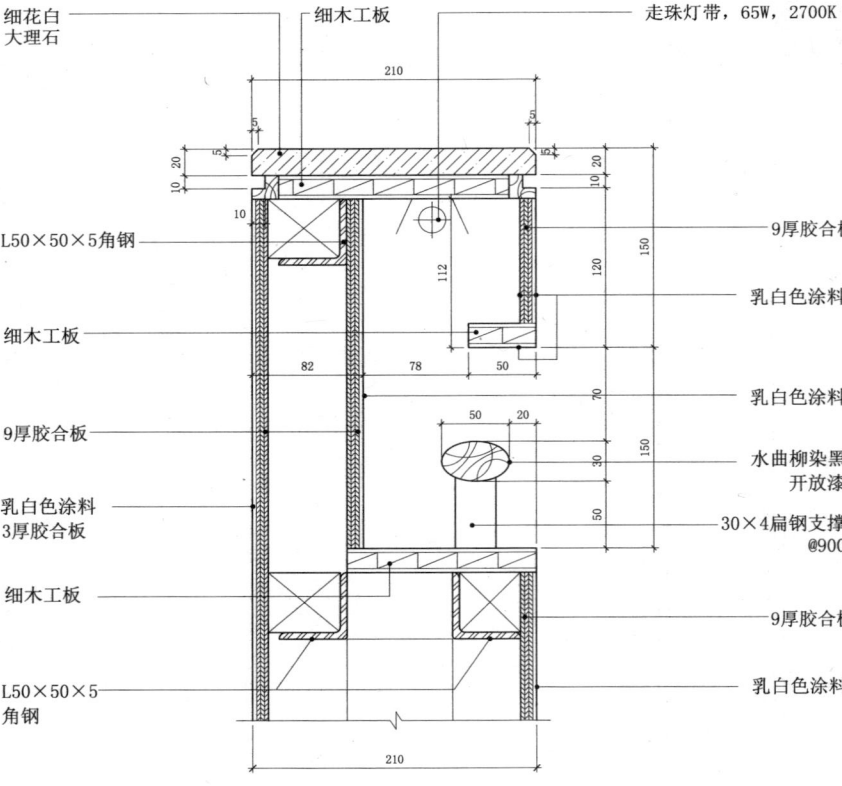

D节点图

7.7.1

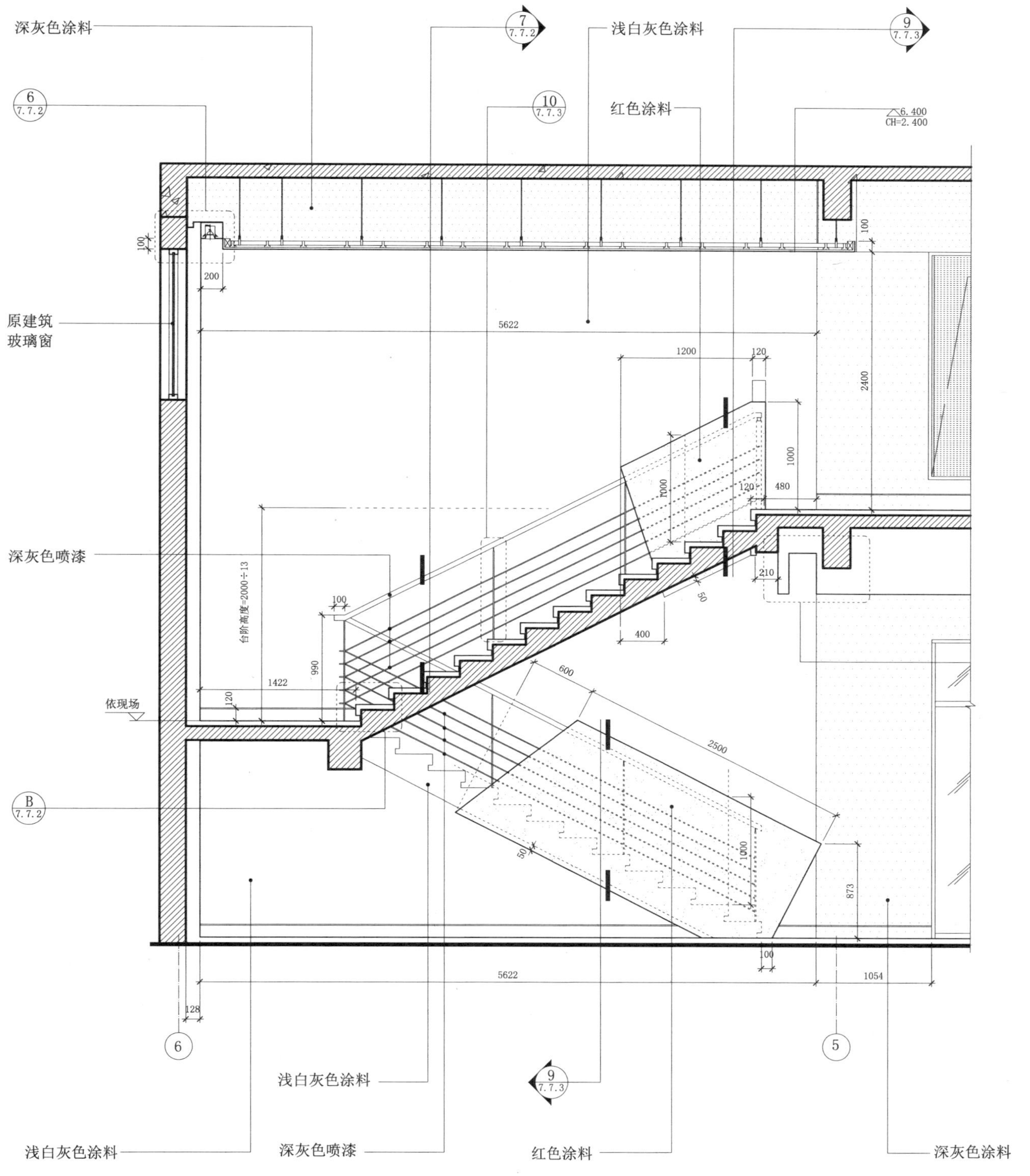
深灰色涂料
浅白灰色涂料
红色涂料
原建筑
玻璃窗
深灰色喷漆
依现场
台阶高度=2000÷13
6.400
CH=2.400
5622
1200
120
2400
1000
480
1422
990
100
200
210
400
600
2500
50
873
1054
128
6
5
7.7.2
7.7.3
B
浅白灰色涂料
浅白灰色涂料
深灰色喷漆
红色涂料
深灰色涂料

B剖立面图

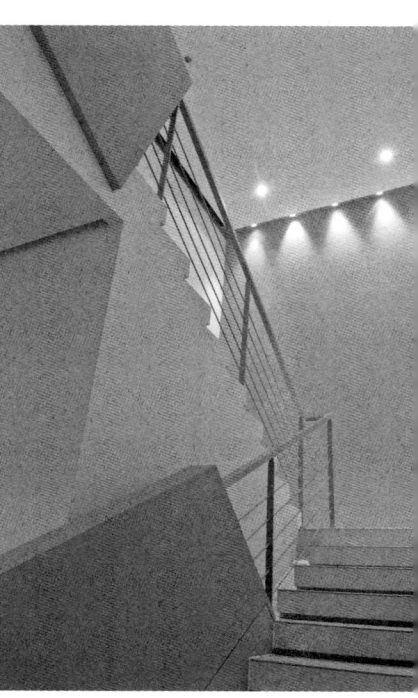

7.7 双跑楼梯

7.7.2

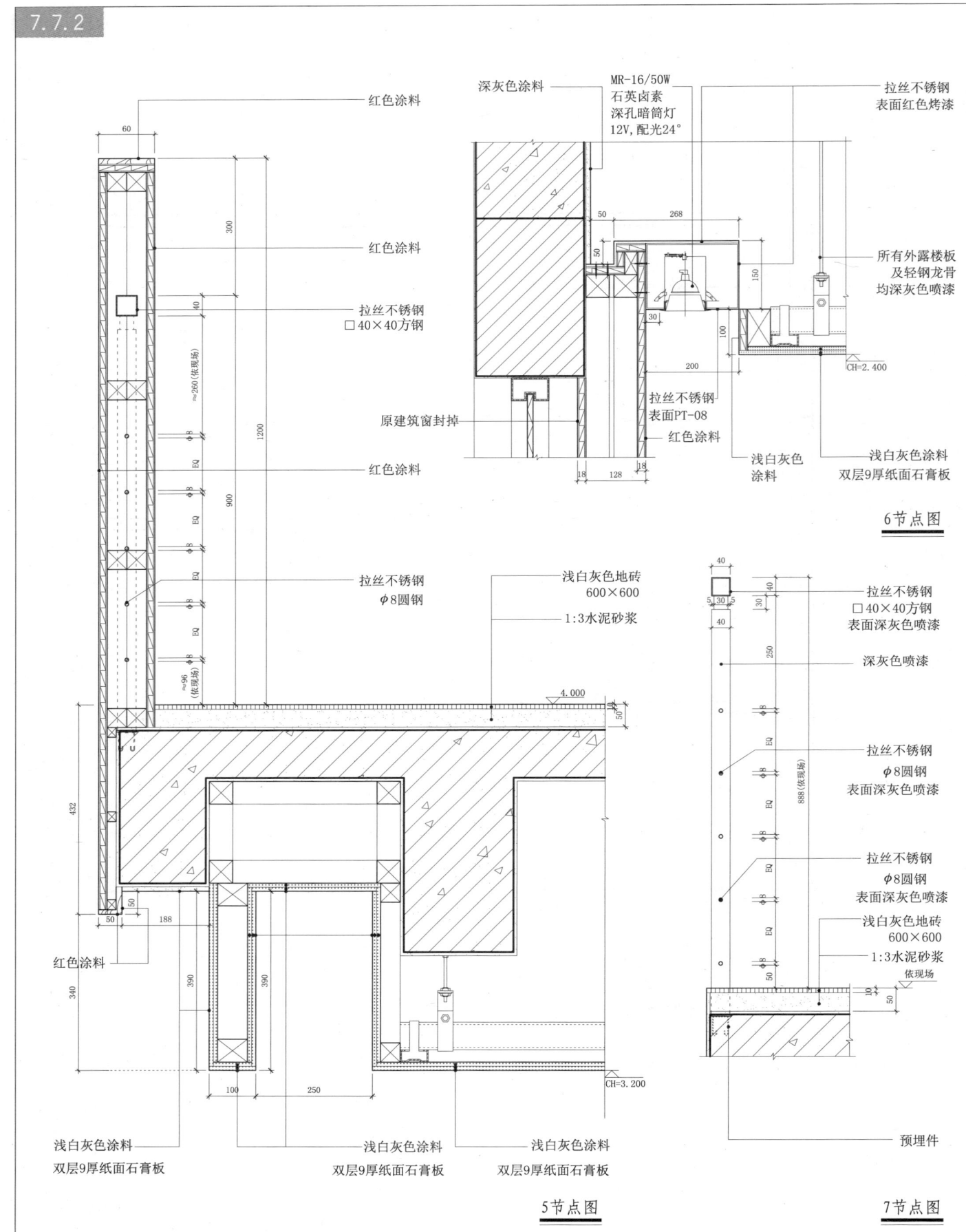

5节点图   6节点图   7节点图

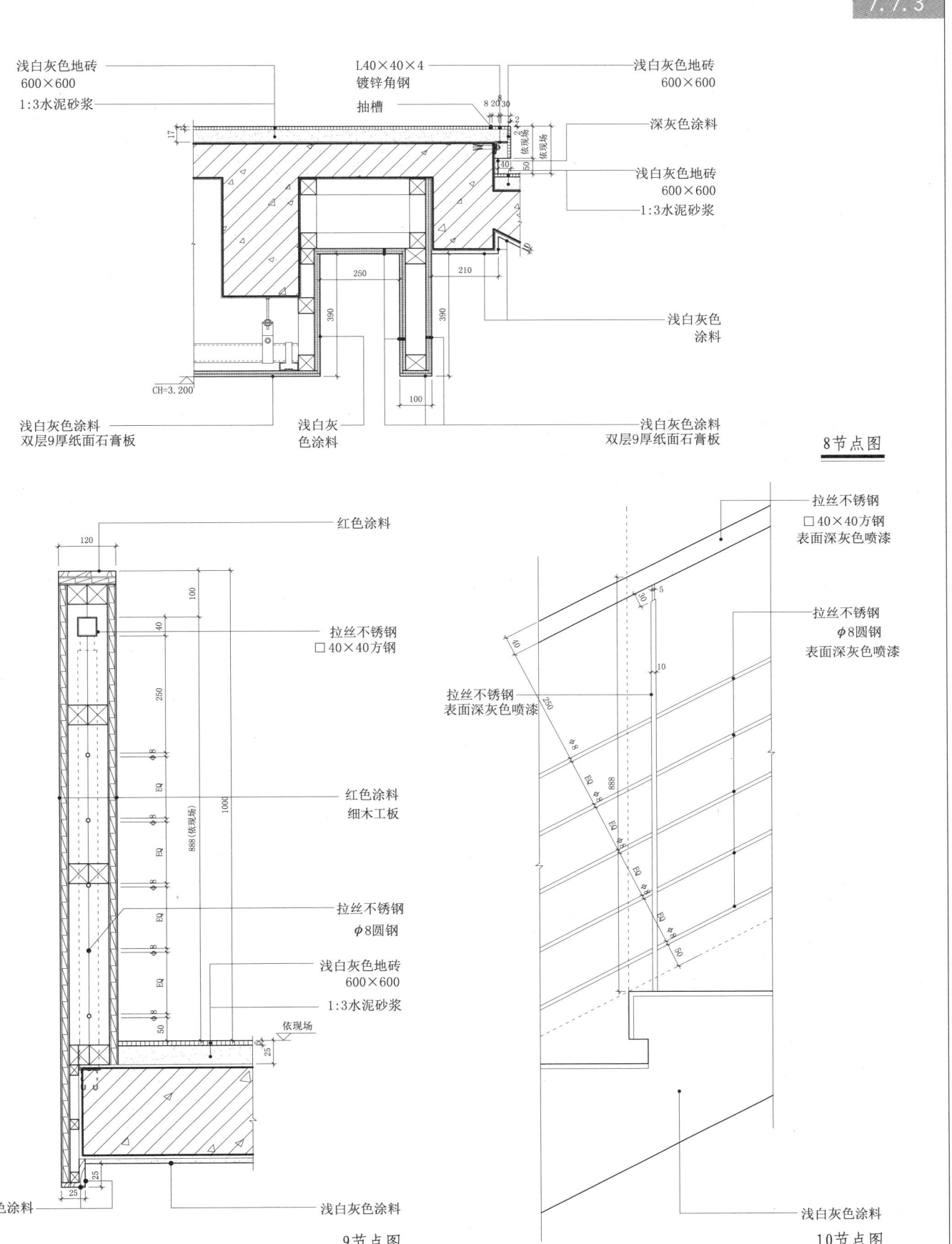

7.7 双跑楼梯

7.7.4

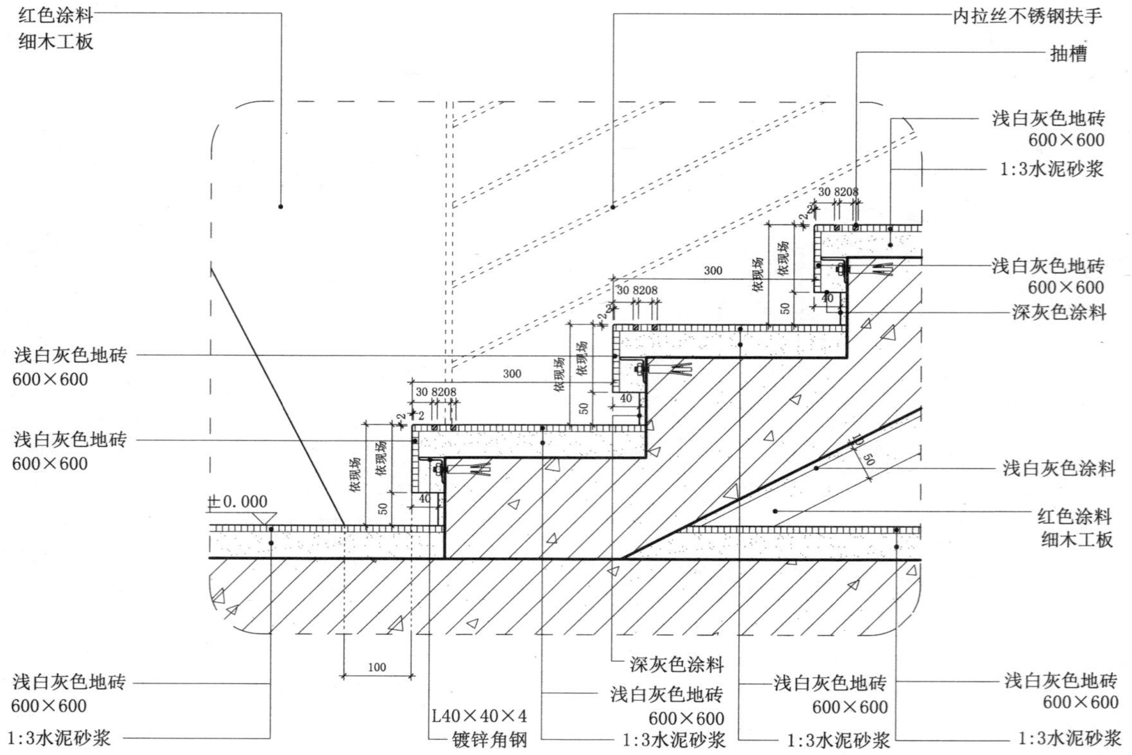

A大样图

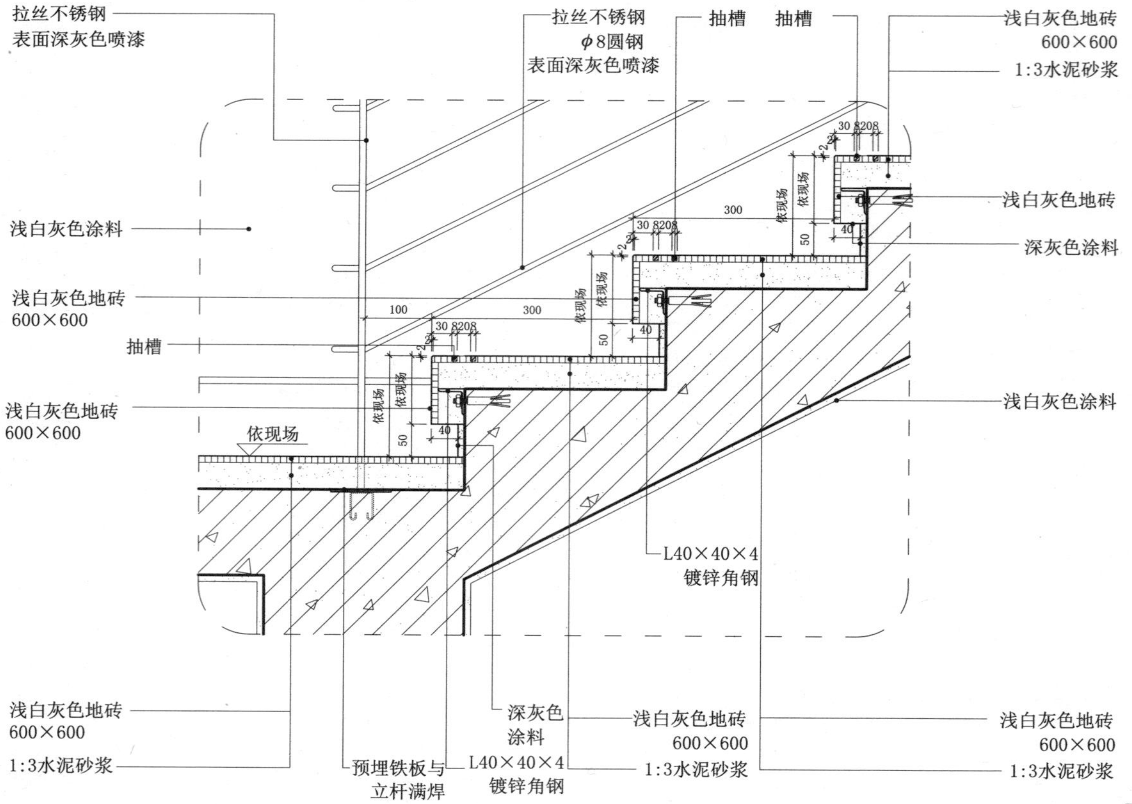

标注：
- 红色涂料 细木工板
- 内拉丝不锈钢扶手
- 抽槽
- 浅白灰色地砖 600×600
- 1:3水泥砂浆
- 深灰色涂料
- 浅白灰色涂料
- 红色涂料 细木工板
- L40×40×4 镀锌角钢

B大样图

标注：
- 拉丝不锈钢 表面深灰色喷漆
- 拉丝不锈钢 φ8圆钢 表面深灰色喷漆
- 抽槽
- 浅白灰色地砖 600×600
- 1:3水泥砂浆
- 浅白灰色涂料
- 深灰色涂料
- 预埋铁板与立杆满焊
- L40×40×4 镀锌角钢

7.8 金属栏杆扶手

7 楼梯及扶手栏杆构造 · 金属构造

1节点图

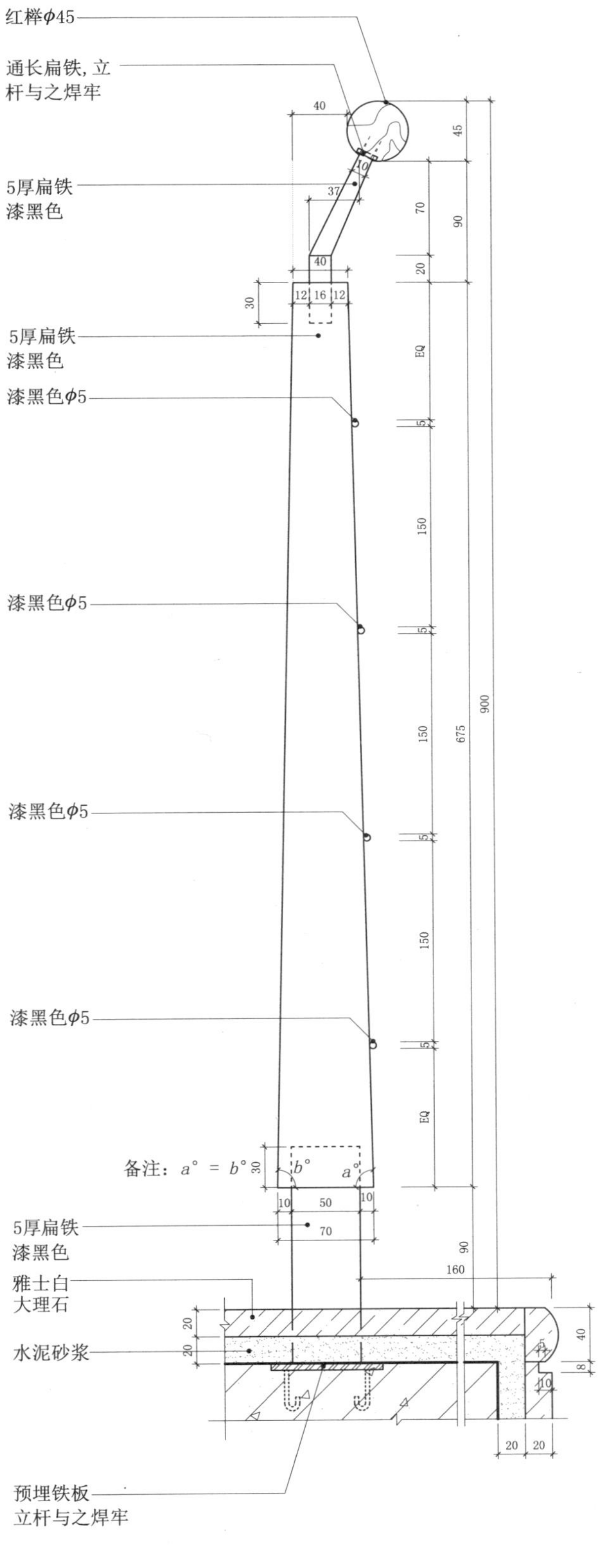

- 红榉 φ45
- 通长扁铁，立杆与之焊牢
- 5厚扁铁 漆黑色
- 5厚扁铁 漆黑色
- 漆黑色 φ5
- 漆黑色 φ5
- 漆黑色 φ5
- 漆黑色 φ5
- 备注：a°＝b°
- 5厚扁铁 漆黑色
- 雅士白大理石
- 水泥砂浆
- 预埋铁板 立杆与之焊牢

2节点图

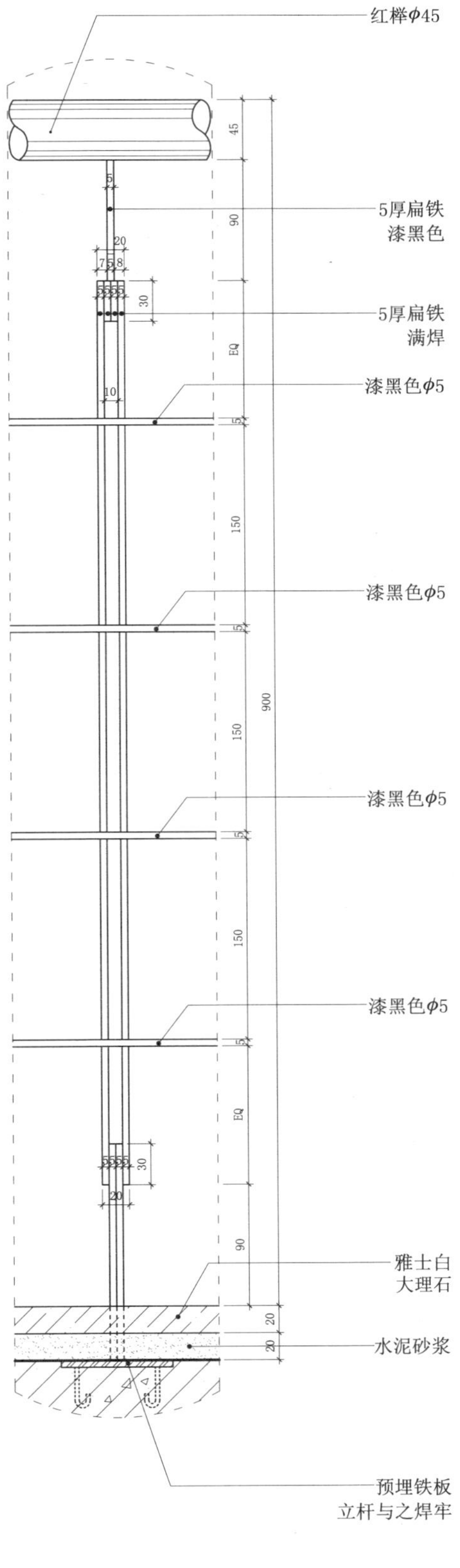

- 红榉 φ45
- 5厚扁铁 漆黑色
- 5厚扁铁 满焊
- 漆黑色 φ5
- 漆黑色 φ5
- 漆黑色 φ5
- 漆黑色 φ5
- 雅士白大理石
- 水泥砂浆
- 预埋铁板 立杆与之焊牢

7.9 玻璃接驳点栏板扶手

7.9.1

玻璃扶手节点图

玻璃扶手节点图

1节点图

7.9 玻璃接驳点栏板扶手

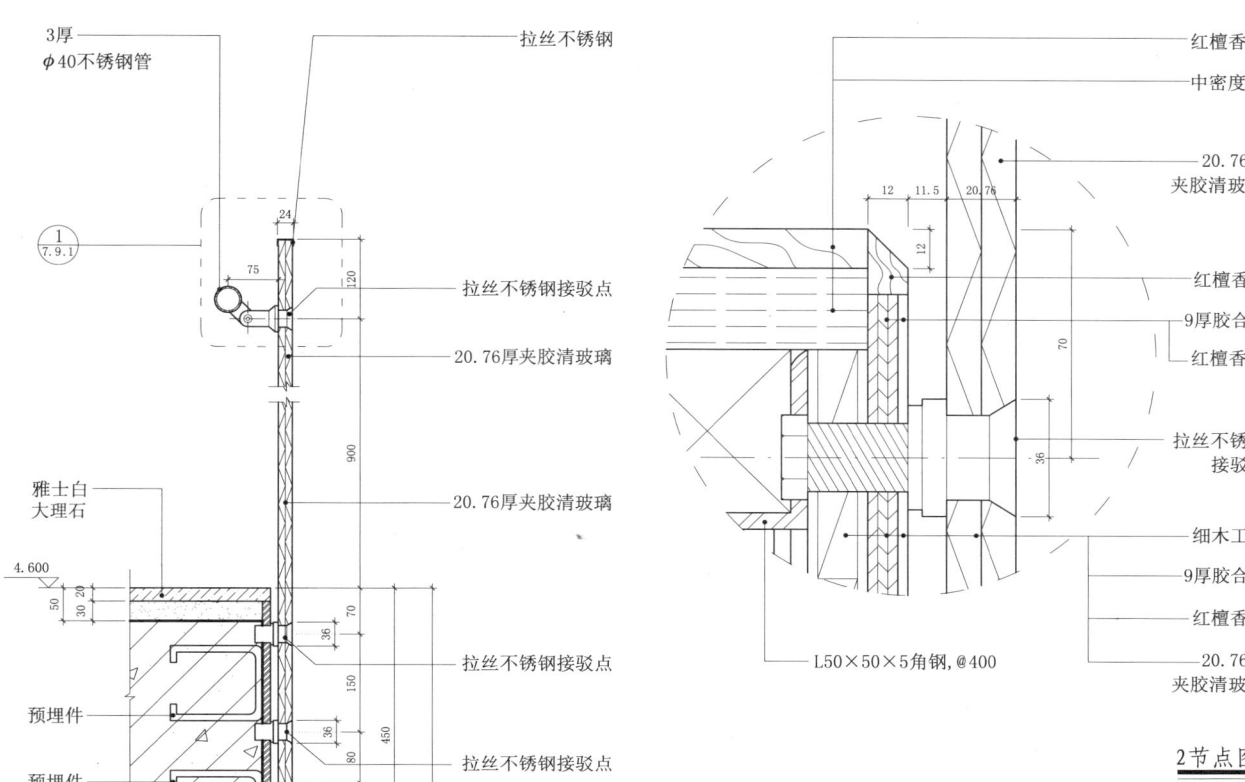

玻璃扶手节点图

2节点图

3节点图

7.10 楼梯转角扶手

7 楼梯及扶手、栏杆构造·西方古典风格

7.10.1

- φ80抛光铜管
- 红榉木（清水）
- 杜邦可丽耐（灰白色）
- 灯具
- 米黄大理石基座
- 20×40抛光铜竖管
- 大理石踏步

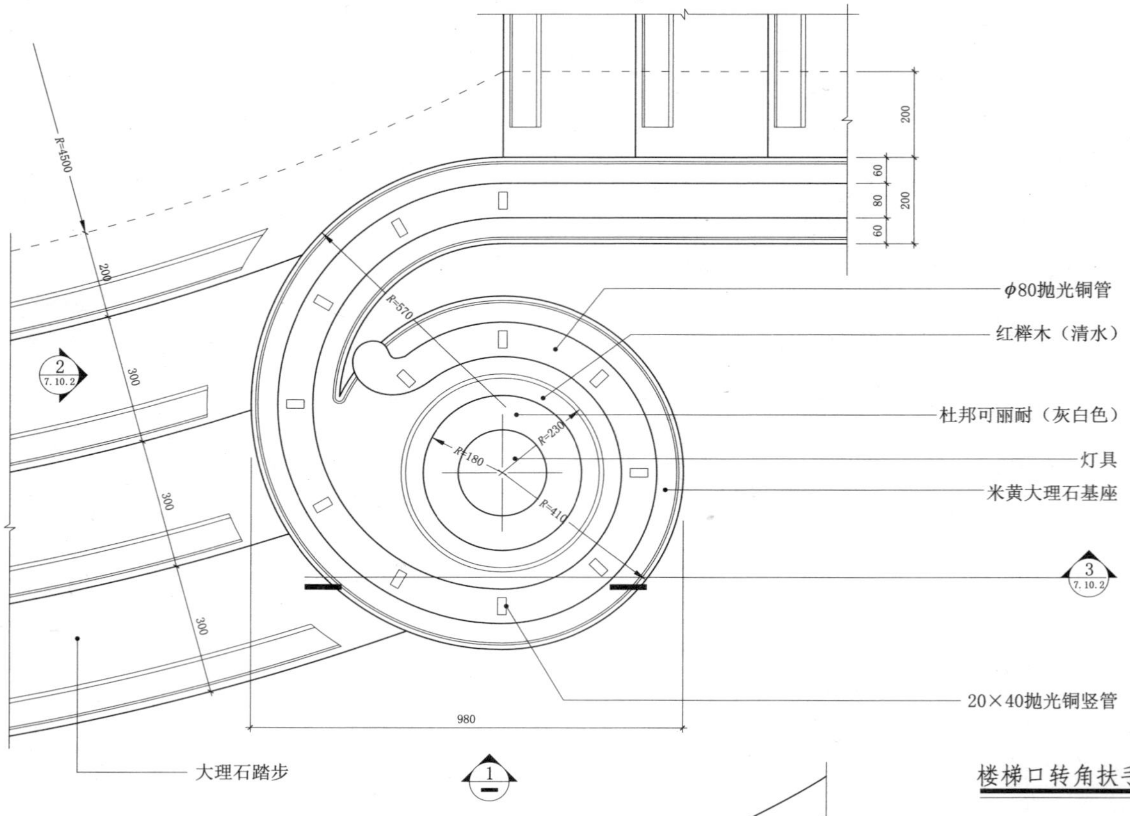

楼梯口转角扶手平面图

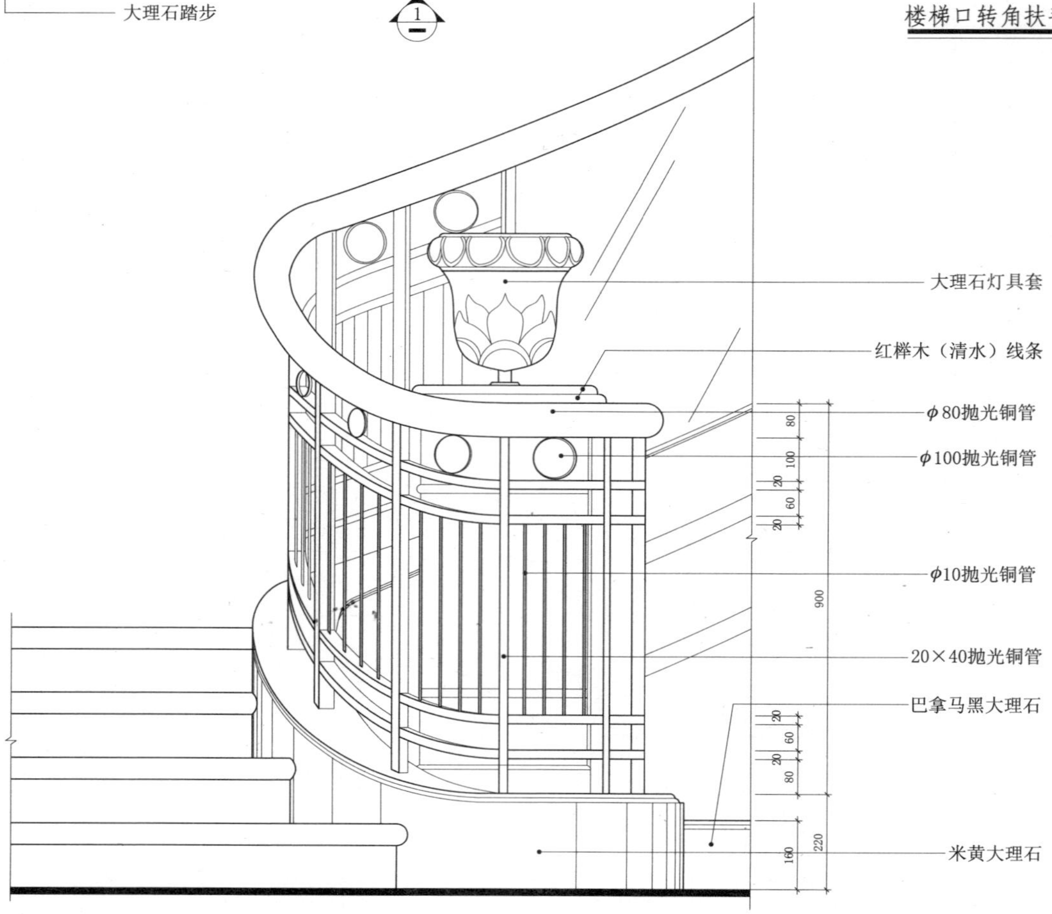

- 大理石灯具套
- 红榉木（清水）线条
- φ80抛光铜管
- φ100抛光铜管
- φ10抛光铜管
- 20×40抛光铜竖管
- 巴拿马黑大理石
- 米黄大理石

1立面图

7.10.2

7.10 楼梯转角扶手

7 楼梯及扶手、栏杆构造·西方古典风格

φ100抛光铜管
大理石灯具
φ80抛光铜管
φ10抛光铜管
20×40抛光铜管
米黄大理石

2 立面图

φ100抛光铜管
钢化玻璃
大理石灯具
φ80抛光铜管
红榉木(清水)
红榉木(清水)
杜邦可丽耐(灰白色)(由厂方安装)
红榉木(清水)
米黄大理石

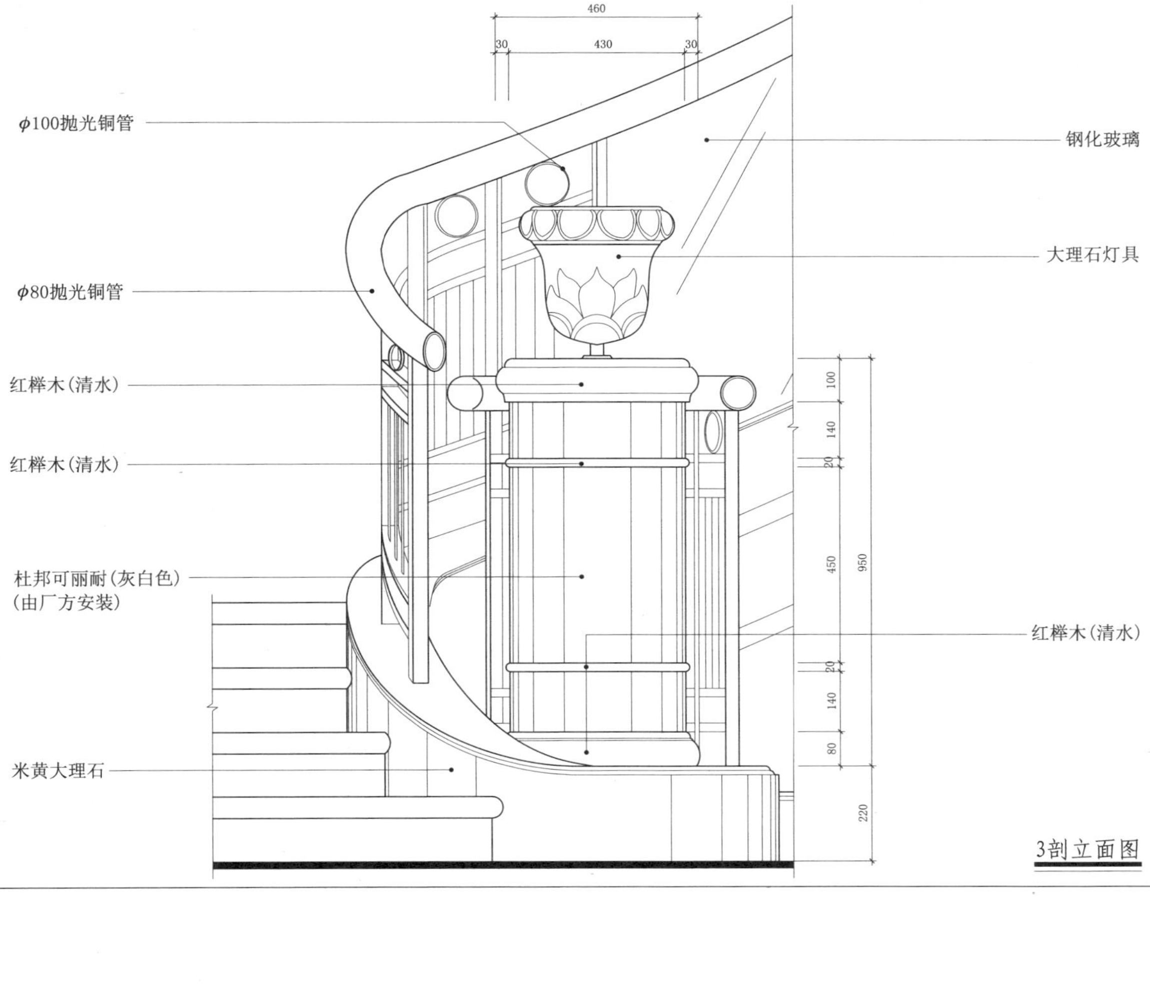

3 剖立面图

7.11 楼梯透光栏板节点

7 楼梯及扶手、栏杆构造

7.11.1

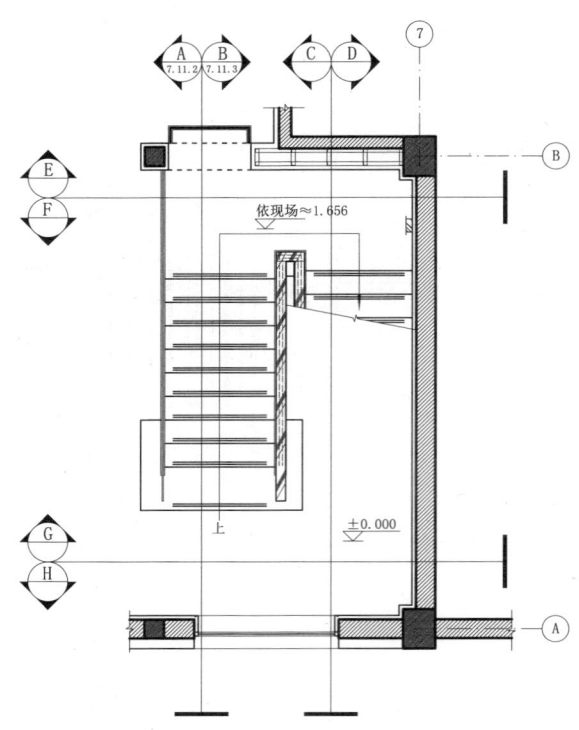

1. 一层楼梯间平面大样图
2. 楼梯间平面装修立面索引图

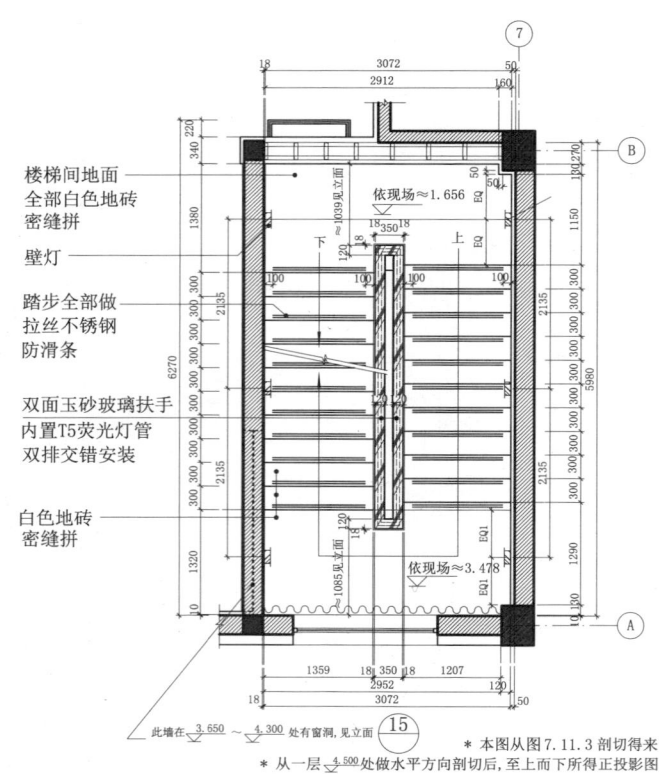
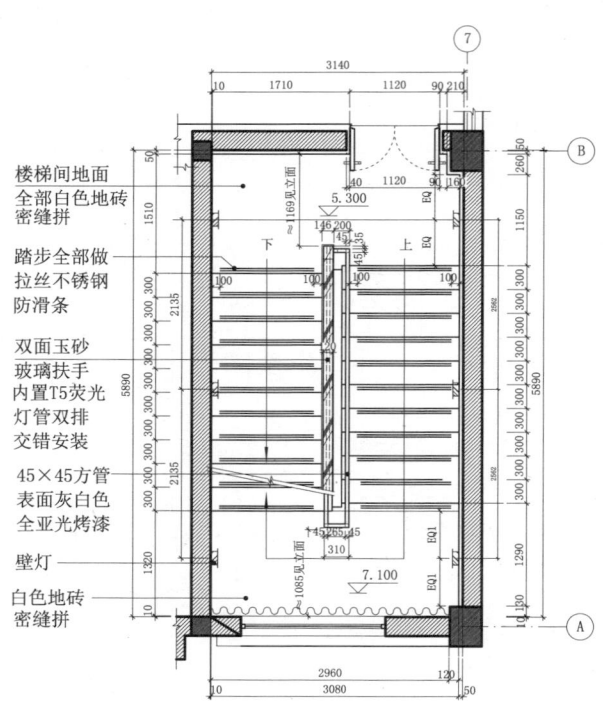

3. 一层半楼梯间平面大样图
4. 二层楼梯间平面大样图

7.11 楼梯透光栏板节点

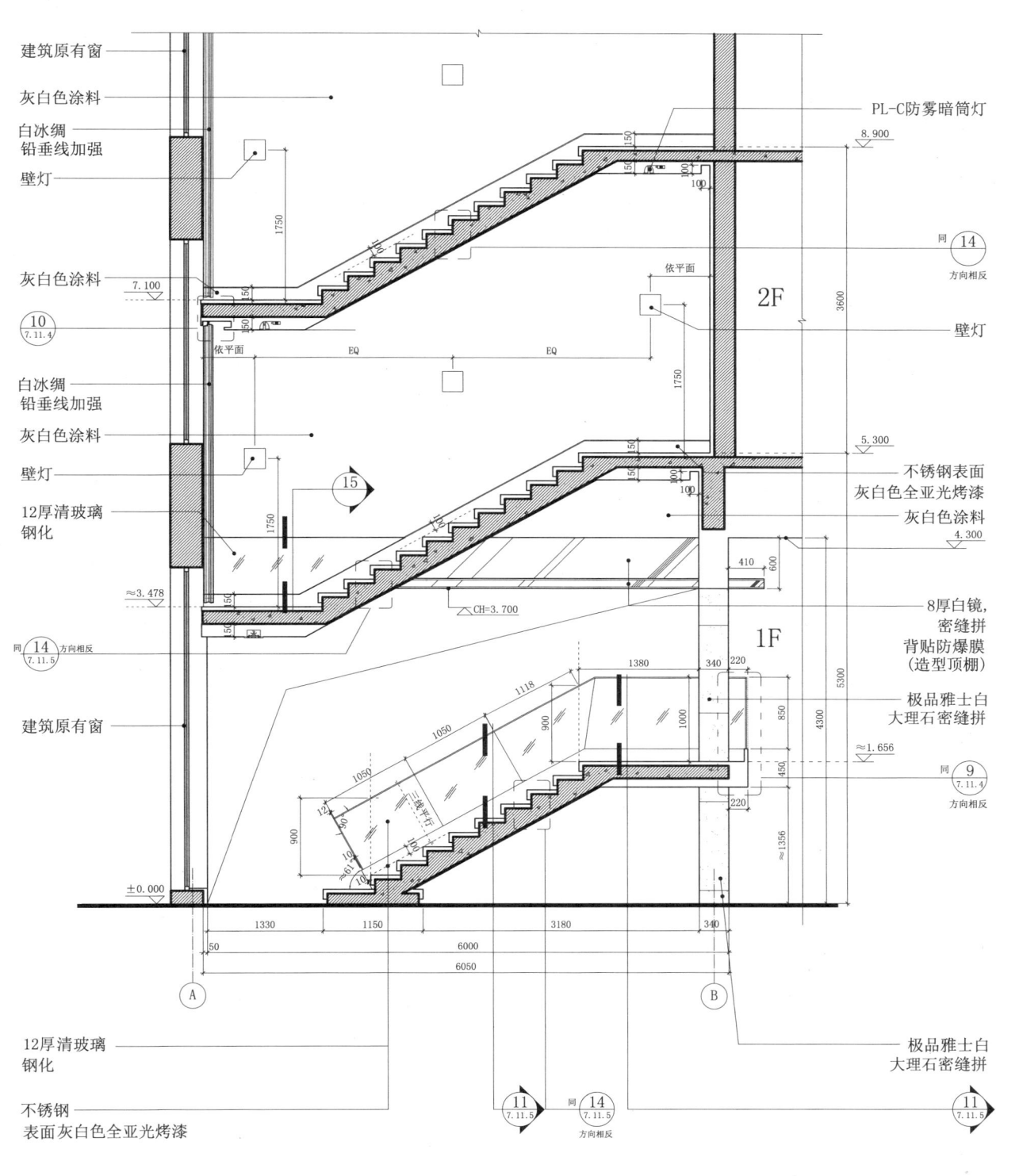

A楼梯间剖立面图

7.11 楼梯透光栏板节点

7.11.3

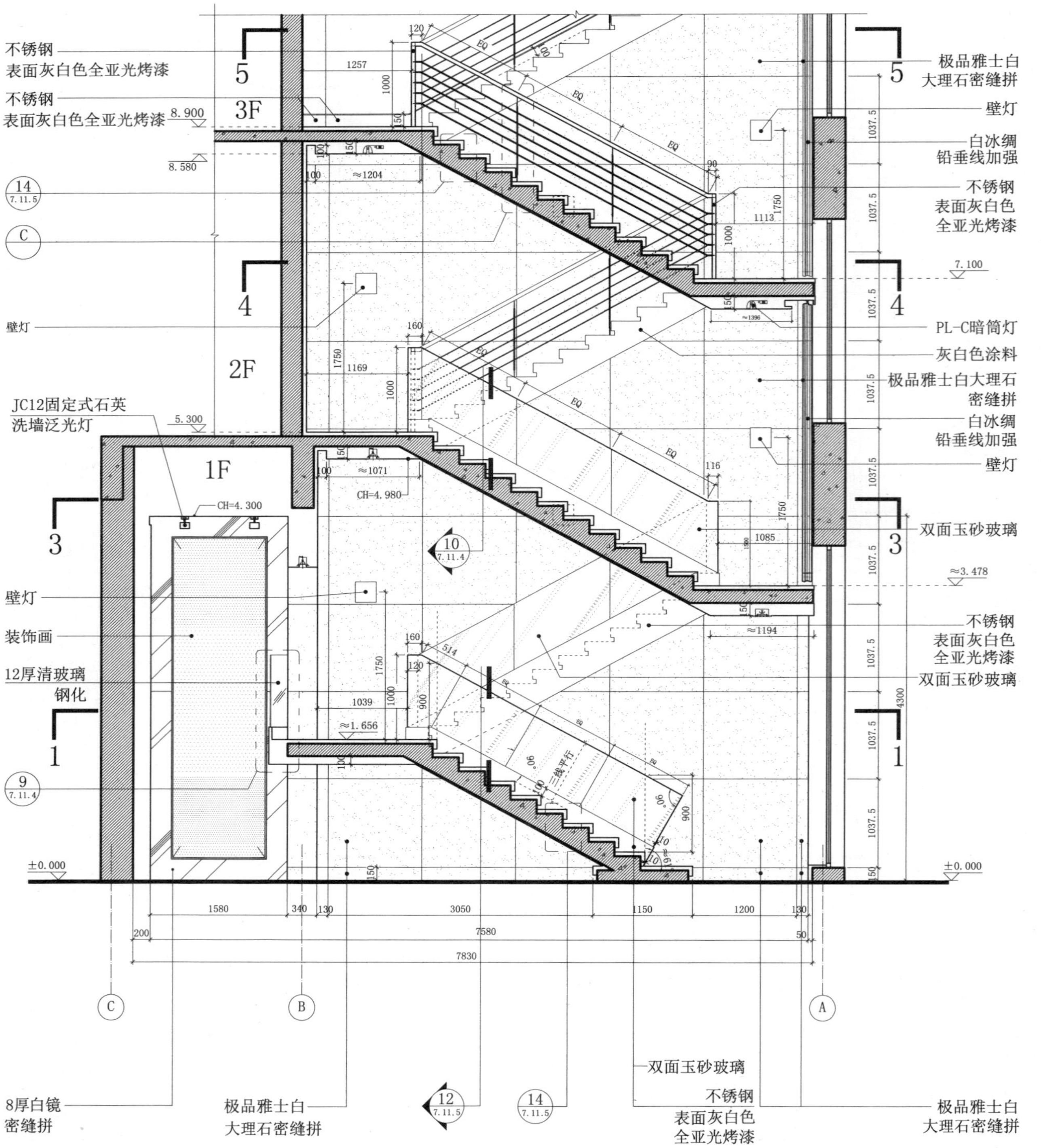

B楼梯间剖立面图

7.11 楼梯透光栏板节点

7.11.4

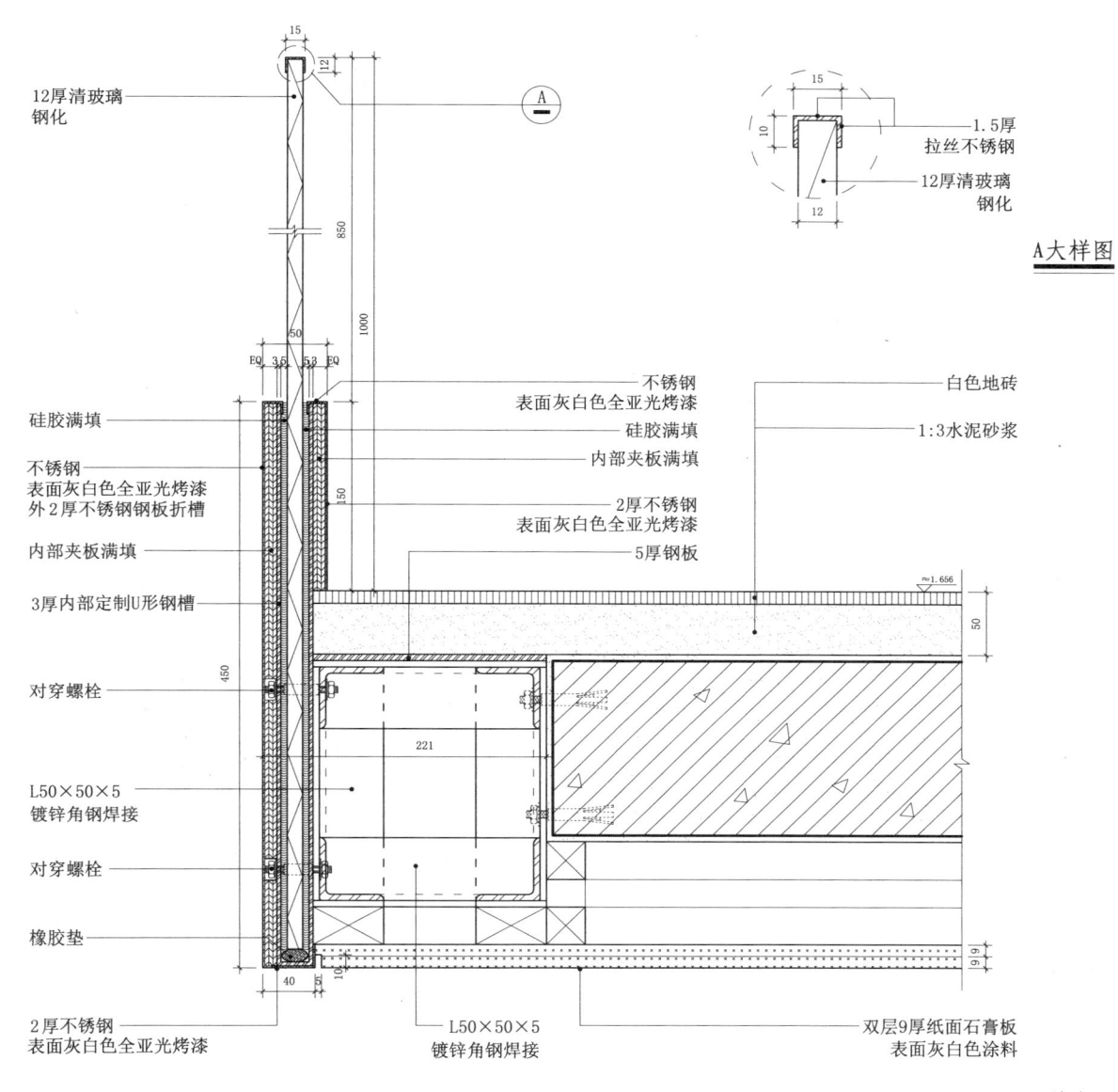

A大样图

9节点图

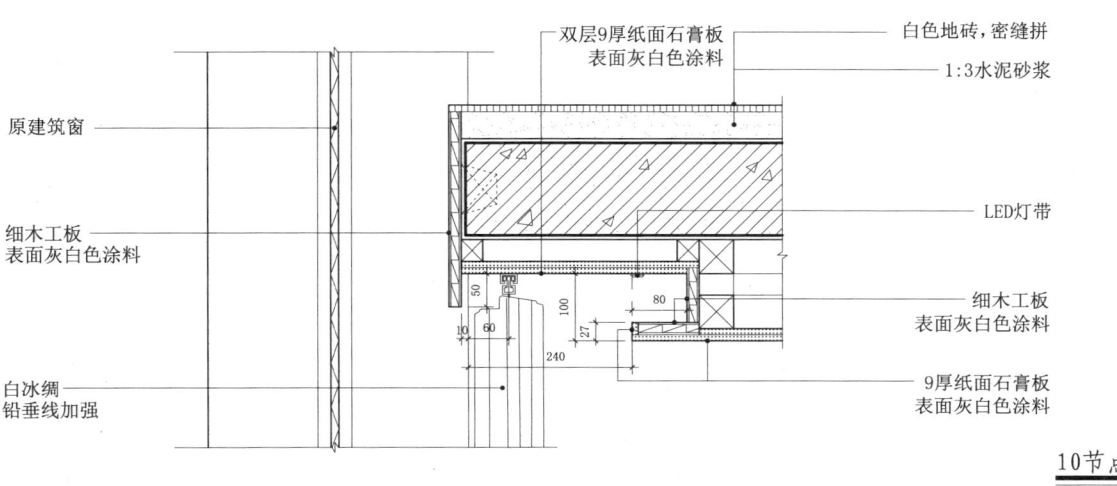

10节点图

7.11 楼梯透光栏板节点

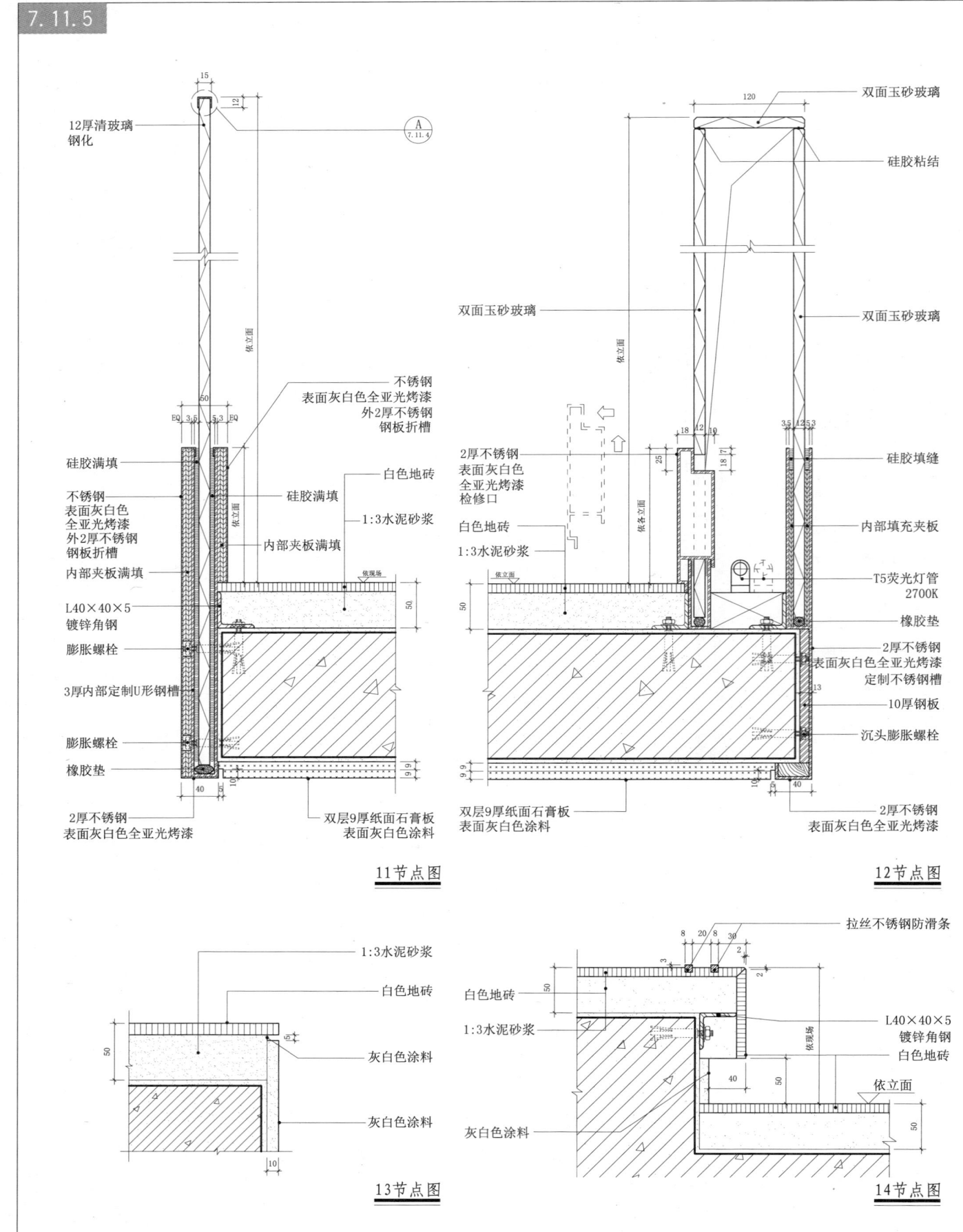

7.12 楼梯扶手及踏步

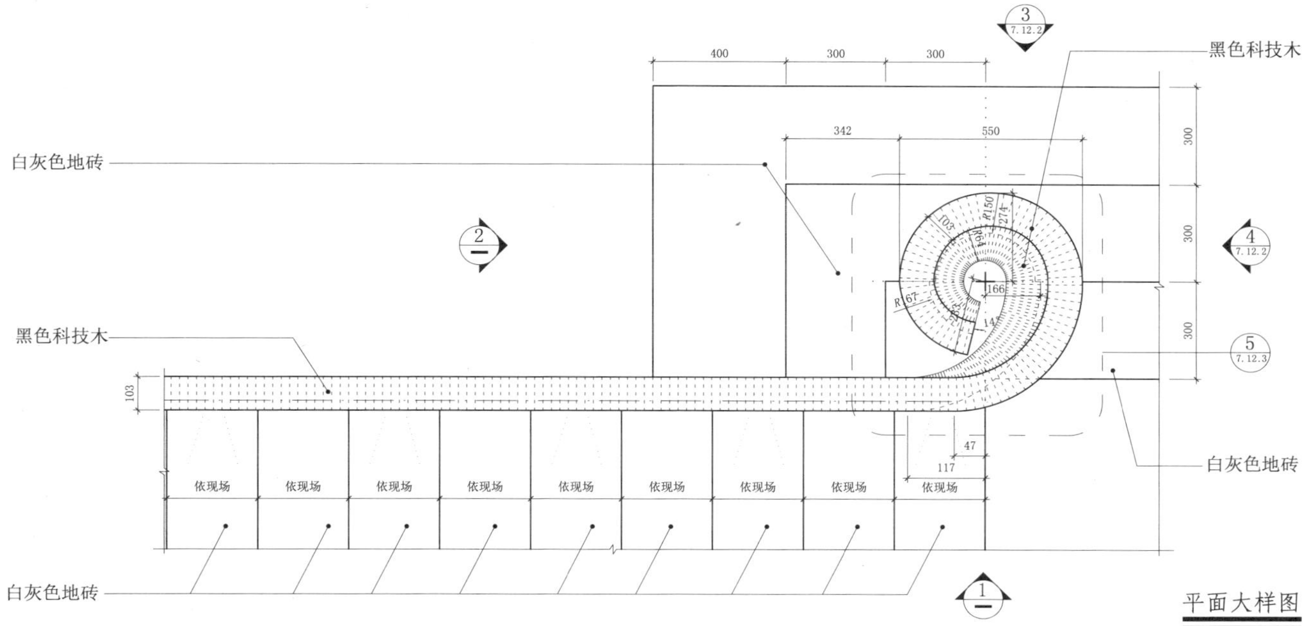

7 楼梯及扶手、栏杆构造

7.12.1

平面大样图

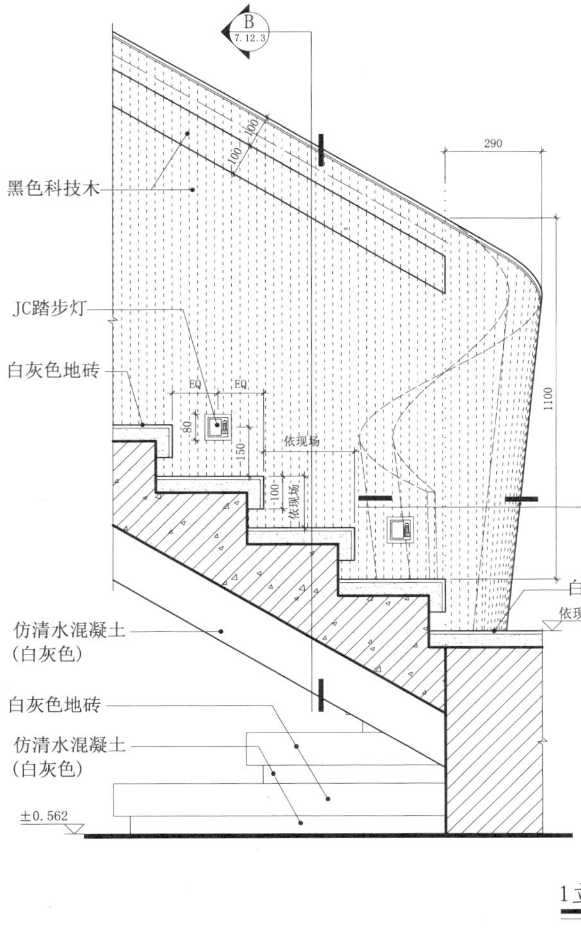

1立面图

2立面图

标注文字：
- 白灰色地砖
- 黑色科技木
- 依现场
- JC踏步灯
- 仿清水混凝土（白灰色）
- 印度铁力木
- 参照 B/7.12.3 方向相反
- 同 A/7.12.3 方向不同

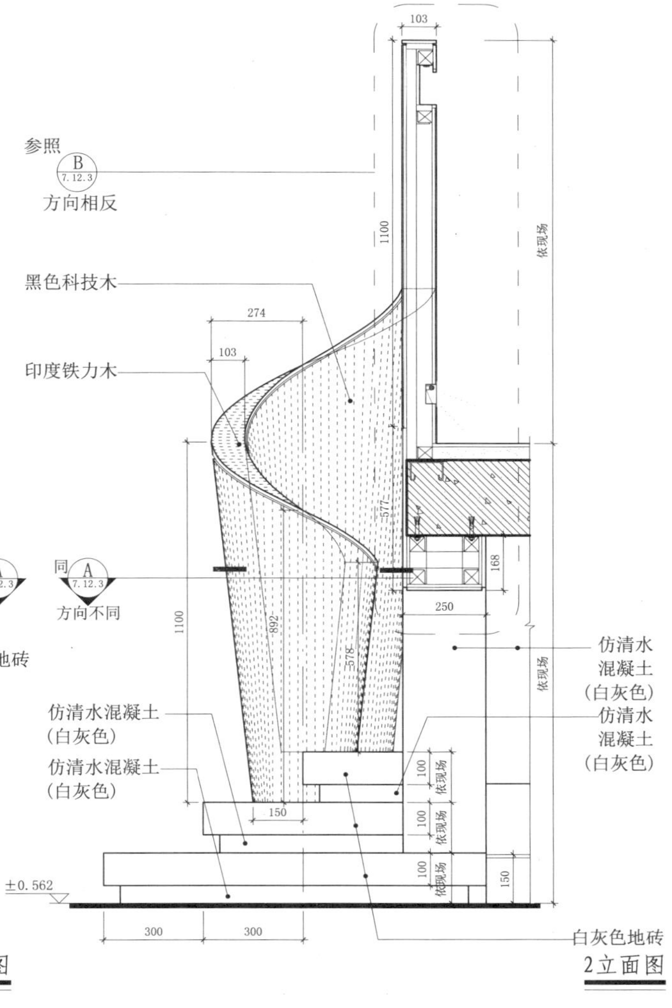

7.12 楼梯扶手及踏步

7.12.2

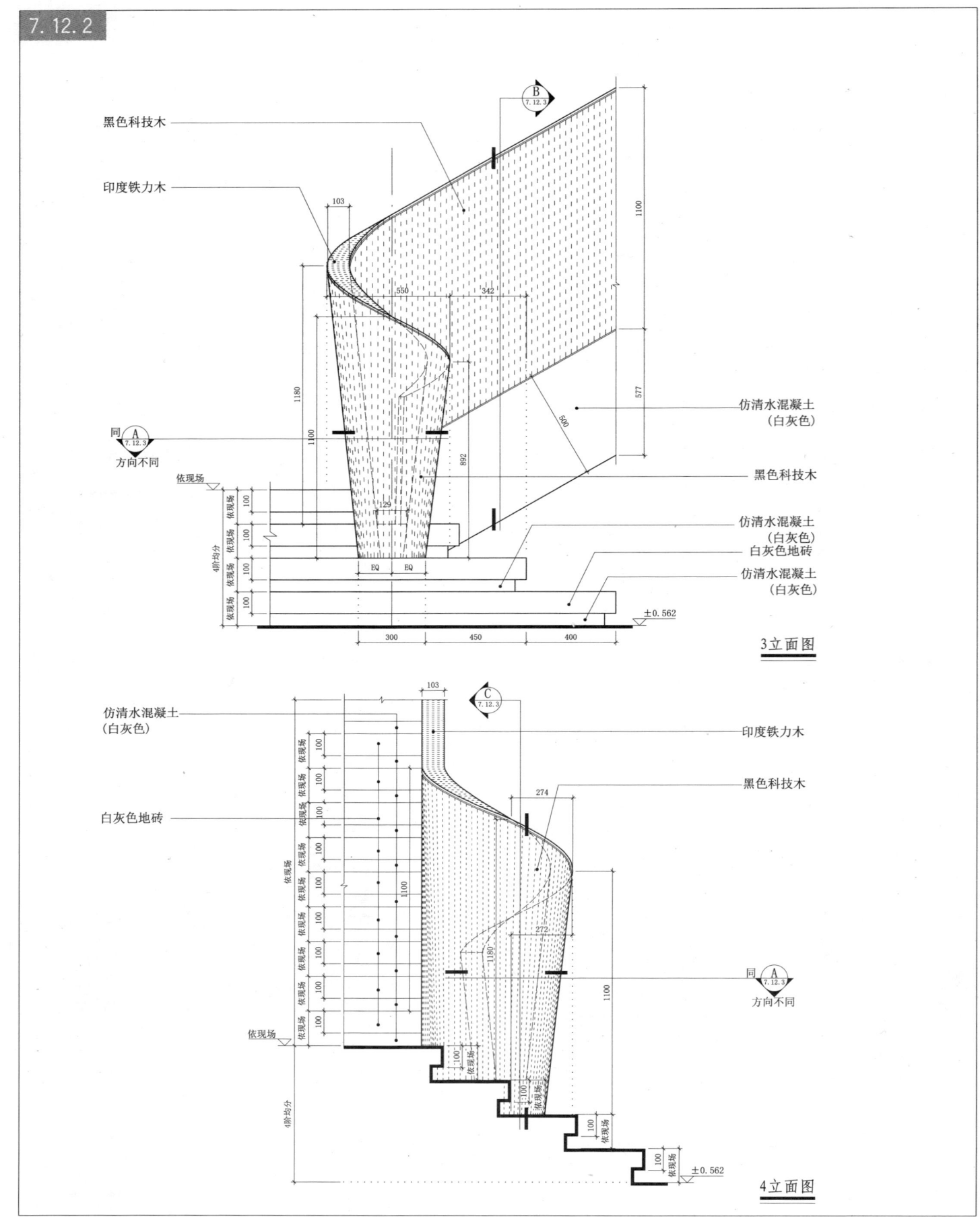

3立面图

4立面图

7.12 楼梯扶手及踏步

7.12.3

7 楼梯及扶手、栏杆构造

A节点图

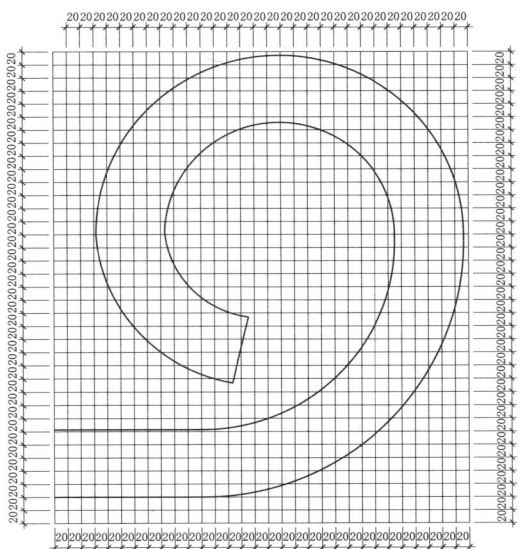

5大样图

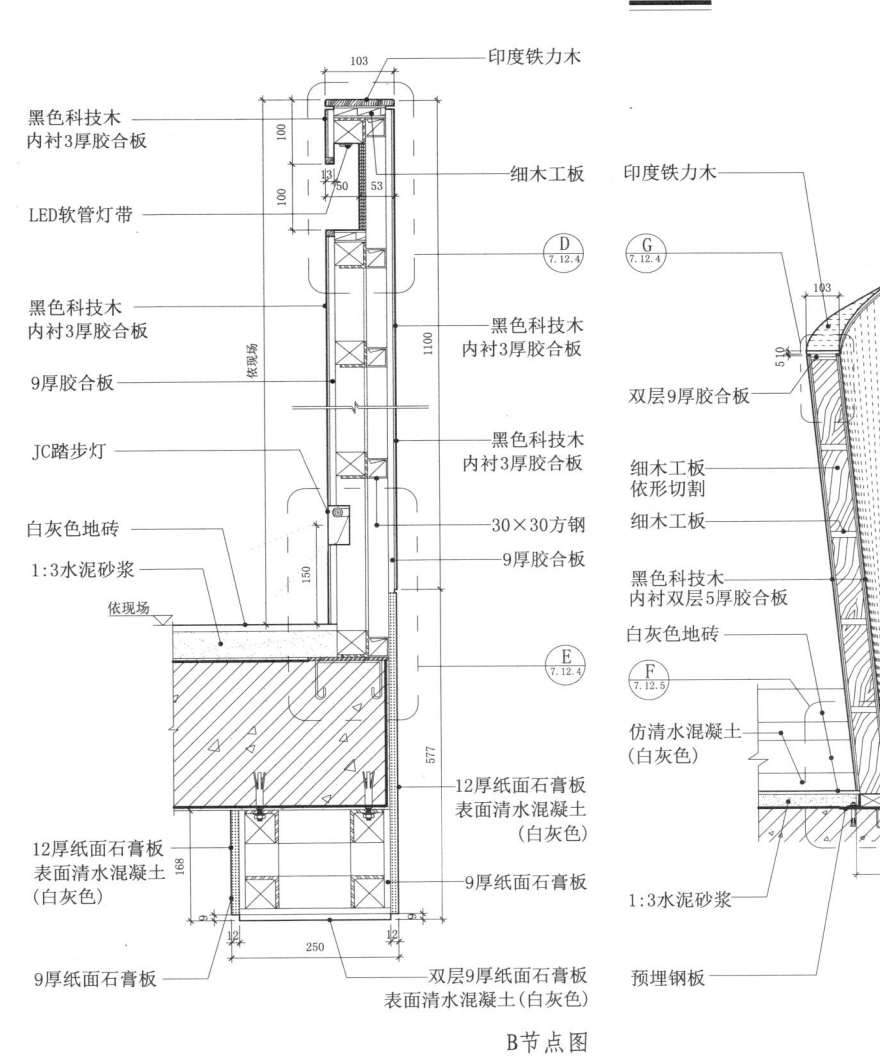

B节点图

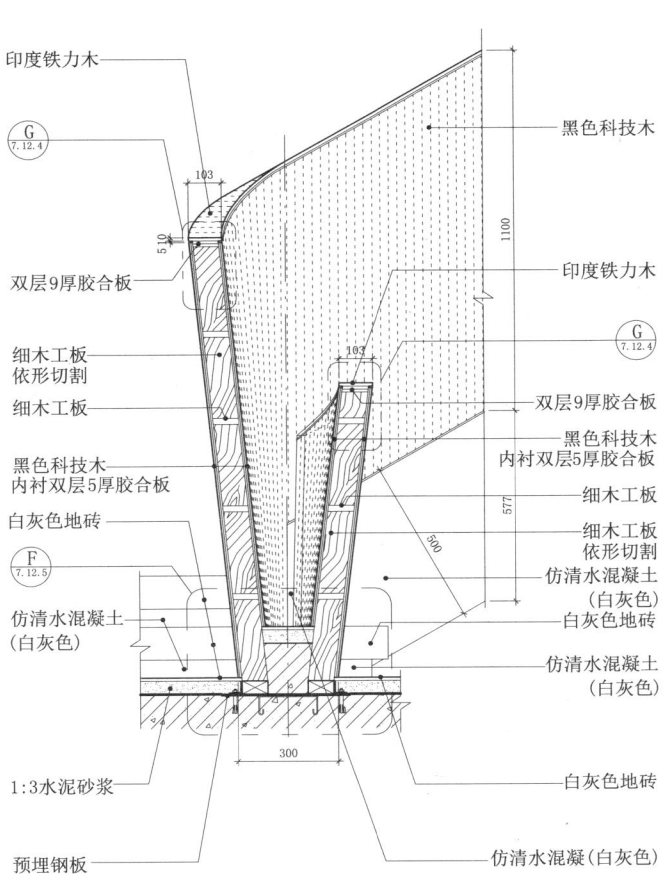

C节点图

7.12 楼梯扶手及踏步

7.12.4

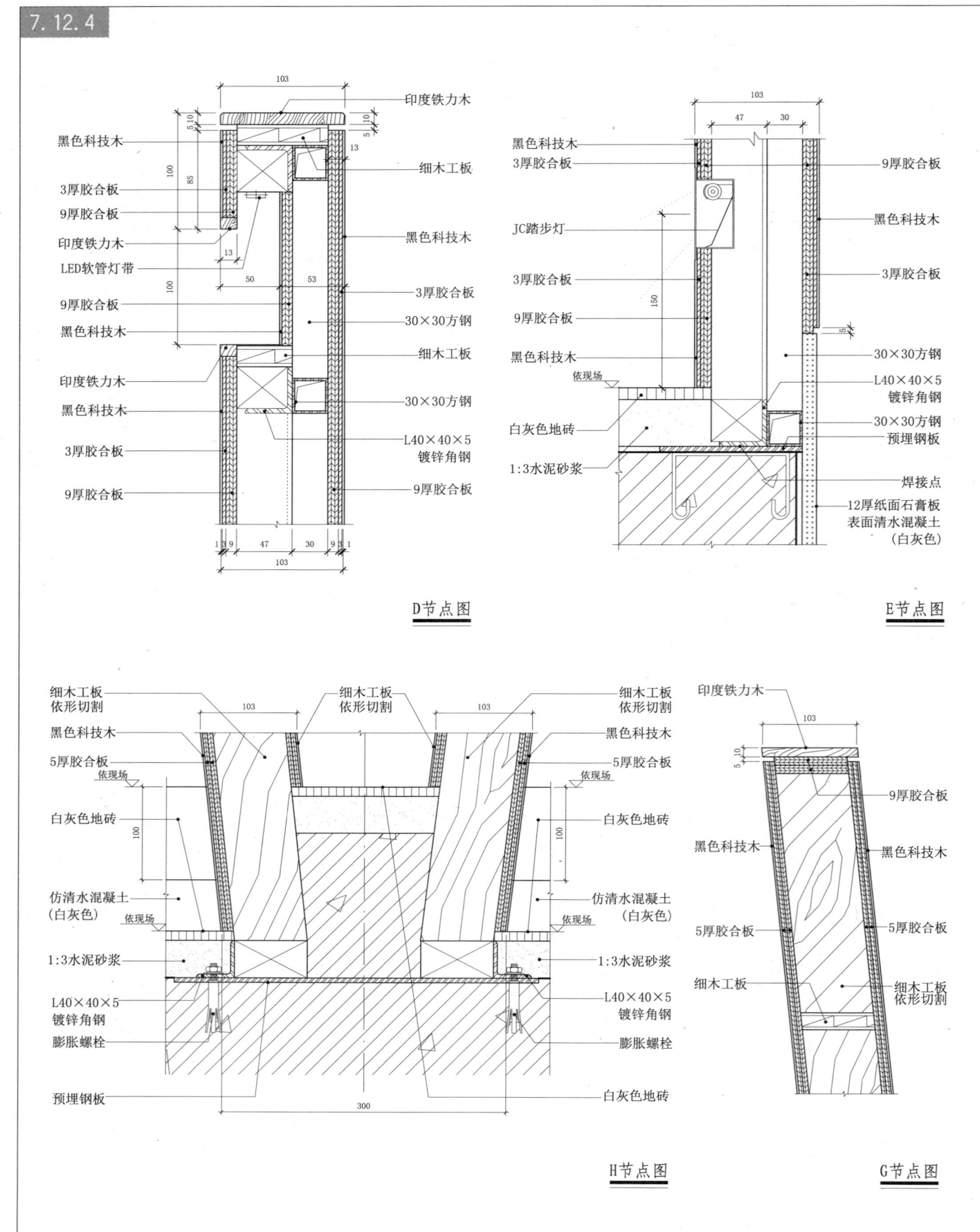

D节点图

E节点图

H节点图

G节点图

7.12 楼梯扶手及踏步

7.12.5

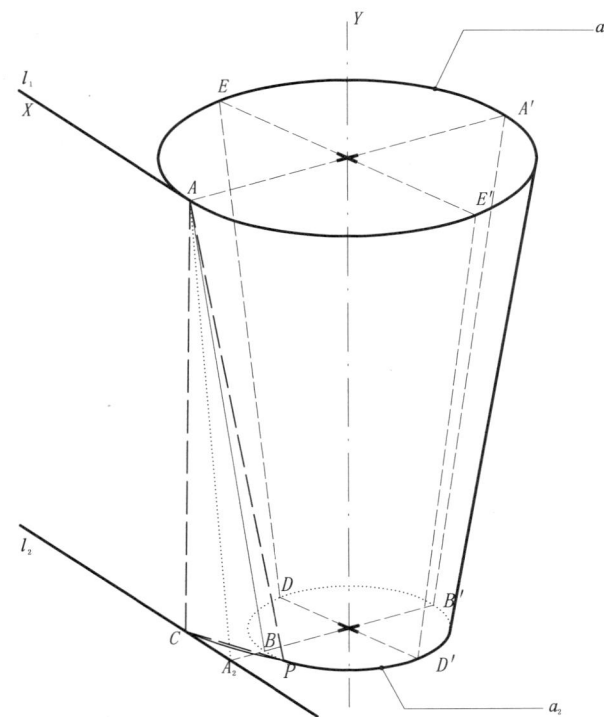

轴测解析图

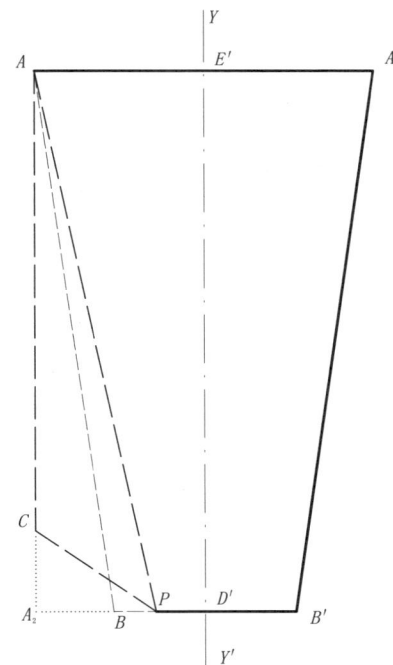

立面解析图

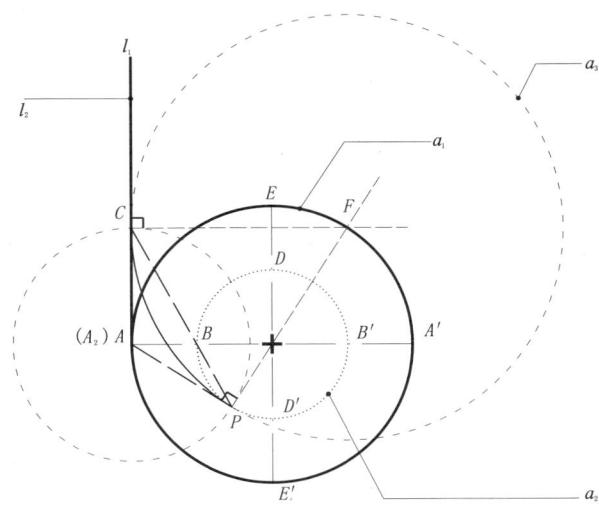

平面解析图

YY' 为锥体同心圆垂直线，
A 点为直线 l_1 与大圆 a_1 的切点，A_2 点为 A 点向下正投影与 l_2 的交点；
过 A_2 点做直线 A_2P，且 A_2P 与小圆 a_2 相切于 P 点；
以 A_2 点为圆心，A_2P 为半径做圆，交 l_2 于 C 点；
得 $\triangle A_2CP$ 连接 X 面与 Y 锥形。
做 CF 垂直 l_2，C 点为垂足点，做 PF 垂直 A_2P，P 点为垂足点；
以 F 点为圆心，CF（PF）为半径做圆 a_3；
得圆 a_3 与直线 l_2 外切于 C 点，且与小圆 a_2 内切于 P 点；
弧 CP 即为连接 l_2 与小圆 a_2 的弧线。

7.13 金属扶手

7.13.1

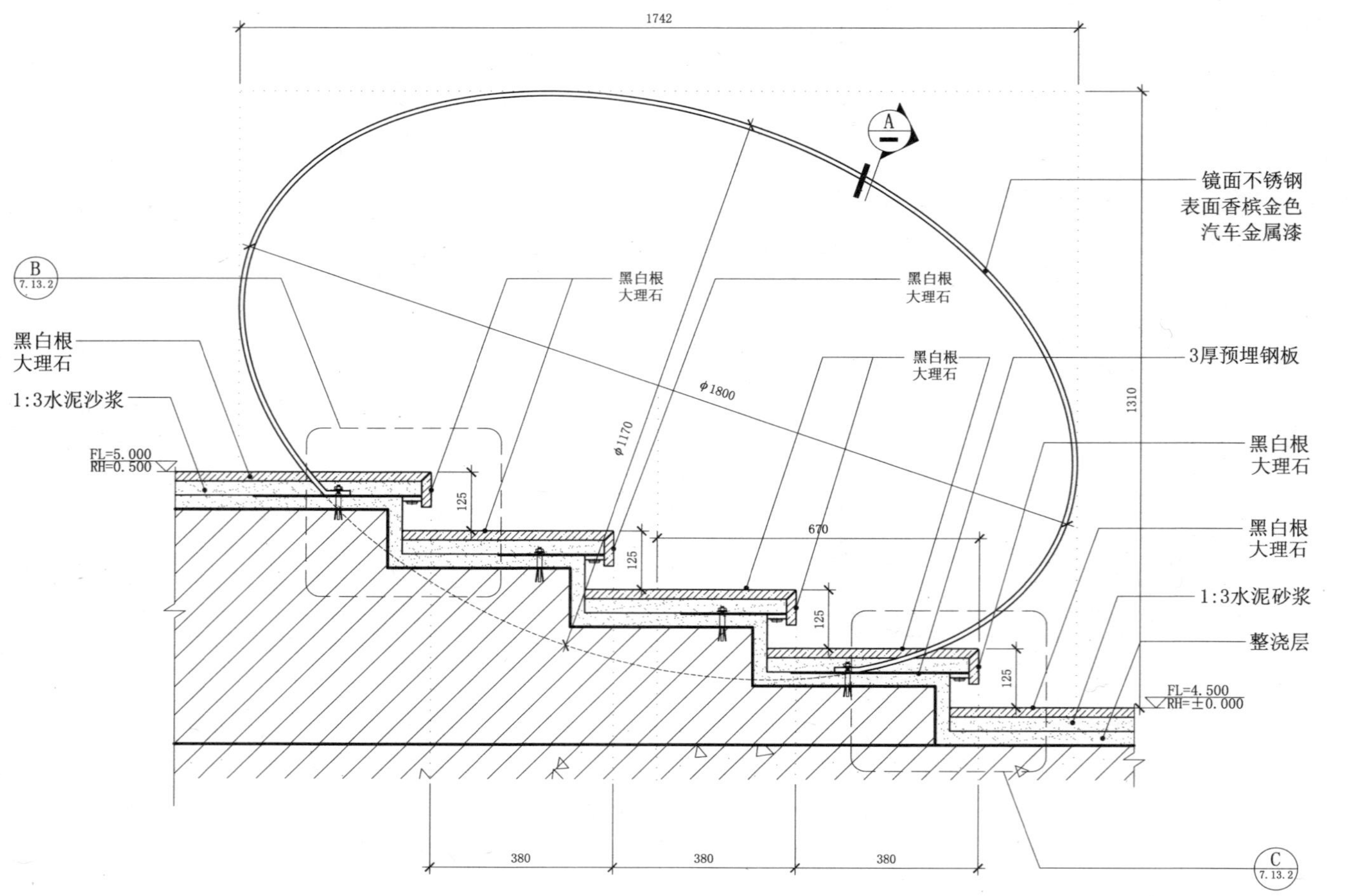

剖面图

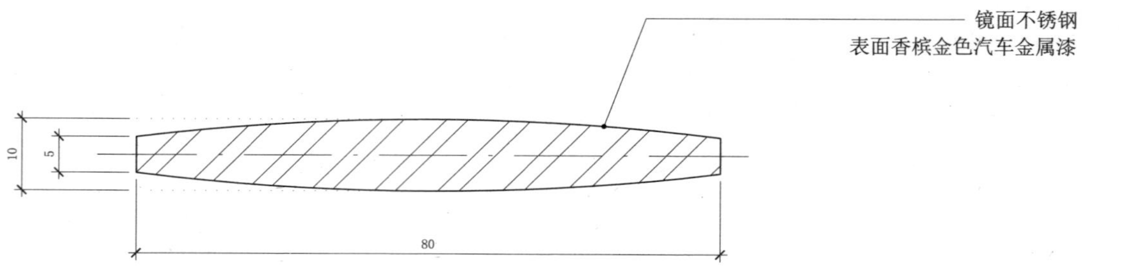

A剖面图

7.13 金属扶手

7.13.2

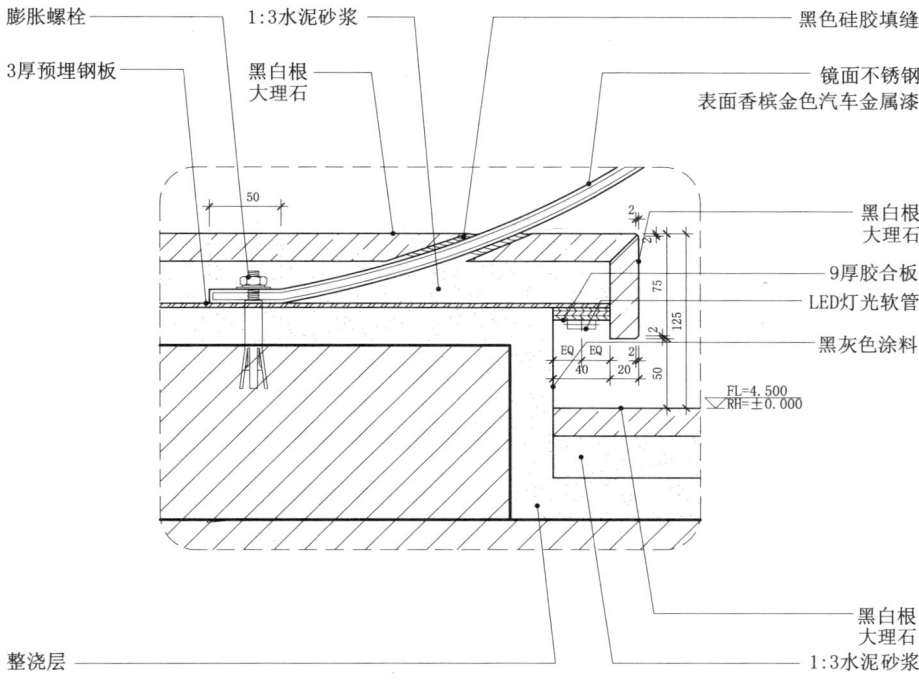

B剖面图

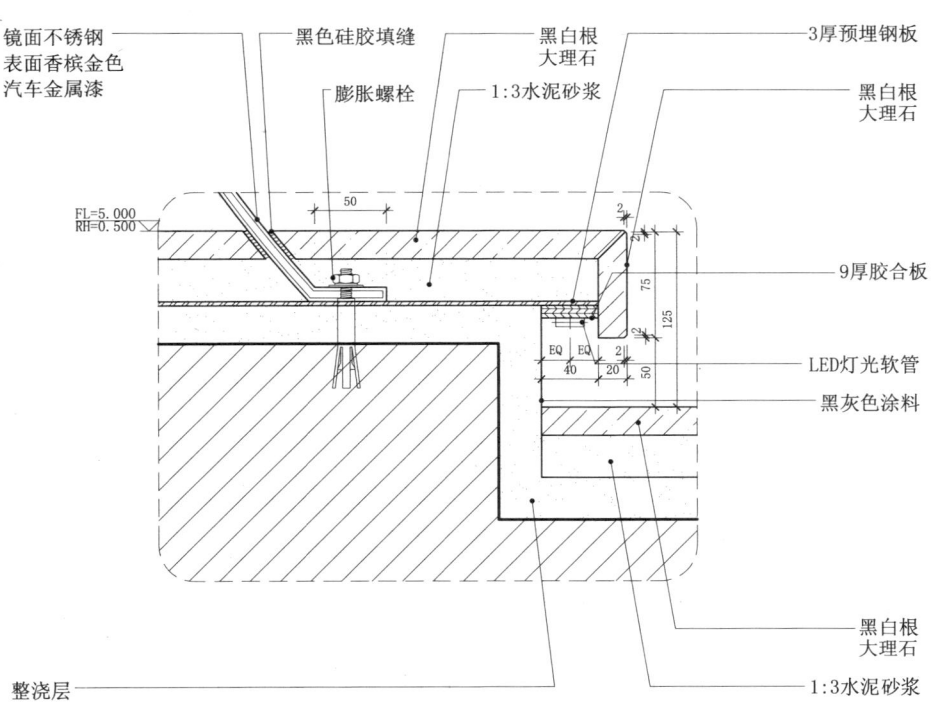

C剖面图

7 楼梯及扶手、栏杆构造

7.14 铁艺栏杆扶手

7.14.1

平面大样图

1立面图

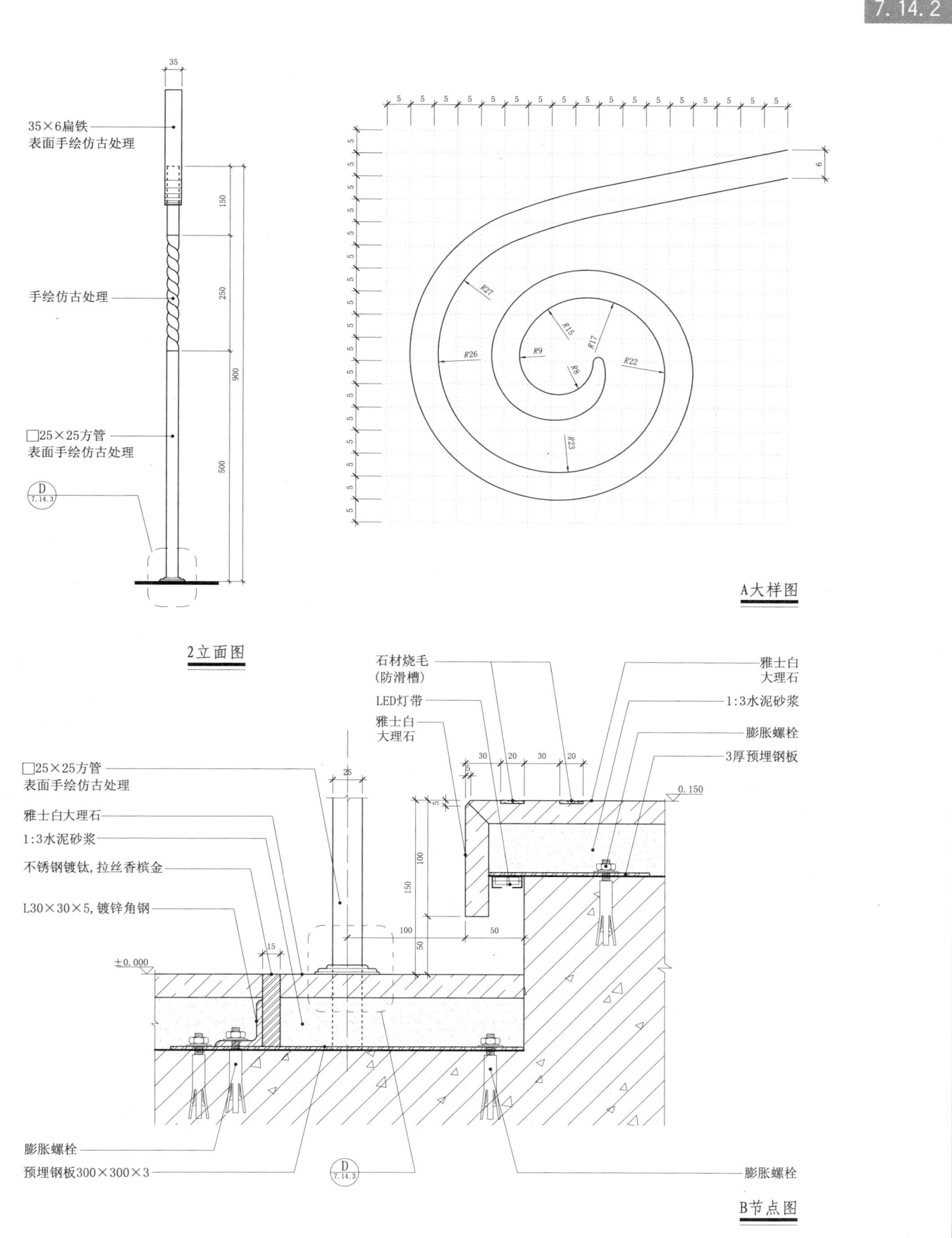

7.14 铁艺栏杆扶手

7.14.3

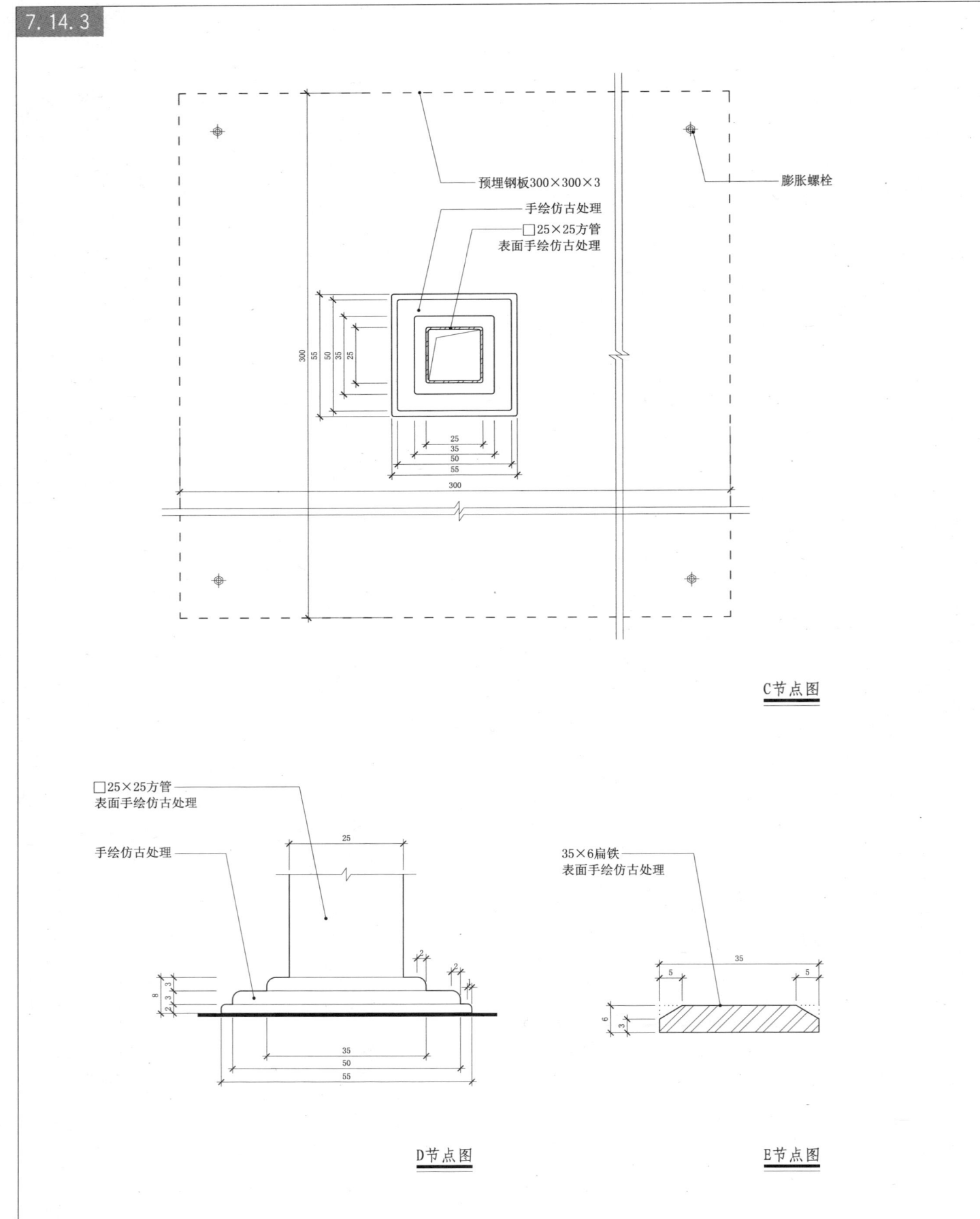

C节点图

D节点图　　E节点图

7.15 栏杆扶手

楼梯及扶手、栏杆构造・金属构造 玻璃构造

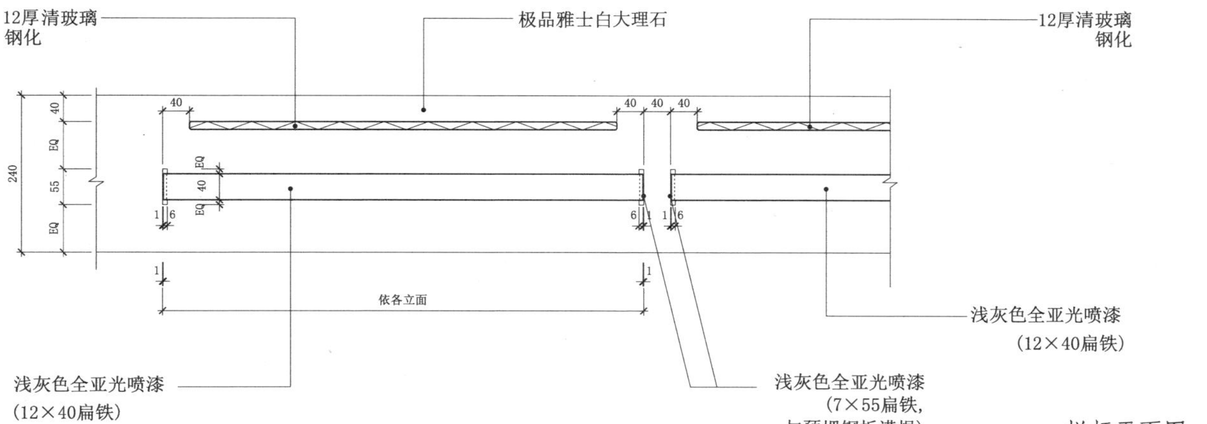

栏杆平面图

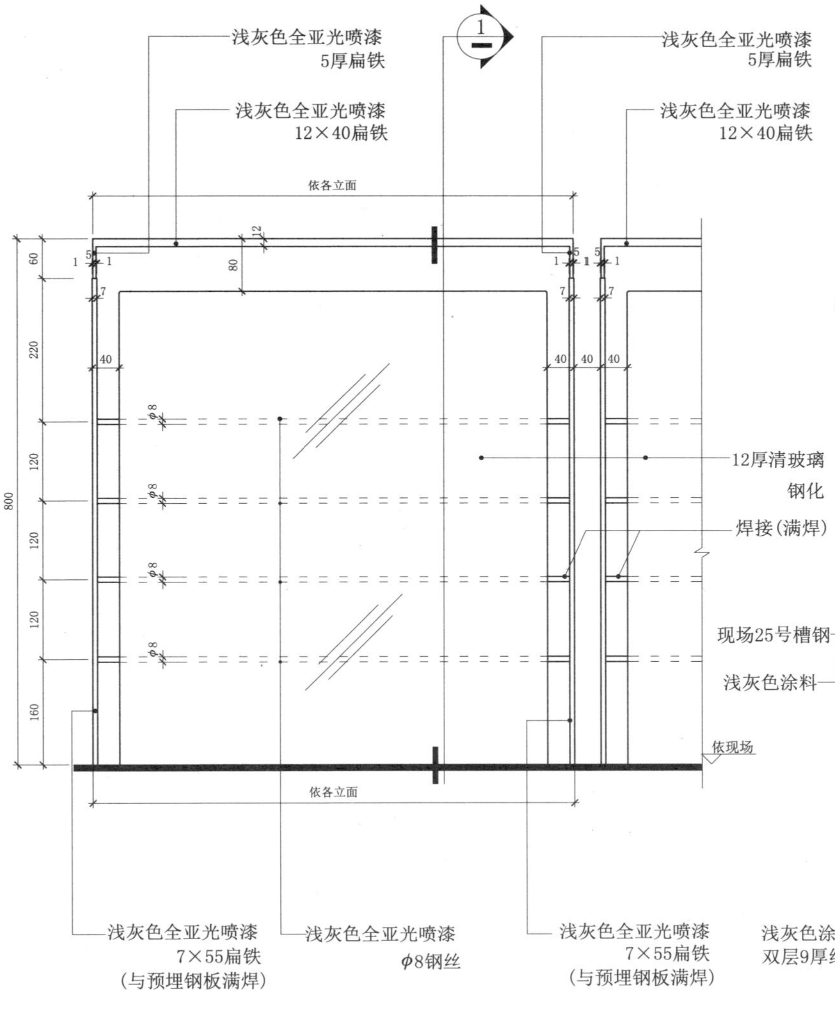

- 12厚清玻璃钢化
- 极品雅士白大理石
- 12厚清玻璃钢化
- 浅灰色全亚光喷漆（12×40扁铁）
- 浅灰色全亚光喷漆（12×40扁铁）
- 浅灰色全亚光喷漆（7×55扁铁，与预埋钢板满焊）

栏杆立面图

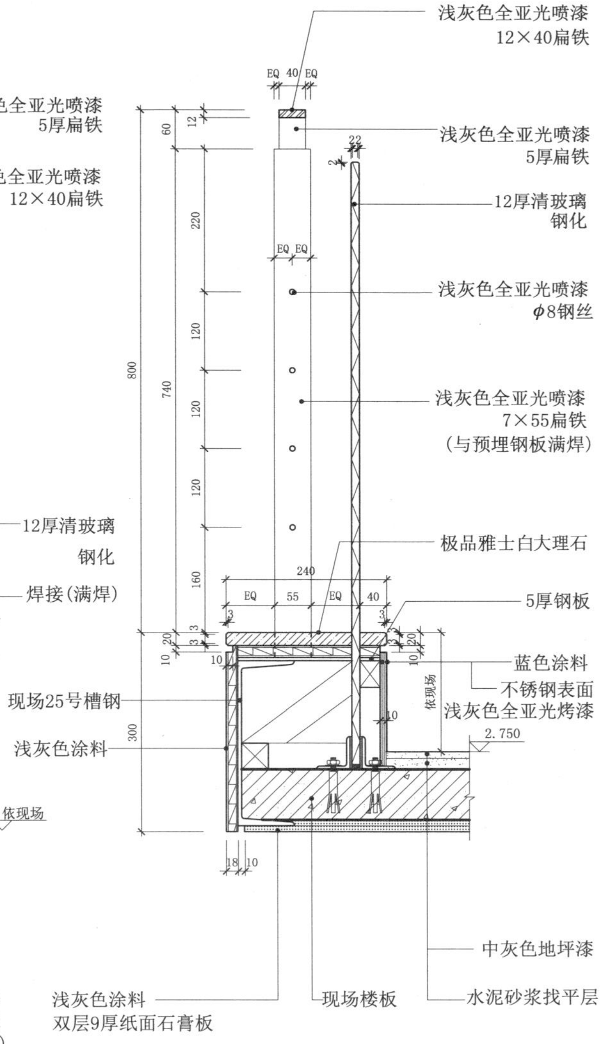

- 浅灰色全亚光喷漆 5厚扁铁
- 浅灰色全亚光喷漆 12×40扁铁
- 浅灰色全亚光喷漆 5厚扁铁
- 浅灰色全亚光喷漆 12×40扁铁
- 12厚清玻璃钢化
- 焊接（满焊）
- 浅灰色全亚光喷漆 7×55扁铁（与预埋钢板满焊）
- 浅灰色全亚光喷漆 φ8钢丝
- 浅灰色全亚光喷漆 7×55扁铁（与预埋钢板满焊）

1剖立面图

- 浅灰色全亚光喷漆 12×40扁铁
- 浅灰色全亚光喷漆 5厚扁铁
- 12厚清玻璃钢化
- 浅灰色全亚光喷漆 φ8钢丝
- 浅灰色全亚光喷漆 7×55扁铁（与预埋钢板满焊）
- 极品雅士白大理石
- 5厚钢板
- 蓝色涂料
- 不锈钢表面
- 浅灰色全亚光烤漆
- 现场25号槽钢
- 浅灰色涂料
- 现场楼板
- 浅灰色涂料 双层9厚纸面石膏板
- 中灰色地坪漆
- 水泥砂浆找平层

7.16 玻璃栏杆

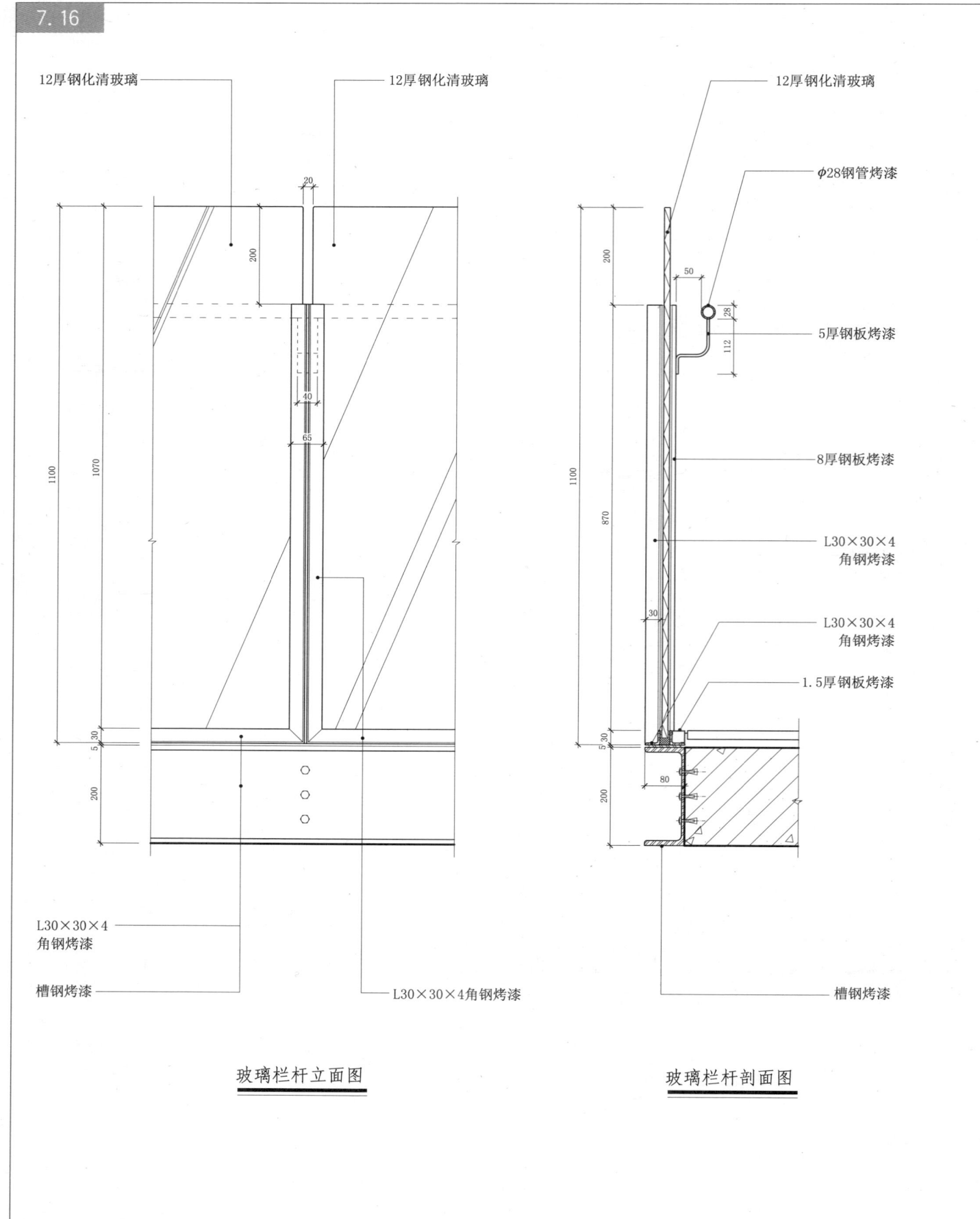

玻璃栏杆立面图　　玻璃栏杆剖面图

8.1 中式花格隔断

8 隔断构造 · 东方古典风格 立面构造

8.1.1

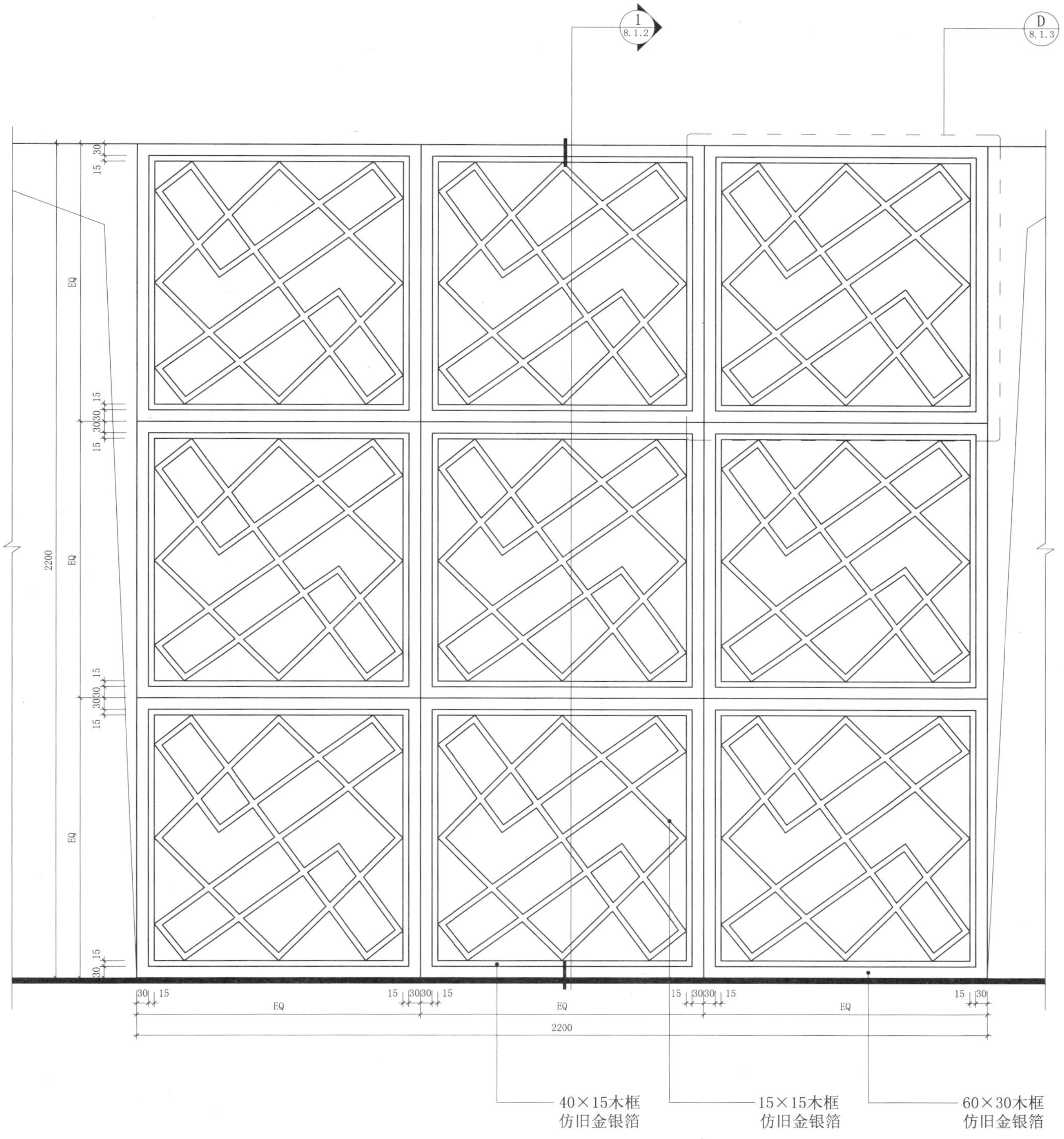

40×15木框 仿旧金银箔

15×15木框 仿旧金银箔

60×30木框 仿旧金银箔

立面图

8 8.1 中式花格隔断

隔断构造 · 东方古典风格 立面构造

8.1.2

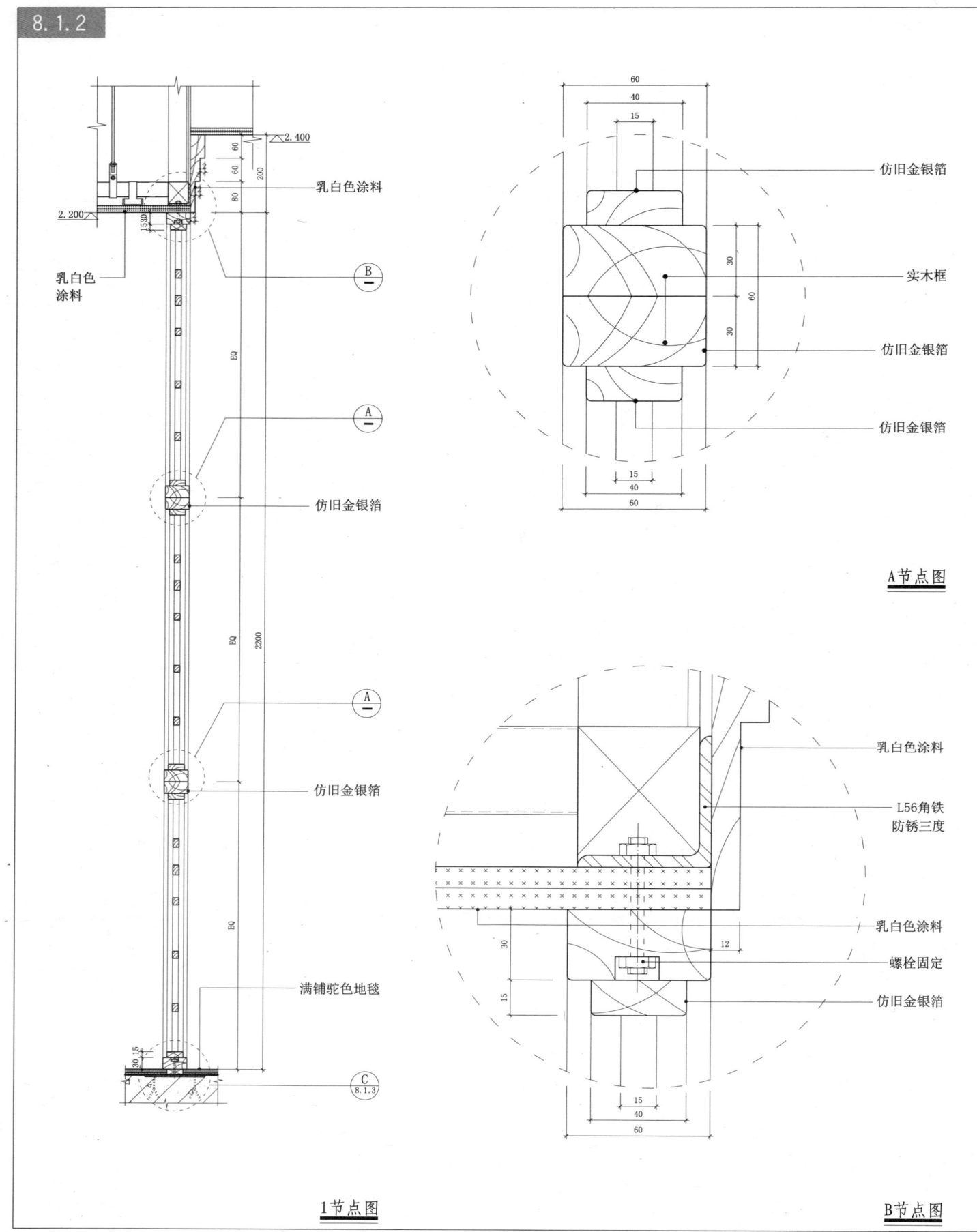

1节点图

A节点图

B节点图

8.1 中式花格隔断

8.1.3

8 隔断构造・东方古典风格 立面构造

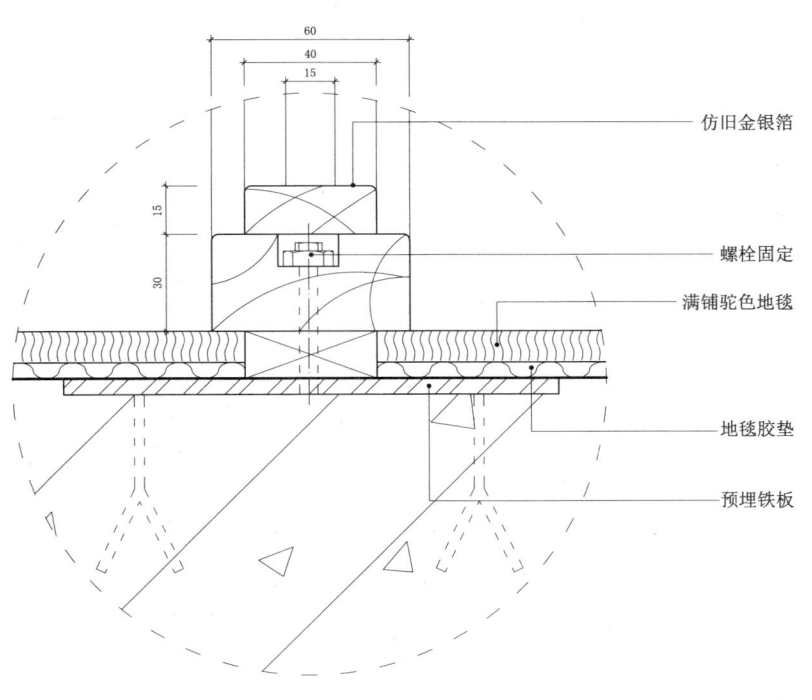

- 仿旧金银箔
- 螺栓固定
- 满铺驼色地毯
- 地毯胶垫
- 预埋铁板

C节点图

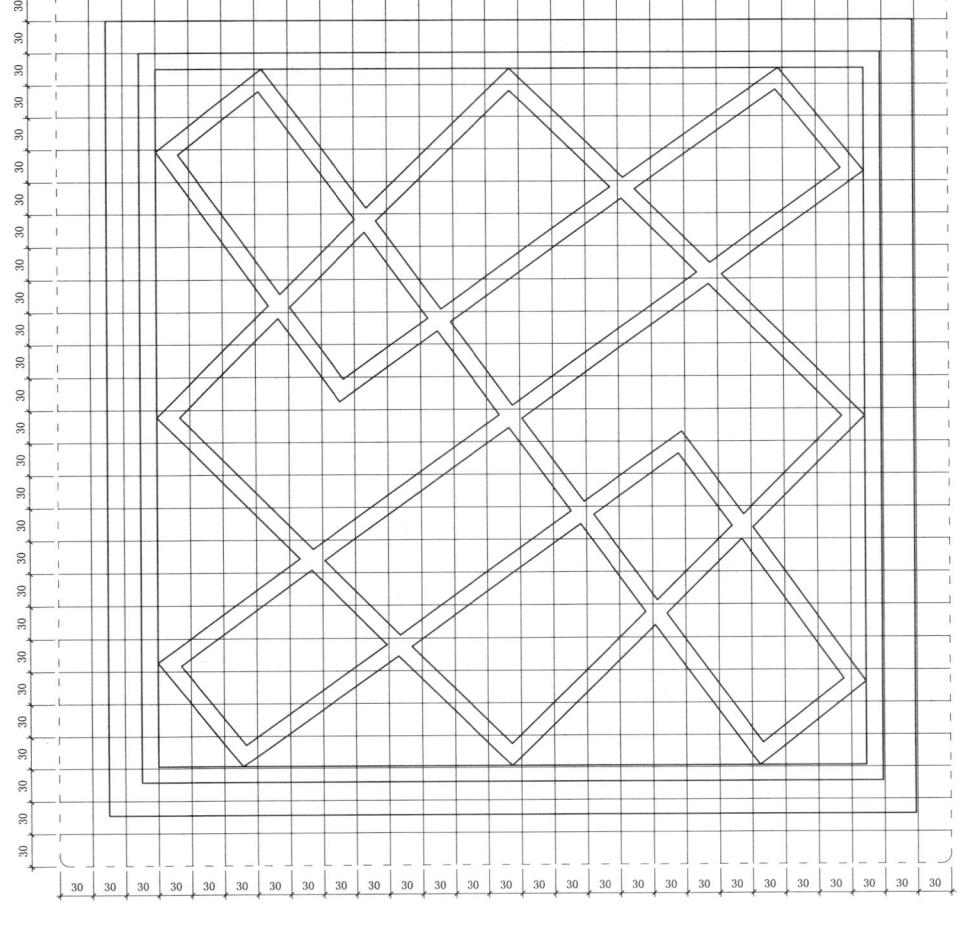

D大样图

8.2 古典低隔断

8.2.1

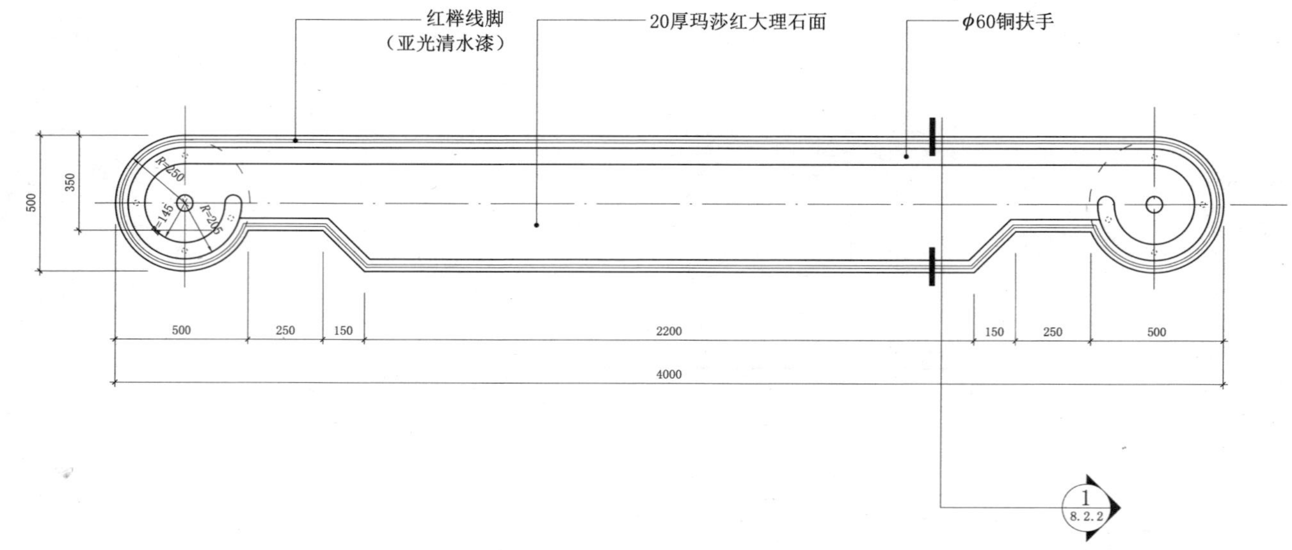

会员制餐厅低隔断平面图

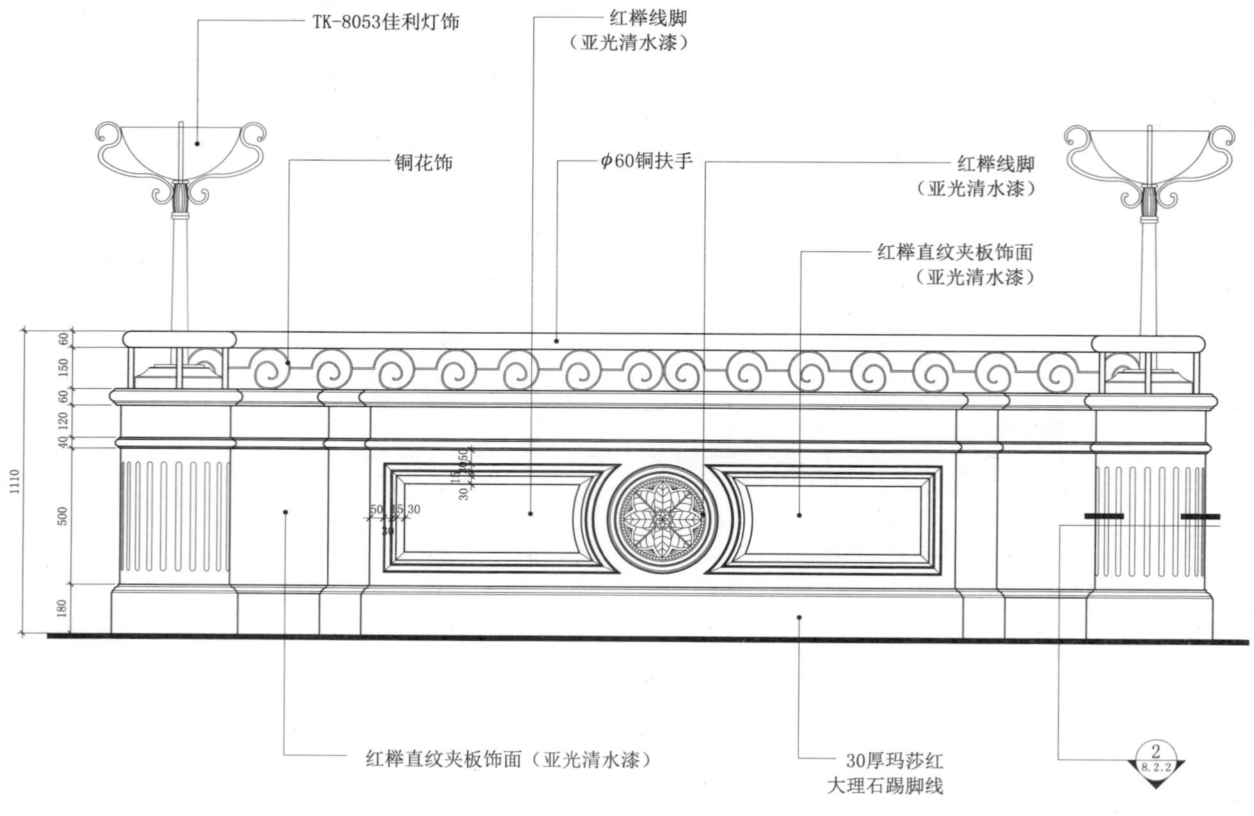

标注：红榉线脚（亚光清水漆）、20厚玛莎红大理石面、φ60铜扶手

会员制餐厅低隔断正立面图

标注：TK-8053佳利灯饰、红榉线脚（亚光清水漆）、铜花饰、φ60铜扶手、红榉线脚（亚光清水漆）、红榉直纹夹板饰面（亚光清水漆）、红榉直纹夹板饰面（亚光清水漆）、30厚玛莎红大理石踢脚线

8.2 古典低隔断
8.2.2

8 隔断构造 · 西方古典风格

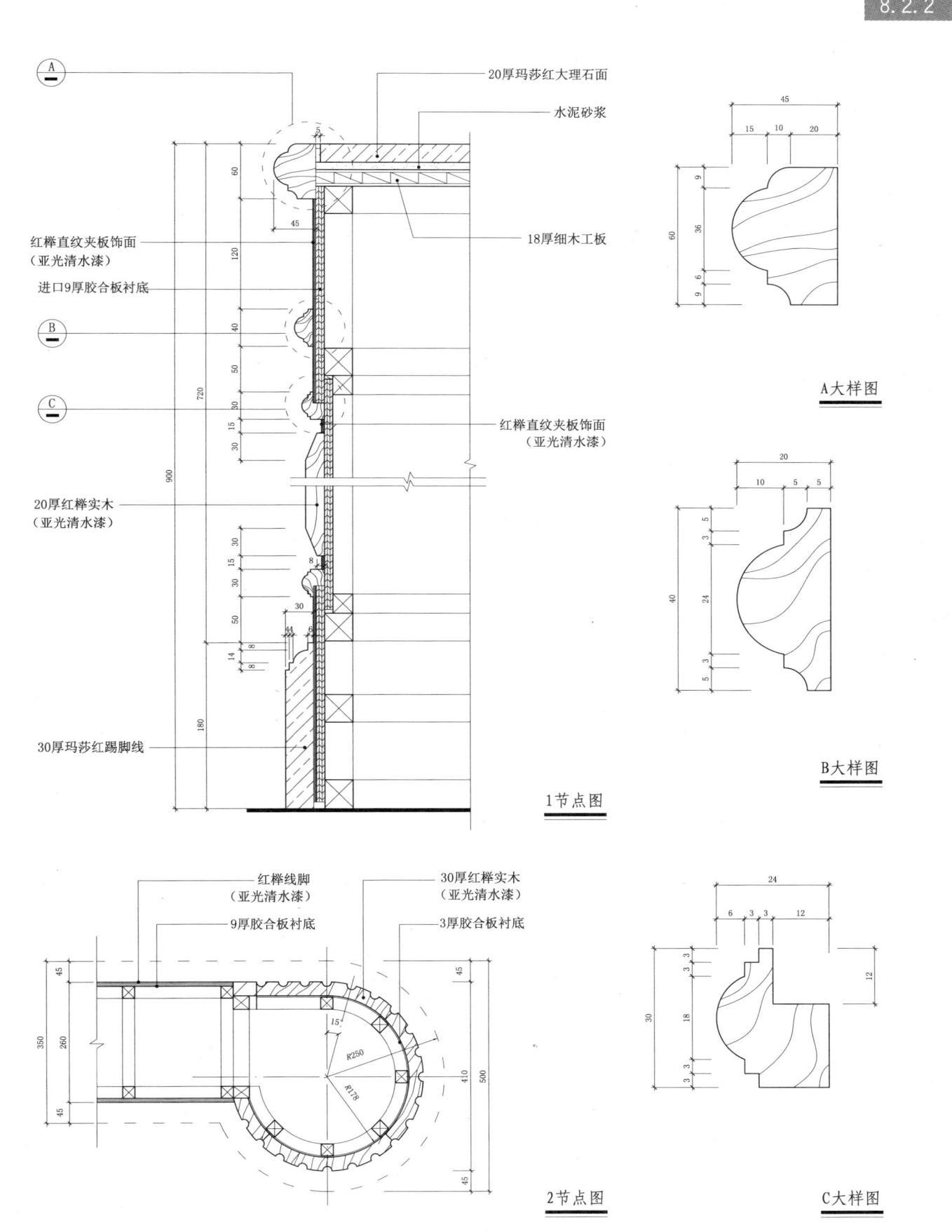

1节点图

2节点图

A大样图

B大样图

C大样图

8.3 矮隔断

8.3.1

茶餐厅矮隔断平面图

1立面图

2立面图

3立面图

8.3.2

4立面图

5节点图

6节点图

A节点图

7节点图

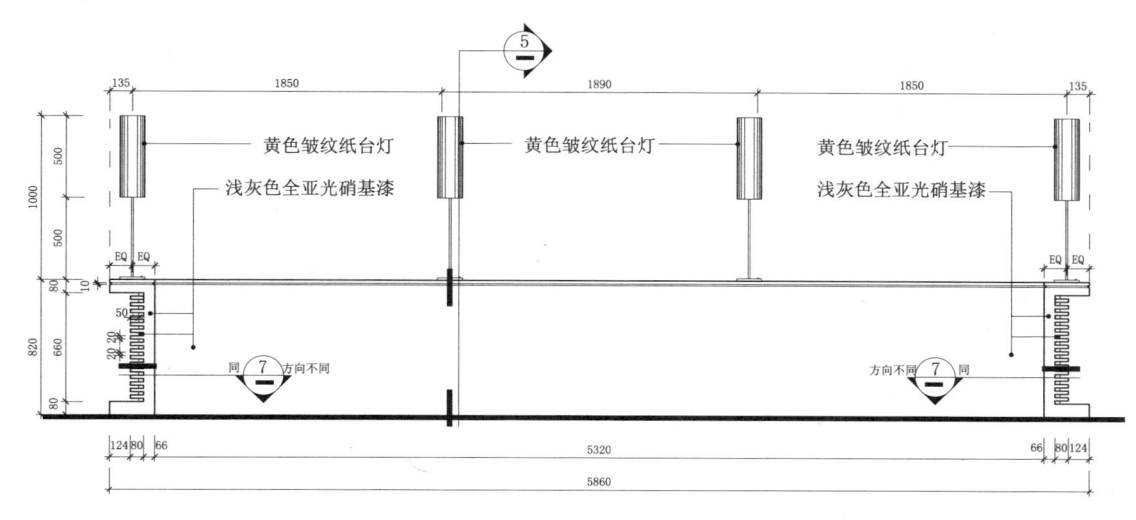

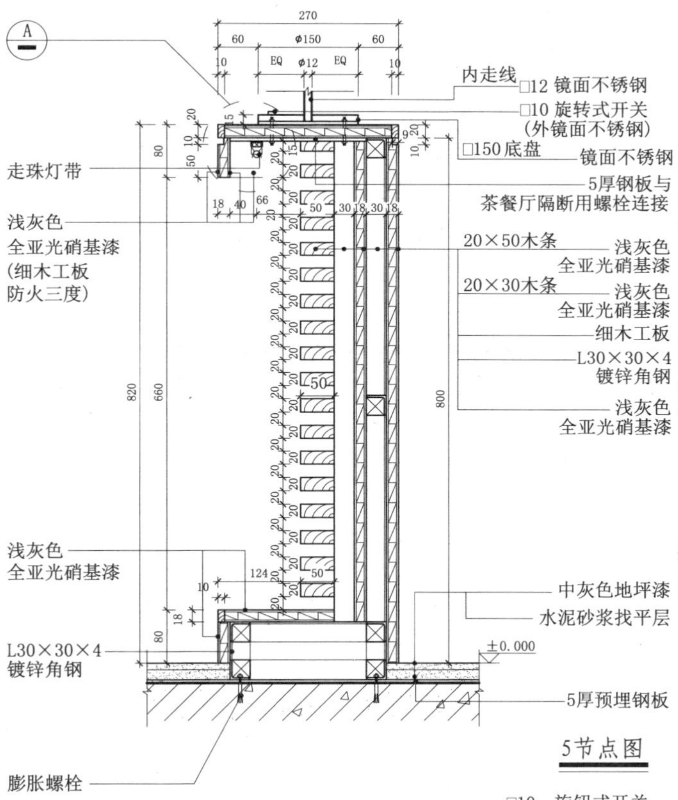

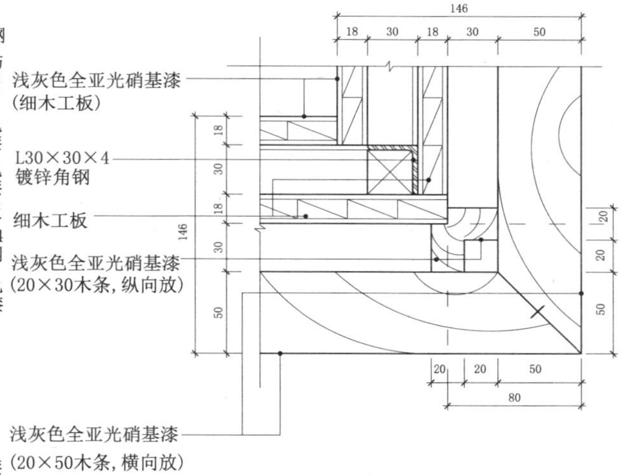

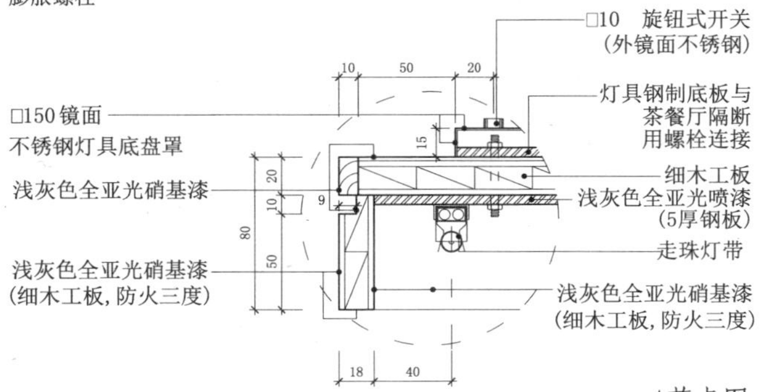

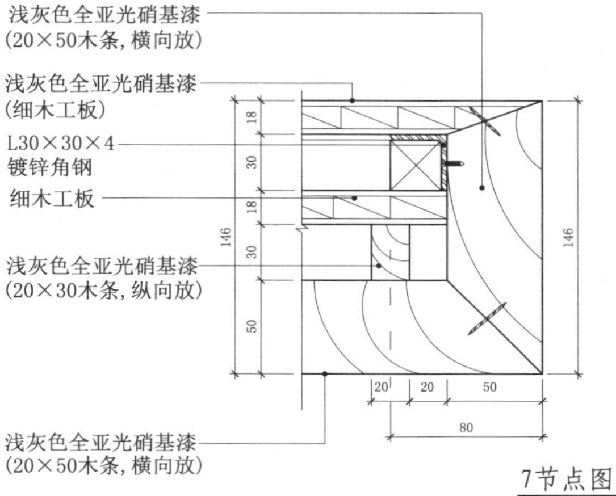

8.4 发光玻璃屏风

8.4.1

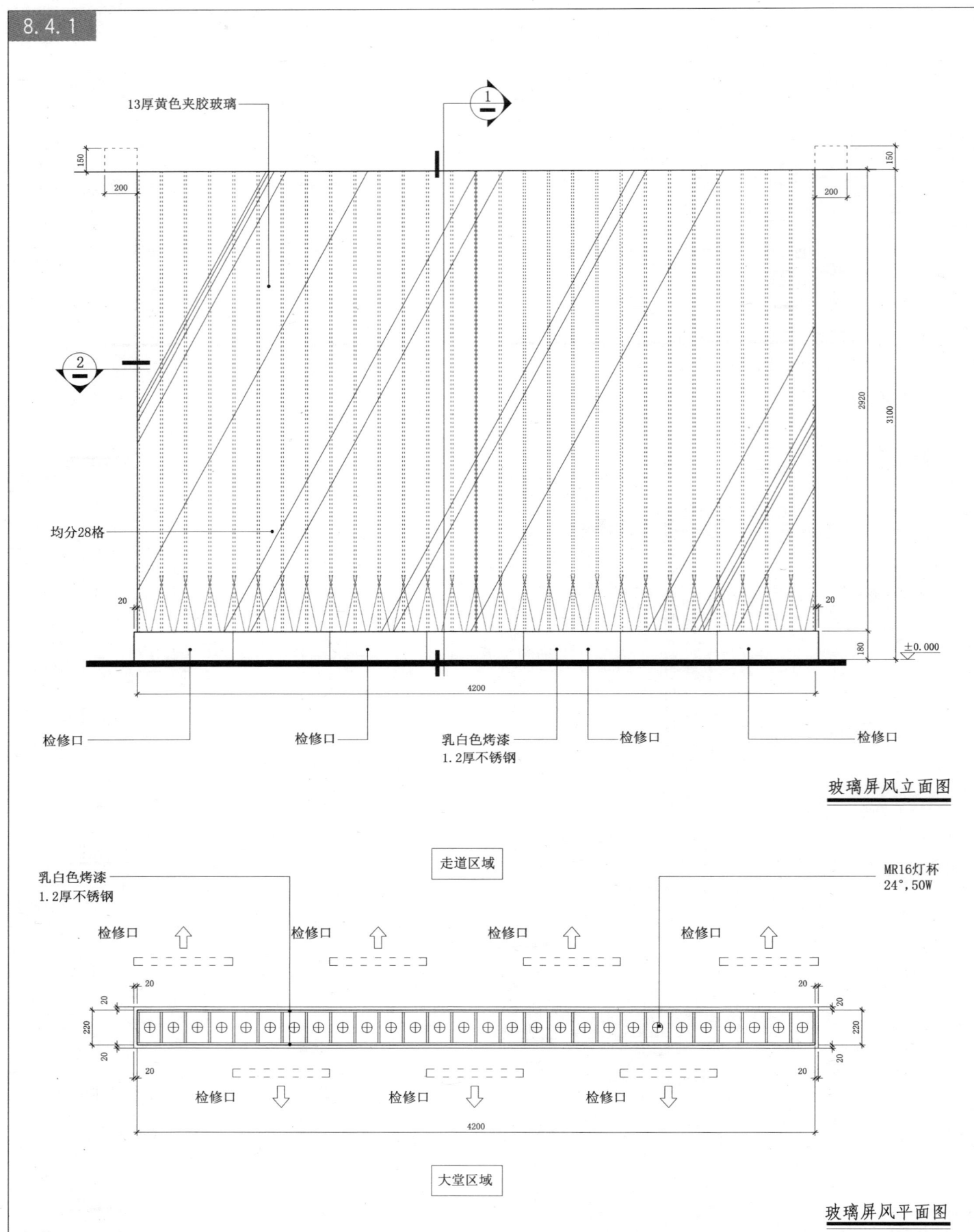

玻璃屏风立面图

玻璃屏风平面图

8.4 发光玻璃屏风

8.4.2

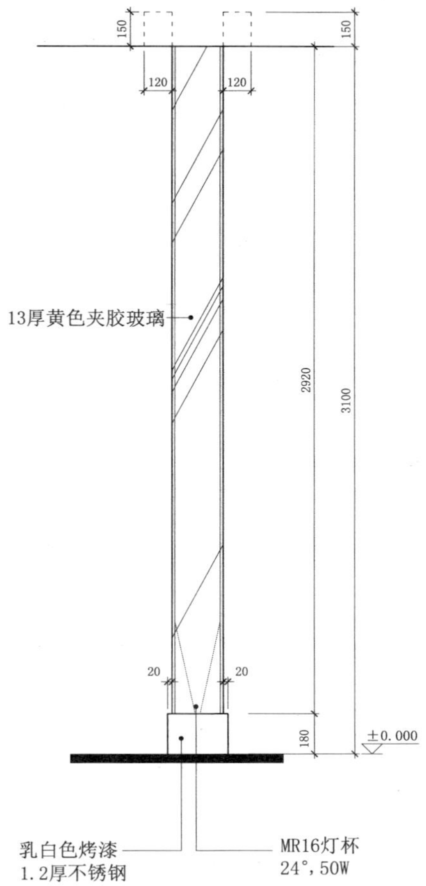

隔断构造·检修构造 玻璃构造 透光照明构造

玻璃屏风侧立面图

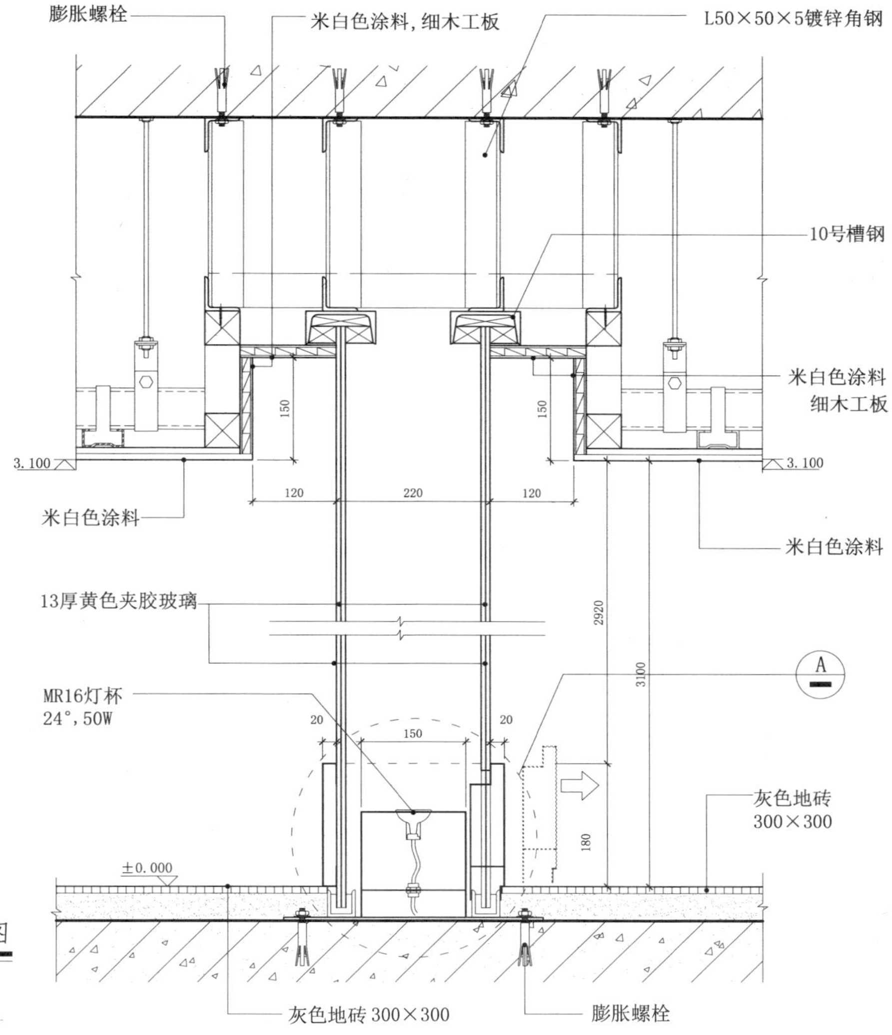

主要标注：
- 13厚黄色夹胶玻璃
- 乳白色烤漆 1.2厚不锈钢
- MR16灯杯 24°, 50W

1节点图

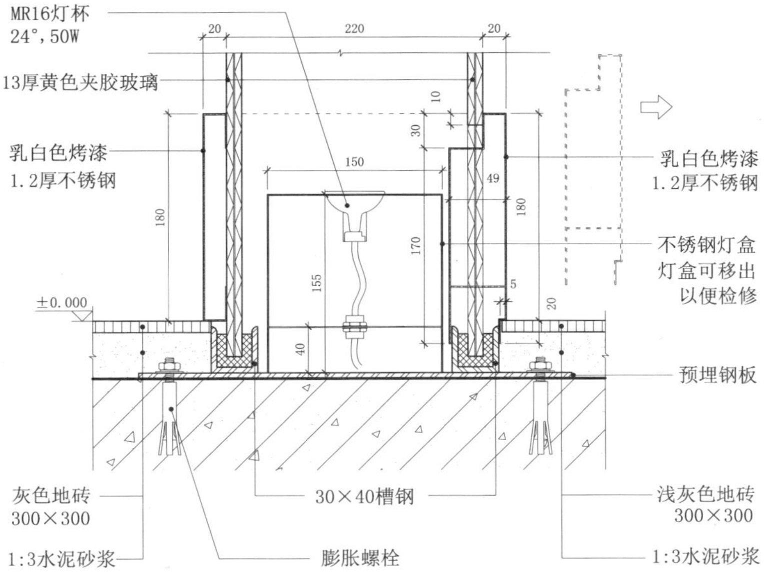

主要标注：
- 膨胀螺栓
- 米白色涂料，细木工板
- L50×50×5镀锌角钢
- 10号槽钢
- 米白色涂料 细木工板
- 米白色涂料
- 13厚黄色夹胶玻璃
- MR16灯杯 24°, 50W
- 灰色地砖 300×300
- 膨胀螺栓

A节点图

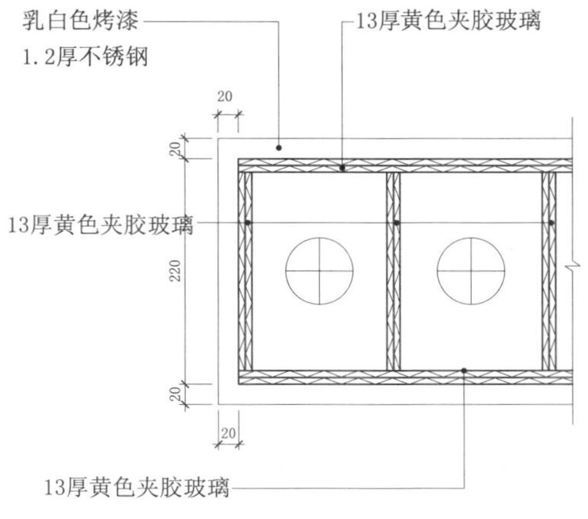

主要标注：
- MR16灯杯 24°, 50W
- 13厚黄色夹胶玻璃
- 乳白色烤漆 1.2厚不锈钢
- 乳白色烤漆 1.2厚不锈钢
- 不锈钢灯盒 灯盒可移出 以便检修
- 预埋钢板
- 灰色地砖 300×300
- 30×40槽钢
- 膨胀螺栓
- 浅灰色地砖 300×300
- 1:3水泥砂浆

2节点图

主要标注：
- 乳白色烤漆 1.2厚不锈钢
- 13厚黄色夹胶玻璃
- 13厚黄色夹胶玻璃
- 13厚黄色夹胶玻璃

室内构造节点与专项模式图集 | 383

8.5 透光玻璃隔断

8 隔断构造·玻璃构造 透光照明构造 检修构造

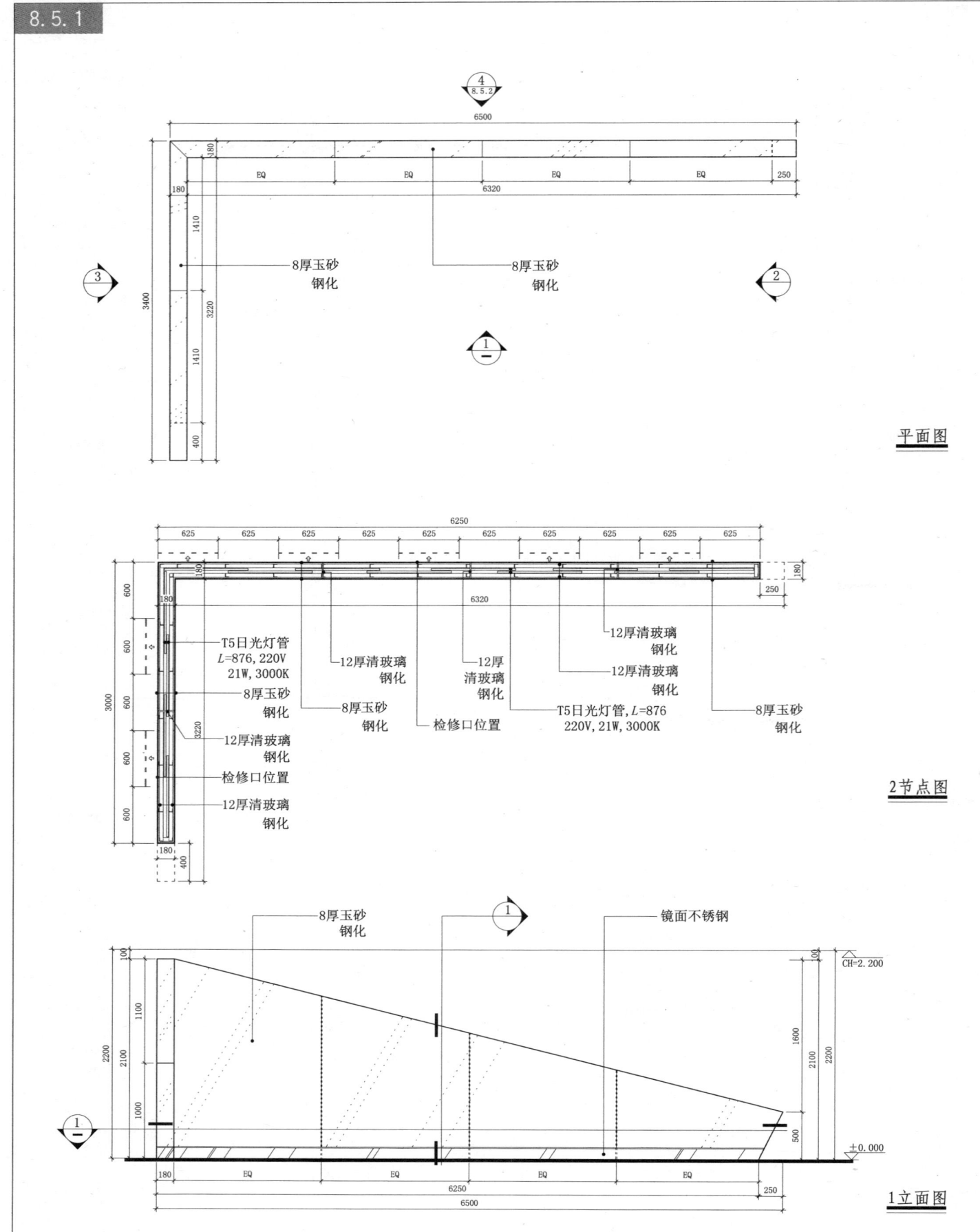

8.5 透光玻璃隔断

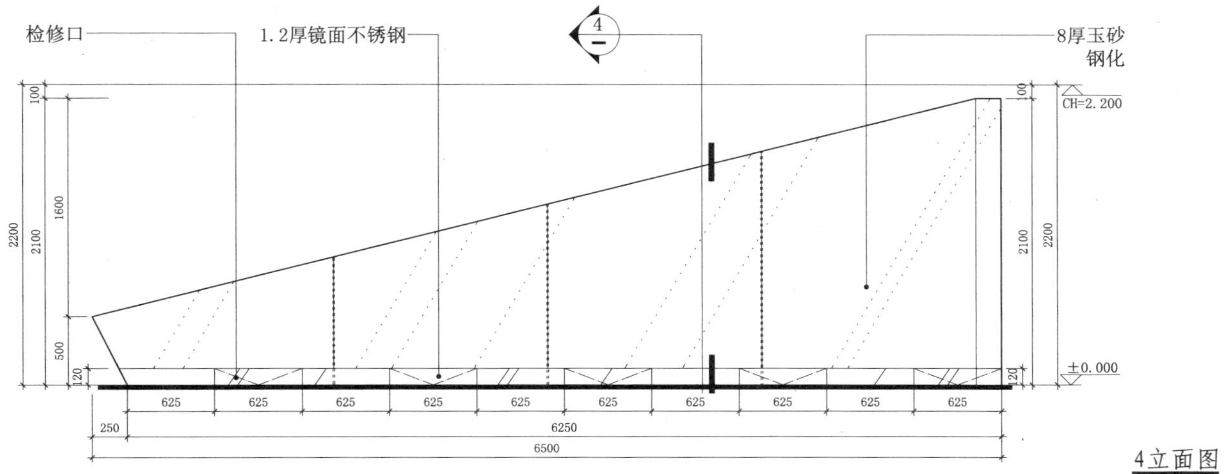

8.5.2

隔断构造·玻璃构造 透光照明构造 检修构造

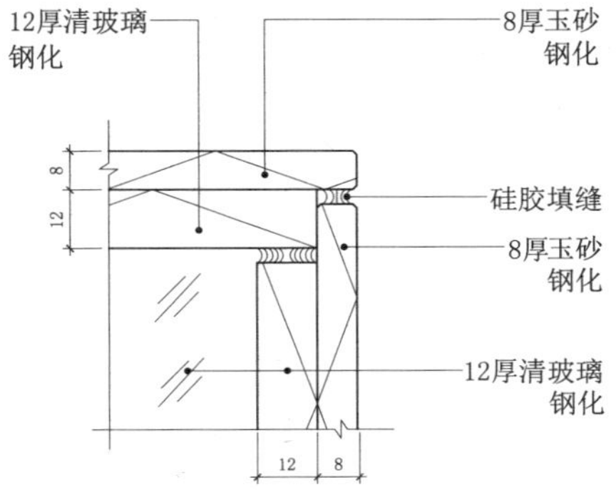

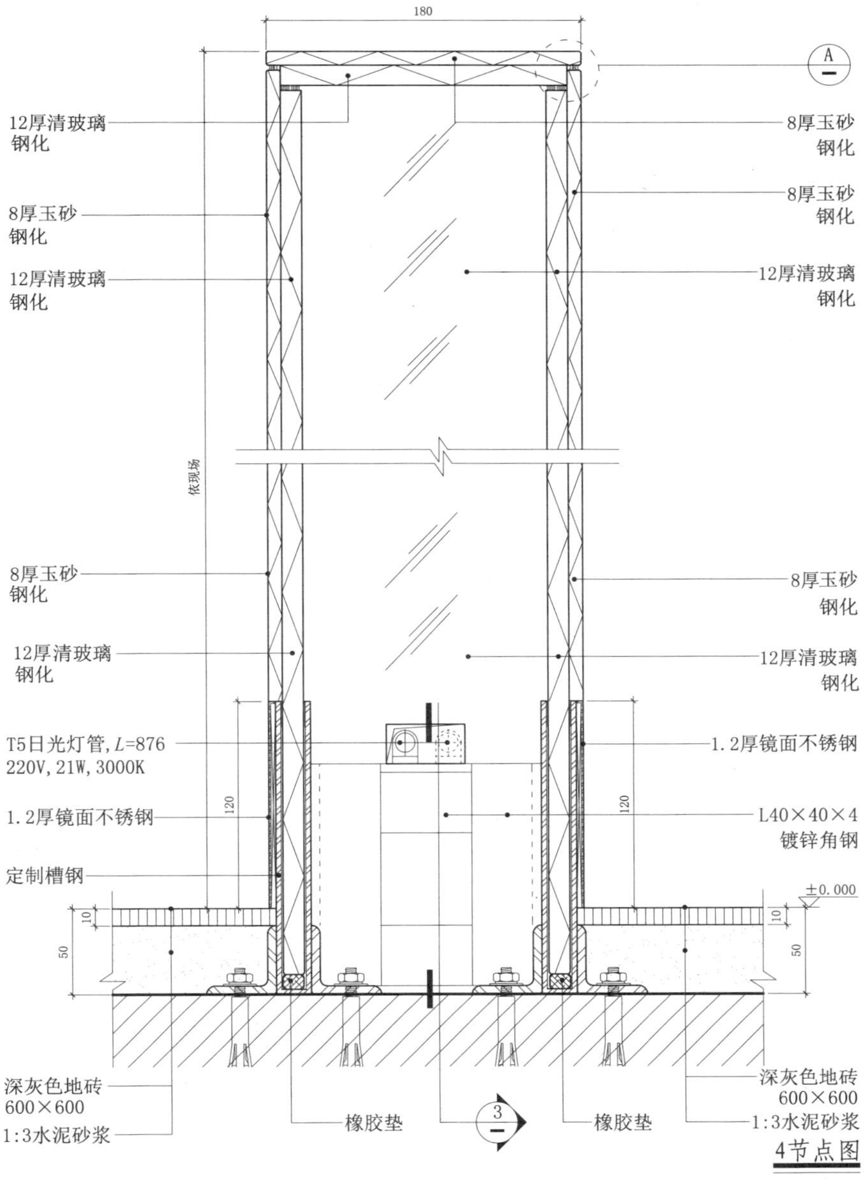

室内构造节点与专项模式图集

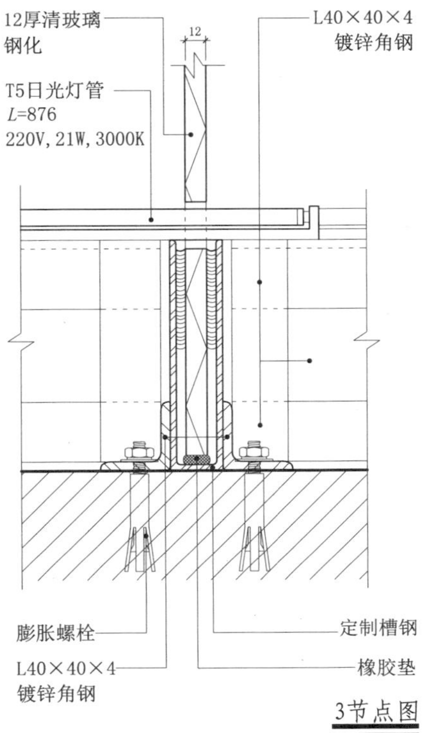

8.6 透光隔断

8.6.1

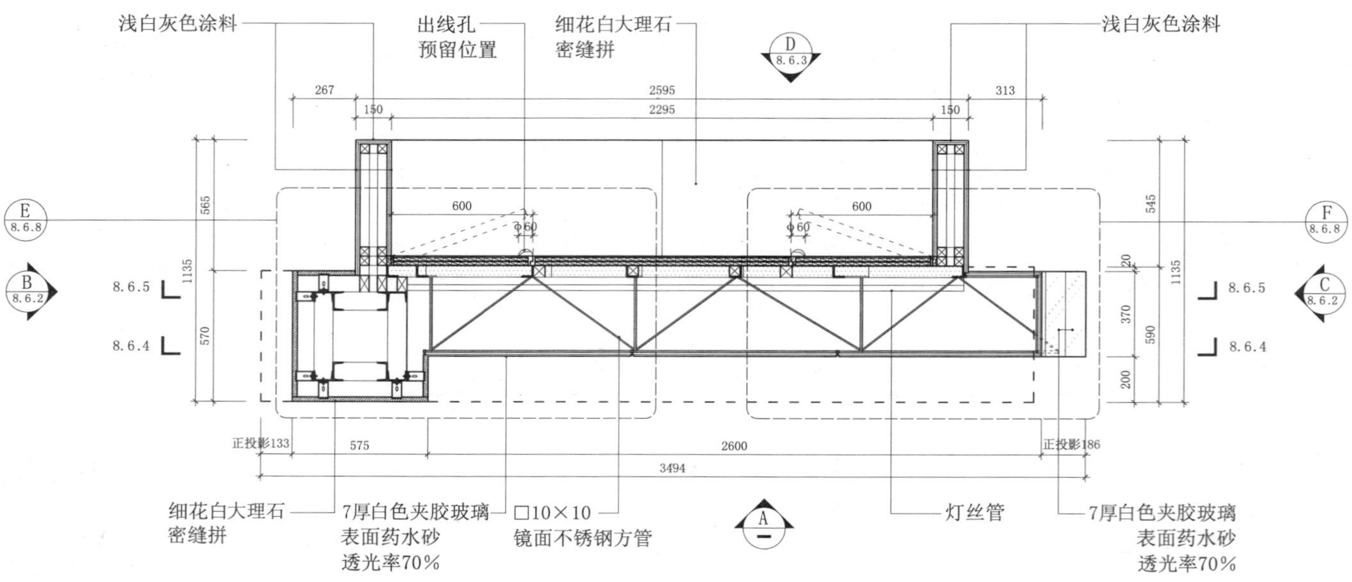

1剖面图

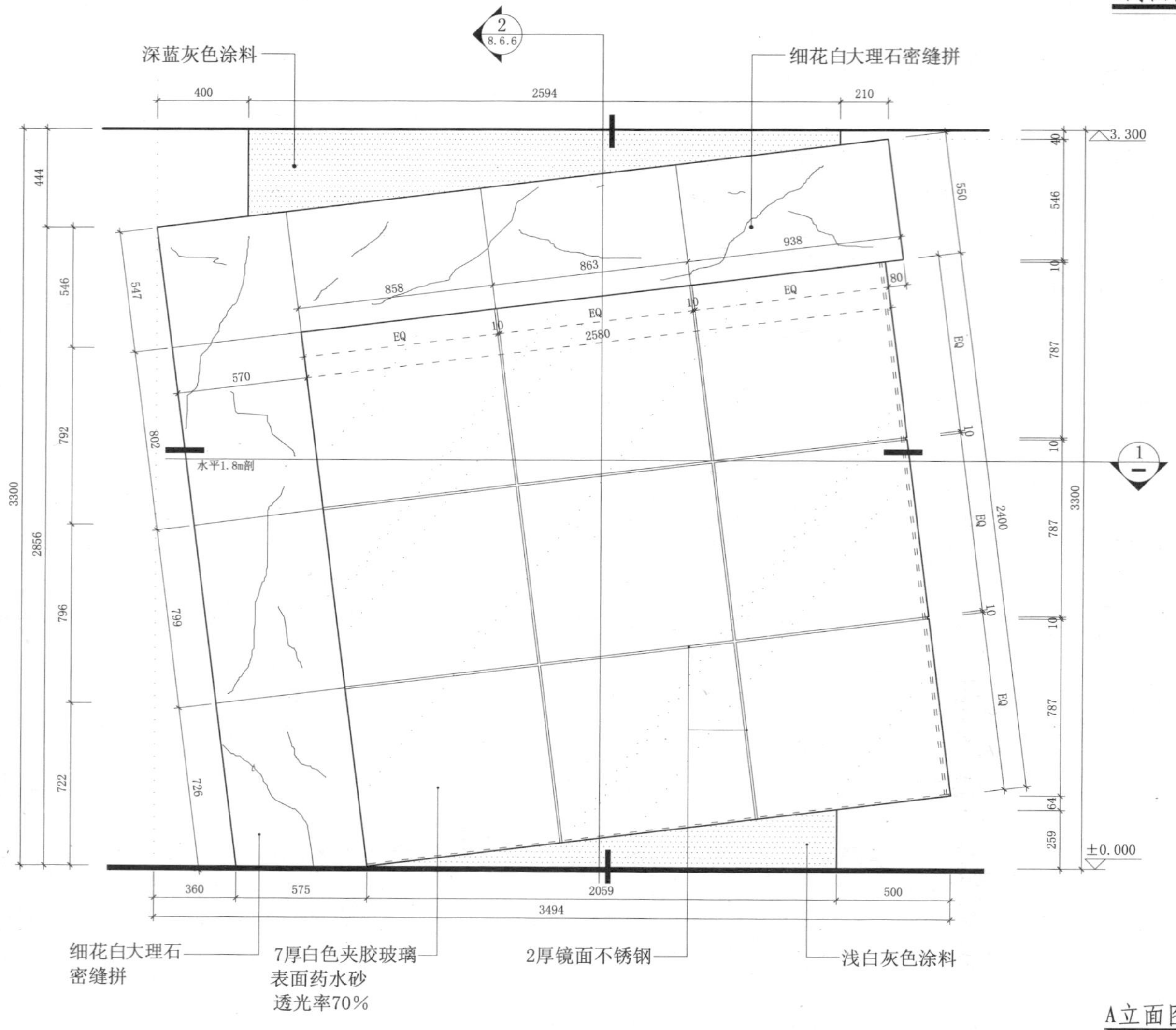

A立面图

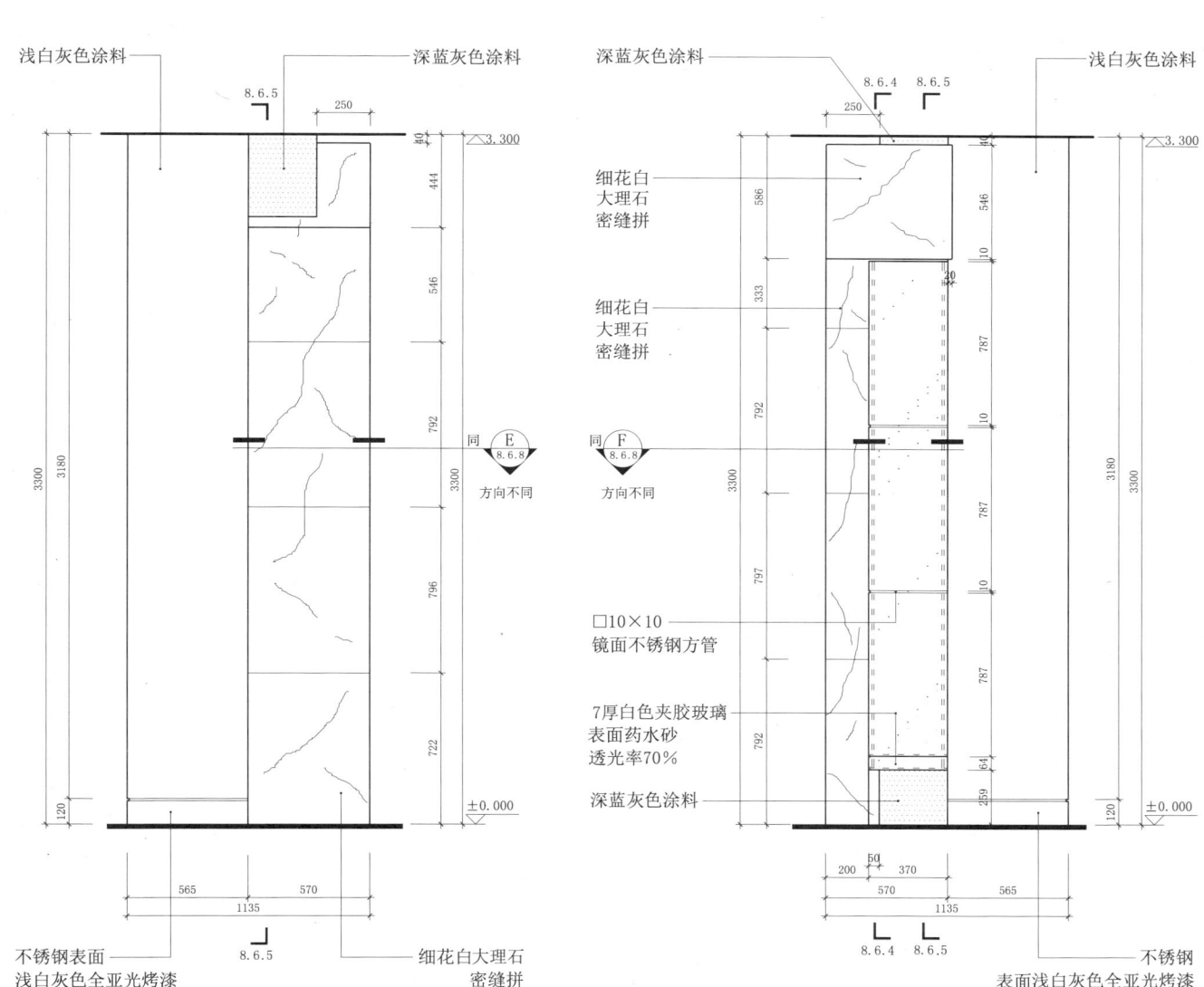

8.6 透光隔断

8.6.3

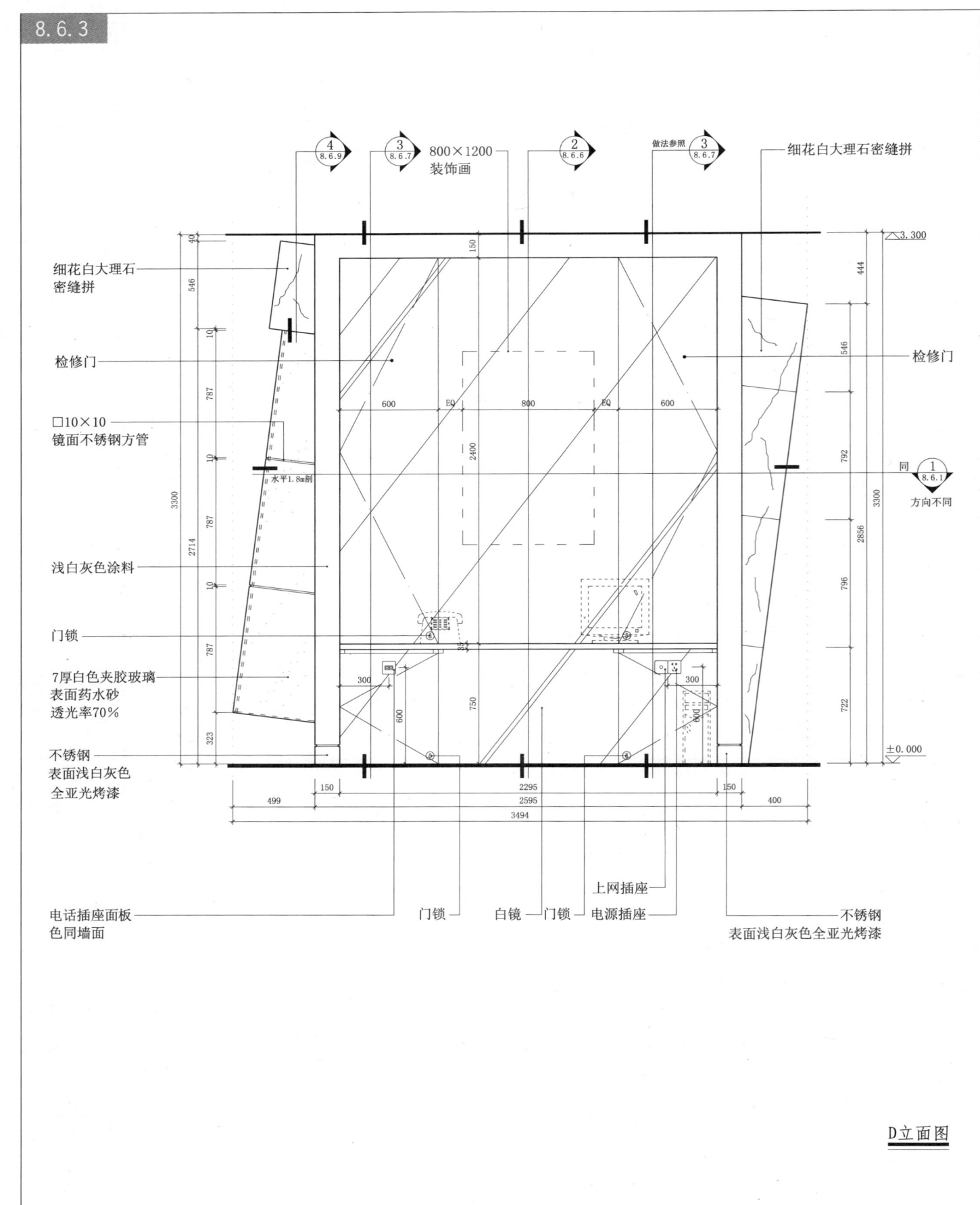

D立面图

8.6 透光隔断

8.6.4

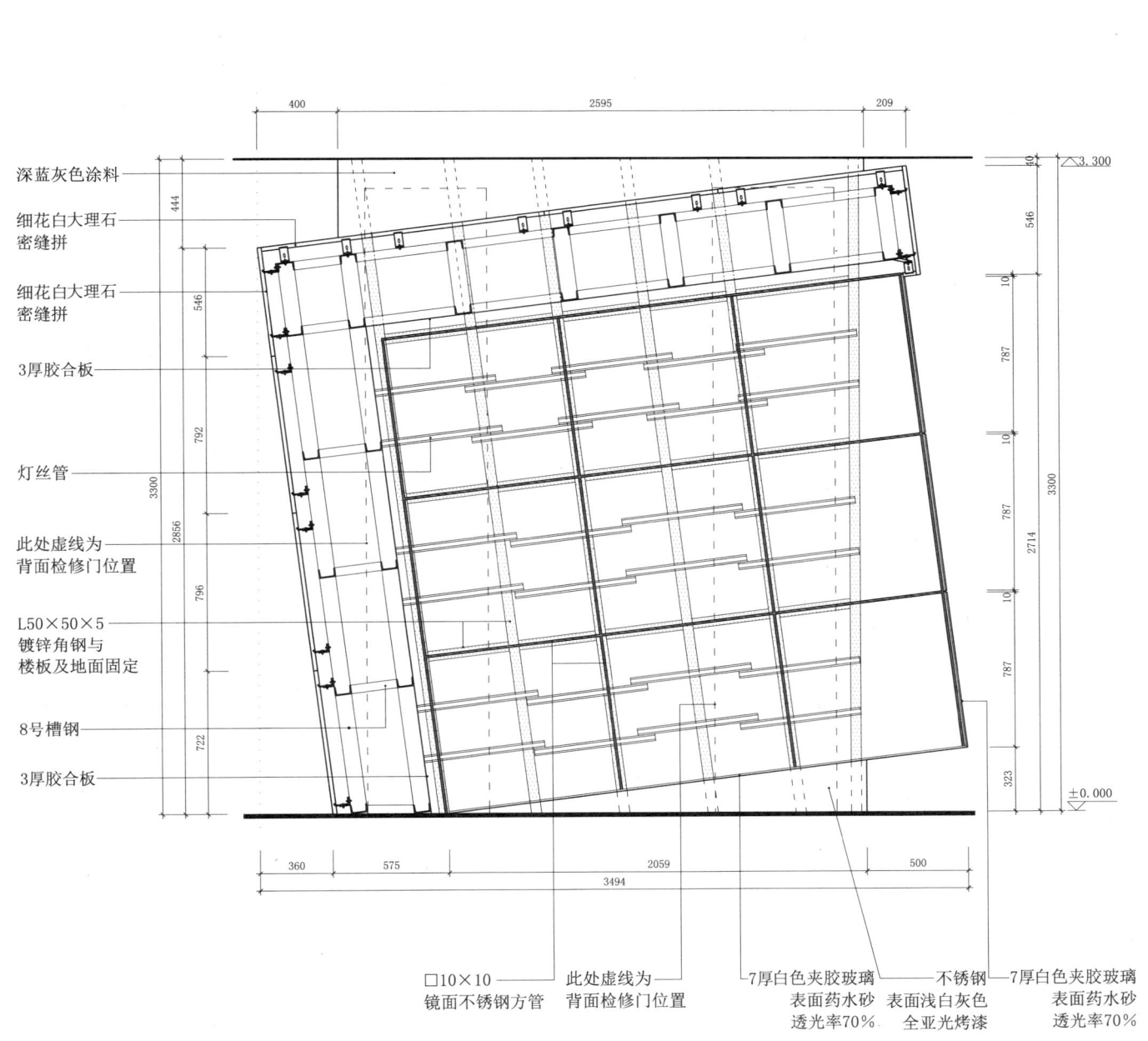

内部龙骨图

隔断构造 · 透光照明构造　玻璃构造　石材构造　检修构造

8 隔断构造

8.6 透光隔断

· 透光照明构造
  玻璃构造
  石材构造
  检修构造

8.6.5

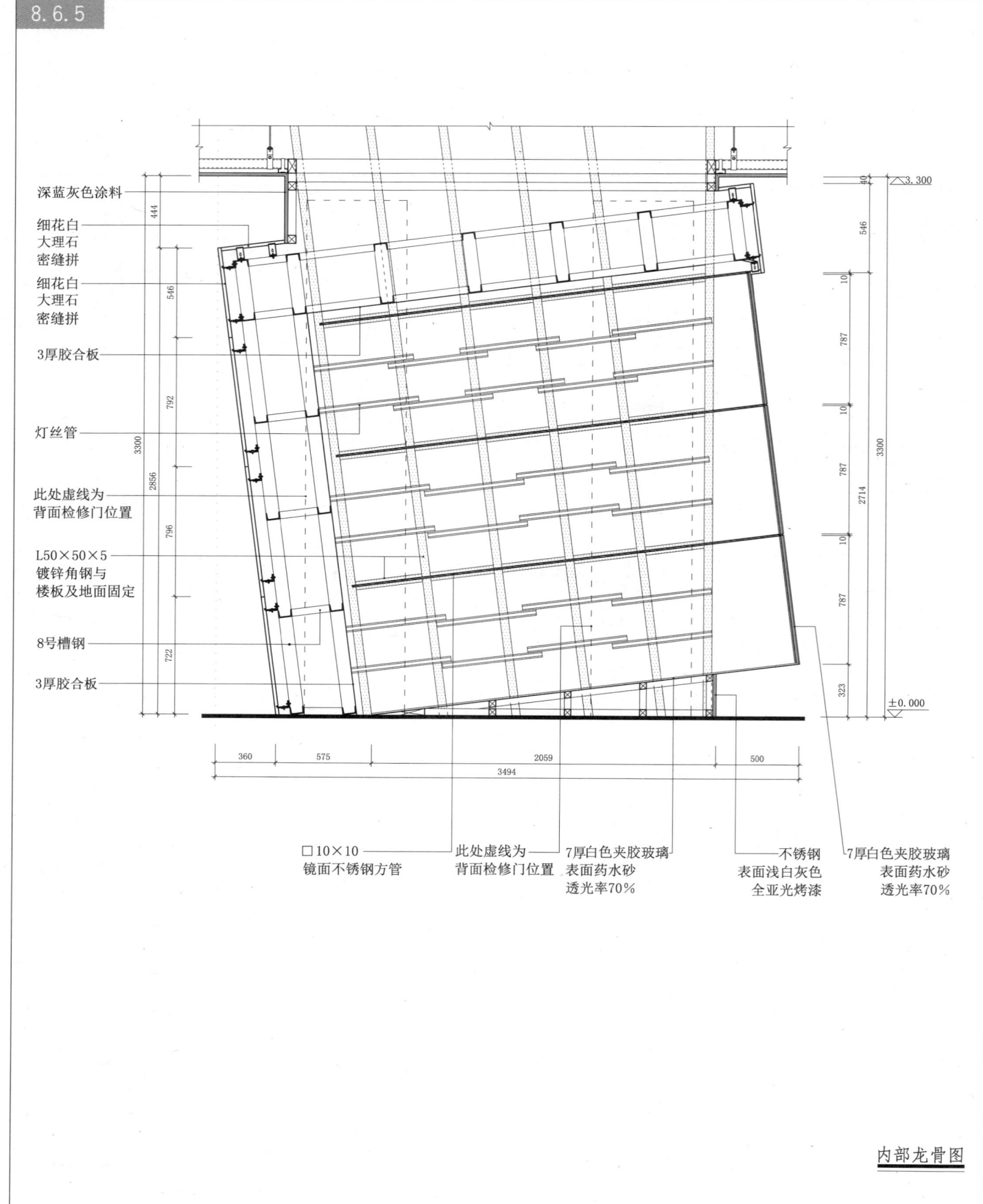

内部龙骨图

8.6 透光隔断

8.6.6

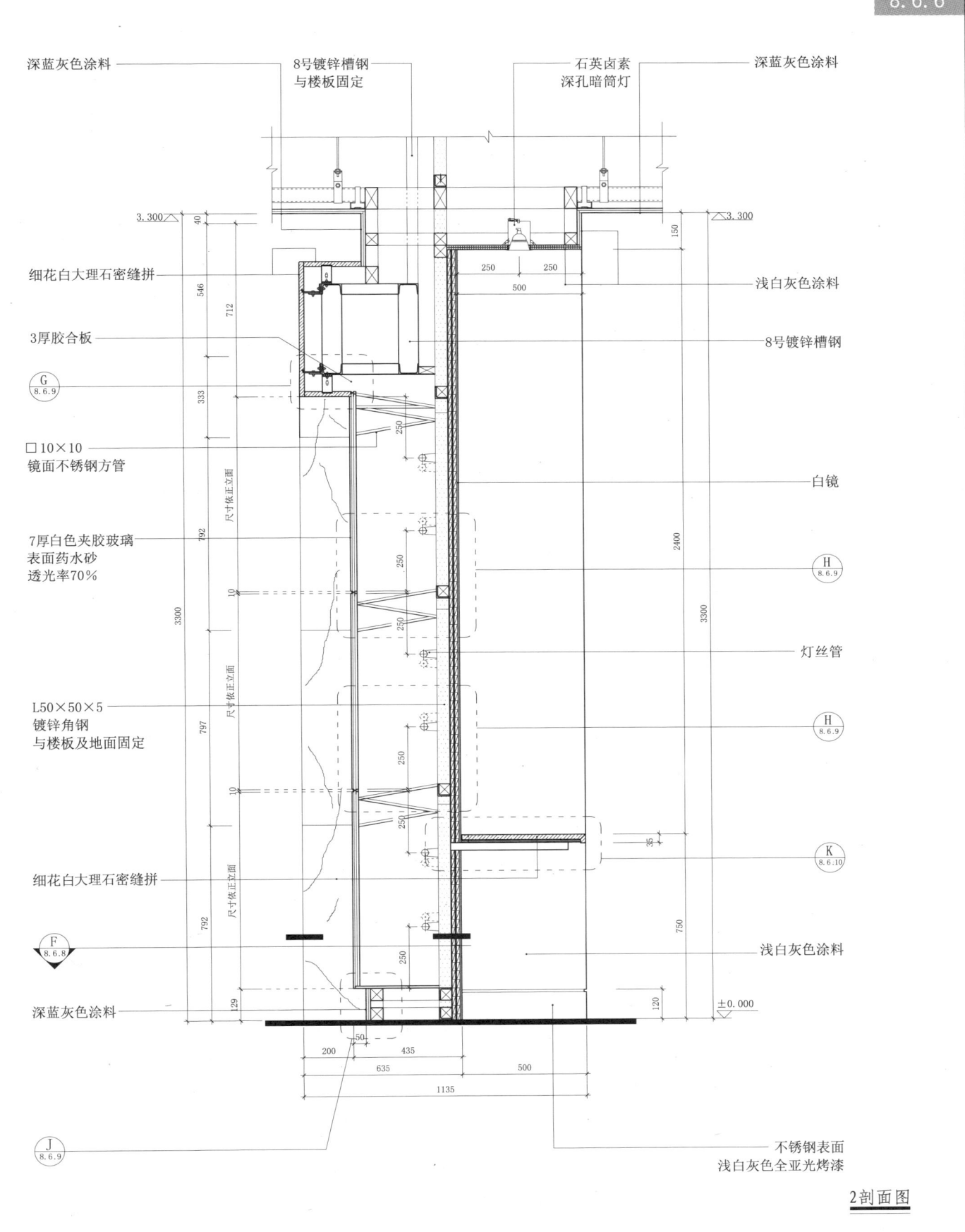

2剖面图

8.6 透光隔断

8.6.7

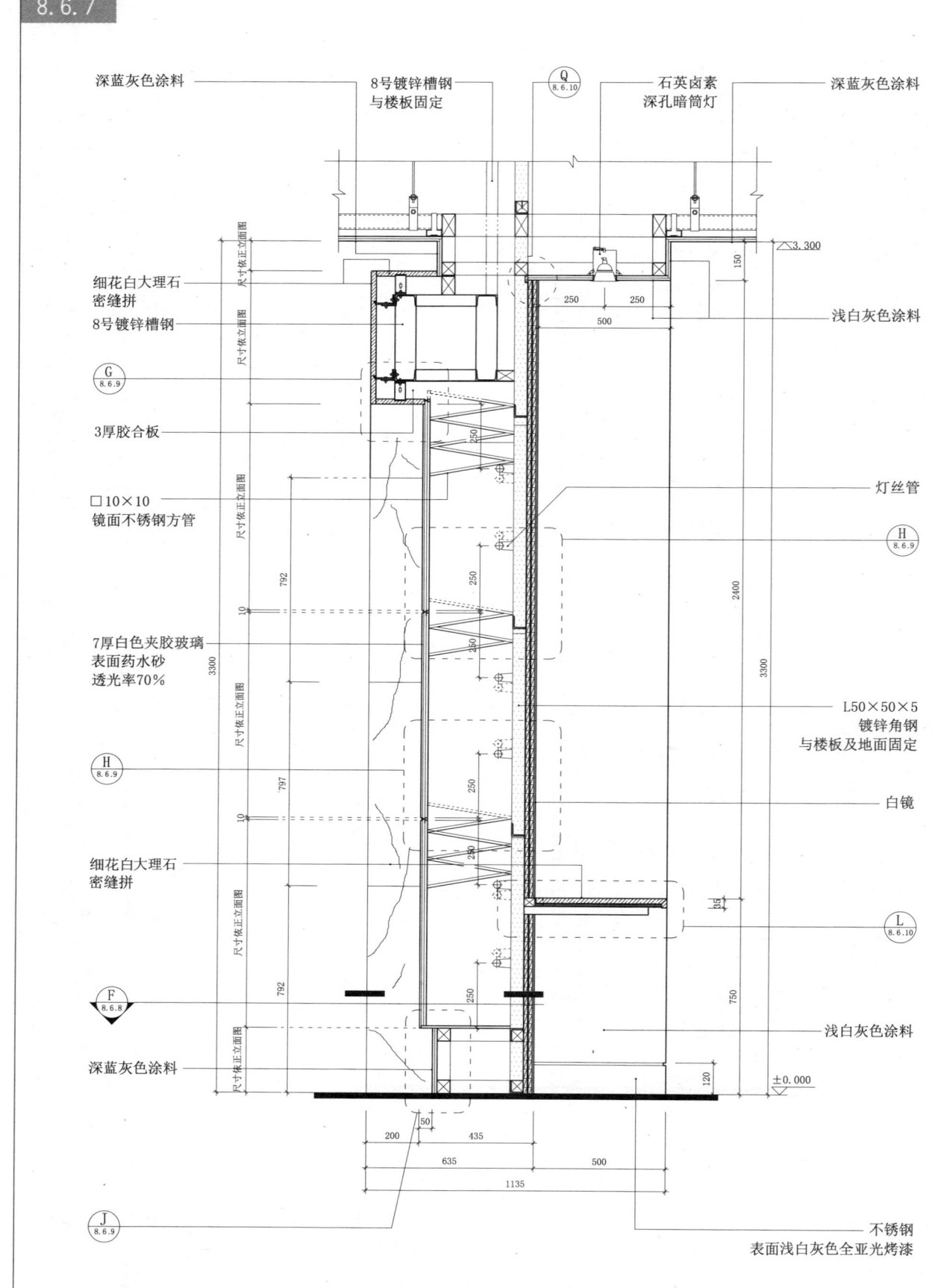

3剖面图

8.6 透光隔断　8.6.8

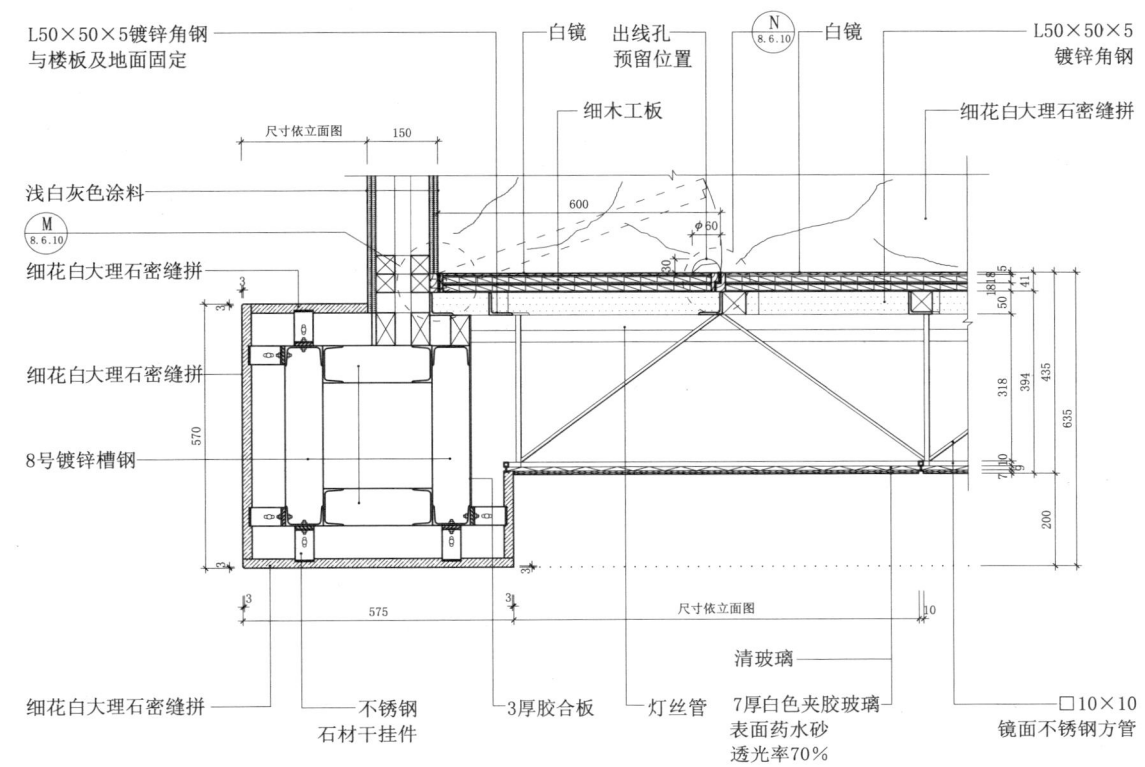

E大样图

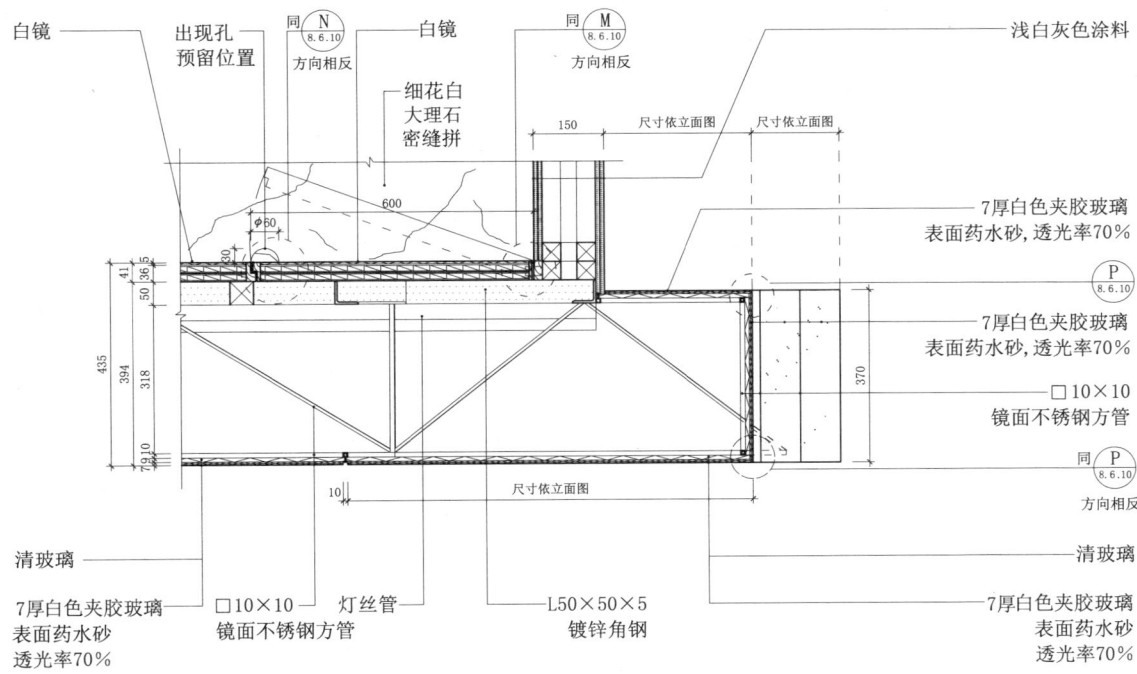

F大样图

8.6 透光隔断

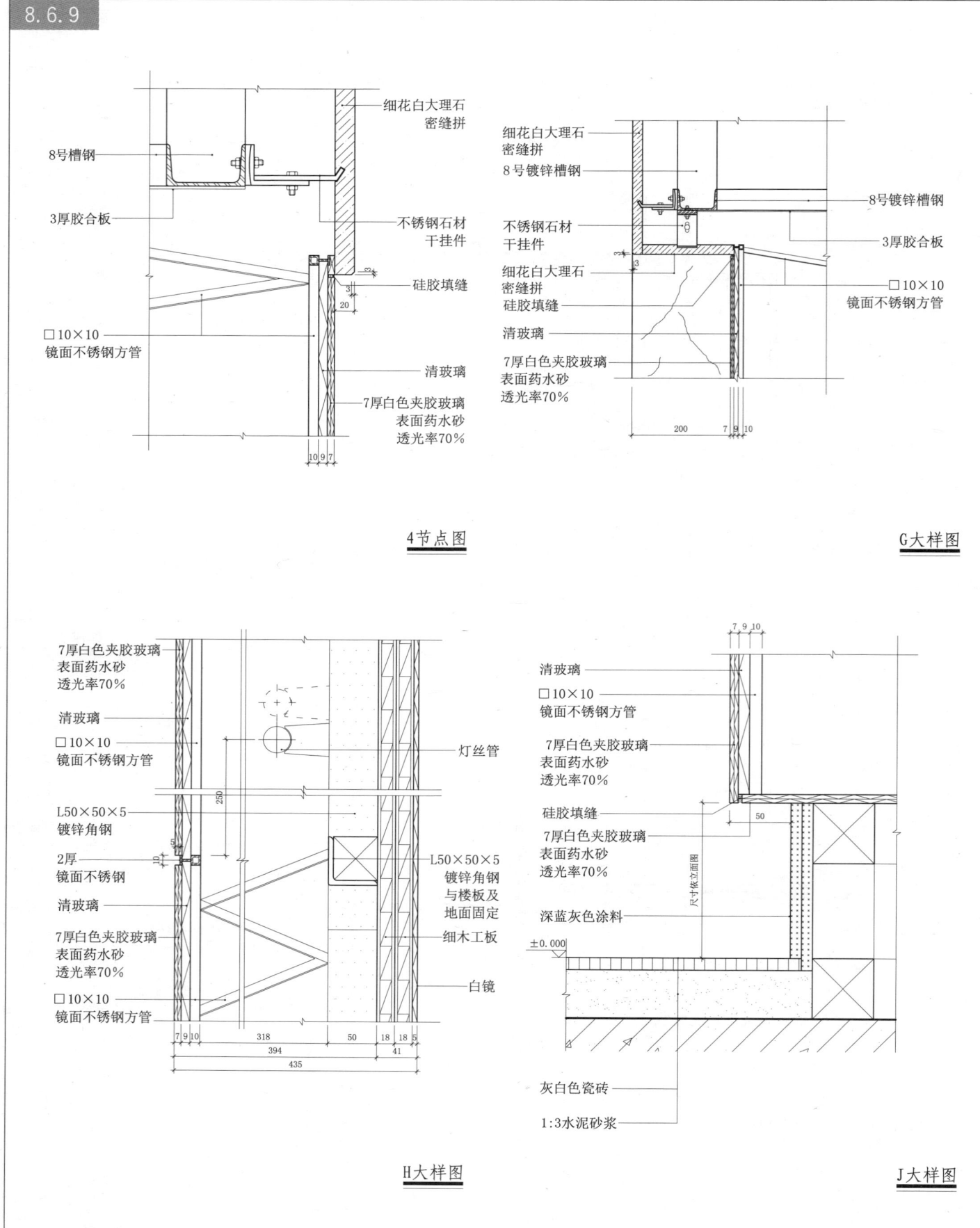

8.6 透光隔断

8.6.10

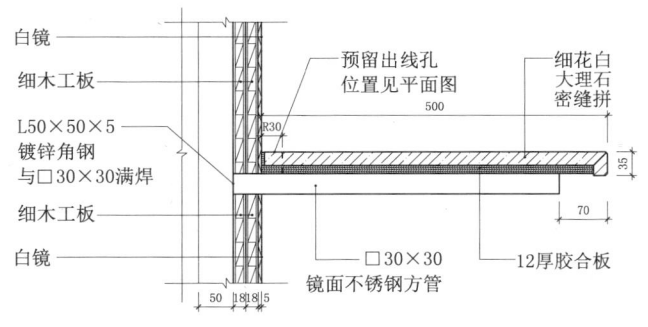

K大样图

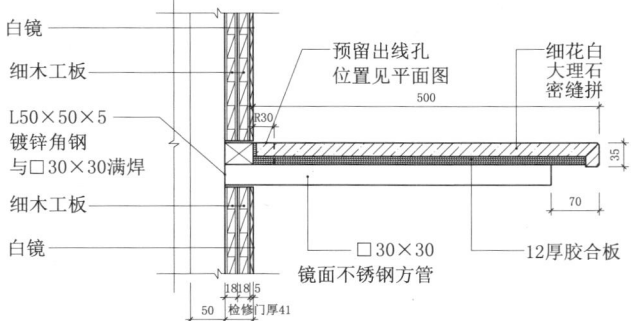

L大样图

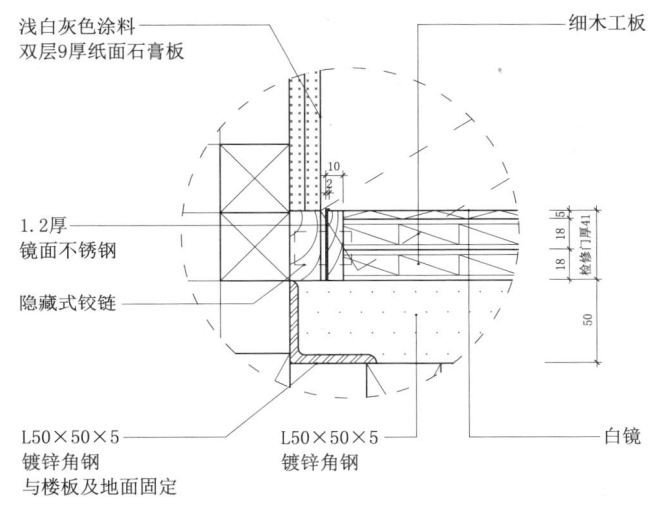

M大样图

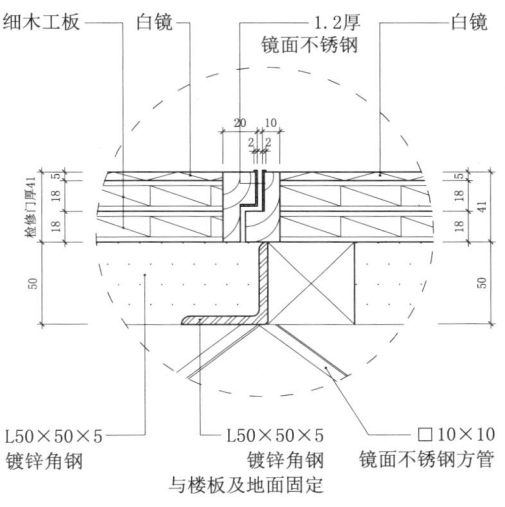

N大样图

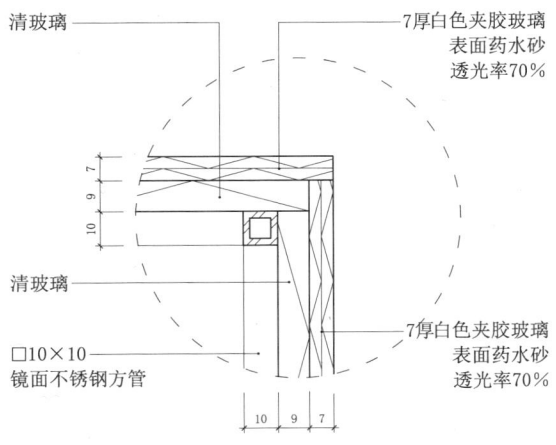

P大样图

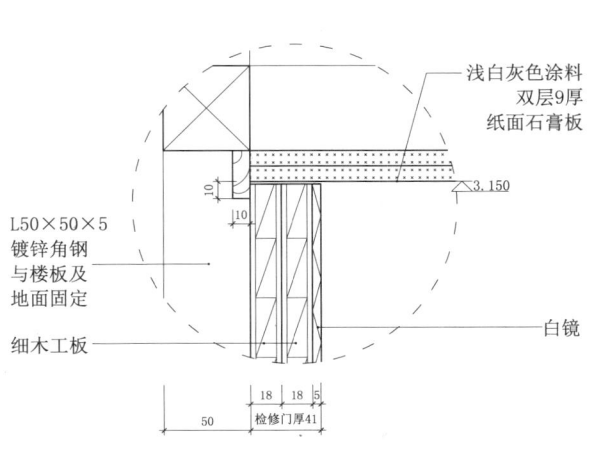

Q大样图

8.7 玻璃隔断（一）

隔断构造
- 平行线构造
- 金属构造
- 玻璃构造

8.7.1

玻璃隔断正立面图 — 定制口65×25框条 表面黑古铜色烤漆；定制口85×25框条 表面黑古铜色烤漆；定制口60×15框条 表面黑古铜色烤漆；定制口85×25框条 表面黑古铜色烤漆；定制口26×10框条 表面黑古铜色烤漆；8厚黄水晶大银霞蚀刻玻璃钢化；8厚黄水晶玻璃钢化；定制口85×25框条 表面黑古铜色烤漆；定制口65×75框条 表面黑古铜色烤漆

玻璃隔断侧立面图 — 定制口65×25框条 表面黑古铜色烤漆；定制口85×25框条 表面黑古铜色烤漆；定制口65×75框条 表面黑古铜色烤漆

A节点图 — 双层9厚纸面石膏板 表面米白色涂料；定制口65×25框条 表面黑古铜色烤漆；定制口85×25框条 表面黑古铜色烤漆；8厚黄水晶大银霞蚀刻玻璃钢化；定制口60×15框条 表面黑古铜色烤漆；8厚黄水晶玻璃钢化；黑古铜色烤漆；15厚超白白色背漆玻璃钢化

8.7 玻璃隔断(一)

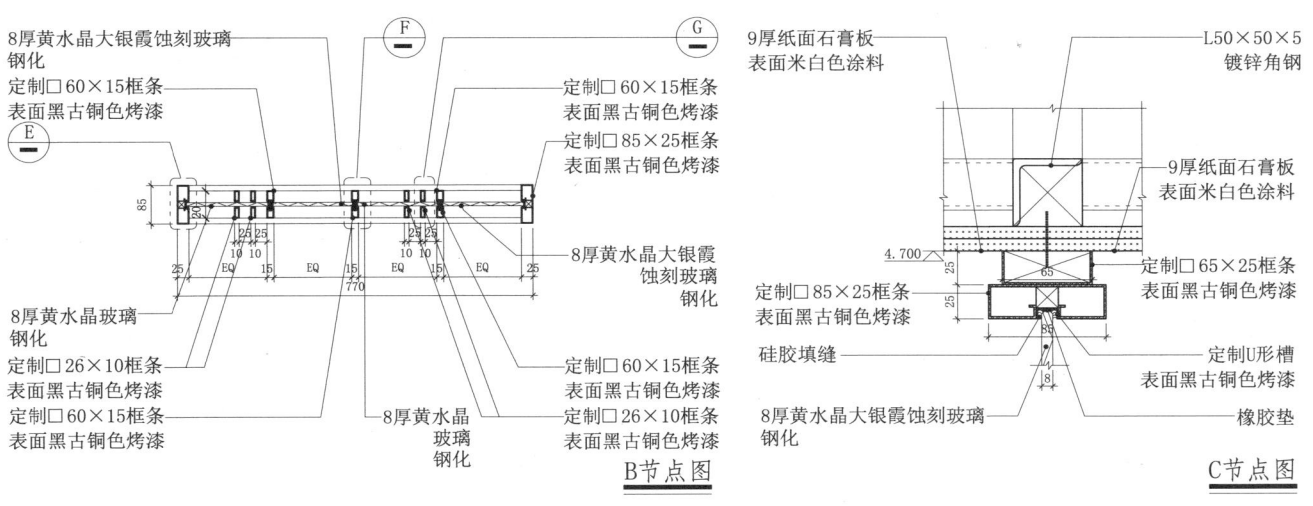

B节点图 / C节点图

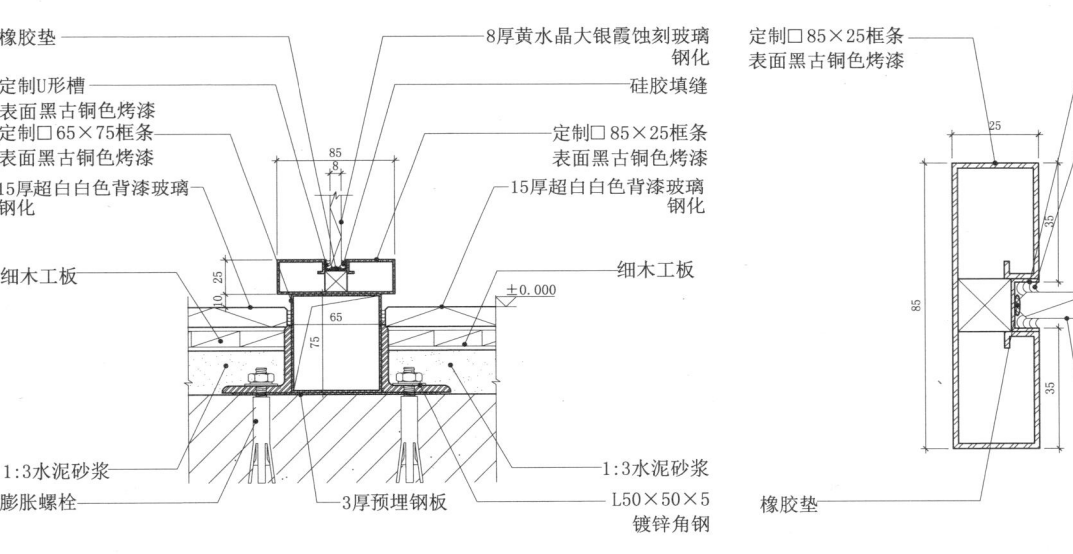

D节点图 / E节点图

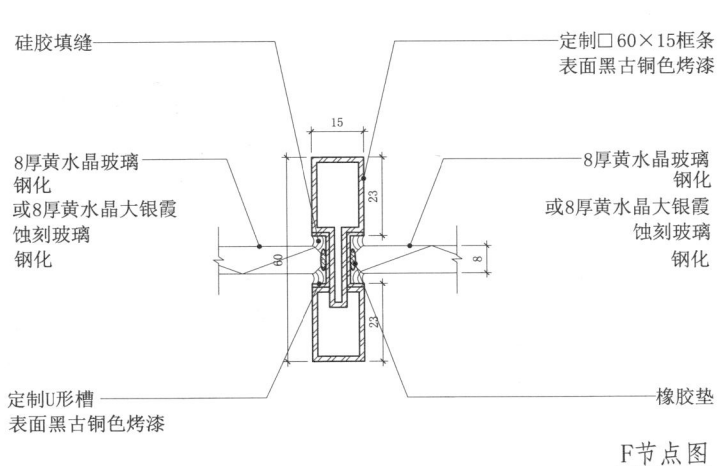

F节点图 / G节点图

8.8 玻璃隔断(二)

8.8.1

玻璃隔断正立面图

A节点图

标注说明（正立面图）：
- 1.2厚不锈钢 表面黑灰色烤漆
- 12厚白色渐变夹胶玻璃 钢化
- LED灯带

标注说明（A节点图）：
- 双层9厚纸面石膏板 表面浅白灰色涂料
- L50×50×5 镀锌角钢
- 变压器
- 1.2定制不锈钢框条 表面黑灰色烤漆
- 橡胶垫 定制U形槽
- 1.2厚不锈钢，表面黑灰色烤漆
- 12厚白色渐变夹胶玻璃 钢化
- 1.2厚不锈钢玻璃隔脚
- 浅白灰色地砖 600×600
- LED灯带
- 灰褐色地砖 600×600
- 1:3水泥砂浆
- 150×1000钢板,3厚
- 满焊
- 膨胀螺栓

8.8 玻璃隔断(二)

8.8.2

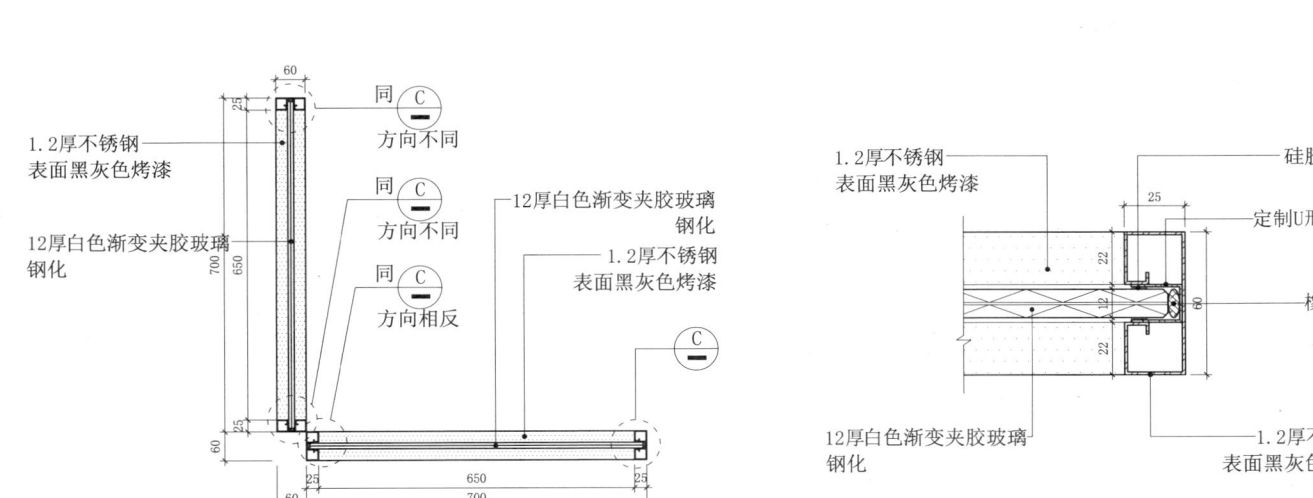

B节点图　　　C节点图

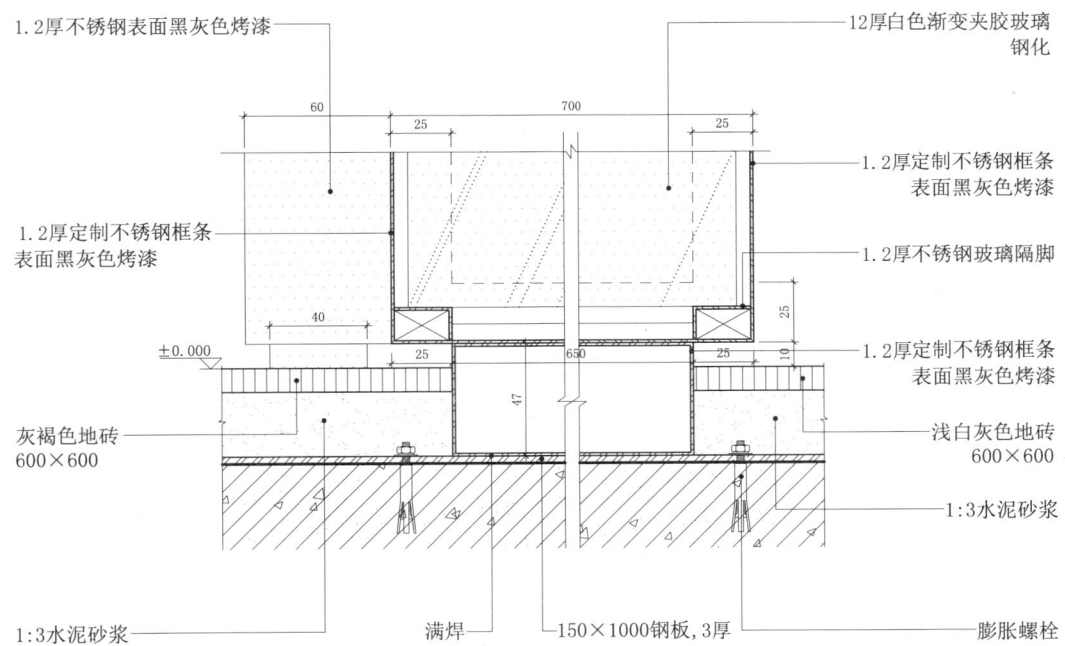

D节点图

隔断构造·金属构造 玻璃构造

8 隔断构造
- 玻璃构造
- 金属构造

8.9 隔屏

隔屏正立面图

隔屏侧立面图

隔屏平面图

2节点图

3节点图

1节点图

8.10 达尼罗涂料仿锈板隔断

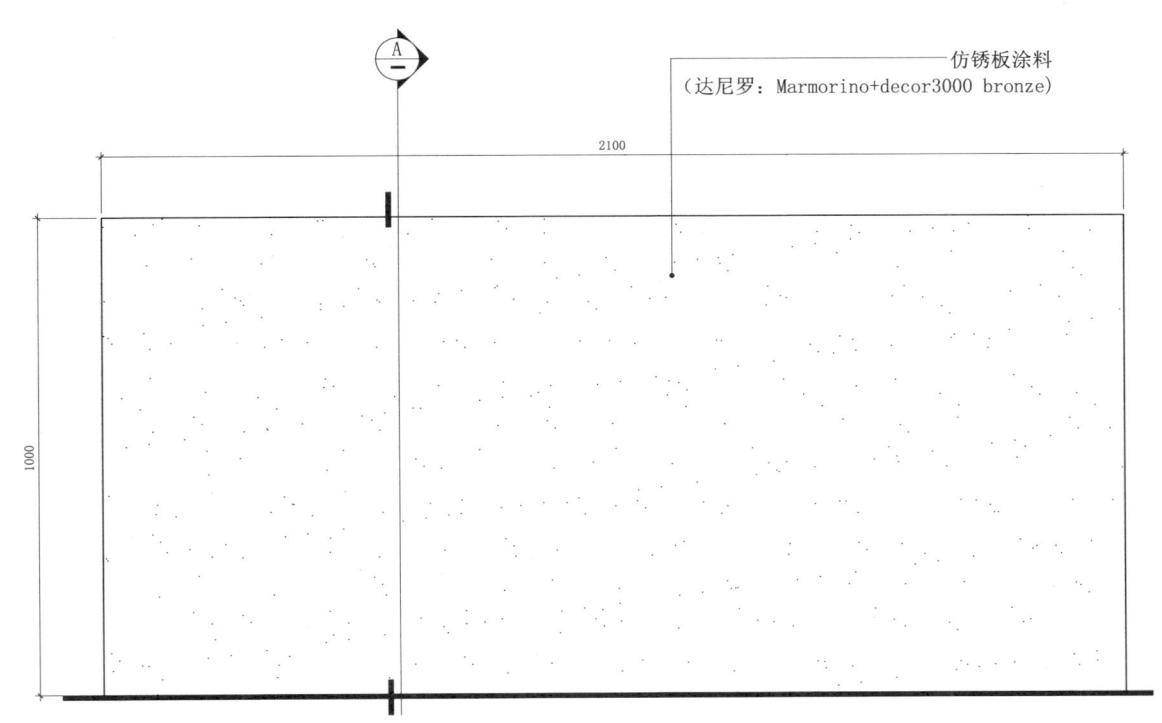

立面图

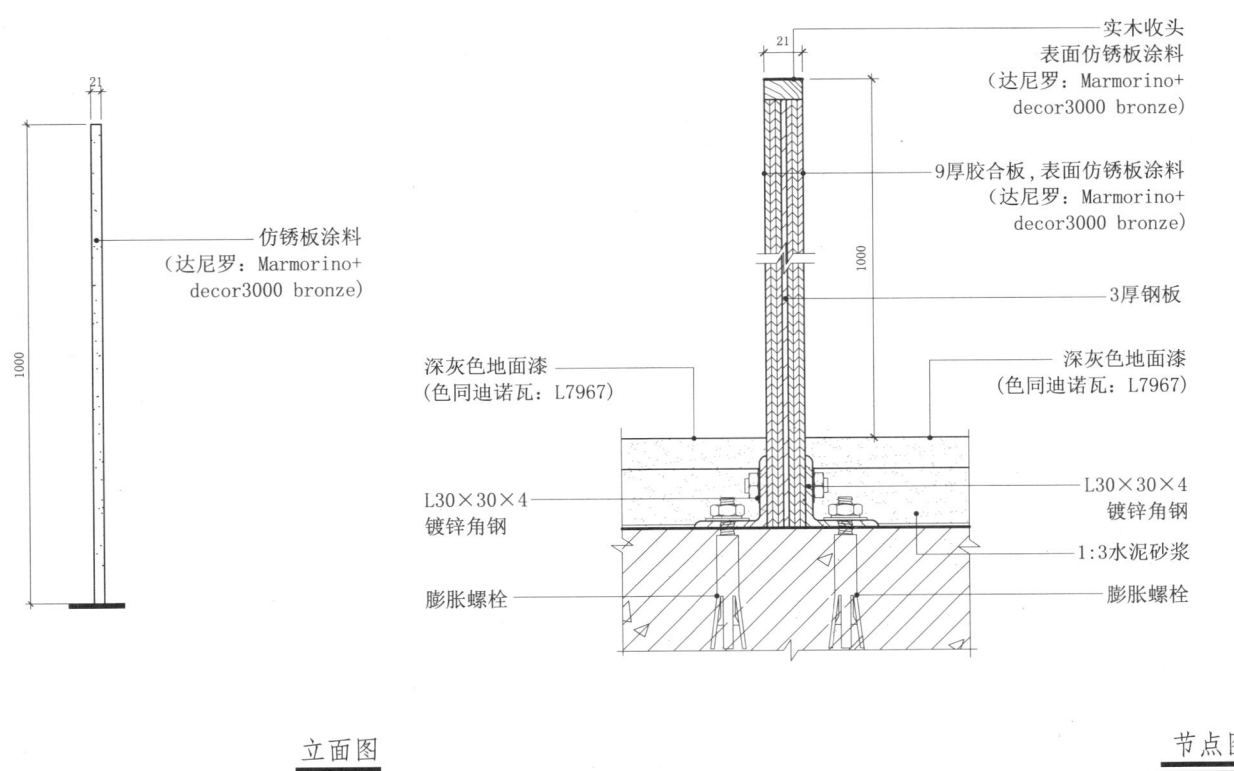

立面图　　　节点图

8 隔断构造

- 平行线构造
- 金属构造
- 非透光照明构造

8.11 金属门框隔断

8.11.1

立面图

B节点图

A节点图

立面图标注：
- 深灰色涂料
- 仿清水混凝土
- □8×60定制不锈钢方管 表面黑灰色全亚光烤漆做旧
- □20×70定制不锈钢方管 表面黑灰色全亚光烤漆做旧

B节点图标注：
- 仿清水混凝土
- □8×60定制不锈钢方管 表面黑灰色全亚光烤漆做旧
- □20×70定制不锈钢方管 表面黑灰色全亚光烤漆做旧

A节点图标注：
- MR-16/20W,36°
- 米白色细颗粒涂料 双层9厚纸面石膏板
- □8×60定制不锈钢方管 表面黑灰色全亚光烤漆做旧
- □20×70定制不锈钢方管 表面黑灰色全亚光烤漆做旧
- □8×60定制不锈钢方管 表面黑灰色全亚光烤漆做旧
- 仿清水混凝土
- □8×60定制不锈钢方管 表面黑灰色全亚光烤漆做旧
- 白灰色地砖 600×600
- 不锈钢表面灰色全亚光烤漆
- 1:3水泥砂浆
- 膨胀螺栓
- 预埋钢板

8.11 金属门框隔断

8.11.2

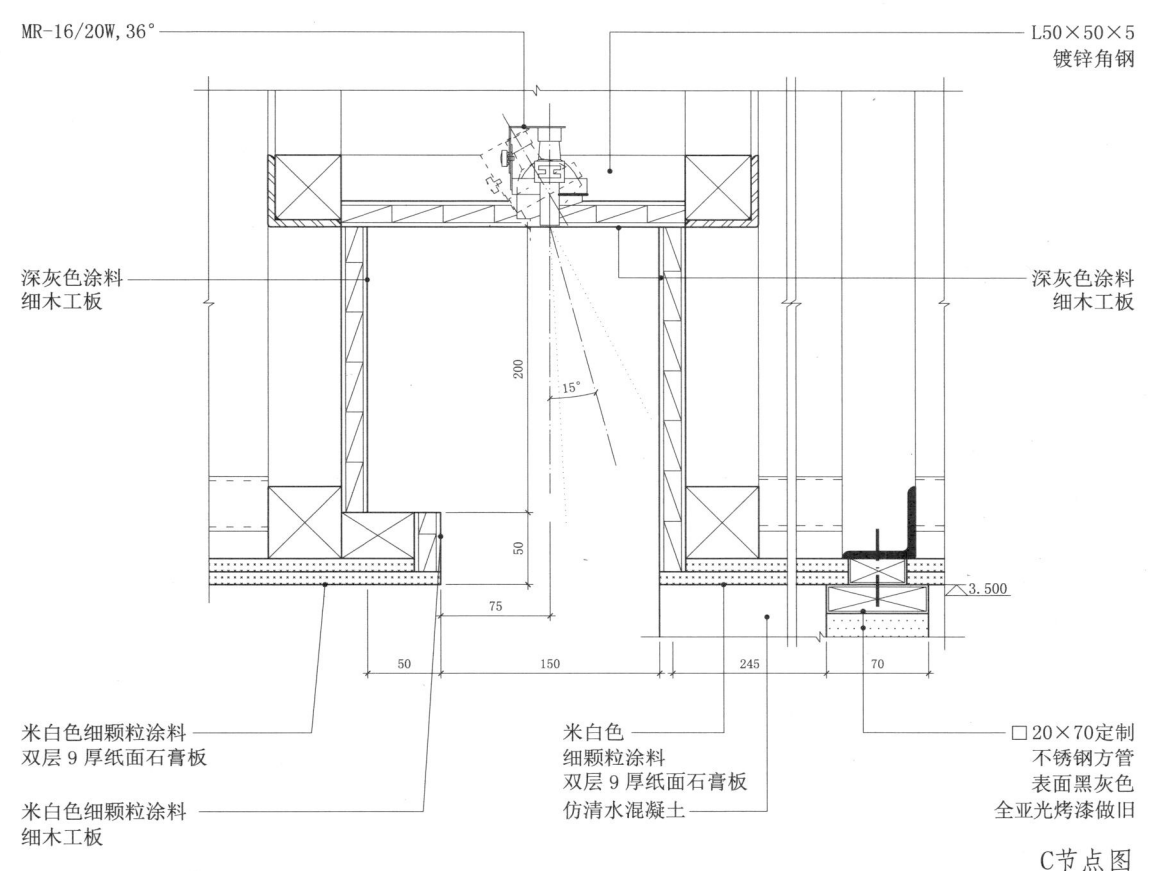

C节点图

- MR-16/20W, 36°
- L50×50×5 镀锌角钢
- 深灰色涂料 细木工板
- 深灰色涂料 细木工板
- 米白色细颗粒涂料 双层9厚纸面石膏板
- 米白色细颗粒涂料 细木工板
- 米白色 细颗粒涂料 双层9厚纸面石膏板 仿清水混凝土
- □20×70定制 不锈钢方管 表面黑灰色 全亚光烤漆做旧

D节点图

- 仿清水混凝土
- 不锈钢 表面灰色全亚光烤漆
- □20×70定制不锈钢方管 表面黑灰色全亚光烤漆做旧
- 仿清水混凝土
- 白灰色地砖 600×600
- 膨胀螺栓
- 白灰色地砖 600×600
- 1:3水泥砂浆
- 预埋钢板
- 虚线为定制框条 □47×25
- 1:3水泥砂浆

隔断构造・平行线构造 金属构造 非透光照明构造

8.12 木框隔断与地坪固定节点

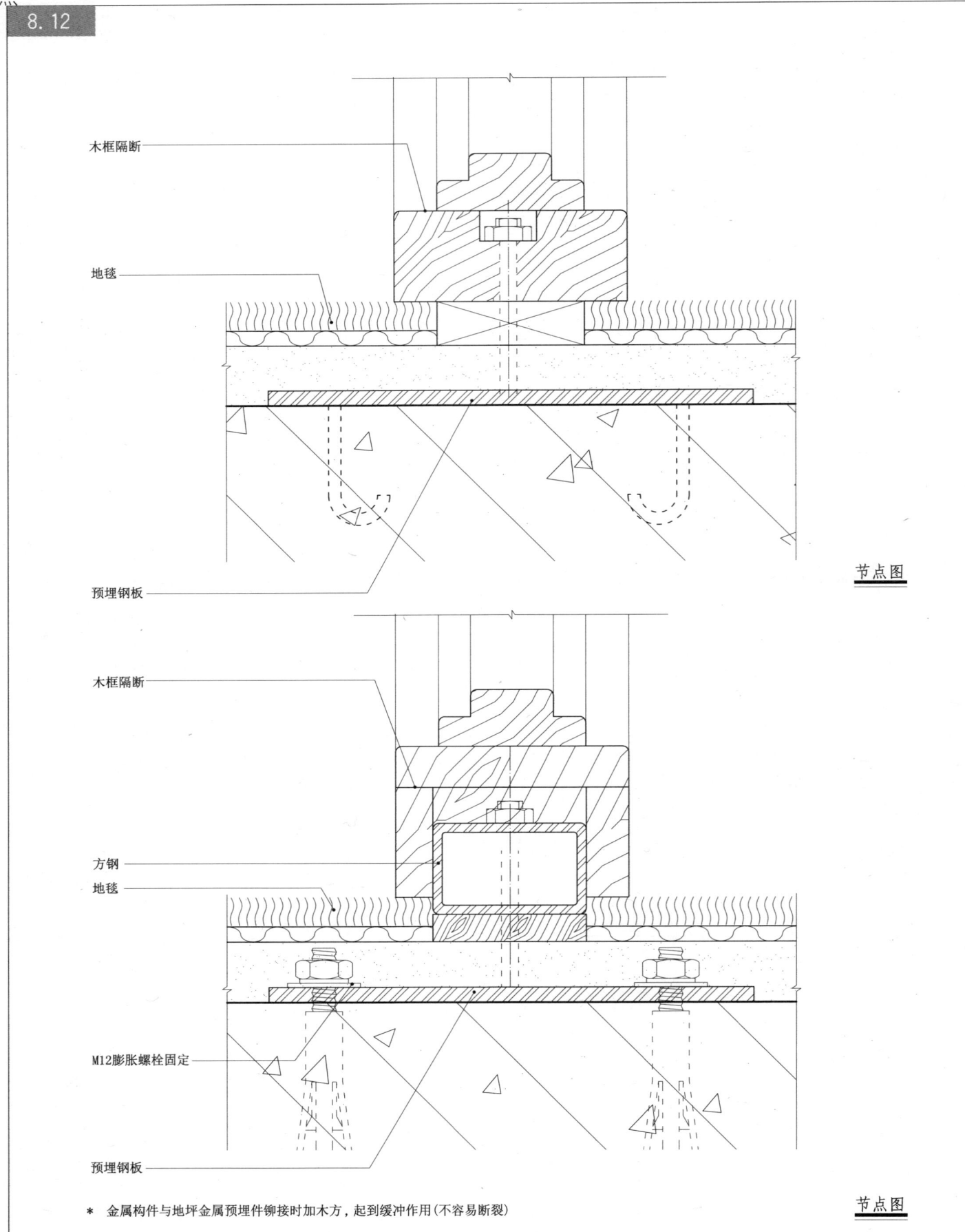

* 金属构件与地坪金属预埋件铆接时加木方，起到缓冲作用（不容易断裂）

9.1 瓷板幕墙节点

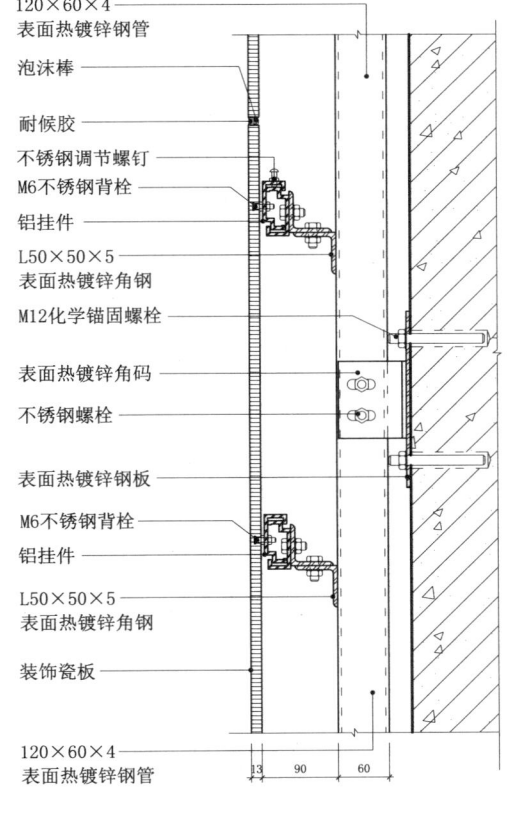

全龙骨瓷板幕墙剖面图(一)

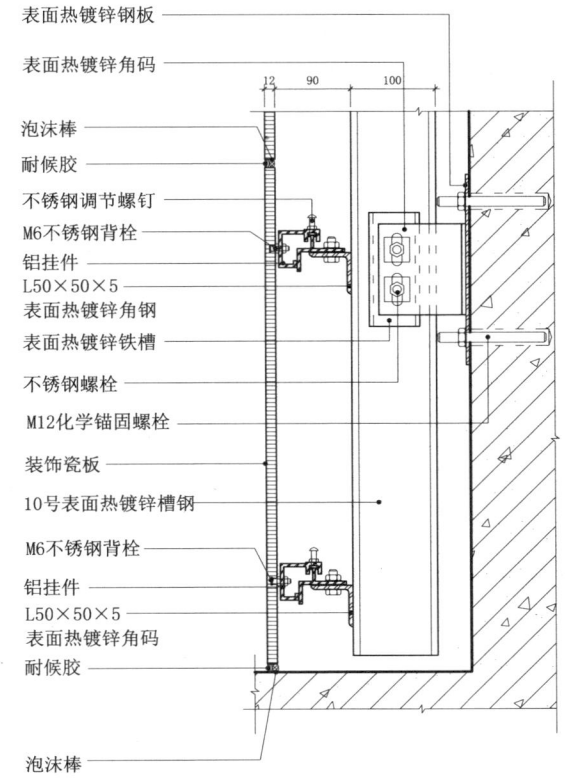

全龙骨瓷板幕墙剖面图(二)

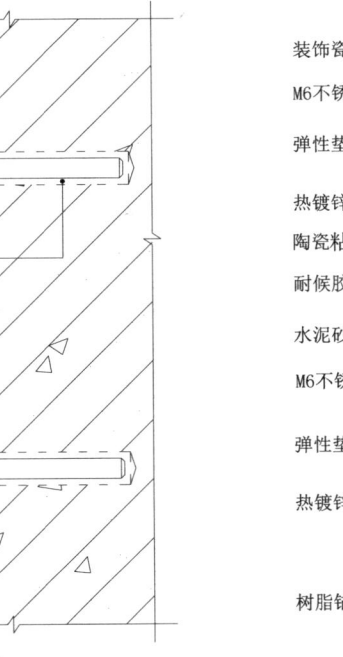

无龙骨瓷板幕墙剖面图(一)

无龙骨瓷板幕墙剖面图(二)

9.2 氟维特板安装节点

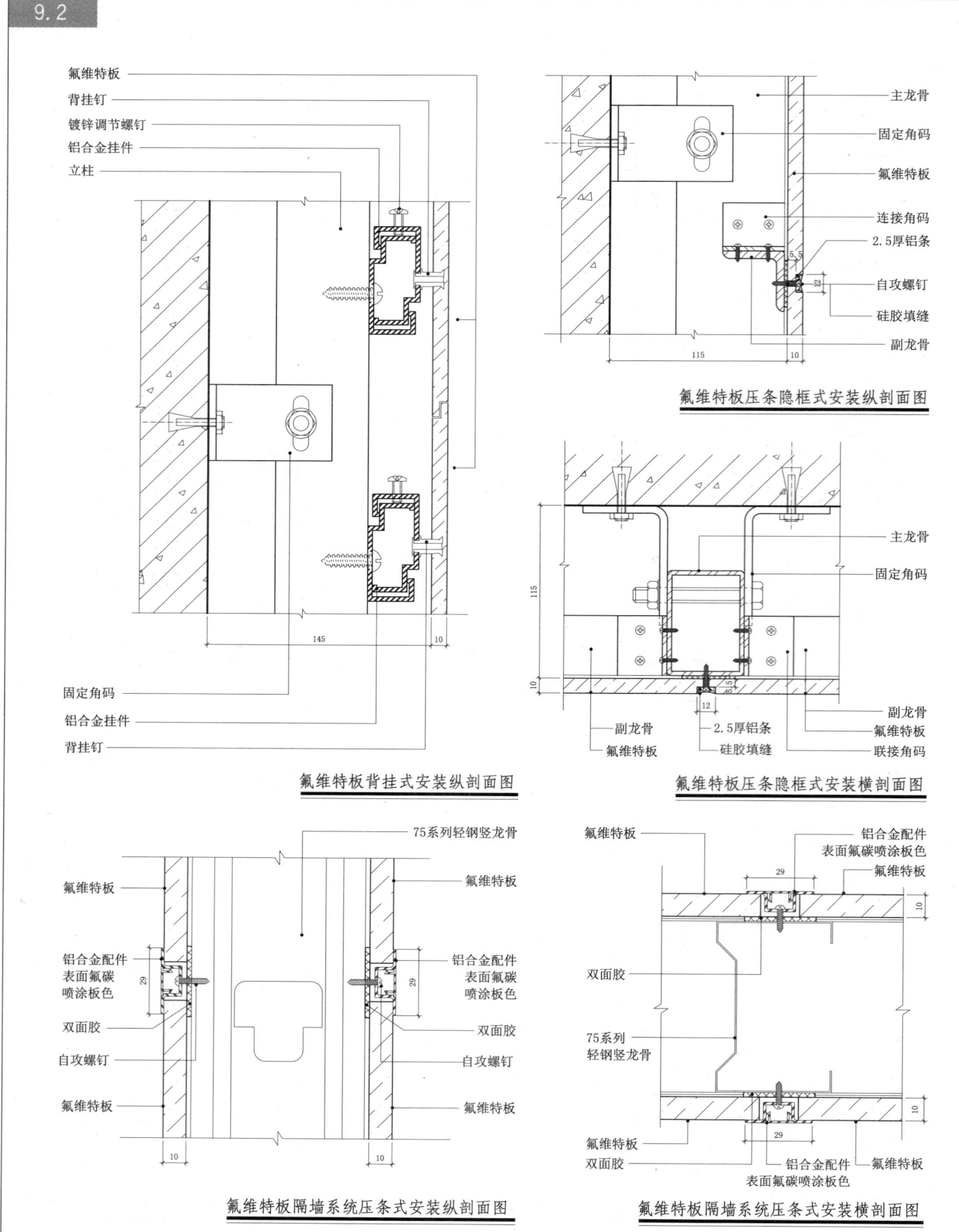

9.3 玻璃节点

幕墙构造·玻璃构造

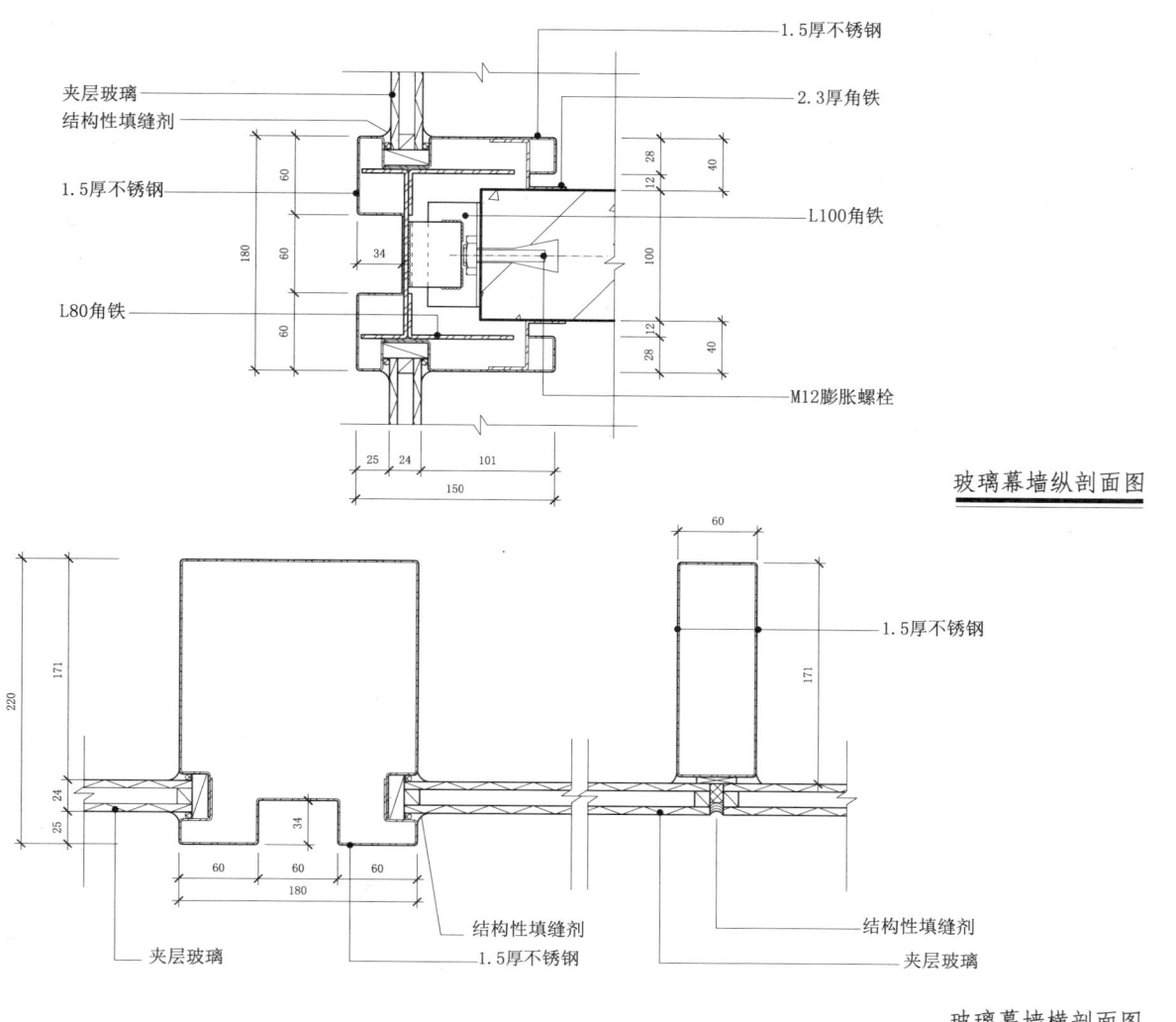

玻璃幕墙纵剖面图

玻璃幕墙横剖面图

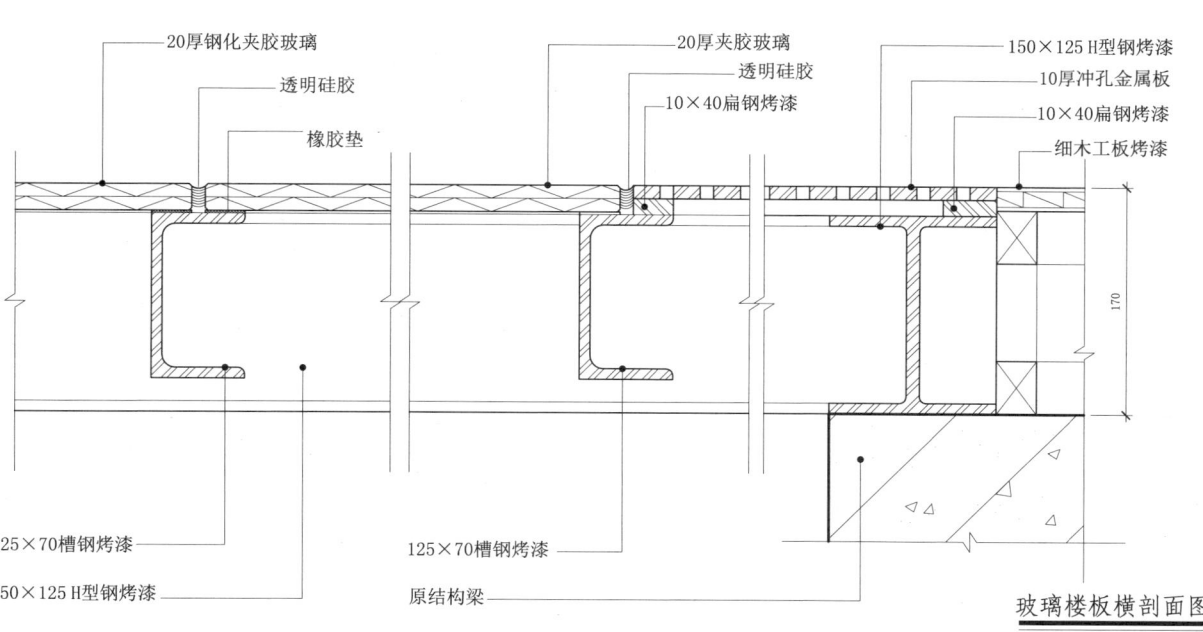

玻璃楼板横剖面图

9.4 入口门厅玻璃盒

9 幕墙构造·玻璃构造 门窗构造 金属构造

9.4.1

大堂入口玻璃盒平面图

大堂入口玻璃盒平顶图

9.4 入口门厅玻璃盒

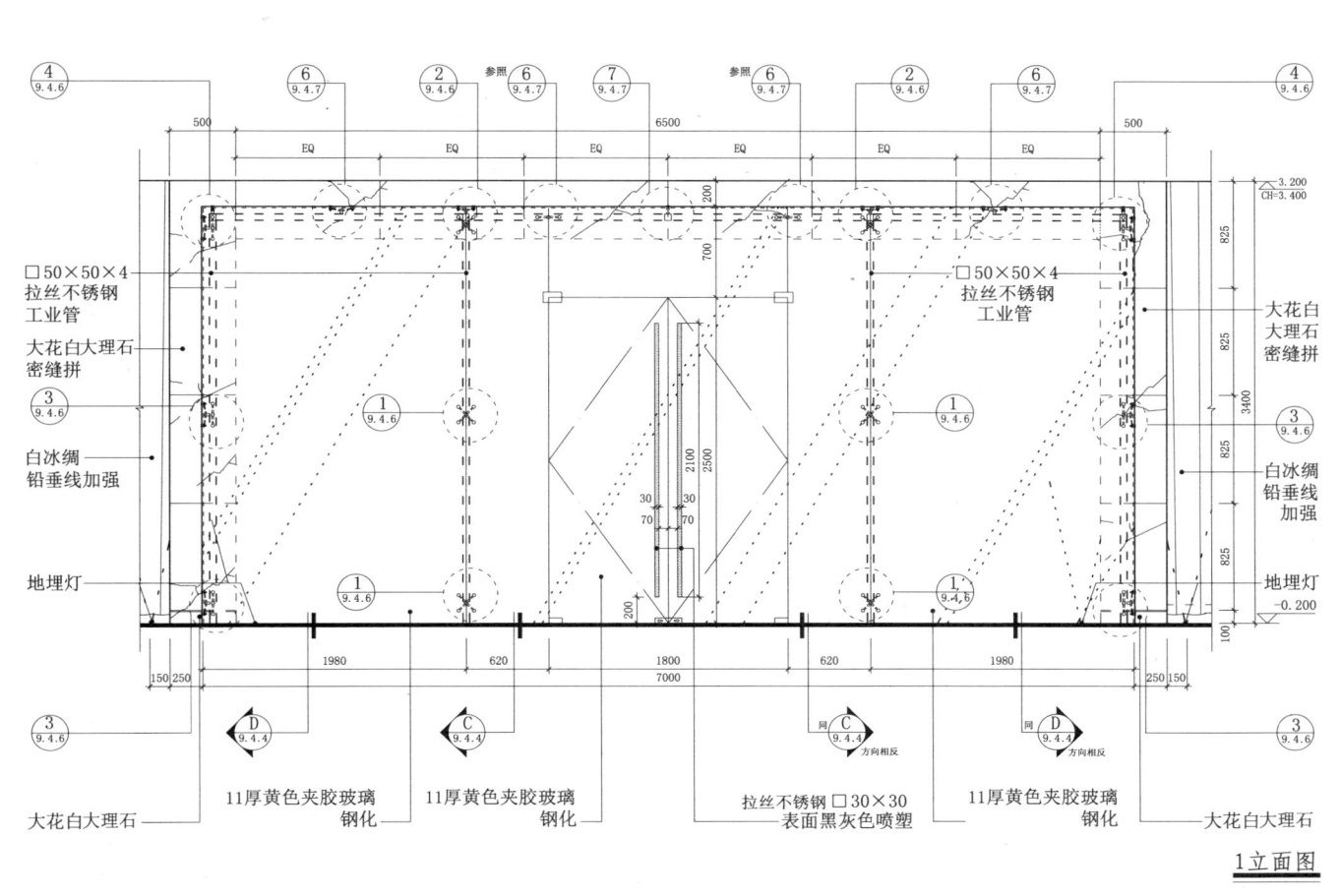

1立面图

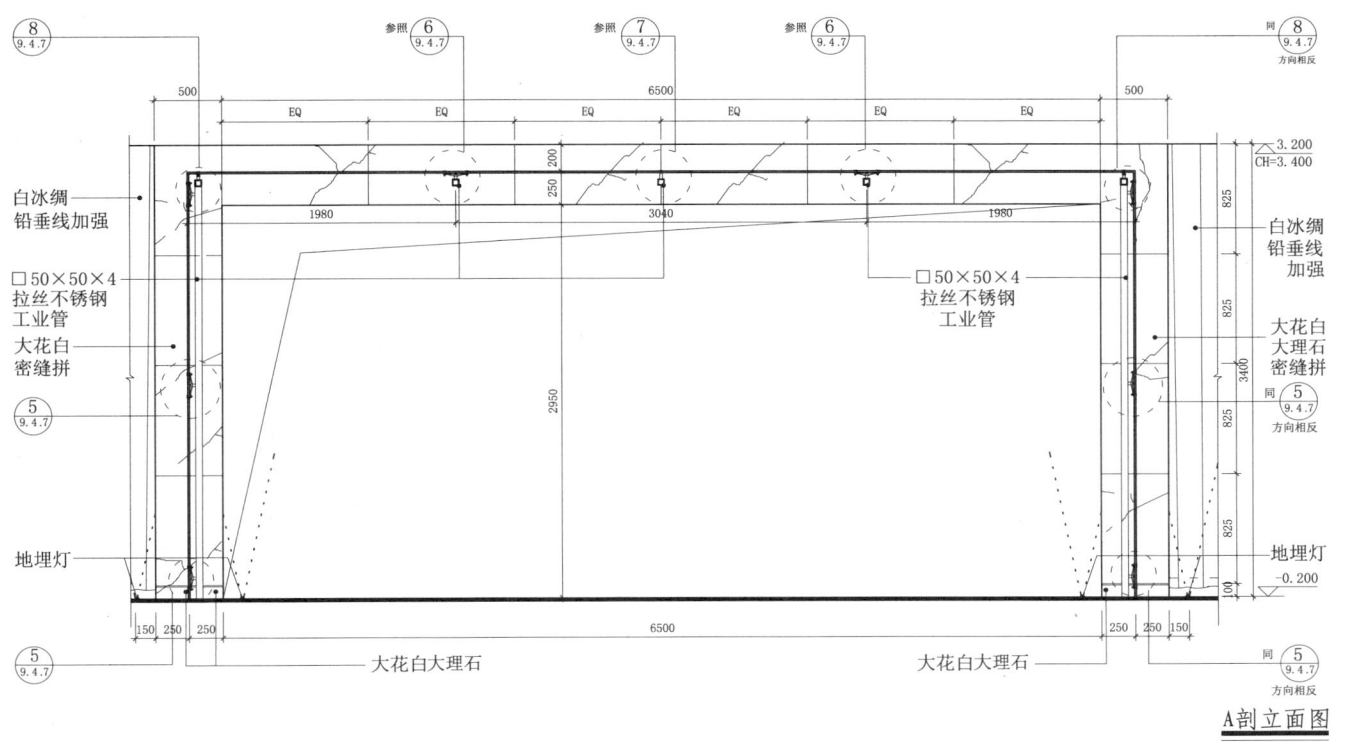

A剖立面图

9.4 入口门厅玻璃盒

9
幕墙构造 · 玻璃构造 门窗构造 金属构造

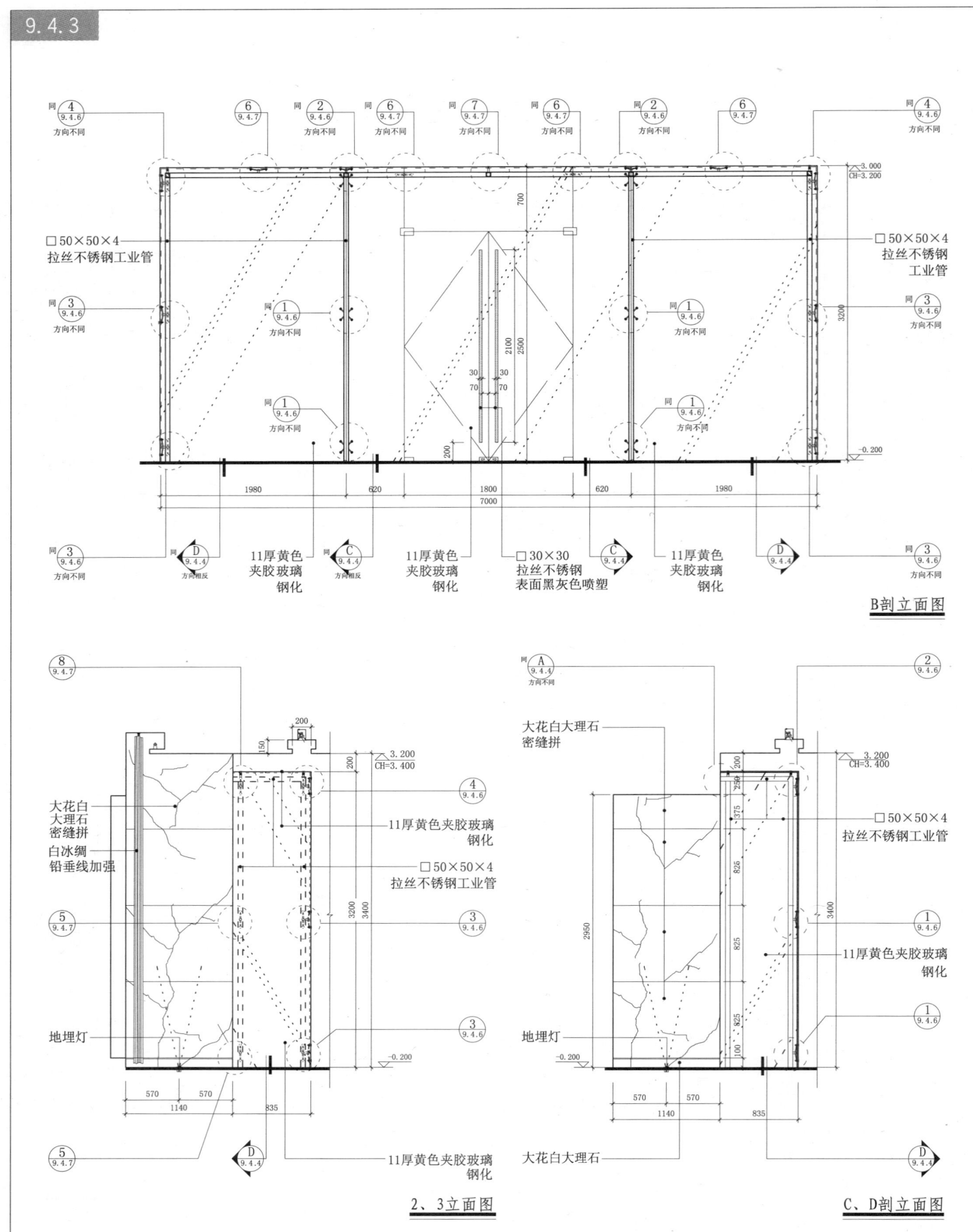

B剖立面图

2、3立面图

C、D剖立面图

9.4 入口门厅玻璃盒

9.4.4

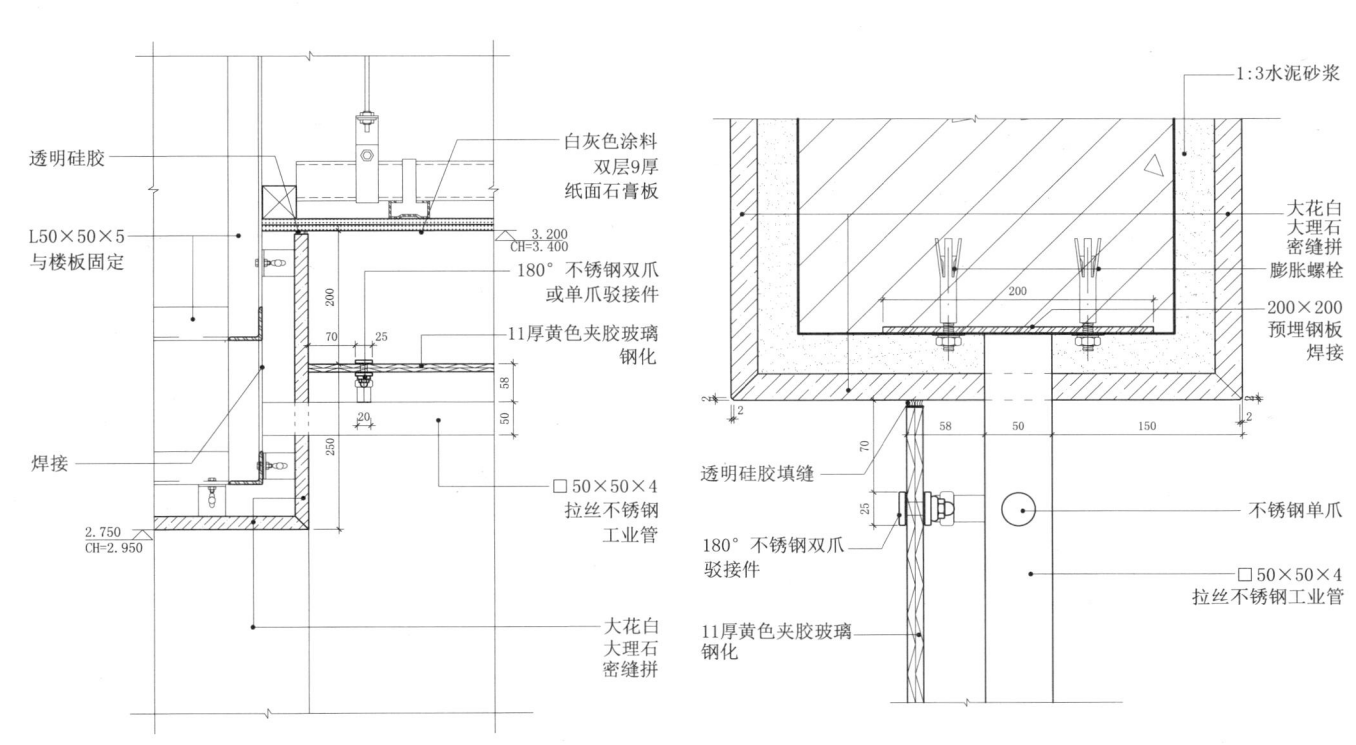

A节点图

B节点图

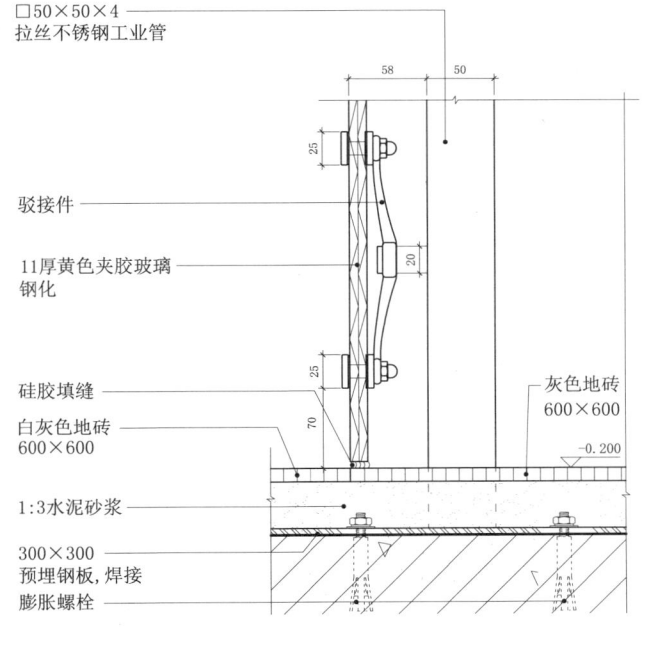

D节点图

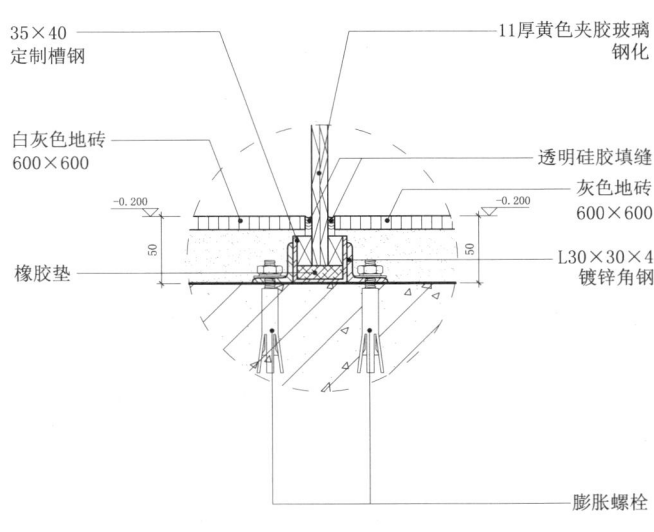

C节点图

9.4 入口门厅玻璃盒

9.4.5

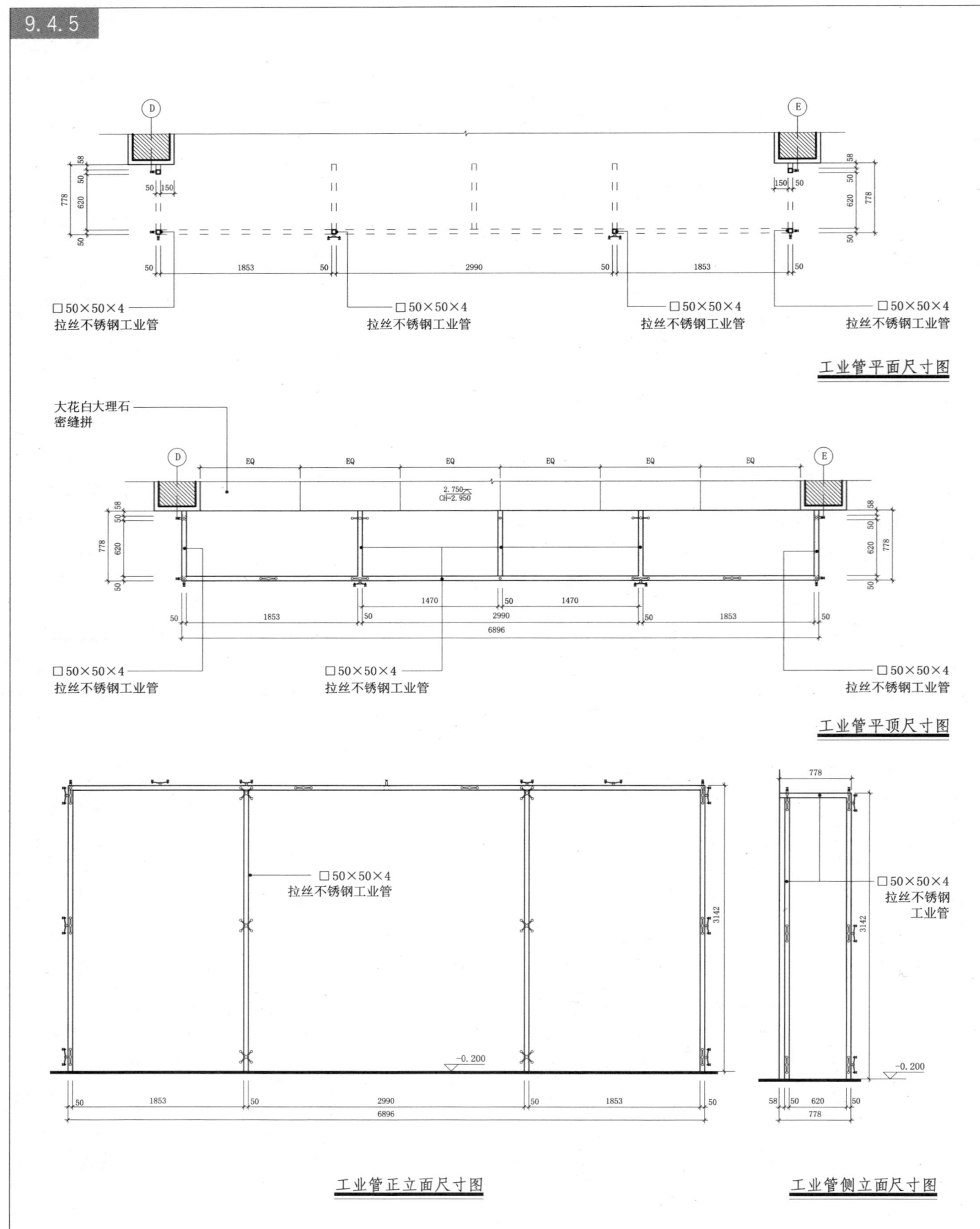

工业管平面尺寸图

工业管平顶尺寸图

工业管正立面尺寸图　　工业管侧立面尺寸图

9.4 入口门厅玻璃盒

9.4.6

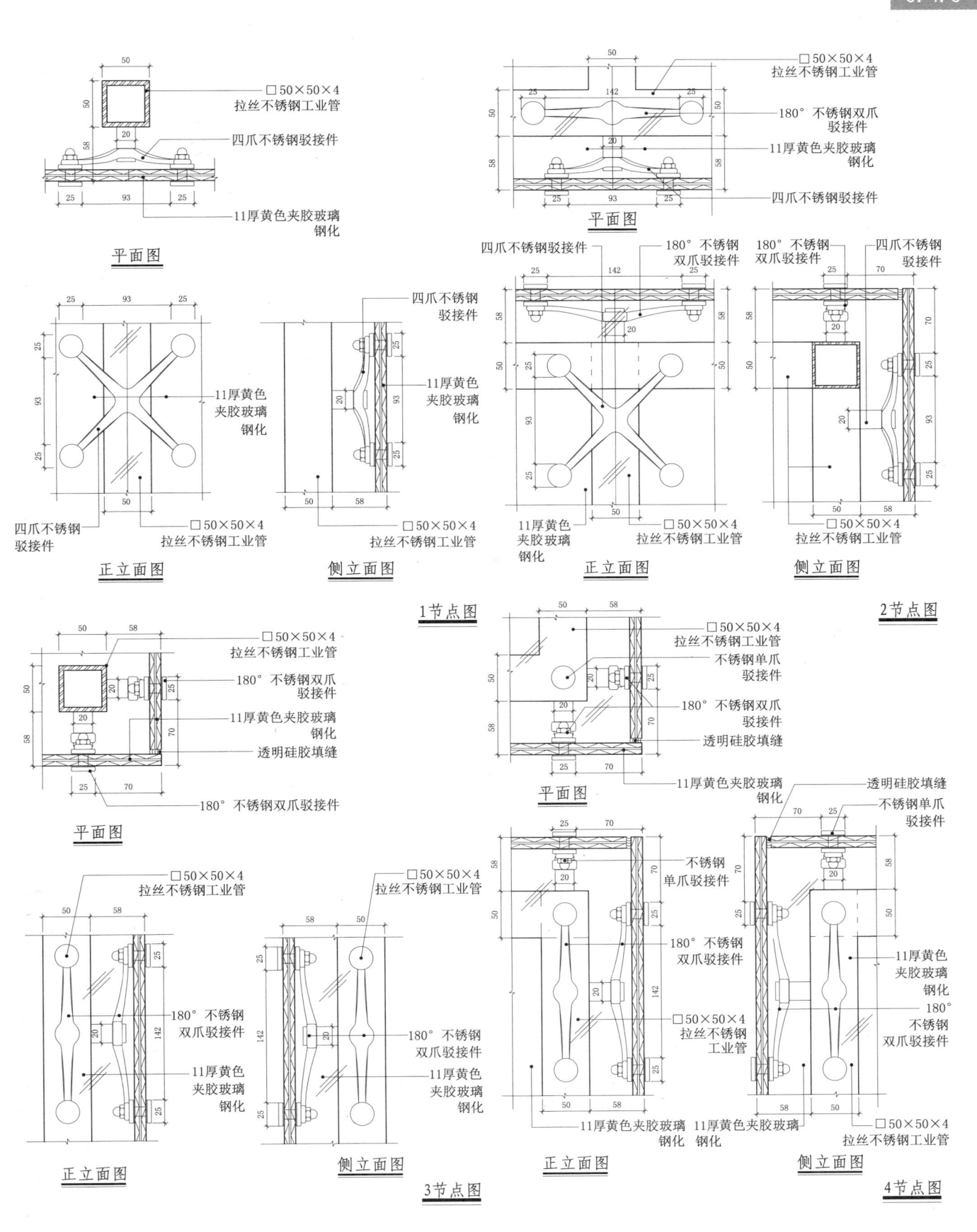

9.4 入口门厅玻璃盒

9.4.7

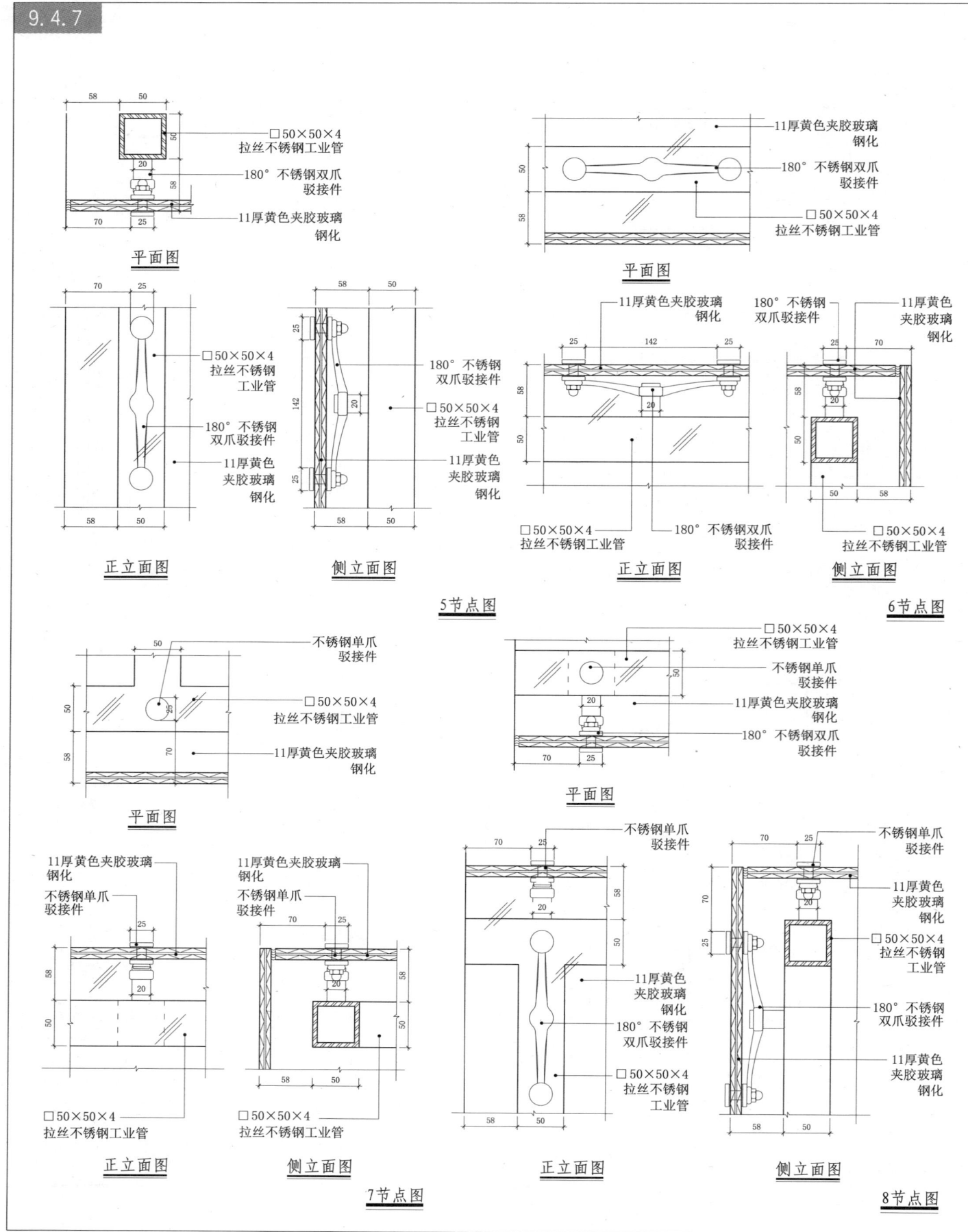

9.5 室内观景电梯幕墙节点

9 幕墙构造 · 金属构造 玻璃构造 骨架构造

9.5.1

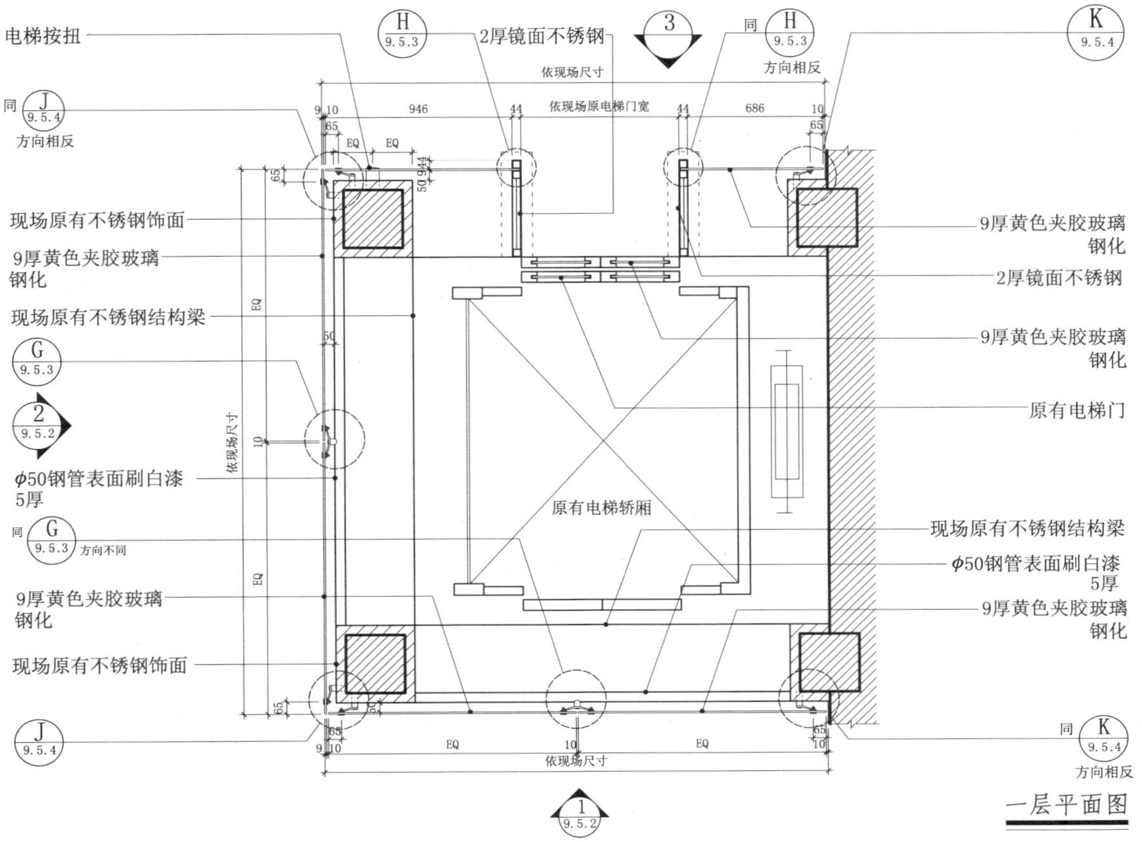

一层平面图

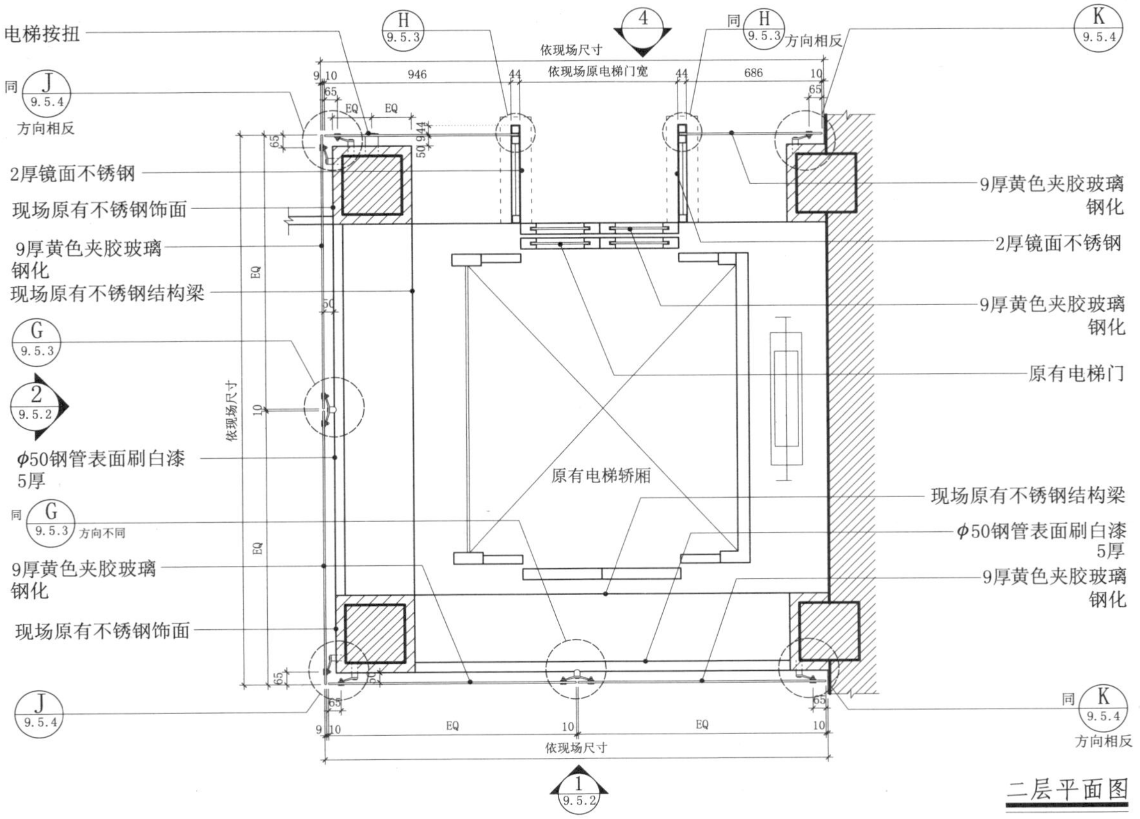

二层平面图

图中标注：
- 电梯按扭
- 2厚镜面不锈钢
- 现场原有不锈钢饰面
- 9厚黄色夹胶玻璃钢化
- 现场原有不锈钢结构梁
- φ50钢管表面刷白漆 5厚
- 原有电梯门
- 原有电梯轿厢

9.5 室内观景电梯幕墙节点

幕墙构造
- 金属构造
- 玻璃构造
- 骨架构造

9.5.2

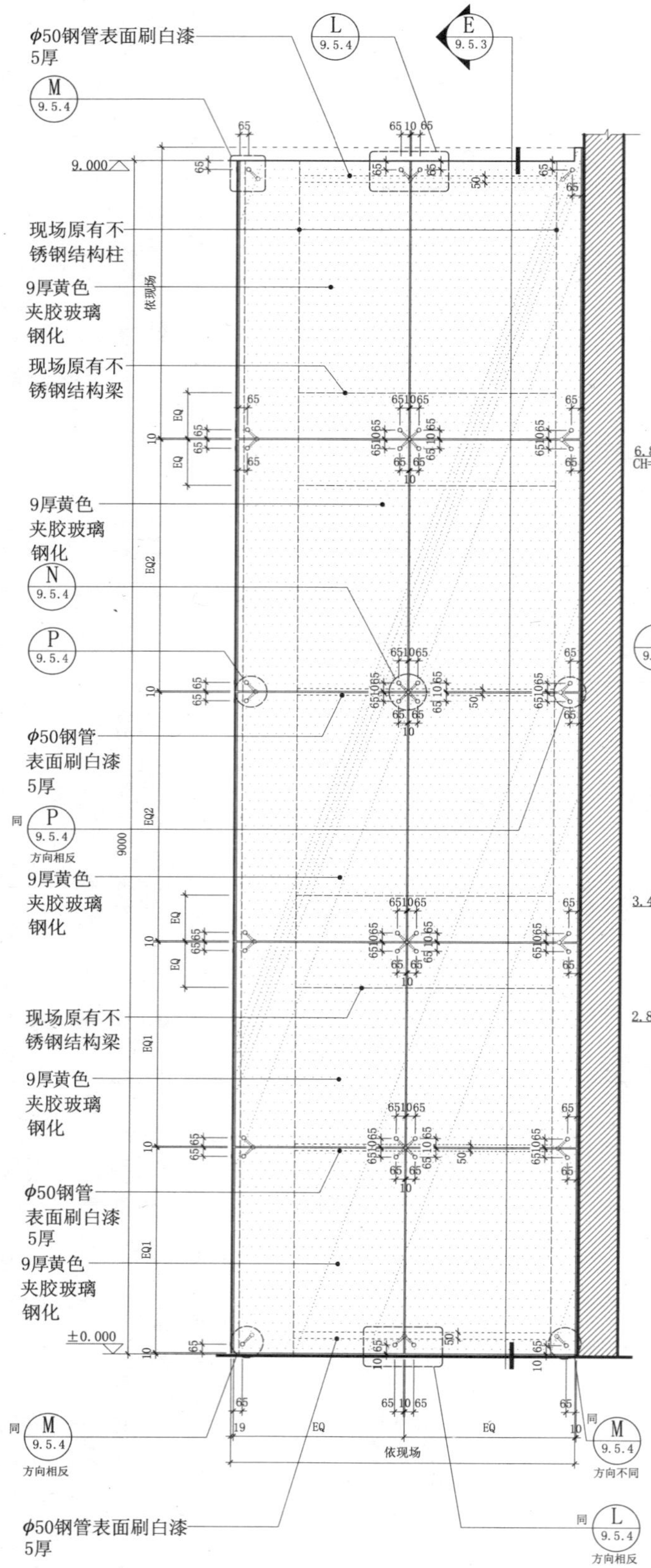

1 观景电梯玻璃幕墙立面图

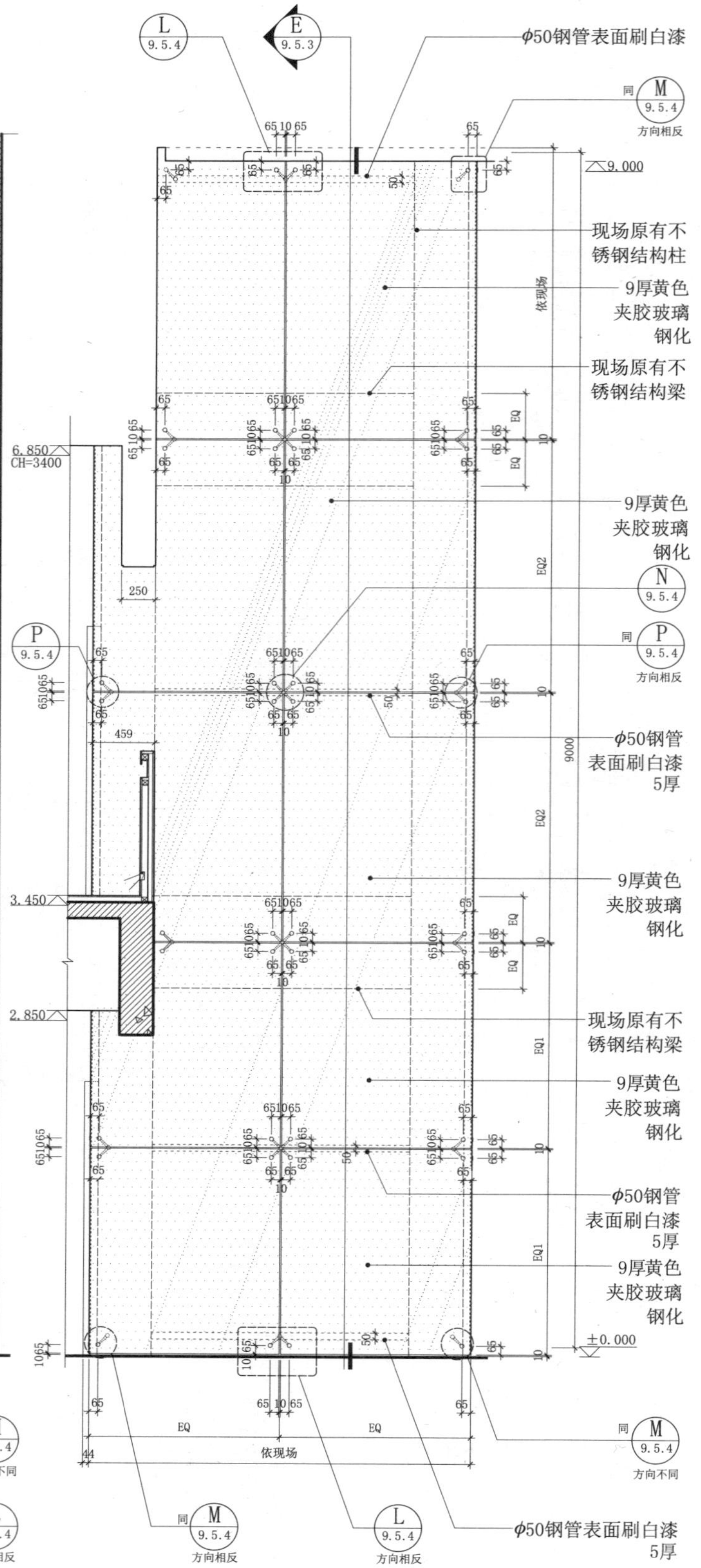

2 观景电梯玻璃幕墙立面图

9.5 室内观景电梯幕墙节点

9.5.3

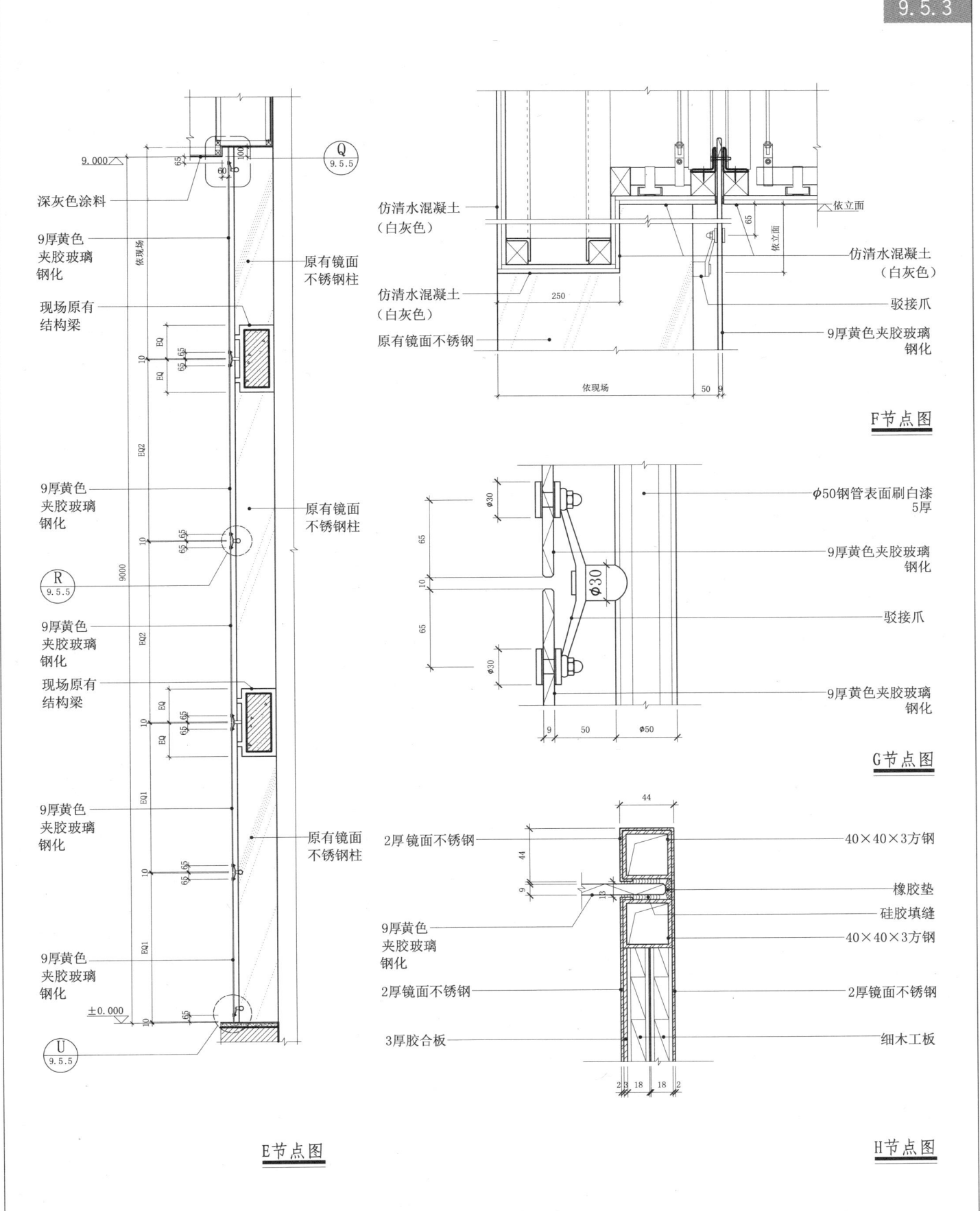

E 节点图 F 节点图 G 节点图 H 节点图

9.5 室内观景电梯幕墙节点

9.5.4

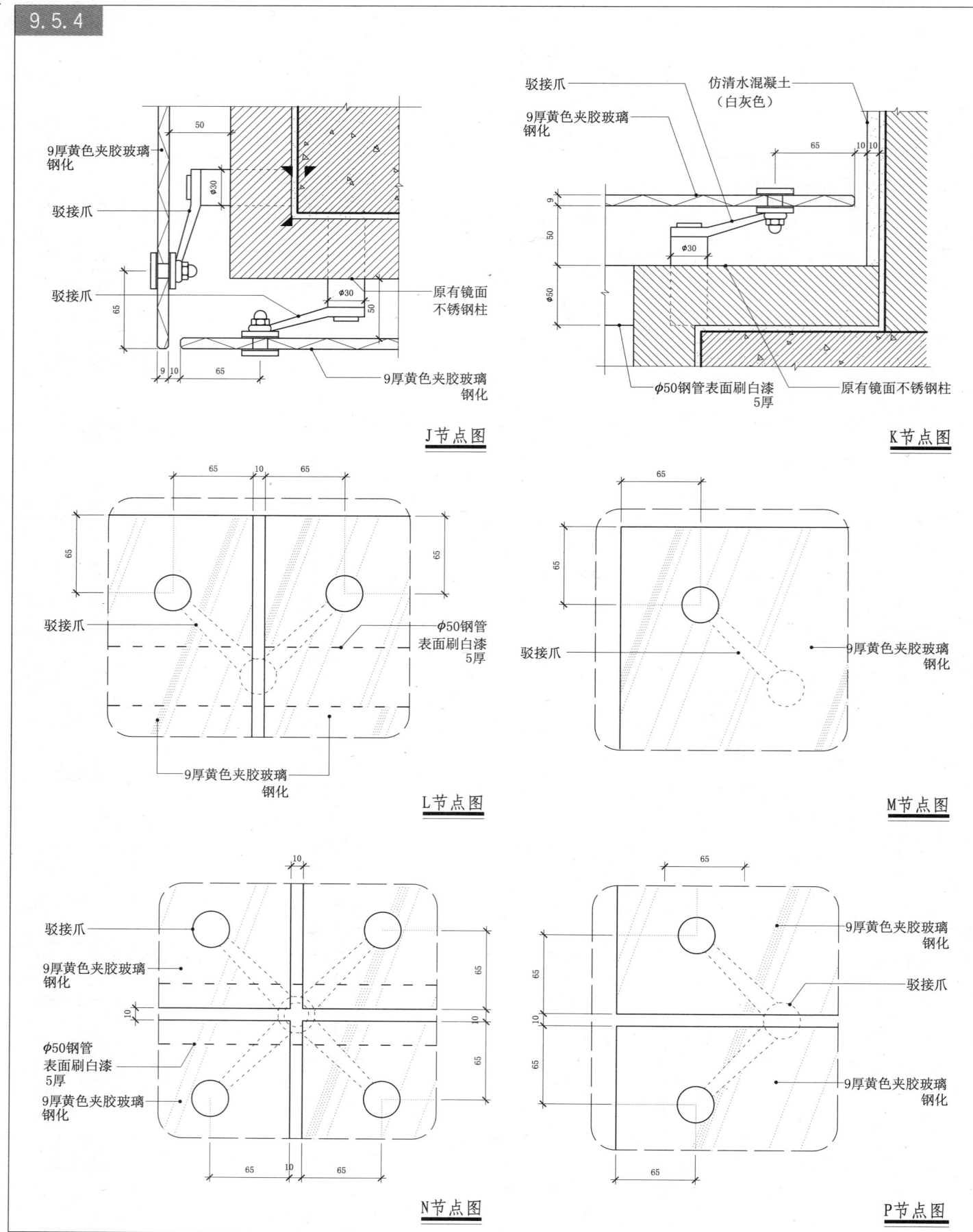

J节点图　　K节点图

L节点图　　M节点图

N节点图　　P节点图

9.5 室内观景电梯幕墙节点

9.5.5

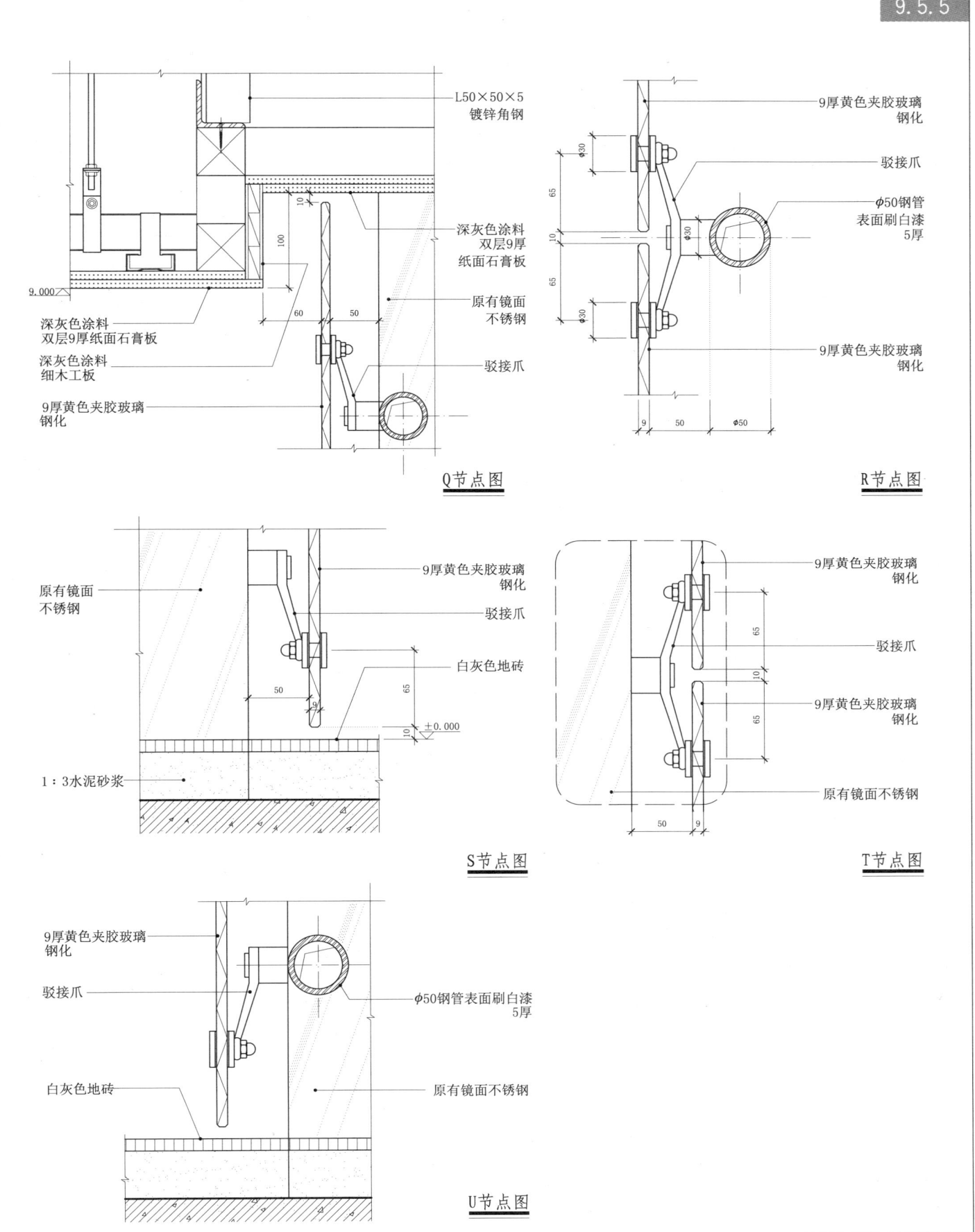

9.6 玻璃门厅节点

幕墙构造
- 骨架构造
- 室外构造
- 玻璃构造

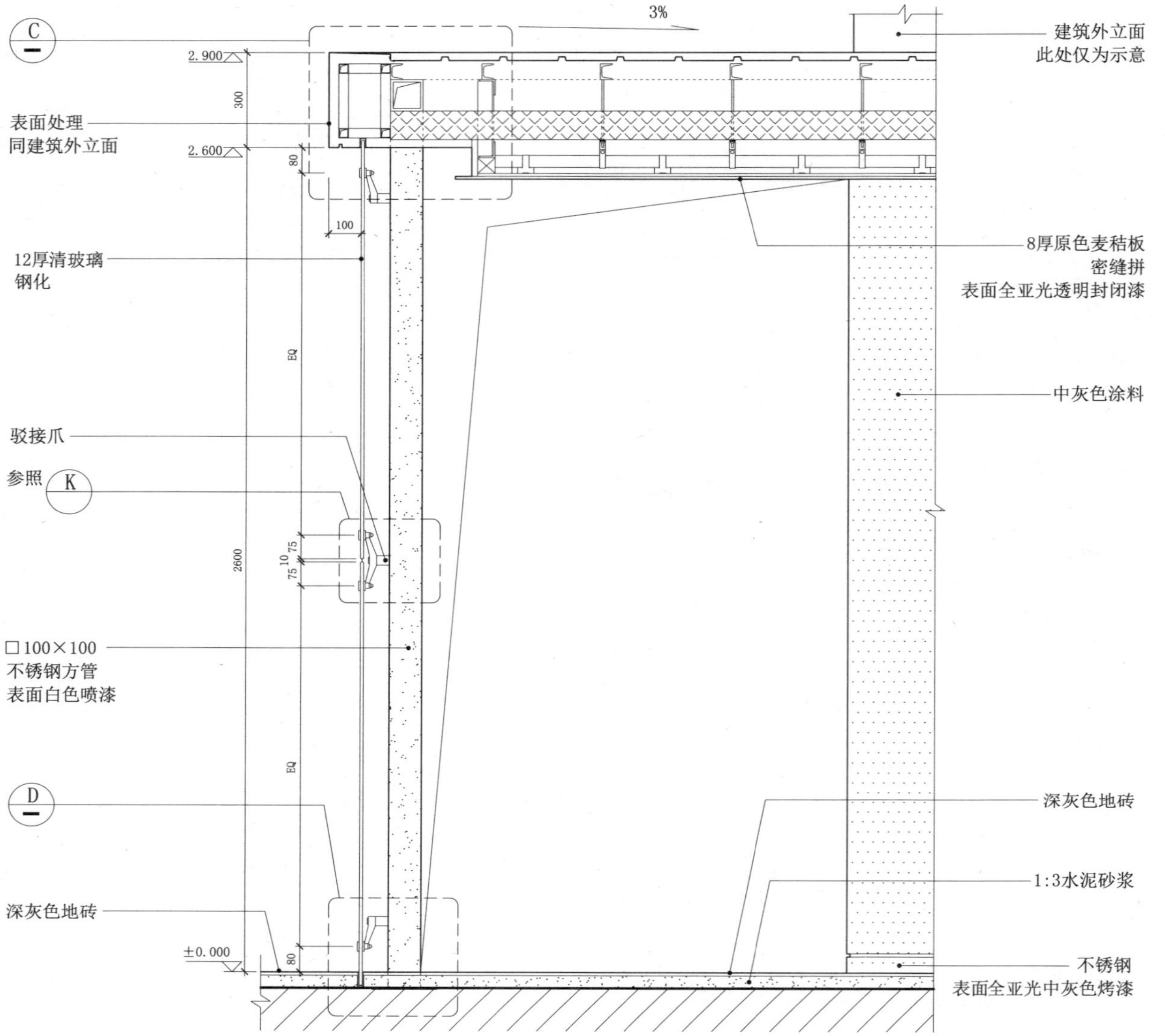

B节点大样图

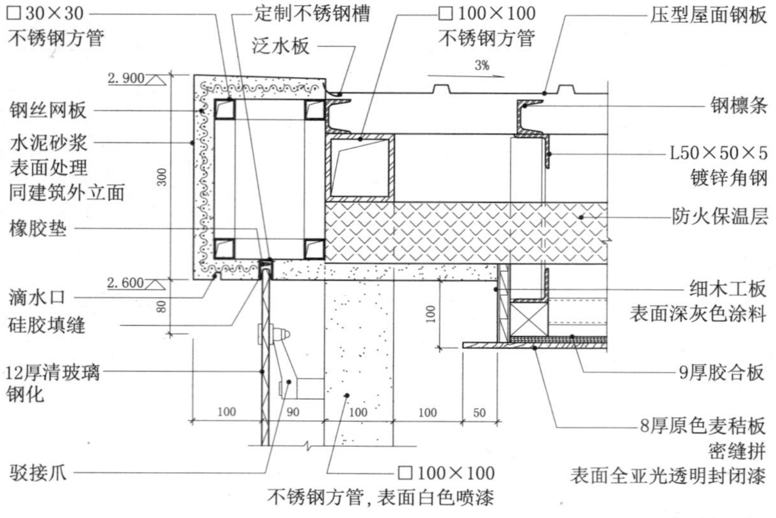

C节点大样图

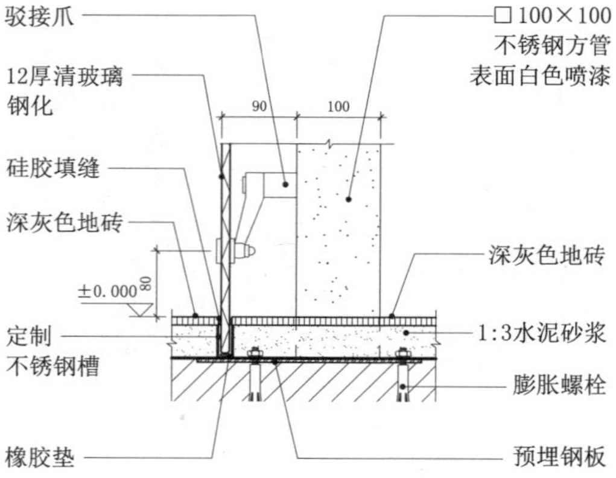

D节点大样图

10.1 玻璃楼梯栏杆

检修构造 · 楼梯及扶手、栏杆构造 玻璃构造 透光照明构造

图中标注：
- 12厚乳白色夹胶玻璃
- 12厚乳白色夹胶玻璃
- 1.2厚拉丝不锈钢表面乳白色烤漆
- 检修门开口宽度以方便更换灯管为宜
- 40×40角钢 防锈三度
- 雅士白大理石
- 1:3水泥砂浆
- L50×50×5角钢 防锈三度
- 细木工板
- 乳白色全亚光硝基漆
- 检修门开口宽度以方便更换灯管为宜
- 80×30定制槽钢 防锈三度
- 橡胶垫
- 日光灯, 14W, 3000K
- 4厚钢板, 表面乳白色烤漆
- 12厚乳白色夹胶玻璃
- L50×50×5角钢 防锈三度
- 橡胶垫
- 4厚钢板, 表面乳白色烤漆
- 乳白色全亚光硝基漆

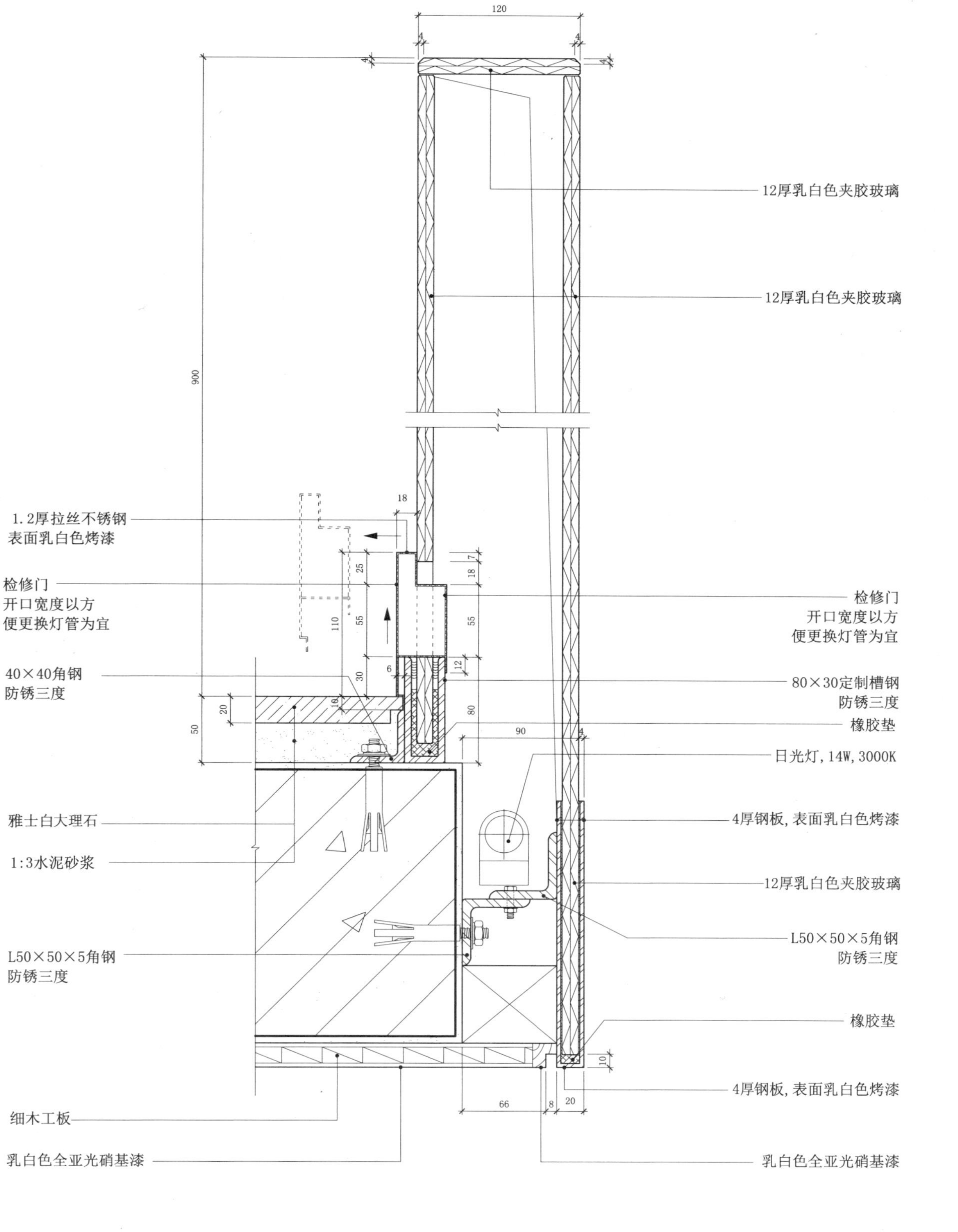

玻璃楼梯栏杆检修口节点

10 检修构造·玻璃构造 透光照明构造

10.2 透光玻璃灯柱

10.2.1

透光玻璃灯柱平面图

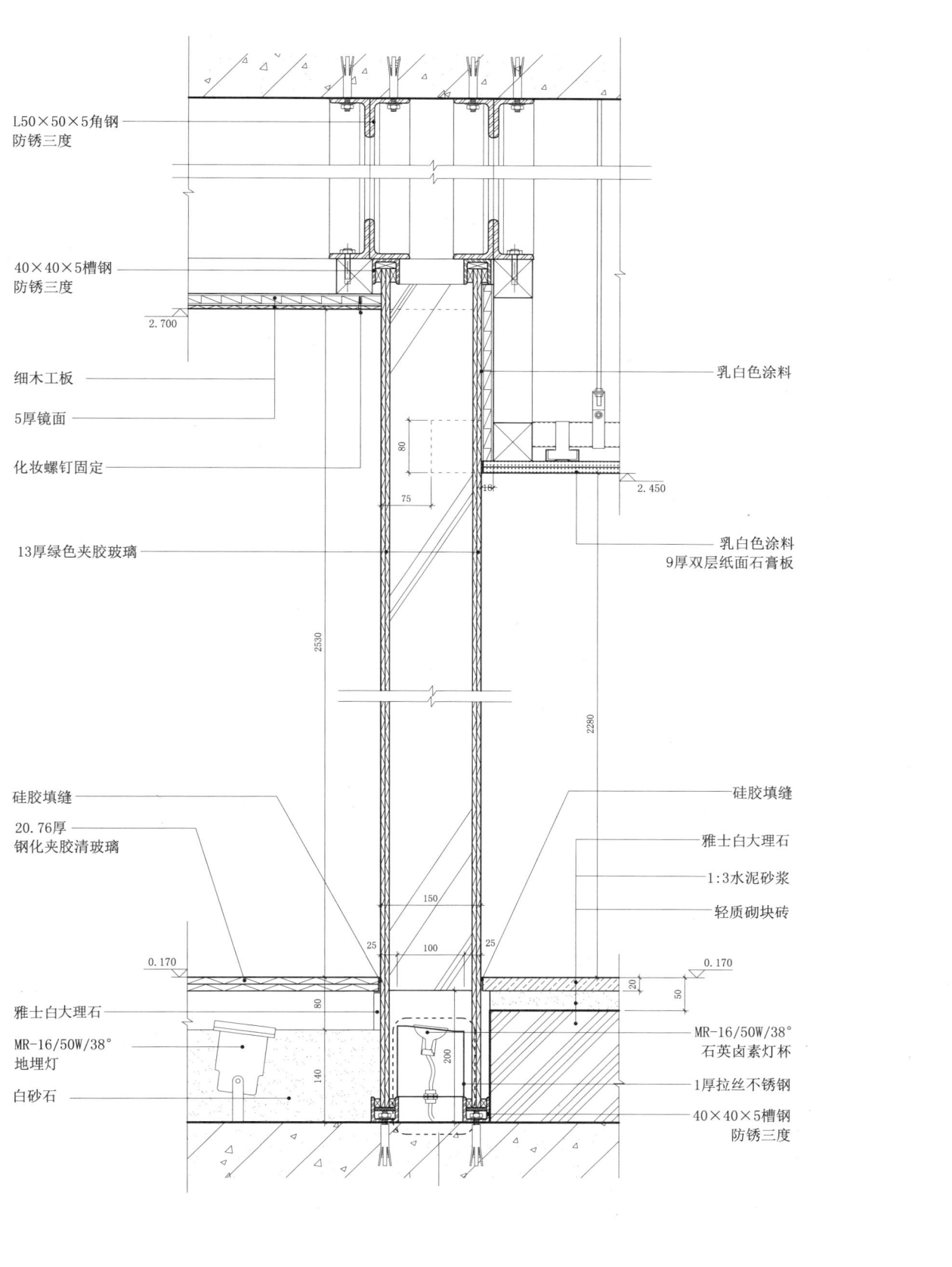

1 节点图

10 检修构造·玻璃构造 透光照明构造

10.2 透光玻璃灯柱

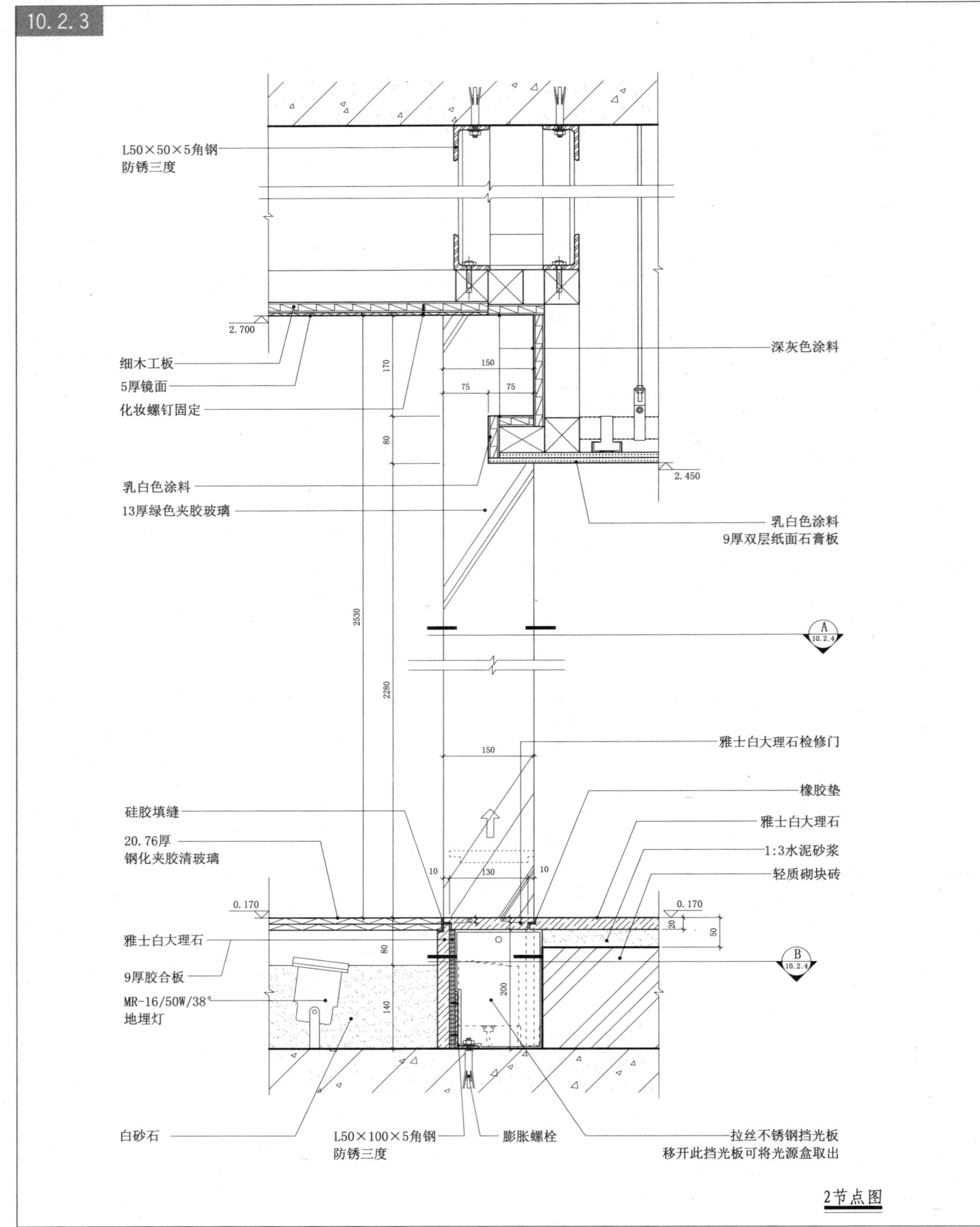

2节点图

10.2 透光玻璃灯柱 **10**

10.2.4

检修构造·玻璃构造 透光照明构造

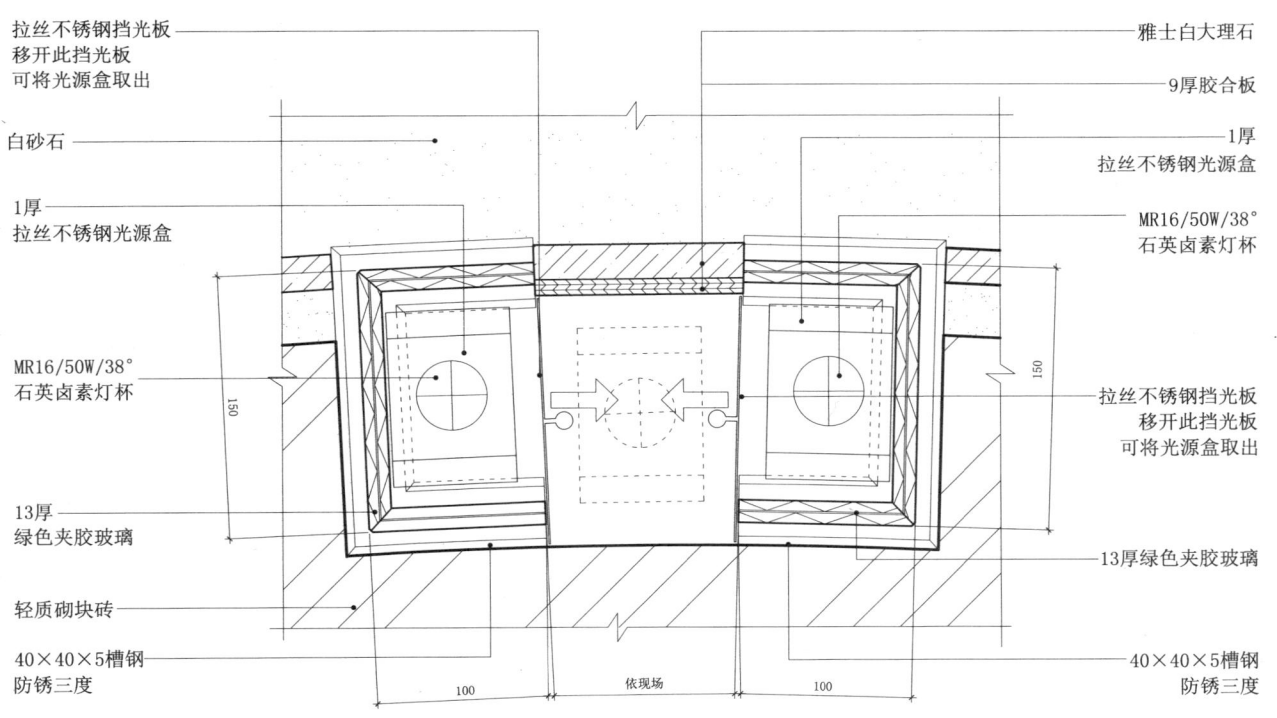

A节点图 / B节点图 / C节点图

10　检修构造·立面构造　透光照明构造　骨架构造

10.3　点式透光墙

10.3.1

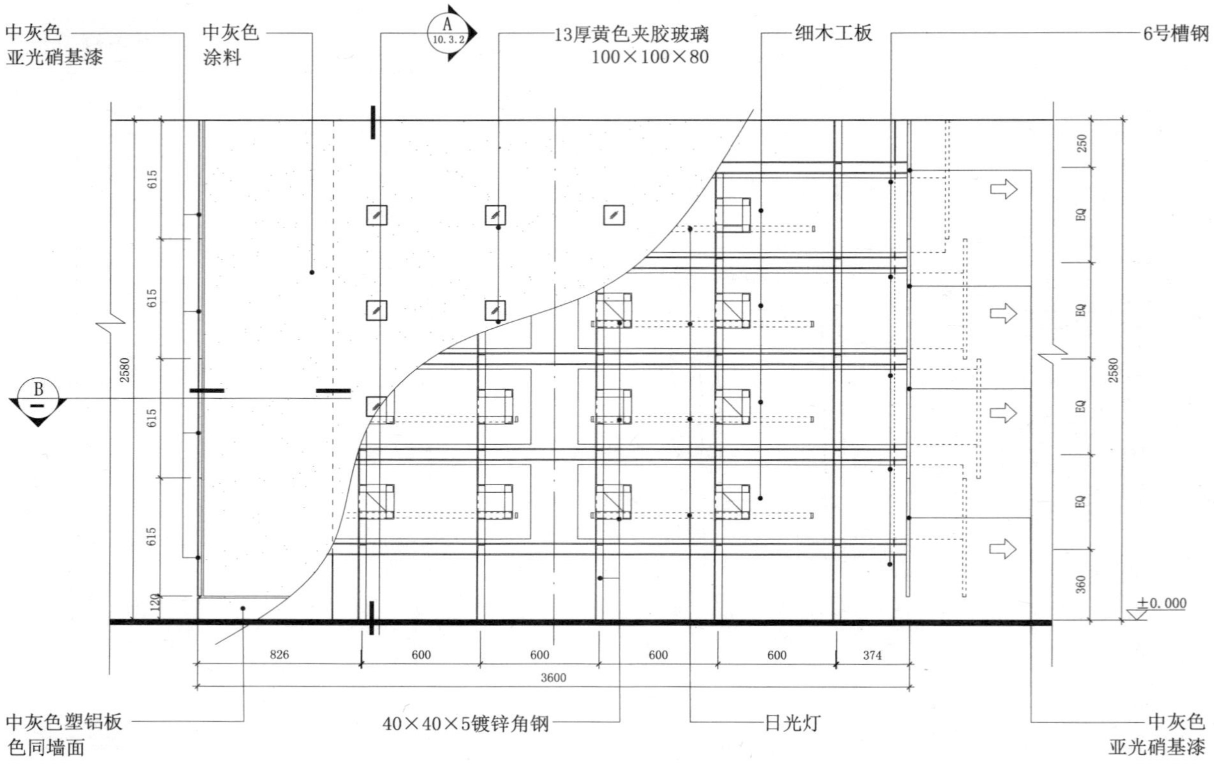

彩色玻璃透光墙立面图

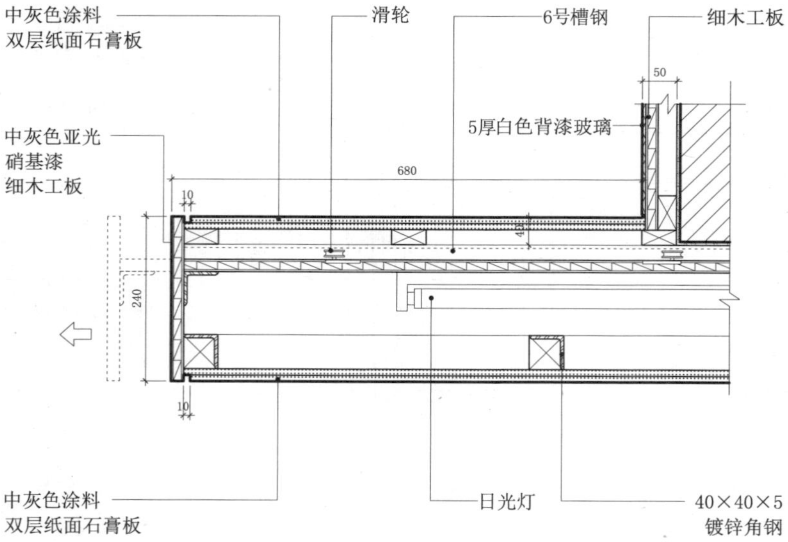

B剖面图 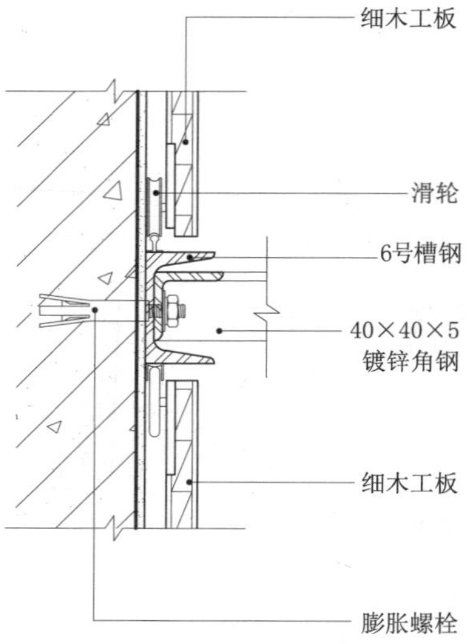　　C大样图

10.3 点式透光墙

10.3.2

10 检修构造·立面构造 透光照明构造 骨架构造

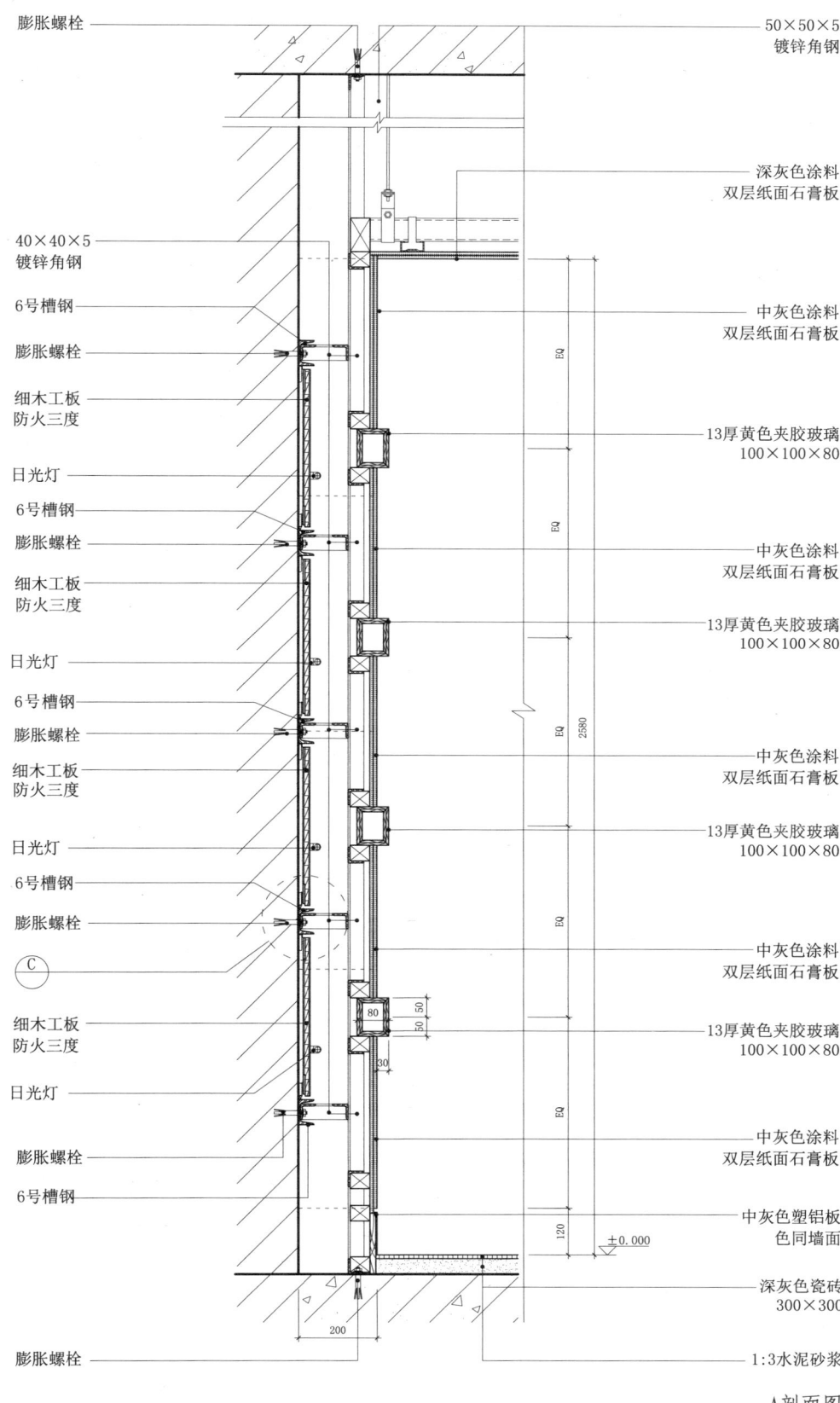

A剖面图

10 检修构造

10.4 吧台

· 餐饮设施　室内设施　固定式家具　玻璃构造　透光照明构造

10.4.1

吧台平面图

吧台正立面图

吧台背立面图

10.4 吧台 — 10.4.2

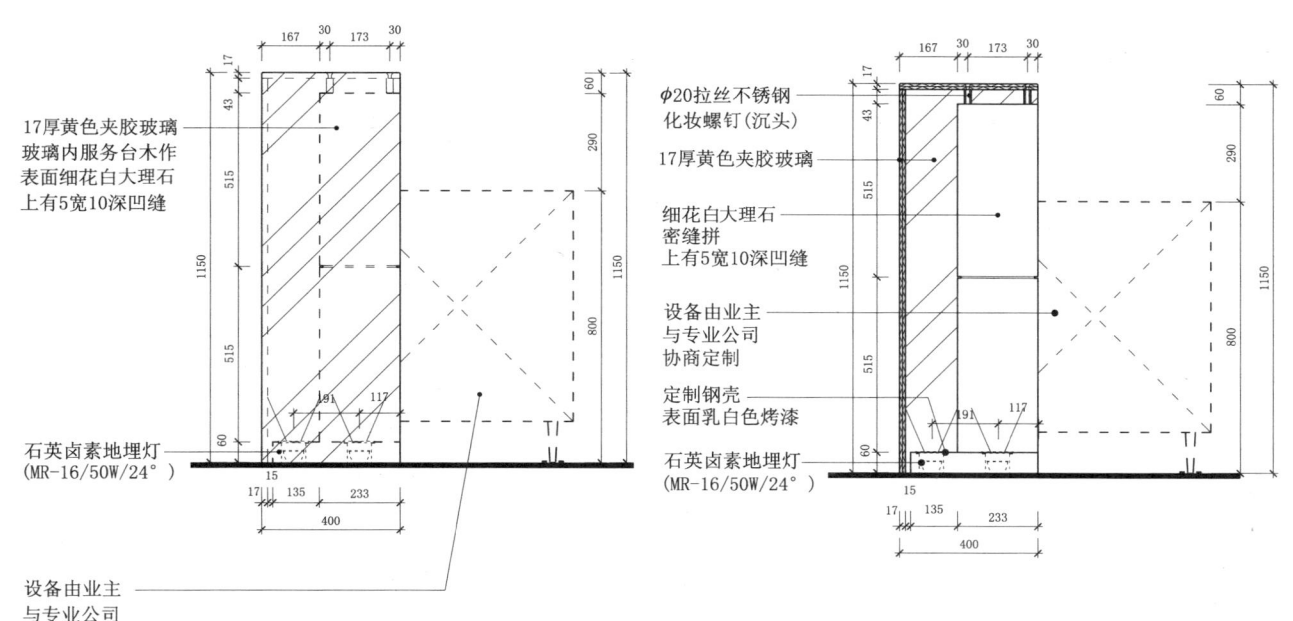

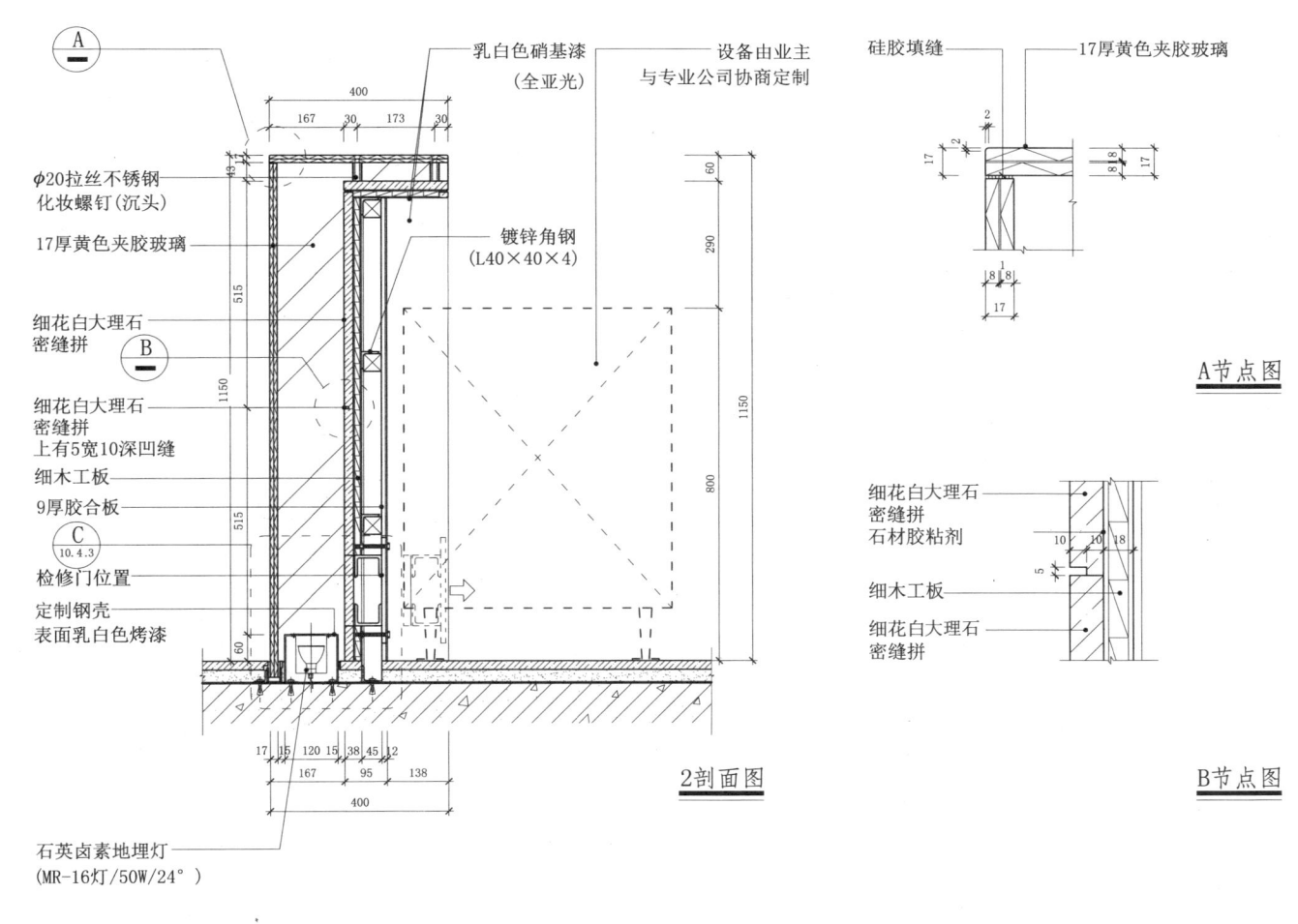

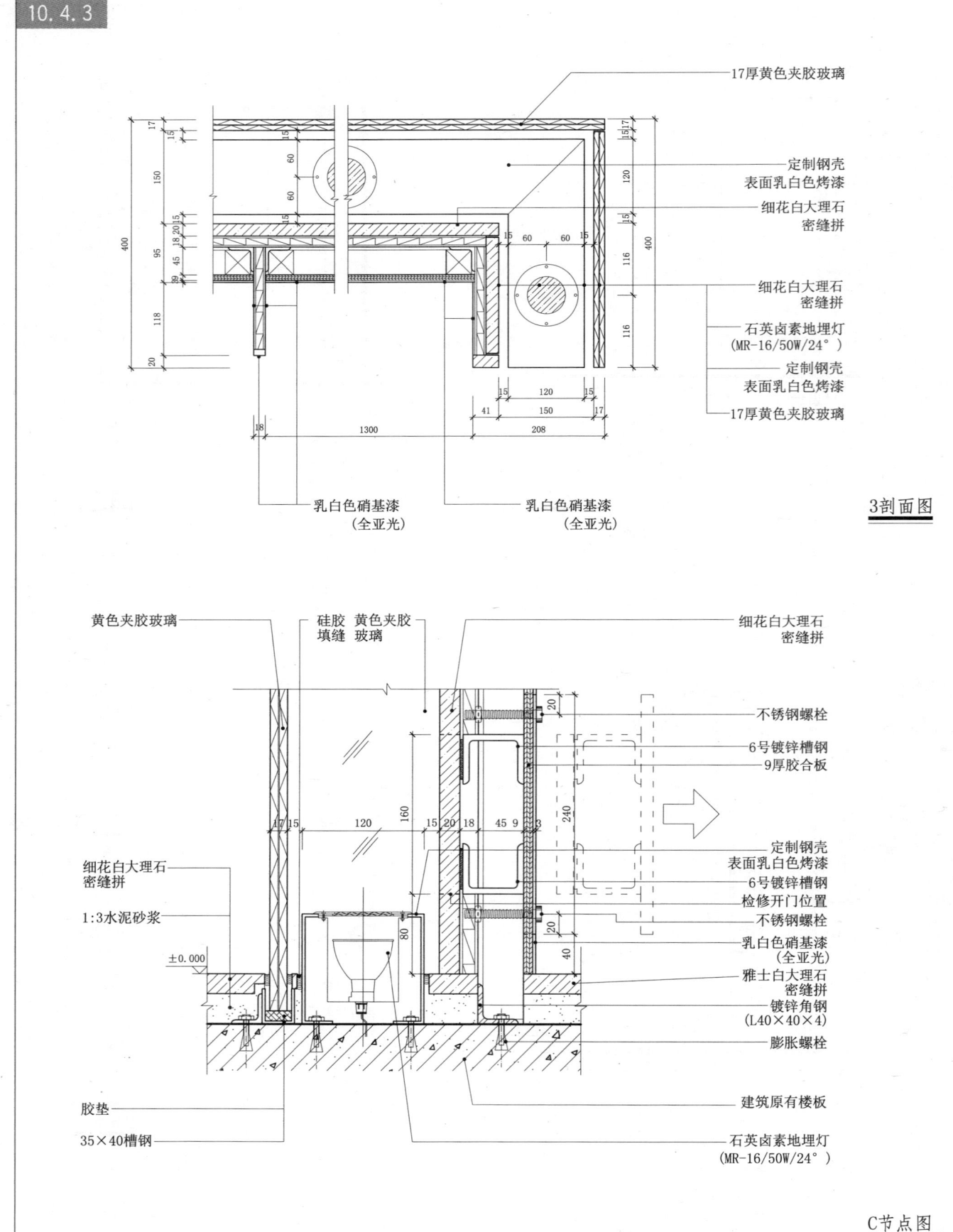

10.5 总服务台（一）

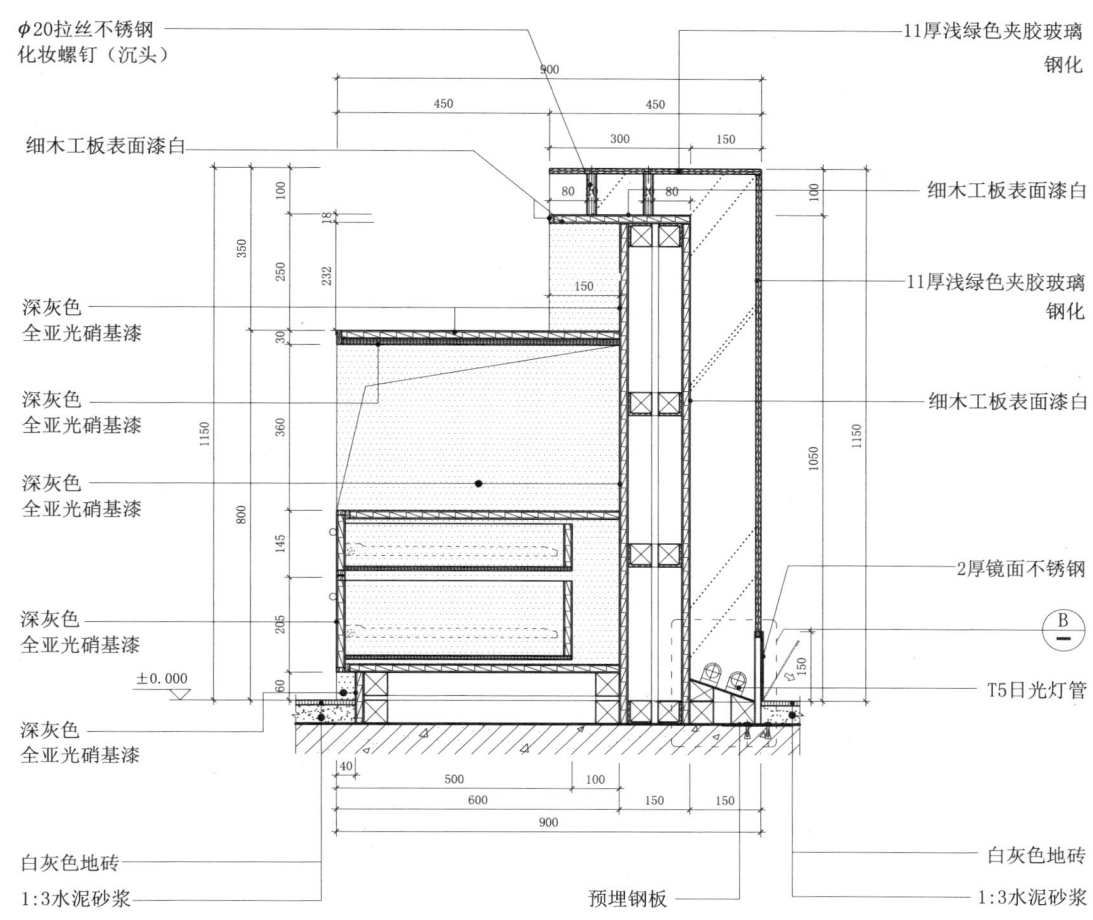

1 节点图

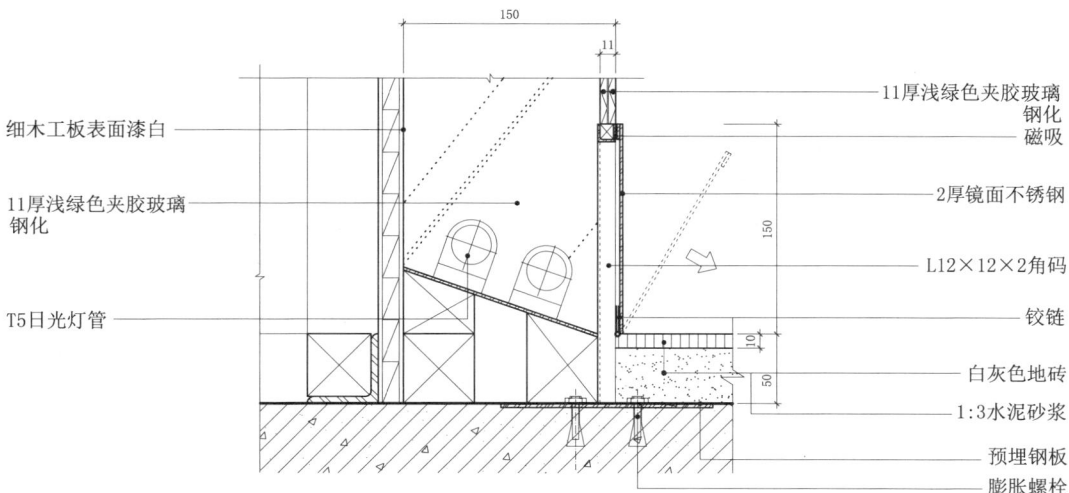

B 节点图

10 检修构造

- 骨架构造
- 固定家具
- 室内设施
- 透光照明构造

10.6 总服务台(二)

10.6.1

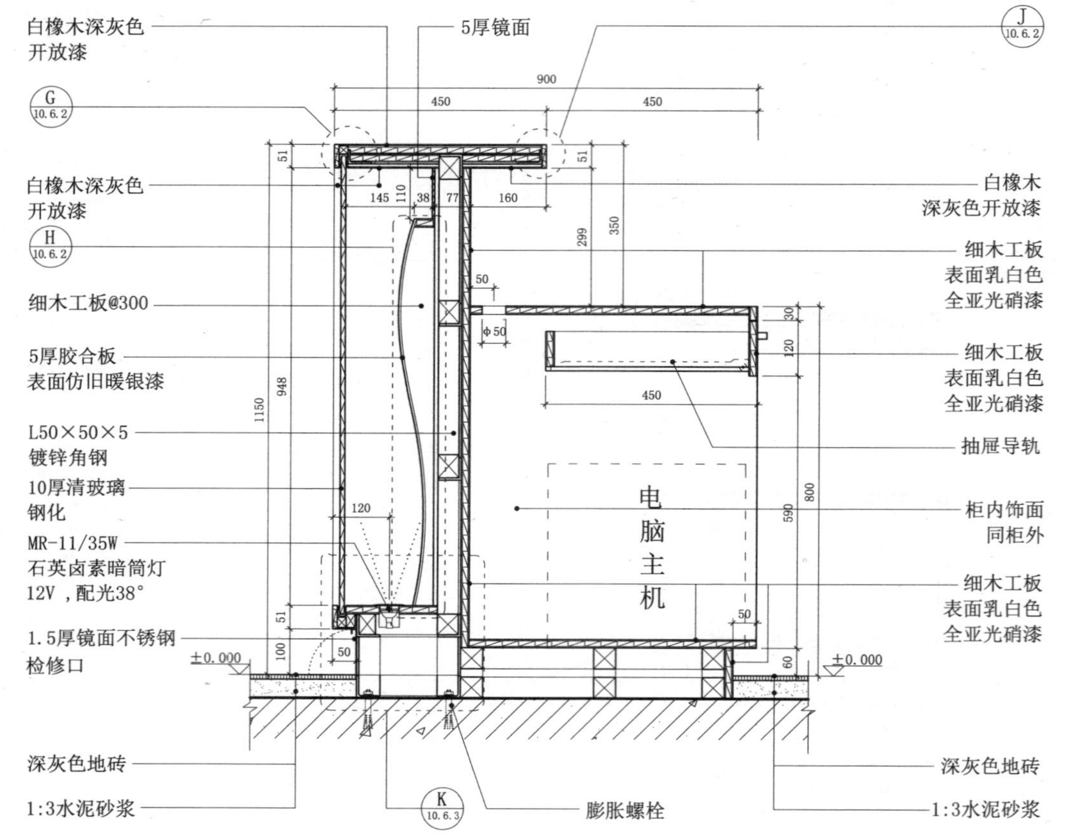

B剖面图

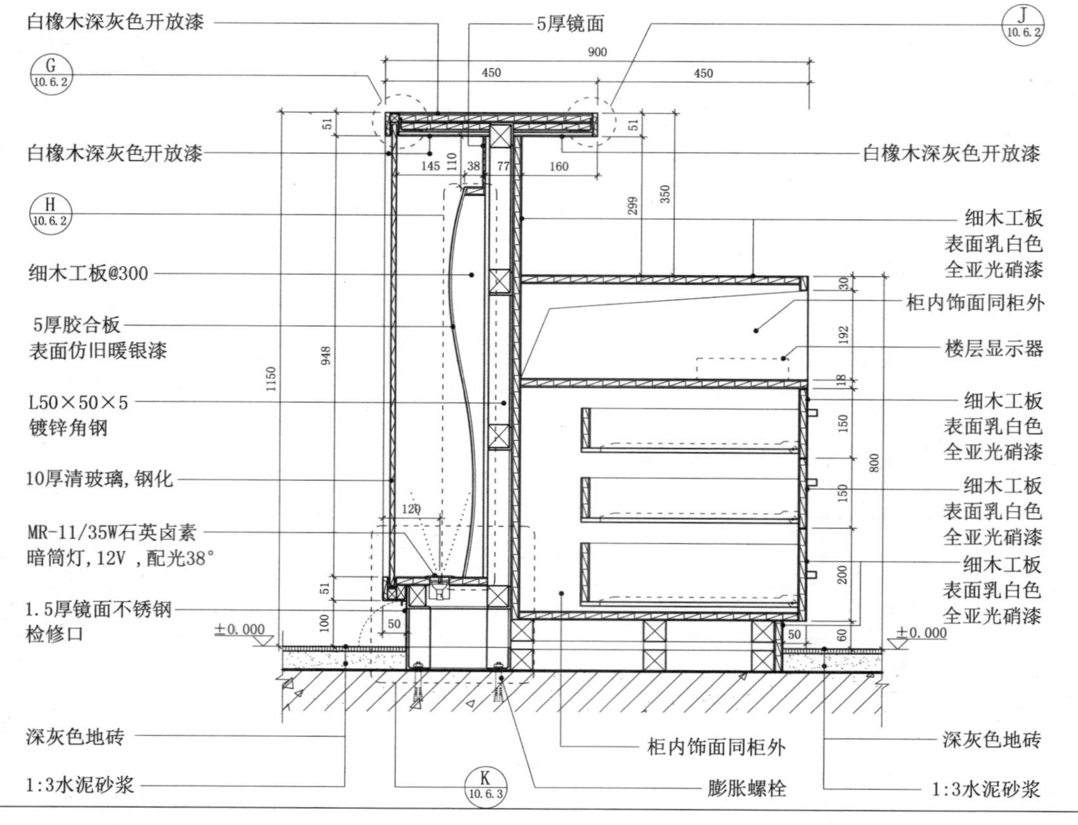

标注说明：
- 白橡木深灰色开放漆
- 5厚镜面
- 白橡木深灰色开放漆
- 细木工板 表面乳白色 全亚光硝漆
- 细木工板@300
- 细木工板 表面乳白色 全亚光硝漆
- 5厚胶合板 表面仿旧暖银漆
- 抽屉导轨
- L50×50×5 镀锌角钢
- 柜内饰面同柜外
- 10厚清玻璃 钢化
- 细木工板 表面乳白色 全亚光硝漆
- MR-11/35W 石英卤素暗筒灯 12V，配光38°
- 电脑主机
- 1.5厚镜面不锈钢检修口
- 深灰色地砖
- 1:3水泥砂浆
- 膨胀螺栓

C剖面图

标注说明：
- 白橡木深灰色开放漆
- 5厚镜面
- 白橡木深灰色开放漆
- 白橡木深灰色开放漆
- 细木工板 表面乳白色 全亚光硝漆
- 细木工板@300
- 柜内饰面同柜外
- 5厚胶合板 表面仿旧暖银漆
- 楼层显示器
- L50×50×5 镀锌角钢
- 细木工板 表面乳白色 全亚光硝漆
- 10厚清玻璃，钢化
- 细木工板 表面乳白色 全亚光硝漆
- MR-11/35W石英卤素暗筒灯，12V，配光38°
- 细木工板 表面乳白色 全亚光硝漆
- 1.5厚镜面不锈钢检修口
- 深灰色地砖
- 柜内饰面同柜外
- 深灰色地砖
- 1:3水泥砂浆
- 膨胀螺栓
- 1:3水泥砂浆

10.6 总服务台（二） 10.6.2

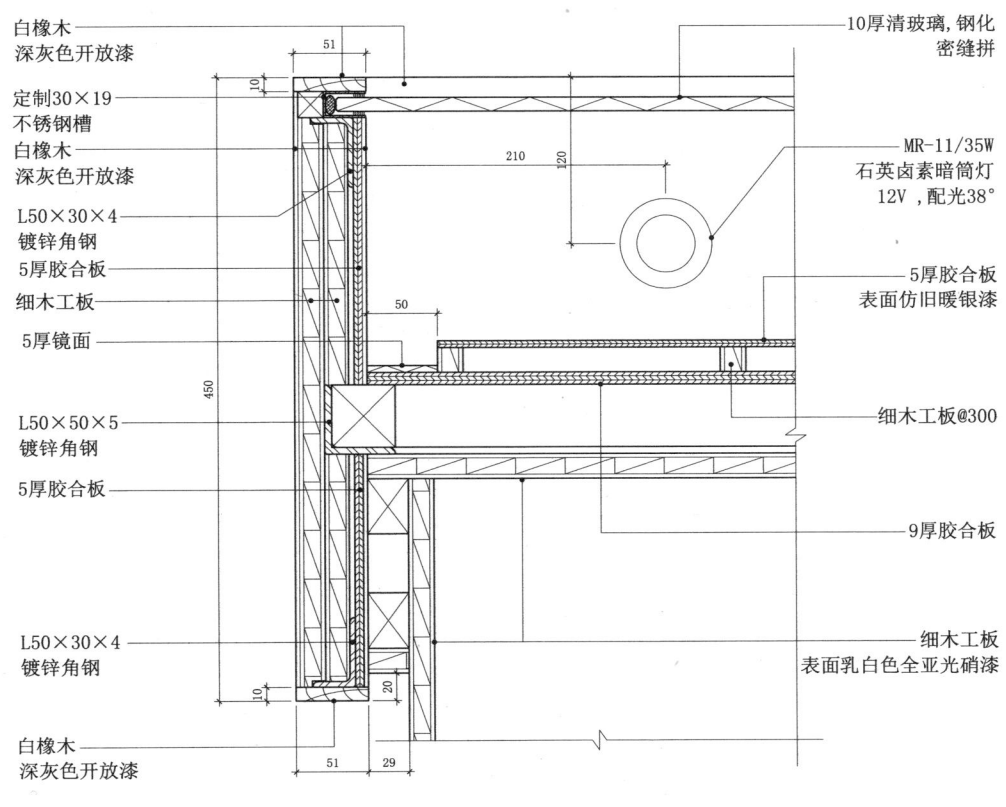

F节点图

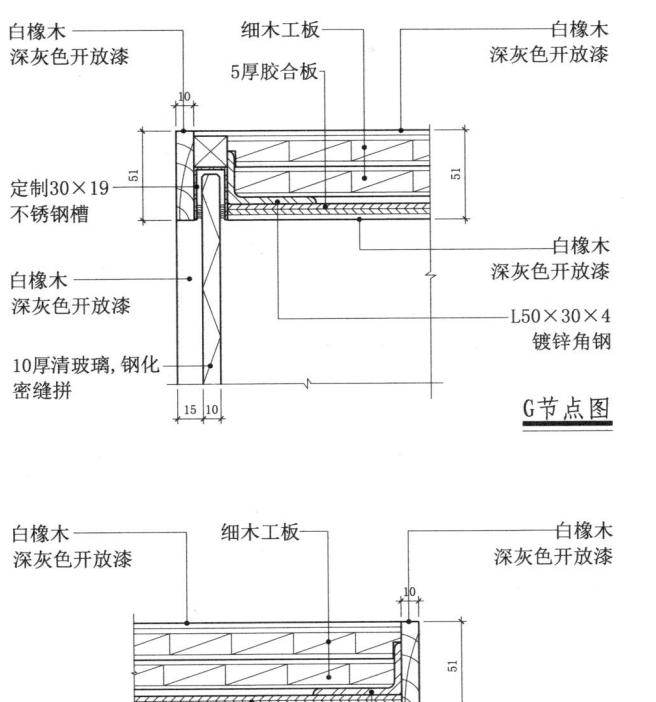

G节点图

J节点图

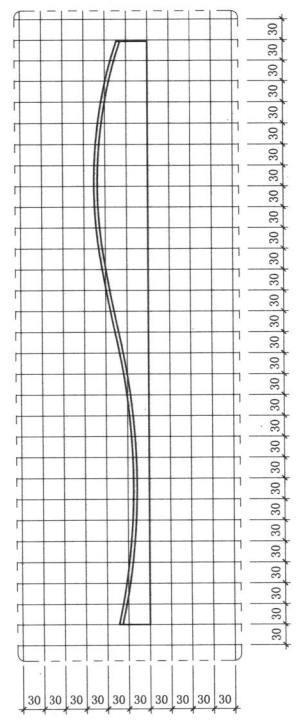

H节点图

检修构造 · 骨架构造　固定家具　室内设施　透光照明构造

10 检修构造
· 骨架构造 固定家具 室内设施 透光照明构造

10.6 总服务台(二)

10.6.3

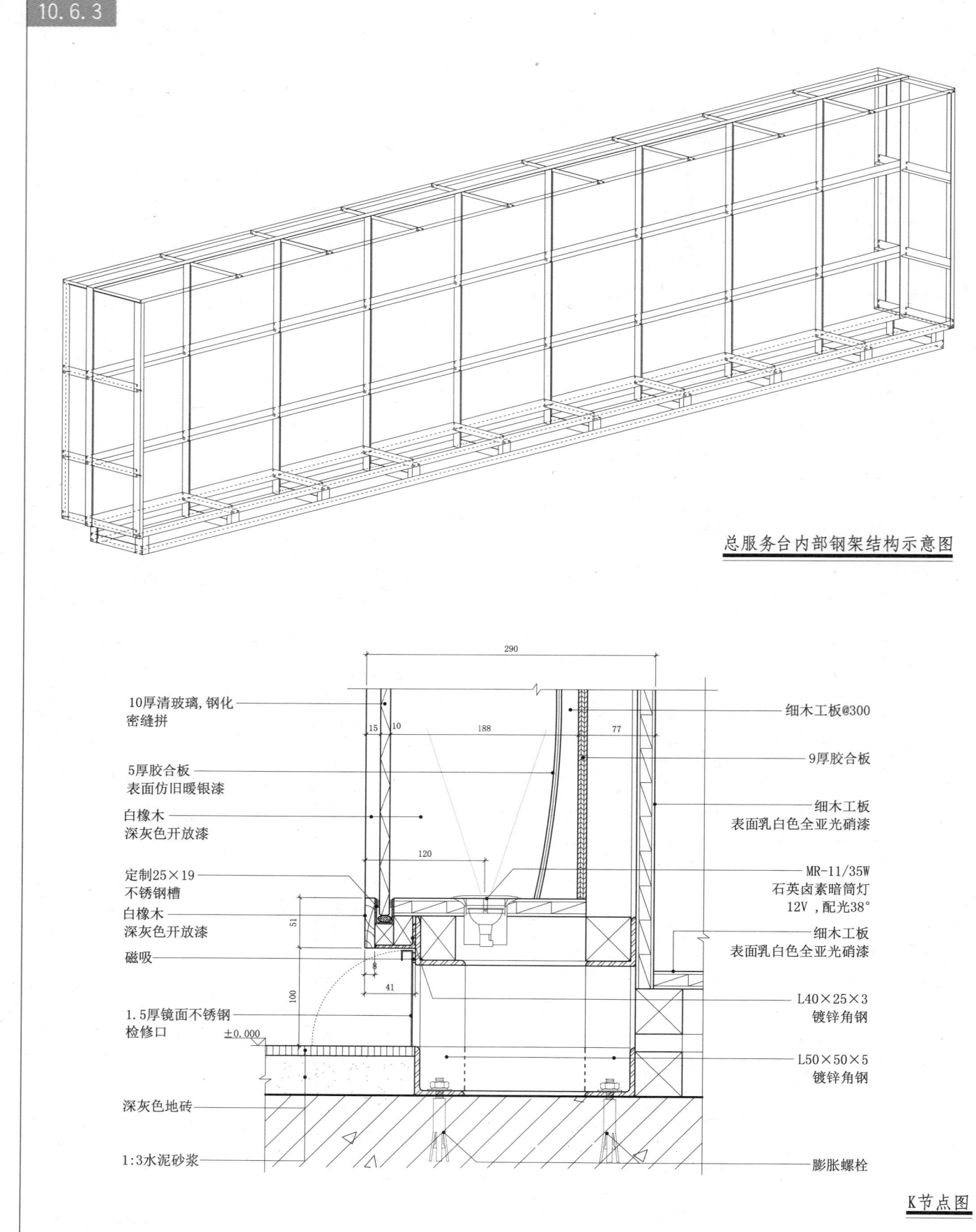

总服务台内部钢架结构示意图

K节点图

标注说明：
- 10厚清玻璃，钢化密缝拼
- 5厚胶合板 表面仿旧暖银漆
- 白橡木 深灰色开放漆
- 定制25×19 不锈钢槽
- 白橡木 深灰色开放漆
- 磁吸
- 1.5厚镜面不锈钢检修口
- 深灰色地砖
- 1:3水泥砂浆
- 细木工板@300
- 9厚胶合板
- 细木工板 表面乳白色全亚光硝漆
- MR-11/35W 石英卤素暗筒灯 12V，配光38°
- 细木工板 表面乳白色全亚光硝漆
- L40×25×3 镀锌角钢
- L50×50×5 镀锌角钢
- 膨胀螺栓

10.7 透光玻璃隔断

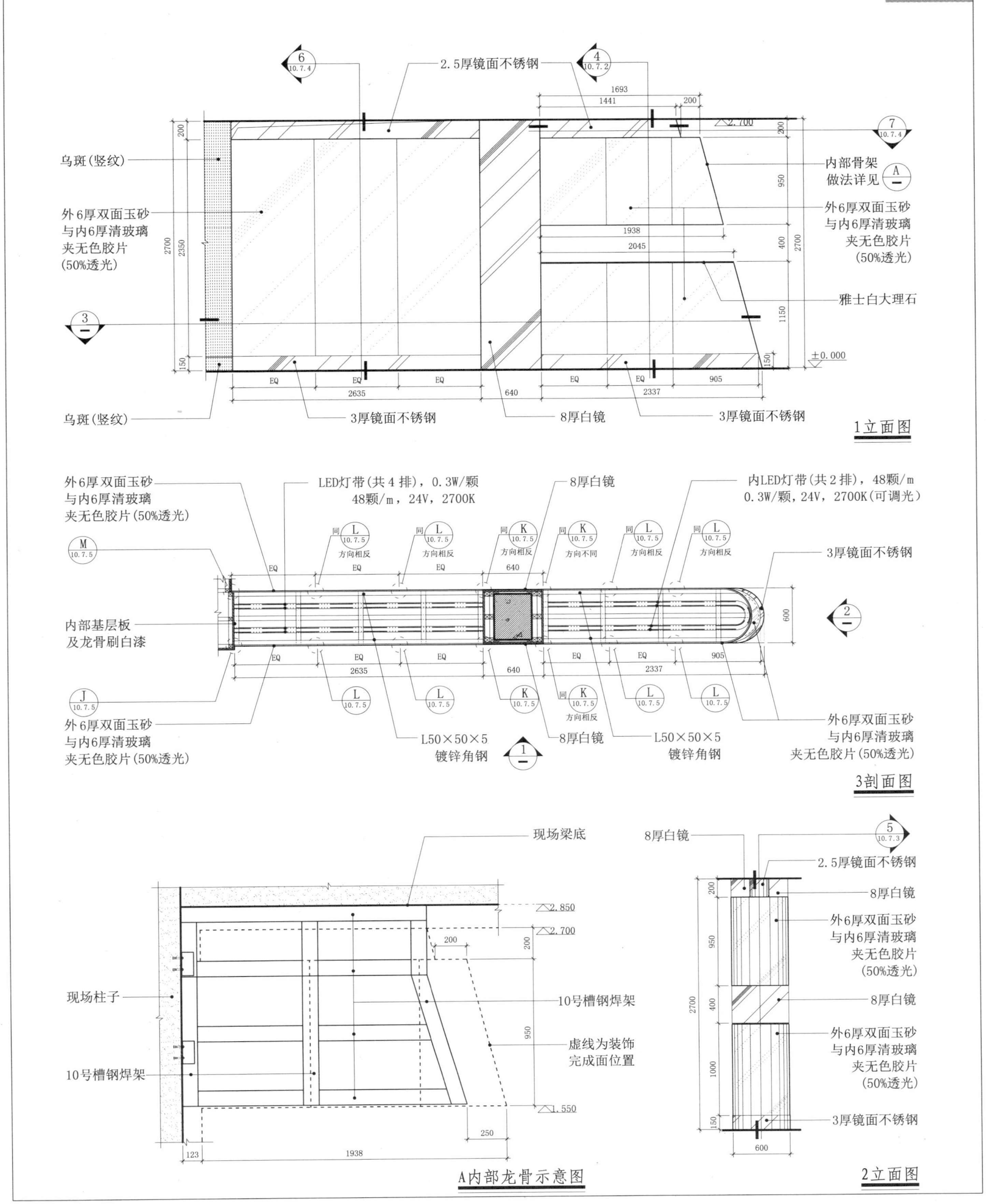

10 检修构造·玻璃构造 骨架构造 透光照明构造

室内构造节点与专项模式图集

10.7 透光玻璃隔断

10.7.2

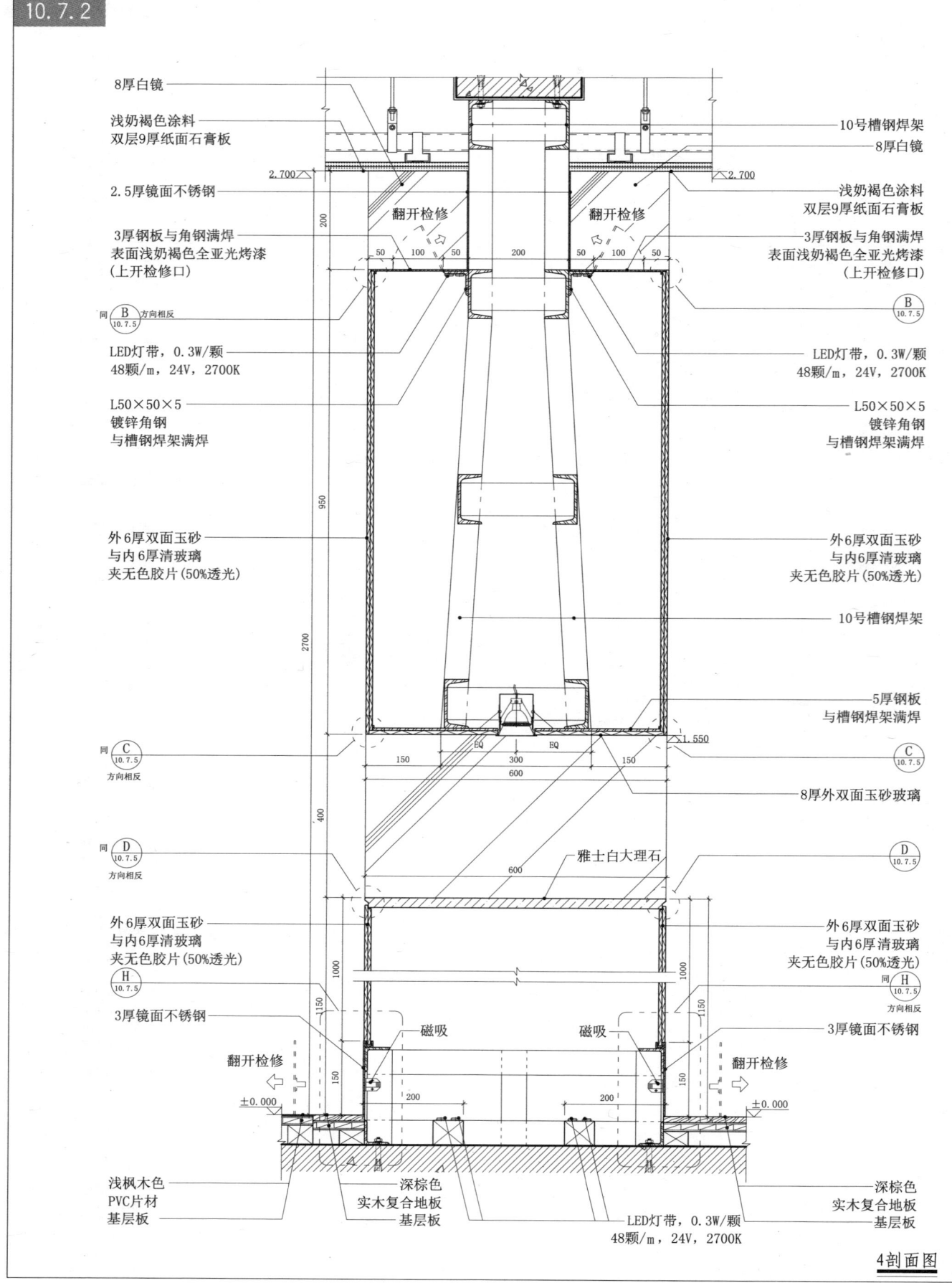

4 剖面图

10.7 透光玻璃隔断

10.7.3

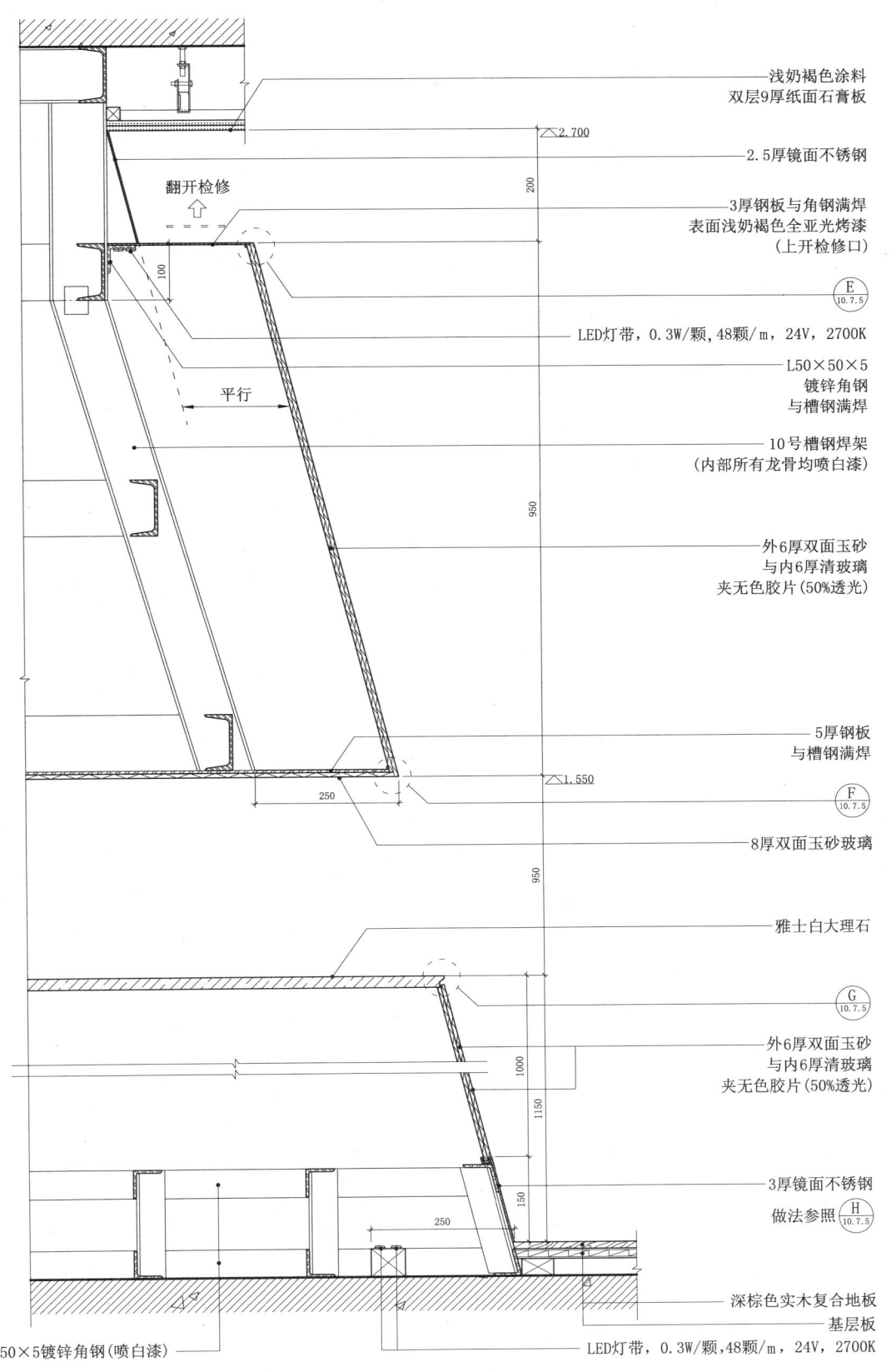

5剖面图

10　检修构造·玻璃构造　骨架构造　透光照明构造

10.7　透光玻璃隔断

10.7.4

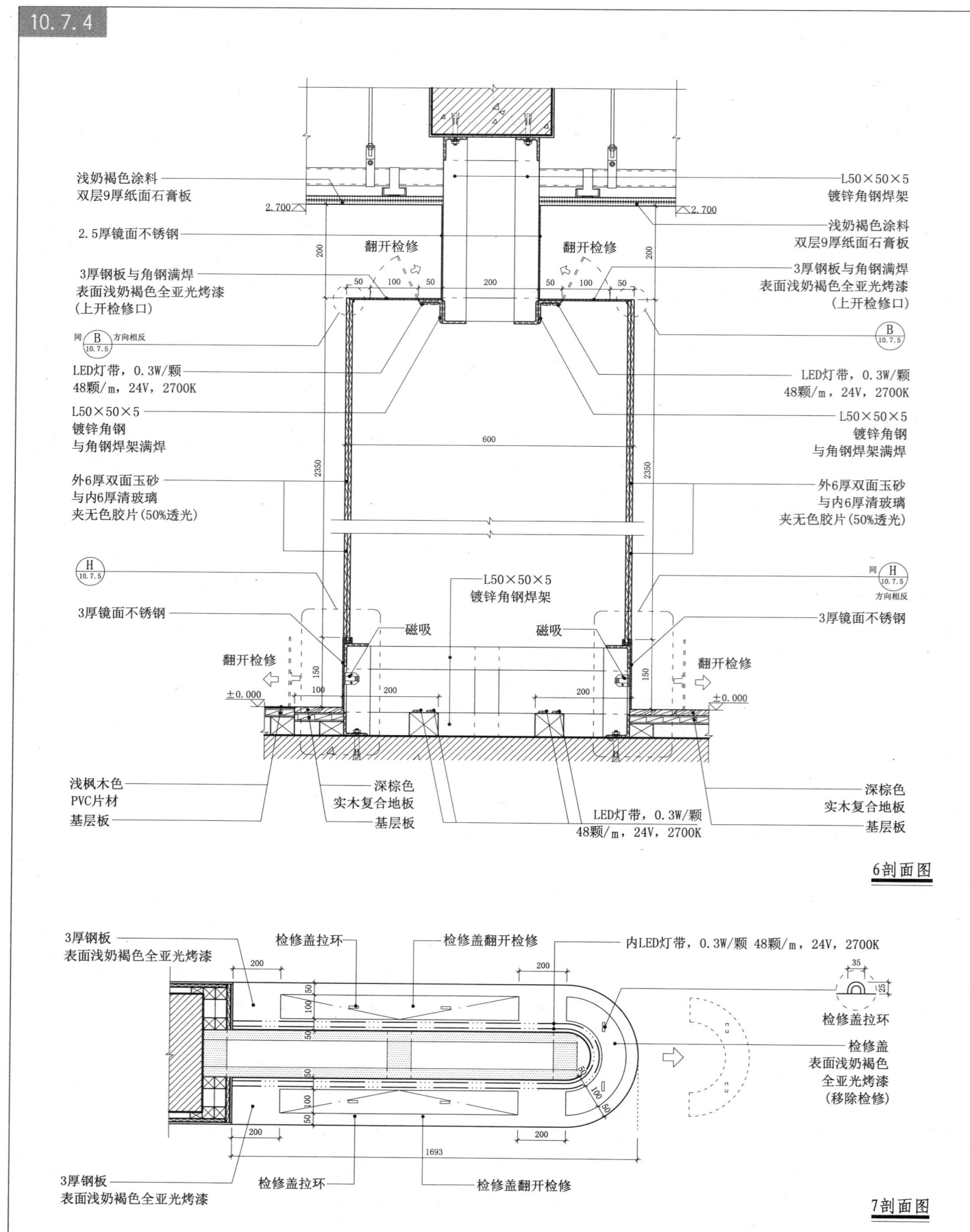

10.7 透光玻璃隔断

10.7.5

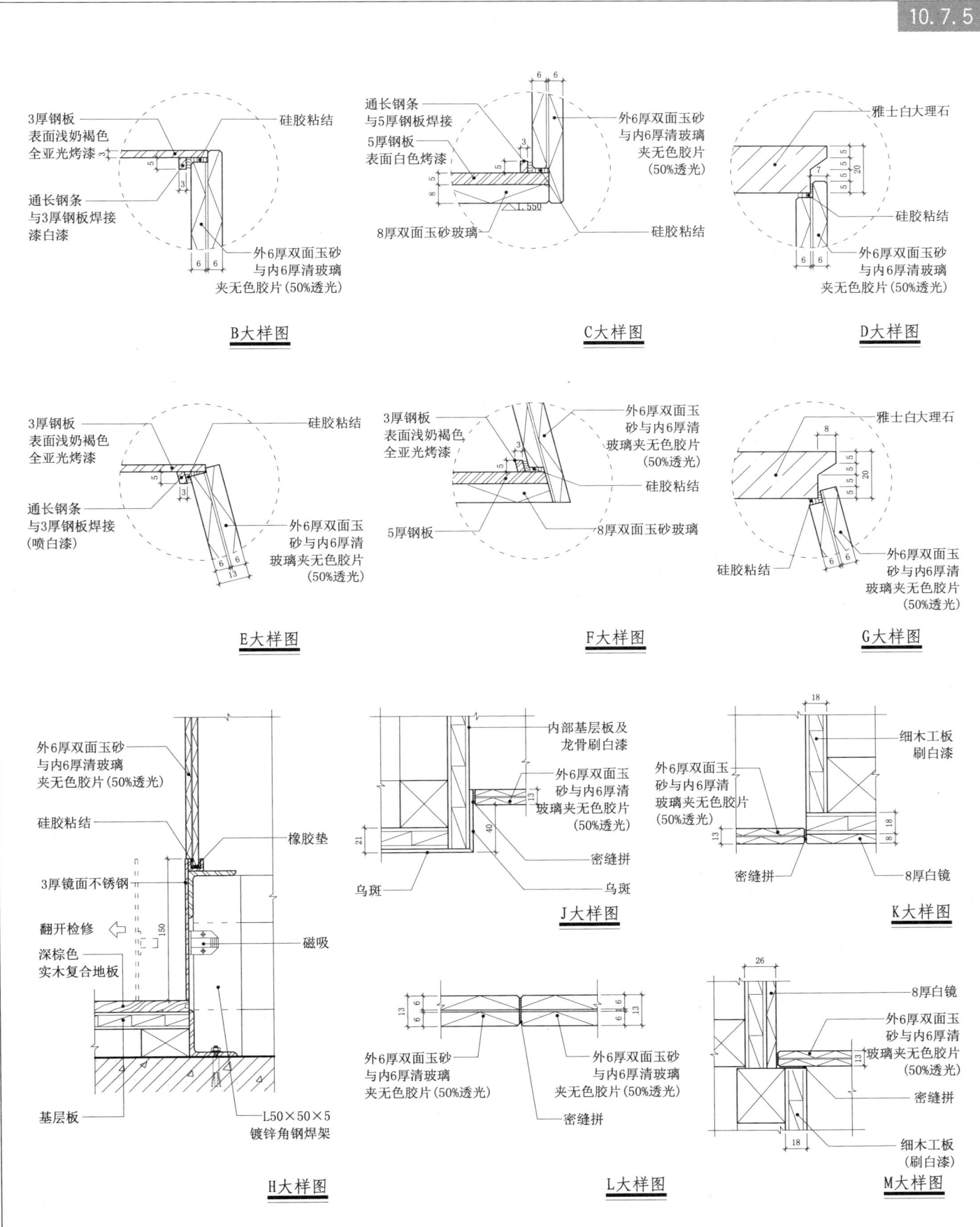

检修构造·玻璃构造 骨架构造 透光照明构造

10 检修构造

10.8 透光楼梯扶手

透光照明构造　楼梯及扶手、栏杆构造　玻璃构造

10.8.1

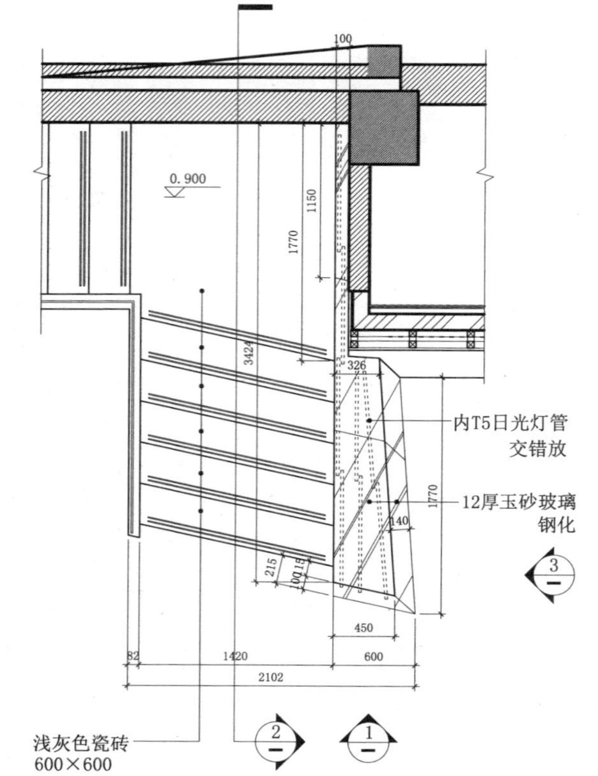

透光扶手平面图

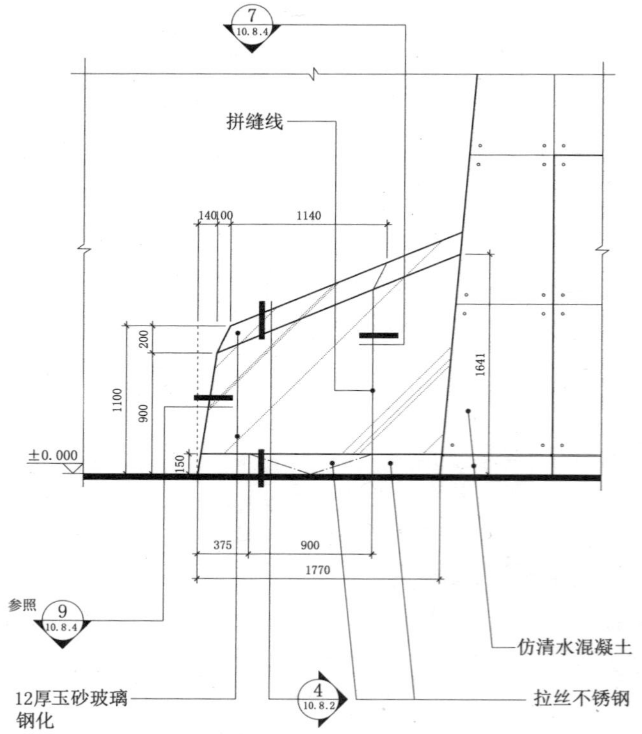

3立面图

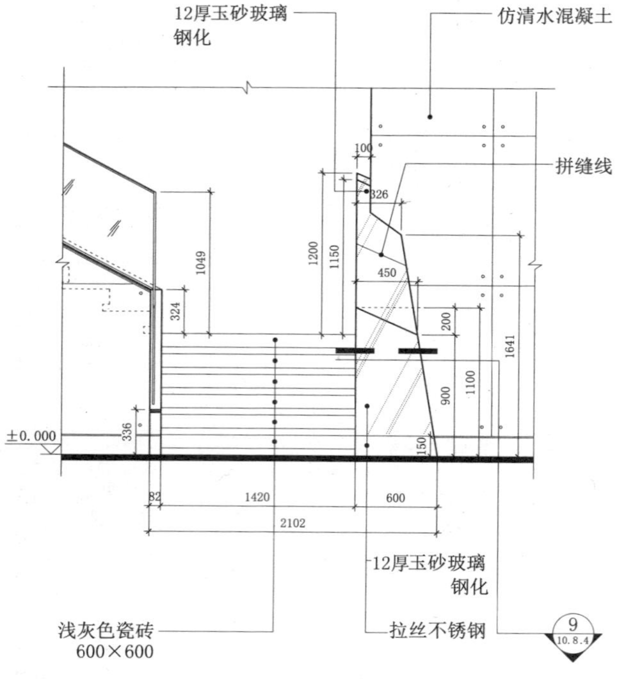

1立面图

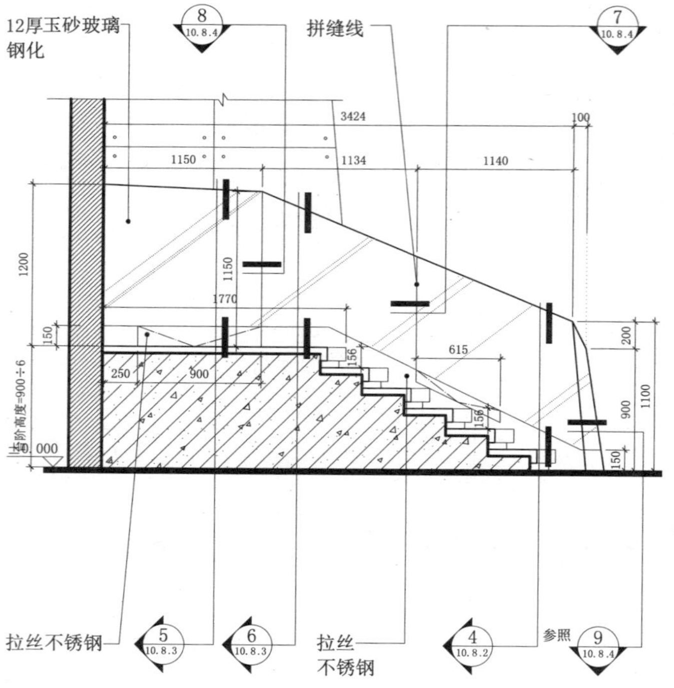

2立面图

材料标注：
- 内T5日光灯管交错放
- 12厚玉砂玻璃钢化
- 浅灰色瓷砖 600×600
- 拼缝线
- 仿清水混凝土
- 拉丝不锈钢

10.8 透光楼梯扶手

10.8.2

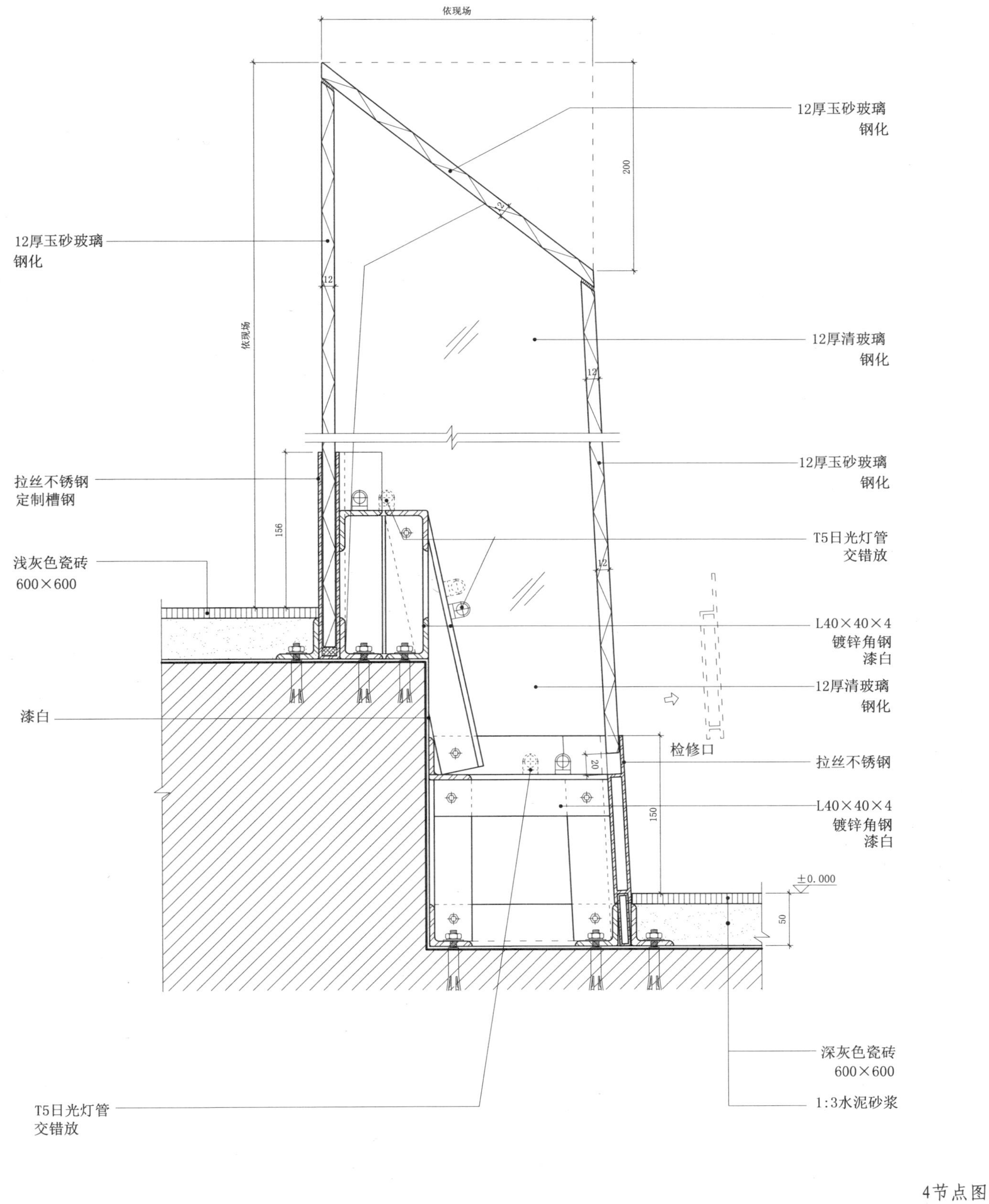

检修构造·透光照明构造 楼梯及扶手、栏杆构造 玻璃构造

标注说明（从上至下、从左至右）：
- 12厚玉砂玻璃 钢化
- 12厚玉砂玻璃 钢化
- 12厚清玻璃 钢化
- 拉丝不锈钢 定制槽钢
- 12厚玉砂玻璃 钢化
- 浅灰色瓷砖 600×600
- T5日光灯管 交错放
- 漆白
- L40×40×4 镀锌角钢 漆白
- 12厚清玻璃 钢化
- 检修口
- 拉丝不锈钢
- L40×40×4 镀锌角钢 漆白
- 深灰色瓷砖 600×600
- 1:3水泥砂浆
- T5日光灯管 交错放

尺寸标注：依现场、200、12、156、20、150、50、±0.000

4 节点图

10.8 透光楼梯扶手

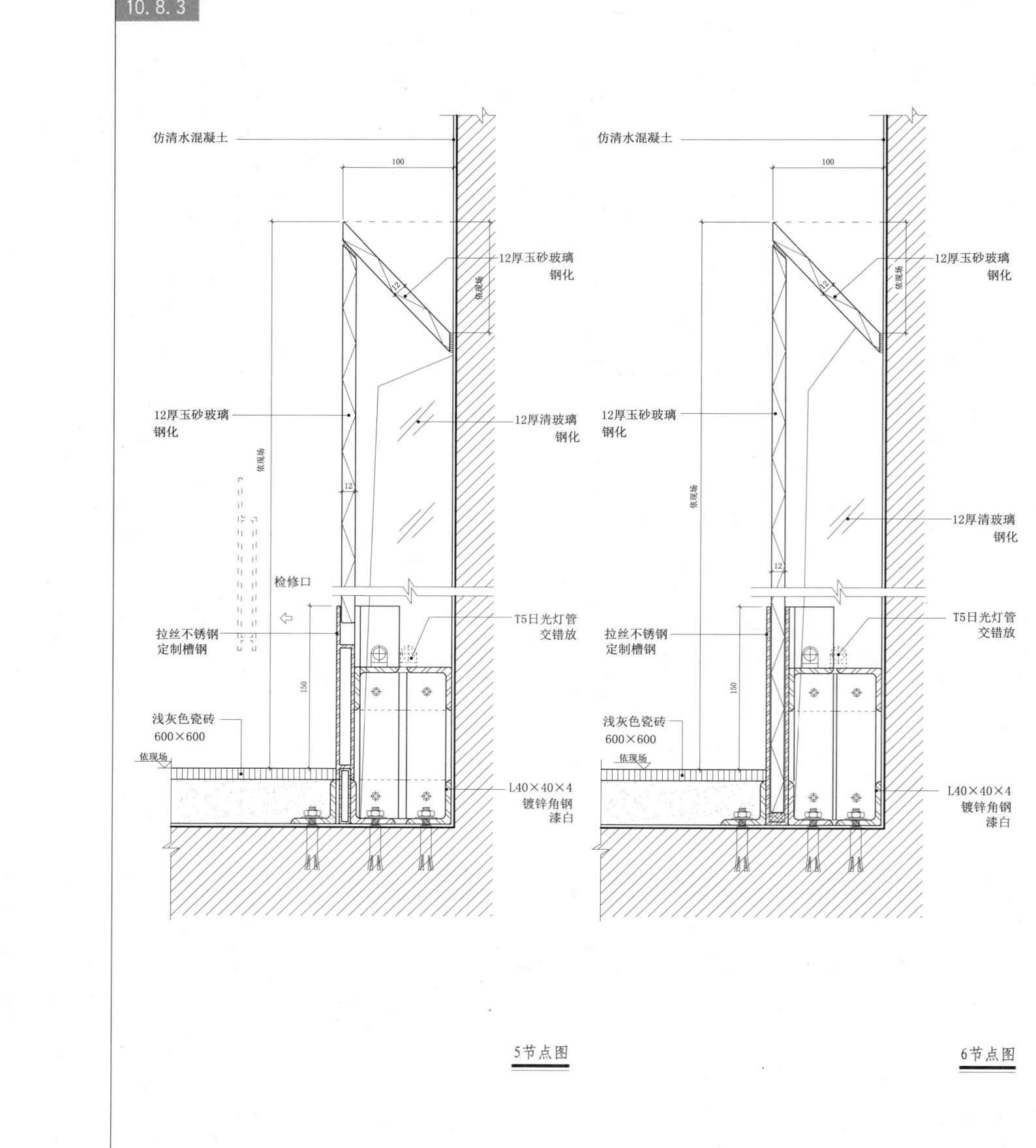

5节点图　　6节点图

10.8 透光楼梯扶手

10.8.4

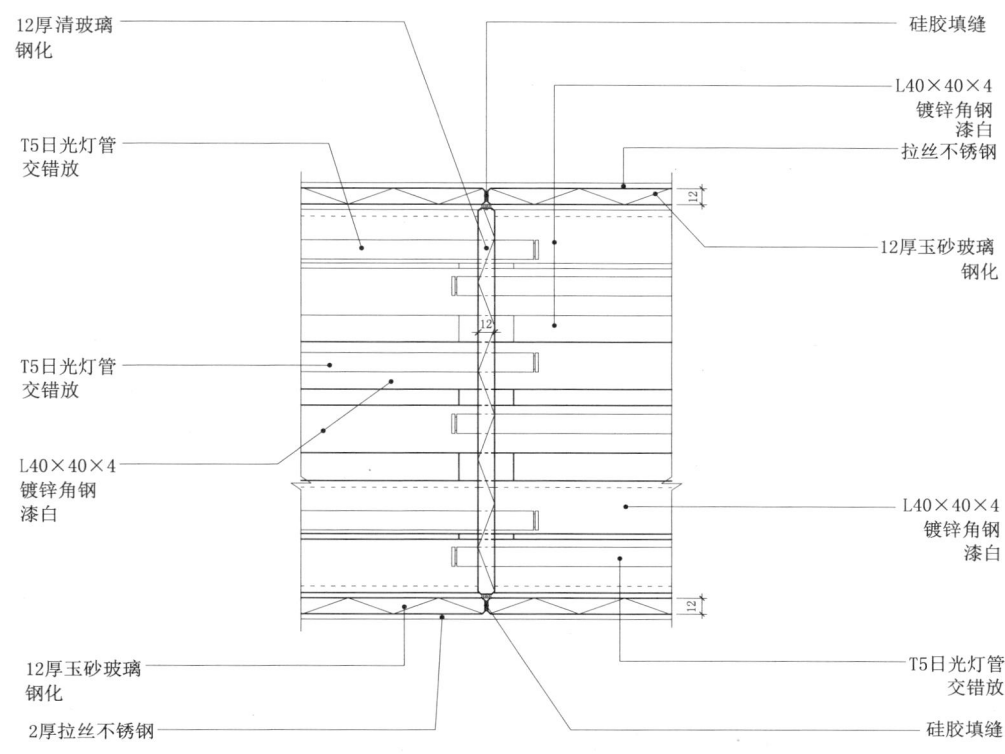

7节点图

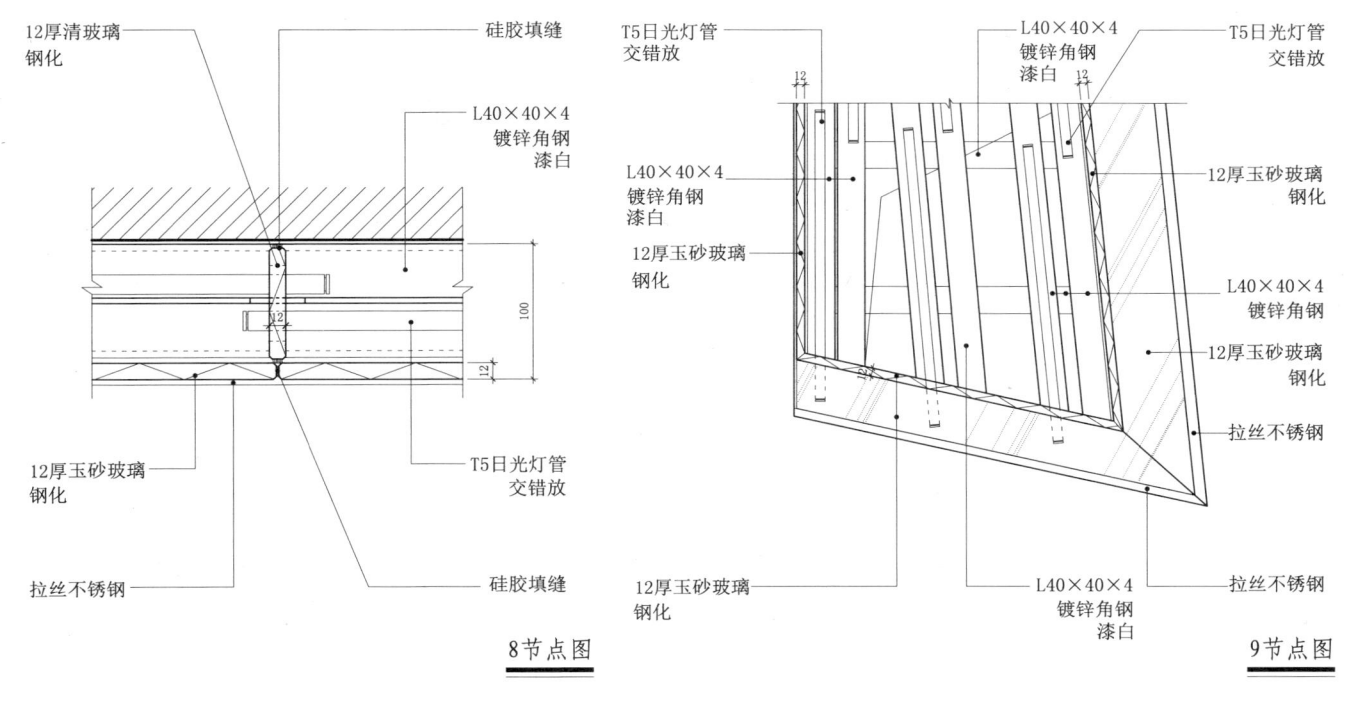

8节点图　　　9节点图

10 检修构造·透光照明构造 玻璃构造

10.9 透光玻璃装饰墙面

10.9.1

立面图

标注：
- 8厚白镜 背贴防爆膜
- 深灰色涂料
- 深灰色涂料
- 深灰色涂料
- 12厚双面玉砂夹胶玻璃 50%遮光
- 1.5厚镜面不锈钢
- 不锈钢 表面深灰色全亚光烤漆
- 尺寸：20 | 840 | 20

A节点图

标注：
- 细木工板
- 细木工板
- 木龙骨
- 滑轨
- 细木工板
- 8厚白镜 背贴防爆膜
- 深灰色涂料
- 9厚纸面石膏板 表面深灰色涂料
- 9厚胶合板
- 弹簧铰链
- 3厚胶合板 表面深灰色涂料
- 9厚胶合板
- 3厚胶合板 表面深灰色涂料
- 细木工板表面刷白 上固定LED灯带，垂直安装@200，整块抽出检修
- 12厚双面玉砂夹胶玻璃 50%遮光
- 尺寸：50、300、182、820、280、340、10、EQ 200 200 200 EQ

10.9 透光玻璃装饰墙面

10.9.2

10 检修构造·透光照明构造 玻璃构造

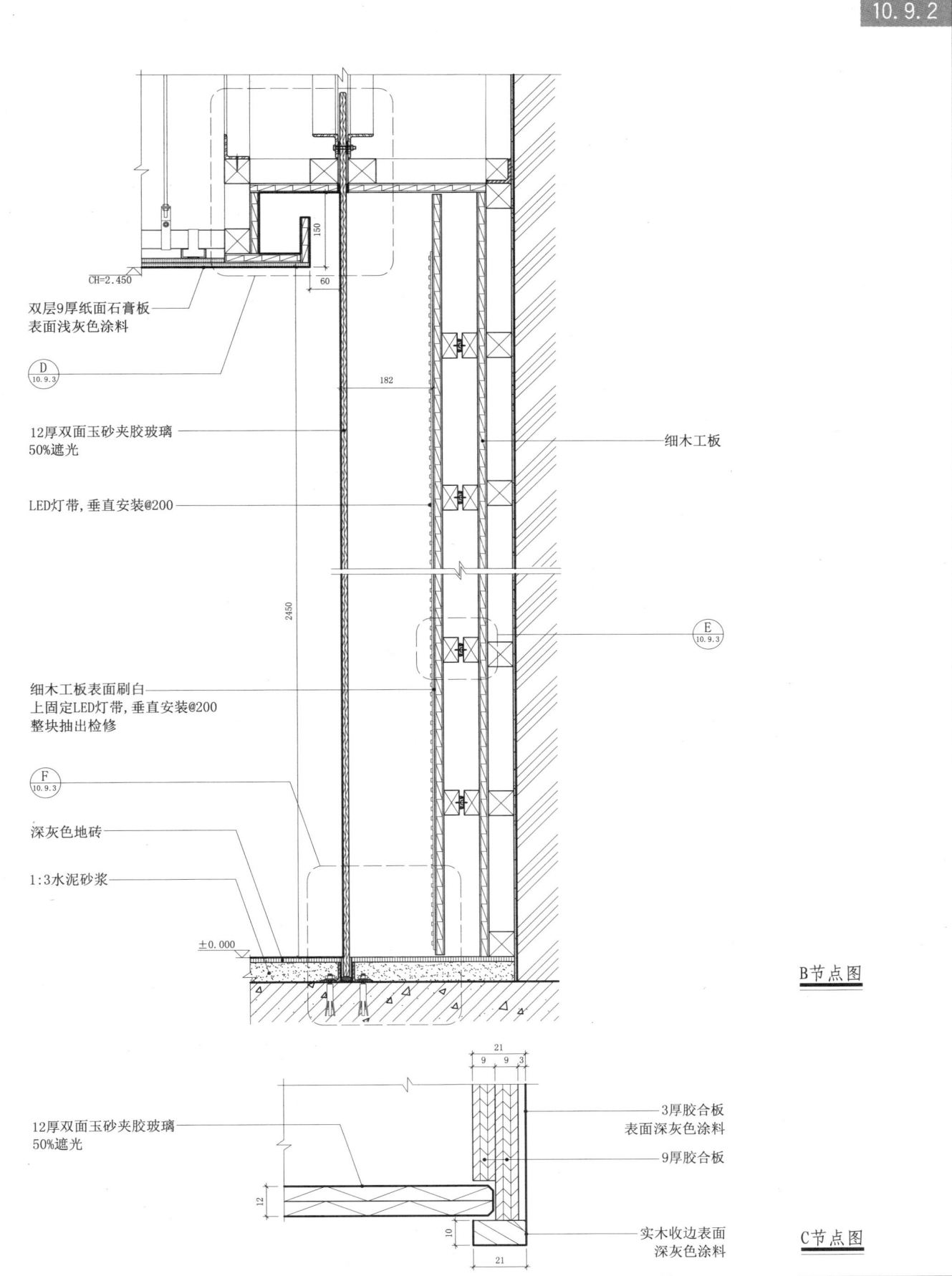

B节点图

C节点图

10.9 透光玻璃装饰墙面

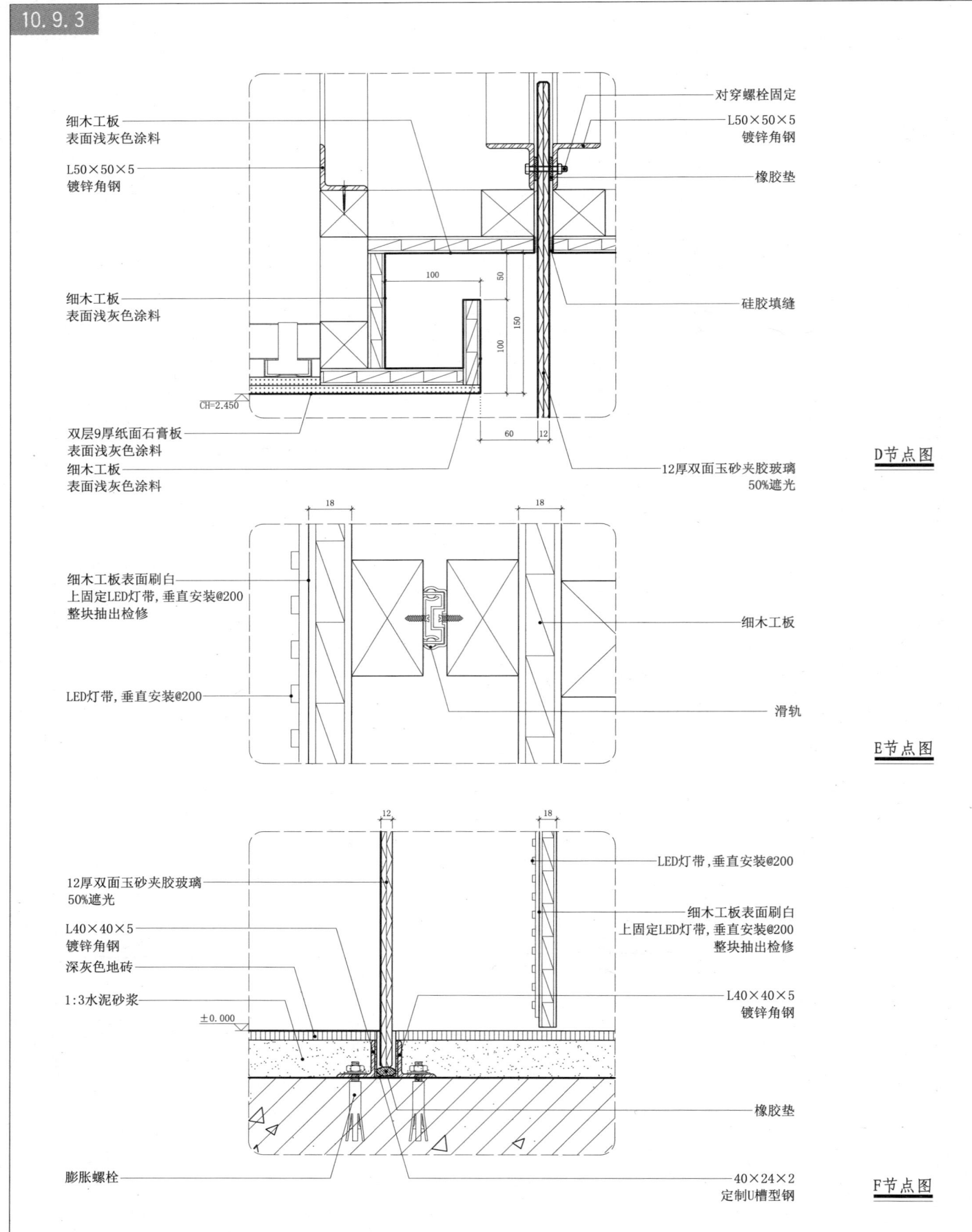

10.9.3

D节点图
E节点图
F节点图

10.10 客房顶棚检修口

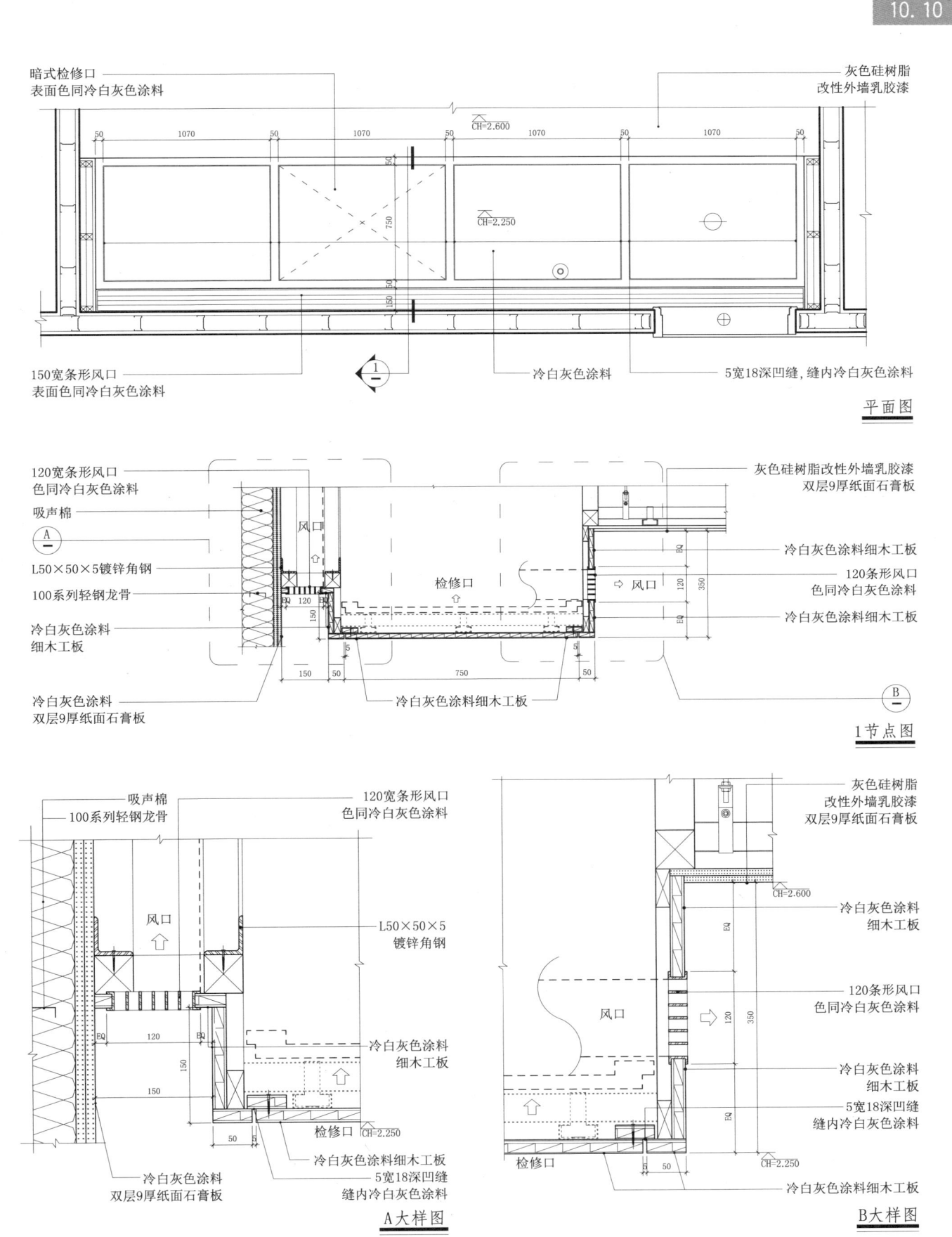

10 检修构造·室内设施

10.11 墙面嵌入式电视机检修节点

10.11.1 立面图

灰黑色 8厚全透明钢化玻璃

1.2厚拉丝不锈钢

中心距离1700

大花白石材

浅白灰色中点喷涂颗粒状厚质饰纹涂料

1.2厚拉丝不锈钢

CH=3.500
FL=±0.000
RH=±0.000

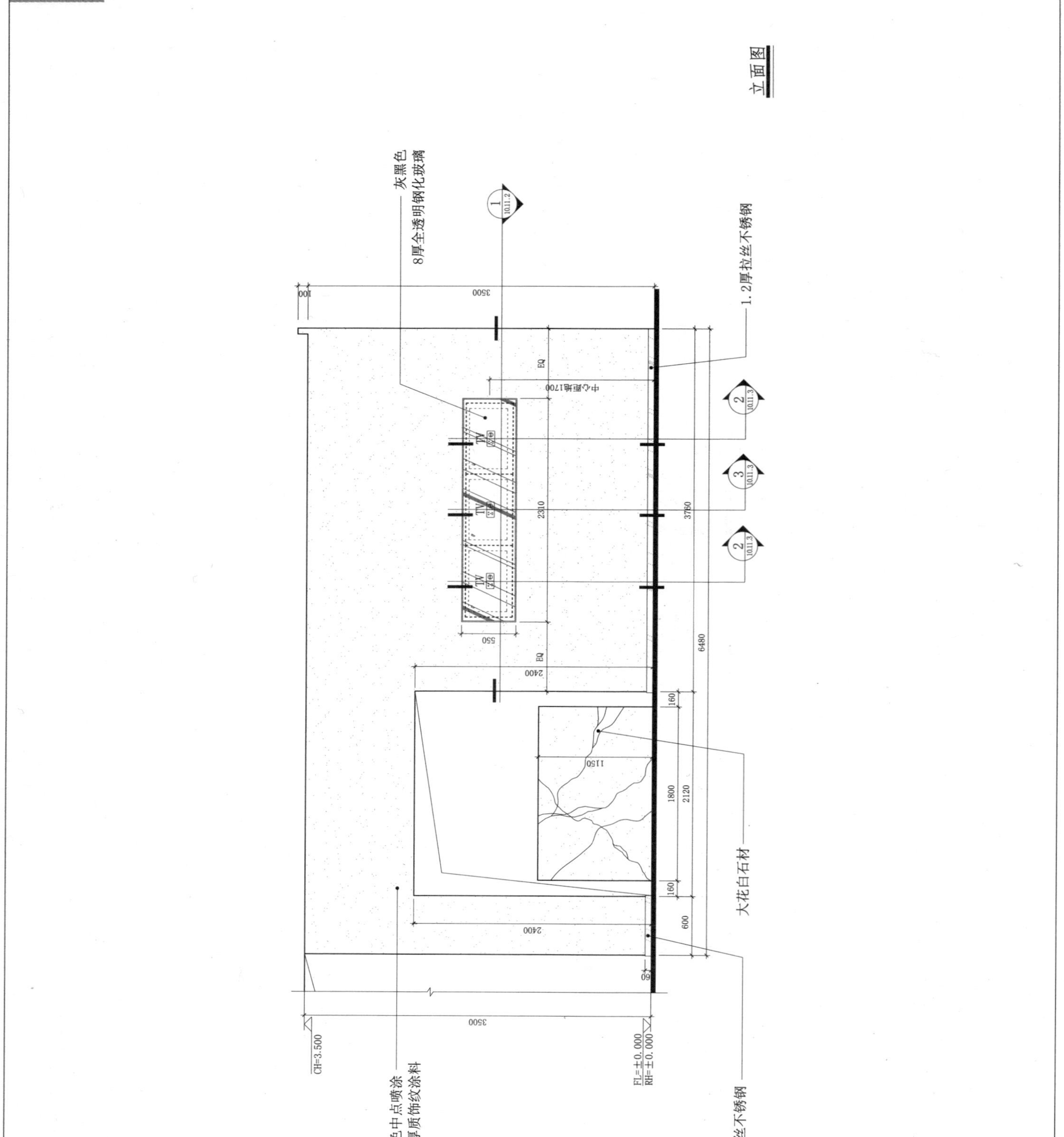

10.11 墙面嵌入式电视机检修节点

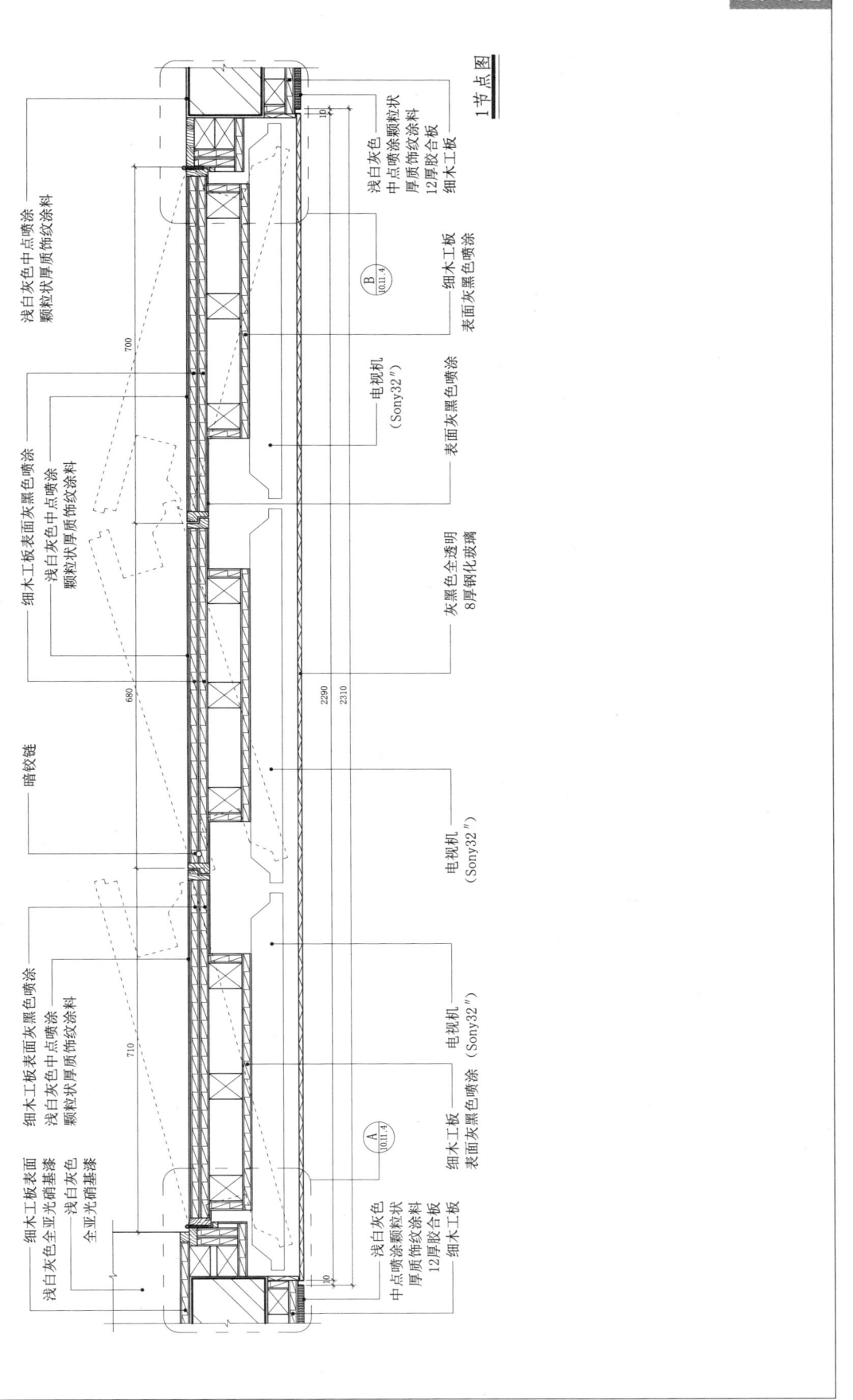

10.11 墙面嵌入式电视机检修节点

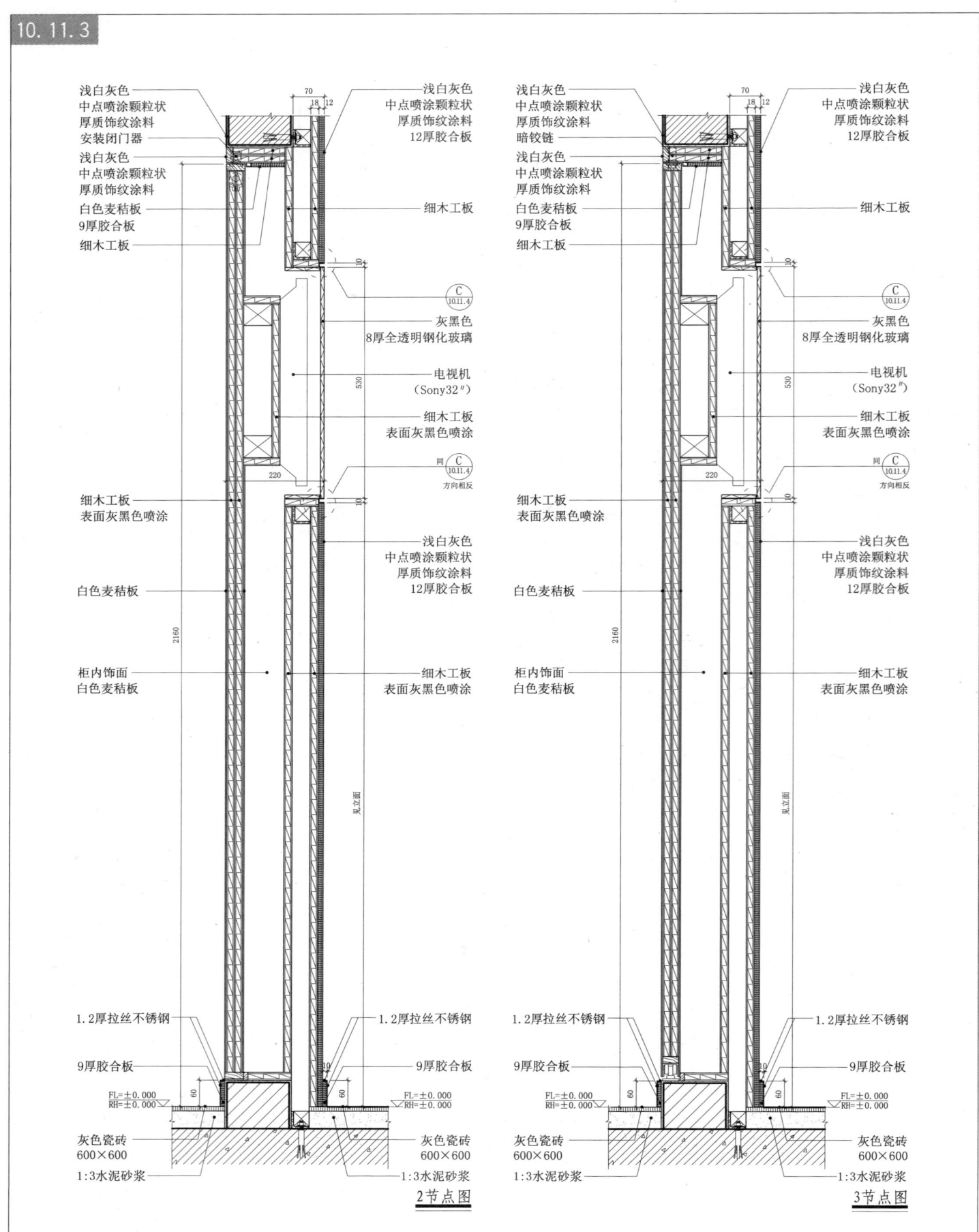

10.11 墙面嵌入式电视机检修节点

10.11.4

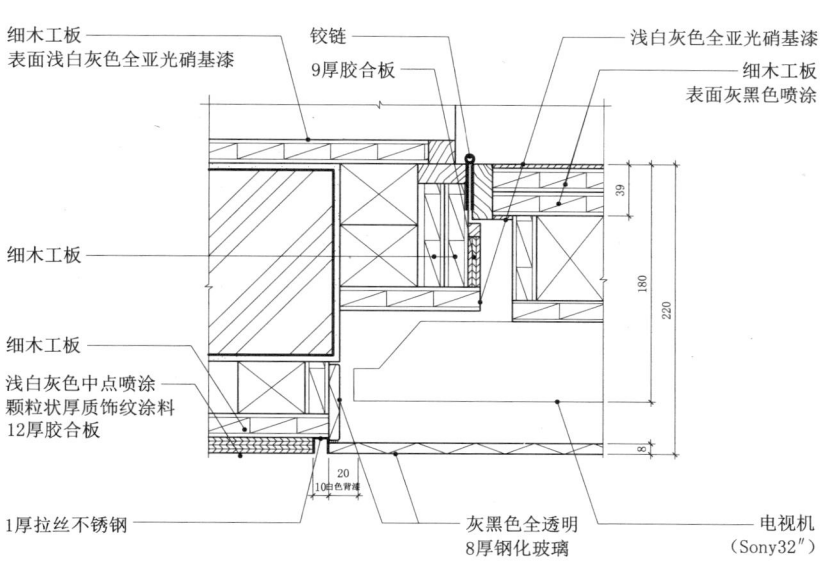

A节点图

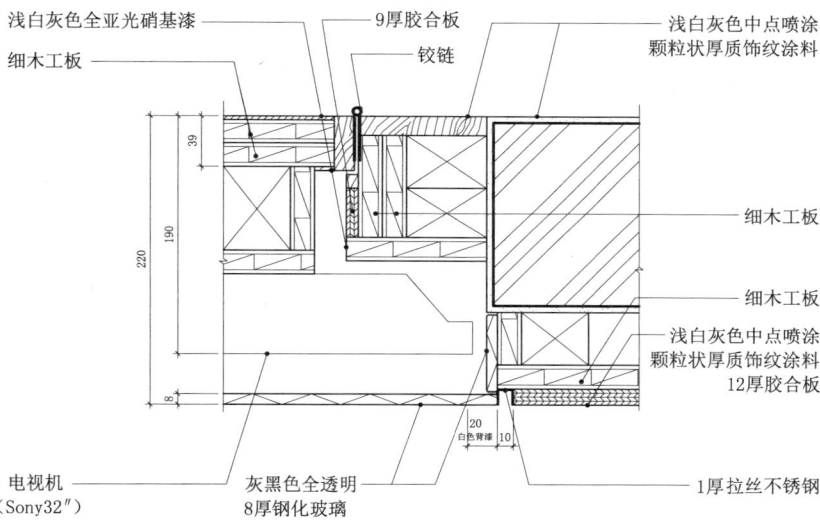

B节点图

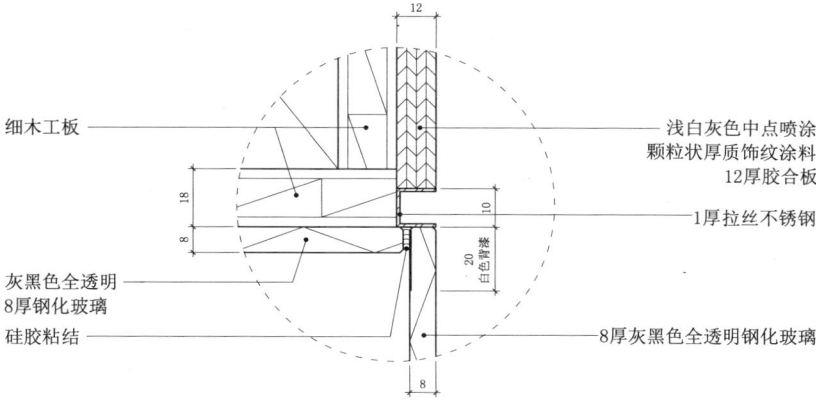

C节点图

10 检修构造

- 透光照明构造
- 检修构造
- 玻璃构造
- 客房构造

10.12 洗手台透光化妆镜节点

10.12.1

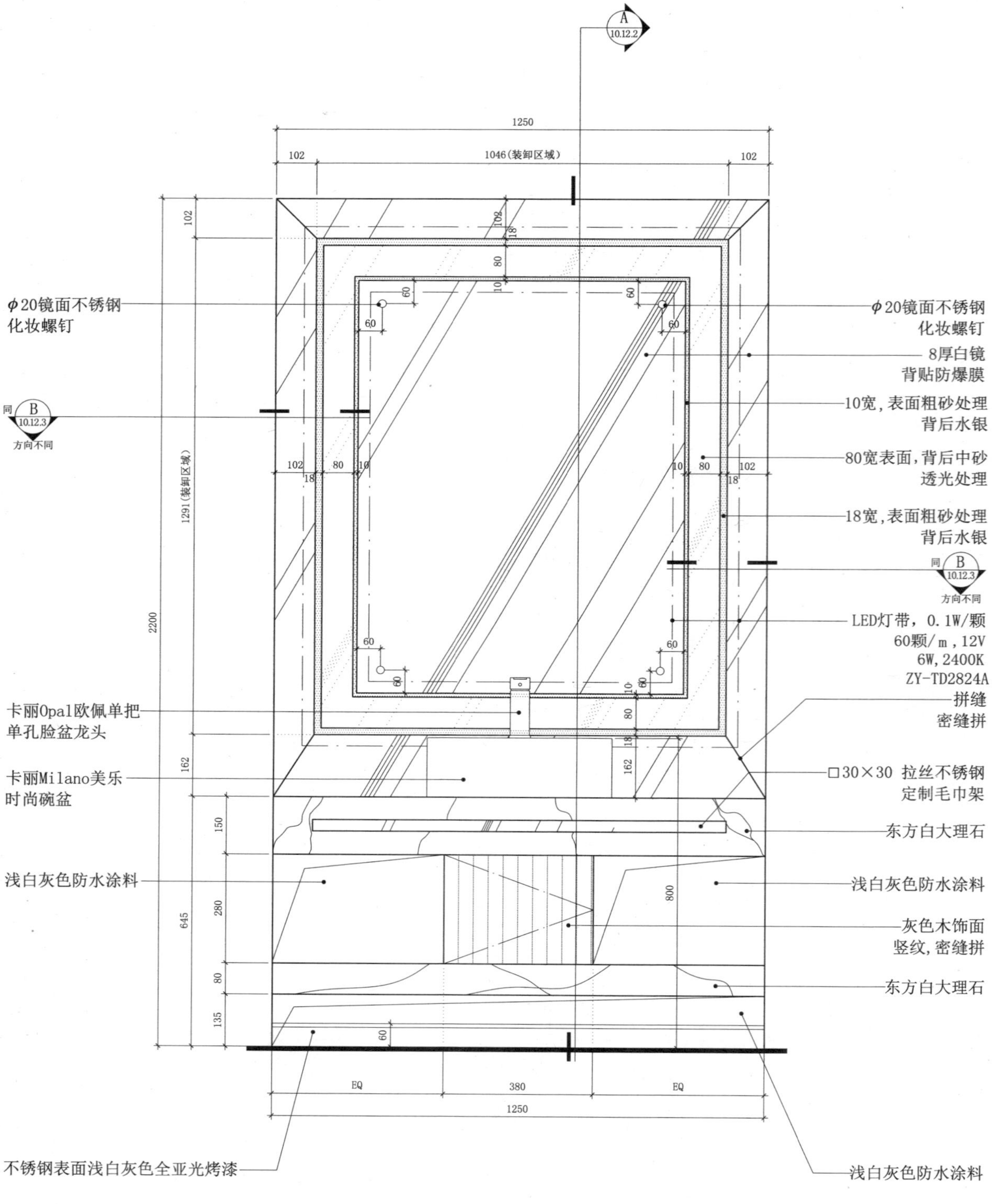

- φ20镜面不锈钢化妆螺钉
- φ20镜面不锈钢化妆螺钉
- 8厚白镜背贴防爆膜
- 10宽，表面粗砂处理背后水银
- 80宽表面，背后中砂透光处理
- 18宽，表面粗砂处理背后水银
- LED灯带，0.1W/颗 60颗/m，12V 6W，2400K ZY-TD2824A
- 拼缝密缝拼
- 卡丽Opal欧佩单把单孔脸盆龙头
- 卡丽Milano美乐时尚碗盆
- □30×30 拉丝不锈钢定制毛巾架
- 东方白大理石
- 浅白灰色防水涂料
- 浅白灰色防水涂料
- 灰色木饰面竖纹，密缝拼
- 东方白大理石
- 不锈钢表面浅白灰色全亚光烤漆
- 浅白灰色防水涂料

立面图

10.12 洗手台透光化妆镜节点

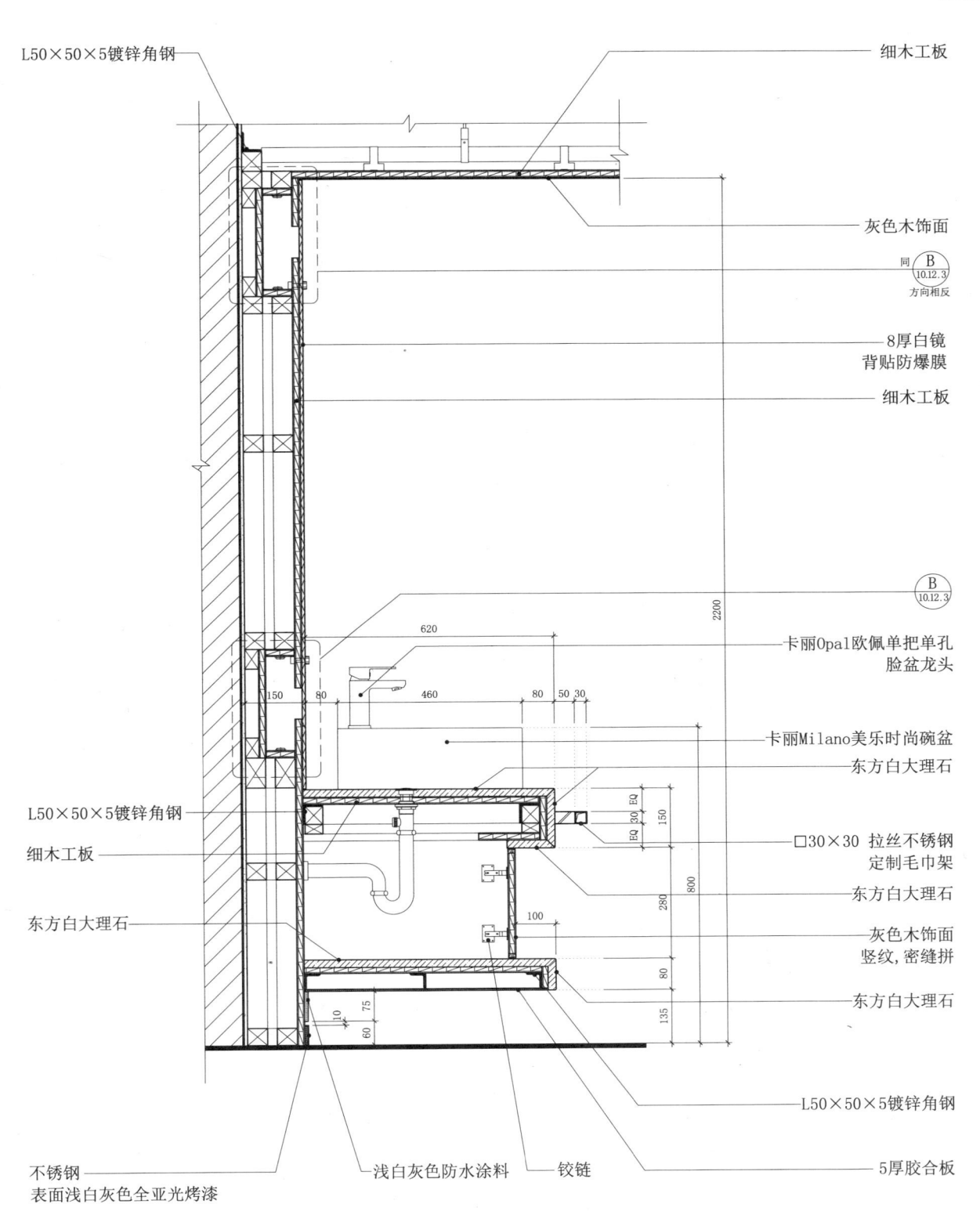

A节点图

10 检修构造

10.12 洗手台透光化妆镜节点

10.12.3

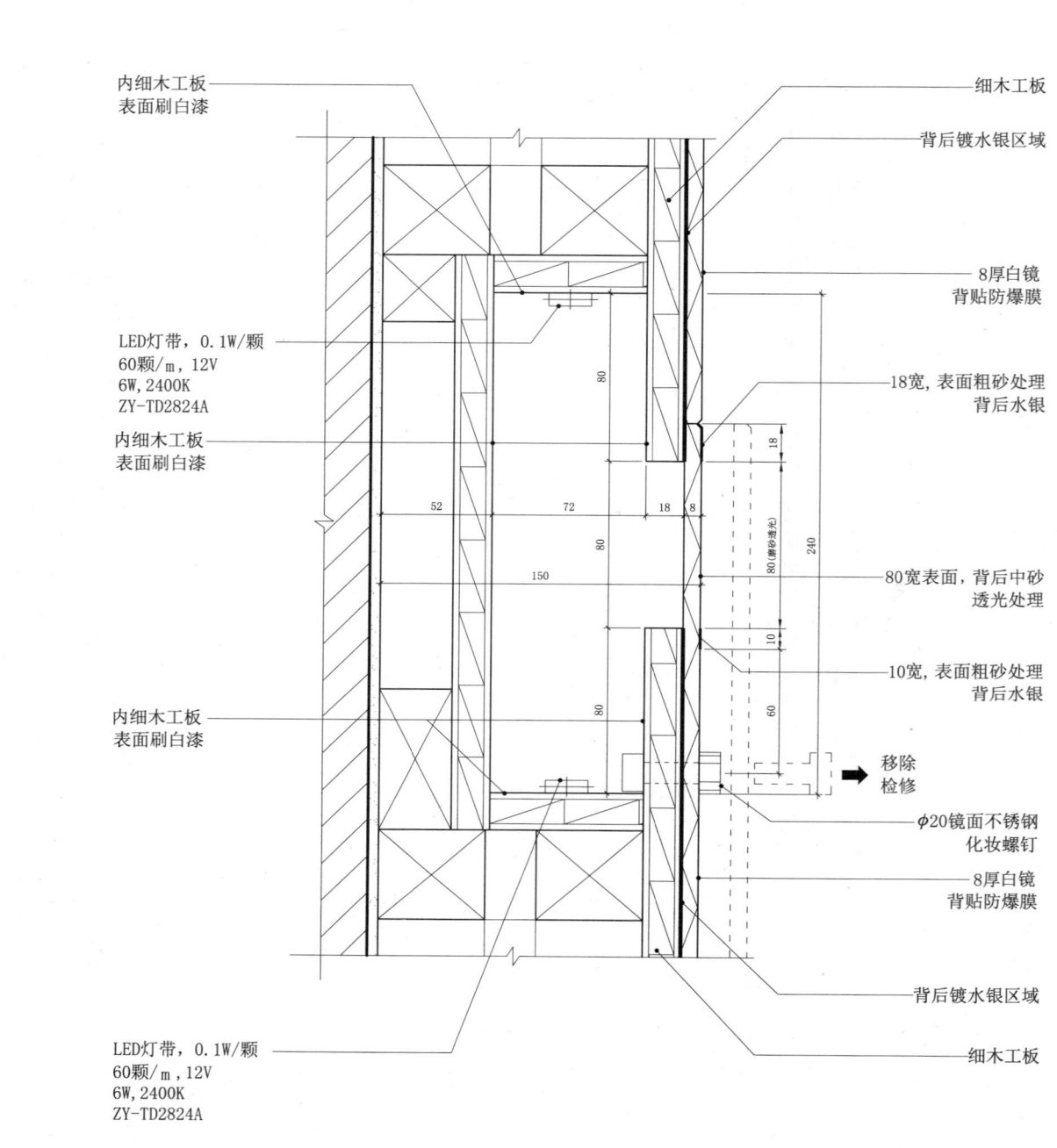

B大样图

中册

叶铮 著

室内构造节点与专项模式图集

INTERIOR DESIGN ATLAS OF
STRUCTURAL DETAILS
AND
SPECIAL PATTERNS

中国建筑工业出版社

目录 —— 上篇 构造节点

11 玻璃构造
- 455 | 11.1 透光玻璃
- 457 | 11.2 玻璃墙节点
- 458 | 11.3 玻璃层板节点
- 459 | 11.4 玻璃酒柜架
- 460 | 11.5 玻璃层板酒杯架
- 461 | 11.6 玻璃节点
- 462 | 11.7 导光玻璃柱
- 463 | 11.8 透光玻璃柱
- 465 | 11.9 雨篷组合吊灯
- 467 | 11.10 玻璃栏杆
- 468 | 11.11 玻璃门洞
- 471 | 11.12 吊夹玻璃移门
- 473 | 11.13 玻璃隔断（一）
- 474 | 11.14 玻璃隔断（二）
- 477 | 11.15 透光玻璃盒
- 478 | 11.16 立面出挑玻璃盒构造
- 483 | 11.17 灯具玻璃盒
- 484 | 11.18 室内外玻璃幕墙
- 485 | 11.19 弧形玻璃透光墙
- 487 | 11.20 固定式镜框节点
- 489 | 11.21 玻璃砖立面节点
- 493 | 11.22 总服务台
- 496 | 11.23 安全扶手节点

12 石材构造
- 497 | 12.1 云石灯柱
- 498 | 12.2 透光石材空挂
- 499 | 12.3 石材干挂节点（一）
- 500 | 12.4 石材干挂节点（二）
- 502 | 12.5 圆柱石材干挂
- 503 | 12.6 石材贴墙干挂
- 507 | 12.7 石材离墙干挂
- 511 | 12.8 石材干挂幕墙
- 515 | 12.9 黑洞石墙面节点
- 518 | 12.10 石材干挂接缝节点
- 519 | 12.11 外墙石材幕墙节点
- 520 | 12.12 氟维特板节点
- 521 | 12.13 花岗石地坪伸缩缝
- 522 | 12.14 石材暗门（一）
- 524 | 12.15 石材暗门（二）
- 525 | 12.16 金属玻璃门构造
- 528 | 12.17 石材复合铝蜂窝板吊顶节点
- 529 | 12.18 石材吊顶节点

13 金属构造
- 530 | 13.1 金属栏杆扶手
- 533 | 13.2 钢结构栏杆节点
- 534 | 13.3 玻璃栏板扶手节点
- 535 | 13.4 网板不锈钢隔断
- 536 | 13.5 圆弧形金属网隔断
- 539 | 13.6 透光玻璃天桥
- 543 | 13.7 铝板墙节点
- 544 | 13.8 钢木结构楼梯
- 546 | 13.9 钢木结构玻璃围墙
- 547 | 13.10 雨篷节点
- 549 | 13.11 铝合金门框
- 551 | 13.12 平行线节点
- 553 | 13.13 金属框架节点
- 555 | 13.14 幕墙立面

14 五金
- 559 | 14.1 液压缓冲铰链
- 561 | 14.2 弹跳式门吸
- 562 | 14.3 爪点式驳接件节点
- 565 | 14.4 前厅防火门节点
- 568 | 14.5 室内玻璃幕墙节点

15 非透光照明构造
- 576 | 15.1 照明方式（一）
- 584 | 15.2 照明方式（二）
- 587 | 15.3 顶棚照明灯具节点
- 588 | 15.4 顶棚节点
- 590 | 15.5 吊灯组合
- 592 | 15.6 顶面造型
- 593 | 15.7 造型墙面
- 595 | 15.8 玻璃墙面泛光金属装饰条
- 598 | 15.9 墙面光槽
- 599 | 15.10 泛光墙
- 602 | 15.11 长廊书架构造
- 605 | 15.12 陈设架
- 607 | 15.13 陈设吊架
- 610 | 15.14 LED窗帘盒灯带
- 611 | 15.15 平行线照明节点
- 613 | 15.16 装饰酒柜隔断

16 透光照明构造
- 615 | 16.1 导光玻璃隔断
- 616 | 16.2 LED玻璃隔断装置
- 619 | 16.3 透光玻璃隔断
- 622 | 16.4 仿云石透光墙面
- 624 | 16.5 光龛背景墙节点
- 626 | 16.6 透光造型墙面节点
- 628 | 16.7 透光墙
- 633 | 16.8 弧形发光装置
- 636 | 16.9 透光软膜顶棚
- 638 | 16.10 透光软膜盒子
- 642 | 16.11 透光演艺吧台节点
- 645 | 16.12 总服务台节点
- 651 | 16.13 透光树脂总服务台
- 654 | 16.14 透光咖啡吧台节点

17 室内设施
- 658 | 17.1 壁炉（一）
- 659 | 17.2 壁炉（二）

661	17.3	壁炉（三）	784	18.22	自助餐台（二）	852	**21**	**西方古典风格**
663	17.4	壁炉（四）	788	18.23	立面卷盒造型	852	21.1	装饰线脚
671	17.5	天幕帘	790	18.24	弧形沙发卡座组合	854	21.2	立面线脚
672	17.6	酒柜	793	18.25	沙发卡座	856	21.3	墙面线脚
675	17.7	红酒陈列柜				858	21.4	墙面组合线脚
679	17.8	总服务台（一）	796	**19**	**技术设备**	861	21.5	顶面线脚
682	17.9	总服务台（二）	796	19.1	电梯轿厢节点	863	21.6	檐口节点
686	17.10	总服务台及吧台一体化组合	801	19.2	电子感应无框玻璃移门	864	21.7	线脚大样
699	17.11	行政酒廊接待台	802	19.3	挂壁式电视架	865	21.8	顶棚线脚大样
704	17.12	吧台	803	19.4	立轴电视旋转支架	866	21.9	大堂空间顶面、立面节点
709	17.13	吧台及玻璃酒柜	806	19.5	立体车库	874	21.10	古典顶角线
718	17.14	服务台POS收银系统	808	19.6	防火卷帘	877	21.11	顶棚镜框节点
719	17.15	走道暗藏音响	809	19.7	容器植物墙、藤蔓植物墙	878	21.12	门套线脚
721	17.16	台盆				880	21.13	踢脚线
			810	**20**	**室外、水池、景观构造**	881	21.14	双开移门
724	**18**	**固定家具**	810	20.1	室外路面构造	884	21.15	拱形铝合金露台
724	18.1	迷你吧、衣柜组合（一）	813	20.2	室外木栏杆	887	21.16	金属框架玻璃门
730	18.2	迷你吧、衣柜组合（二）	814	20.3	排水边沟	893	21.17	墙面组合线条及卡座
732	18.3	行李柜	815	20.4	挡土墙	898	21.18	古典柱式
733	18.4	衣柜	818	20.5	围墙	899	21.19	柱子节点
737	18.5	移门衣柜	822	20.6	户外灯柱固定节点	902	21.20	ART-DECO壁炉背景墙
740	18.6	书柜	823	20.7	喷水池			
742	18.7	木制橱柜	824	20.8	水盘	904	**22**	**东方古典风格**
745	18.8	电视柜	825	20.9	叠水池（一）	904	22.1	中式花格
748	18.9	包房陈设架	826	20.10	叠水池（二）	905	22.2	木隔断
749	18.10	装饰架	827	20.11	叠水池（三）	908	22.3	透光隔断
751	18.11	陈设架	829	20.12	叠水池（四）	911	22.4	木质花格隔断
754	18.12	造型立面	830	20.13	室内景观水池	915	22.5	中式花格隔断
757	18.13	固定式镜框	833	20.14	室内假山石组合	916	22.6	中式屏风
760	18.14	装饰壁炉	835	20.15	室内装饰花坛	918	22.7	木质装饰架
764	18.15	接待台	836	20.16	人防垂直绿化墙	920	22.8	中式木质花格门（一）
765	18.16	服务台	838	20.17	墙体种植袋绿植墙	923	22.9	中式木质花格门（二）
767	18.17	总服务台（一）	839	20.18	垂直绿化墙（一）	926	22.10	中式花格移门
770	18.18	总服务台（二）	840	20.19	垂直绿化墙（二）	929	22.11	平行线节点（一）
775	18.19	贵宾接待台	843	20.20	垂直绿化墙（三）	931	22.12	平行线节点（二）
781	18.20	透光吧台	845	20.21	室外咖啡吧服务亭	932	22.13	平行线节点（三）
782	18.21	自助餐台（一）				933	22.14	壁龛、平行线节点

11.1.1

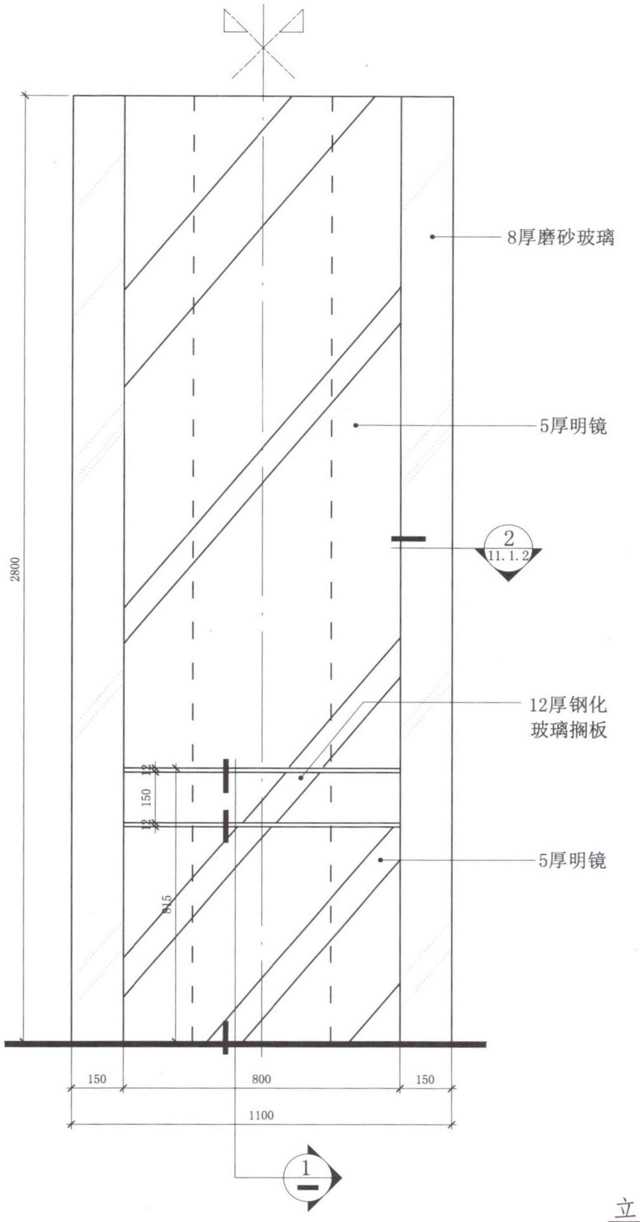
8厚磨砂玻璃
5厚明镜
2
11.1.2
2800
12厚钢化
玻璃搁板
12
150
12
5厚明镜
815
150
800
150
1100
1

立面图

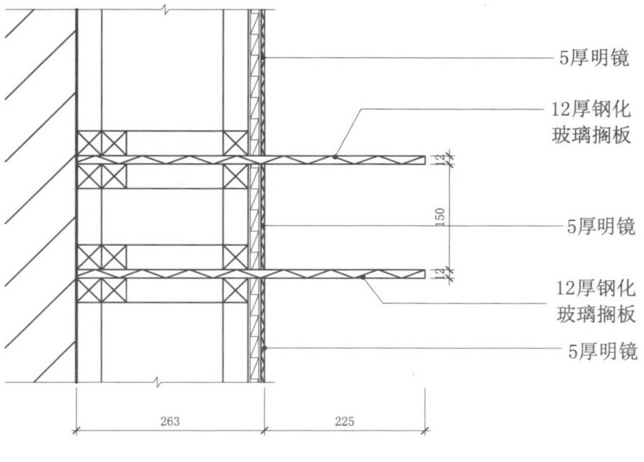
5厚明镜
12厚钢化
玻璃搁板
12
150
12
5厚明镜
12厚钢化
玻璃搁板
5厚明镜
263
225

1节点图

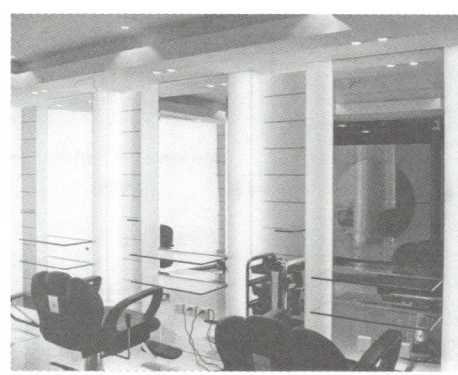

11.1 透光玻璃

11.1.2

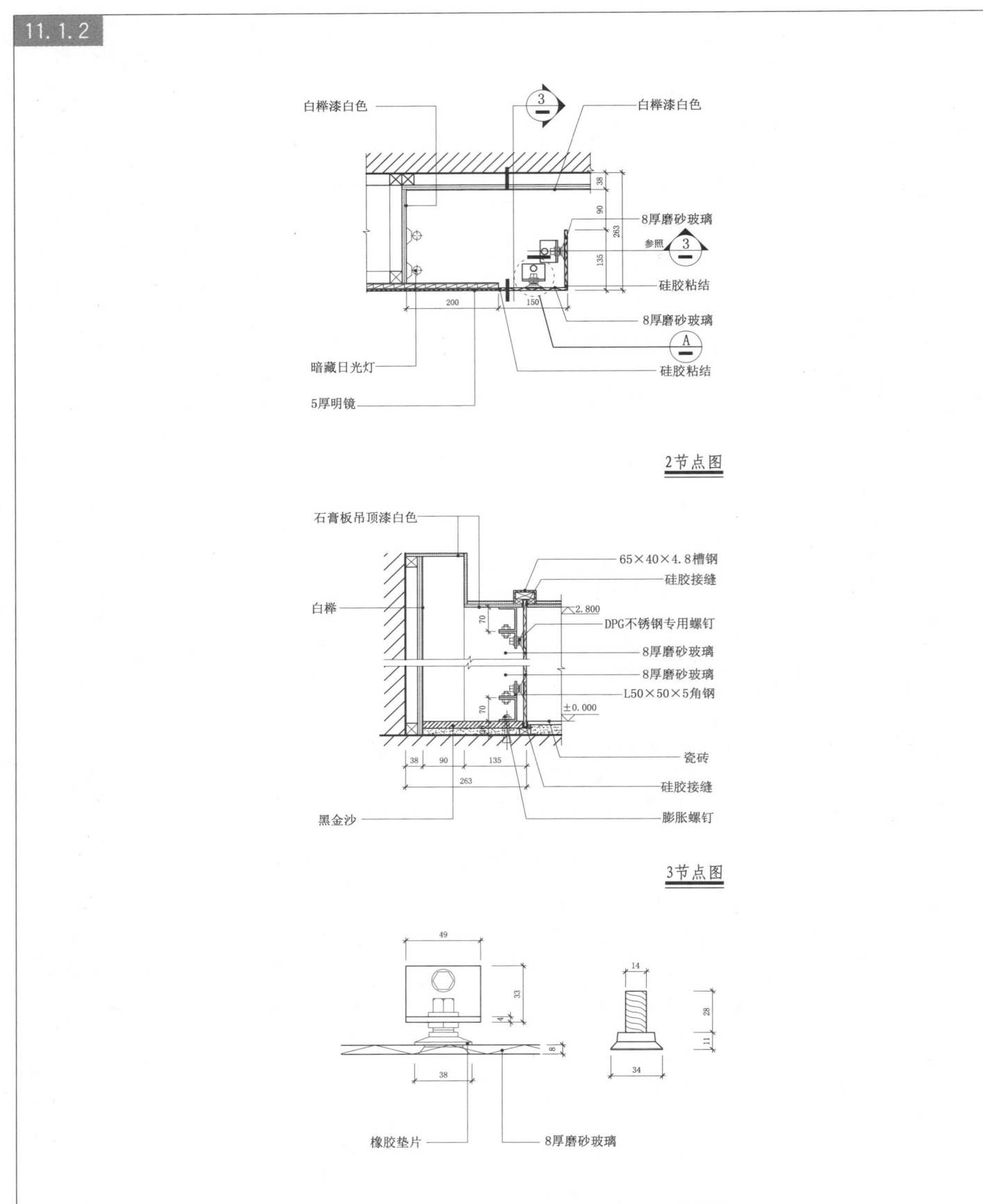

2节点图

3节点图

A大样图

11.2 玻璃墙节点

玻璃构造 · 立面构造

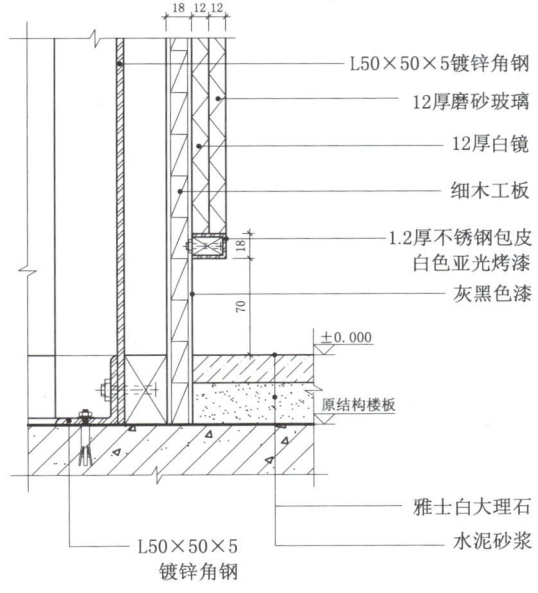

玻璃墙面踢脚处节点

1节点图

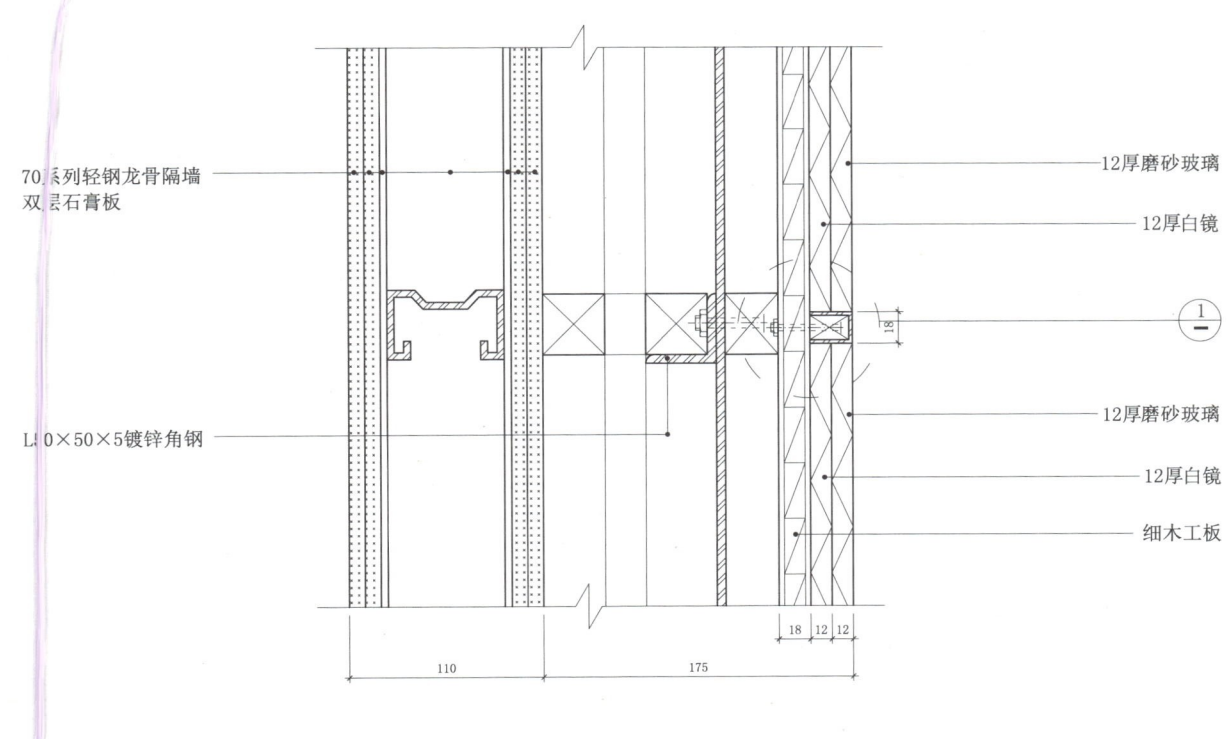

玻璃墙面接缝节点

11 玻璃构造·立面构造

11.3 玻璃层板节点

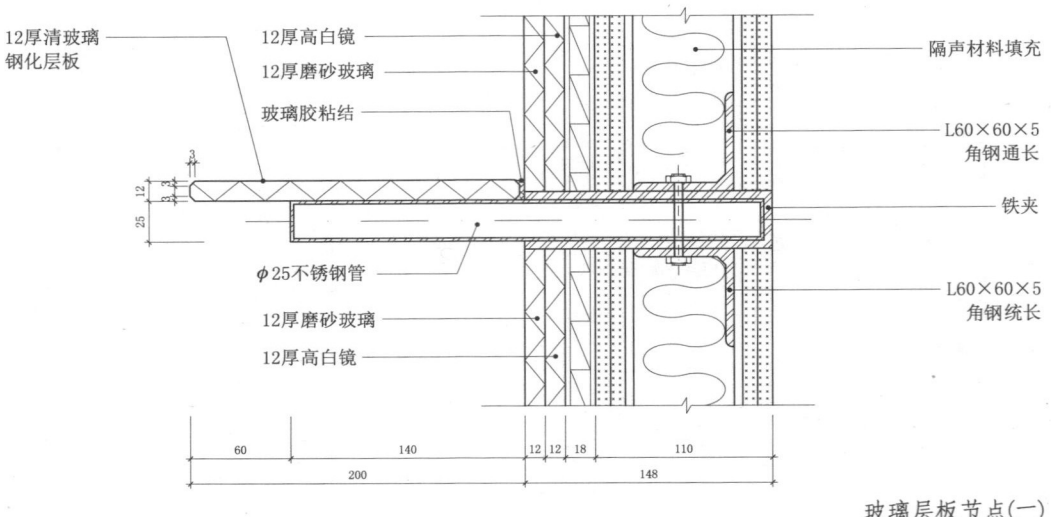

玻璃层板节点(一)

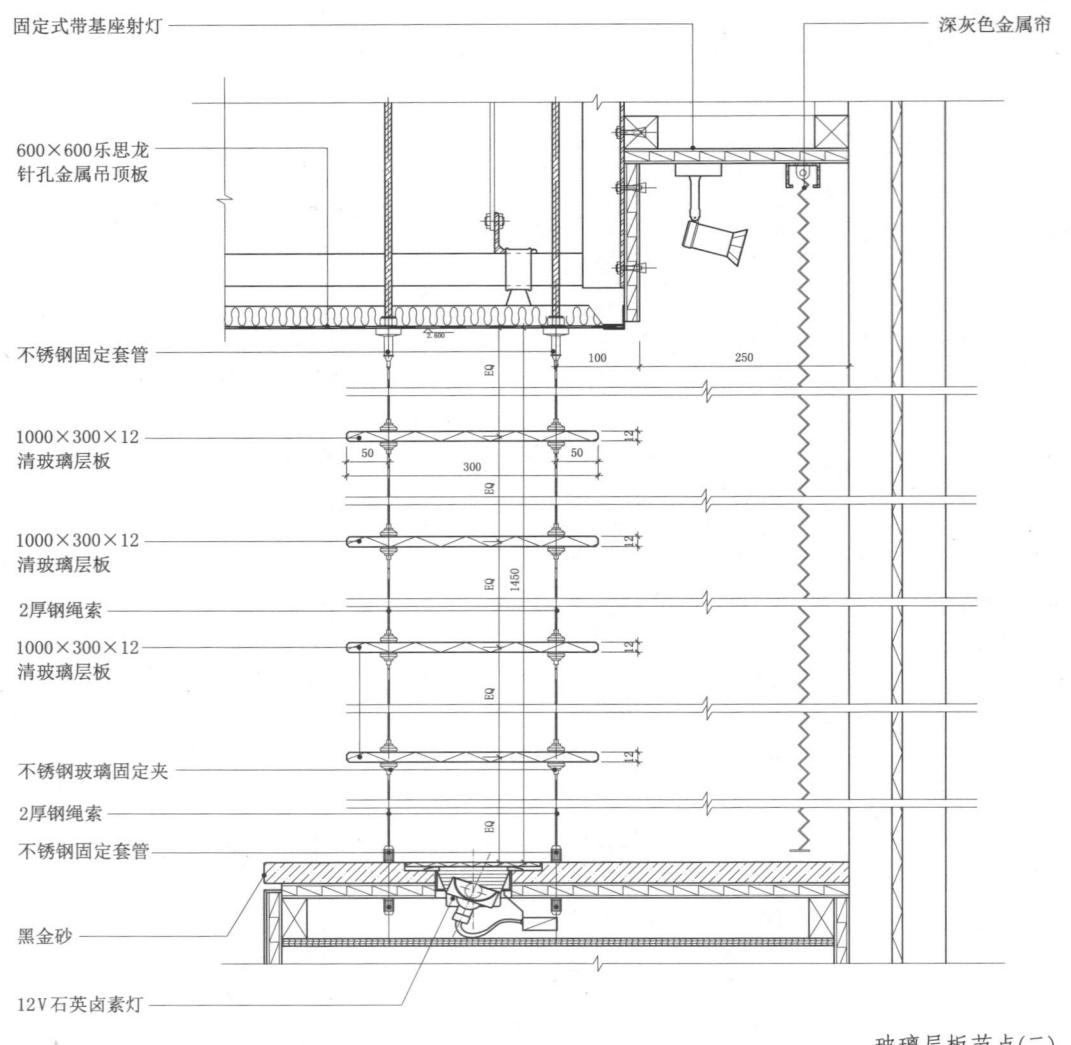

玻璃层板节点(二)

11.4 玻璃酒柜架

11 玻璃构造 · 餐饮设施 室内设施 固定家具

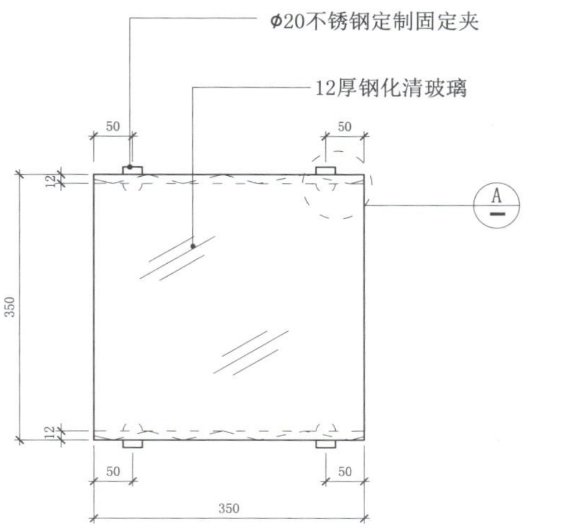

西餐厅酒柜平面图

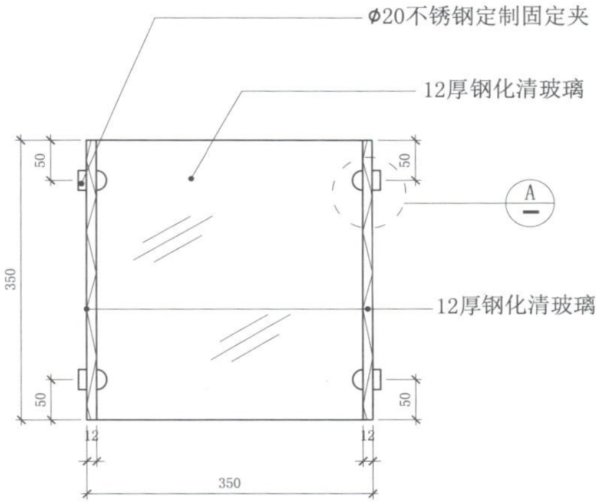

1剖面图

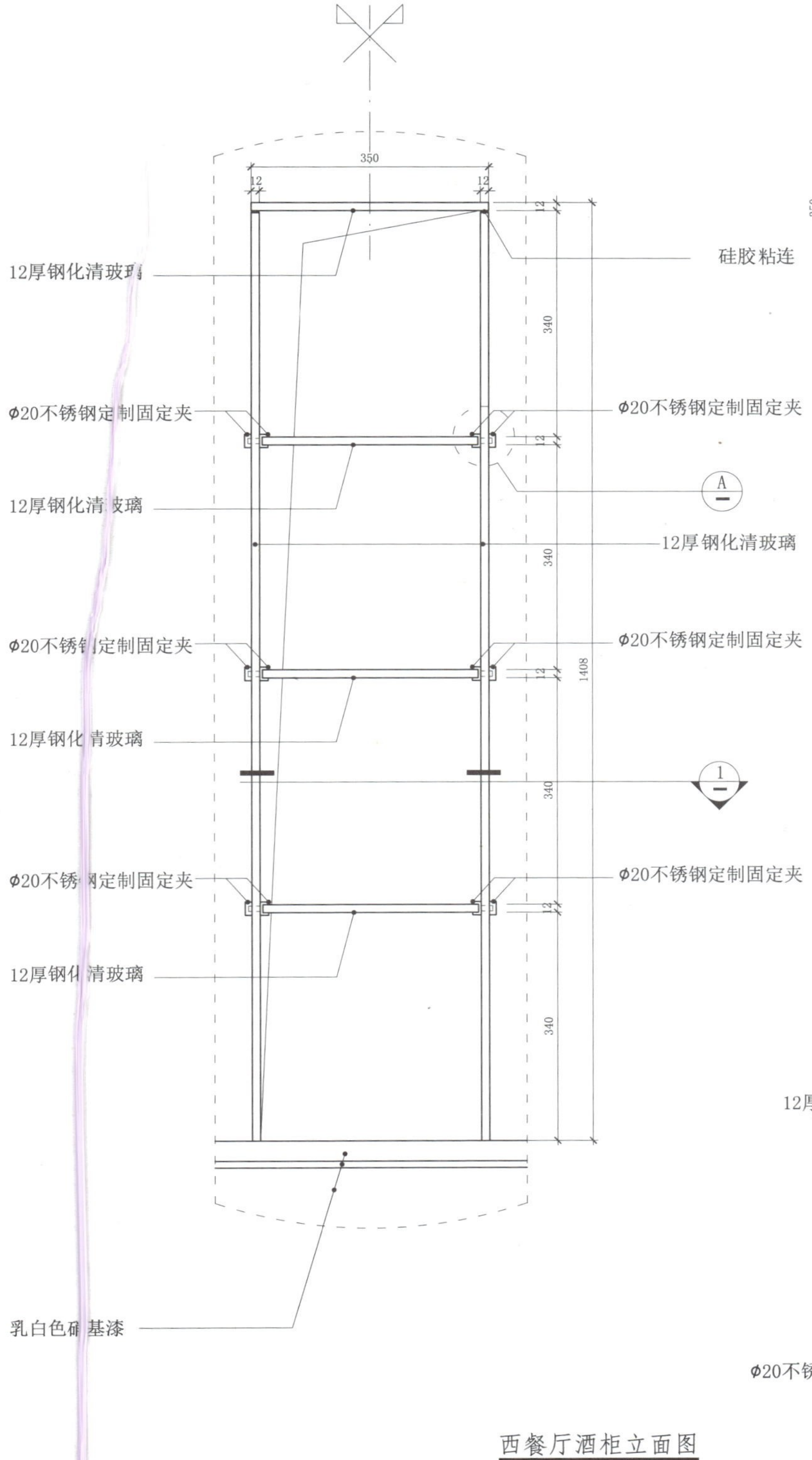

西餐厅酒柜立面图

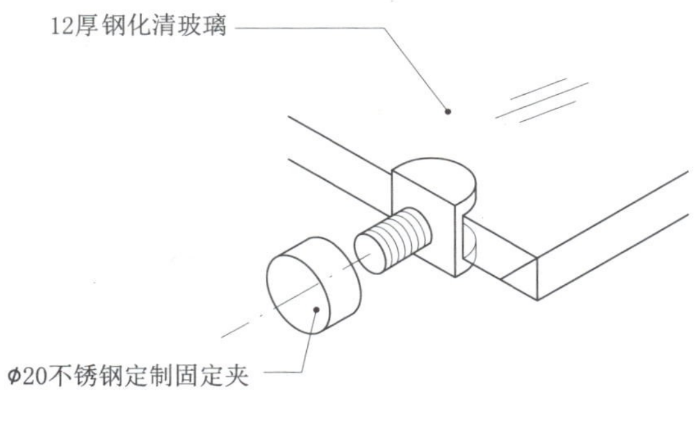

A玻璃层板安装示意图

标注：12厚钢化清玻璃；φ20不锈钢定制固定夹；硅胶粘连；乳白色硝基漆

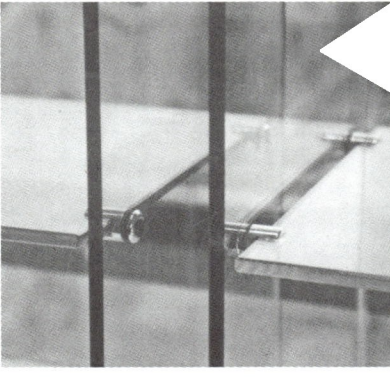

11 玻璃构造

11.5 玻璃层板酒杯架

玻璃构造·餐饮设施 金属构造 室内设施 固定家具

立面图

侧立面图

C大样图

A大样图

B大样图

A轴测图

B轴测图

11.6 玻璃节点

玻璃构造

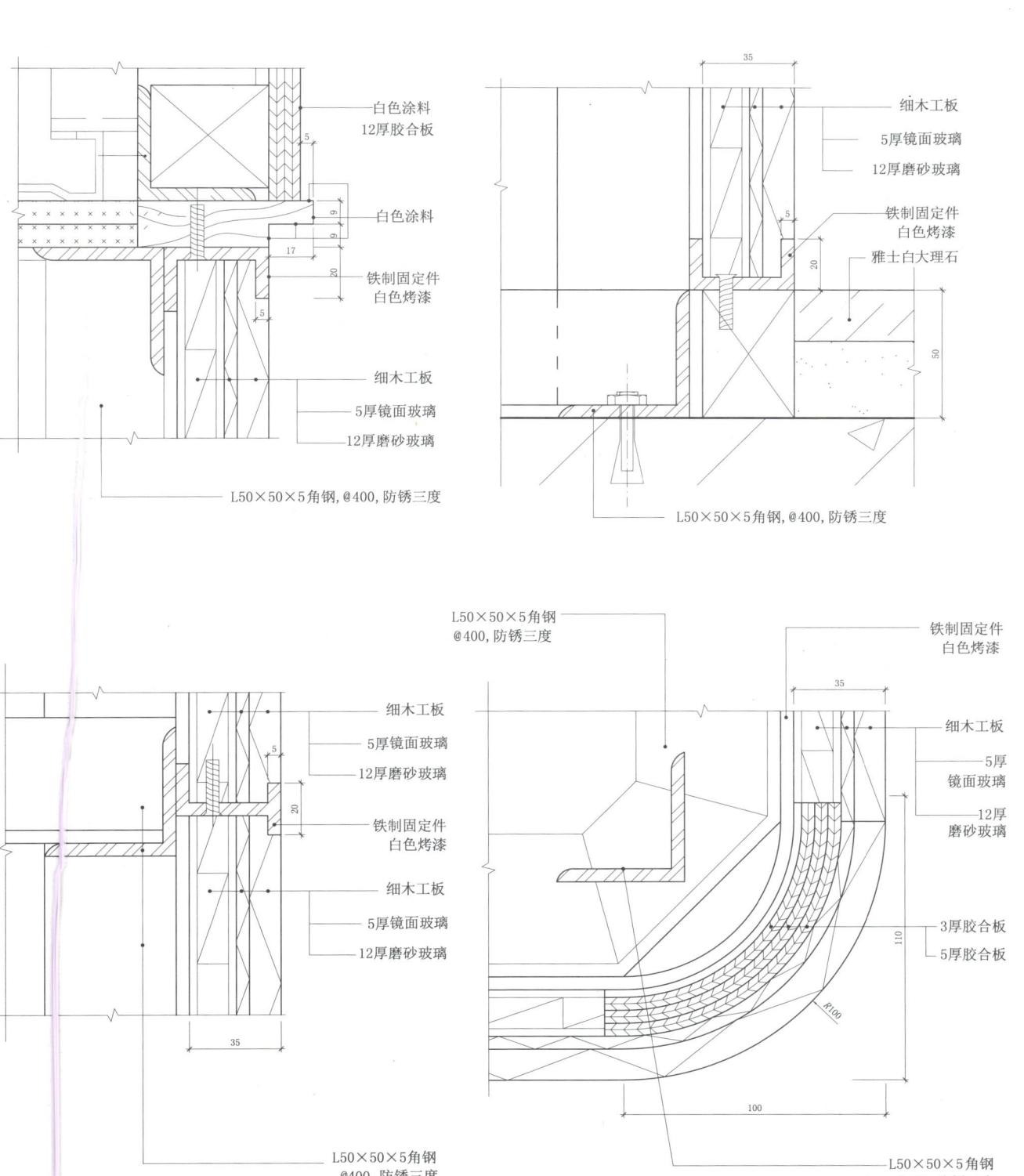

节点图

11 玻璃构造

11.7 导光玻璃柱

- 立面构造
- 检修构造
- 透光照明构造

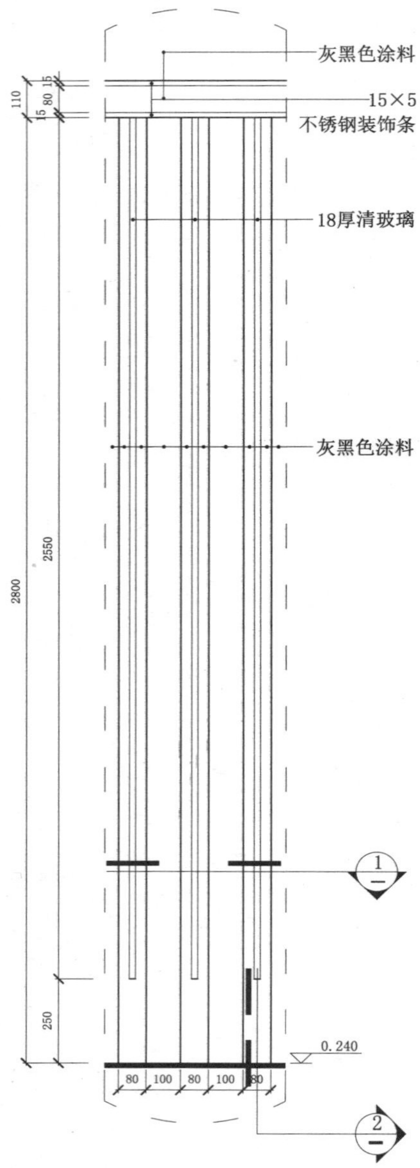

光柱立面大样图

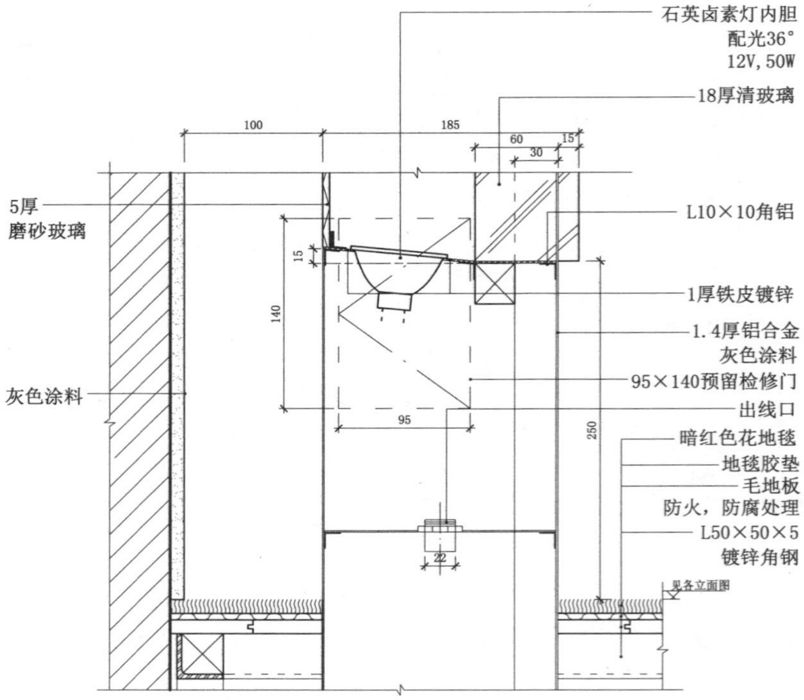

2节点图

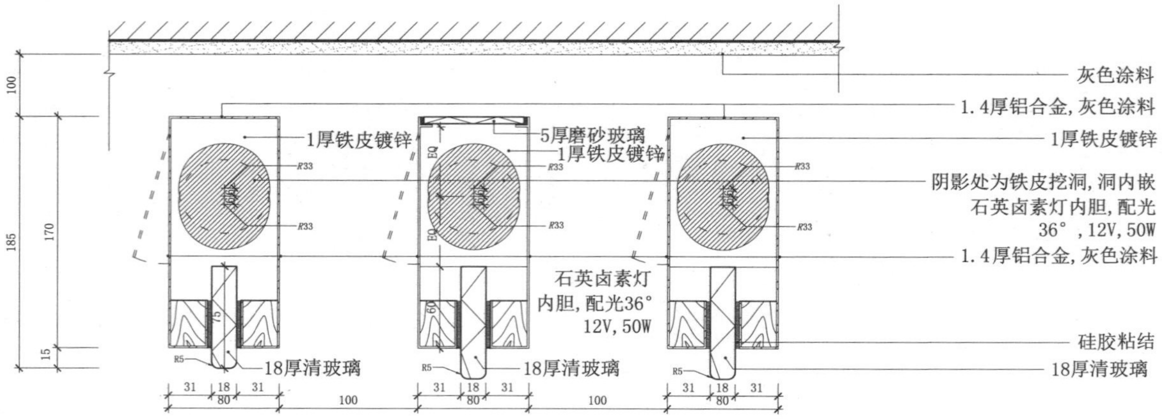

1节点图

注：所有光柱后背间隔放5厚磨砂玻璃，以此类推

11.8 透光玻璃柱

11 玻璃构造·透光照明构造

11.8.1

MR-11/20W 石英卤素浅孔暗筒灯
11厚 红色夹胶玻璃钢化
1.5厚 镜面不锈钢
11厚 红色夹胶玻璃钢化
11厚 红色夹胶玻璃钢化
11厚 红色夹胶玻璃钢化
11厚 红色夹胶玻璃钢化
硅胶填缝
定制不锈钢 φ10固定件

平面图

A节点图

1.5厚 镜面不锈钢
镜面不锈钢 50×30门夹
11厚 红色夹胶玻璃钢化
11厚 红色夹胶玻璃钢化

1.5厚 镜面不锈钢
11厚 红色夹胶玻璃钢化
11厚 红色夹胶玻璃钢化
定制不锈钢 φ10固定件

11厚 红色夹胶玻璃钢化
定制不锈钢 φ10固定件
11厚 红色夹胶玻璃钢化

B节点图

定制不锈钢 φ10固定件
镜面不锈钢 50×30门夹
1.5厚 镜面不锈钢

1.5厚 镜面不锈钢

1立面图   3立面图

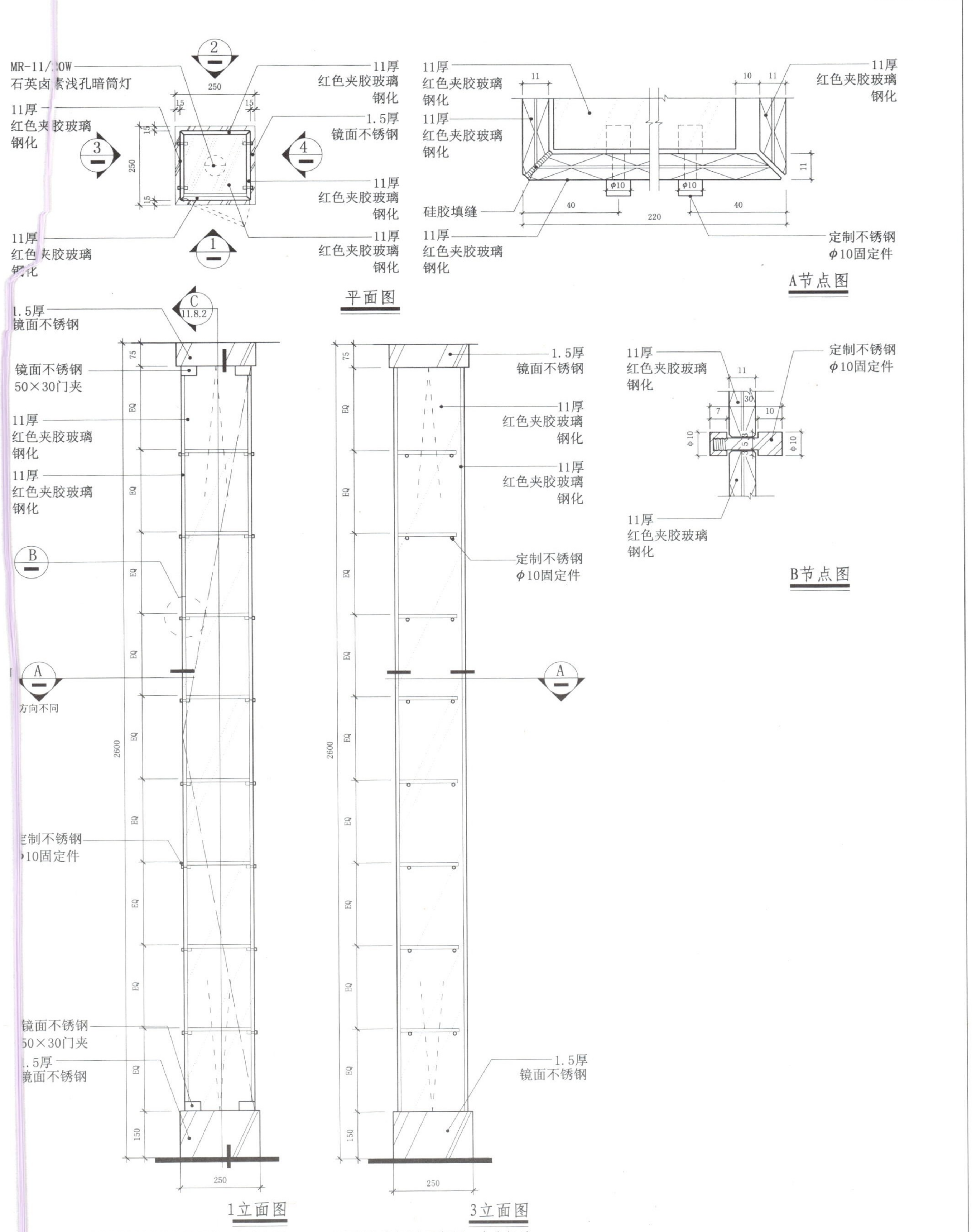

* 2立面设计与1立面相似，方向相反
* 4立面设计与3立面相同，方向相反

室内构造节点与专项模式图集 | 463

11　玻璃构造·透光照明构造

11.8　透光玻璃柱

11.8.2

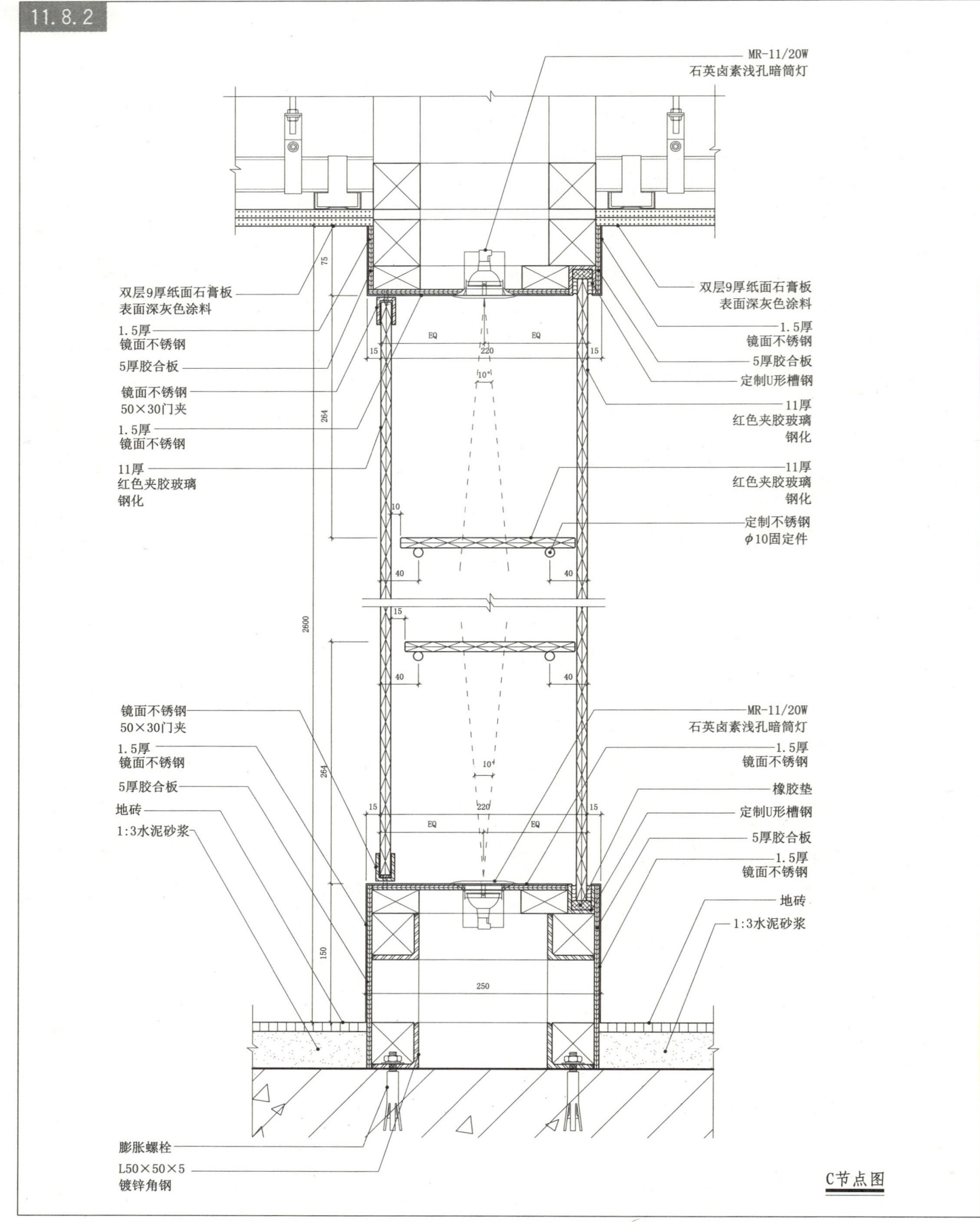

C节点图

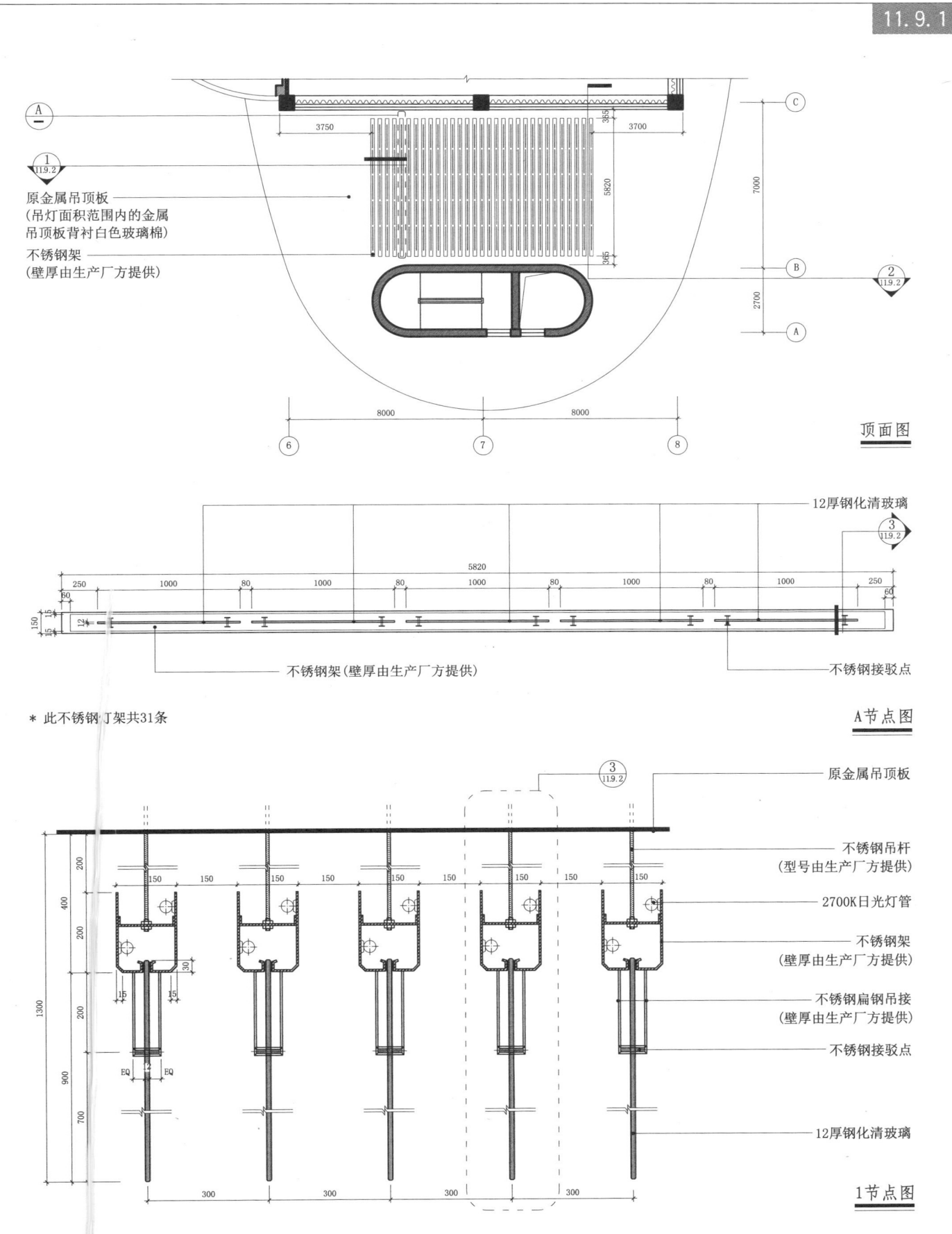

11.9 雨篷组合吊灯

11 玻璃构造·顶面构造 透光照明构造

11 玻璃构造·顶面构造·透光照明构造

11.9 雨篷组合吊灯

11.9.2

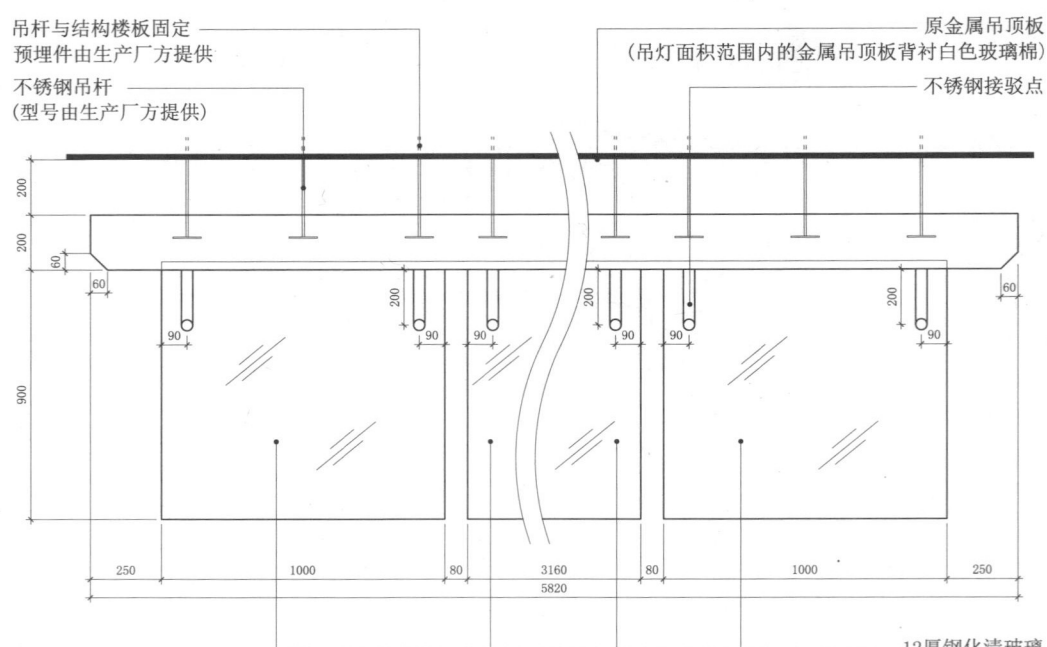

* 此节点中应有5块清玻璃(1000×930)，因图纸幅面不够只绘出了3块

2节点图

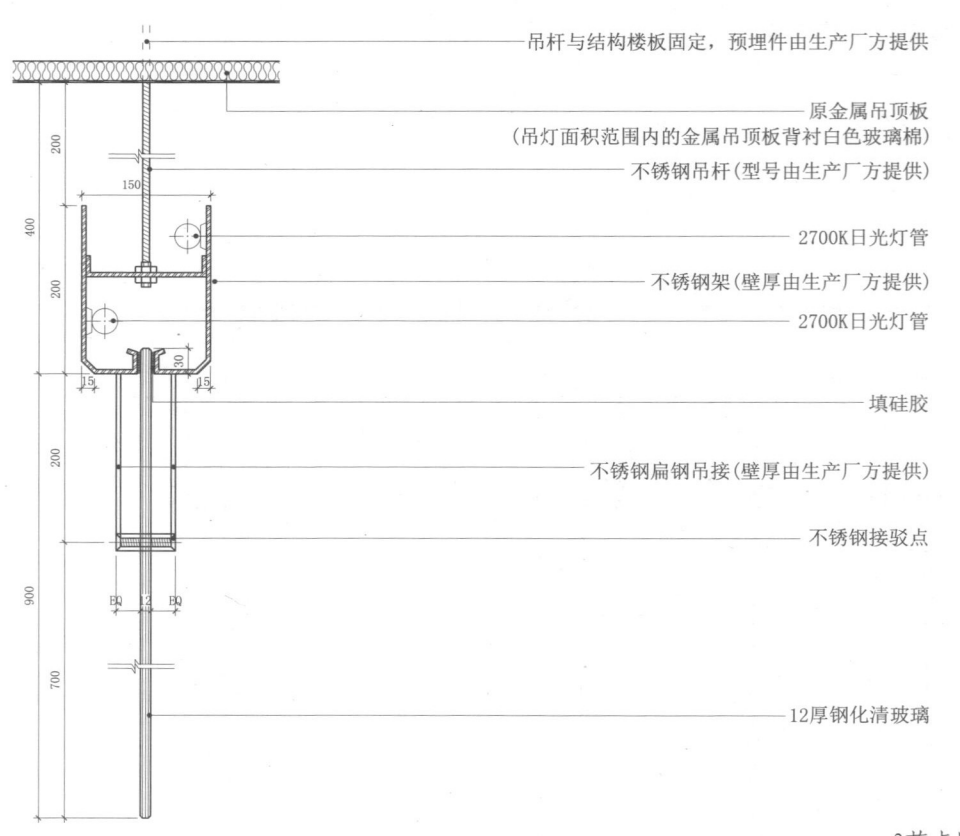

* 吊灯面积范围内的金属吊顶板背衬白色玻璃棉(满铺)

3节点图

11.10 玻璃栏杆

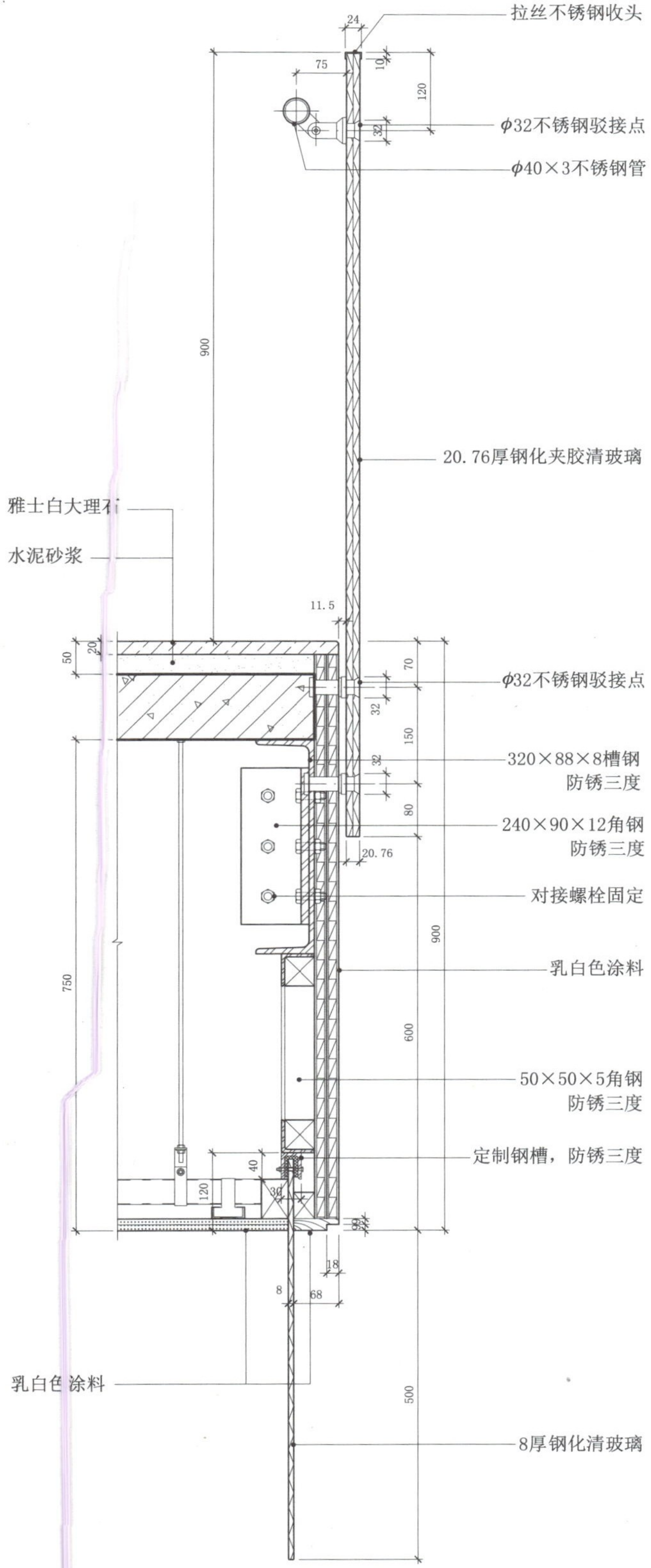

玻璃栏杆（加建结构）剖立面图

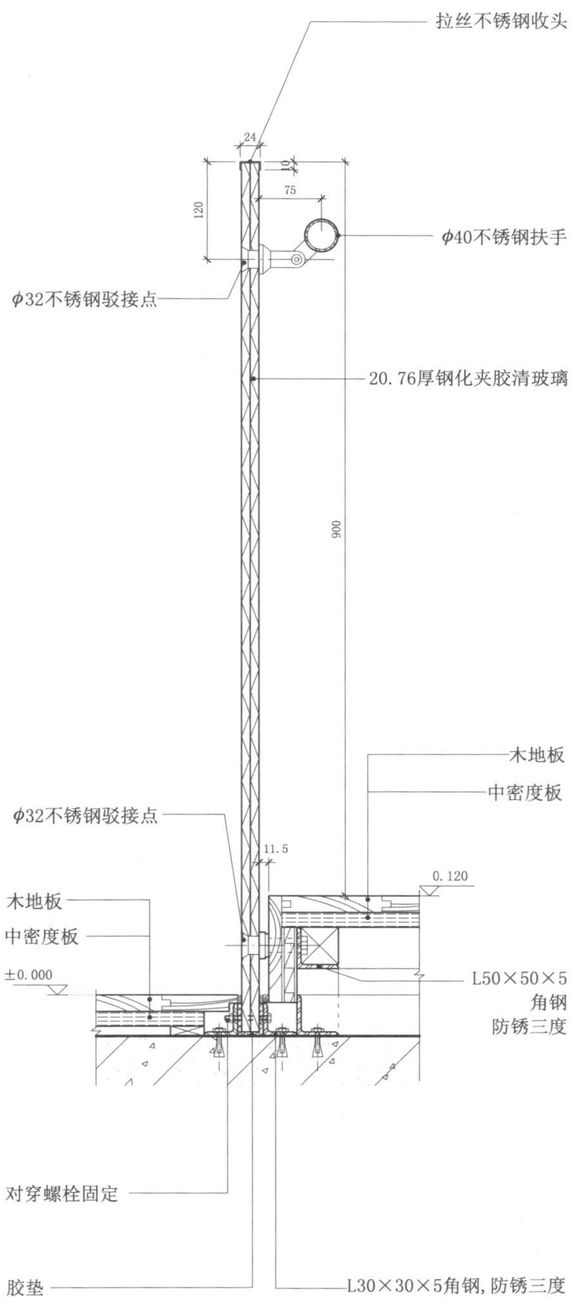

- 拉丝不锈钢收头
- φ32不锈钢驳接点
- φ40×3不锈钢管
- 雅士白大理石
- 水泥砂浆
- 20.76厚钢化夹胶清玻璃
- φ32不锈钢驳接点
- 320×88×8槽钢 防锈三度
- 240×90×12角钢 防锈三度
- 对接螺栓固定
- 乳白色涂料
- 50×50×5角钢 防锈三度
- 定制钢槽，防锈三度
- 乳白色涂料
- 8厚钢化清玻璃

玻璃栏杆（地台）剖立面图

- 拉丝不锈钢收头
- φ40不锈钢扶手
- φ32不锈钢驳接点
- 20.76厚钢化夹胶清玻璃
- φ32不锈钢驳接点
- 木地板
- 中密度板
- 木地板
- 中密度板
- L50×50×5 角钢 防锈三度
- 对穿螺栓固定
- 胶垫
- L30×30×5角钢，防锈三度

玻璃构造·楼梯及扶手、栏杆构造 金属构造

11 玻璃构造·门窗构造

11.11 玻璃门洞

11.11.1

玻璃门平面图

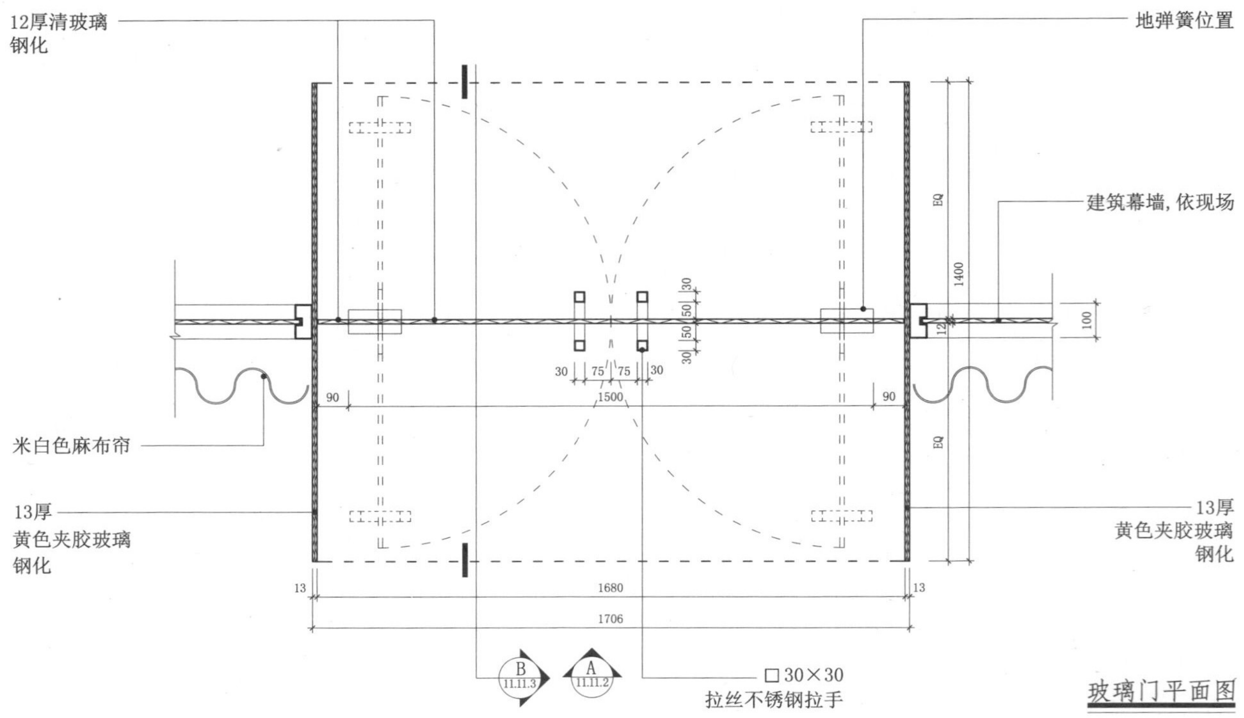

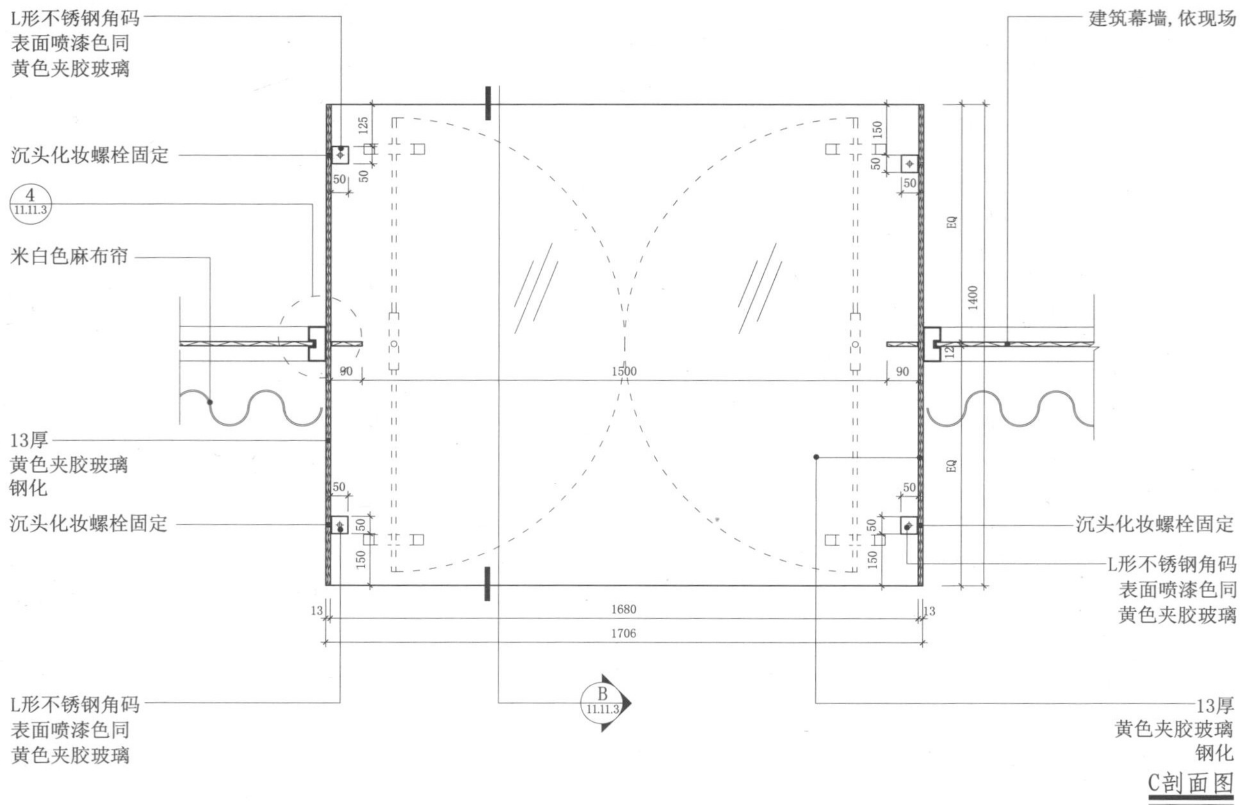

- 12厚清玻璃钢化
- 地弹簧位置
- 建筑幕墙,依现场
- 米白色麻布帘
- 13厚黄色夹胶玻璃钢化
- 13厚黄色夹胶玻璃钢化
- □30×30 拉丝不锈钢拉手

C剖面图

- L形不锈钢角码 表面喷漆色同 黄色夹胶玻璃
- 建筑幕墙,依现场
- 沉头化妆螺栓固定
- 米白色麻布帘
- 13厚黄色夹胶玻璃钢化
- 沉头化妆螺栓固定
- L形不锈钢角码 表面喷漆色同 黄色夹胶玻璃
- L形不锈钢角码 表面喷漆色同 黄色夹胶玻璃
- 13厚黄色夹胶玻璃钢化

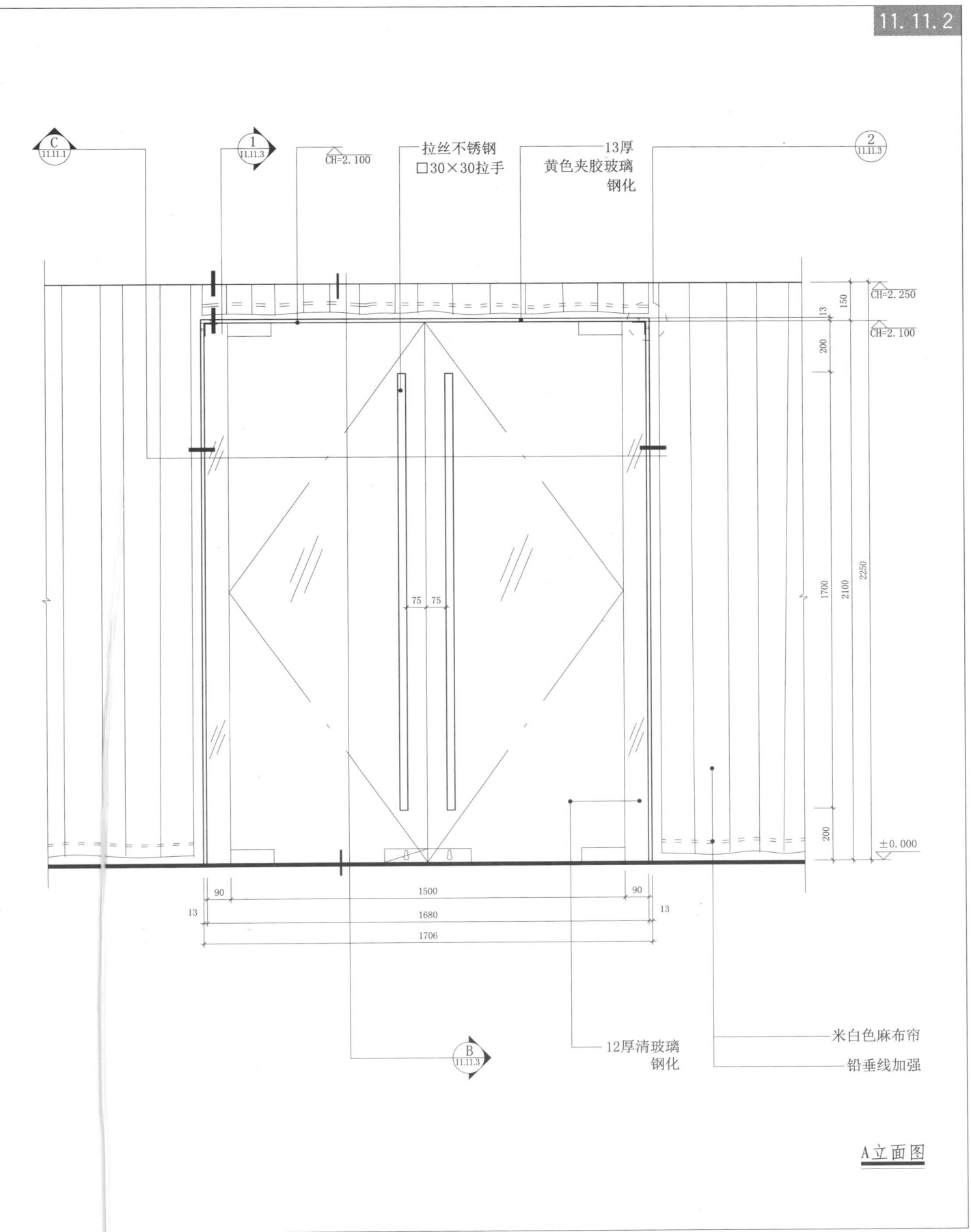

11.11 玻璃门洞

11.11.3

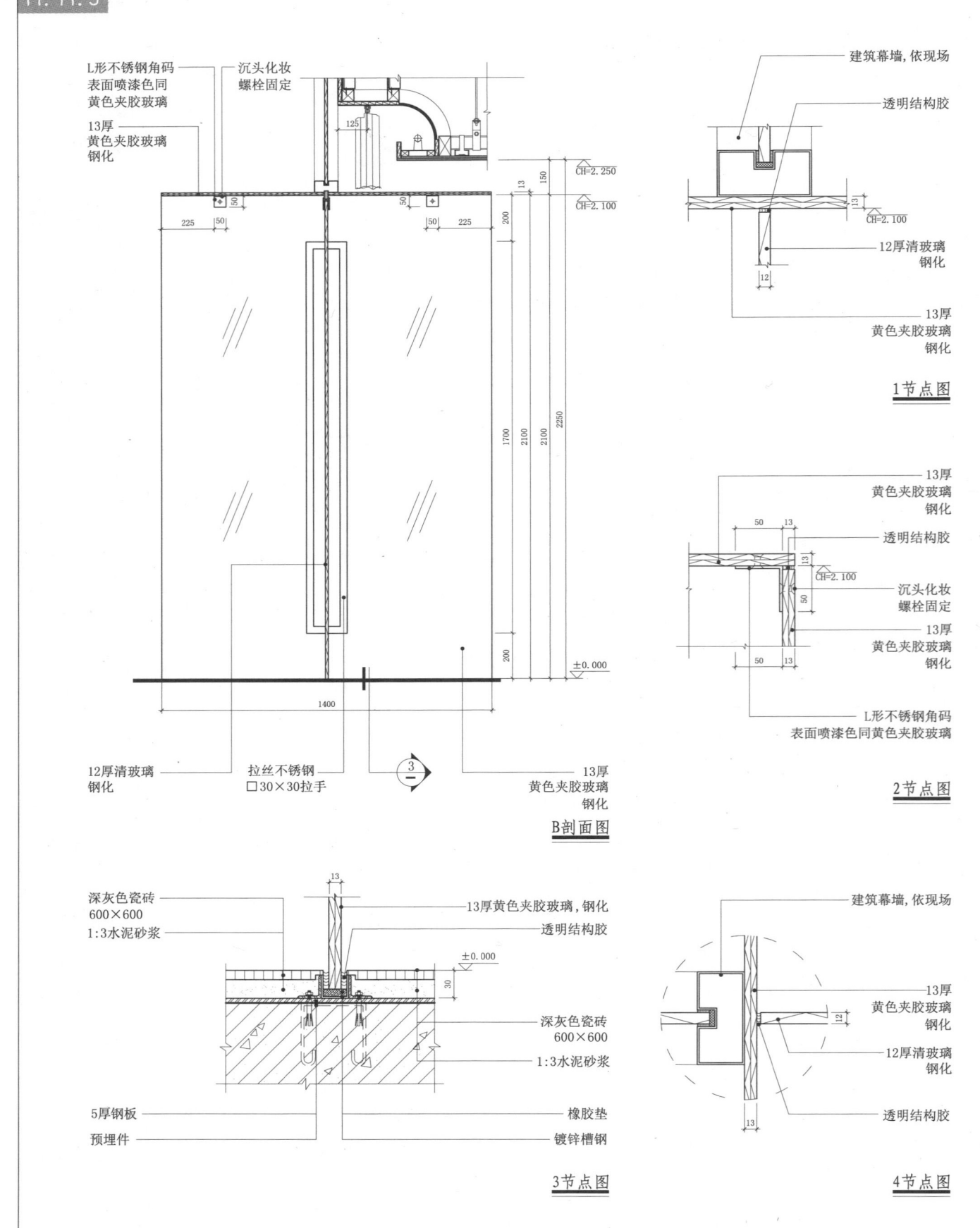

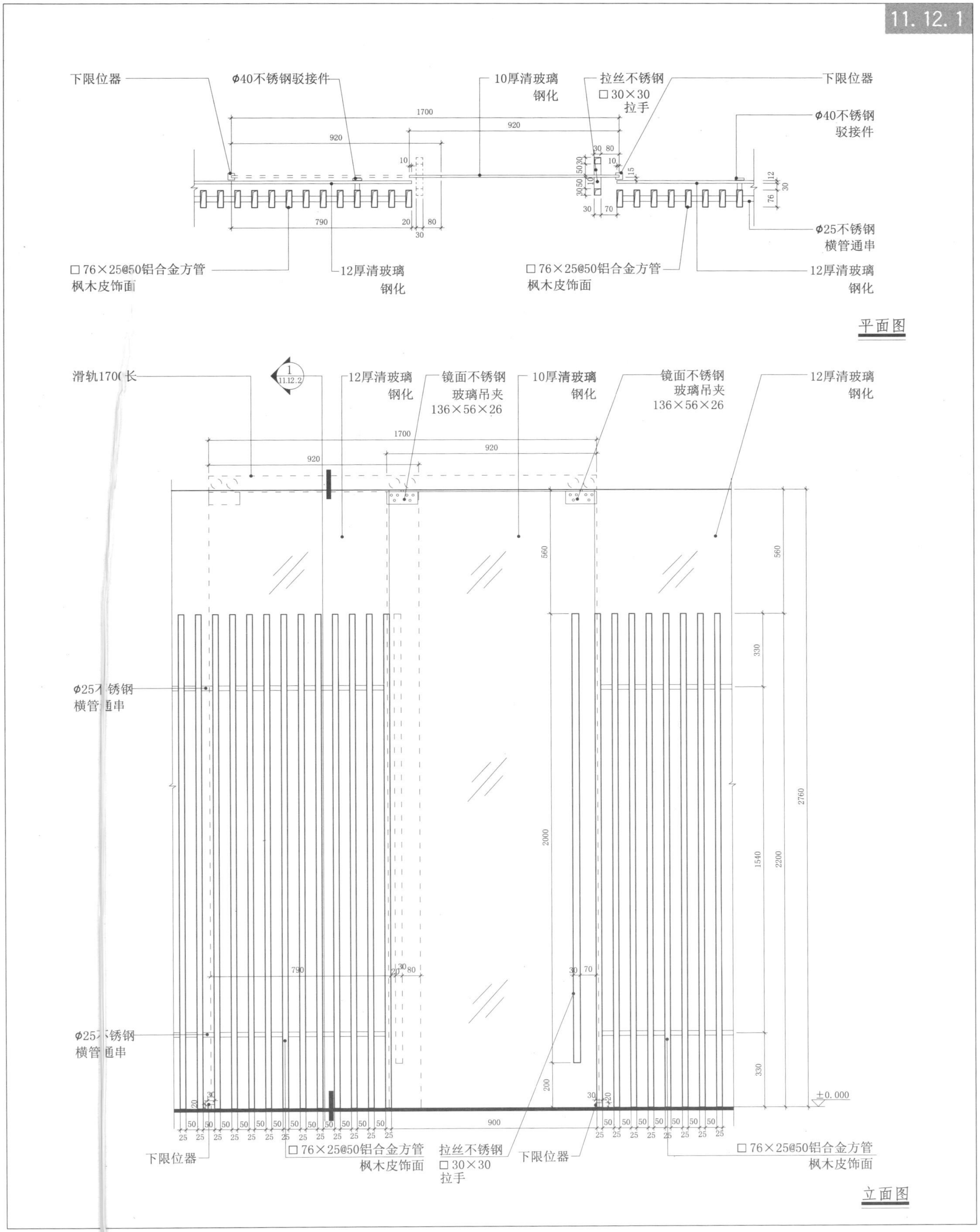

11.12 吊夹玻璃移门

11.12.1

平面图

立面图

室内构造节点与专项模式图集 | 471

11.12 吊夹玻璃移门

11.12.2

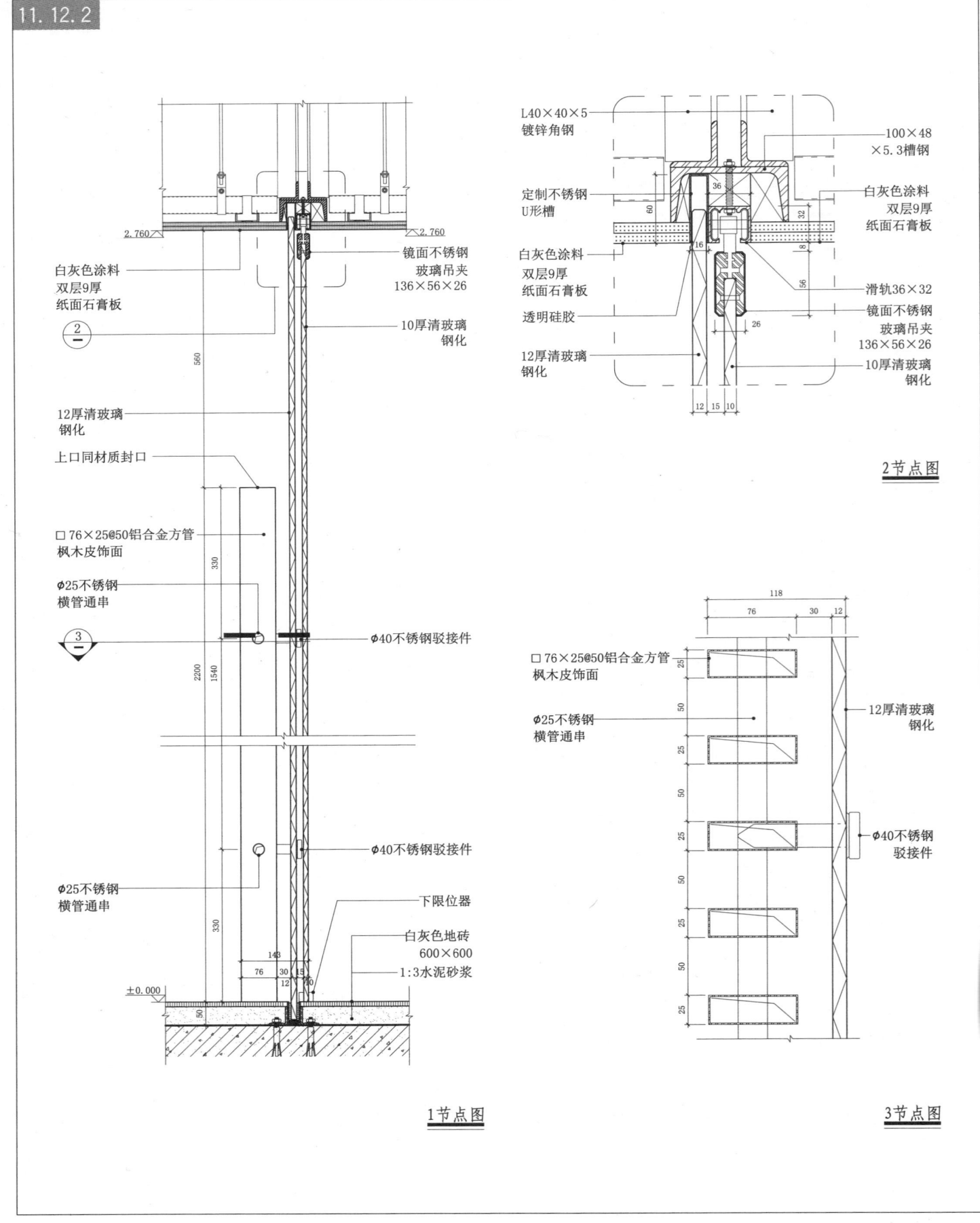

1节点图

2节点图

3节点图

11.13 玻璃隔断(一)

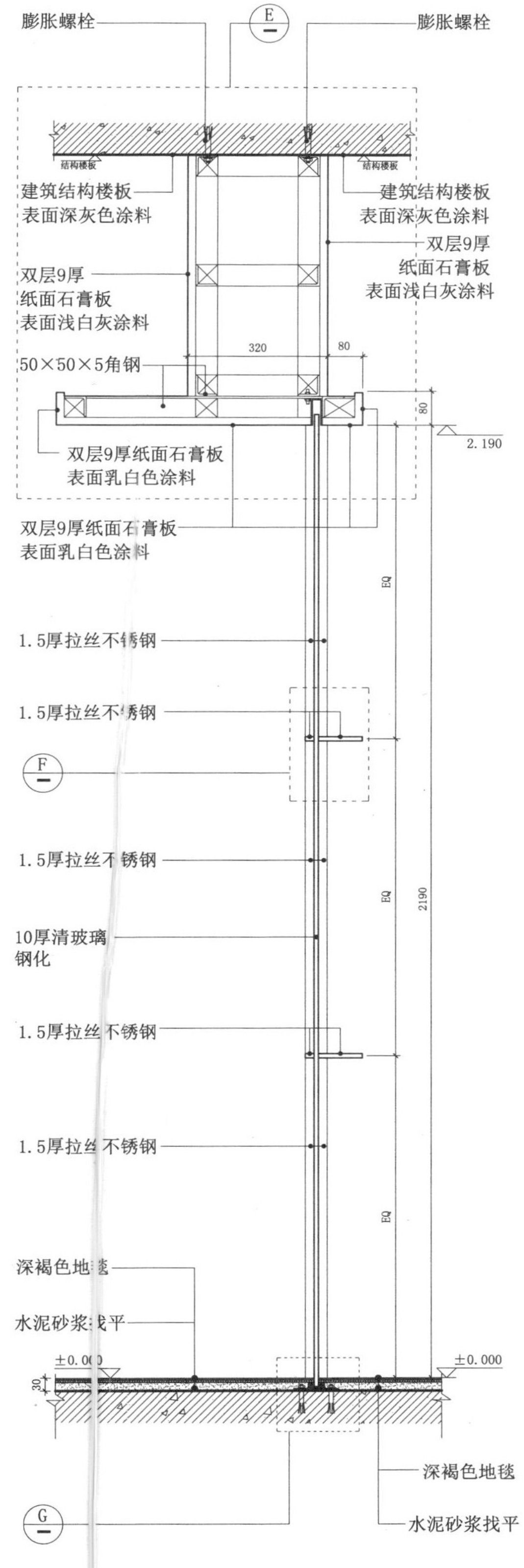

D节点图

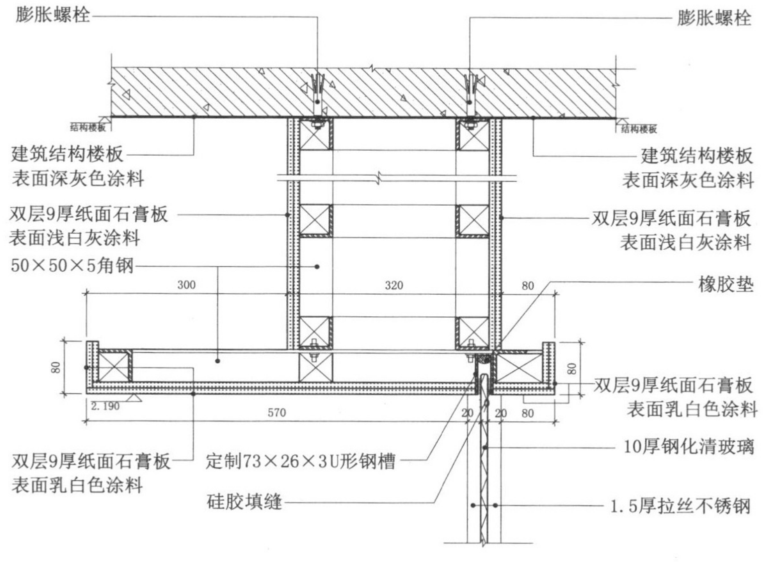

- 膨胀螺栓
- 建筑结构楼板 表面深灰色涂料
- 双层9厚纸面石膏板 表面浅白灰涂料
- 50×50×5角钢
- 双层9厚纸面石膏板 表面乳白色涂料
- 1.5厚拉丝不锈钢
- 1.5厚拉丝不锈钢
- 1.5厚拉丝不锈钢
- 10厚清玻璃 钢化
- 1.5厚拉丝不锈钢
- 1.5厚拉丝不锈钢
- 深褐色地毯
- 水泥砂浆找平
- 深褐色地毯
- 水泥砂浆找平

E大样图

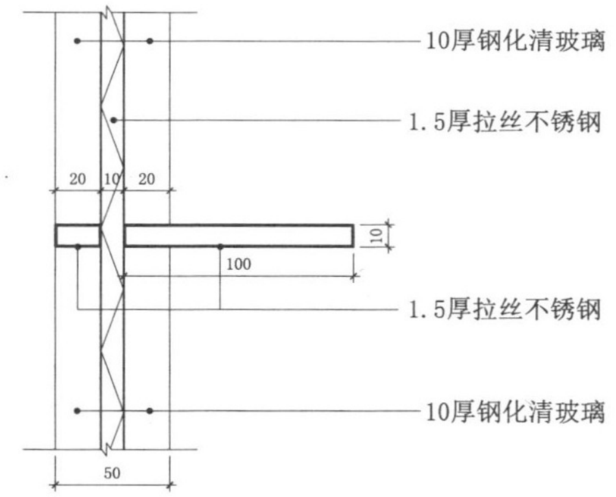

- 膨胀螺栓
- 建筑结构楼板 表面深灰色涂料
- 双层9厚纸面石膏板 表面浅白灰涂料
- 橡胶垫
- 双层9厚纸面石膏板 表面乳白色涂料
- 10厚钢化清玻璃
- 1.5厚拉丝不锈钢
- 双层9厚纸面石膏板 表面乳白色涂料
- 定制73×26×3U形钢槽
- 硅胶填缝

F大样图

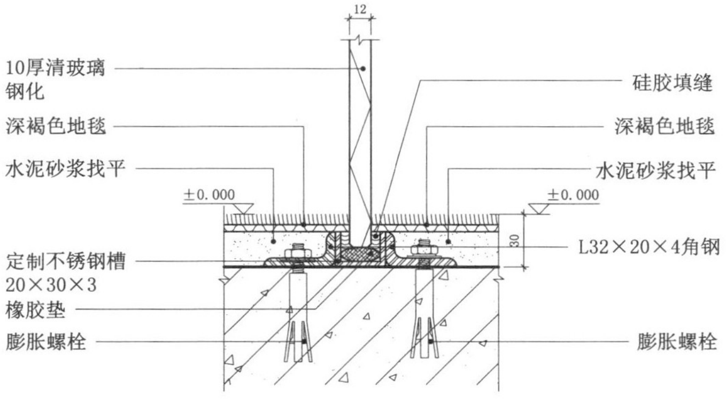

- 10厚钢化清玻璃
- 1.5厚拉丝不锈钢
- 1.5厚拉丝不锈钢
- 10厚钢化清玻璃

G大样图

- 10厚清玻璃 钢化
- 硅胶填缝
- 深褐色地毯
- 深褐色地毯
- 水泥砂浆找平
- 水泥砂浆找平
- 定制不锈钢槽 20×30×3
- L32×20×4角钢
- 橡胶垫
- 膨胀螺栓
- 膨胀螺栓

11 玻璃构造·平行线构造

11.14 玻璃隔断(二)

11.14.1

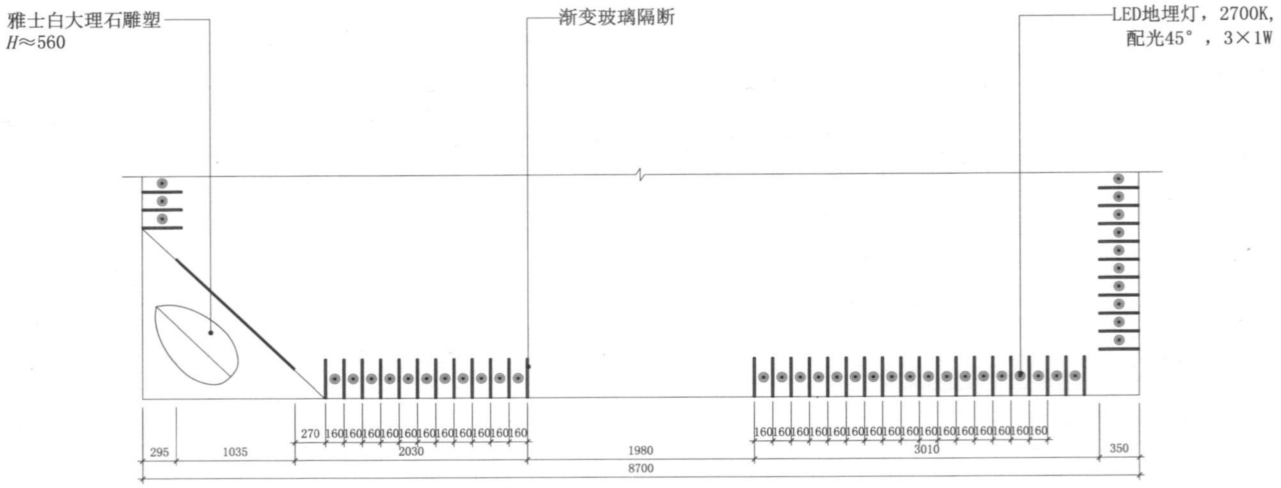

平面图

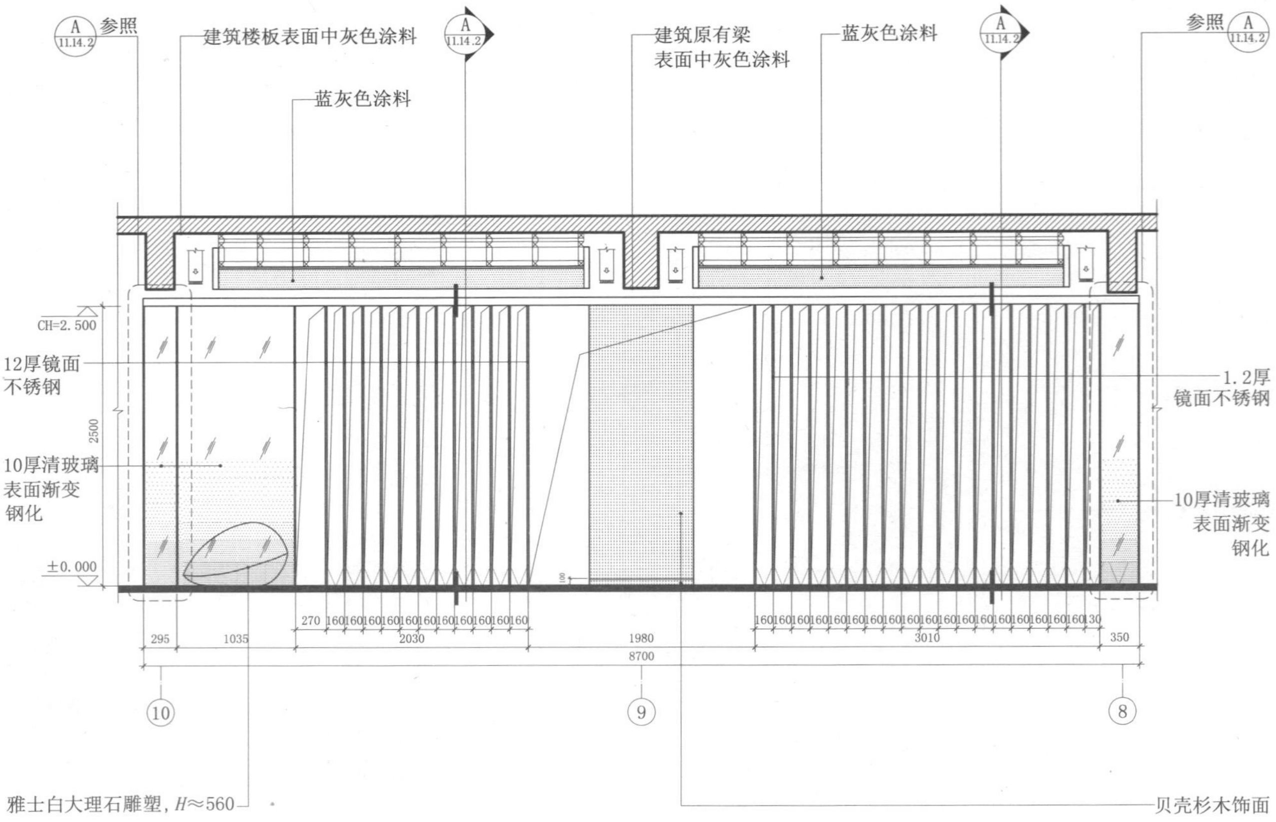

标注：
- 雅士白大理石雕塑 $H \approx 560$
- 渐变玻璃隔断
- LED地埋灯，2700K，配光45°，3×1W

尺寸：295 | 1035 | 270 | 160×... | 2030 | 1980 | 160×... | 3010 | 350 ，总长 8700

立面图

标注：
- 参照 A/11.14.2
- 建筑楼板表面中灰色涂料
- 蓝灰色涂料
- 建筑原有梁表面中灰色涂料
- 蓝灰色涂料
- 参照 A/11.14.2
- 12厚镜面不锈钢
- 10厚清玻璃表面渐变钢化
- 1.2厚镜面不锈钢
- 10厚清玻璃表面渐变钢化
- 雅士白大理石雕塑，$H \approx 560$
- 贝壳杉木饰面
- CH=2.500
- ±0.000
- 2500

轴号：⑩ ⑨ ⑧

474 | 室内构造节点与专项模式图集

11.14 玻璃隔断（二）

11.14.2

玻璃构造·平行线构造

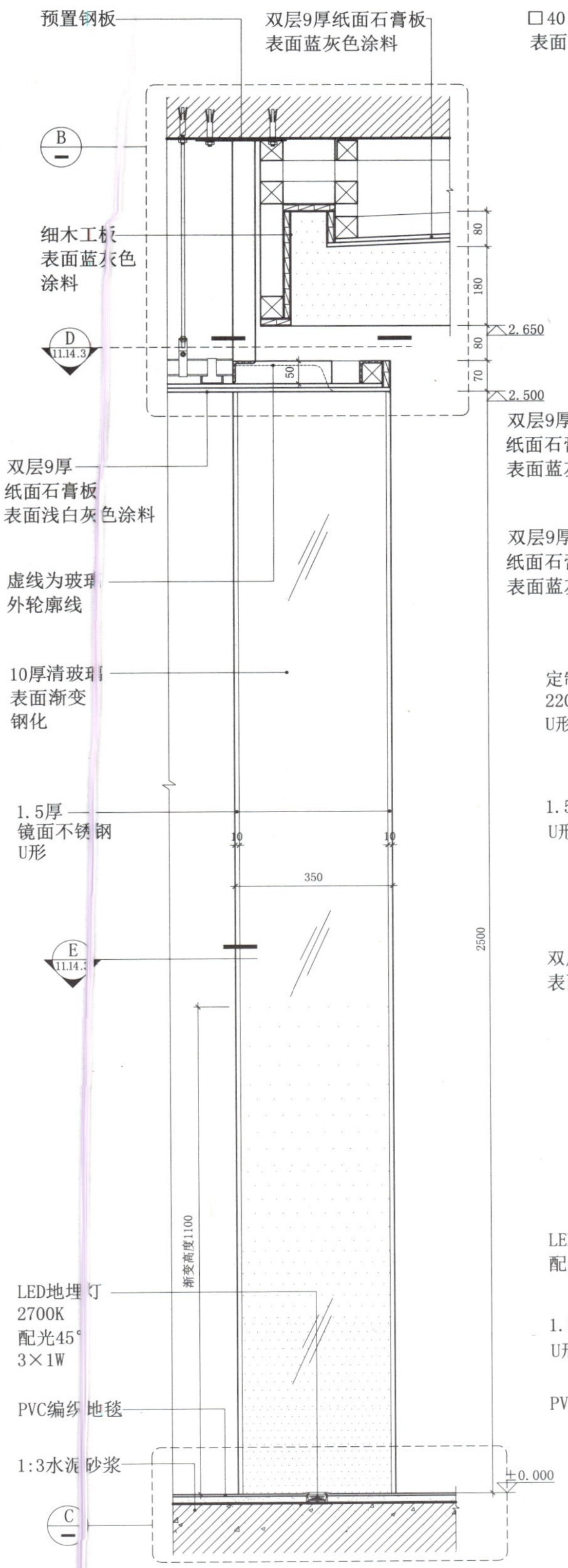

A节点图

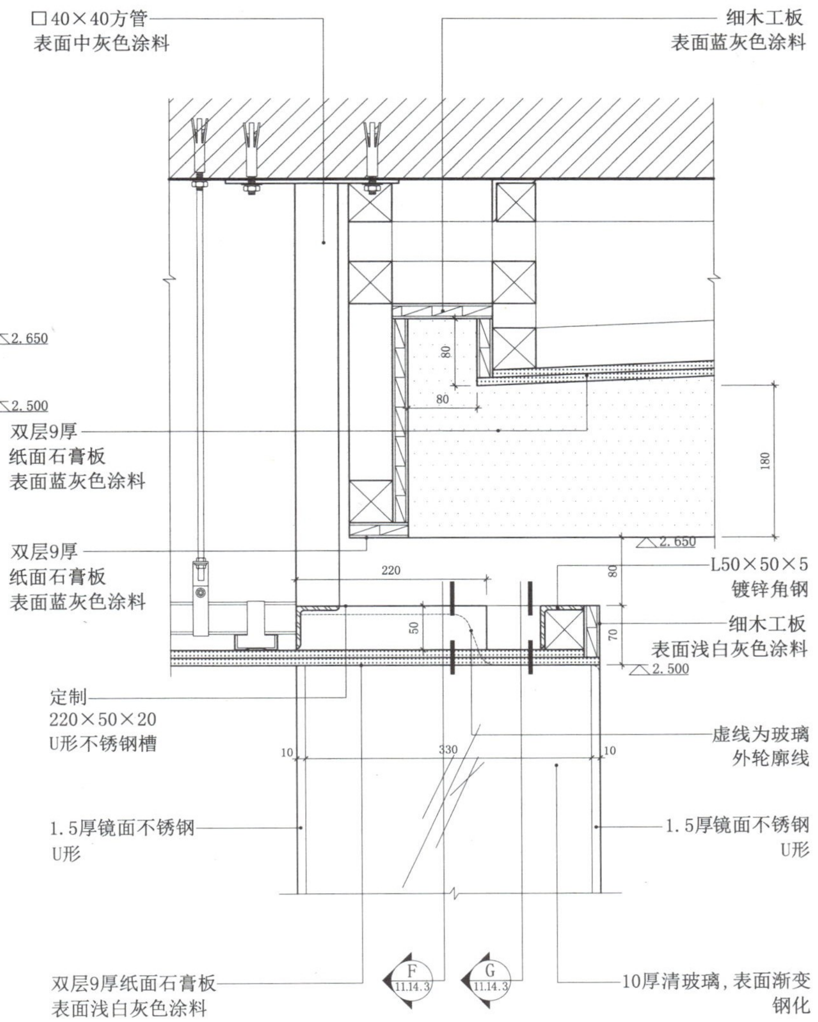

B节点图

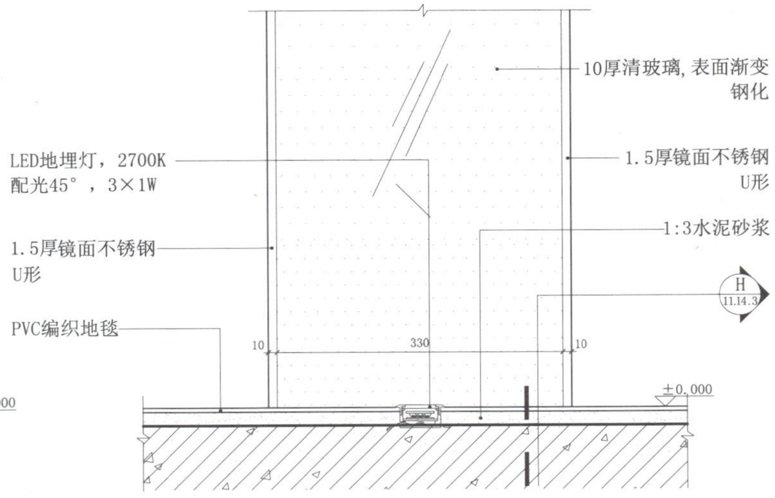

C节点图

11.14 玻璃隔断(二)

11.14.3

D节点图
- □40×40方管 表面中灰色涂料
- L50×50×5 镀锌角钢
- 定制 220×50×20 U形不锈钢槽
- L50×50×5 镀锌角钢
- 细木工板 表面浅白灰色涂料
- 虚线为渐变玻璃位置
- 细木工板 表面浅白灰色涂料

H节点图
- 10厚清玻璃，表面渐变钢化
- 详见地坪
- ±0.000
- 1:3水泥砂浆
- 1:3水泥砂浆
- 定制U形钢槽 L20×20×2

F节点图
- 膨胀螺栓
- □40×40方管 表面中灰色涂料
- 预置钢板
- 橡胶垫
- L50×50×5 镀锌角钢
- 双层9厚纸面石膏板 表面浅白灰色涂料
- 定制220×50×20 U形不锈钢槽
- 2.500
- 10厚清玻璃，表面渐变钢化
- 双层9厚纸面石膏板 表面浅白灰色涂料

G节点图
- 膨胀螺栓
- □40×40方管 表面中灰色涂料
- 预置钢板
- 橡胶垫
- L50×50×5 镀锌角钢
- 双层9厚纸面石膏板 表面浅白灰色涂料
- 定制220×50×20 U形不锈钢槽
- 2.500
- 10厚清玻璃，表面渐变钢化
- 双层9厚纸面石膏板 表面浅白灰色涂料

E节点图
- 10厚清玻璃，表面渐变钢化
- 1.5厚镜面不锈钢 U形

11.15 透光玻璃盒

玻璃构造 · 透光照明构造 检修构造

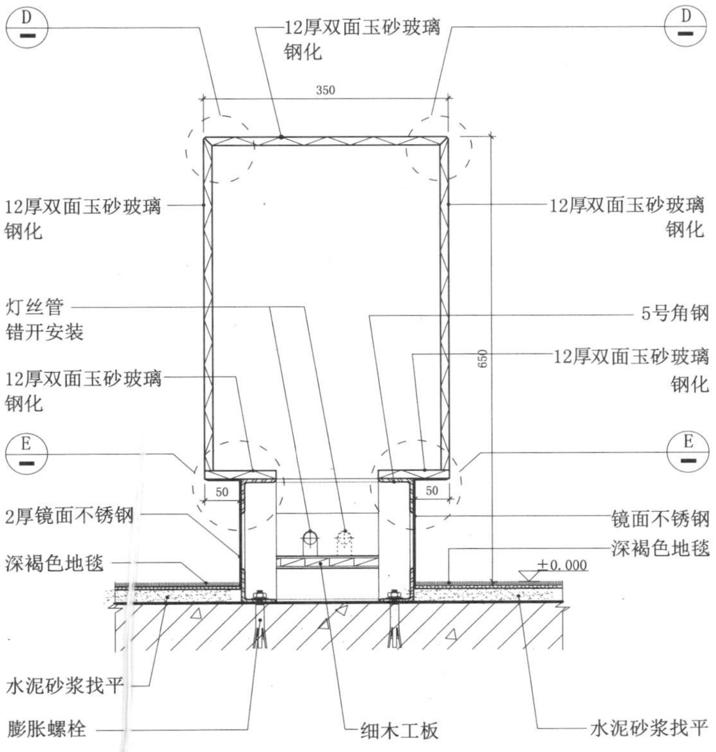

B节点图

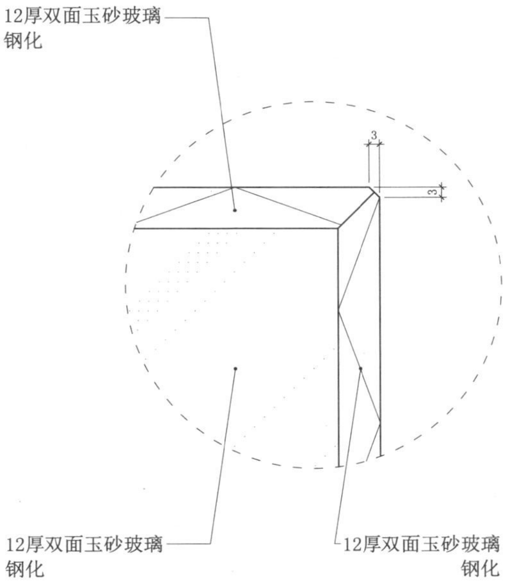

- 12厚双面玉砂玻璃钢化
- 12厚双面玉砂玻璃钢化
- 灯丝管错开安装
- 12厚双面玉砂玻璃钢化
- 5号角钢
- 12厚双面玉砂玻璃钢化
- 2厚镜面不锈钢
- 镜面不锈钢
- 深褐色地毯
- 深褐色地毯
- 水泥砂浆找平
- 膨胀螺栓
- 细木工板
- 水泥砂浆找平

尺寸：350、650、50、50、±0.000

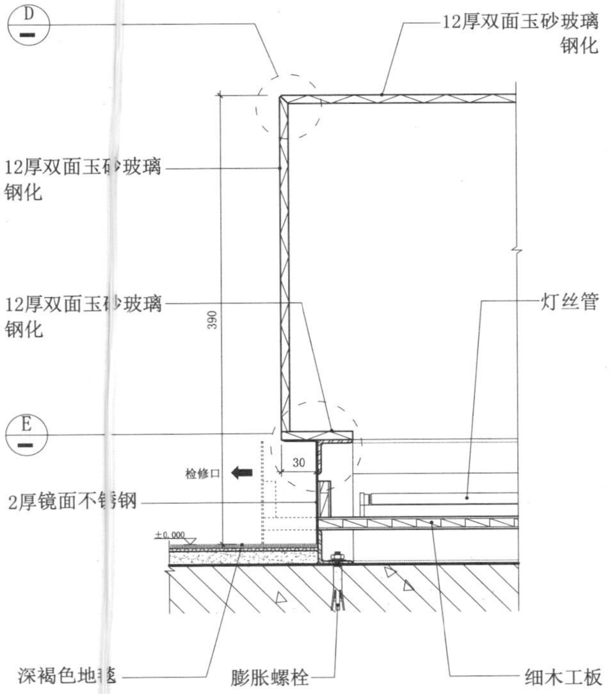

C节点图

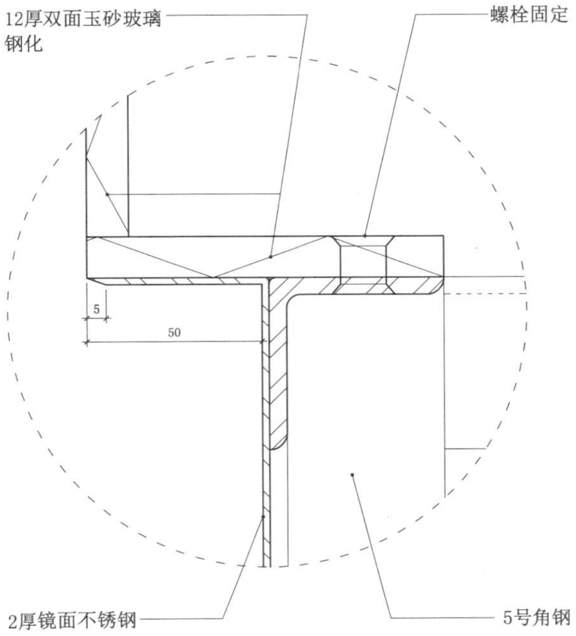

- 12厚双面玉砂玻璃钢化
- 12厚双面玉砂玻璃钢化
- 灯丝管
- 检修口
- 2厚镜面不锈钢
- 深褐色地毯
- 膨胀螺栓
- 细木工板

尺寸：390、30、±0.000

D节点图

- 12厚双面玉砂玻璃钢化
- 12厚双面玉砂玻璃钢化
- 12厚双面玉砂玻璃钢化

尺寸：3、3

E节点图

- 12厚双面玉砂玻璃钢化
- 螺栓固定
- 2厚镜面不锈钢
- 5号角钢

尺寸：5、50

11.16 立面出挑玻璃盒构造

11.16.1

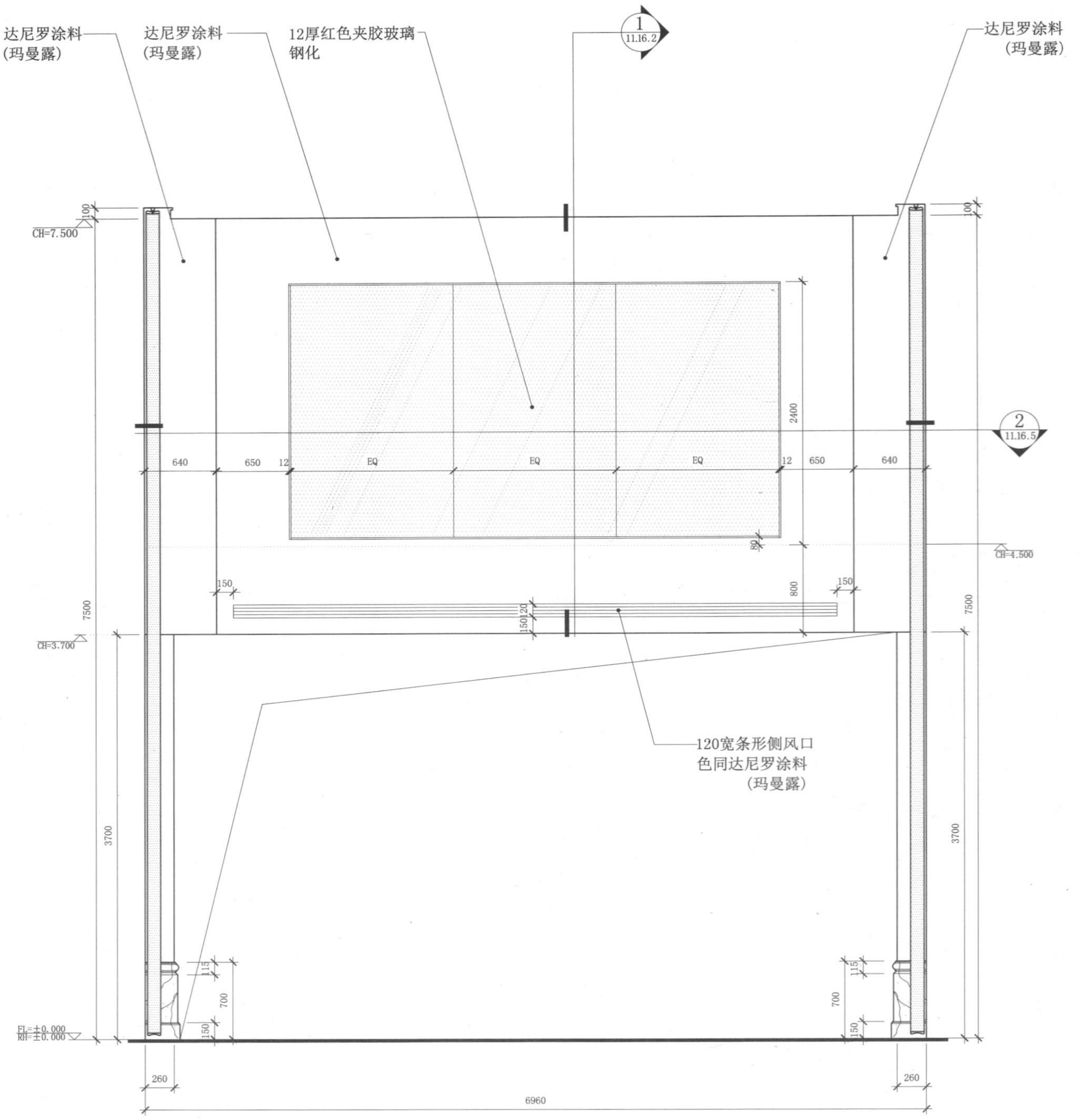

标注：
- 达尼罗涂料（玛曼露）
- 达尼罗涂料（玛曼露）
- 12厚红色夹胶玻璃 钢化
- 达尼罗涂料（玛曼露）
- 120宽条形侧风口 色同达尼罗涂料（玛曼露）

门厅立面图

11.16.2

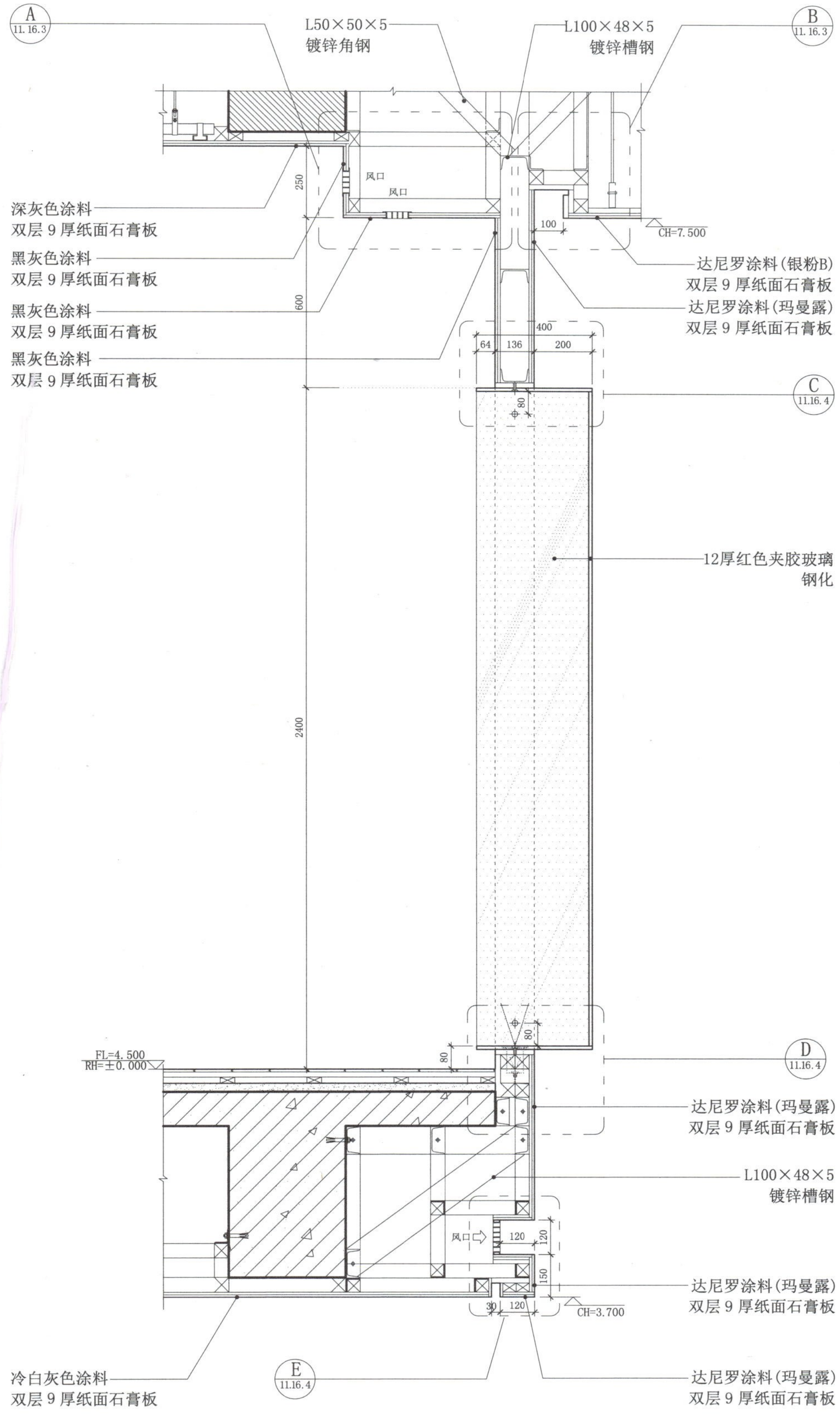
L50×50×5
镀锌角钢
L100×48×5
镀锌槽钢
A 11.16.3
B 11.16.3
深灰色涂料
双层9厚纸面石膏板
黑灰色涂料
双层9厚纸面石膏板
黑灰色涂料
双层9厚纸面石膏板
黑灰色涂料
双层9厚纸面石膏板
风口
风口
250
600
100
CH=7.500
达尼罗涂料(银粉B)
双层9厚纸面石膏板
达尼罗涂料(玛曼露)
双层9厚纸面石膏板
400
64
136
200
C 11.16.4
80
12厚红色夹胶玻璃
钢化
2400
80
FL=4.500
RH=±0.000
80
D 11.16.4
达尼罗涂料(玛曼露)
双层9厚纸面石膏板
L100×48×5
镀锌槽钢
风口
120
120
150
30
120
CH=3.700
达尼罗涂料(玛曼露)
双层9厚纸面石膏板
冷白灰色涂料
双层9厚纸面石膏板
E 11.16.4
达尼罗涂料(玛曼露)
双层9厚纸面石膏板

1节点图

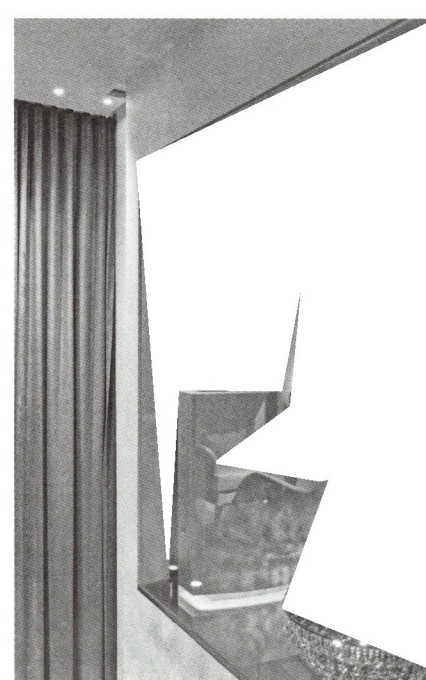

11.16 立面出挑玻璃盒构造

11.16.3

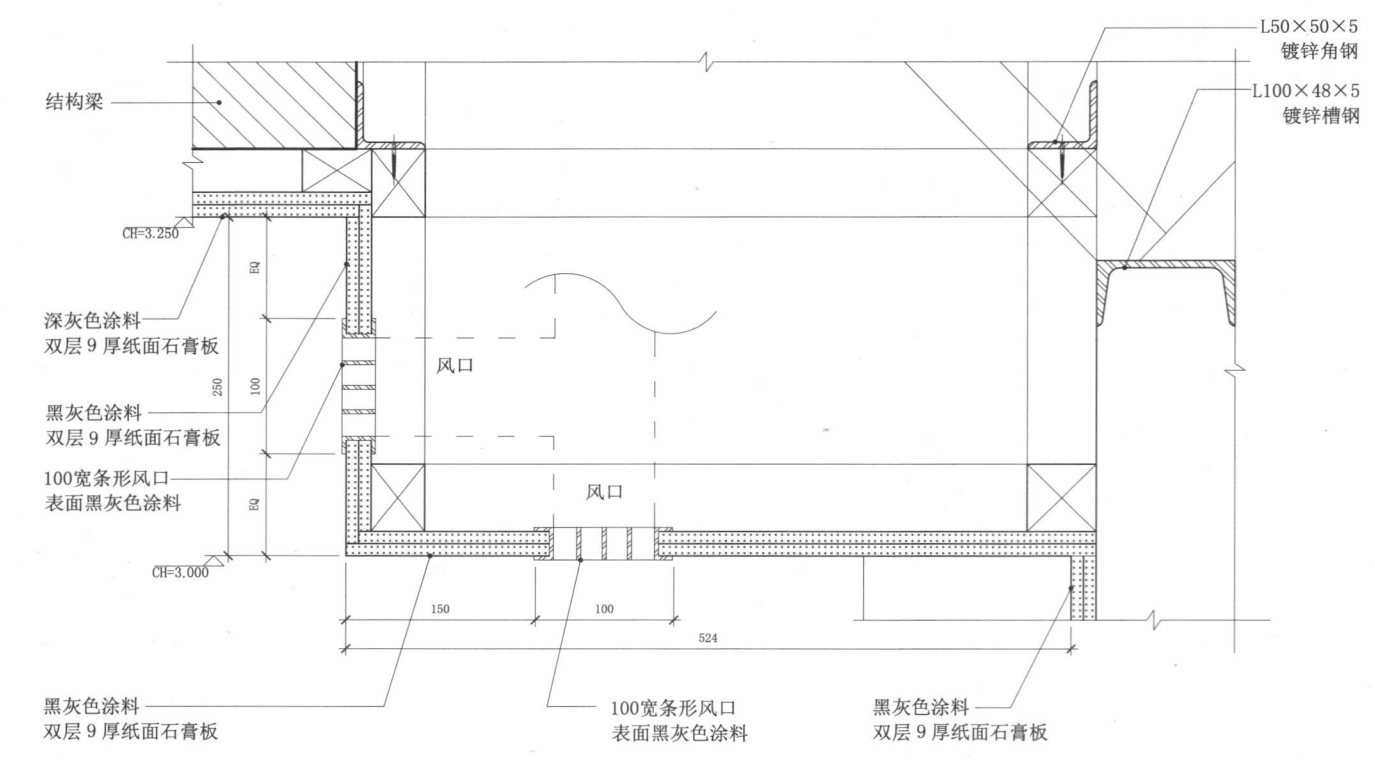

A节点图

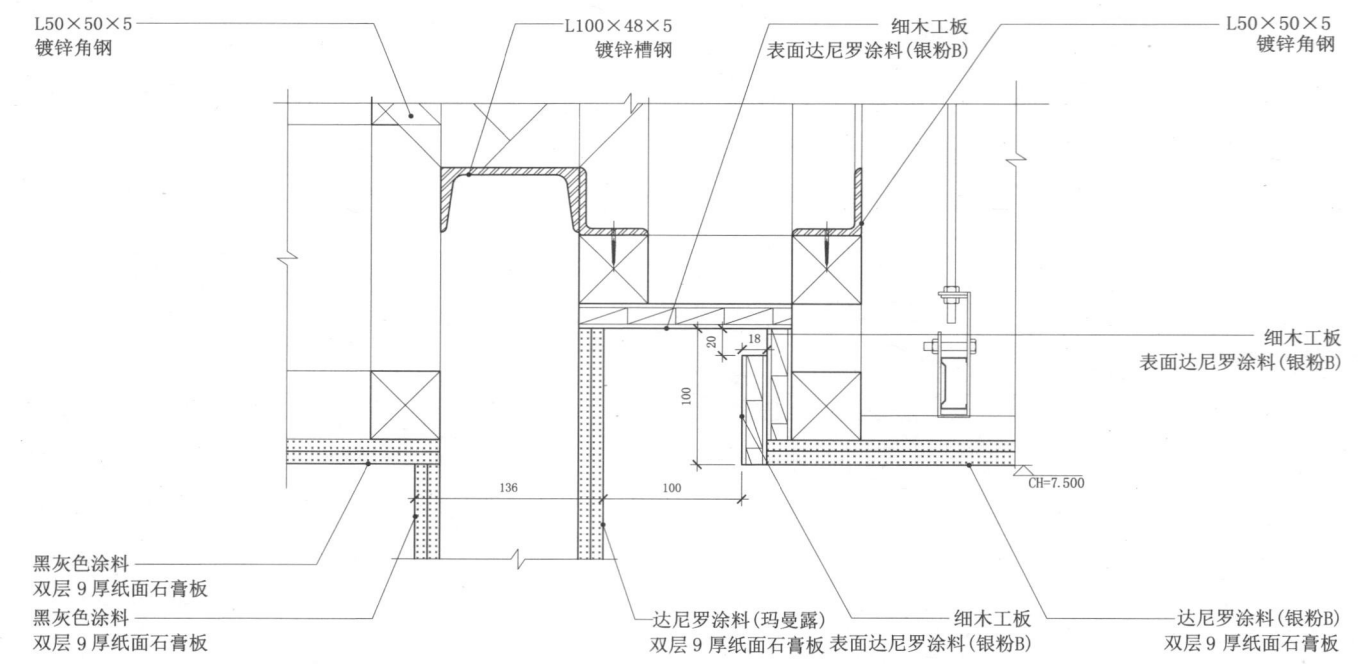

B节点图

11.16 立面出挑玻璃盒构造

11.16.4

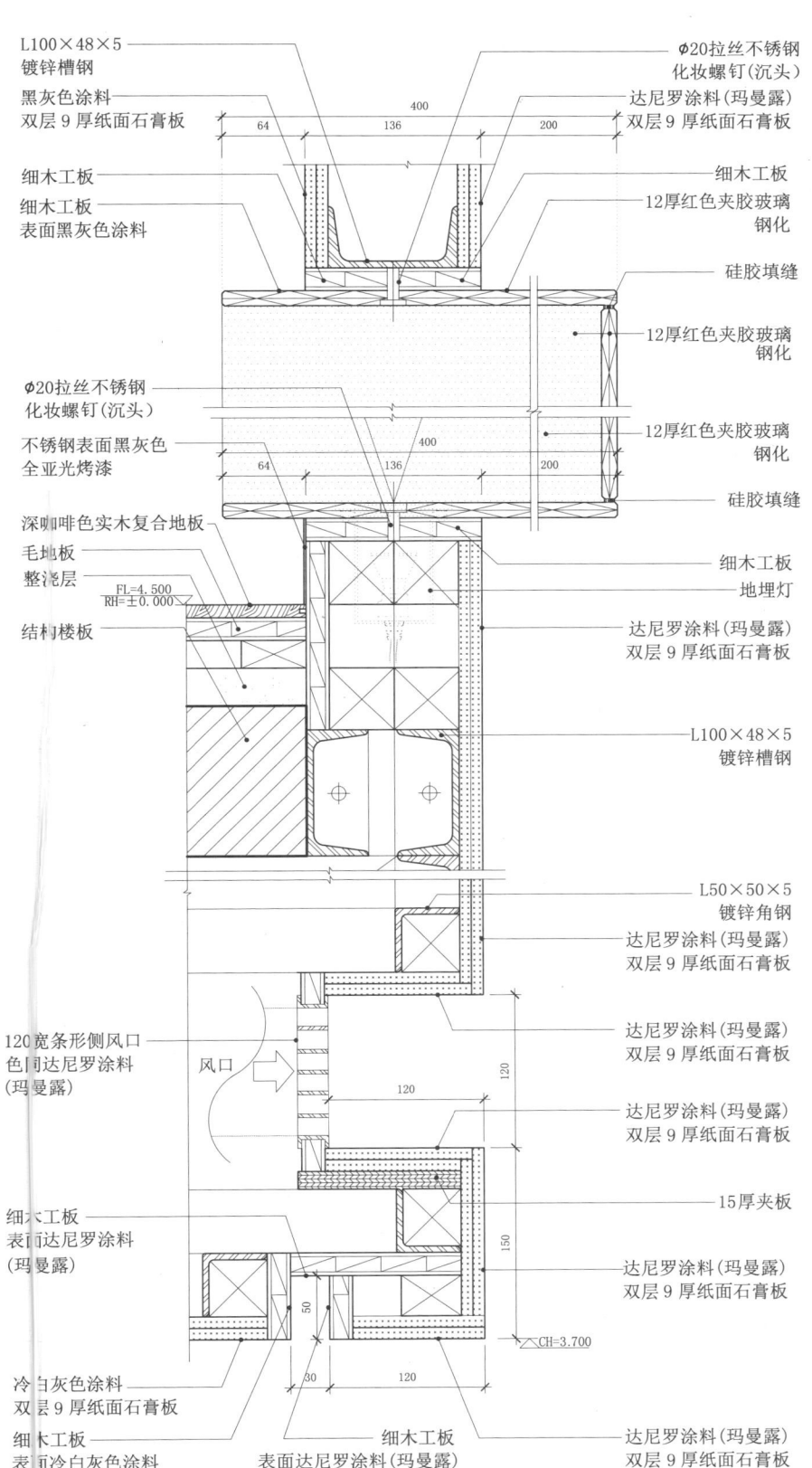

C、D、E节点图

11.16 立面出挑玻璃盒构造

11.16.5

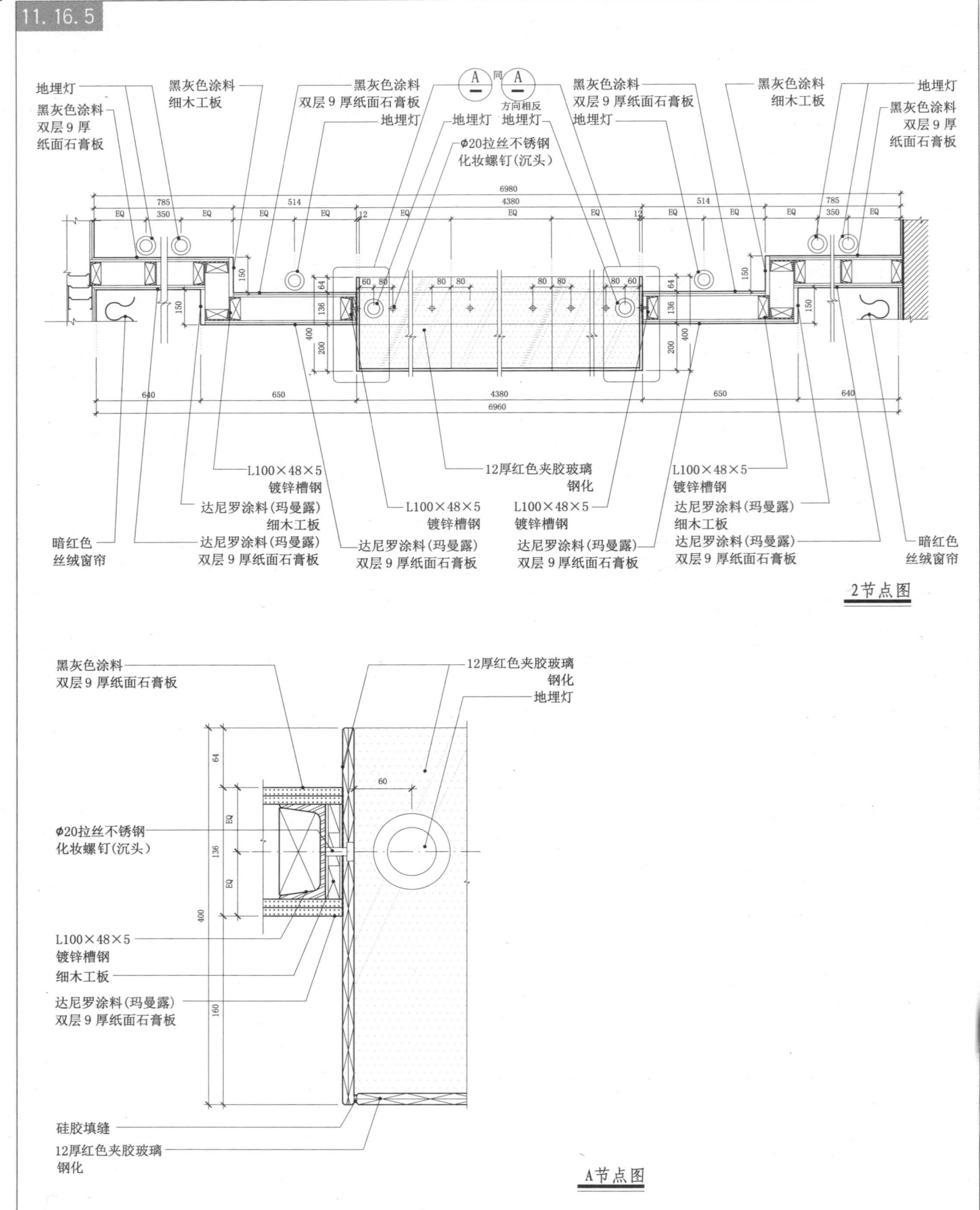

2节点图

A节点图

11.17 灯具玻璃盒

11 玻璃构造·非透光照明构造 办公及会议设施

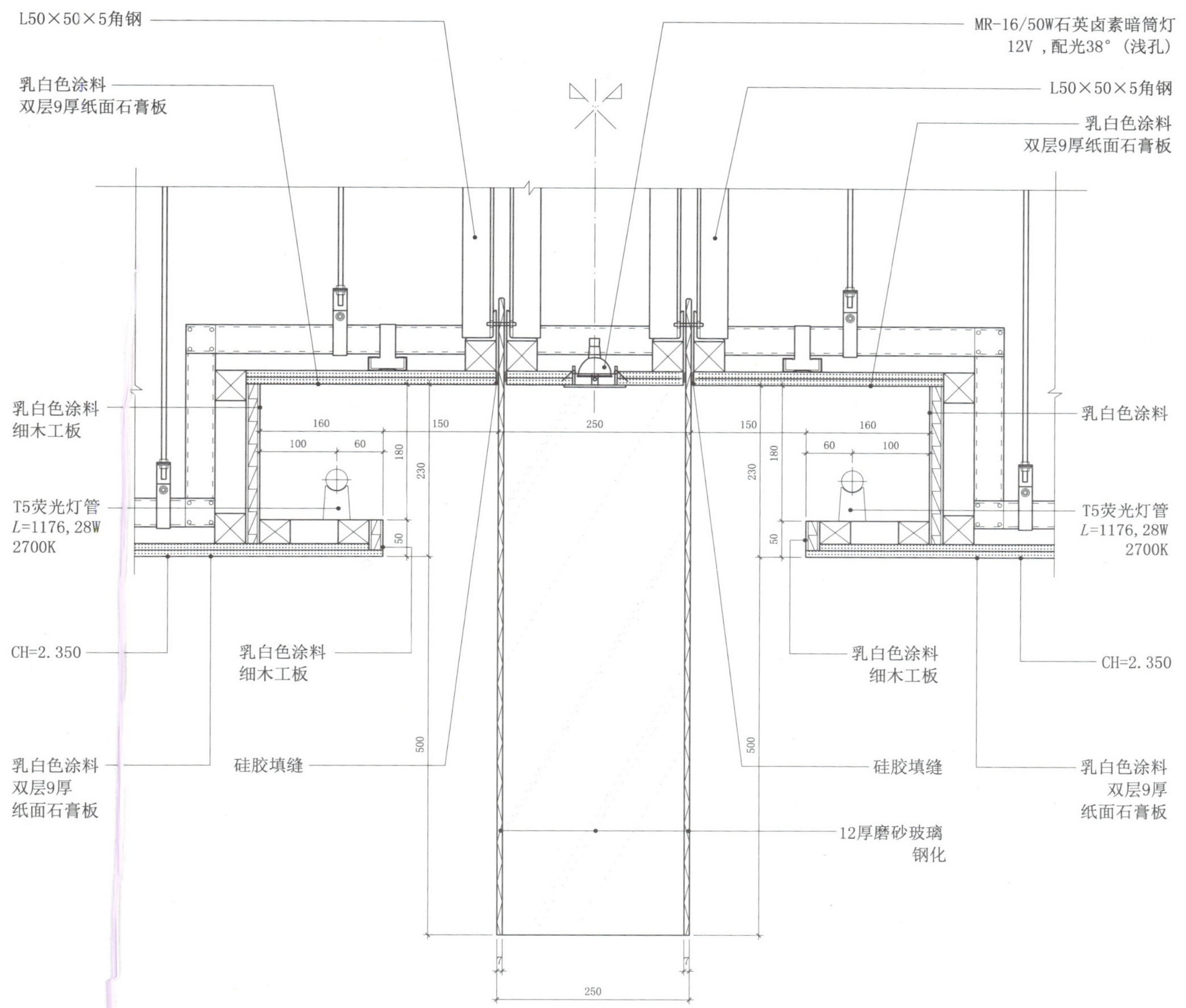

- L50×50×5角钢
- 乳白色涂料 双层9厚纸面石膏板
- MR-16/50W石英卤素暗筒灯 12V，配光38°（浅孔）
- L50×50×5角钢
- 乳白色涂料 双层9厚纸面石膏板
- 乳白色涂料 细木工板
- 乳白色涂料
- T5荧光灯管 L=1176, 28W 2700K
- T5荧光灯管 L=1176, 28W 2700K
- CH=2.350
- CH=2.350
- 乳白色涂料 细木工板
- 乳白色涂料 细木工板
- 乳白色涂料 双层9厚纸面石膏板
- 硅胶填缝
- 硅胶填缝
- 乳白色涂料 双层9厚纸面石膏板
- 12厚磨砂玻璃 钢化

<u>节点图</u>

11 玻璃构造 · 幕墙构造

11.18 室内外玻璃幕墙

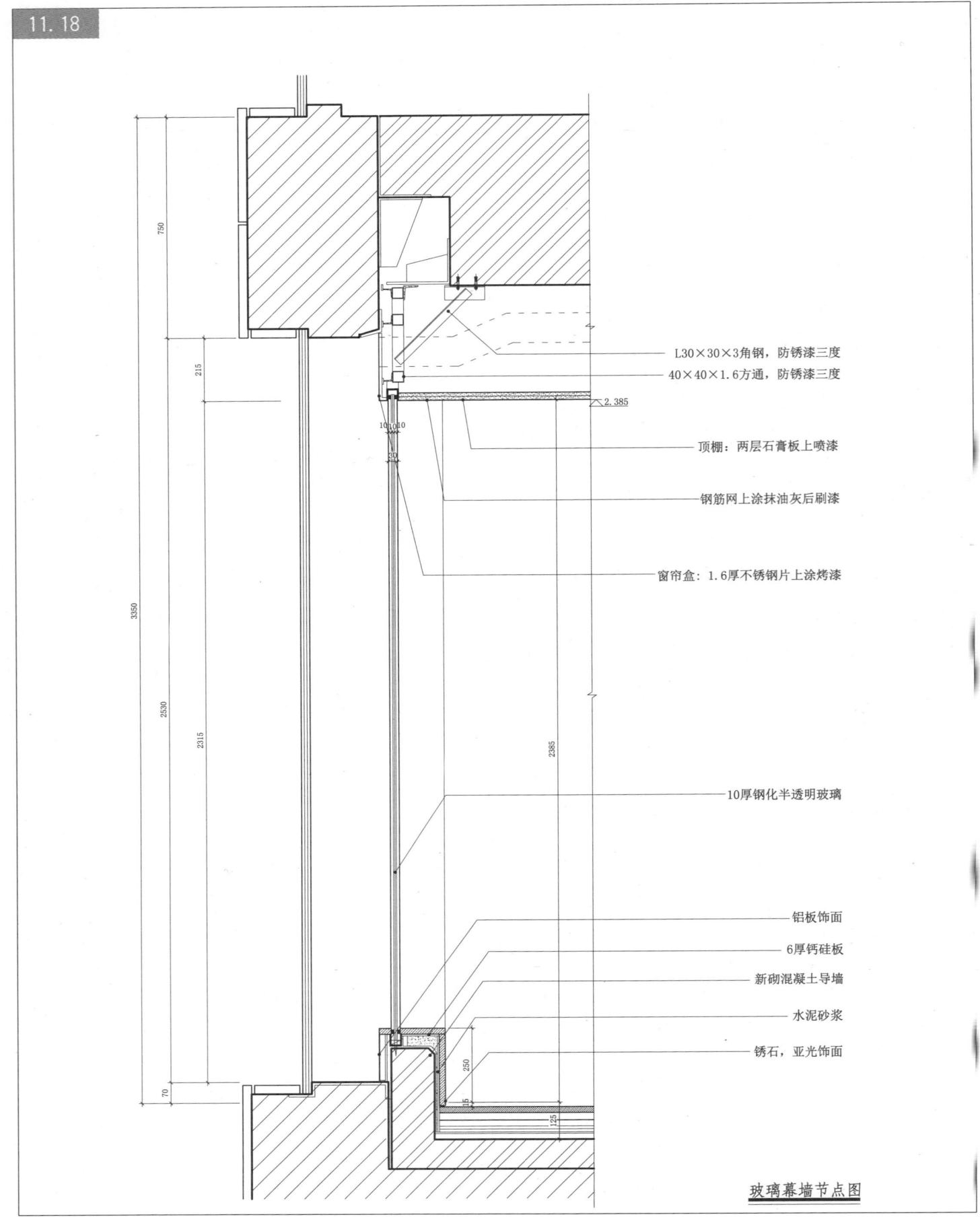

玻璃幕墙节点图

11.19 弧形玻璃透光墙

11

玻璃构造 · 透光照明构造　骨架构造　检修构造

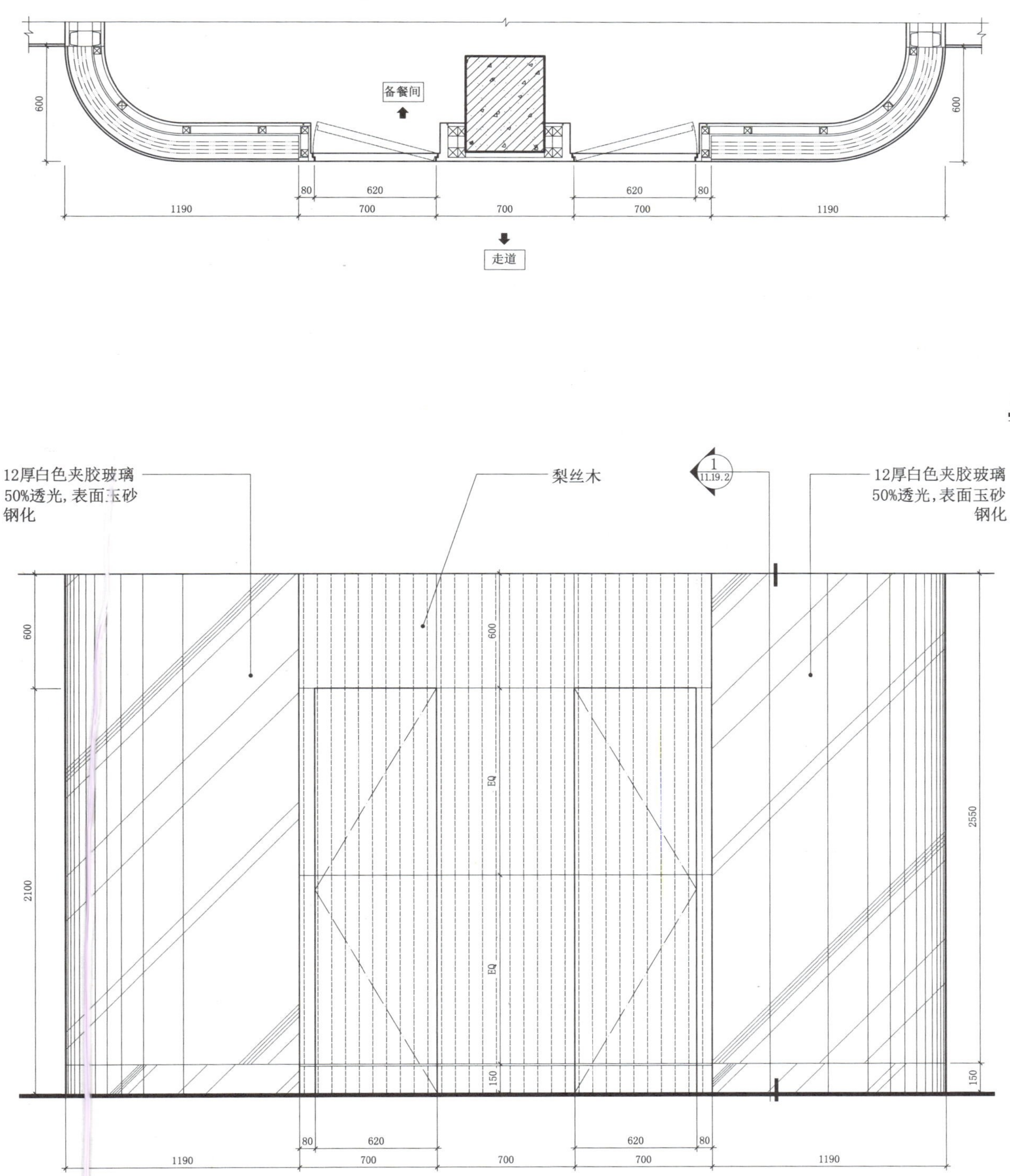

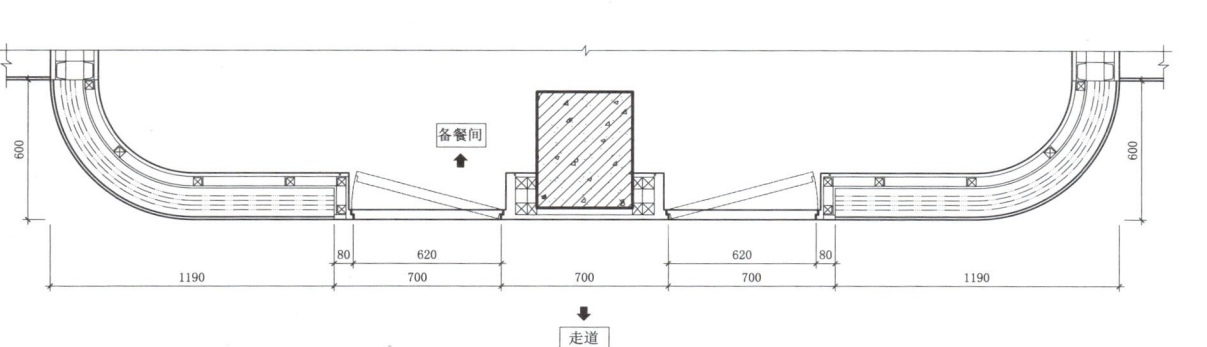

平面图

12厚白色夹胶玻璃
50%透光,表面玉砂
钢化

梨丝木

12厚白色夹胶玻璃
50%透光,表面玉砂
钢化

立面图

11.19 弧形玻璃透光墙

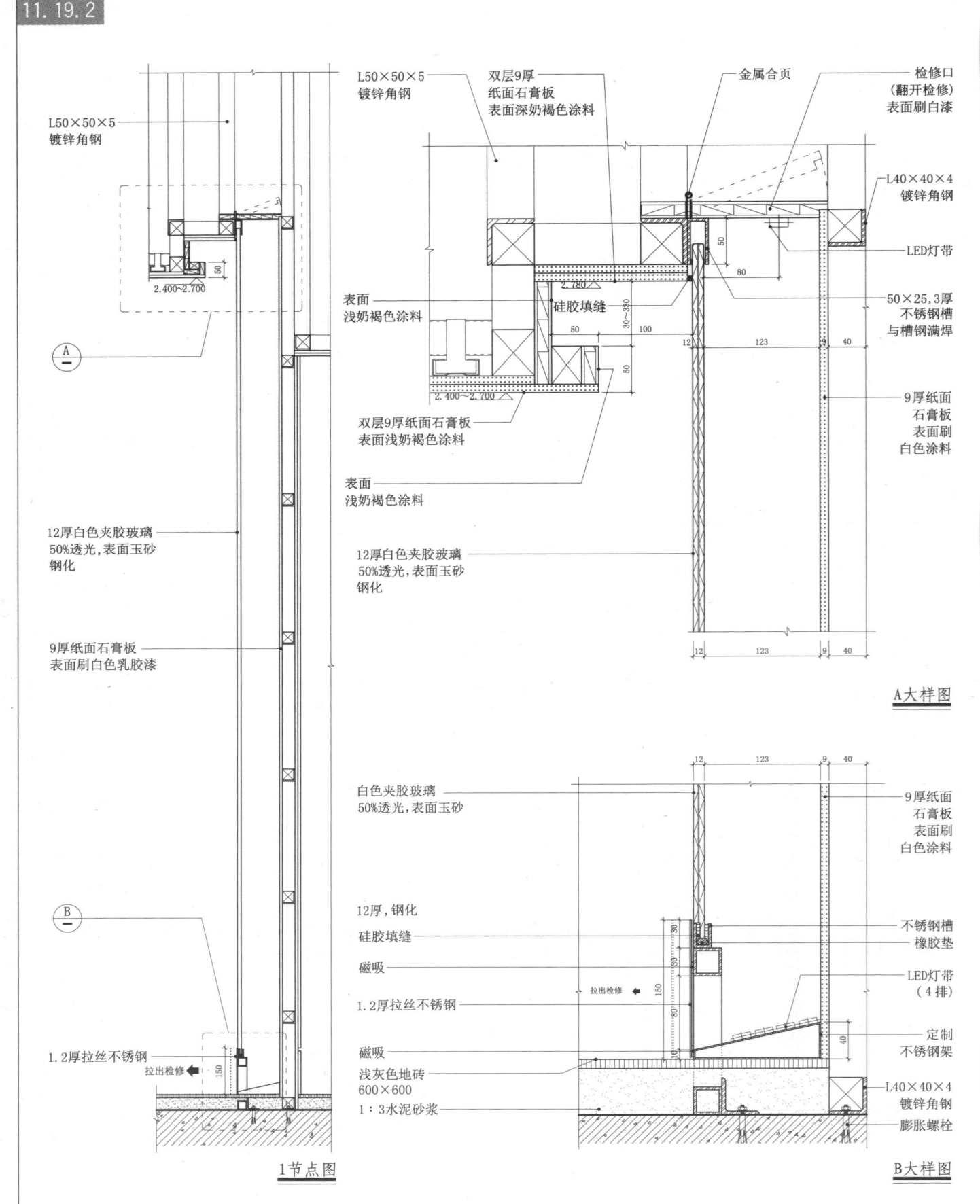

11.20 固定式镜框节点

11 玻璃构造·固定家具

11.20.1

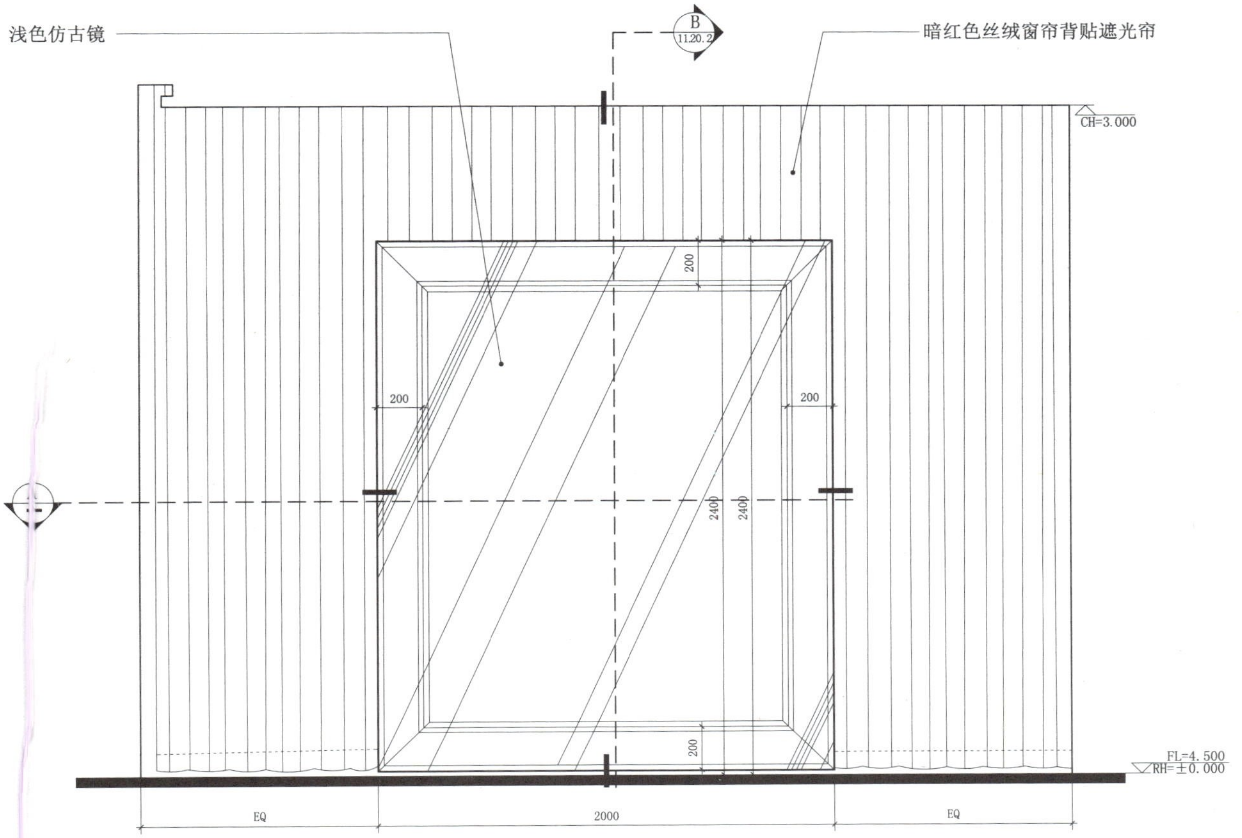

立面图标注：
- 浅色仿古镜
- 暗红色丝绒窗帘背贴遮光帘
- CH=3.000
- FL=4.500　RH=±0.000
- EQ　2000　EQ
- 200 / 200 / 200 / 200 / 240 / 240

立面图

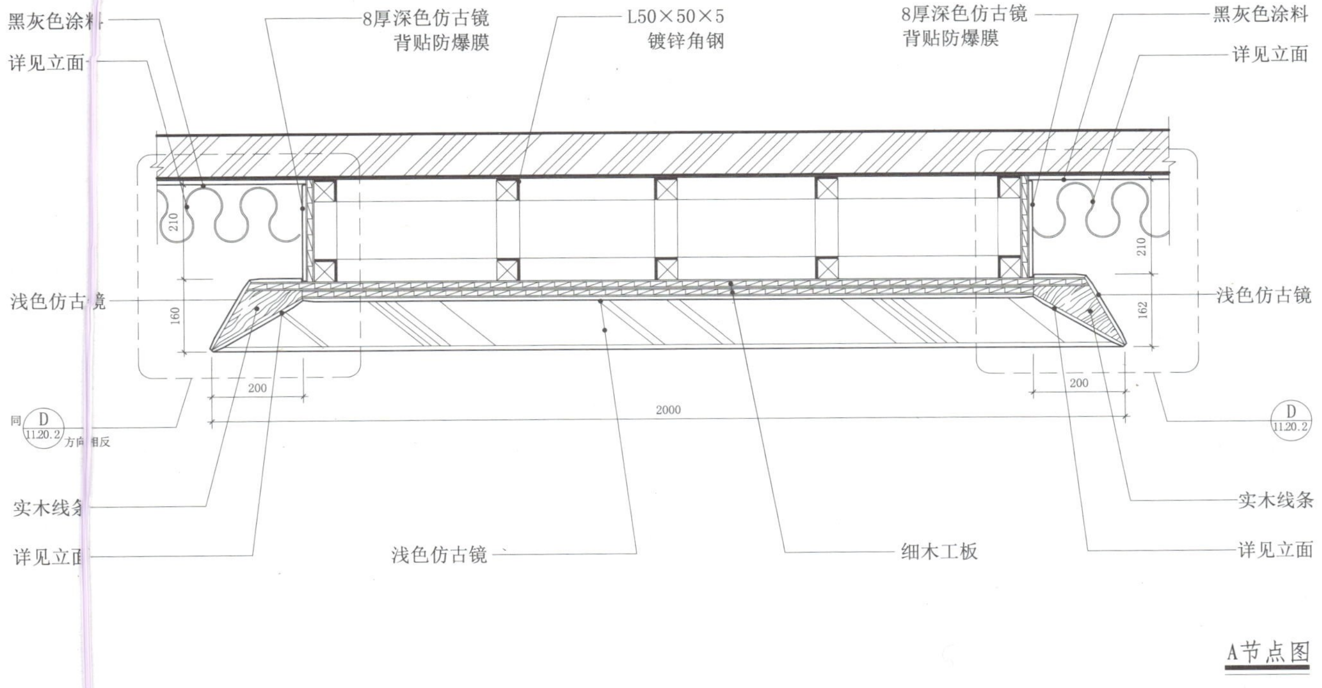

A节点图标注：
- 黑灰色涂料
- 8厚深色仿古镜背贴防爆膜
- L50×50×5 镀锌角钢
- 8厚深色仿古镜背贴防爆膜
- 黑灰色涂料
- 详见立面
- 浅色仿古镜
- 实木线条
- 详见立面
- 细木工板
- 浅色仿古镜
- 210 / 210 / 160 / 162 / 200 / 2000 / 200

A节点图

室内构造节点与专项模式图集 | 487

11.20 固定式镜框节点

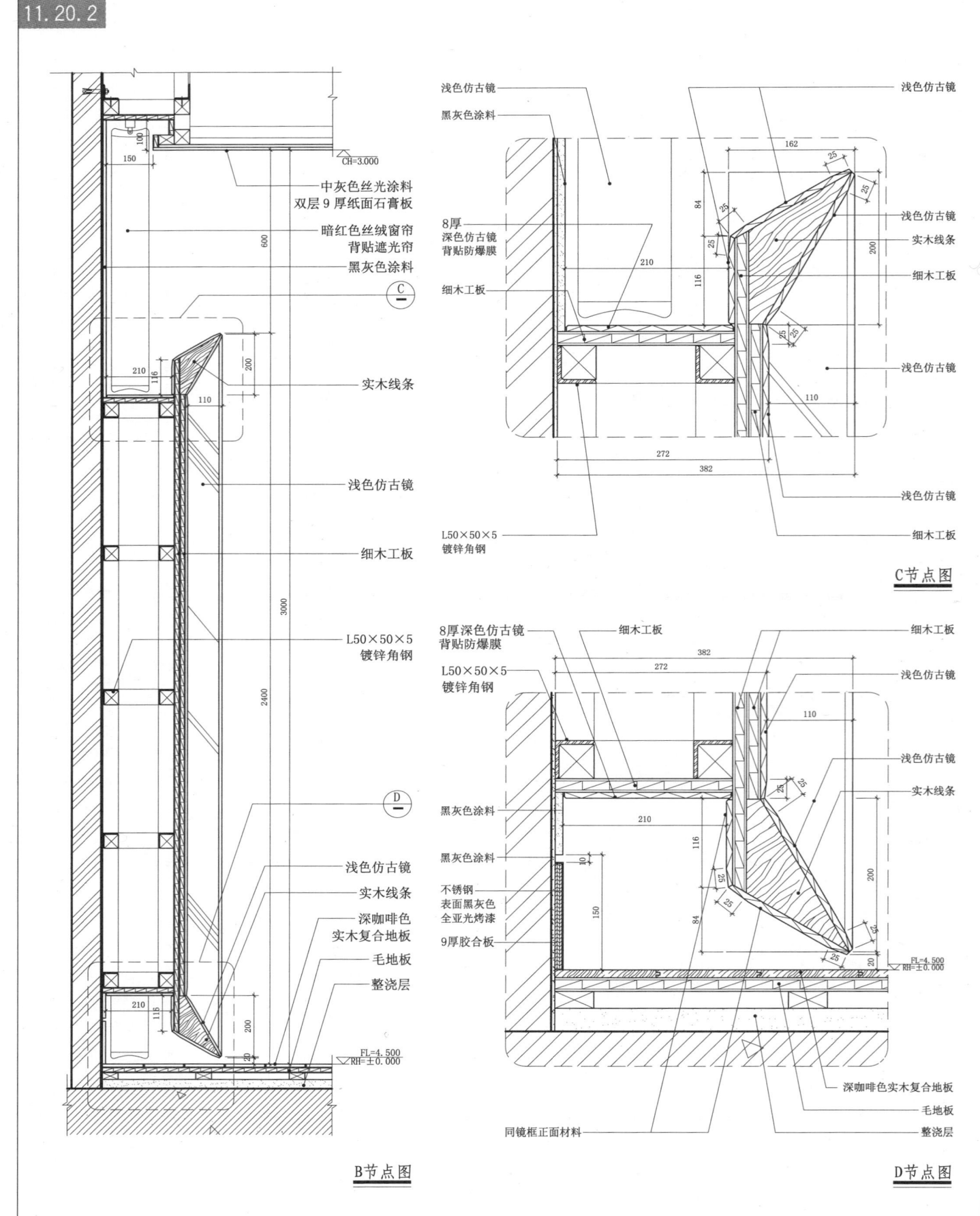

11.21 玻璃砖立面节点

玻璃构造·立面构造

11.21.1

不锈钢表面黑灰色烤漆

细条纹玻璃砖 190×190×80

不锈钢表面黑灰色烤漆

不锈钢表面黑灰色烤漆

不锈钢表面黑灰色烤漆

方向不同

方向相反

A 立面图

细条纹玻璃砖 190×190×80

□100×50 方钢表面黑灰色烤漆

细条纹玻璃砖 190×190×80

1:2 白水泥灌严

1:2 白水泥灌严

φ6钢筋

B 节点图

室内构造节点与专项模式图集 | 489

11.21 玻璃砖立面节点

11.21.2

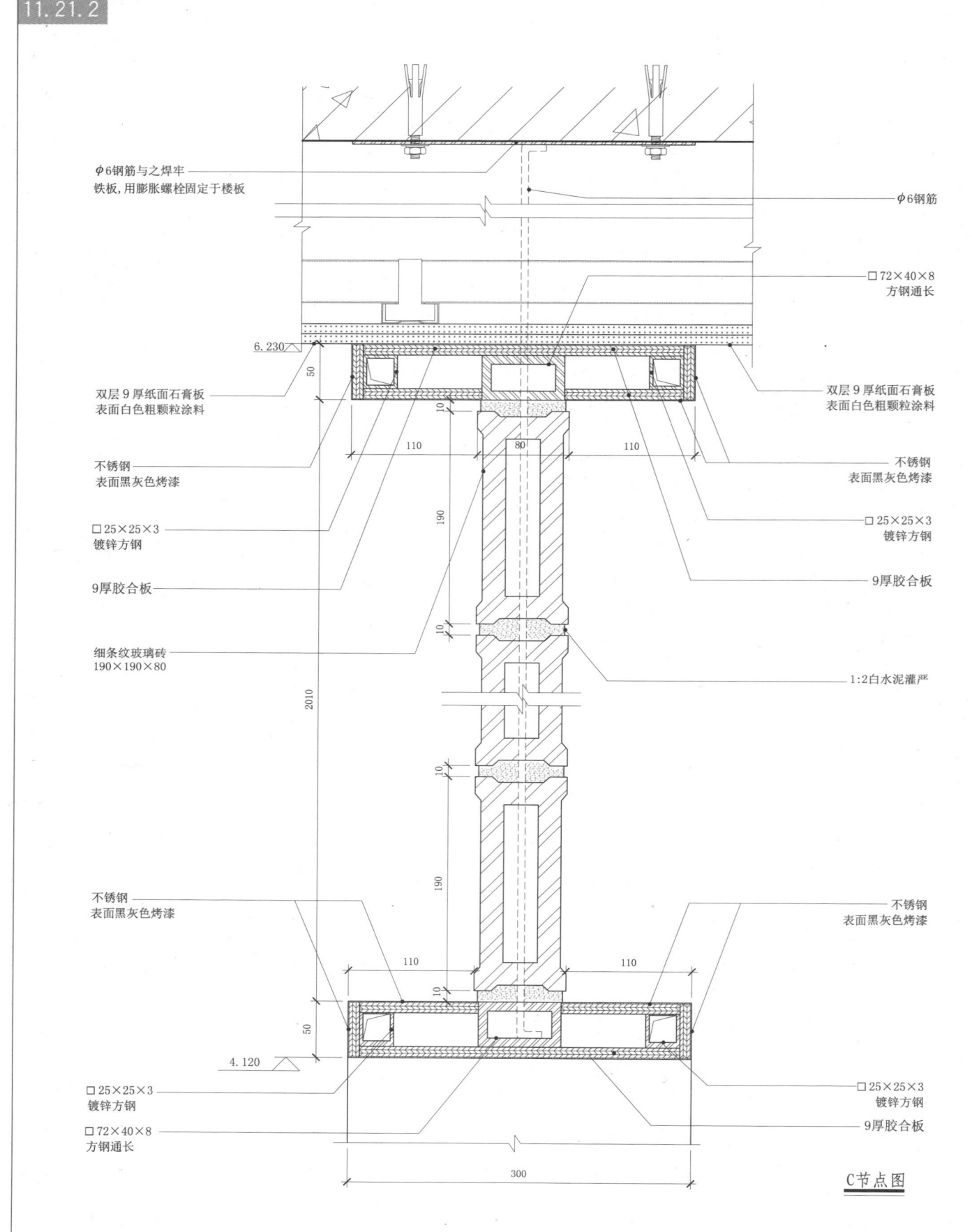

C节点图

11.21 玻璃砖立面节点

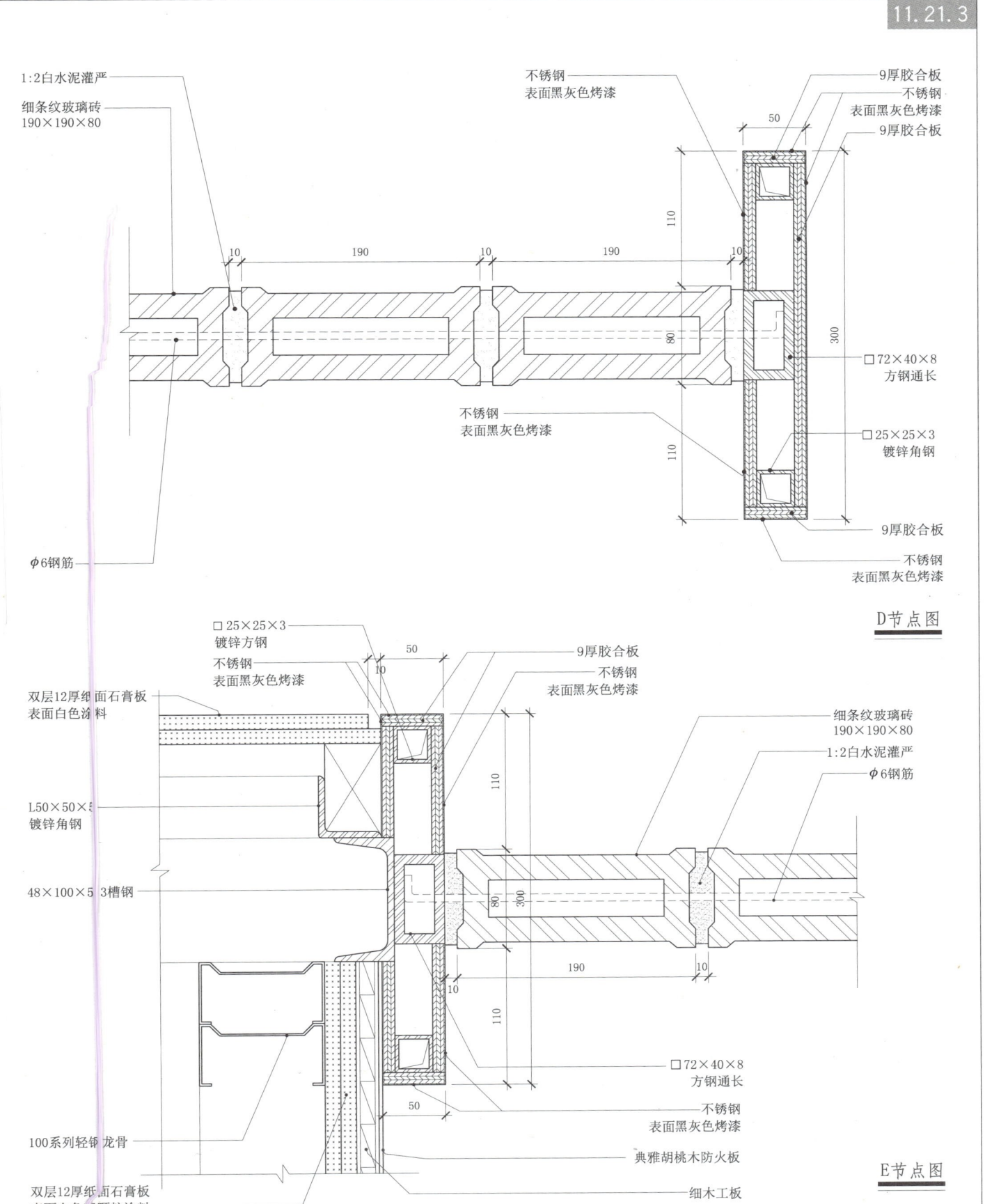

D节点图

E节点图

11.21 玻璃砖立面节点

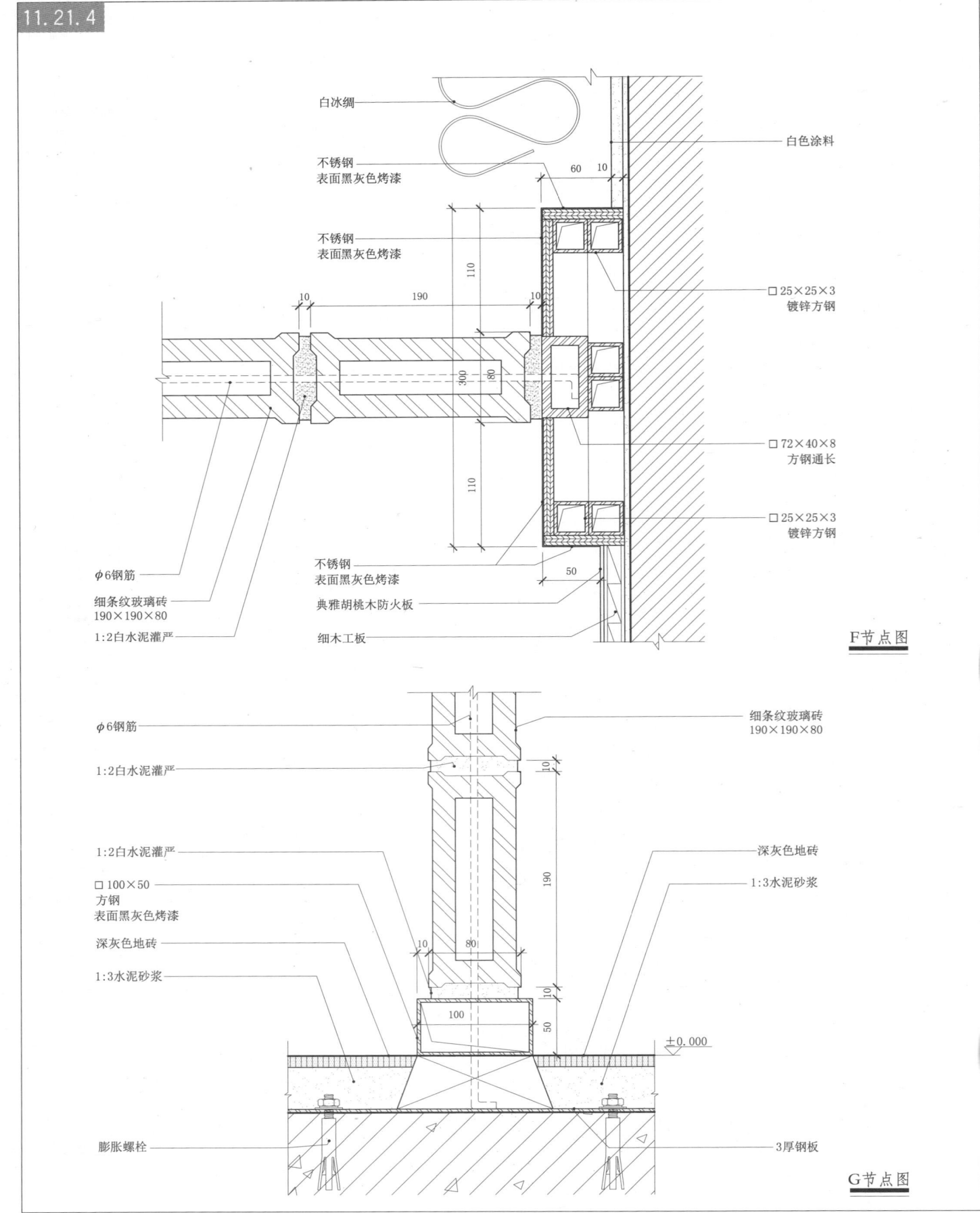

F节点图

G节点图

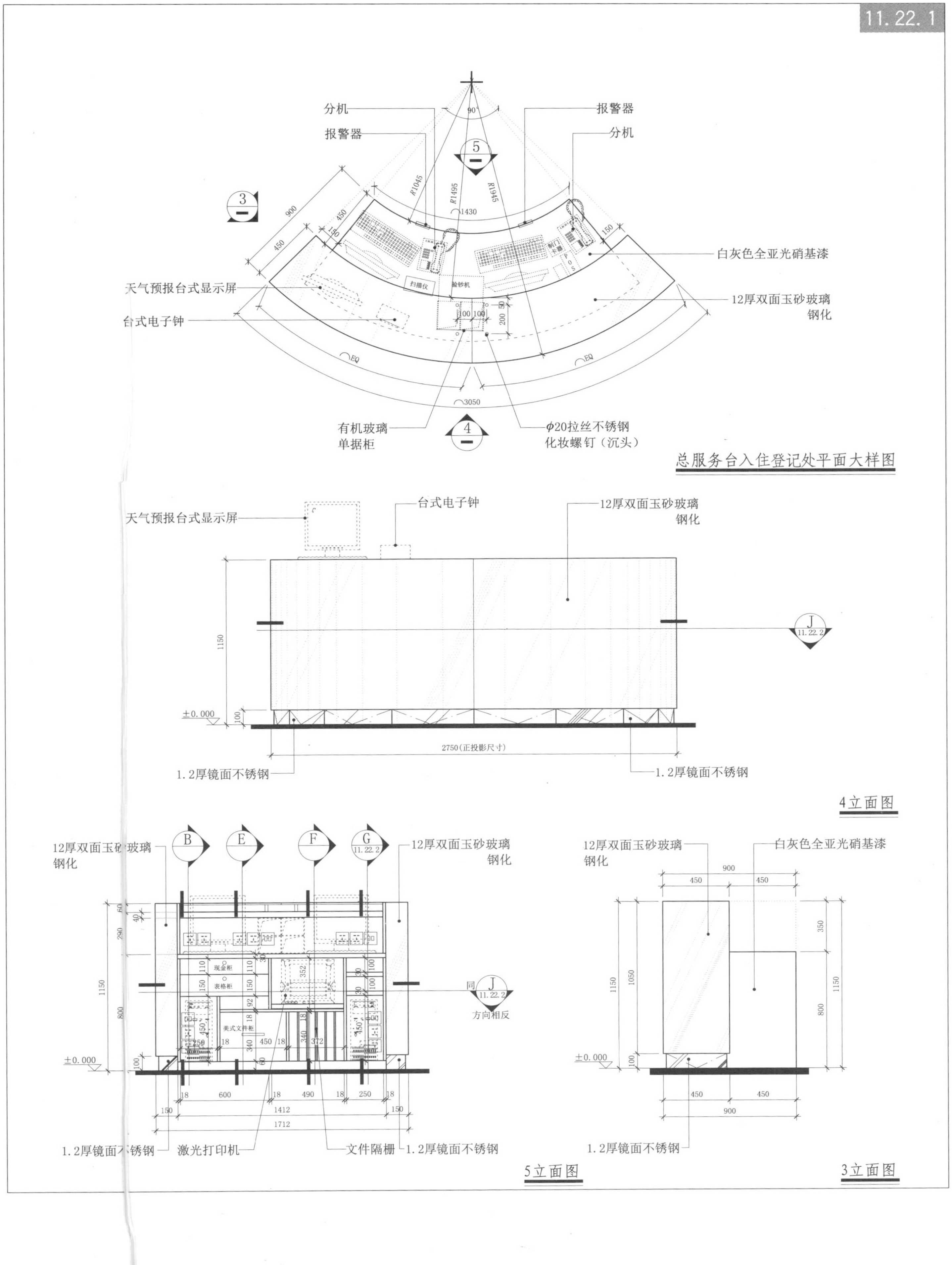

11.22 总服务台

11 玻璃构造·透光照明构造 室内设施

11.22.1

总服务台入住登记处平面大样图

4立面图

5立面图

3立面图

11

11.22 总服务台

玻璃构造
· 透光照明构造 室内设施

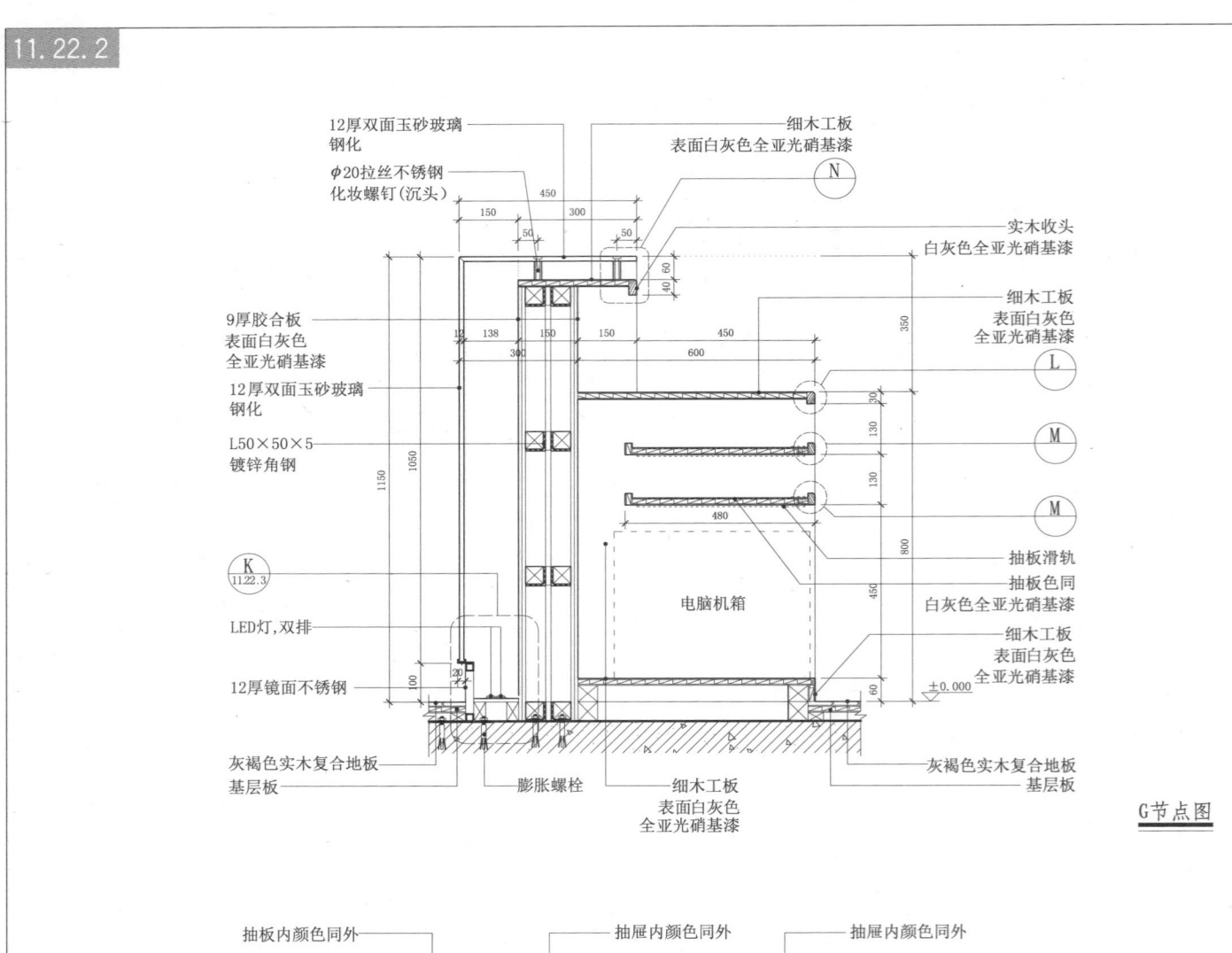

G节点图

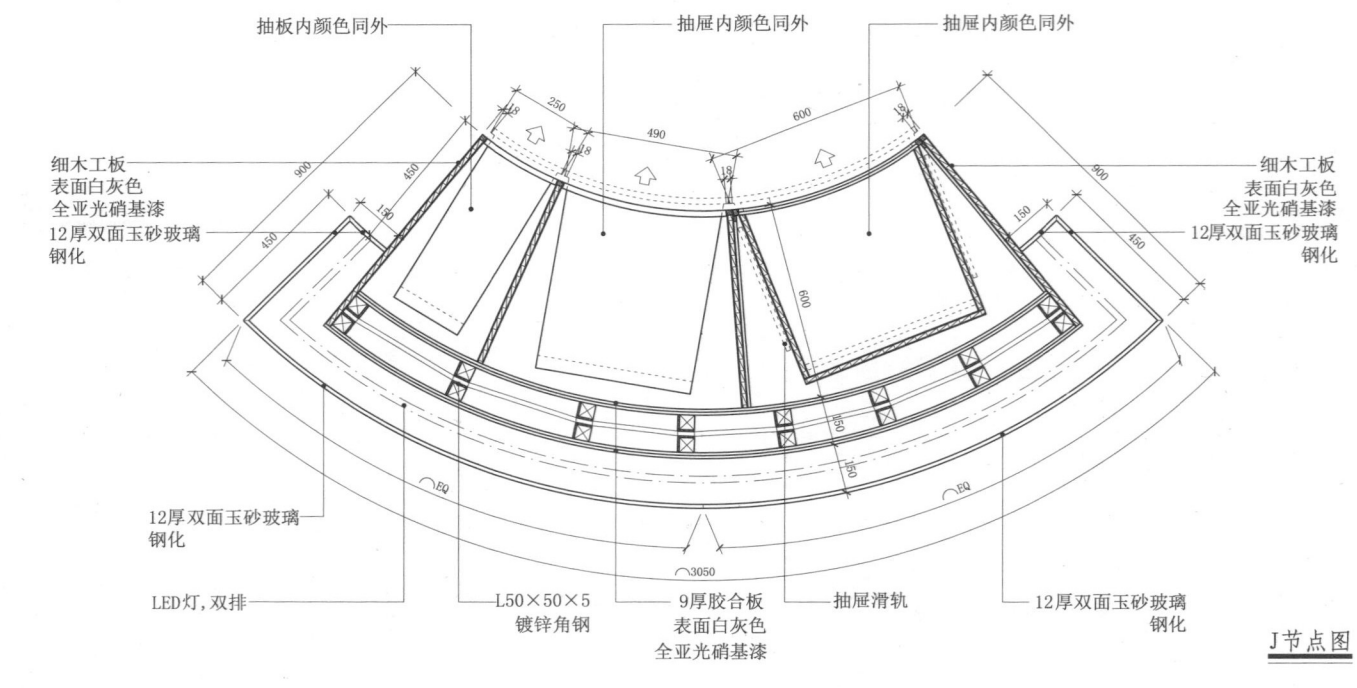

J节点图

11.22 总服务台

11.22.3

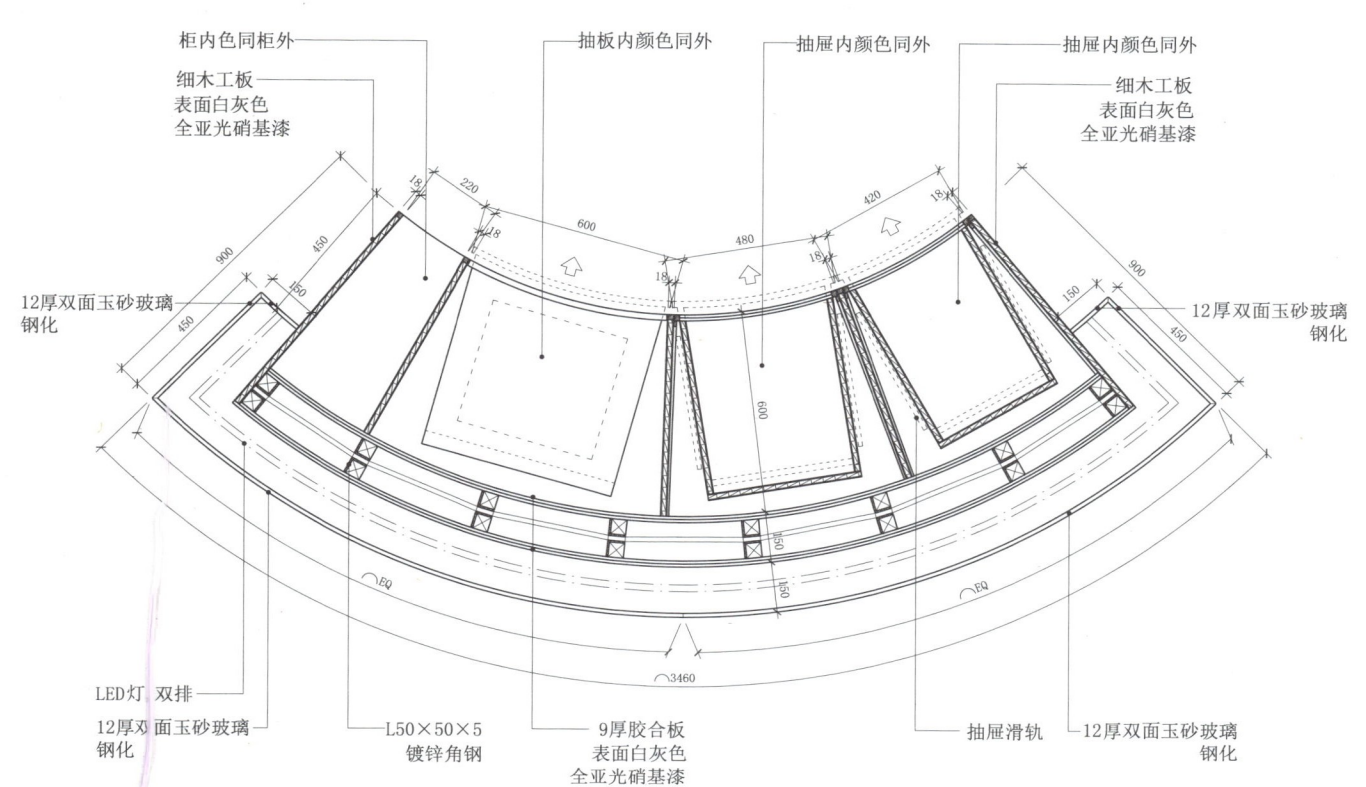

H节点图

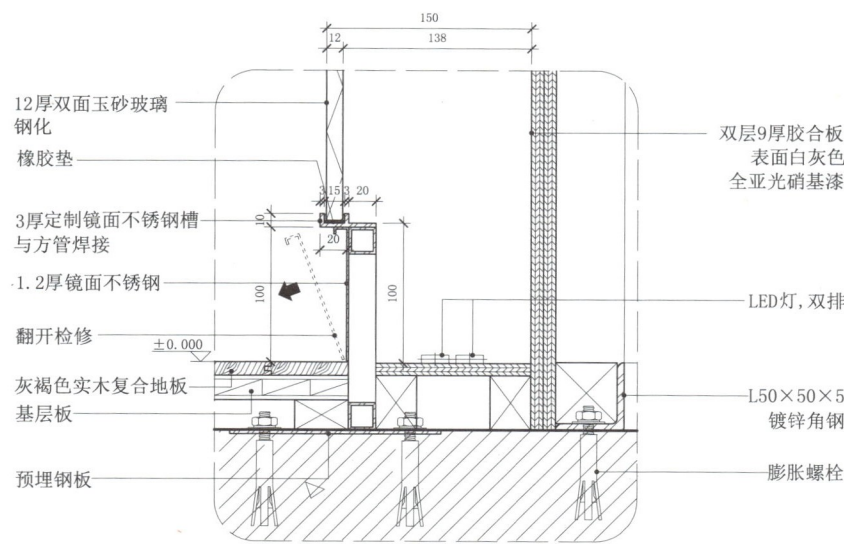

K大样图

11.23 安全扶手节点

12.1 云石灯柱

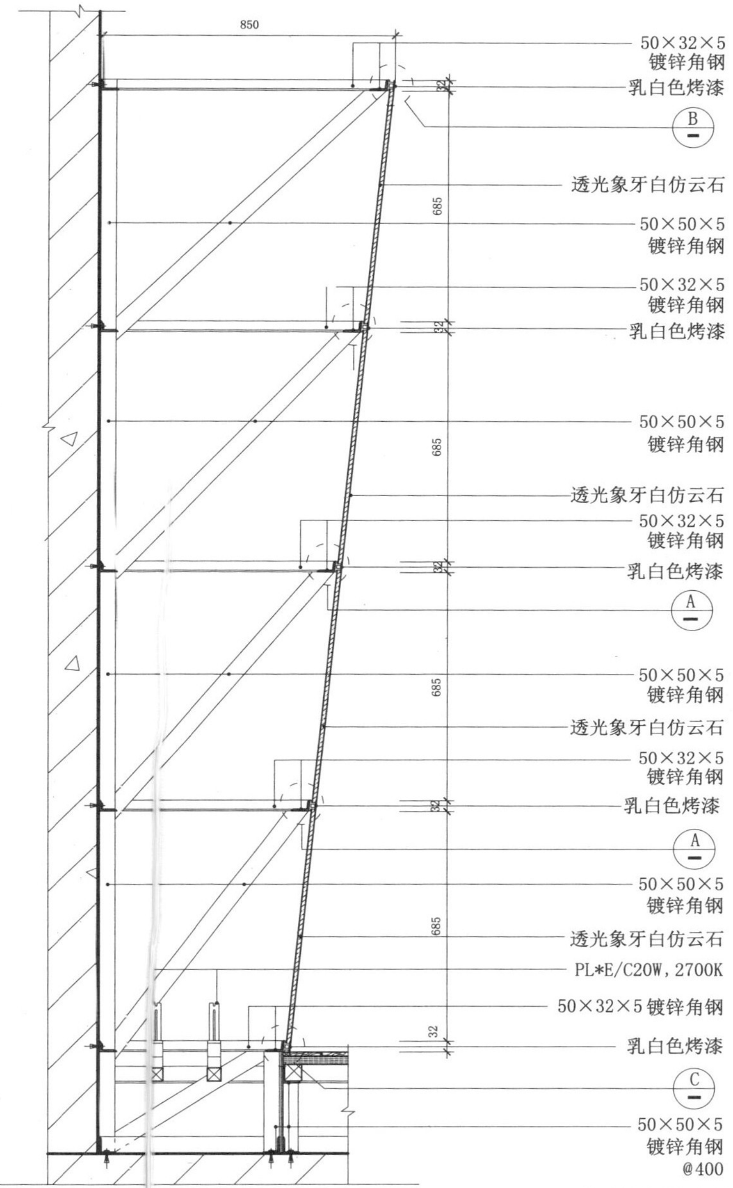

12 石材构造 · 骨架构造 透光照明构造 金属构造 立面构造

云石灯柱横剖面图

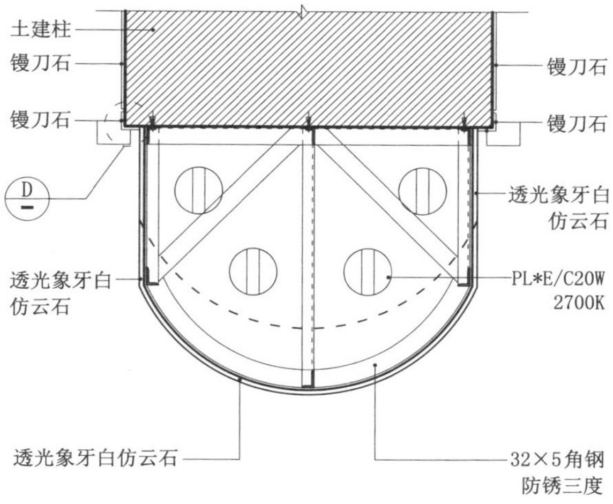

云石灯柱纵剖面图

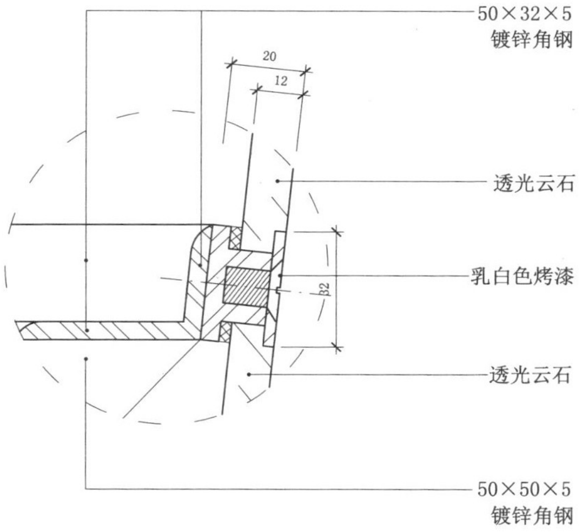

A大样图

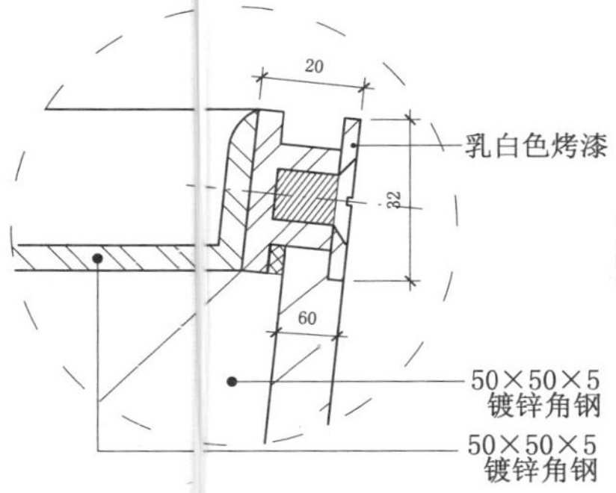

B大样图

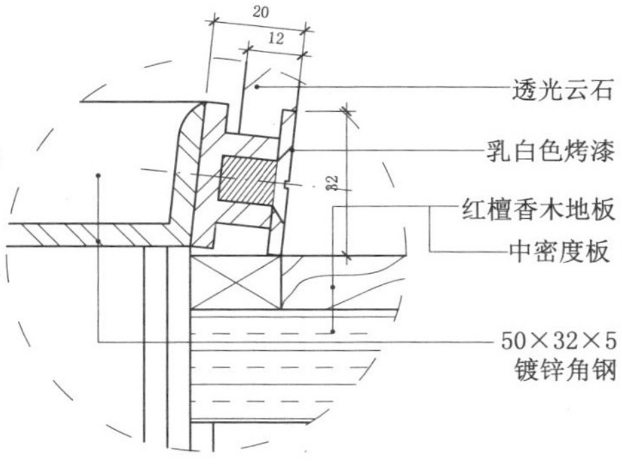

C大样图

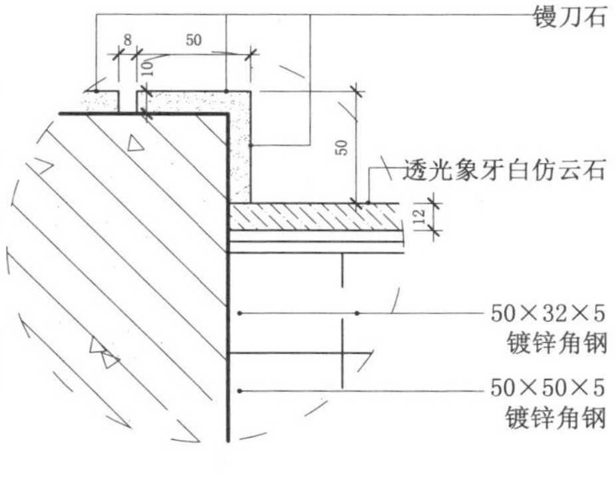

D大样图

12.2 透光石材空挂

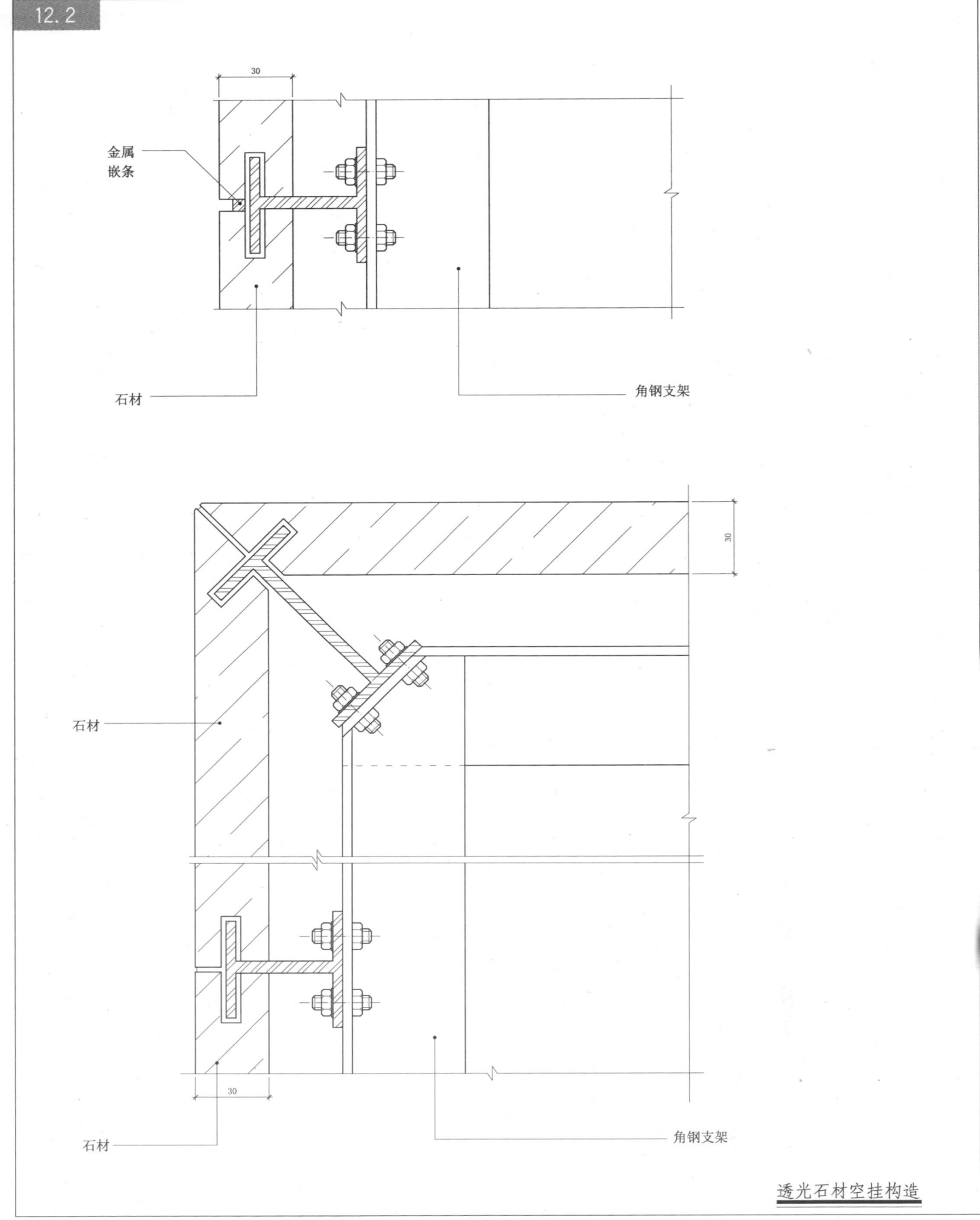

透光石材空挂构造

12.3 石材干挂节点(一)

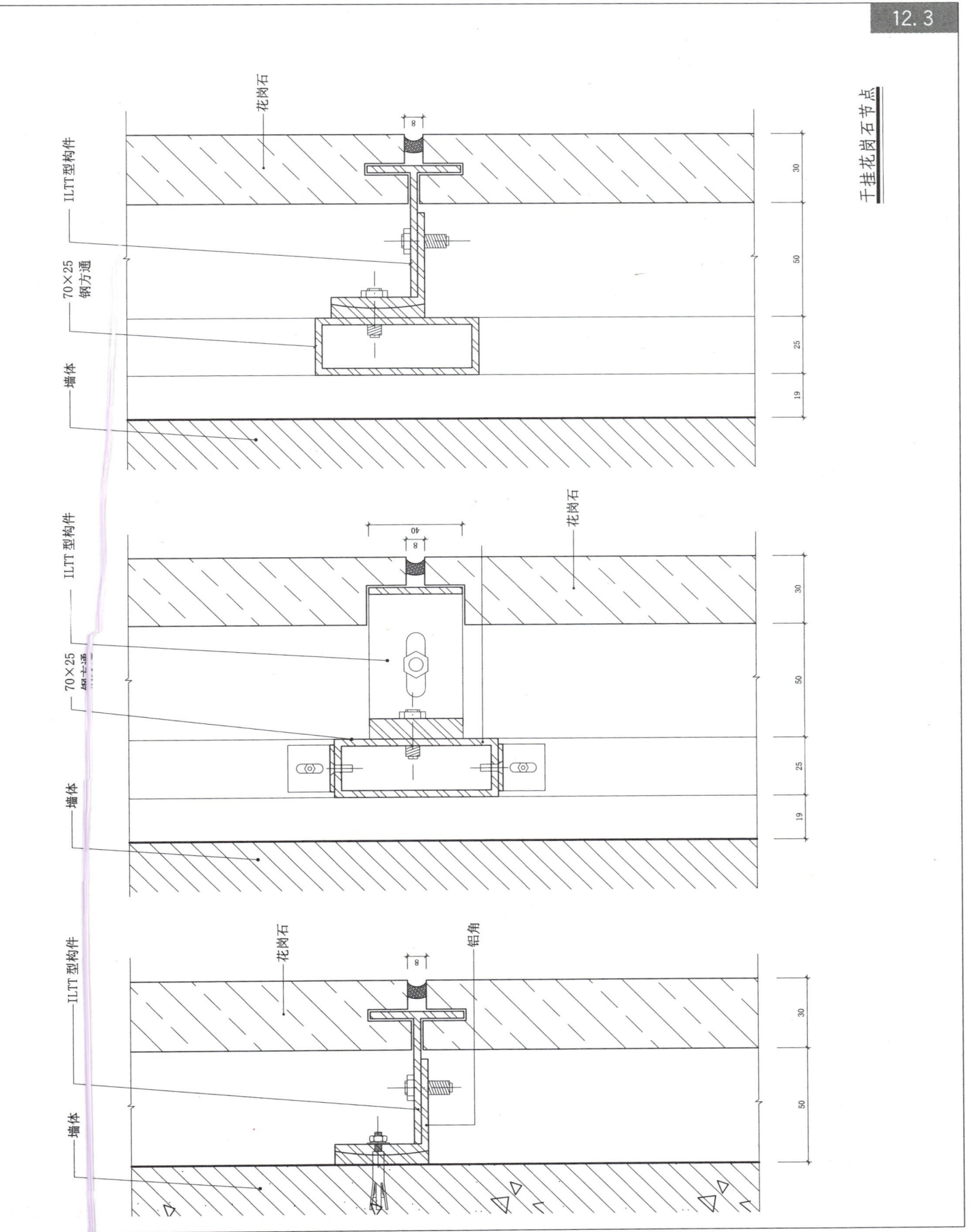

干挂花岗石节点

12.4 石材干挂节点（二）

12.4.1

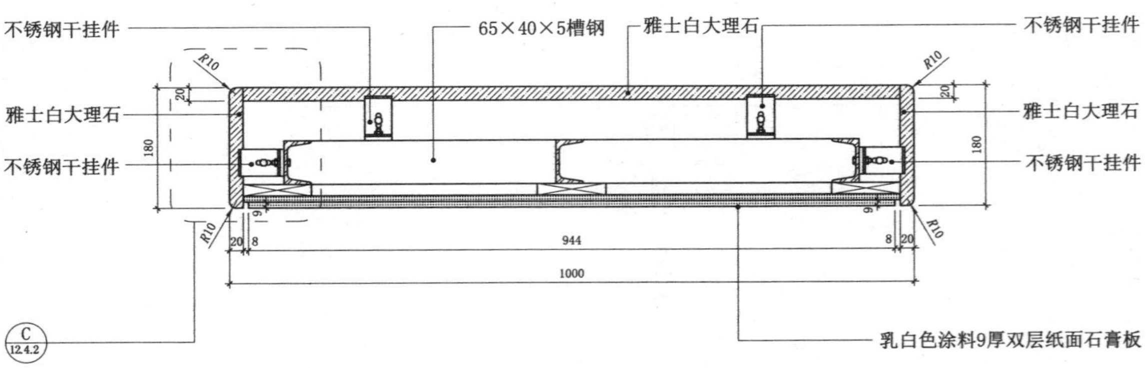

1 干挂石材墙面横剖面图

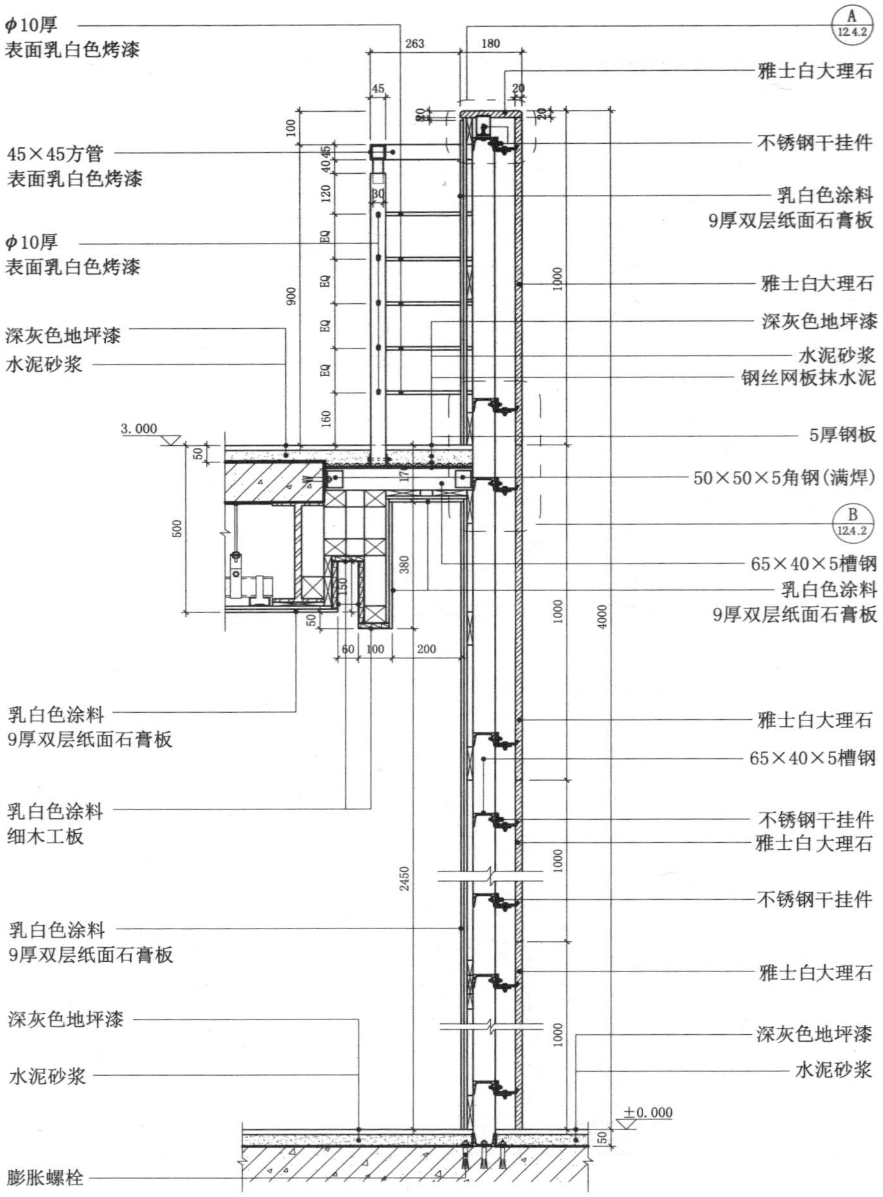

标注：不锈钢干挂件、65×40×5槽钢、雅士白大理石、不锈钢干挂件、雅士白大理石、雅士白大理石、不锈钢干挂件、乳白色涂料9厚双层纸面石膏板

2 干挂石材墙面纵剖面图

标注：
- φ10厚 表面乳白色烤漆
- 45×45方管 表面乳白色烤漆
- φ10厚 表面乳白色烤漆
- 深灰色地坪漆
- 水泥砂浆
- 乳白色涂料 9厚双层纸面石膏板
- 乳白色涂料 细木工板
- 乳白色涂料 9厚双层纸面石膏板
- 深灰色地坪漆
- 水泥砂浆
- 膨胀螺栓
- 雅士白大理石
- 不锈钢干挂件
- 乳白色涂料 9厚双层纸面石膏板
- 雅士白大理石
- 深灰色地坪漆
- 水泥砂浆
- 钢丝网板抹水泥
- 5厚钢板
- 50×50×5角钢（满焊）
- 65×40×5槽钢
- 乳白色涂料 9厚双层纸面石膏板
- 雅士白大理石
- 65×40×5槽钢
- 不锈钢干挂件
- 雅士白大理石
- 不锈钢干挂件
- 雅士白大理石
- 深灰色地坪漆
- 水泥砂浆

12.4 石材干挂节点(二)

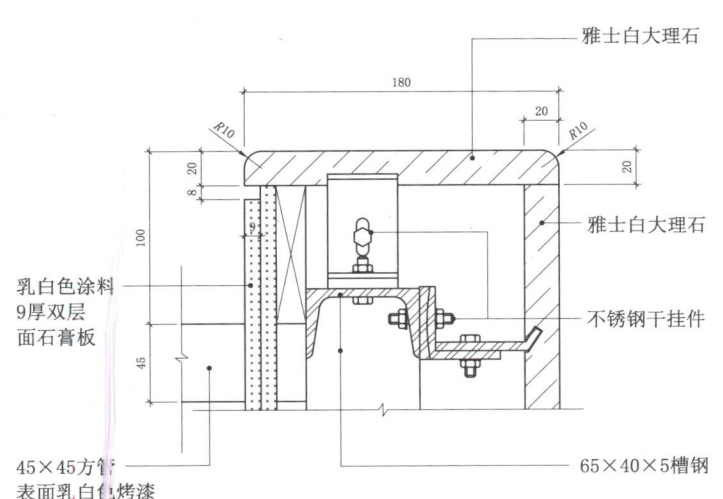

A节点图

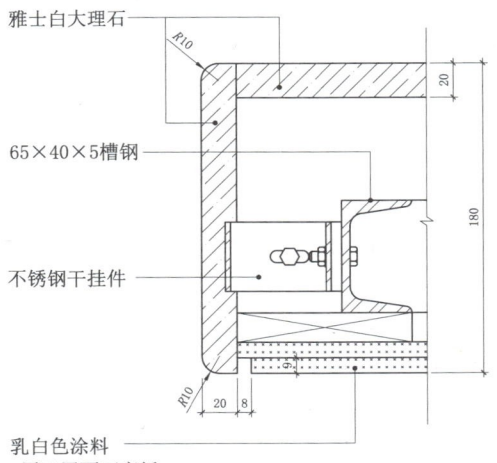

C节点图

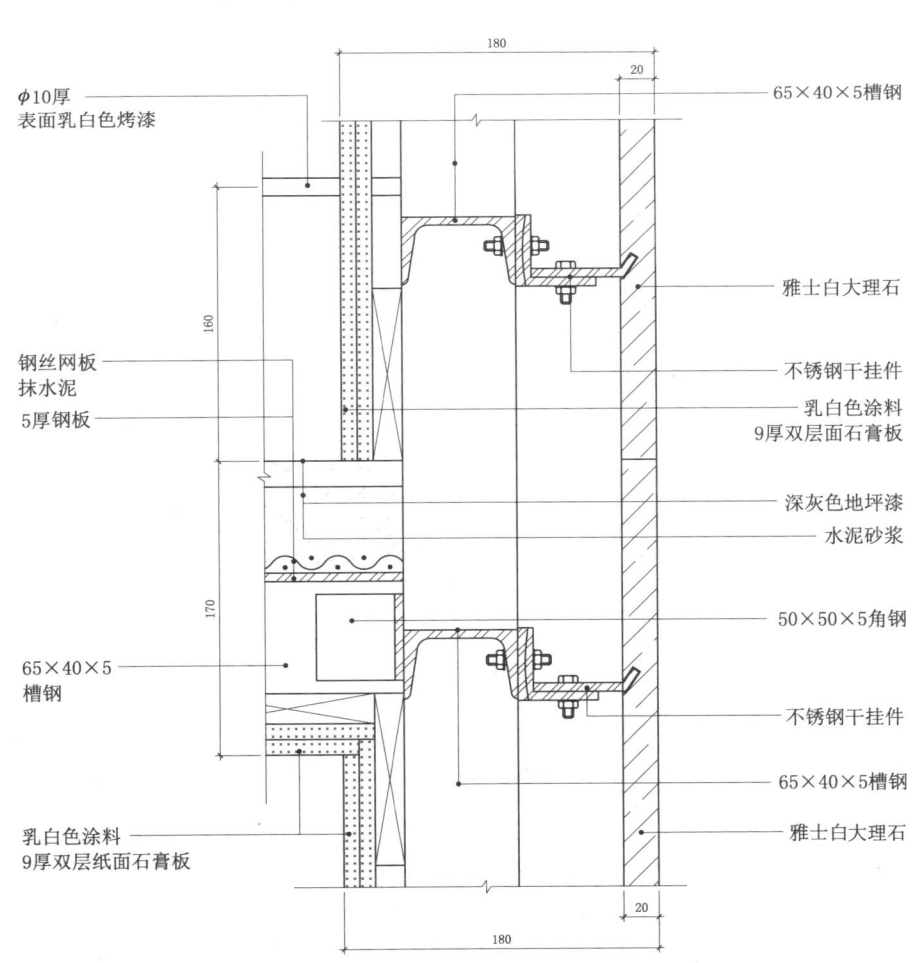

B节点图

12 石材构造·骨架构造

12.5 圆柱石材干挂

12.5

标注说明：
- 污水管
- 12号镀锌槽钢架
- 爵士白大理石（横向均分三块密缝拼）
- 12号镀锌槽钢架
- 175
- 175
- 375
- 375
- φ1200
- 不锈钢石材干挂件
- 爵士白大理石密缝拼
- 12号镀锌槽钢架

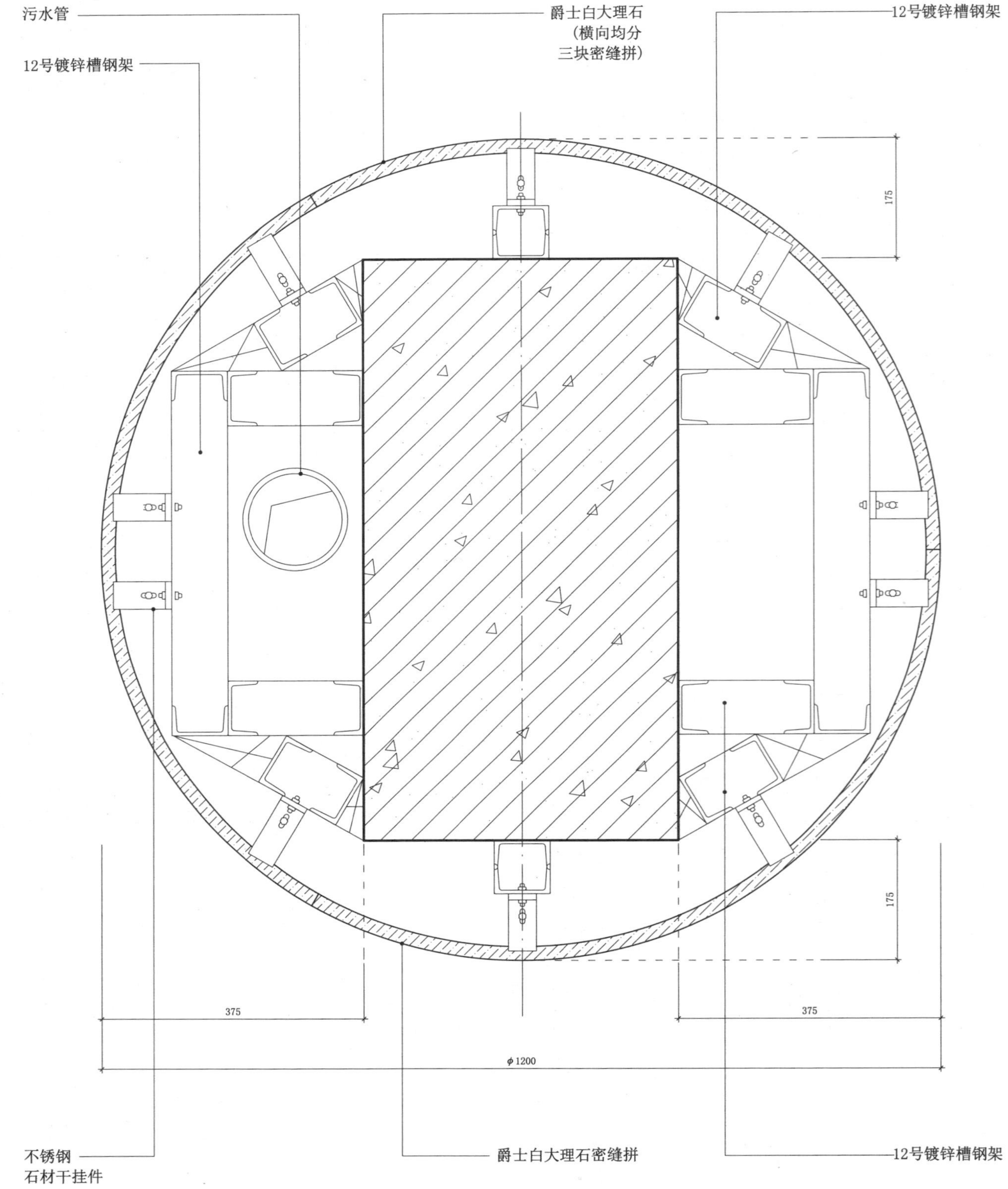

圆柱干挂

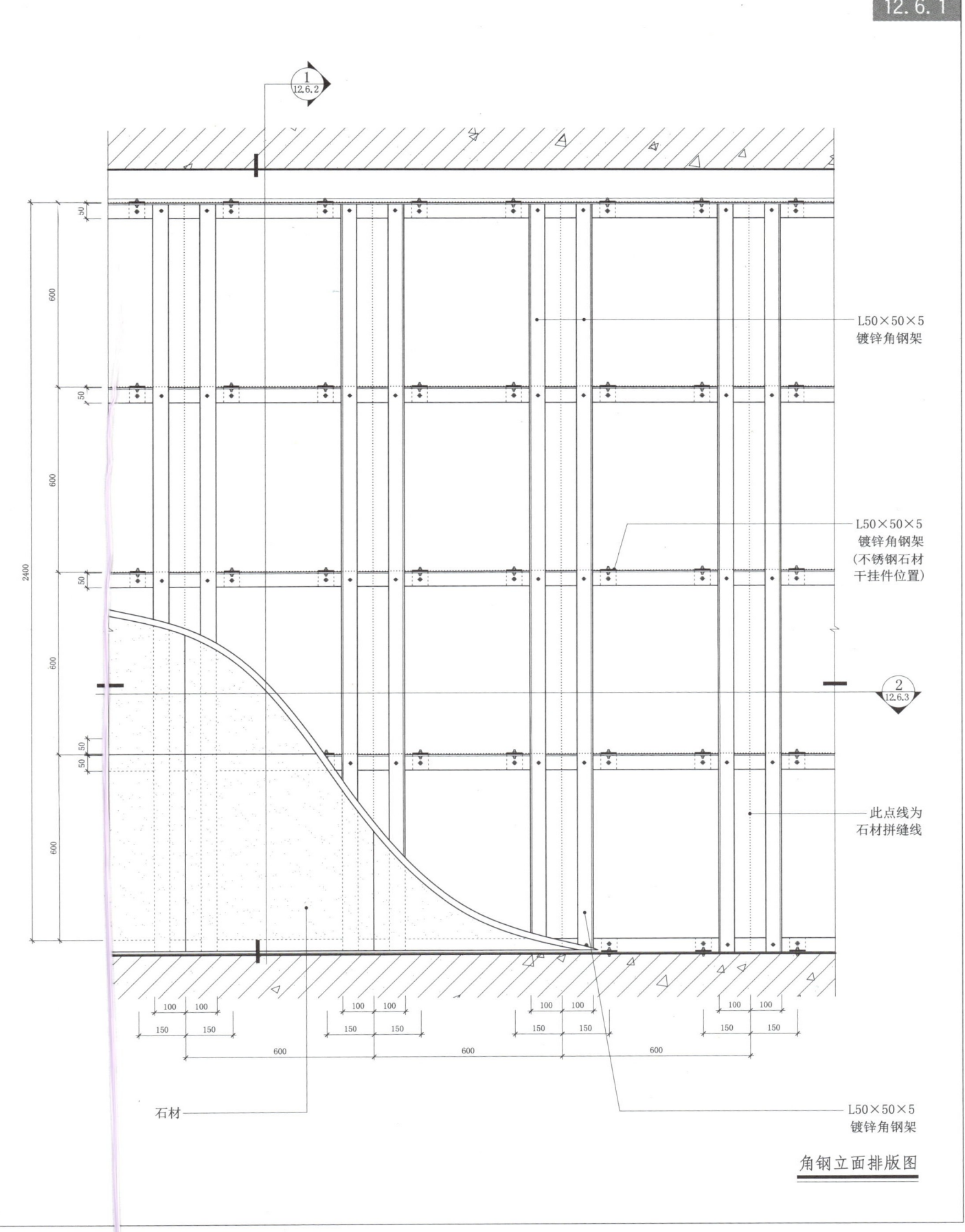

12.6 石材贴墙干挂

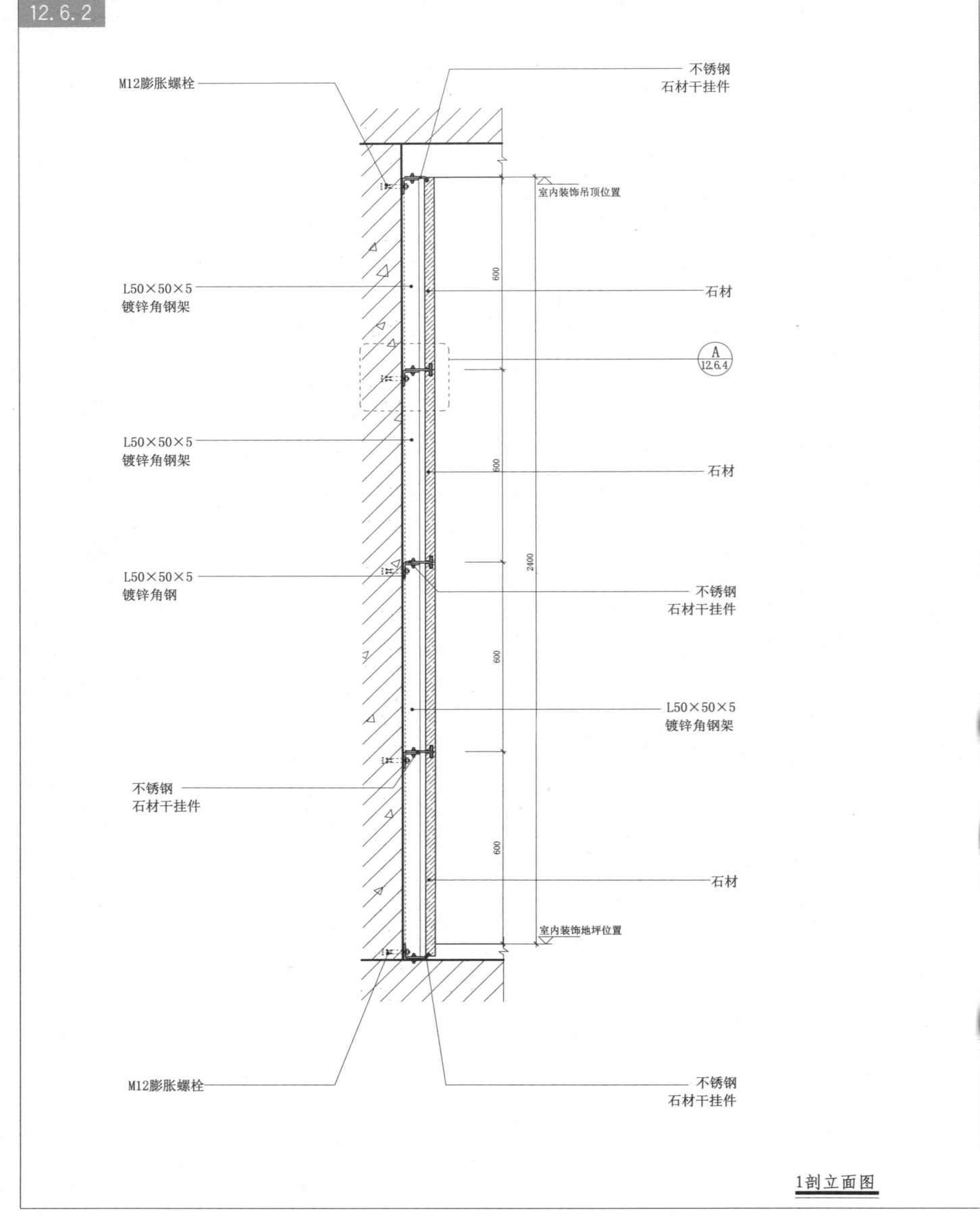

1剖立面图

12.6 石材贴墙干挂

12.6.3

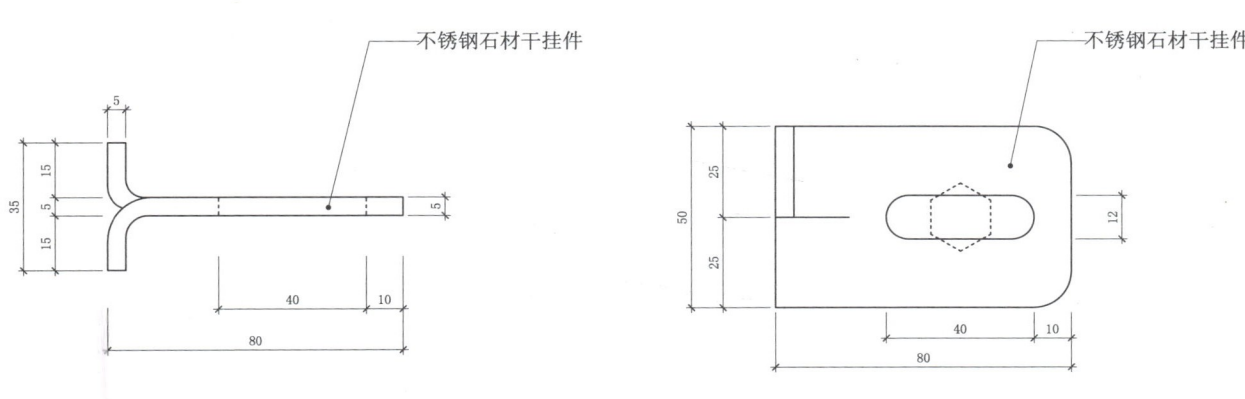

干挂件大样图

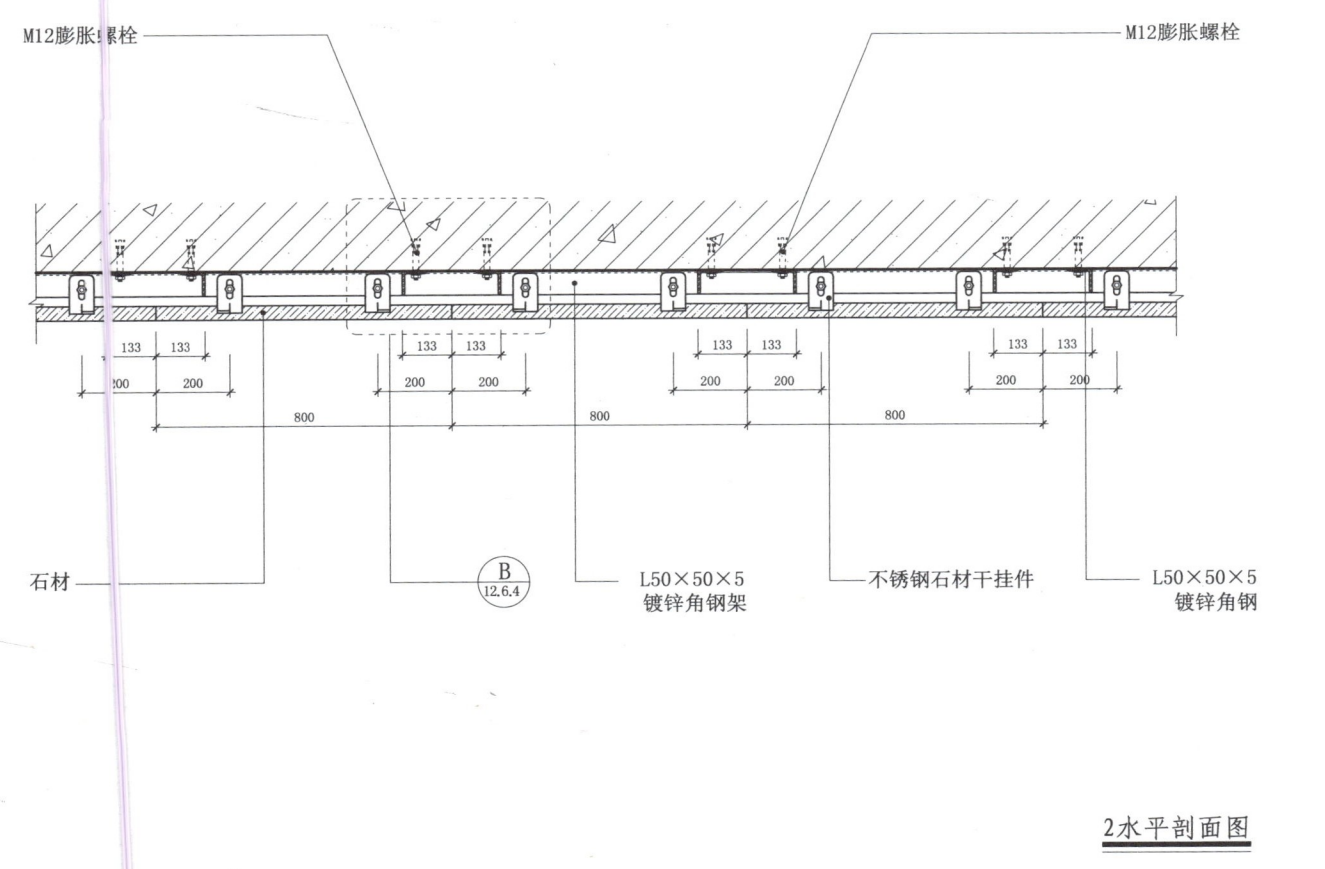

2 水平剖面图

12.6 石材贴墙干挂

12.6.4

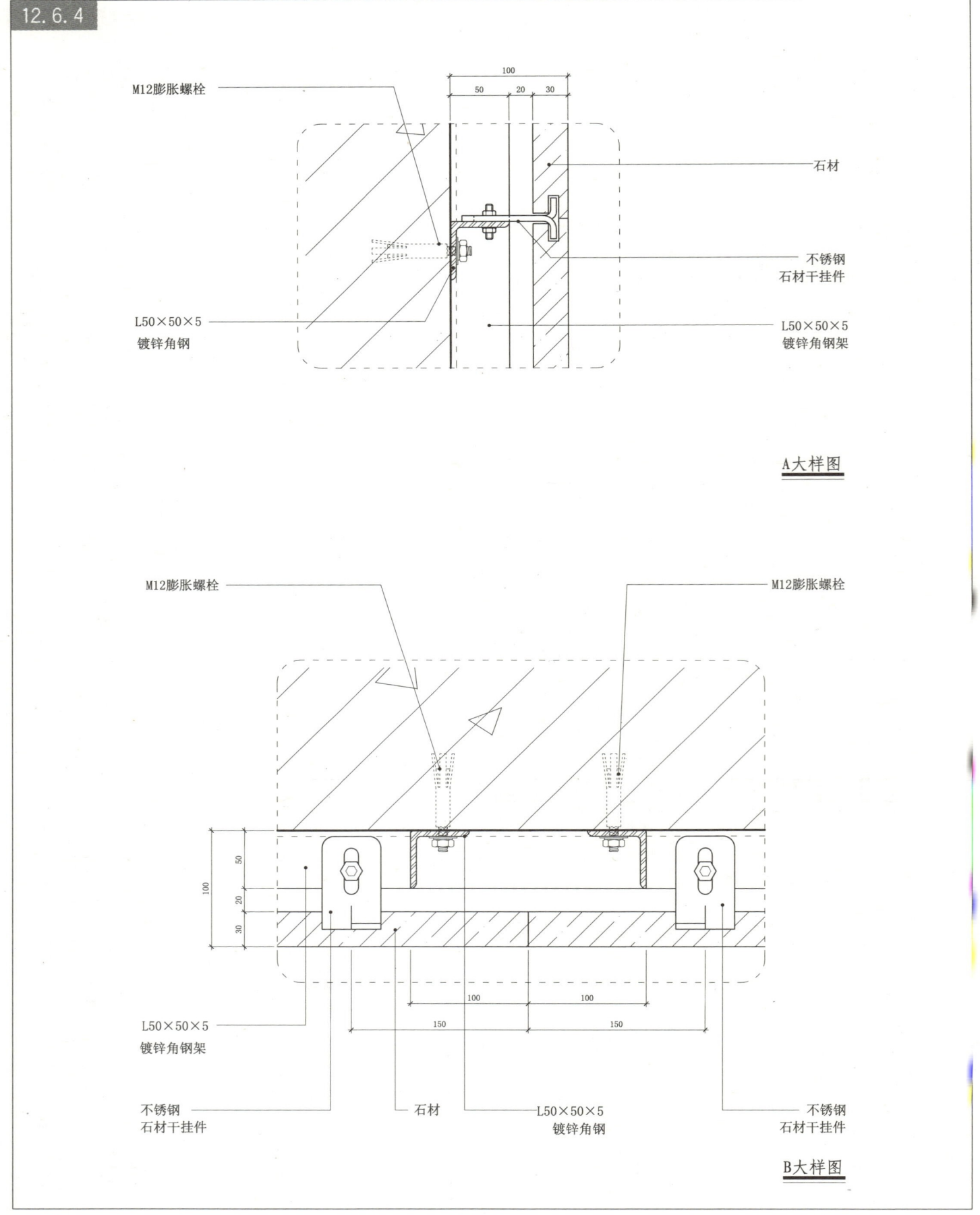

A大样图

B大样图

12.7 石材离墙干挂

12. 石材构造 · 骨架构造

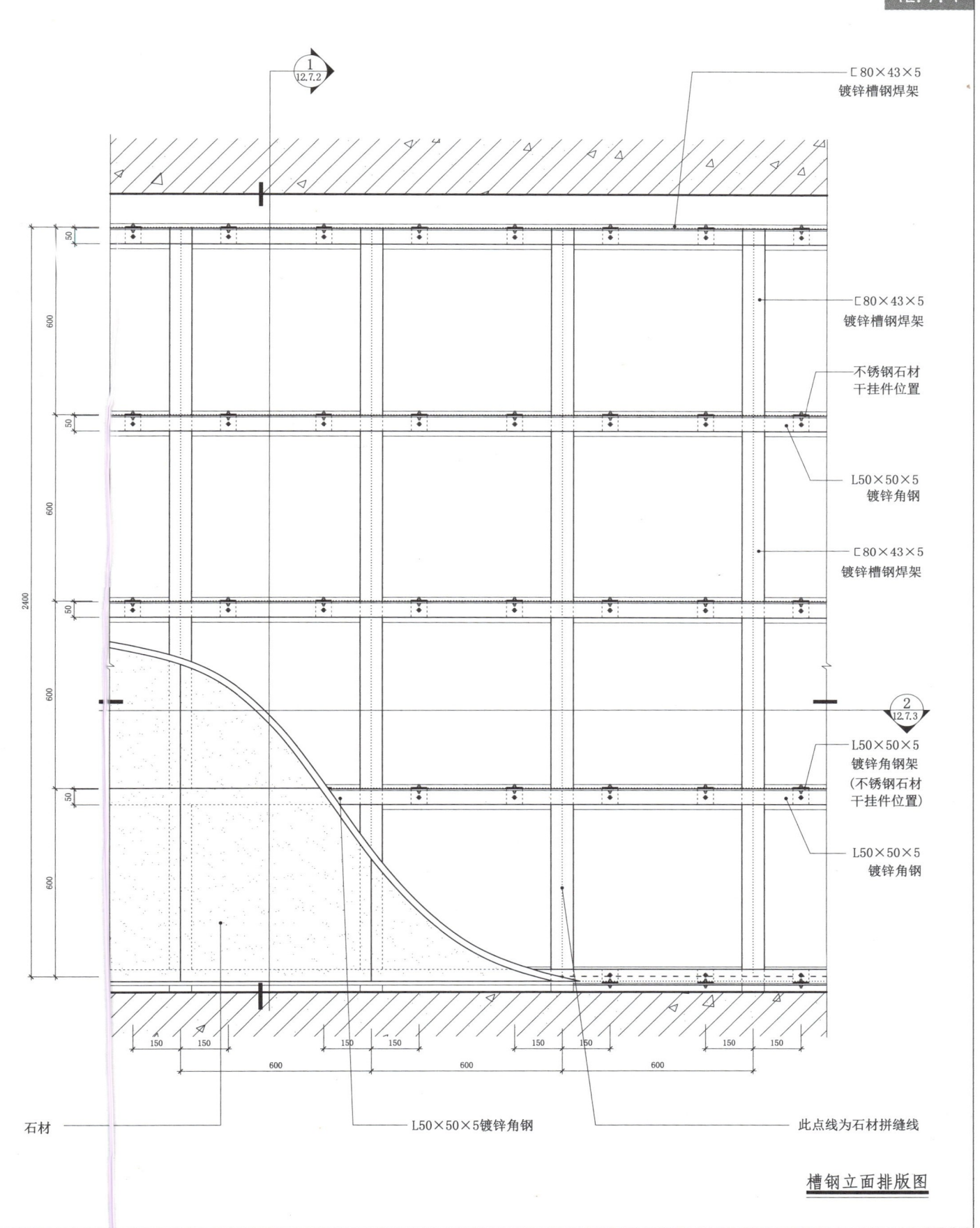

槽钢立面排版图

12.7 石材离墙干挂

12.7.2

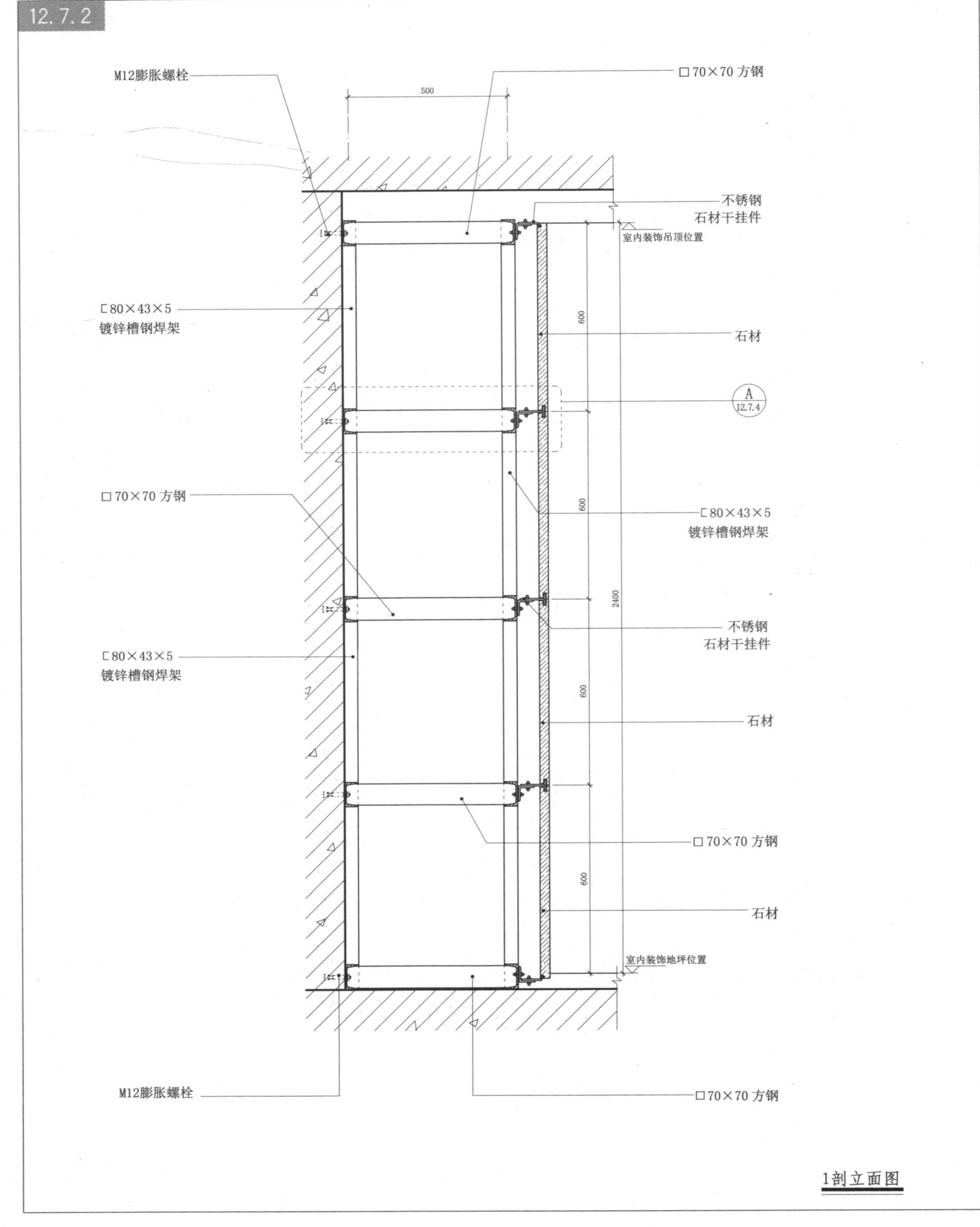

1 剖立面图

12.7 石材离墙干挂

12.7.3

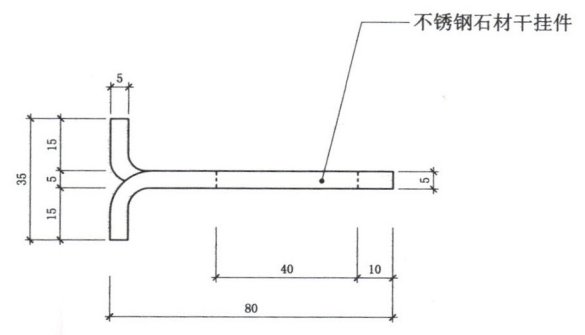
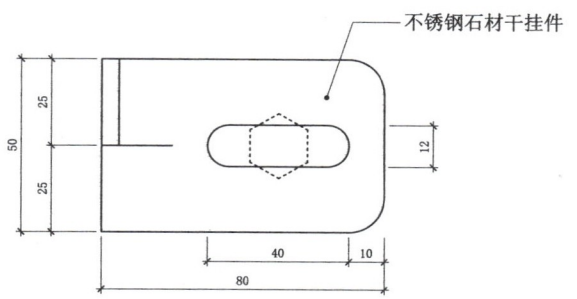

干挂件大样图

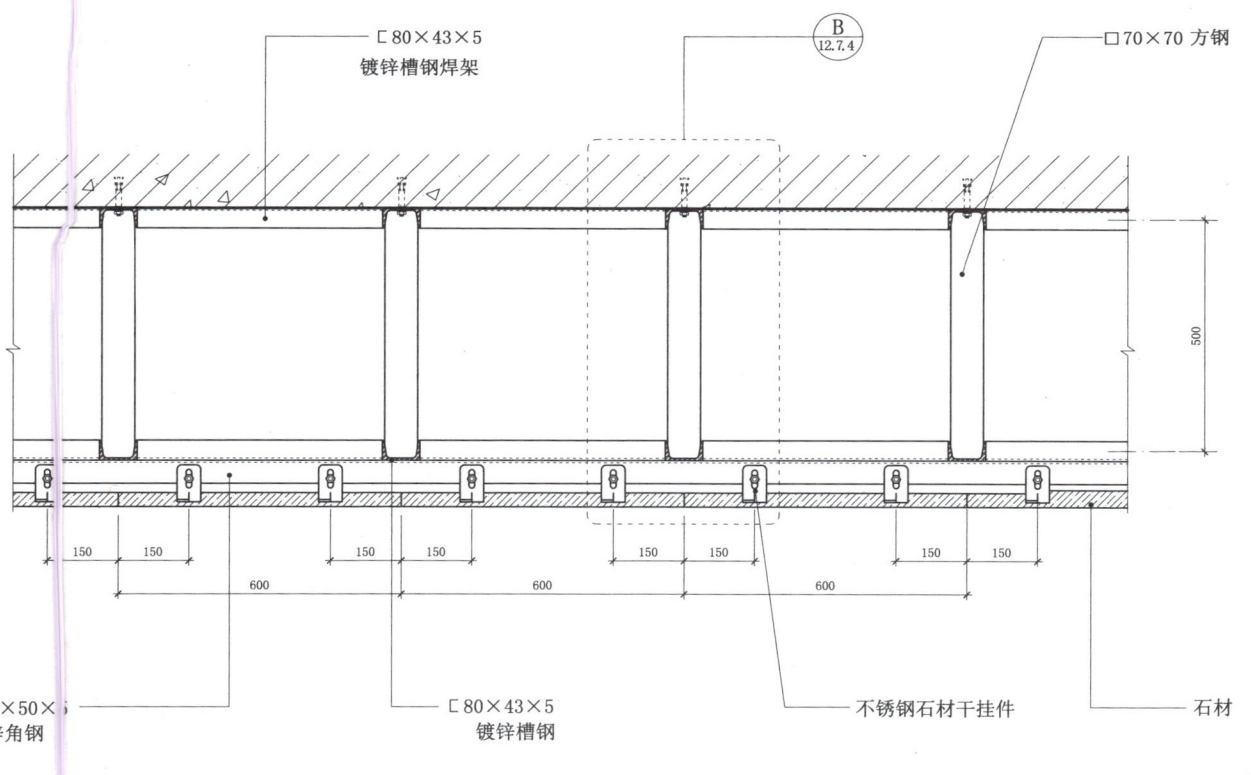

2 水平剖面图

12.7 石材离墙干挂

12.7.4

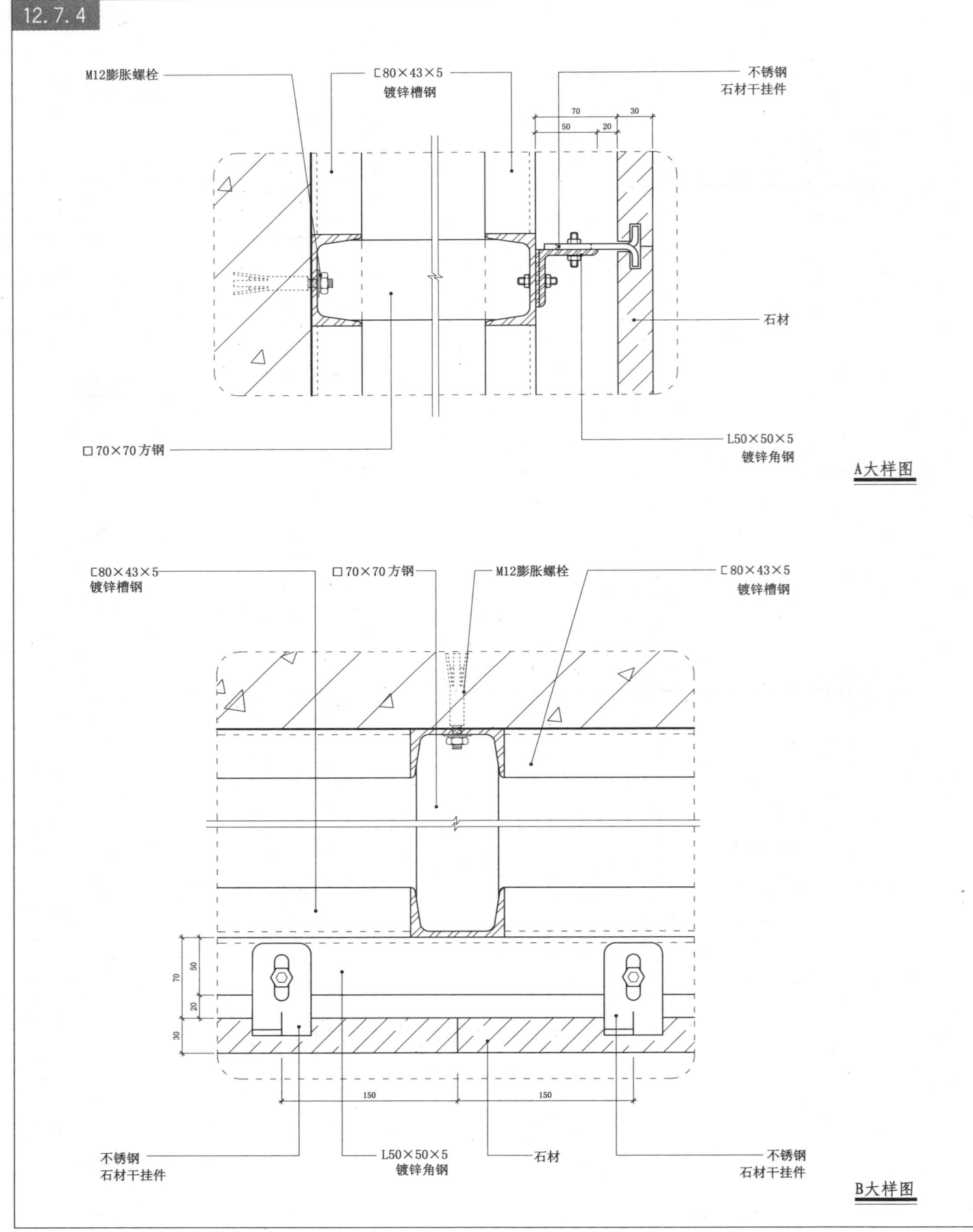

A大样图

B大样图

12.8 石材干挂幕墙

12 石材构造 · 骨架构造

12.8.1

立面图

标注：中灰色涂料、白色微晶石、中灰色涂料、中灰色烤漆、中灰色烤漆

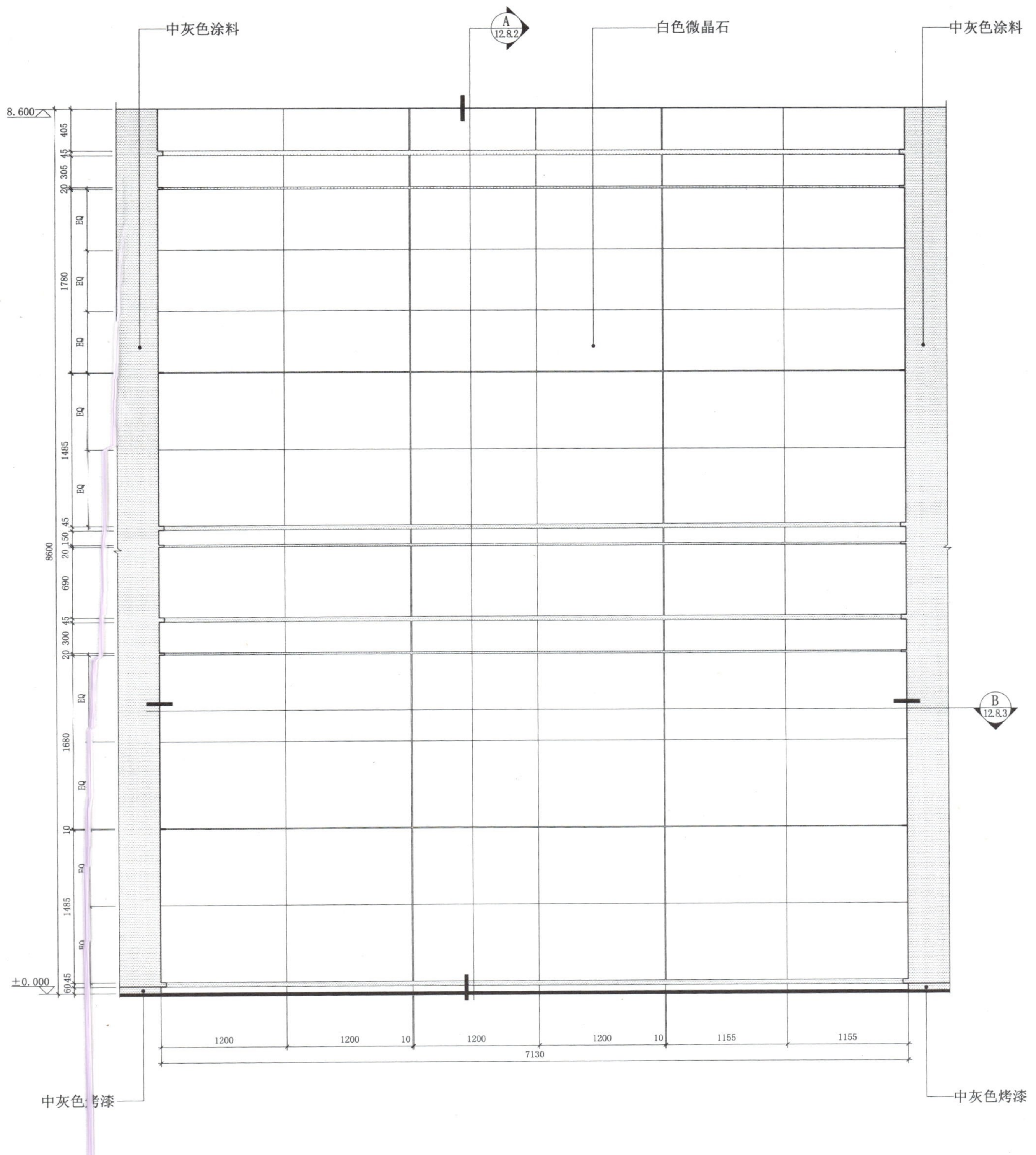

尺寸（竖向，从上至下）：8.600；405；20, 305, 45；1780 EQ；1485 EQ；45, 150, 20；690；20, 300, 45；1680 EQ；10；1485 EQ；60, 45；±0.000；总高 8600

尺寸（横向）：1200 / 1200 / 10 / 1200 / 1200 / 10 / 1155 / 1155；总宽 7130

索引：A/12.8.2，B/12.8.3

室内构造节点与专项模式图集 | 511

12.8 石材干挂幕墙

石材构造·骨架构造

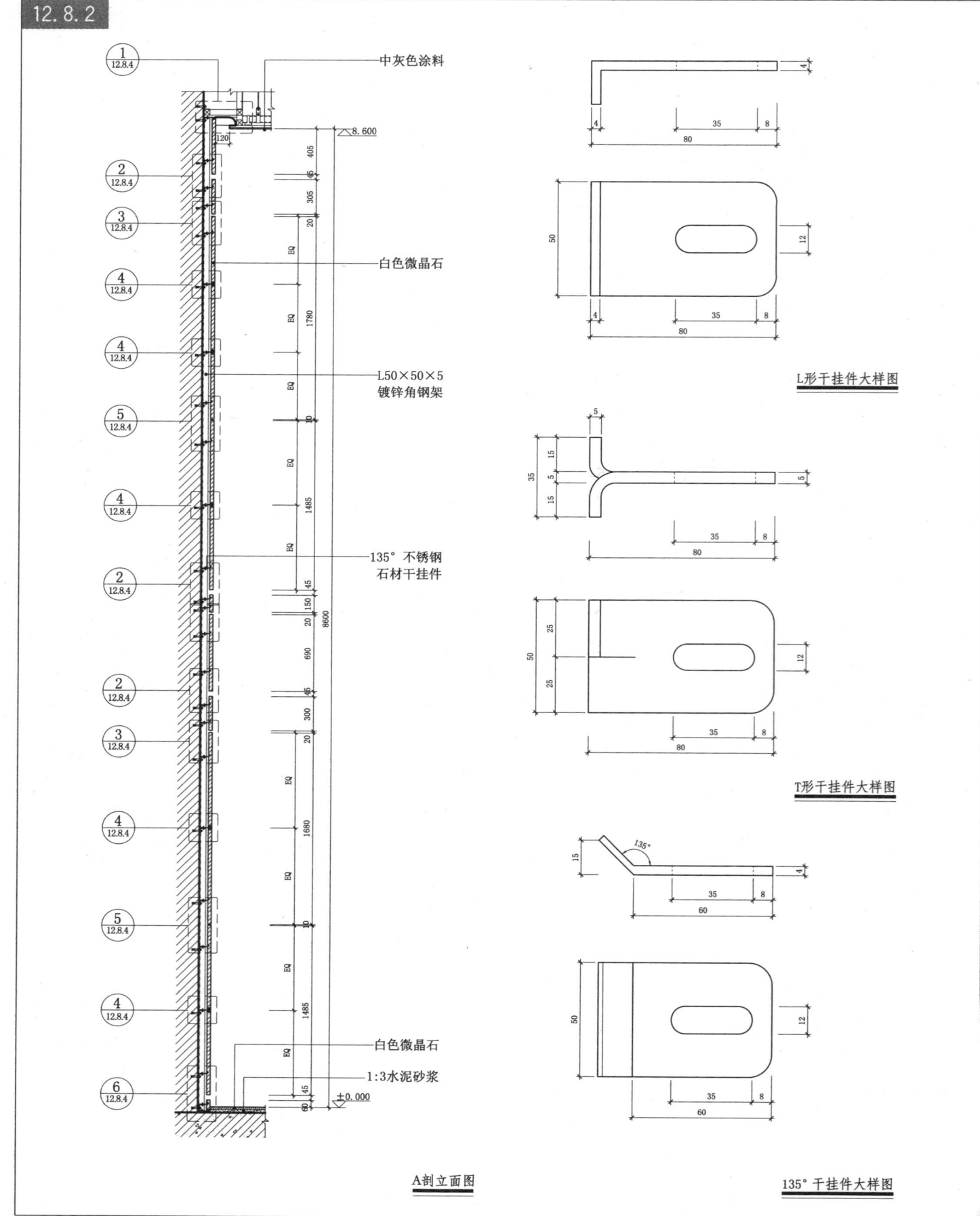

12.8.3
B剖面图
1节点图
2节点图
3节点图
中灰色涂料
白色微晶石
L50×50×5
镀锌角钢架
M12膨胀螺栓
T形不锈钢石材干挂件
不锈钢石材干挂件
7130
1200
1155
300
290
300/290
840
210
100
50
30
20
10
EQ

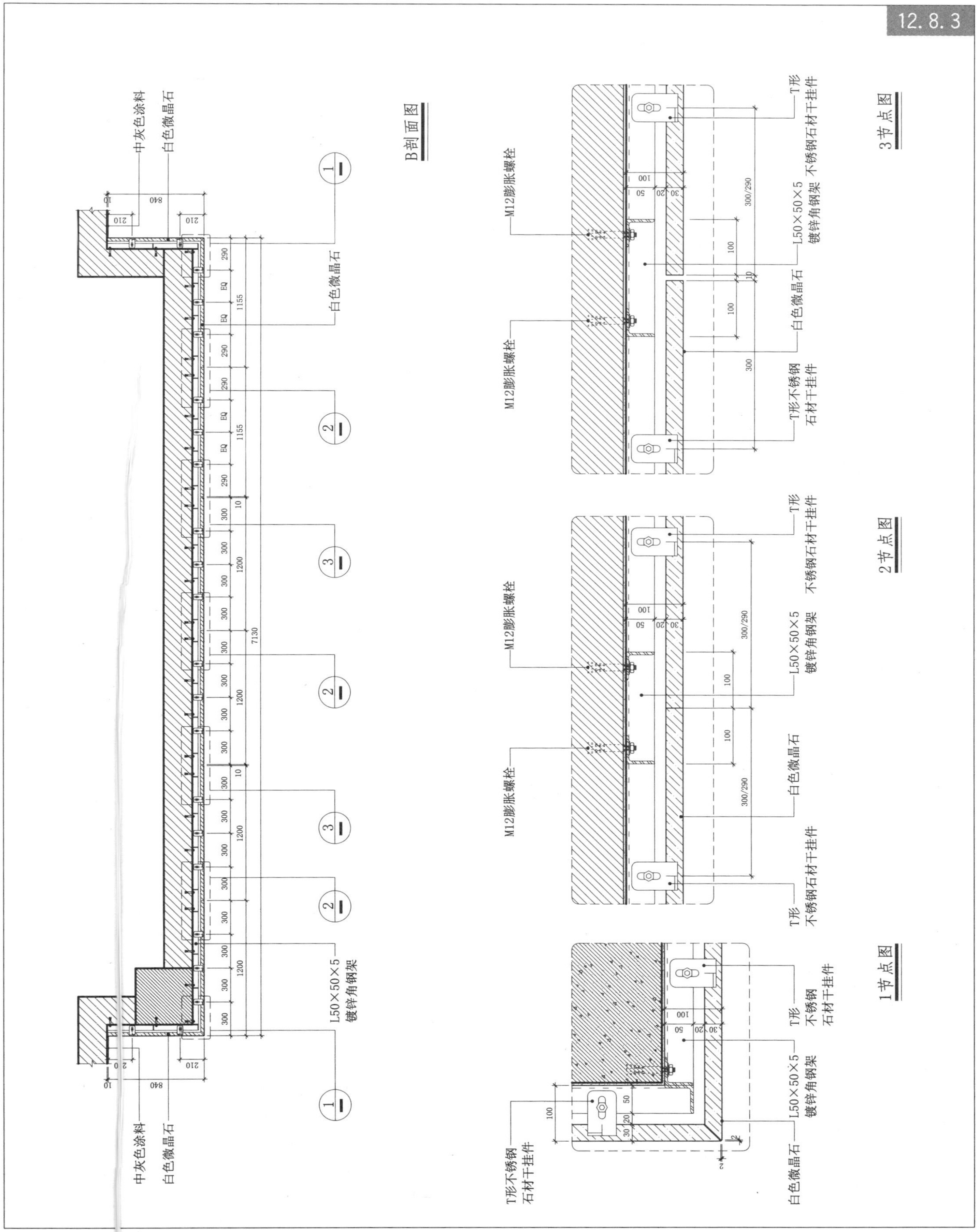

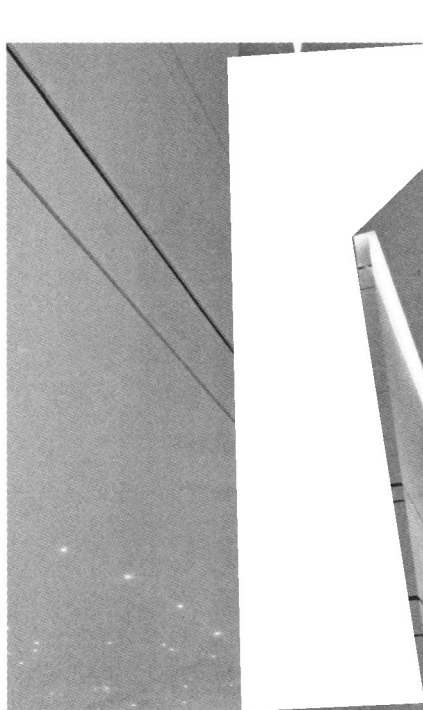

12.8 石材干挂幕墙

12.8.4

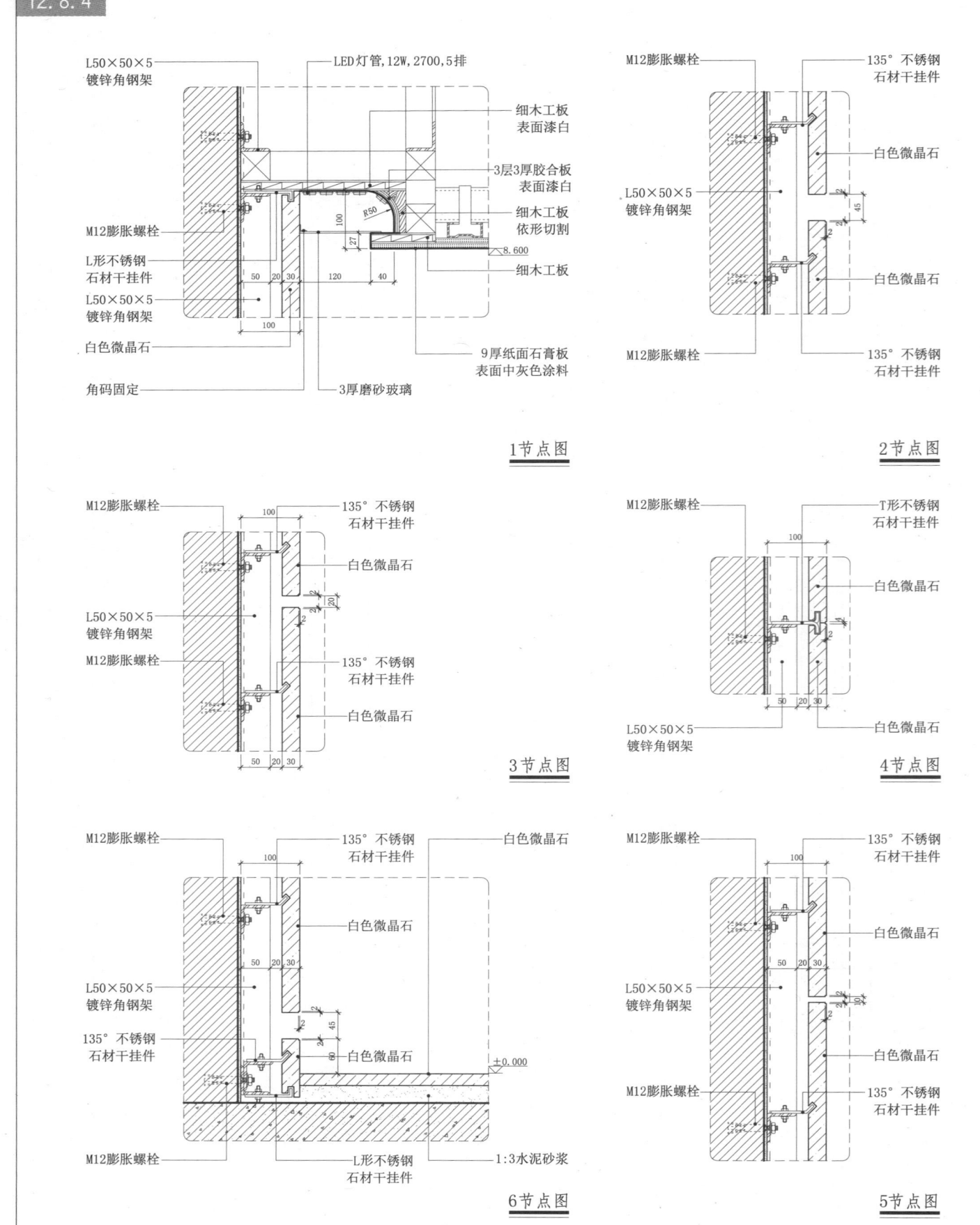

12.9 黑洞石墙面节点

石材构造·立面构造

12.9.1

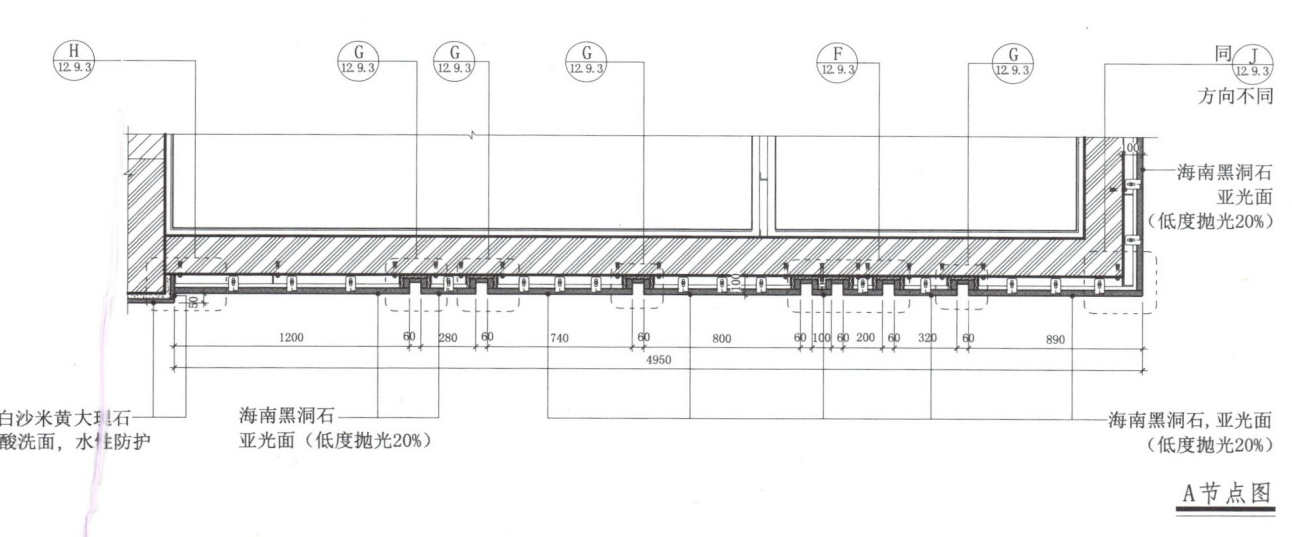

白沙米黄大理石 酸洗面，水性防护

海南黑洞石 亚光面（低度抛光20%）

海南黑洞石，亚光面（低度抛光20%）

A节点图

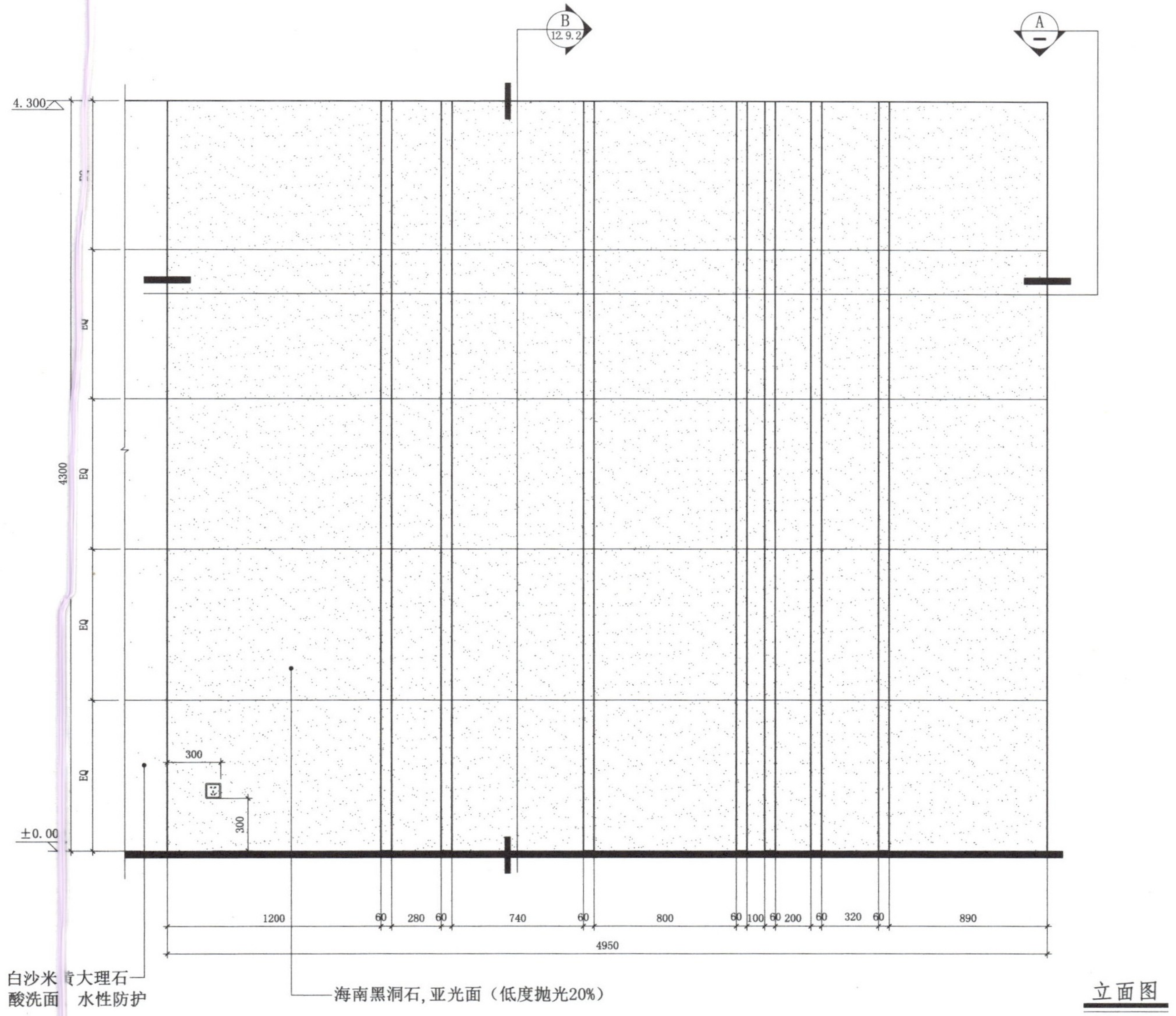

立面图

12.9 黑洞石墙面节点

12.9.2

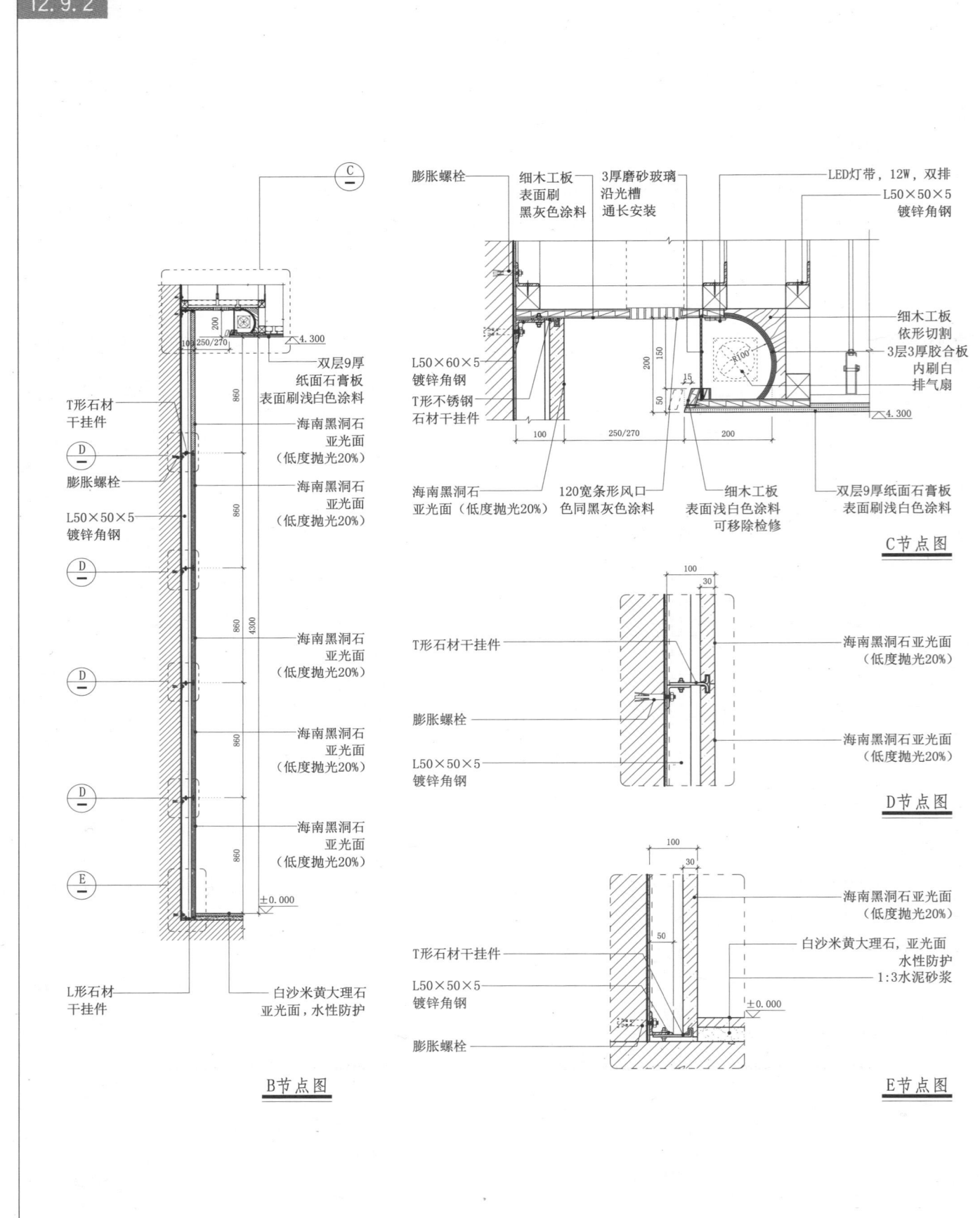

12.9 黑洞石墙面节点

12.9.3

石材构造·立面构造

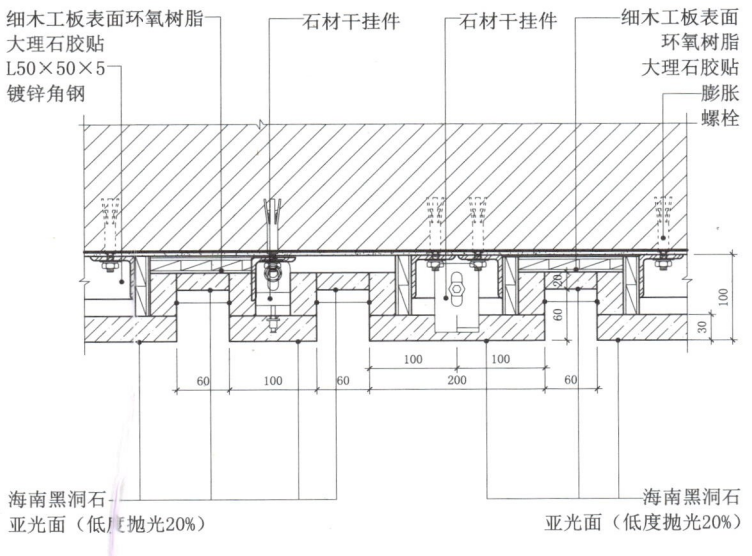

F节点图

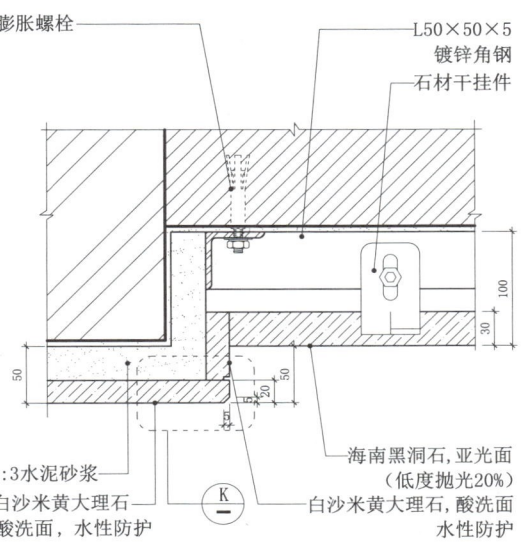

H节点图

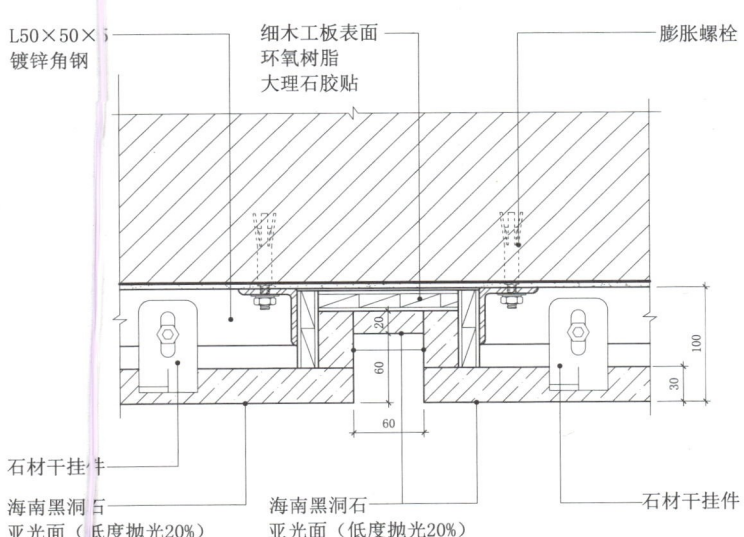

G节点图

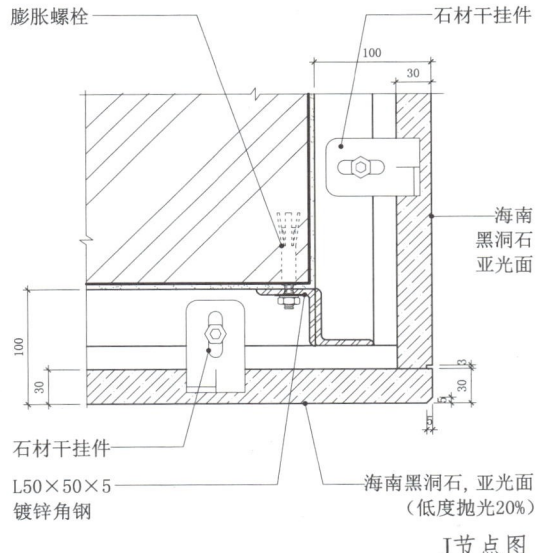

J节点图

K节点图

12.10 石材干挂接缝节点

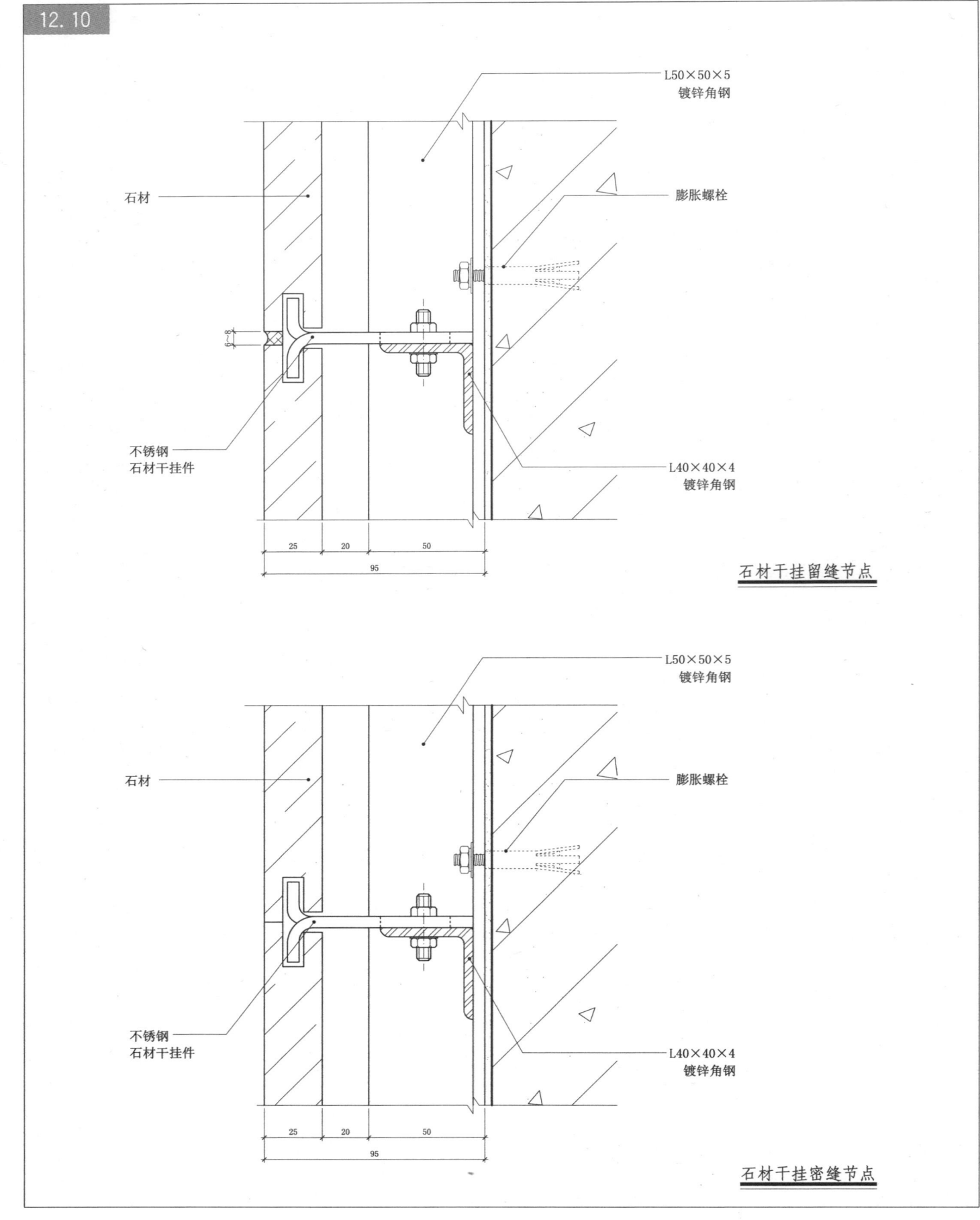

石材干挂留缝节点

石材干挂密缝节点

12.11 外墙石材幕墙节点

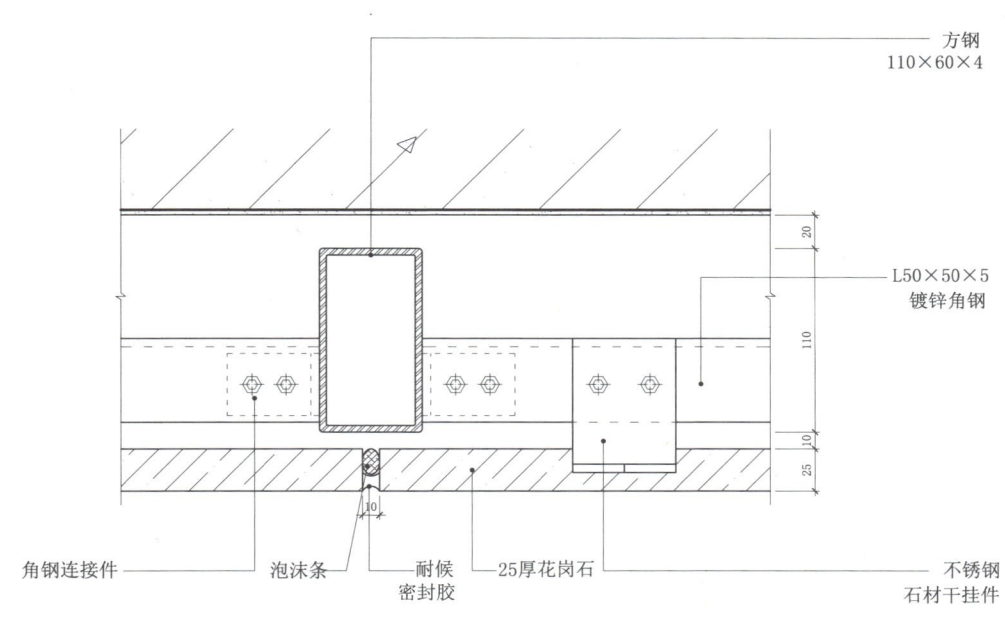

横向剖面节点图

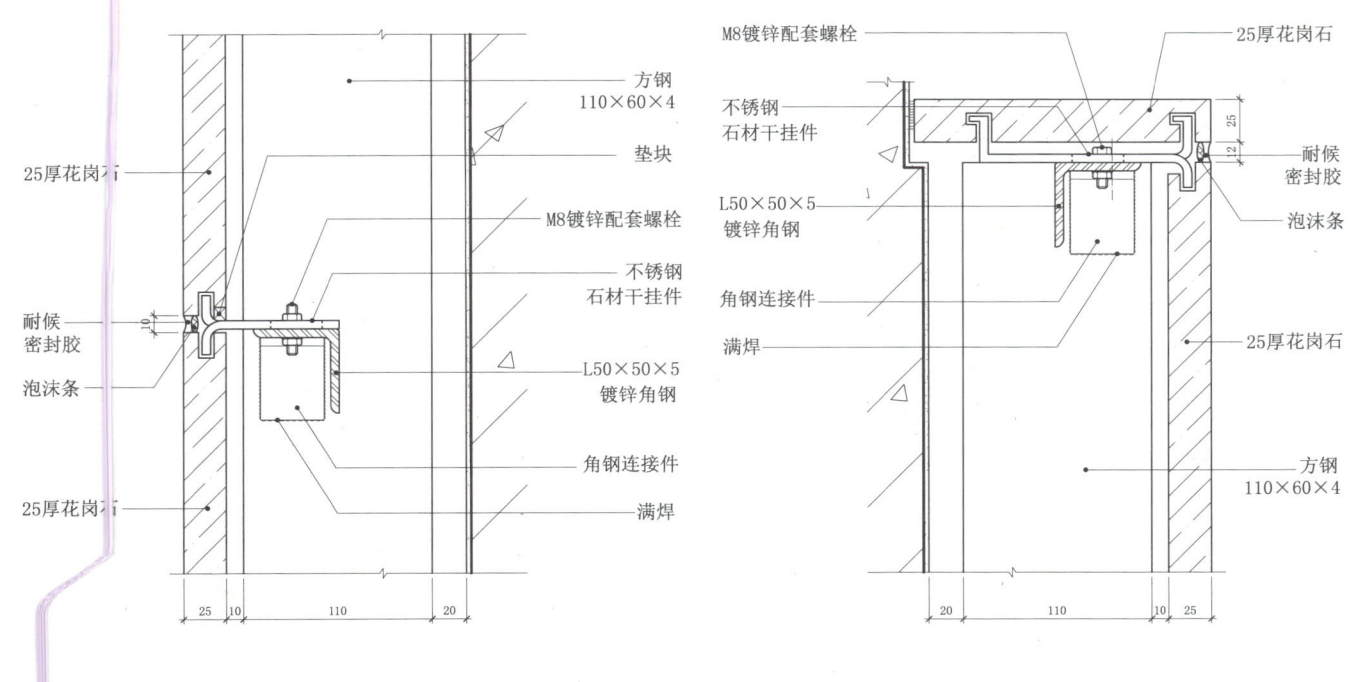

纵向剖面节点图　　　　转角剖面节点图

12.12 氟维特板节点

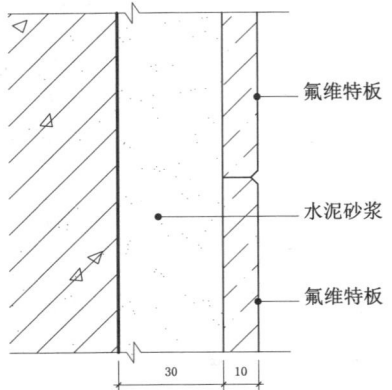

氟维特板湿贴式安装（密缝）纵剖面图

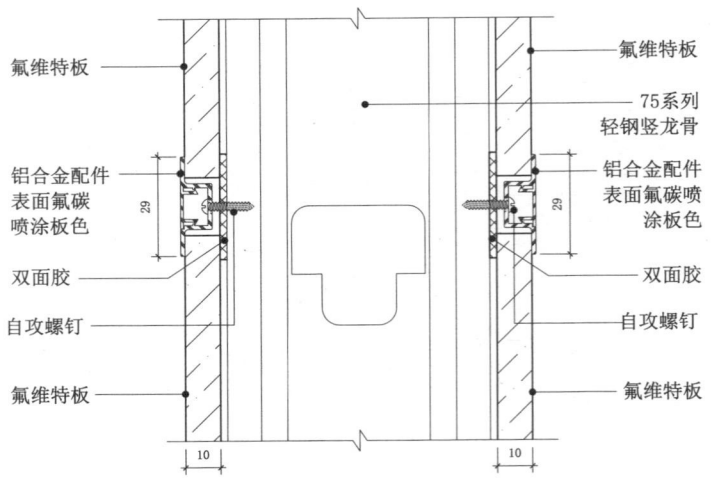

氟维特板隔墙系统压条式安装纵剖面图

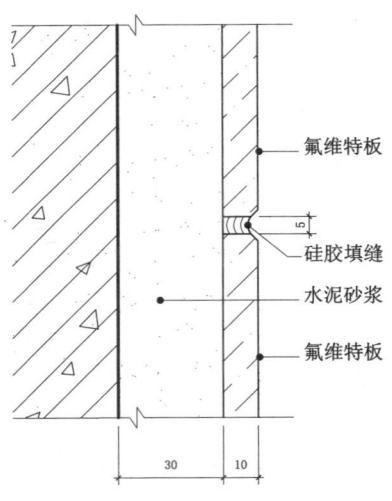

氟维特板湿贴式安装（留缝）纵剖面图

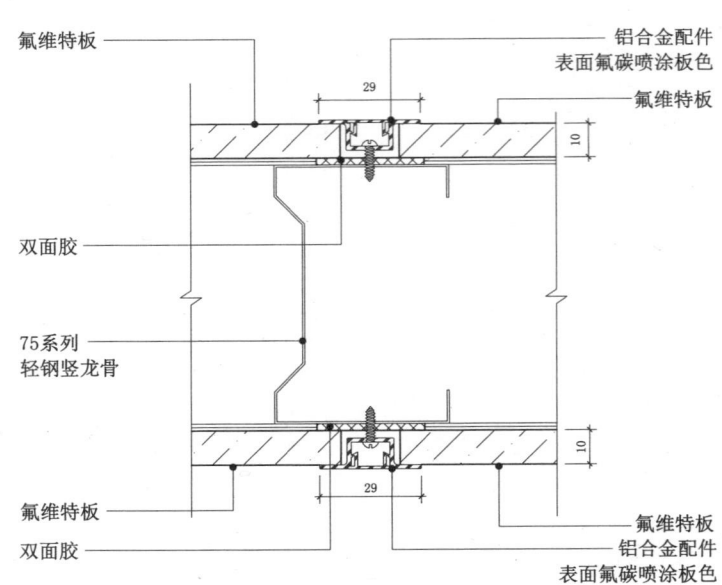

氟维特板隔墙系统压条式安装横剖面图

12.13 花岗石地坪伸缩缝

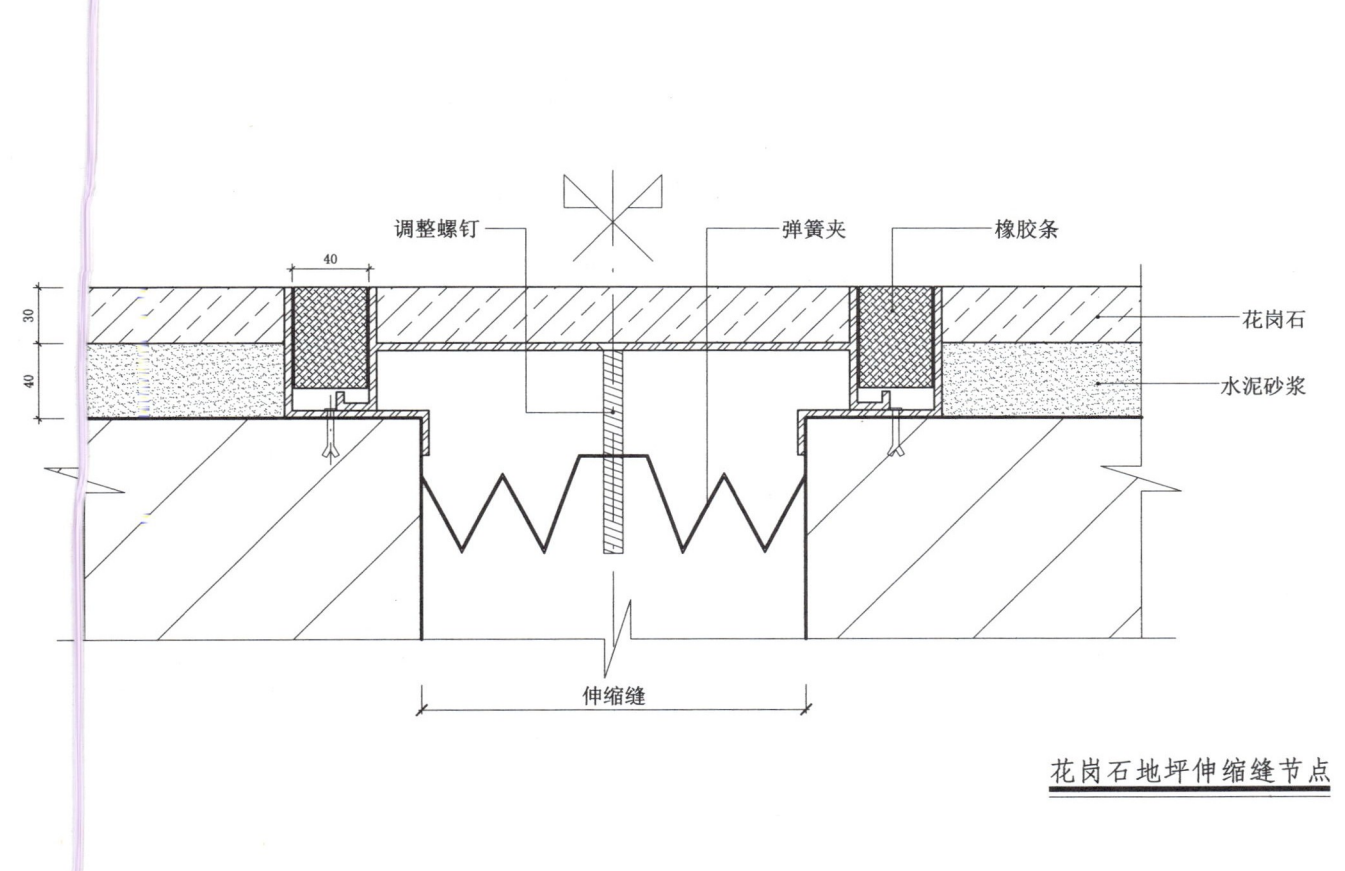

花岗石地坪伸缩缝节点

12 石材构造·沉降缝构造

12.14 石材暗门（一）

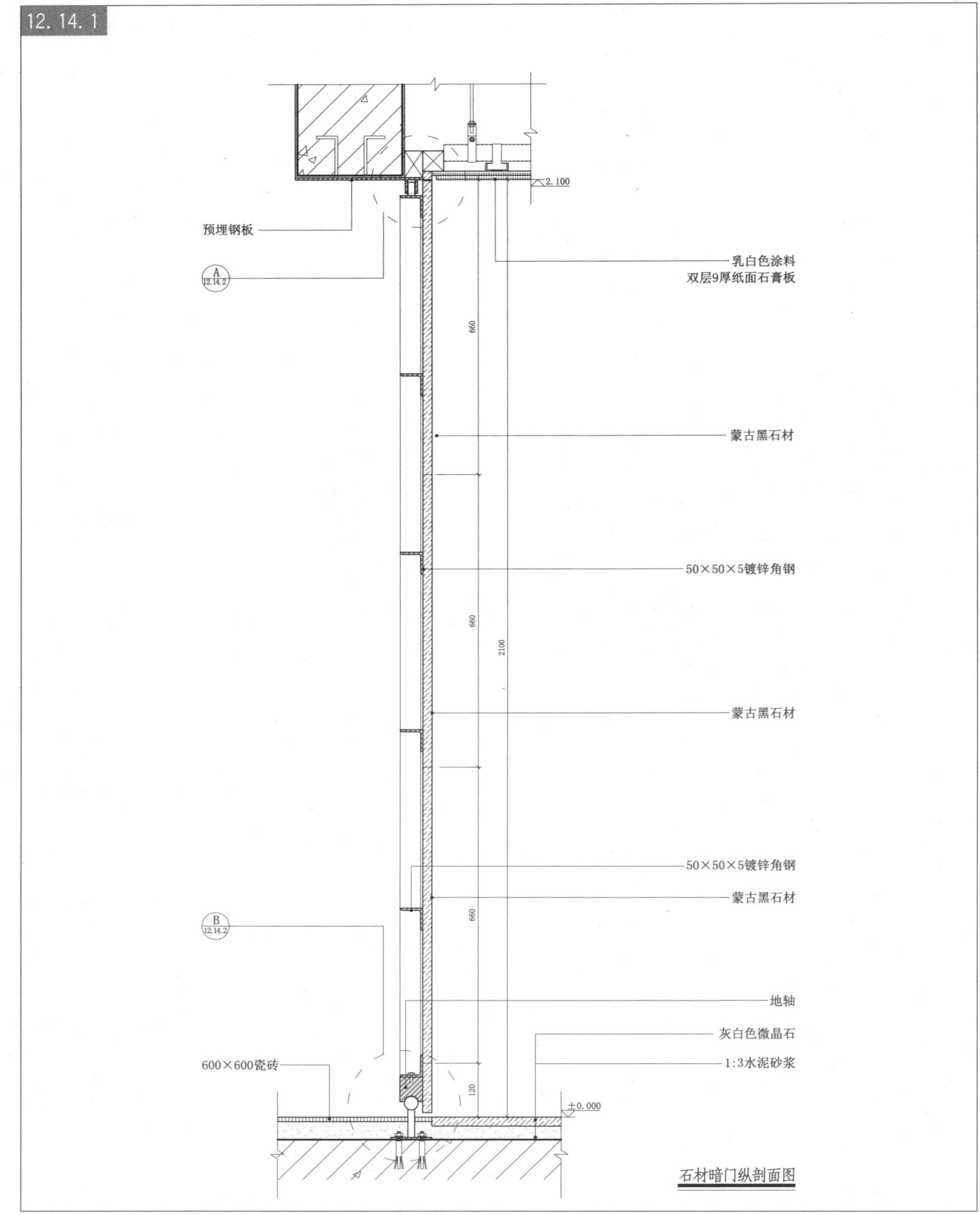

石材暗门纵剖面图

12.14 石材暗门(一)

12 石材构造·门窗构造

12.14.2

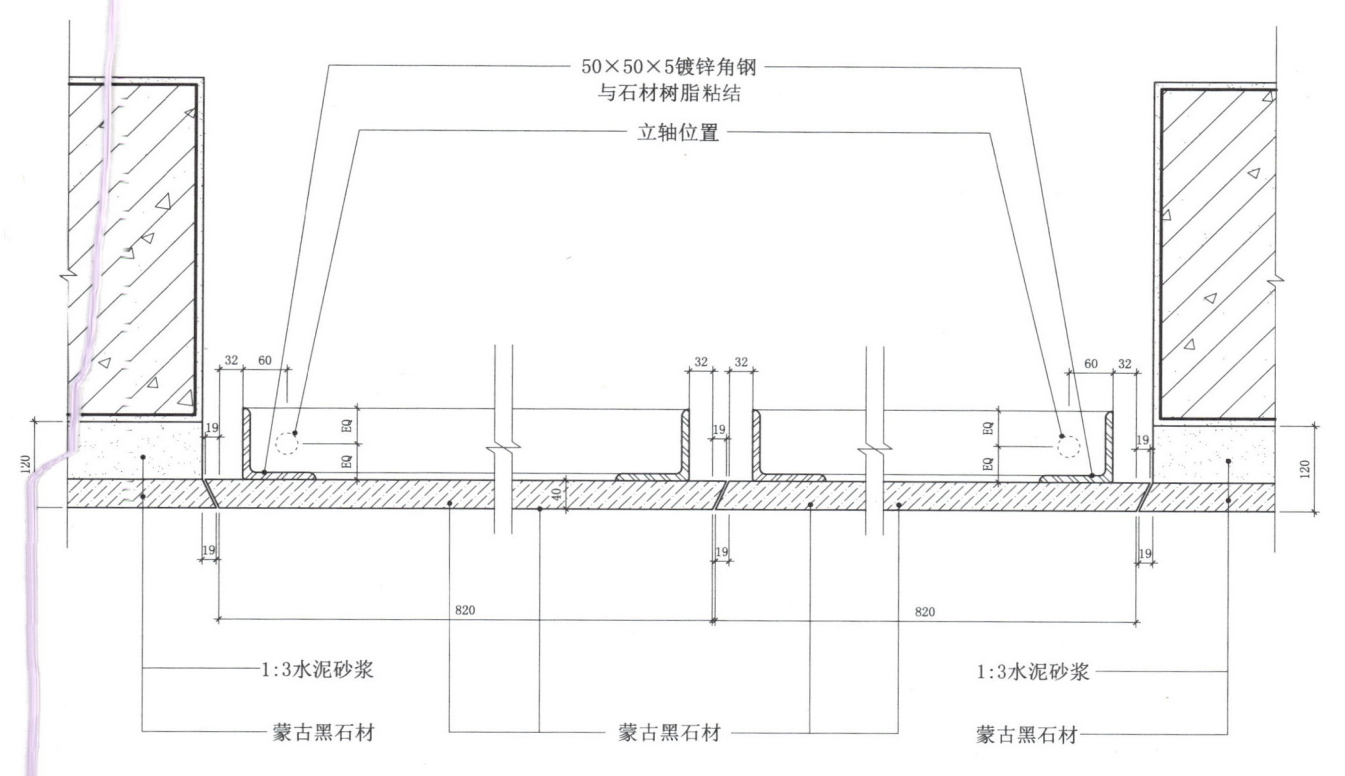

石材暗门横剖面图

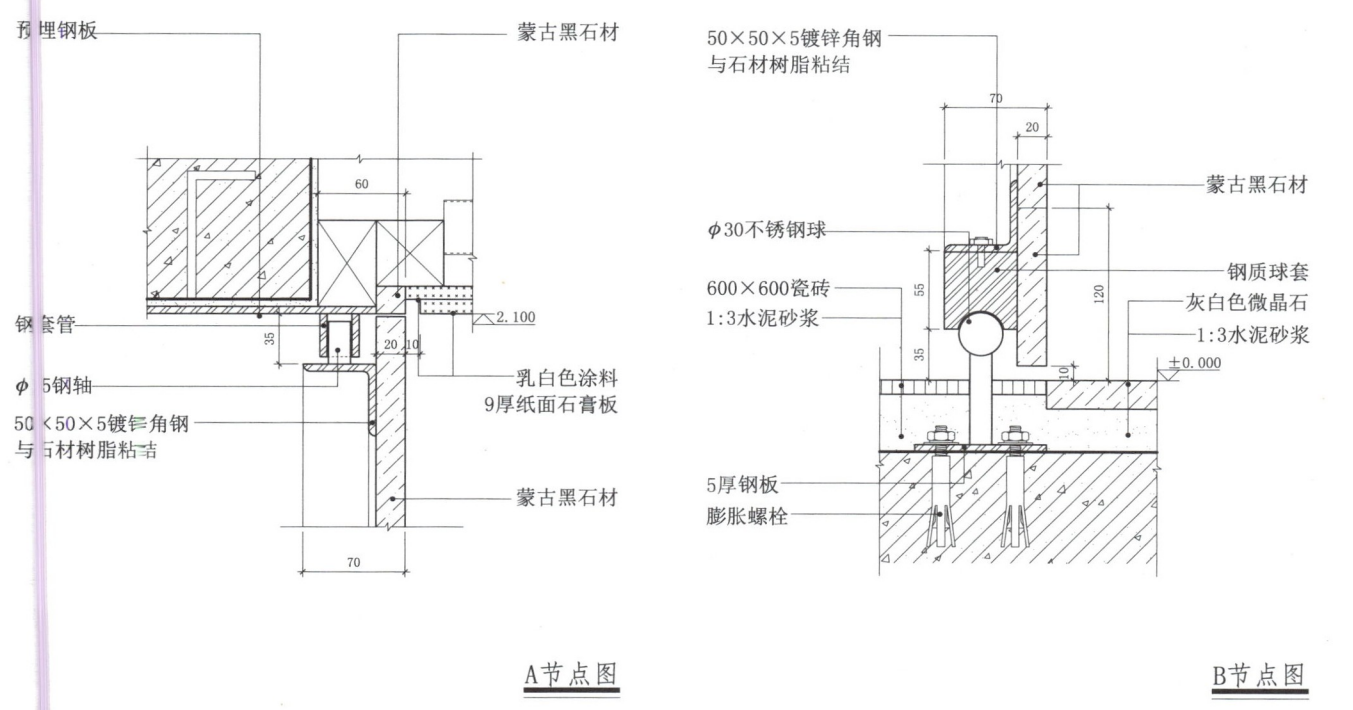

A节点图　　　　　　　　B节点图

12.15 石材暗门(二)

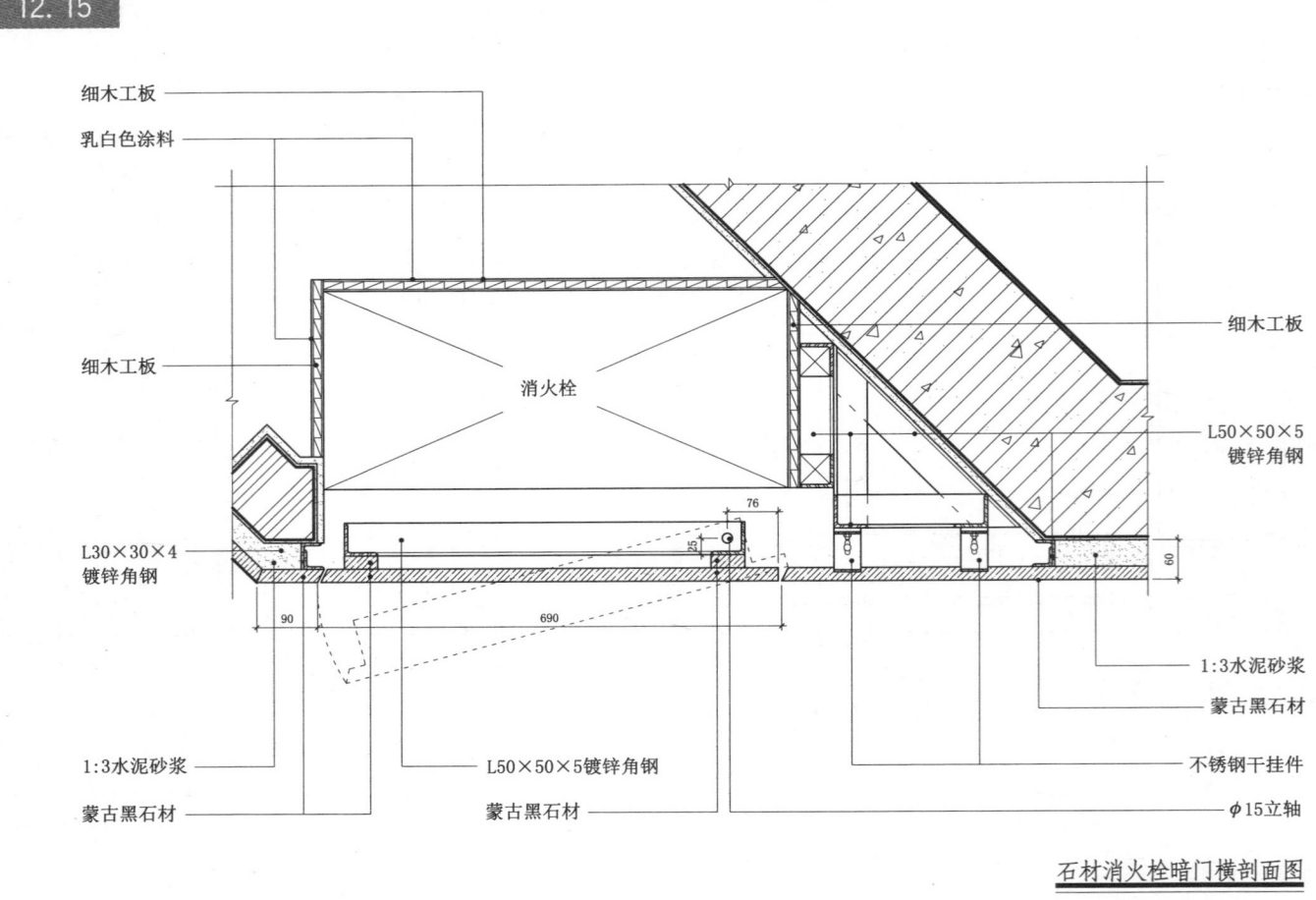

石材消火栓暗门横剖面图

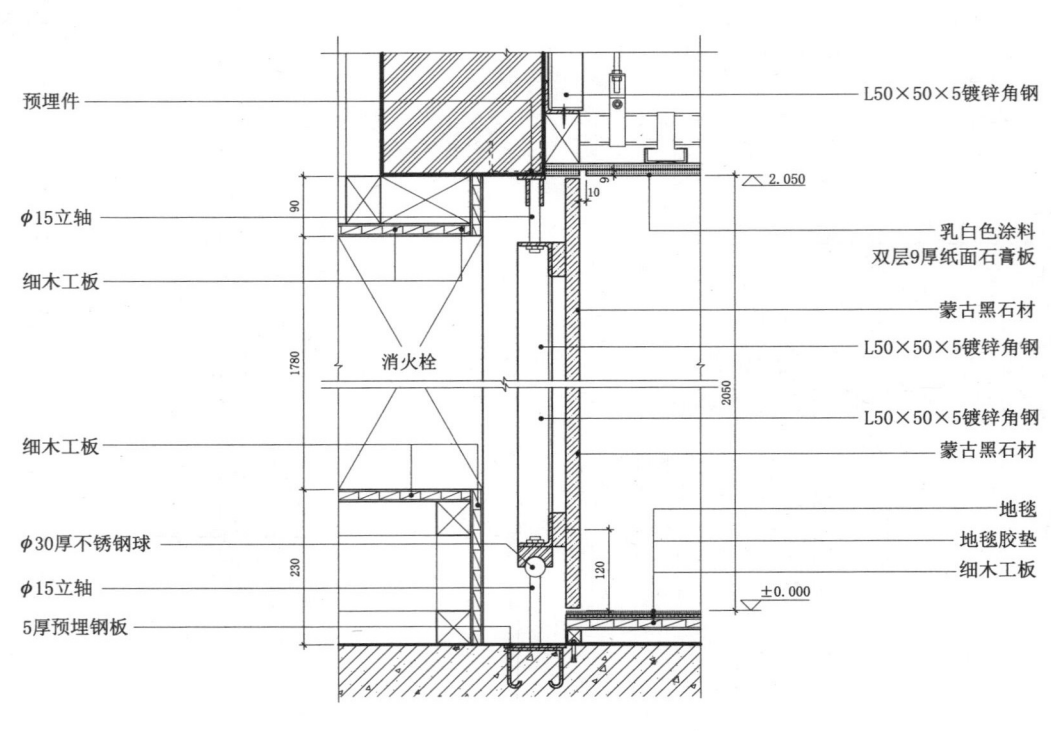

石材消火栓暗门纵剖面图

12.16 金属玻璃门构造

12 石材构造·门窗构造

12.16.1

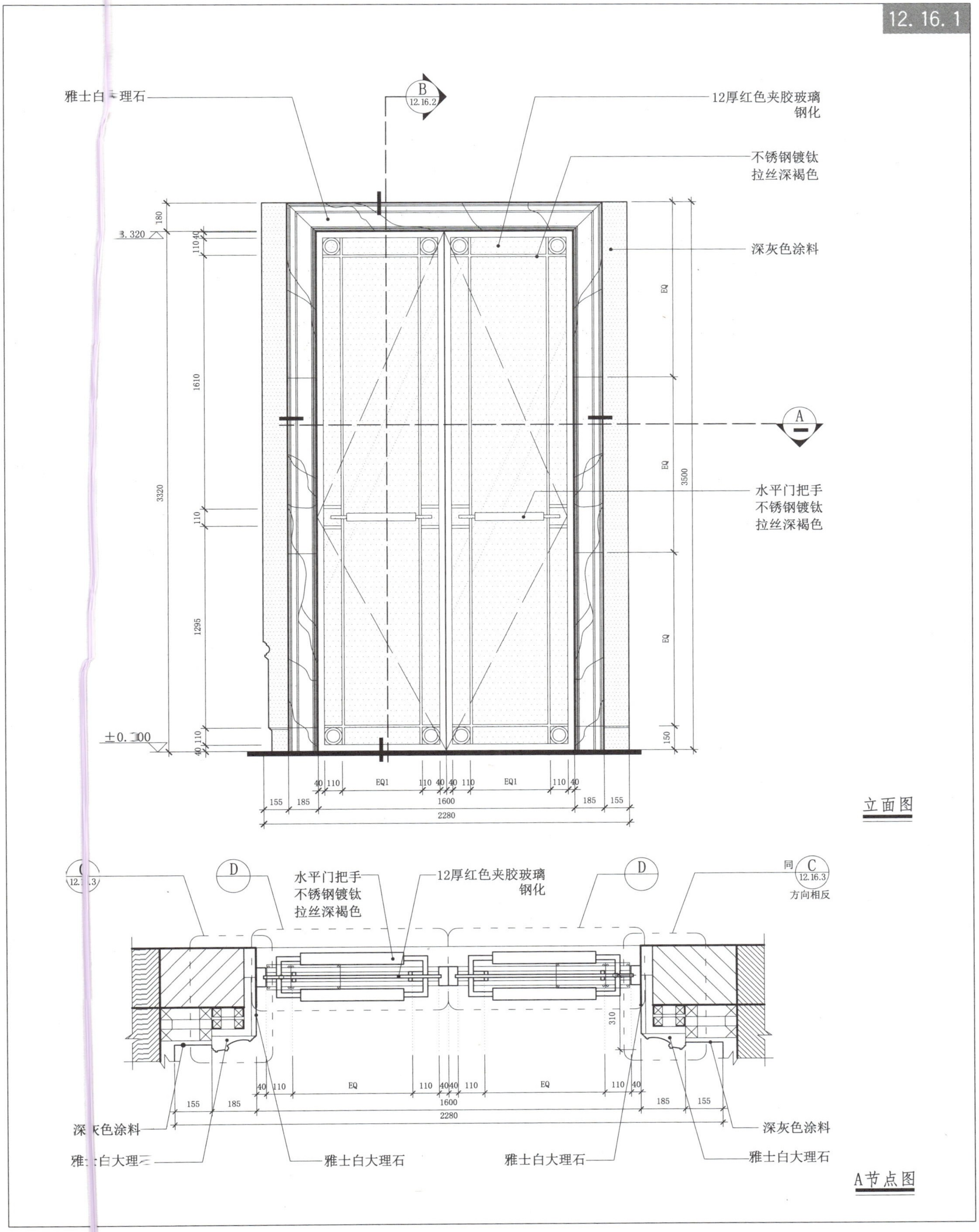

立面图

A节点图

标注：
- 雅士白大理石
- 12厚红色夹胶玻璃钢化
- 不锈钢镀钛拉丝深褐色
- 深灰色涂料
- 水平门把手 不锈钢镀钛拉丝深褐色
- 深灰色涂料
- 雅士白大理石

室内构造节点与专项模式图集 | 525

12.16 金属玻璃门构造

12.16.2

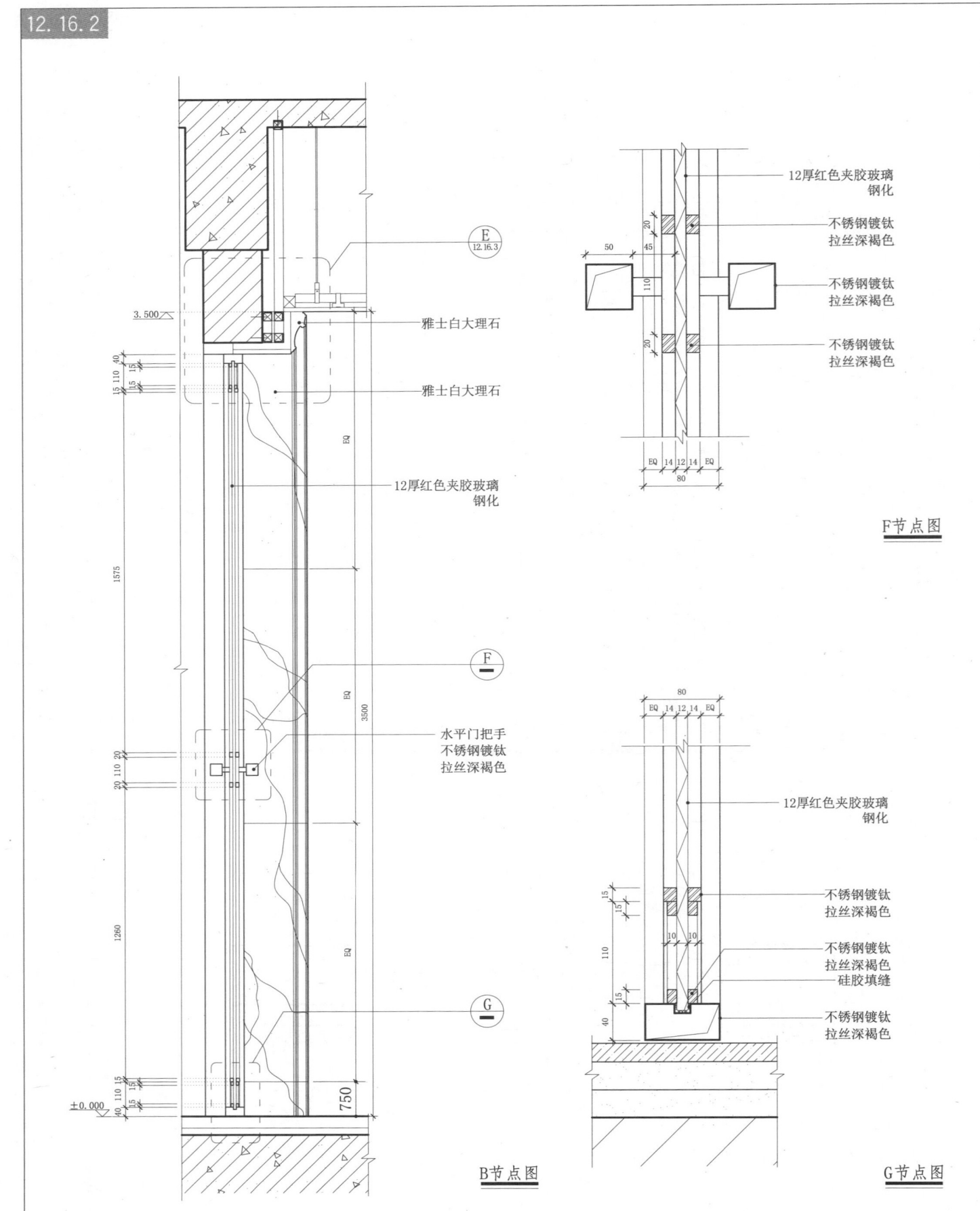

B节点图　　F节点图　　G节点图

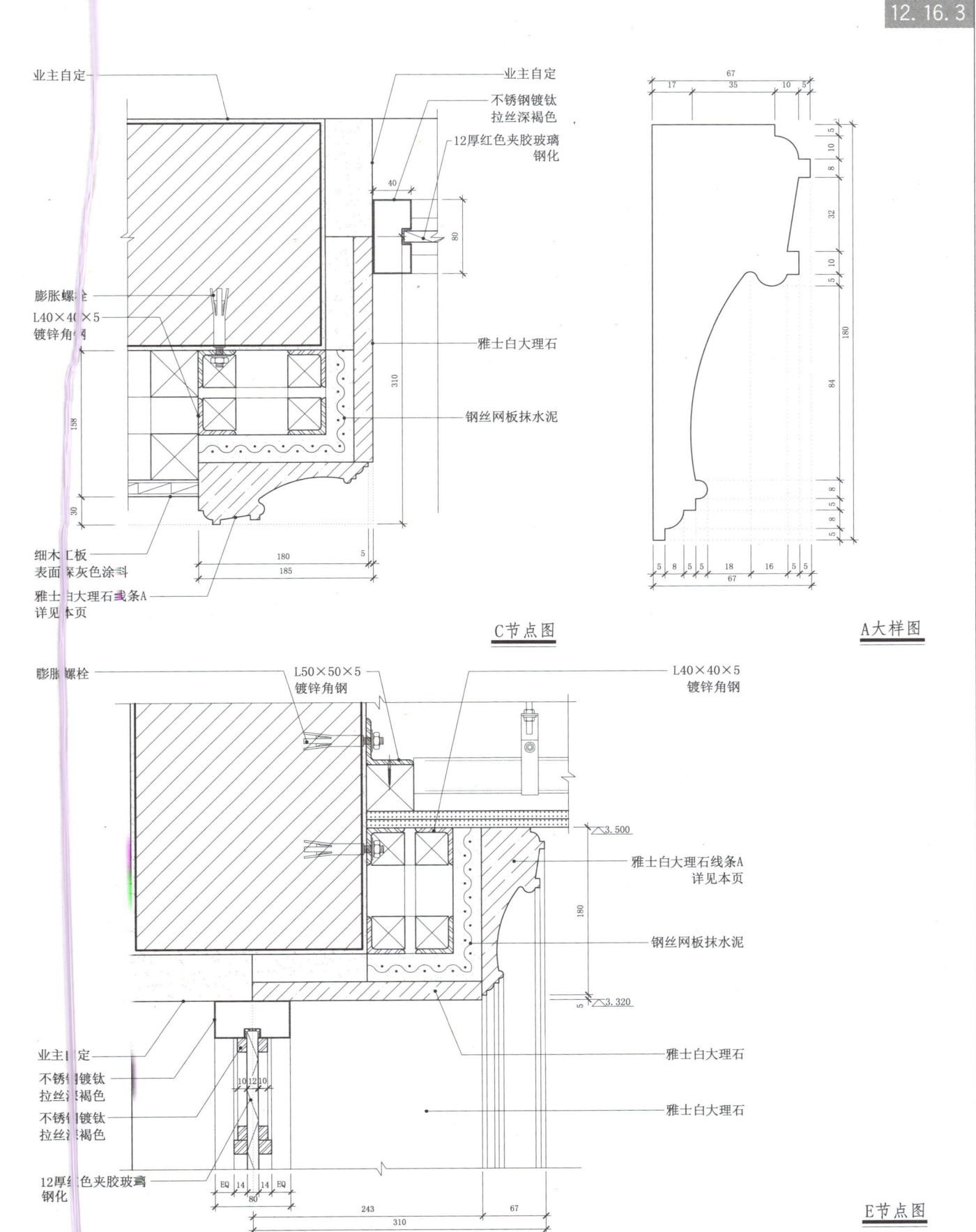

12 石材构造

12.17 石材复合铝蜂窝板吊顶节点

- 顶面构造
- 幕墙构造
- 金属构造

节点图(一)

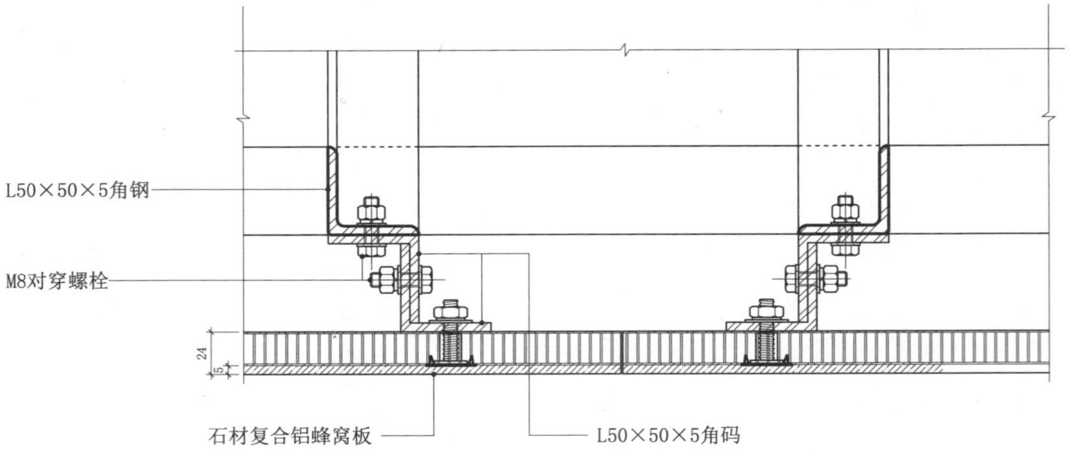

- L50×50×5角钢
- M8对穿螺栓
- 石材复合铝蜂窝板
- L50×50×5角码

节点图(二)

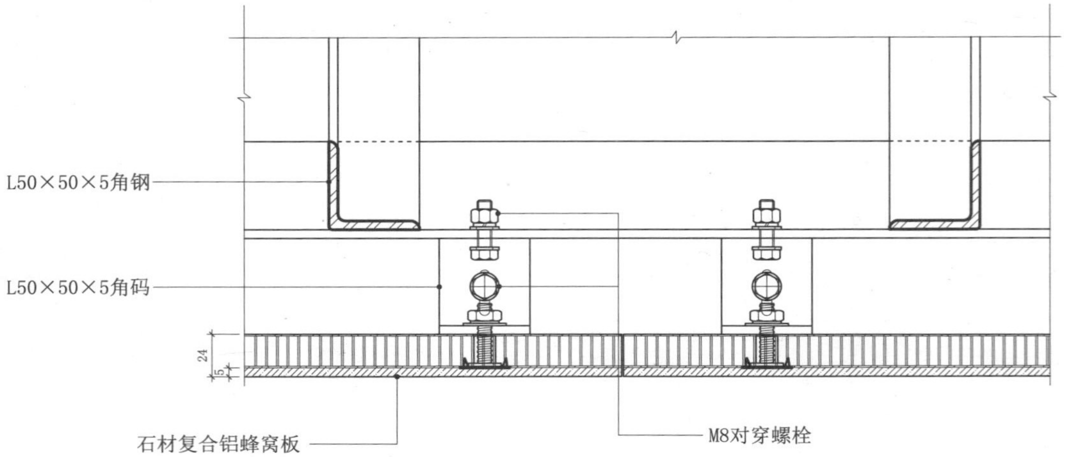

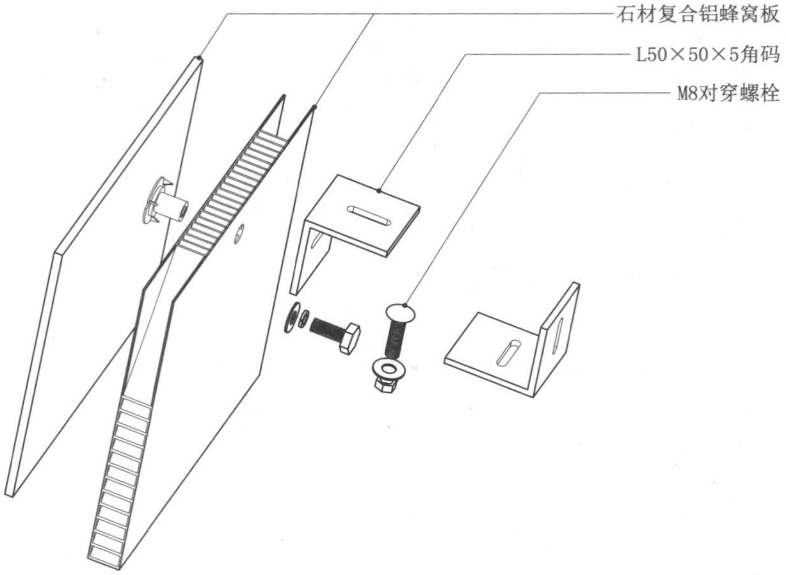

- L50×50×5角钢
- L50×50×5角码
- 石材复合铝蜂窝板
- M8对穿螺栓

安装示意图

- 石材复合铝蜂窝板
- L50×50×5角码
- M8对穿螺栓

12.18 石材吊顶节点

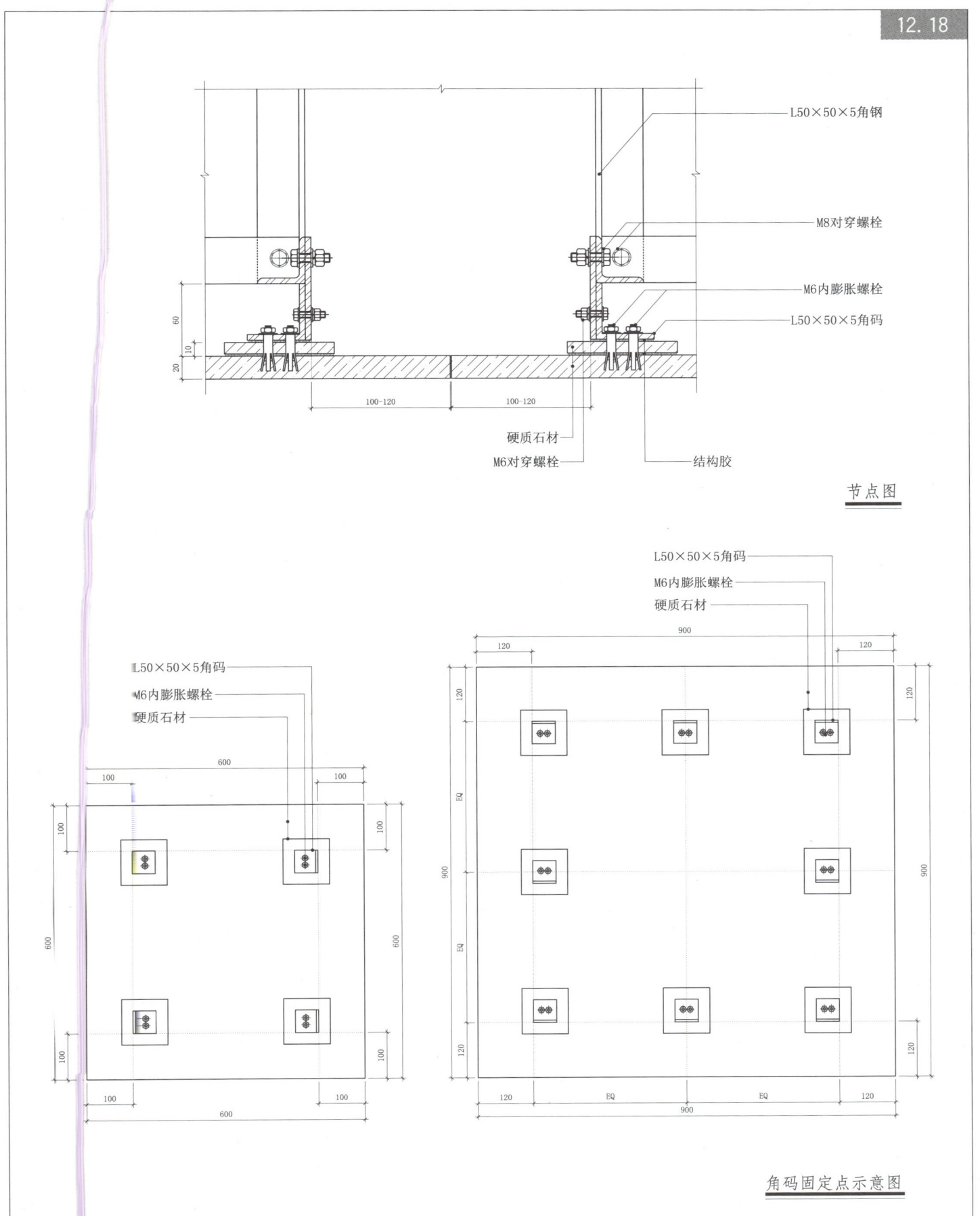

节点图

角码固定点示意图

13 金属构造·楼梯及扶手、栏杆构造

13.1 金属栏杆扶手

13.1.1

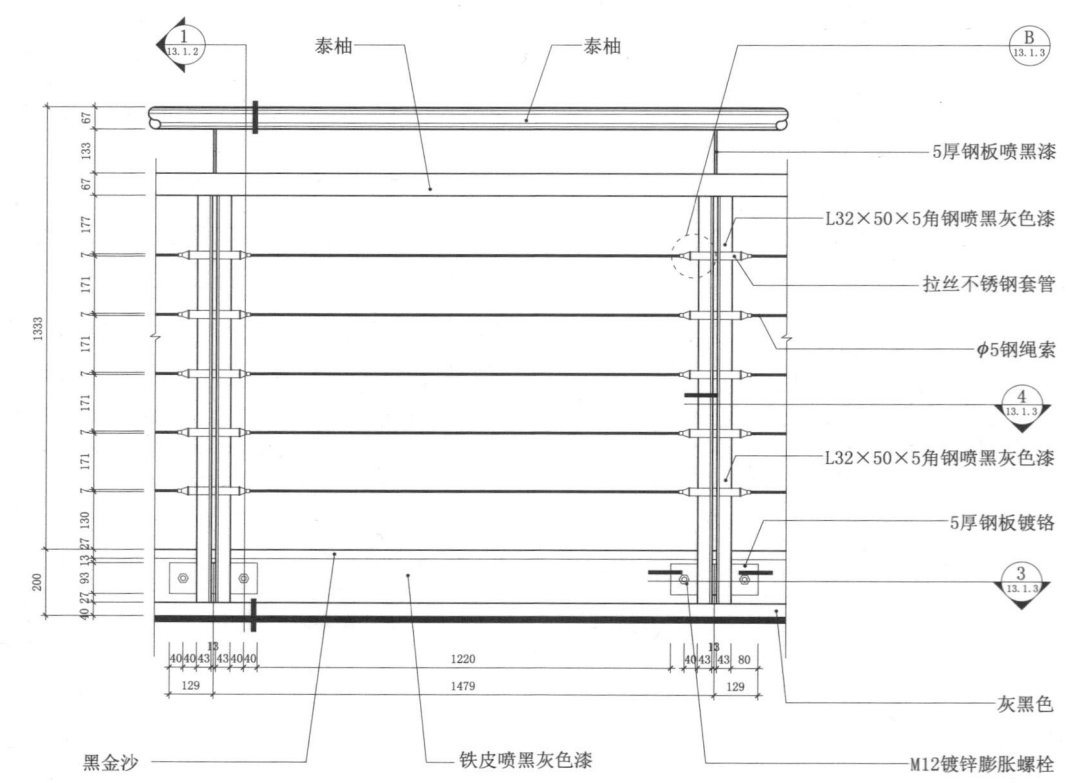

金属栏杆扶手立面图

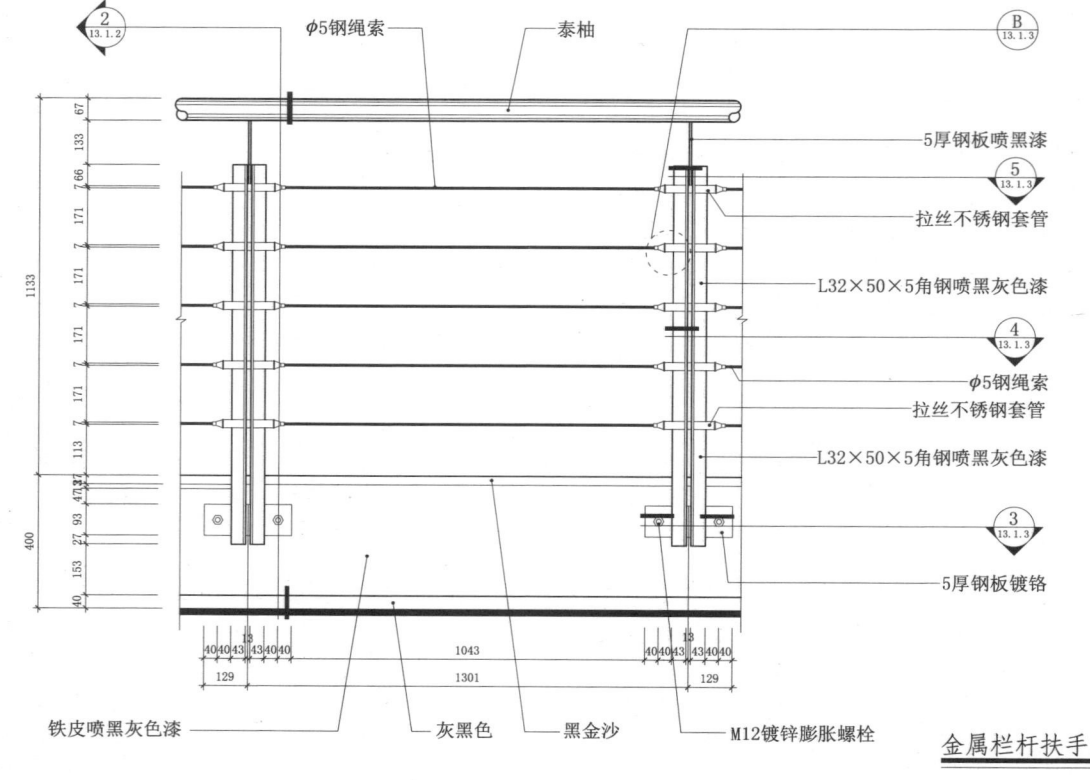

金属栏杆扶手立面图

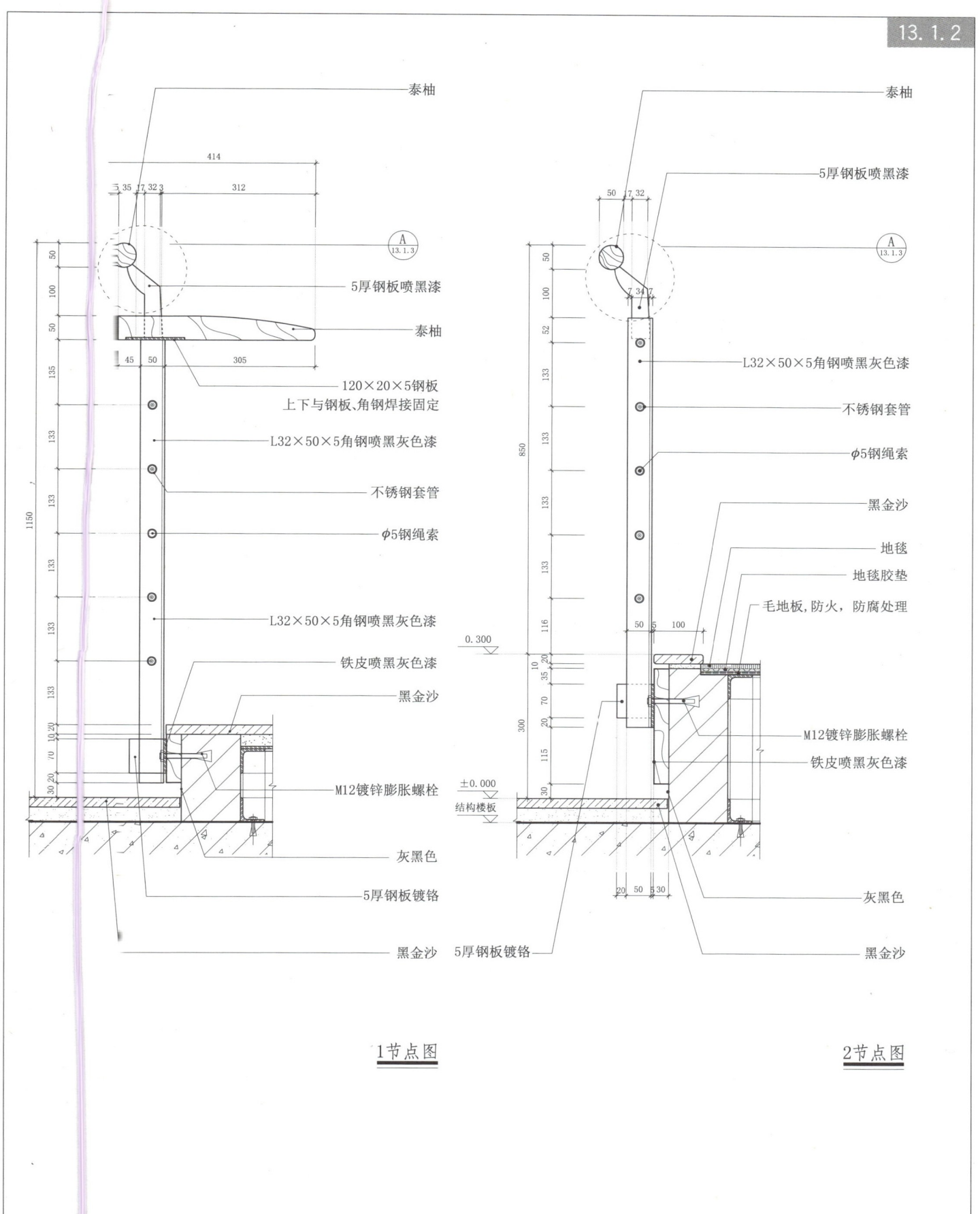

13 金属构造·楼梯及扶手、栏杆构造

13.1 金属栏杆扶手

13.1.3

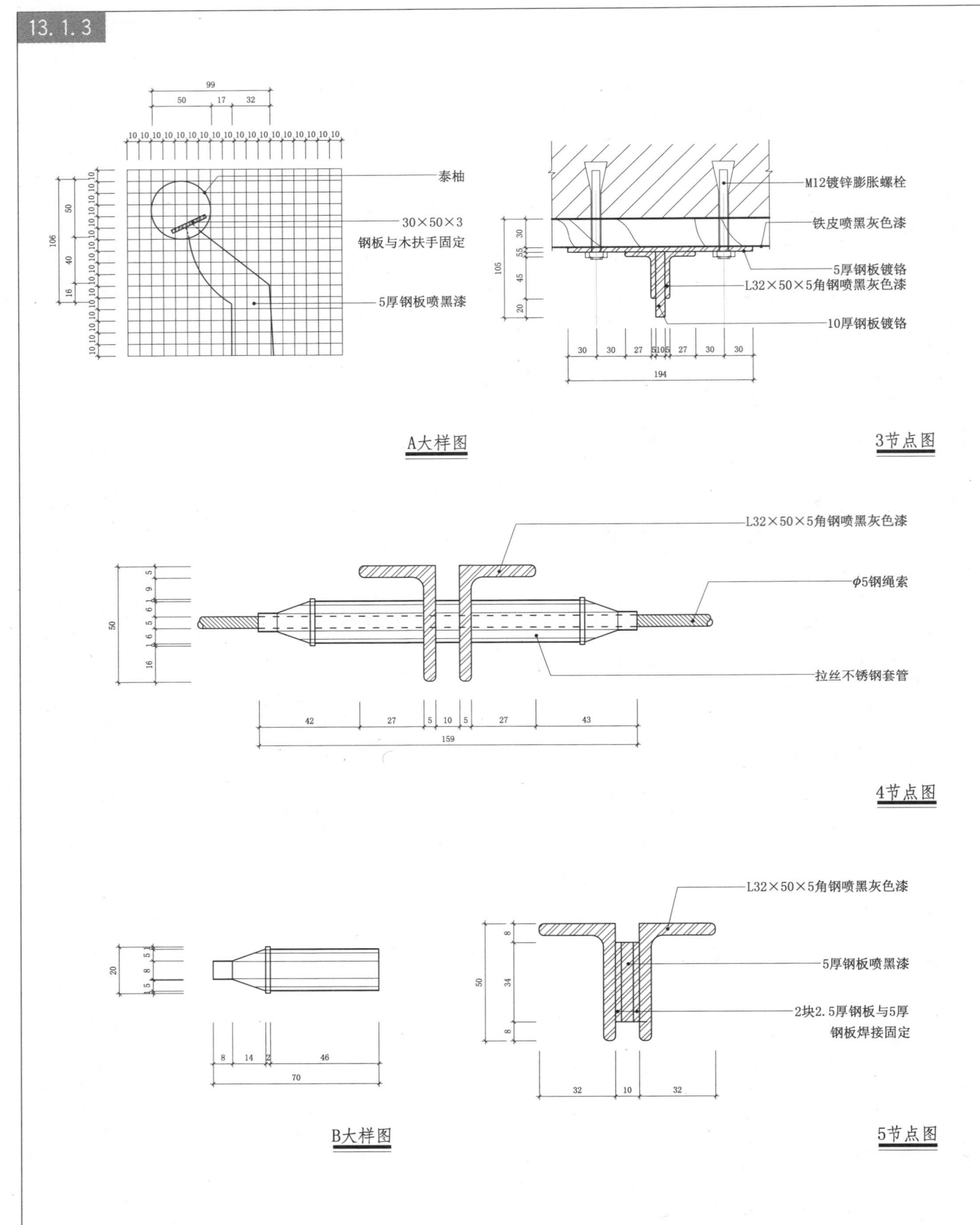

13.2 钢结构栏杆节点

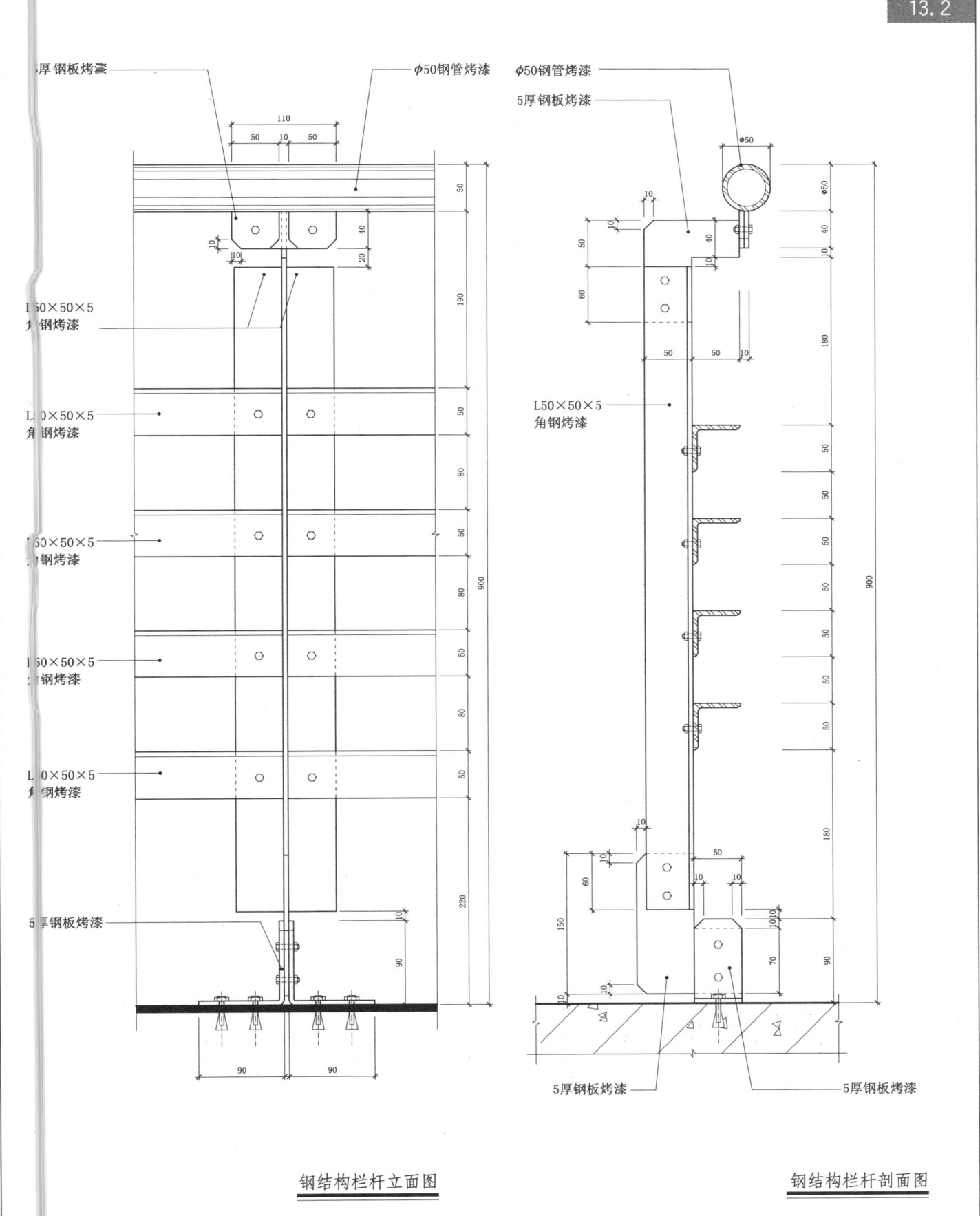

钢结构栏杆立面图　　　钢结构栏杆剖面图

13.3 玻璃栏板扶手节点

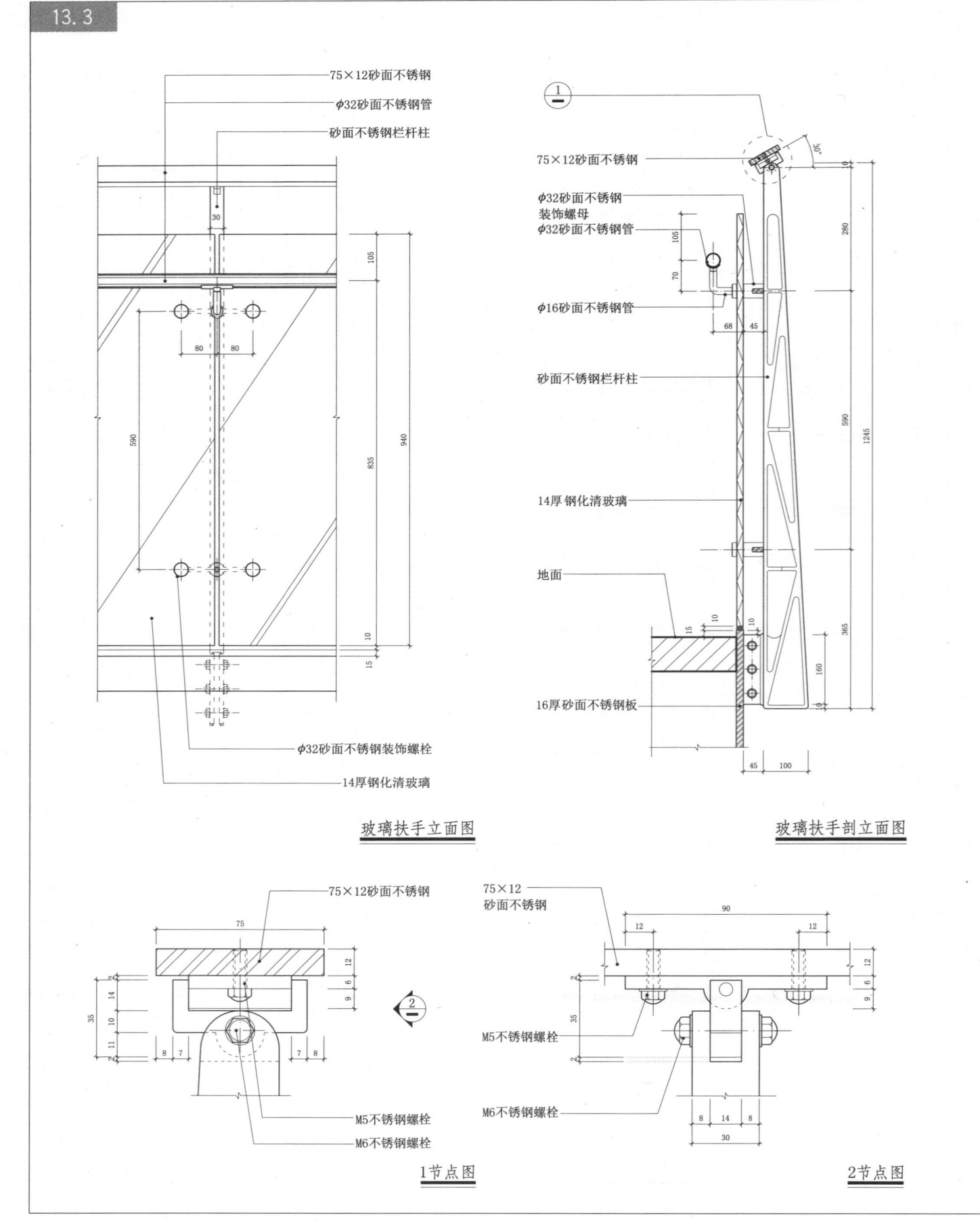

13.4 网板不锈钢隔断

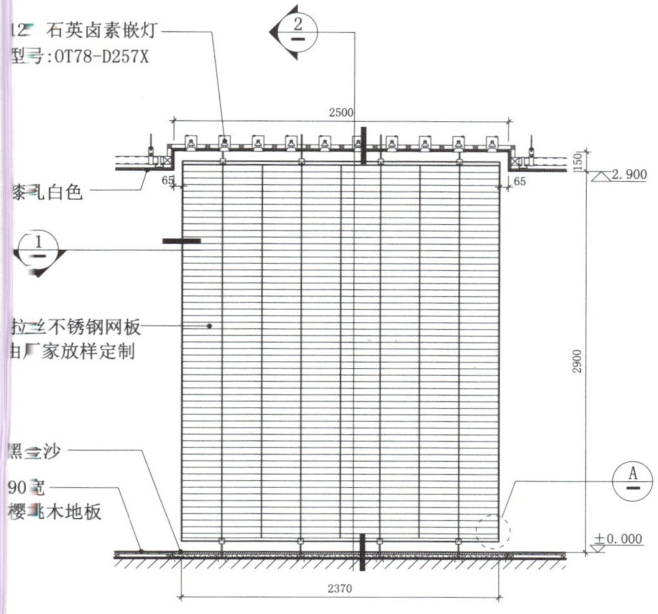

立面图

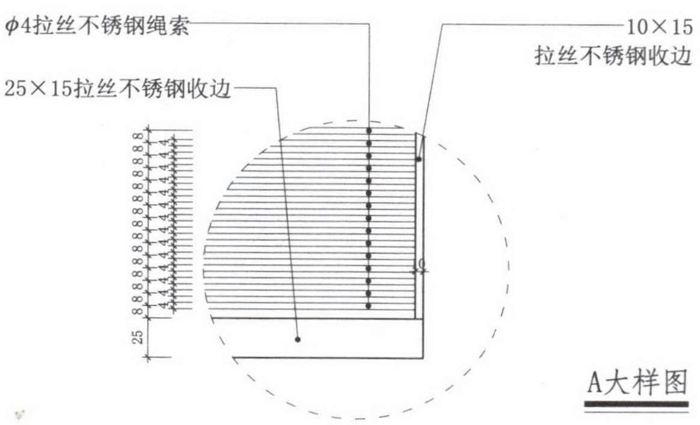

A大样图

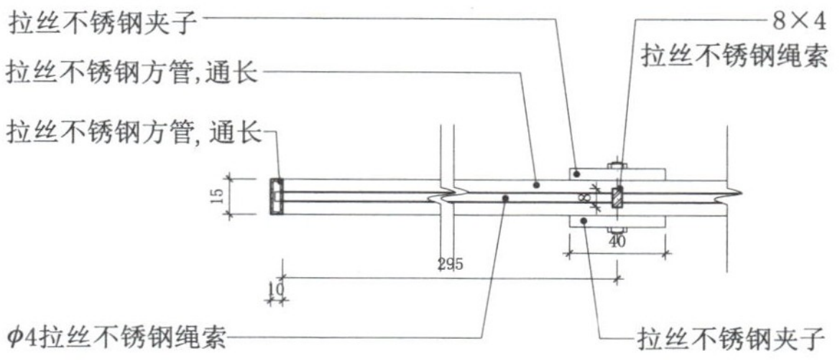

1节点图

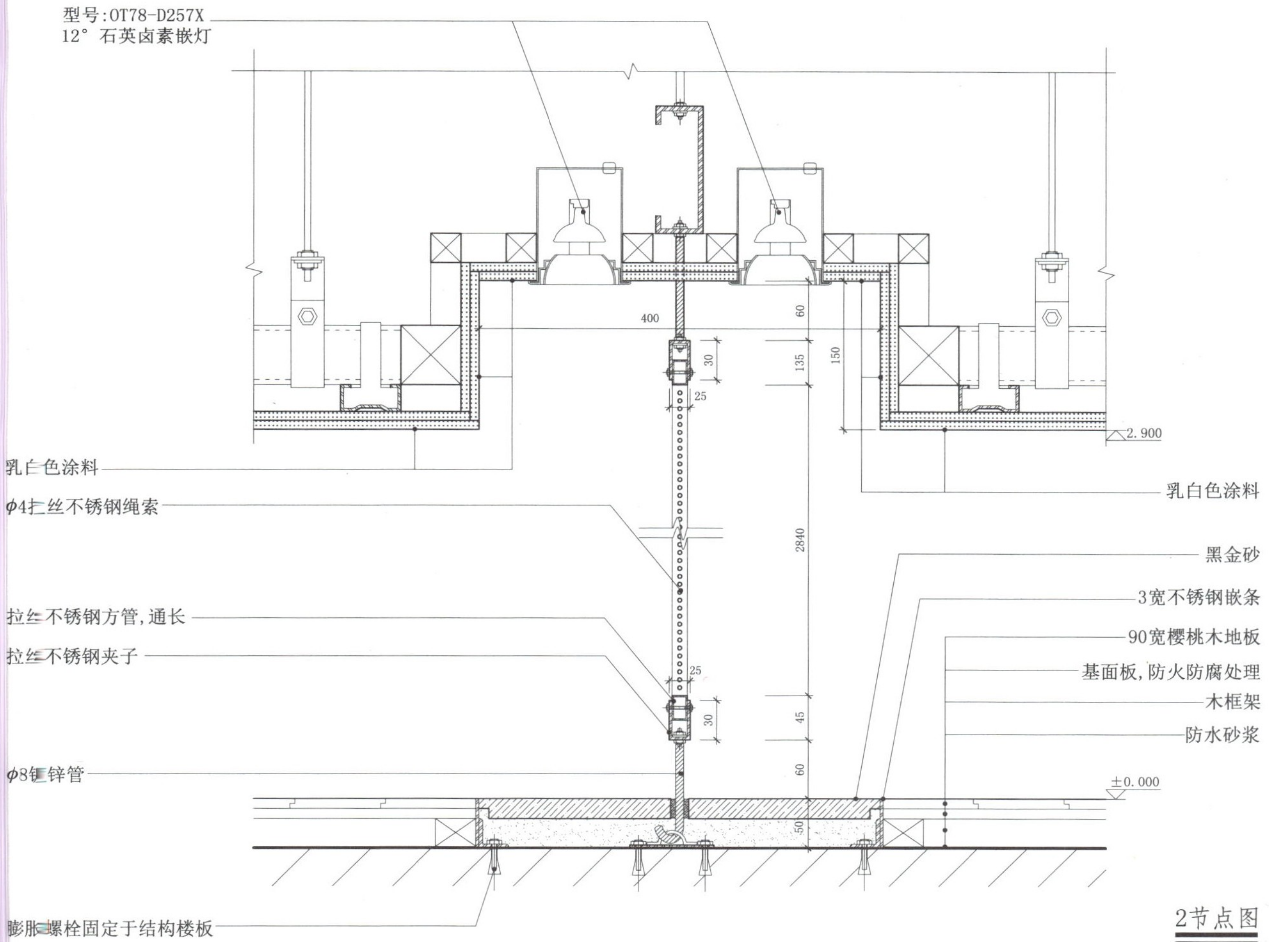

2节点图

13.5 圆弧形金属网隔断

13.5.1

平面图

1展开立面图

标注：
- φ6螺旋纹吊杆
- 1.2厚U形铝合金边框
- 原结构楼板
- 1.2厚冲孔铝合金瓦楞板

13.5 圆弧形金属网隔断

13.5.2

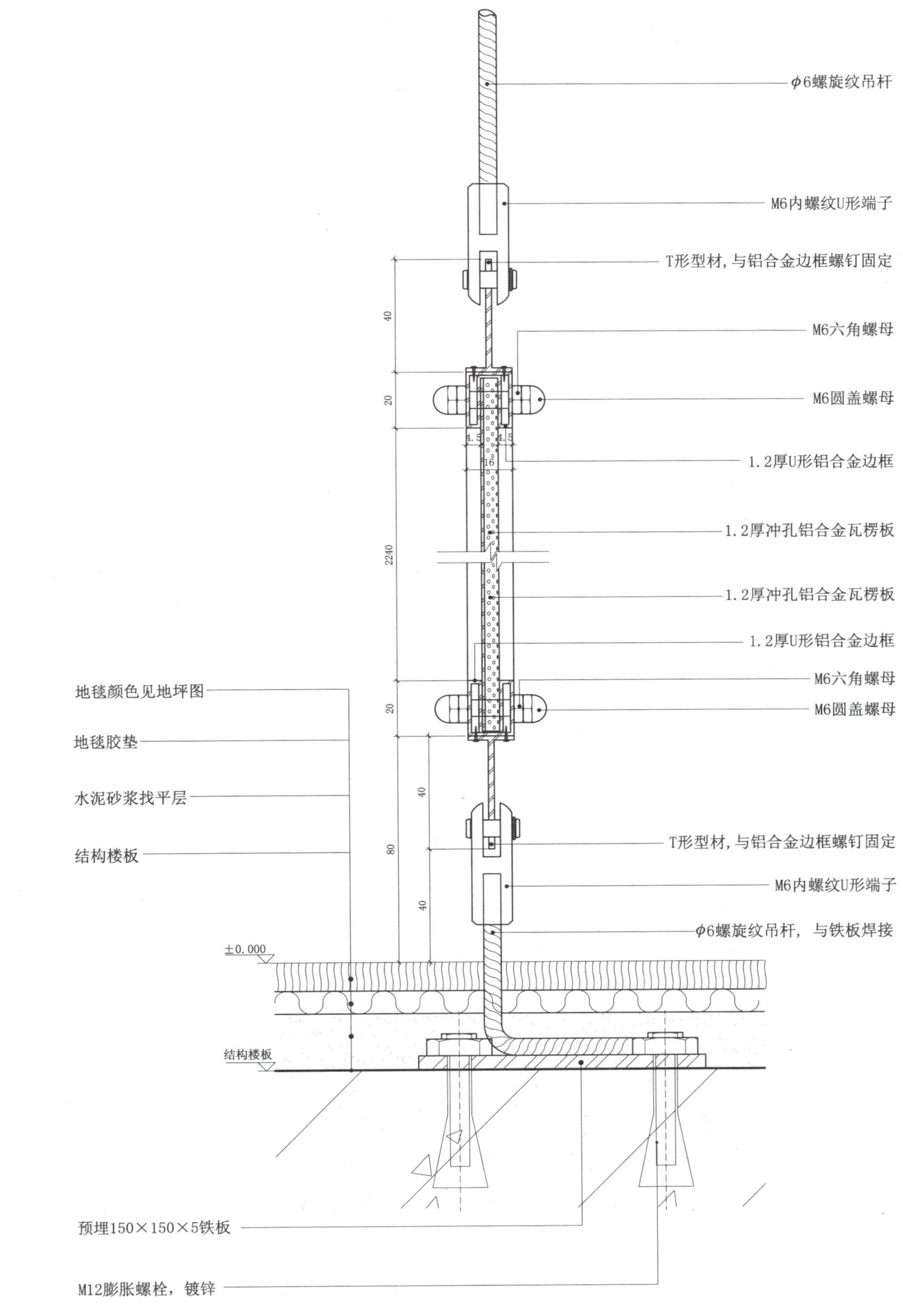

- φ6螺旋纹吊杆
- M6内螺纹U形端子
- T形型材,与铝合金边框螺钉固定
- M6六角螺母
- M6圆盖螺母
- 1.2厚U形铝合金边框
- 1.2厚冲孔铝合金瓦楞板
- 1.2厚冲孔铝合金瓦楞板
- 1.2厚U形铝合金边框
- M6六角螺母
- M6圆盖螺母
- T形型材,与铝合金边框螺钉固定
- M6内螺纹U形端子
- φ6螺旋纹吊杆,与铁板焊接

- 地毯颜色见地坪图
- 地毯胶垫
- 水泥砂浆找平层
- 结构楼板
- 结构楼板
- 预埋150×150×5铁板
- M12膨胀螺栓,镀锌

A节点图

13 金属构造·立面构造 隔断构造

13.5 圆弧形金属网隔断

13.5.3

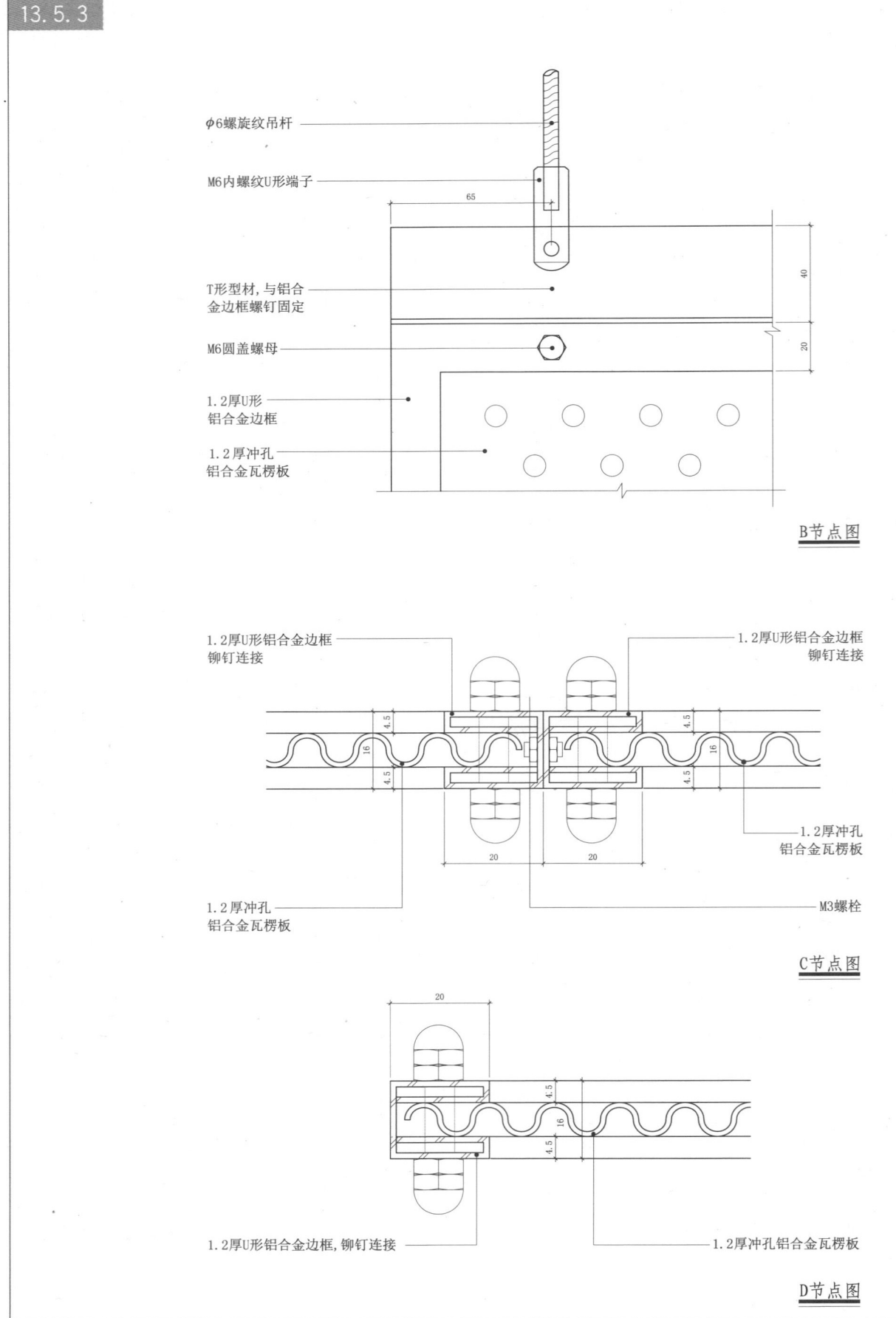

B节点图

C节点图

D节点图

13.6 透光玻璃天桥

金属构造 · 玻璃构造 透光照明构造 骨架构造 楼梯及扶手、栏杆构造

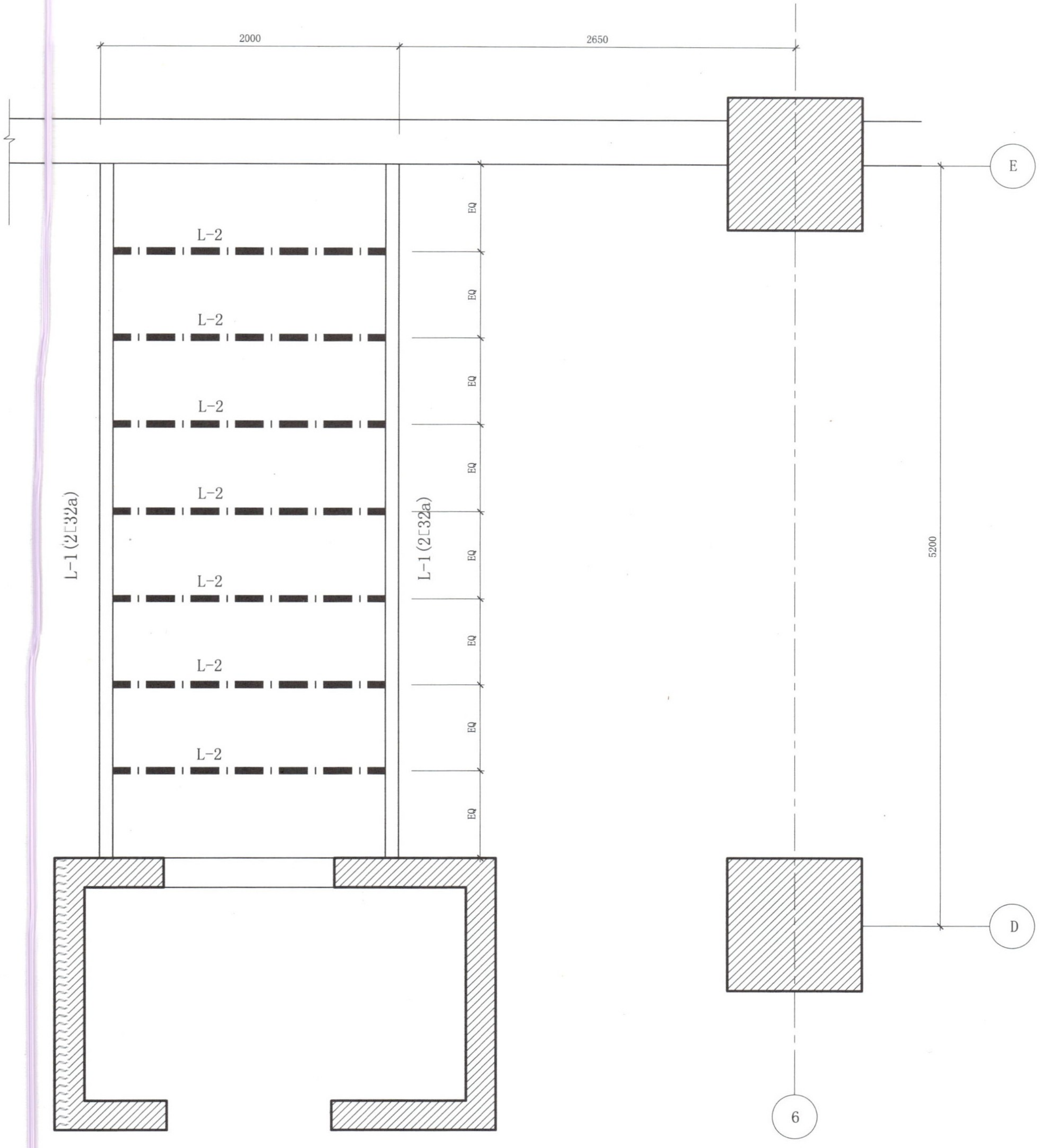

玻璃天桥钢结构平面图

13.6 透光玻璃天桥

13.6.2

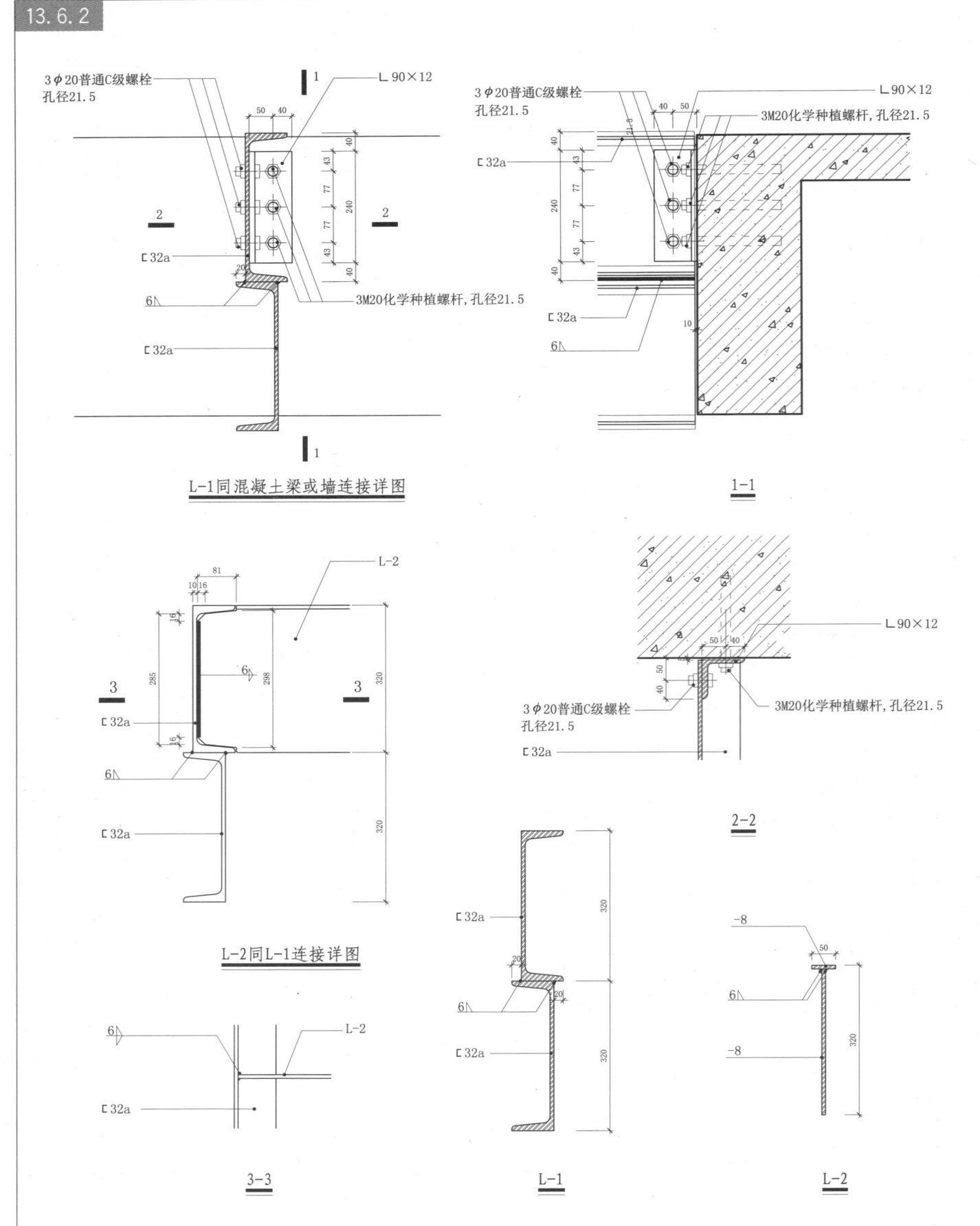

13.6 透光玻璃天桥

13.6.3

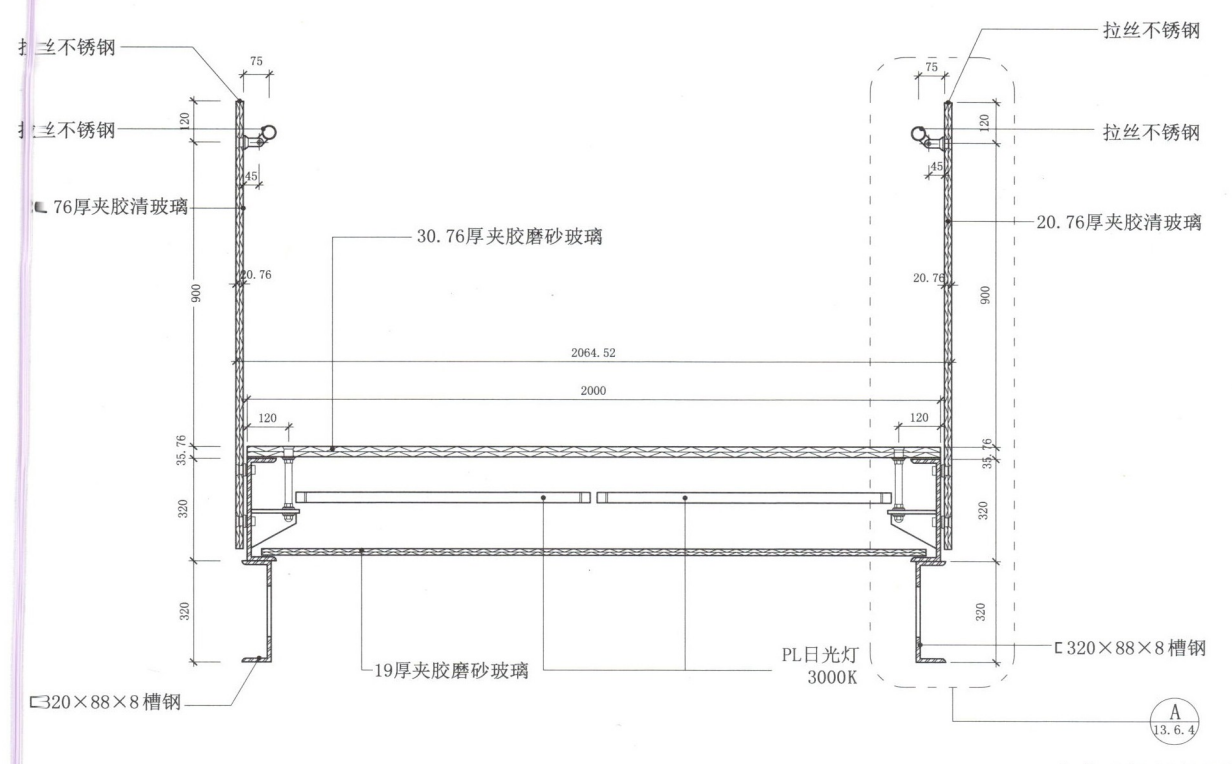

玻璃天桥剖断面图

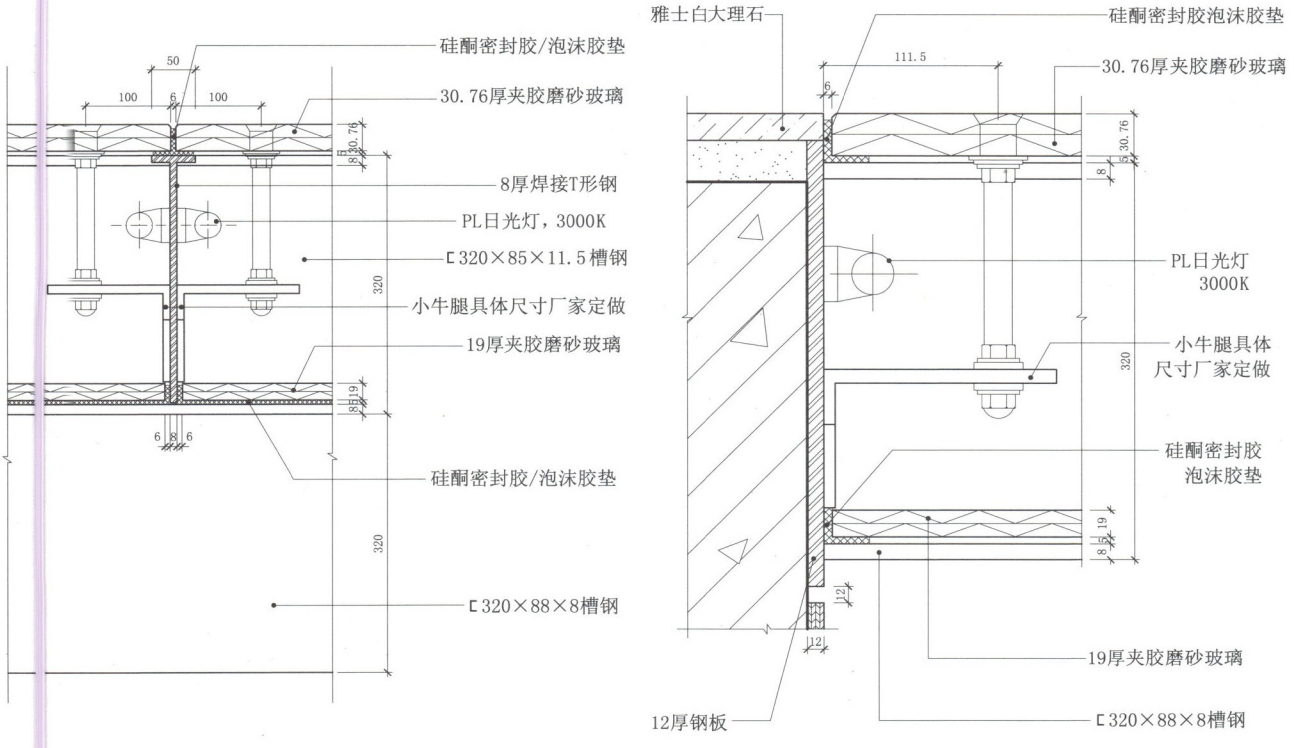

玻璃天桥拼接处节点图　　　　A大样图

13.6 透光玻璃天桥

13.6.4

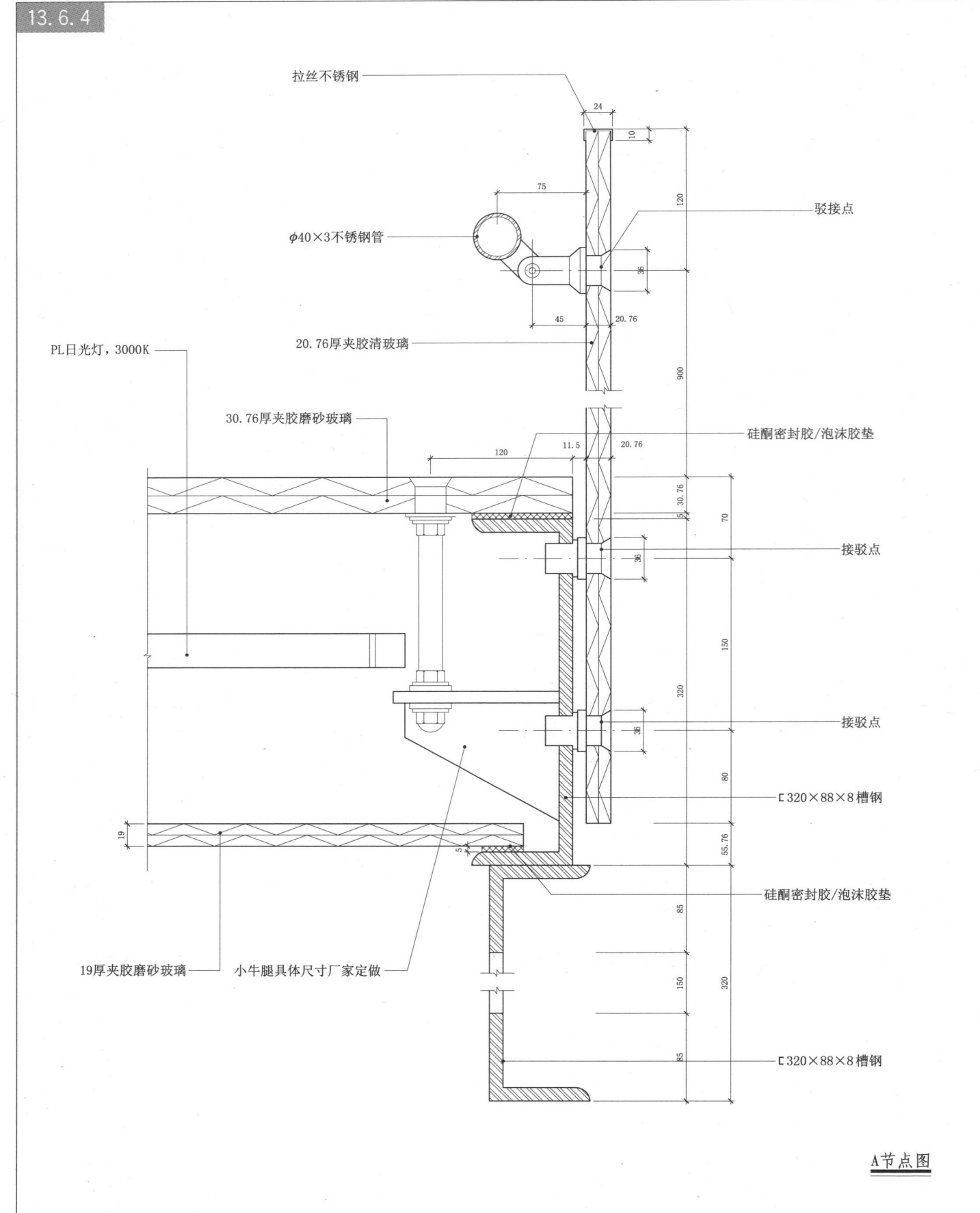

A节点图

13.7 铝板墙节点

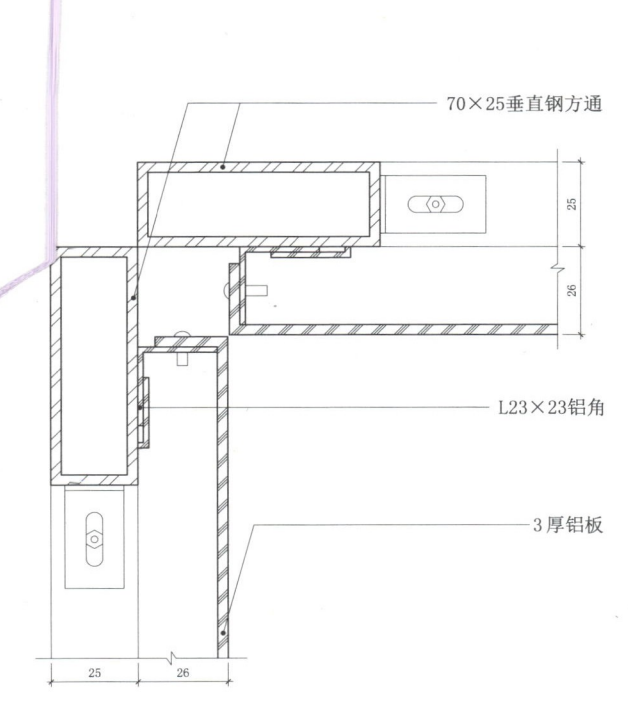

铝板墙面上端详图(一)

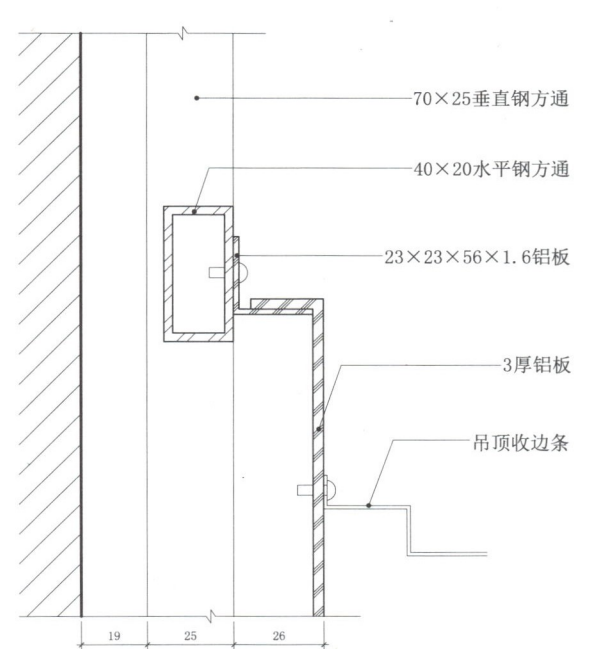

铝板墙面上端详图(二)

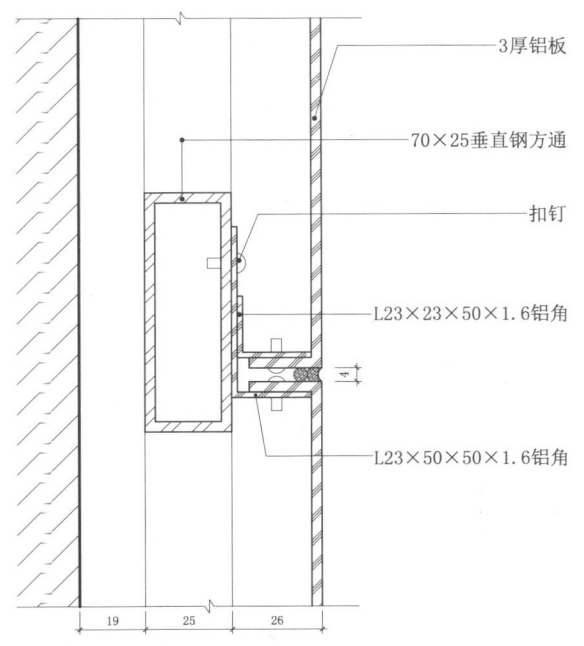

铝板墙面水平缝剖面详图

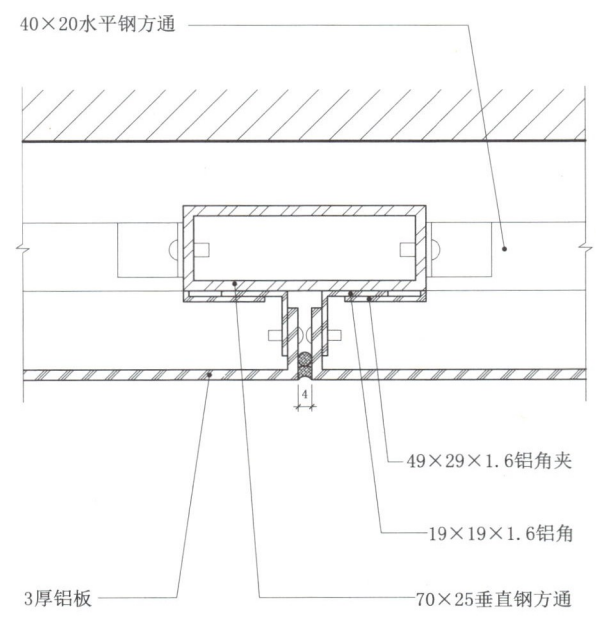

铝板墙面垂直缝剖面详图

13.8　钢木结构楼梯

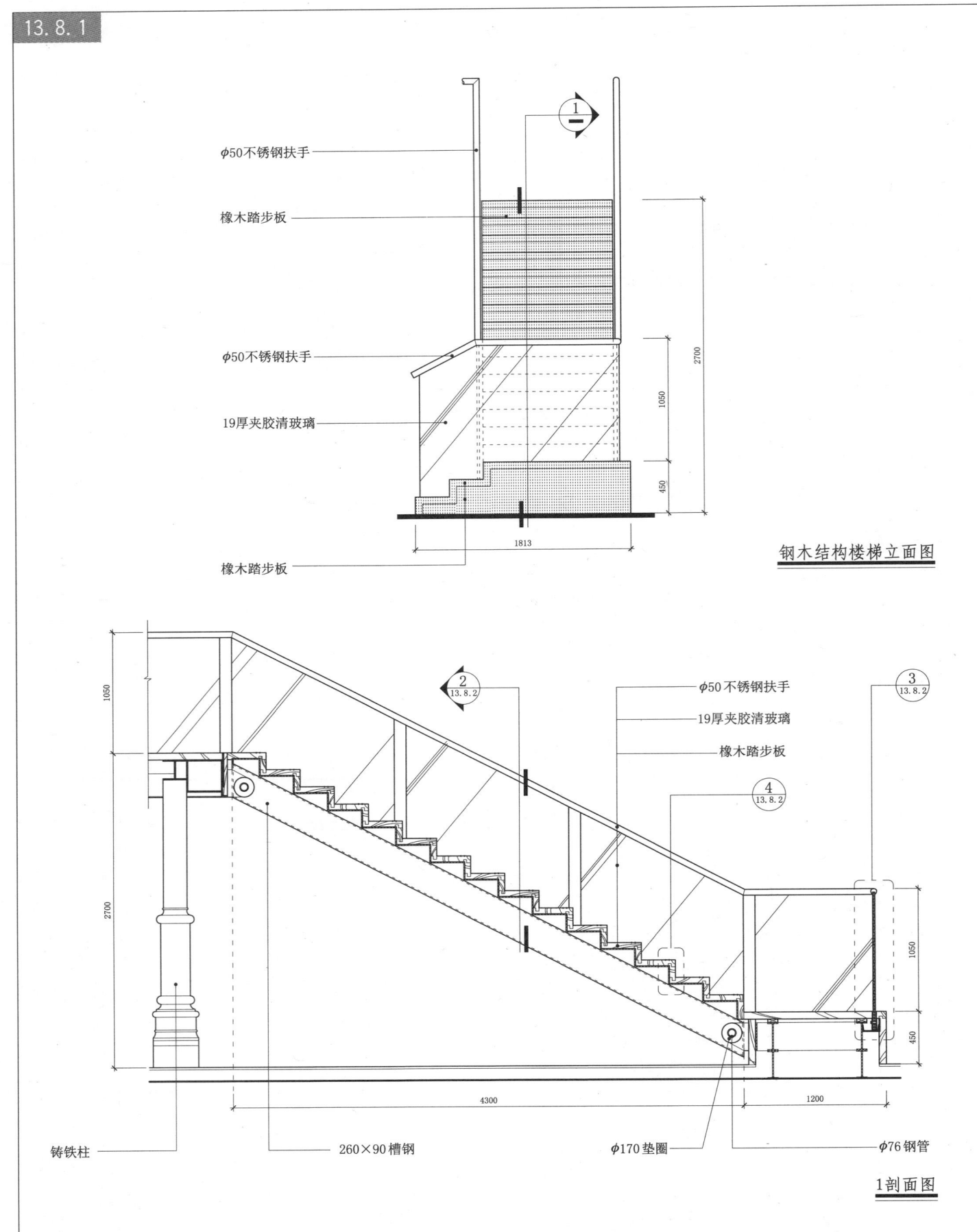

13.8 钢木结构楼梯

13.8.2

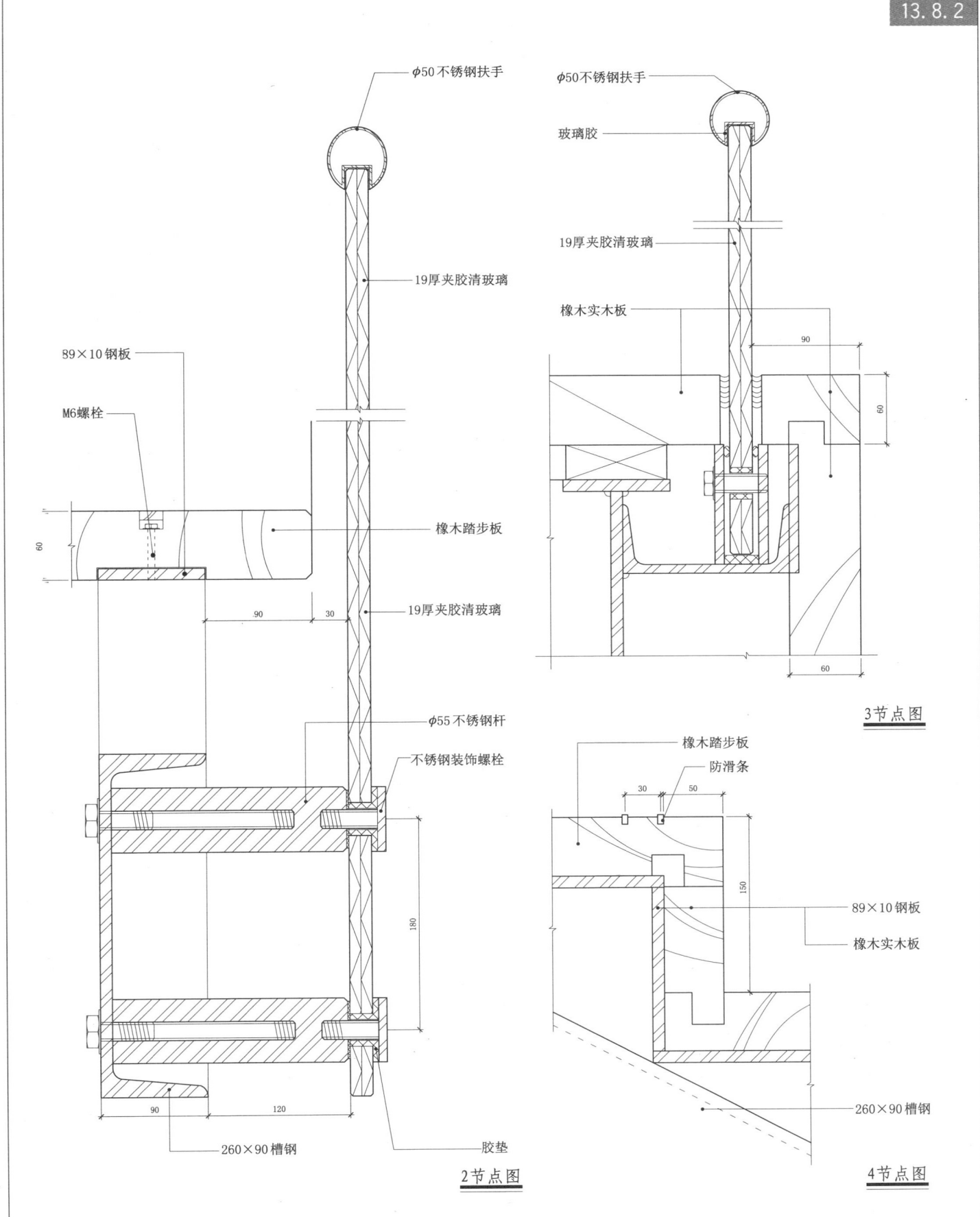

2节点图

3节点图

4节点图

13.9 钢木结构玻璃围墙

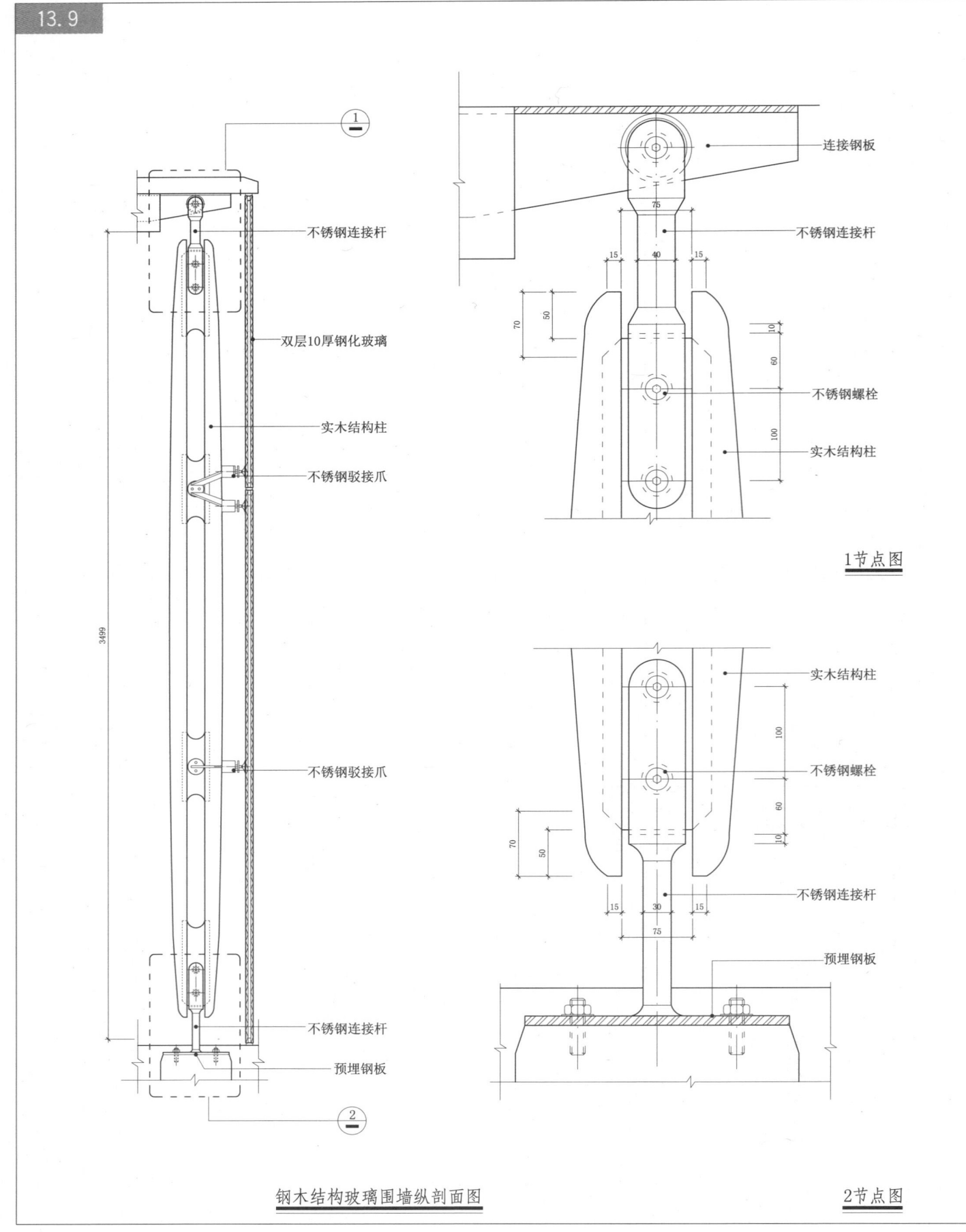

钢木结构玻璃围墙纵剖面图

1节点图

2节点图

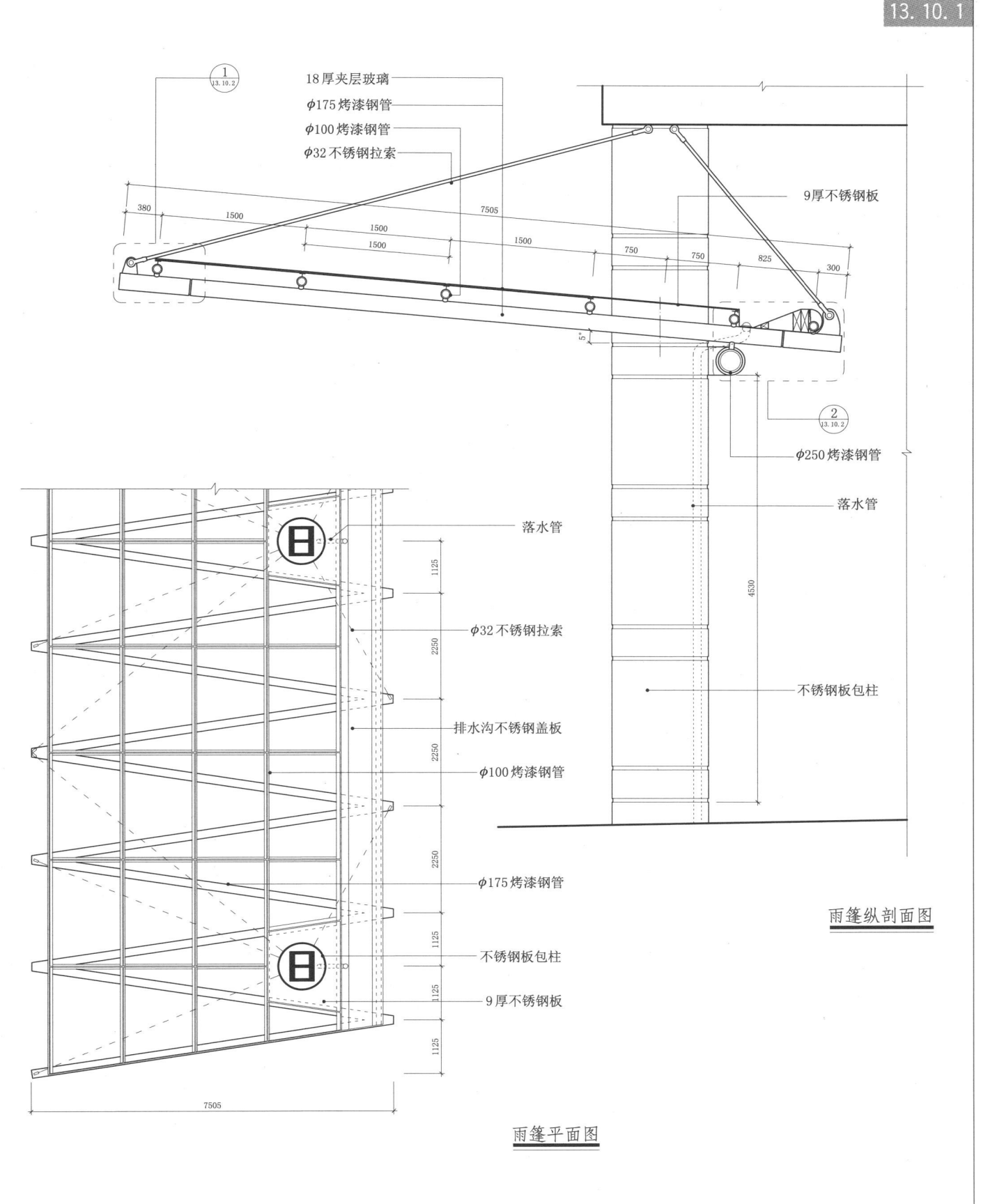

13.10 雨篷节点

13.10.2

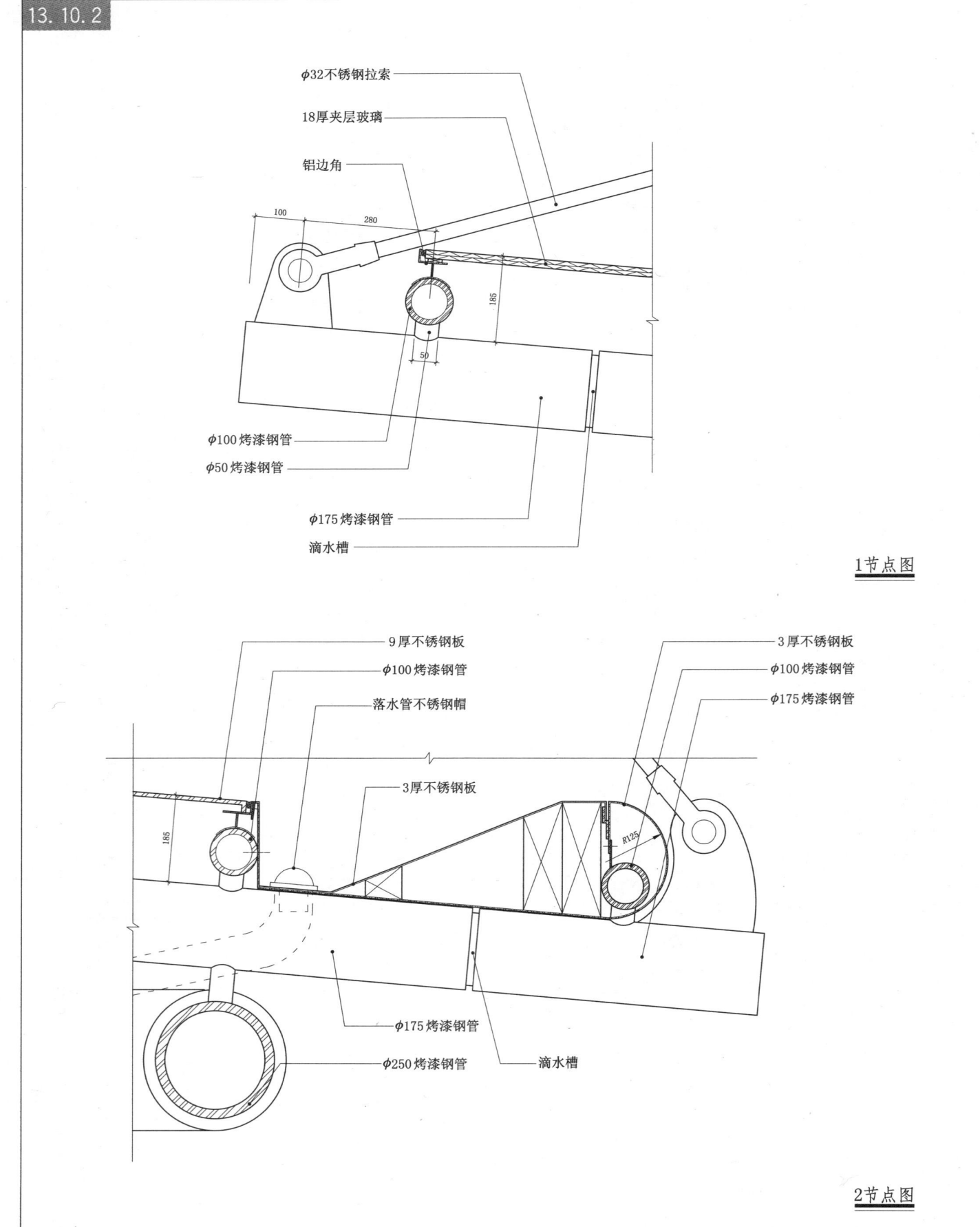

1节点图

2节点图

13.11.1

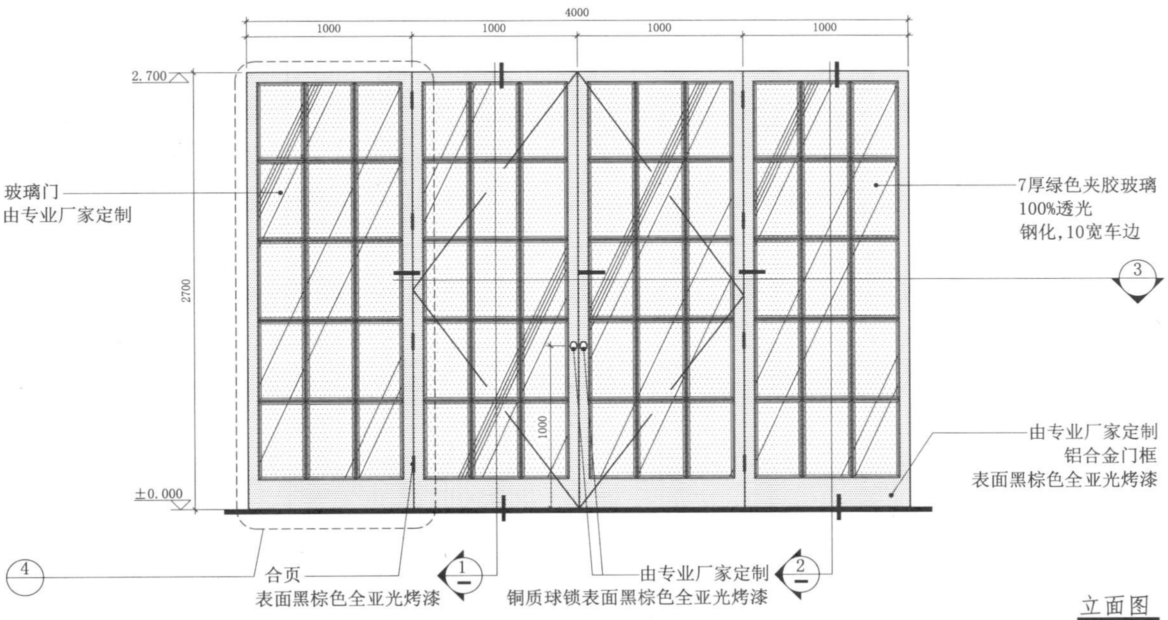
4000
1000
1000
1000
1000
2.700
2700
1000
±0.000
玻璃门
由专业厂家定制
7厚绿色夹胶玻璃
100%透光
钢化，10宽车边
3
由专业厂家定制
铝合金门框
表面黑棕色全亚光烤漆
4
合页
表面黑棕色全亚光烤漆
1
由专业厂家定制
铜质球锁表面黑棕色全亚光烤漆
2
立面图

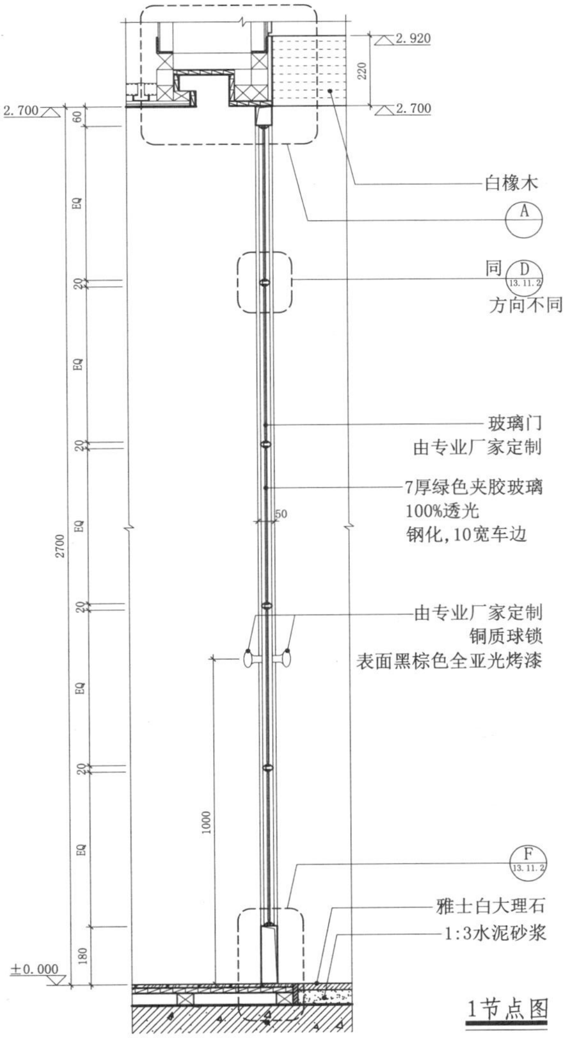
2.920
220
2.700
2.700
60
EQ
20
EQ
20
2700
EQ
20
EQ
20
EQ
1000
180
±0.000
50
白橡木
A
同 D 13.11.2
方向不同
玻璃门
由专业厂家定制
7厚绿色夹胶玻璃
100%透光
钢化，10宽车边
由专业厂家定制
铜质球锁
表面黑棕色全亚光烤漆
F 13.11.2
雅士白大理石
1:3水泥砂浆
1节点图

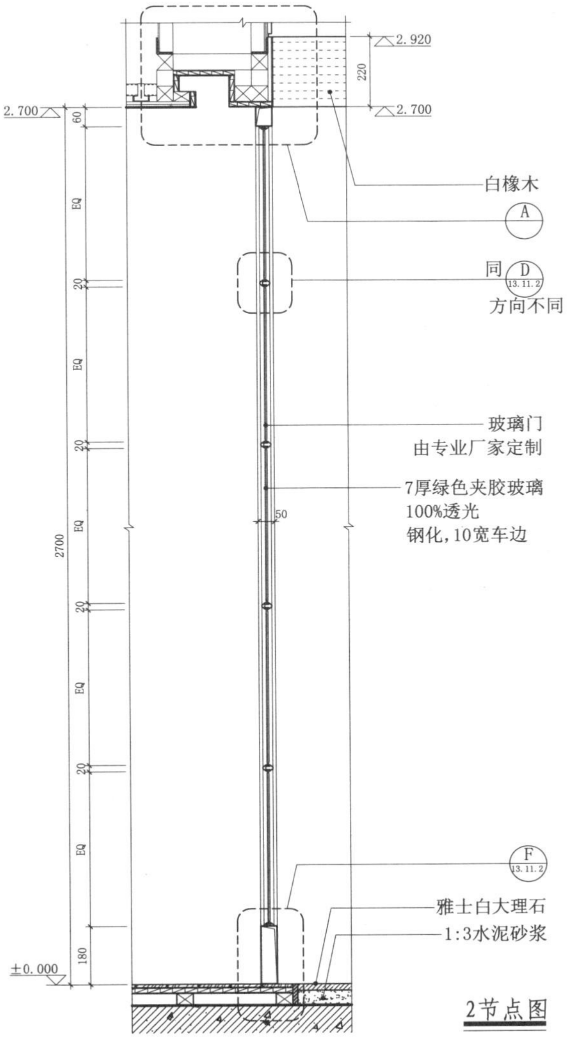
2.920
220
2.700
2.700
60
EQ
20
EQ
20
2700
EQ
20
EQ
20
EQ
180
±0.000
50
白橡木
A
同 D 13.11.2
方向不同
玻璃门
由专业厂家定制
7厚绿色夹胶玻璃
100%透光
钢化，10宽车边
F 13.11.2
雅士白大理石
1:3水泥砂浆
2节点图

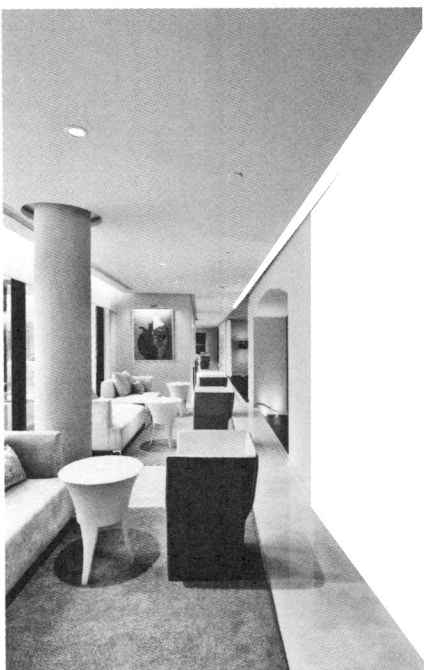

13　13.11　铝合金门框

13.11.2

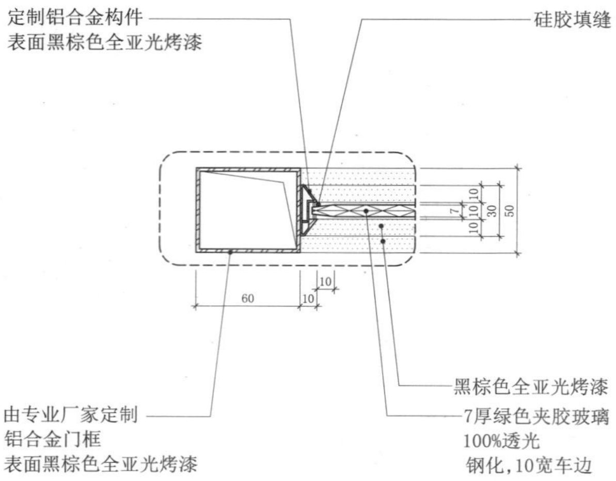

B节点图

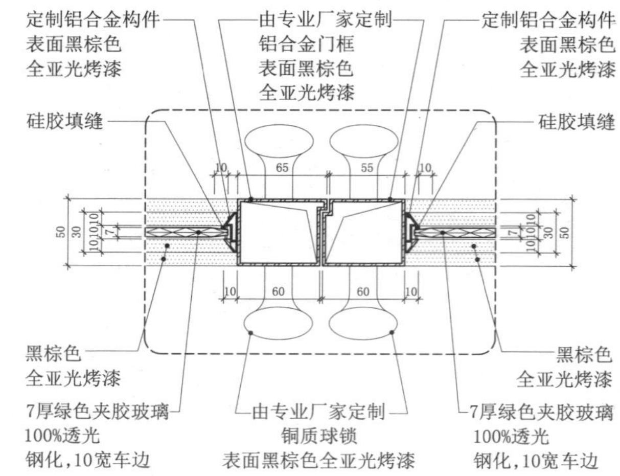

E节点图

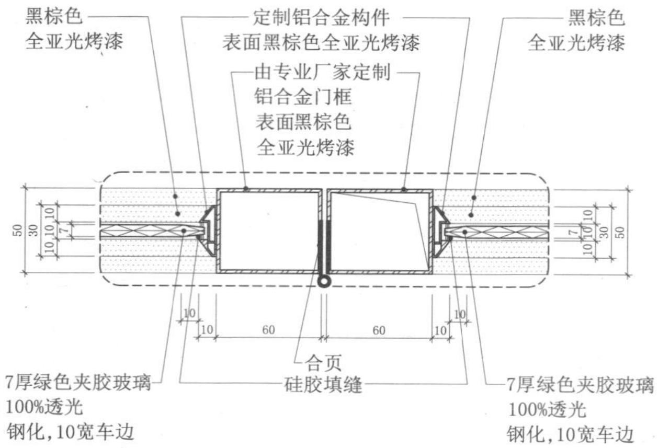

C节点图

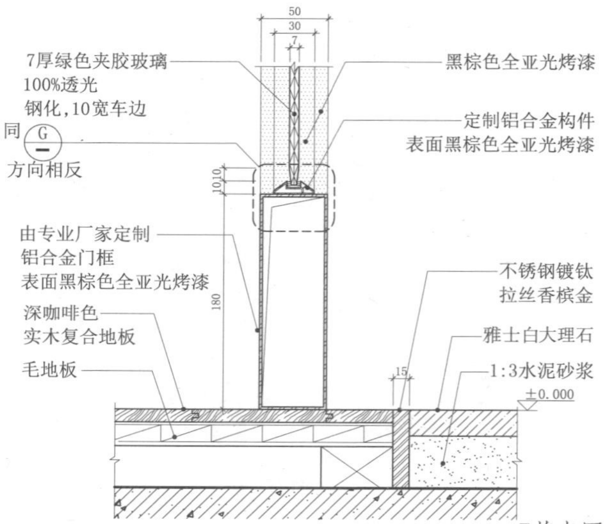

F节点图

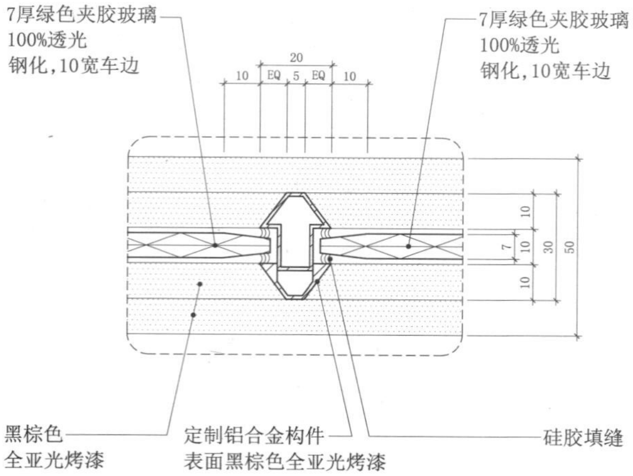

D节点图

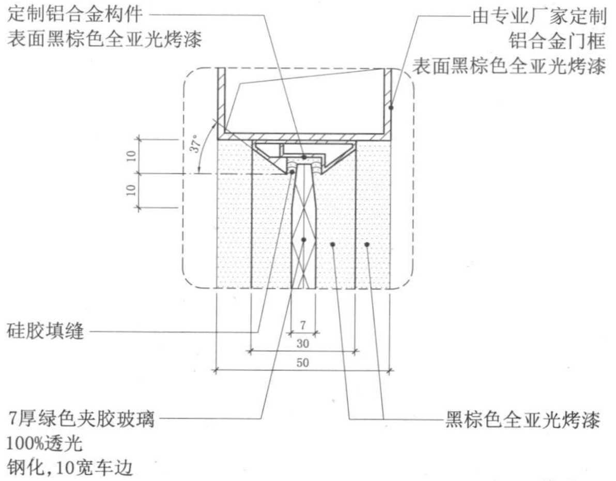

G节点图

13.12.1

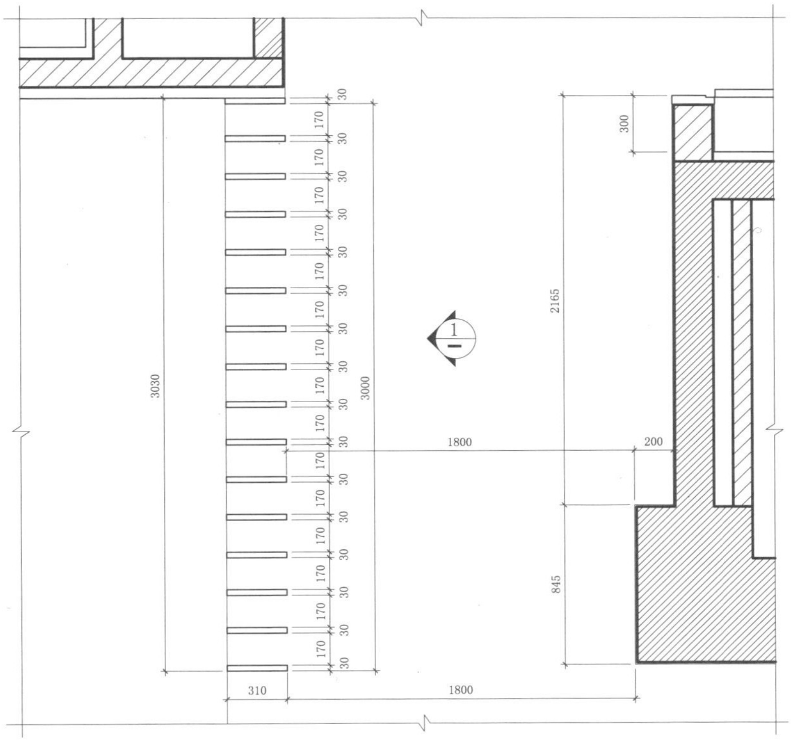
310
1800
3030
3000
2165
845
300
200
平面图

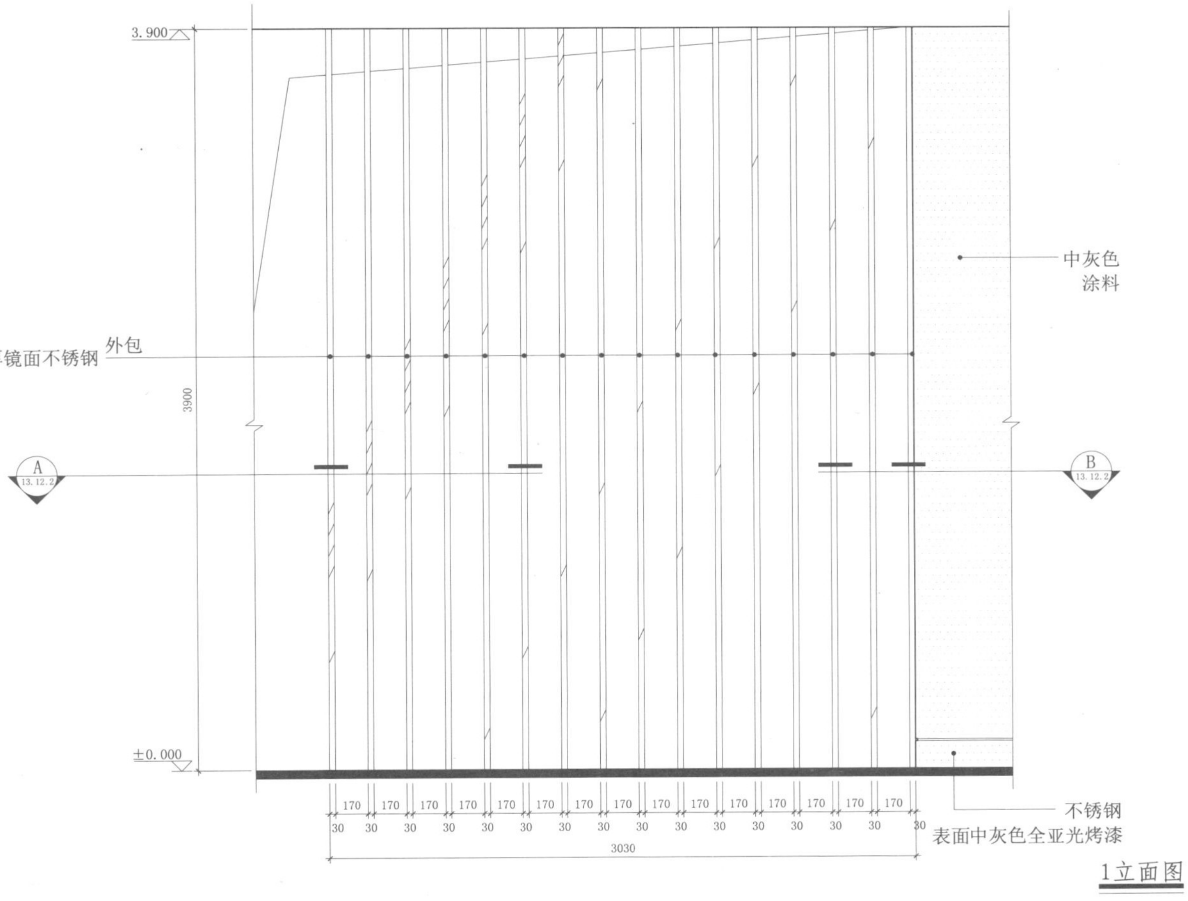
3.900
±0.000
3900
中灰色
涂料
1.5厚镜面不锈钢外包
A
13.12.2
B
13.12.2
不锈钢
表面中灰色全亚光烤漆
3030
1立面图

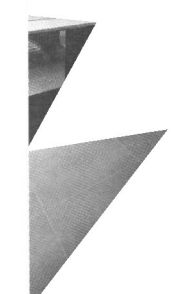

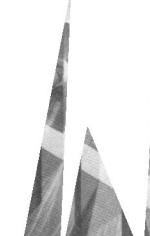

13 金属构造·平行线构造

13.12 平行线节点

13.12.2

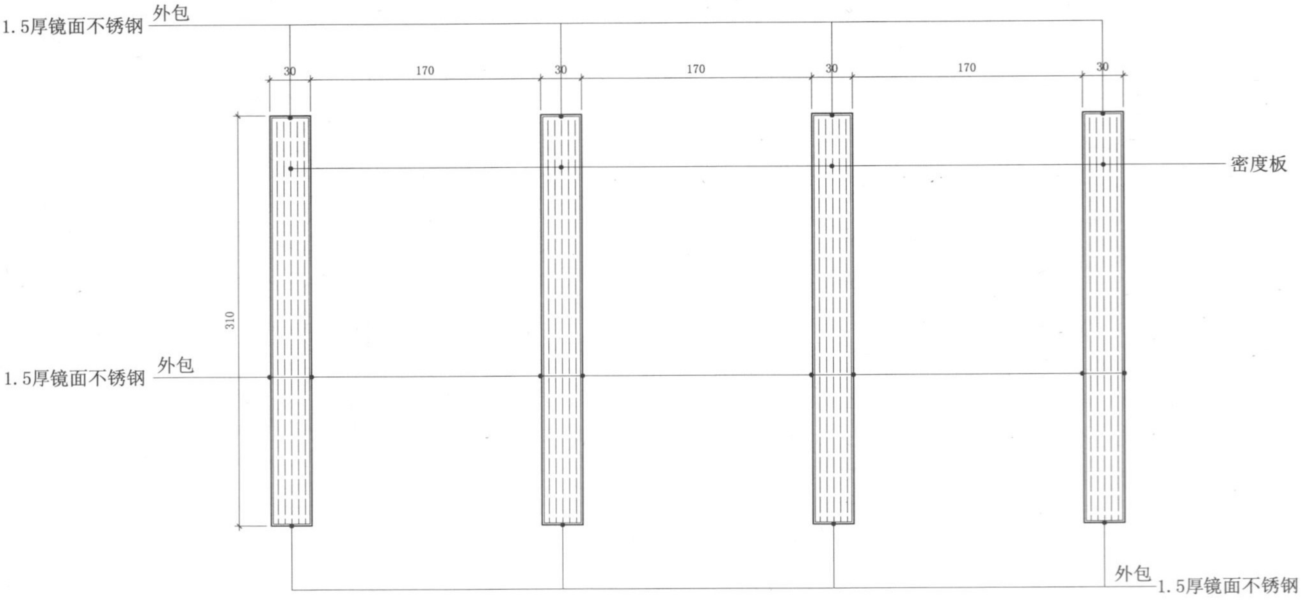

A节点图

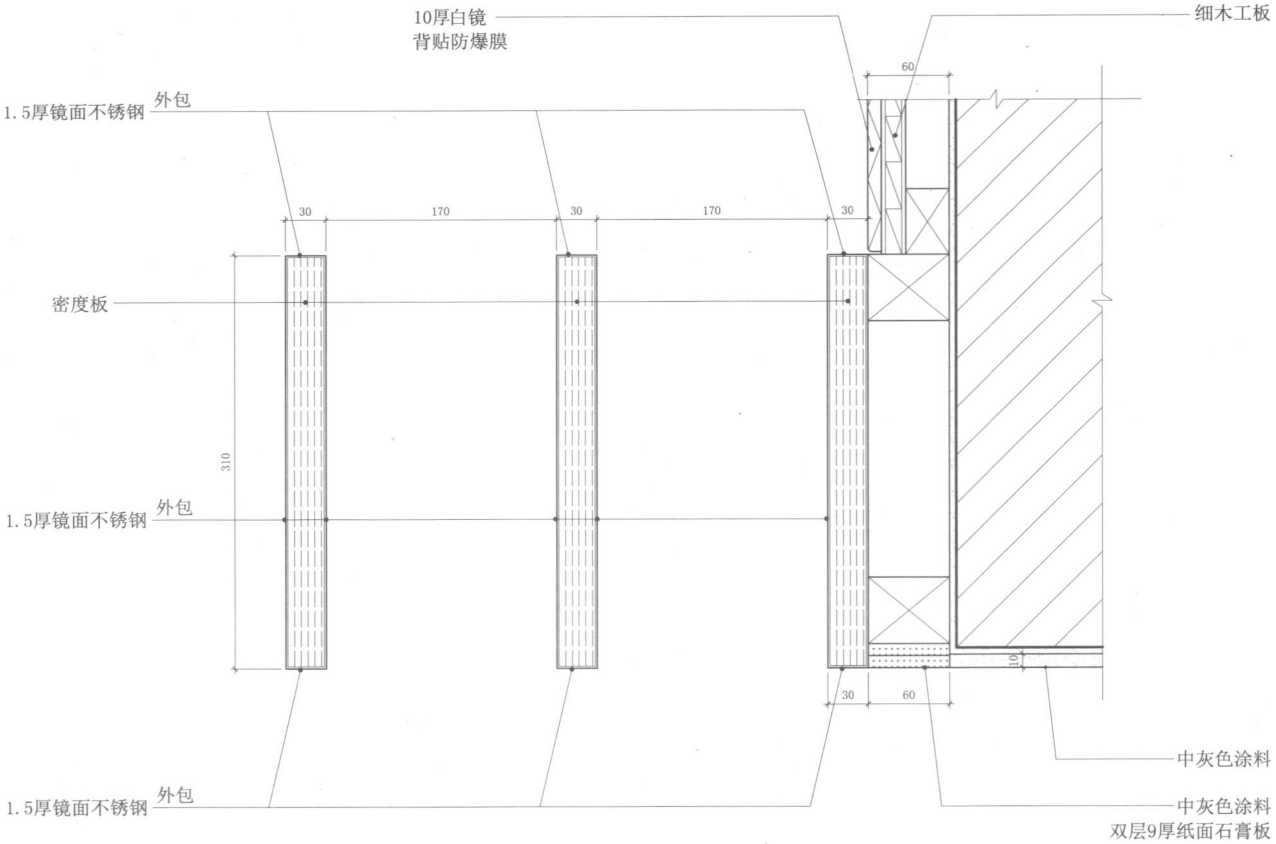

B节点图

13.13 金属框架节点

13.13.1

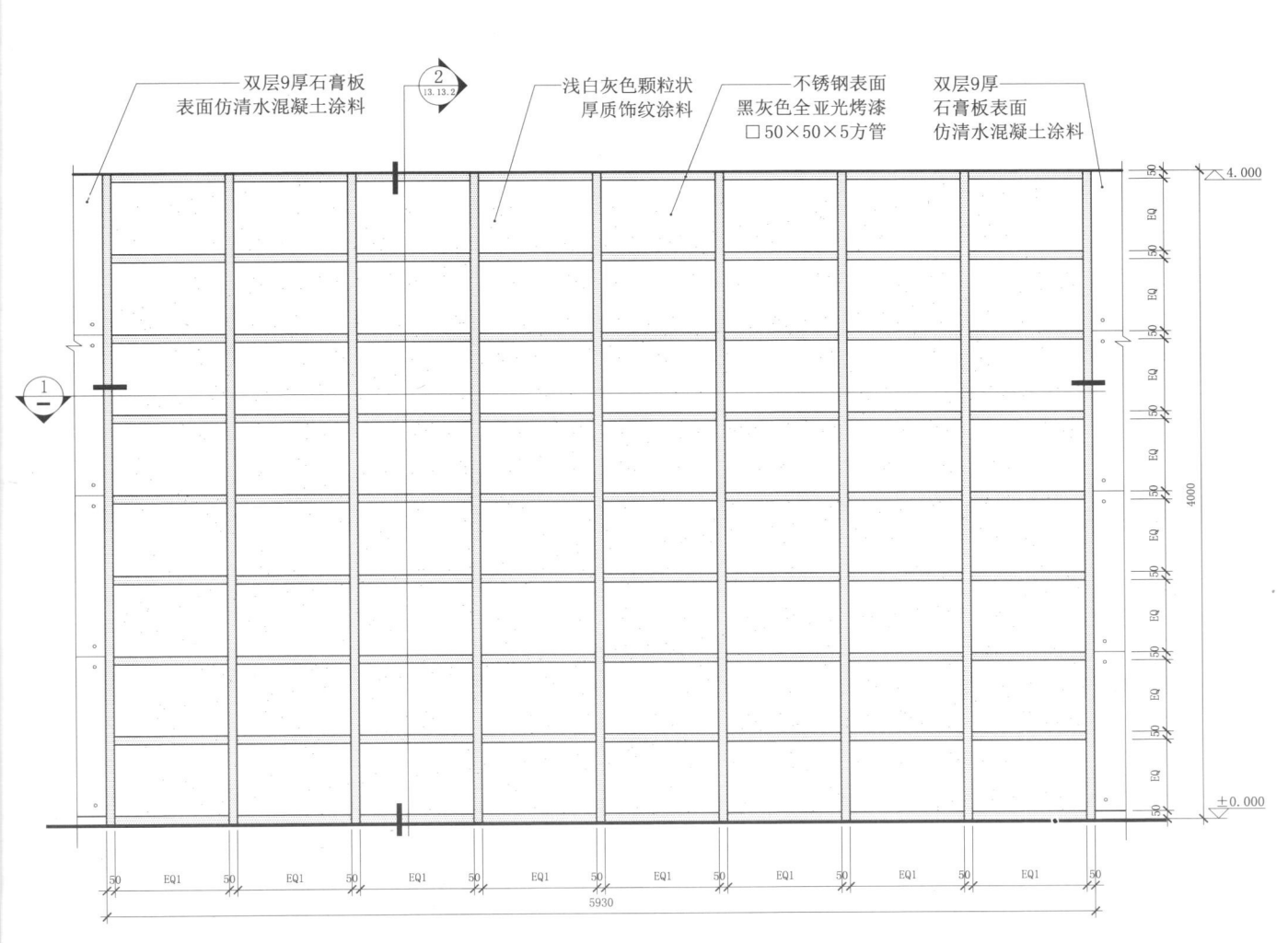

金属框架平面图
注：金属管采用精密点焊连接

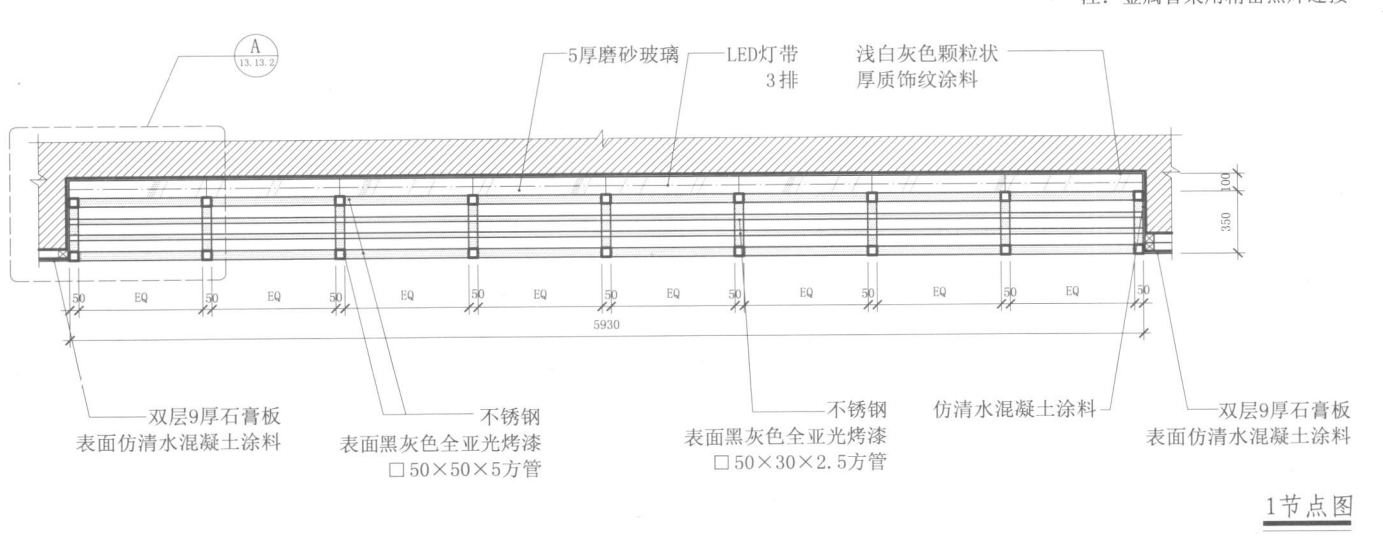

1节点图

13.13 金属框架节点

13.13.2

13.14 幕墙立面

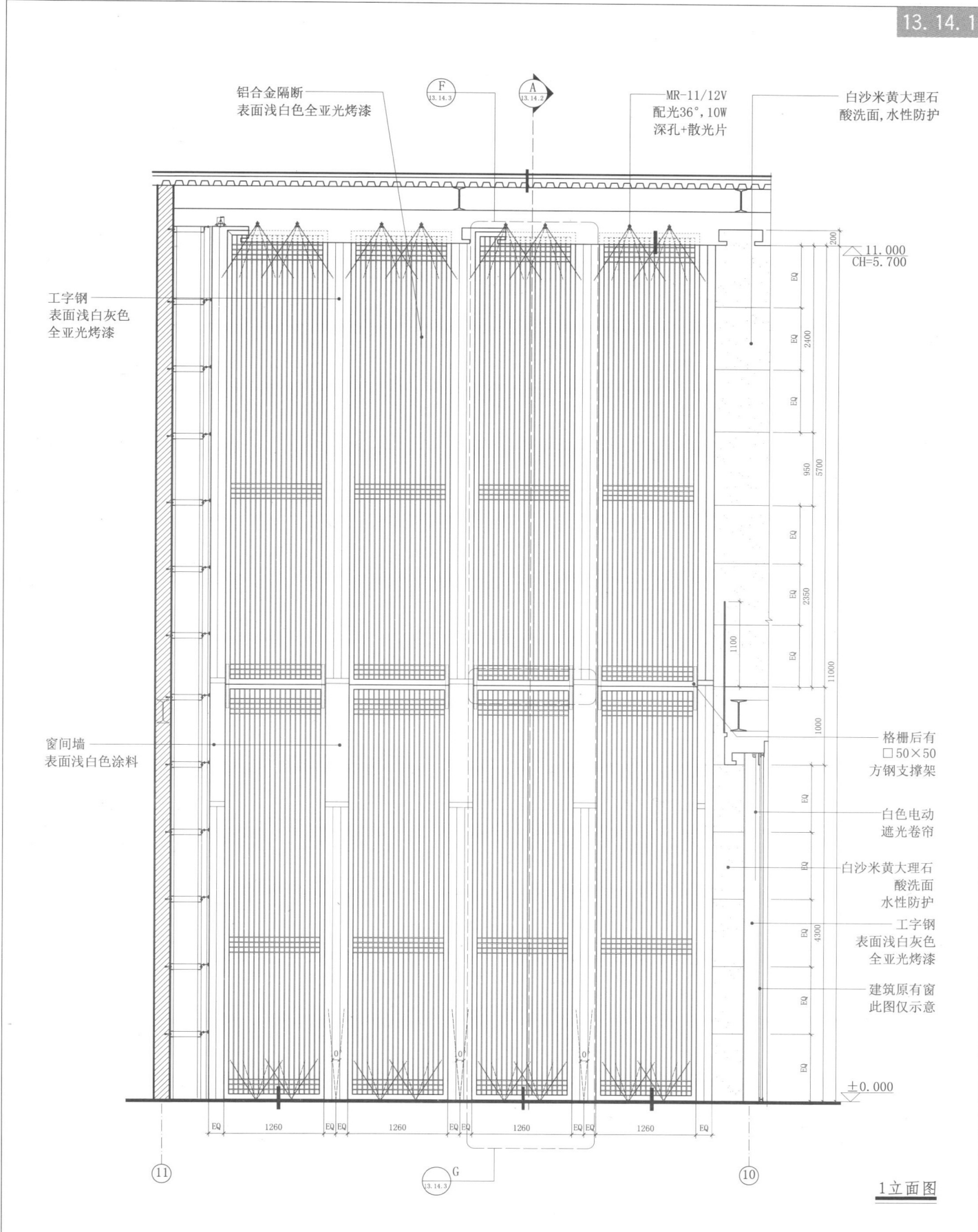

1 立面图

13.14 幕墙立面

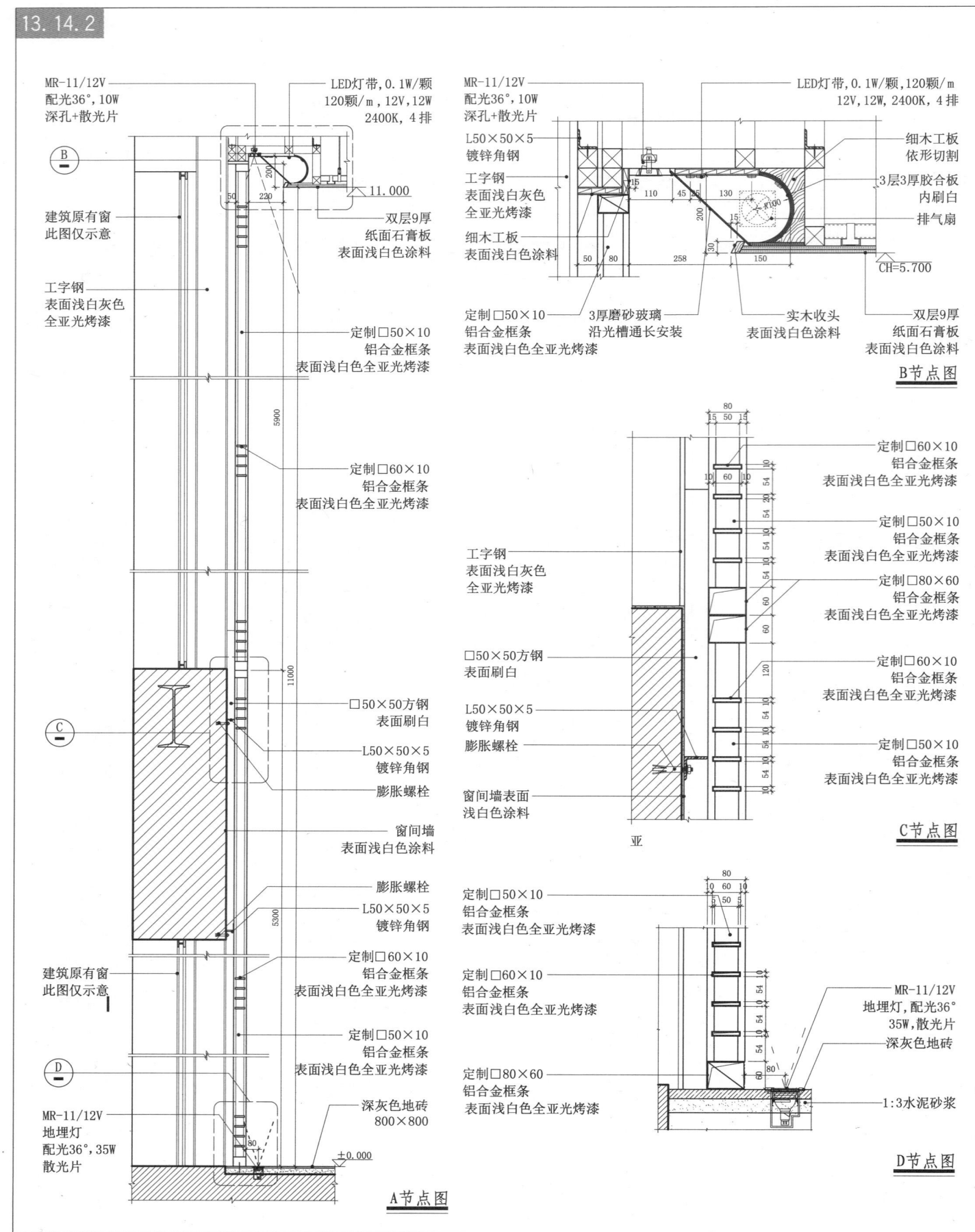

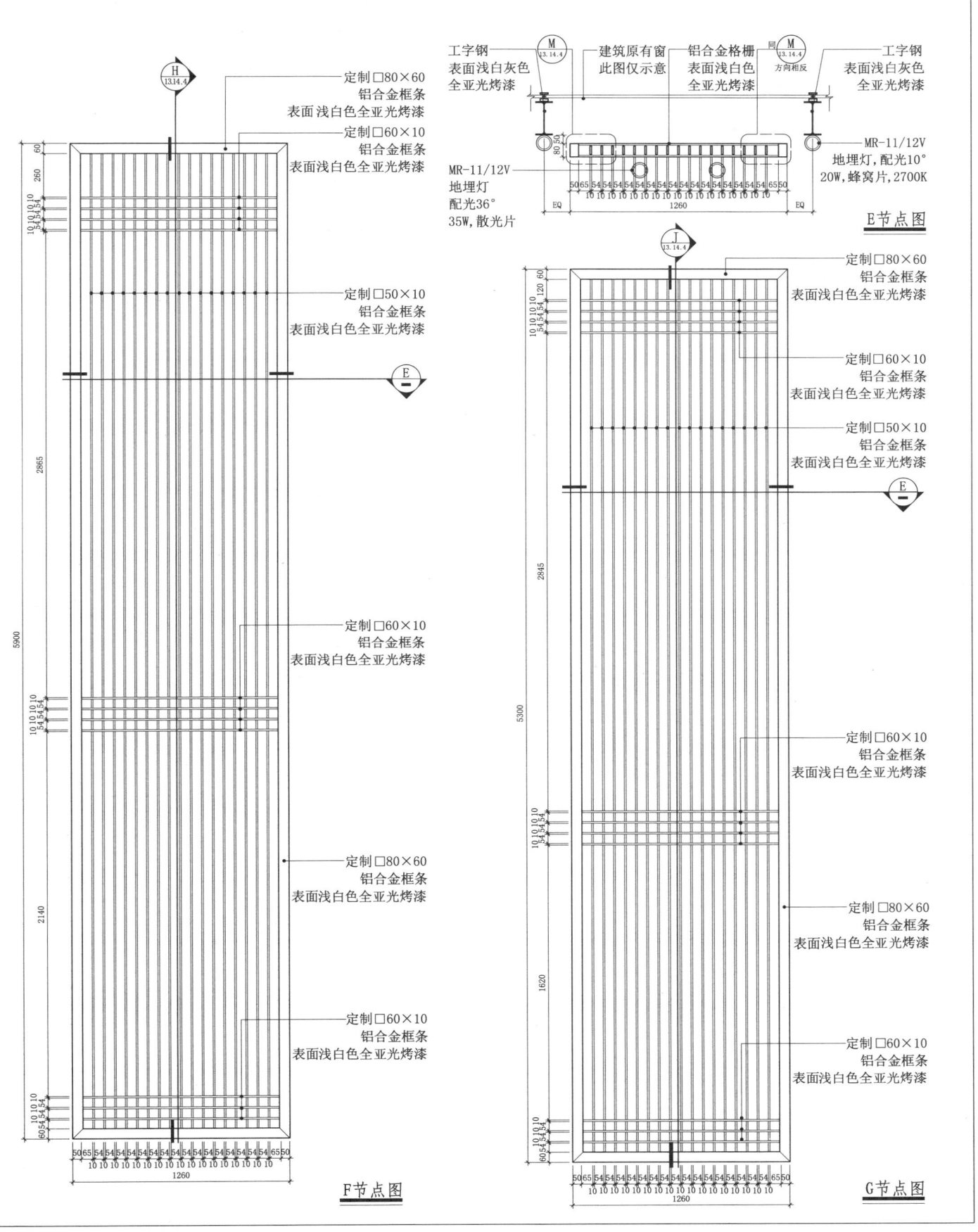

13.14 幕墙立面

13.14.4

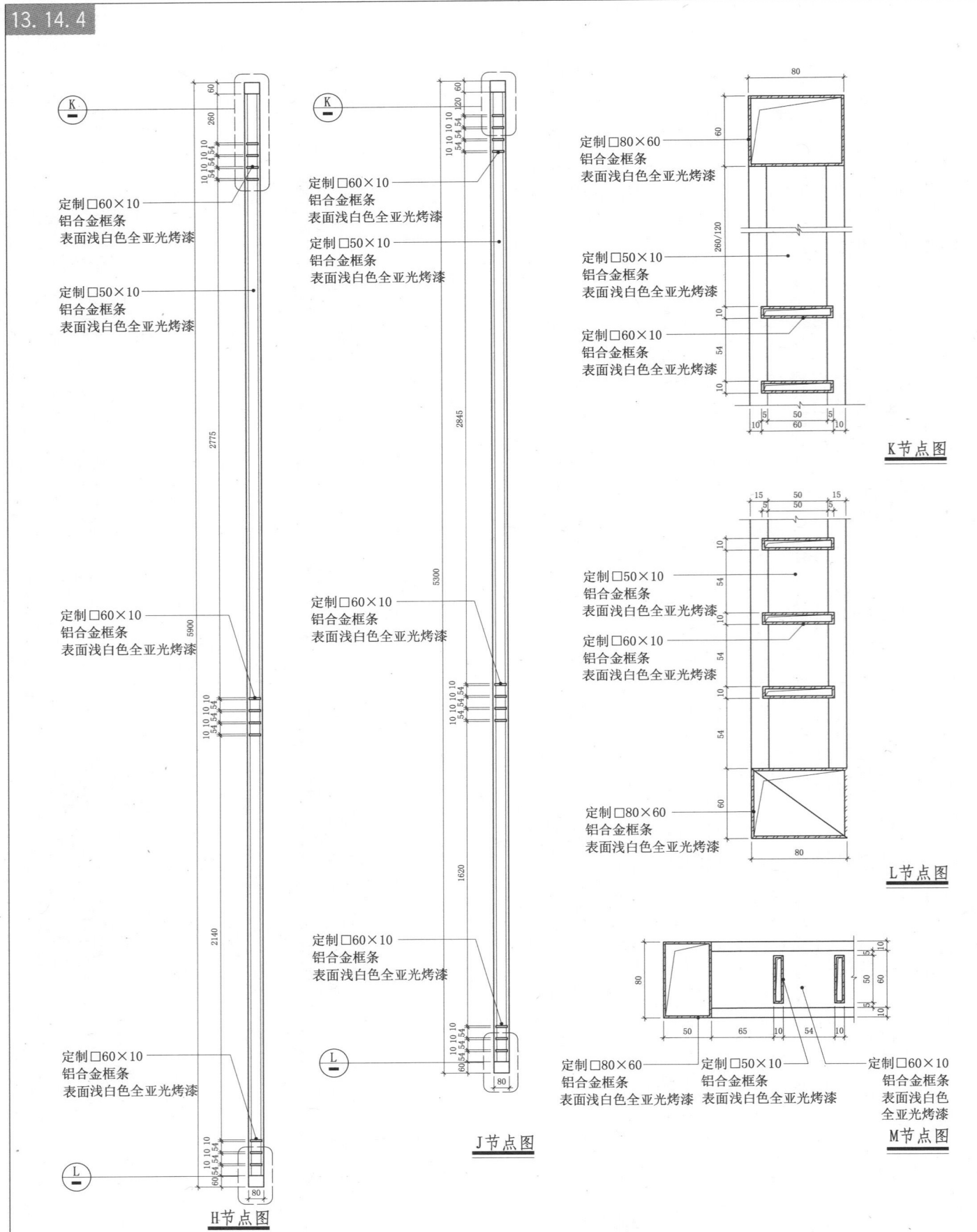

14.1 液压缓冲铰链

14.1.1

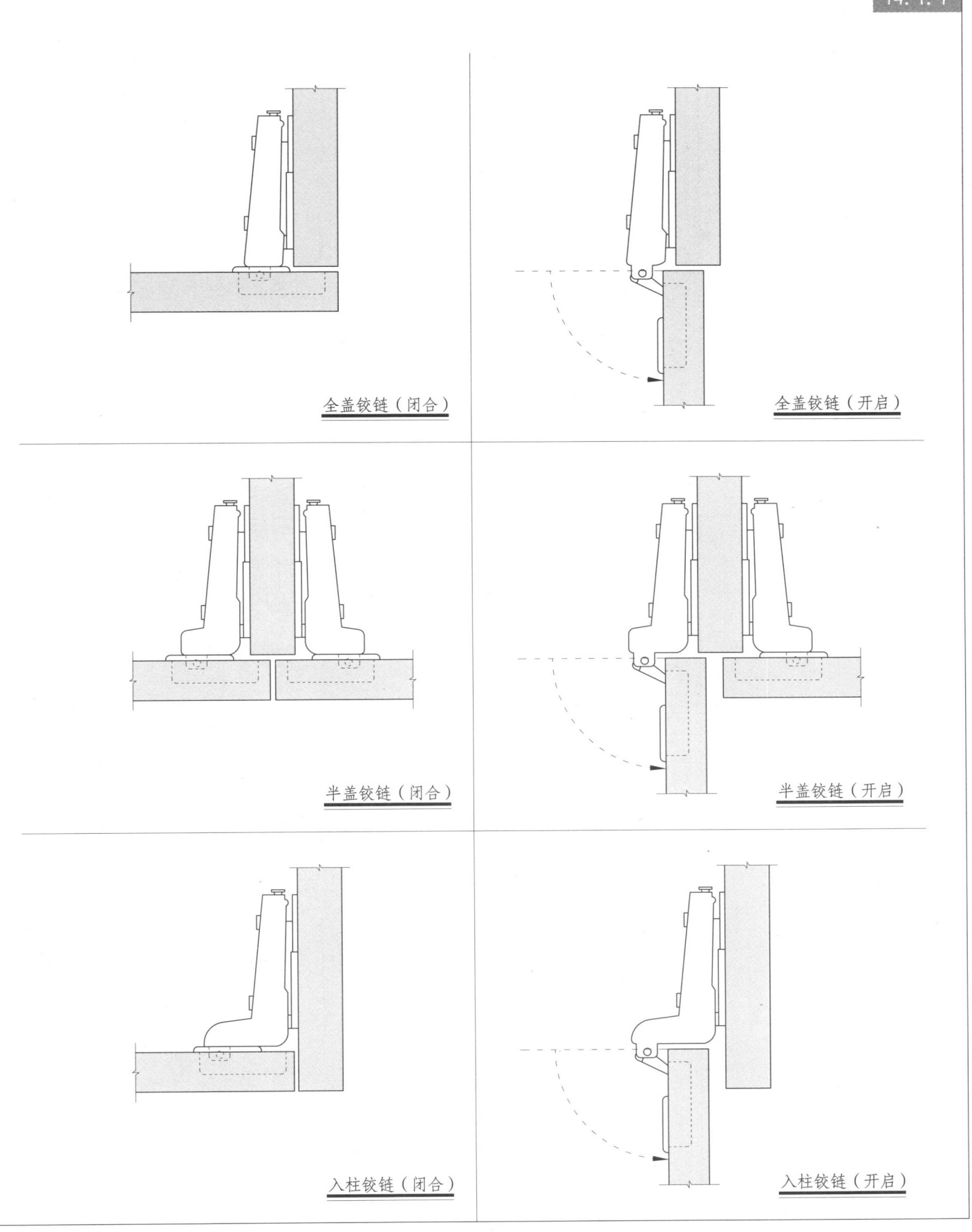

全盖铰链（闭合） 全盖铰链（开启）

半盖铰链（闭合） 半盖铰链（开启）

入柱铰链（闭合） 入柱铰链（开启）

14.1 液压缓冲铰链

14.1.2

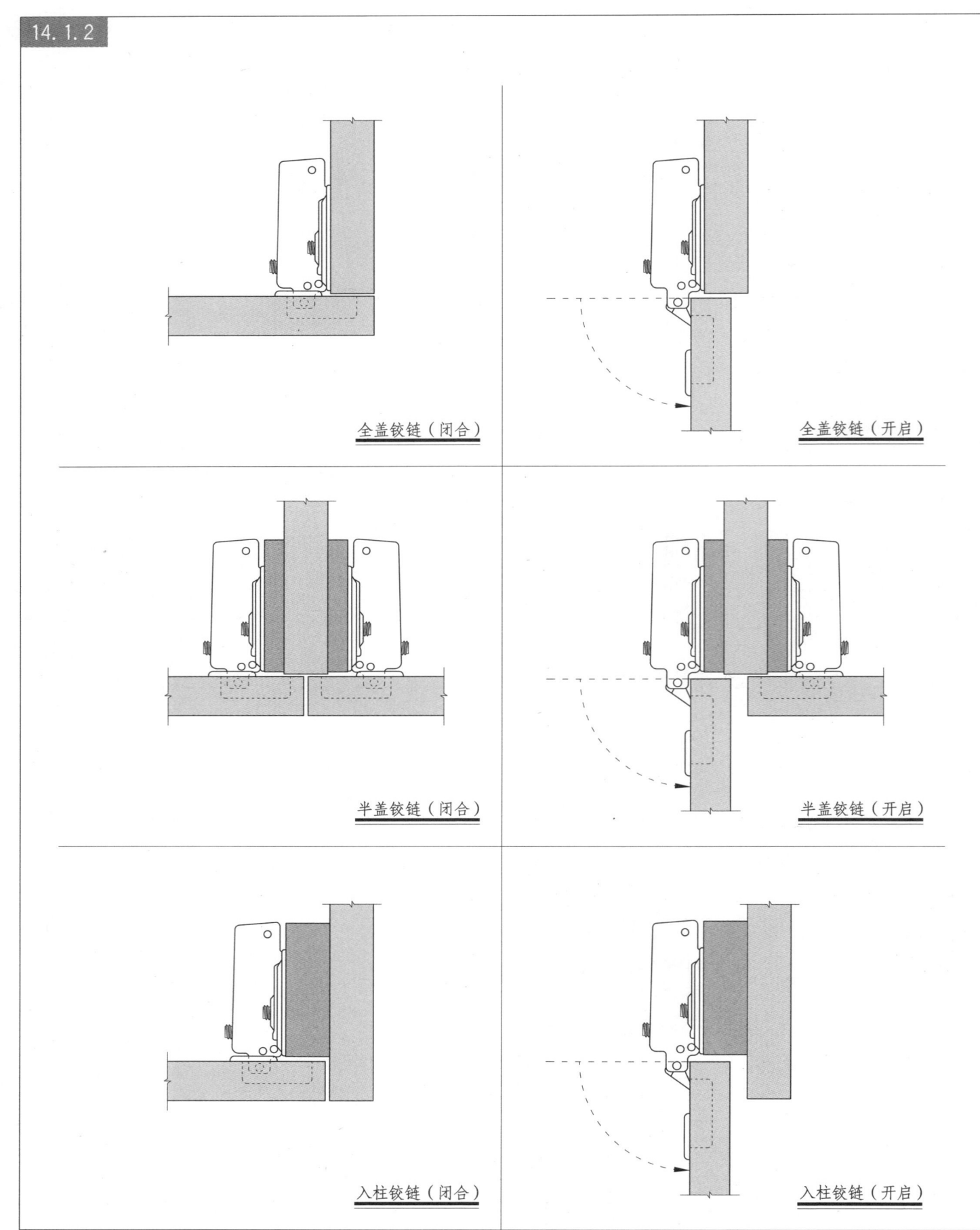

全盖铰链（闭合）　　全盖铰链（开启）

半盖铰链（闭合）　　半盖铰链（开启）

入柱铰链（闭合）　　入柱铰链（开启）

14.2 弹跳式门吸

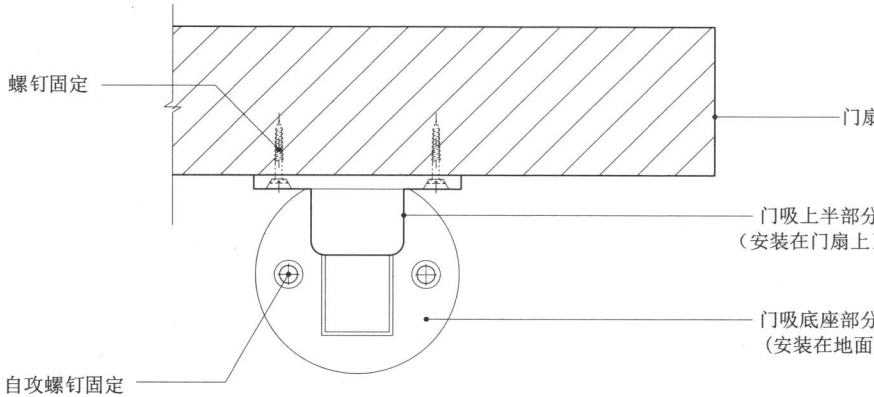

平面图

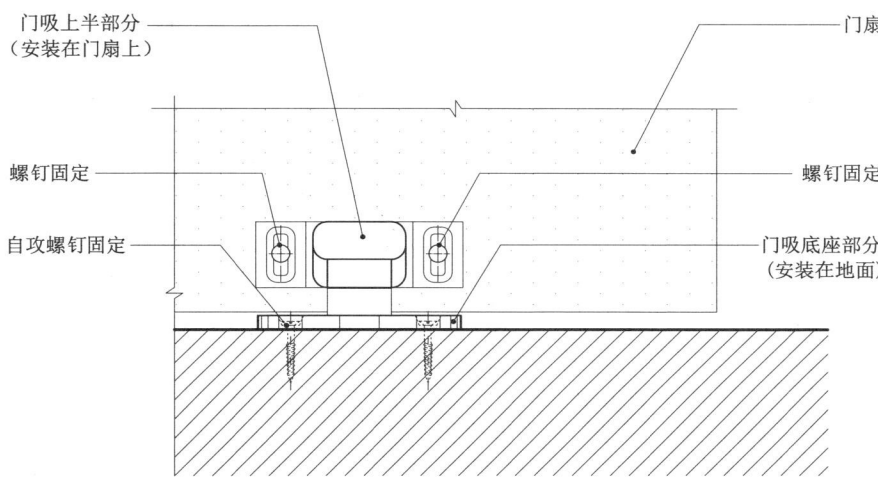

正立面图

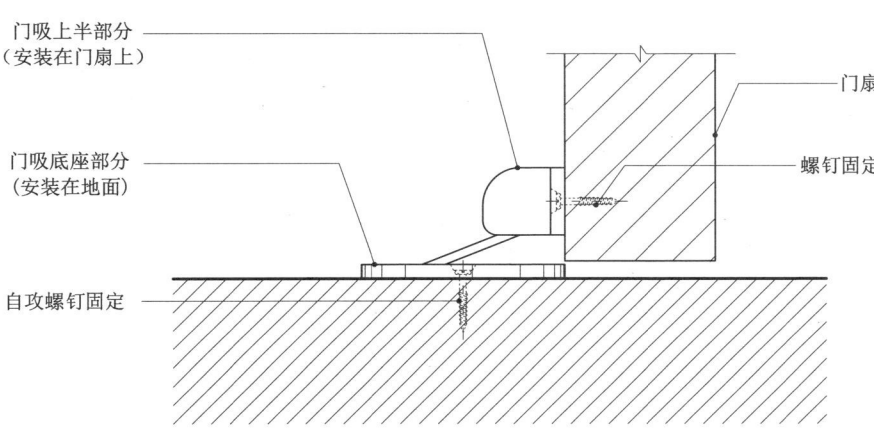

侧立面图

14.3 爪点式驳接件节点

14.3.1 单爪驳接件

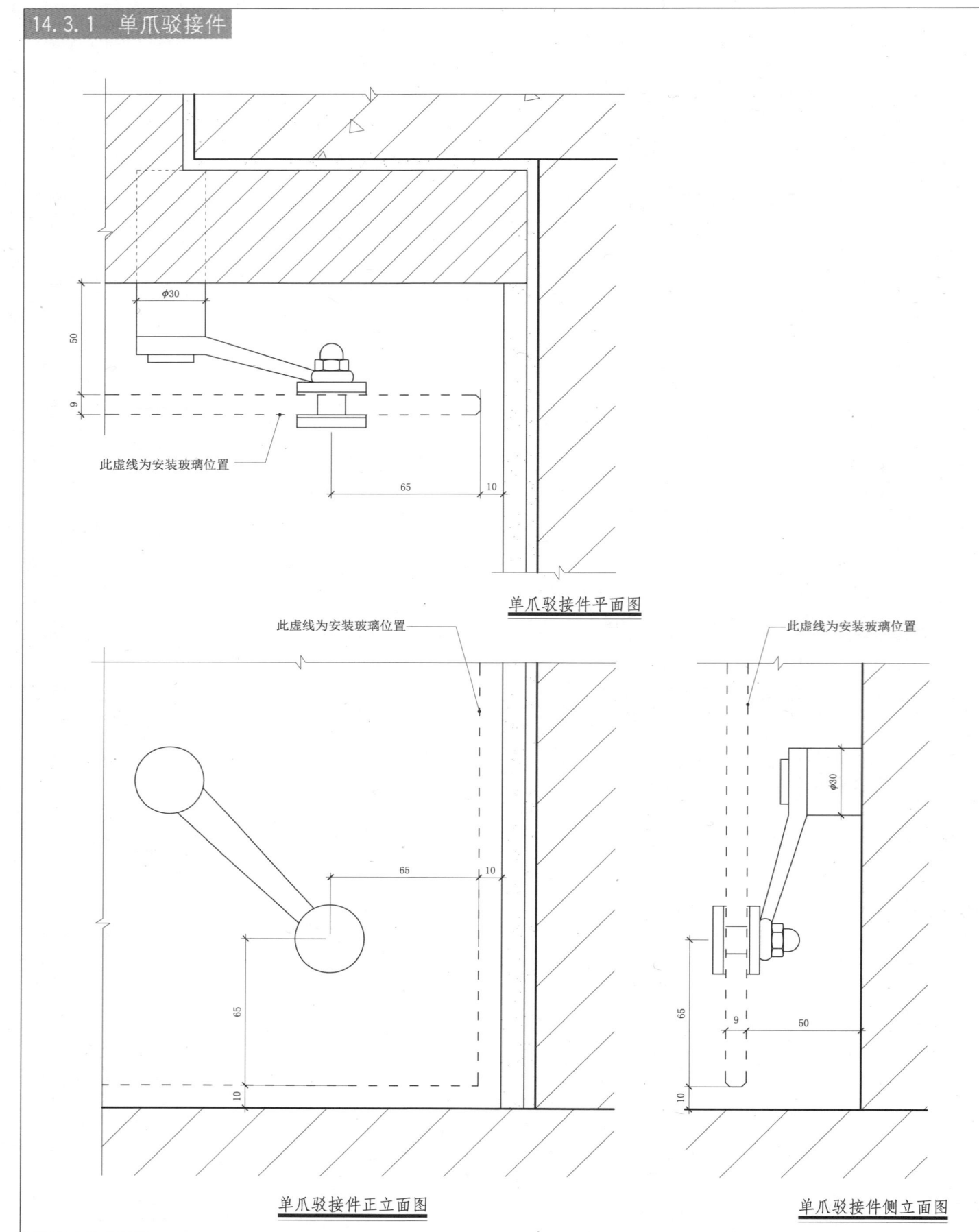

单爪驳接件平面图

单爪驳接件正立面图　　单爪驳接件侧立面图

14.3 爪点式驳接件节点

14.3.2 90°双爪驳接件

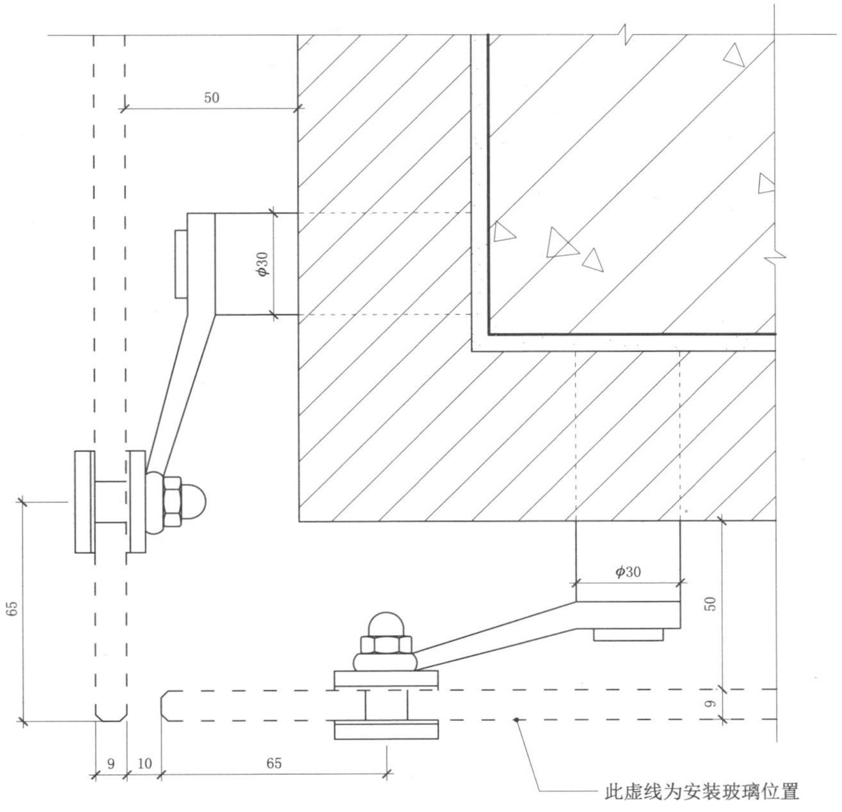

90°双爪驳接件平面图

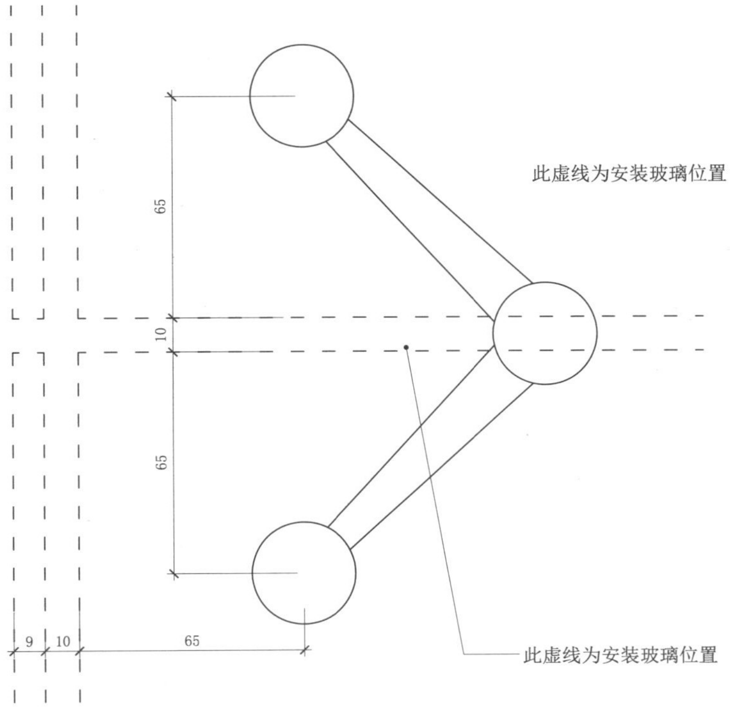

90°双爪驳接件正立面图 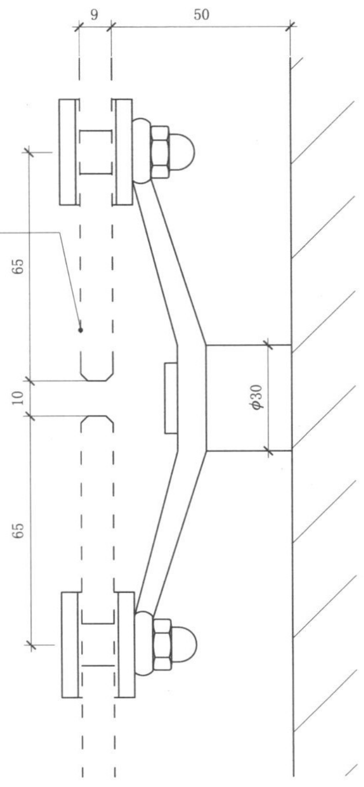　　90°双爪驳接件侧立面图

此虚线为安装玻璃位置

14 五金

14.3 爪点式驳接件节点

14.3.3 四爪驳接件

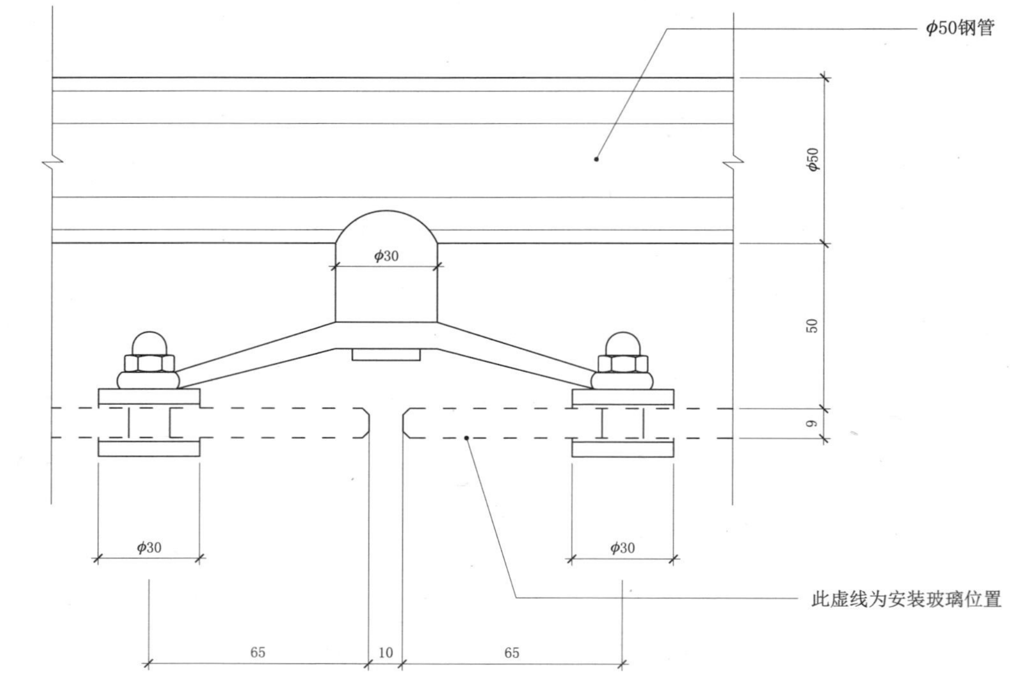

四爪驳接件平面图

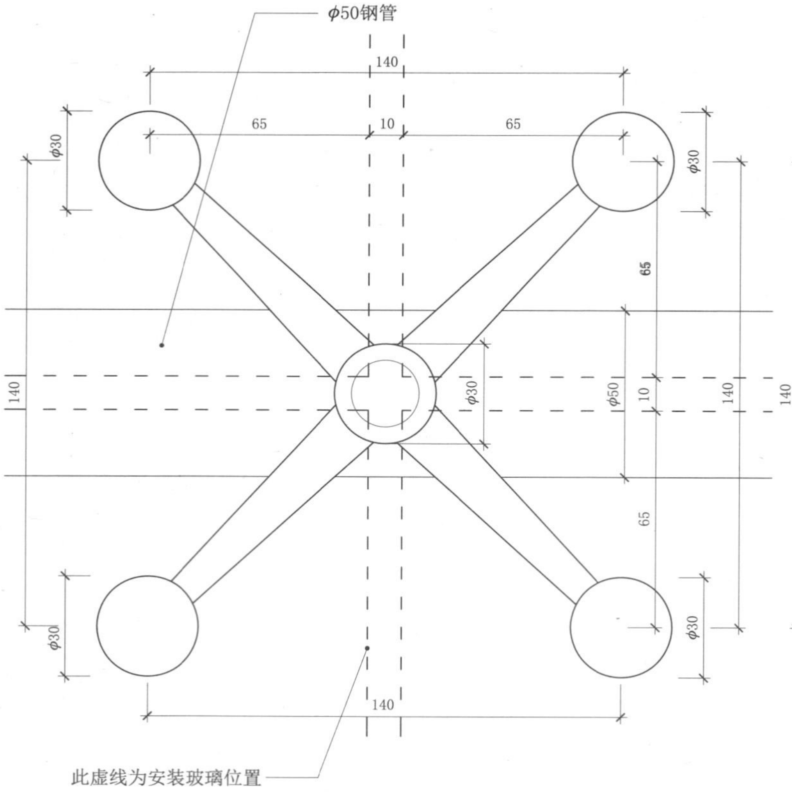

四爪驳接件正立面图

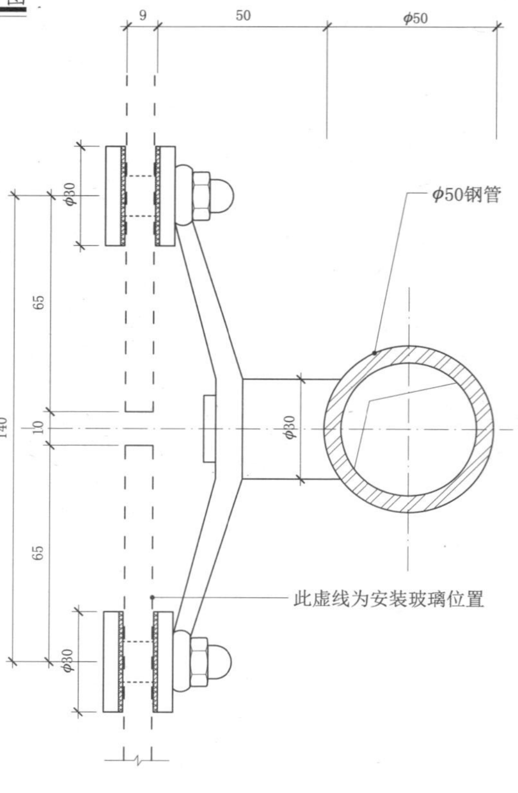

四爪驳接件侧立面图

14.4 前厅防火门节点

14.4.1

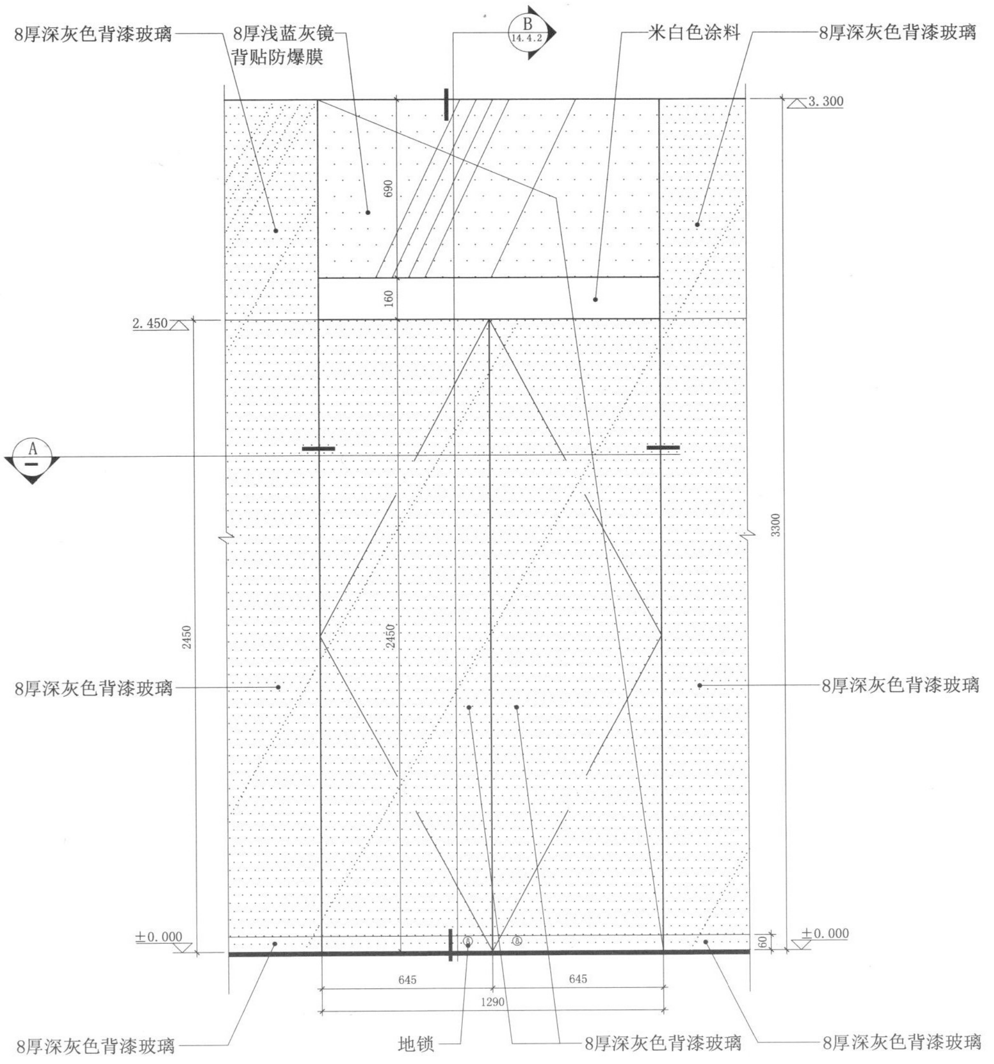

立面图

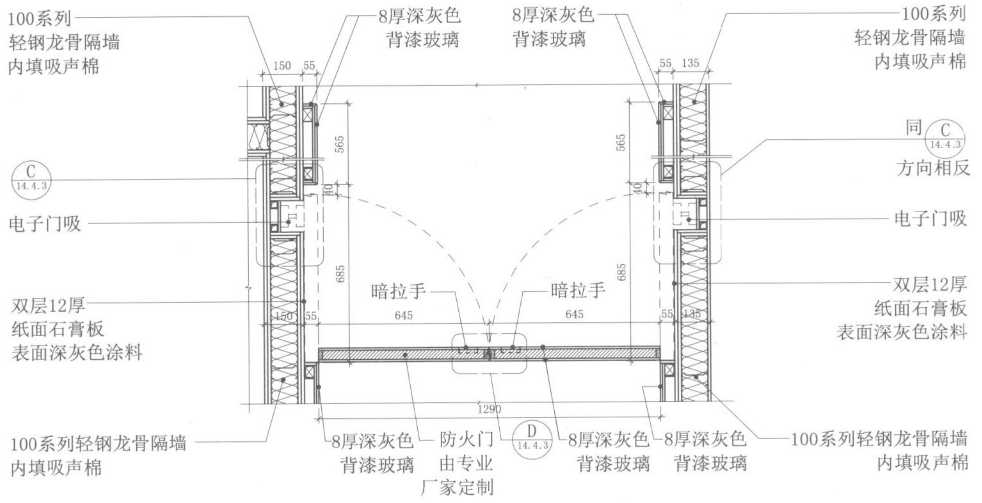

A节点图

室内构造节点与专项模式图集 | 565

14.4 前厅防火门节点

14.4.2

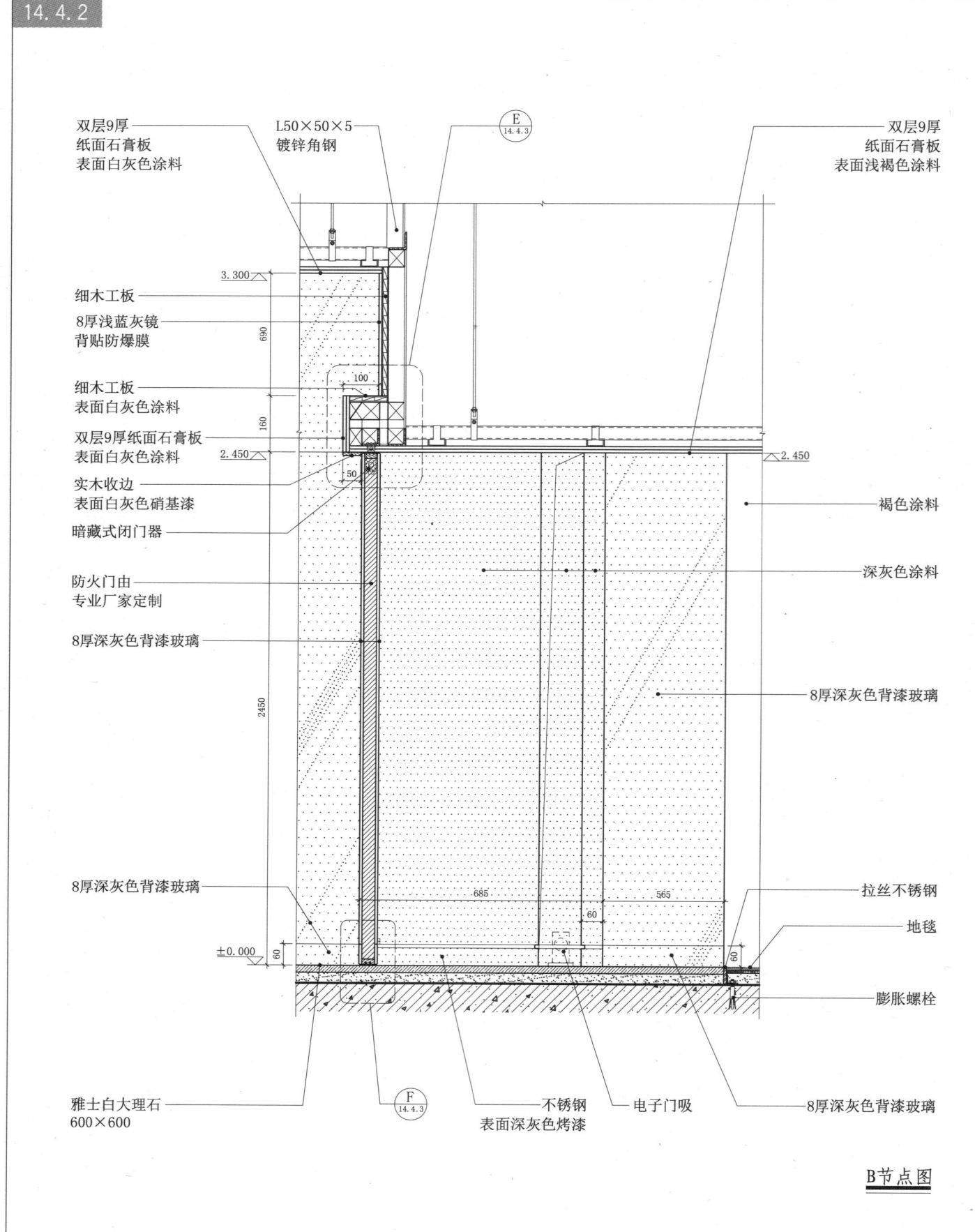

B节点图

14.4 前厅防火门节点

14.4.3

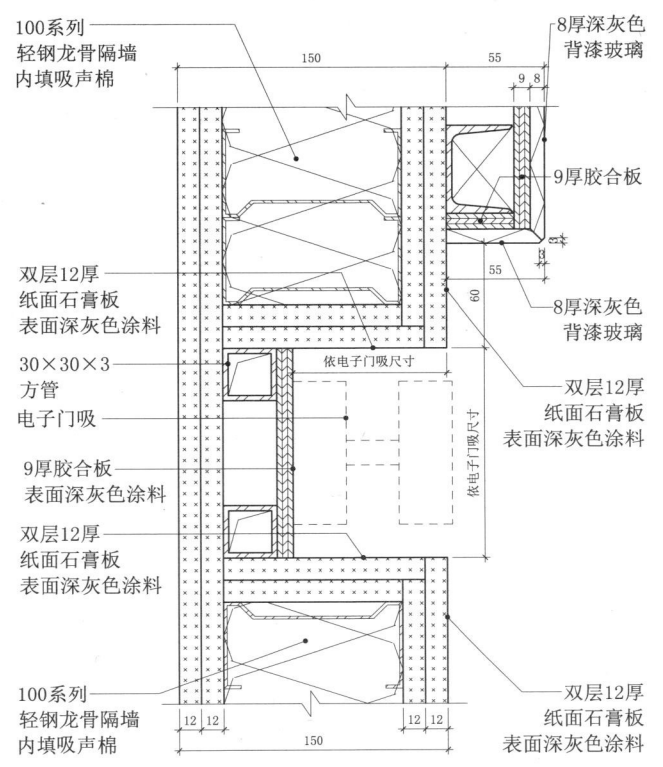

C节点图

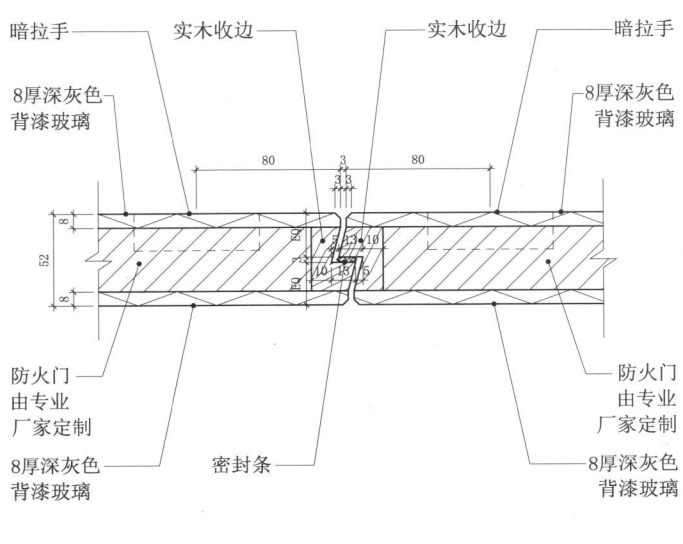

D节点图

E节点图

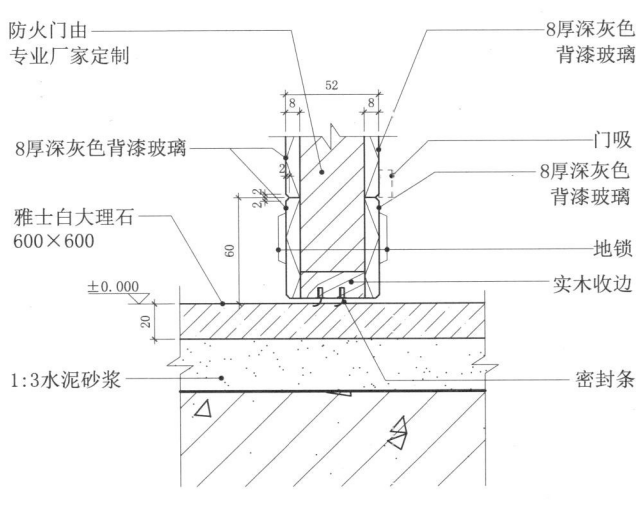

F节点图

14 14.5 室内玻璃幕墙节点

五金 · 骨架构造 立面、连续界面构造 顶面构造 幕墙构造 透光照明构造 玻璃构造

14.5.1

平面图、立面索引图

代号	数量
A	23
B	4

12厚清玻璃渐变喷砂钢化

2厚半拉丝不锈钢　　2厚半拉丝不锈钢

A大样图

12厚清玻璃渐变喷砂钢化

2厚半拉丝不锈钢　　2厚半拉丝不锈钢

B大样图

568 | 室内构造节点与专项模式图集

14.5 室内玻璃幕墙节点

14.5.2

五金·骨架构造 立面、连续界面构造 顶面构造 幕墙构造 透光照明构造 玻璃构造

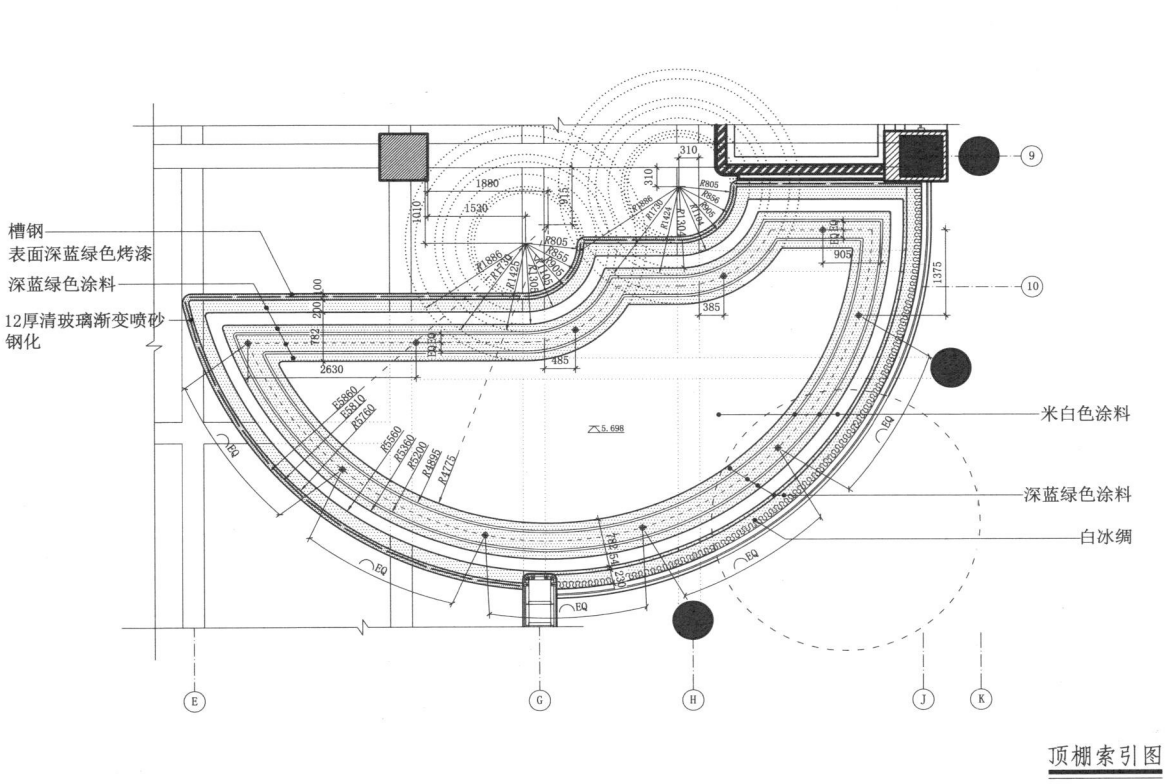

槽钢
表面深蓝绿色烤漆
深蓝绿色涂料
12厚清玻渐变喷砂钢化

米白色涂料

深蓝绿色涂料

白冰绸

顶棚索引图

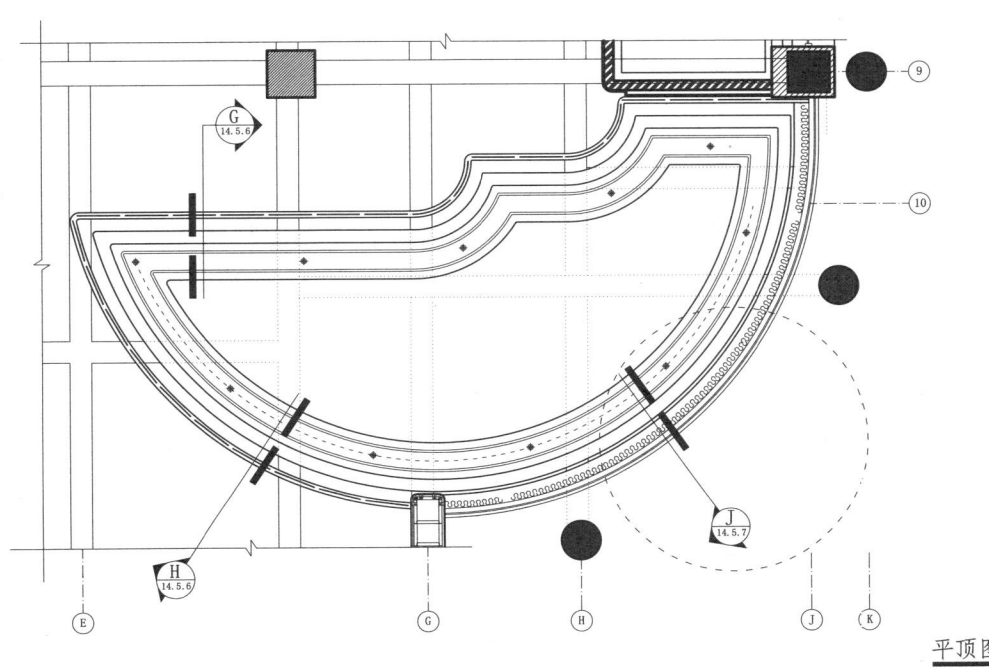

平顶图大样

14 五金
- 骨架构造
- 立面、连续界面构造
- 顶面构造
- 幕墙构造
- 透光照明构造
- 玻璃构造

14.5 室内玻璃幕墙节点

14.5.3

1 立面图

2 展开立面图

14.5 室内玻璃幕墙节点

14.5.4

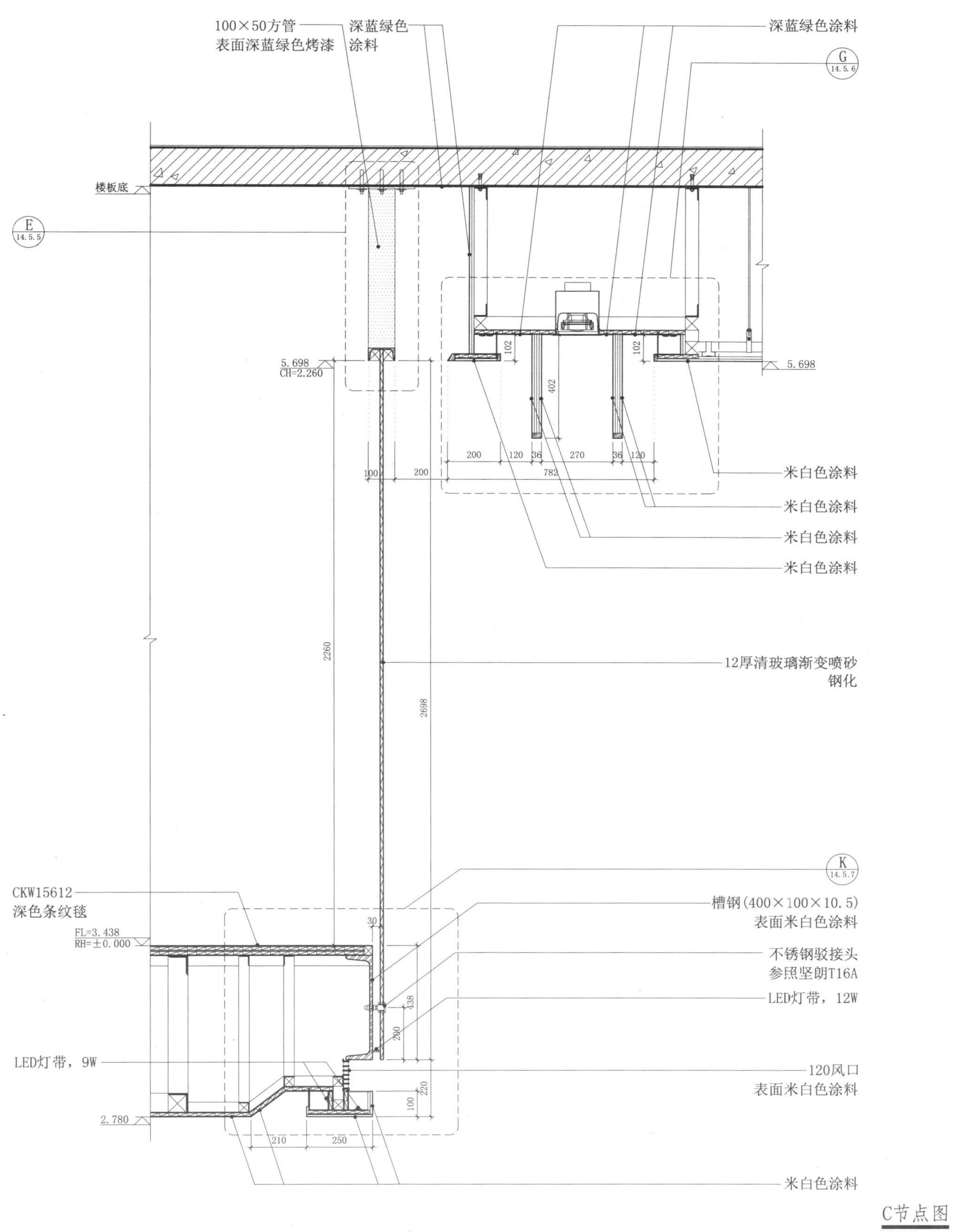

五金·
骨架构造　立面、连续界面构造　顶面构造　幕墙构造　透光照明构造　玻璃构造

图中标注：
- 100×50方管表面深蓝绿色烤漆
- 深蓝绿色涂料
- 深蓝绿色涂料
- 楼板底
- E (14.5.5)
- G (14.5.6)
- 5.698 CH=2.260
- 米白色涂料
- 米白色涂料
- 米白色涂料
- 米白色涂料
- 12厚清玻璃渐变喷砂钢化
- K (14.5.7)
- CKW15612 深色条纹毯
- FL=3.438 RH=±0.000
- 槽钢（400×100×10.5）表面米白色涂料
- 不锈钢驳接头 参照坚朗T16A
- LED灯带，12W
- LED灯带，9W
- 120风口 表面米白色涂料
- 2.780
- 米白色涂料

C节点图

室内构造节点与专项模式图集 | 571

14.5 室内玻璃幕墙节点

14.5.5

标注说明：

- 100×50方管 表面深蓝绿色烤漆
- 不锈钢 表面深蓝绿色烤漆
- 12厚清玻璃渐变喷砂 钢化
- 2厚半拉丝不锈钢
- 同 F 方向相反
- φ38mm 不锈钢驳接头
- LED灯带，12W
- 米白色涂料
- 120风口 表面米白色涂料
- 米白色涂料

D大样图

- 3-M8化学螺栓
- 150×250×8钢板@500 表面深蓝绿色涂料
- 楼板底 深蓝绿色涂料
- 100×50方管 表面深蓝绿色烤漆
- 槽钢100×48×5 通长安装 表面深蓝绿色烤漆
- 硅胶填缝
- 12厚清玻璃渐变喷砂 钢化

E节点图

- 12厚清玻璃渐变喷砂 钢化
- 2厚半拉丝不锈钢

F节点图

14.5 室内玻璃幕墙节点

14.5.6

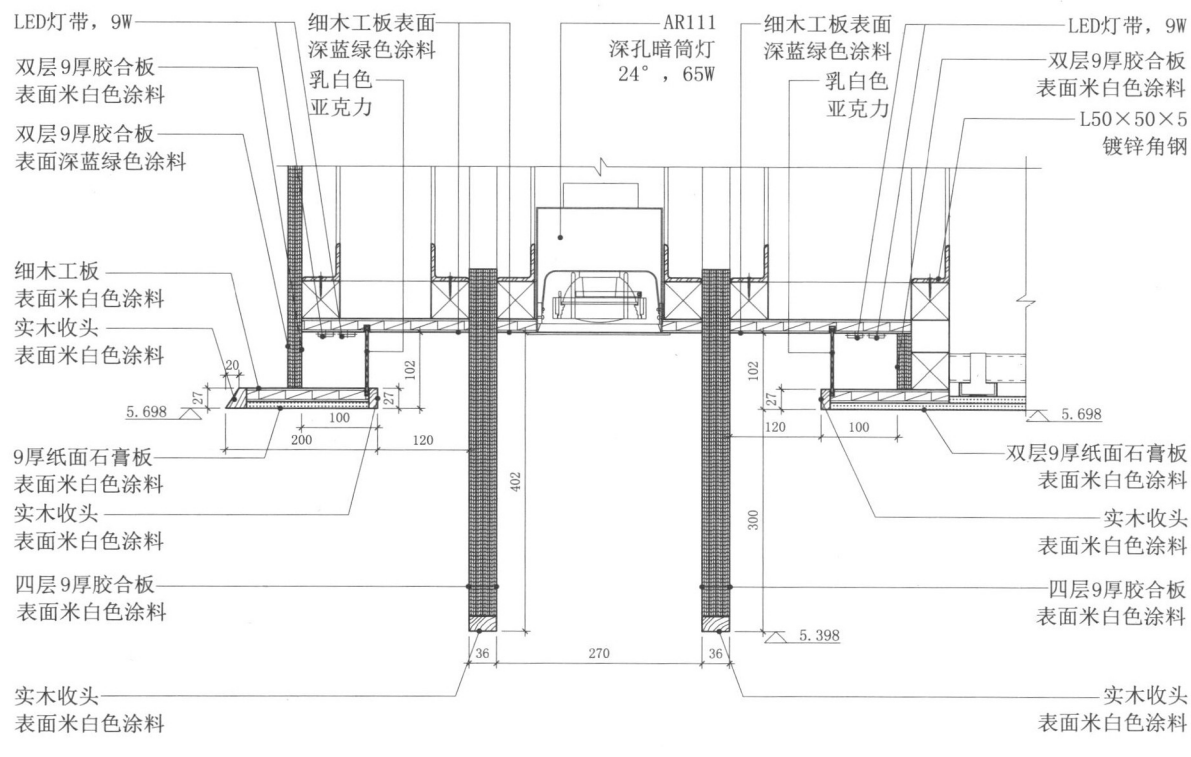

G节点图

H节点图

14.5 室内玻璃幕墙节点

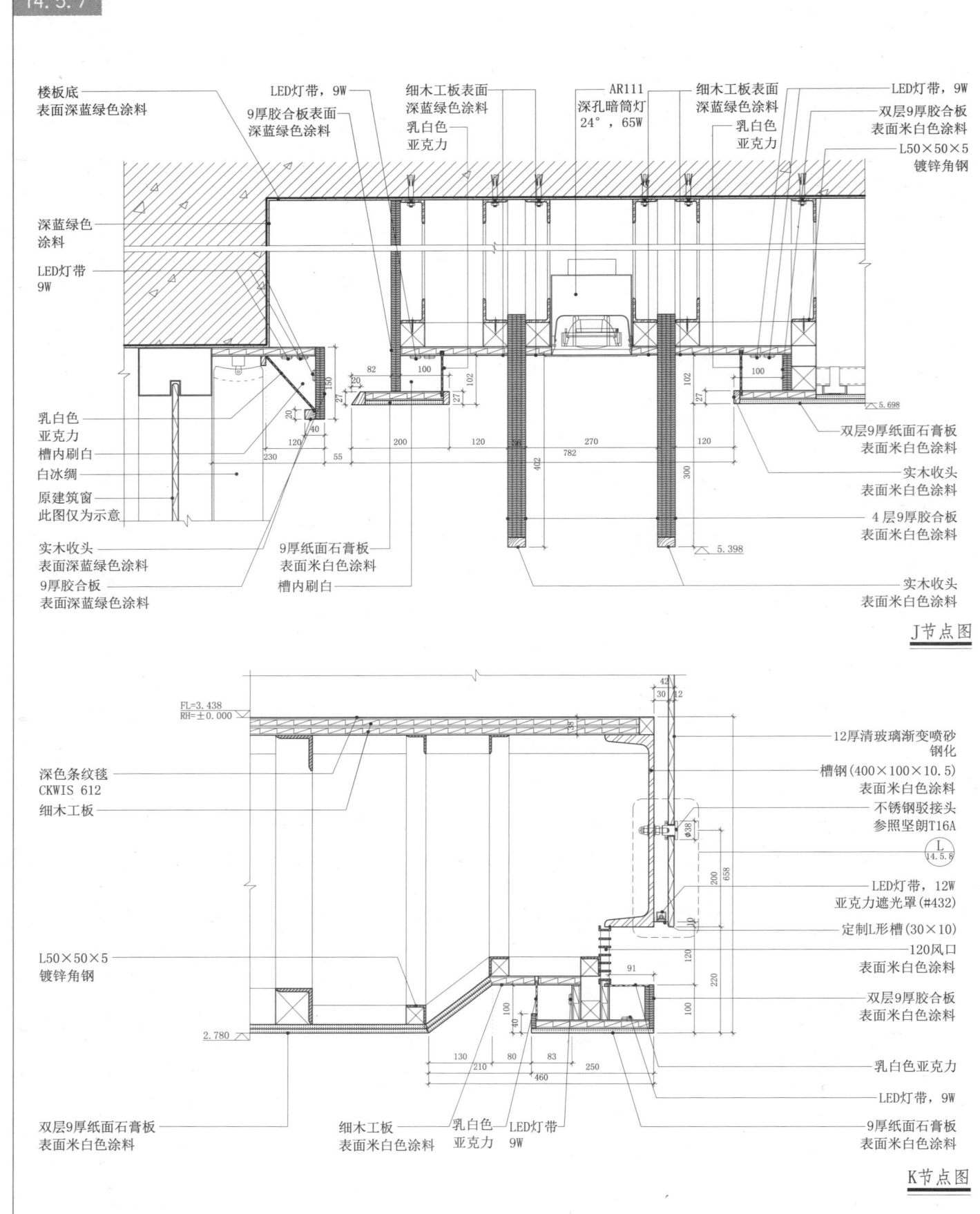

J节点图

K节点图

14.5 室内玻璃幕墙节点

14.5.8

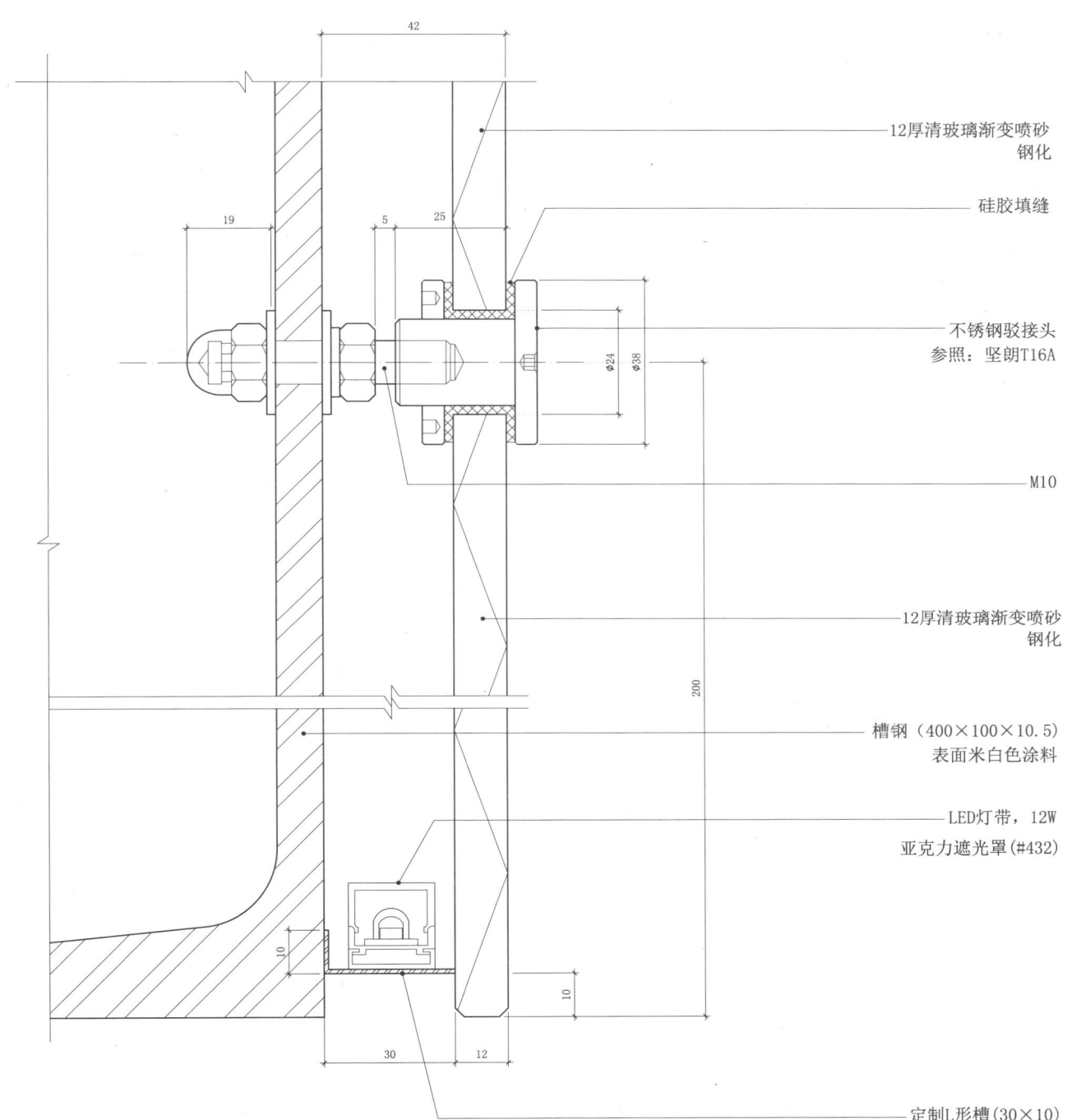

L 节点图

室内构造节点与专项模式图集 | 575

15 非透光照明构造

15.1 照明方式（一）

15.1.1

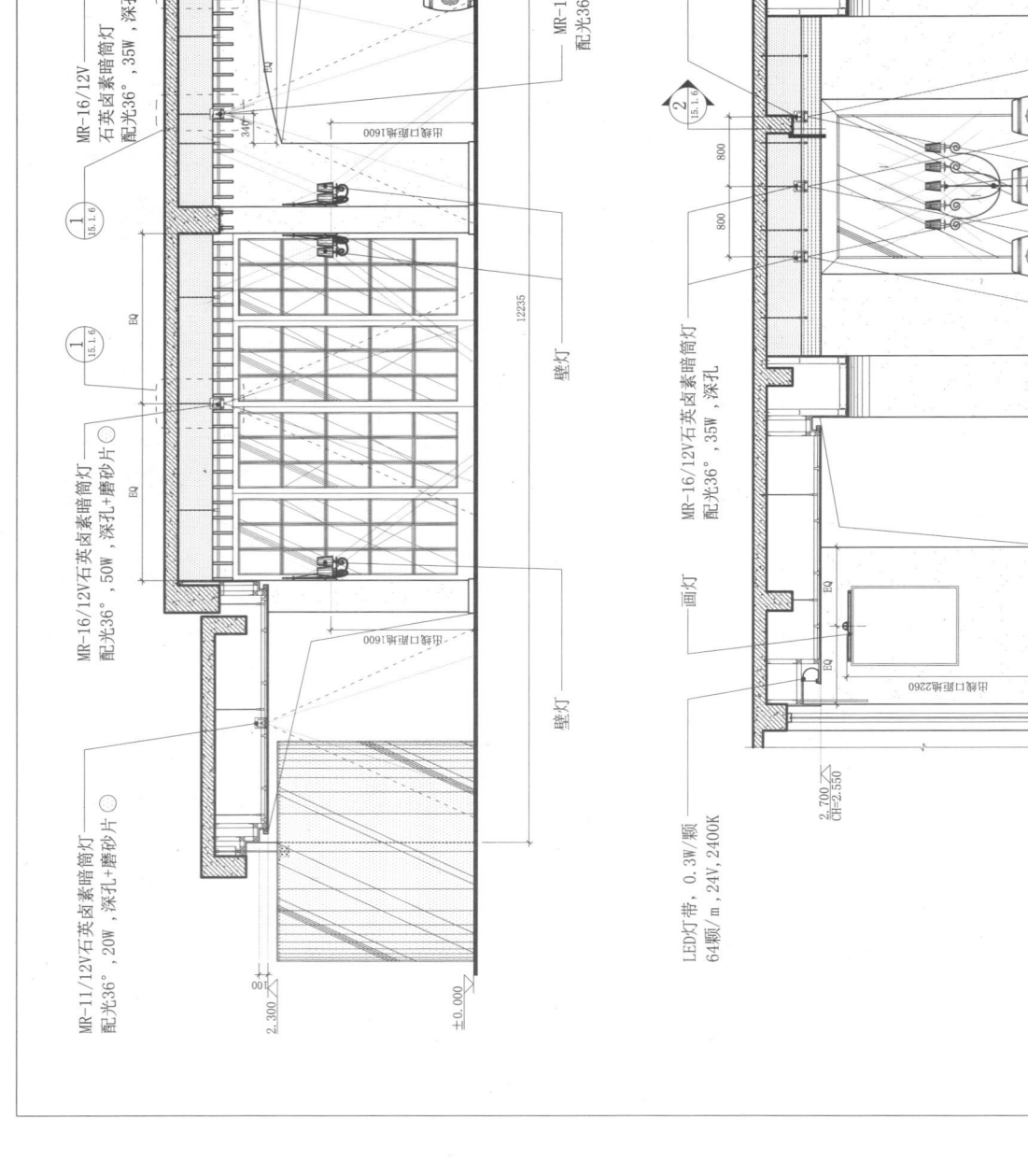

15.1.2

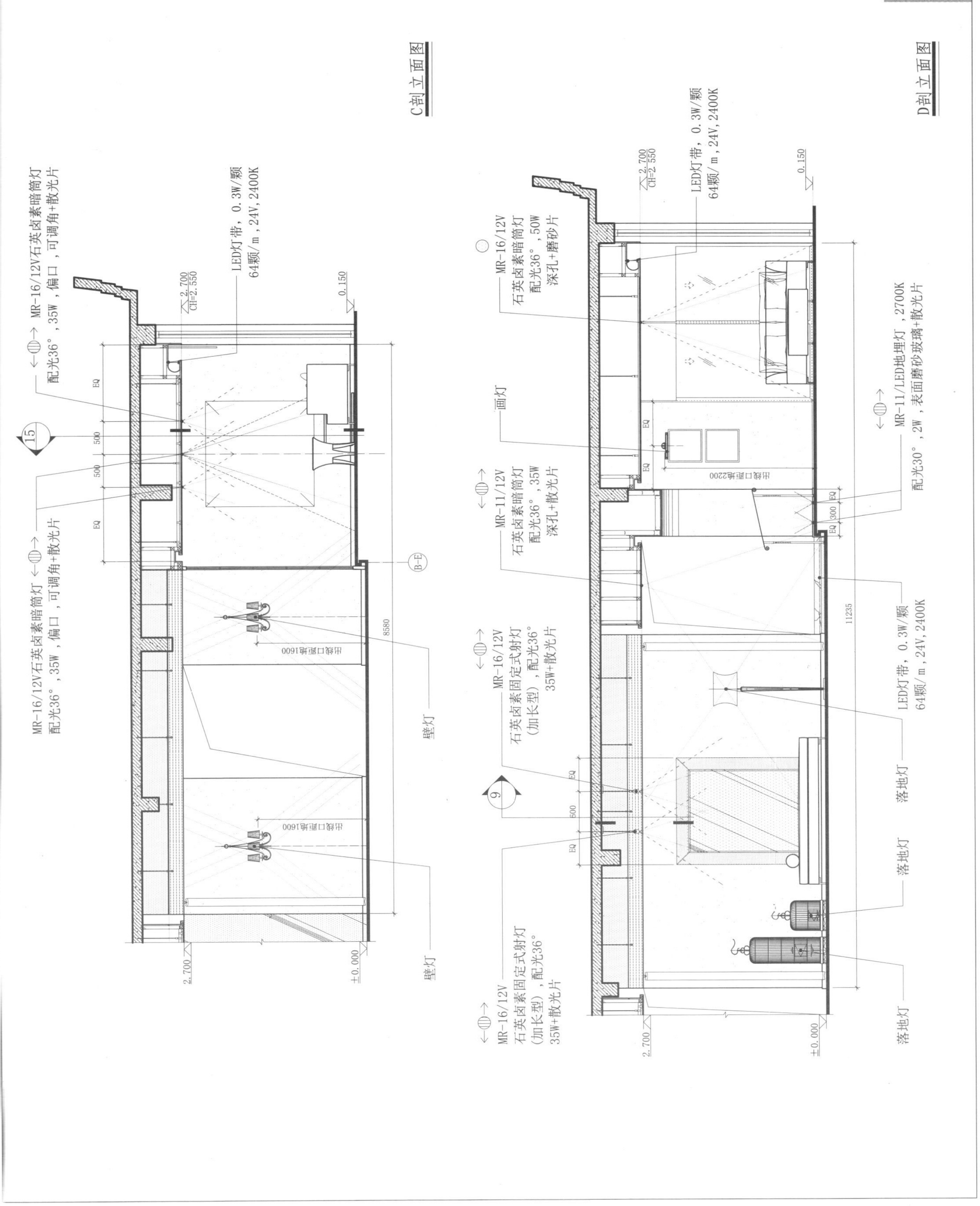
C剖立面图
D剖立面图
MR-16/12V石英卤素暗筒灯
配光36°，35W，偏口，可调角+散光片
LED灯带，0.3W/颗
64颗/m，24V，2400K
壁灯
出线口距地1600
8580
MR-16/12V
石英卤素暗筒灯
配光36°，50W
深孔+磨砂片
画灯
出线口距地2200
MR-11/12V
石英卤素暗筒灯
配光36°，35W
深孔+散光片
MR-16/12V
石英卤素固定式射灯
(加长型)，配光36°
35W+散光片
MR-11/LED地埋灯，2700K
配光30°，2W，表面磨砂玻璃+散光片
落地灯
11235
2.700
CH=2.550
0.150
±0.000

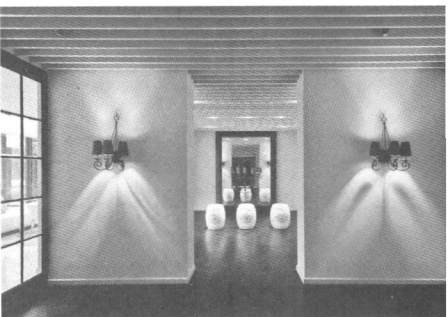

15 非透光照明构造

15.1 照明方式（一）

15.1.3

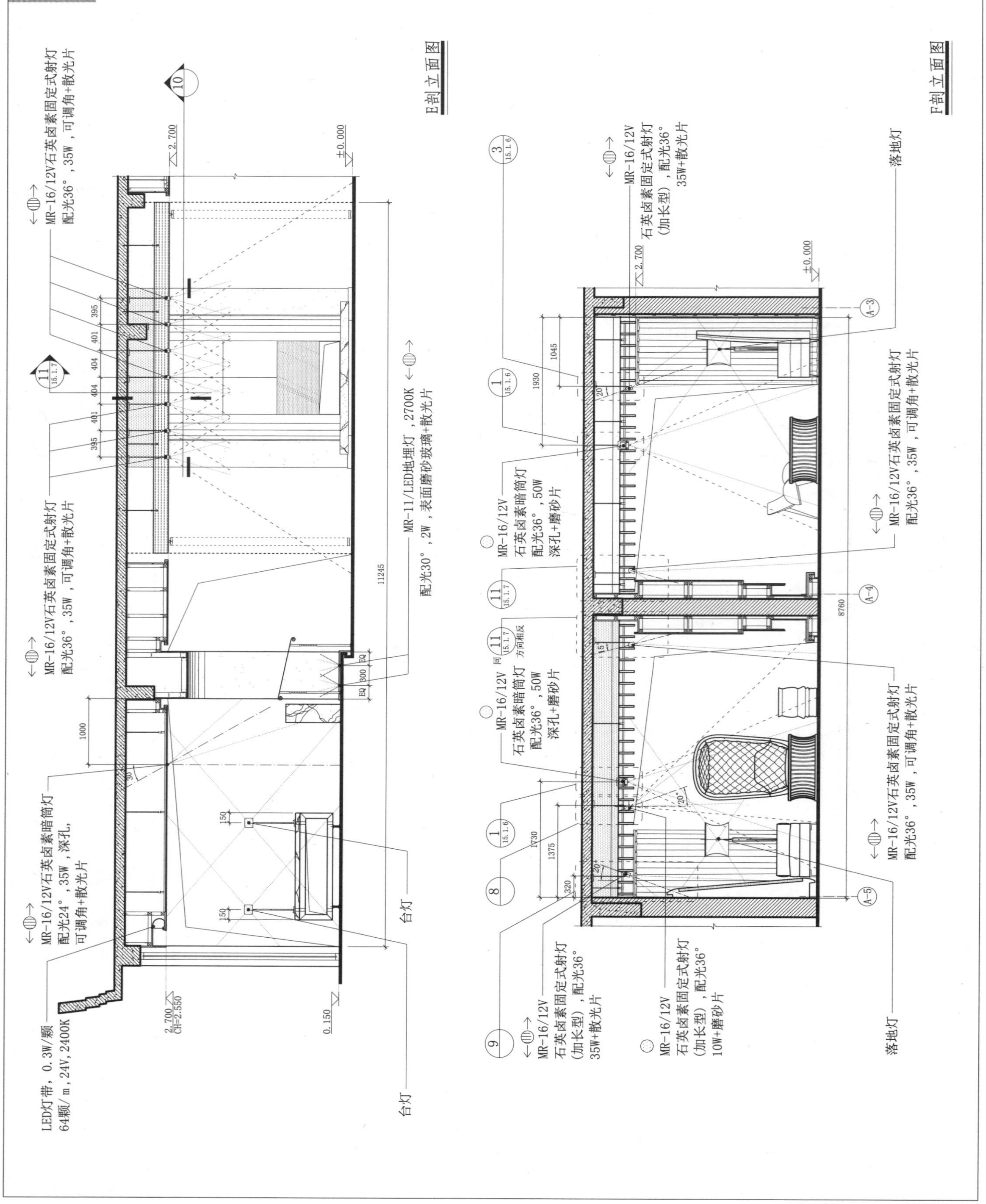

E剖立面图

F剖立面图

15.1 照明方式（一）

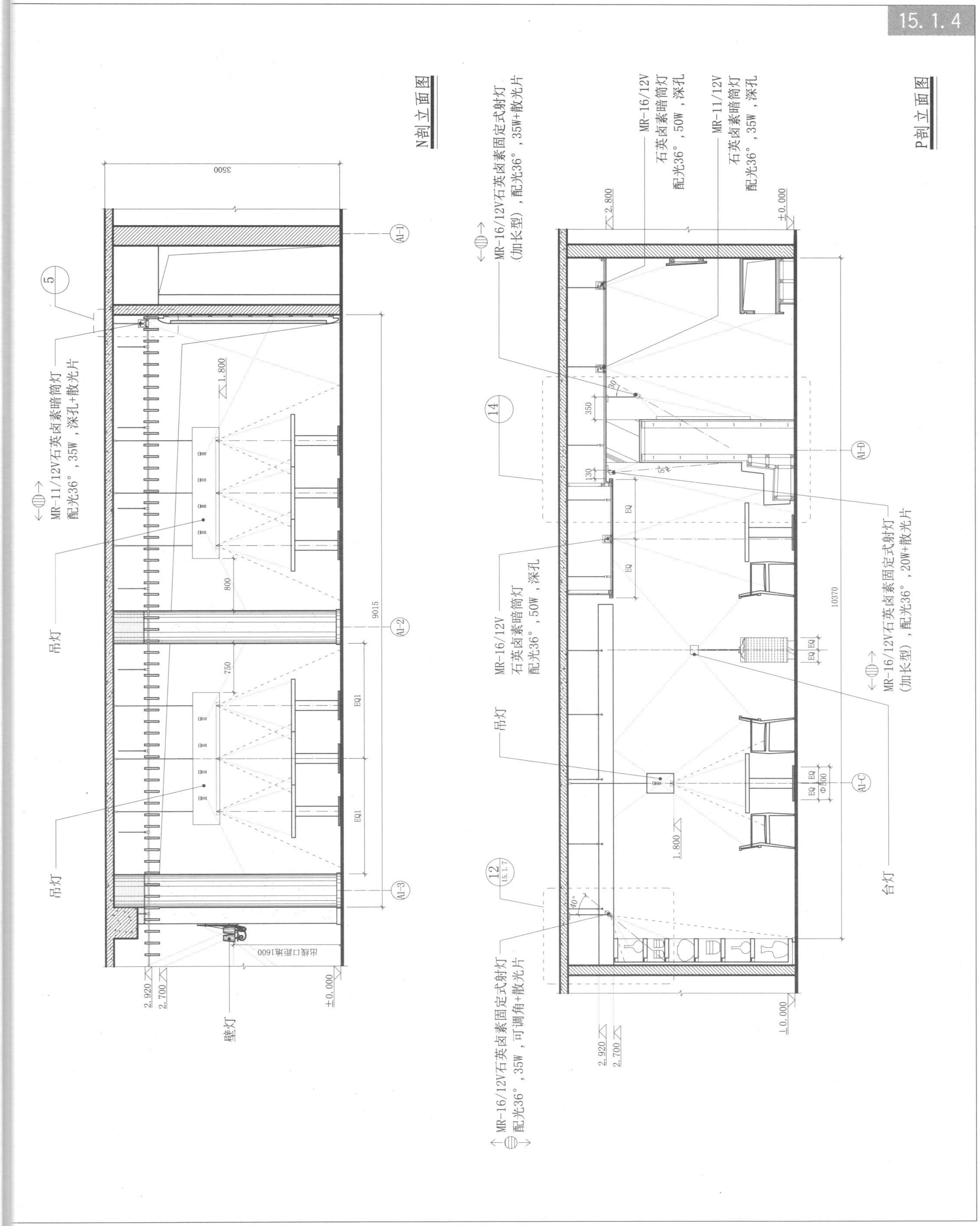

15.1.4 非透光照明构造

15 非透光照明构造

15.1 照明方式（一）

15.1.5

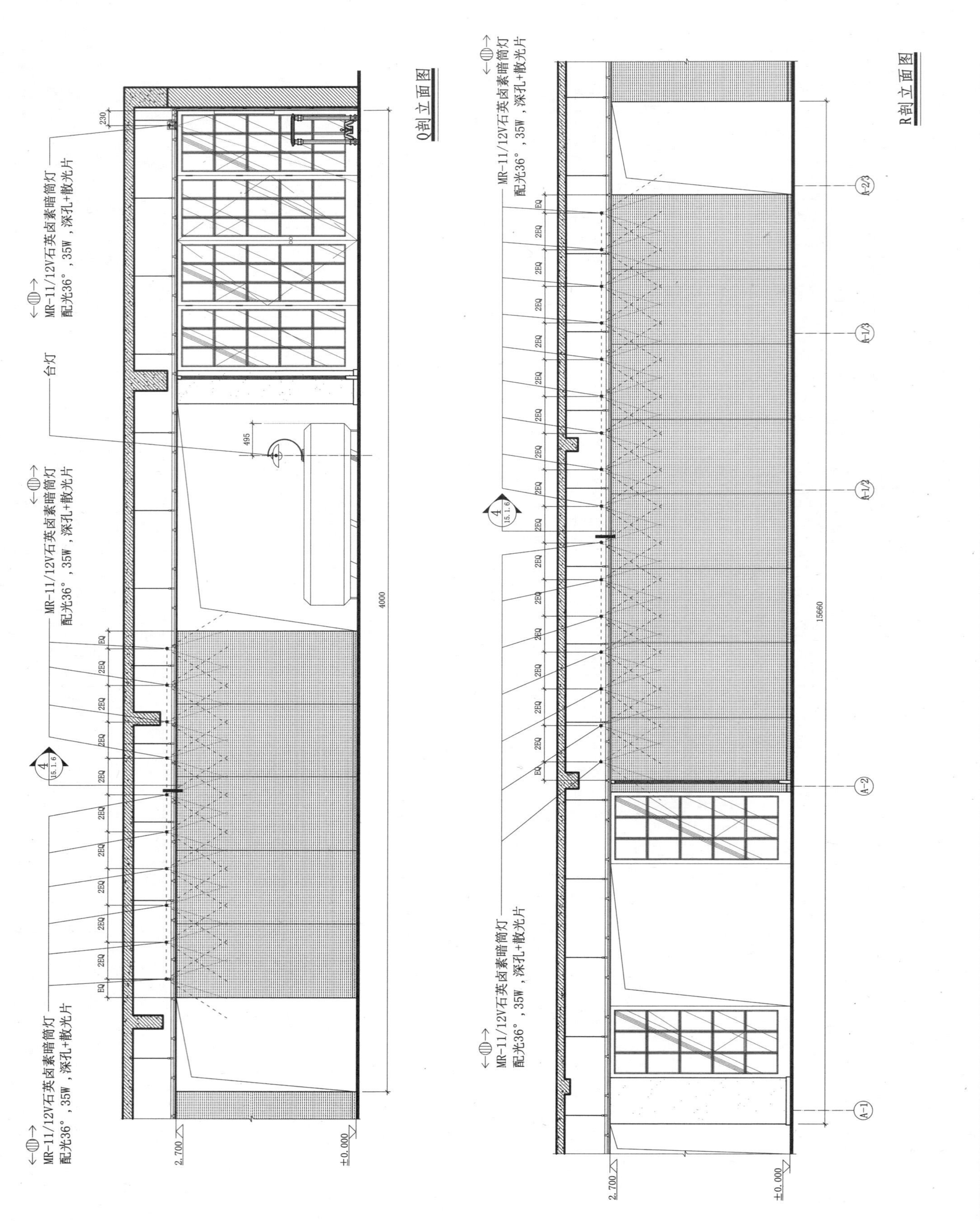

Q剖立面图

R剖立面图

15.1 照明方式(一)

15.1.6 非透光照明构造

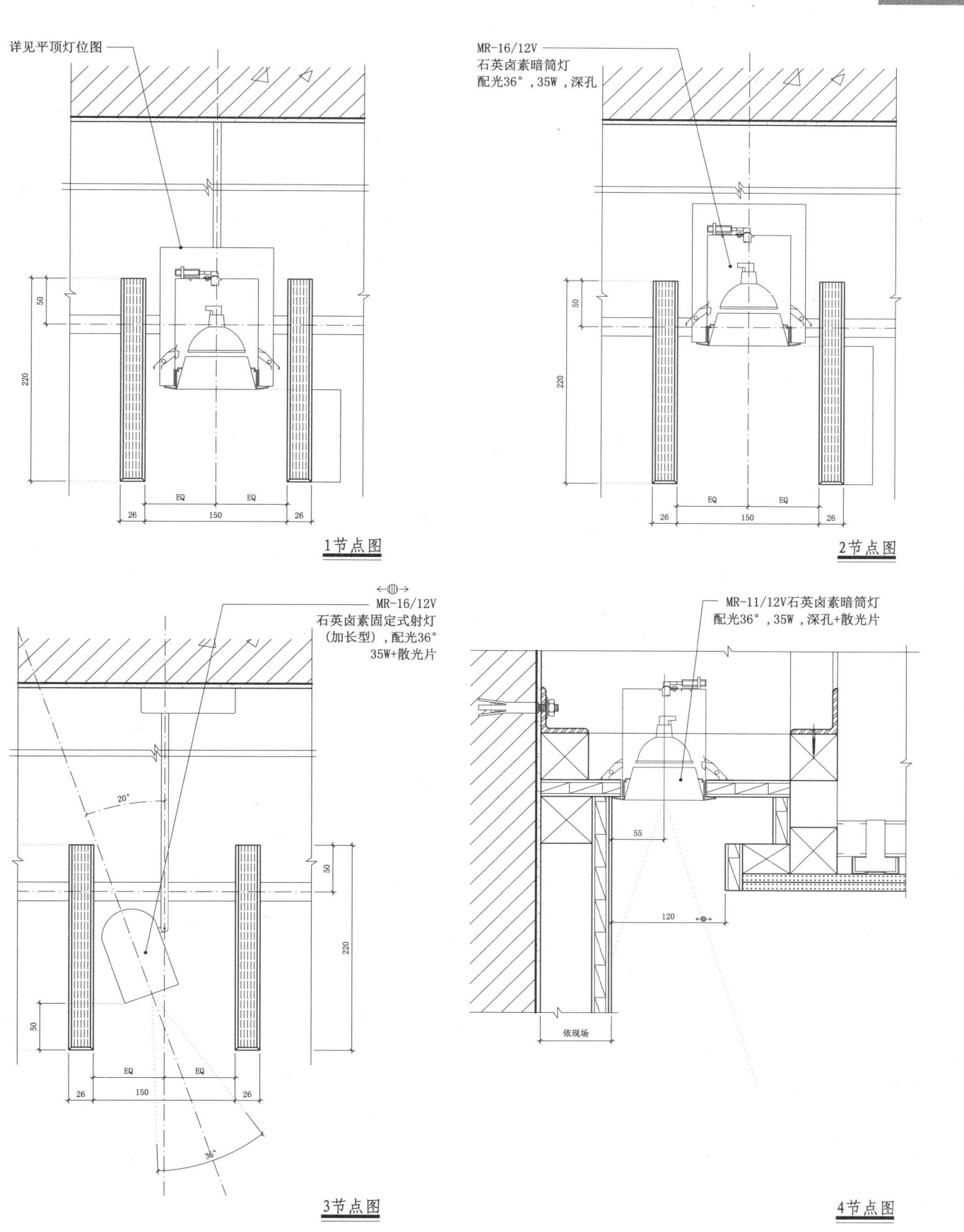

15　非透光照明构造

15.1　照明方式（一）

15.1.7

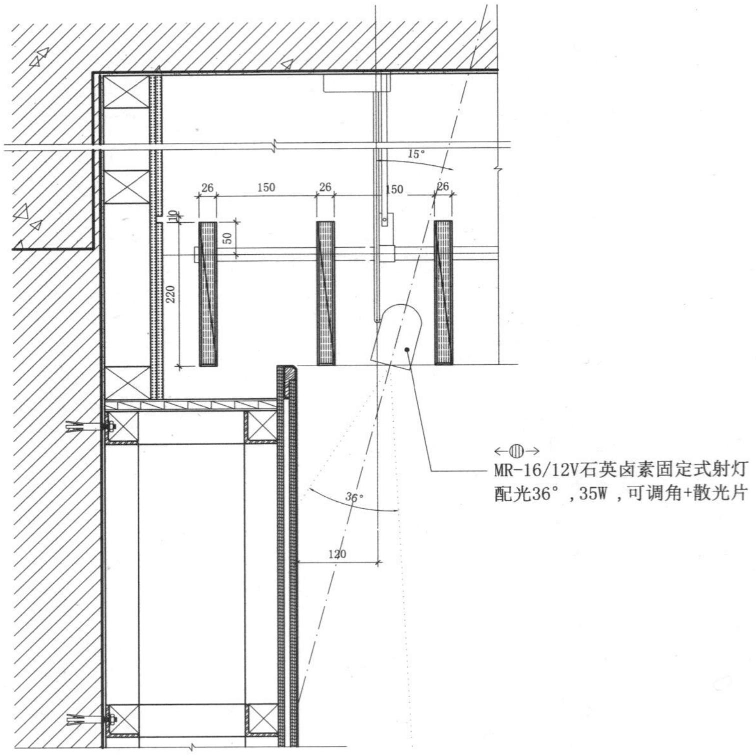

MR-16/12V石英卤素固定式射灯
配光36°，35W，可调角+散光片

11节点图

MR-16/12V
石英卤素固定式射灯
配光36°，35W
可调角+散光片

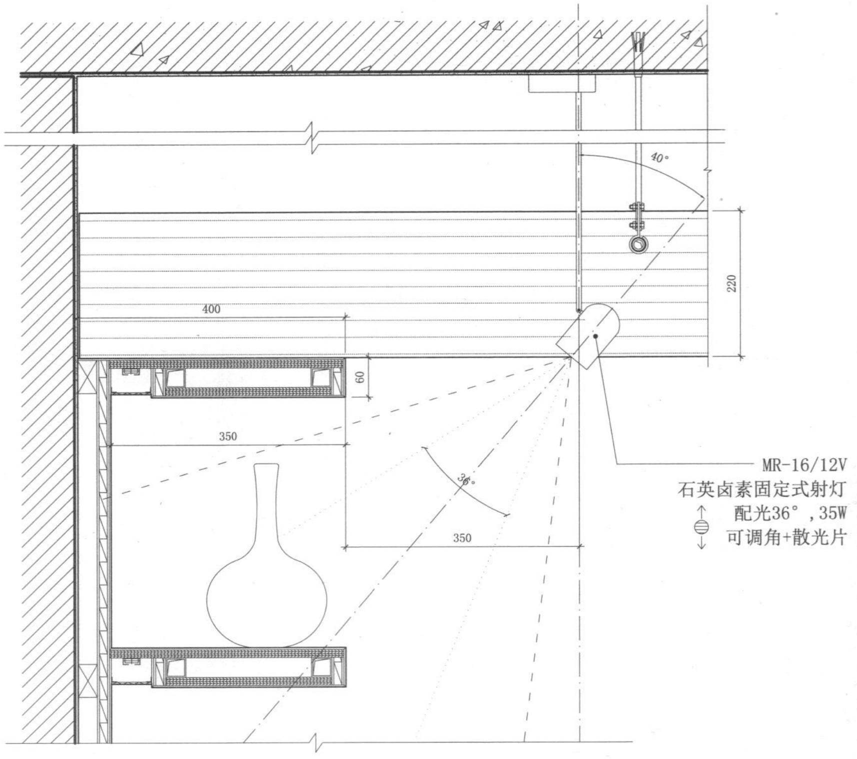

12节点图

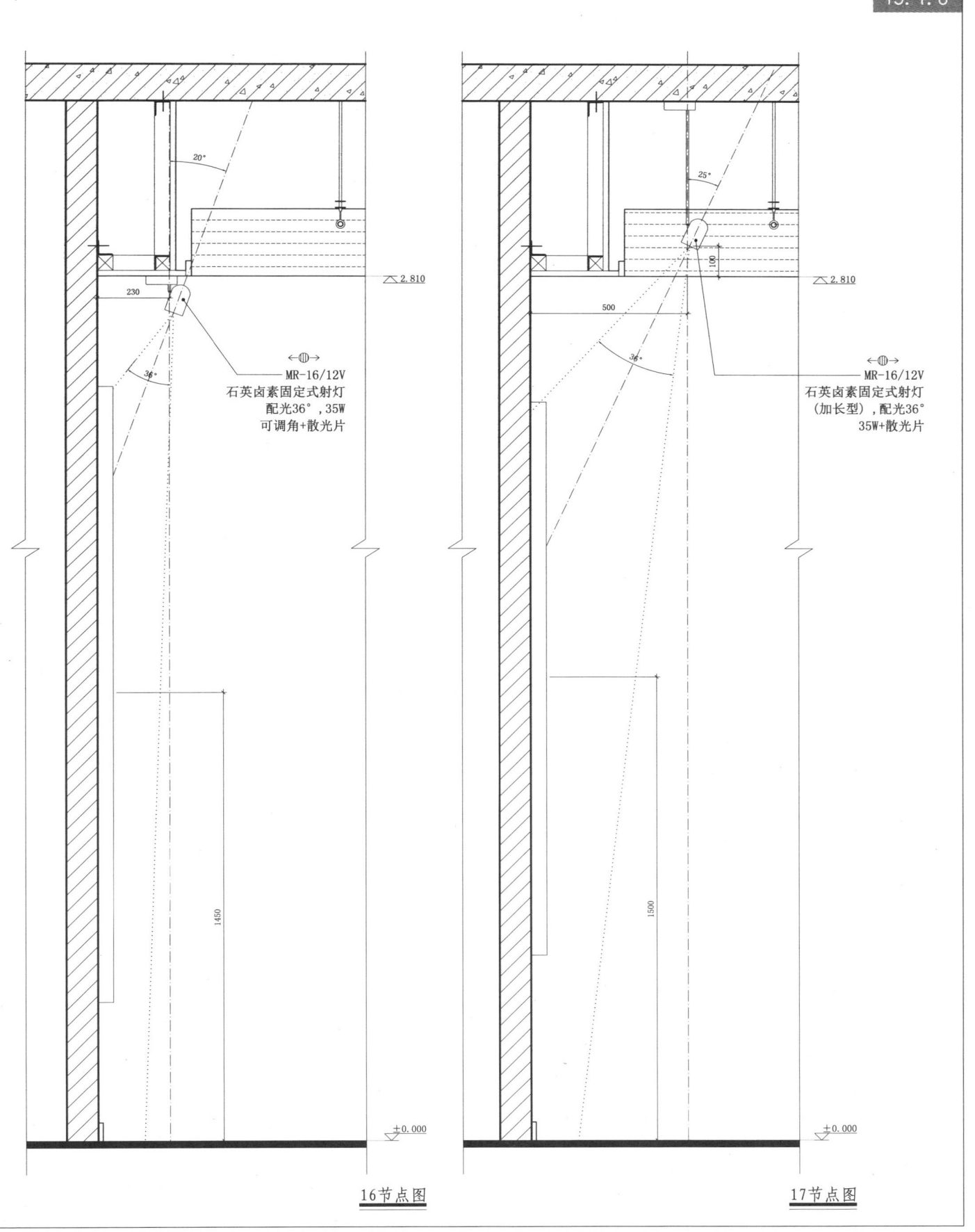

15.1 照明方式(一)

15 非透光照明构造

15.1.8

16节点图 / 17节点图

15 非透光照明构造

15.2 照明方式（二）

15.2.1

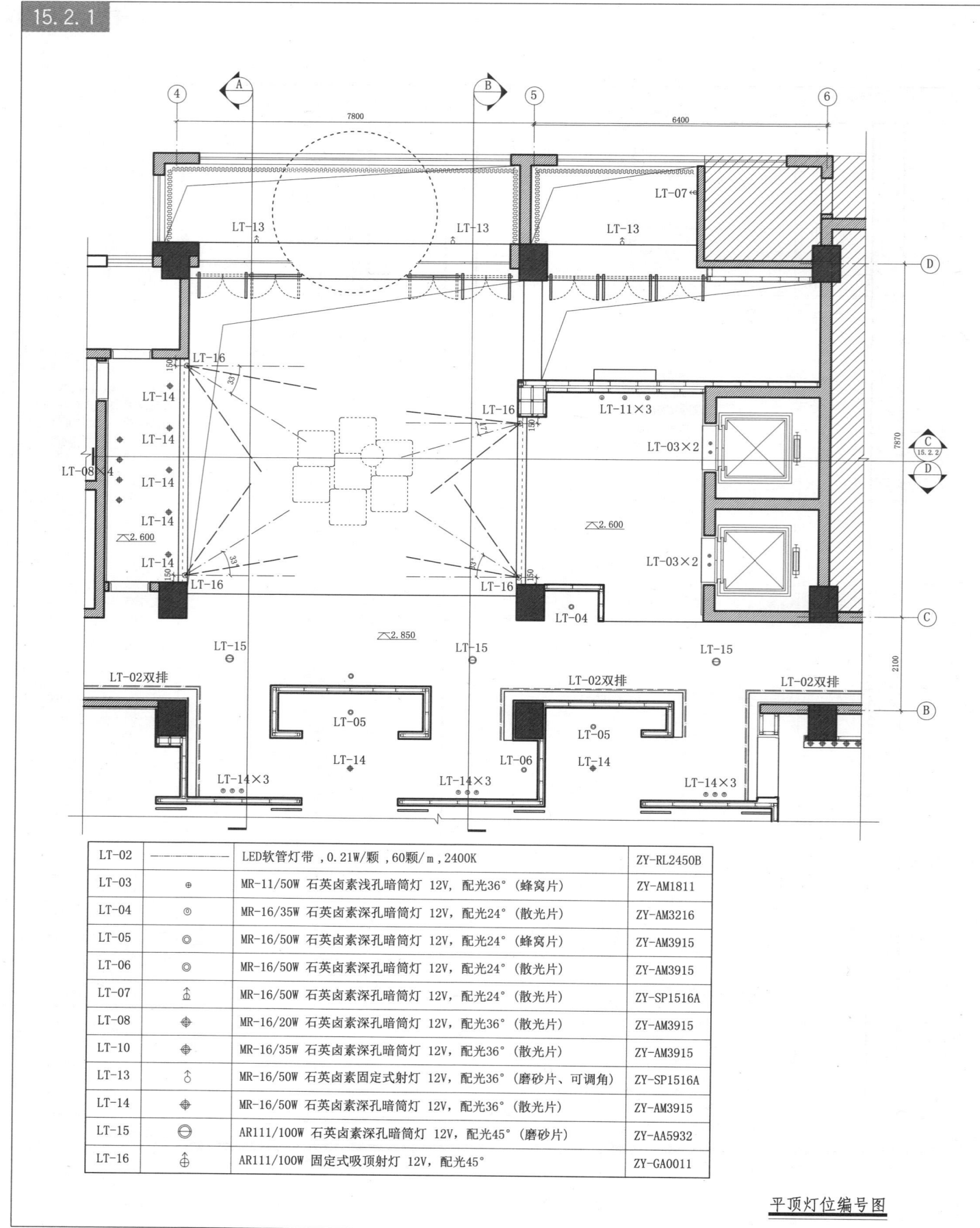

LT-02	——————	LED软管灯带，0.21W/颗，60颗/m，2400K	ZY-RL2450B
LT-03	⊕	MR-11/50W 石英卤素浅孔暗筒灯 12V，配光36°（蜂窝片）	ZY-AM1811
LT-04	⊚	MR-16/35W 石英卤素深孔暗筒灯 12V，配光24°（散光片）	ZY-AM3216
LT-05	◎	MR-16/50W 石英卤素深孔暗筒灯 12V，配光24°（蜂窝片）	ZY-AM3915
LT-06	◎	MR-16/50W 石英卤素深孔暗筒灯 12V，配光24°（散光片）	ZY-AM3915
LT-07	⇡	MR-16/50W 石英卤素深孔暗筒灯 12V，配光24°（散光片）	ZY-SP1516A
LT-08	⊕	MR-16/20W 石英卤素深孔暗筒灯 12V，配光36°（散光片）	ZY-AM3915
LT-10	⊕	MR-16/35W 石英卤素深孔暗筒灯 12V，配光36°（散光片）	ZY-AM3915
LT-13	⇡	MR-16/50W 石英卤素固定式射灯 12V，配光36°（磨砂片、可调角）	ZY-SP1516A
LT-14	⊕	MR-16/50W 石英卤素深孔暗筒灯 12V，配光36°（散光片）	ZY-AM3915
LT-15	⊖	AR111/100W 石英卤素深孔暗筒灯 12V，配光45°（磨砂片）	ZY-AA5932
LT-16	⊕	AR111/100W 固定式吸顶射灯 12V，配光45°	ZY-GA0011

<u>平顶灯位编号图</u>

15.2 照明方式（二）

15.2.2

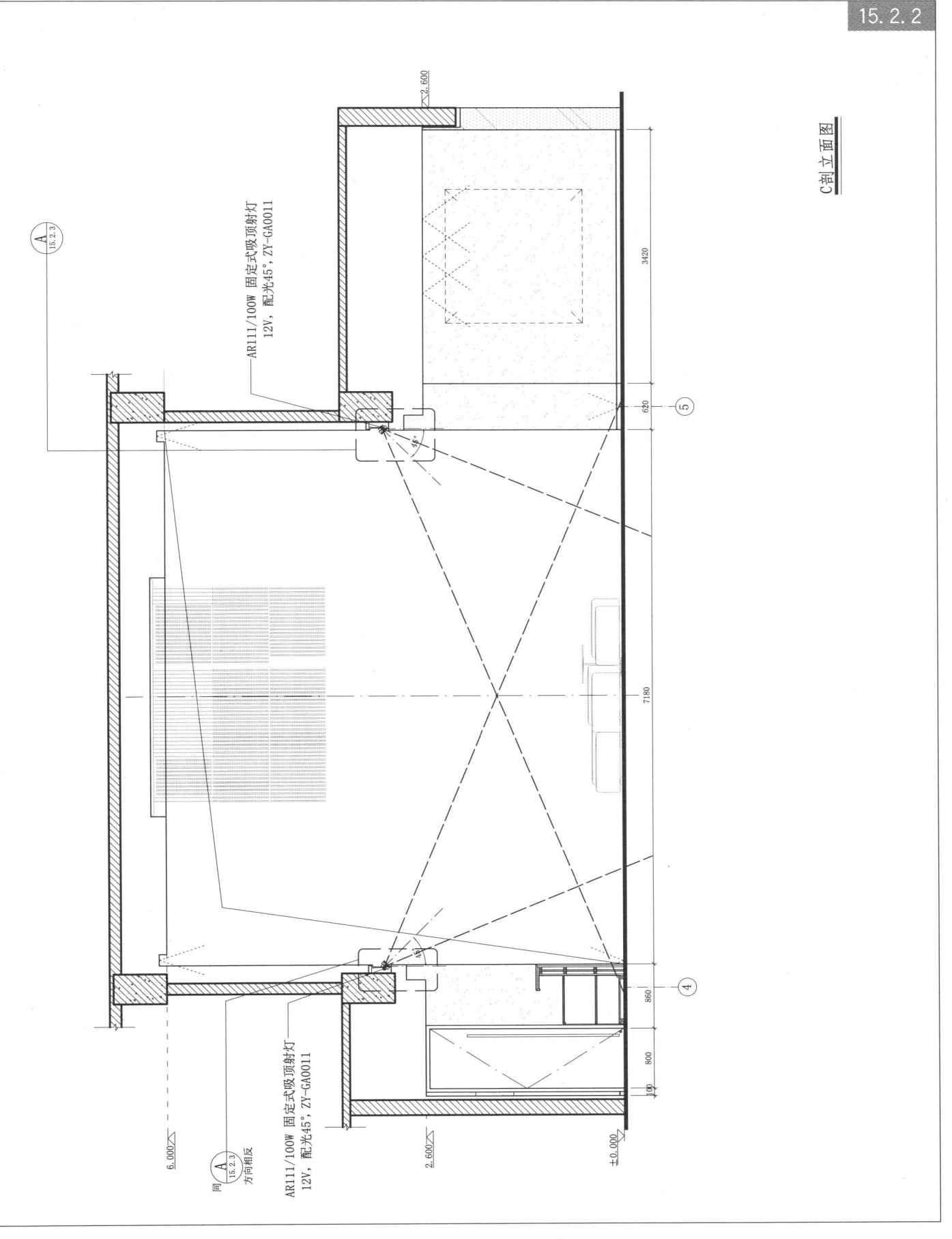

C剖立面图

15 非透光照明构造

15 非透光照明构造

15.2 照明方式（二）

15.2.3

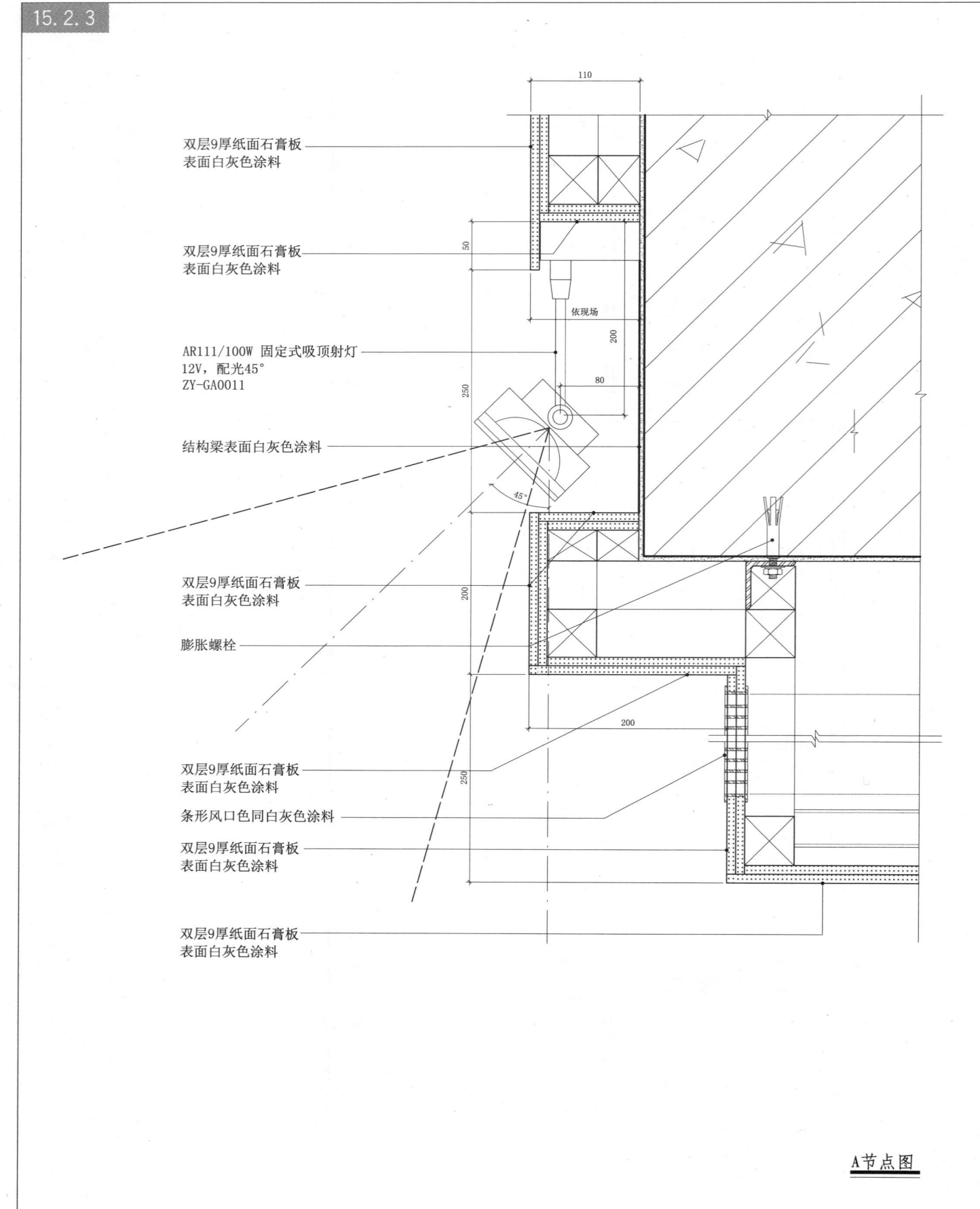

A节点图

15.3 顶棚照明灯具节点

非透光照明构造 · 顶面构造

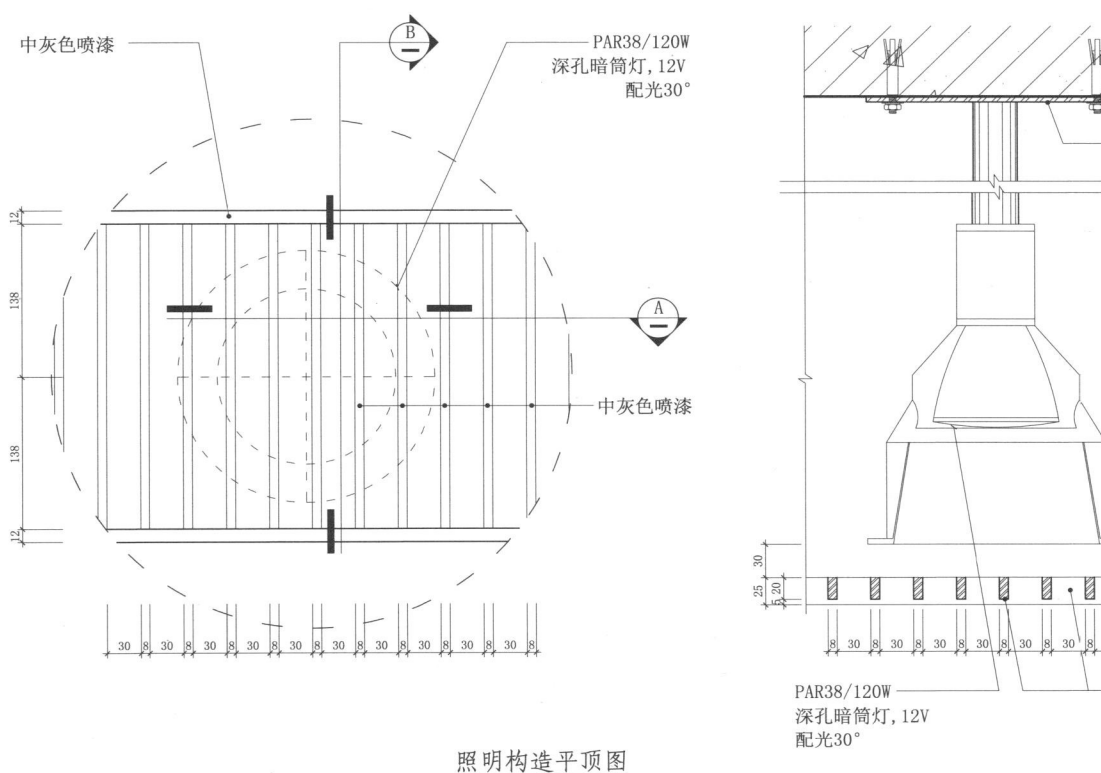

照明构造平顶图

A节点图

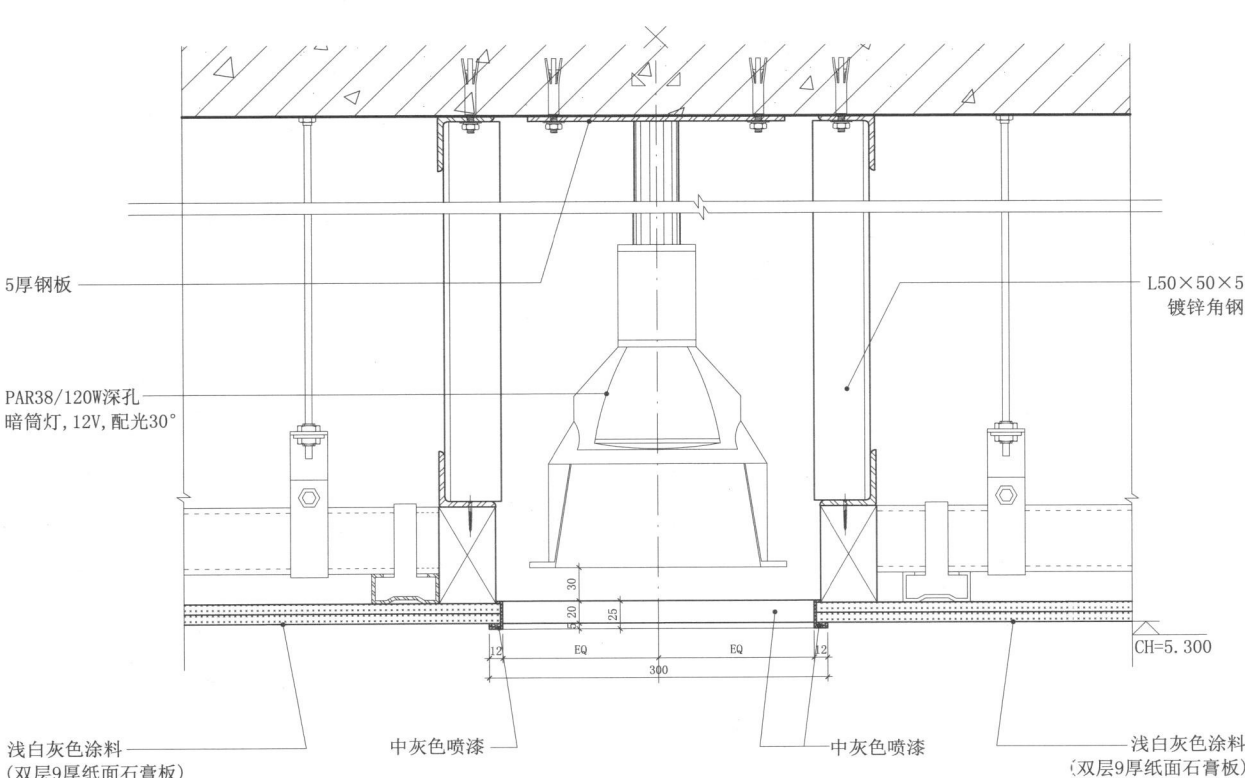

B节点图

15.4 顶棚节点

15.4.1

非透光照明构造·顶面构造

平顶图标注：
- 浅白灰色涂料
- 浅白灰色涂料
- 走珠灯带 50W/m，10个，2700K
- 深灰色涂料
- AR111/75W暗筒灯 12V，配光45°
- MR-16/20W 石英卤素深孔暗筒灯 12V，配光38°

主要尺寸：R1280、R710、616、770、270、240、560、180、80、150

平顶图

1剖立面图标注：
- 浅白灰色中点喷涂
- 碳黑色烤漆
- 碳黑色烤漆
- 碳黑色烤漆
- 碳黑色烤漆
- 同B方向相反

尺寸：2.750、±0.000、2750、350、500、φ2560、φ4260、φ4500、5185、180、240、150、120、200、80、60、EQ

1剖立面图

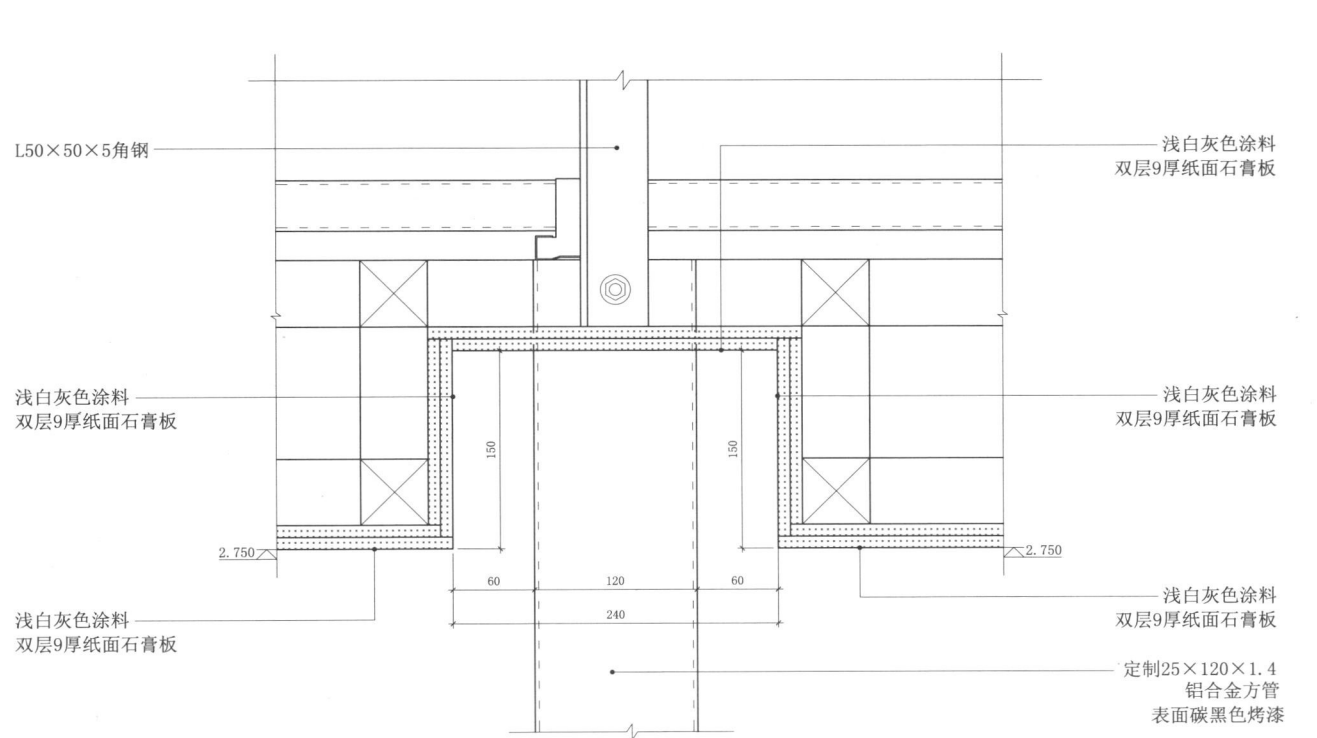

15.5 吊灯组合

15 非透光照明构造

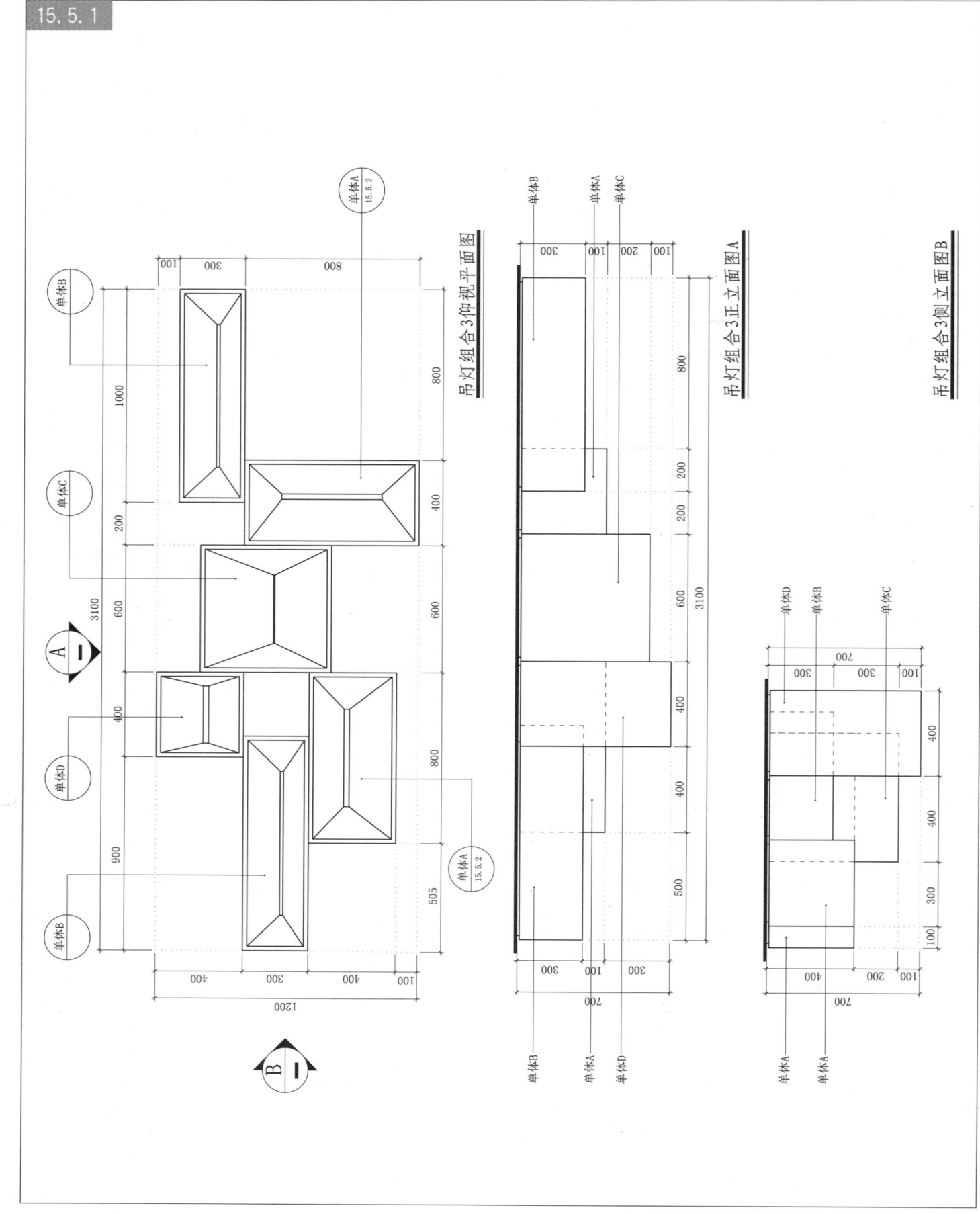

15.5.1

15.5 吊灯组合

15.5.2

15 非透光照明构造

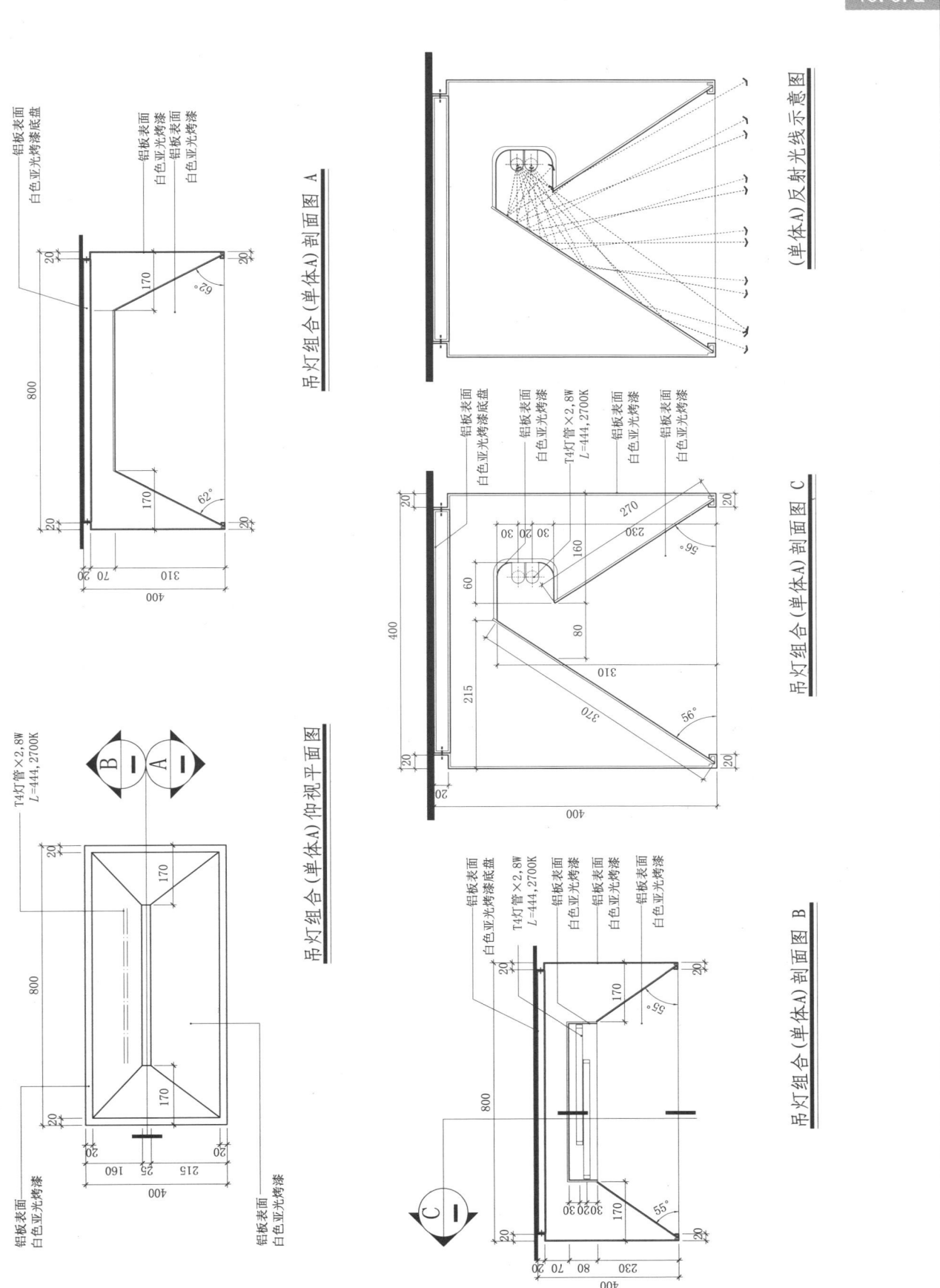

15　非透光照明构造

- 顶面构造
- 玻璃构造
- 金属构造

15.6 顶面造型

15.6

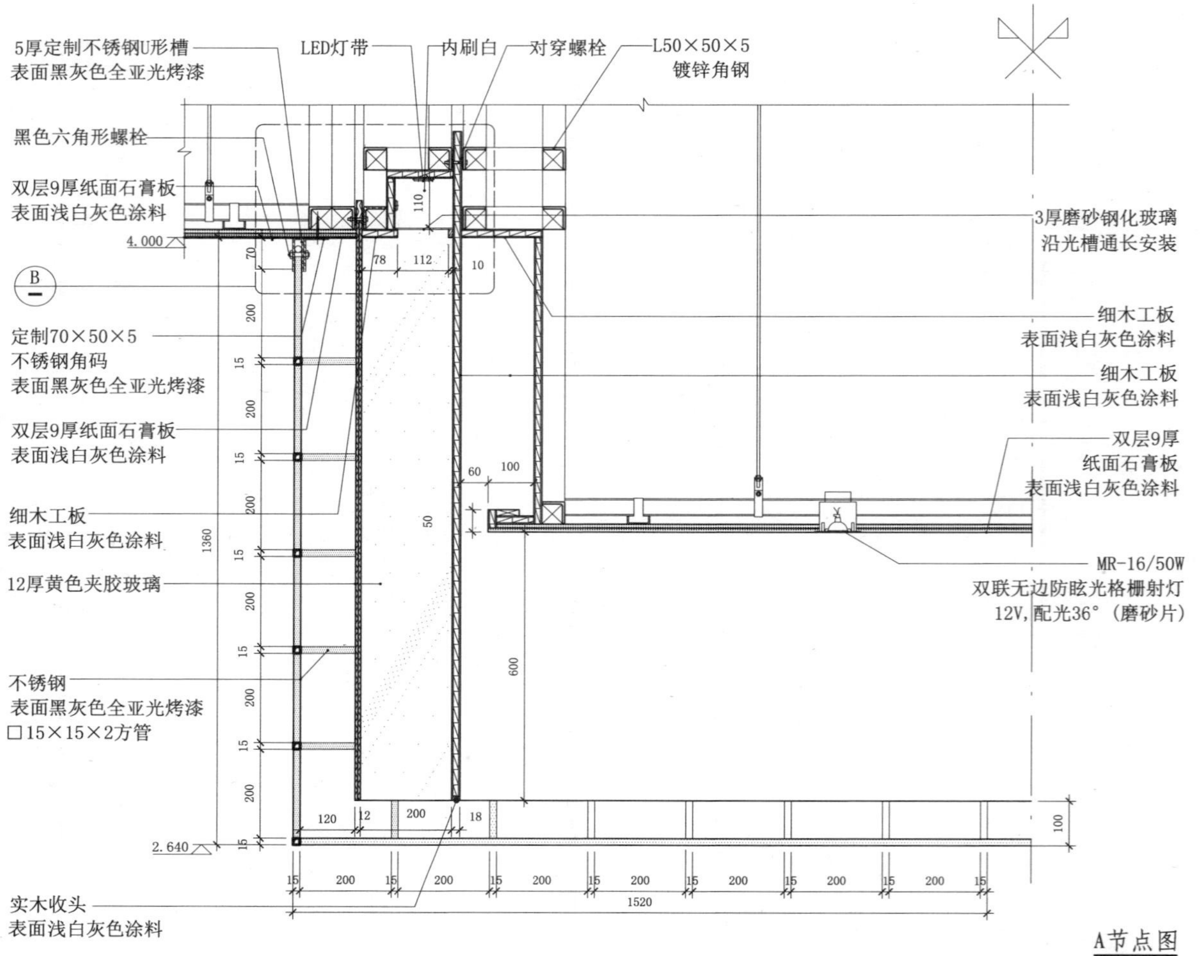

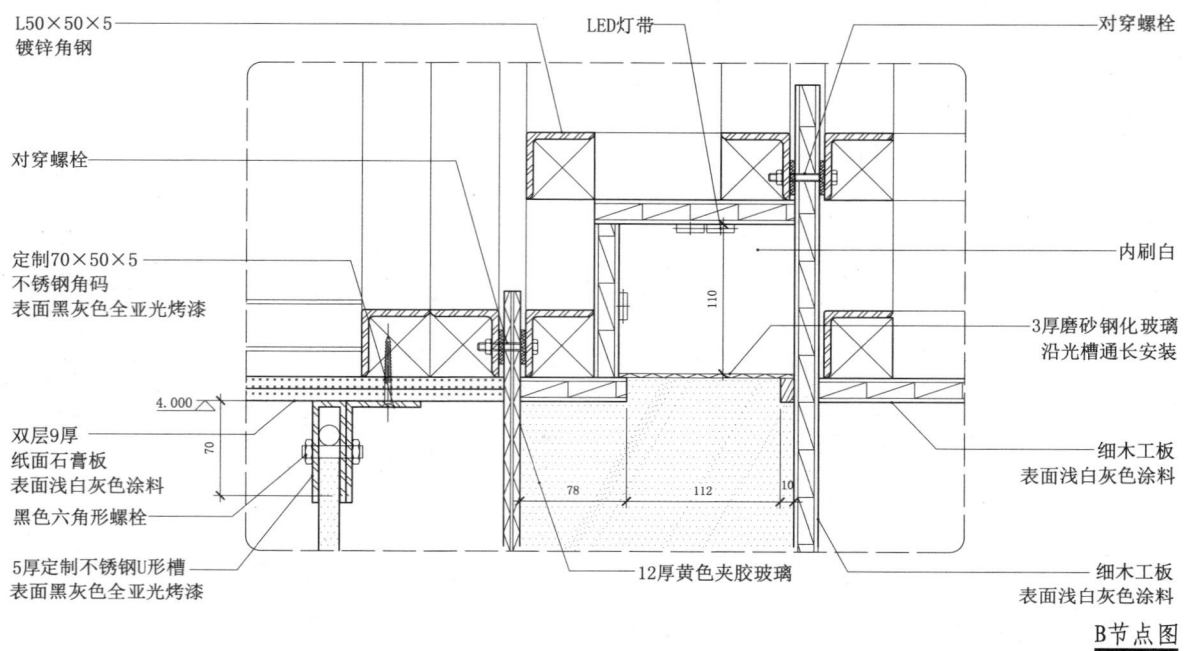

A节点图

标注：
- 5厚定制不锈钢U形槽 表面黑灰色全亚光烤漆
- LED灯带
- 内刷白
- 对穿螺栓
- L50×50×5 镀锌角钢
- 黑色六角形螺栓
- 双层9厚纸面石膏板 表面浅白灰色涂料
- 3厚磨砂钢化玻璃 沿光槽通长安装
- 定制70×50×5 不锈钢角码 表面黑灰色全亚光烤漆
- 细木工板 表面浅白灰色涂料
- 双层9厚纸面石膏板 表面浅白灰色涂料
- 细木工板 表面浅白灰色涂料
- 双层9厚纸面石膏板 表面浅白灰色涂料
- 12厚黄色夹胶玻璃
- MR-16/50W 双联无边防眩光格栅射灯 12V，配光36°（磨砂片）
- 不锈钢 表面黑灰色全亚光烤漆 □15×15×2方管
- 实木收头 表面浅白灰色涂料

B节点图

标注：
- L50×50×5 镀锌角钢
- LED灯带
- 对穿螺栓
- 对穿螺栓
- 内刷白
- 定制70×50×5 不锈钢角码 表面黑灰色全亚光烤漆
- 3厚磨砂钢化玻璃 沿光槽通长安装
- 双层9厚纸面石膏板 表面浅白灰色涂料
- 细木工板 表面浅白灰色涂料
- 黑色六角形螺栓
- 5厚定制不锈钢U形槽 表面黑灰色全亚光烤漆
- 12厚黄色夹胶玻璃
- 细木工板 表面浅白灰色涂料

15.7.1

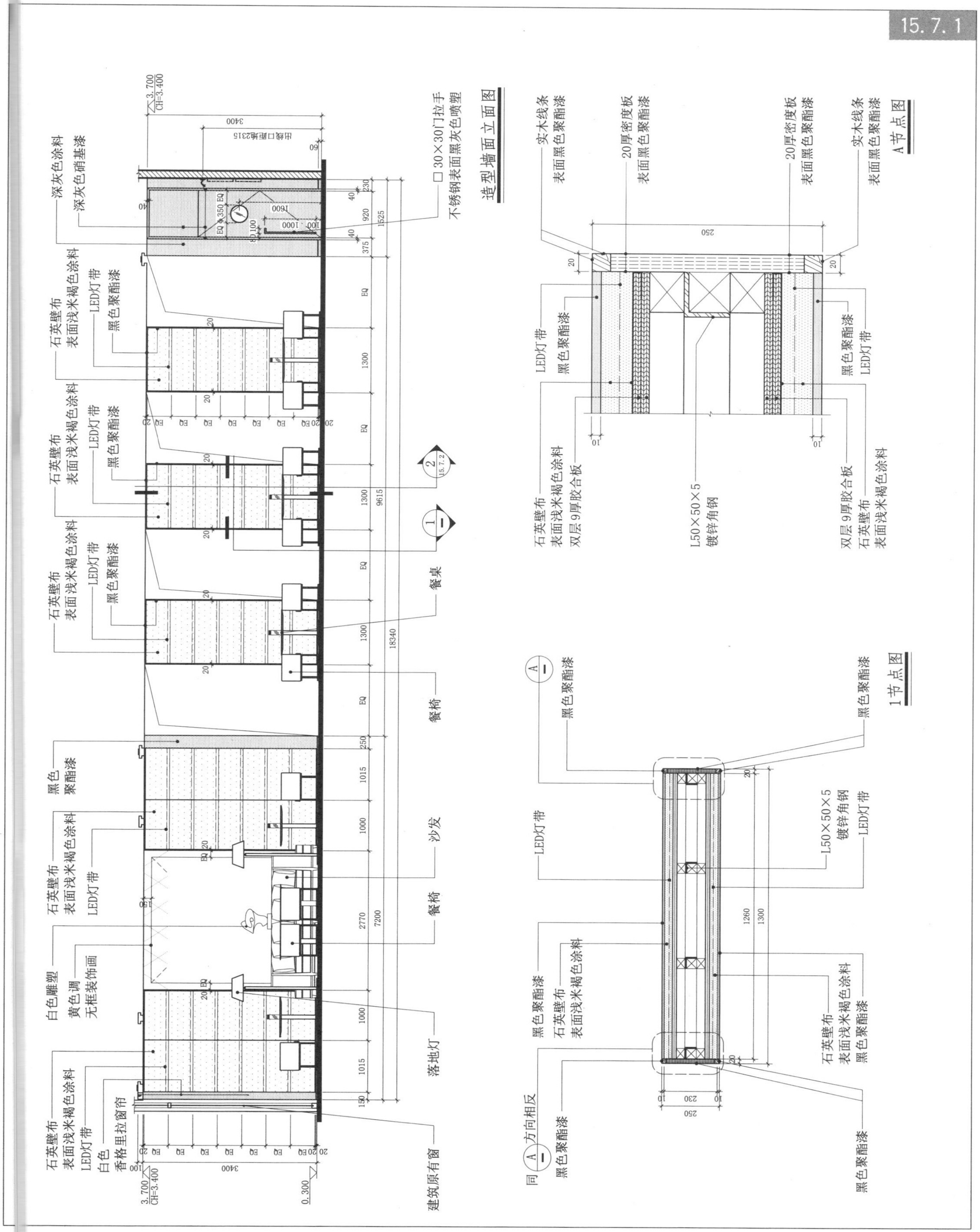
造型墙面立面图
深灰色涂料
深灰色硝基漆
石英壁布
表面浅米褐色涂料
LED灯带
黑色聚酯漆
黑色
聚酯漆
白色雕塑
黄色调
无框装饰画
白色
香格里拉窗帘
建筑原有窗
落地灯
餐椅
沙发
餐桌
□30×30门拉手
不锈钢表面黑灰色喷塑
A节点图
实木线条
表面黑色聚酯漆
20厚密度板
表面黑色聚酯漆
双层9厚胶合板
L50×50×5
镀锌角钢
1节点图
同 A 方向相反

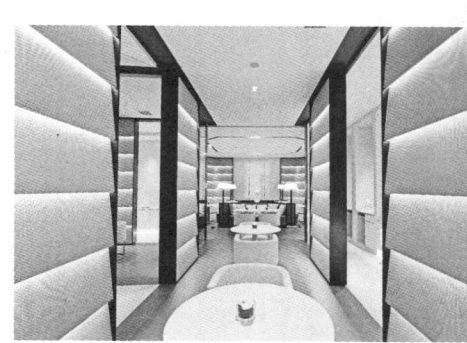

15.7 造型墙面

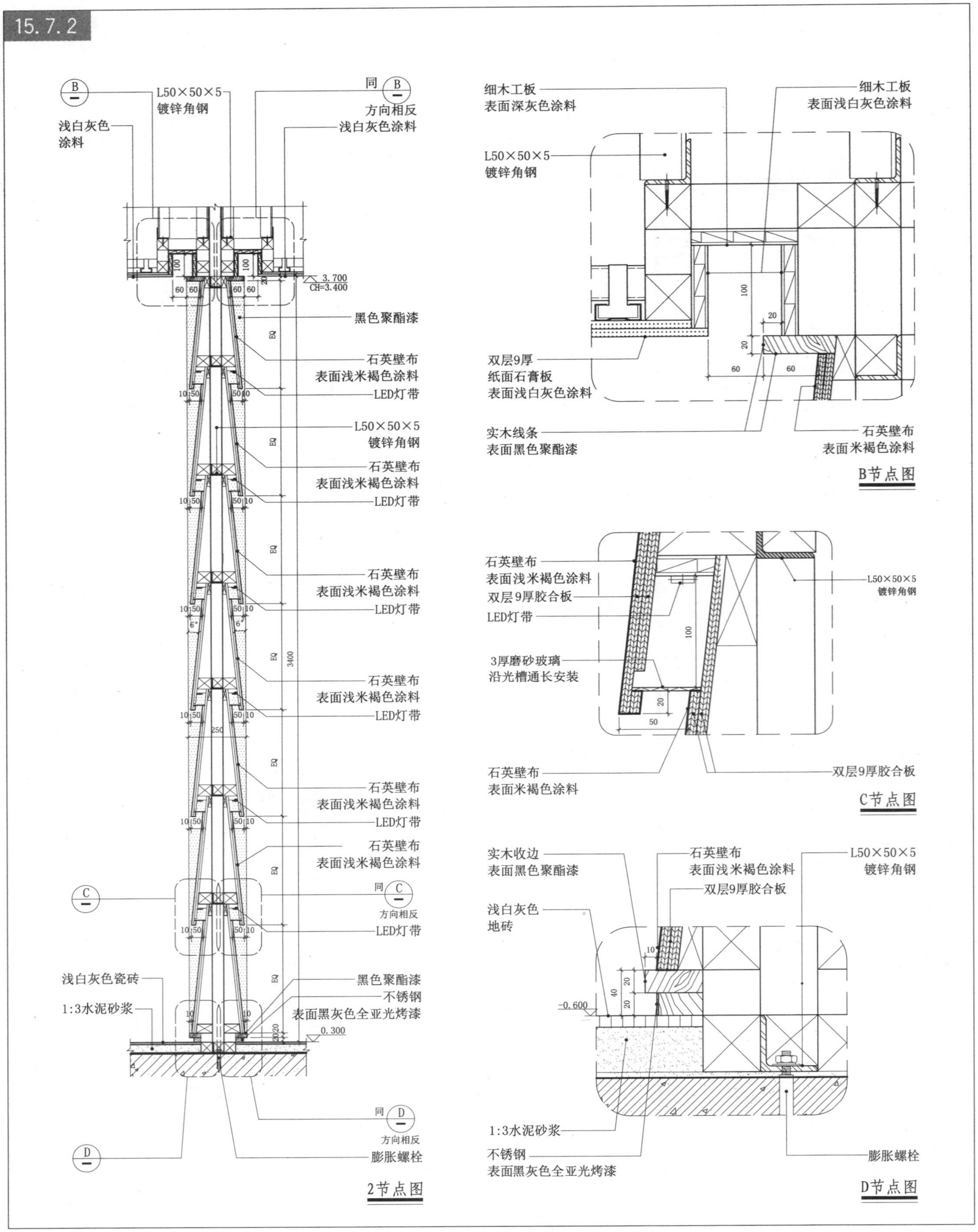

15.7.2

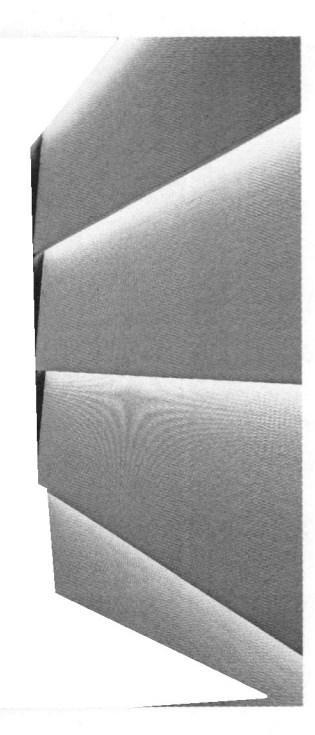

15.8 玻璃墙面泛光金属装饰条

15.8.1

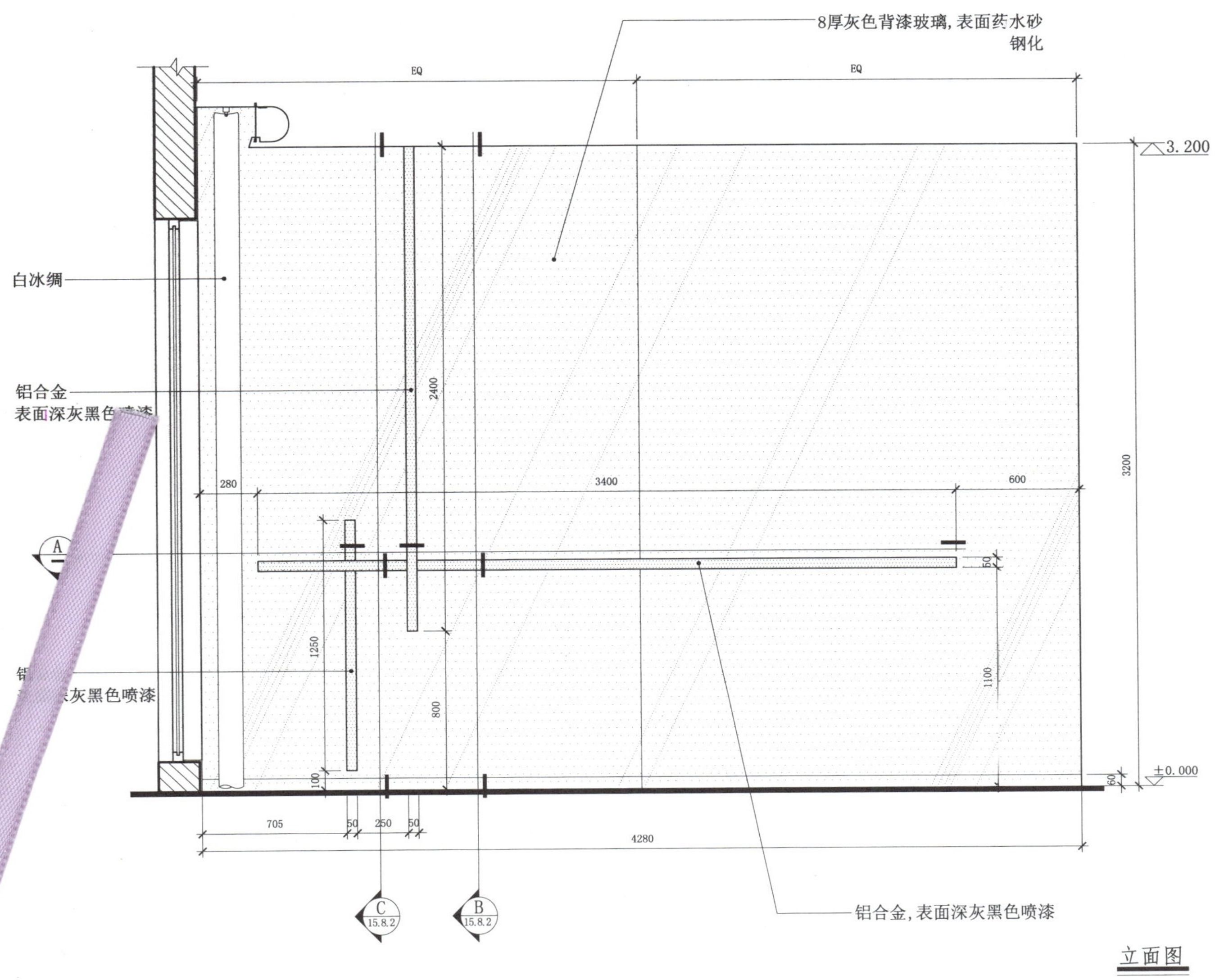

8厚灰色背漆玻璃,表面药水砂钢化

白冰绸

铝合金表面深灰黑色喷漆

铝合金,表面深灰黑色喷漆

立面图

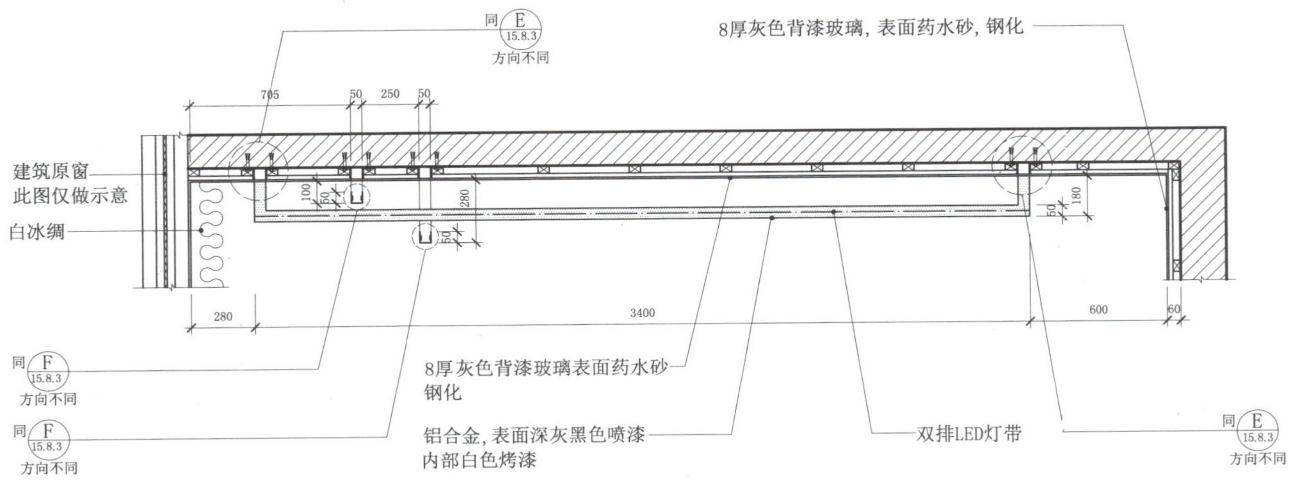

建筑原窗
此图仅做示意

白冰绸

8厚灰色背漆玻璃表面药水砂钢化

铝合金,表面深灰黑色喷漆
内部白色烤漆

双排LED灯带

A节点图

非透光照明构造·立面构造

15　非透光照明构造·立面构造

15.8　玻璃墙面泛光金属装饰条

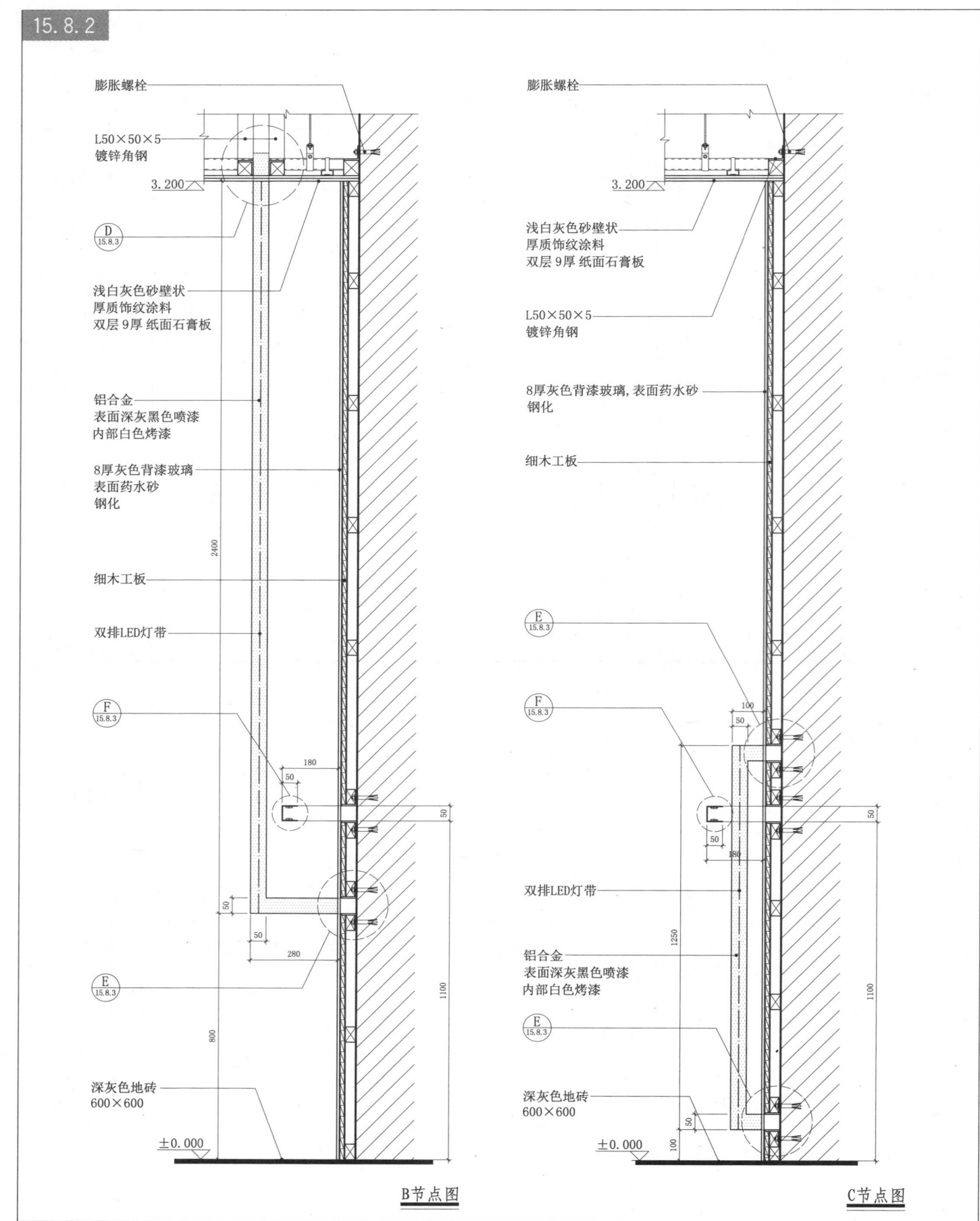

15.8 玻璃墙面泛光金属装饰条

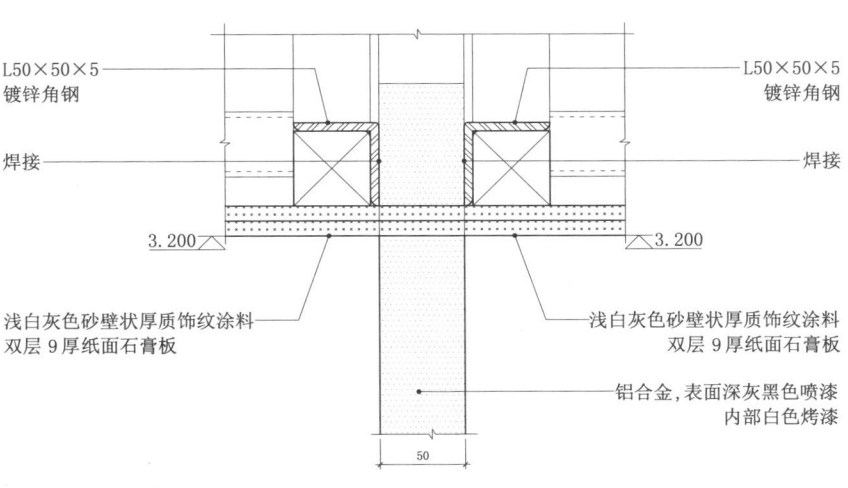

D节点图

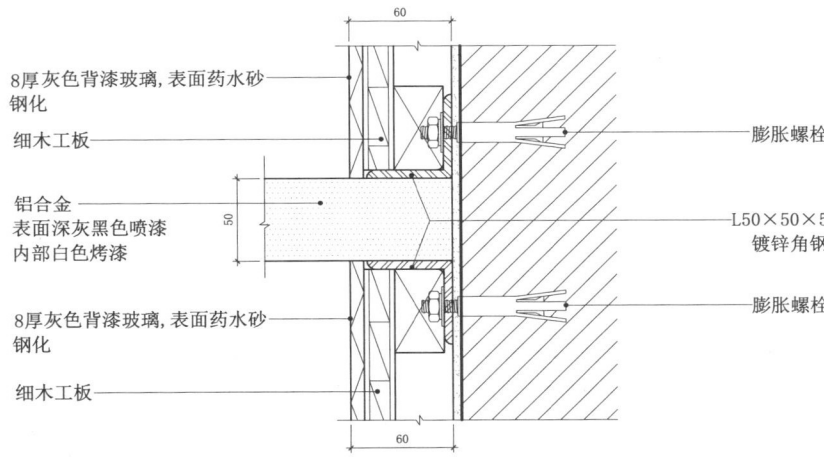

E节点图

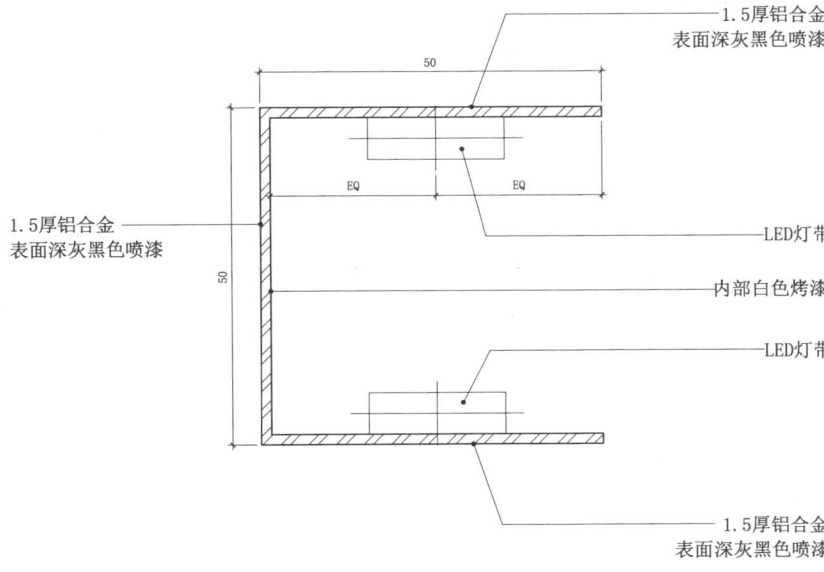

F大样图

15 非透光照明构造·立面构造

15.9 墙面光槽

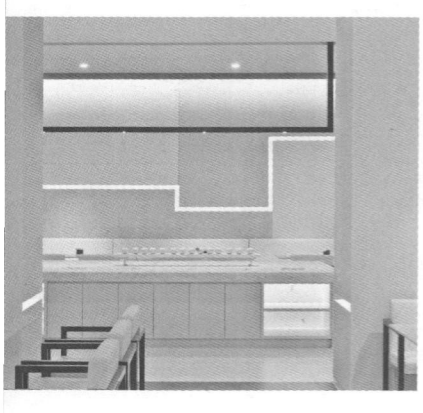

1 墙面节点图

- LED灯带
- 9厚胶合板 内刷白
- 3厚磨砂玻璃
- 浅黄色涂料
- 3厚磨砂玻璃
- 9厚胶合板 内刷白
- 9厚纸面石膏板 表面浅白灰色 粗颗粒涂料
- 细木工板 内刷白
- 细木工板 表面浅白灰色 粗颗粒涂料
- 实木收头 表面浅白灰色 粗颗粒涂料
- 实木收头 表面白色PE钢琴漆
- 细木工板 表面浅白灰色涂料
- 细木工板 内刷白
- 9厚胶合板 表面白色PE钢琴漆
- LED灯带

2 墙面节点图

- LED灯带
- 9厚胶合板 内刷白
- 3厚磨砂玻璃
- 浅黄色涂料
- 3厚磨砂玻璃
- 9厚胶合板 内刷白
- 9厚纸面石膏板 表面浅白灰色 粗颗粒涂料
- 细木工板 内刷白
- 细木工板 表面浅白灰色 粗颗粒涂料
- 实木收头 表面浅白灰色 粗颗粒涂料
- 实木收头 表面浅白灰色涂料
- 细木工板 表面浅白灰色涂料
- 细木工板 内刷白
- 木丝吸声板 表面浅白灰色涂料

3 墙面节点图

- LED灯带
- 9厚胶合板 内刷白
- 3厚磨砂玻璃
- 12厚纸面石膏板 表面浅黄色涂料
- 3厚磨砂玻璃
- 9厚胶合板 内刷白
- LED灯带
- 9厚纸面石膏板 表面浅白灰色 粗颗粒涂料
- 9厚纸面石膏板 内刷白
- 双层9厚纸面石膏板 表面浅白灰色粗颗粒涂料
- 实木收头 表面浅白灰色粗颗粒涂料
- 实木收头 表面浅白灰色粗颗粒涂料
- 双层9厚纸面石膏板 表面浅白灰色粗颗粒涂料
- 9厚纸面石膏板 内刷白
- 细木工板内刷白

4 墙面节点图

- LED灯带
- 9厚胶合板 内刷白
- 3厚磨砂玻璃
- 浅黄色涂料
- 3厚磨砂玻璃
- 9厚胶合板 内刷白
- LED灯带
- 9厚纸面石膏板 表面浅白灰色 粗颗粒涂料
- 细木工板 内刷白
- 细木工板 表面浅白灰色 粗颗粒涂料
- 实木收头 表面浅白灰色 粗颗粒涂料
- 实木收头 表面浅白灰色 粗颗粒涂料
- 细木工板 表面浅白灰色涂料
- 细木工板 内刷白
- 9厚纸面石膏板 表面浅白灰色粗颗粒涂料

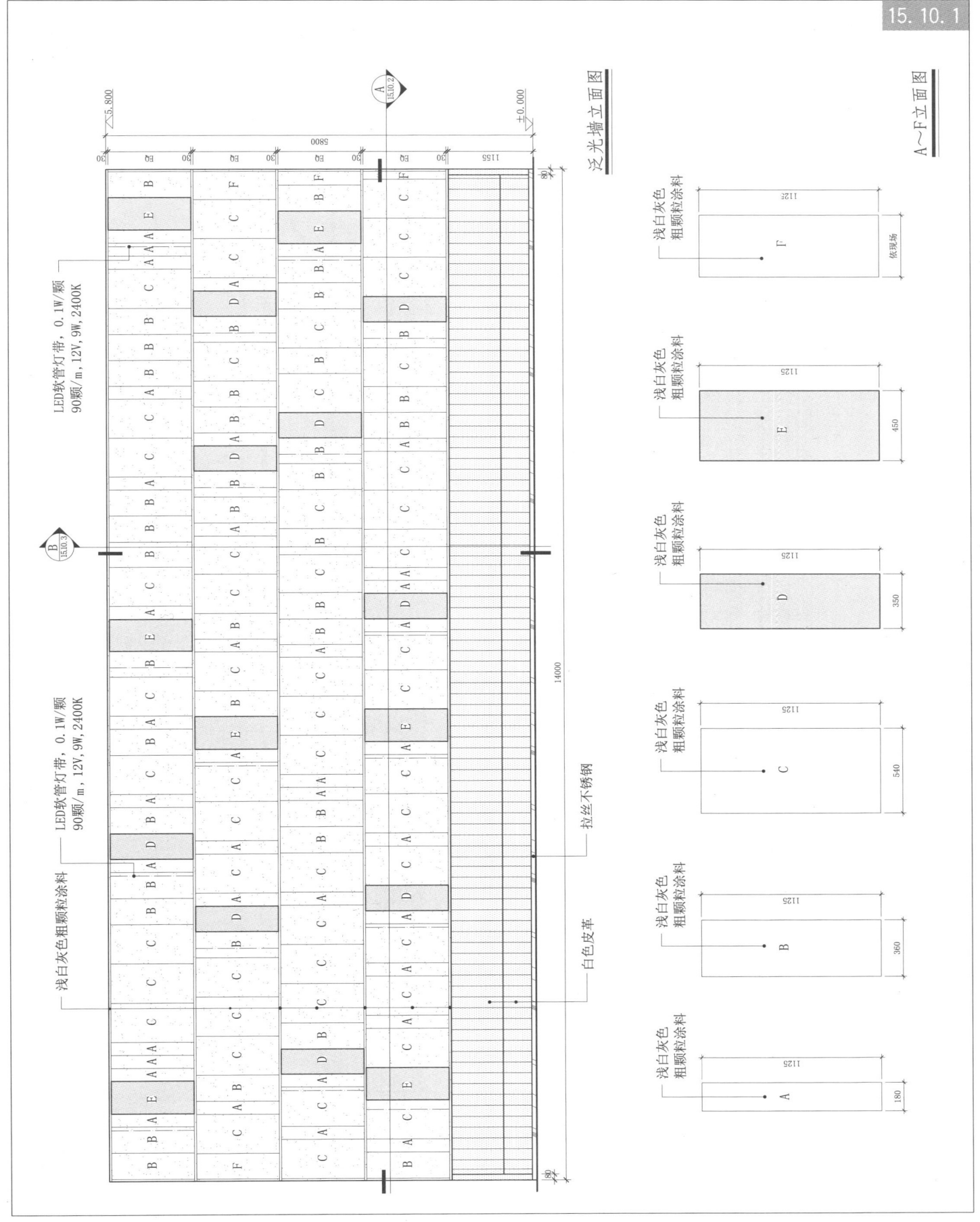

15.10 泛光墙

15 非透光照明构造·平行线构造 立面构造

15　非透光照明构造・逆齿线行平逆齿面立

15.10　泛光墙

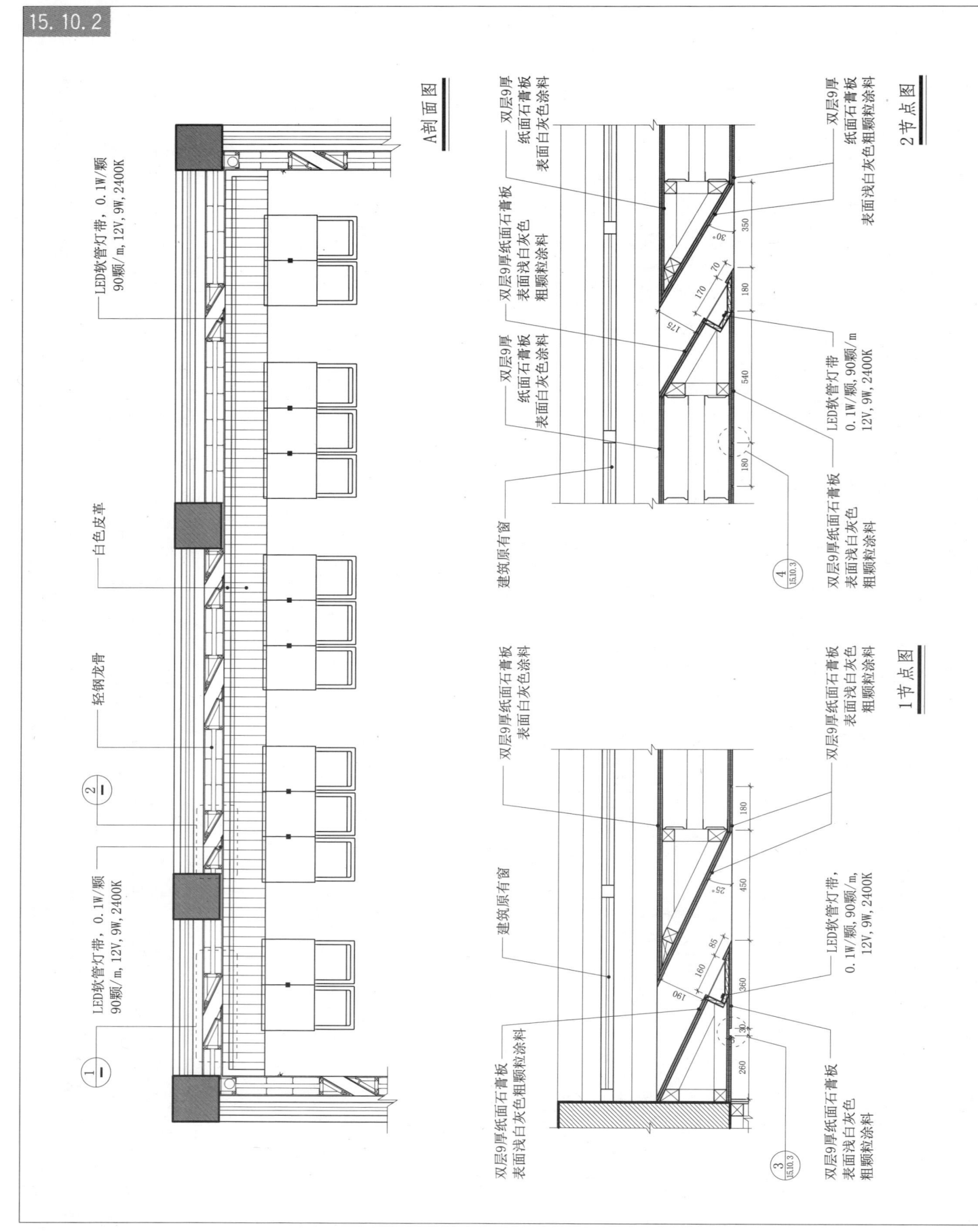

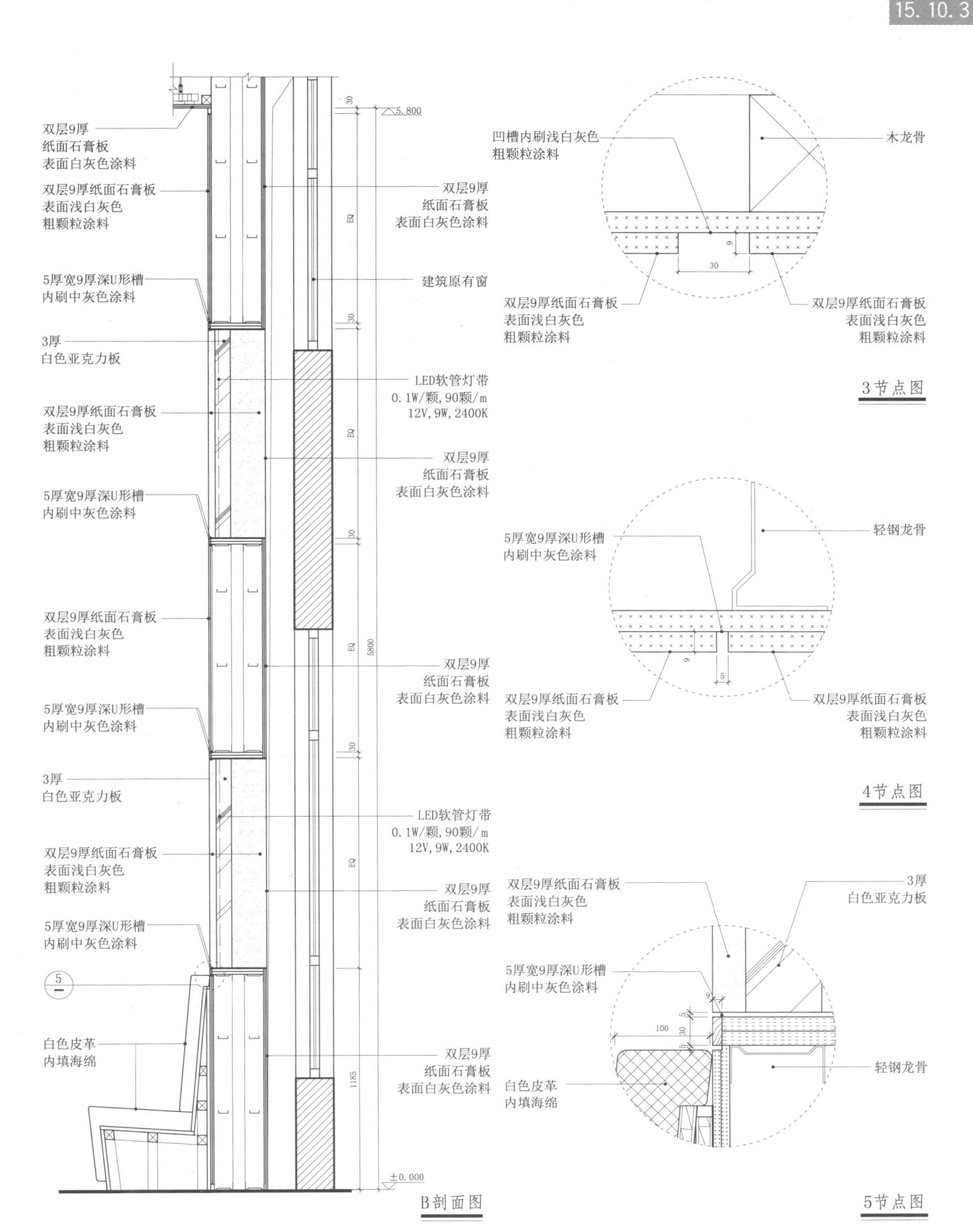

15 非透光照明构造·立面构造 固定家具

15.11 长廊书架构造

15.11.1

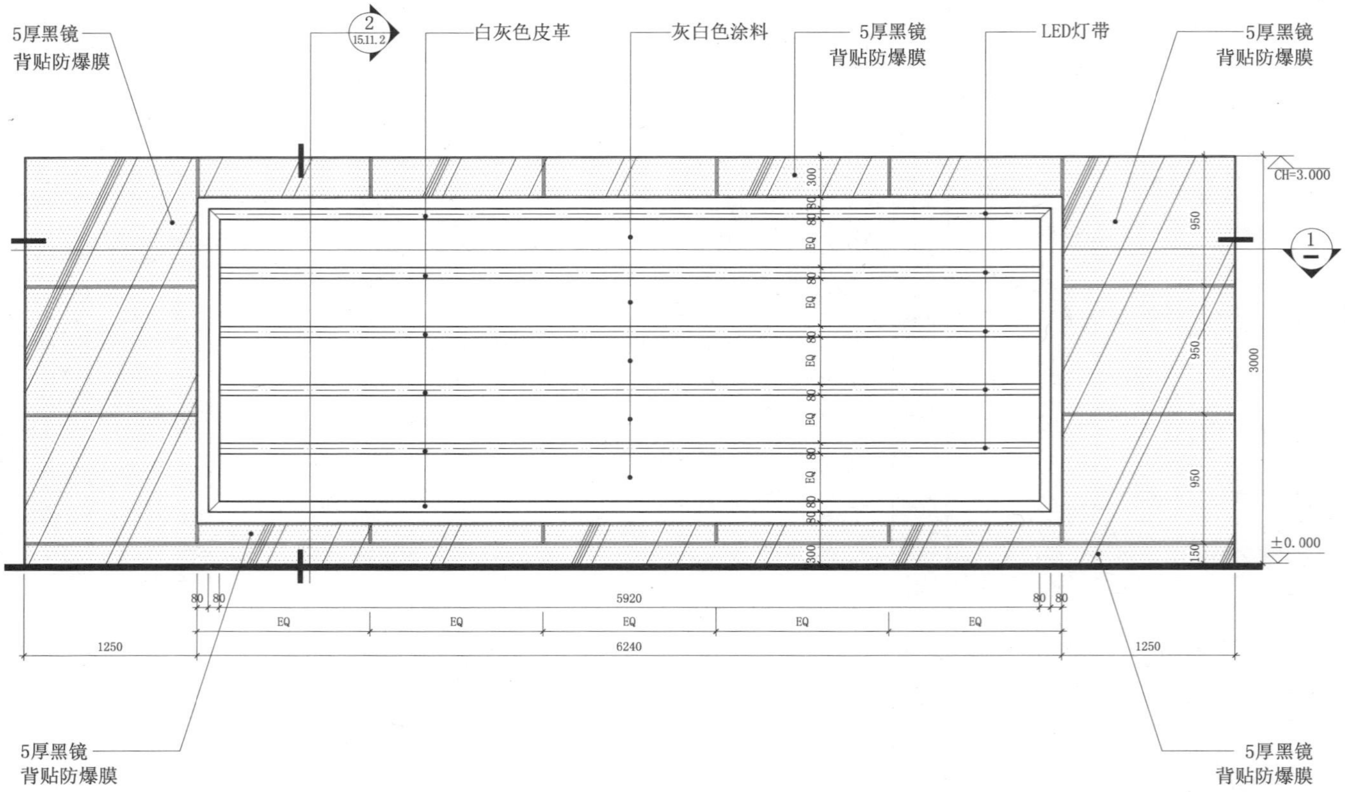

立面图

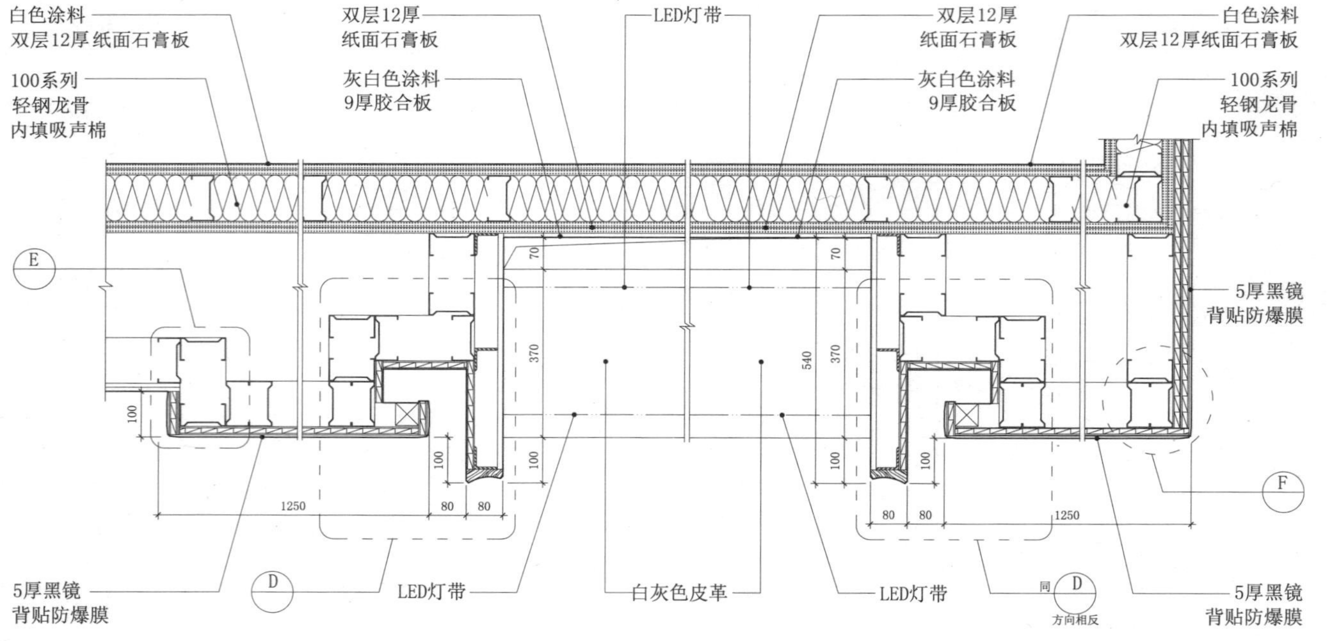

1节点图

15.11 长廊书架构造

15 非透光照明构造·立面构造 固定家具

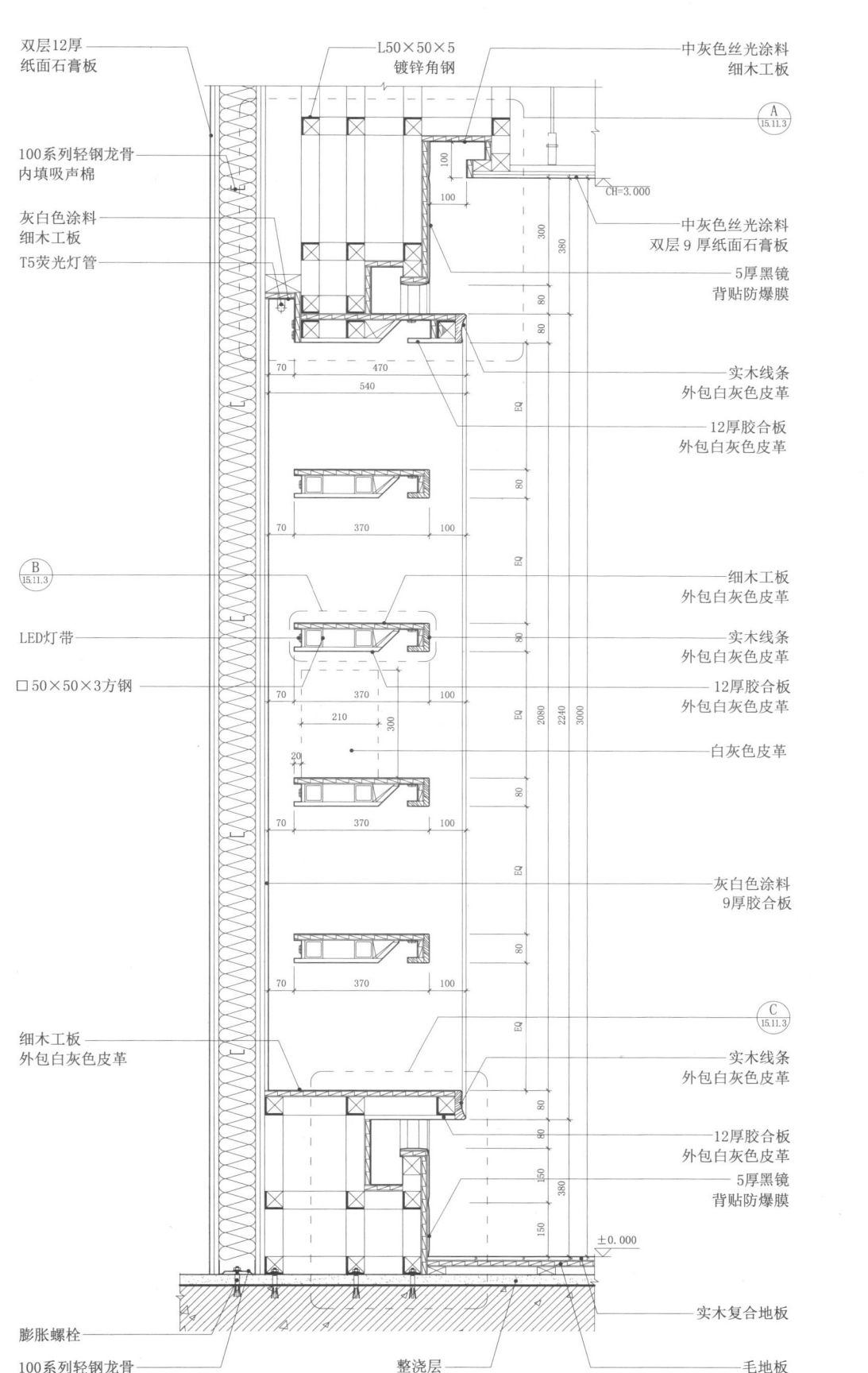

2节点图

15.11 长廊书架构造

15 非透光照明构造·立面构造 固定家具

15.11.3

A节点图

- L50×50×5 镀锌角钢
- 双层12厚纸面石膏板
- 吸声棉
- 灰白色涂料细木工板
- T5荧光灯管
- 灰白色涂料细木工板
- 灰白色涂料9厚胶合板
- LED灯带
- 冷白灰色涂料细木工板
- 中灰色丝光涂料细木工板
- 中灰色丝光涂料细木工板
- 中灰色丝光涂料双层9厚纸面石膏板
- 中灰色丝光涂料细木工板
- 5厚黑镜,背贴防爆膜
- 灰白色涂料,细木工板
- 细木工板外包白灰色皮革
- 实木线条外包白灰色皮革
- 12厚胶合板外包白灰色皮革
- 12厚胶合板外包白灰色皮革
- L50×50×5 镀锌角钢
- LED灯带

B节点图

- 白灰色皮革
- 灰白色涂料9厚胶合板
- LED灯带
- □50×50×3方钢
- 灰白色涂料,细木工板
- 乳白色硅胶填缝
- 白灰色皮革
- 12厚胶合板
- LED灯带
- 灰白色涂料细木工板
- 实木线条外包白灰色皮革
- 实木线条外包白灰色皮革

C节点图

- 灰白色涂料9厚胶合板
- 吸声棉
- 双层12厚纸面石膏板
- L50×50×5 镀锌角钢
- 膨胀螺栓
- 100系列轻钢龙骨
- 细木工板外包白灰色皮革
- 冷白灰色涂料细木工板
- 整浇层
- 细木工板外包白灰色皮革
- 实木线条外包白灰色皮革
- 12厚胶合板外包白灰色皮革
- 细木工板
- 5厚黑镜,背贴防爆膜
- 实木复合地板
- 毛地板

15.12 陈设架

15 非透光照明构造 · 餐饮构造 固定家具

15.12.1

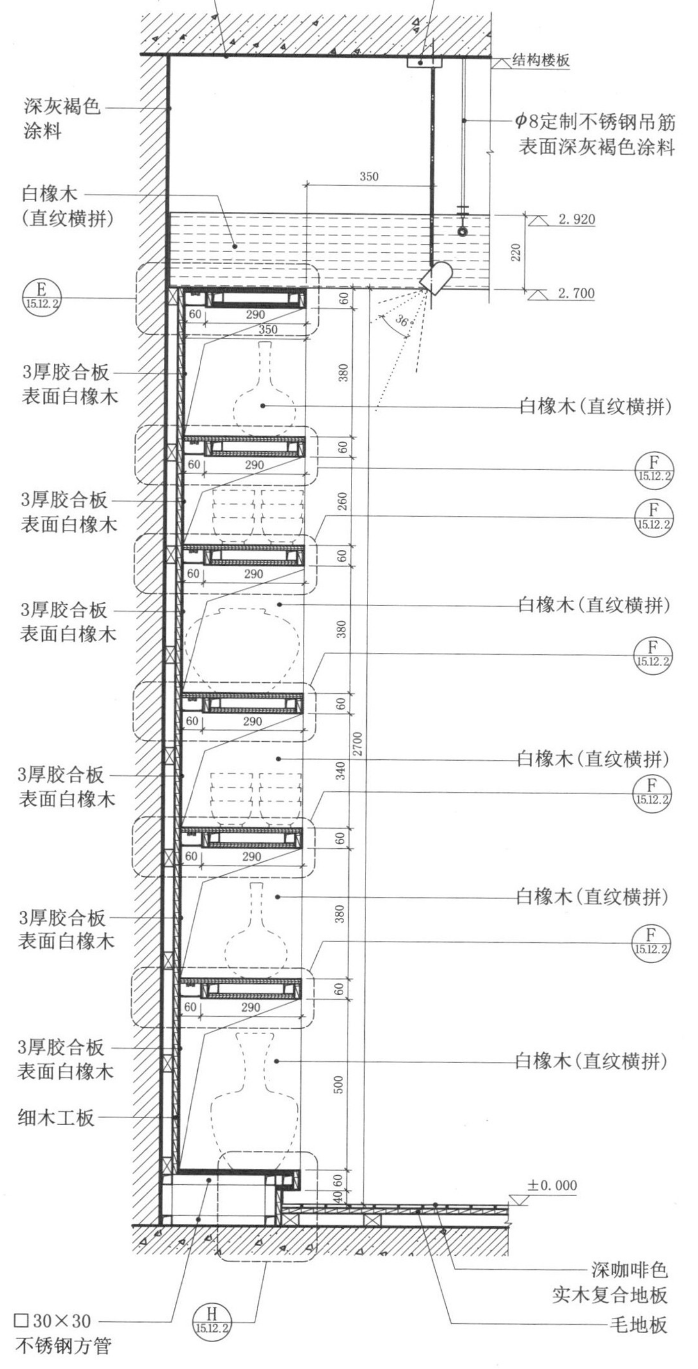

B节点图

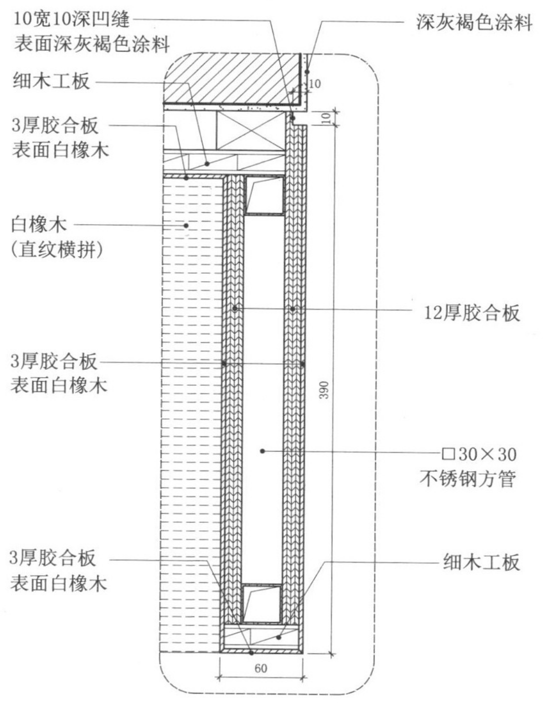

C节点图

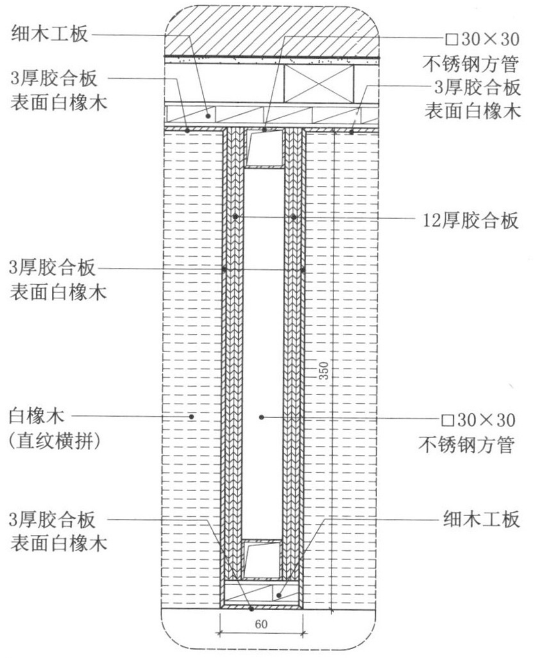

D节点图

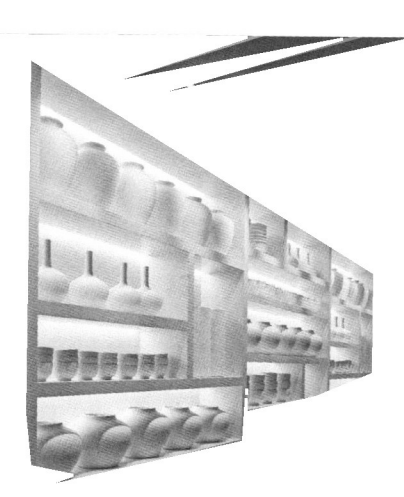

15.12 陈设架

15.12.2

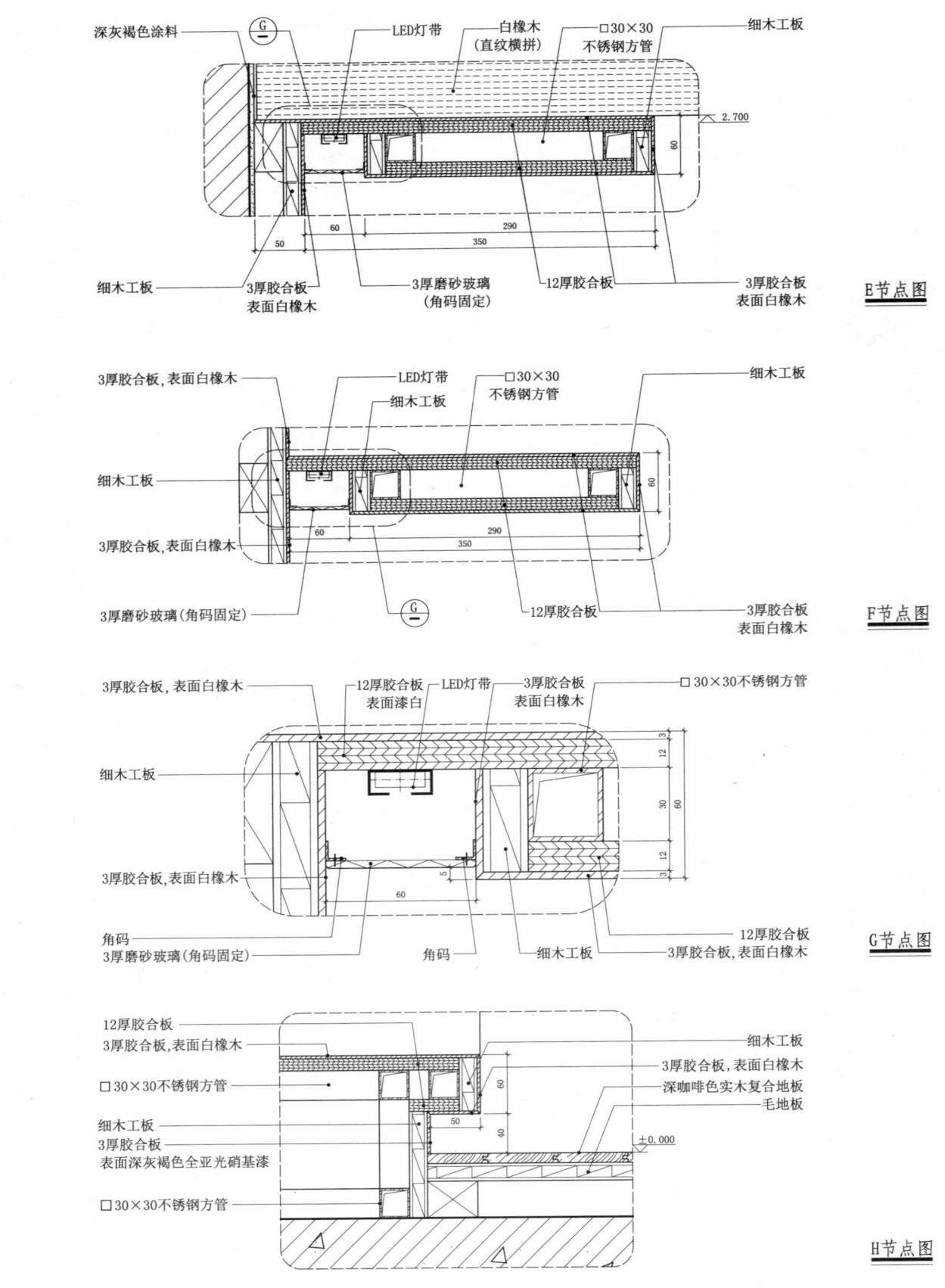

E节点图

F节点图

G节点图

H节点图

15.13 陈设吊架

15.13.1

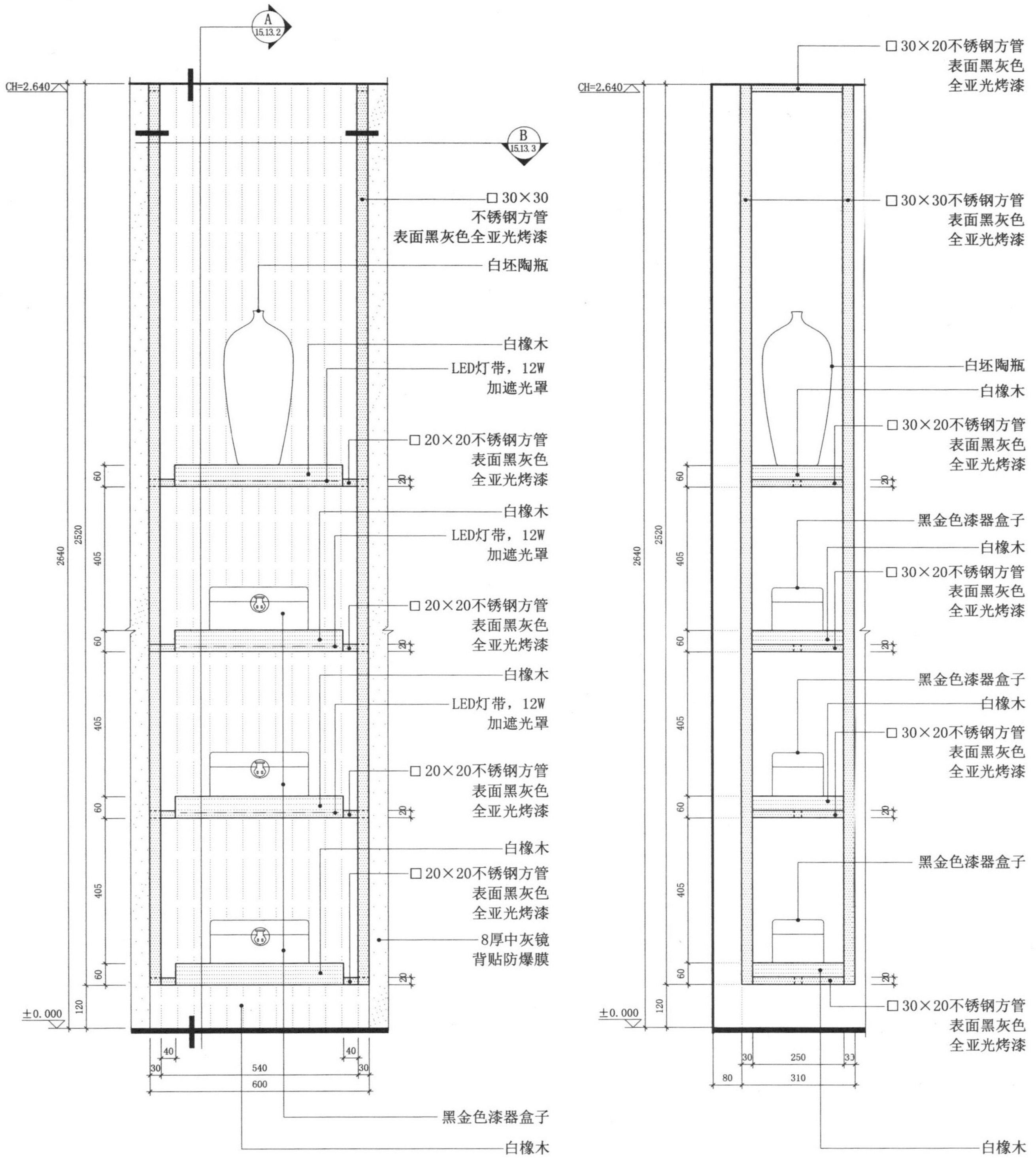

陈设吊架正立面图

陈设吊架侧立面图

15.13 陈设吊架

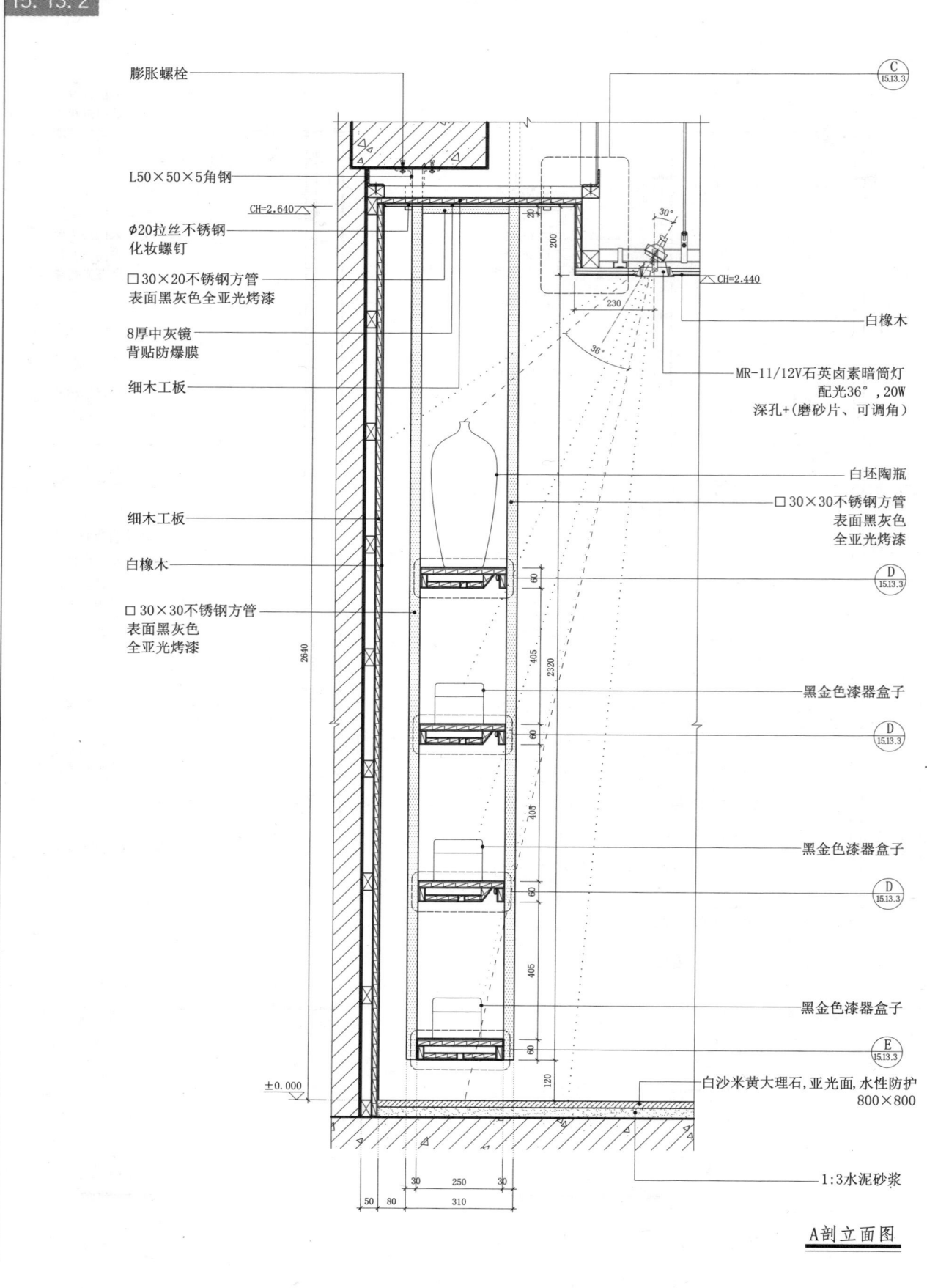

A剖立面图

15.13 陈设吊架

15.13.3

15 非透光照明构造·室内设施 固定家具 金属构造

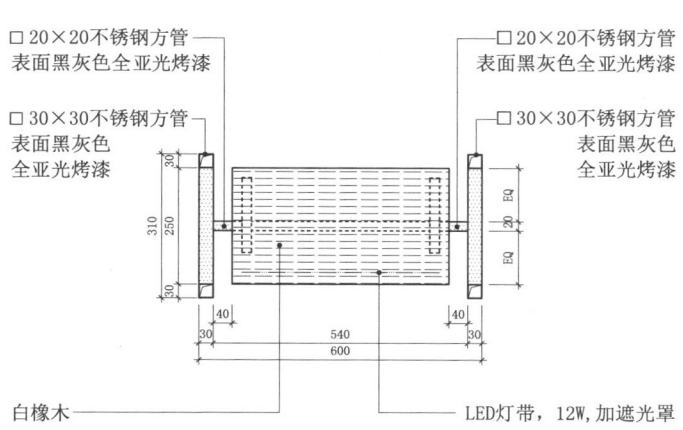

B节点图

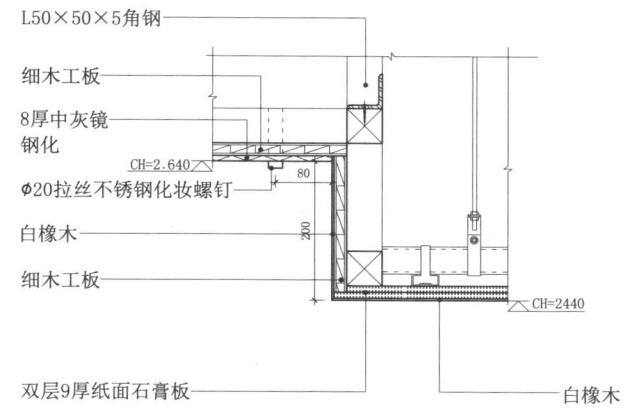

C节点图

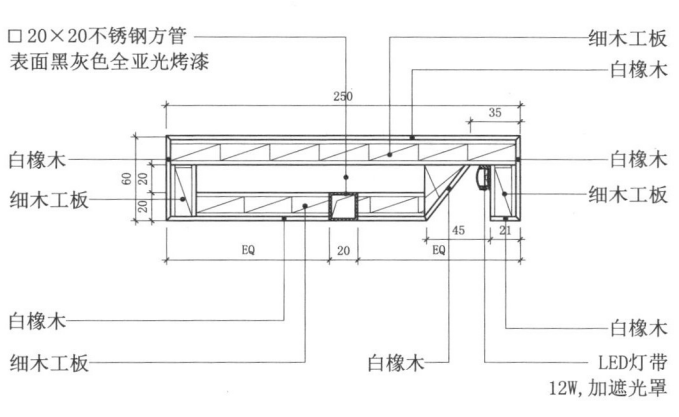

D节点图

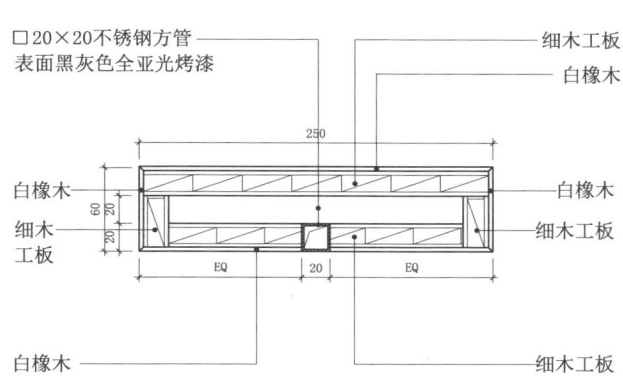

E节点图

15 非透光照明构造

15.14 LED窗帘盒灯带

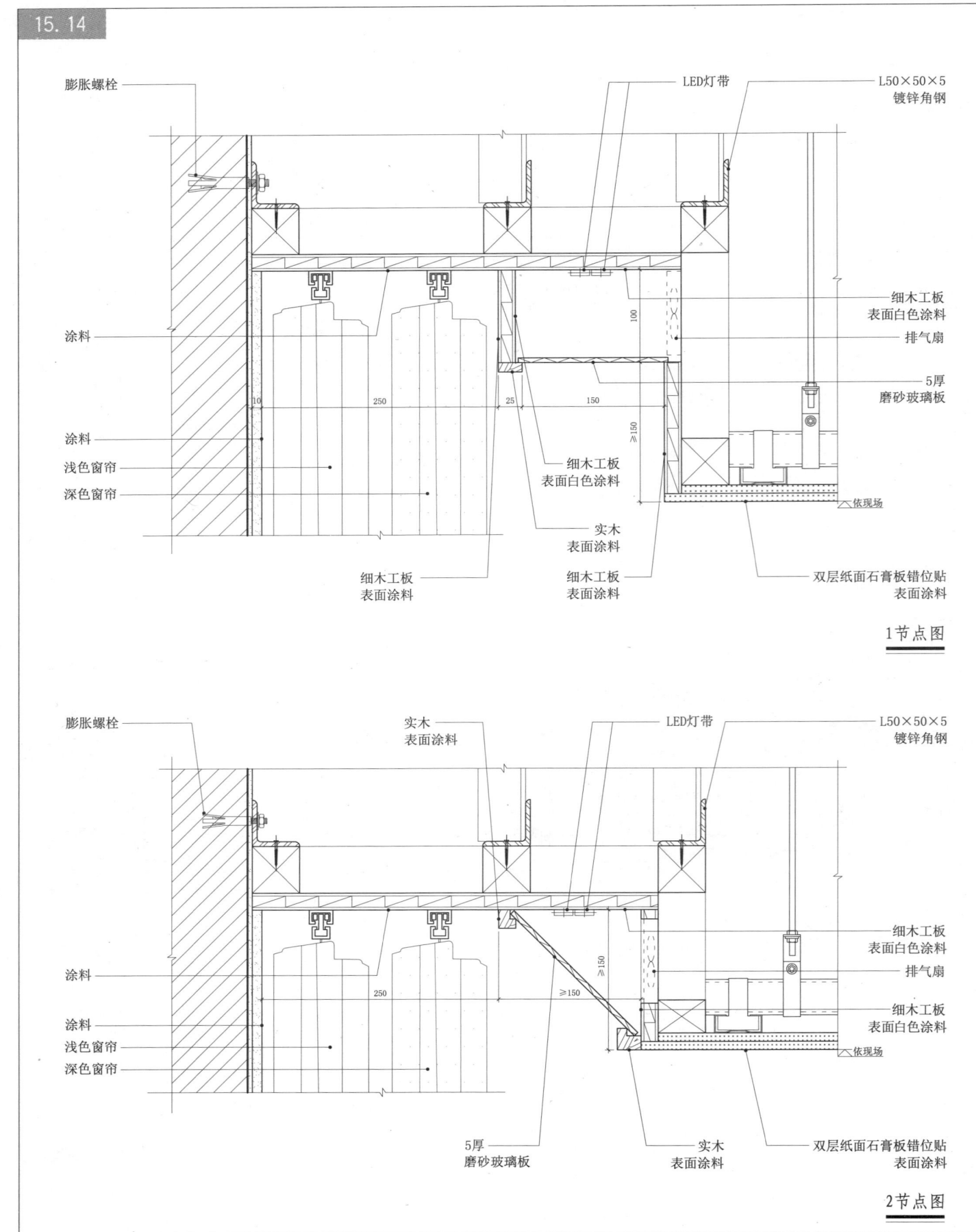

1节点图

2节点图

15.15 平行线照明节点

15 非透光照明构造 · 平行线构造

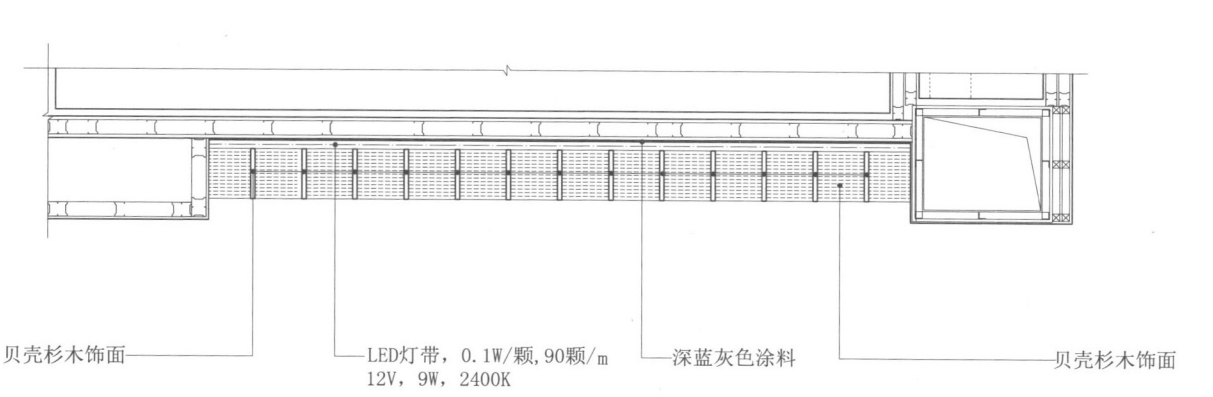

平面图

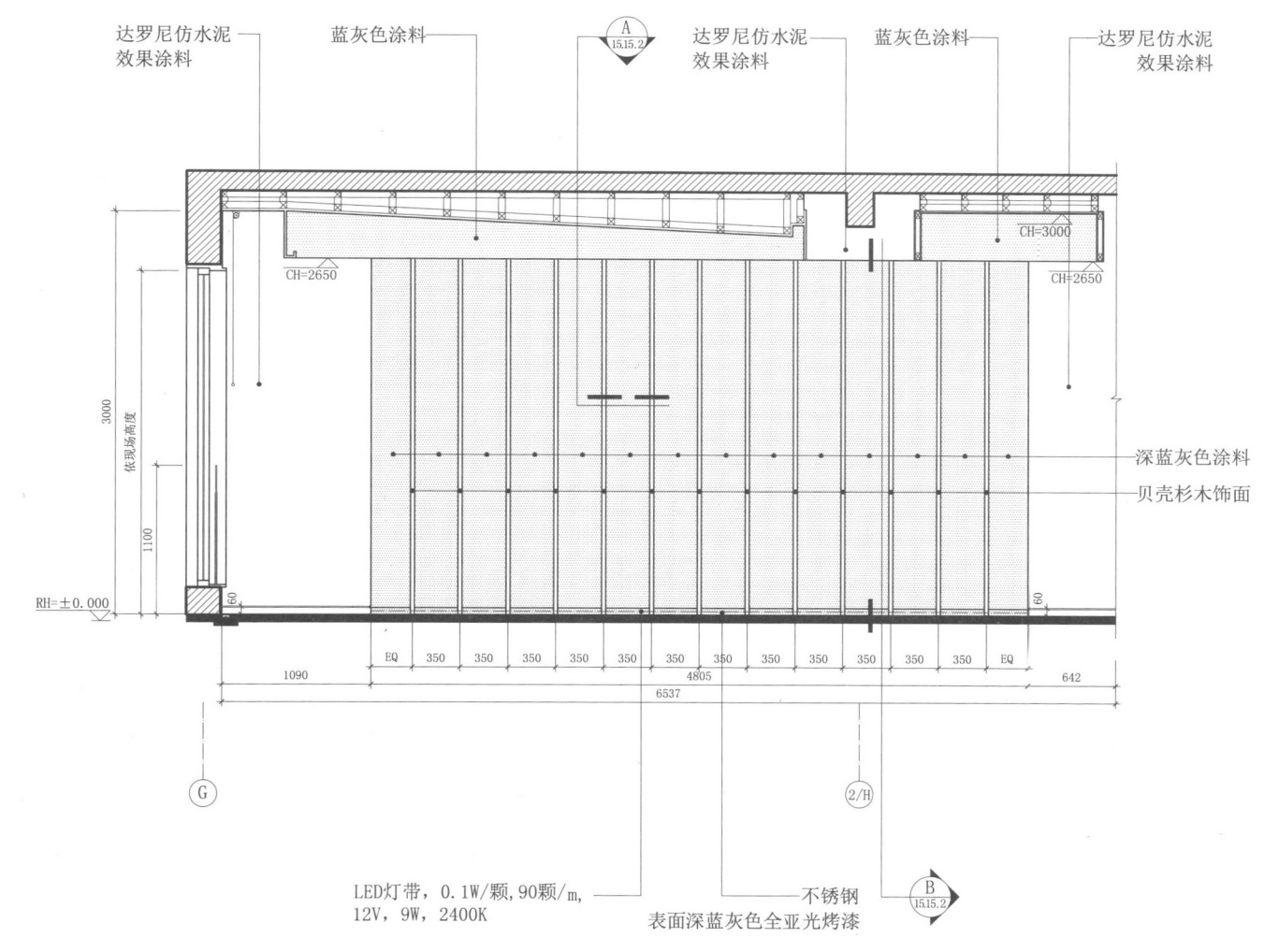

立面图

15 非透光照明构造·平行线构造

15.15 平行线照明节点

15.15.2

A节点图

- 深蓝灰色涂料
- 深蓝灰色涂料
- 3厚磨砂玻璃沿光槽通长安装
- 贝壳杉木饰面
- 4厚半拉丝不锈钢
- 12厚密度板
- 详见地坪
- 贝壳杉木饰面
- 贝壳杉木饰面
- 详见地坪

B节点图

- 达罗尼仿水泥效果涂料 双层9厚纸面石膏板
- 深蓝灰色涂料
- 达罗尼仿水泥效果涂料 双层9厚纸面石膏板
- 达罗尼仿水泥效果涂料
- 贝壳杉木饰面
- 3厚磨砂玻璃沿光槽通长安装
- 不锈钢表面深蓝灰色全亚光烤漆
- 深蓝灰色涂料
- 定制U形不锈钢槽
- 贝壳杉木饰面
- 内部刷白
- 4厚半拉丝不锈钢
- LED灯带,0.1W/颗,90颗/m 12V,9W,2400K
- 详见地坪
- 1:3水泥砂浆

15.16 装饰酒柜隔断

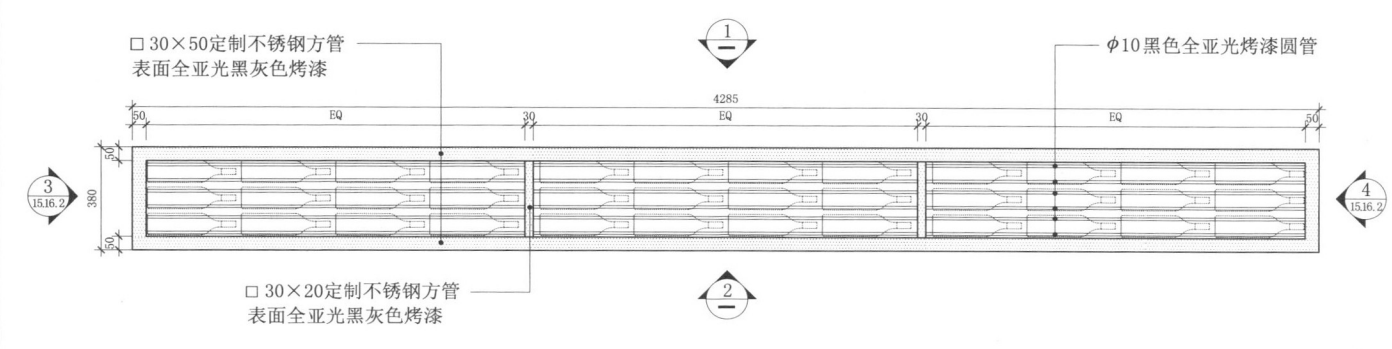
平面图

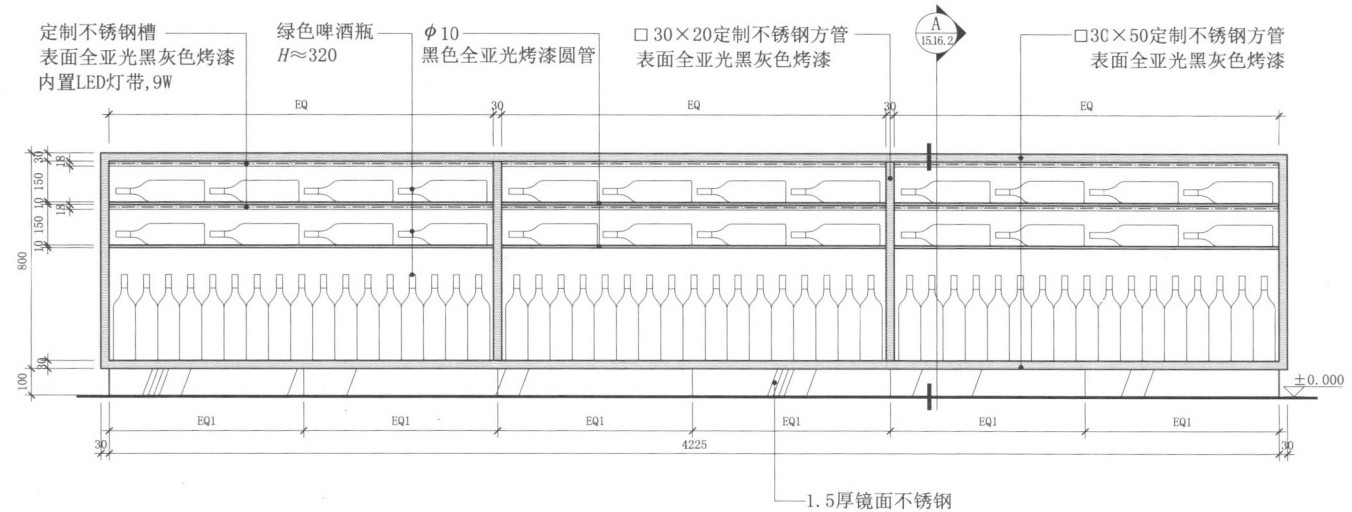
1立面图

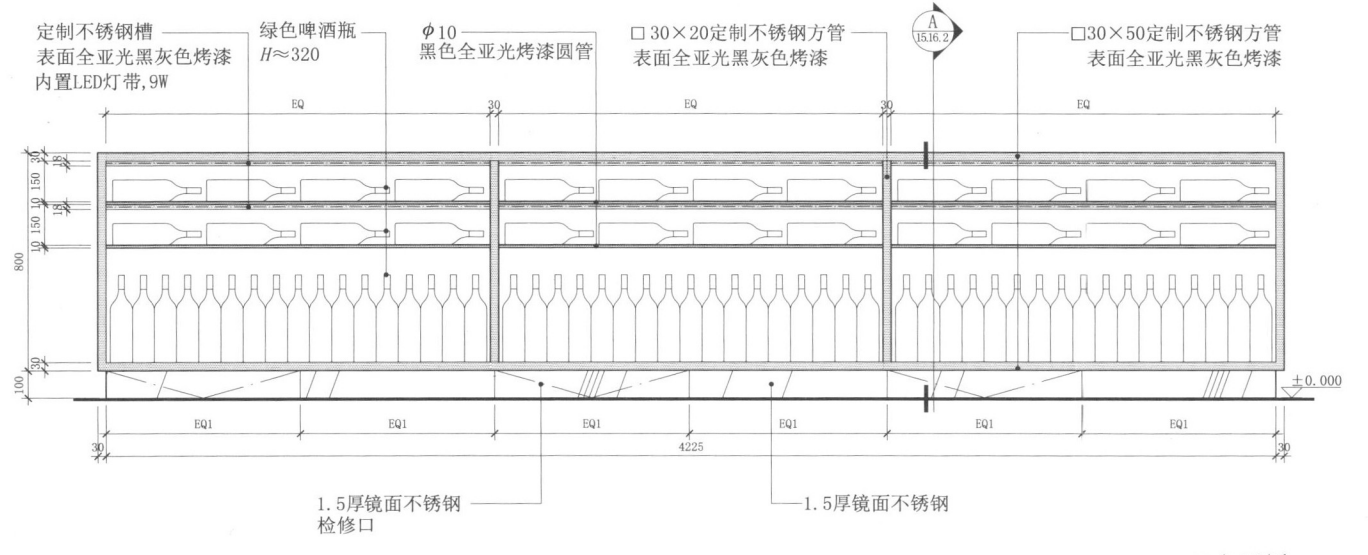
2立面图

15.16 装饰酒柜隔断

15
非透光照明构造
· 室内设施 餐饮设施 照明构造

15.16.2

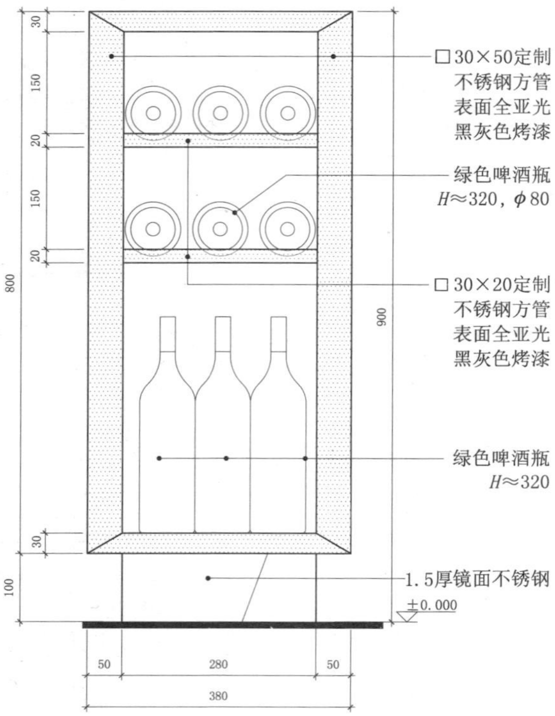

3立面图
4立面与3立面设计相同 方向相反

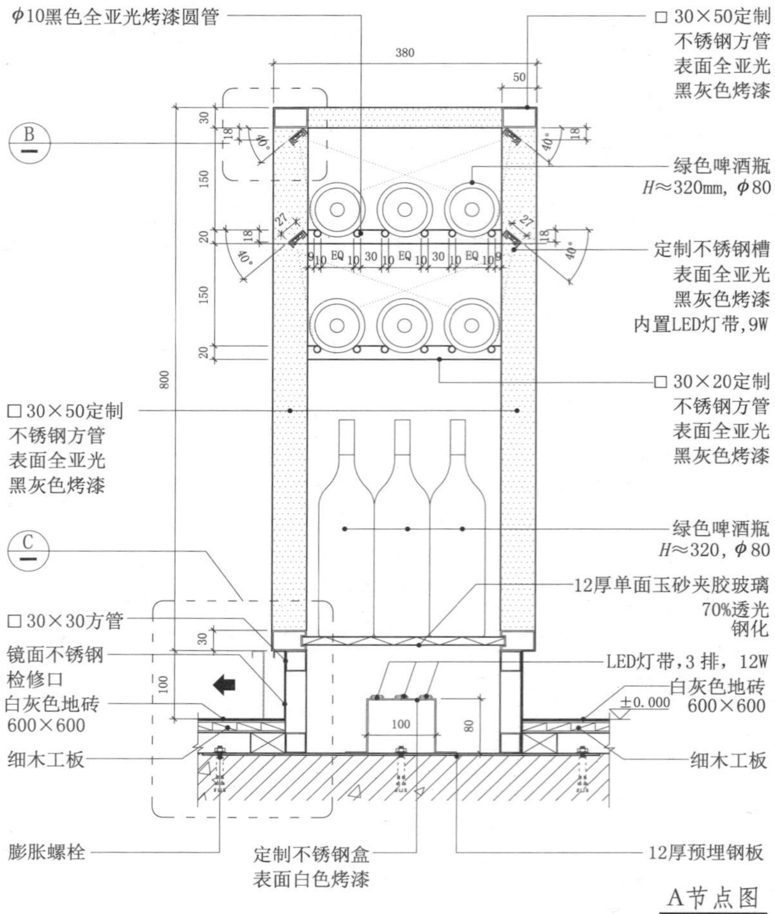

图中标注：
- φ10黑色全亚光烤漆圆管
- □30×50定制不锈钢方管 表面全亚光黑灰色烤漆
- 绿色啤酒瓶 $H\approx320$ mm, $\phi80$
- 定制不锈钢槽 表面全亚光黑灰色烤漆 内置LED灯带,9W
- □30×20定制不锈钢方管 表面全亚光黑灰色烤漆
- 绿色啤酒瓶 $H\approx320$
- 1.5厚镜面不锈钢
- 12厚单面玉砂夹胶玻璃 70%透光 钢化
- □30×30方管
- 镜面不锈钢检修口
- 白灰色地砖 600×600
- LED灯带,3排,12W
- 细木工板
- 膨胀螺栓
- 定制不锈钢盒 表面白色烤漆
- 12厚预埋钢板

A节点图

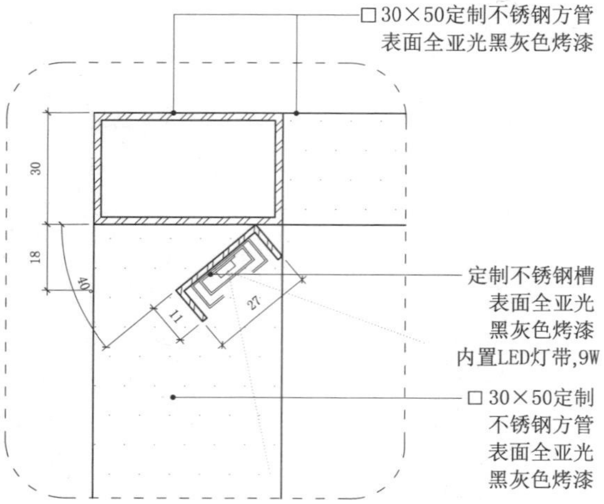

B节点图

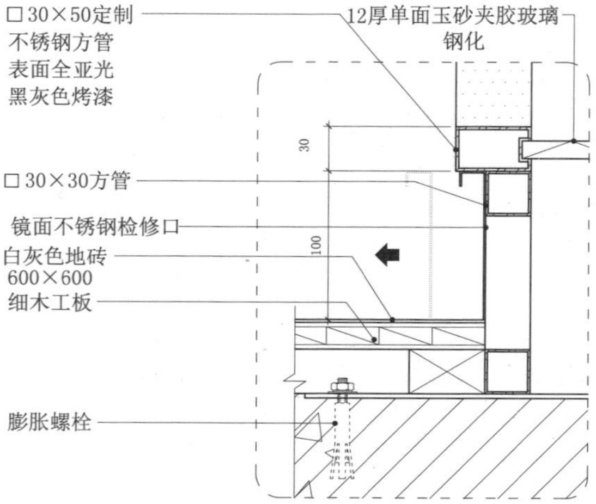

C节点图

16.1 导光玻璃隔断

16 透光照明构造·隔断构造 检修构造

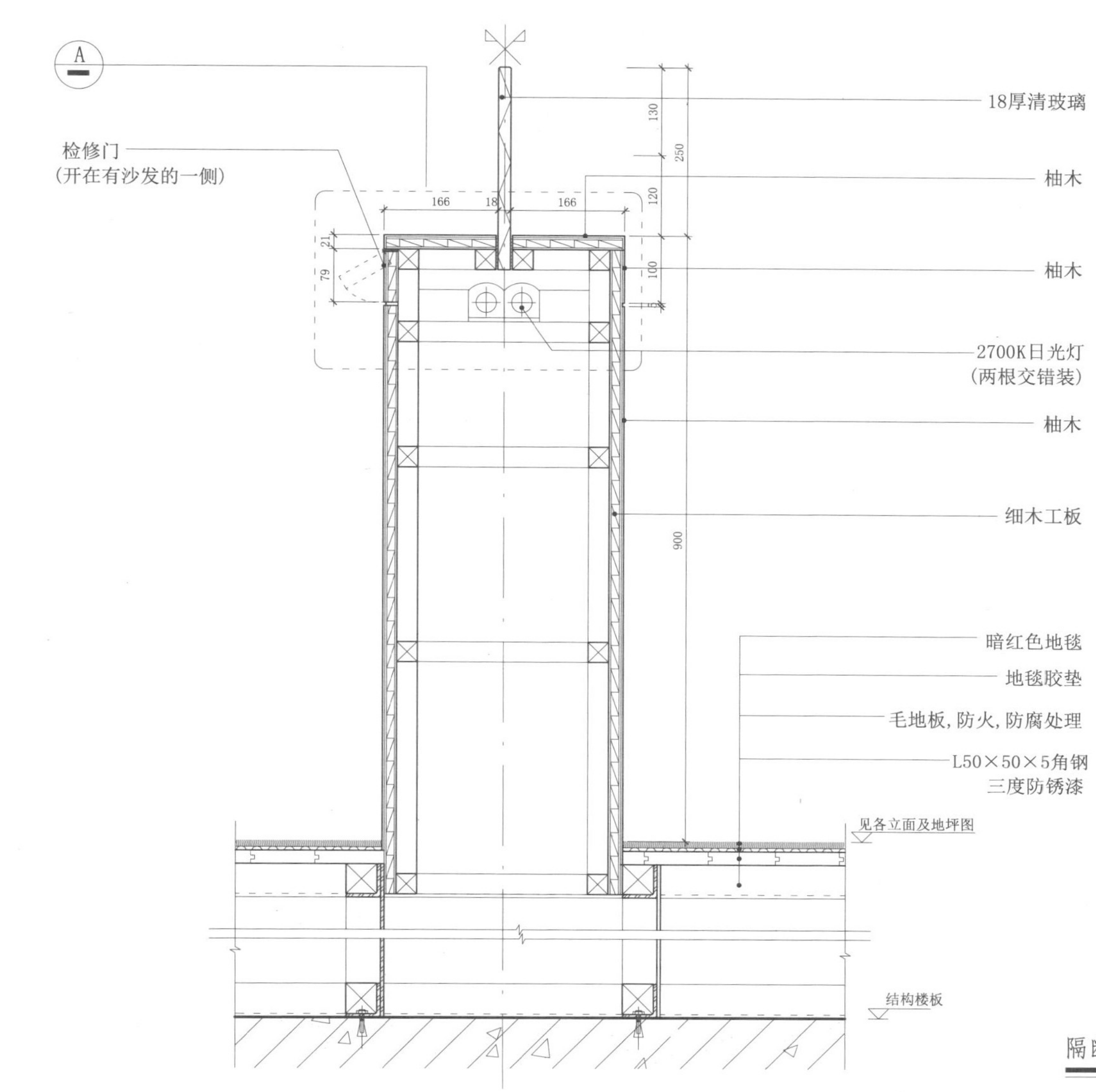

隔断剖立面图

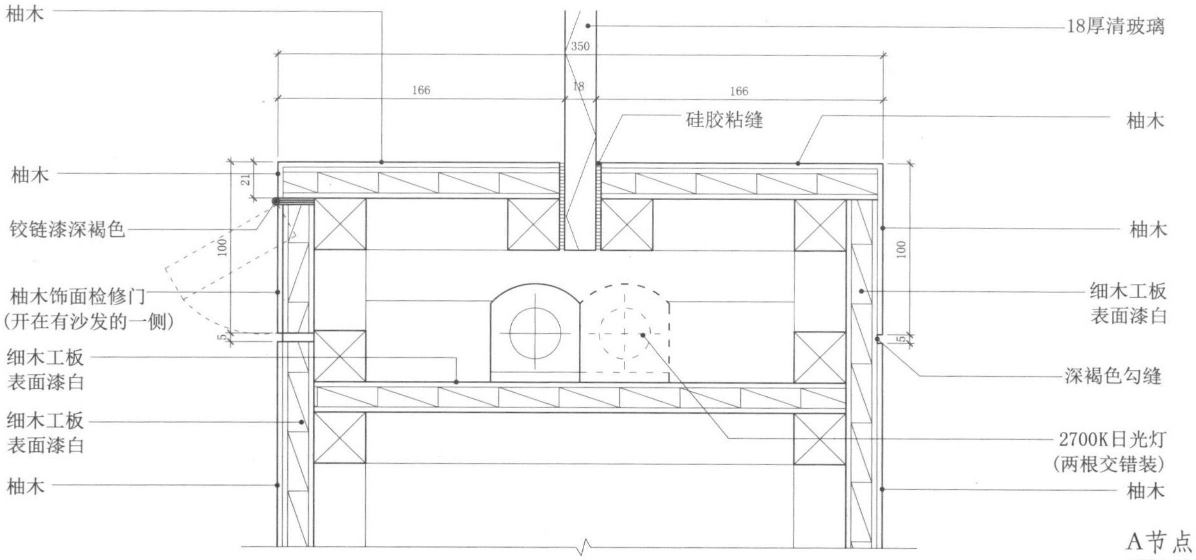

标注：
- 检修门（开在有沙发的一侧）
- 18厚清玻璃
- 柚木
- 柚木
- 2700K日光灯（两根交错装）
- 柚木
- 细木工板
- 暗红色地毯
- 地毯胶垫
- 毛地板，防火，防腐处理
- L50×50×5角钢 三度防锈漆
- 见各立面及地坪图
- 结构楼板

A节点图

标注：
- 柚木
- 18厚清玻璃
- 硅胶粘缝
- 柚木
- 柚木
- 铰链漆深褐色
- 柚木
- 柚木饰面检修门（开在有沙发的一侧）
- 细木工板 表面漆白
- 细木工板 表面漆白
- 深褐色勾缝
- 细木工板 表面漆白
- 2700K日光灯（两根交错装）
- 柚木
- 柚木

16 透光照明构造 · 玻璃构造 检修构造 隔断构造

16.2 LED 玻璃隔断装置

16.2.1

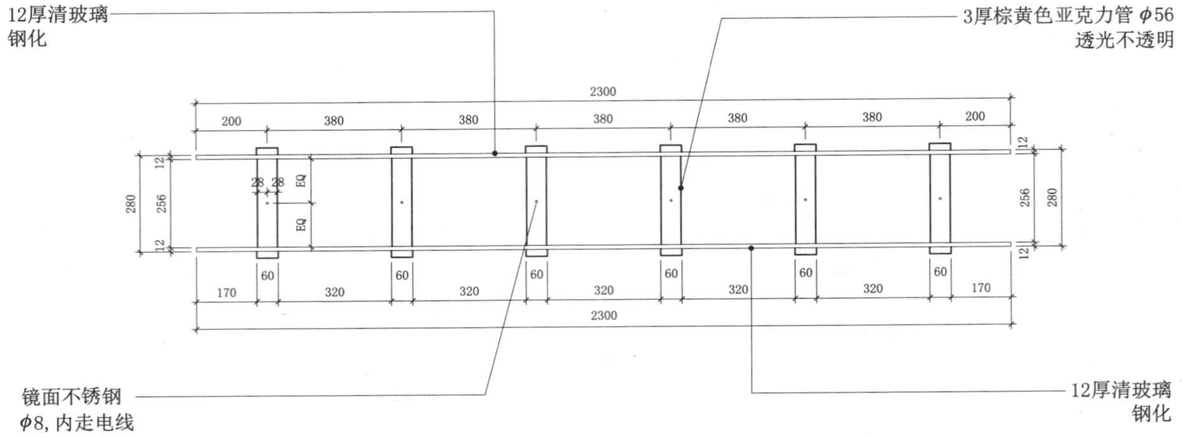

平面图

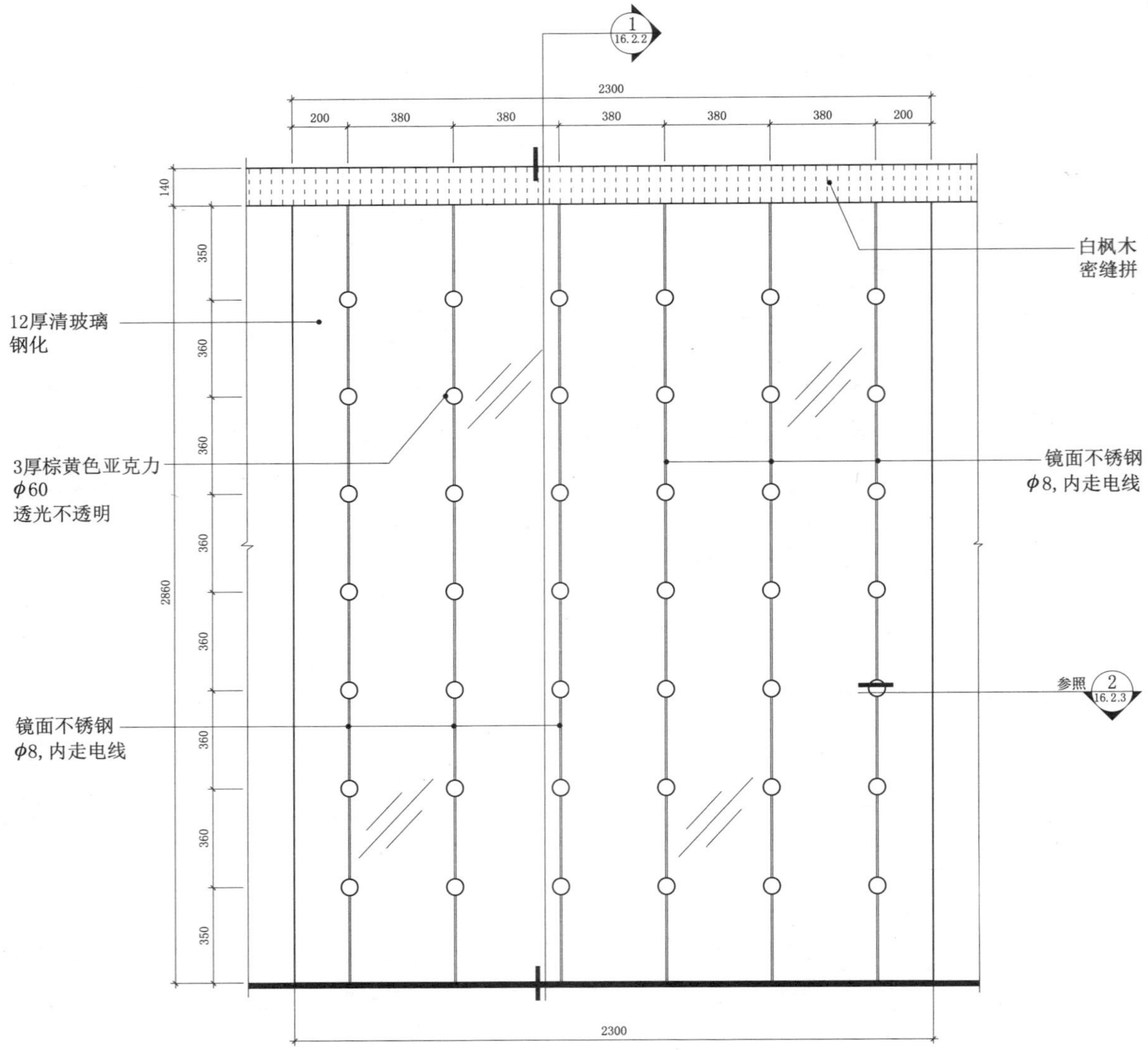

立面图

16.2 LED玻璃隔断装置

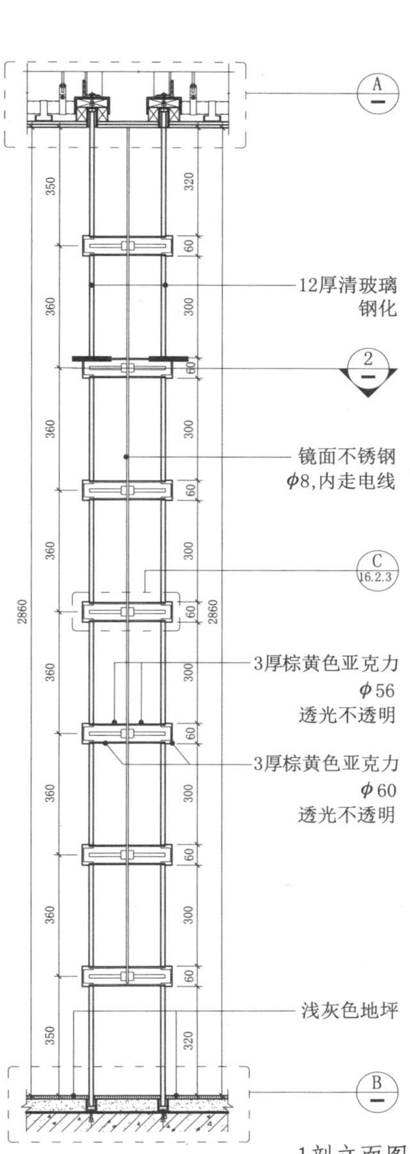

16.2.2

透光照明构造・玻璃构造 检修构造 隔断构造

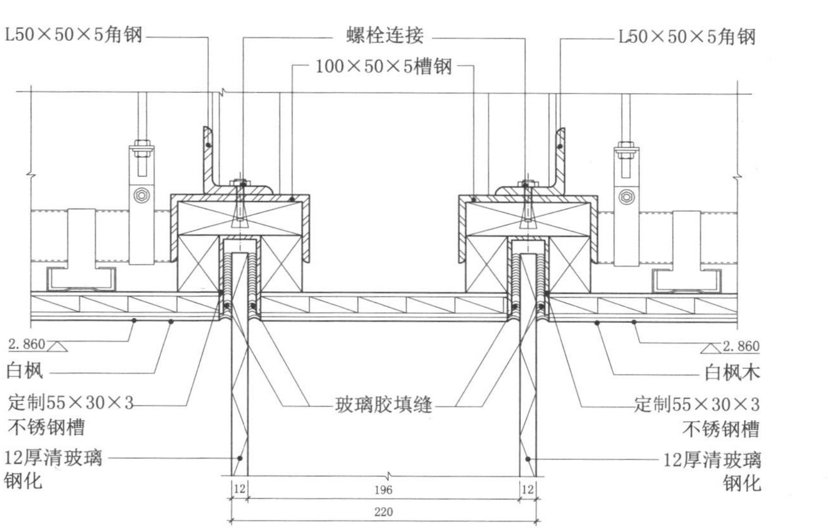

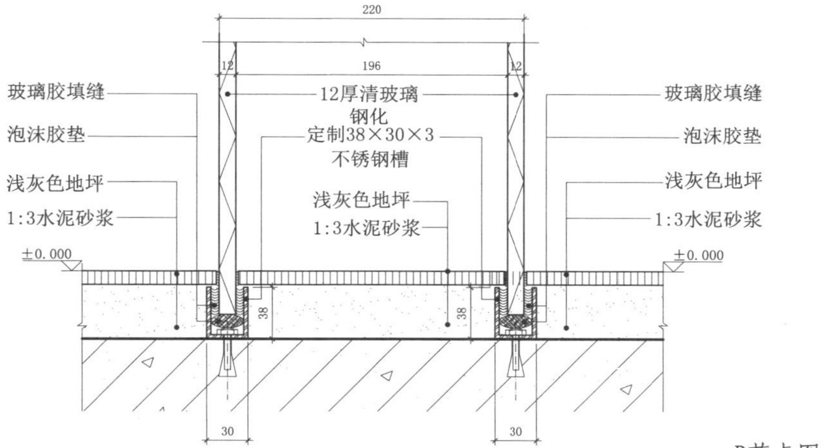

室内构造节点与专项模式图集

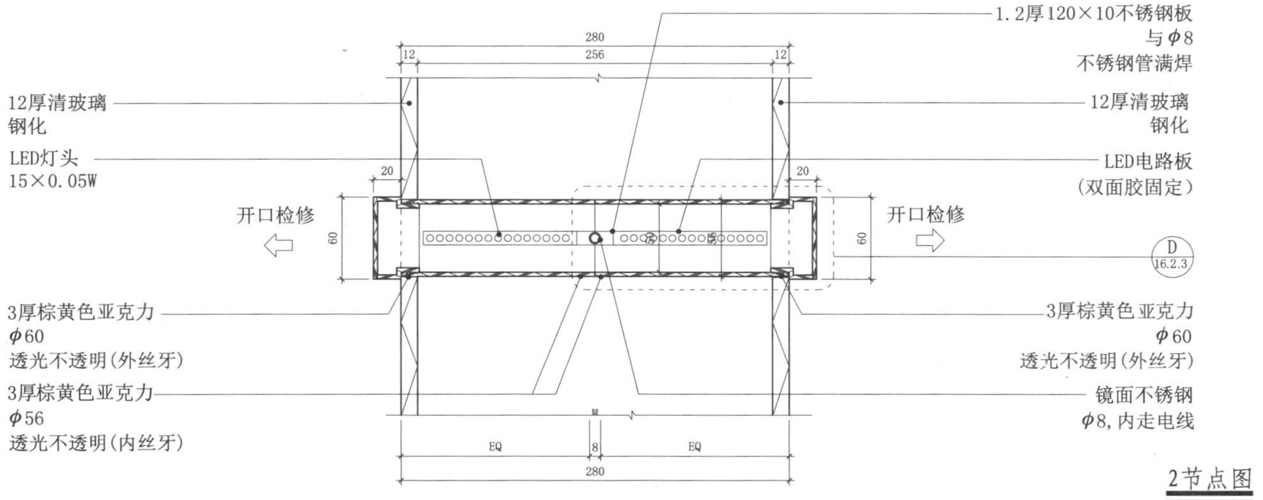

16 透光照明构造·玻璃构造 检修构造 隔断构造

16.2 LED玻璃隔断装置

16.2.3

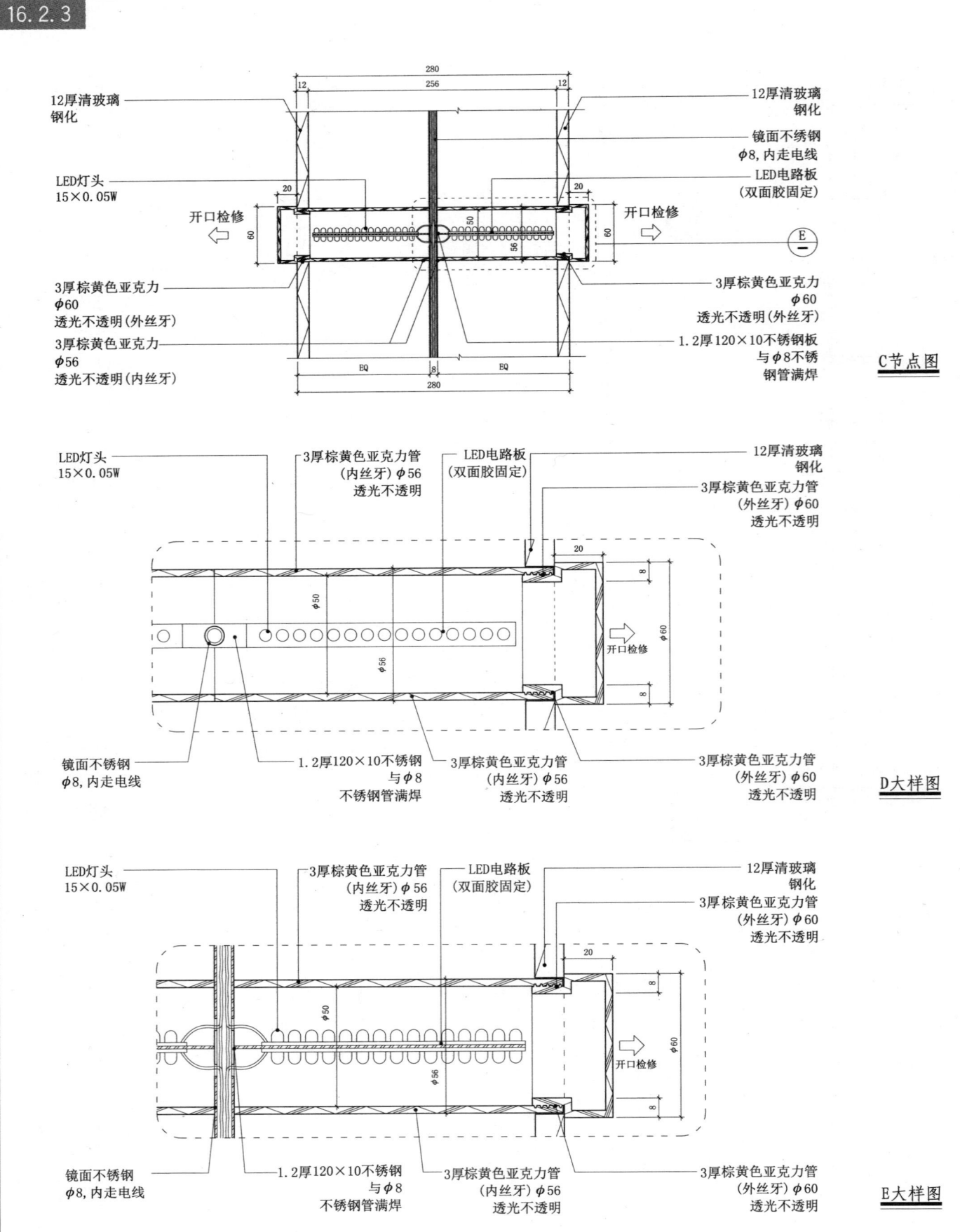

C节点图

D大样图

E大样图

16.3 透光玻璃隔断

16.3.1

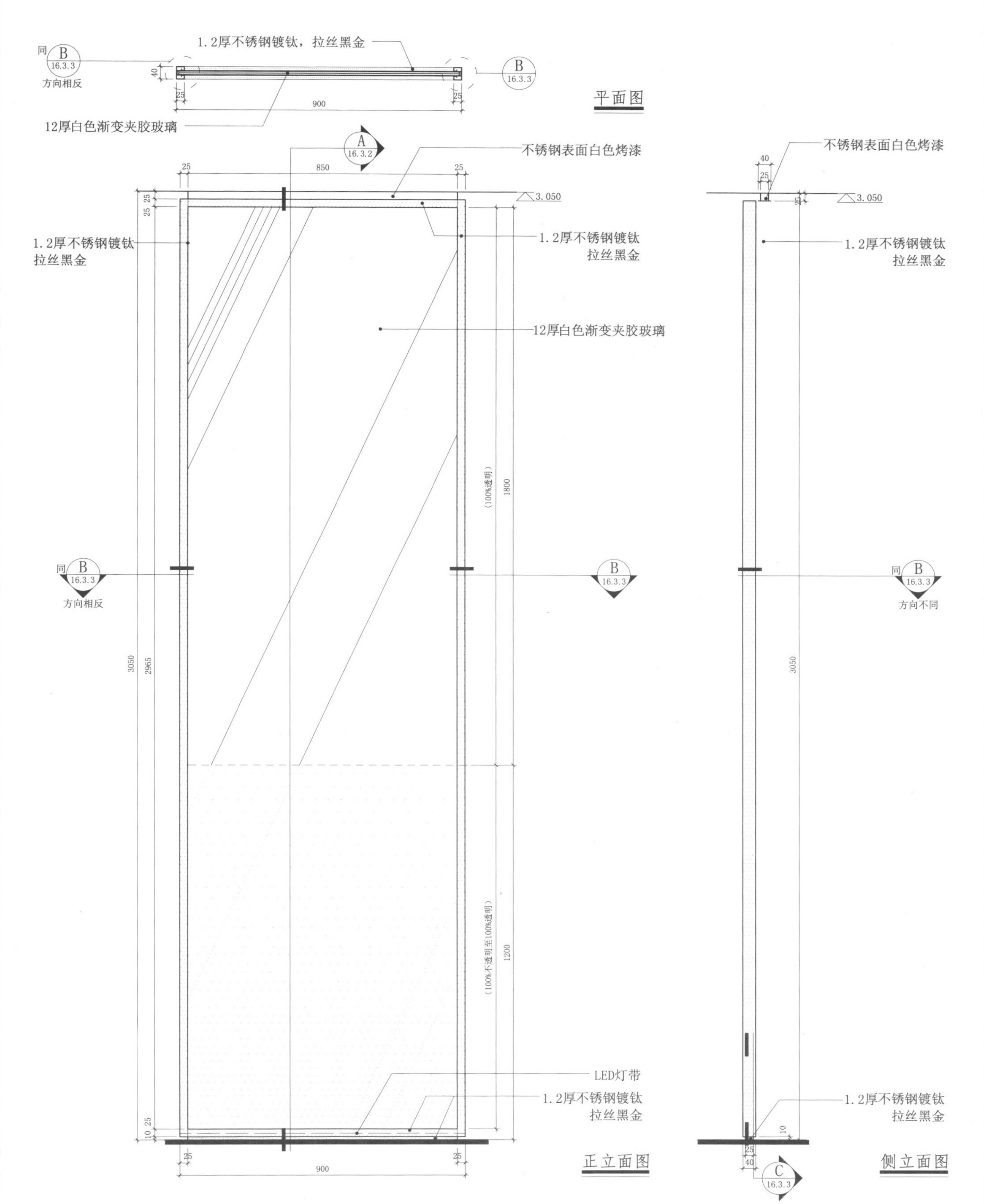

透光照明构造 · 玻璃构造　隔断构造

平面图
- 1.2厚不锈钢镀钛，拉丝黑金
- 12厚白色渐变夹胶玻璃

正立面图
- 不锈钢表面白色烤漆
- 1.2厚不锈钢镀钛 拉丝黑金
- 12厚白色渐变夹胶玻璃
- LED灯带
- 1.2厚不锈钢镀钛 拉丝黑金
- (100%透明)
- (100%不透明至100%透明)

侧立面图
- 不锈钢表面白色烤漆
- 1.2厚不锈钢镀钛 拉丝黑金
- 1.2厚不锈钢镀钛 拉丝黑金

室内构造节点与专项模式图集 | 619

16.3 透光玻璃隔断

16.3.2

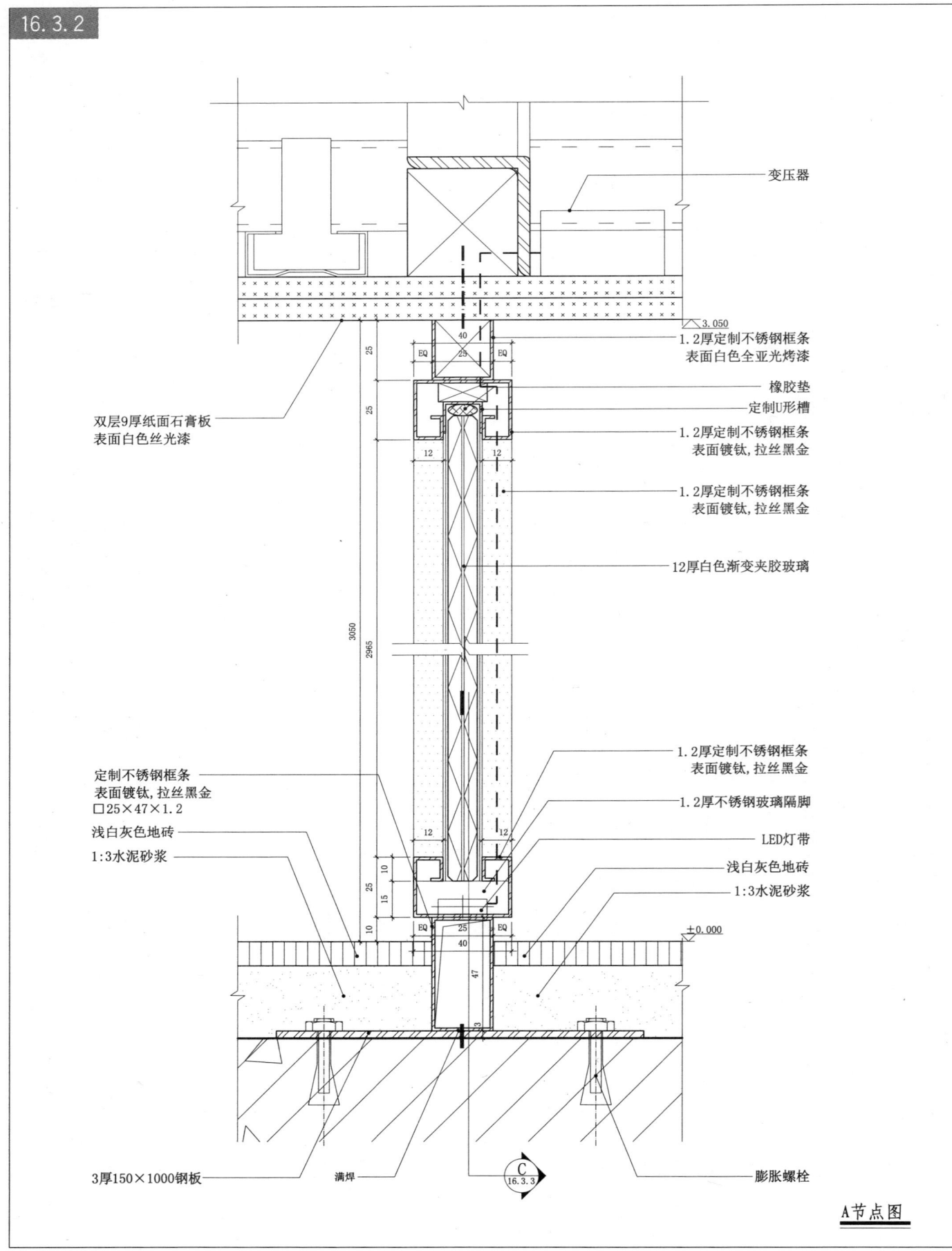

A节点图

16.3 透光玻璃隔断

16.3.3

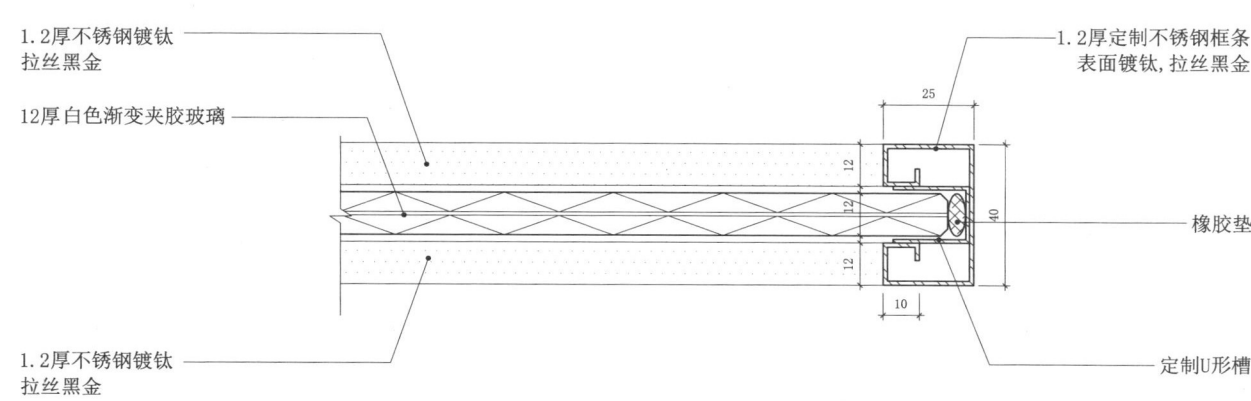

B节点图

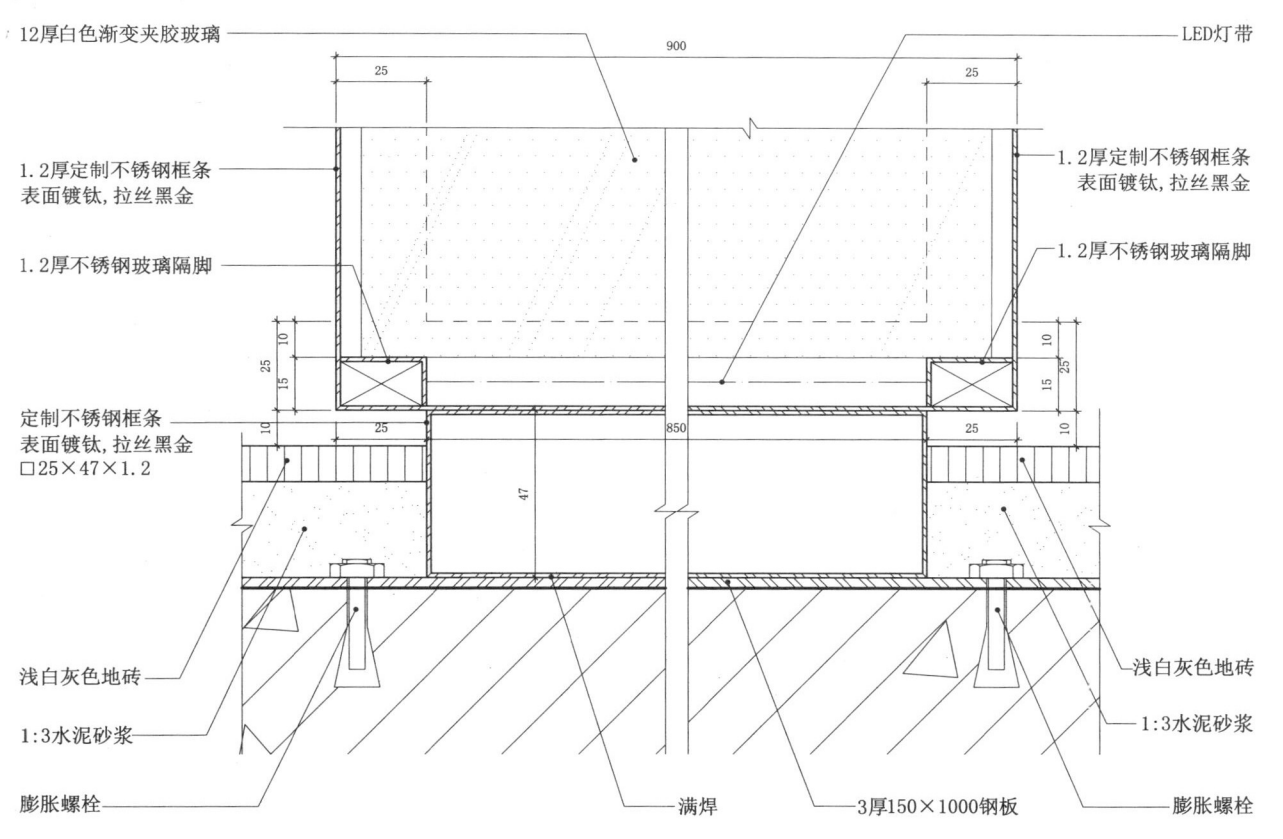

C节点图

16 透光照明构造·立面构造 骨架构造 检修构造

16.4 仿云石透光墙面

16.4.1

仿透光云石墙面立面图

标注：樱桃木、乳白色涂料、拉丝不锈钢、10厚仿云石透光树脂、拉丝不锈钢 上有φ20散热孔@150

A节点图

标注：白色涂料、镀锌膨胀螺栓、细木工板 防火三度、50×50×5 镀锌角钢、防火三度、樱桃木、10厚仿云石透光树脂、拉丝不锈钢

16.4 仿云石透光墙面

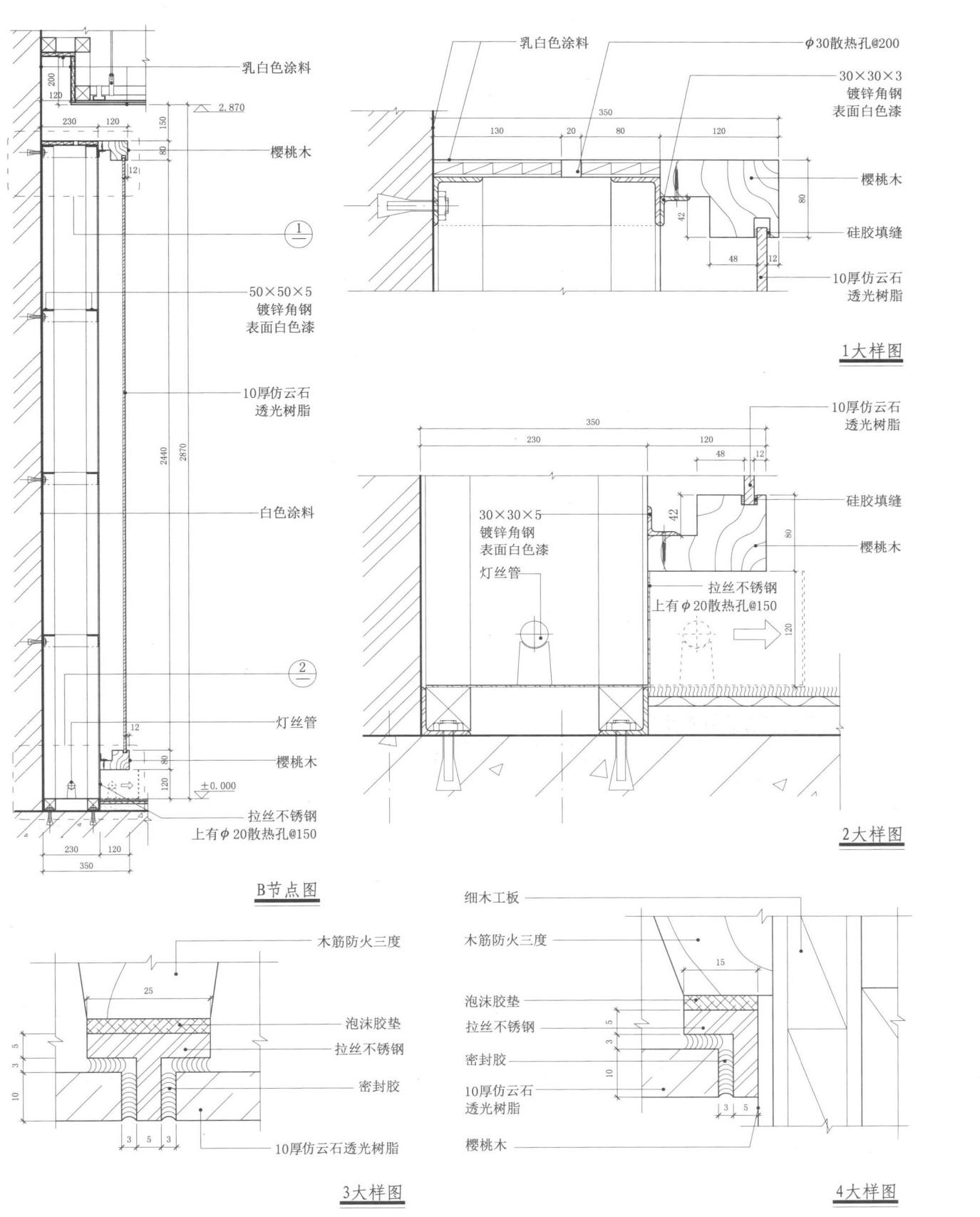

16 透光照明构造
- 立面构造
- 玻璃构造
- 检修构造

16.5 光龛背景墙节点

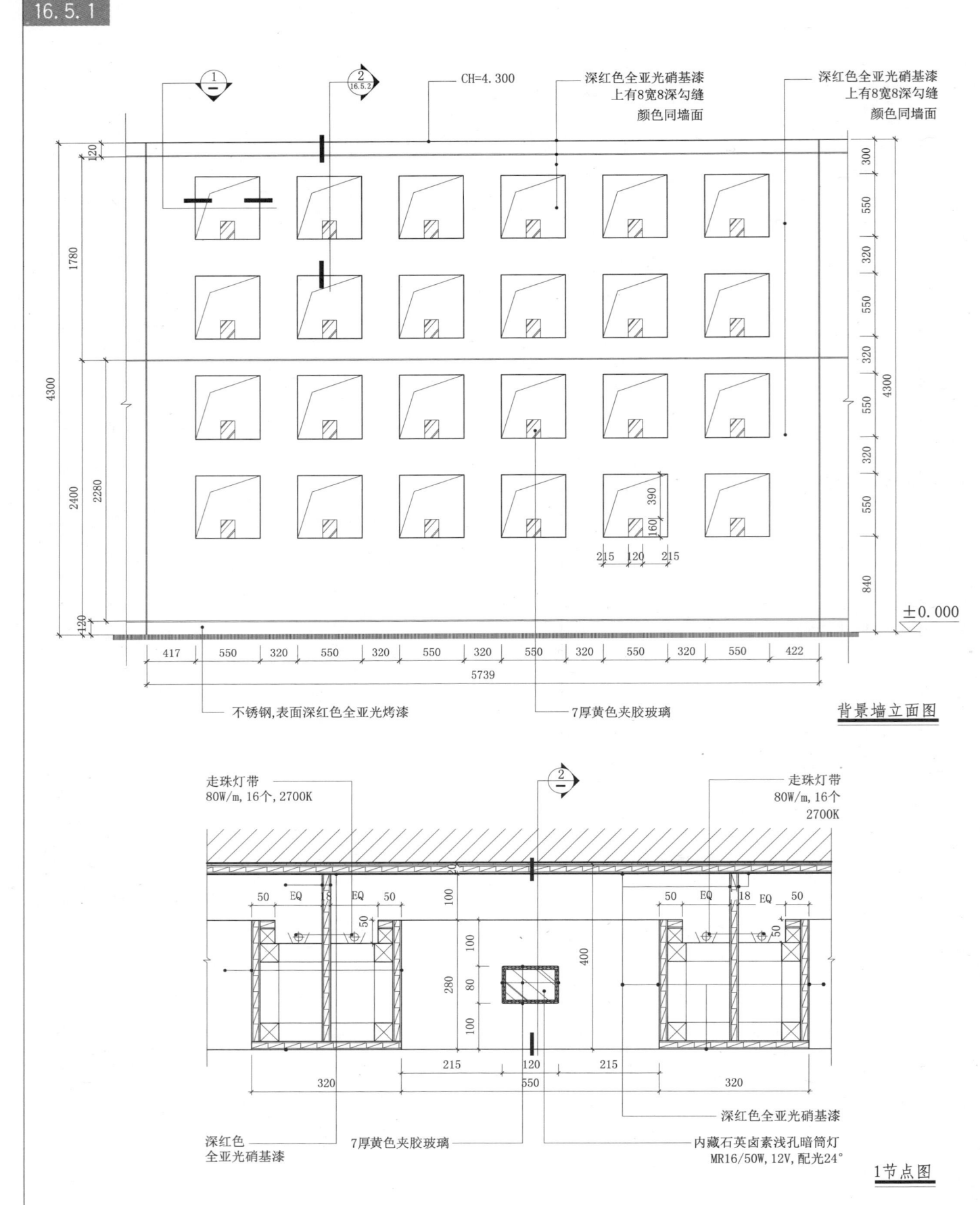

16.5.2

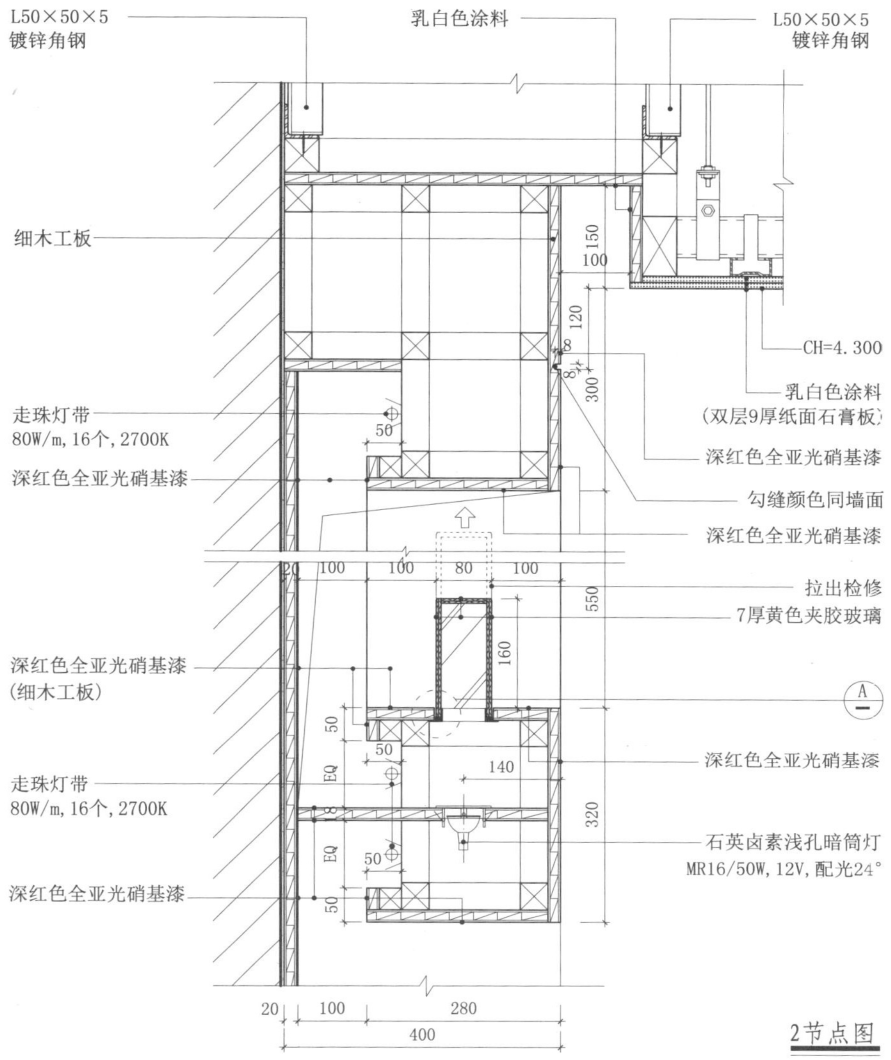
L50×50×5
镀锌角钢
乳白色涂料
L50×50×5
镀锌角钢
细木工板
150
100
120
8
8
300
CH=4.300
乳白色涂料
(双层9厚纸面石膏板)
走珠灯带
80W/m,16个,2700K
50
深红色全亚光硝基漆
深红色全亚光硝基漆
勾缝颜色同墙面
深红色全亚光硝基漆
20
100
100
80
100
拉出检修
550
7厚黄色夹胶玻璃
深红色全亚光硝基漆
(细木工板)
160
A
50
50
深红色全亚光硝基漆
走珠灯带
80W/m,16个,2700K
EQ
140
8
320
石英卤素浅孔暗筒灯
MR16/50W,12V,配光24°
EQ
50
深红色全亚光硝基漆
50
20
100
280
400

2节点图

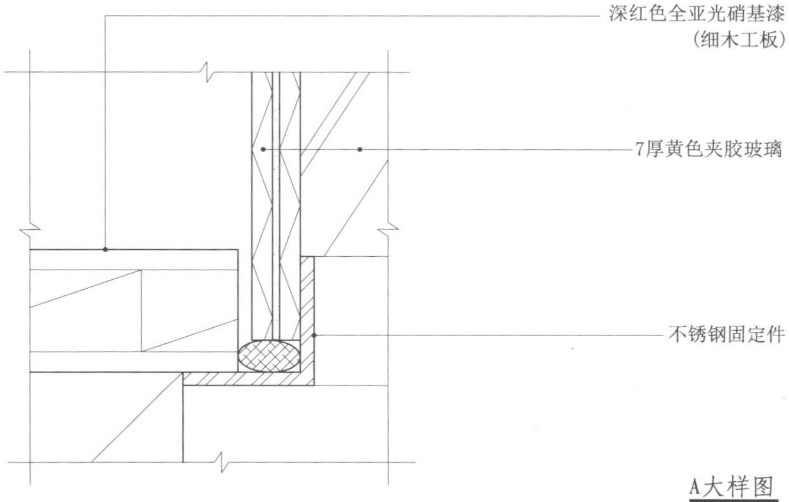
深红色全亚光硝基漆
(细木工板)
7厚黄色夹胶玻璃
不锈钢固定件

A大样图

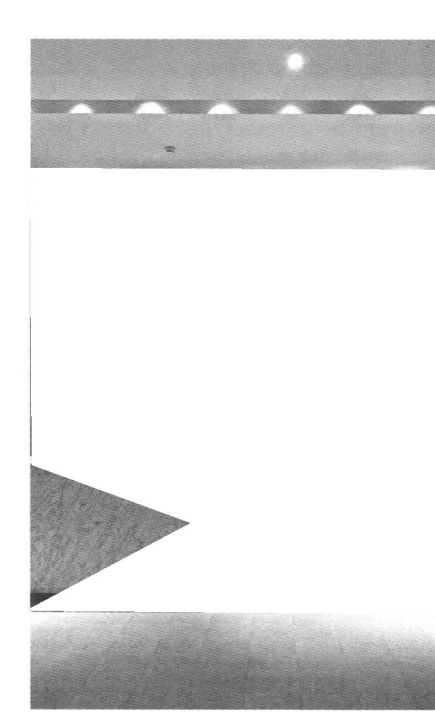

16.6 透光造型墙面节点

16.6.1

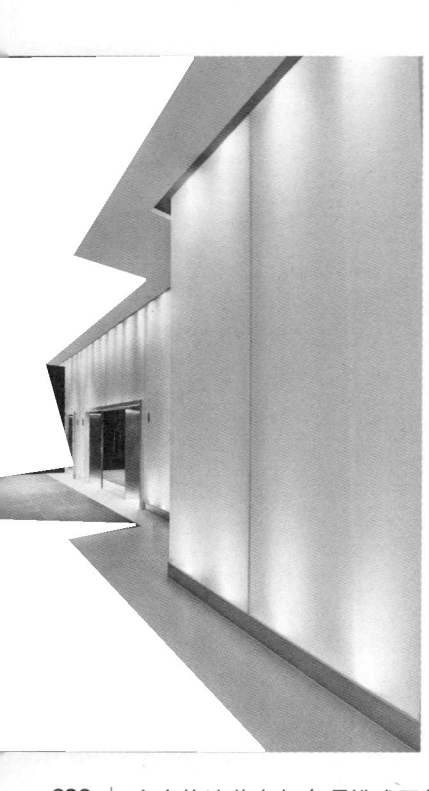

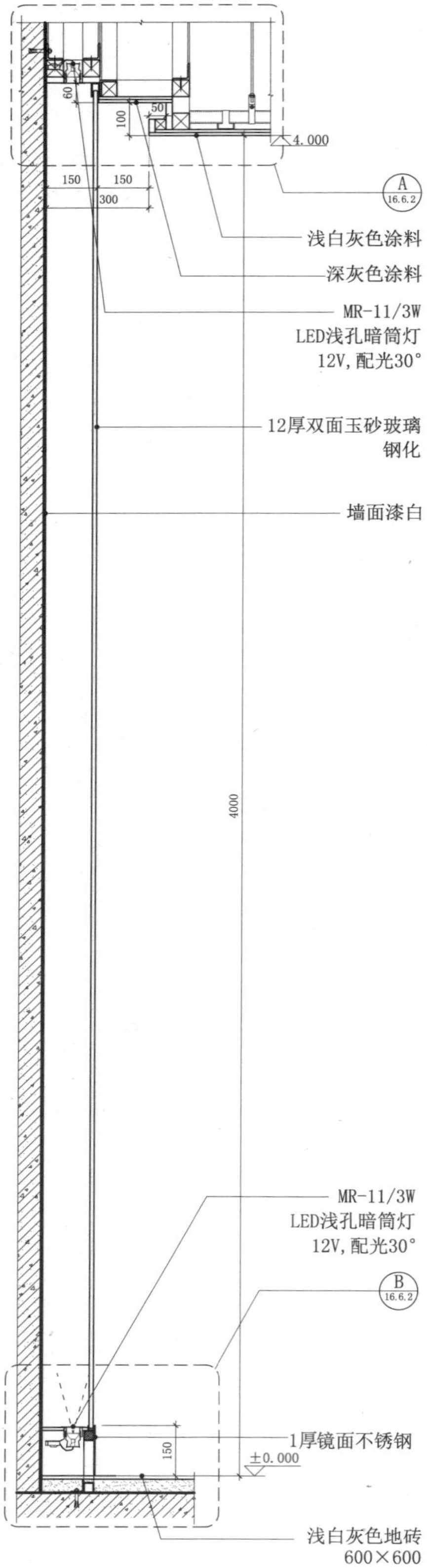
4.000
150
150
300
60
100
50
A
16.6.2
浅白灰色涂料
深灰色涂料
MR-11/3W
LED浅孔暗筒灯
12V，配光30°
12厚双面玉砂玻璃
钢化
墙面漆白
4000
MR-11/3W
LED浅孔暗筒灯
12V，配光30°
B
16.6.2
1厚镜面不锈钢
±0.000
150
浅白灰色地砖
600×600

1剖面图

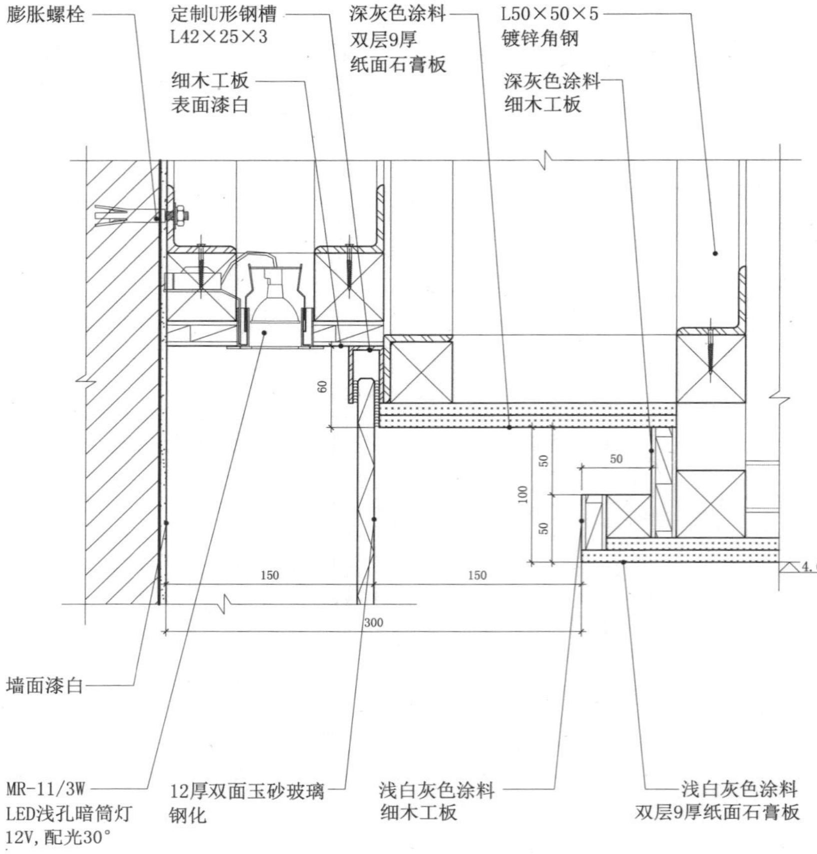
膨胀螺栓
定制U形钢槽
L42×25×3
深灰色涂料
双层9厚
纸面石膏板
L50×50×5
镀锌角钢
细木工板
表面漆白
深灰色涂料
细木工板
60
50
100
50
50
4.000
150
150
300
墙面漆白
MR-11/3W
LED浅孔暗筒灯
12V，配光30°
12厚双面玉砂玻璃
钢化
浅白灰色涂料
细木工板
浅白灰色涂料
双层9厚纸面石膏板

A大样图

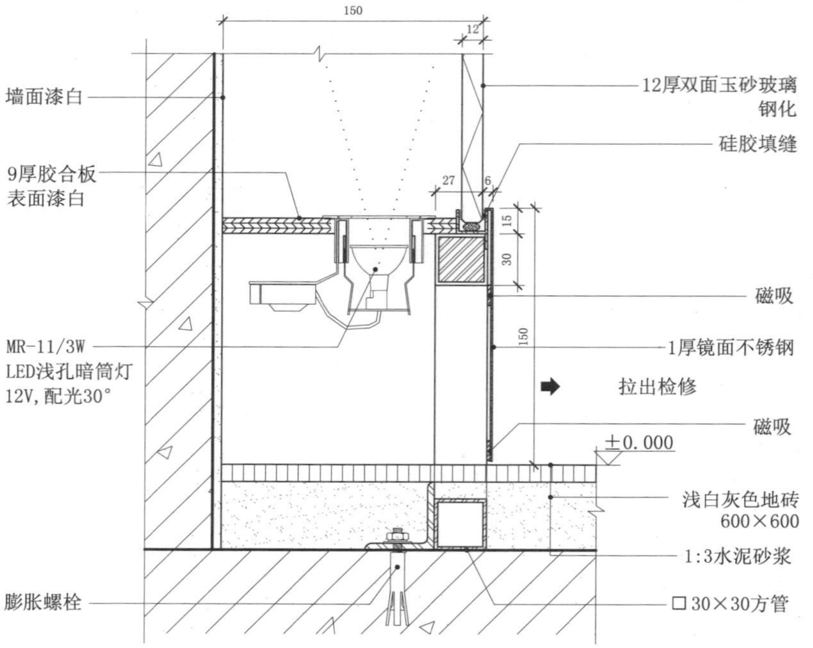
150
12
墙面漆白
12厚双面玉砂玻璃
钢化
硅胶填缝
9厚胶合板
表面漆白
27
6
15
30
磁吸
MR-11/3W
LED浅孔暗筒灯
12V，配光30°
150
1厚镜面不锈钢
拉出检修
磁吸
±0.000
浅白灰色地砖
600×600
1:3水泥砂浆
膨胀螺栓
□30×30方管

B大样图

16.6 透光造型墙面节点

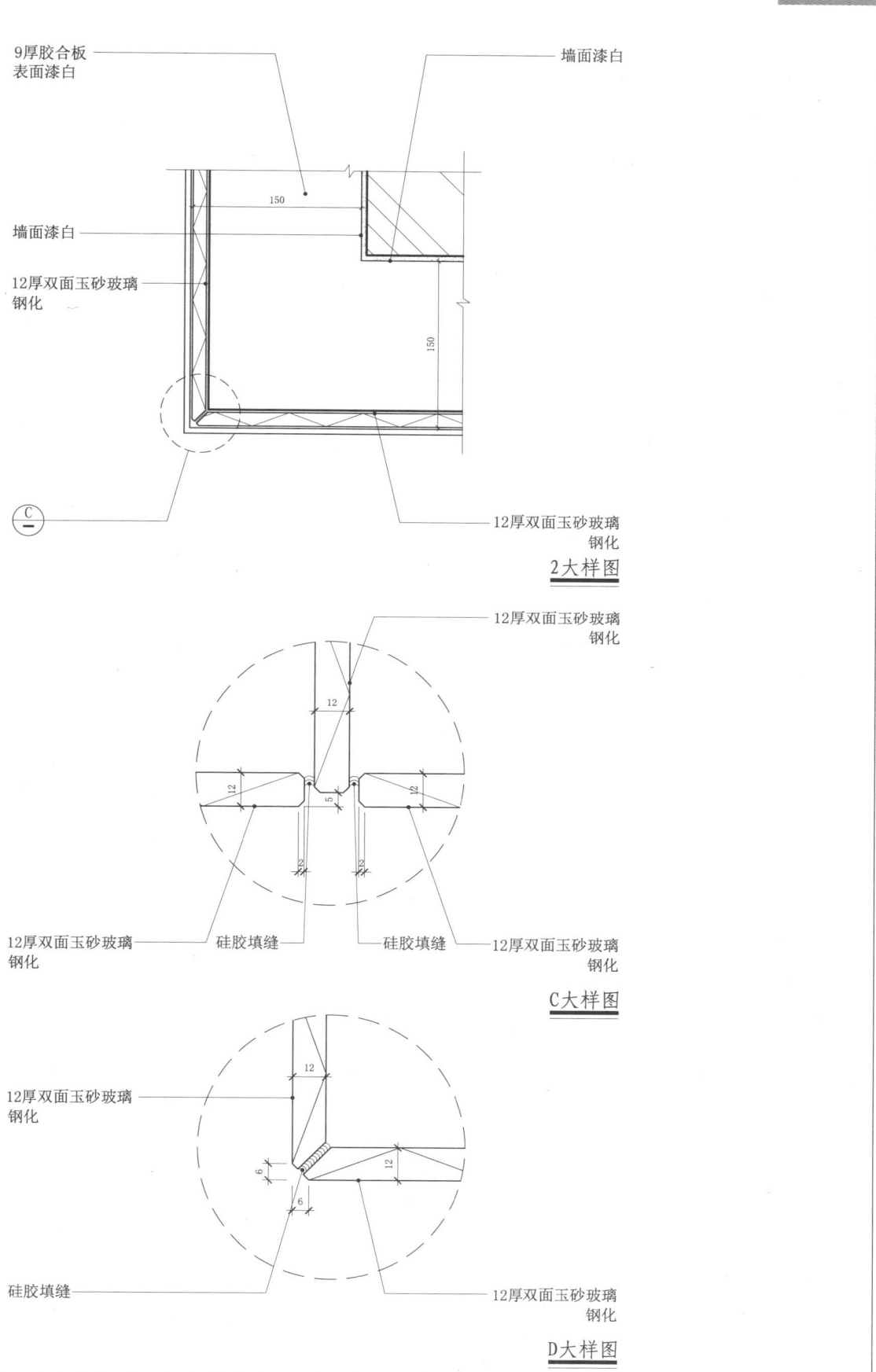

16 透光照明构造

16.7 透光墙

16.7.1

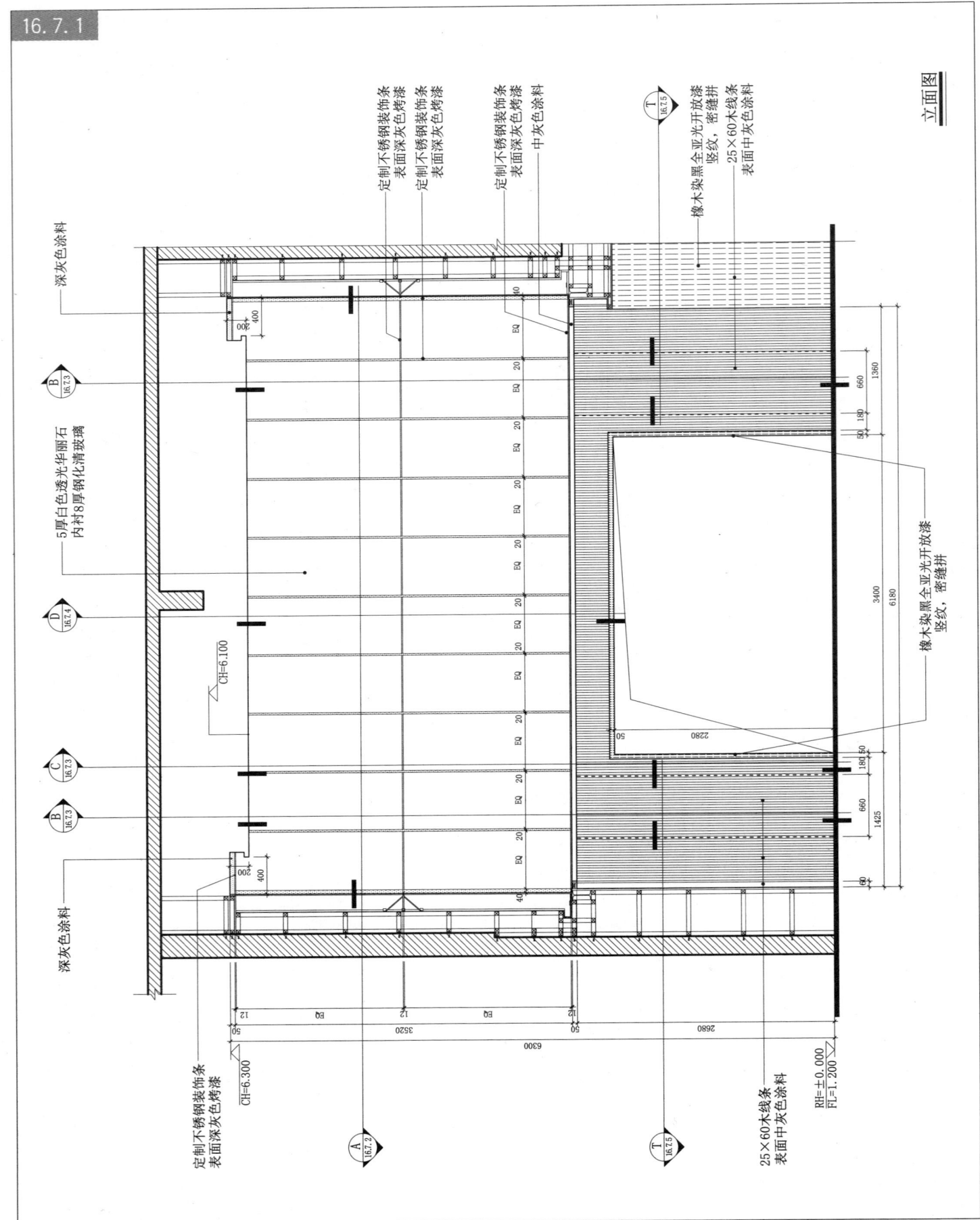

立面图

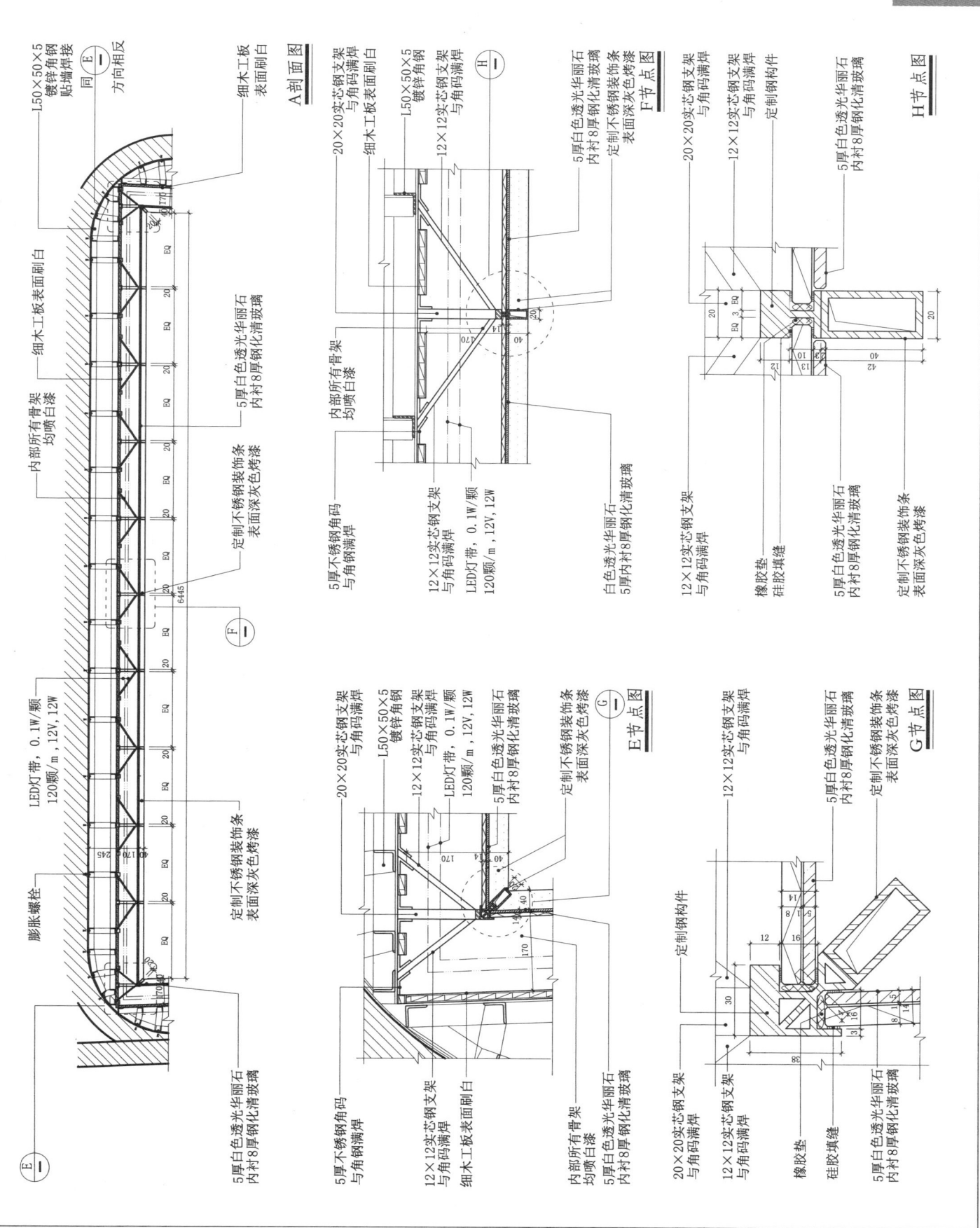

16.7 透光墙

16.7.3

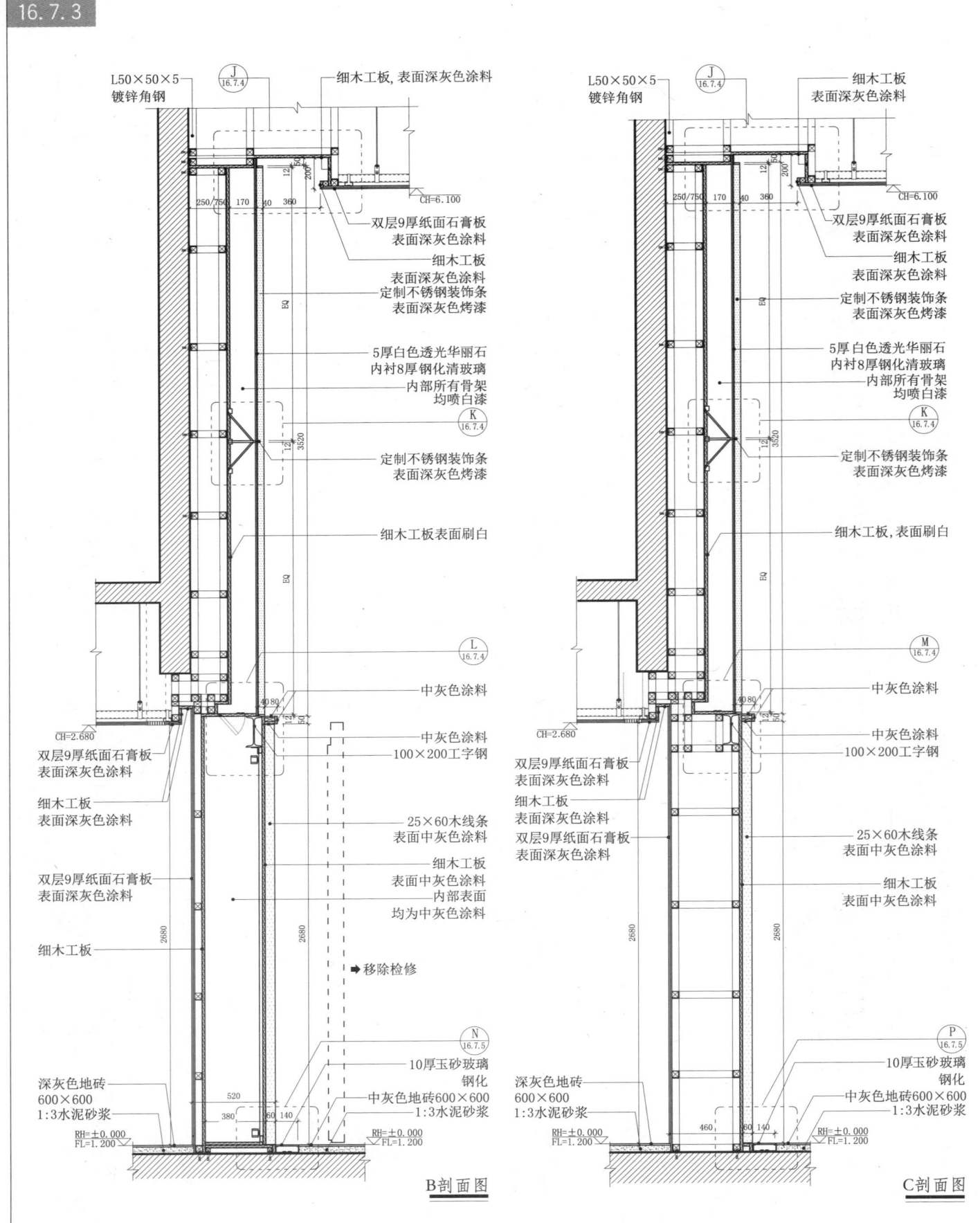

B剖面图　　C剖面图

16.7 透光墙

16.7.4

透光照明构造 · 立面构造　骨架构造　检修构造　平行线构造

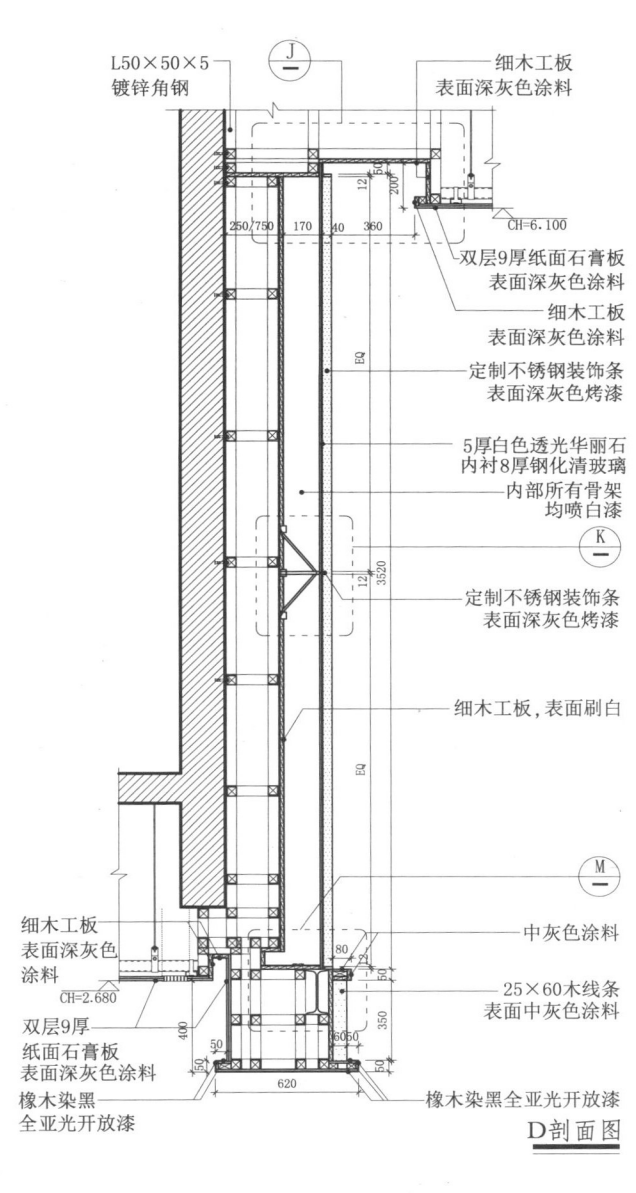

D剖面图

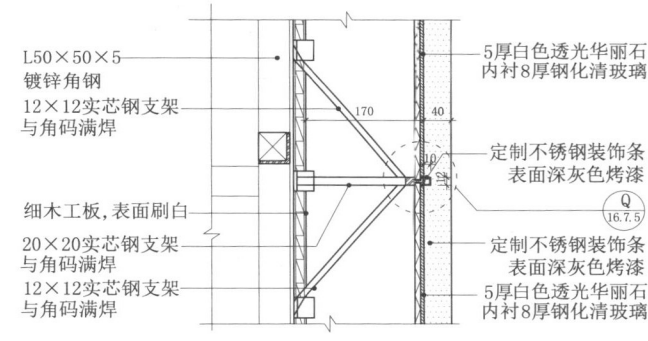

J节点图

K节点图

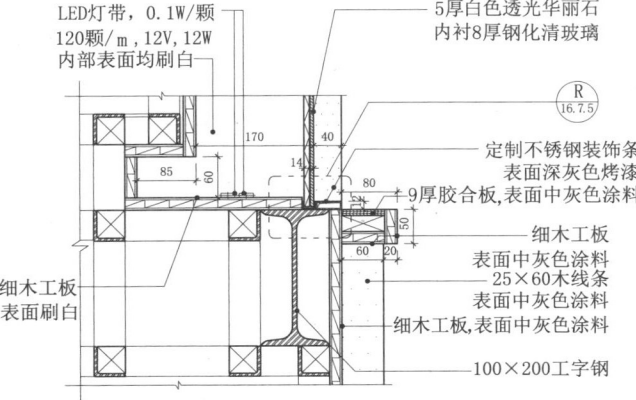

L节点图

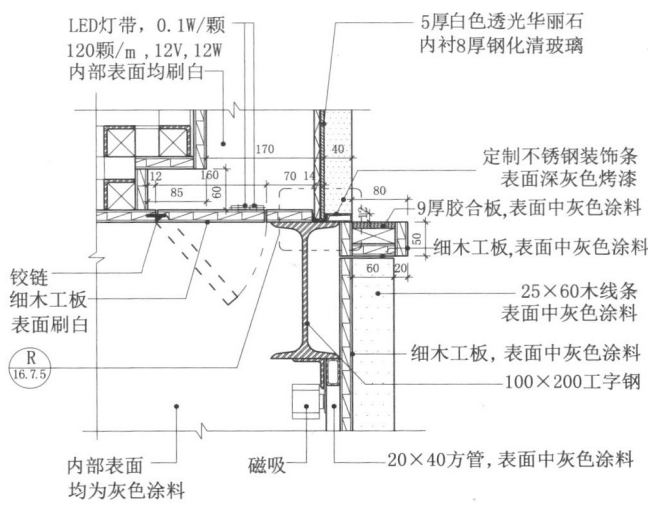

M节点图

16.7 透光墙

16.7.5

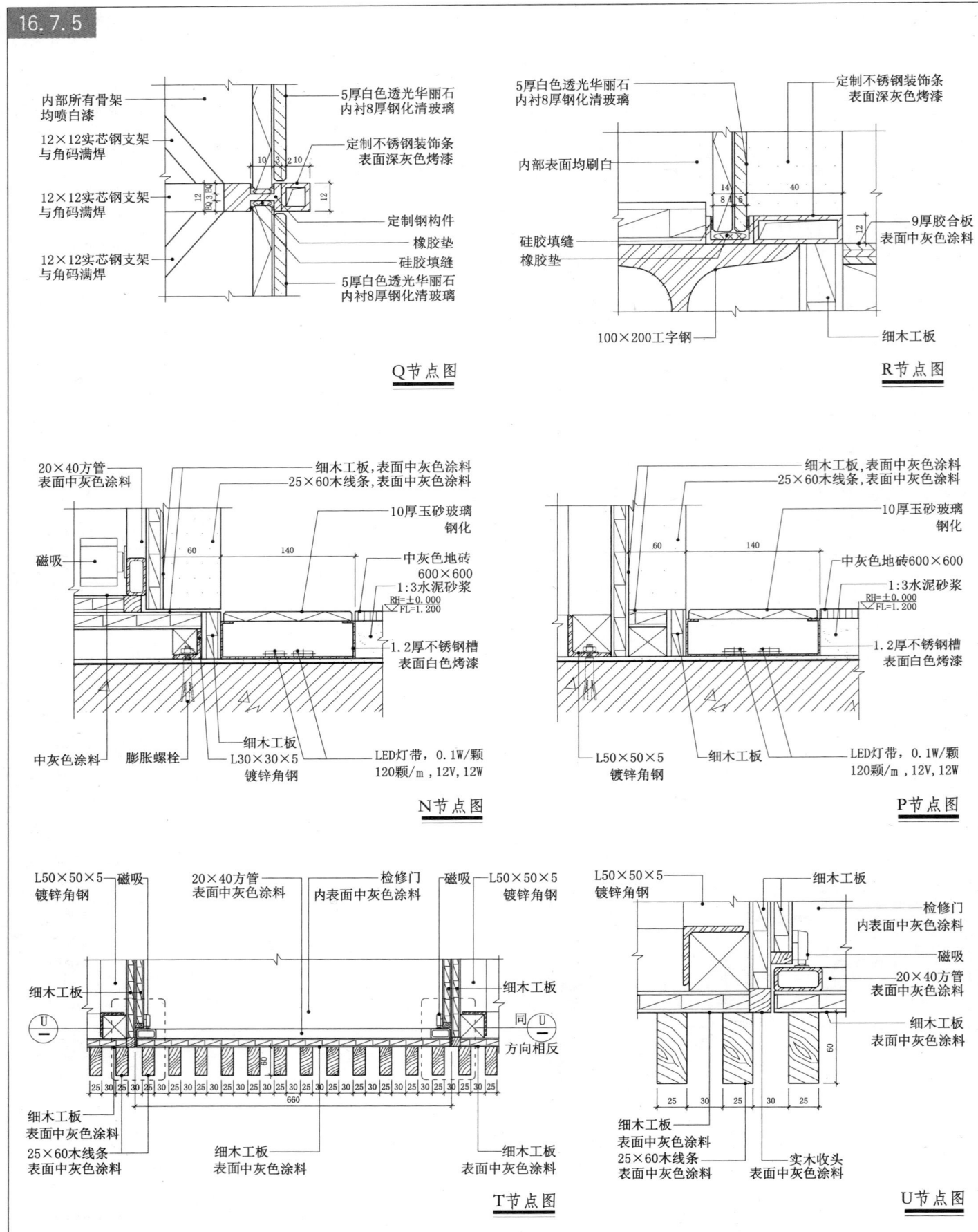

Q节点图　R节点图　N节点图　P节点图　T节点图　U节点图

16.8 弧形发光装置

16 透光照明构造 · 顶面构造 玻璃构造

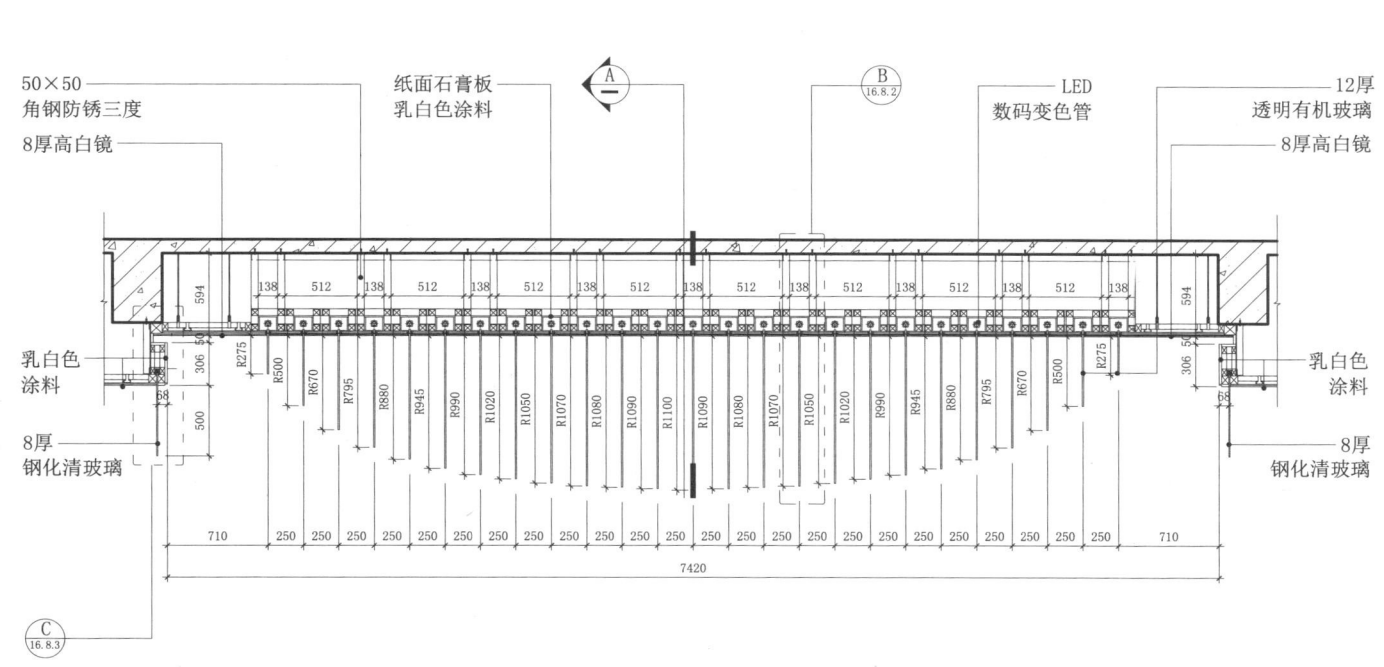

弧形发光顶棚剖面图

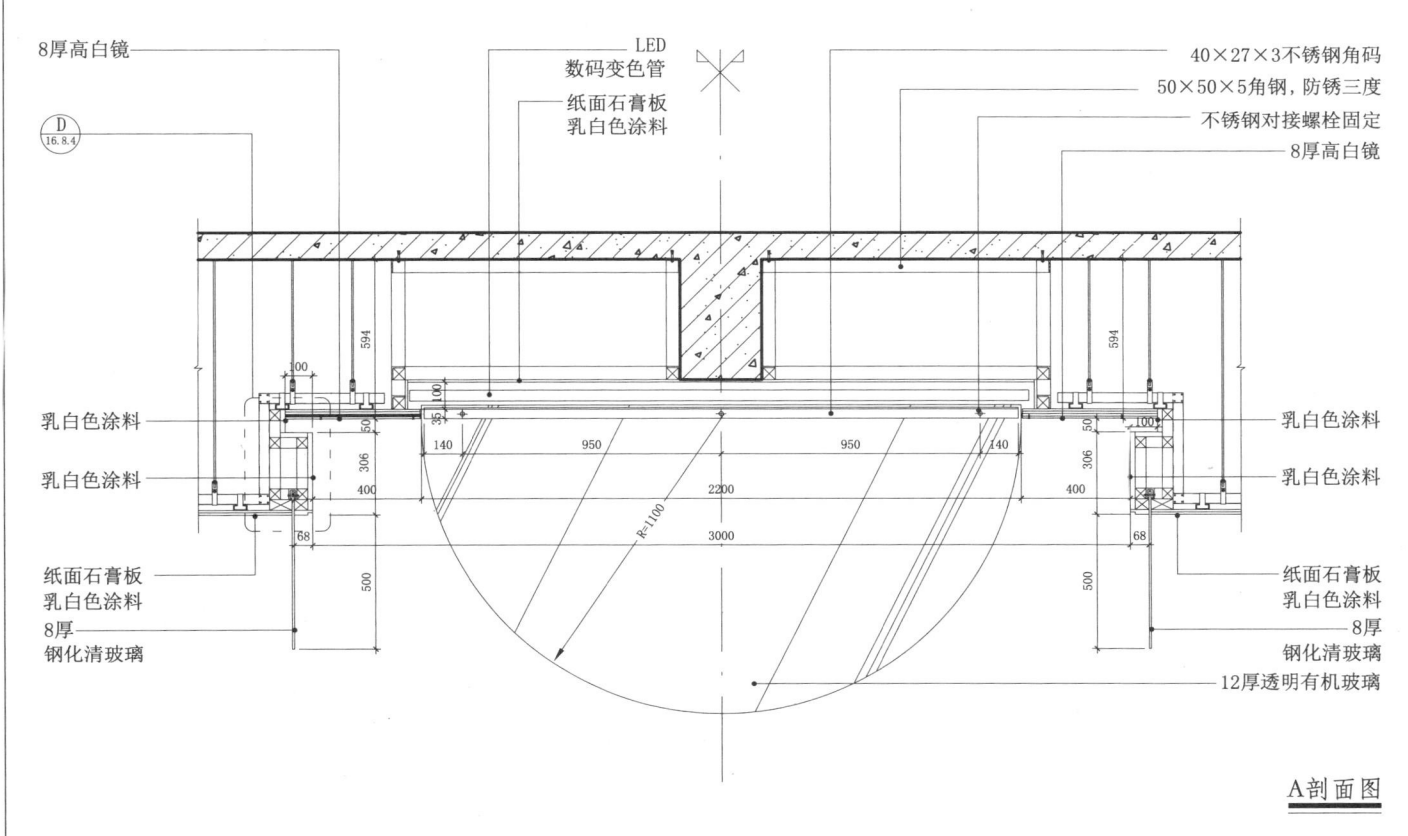

A剖面图

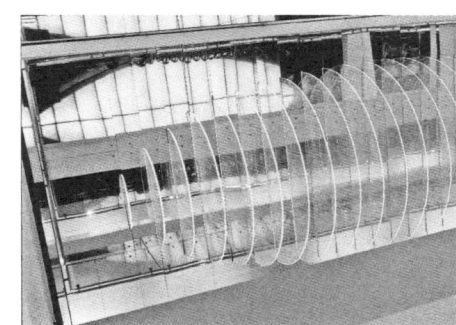

16.8 弧形发光装置

16 透光照明构造
- 顶面构造
- 玻璃构造

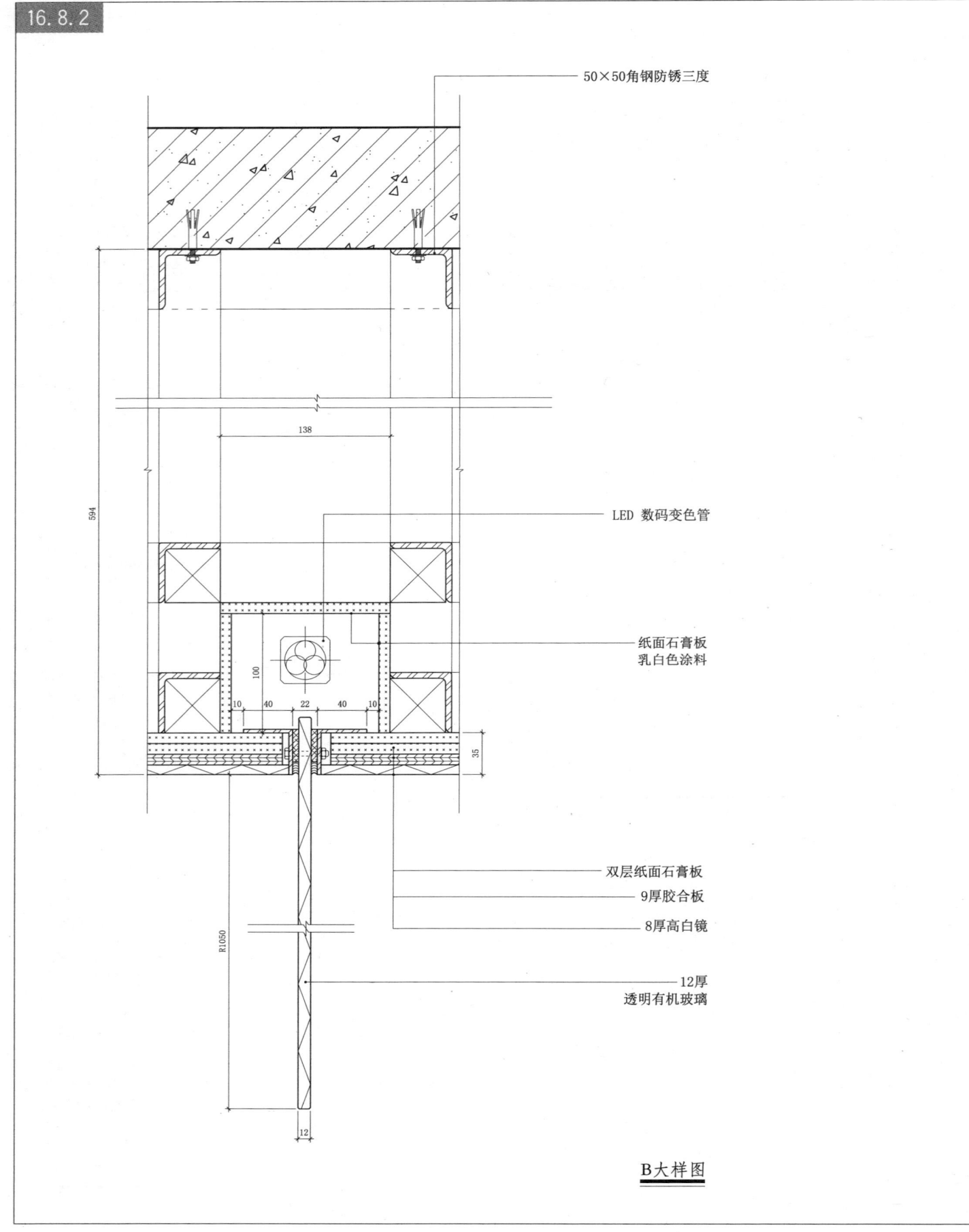

B大样图

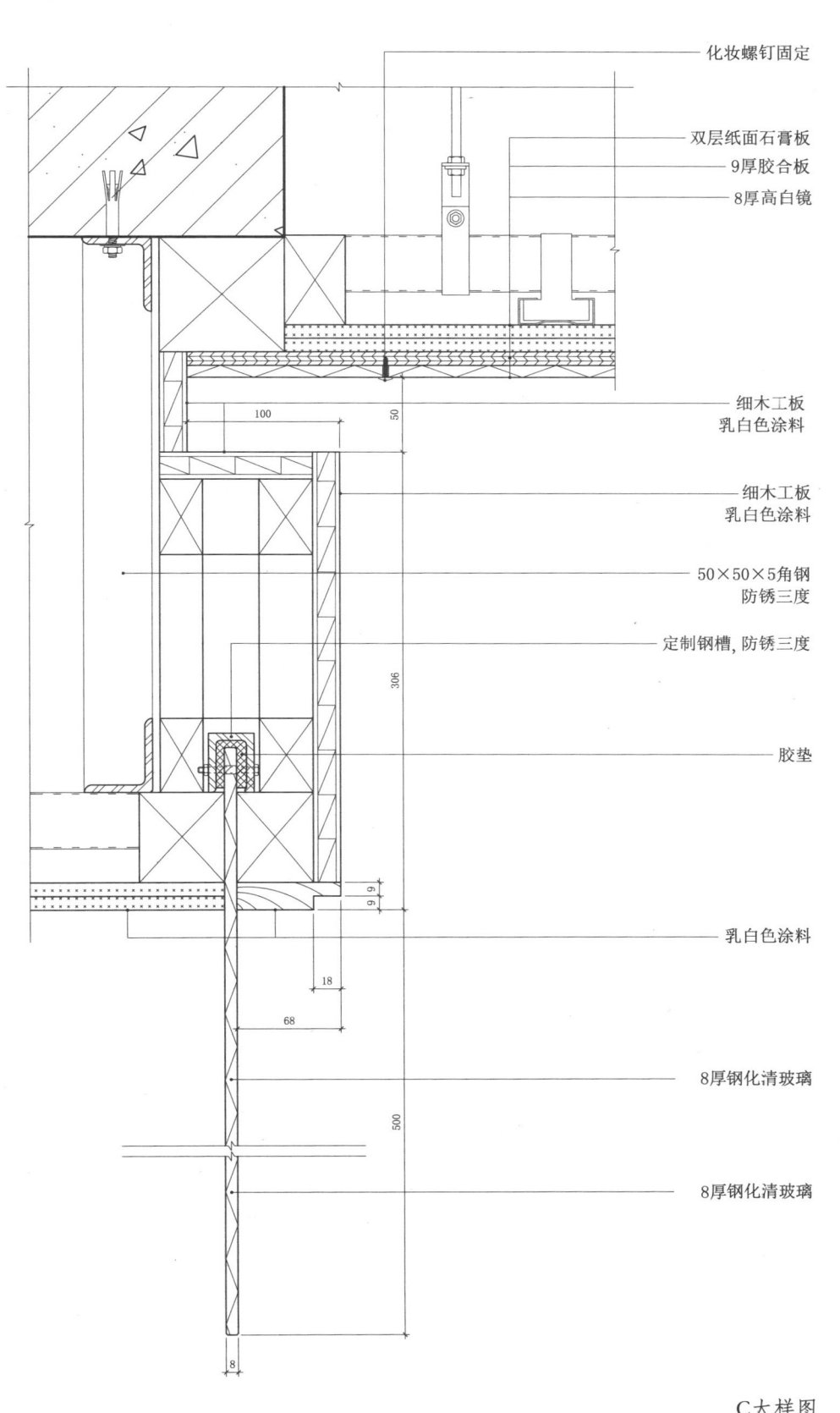

C大样图

16　16.9　透光软膜顶棚

透光照明构造・连续界面构造　顶面构造

16.9.1

1立面图

2立面图

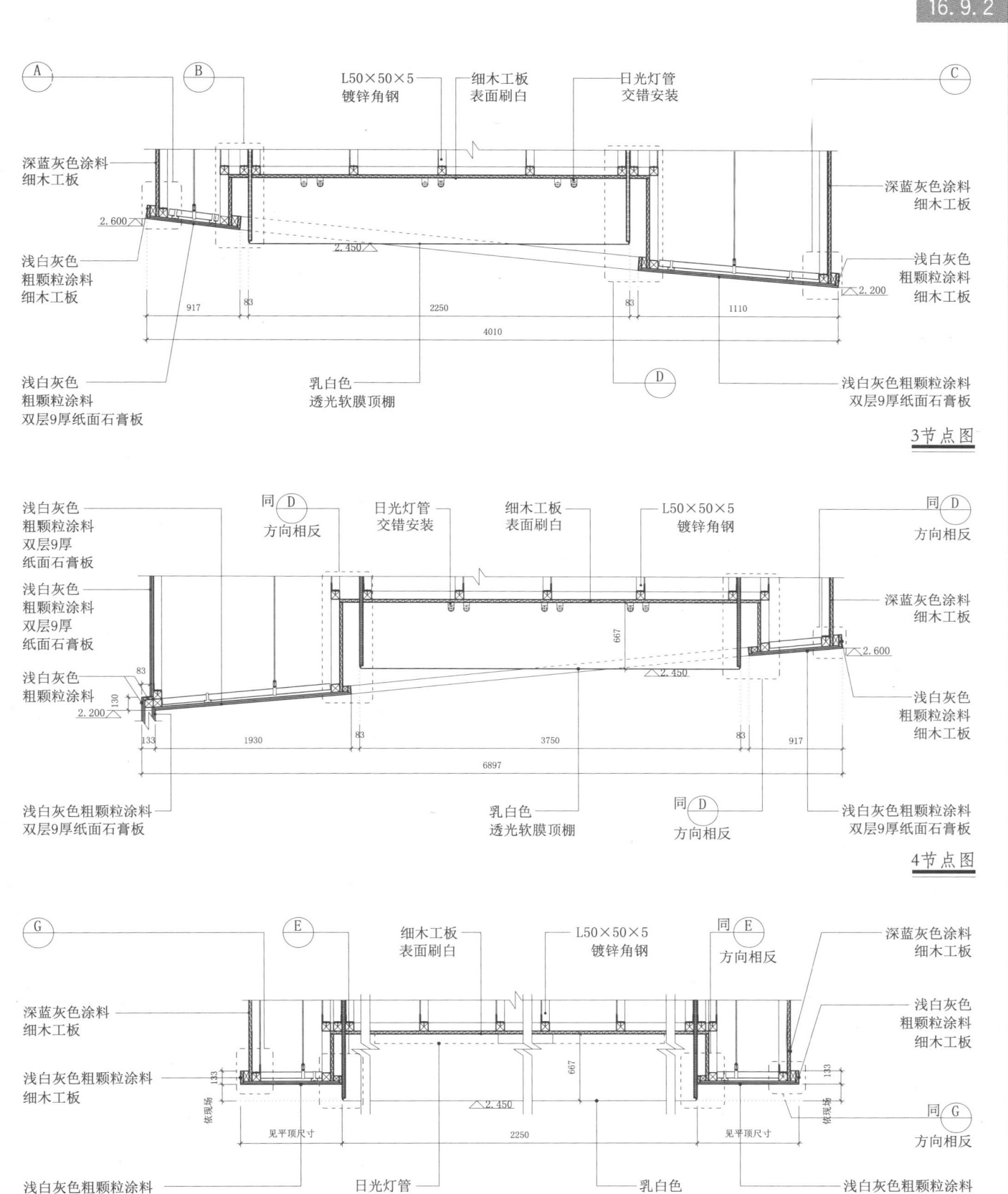

16.10 透光软膜盒子

16.10.1

平面图

1立面图

2立面图

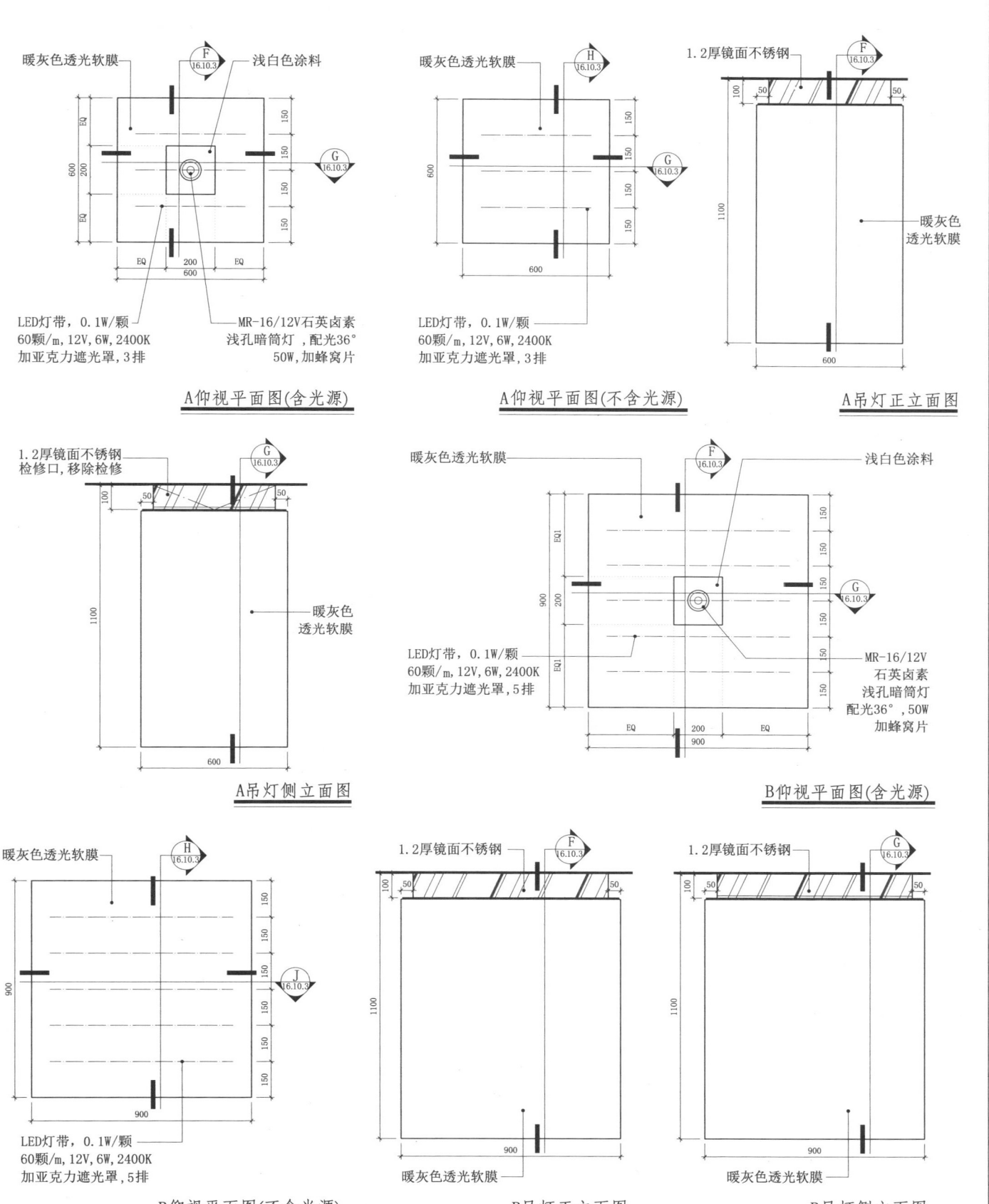

16.10 透光软膜盒子

16.10.3

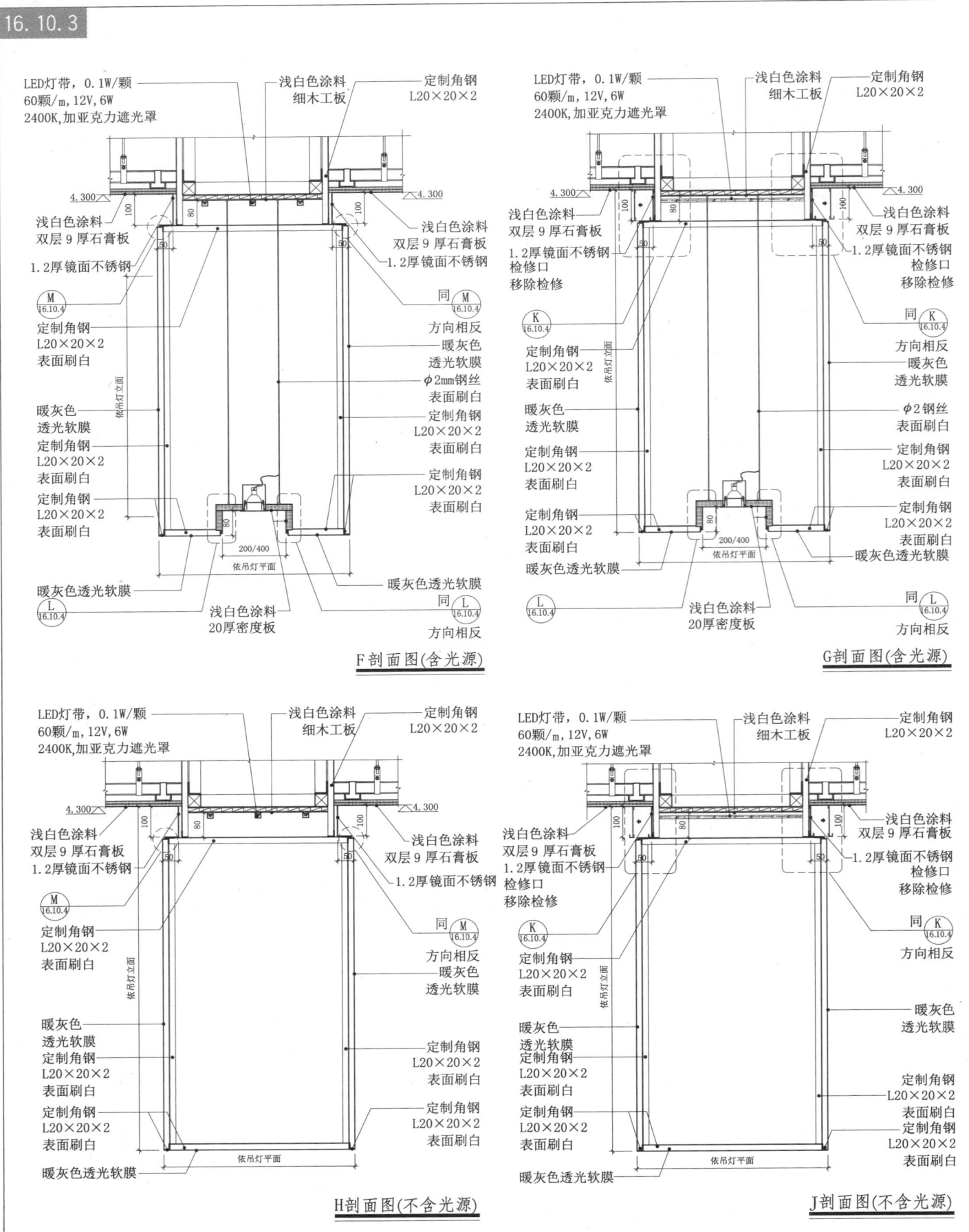

F剖面图(含光源)　　G剖面图(含光源)
H剖面图(不含光源)　　J剖面图(不含光源)

16.10 透光软膜盒子

16.10.4

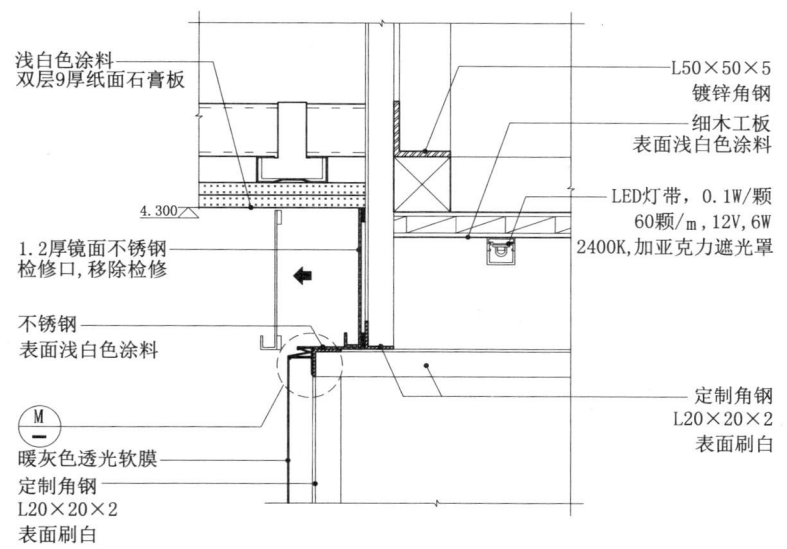

K节点图

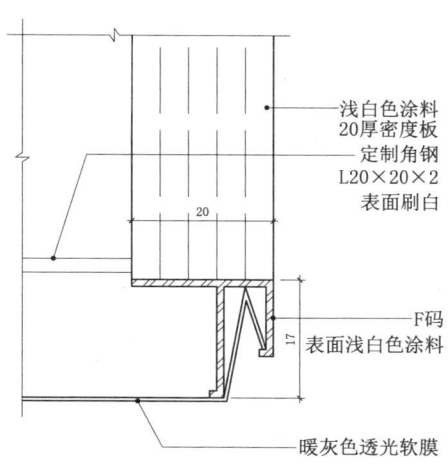

L节点图

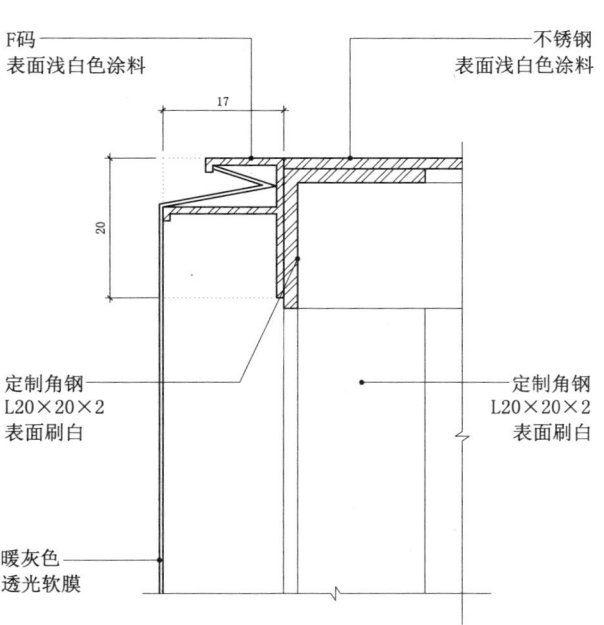

M节点图

透光照明构造・顶面构造 检修构造

16.11 透光演艺吧台节点

16.11.1

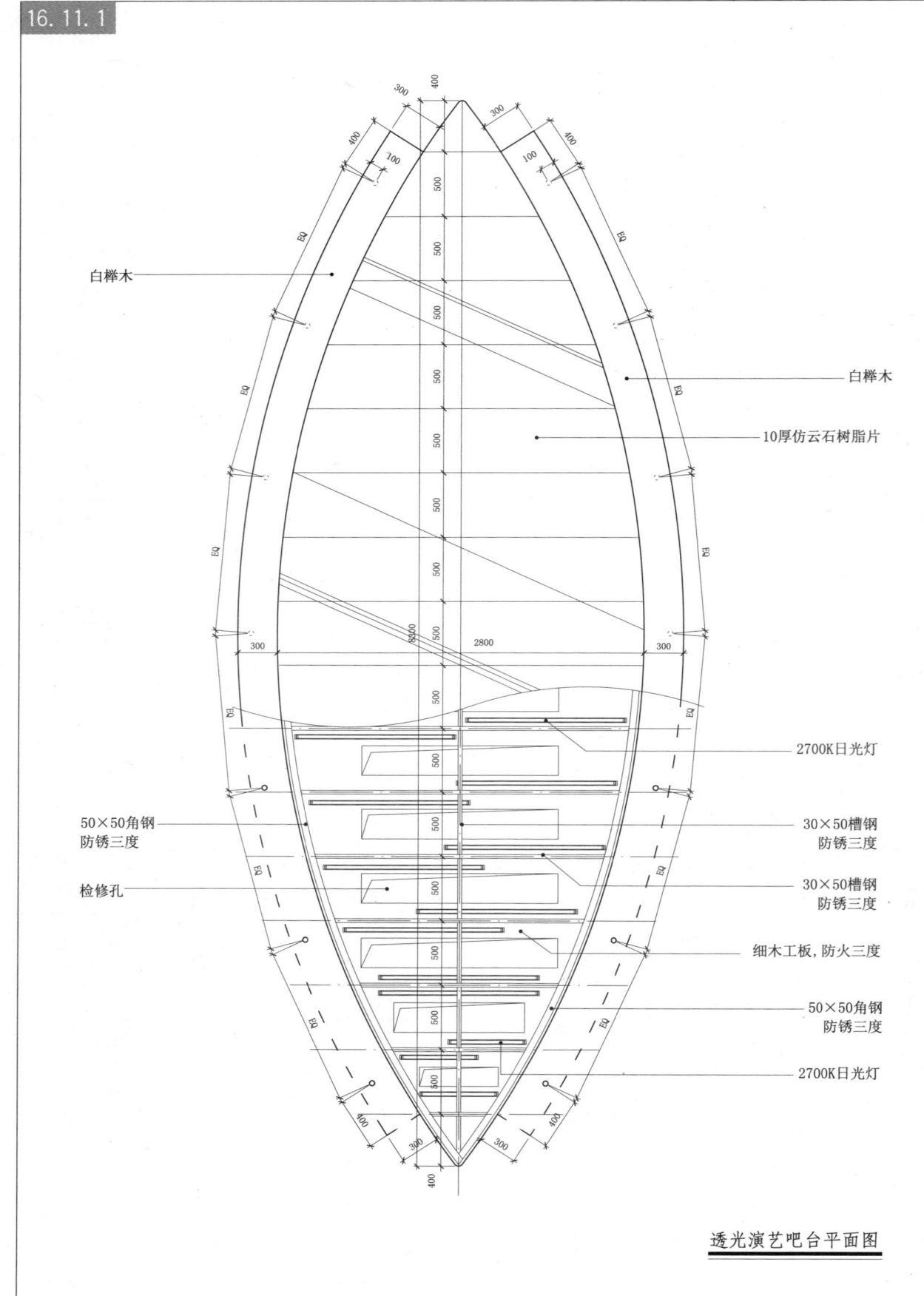

透光演艺吧台平面图

16.11 透光演艺吧台节点

16.11.2

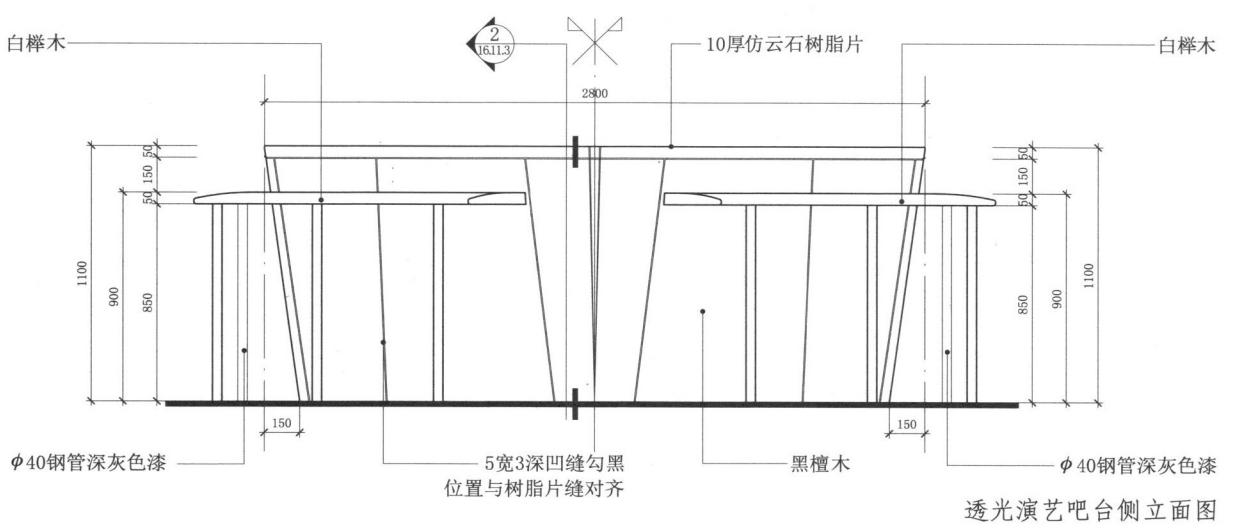

透光演艺吧台侧立面图

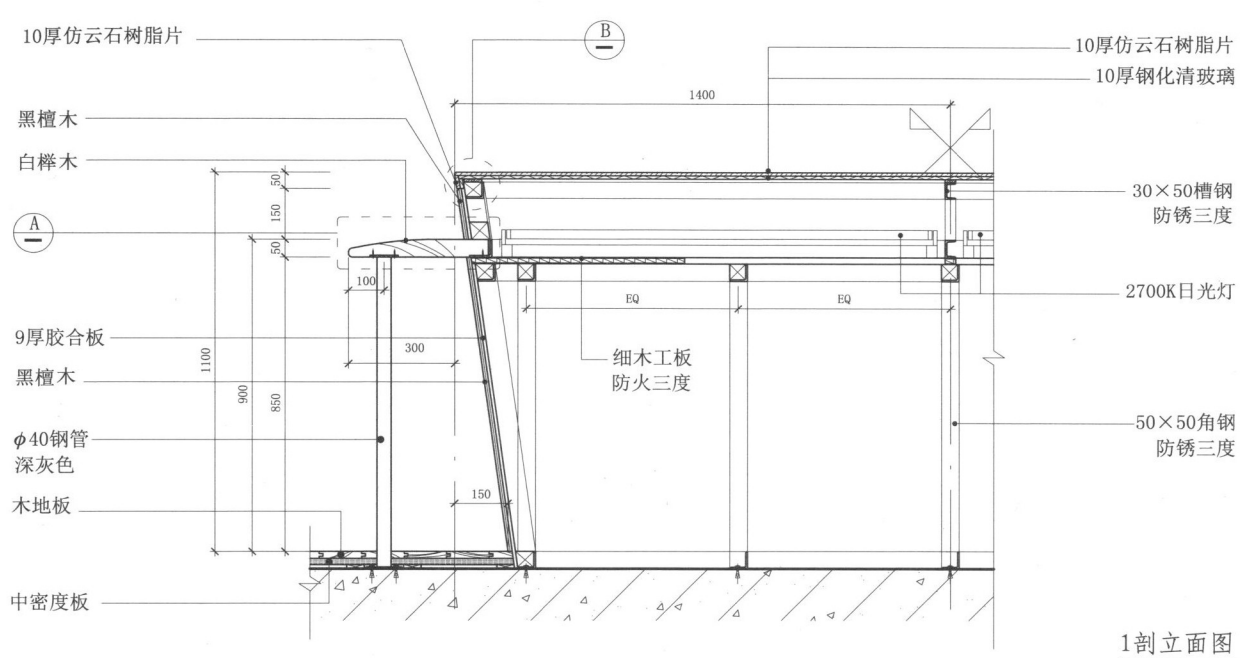

1剖立面图

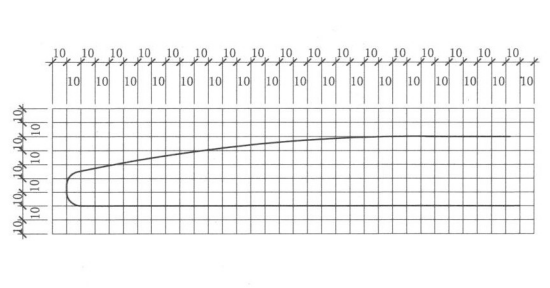

A放样图

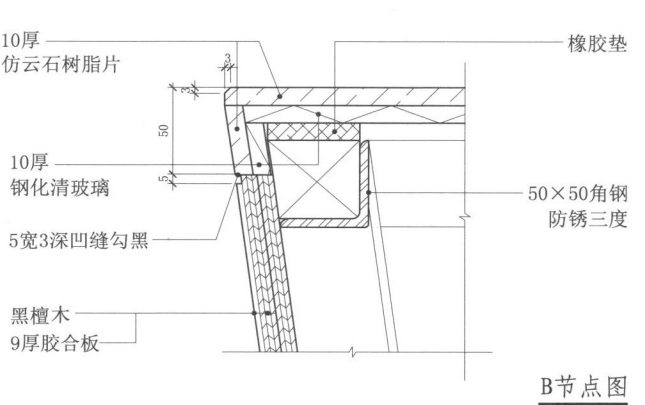

B节点图

16 透光照明构造·室内设施 固定家具

16.11 透光演艺吧台节点

16.11.3

透光演艺吧台正立面图

2剖立面图

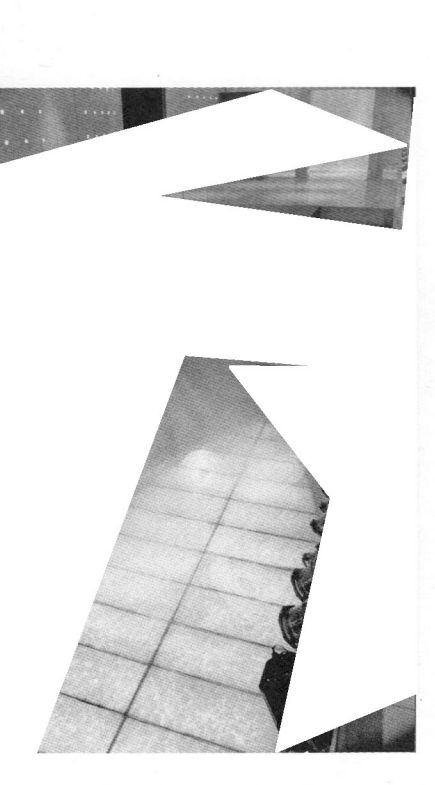

16.12 总服务台节点

16 透光照明构造·固定家具 室内设施 检修构造

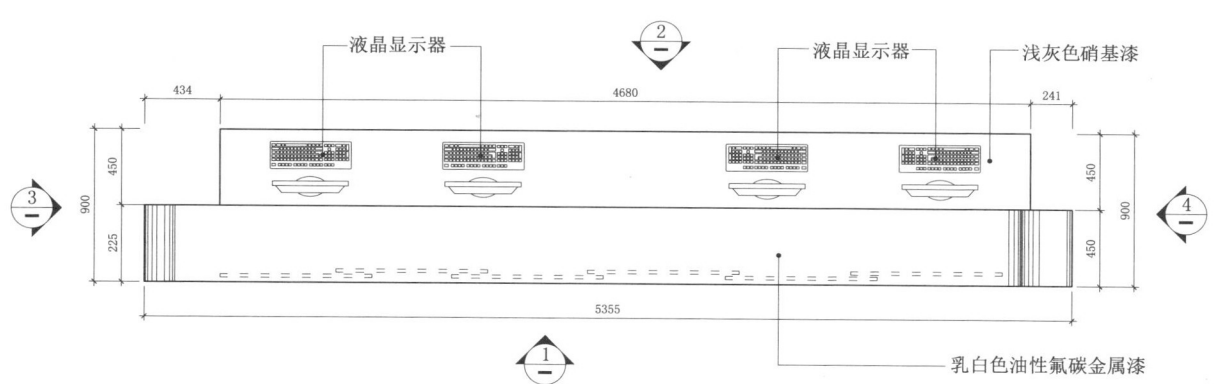

平面图

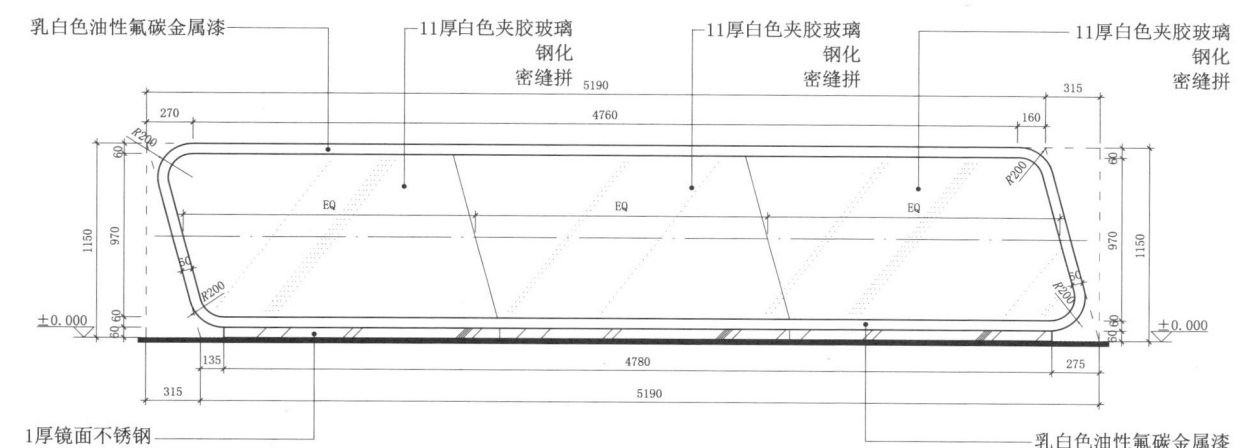

1立面图

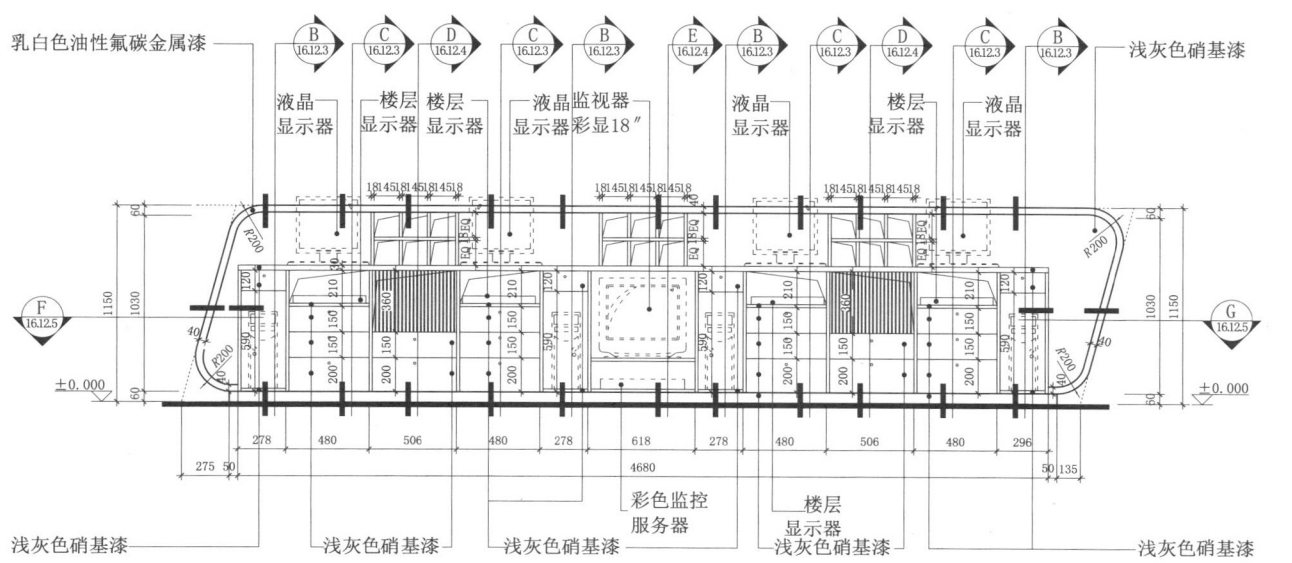

2立面图

16.12 总服务台节点

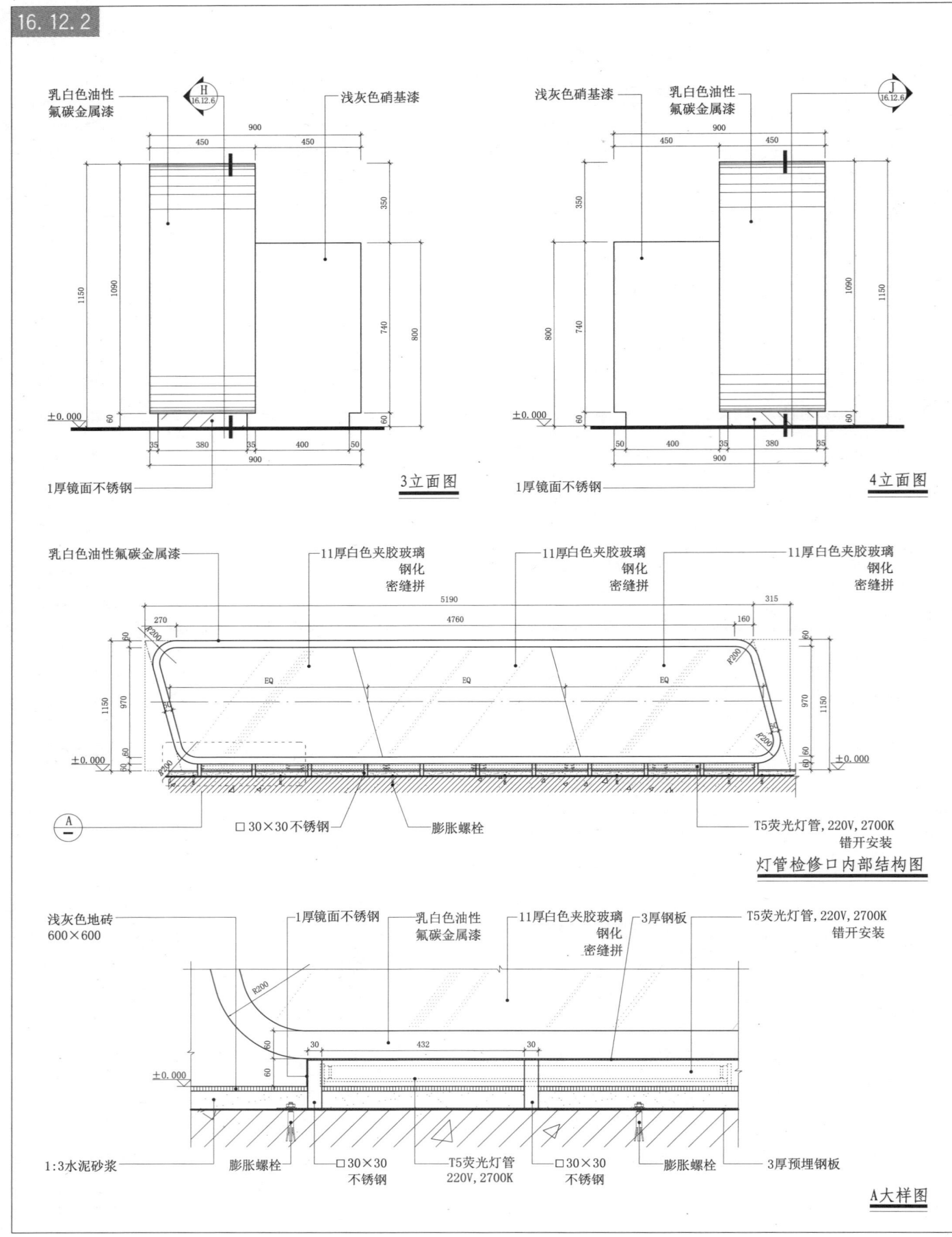

16.12 总服务台节点

16.12.3

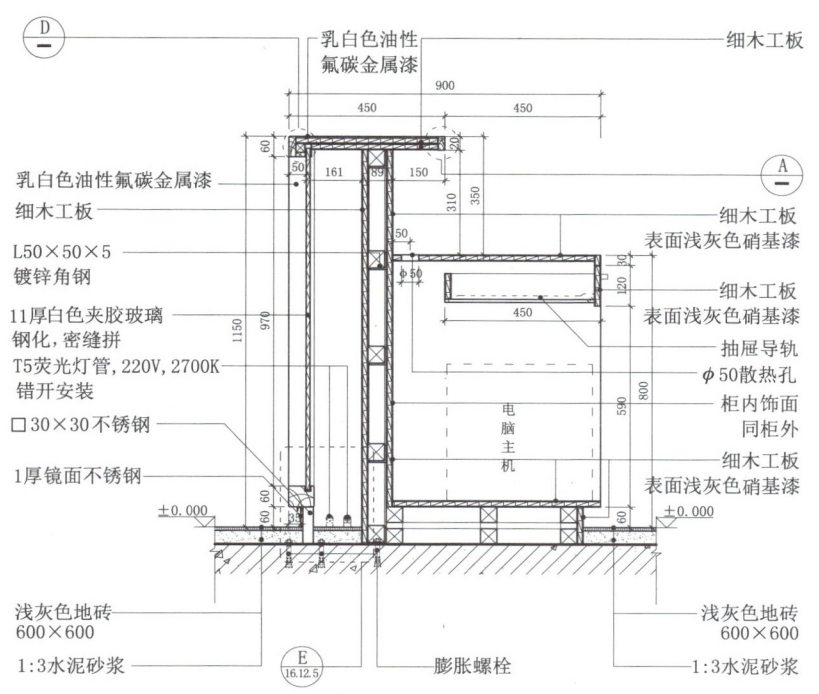

B剖立面图

A大样图

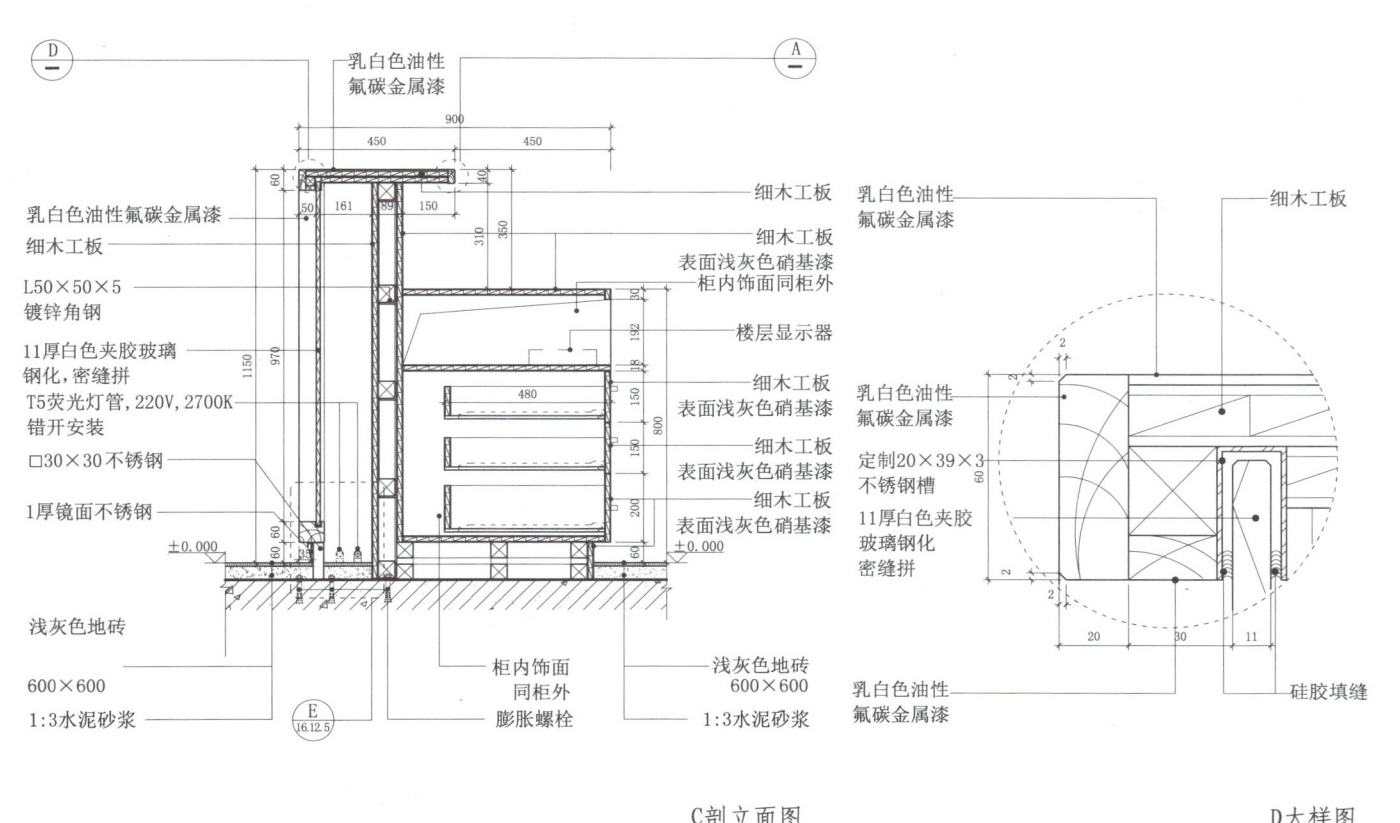

C剖立面图

D大样图

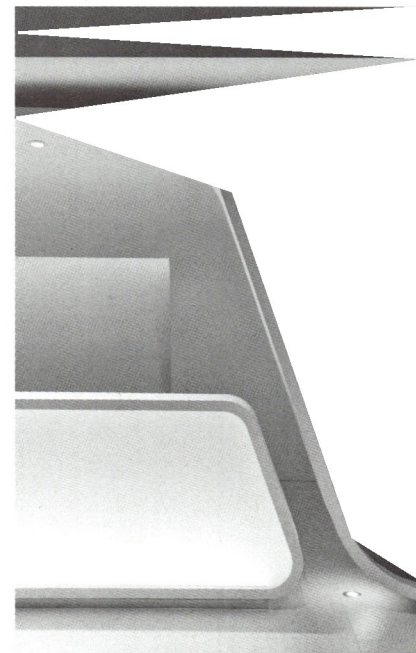

透光照明构造・固定家具 室内设施 检修构造

16.12 总服务台节点

16.12.4

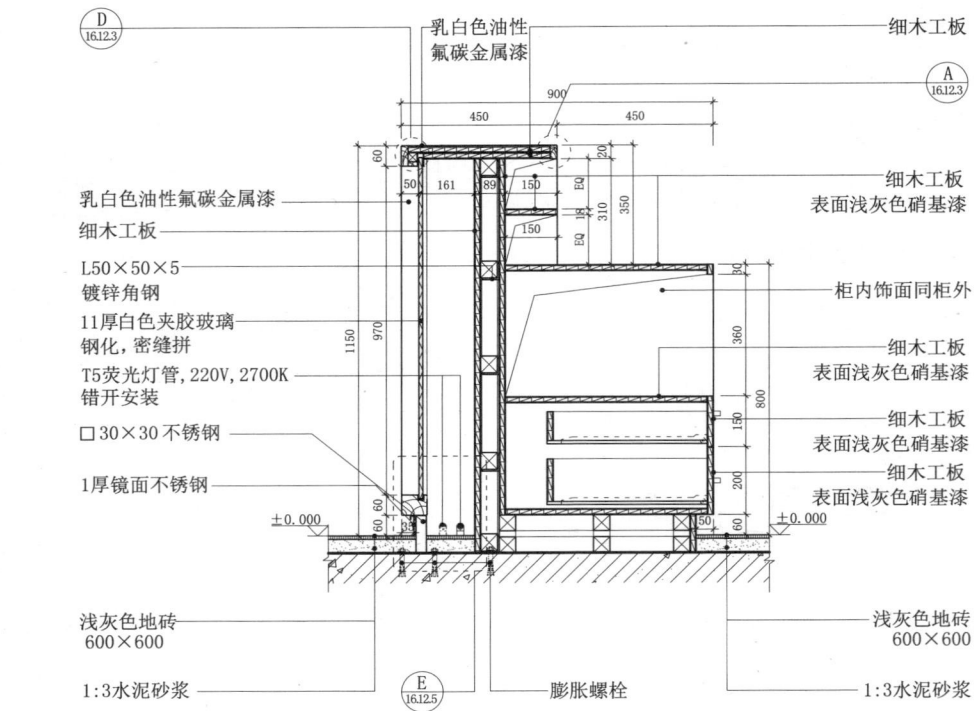

D剖立面图

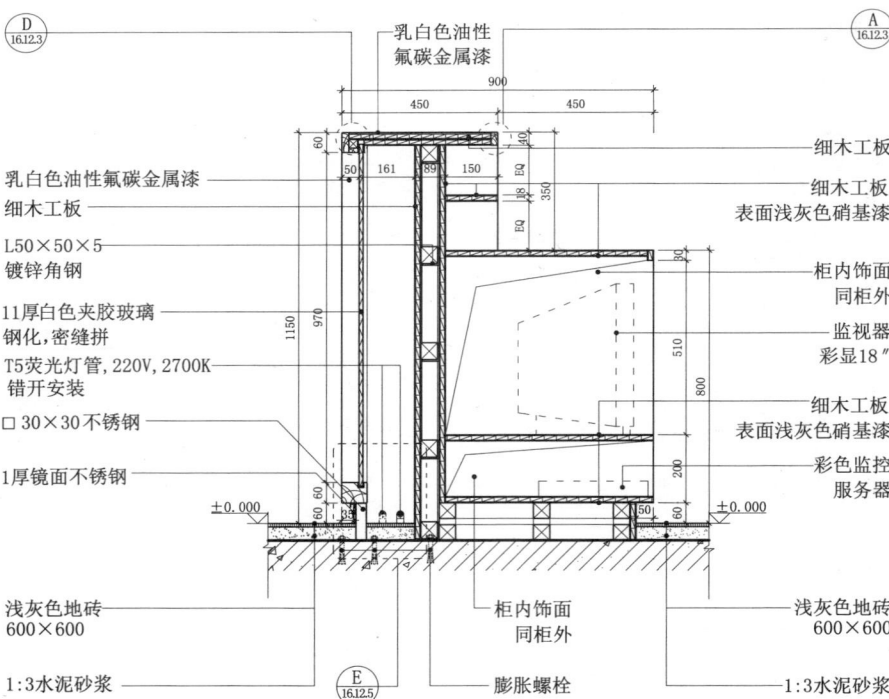

E剖立面图

16.12 总服务台节点 | 16

16.12.5

透光照明构造 · 固定家具 室内设施 检修构造

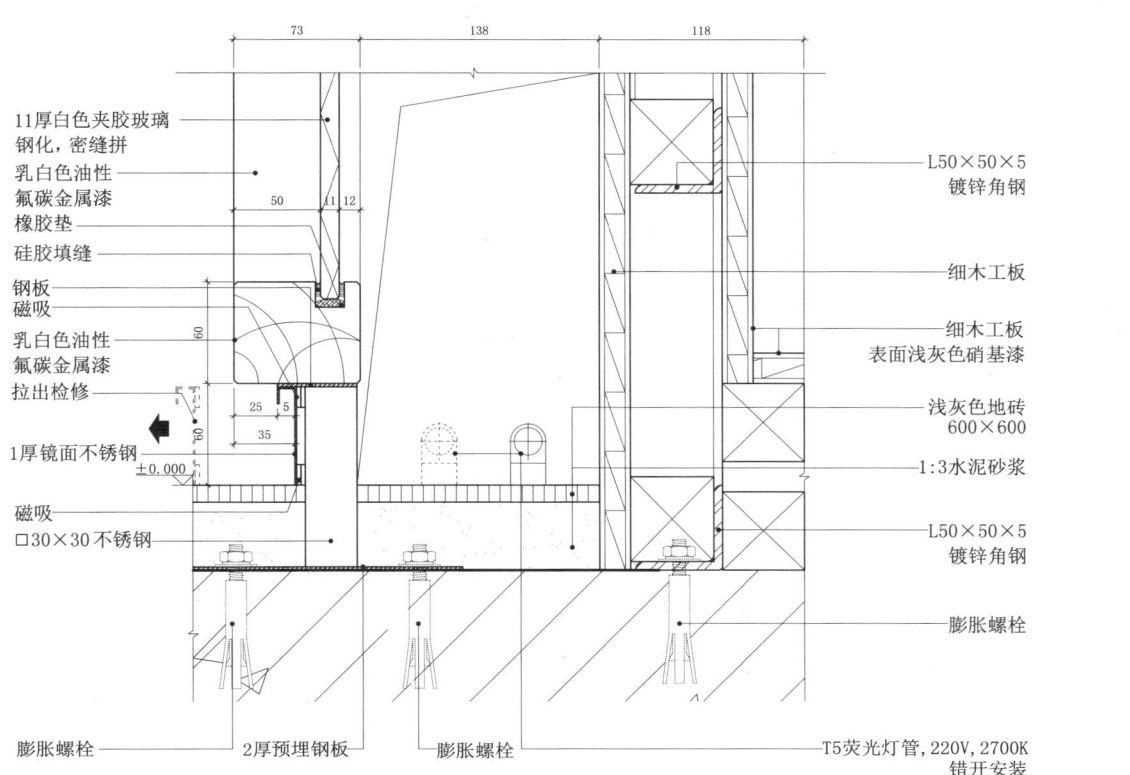

E大样图

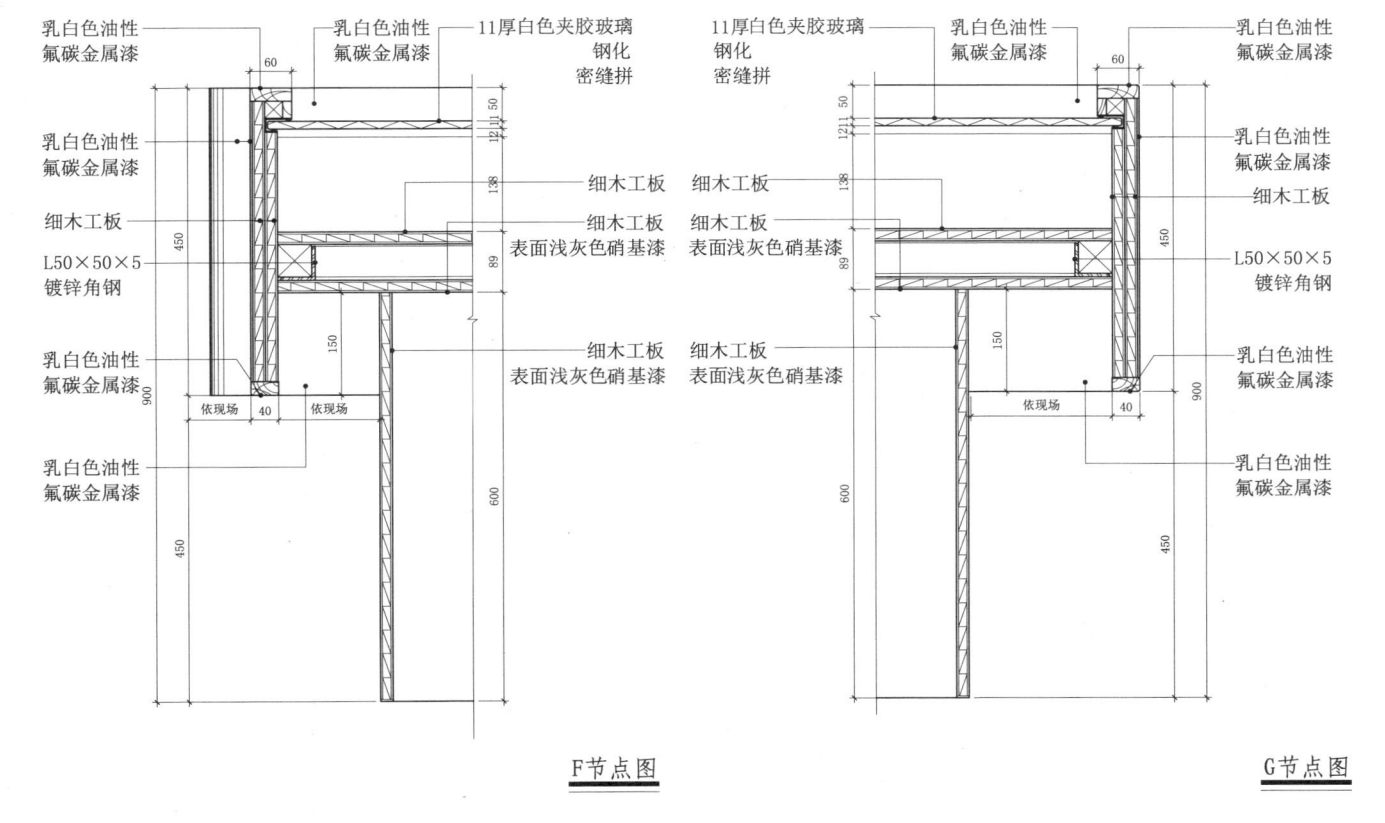

F节点图　　　　　　　　　　　G节点图

16.12 总服务台节点

16.12.6

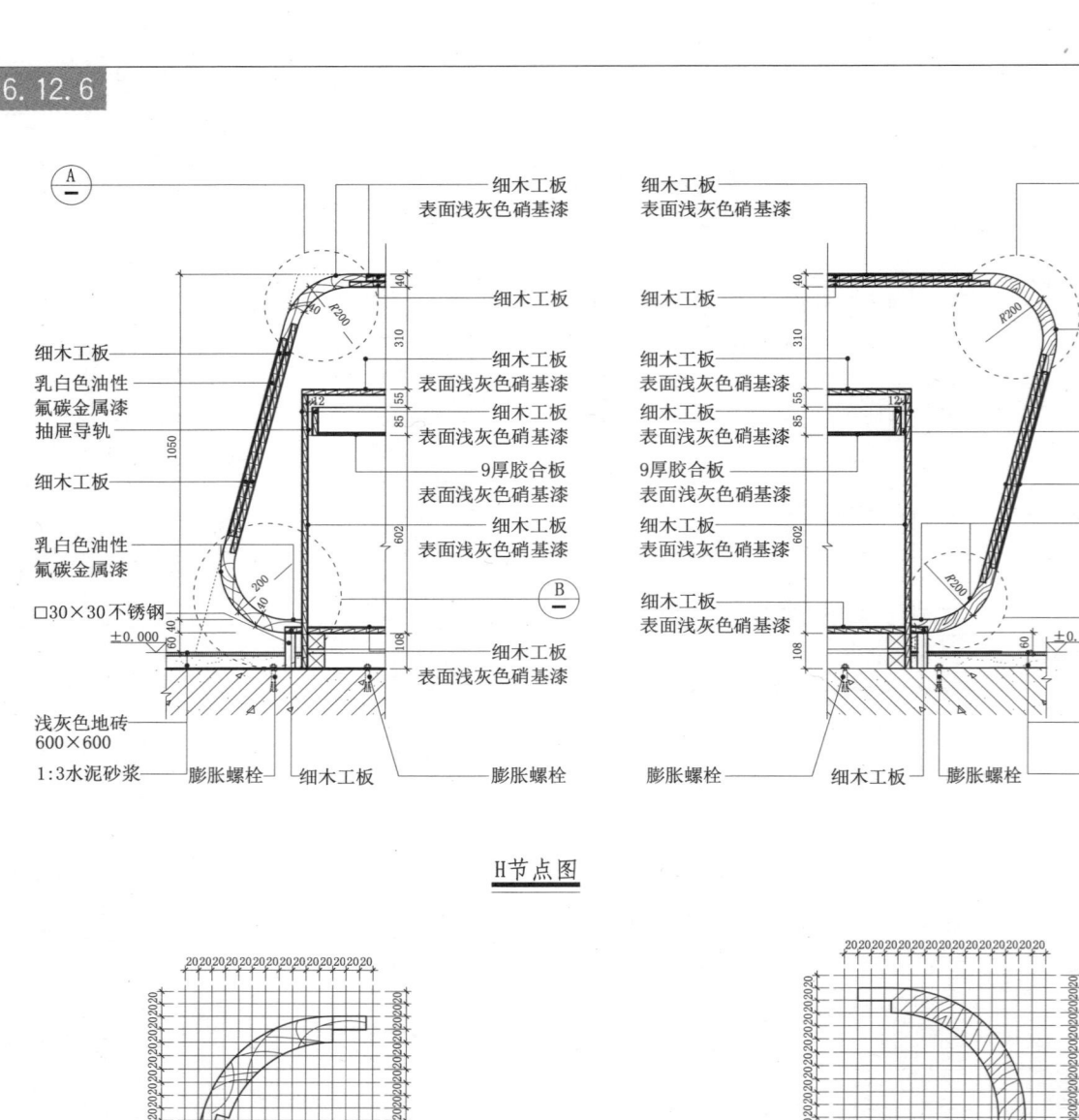

H节点图　　　　　　　　　　J节点图

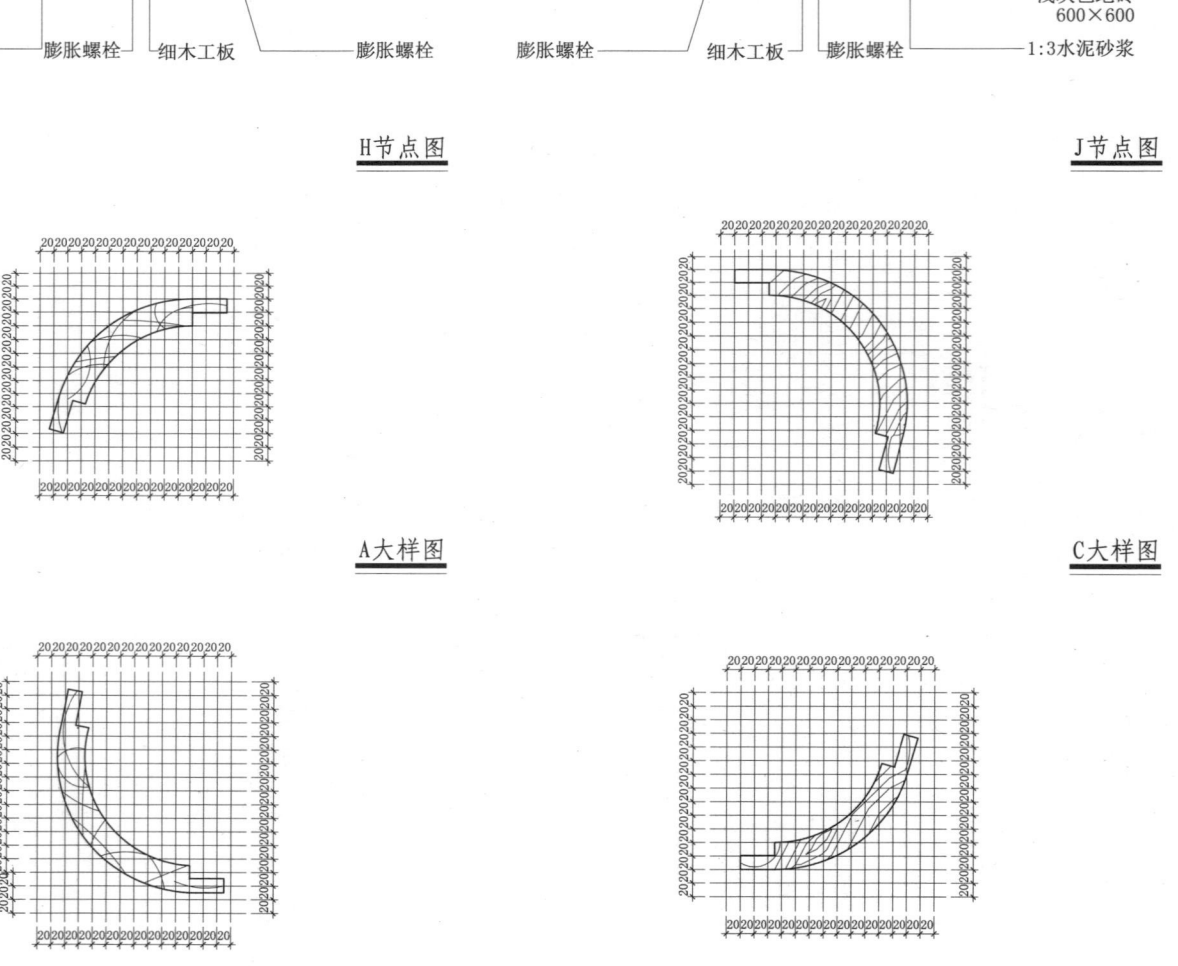

A大样图　　　　　　　　　　C大样图

B大样图　　　　　　　　　　D大样图

16.13 透光树脂总服务台

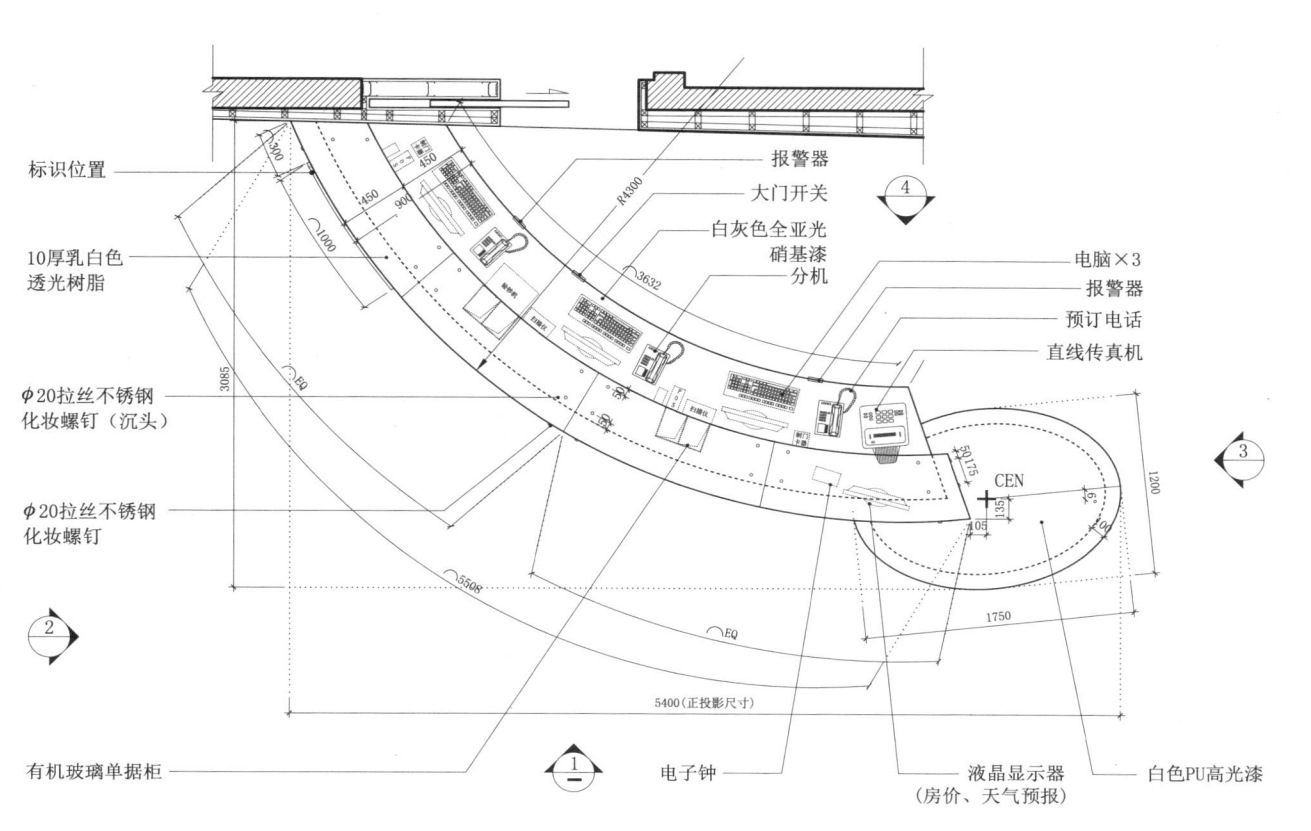

总服务台平面大样图

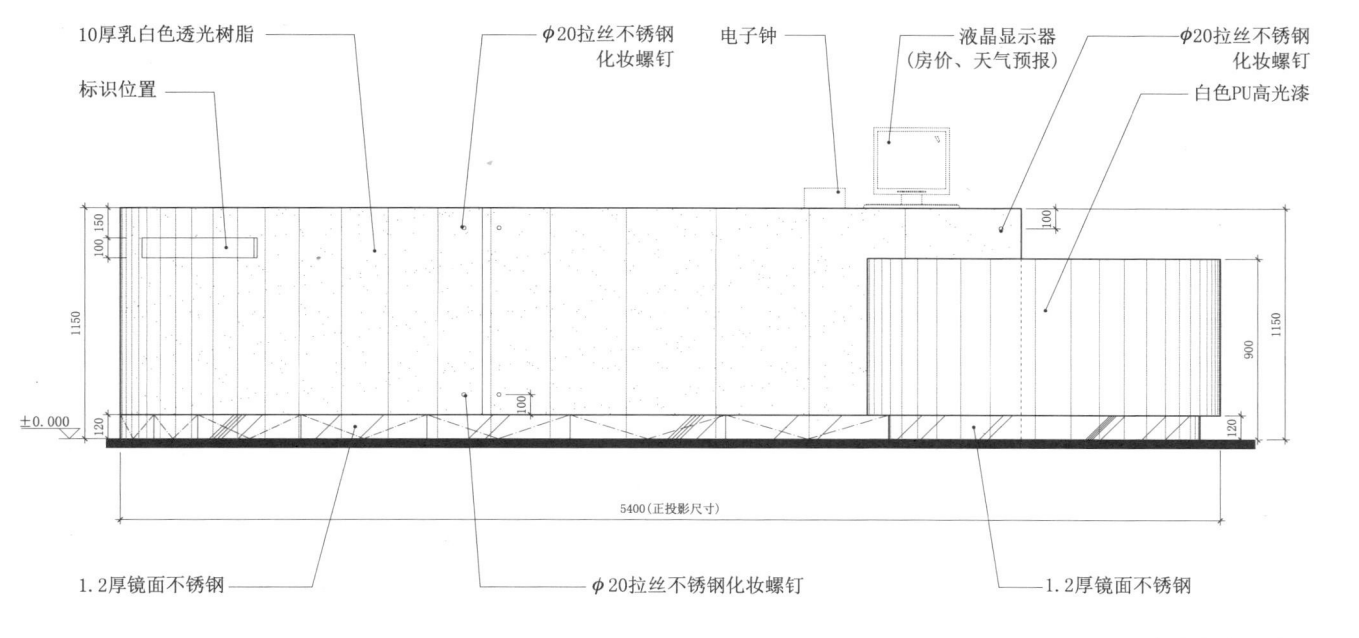

1 总服务台正立面

16 透光照明构造·检修构造

16.13 透光树脂总服务台

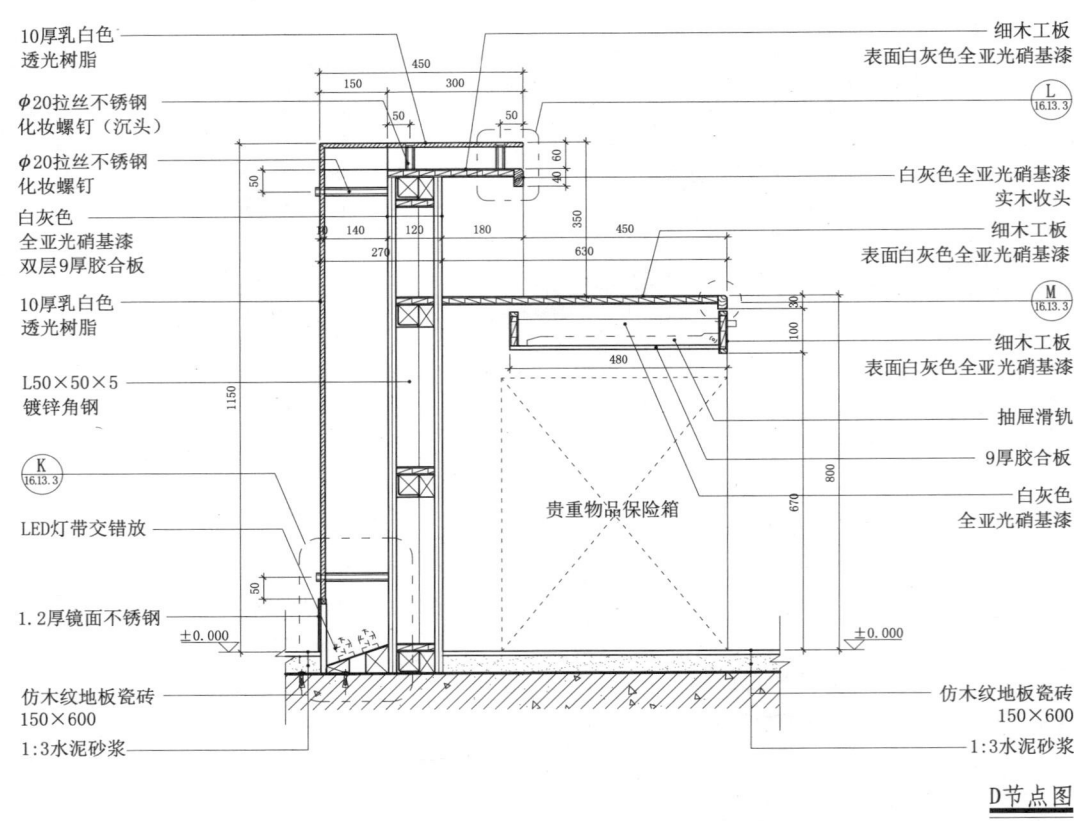

D节点图

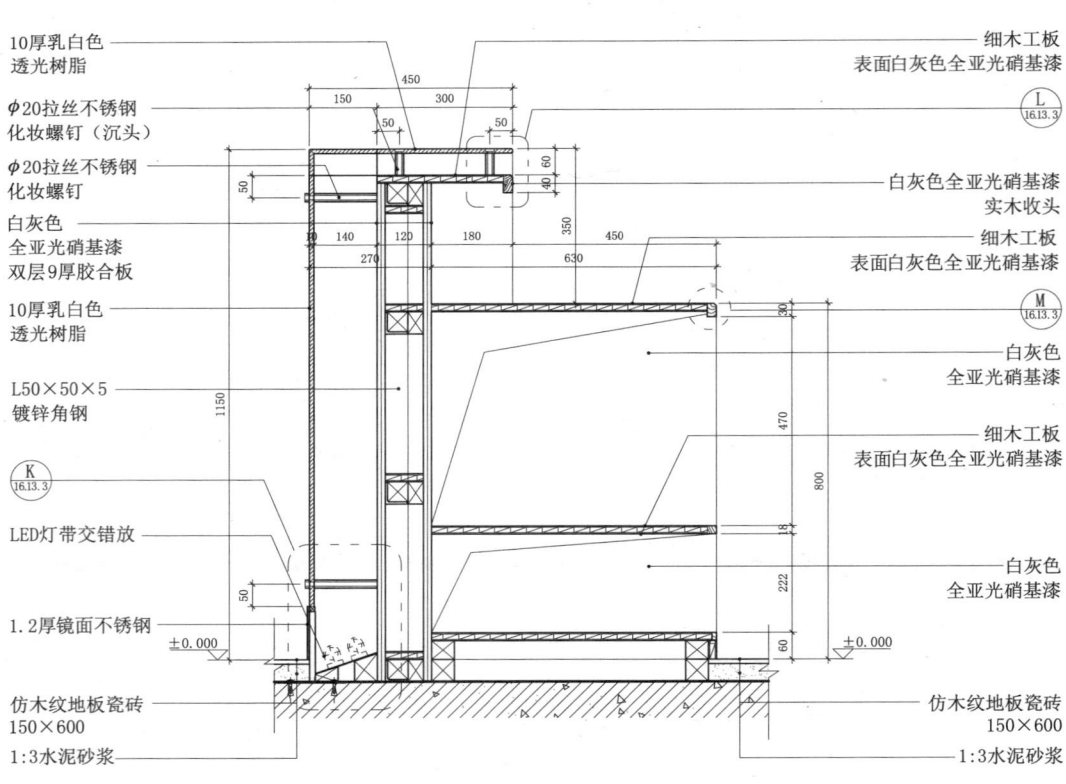

E节点图

16.13 透光树脂总服务台

16.13.3

16 透光照明构造·检修构造

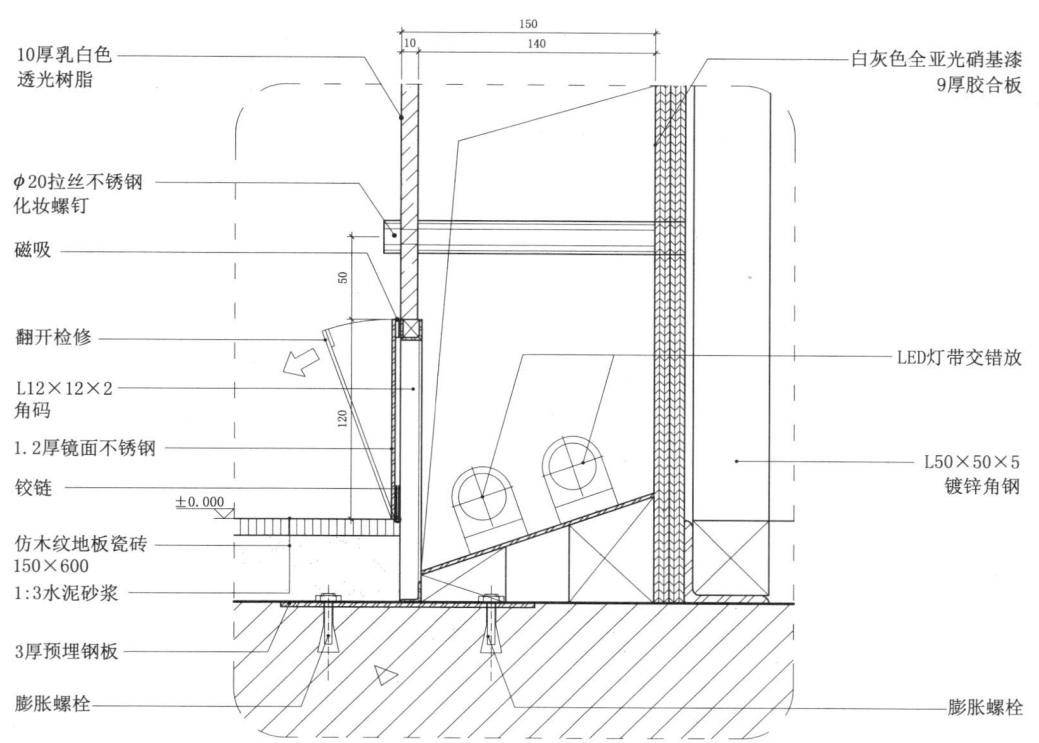

K节点图

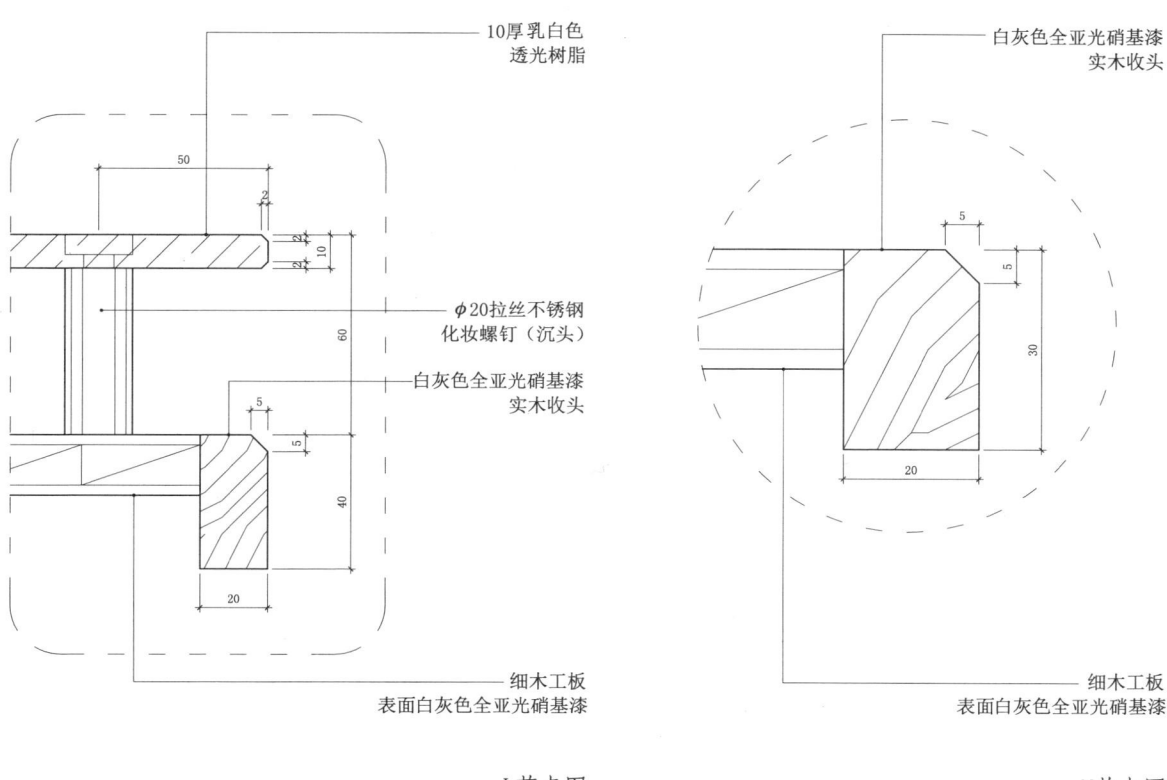

L节点图　　　　M节点图

16.14 透光咖啡吧台节点

16.14.1

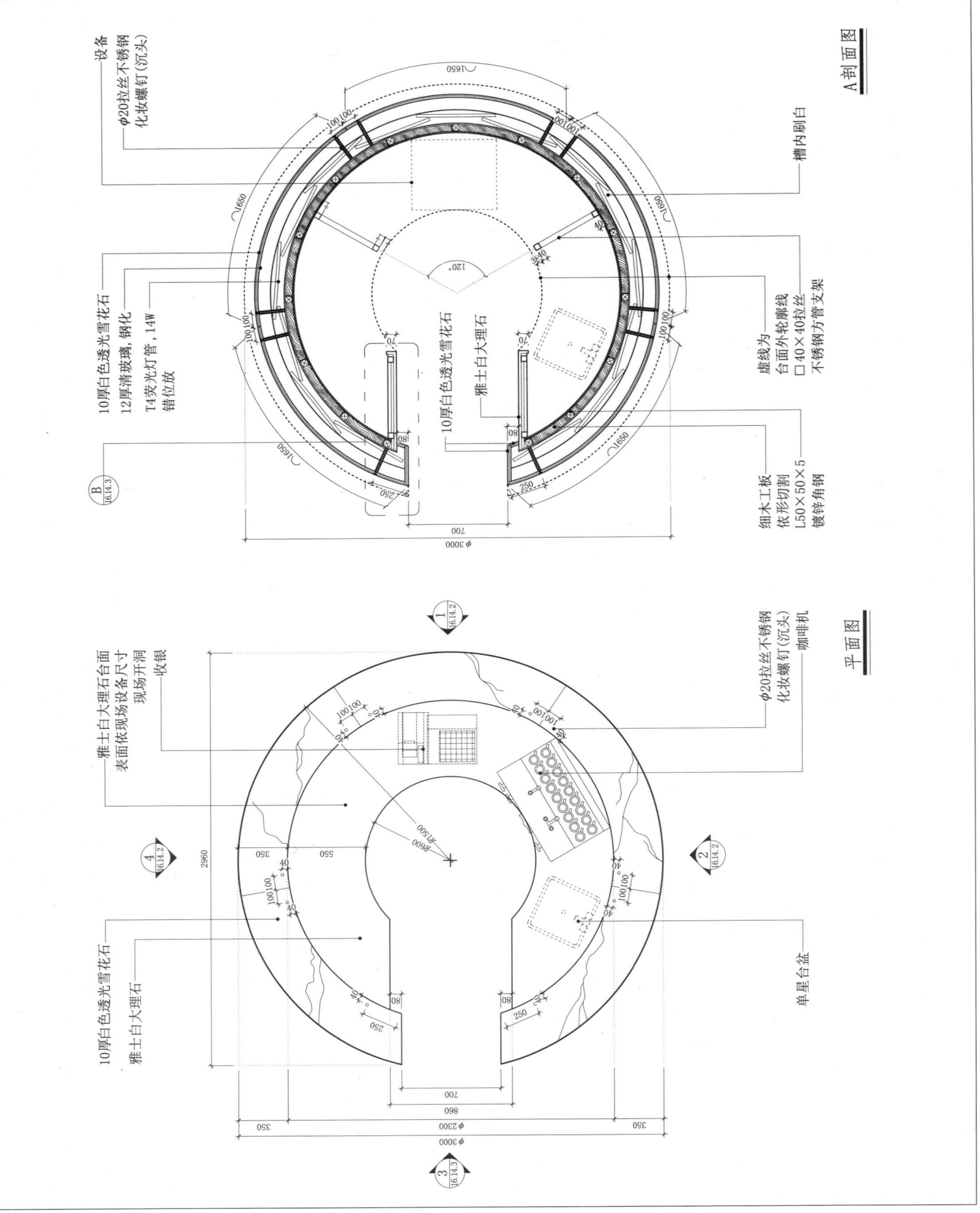

A剖面图

- 设备
- φ20拉丝不锈钢化妆螺钉(沉头)
- 槽内刷白
- 10厚白色透光雪花石
- 12厚清玻璃，钢化
- T4荧光灯管，14W错位放
- 10厚白色透光雪花石
- 雅士白大理石
- 虚线为台面外轮廓线
- 口40×40拉丝不锈钢方管支架
- 细木工板依形切割
- L50×50×5镀锌角钢

平面图

- φ20拉丝不锈钢化妆螺钉(沉头)
- 咖啡机
- 雅士白大理石台面表面依现场设备尺寸现场开洞
- 收银
- 10厚白色透光雪花石
- 雅士白大理石
- 单星台盆

16 透光照明构造·餐饮构造 室内设施 玻璃构造

16.14 透光咖啡吧台节点

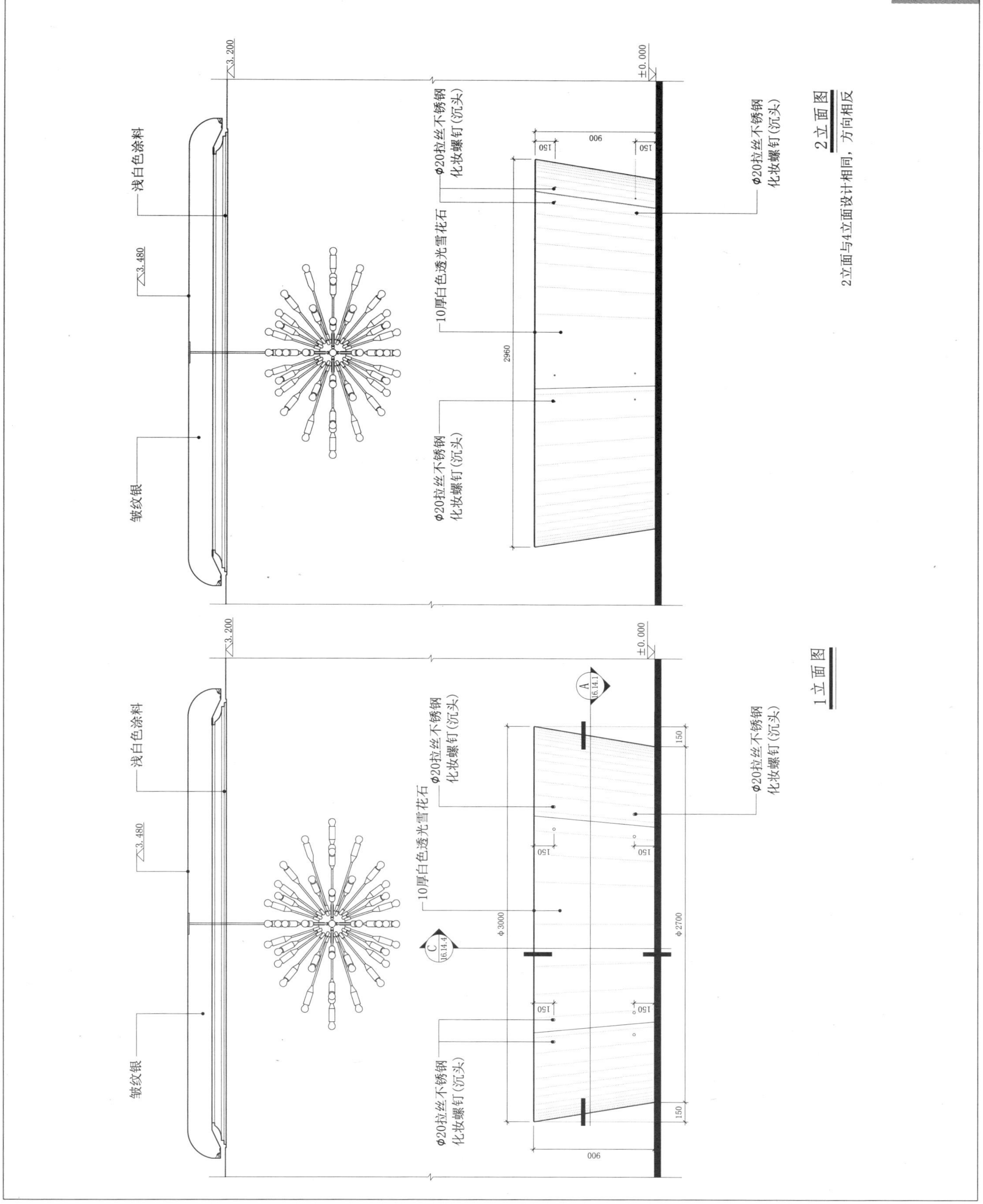

16 透光照明构造 · 餐饮构造 室内设施 玻璃构造

16.14.2

2立面图
2立面与4立面设计相同，方向相反

1立面图

16.14 透光咖啡吧台节点

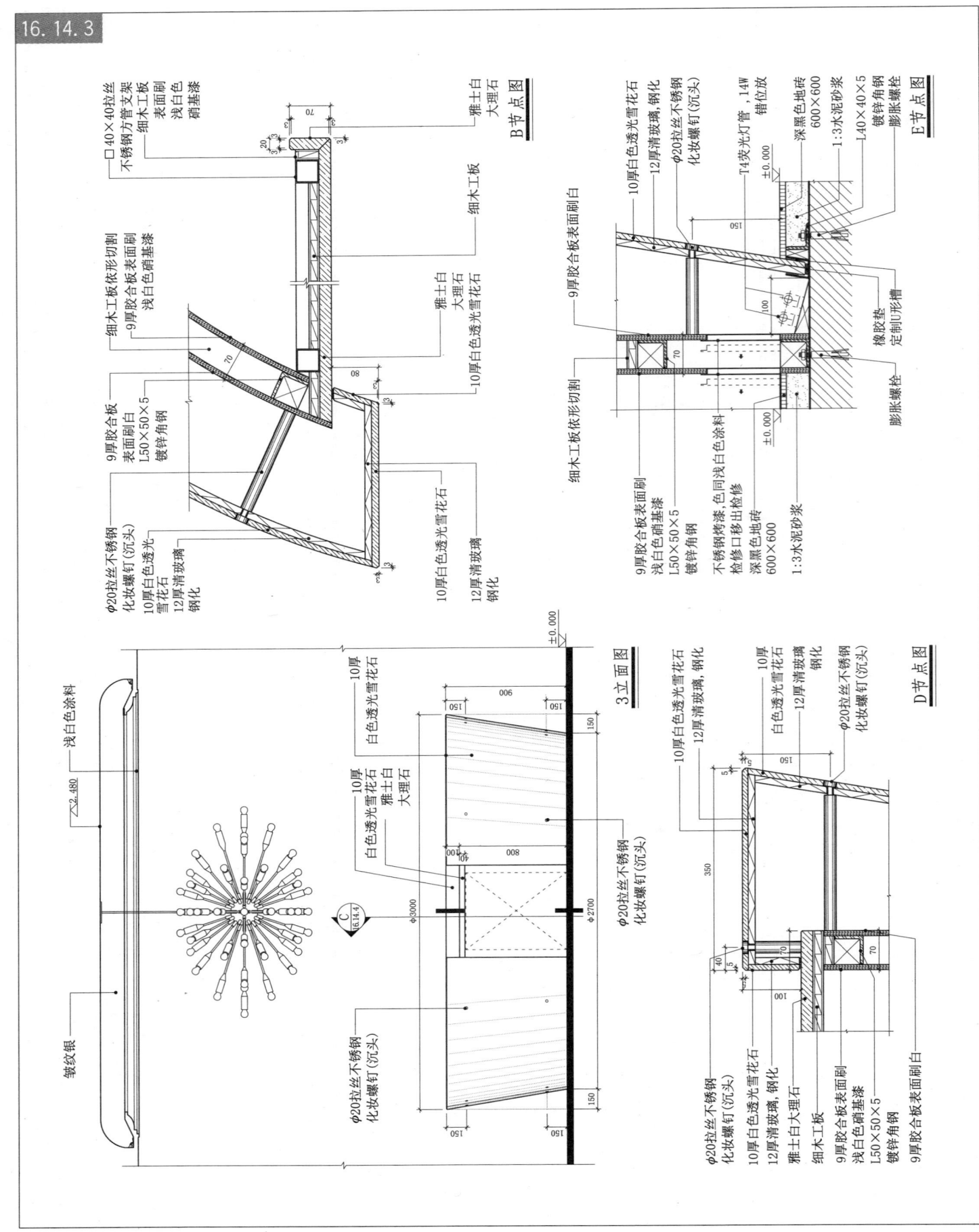

16.14 透光咖啡吧台节点

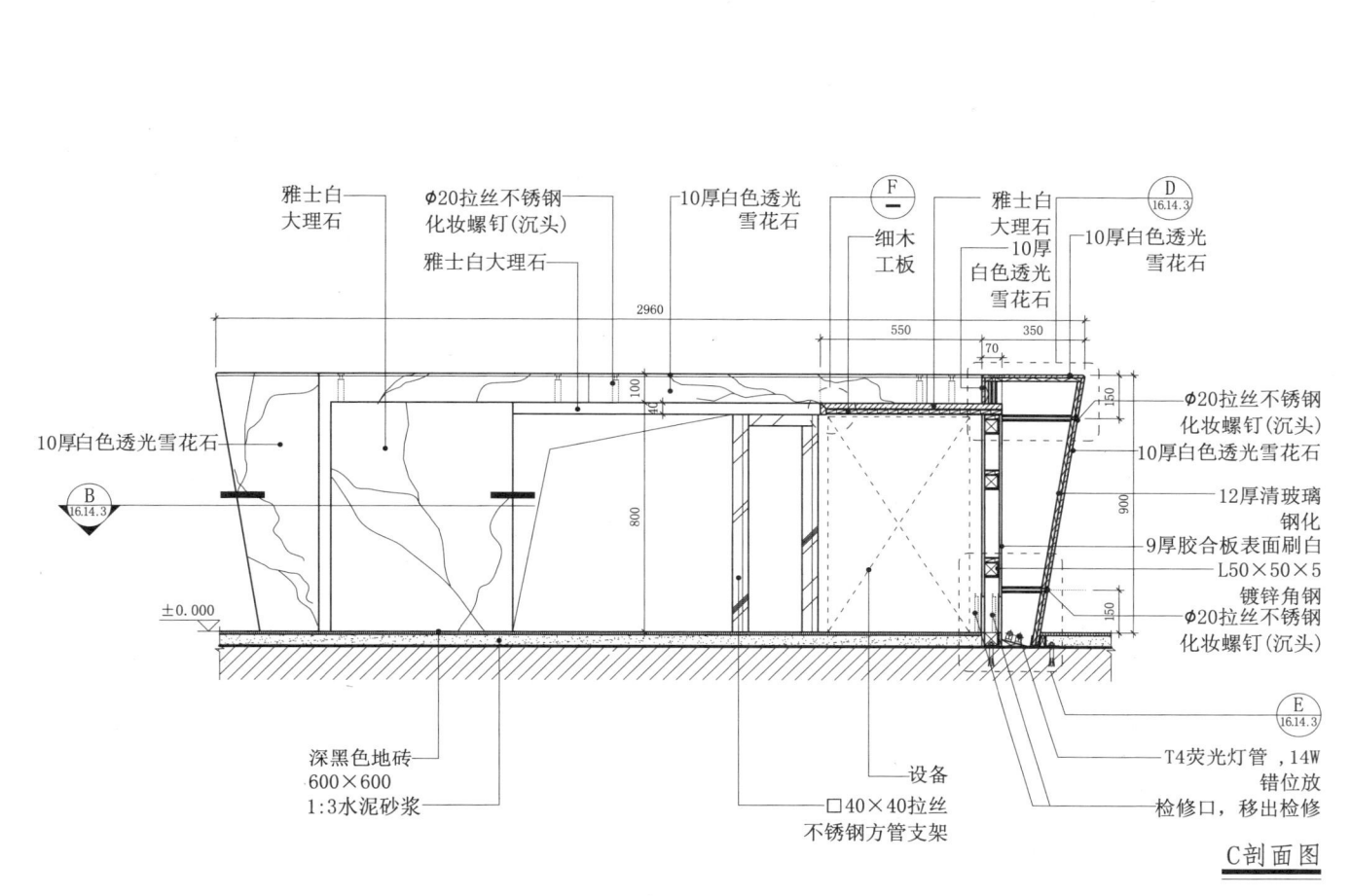

C剖面图

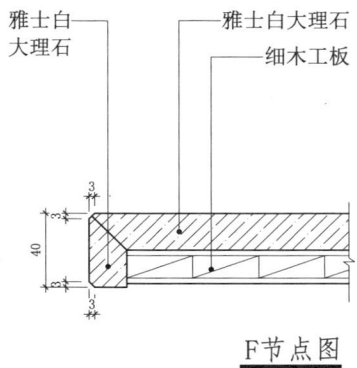

F节点图

17 室内设施

17.1 壁炉(一)

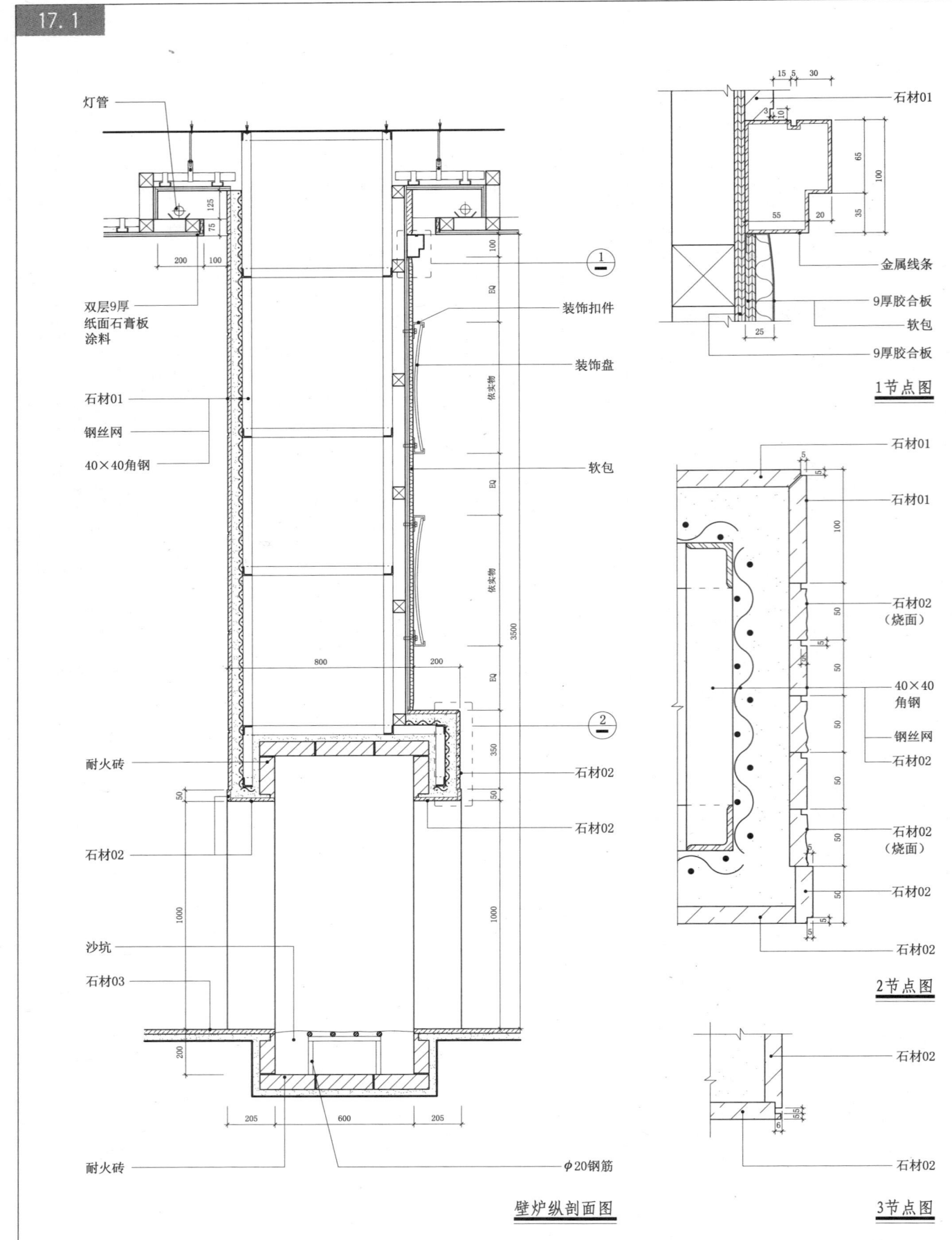

壁炉纵剖面图

1节点图

2节点图

3节点图

17.2 壁炉(二)

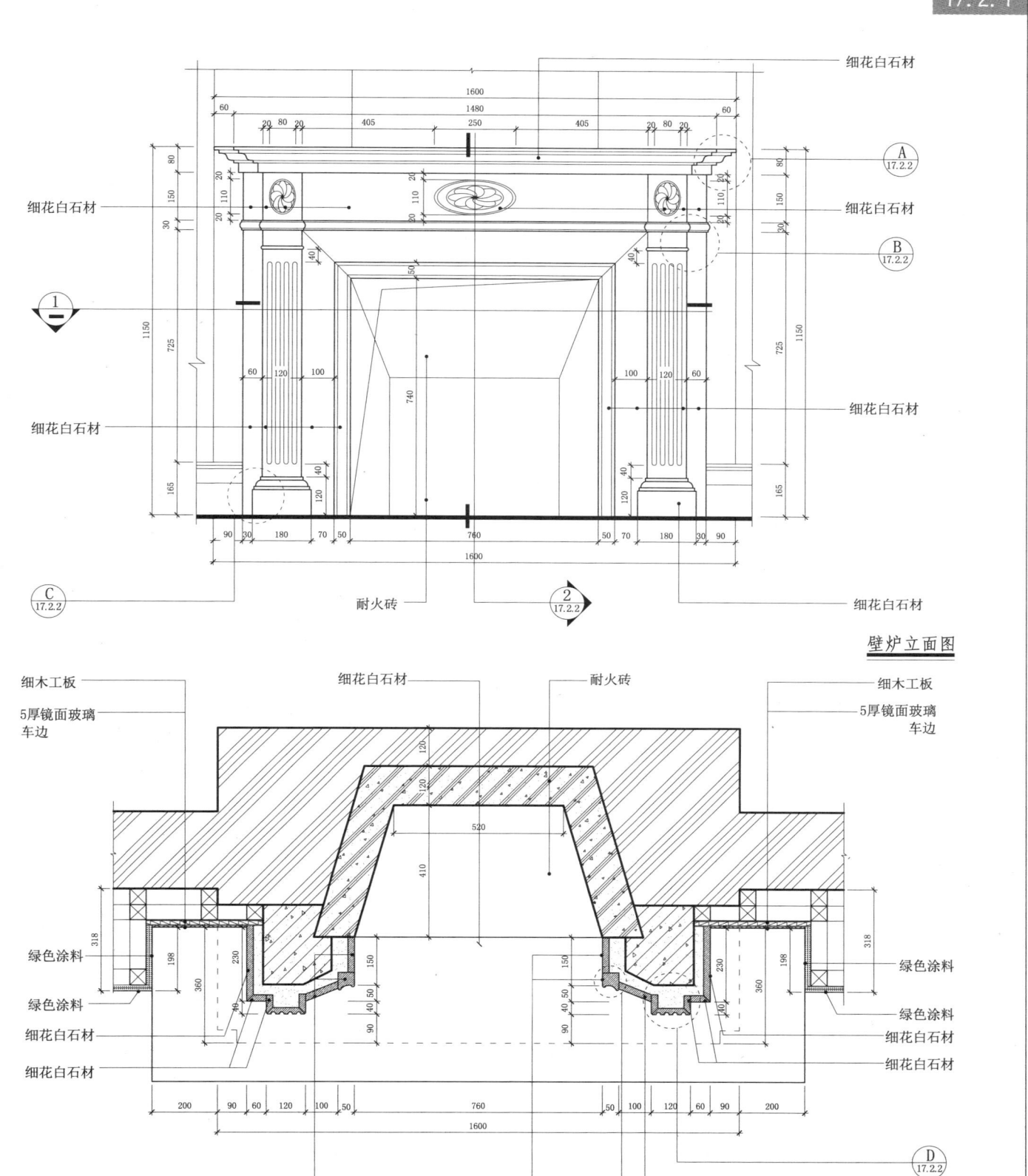

壁炉立面图

1剖面图

17.2 壁炉（二）

17.2.2

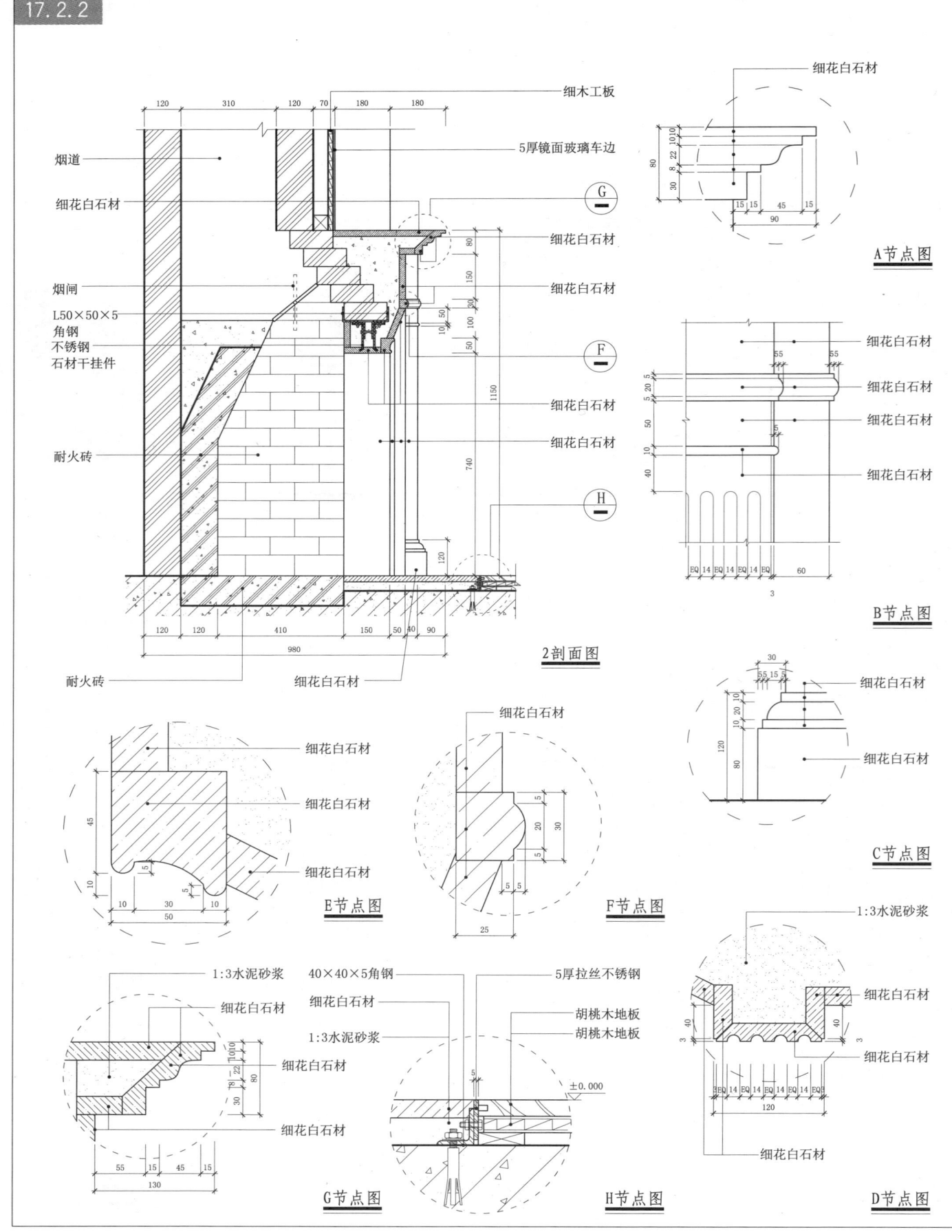

17.3 壁炉(三)

17 室内设施 · 骨架构造　西方古典风格　固定家具

17.3.1

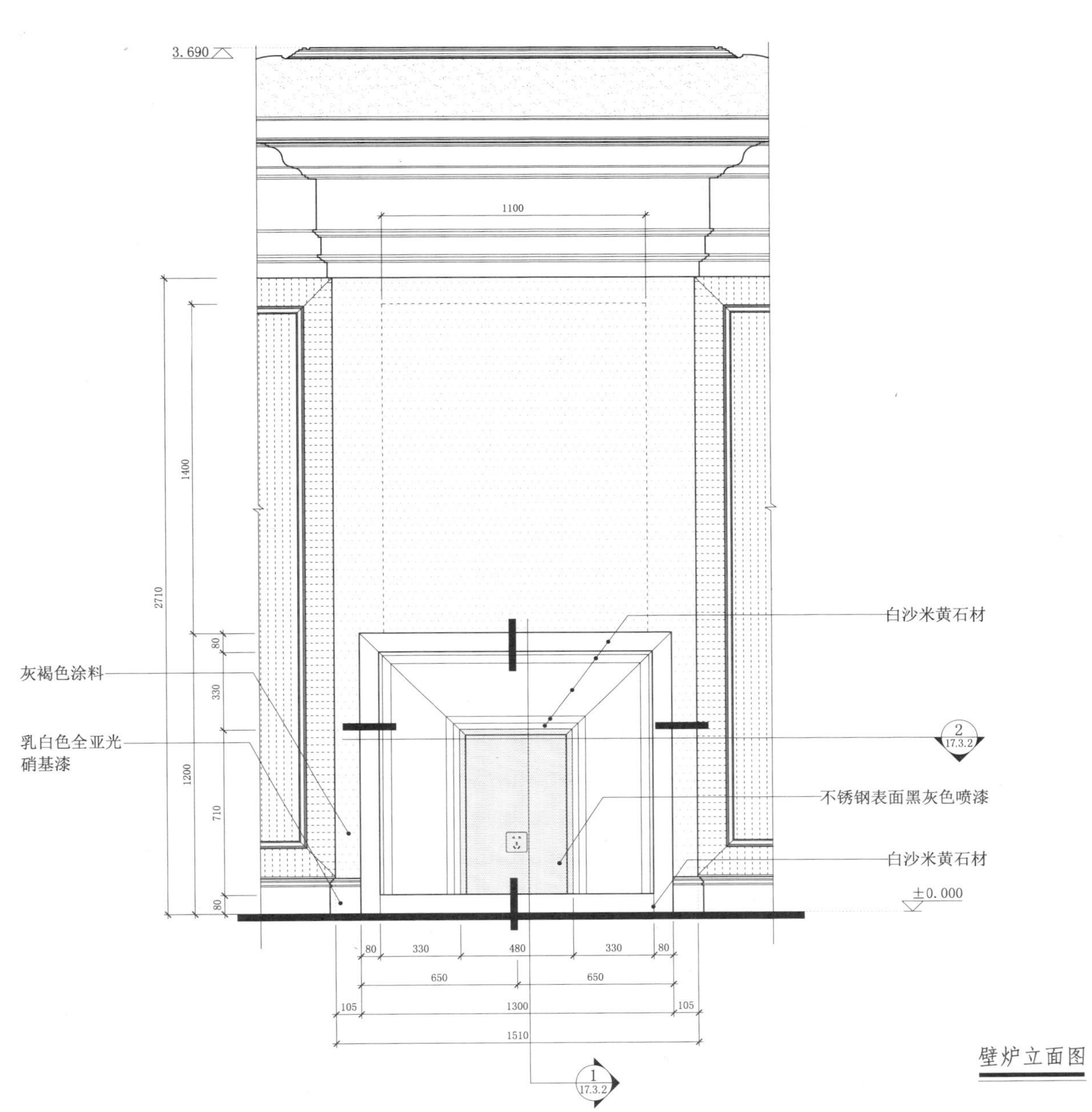

壁炉立面图

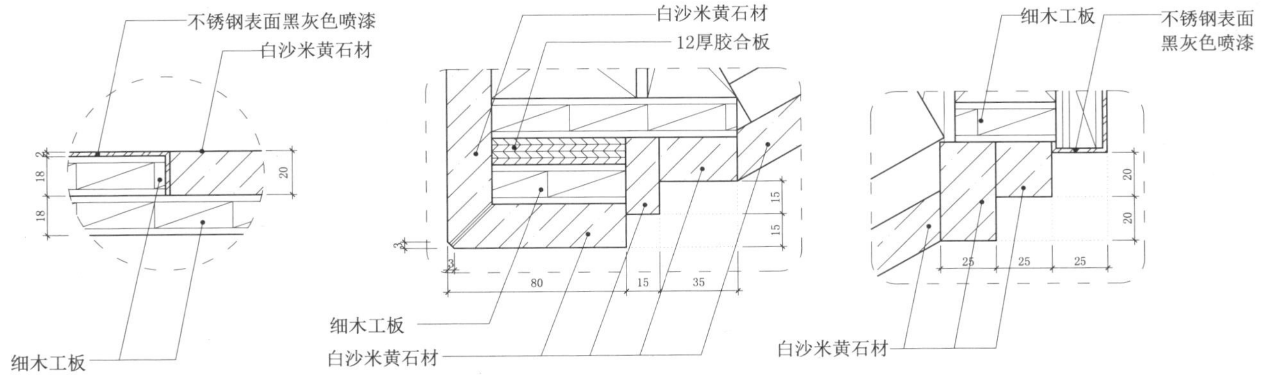

标注：灰褐色涂料；乳白色全亚光硝基漆；白沙米黄石材；不锈钢表面黑灰色喷漆；白沙米黄石材

3节点图　　4节点图　　5节点图

3节点图标注：不锈钢表面黑灰色喷漆；白沙米黄石材；细木工板；细木工板

4节点图标注：白沙米黄石材；12厚胶合板；细木工板；白沙米黄石材

5节点图标注：细木工板；不锈钢表面黑灰色喷漆；白沙米黄石材

17.3 壁炉（三）

17.3.2

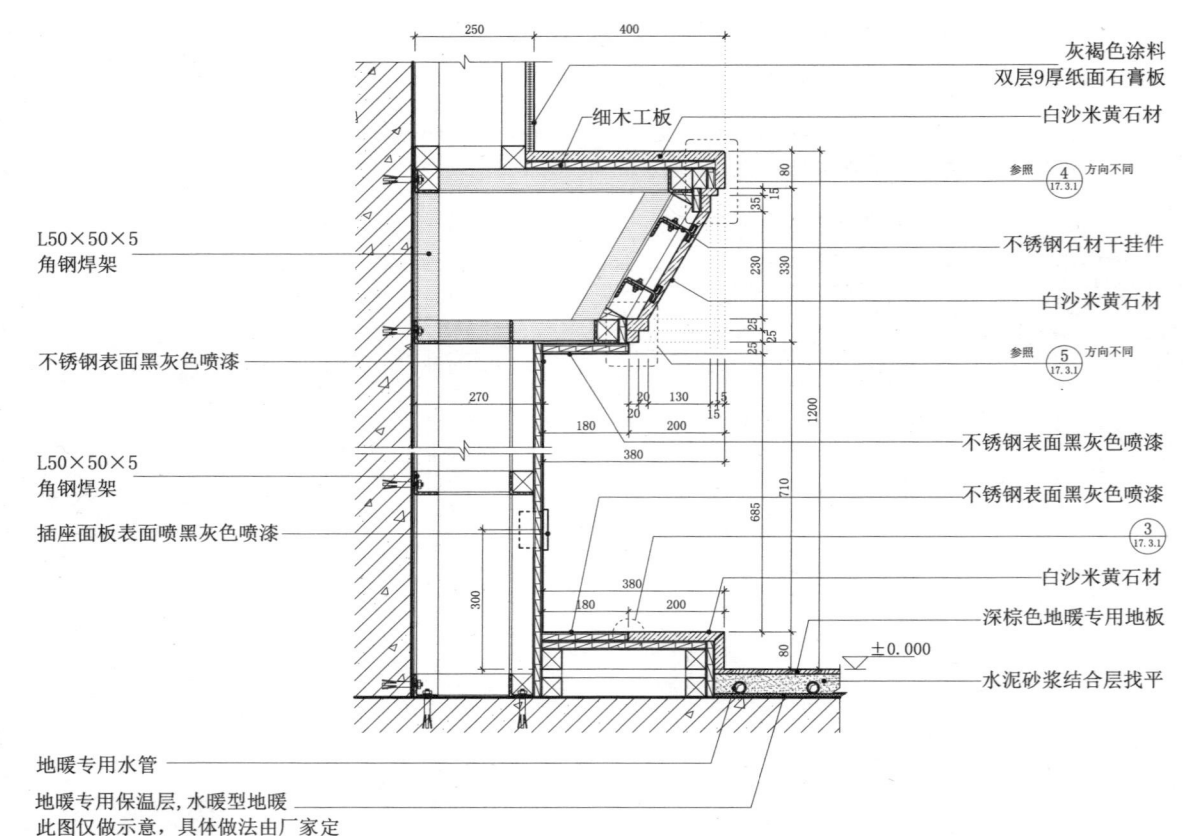

1节点图

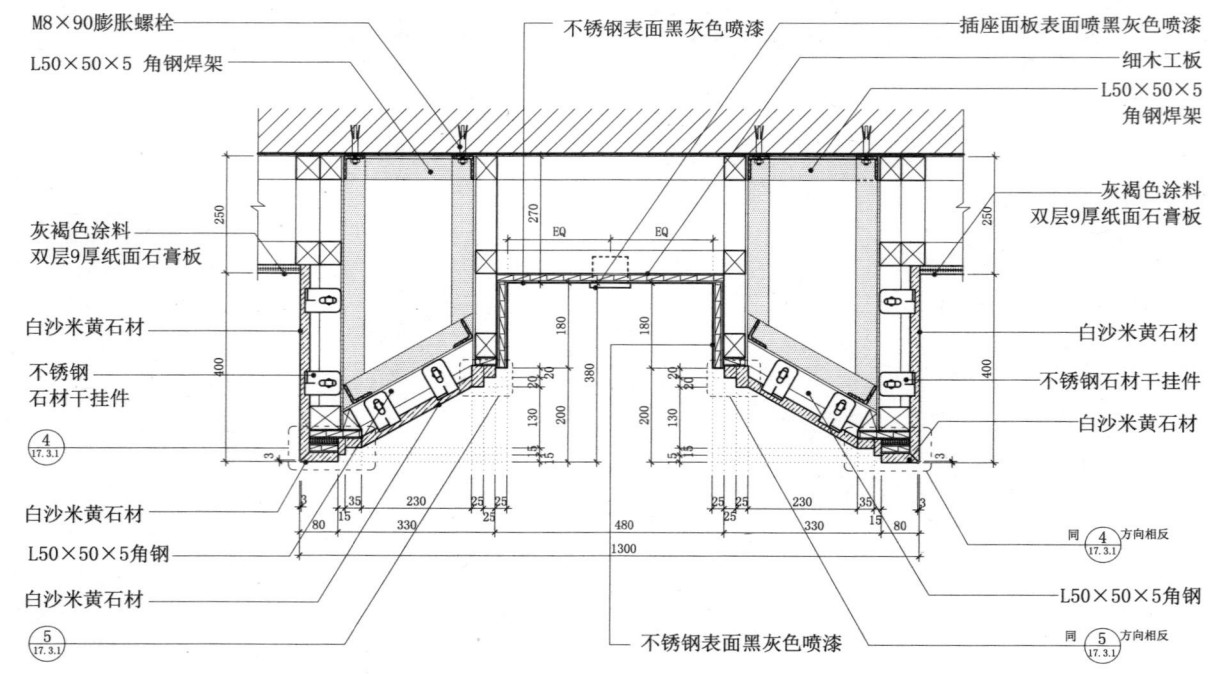

2节点图

17.4 壁炉（四）

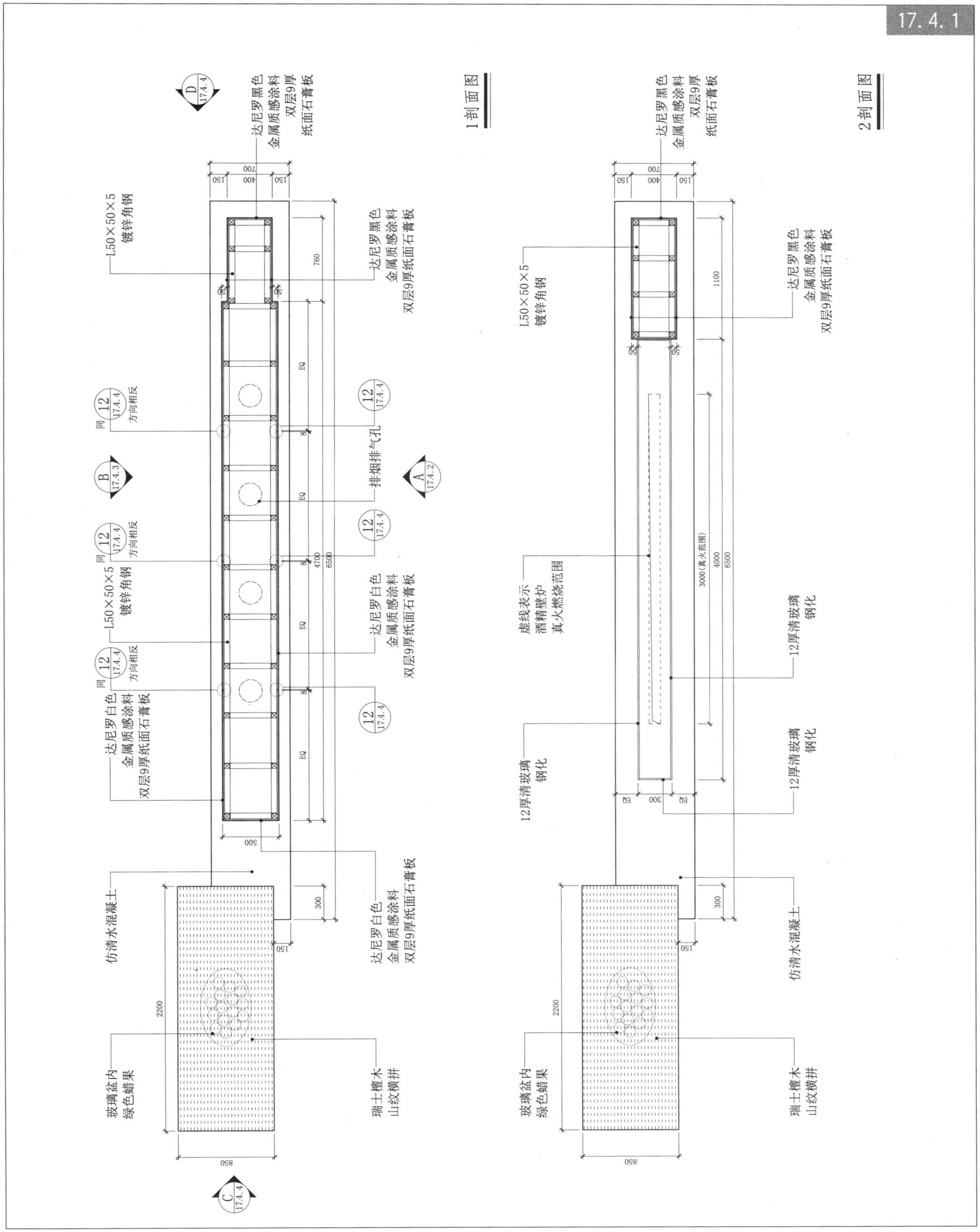

17.4.1

1 剖面图

2 剖面图

室内设施 · 非透光照明构造

17 室内设施·非透光照明构造

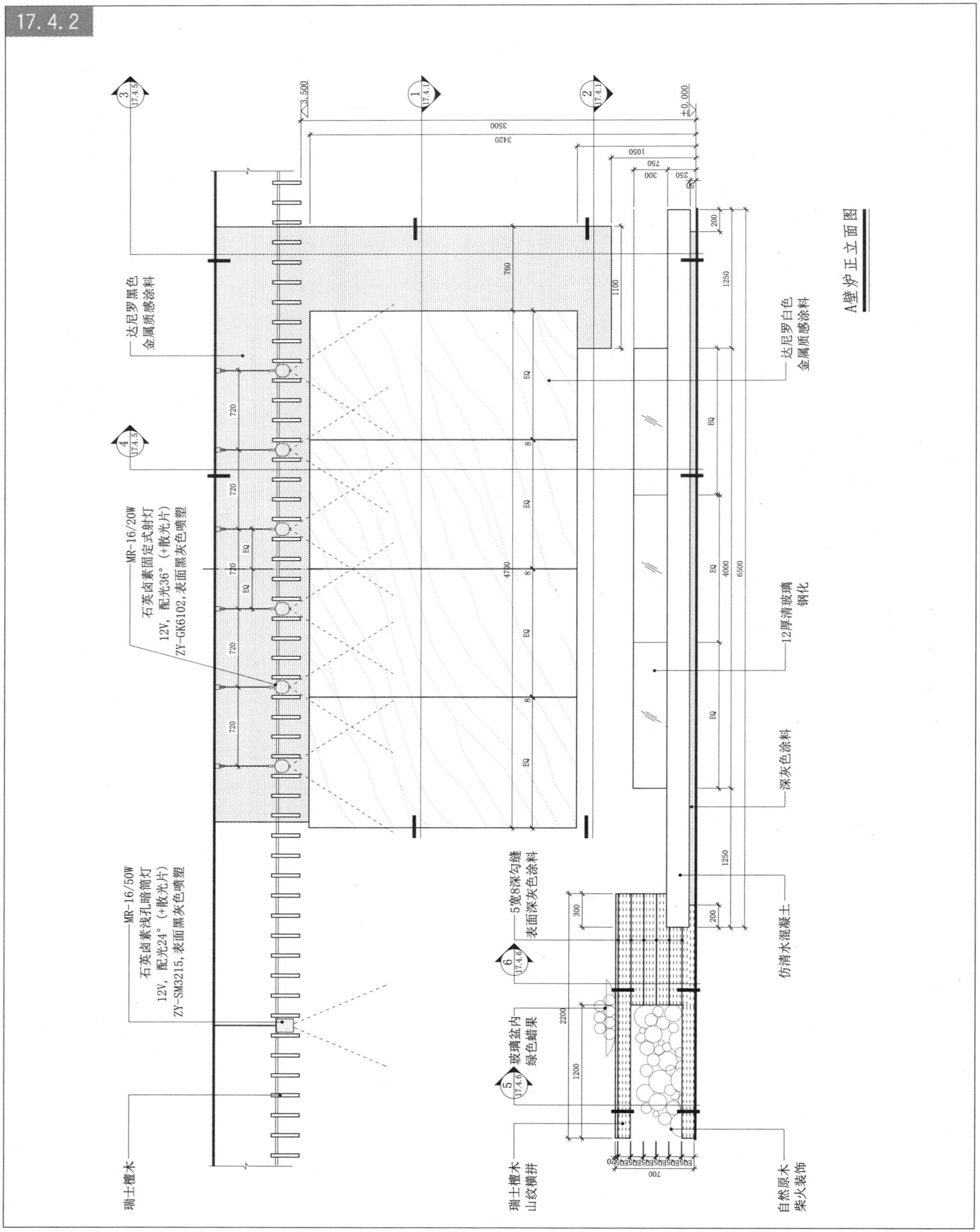

17.4 壁炉（四）

17.4.2

A壁炉正面图

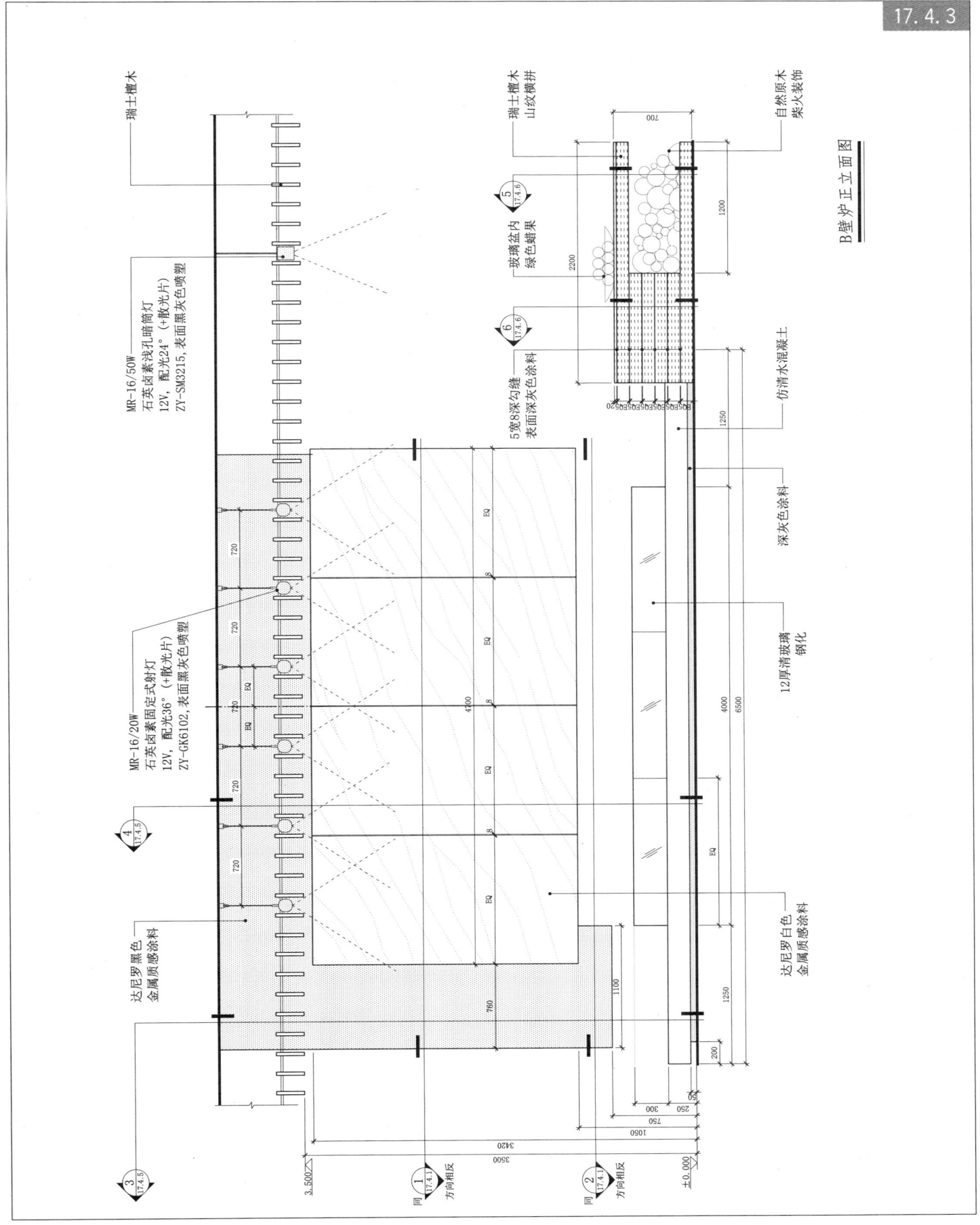

17 室内设施 · 非透光照明构造

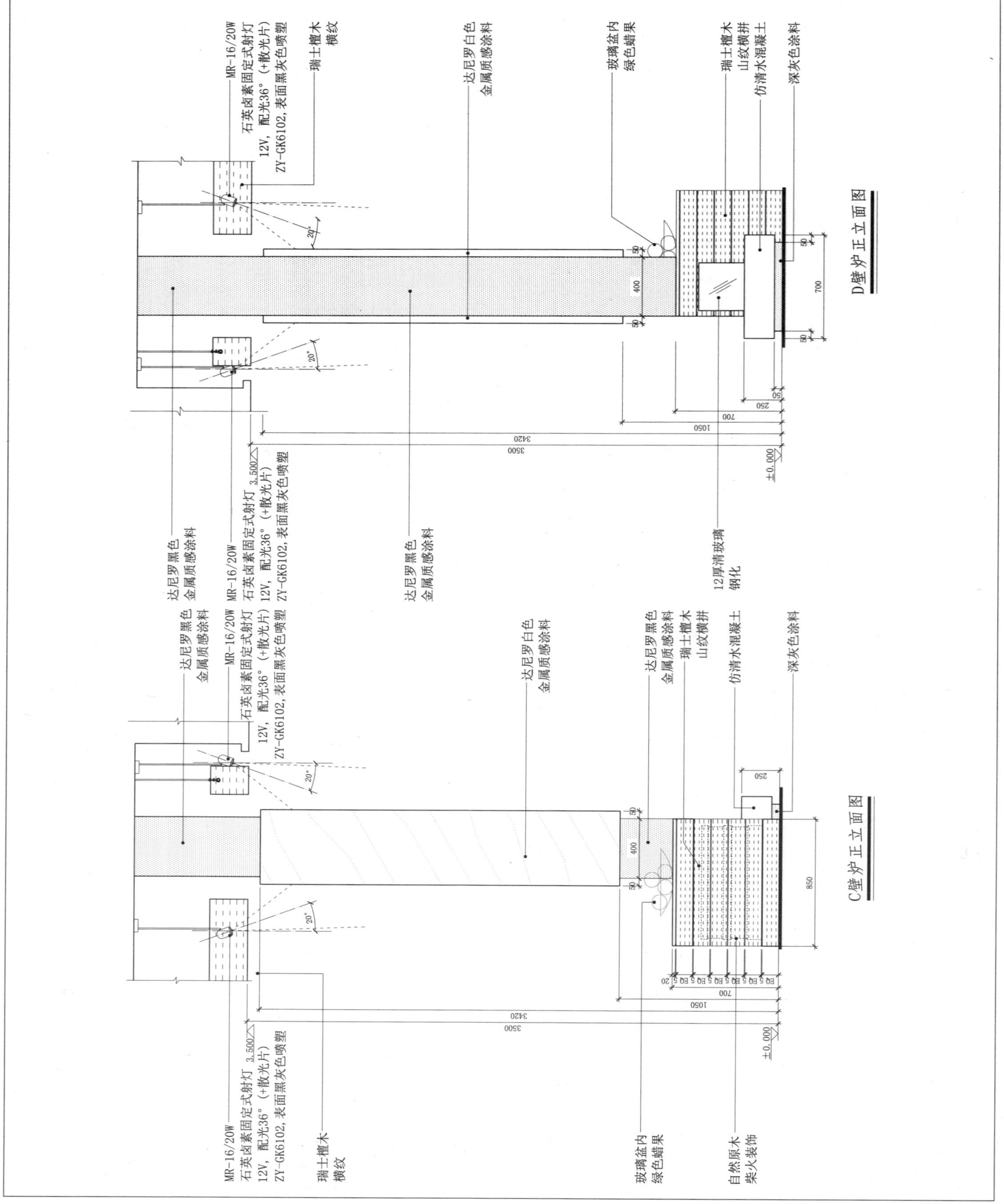

17.4 壁炉（四）

17.4.4

D 壁炉正立面图

C 壁炉正立面图

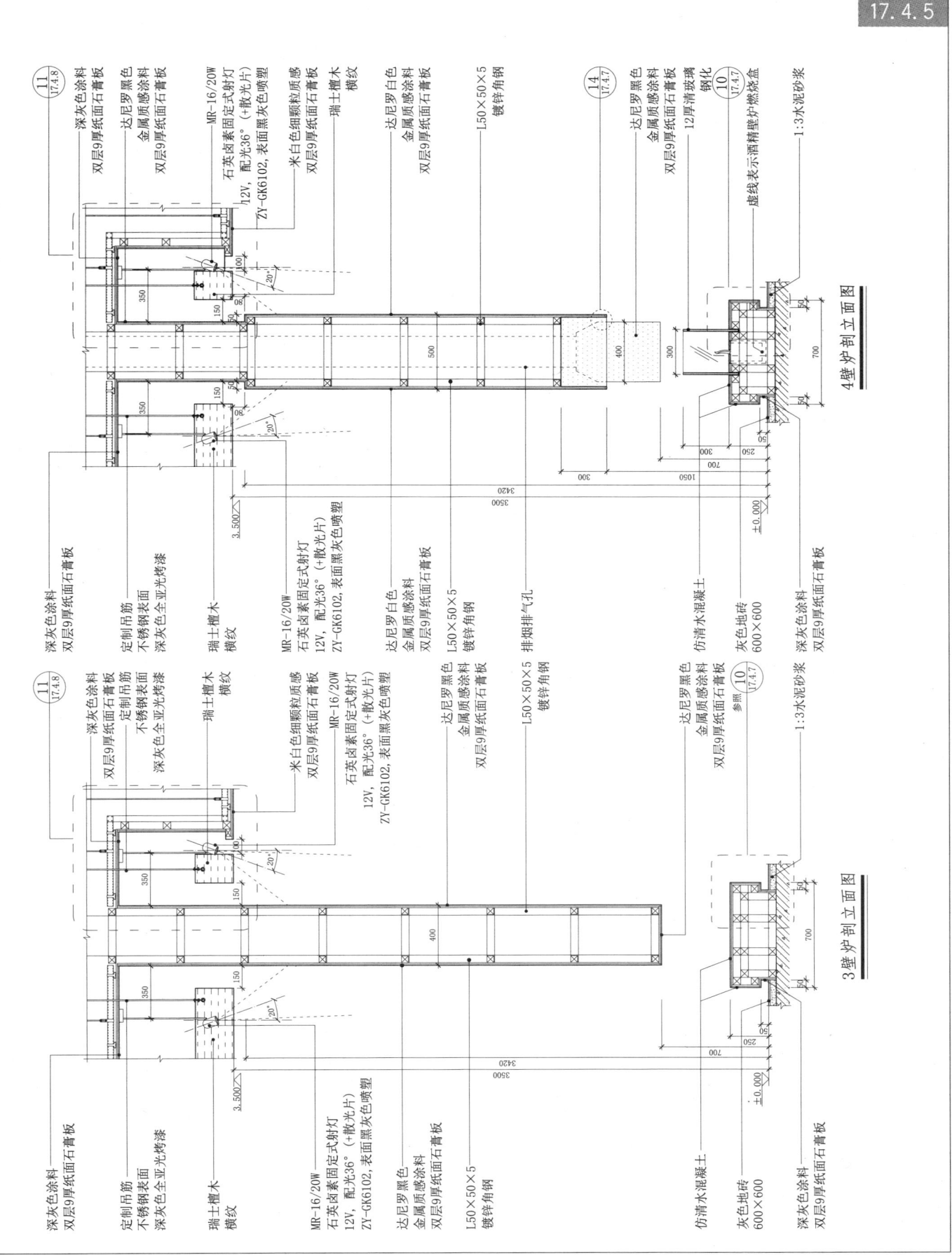

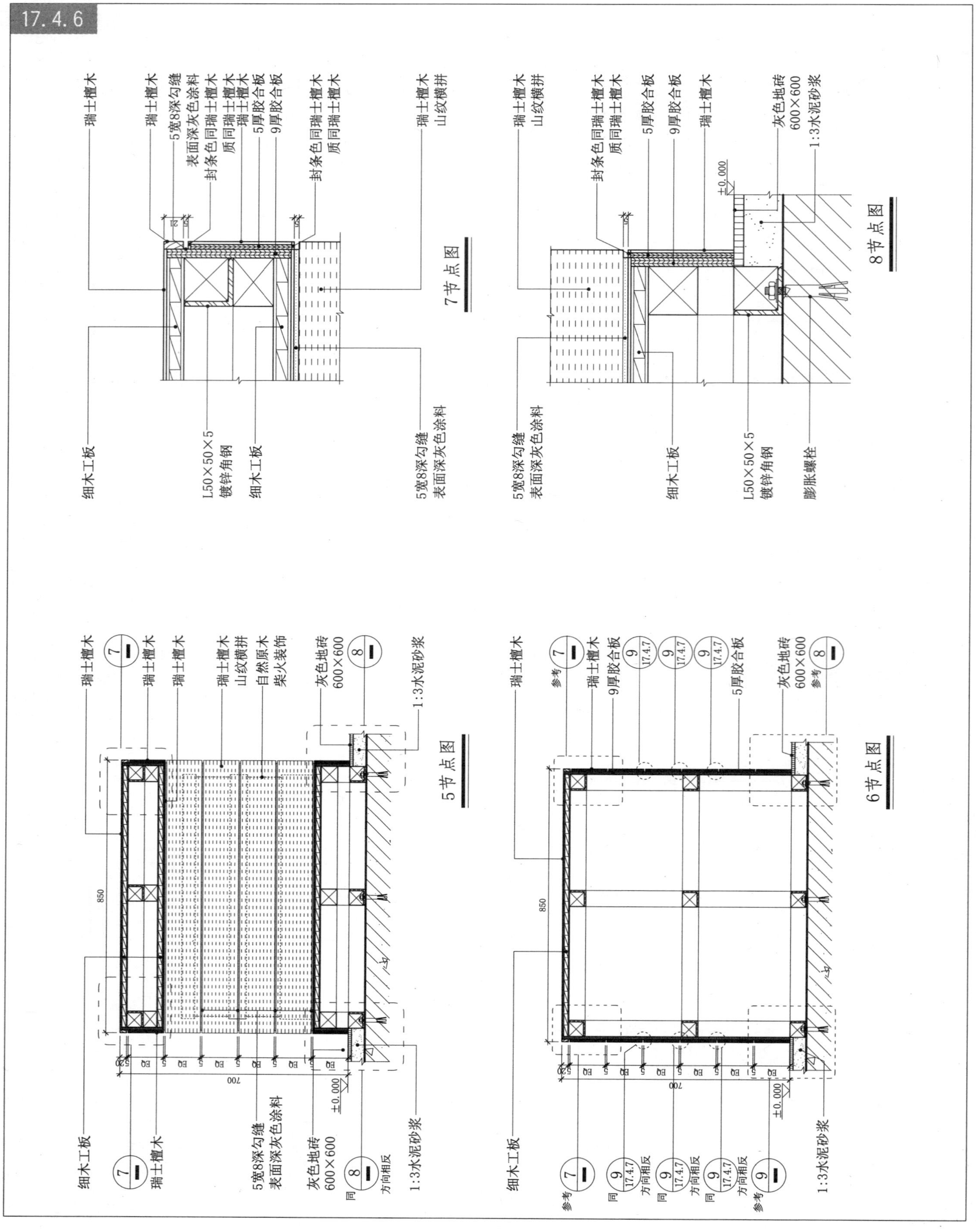
17.4.6
瑞士檀木
5宽8深勾缝
表面深灰色涂料
封条色同瑞士檀木
质同瑞士檀木
5厚胶合板
9厚胶合板
瑞士檀木
山纹横拼
细木工板
L50×50×5
镀锌角钢
7节点图
±0.000
灰色地砖
600×600
1:3水泥砂浆
膨胀螺栓
8节点图
自然原木
柴火装饰
850
700
EQ
同
方向相反
5节点图
参考
17.4.7
6节点图

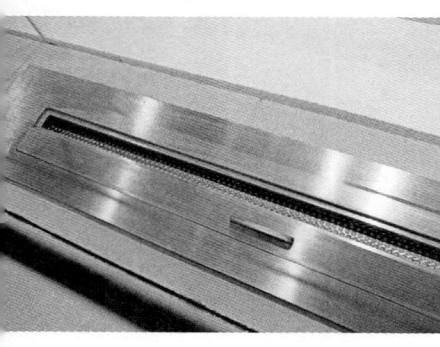

17.4 壁炉（四）

17.4.7

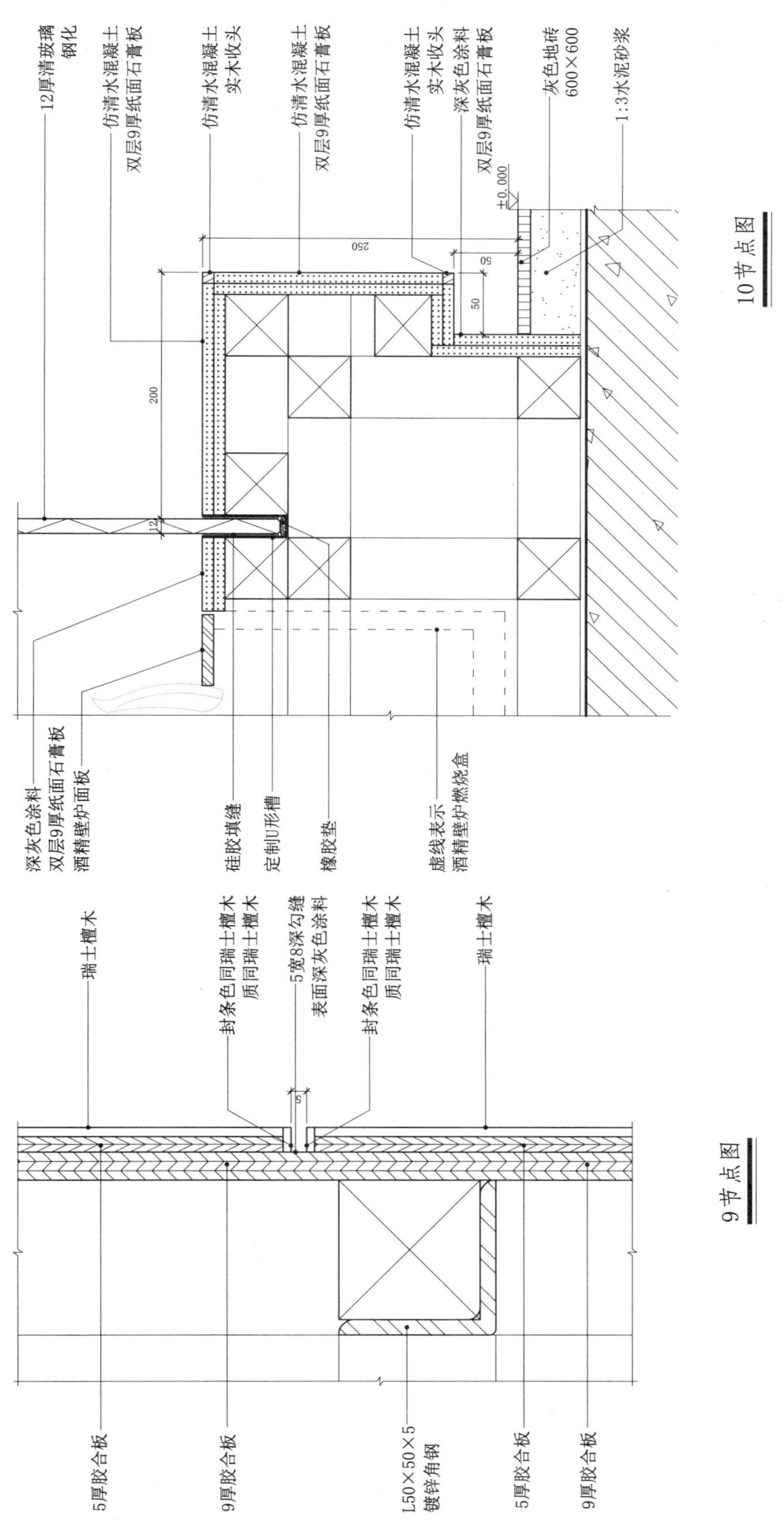

10节点图

标注（自上而下/自左而右）：
- 12厚清玻璃钢化
- 仿清水混凝土
- 仿清水混凝土实木收头
- 仿清水混凝土
- 双层9厚纸面石膏板
- 仿清水混凝土实木收头
- 仿清水混凝土
- 双层9厚纸面石膏板
- 深灰色涂料
- 双层9厚纸面石膏板
- 灰色地砖 600×600
- 1:3水泥砂浆
- 深灰色涂料
- 双层9厚纸面石膏板
- 酒精壁炉面板
- 硅胶填缝
- 定制U形槽
- 橡胶垫
- 虚线表示酒精壁炉燃烧盒

尺寸：250、200、50、50、12、±0.000

9节点图

标注：
- 瑞士檀木
- 封条色同瑞士檀木质同瑞士檀木
- 5宽8深勾缝
- 表面深灰色涂料
- 封条色同瑞士檀木质同瑞士檀木
- 瑞士檀木
- 5厚胶合板
- 9厚胶合板
- L50×50×5 镀锌角钢
- 5厚胶合板
- 9厚胶合板

17 室内设施·非透光照明构造

17.4 壁炉（四）

17.4.8

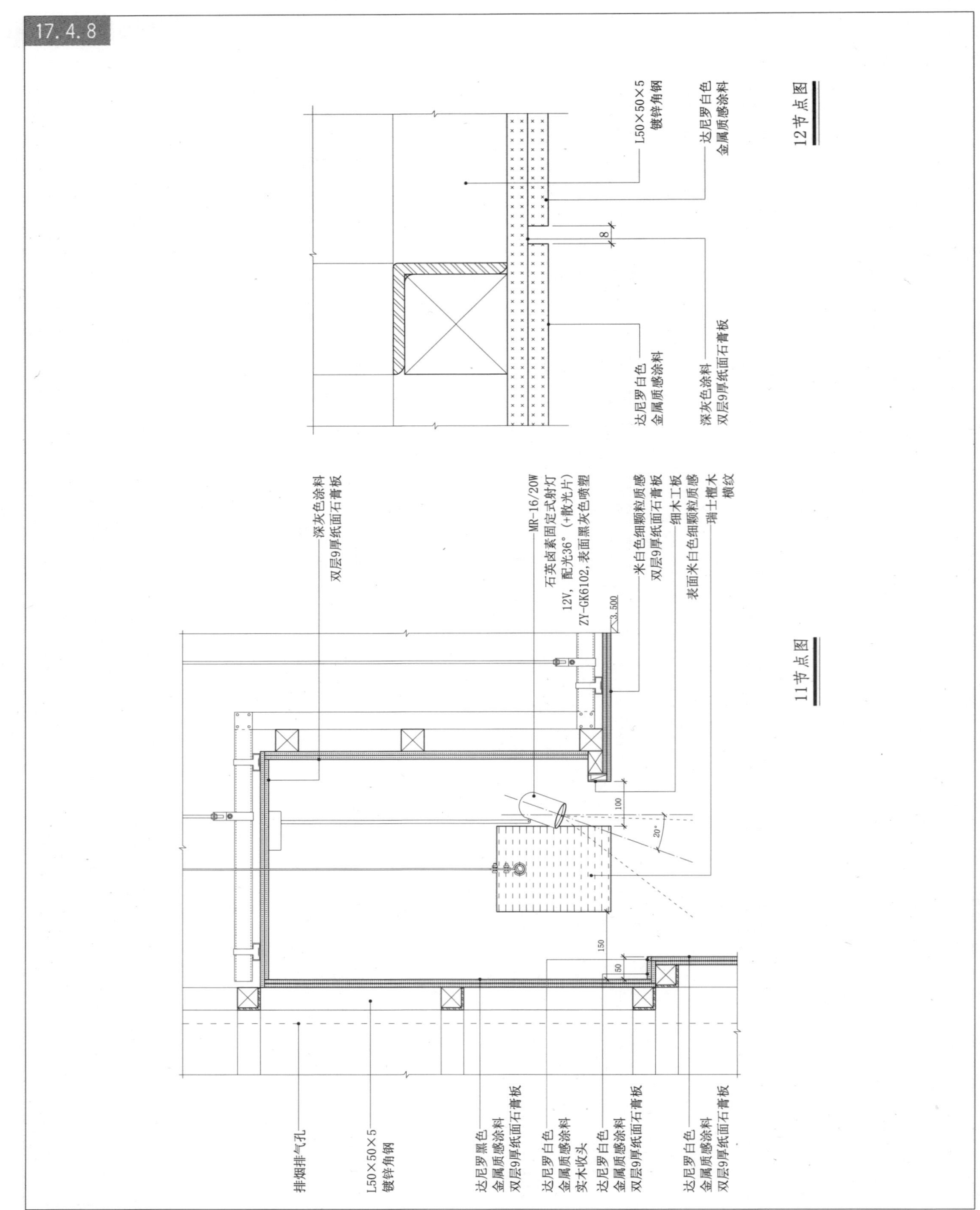

11节点图　12节点图

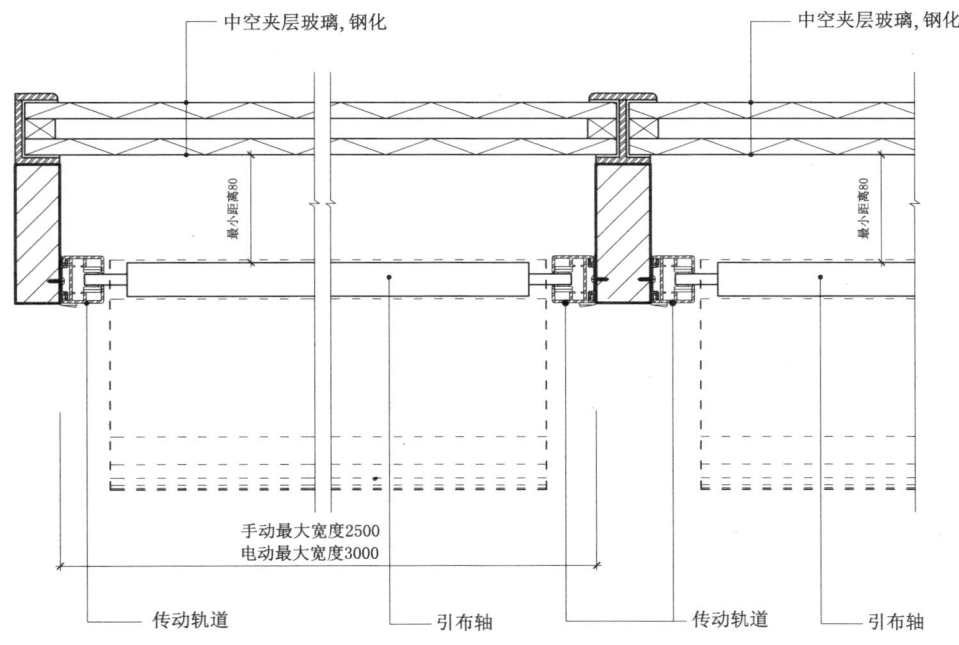

双轨天幕帘剖面图 （安装方式1）

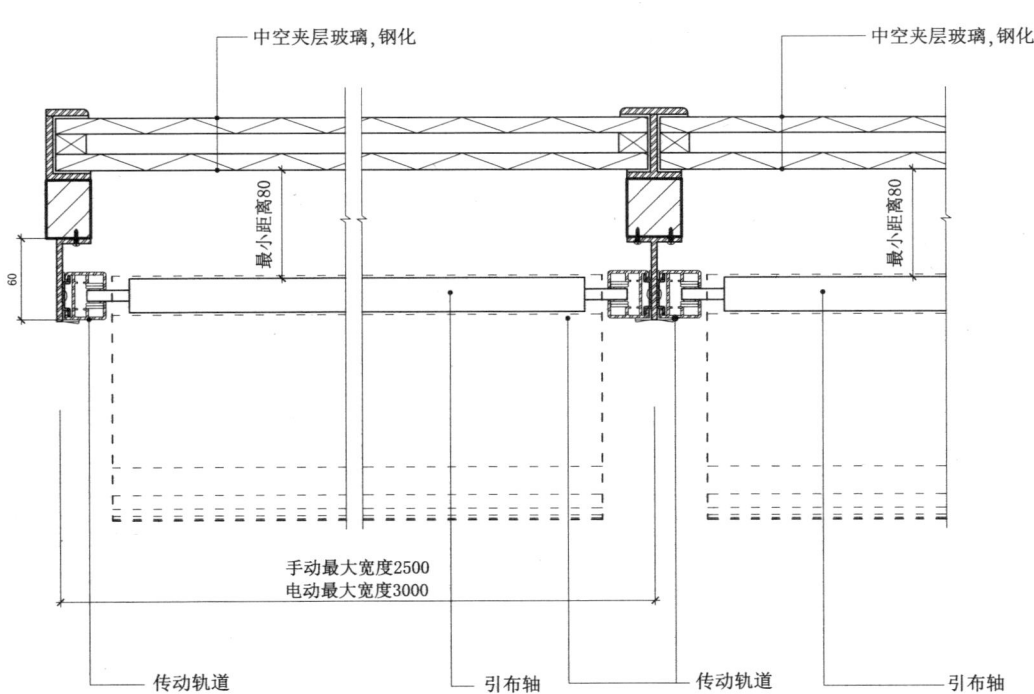

双轨天幕帘剖面图 （安装方式2）

17.6 酒柜

17.6.1

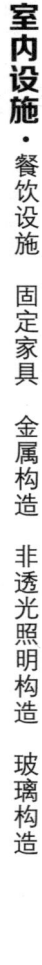

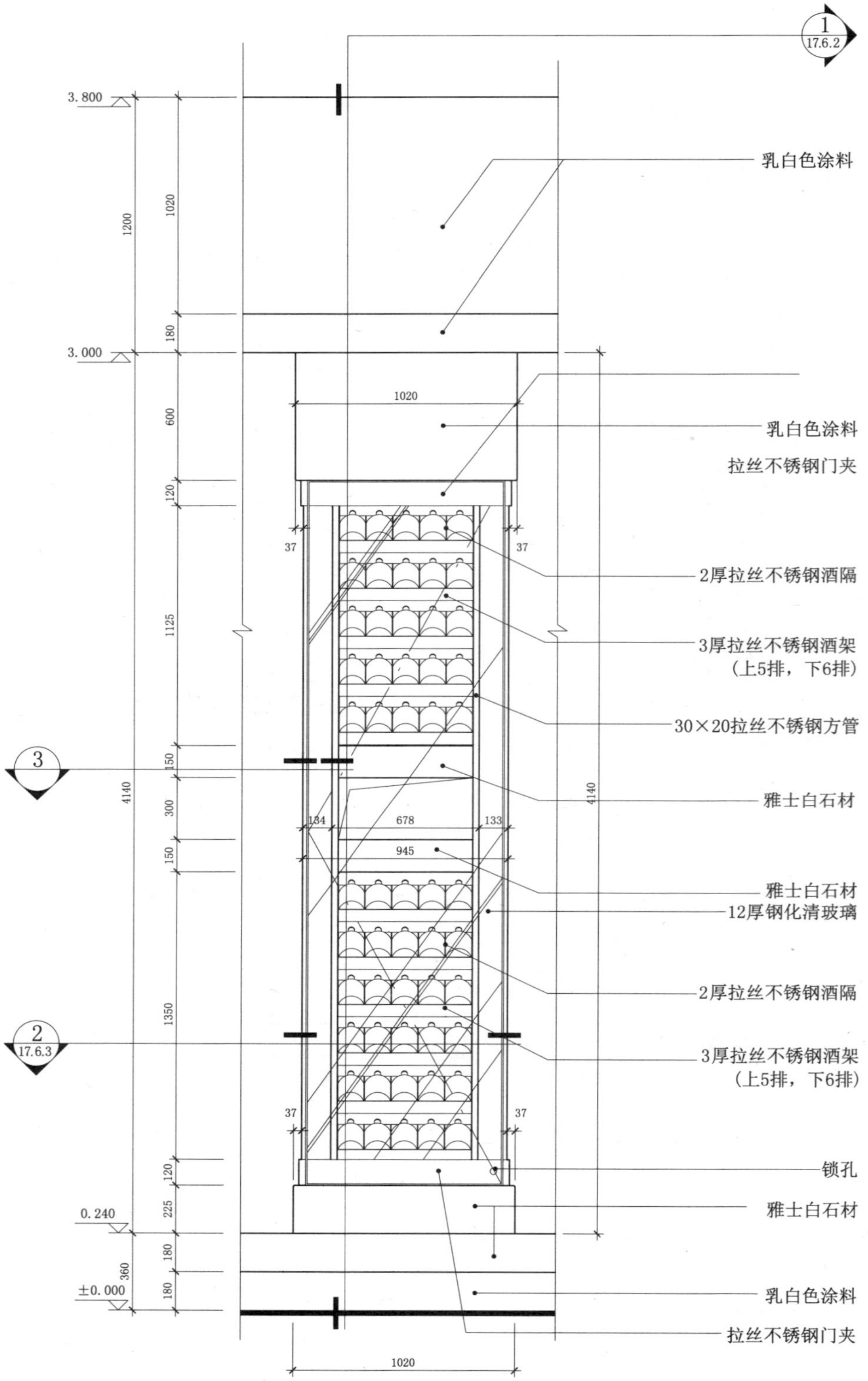

室内设施·餐饮设施 固定家具 金属构造 非透光照明构造 玻璃构造

标注：
- 乳白色涂料
- 乳白色涂料
- 拉丝不锈钢门夹
- 2厚拉丝不锈钢酒隔
- 3厚拉丝不锈钢酒架（上5排，下6排）
- 30×20拉丝不锈钢方管
- 雅士白石材
- 雅士白石材
- 12厚钢化清玻璃
- 2厚拉丝不锈钢酒隔
- 3厚拉丝不锈钢酒架（上5排，下6排）
- 锁孔
- 雅士白石材
- 乳白色涂料
- 拉丝不锈钢门夹

酒柜立面图

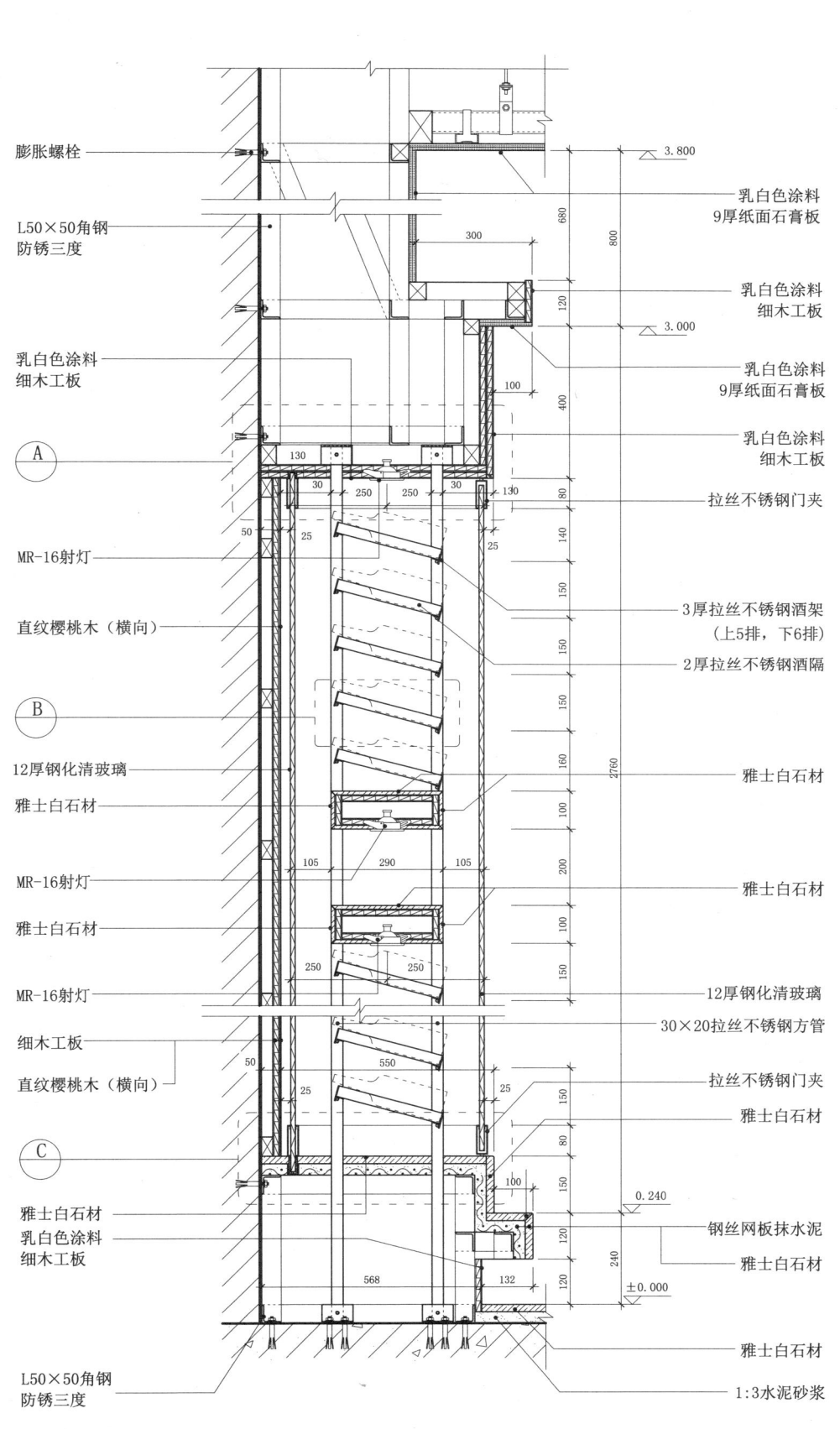

17 17.6 酒柜

17.6.3

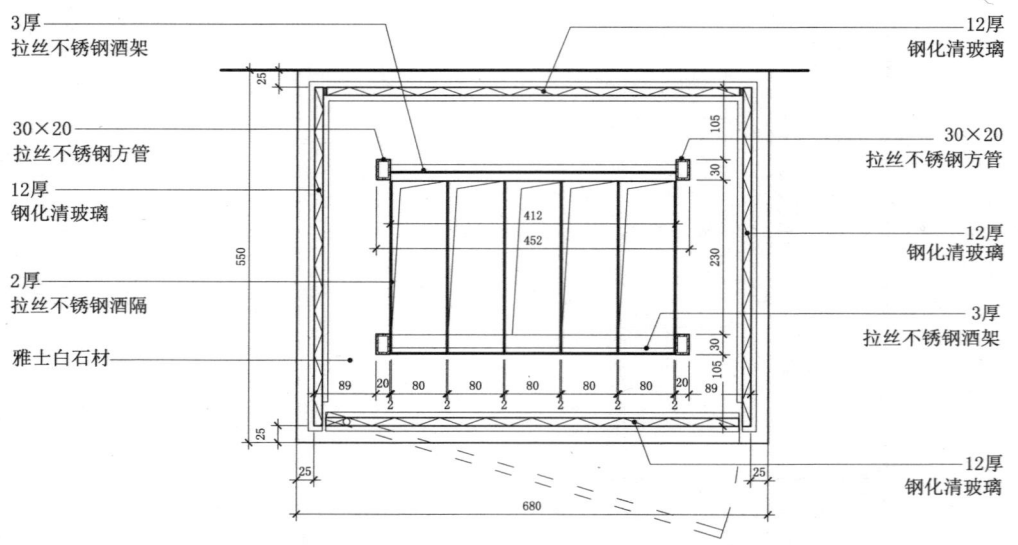

1剖面图

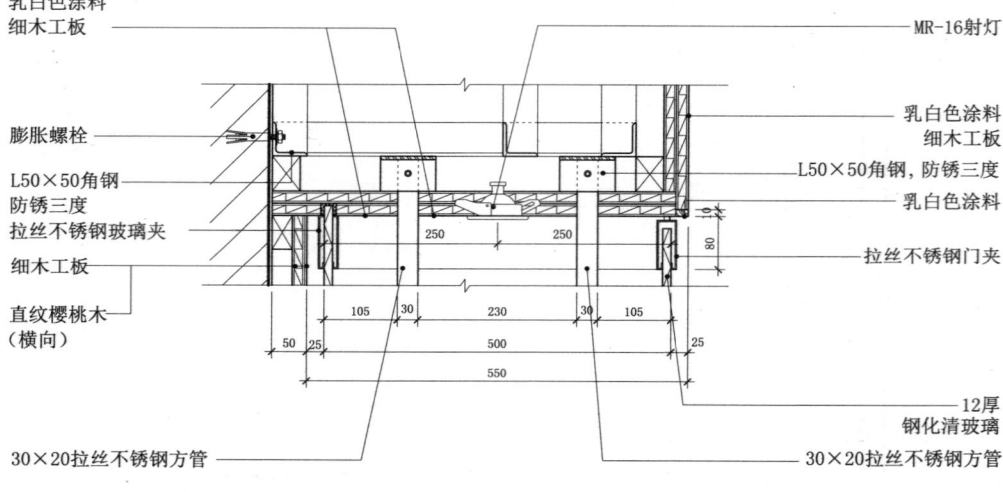

A节点图

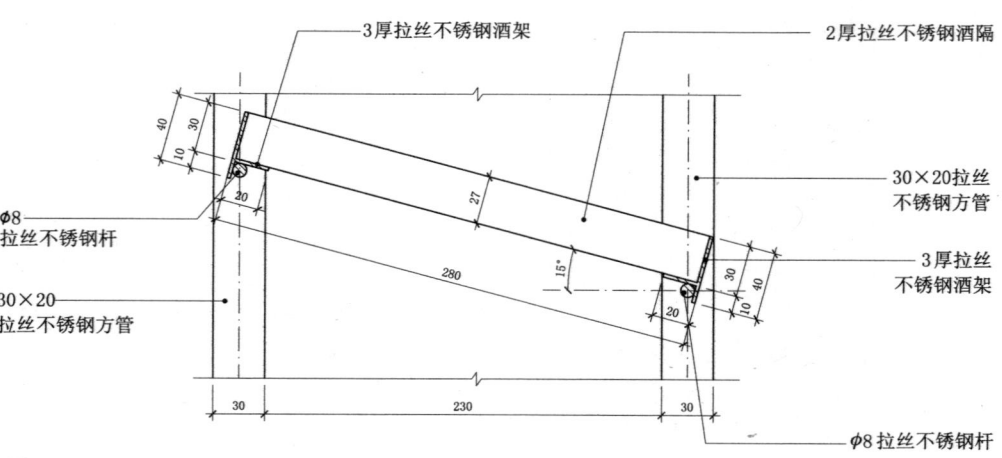

B节点图

17.7 红酒陈列柜

17.7.1

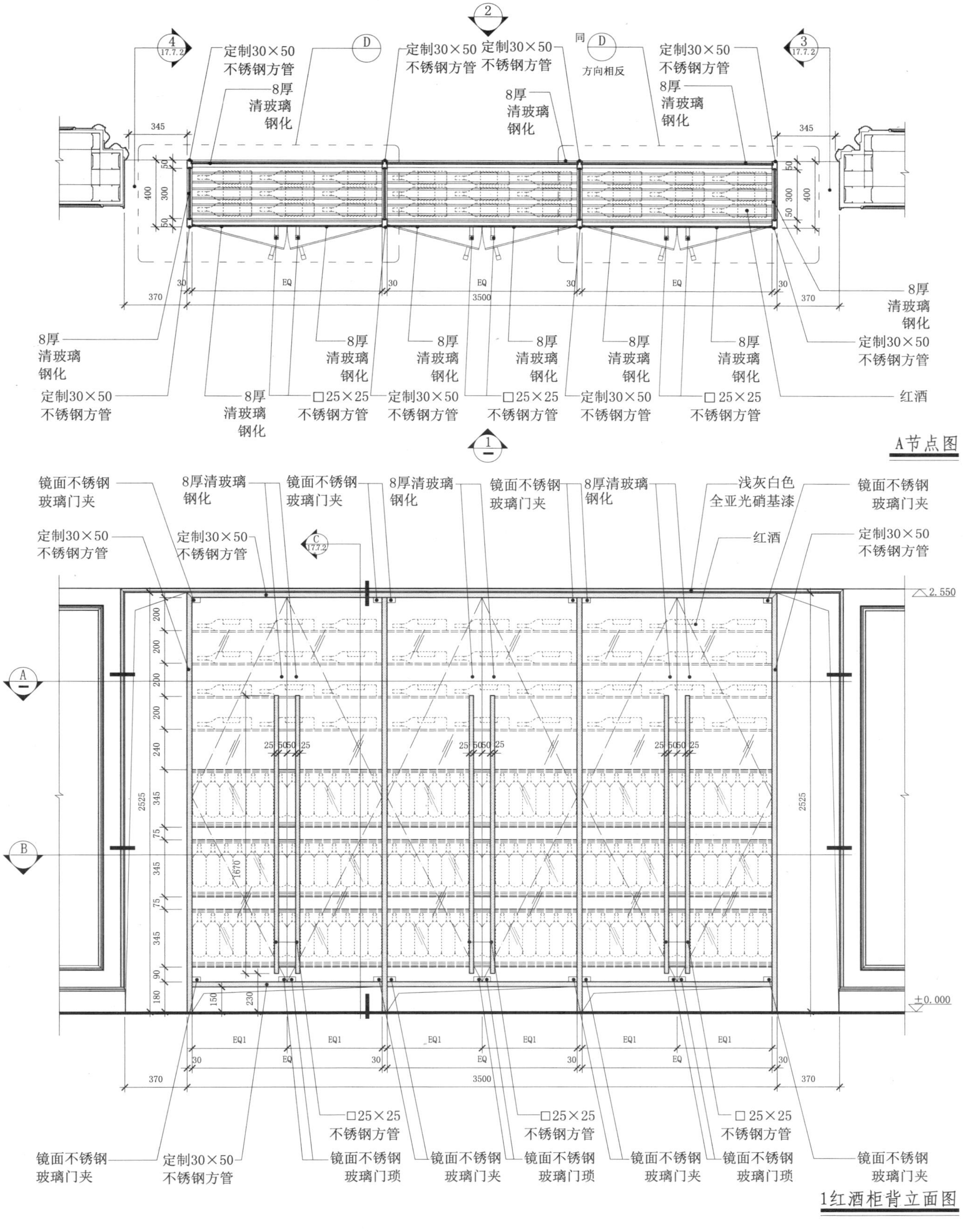

A节点图

1 红酒柜背立面图

17 室内设施·餐饮设施 固定家具 金属构造 玻璃构造 非透光照明构造

17.7 红酒陈列柜

17.7.2

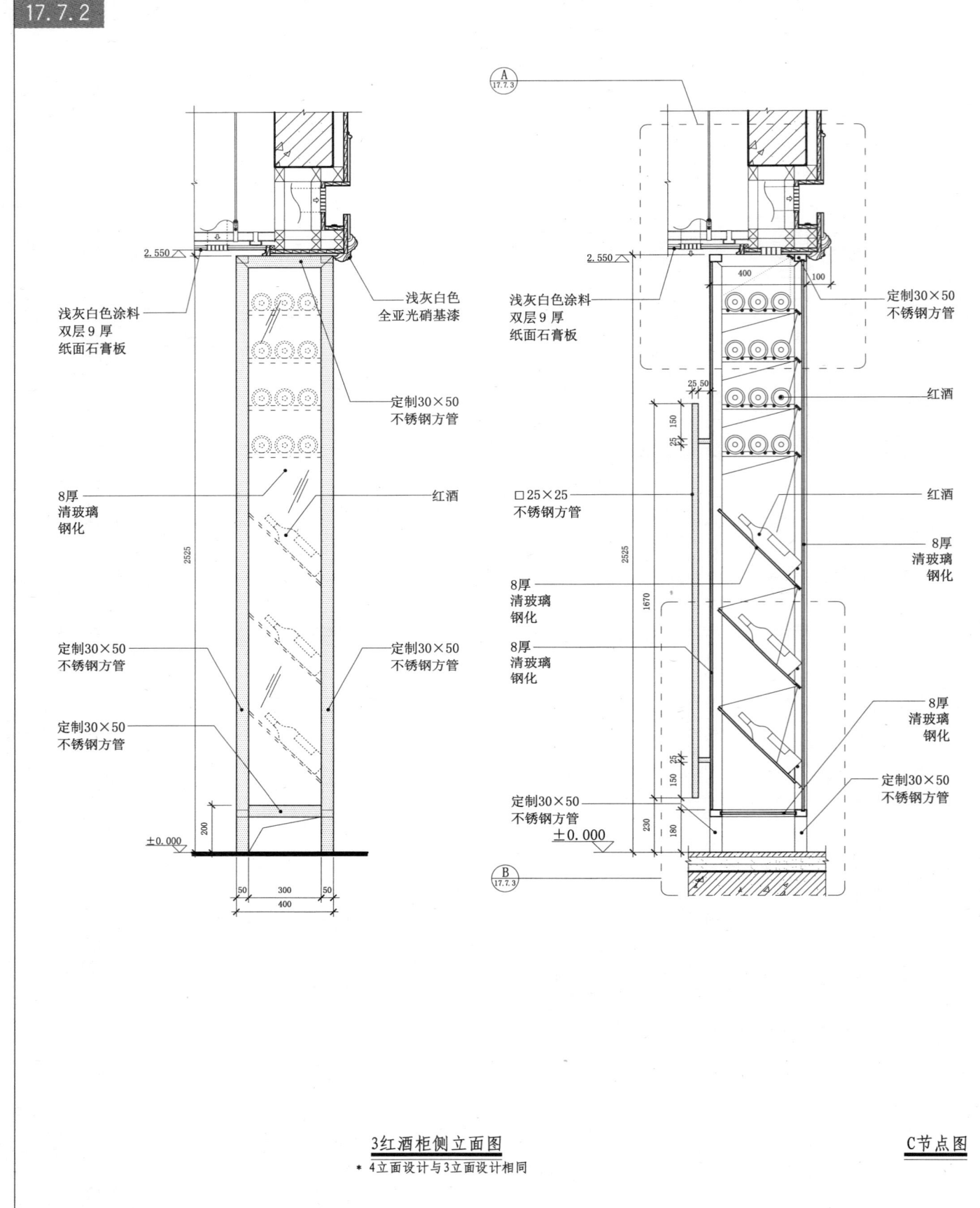

3 红酒柜侧立面图
* 4立面设计与3立面设计相同

C节点图

17.7 红酒陈列柜

17.7.3

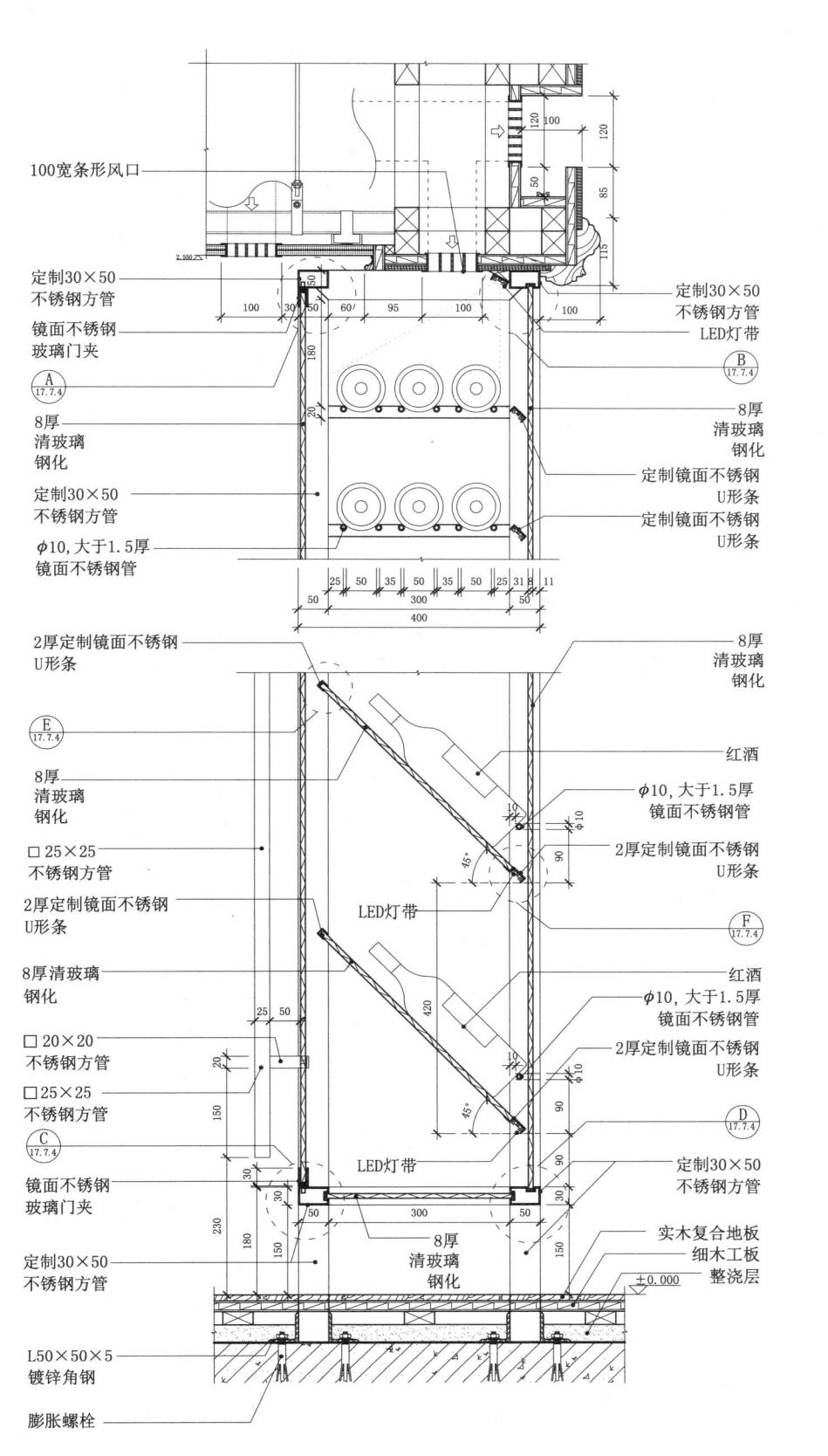

A、B节点图

17.7 红酒陈列柜

17.7.4

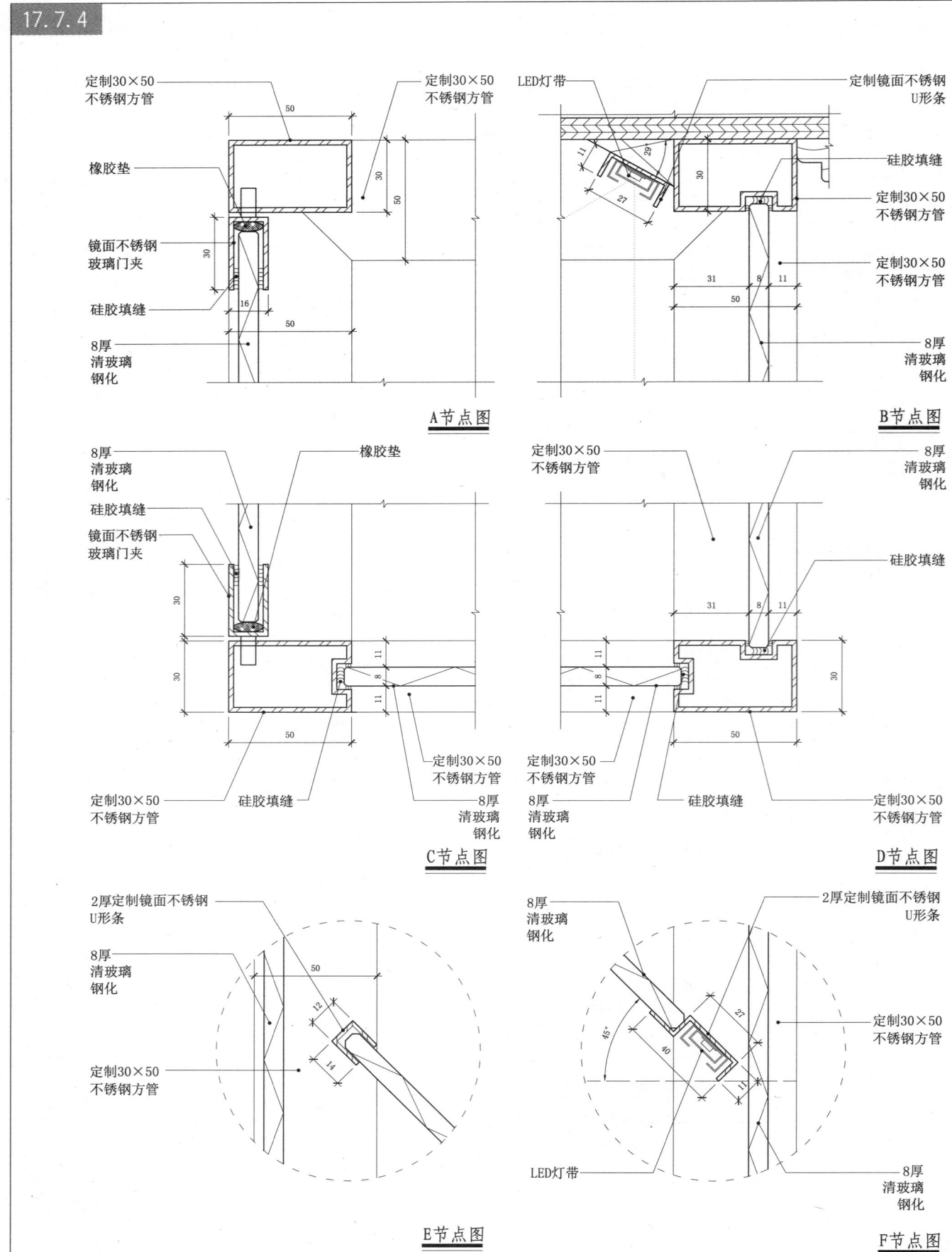

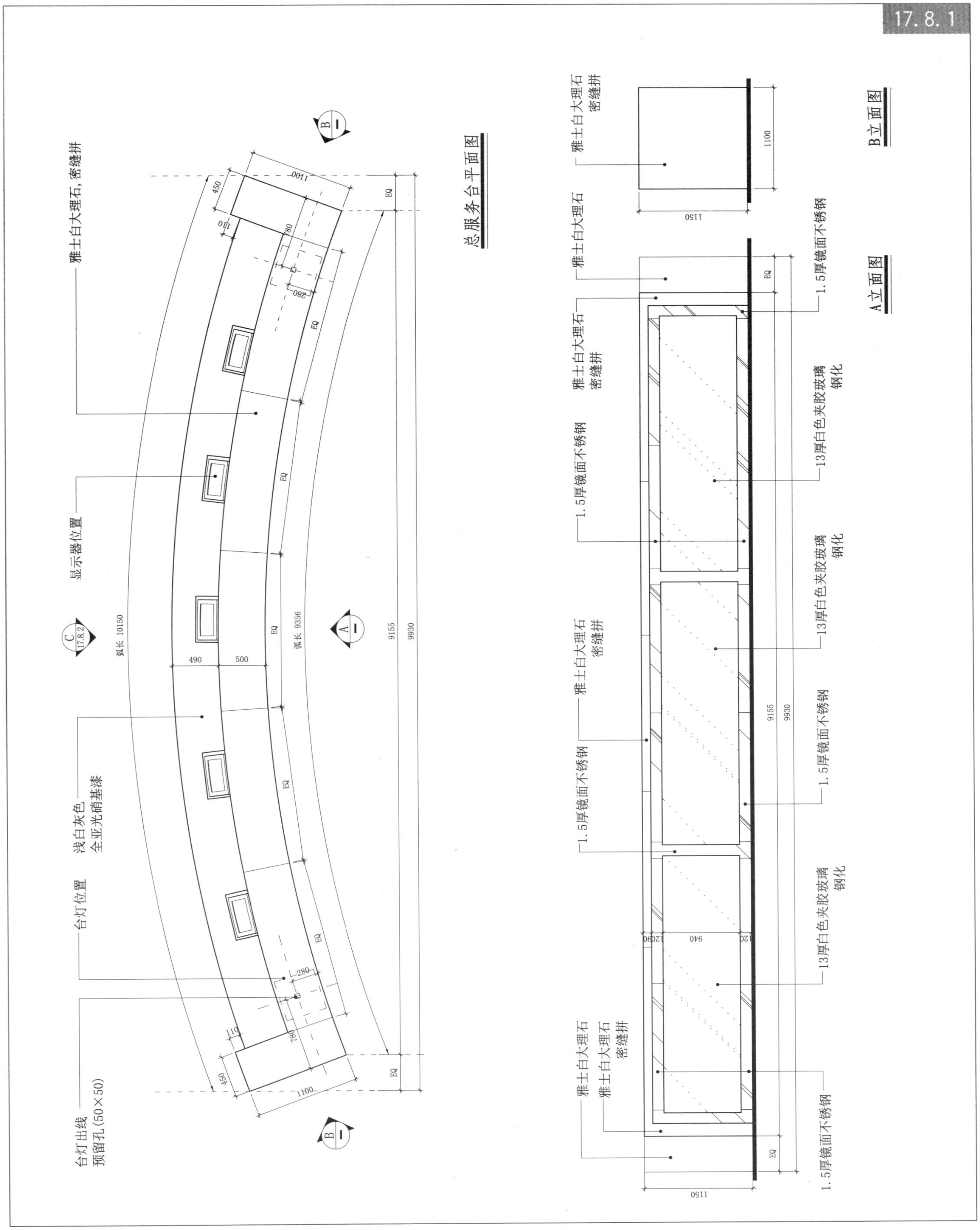

17.8 总服务台(一)

17 室内设施·固定家具 透光照明构造 检修构造

17.8.1

总服务台平面图

A立面图

B立面图

雅士白大理石,密缝拼
显示器位置
台灯位置 浅白灰色 全亚光硝基漆
台灯出线 预留孔(50×50)
1.5厚镜面不锈钢
13厚白色夹胶玻璃钢化

室内构造节点与专项模式图集 | 679

17.8 总服务台(一)

17.8.2

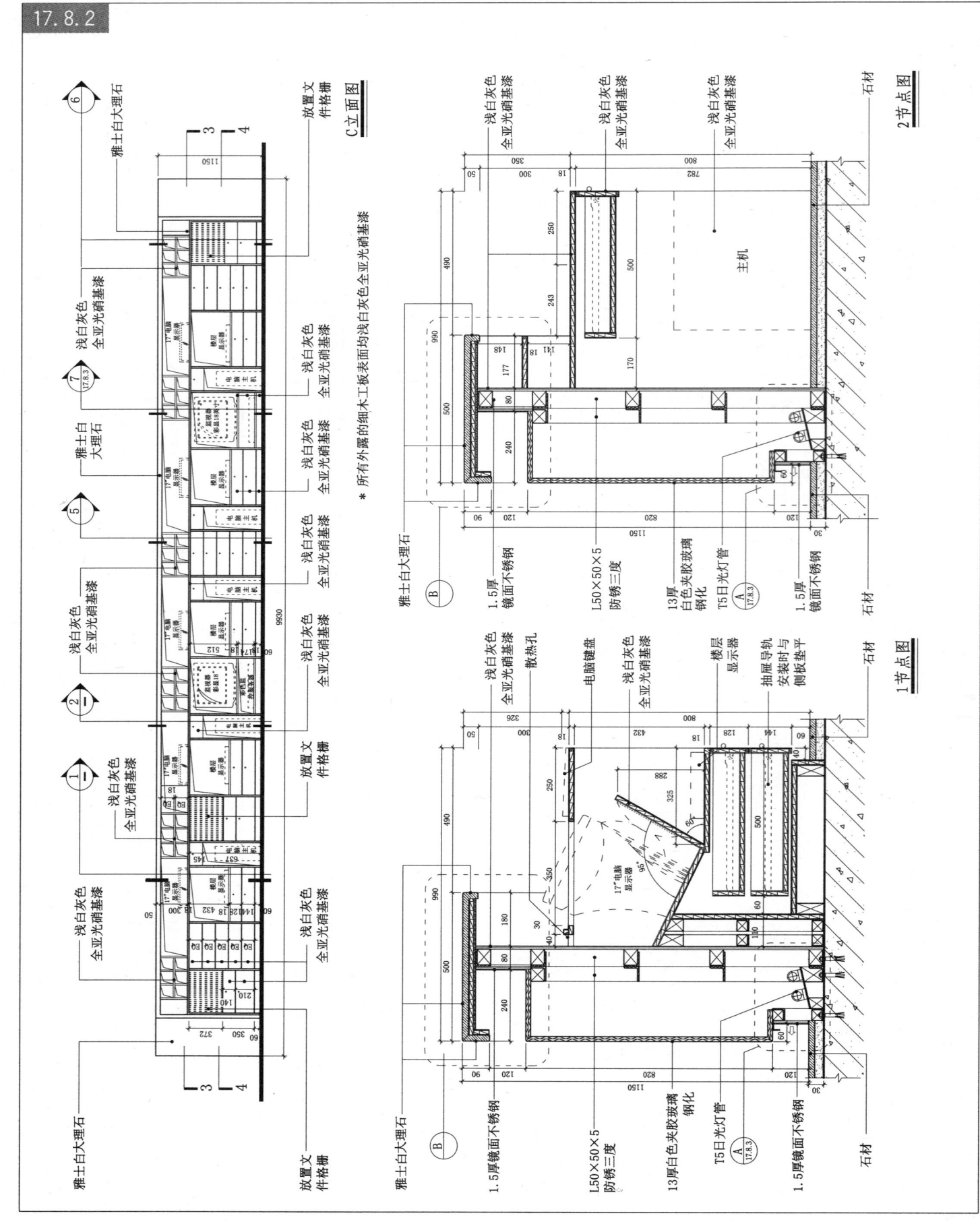

17.8 总服务台（一）

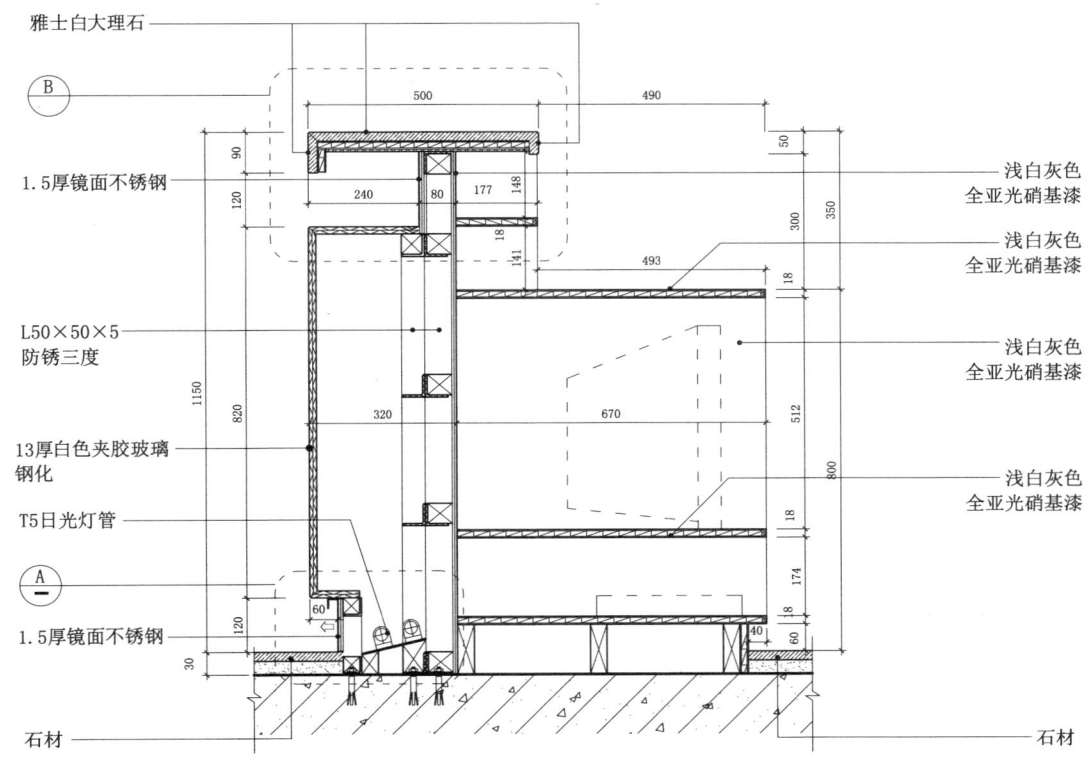

7节点图

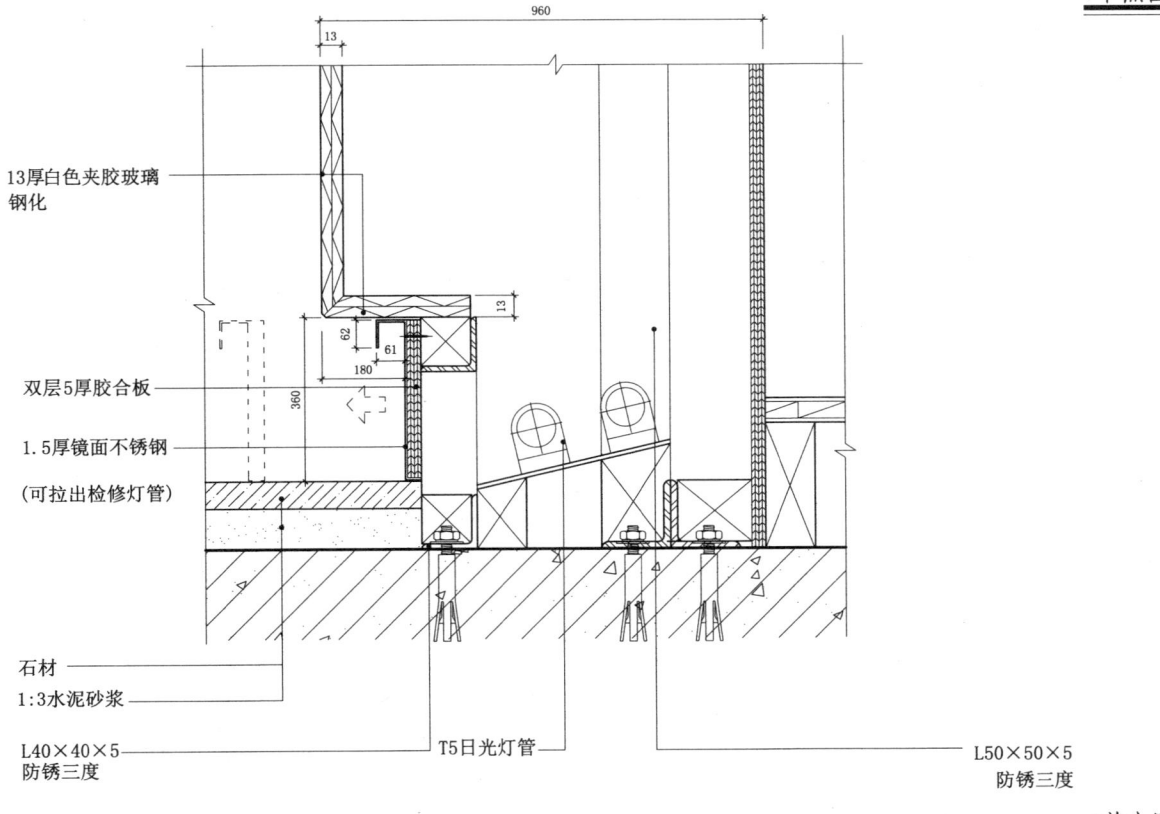

A节点图

17.9 总服务台（二）

17.9.1

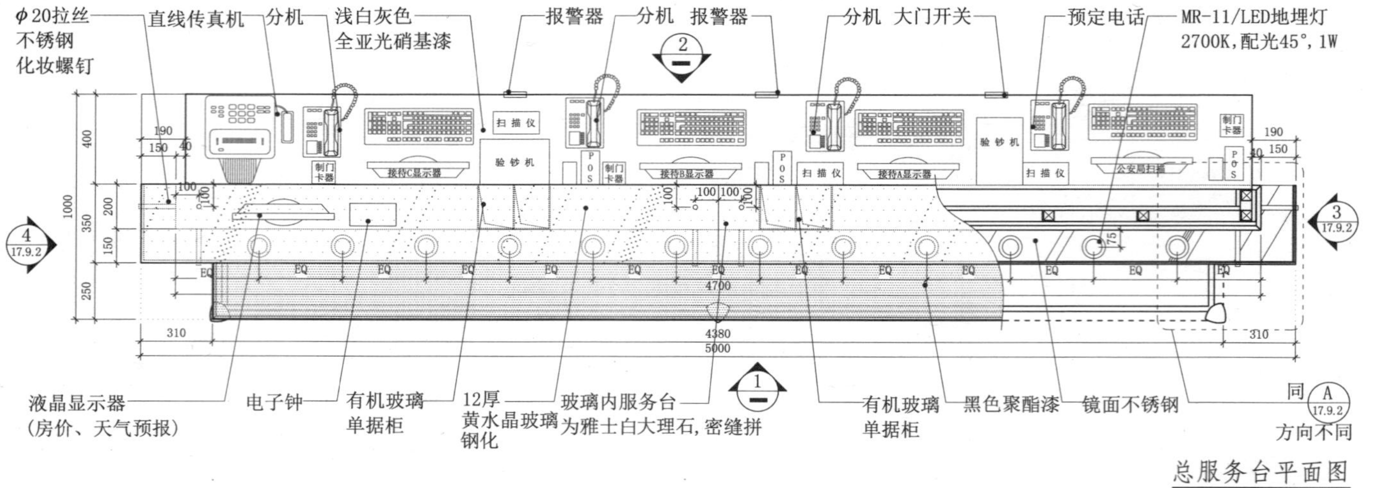

总服务台平面图

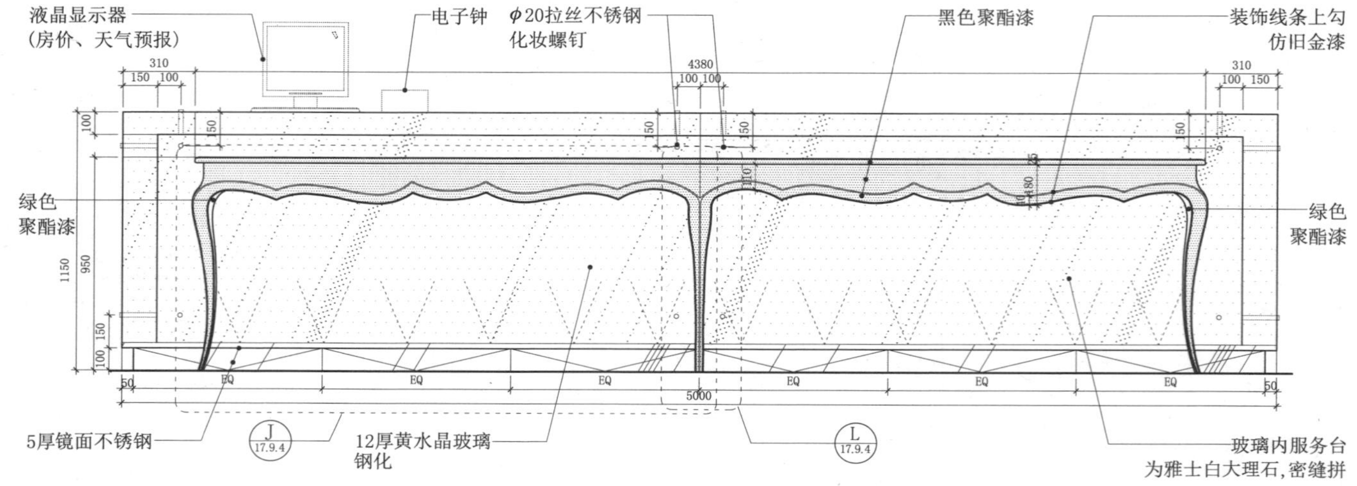

1 总服务台正立面图

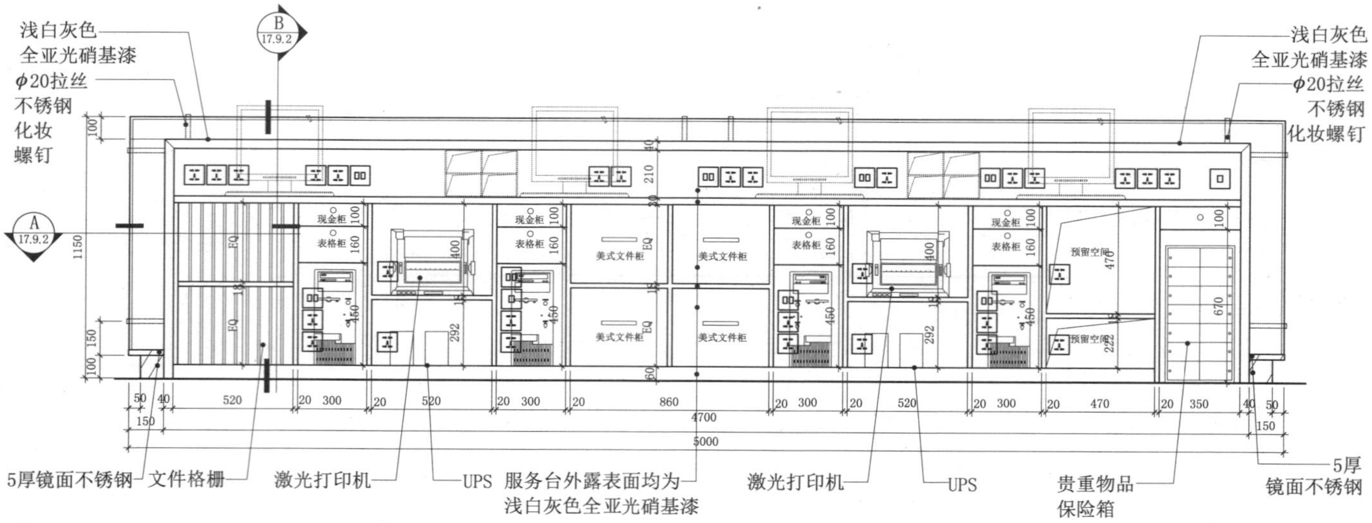

2 总服务台背立面图

17.9 总服务台（二）

17. 室内设施
· 固定家具　透光照明构造　检修构造　玻璃构造　西方古典风格

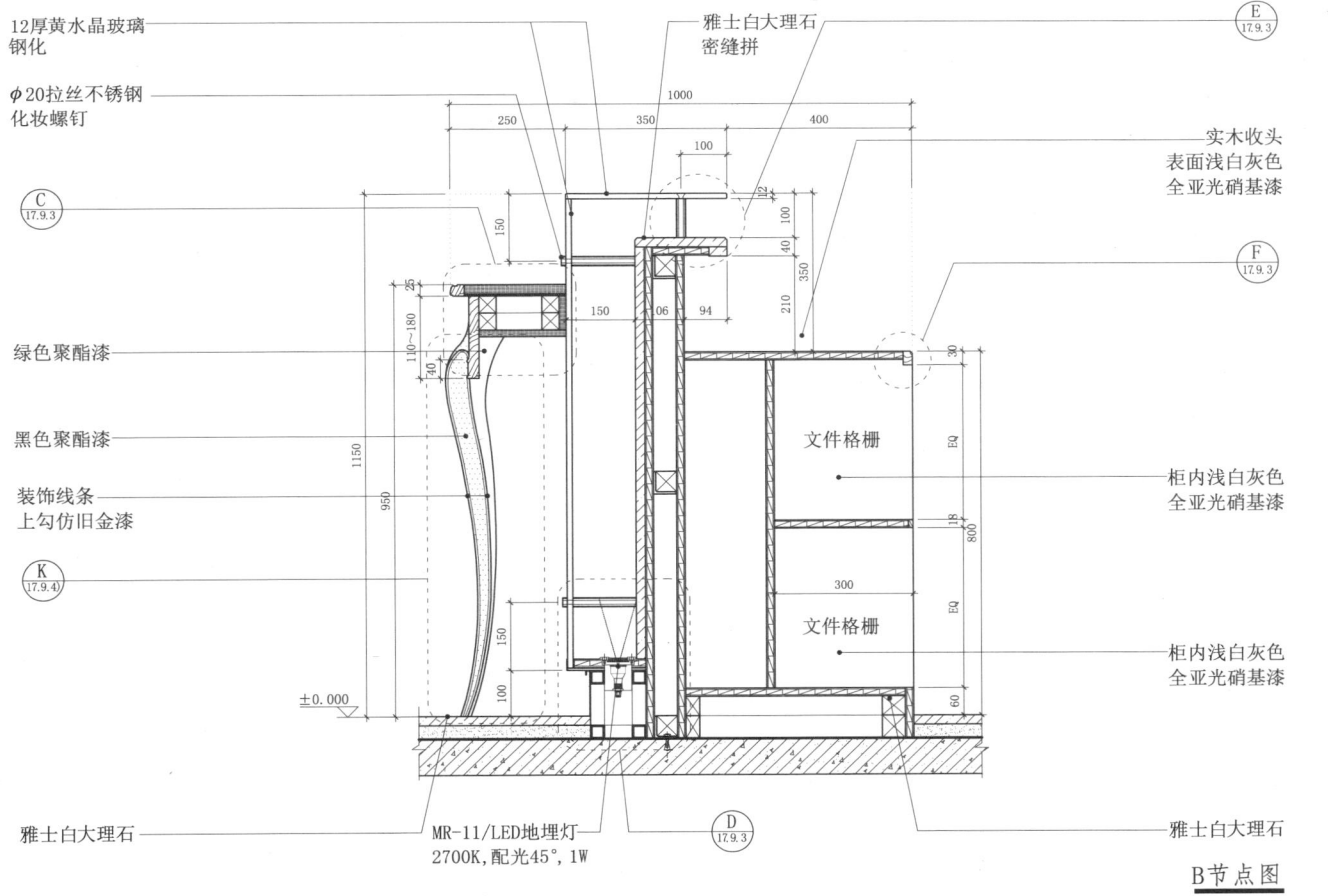

3 总服务侧立面图
4立面与3立面设计相同，方向相反

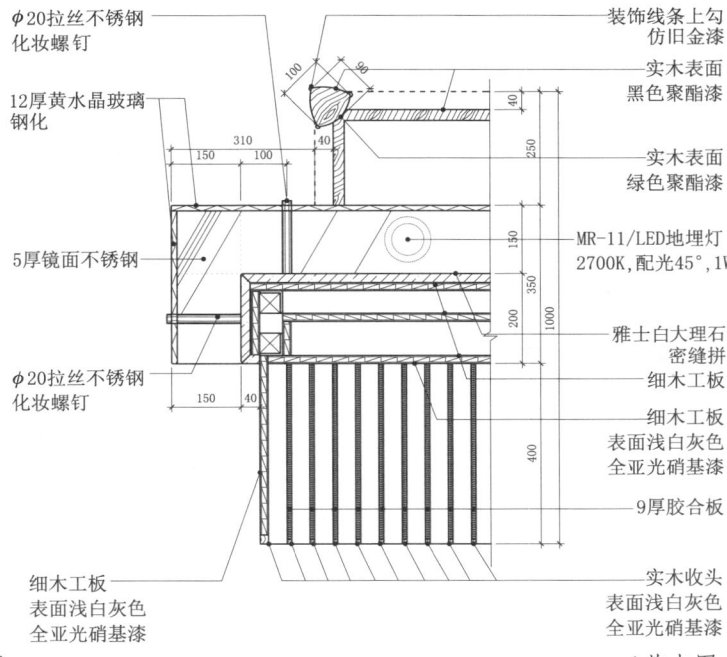

A节点图

B节点图

室内构造节点与专项模式图集 | 683

17 室内设施

17.9 总服务台(二)

- 固定家具
- 透光照明构造
- 检修构造
- 玻璃构造
- 西方古典风格

17.9.3

C节点图
- 实木表面 黑色聚酯漆
- 20厚密度板 表面黑色聚酯漆
- 5厚胶合板
- 浅白灰色 全亚光硝基漆 硅胶粘合
- 实木表面 黑色聚酯漆
- 仿旧金漆
- 实木表面 黑色聚酯漆
- 仿旧金漆
- 15厚密度板 表面黑色聚酯漆
- 12厚黄水晶玻璃 钢化

D节点图
- φ20拉丝不锈钢 化妆螺钉
- 12厚黄水晶玻璃 钢化
- MR-11/LED 地埋灯 2700K 配光45°,1W
- 5厚镜面不锈钢
- 5厚镜面不锈钢钢板
- 镜面不锈钢 拉开检修
- 雅士白大理石
- 1:3水泥砂浆
- 30×30方钢
- 膨胀螺栓
- L50×50×5 镀锌角钢
- 细木工板
- 柜内 浅白灰色 全亚光硝基漆

E节点图
- φ20拉丝不锈钢 化妆螺钉
- 12厚黄水晶玻璃 钢化
- 细木工板 表面浅白灰色 全亚光硝基漆
- 雅士白大理石 密缝拼

F节点图
- 浅白灰色 全亚光硝基漆 细木工板
- 浅白灰色 全亚光硝基漆 实木收头

G大样图
- 实木表面 黑色聚酯漆

H大样图
- 仿旧金漆
- 实木表面 黑色聚酯漆
- 实木表面 黑色聚酯漆
- 仿旧金漆

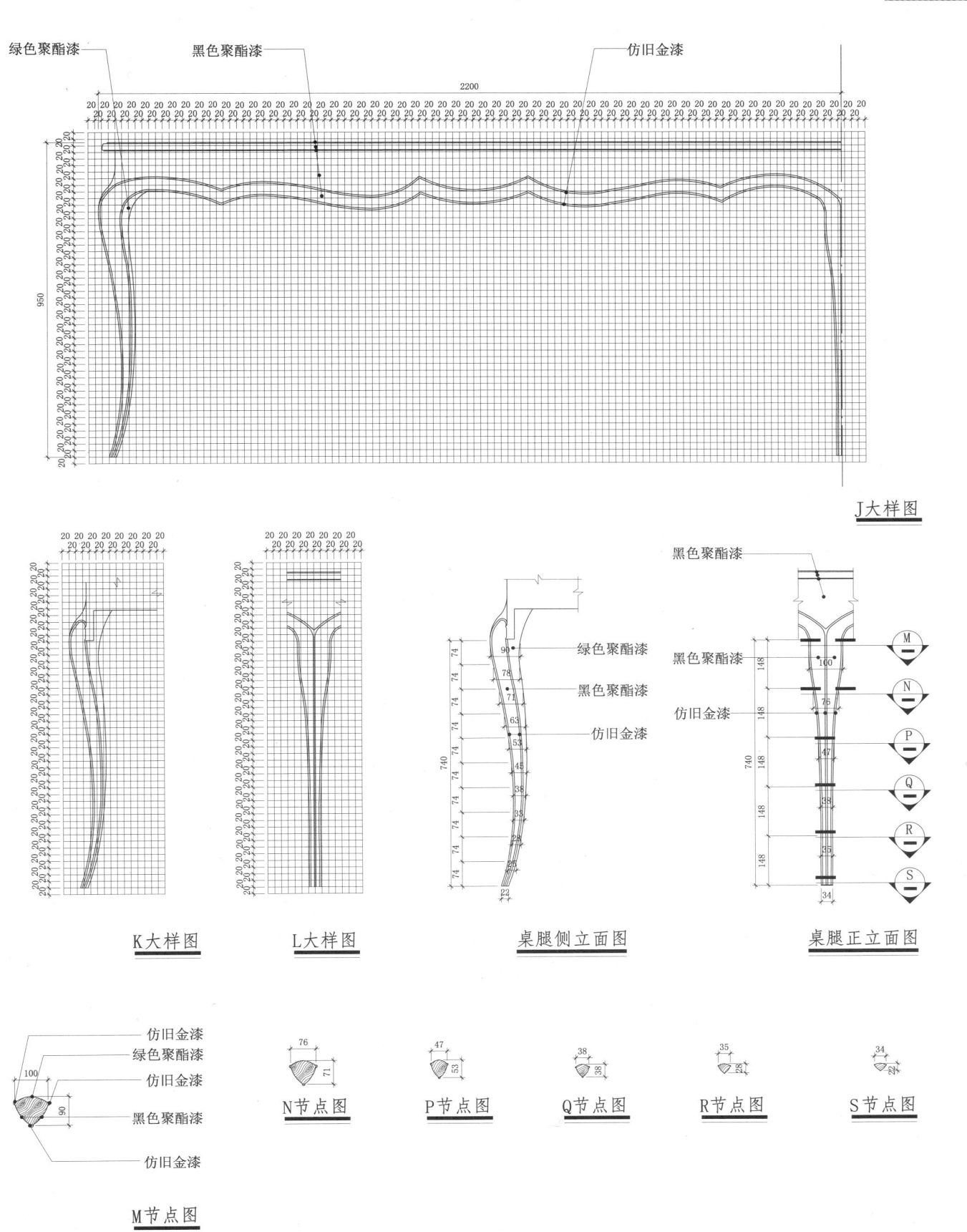

17.9 总服务台(二)

17　17.10　总服务台及吧台一体化组合

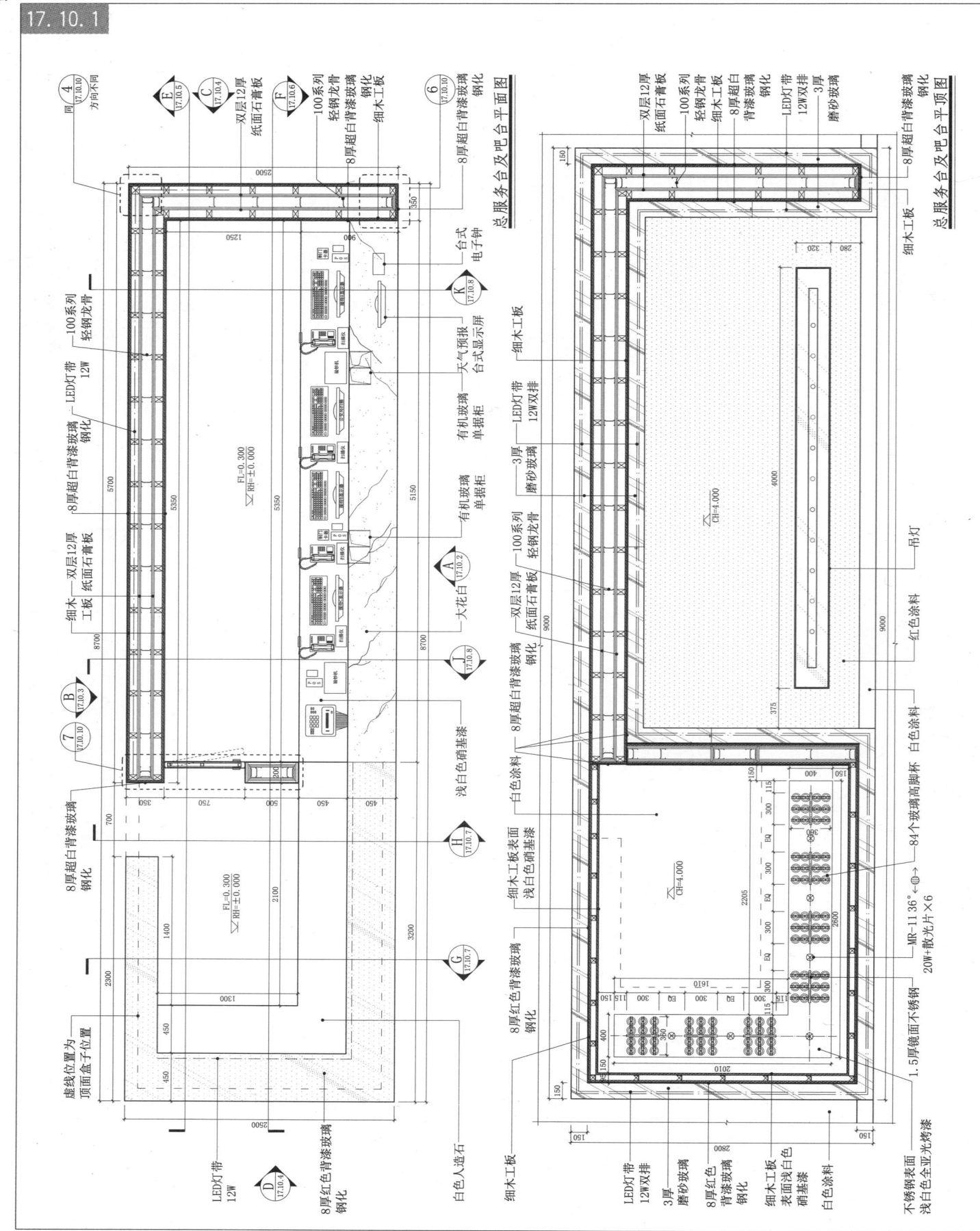

17.10 总服务台及吧台一体化组合

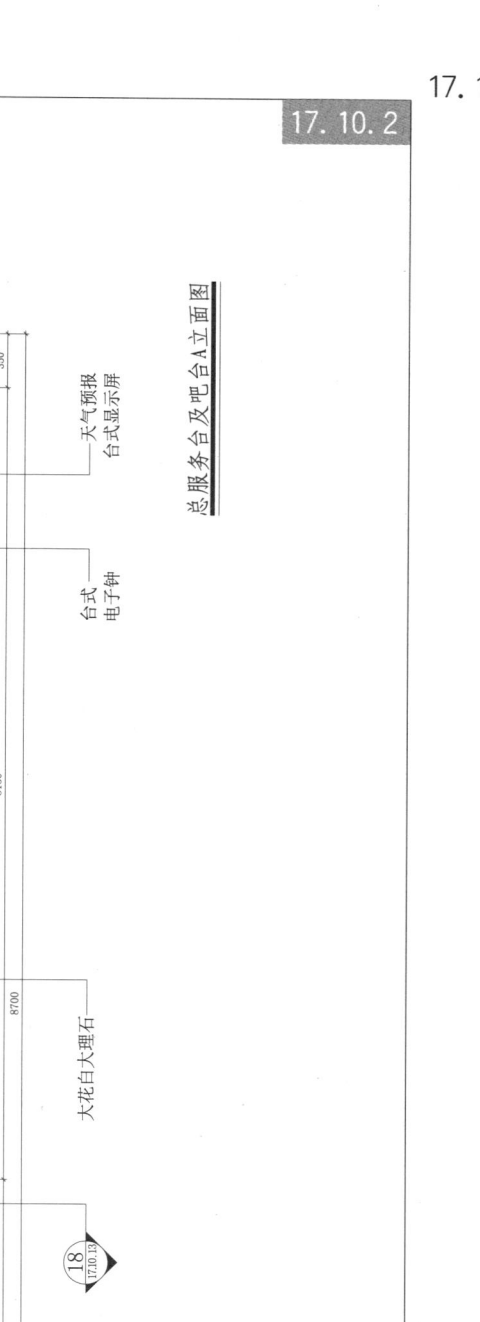

17

室内设施· 立面构造 透光照明构造 玻璃构造 检修构造 餐饮设施

17.10 总服务台及吧台一体化组合

17.10.3

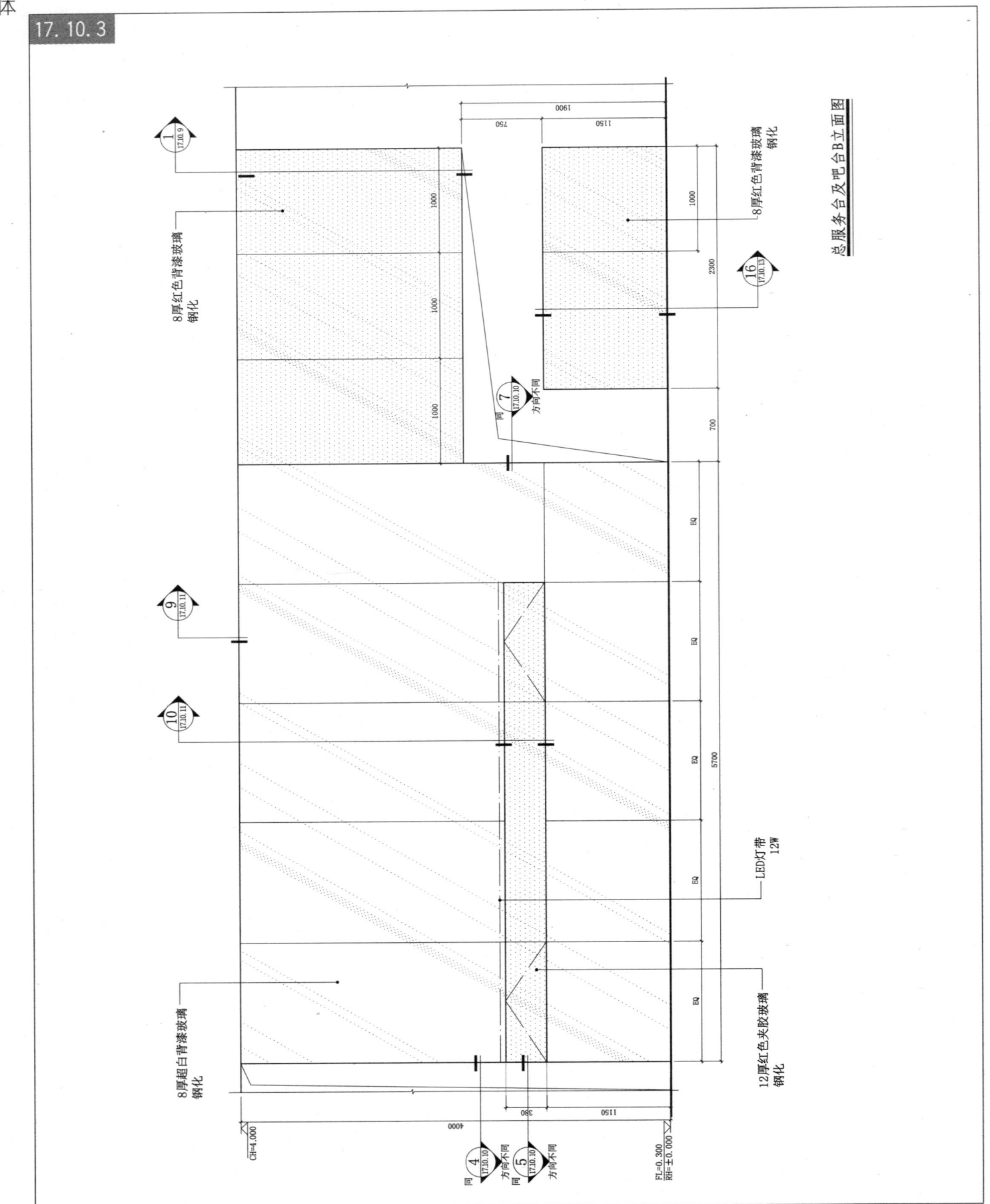

总服务台及吧台B立面图

17.10 总服务台及吧台一体化组合

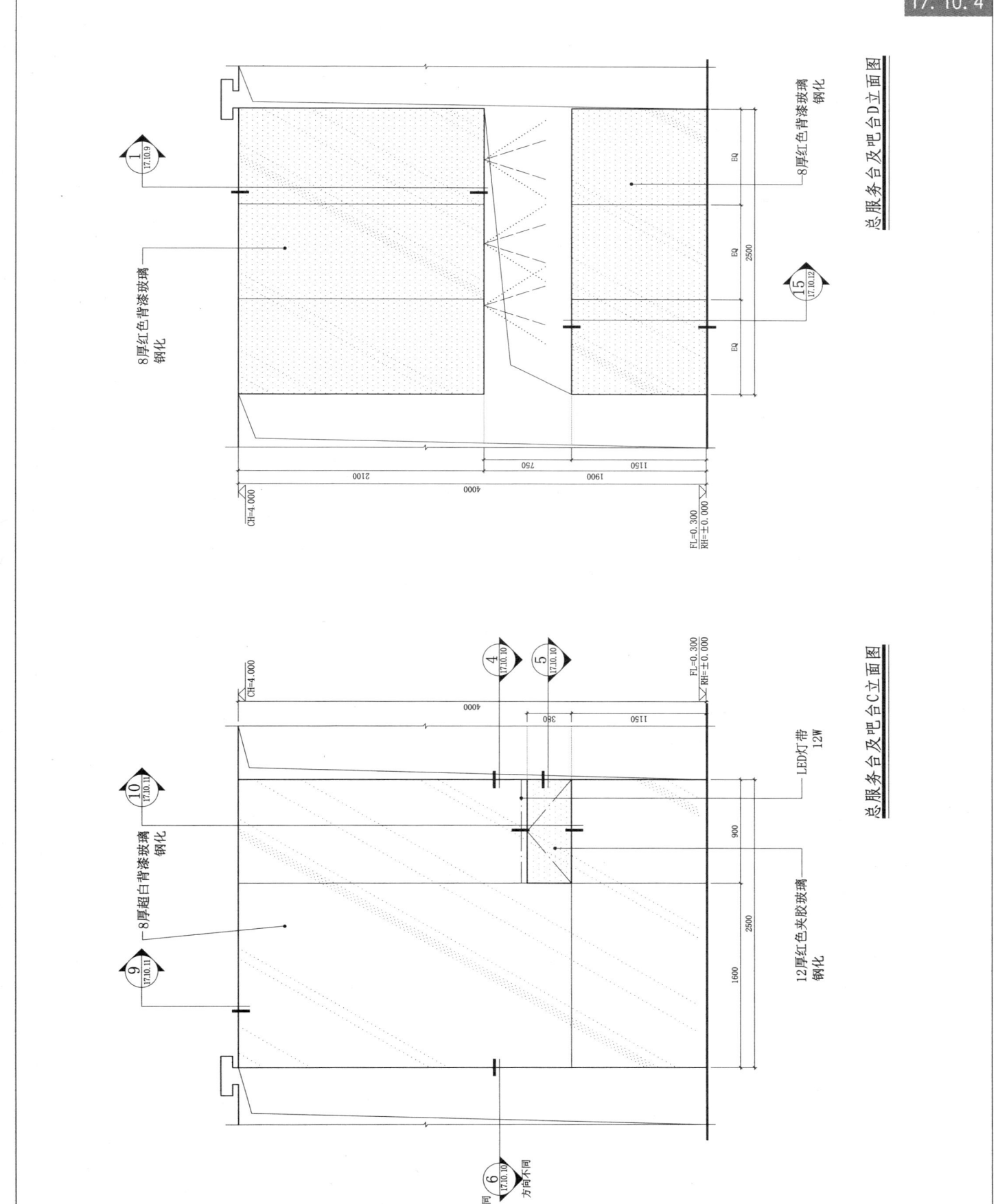

17 室内设施

17.10 总服务台及吧台一体化组合

17.10.5

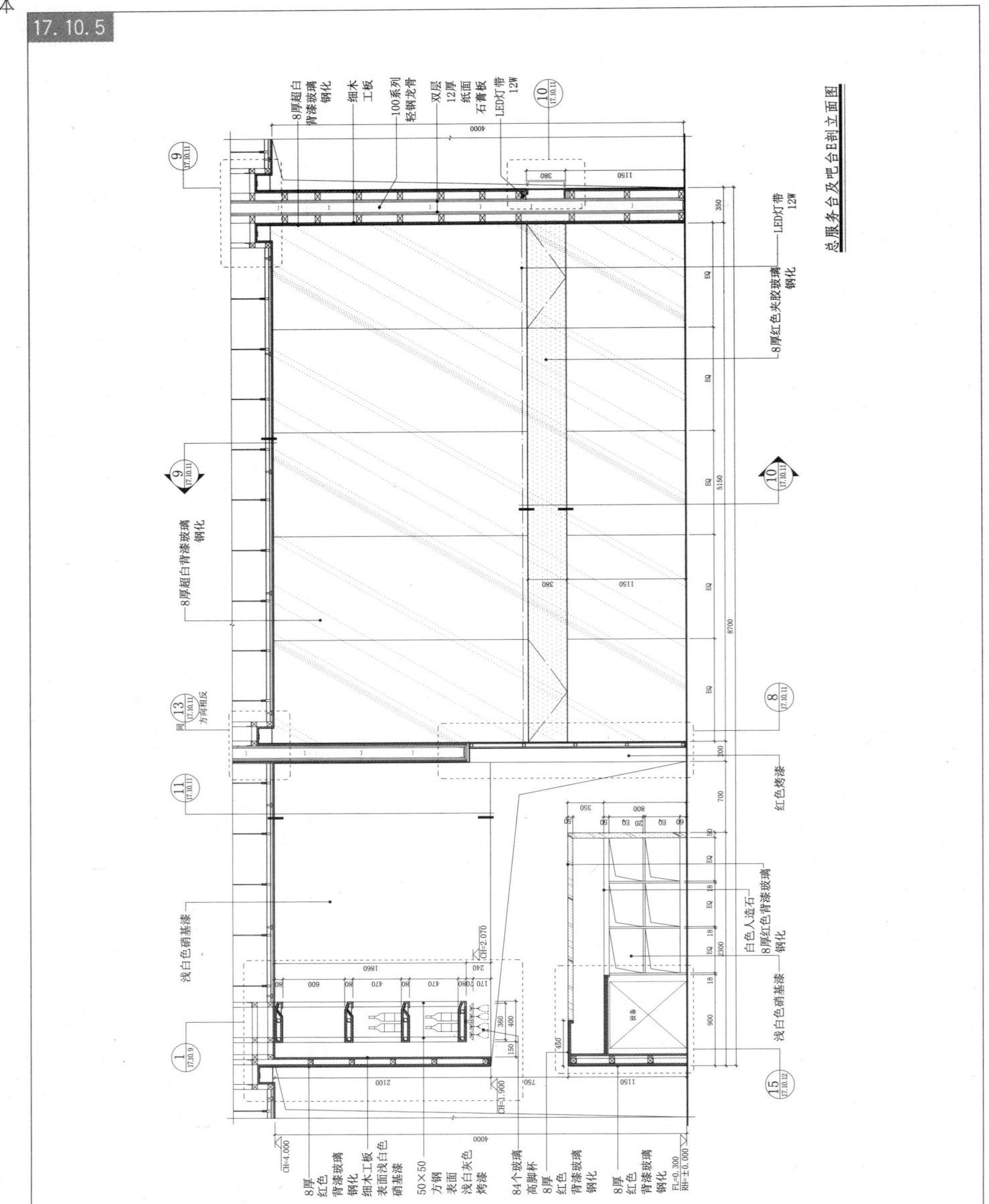

总服务台及吧台E剖立面图

17.10 总服务台及吧台一体化组合

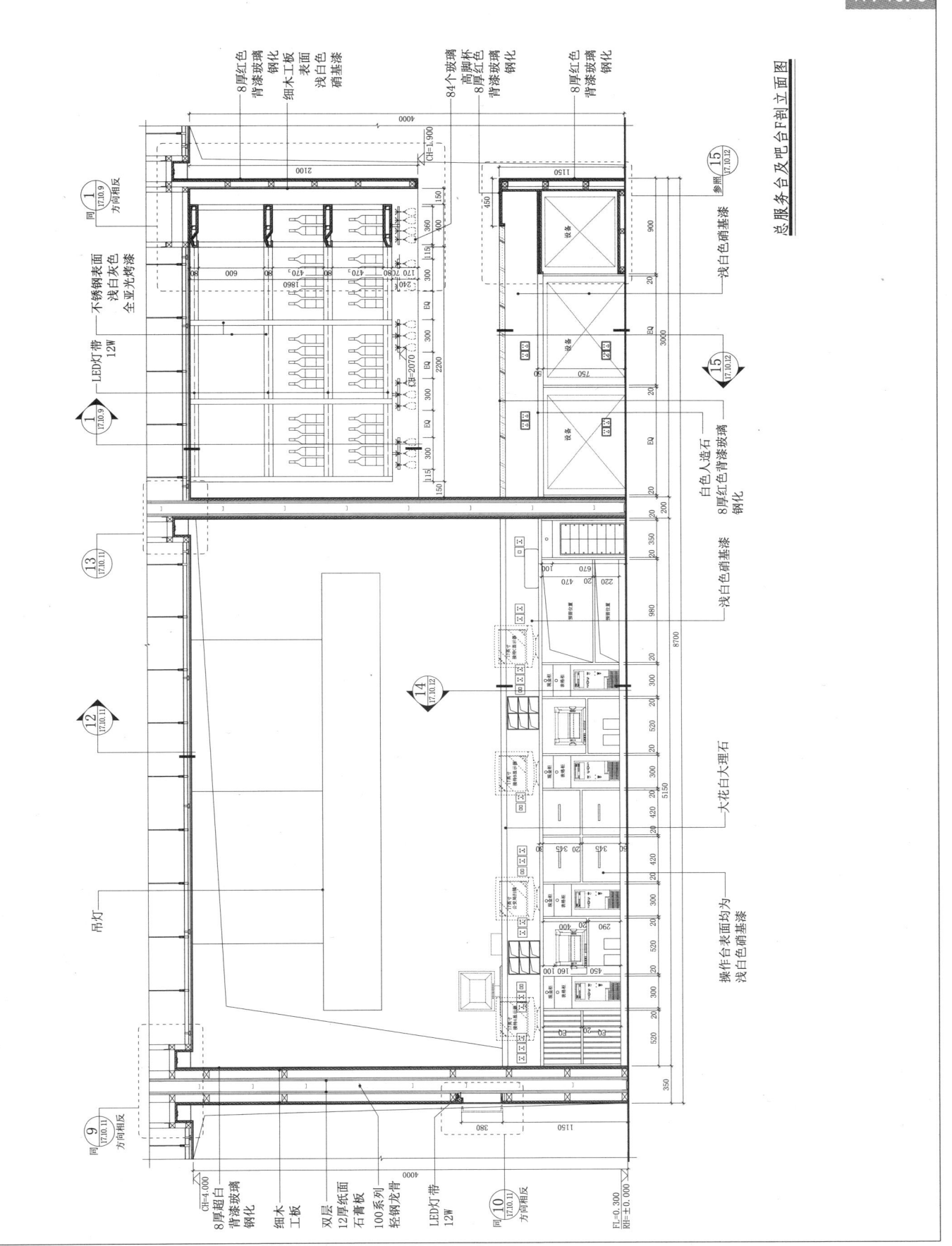

17 17.10 总服务台及吧台一体化组合

室内设施·立面构造 透光照明构造 玻璃构造 检修构造 餐饮设施

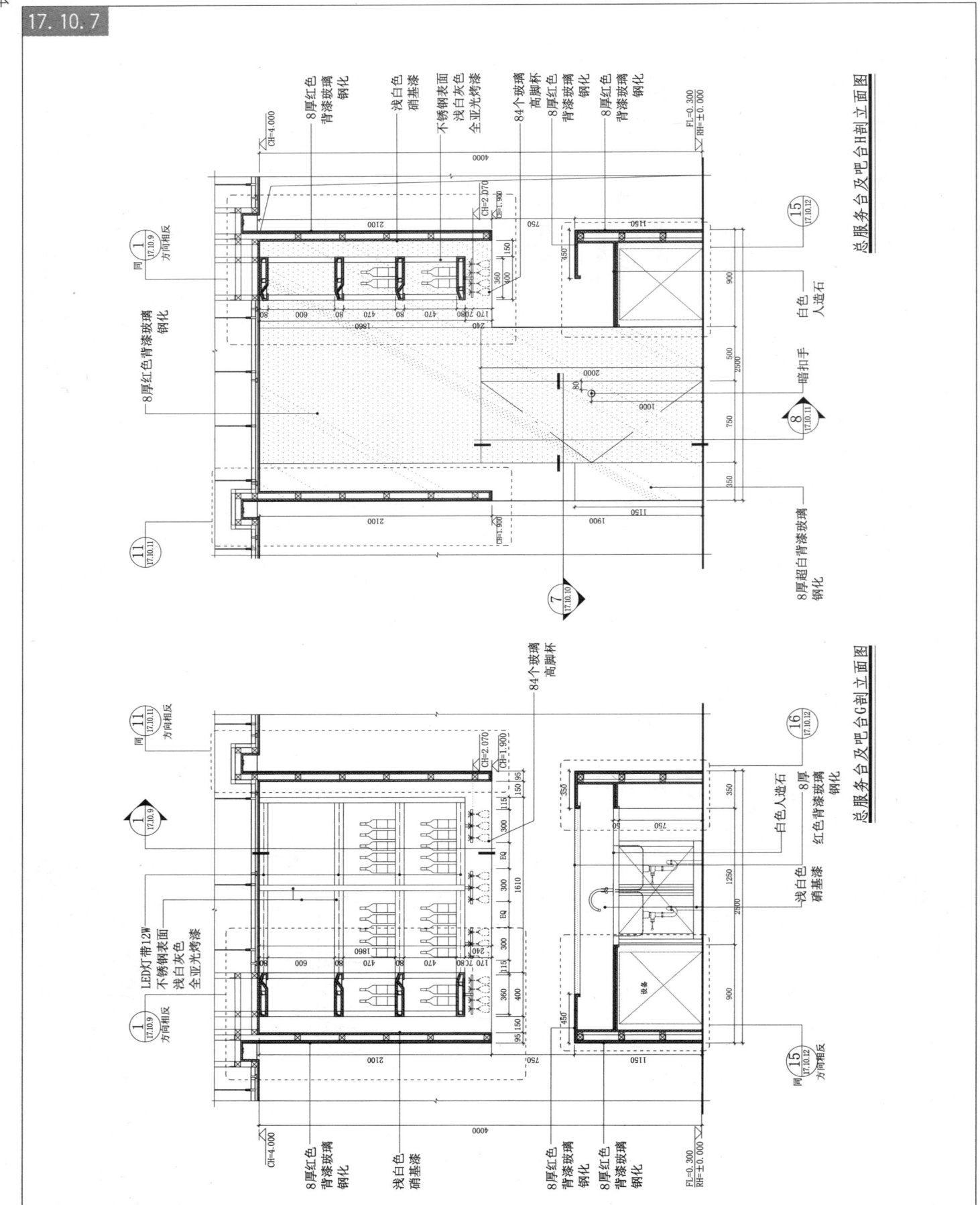

17.10.7

17.10 总服务台及吧台一体化组合

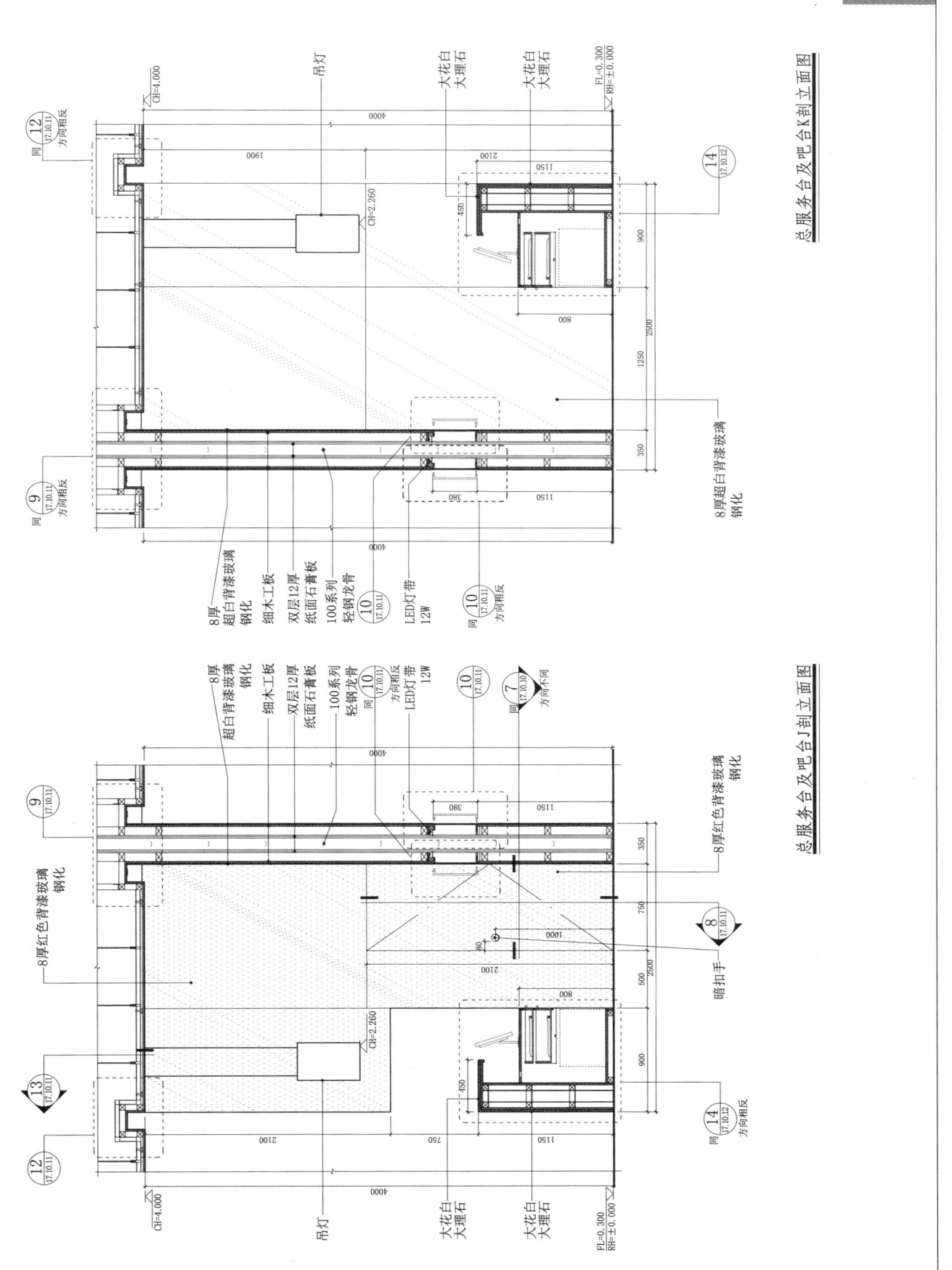

17 室内设施

17.10 总服务台及吧台一体化组合

立面构造 透光照明构造 玻璃构造 检修构造 餐饮设施

17.10.9

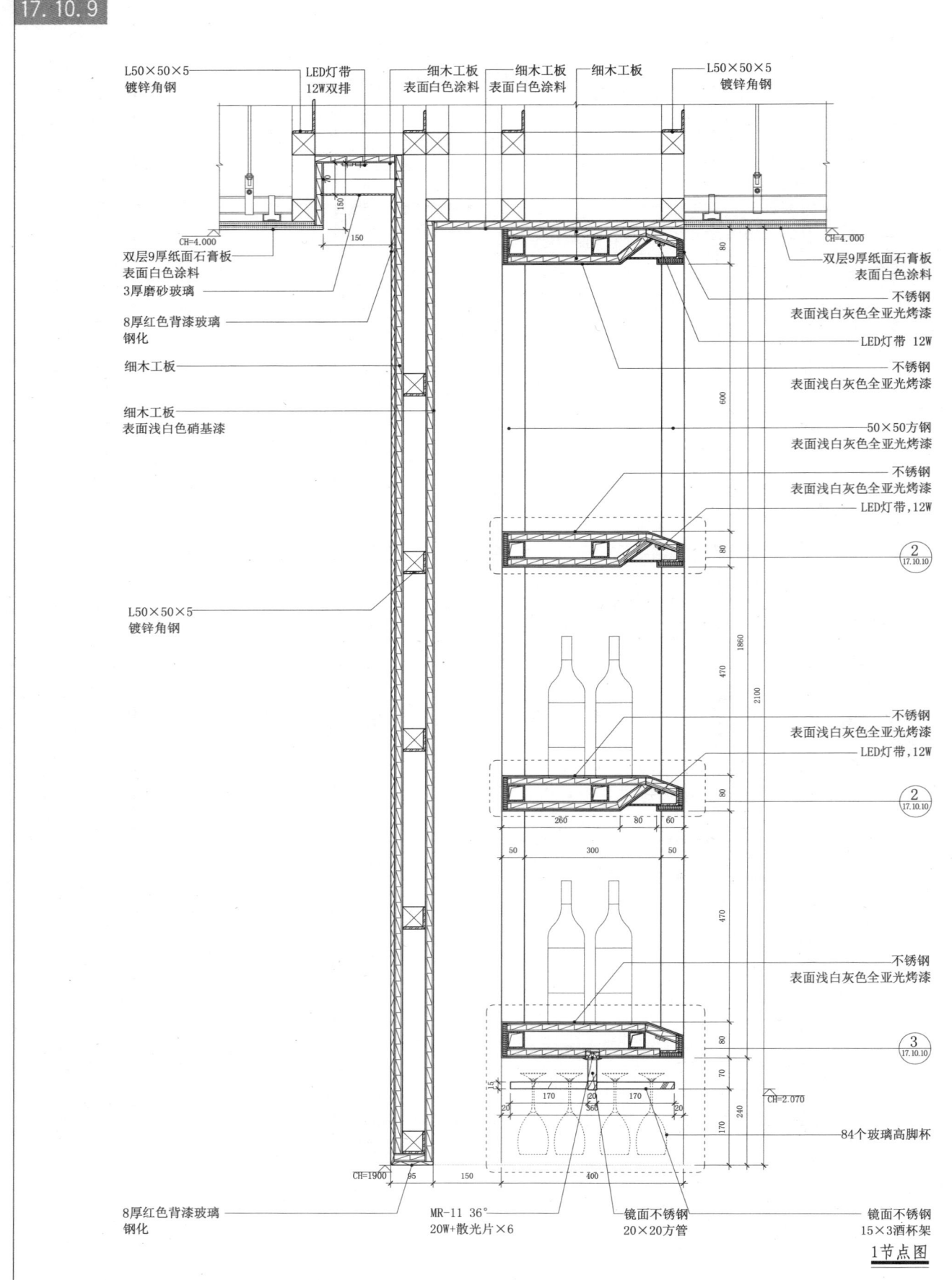

1 节点图

17.10 总服务台及吧台一体化组合

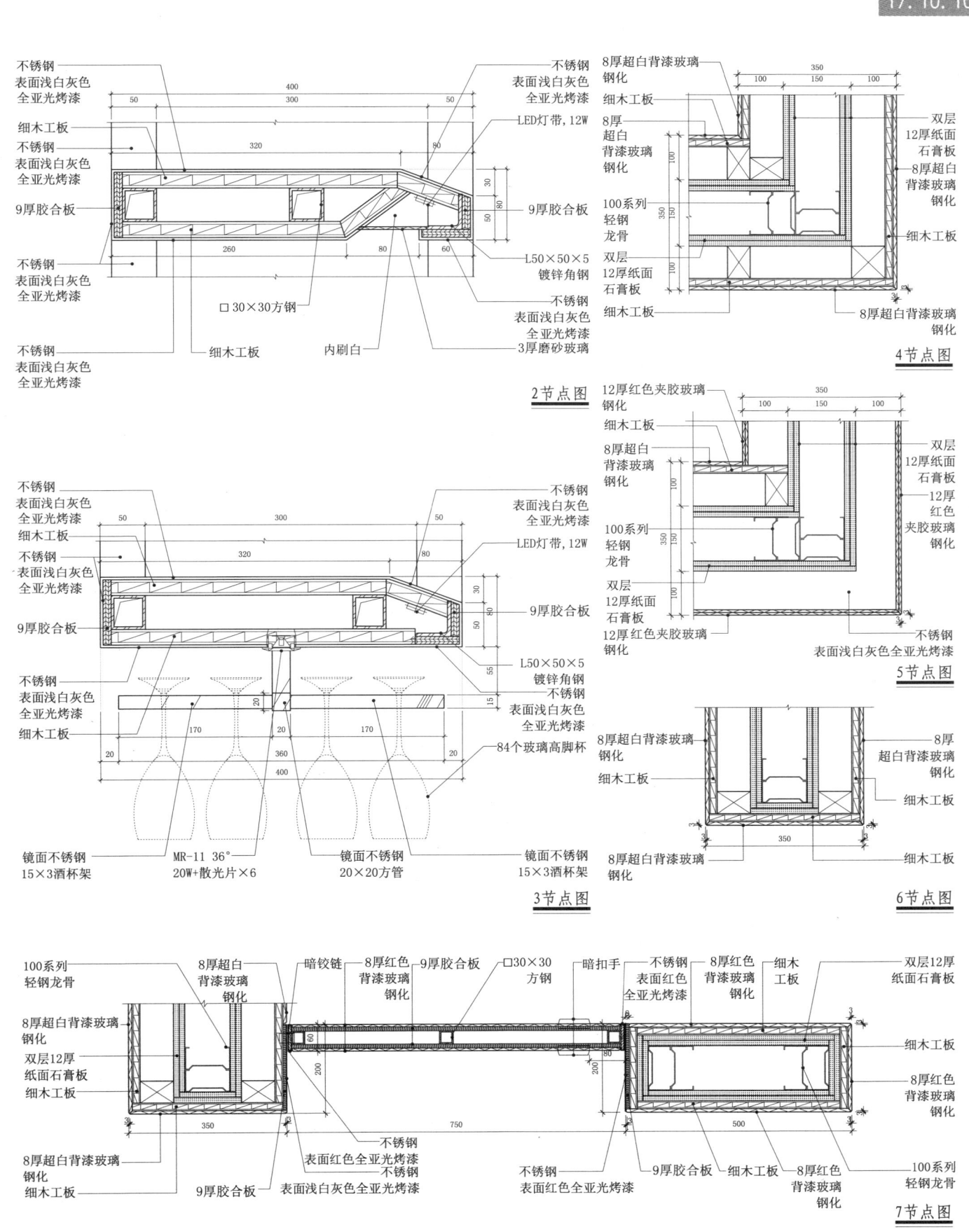

17.10 总服务台及吧台一体化组合

17.10.11

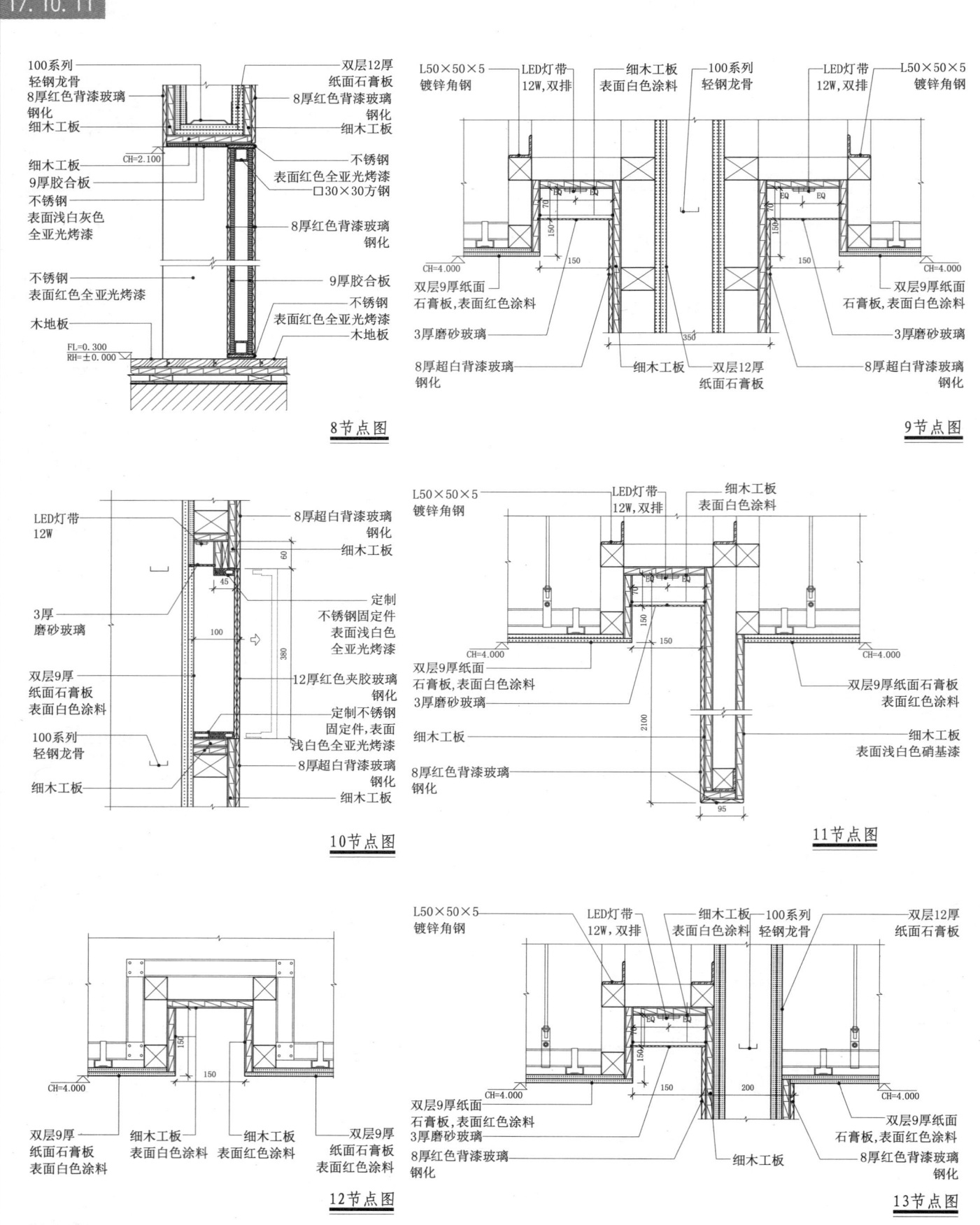

17.10 总服务台及吧台一体化组合

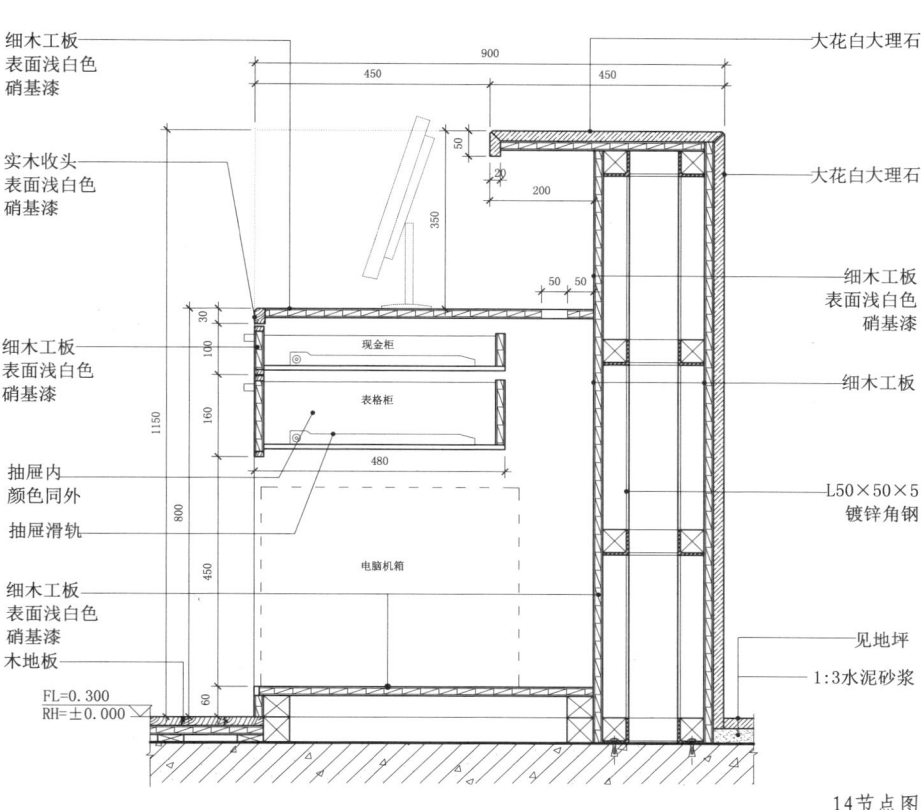

14节点图

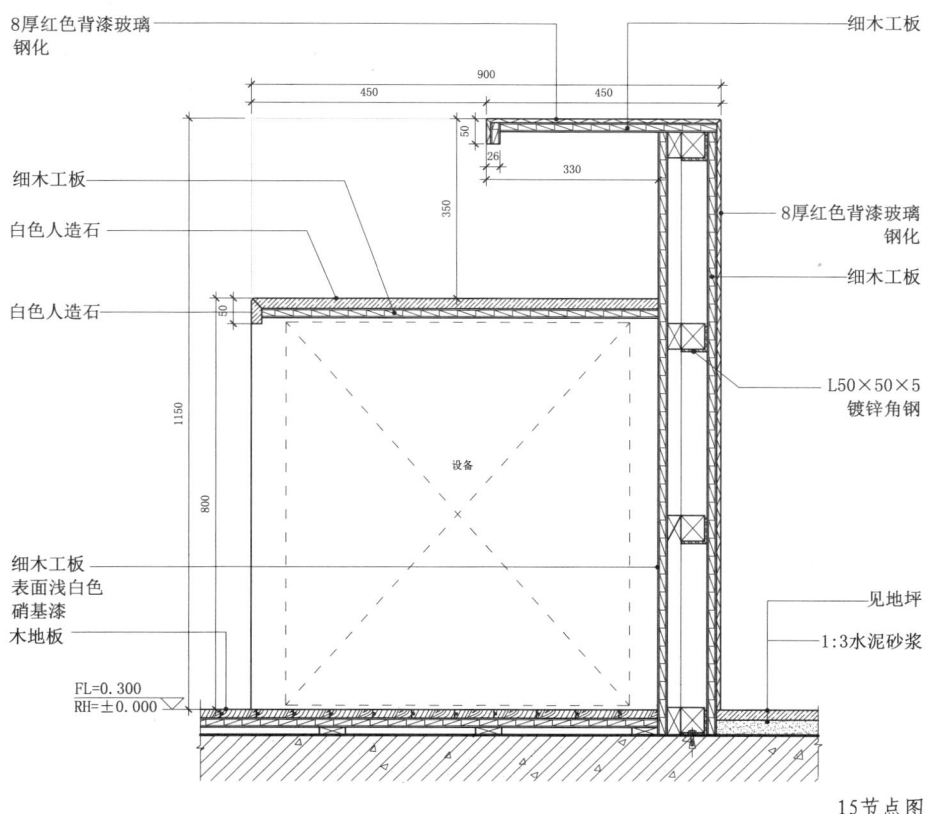

15节点图

17.10 总服务台及吧台一体化组合

17.10.13

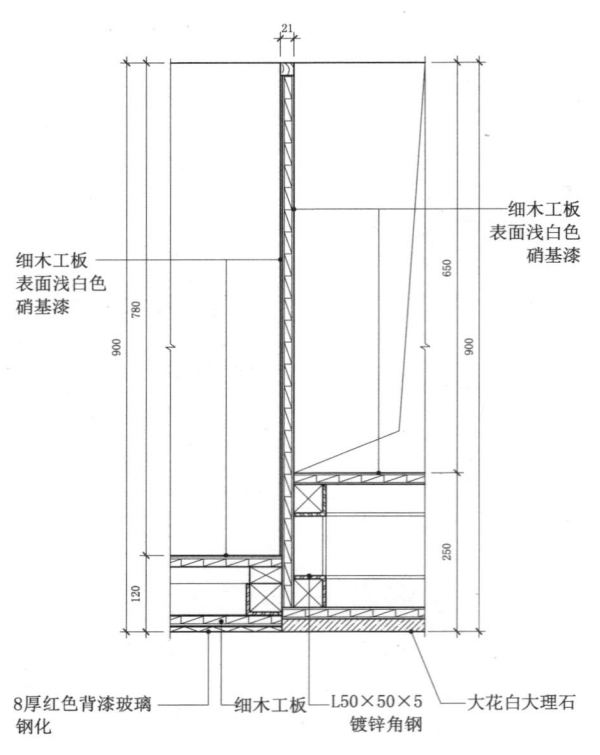

18节点图

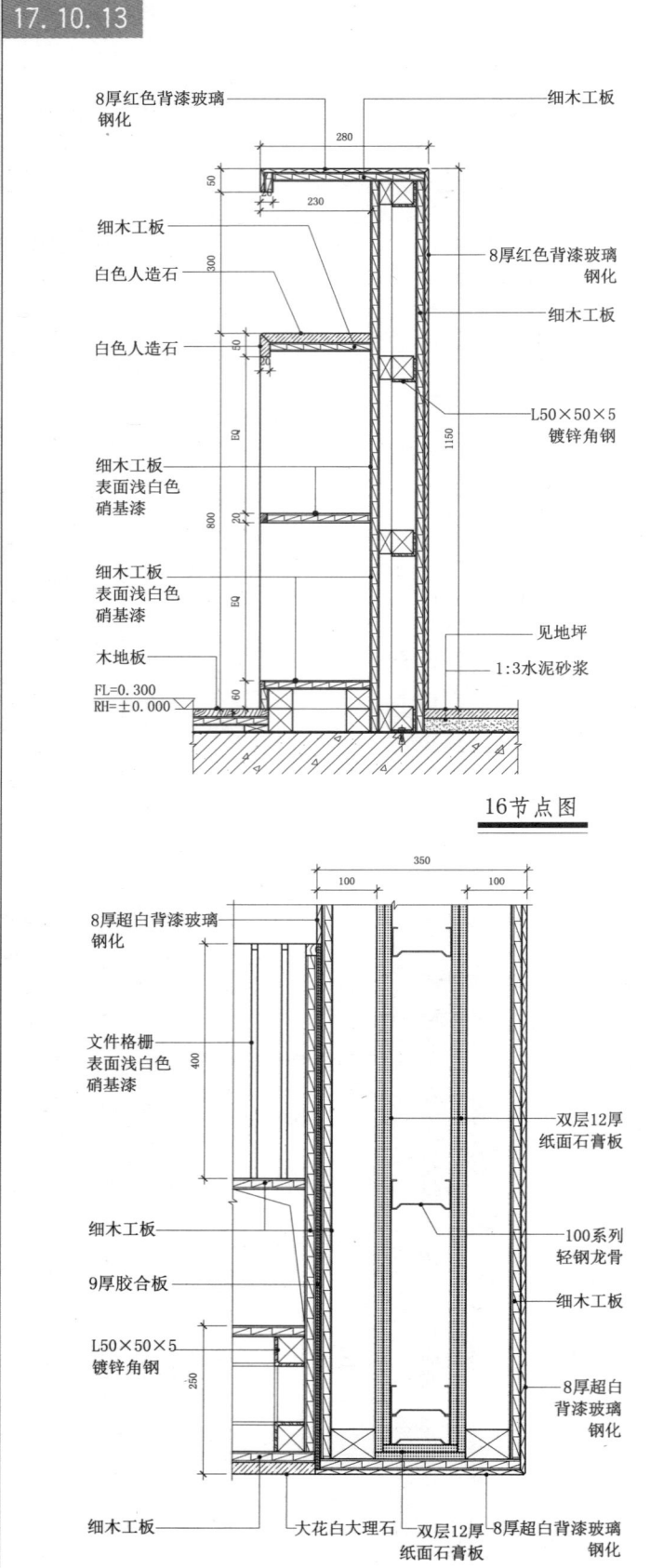

16节点图

17节点图

17.11 行政酒廊接待台

接待台平面图

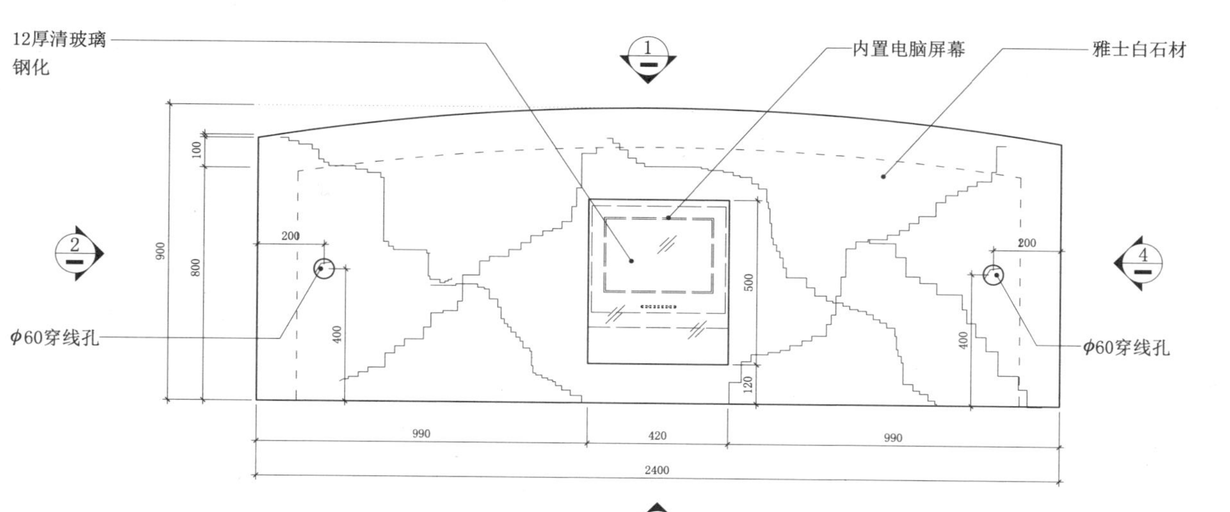

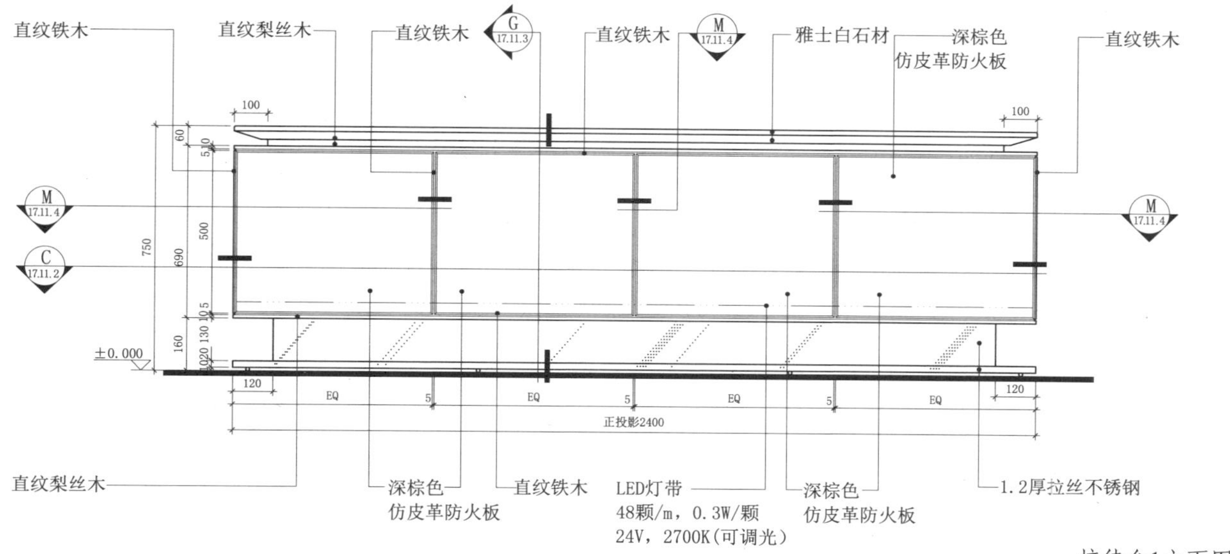

- 12厚清玻璃钢化
- 内置电脑屏幕
- 雅士白石材
- φ60穿线孔

接待台1立面图

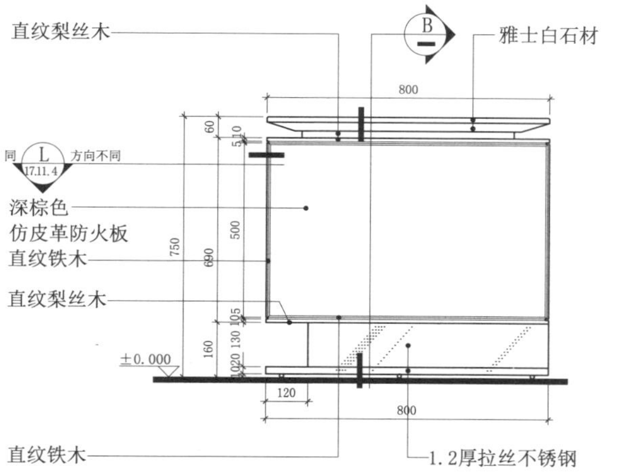

- 直纹铁木
- 直纹梨丝木
- 雅士白石材
- 深棕色仿皮革防火板
- LED灯带 48颗/m，0.3W/颗 24V，2700K(可调光)
- 1.2厚拉丝不锈钢
- 正投影2400

接待台2立面图

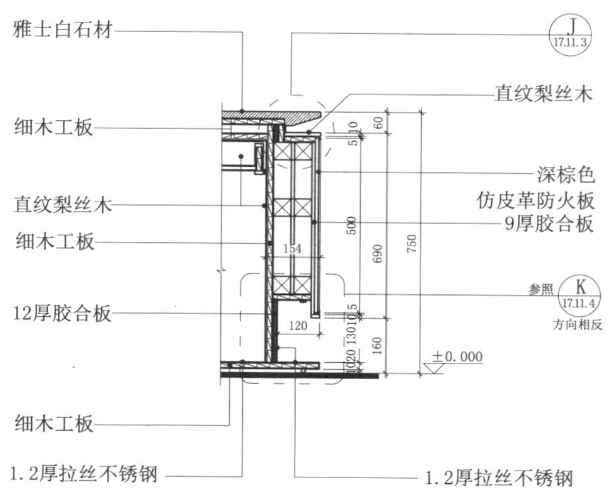

- 直纹梨丝木
- 雅士白石材
- 深棕色仿皮革防火板
- 直纹铁木
- 1.2厚拉丝不锈钢

B节点图

- 雅士白石材
- 直纹梨丝木
- 细木工板
- 深棕色仿皮革防火板
- 9厚胶合板
- 12厚胶合板
- 1.2厚拉丝不锈钢

室内设施·固定家具

17.11 行政酒廊接待台

17.11.2

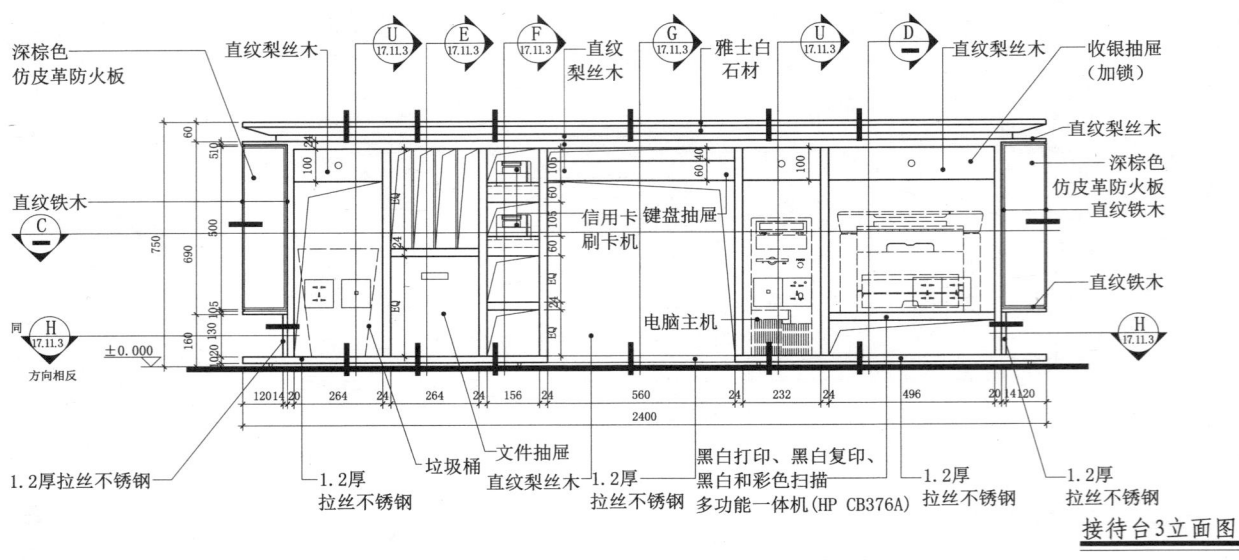

接待台3立面图

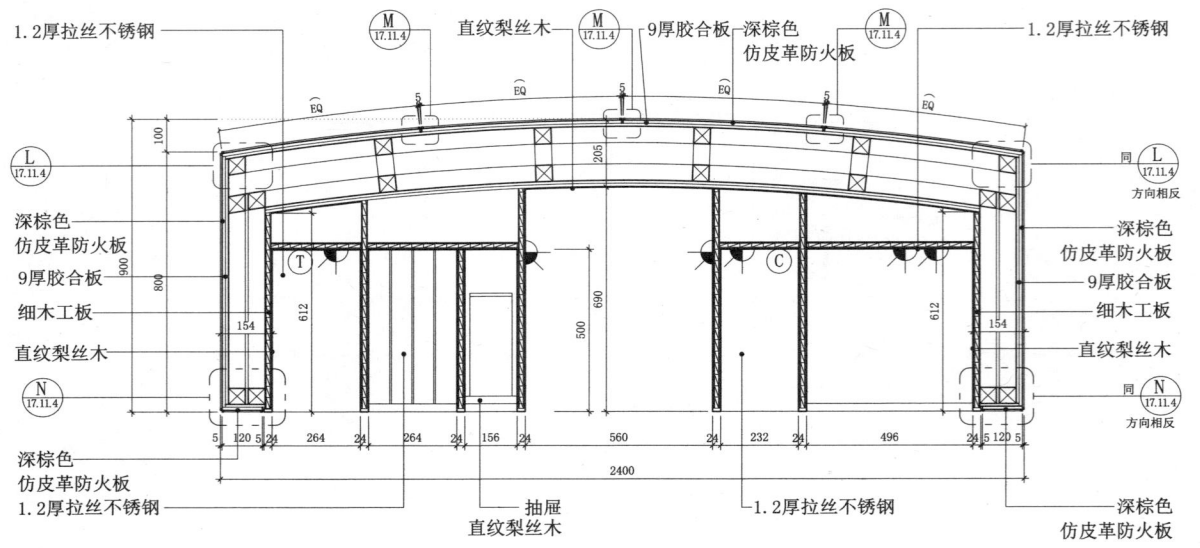

C节点图

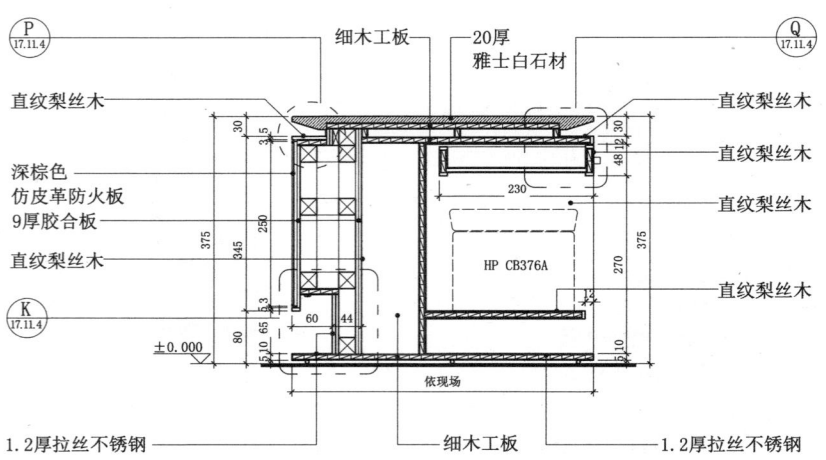

D节点图

17.11 行政酒廊接待台

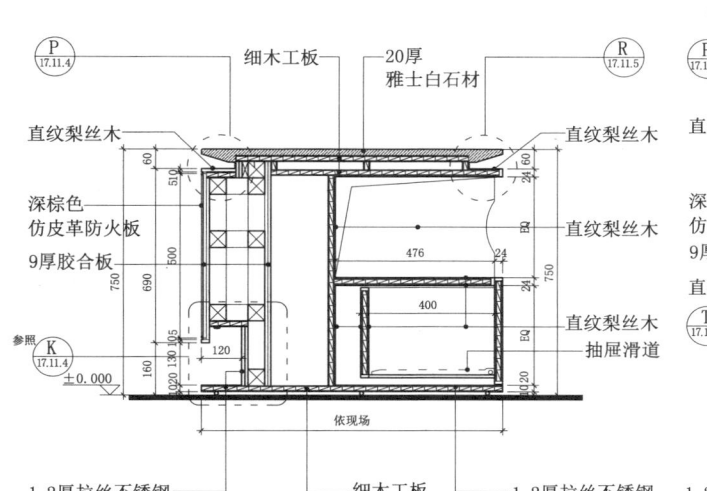

E节点图

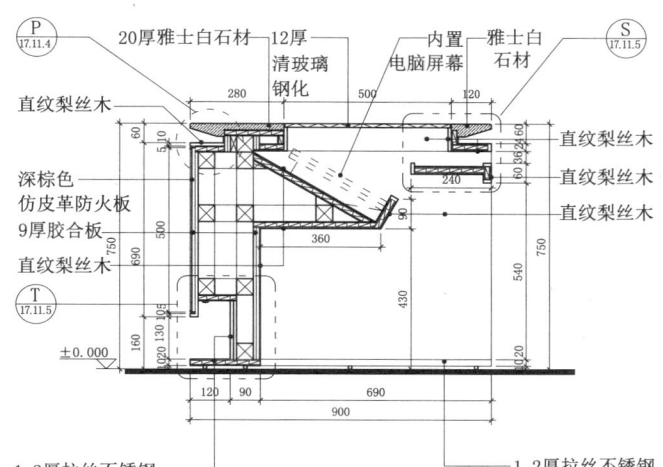

G节点图

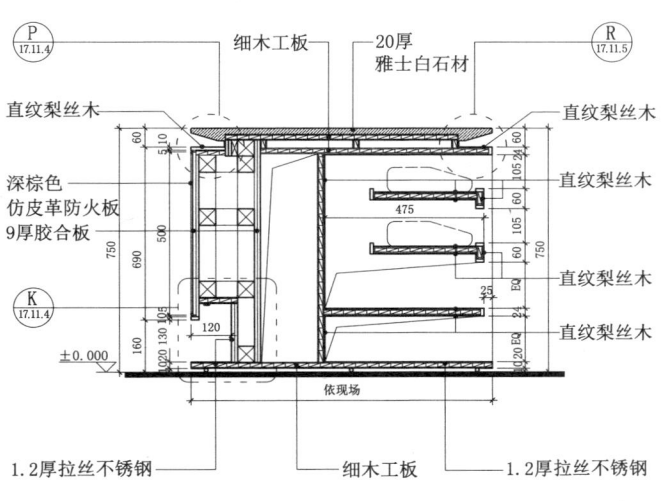

F节点图

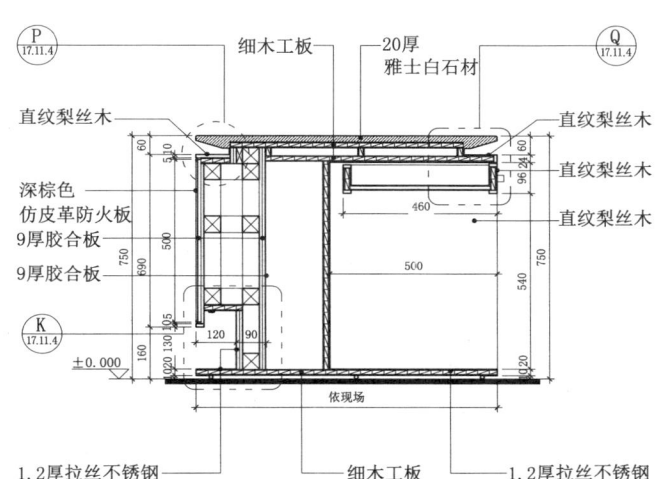

U节点图

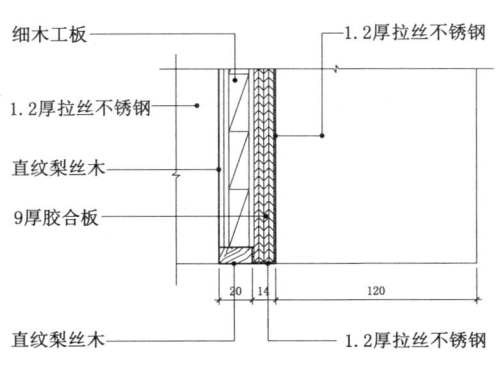

H节点图

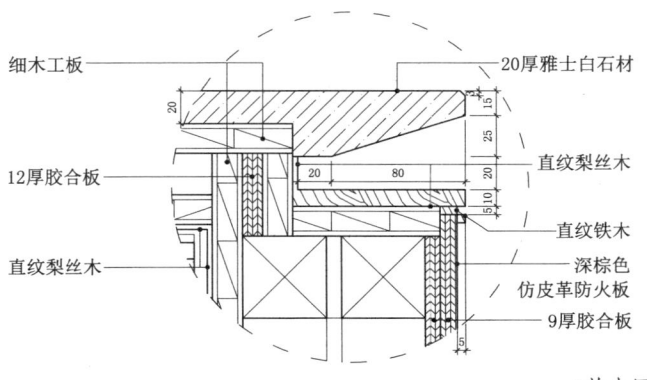

J节点图

17.11 行政酒廊接待台

17.11.4

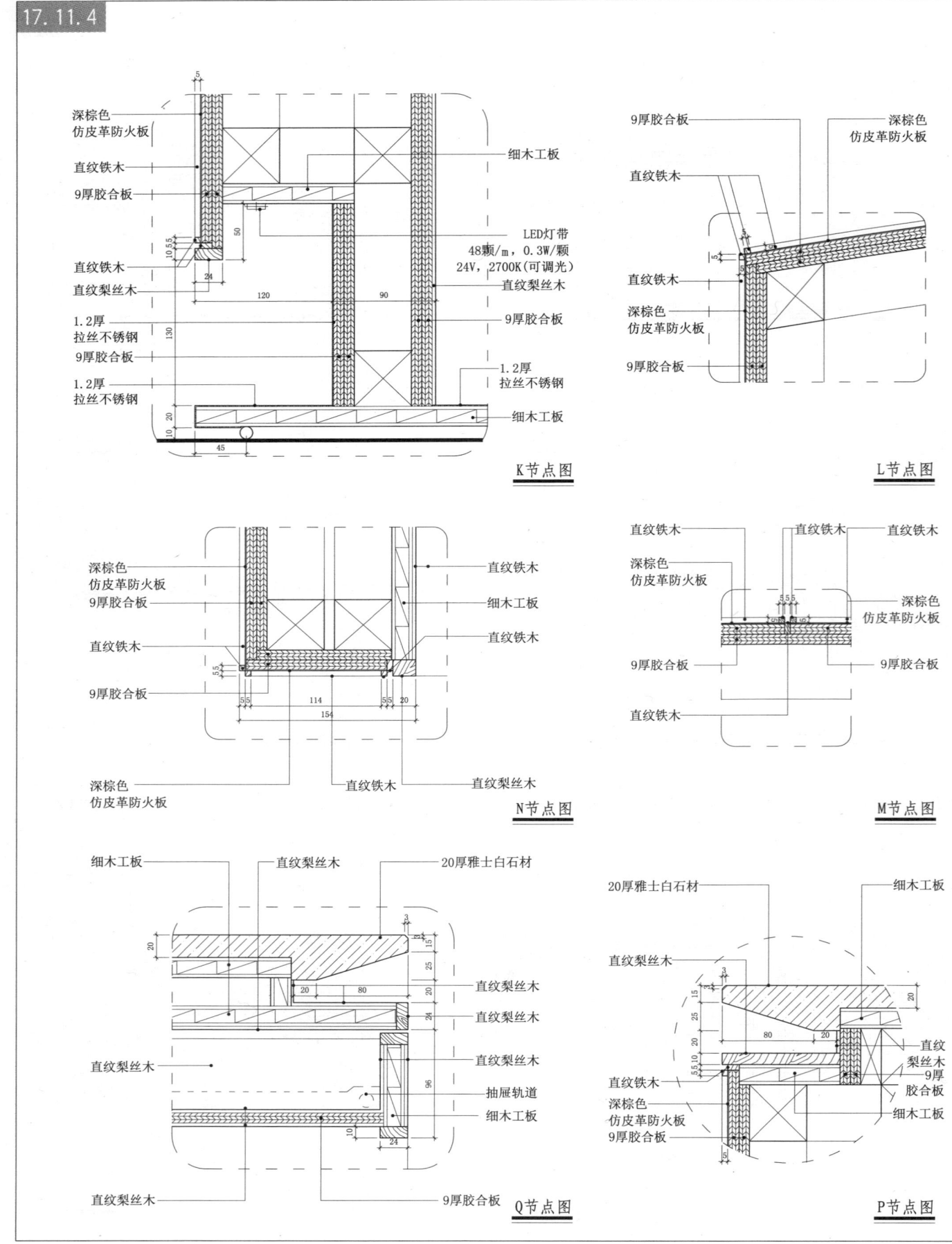

17.11.5

17.11 行政酒廊接待台

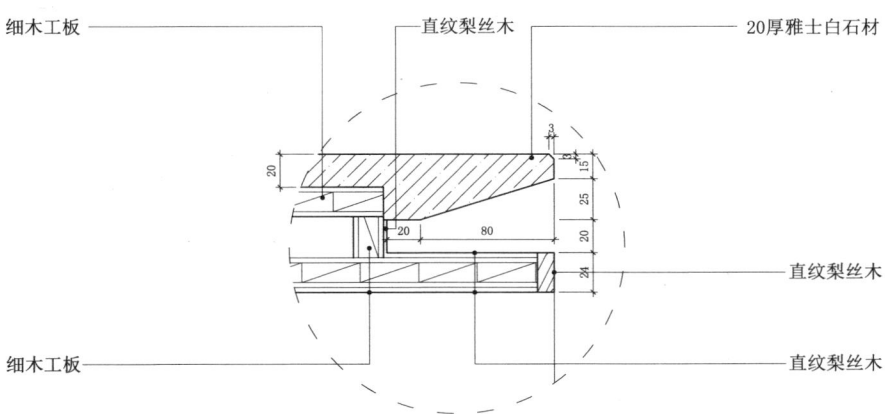

R节点图

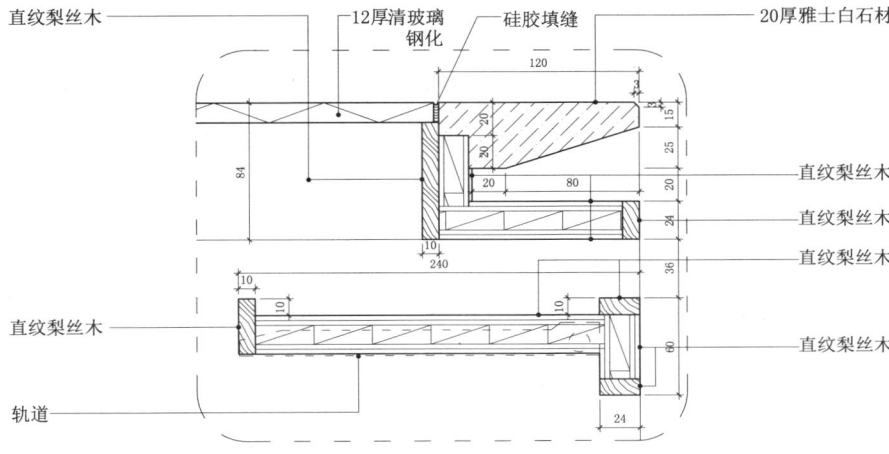

S节点图

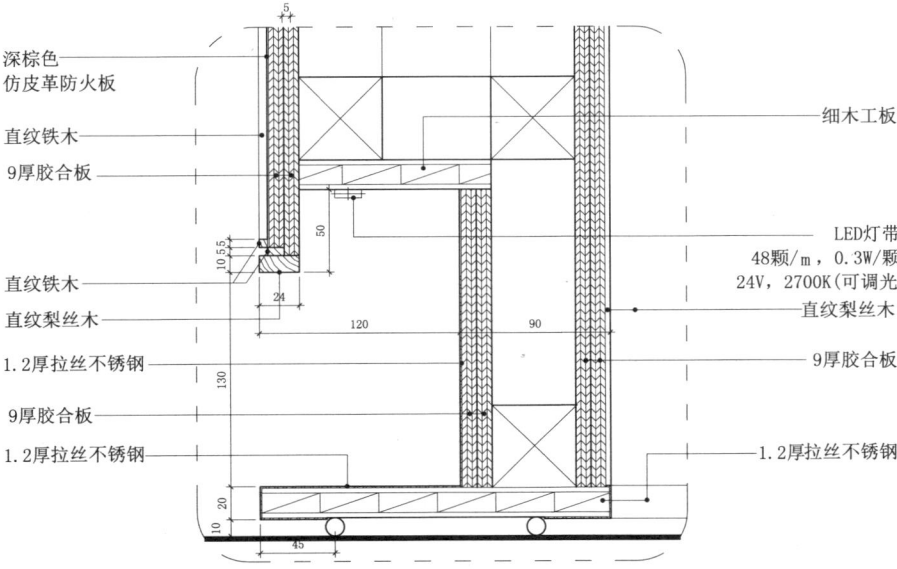

T节点图

17 室内设施·餐饮设施 固定家具

17.12 吧台

17.12.1

平面图

1立面图

2立面图

3立面图　4立面图

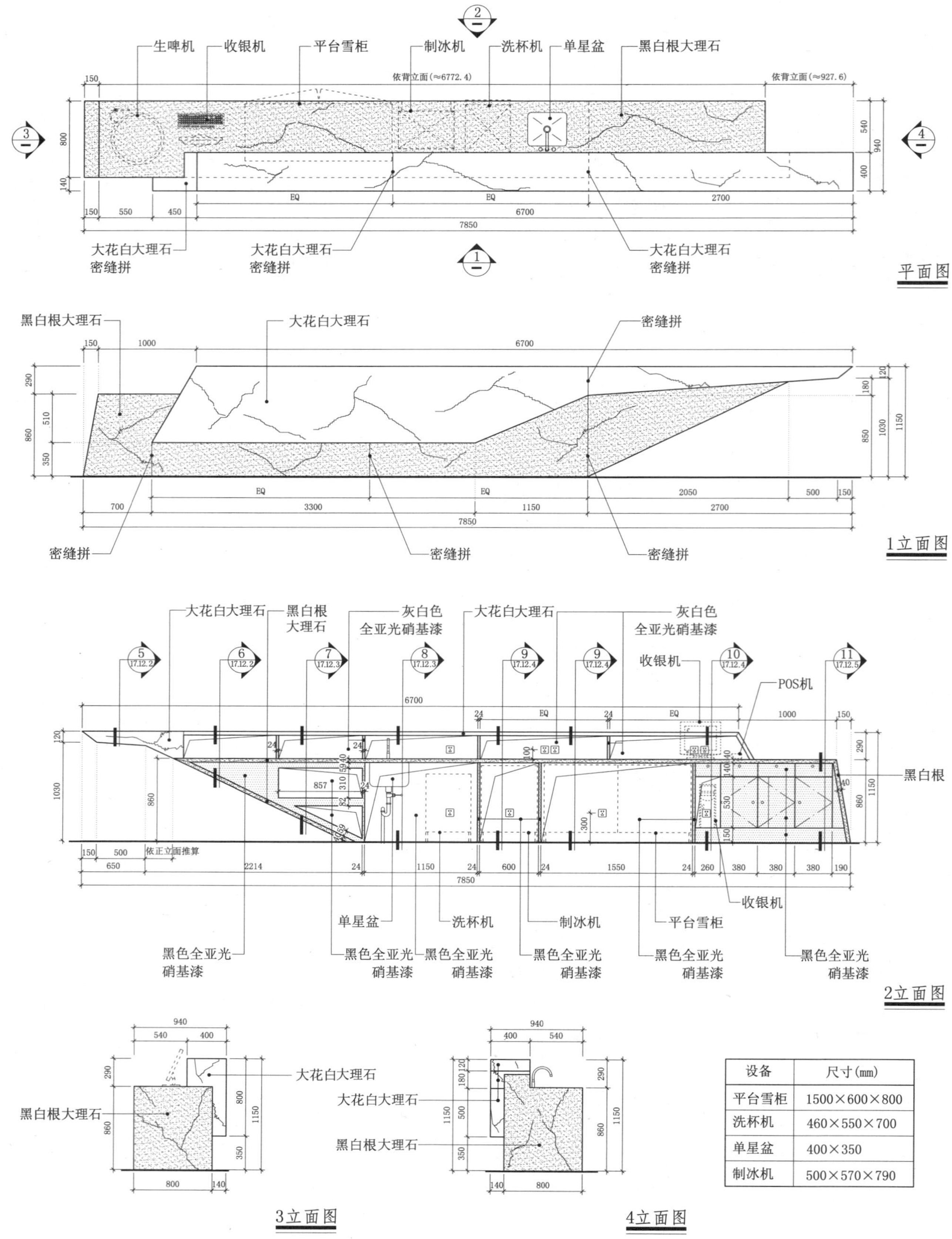

设备	尺寸(mm)
平台雪柜	1500×600×800
洗杯机	460×550×700
单星盆	400×350
制冰机	500×570×790

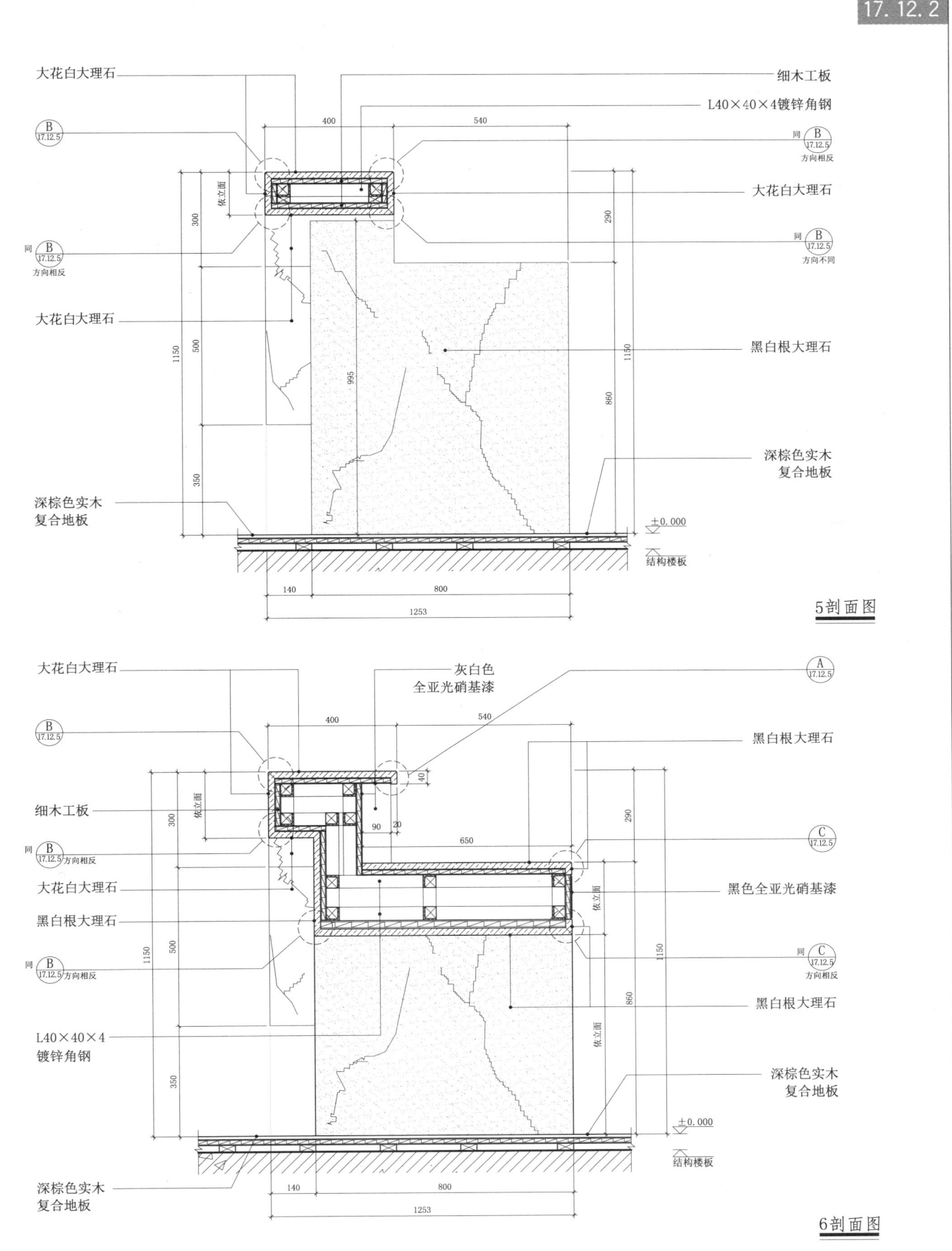

17.12 吧台

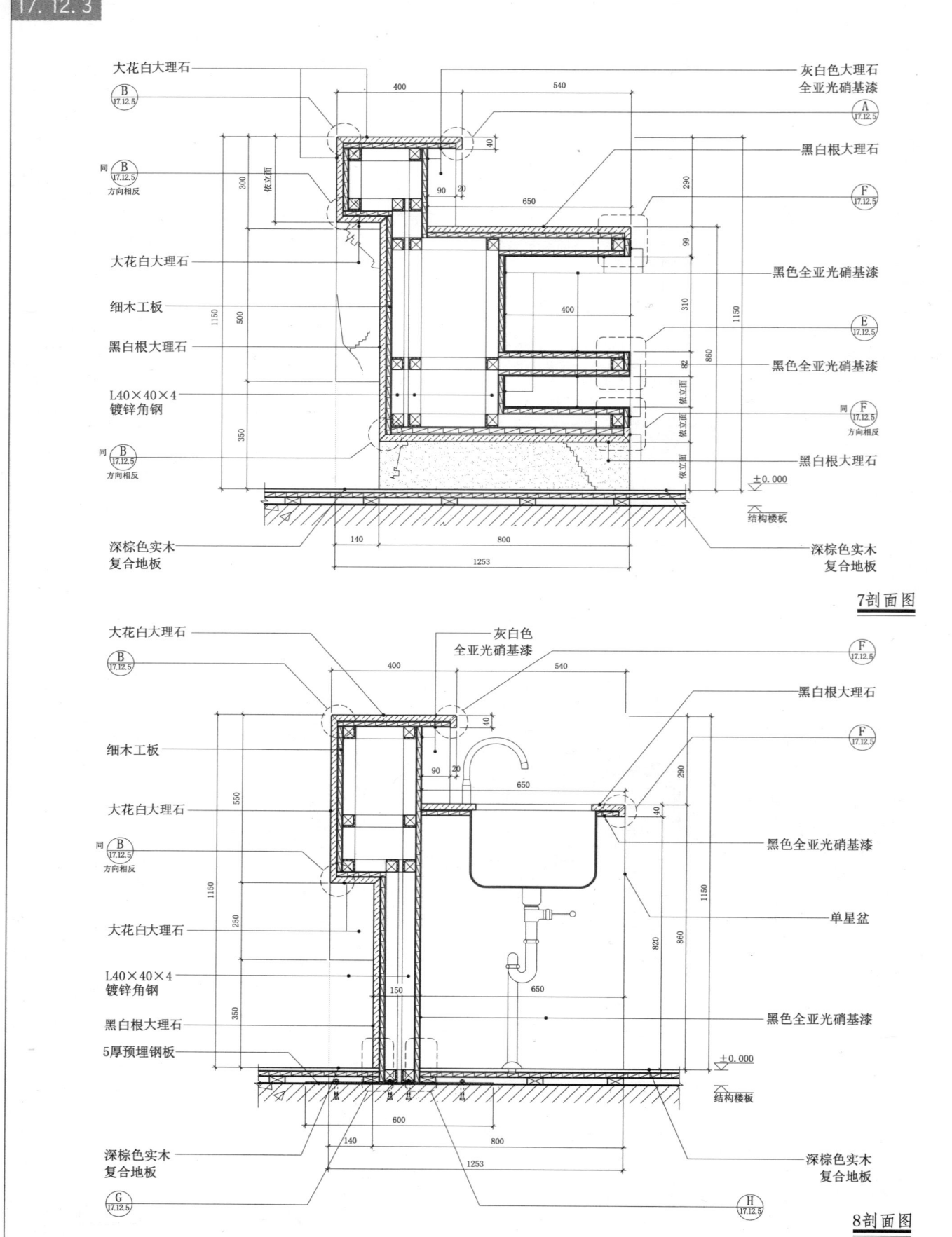

7剖面图

8剖面图

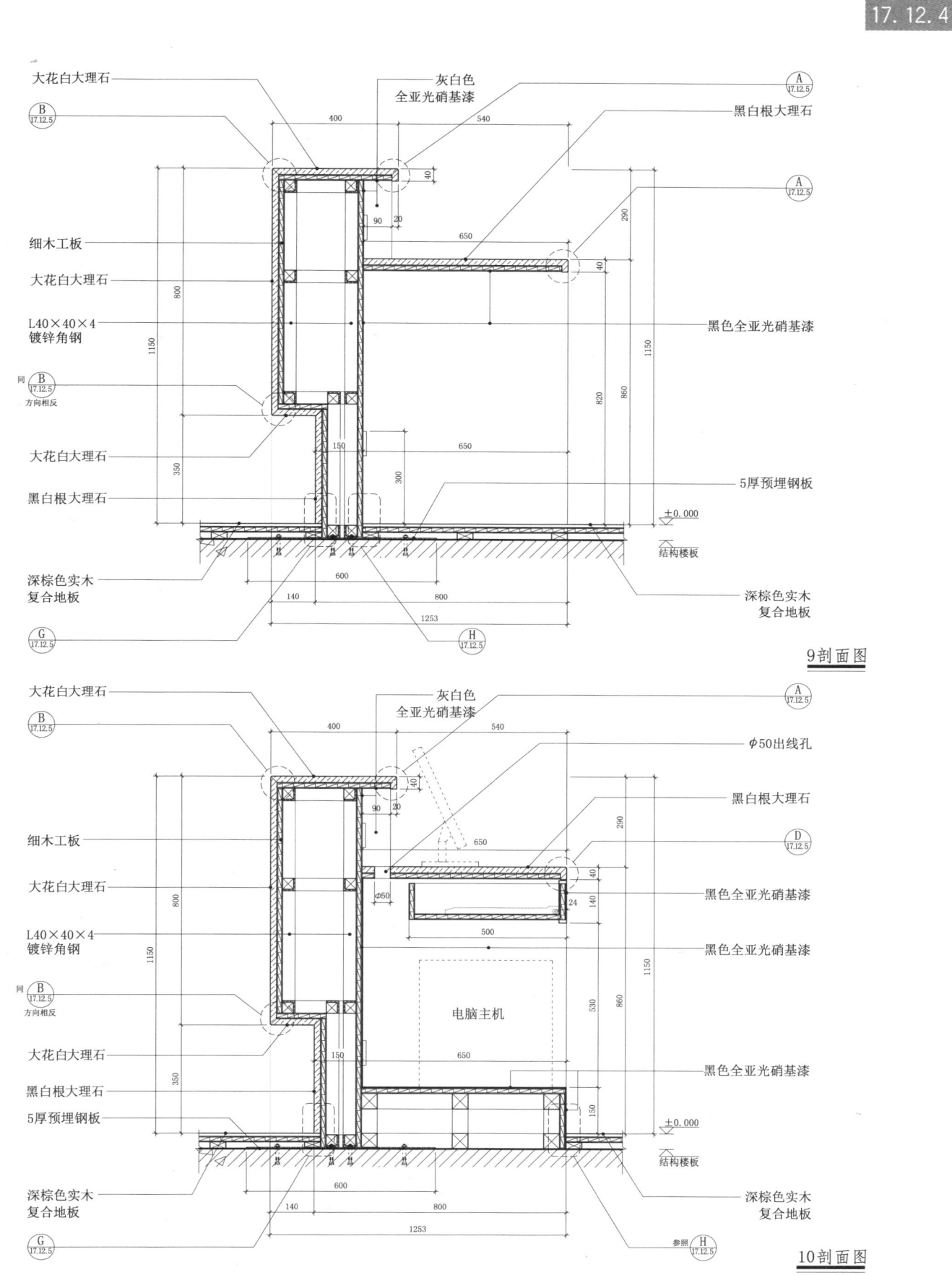

17.12 吧台

17.12.5

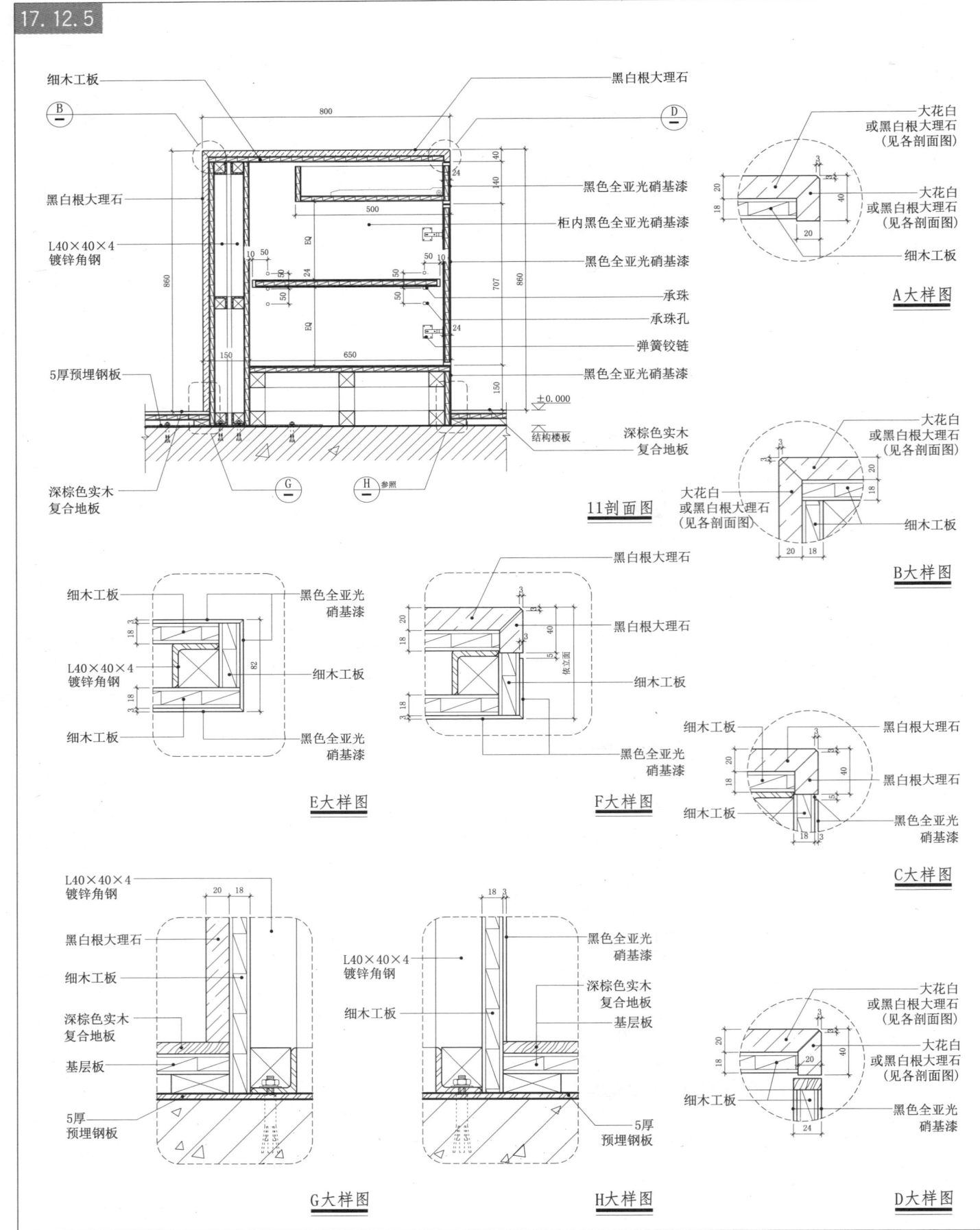

17.13　吧台及玻璃酒柜

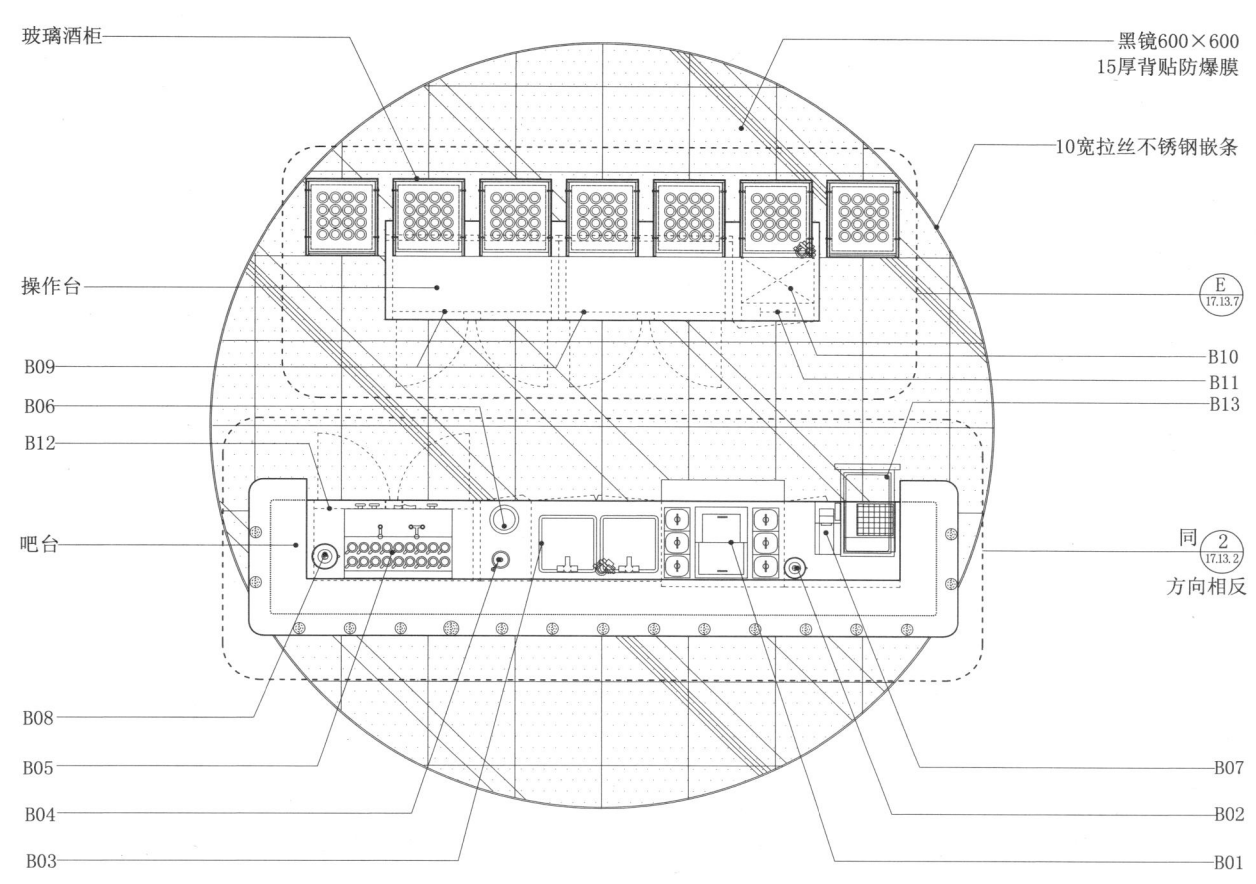

吧台及玻璃酒柜平面图

注：图中表示的设备安装位置及尺寸均由厨房设备公司提供

序号	设备名称	规格型号	数量
B01	调酒台连储冰箱，调酒槽连柜	800×(600+150)×800	1
B02	酒吧搅拌器		1
B03	双星盆台柜连净水器	900×600×800	1
B04	长流水连净水器		1
B05	双头半自动咖啡机连净水器		1
B06	垃圾胶圈连垃圾桶柜（咖啡渣）	350×600×800	1
B07	收银机		1
B08	磨豆机	195×263×610	1
B09	定制玻璃门台下雪柜	1200×650×800	2
B10	台下式制冰机		1
B11	台柜	600×700×800	1
B12	台下式雪柜	1200×600×80	1
B13	收银柜连三抽屉	800×600×800	1

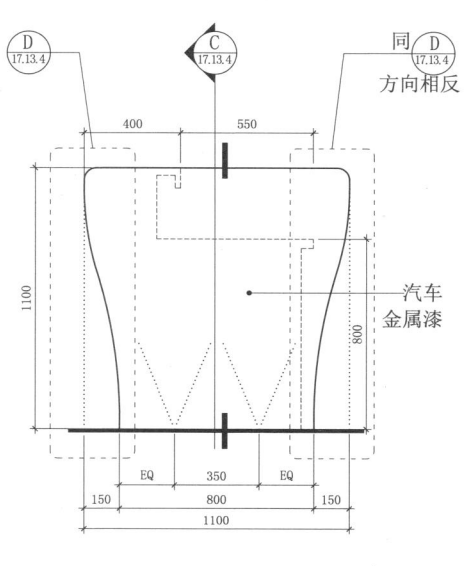

1 吧台侧立面图

室内设施·餐饮设施　固定家具　透光照明构造　玻璃构造

17 室内设施

17.13 吧台及玻璃酒柜

- 餐饮设施
- 固定家具
- 透光照明构造
- 玻璃构造

17.13.2

2 吧台平面图

标注：汽车金属漆；MR-11/LED地埋灯 2700K,配光45°,1W；雅士白石材台面 表面开洞尺寸依现场 设备尺寸现场开洞；磨豆机

3 吧台正立面图

标注：汽车金属漆

4 吧台背立面图

标注：B07；汽车金属漆；B02 LED灯带,0.1W/颗 60颗/m,12V,6W 2400K；汽车金属漆 B06；B05；B08；浅白灰色 全亚光 硝基漆；汽车金属漆 同 17.13.4 方向相反；B13；B01；雅士白石材台面 表面依设备尺寸 现场开洞；B03；B12

710 | 室内构造节点与专项模式图集

17.13 吧台及玻璃酒柜

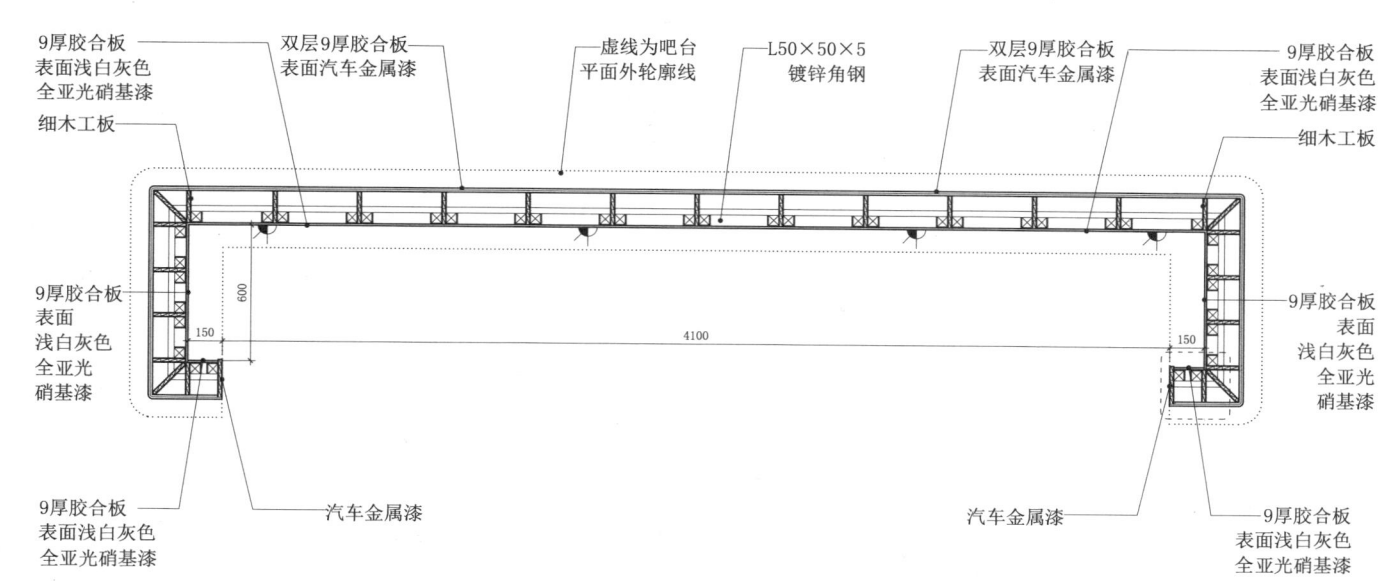

A节点图

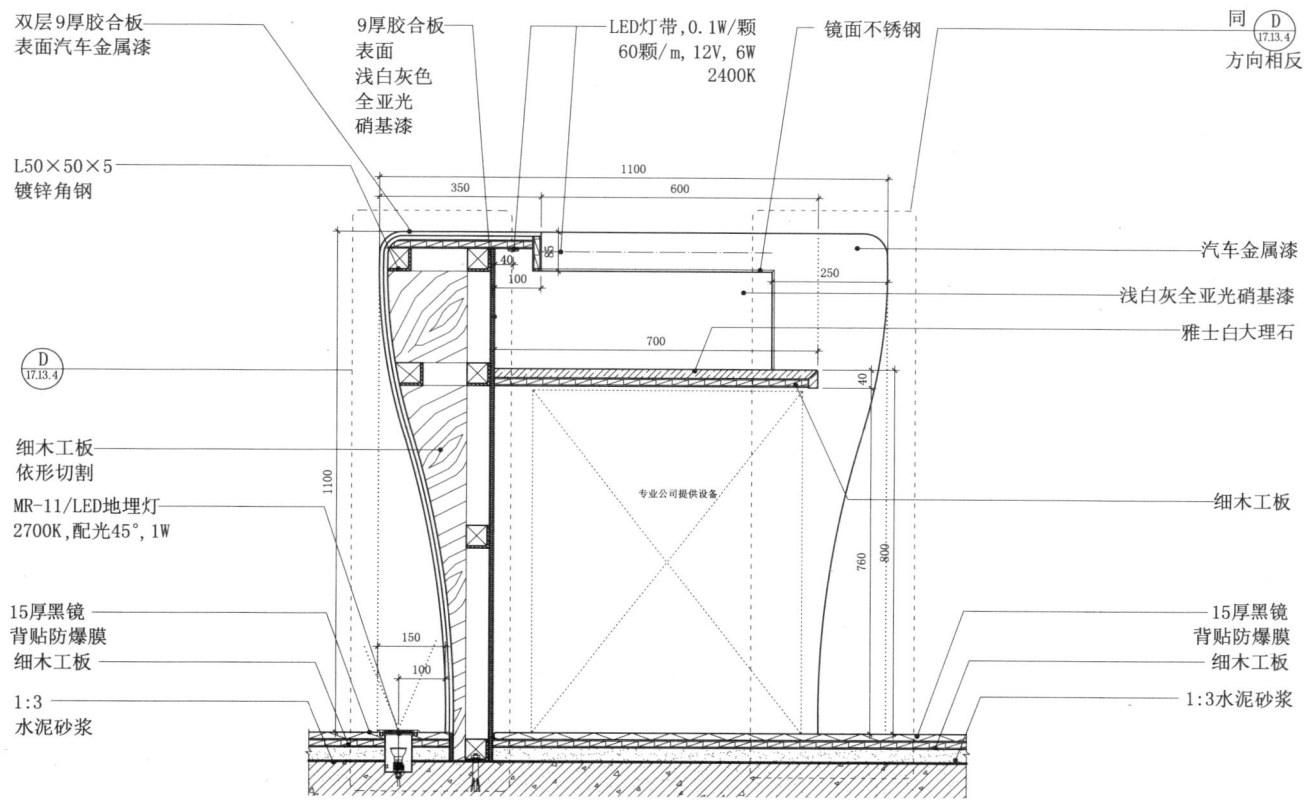

B节点图

17 室内设施·餐饮设施 固定家具 透光照明构造 玻璃构造

17.13 吧台及玻璃酒柜

17.13.4

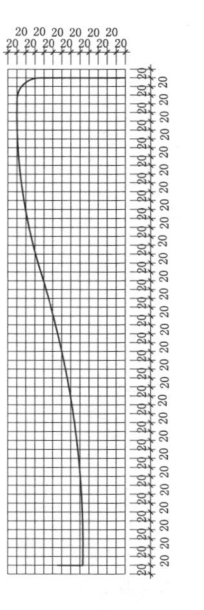

双层9厚胶合板 表面汽车金属漆
LED灯带 0.1W/颗 60颗/m 12V, 6W 2400K
L50×50×5 镀锌角钢 细木工板 依形切割
9厚胶合板 表面浅白灰色 全亚光硝基漆
MR-11/LED地埋灯 2700K, 配光45°, 1W
15厚黑镜 背贴防爆膜 细木工板
15厚黑镜 背贴防爆膜 细木工板
1:3水泥砂浆
1:3水泥砂浆

C节点图

D大样图

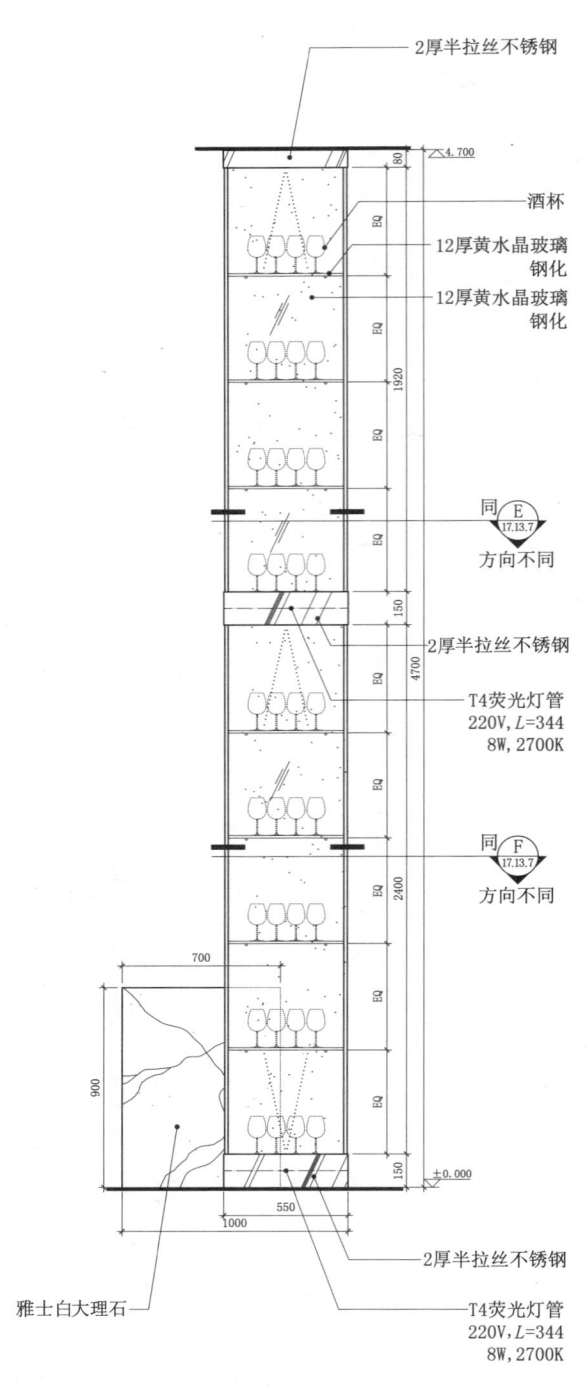

2厚半拉丝不锈钢
酒杯
12厚黄水晶玻璃钢化
12厚黄水晶玻璃钢化
同 E 17.13.7 方向不同
2厚半拉丝不锈钢
T4荧光灯管 220V, L=344 8W, 2700K
同 F 17.13.7 方向不同
雅士白大理石
2厚半拉丝不锈钢
T4荧光灯管 220V, L=344 8W, 2700K

5 玻璃酒柜侧立面图

17.13.5

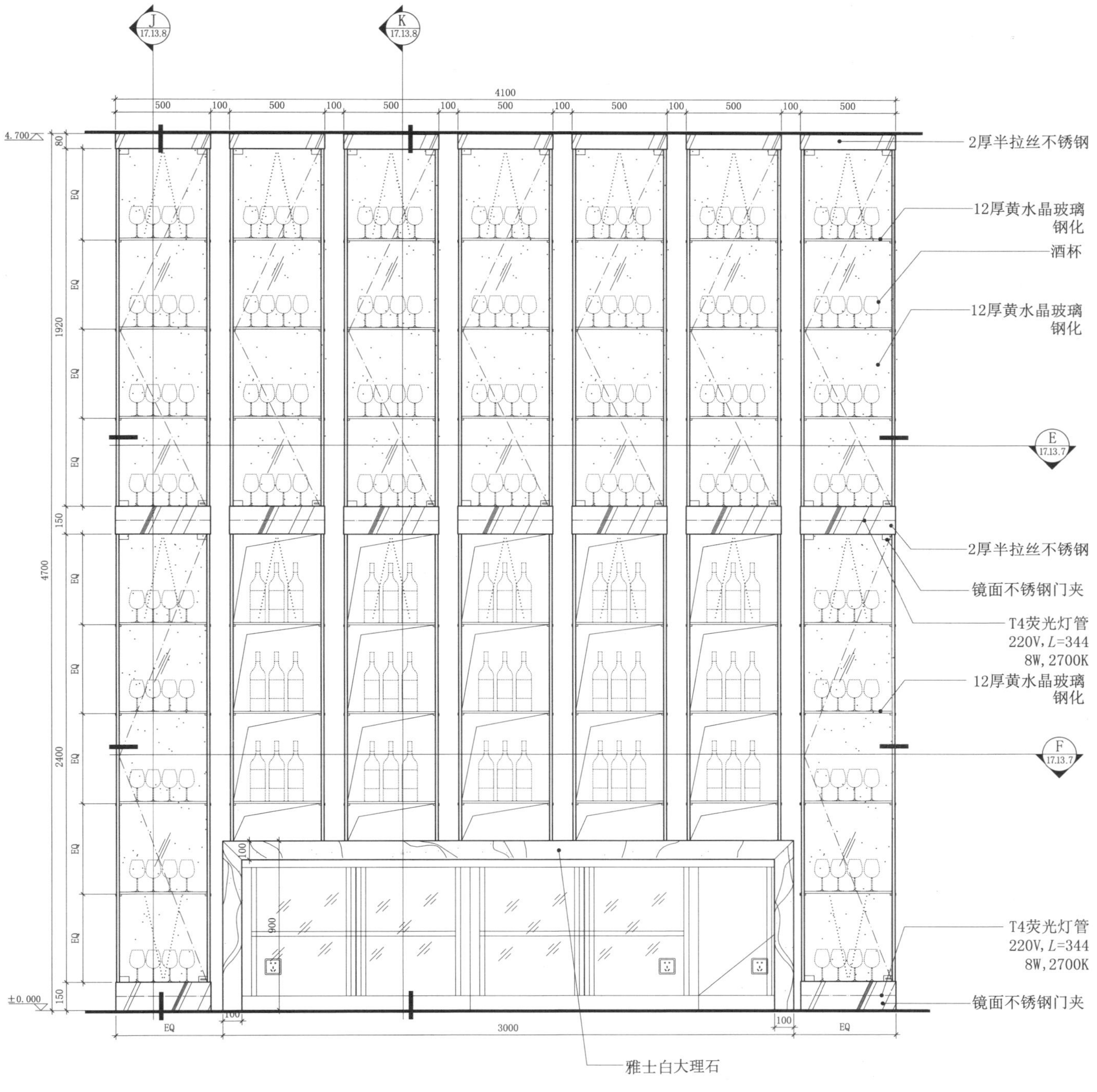

17.13 吧台及玻璃酒柜

17

室内设施·餐饮设施 固定家具 透光照明构造 玻璃构造

- 2厚半拉丝不锈钢
- 12厚黄水晶玻璃钢化
- 酒杯
- 12厚黄水晶玻璃钢化
- 2厚半拉丝不锈钢
- 镜面不锈钢门夹
- T4荧光灯管 220V, $L=344$ 8W, 2700K
- 12厚黄水晶玻璃钢化
- T4荧光灯管 220V, $L=344$ 8W, 2700K
- 镜面不锈钢门夹
- 雅士白大理石

6 玻璃酒柜正立面图

室内构造节点与专项模式图集 | 713

17 室内设施·餐饮设施 固定家具 透光照明构造 玻璃构造

17.13 吧台及玻璃酒柜

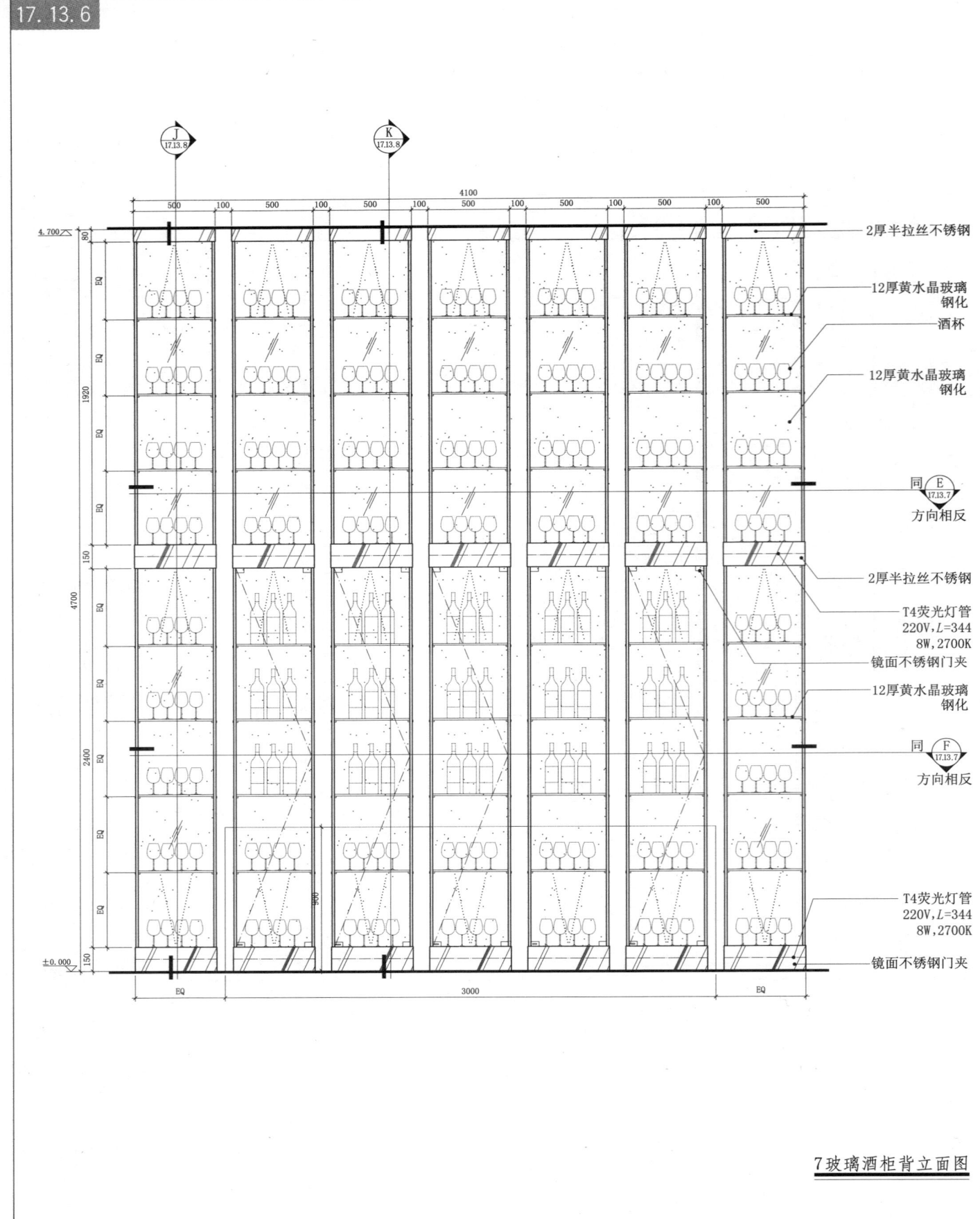

7 玻璃酒柜背立面图

17.13 吧台及玻璃酒柜

17 室内设施·餐饮设施 固定家具 透光照明构造 玻璃构造

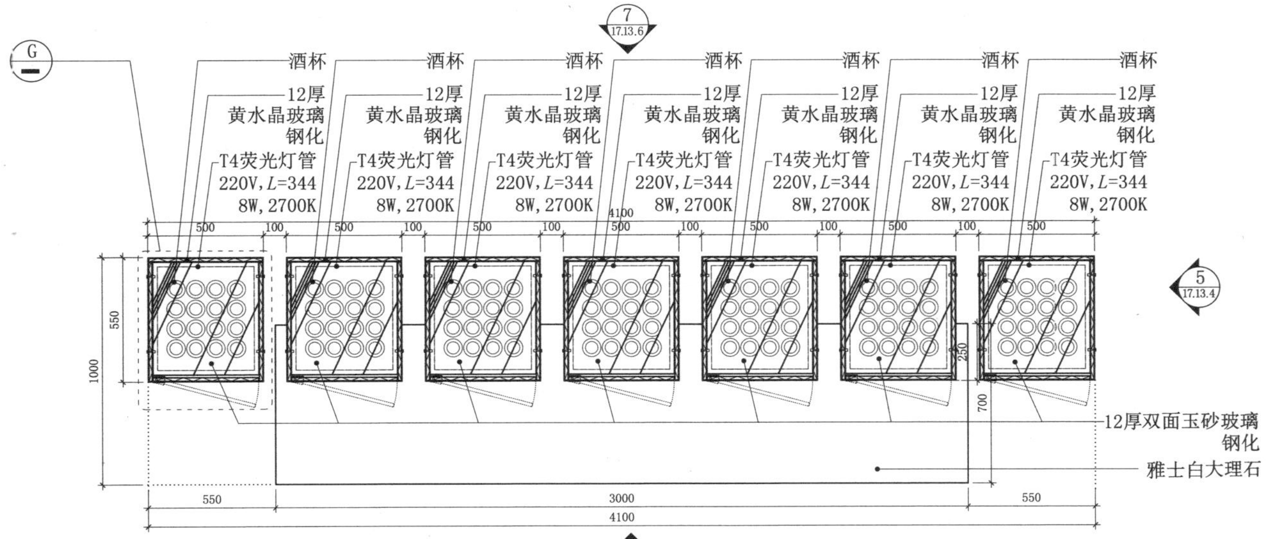

E节点图

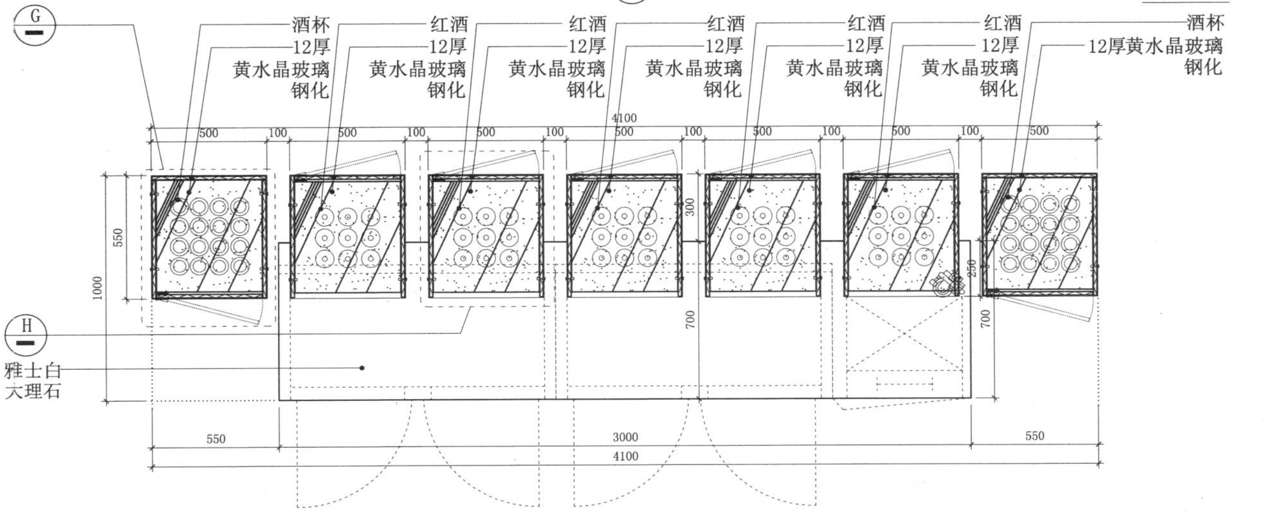

F节点图

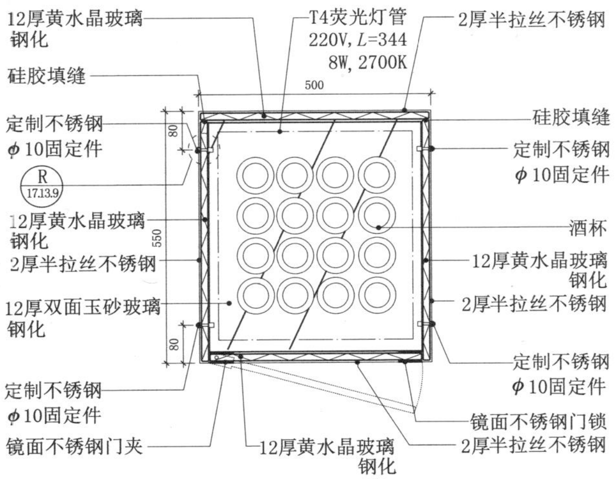

G节点图

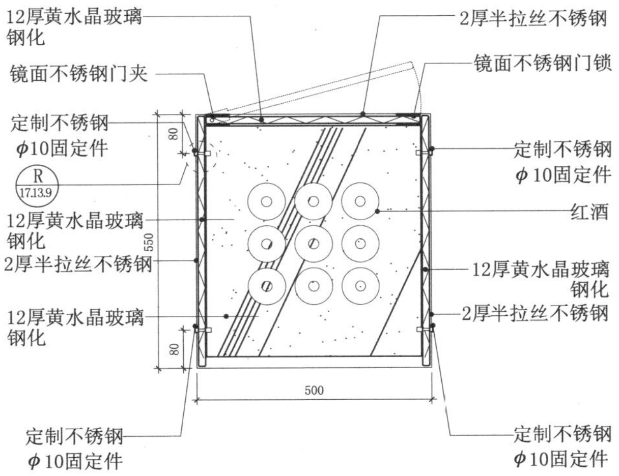

H节点图

17 室内设施

- 餐饮设施
- 固定家具
- 透光照明构造
- 玻璃构造

17.13 吧台及玻璃酒柜

17.13.8

J节点图

- 双层9厚纸面石膏板表面米白色涂料
- 2厚半拉丝不锈钢
- MR-11/12V石英卤素暗筒灯 配光10°,35W,浅孔+磨砂片
- 定制不锈钢 φ10固定件
- 12厚黄水晶玻璃钢化
- 12厚双面玉砂玻璃钢化
- 2厚半拉丝不锈钢
- MR-11/12V石英卤素暗筒灯 配光10°,35W,浅孔+磨砂片
- 定制不锈钢 φ10固定件
- 12厚黄水晶玻璃钢化
- 12厚双面玉砂玻璃钢化
- 2厚半拉丝不锈钢
- 15厚黑镜背贴防爆膜
- 酒杯
- 12厚黄水晶玻璃钢化
- T4荧光灯管,220V L=344,8W,2700K
- 2厚半拉丝不锈钢

K节点图

- 双层9厚纸面石膏板表面米白色涂料
- 2厚半拉丝不锈钢
- MR-11/12V石英卤素暗筒灯 配光10°,35W,浅孔+磨砂片
- 定制不锈钢 φ10固定件
- 12厚黄水晶玻璃钢化
- T4荧光灯管,220V L=344,8W,2700K
- 2厚半拉丝不锈钢
- 定制不锈钢 φ10固定件
- 12厚黄水晶玻璃钢化
- 雅士白大理石
- 专业公司提供设备
- 浅白灰色全亚光硝基漆
- 15厚黑镜背贴防爆膜
- 酒杯
- 12厚双面玉砂玻璃钢化
- 2厚半拉丝不锈钢
- 15厚黑镜背贴防爆膜
- 红酒
- T4荧光灯管,220V L=344,8W,2700K

17.13 吧台及玻璃酒柜

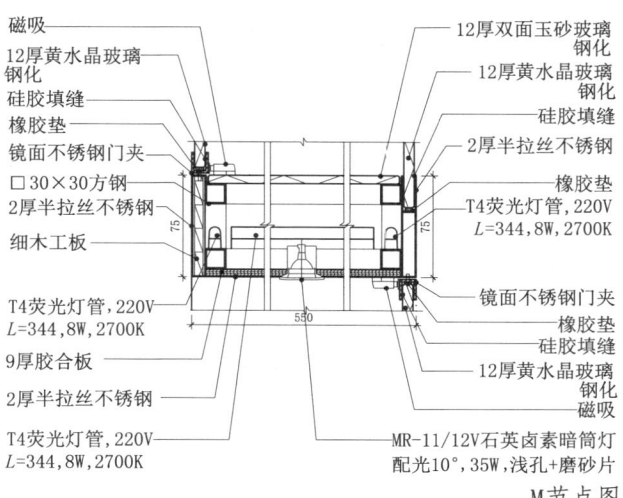
L节点图

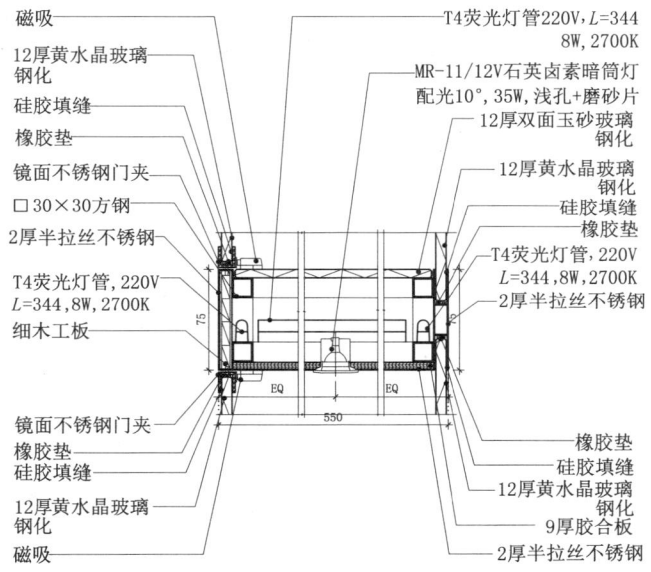
M节点图

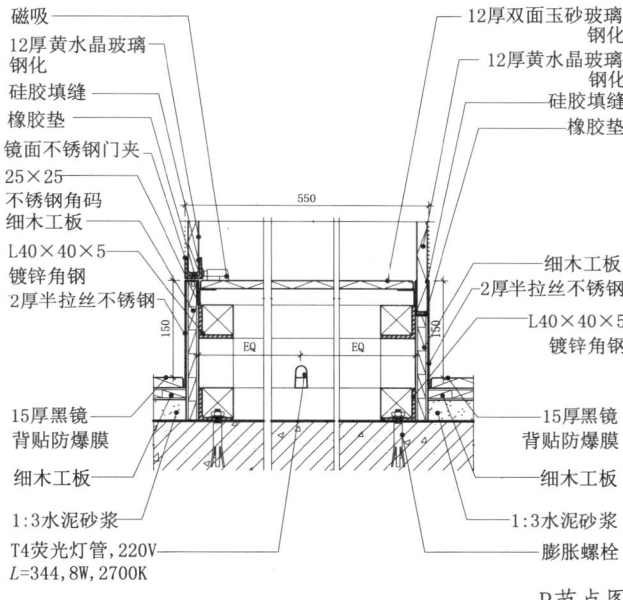
N节点图

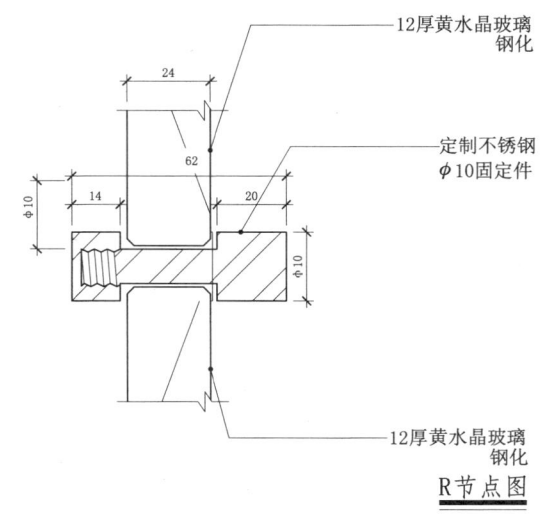
P节点图

Q节点图

R节点图

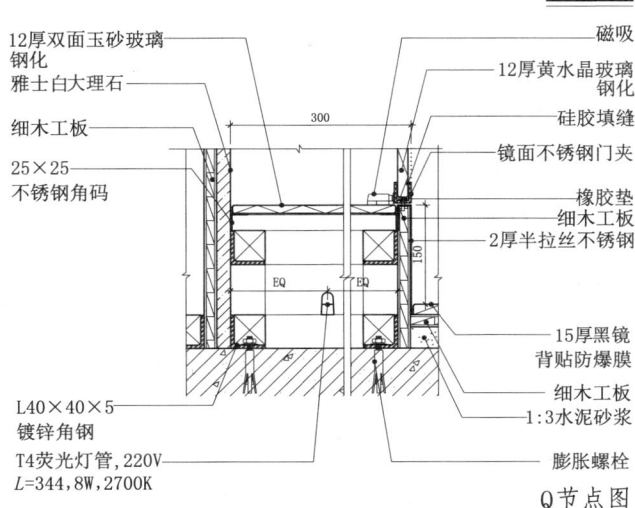

17.14 服务台 POS 收银系统

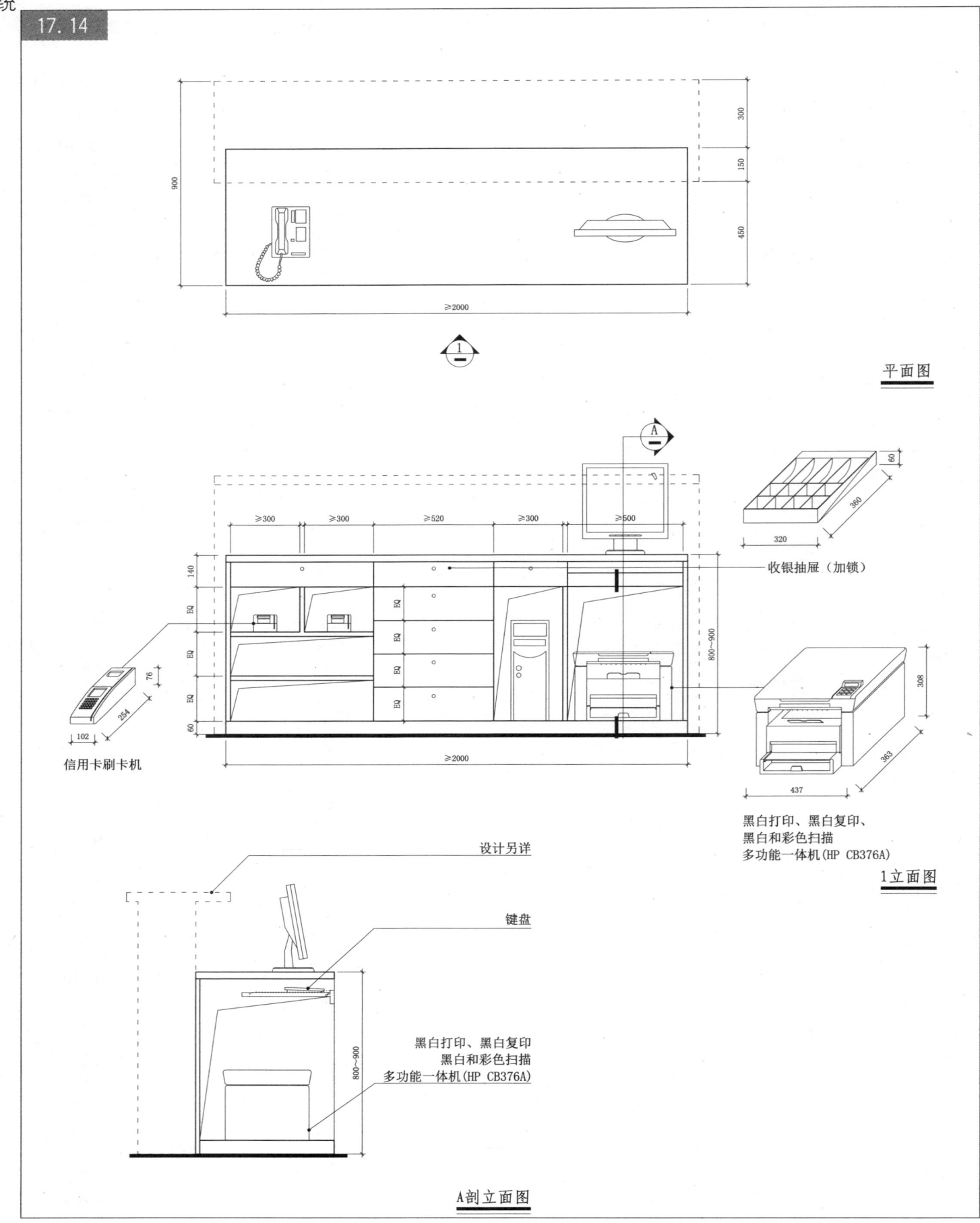

17.15 走道暗藏音响

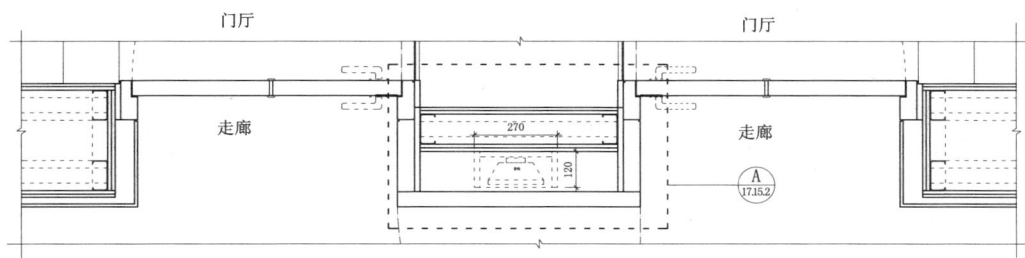

走道暗藏音响平面图

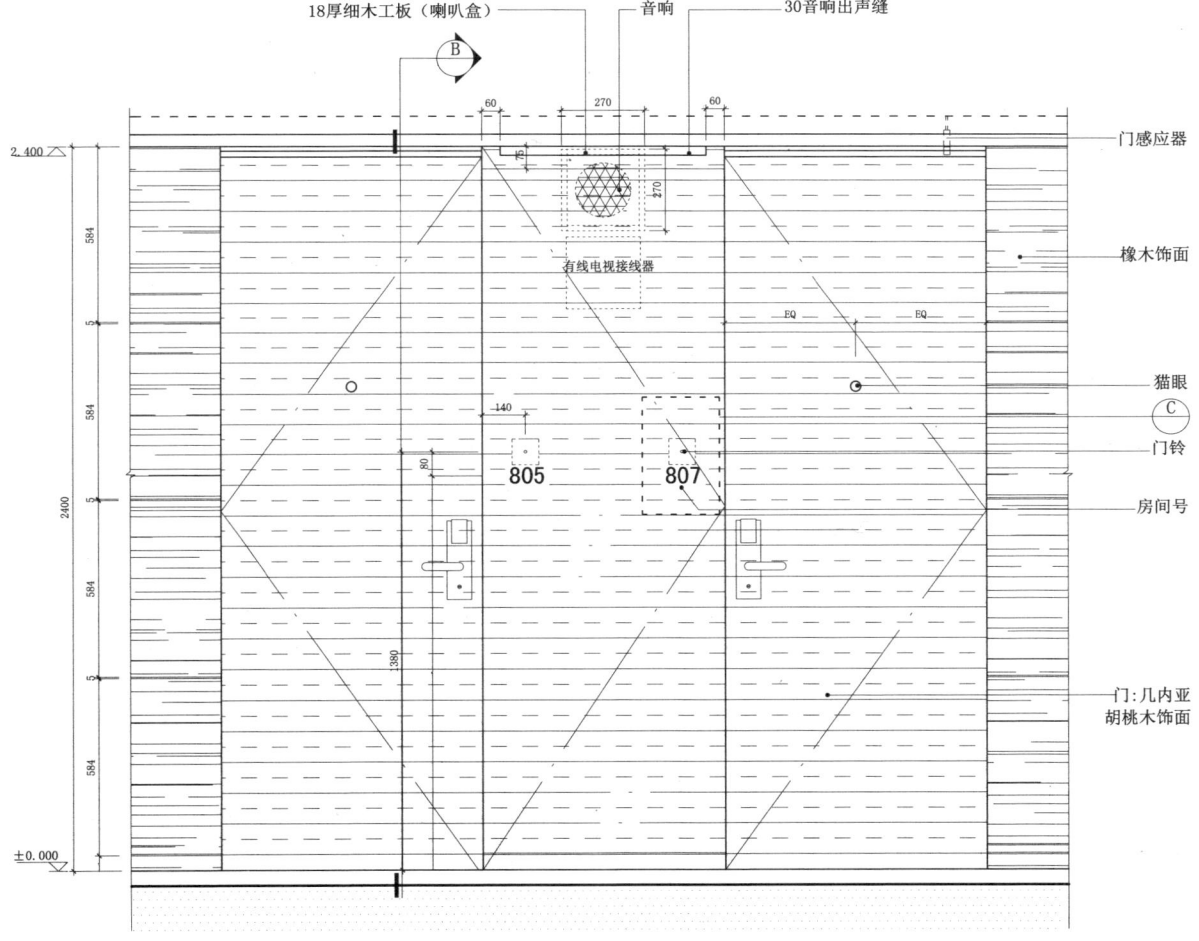

走道暗藏音响1立面图

17　室内设施·客房构造 立面构造

17.15　走道暗藏音响

17.15.2

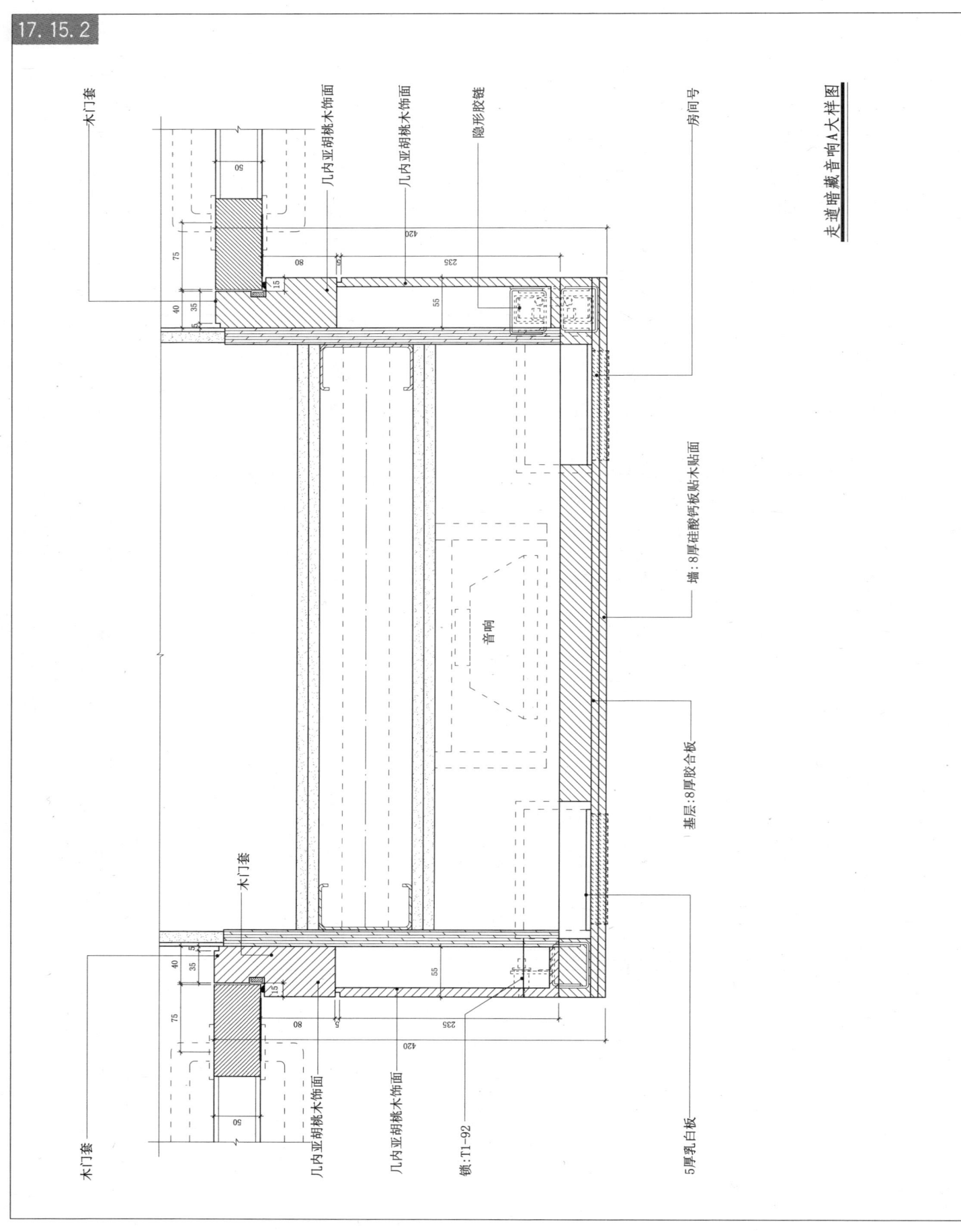

走道暗藏音响A大样图

17.16 台盆

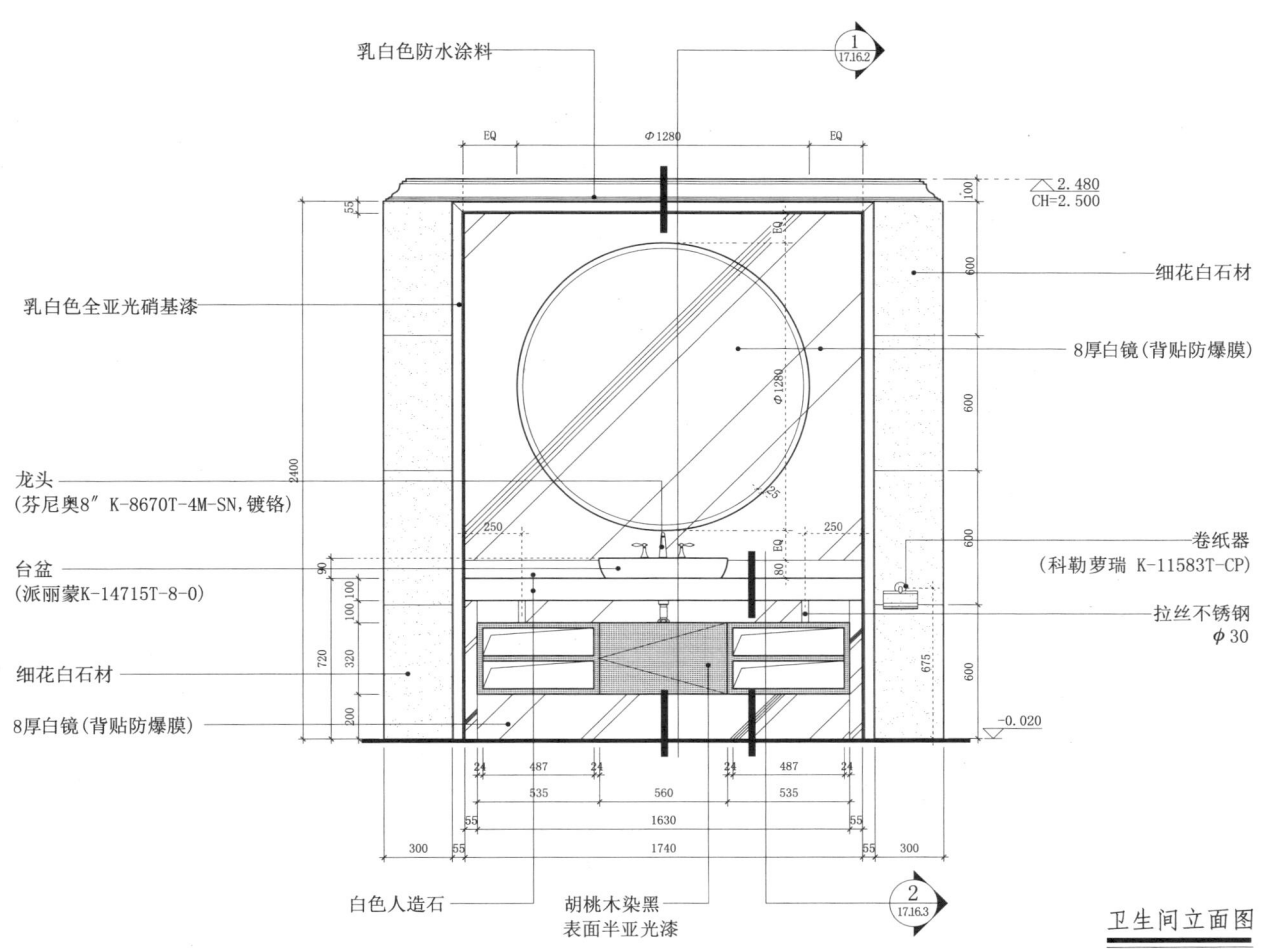

卫生间立面图

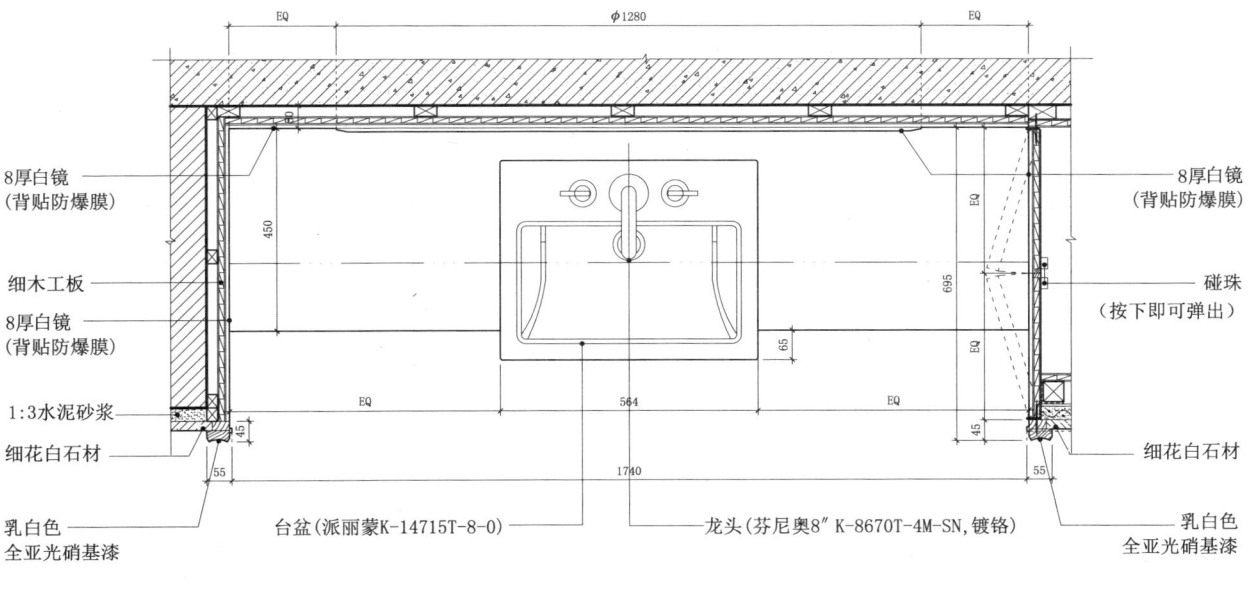

台盆平面图

17.16 台盆

17.16.2

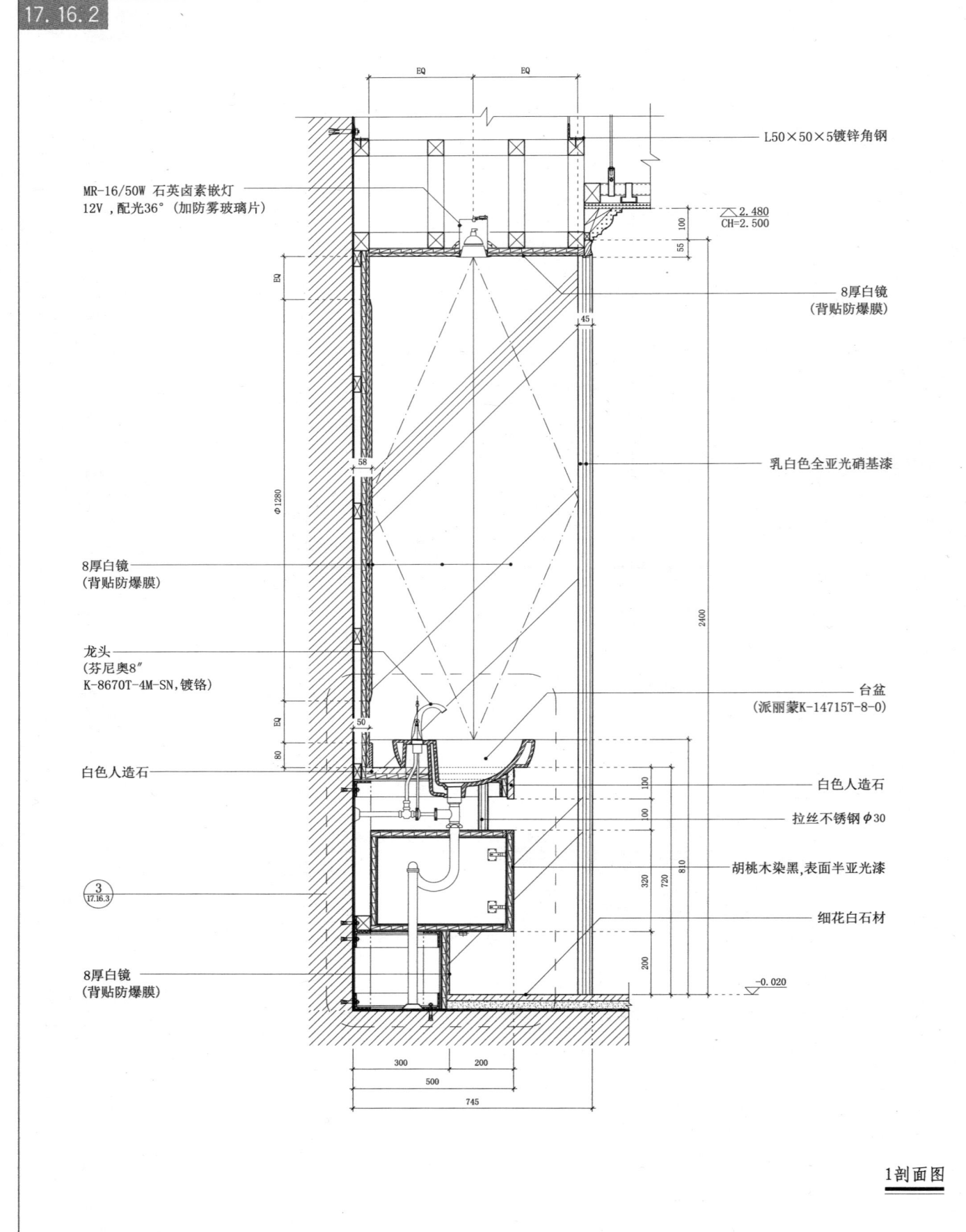

1剖面图

17.16.3 | 17.16 台盆 | 17 室内设施·防水构造 卫浴构造 固定家具

2节点图

- 8厚白镜（背贴防爆膜）
- 银线米黄石材
- 拉丝不锈钢 φ30
- 柜内饰面同柜外
- 胡桃木染黑，表面半亚光漆
- LED灯带
- 8厚白镜（背贴防爆膜）
- 细花白石材 -0.020
- 防水处理
- 10厚白色人造石
- 细木工板
- L50×50×5 镀锌角钢

3节点图

- 8厚白镜（背贴防爆膜）
- 龙头（芬尼奥8″K-8670T-4M-SN，镀铬）
- 台盆（派丽蒙K-14715T-8-0）
- 银线米黄石材
- 拉丝不锈钢 φ30
- 胡桃木染黑表面半亚光漆
- 胡桃木染黑表面半亚光漆
- LED灯带
- 8厚白镜（背贴防爆膜）
- 细花白石材 -0.020
- 防水处理
- 10厚白色人造石
- 细木工板
- 柜内饰面同柜外
- L50×50×5 镀锌角钢

18.1 迷你吧、衣柜组合（一）

18.1.1

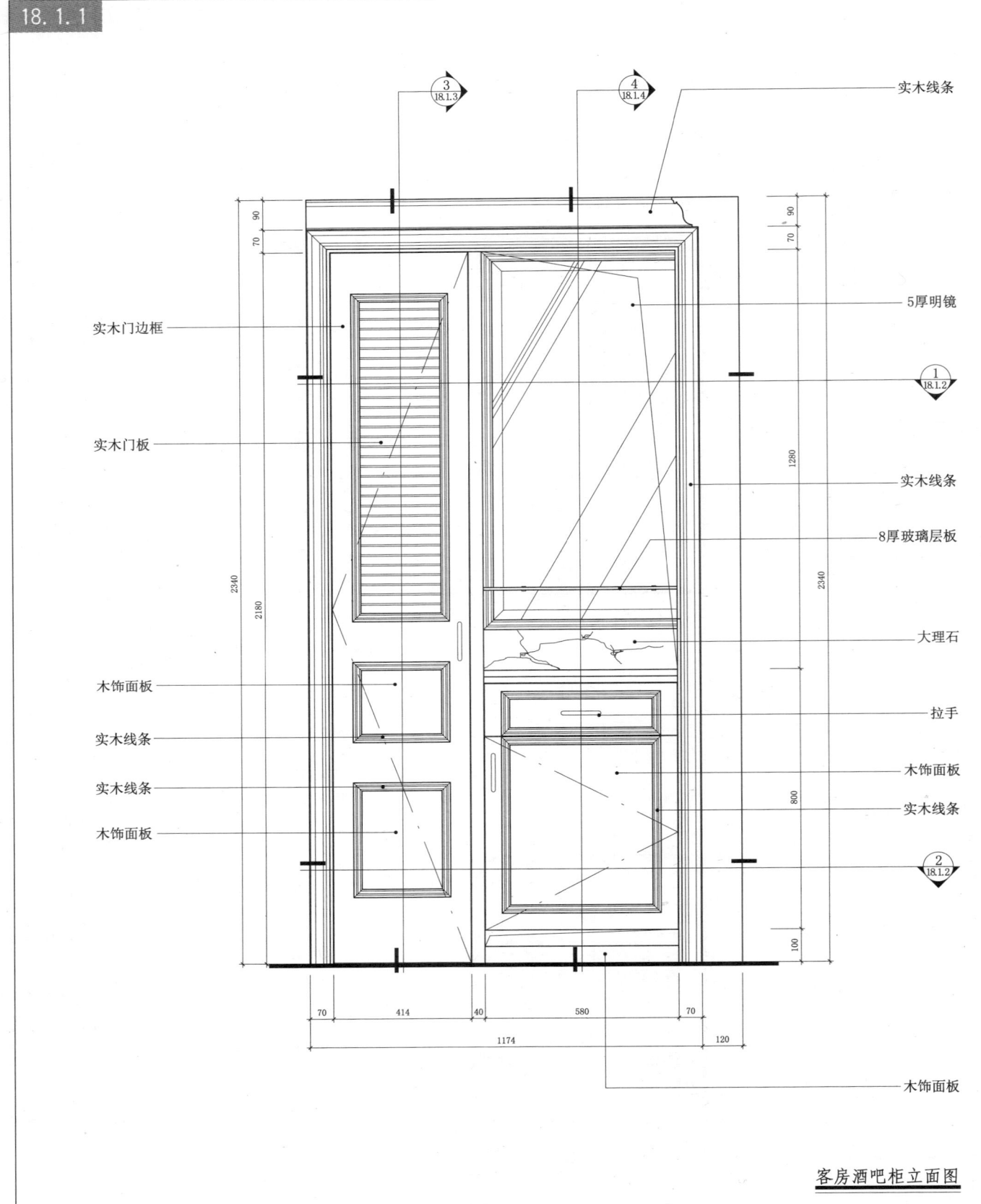

客房酒吧柜立面图

18.1 迷你吧、衣柜组合（一）

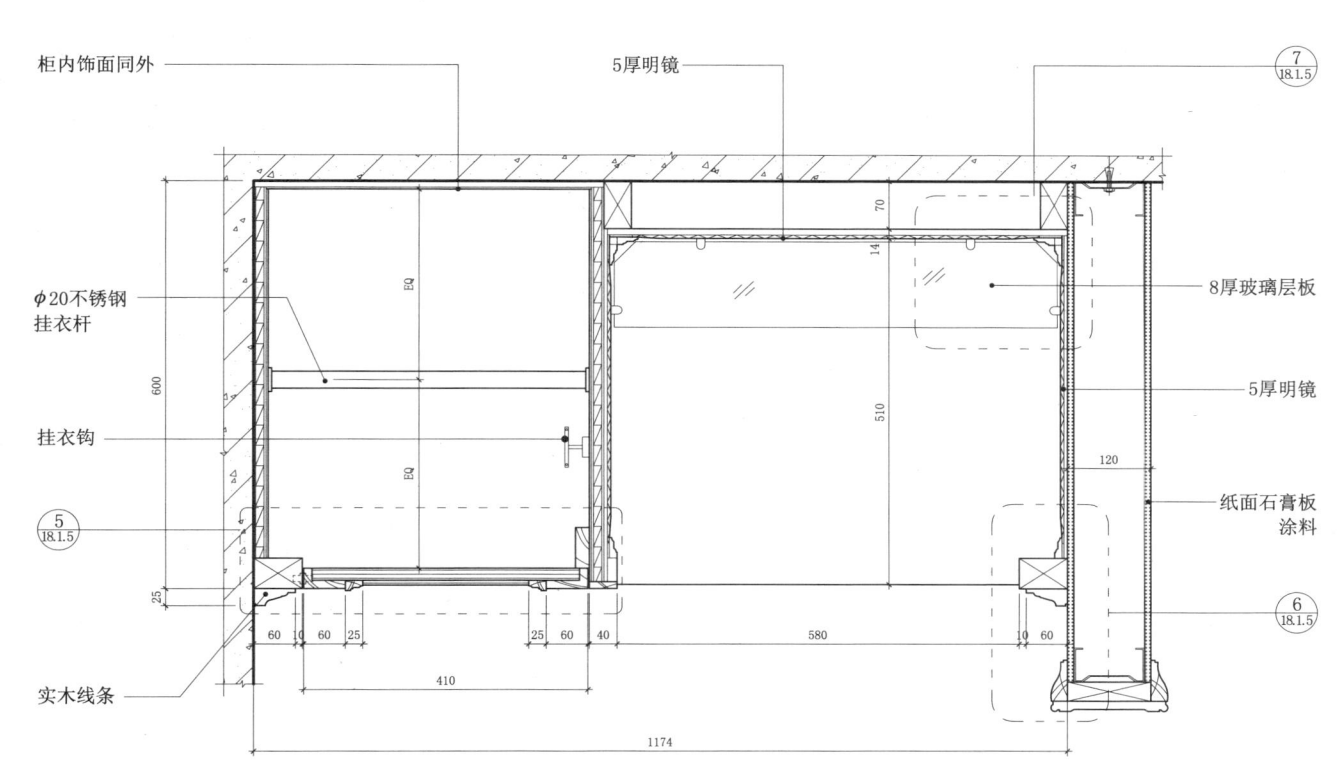

客房酒吧柜1剖面图

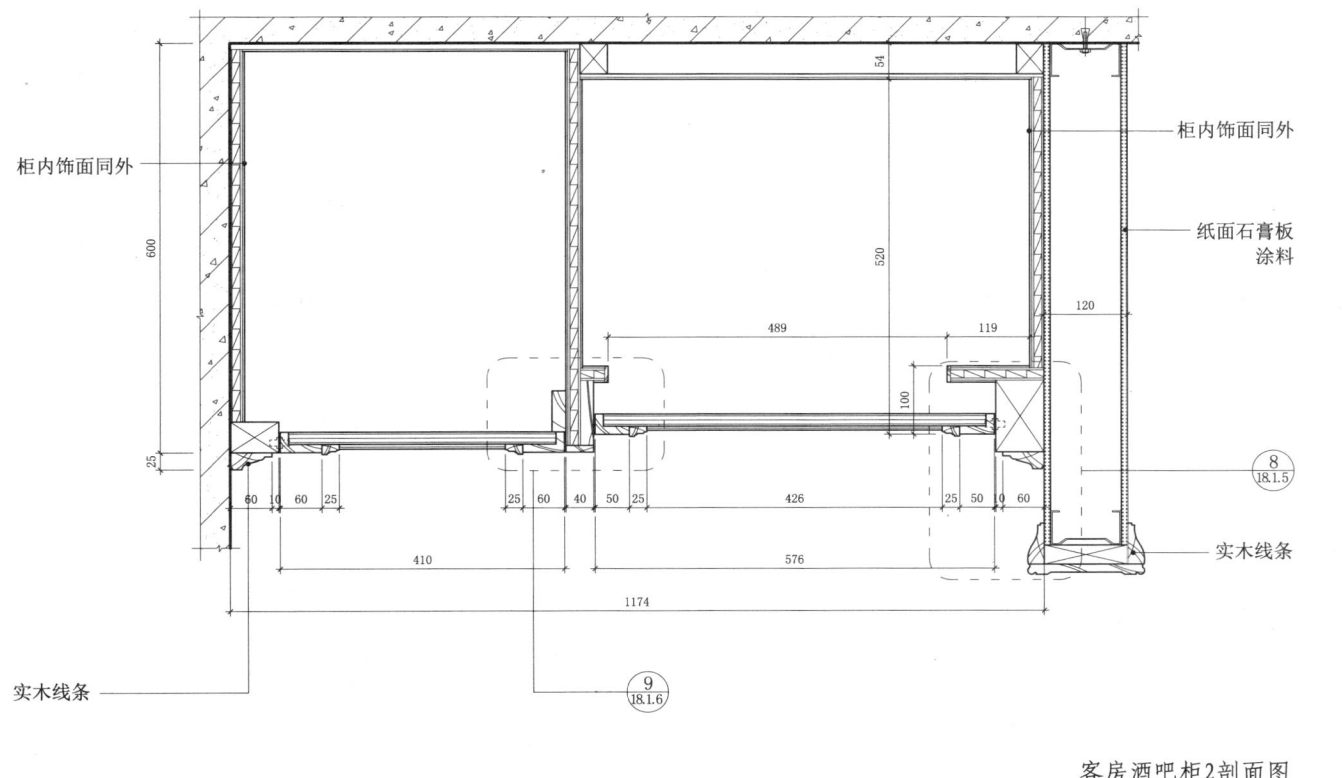

客房酒吧柜2剖面图

18 固定家具·客房模式

18.1 迷你吧、衣柜组合（一）

18.1.3

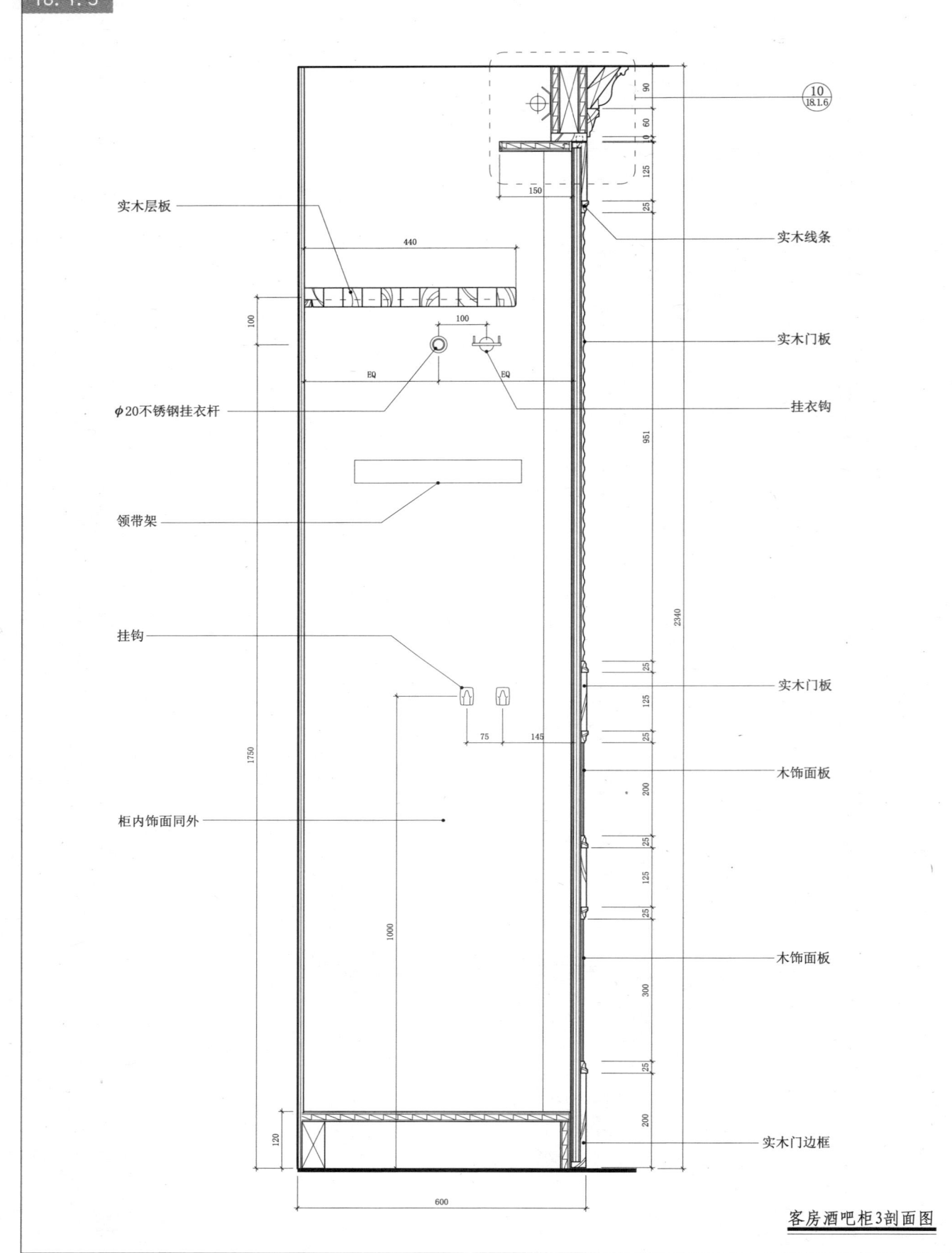

客房酒吧柜3剖面图

18.1 迷你吧、衣柜组合(一)

18.1.4

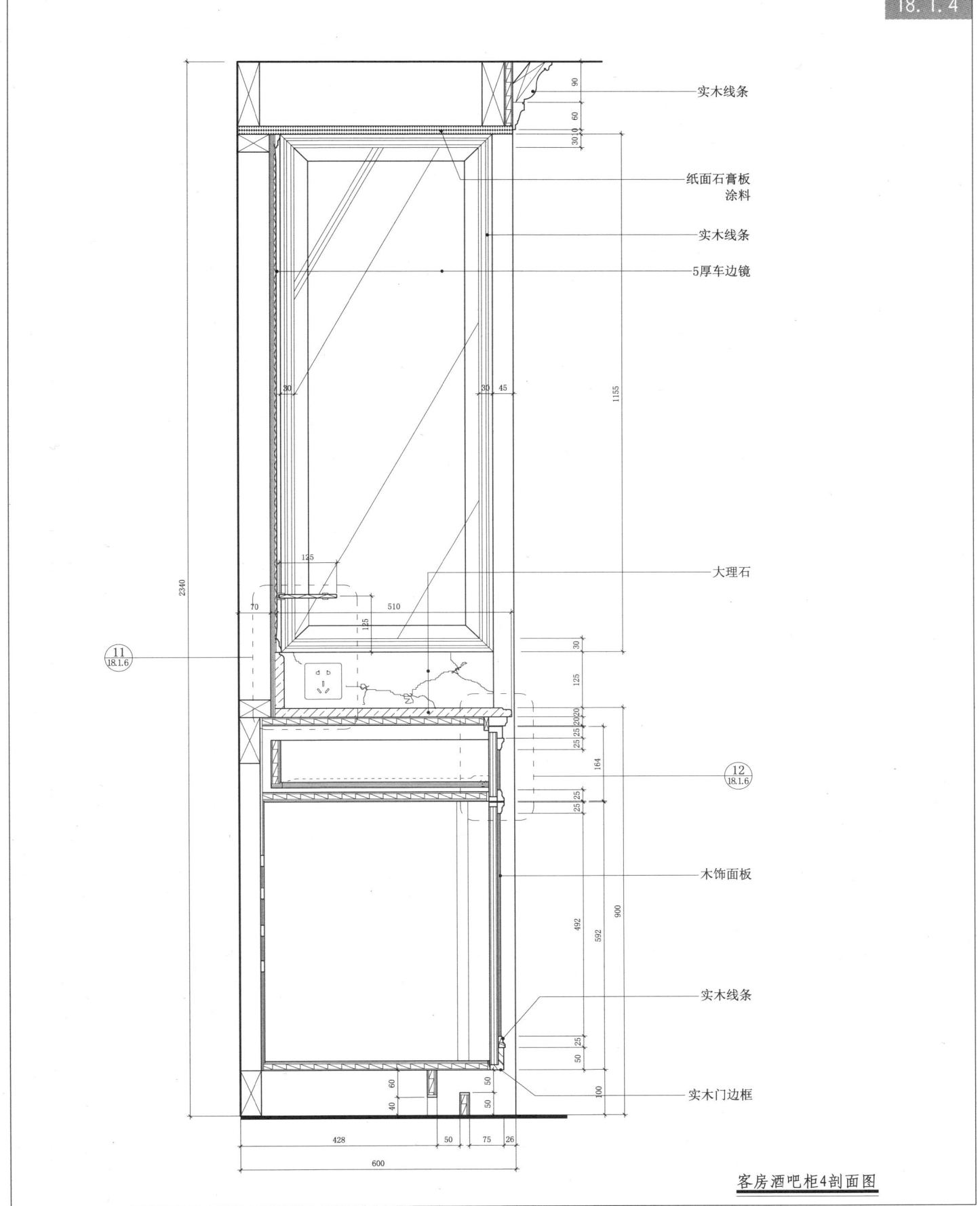

客房酒吧柜4剖面图

18.1 迷你吧、衣柜组合（一）

18.1.5

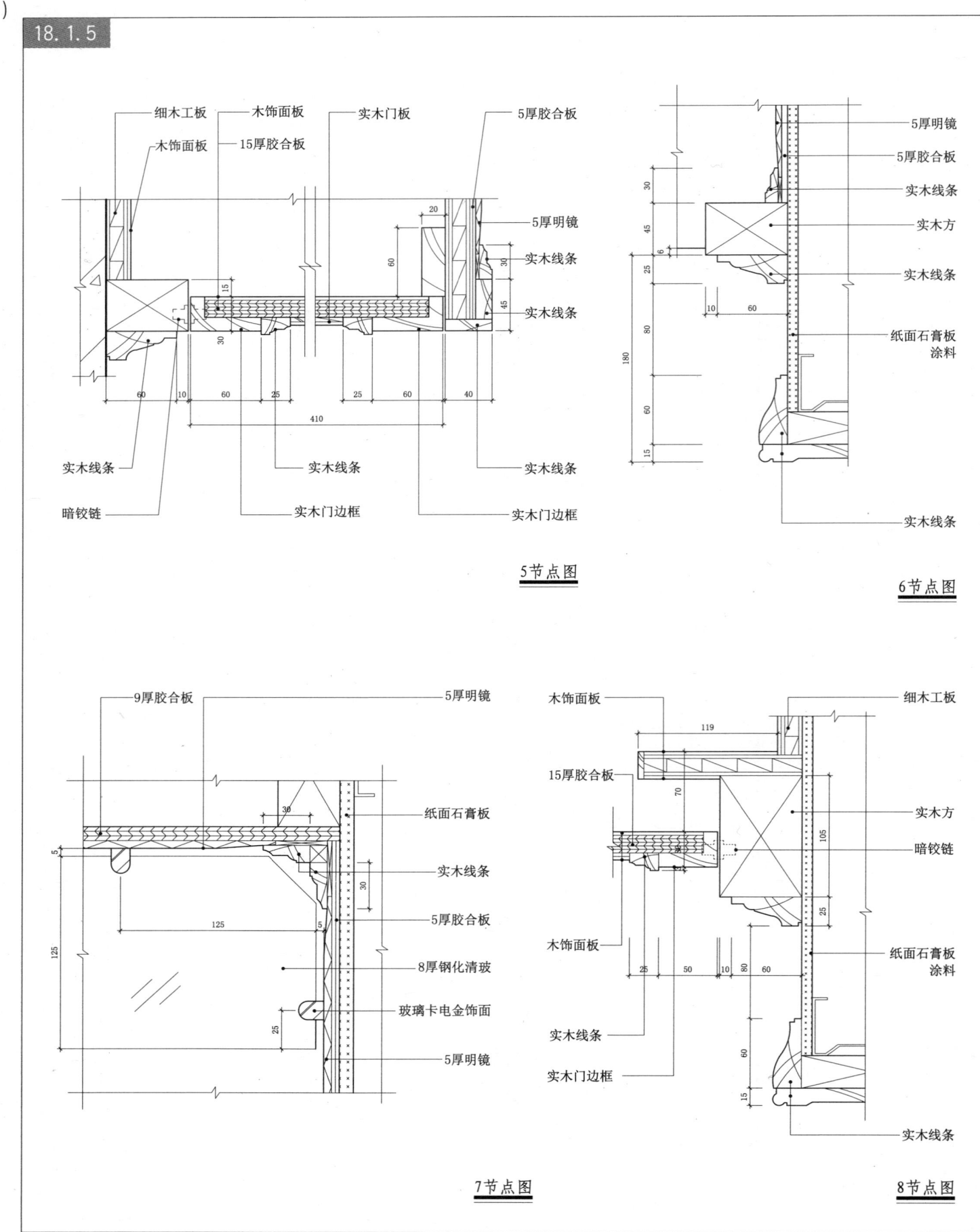

5节点图　　6节点图　　7节点图　　8节点图

18.1 迷你吧、衣柜组合(一)

18.1.6

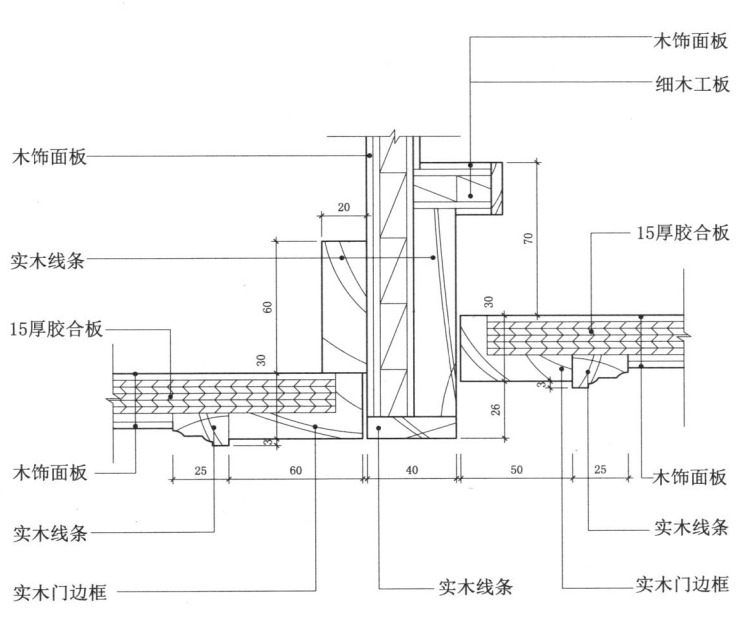

9节点图   10节点图

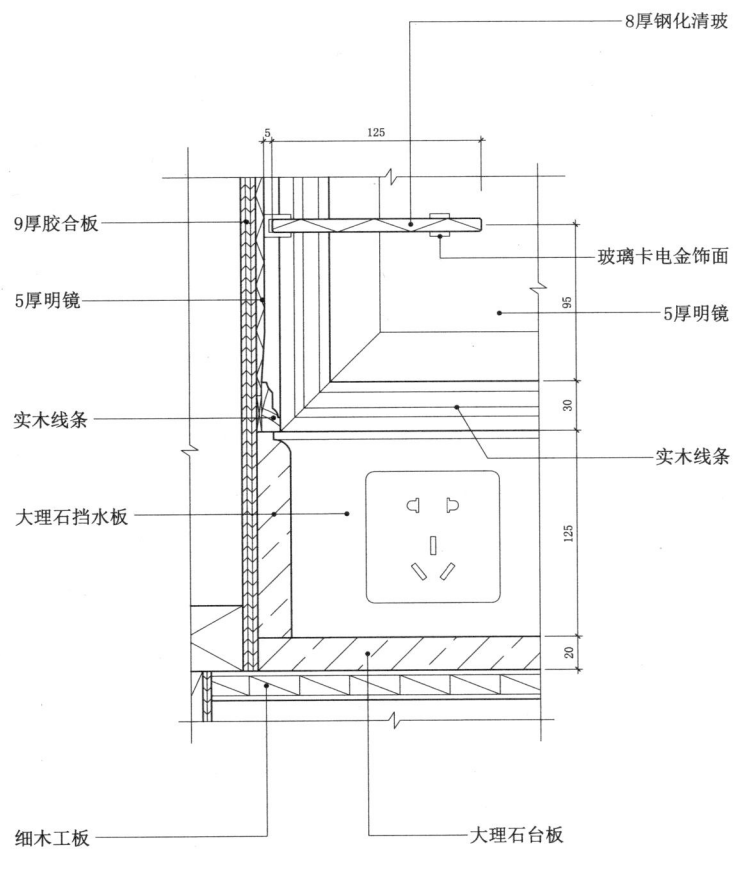 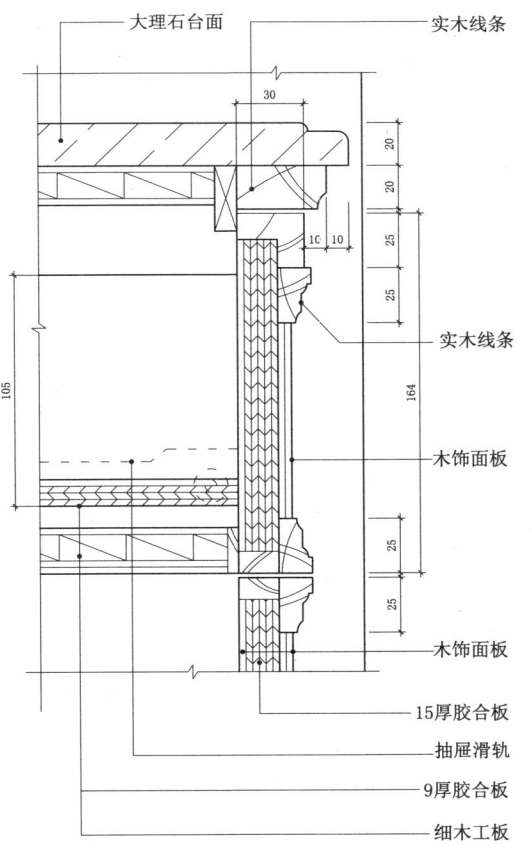

11节点图   12节点图

18 固定家具·客房模式

18.2 迷你吧、衣柜组合（二）

18.2.1

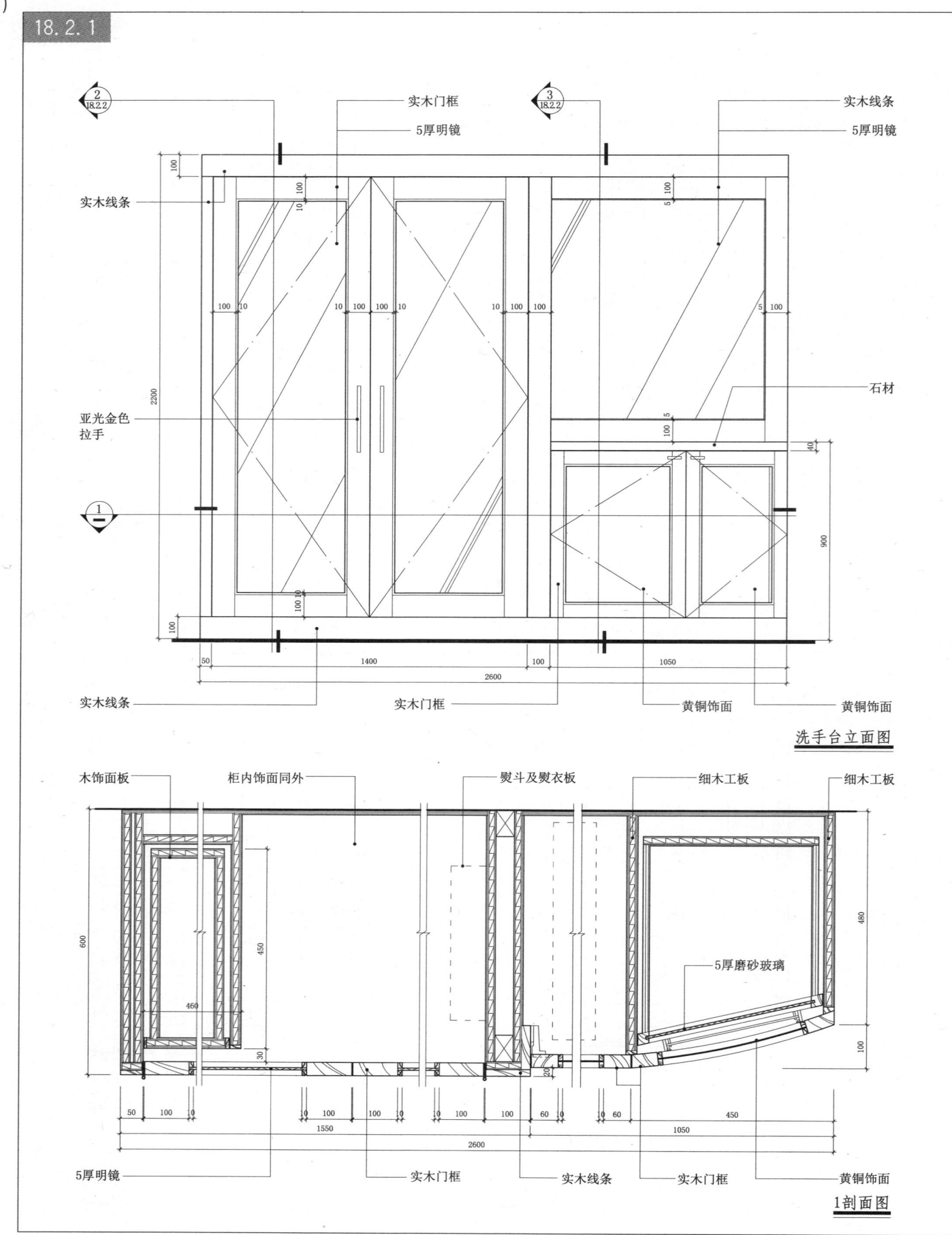

洗手台立面图

1剖面图

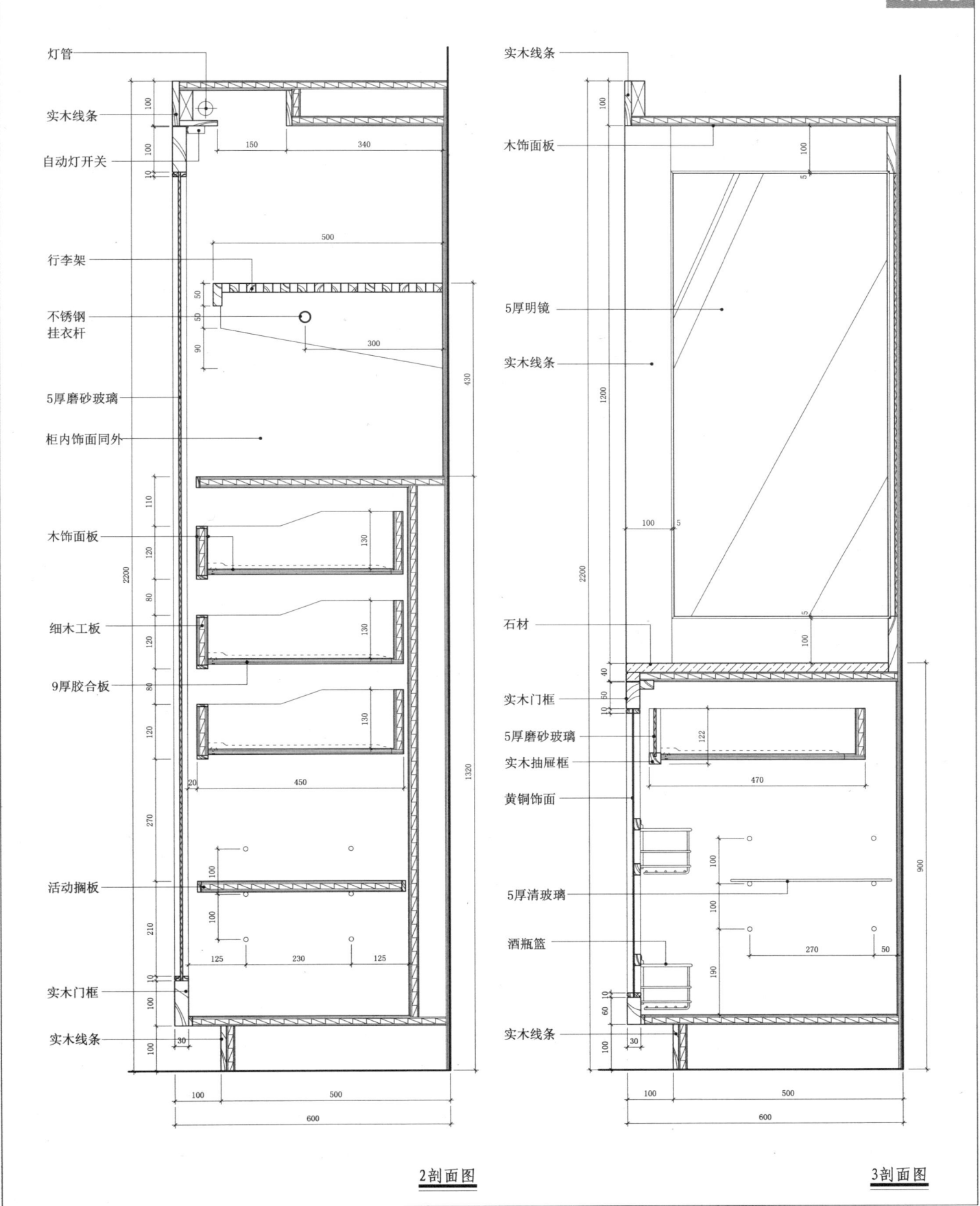

18.3 行李柜

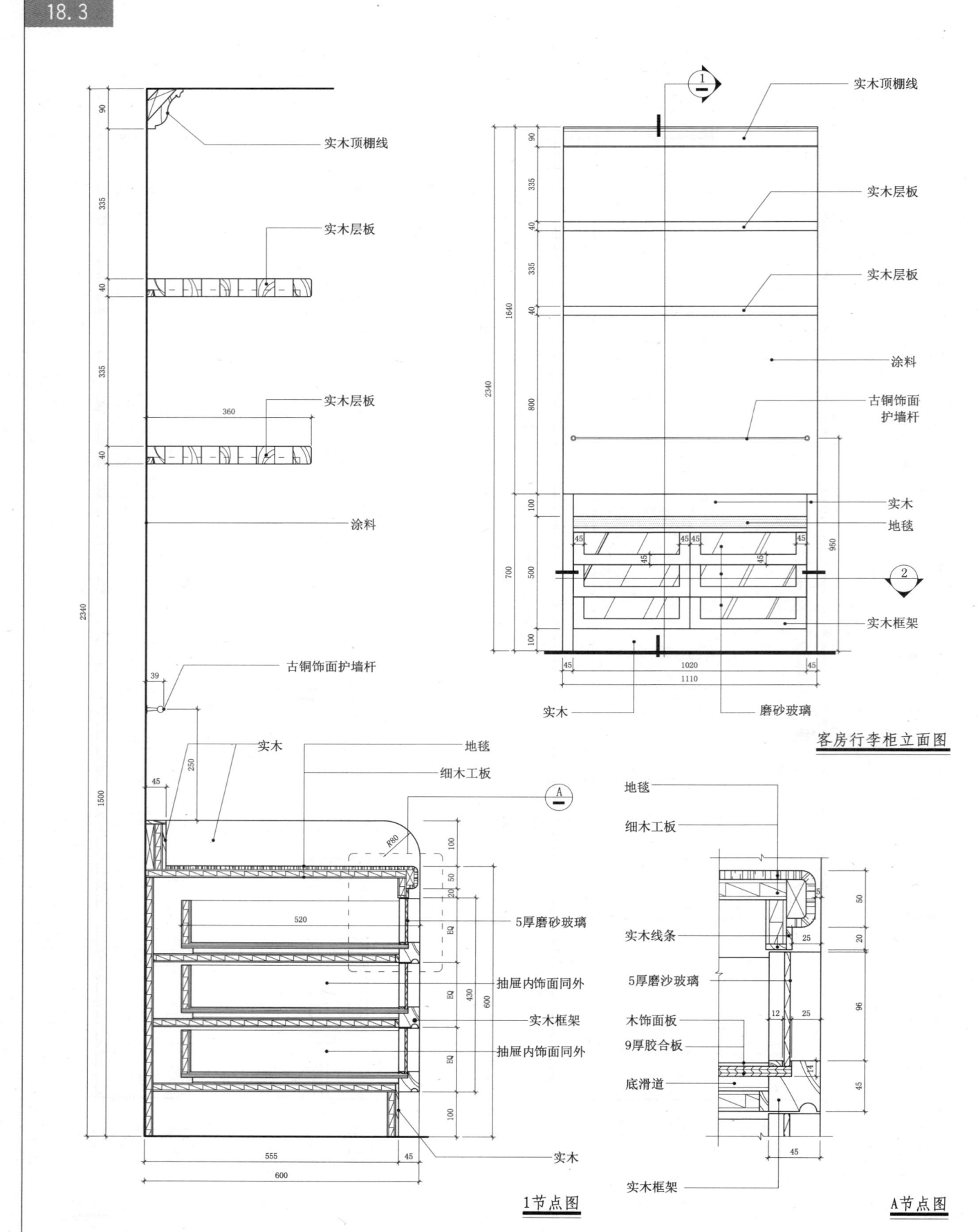

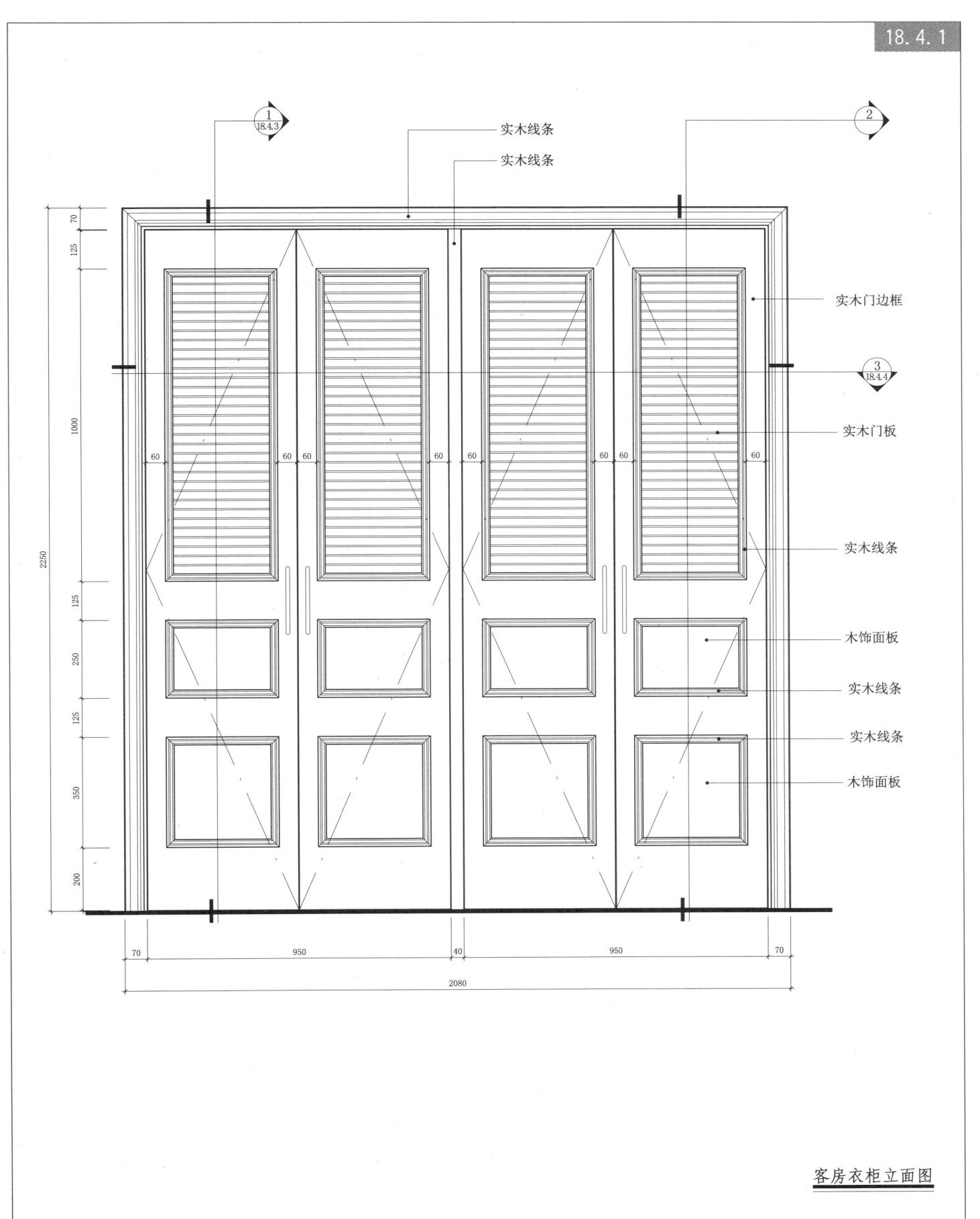

客房衣柜立面图

18.4 衣柜

18.4.2

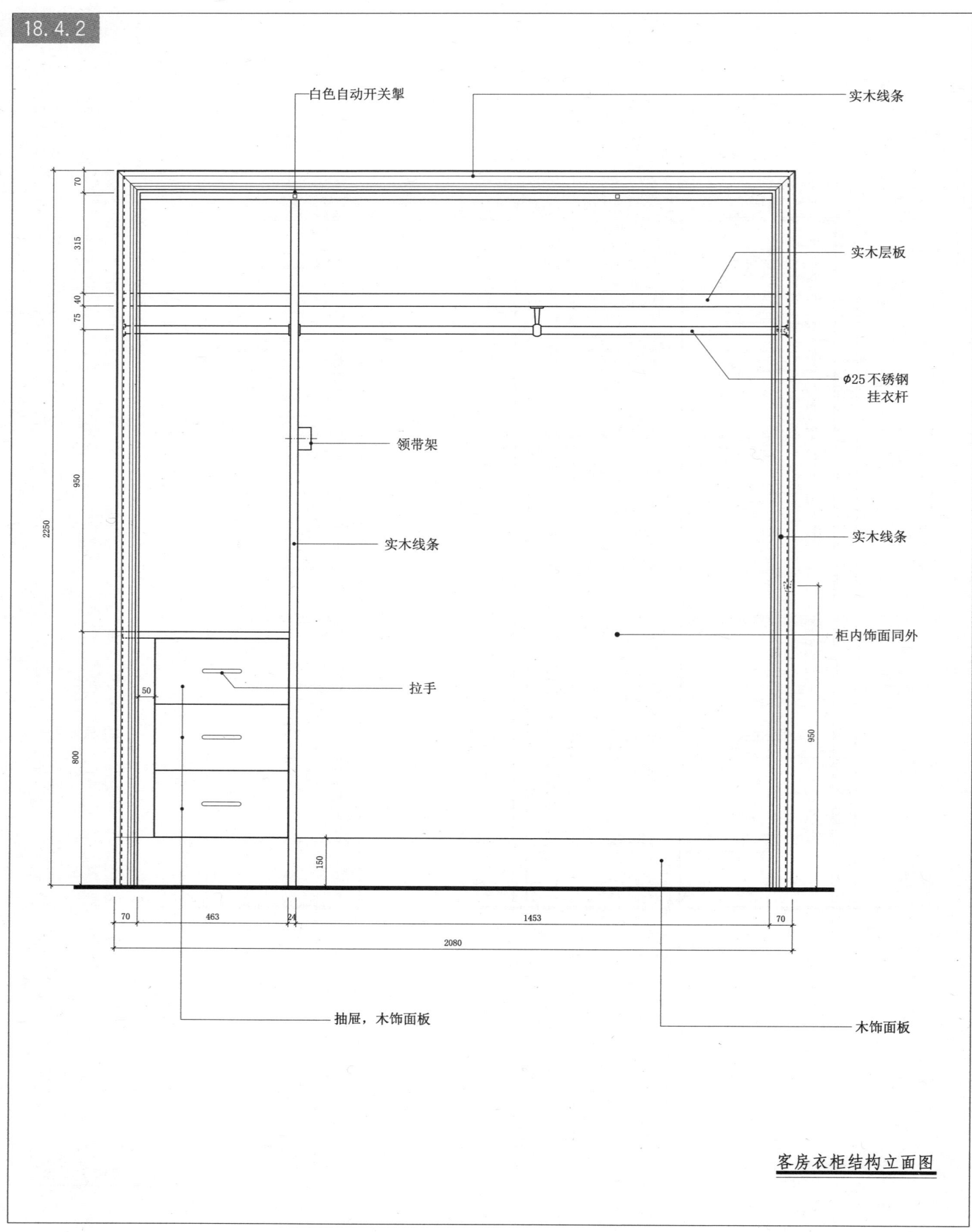

客房衣柜结构立面图

18.4 衣柜

18.4.3

固定家具·客房模式

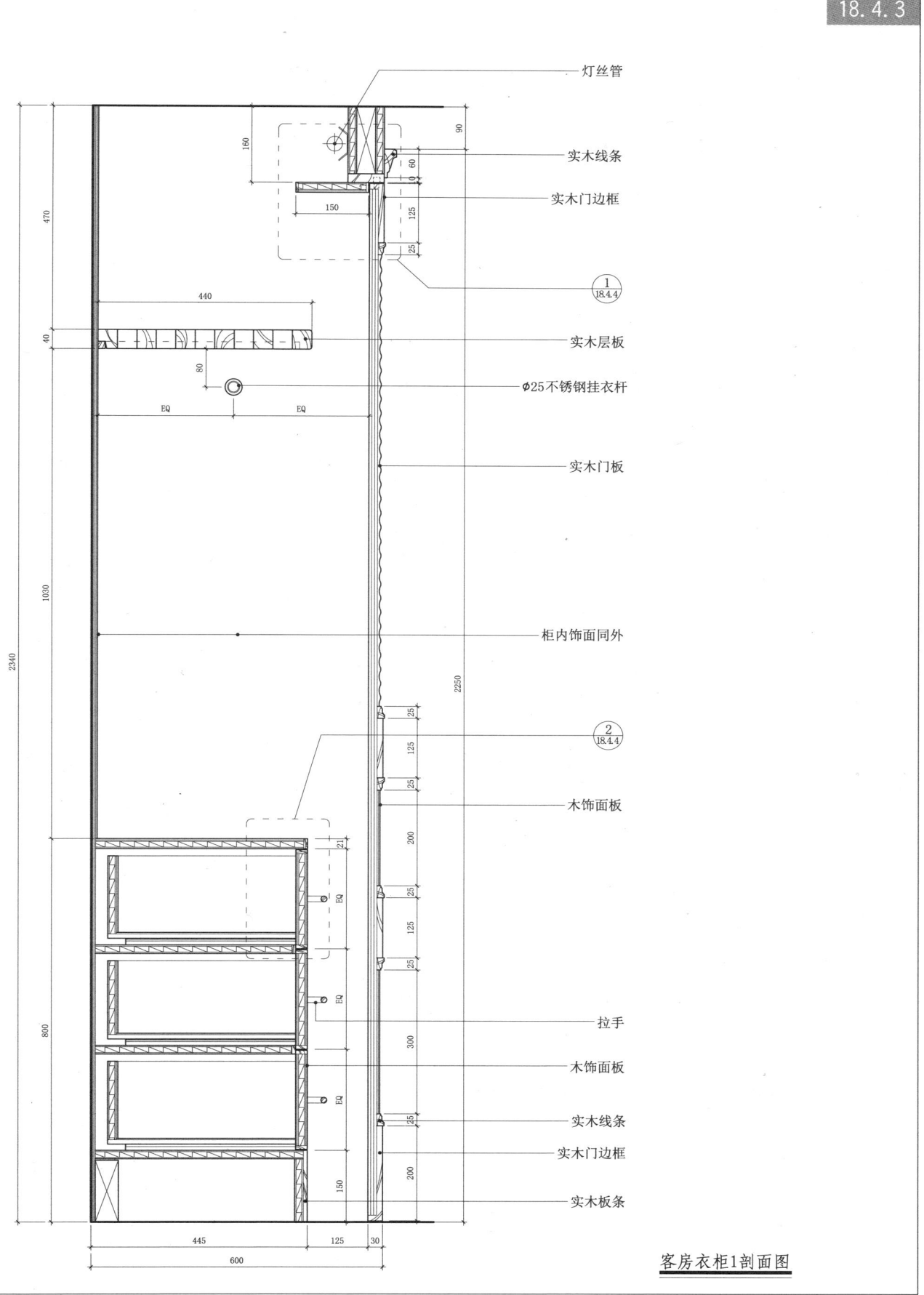

客房衣柜1剖面图

18.4 衣柜

18.4.4

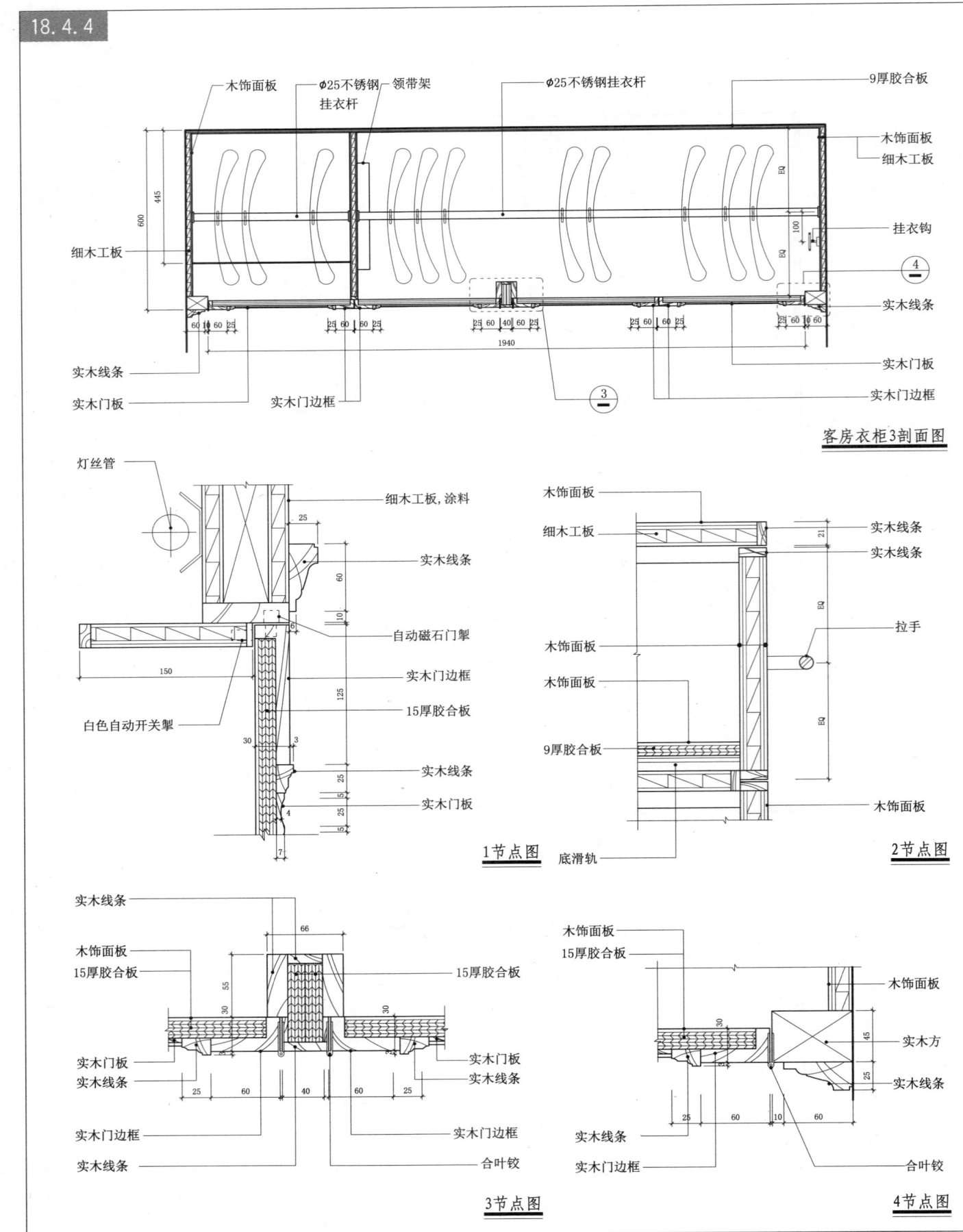

18.5 移门衣柜

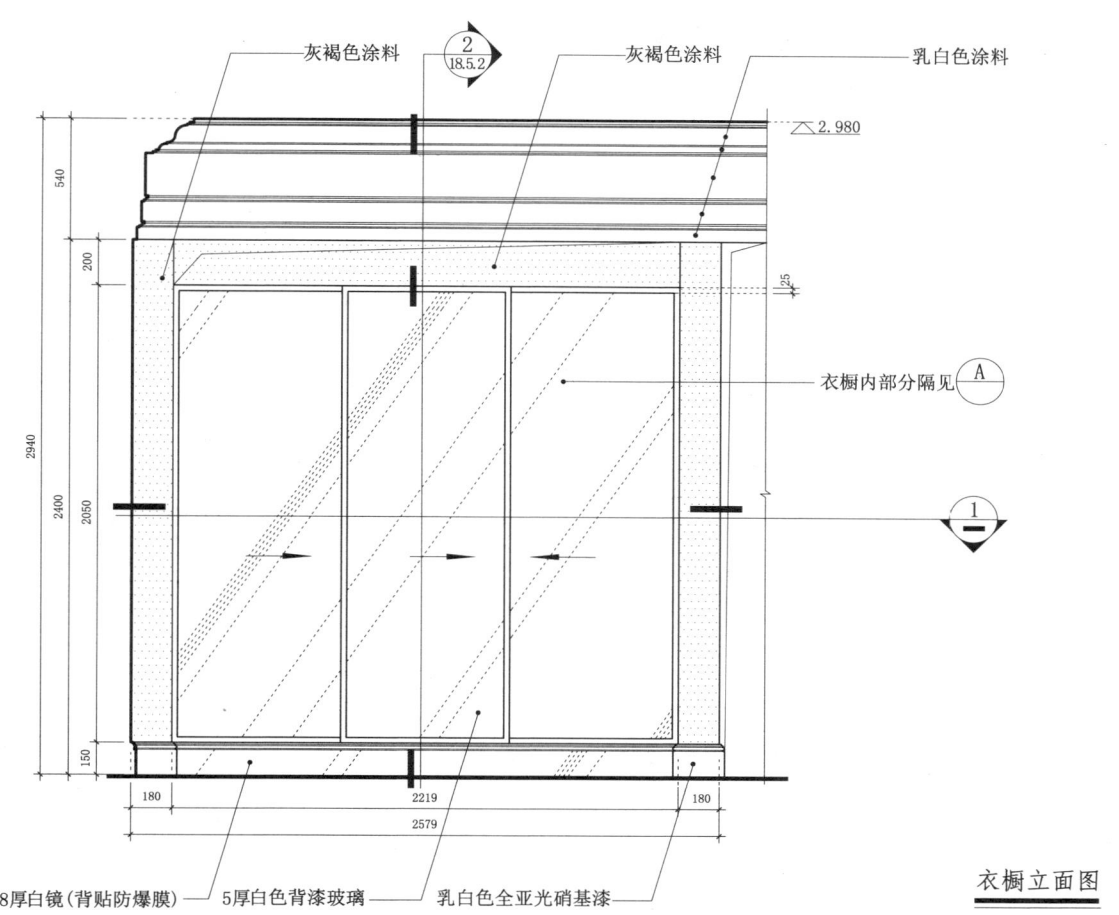

衣橱立面图

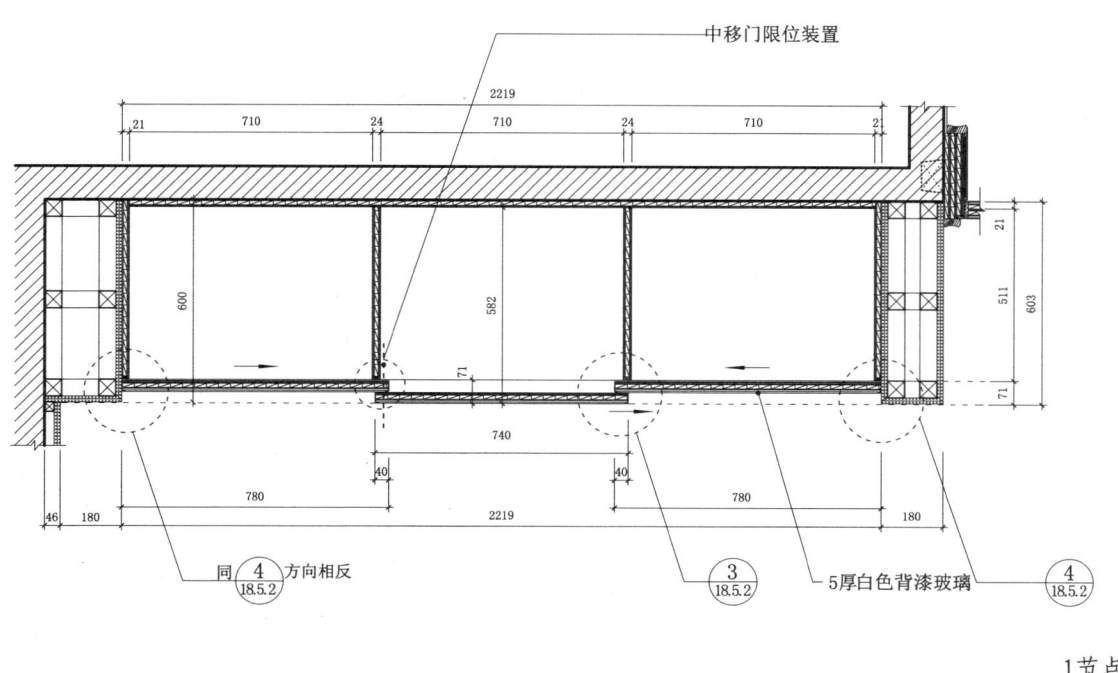

1节点图

18.5 移门衣柜

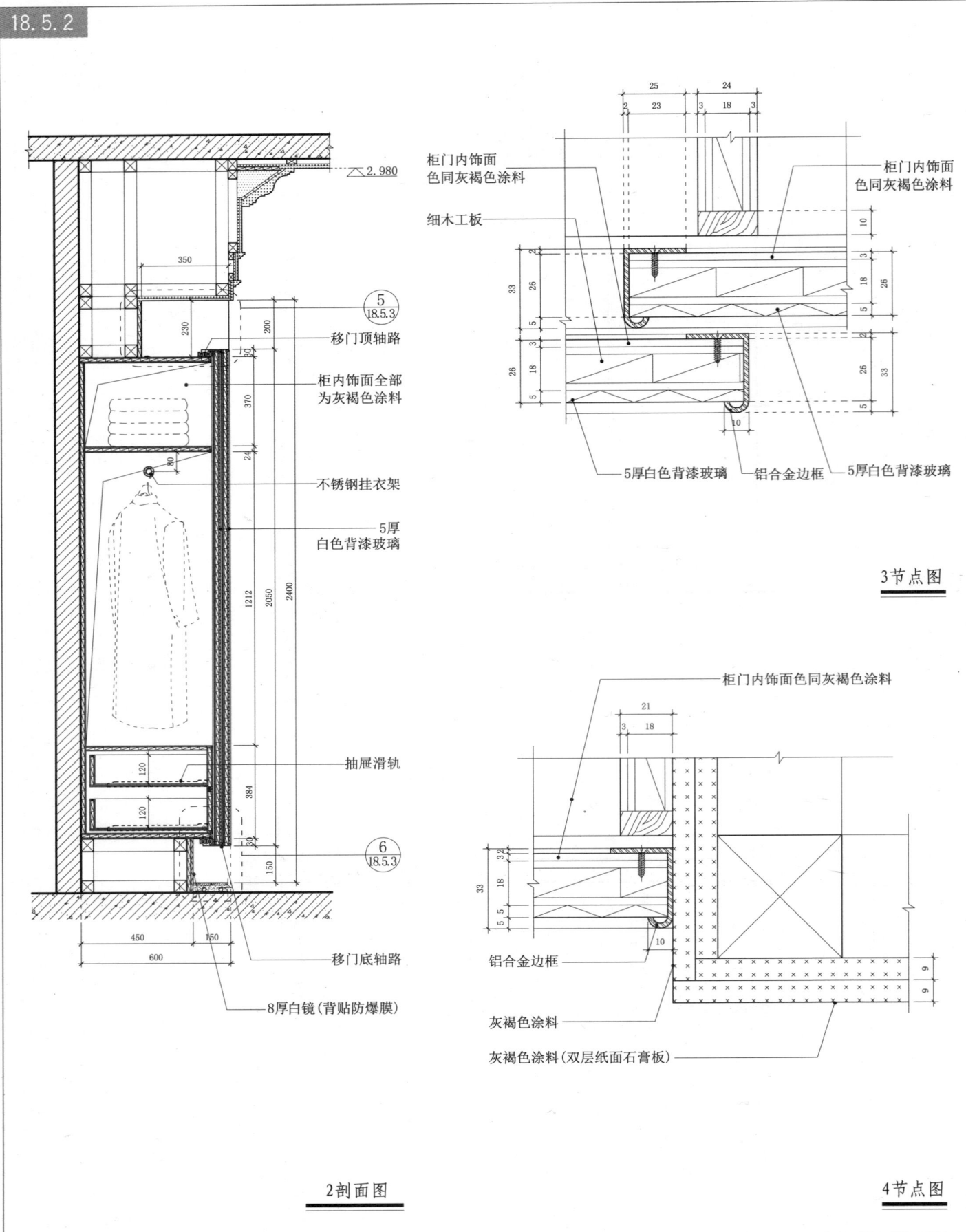

18.5 移门衣柜

18.5.3

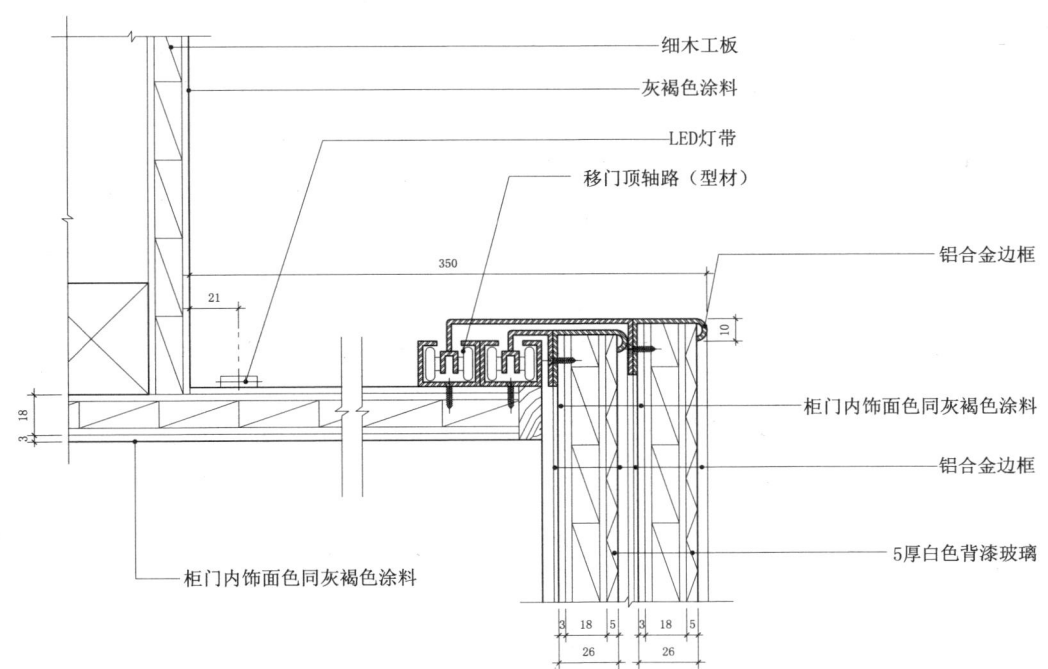

5节点图

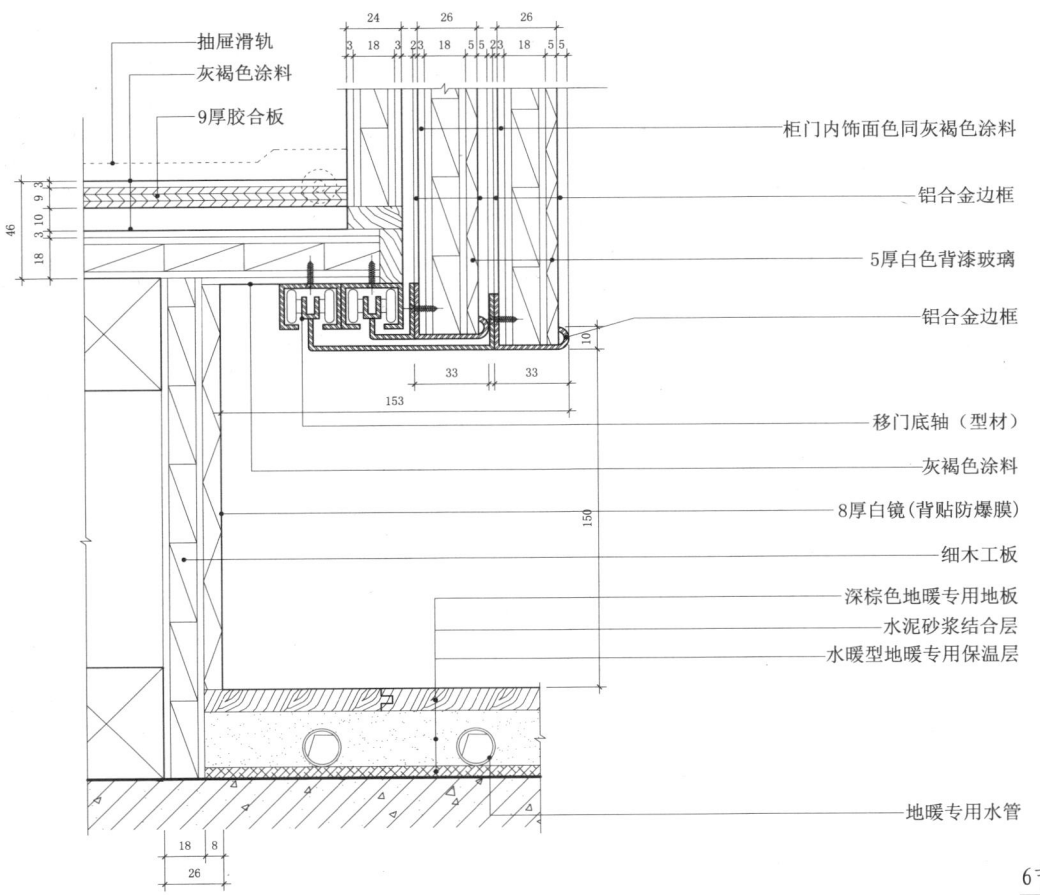

6节点图

18.6 书柜

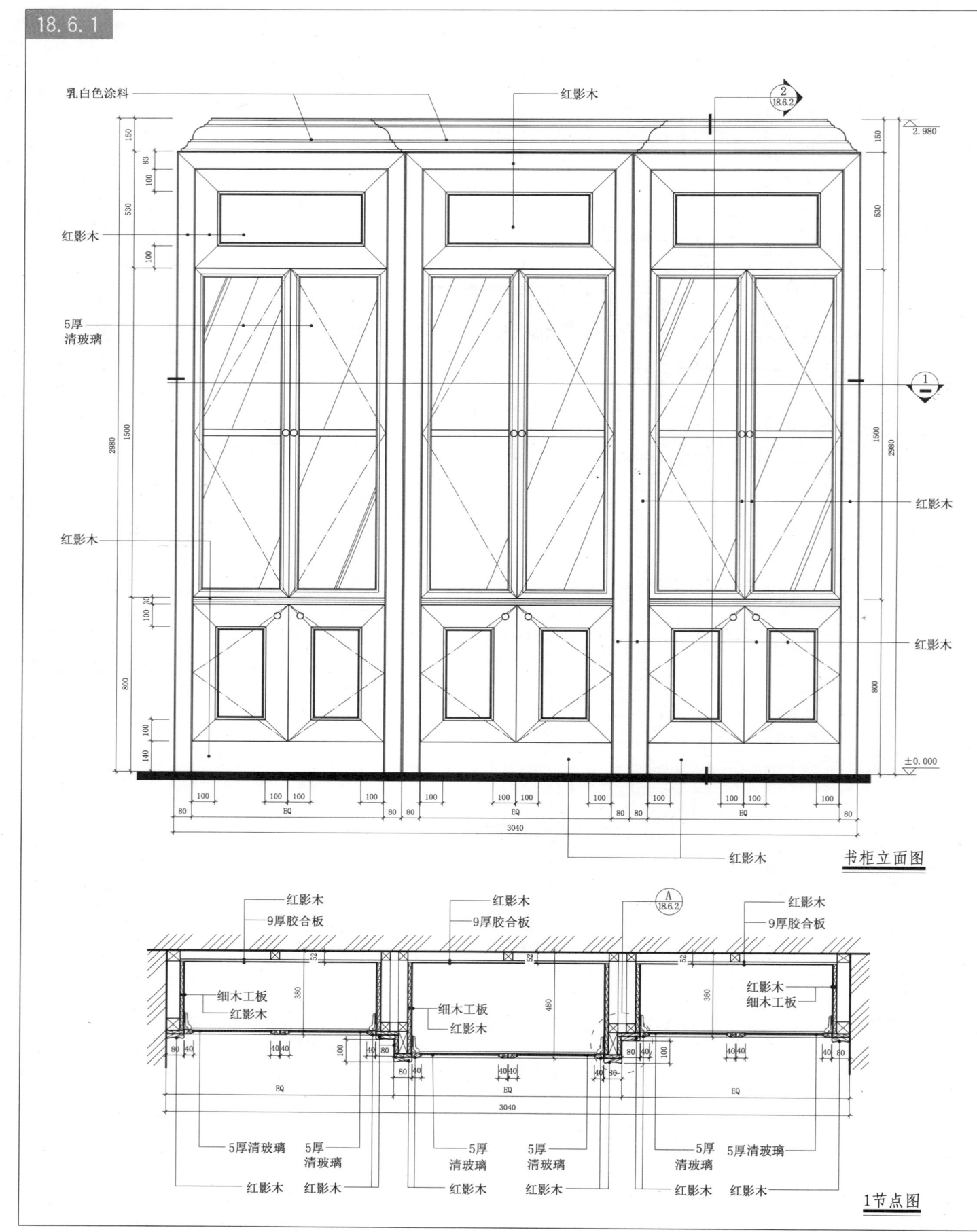

18.6 书柜

18.6.2 固定家具

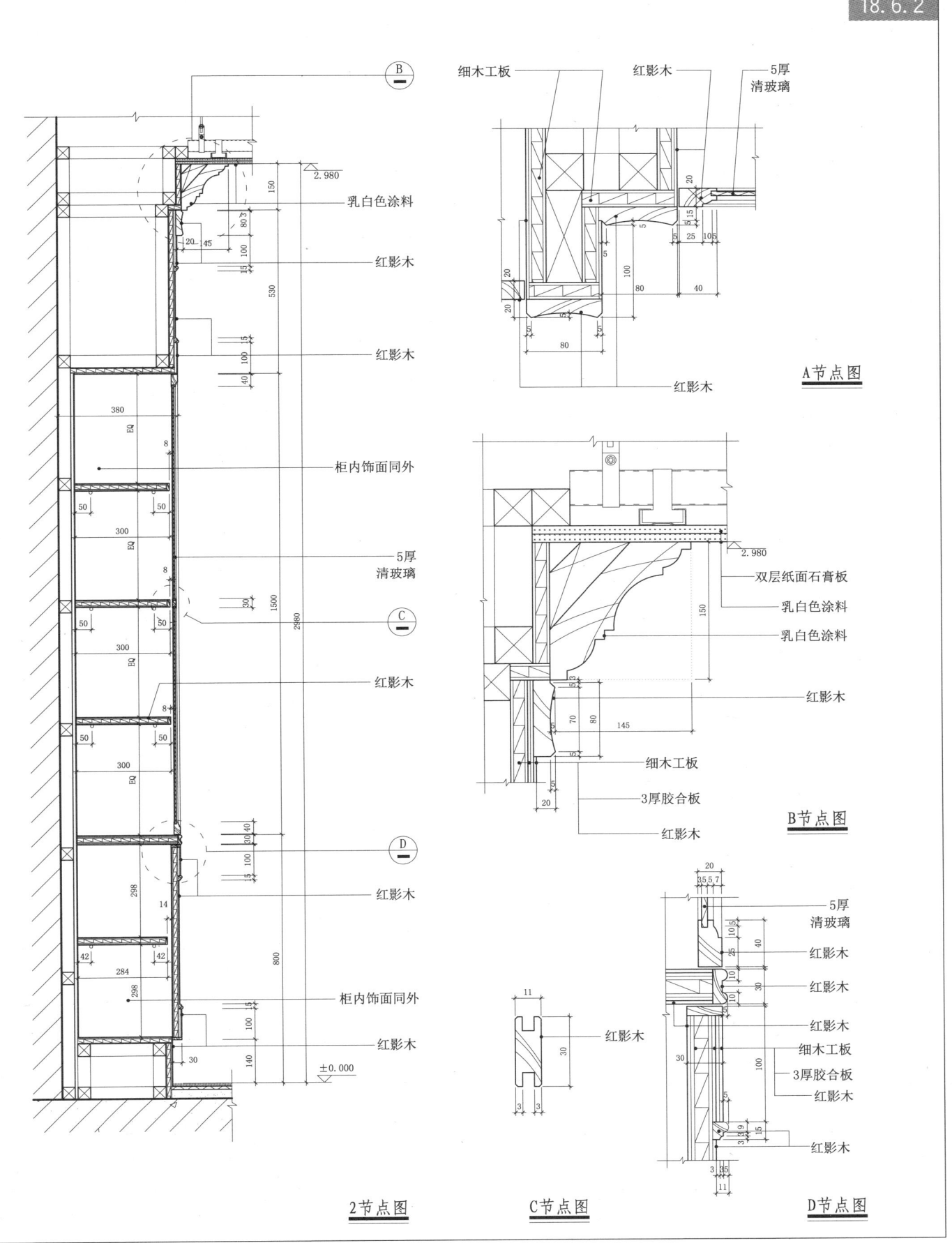

18 固定家具

18.7 木制橱柜

18.7.1

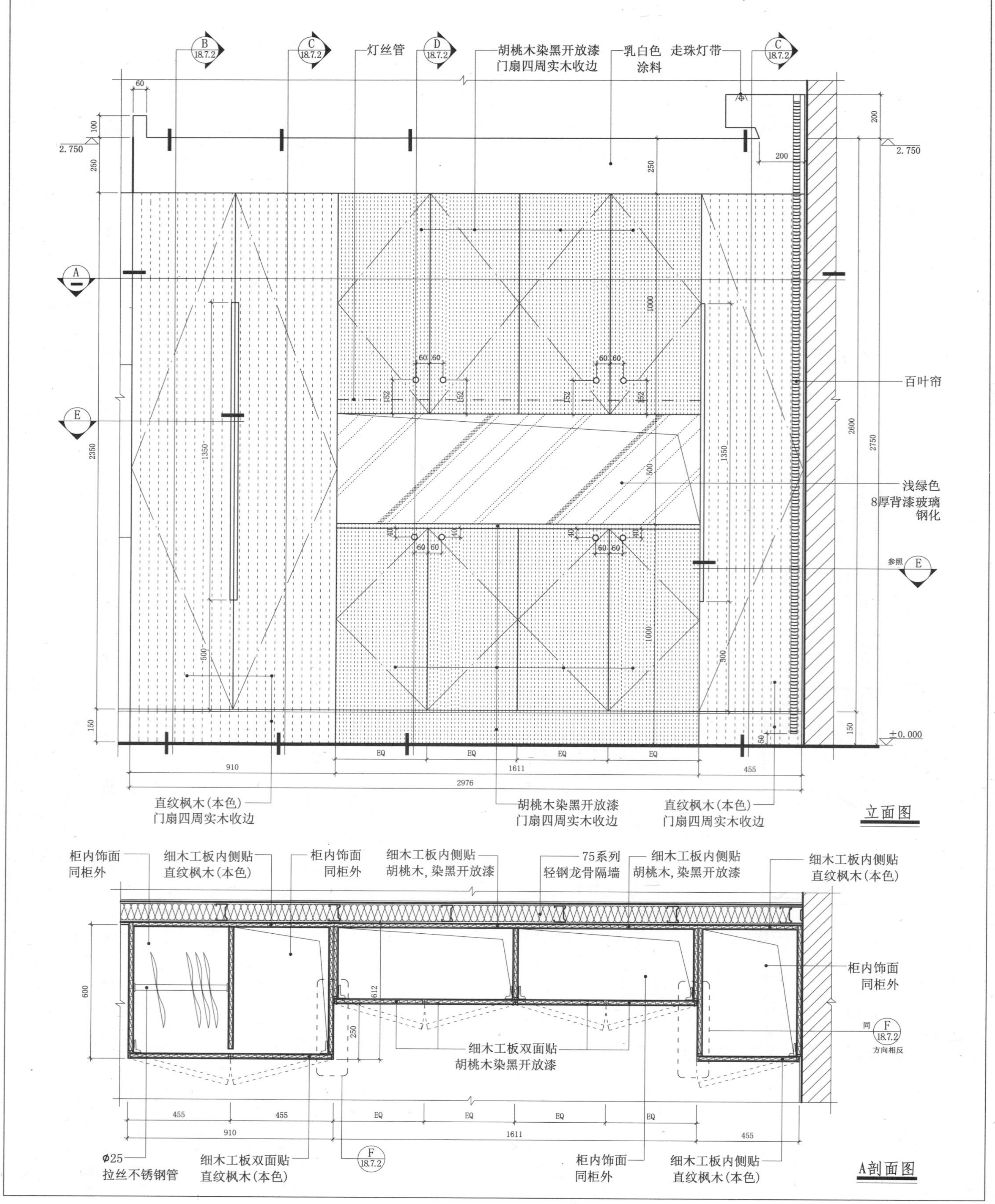

立面图

A剖面图

18.7 木制橱柜

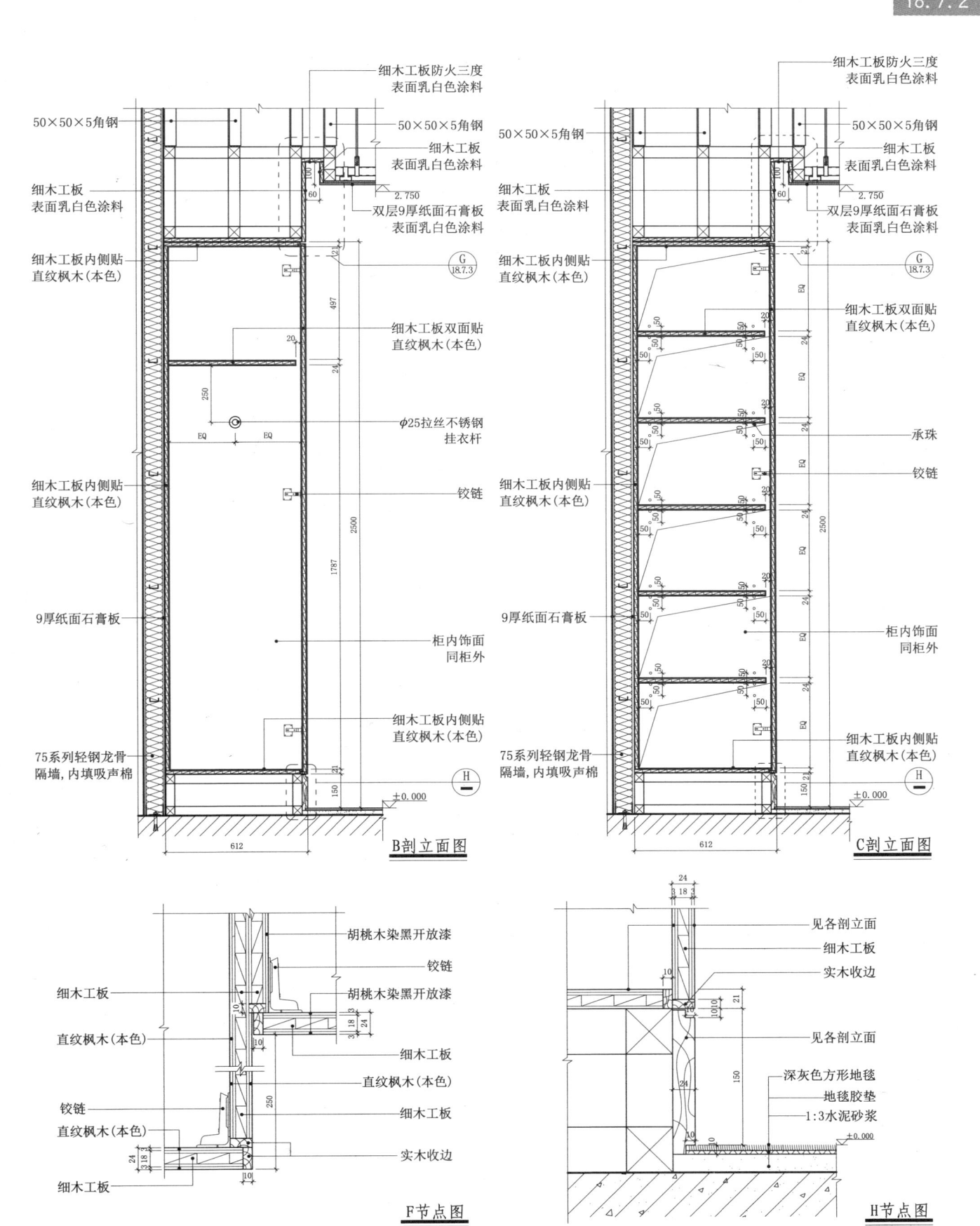

18.7 木制橱柜

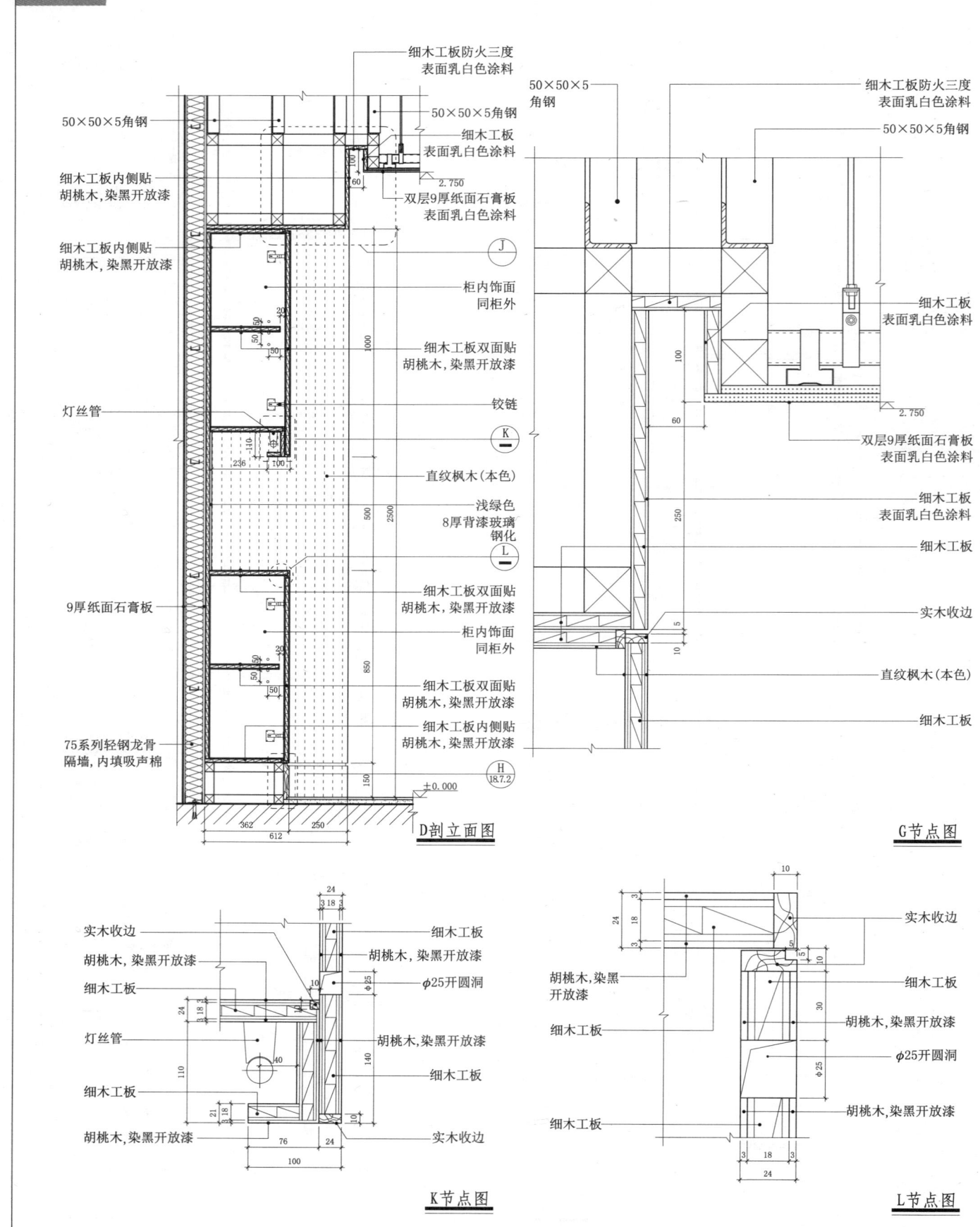

18.8 电视柜

18.8.1

固定家具·客房模式 室内设施

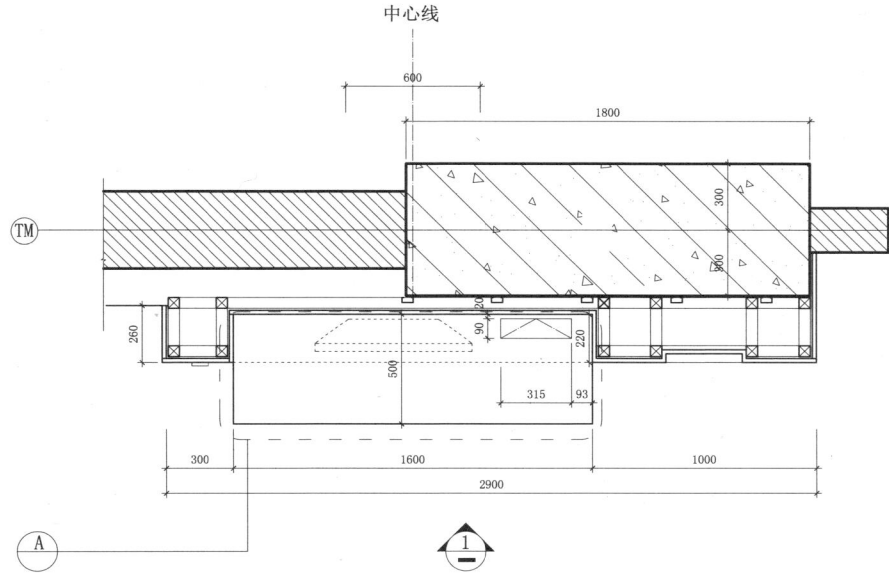

电视柜平面图

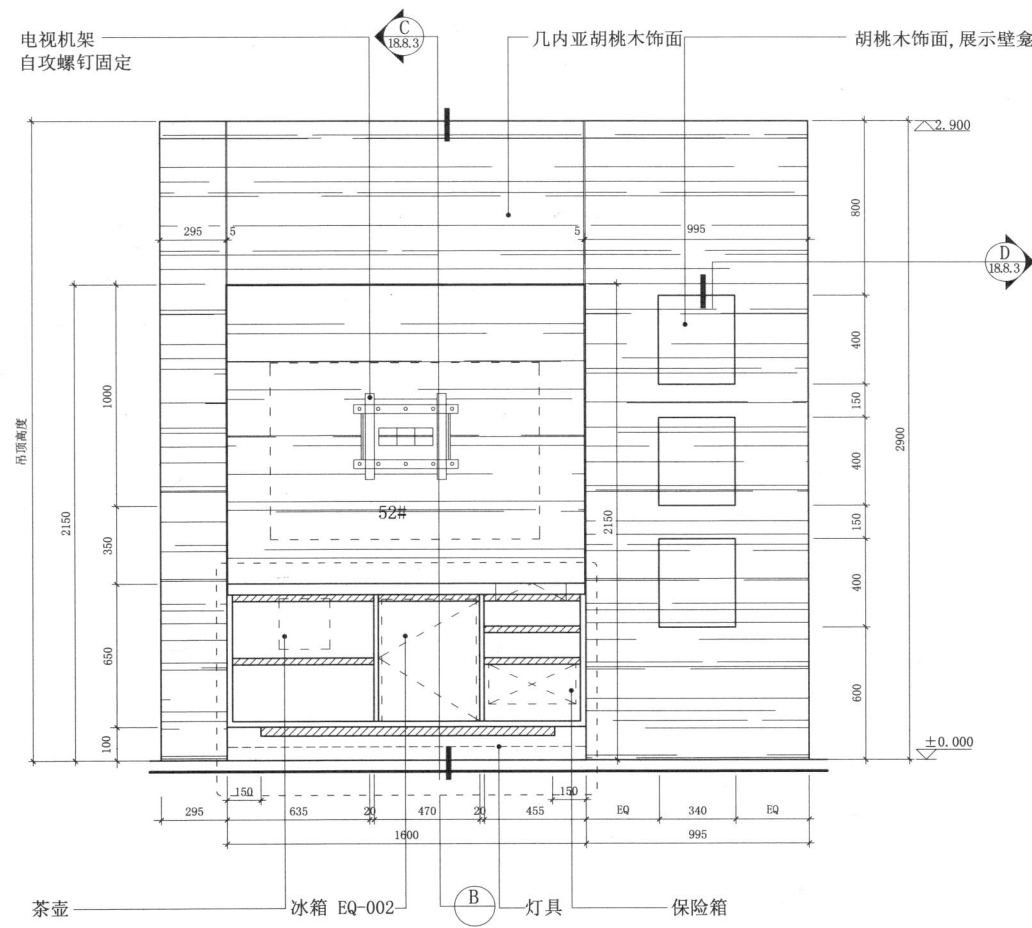

电视柜1立面图

18.8 电视柜

18.8.2

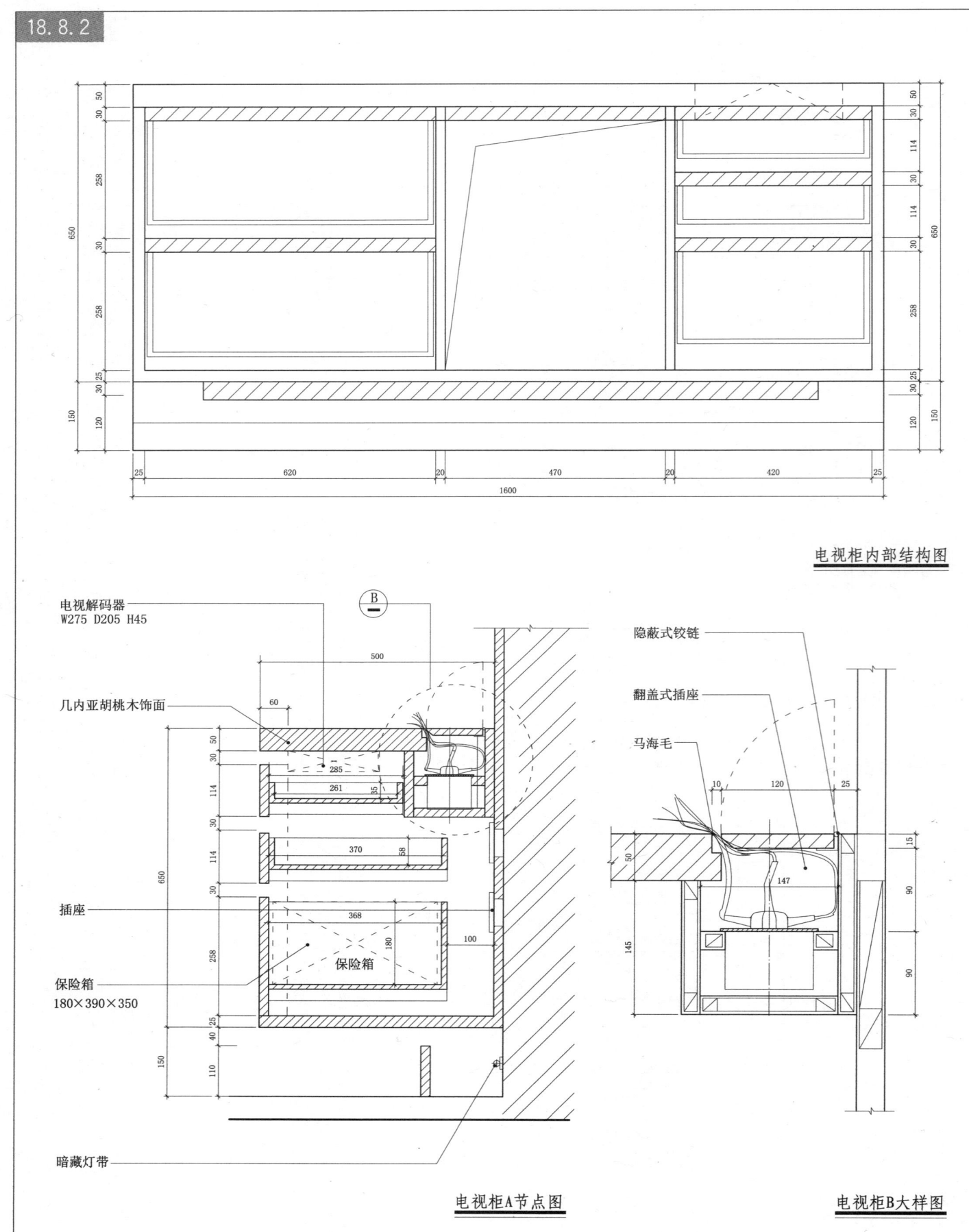

电视柜内部结构图

电视柜A节点图 　　电视柜B大样图

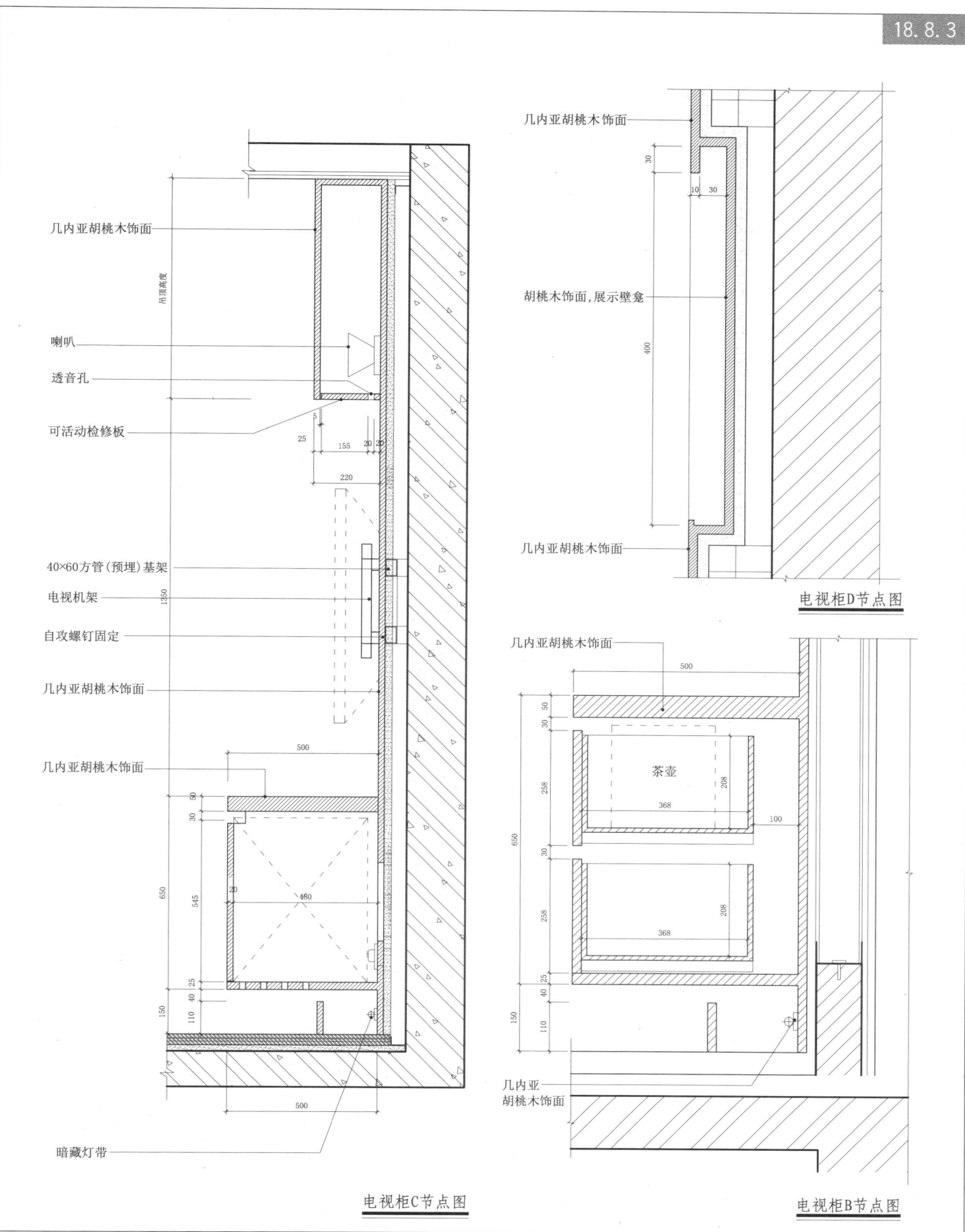

18.9 包房陈设架

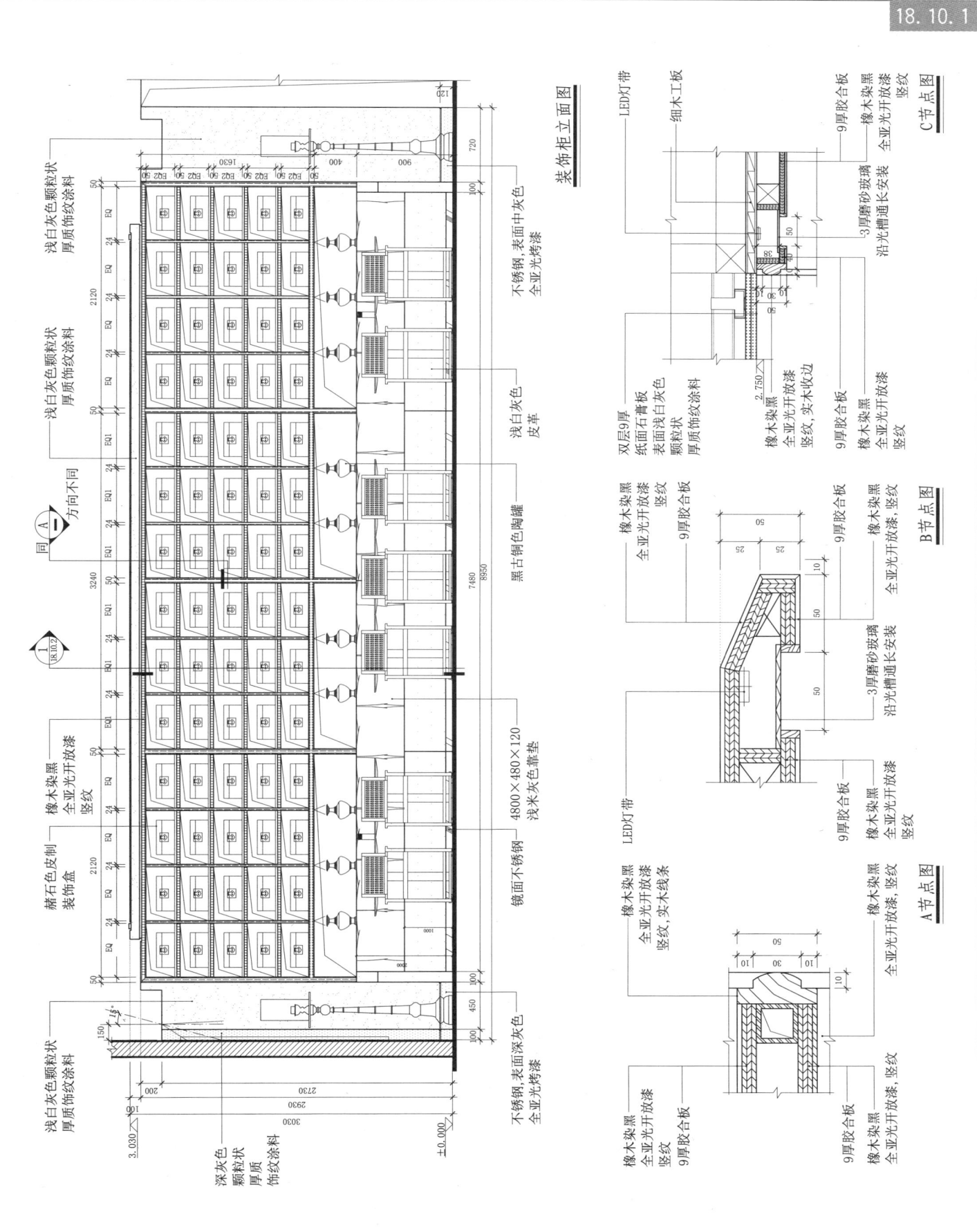

18　固定家具・立面构造　非透光照明构造

18.10　装饰架

18.10.2

标注说明（自上而下、左右）：

左侧标注：
- 双层9厚纸面石膏板 浅白灰色 表面颗粒状厚质饰纹涂料
- 橡木染黑全亚光开放漆 竖纹,实木线条
- LED灯带
- 柜内饰面均为 橡木染黑全亚光开放漆 竖纹
- LED灯带
- 柜内饰面均为 橡木染黑全亚光开放漆 竖纹
- LED灯带
- 柜内饰面均为 橡木染黑全亚光开放漆 竖纹
- LED灯带
- 柜内饰面均为 橡木染黑全亚光开放漆 竖纹
- 橡木染黑全亚光开放漆 竖纹,实木收边
- □25×25×2方钢
- 黑古铜色陶罐
- 细木工板 表面深灰色涂料
- 4800×480×120 浅米灰色靠垫
- 浅白灰色皮革 内填海绵
- 浅白灰色皮革 内填海绵
- 中灰色地砖

右侧标注：
- 赭石色皮制装饰盒
- 双层9厚纸面石膏板 浅白灰色 表面颗粒状厚质饰纹涂料
- 柜内饰面均为 橡木染黑全亚光开放漆 竖纹
- 柜内饰面均为 橡木染黑全亚光开放漆 竖纹
- MR-11/1W LED浅孔橱柜灯 配光45°,2700K
- 柜内饰面均为 橡木染黑全亚光开放漆 竖纹
- 黑白根大理石
- 细木工板
- 铰链
- 橡木染黑全亚光开放漆 竖纹
- 柜内饰面均为 中灰色全亚光硝基漆
- LED灯带
- 3厚磨砂玻璃 通长安装
- 橡木染黑全亚光开放漆 竖纹
- 中灰色地砖

尺寸标注：2.750；50×5=250；2030；2930；400；±0.000；550；480；100；160；500；750；900；150；700；450；30；900

1 节点图

18.11.1

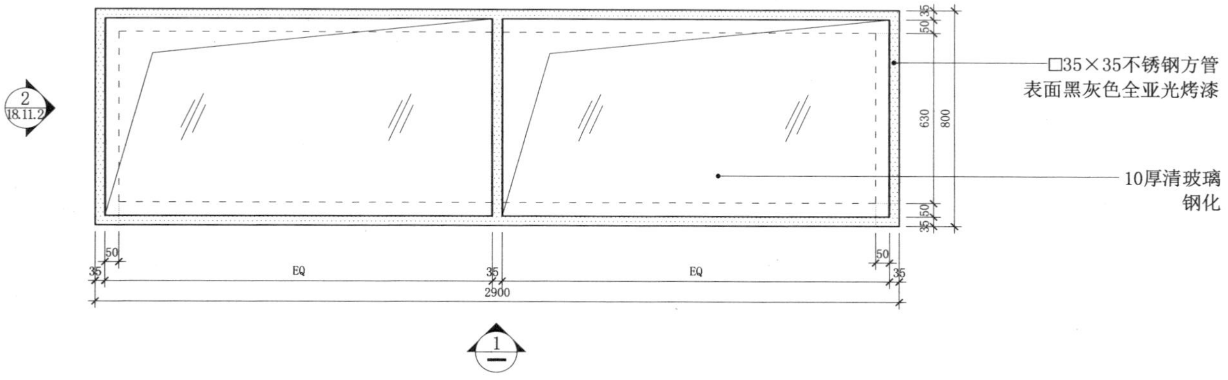

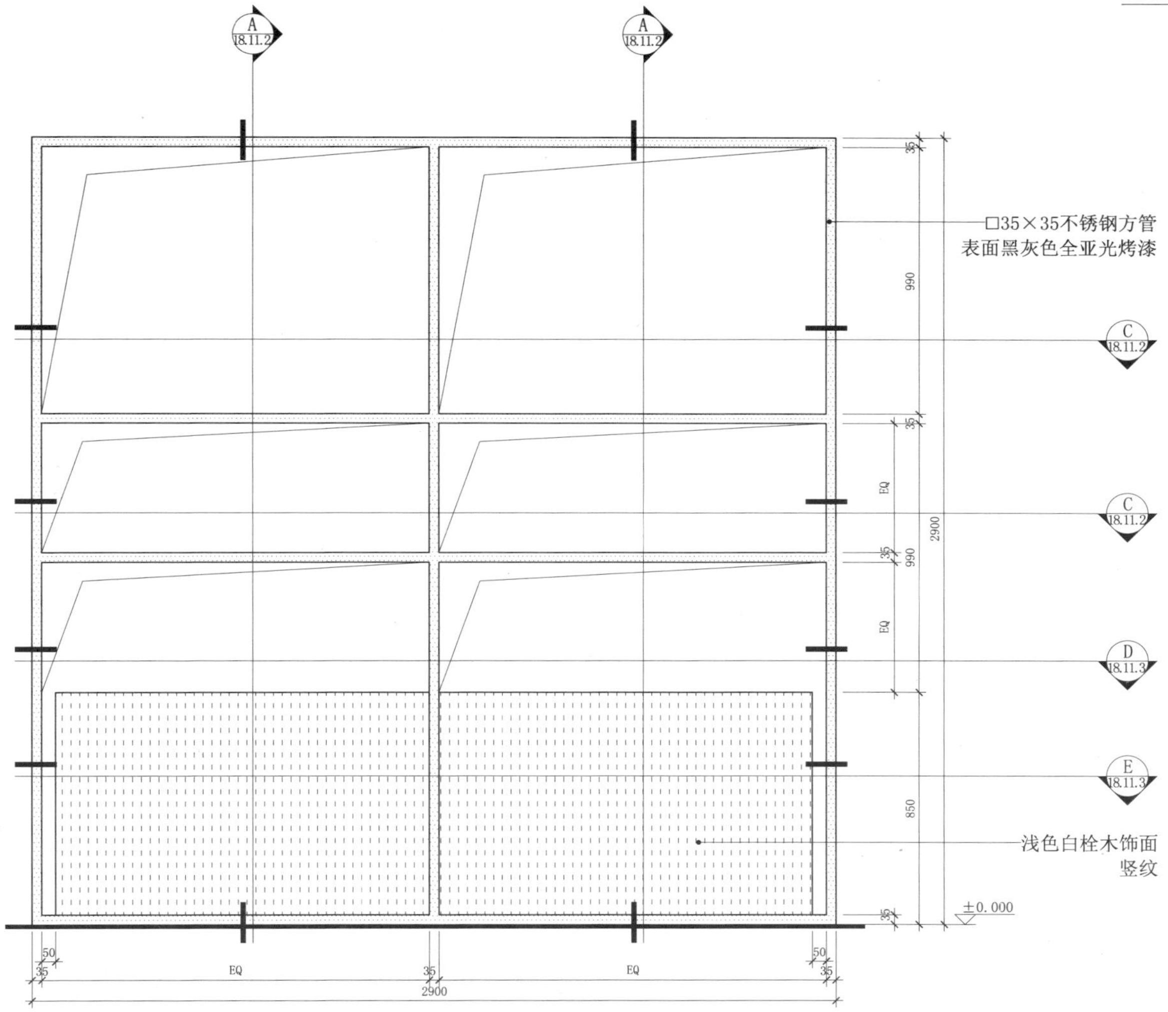

□35×35不锈钢方管
表面黑灰色全亚光烤漆
10厚清玻璃
钢化
2
18.11.2
1
35
50
EQ
630
800
2900

平面图

A
18.11.2
□35×35不锈钢方管
表面黑灰色全亚光烤漆
C
18.11.2
D
18.11.3
E
18.11.3
浅色白栓木饰面
竖纹
±0.000
35
50
990
850
EQ
2900

1立面图

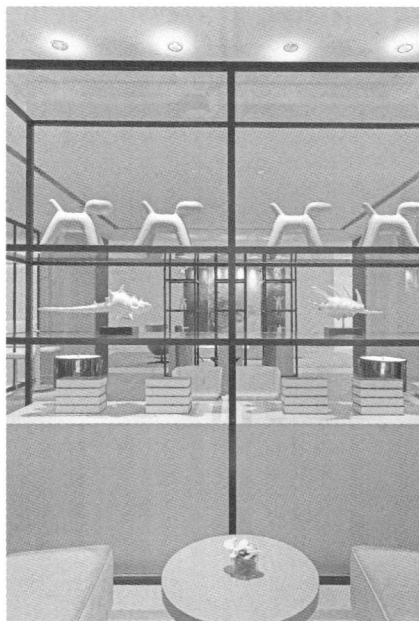

18.11 陈设架

18.11.2

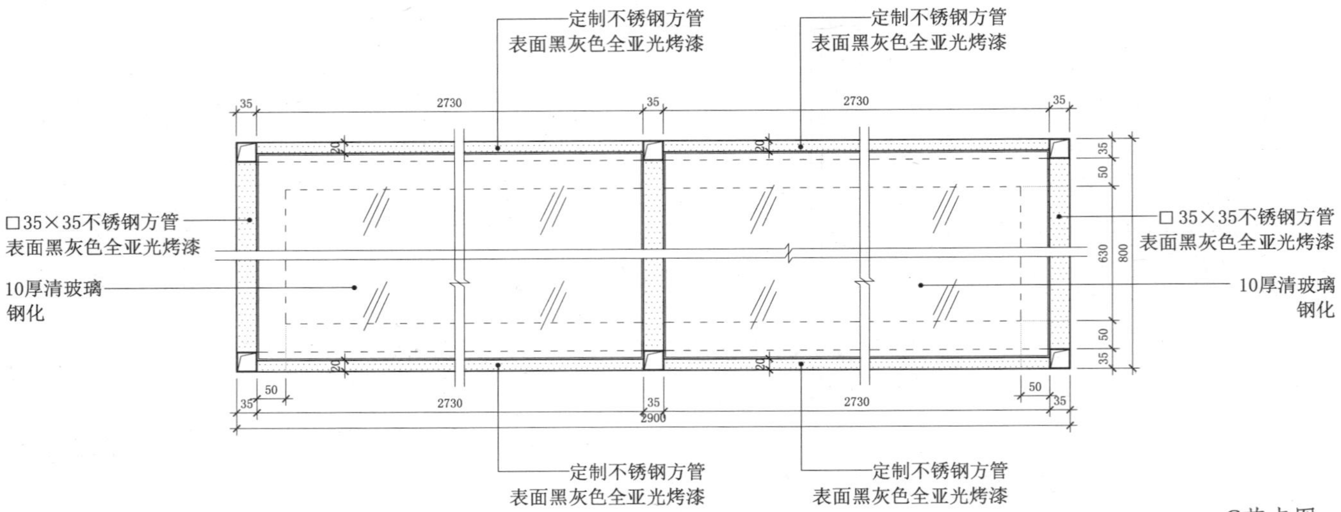

C节点图

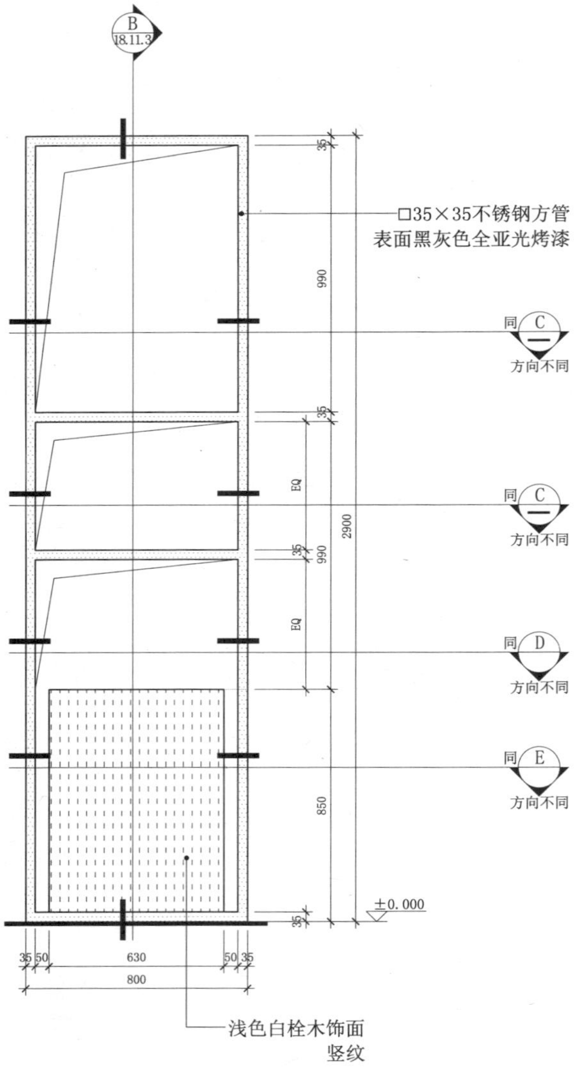

2立面图

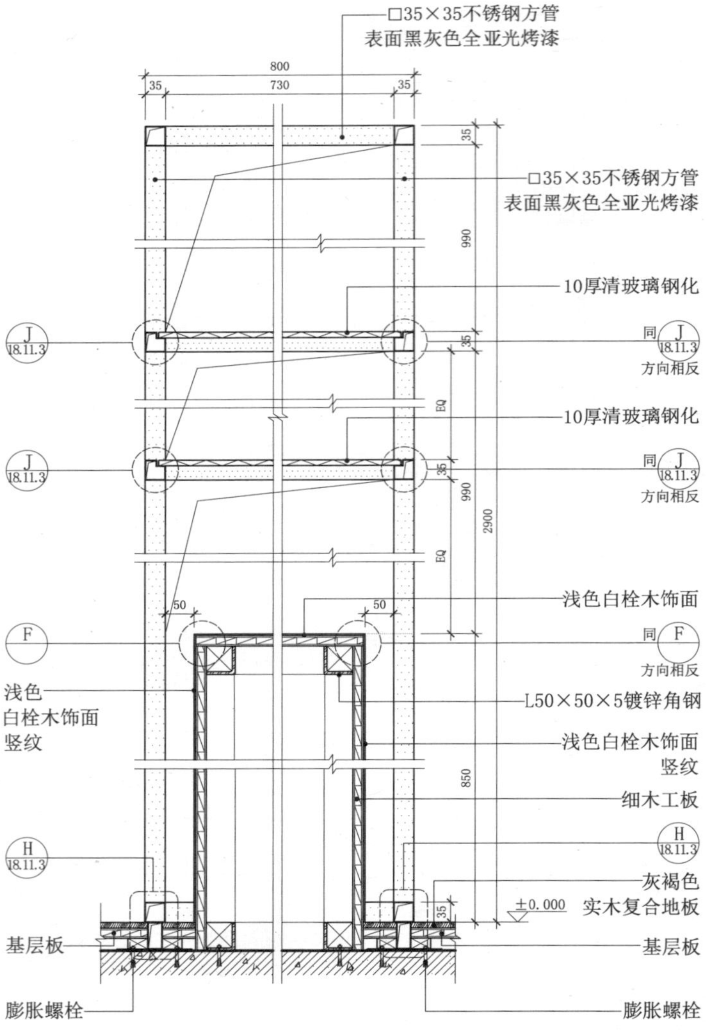

A节点图

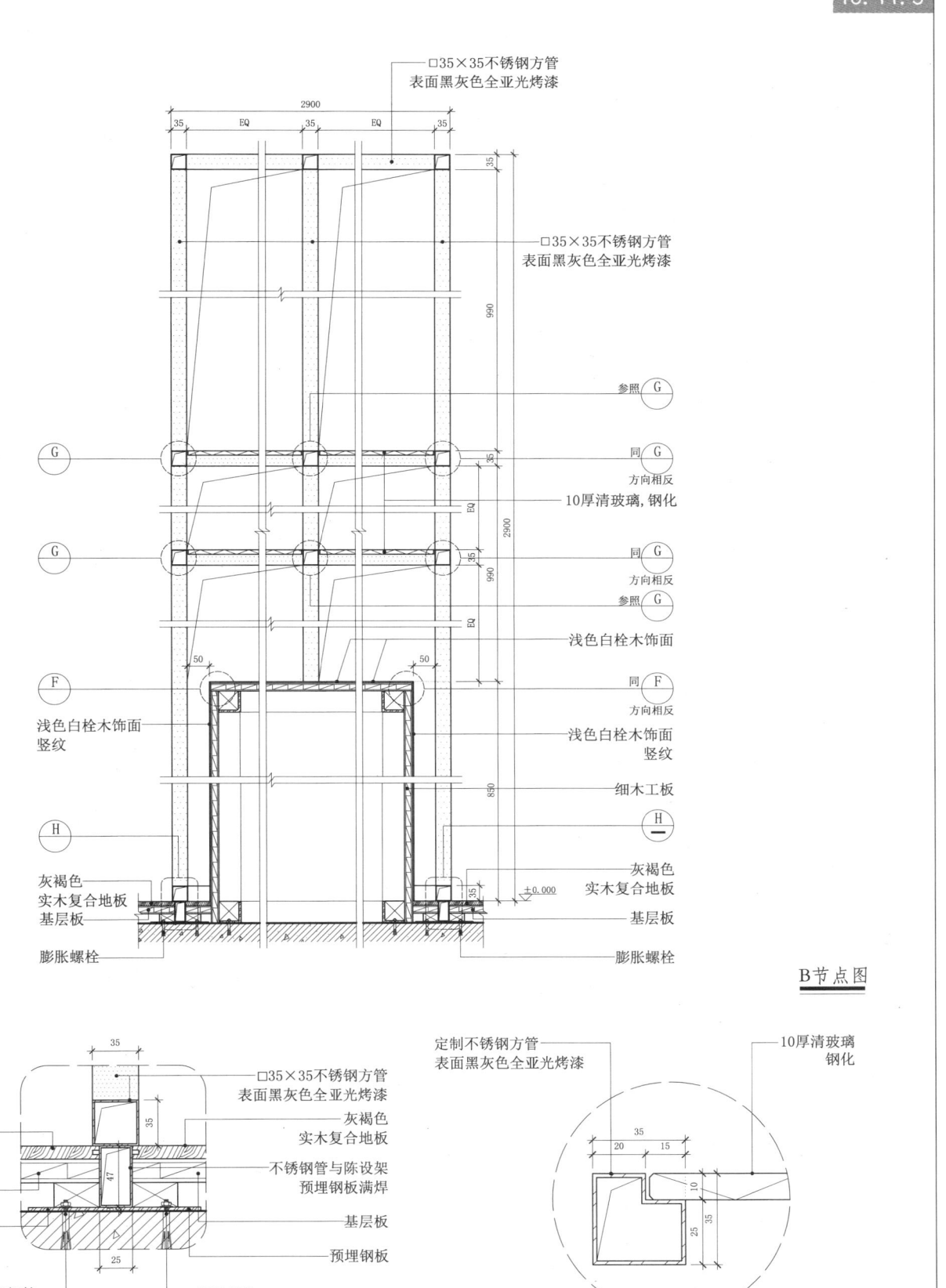

18 固定家具·造型立面

18.12 造型立面

18.12.1

立面图 / A剖面图

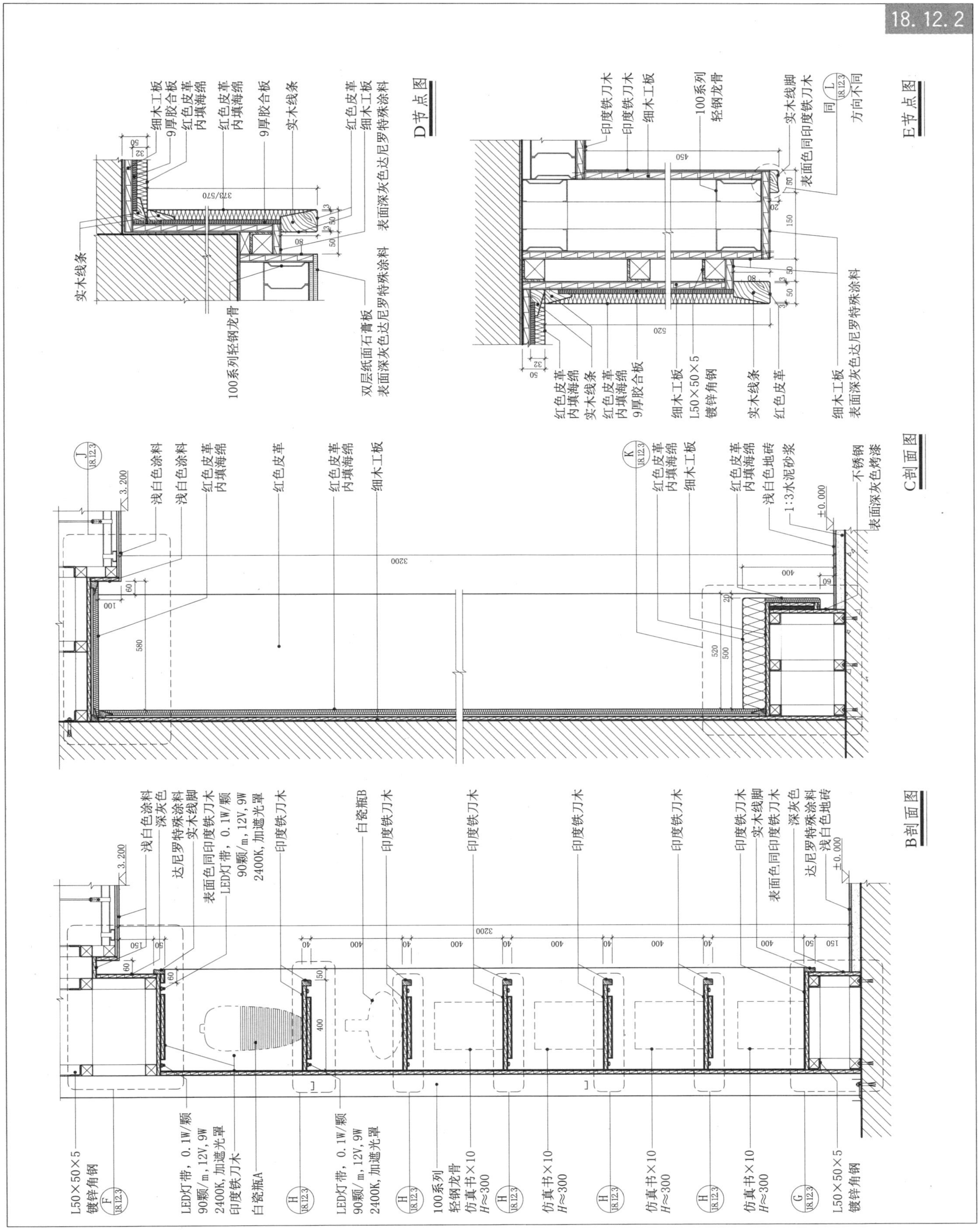

18.12 造型立面

18.12 造型立面

18.12.3

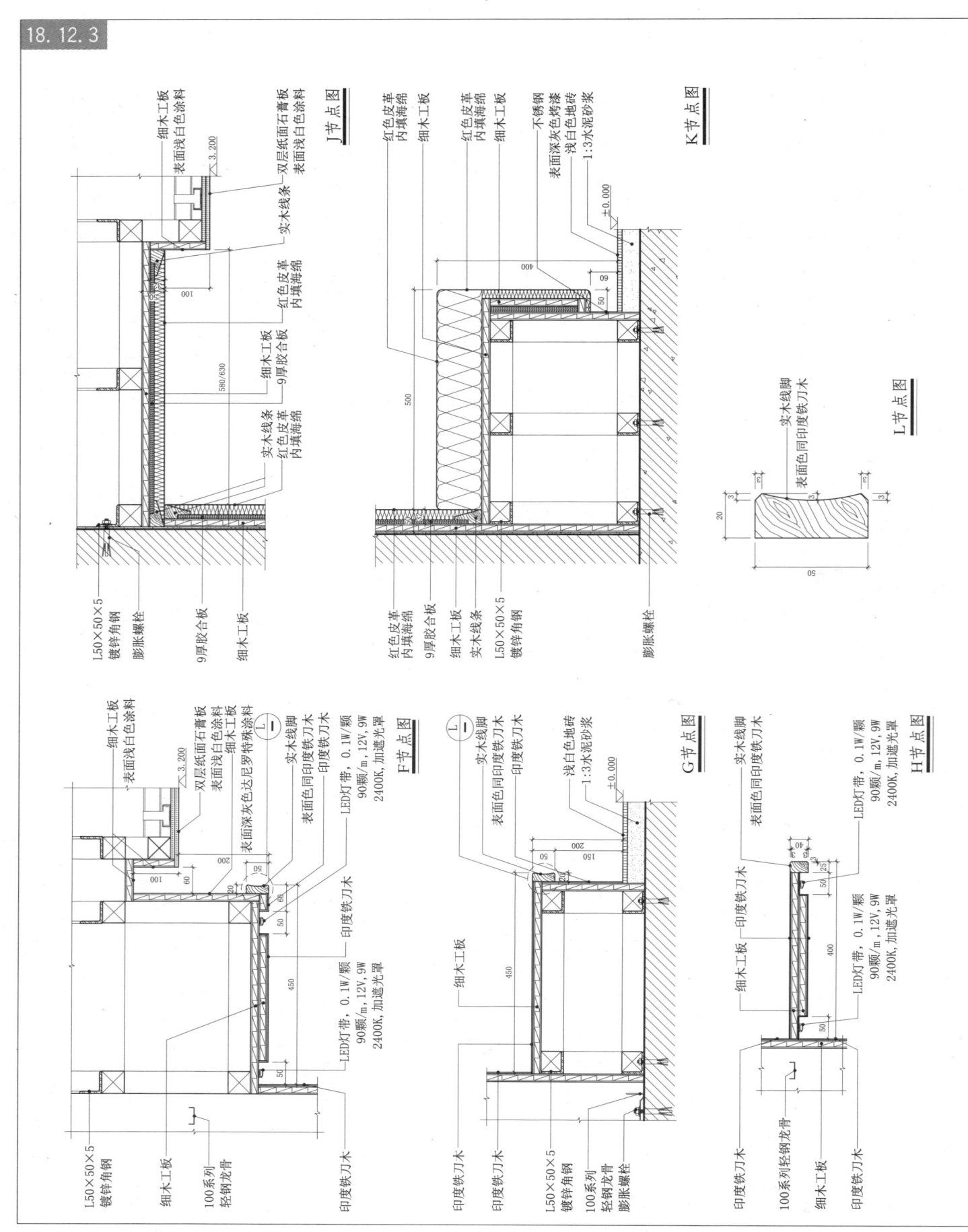

18.13.1

5厚浅色仿古镜
背贴防爆膜
8厚红色镜
背贴防爆膜
黑棕色
仿鳄鱼皮
5厚浅色仿古镜
背贴防爆膜
5厚浅色仿古镜
背贴防爆膜
200
EQ2
EQ2
200
2400
出线口距地1600
EQ3
EQ3
EQ3
167
150
EQ1
2000
EQ1
1
2
18.13.2

立面图

A
5厚高白镜
背贴防爆膜
5厚高白镜
背贴防爆膜
同 A
方向相反
60
60
240
242
5厚浅色仿古镜
背贴防爆膜
5厚
浅色仿古镜
背贴防爆膜
实木线条
外包黑棕色
仿鳄鱼皮
实木线条
外包黑棕色仿鳄鱼皮
25
25
200
EQ
EQ
200
2000
黑棕色仿鳄鱼皮
硅胶填缝
细木工板
黑棕色仿鳄鱼皮
8厚红色镜
背贴防爆膜
硅胶填缝
黑棕色
仿鳄鱼皮

1剖面图

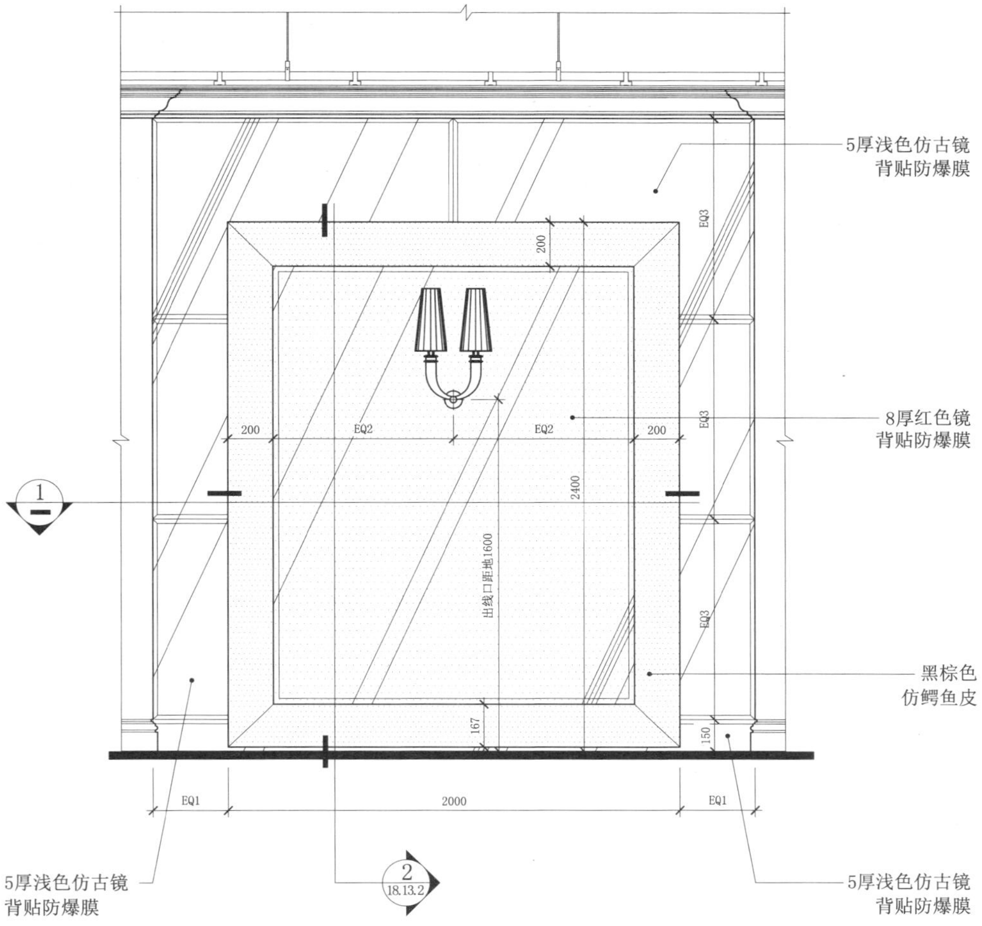

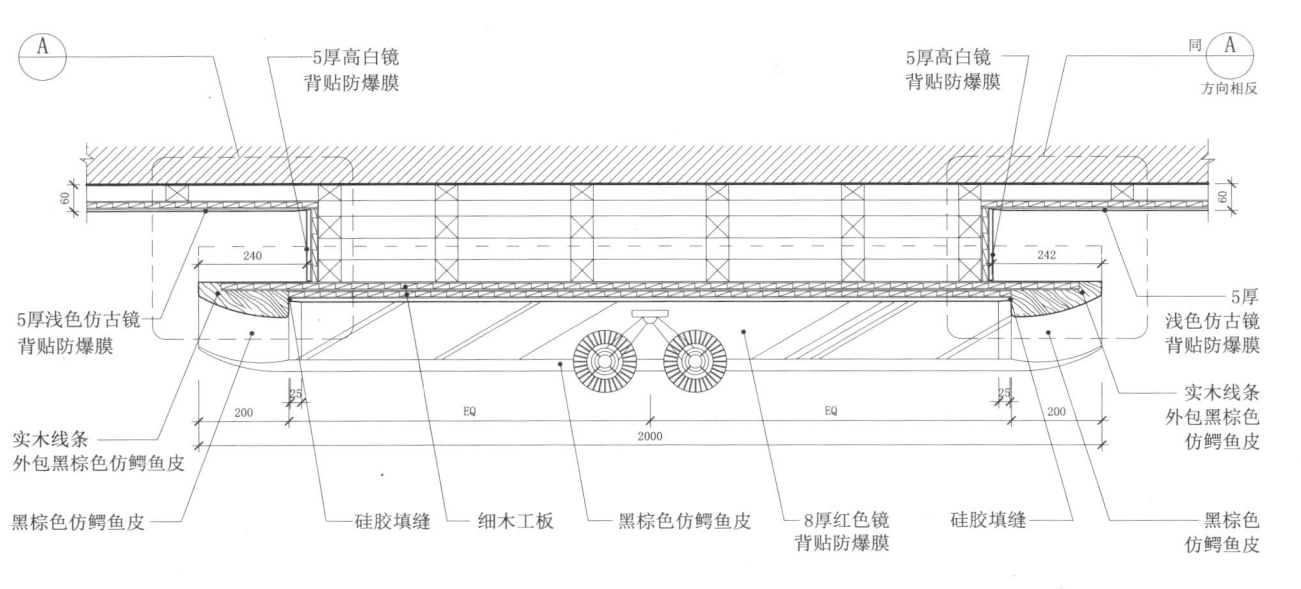

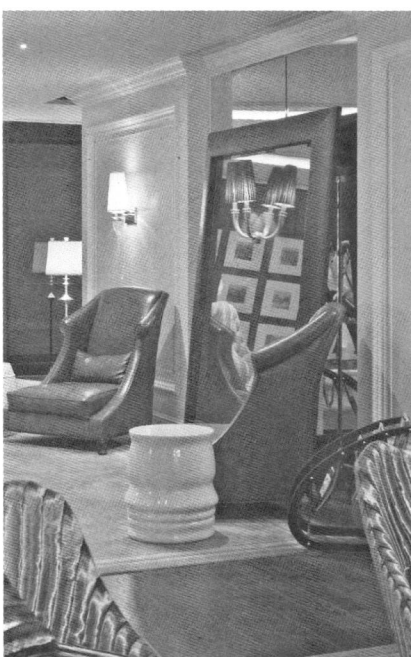

18.13 固定式镜框

18.13.2

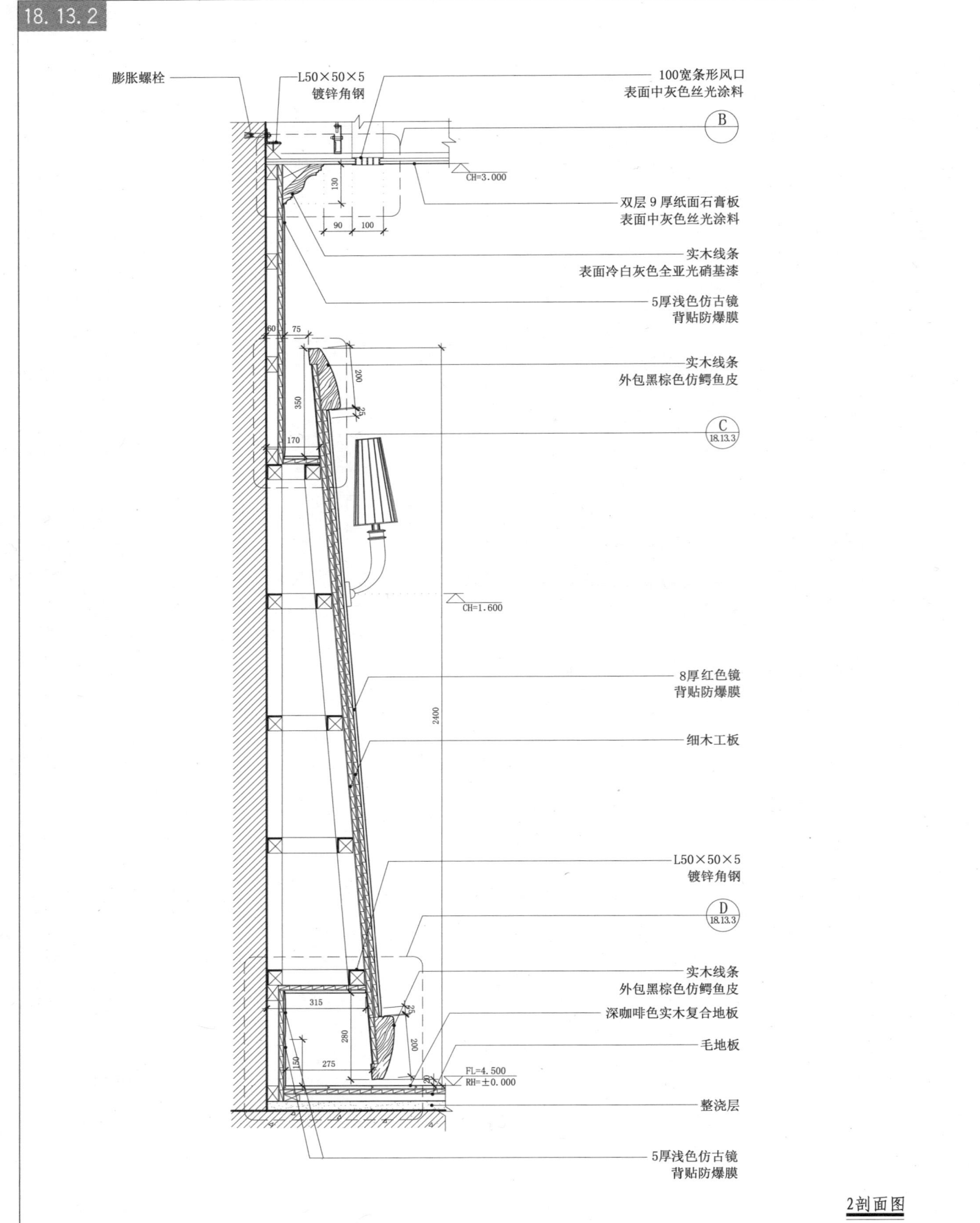

2 剖面图

18.13 固定式镜框

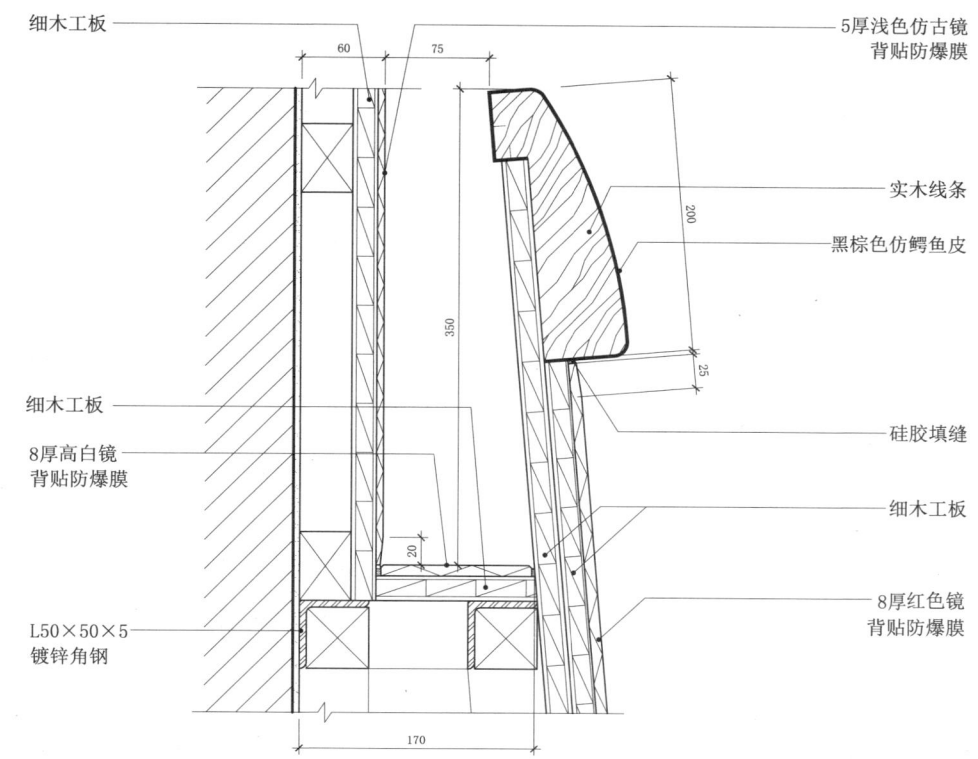

C节点图

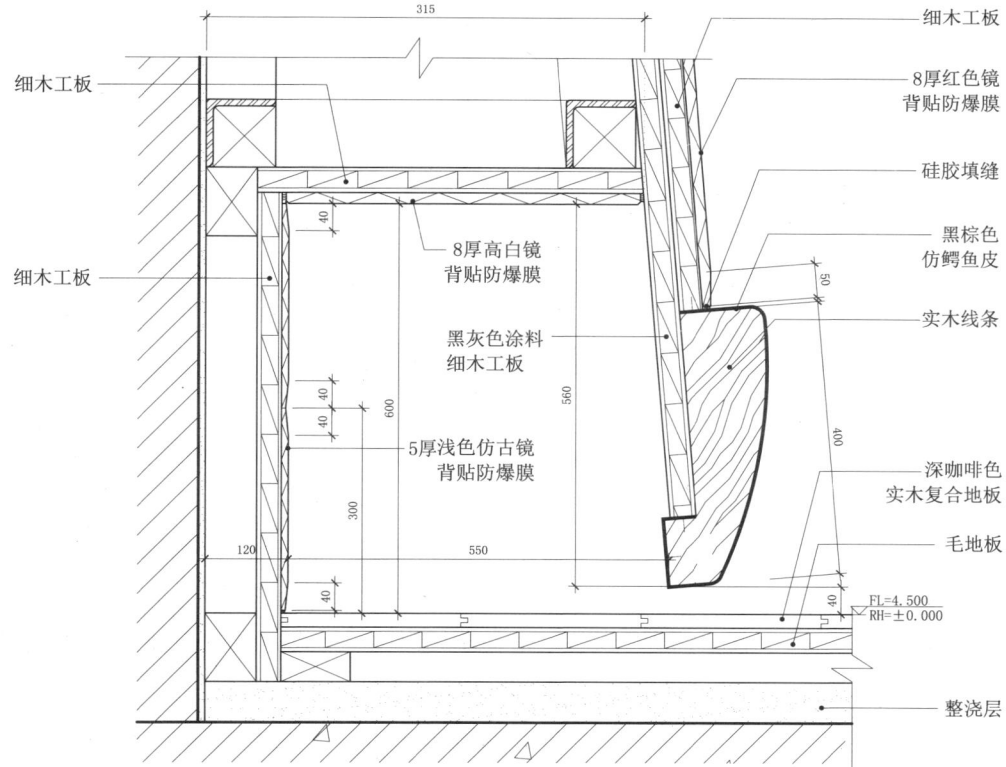

D节点图

18 固定家具·室内设施
非透光照明构造

18.14 装饰壁炉

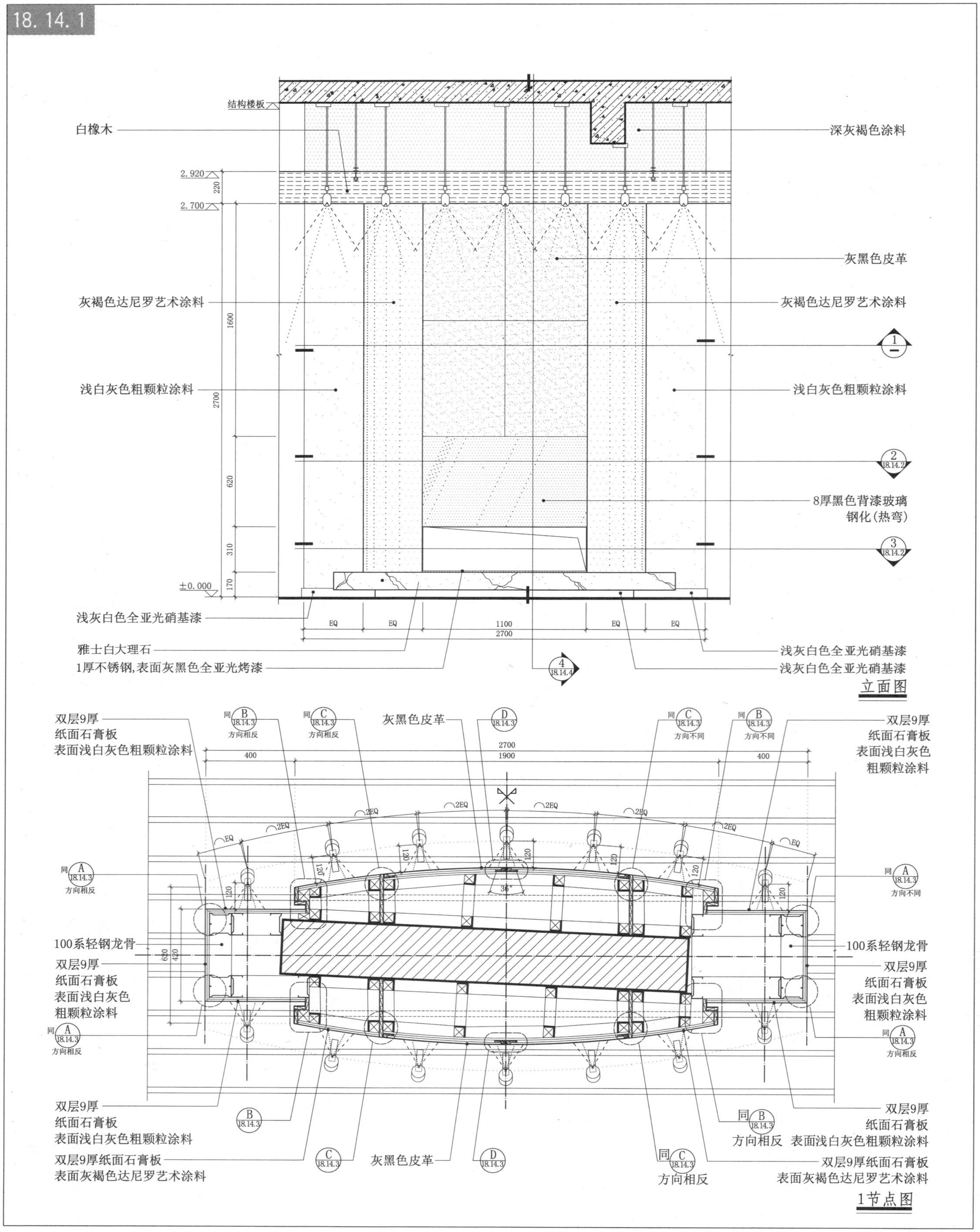

18.14.1

立面图标注：
- 白橡木
- 深灰褐色涂料
- 结构楼板
- 灰黑色皮革
- 灰褐色达尼罗艺术涂料（左右两侧）
- 浅白灰色粗颗粒涂料（左右两侧）
- 8厚黑色背漆玻璃 钢化(热弯)
- 浅灰白色全亚光硝基漆
- 雅士白大理石
- 1厚不锈钢，表面灰黑色全亚光烤漆
- 浅灰白色全亚光硝基漆

标高与尺寸：2.920、2.700、±0.000；220、1600、2700、620、310、170；EQ EQ 1100 EQ EQ，2700

立面图

1节点图标注：
- 双层9厚纸面石膏板 表面浅白灰色粗颗粒涂料
- 灰黑色皮革
- 100系轻钢龙骨
- 双层9厚纸面石膏板 表面浅白灰色粗颗粒涂料
- 双层9厚纸面石膏板 表面灰褐色达尼罗艺术涂料
- 2700、400、1900、400
- 630、420、120

1节点图

760 | 室内构造节点与专项模式图集

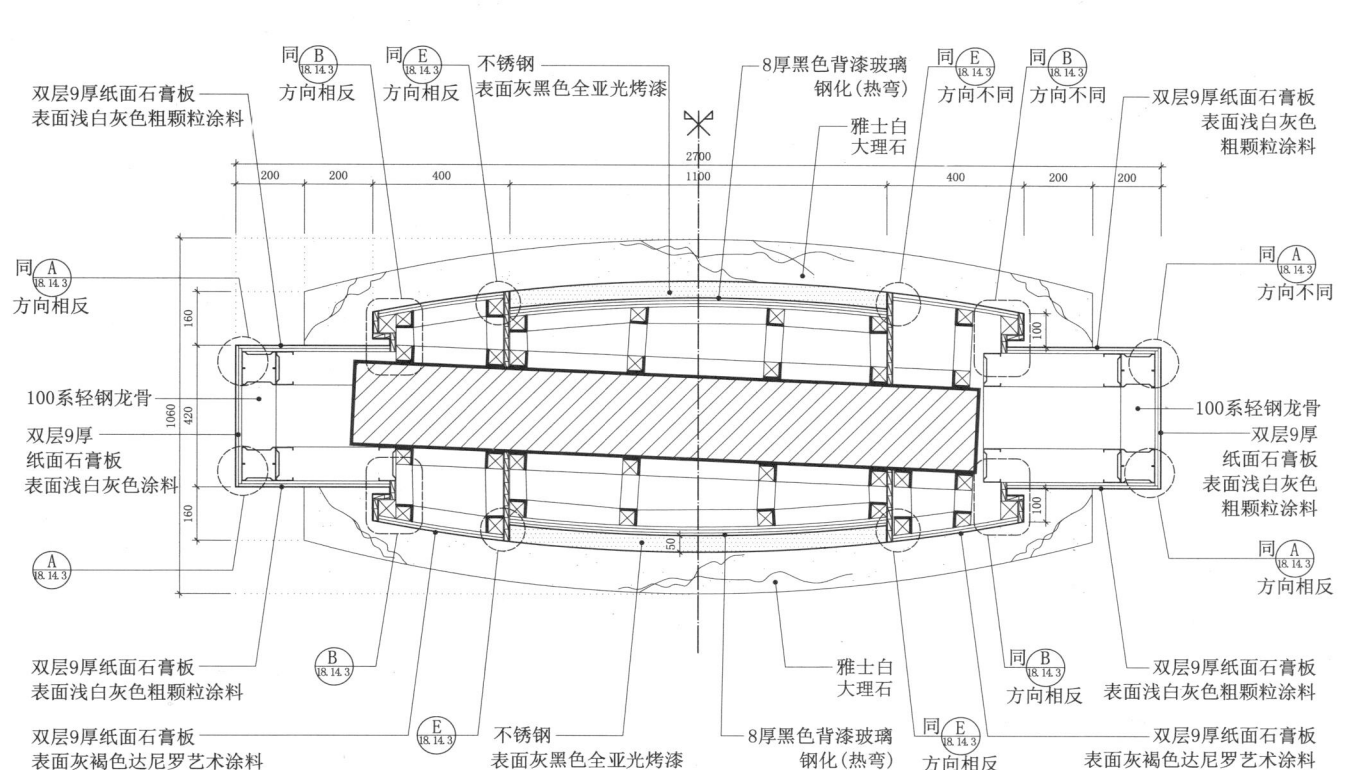

2节点图

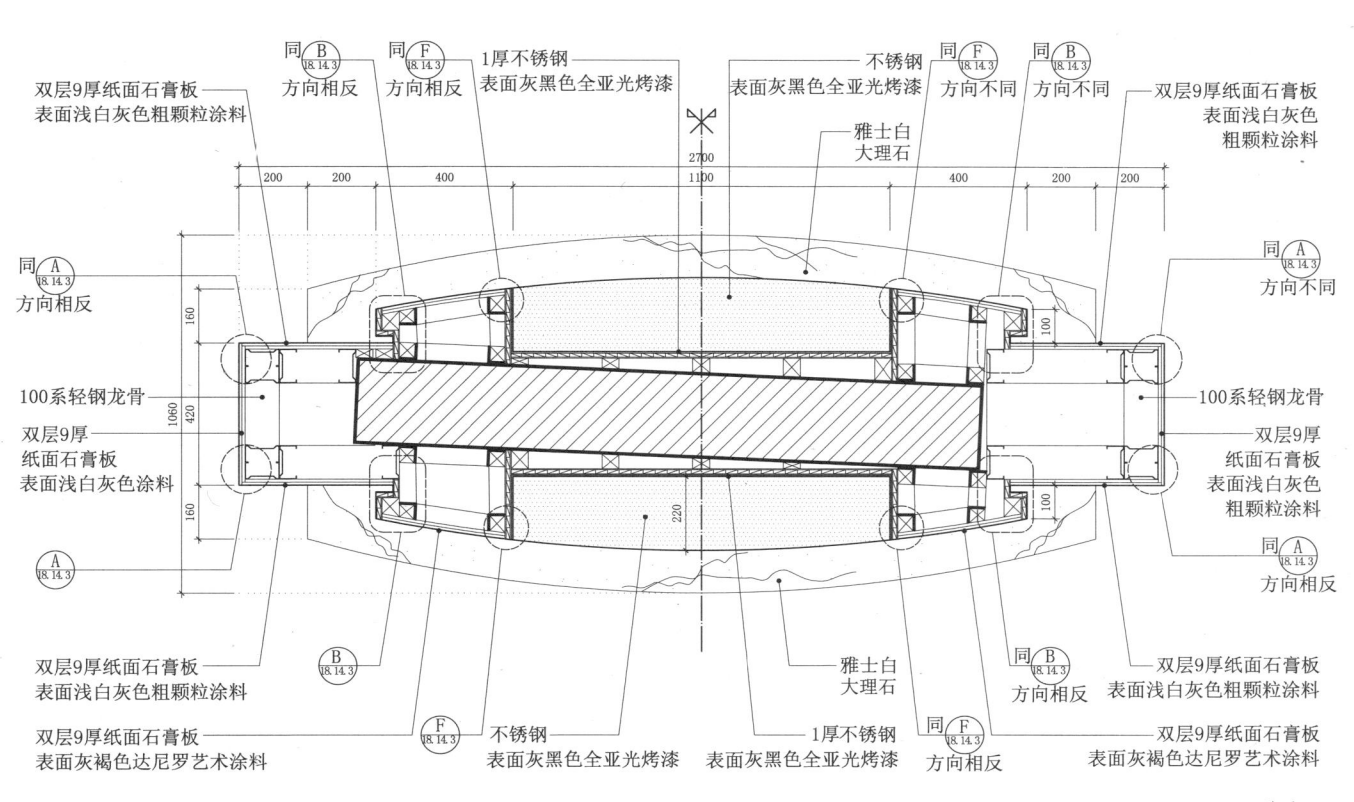

3节点图

18.14 装饰壁炉

18.14.3

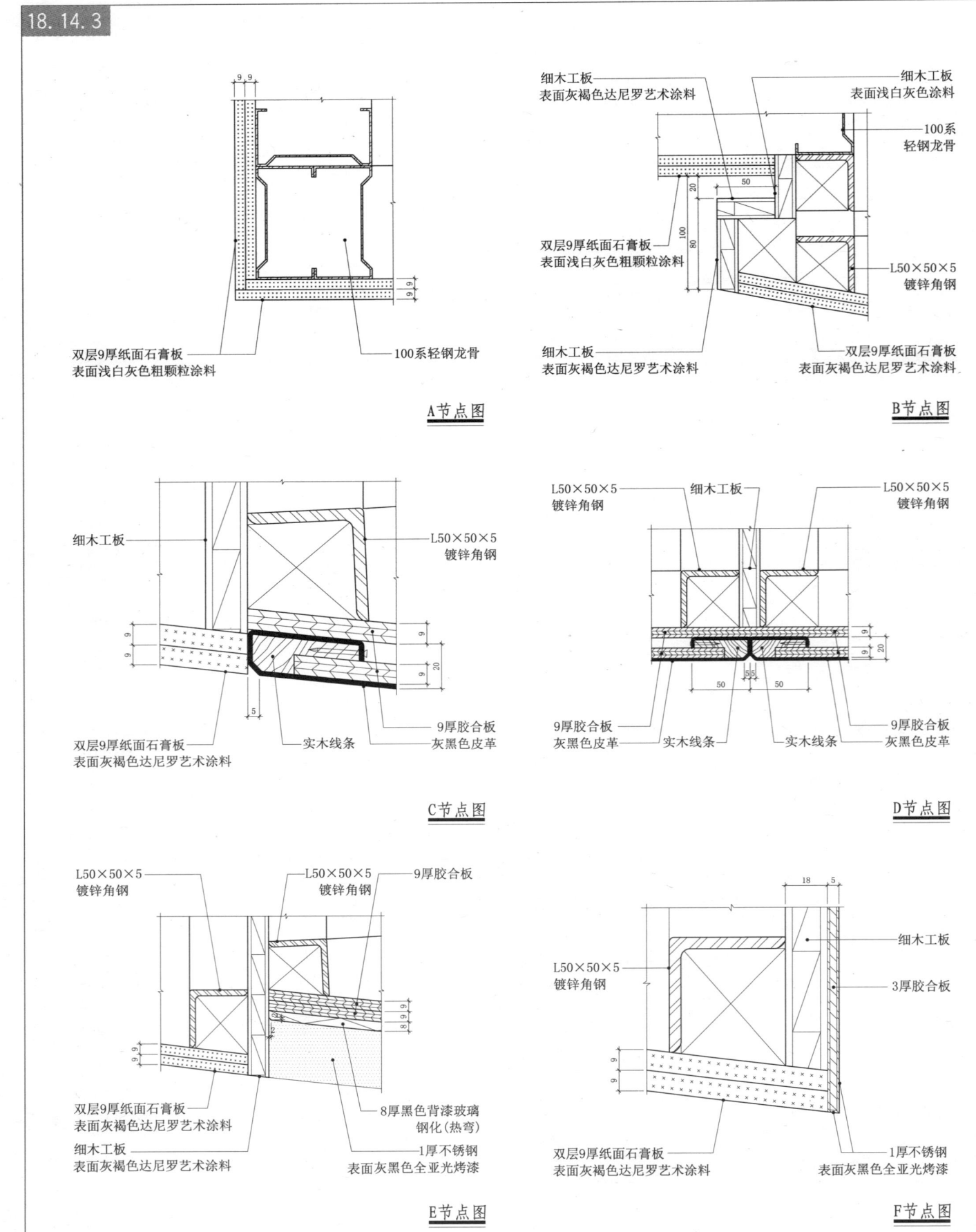

18.14 装饰壁炉

18.14.4

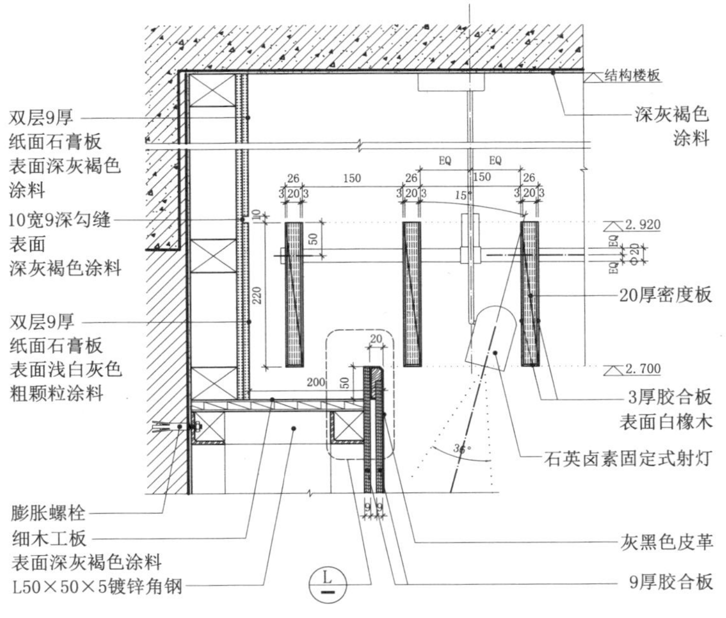

G节点图

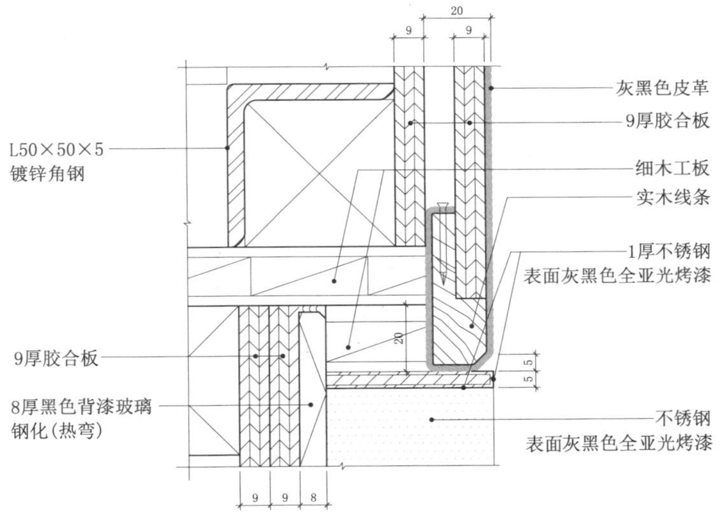

构造说明：
- 深灰褐色涂料
- 双层9厚纸面石膏板表面深灰褐色涂料
- 10宽9深勾缝表面深灰褐色涂料
- 双层9厚纸面石膏板表面浅白灰色粗颗粒涂料
- 膨胀螺栓
- 细木工板表面深灰褐色涂料
- L50×50×5镀锌角钢
- 结构楼板
- 20厚密度板
- 3厚胶合板表面白橡木
- 石英卤素固定式射灯
- 灰黑色皮革
- 9厚胶合板

4节点图

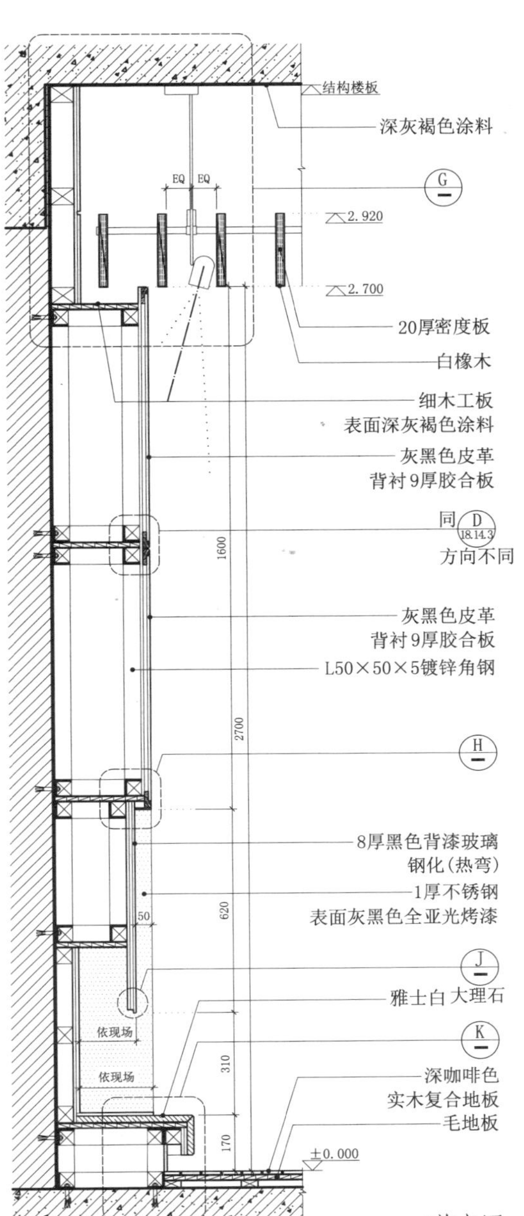

- 结构楼板
- 深灰褐色涂料
- 20厚密度板
- 白橡木
- 细木工板表面深灰褐色涂料
- 灰黑色皮革背衬9厚胶合板
- 同D/18.14.3方向不同
- 灰黑色皮革背衬9厚胶合板
- L50×50×5镀锌角钢
- 8厚黑色背漆玻璃钢化(热弯)
- 1厚不锈钢表面灰黑色全亚光烤漆
- 雅士白大理石
- 深咖啡色实木复合地板
- 毛地板
- 依现场

H节点图

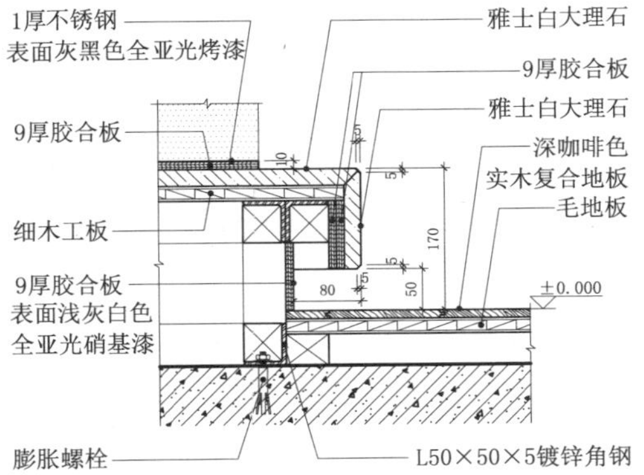

- 灰黑色皮革
- 9厚胶合板
- 细木工板
- 实木线条
- L50×50×5镀锌角钢
- 1厚不锈钢表面灰黑色全亚光烤漆
- 9厚胶合板
- 8厚黑色背漆玻璃钢化(热弯)
- 不锈钢表面灰黑色全亚光烤漆

K节点图

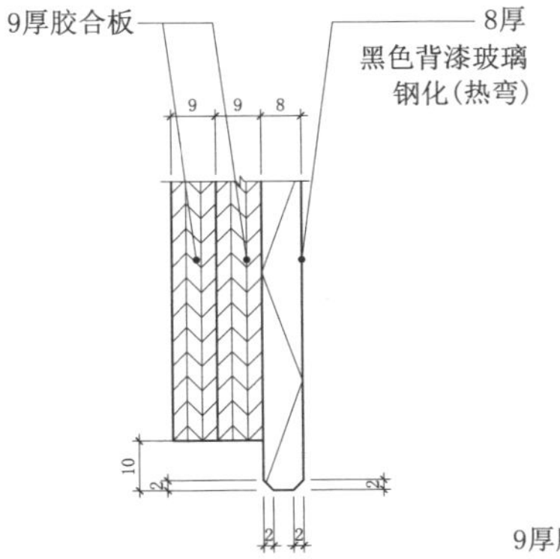

- 1厚不锈钢表面灰黑色全亚光烤漆
- 9厚胶合板
- 细木工板
- 9厚胶合板表面浅灰白色全亚光硝基漆
- 膨胀螺栓
- 雅士白大理石
- 9厚胶合板
- 雅士白大理石
- 深咖啡色实木复合地板
- 毛地板
- L50×50×5镀锌角钢

J节点图

- 9厚胶合板
- 8厚黑色背漆玻璃钢化(热弯)

L节点图

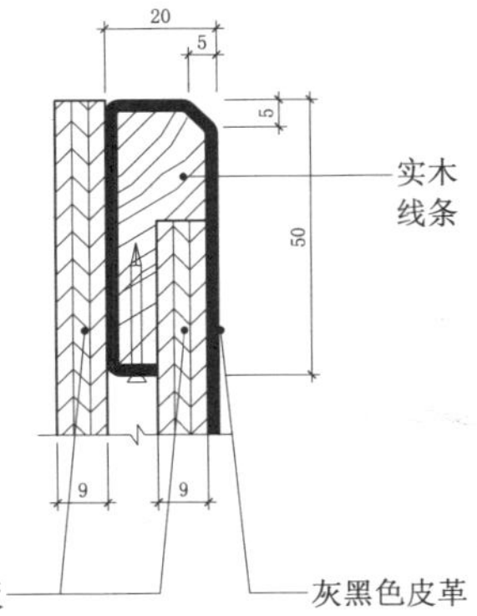

- 实木线条
- 9厚胶合板
- 灰黑色皮革

固定家具·室内设施 非透光照明构造

18.15 接待台

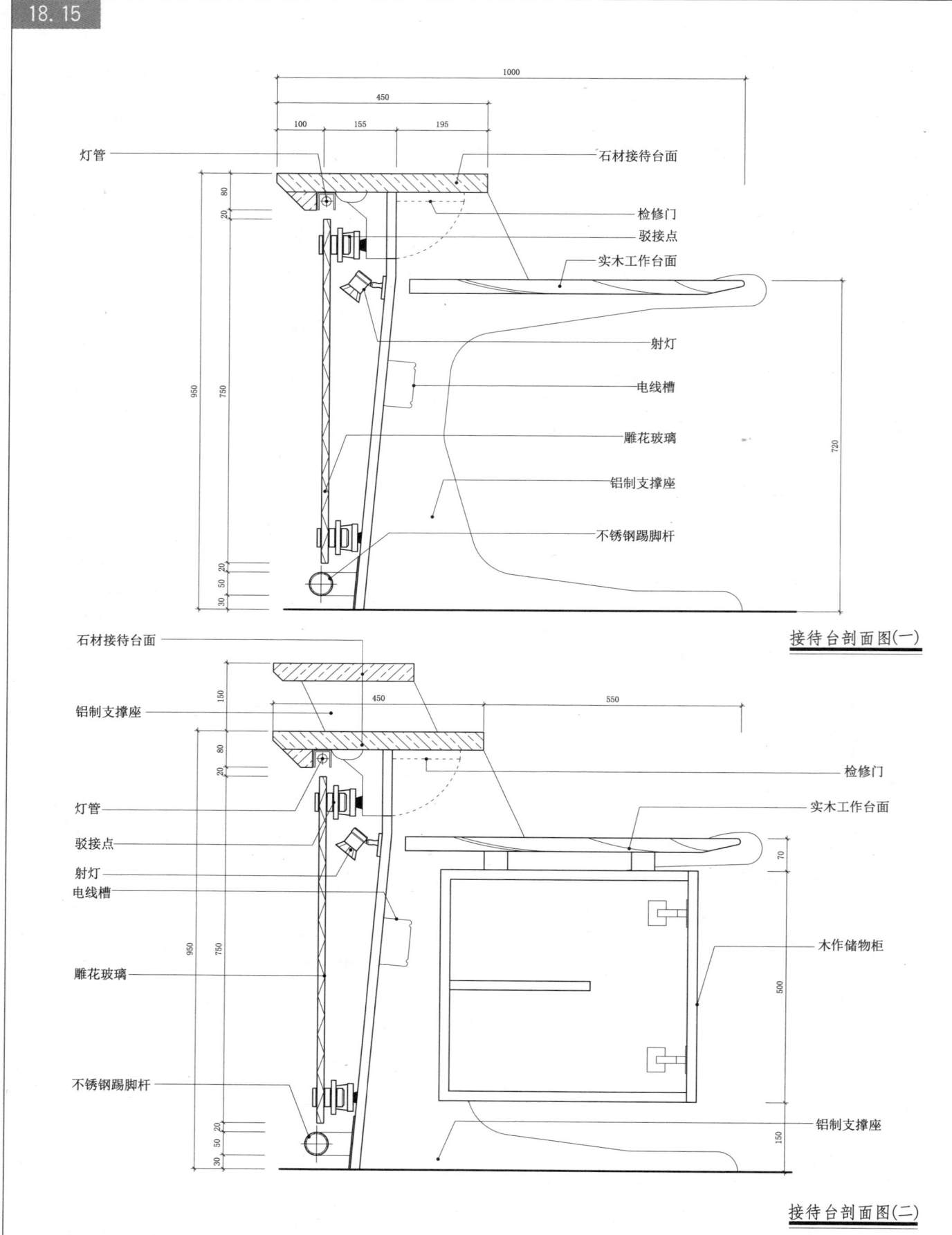

接待台剖面图(一)

接待台剖面图(二)

18.16 服务台

固定家具·室内设施

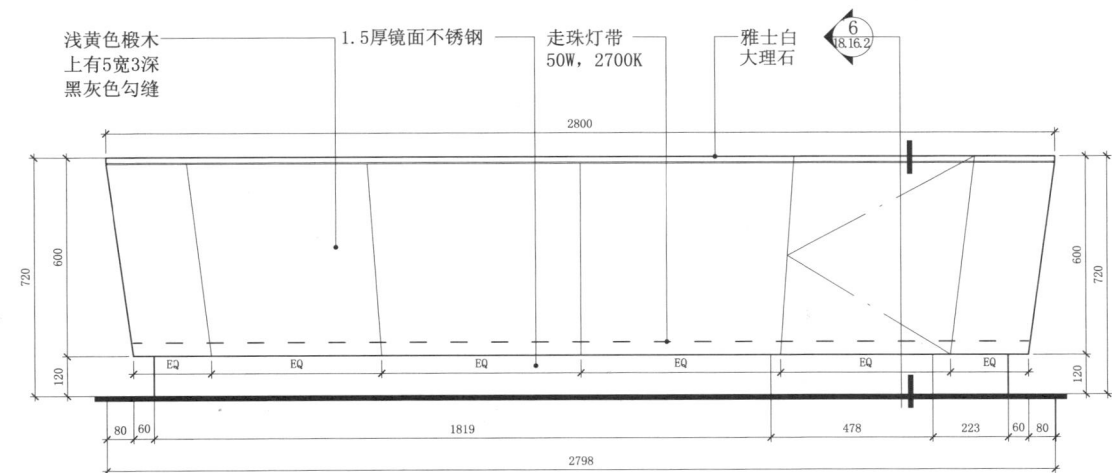

商务中心接待台2立面图

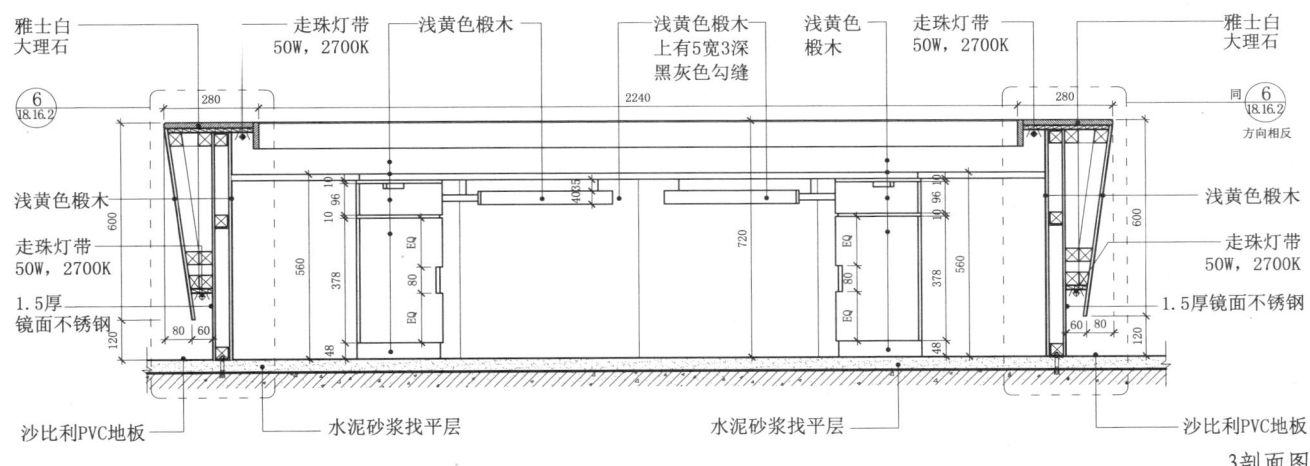

3剖面图

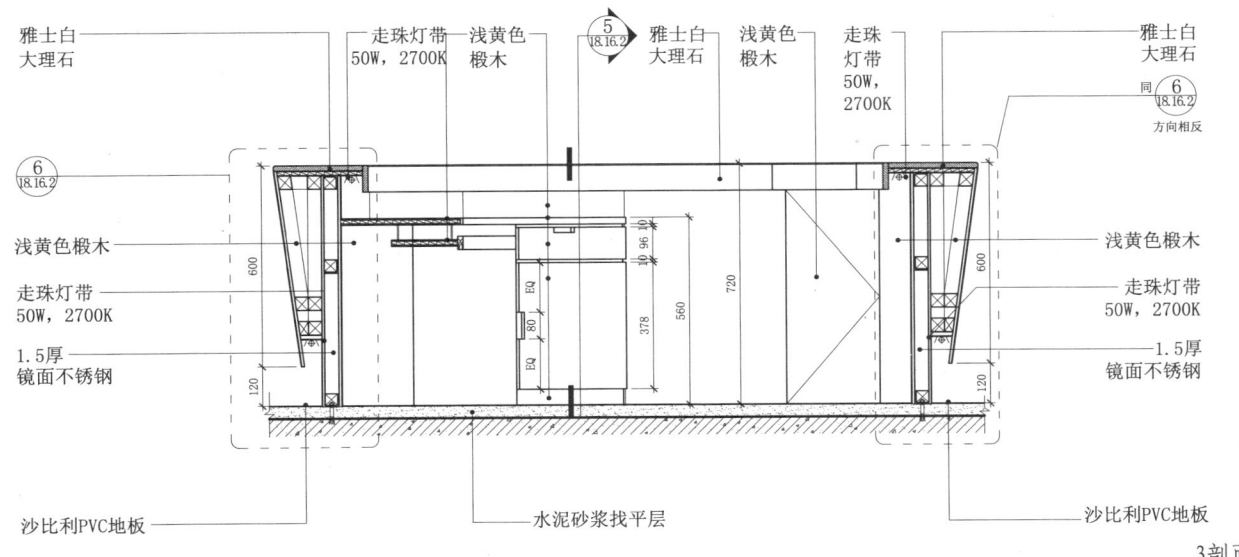

3剖面图

18.16 服务台

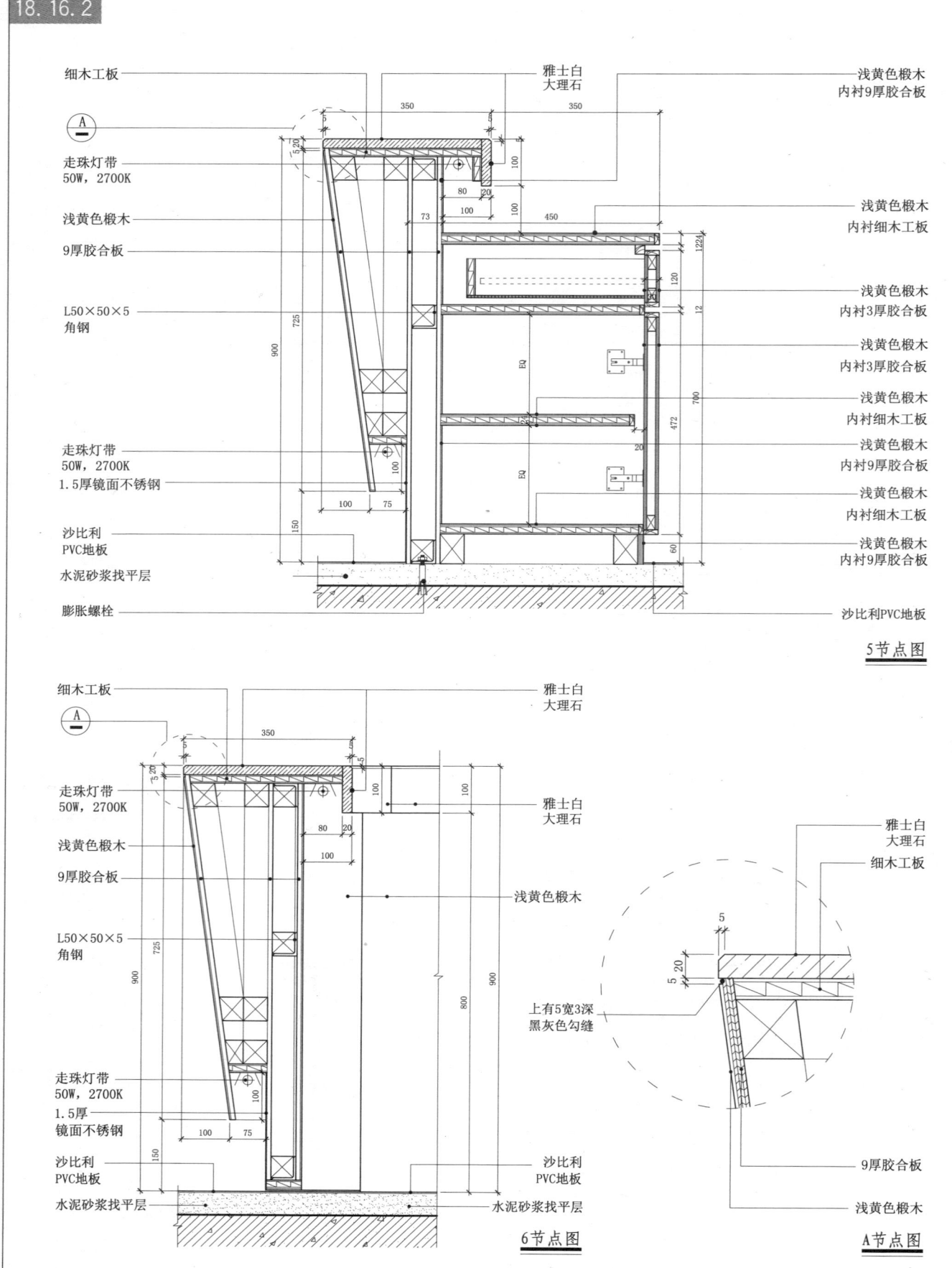

18.17 总服务台（一）

18 固定家具·室内设施 非透光照明构造 玻璃构造 检修构造

18.17.1

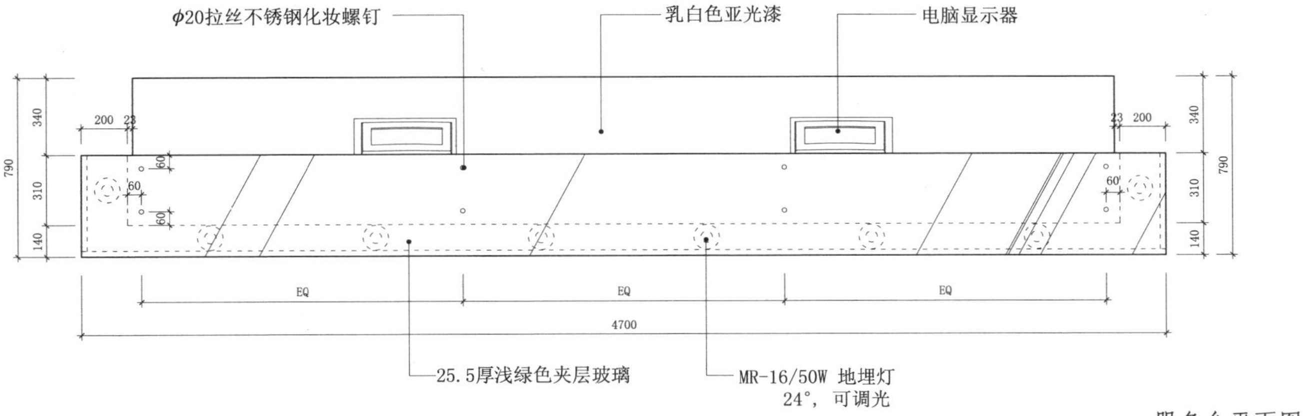

服务台平面图

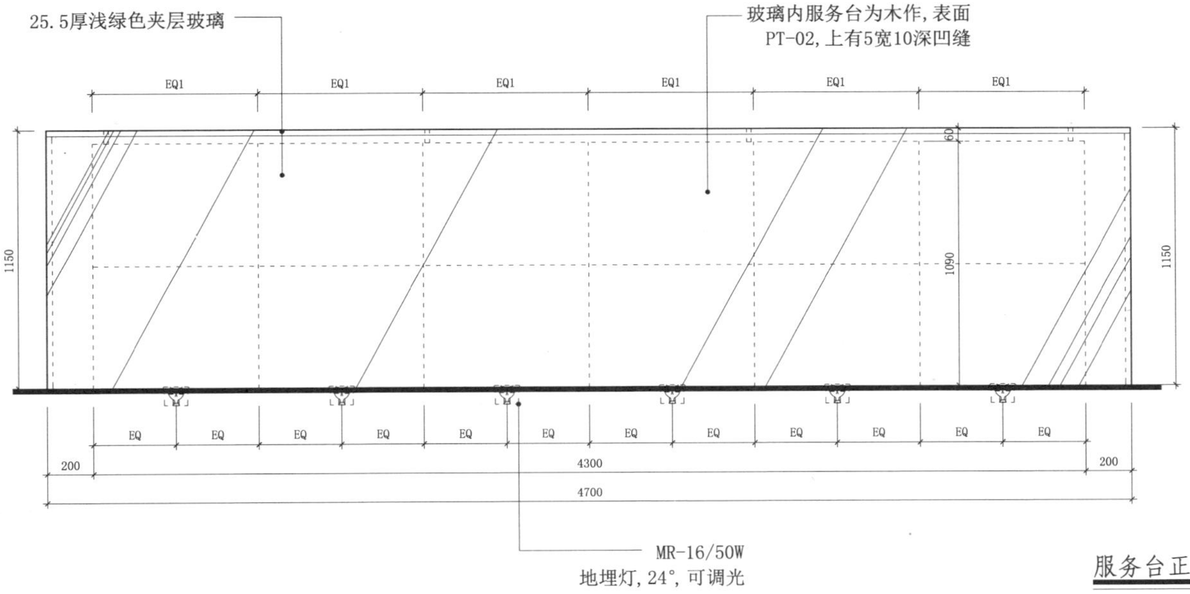

服务台正立面图

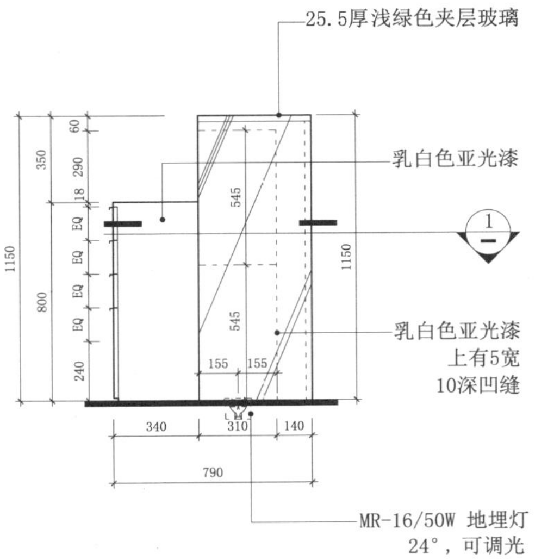

服务台侧立面图

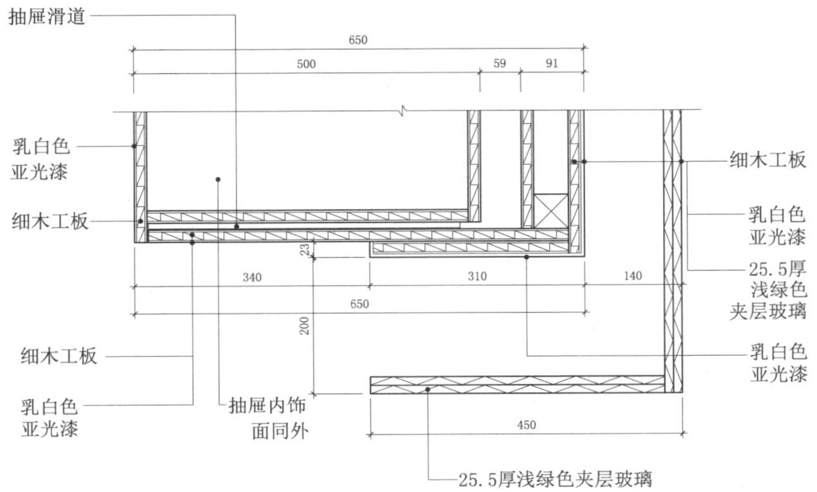

1 节点图

图例标注：
- φ20拉丝不锈钢化妆螺钉
- 乳白色亚光漆
- 电脑显示器
- 25.5厚浅绿色夹层玻璃
- MR-16/50W 地埋灯 24°，可调光
- 玻璃内服务台为木作，表面 PT-02，上有5宽10深凹缝
- 抽屉滑道
- 细木工板
- 乳白色亚光漆 上有5宽10深凹缝
- 抽屉内饰面同外

室内构造节点与专项模式图集 | 767

18.17 总服务台（一）

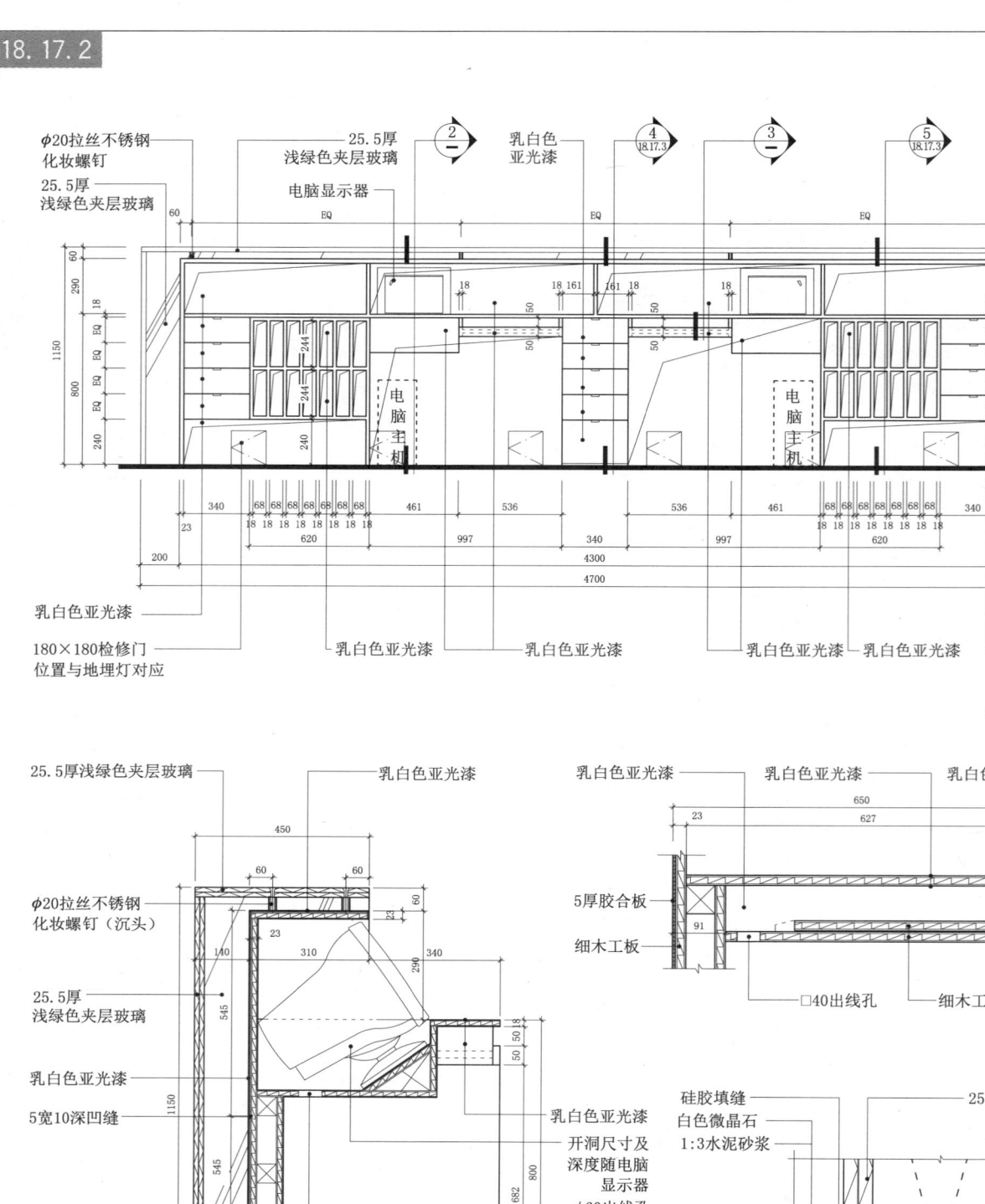

服务台背立面图

2节点图

3节点图

A节点图

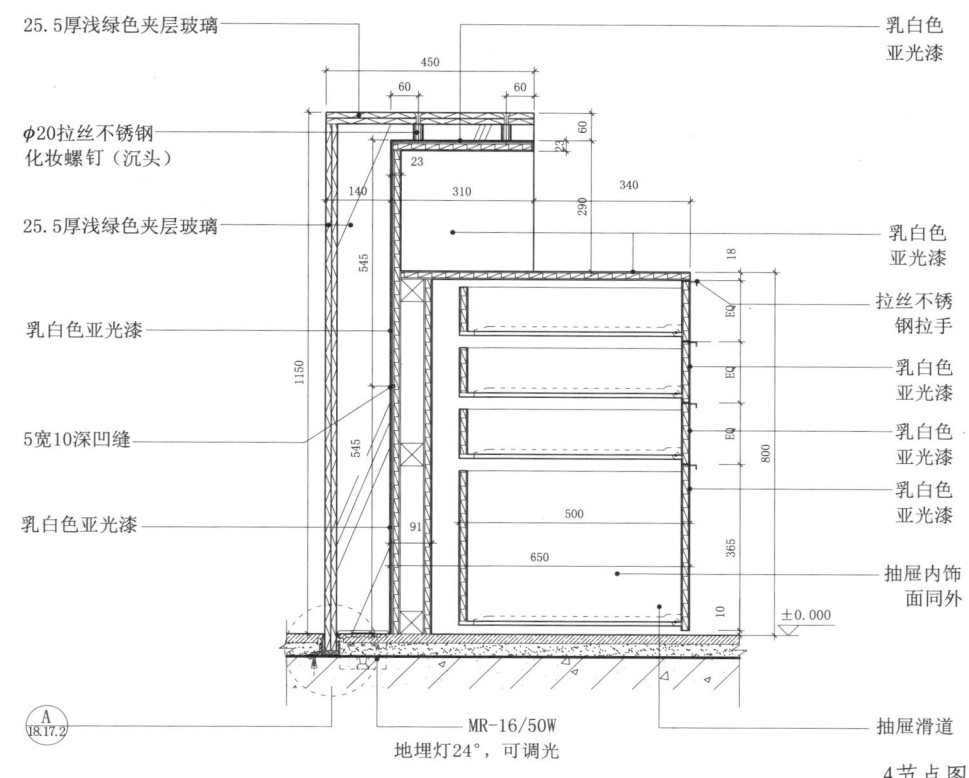

4 节点图

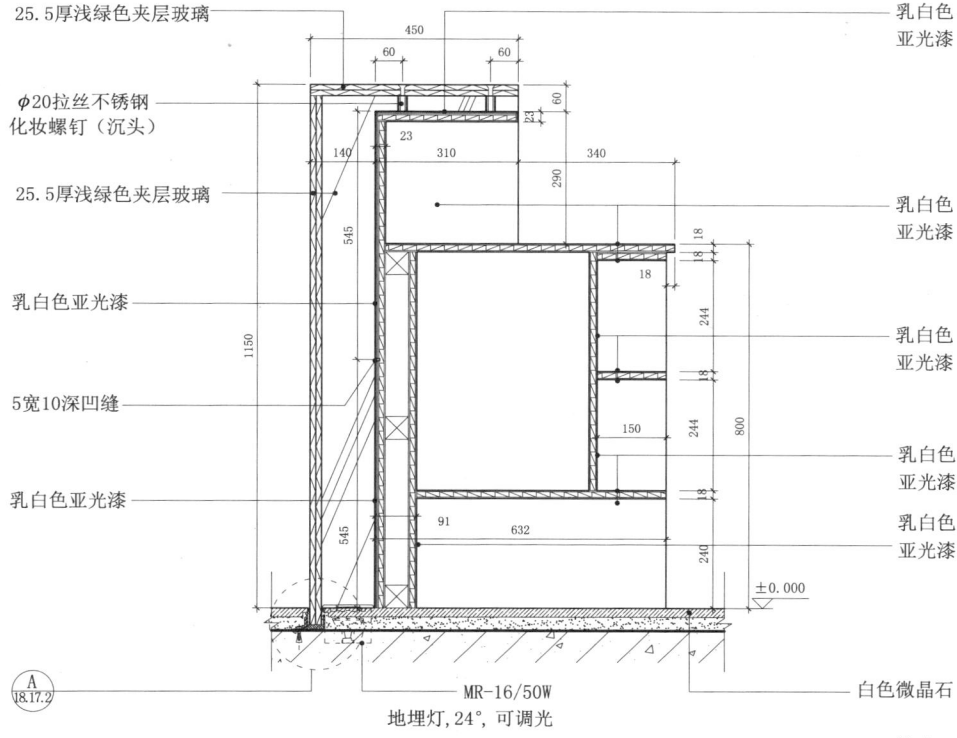

5 节点图

18.18 总服务台(二)

总服务台平面图

1 总服务台正立面图

2 总服务台背立面图

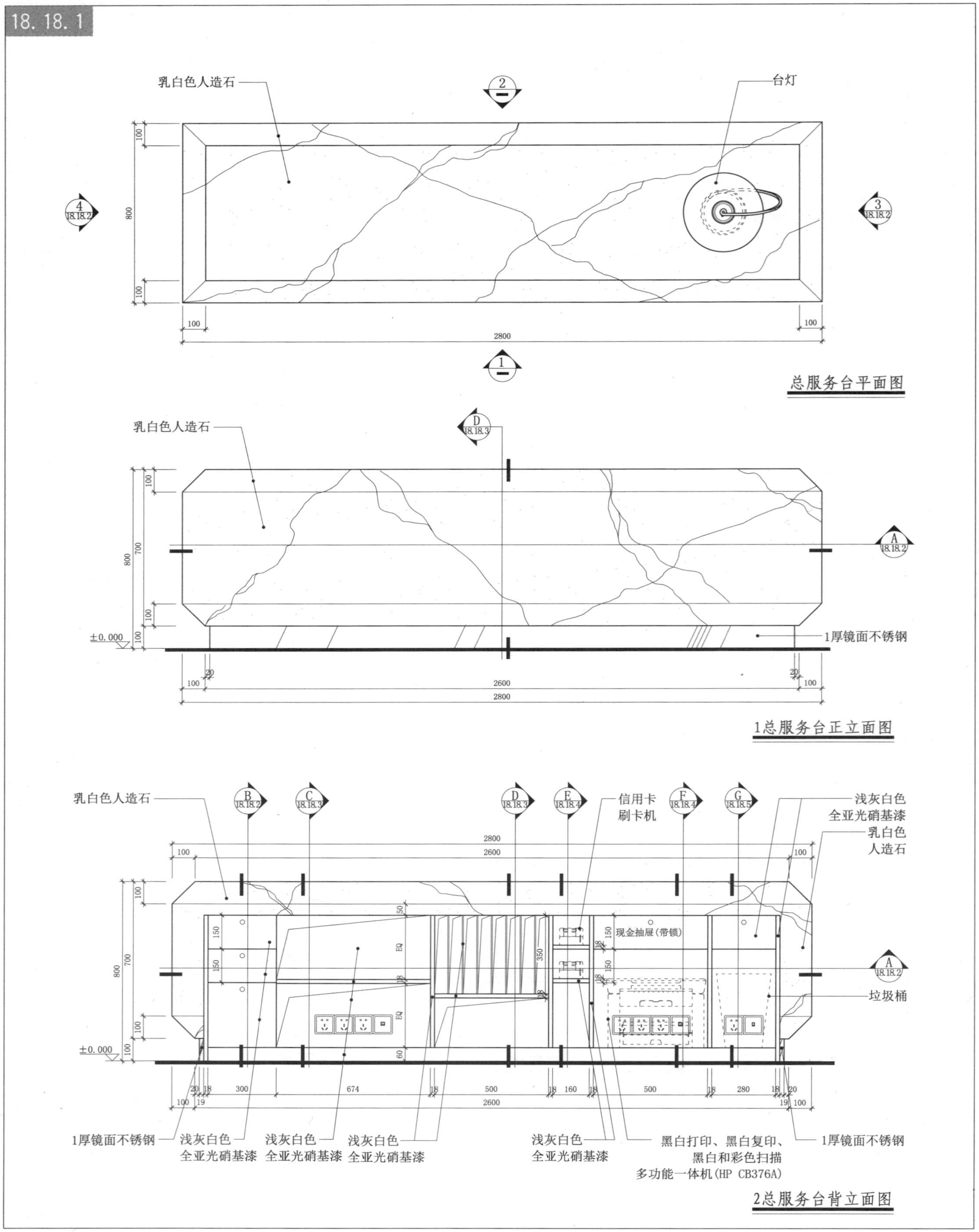

18.18 总服务台(二)

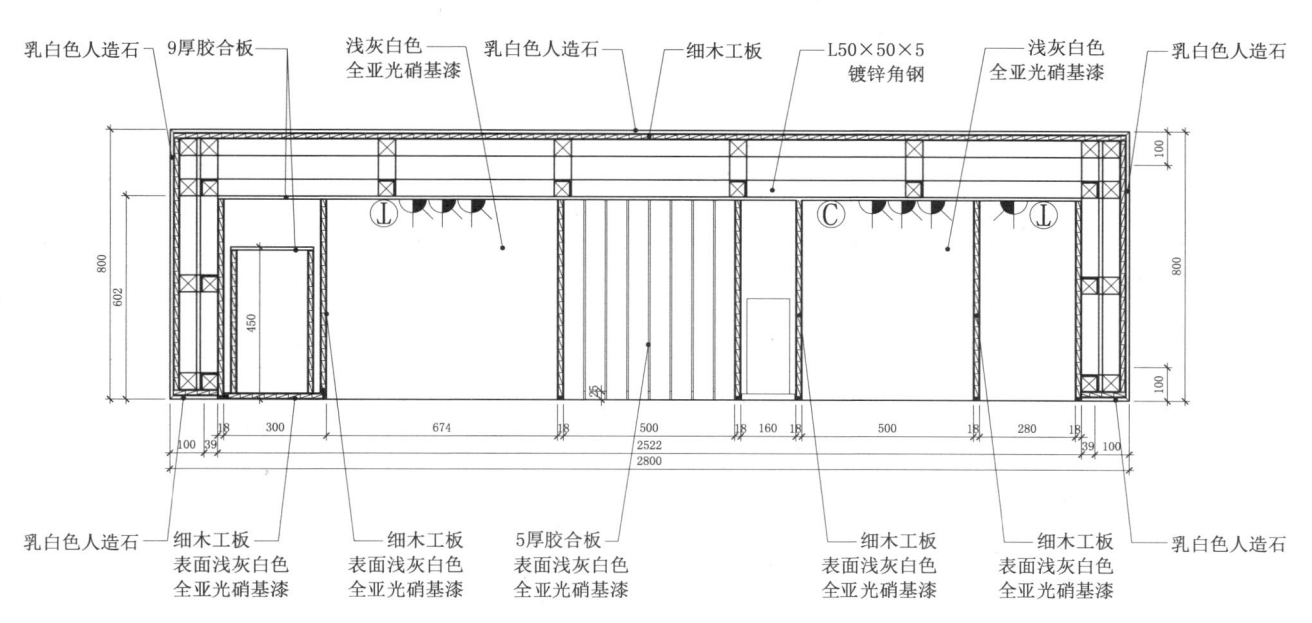

A节点图

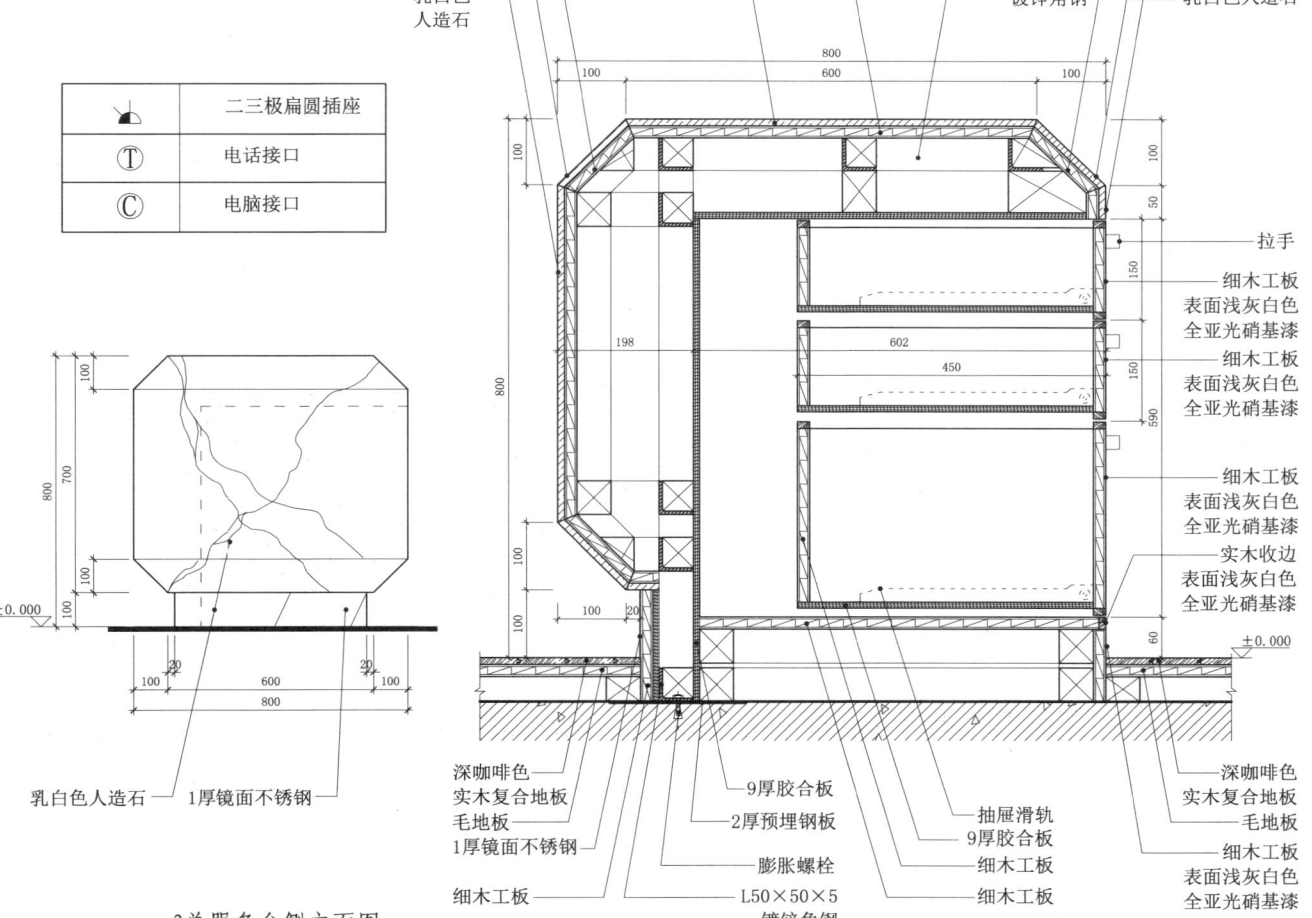

3总服务台侧立面图
注:4立面与3立面设计相同

B节点图

18.18 总服务台(二)

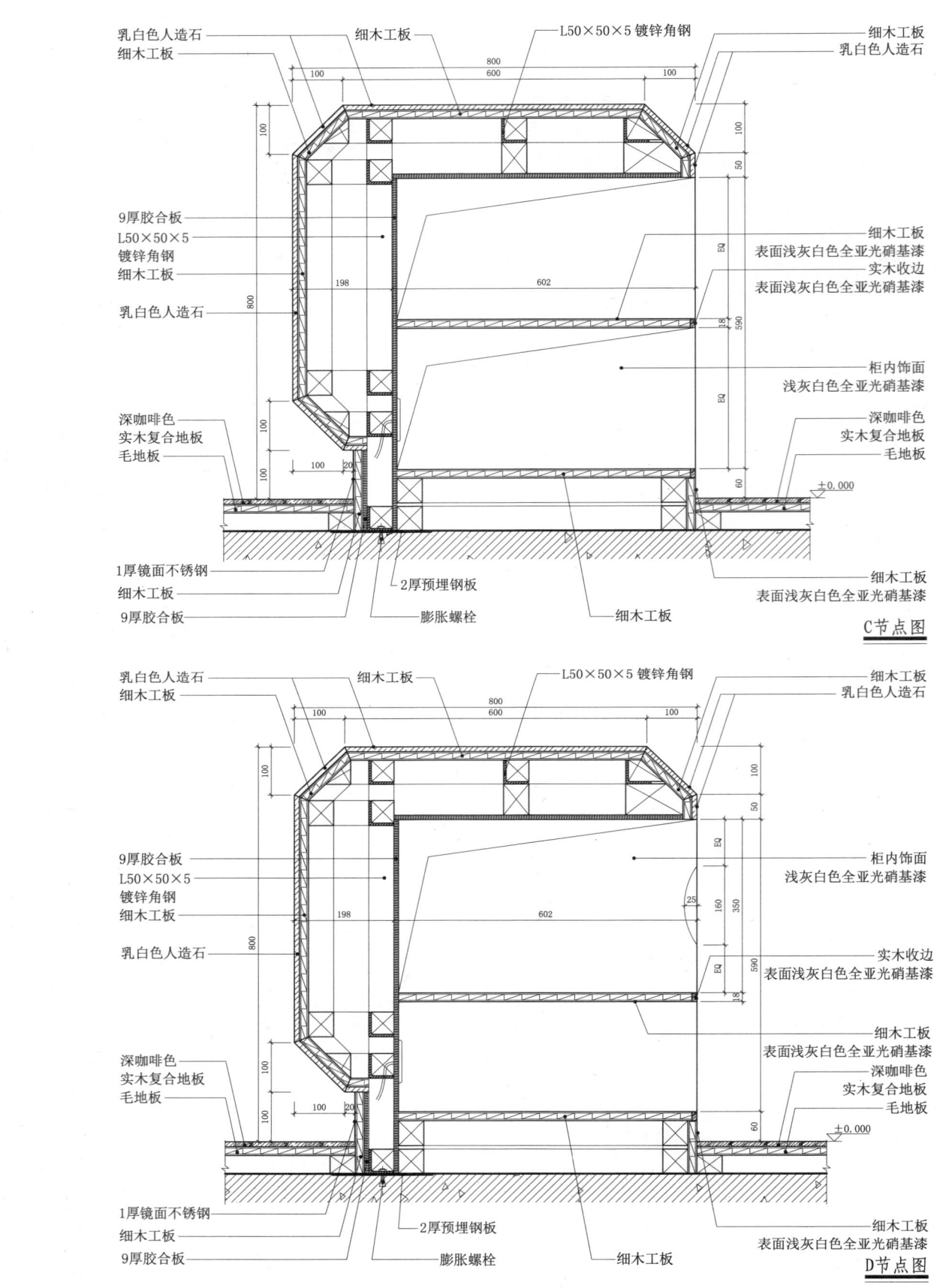

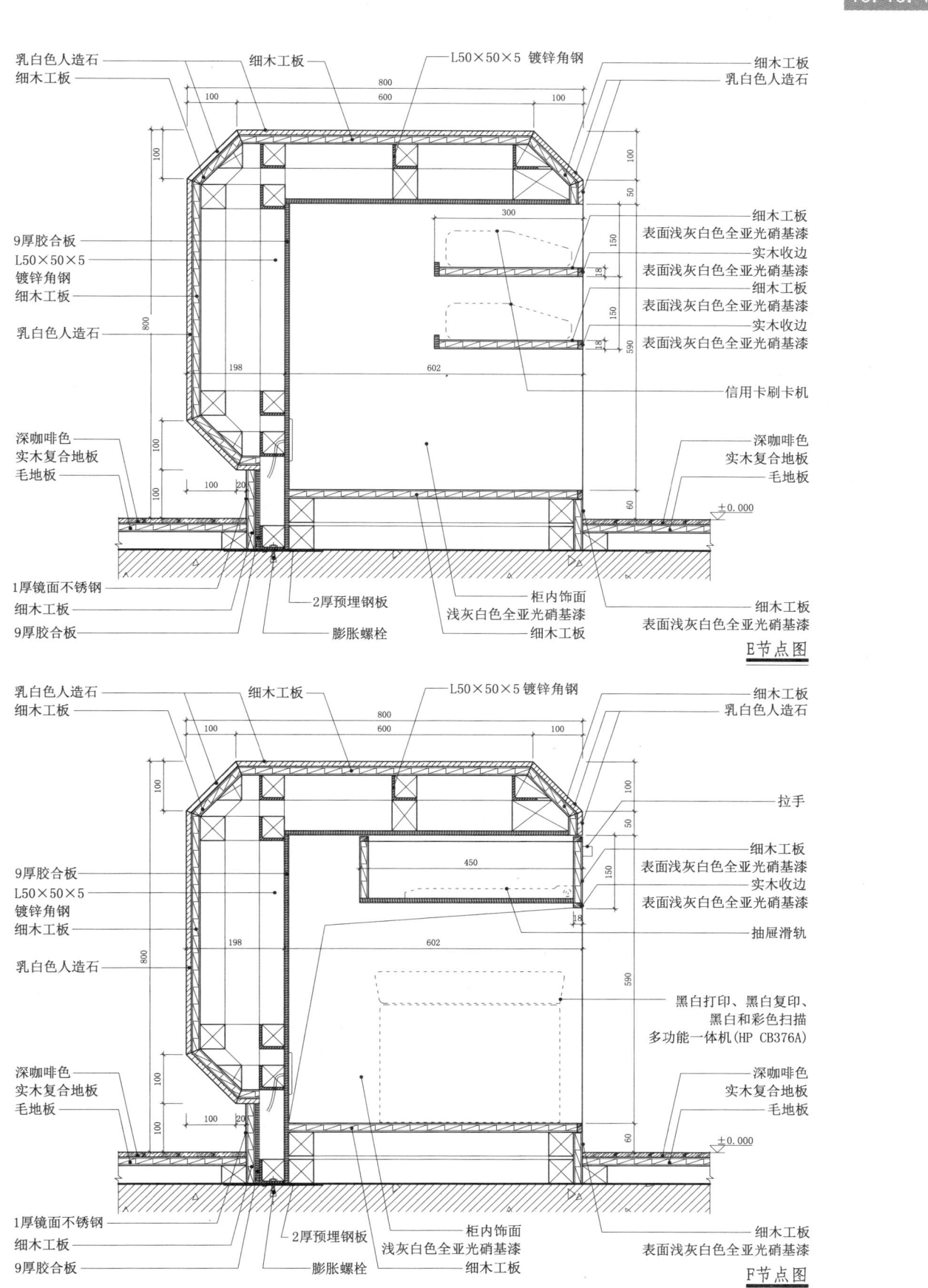

18.18 总服务台(二)

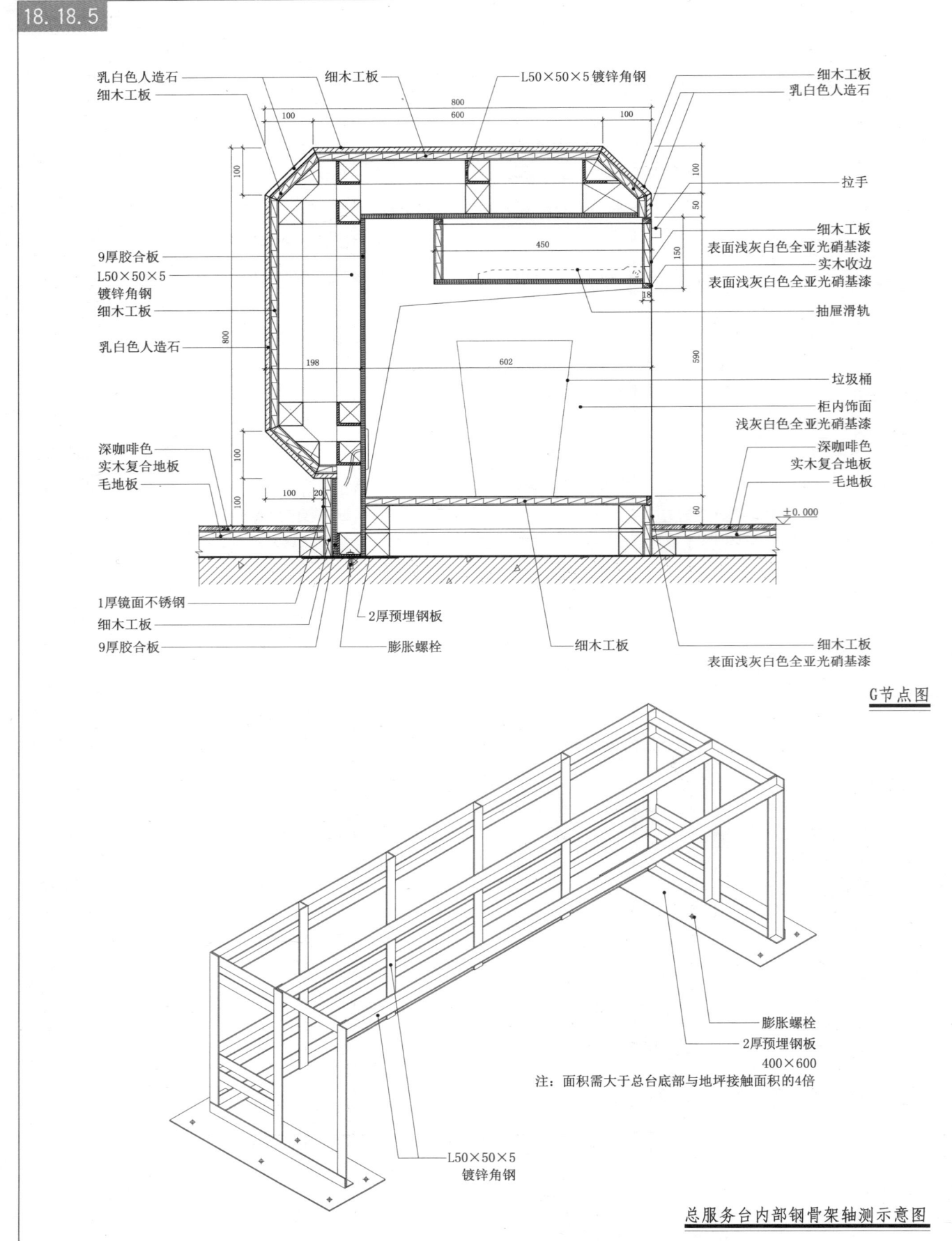

G节点图

总服务台内部钢骨架轴测示意图

注：面积需大于总台底部与地坪接触面积的4倍

18.19 贵宾接待台

固定家具·西方古典风格 室内设施

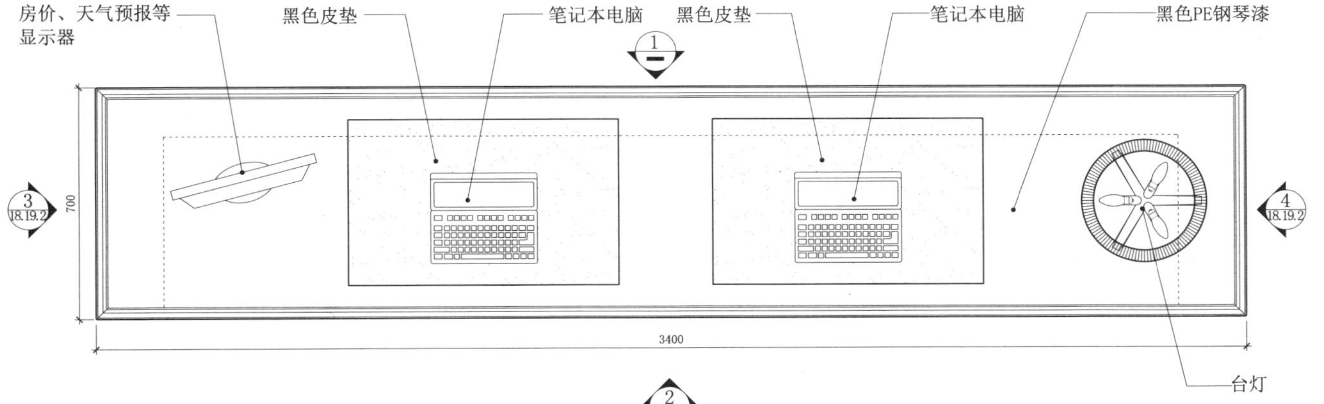

总服务台平面图

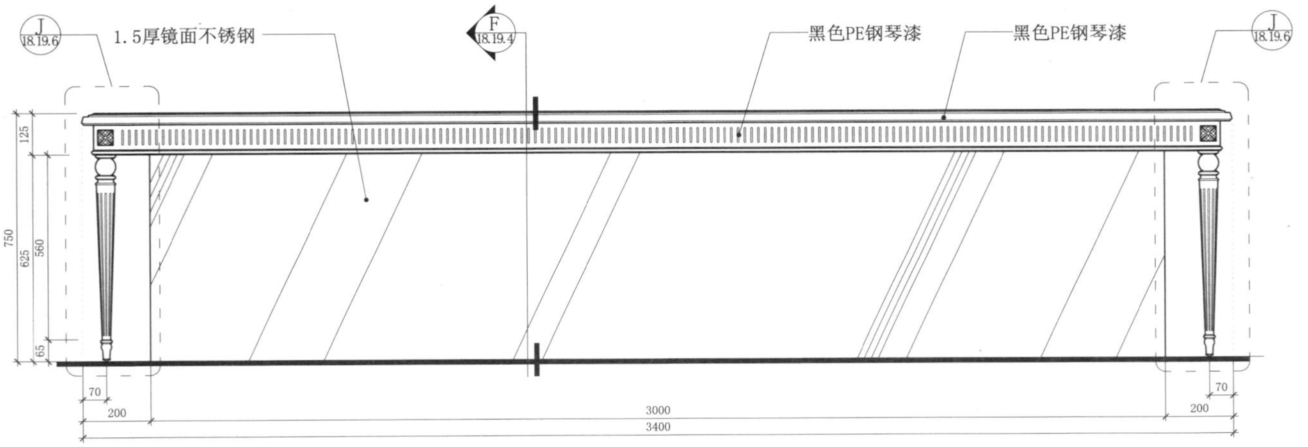

标注：房价、天气预报等显示器；黑色皮垫；笔记本电脑；黑色皮垫；笔记本电脑；黑色PE钢琴漆；台灯

1 总服务台正立面图

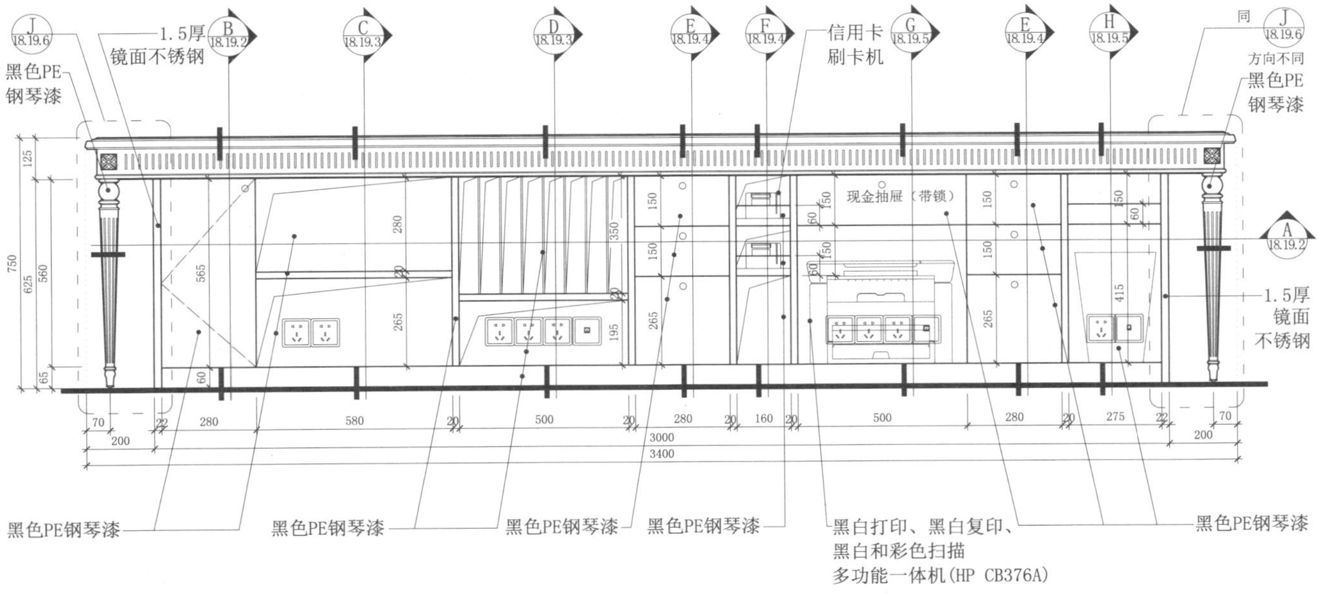

标注：1.5厚镜面不锈钢；黑色PE钢琴漆；黑色PE钢琴漆

2 总服务台背立面图

标注：1.5厚镜面不锈钢；黑色PE钢琴漆；信用卡刷卡机；现金抽屉（带锁）；方向不同；黑色PE钢琴漆；1.5厚镜面不锈钢；黑色PE钢琴漆；黑色PE钢琴漆；黑色PE钢琴漆；黑色PE钢琴漆；黑白打印、黑白复印、黑白和彩色扫描 多功能一体机(HP CB376A)；黑色PE钢琴漆

18 固定家具·西方古典风格 室内设施

18.19 贵宾接待台

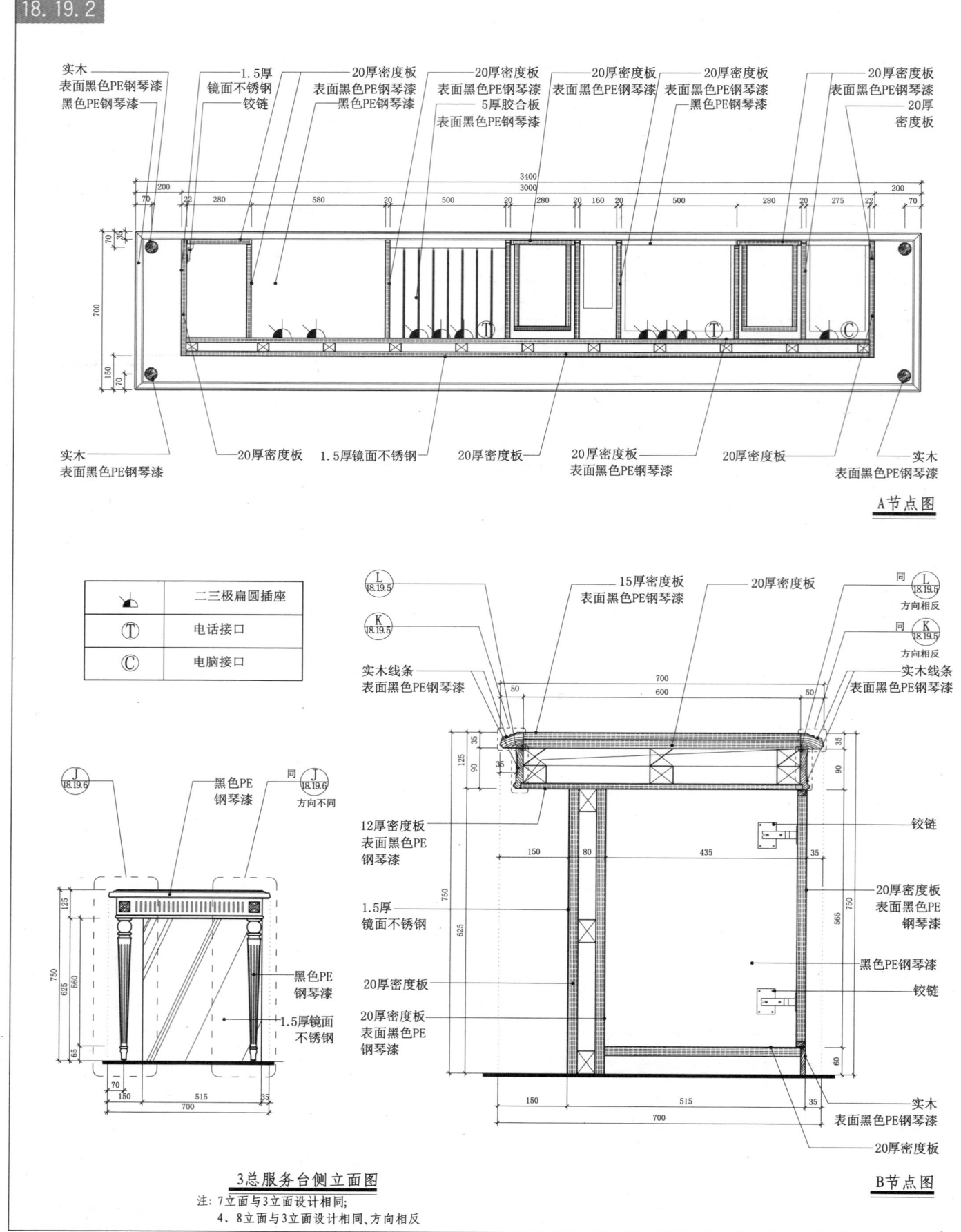

18.19 贵宾接待台

18 固定家具·西方古典风格 室内设施

18.19.3

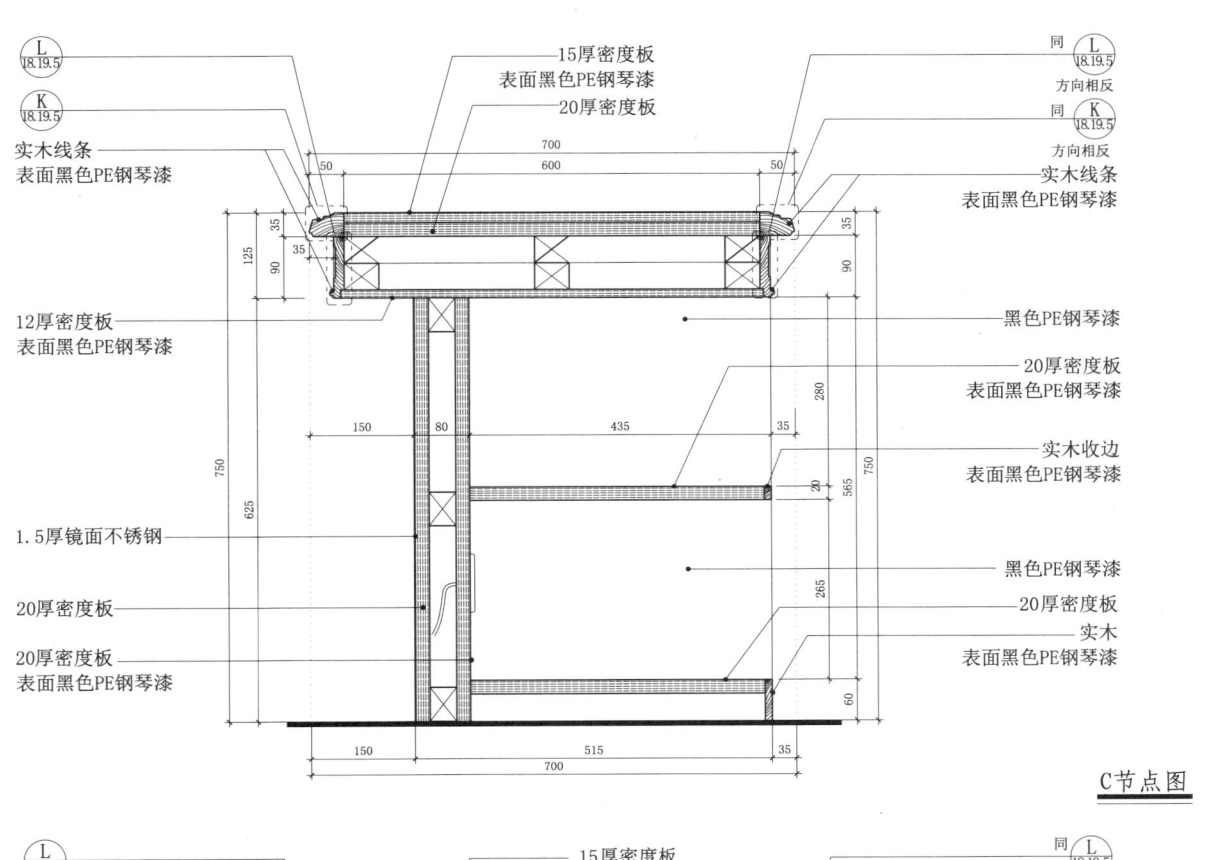

C节点图

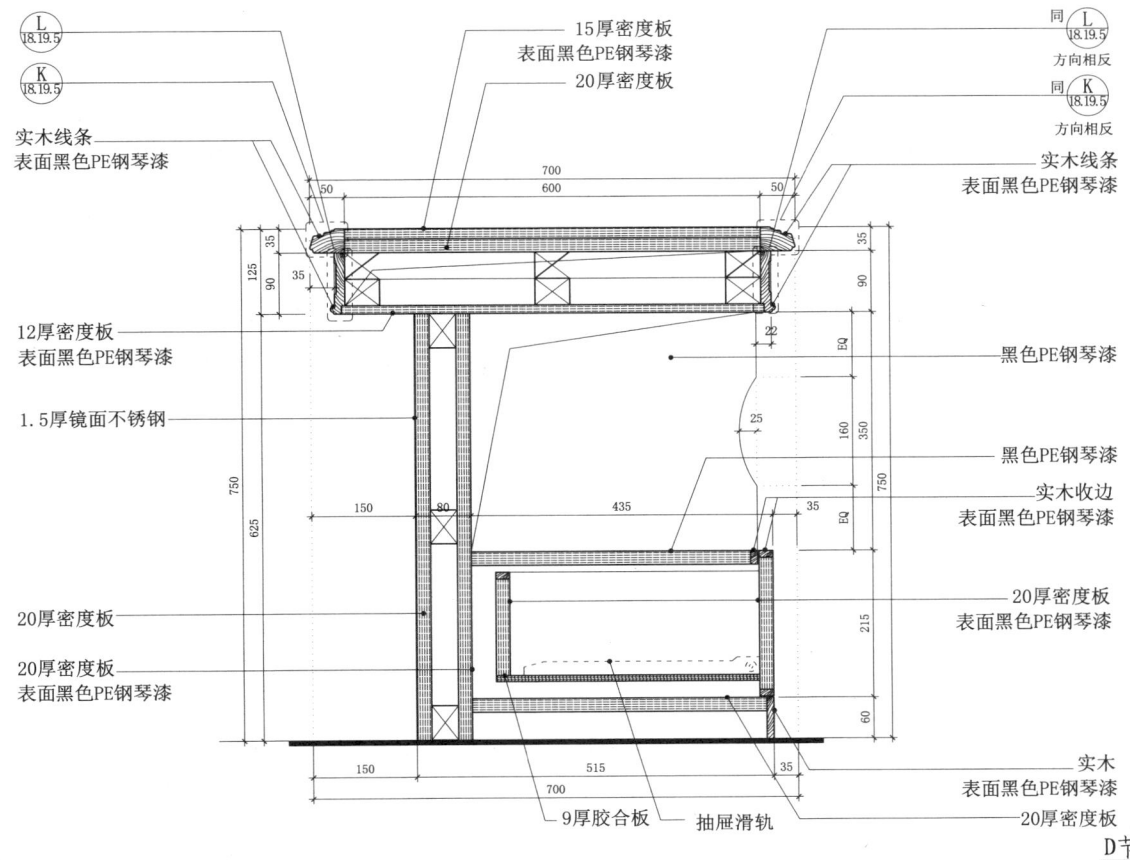

D节点图

18 固定家具·西方古典风格 室内设施

18.19 贵宾接待台

18.19.4

E节点图

标注：
- 15厚密度板 表面黑色PE钢琴漆
- 20厚密度板
- 实木线条 表面黑色PE钢琴漆
- 20厚密度板 表面黑色PE钢琴漆
- 实木收边 表面黑色PE钢琴漆
- 20厚密度板 表面黑色PE钢琴漆
- 实木收边 表面黑色PE钢琴漆
- 拉手
- 20厚密度板 表面黑色PE钢琴漆
- 实木收边 表面黑色PE钢琴漆
- 实木 表面黑色PE钢琴漆
- 20厚密度板
- 12厚密度板 表面黑色PE钢琴漆
- 20厚密度板
- 9厚胶合板
- 1.5厚镜面不锈钢
- 20厚密度板
- 20厚密度板 表面黑色PE钢琴漆
- 抽屉滑轨

尺寸：50 / 600 / 50 / 700；125 / 35 / 90 / 625 / 750；150 / 80 / 435 / 35；150 / 150 / 565 / 265 / 60 / 750；150 / 515 / 35 / 700

F节点图

标注：
- 15厚密度板 表面黑色PE钢琴漆
- 20厚密度板
- 实木线条 表面黑色PE钢琴漆
- 20厚密度板 表面黑色PE钢琴漆
- 实木收边 表面黑色PE钢琴漆
- 20厚密度板 表面黑色PE钢琴漆
- 信用卡刷卡机
- 黑色PE钢琴漆
- 20厚密度板
- 实木 表面黑色PE钢琴漆
- 9厚胶合板
- 安装抽屉滑轮
- 9厚胶合板
- 1.5厚镜面不锈钢
- 20厚密度板
- 20厚密度板 表面黑色PE钢琴漆

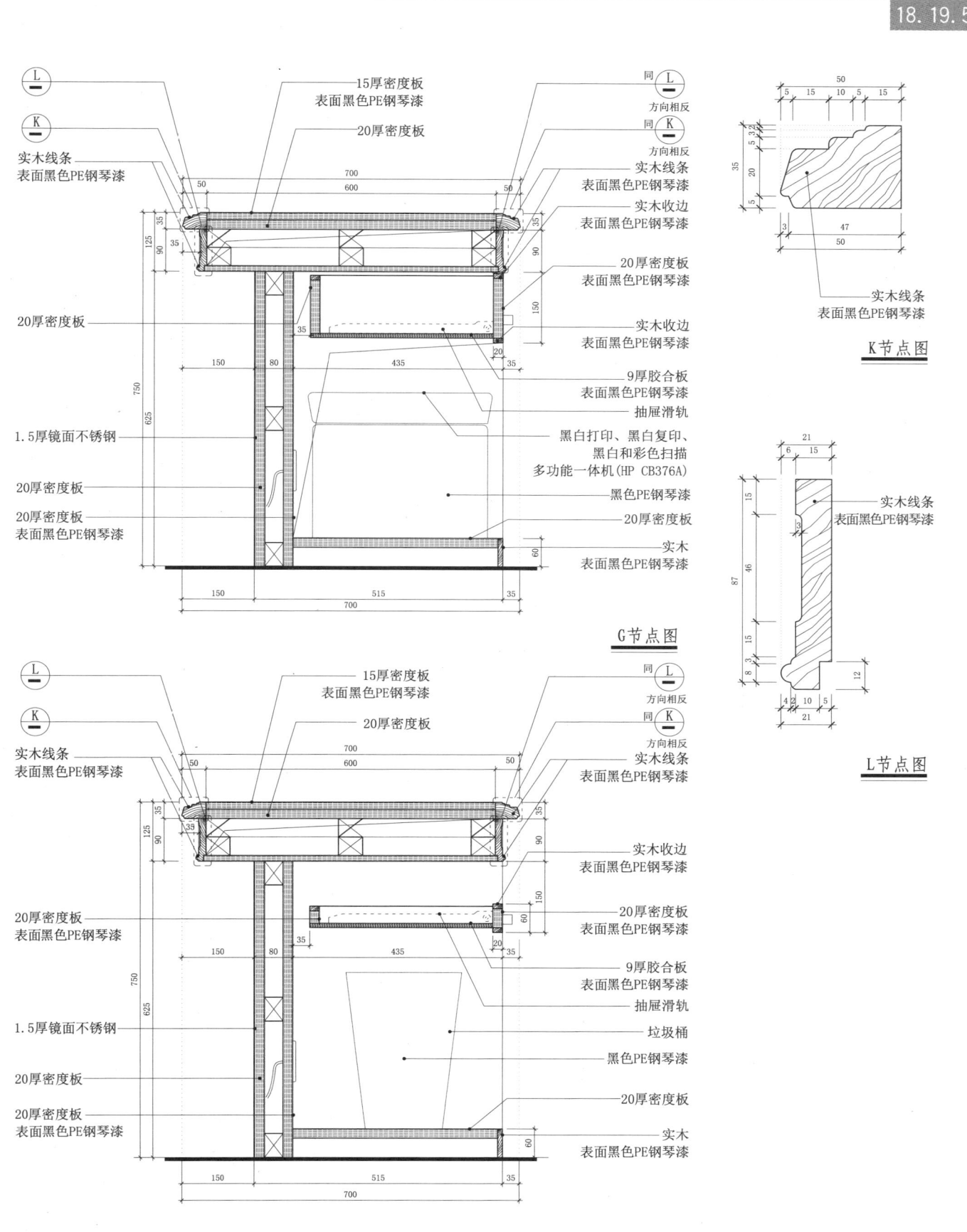

18.19 贵宾接待台

18.19.6

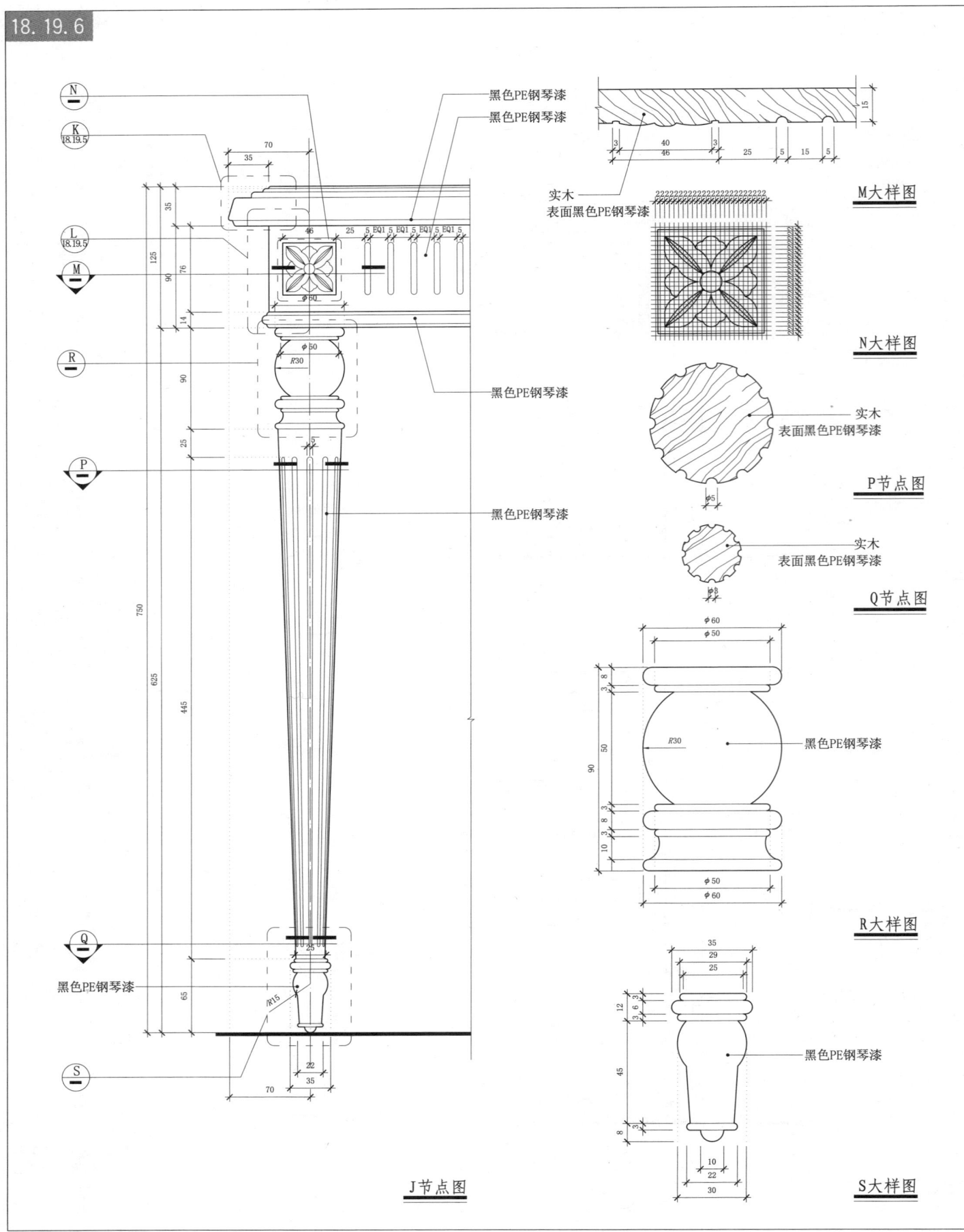

18.20 透光吧台

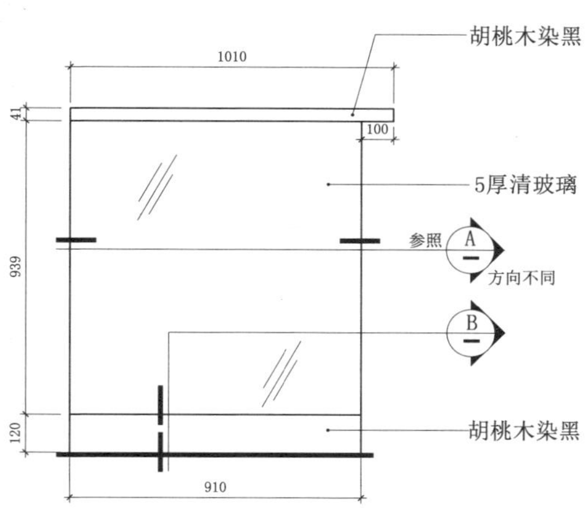

3F西餐厅吧台2立面图

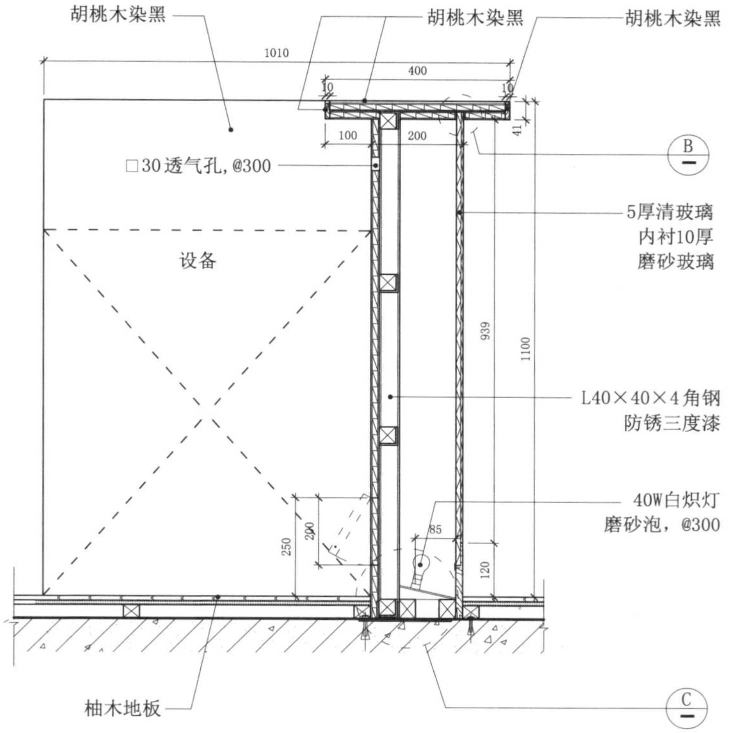

西餐厅吧台2剖面图

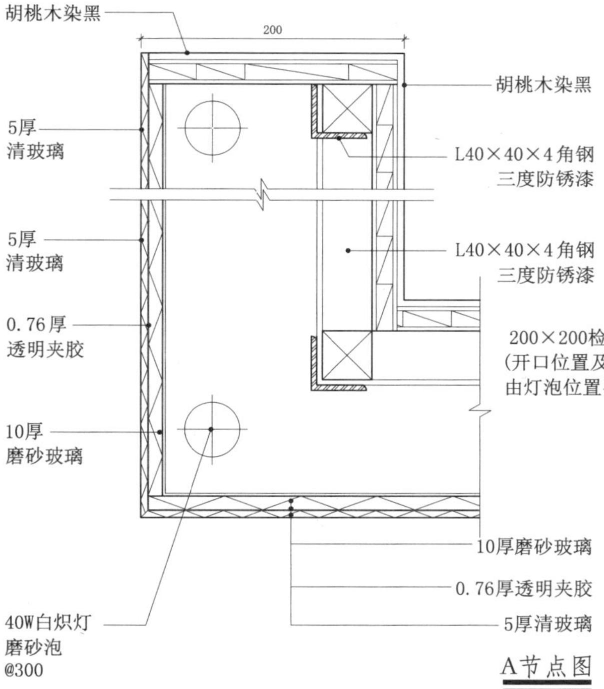

A节点图

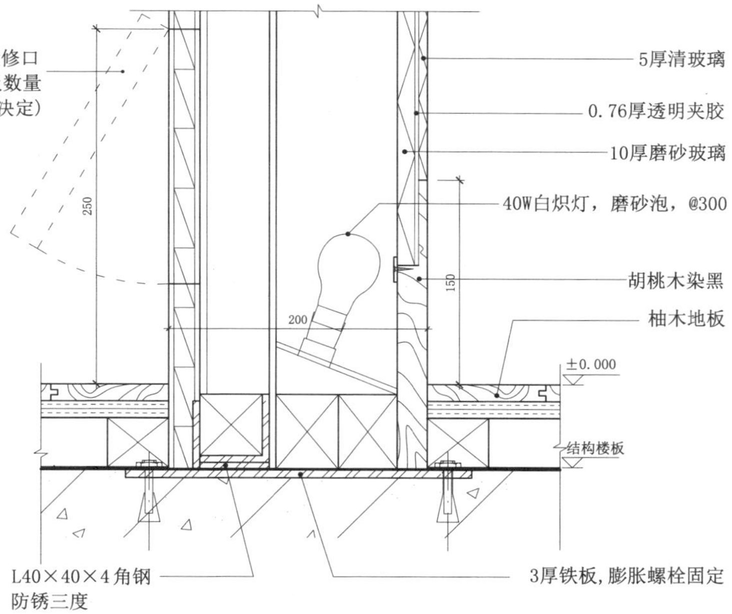

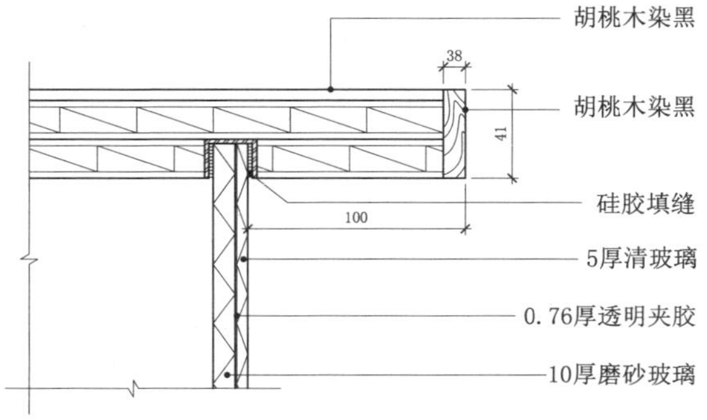

B节点图

C节点图

固定家具·餐饮设施 室内设施 检修构造 玻璃构造 透光照明构造

18.21 自助餐台（一）

18.21.1

C节点图

标注说明：
- 12厚黄色夹胶玻璃 50%透光
- 中花白石材 密缝拼，内衬细木工板
- 中花白石材 密缝拼
- 中花白石材 密缝拼 内衬双层9厚胶合板
- 12厚黄色夹胶玻璃 50%透光
- 中花白石材 密缝拼 内衬双层9厚胶合板
- 浅灰色地砖
- 1:3水泥砂浆
- 9厚胶合板基层
- 水曲柳染黑 开放漆
- 水曲柳染黑 开放漆 内衬3厚胶合板
- 柜内饰面同柜外
- 水曲柳染黑 开放漆
- 浅灰色地砖
- 1:3水泥砂浆

尺寸：110/100/10，800，690，30，800（EQ/EQ/EQ），345，345，660，100，120/20，140，70，50，50，20，10

F节点图

标注说明：
- 12厚黄色夹胶玻璃 50%透光
- 硅胶填缝
- 浅灰色地砖
- 1:3水泥砂浆
- 定制不锈钢槽 30×38×3
- 橡胶垫
- 膨胀螺栓
- 中花白石材 密缝拼
- 9厚胶合板基层
- 浅灰色地砖
- 1:3水泥砂浆
- MR-16地埋灯 12V，35W，配光24°

尺寸：140，12，EQ，EQ，38，30

---

18 固定家具·餐饮设施 固定家具 室内设施

18.21 自助餐台(一)

18.21.2

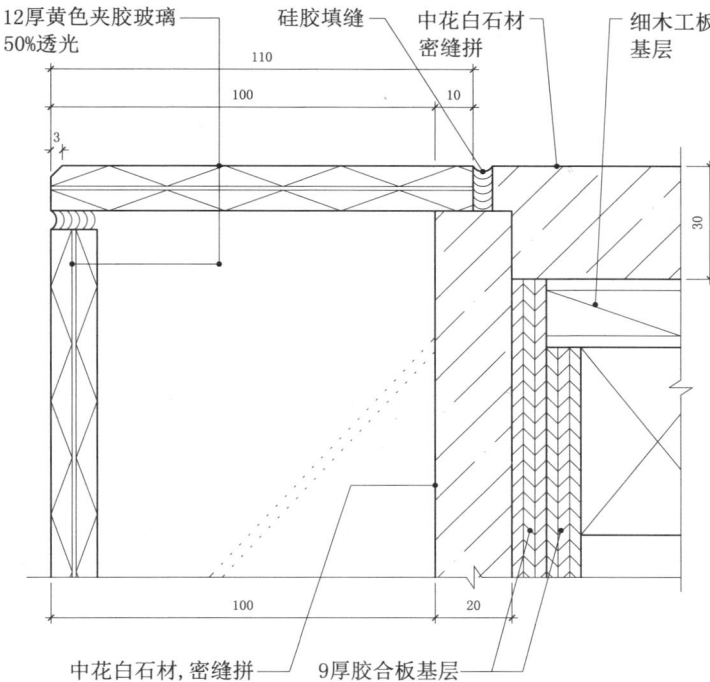

D节点图

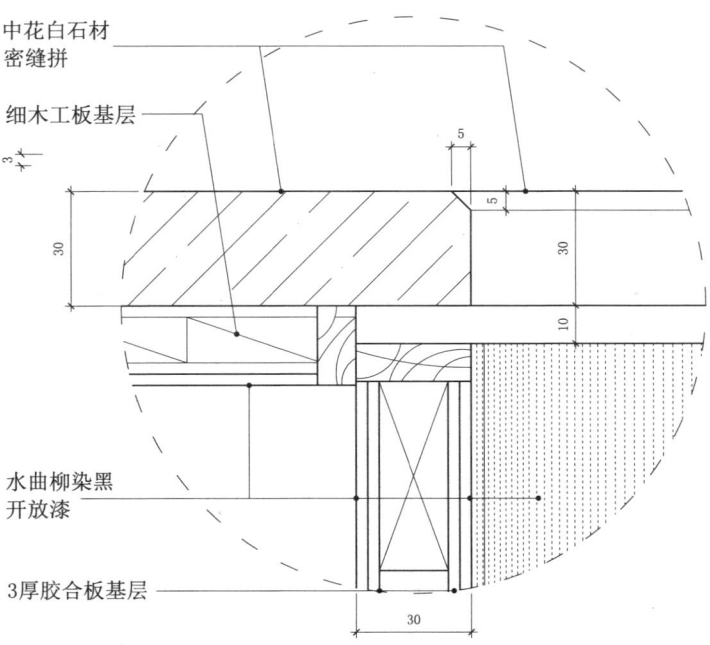

E节点图

18.22 自助餐台(二)

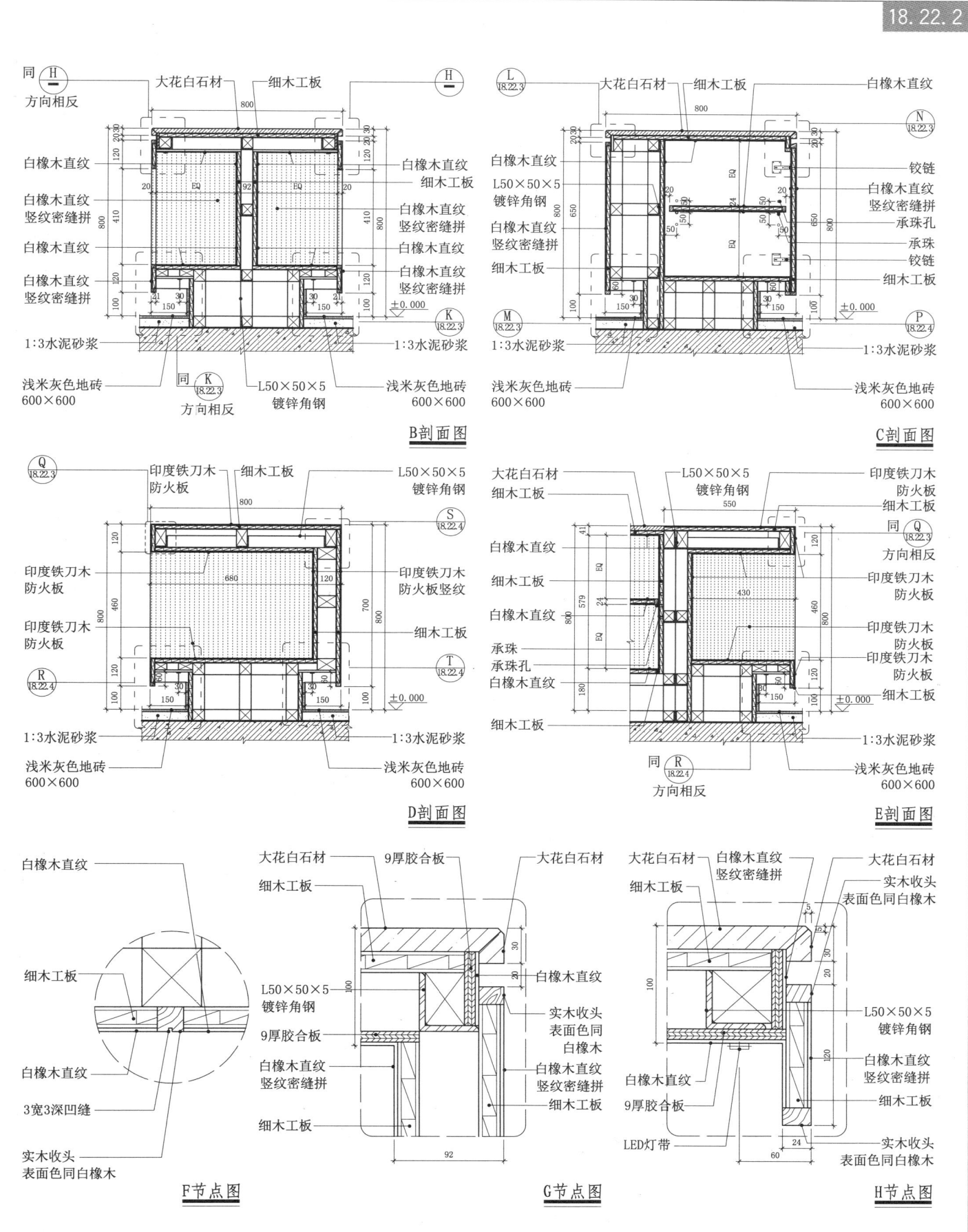

18.22 自助餐台（二）

18 固定家具·室内设施 非透光照明构造 餐饮设施

18.22.3

J节点图 / K节点图 / L节点图 / M节点图 / N节点图 / Q节点图

18.22 自助餐台(二)

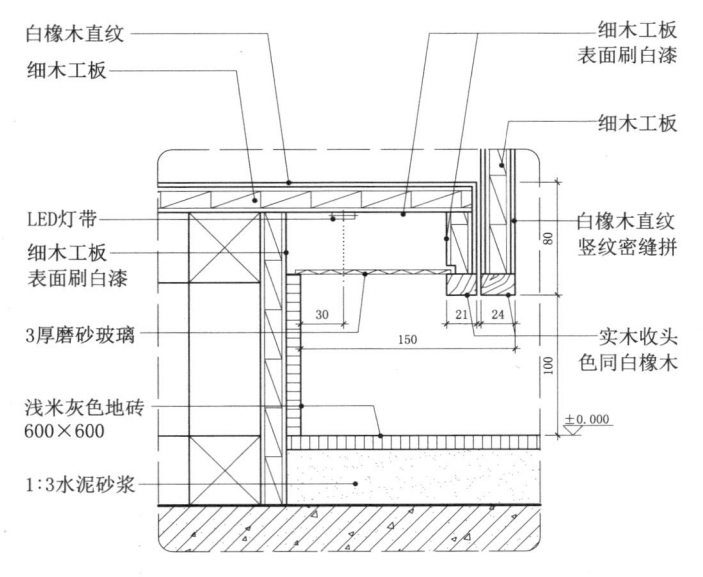

P节点图

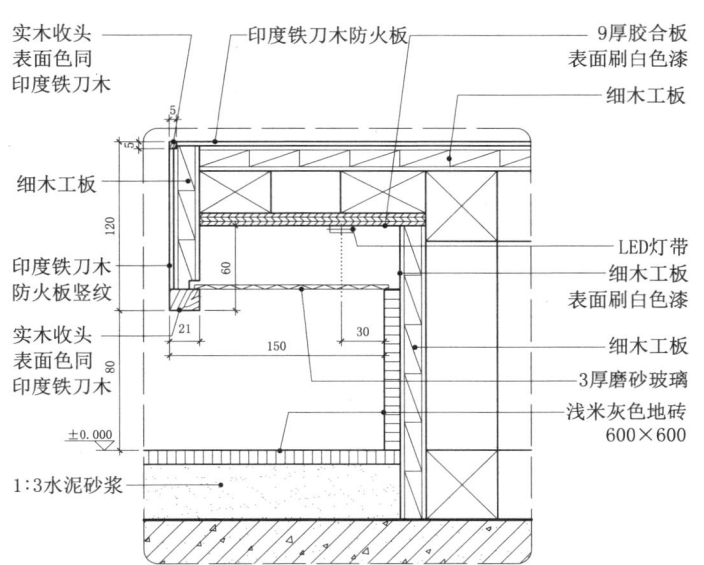

R节点图

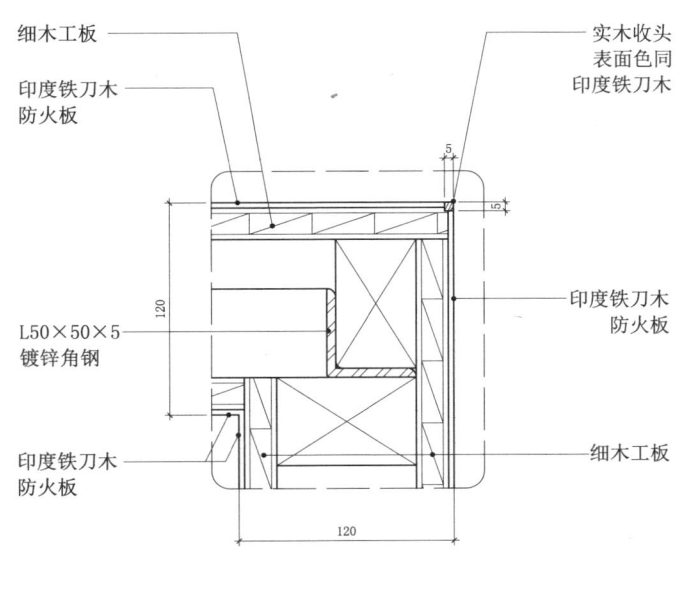

S节点图

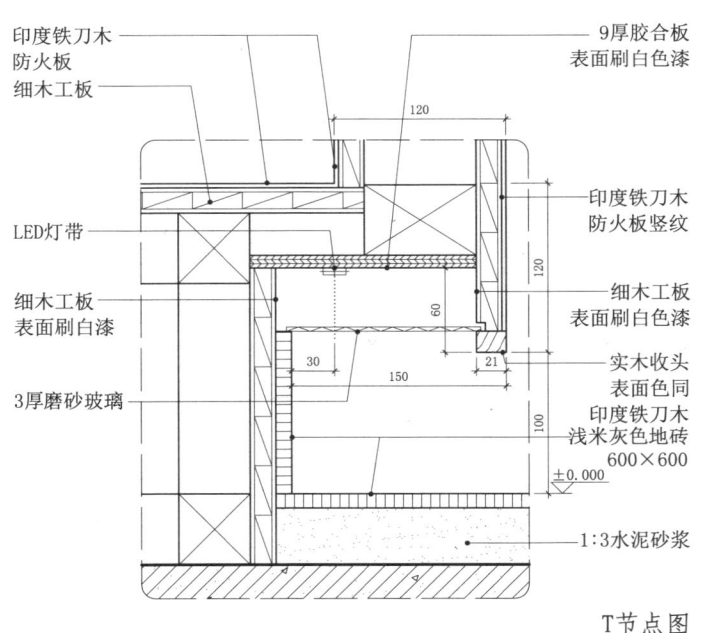

T节点图

18.23 立面卷盒造型

18.23.1

A大样图

B节点图

C节点图

18.23 立面卷盒造型

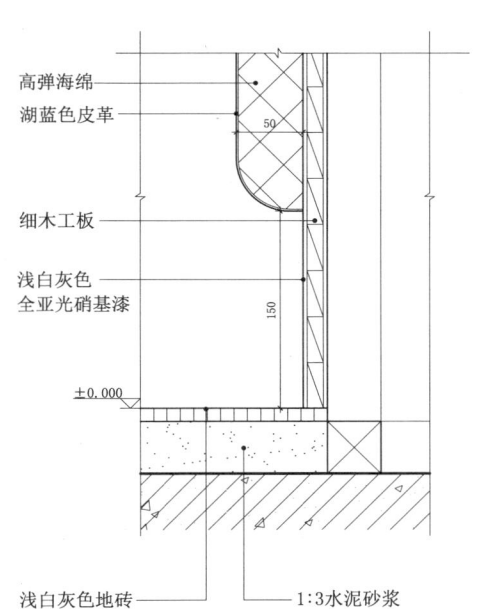

K节点图

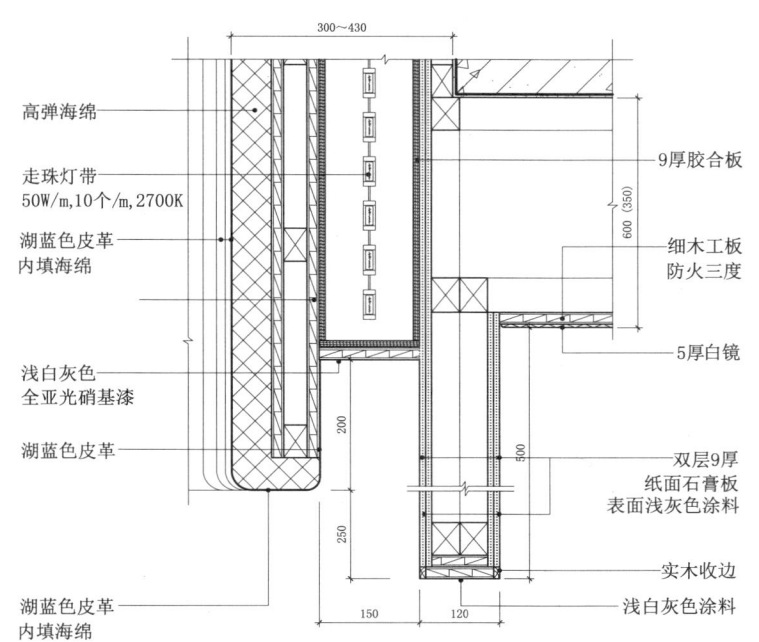

M节点图

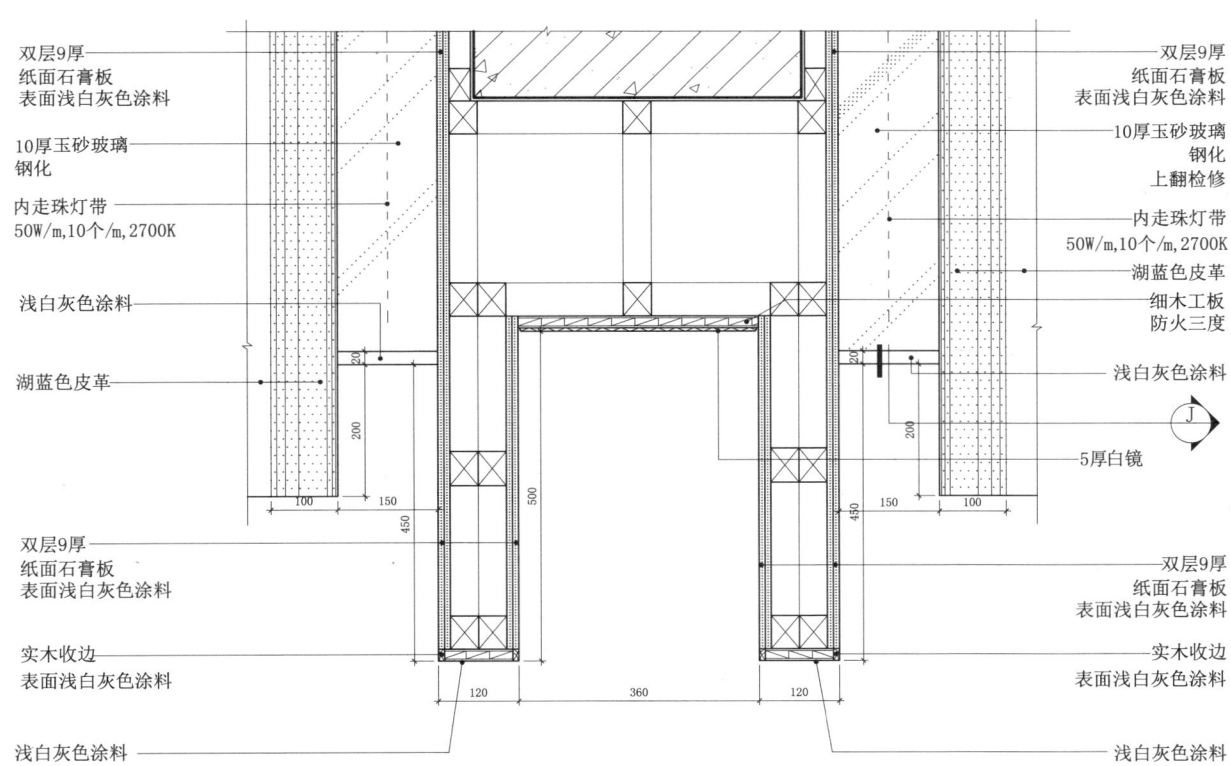

L节点图

18.24 弧形沙发卡座组合

18 固定家具·餐饮设施

18.24.1

圆弧沙发平面图

圆弧沙发立面图

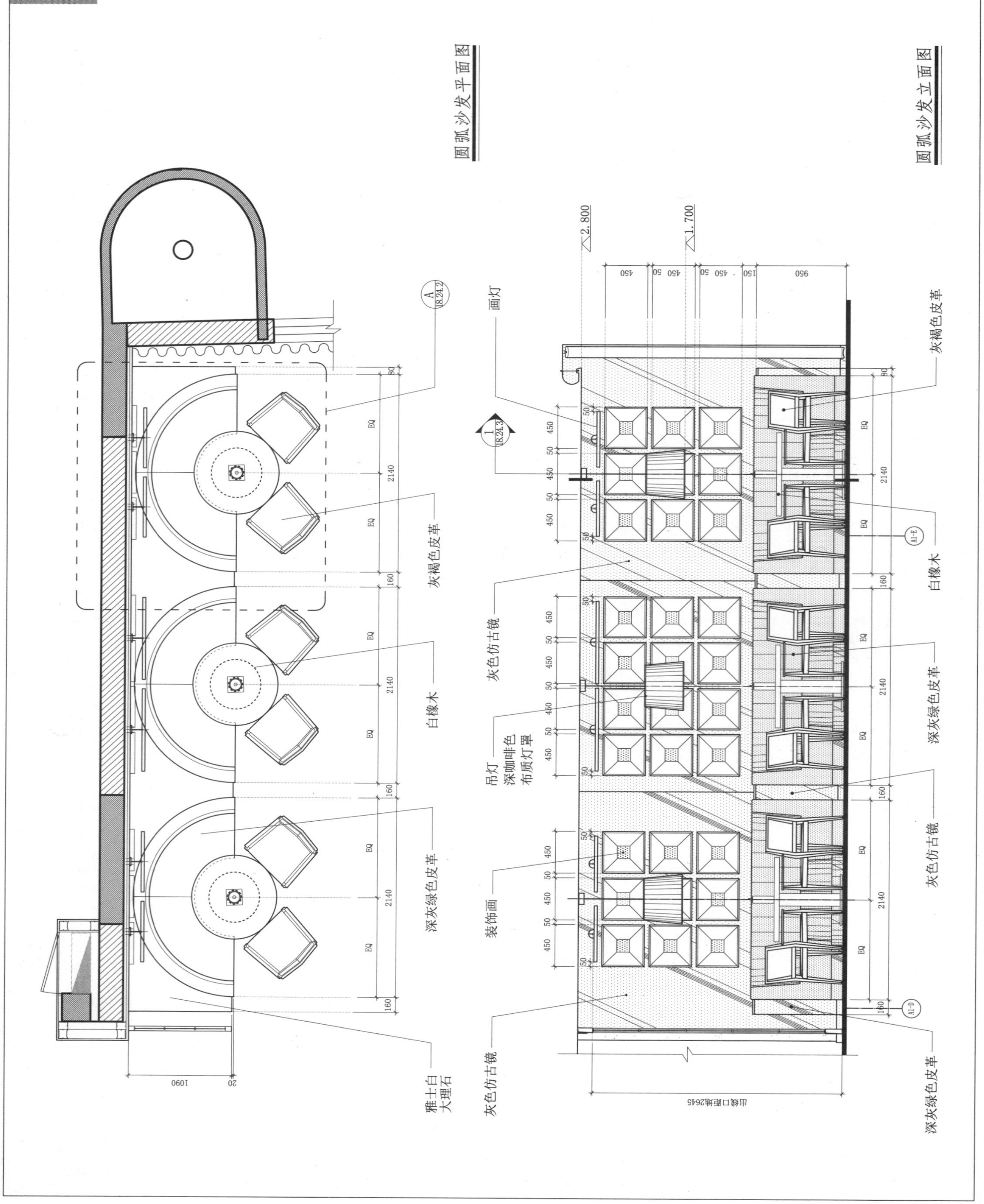

18.24 弧形沙发卡座组合

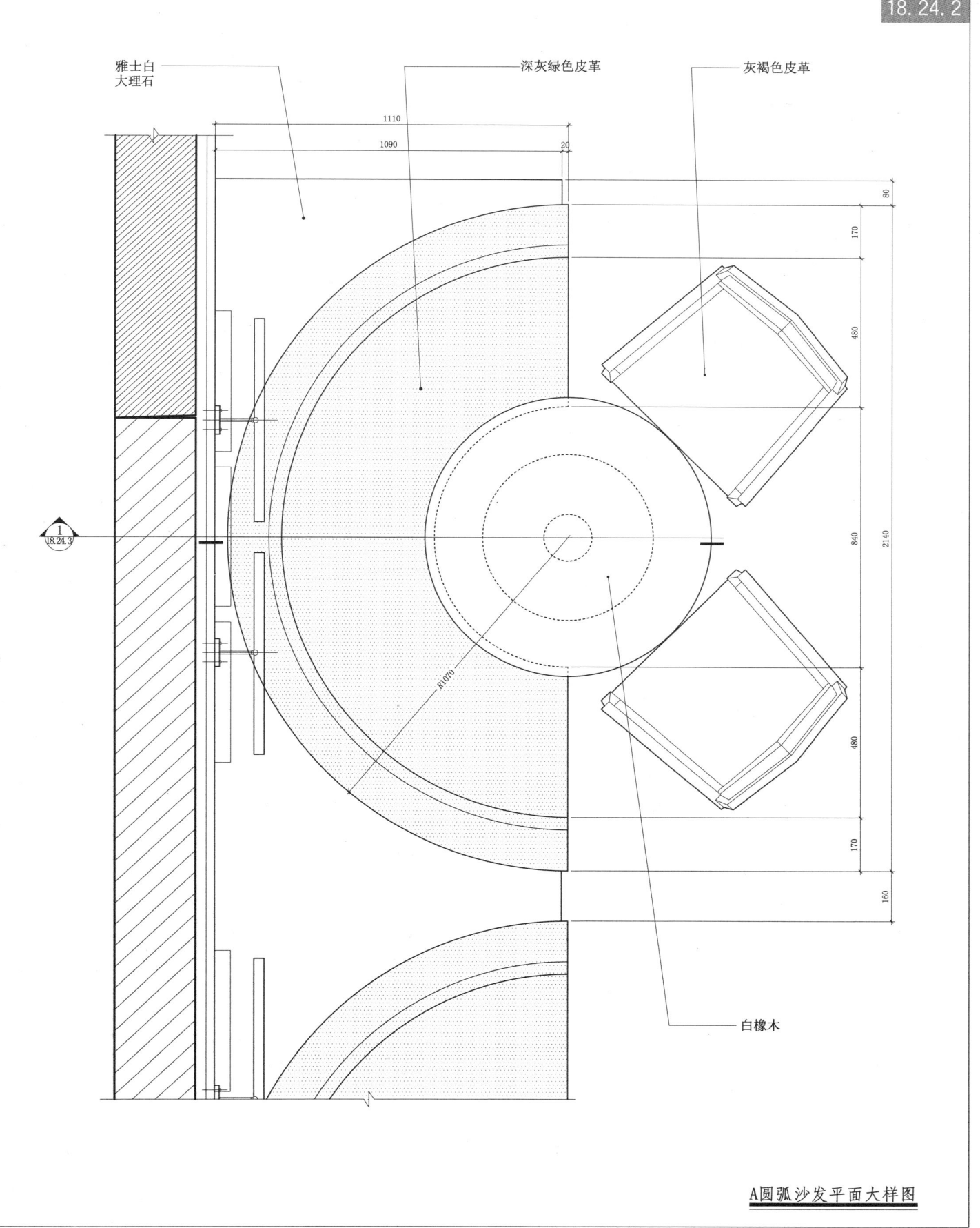

A 圆弧沙发平面大样图

18.24 弧形沙发卡座组合

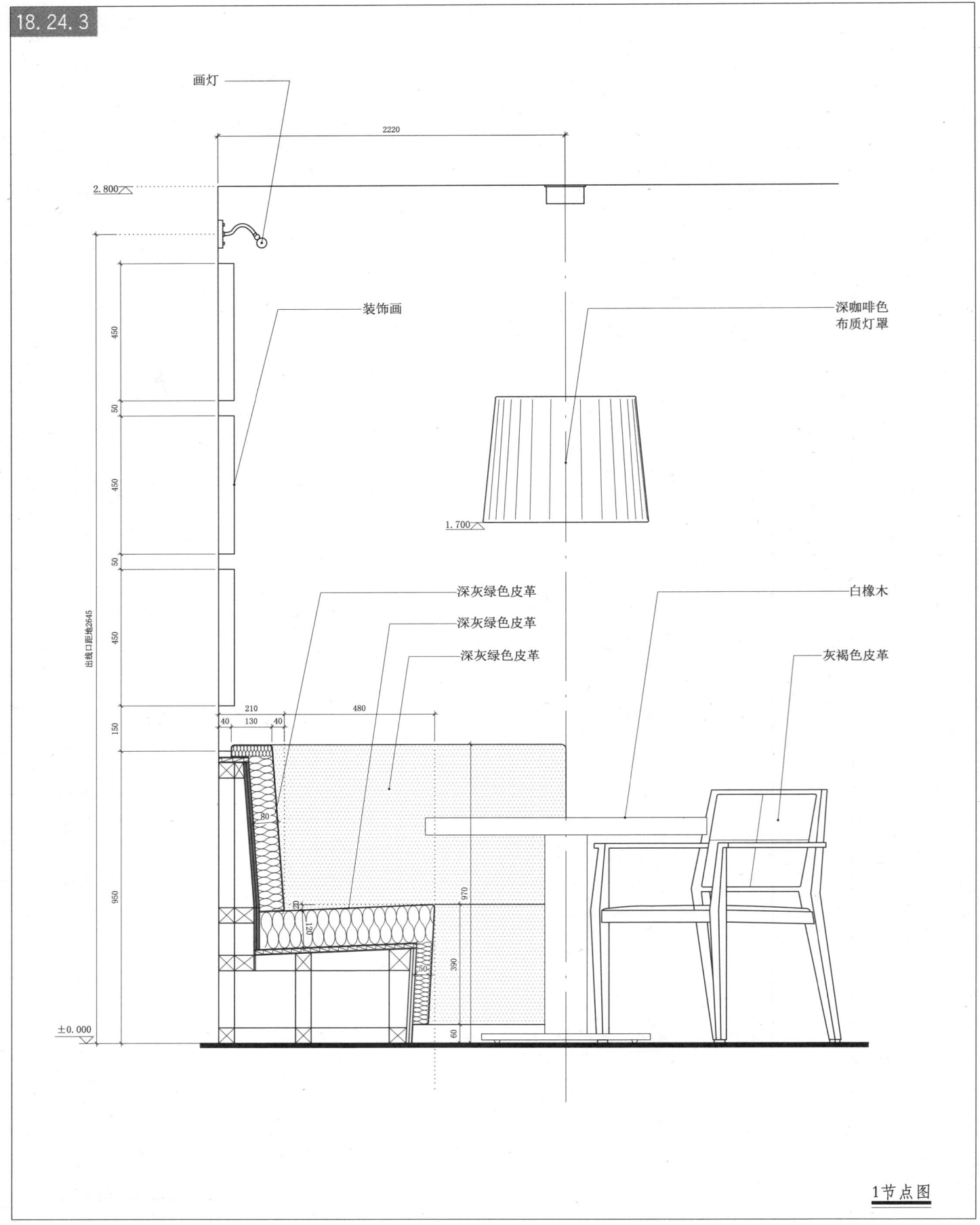

1 节点图

18.25 沙发卡座

18 固定家具·餐饮设施

18.25.1

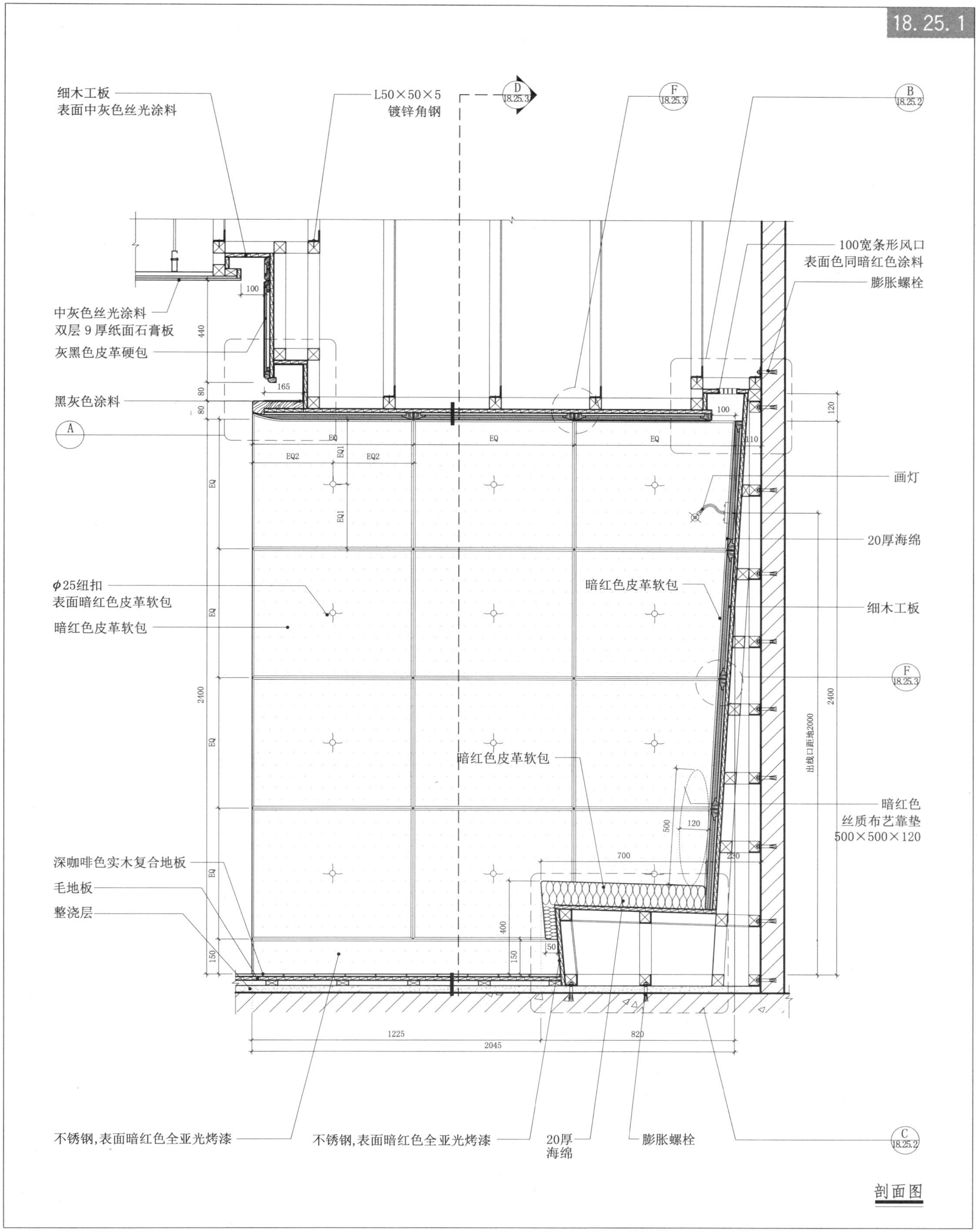

- 细木工板 表面中灰色丝光涂料
- L50×50×5 镀锌角钢
- 中灰色丝光涂料 双层9厚纸面石膏板 灰黑色皮革硬包
- 黑灰色涂料
- φ25纽扣 表面暗红色皮革软包
- 暗红色皮革软包
- 深咖啡色实木复合地板
- 毛地板
- 整浇层
- 不锈钢,表面暗红色全亚光烤漆
- 不锈钢,表面暗红色全亚光烤漆
- 100宽条形风口 表面色同暗红色涂料
- 膨胀螺栓
- 画灯
- 20厚海绵
- 细木工板
- 暗红色皮革软包
- 暗红色丝质布艺靠垫 500×500×120
- 20厚海绵
- 膨胀螺栓

剖面图

室内构造节点与专项模式图集 | 793

18.25 沙发卡座

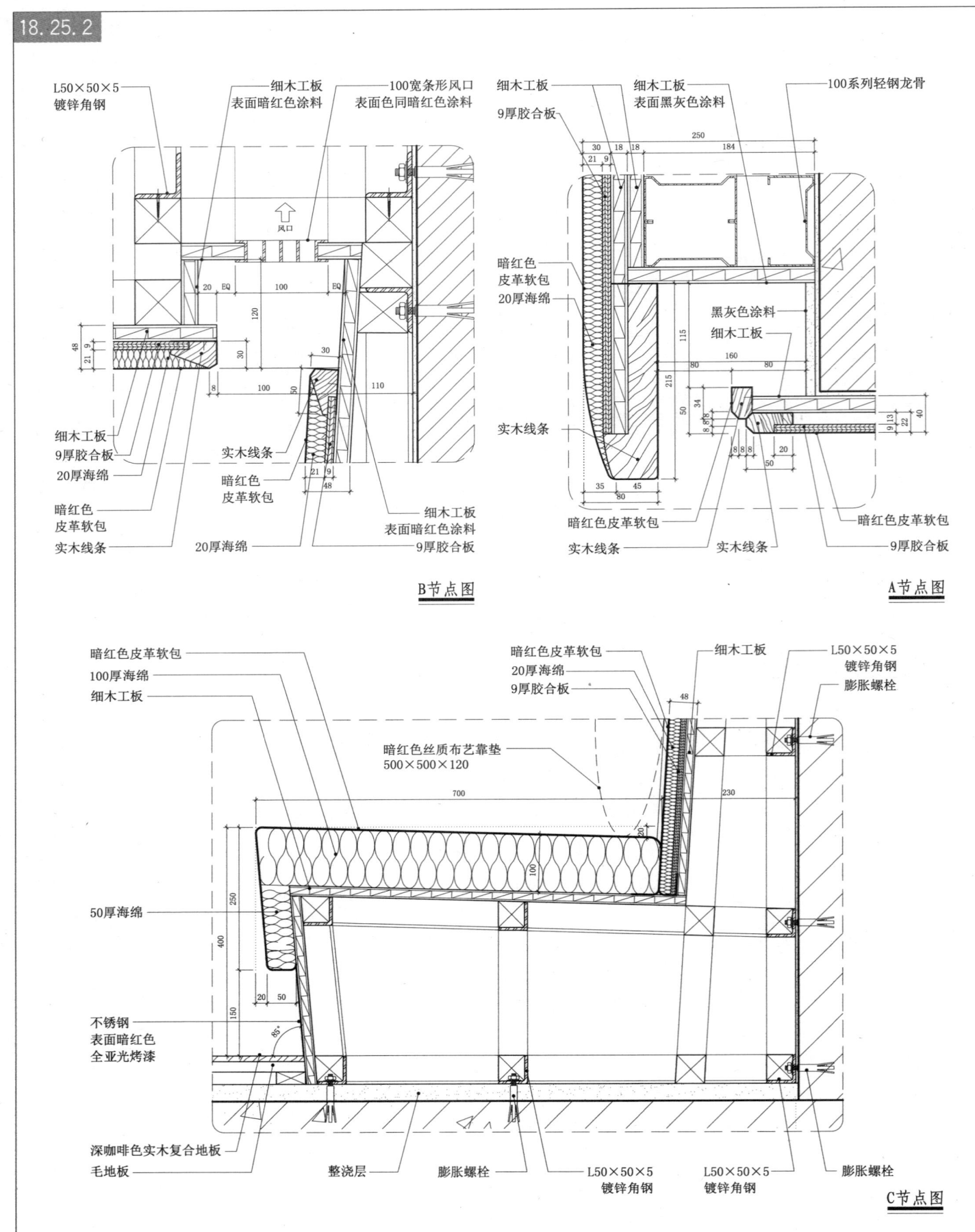

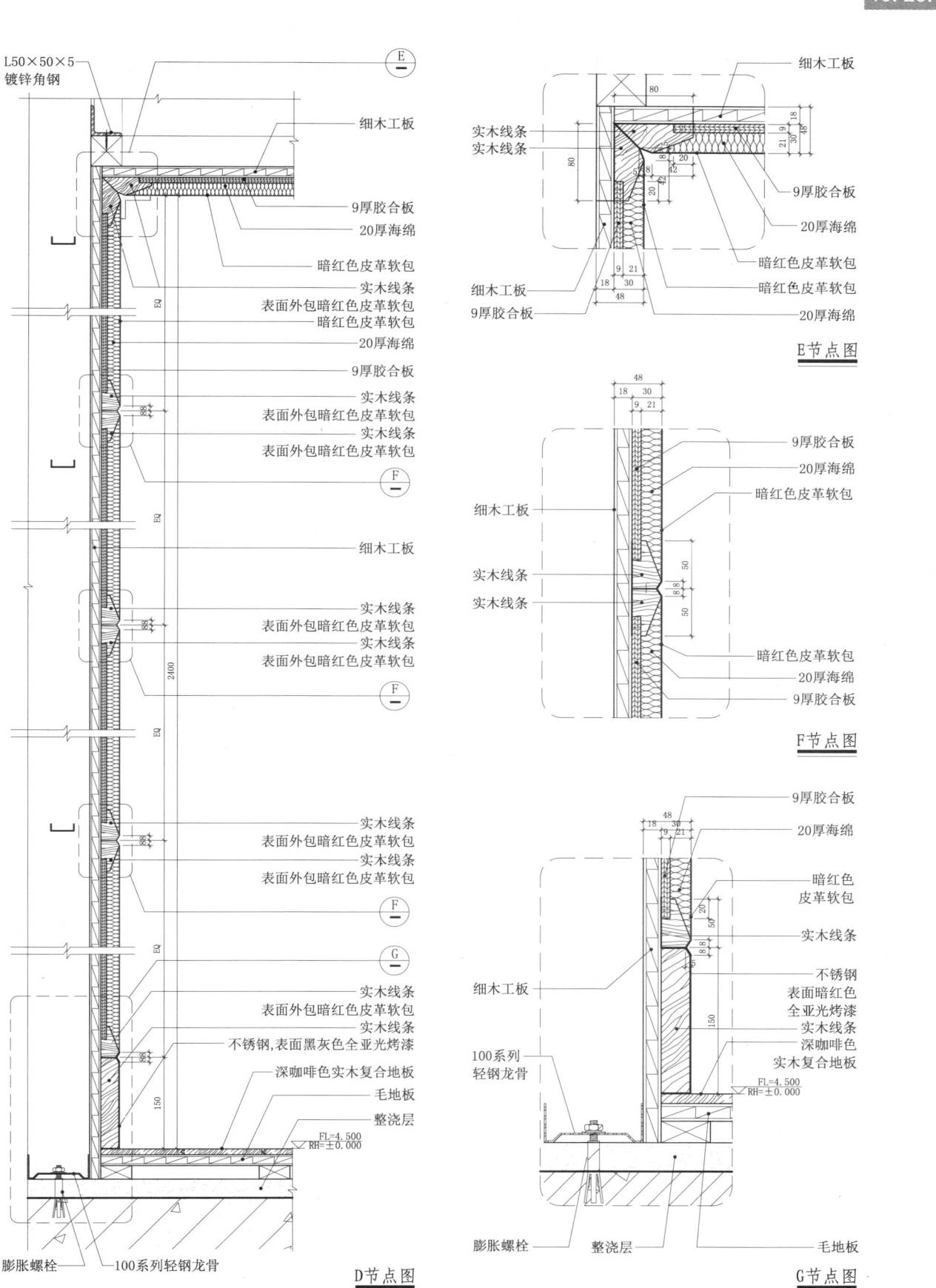

19 技术设备·室内设施

19.1 电梯轿厢节点

19.1.1

电梯轿厢平面图

电梯轿厢地坪图

电梯轿厢平面图

电梯厅1立面图

19.1 电梯轿厢节点

19.1.2

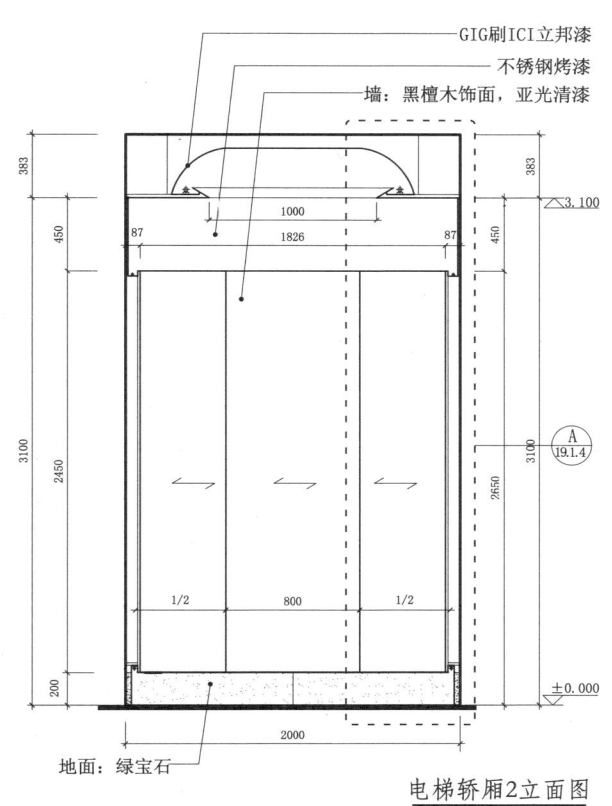

电梯轿厢2立面图

电梯轿厢3立面图

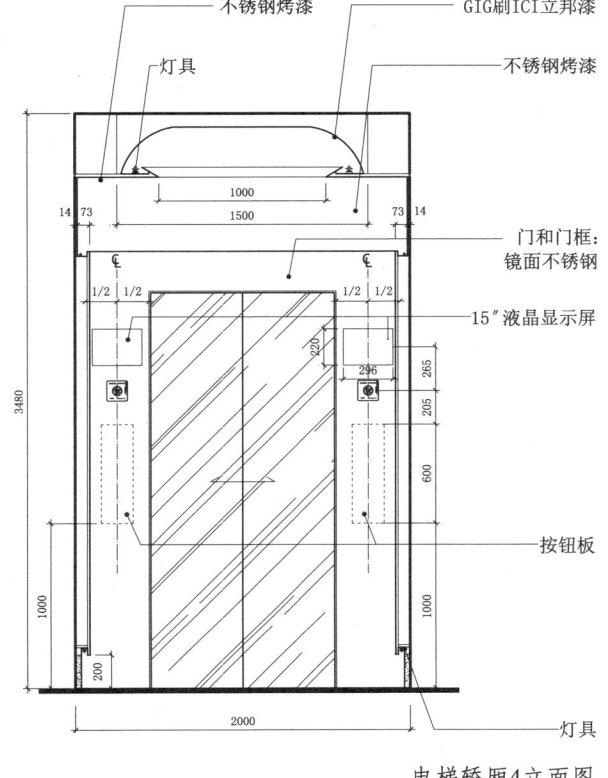

电梯轿厢4立面图

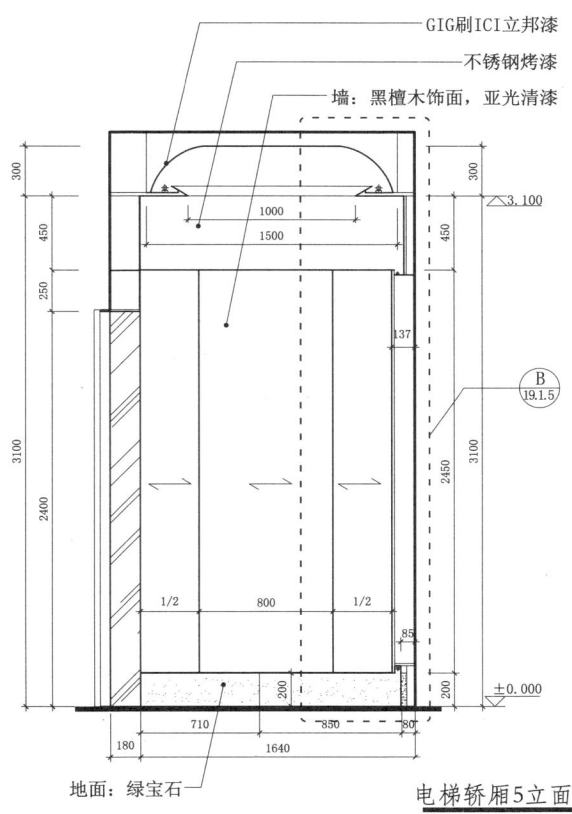

电梯轿厢5立面图

19 技术设备·室内设施

19.1 电梯轿厢节点

19.1.3

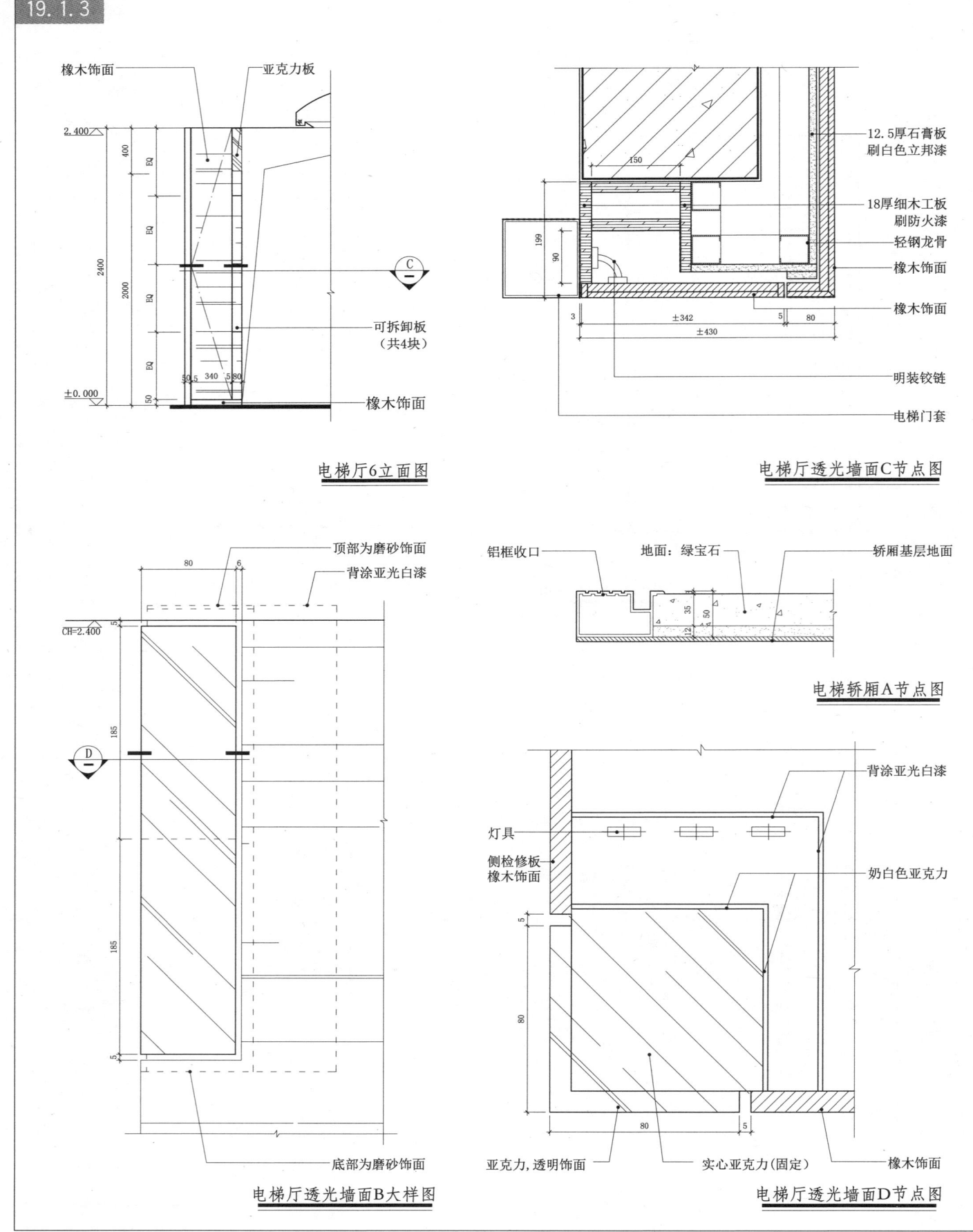

19.1 电梯轿厢节点

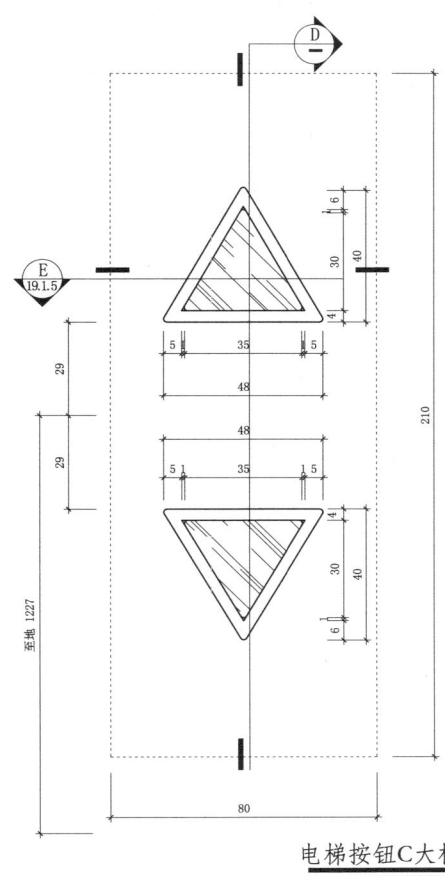

电梯按钮C大样图

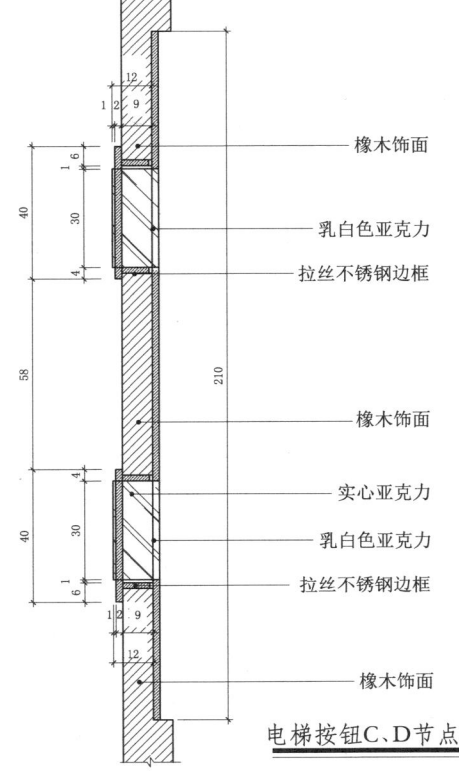

电梯按钮C、D节点图

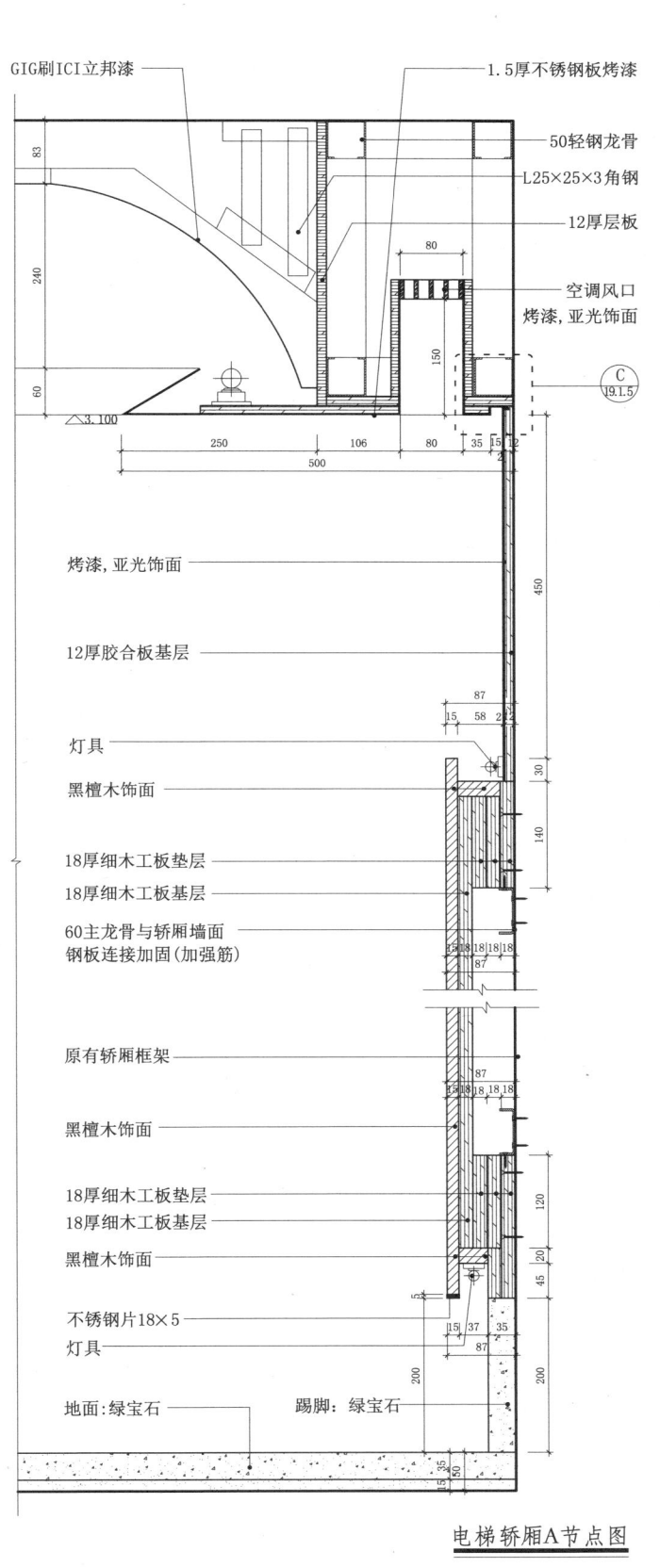

电梯轿厢A节点图

19.1 电梯轿厢节点

19.1.5

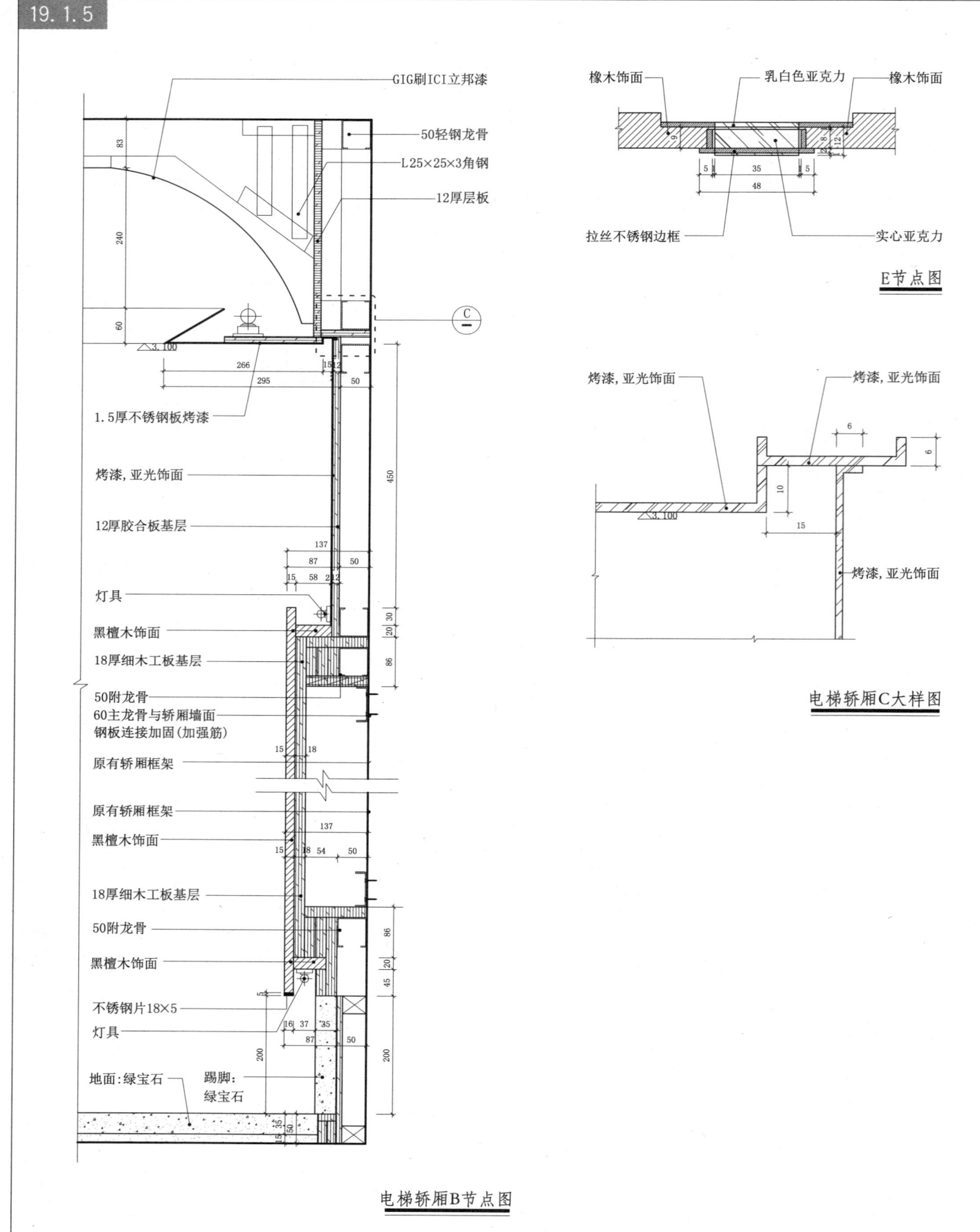

电梯轿厢B节点图

E节点图

电梯轿厢C大样图

19.2 电子感应无框玻璃移门

10厚钢化玻璃

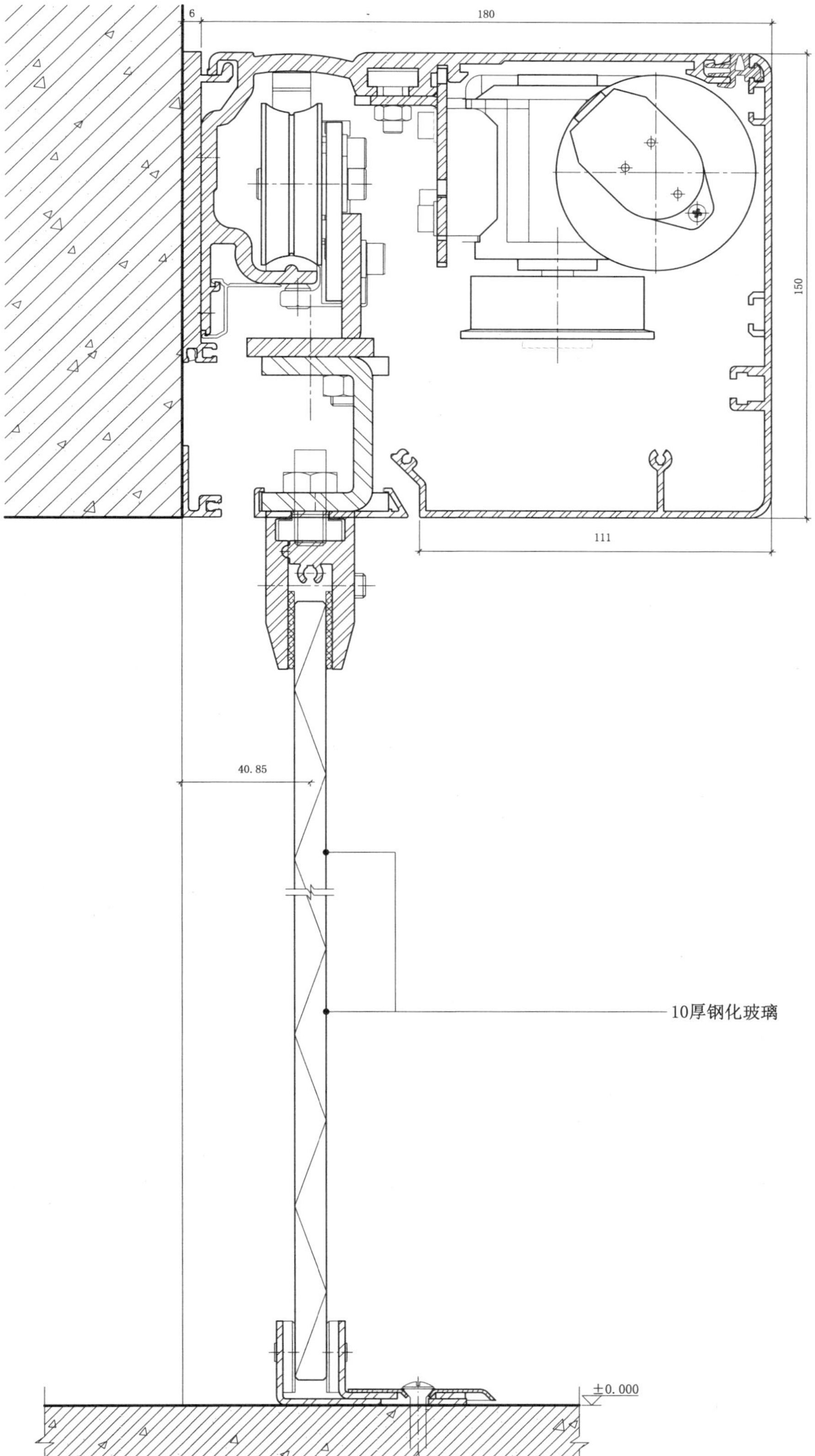

电子感应无框玻璃移门节点图

19.3 挂壁式电视架

挂壁式电视架（收缩）

挂壁式电视架（拉伸）

19.4.1

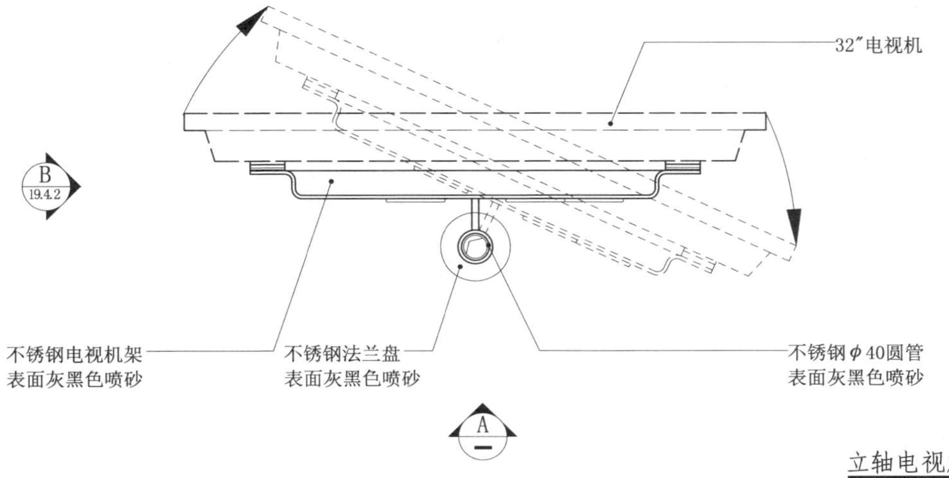
32″电视机
B
19.4.2
不锈钢电视机架
表面灰黑色喷砂
不锈钢法兰盘
表面灰黑色喷砂
不锈钢φ40圆管
表面灰黑色喷砂
A

立轴电视旋转支架平面图

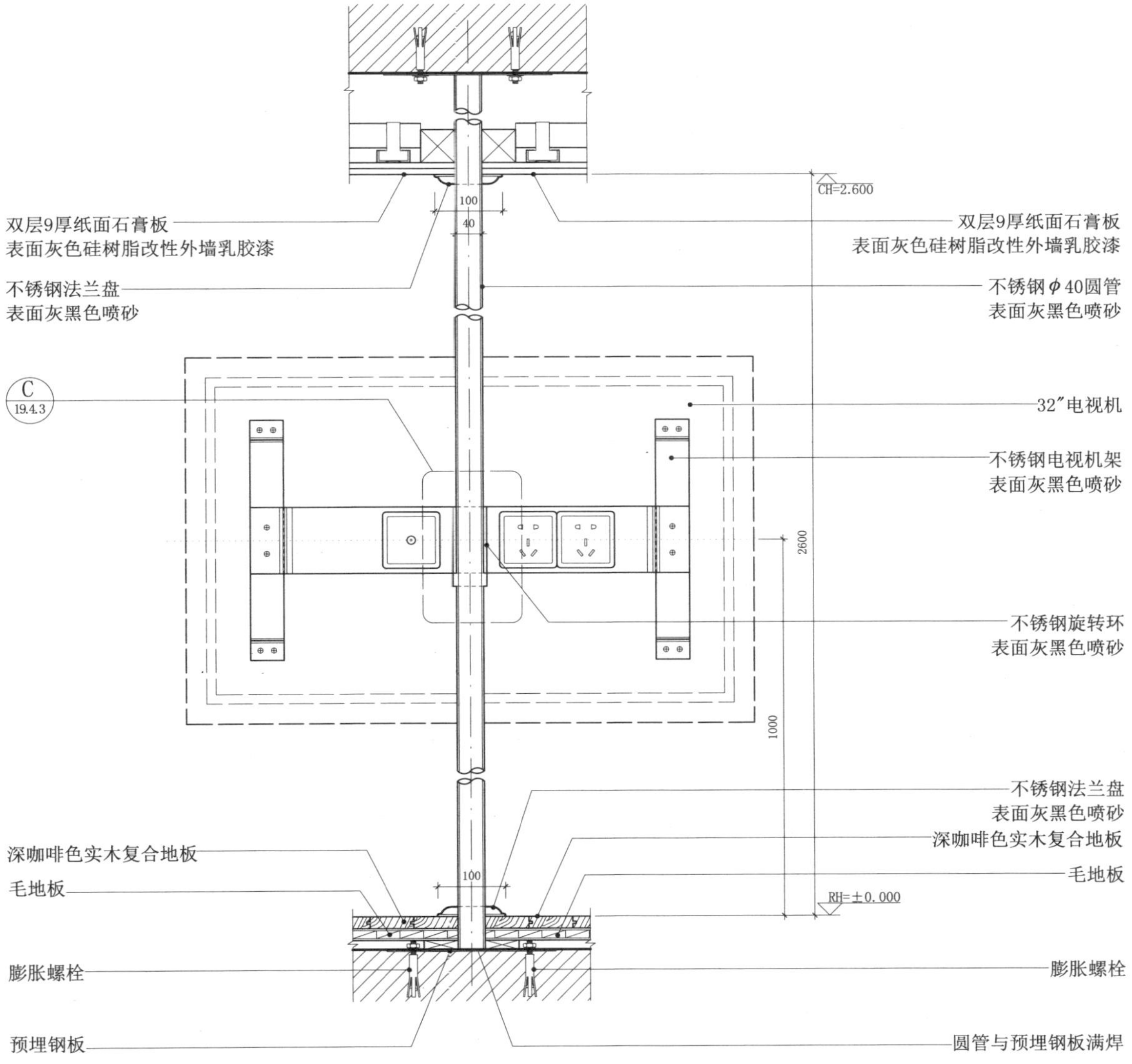
CH=2.600
100
40
双层9厚纸面石膏板
表面灰色硅树脂改性外墙乳胶漆
双层9厚纸面石膏板
表面灰色硅树脂改性外墙乳胶漆
不锈钢法兰盘
表面灰黑色喷砂
不锈钢φ40圆管
表面灰黑色喷砂
C
19.4.3
32″电视机
不锈钢电视机架
表面灰黑色喷砂
2600
不锈钢旋转环
表面灰黑色喷砂
1000
不锈钢法兰盘
表面灰黑色喷砂
深咖啡色实木复合地板
深咖啡色实木复合地板
毛地板
毛地板
100
RH=±0.000
膨胀螺栓
膨胀螺栓
预埋钢板
圆管与预埋钢板满焊

A立面图

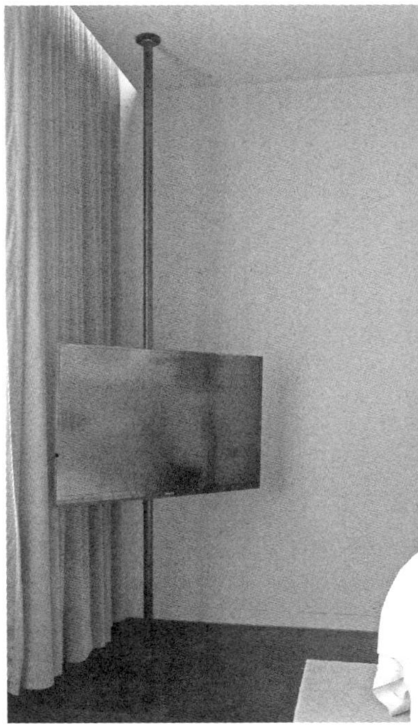

19.4 立轴电视旋转支架

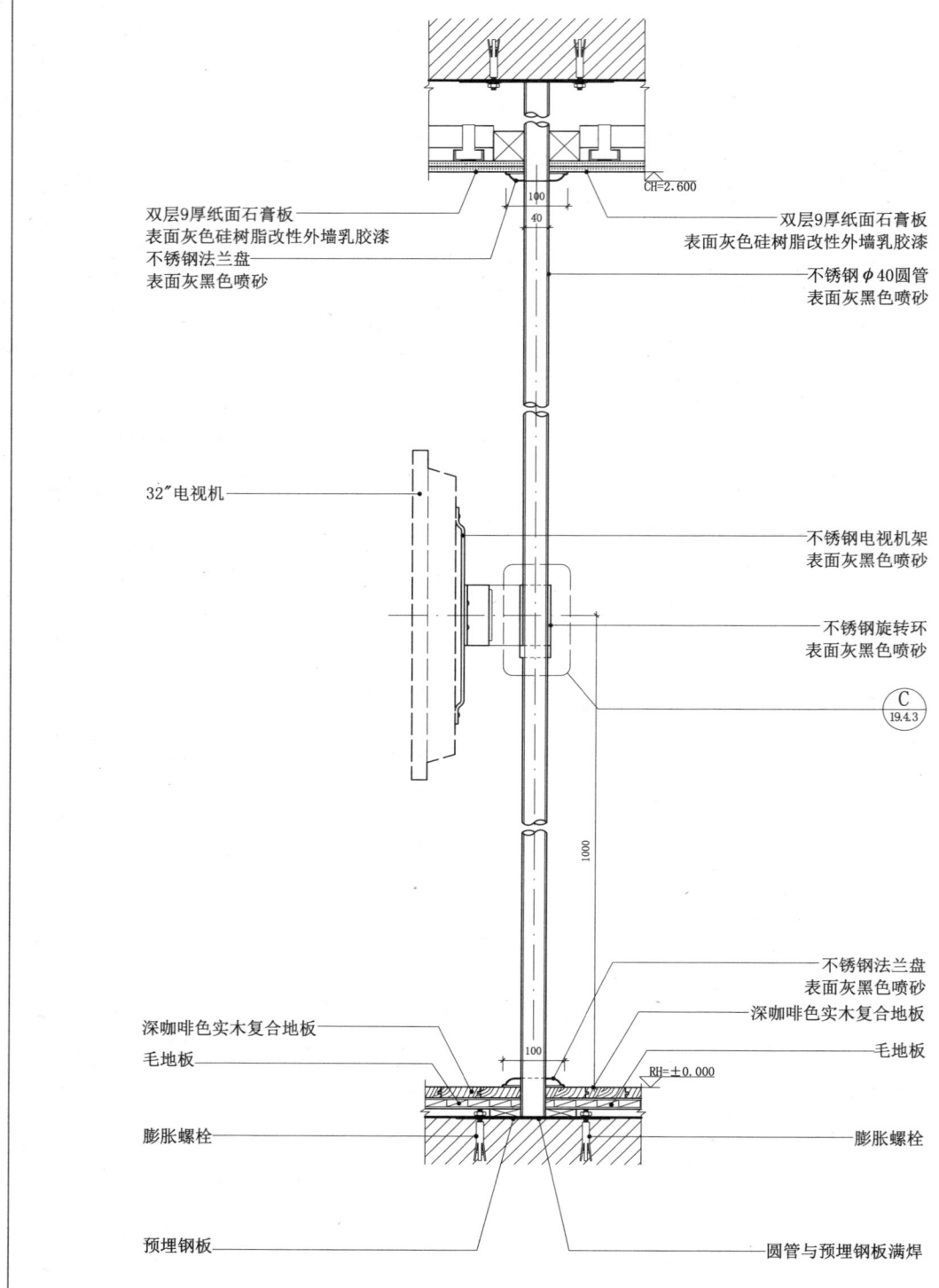

B立面图

19.4 立轴电视旋转支架

19.4.3

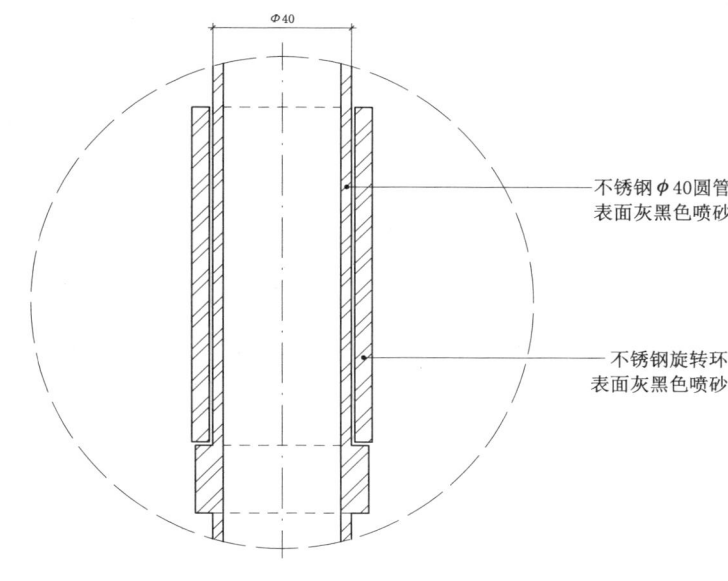

C节点图

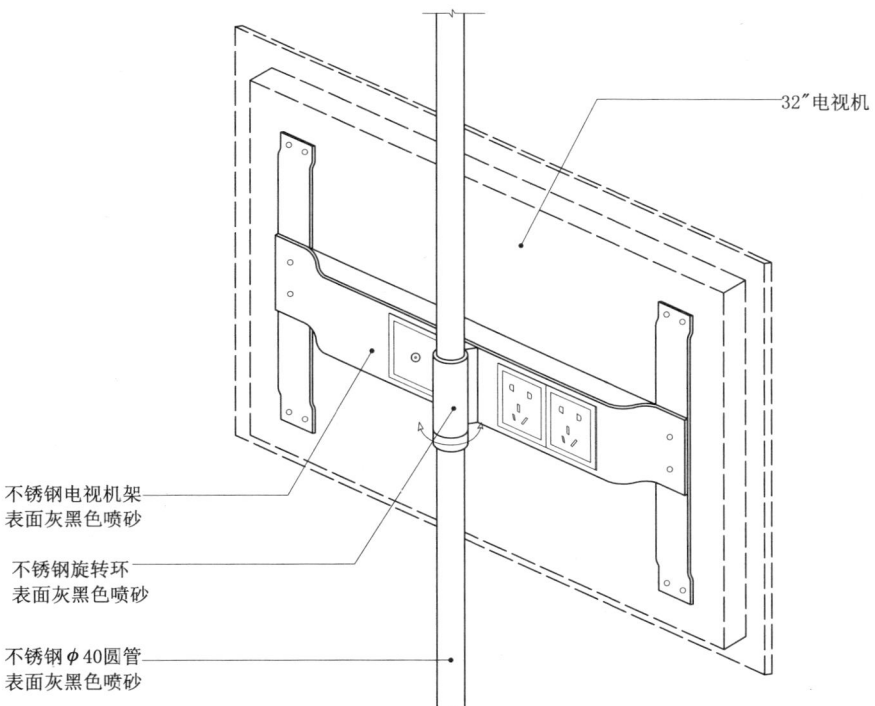

D 落地式天地轴旋转电视架示意图

注：落地式天地轴旋转电视架由厂方依据选定电视机型号和款式，按本概念草案进行深化设计

19.5 立体车库

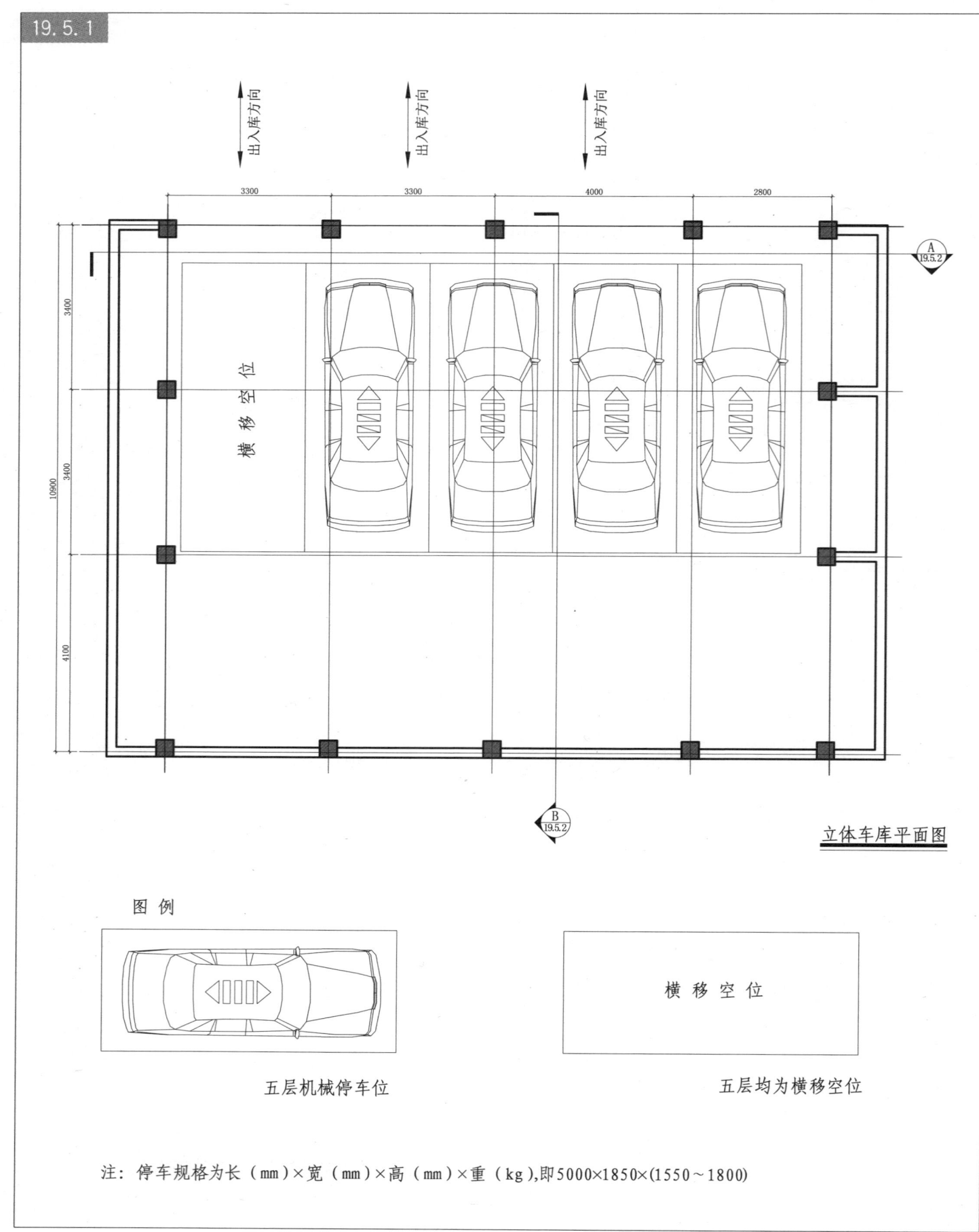

立体车库平面图

图 例

五层机械停车位

横移空位

五层均为横移空位

注：停车规格为长（mm）×宽（mm）×高（mm）×重（kg），即5000×1850×(1550～1800)

19.5 立体车库

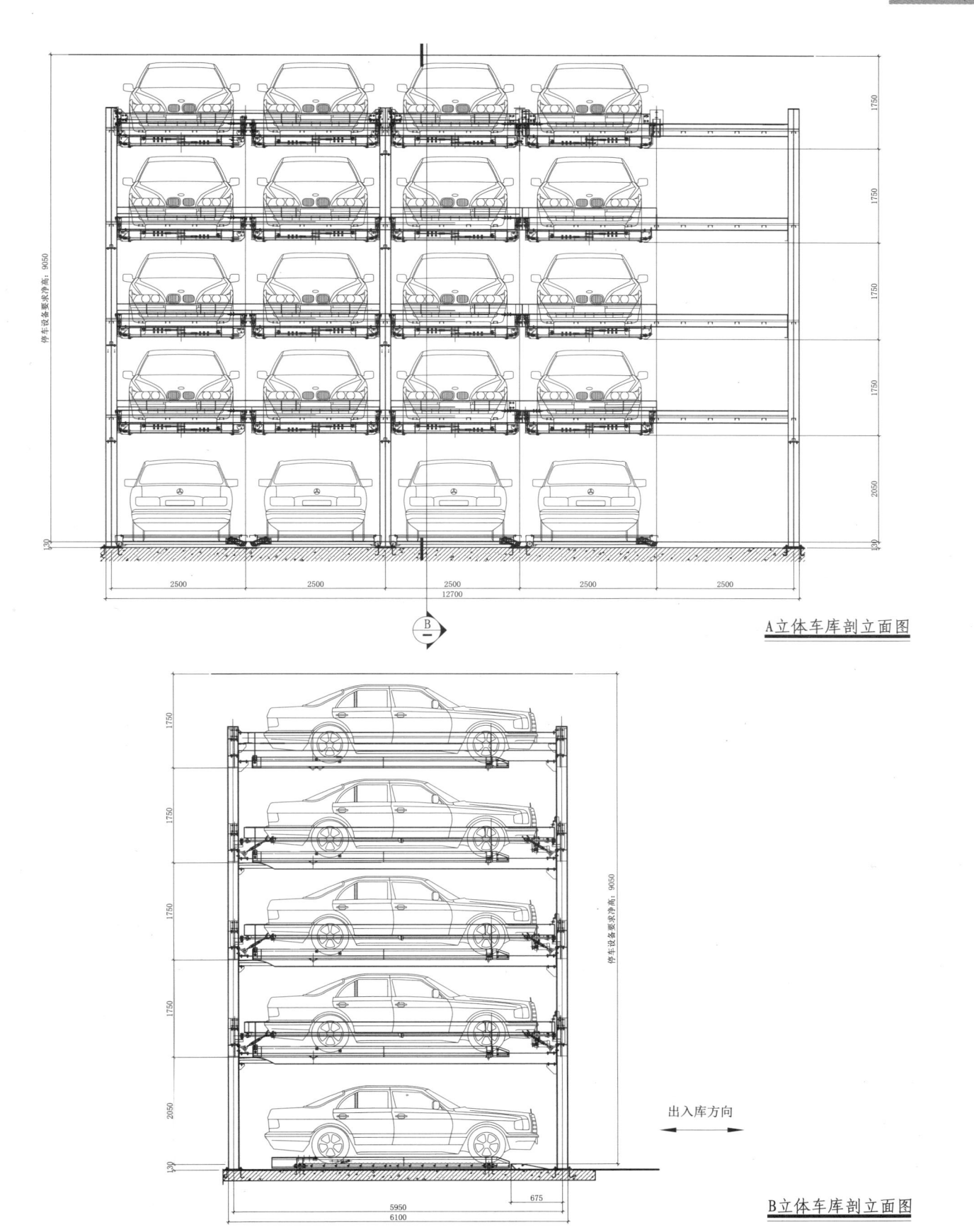

A 立体车库剖立面图

B 立体车库剖立面图

19.6 防火卷帘

无机特级防火卷帘门中庭安装和装饰配合节点图（以背火面温升为判定条件）
弧形或有造型或无墙无柱均为提升式

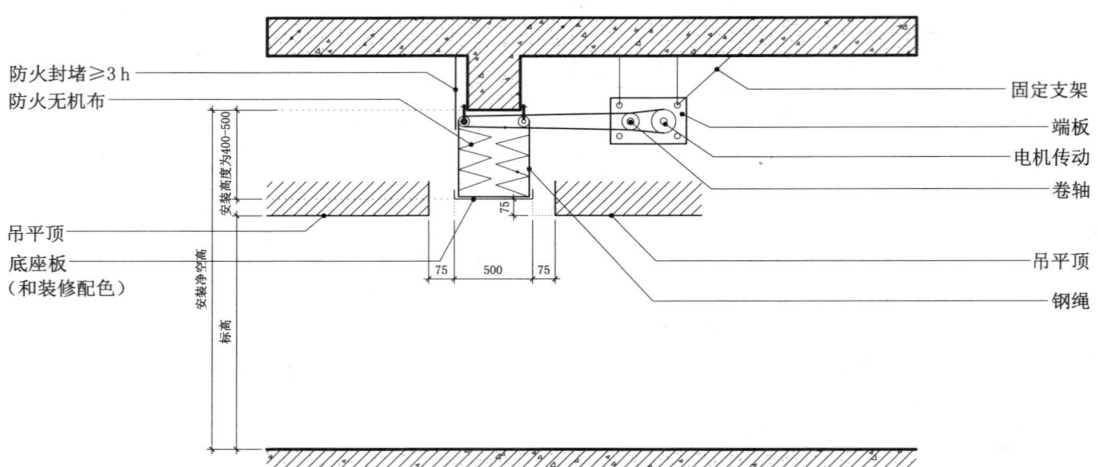

立面图

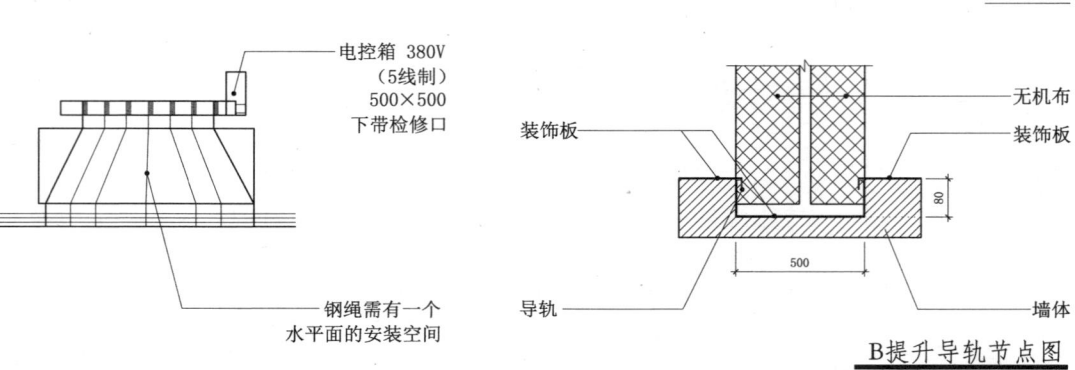

A节点图

B提升导轨节点图

19.7 容器植物墙、藤蔓植物墙

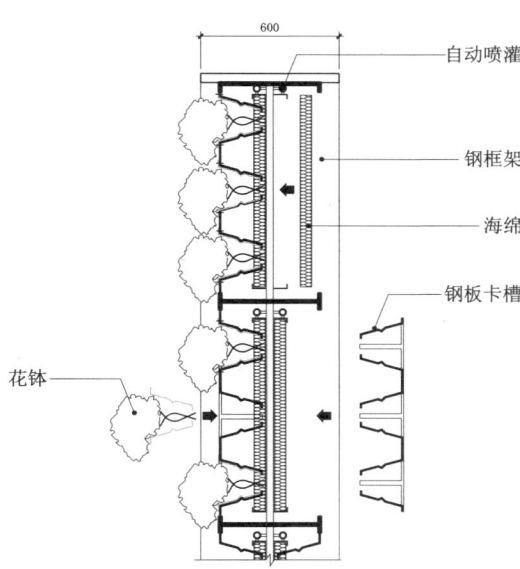

容器植物墙竖剖面图（一）

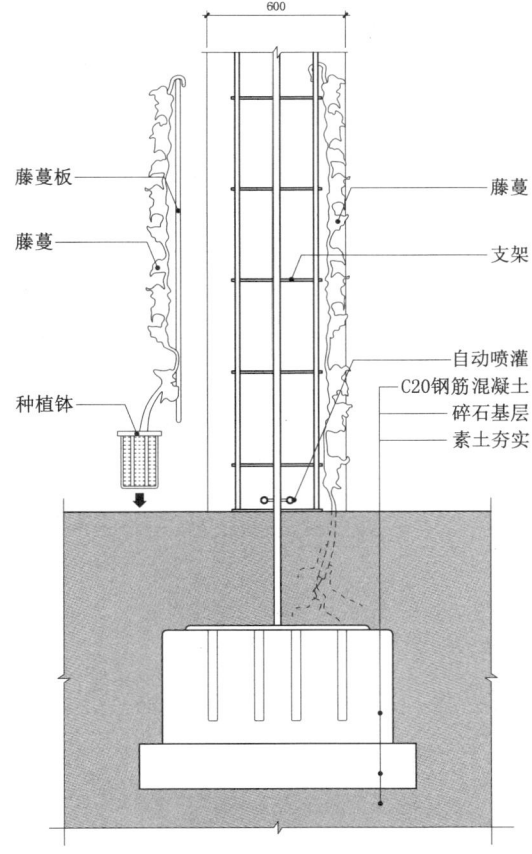

藤蔓植物墙竖剖面图（二）

20 室外、水池、景观构造 · 地坪构造

20.1 室外路面构造

20.1.1

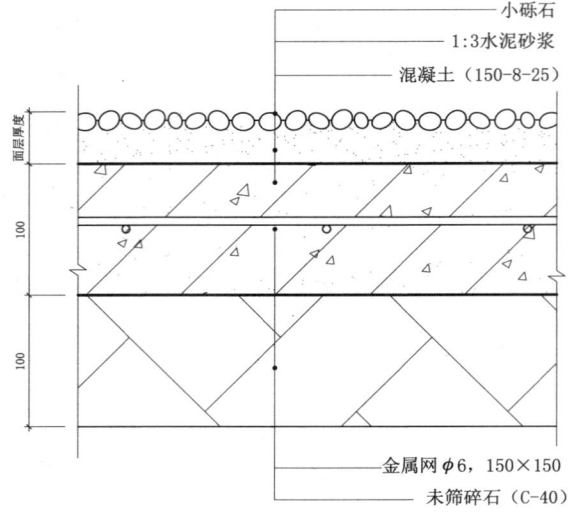

水洗小砾石路面剖面图

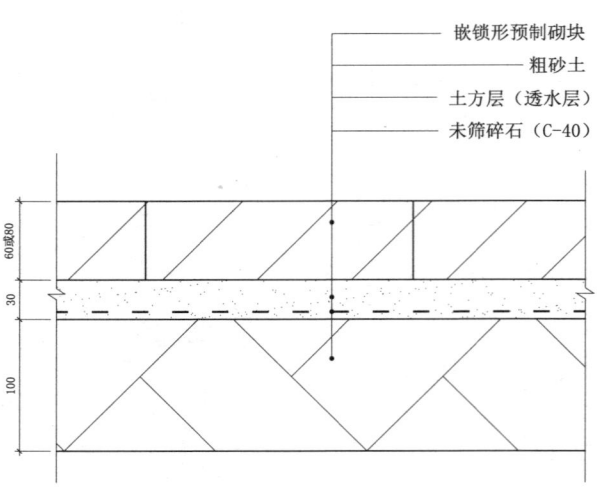

嵌锁形预制砌块路面剖面图(一)

注：此为人行道、广场的剖面

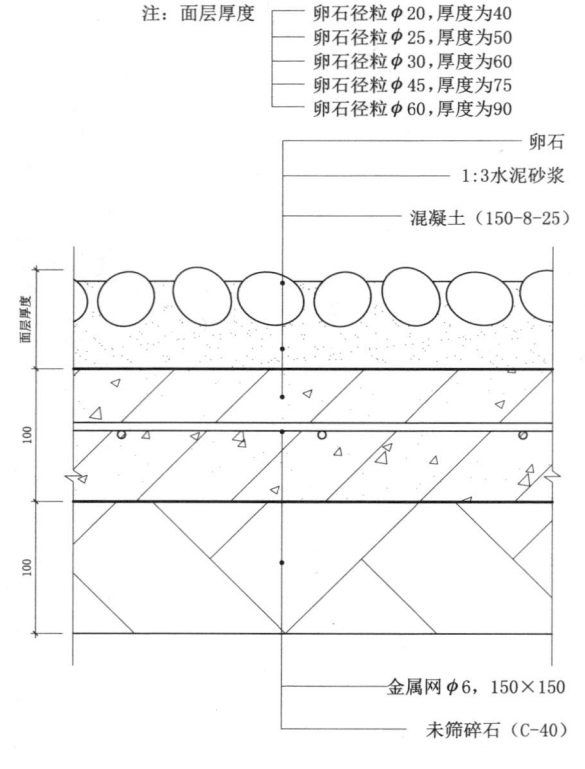

卵石嵌砌路面剖面图

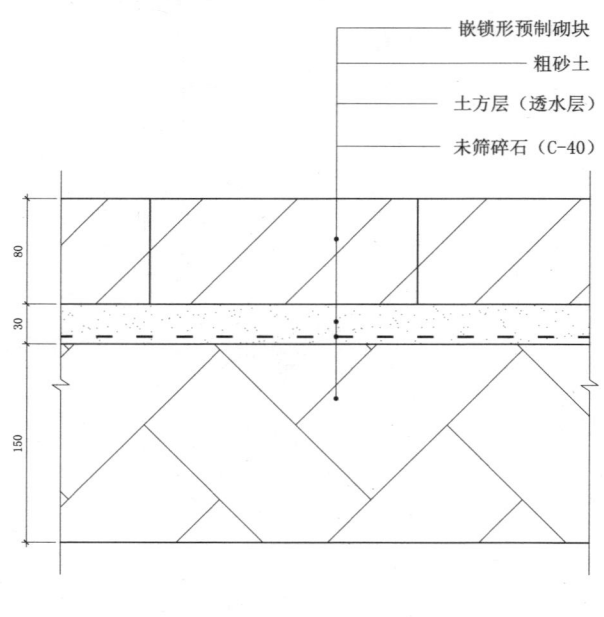

嵌锁形预制砌块路面剖面图(二)

注：此为CBR为3%~4%的停车场路面
（CBR为路基土壤承载力比）

20.1 室外路面构造

20.1.2

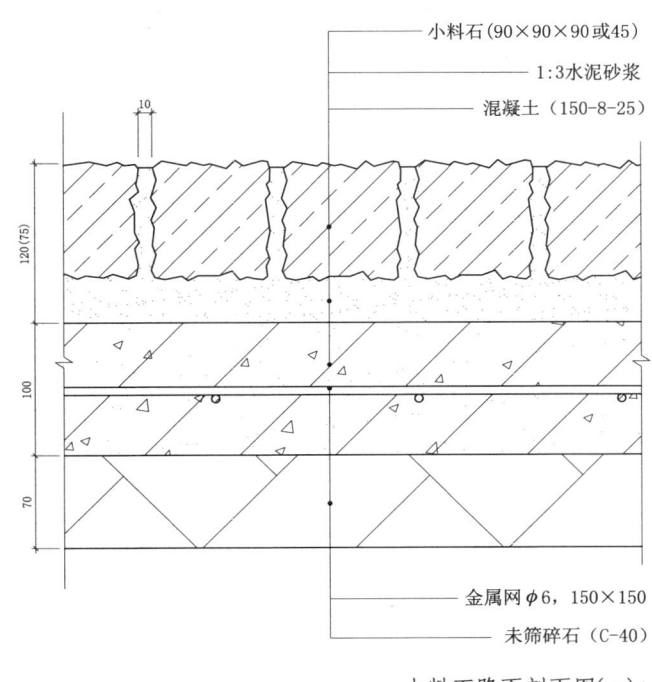

小料石路面剖面图(一)

注：此为人行道、广场的剖面

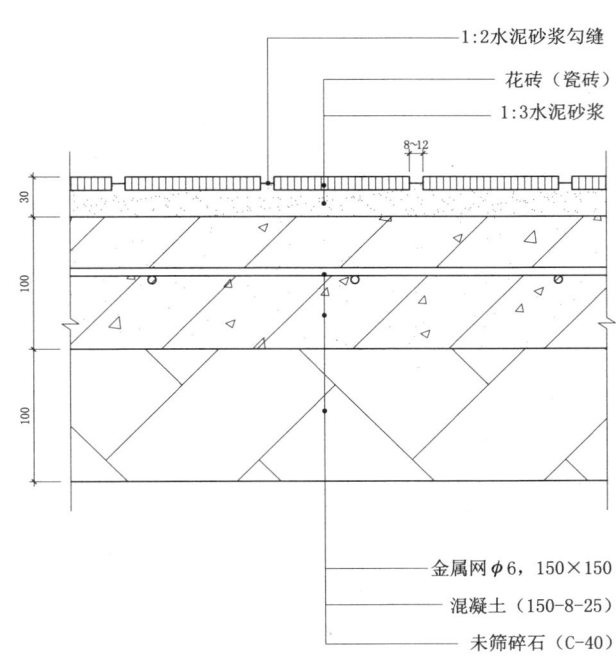

花砖路面剖面图(一)

注：此为人行道、广场的剖面

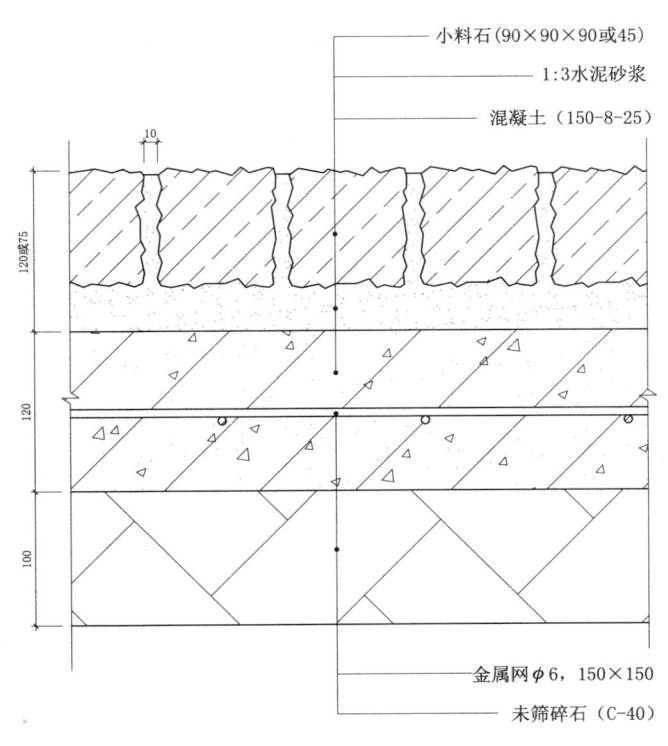

小料石路面剖面图(二)

注：此为车道的剖面

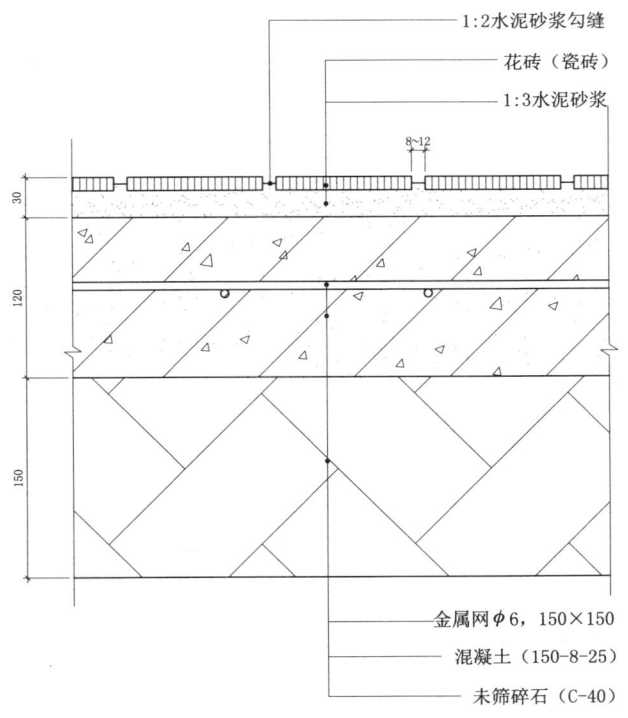

花砖路面剖面图(二)

注：此为轿车用停车场、车道的剖面

20 室外、水池、景观构造·地坪构造

20.1 室外路面构造

20.1.3

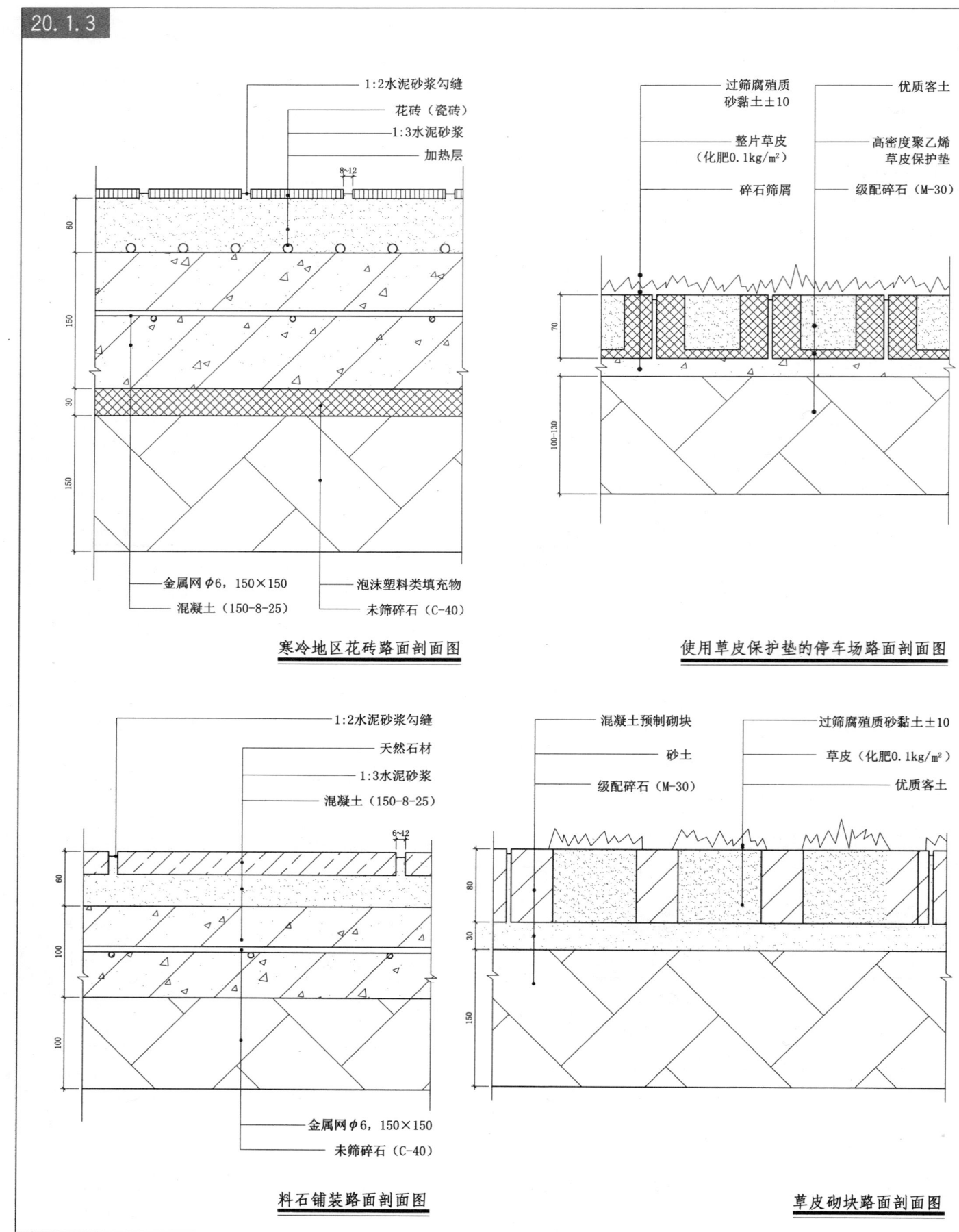

寒冷地区花砖路面剖面图

使用草皮保护垫的停车场路面剖面图

料石铺装路面剖面图

草皮砌块路面剖面图

20.2 室外木栏杆

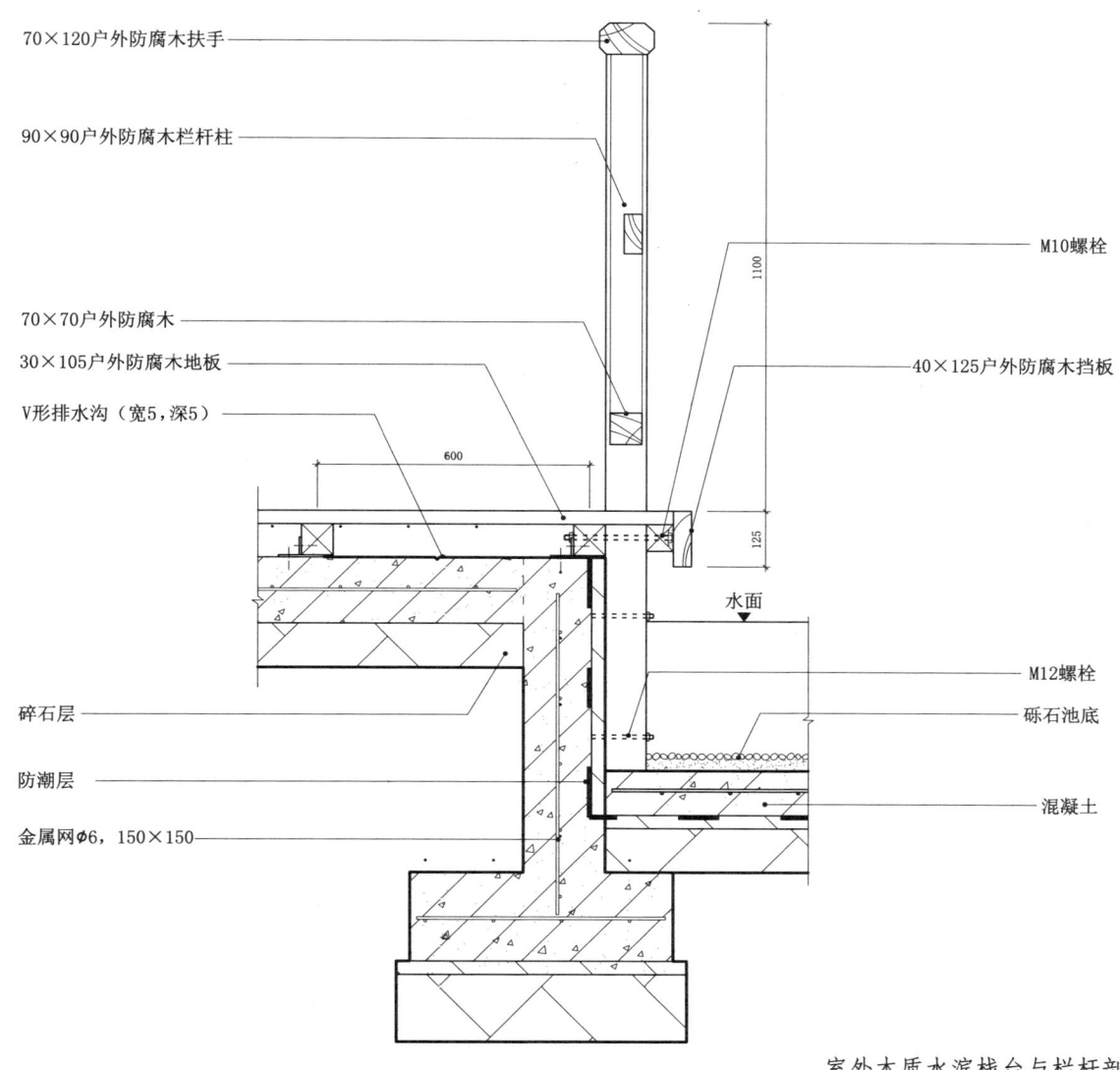

室外木质水滨栈台与栏杆剖面图

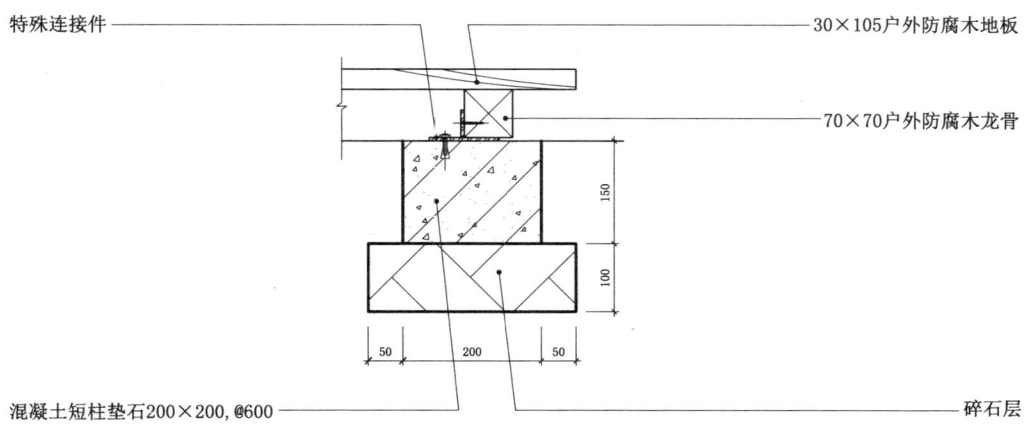

室外木地板剖面图

20.3 排水边沟

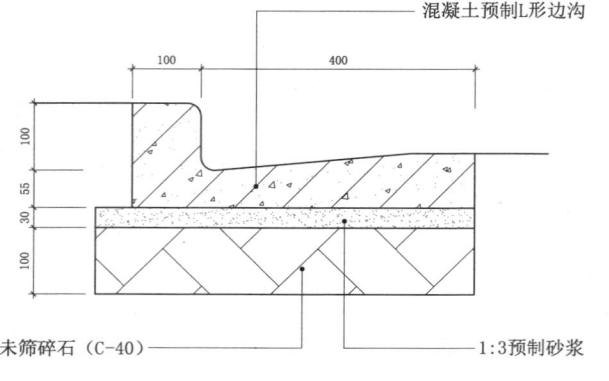
L形边沟剖面图

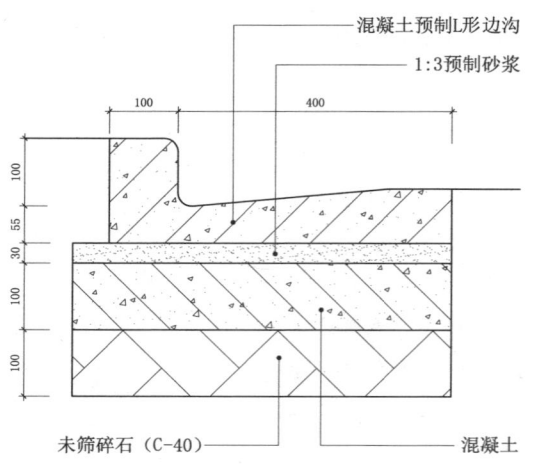
L形边沟（有机动车跨骑处）剖面图

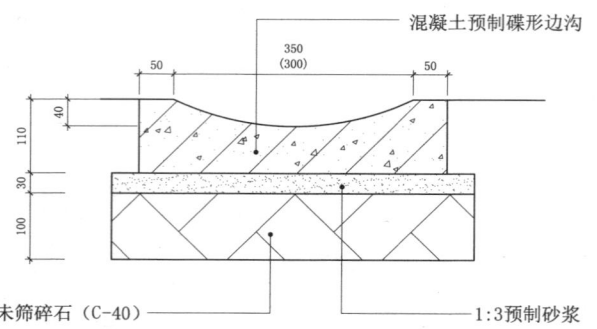
碟形边沟剖面图
*如有机动车跨骑，则加入混凝土结构

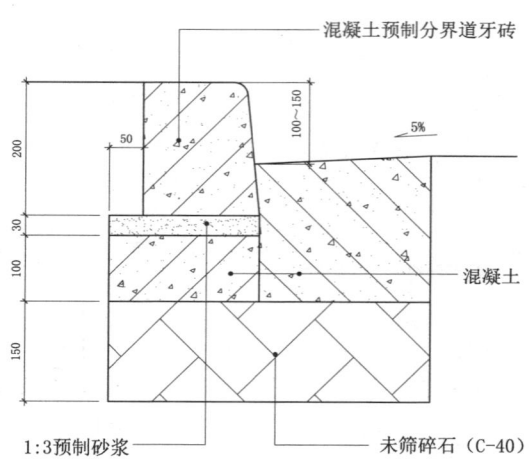
街渠剖面图

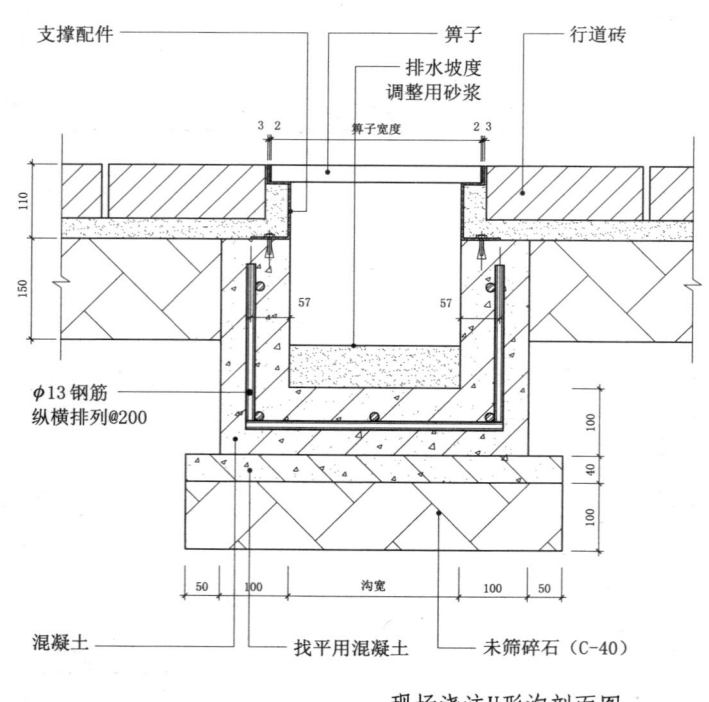
现场浇注U形沟剖面图

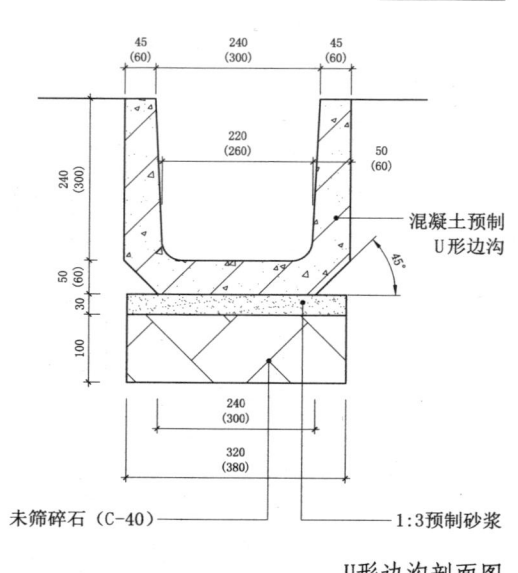
U形边沟剖面图

20.4 挡土墙

20.4.1

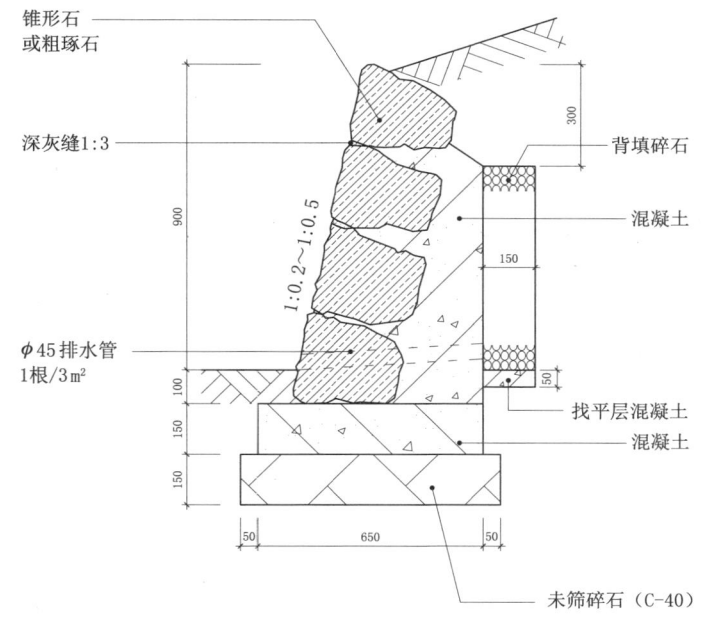

锥形石砌挡土墙（0.9m）剖面图

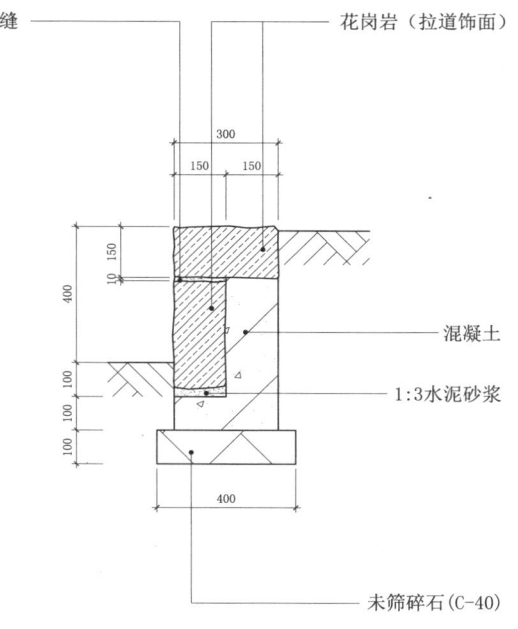

细方石砌挡土墙剖面图

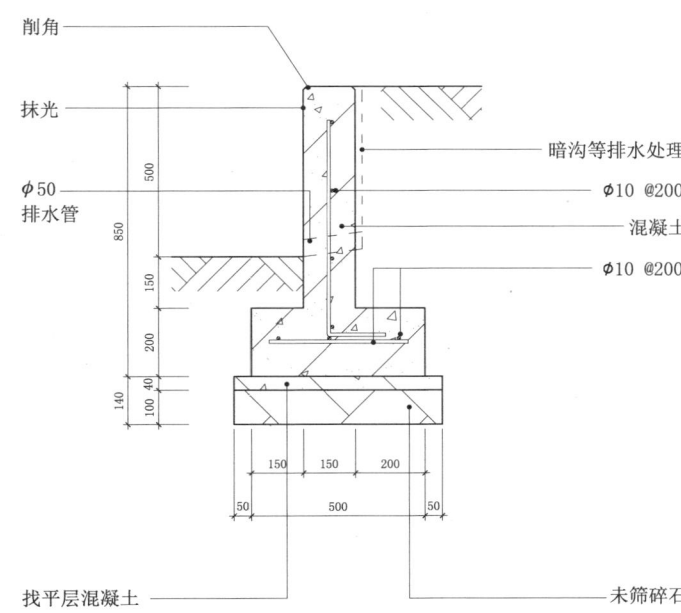

混凝土挡土墙（0.5m）剖面图

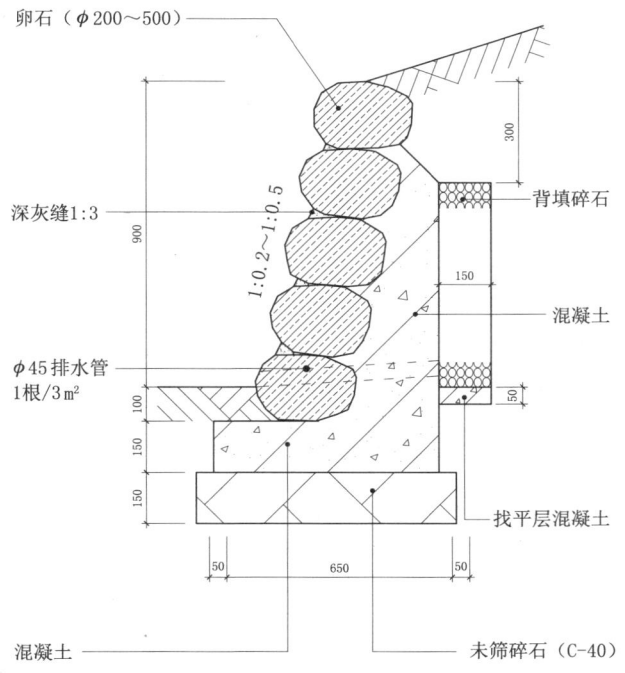

卵石砌挡土墙剖面图

20.4 挡土墙

20.4.2

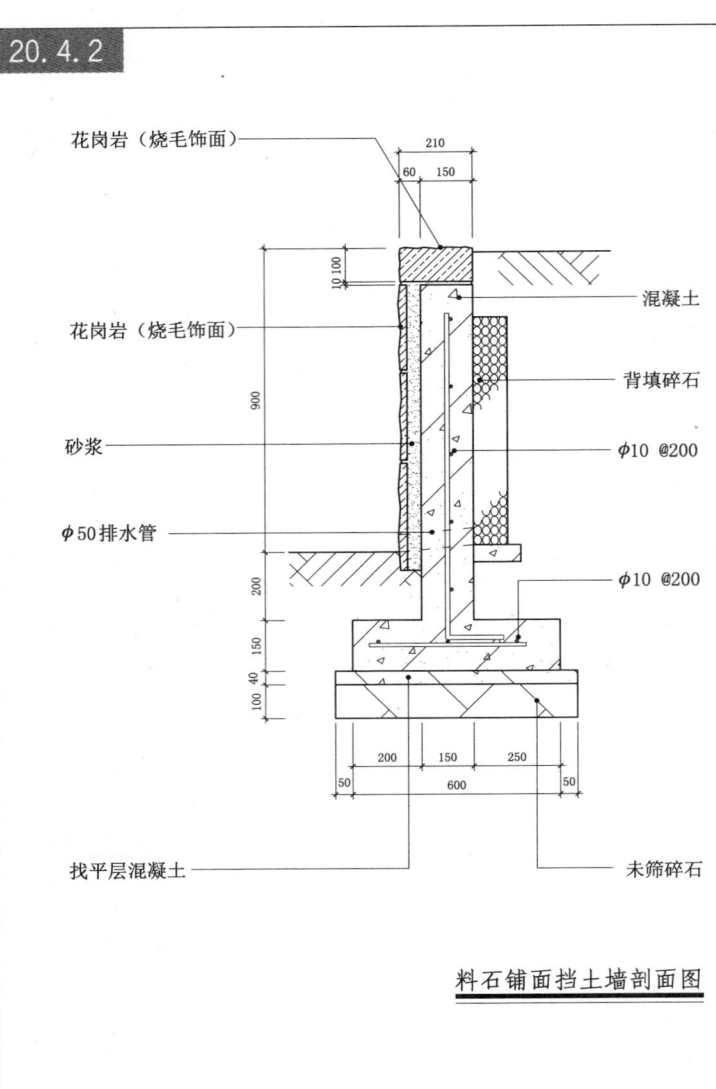

料石铺面挡土墙剖面图

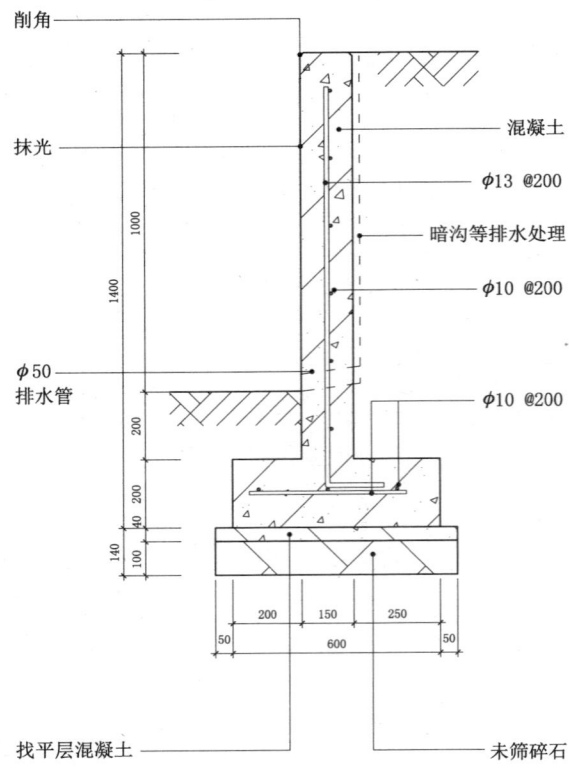

混凝土挡土墙（1m）剖面图

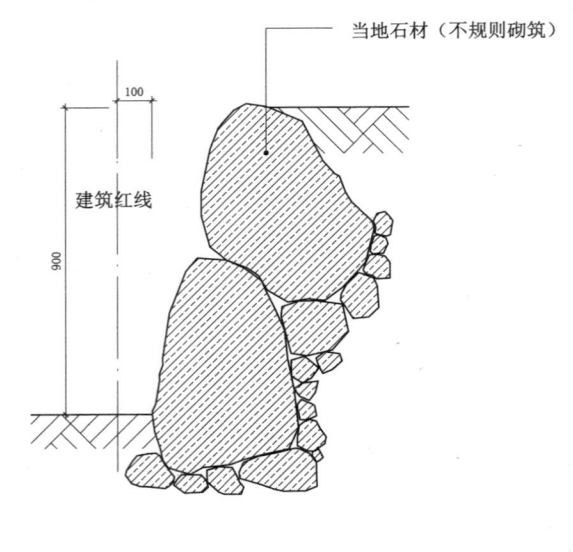

毛石砌（不规则砌筑）挡土墙剖面图

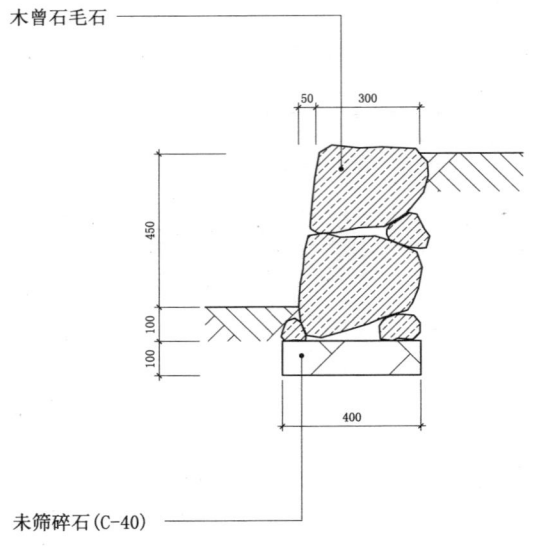

毛石砌（干砌）挡土墙剖面图

20.4 挡土墙

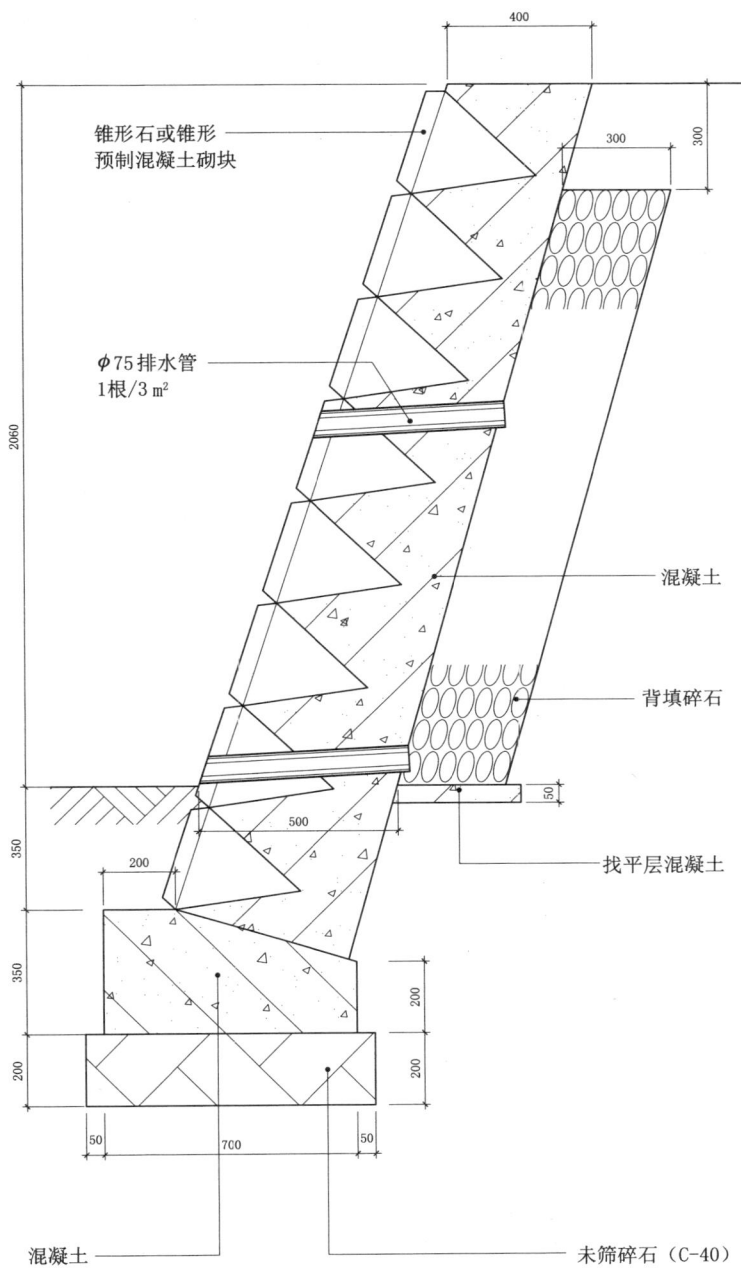

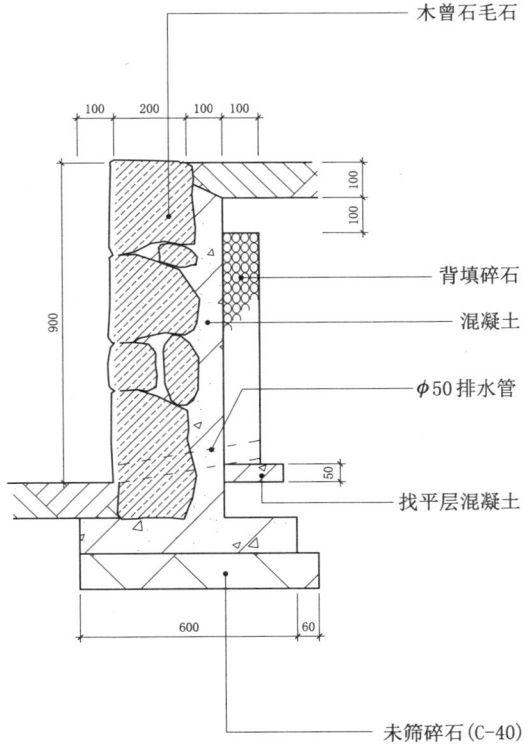

注：1. 地基承受力为75kN/m²以上。
　　2. 混凝土周边的抗压强度在1.8kN/m²以上。
　　3. 挖方，坡度在70°～75°间。

锥形石砌（挖方2m）挡土墙剖面图　　　毛石砌（条石砌）挡土墙剖面图

20 室外、水池、景观构造 · 西方古典风格

20.5 围墙

20.5.1

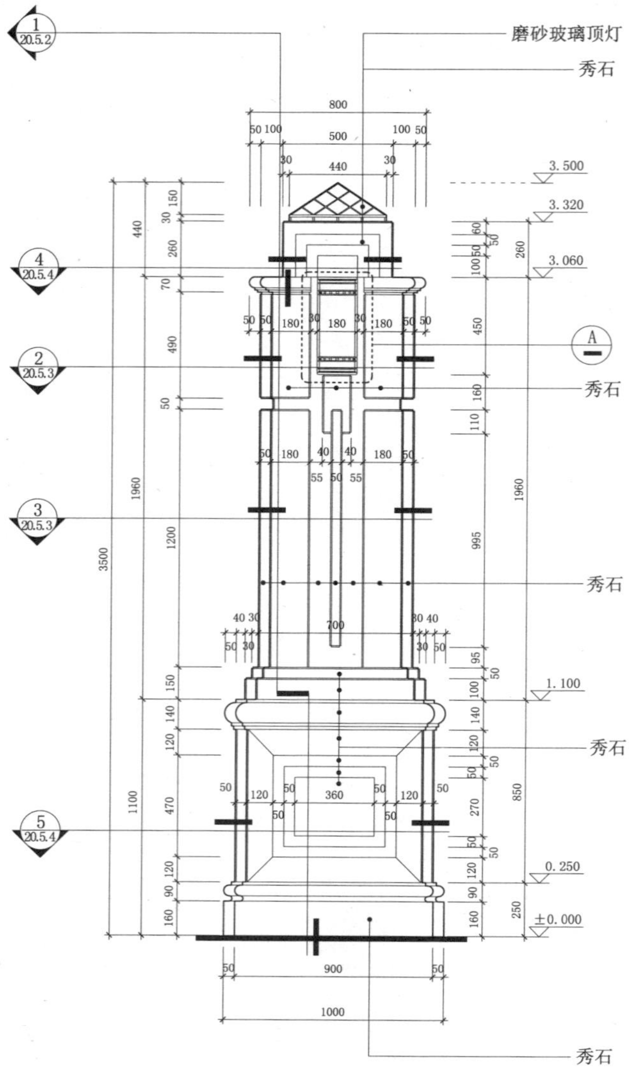

围墙立柱正立面图

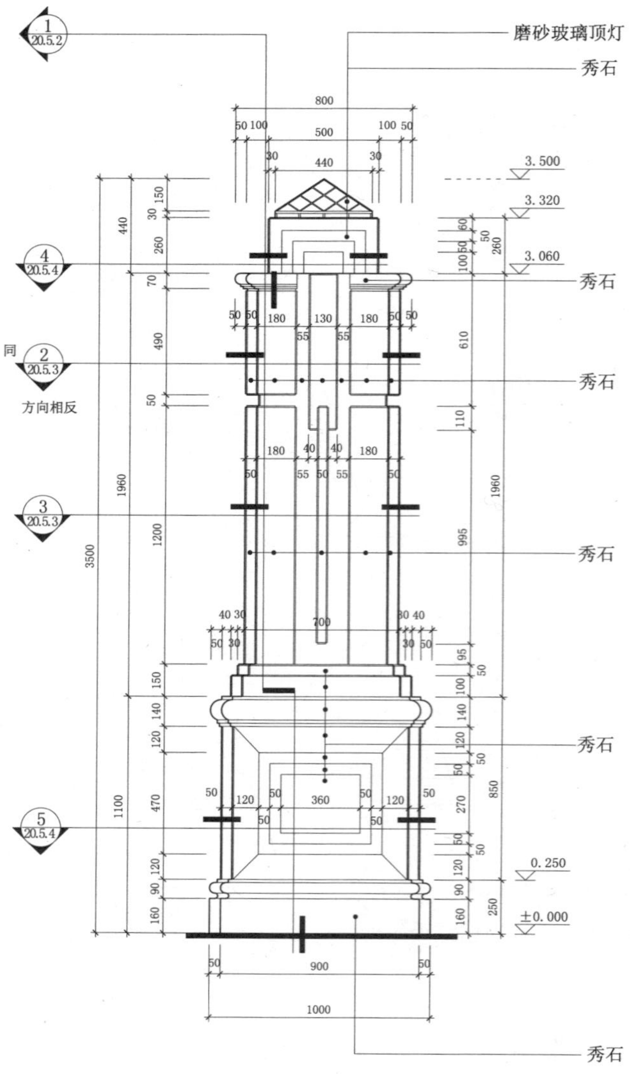

围墙立柱背立面图

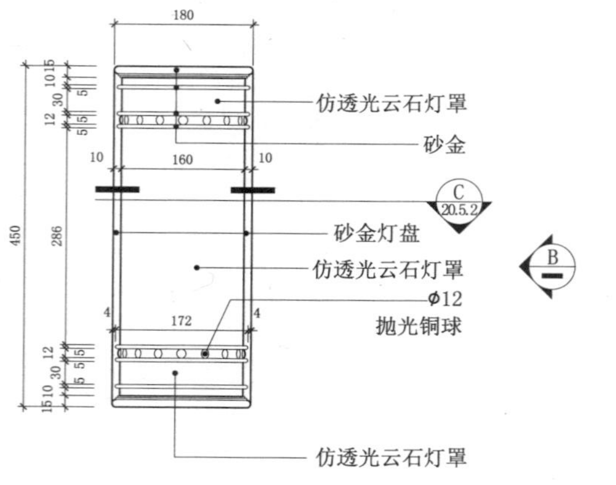

仿透光云石壁灯正立面图

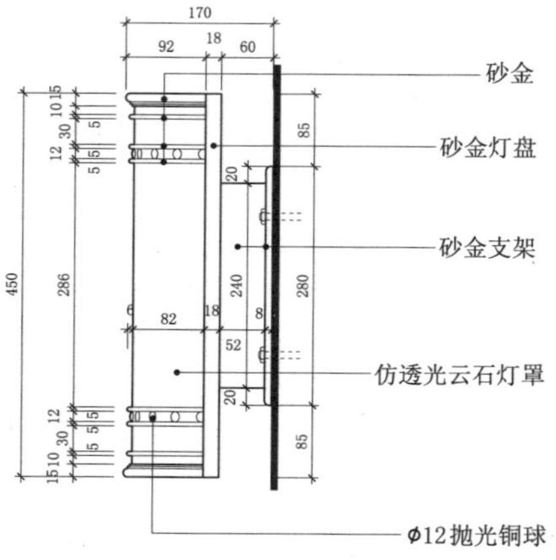

仿透光云石壁灯B侧立面图

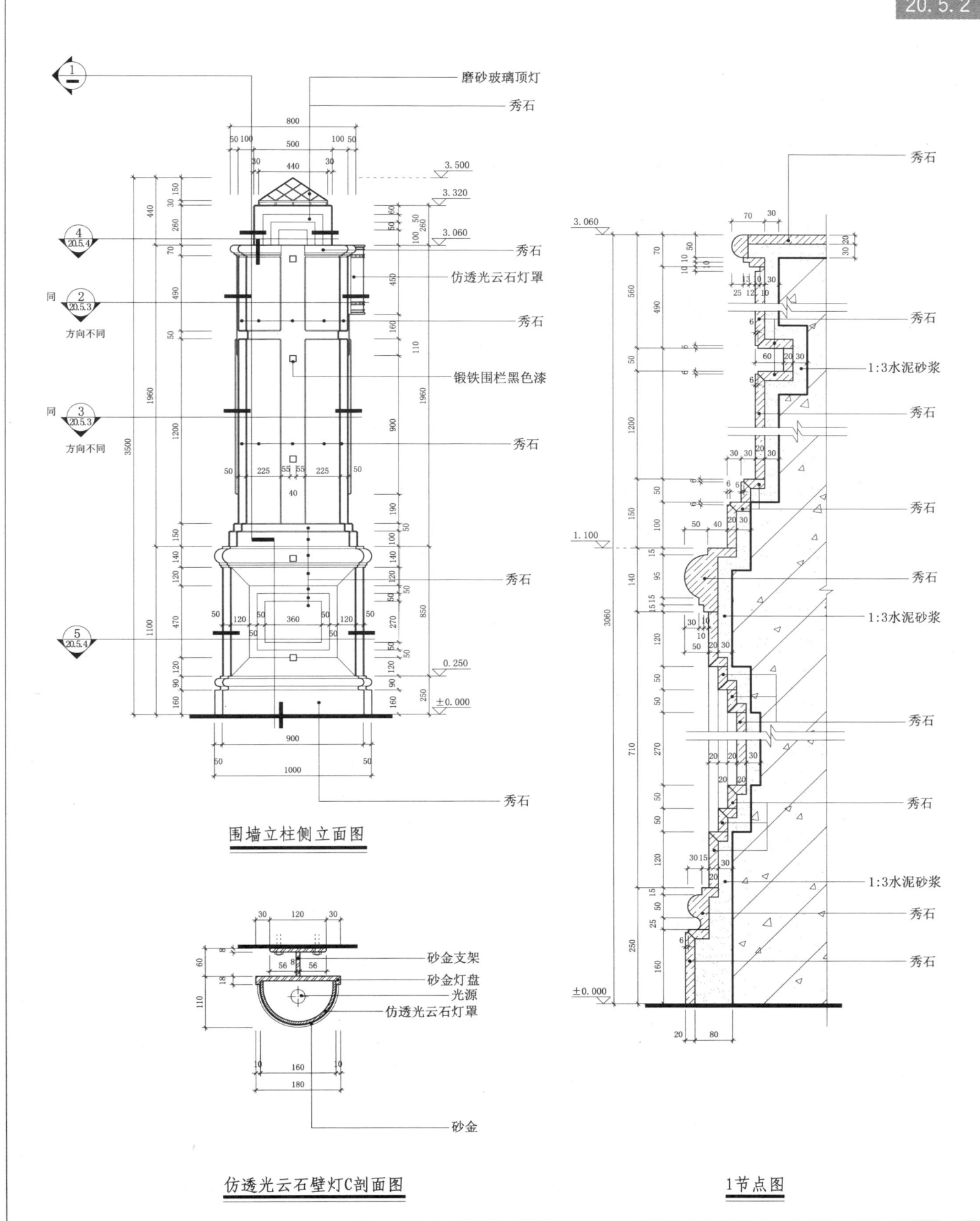

20.5 围墙

20.5.3

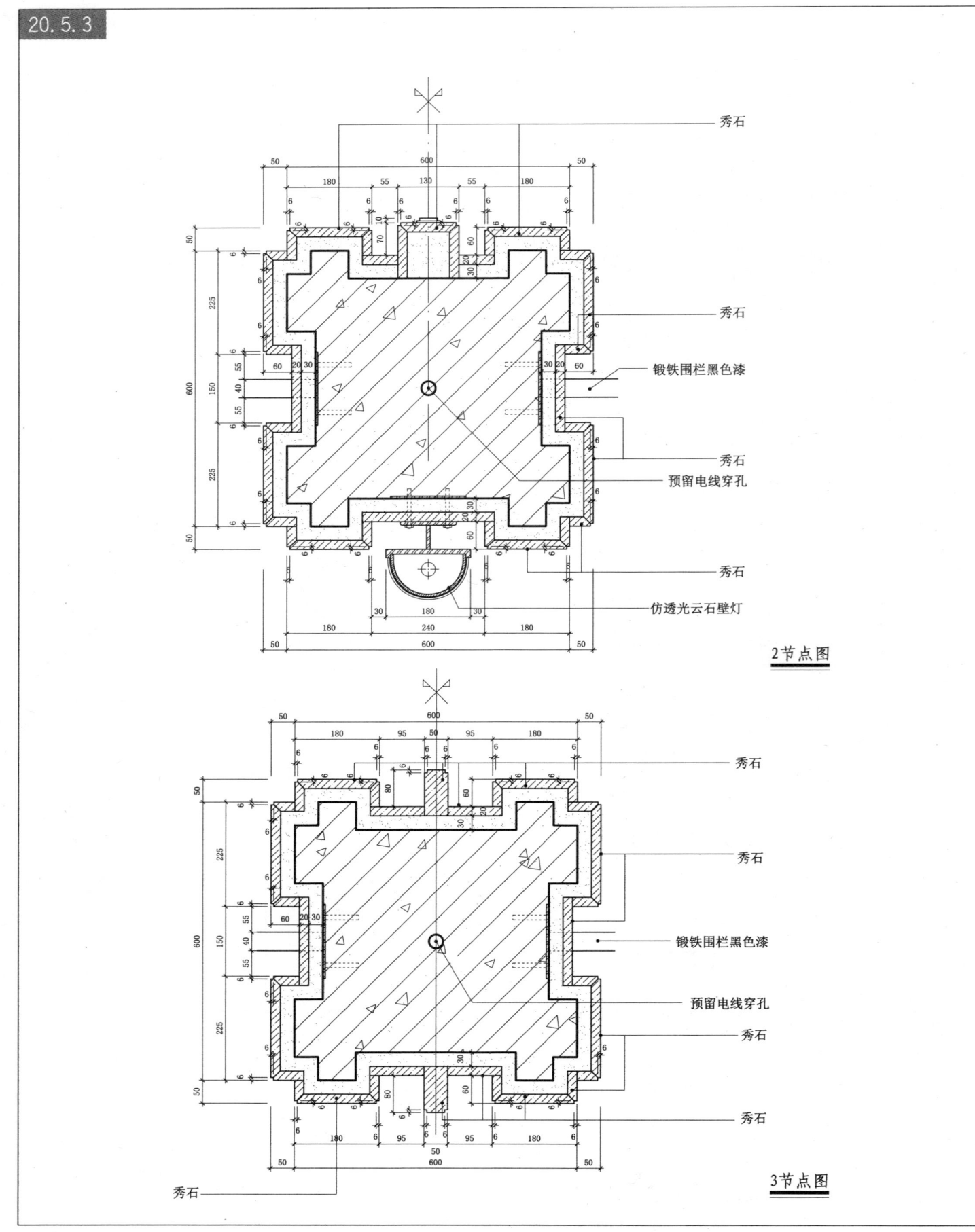

2 节点图

3 节点图

20.5 围墙

20.5.4

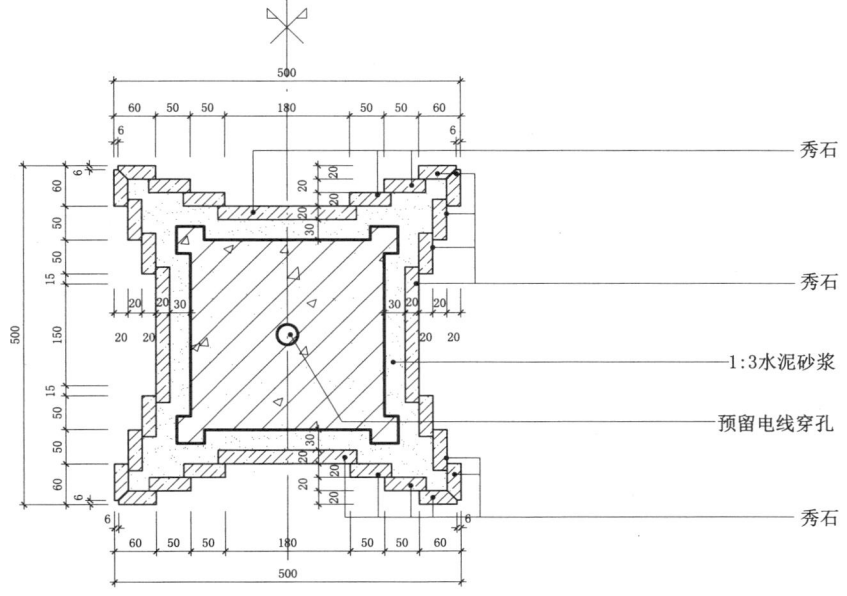

4节点图

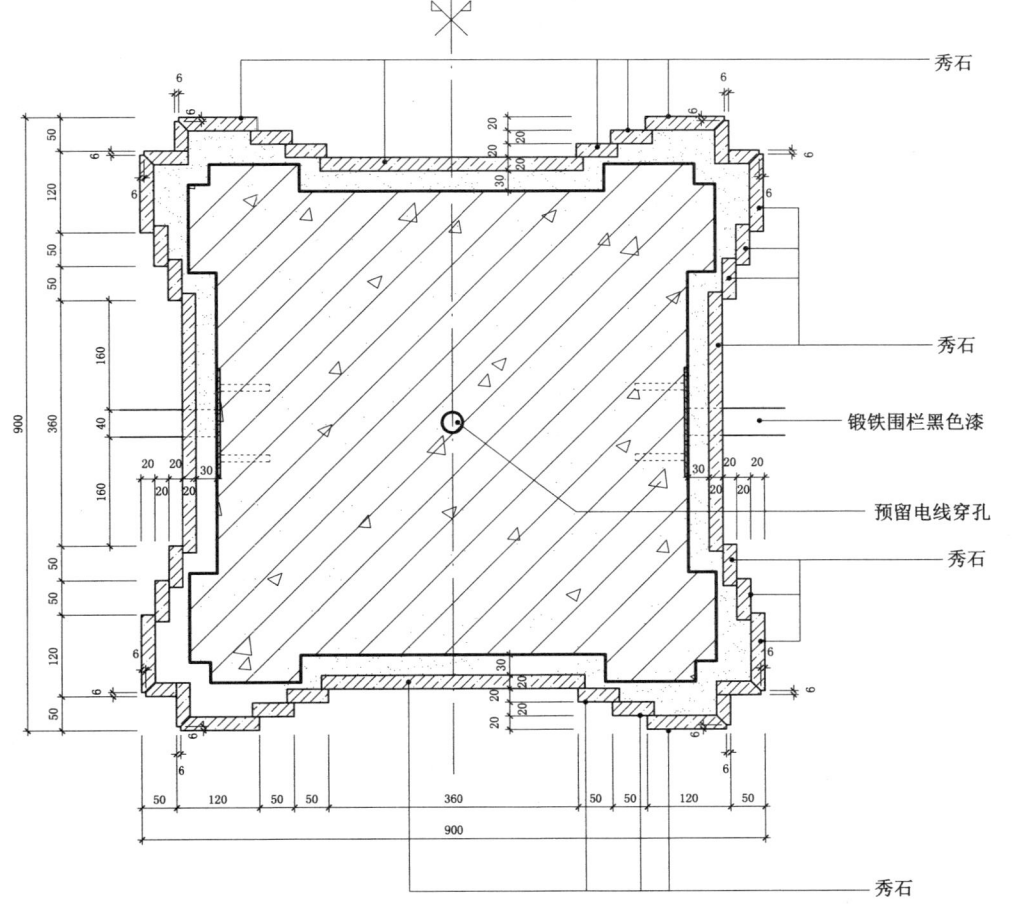

5节点图

室外、水池、景观构造 · 西方古典风格

20.6 户外灯柱固定节点

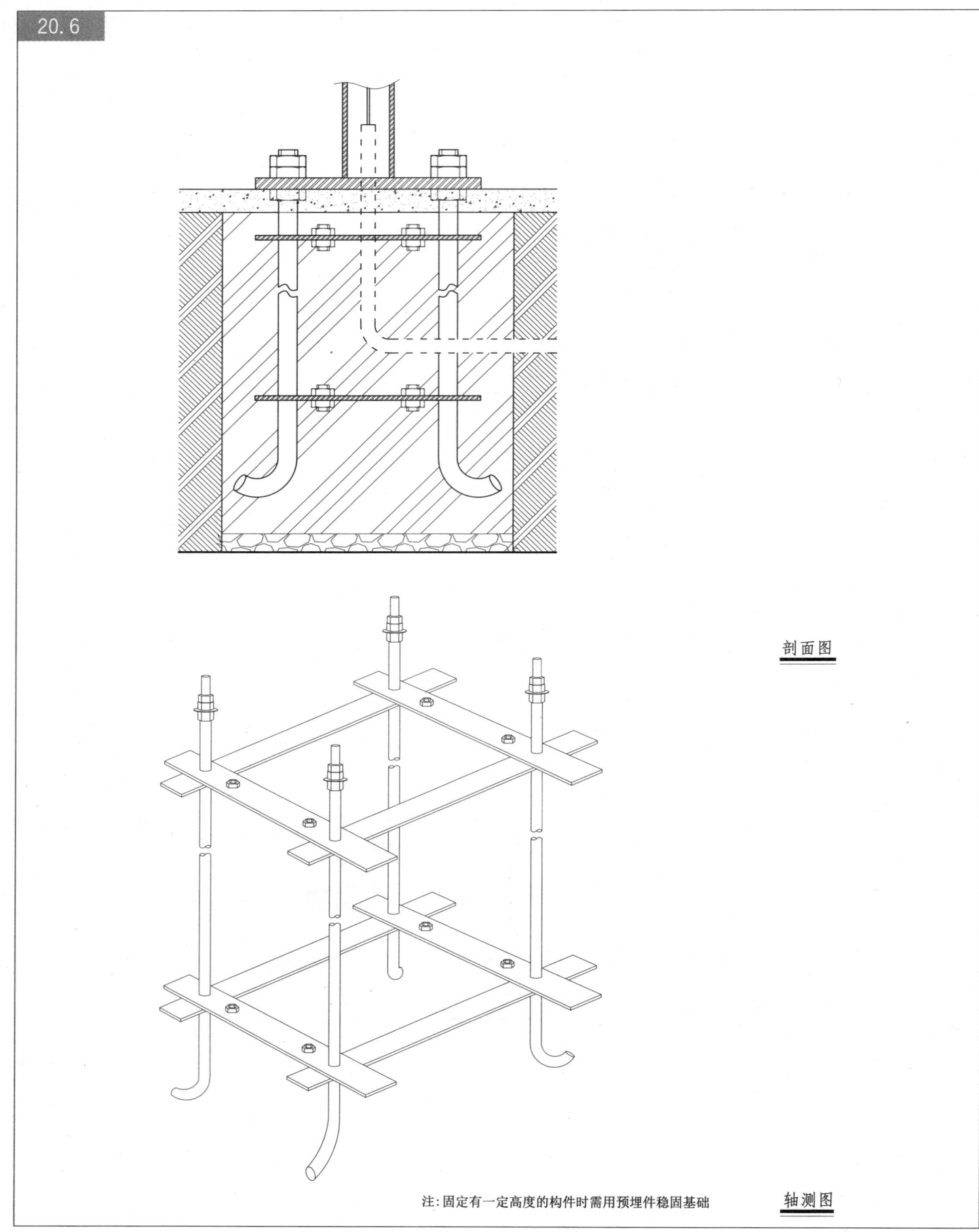

剖面图

注：固定有一定高度的构件时需用预埋件稳固基础

轴测图

20.7

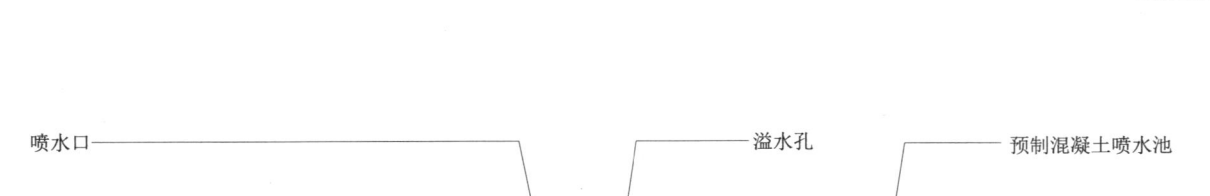

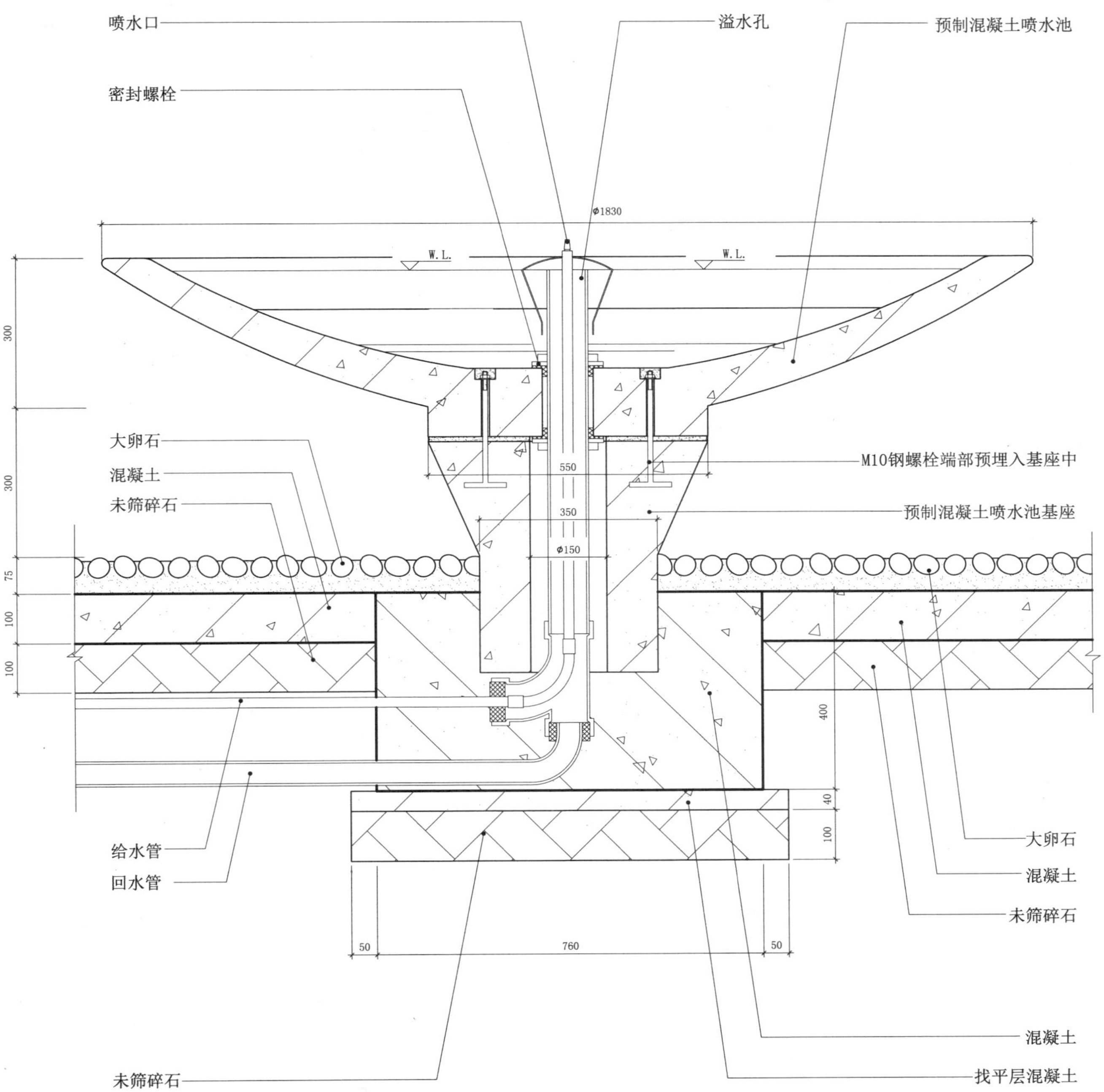
喷水口
溢水孔
预制混凝土喷水池
密封螺栓
φ1830
W.L.
W.L.
300
300
大卵石
混凝土
未筛碎石
M10钢螺栓端部预埋入基座中
550
350
预制混凝土喷水池基座
φ150
75
100
100
400
40
100
给水管
回水管
大卵石
混凝土
未筛碎石
50
760
50
混凝土
找平层混凝土
未筛碎石

喷水池剖面图

20.8 水盘

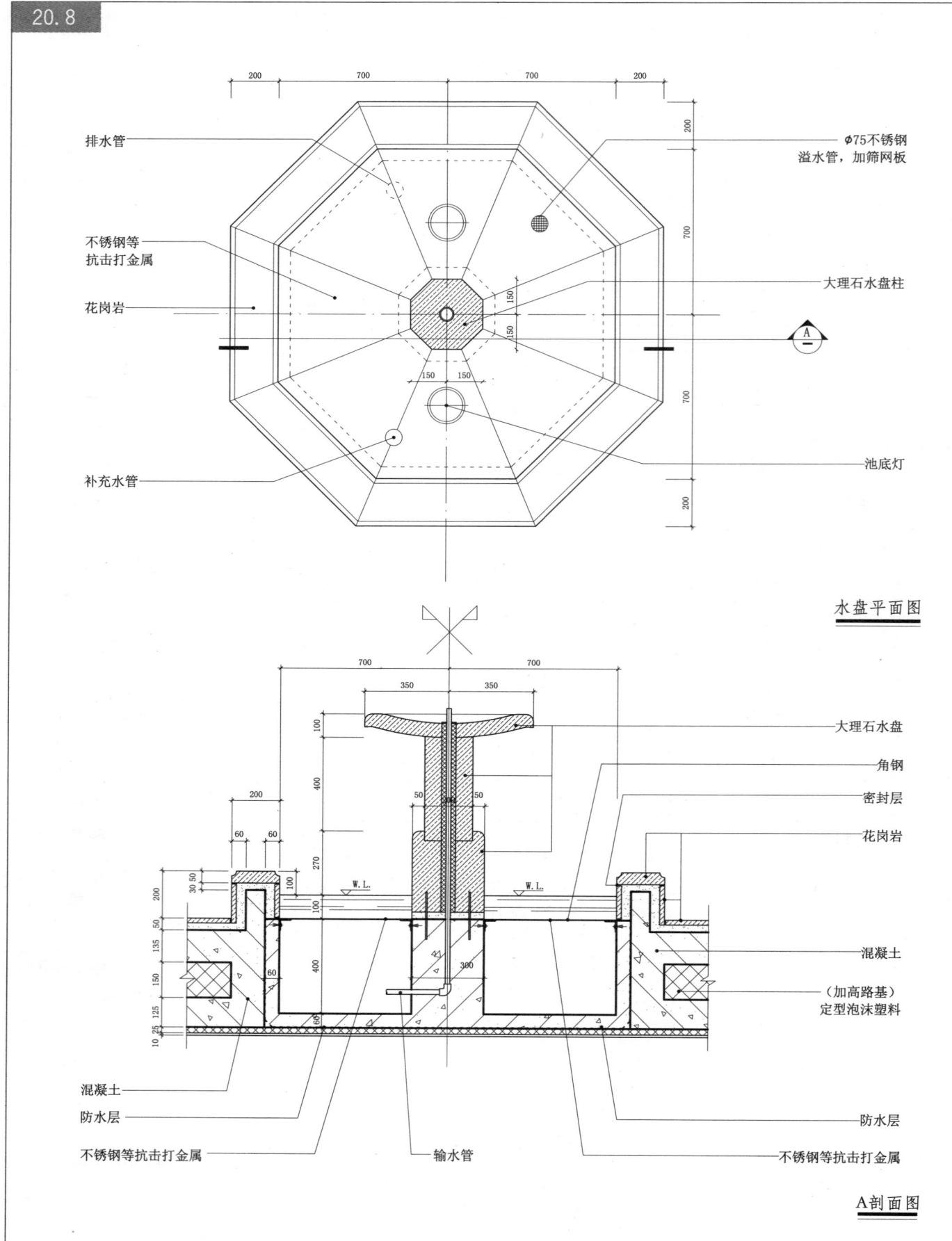

20.9

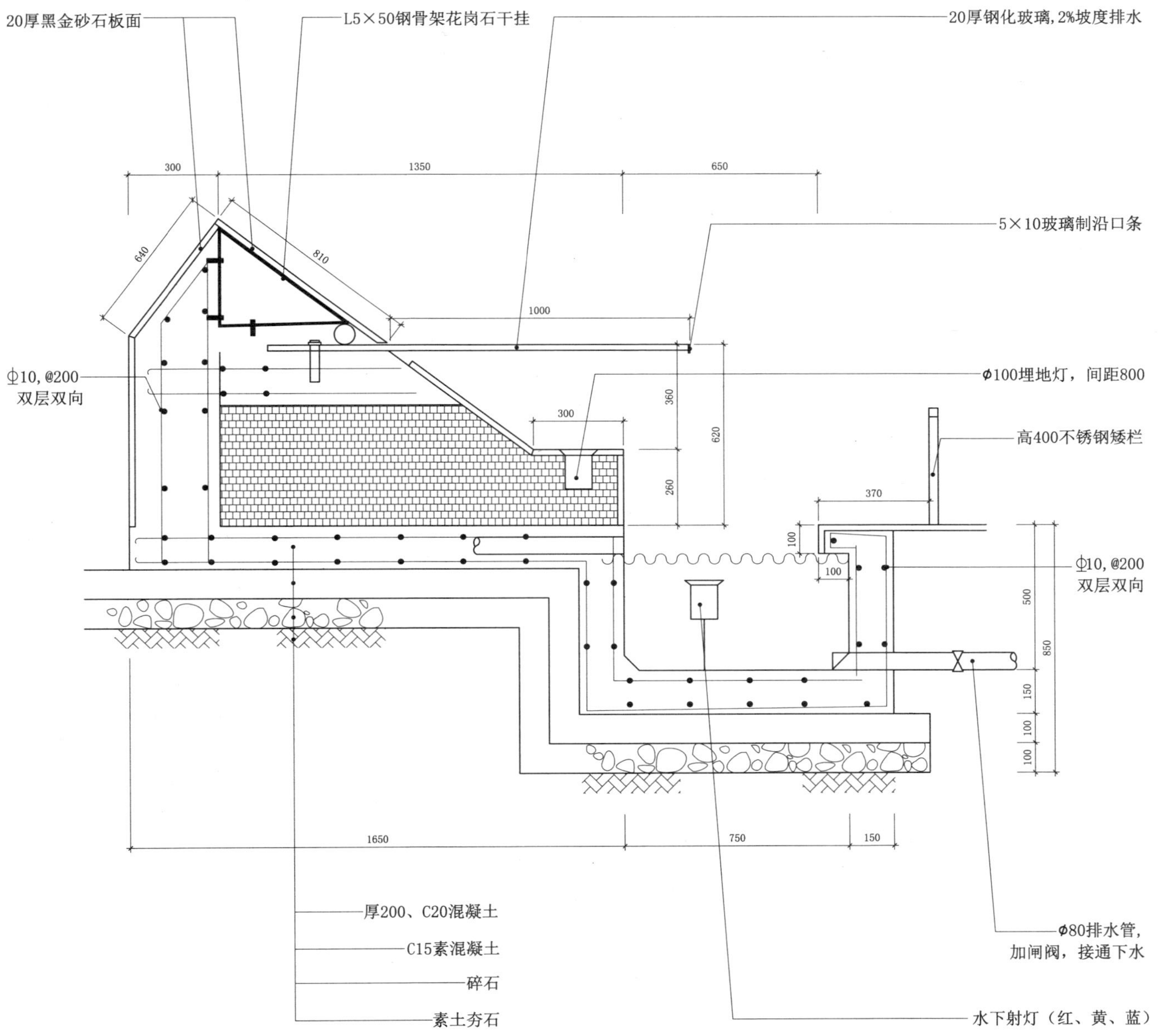
20厚黑金砂石板面
L5×50钢骨架花岗石干挂
20厚钢化玻璃，2%坡度排水
5×10玻璃制沿口条
Φ10，@200
双层双向
Φ100埋地灯，间距800
高400不锈钢矮栏
Φ10，@200
双层双向
厚200、C20混凝土
C15素混凝土
碎石
素土夯石
Φ80排水管，
加闸阀，接通下水
水下射灯（红、黄、蓝）
300
1350
650
640
810
1000
300
360
260
620
370
100
100
500
850
150
100
100
1650
750
150

玻璃叠水池剖面图

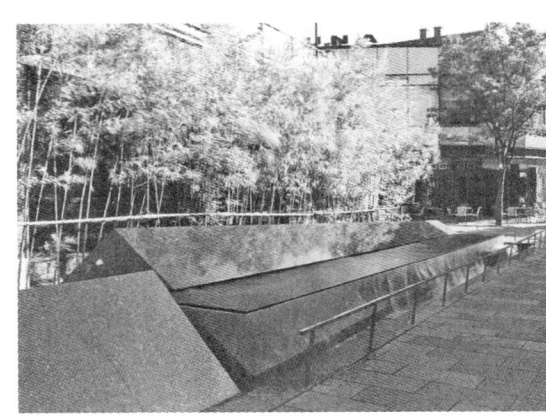

20.10 叠水池(二)

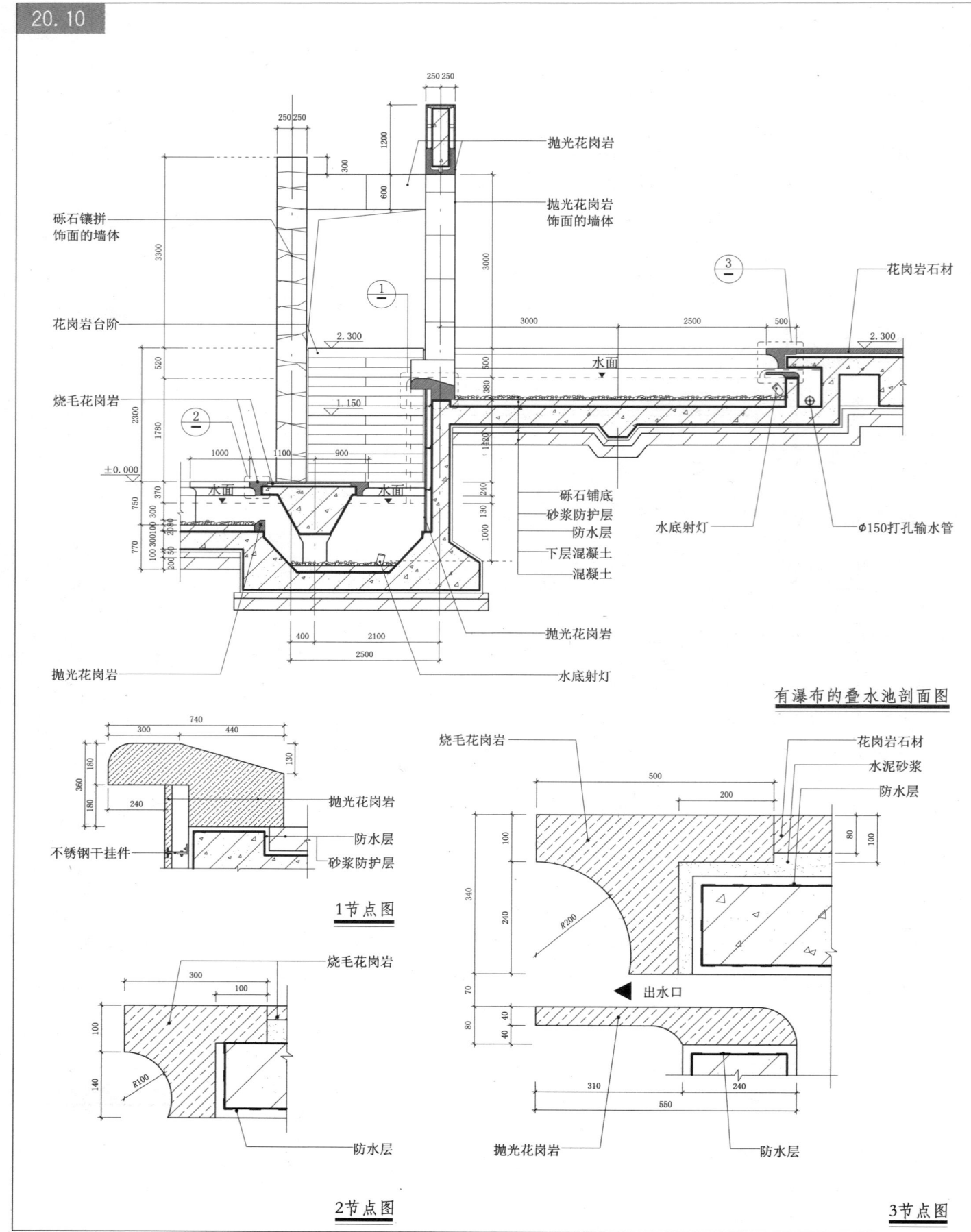

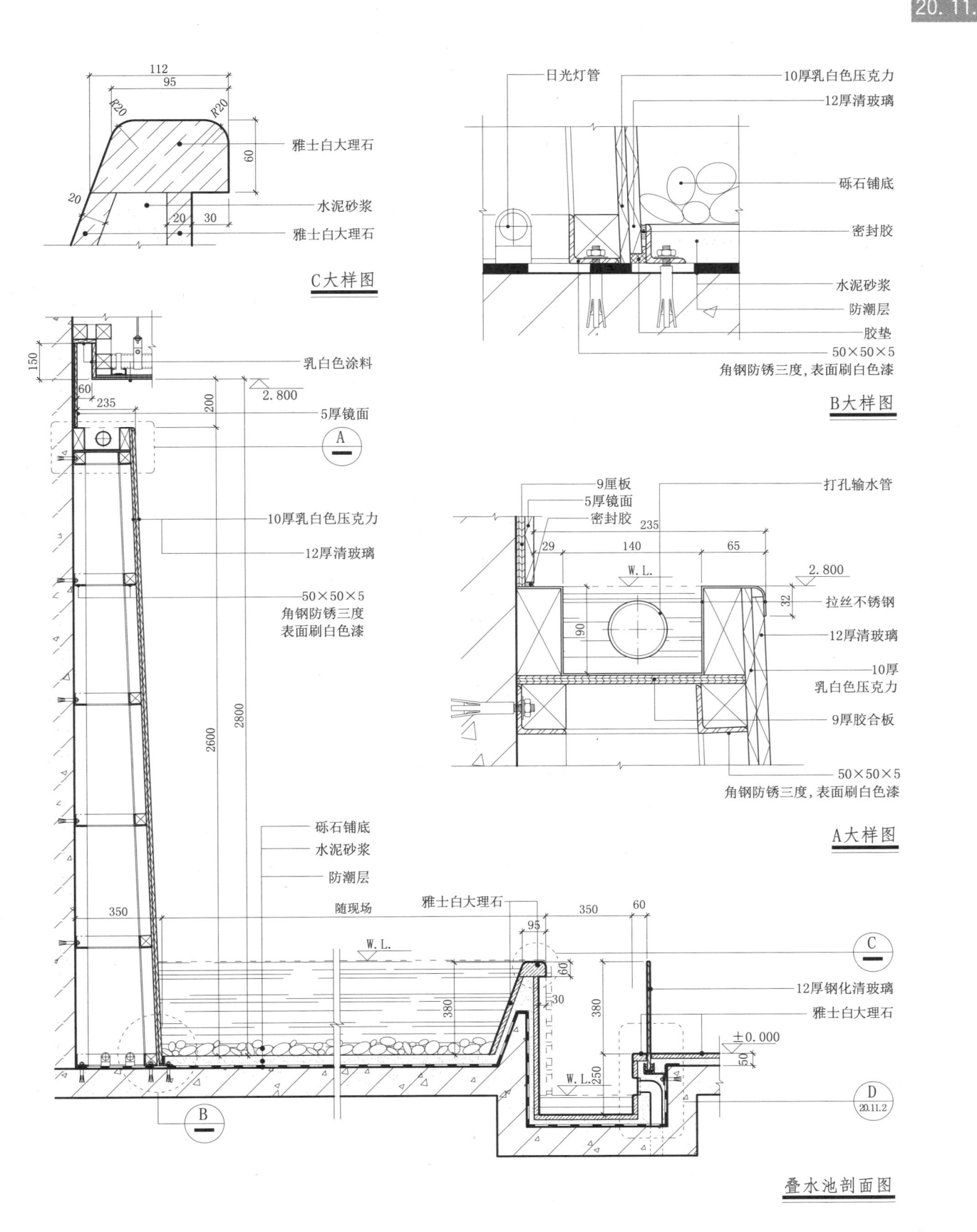

20.11 叠水池(三)

20.11.2

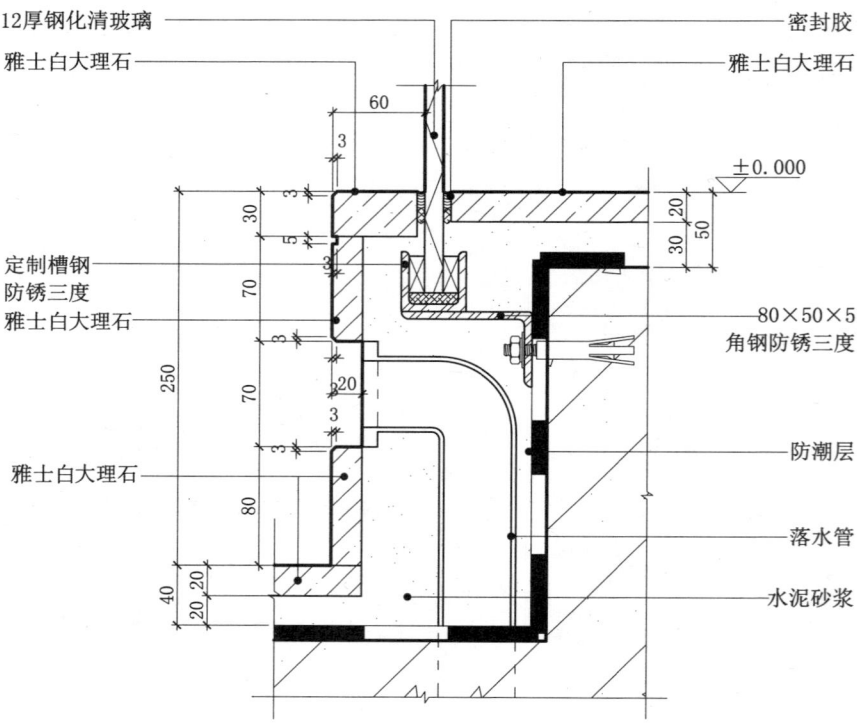

D大样图

20.12 叠水池（四）

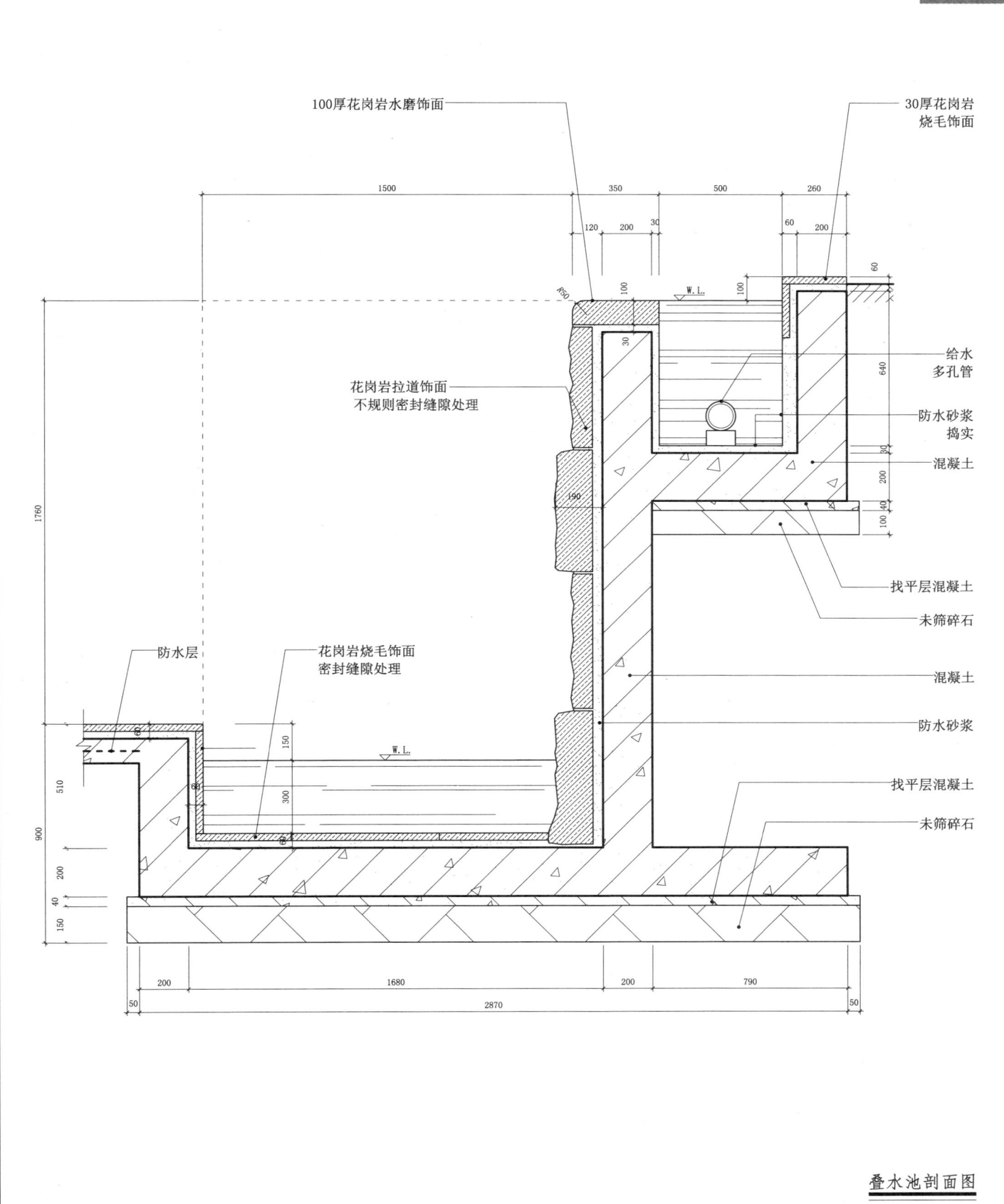

叠水池剖面图

20 室外、水池、景观构造·石材构造

20.13 室内景观水池

20.13.1

1平面图

A立面图

标注说明（平面图，自上而下）：
- 工字钢 表面浅白灰色 全亚光烤漆
- MR-16/12V 配光24° 50W，深孔+磨砂片
- 黑陶缸 φ600×800
- 排水沟内置黑灰色卵石 底部安装地漏
- 池底蒙古黑大理石，亚光面 低度抛光50%
- 工字钢 表面浅白灰色 全亚光烤漆
- 排水沟内置黑灰色卵石 底部安装地漏
- 石块
- 建筑原有窗 此图仅示意
- MR-11/12V地埋灯 配光10°，20W 蜂窝片，2700K
- 蒙古黑大理石，亚光面 低度抛光50%
- 剑山
- 白沙米黄大理石 亚光面 水性防护
- 菖蒲

标注说明（A立面图）：
- 黑陶缸 φ600×800
- 蒙古黑大理石 亚光面 低度抛光50%
- 菖蒲
- 假山石块

注：
1. 石块内部挖空。
2. 石块高度从白沙石表面开始计算，该尺寸仅为推荐范围尺寸。

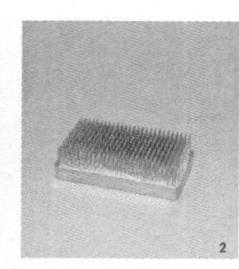

20.13 室内景观水池

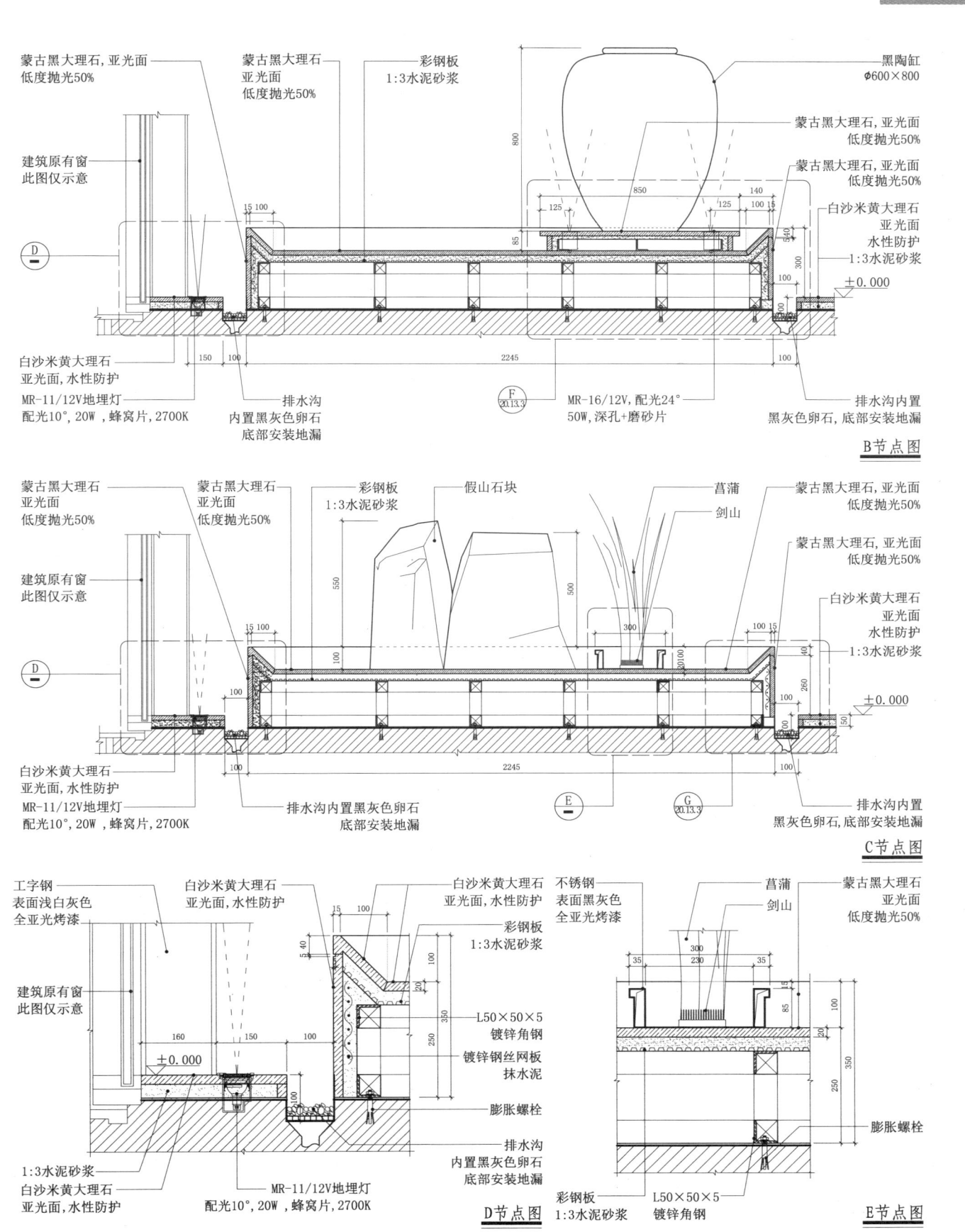

20.13 室内景观水池

20.13.3

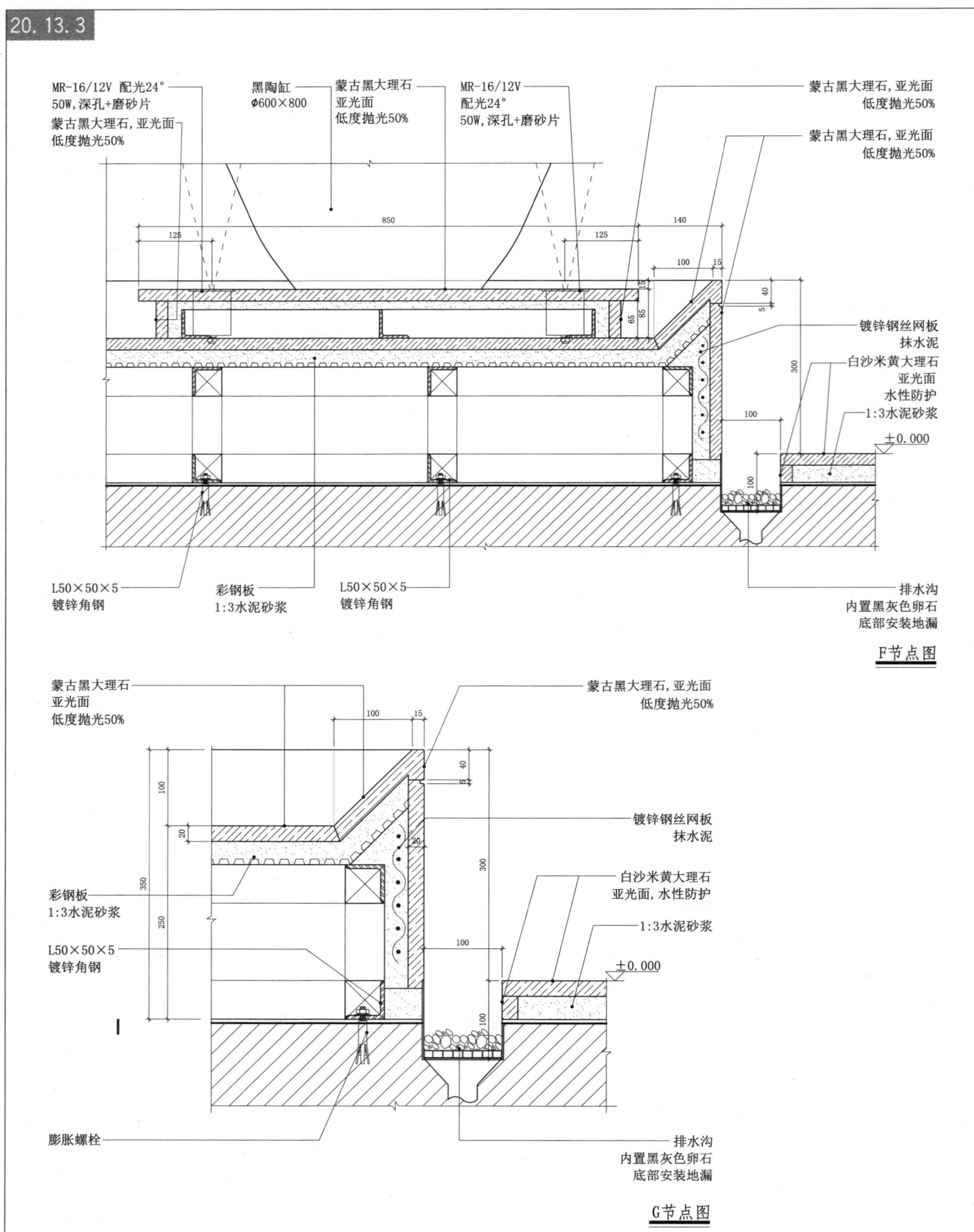

F节点图

G节点图

20.14.1

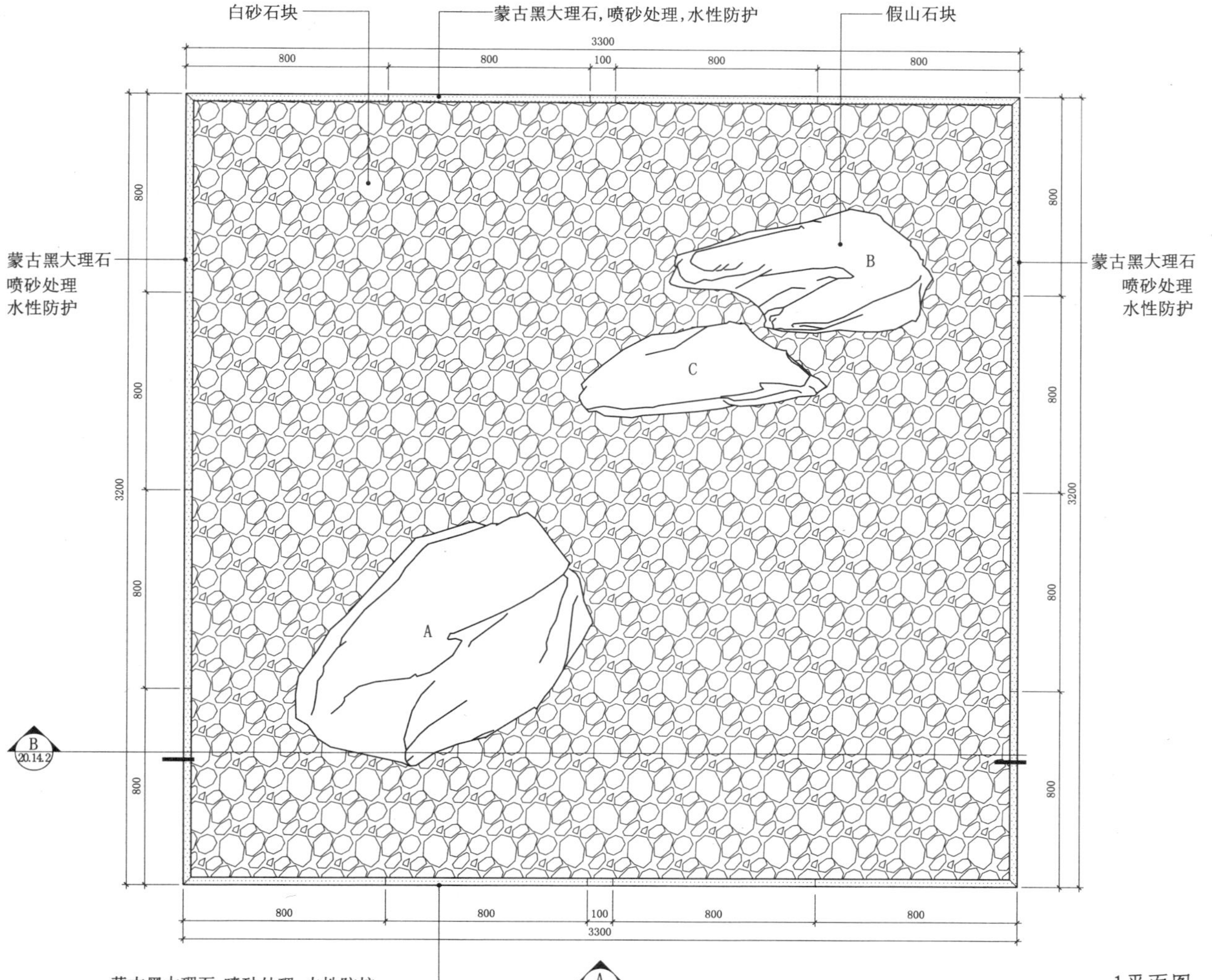
白砂石块
蒙古黑大理石，喷砂处理，水性防护
假山石块
蒙古黑大理石
喷砂处理
水性防护
3300
800
100
3200
A
B
C
20.14.2
蒙古黑大理石，喷砂处理，水性防护

1平面图

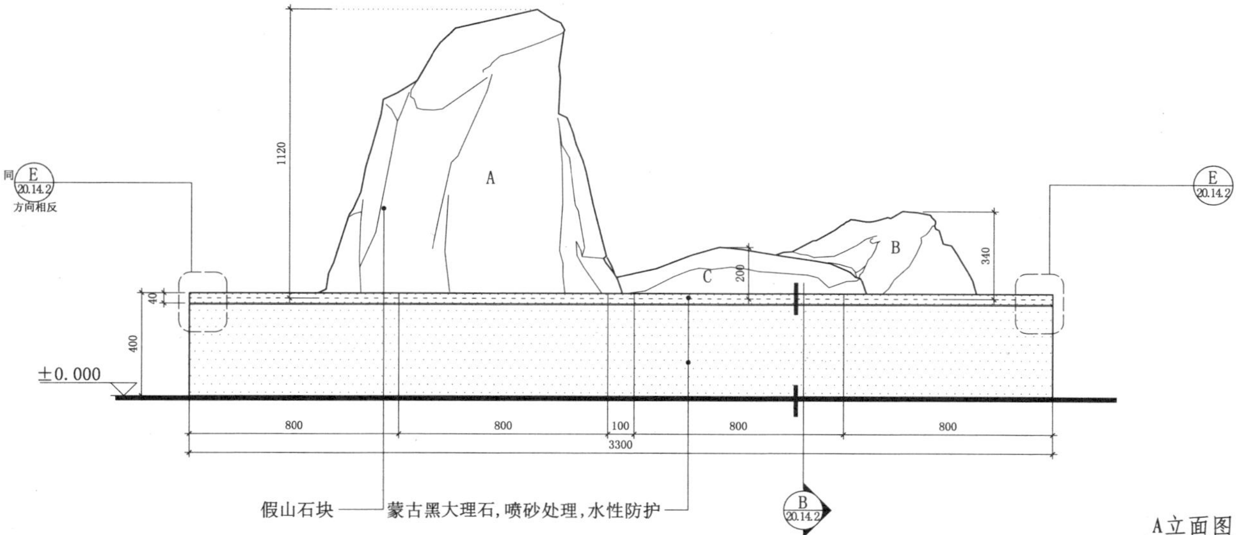
1120
340
200
40
400
±0.000
A
B
C
E
20.14.2
同
方向相反
800
100
3300
假山石块
蒙古黑大理石，喷砂处理，水性防护

A立面图

注：1. 石块内部挖空。
2. 石块高度从白沙石表面开始计算，该尺寸仅为推荐范围尺寸

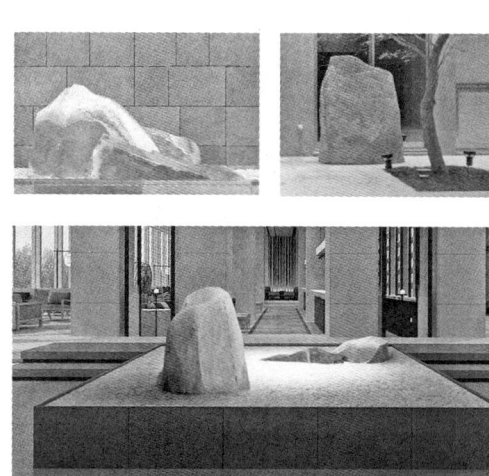

20.14 室内假山石组合

20.14.2

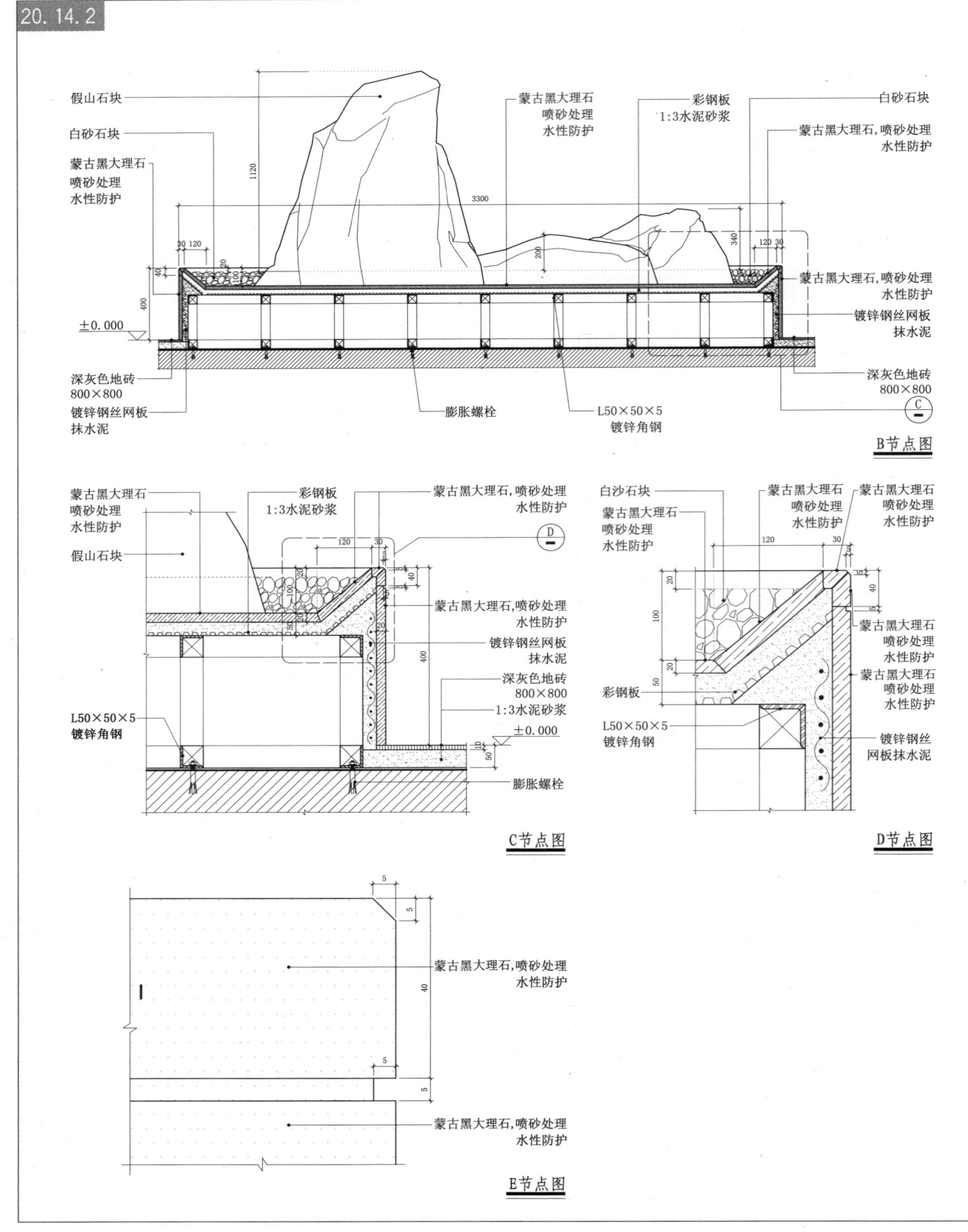

B节点图

C节点图

D节点图

E节点图

20.15 室内装饰花坛

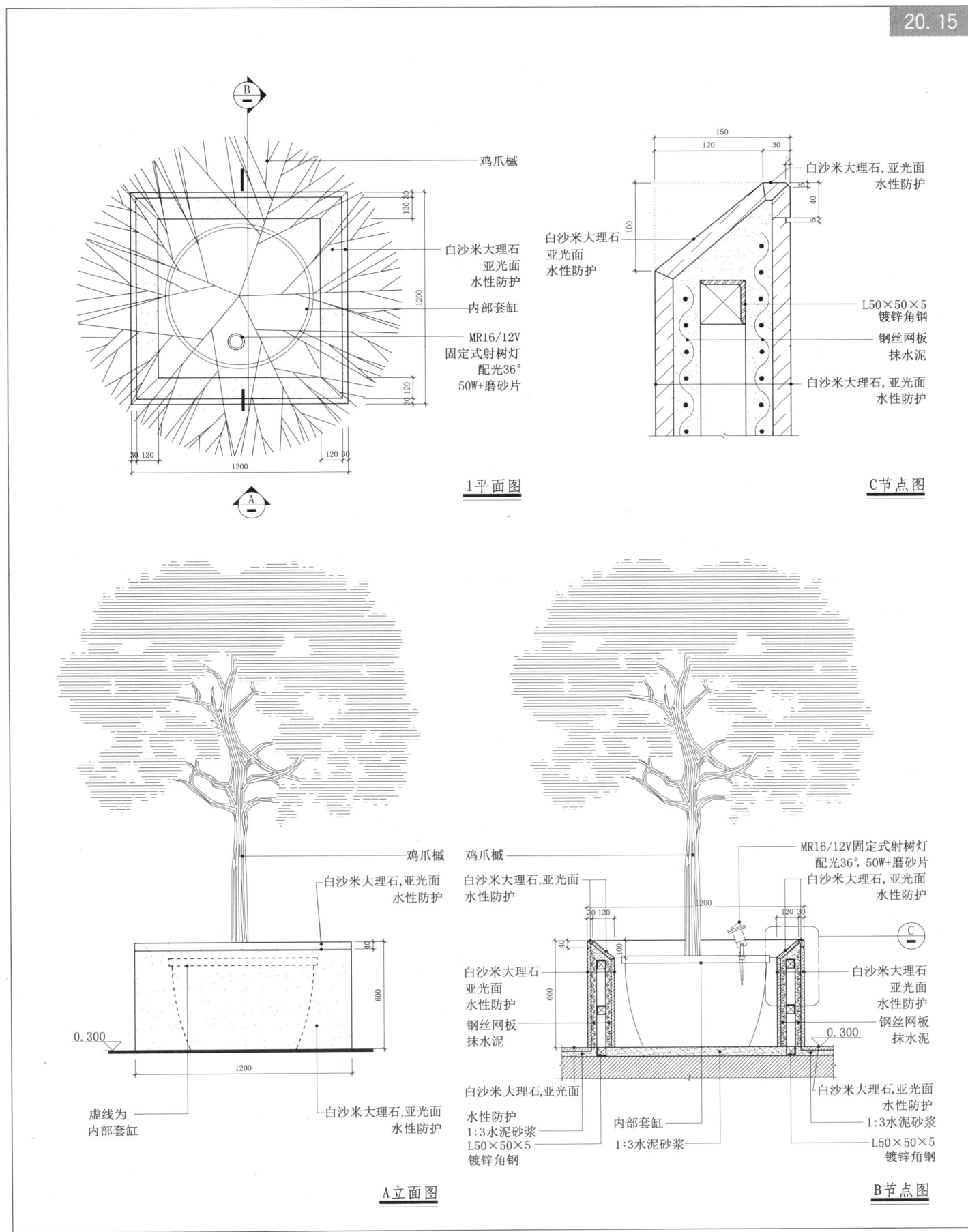

20.16 人防垂直绿化墙

20.16.1

人防垂直绿化墙正立面图

1节点图

2节点图

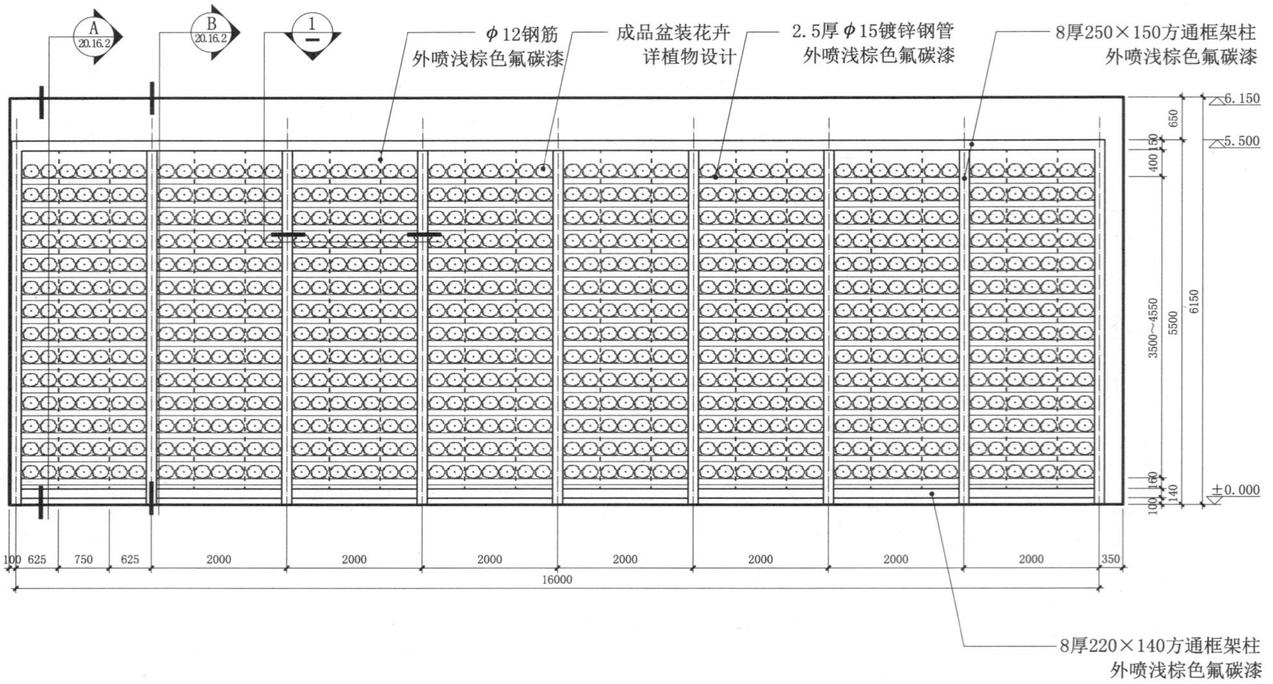

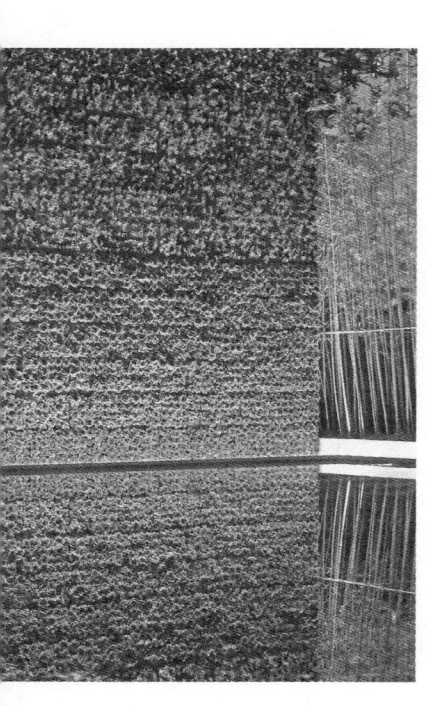

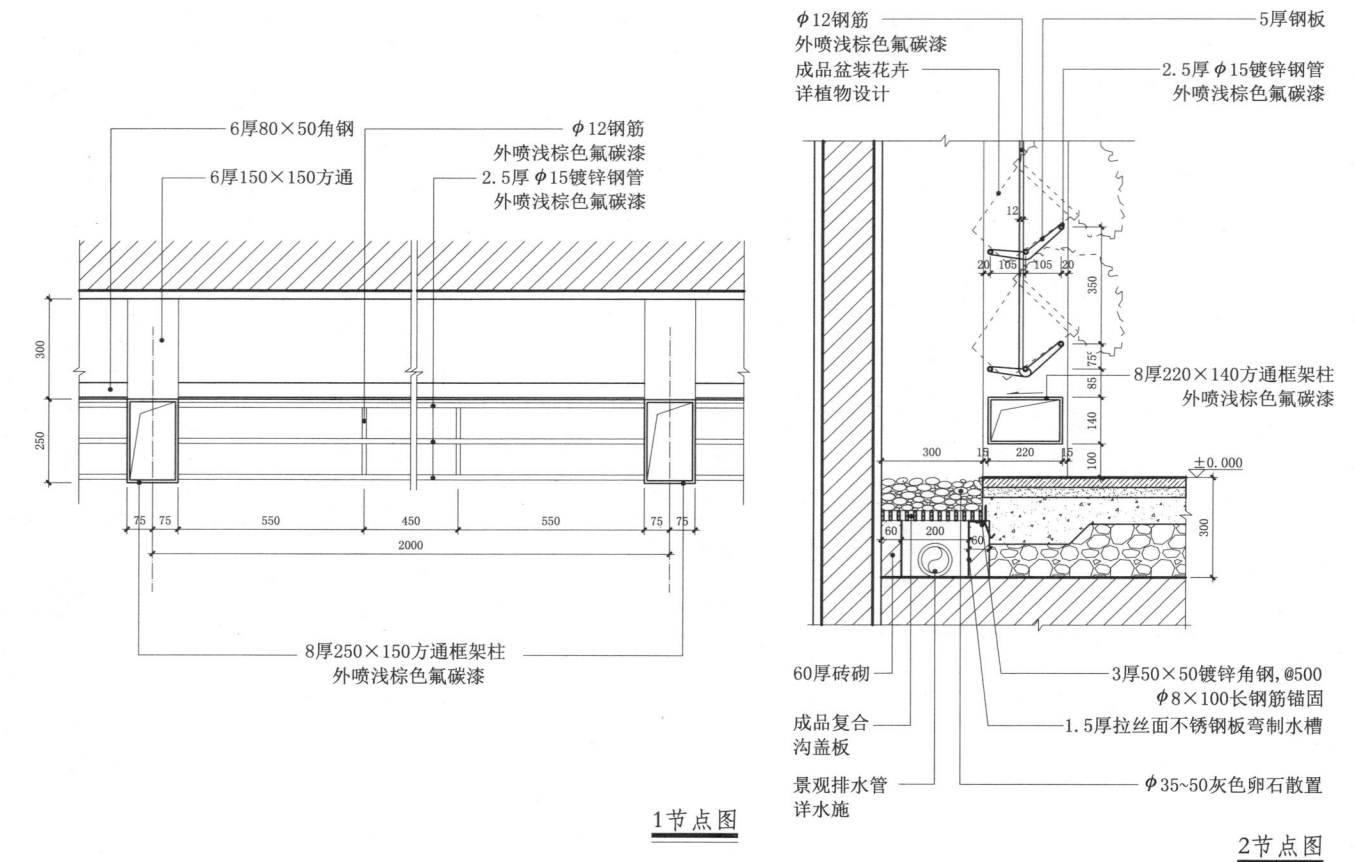

20.16 人防垂直绿化墙

20.16.2

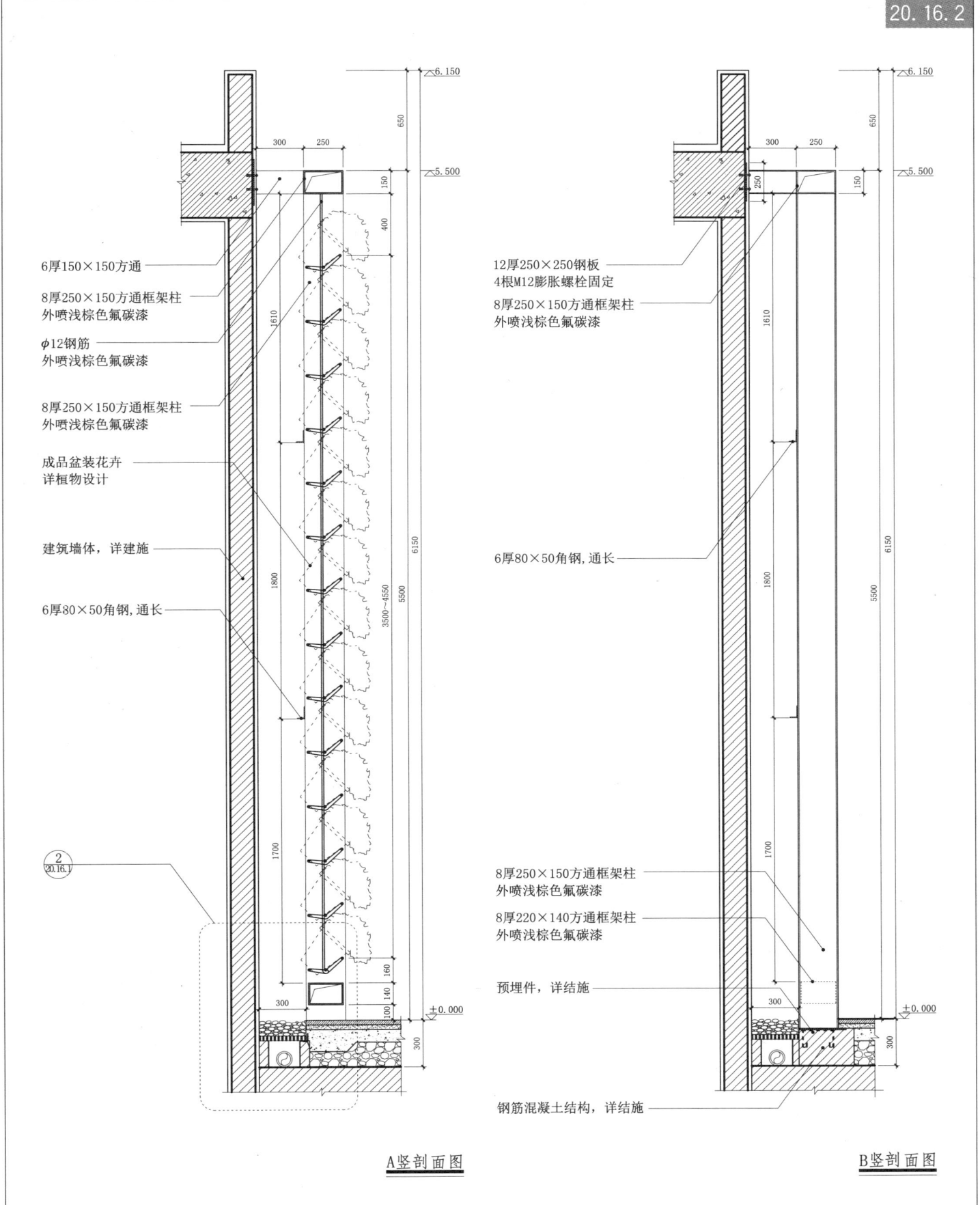

A竖剖面图　　　　B竖剖面图

20 室外、水池、景观构造

20.17 墙体种植袋绿植墙

标注（自上而下）：
- 金属压条和固定钉
- 灌溉管
- 植物
- 墙体种植袋
- 种植配方营养土
- 墙体灌溉布（该层与防水阻根膜复合）
- 高强度防水阻根膜
- 专业自粘胶
- 平整的墙体基层面
- 排水槽
- 地面

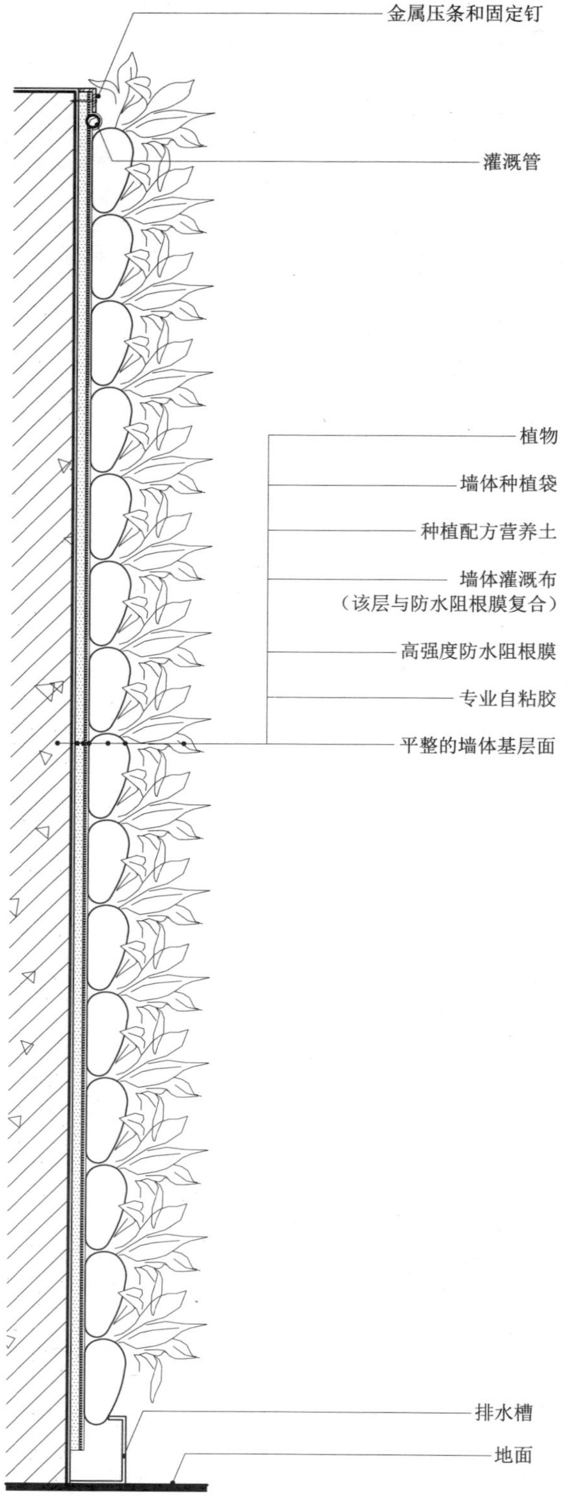

墙体种植袋绿植墙竖剖面图

20.18 垂直绿化墙（一）

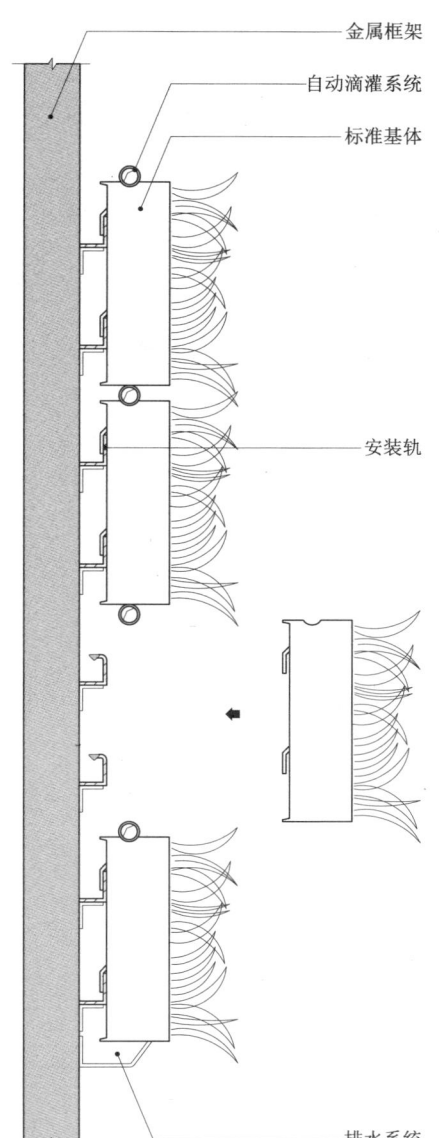

垂直绿化墙竖剖面图

- 金属框架
- 自动滴灌系统
- 标准基体
- 安装轨
- 排水系统

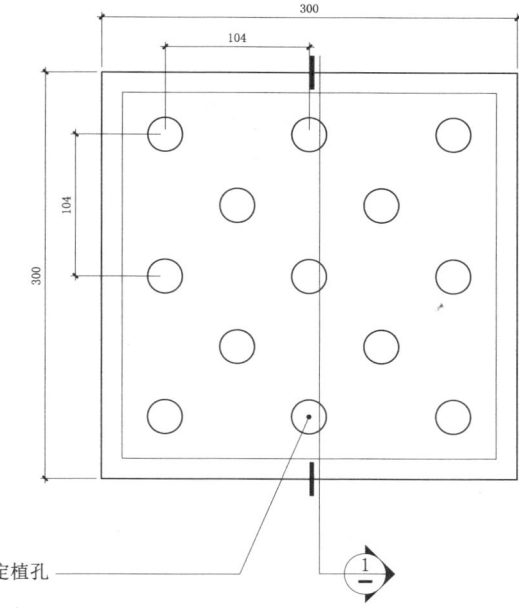

标准基体正立面图

- 定植孔

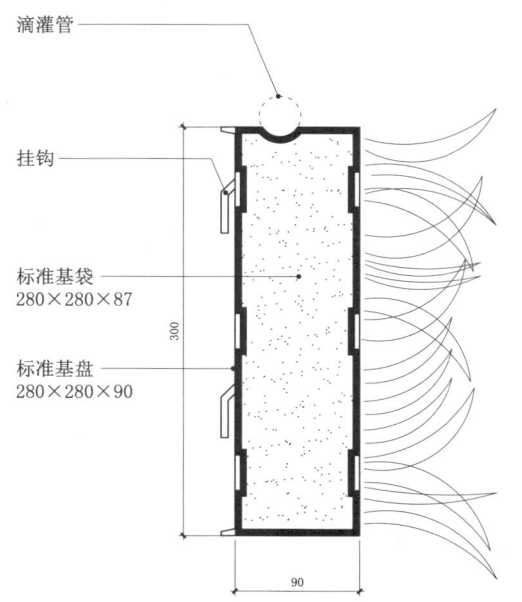

1节点图

- 滴灌管
- 挂钩
- 标准基袋 280×280×87
- 标准基盘 280×280×90

注：垂直绿化墙极致重量，钢架：22kg/m²；
基体组合（包含水分）：88kg/m²

20.19 垂直绿化墙（二）

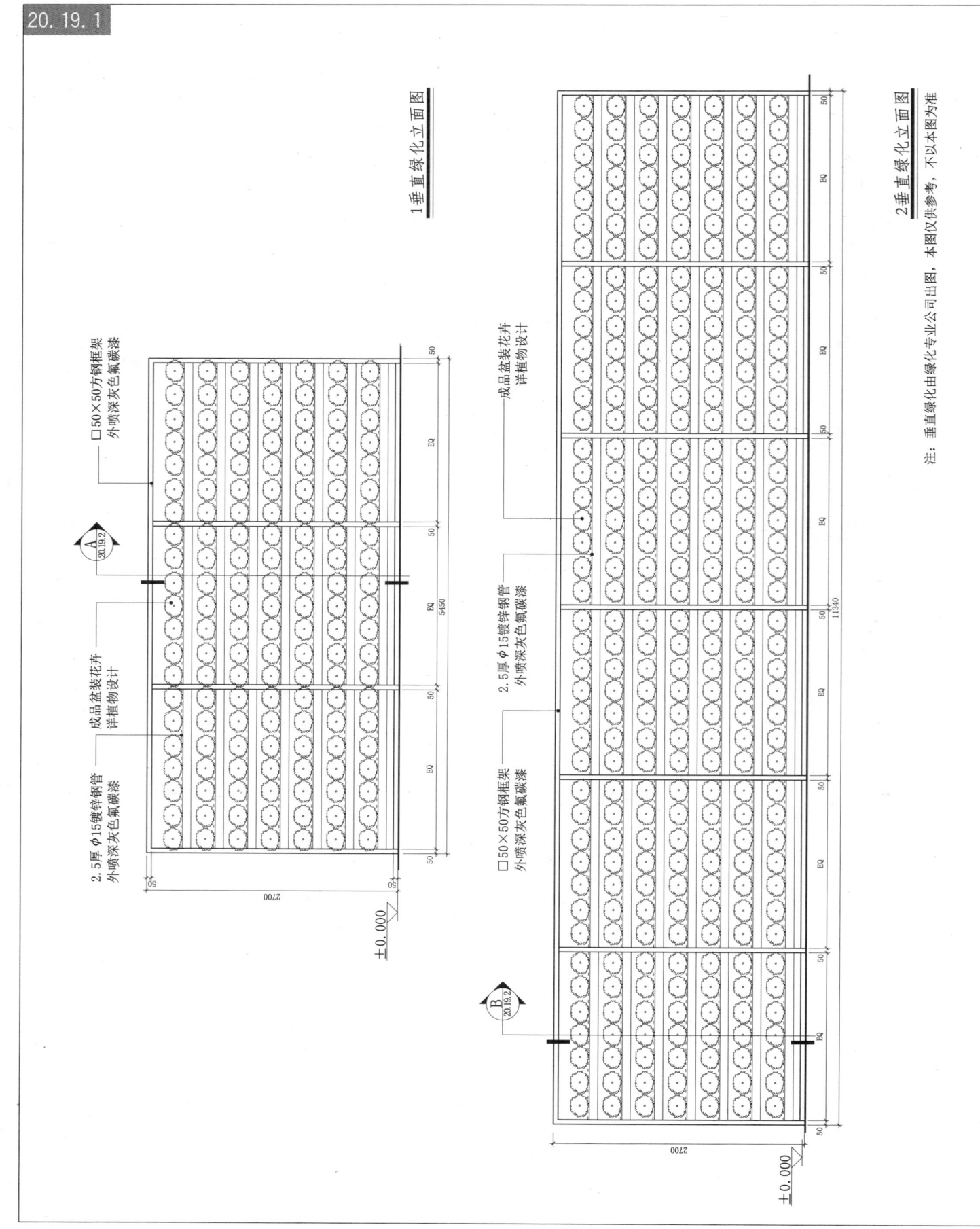

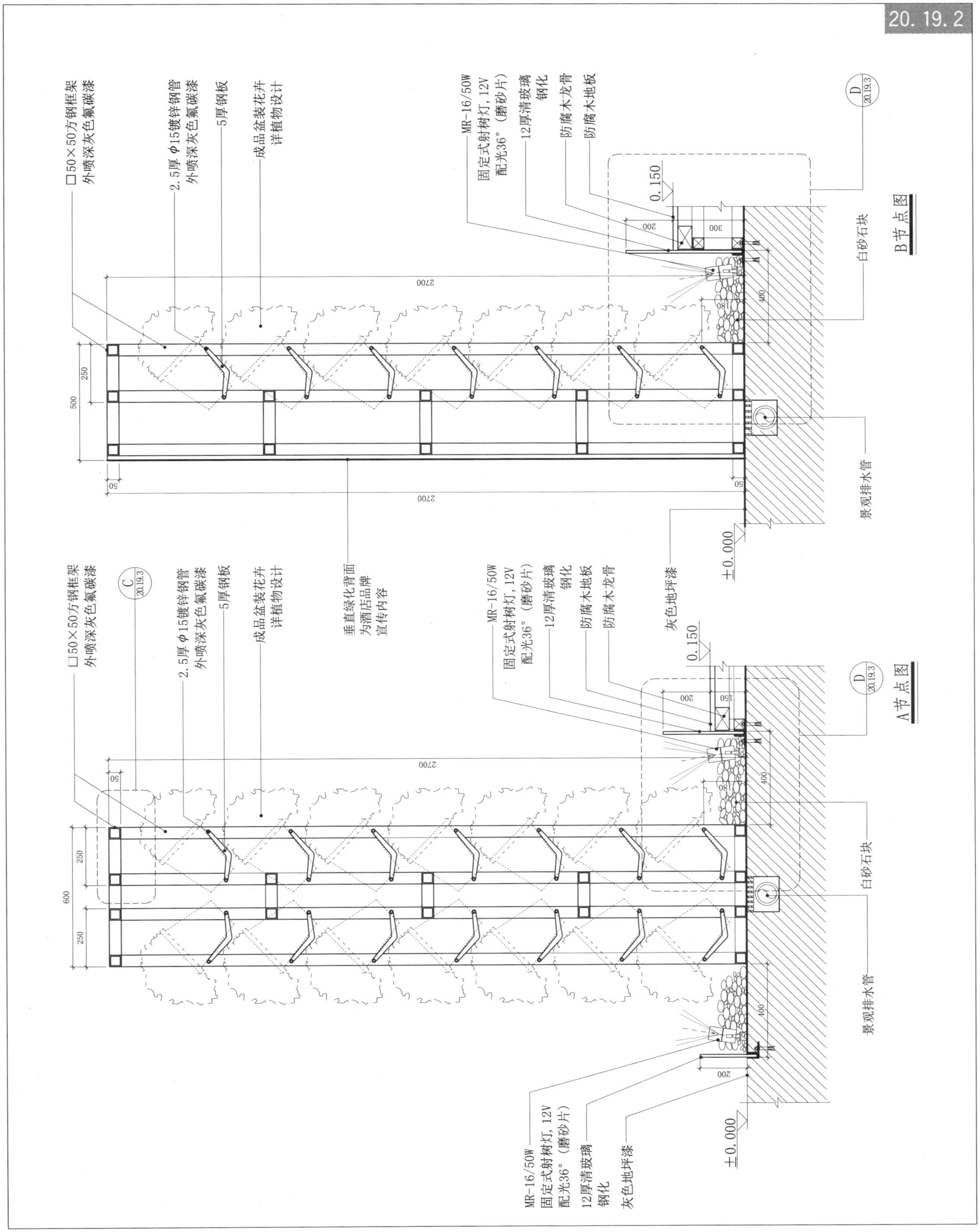

20.19 垂直绿化墙(二)

B节点图

- □50×50方钢框架 外喷深灰色氟碳漆
- 2.5厚 φ15镀锌钢管 外喷深灰色氟碳漆
- 5厚钢板
- 成品盆装花卉 详植物设计
- MR-16/50W 固定式射树灯，12V 配光36°（磨砂片）
- 12厚清玻璃 钢化
- 防腐木地板
- 防腐木龙骨
- 白砂石块
- 景观排水管

A节点图

- □50×50方钢框架 外喷深灰色氟碳漆
- 2.5厚 φ15镀锌钢管 外喷深灰色氟碳漆
- 5厚钢板
- 成品盆装花卉 详植物设计
- 垂直绿化背面 为酒店品牌宣传内容
- MR-16/50W 固定式射树灯，12V 配光36°（磨砂片）
- 12厚清玻璃 钢化
- 防腐木地板
- 防腐木龙骨
- 灰色地坪漆
- 白砂石块
- 景观排水管

20.19 垂直绿化墙(二)

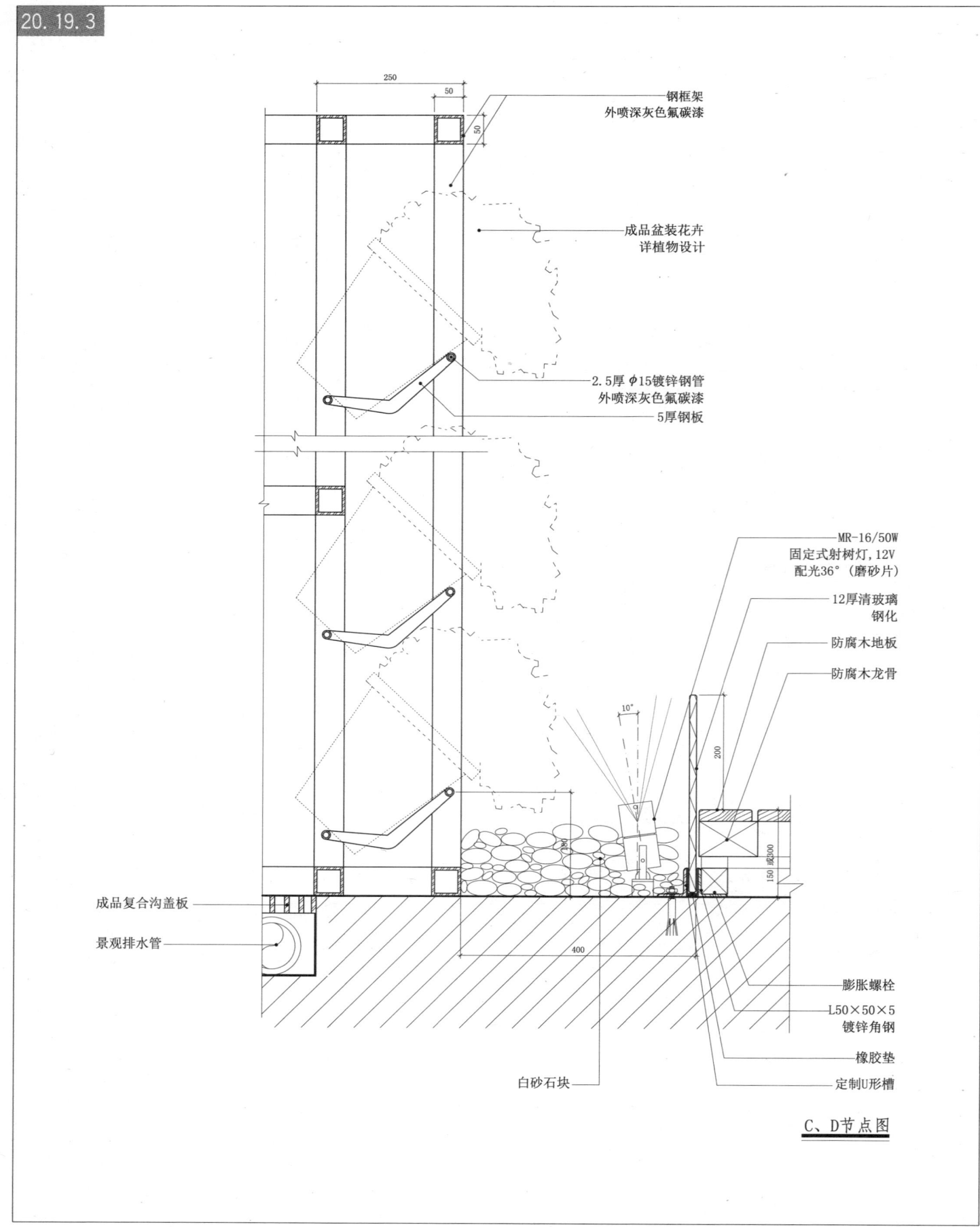

C、D节点图

20.20 垂直绿化墙（三）

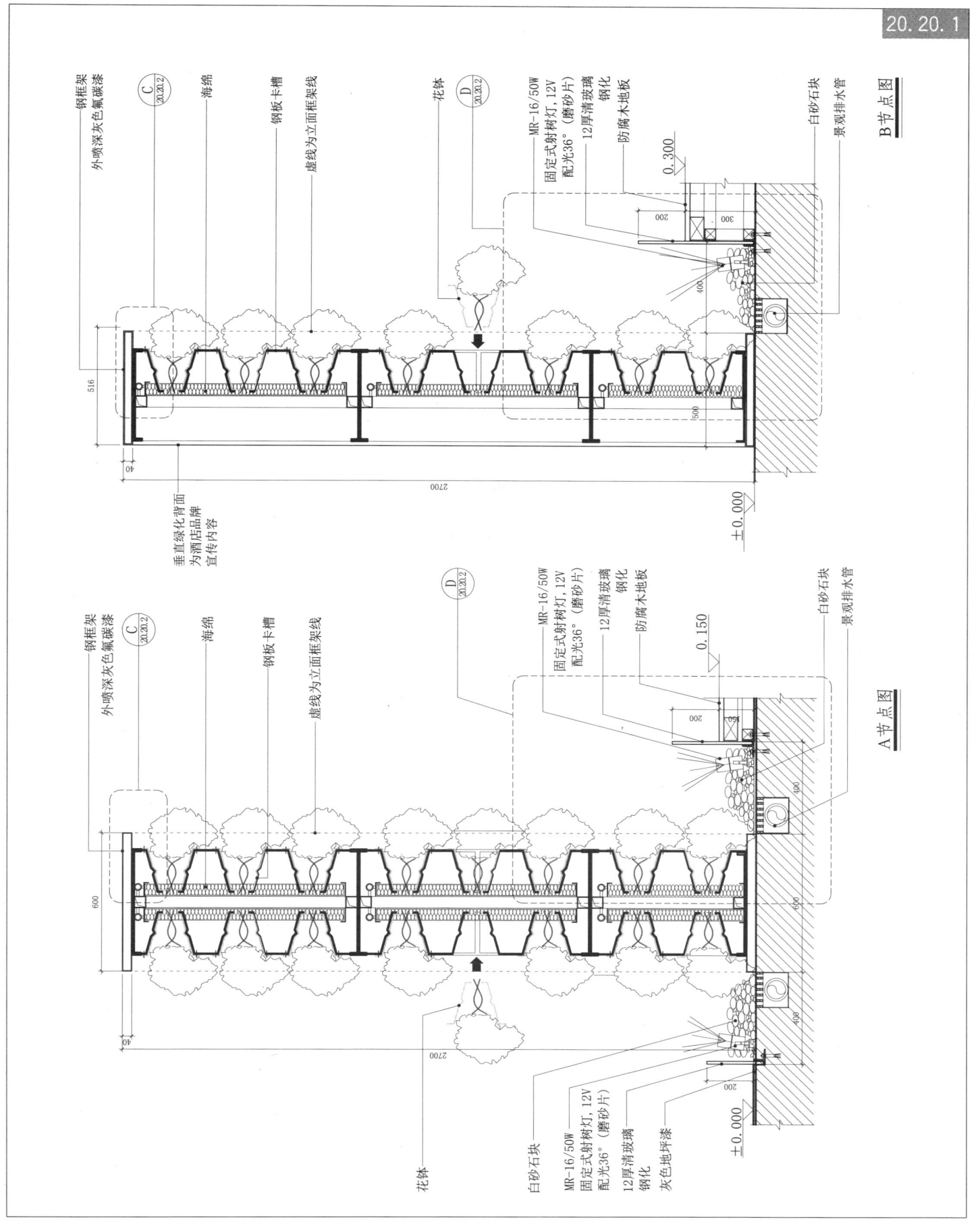

20.20 垂直绿化墙（三）

20.20.2

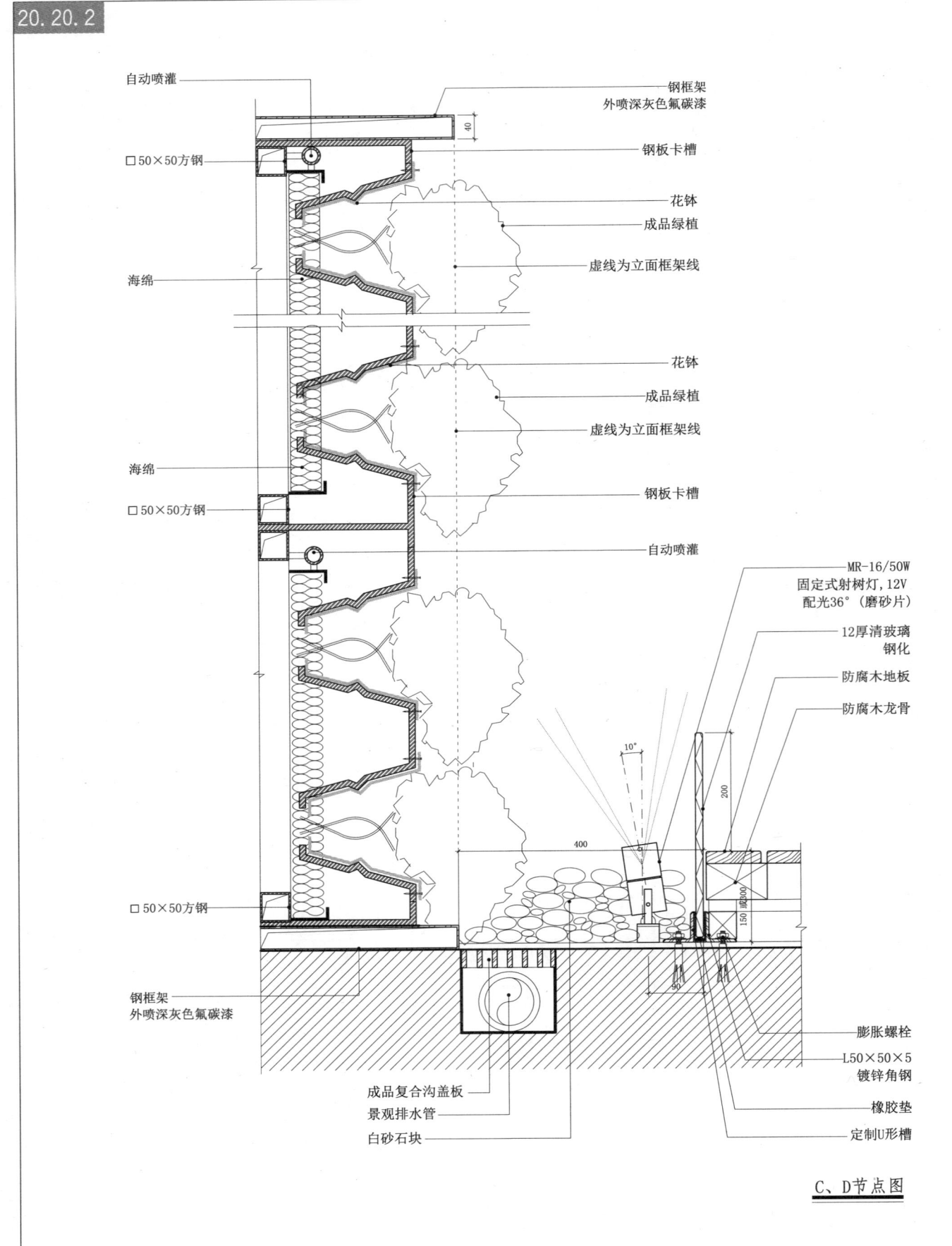

C、D节点图

20.21 室外咖啡吧服务亭

20.21.1

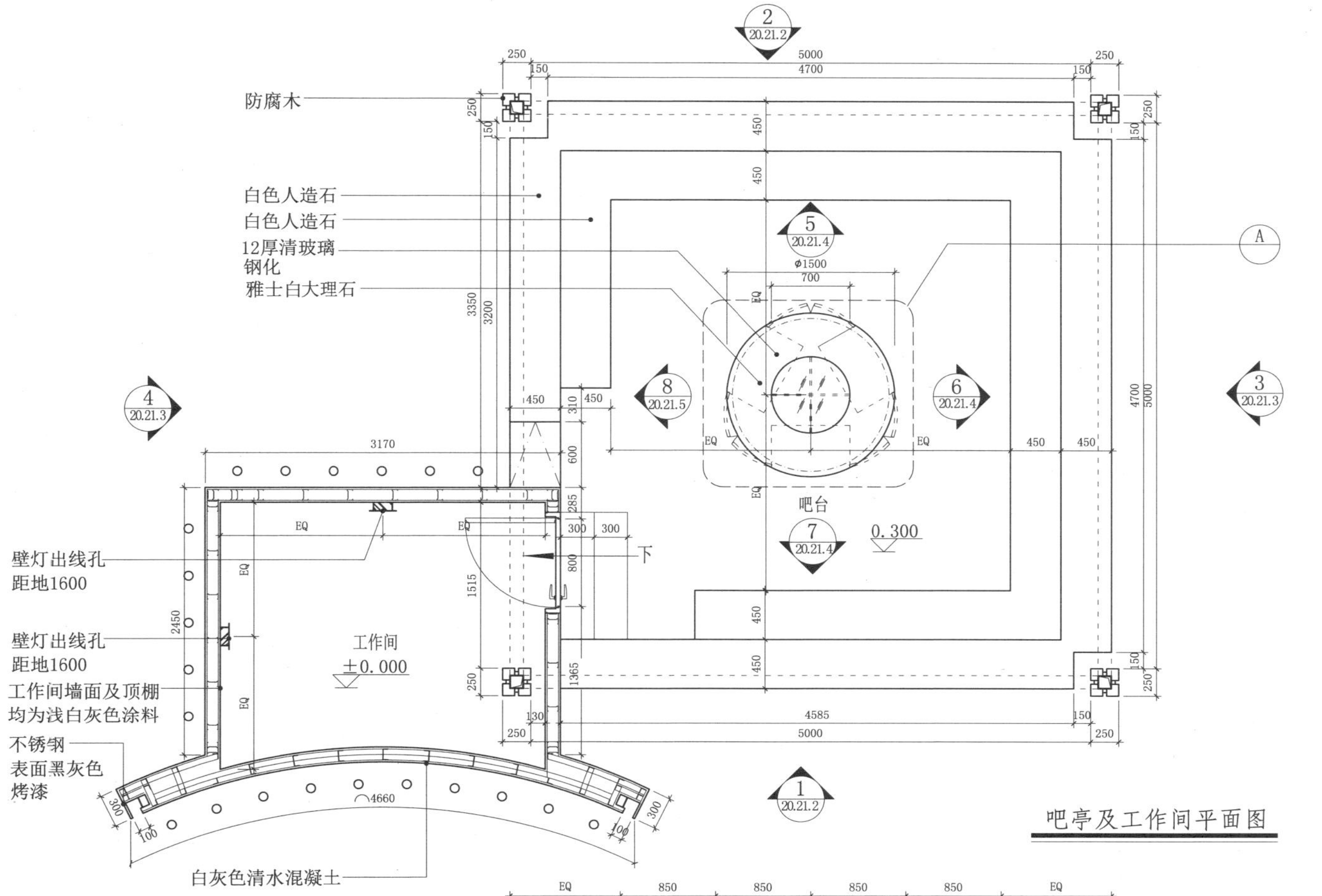

吧亭及工作间平面图

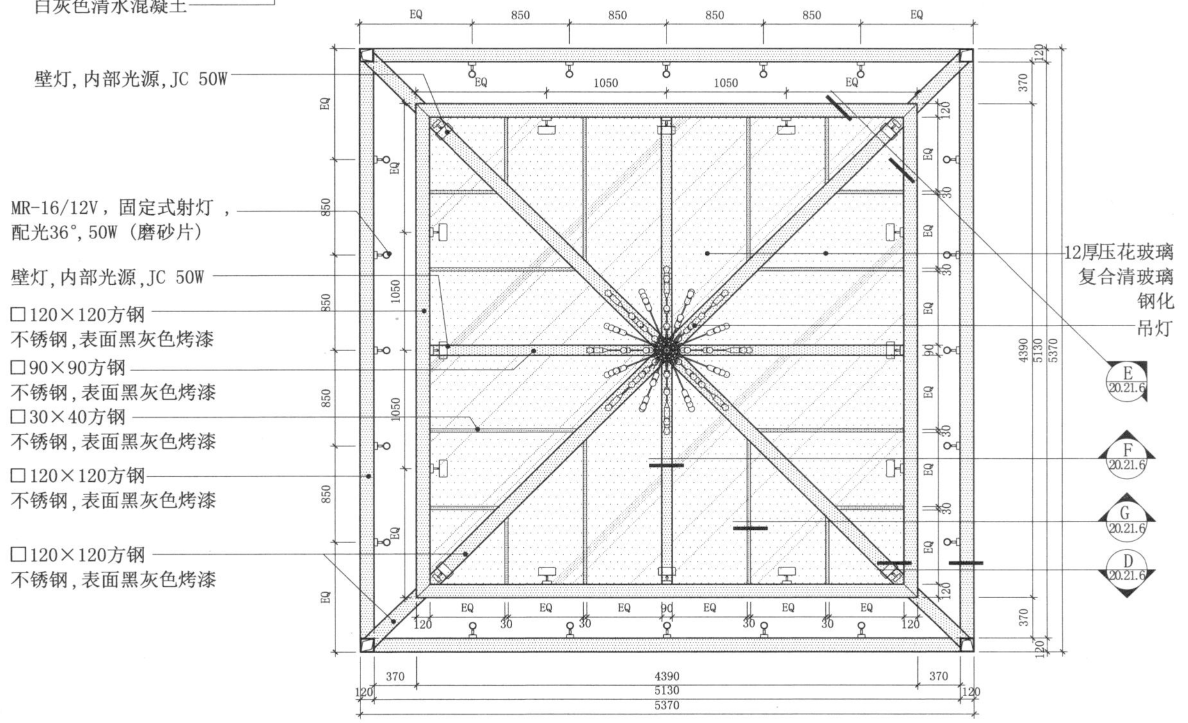

标注：
- 防腐木
- 白色人造石
- 白色人造石
- 12厚清玻璃钢化
- 雅士白大理石
- 壁灯出线孔 距地1600
- 壁灯出线孔 距地1600
- 工作间墙面及顶棚均为浅白灰色涂料
- 不锈钢 表面黑灰色烤漆
- 白灰色清水混凝土
- 工作间 ±0.000
- 吧台 0.300

吧亭平顶图

标注：
- 壁灯，内部光源，JC 50W
- MR-16/12V，固定式射灯，配光36°，50W（磨砂片）
- 壁灯，内部光源，JC 50W
- □120×120方钢 不锈钢，表面黑灰色烤漆
- □90×90方钢 不锈钢，表面黑灰色烤漆
- □30×40方钢 不锈钢，表面黑灰色烤漆
- □120×120方钢 不锈钢，表面黑灰色烤漆
- □120×120方钢 不锈钢，表面黑灰色烤漆
- 12厚压花玻璃 复合清玻璃 钢化 吊灯

注：工作间内部为双层10厚水泥板，表面浅白灰涂料。
工作间屋面采用轻钢龙骨，外铺双层水泥板，做法详见 L/20.21.7

20 室外、水池、景观构造·餐饮设施 金属构造 透光照明构造

室内构造节点与专项模式图集 | 845

20.21 室外咖啡吧服务亭

20.21.2

1 立面图

2 立面图

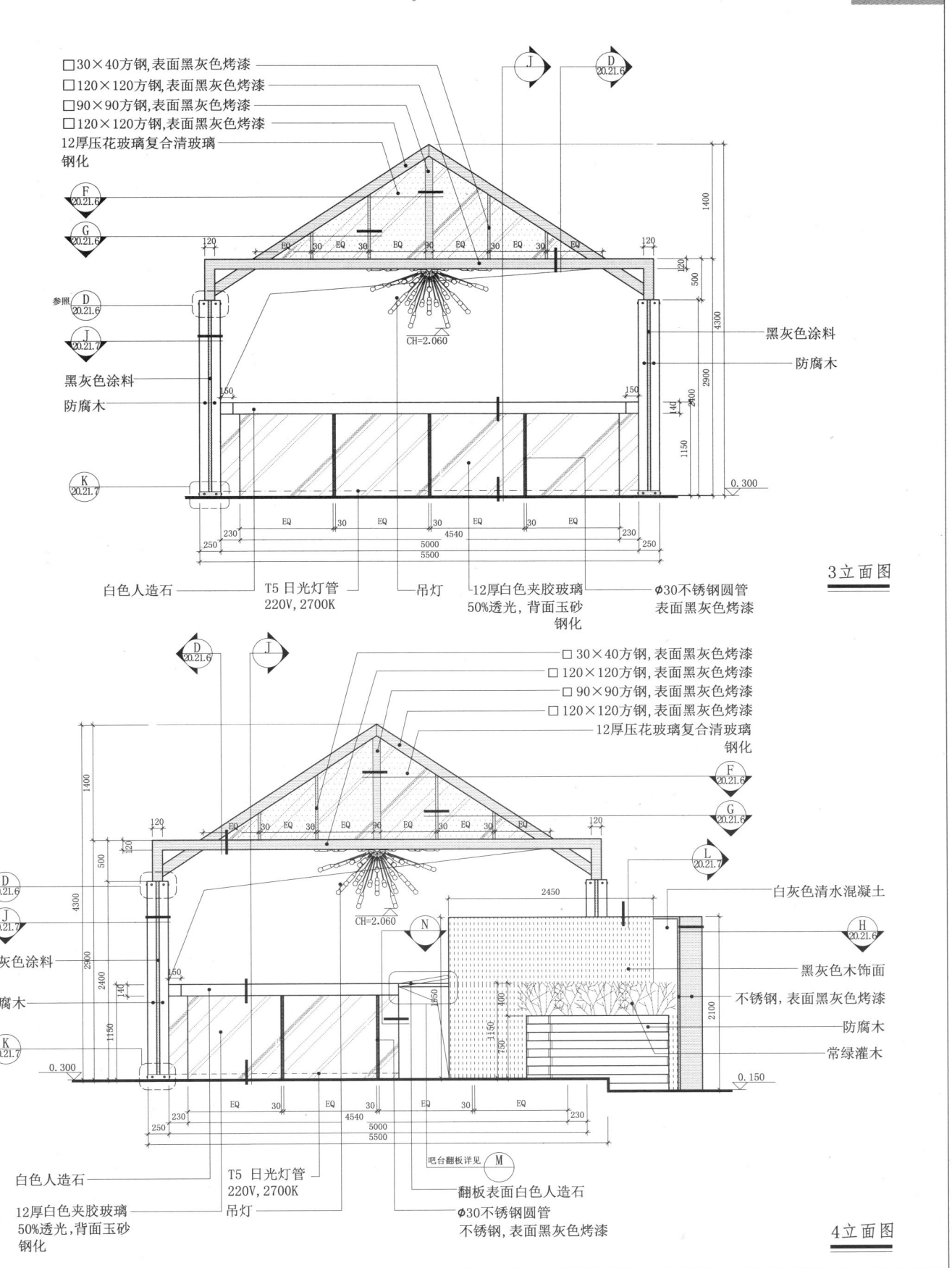

20.21 室外咖啡吧服务亭

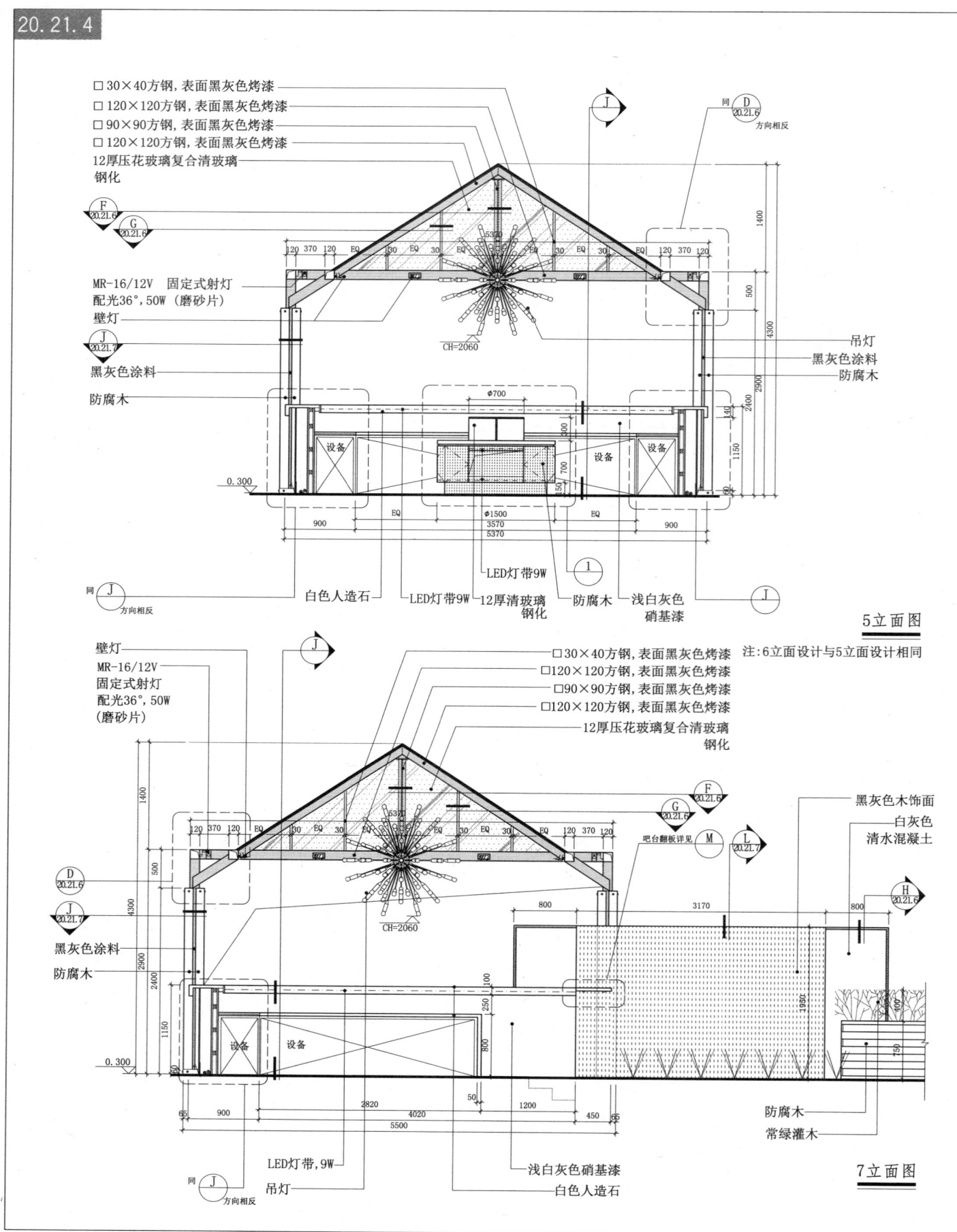

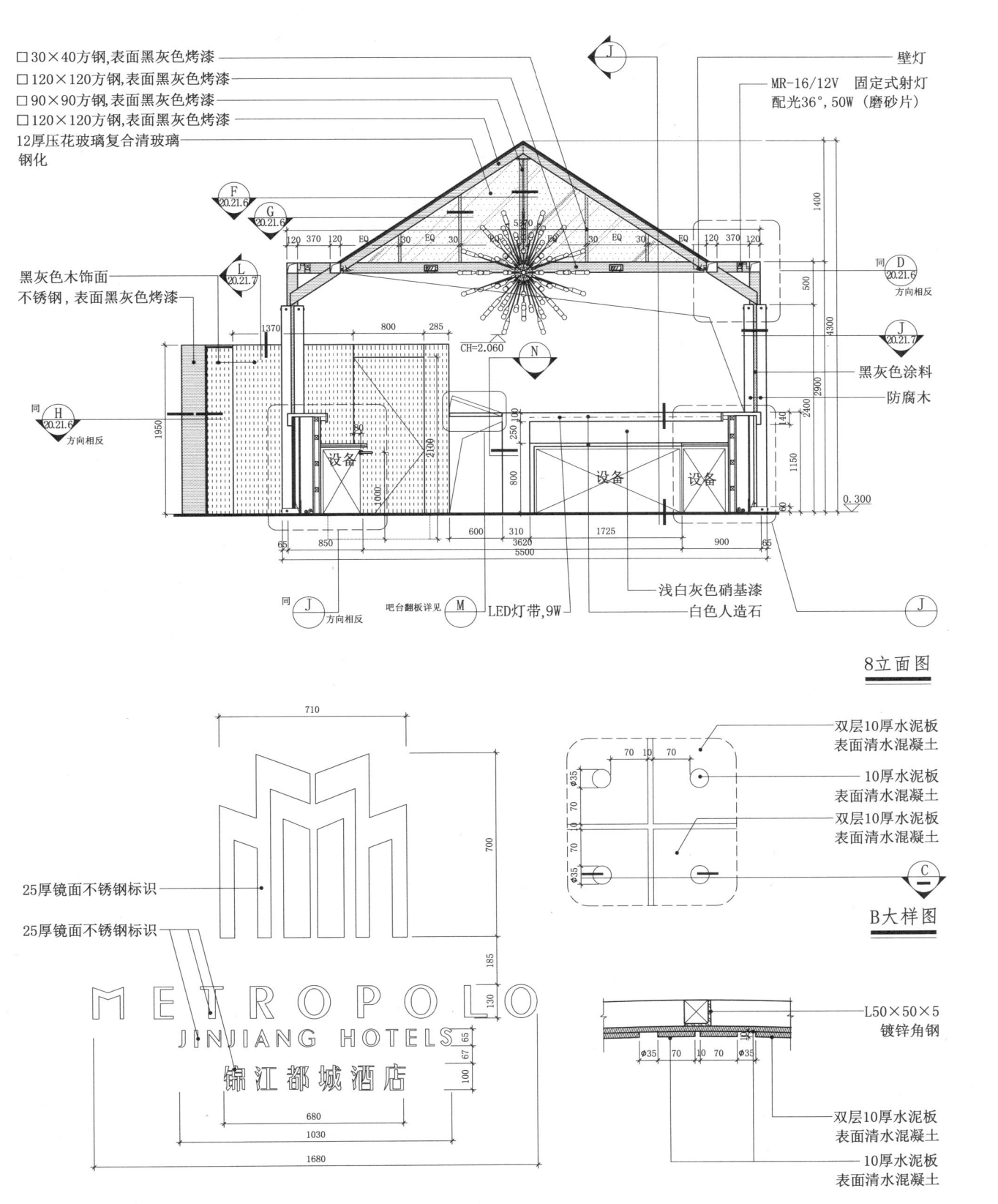

20.21 室外咖啡吧服务亭

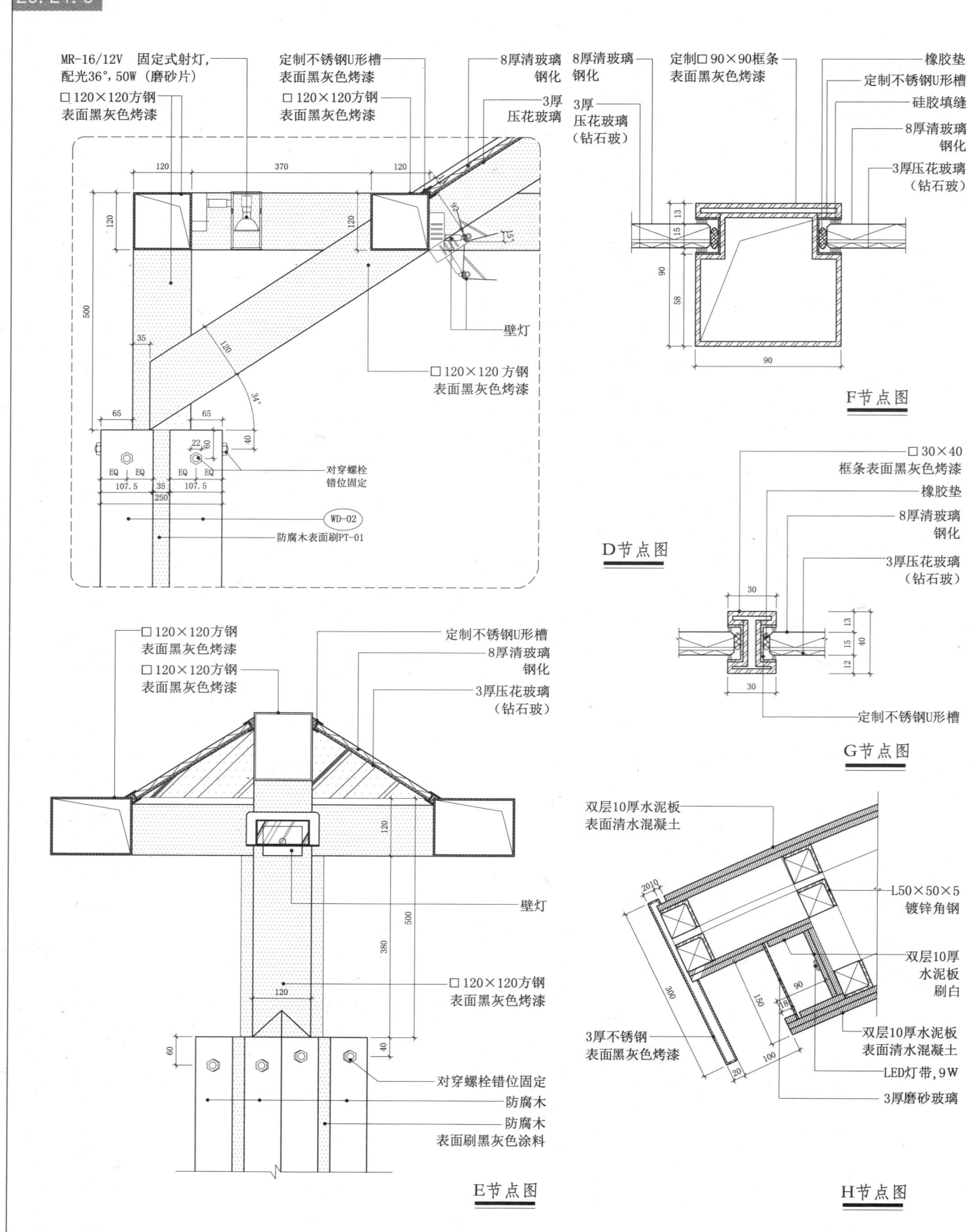

20.21 室外咖啡吧服务亭

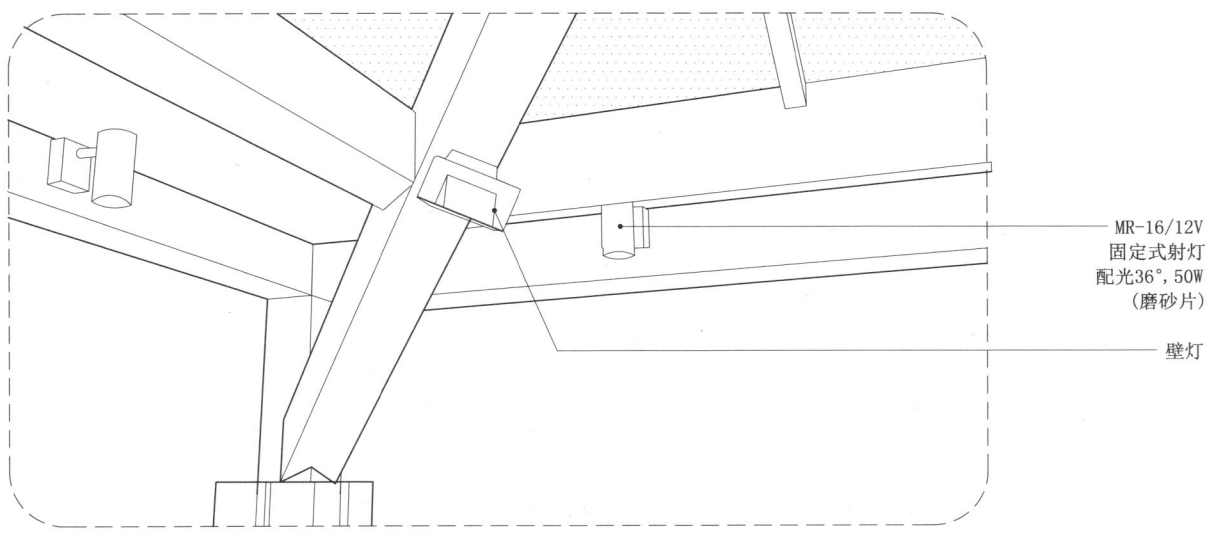

壁灯安装示意图

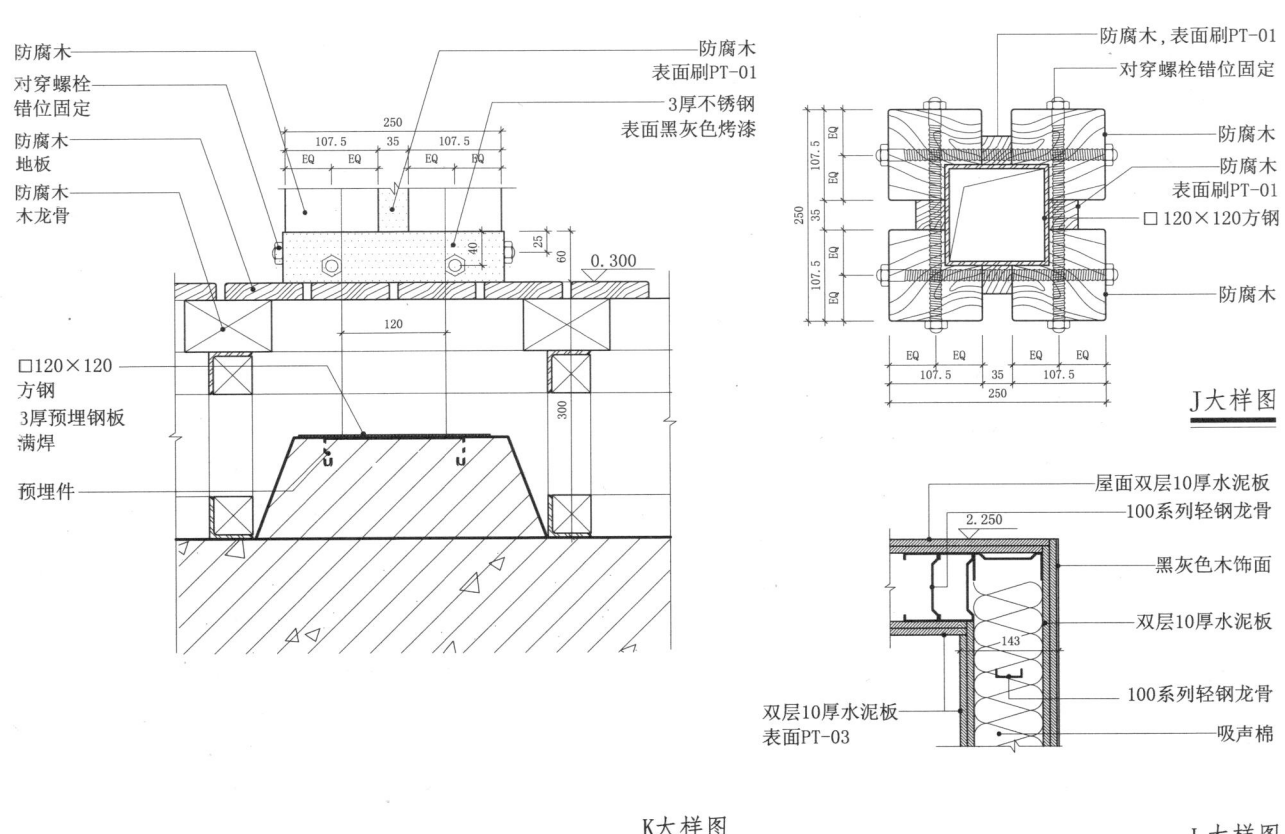

K大样图

J大样图

L大样图

注：柱子落地构造仅供参考，
需由结构工程师审核或出图

21 西方古典风格

21.1 装饰线脚

21.1.1

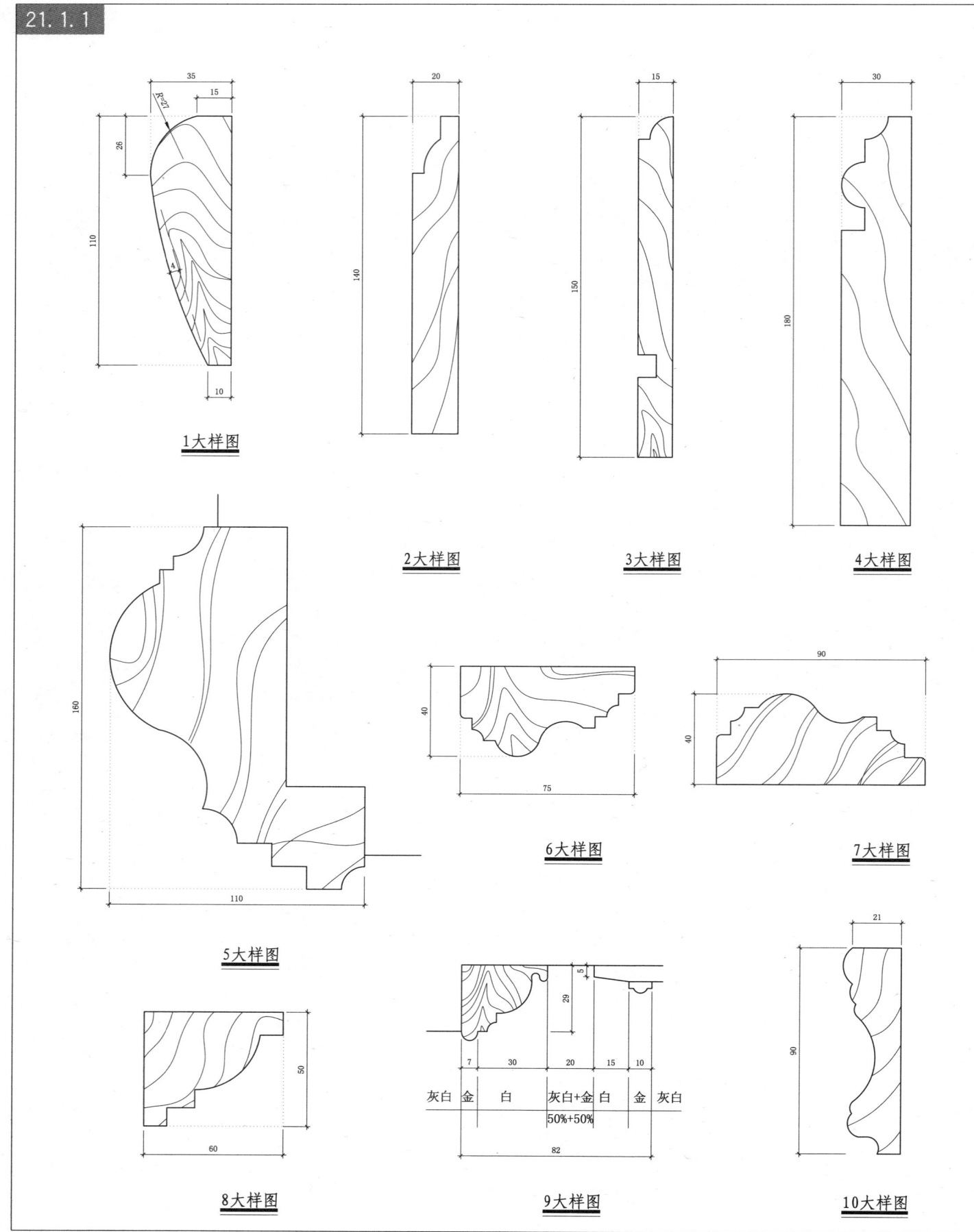

21.1 装饰线脚

21.1.2

21 西方古典风格

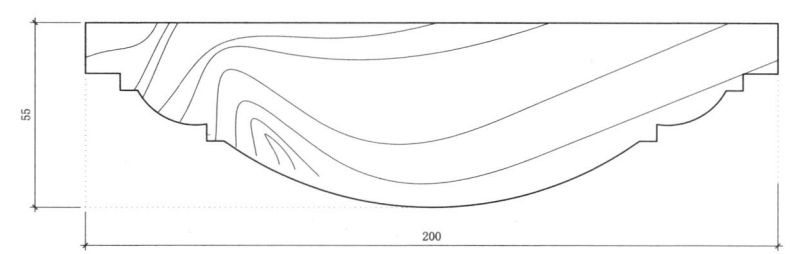

11大样图

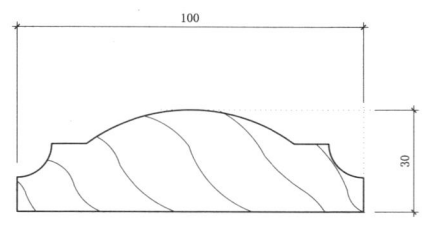

12大样图

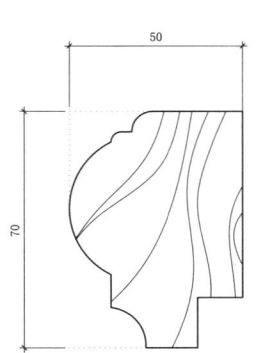

13大样图

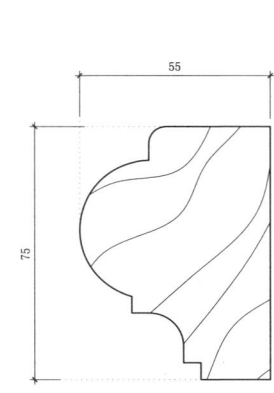

14大样图

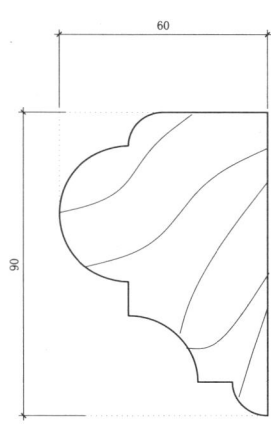

15大样图

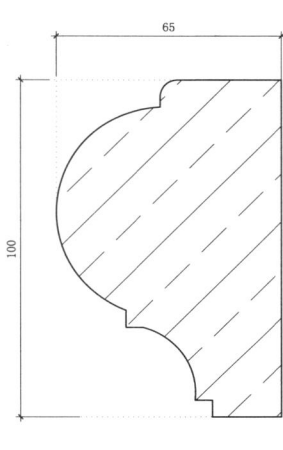

16大样图

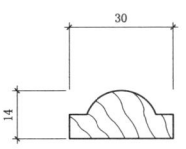

17大样图

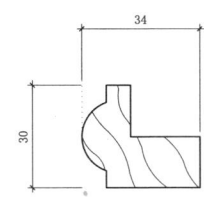

18大样图

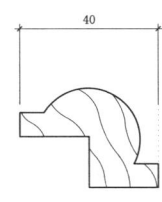

19大样图

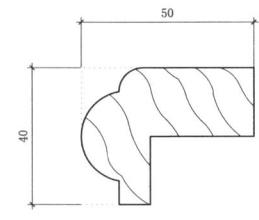

20大样图

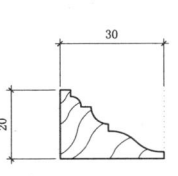

21大样图

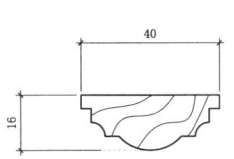

22大样图

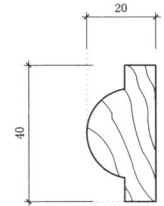

23大样图

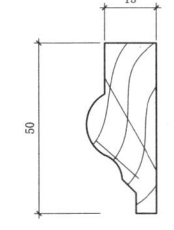

24大样图

21.2 立面线脚

21.2.1

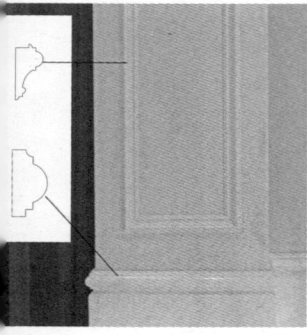

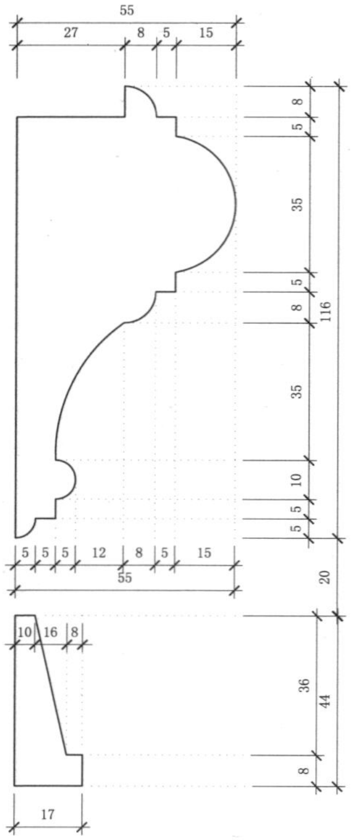

立面框线(一)

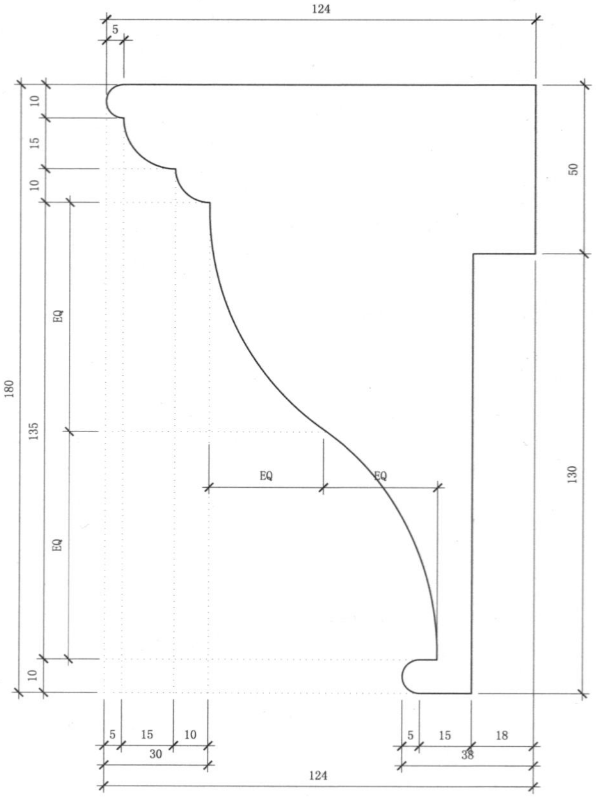

立面框线(二)

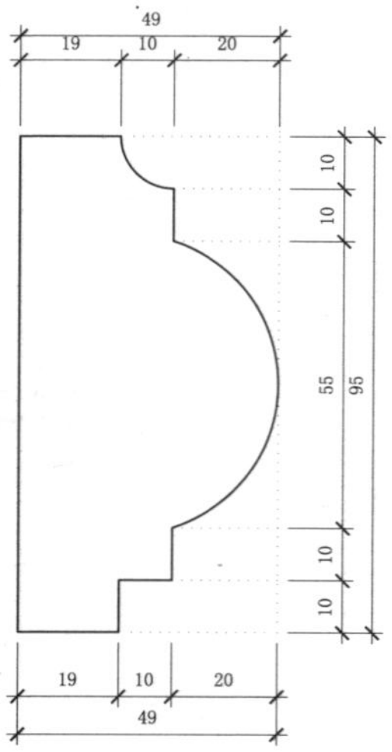

立面腰线

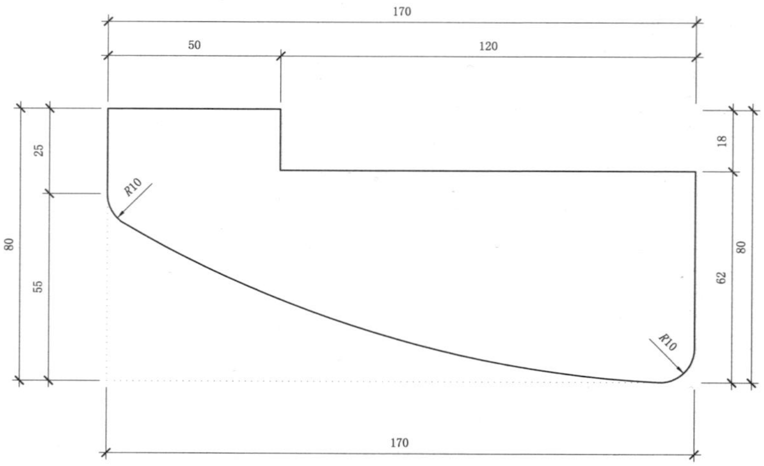

立面框线(三)

21.2 立面线脚

21 西方古典风格

21.2.2

立面框线(四) 　　　立面框线(五) 　　　立面框线(六)

立面顶线 　　　立面框线(七) 　　　立面框线(八)

立面镜框线

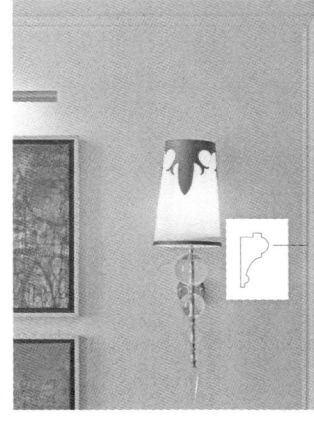

21 西方古典风格·立面构造

21.3 墙面线脚

21.3.1

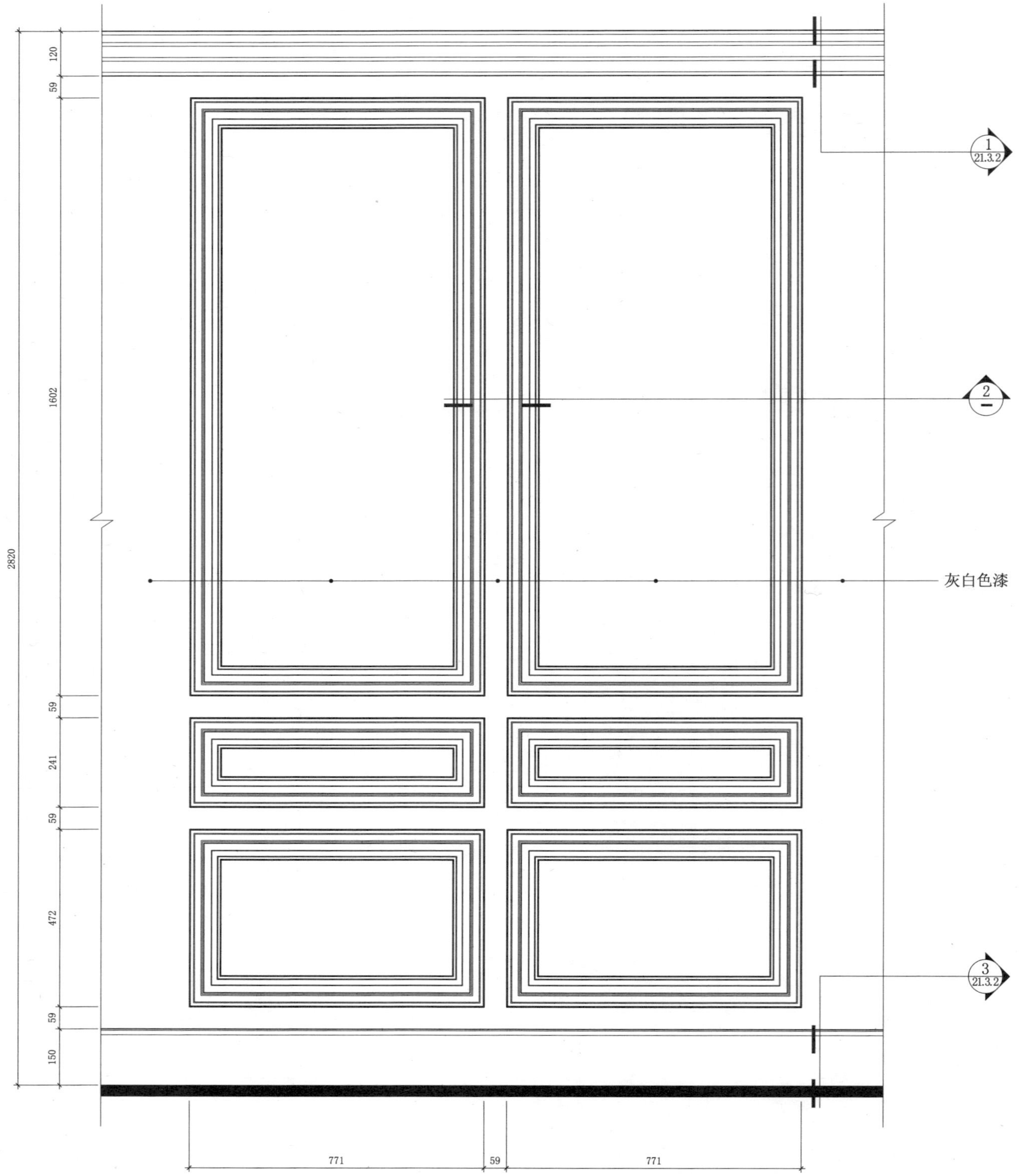

古典墙面立面图

灰白色漆

21.3 墙面线脚

21.3.2

21 西方古典风格·立面构造

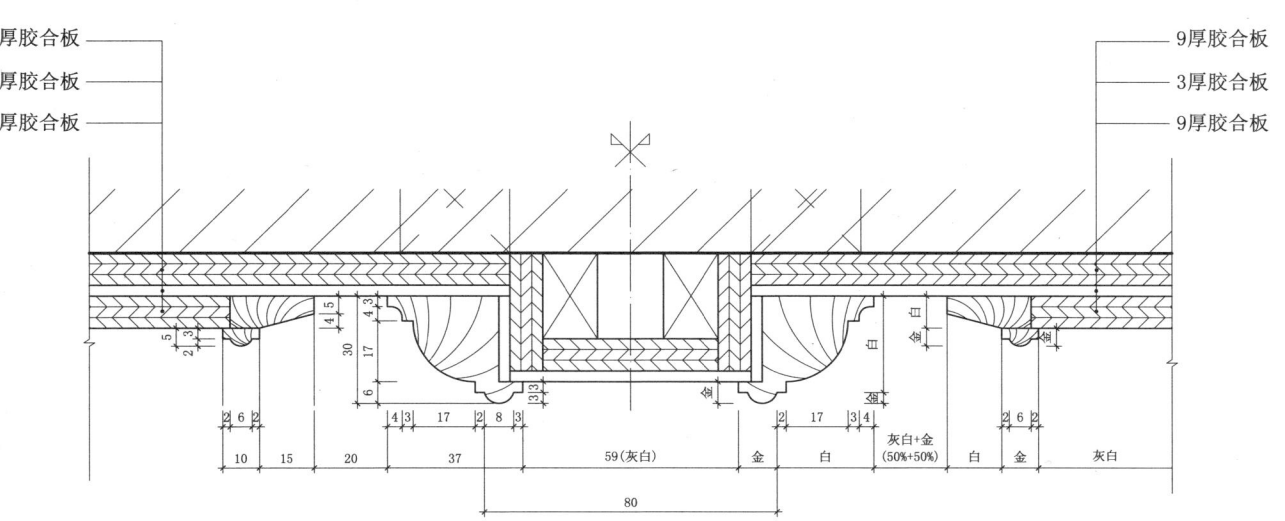

2节点大样图

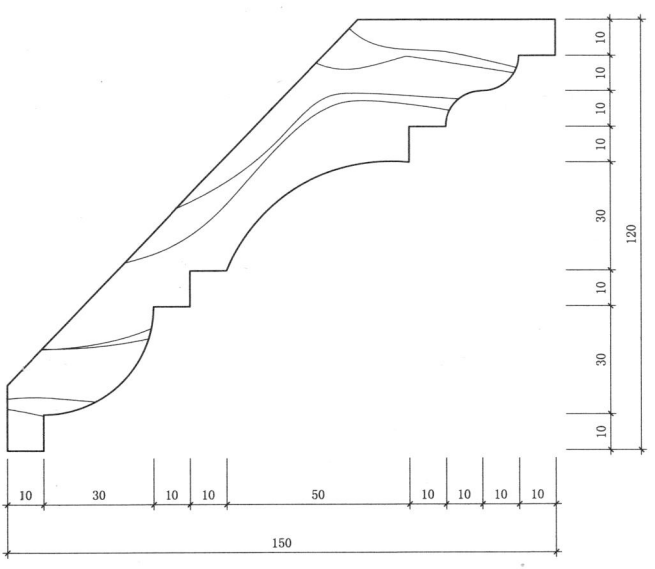

1节点大样图   _3节点大样图_

21 西方古典风格·立面构造

21.4 墙面组合线脚

21.4.1

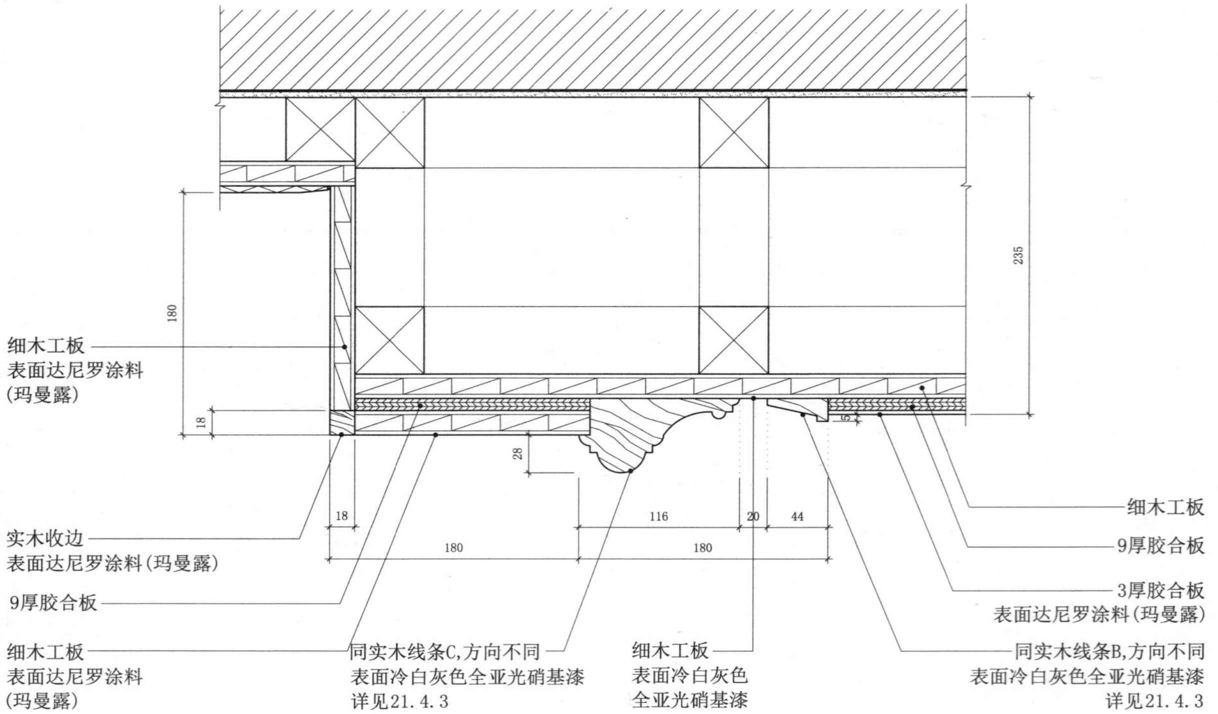

2节点图

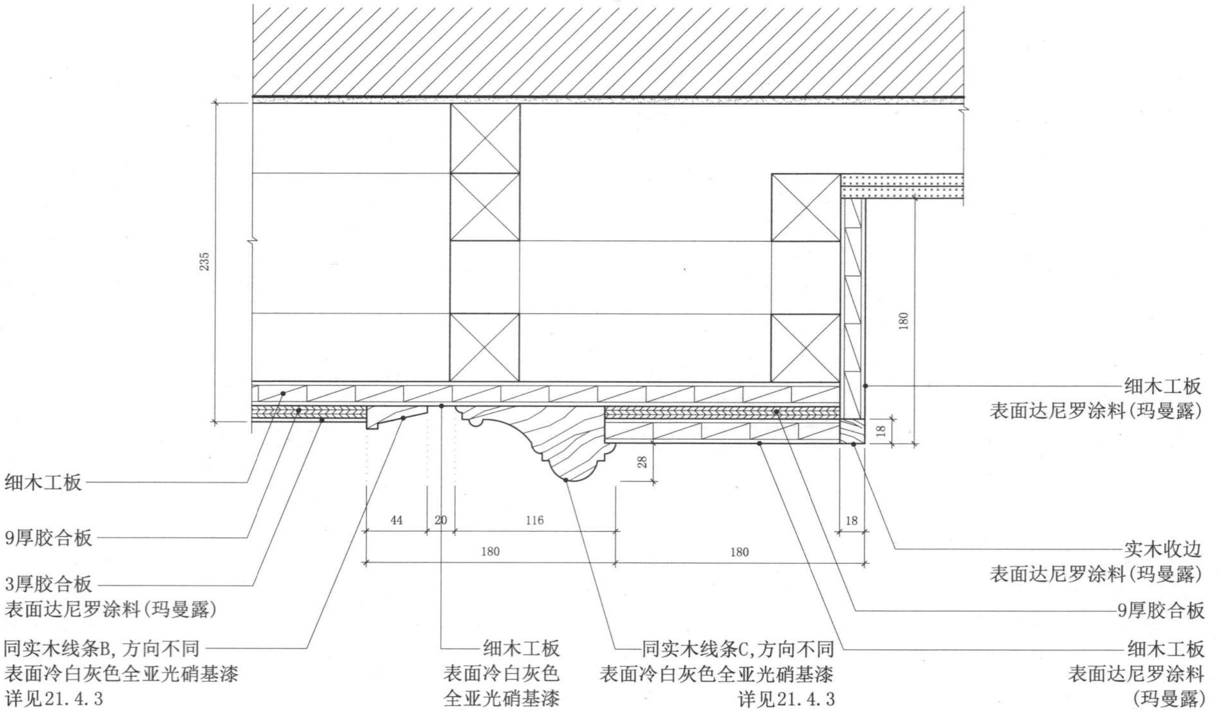

3节点图

21.4 墙面组合线脚

21.4.2

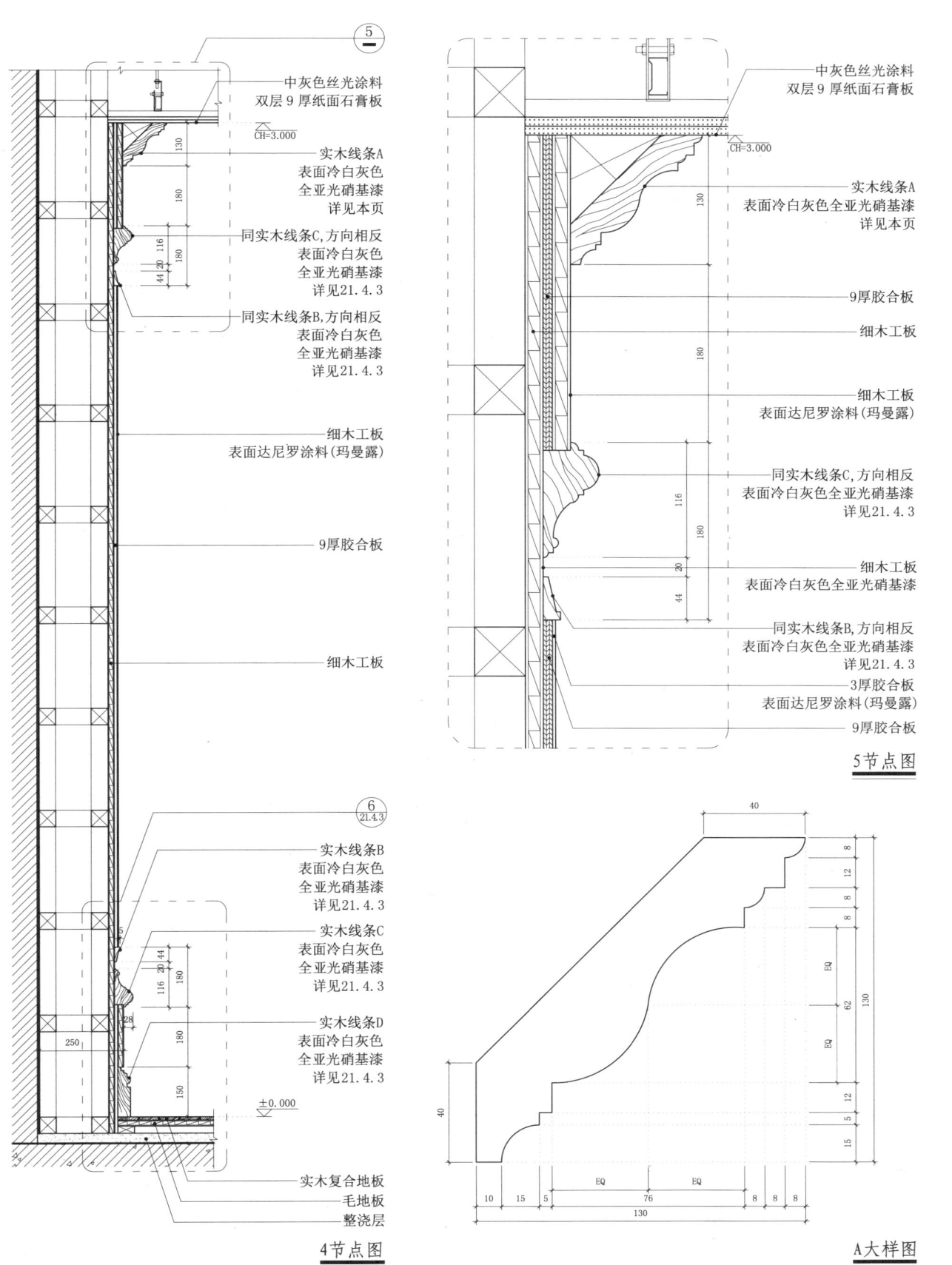

21 西方古典风格·立面构造

5节点图
- 中灰色丝光涂料 双层9厚纸面石膏板
- 实木线条A 表面冷白灰色全亚光硝基漆 详见本页
- 9厚胶合板
- 细木工板
- 细木工板 表面达尼罗涂料（玛曼露）
- 同实木线条C，方向相反 表面冷白灰色全亚光硝基漆 详见21.4.3
- 细木工板 表面冷白灰色全亚光硝基漆
- 同实木线条B，方向相反 表面冷白灰色全亚光硝基漆 详见21.4.3
- 3厚胶合板 表面达尼罗涂料（玛曼露）
- 9厚胶合板

4节点图
- 实木线条B 表面冷白灰色全亚光硝基漆 详见21.4.3
- 实木线条C 表面冷白灰色全亚光硝基漆 详见21.4.3
- 实木线条D 表面冷白灰色全亚光硝基漆 详见21.4.3
- 实木复合地板
- 毛地板
- 整浇层

A大样图

21.4 墙面组合线脚

21.4.3

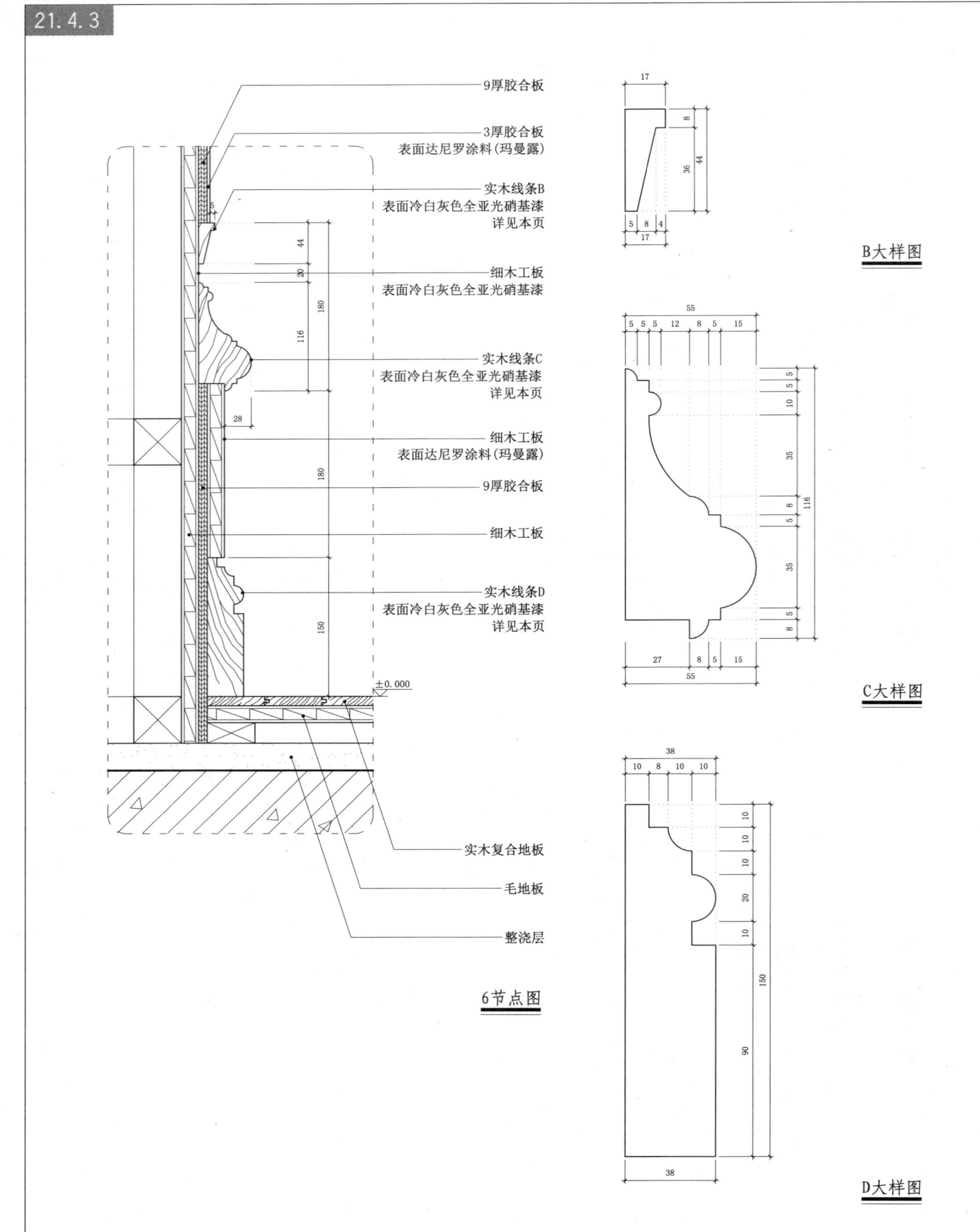

21.5 顶面线脚

21.5.1

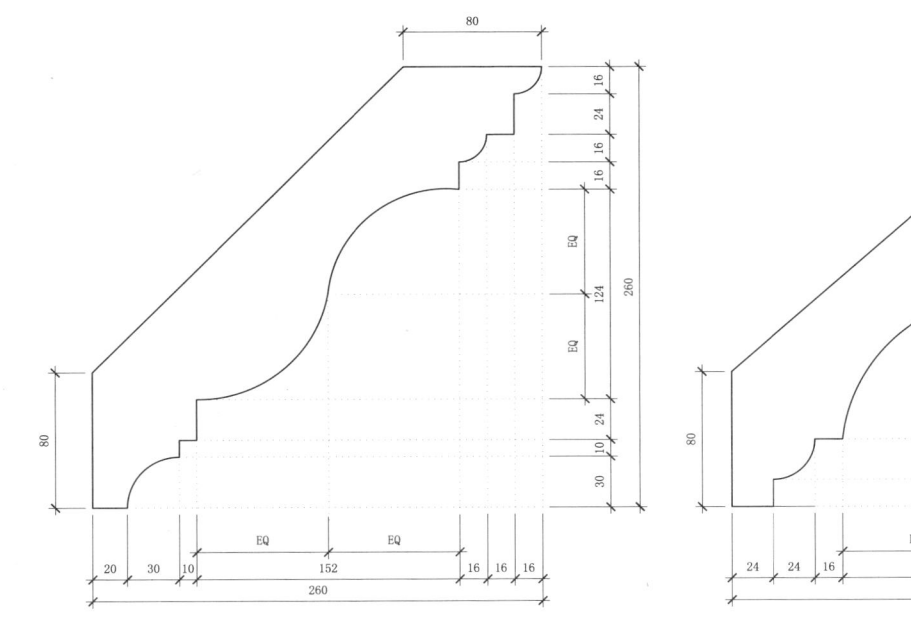

顶棚顶脚线(一)　　　　顶棚顶脚线(二)

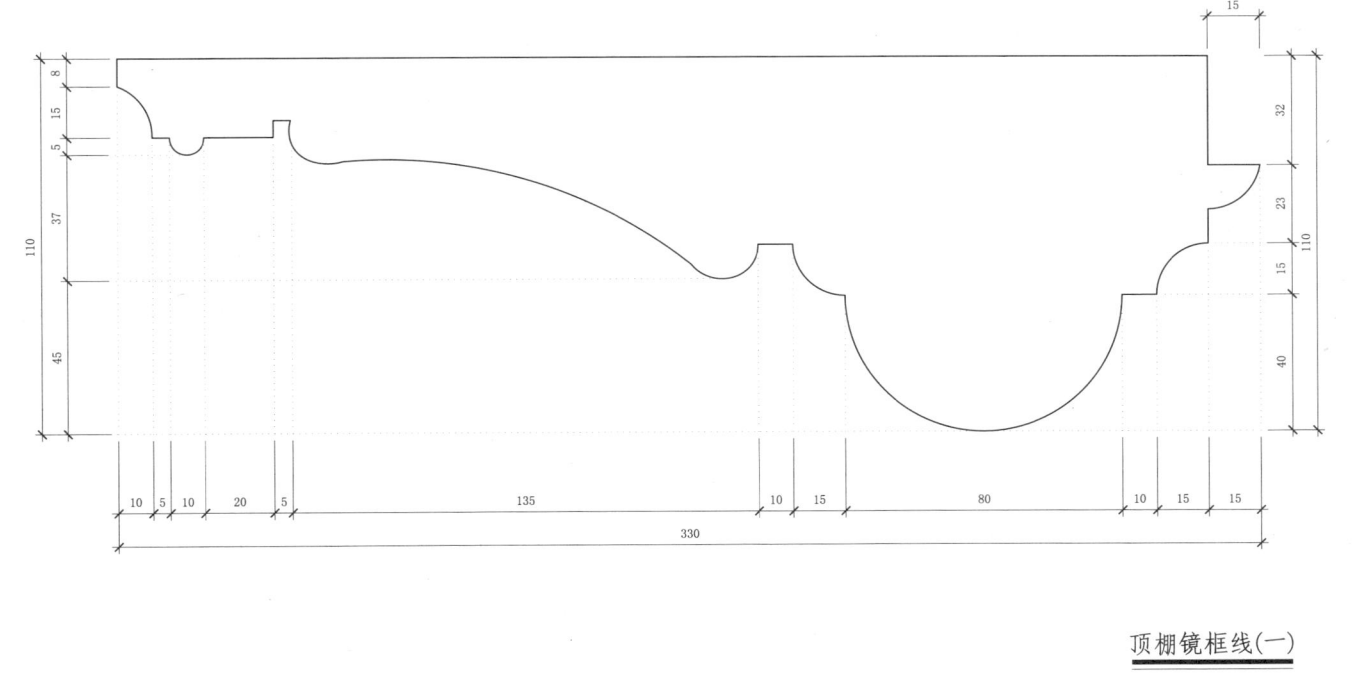

顶棚镜框线(一)

21 西方古典风格

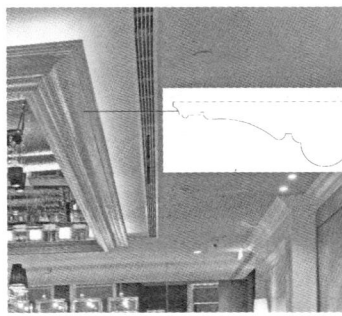

21.5 顶面线脚

21.5.2

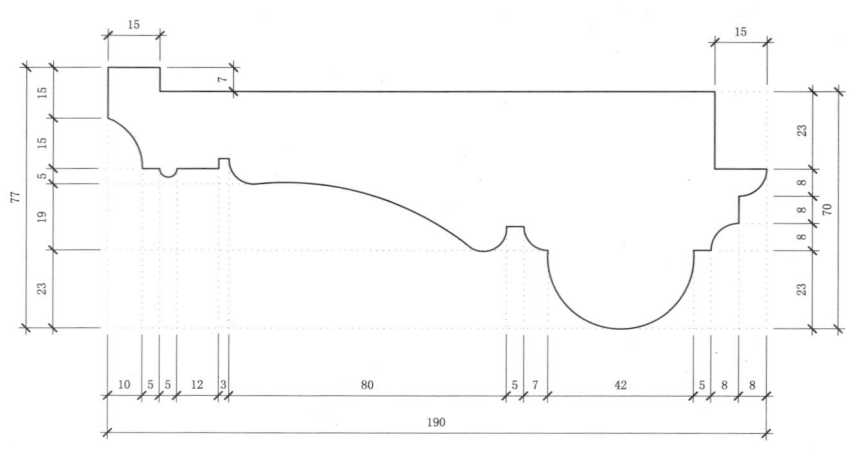

顶棚框线(一)　　　　　　　　　顶棚镜框线(二)

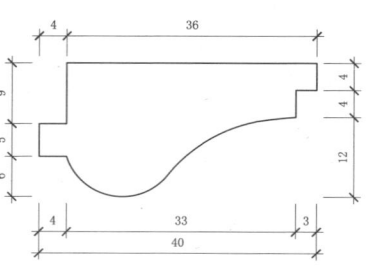
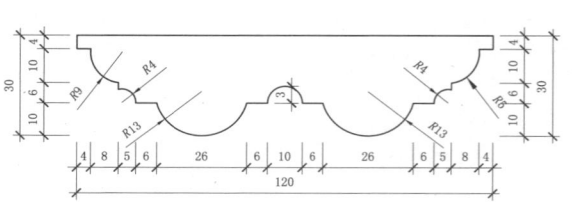

顶棚框线(二)　　　　　　　　　顶棚框线(三)

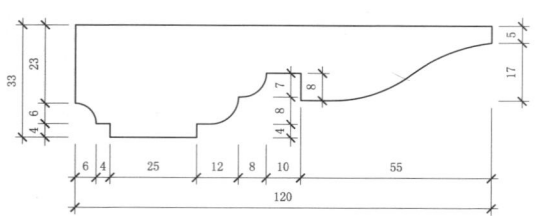

顶棚框线(四)

21.6 檐口节点

21 西方古典风格 · 非透光照明构造 顶面构造

天蓝色乳胶漆
天蓝色光源
灰褐色乳胶漆
金漆
乳白色乳胶漆
金漆
金漆
灰褐色乳胶漆
金漆
灰褐色乳胶漆

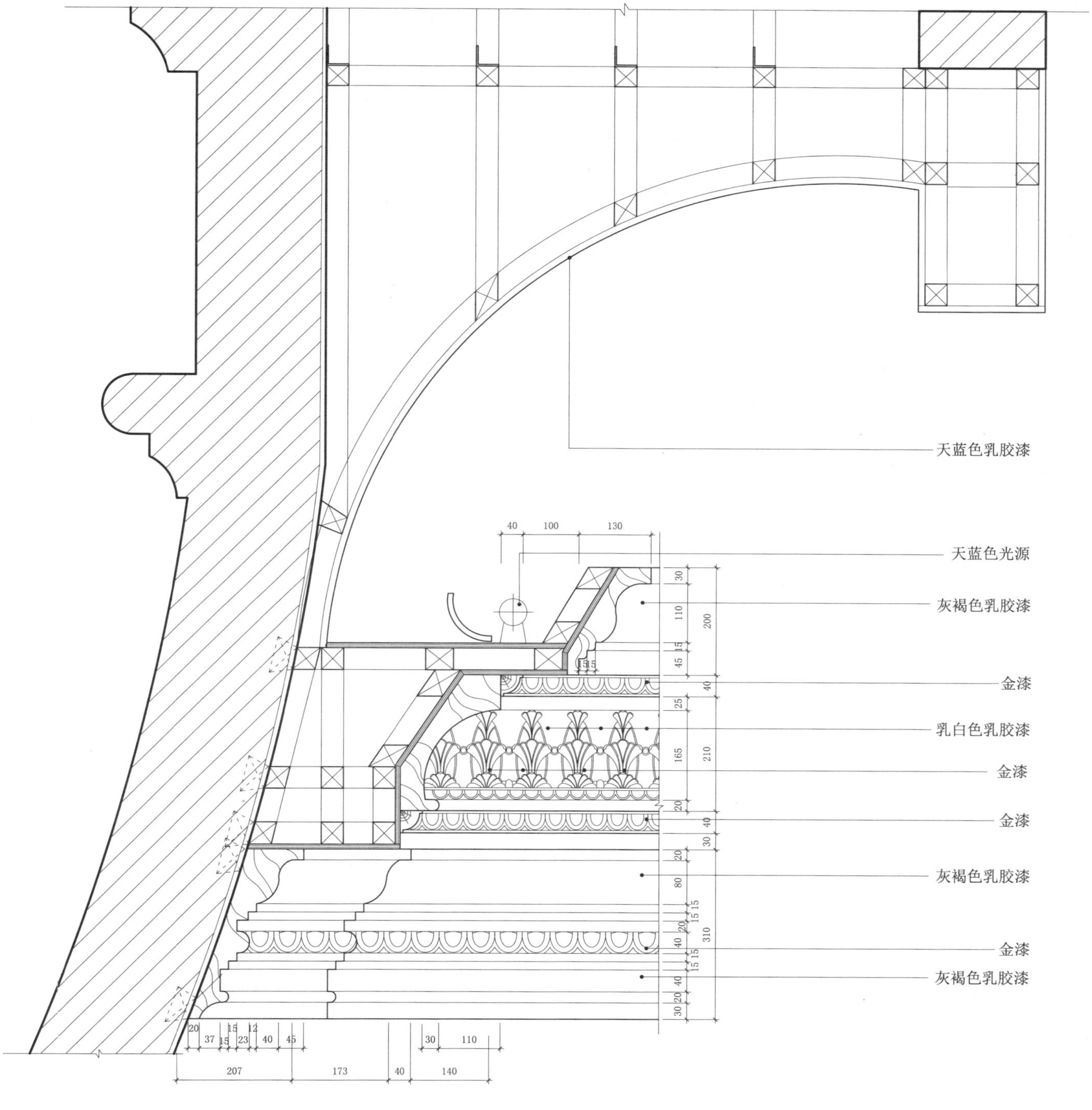

檐口剖面图

21.7 线脚大样

西方古典风格 · 顶面构造

A节点大样图

B节点大样图

C节点大样图

D节点大样图

顶角线大样图

21.8 顶棚线脚大样 21

西方古典风格

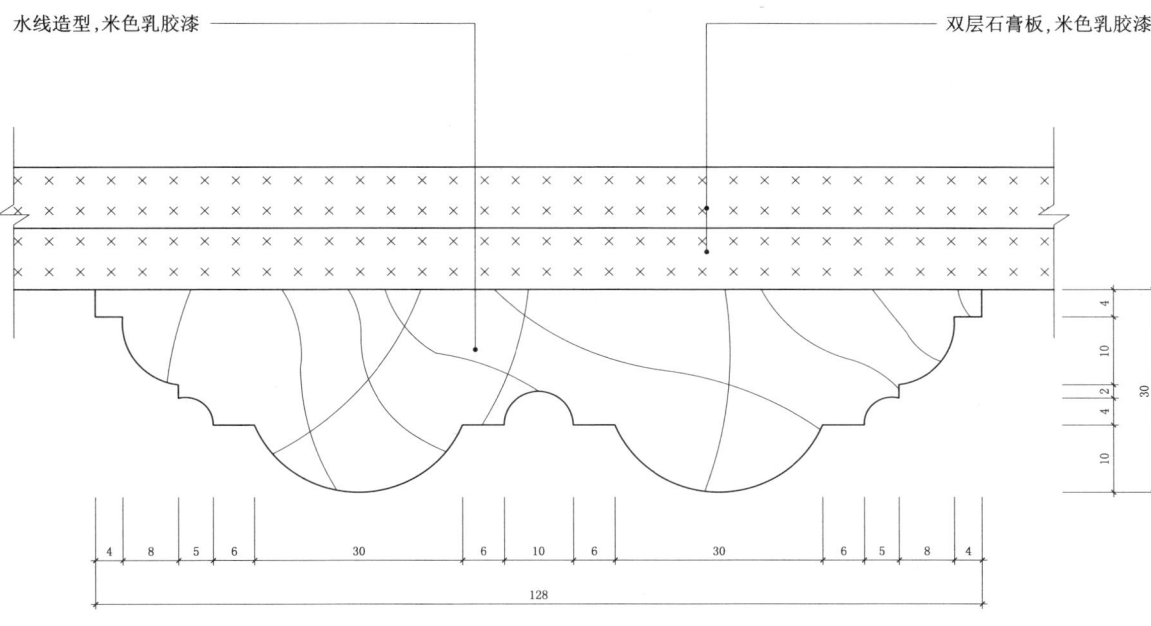

1 线条大样图

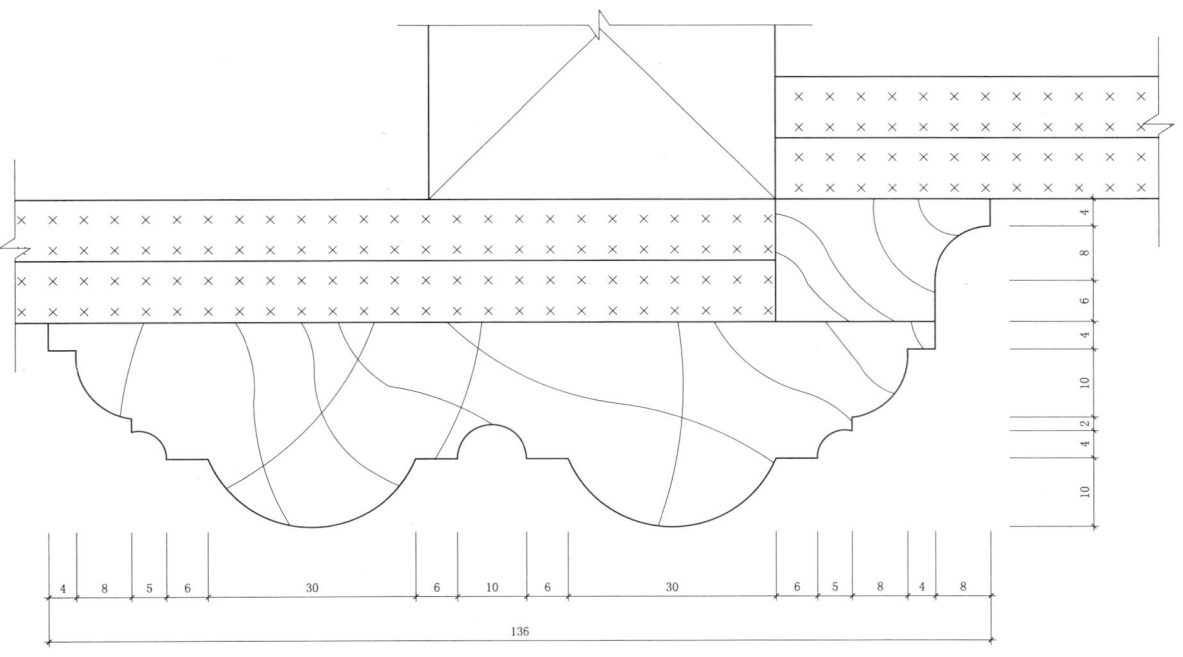

2 线条大样图

21.9 大堂空间顶面、立面节点

21.9.1 剖立面

21.9 大堂空间顶面、立面节点

21.9.2 顶棚节点(一)

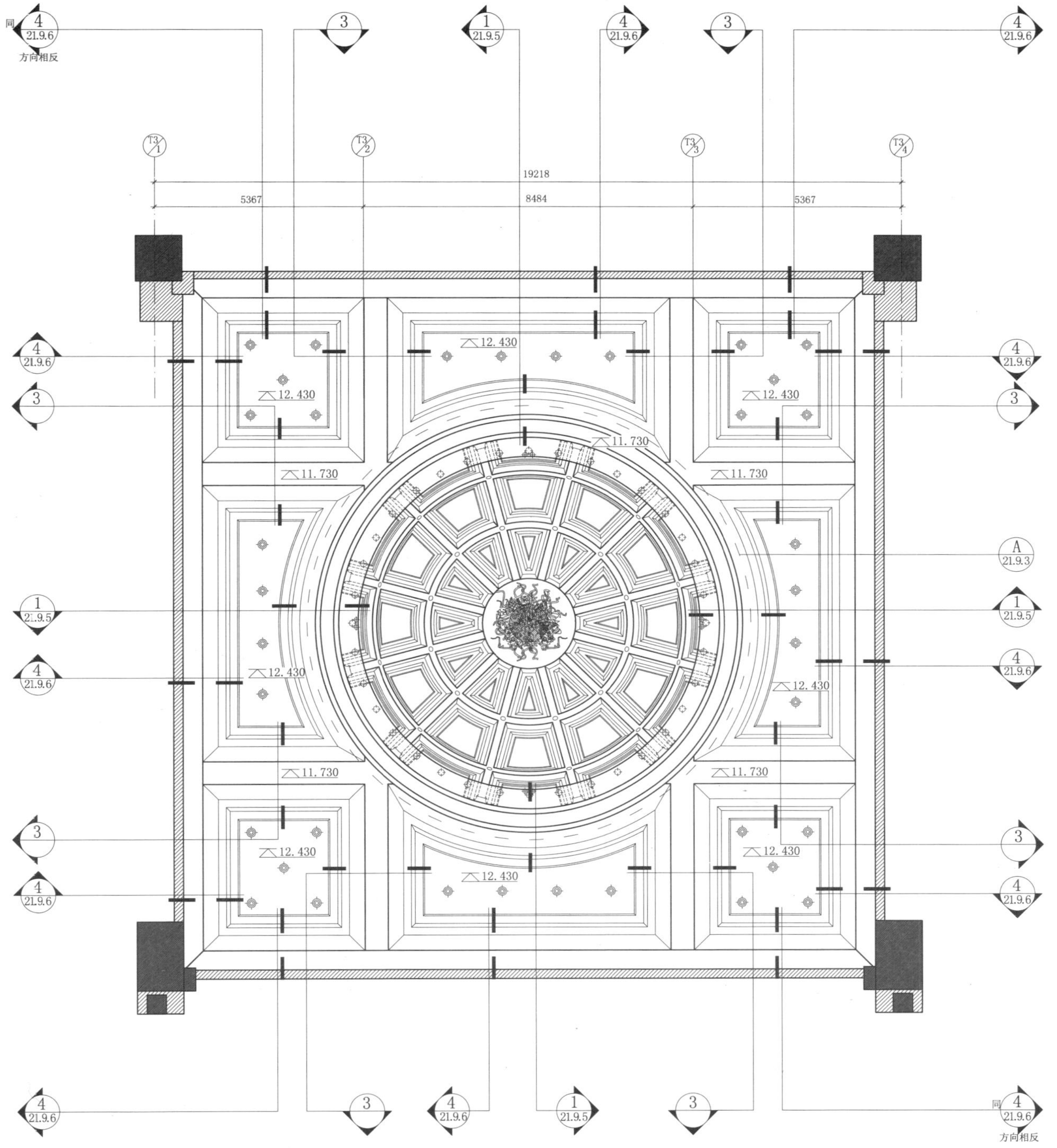

21 西方古典风格·顶面构造

平顶图

21 西方古典风格·顶面构造

21.9 大堂空间顶面、立面节点

21.9.3 顶棚节点(二)

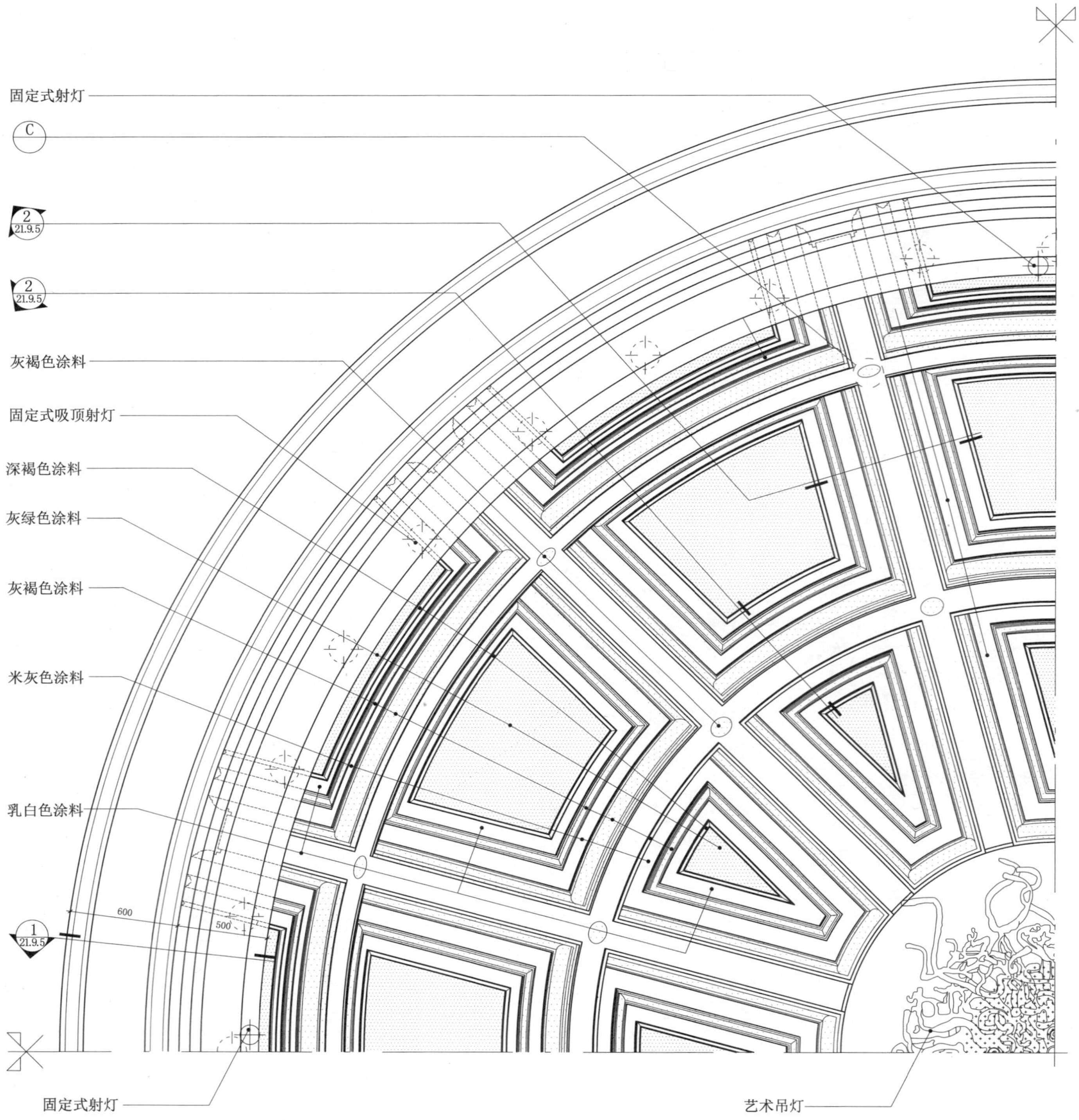

- 固定式射灯
- 灰褐色涂料
- 固定式吸顶射灯
- 深褐色涂料
- 灰绿色涂料
- 灰褐色涂料
- 米灰色涂料
- 乳白色涂料
- 固定式射灯
- 艺术吊灯

A大样图

21.9 大堂空间顶面、立面节点

21.9.4 顶棚节点(三)

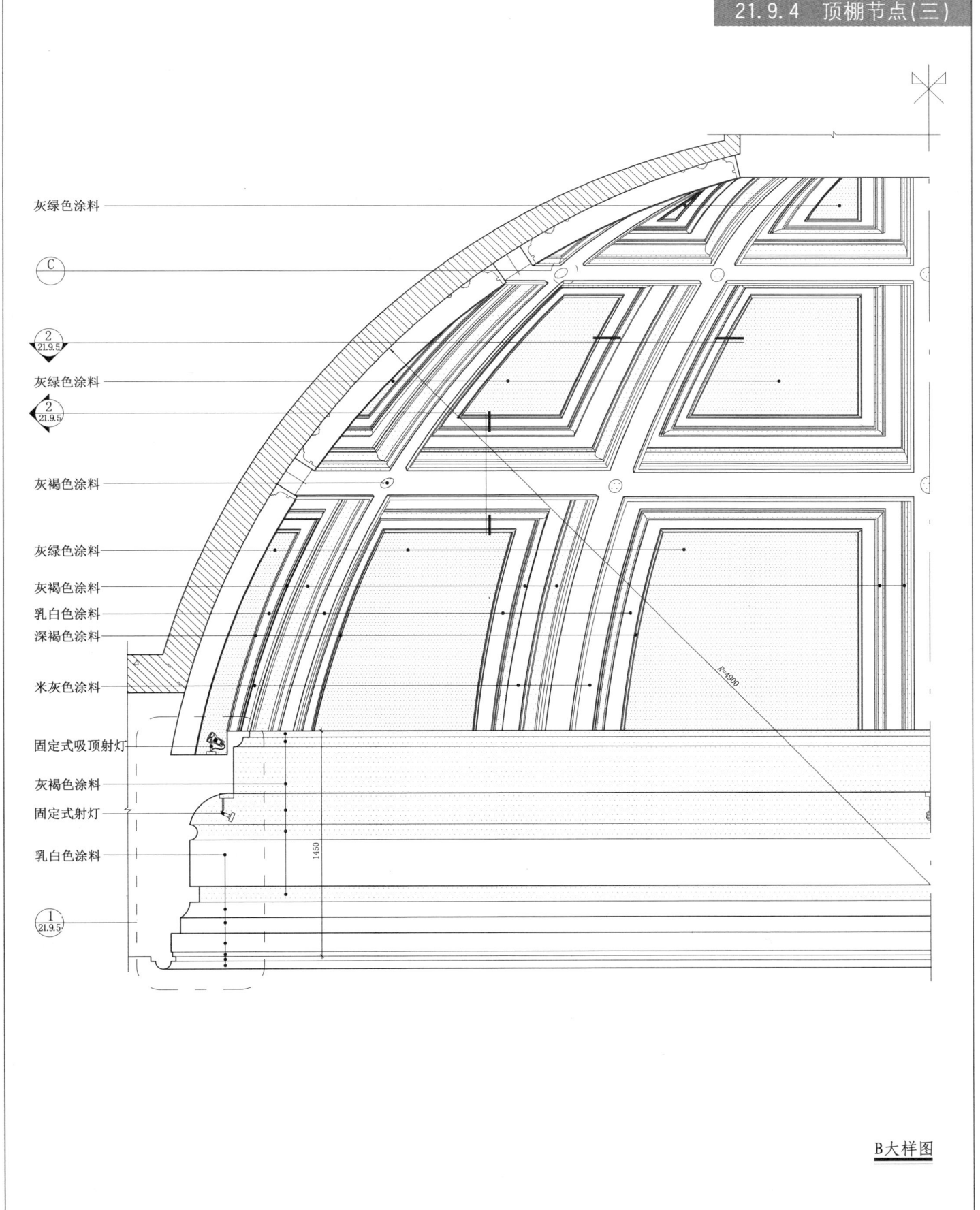

B大样图

21.9 大堂空间顶面、立面节点

21.9.5 顶棚节点（四）

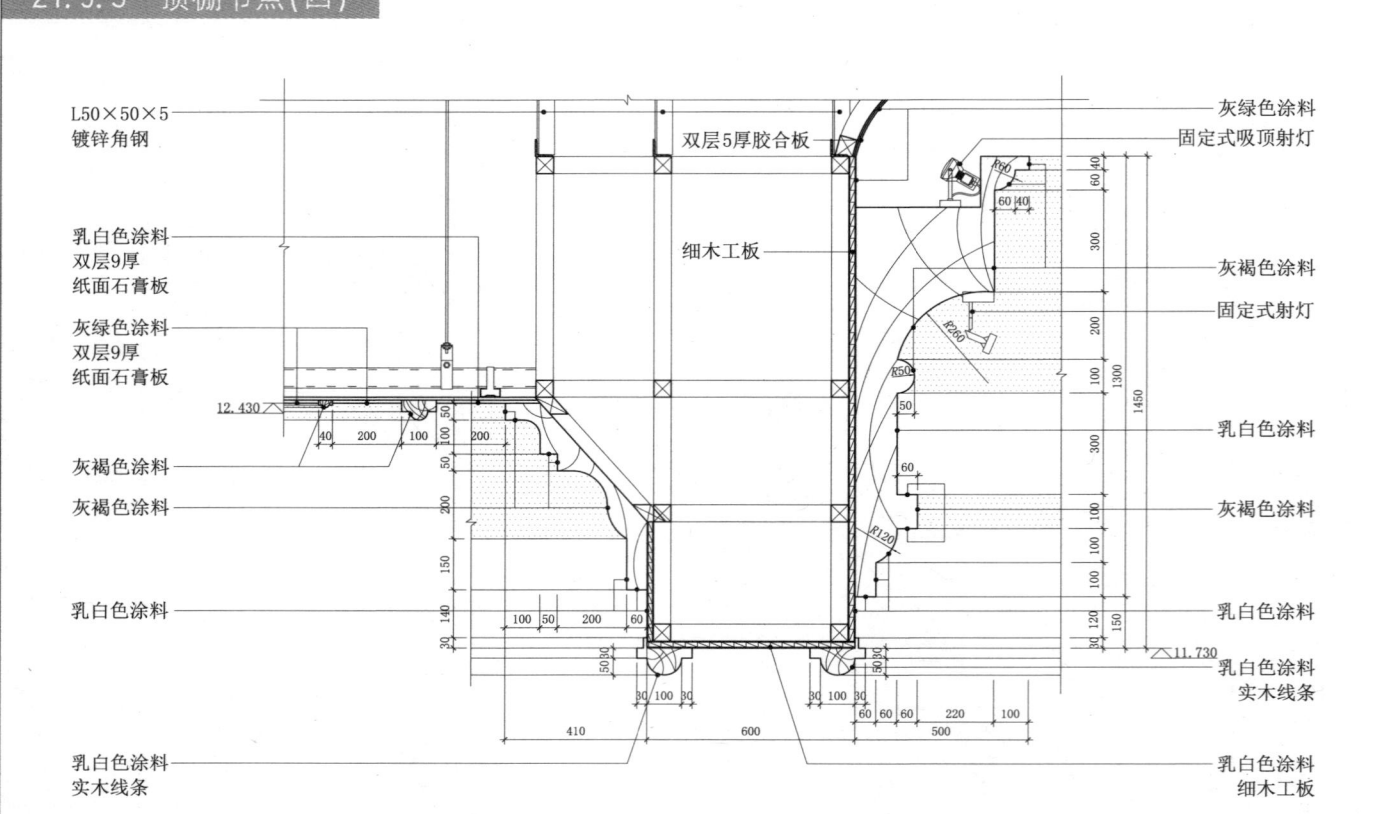

1 节点图

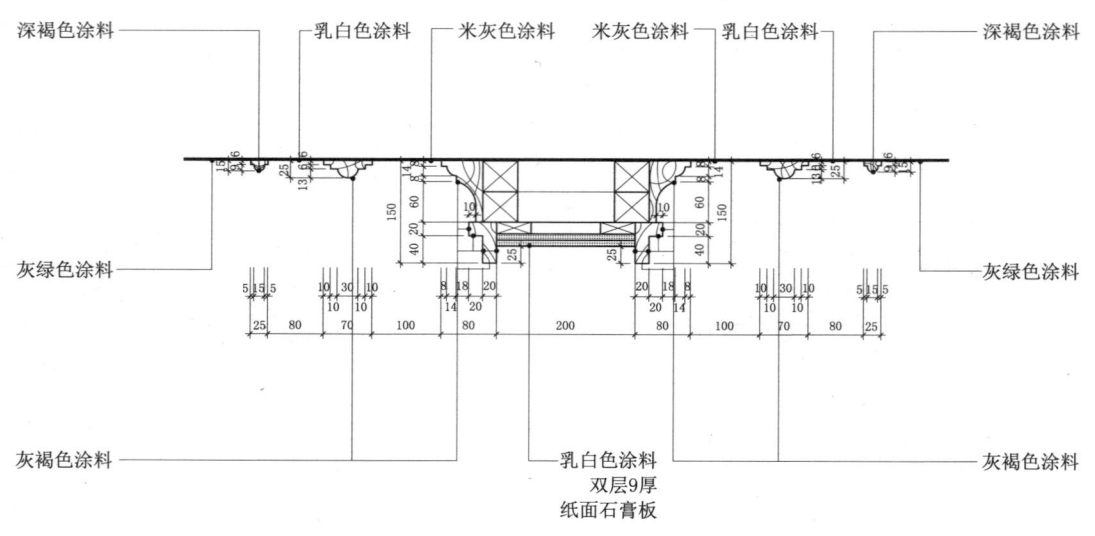

2 节点图

21.9.6 顶棚节点（五）

21.9 大堂空间顶面、立面节点

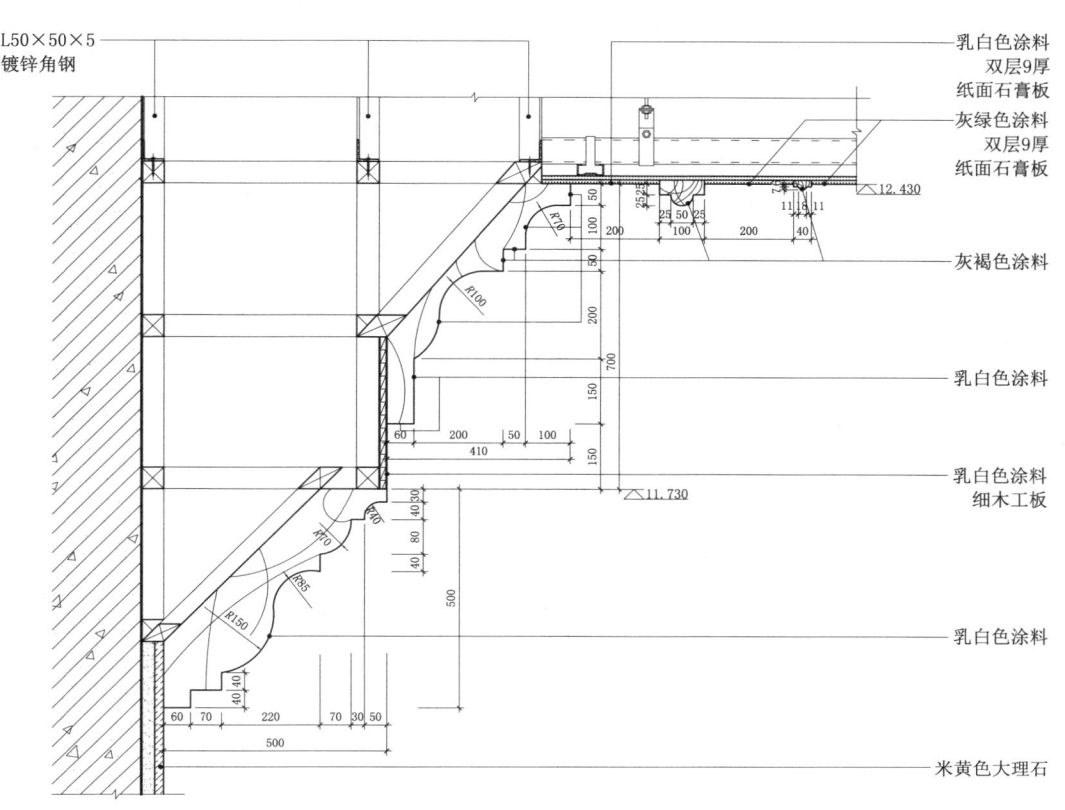

4 节点图

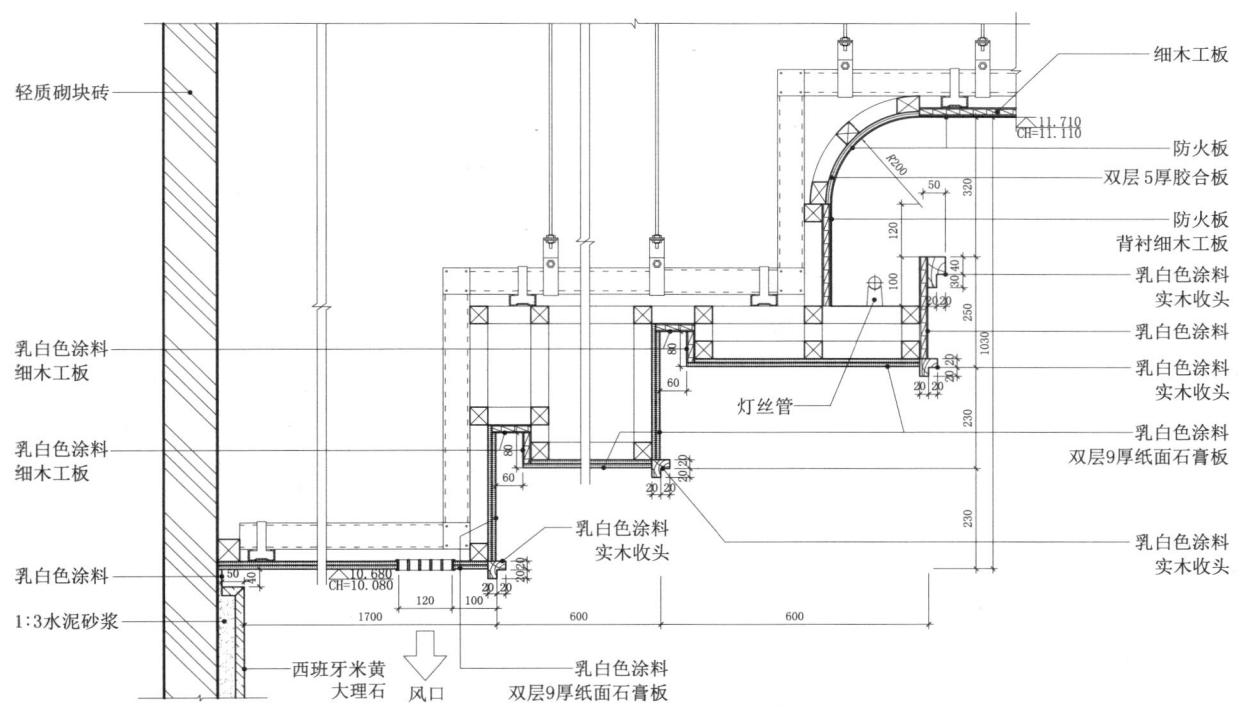

5 节点图

21.9 大堂空间顶面、立面节点

21.9.7 顶棚节点(六)

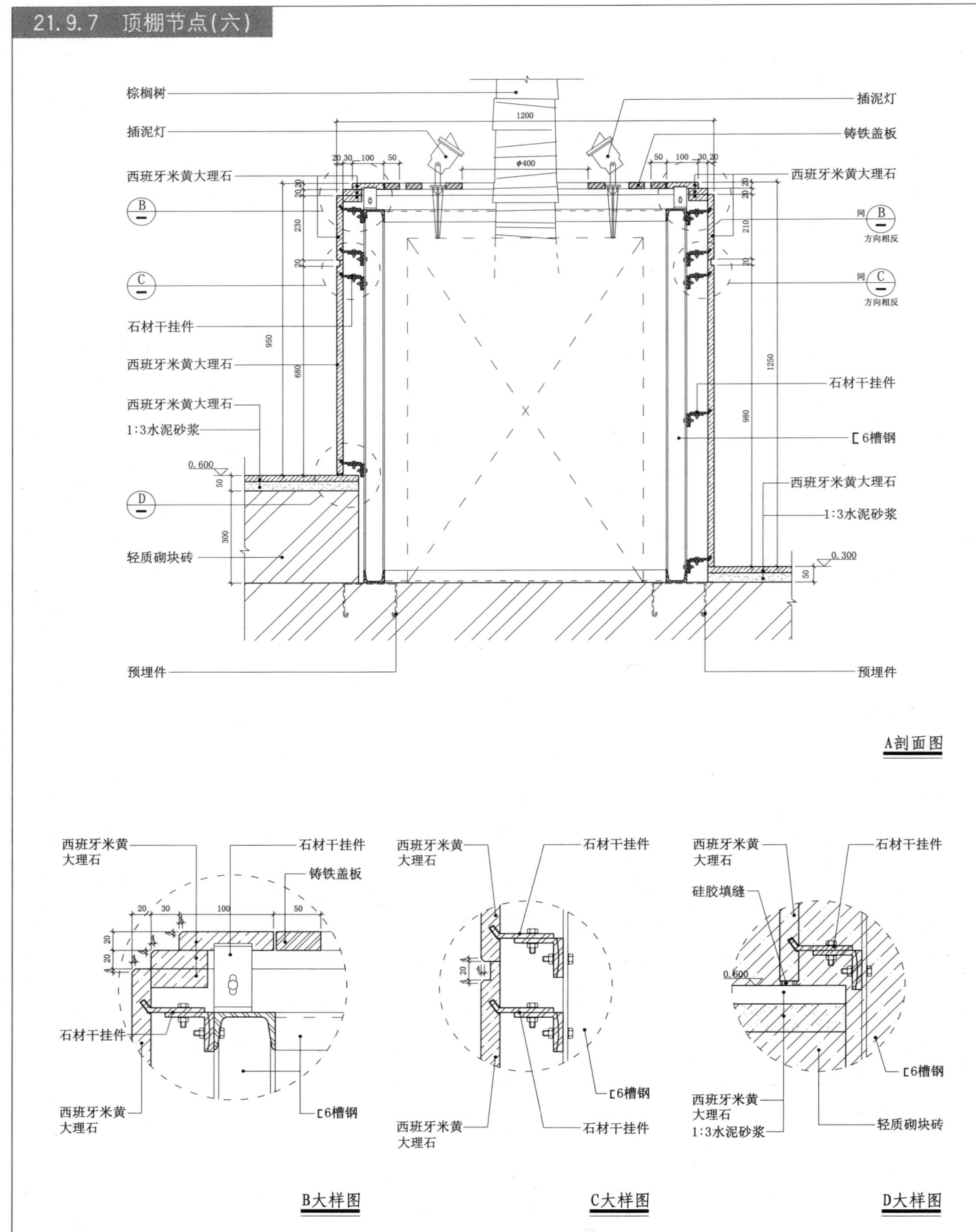

A剖面图

B大样图　　C大样图　　D大样图

21.9.8 顶棚节点（七）

21.9 大堂空间顶面、立面节点

西方古典风格 · 顶面构造

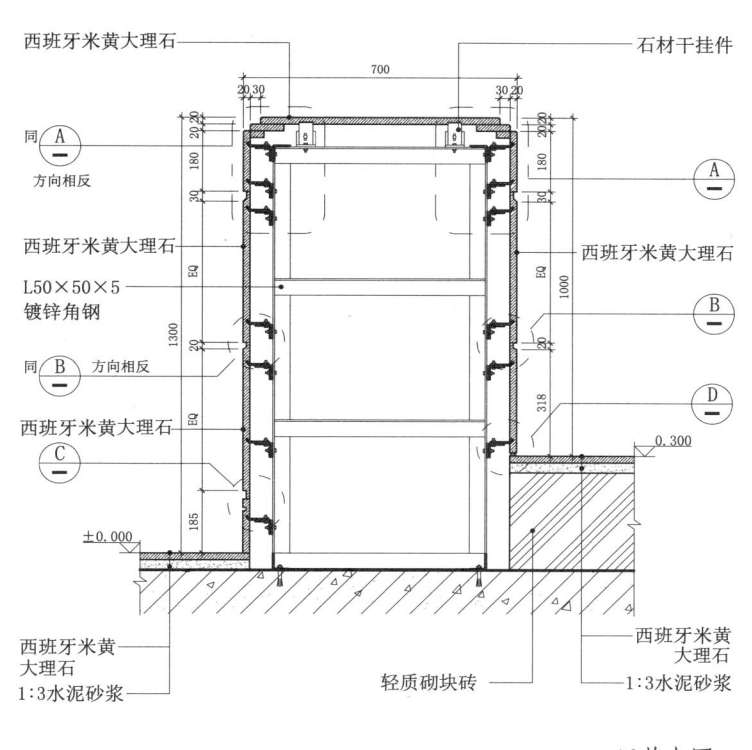

10节点图

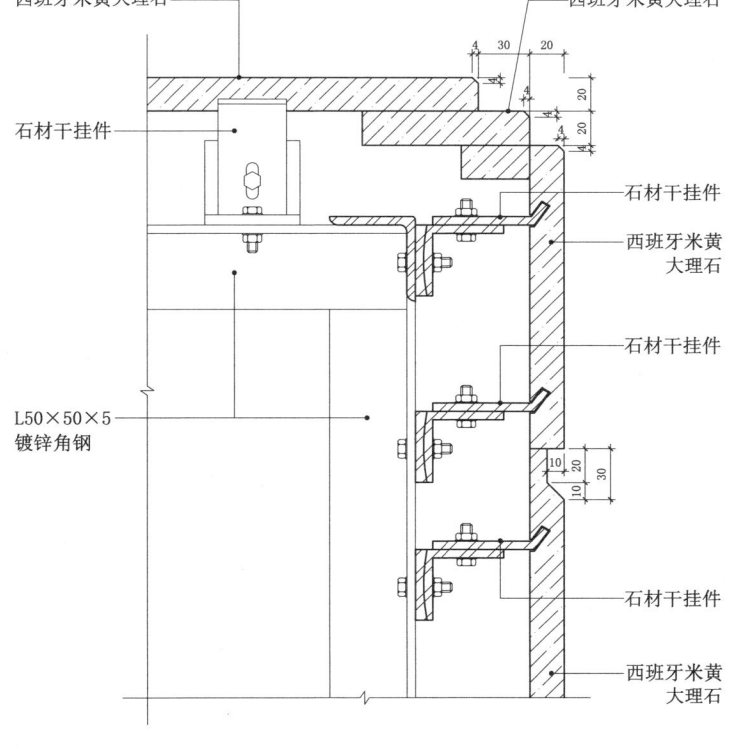

A大样图

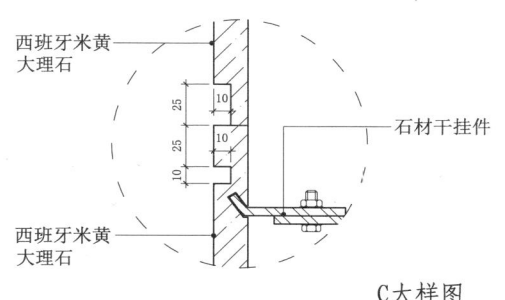

B大样图

C大样图

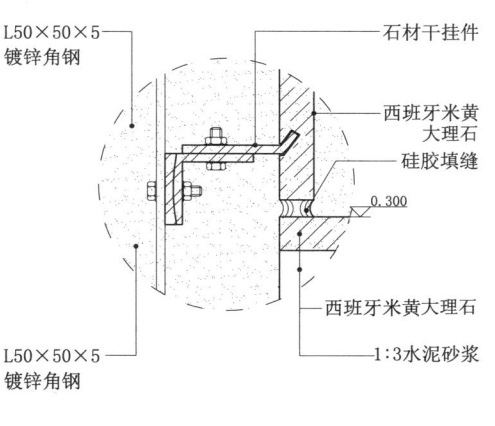

D大样图

21.10 古典顶角线

21.10.1

1 顶角线

A 放样图

B 放样图

C 放样图

2 顶角线

D 放样图

21.10 古典顶角线

21.10.2

西方古典风格

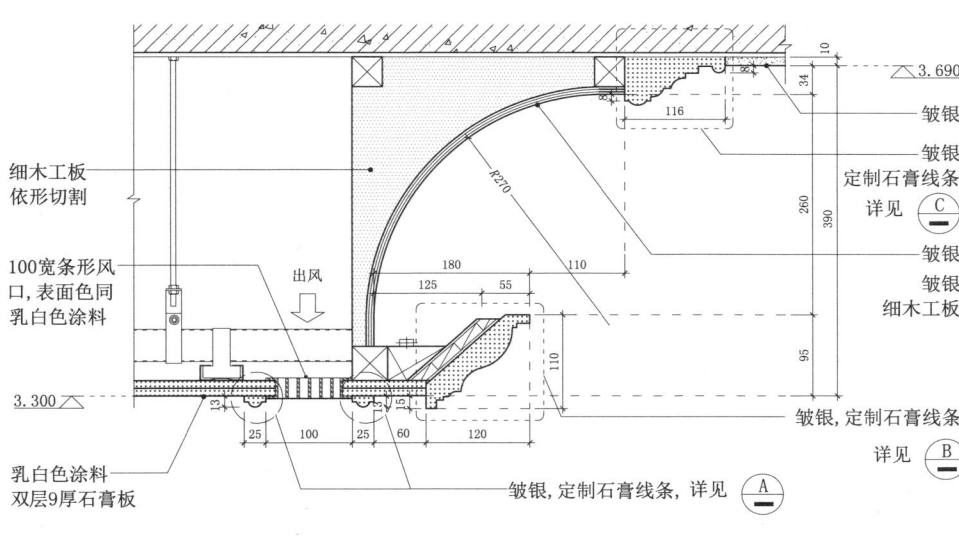

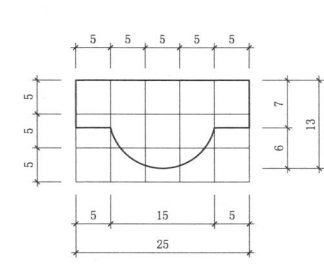

A放样图

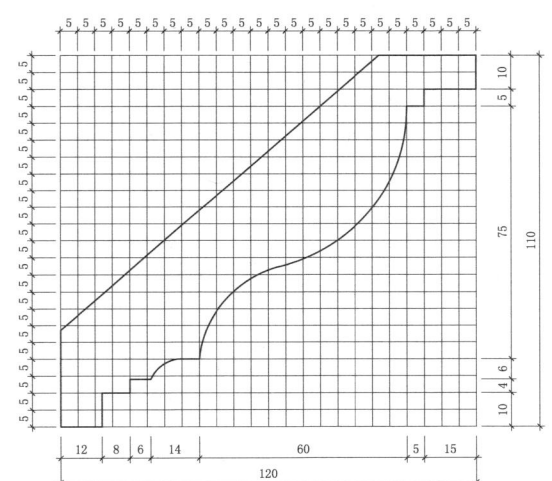

3顶角线

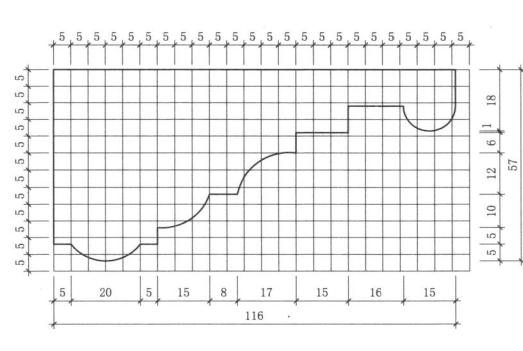

B放样图

C放样图

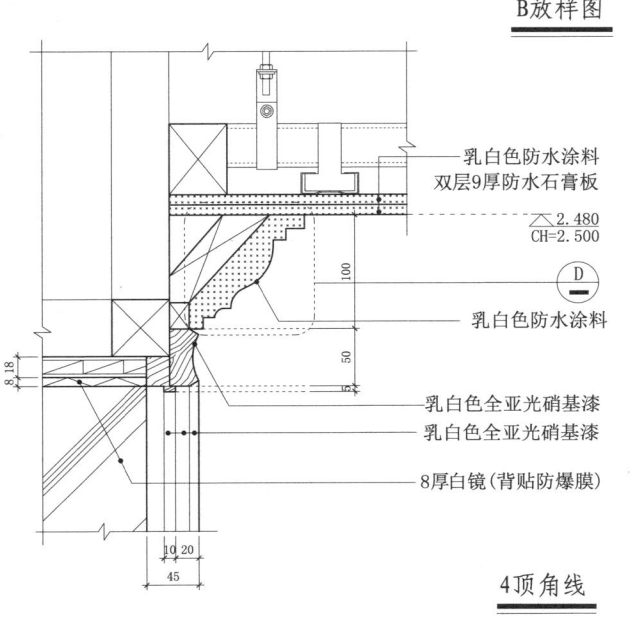

4顶角线

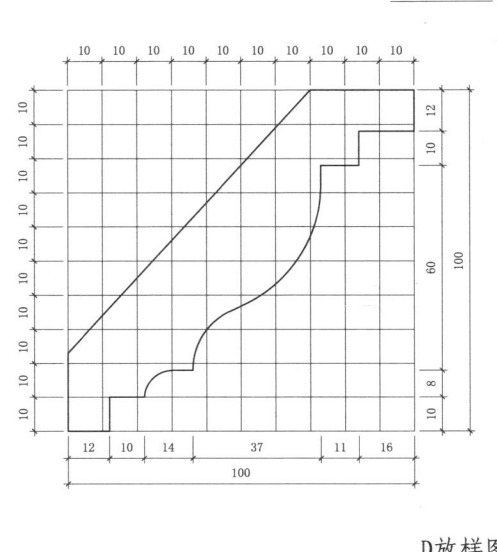

D放样图

21 西方古典风格

21.10 古典顶角线

21.10.3

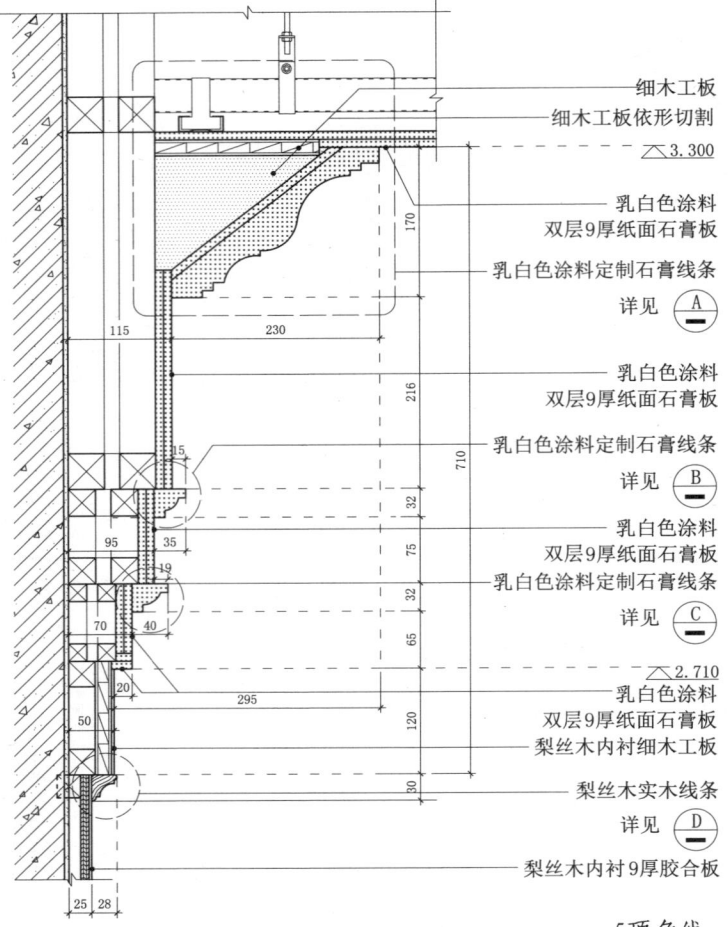

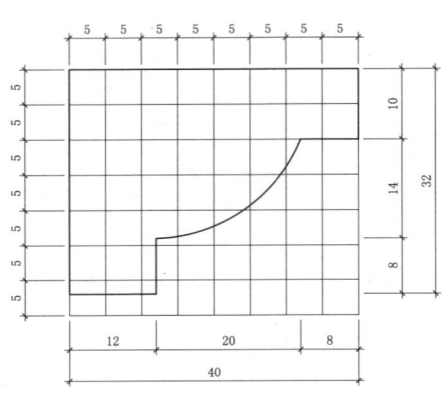

B放样图

5顶角线

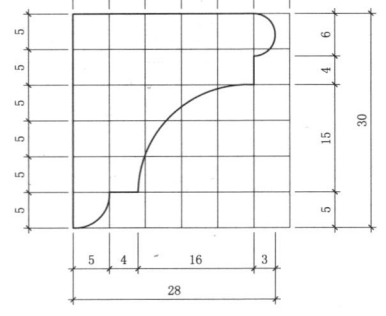

C放样图

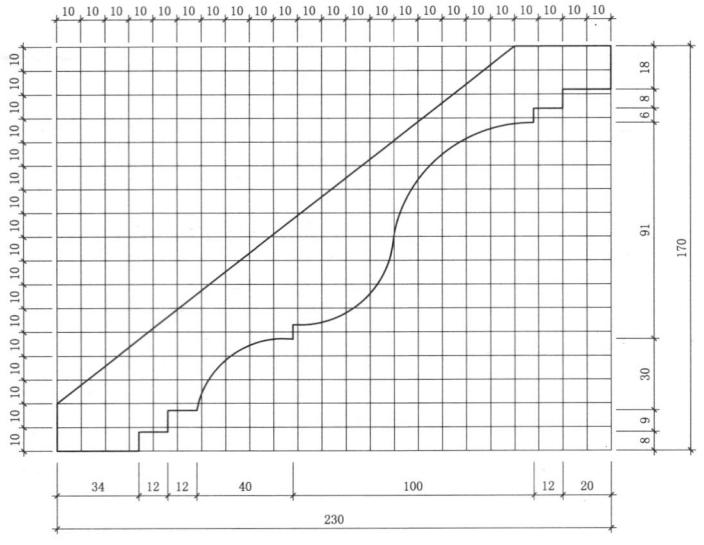

A放样图

D放样图

21.11 顶棚镜框节点

21 西方古典风格·顶面构造

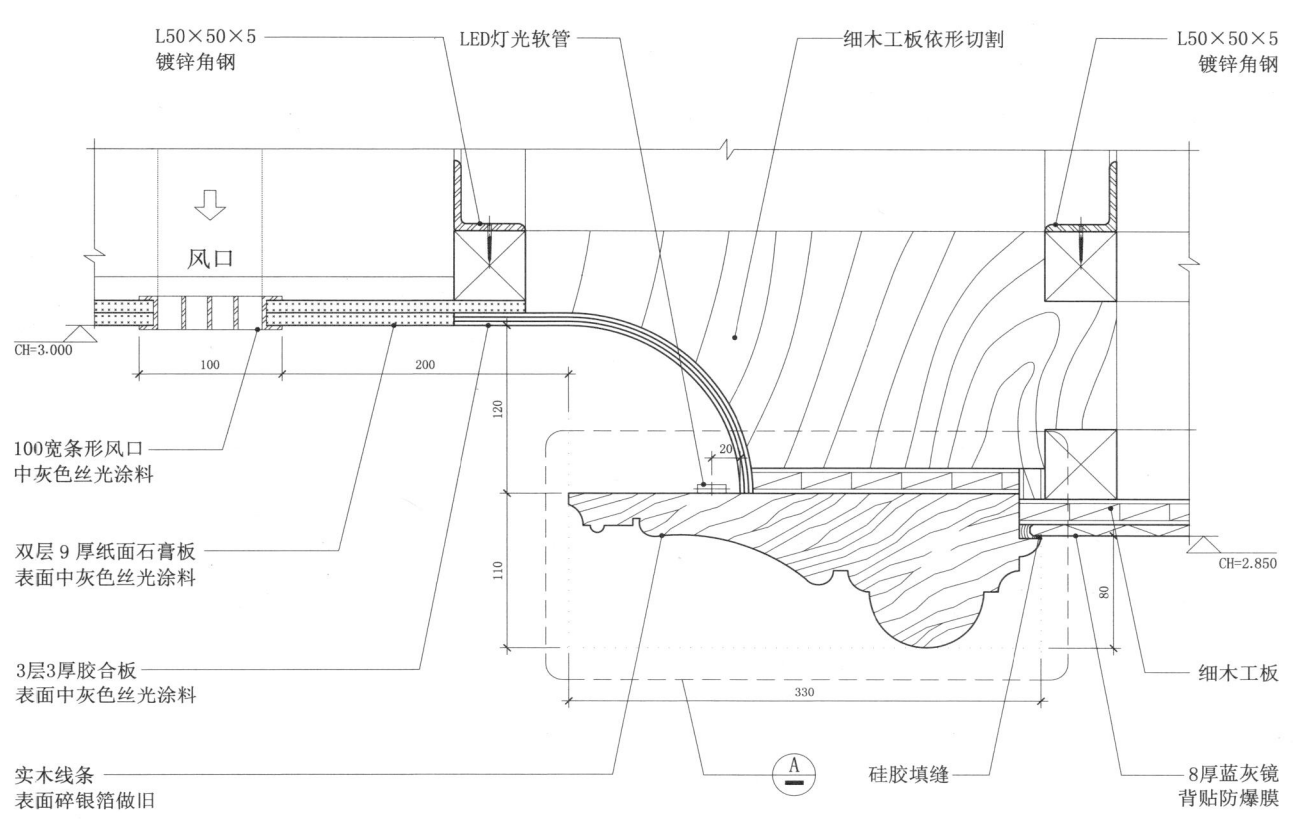

剖面图

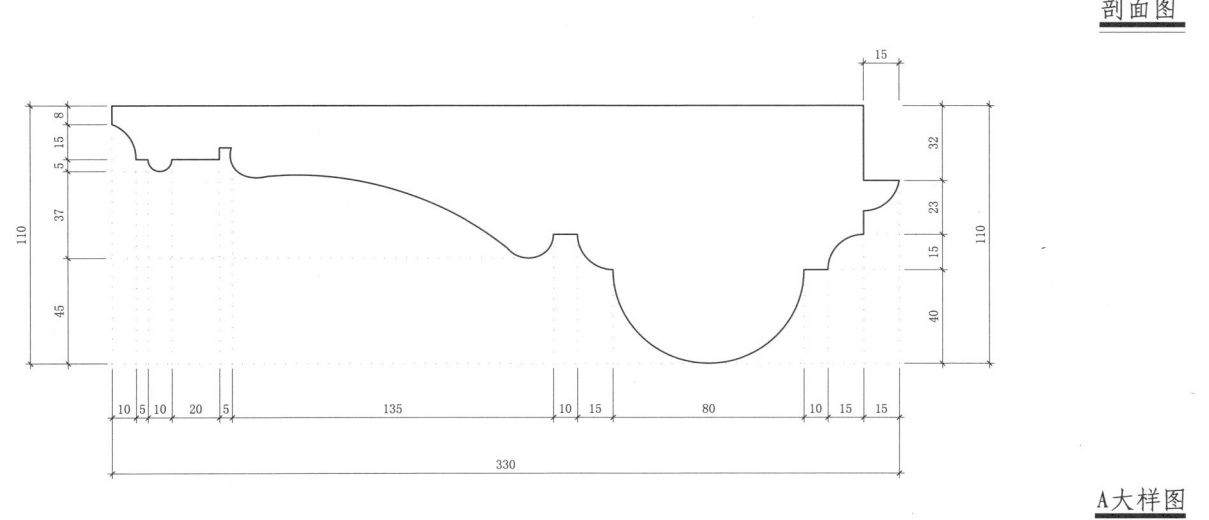

A大样图

21.12 门套线脚

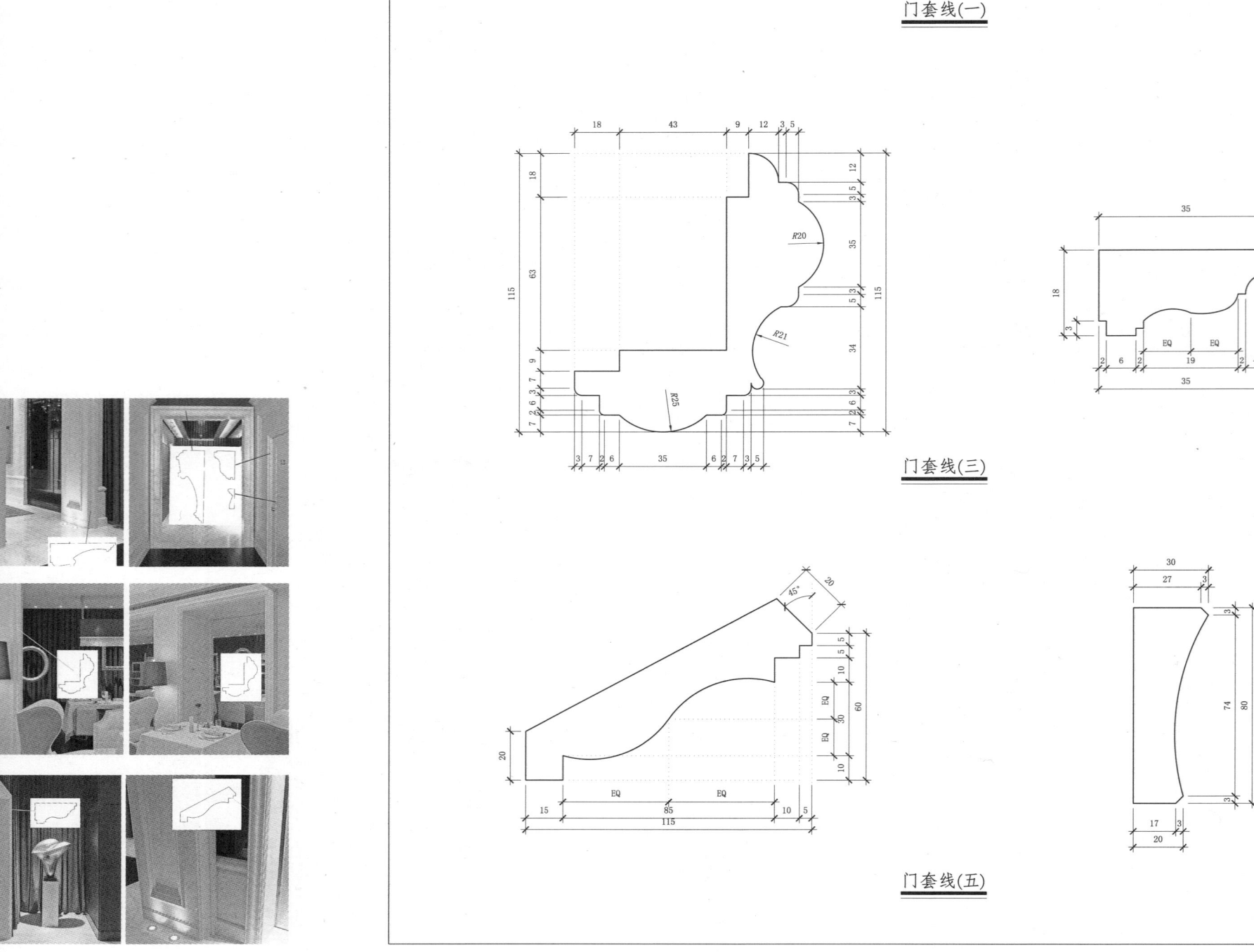

21.12.1

门套线(一)

门套线(二)

门套线(三)

门套线(四)

门套线(五)

门套线(六)

21.12 门套线脚

21 西方古典风格

21.12.2

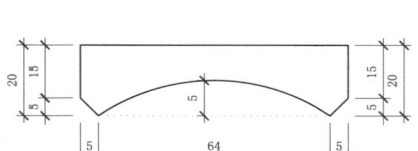
门套线(七)

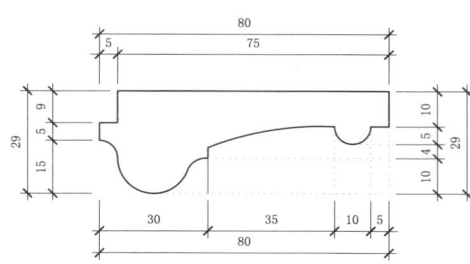
门套线(八)

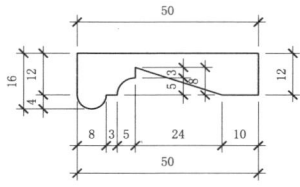
门扇框线(一)

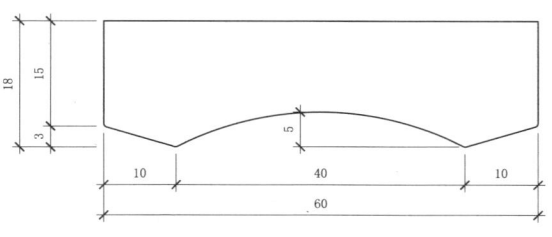
门扇框线(二)

门扇框线(三)

21 西方古典风格

21.13 踢脚线

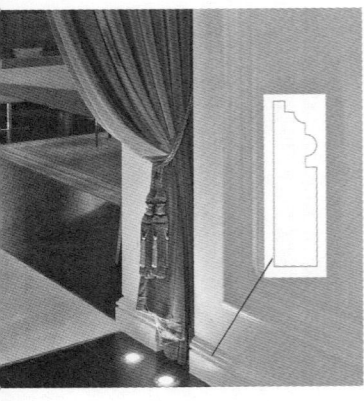

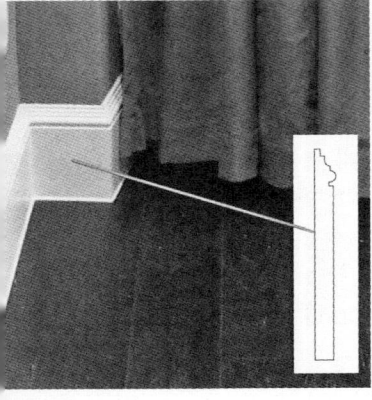

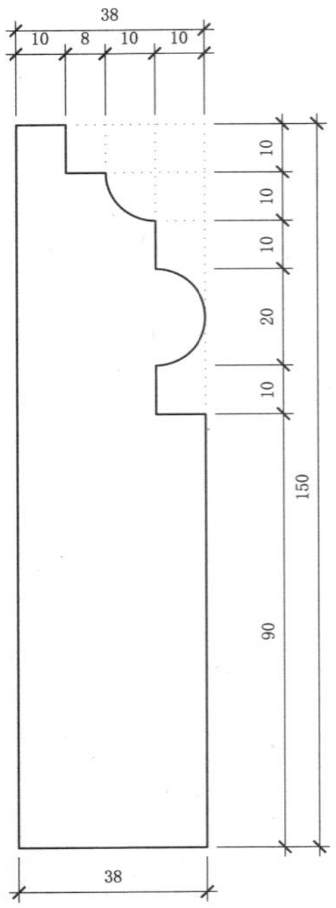

踢脚线(一) 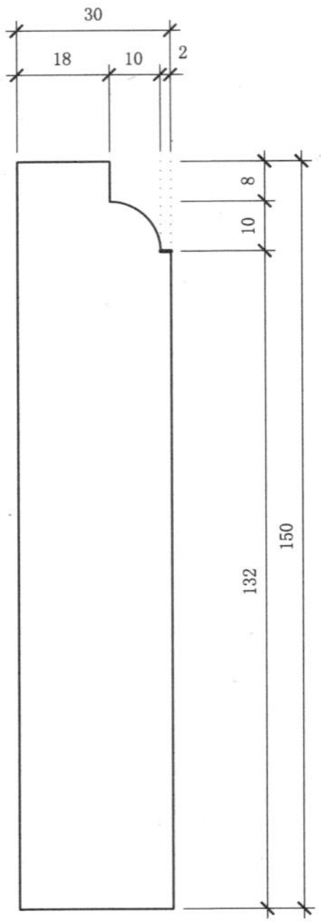　　踢脚线(二) 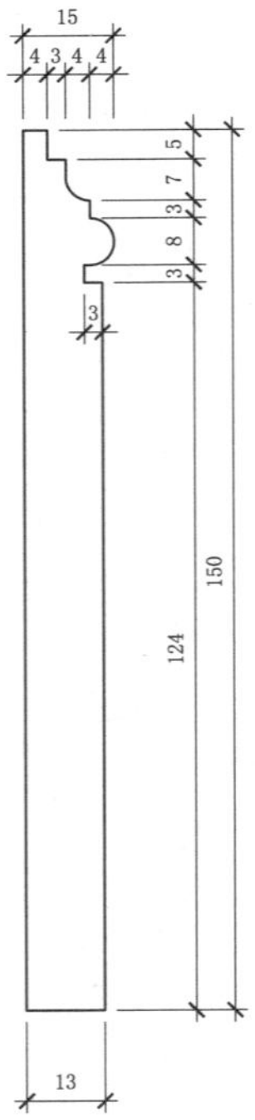　　踢脚线(三)

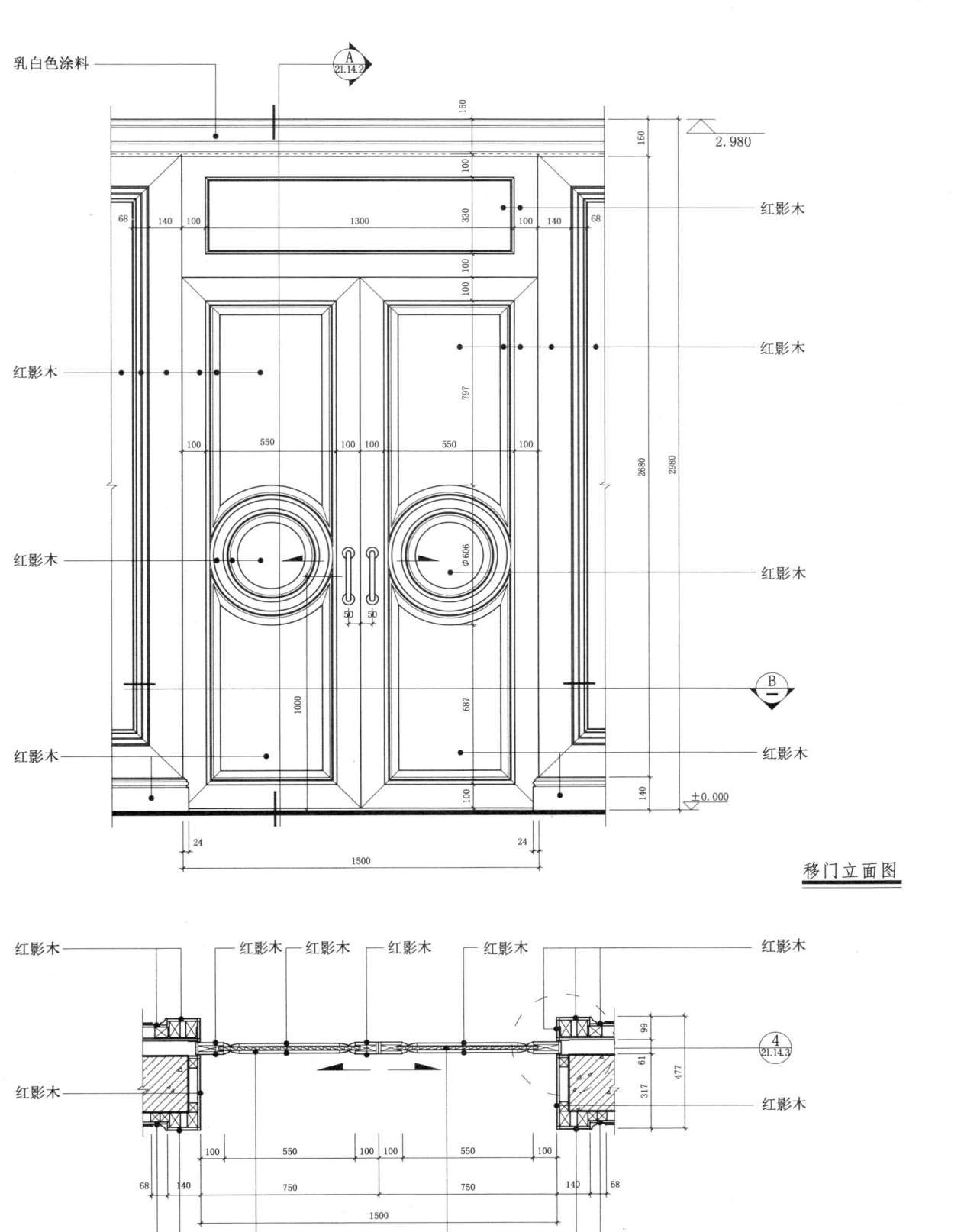

21.14 双开移门

21 西方古典风格·门窗构造

21.14 双开移门

21.14.2

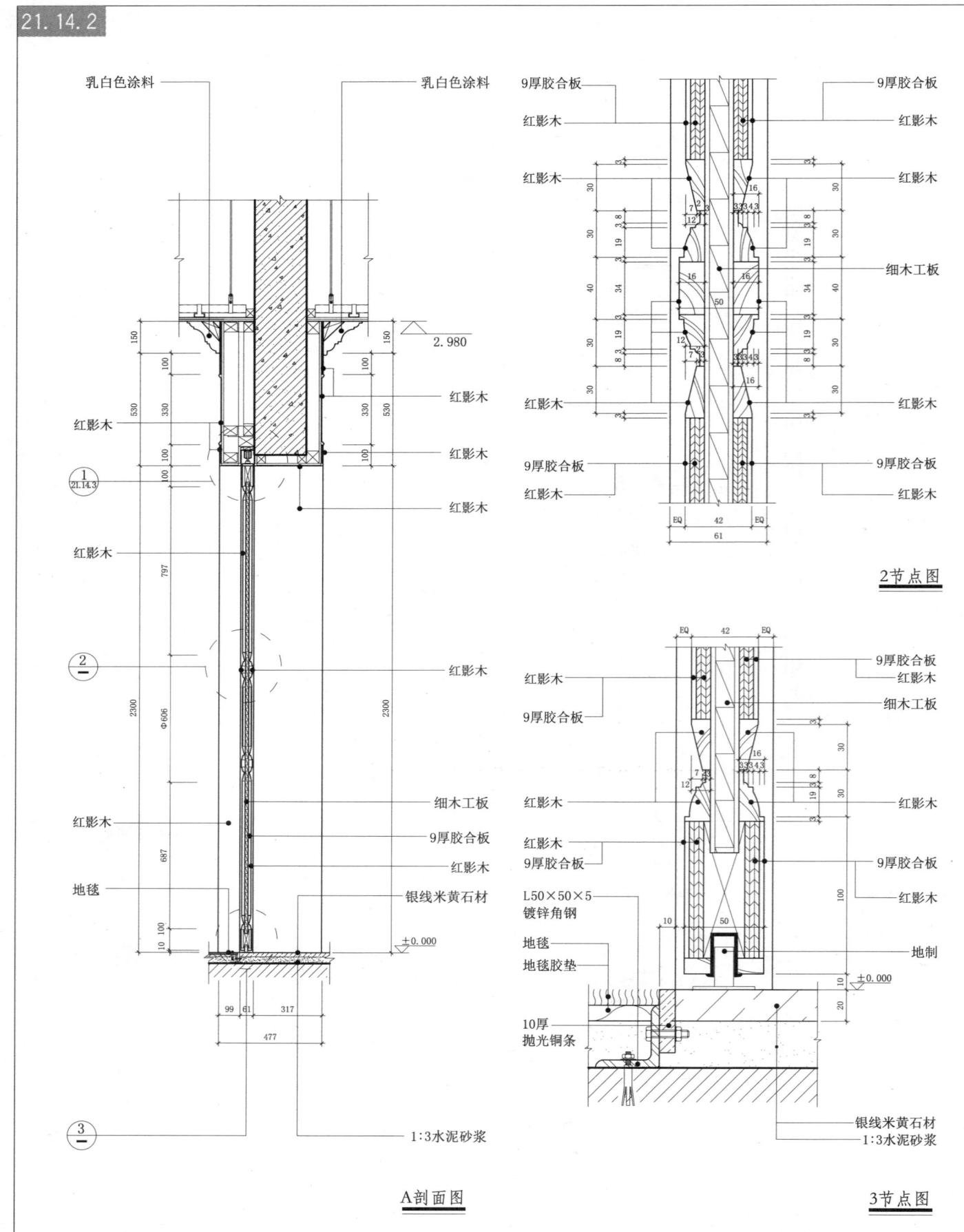

A剖面图

2节点图

3节点图

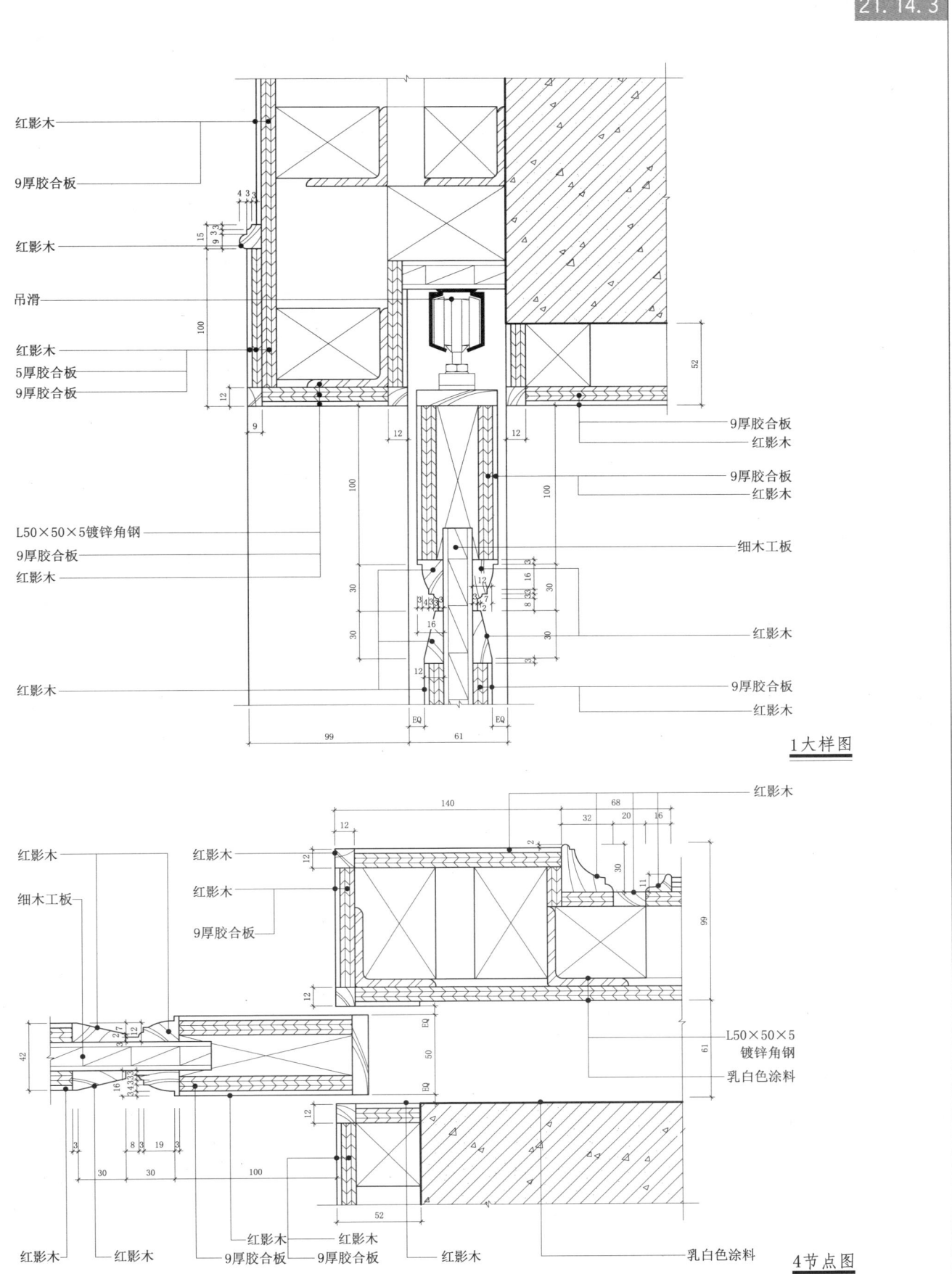

21 西方古典风格·门窗构造 金属构造

21.15 拱形铝合金露台门

21.15.1

立面图标注：
- 米褐色涂料
- 8厚压花玻璃（银霞）
- 米白色涂料
- 深咖啡色绒布窗帘
- 白冰绸
- 水平门把手
- 由专业厂家定制铝合金门框表面米白色烤漆
- 地插销
- 米白色全亚光硝基漆
- 米白色全亚光硝基漆

立面图

1剖面图标注：
- 原有建筑外墙
- 水平门把手
- 由专业厂家定制铝合金门框表面见原有外立面
- 原有建筑外墙
- 米白色涂料
- 米白色全亚光硝基漆
- 由专业厂家定制铝合金门框表面米白色烤漆
- 米褐色涂料

1剖面图

21.15 拱形铝合金露台门

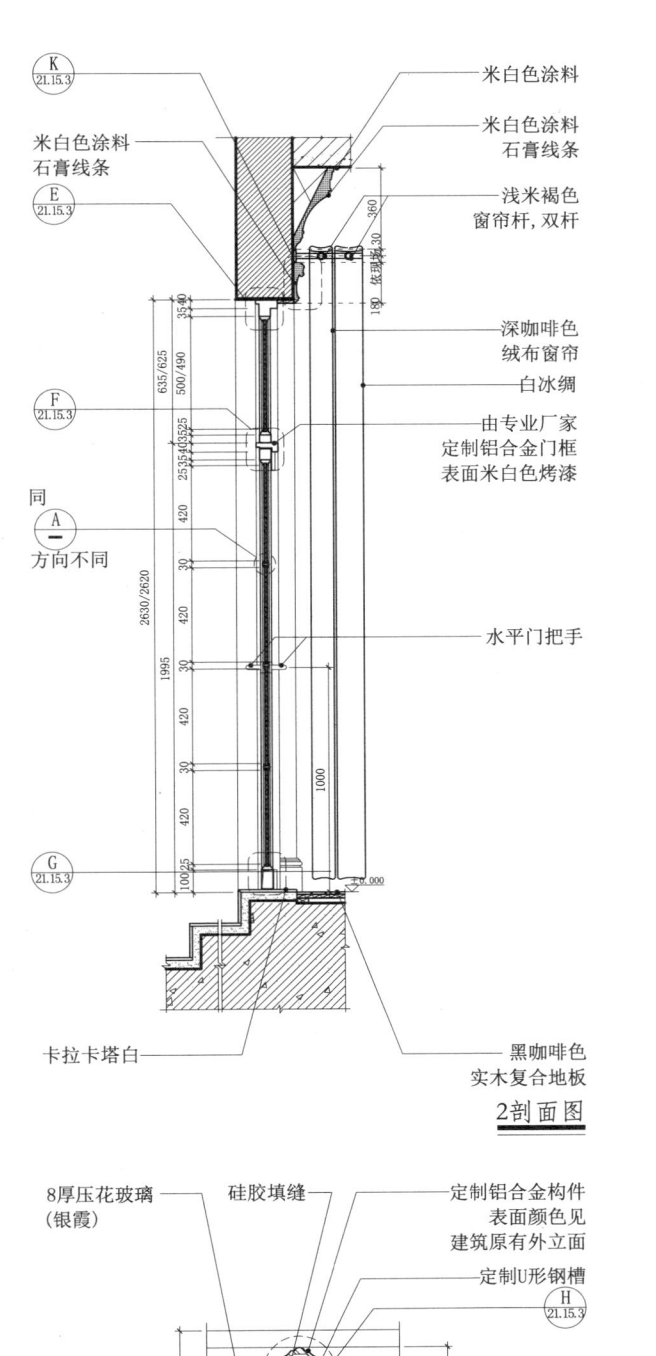

2剖面图

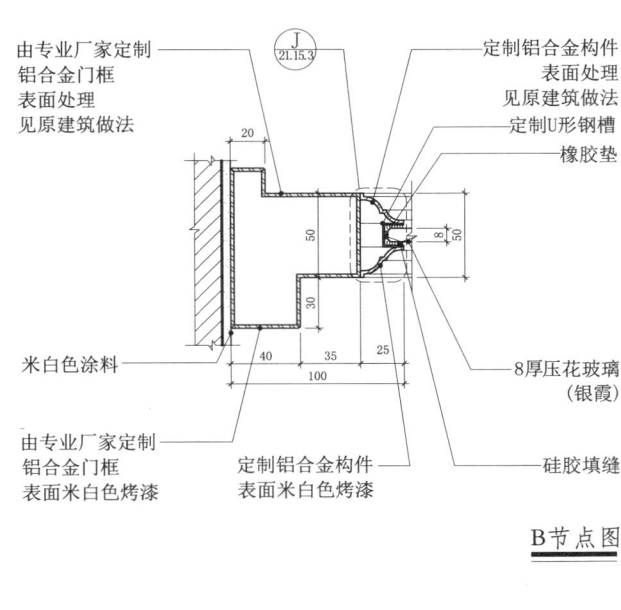

B节点图

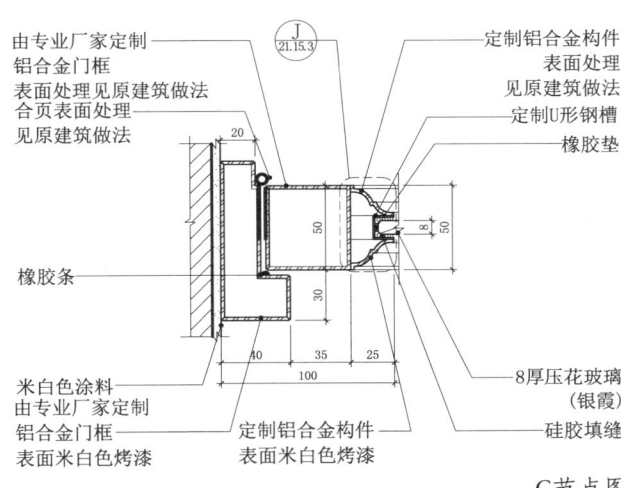

C节点图

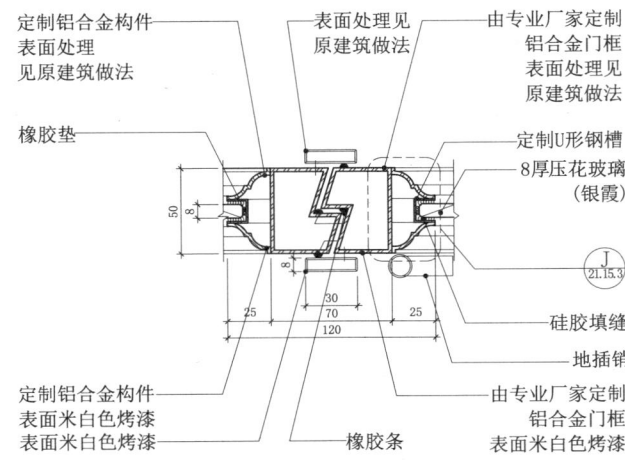

A节点图　　　　　　　　　　D节点图

21.15 拱形铝合金露台门

21.15.3

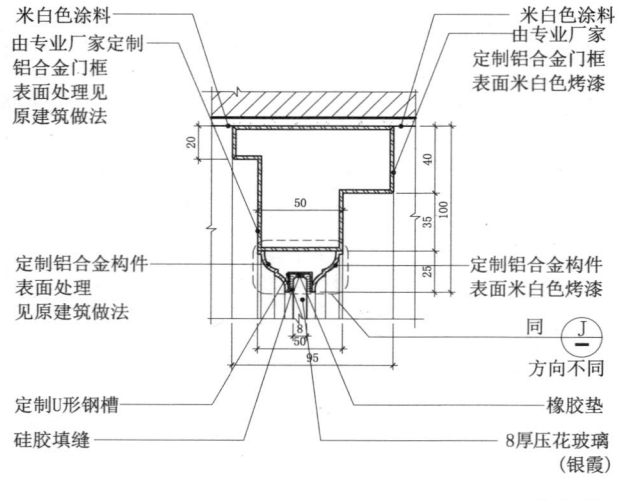

E节点图

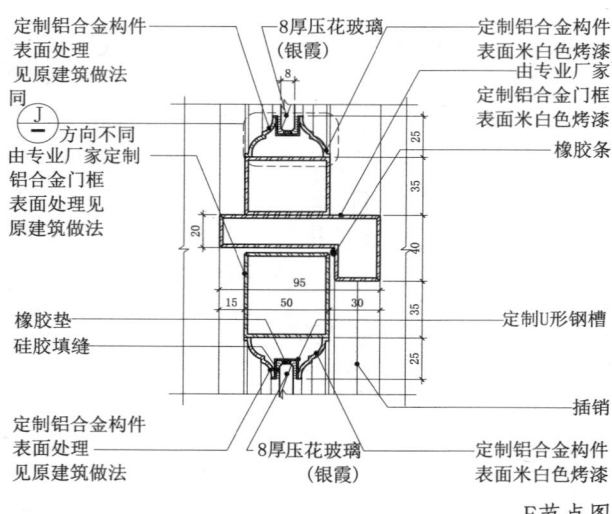

F节点图

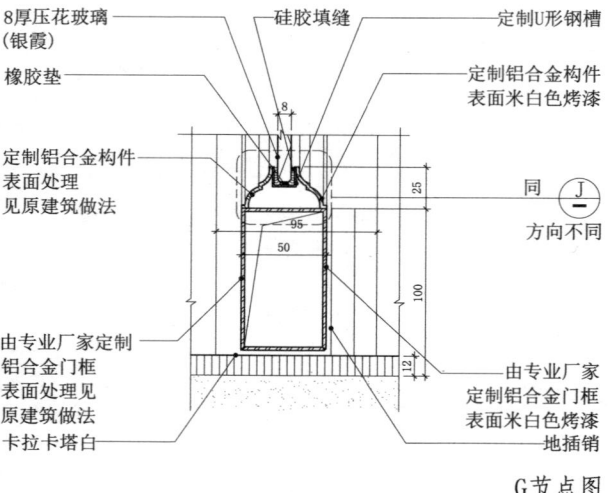

G节点图

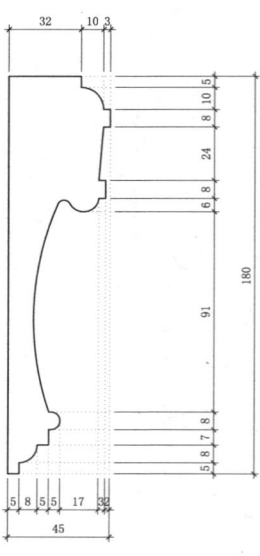

K大样图

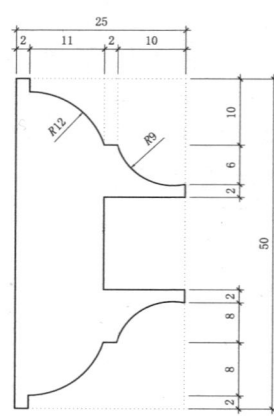

J大样图

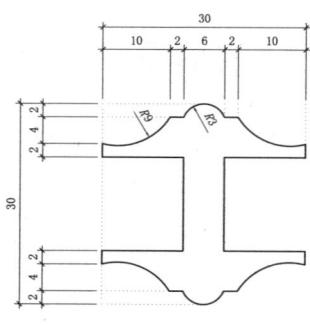

H大样图

21.16　金属框架玻璃门

21.16.1

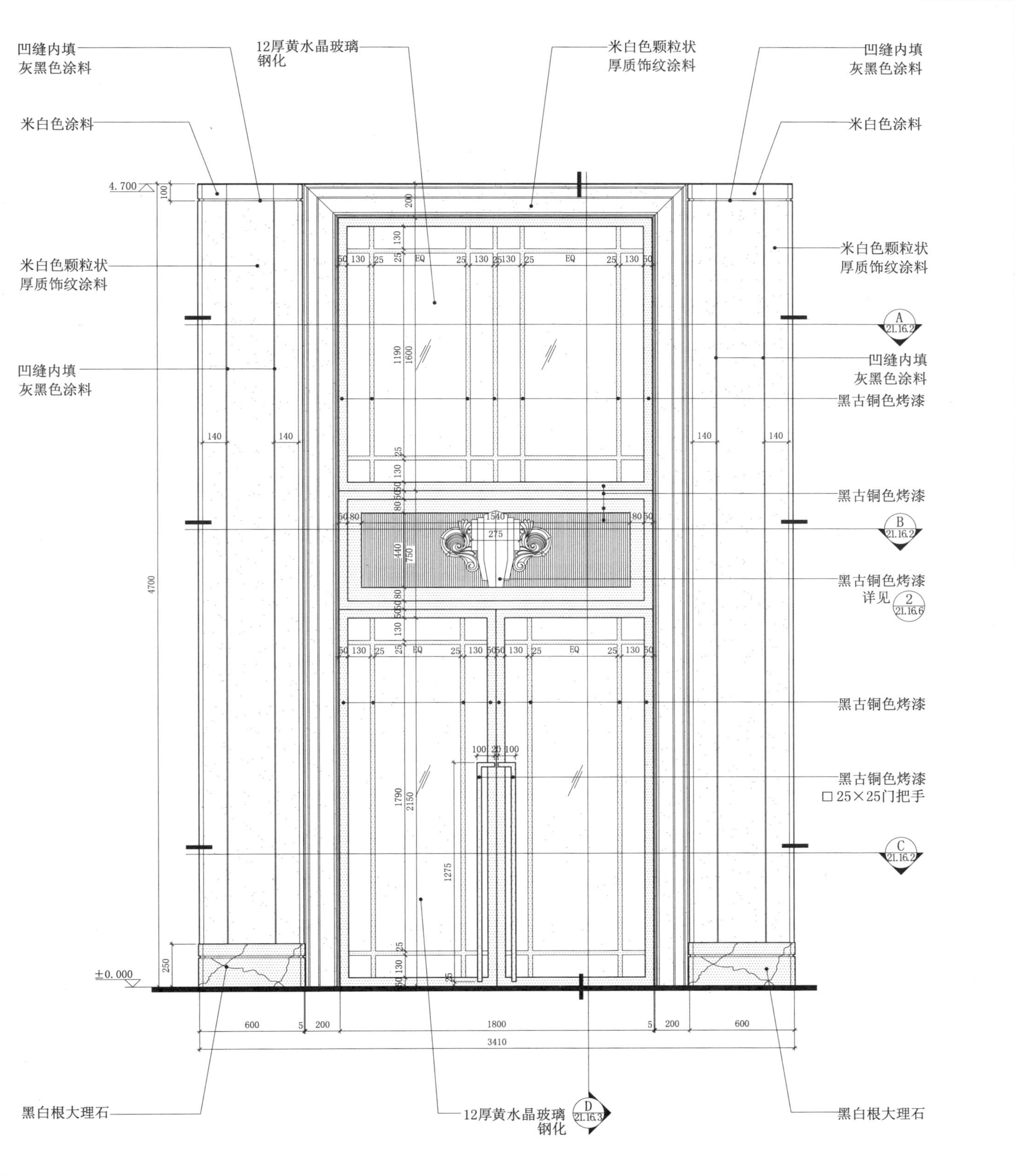

立面图

标注（自上而下、自左而右）：
- 凹缝内填灰黑色涂料
- 12厚黄水晶玻璃钢化
- 米白色颗粒状厚质饰纹涂料
- 凹缝内填灰黑色涂料
- 米白色涂料
- 米白色涂料
- 米白色颗粒状厚质饰纹涂料
- 米白色颗粒状厚质饰纹涂料
- 凹缝内填灰黑色涂料
- 黑古铜色烤漆
- 黑古铜色烤漆
- 黑古铜色烤漆 详见 2/21.16.6
- 黑古铜色烤漆
- 黑古铜色烤漆 □25×25门把手
- 黑白根大理石
- 黑白根大理石
- 12厚黄水晶玻璃钢化

21 西方古典风格·门窗构造　玻璃构造　金属构造

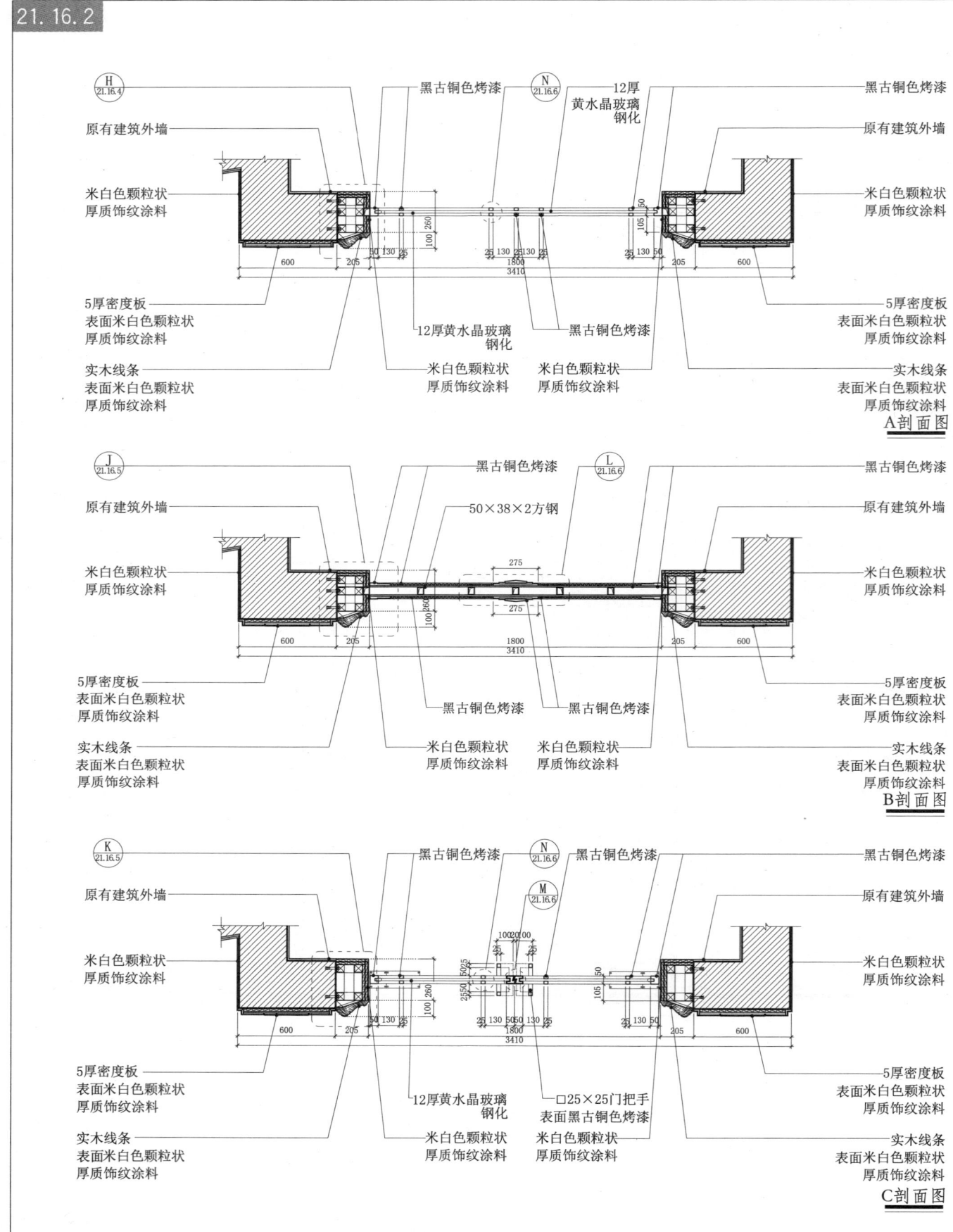

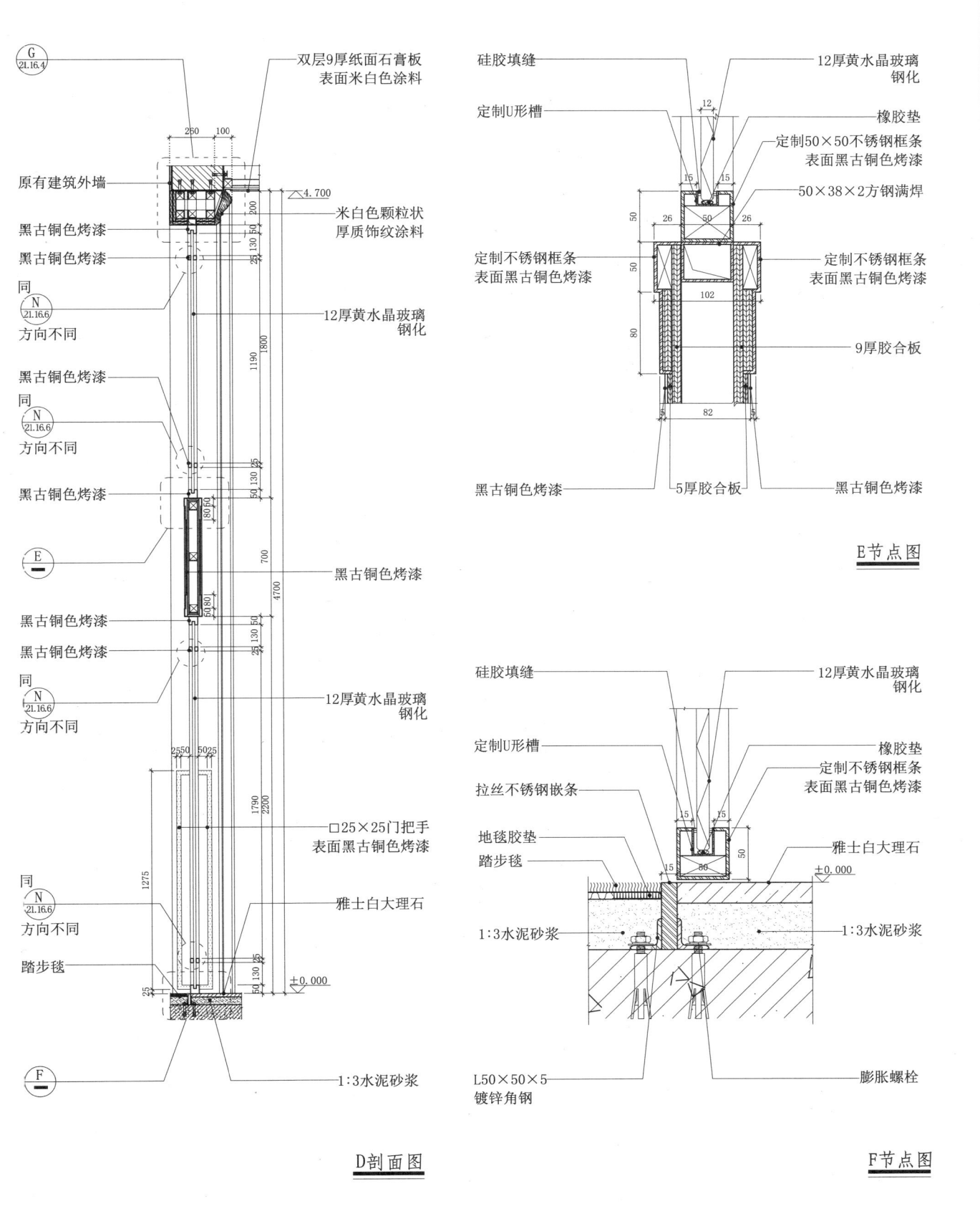

21.16 金属框架玻璃门

21.16.4

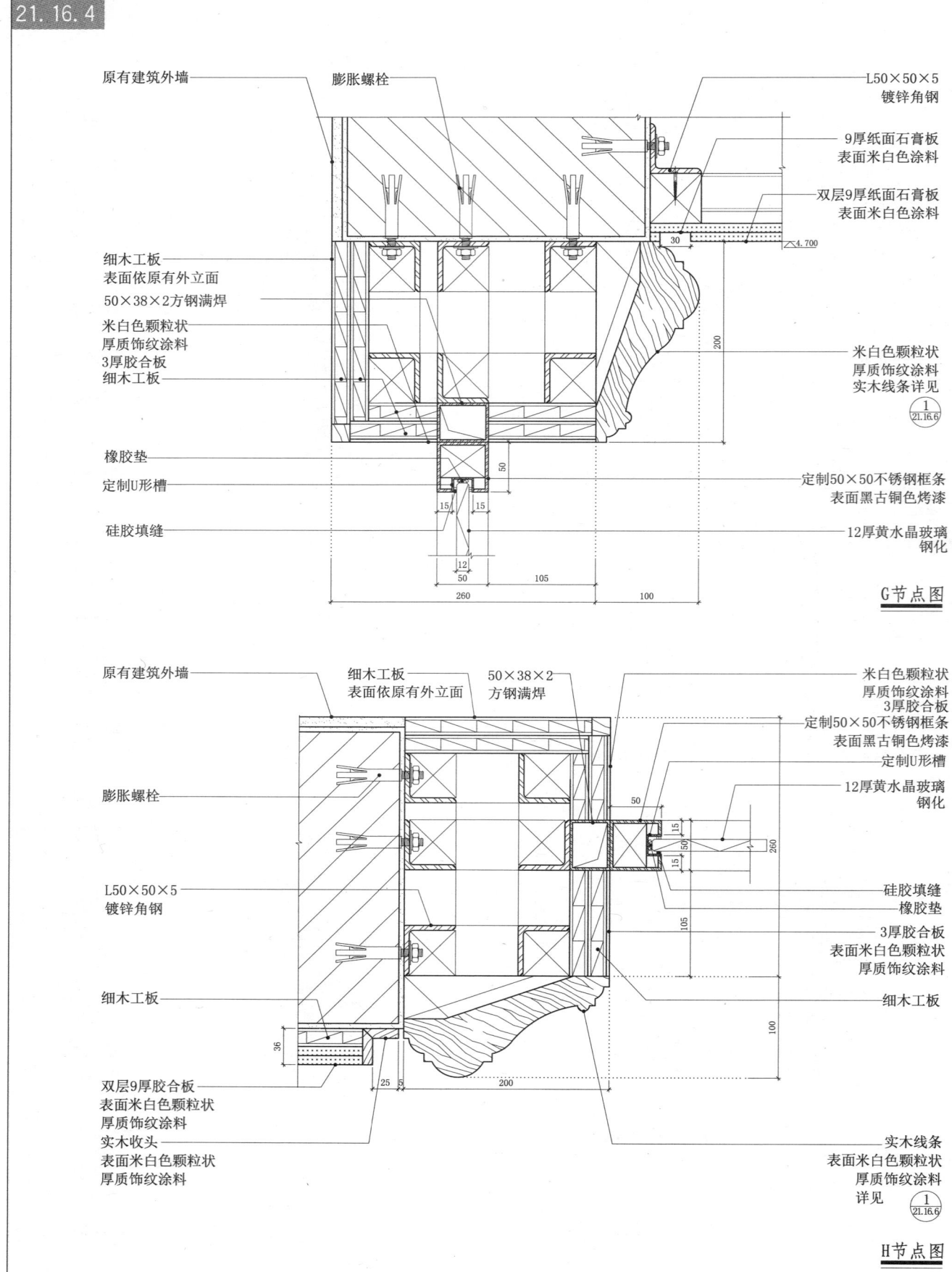

G节点图

H节点图

21.16 金属框架玻璃门

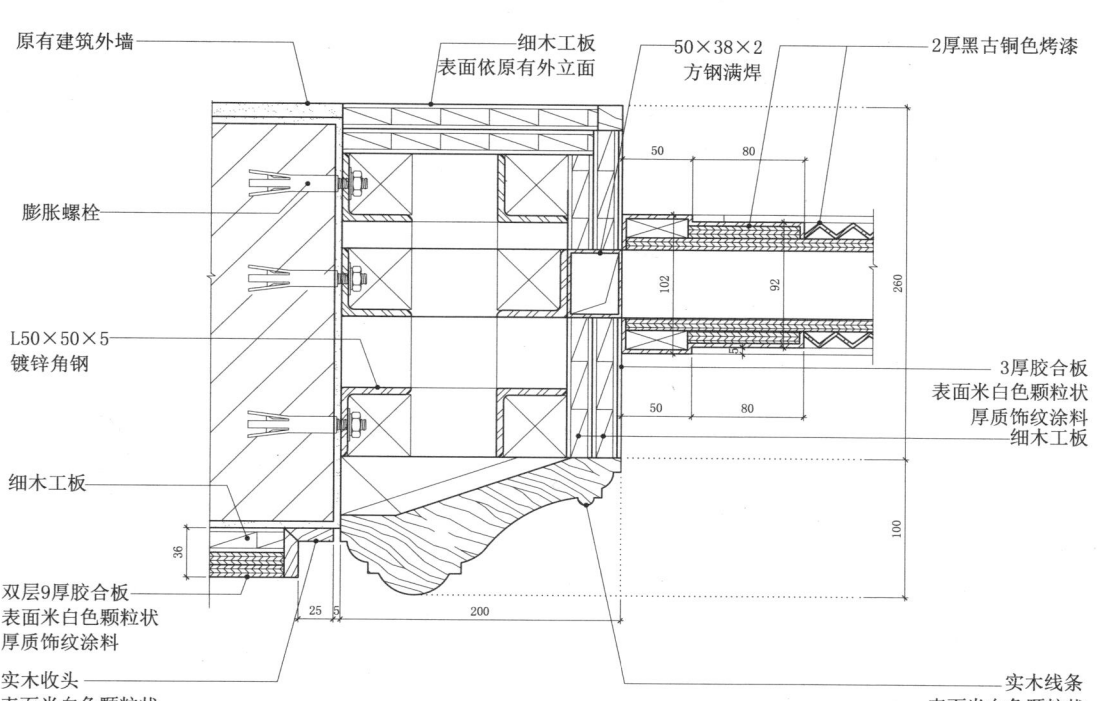

J节点图

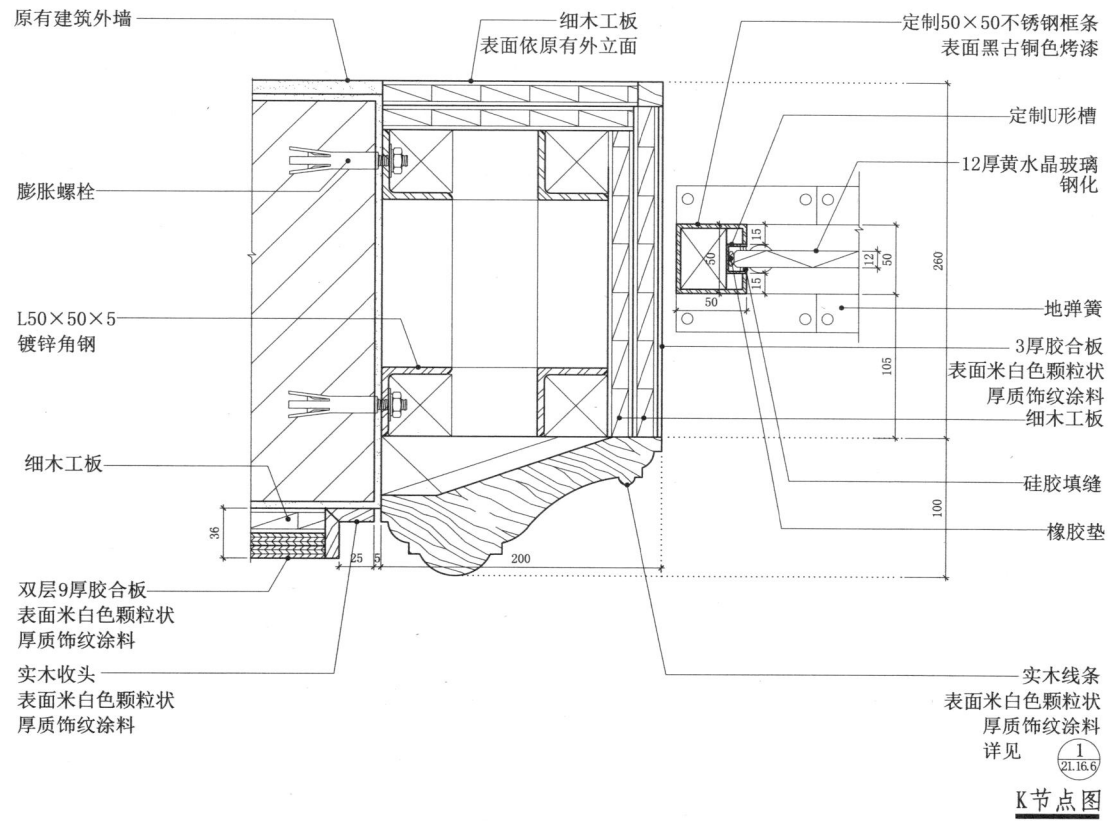

K节点图

21.16 金属框架玻璃门

西方古典风格
- 门窗构造
- 玻璃构造
- 金属构造

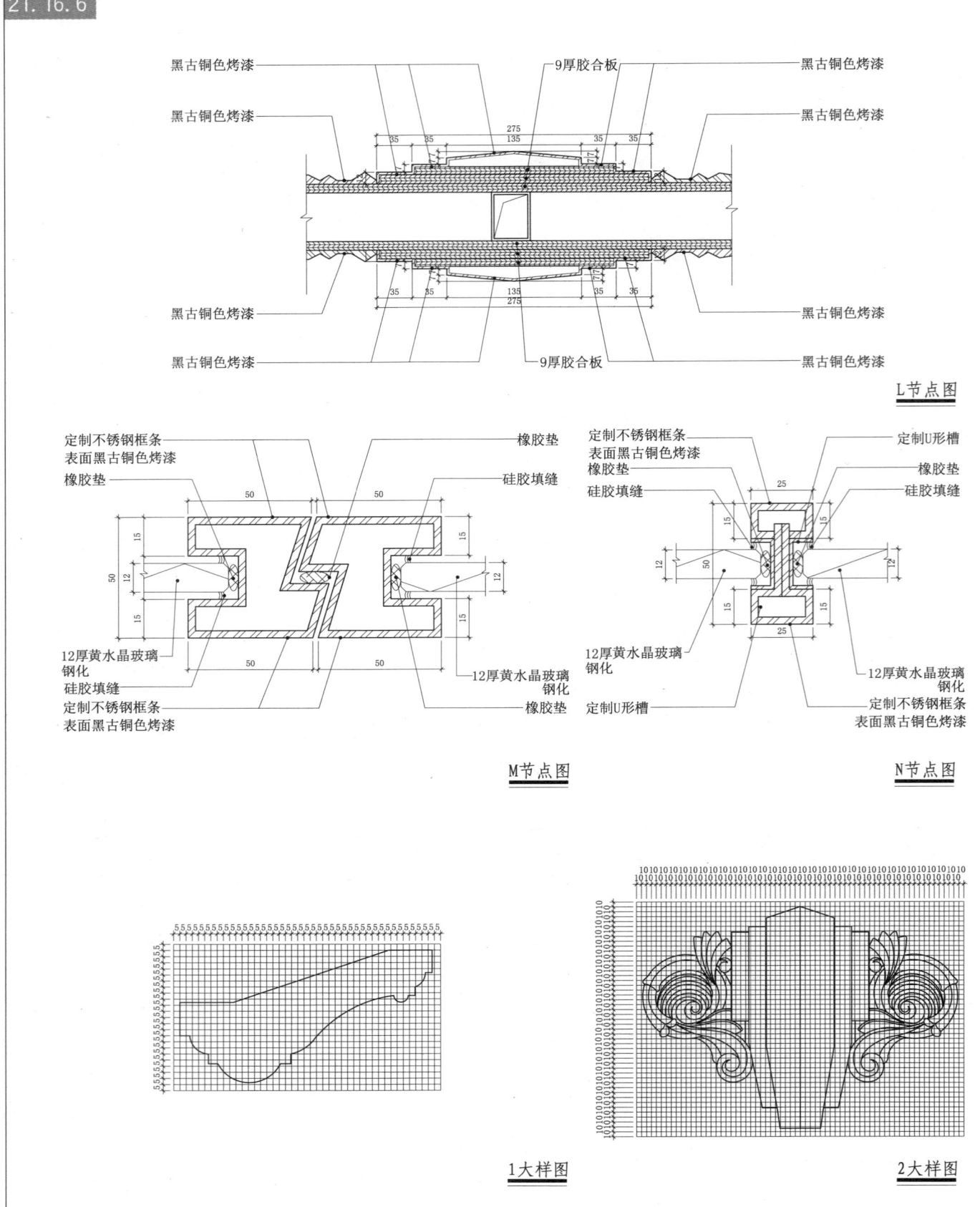

21.17 墙面组合线条及卡座

21.17.1

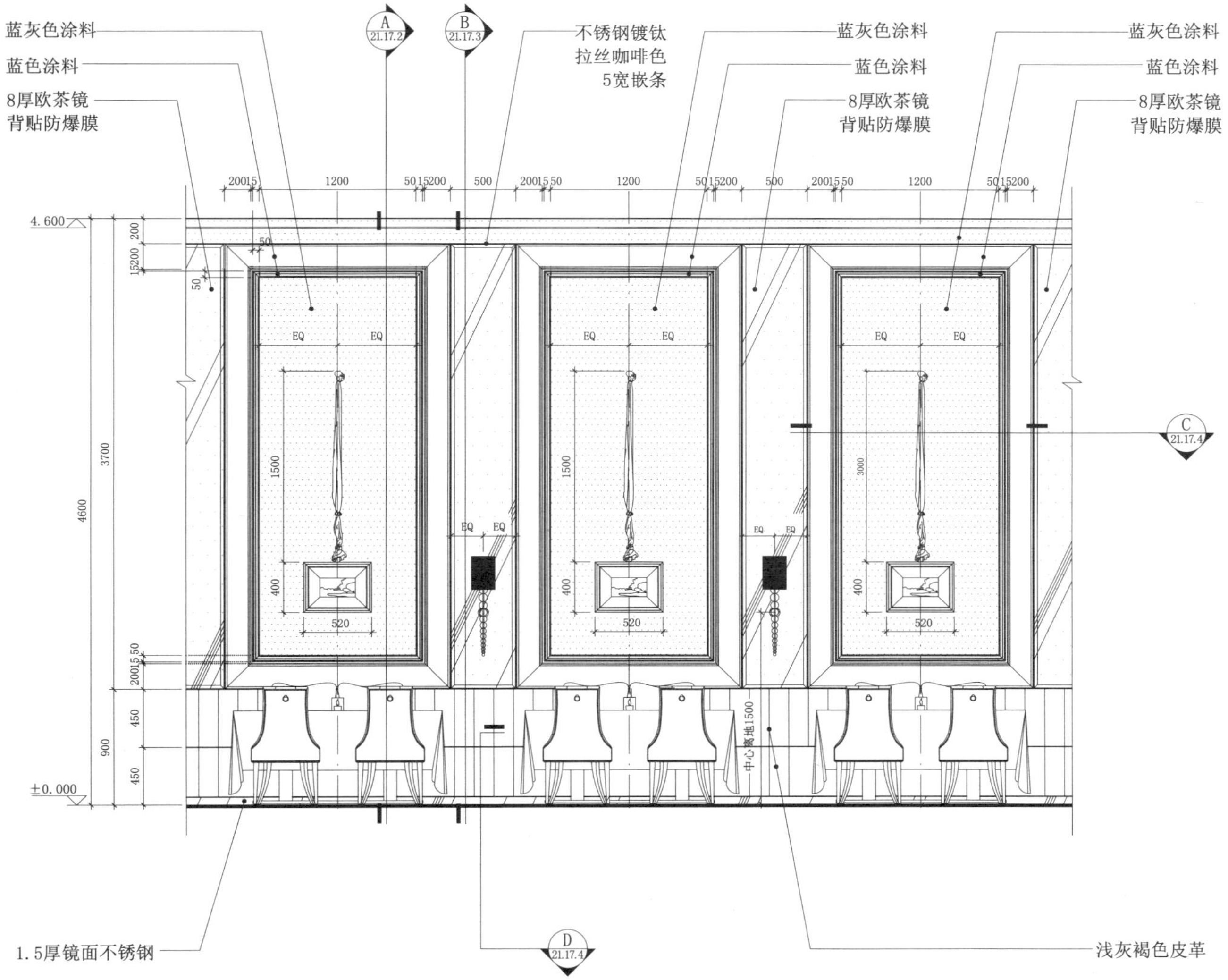

21 西方古典风格·立面构造 餐饮设施 固定家具

立面图

标注：
- 蓝灰色涂料
- 蓝色涂料
- 8厚欧茶镜 背贴防爆膜
- 不锈钢镀钛 拉丝咖啡色 5宽嵌条
- 蓝灰色涂料
- 蓝色涂料
- 8厚欧茶镜 背贴防爆膜
- 蓝灰色涂料
- 蓝色涂料
- 8厚欧茶镜 背贴防爆膜
- 1.5厚镜面不锈钢
- 浅灰褐色皮革

21.17 墙面组合线条及卡座

21.17.2

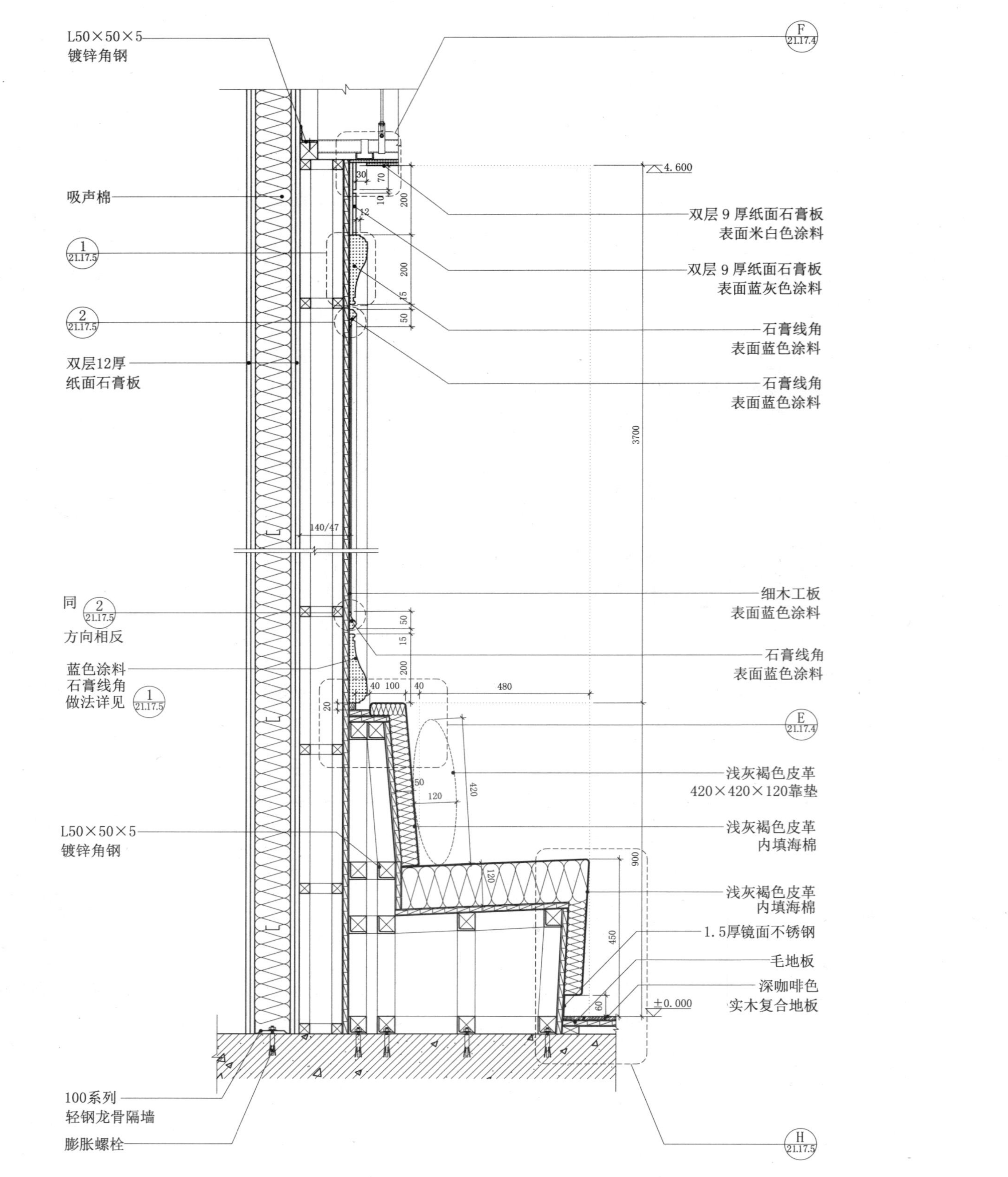

图中标注：
- L50×50×5 镀锌角钢
- 吸声棉
- 双层12厚纸面石膏板
- 同 ②/21.17.5 方向相反
- 蓝色涂料 石膏线角 做法详见 ①/21.17.5
- L50×50×5 镀锌角钢
- 100系列 轻钢龙骨隔墙
- 膨胀螺栓
- 双层9厚纸面石膏板 表面米白色涂料
- 双层9厚纸面石膏板 表面蓝灰色涂料
- 石膏线角 表面蓝色涂料
- 石膏线角 表面蓝色涂料
- 细木工板 表面蓝色涂料
- 石膏线角 表面蓝色涂料
- 浅灰褐色皮革 420×420×120靠垫
- 浅灰褐色皮革 内填海棉
- 浅灰褐色皮革 内填海棉
- 1.5厚镜面不锈钢
- 毛地板
- 深咖啡色 实木复合地板

A剖面图

21.17 墙面组合线条及卡座

21 西方古典风格·立面构造 餐饮设施 固定家具

21.17.3

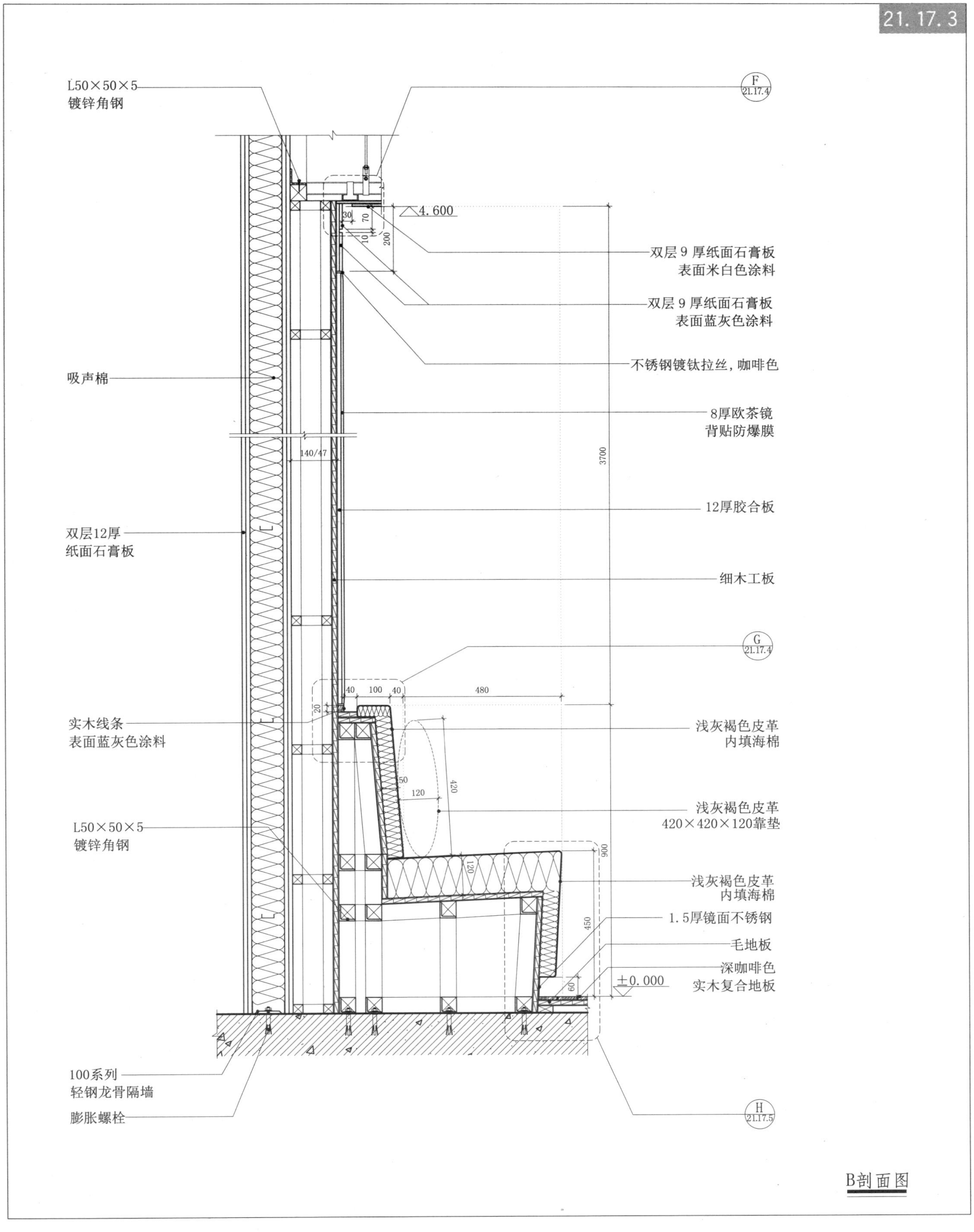

标注说明（从上至下、从左至右）：

- L50×50×5 镀锌角钢
- 双层9厚纸面石膏板 表面米白色涂料
- 双层9厚纸面石膏板 表面蓝灰色涂料
- 不锈钢镀钛拉丝，咖啡色
- 吸声棉
- 8厚欧茶镜 背贴防爆膜
- 12厚胶合板
- 双层12厚纸面石膏板
- 细木工板
- 实木线条 表面蓝灰色涂料
- 浅灰褐色皮革 内填海棉
- 浅灰褐色皮革 420×420×120靠垫
- L50×50×5 镀锌角钢
- 浅灰褐色皮革 内填海棉
- 1.5厚镜面不锈钢
- 毛地板
- 深咖啡色实木复合地板
- 100系列轻钢龙骨隔墙
- 膨胀螺栓

尺寸标注：4.600、3700、140/47、480、40 100 40、20、50、120、420、900、120、450、60、±0.000、30、70、10、200

B 剖 面 图

21.17 墙面组合线条及卡座

21.17.4

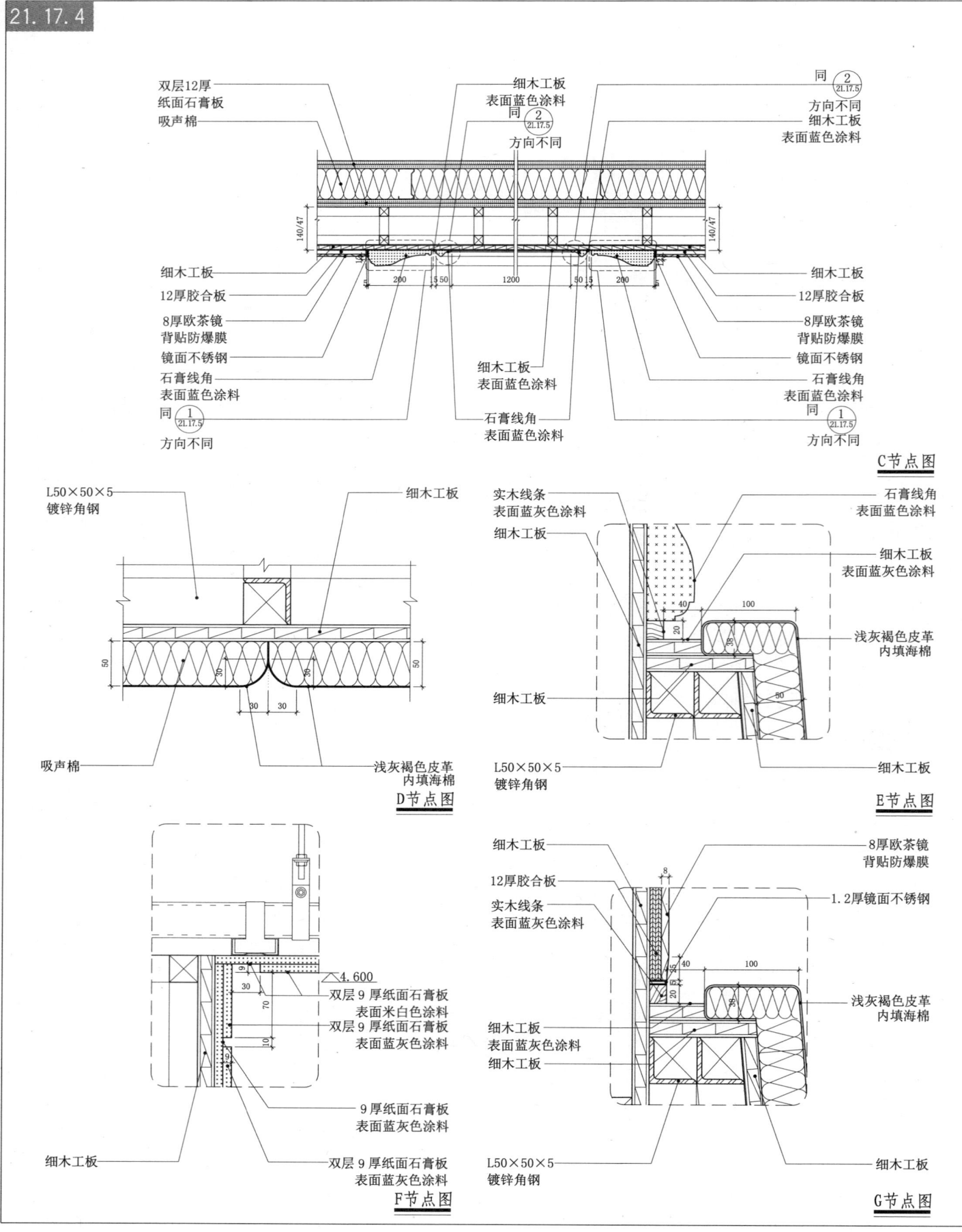

西方古典风格·立面构造 餐饮设施 固定家具

21.17 墙面组合线条及卡座

21.17.5

西方古典风格 · 立面构造 餐饮设施 固定家具

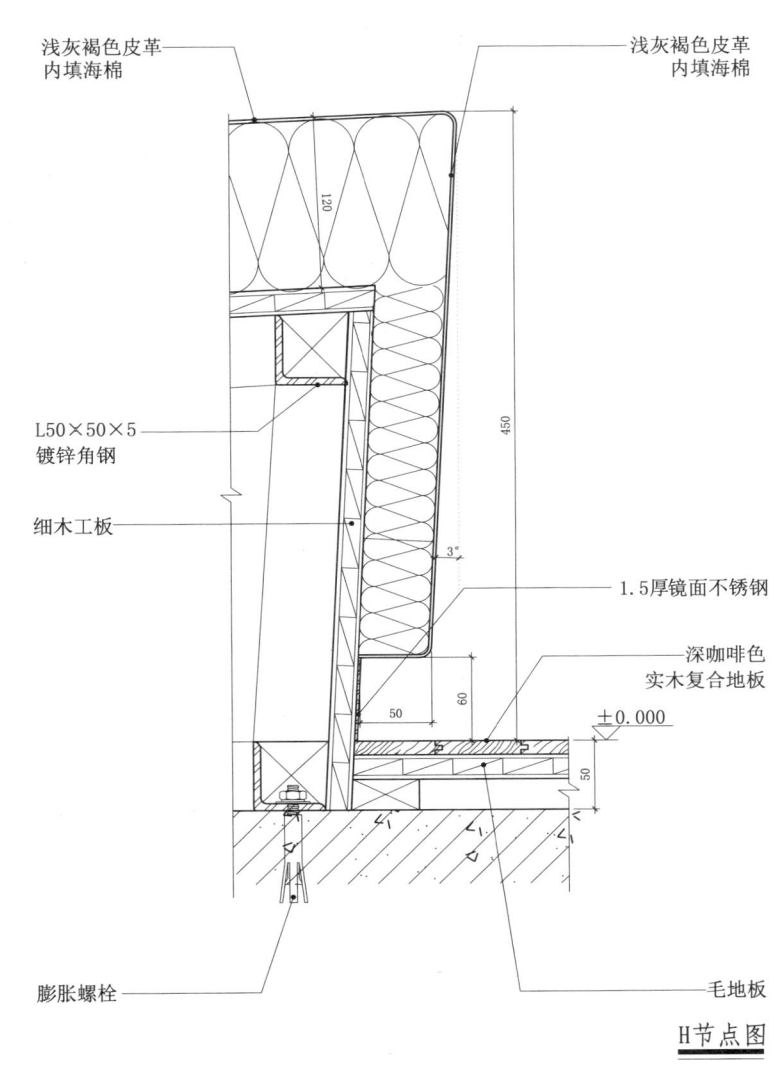

H节点图

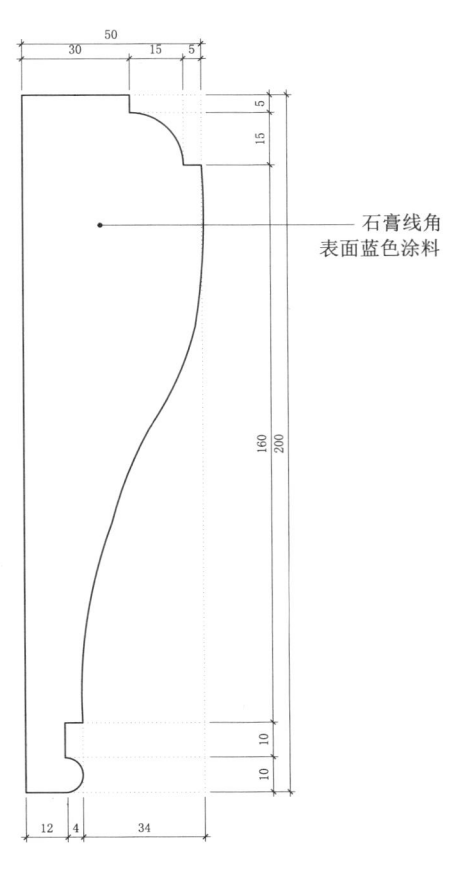

1大样图

2大样图

21.18 古典柱式

西方古典风格·立面构造

材料标注（自上而下）：
- 乳白色乳胶漆
- 金漆
- 灰褐色乳胶漆
- 乳白色乳胶漆
- 灰褐色乳胶漆
- 米白色仿大理石漆
- 金漆
- 米白色仿大理石漆
- 米白色仿大理石漆
- 红影木
- 红影木

壁柱正立面图

21.19 柱子节点

21.19.1

西方古典风格 · 立面构造

米白色涂料

凹缝内填灰黑色涂料

凹缝内填灰黑色涂料

米白色颗粒状厚质饰纹涂料

黑白根大理石

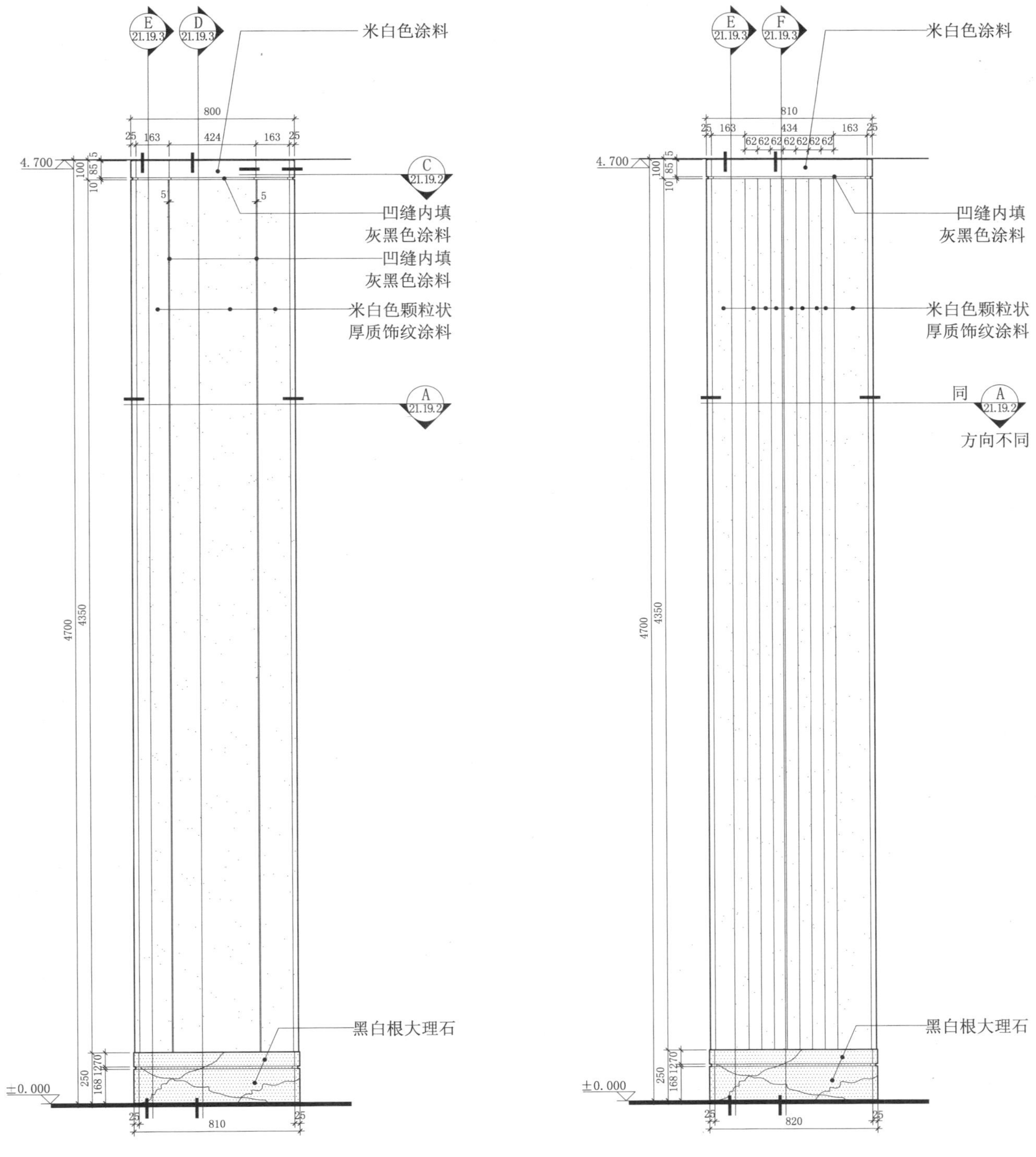

柱子正立面图　　柱子侧立面图

同 A (21.19.2) 方向不同

21 西方古典风格·立面构造

21.19 柱子节点

21.19.2

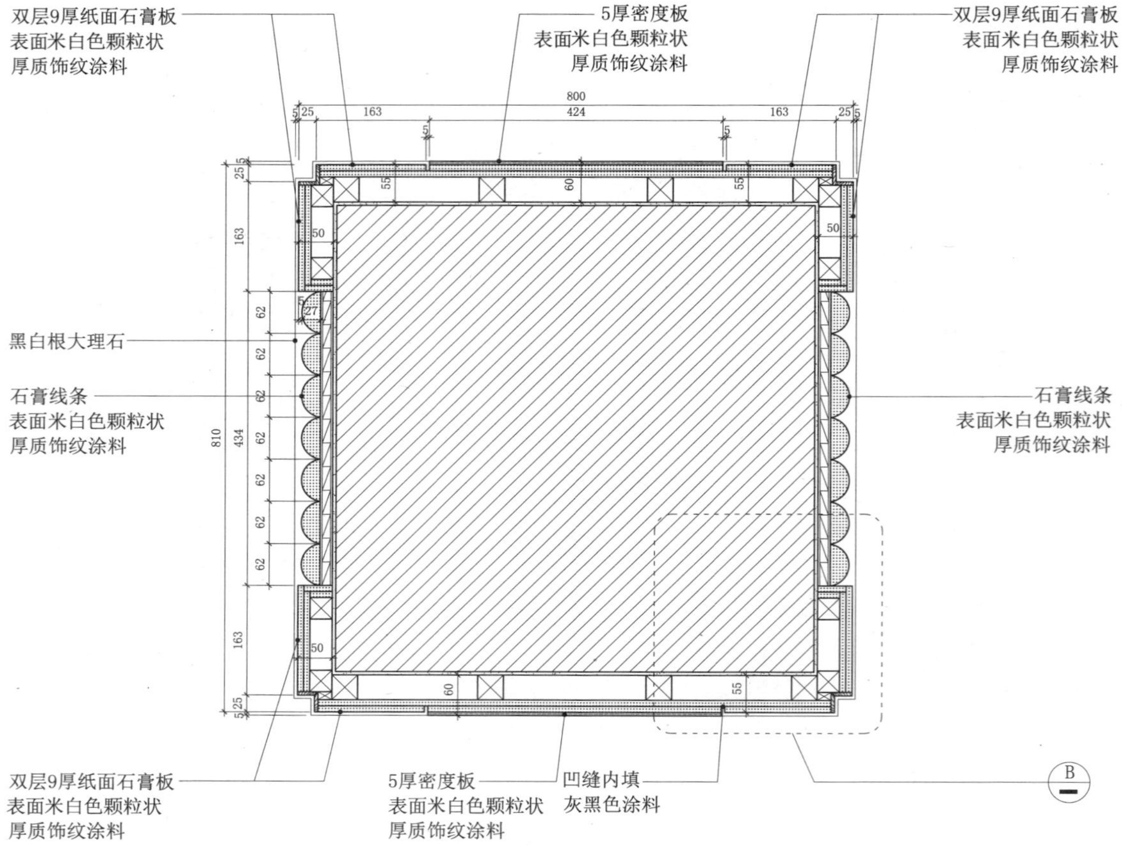

A节点图

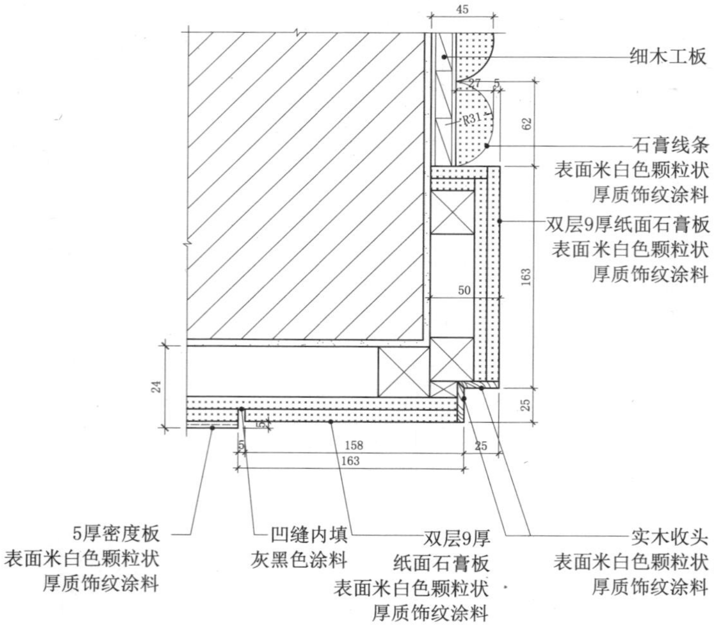

标注：
- 双层9厚纸面石膏板 表面米白色颗粒状 厚质饰纹涂料
- 5厚密度板 表面米白色颗粒状 厚质饰纹涂料
- 双层9厚纸面石膏板 表面米白色颗粒状 厚质饰纹涂料
- 黑白根大理石
- 石膏线条 表面米白色颗粒状 厚质饰纹涂料
- 石膏线条 表面米白色颗粒状 厚质饰纹涂料
- 双层9厚纸面石膏板 表面米白色颗粒状 厚质饰纹涂料
- 5厚密度板 表面米白色颗粒状 厚质饰纹涂料
- 凹缝内填 灰黑色涂料

B节点图

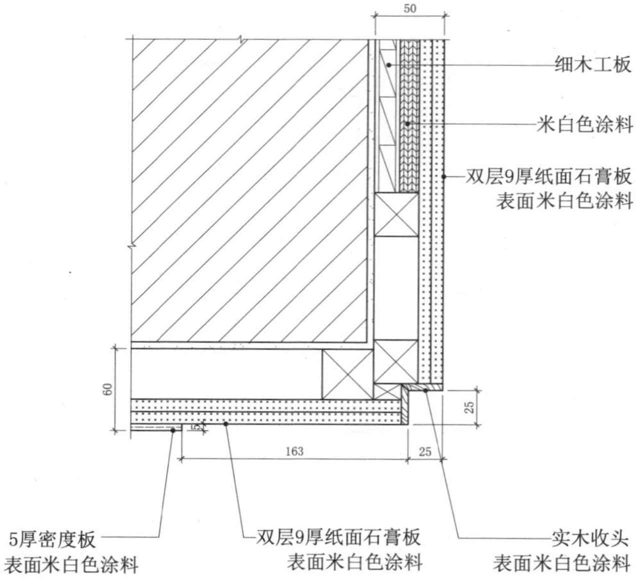

标注：
- 细木工板
- 石膏线条 表面米白色颗粒状 厚质饰纹涂料
- 双层9厚纸面石膏板 表面米白色颗粒状 厚质饰纹涂料
- 5厚密度板 表面米白色颗粒状 厚质饰纹涂料
- 凹缝内填 灰黑色涂料
- 双层9厚纸面石膏板 表面米白色颗粒状 厚质饰纹涂料
- 实木收头

C节点图

标注：
- 细木工板
- 米白色涂料
- 双层9厚纸面石膏板 表面米白色涂料
- 5厚密度板 表面米白色颗粒状 厚质饰纹涂料
- 双层9厚纸面石膏板 表面米白色涂料
- 实木收头 表面米白色涂料

21.19 柱子节点

21.19.3

西方古典风格·立面构造

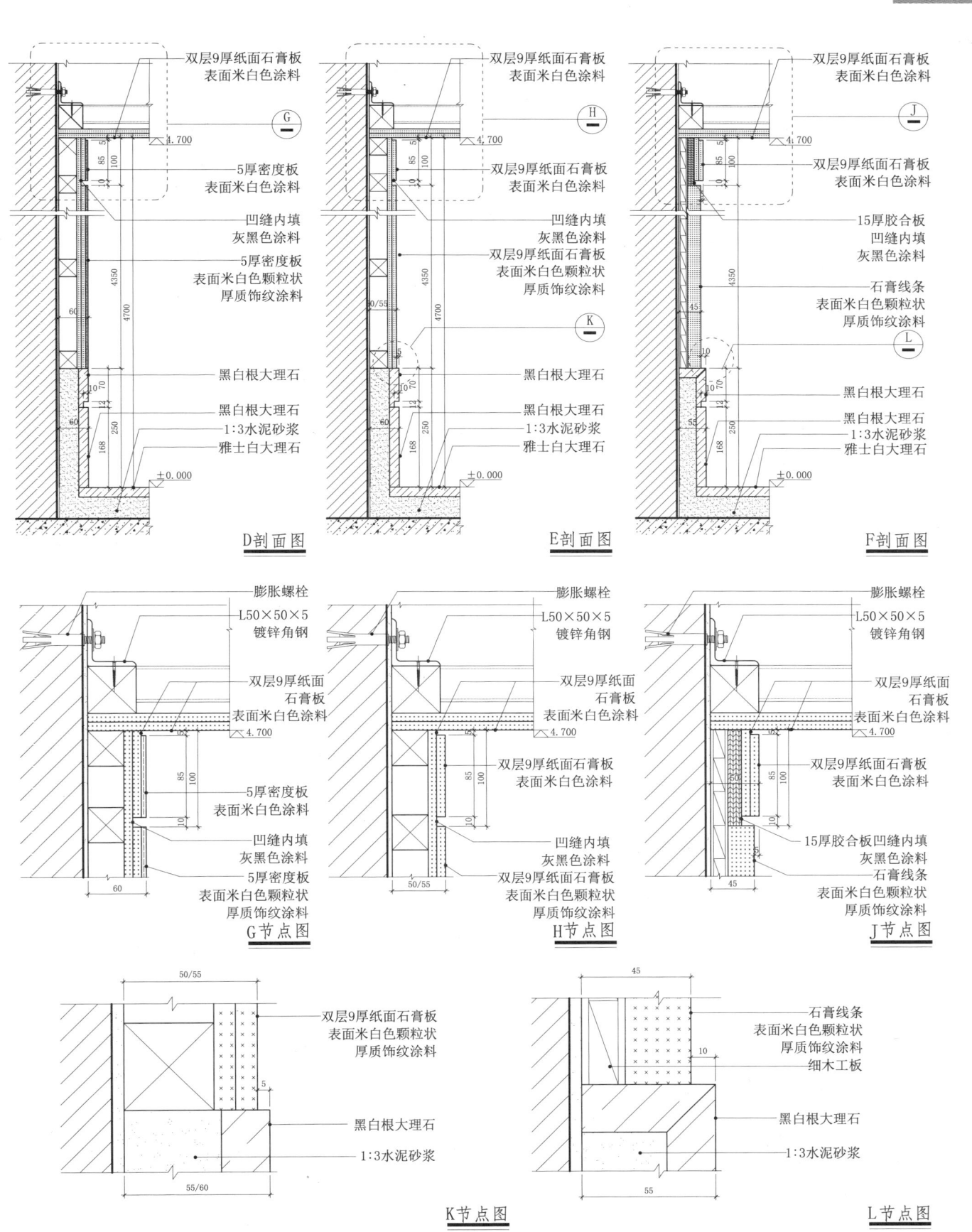

21.20 ART-DECO 壁雕背景墙

21.20.1

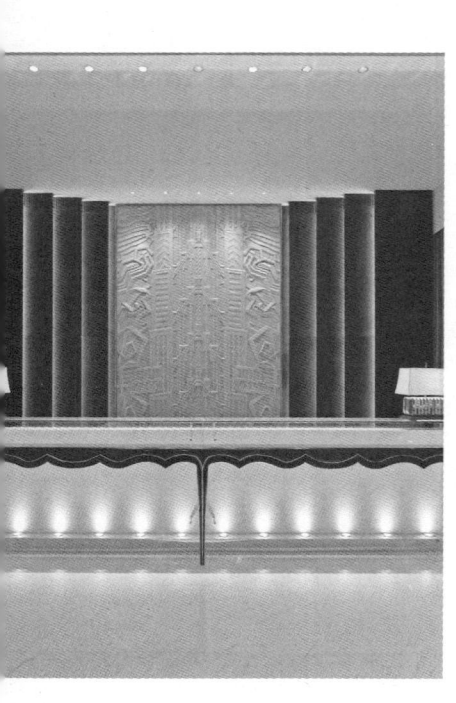

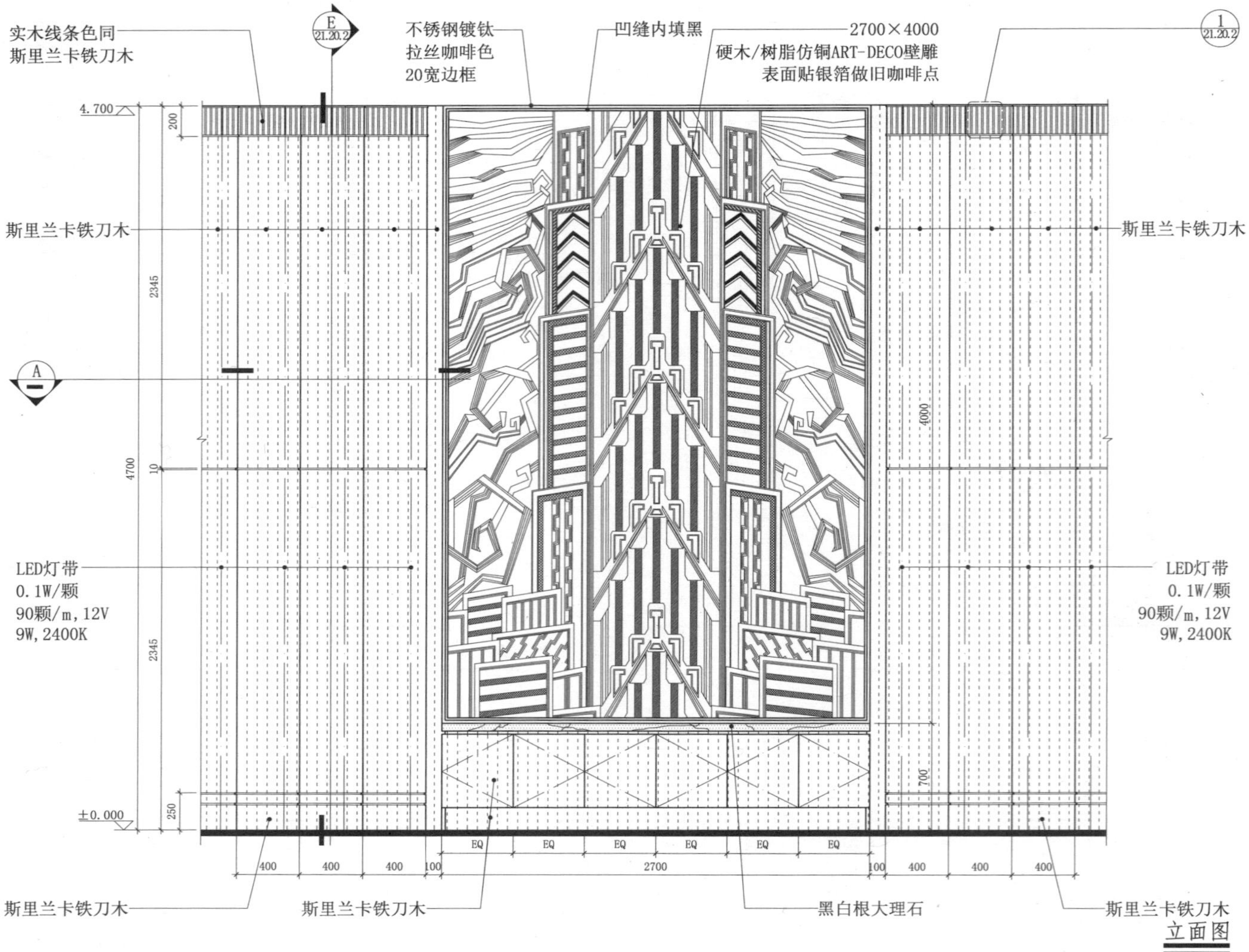

实木线条色同
斯里兰卡铁刀木
不锈钢镀钛
拉丝咖啡色
20宽边框
凹缝内填黑
2700×4000
硬木/树脂仿铜ART-DECO壁雕
表面贴银箔做旧咖啡点
斯里兰卡铁刀木
斯里兰卡铁刀木
LED灯带
0.1W/颗
90颗/m，12V
9W，2400K
LED灯带
0.1W/颗
90颗/m，12V
9W，2400K
4.700
±0.000
200
2345
4700
2345
250
4000
700
400
400
400
100
2700
100
400
400
400
EQ
斯里兰卡铁刀木
斯里兰卡铁刀木
黑白根大理石
斯里兰卡铁刀木
立面图

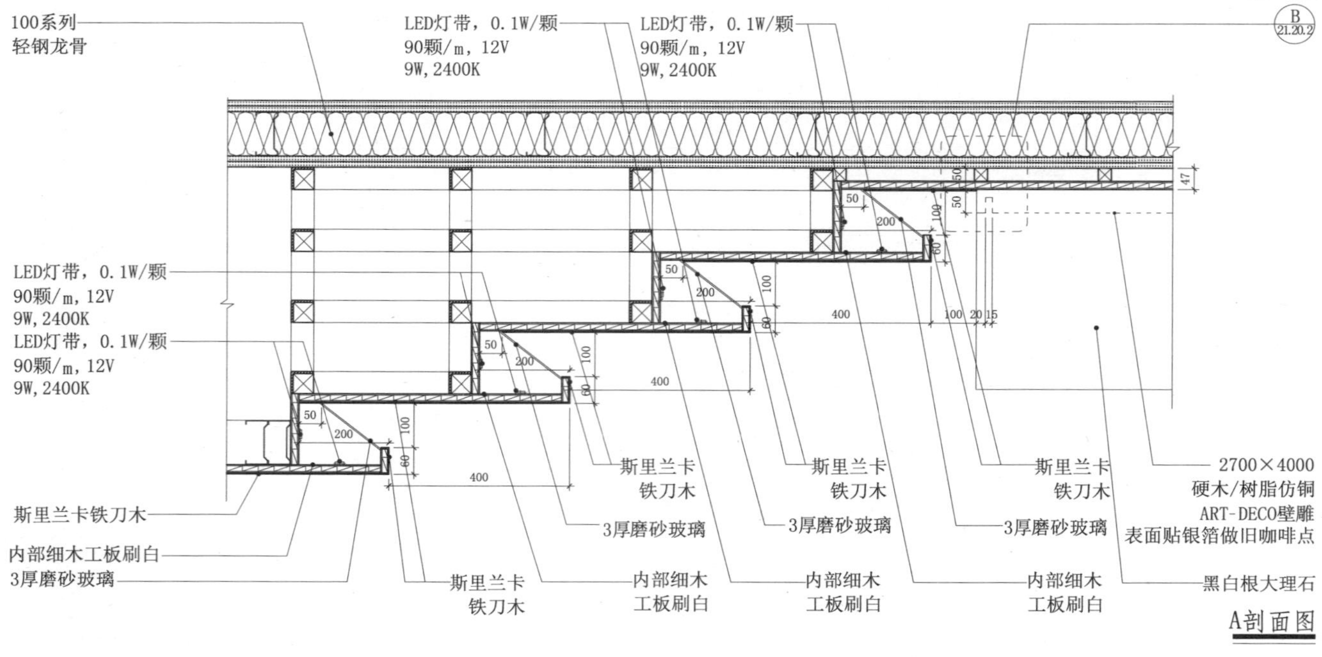

100系列
轻钢龙骨
LED灯带，0.1W/颗
90颗/m，12V
9W，2400K
LED灯带，0.1W/颗
90颗/m，12V
9W，2400K
LED灯带，0.1W/颗
90颗/m，12V
9W，2400K
LED灯带，0.1W/颗
90颗/m，12V
9W，2400K
50
200
100
60
400
47
100
20
15
斯里兰卡铁刀木
内部细木工板刷白
3厚磨砂玻璃
斯里兰卡
铁刀木
斯里兰卡
铁刀木
3厚磨砂玻璃
内部细木
工板刷白
斯里兰卡
铁刀木
3厚磨砂玻璃
内部细木
工板刷白
斯里兰卡
铁刀木
3厚磨砂玻璃
内部细木
工板刷白
2700×4000
硬木/树脂仿铜
ART-DECO壁雕
表面贴银箔做旧咖啡点
黑白根大理石
A剖面图

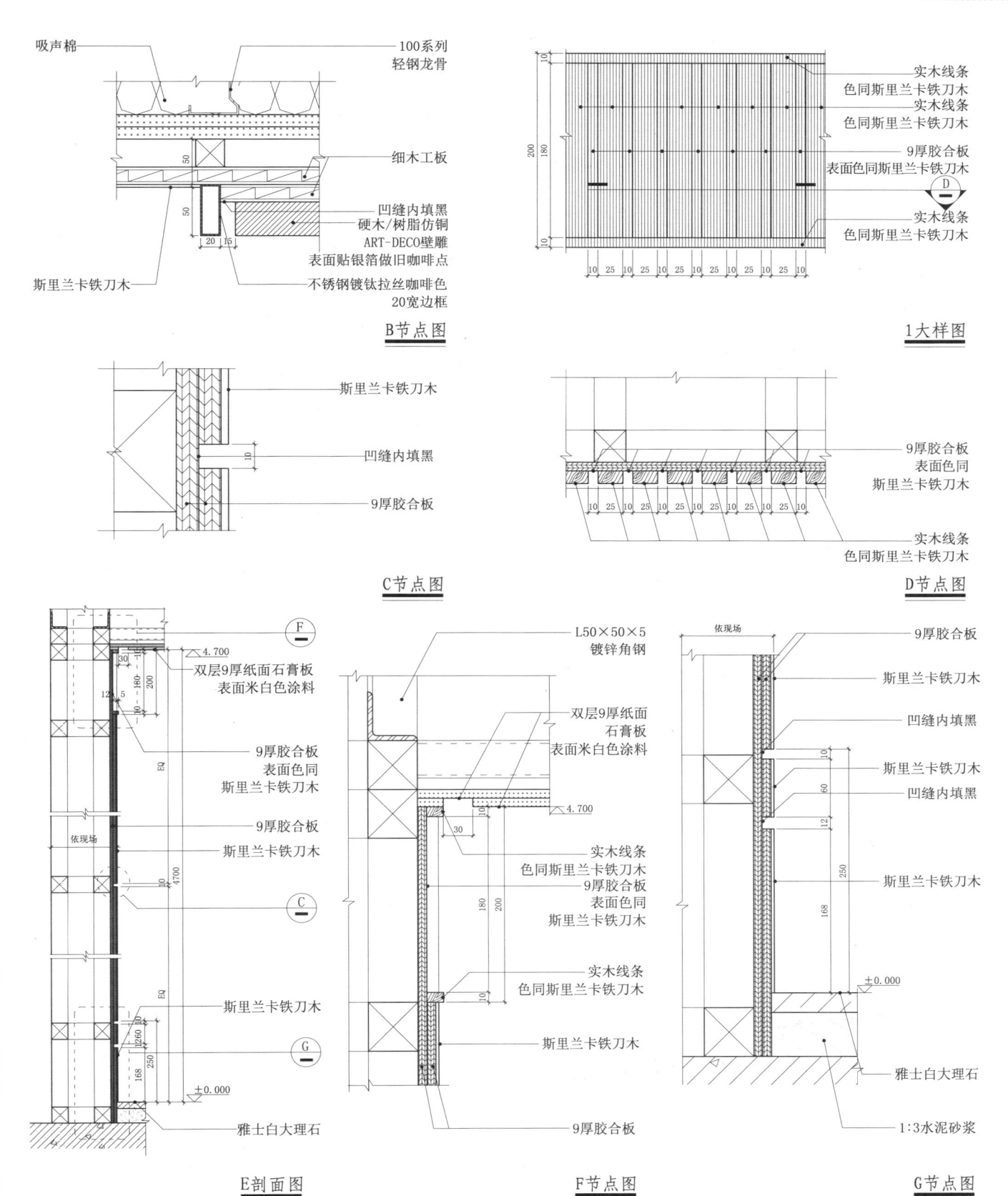

22 东方古典风格

22.1 中式花格

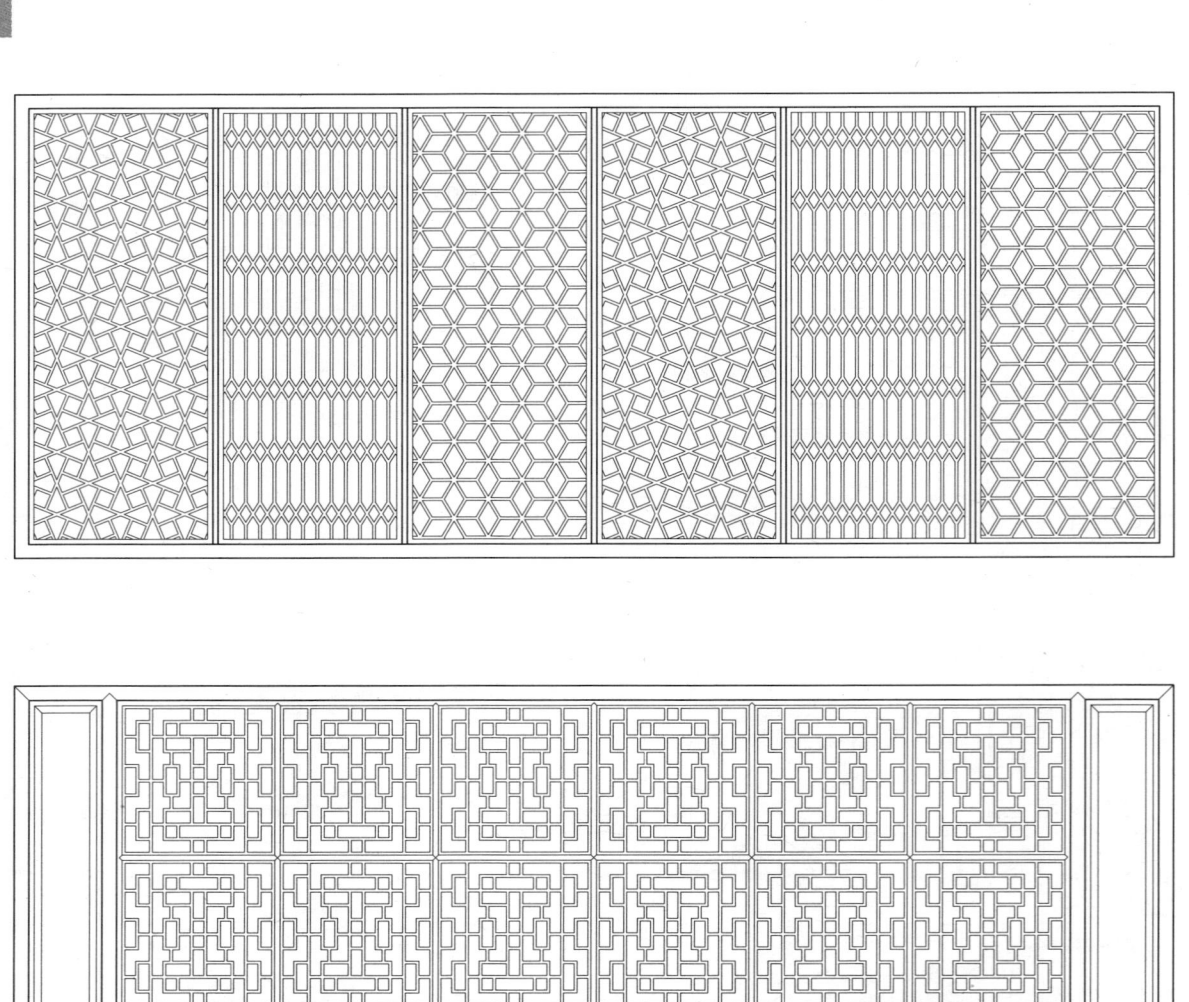

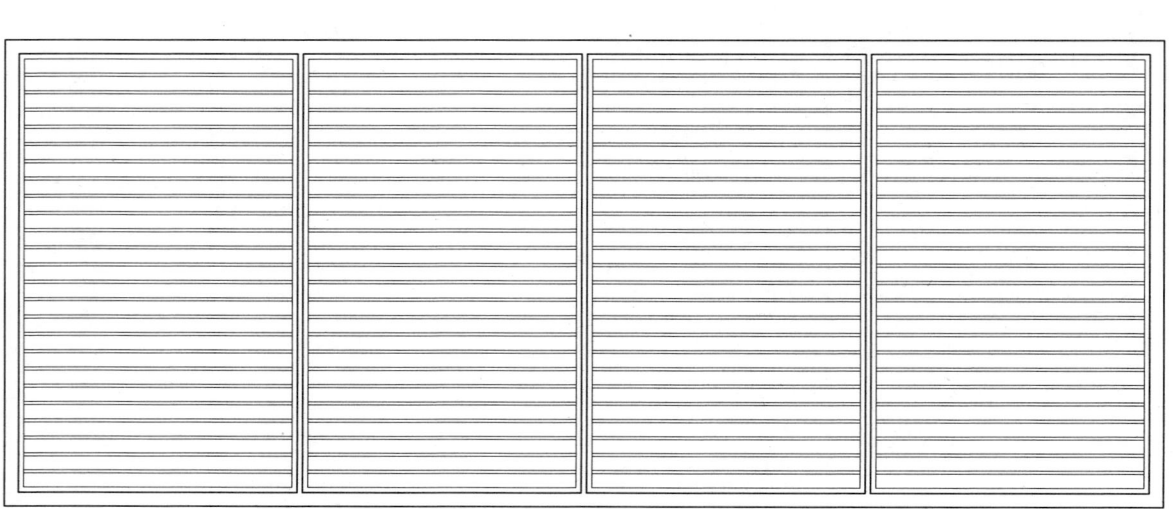

22.2 木隔断

22 东方古典风格·隔断构造

22.2.1

胡桃木染黑

胡桃木染黑

胡桃木染黑

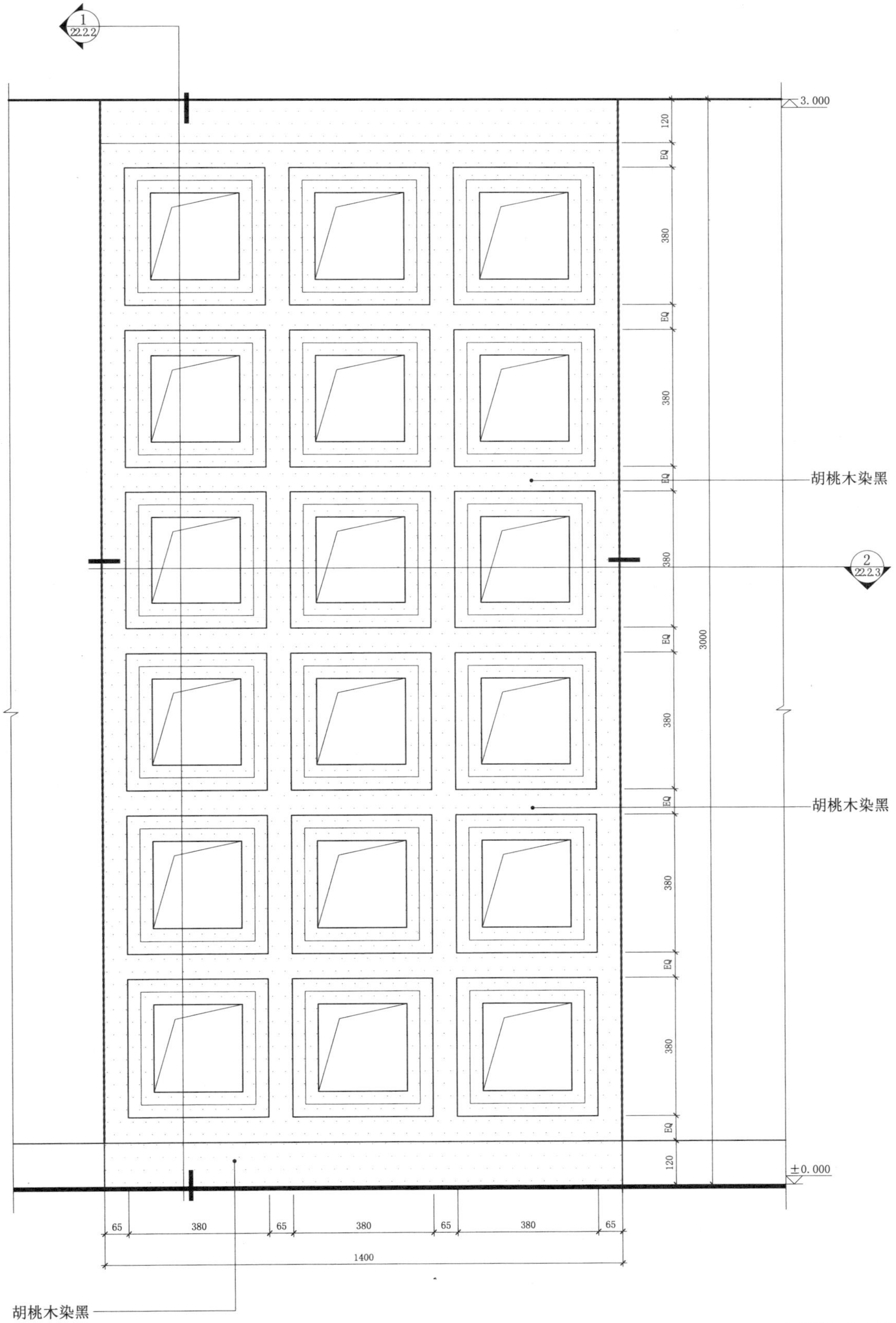

木隔断正立面图

22.2 木隔断

22.2.2

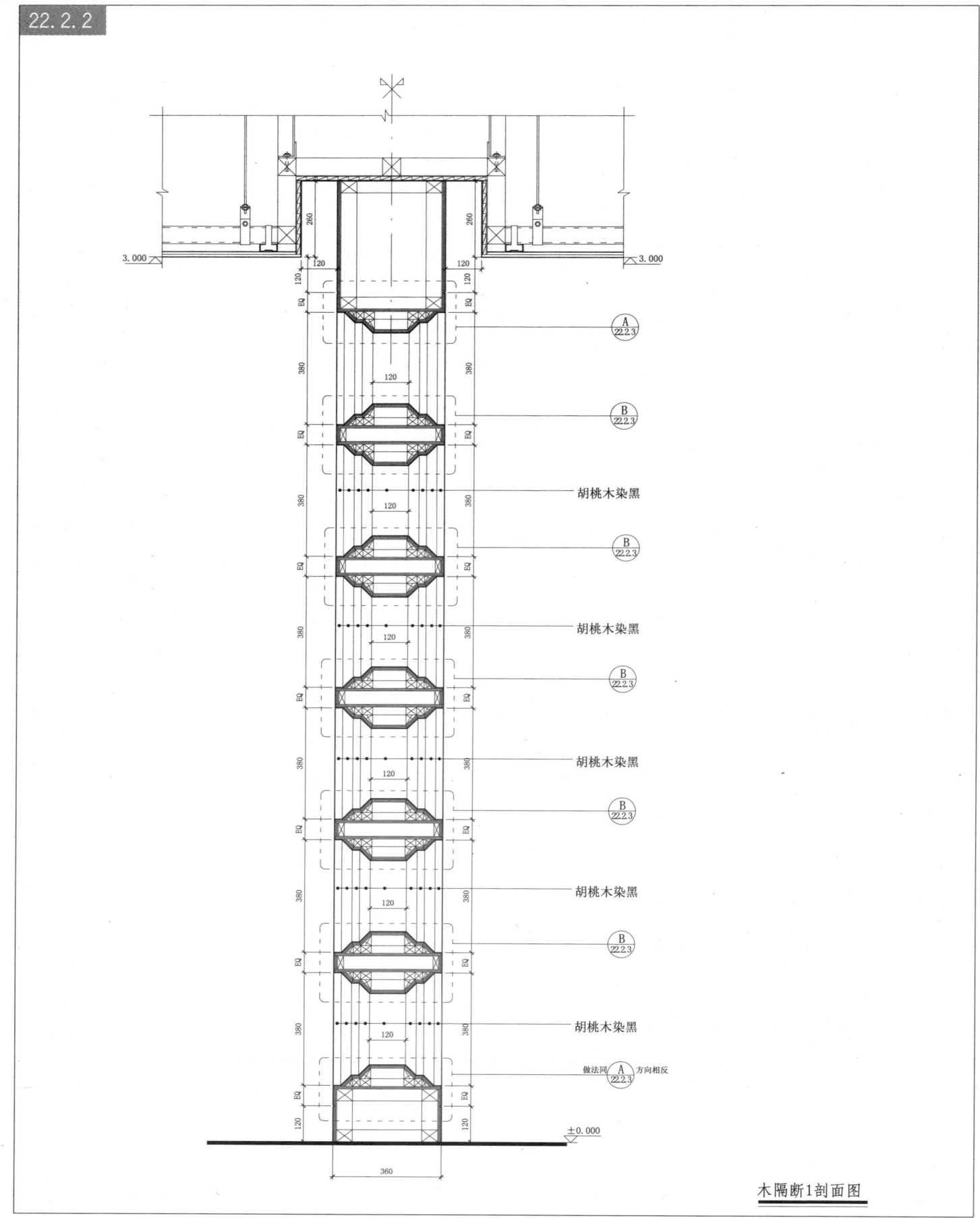

木隔断1剖面图

22.2 木隔断

22.2.3

22 东方古典风格·隔断构造

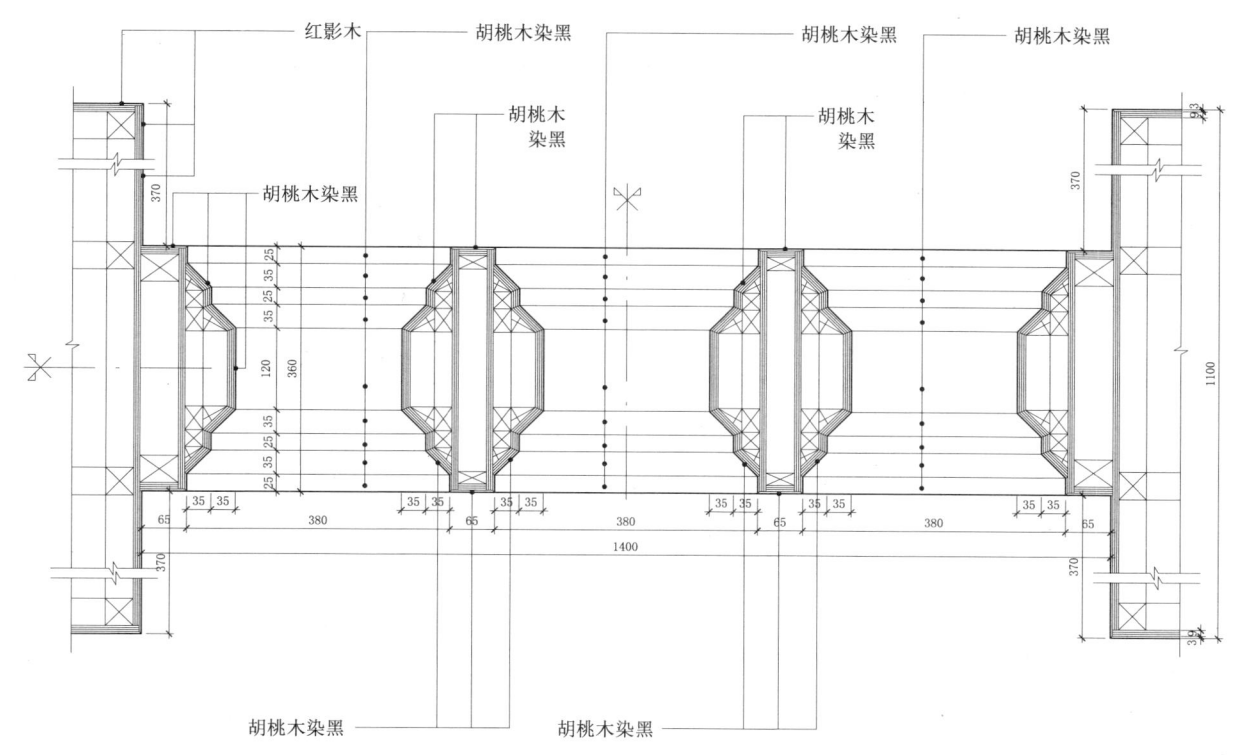

木隔断2剖面图

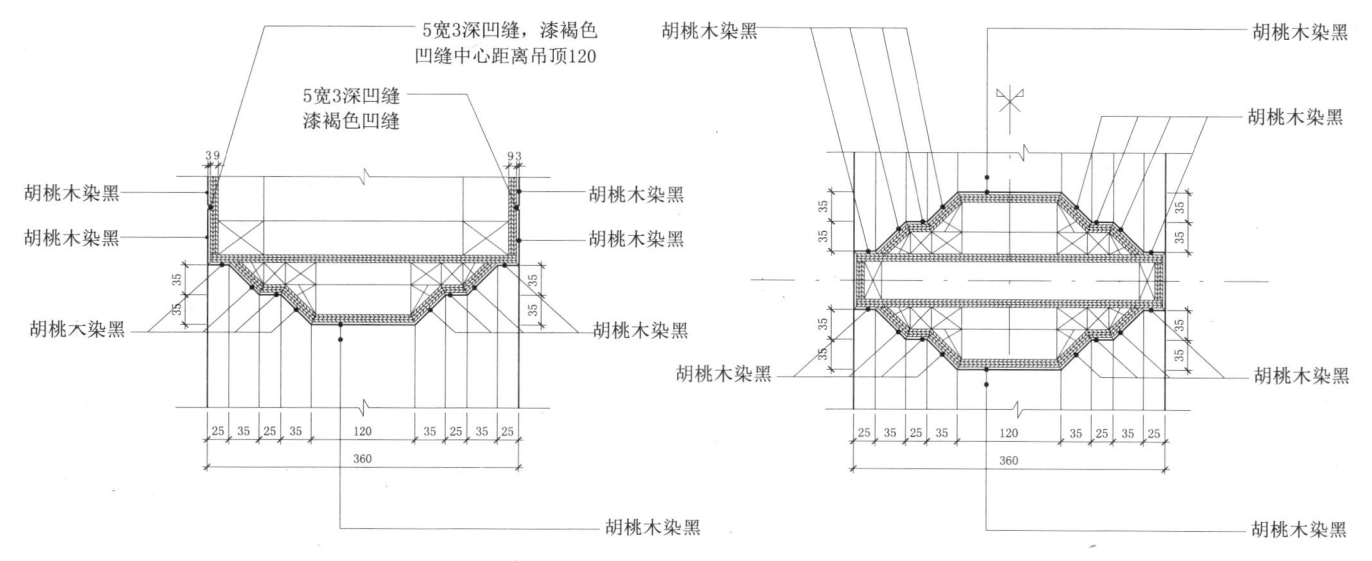

A节点图　　　　　　　　B节点图

22 22.3 透光隔断

东方古典风格
- 隔断构造
- 立面构造
- 检修构造
- 透光照明构造
- 玻璃构造

22.3.1

中式透光隔断立面图

B剖面图

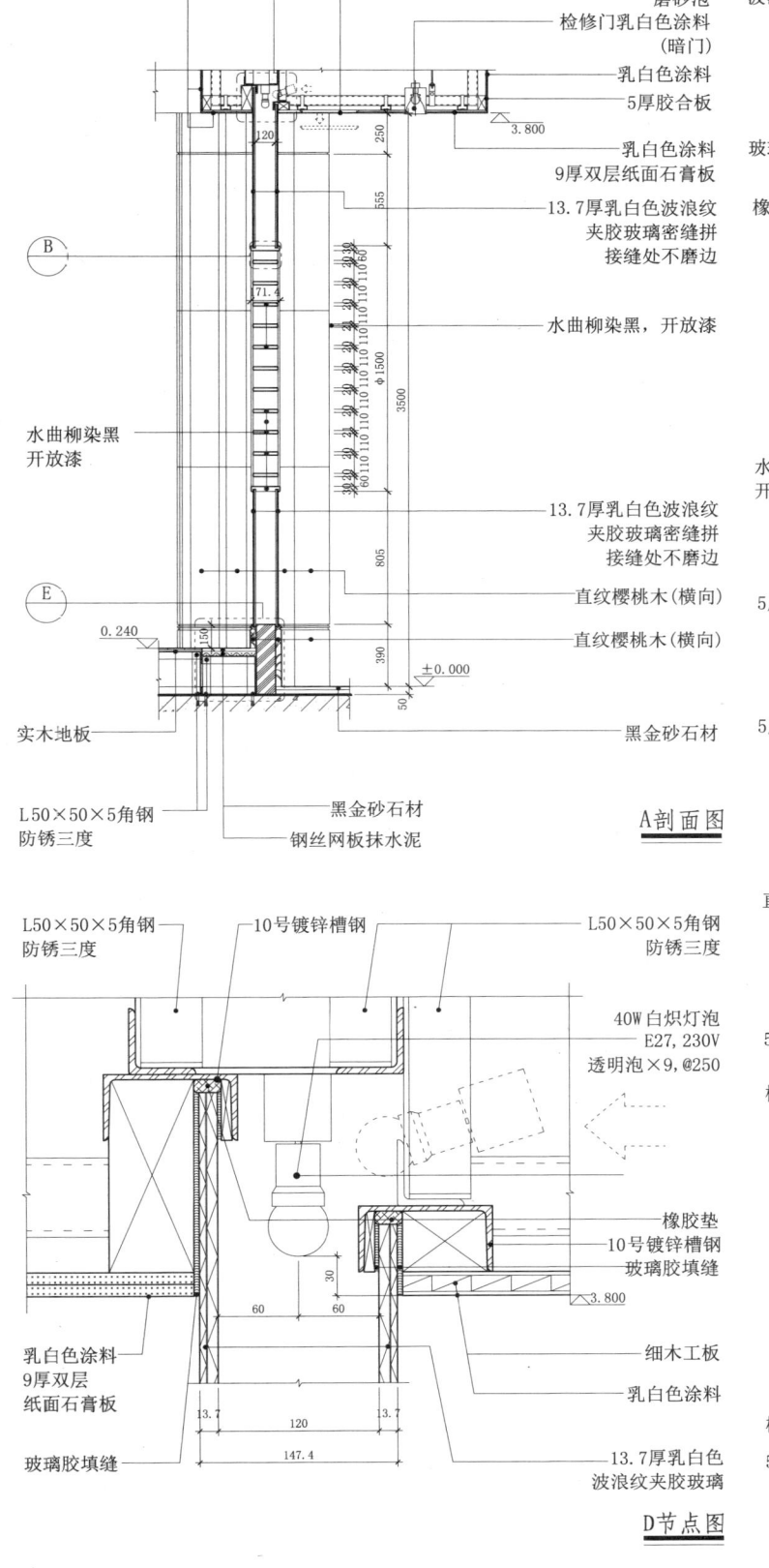
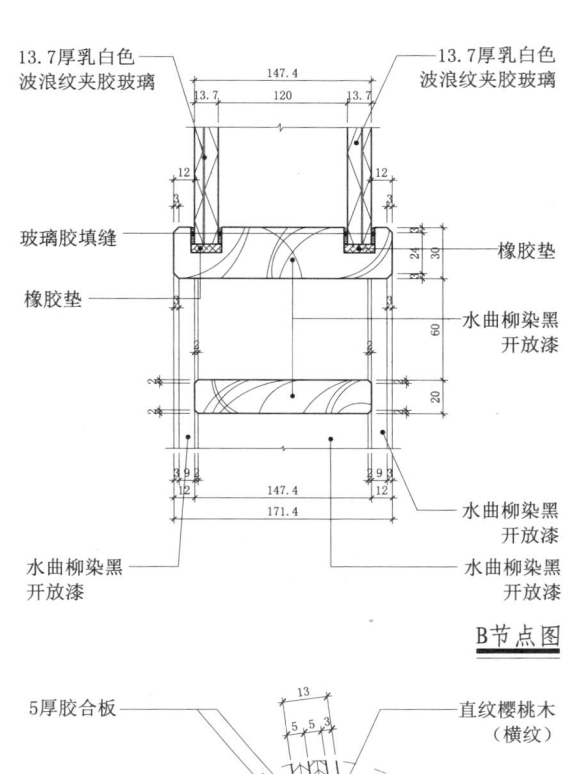
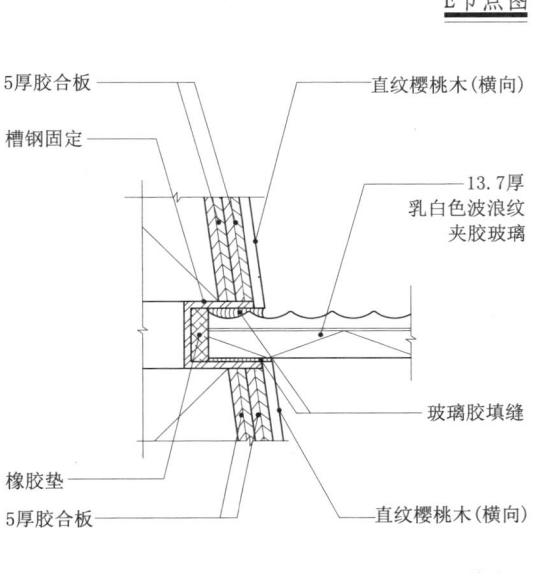

22.3 透光隔断

22.3.3

F节点图

标注：5厚铜条、实木地板、密度板、黑金砂石材、钢丝网板抹水泥、槽钢固定、13.7厚乳白色波浪纹夹胶玻璃、直纹樱桃木（横向）、轻质砌块砖、黑金砂石材、1:3水泥砂浆、L50×50×5角钢 防锈三度

主要尺寸：147.4、13.7、120、13.7、9、10、14、10、10、150、287、0.240、390、36、50、±0.000

E节点图

标注：13.7厚乳白色波浪纹夹胶玻璃、玻璃胶填缝、13.7厚乳白色波浪纹夹胶玻璃、橡胶垫、橡胶垫、槽钢固定、槽钢固定、直纹樱桃木（横向）、轻质砌块砖、直纹樱桃木（横向）

主要尺寸：147.4、13.7、120、13.7、9、10、10、10、14、23、36

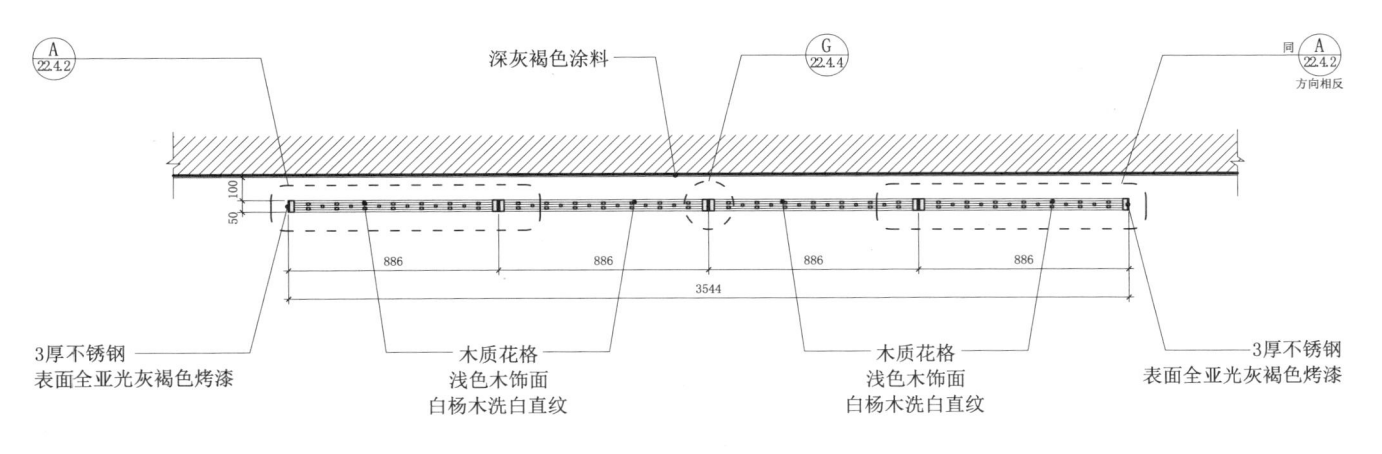

平面图

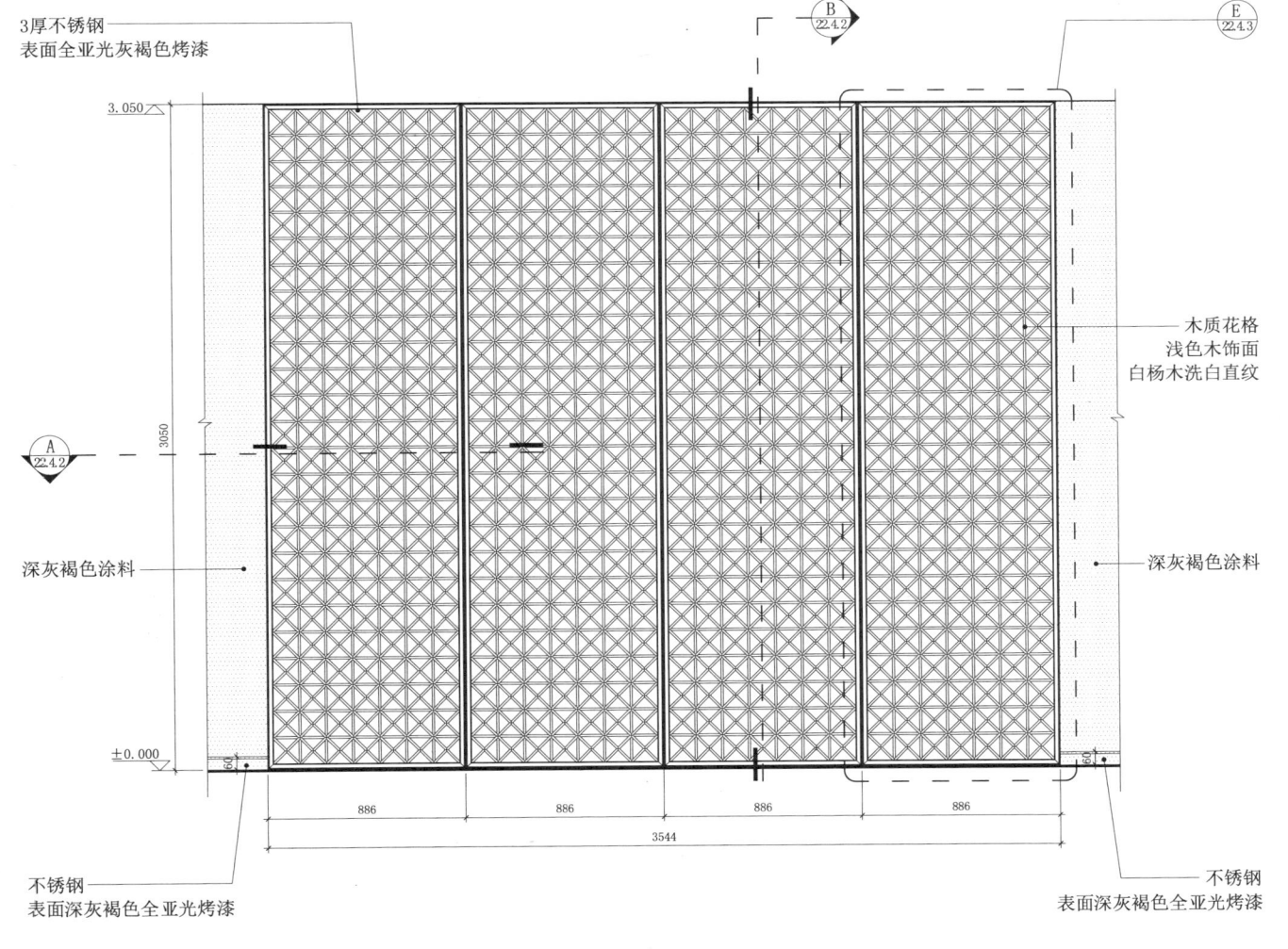

立面图

22.4 木质花格隔断

22 东方古典风格·立面构造 非透光照明构造

22.4 木质花格隔断

22.4.2

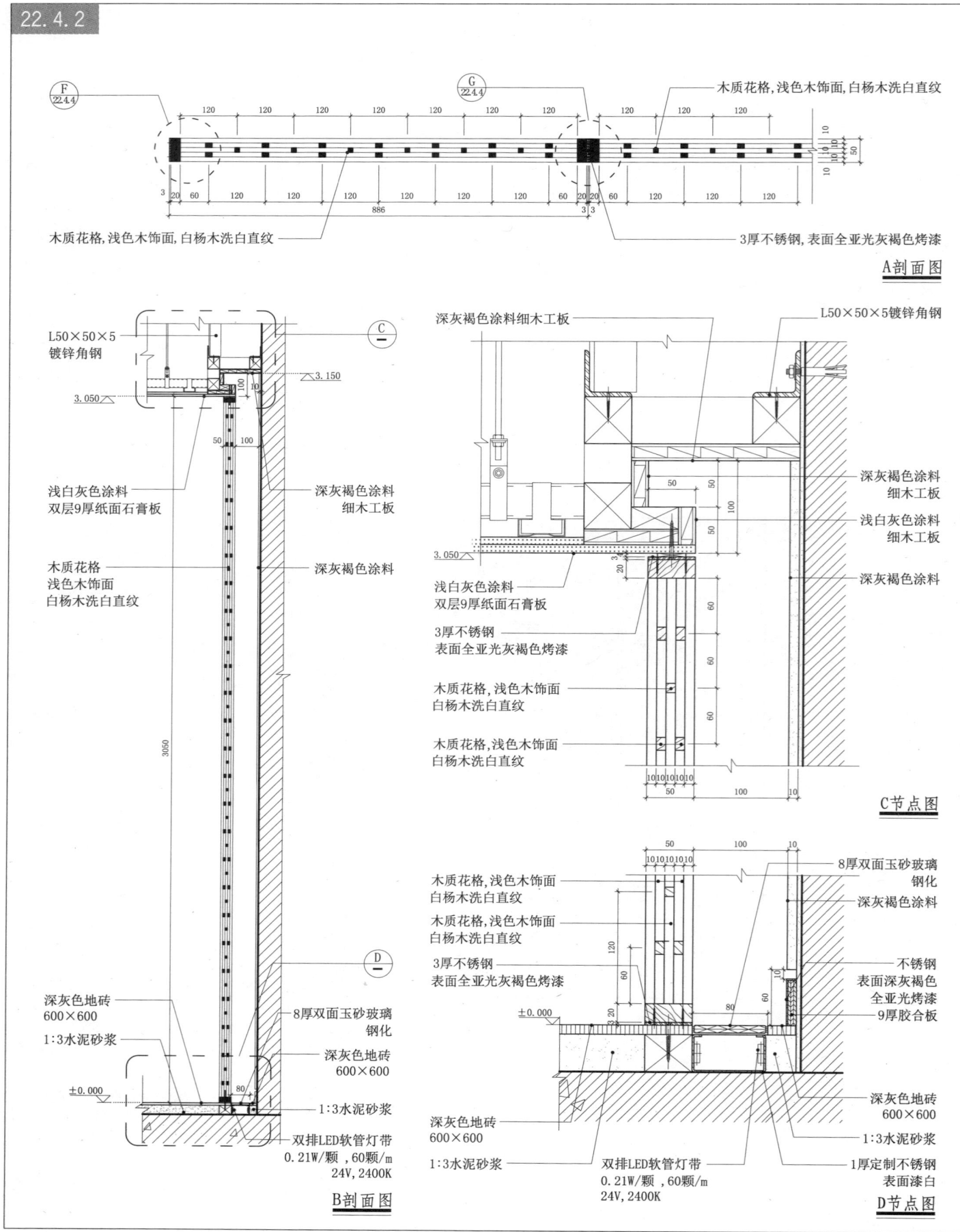

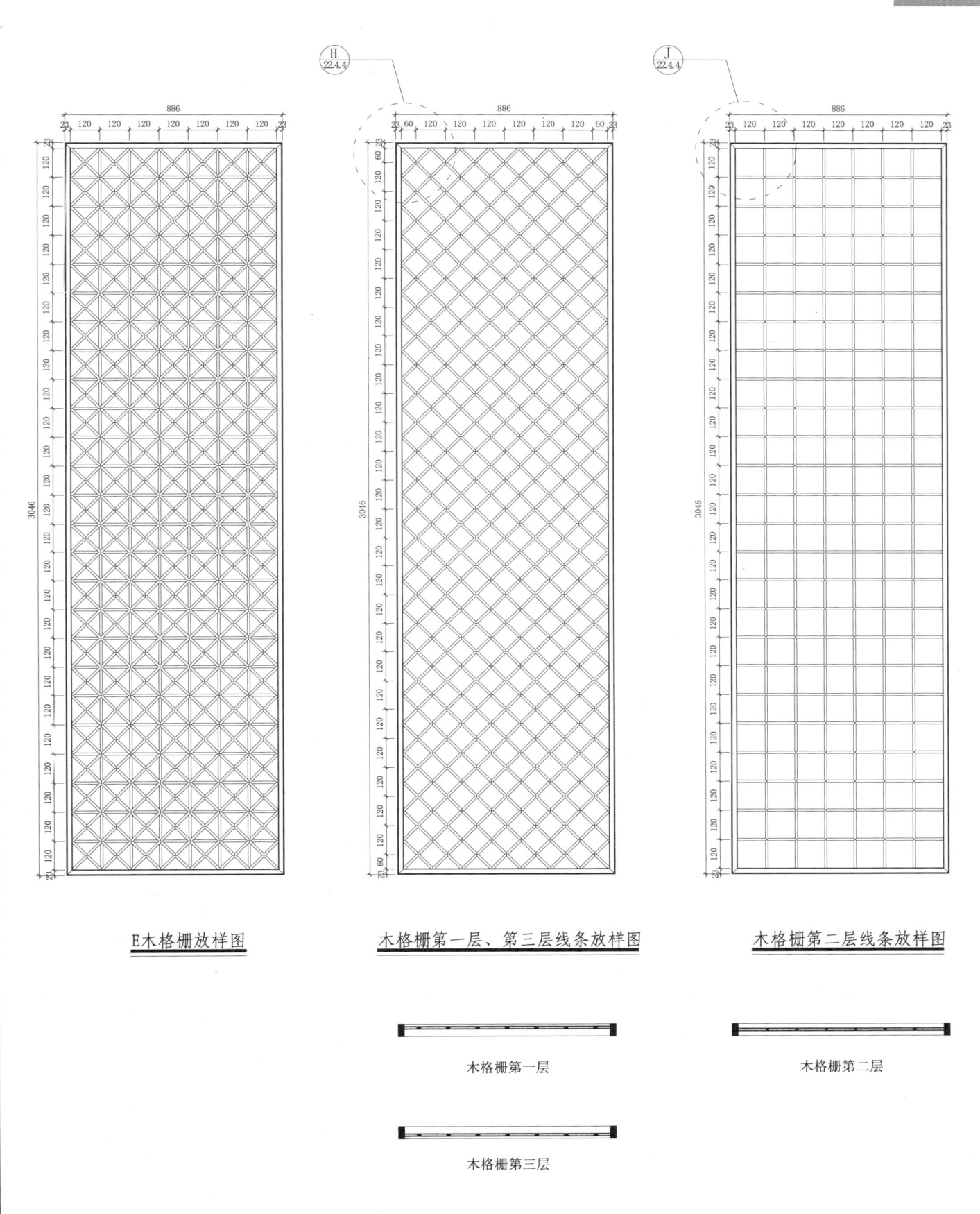

E木格栅放样图

木格栅第一层、第三层线条放样图

木格栅第二层线条放样图

木格栅第一层

木格栅第二层

木格栅第三层

22.4 木质花格隔断

22.4.3

22

东方古典风格·立面构造 非透光照明构造

22.4 木质花格隔断

22.4.4

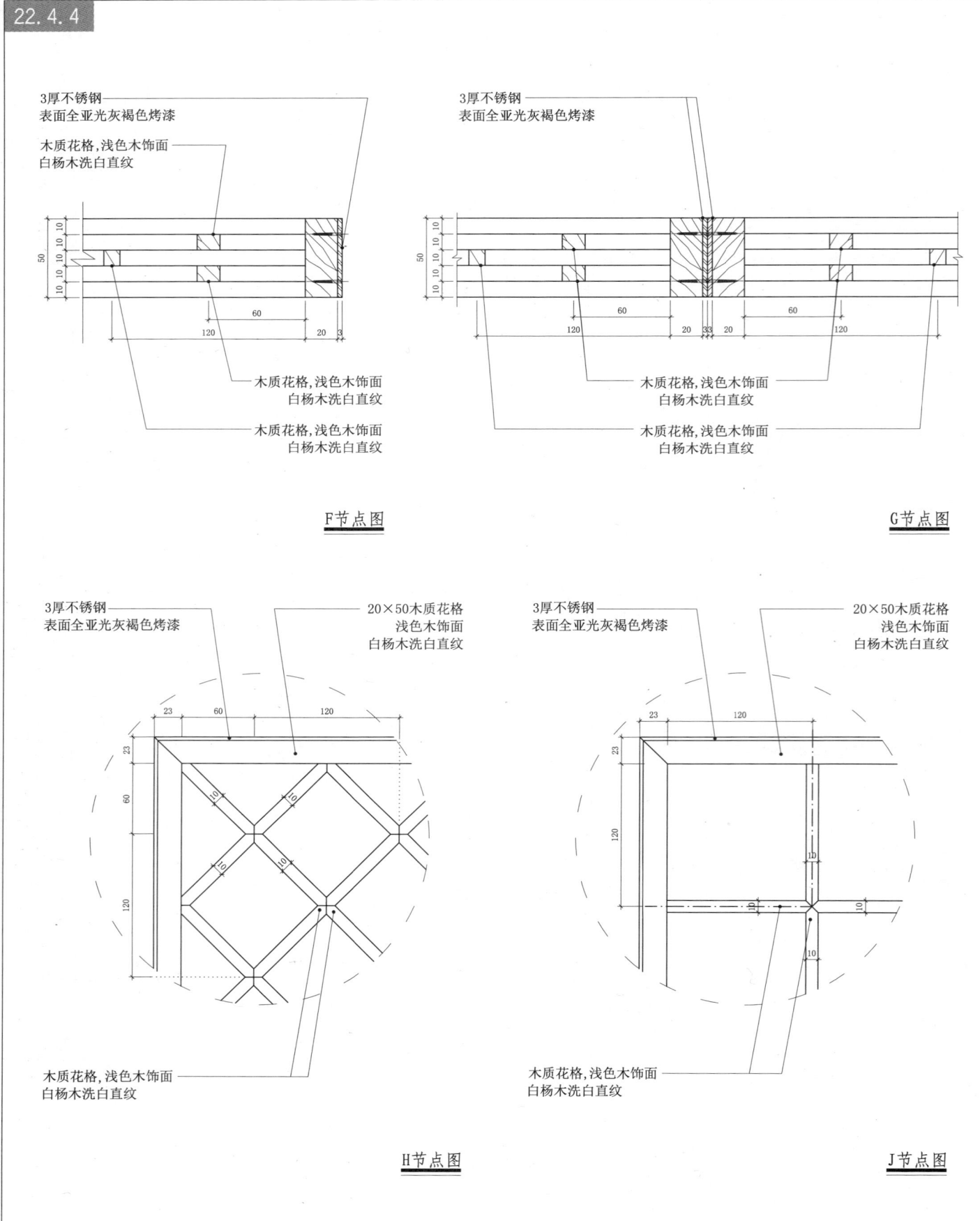

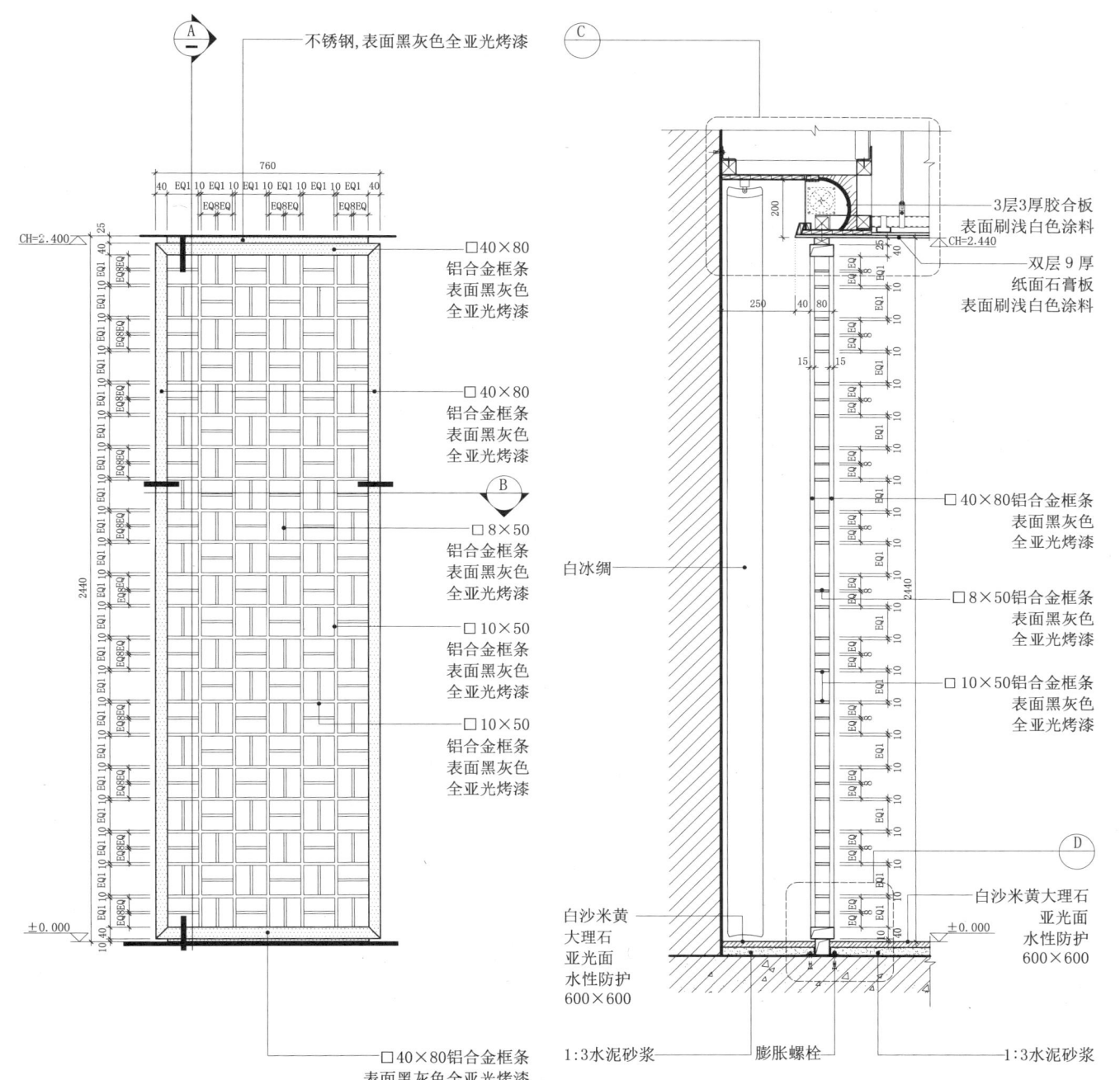

22.6 中式屏风

22 东方古典风格·隔断构造

22.6.1

中式屏风立面图

中式屏风平面图

胡桃木染黑，开放漆

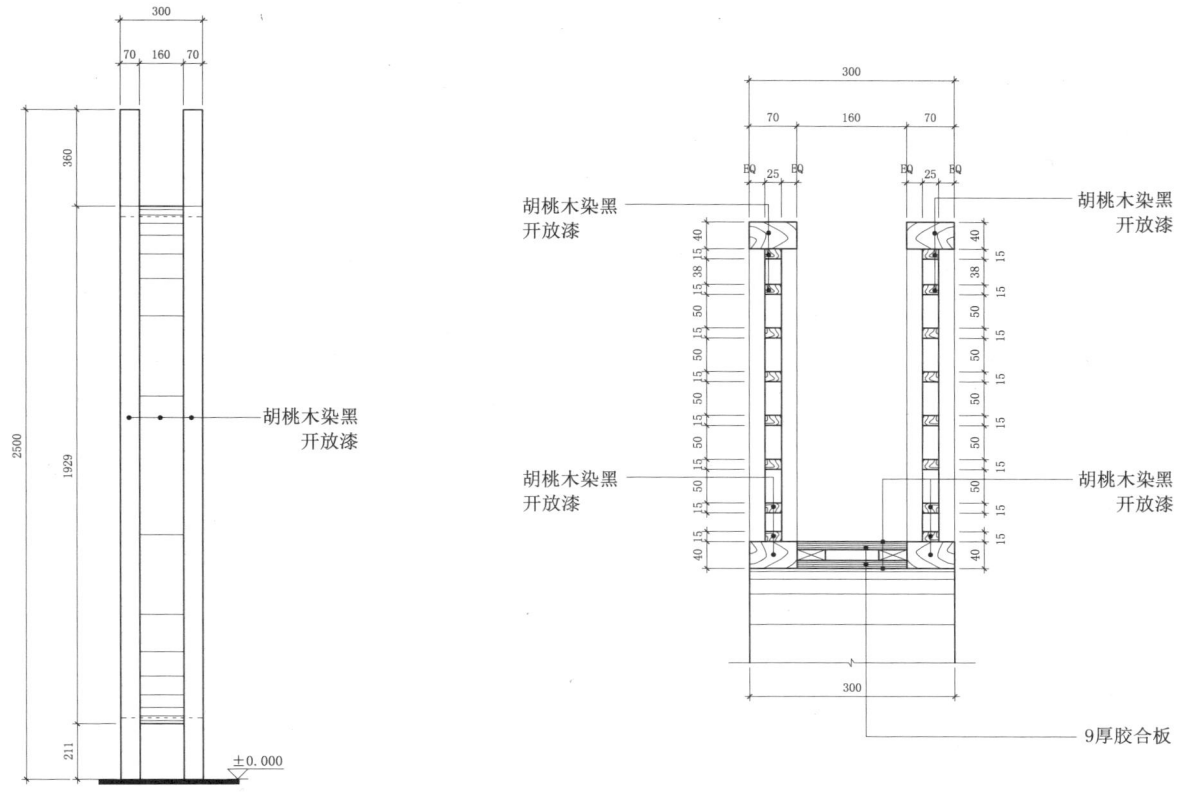

中式屏风侧立面图

A剖面图

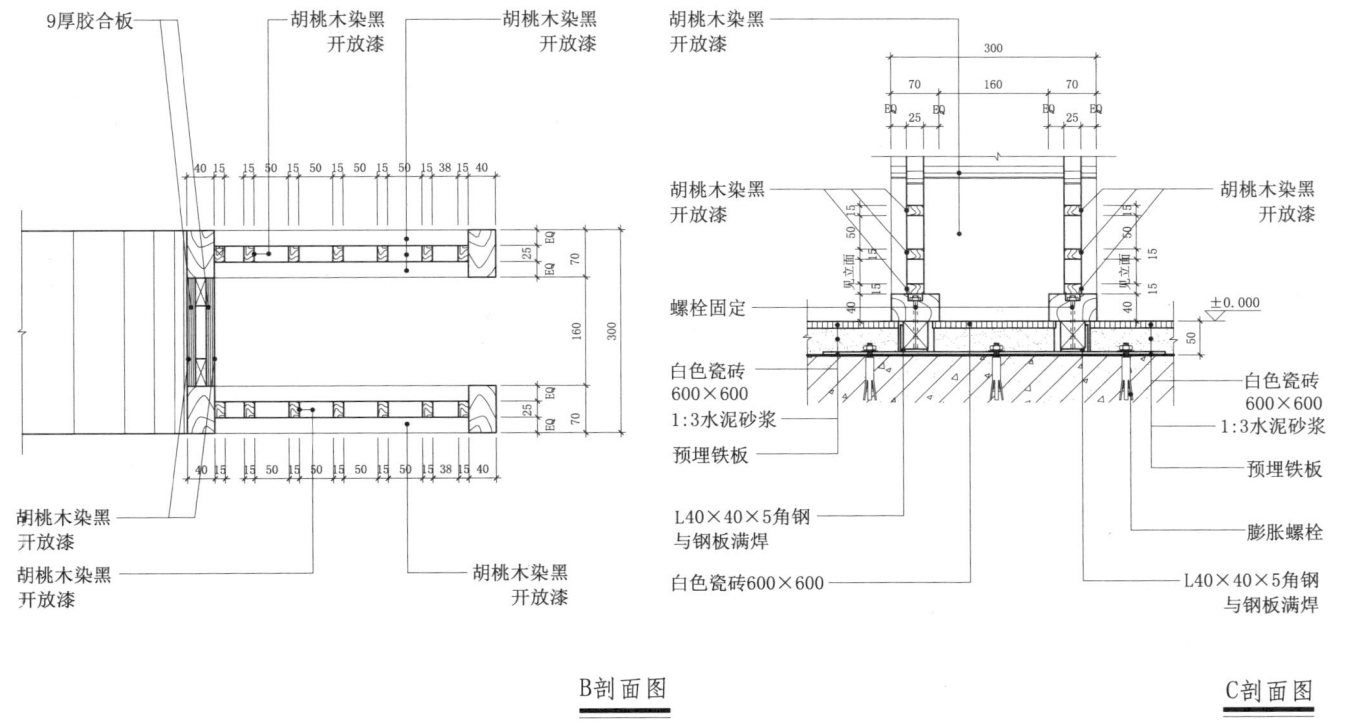

B剖面图

C剖面图

22 东方古典风格·室内设施

22.7 木质装饰架

22.7.1

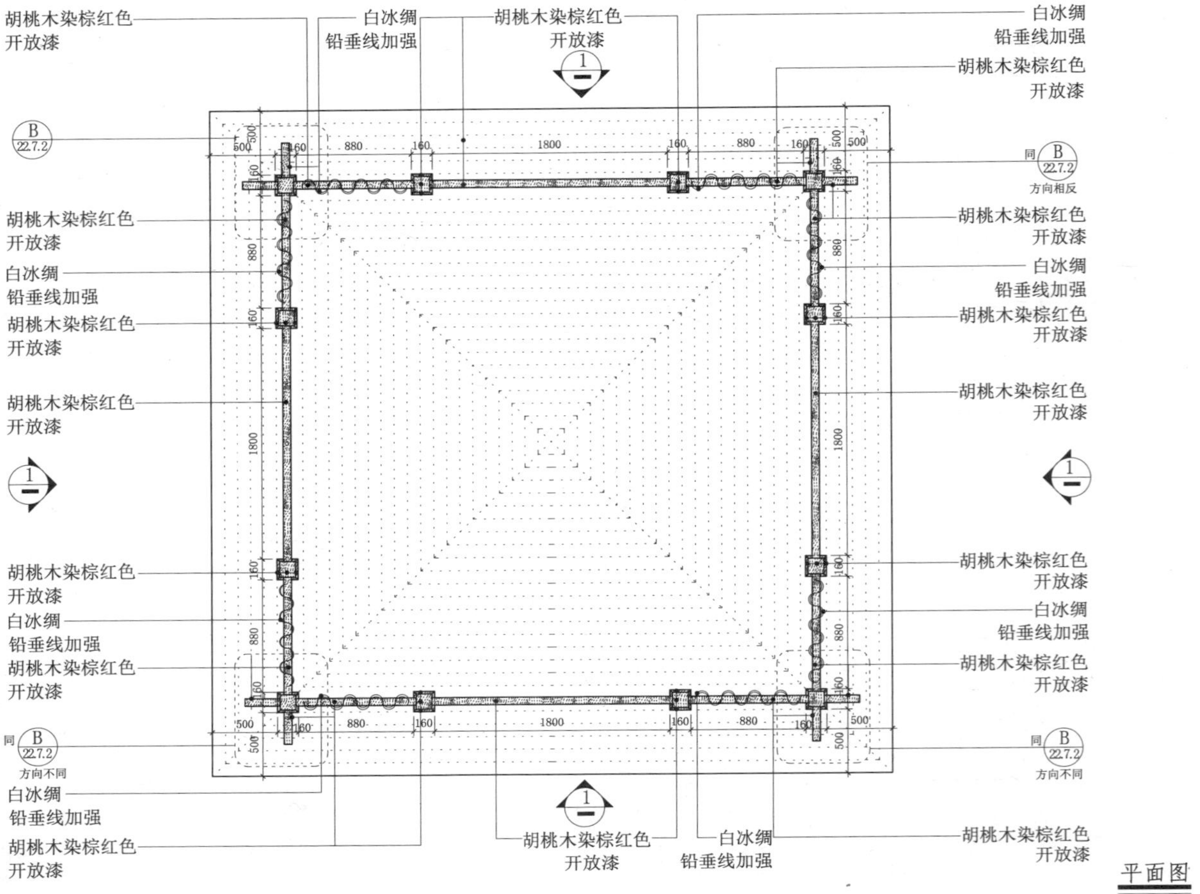

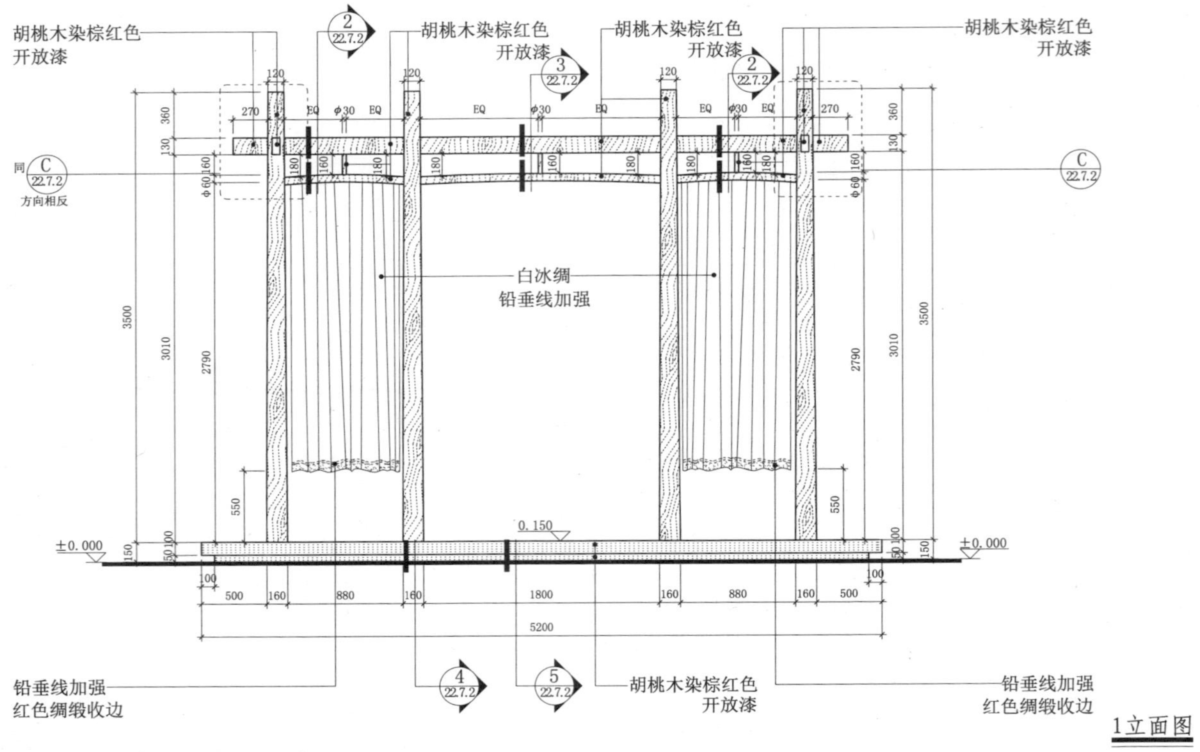

平面图

1立面图

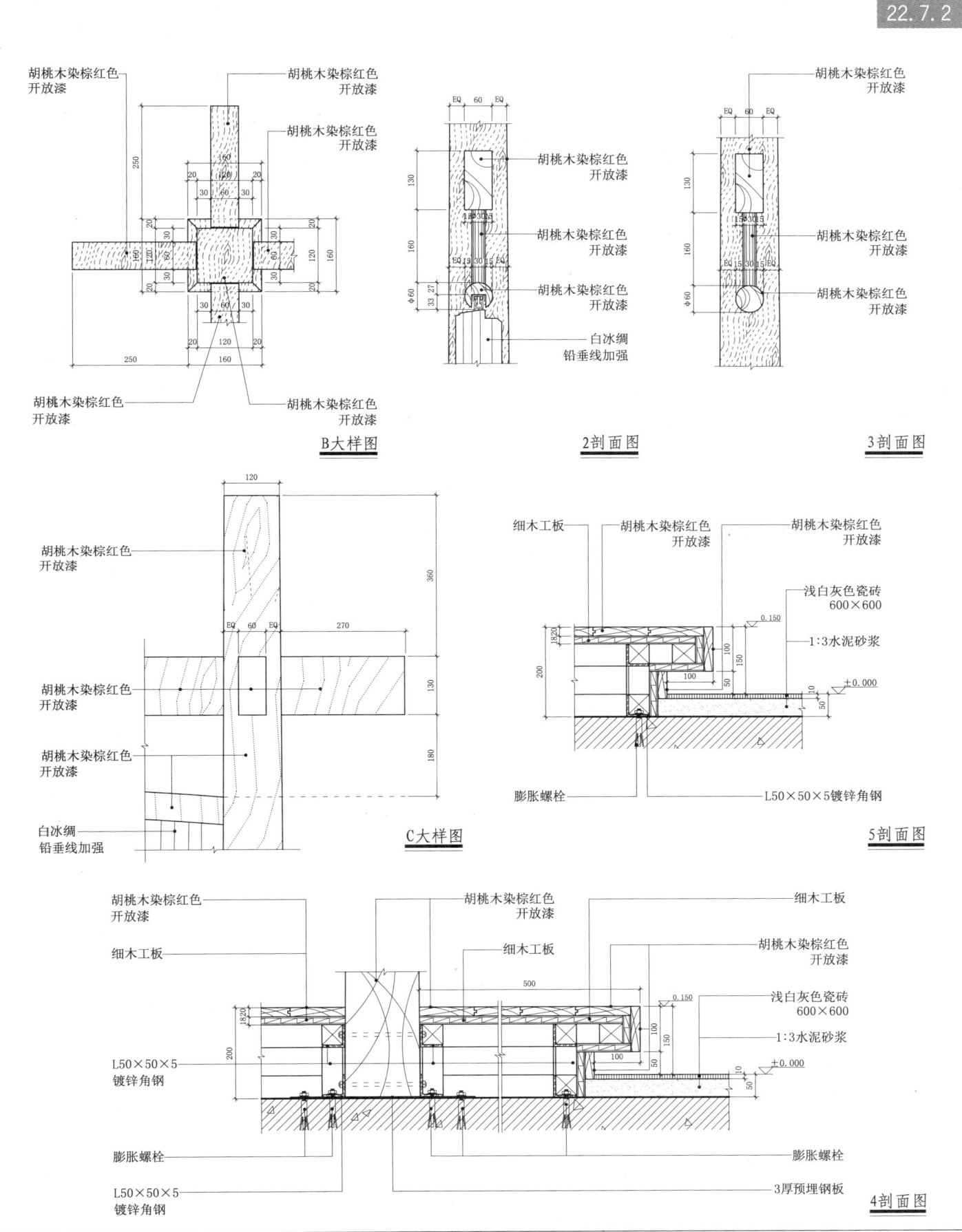

22.8 中式木质花格门(一)

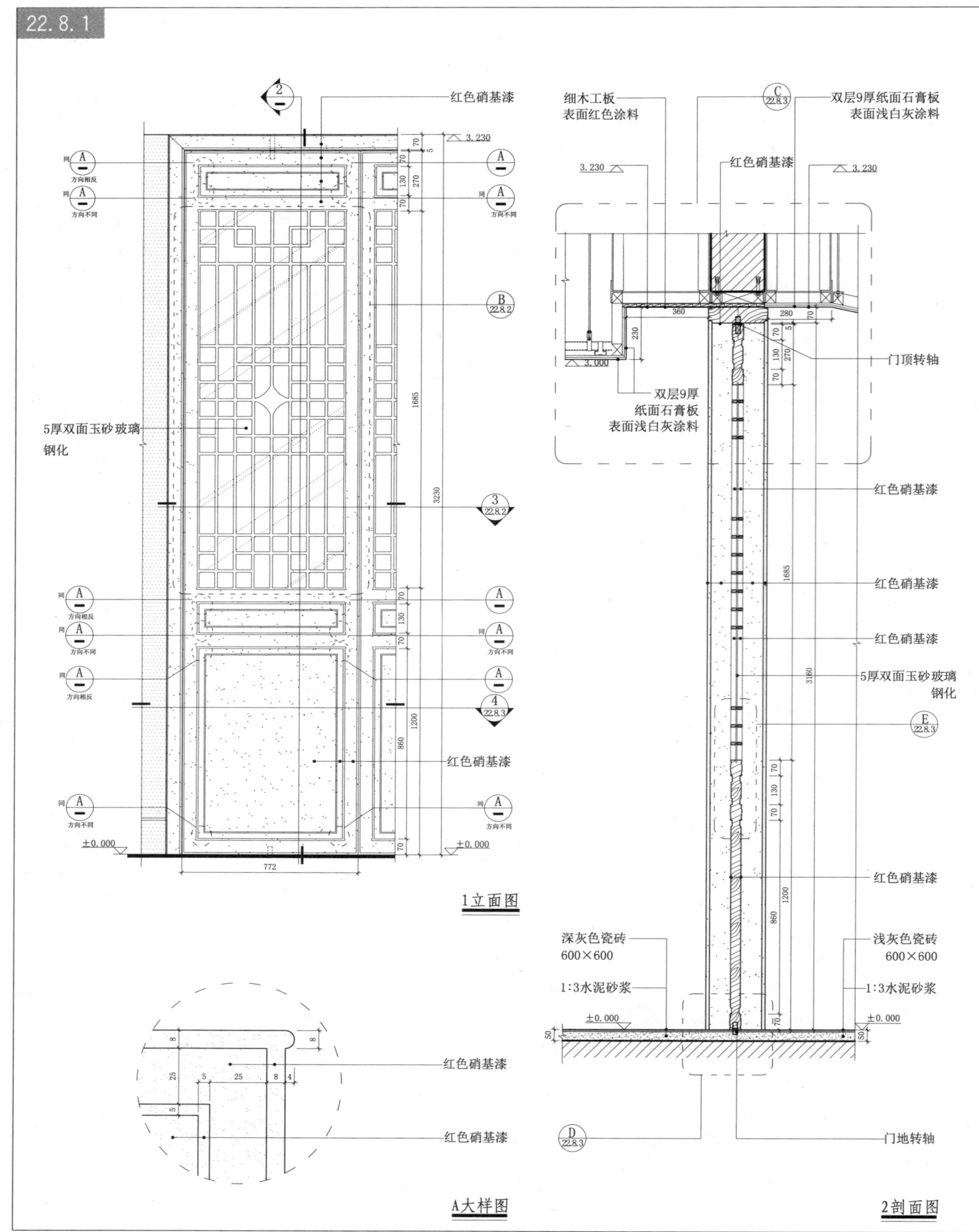

22.8 中式木质花格门（一）

22 东方古典风格·立面构造 门窗构造

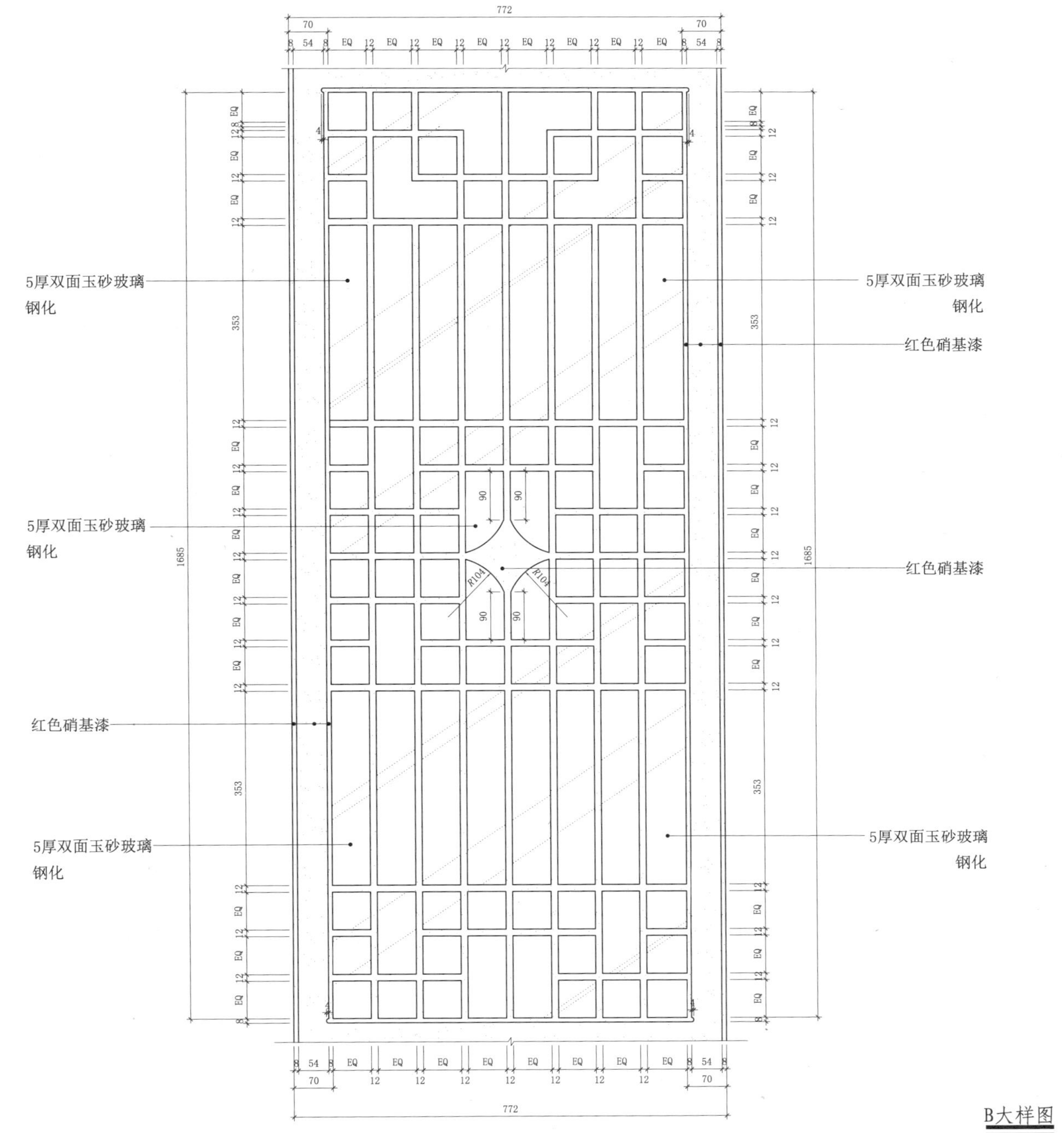

B大样图

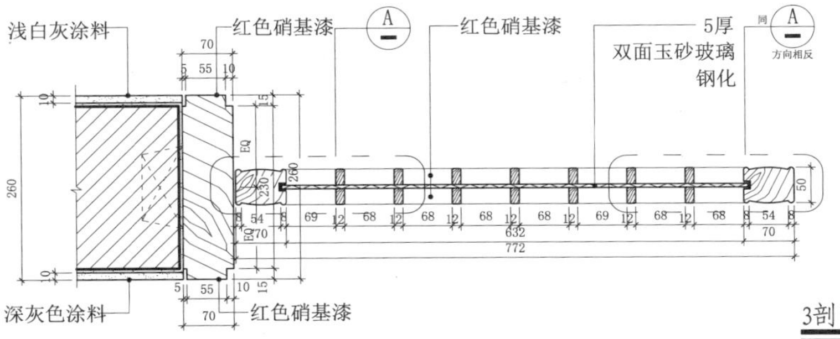

3剖面图 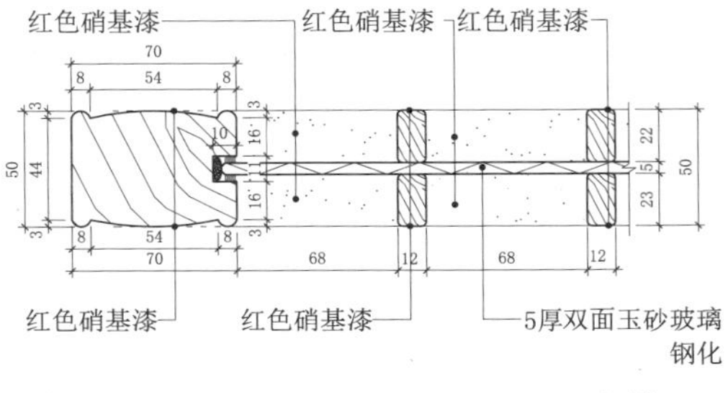　　A大样图

22.8 中式木质花格门(一)

22.8.3

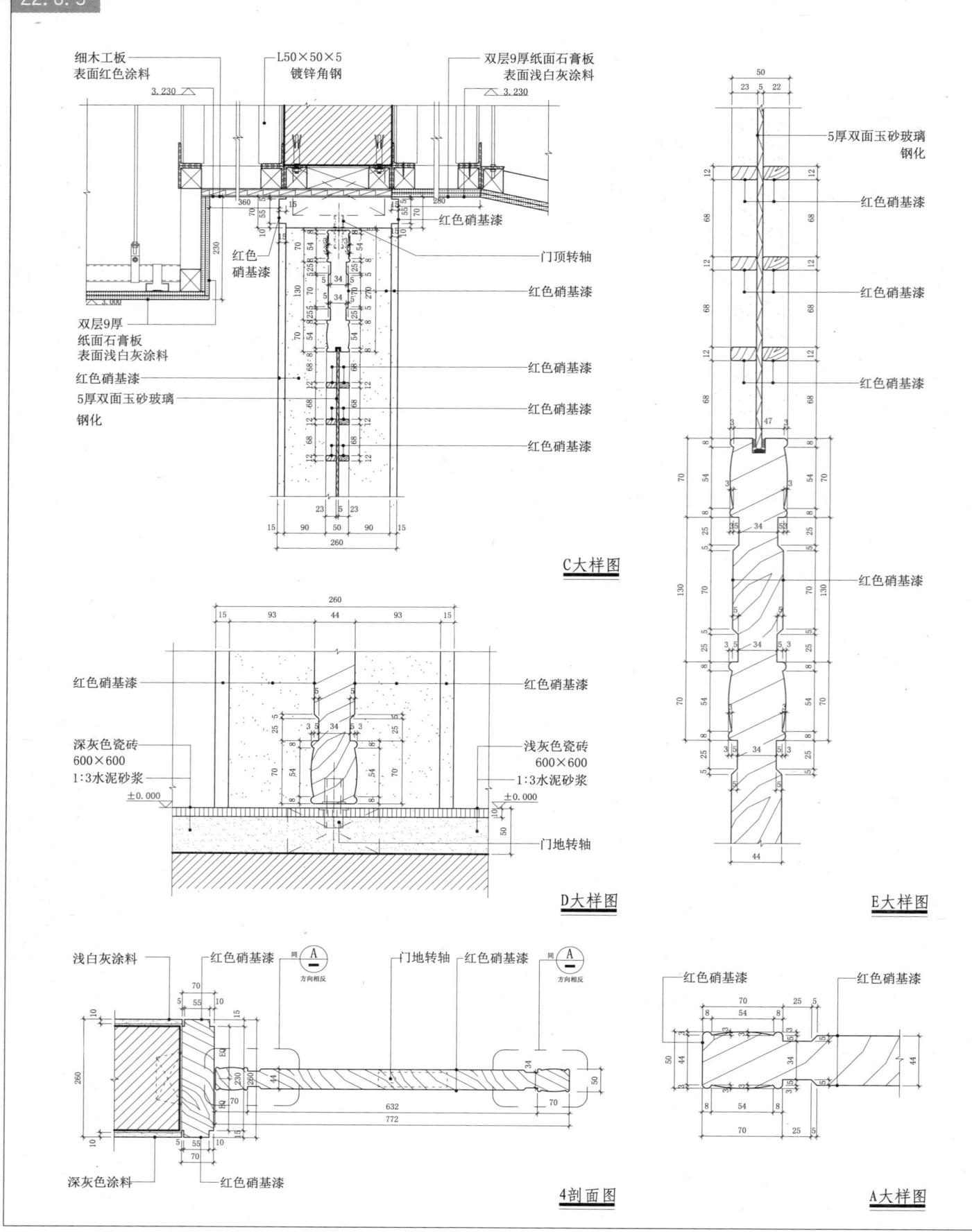

22.9 中式木质花格门（二）

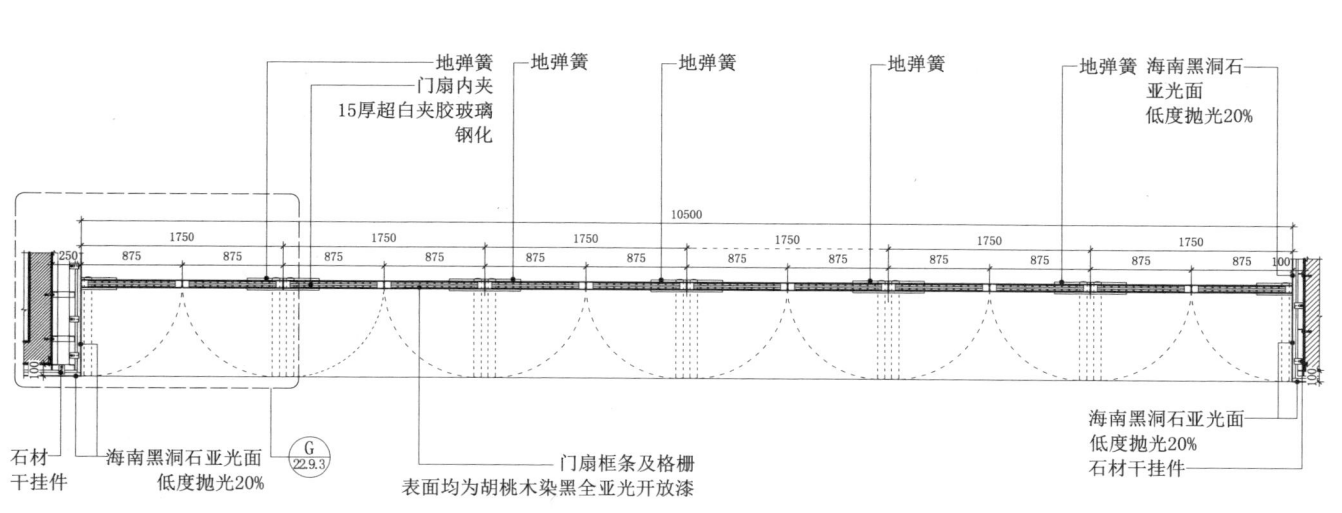

A剖面图

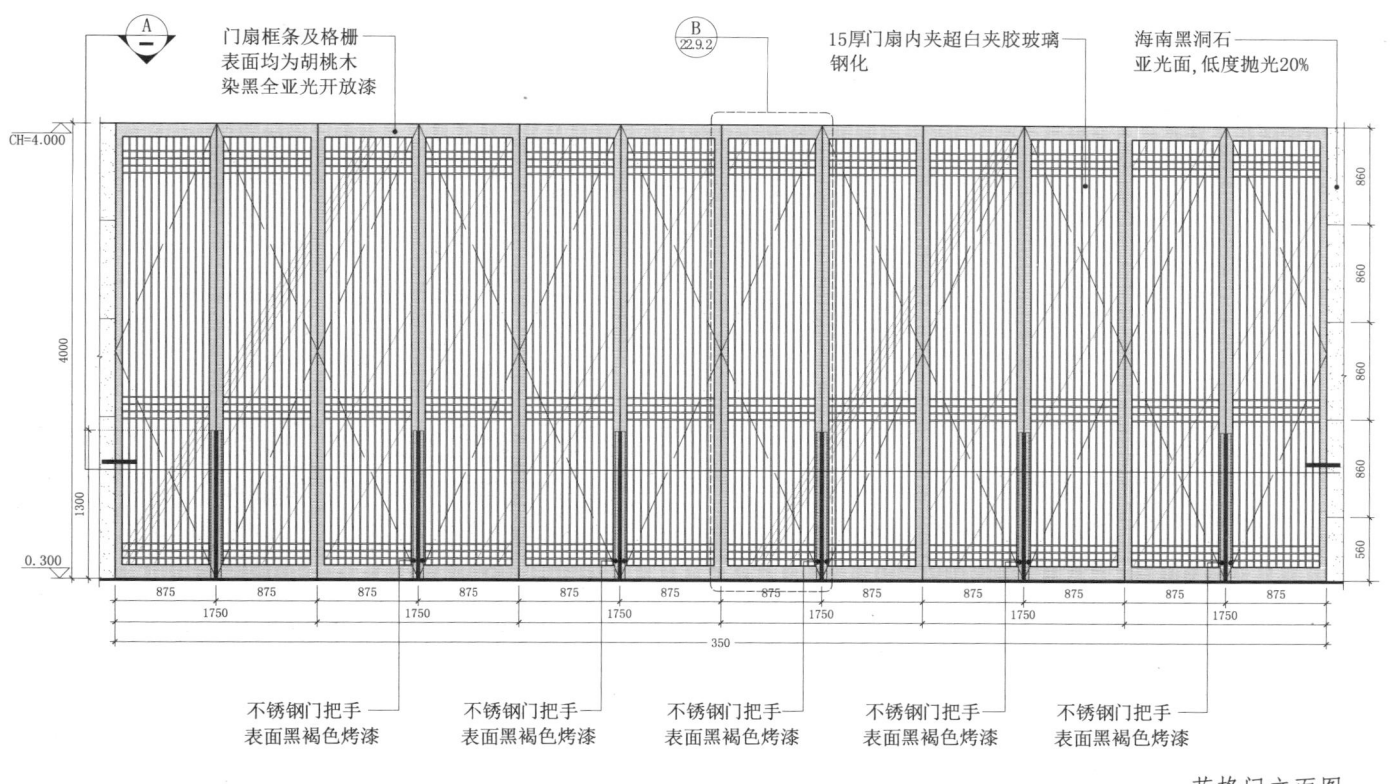

花格门立面图

22.9 中式木质花格门(二)

22.9.2

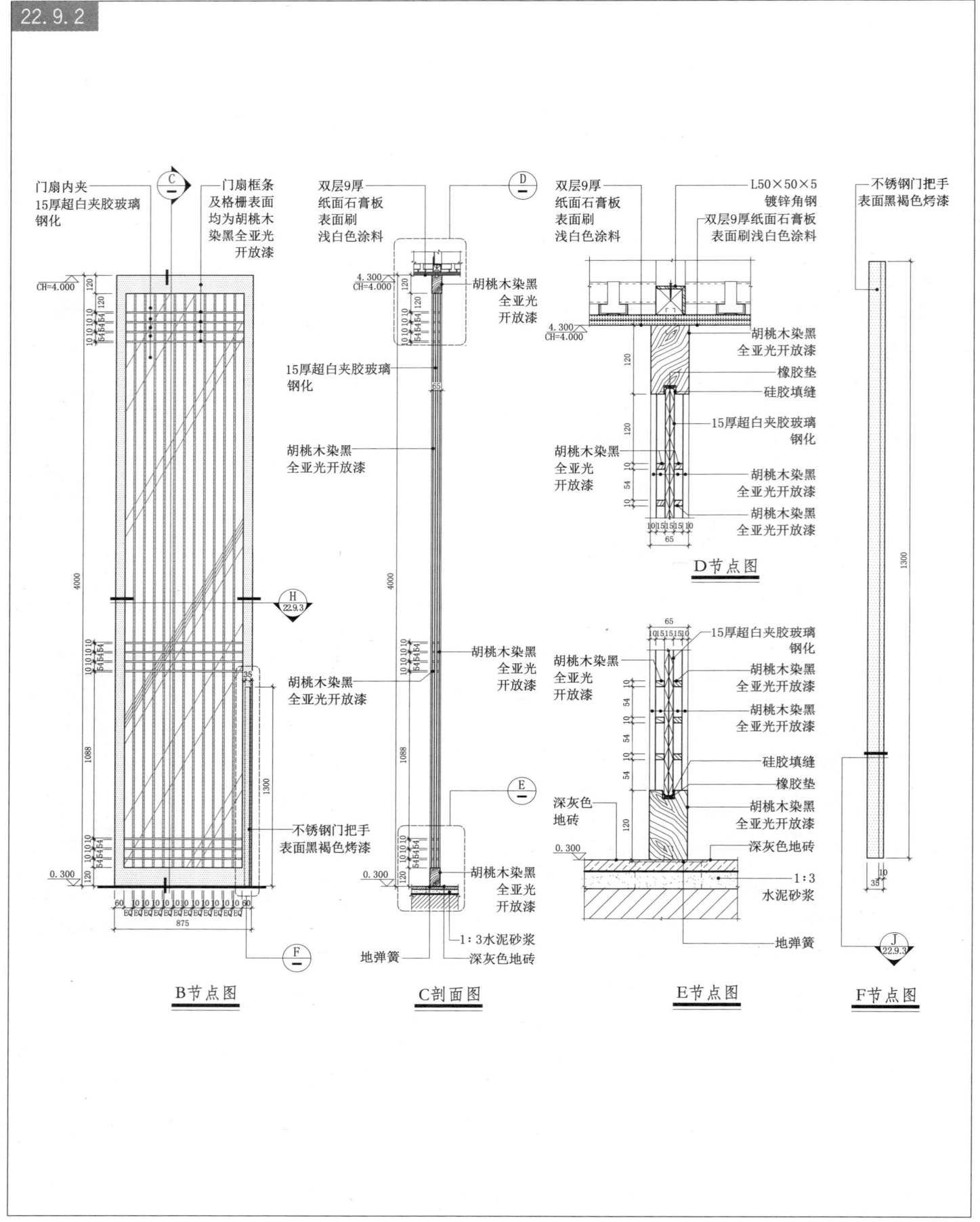

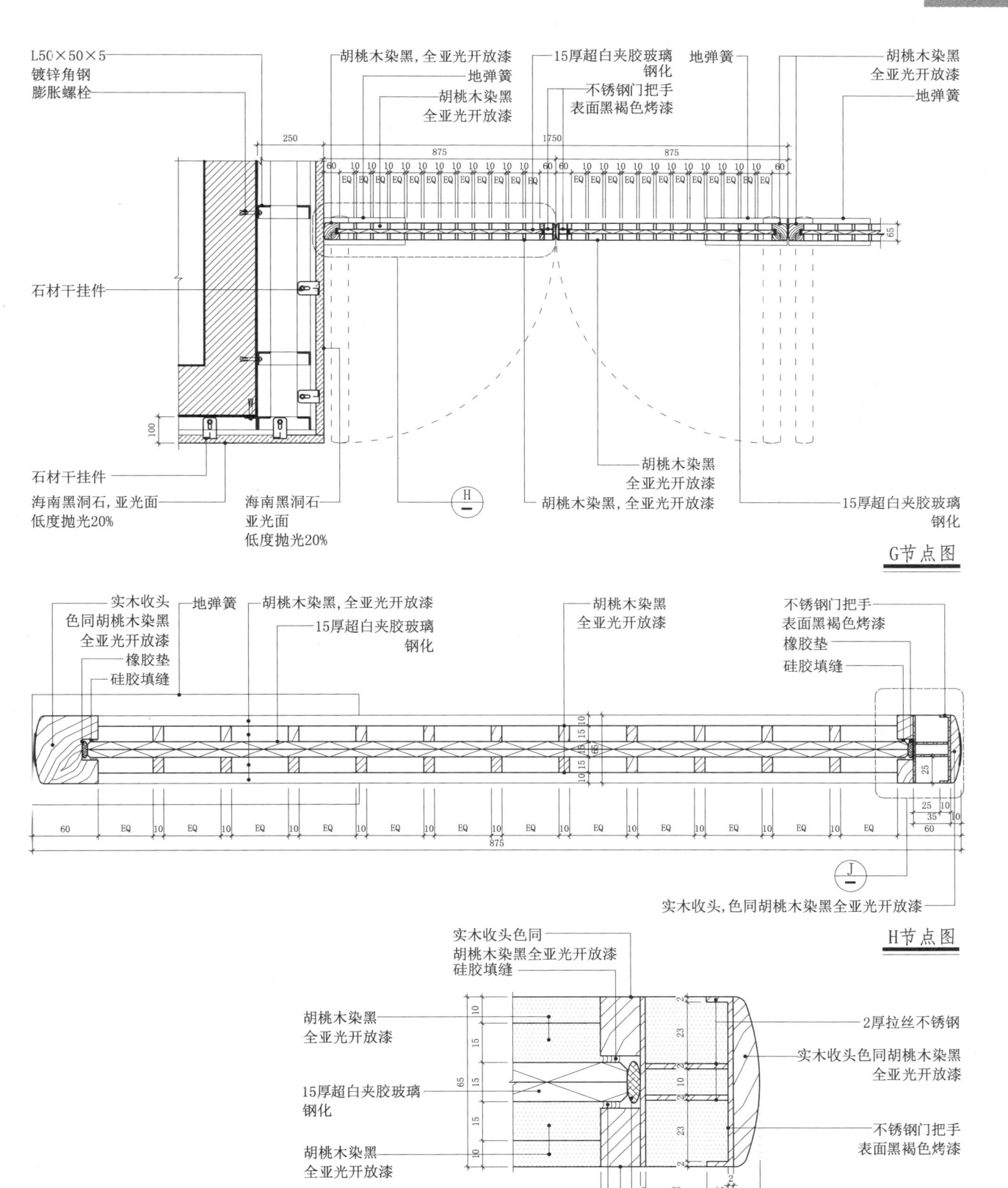

22.10 中式花格移门墙

22 东方古典风格
· 门窗构造
· 透光照明构造

22.10.1

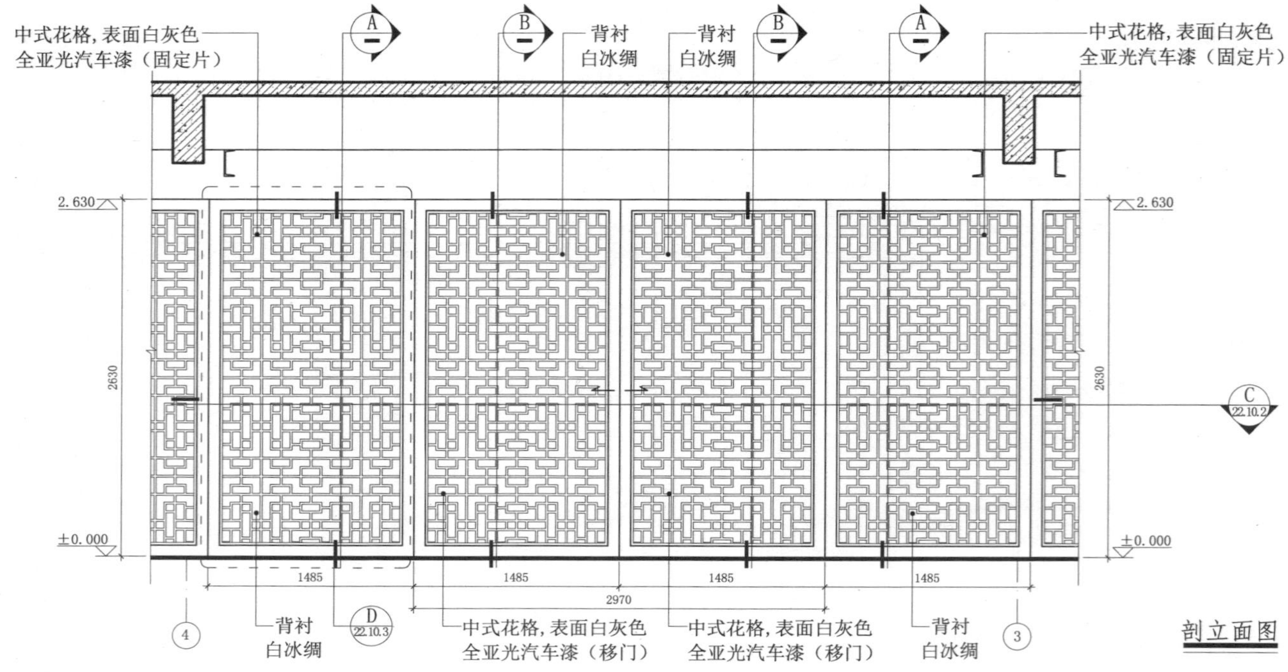

剖立面图

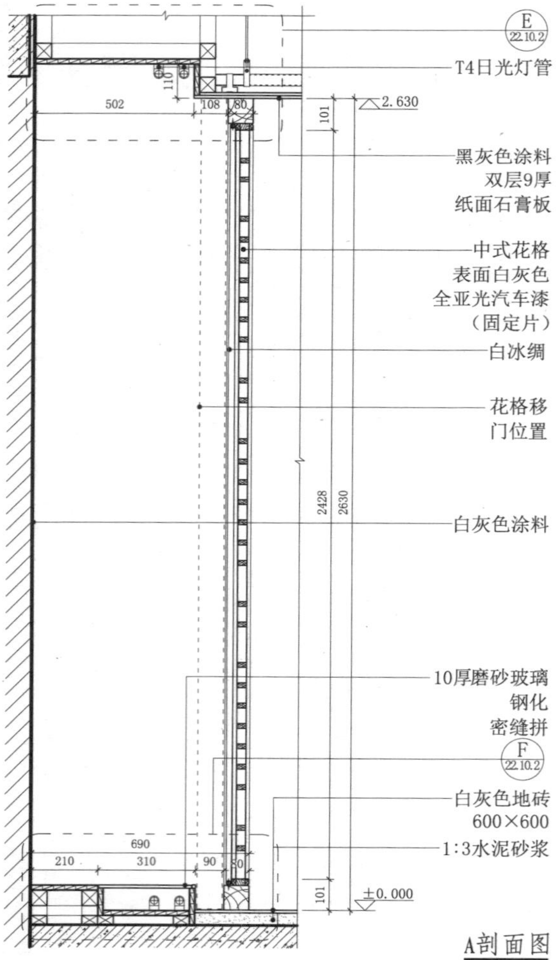

A剖面图

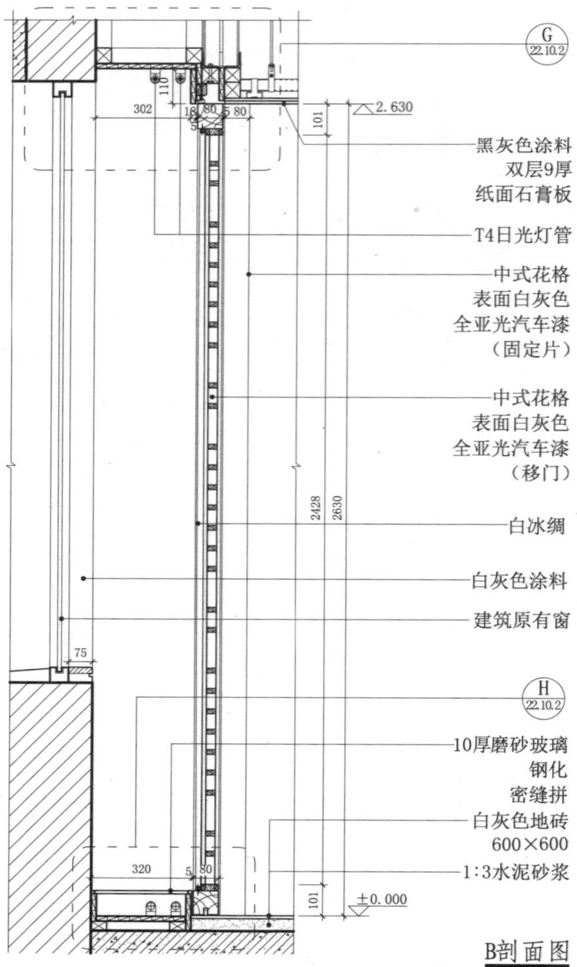

B剖面图

主要标注：
- 中式花格，表面白灰色全亚光汽车漆（固定片）
- 背衬白冰绸
- 中式花格，表面白灰色全亚光汽车漆（移门）
- T4日光灯管
- 黑灰色涂料 双层9厚纸面石膏板
- 花格移门位置
- 白冰绸
- 白灰色涂料
- 10厚磨砂玻璃 钢化 密缝拼
- 白灰色地砖 600×600
- 1:3水泥砂浆
- 建筑原有窗

926 | 室内构造节点与专项模式图集

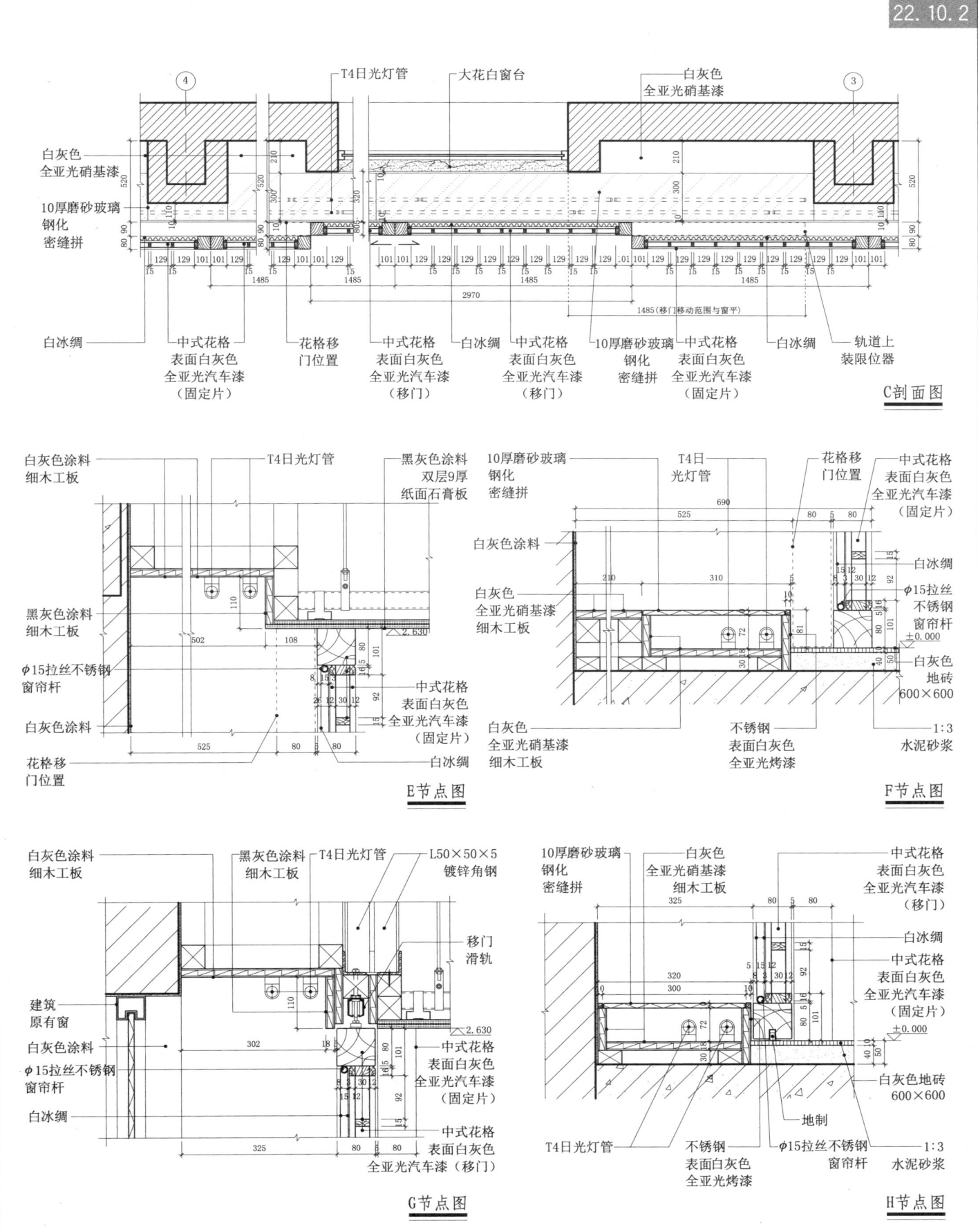

22.10 中式花格移门墙

22.10.3

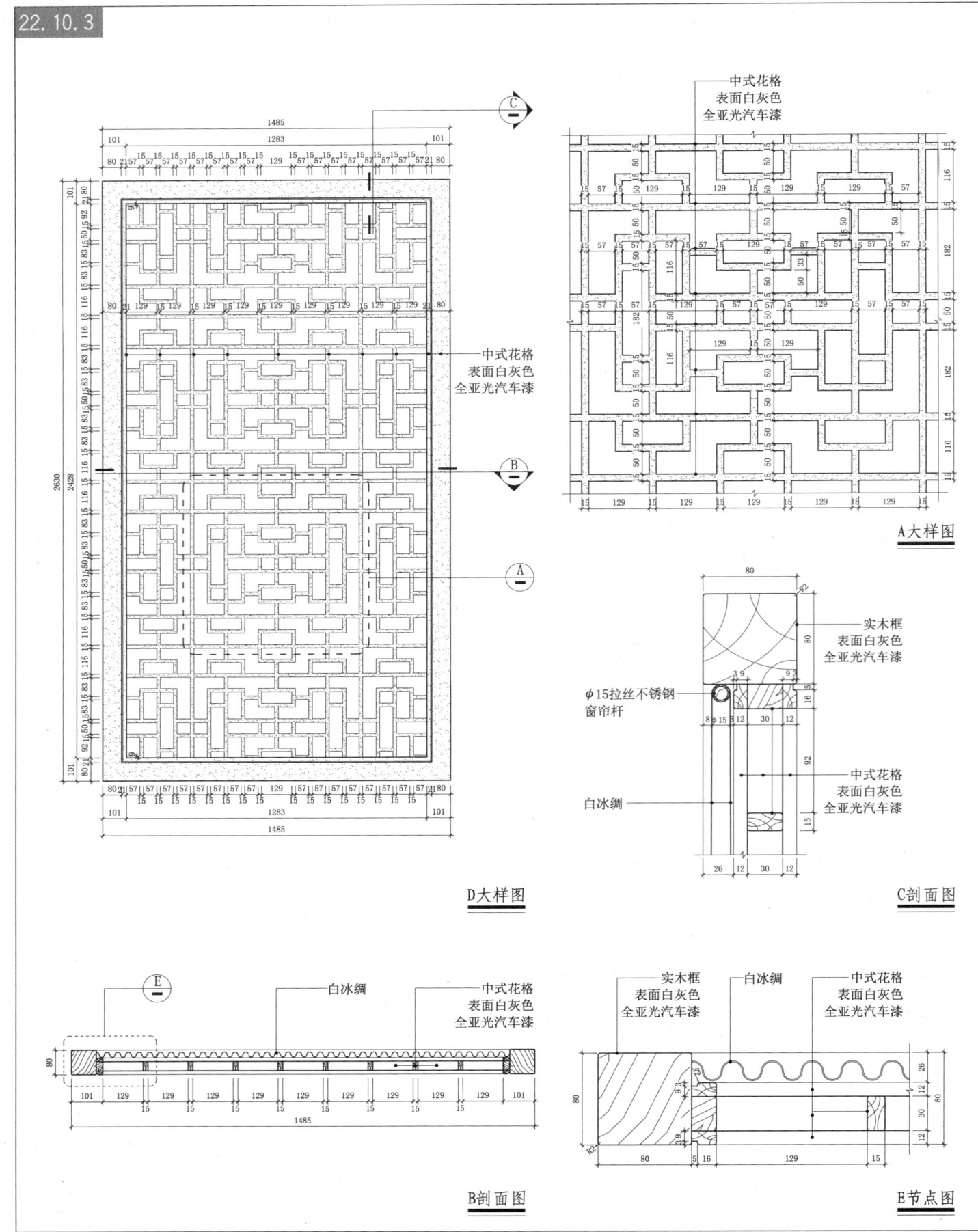

22.11 平行线节点(一)

22 东方古典风格·立面构造 平行线构造

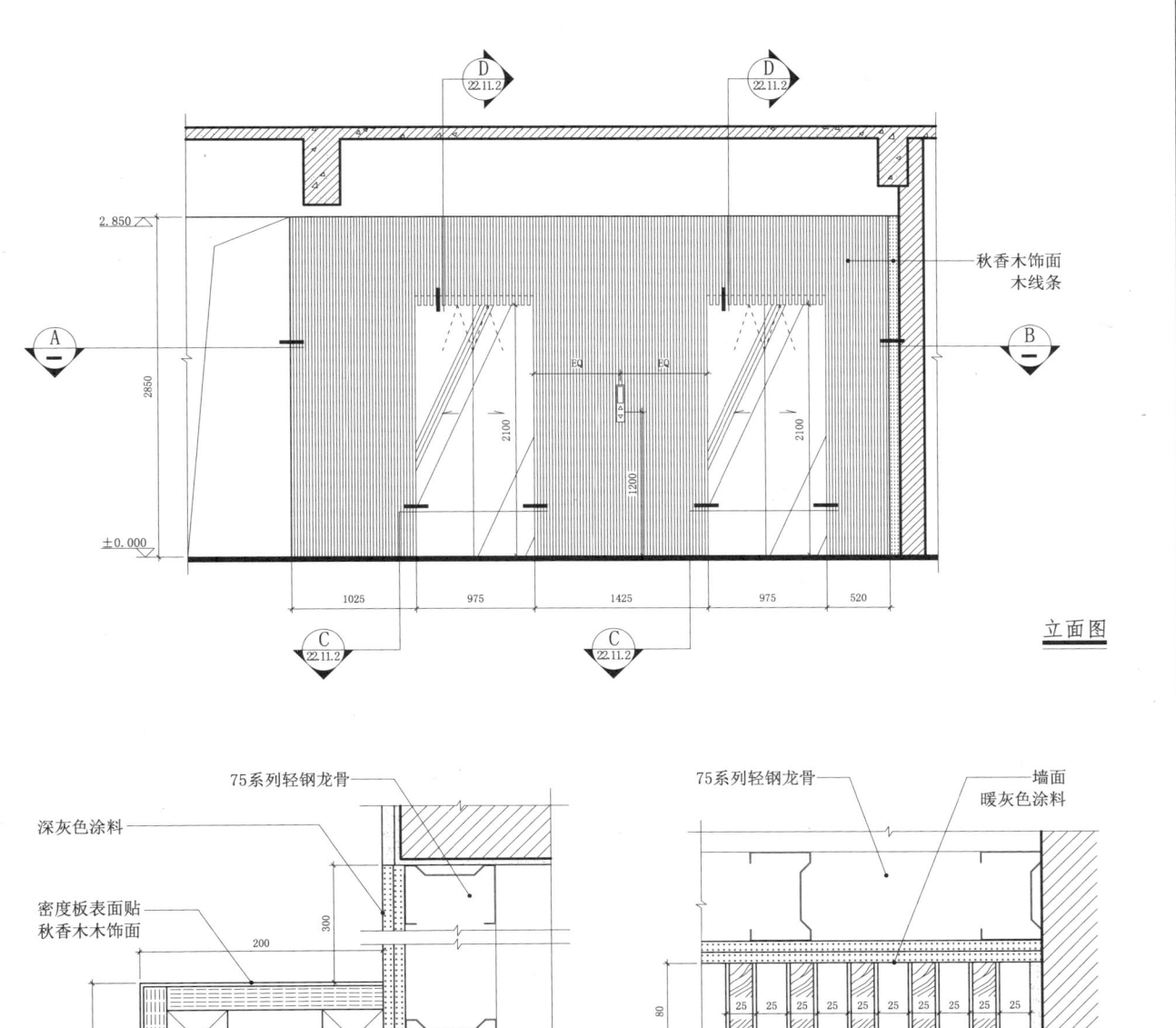

立面图

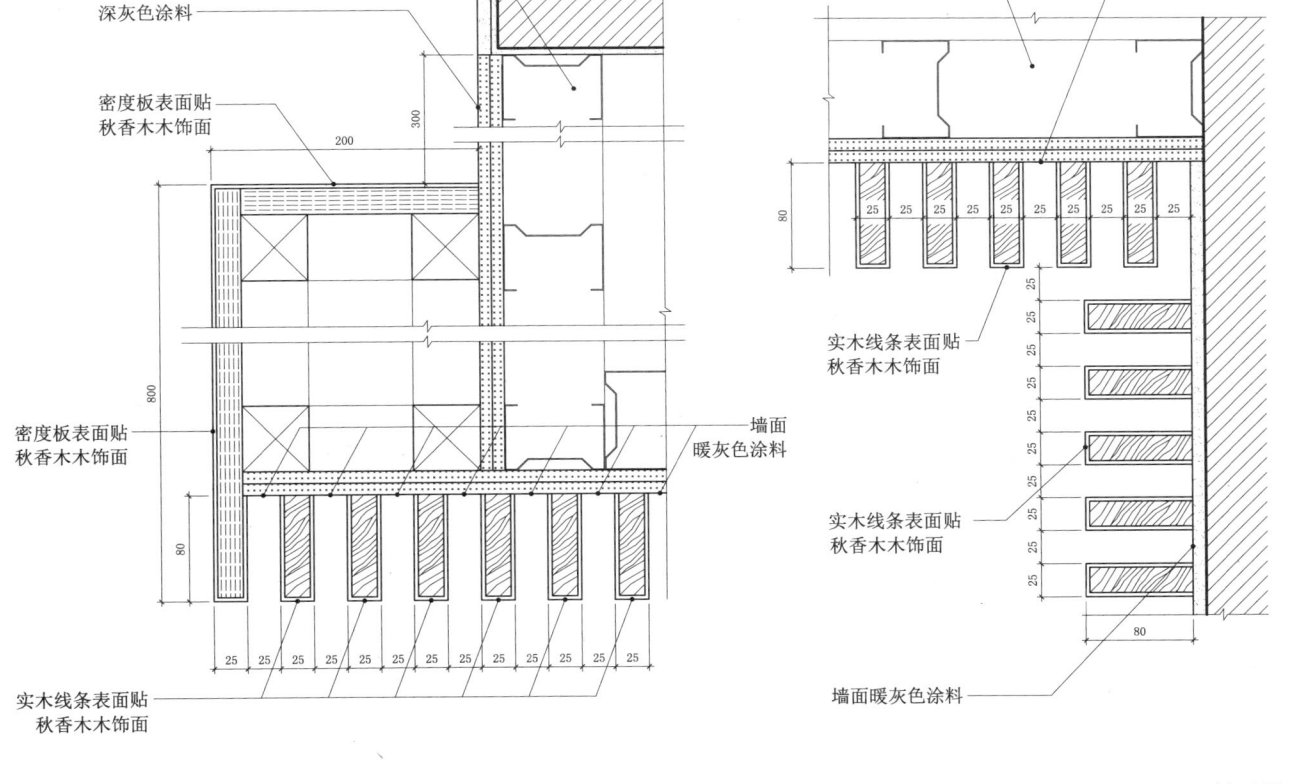

A剖面图　　　B剖面图

22.11 平行线节点（一）

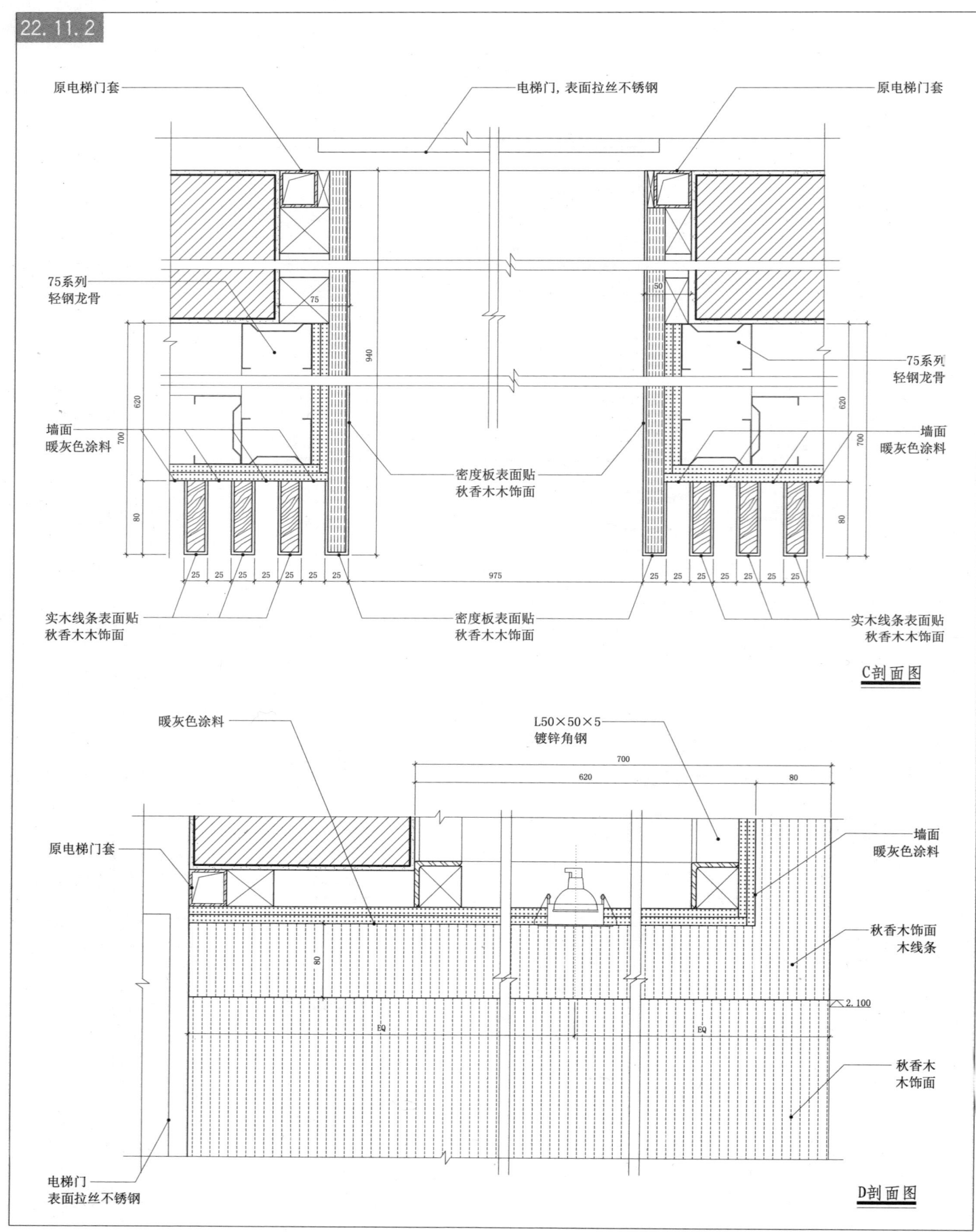

22.11.2

C剖面图

D剖面图

22.12 平行线节点(二)

22 东方古典风格·立面构造 平行线构造

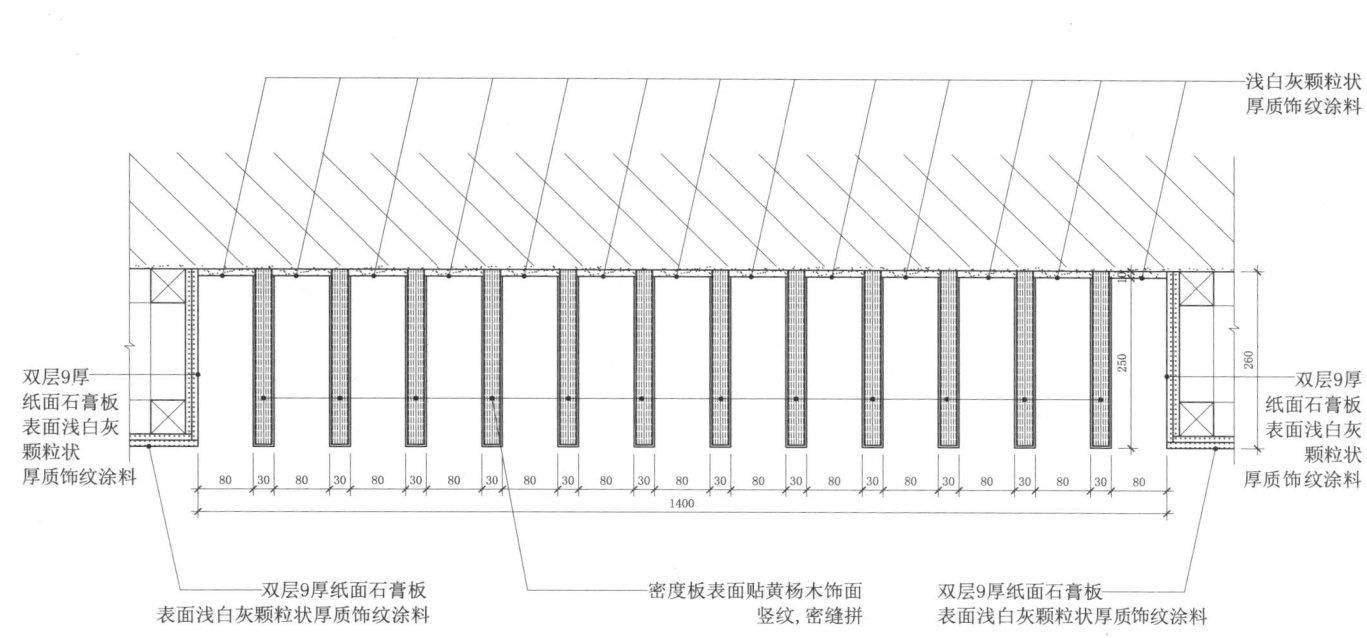

1 节点图

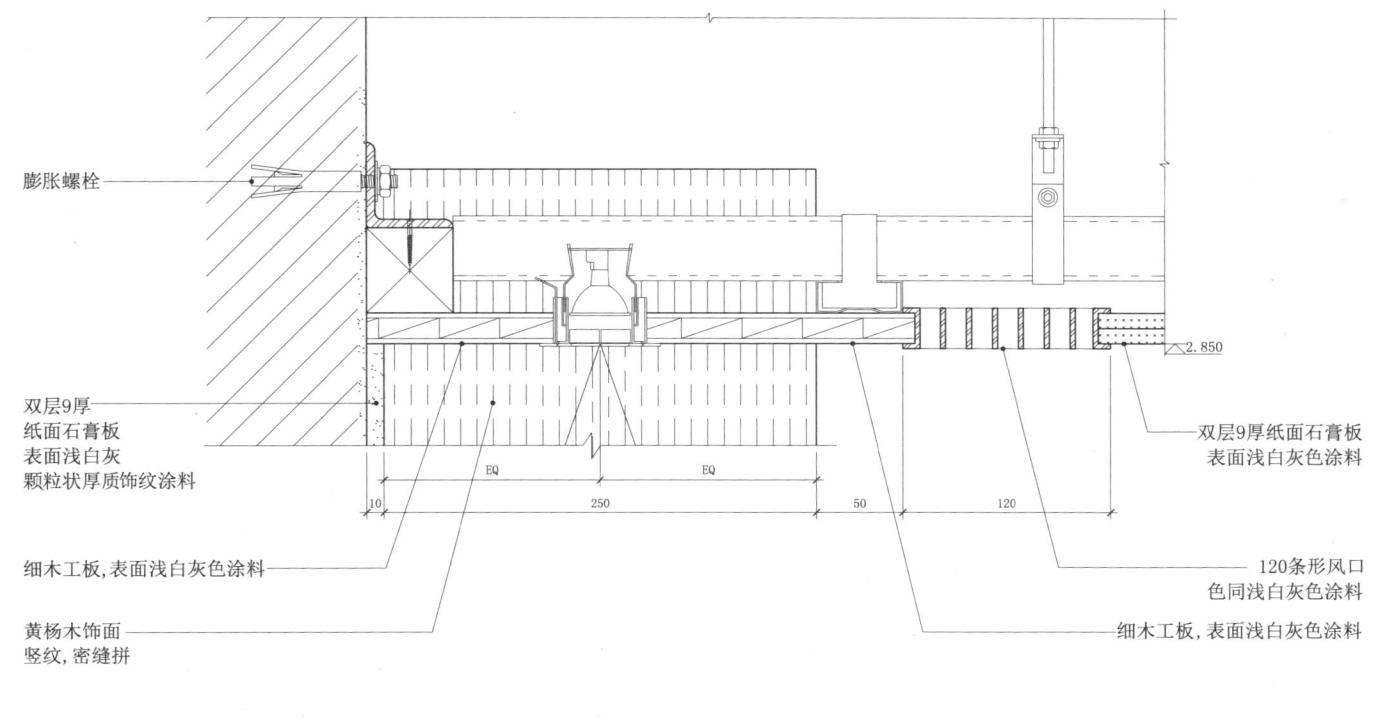

2 节点图

22.13 平行线节点（三）

22 东方古典风格 · 平行线构造 立面构造

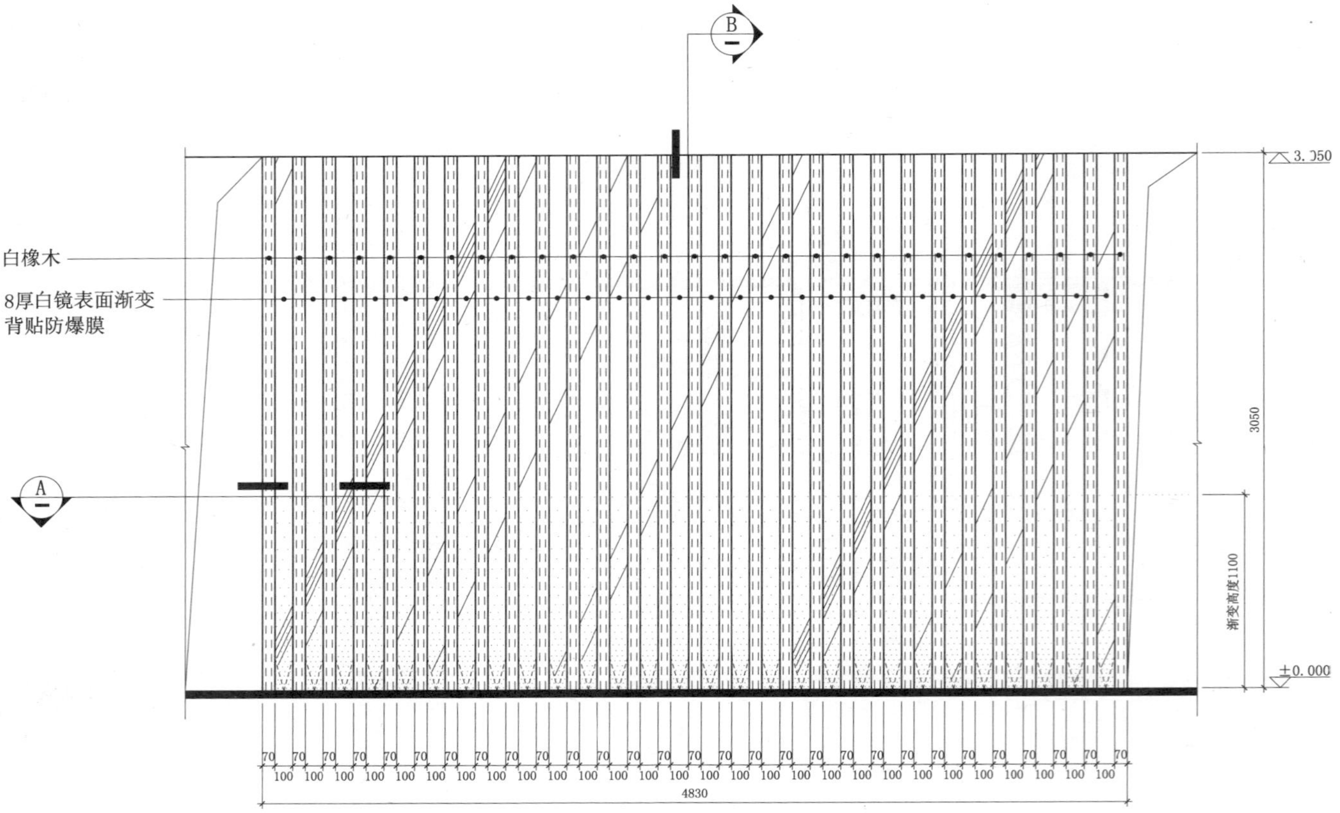

立面图

- 白橡木
- 8厚白镜表面渐变背贴防爆膜

A剖面图

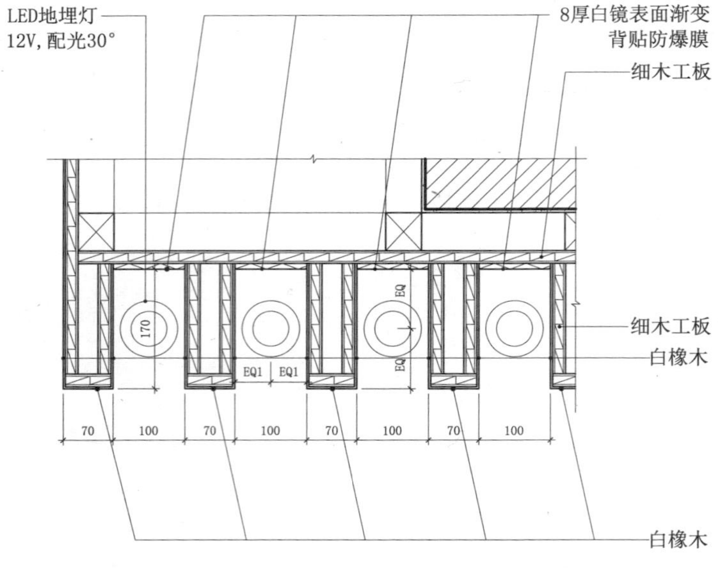

- LED地埋灯 12V，配光30°
- 8厚白镜表面渐变背贴防爆膜
- 细木工板
- 细木工板
- 白橡木
- 白橡木
- 8厚白镜表面渐变背贴防爆膜

B剖面图

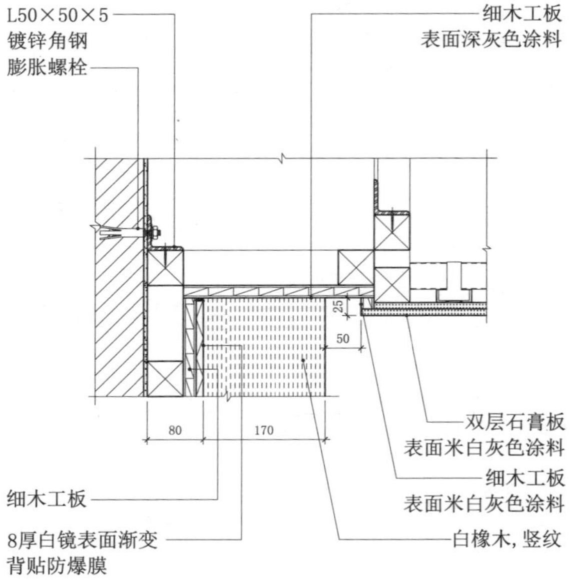

- L50×50×5 镀锌角钢 膨胀螺栓
- 细木工板 表面深灰色涂料
- 双层石膏板 表面米白灰色涂料
- 细木工板 表面米白灰色涂料
- 白橡木，竖纹

22.14 壁龛、平行线节点

东方古典风格·平行线构造 立面构造

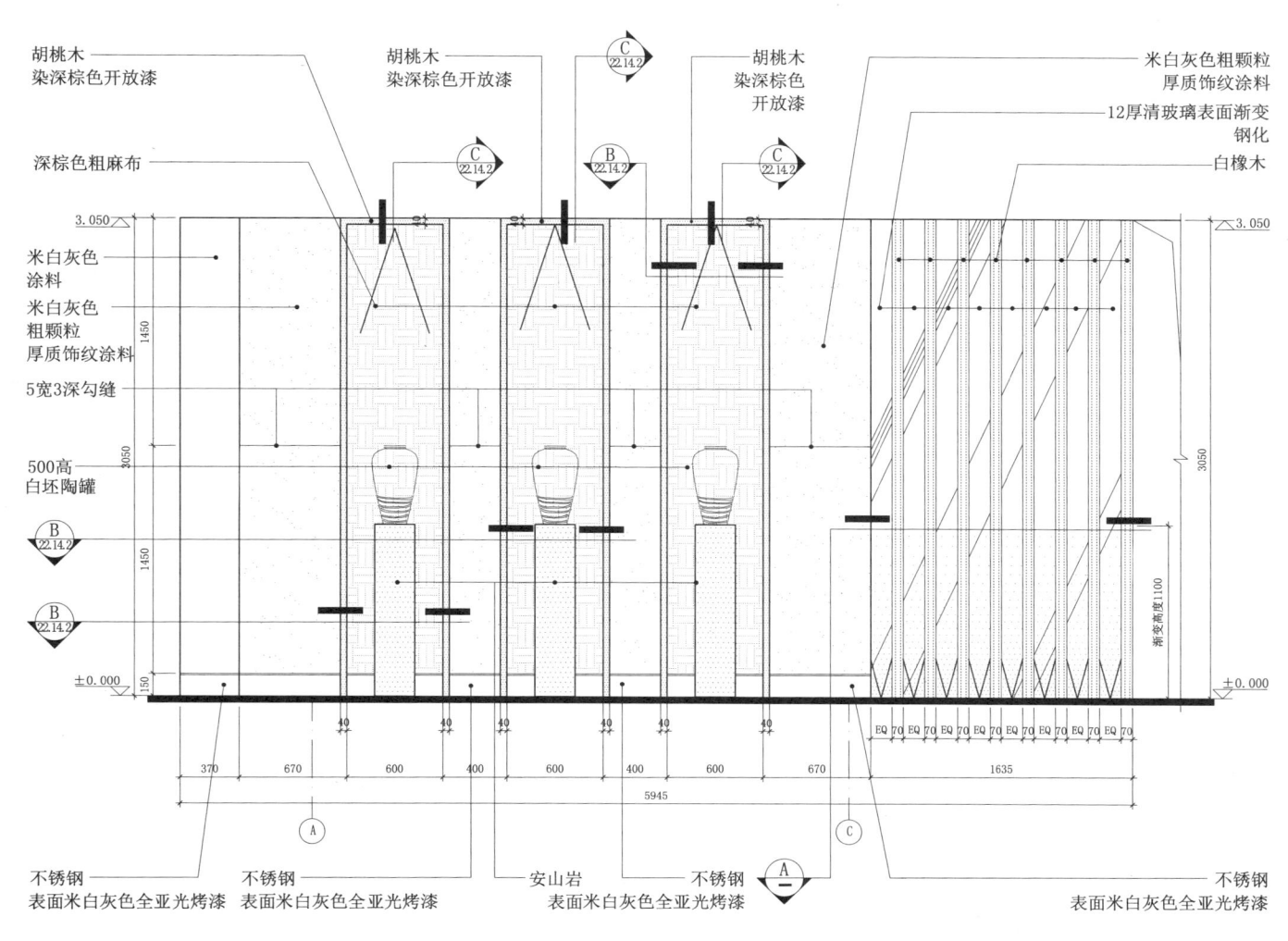

立面图

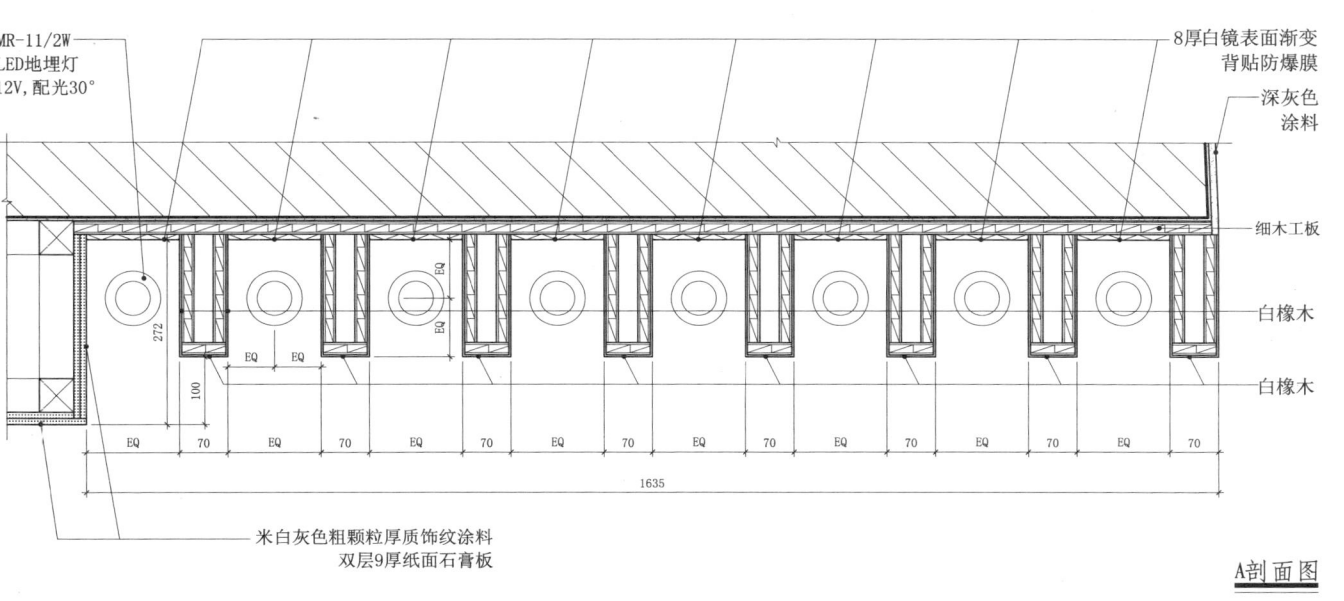

A剖面图

22.14 壁龛、平行线节点

22 东方古典风格·平行线构造 立面构造

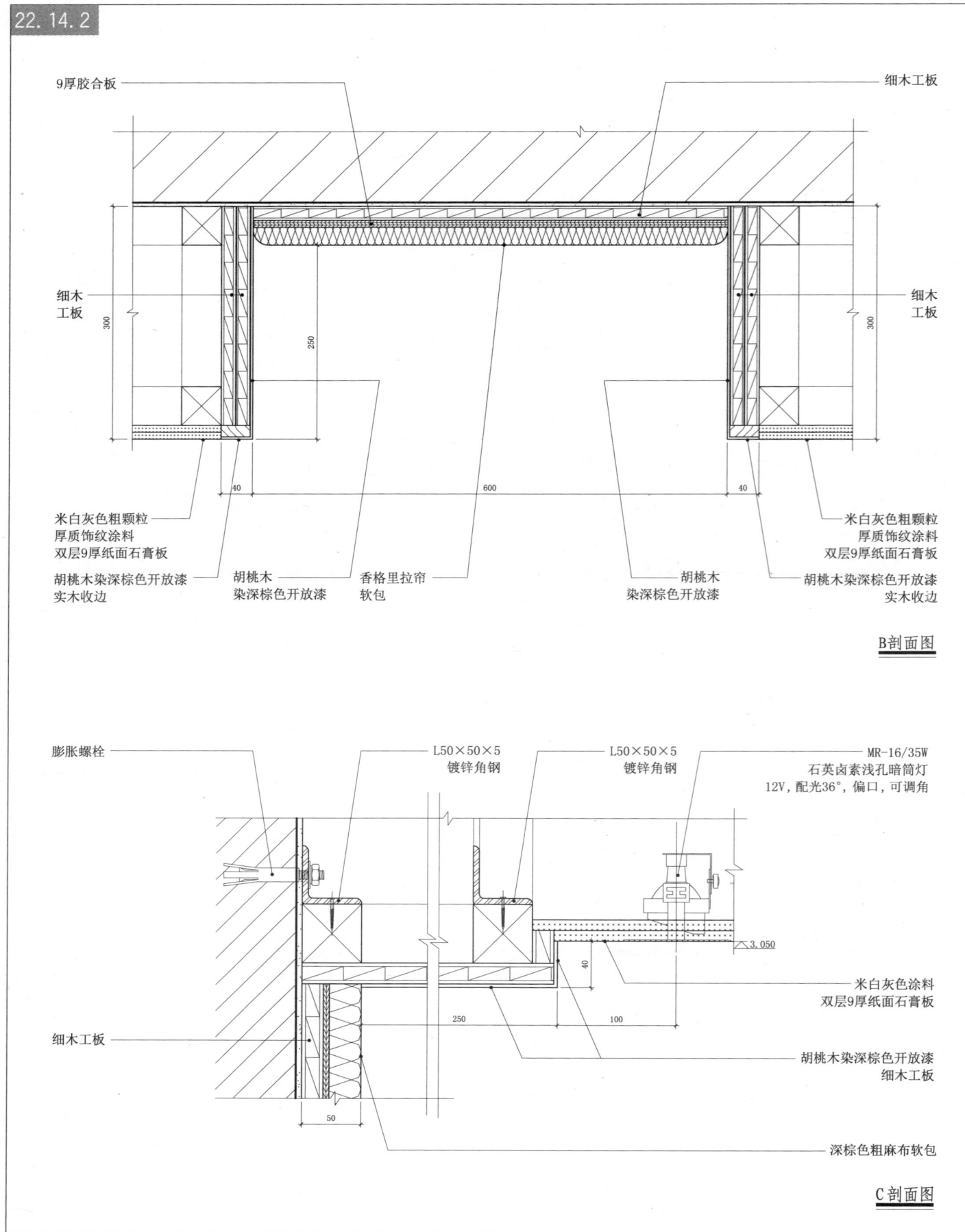

下册

叶铮 著

室内构造节点与专项模式图集

INTERIOR DESIGN ATLAS OF
STRUCTURAL DETAILS
AND
SPECIAL PATTERNS

中国建筑工业出版社

目录

下篇 专项模式

23 餐饮设施
- 937　23.1　餐饮家具尺寸模式简图
- 942　23.2　吧台功能模式简图
- 943　23.3　酒吧台配置及构造节点（一）
- 946　23.4　酒吧台配置及构造节点（二）
- 950　23.5　吧台及陈设架
- 959　23.6　酒柜配置及构造
- 966　23.7　酒吧装饰壁柜
- 973　23.8　红酒柜（一）
- 979　23.9　红酒柜（二）
- 990　23.10　金属储酒架
- 992　23.11　自助餐台（一）
- 994　23.12　自助餐台（二）
- 998　23.13　自助餐台（三）
- 1001　23.14　自助餐台（四）
- 1003　23.15　自助餐台（经济型）
- 1005　23.16　明厨、自助餐台
- 1011　23.17　餐厅明档装饰节点
- 1014　23.18　固定式沙发

24 办公及会议设施
- 1015　24.1　办公模式
- 1016　24.2　会议室写字板（一）
- 1018　24.3　会议室写字板（二）
- 1019　24.4　隔屏
- 1021　24.5　暗藏投影屏移门
- 1024　24.6　投影屏移门及茶水柜
- 1029　24.7　升降式投影仪
- 1030　24.8　木丝吸声板背景墙
- 1034　24.9　会议厅立面吸声构造
- 1038　24.10　会议厅立面吸声构造节点

25 卫浴设施、防水构造
- 1039　25.1　浴池
- 1040　25.2　洗手台（一）
- 1041　25.3　洗手台（二）
- 1044　25.4　洗手台（三）
- 1047　25.5　半嵌入式台盆
- 1048　25.6　淋浴花洒组合
- 1050　25.7　按摩浴缸（一）
- 1053　25.8　按摩浴缸（二）
- 1058　25.9　客房卫生间构造（一）
- 1070　25.10　客房卫生间构造（二）

26 客房模式
- 1086　26.1　精品酒店大床房模式
- 1111　26.2　精品酒店大床房模式（二）
- 1120　26.3　普及型精品酒店大床房模式
- 1130　26.4　经济型酒店大床房模式
- 1137　26.5　商务型酒店客房模式
- 1151　26.6　公寓式酒店客房模式
- 1171　26.7　商务型精品酒店大床房模式
- 1185　26.8　商务型精品酒店双拼房模式
- 1190　26.9　商务型精品酒店双床房模式
- 1195　26.10　商务型精品酒店套房模式
- 1204　26.11　酒店标间大床房模式（一）
- 1217　26.12　酒店标间大床房模式（二）
- 1230　26.13　酒店标间双拼房模式
- 1234　26.14　酒店标间双床房模式
- 1240　26.15　酒店豪华大床房模式（一）
- 1251　26.16　酒店豪华大床房模式（二）
- 1274　26.17　酒店豪华套房模式（一）
- 1313　26.18　酒店豪华套房模式（二）
- 1344　26.19　酒店豪华套房模式（三）
- 1355　26.20　老饭店精品房模式（一）
- 1367　26.21　老饭店精品房模式（二）

27 健身房模式
- 1378　27.1　酒店小型健身房模式
- 1394　27.2　酒店简易健身房模式

28 宴会厅模式
- 1407　28.1　酒店宴会厅模式（一）
- 1438　28.2　酒店宴会厅模式（二）
- 1469　28.3　酒店宴会厅模式（三）

29 客房走道模式
- 1503　29.1　酒店客房走道模式（一）
- 1515　29.2　酒店客房走道模式（二）
- 1519　29.3　酒店客房走道模式（三）

- 1525　附录一　"泓叶设计"室内节点构造分类归档标准
- 1529　附录二　节点构造分类索引
- 1537　致谢

下篇 | 专项模式

23.1 餐饮家具尺寸模式简图

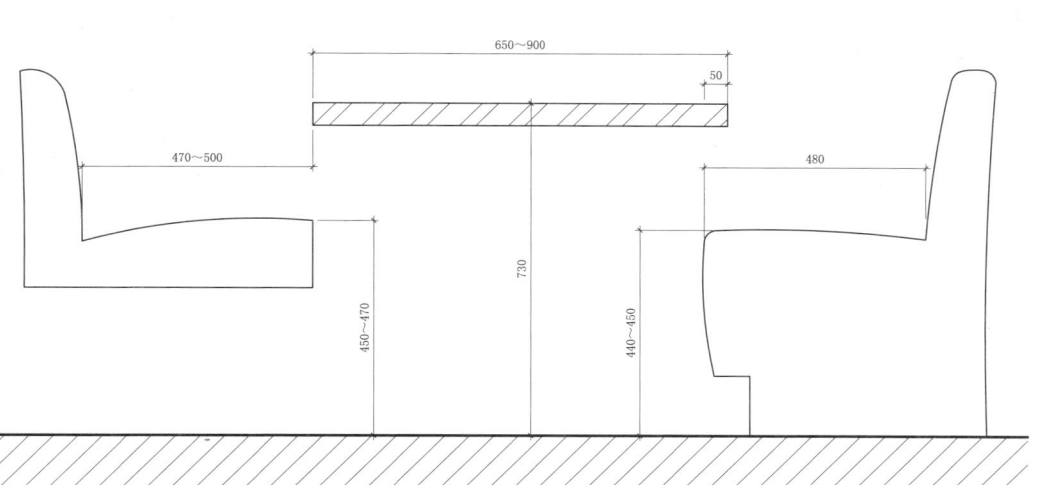

餐桌、餐椅、沙发尺寸参考图

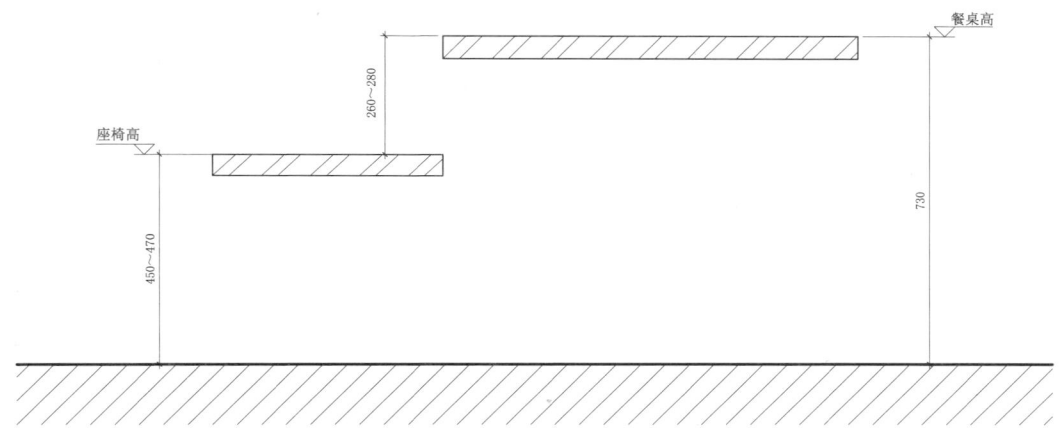

餐桌、餐椅尺寸参考图

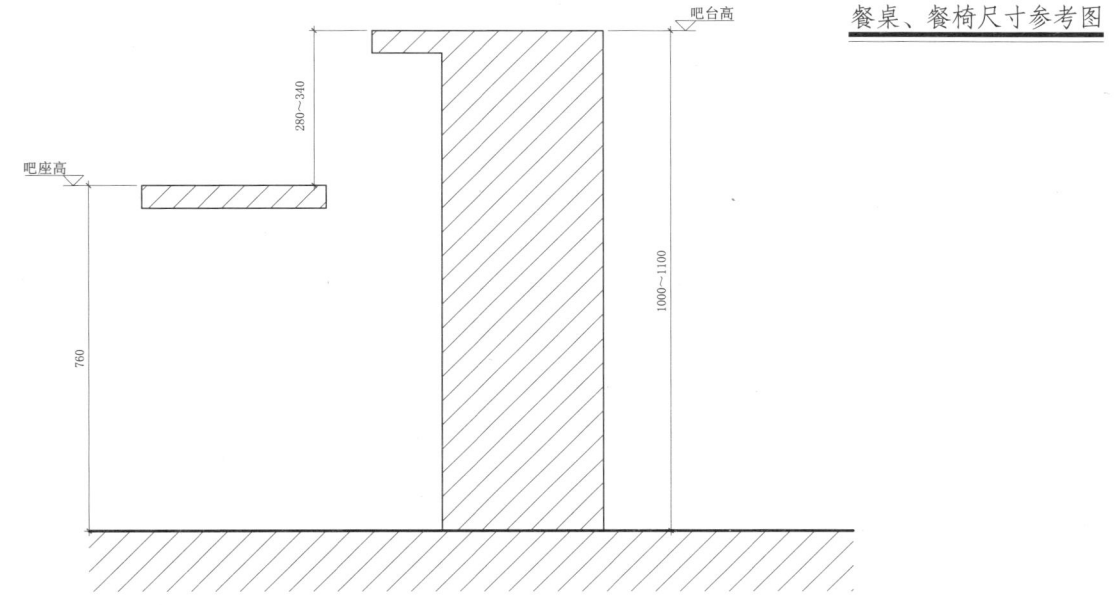

吧椅、吧台尺寸参考图

23 餐饮设施·固定家具 室内设施

23.1 餐饮家具尺寸模式简图

23.1.2

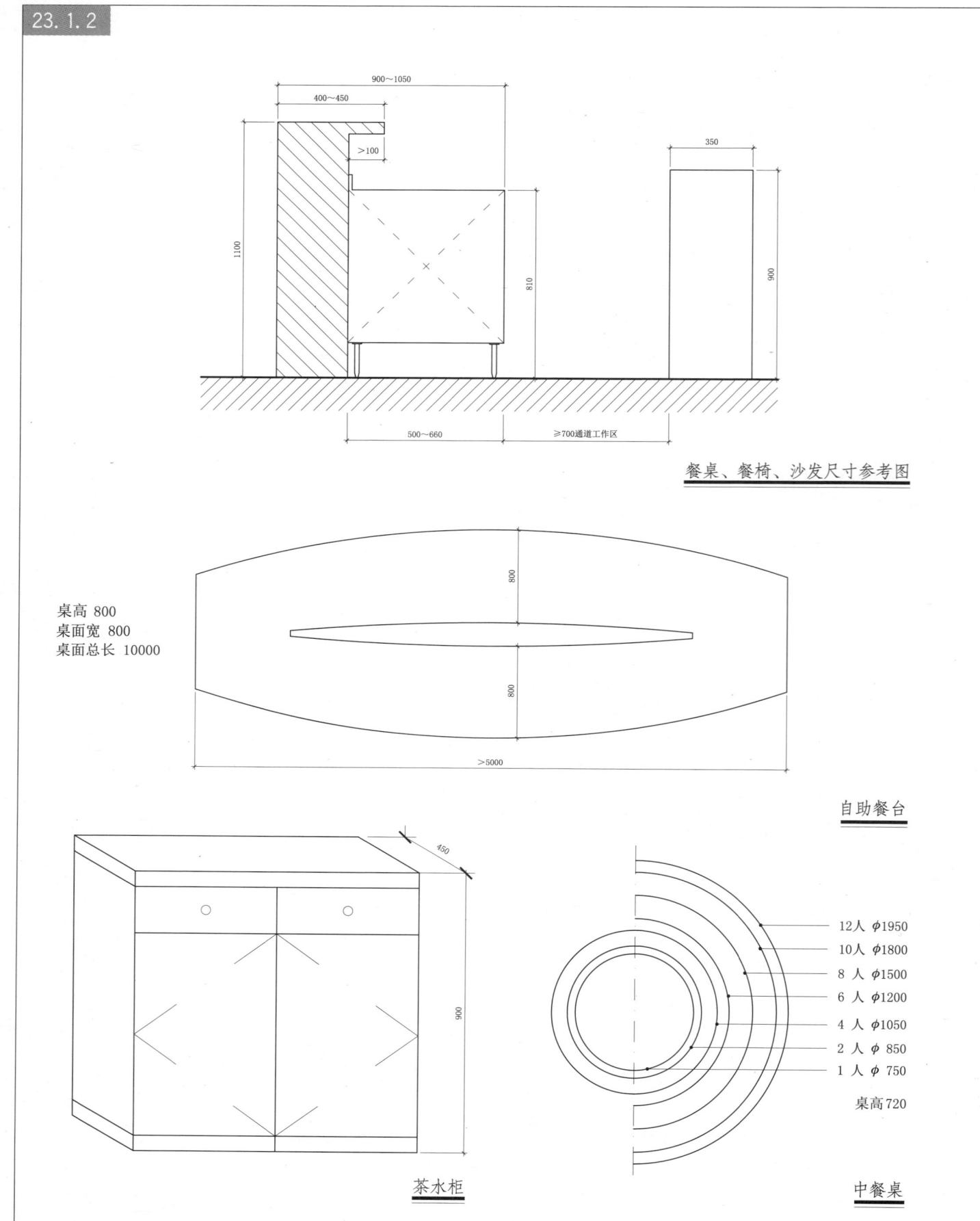

餐桌、餐椅、沙发尺寸参考图

桌高 800
桌面宽 800
桌面总长 10000

自助餐台

茶水柜

12人 φ1950
10人 φ1800
8 人 φ1500
6 人 φ1200
4 人 φ1050
2 人 φ 850
1 人 φ 750

桌高 720

中餐桌

23.1 餐饮家具尺寸模式简图

23.1.3

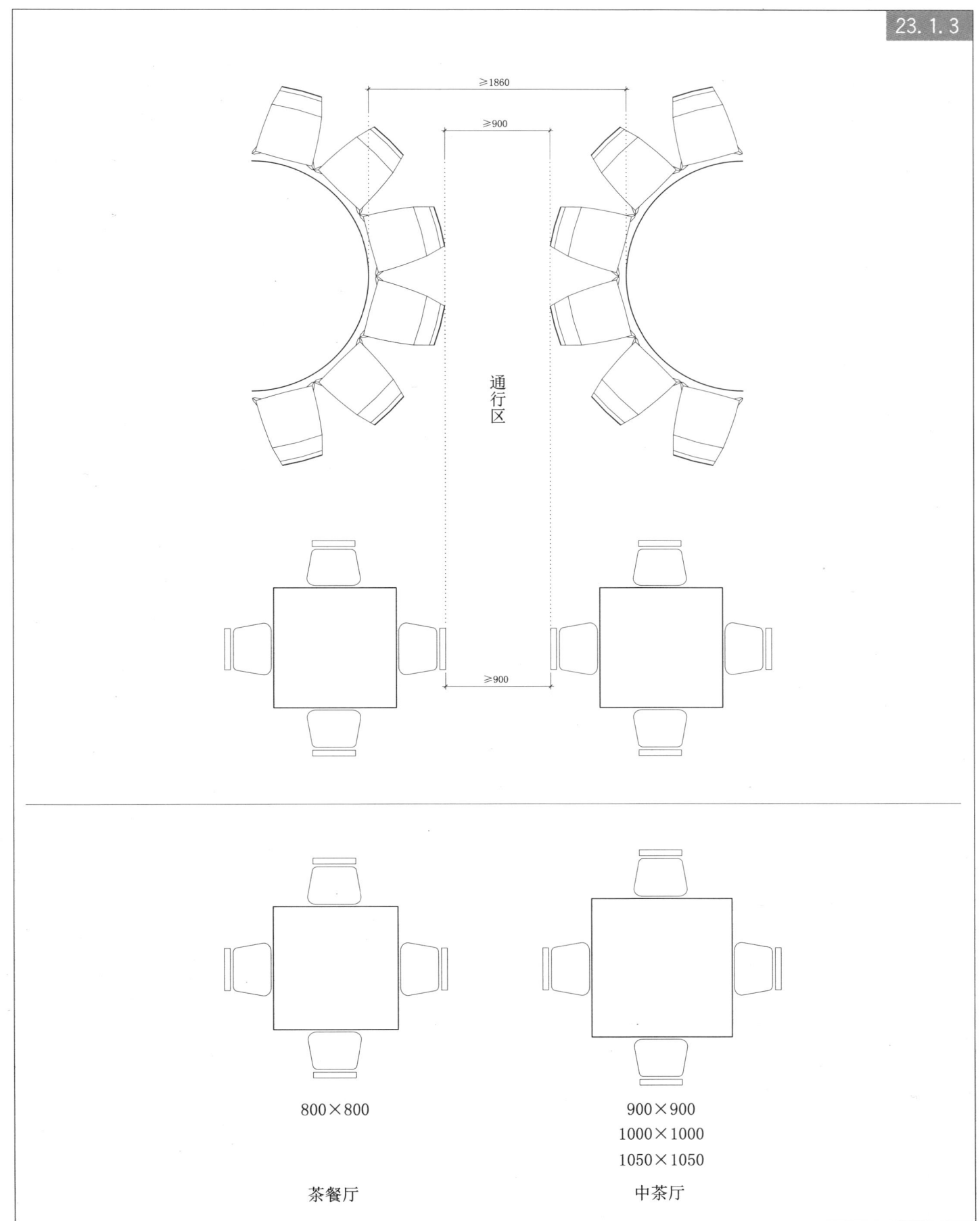

800×800

900×900
1000×1000
1050×1050

茶餐厅　　　　　　中茶厅

餐饮设施·固定家具　室内设施

23 餐饮设施·固定家具 室内设施

23.1 餐饮家具尺寸模式简图

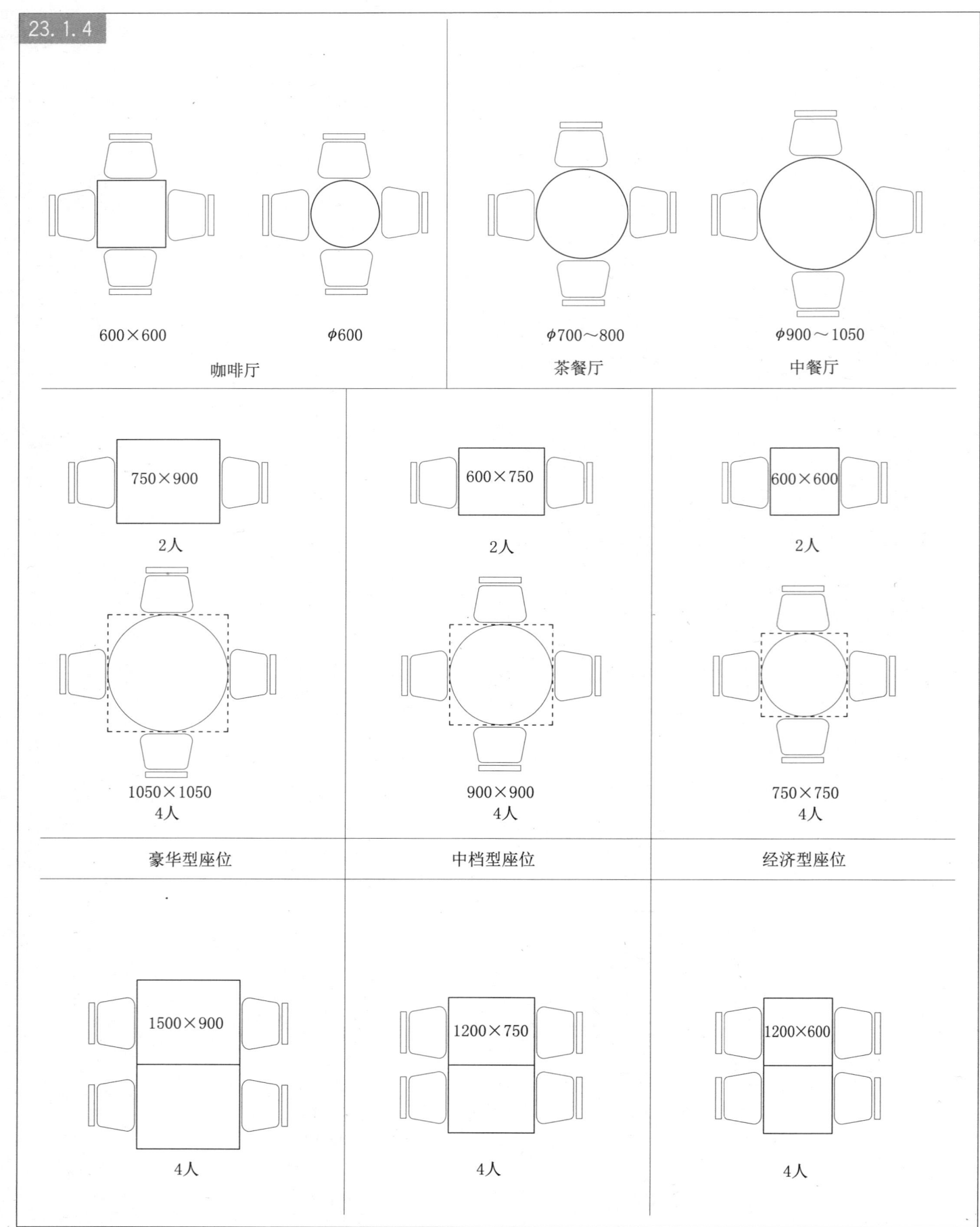

23.1 餐饮家具尺寸模式简图

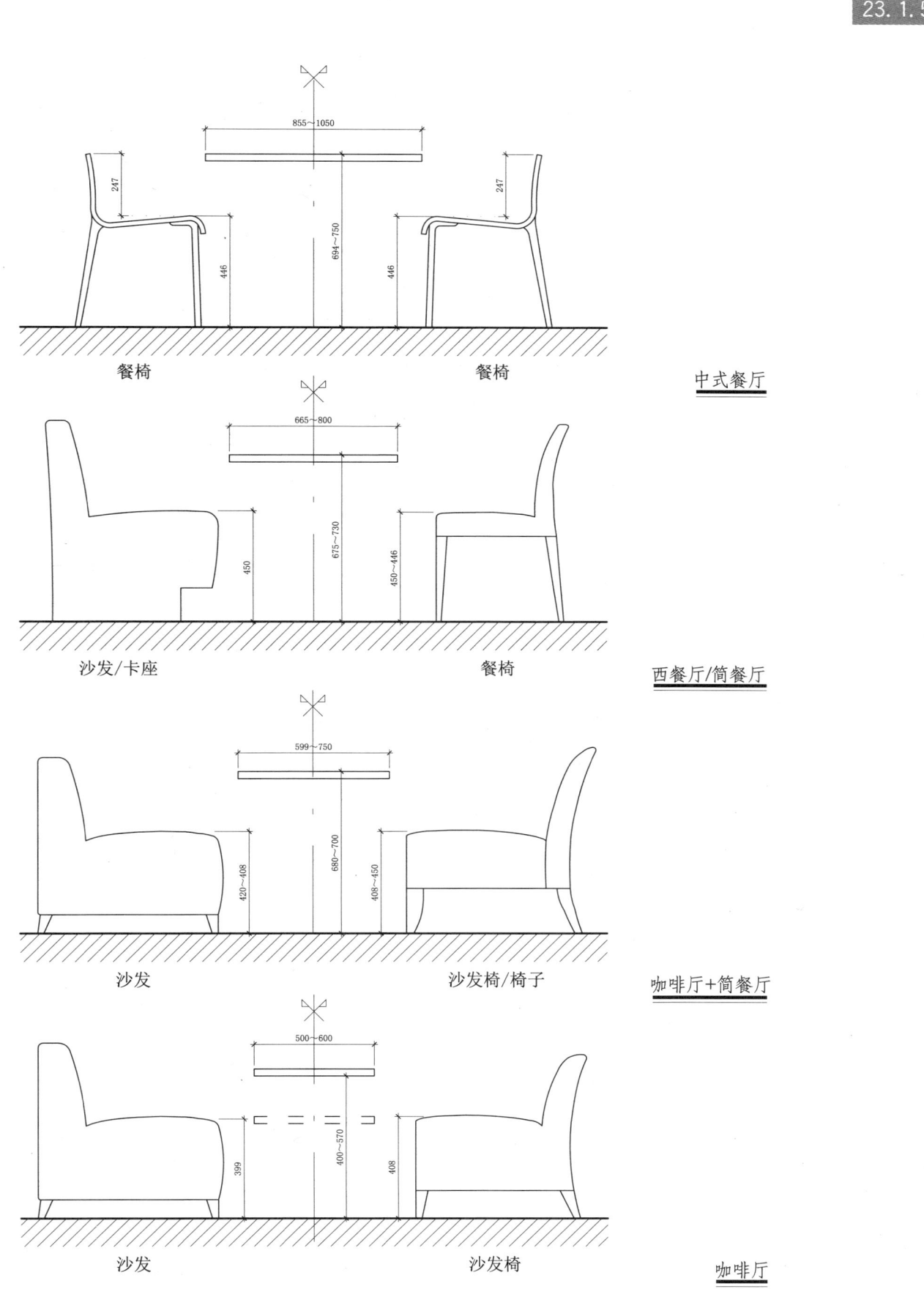

23.2 吧台功能模式简图

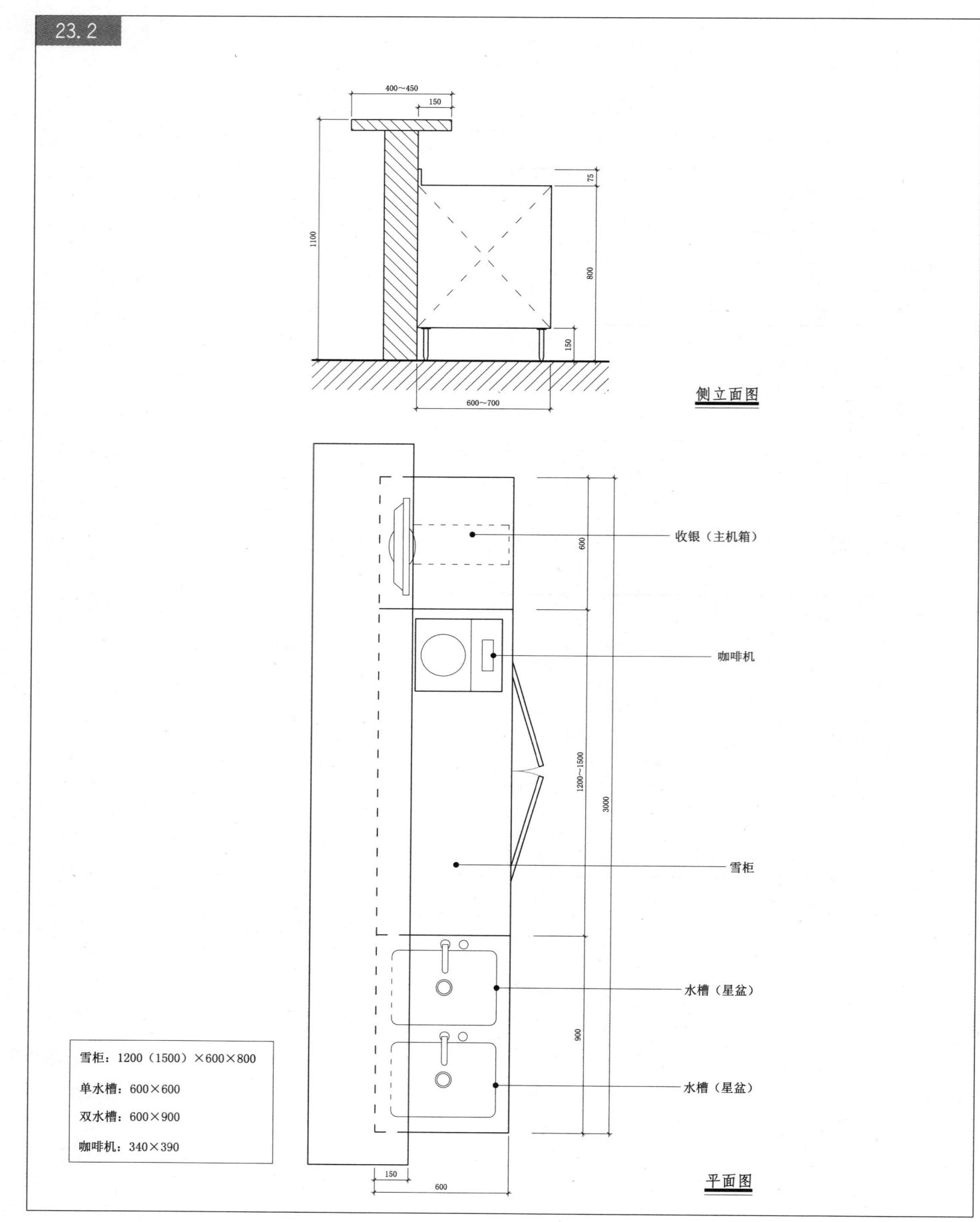

侧立面图

平面图

23.3 酒吧台配置及构造节点（一）

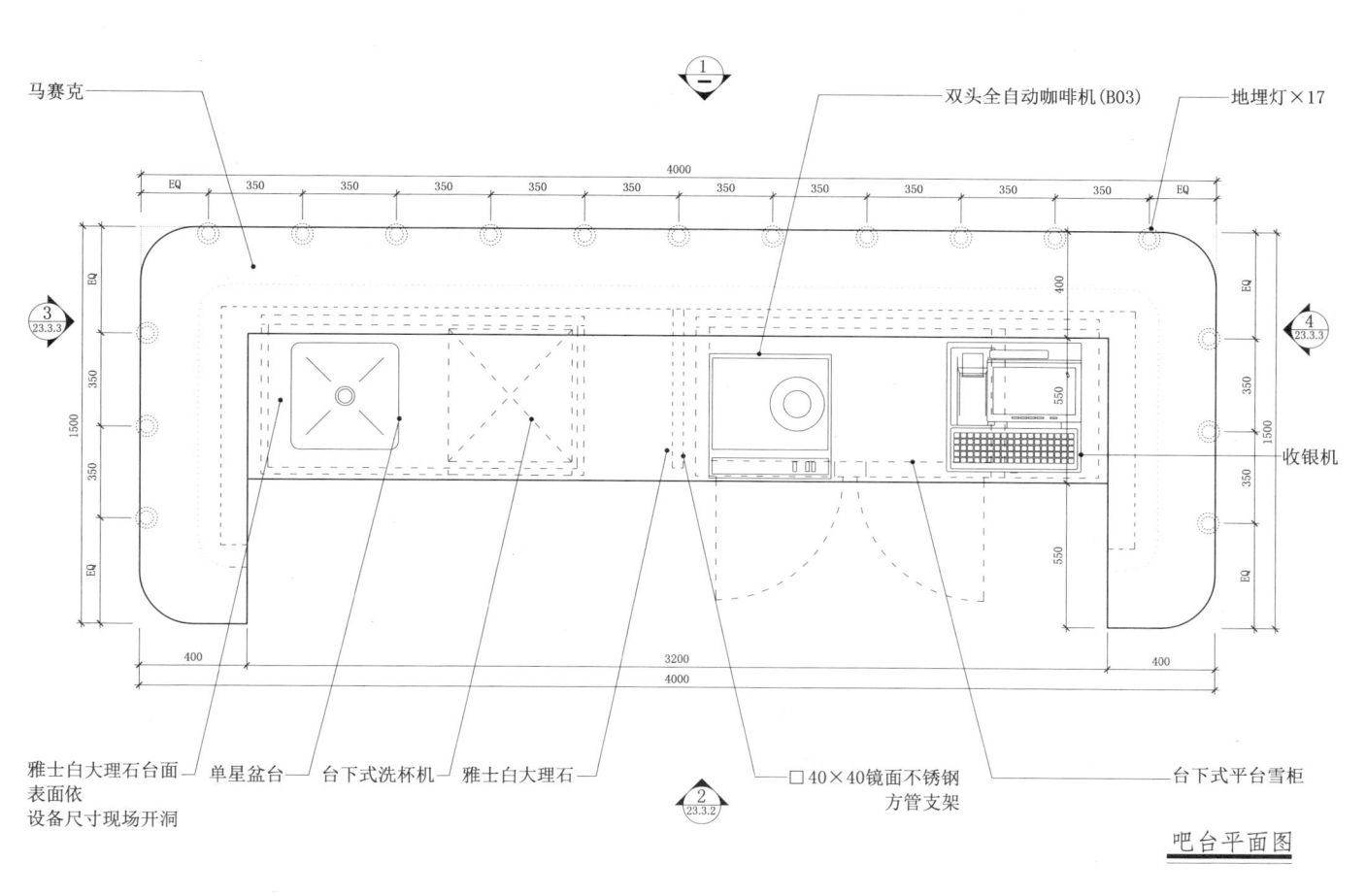

吧台平面图

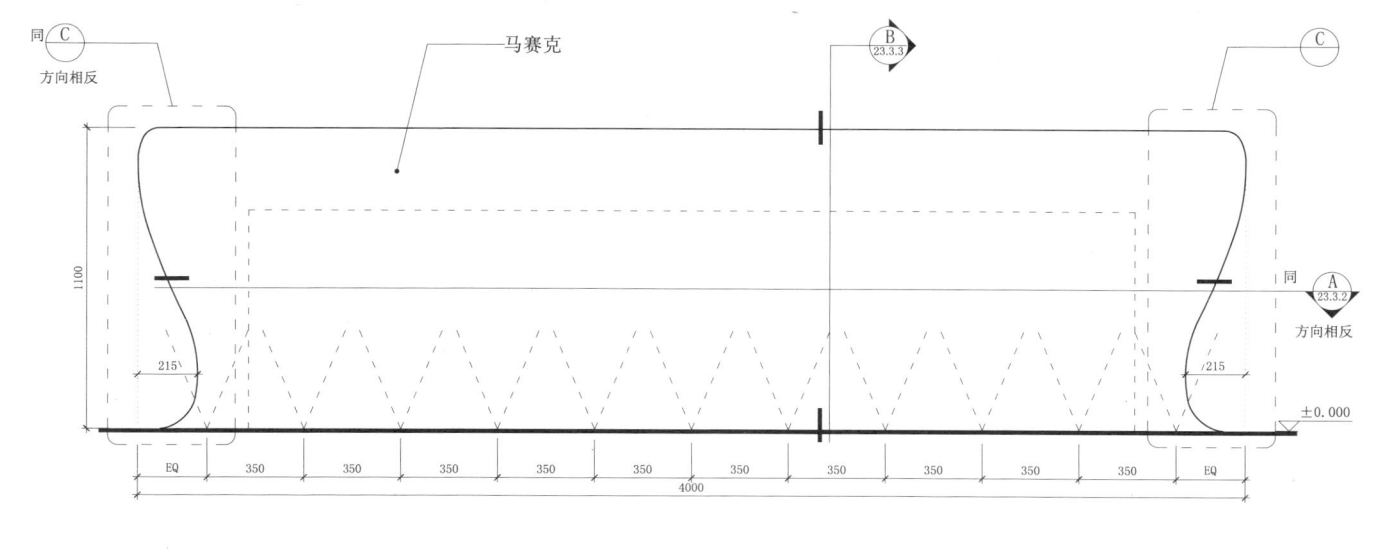

1 吧台正立面图

23.3 酒吧台配置及构造节点（一）

23.3.2

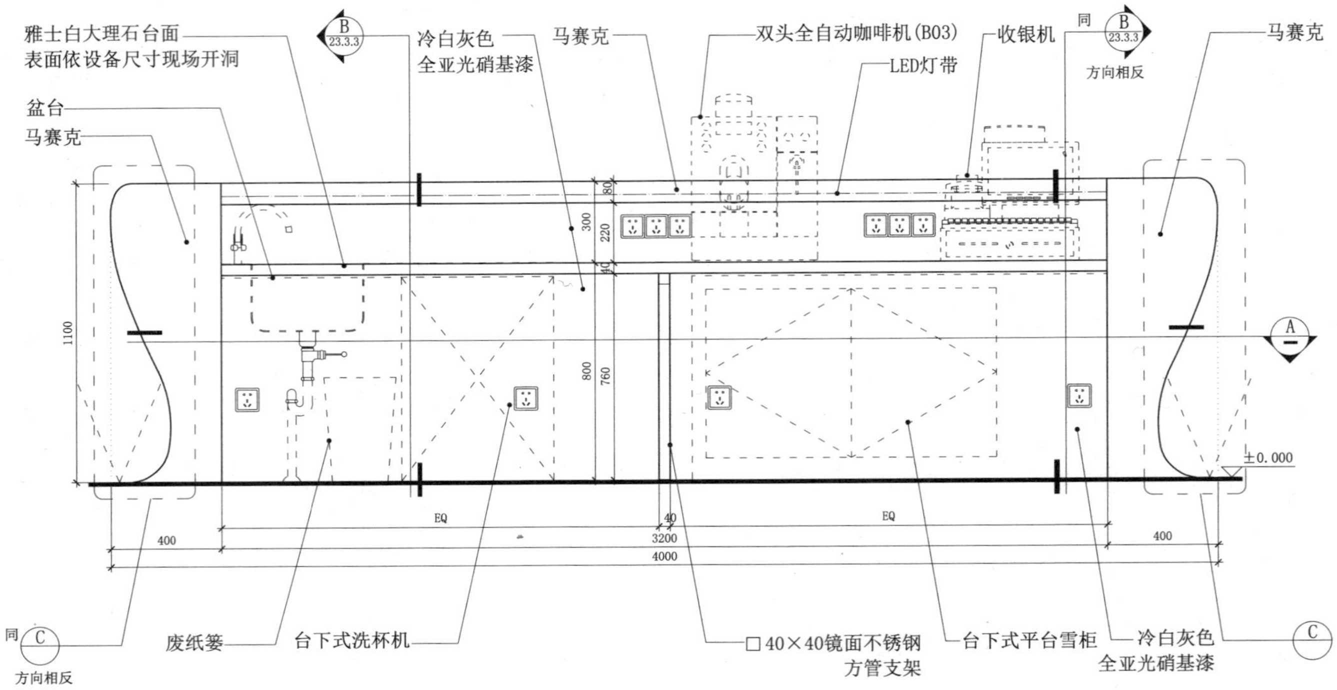

2 吧台背立面图

A 剖面图

二三极扁圆插座

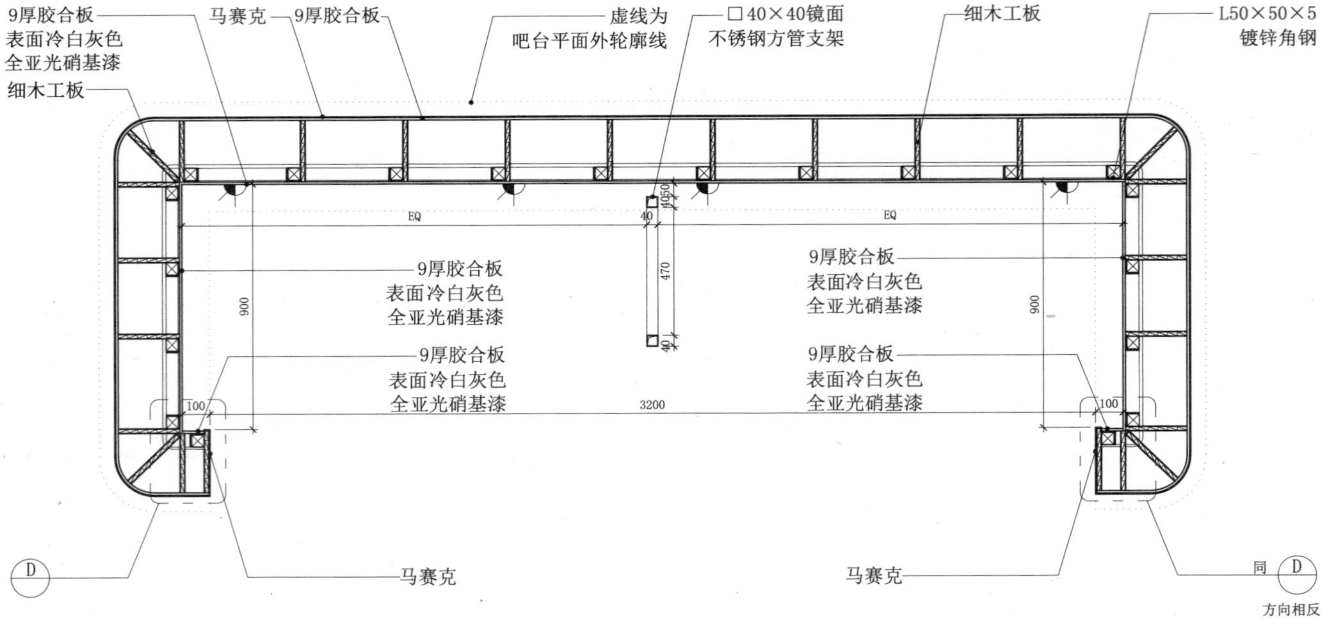

23.3 酒吧台配置及构造节点（一）

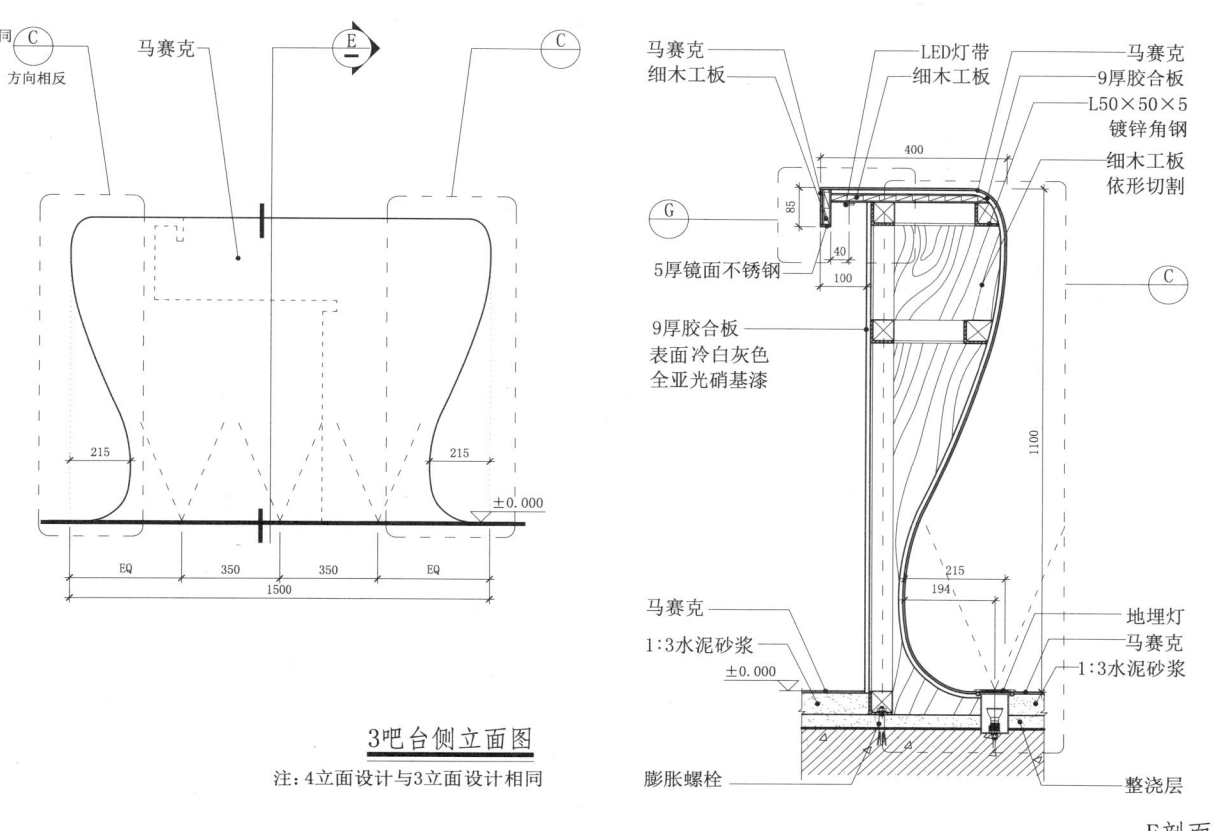

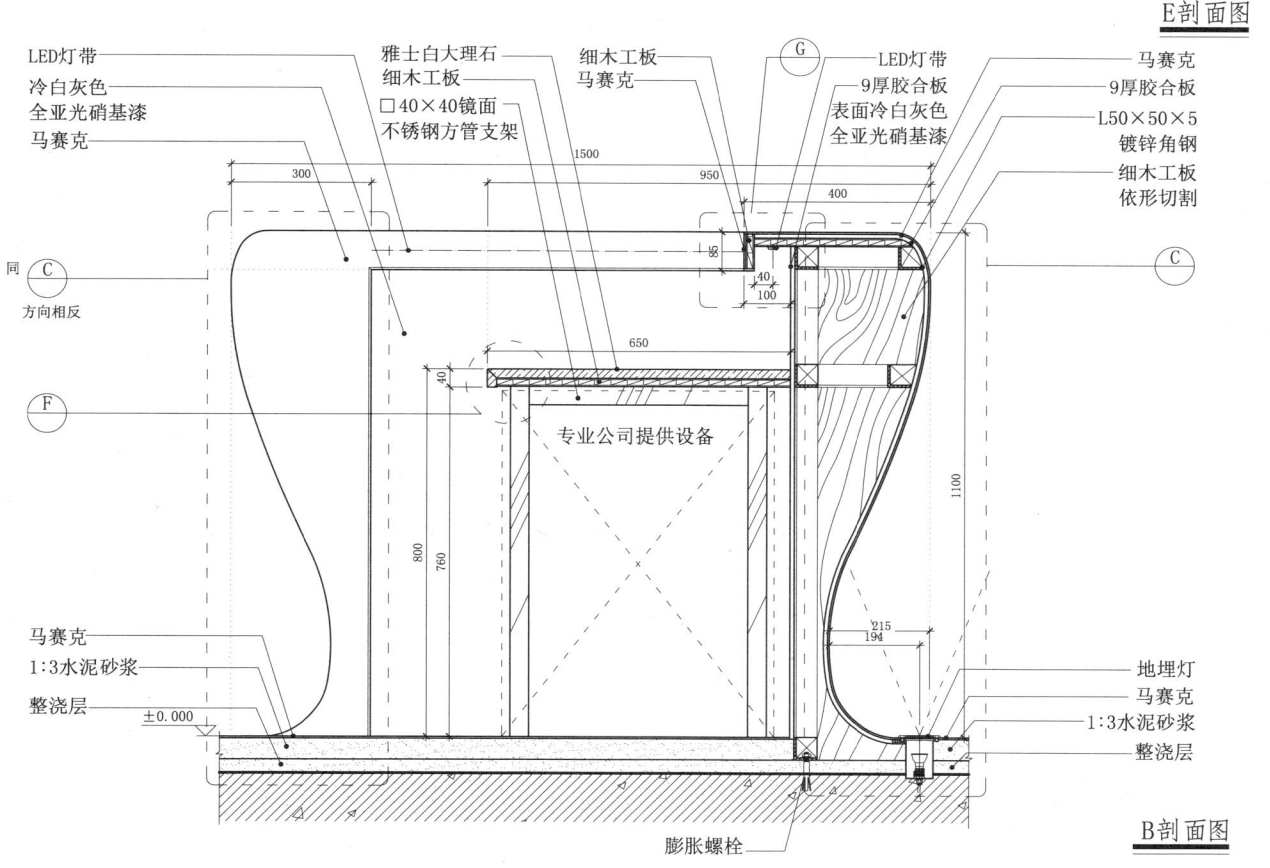

23.4 酒吧台配置及构造节点(二)

23.4.1 平面图

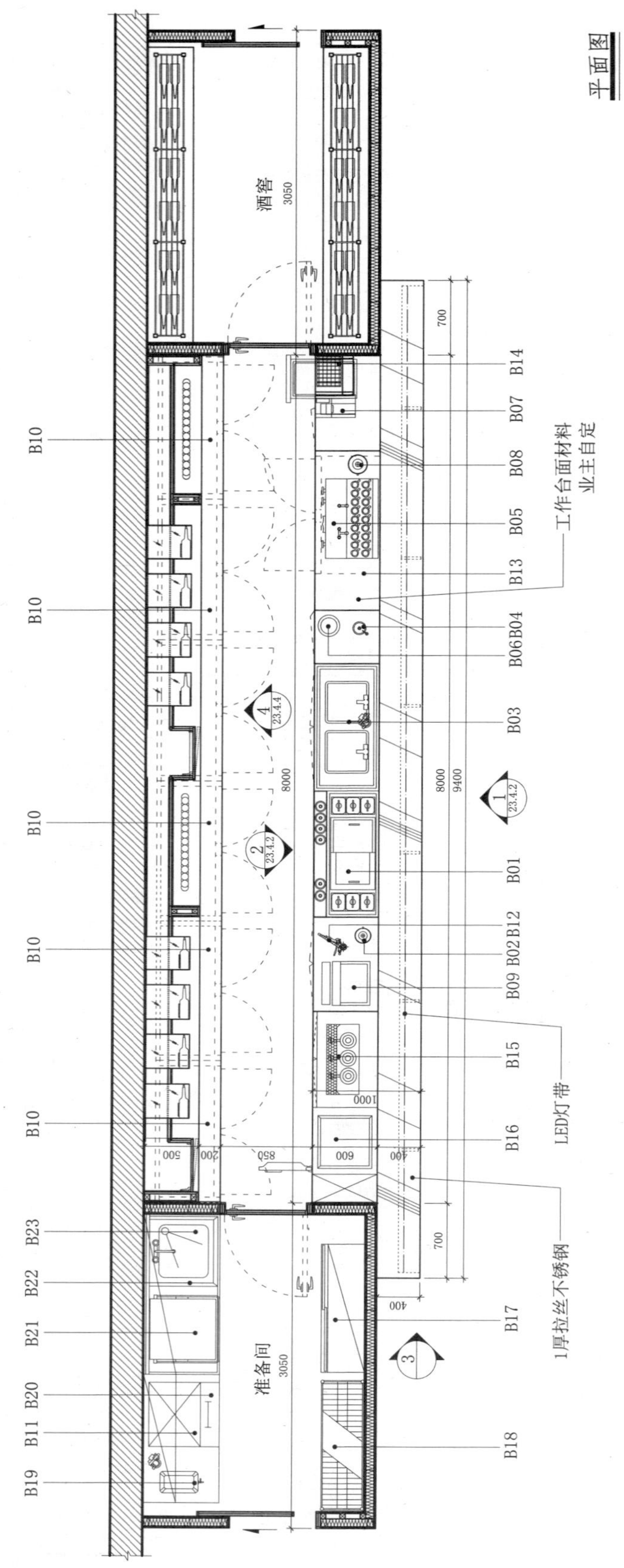

序号	设备名称	规格型号	数量
B01	调酒台连储冰箱、调酒槽连柜	1200×(600+150)×800	1
B02	酒吧搅拌器		1
B03	双星盆台连净水器	1200×600×800	1
B04	长流水连净水器		1
B05	双头半自动咖啡机连净水器		1
B06	垃圾胶圈连垃圾桶柜(咖啡渣)	500×600×800	1
B07	收银机		1
B08	磨豆机	195×263×610	1
B09	四头保鲜分酒器(红酒)	415×443×624	1
B10	定制玻璃门台下雪柜	1300×650×800	5
B11	台下式制冰机		1
B12	苏打柜	900×600×800	1
B13	台下式雪柜	1500×600×800	1
B14	收银柜连三抽屉	800×600×800	1
B15	三头生啤屉		1
B16	冻杯柜	900×600×800	1
B17	高身储物柜	1200×400×1800	1
B18	四层架	1200×400×1800	1
B19	即热式开水器连净水器		1
B20	工作台开口柜	1200×700×850	1
B21	台下式洗杯机		1
B22	挂墙双层板	1350×300×450	1
B23	单星盆台	1500×700×850	1

23.4 酒吧台配置及构造节点(二)

23.4.2

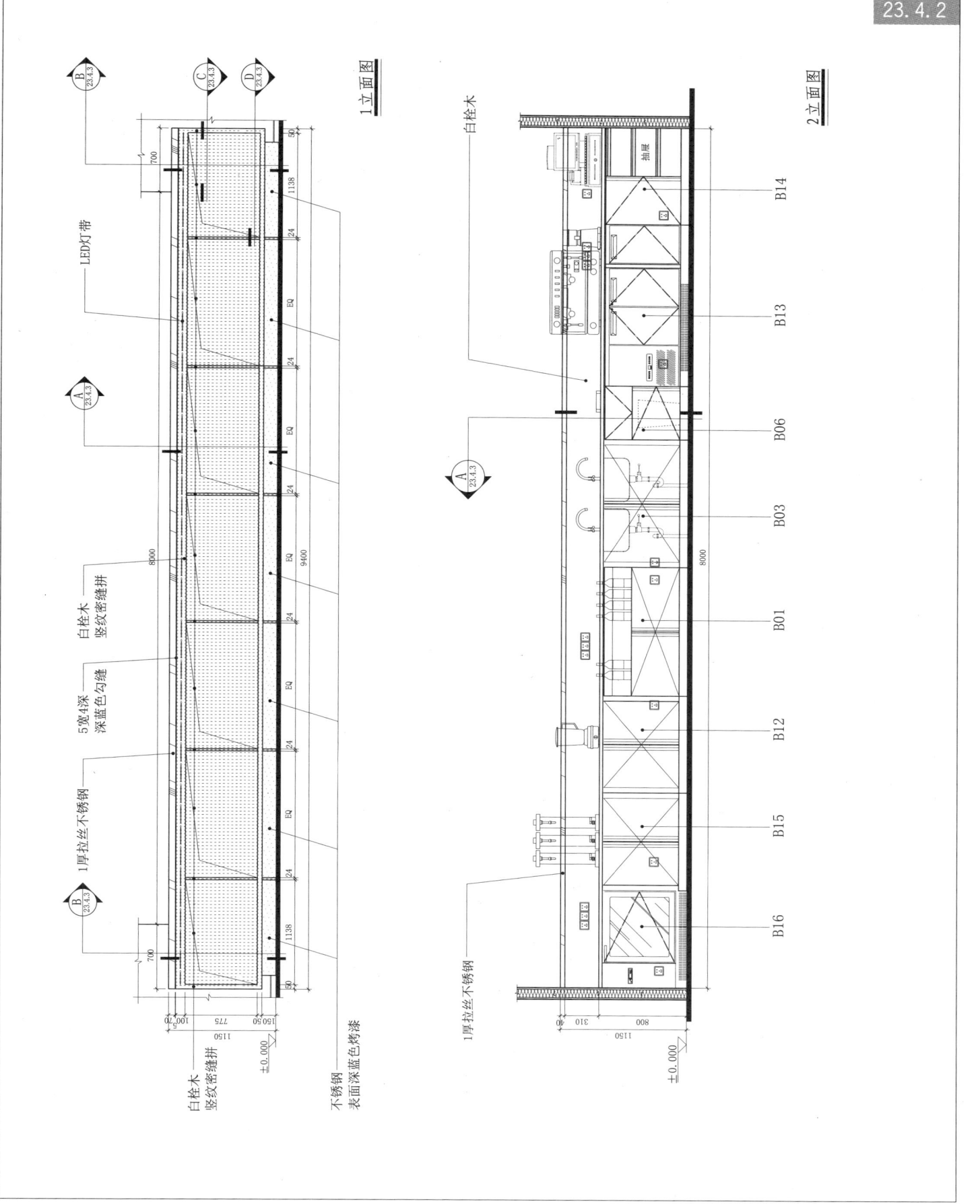

23.4 酒吧台配置及构造节点(二)

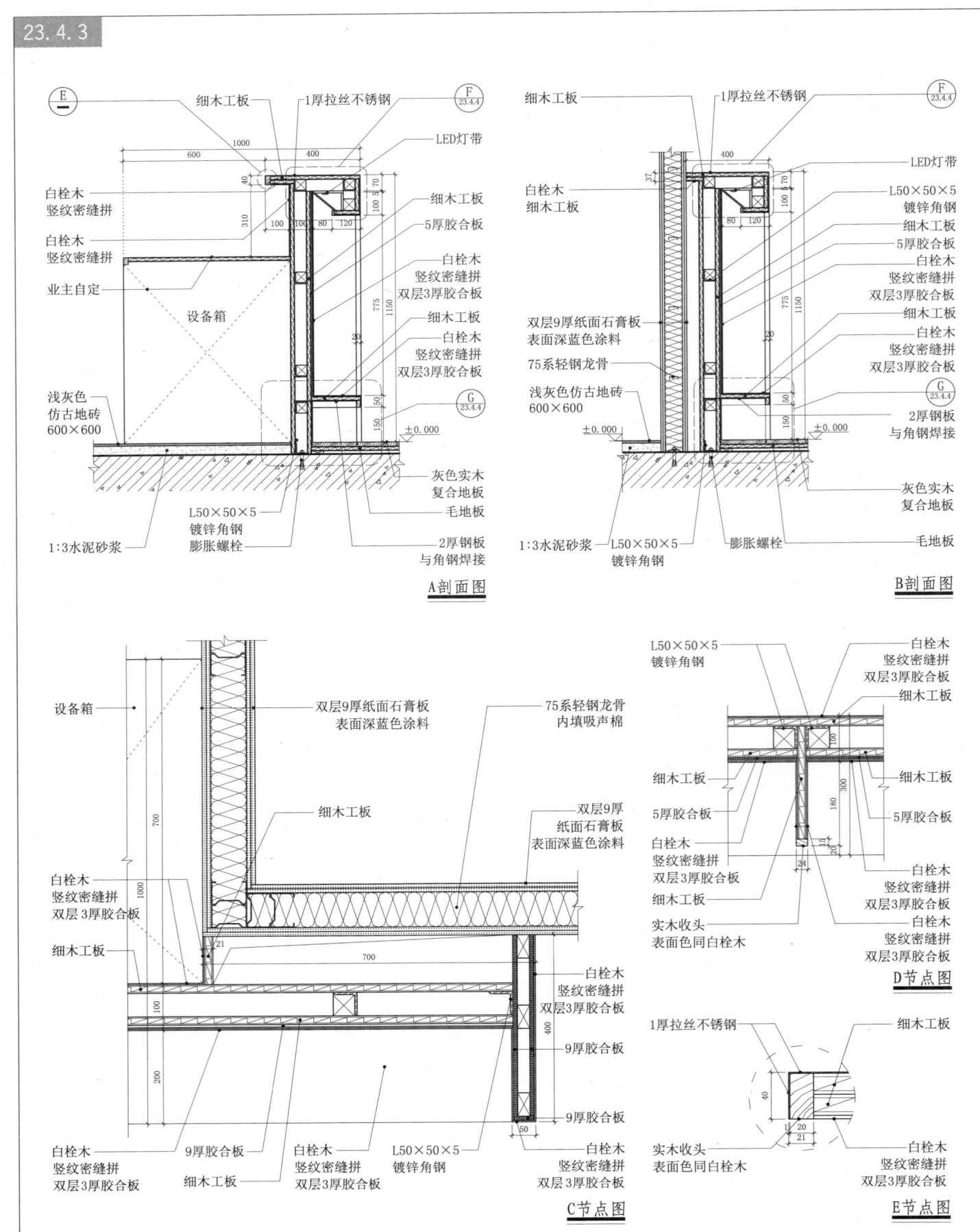

23.4 酒吧台配置及构造节点(二)

23.4.4

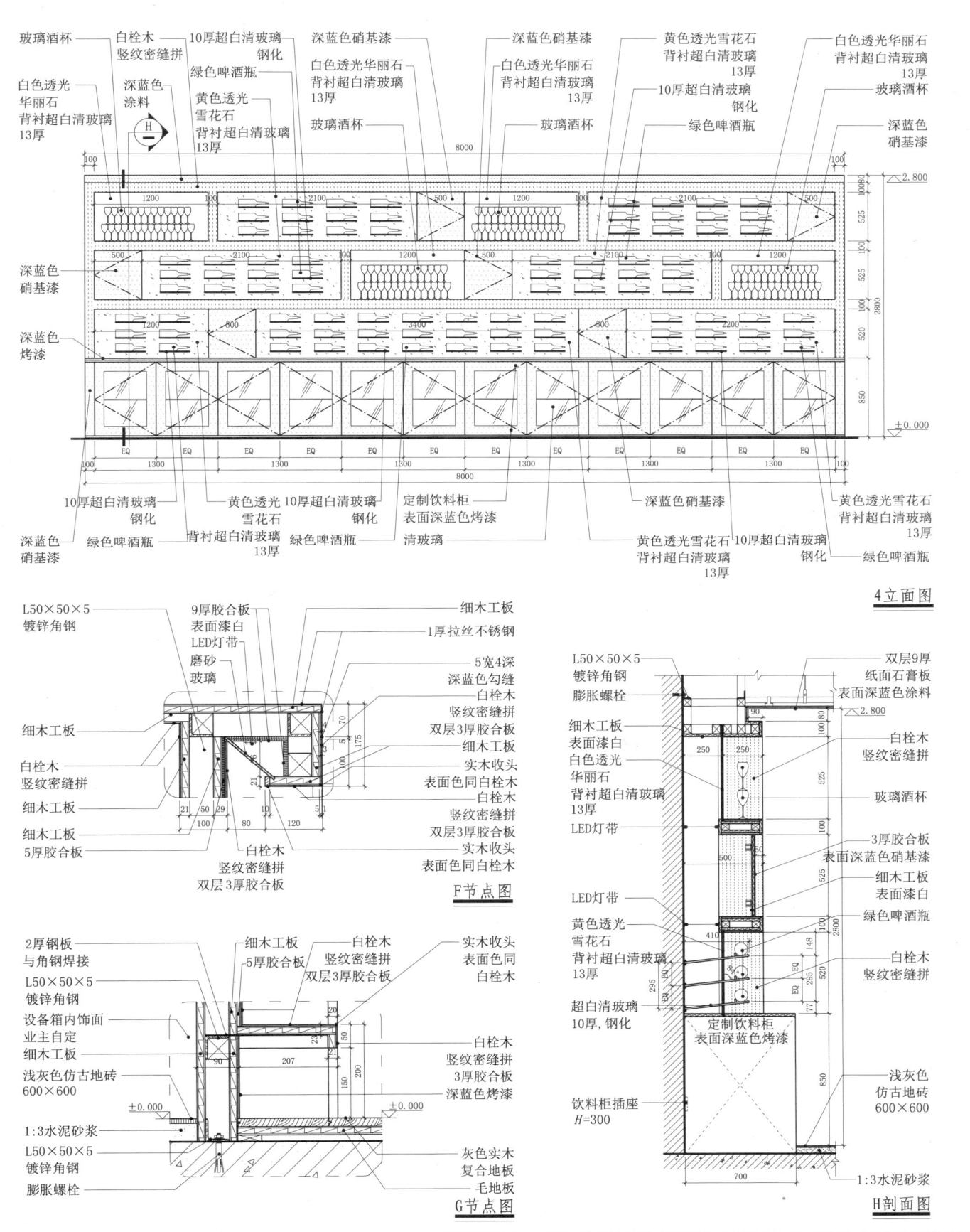

23.5 吧台及陈设架

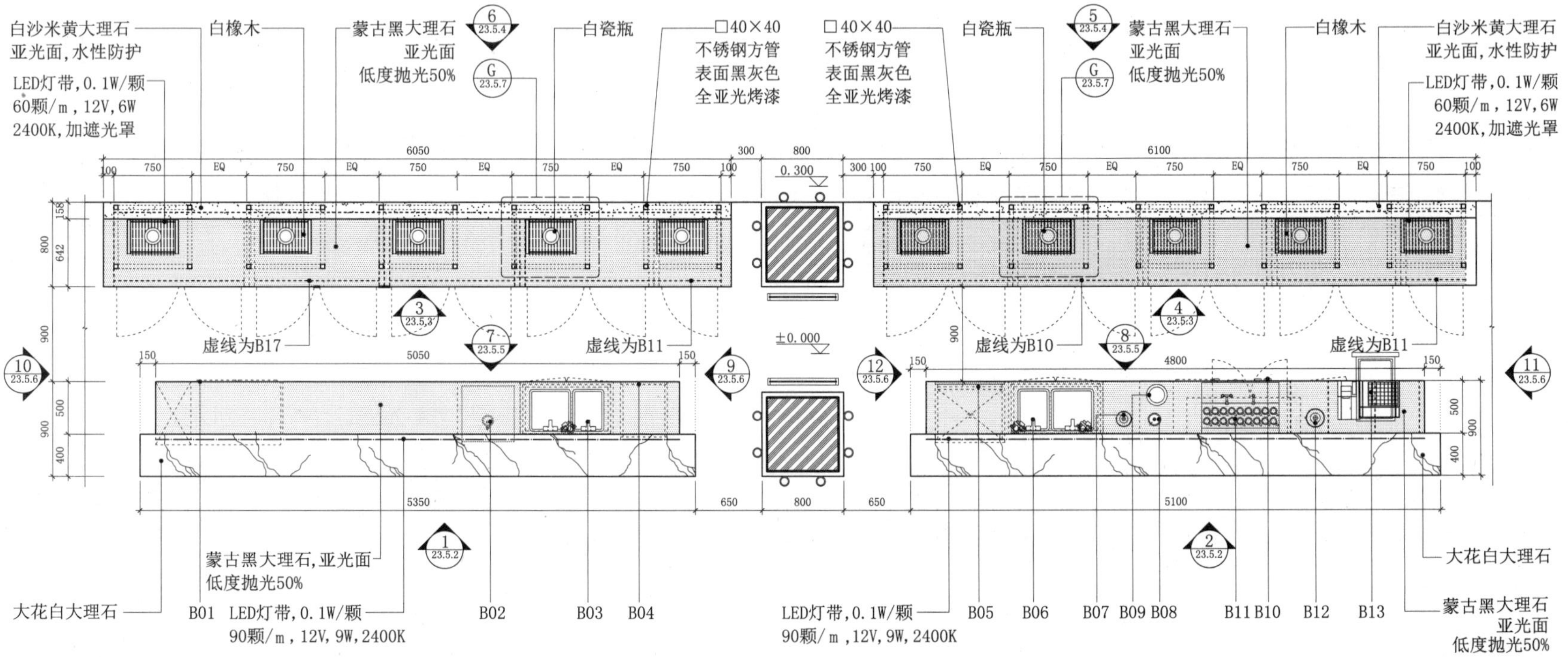

23.5.1

序号	设备名称	数量
B01	1200平台雪柜（6抽屉）	1
B02	ZIP冷热水机	1
B03	双星水斗配净水器	1
B04	洗杯机	1
B05	制冰机	1
B06	双星水斗配净水器	1
B07	榨汁机/搅拌机	1
B08	长流水	1
B09	垃圾口	1
B10	1500平台雪柜（双门三抽屉）	1
B11	双头半自动咖啡机	1
B12	磨豆机	1
B13	收银机	1
B14	糖浆瓶	2
B15	抽屉式垃圾桶	1
B16	普通柜	3
B17	雪柜	16

注：图中表示的设备安装安放位置及尺寸均由厨房设备公司提供

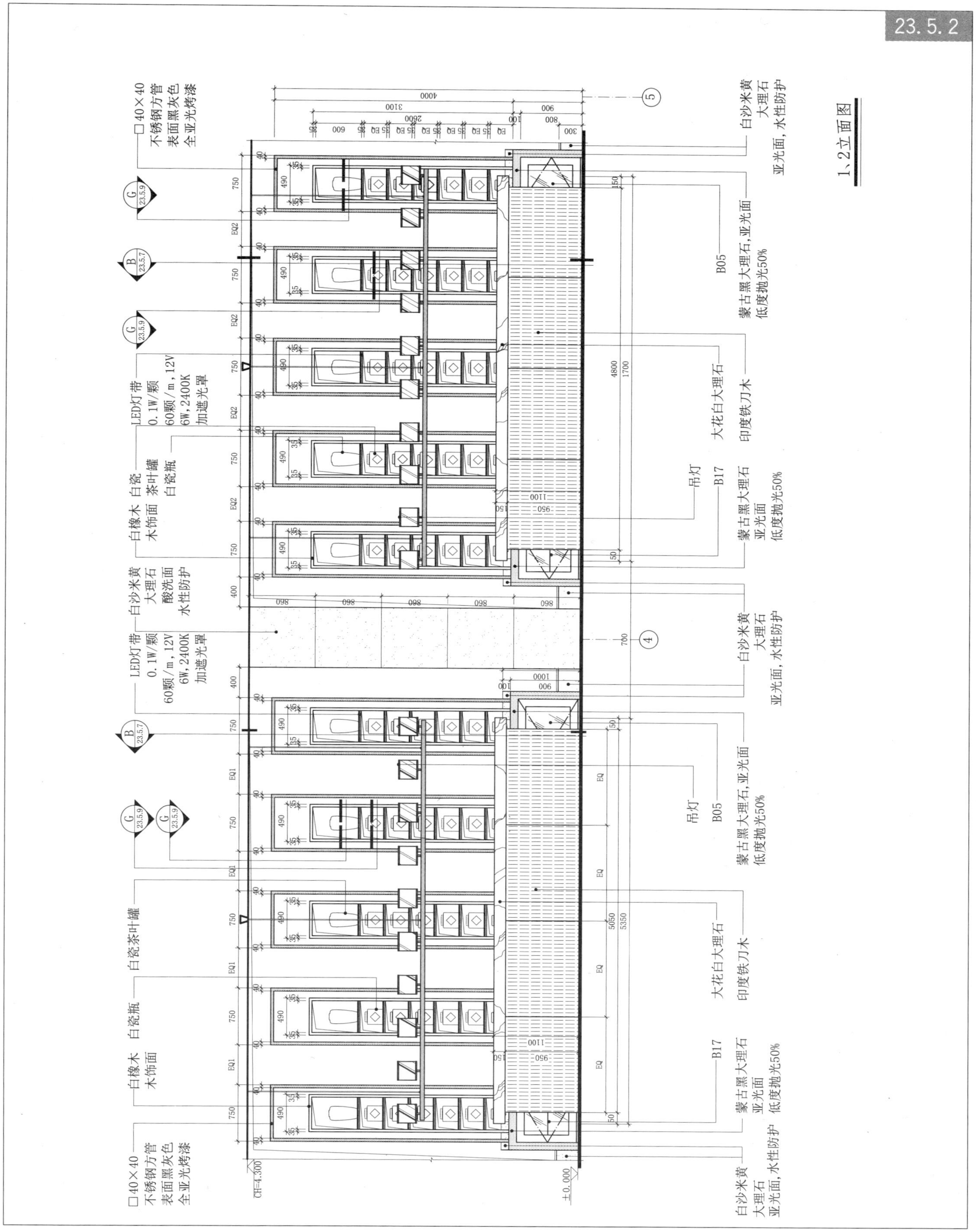

23.5 吧台及陈设架

23.5.2

1,2立面图

23

餐饮设施·室内设施 固定家具 非透光照明构造

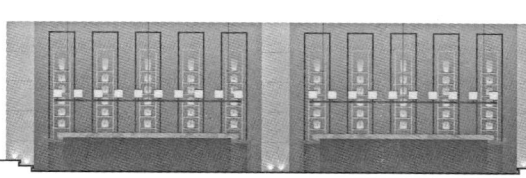

室内构造节点与专项模式图集 | 951

23 23.5 吧台及陈设架

23.5.3

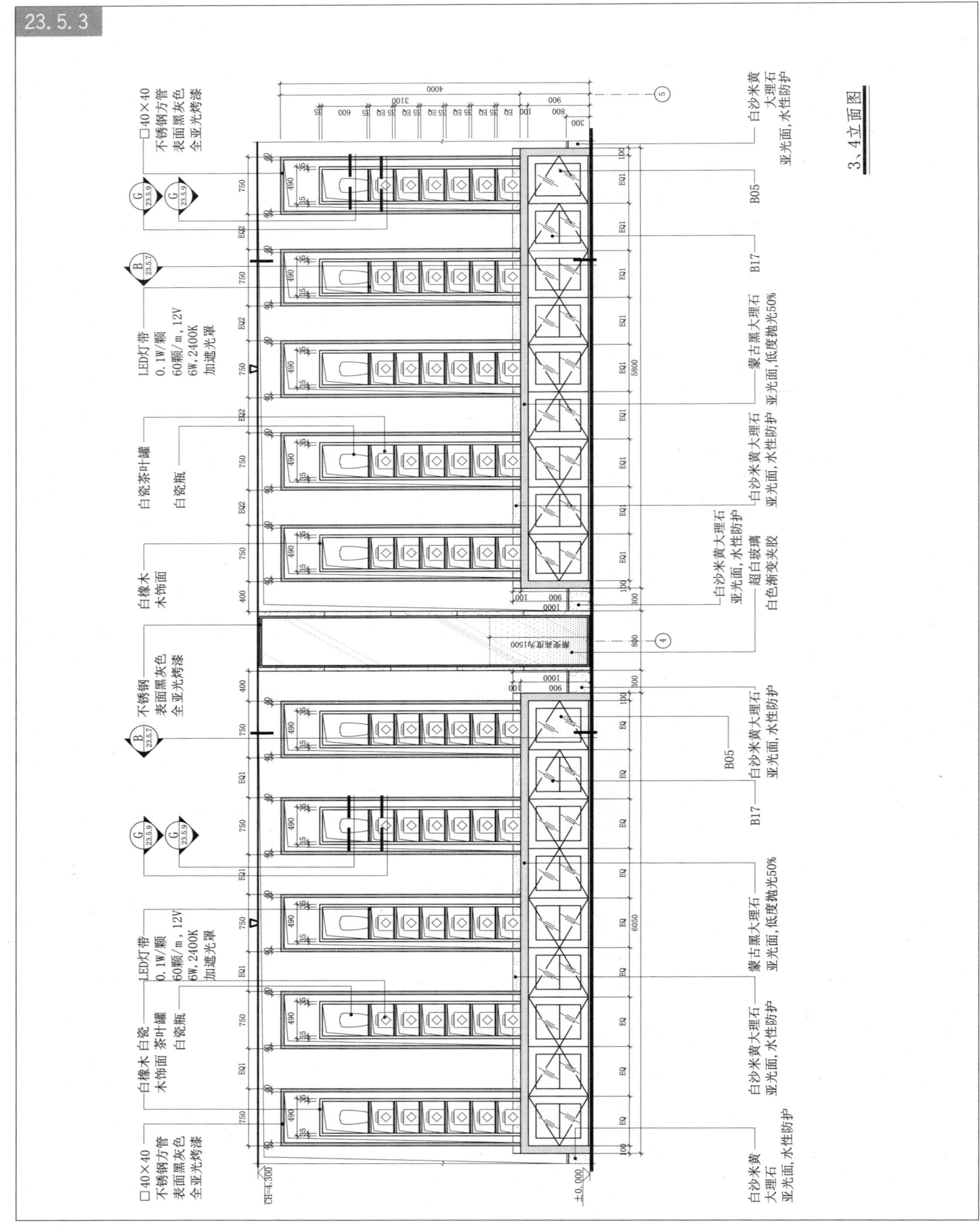

3、4立面图

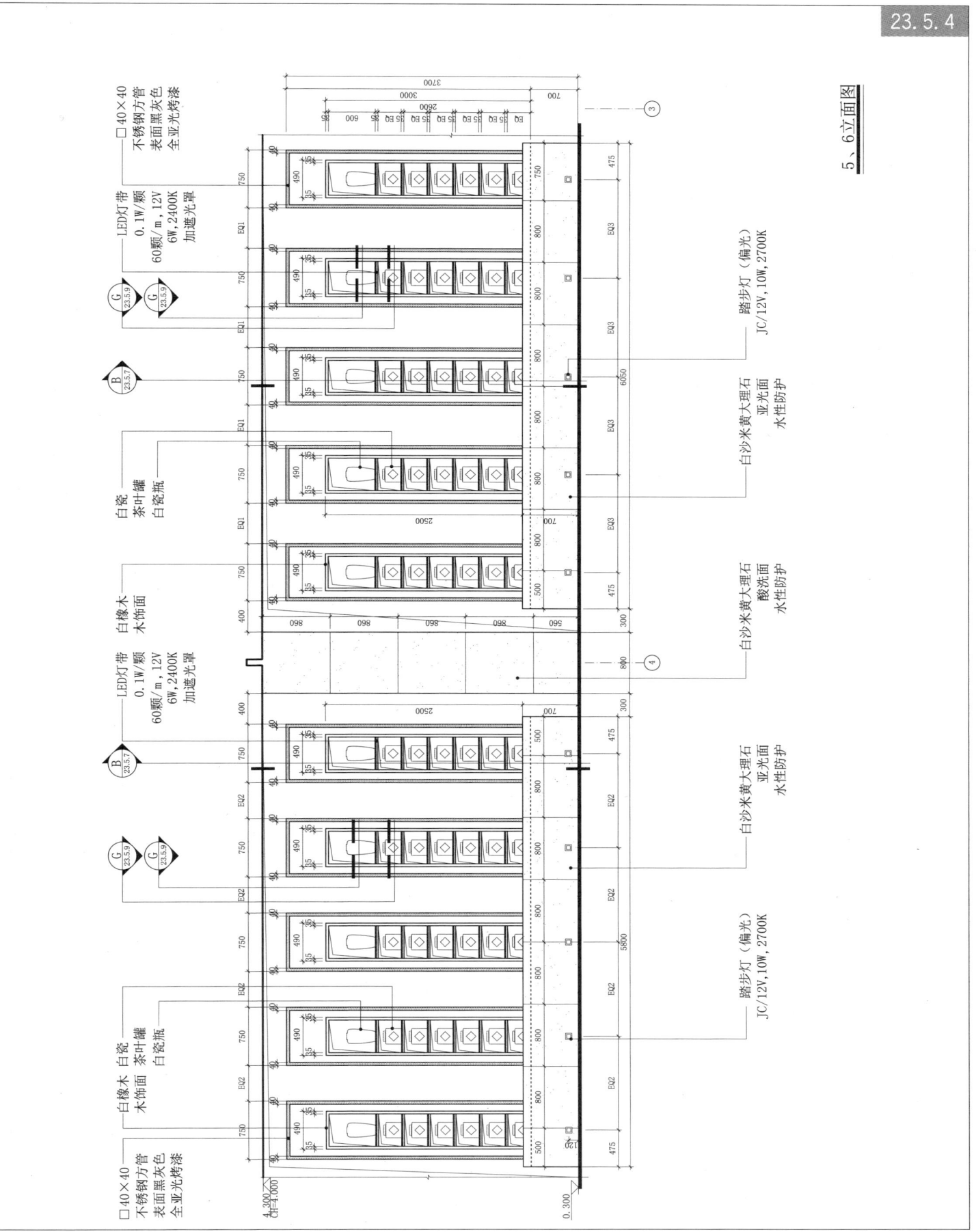

23.5 吧台及陈设架

23.5.5

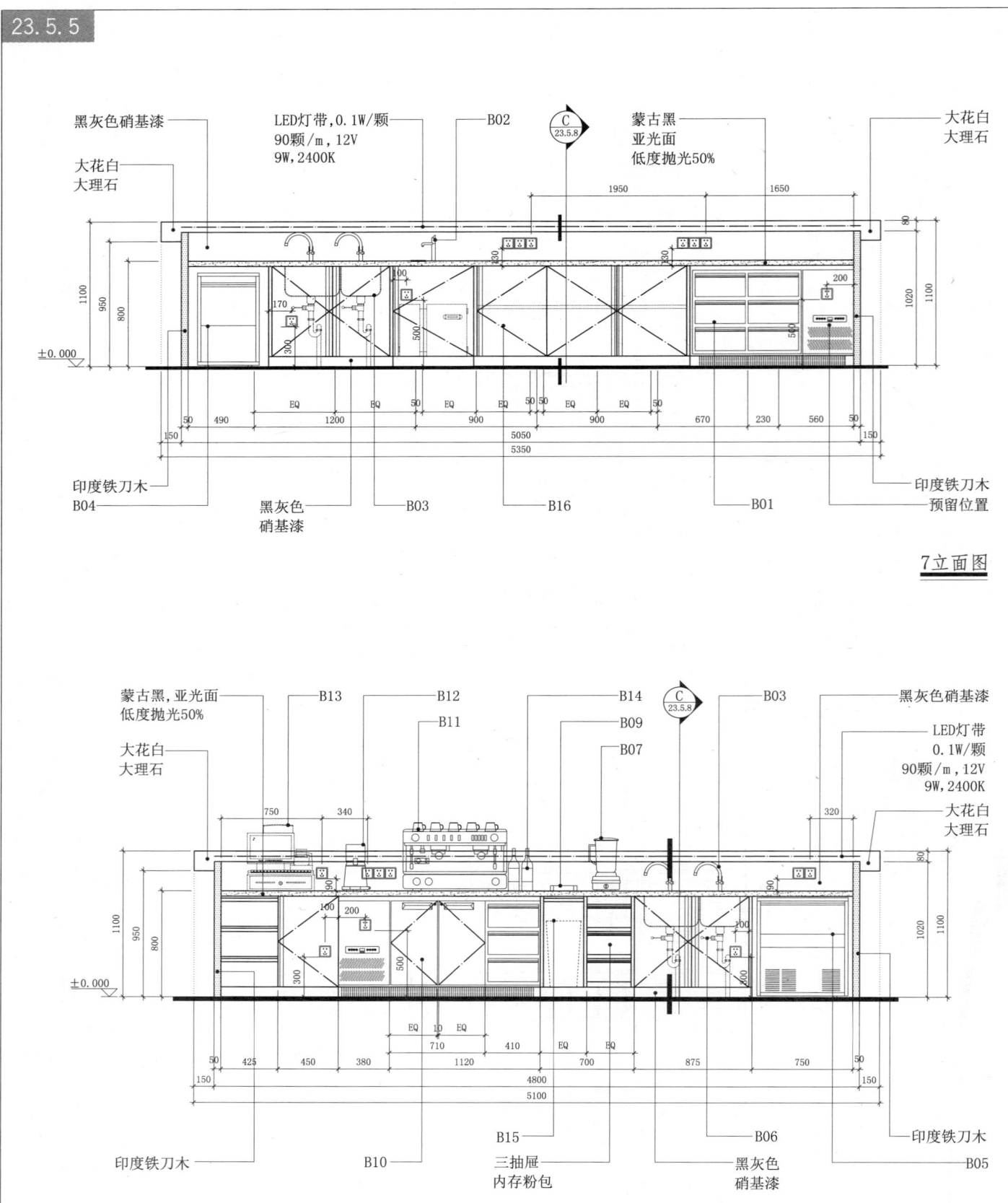

7立面图

8立面图

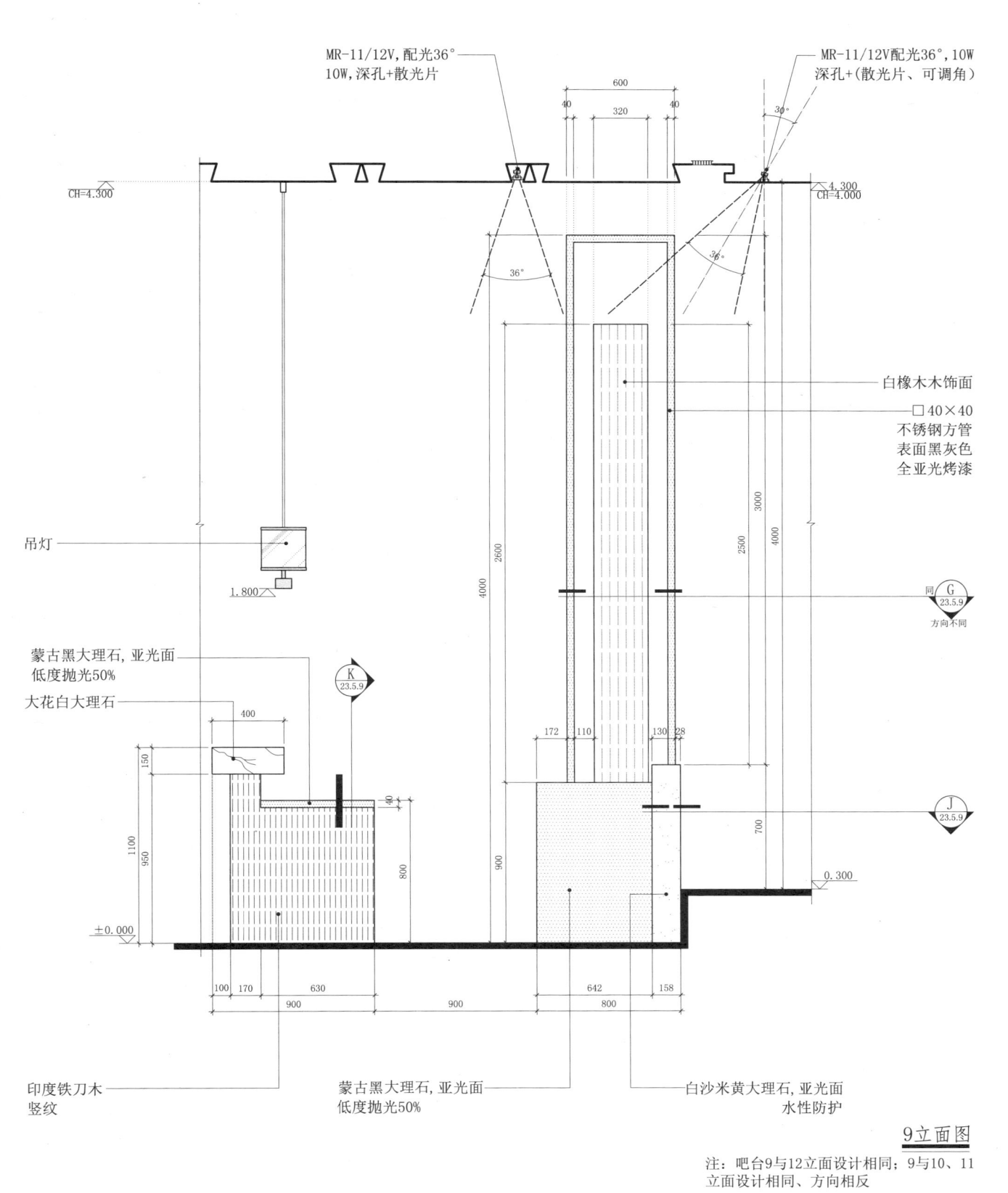

23.5 吧台及陈设架

23.5.7

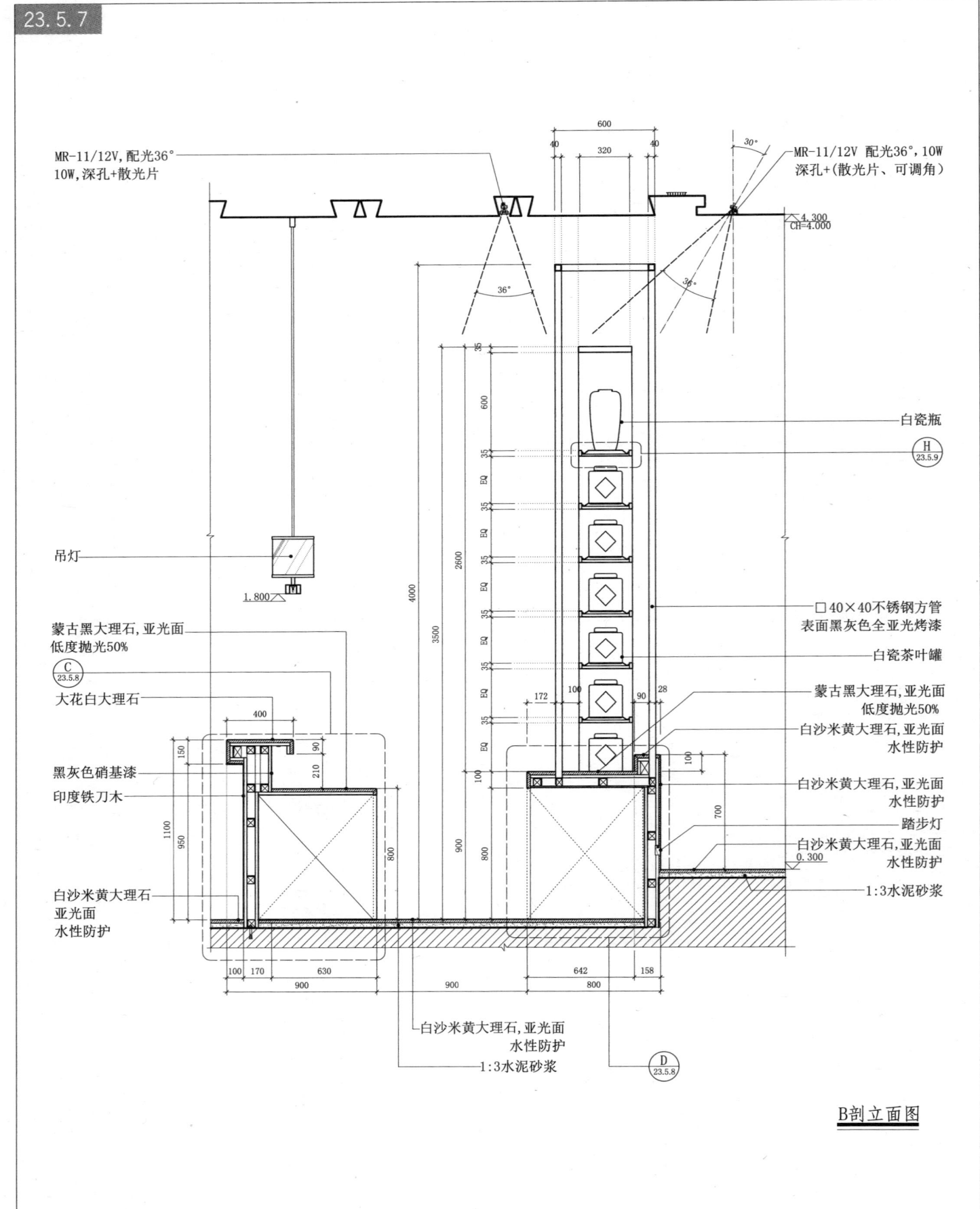

B剖立面图

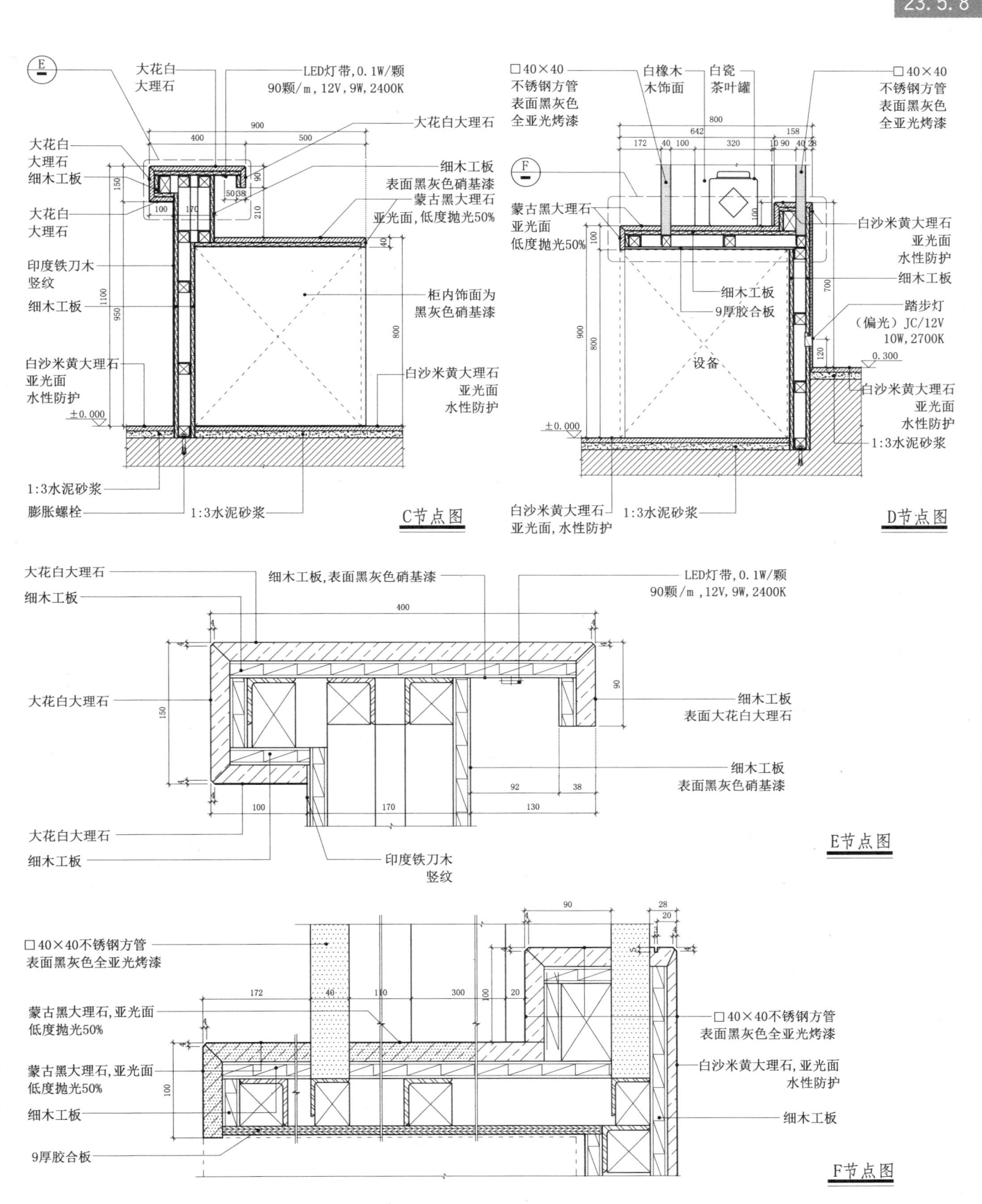

23.5 吧台及陈设架

23.5.9

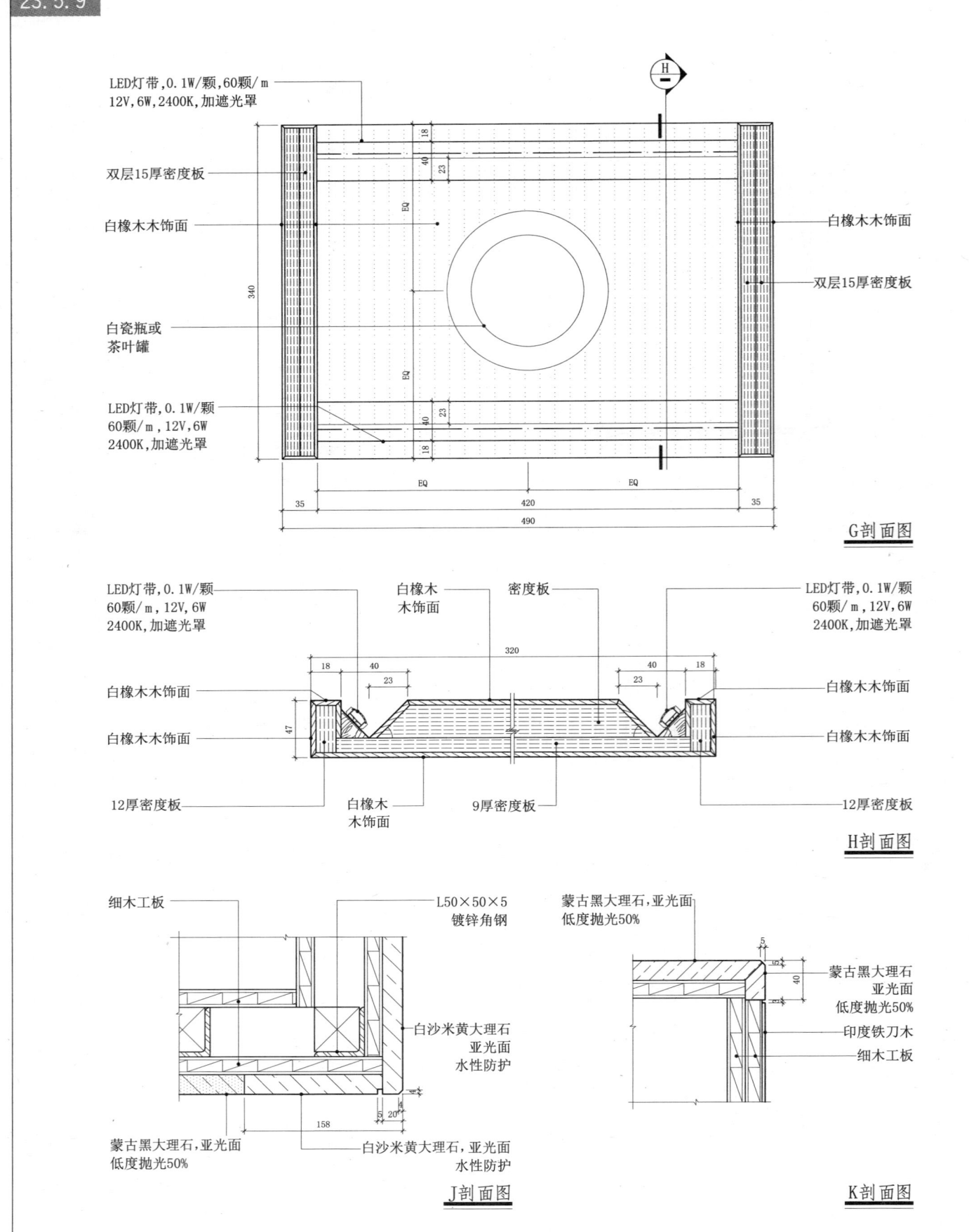

23.6 酒柜配置及构造

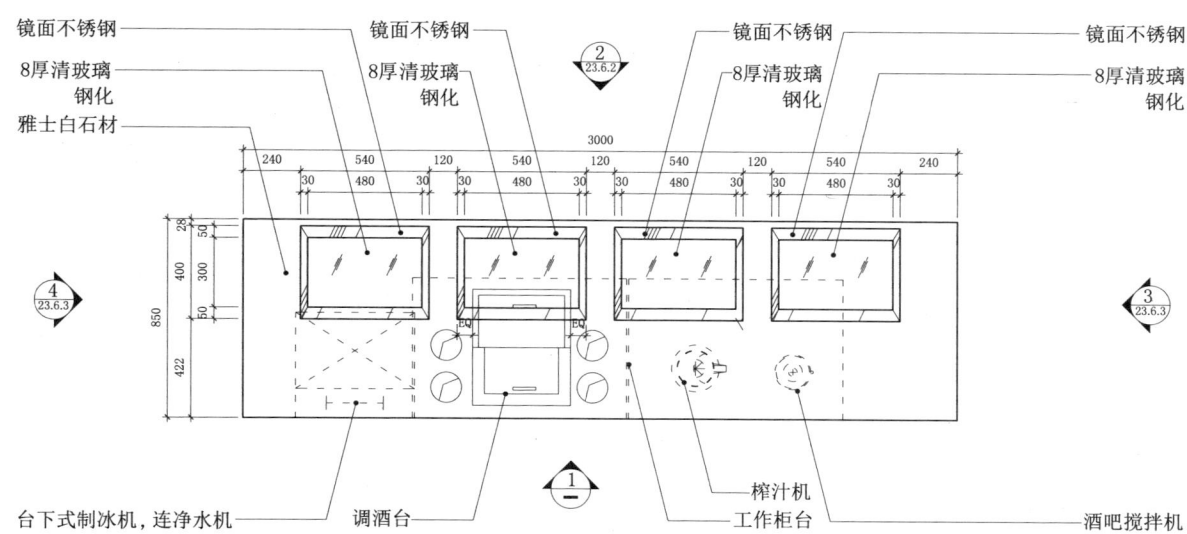

酒柜平面图

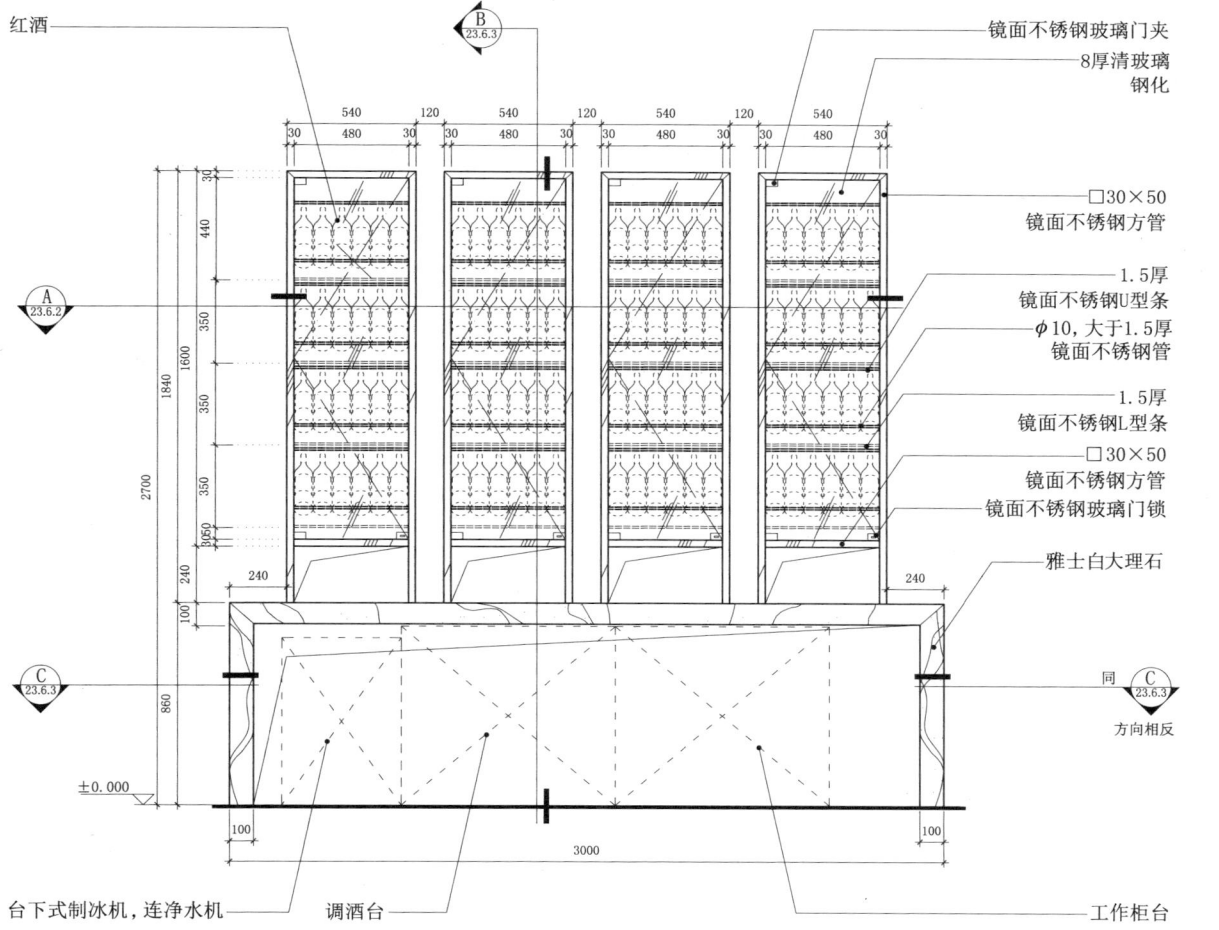

1 酒柜正立面图

23.6 酒柜配置及构造

23.6.2

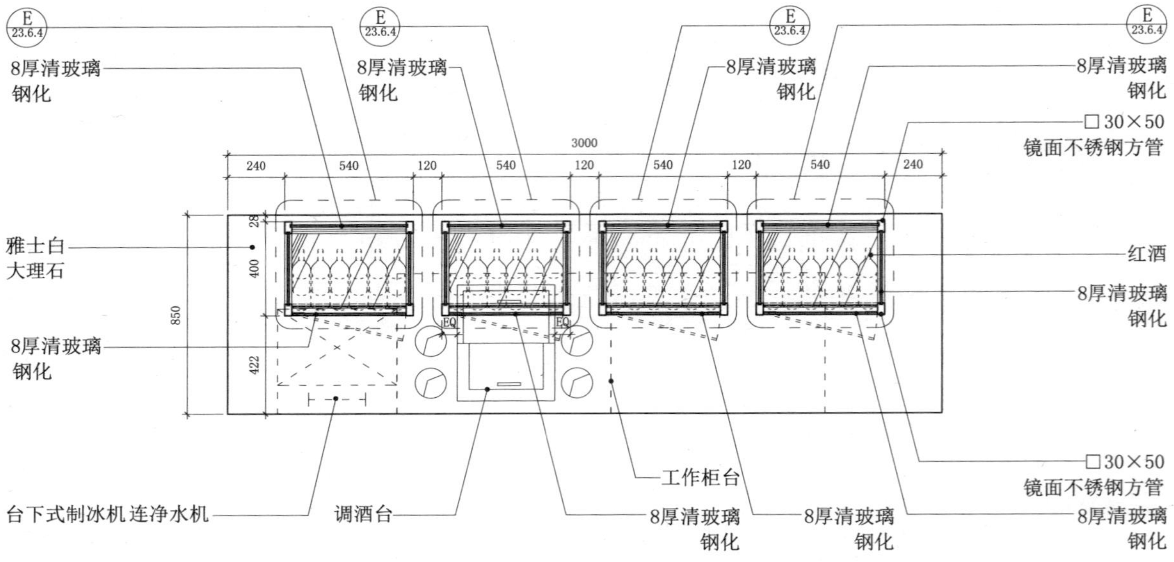

A剖面图

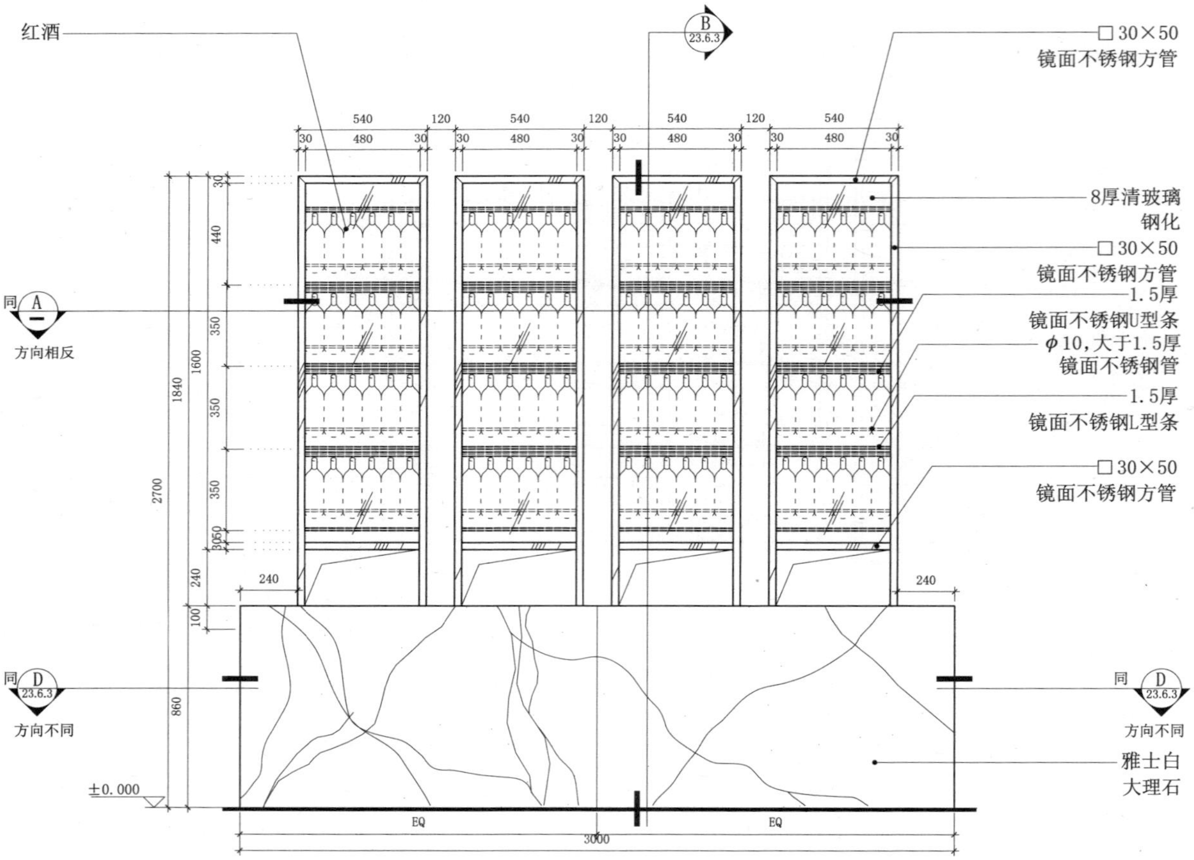

2 酒柜背立面图

23.6 酒柜配置及构造

23.6.3

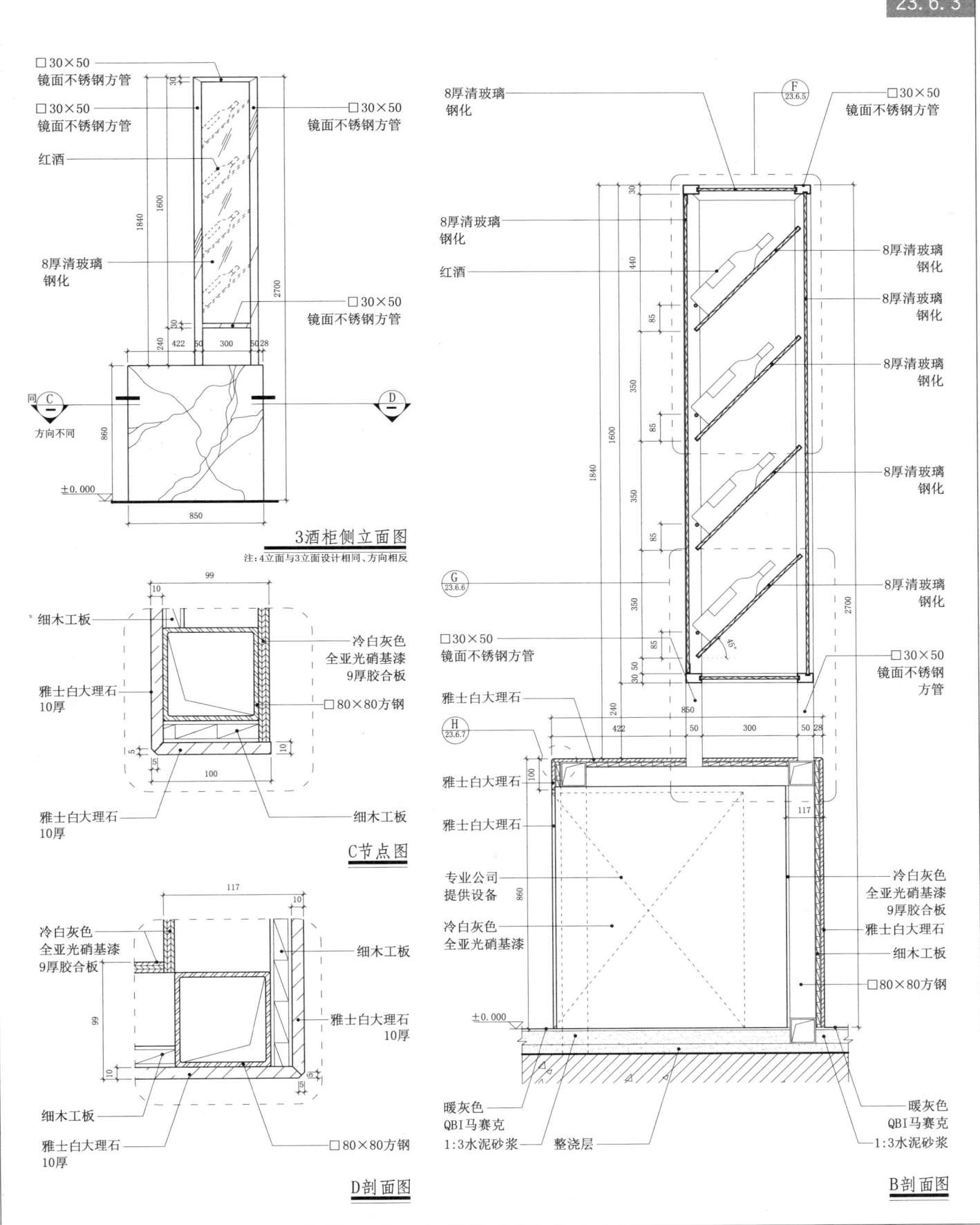

23.6 酒柜配置及构造

23.6.4

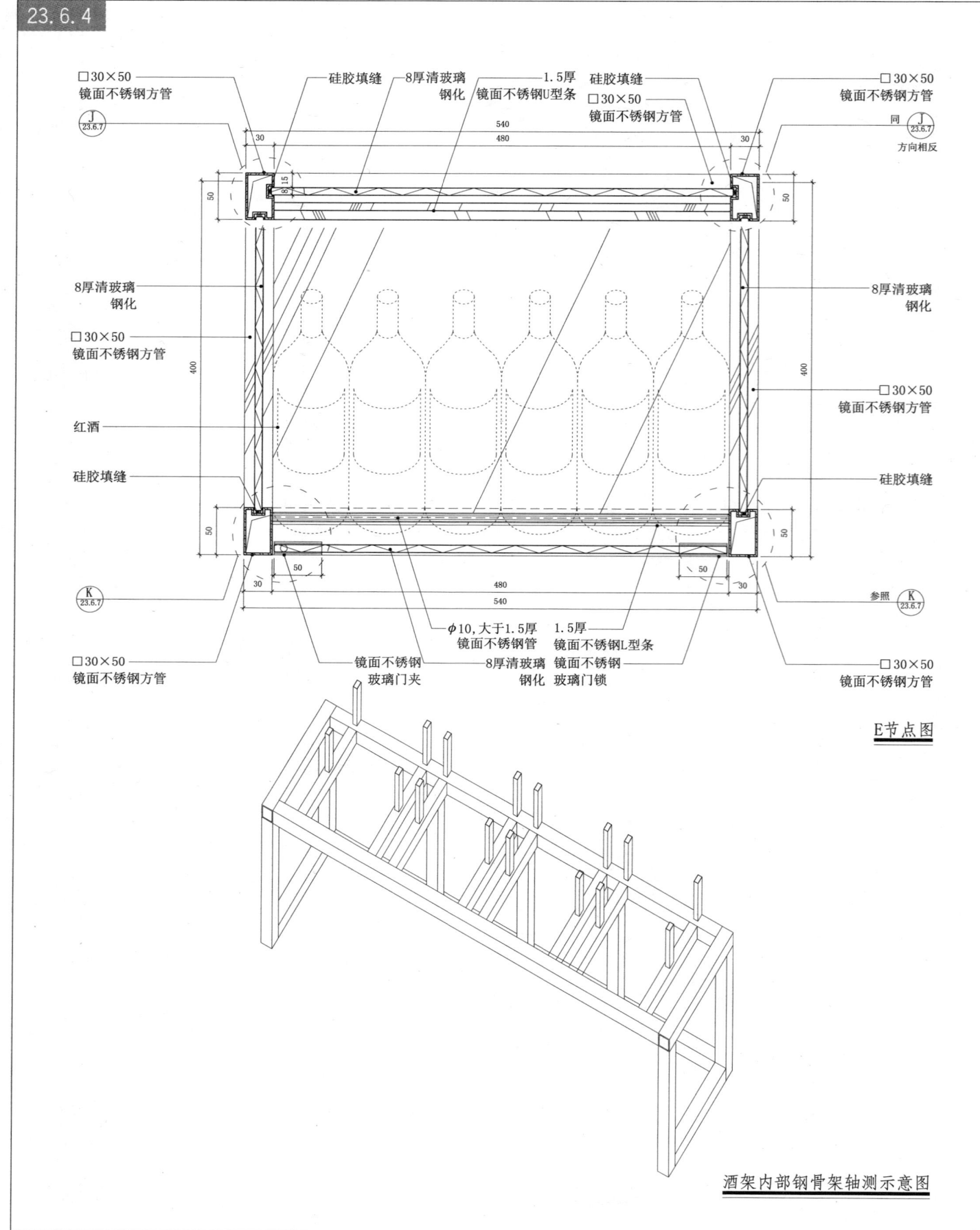

E节点图

酒架内部钢骨架轴测示意图

23.6 酒柜配置及构造

23.6.5

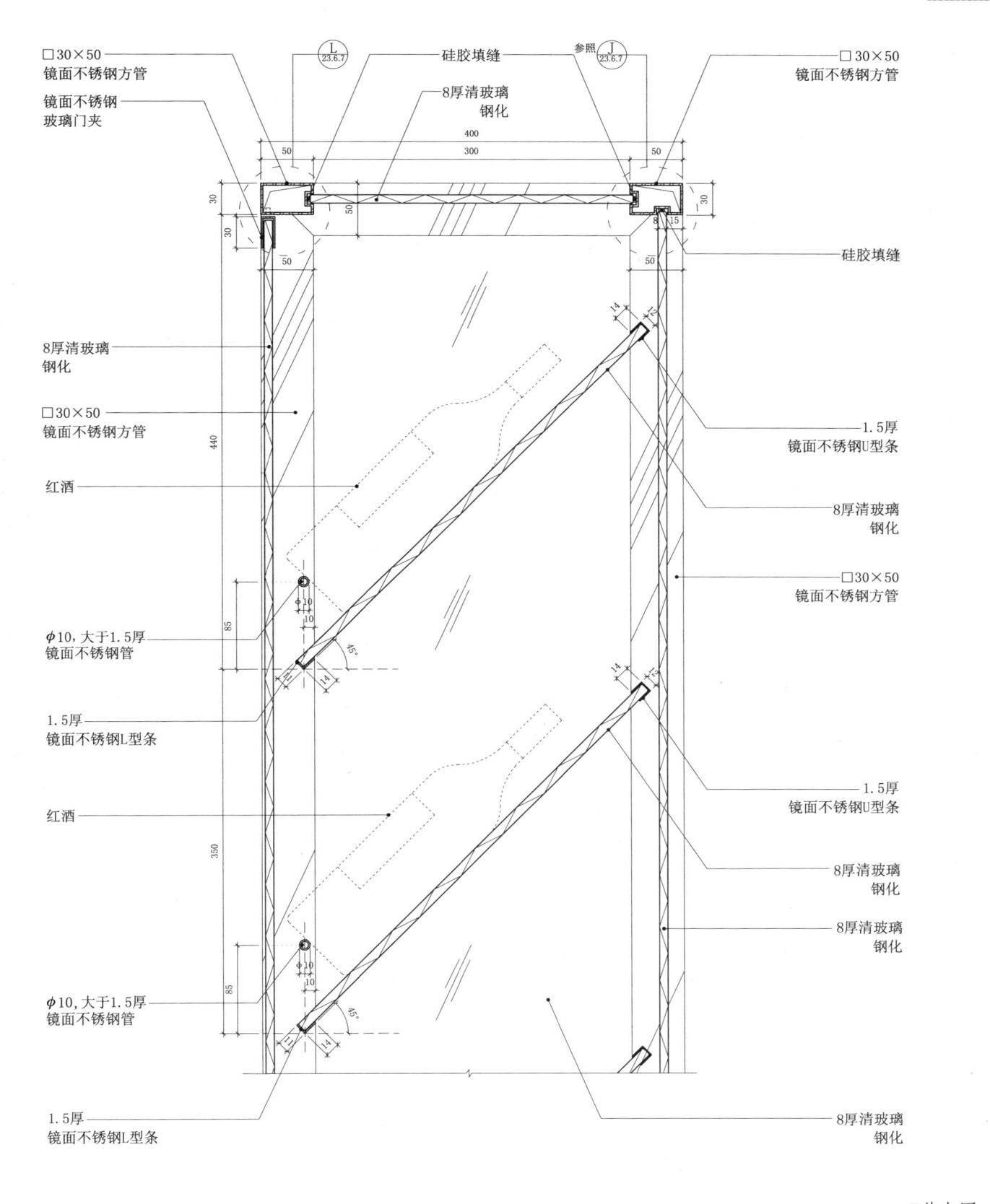

F节点图

23.6 酒柜配置及构造

23.6.6

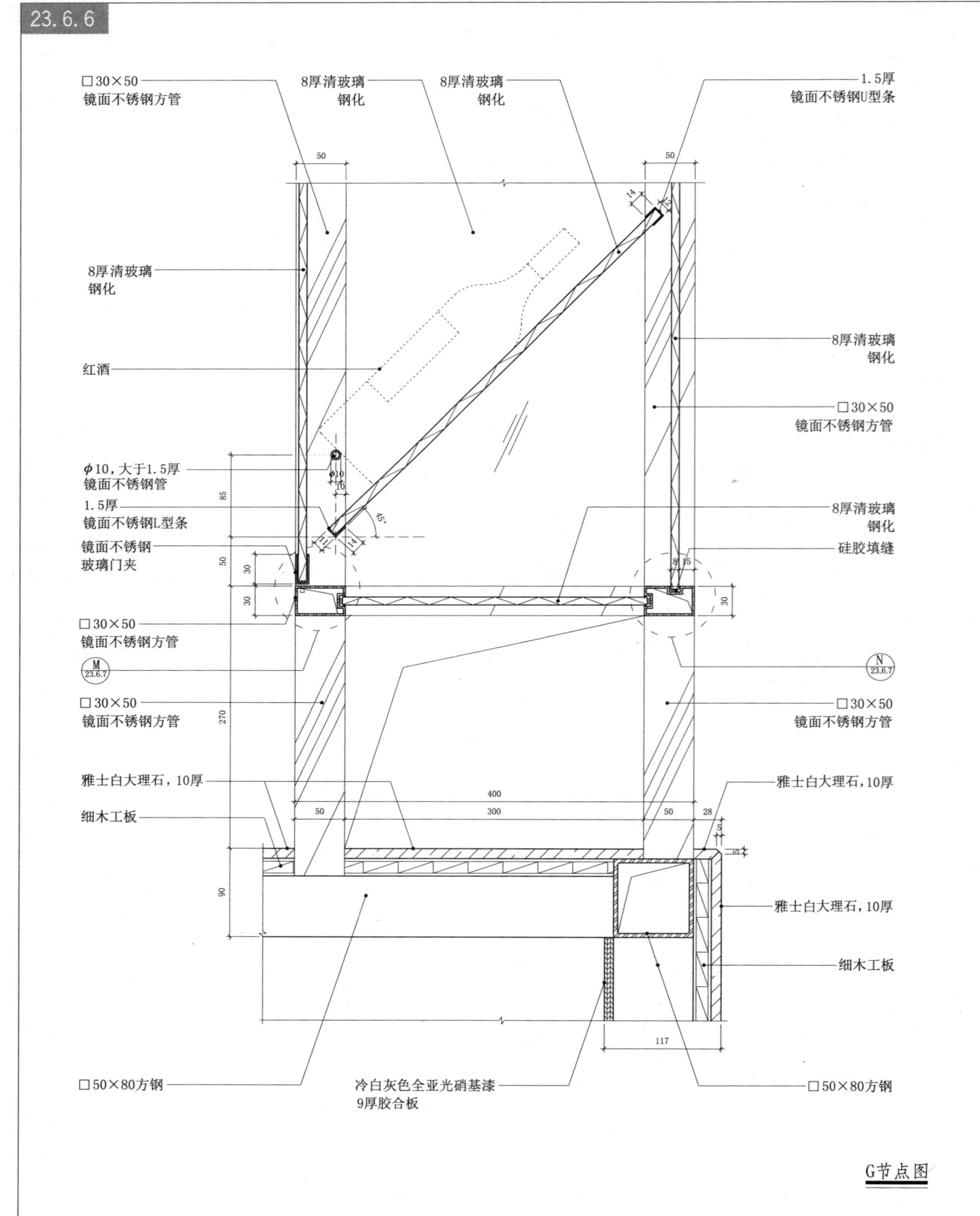

G节点图

23.6 酒柜配置及构造

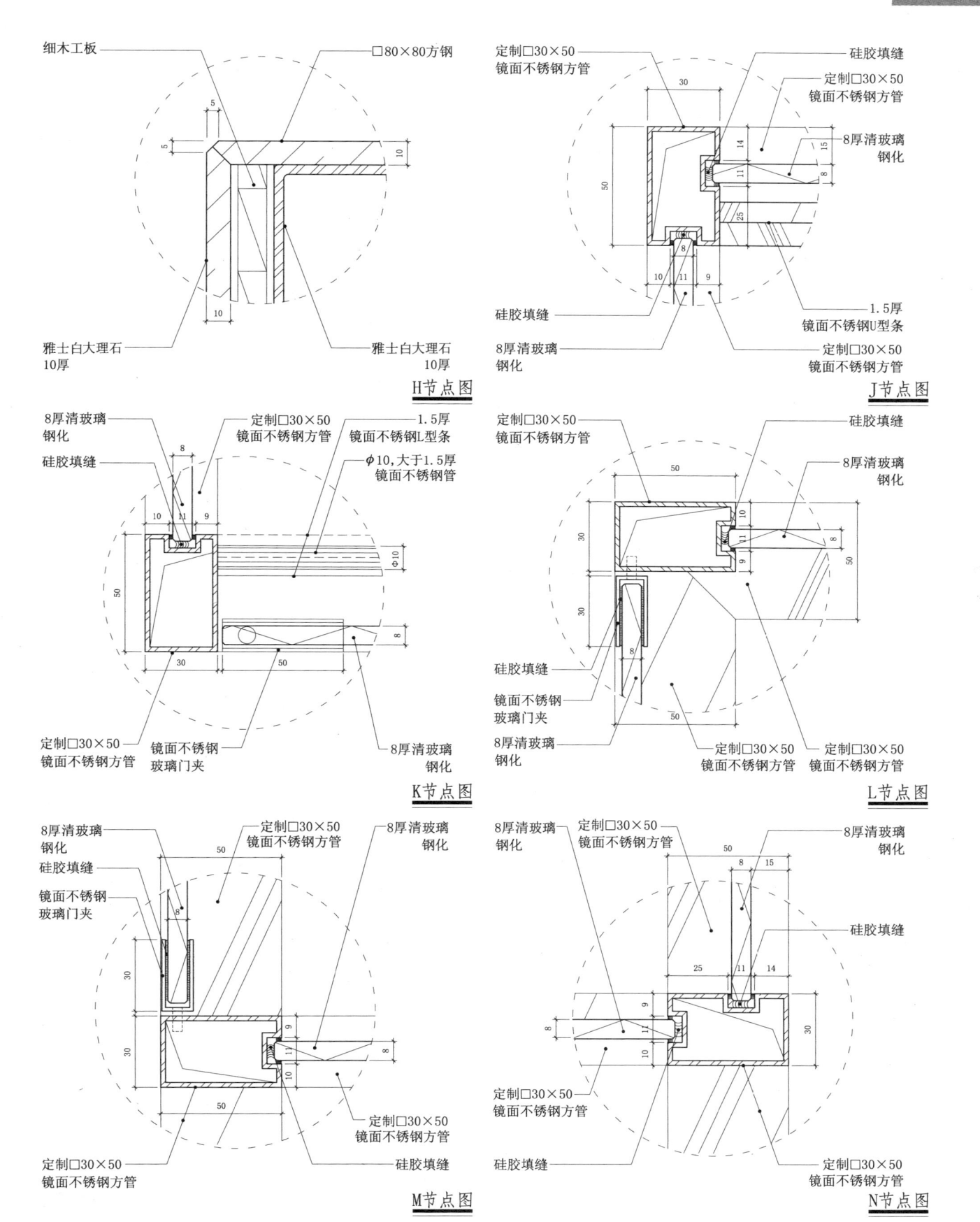

H节点图　J节点图　K节点图　L节点图　M节点图　N节点图

23.7.1

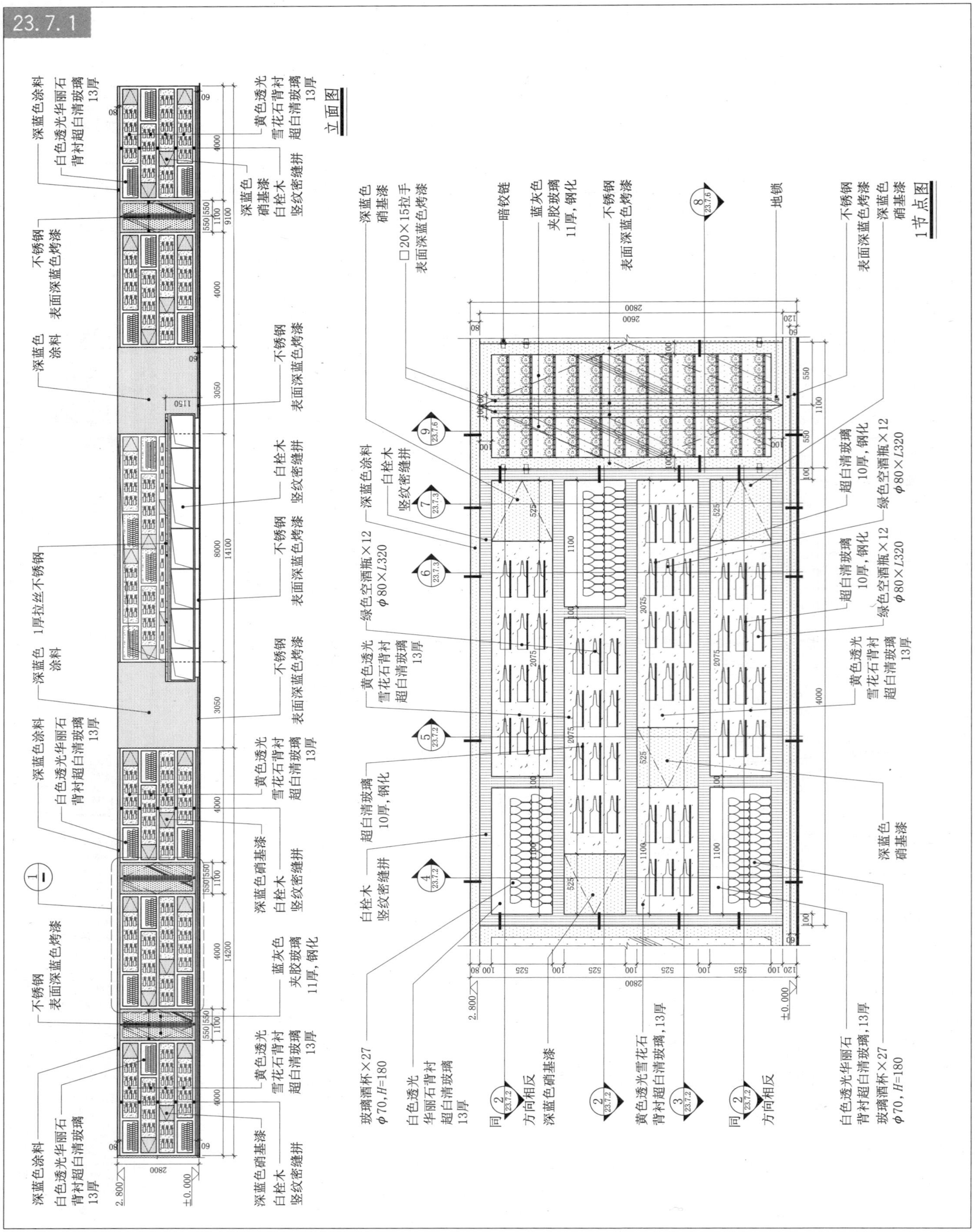
立面图
1节点图
深蓝色涂料
白色透光华丽石
背衬超白清玻璃
13厚
黄色透光
雪花石背衬
超白清玻璃
13厚
深蓝色
硝基漆
白栓木
竖纹密缝拼
不锈钢
表面深蓝色烤漆
深蓝色
涂料
1厚拉丝不锈钢
深蓝色硝基漆
蓝灰色
夹胶玻璃
11厚，钢化
□20×15拉手
表面深蓝色烤漆
暗铰链
地锁
超白清玻璃
10厚，钢化
绿色空酒瓶×12
φ80×L320
玻璃酒杯×27
φ70，H=180
方向相反
深蓝色硝基漆
黄色透光雪花石
背衬超白清玻璃，13厚
白色透光华丽石
背衬超白清玻璃，13厚
2.800
±0.000

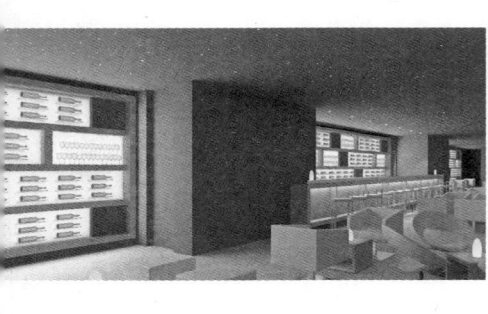

23.7 酒吧装饰壁柜

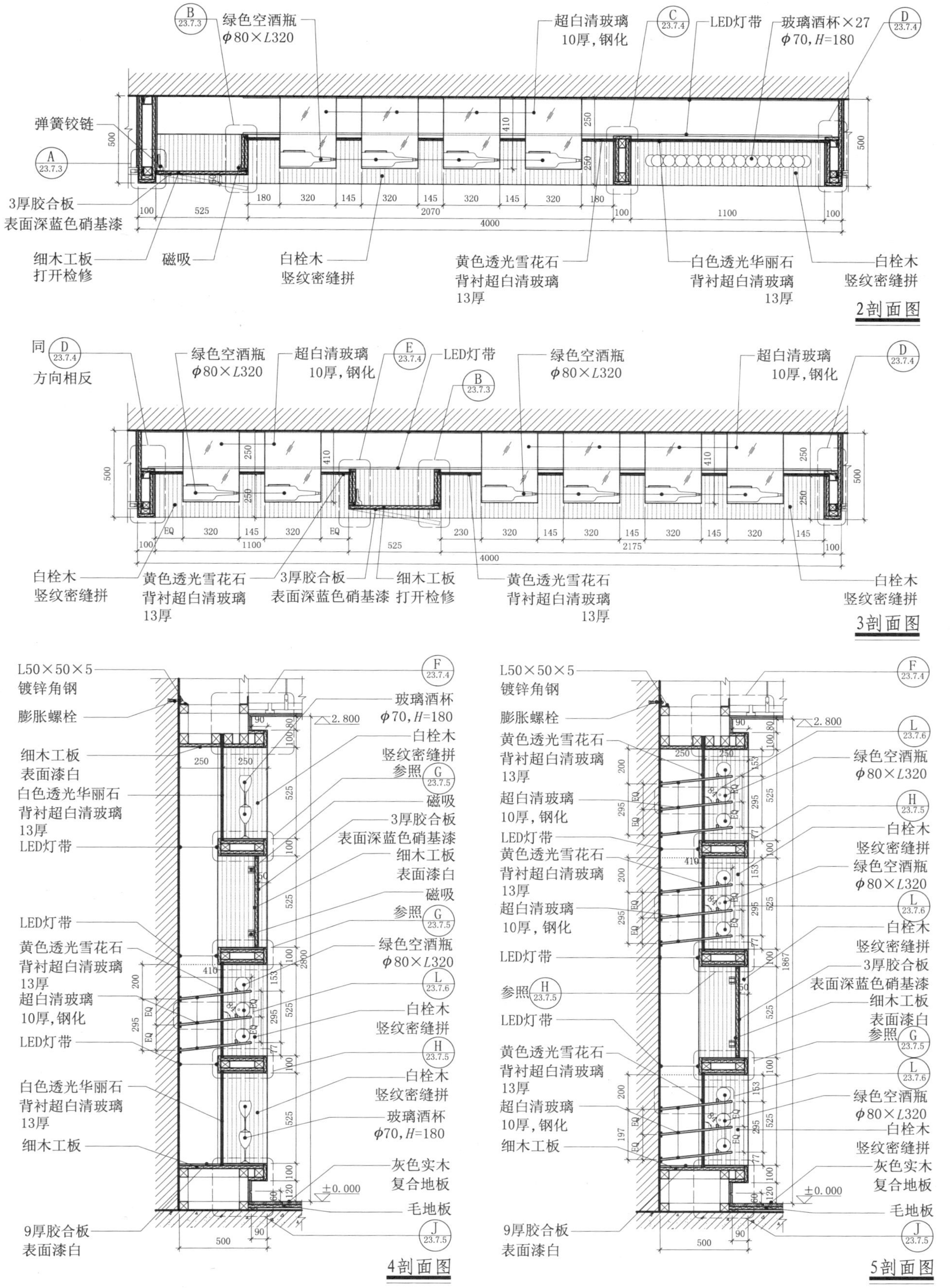

23.7.2

23 餐饮设施·玻璃构造 立面构造 餐饮设施 透光照明构造

23.7 酒吧装饰壁柜

23.7.3

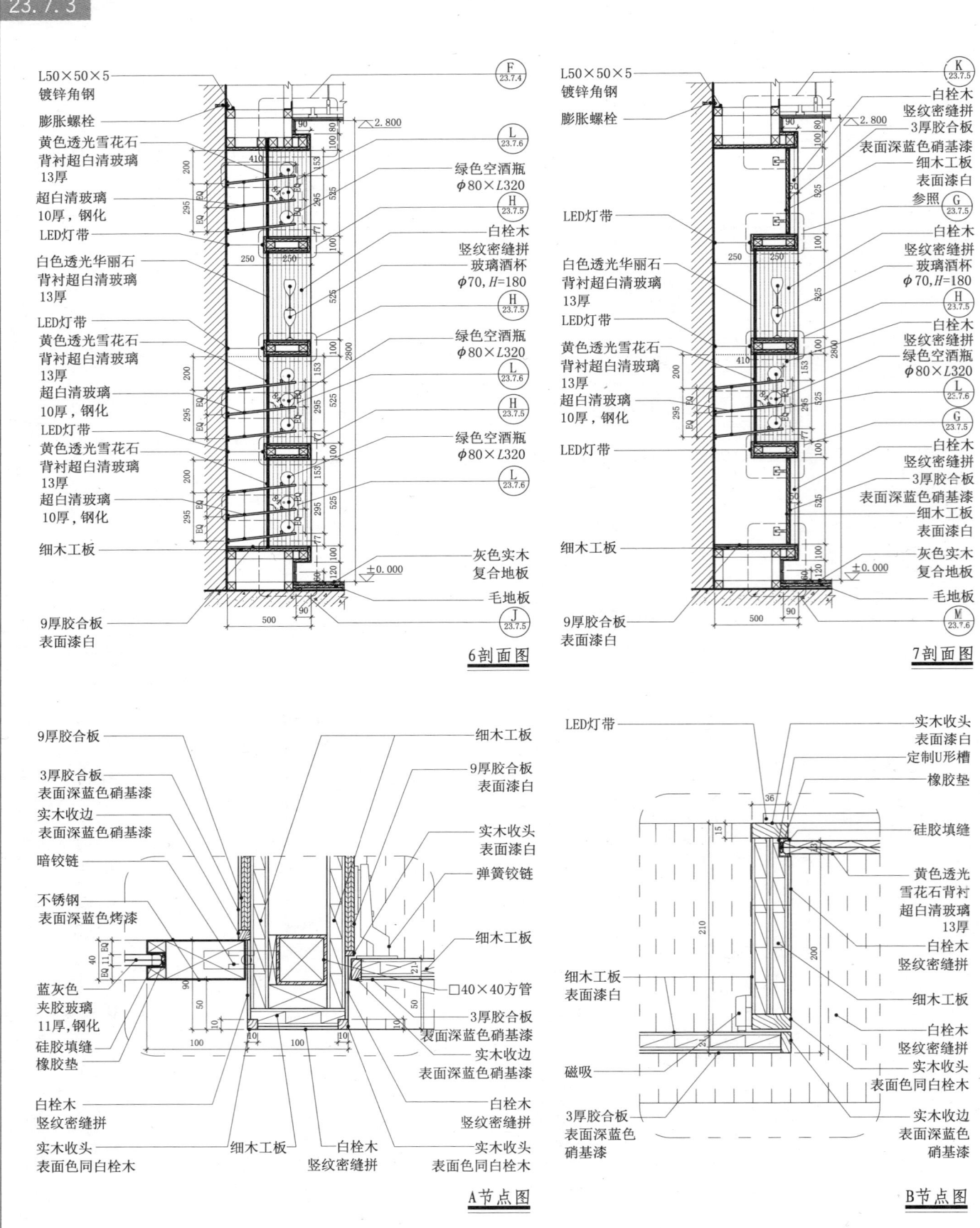

23.7 酒吧装饰壁柜

23.7.4

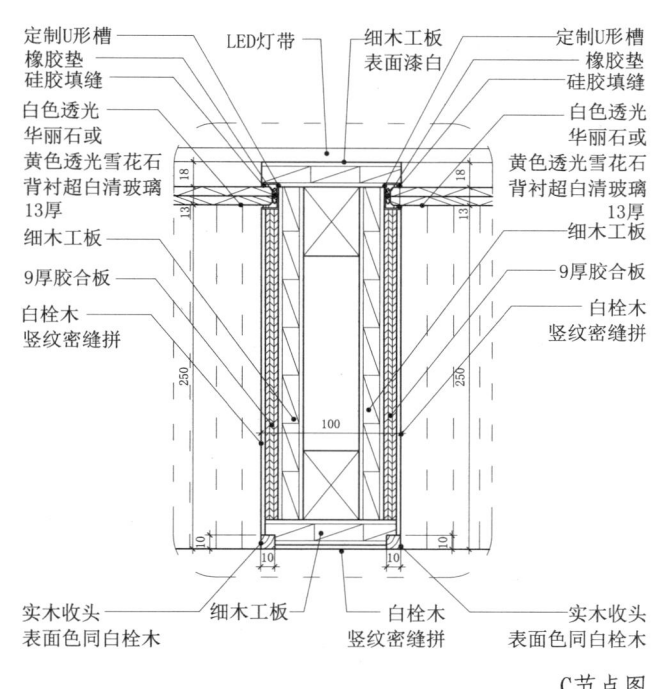

C节点图

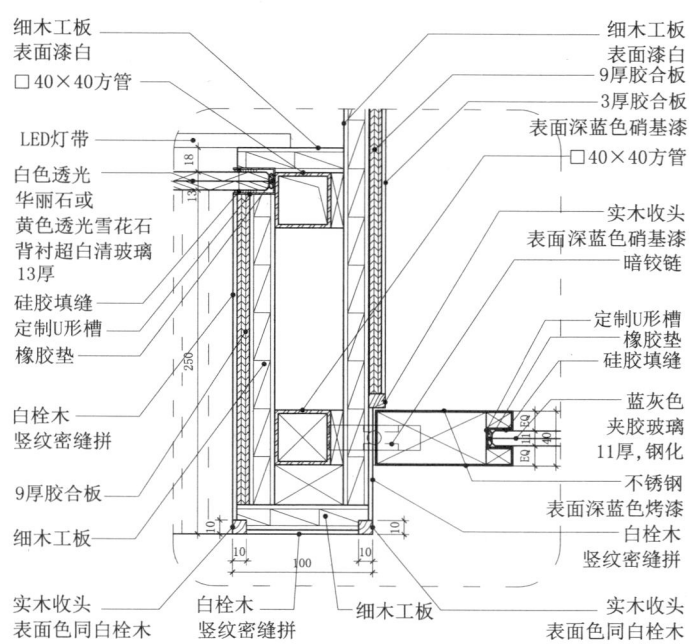

D节点图

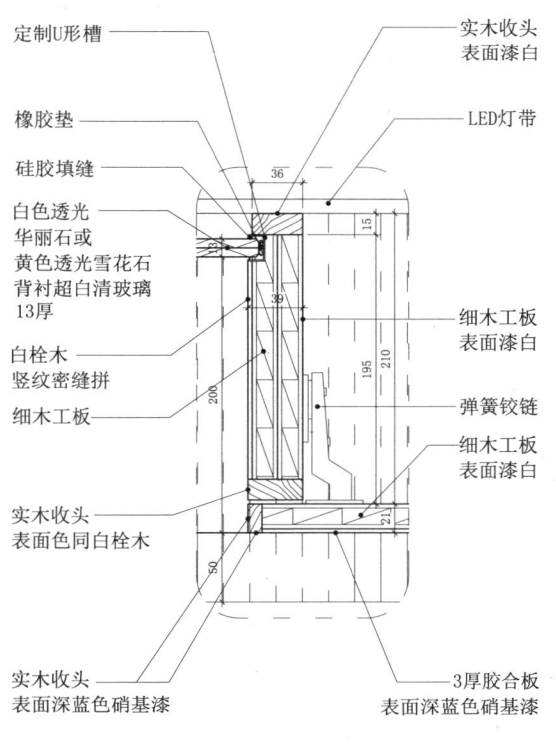

E节点图

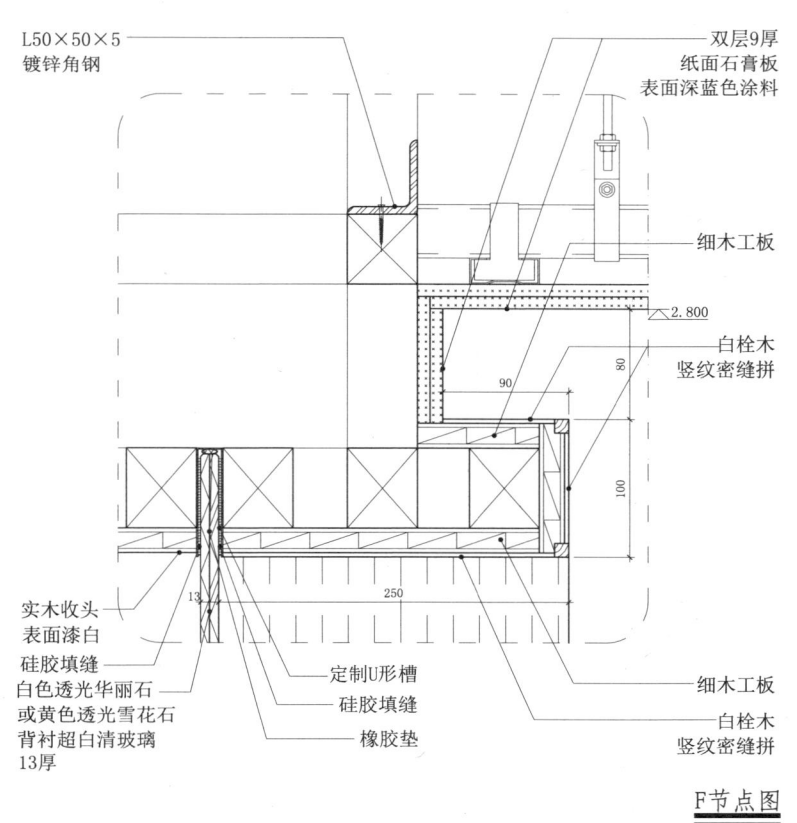

F节点图

23.7 酒吧装饰壁柜

23.7.5

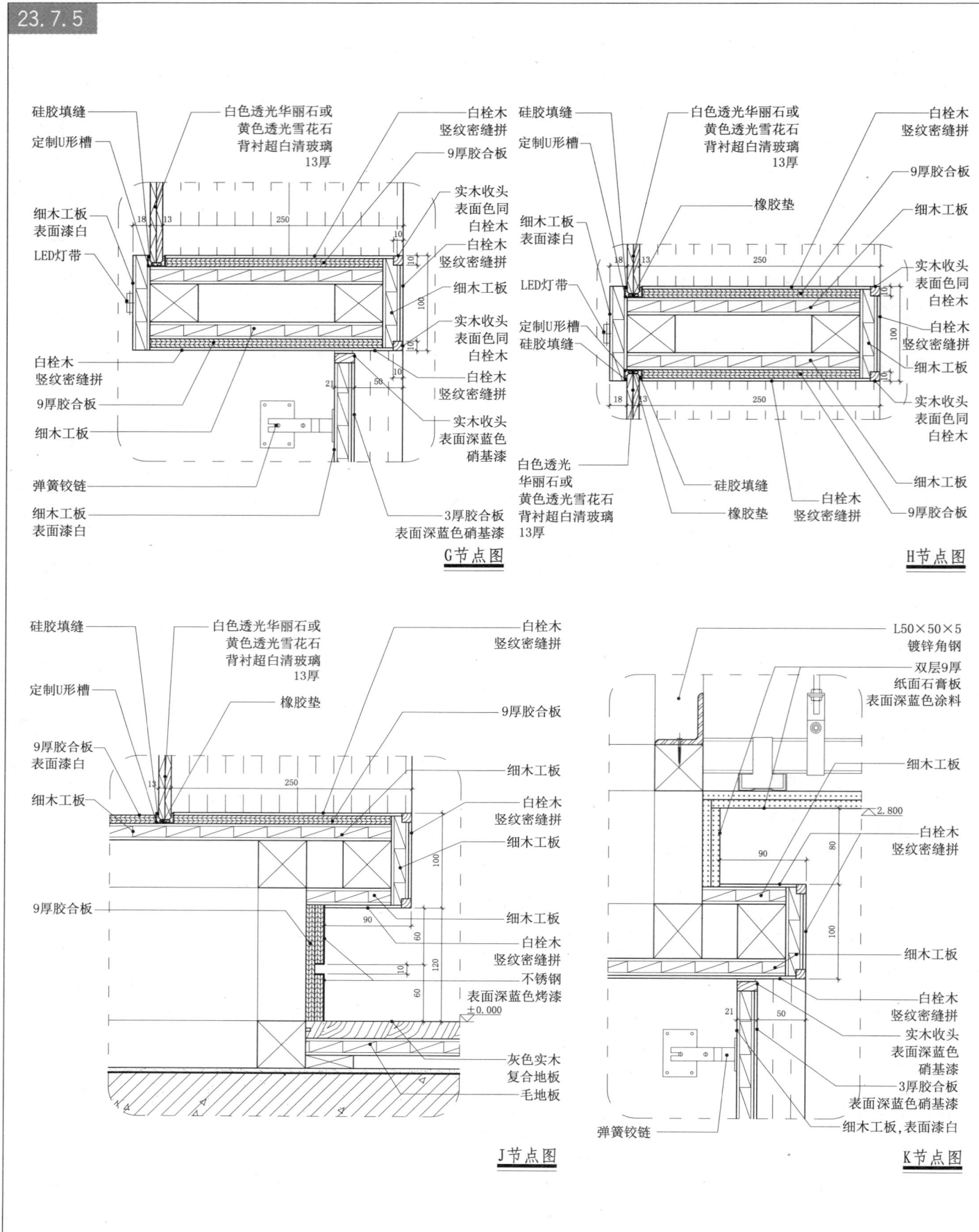

G节点图　H节点图　J节点图　K节点图

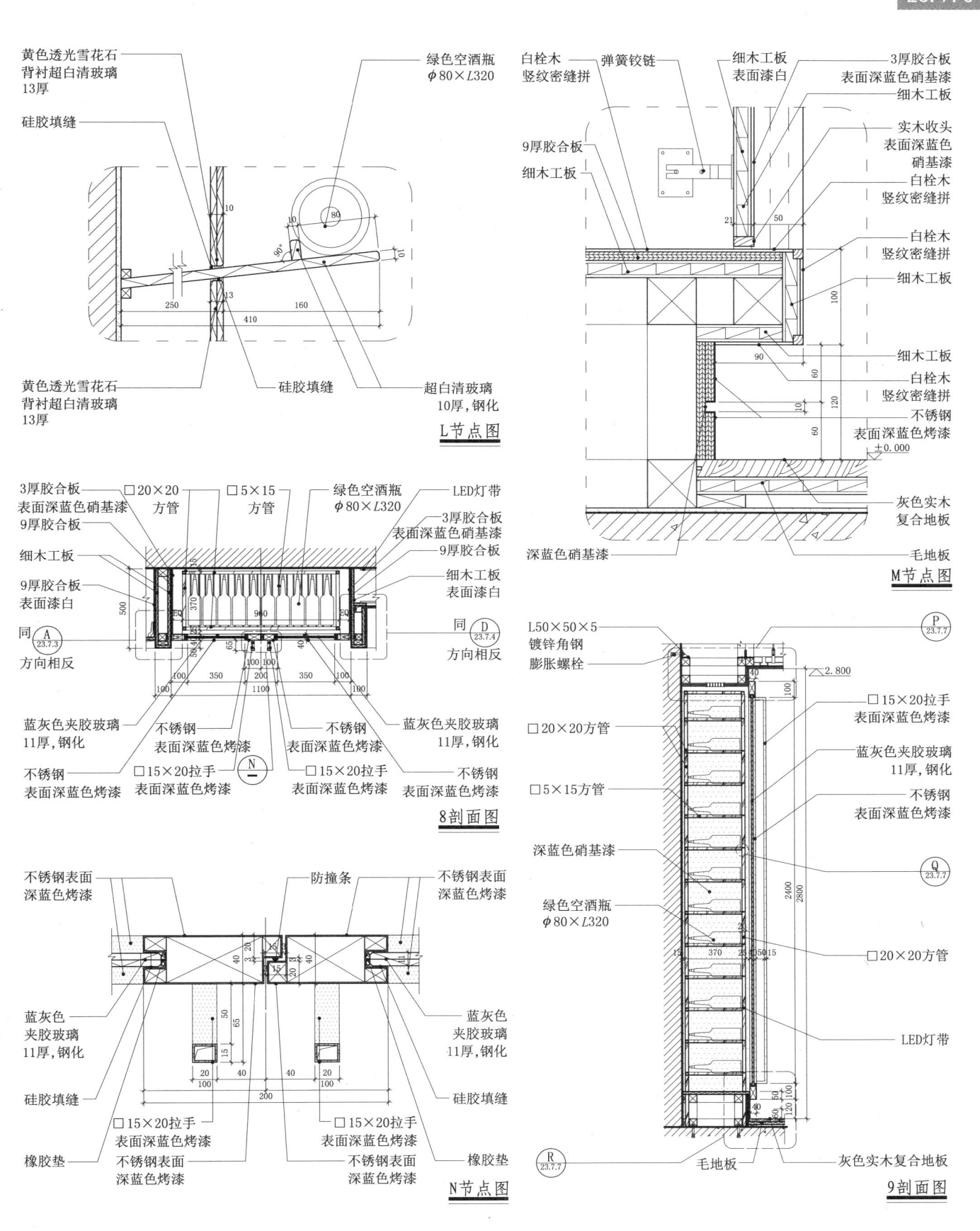

23.7 酒吧装饰壁柜

23.7.7

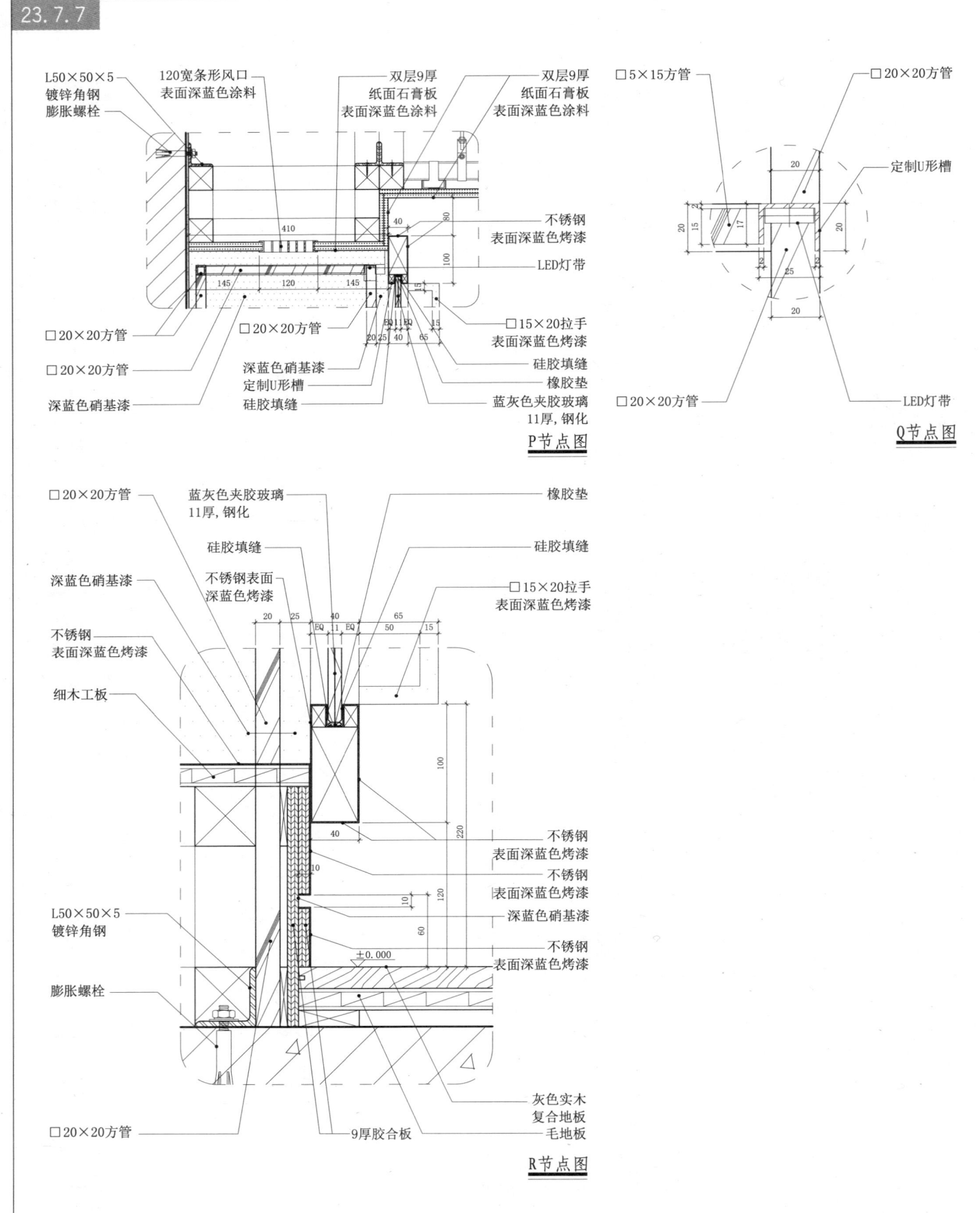

P节点图
Q节点图
R节点图

23.8 红酒柜(一)

23

餐饮设施 · 玻璃构造 金属构造 室内设施 固定家具

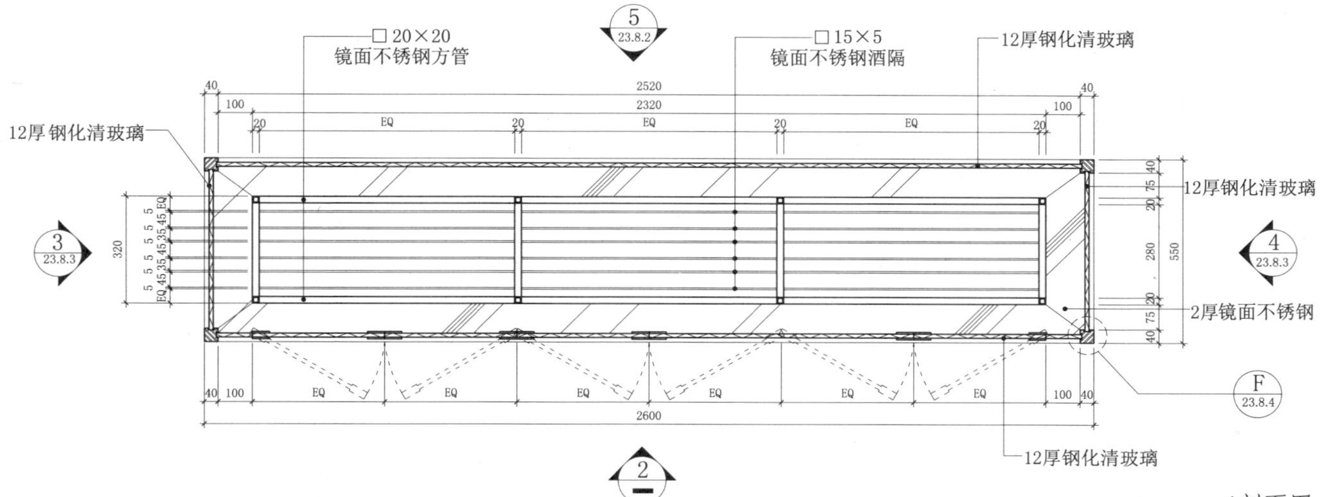

1 剖面图

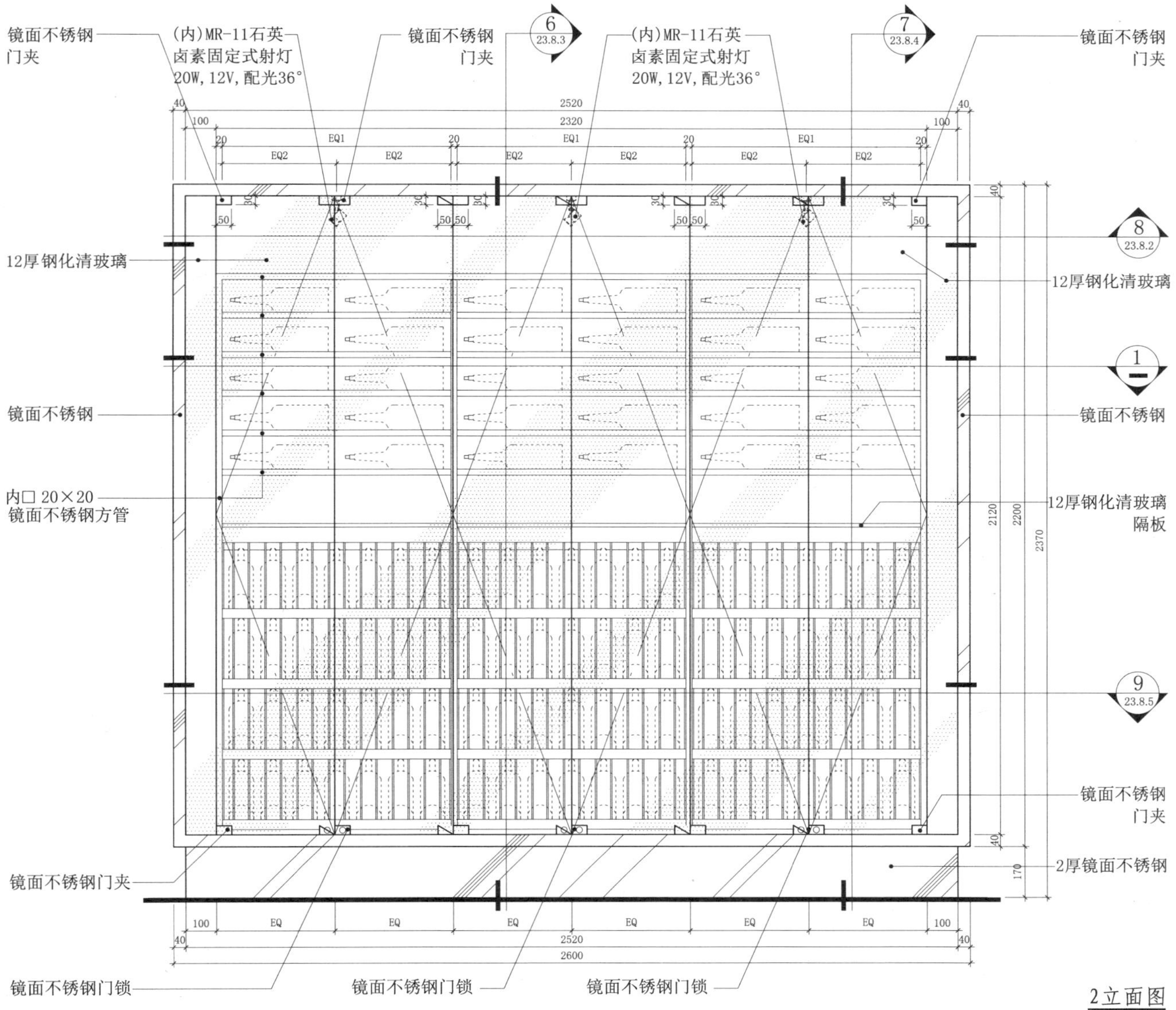

2 立面图

23.8 红酒柜(一)

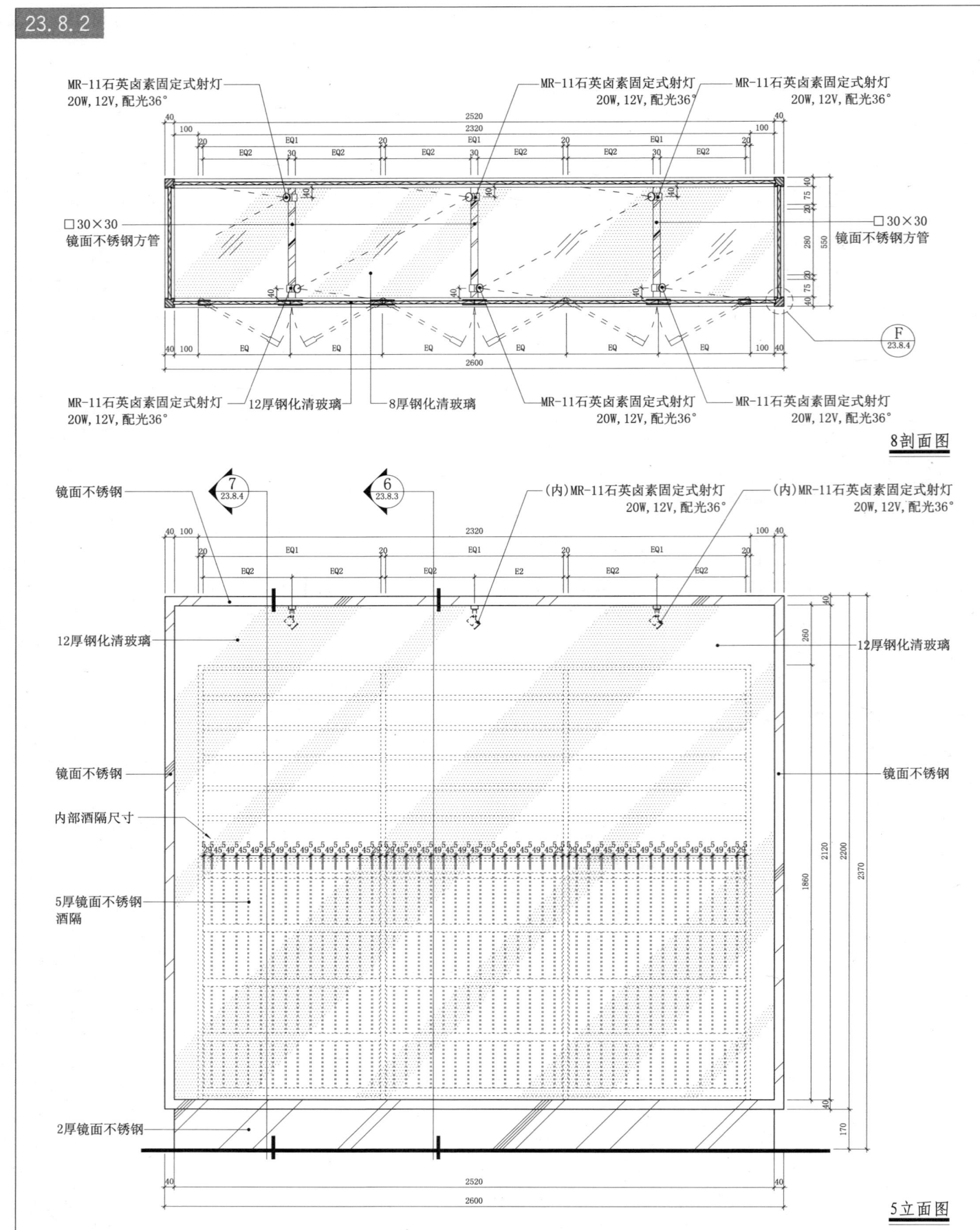

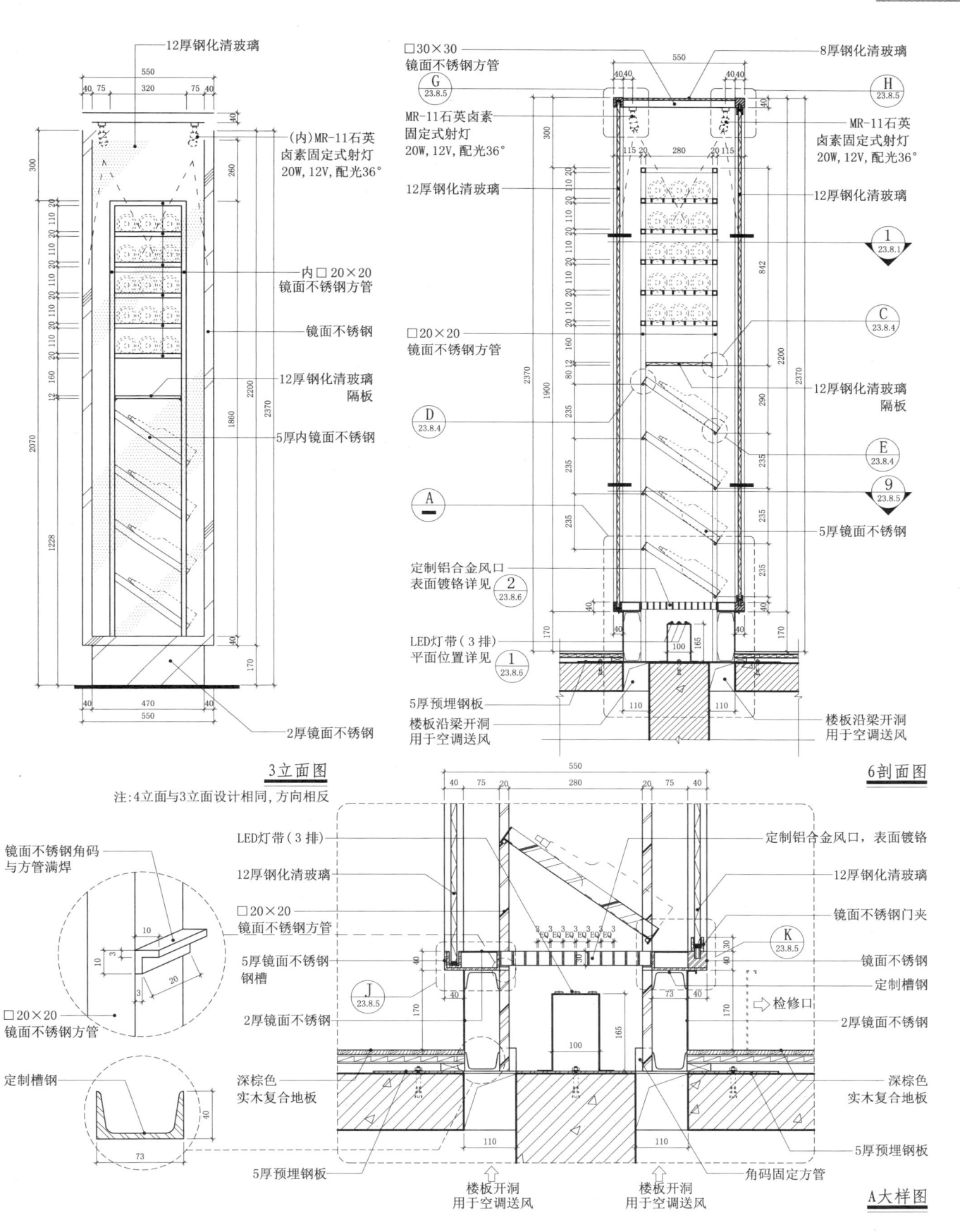

23.8 红酒柜(一)

23.8.4

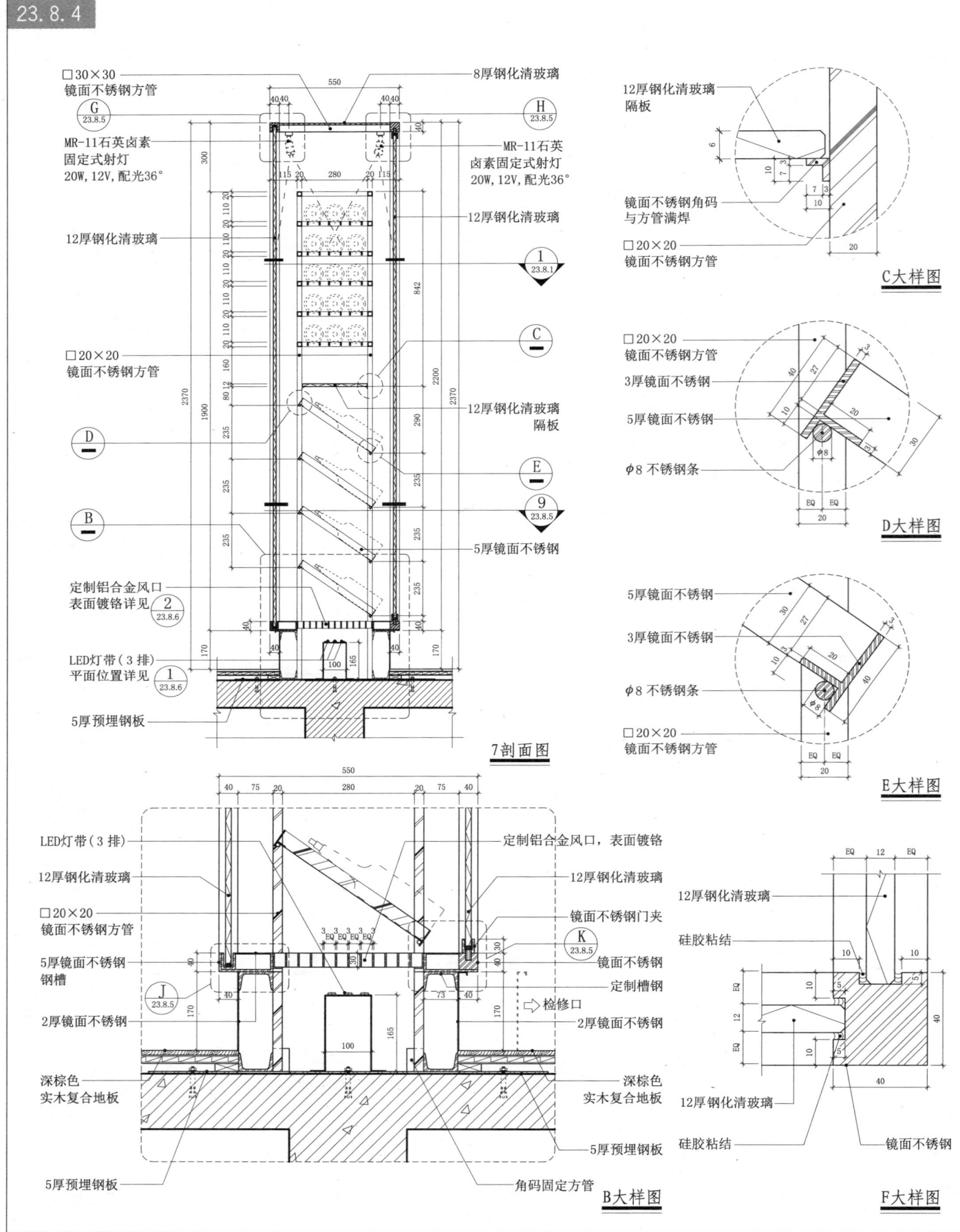

23.8 红酒柜(一)

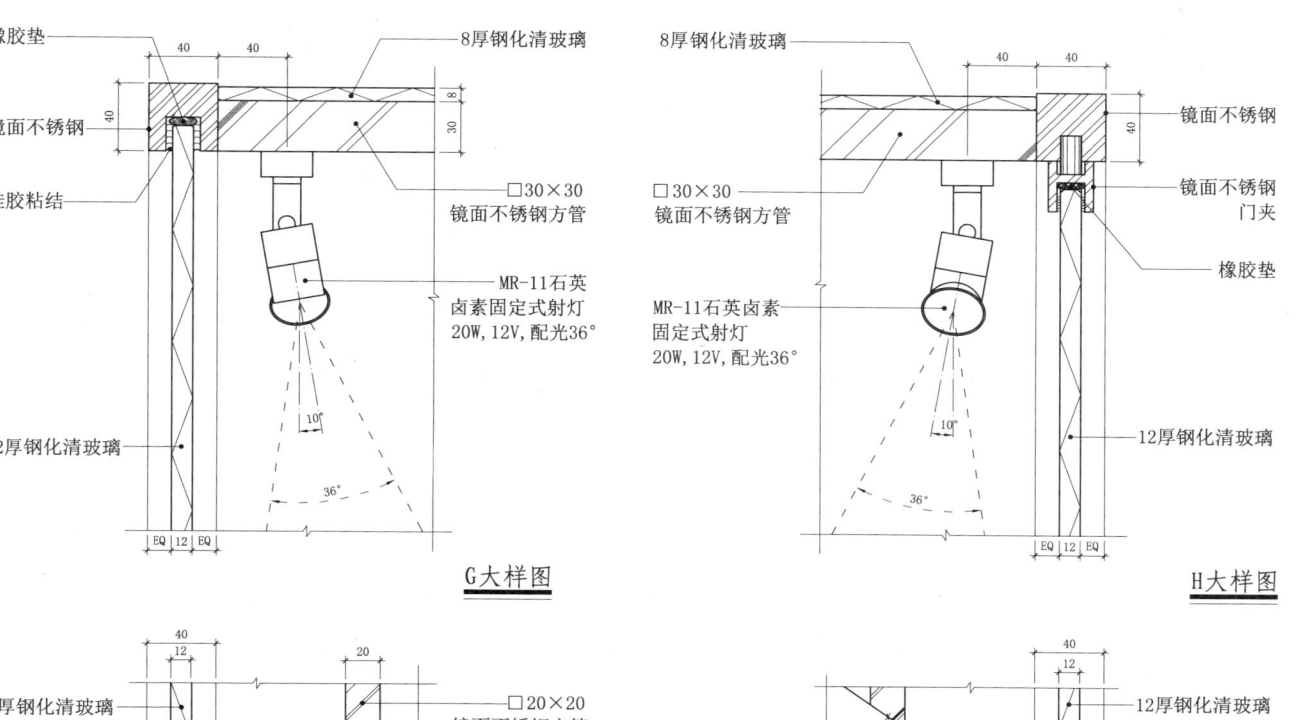

G大样图　　H大样图

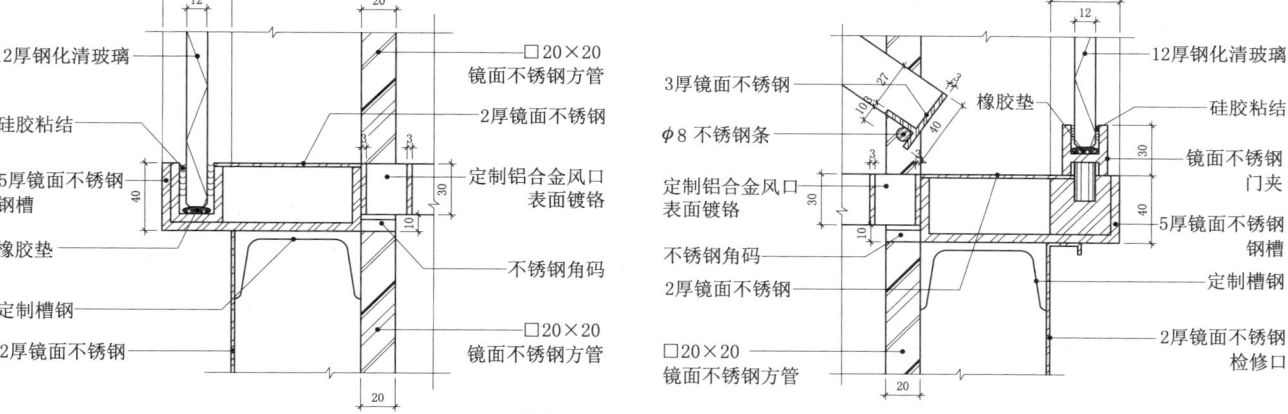

J大样图　　K大样图

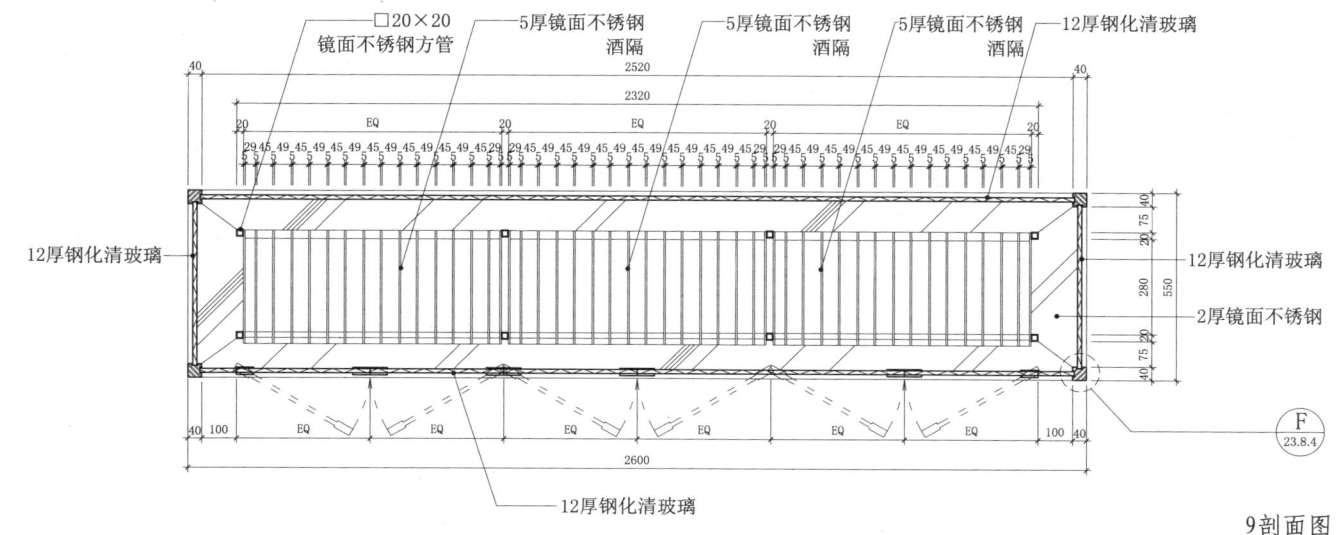

9剖面图

23.8 红酒柜(一)

23.8.6

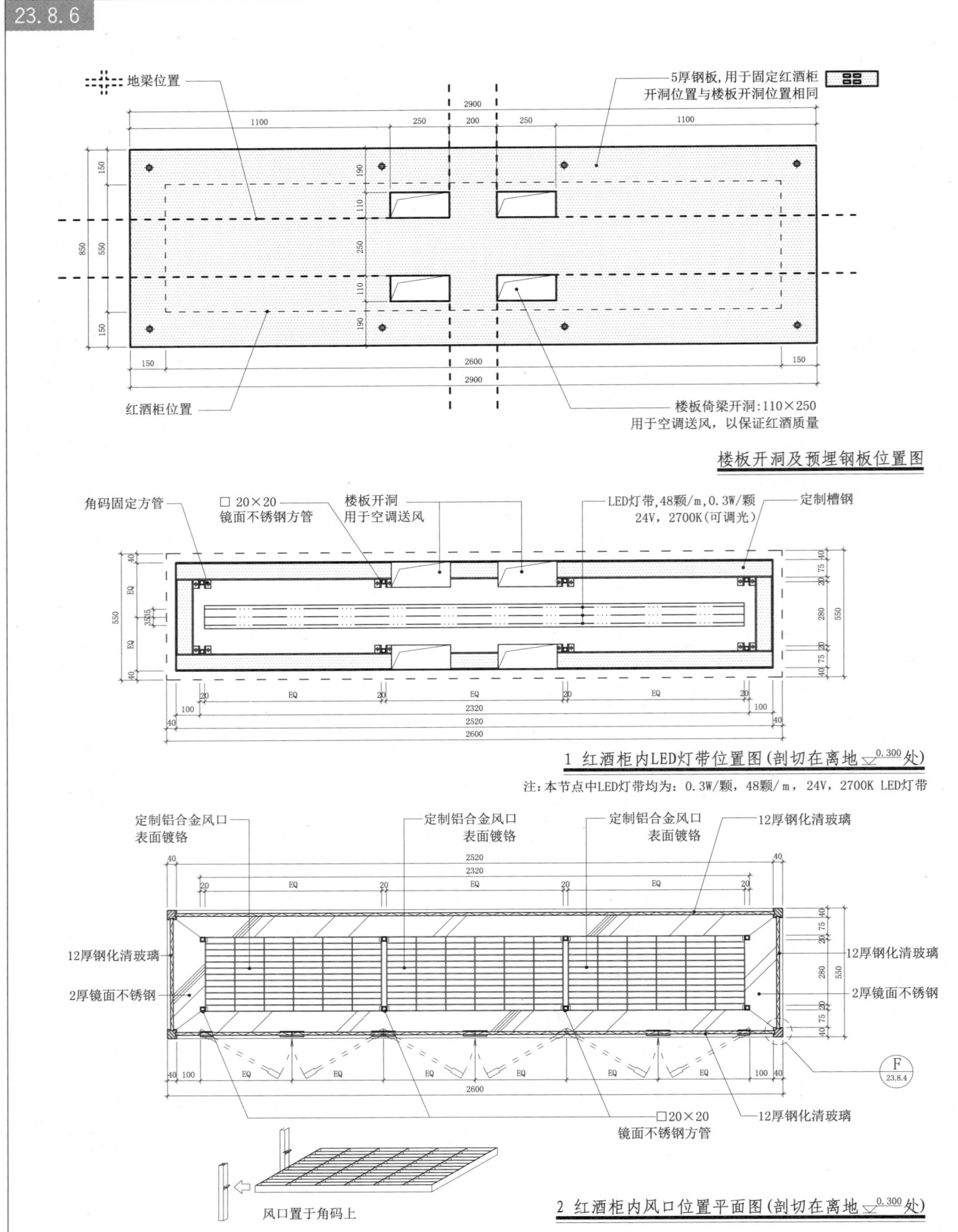

23.9 红酒柜(二)

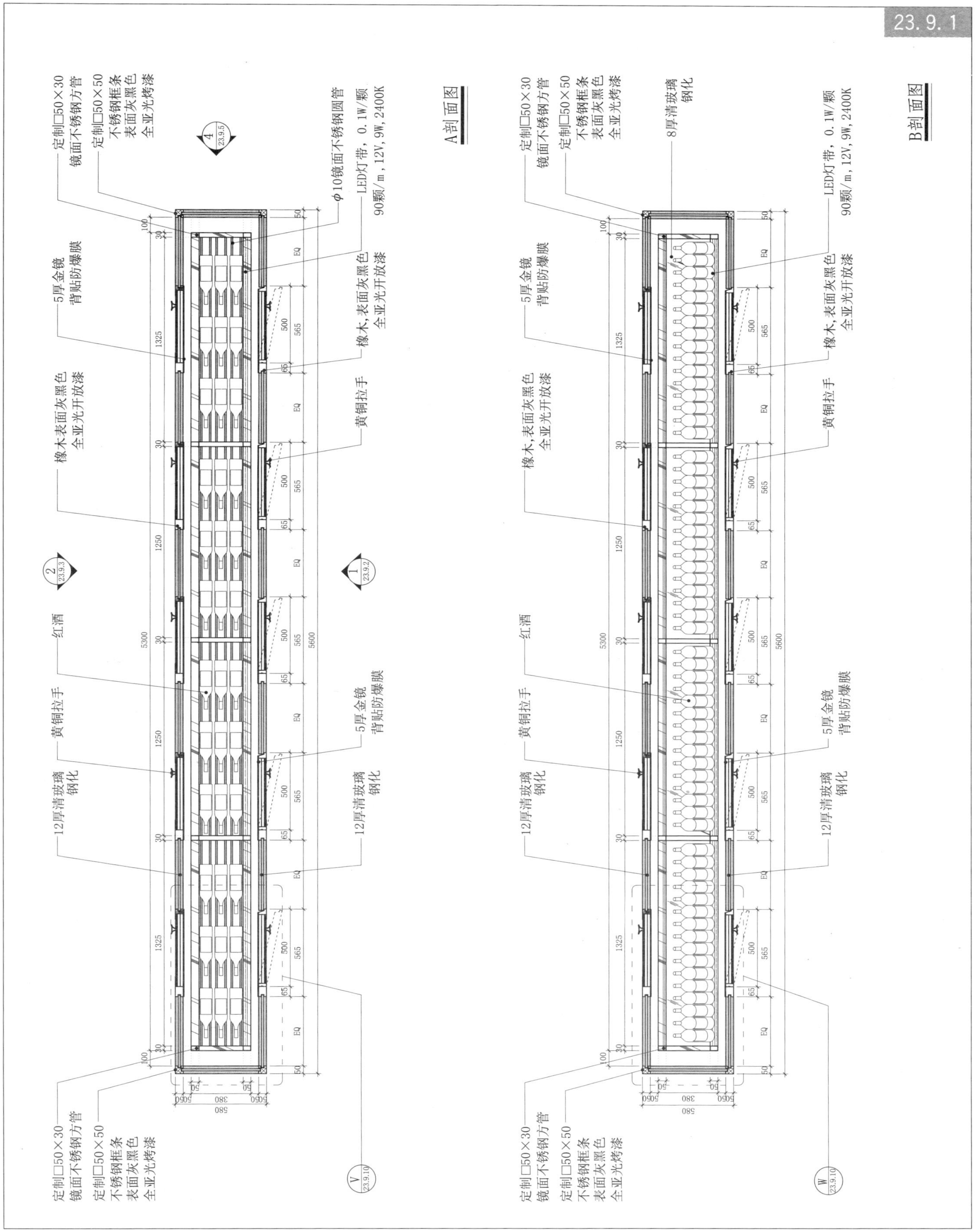

A剖面图

B剖面图

餐饮设施·室内设施 固定家具 非透光照明构造 玻璃构造

室内构造节点与专项模式图集

23.9 红酒柜(二)

23.9.2 1餐厅红酒柜正立面图 表面灰黑色全亚光开放漆 橡木

23.9 红酒柜(二)

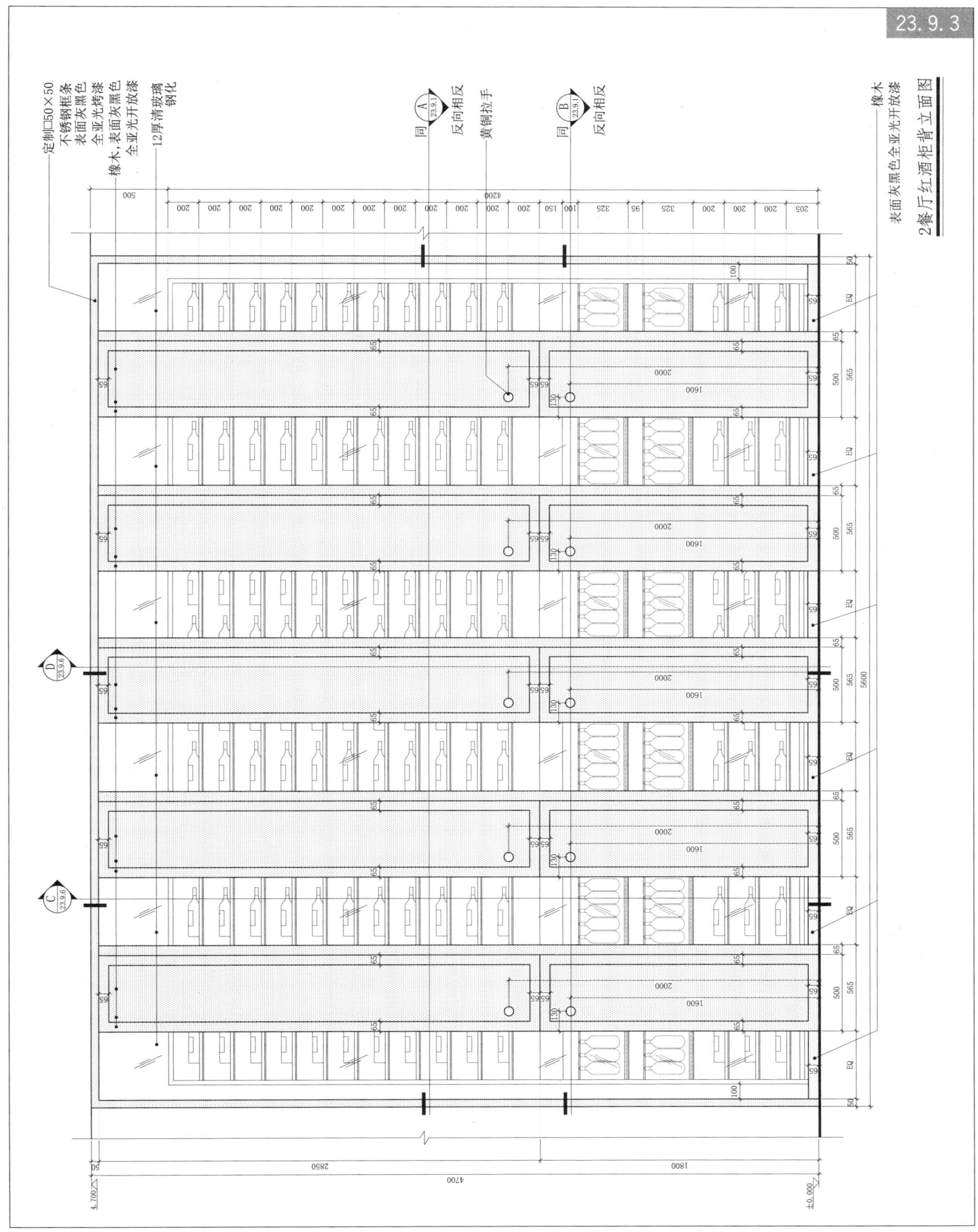

23.9.3

2餐厅红酒柜背立面图
表面灰黑色全亚光开放漆 橡木

23.9 红酒柜(二)

23.9.4

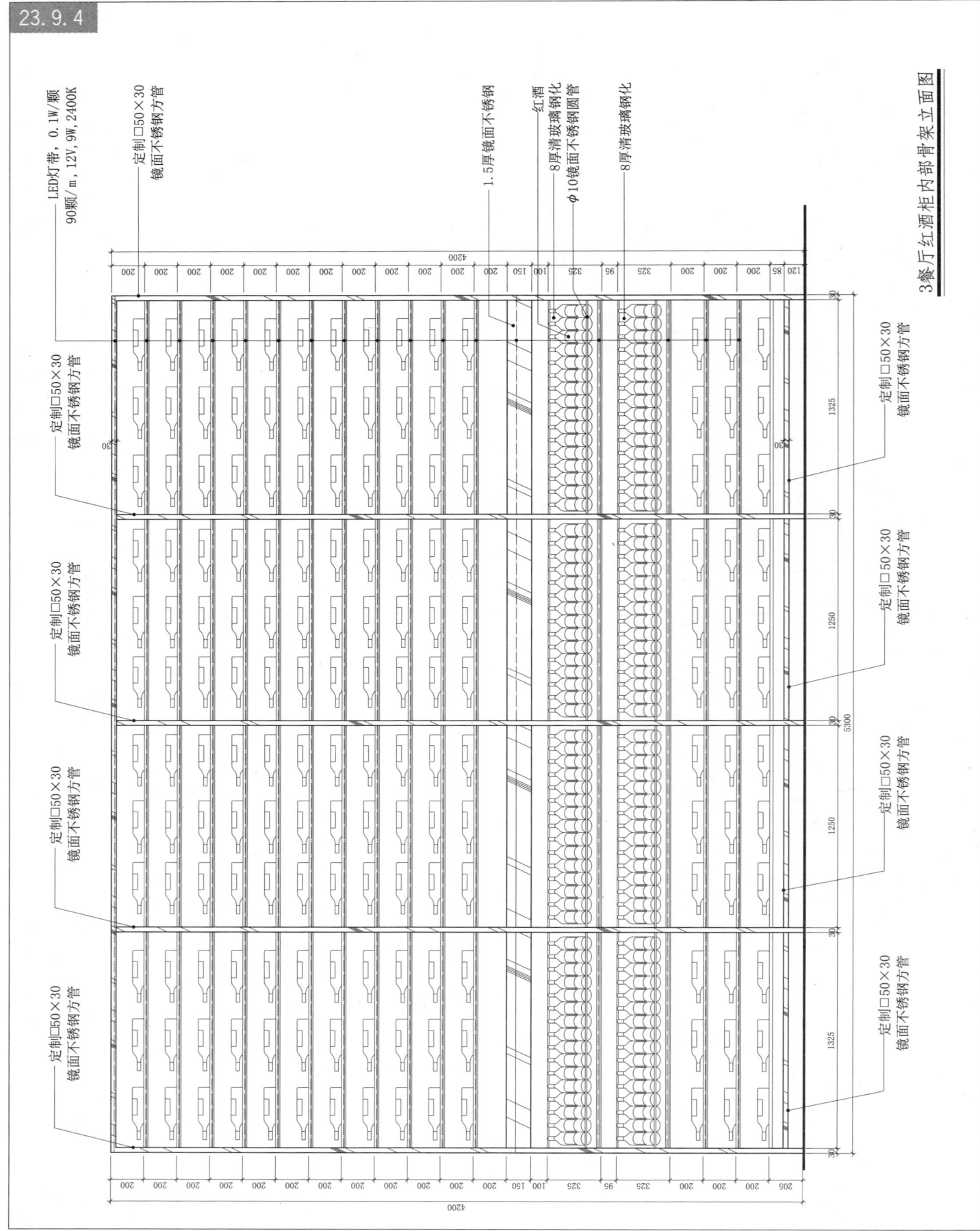

3 餐厅红酒柜内部骨架立面图

23.9 红酒柜(二)

23.9.5

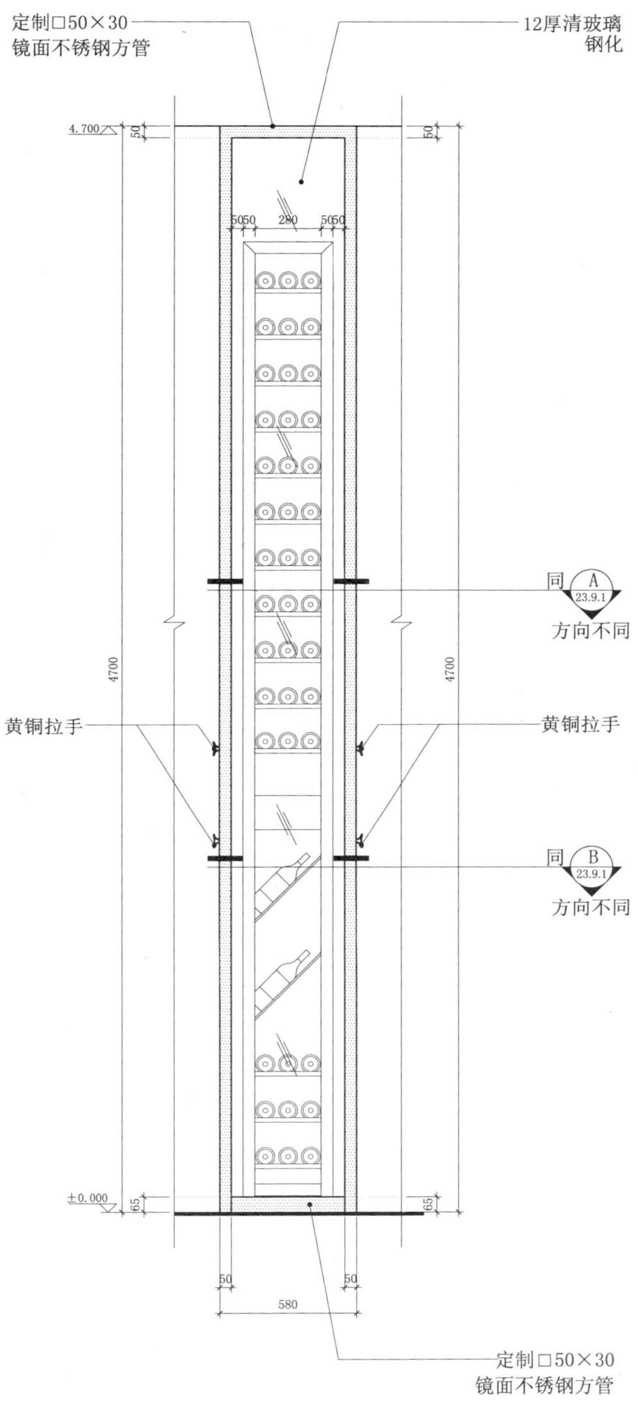

4 餐厅红酒柜侧立面图

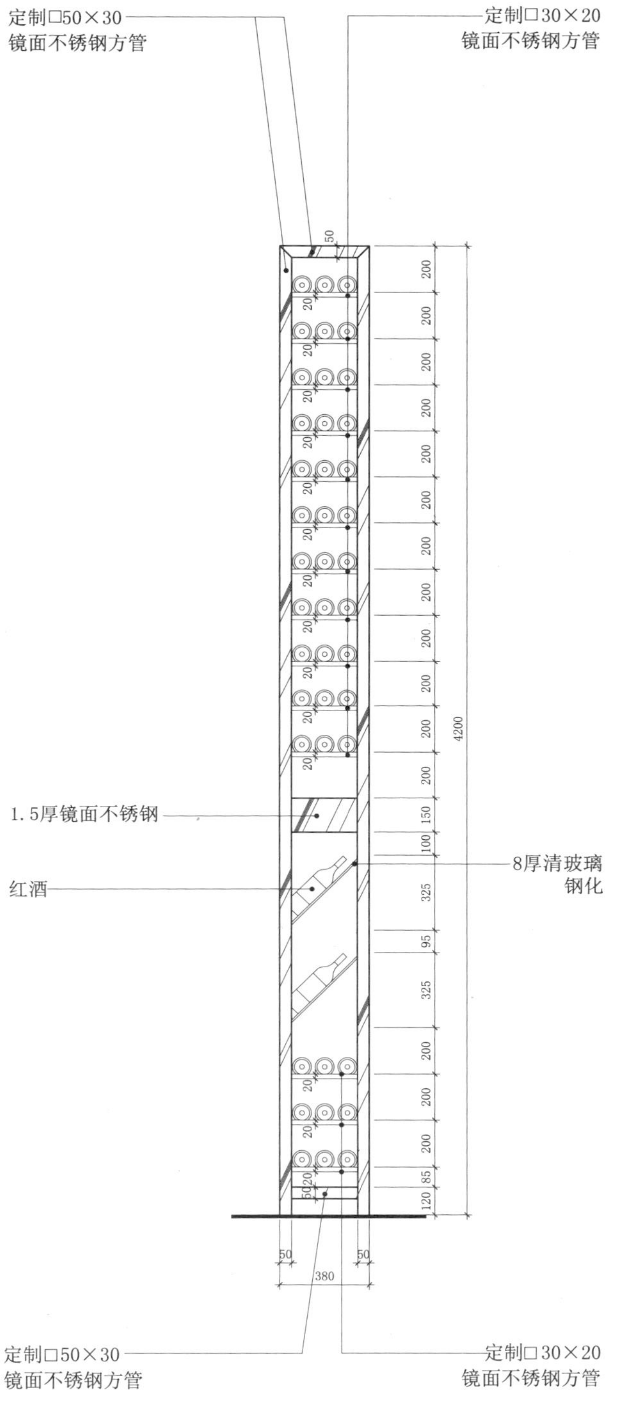

5 餐厅红酒柜骨架侧立面图

23 餐饮设施 · 室内设施 固定家具 非透光照明构造 玻璃构造

23.9 红酒柜(二)

23.9.6

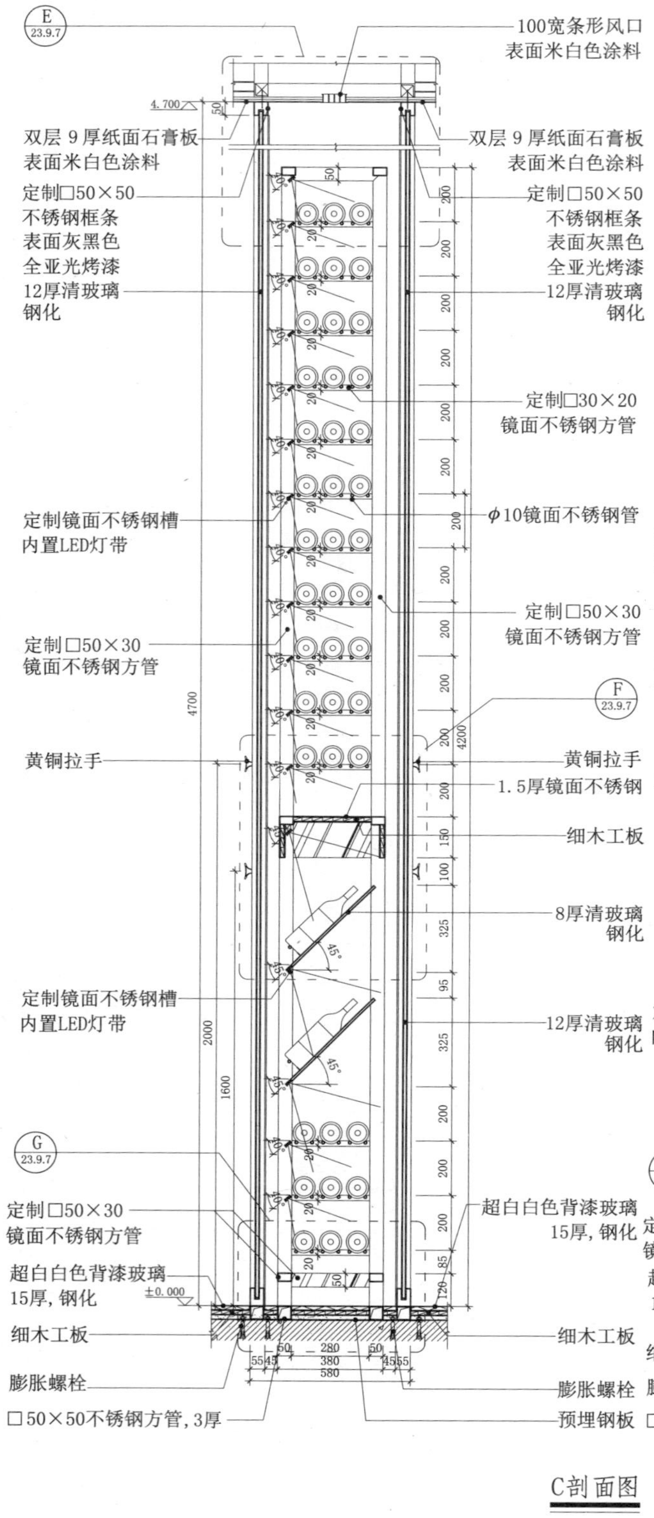

C剖面图

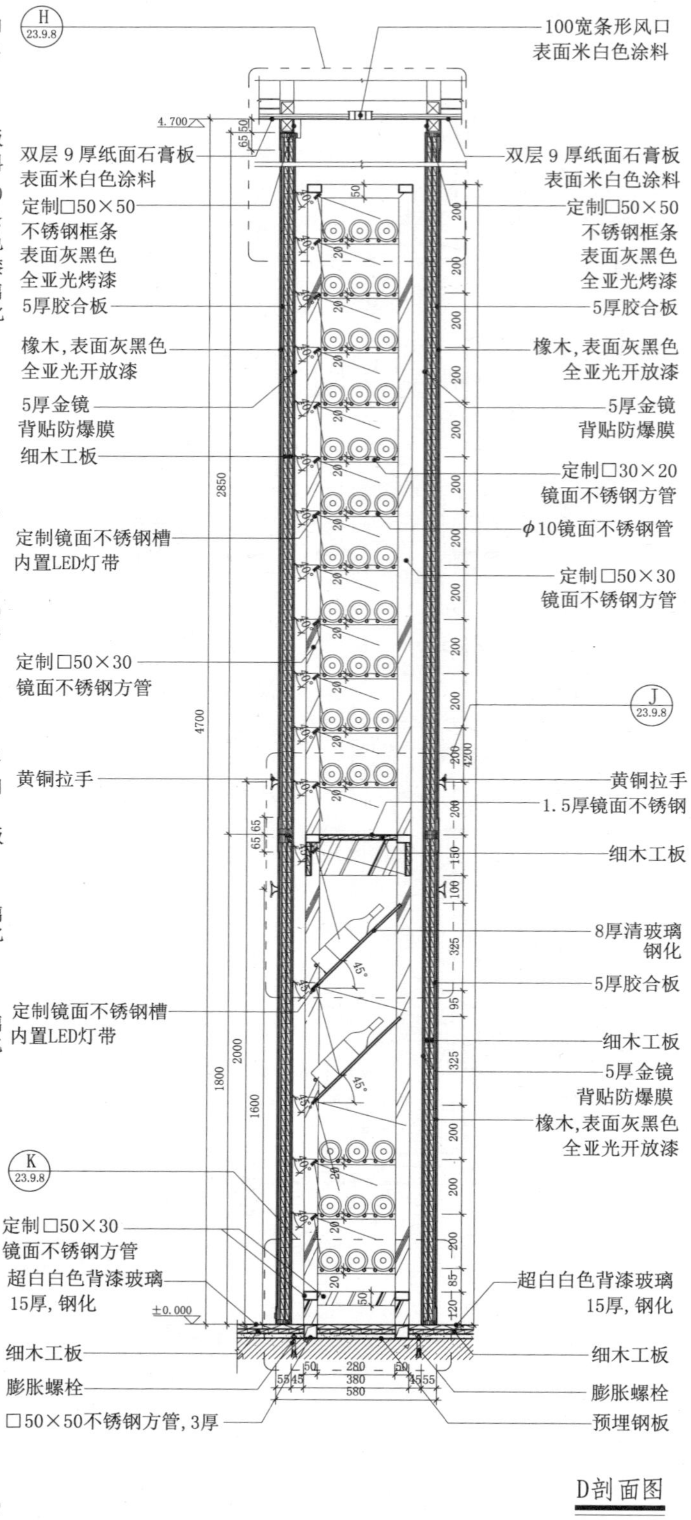

D剖面图

23.9 红酒柜(二)

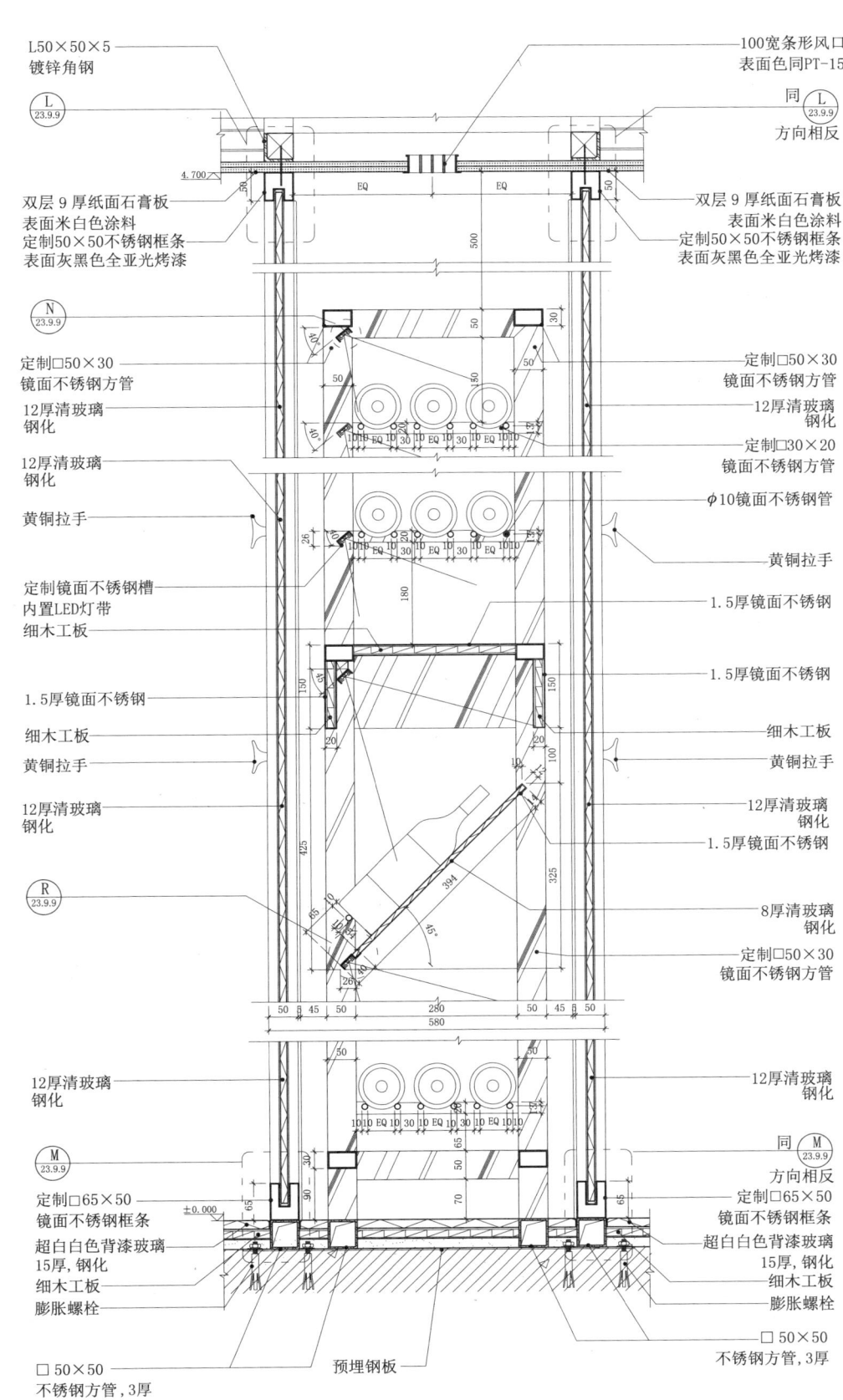

E、F、G节点图

23.9 红酒柜(二)

23.9.8

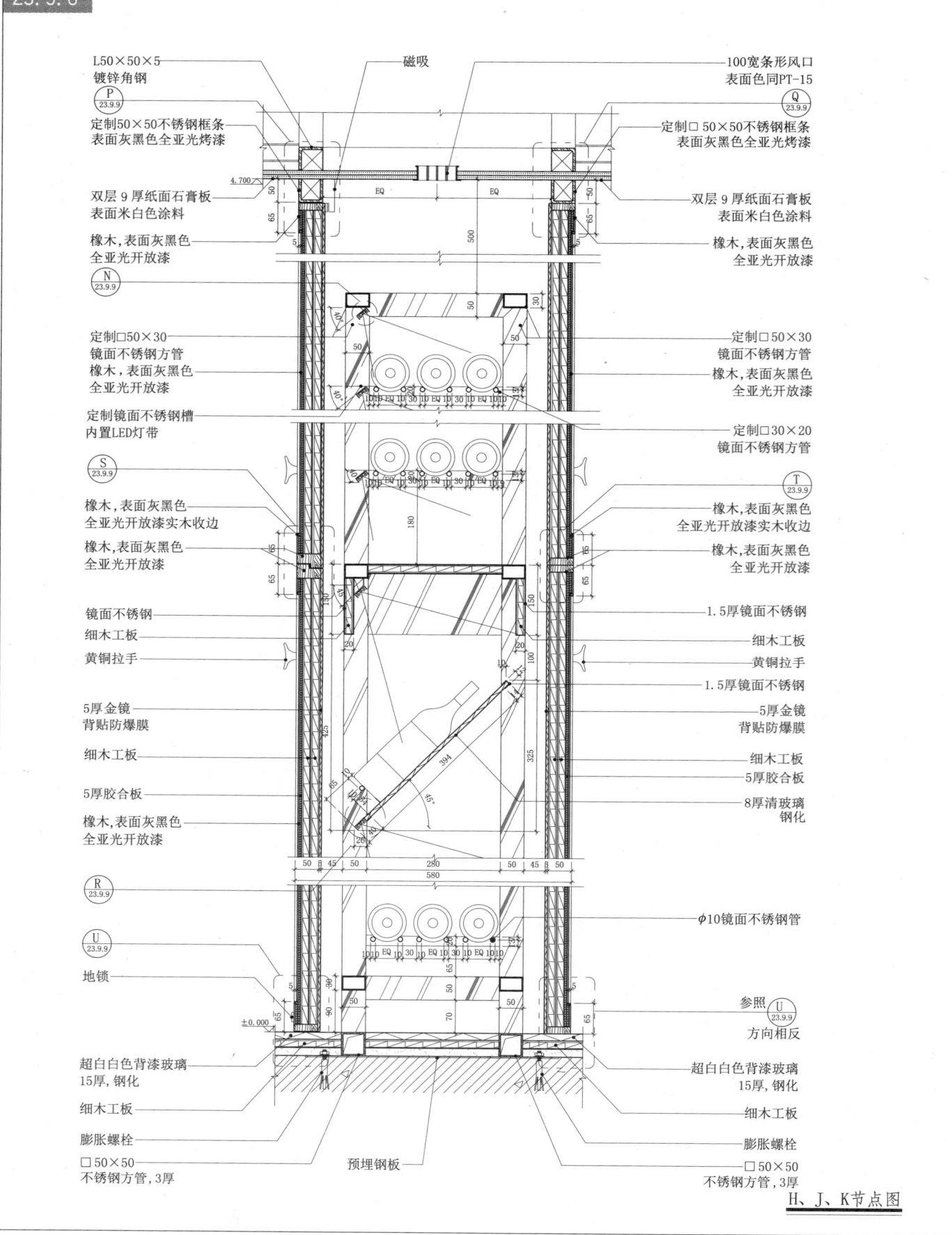

H、J、K节点图

23.9 红酒柜(二)

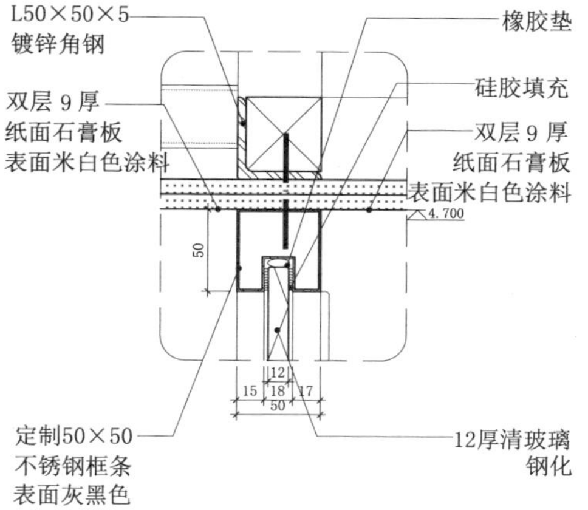

L节点图 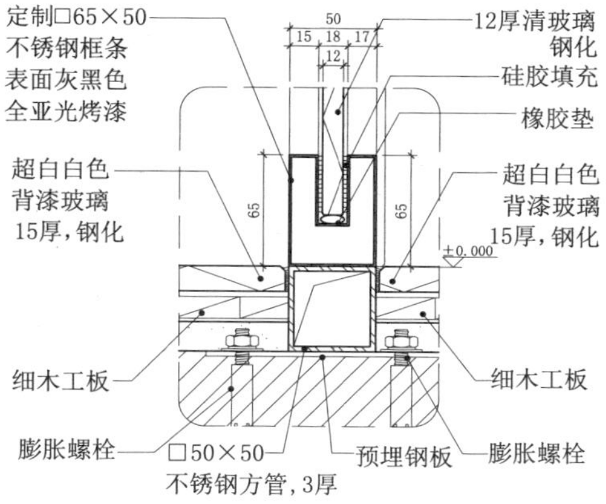 / M节点图 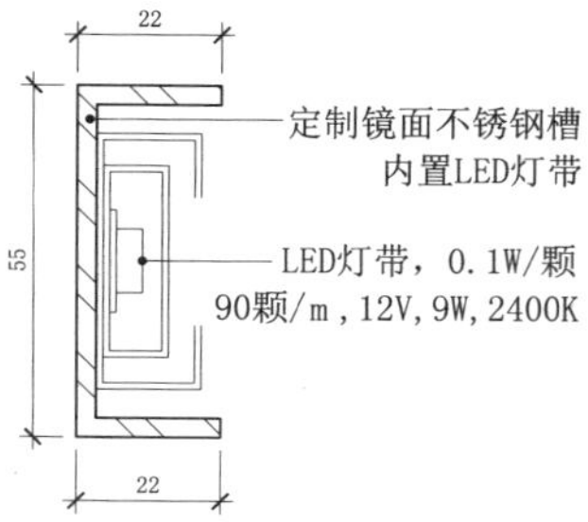 / N节点图
P节点图 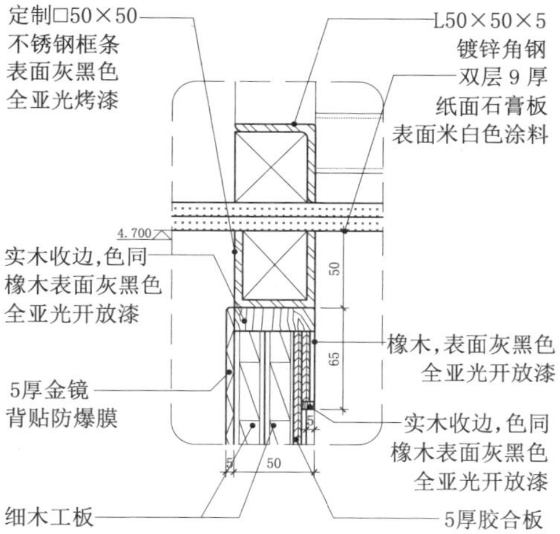 / Q节点图 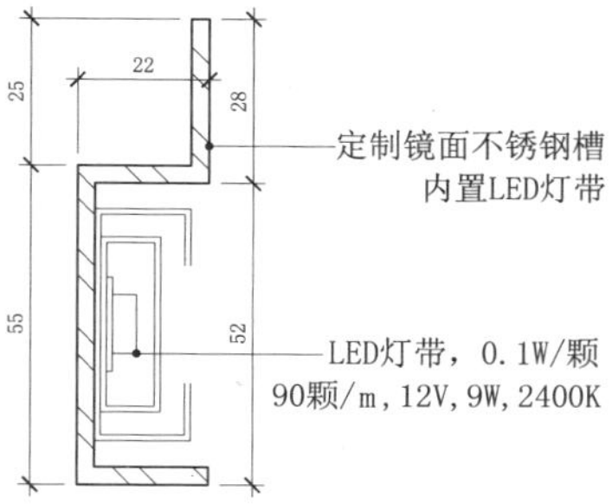 / R节点图 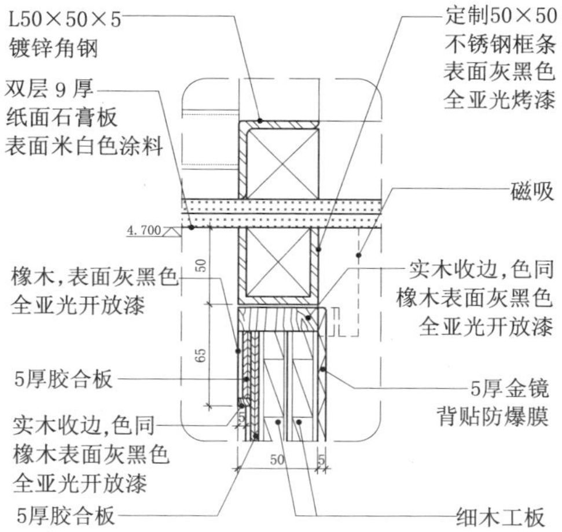
S节点图 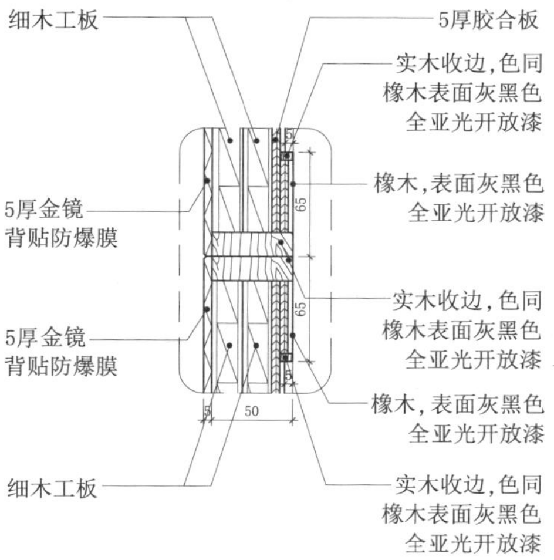 / T节点图 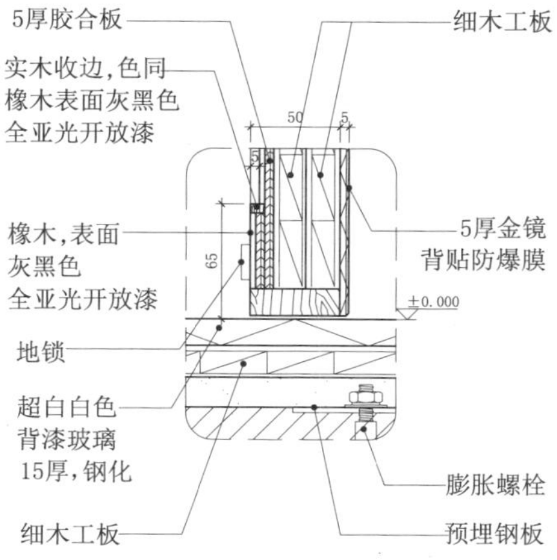 / U节点图

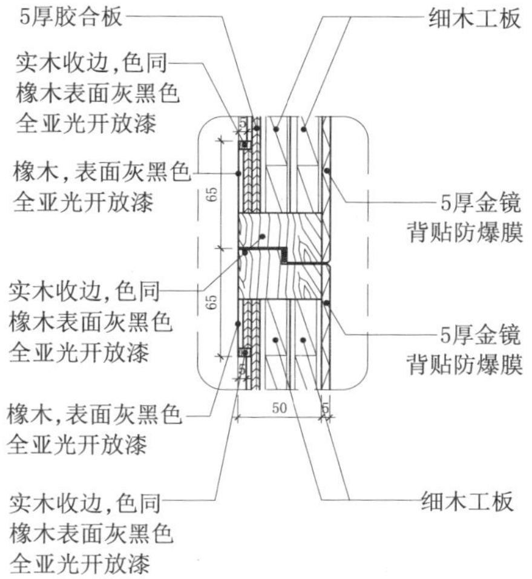

23.9 红酒柜(二)

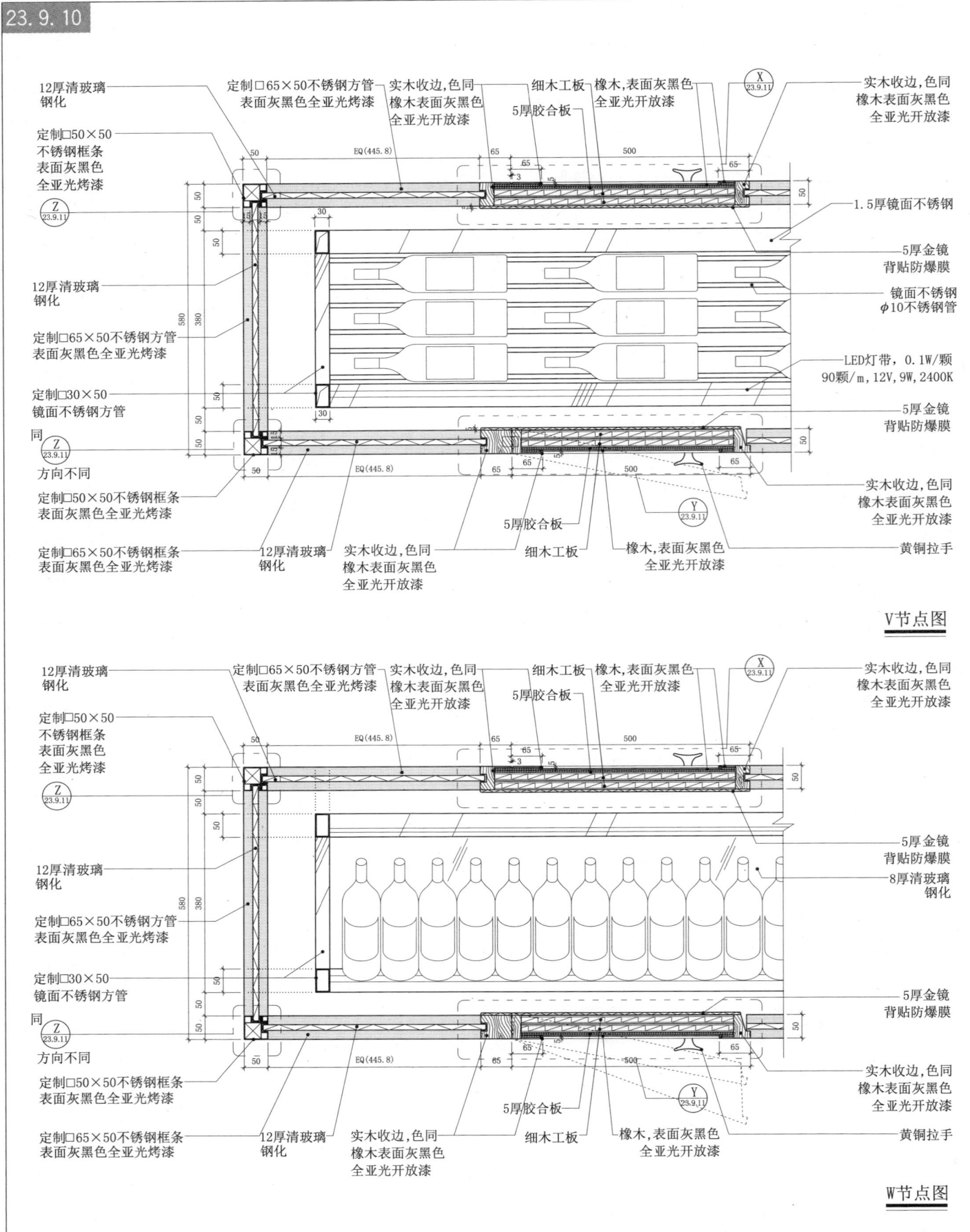

V节点图

W节点图

23.9 红酒柜(二)

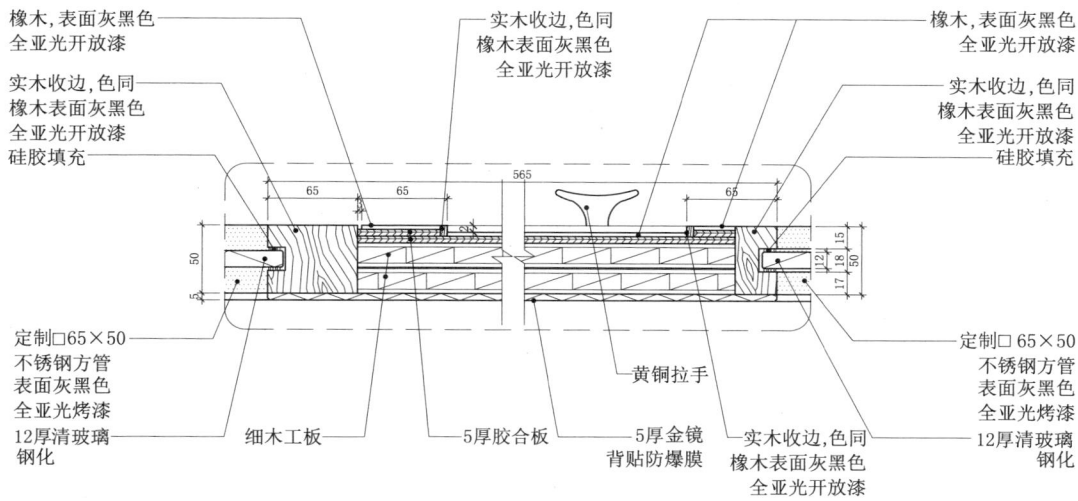

X节点图

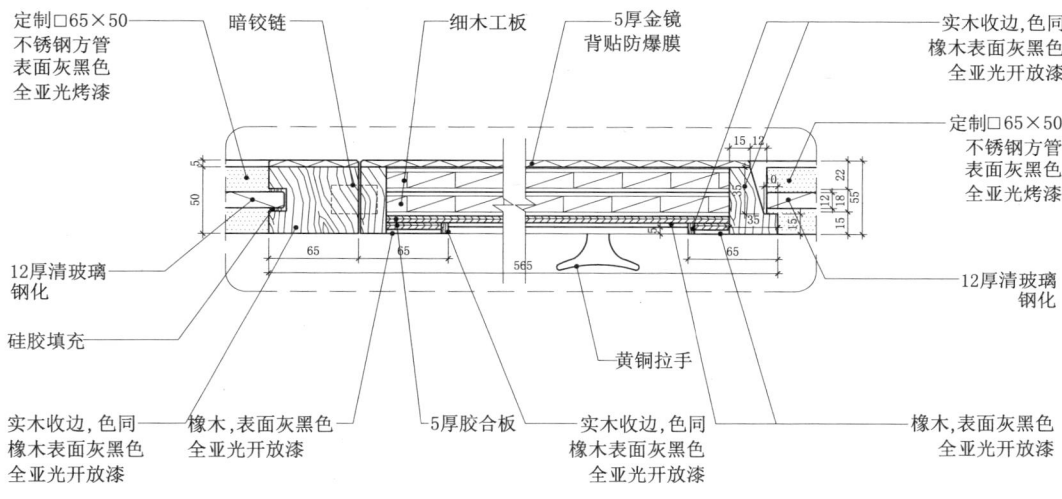

Y节点图

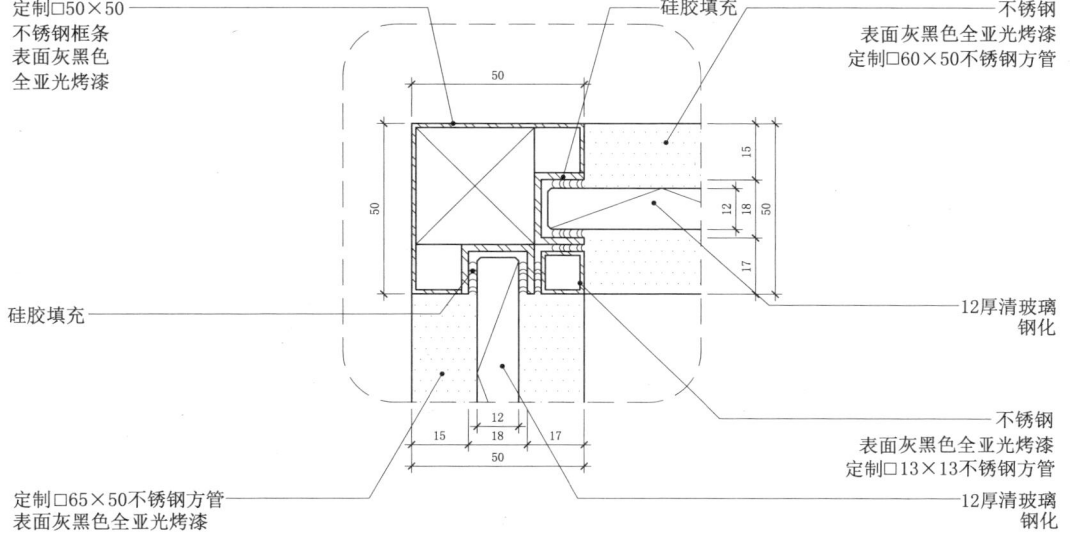

Z节点图

23 餐饮设施·金属构造 立面构造

23.10 金属储酒架

23.10.1

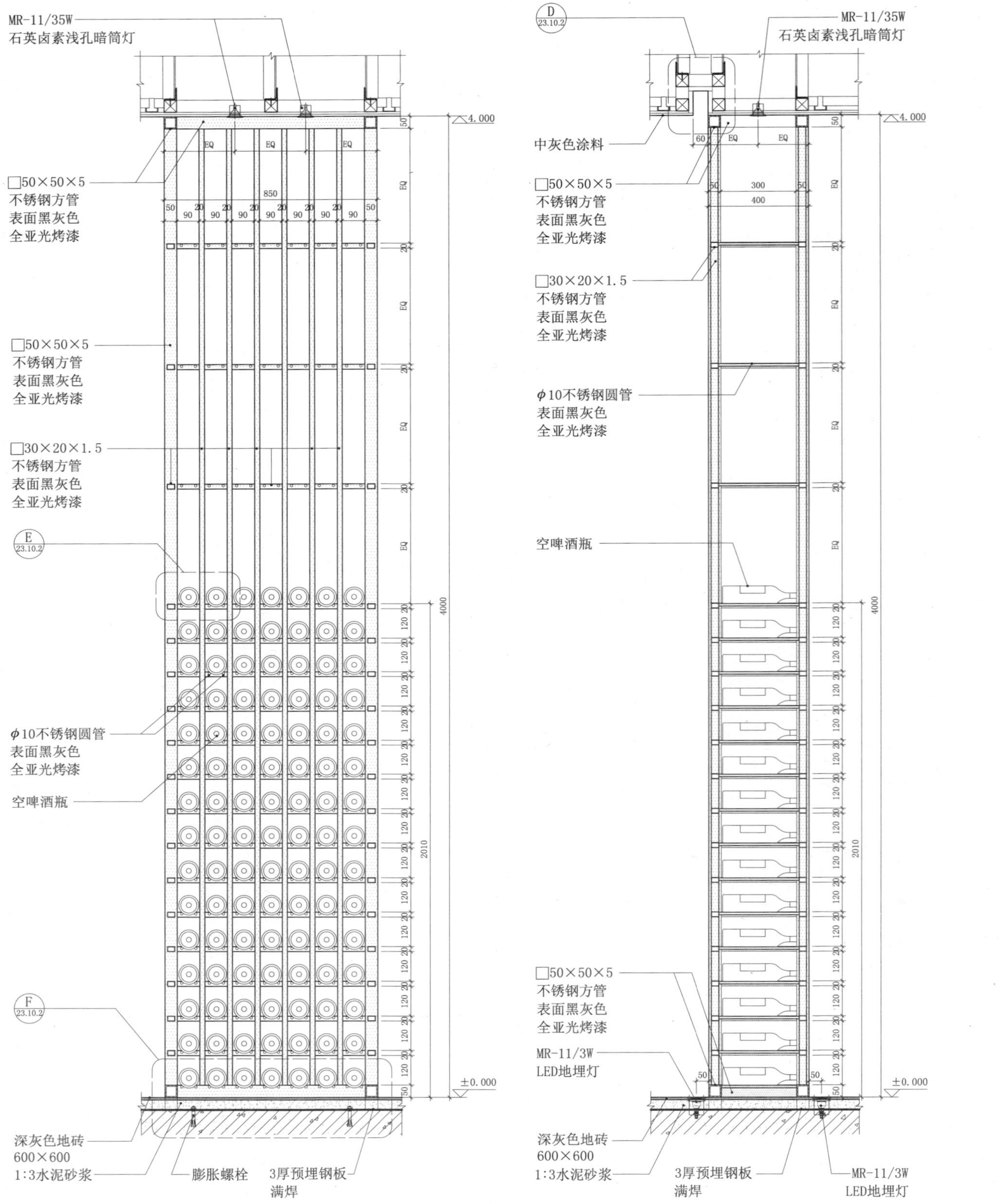

A剖面图

注：金属管采用精密点焊连接

B剖面图

23.10 金属储酒架

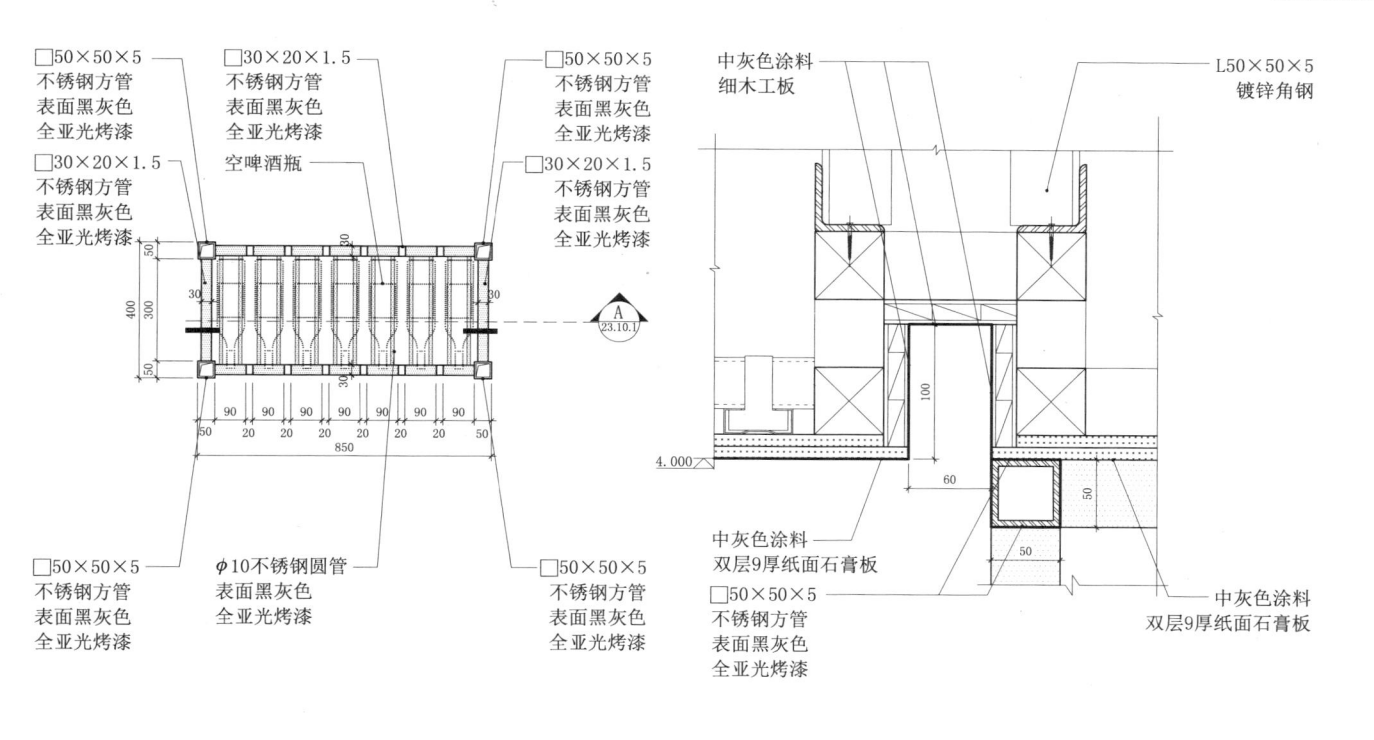

C节点图　　　　D节点图

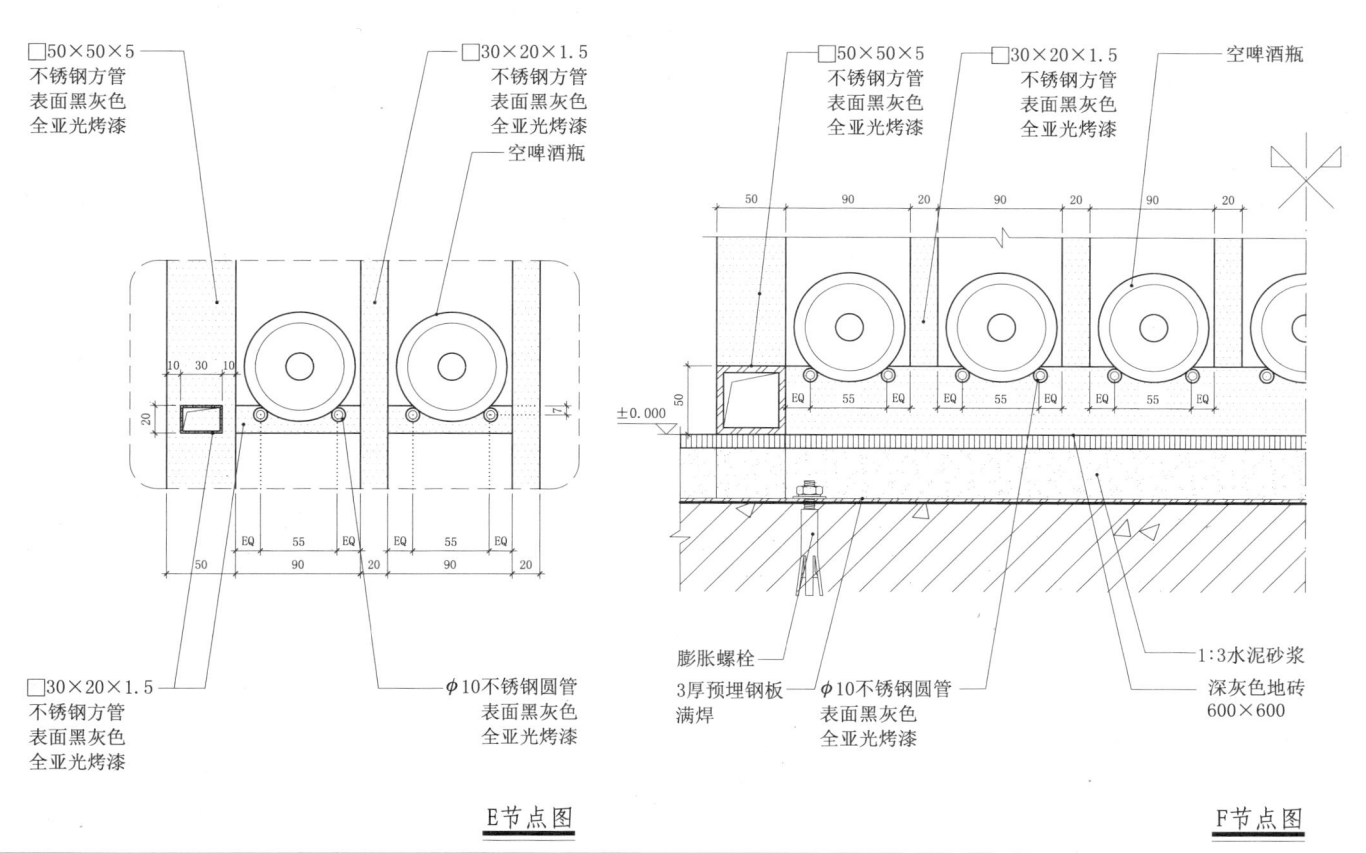

E节点图　　　　F节点图

23.11 自助餐台（一）

23.11.1

自选餐台平面图

自选餐台A正立面图

- 中花白大理石，密缝拼
- 深色沙比利，竖纹
- 5厚镜面玻璃，密缝拼
- 电源插座
- 柜门拉手，详见 4/23.11.2
- 深色沙比利，斜纹拼
- 5宽3深黑色勾缝，详见 2/23.11.2
- 中花白大理石，密缝拼
- 1.5厚镜面不锈钢，密缝拼

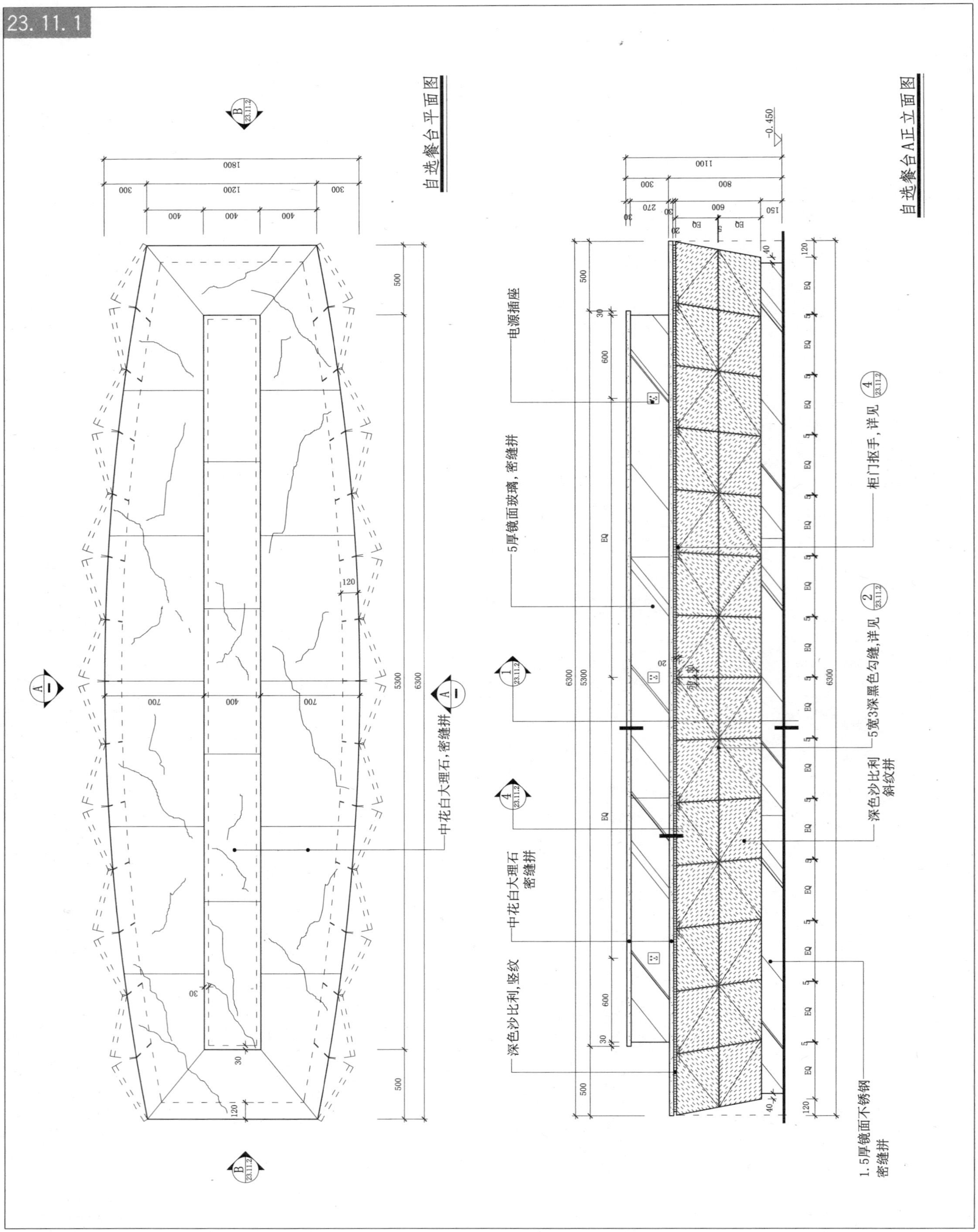

23.11 自助餐台（一）

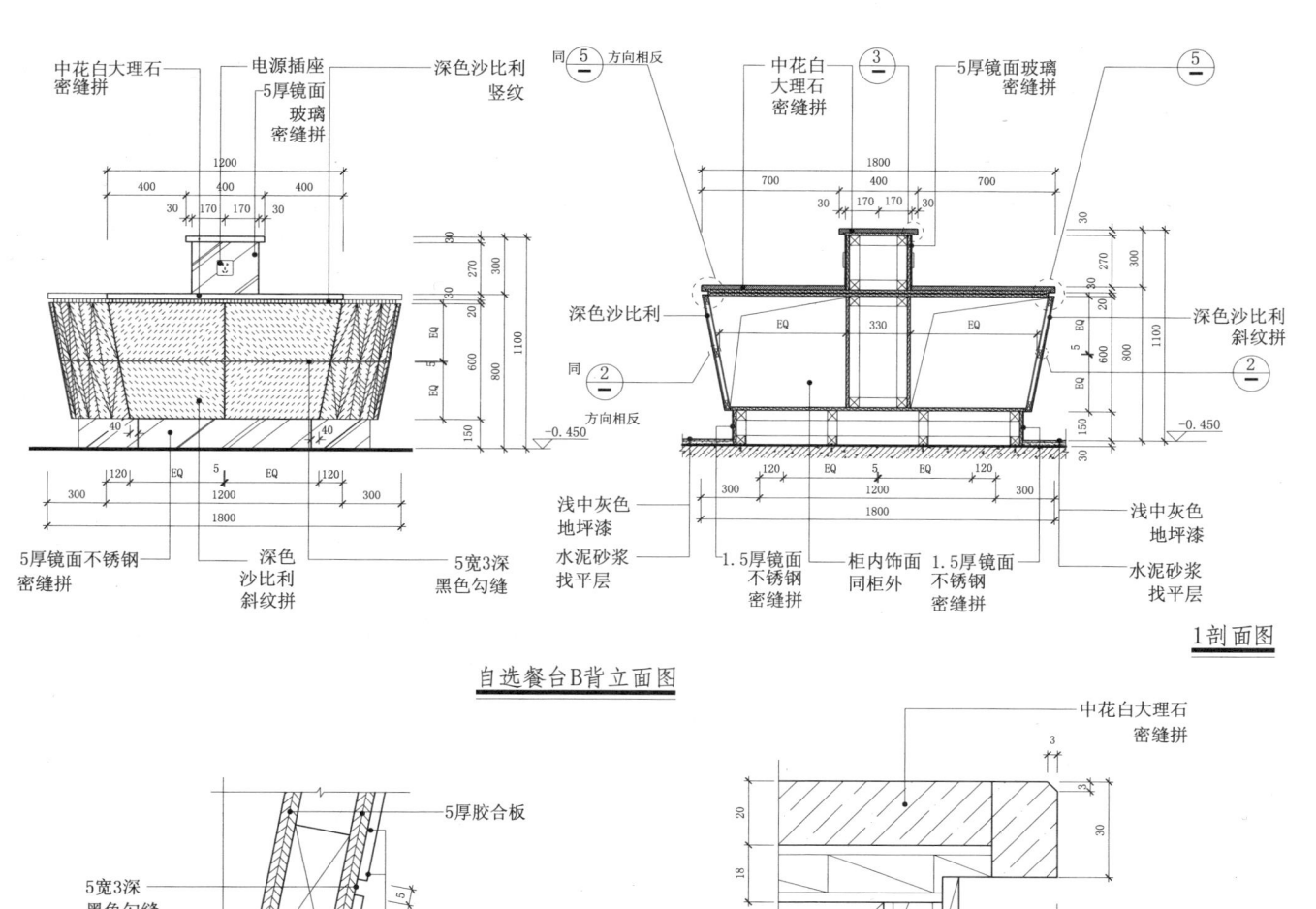

自选餐台B背立面图　　　　　　　　　　1剖面图

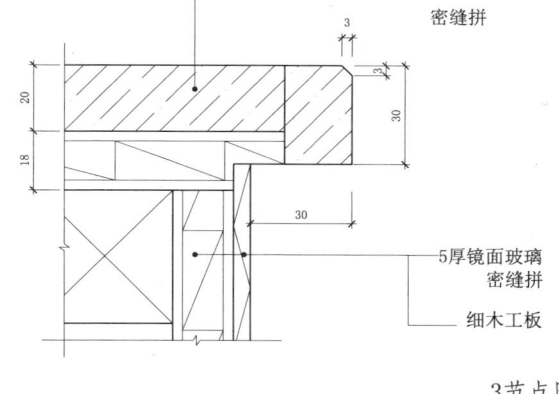

2节点图　　　　3节点图

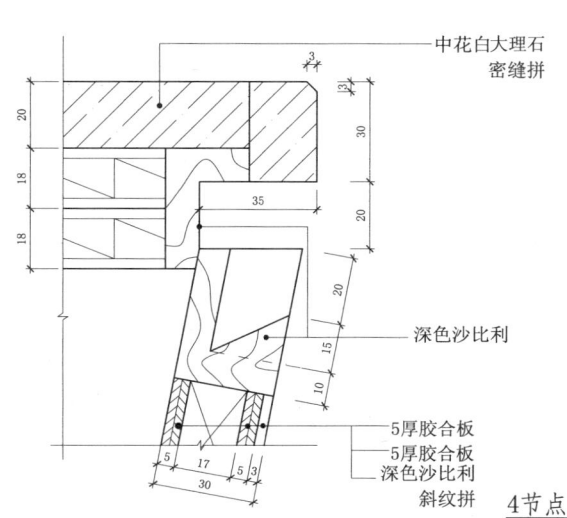 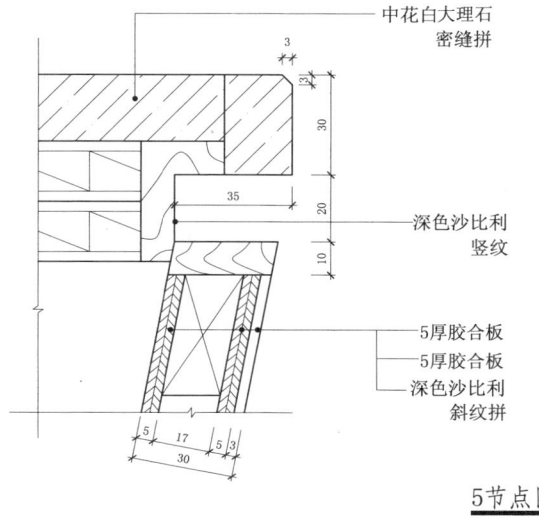

4节点图　　　　5节点图

23.12 自助餐台（二）

23.12.1

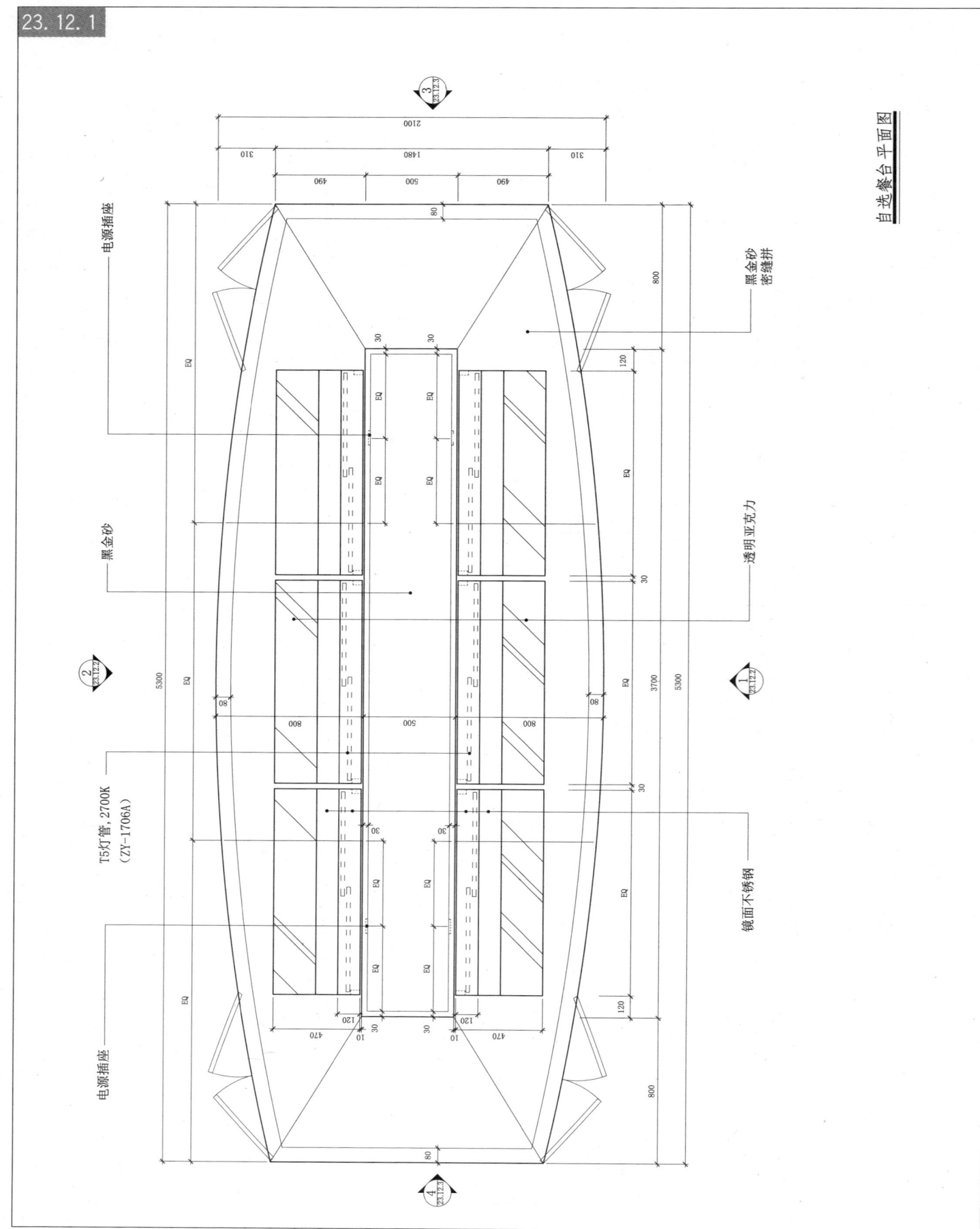

自选餐台平面图

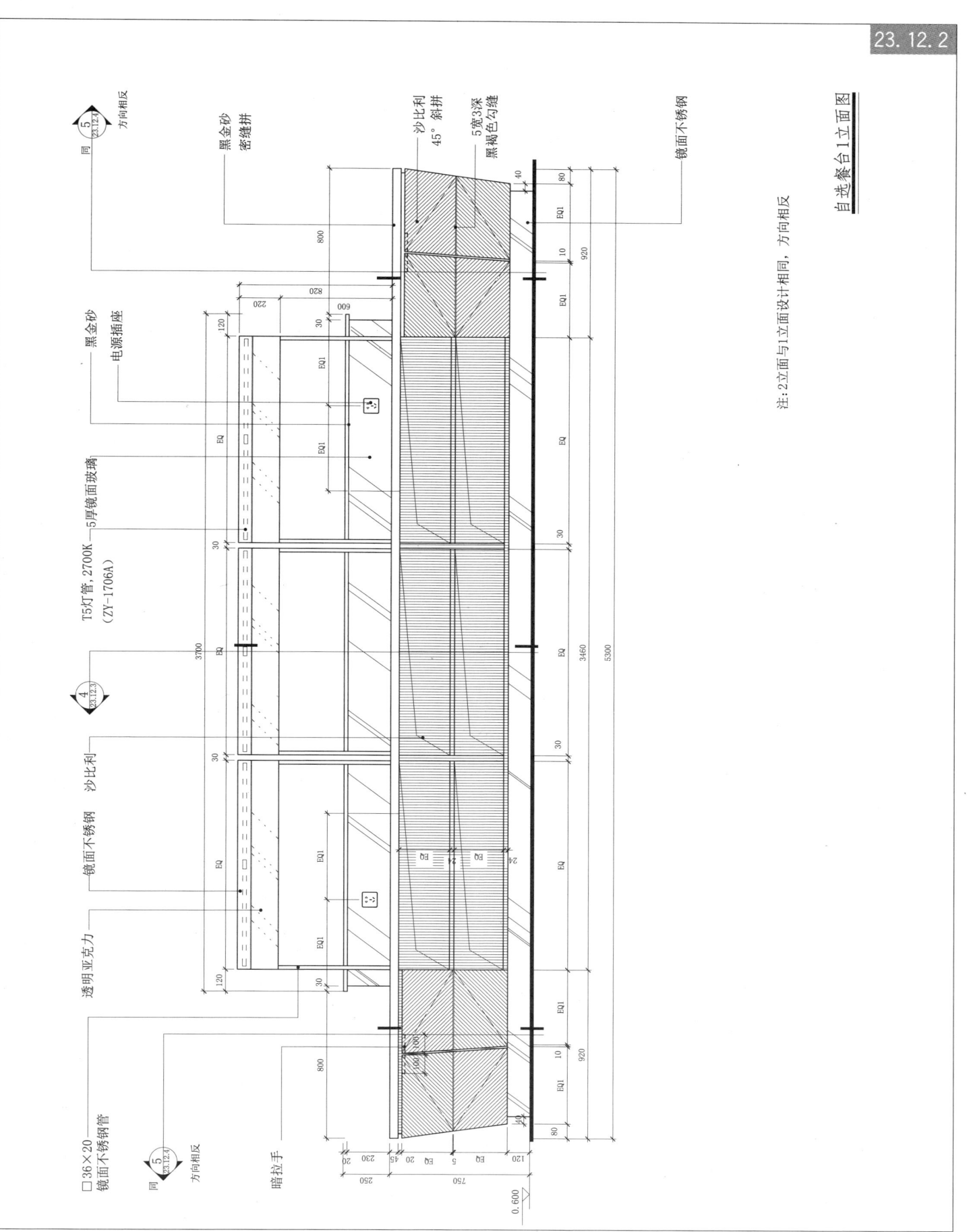

23.12 自助餐台（二）

23.12.3

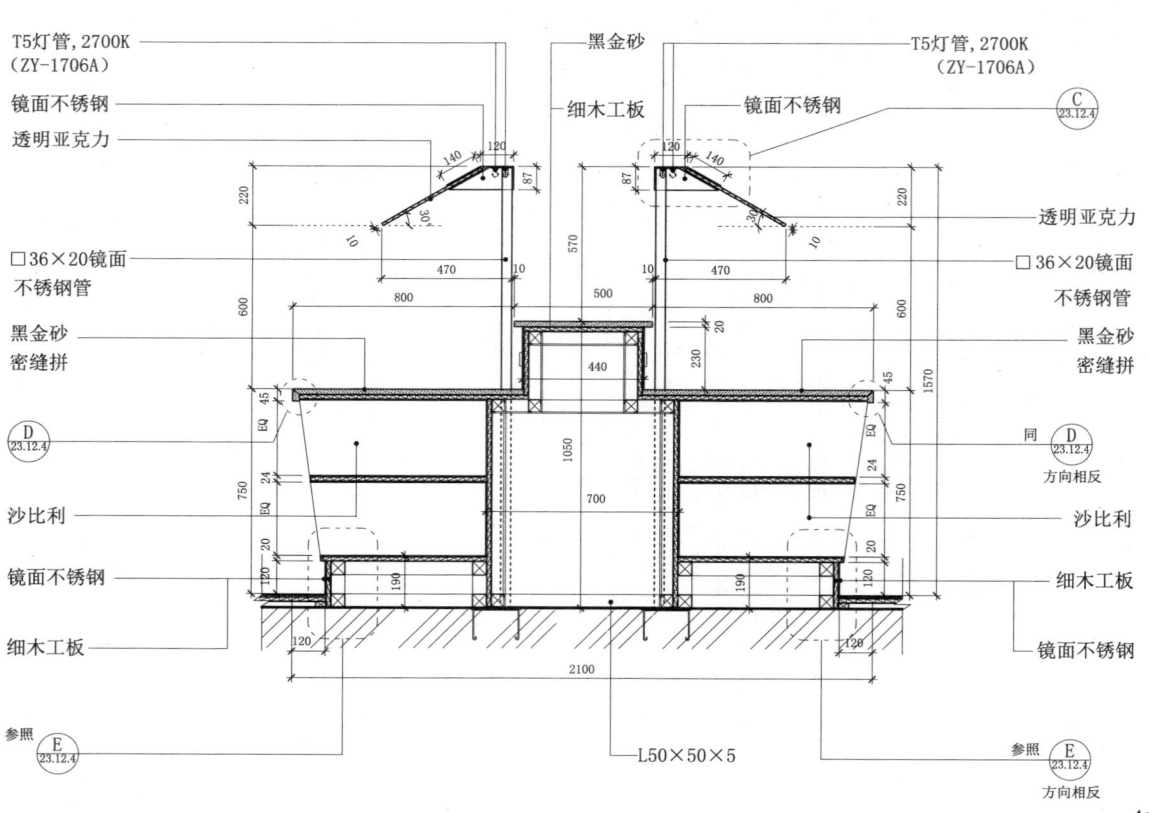

自选餐台3立面图

注：4立面与3立面设计相同，方向相反

4节点图

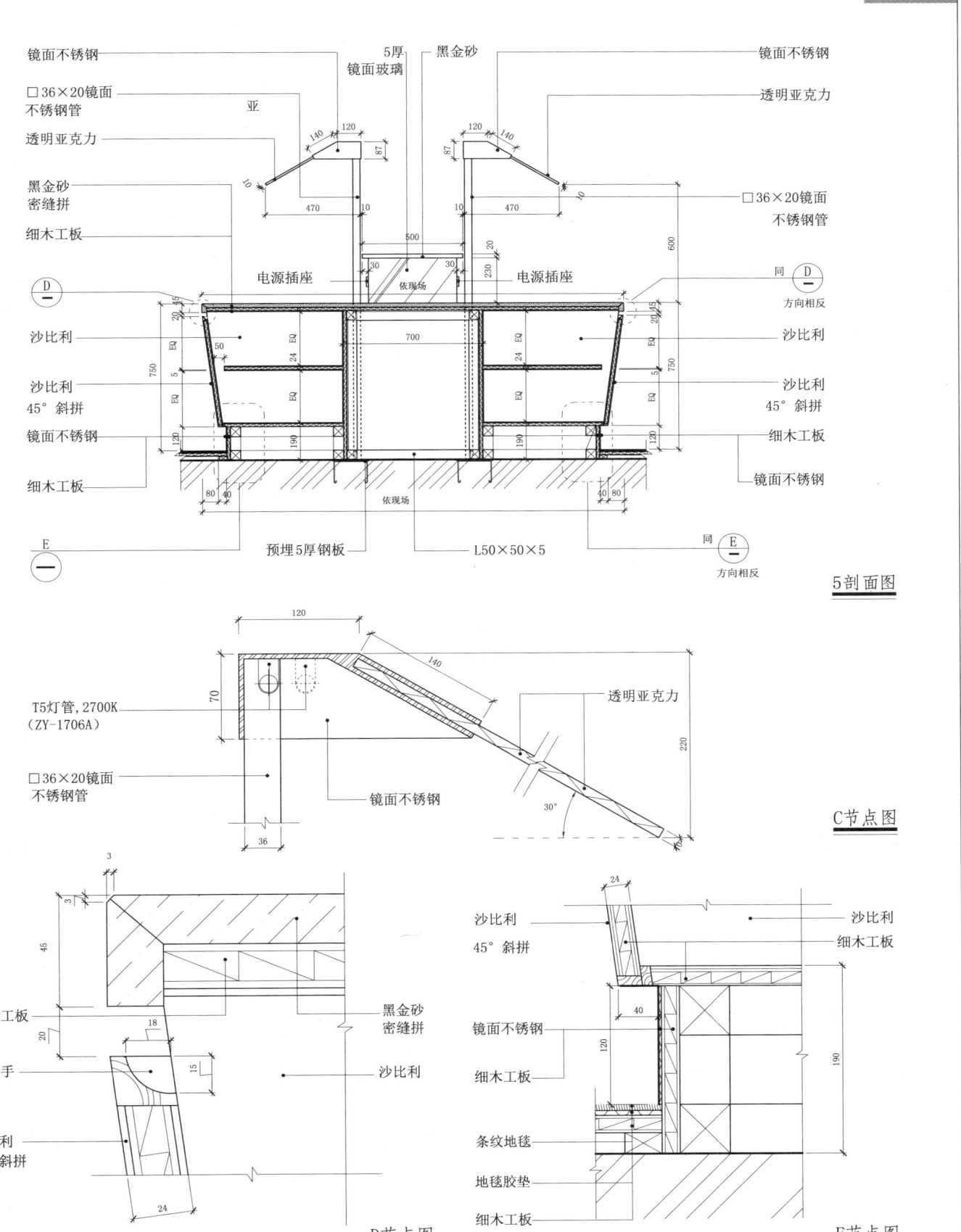

23.13 自助餐台(三)

23.13.1

自助餐台平面图

自助餐台1立面图

标注:
- 20厚白色人造石台面
- 取冰块洞口（依制冰机尺寸）
- 依电磁炉尺寸开洞
- T4荧光灯管（PHILIPS）220V, 2700K
- 20厚白色人造石
- 8厚磨砂玻璃背衬高白镜
- 直纹铁木
- LED
- 1.5厚镜面不锈钢

23.13 自助餐台（三）

23.13.2

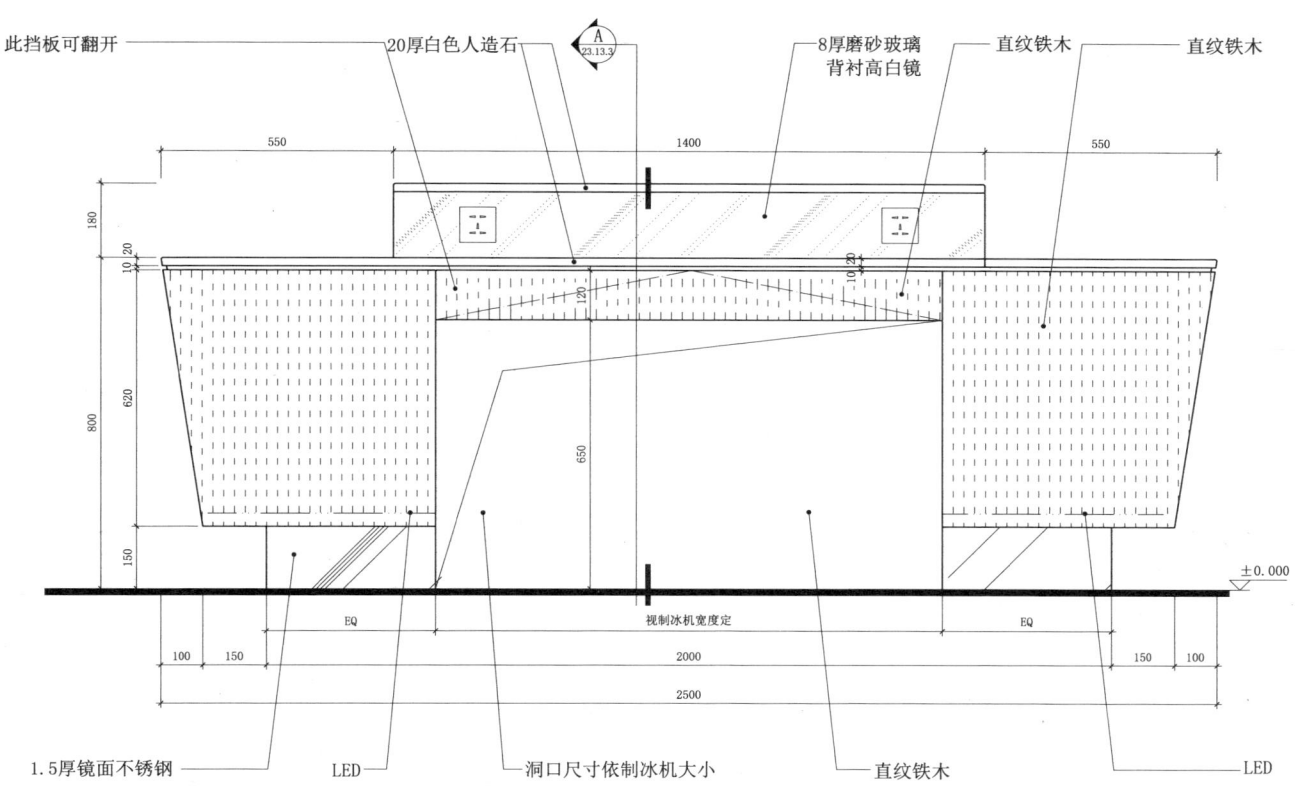

自助餐台2立面图

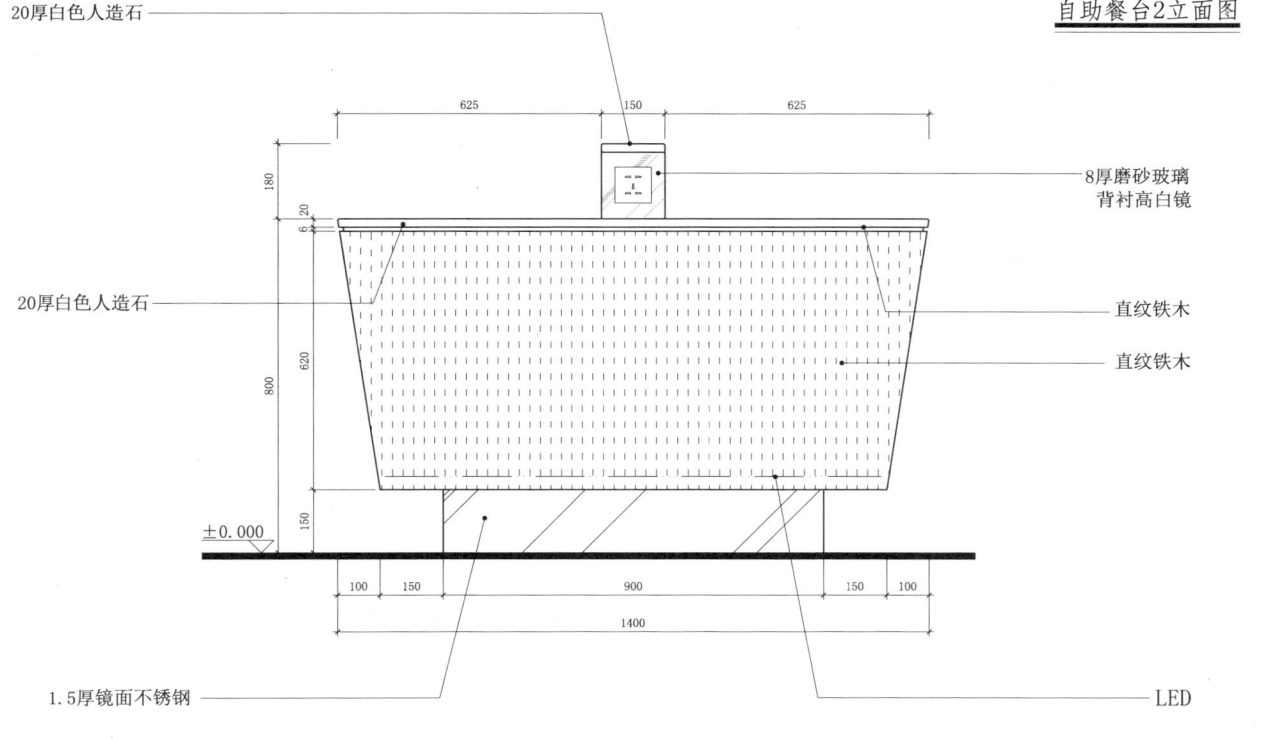

自助餐台3、4立面图

23.13 自助餐台（三）

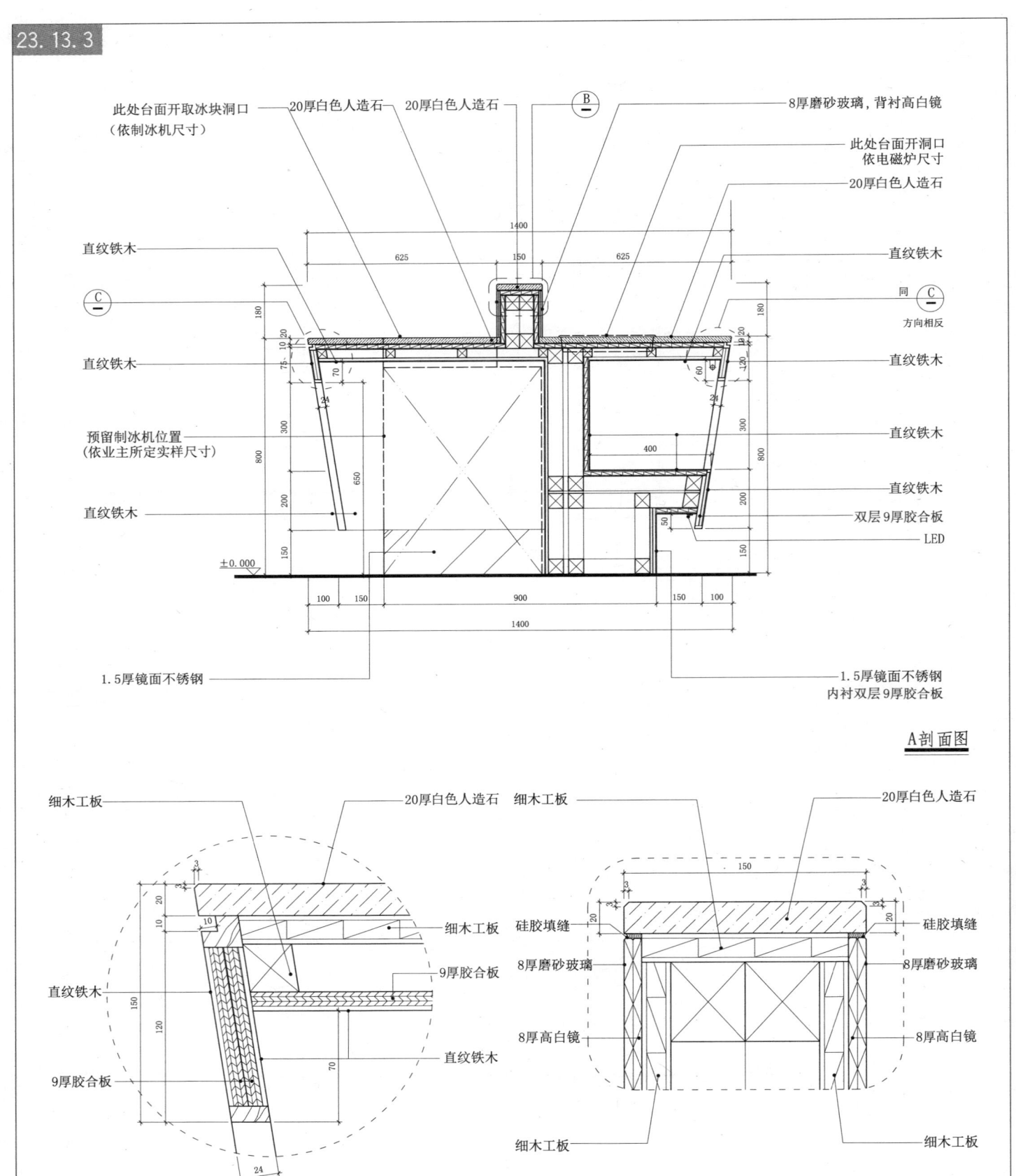

23.14 自助餐台(四)

23.14.1

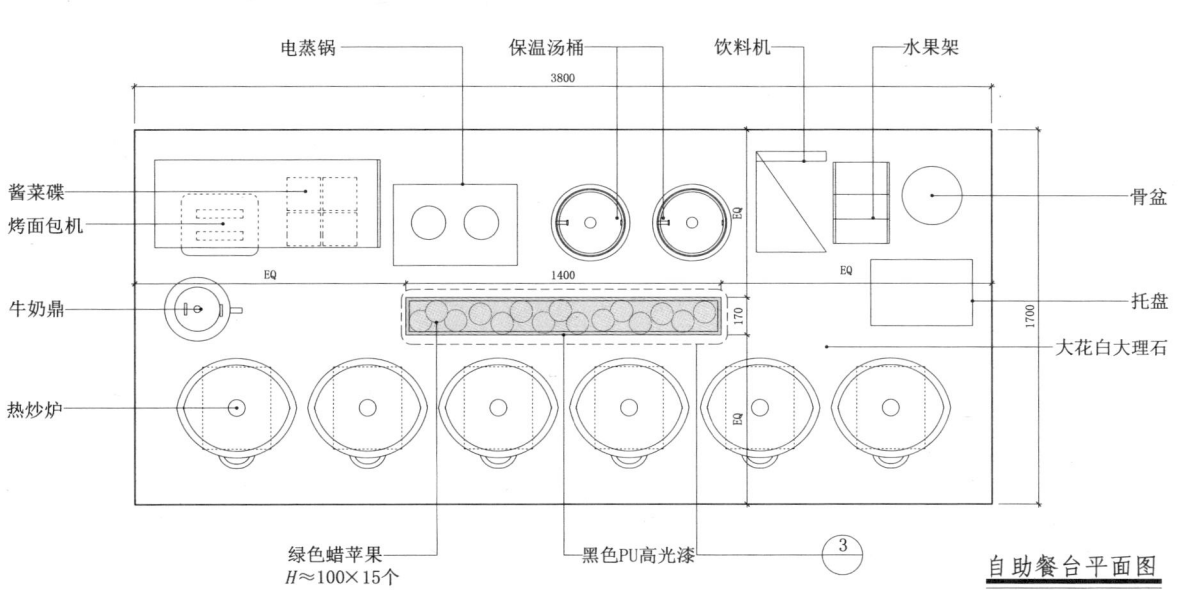

自助餐台平面图

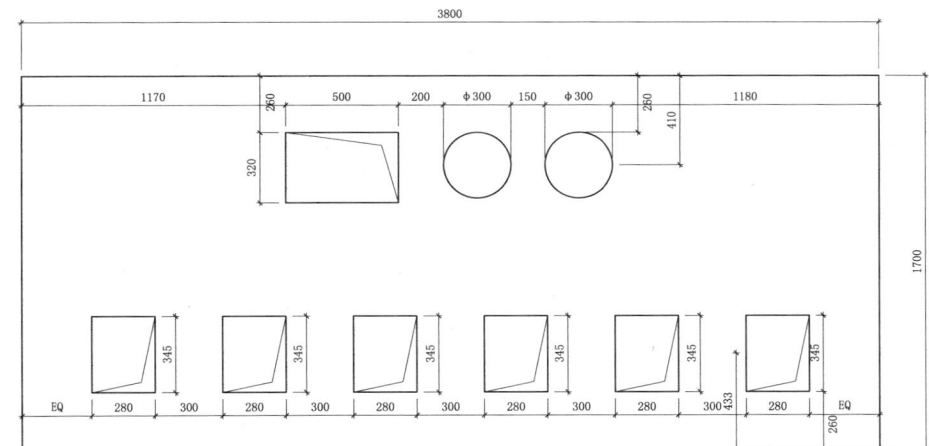

自助餐台平面开孔示意图

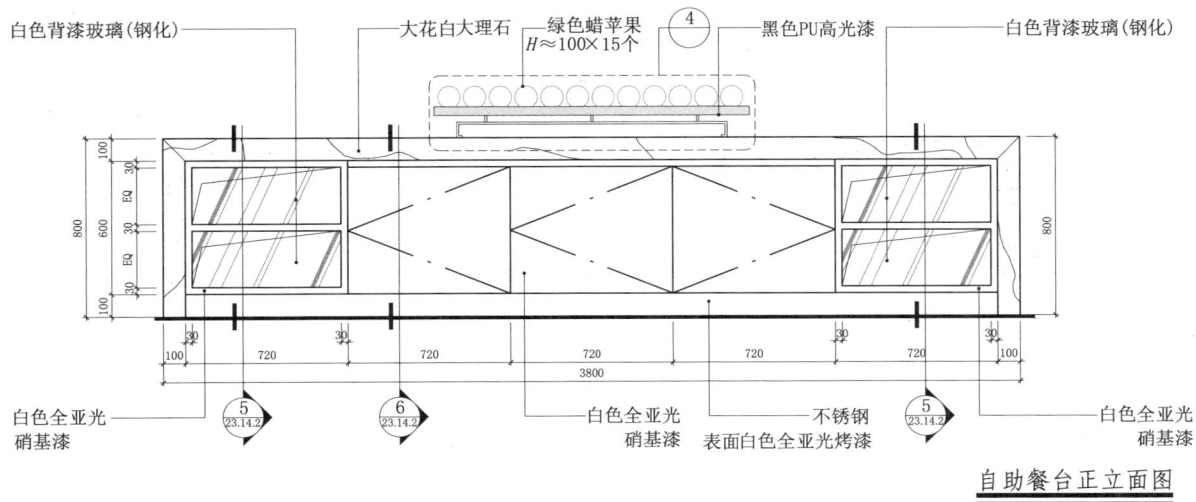

自助餐台正立面图

餐饮设施·固定家具 室内设施

23.14 自助餐台（四）

23.14.2

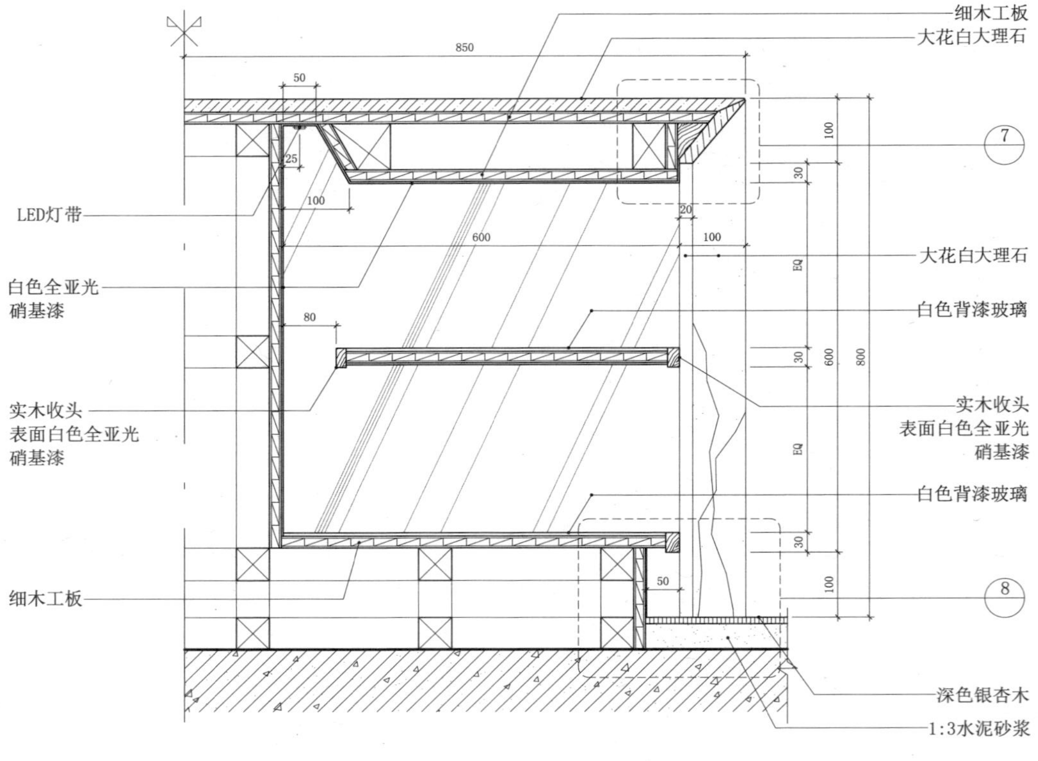

5 剖面图

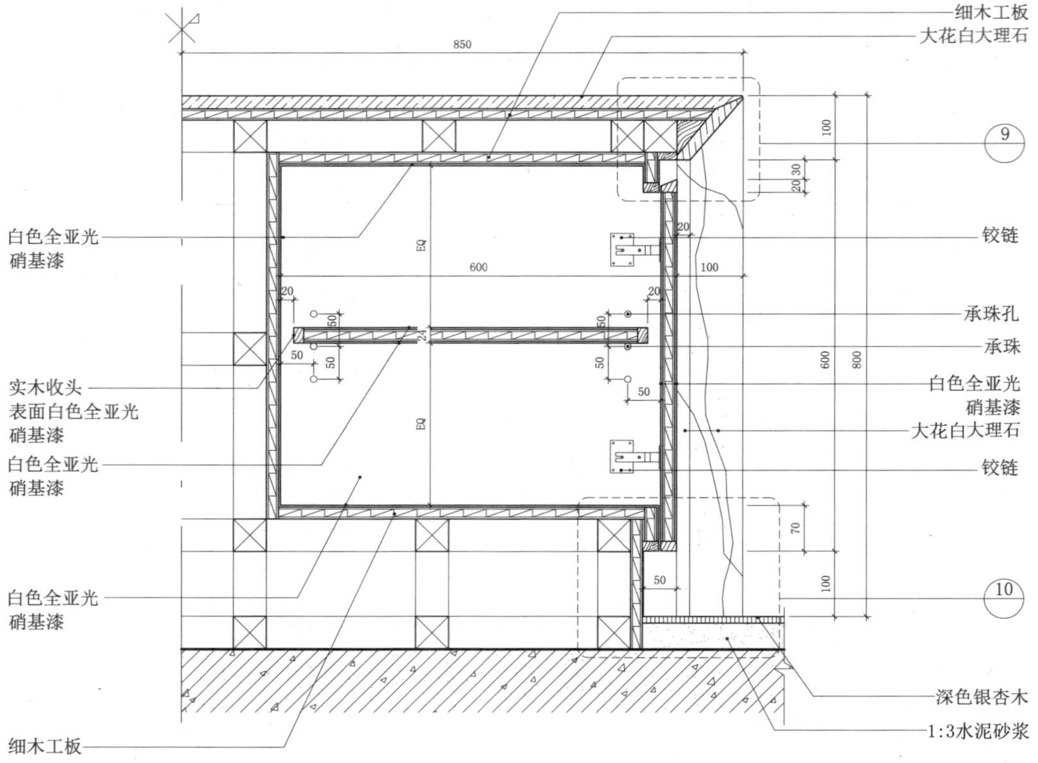

6 剖面图

23.15 自助餐台(经济型)

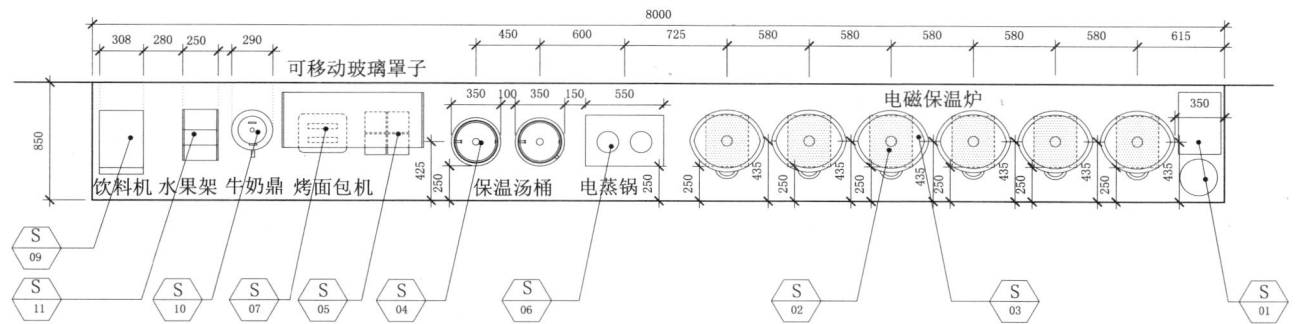

自助餐台平面图

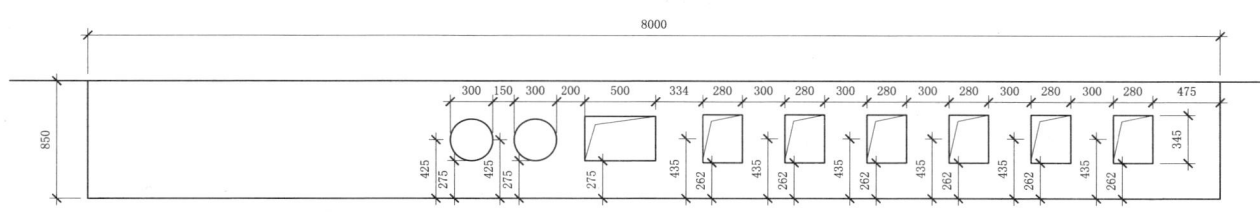

自助餐台开孔图

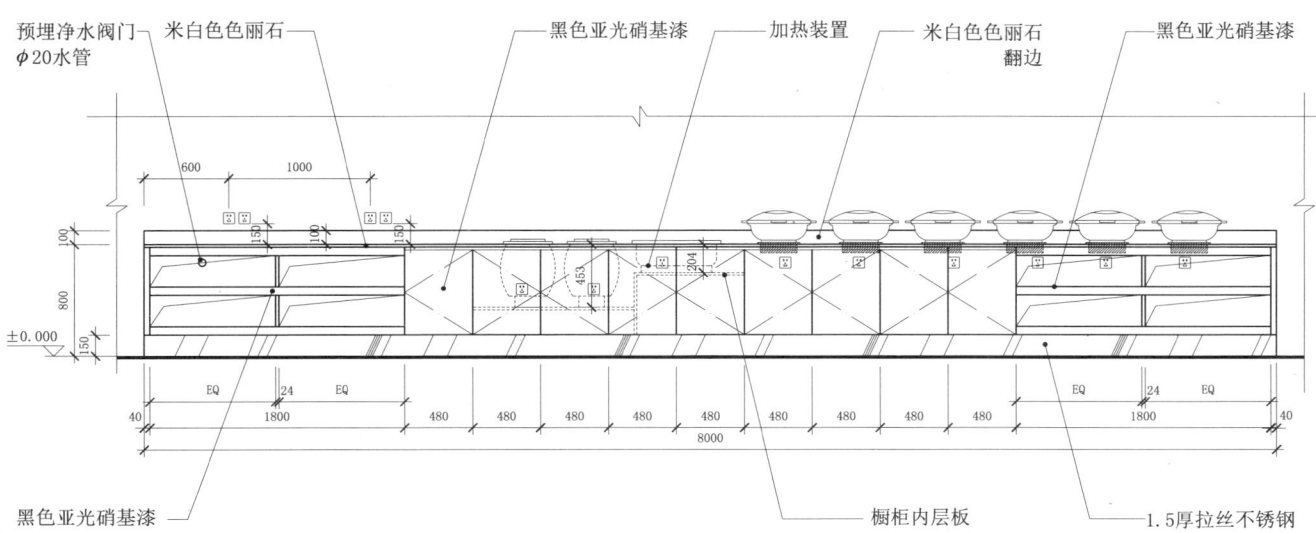

自助餐台背立面图

注：台面下最少需要9个插座，台面上最少需要4个插座

23.15 自助餐台（经济型）

23.15.2

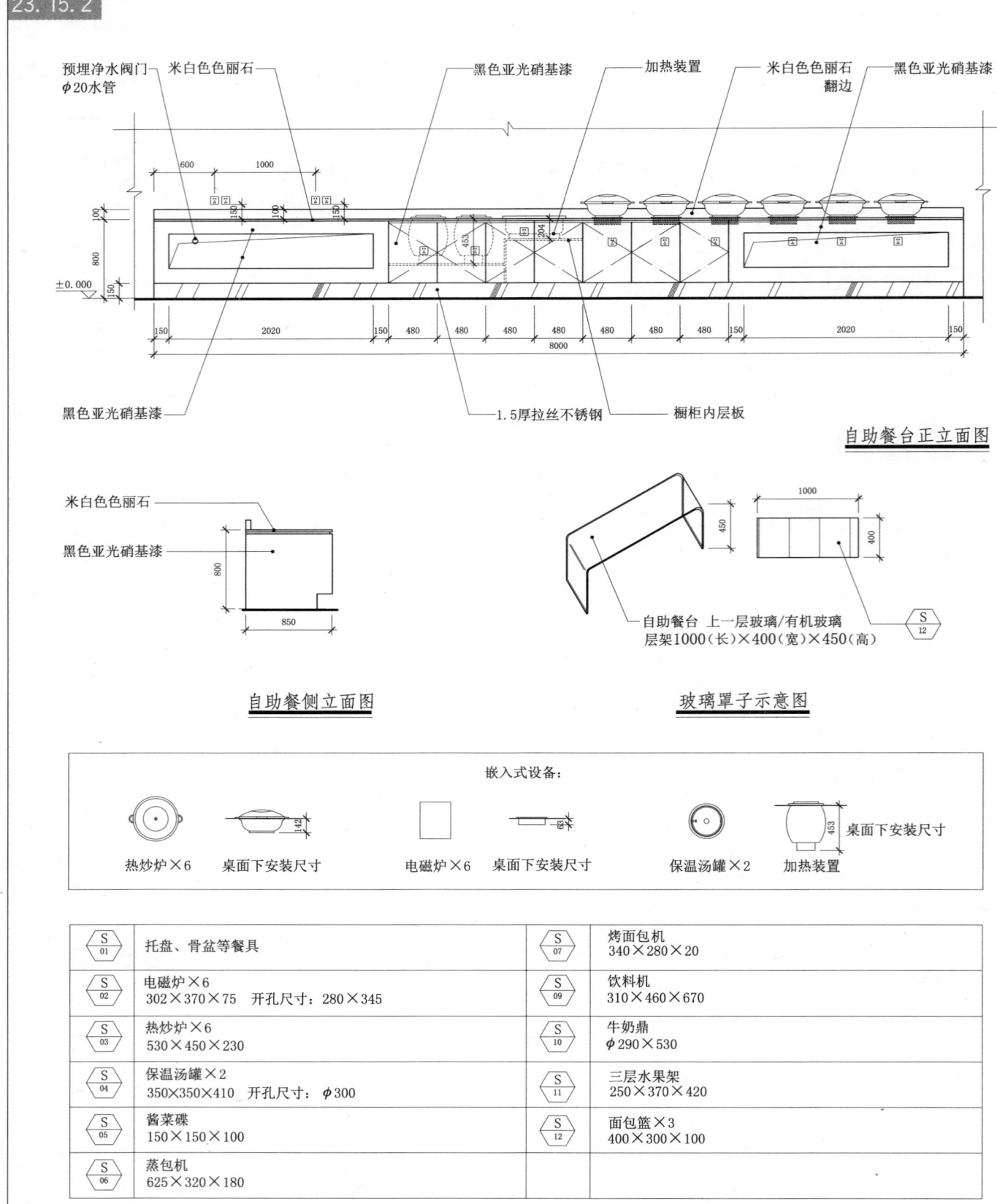

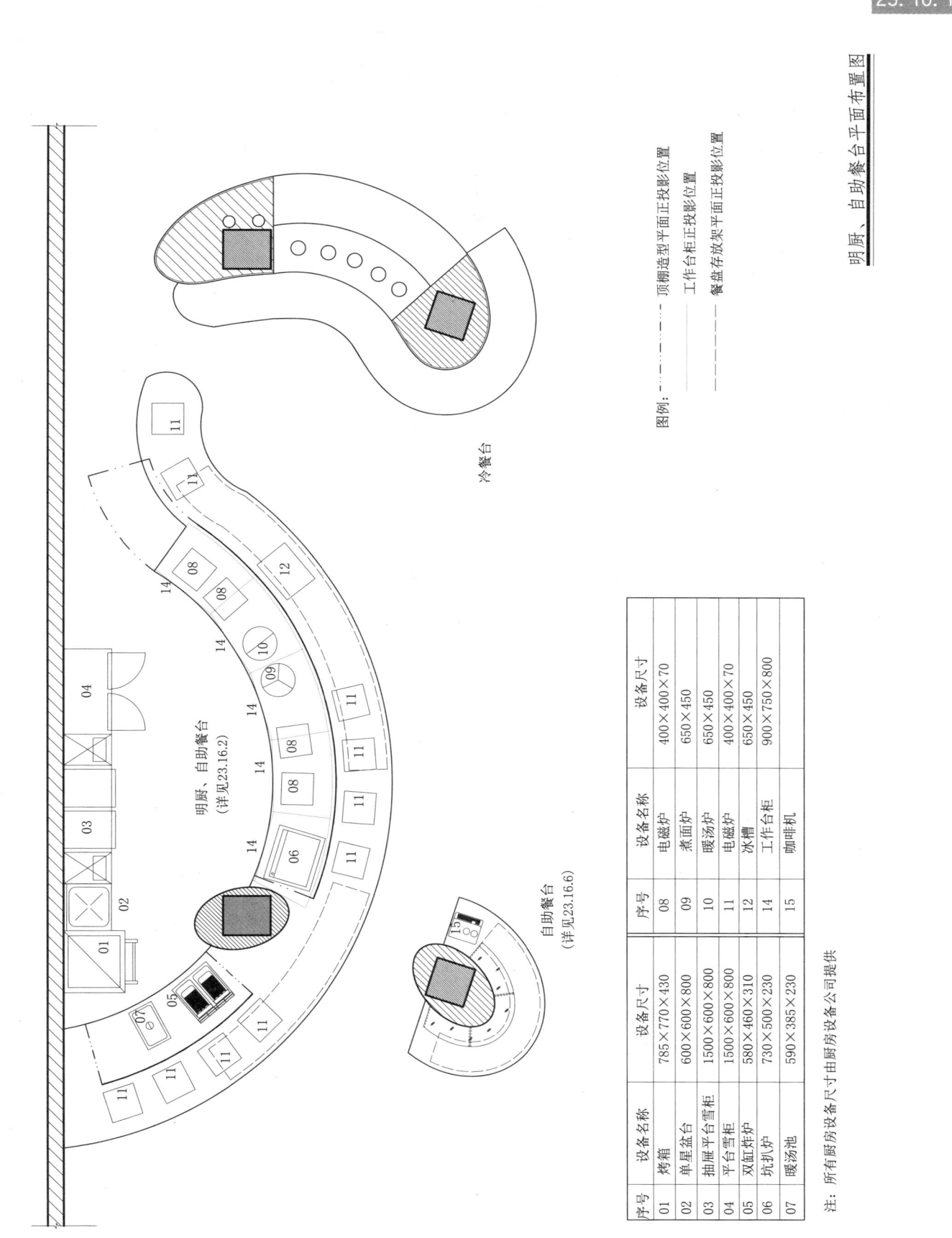

23 餐饮设施・固定家具 室内设施

23.16 明厨、自助餐台

23.16.2 明厨、自助餐台平面图

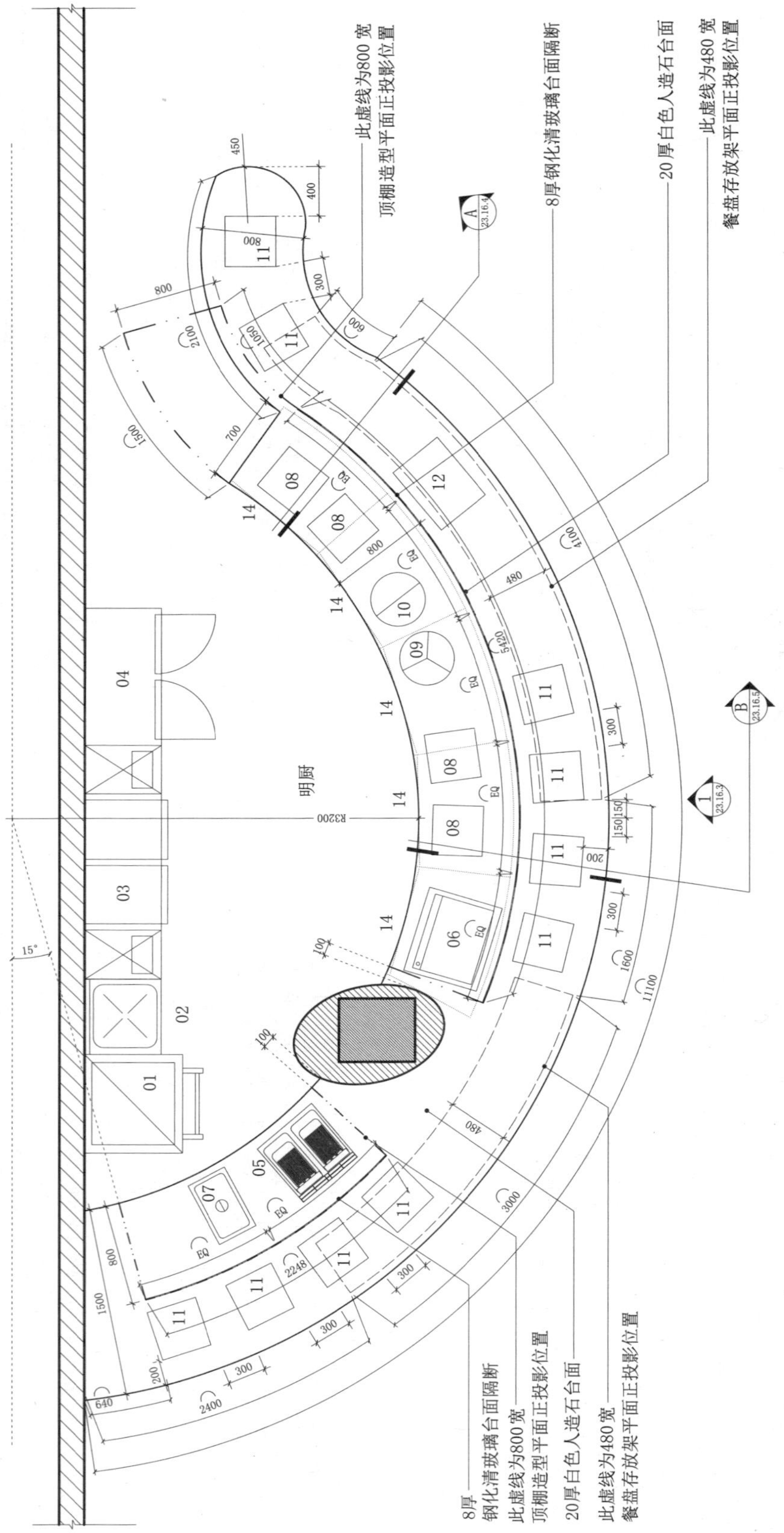

图例：
- ——— 顶棚造型平面正投影位置
- ——— 工作台柜平面正投影位置
- ——— 餐盘存放架平面正投影位置

序号	设备名称	设备尺寸	序号	设备名称	设备尺寸
01	烤箱	785×770×430	08	电磁炉	400×400×70
02	单星盆台	600×600×800	09	煮面炉	650×450
03	抽屉平台雪柜	1500×600×800	10	暖汤炉	650×450
04	平台雪柜	1500×600×800	11	电磁炉	400×400×70
05	双缸炸炉	580×460×310	12	冰槽	650×450
06	坑扒炉	730×500×230	14	工作台柜	900×750×800
07	暖汤池	590×385×230			

注：所有厨房设备尺寸由厨房设备公司提供

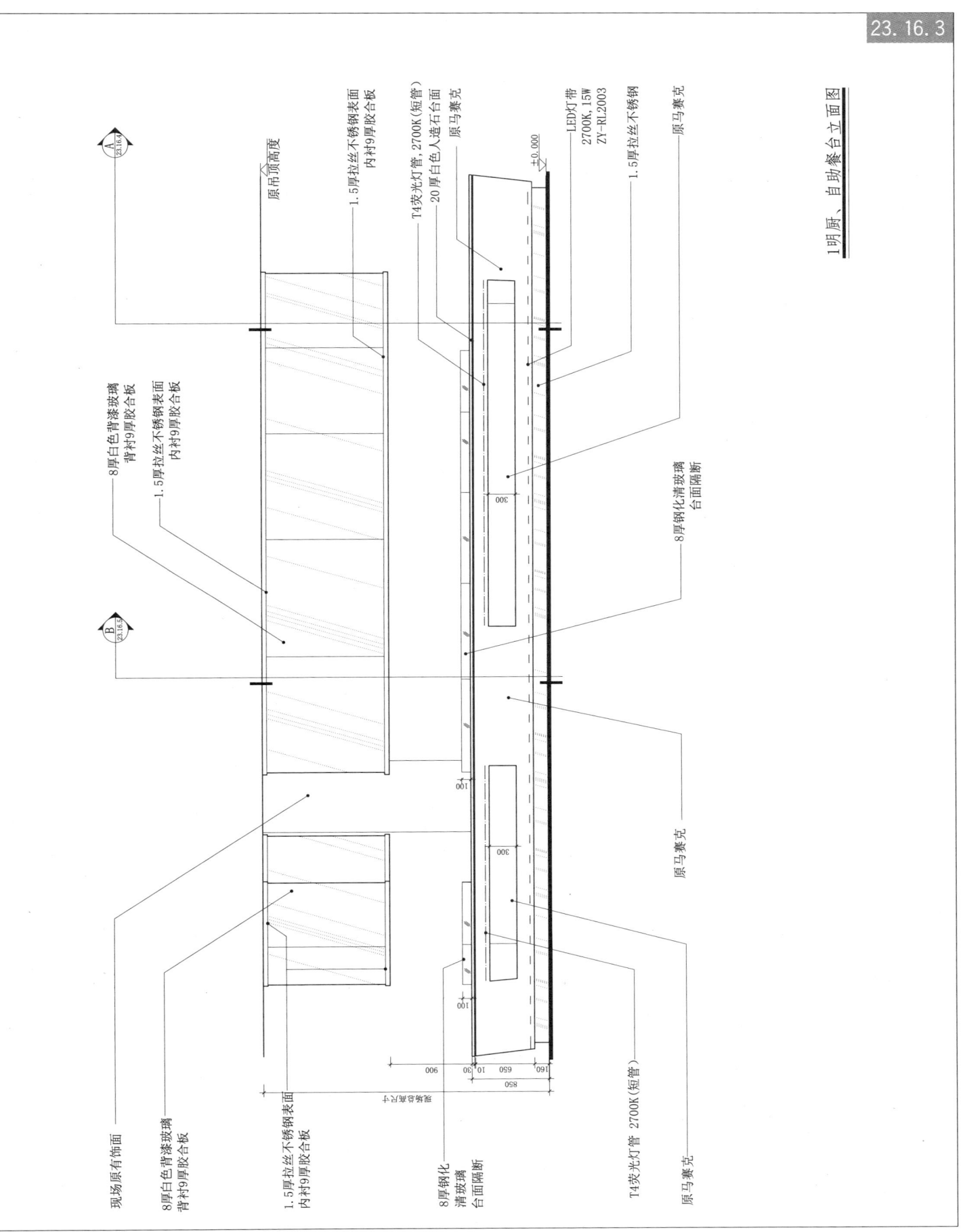

23　23.16　明厨、自助餐台

餐饮设施・固定家具　室内设施

23.16.4

原吊顶高度　　　　　　　　　　　　　　　　　　　　　　　　　　　　　　　　　原吊顶高度

1.5厚拉丝不锈钢表面内衬9厚胶合板
双层9厚纸面石膏板表面原顶棚涂料
8厚白色背漆玻璃（BGL-1220#）背衬9厚胶合板
定制30×30弧形角钢
1.5厚拉丝不锈钢表面内衬9厚胶合板
1.5厚拉丝不锈钢表面内衬9厚胶合板

排风、烟设备由厨房设备公司提供详图

1.5厚拉丝不锈钢表面内衬9厚胶合板
8厚白色背漆玻璃（BGL-1220#）背衬9厚胶合板
双层9厚纸面石膏板表面原顶棚涂料
定制30×30弧形角钢

8厚钢化清玻璃
硅胶填缝
2厚不锈钢U形槽
橡胶垫

1.5厚拉丝不锈钢表面内衬9厚胶合板

8厚钢化清玻璃

嵌入式电磁炉等设备由厨房设备公司提供
20厚白色人造石台面

原马赛克内衬双层9厚胶合板
T4荧光灯管2700K（短管）
原马赛克
原马赛克
LED灯带2700K, 15W ZY-RL2003

由厨房设备公司提供详图

5号角钢

1.5厚拉丝不锈钢

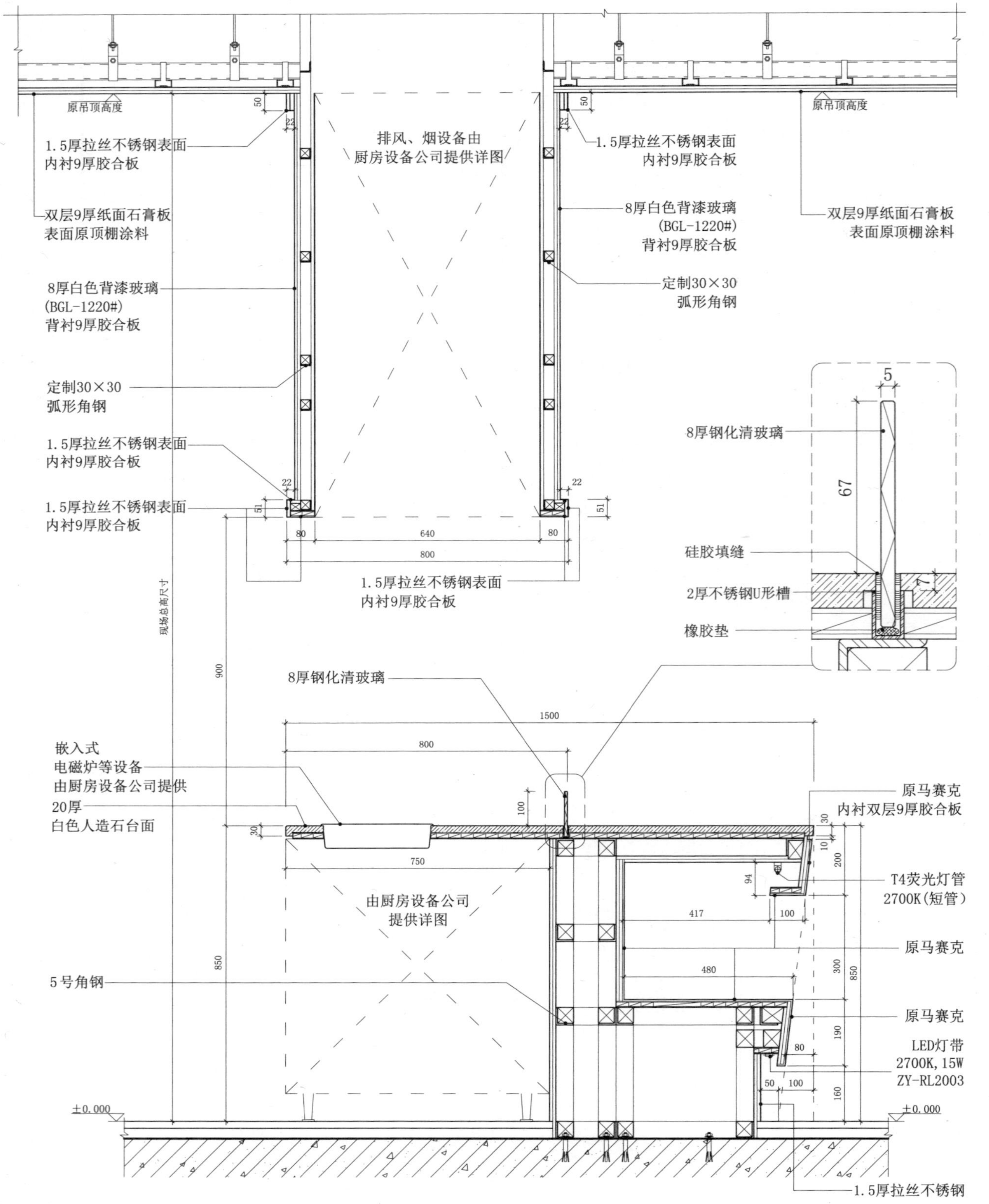

A 明厨、自助餐台剖面图

23.16 明厨、自助餐台

23.16.5

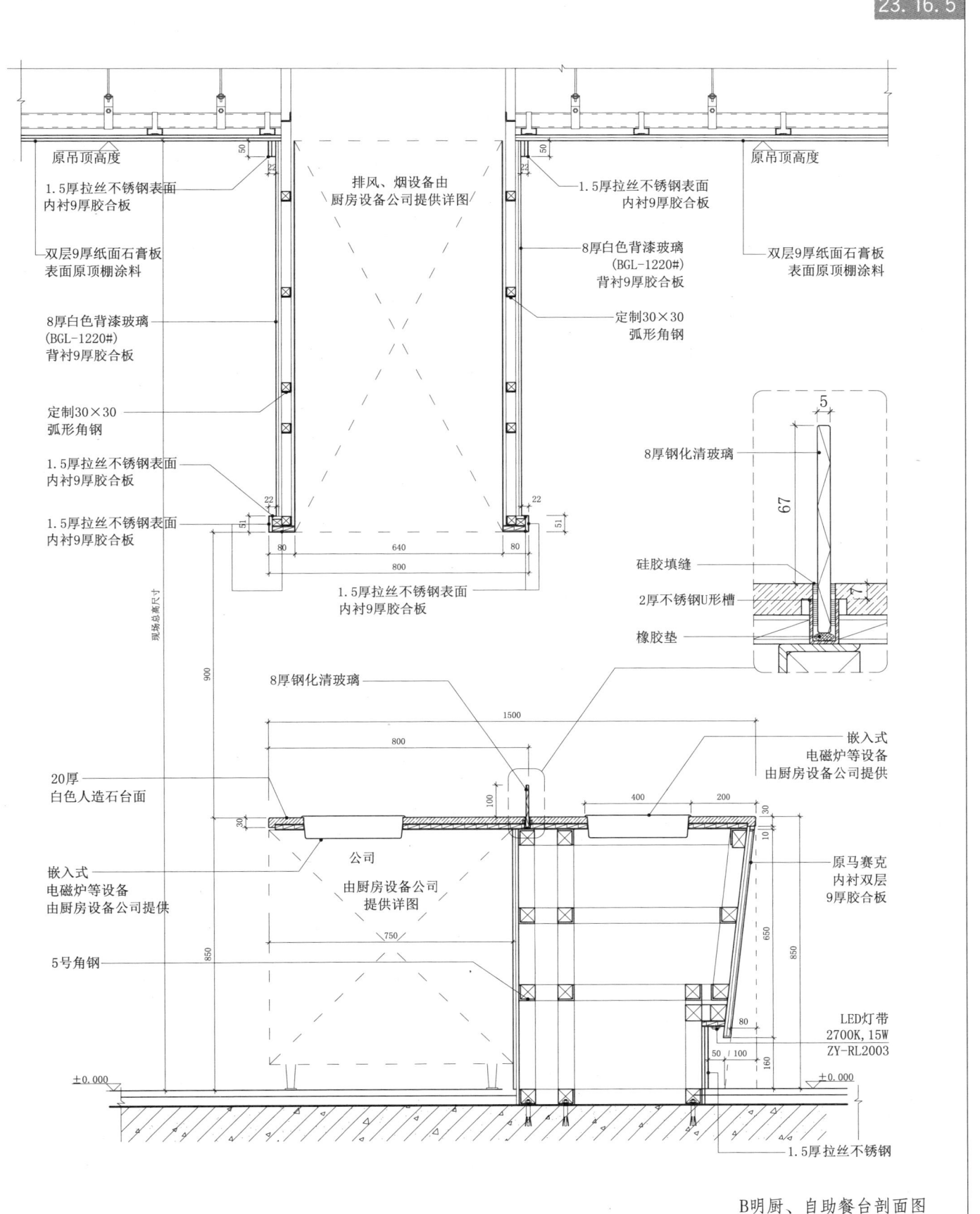

B 明厨、自助餐台剖面图

23.16 明厨、自助餐台

23.16.6

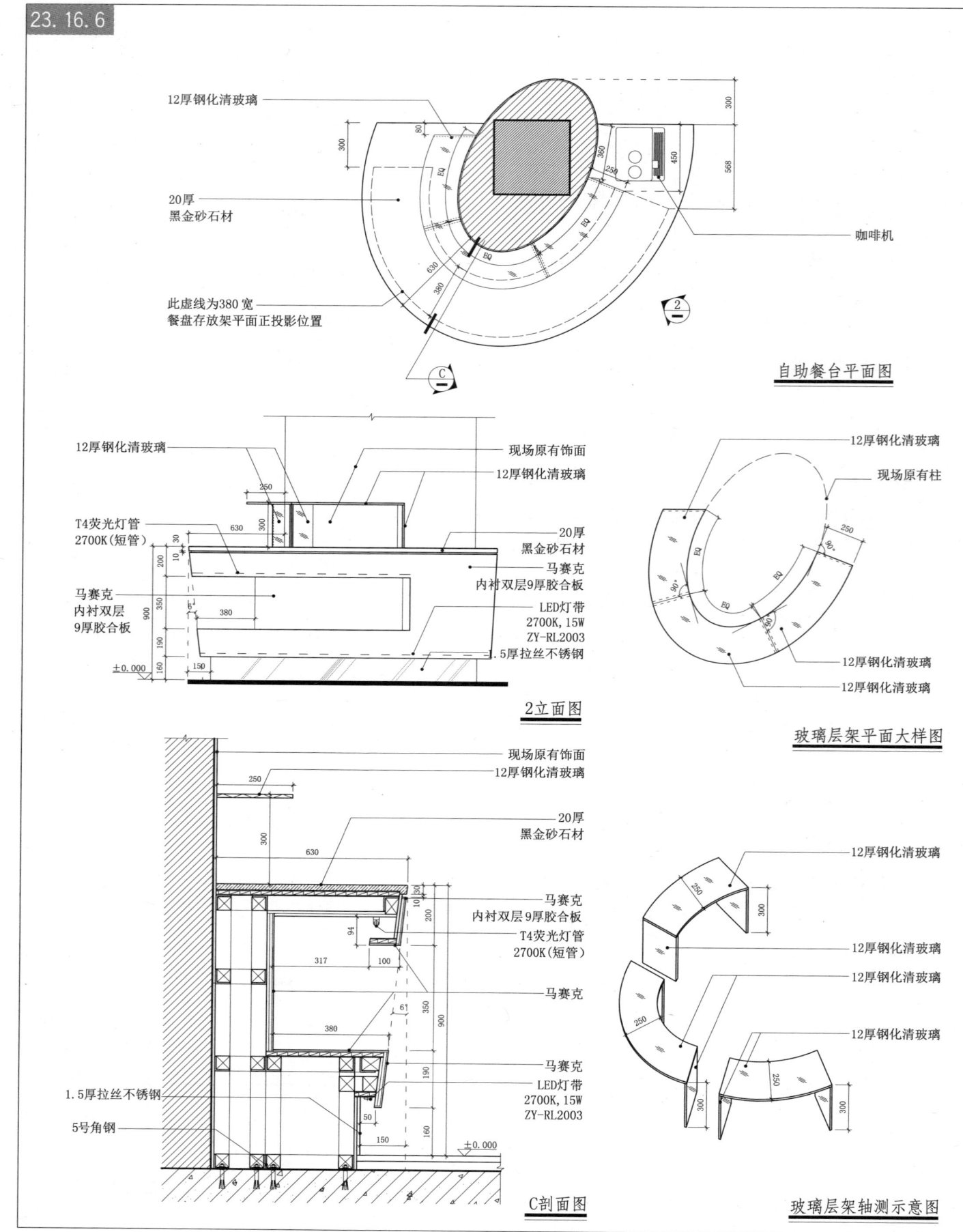

23.17 餐厅明档装饰节点

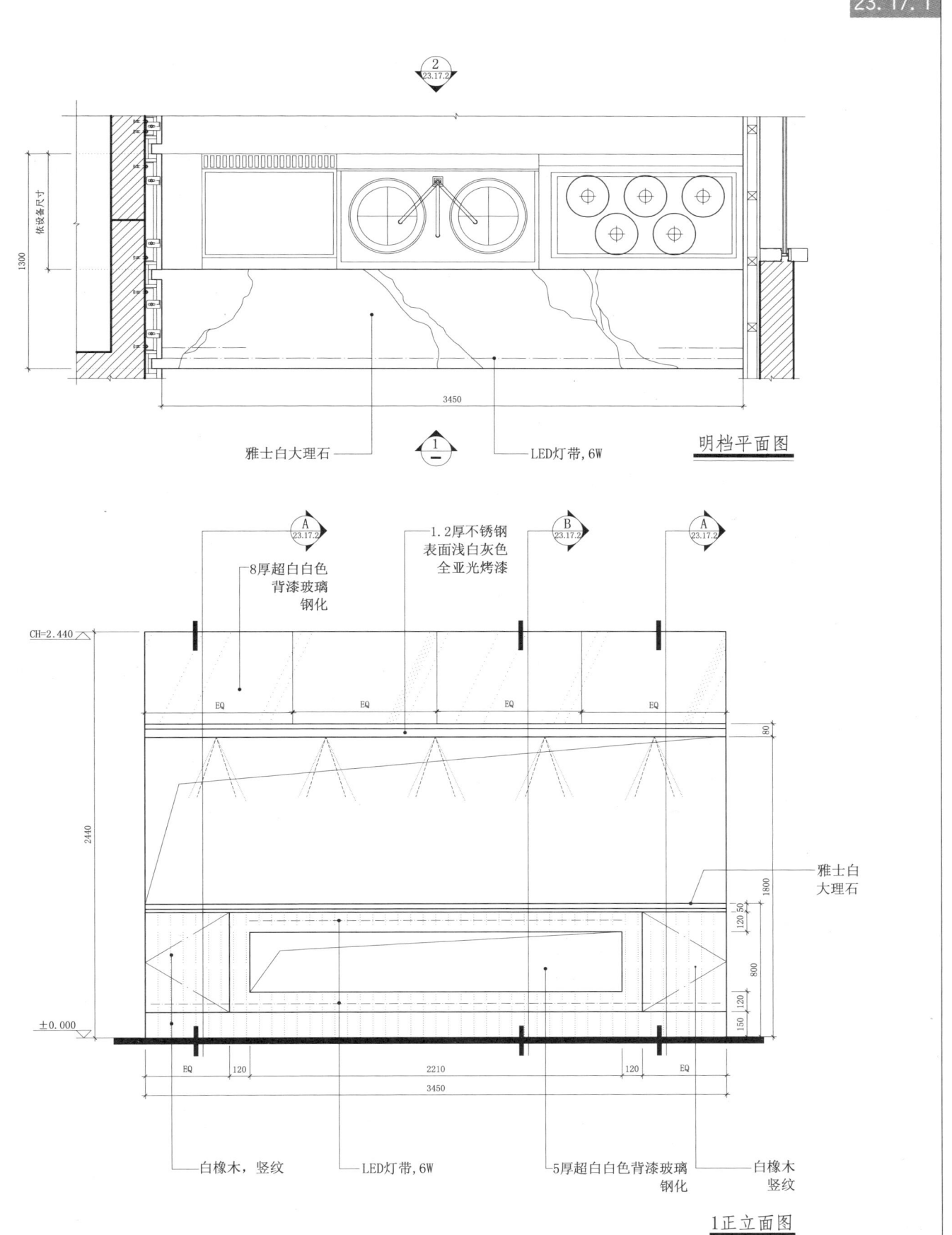

23 餐饮设施·固定家具 室内设施

23.17 餐厅明档装饰节点

23.17.2

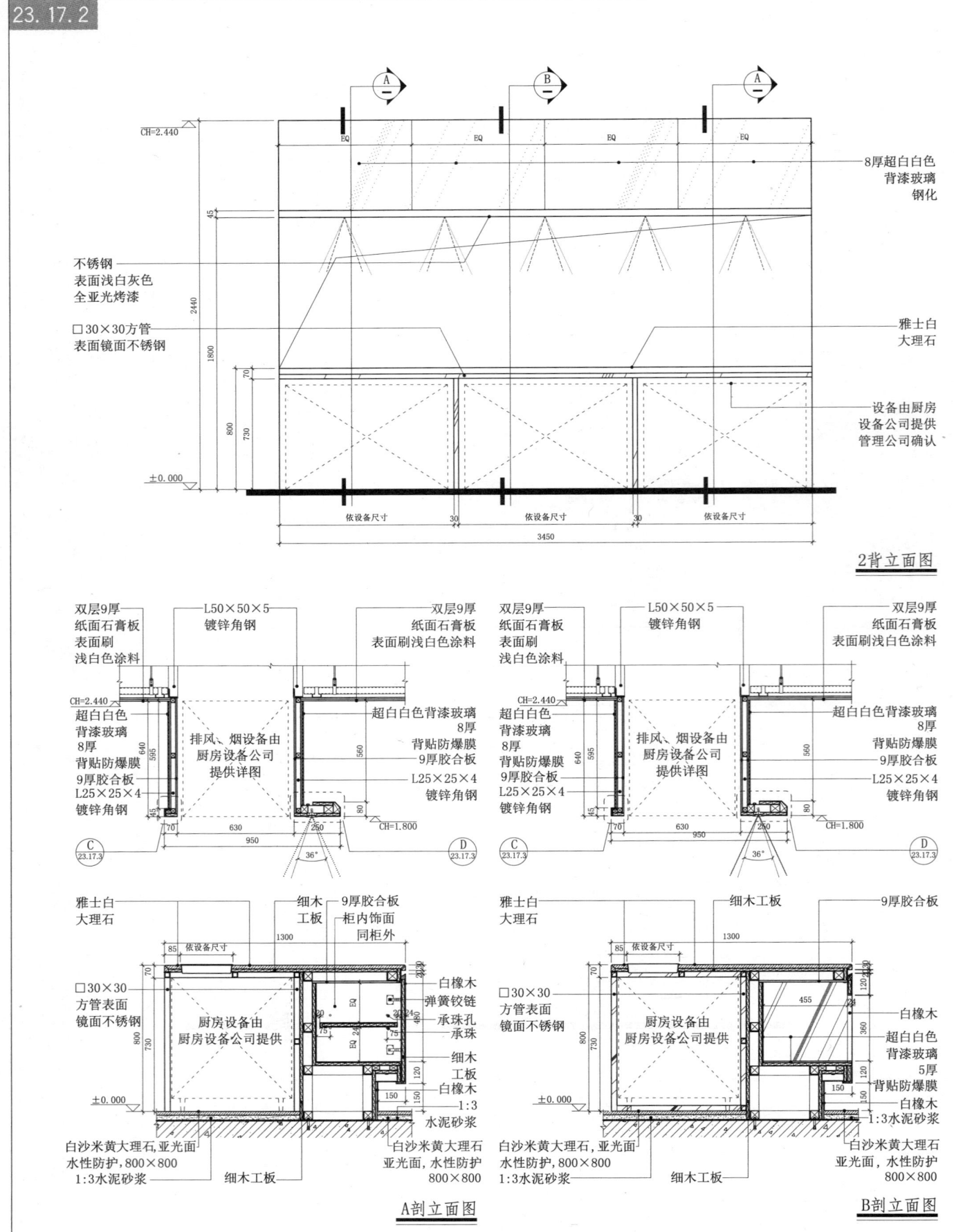

23.17　餐厅明档装饰节点

23.17.3

L25×25×4
镀锌角钢

9厚胶合板

超白白色
背漆玻璃
8厚
背贴防爆膜

9厚胶合板

1.2厚不锈钢
表面浅白灰色全亚光烤漆

硅胶填缝

排风、烟设备由
厨房设备公司
提供详图

细木工板

C节点图

9厚胶合板

超白白色背漆玻璃
8厚，背贴防爆膜

硅胶填缝
L25×25×4
镀锌角钢

细木工板

LED灯带，6W，加遮光罩

细木工板

1.2厚不锈钢
表面浅白灰色
全亚光烤漆

CH=1800

MR-11/12V石英卤素暗筒灯
配光36°，10W，浅孔+磨砂片

1.2厚不锈钢
表面浅白灰色
全亚光烤漆

D节点图

23.18 固定式沙发

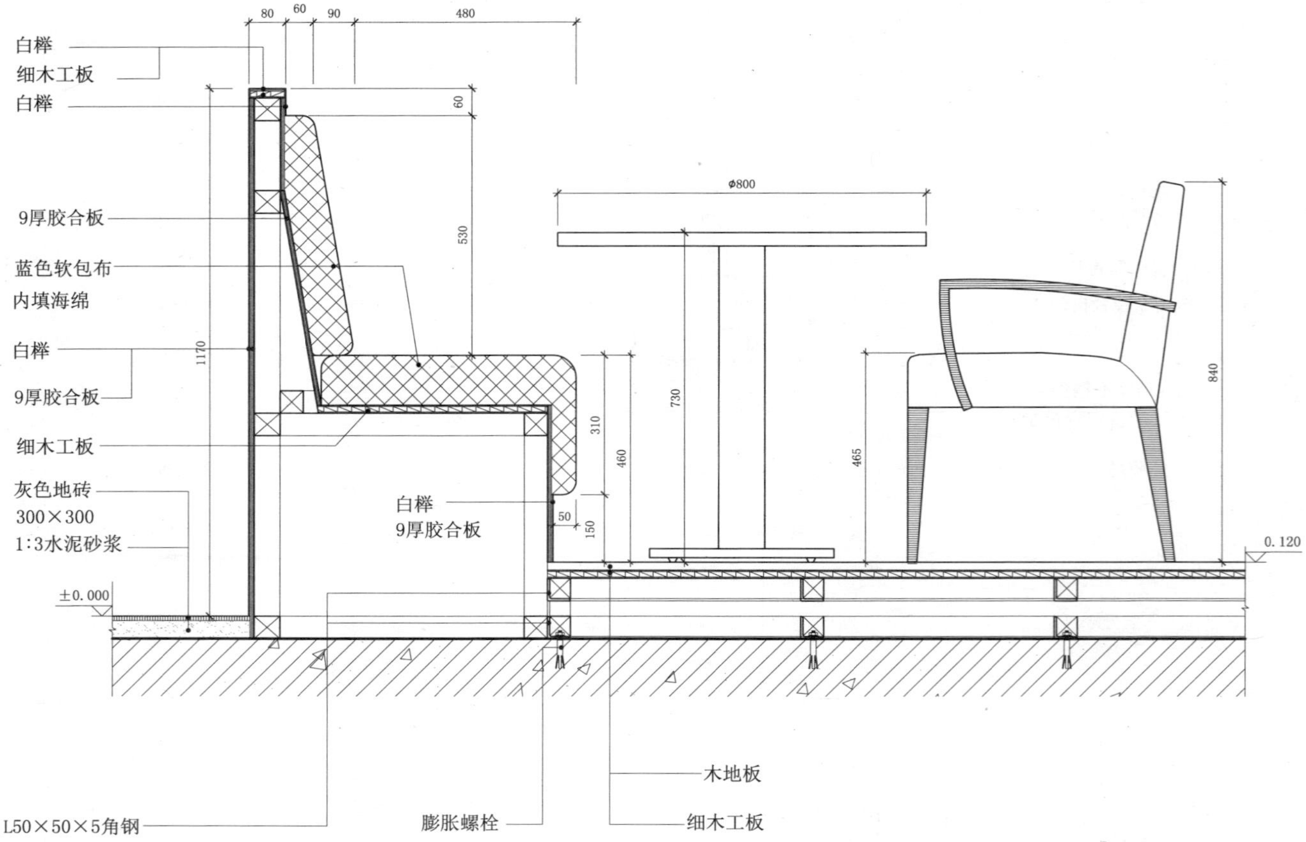

圆弧沙发剖立面图

24.1 办公模式

24 办公及会议设施·室内设施

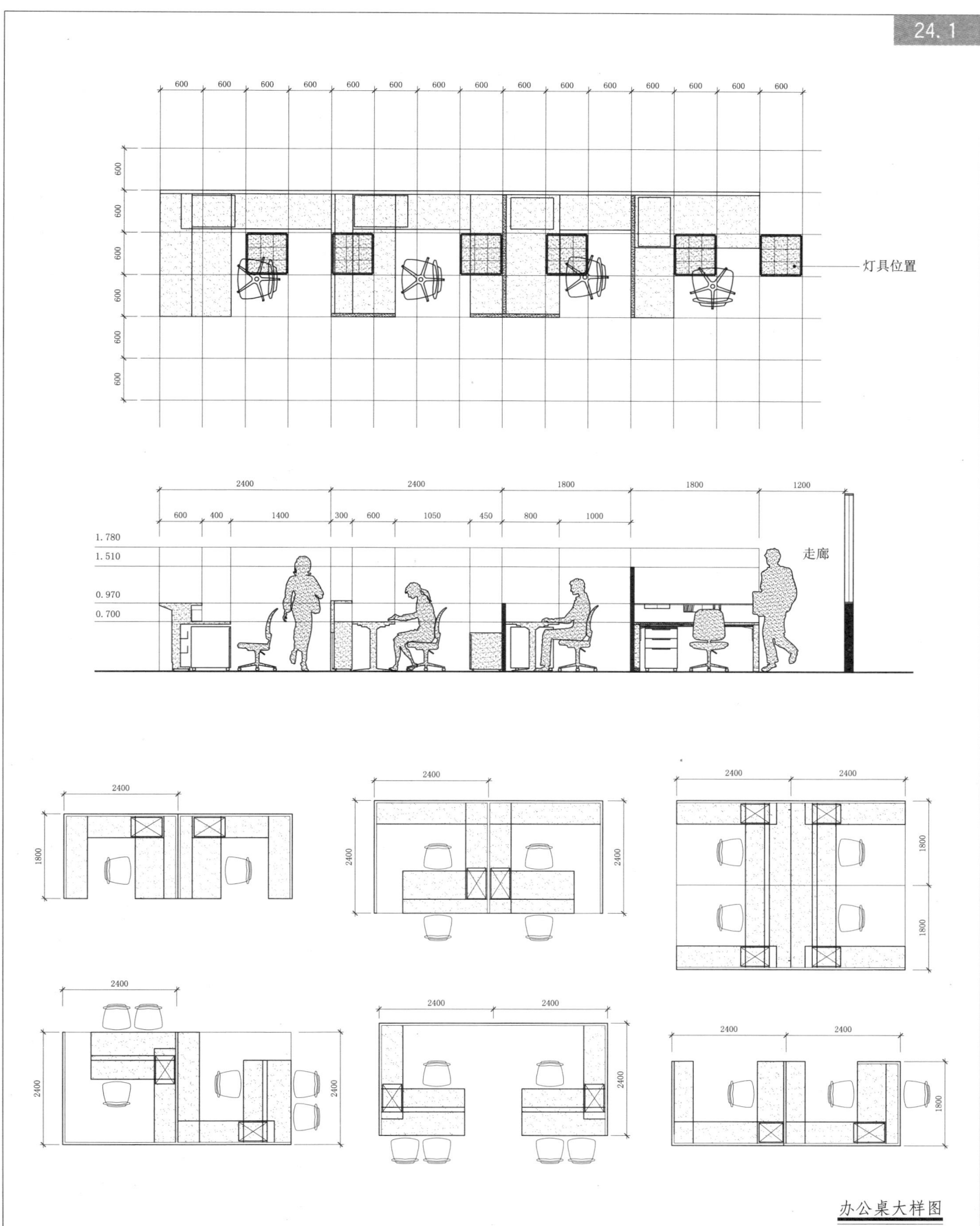

灯具位置

走廊

办公桌大样图

24.2 会议室写字板(一)

24.2.1

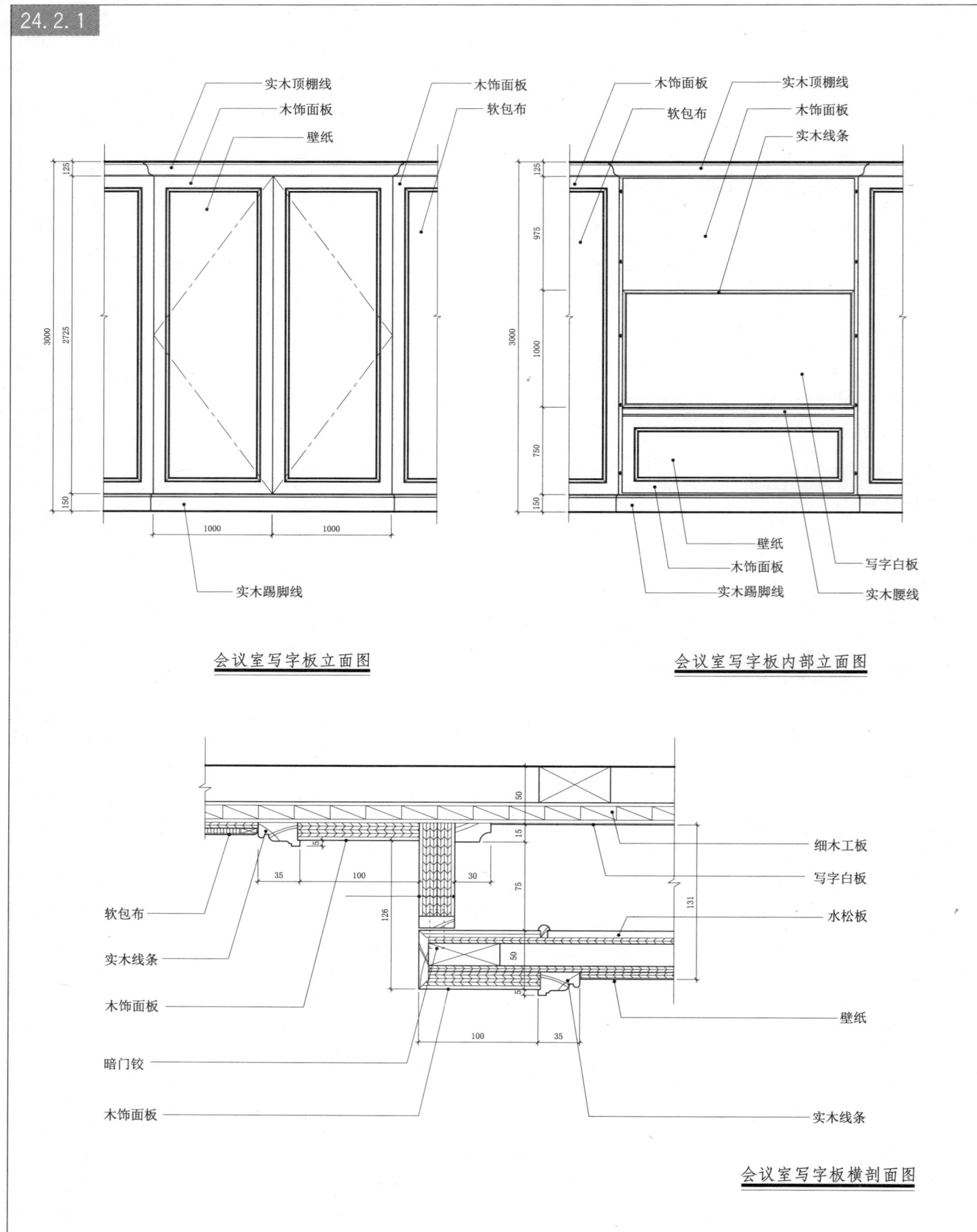

会议室写字板立面图

会议室写字板内部立面图

会议室写字板横剖面图

24.2 会议室写字板(一)

24.2.2

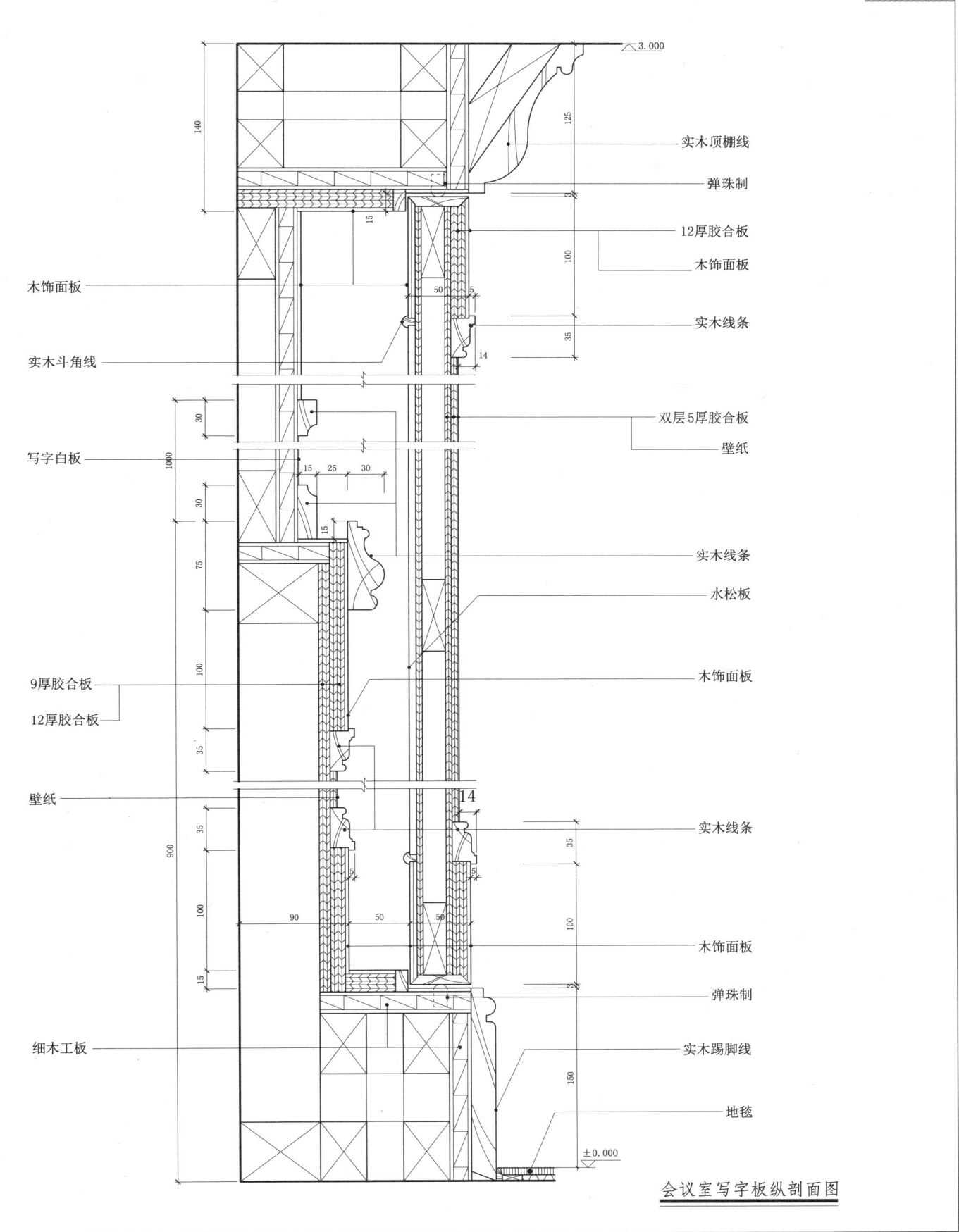

会议室写字板纵剖面图

24.3 会议室写字板(二)

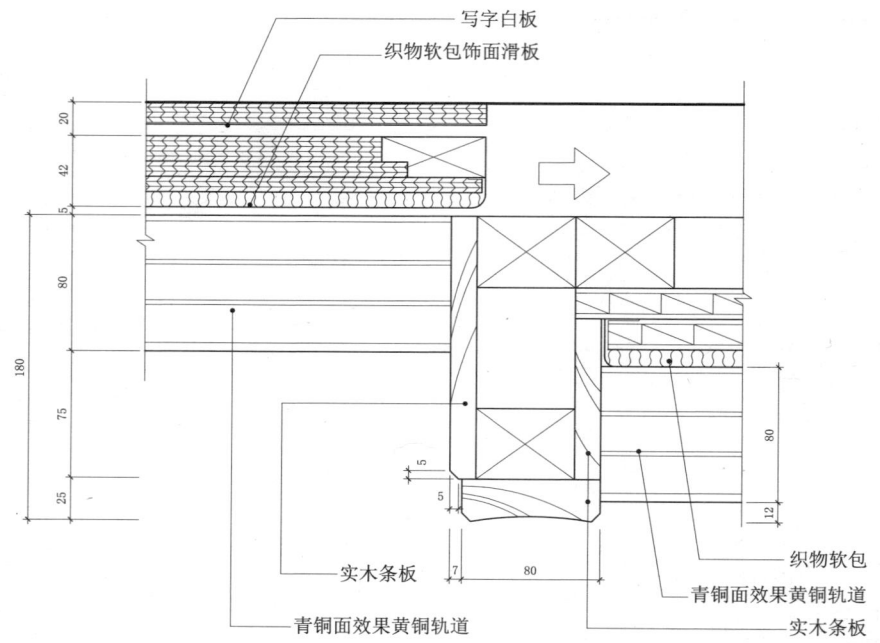

会议室写字板横剖面图

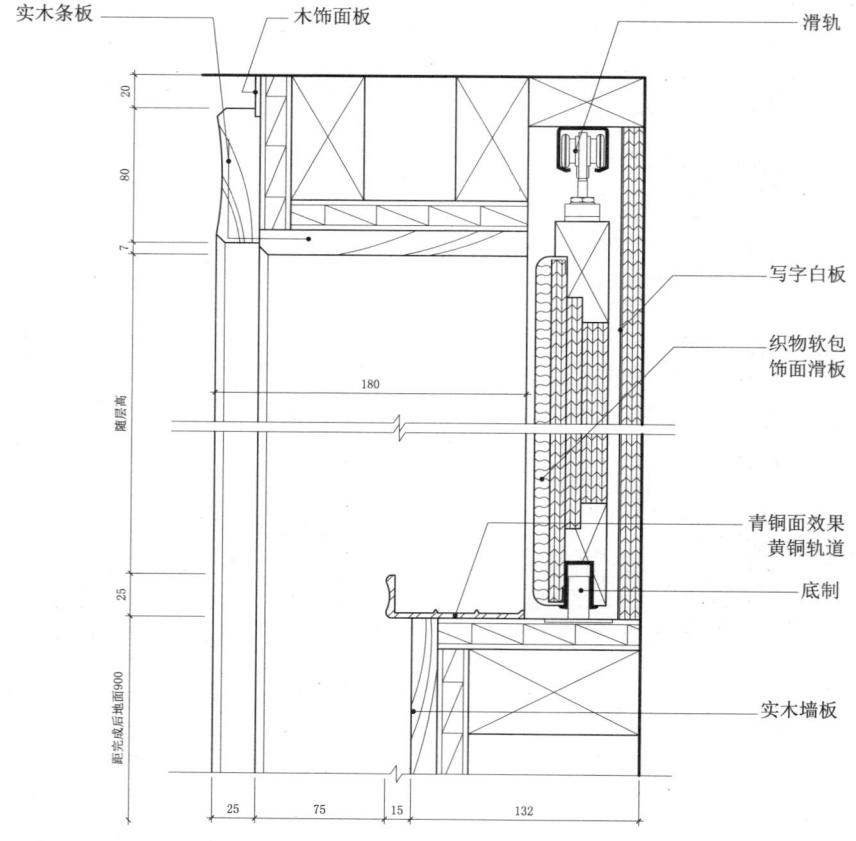

会议室写字板纵剖面图

24.4 隔屏

24.4.1

办公及会议设施·玻璃构造 隔断构造 金属构造

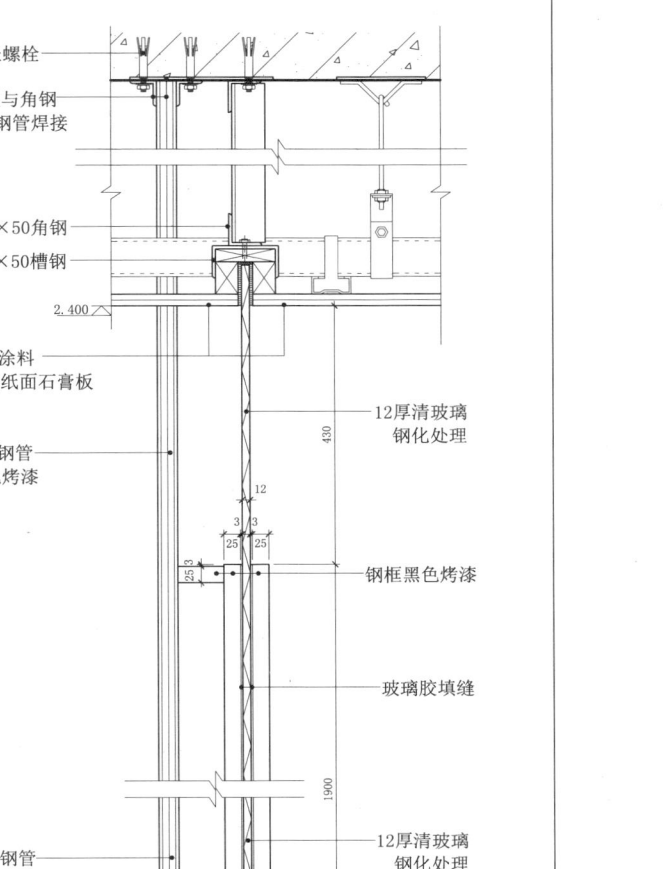

A 隔屏正立面大样图

B 节点图

隔屏1剖面图

隔屏2剖面图

室内构造节点与专项模式图集 | 1019

24.4 隔屏

24.4.2

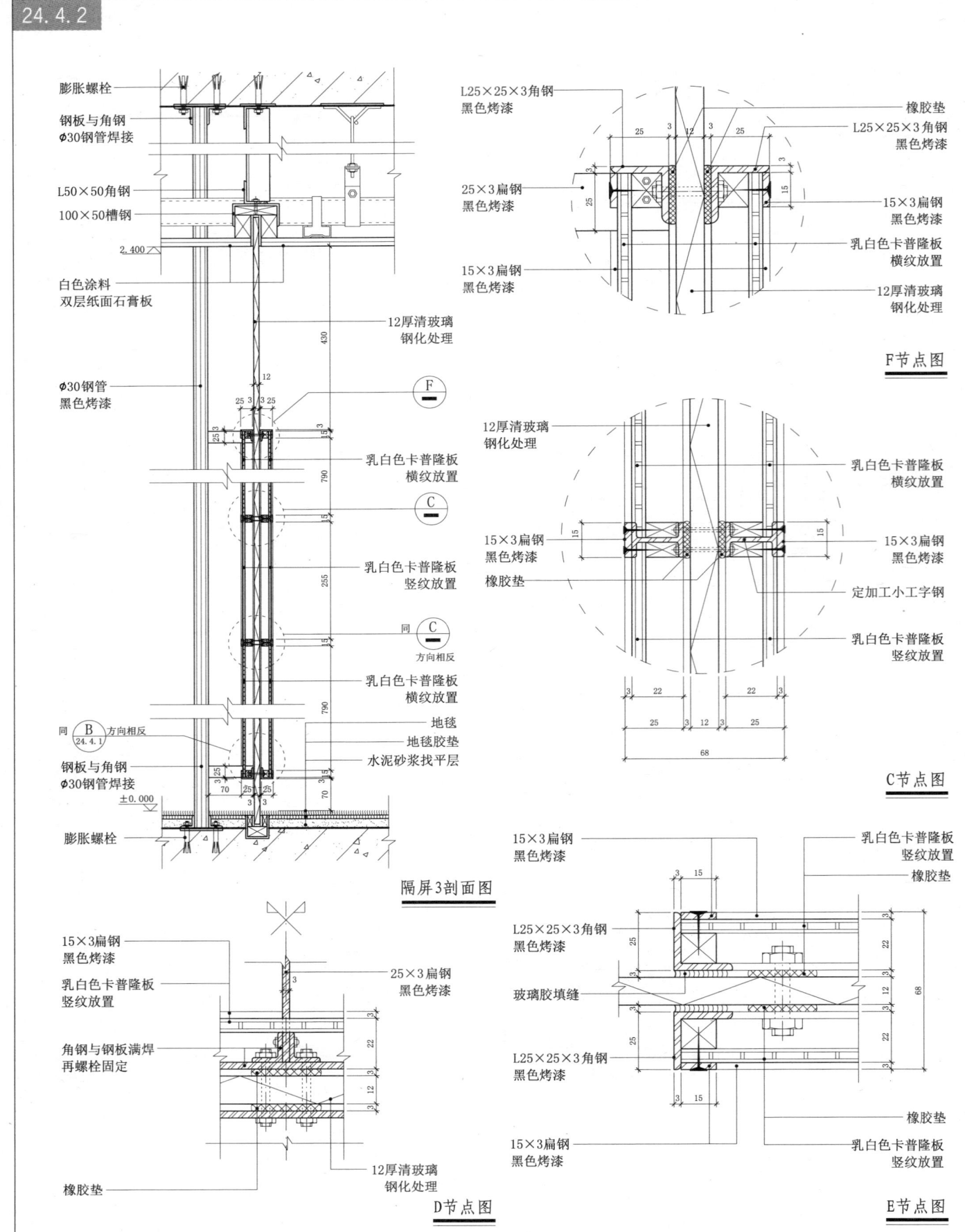

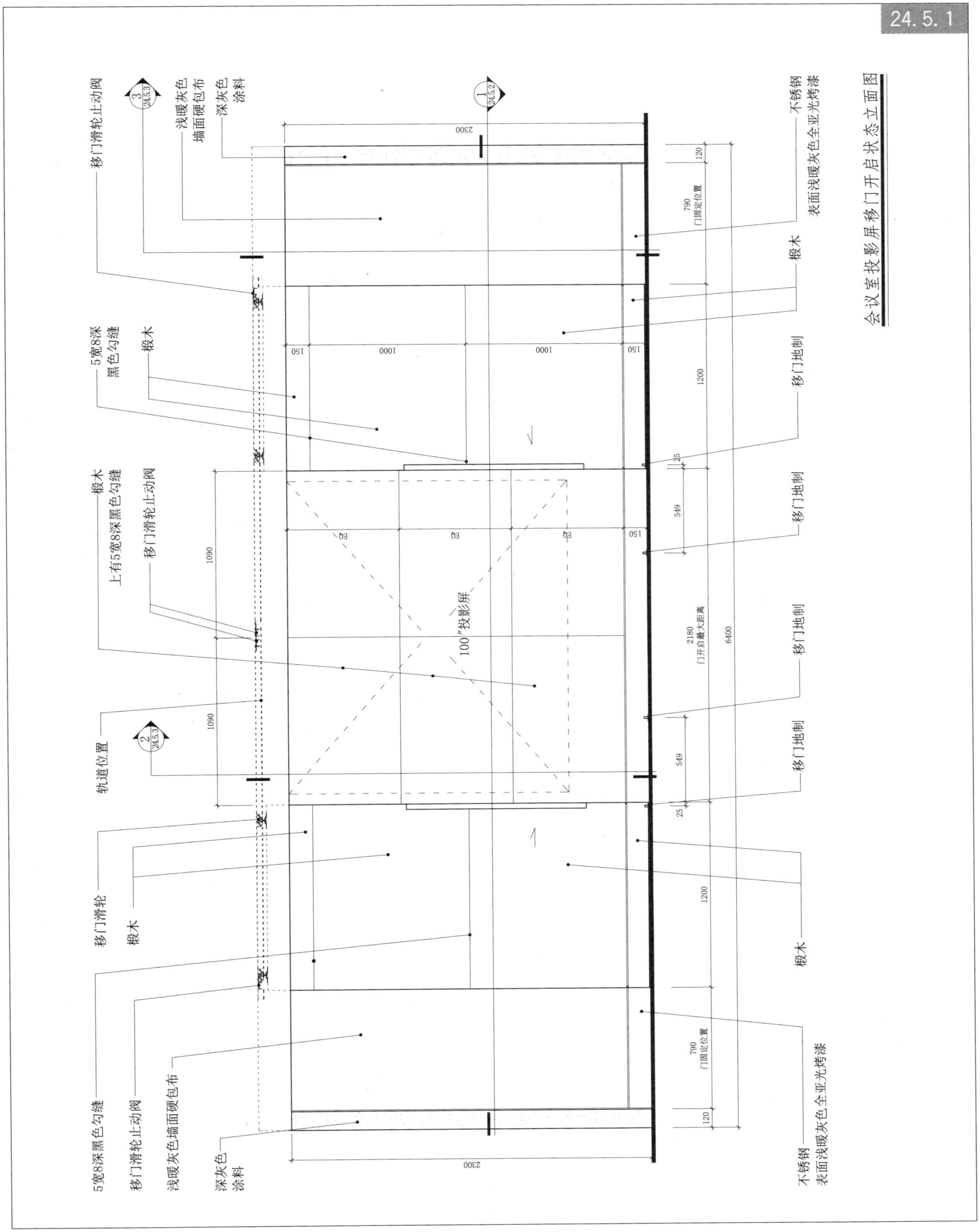

24.5 暗藏投影屏移门

24.5.1

会议室投影屏移门开启状态立面图

24.5 暗藏投影屏移门

24.5.2

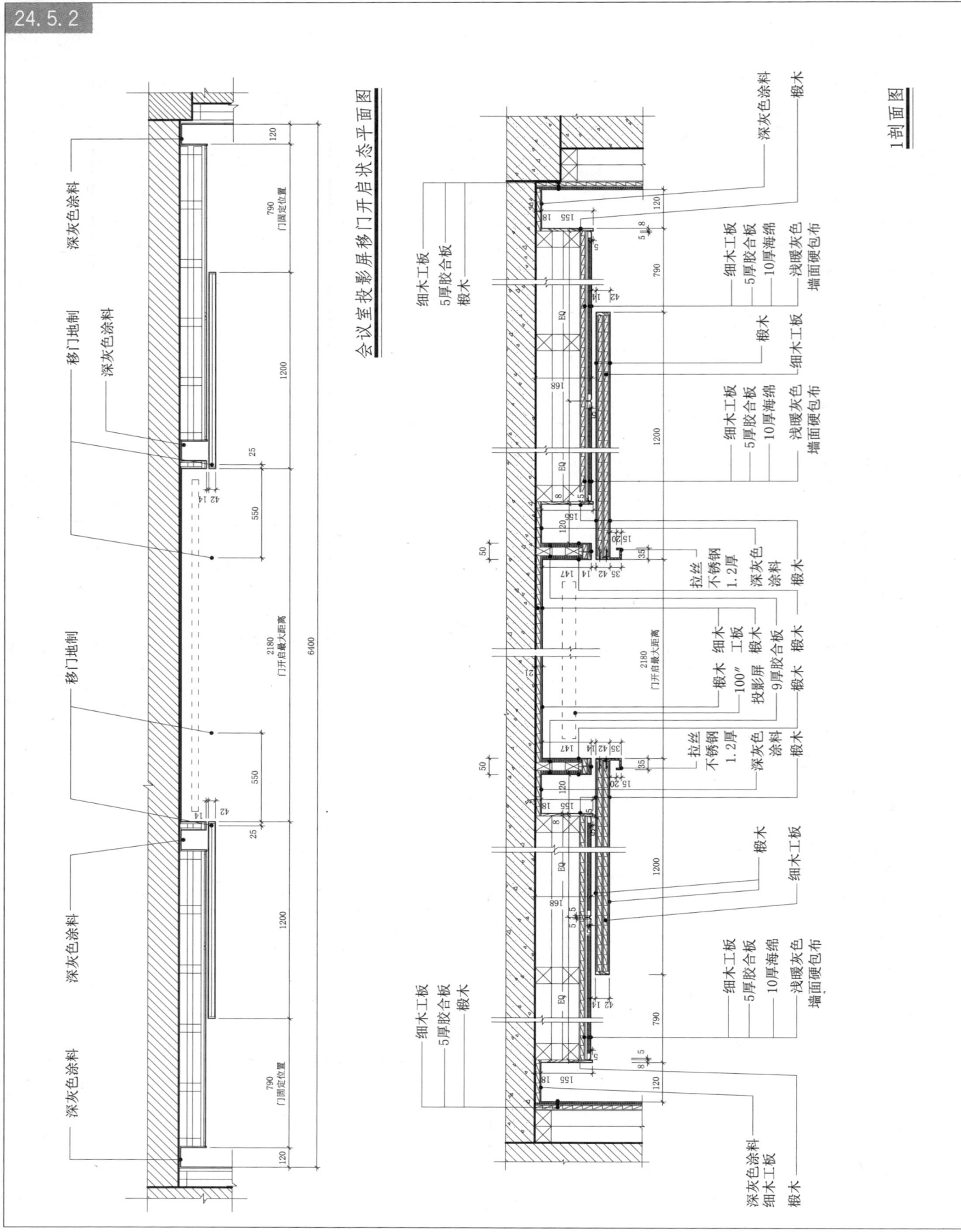

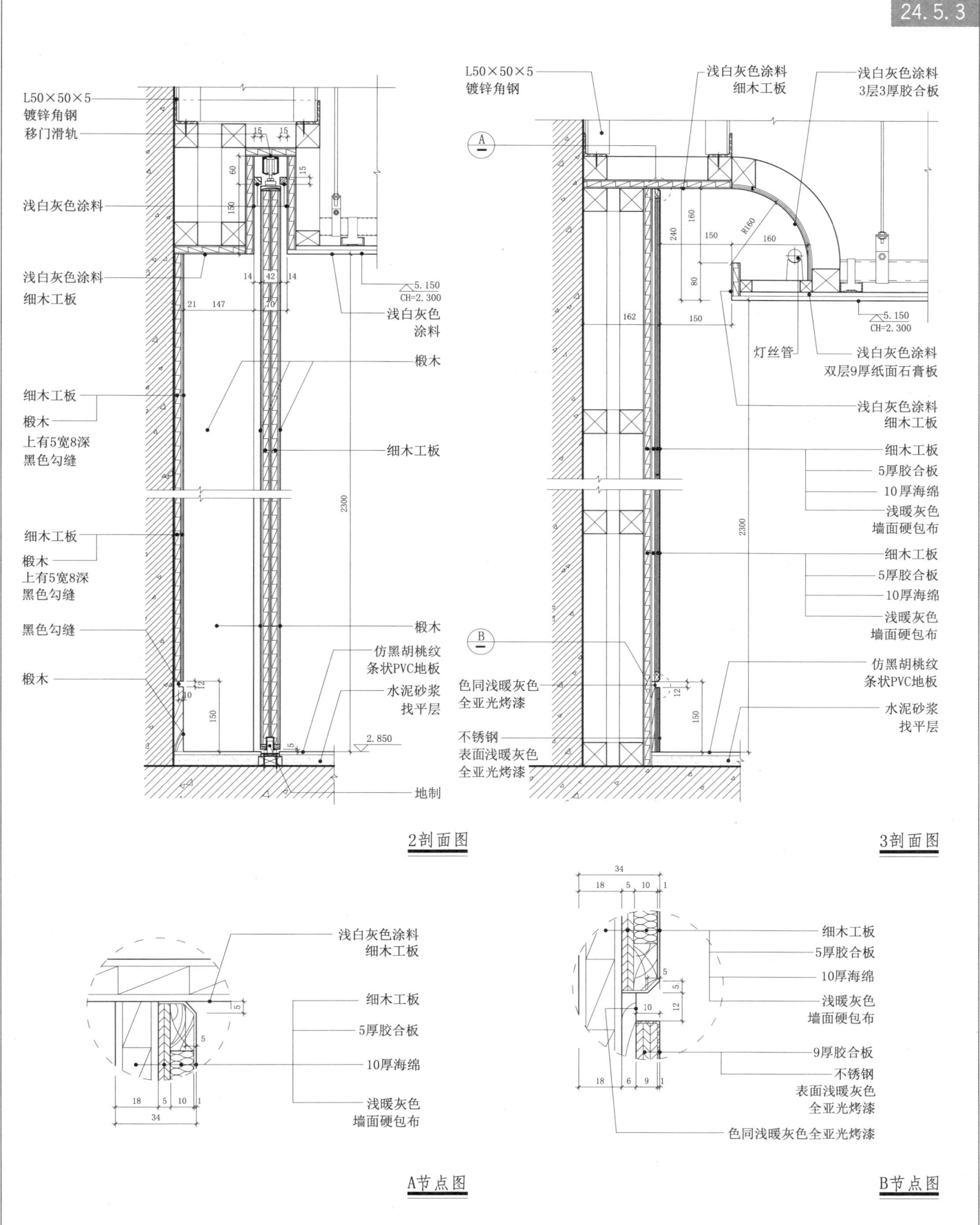

24 办公及会议设施·室内设施

24.6 投影屏移门及茶水柜

24.6.1

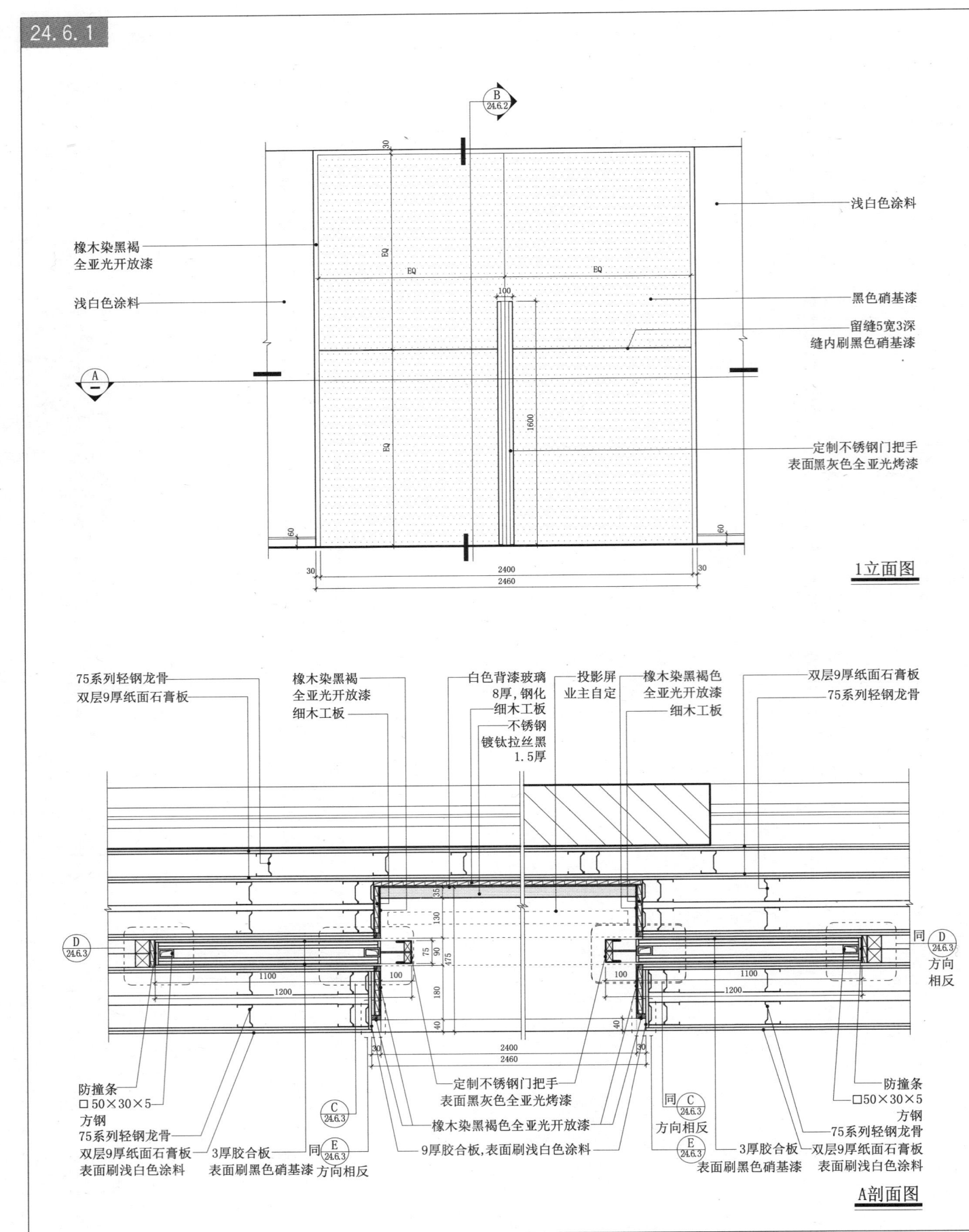

1立面图

A剖面图

24.6 投影屏移门及茶水柜

24.6.2

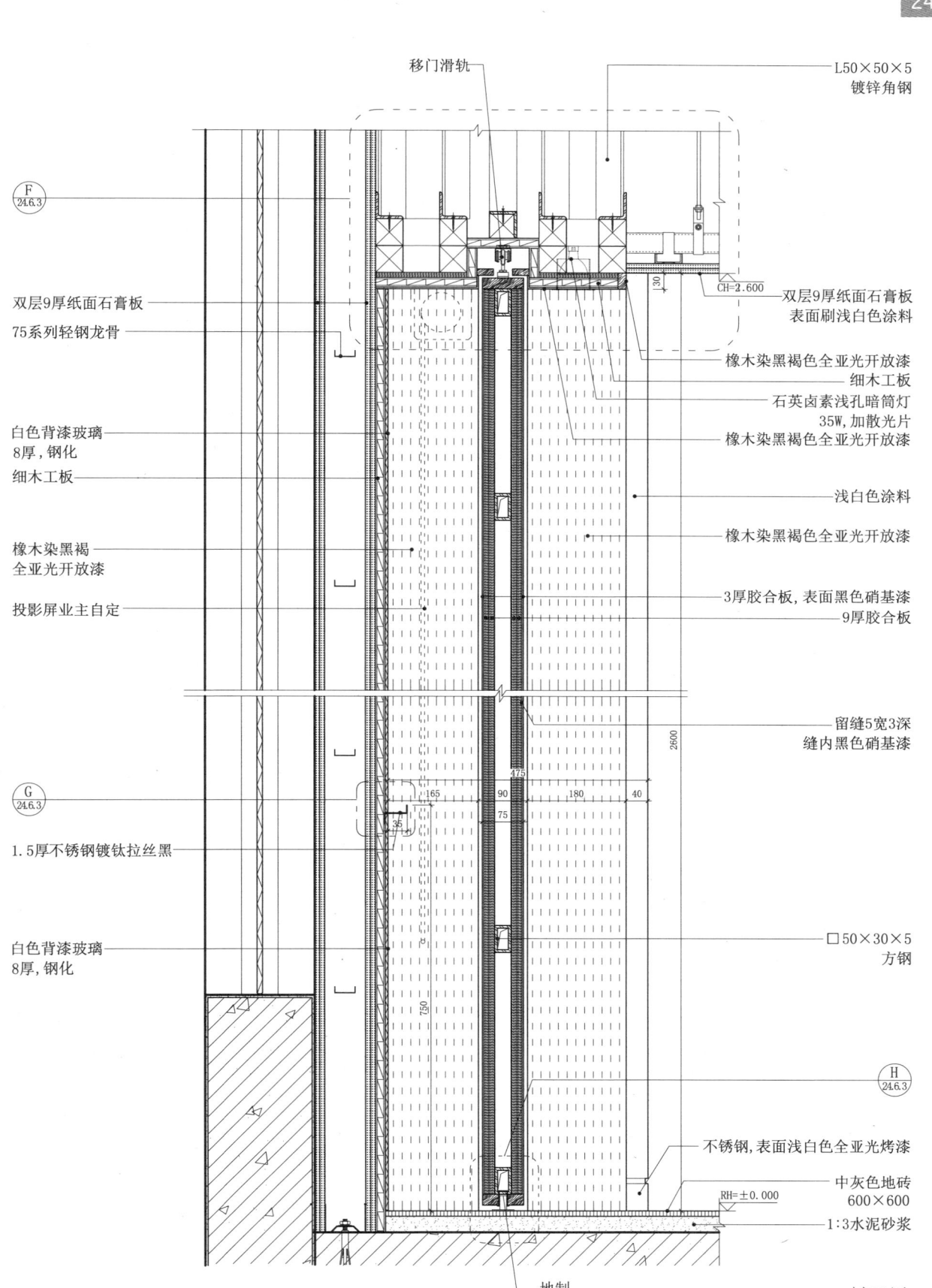

B剖面图

24.6 投影屏移门及茶水柜

24.6.3

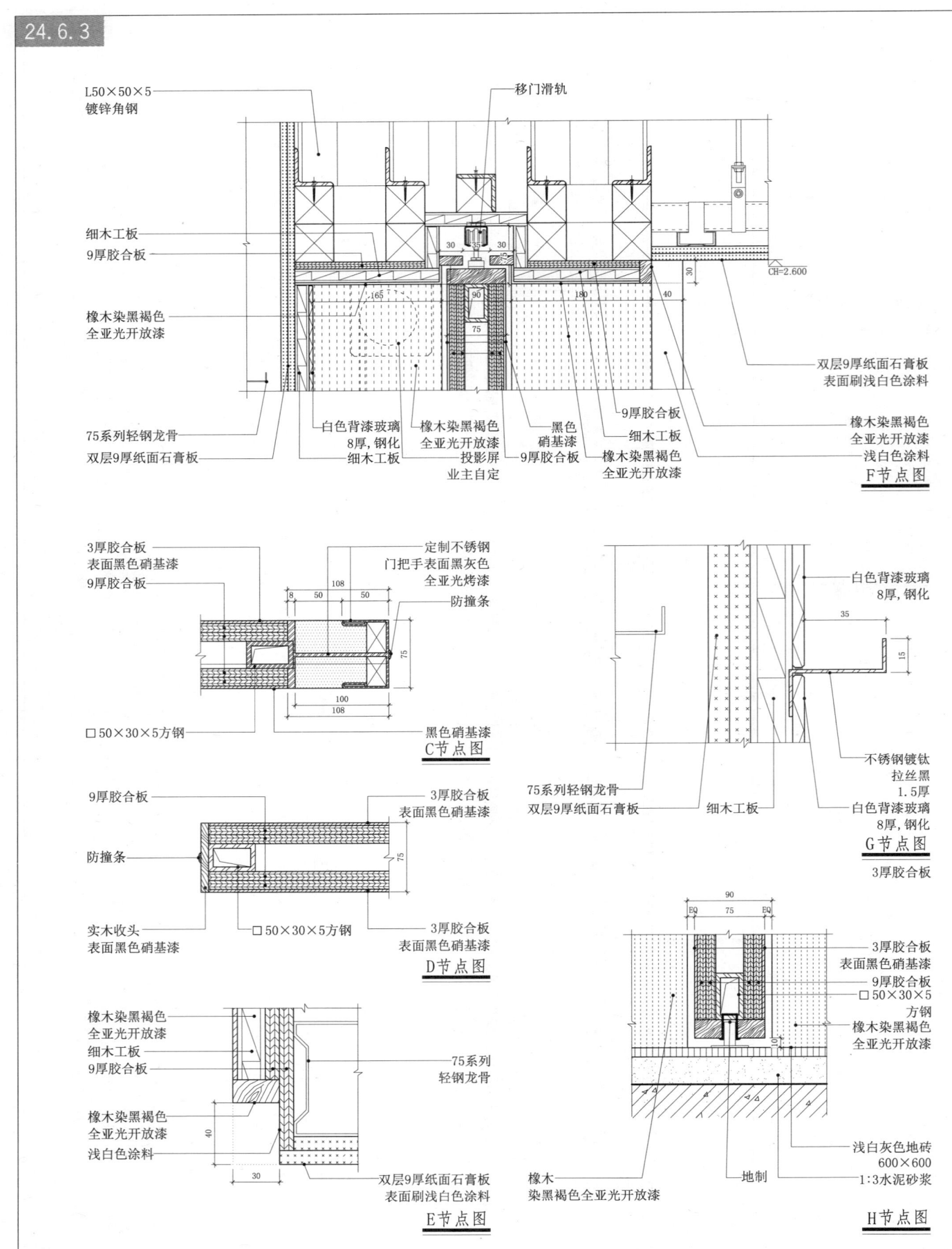

24.6 投影屏移门及茶水柜

24.6.4

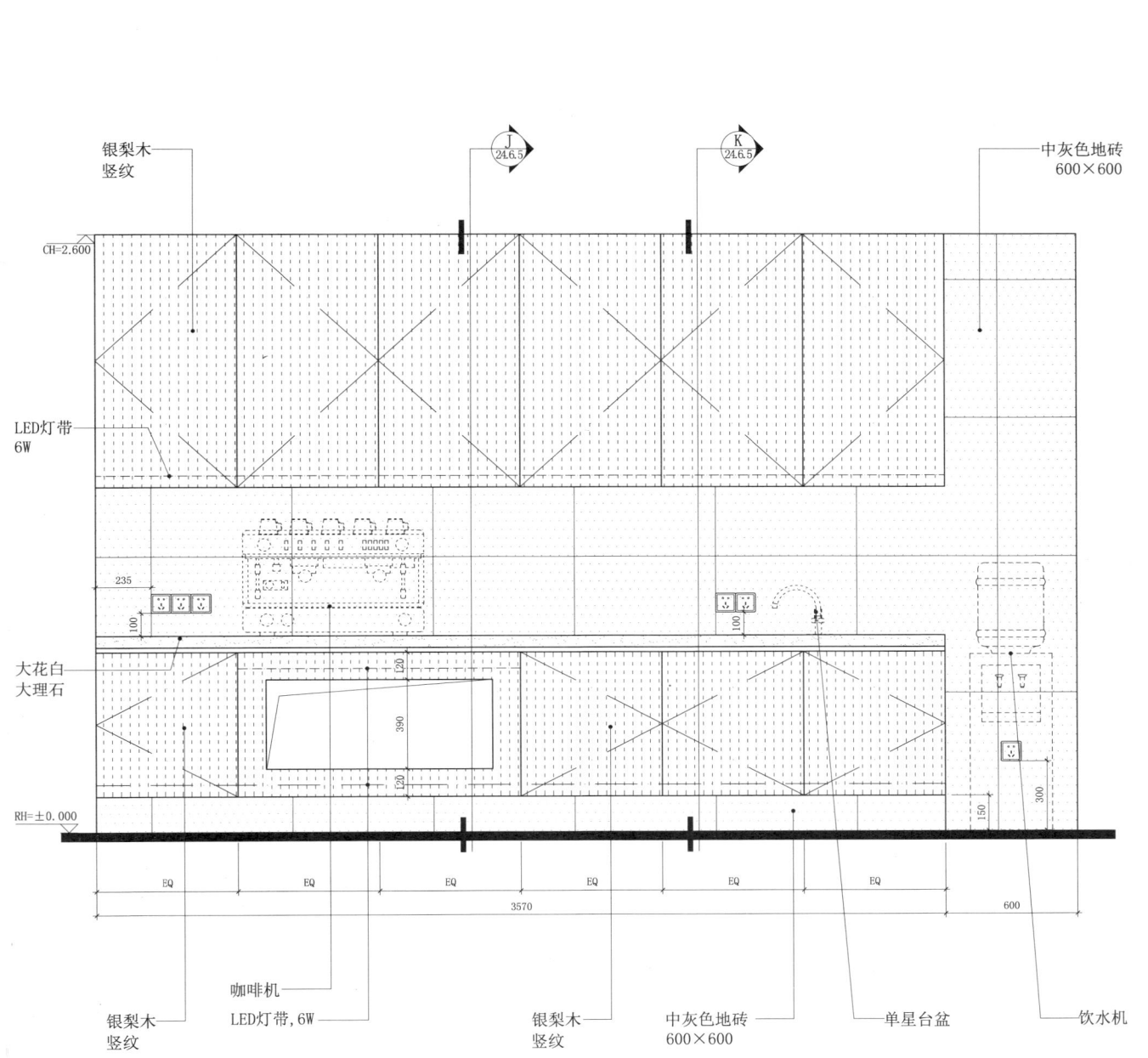

2 立面图

24 办公及会议设施·室内设施

24.6 投影屏移门及茶水柜

24.6.5

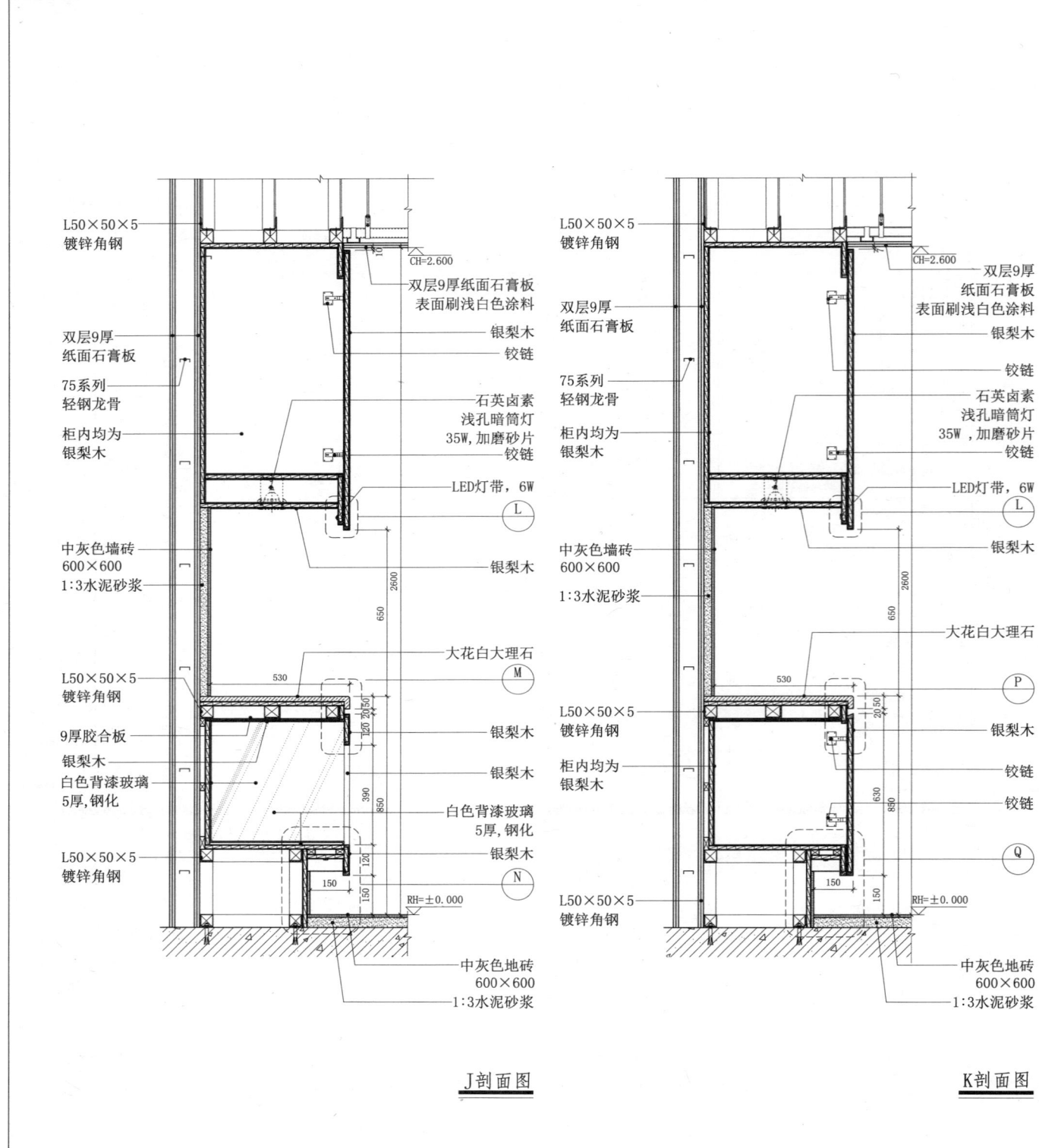

J剖面图　　K剖面图

24.7 升降式投影仪

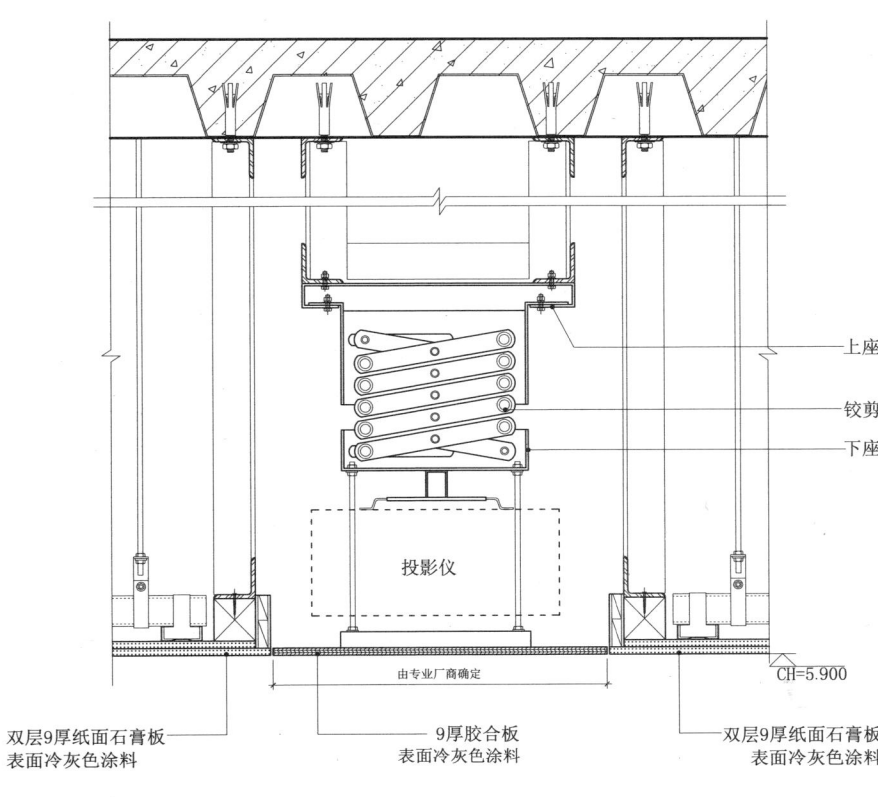

1 节点图
投影仪收起状态

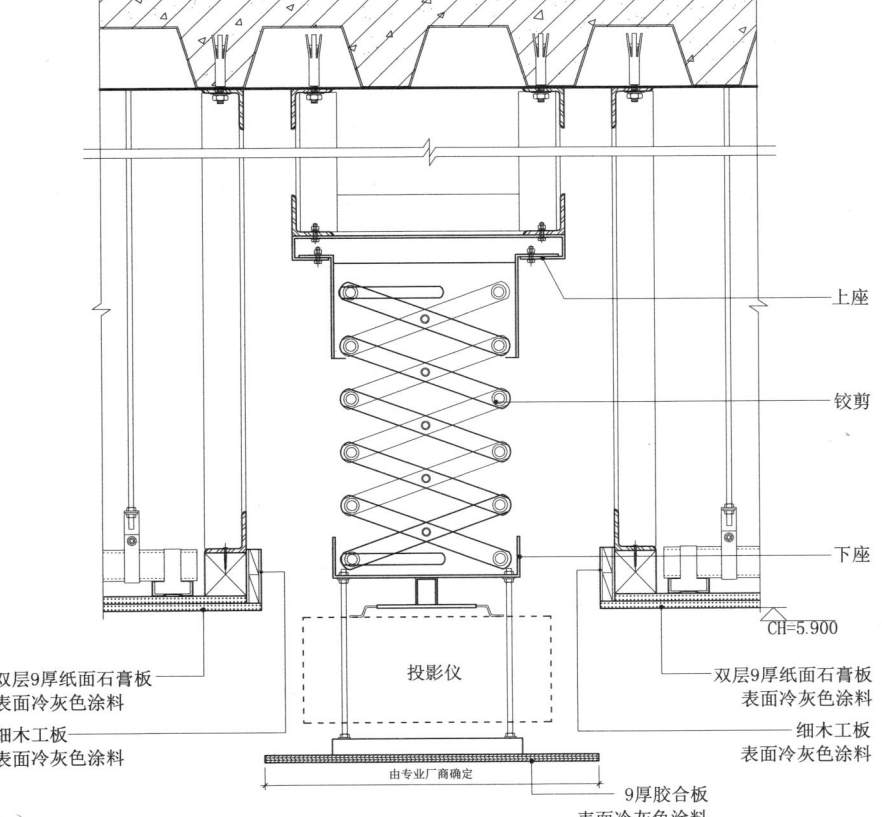

2 节点图
投影仪工作状态

24.8 木丝吸声板背景墙

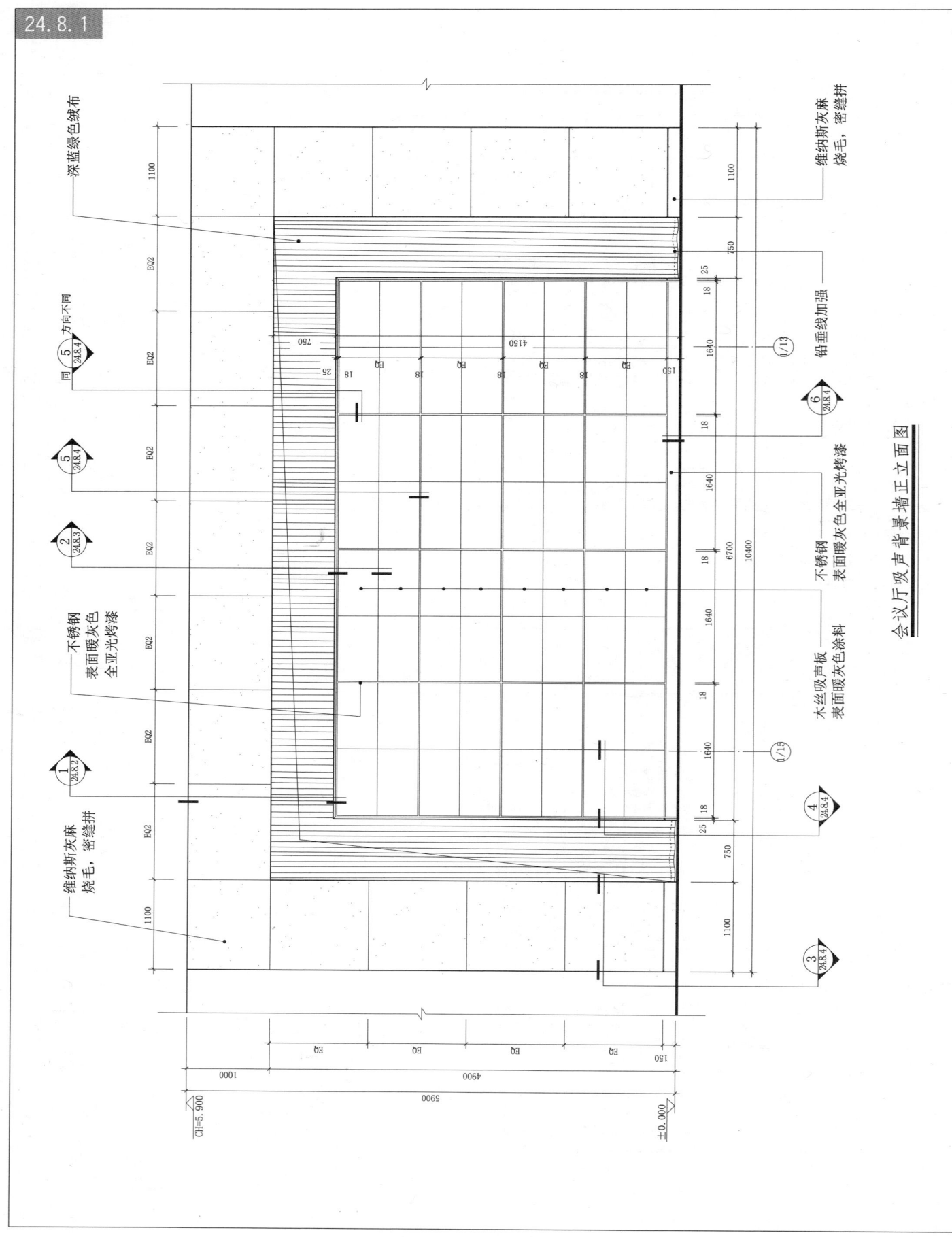

24.8.1 会议厅吸声背景墙正立面图

24.8 木丝吸声板背景墙

24.8.2

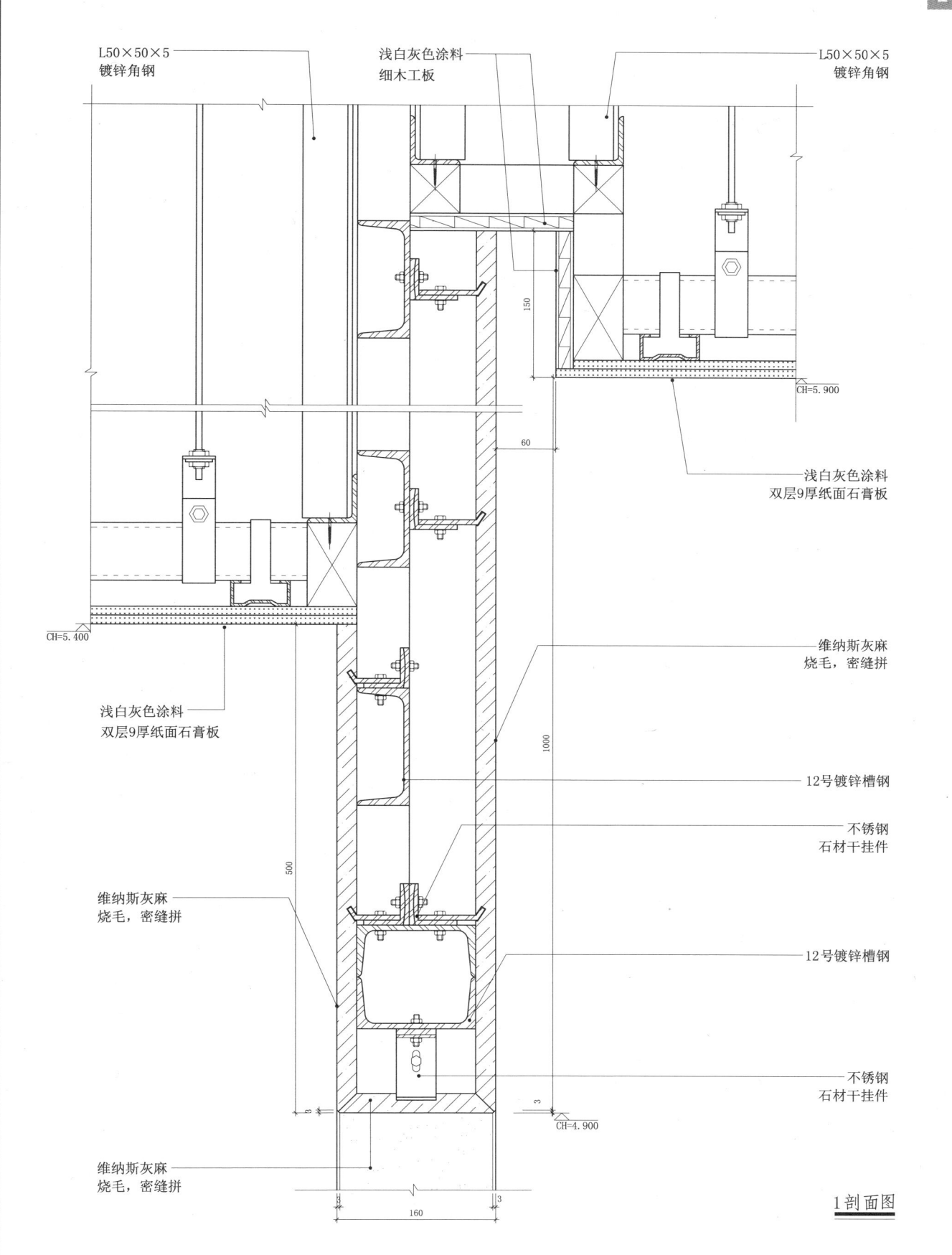

1 剖面图

24.8 木丝吸声板背景墙

24.8.3

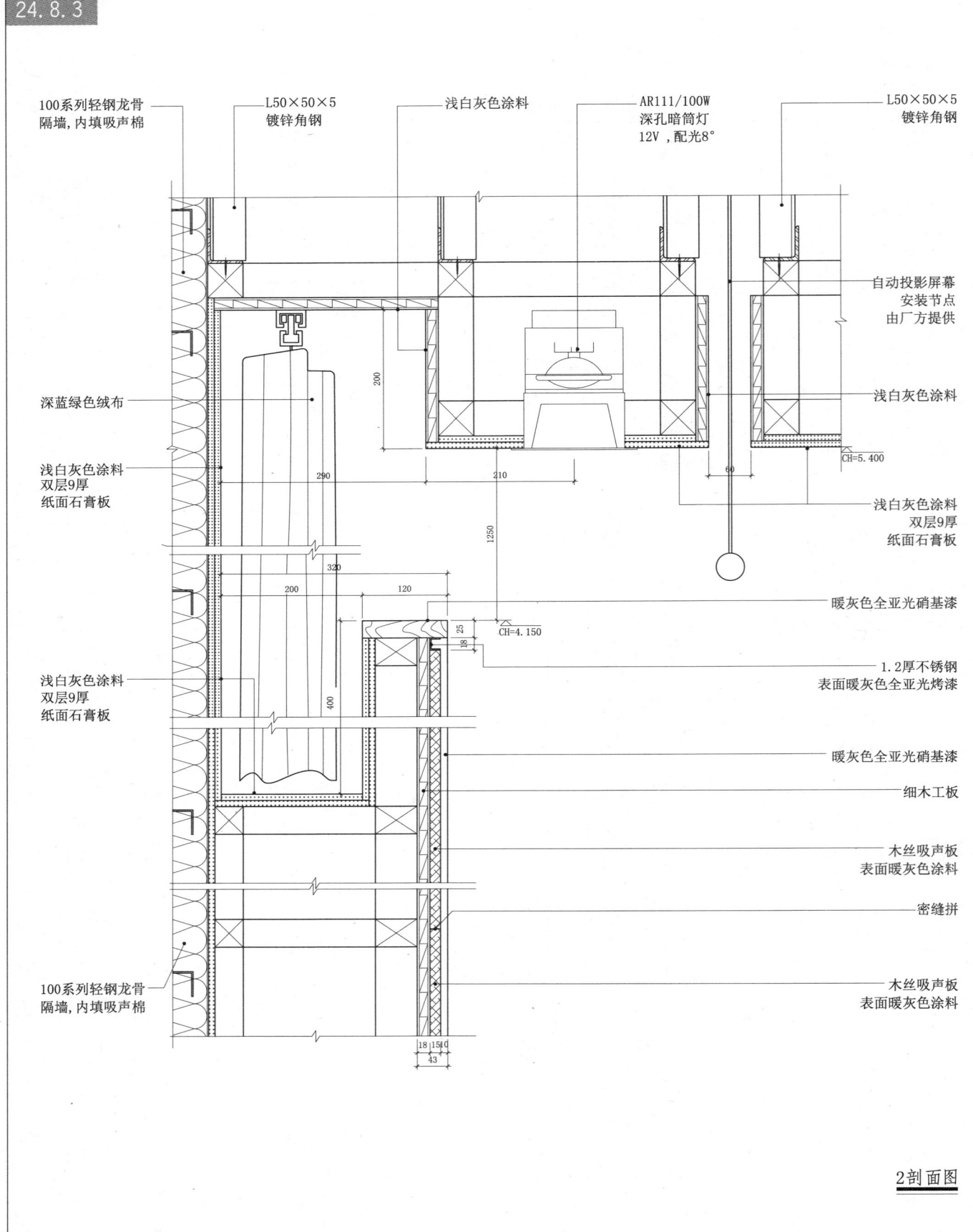

2 剖面图

24.8 木丝吸声板背景墙

24.8.4

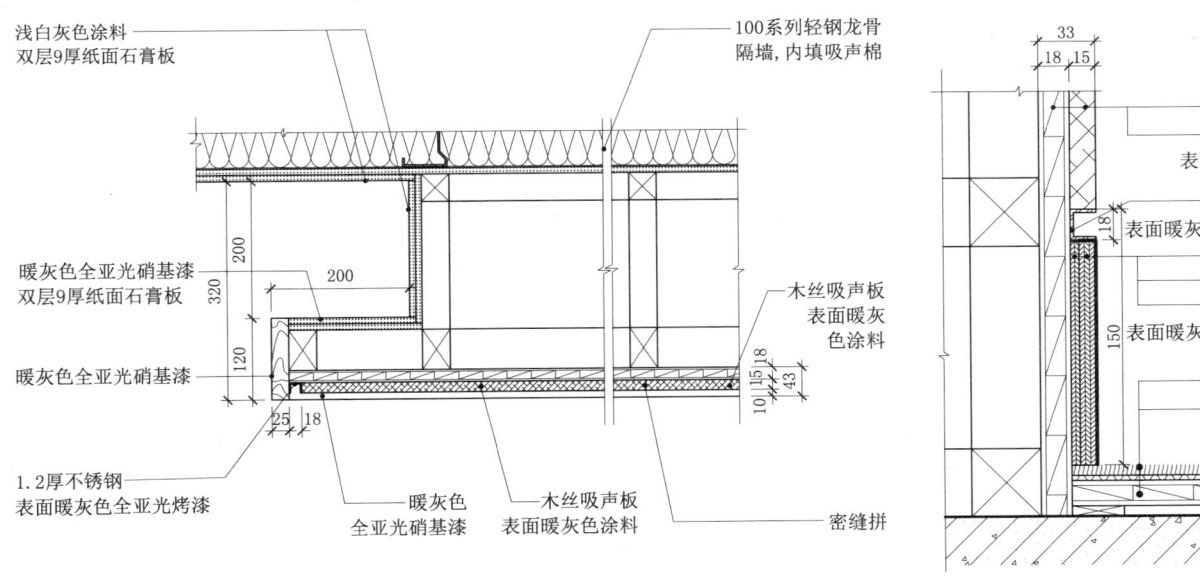

24.9 会议厅立面吸声构造

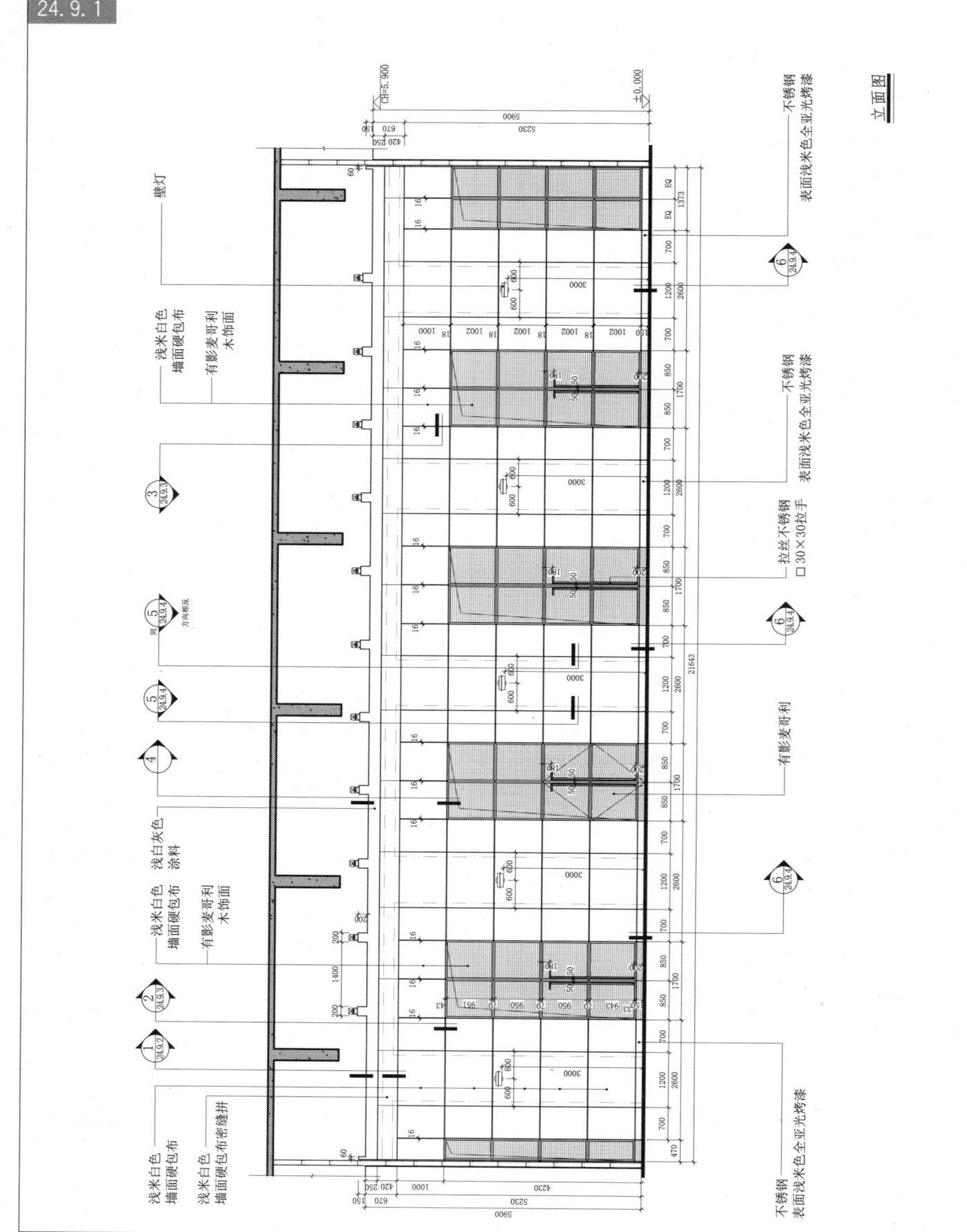

24.9 会议厅立面吸声构造

24.9.2

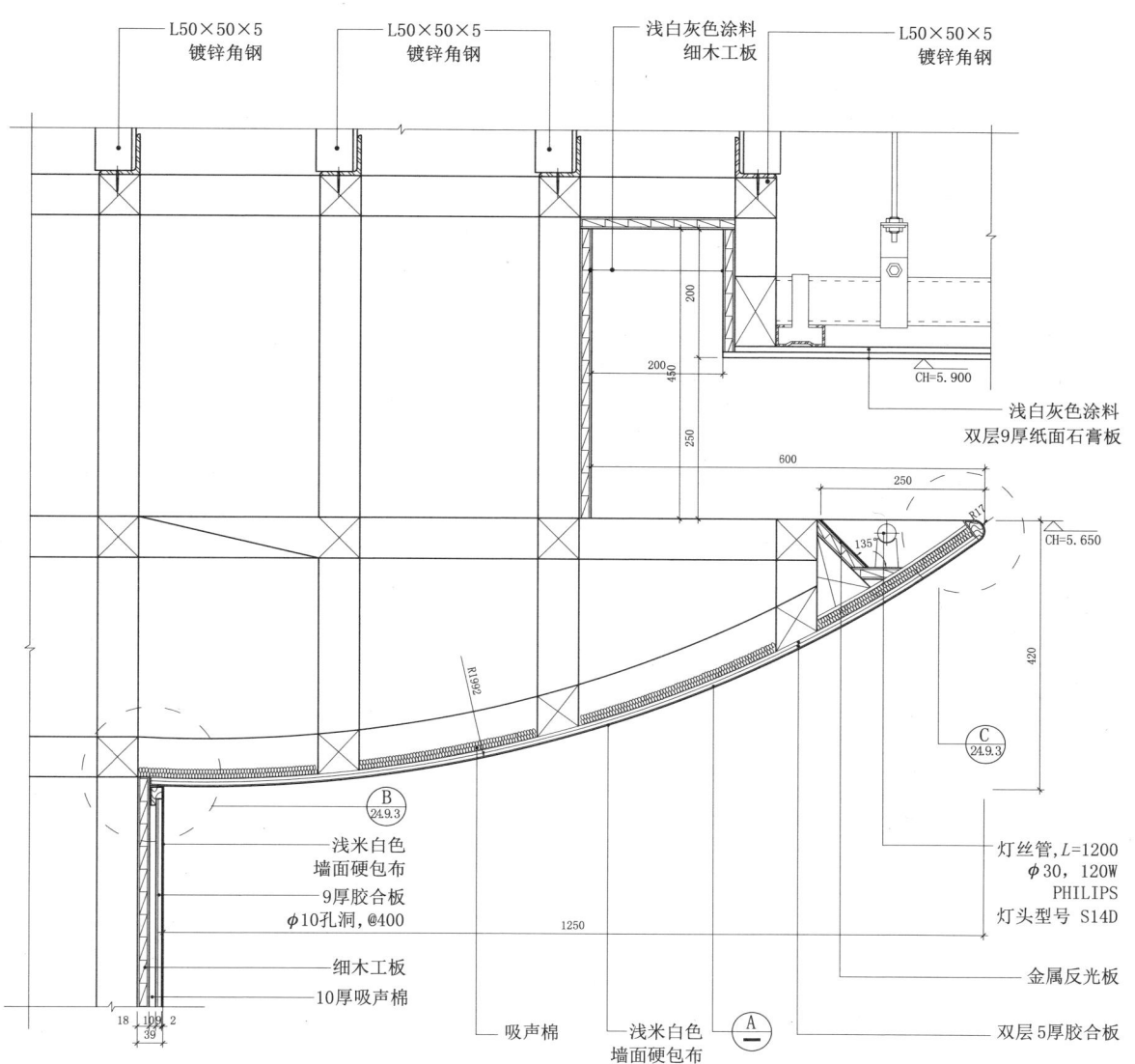

1 剖面图

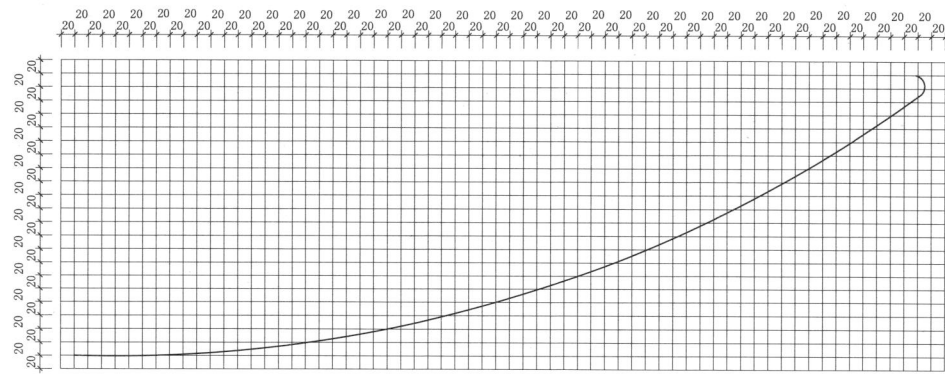

A 大样图

24.9 会议厅立面吸声构造

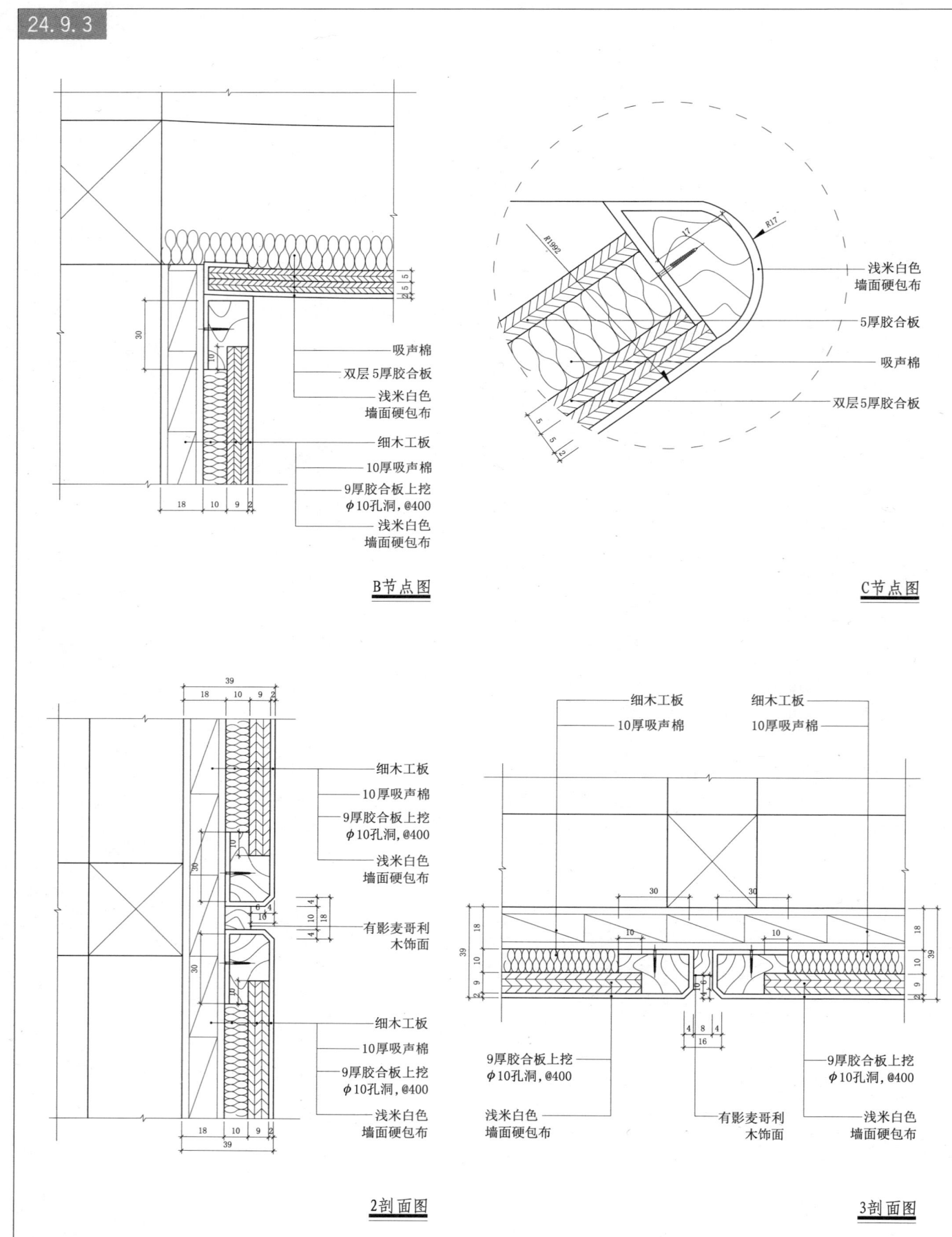

24.9 会议厅立面吸声构造

24.9.4

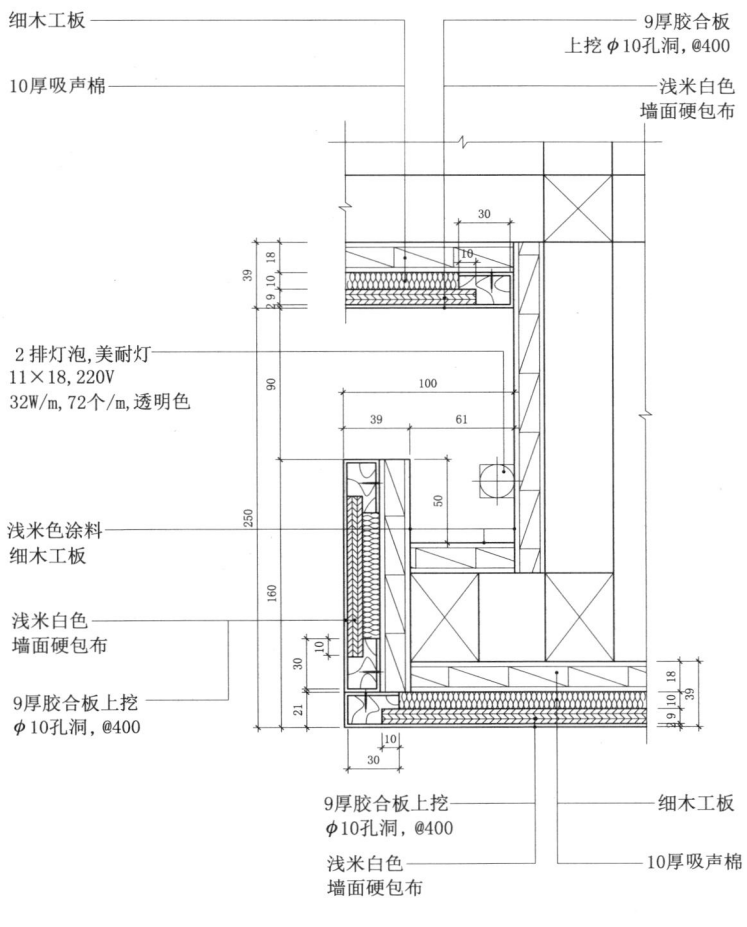

5 剖面图

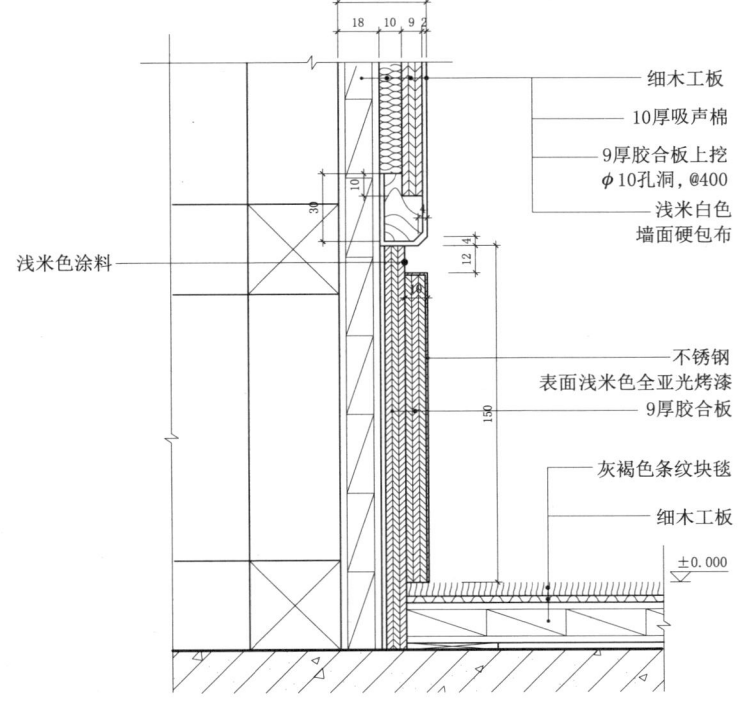

6 剖面图

24 办公及会议设施·吸声构造

24.10 会议厅立面吸声构造节点

24.10

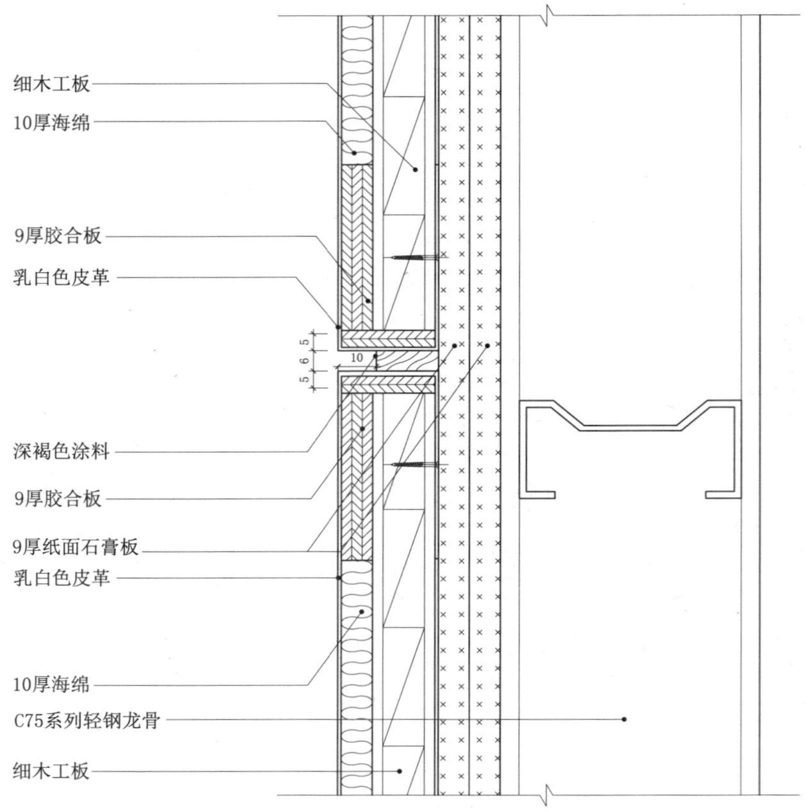

节点图（一）

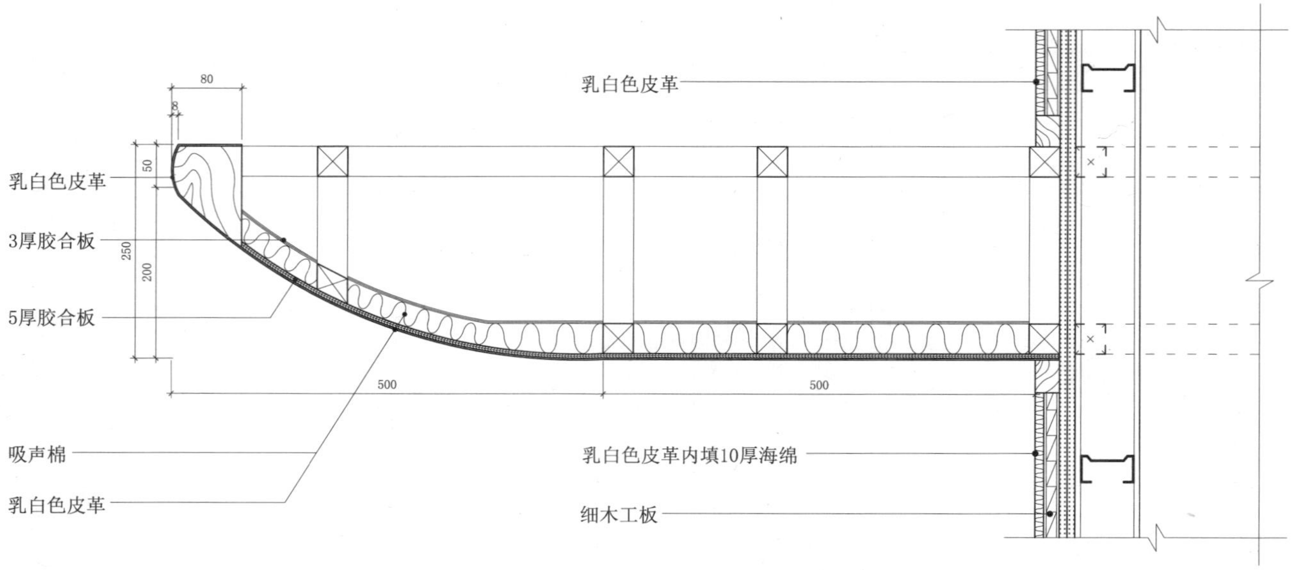

材料标注：
- 细木工板
- 10厚海绵
- 9厚胶合板
- 乳白色皮革
- 深褐色涂料
- 9厚胶合板
- 9厚纸面石膏板
- 乳白色皮革
- 10厚海绵
- C75系列轻钢龙骨
- 细木工板

节点图（二）

材料标注：
- 乳白色皮革
- 乳白色皮革
- 3厚胶合板
- 5厚胶合板
- 吸声棉
- 乳白色皮革
- 乳白色皮革内填10厚海绵
- 细木工板

尺寸标注：80、8、50、250、200、500、500

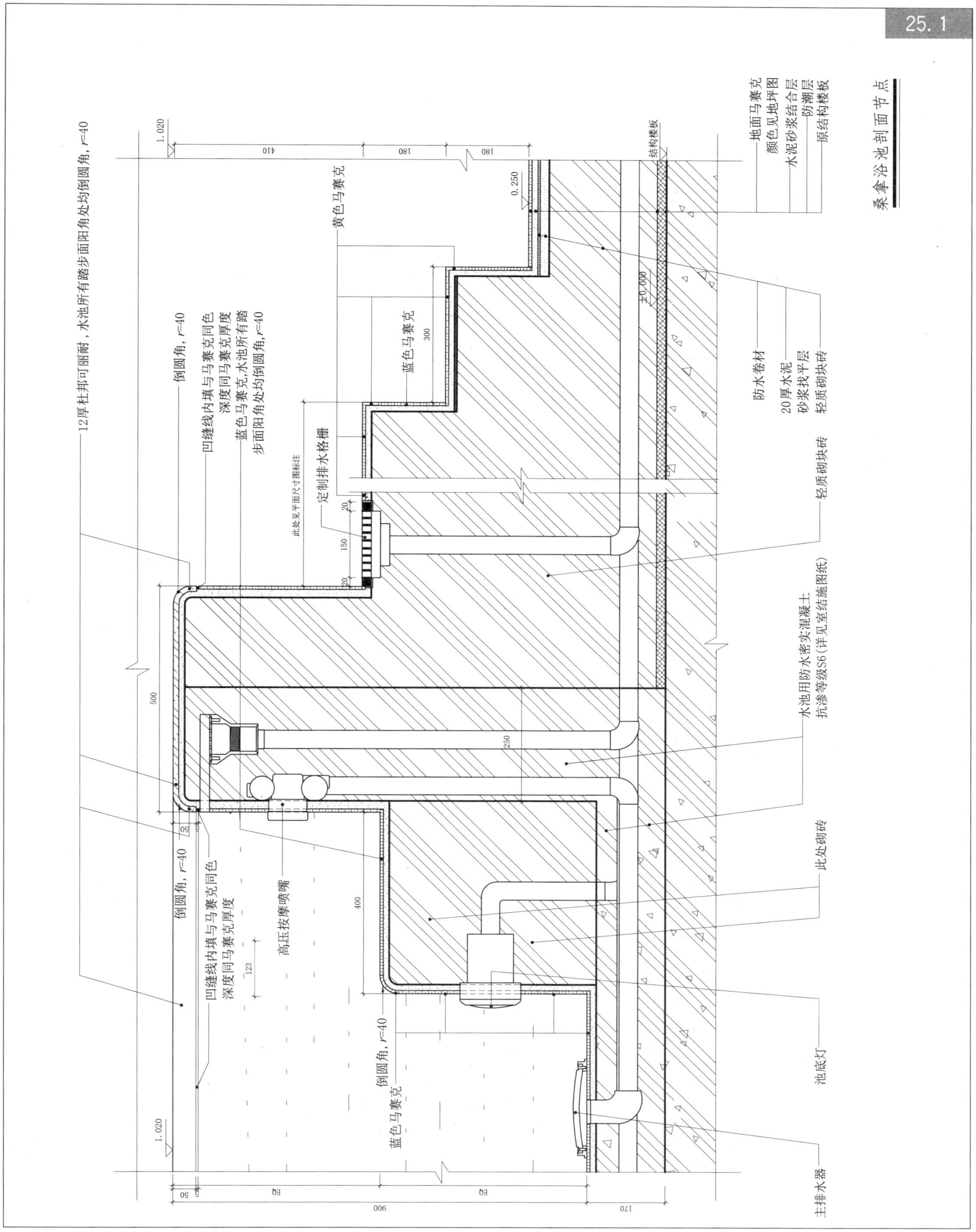
25.1
桑拿浴池剖面节点
地面马赛克
颜色见地坪图
水泥砂浆结合层
防潮层
原结构楼板
结构楼板
黄色马赛克
0.250
±0.000
防水卷材
20厚水泥
砂浆找平层
轻质砌块砖
蓝色马赛克
300
12厚杜邦可丽耐，水池所有踏步面阳角处均倒圆角，r=40
倒圆角，r=40
凹缝线内填与马赛克同色
深度同马赛克厚度
蓝色马赛克,水池所有踏
步面阳角处均倒圆角,r=40
此处见平面尺寸图标注
定制排水格栅
20
150
20
轻质砌块砖
水池用防水密实混凝土
抗渗等级S6(详见室结施图纸)
500
250
400
123
高压按摩喷嘴
此处砌砖
倒圆角，r=40
凹缝线内填与马赛克同色
深度同马赛克厚度
倒圆角，r=40
蓝色马赛克
池底灯
主排水器
1.020
410
180
180
50
EQ
EQ
900
170

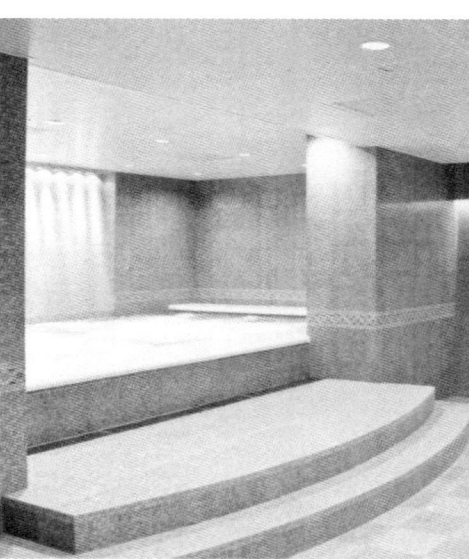

25 卫浴设施、防水构造·固定家具 室内设施

25.2 洗手台(一)

25.2

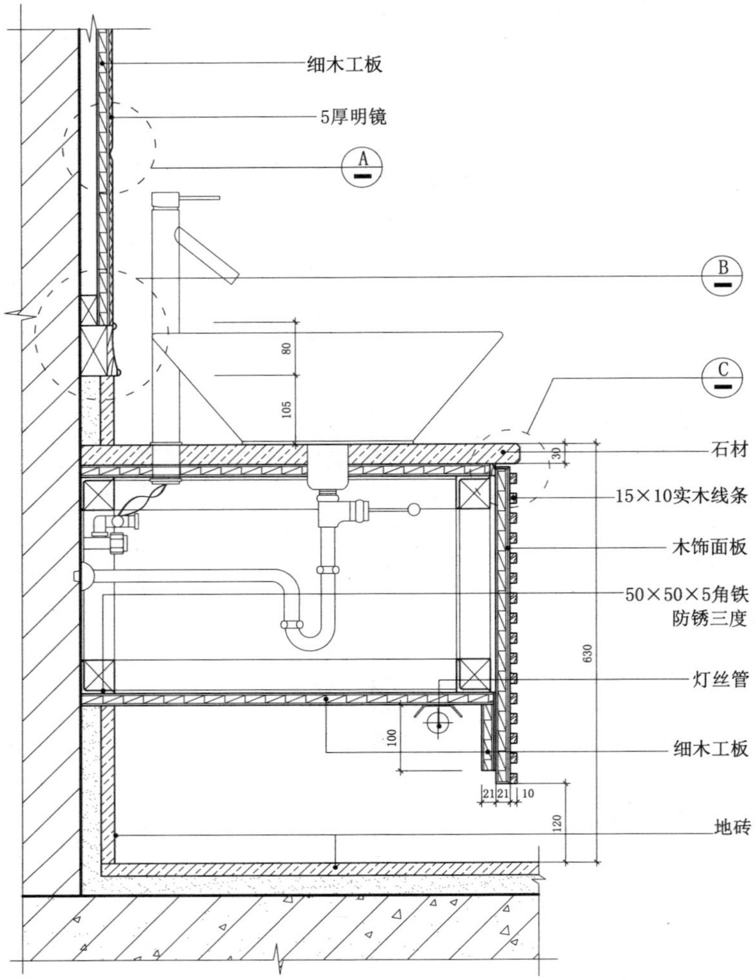

细木工板
5厚明镜

A
B
C

石材
15×10实木线条
木饰面板
50×50×5角铁 防锈三度
灯丝管
细木工板
地砖

剖立面图

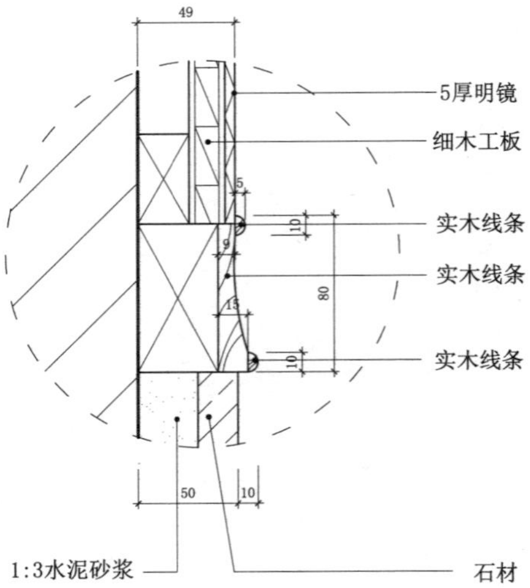

A节点图
5厚明镜
细木工板
实木线条
实木线条
实木线条
1:3水泥砂浆
石材

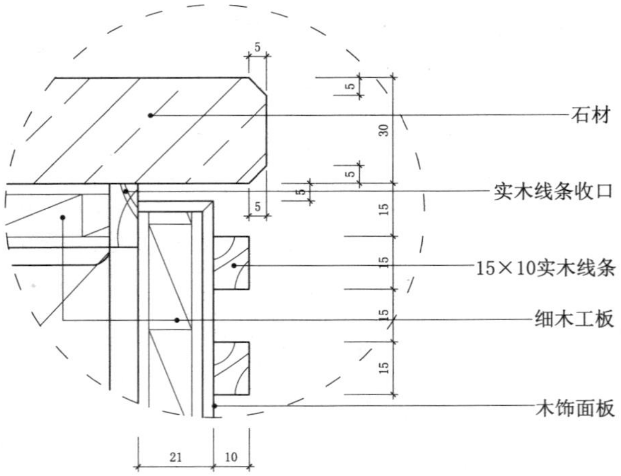

C节点图
石材
实木线条收口
15×10实木线条
细木工板
木饰面板

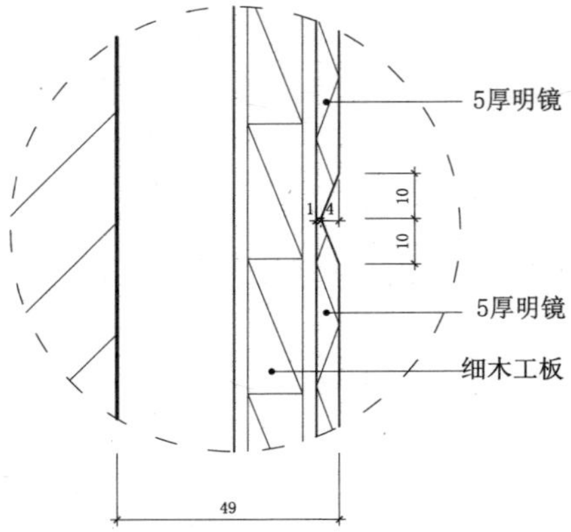

B节点图
5厚明镜
5厚明镜
细木工板

25.3 洗手台（二）

25 卫浴设施、防水构造·室内设施 西方古典风格

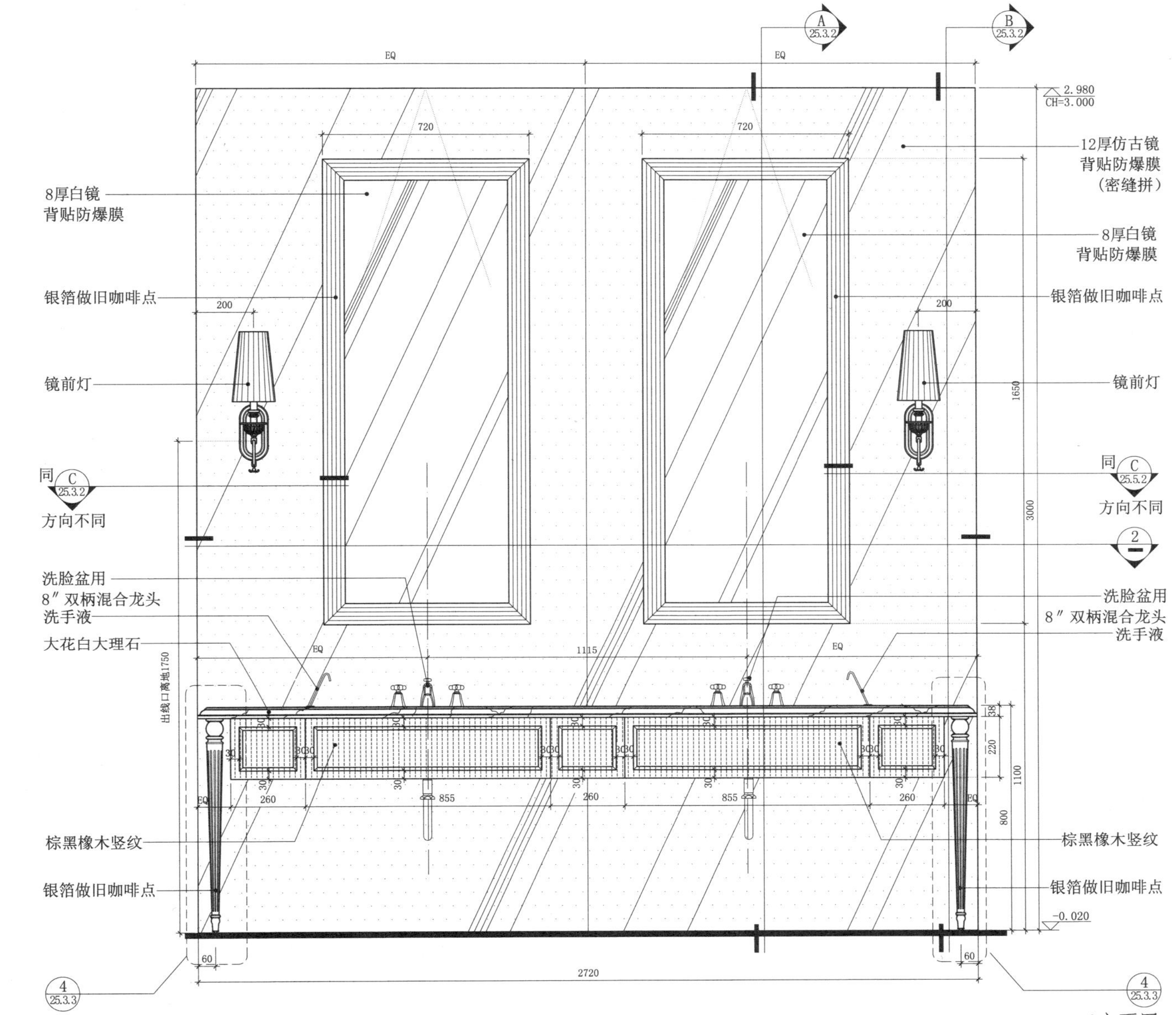

1 立面图 (25.3.1)

标注说明：
- 8厚白镜 背贴防爆膜
- 银箔做旧咖啡点
- 镜前灯
- 同 C (25.3.2) 方向不同
- 洗脸盆用 8″双柄混合龙头 洗手液
- 大花白大理石
- 棕黑橡木竖纹
- 银箔做旧咖啡点
- 12厚仿古镜 背贴防爆膜（密缝拼）
- 8厚白镜 背贴防爆膜
- 银箔做旧咖啡点
- 镜前灯
- 同 C (25.3.2) 方向不同
- 洗脸盆用 8″双柄混合龙头 洗手液
- 棕黑橡木竖纹
- 银箔做旧咖啡点

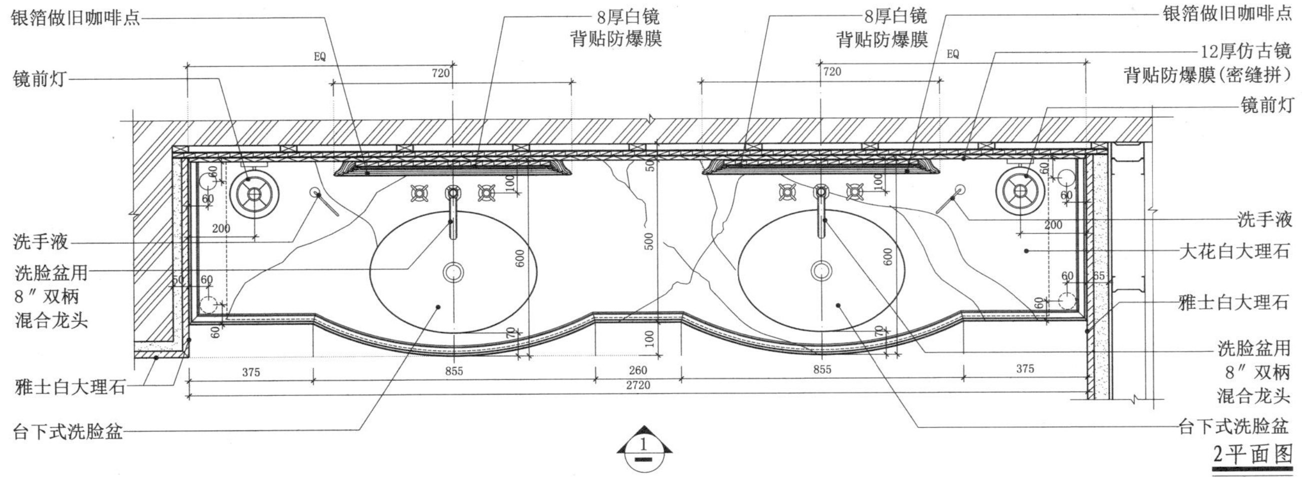

2 平面图

标注说明：
- 银箔做旧咖啡点
- 镜前灯
- 洗手液
- 洗脸盆用 8″双柄混合龙头
- 雅士白大理石
- 台下式洗脸盆
- 8厚白镜 背贴防爆膜
- 12厚仿古镜 背贴防爆膜（密缝拼）
- 镜前灯
- 大花白大理石
- 雅士白大理石
- 洗脸盆用 8″双柄混合龙头
- 台下式洗脸盆

25 卫浴设施、防水构造·室内设施 西方古典风格

25.3 洗手台(二)

25.3.2

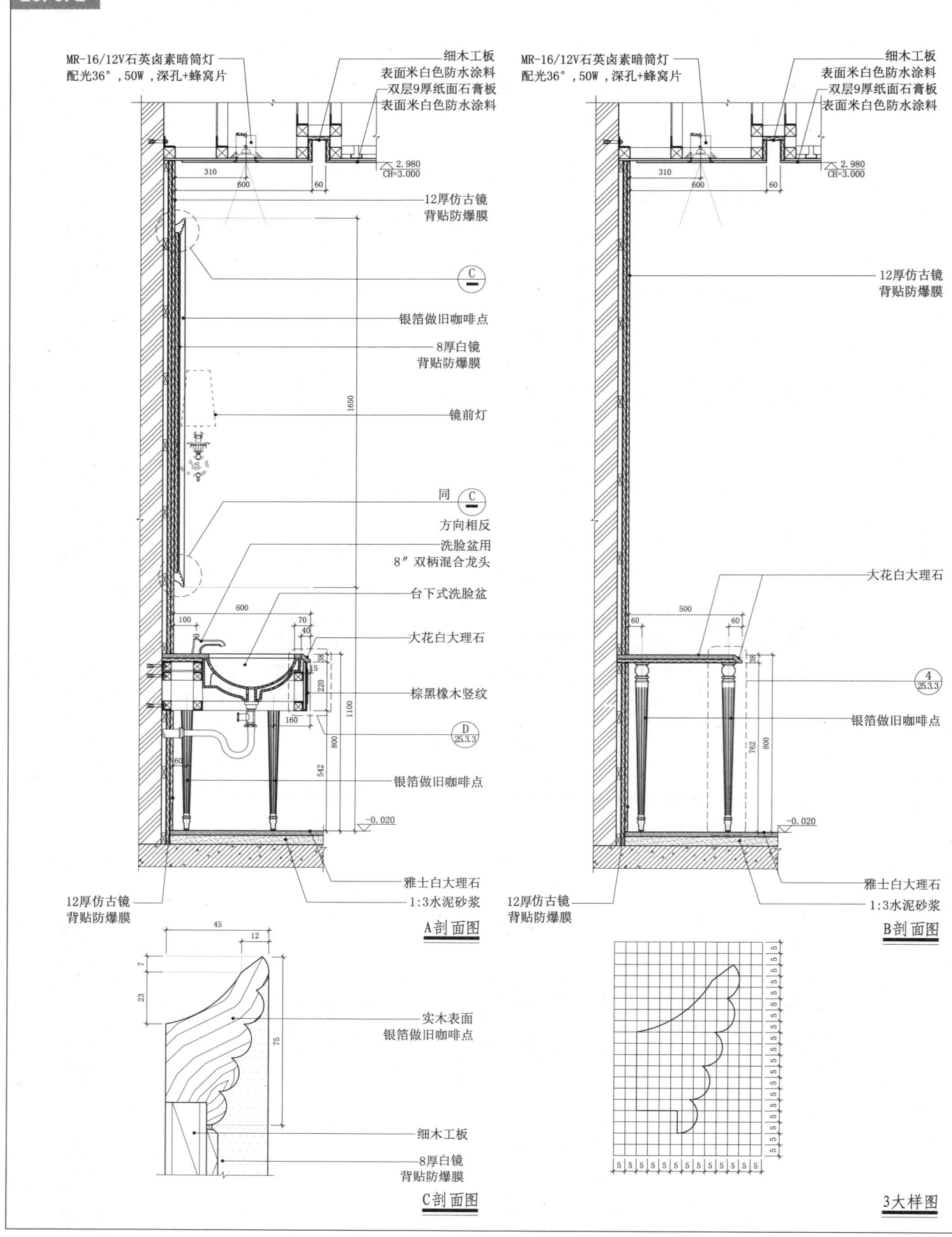

25.3 洗手台（二）

25.3.3

卫浴设施、防水构造·室内设施 西方古典风格

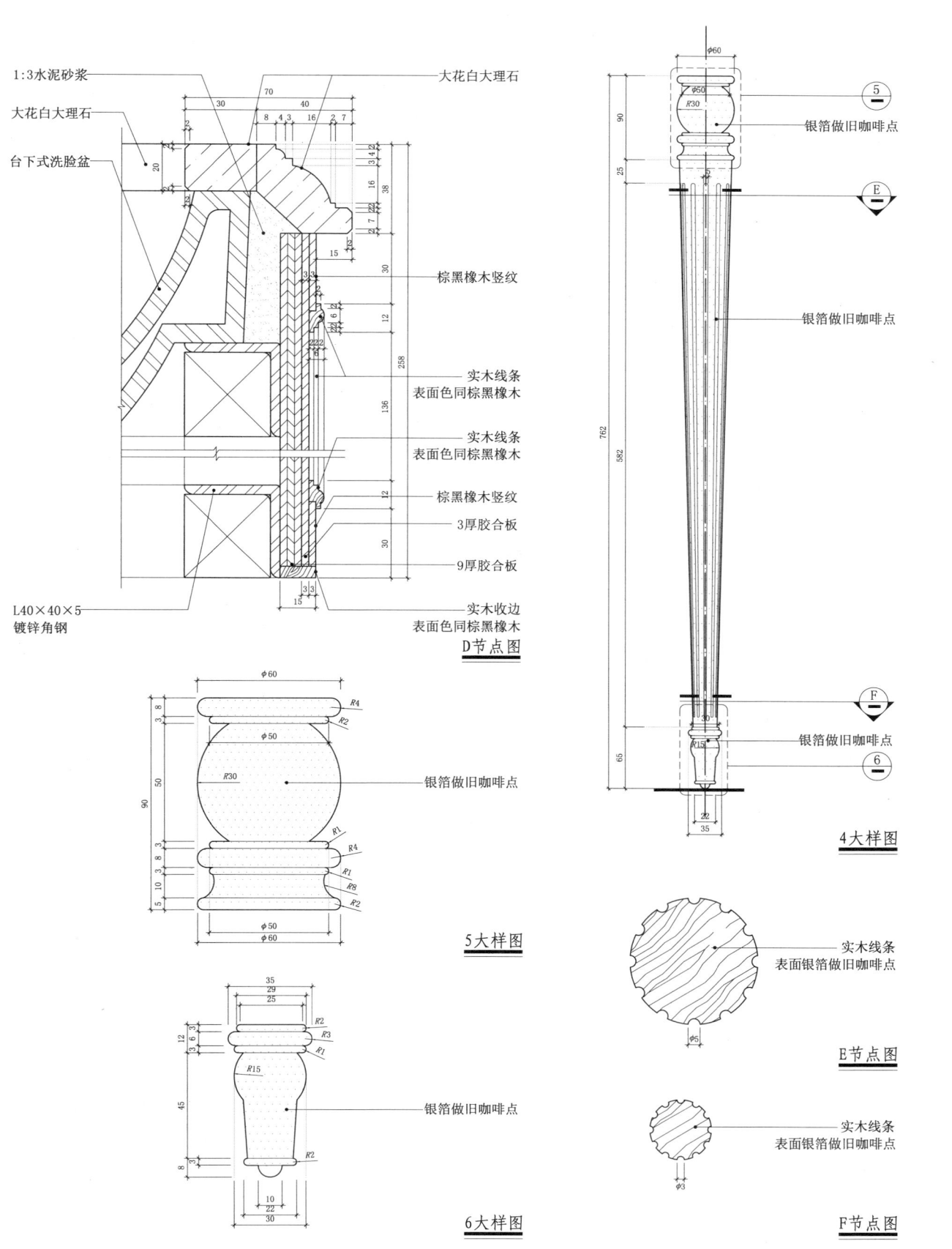

室内构造节点与专项模式图集 | 1043

25 卫浴设施、防水构造·透光照明构造 检修构造

25.4 洗手台(三)

25.4.1

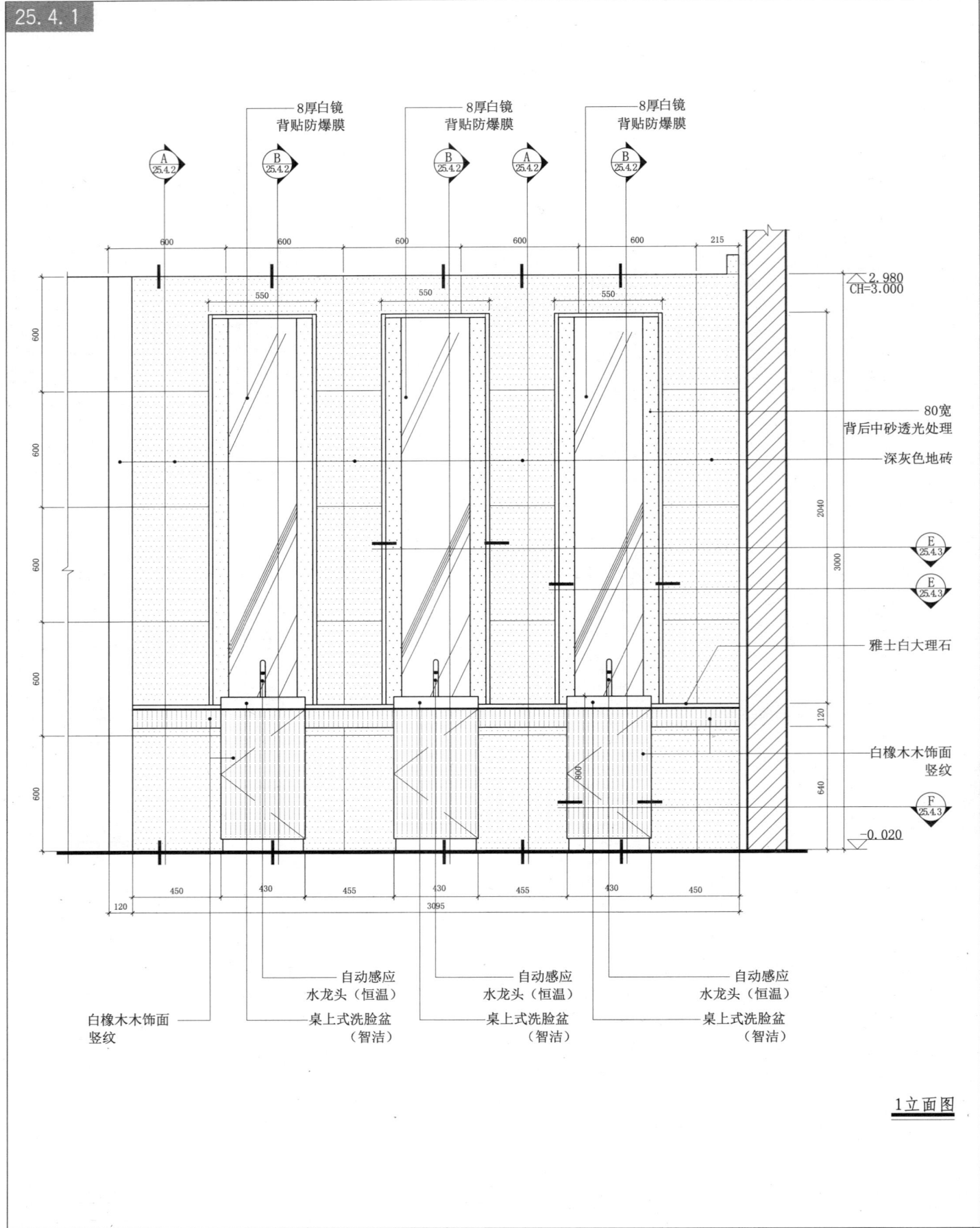

1立面图

25.4 洗手台（三）

25.4.2

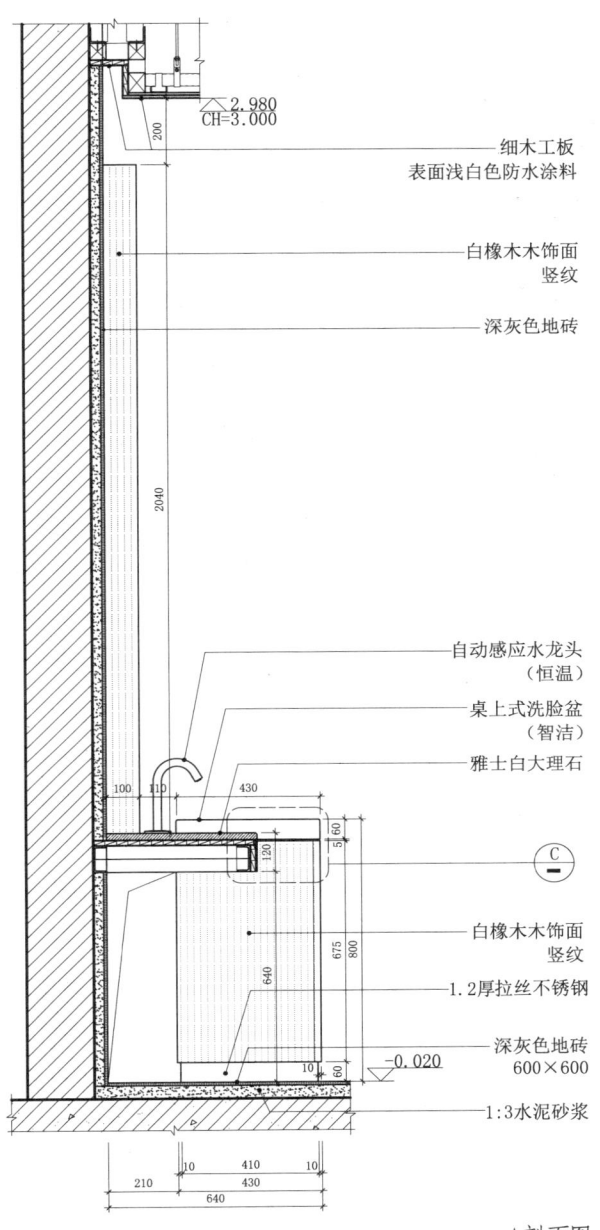

A剖面图

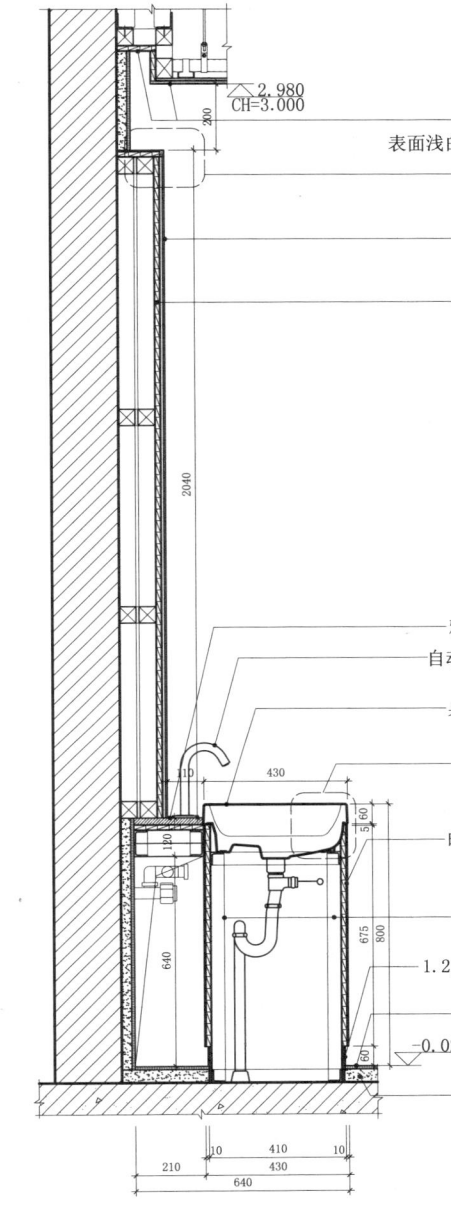

B剖面图

C节点图

D节点图

25.4 洗手台(三)

25 卫浴设施、防水构造·透光照明构造 检修构造

25.4.3

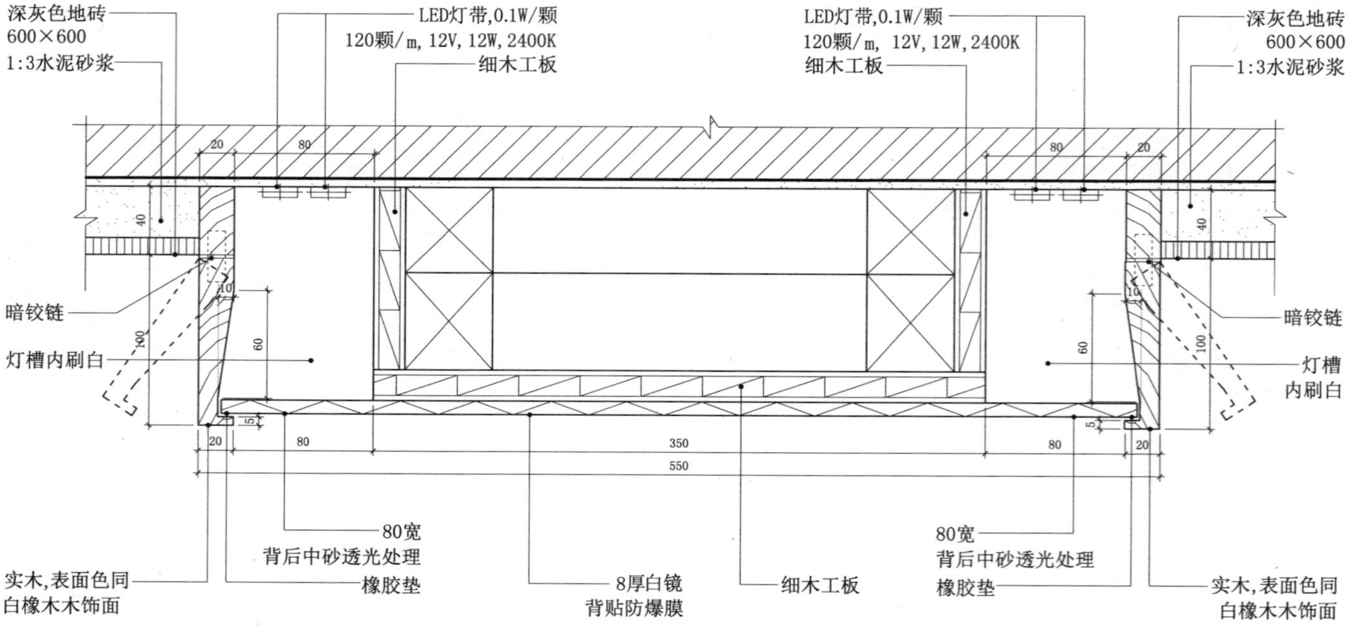

E节点图

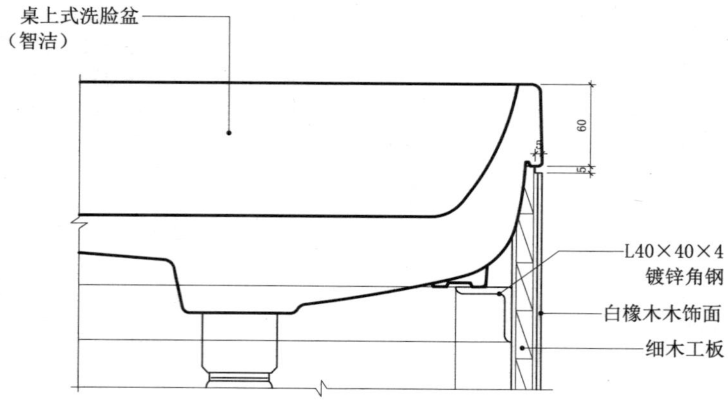

标注说明：
- 深灰色地砖 600×600，1:3水泥砂浆
- LED灯带, 0.1W/颗 120颗/m, 12V, 12W, 2400K
- 细木工板
- 暗铰链
- 灯槽内刷白
- 实木,表面色同白橡木木饰面
- 80宽 背后中砂透光处理 橡胶垫
- 8厚白镜 背贴防爆膜
- 细木工板

G节点图

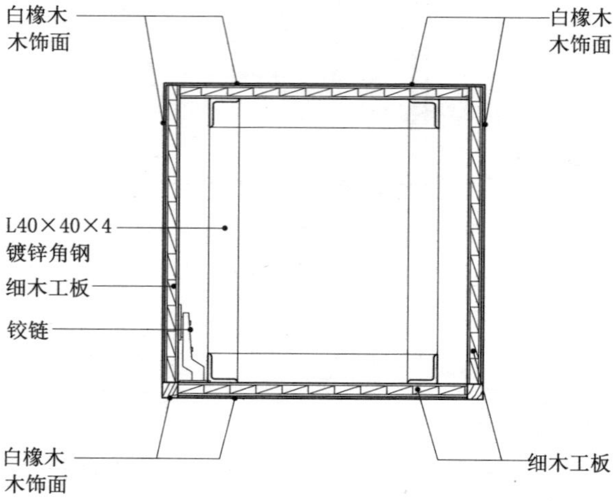

标注说明：
- 桌上式洗脸盆（智洁）
- L40×40×4 镀锌角钢
- 白橡木木饰面
- 细木工板

F节点图

标注说明：
- 白橡木木饰面
- L40×40×4 镀锌角钢
- 细木工板
- 铰链

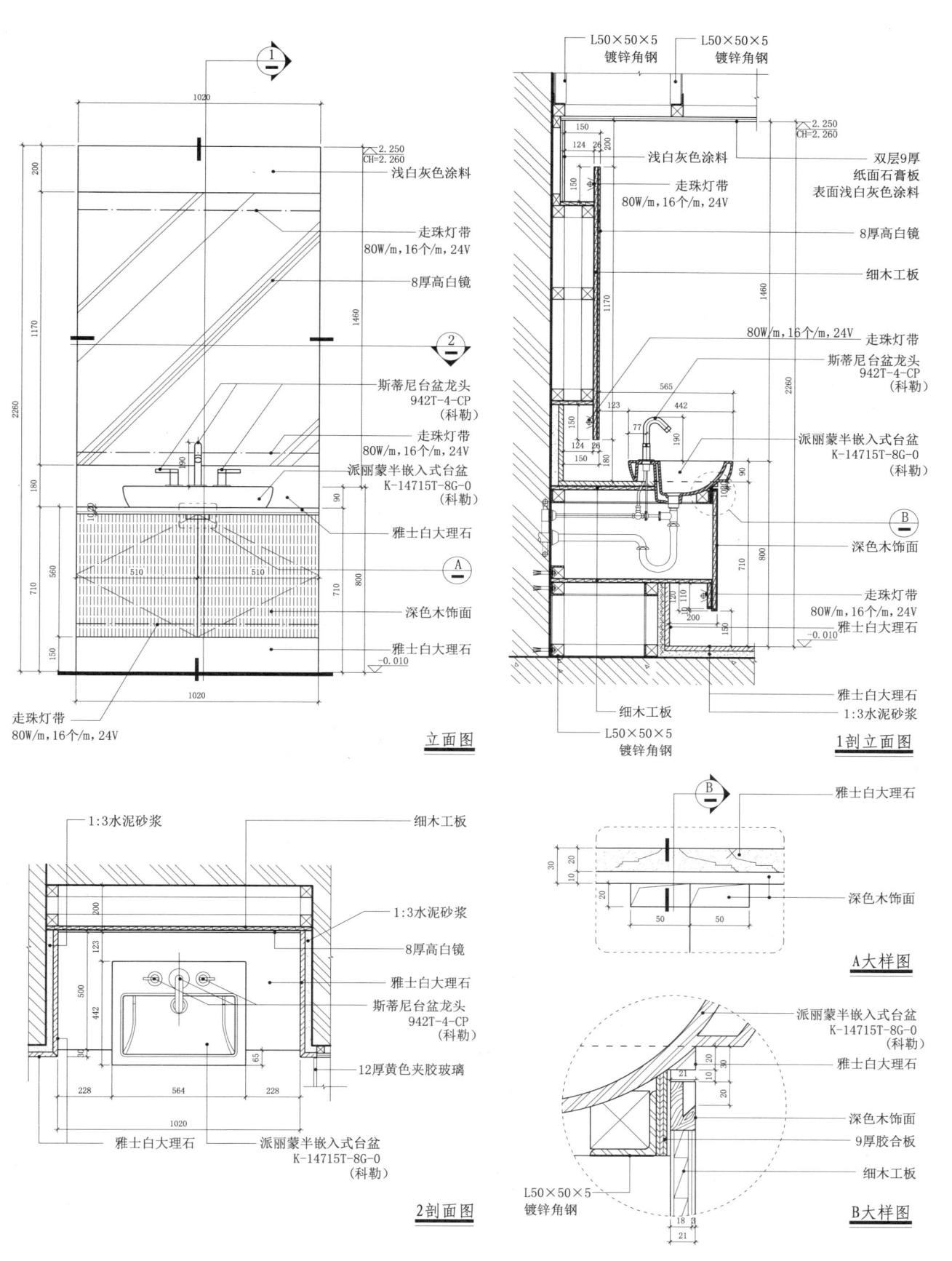

25.6 淋浴花洒组合

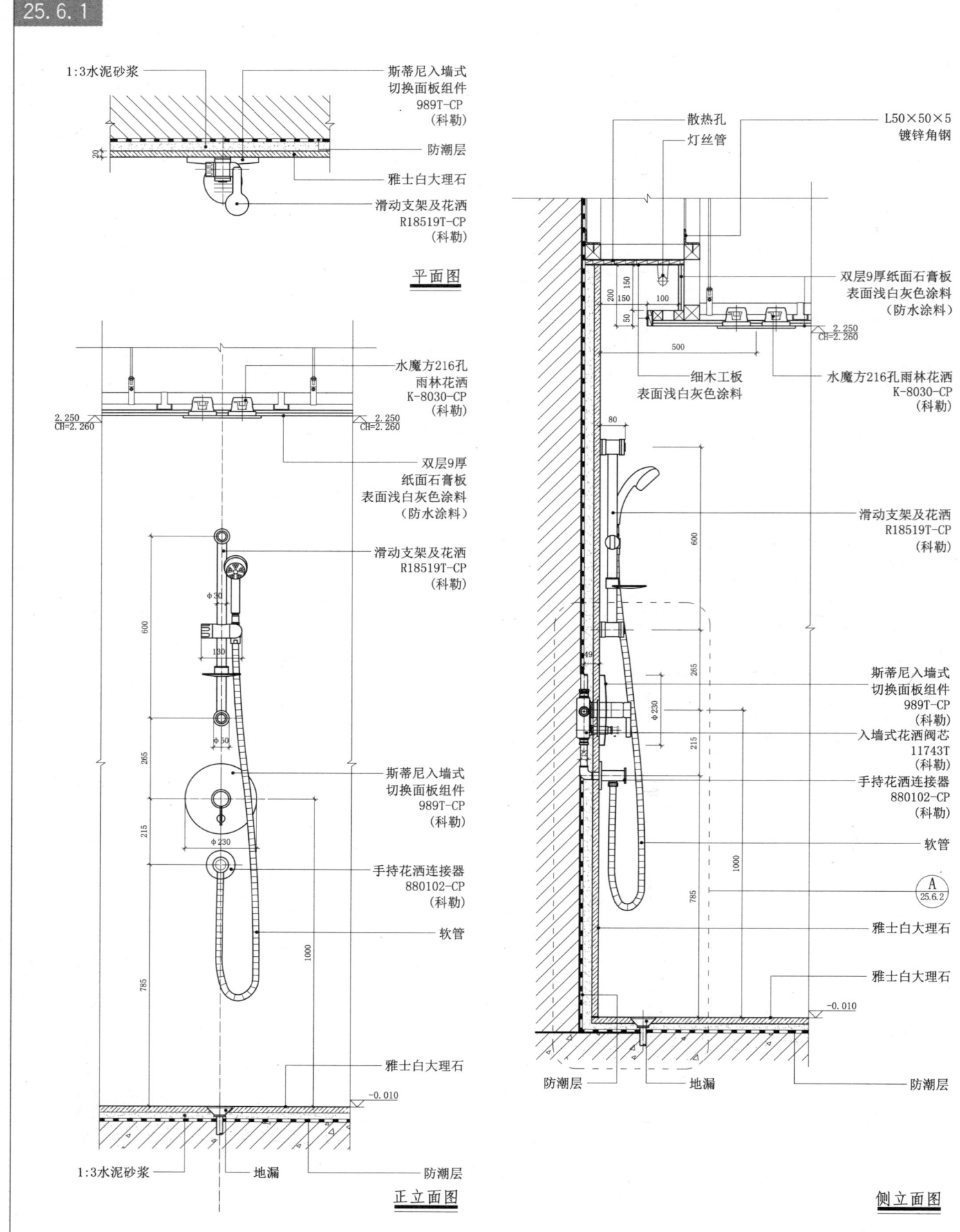

25.6 淋浴花洒组合

25.6.2

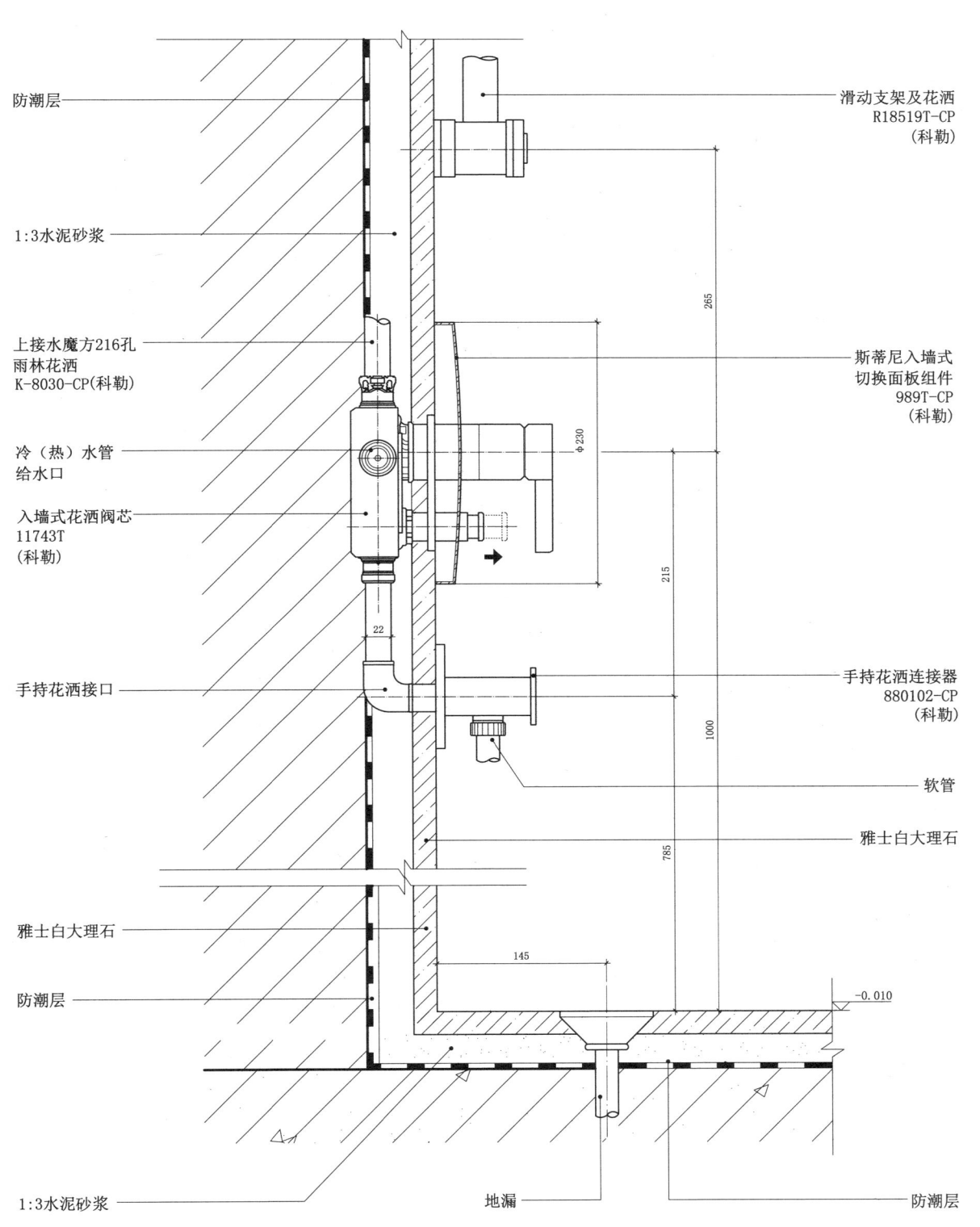

A大样图

25 卫浴设施、防水构造·室内设施 检修构造

25.7 按摩浴缸(一)

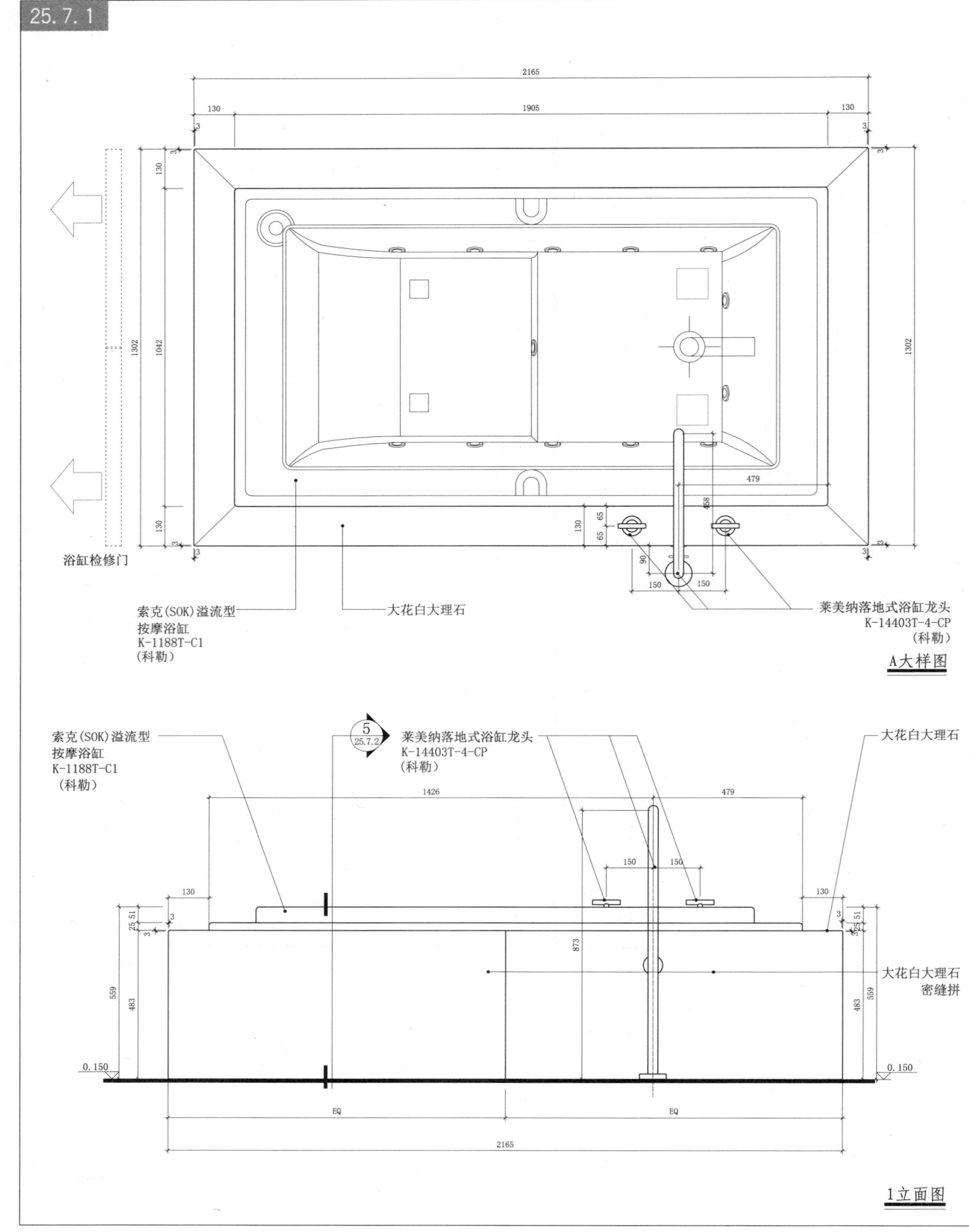

25.7.1

A大样图

1立面图

25.7 按摩浴缸(一)

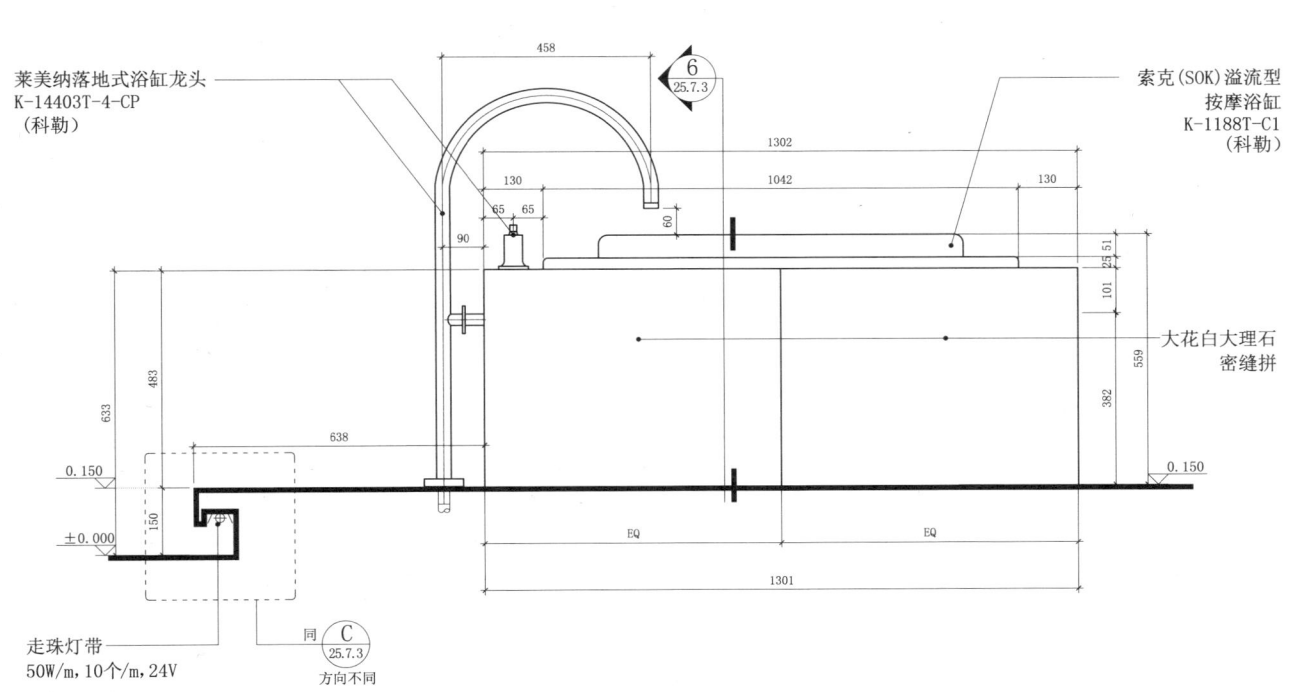

4立面图

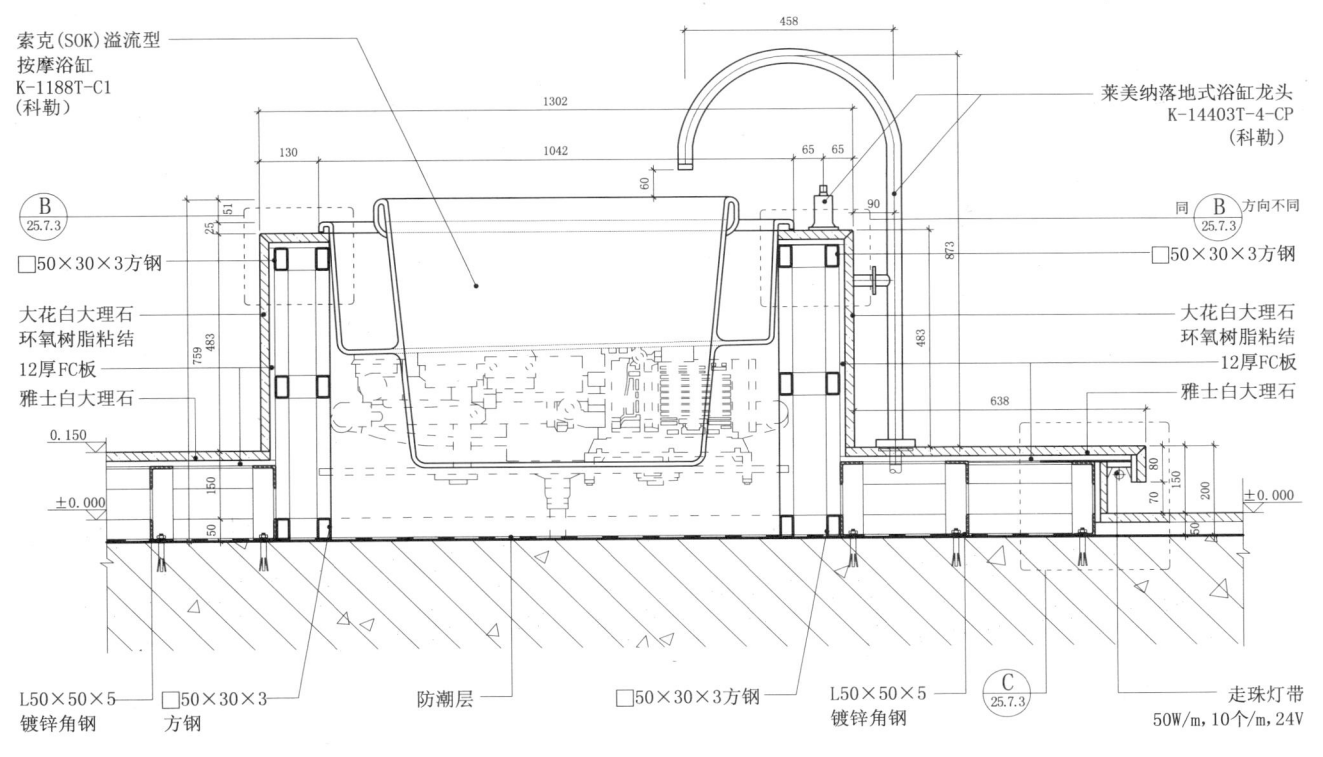

5剖立面图

25.7 按摩浴缸（一）

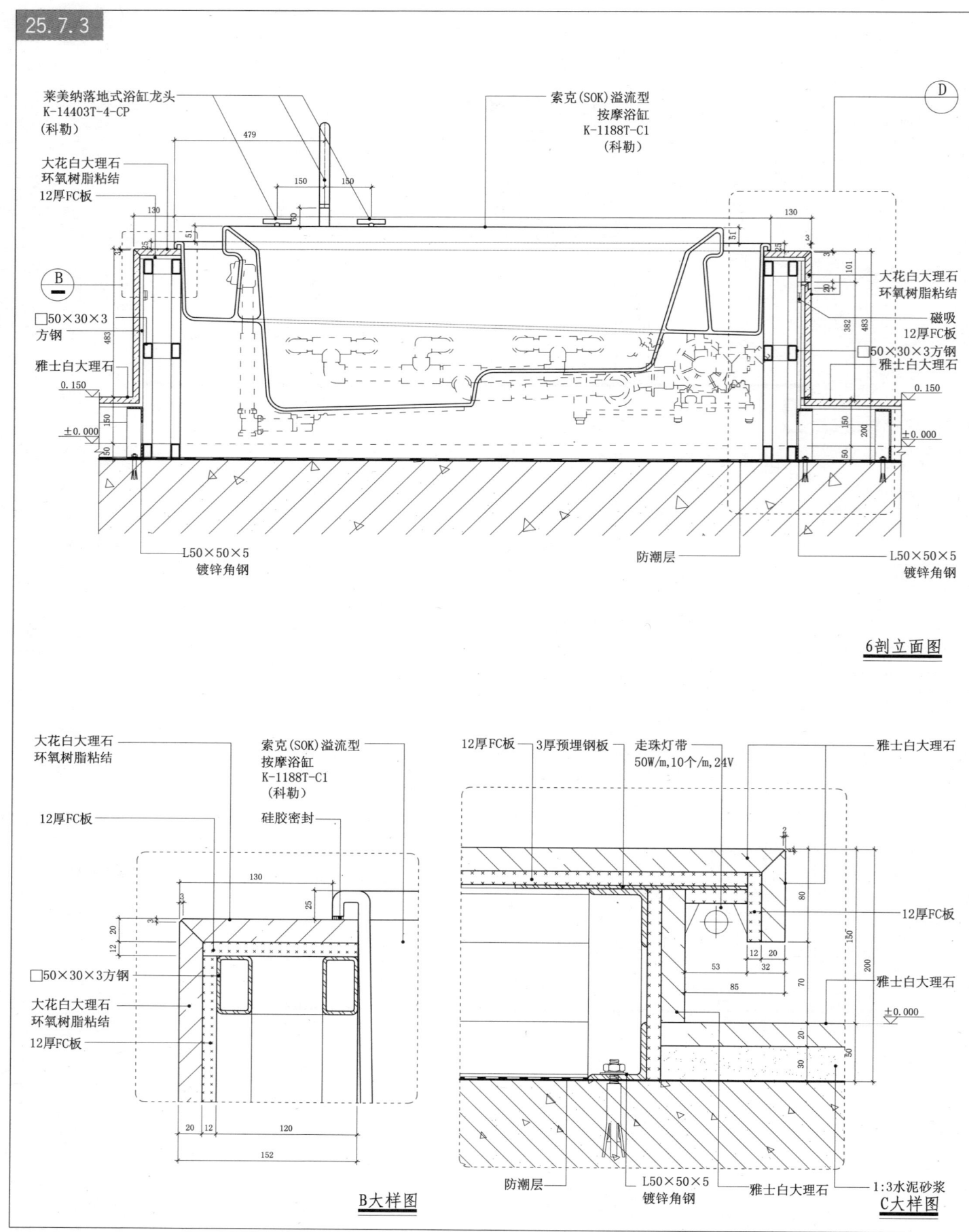

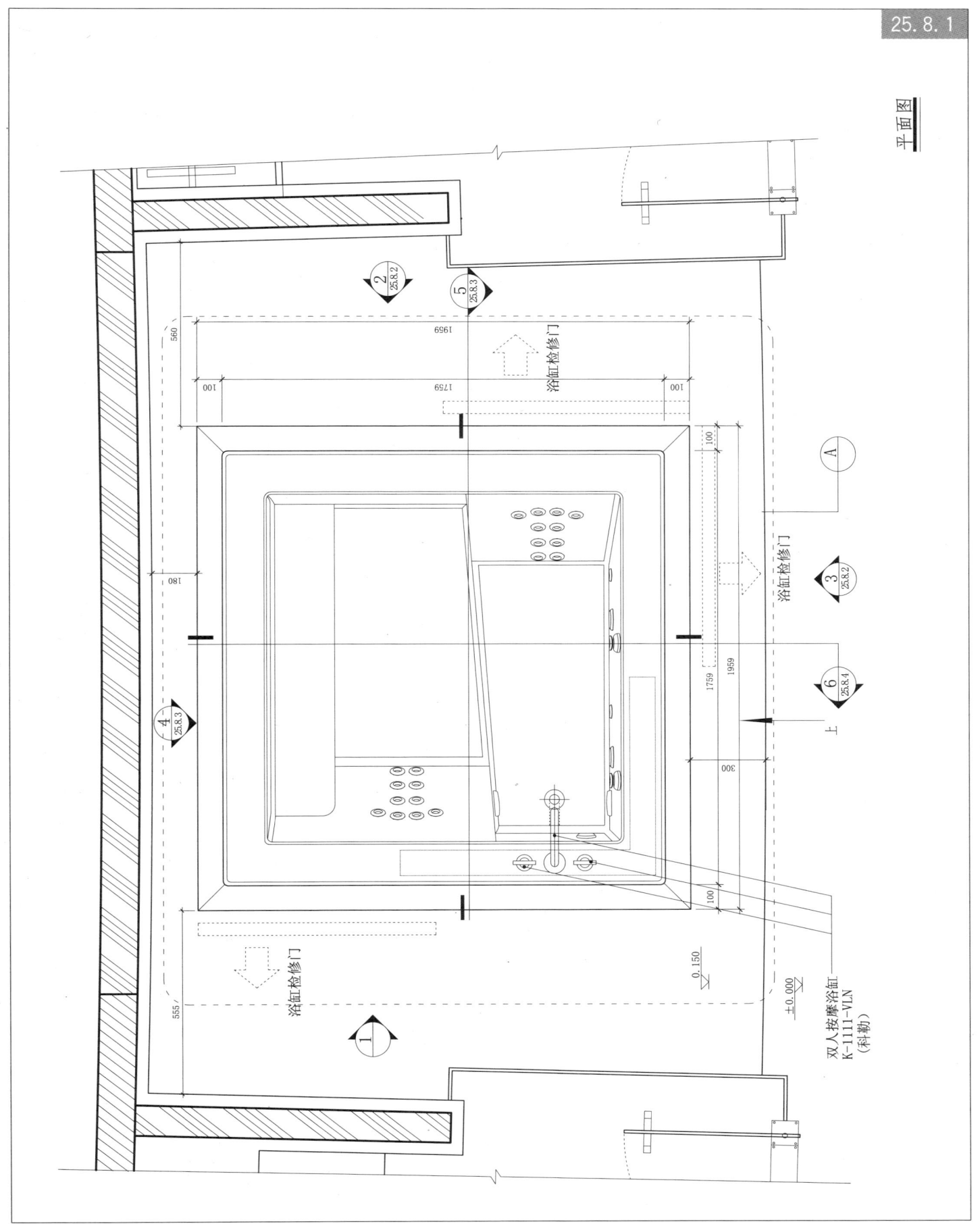

25.8 按摩浴缸（二）

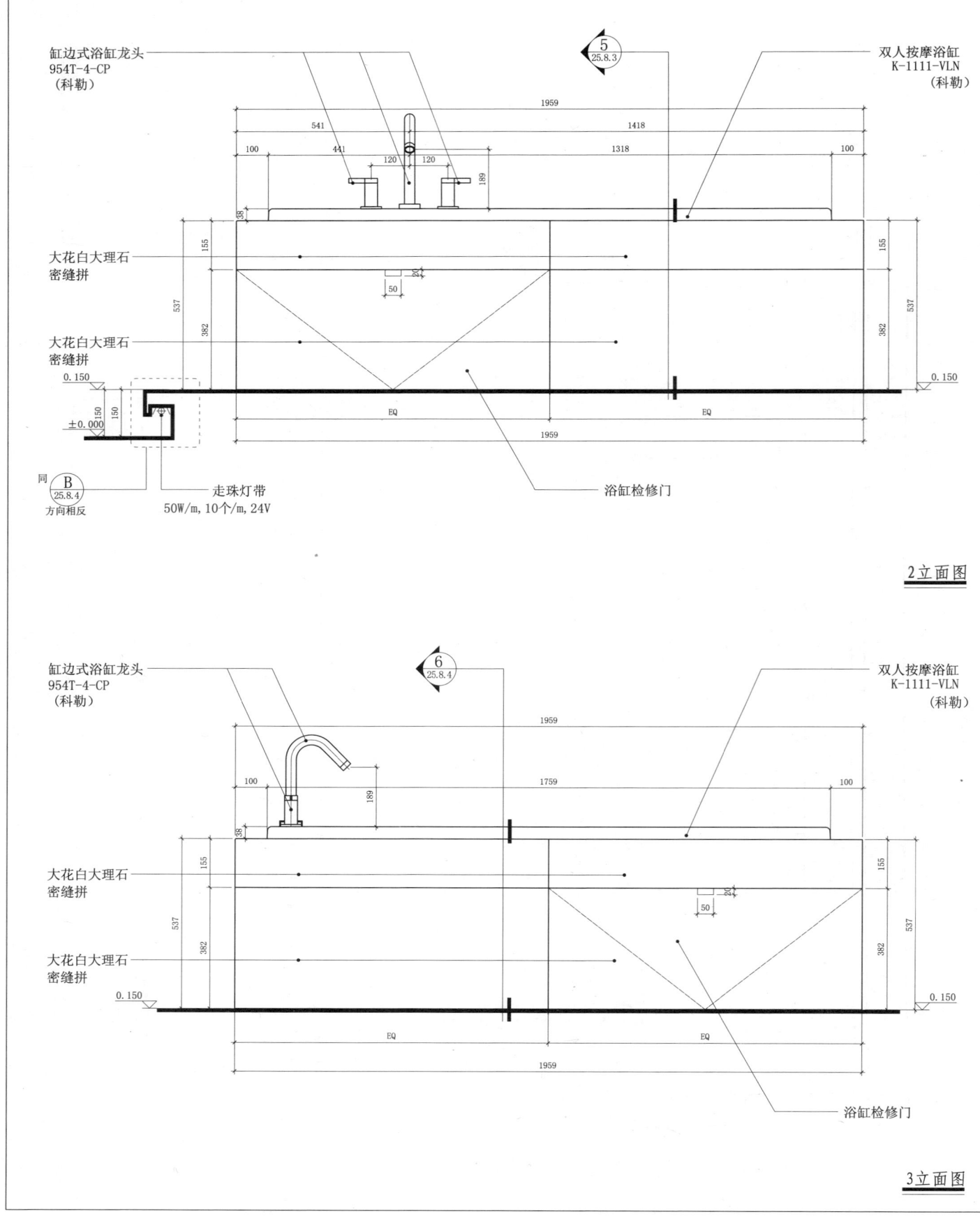

25.8 按摩浴缸(二)

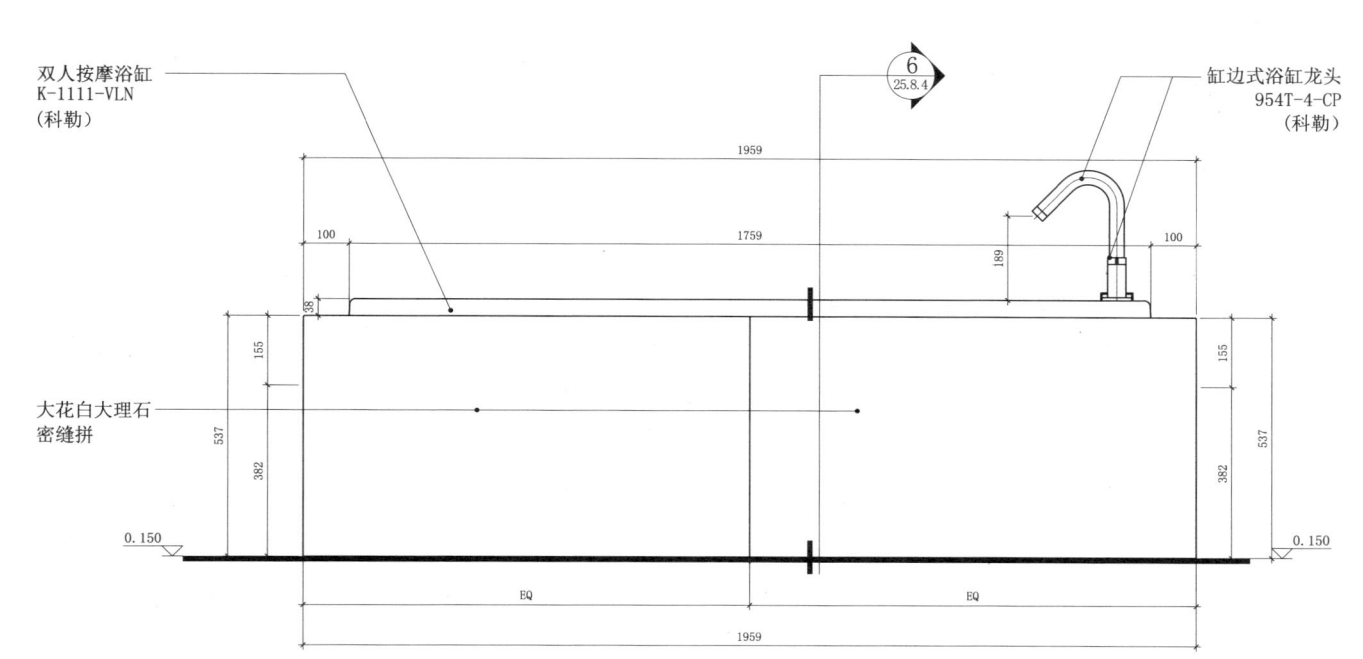

4 立面图

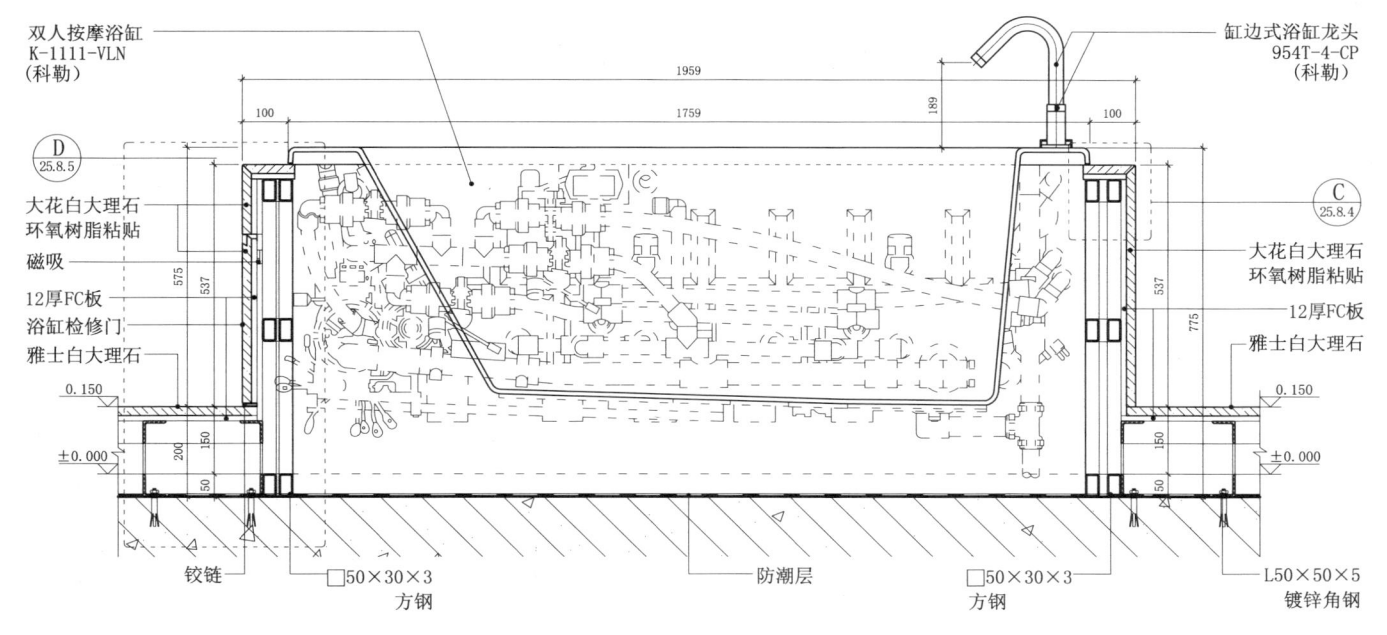

5 剖立面图

25.8 按摩浴缸（二）

25.8.4

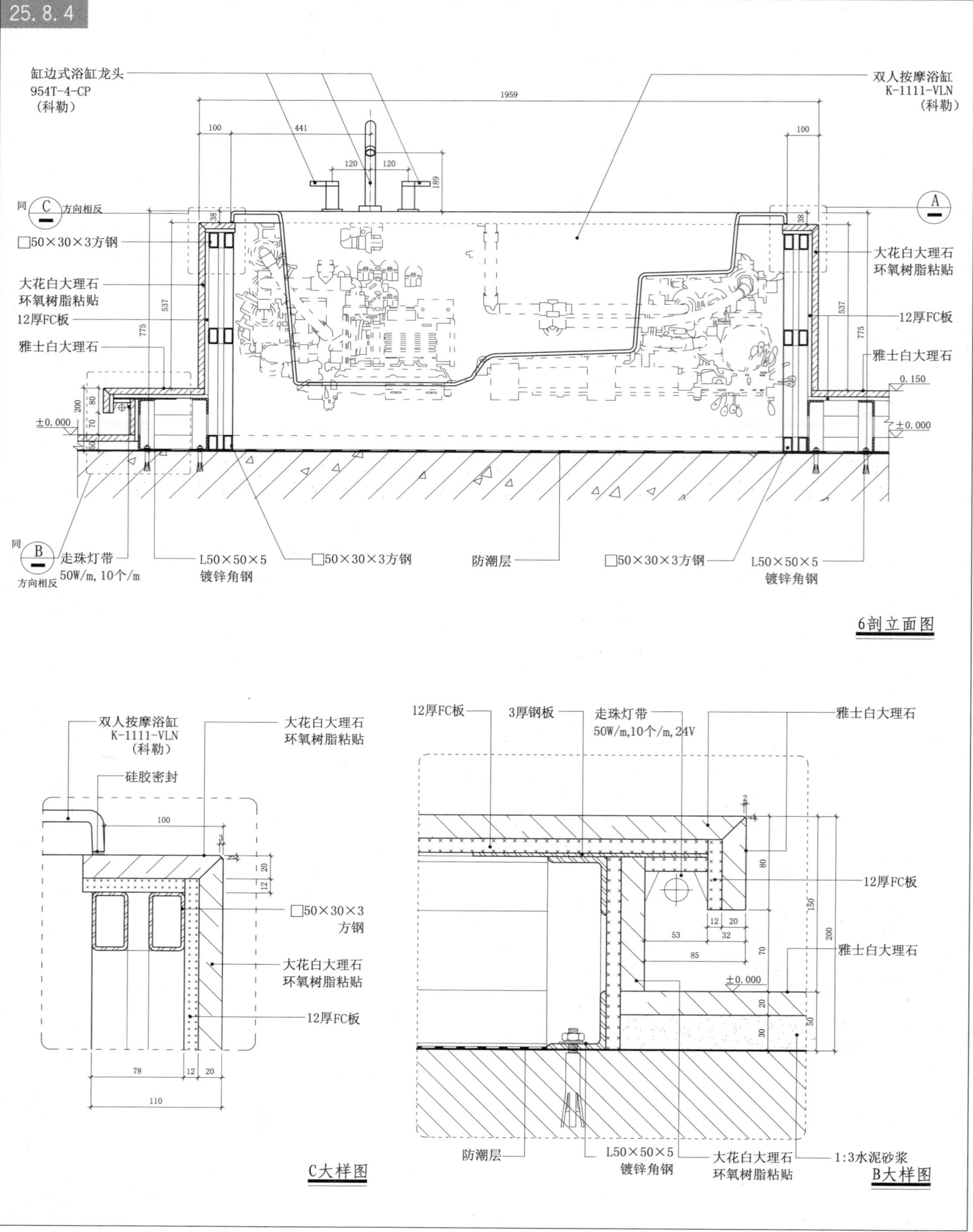

6 剖立面图

C 大样图

B 大样图

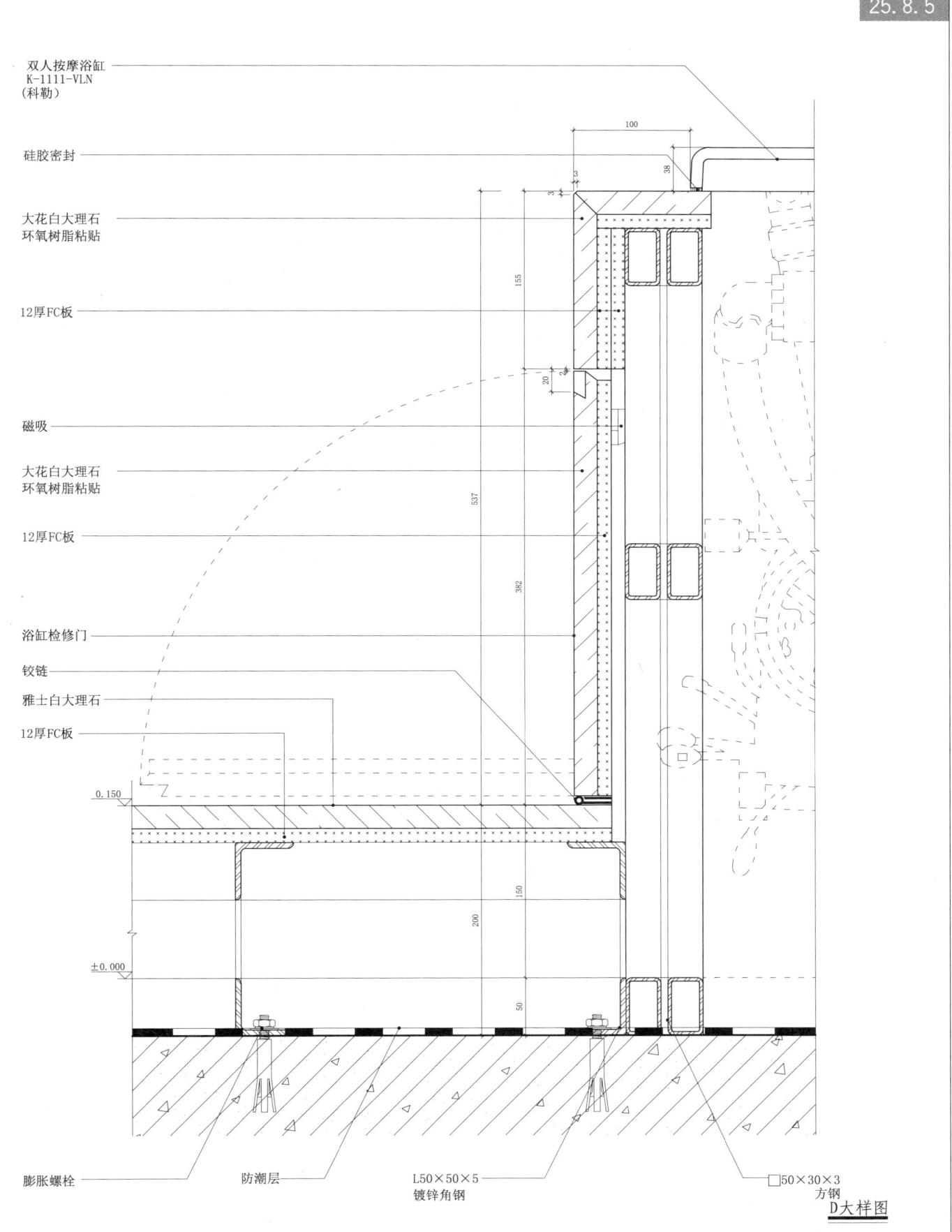

D大样图

25.9 客房卫生间构造（一）

25.9.1

特殊油漆
12.5厚石膏板
成品风口
K80吸声棉

40×60镀锌方钢
25厚大理石

客房　卫生间

C50型龙骨石膏板吊顶
GRG成品线条
灯管
7厚防水、防火板
几内亚胡桃木饰面
25厚大理石
12.5厚石膏板
C50型隔墙龙骨@400
6号镀锌角钢立架
φ8钢筋
C20细砂混凝土导墙

卫生间隔墙1节点图

25 卫浴设施、防水构造·室内设施 非透光照明构造 顶面构造

25.9 客房卫生间构造(一)

25.9.2

- C60型龙骨双层12.5厚石膏板吊顶
- 成品风口
- 9厚成品木饰板
- 25厚大理石
- 9厚成品木饰板
- 10厚钢化半透明玻璃
- 客房
- 50隔墙龙骨
- 特殊油漆
- 隔声垫
- 水泥砂浆找平层
- 地坪木地板
- C50型龙骨双层12.5厚防水石膏板吊顶
- GRG成品线条
- 灯管
- L形槽,内侧衬橡胶条 外侧填泡沫条,硅胶收头
- 卫生间
- 墙面大理石
- 浴缸
- 水泥砂浆找平层
- U形槽,两侧填泡沫条
- 9厚防水防火板
- 12厚防水防火板
- 防水处理
- 结构层

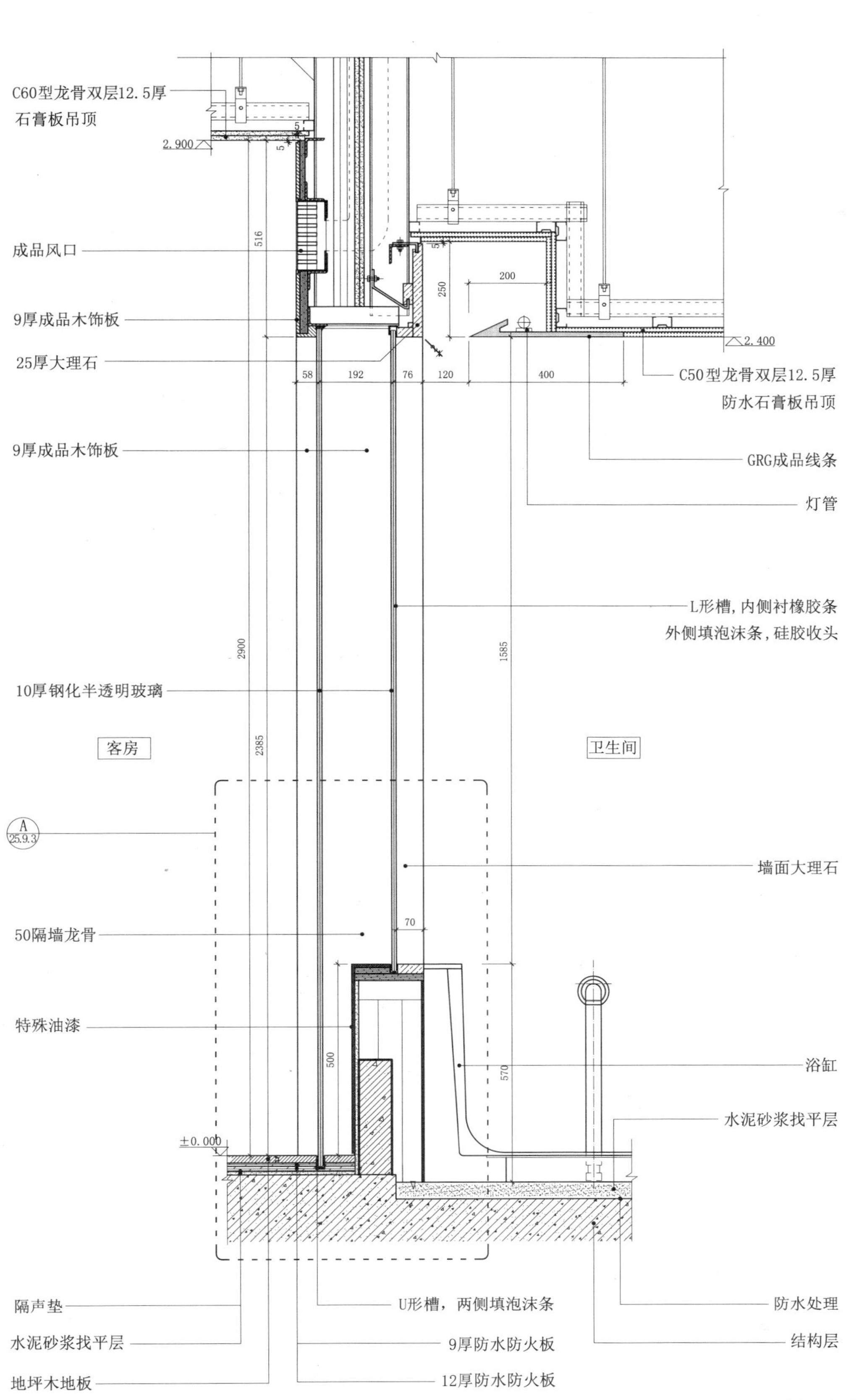

卫生间玻璃隔墙2节点图

25 卫浴设施、防水构造·室内设施 玻璃构造 非透光照明构造

25.9 客房卫生间构造(一)

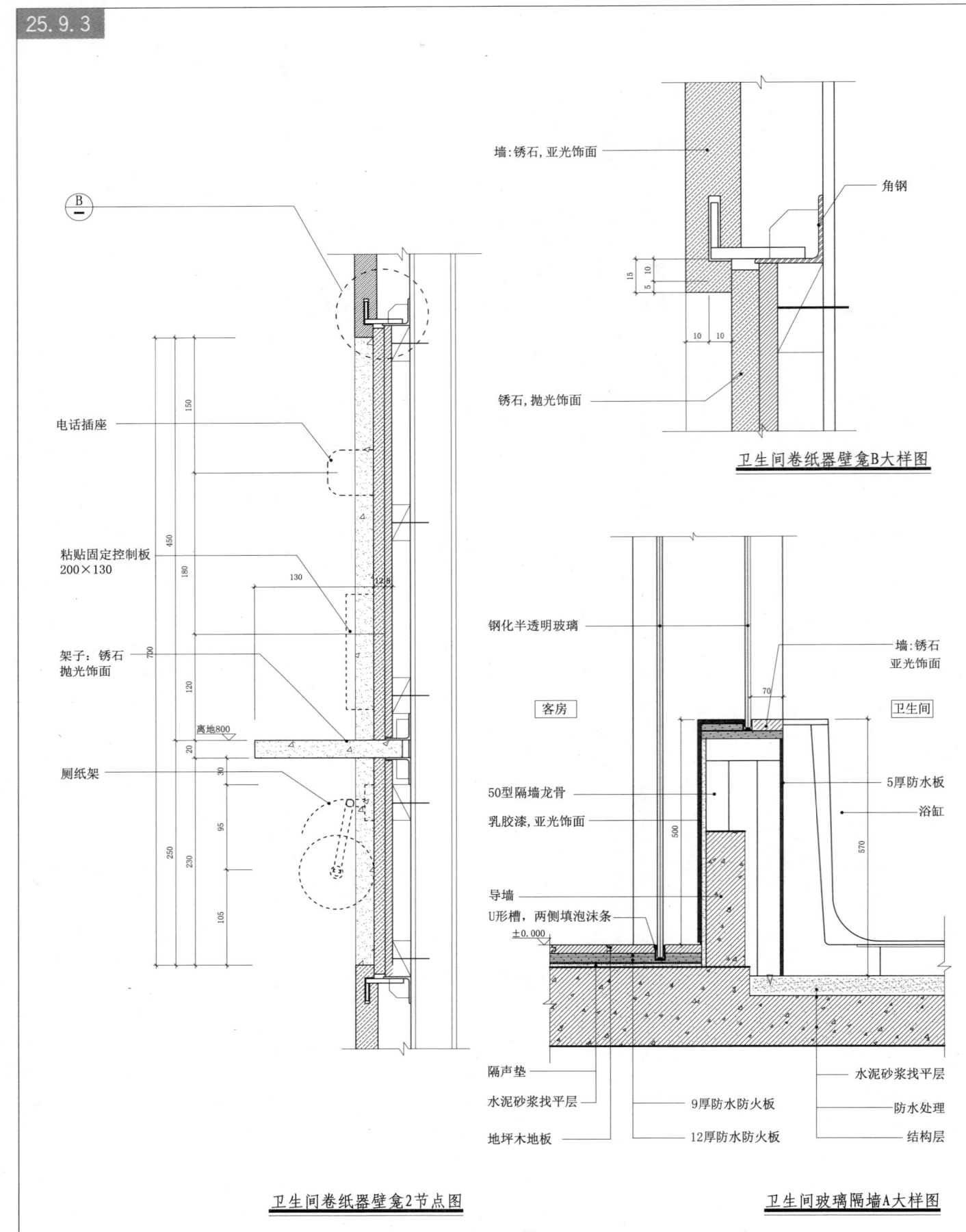

25.9.3

卫生间卷纸器壁龛2节点图

卫生间卷纸器壁龛B大样图

卫生间玻璃隔墙A大样图

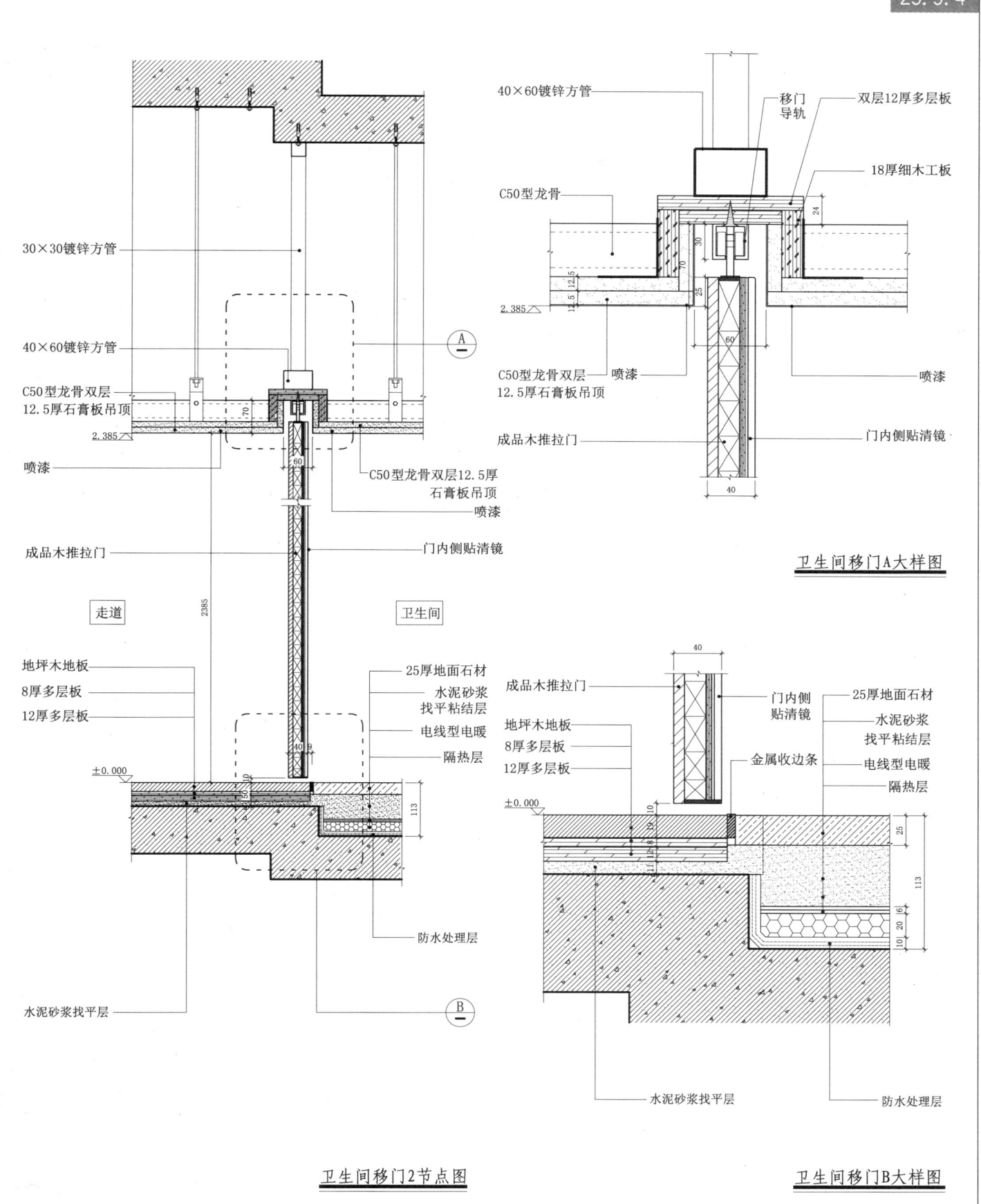

25.9 客房卫生间构造（一）

25.9.5

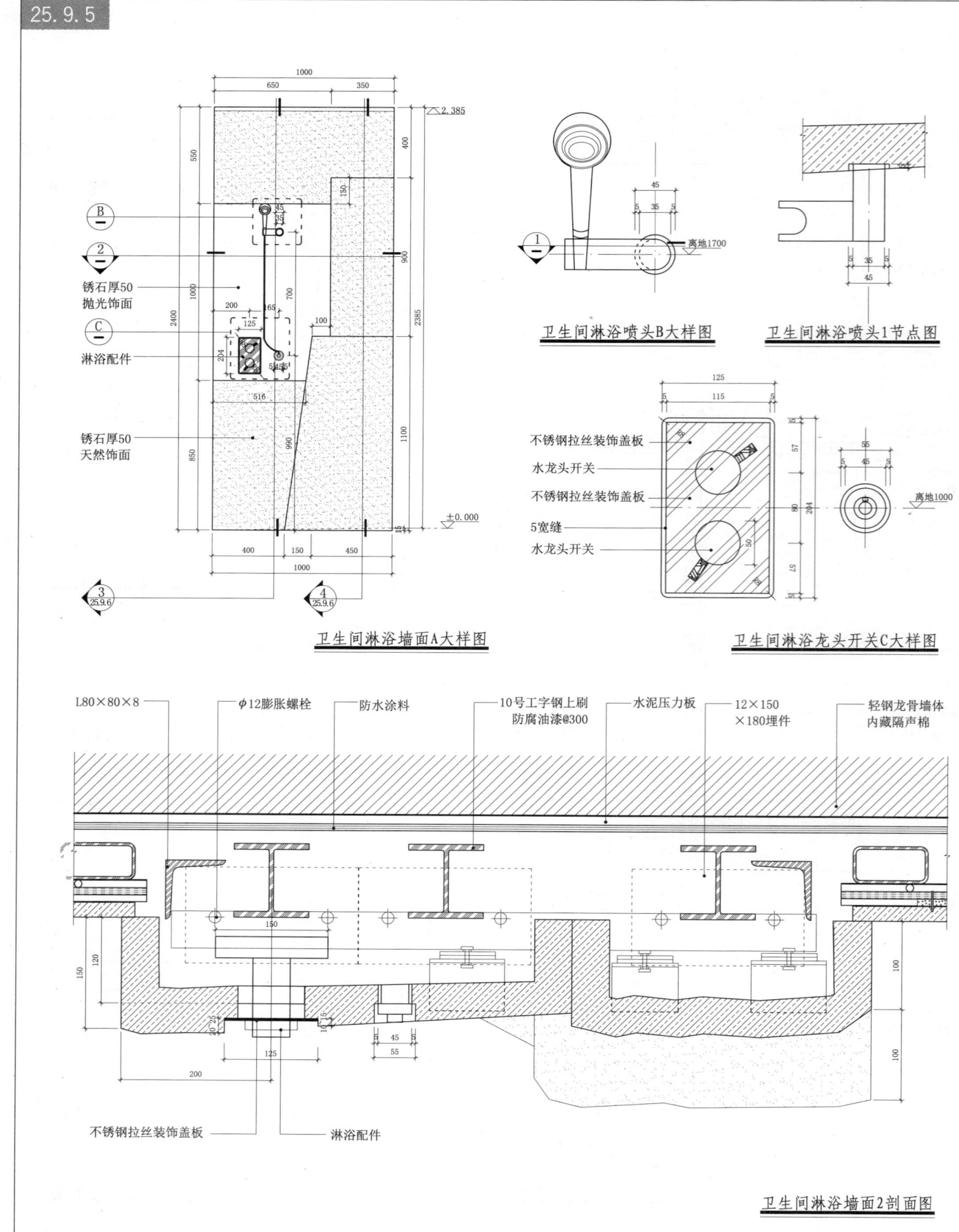

25.9 客房卫生间构造(一)

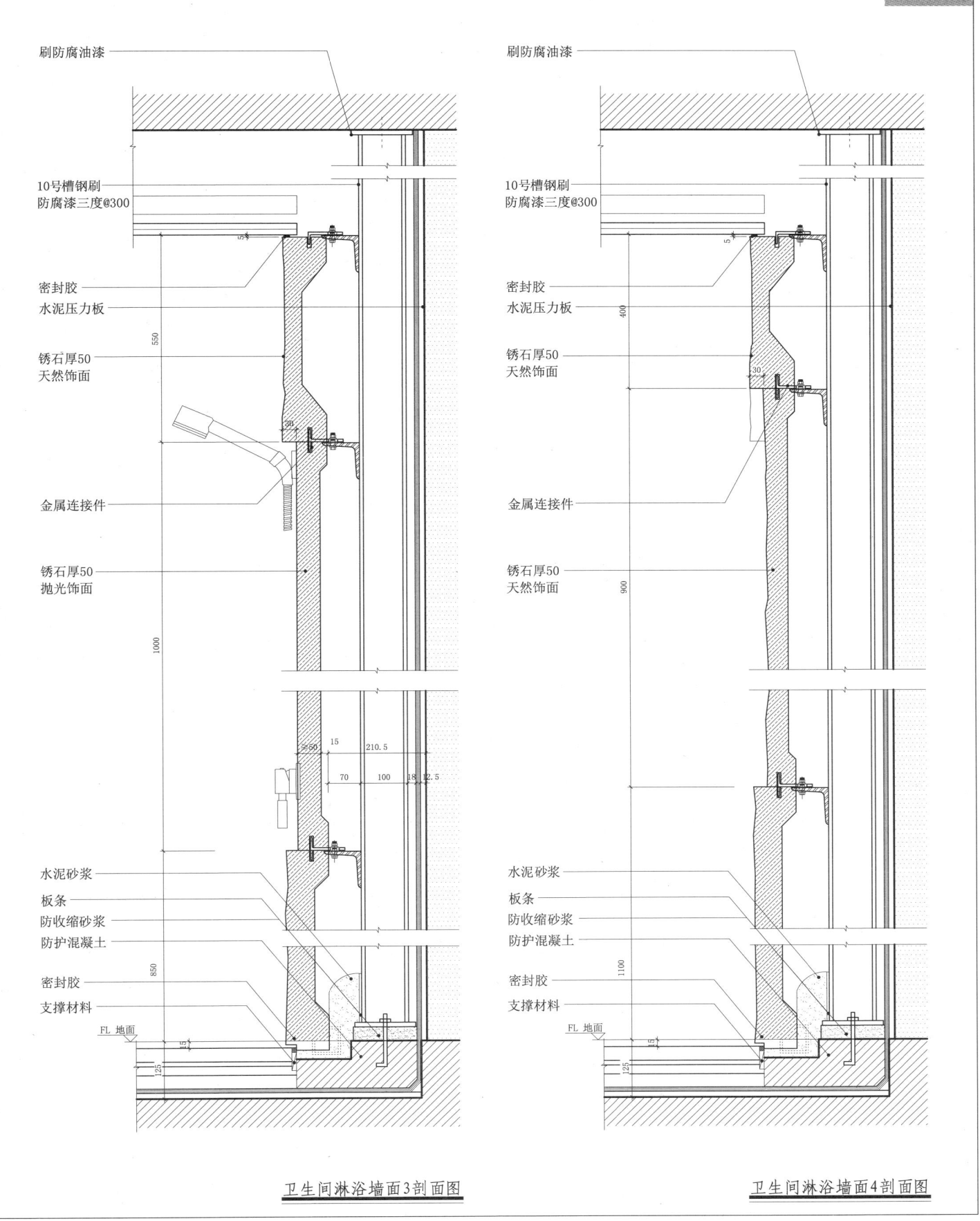

卫生间淋浴墙面3剖面图   卫生间淋浴墙面4剖面图

25.9 客房卫生间构造(一)

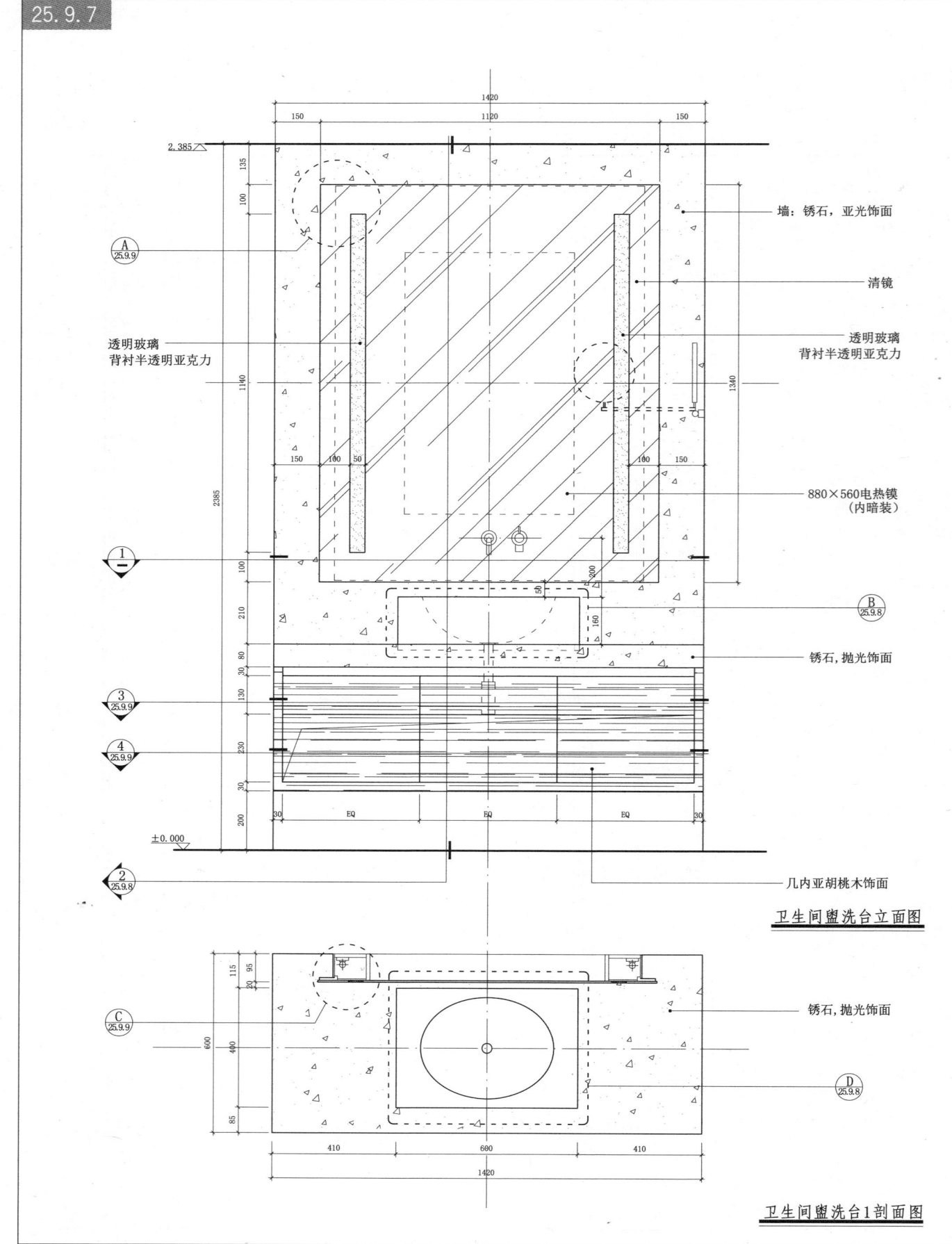

卫生间盥洗台立面图

卫生间盥洗台1剖面图

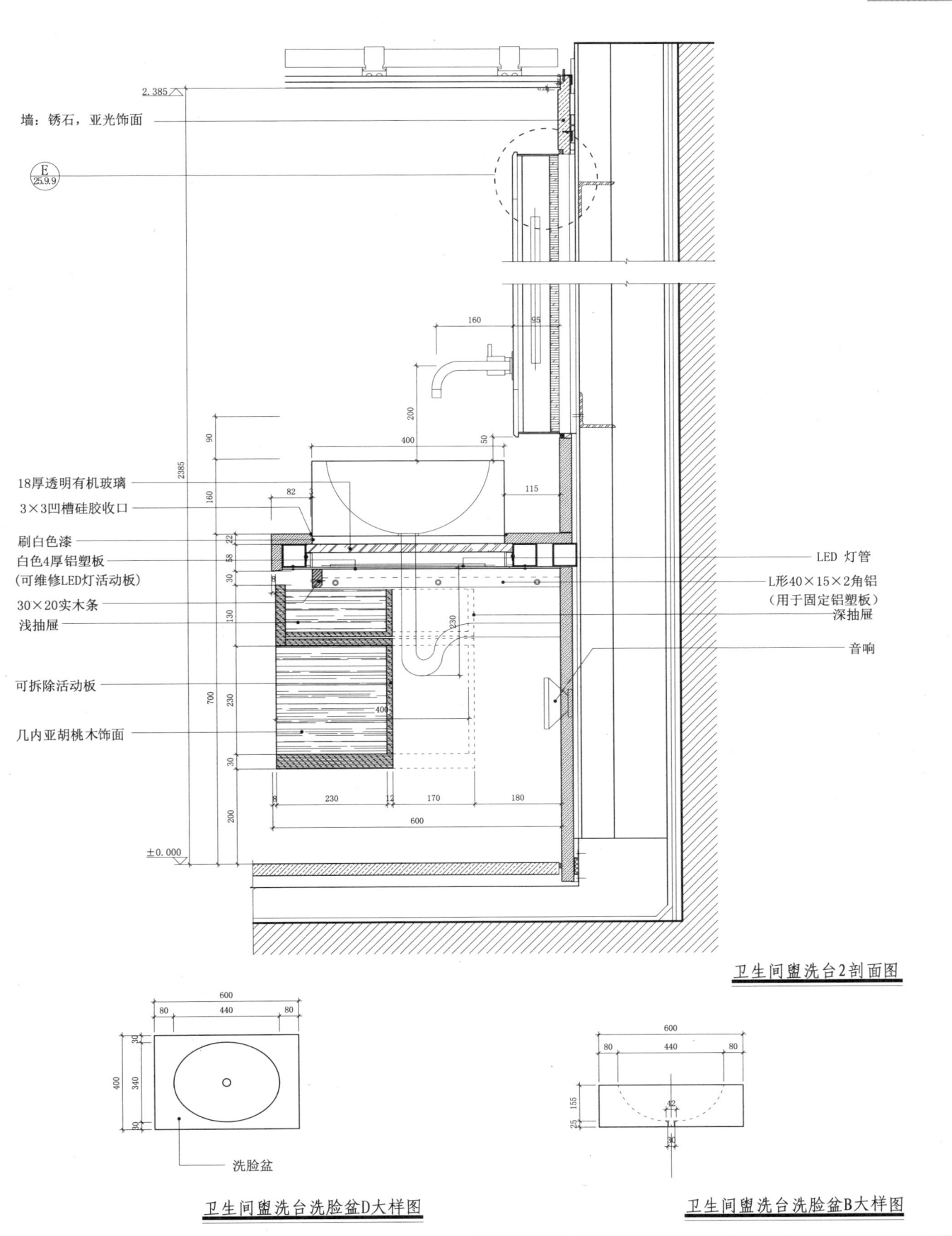

25.9 客房卫生间构造（一）

25.9.9

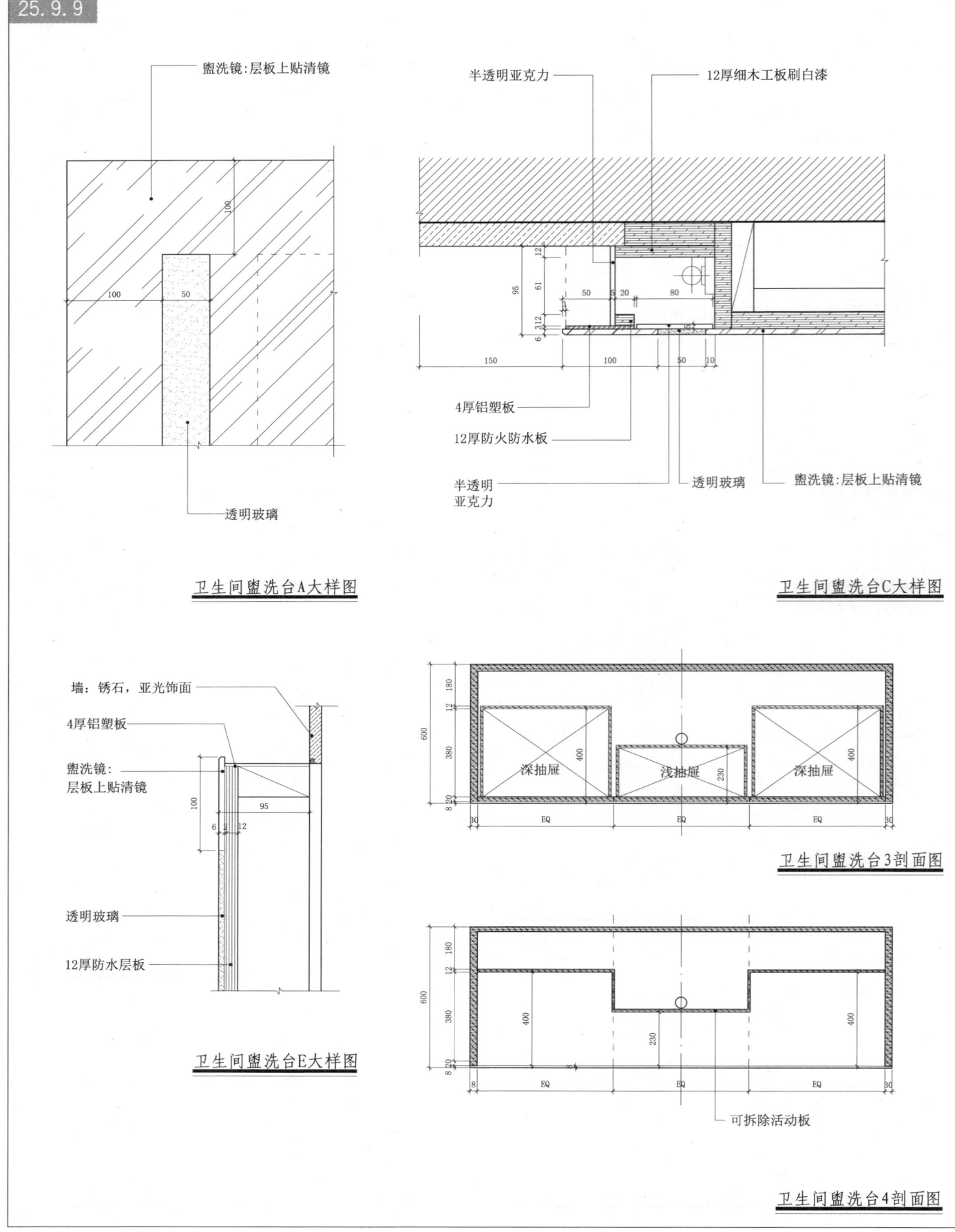

25.9 客房卫生间构造(一)

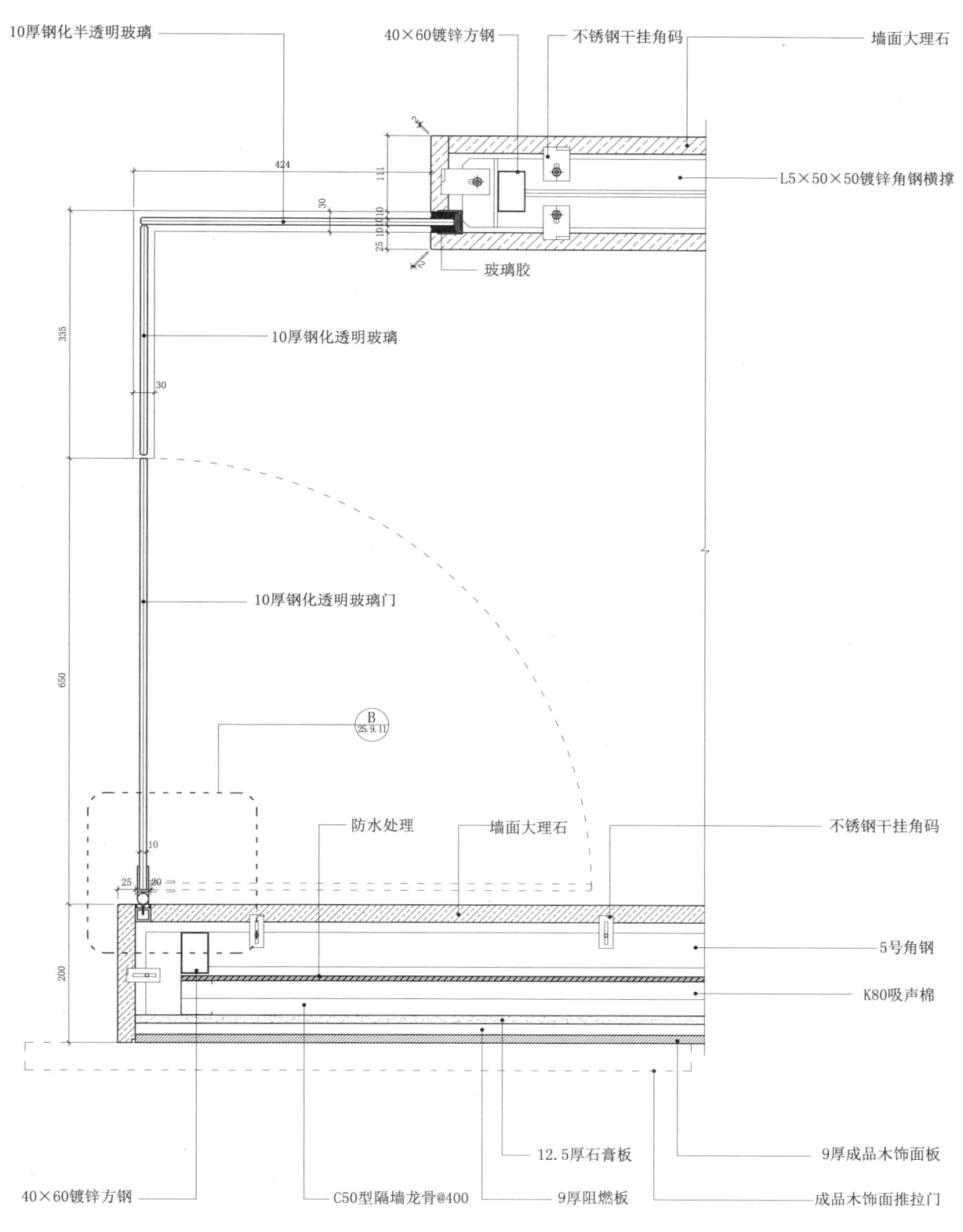

卫生间玻璃隔断门A大样图

25.9 客房卫生间构造（一）

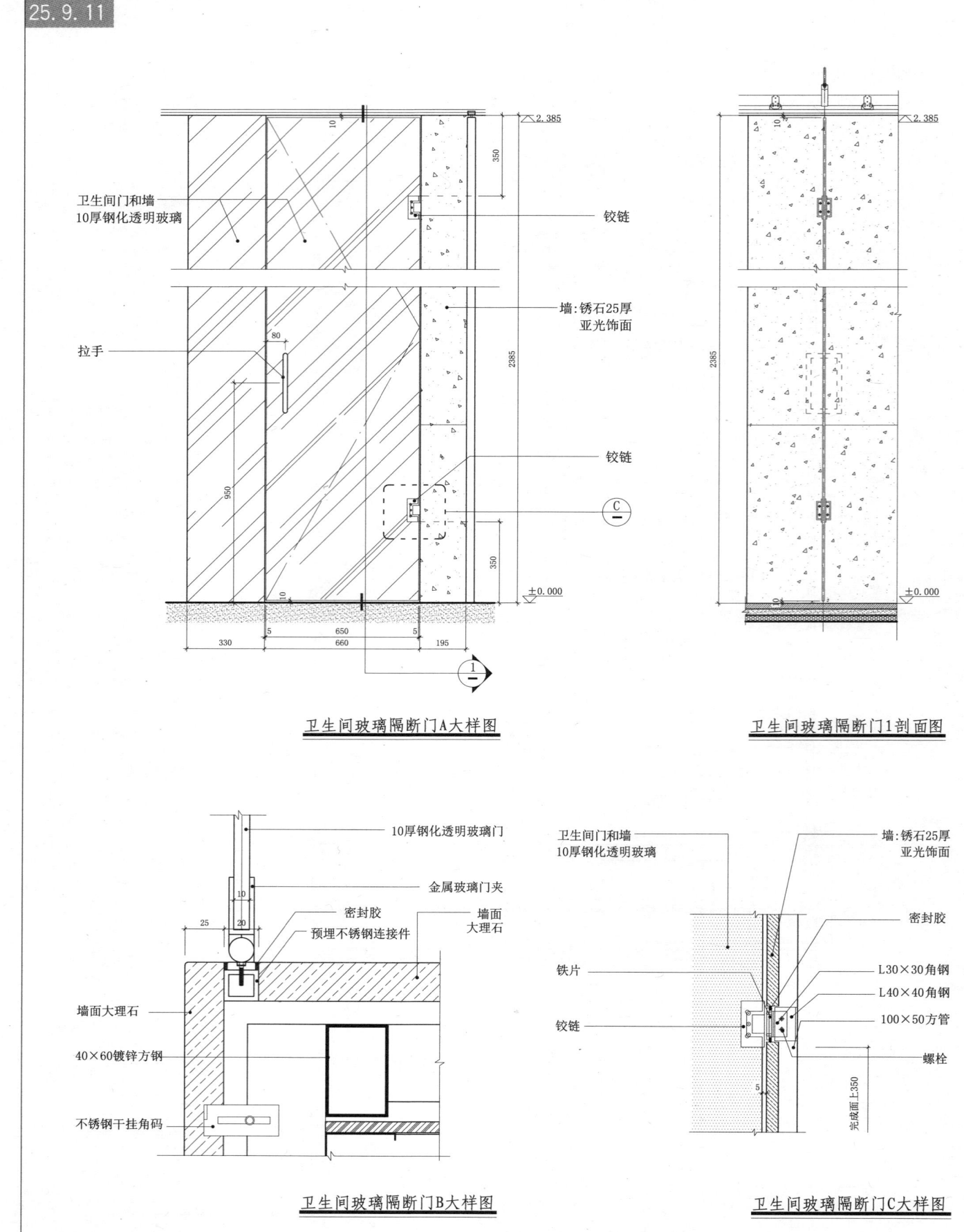

卫生间玻璃隔断门A大样图

卫生间玻璃隔断门1剖面图

卫生间玻璃隔断门B大样图

卫生间玻璃隔断门C大样图

25.9 客房卫生间构造（一）

25.9.12

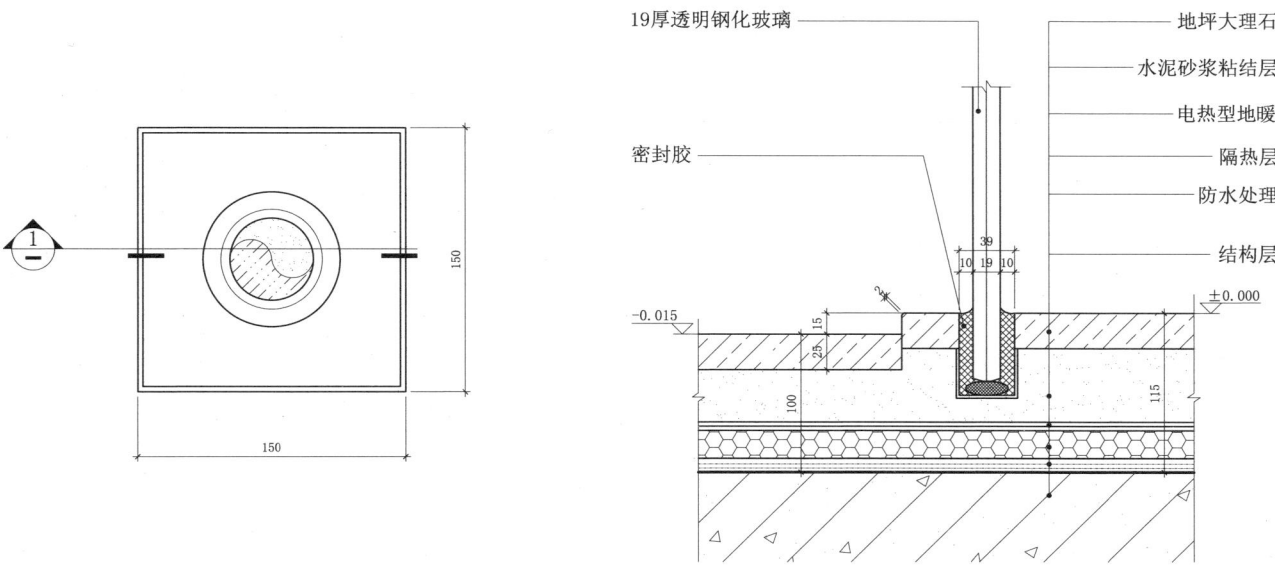

卫生间地漏A大样图

卫生间玻璃固定2节点图

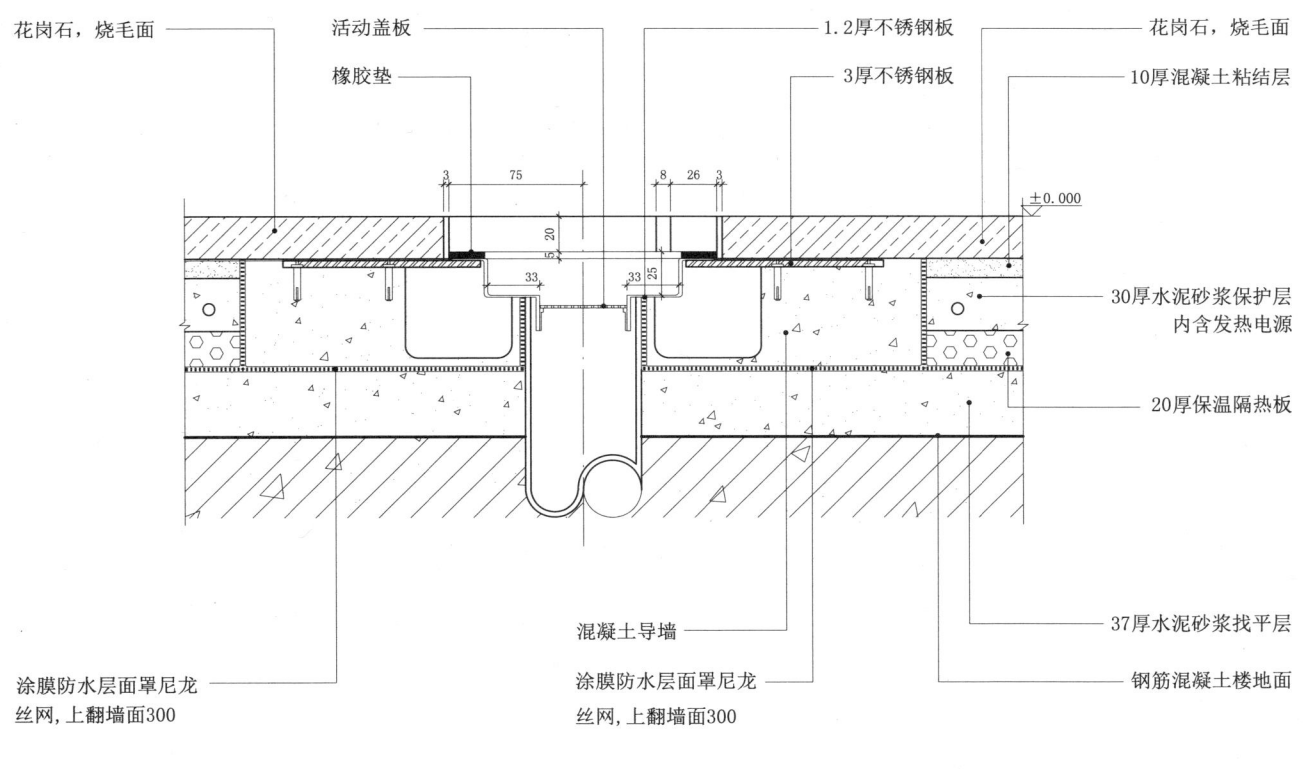

卫生间地漏1剖面图

25 卫浴设施、防水构造·地坪构造 室内设施

25.10 客房卫生间构造（二）

25.10.1

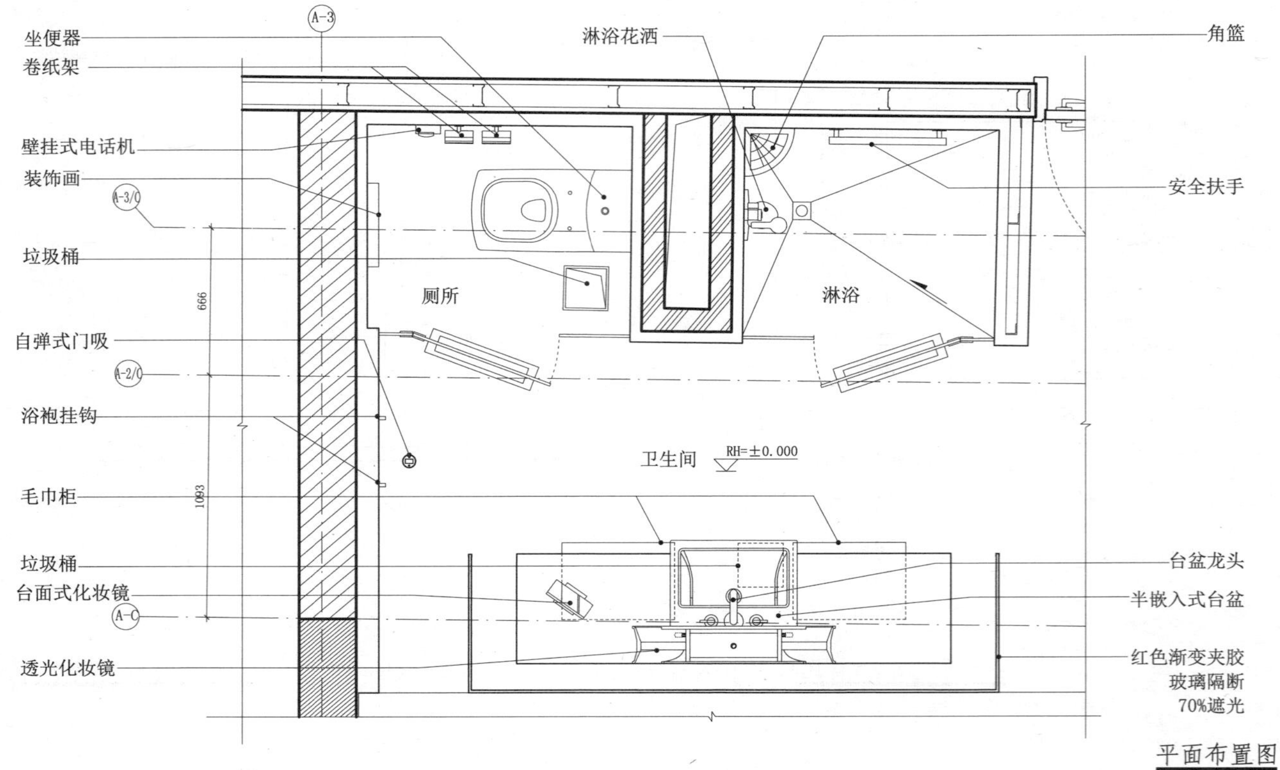

平面布置图

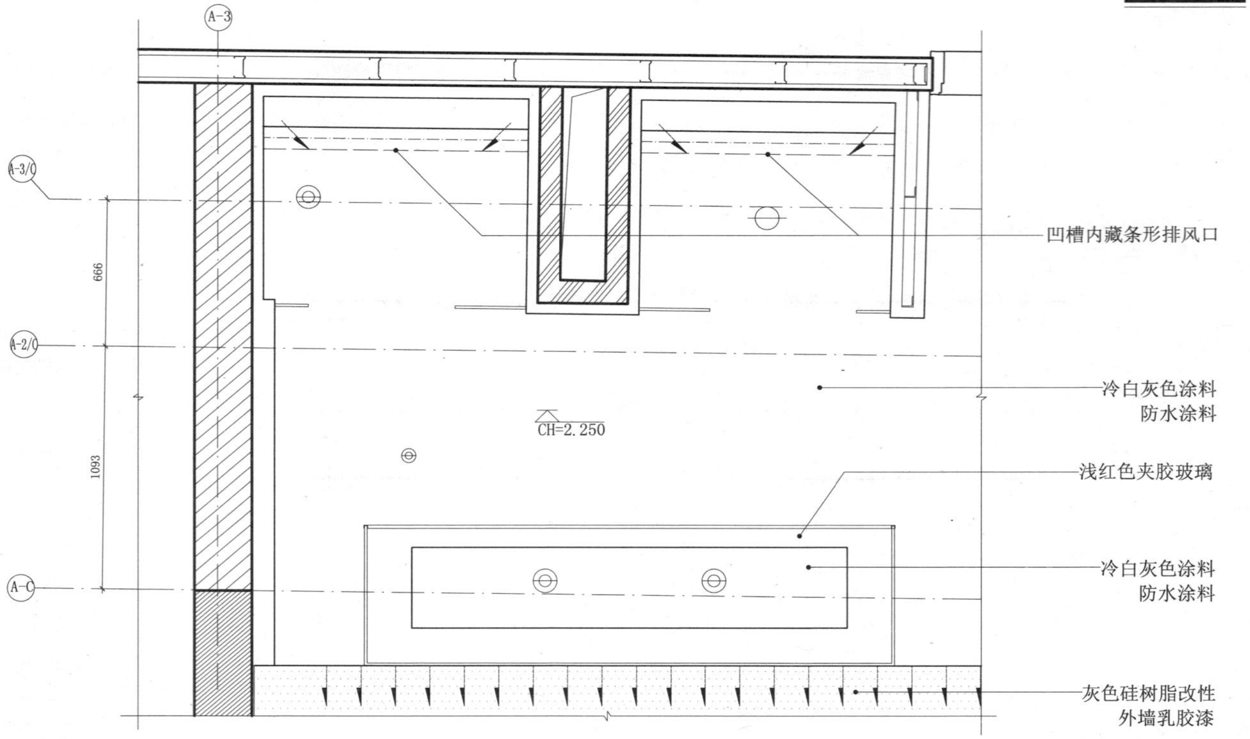

标注：坐便器、卷纸架、壁挂式电话机、装饰画、垃圾桶、自弹式门吸、浴袍挂钩、毛巾柜、垃圾桶、台面式化妆镜、透光化妆镜、淋浴花洒、角篮、安全扶手、厕所、淋浴、卫生间 RH=±0.000、台盆龙头、半嵌入式台盆、红色渐变夹胶玻璃隔断 70%遮光

平顶布置图

标注：凹槽内藏条形排风口、冷白灰色涂料 防水涂料、CH=2.250、浅红色夹胶玻璃、冷白灰色涂料 防水涂料、灰色硅树脂改性外墙乳胶漆

LT-01	———	LED灯带，0.3W/颗，64颗/m，24V，2400K	ZY-RX2004
LT-15	⊙	MR-16/12V石英卤素暗筒灯，配光36°，20W，偏口，可调角	ZY SM1811 ZY=SM1916
LT-37	⊖	GLS，E27，磨砂泡，220V，40W，防雾暗筒灯	ZY-AE2793
LT-39	⊙	MR-11/LED暗筒灯，12V，2700K，配光30°，1W，浅孔	ZY-SM1811/LED

图例：条形侧排风口、暗式检修口、长条形空调顶式风口

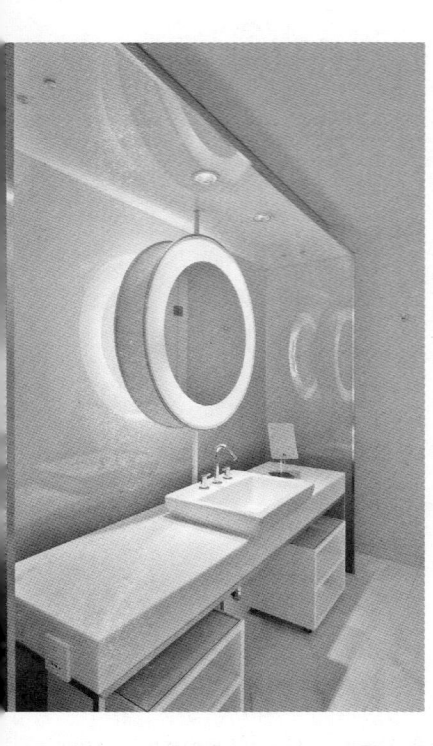

25.10 客房卫生间构造(二)

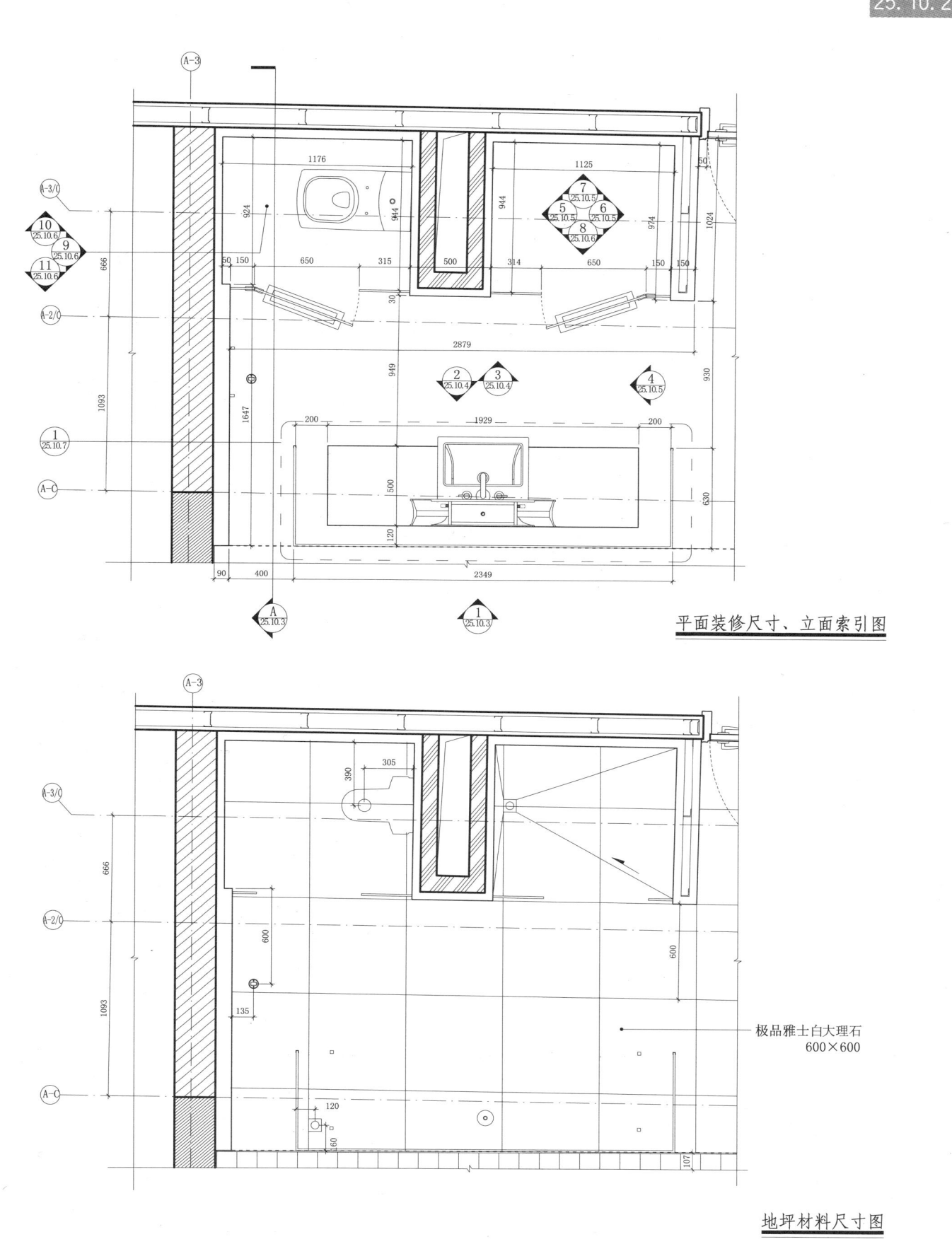

平面装修尺寸、立面索引图

极品雅士白大理石 600×600

地坪材料尺寸图

25.10 客房卫生间构造(二)

25.10.3

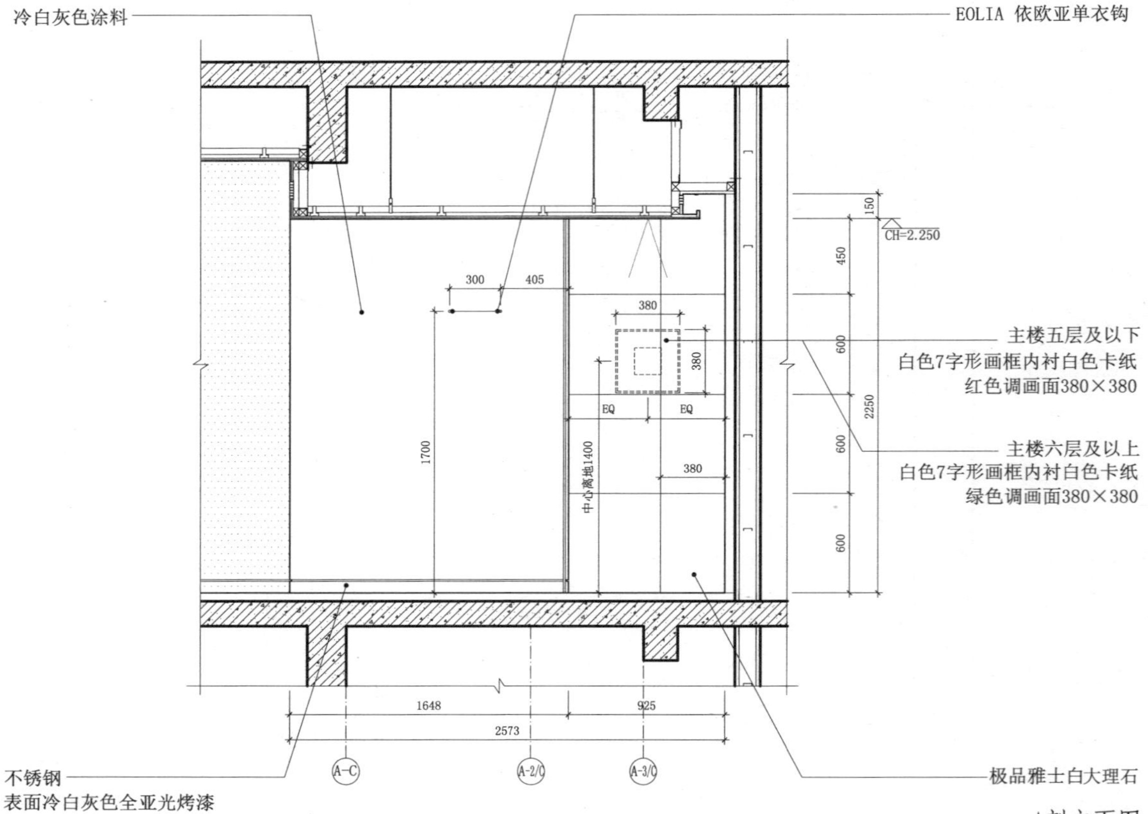

A剖立面图标注：
- 冷白灰色涂料
- EOLIA 依欧亚单衣钩
- 主楼五层及以下 白色7字形画框内衬白色卡纸 红色调画面380×380
- 主楼六层及以上 白色7字形画框内衬白色卡纸 绿色调画面380×380
- 不锈钢 表面冷白灰色全亚光烤漆
- 极品雅士白大理石

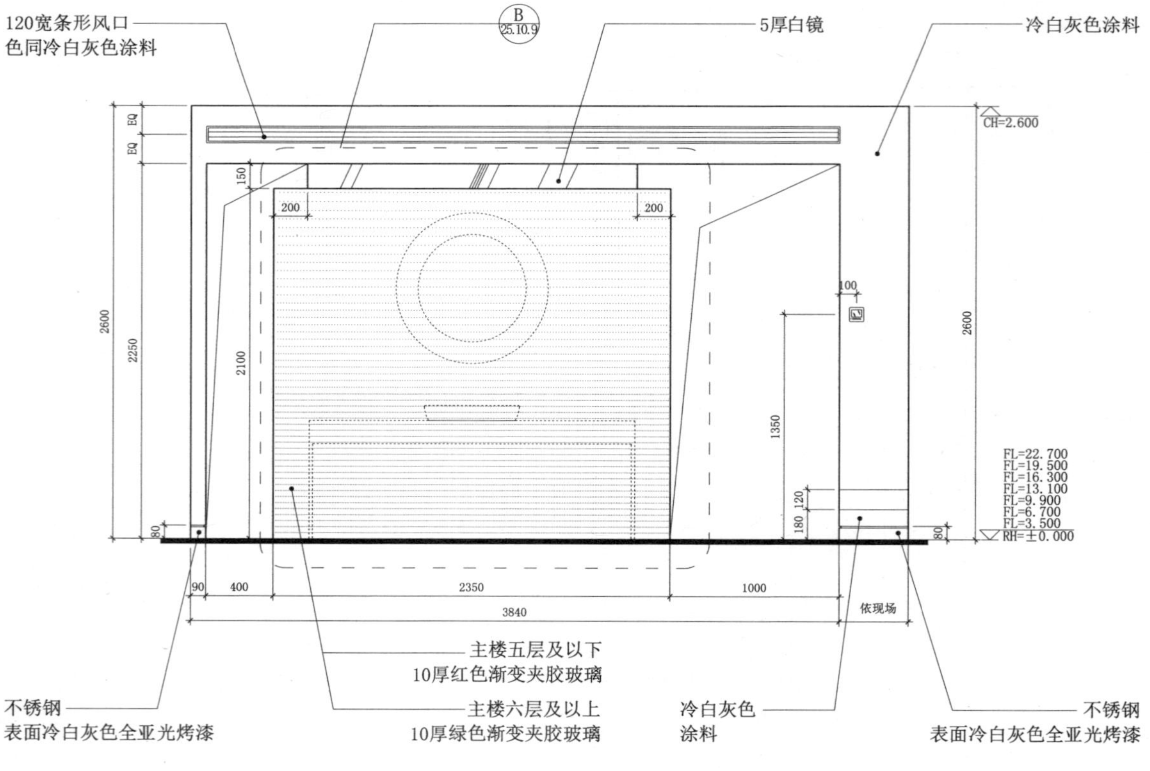

1立面图标注：
- 120宽条形风口 色同冷白灰色涂料
- 5厚白镜
- 冷白灰色涂料
- 不锈钢 表面冷白灰色全亚光烤漆
- 主楼五层及以下 10厚红色渐变夹胶玻璃
- 主楼六层及以上 10厚绿色渐变夹胶玻璃
- 冷白灰色涂料
- 不锈钢 表面冷白灰色全亚光烤漆

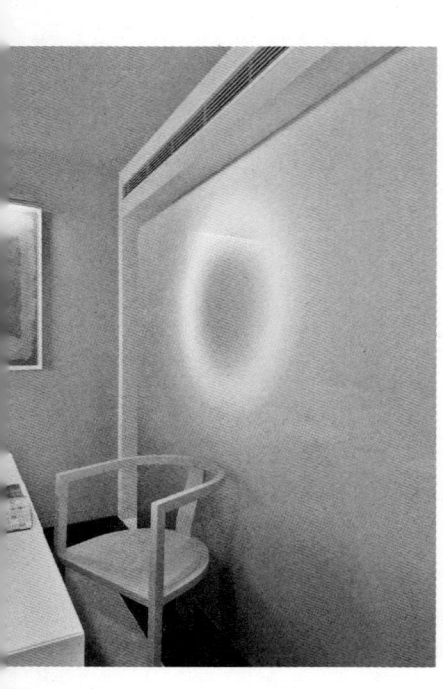

25.10 客房卫生间构造（二）

25.10.4

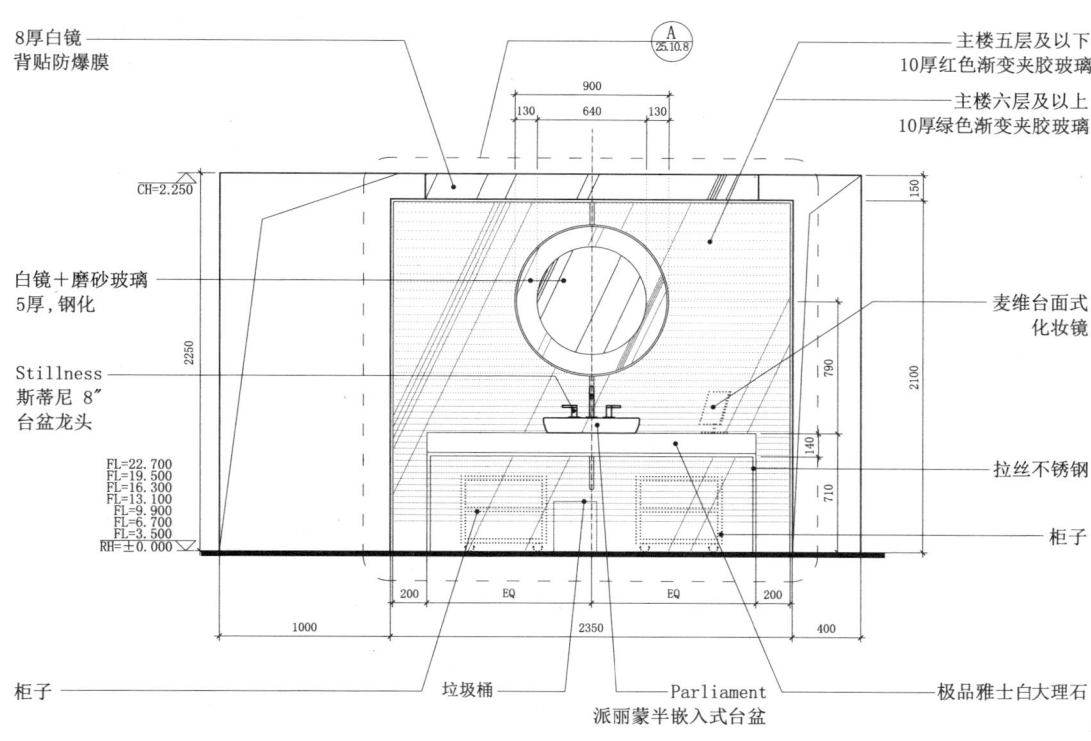

2立面图

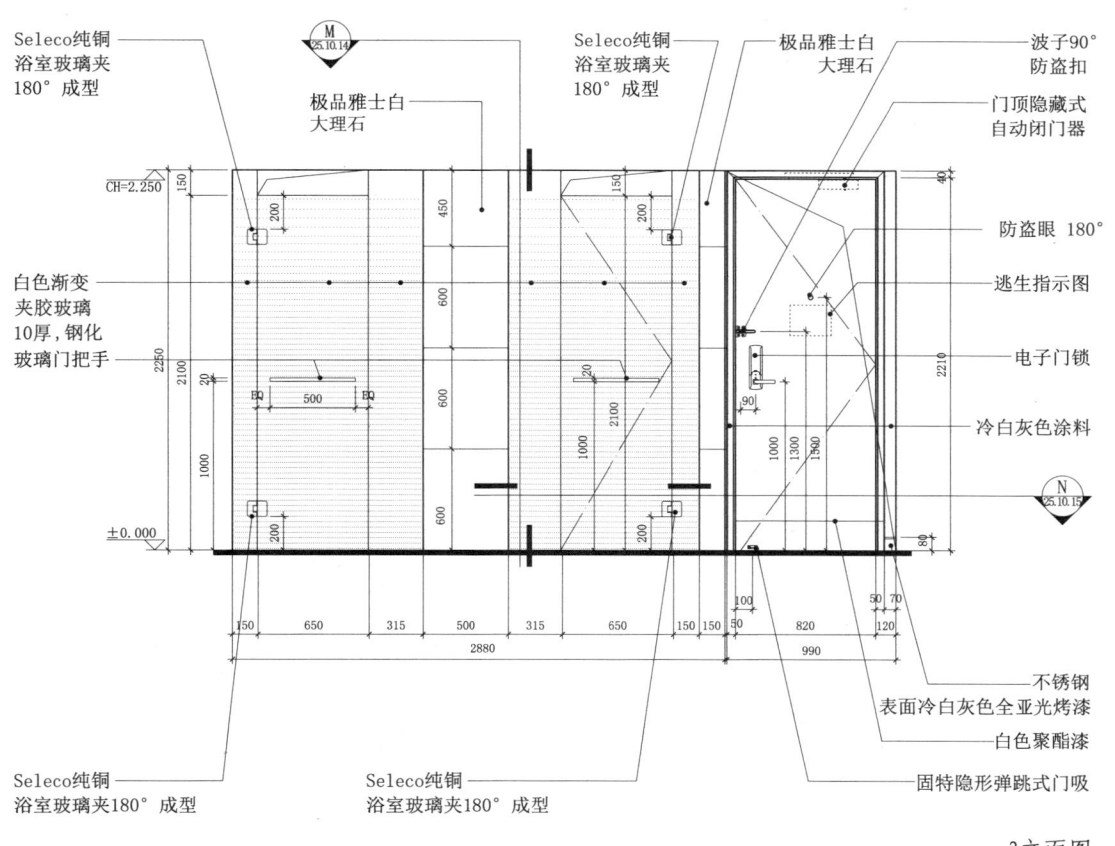

3立面图

25.10 客房卫生间构造（二）

25.10.5

4立面图

- 8厚白镜背贴防爆膜
- Parliament 派丽蒙 半嵌入式台盆
- 主楼五层及以下 10厚红色渐变夹胶玻璃
- 主楼六层及以上 10厚绿色渐变夹胶玻璃
- 极品雅士白大理石
- 玻璃门把手

6立面图

- 极品雅士白大理石
- Purist 飘瑞诗安全扶手18″

5立面图

- Rain Duet 飞瀑系列淋浴柱
- Lison 丽笙卫双层角篮
- 玻璃门把手
- Stillness 斯蒂尼40mm入墙式 花洒面板-旋转开关
- 极品雅士白大理石
- 圆形花洒 软管墙面连接器

7立面图

- Rain Duet 飞瀑系列淋浴柱
- Purist 飘瑞诗安全扶手18″
- Stillness 斯蒂尼40mm入墙式 花洒面板-旋转开关
- 圆形花洒 软管墙面连接器
- 极品雅士白大理石

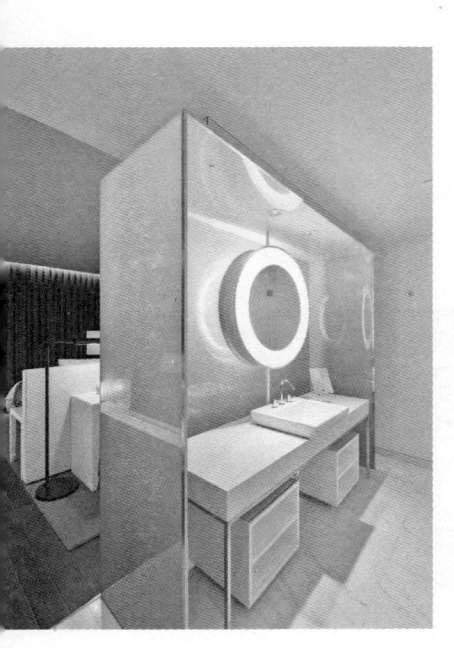

25.10 客房卫生间构造（二）

25.10.6

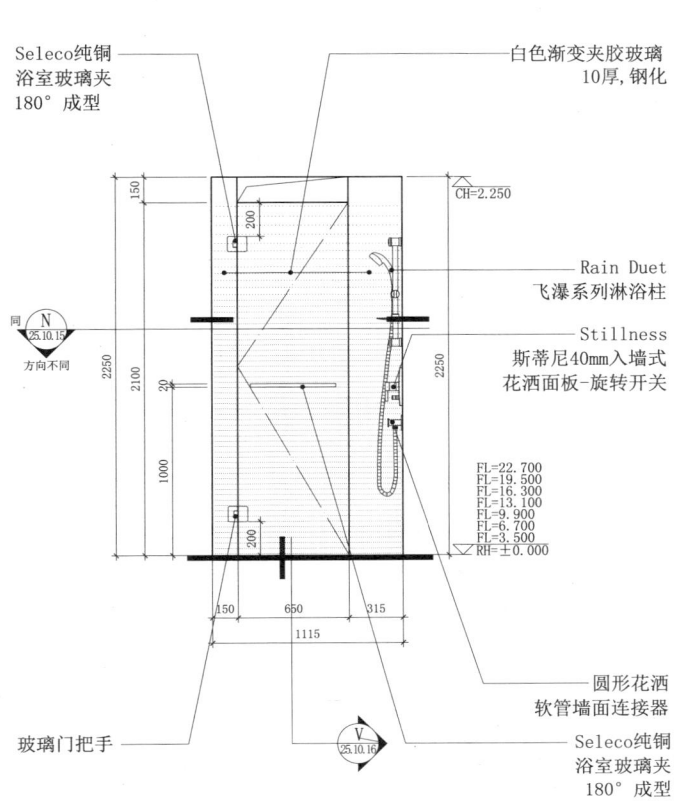

8立面图

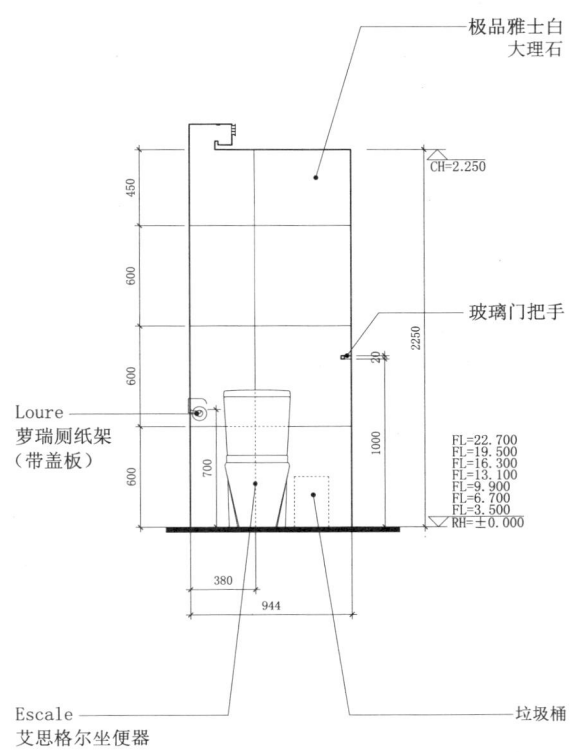

9立面图

10立面图

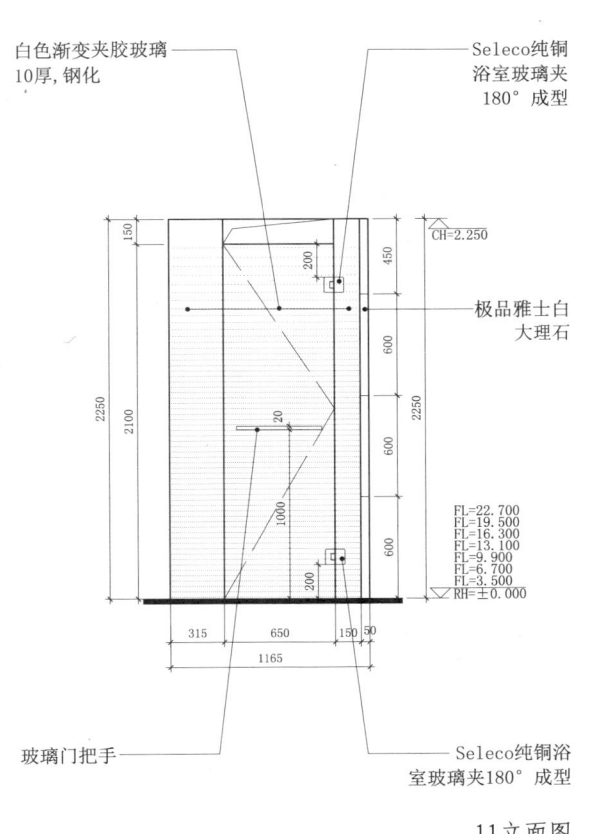

11立面图

25.10 客房卫生间构造(二)

25.10.7

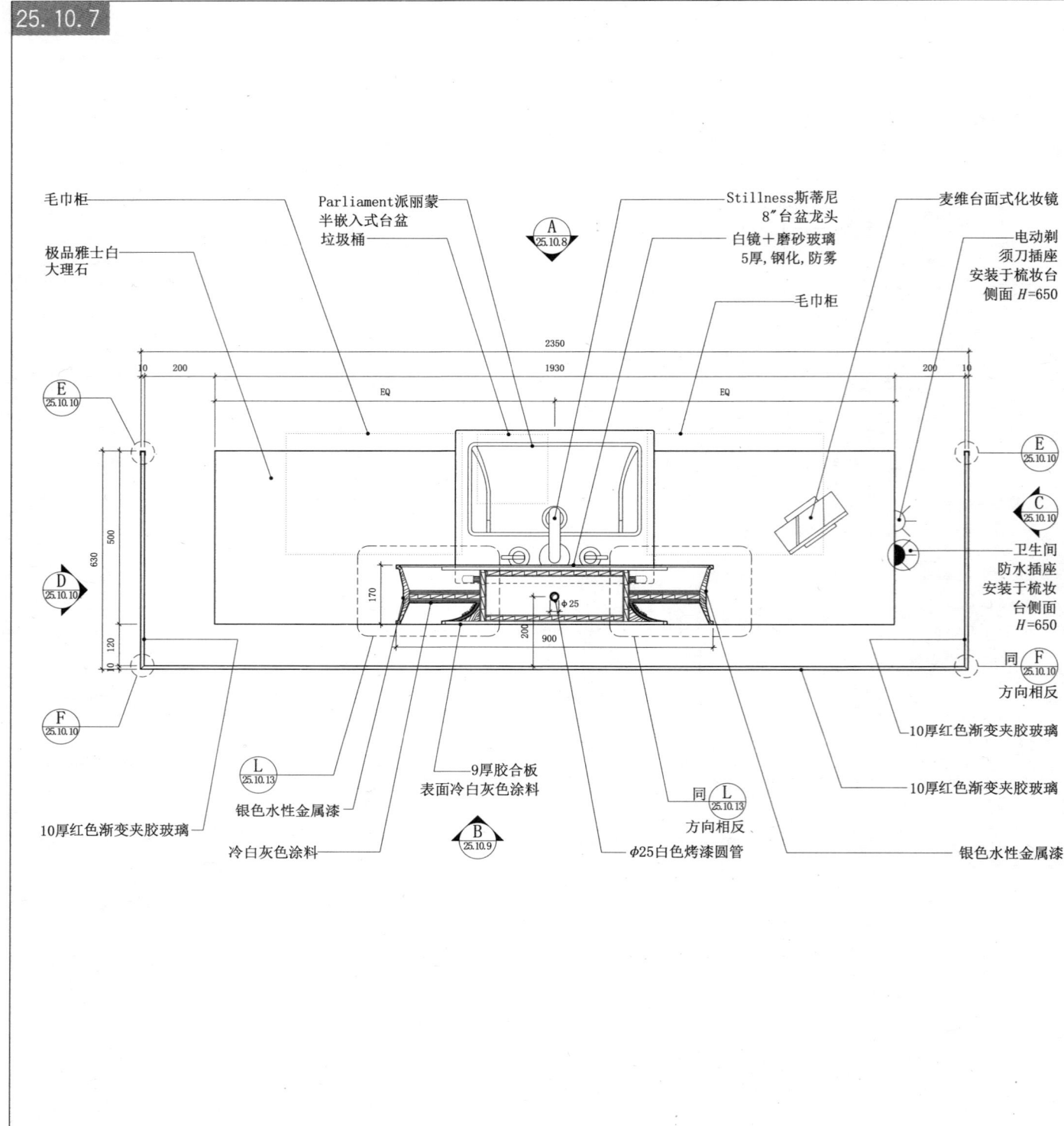

1 梳妆台平面图

25.10 客房卫生间构造(二)

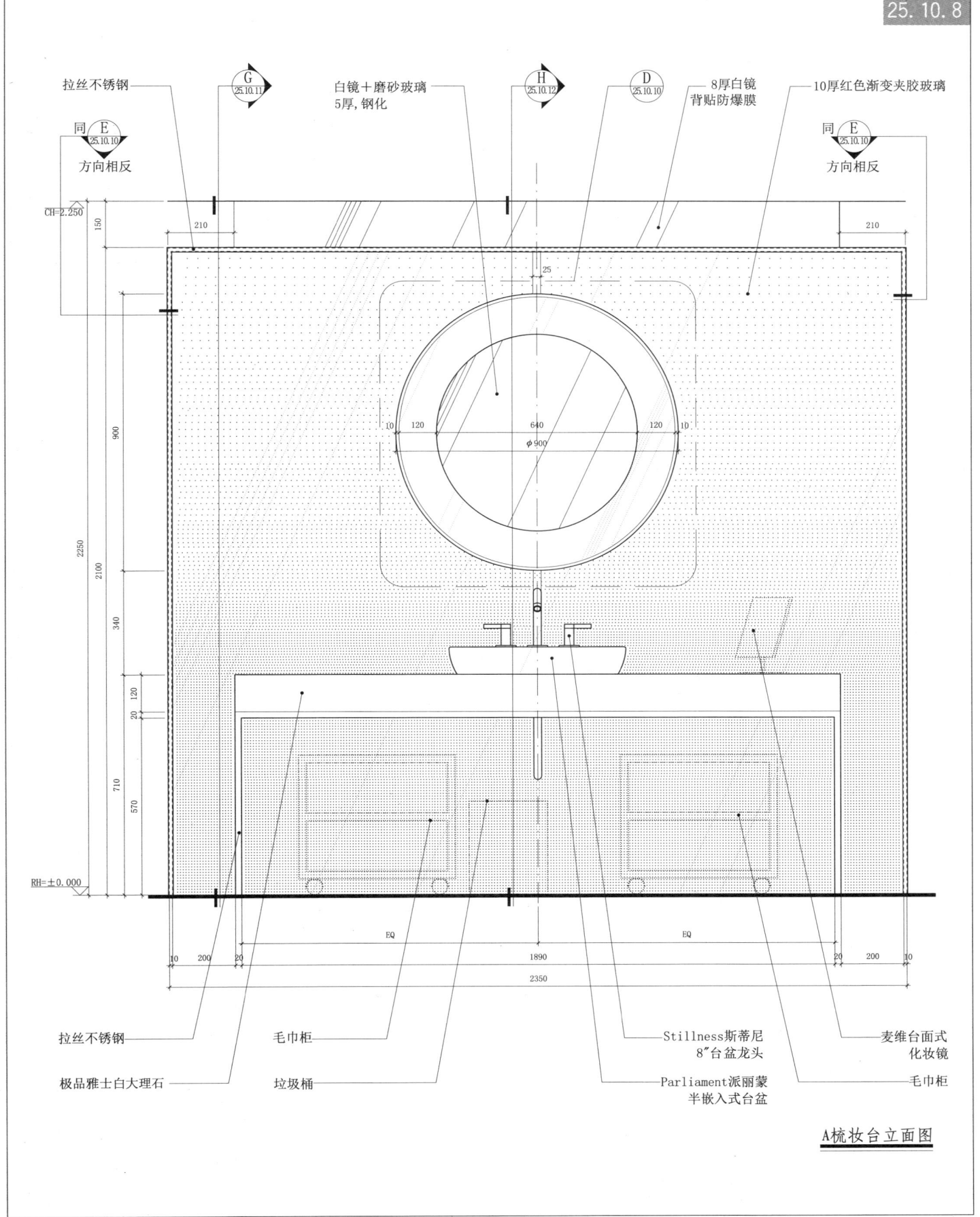

A梳妆台立面图

25.10 客房卫生间构造(二)

25.10.9

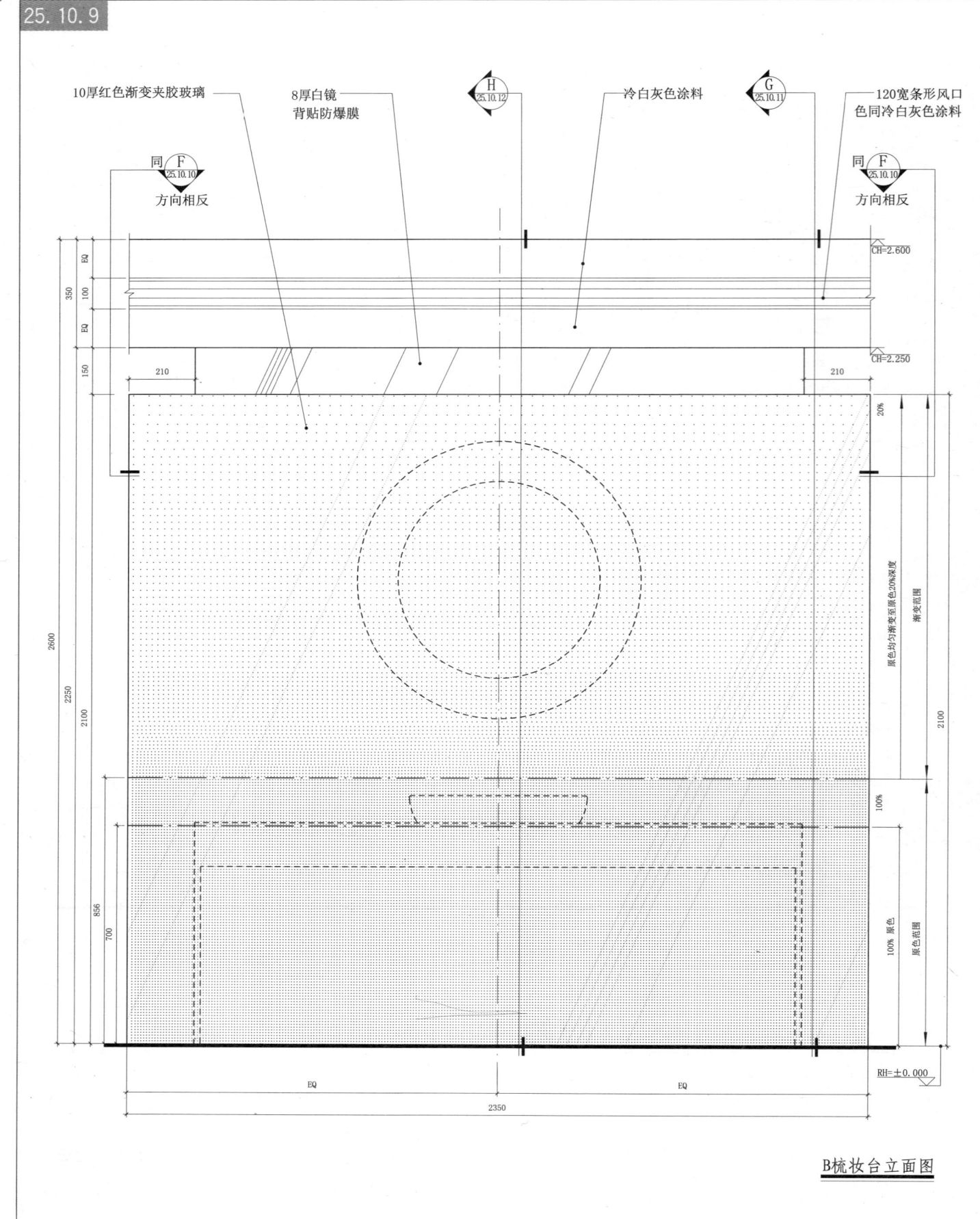

B梳妆台立面图

25.10 客房卫生间构造(二)

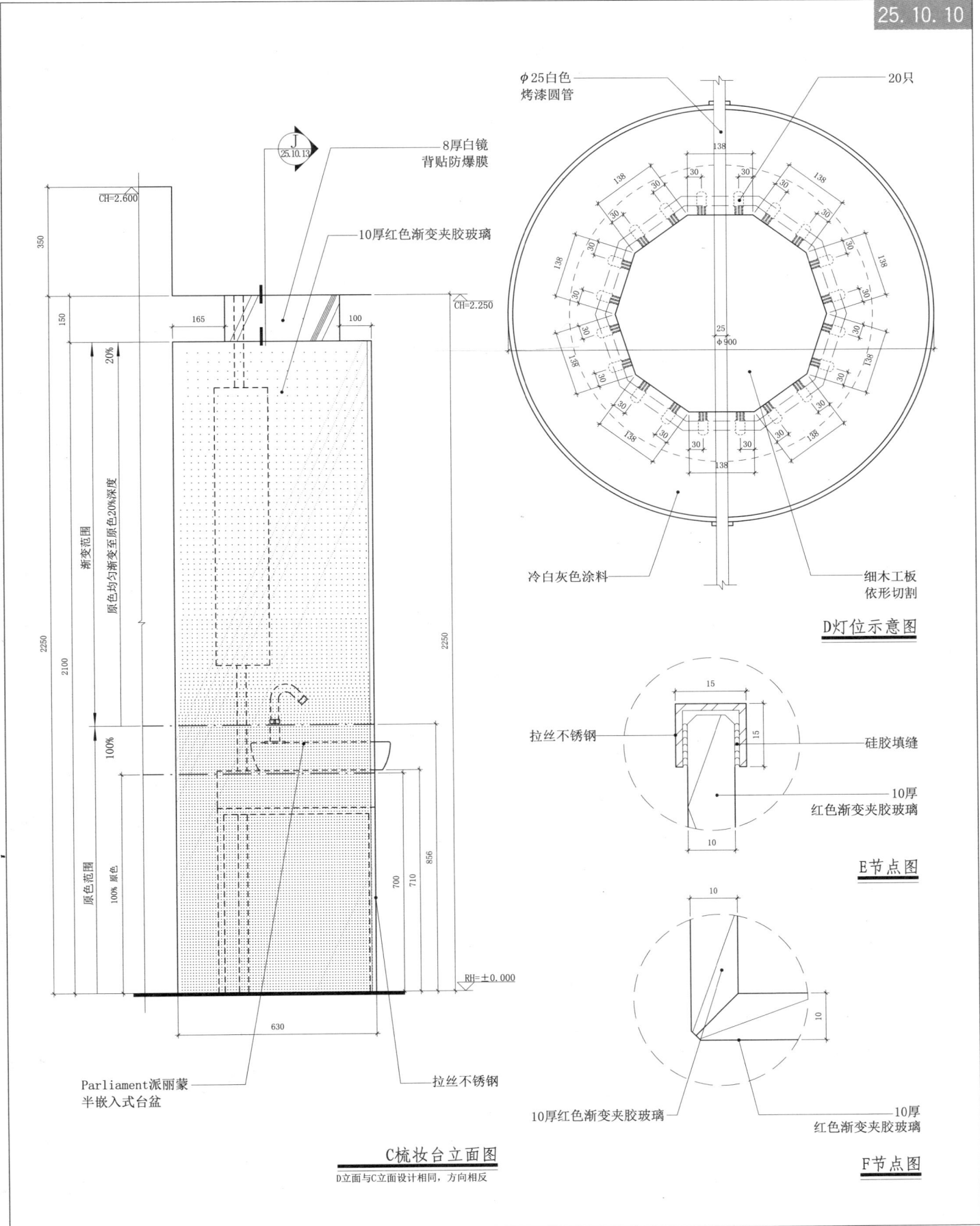

C 梳妆台立面图
D立面与C立面设计相同，方向相反

D 灯位示意图

E 节点图

F 节点图

25.10 客房卫生间构造(二)

25.10.11

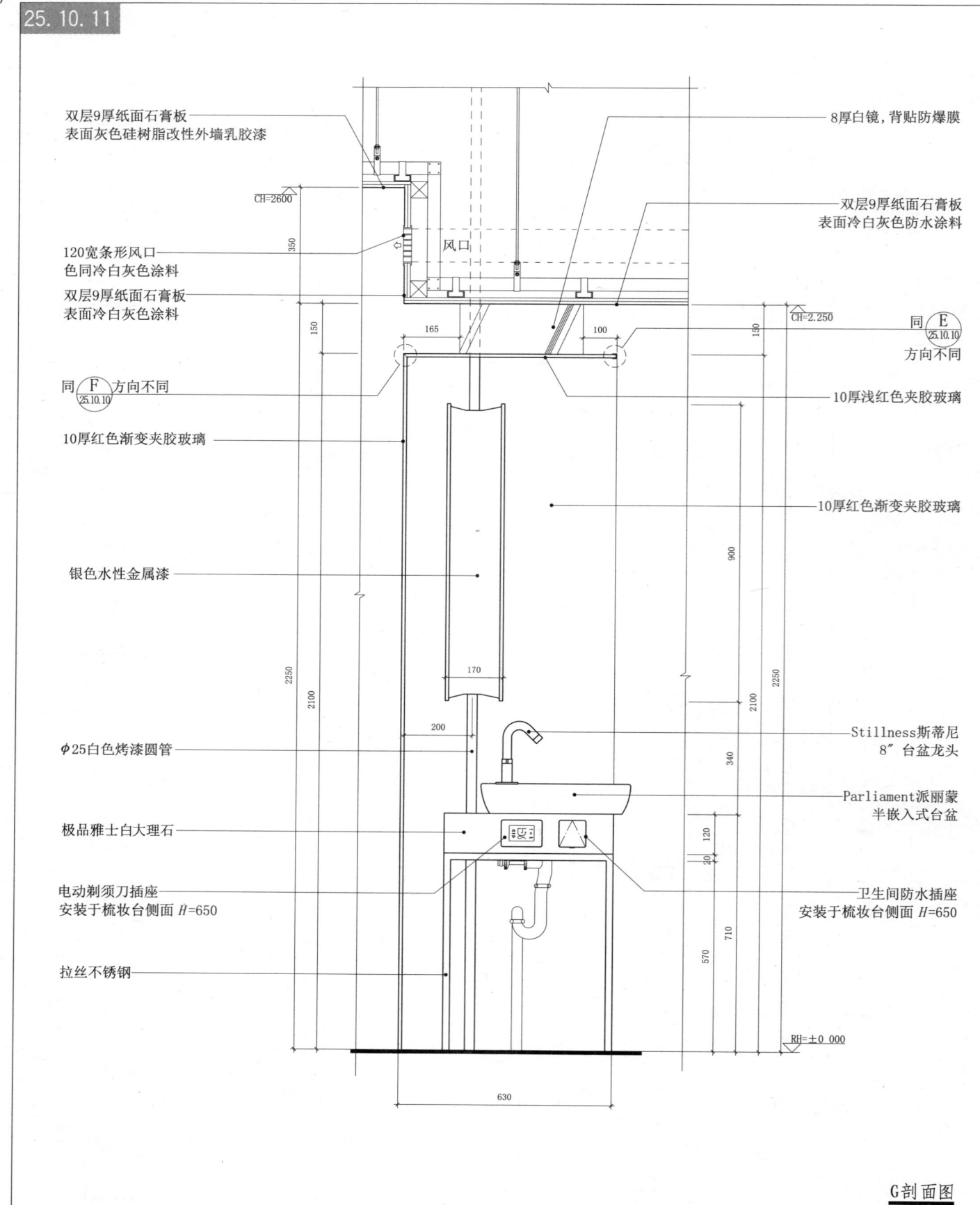

G剖面图

25.10 客房卫生间构造(二)

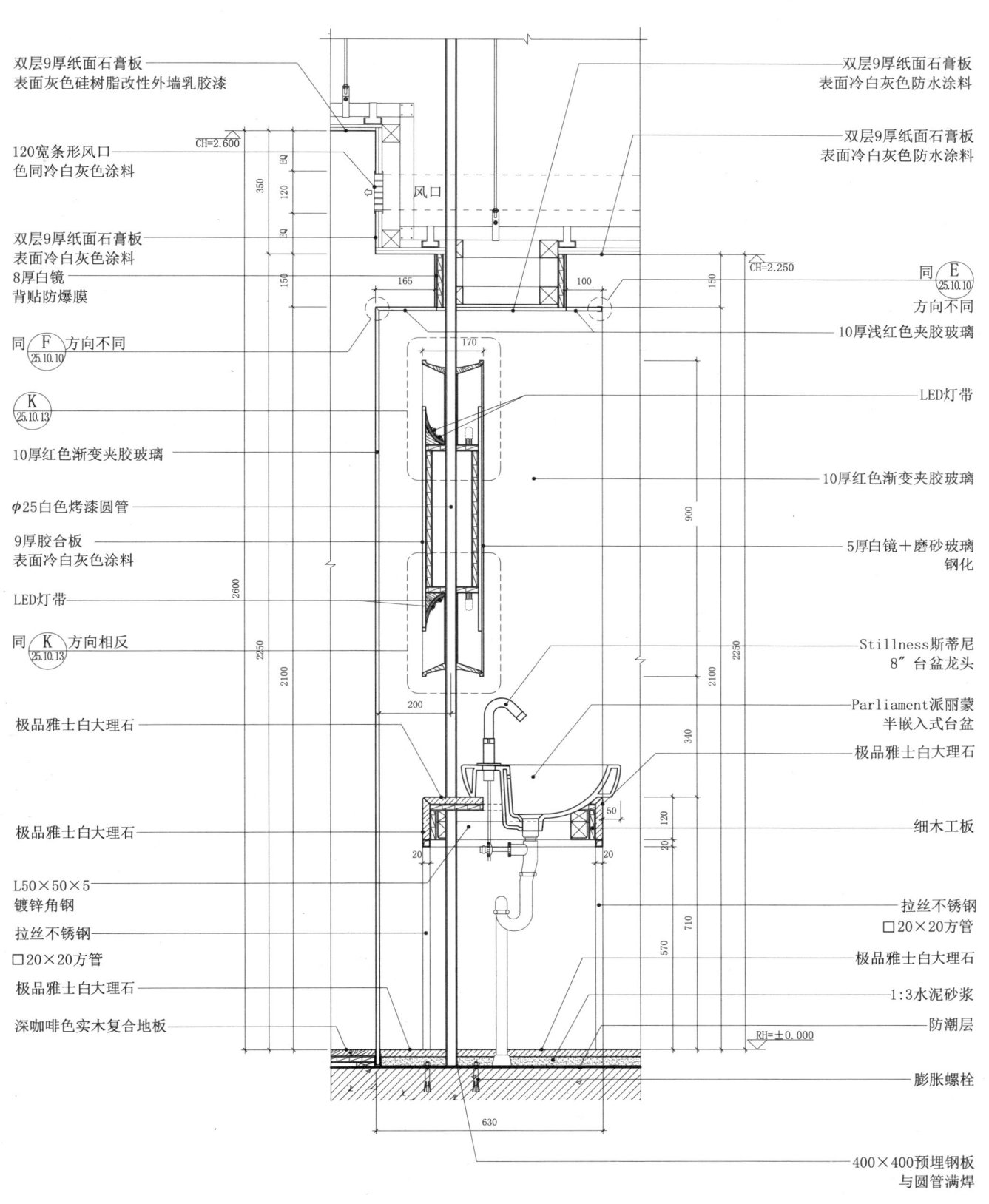

H剖面图

25.10 客房卫生间构造（二）

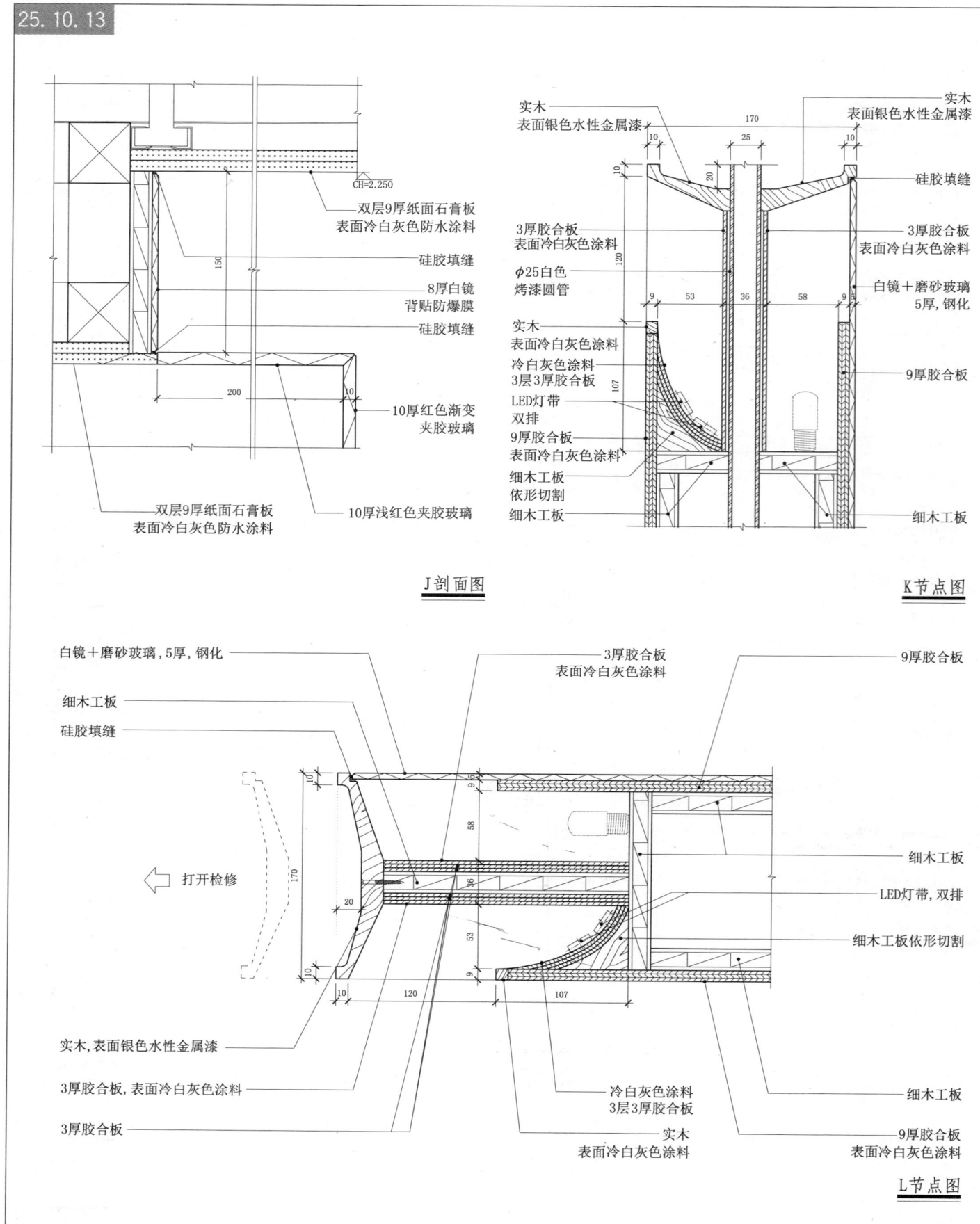

25.10.13

J 剖面图

K 节点图

L 节点图

25.10 客房卫生间构造(二)

25.10.14

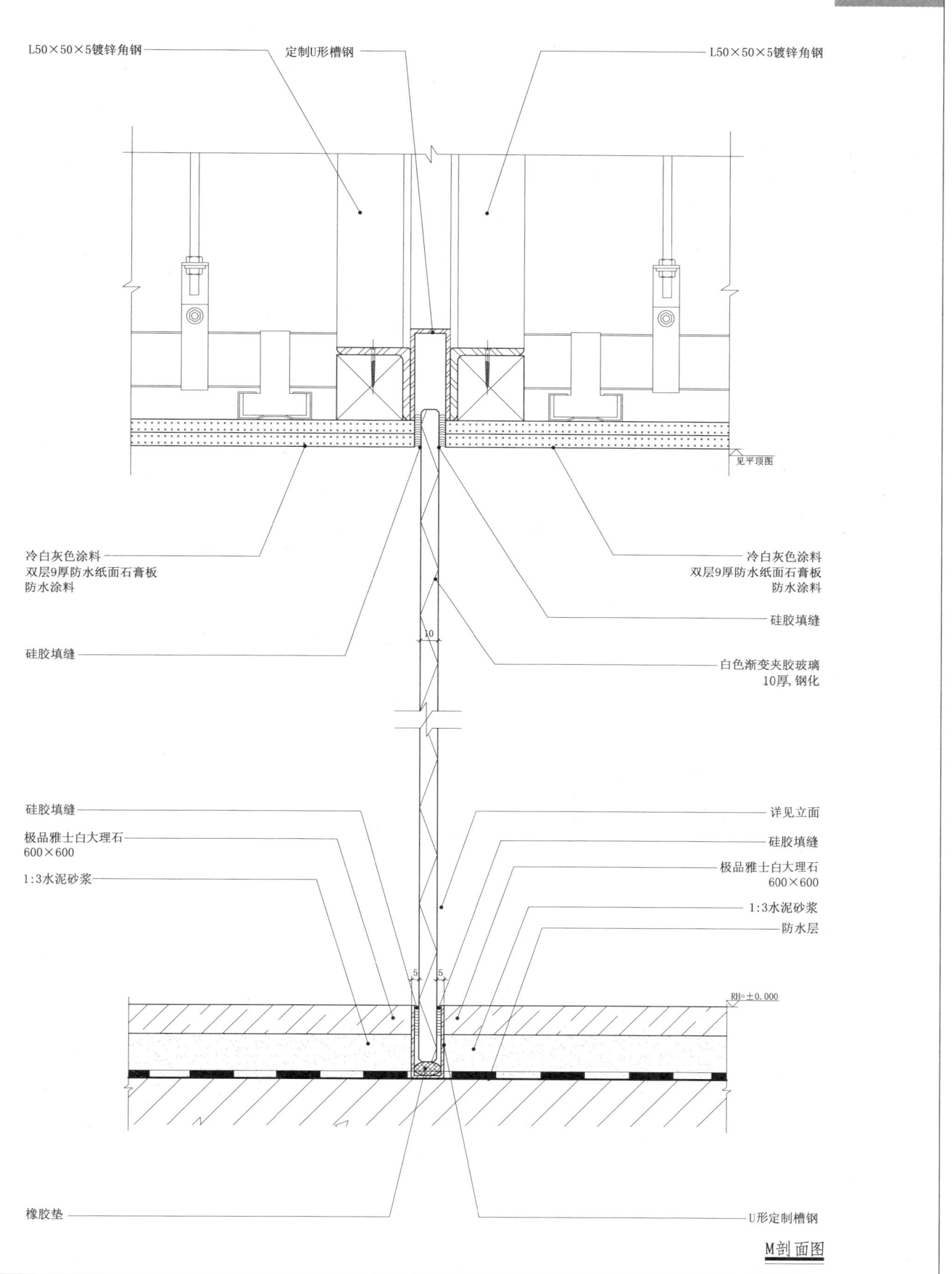

M剖面图

25　25.10　客房卫生间构造（二）

25.10.15

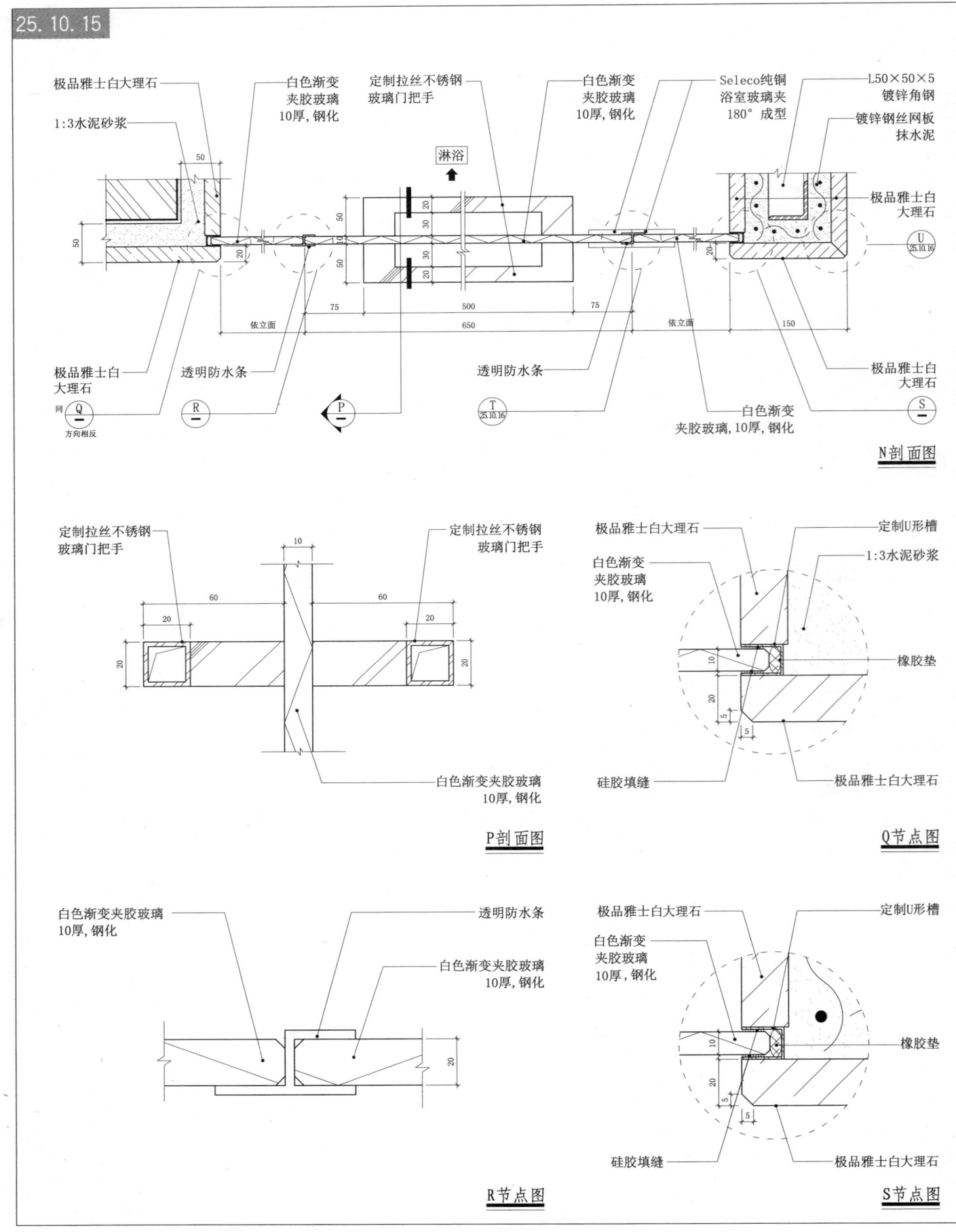

25.10 客房卫生间构造(二)

25.10.16

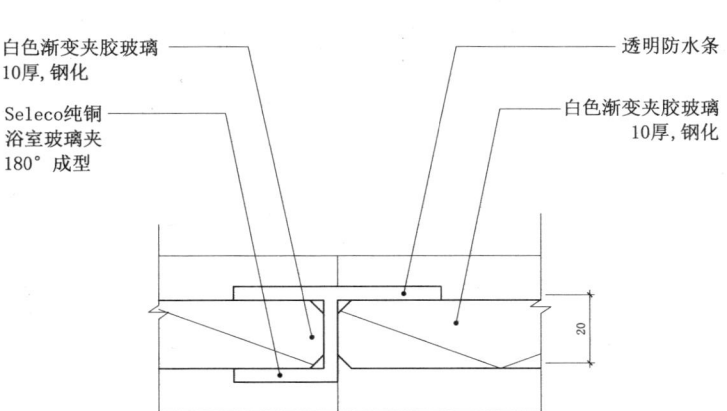

T节点图

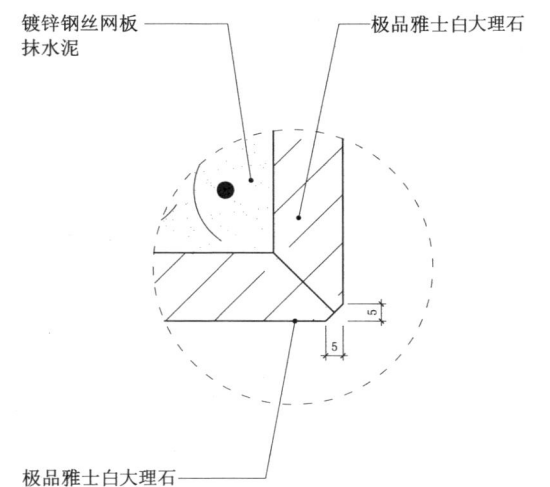

U节点图

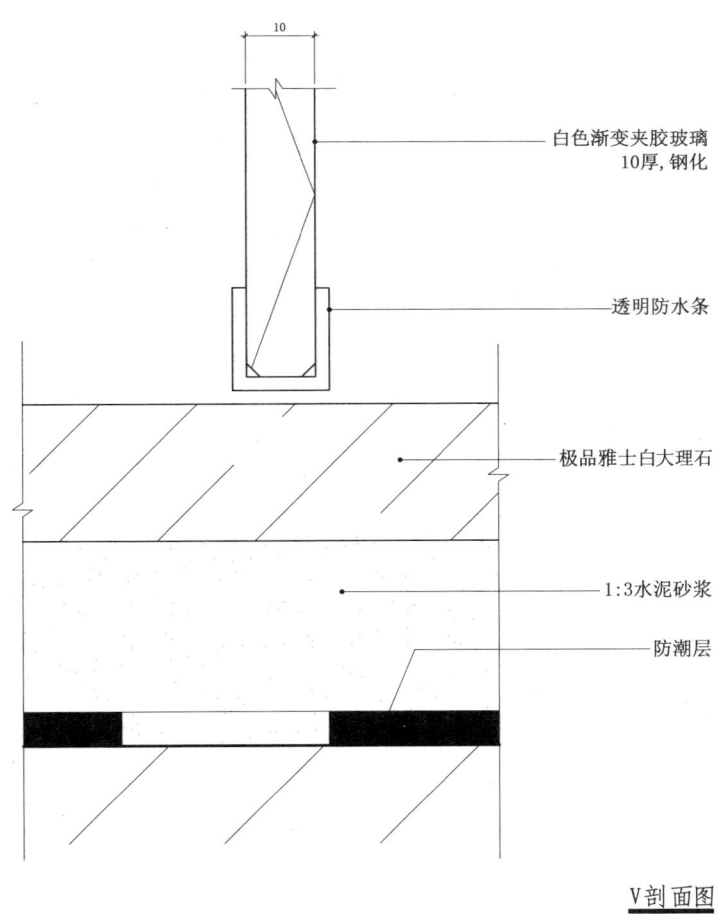

V剖面图

25 卫浴设施、防水构造·室内设施

26 客房模式

26.1 精品酒店大床房模式

26.1.1 平面图

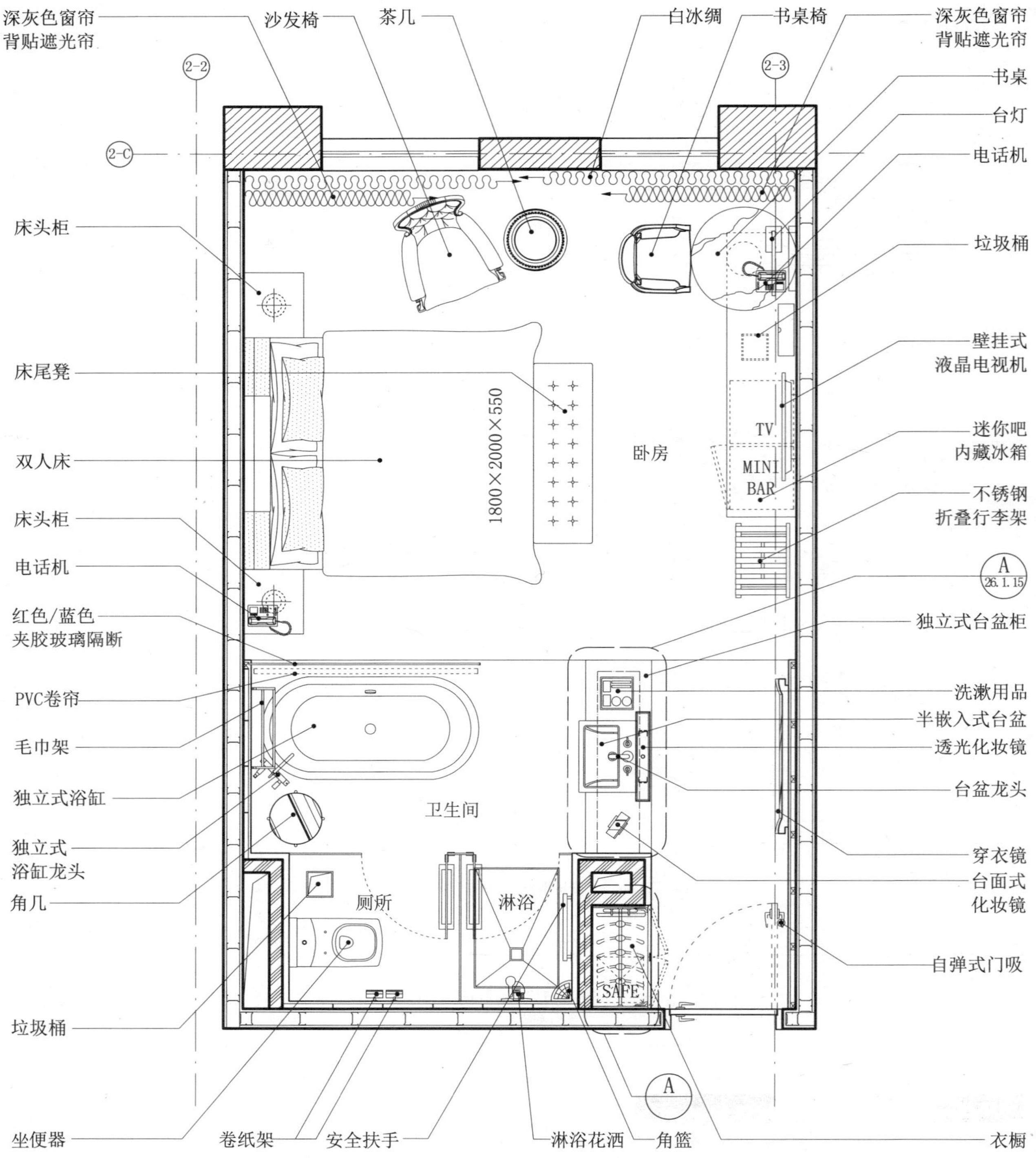

平面布置图

26.1 精品酒店大床房模式

26 客房模式

26.1.2 平顶图

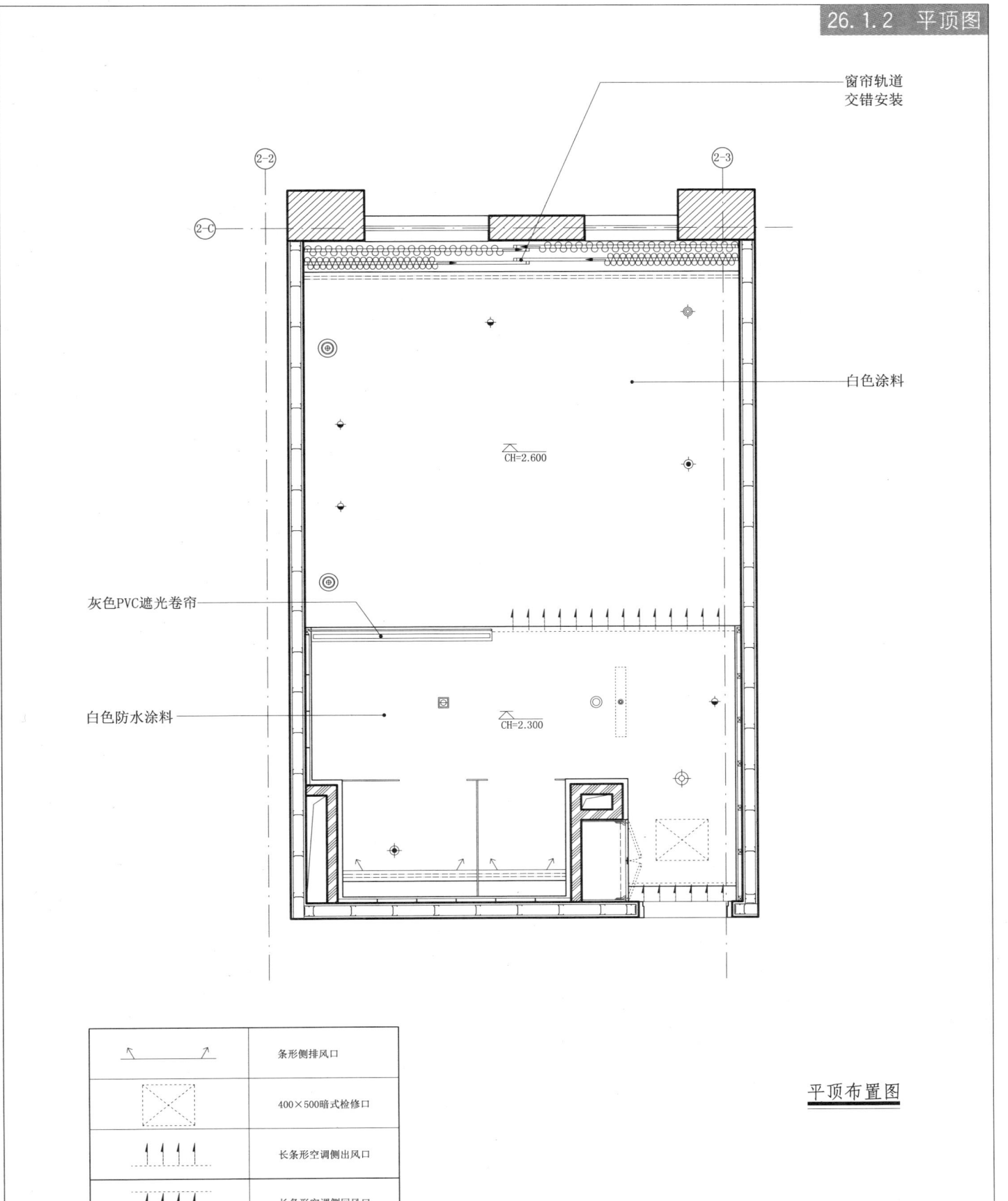

平顶布置图

26 客房模式

26.1 精品酒店大床房模式

26.1.3 索引图

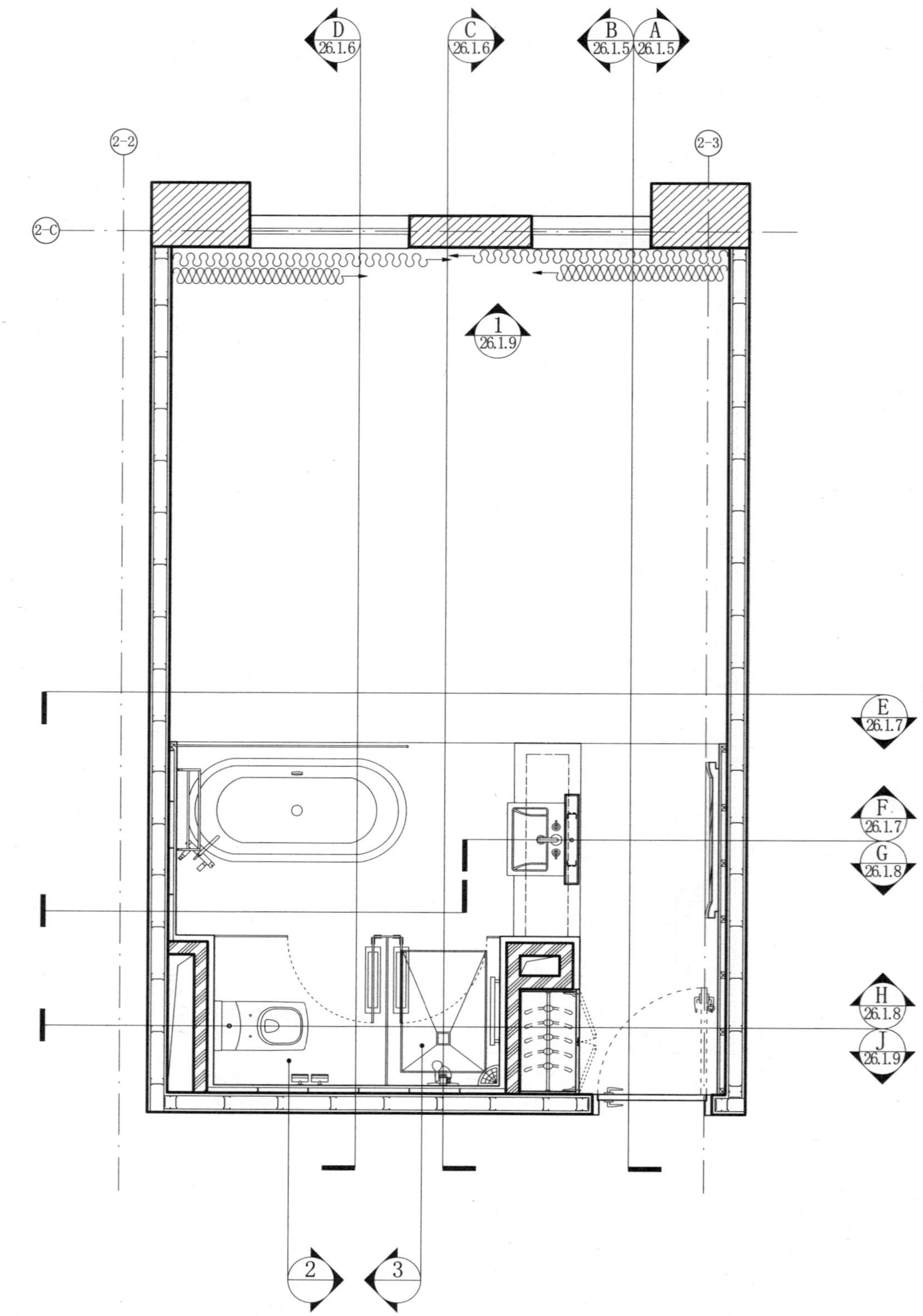

立面索引图

26.1 精品酒店大床房模式

26.1.4 配电图

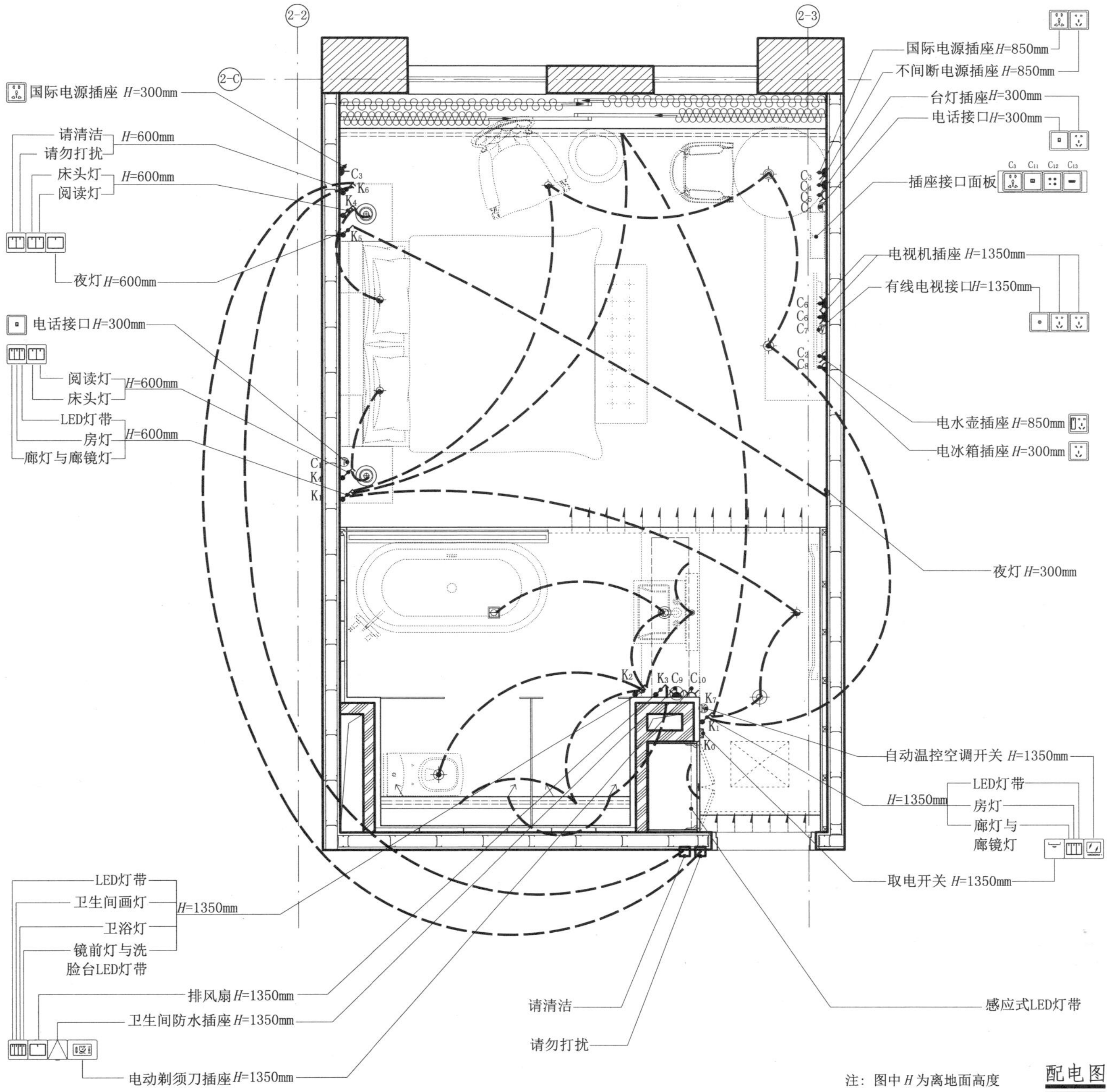

26 客房模式

注：图中 H 为离地面高度

<u>配电图</u>

立面编号	名称	备注	平面图例	立面图例	立面编号	名称	备注	平面图例	立面图例	立面编号	名称	备注	平面图例	立面图例
K_0	取电开关				K_7	自动温控空调调开关	(空调调温)			C_7	有线电视接口	专用		
K_1	三联开关	(廊灯与廊镜灯、房灯、LED灯带)			C_1	电话接口	单孔			C_8	电冰箱插座	不间断电源插座		
K_2	四联开关	(镜前灯与洗脸台LED灯带、卫浴灯、卫生间灯、LED灯带)			C_2	电水壶插座	3×2扁眼插座（带开关）			C_9	卫生间插座	3×2扁眼防水插座		
K_3	单联开关	(排风扇)			C_3	国际电源插座	多功能插座			C_{10}	电动剃须刀插座	电动剃须刀 110V/220V插座		
K_4	双联开关	(床头灯、阅读灯)			C_4	不间断电源插座	不间断电源插座			C_{11}	网络接口	网络接口		
K_5	单联开关	(夜灯)			C_5	台灯插座	3×2扁眼插座			C_{12}	音响接口	音响接口		
K_6	双联开关	(请勿打扰、请清洁)			C_6	电视机插座	3×2扁眼插座			C_{13}	网络电视接口	网络电视接口		

26 客房模式

26.1 精品酒店大床房模式

26.1.5 立面图(一)

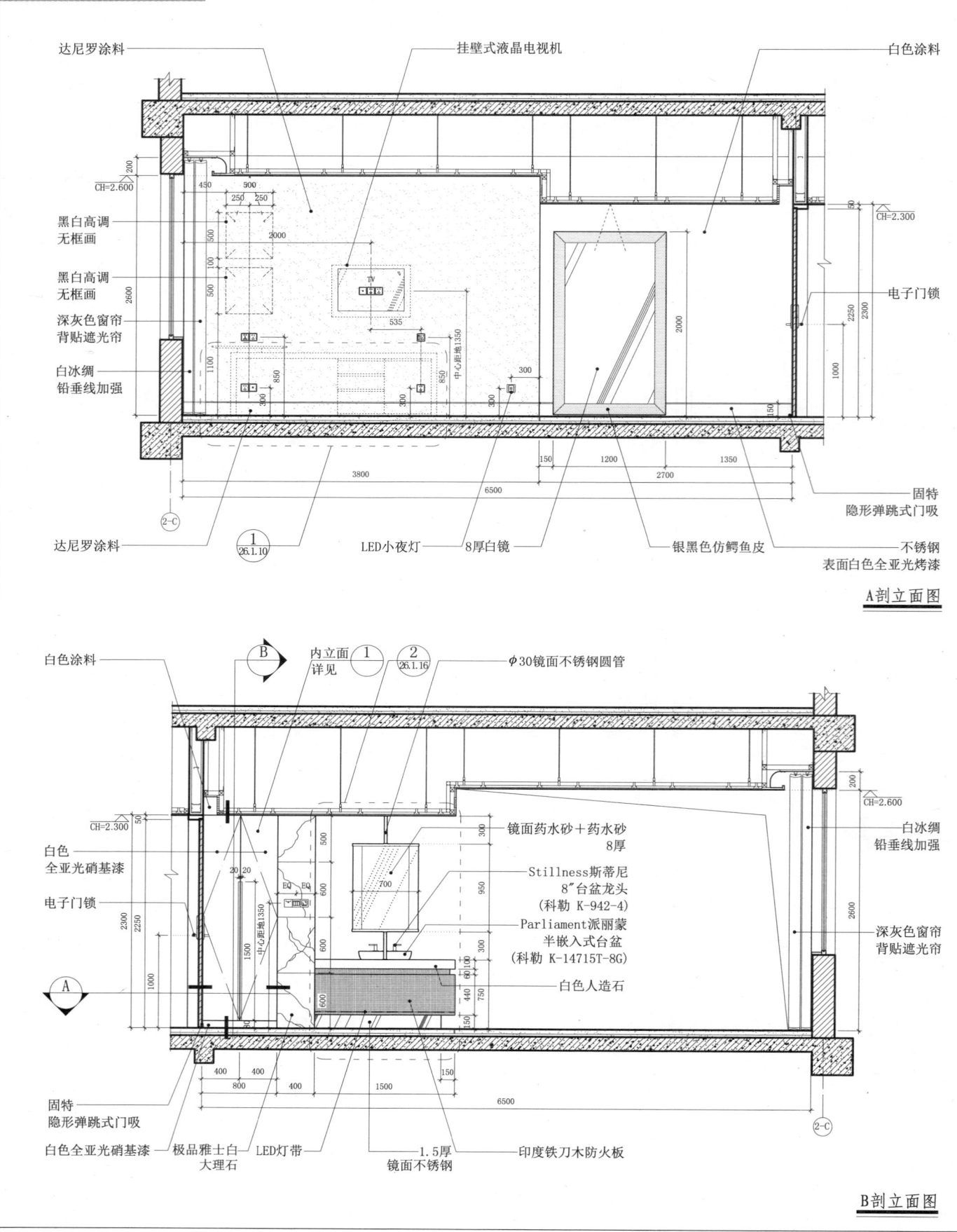

A剖立面图

B剖立面图

26.1 精品酒店大床房模式

26.1.6 立面图(二)

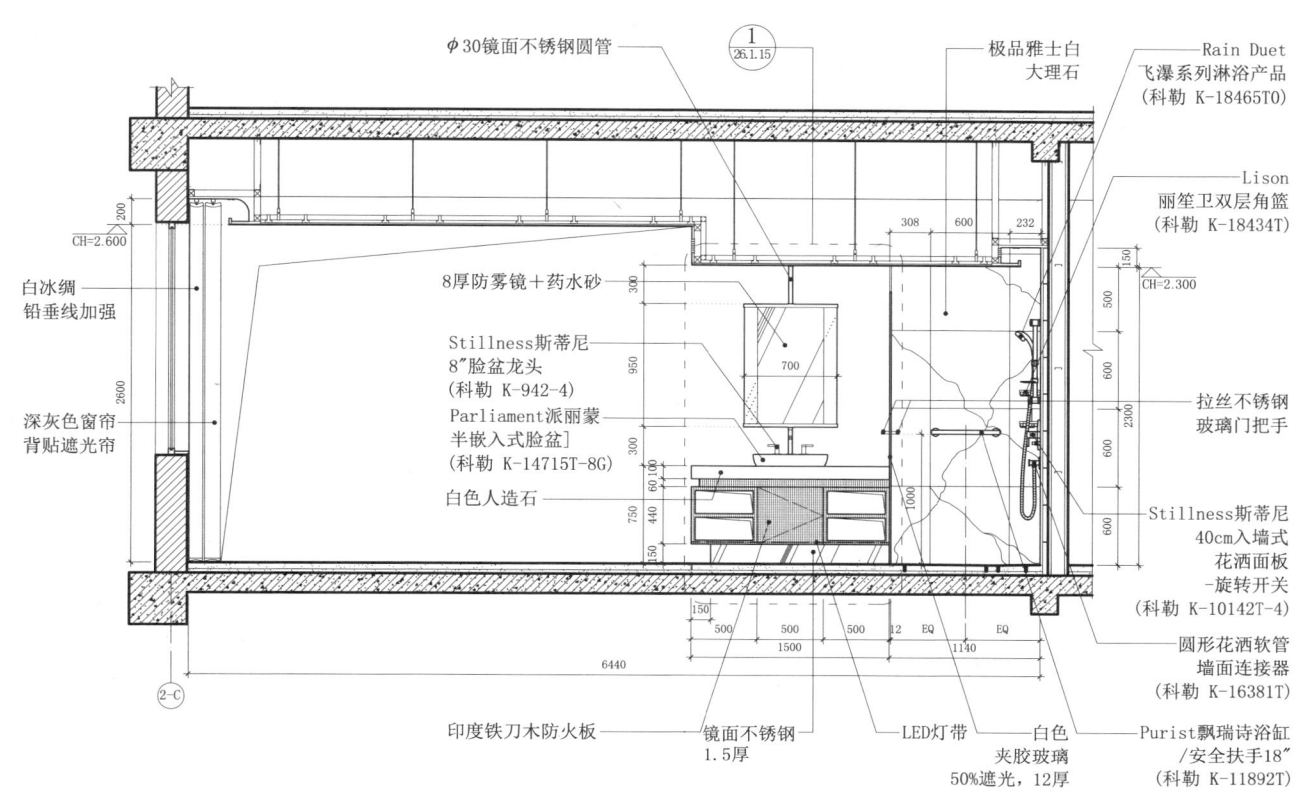

C剖立面图

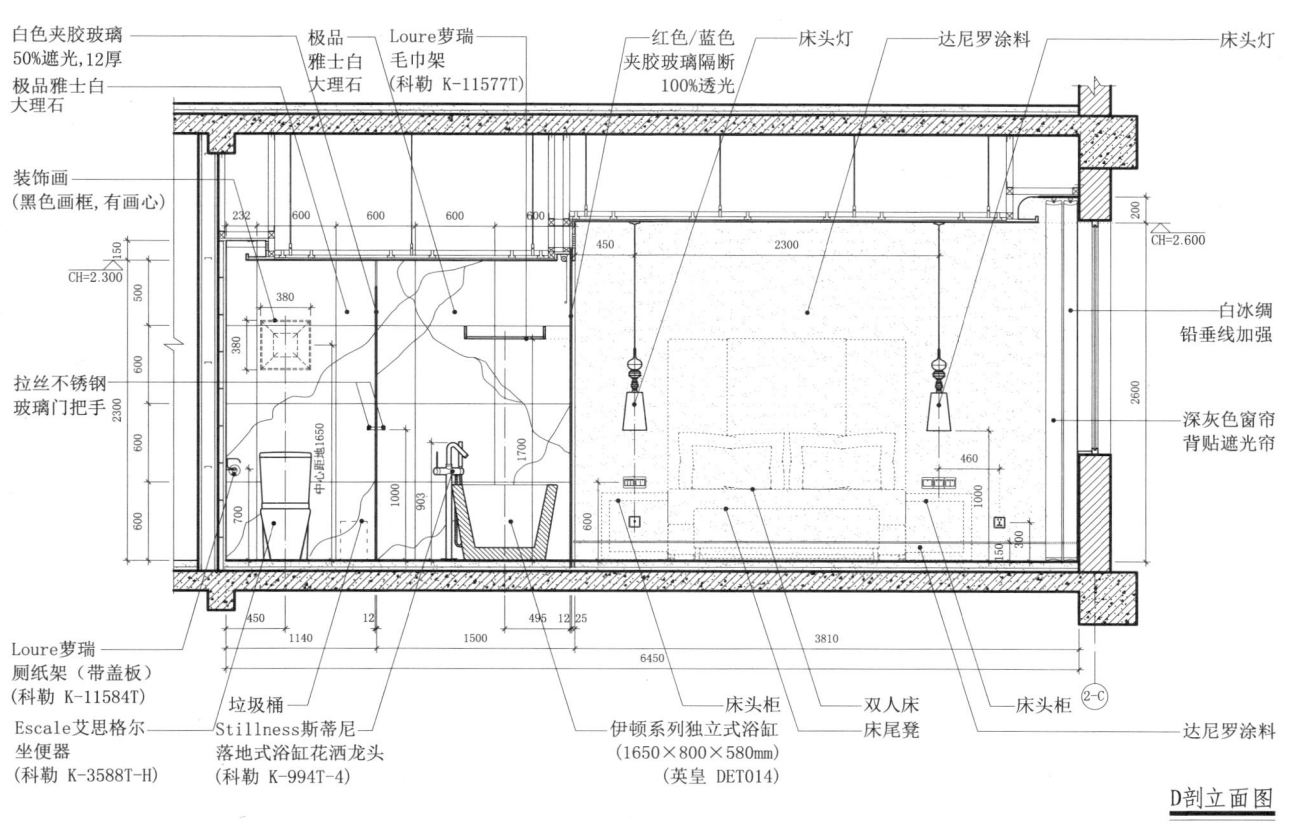

D剖立面图

26 客房模式

26.1 精品酒店大床房模式

26.1.7 立面图（三）

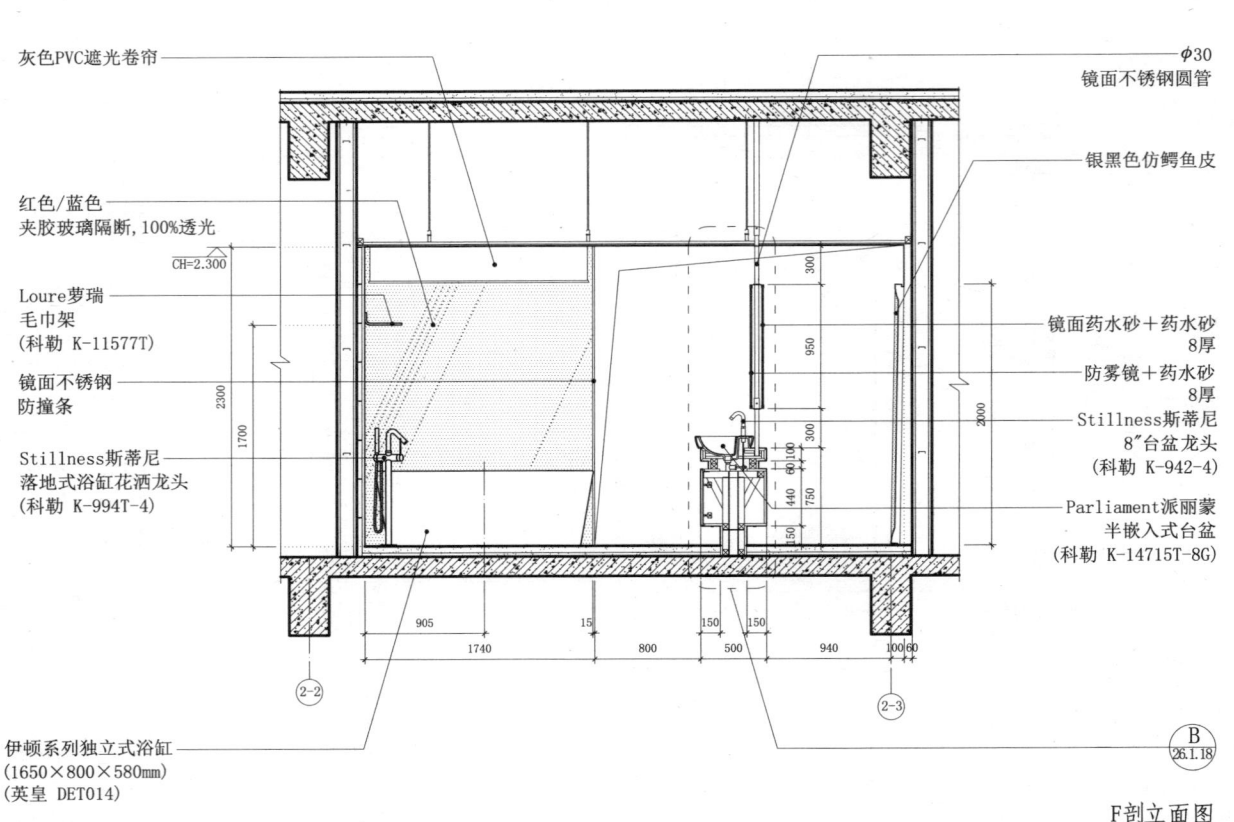

E剖立面图

F剖立面图

26.1 精品酒店大床房模式

26.1.8 立面图(四)

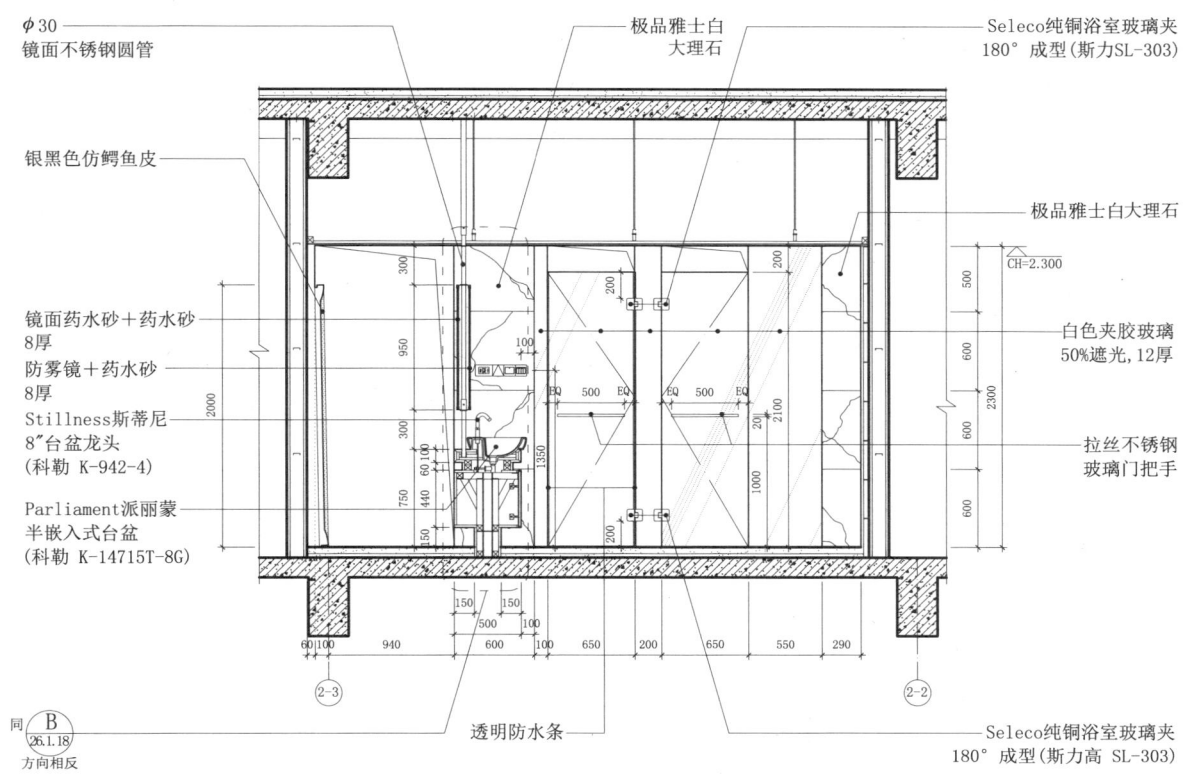

G剖立面图

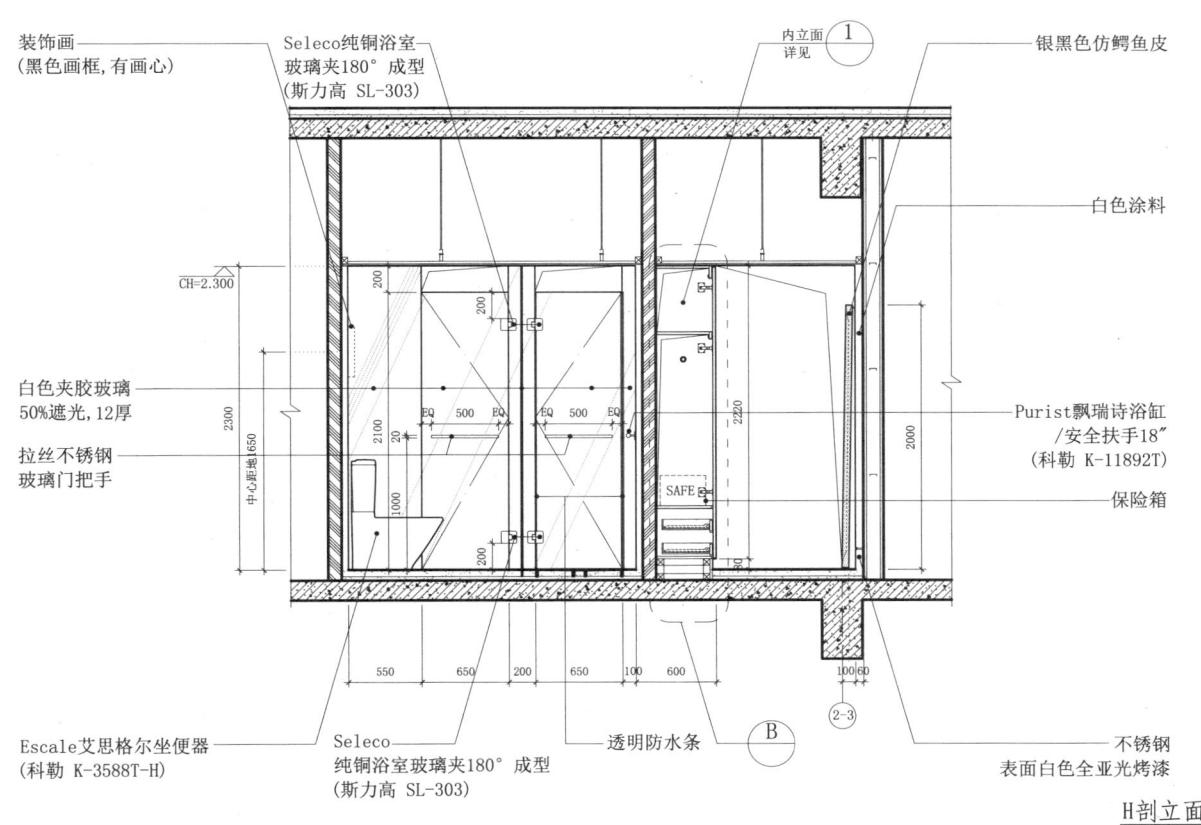

H剖立面图

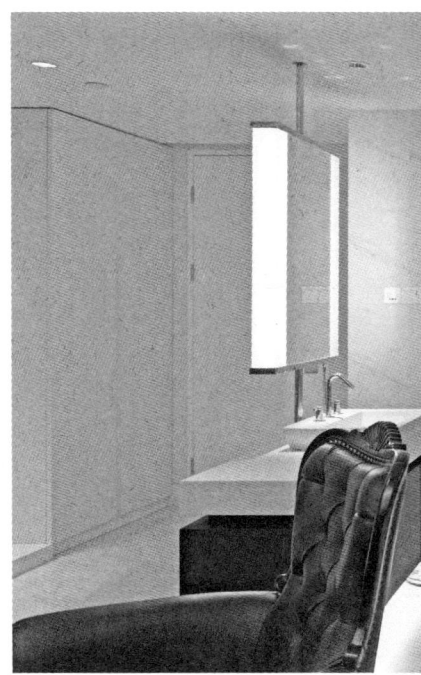

26 客房模式

26.1 精品酒店大床房模式

26.1.9 立面图(五)

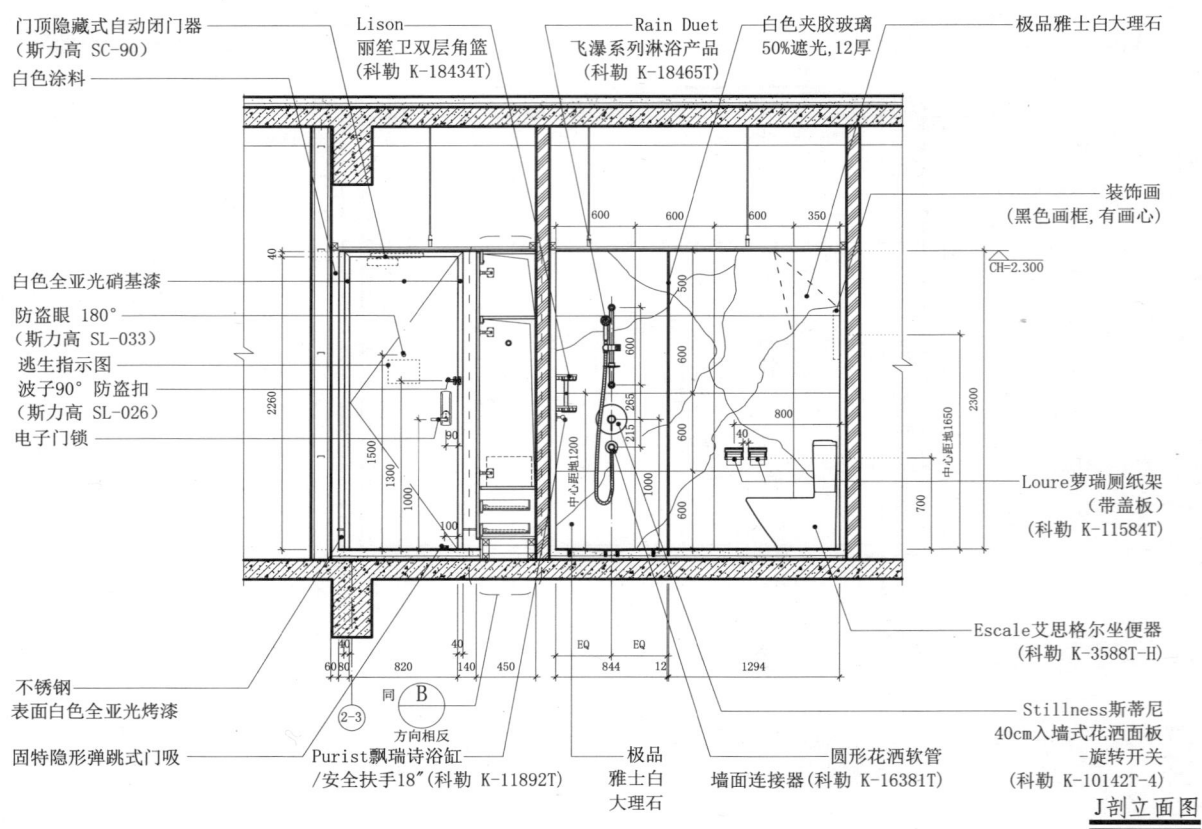

J剖立面图

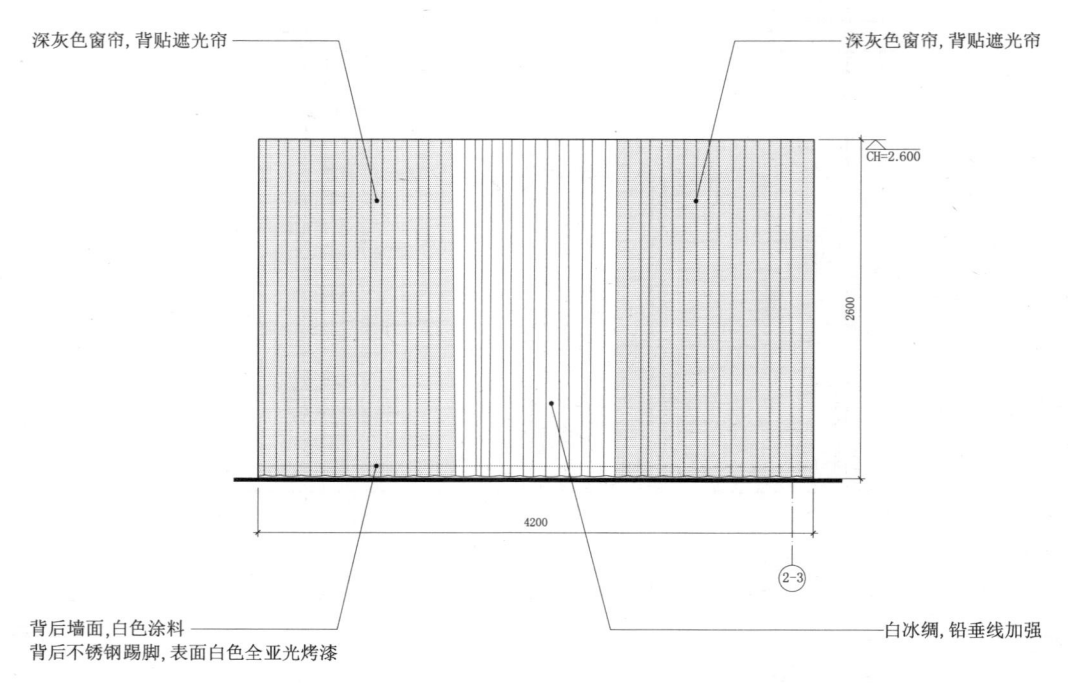

1立面图

26.1.10 长桌迷你吧（一）

26.1 精品酒店大床房模式

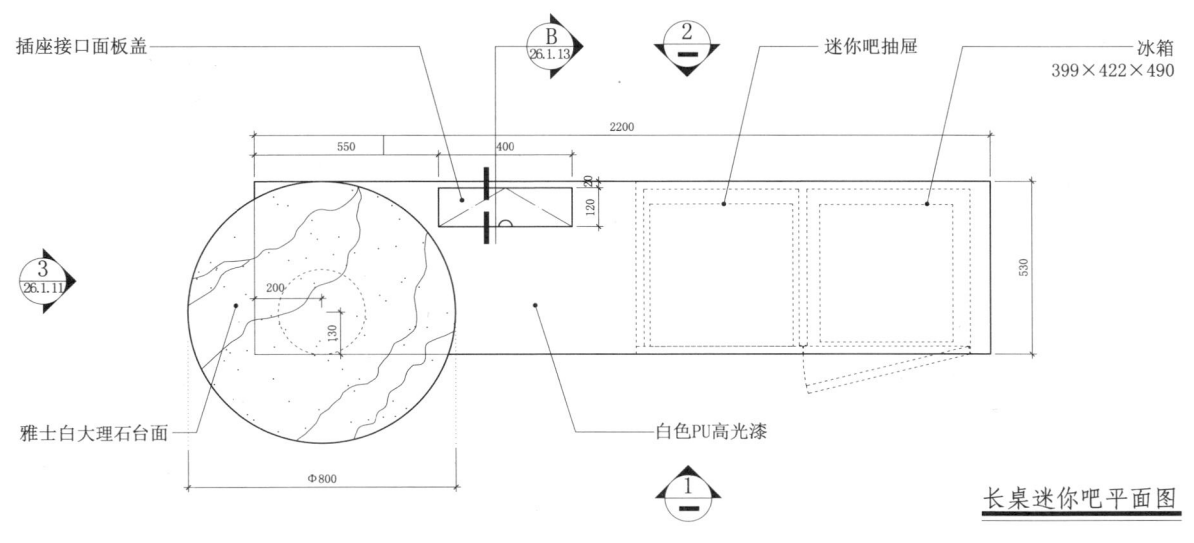

长桌迷你吧平面图

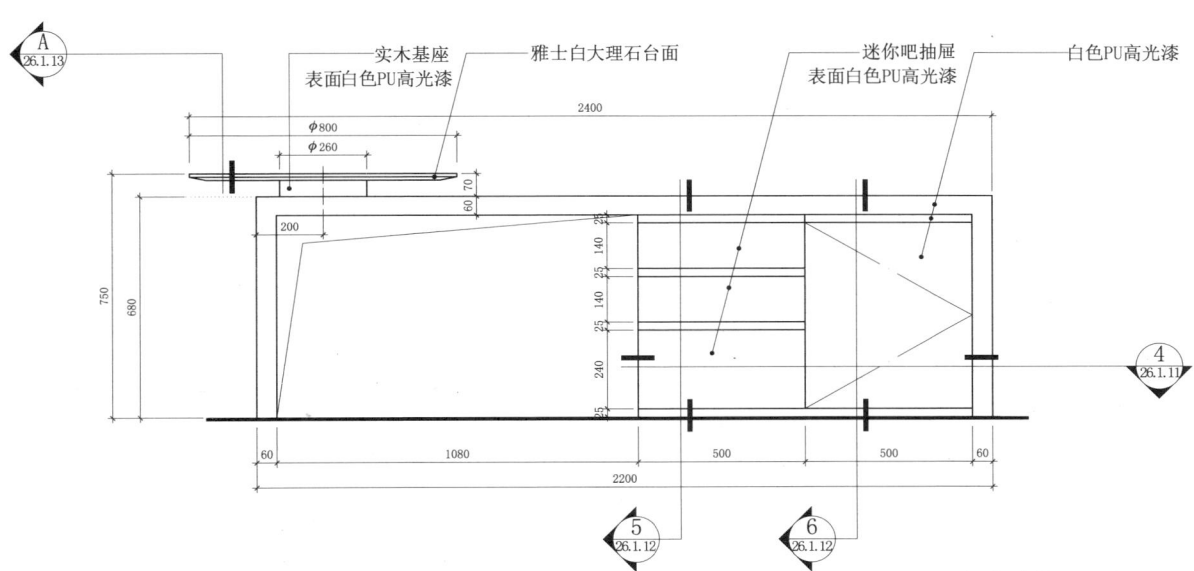

1 长桌迷你吧正立面图

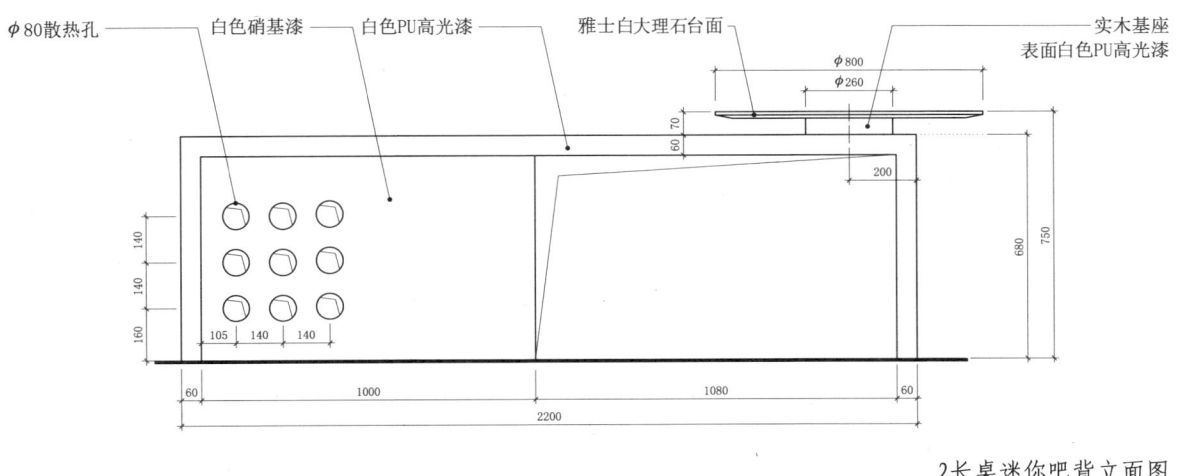

2 长桌迷你吧背立面图

26.1 精品酒店大床房模式

26.1.11 长桌迷你吧(二)

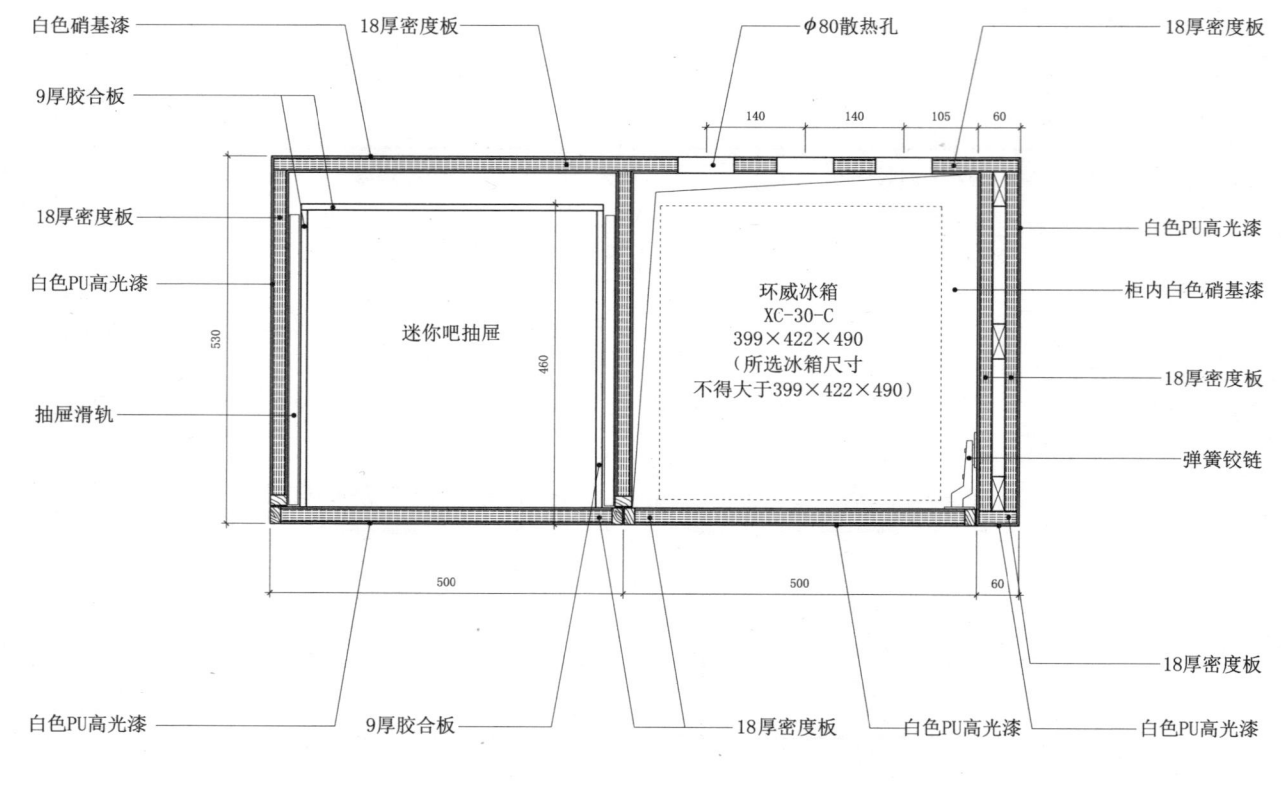

3 长桌迷你吧侧立面图

长桌迷你吧插座接口面板(内部)设置

4 节点图

26.1.12 长桌迷你吧(三)　　26.1 精品酒店大床房模式　26 客房模式

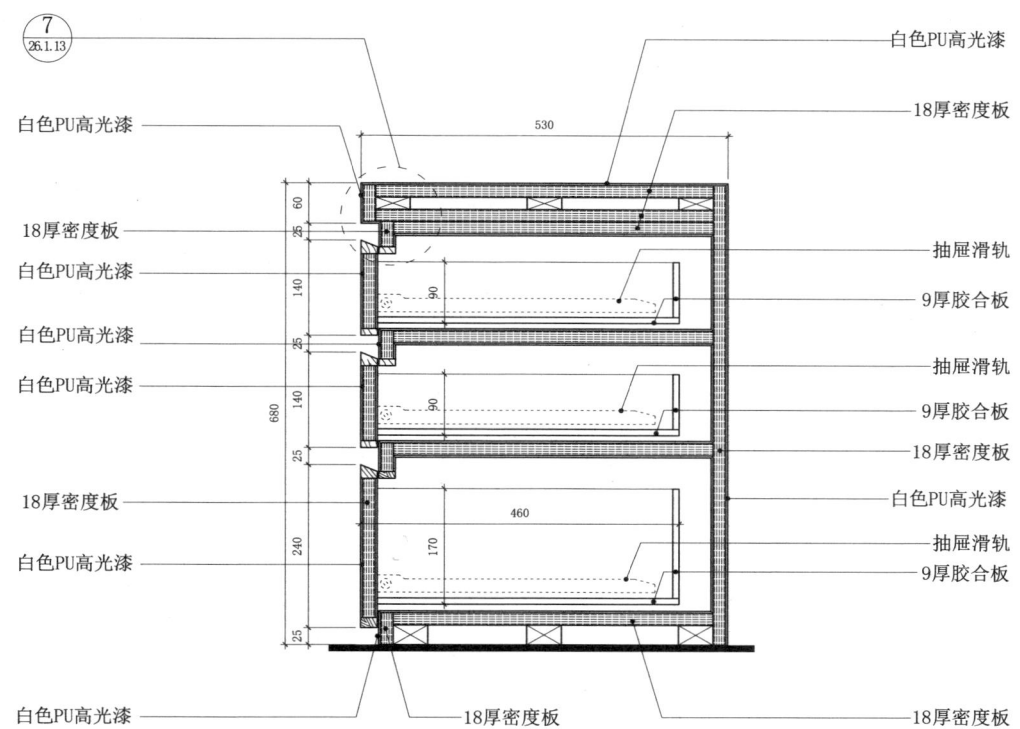

5 节点图

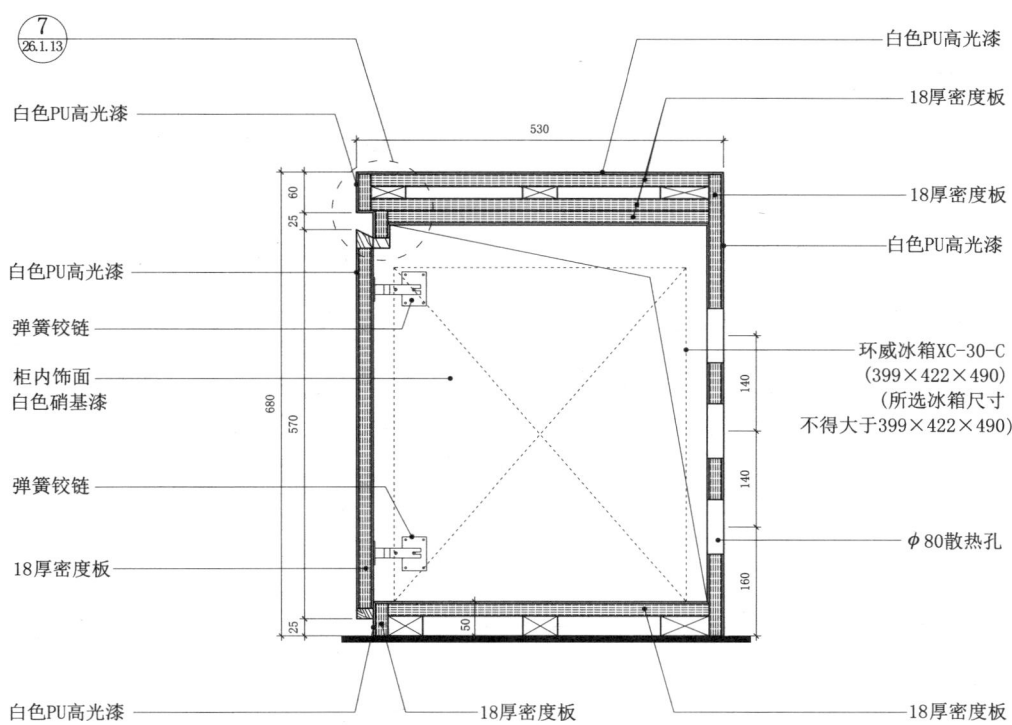

6 节点图

26 客房模式

26.1 精品酒店大床房模式

26.1.13 长桌迷你吧(四)

7节点图 标注：
- 18厚密度板
- 3厚胶合板 表面白色PU高光漆
- 18厚密度板
- 3厚胶合板 表面白色PU高光漆
- 18厚密度板
- 3厚胶合板 表面白色PU高光漆
- 18厚密度板
- 实木收边 表面白色PU高光漆
- 3厚胶合板 表面白色PU高光漆
- 尺寸：60、25、10、50、24、24

A节点图 标注：
- 雅士白大理石台面
- 10厚密度板
- 尺寸：2、10、2、2、10、2、50

B节点图 标注：
- 12厚密度板
- 3厚胶合板 表面白色PU高光漆
- 抠手
- 3厚胶合板 表面白色PU高光漆
- 暗铰链
- 5厚胶合板
- 18厚密度板
- 插座接口面板盖 内饰面白色硝基漆
- 实木收边 表面白色PU高光漆
- 18厚密度板
- 实木收边 表面白色PU高光漆
- 插座接口面板（电源插口、网络接口、网络电视、音响）
- 尺寸：20、100、20、60

26.1.14 长桌迷你吧(五)

26.1 精品酒店大床房模式

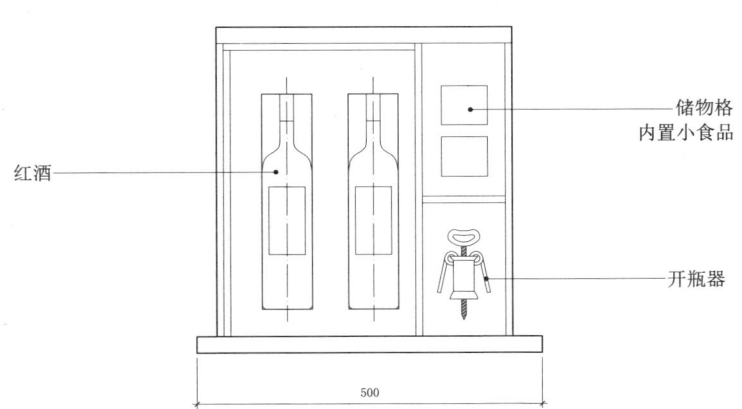

长桌迷你吧抽屉布置图（上层）

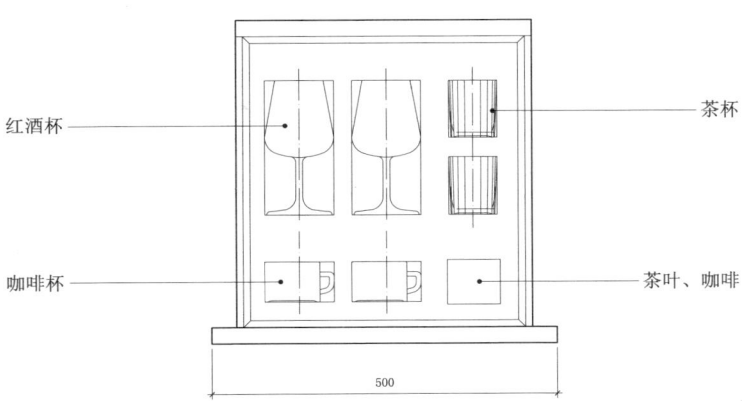

长桌迷你吧抽屉布置图（中层）

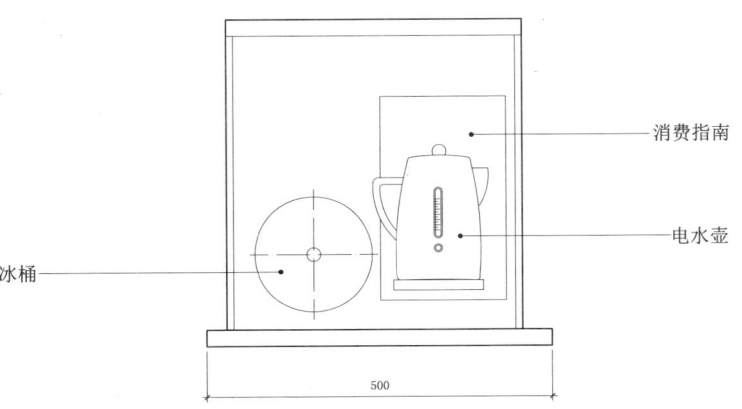

长桌迷你吧抽屉布置图（下层）

26 客房模式

26.1 精品酒店大床房模式

26.1.15 独立式台盆柜(一)

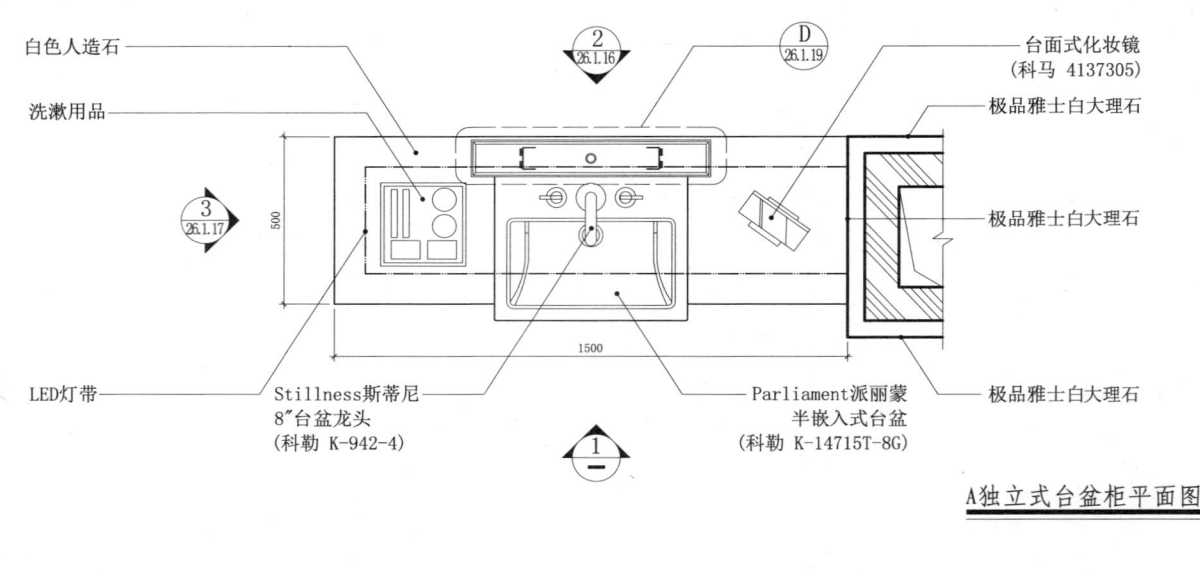

A 独立式台盆柜平面图

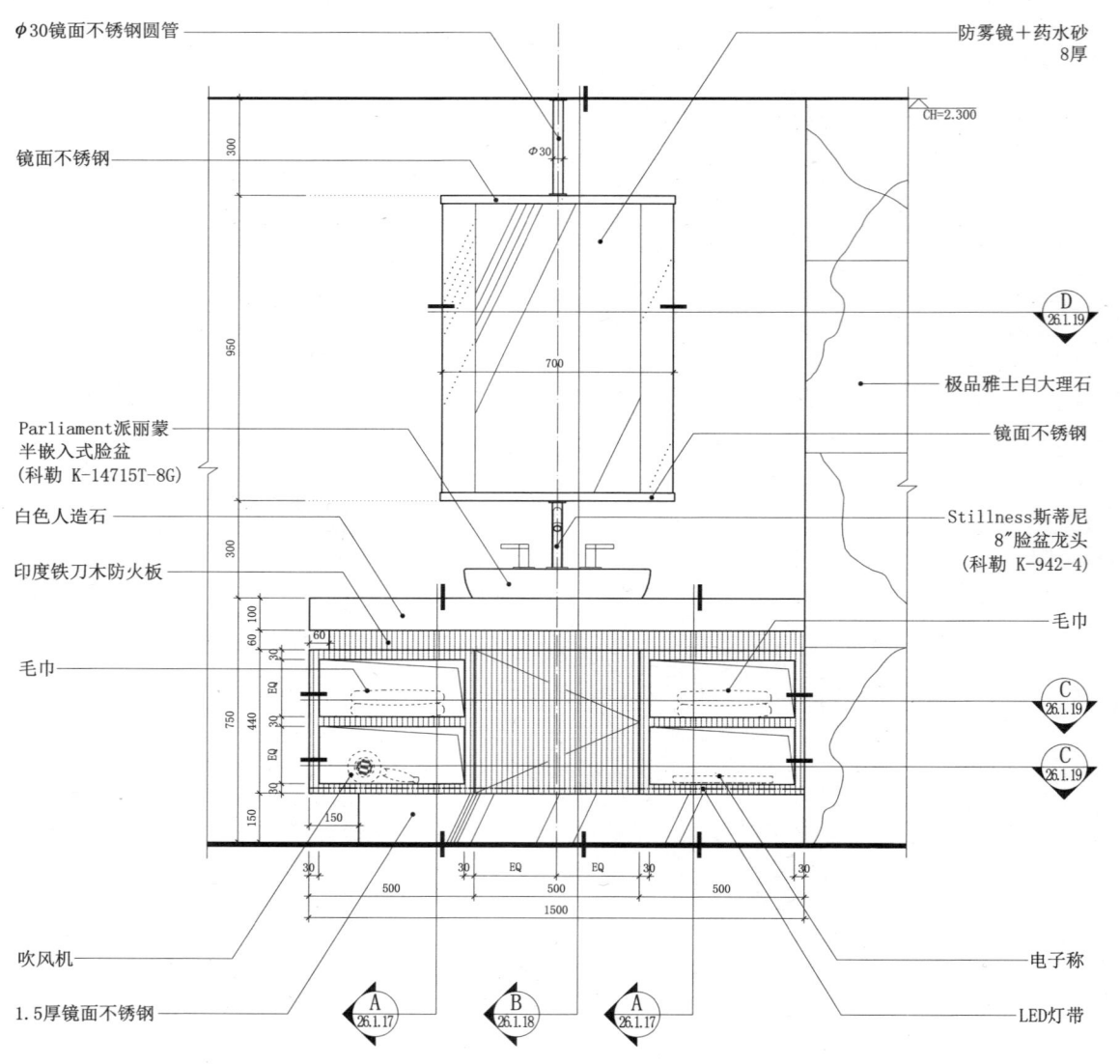

1 独立式台盆柜正立面图

26.1 精品酒店大床房模式

26.1.16 独立式台盆柜(二)

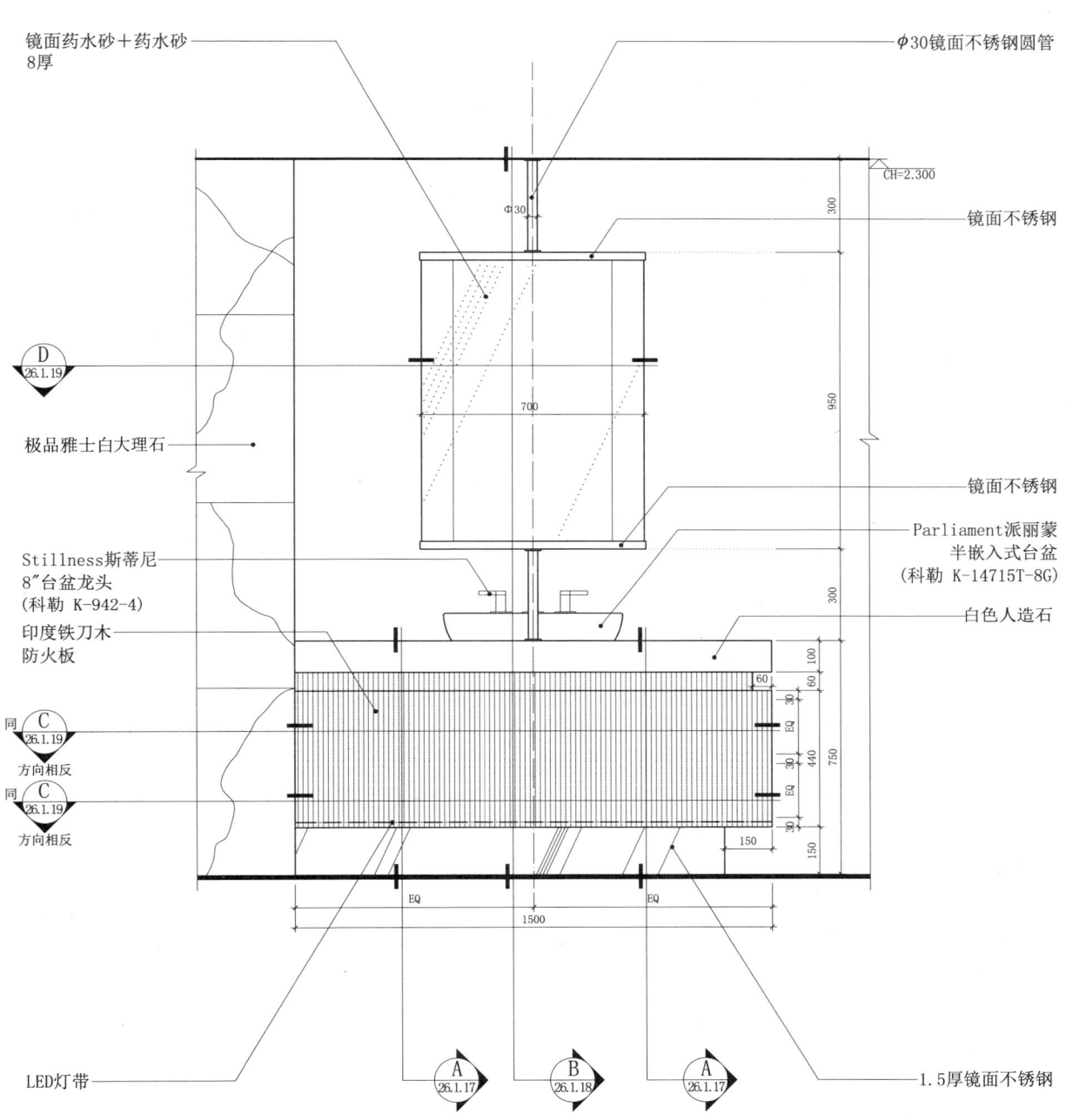

2 独立式台盆柜背立面图

26.1 精品酒店大床房模式

26.1.17 独立式台盆柜(三)

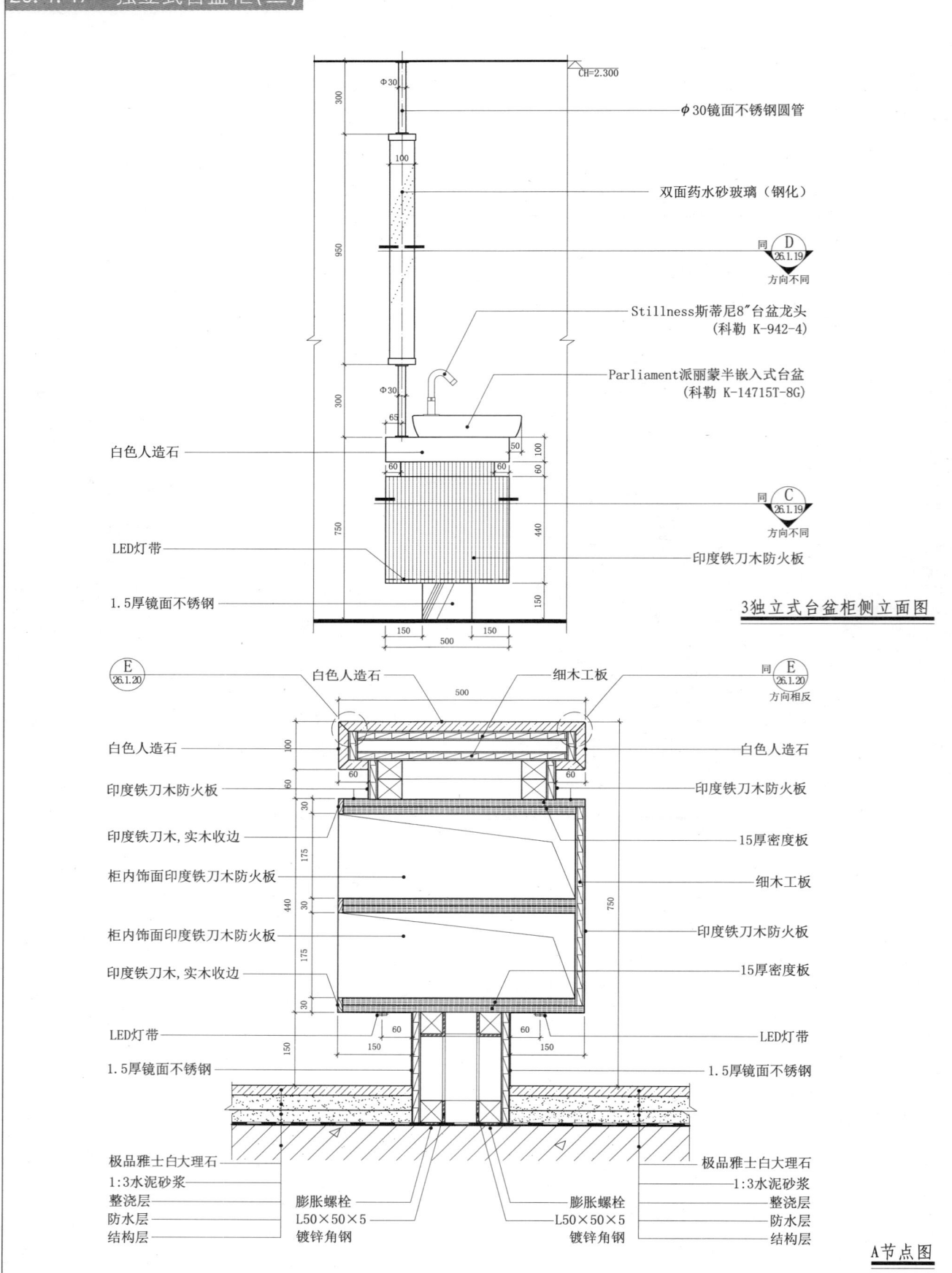

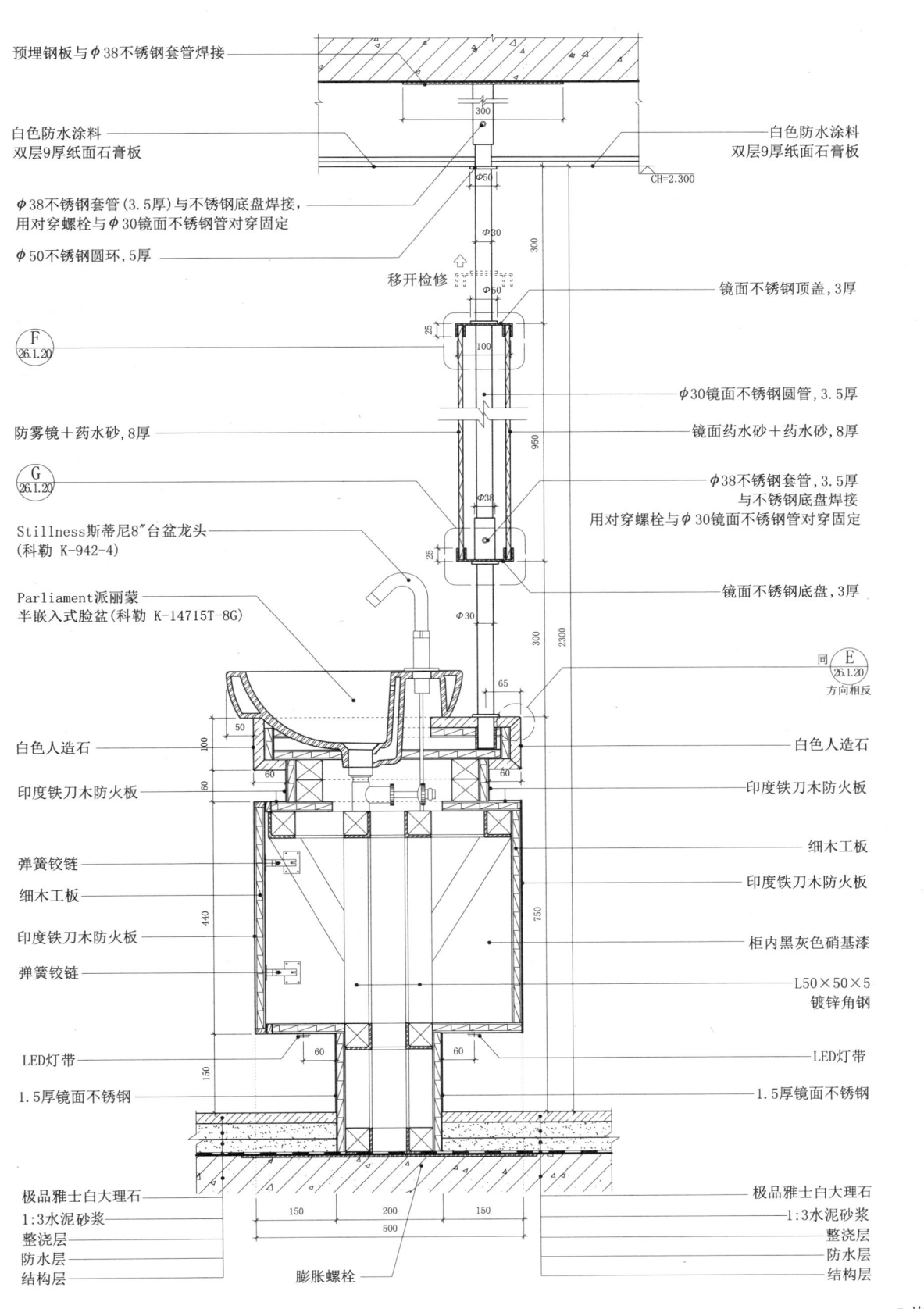

B节点图

26.1 精品酒店大床房模式

26.1.19 独立式台盆柜（五）

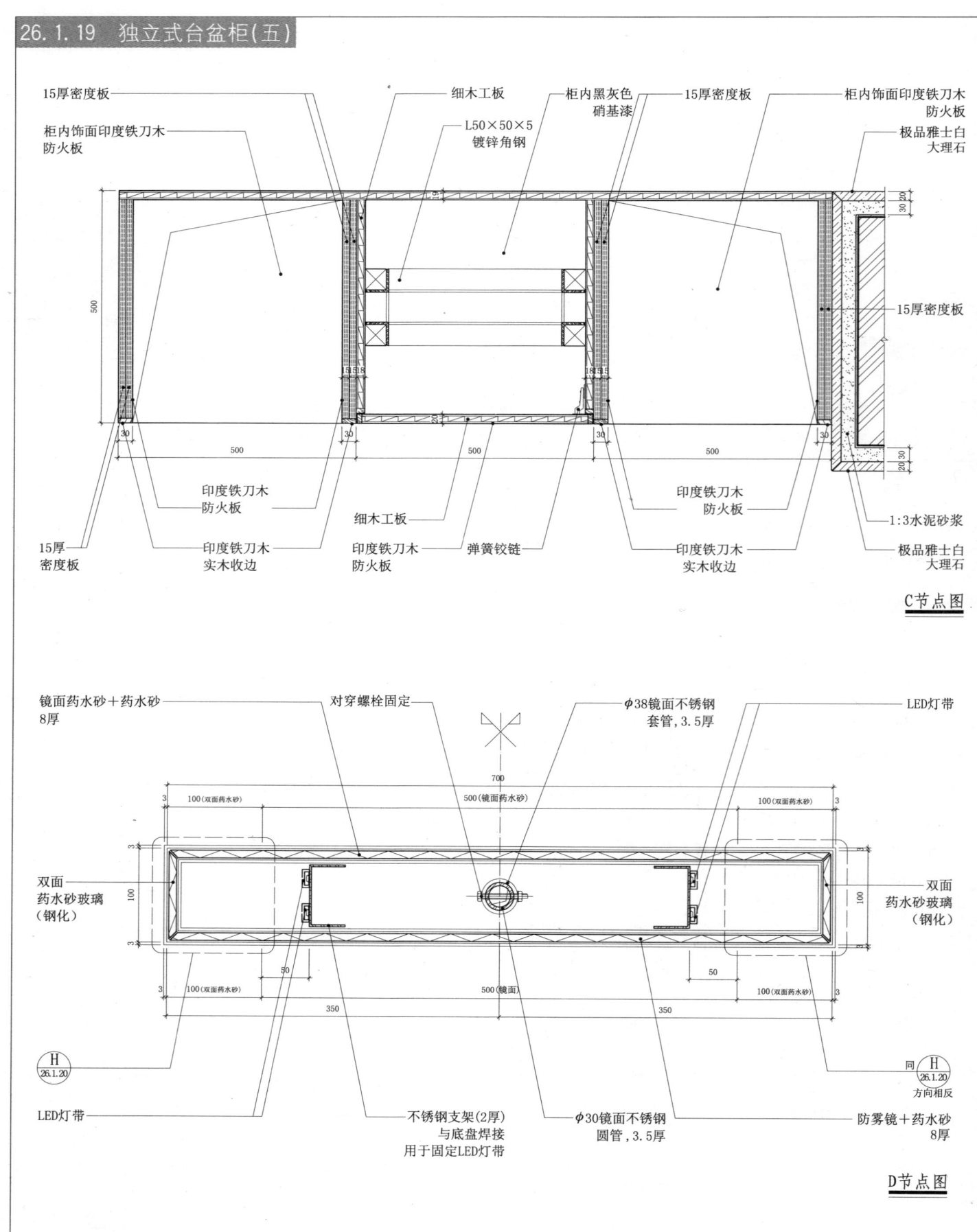

C节点图

D节点图

26.1.20 独立式台盆柜(六)

26.1 精品酒店大床房模式

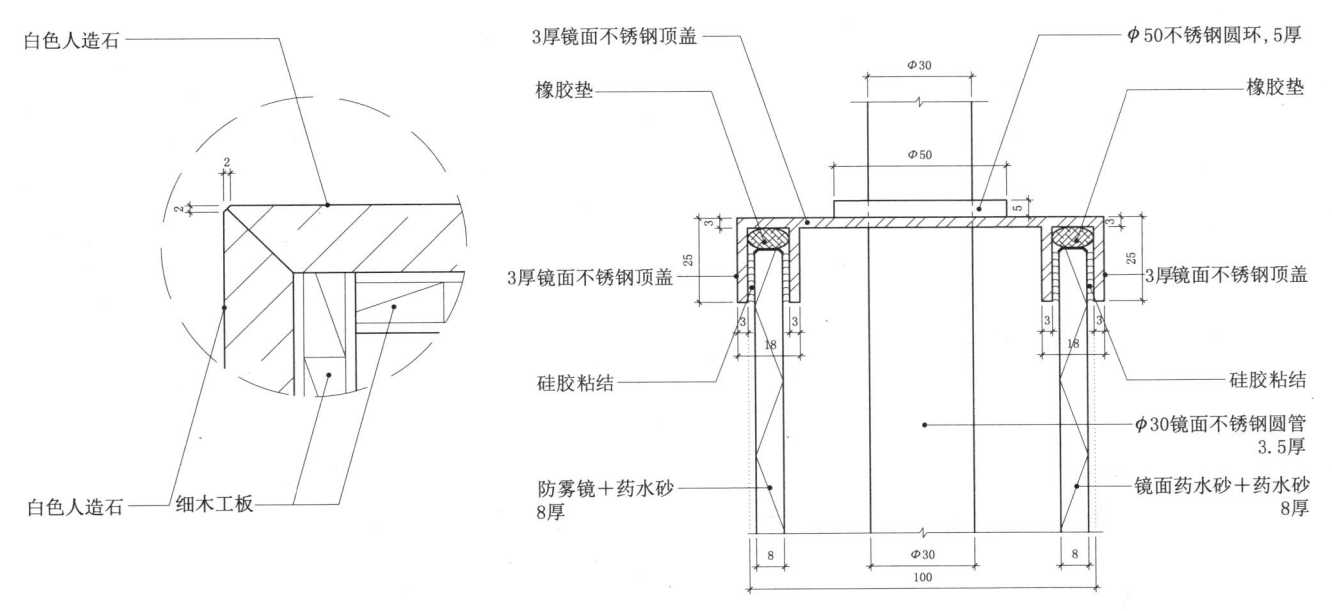

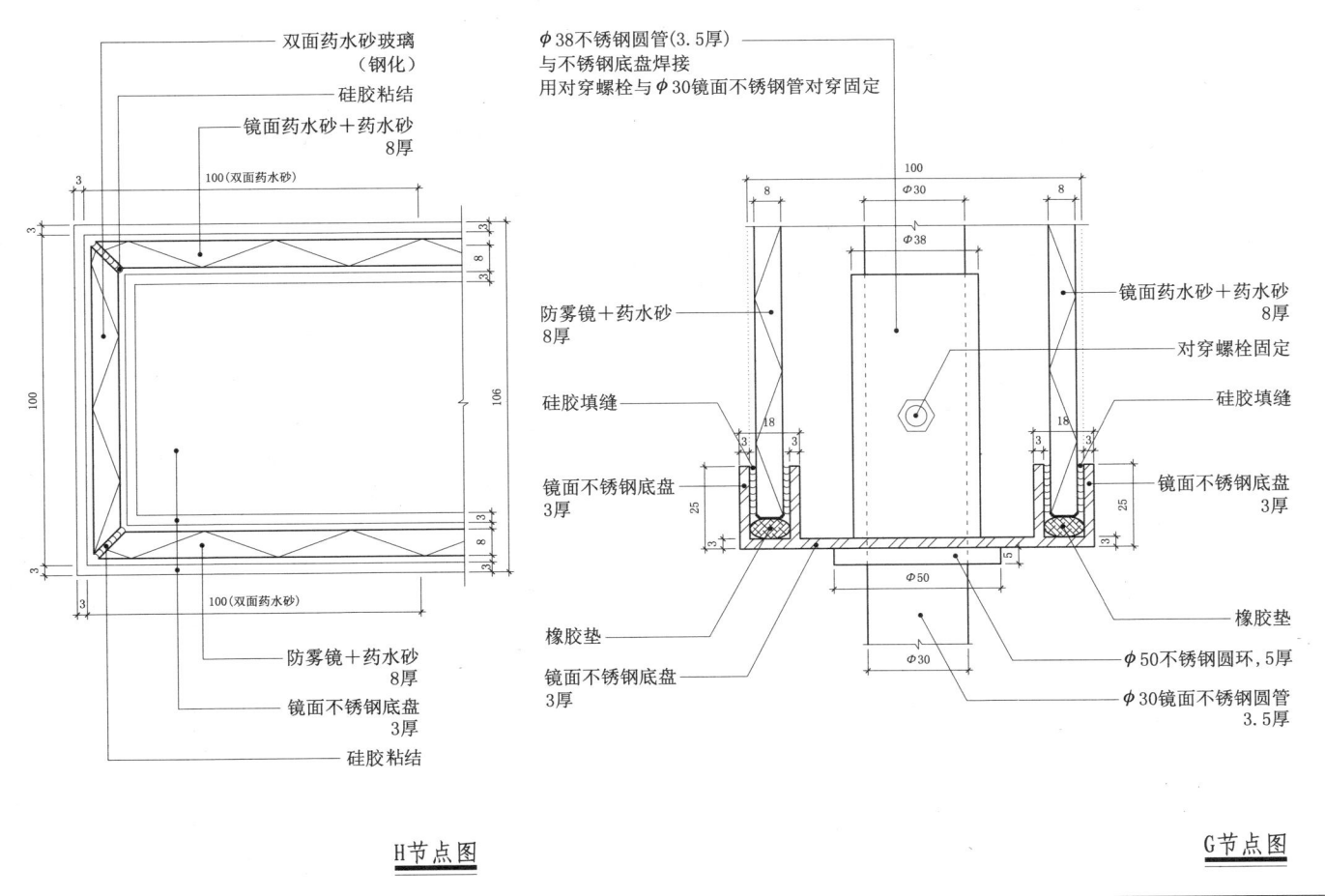

26.1 精品酒店大床房模式

26.1.21 客房卫生间构造（一）

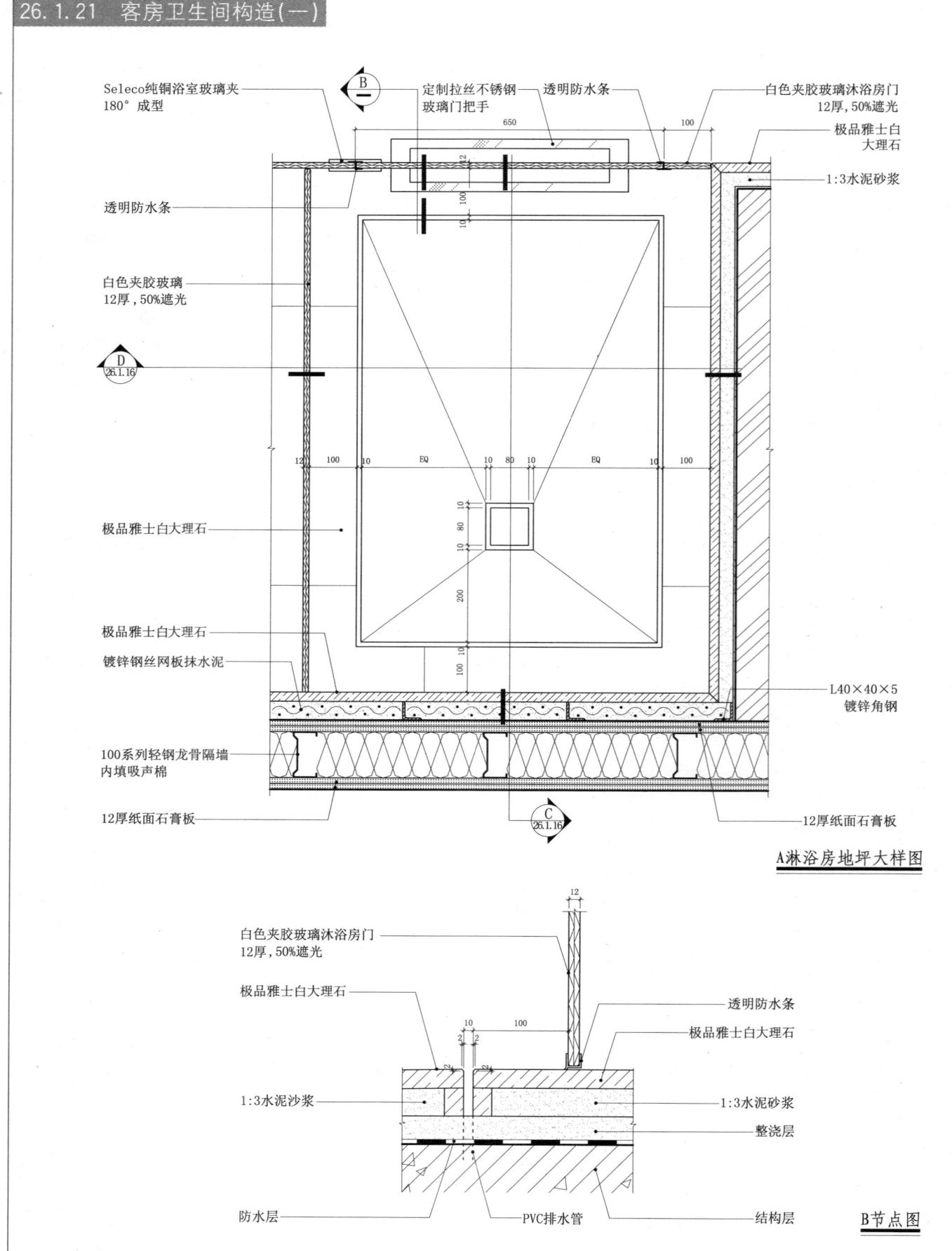

A 淋浴房地坪大样图

B 节点图

26.1.22 客房卫生间构造(二)

26.1 精品酒店大床房模式

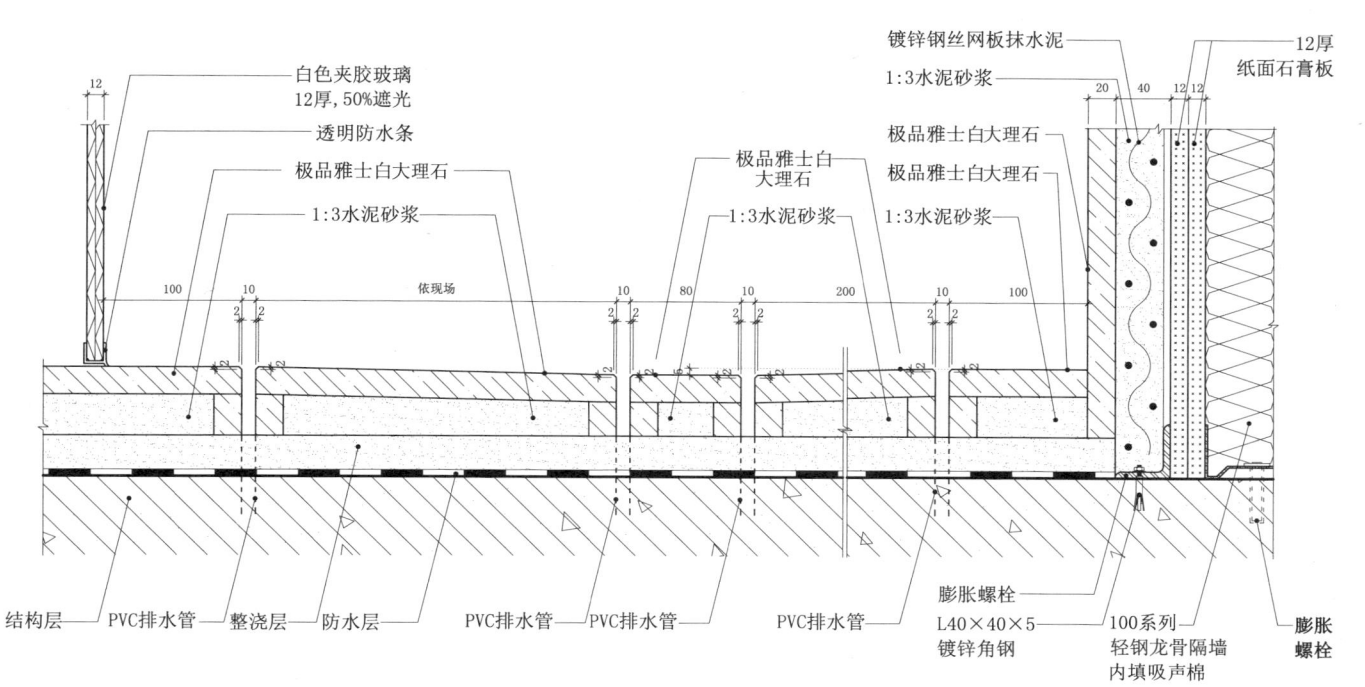

C节点图

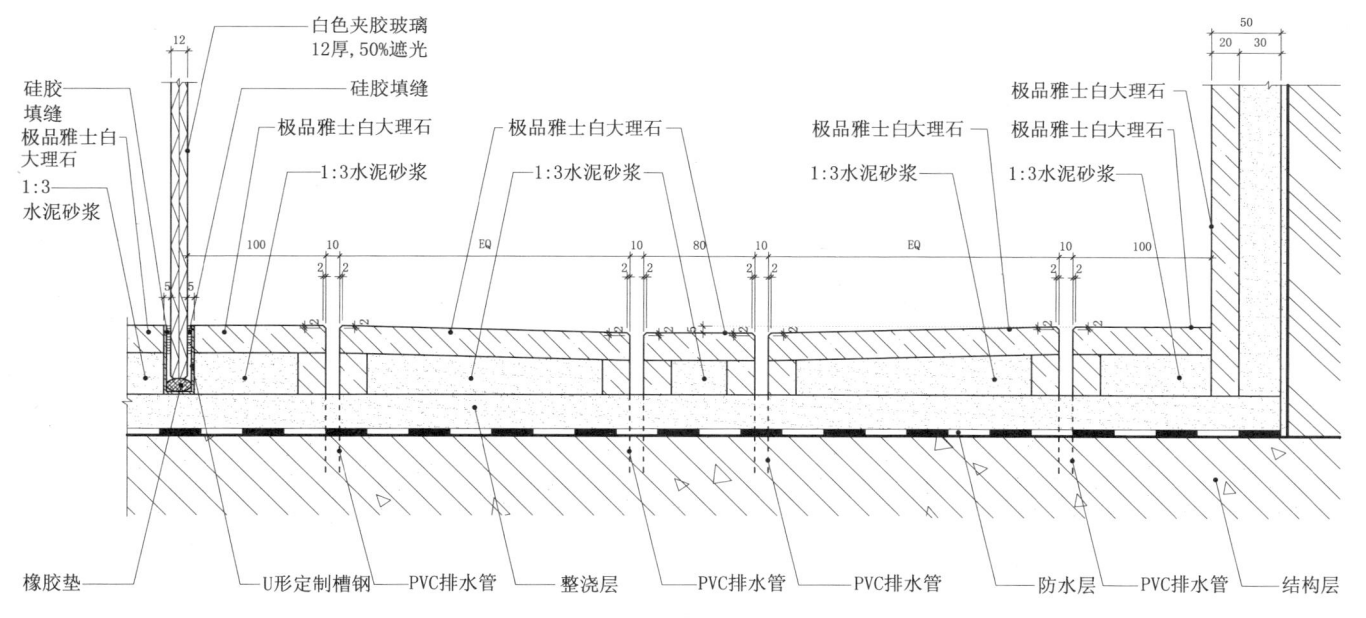

D节点图

26 客房模式·固定式家具

26.1 精品酒店大床房模式

26.1.23 衣柜(一)

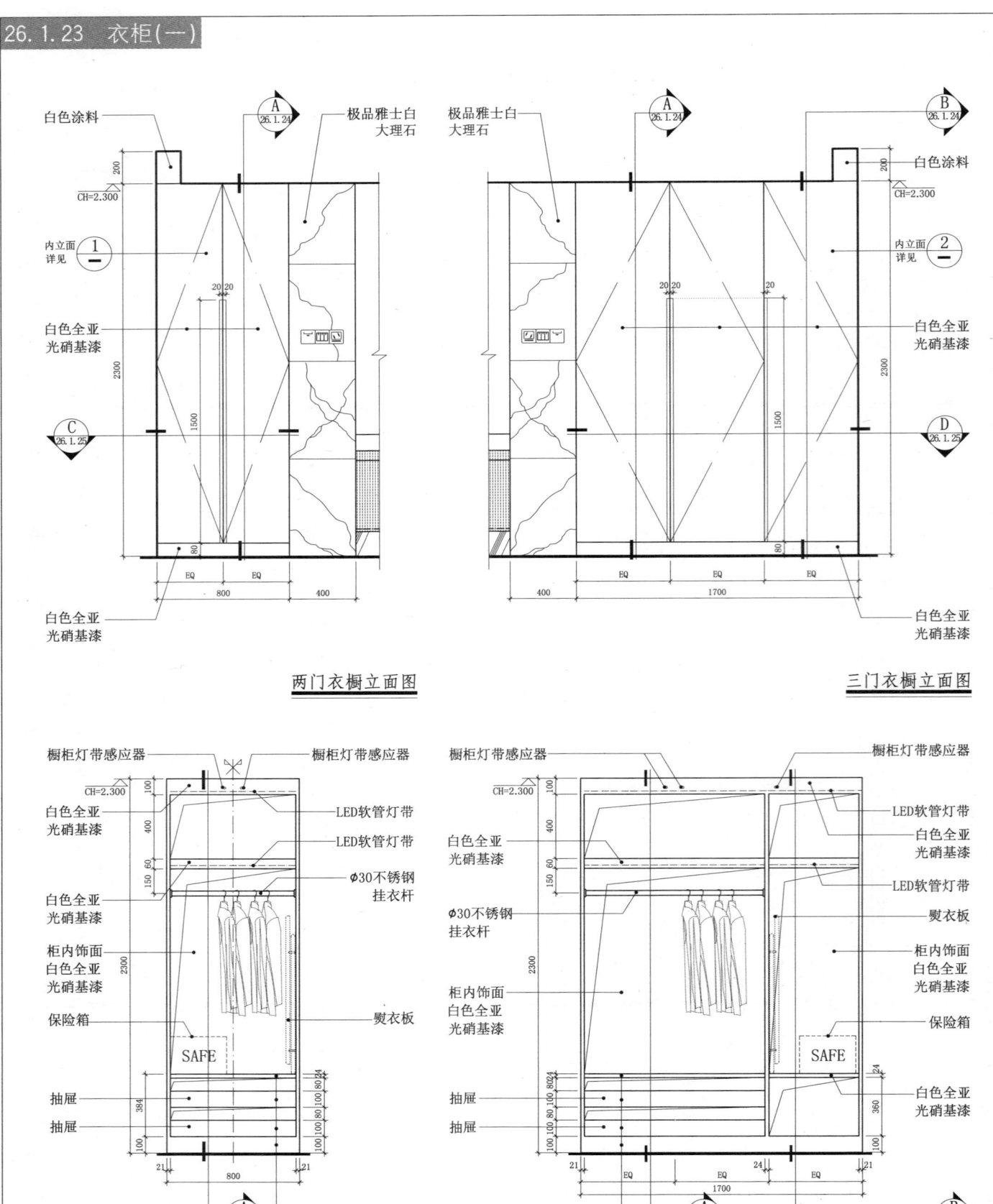

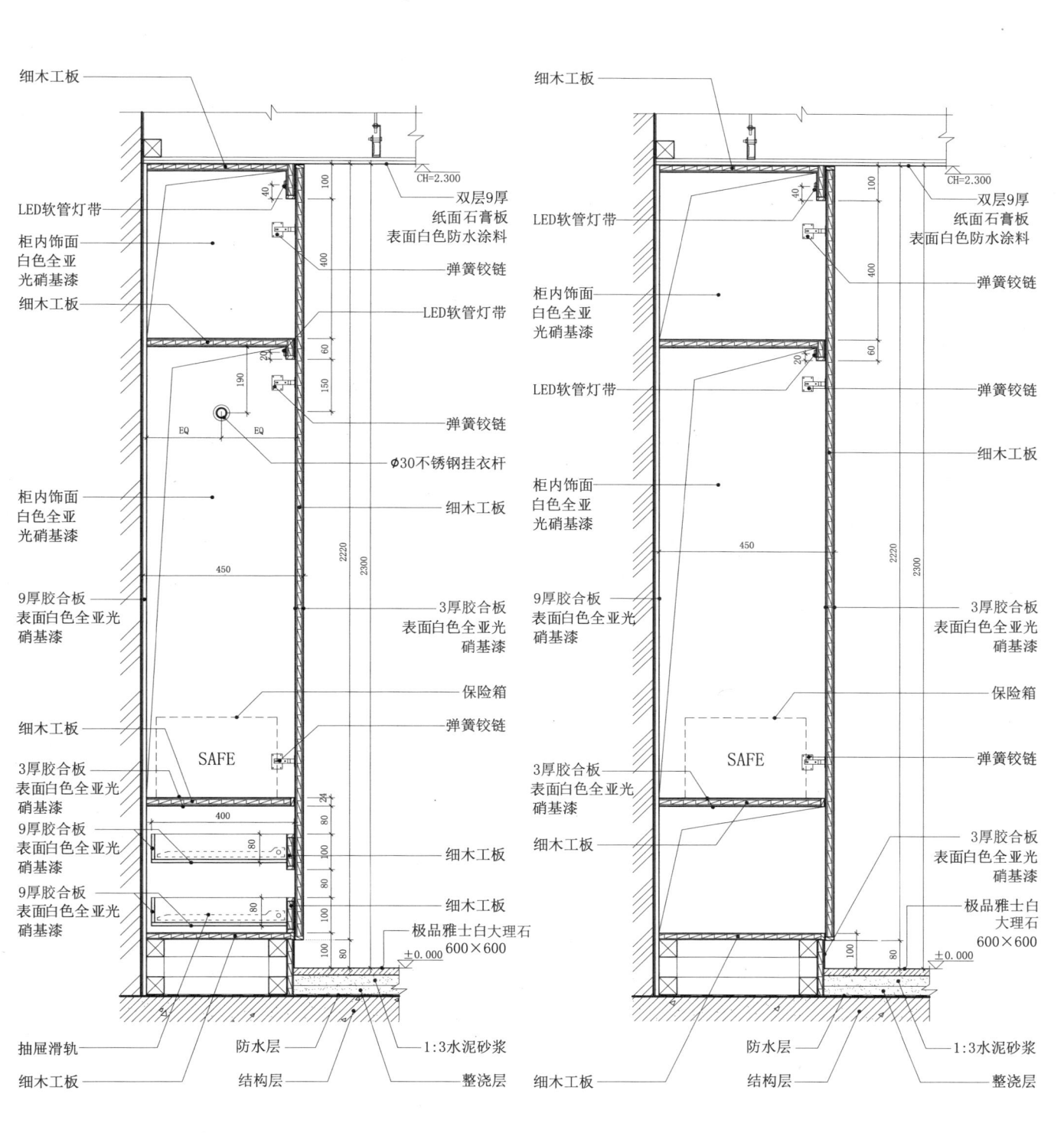

26.1 精品酒店大床房模式

26.1.25 衣柜(三)

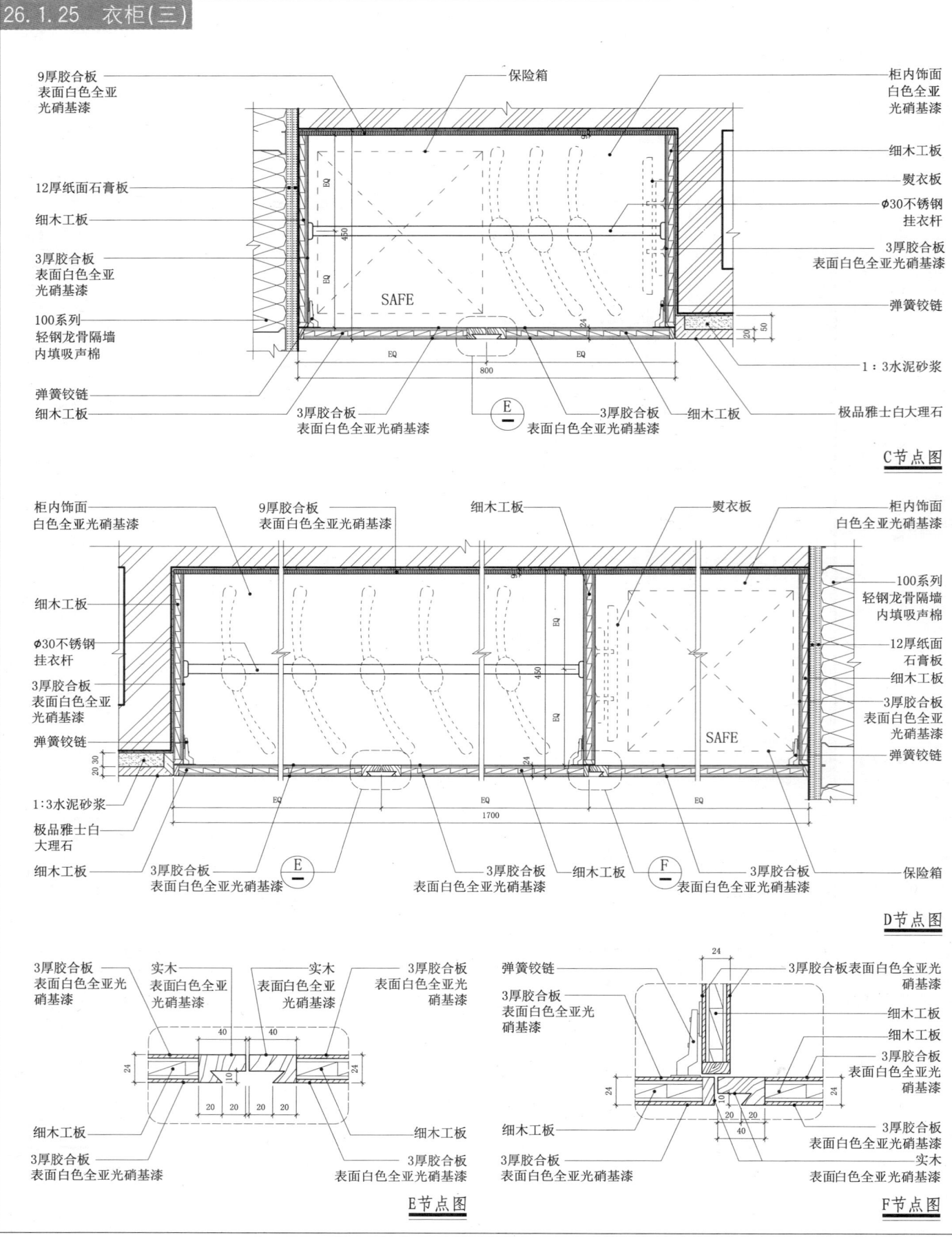

26.2 精品酒店大床房模式（二）

26.2.1 平面图

平面布置图

26 客房模式

26.2 精品酒店大床房模式（二）

26.2.2 索引图

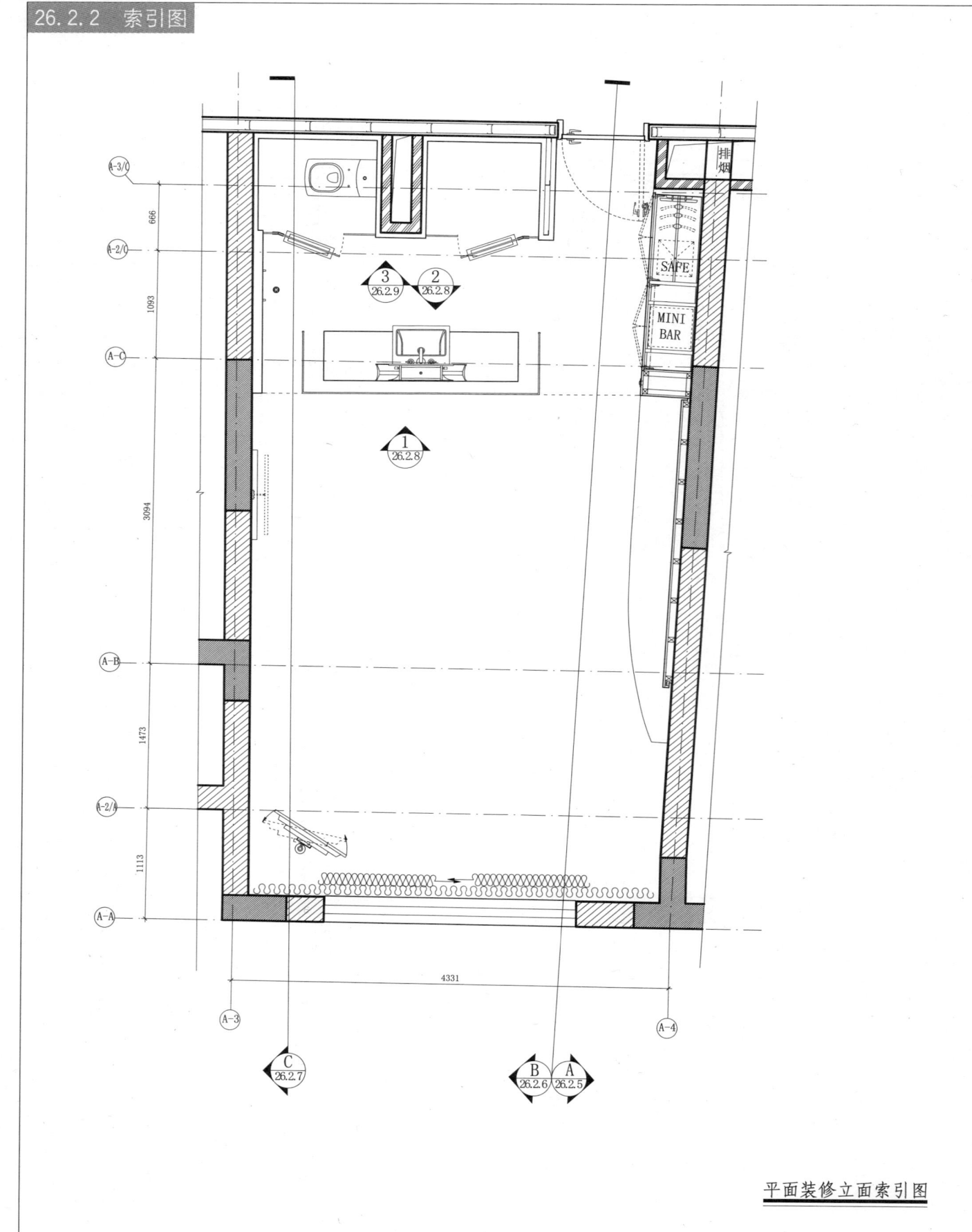

平面装修立面索引图

26.2 精品酒店大床房模式（二）

26.2.3 平顶图

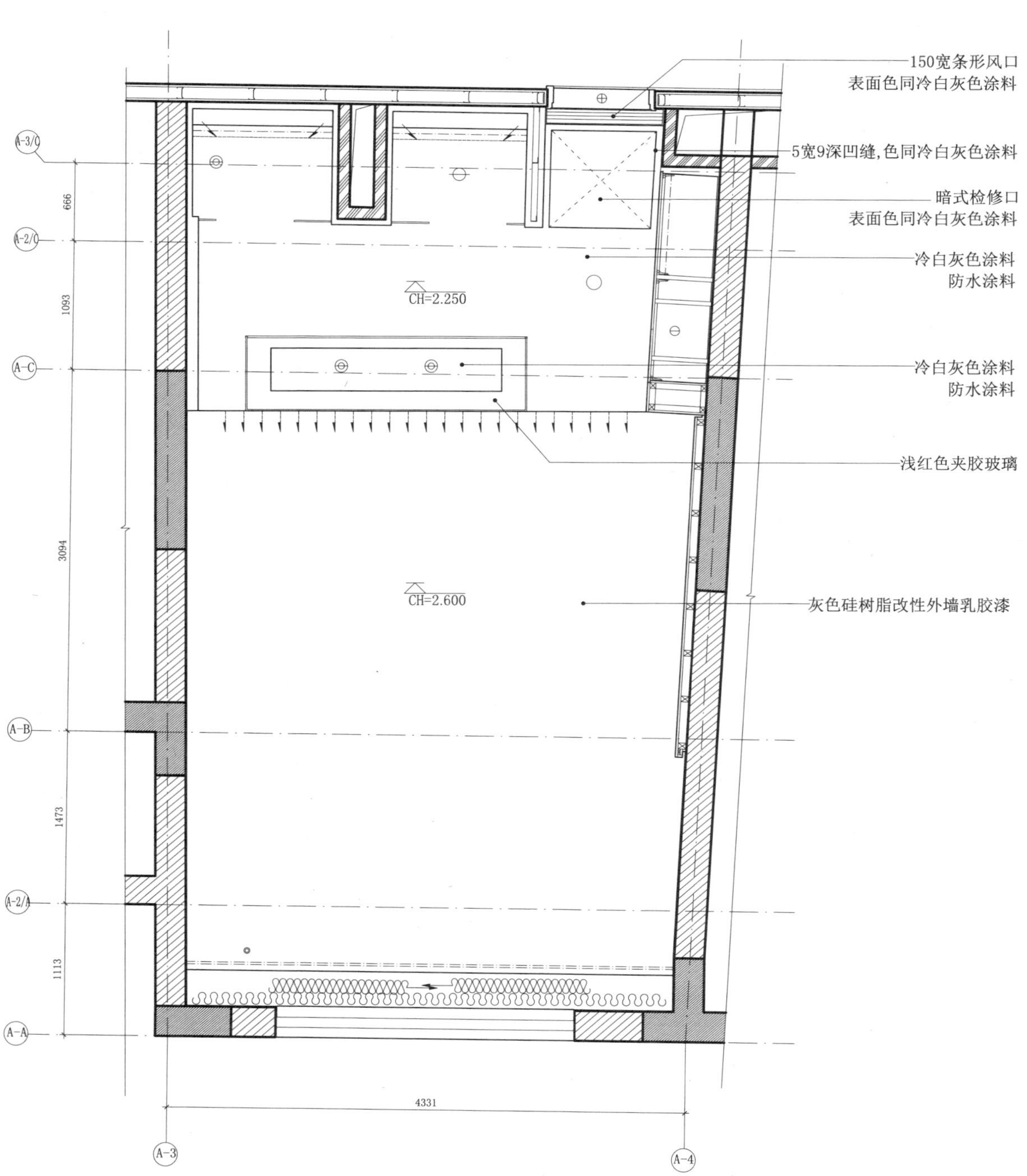

26 客房模式

标注说明：
- 150宽条形风口 表面色同冷白灰色涂料
- 5宽9深凹缝，色同冷白灰色涂料
- 暗式检修口 表面色同冷白灰色涂料
- 冷白灰色涂料 防水涂料
- 冷白灰色涂料 防水涂料
- 浅红色夹胶玻璃
- 灰色硅树脂改性外墙乳胶漆

编号	图例	说明	型号
LT-01	----	LED灯带，0.3W/颗,64颗/m,24V,2400K	ZY-RX2004
LT-02	⊖	MR-11/12V石英卤素暗筒灯，配光36°,10W,浅孔+磨砂片	ZY-SM1811
LT-06	⊕	MR-11/12V石英卤素暗筒灯，配光36°,35W,浅孔+磨砂片	ZY-AM3311
LT-13	⊖	MR-16/12V石英卤素暗筒灯，配光36°,20W,深孔+磨砂片	ZY-AM3915
LT-15	⊖	MR-16/12V石英卤素暗筒灯，配光36°,20W,偏口,可调角	ZY-SM1916
LT-18	⊕	MR-16/12V石英卤素暗筒灯，配光36°,35W,深孔+磨砂片	ZY-AM3915
LT-35	○	GLS ,E27 ,磨砂泡 ,220V,25W ,暗灯	ZY-AE2703
LT-37	⊖	GLS ,E27 ,磨砂泡 ,220V,40W ,防雾暗筒灯	ZY-AE2793
LT-39	●	MR-11/LED暗筒灯 ,12V,2700K,配光30°,1W,浅孔	ZY-SM1811/LED

图例	说明
▽▽	条形侧排风口
⊠	暗式检修口
▭	长条形空调顶式风口

平顶布置图

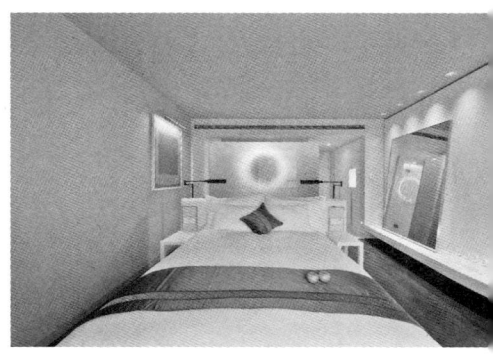

26 客房模式

26.2 精品酒店大床房模式（二）

26.2.4 配电图

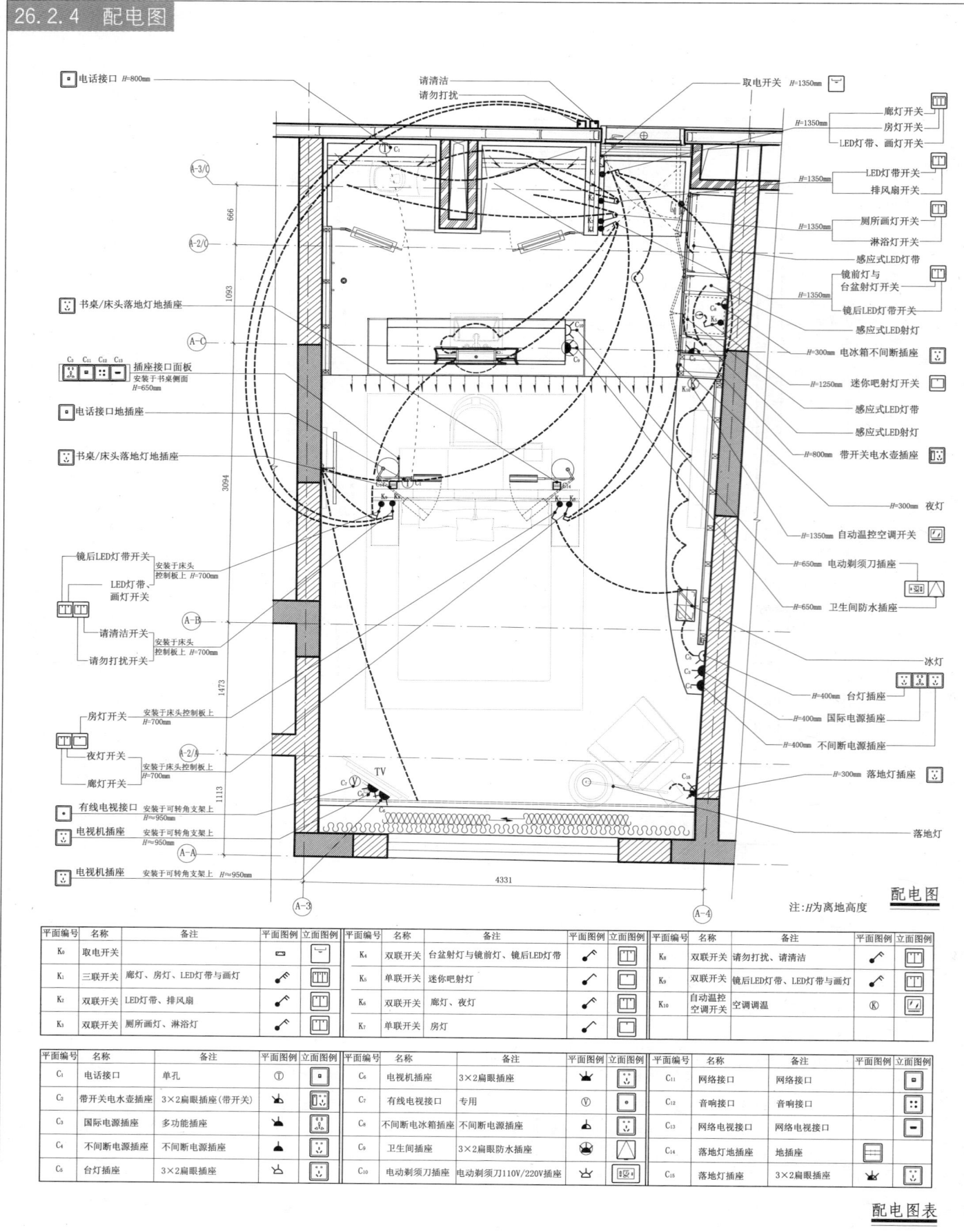

配电图

26.2 精品酒店大床房模式（二）

26.2.5 立面图（一）

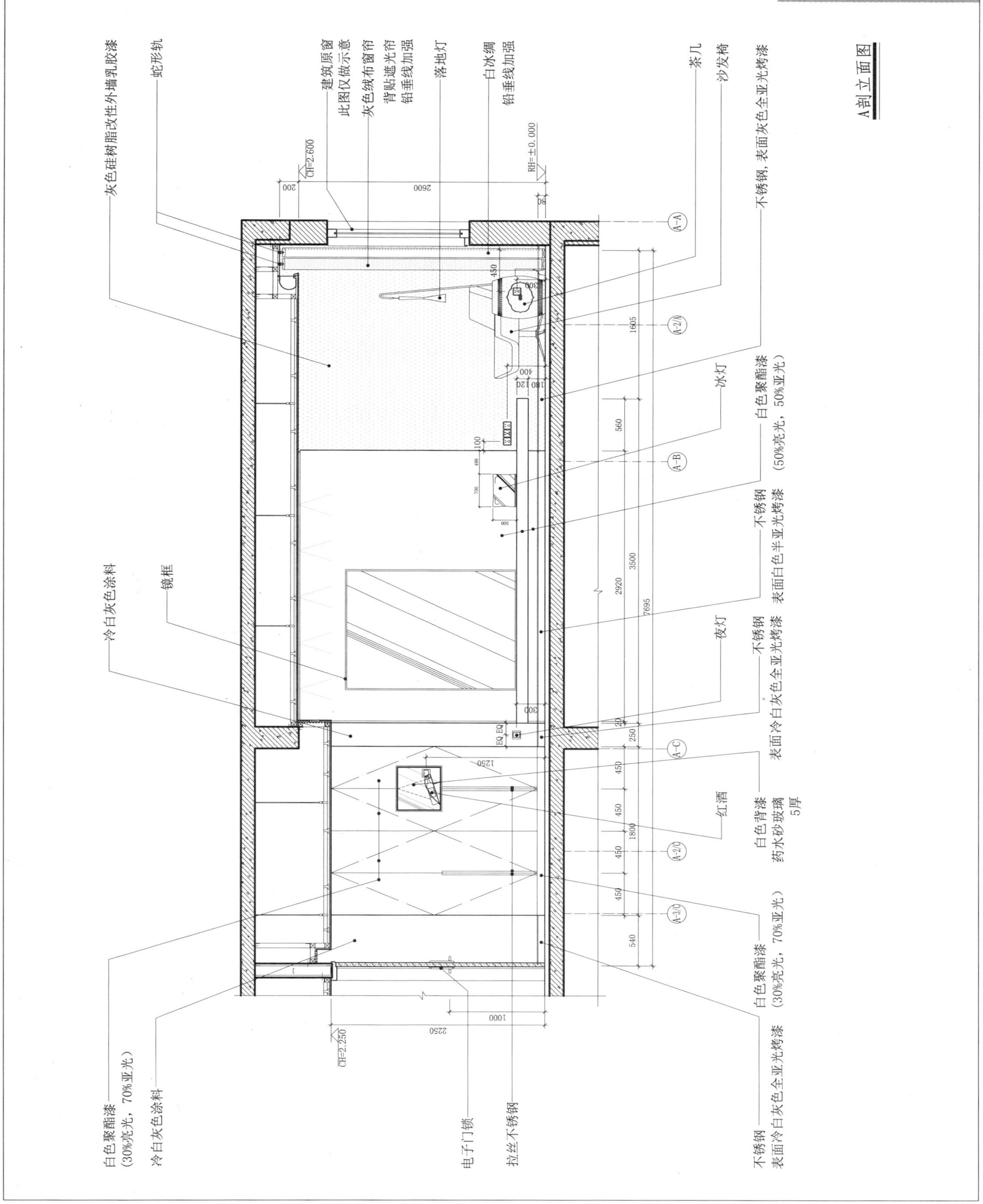

A剖立面图

26 客房模式

26.2 精品酒店大床房模式(二)

26.2.6 立面图(二)

B剖立面图

26.2 精品酒店大床房模式（二）

26.2.7 立面图（三）

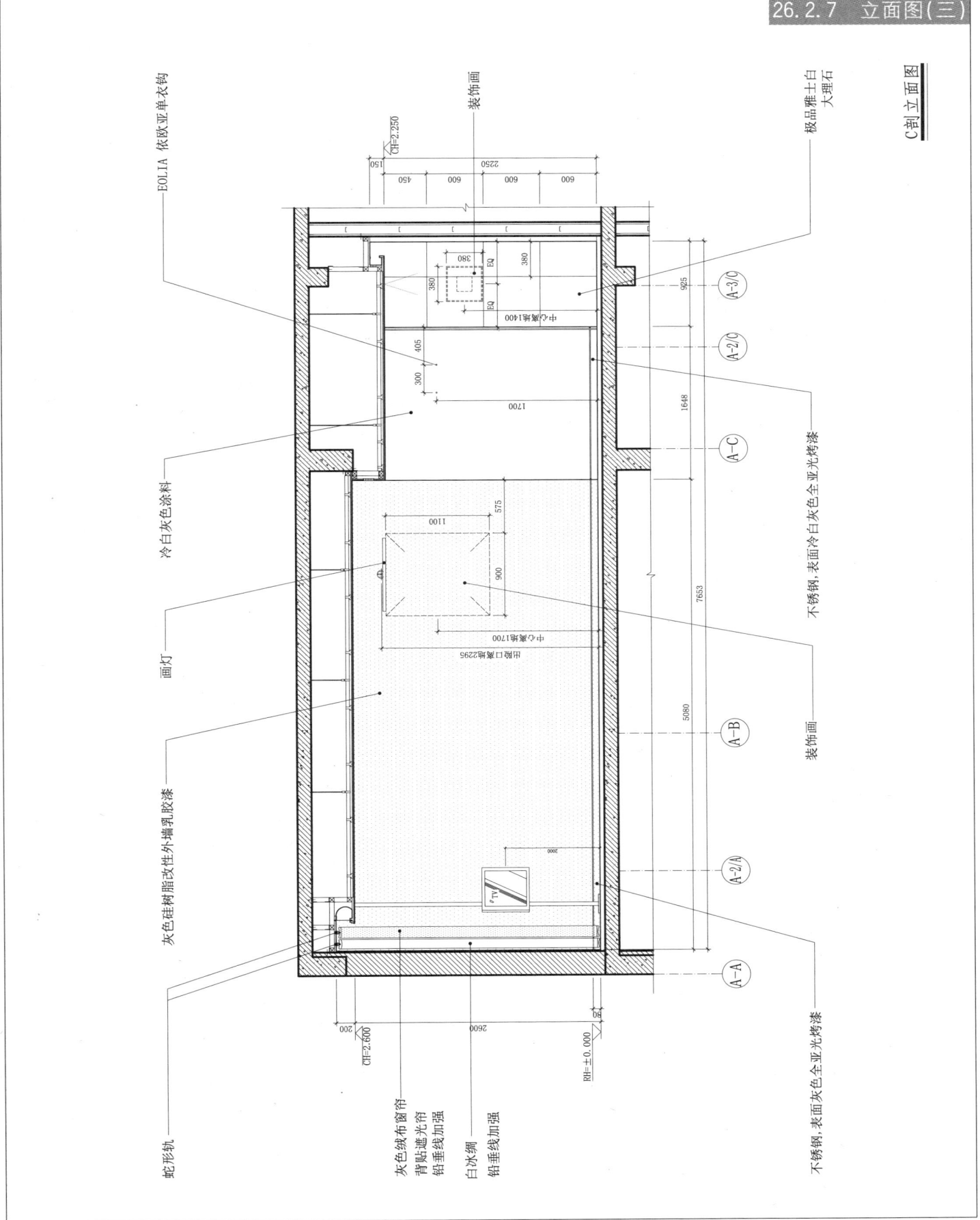

C剖立面图

26 客房模式

26.2 精品酒店大床房模式（二）

26.2.8 立面图（四）

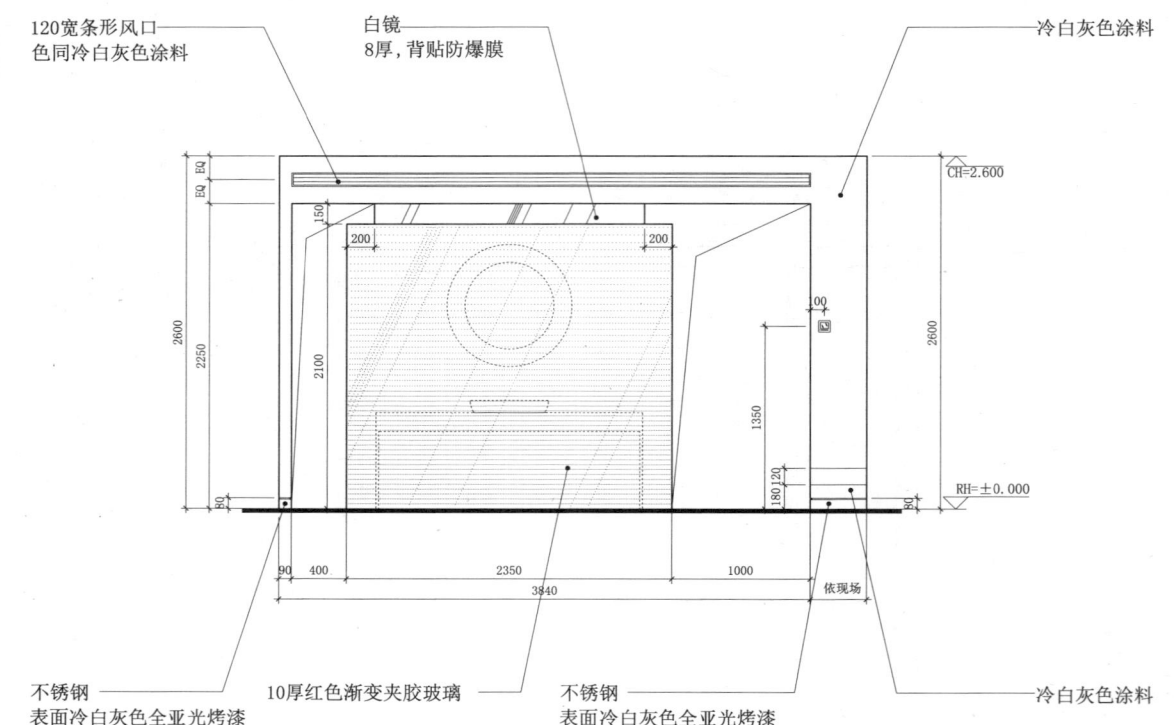

1 立面图

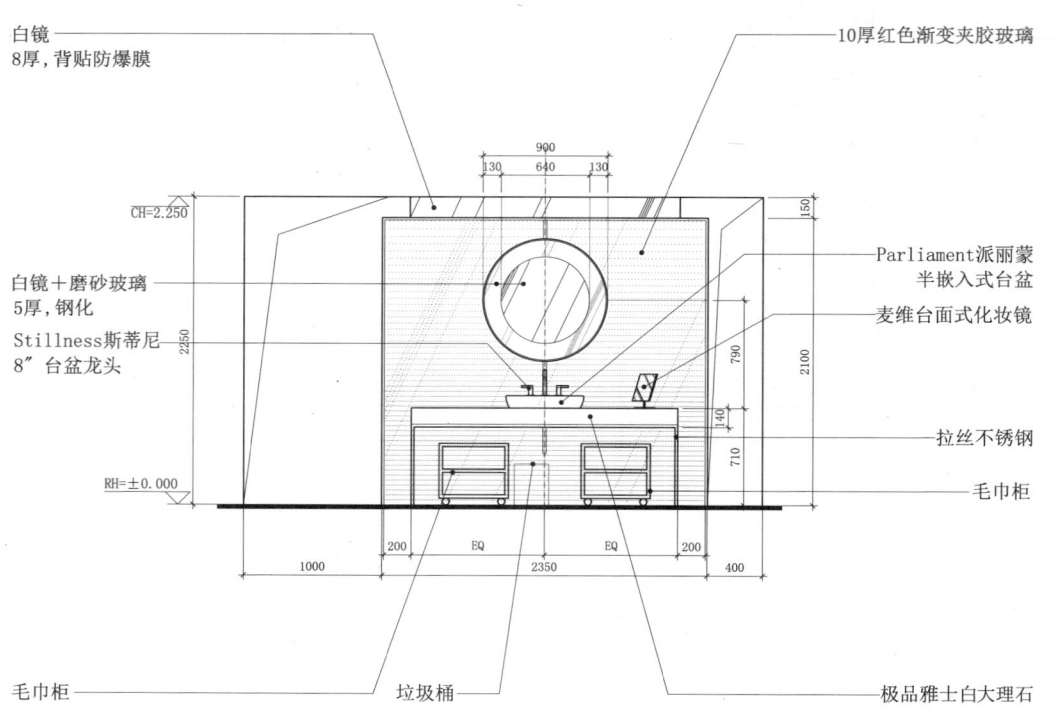

2 立面图

26.2 精品酒店大床房模式（二）

26.2.9 立面图（五）

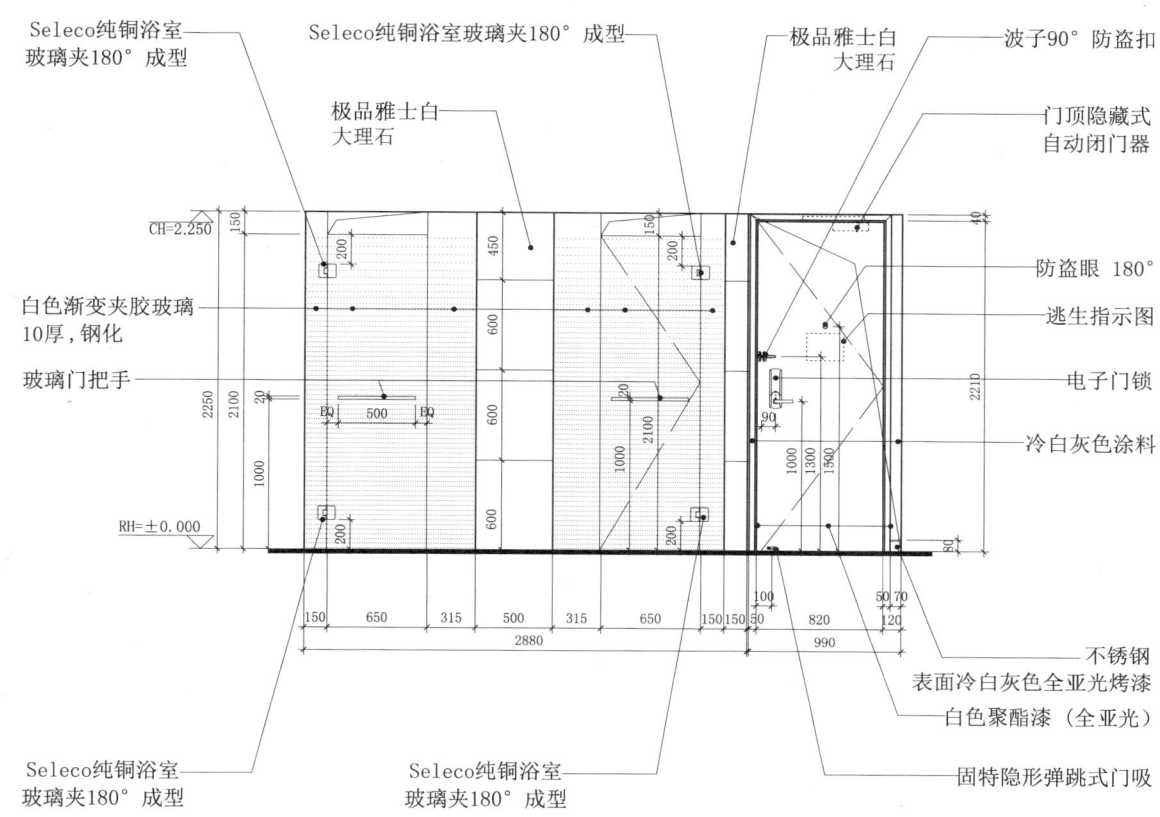

3立面图

26.3 普及型精品酒店大床房模式

26.3.1 平面图

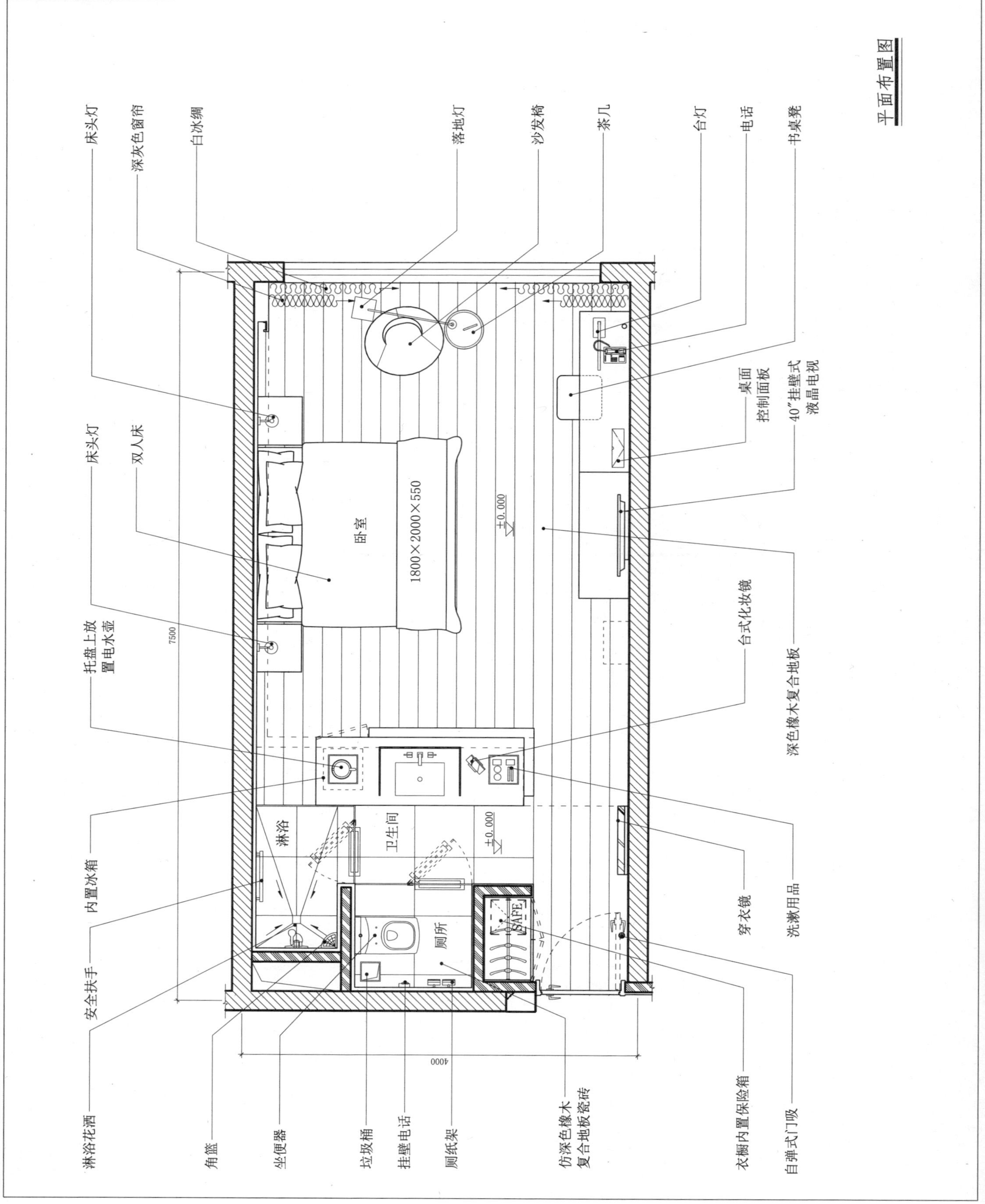

平面布置图

26.3 普及型精品酒店大床房模式

26.3.2 索引图

平面装修立面索引图

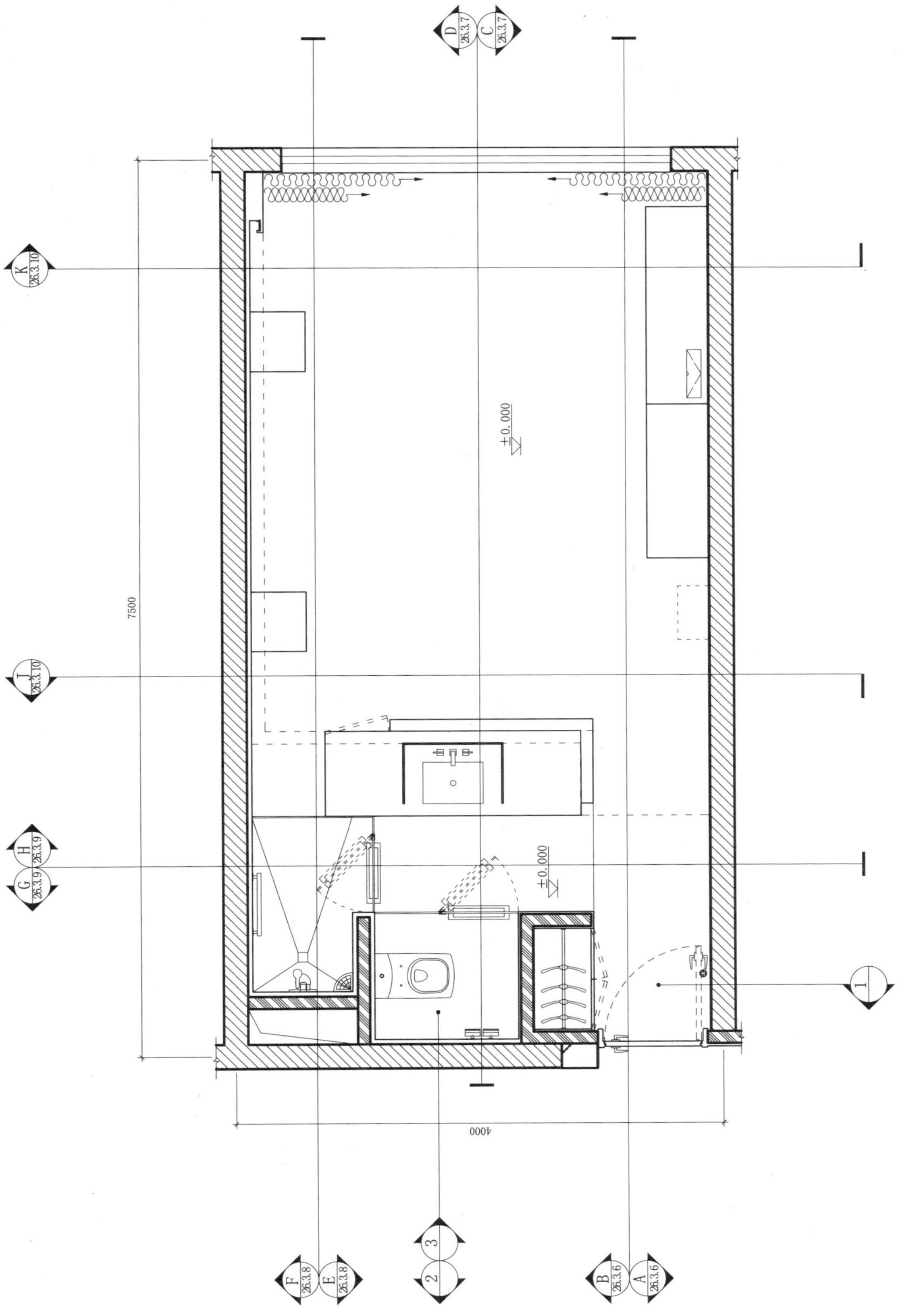

26 客房模式

26.3 普及型精品酒店大床房模式

26.3.3 平项图

平顶布置图

		空调回风口
		空调侧出风口
		排风口
LL-04	壁灯	详见灯施-04

LT-01	——	LED灯带，0.3W/颗，64颗/m，24V，2400K	ZY-RX2004
LT-04	⊕	MR-16/12V石英卤素暗筒灯，配光36°，35W，偏口+散光片	ZY-SM1916
LT-06	⊕	MR-16/12V石英卤素暗筒灯，配光36°，35W，深孔+散光片	ZY-AM3915
LT-07	⊙	MR-16/12V石英卤素暗筒灯，配光36°，50W，深孔	ZY-AM3915
LT-08	⊗	MR-16/LED 吸顶式射灯，12V，2700K，配光30°，1W	ZY-SP3516/LED
LT-10	○	GLS，E27，磨砂泡，220V，40W，暗筒灯	ZY-AE2703
LT-11	◎	GLS，E27，磨砂泡，220V，40W，防雾筒灯	ZY-AE2793

标注：白灰色涂料、定制浴巾架、白灰色涂料防水涂料、白灰色涂料防水涂料、150宽条形回风口表面色同白灰色涂料、5宽9深凹缝、暗式检修口表面白灰色涂料

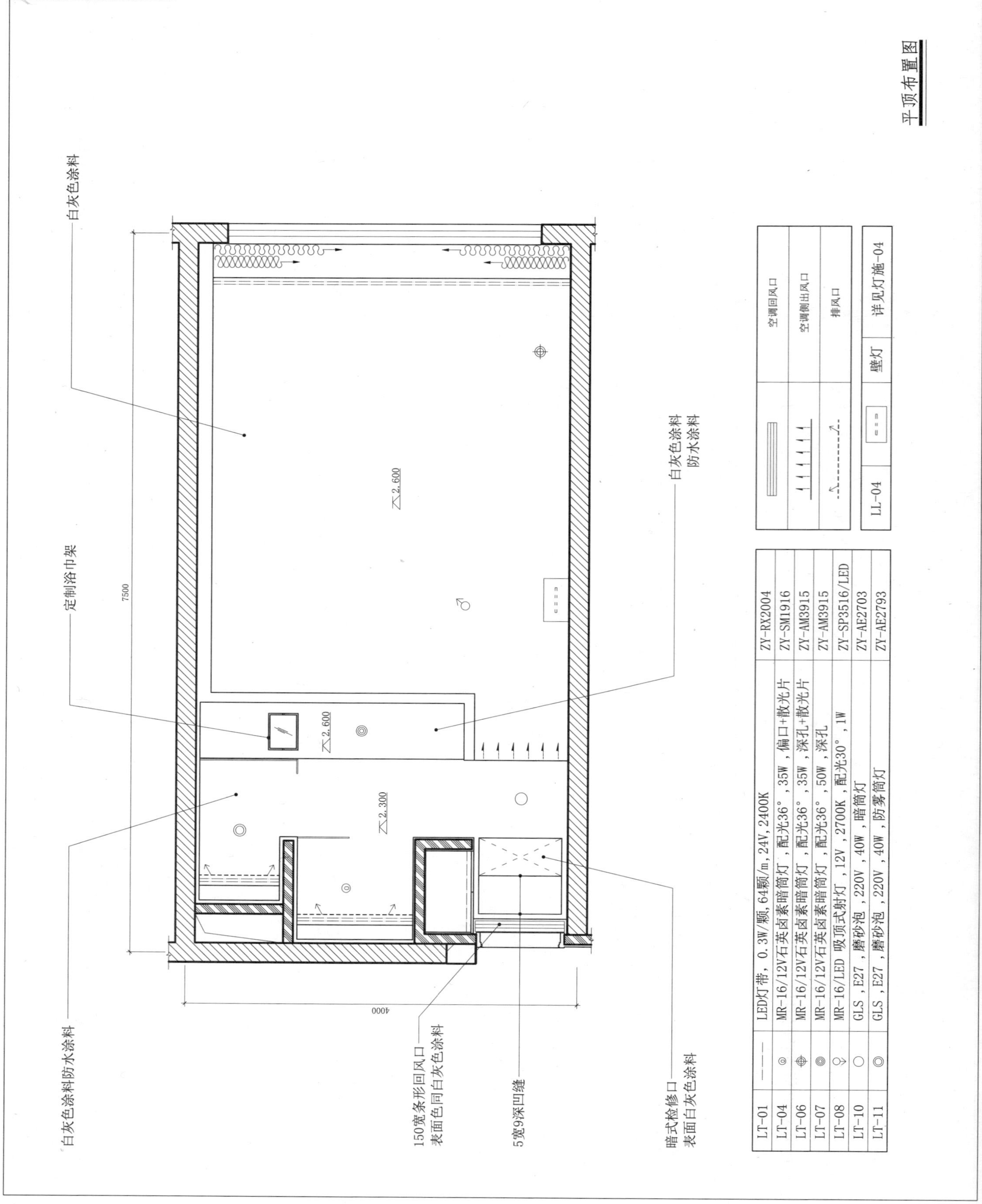

26.3 普及型精品酒店大床房模式

26.3.4 配电图

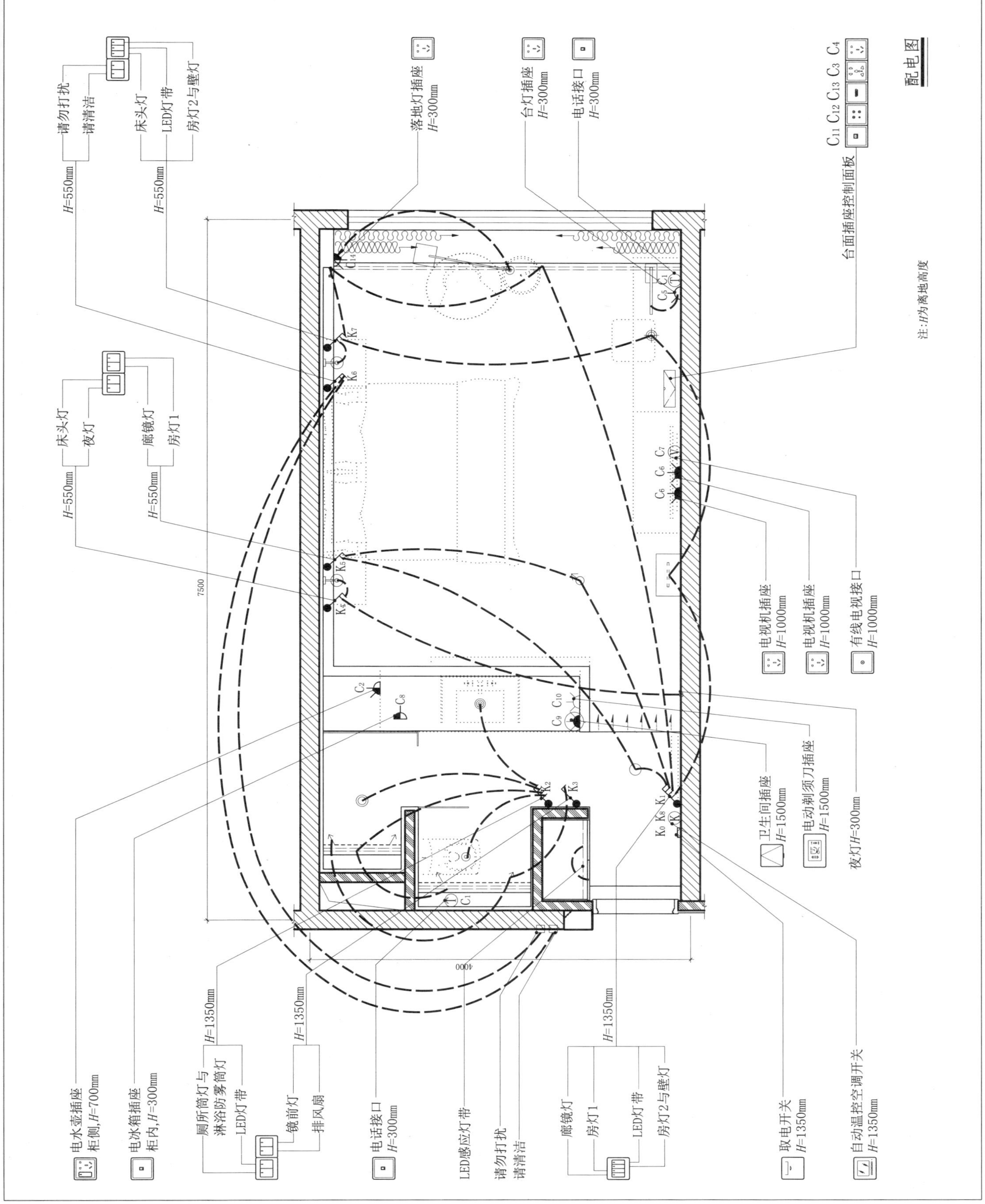

配电图

注：H为离地高度

26.3 普及型精品酒店大床房模式

26.3.5 配电表

立面编号	名称	备注	平面图例	立面图例
K_0	取电开关			
K_1	四联开关	廊镜灯、房灯、LED灯带、房灯2与壁灯		
K_2	四联开关	镜前灯、厕所筒灯、淋浴防雾筒灯、LED灯带		
K_3	单联开关	排风扇		
K_4	双联开关	床头灯、夜灯		
K_5	双联开关	廊镜灯、房灯1		
K_6	双联开关	请勿打扰、请清洁		
K_7	三联开关	床头灯、LED灯带、书桌灯与壁灯		
K_8	自动温控空调开关	空调调温		
C_1	电话接口	单孔		
C_2	电水壶插座	3×2扁眼插座(带开关)		
C_3	国际电源插座	多功能插座		
C_4	不间断电源插座	不间断电源插座		
C_5	台灯插座	3×2扁眼插座		
C_6	电视机插座	3×2扁眼插座		
C_7	有线电视接口	专用		
C_8	电冰箱插座	不间断电源插座		
C_9	卫生间插座	3×2扁眼防水插座		
C_{10}	电动剃须刀插座	电动剃须刀110V/220V插座		
C_{11}	网络接口	网络接口		
C_{12}	音响接口	音响接口		
C_{13}	网络电视接口	网络电视接口		
C_{14}	落地灯插座	3×2扁眼插座		

<u>配电图表</u>

26.3 普及型精品酒店大床房模式

26.3.6 立面图(一)

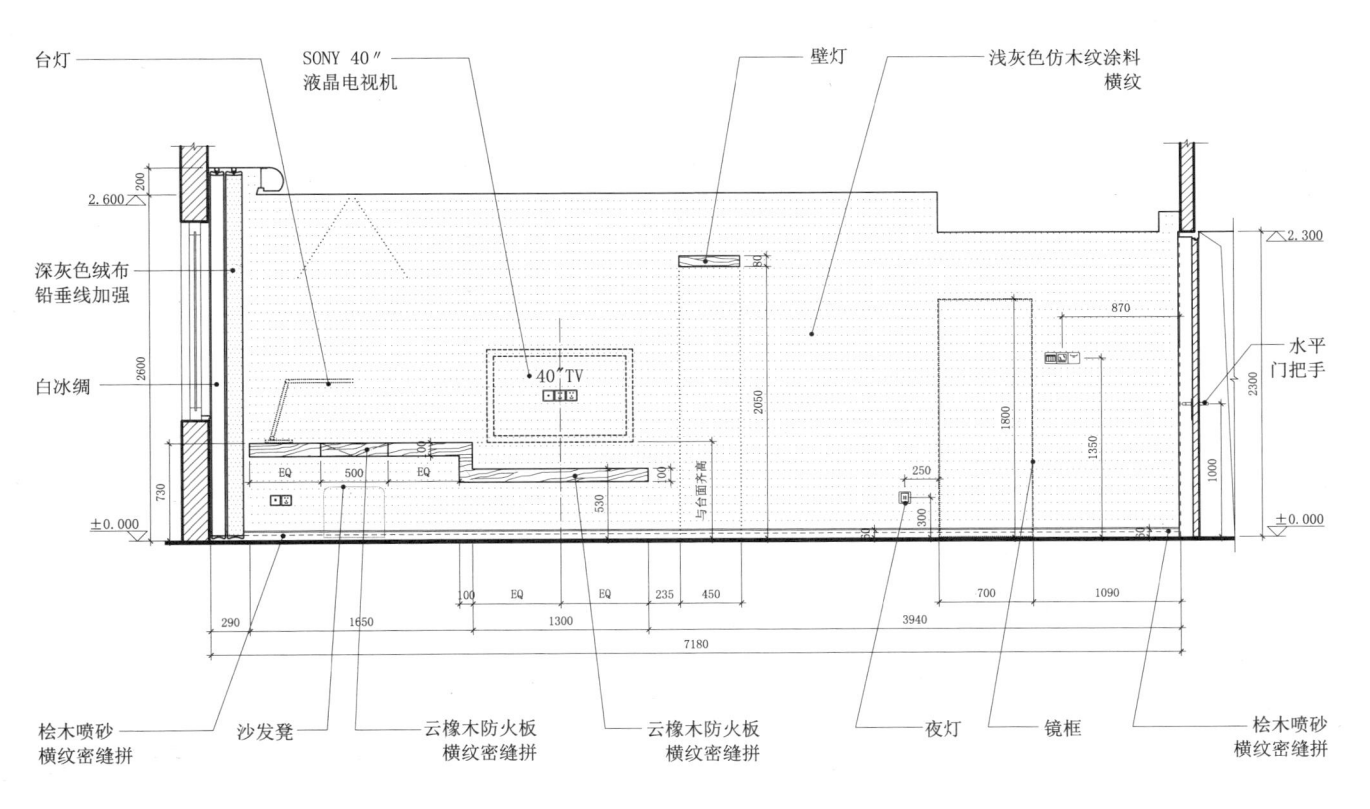

A剖立面图

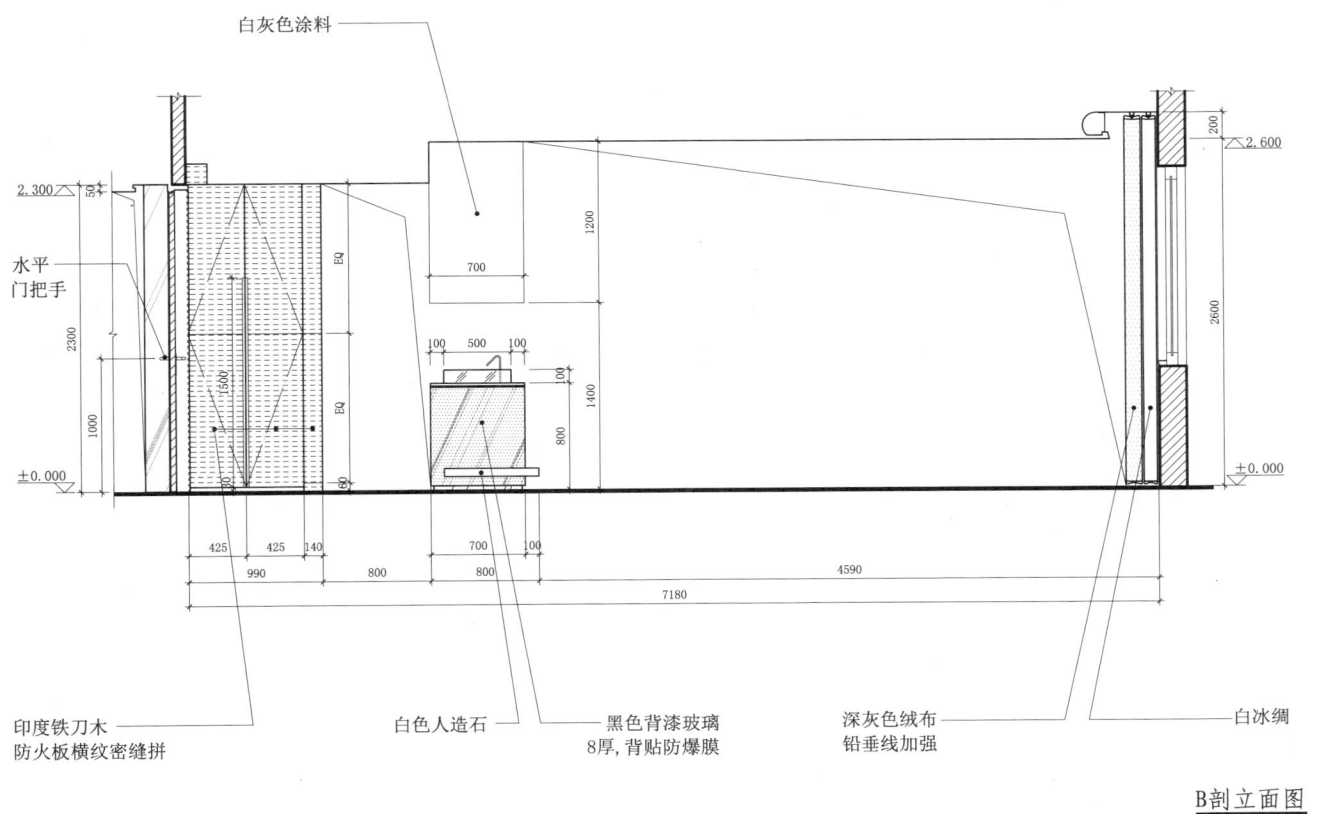

B剖立面图

26 客房模式

26.3 普及型精品酒店大床房模式

26.3.7 立面图(二)

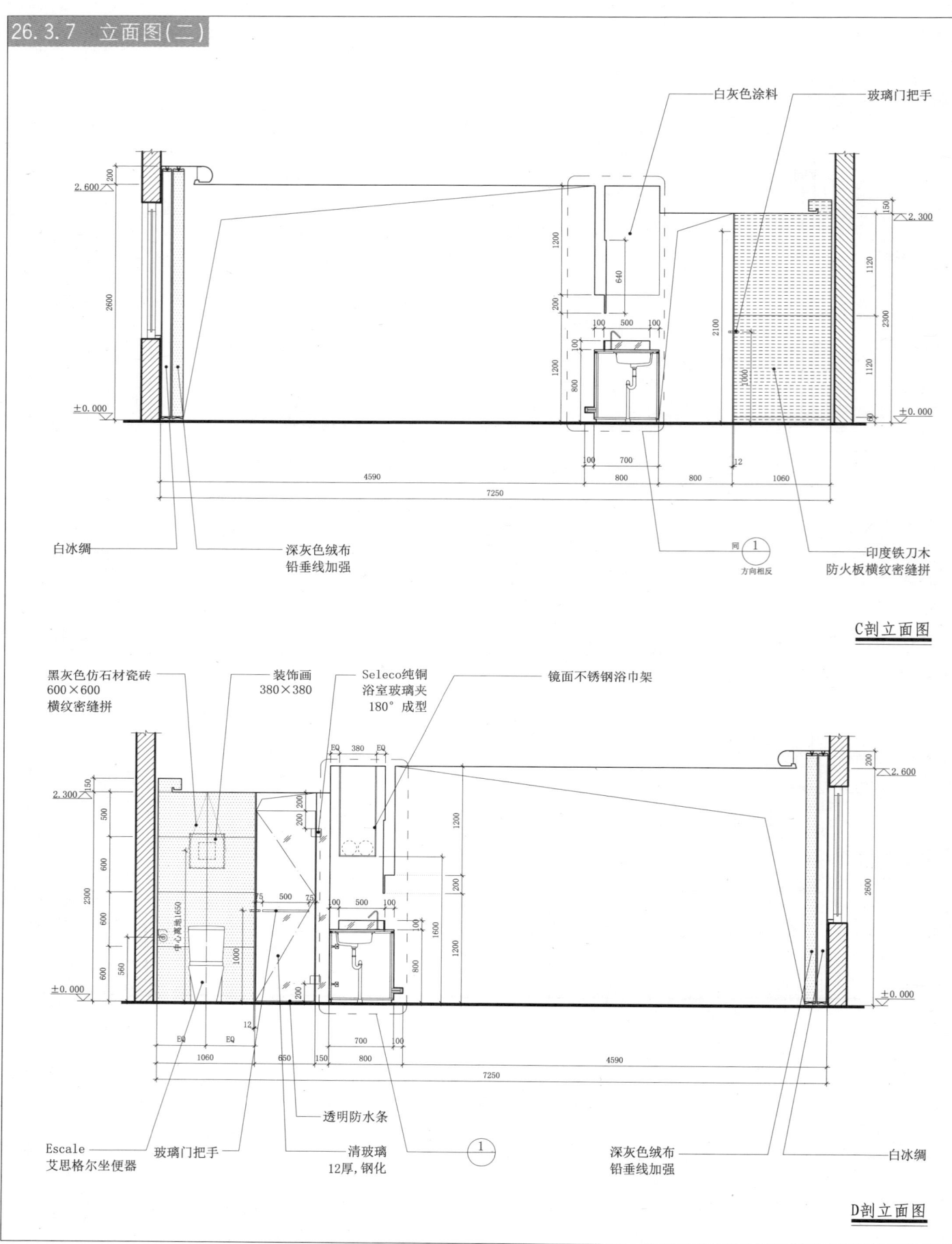

C剖立面图

D剖立面图

26.3.8 立面图(三)

26.3 普及型精品酒店大床房模式

26 客房模式

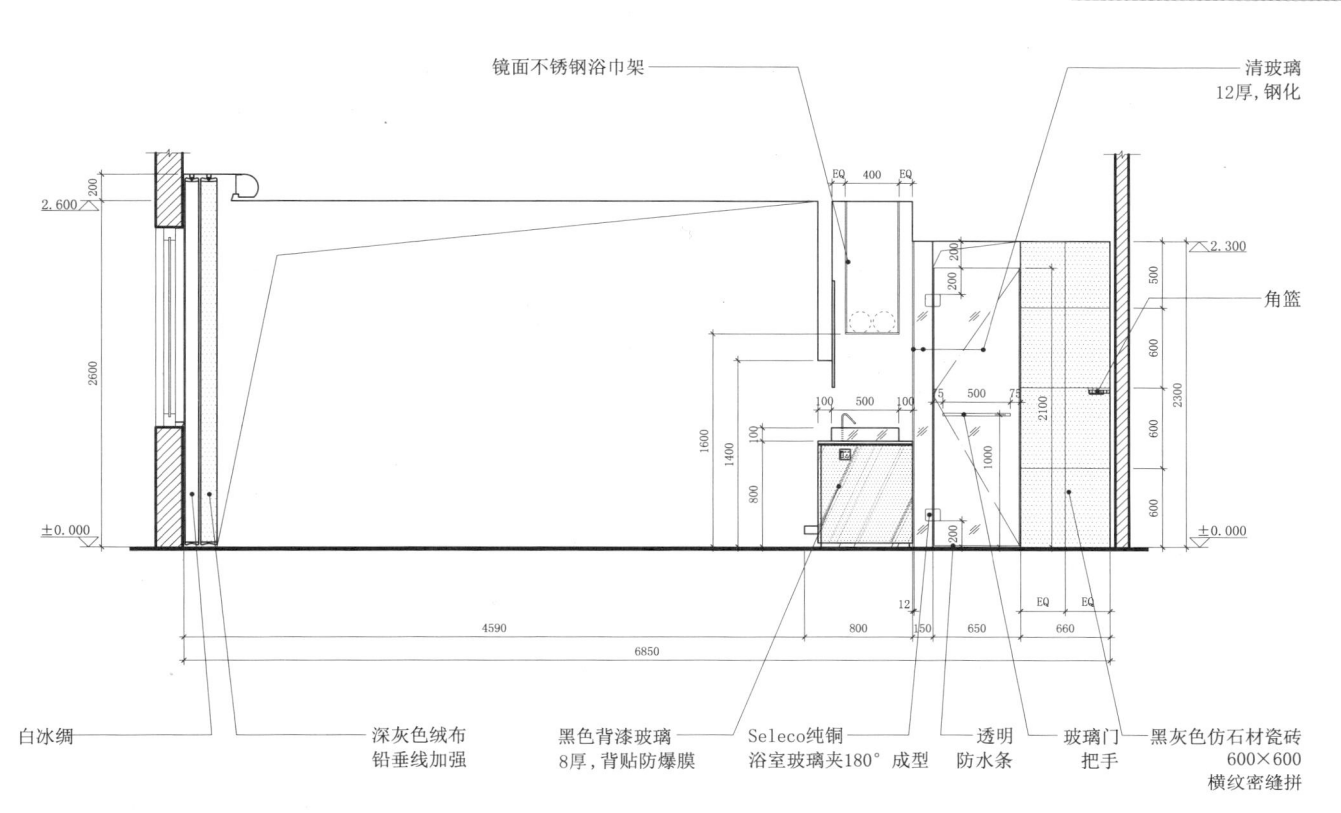

E 剖立面图

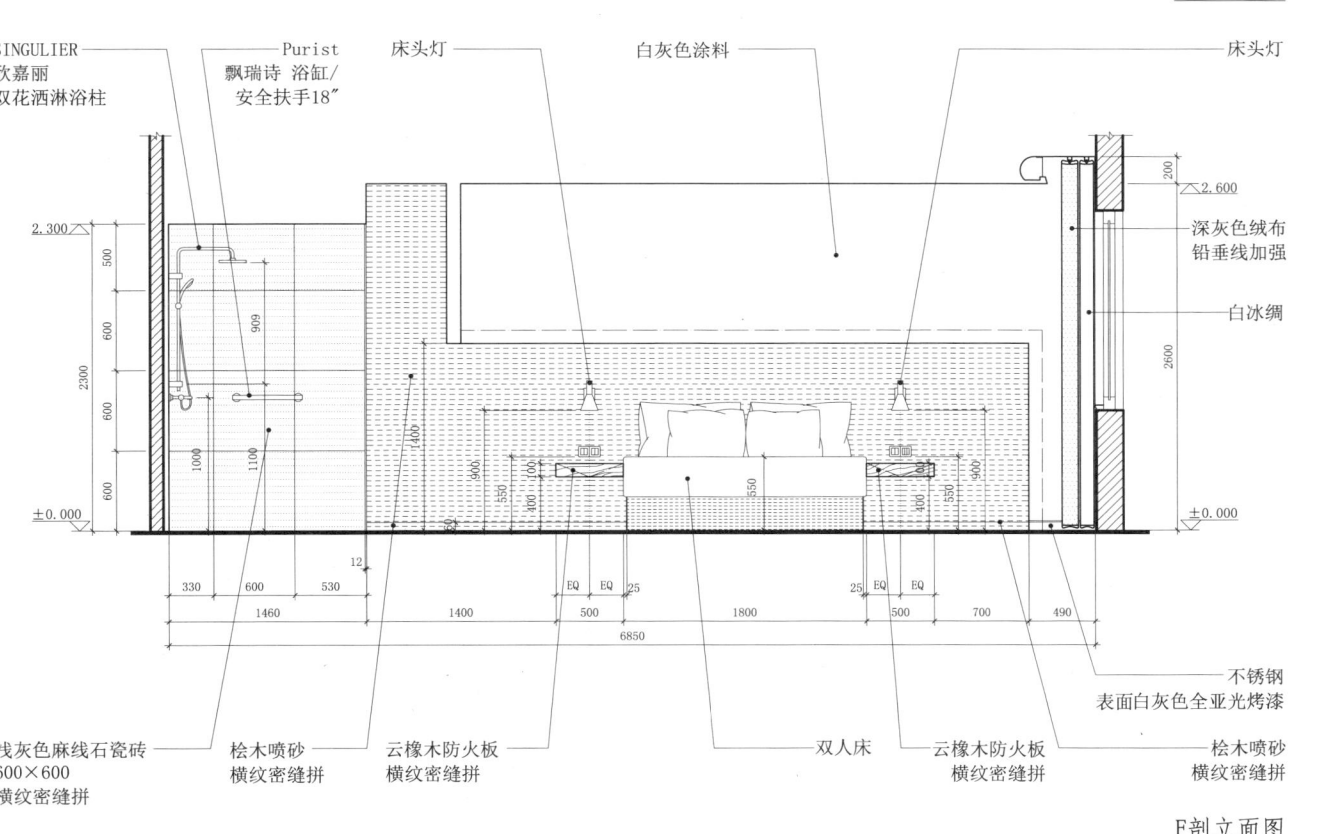

F 剖立面图

26　客房模式

26.3　普及型精品酒店大床房模式

26.3.9　立面图（四）

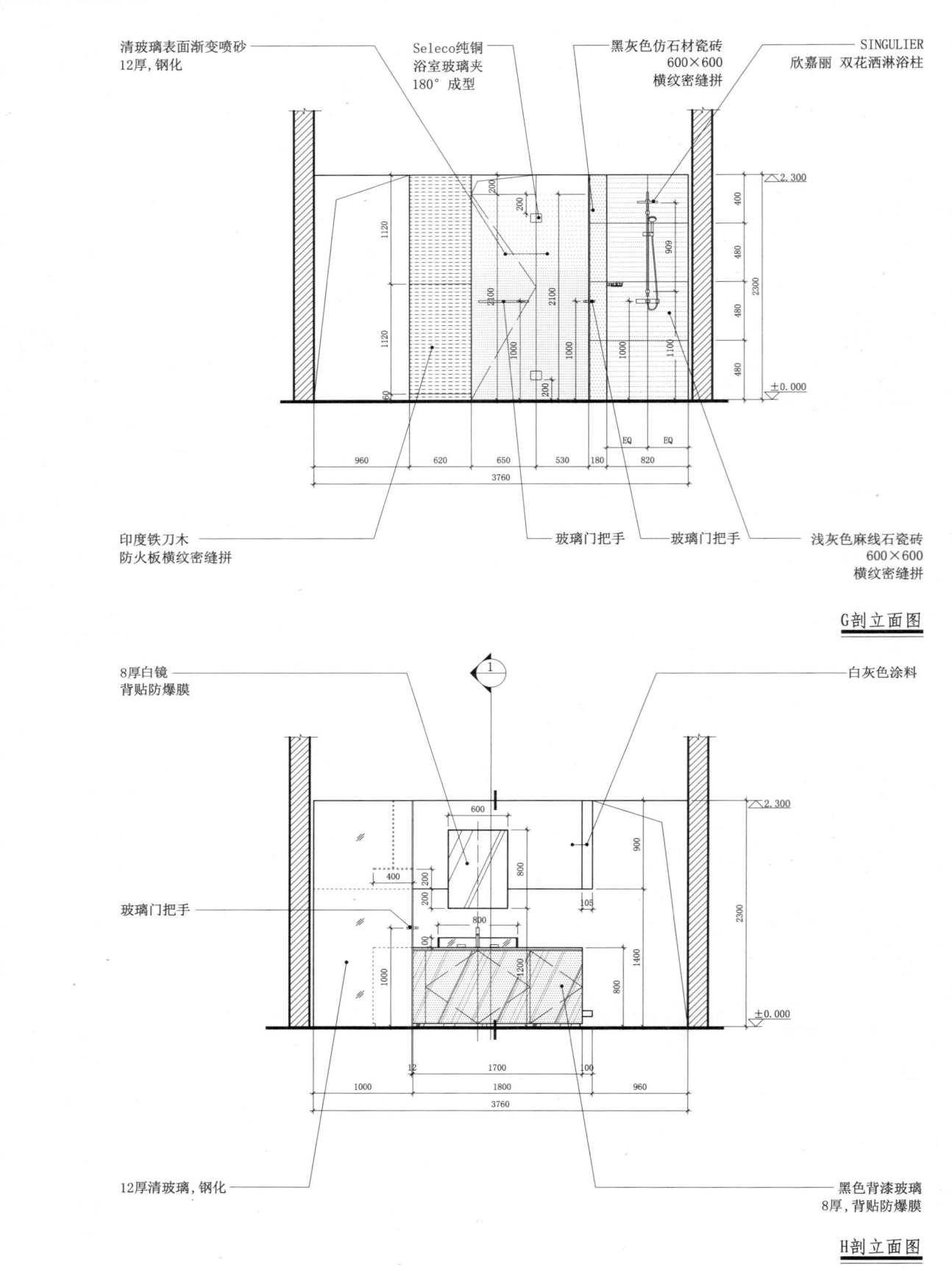

26.3 普及型精品酒店大床房模式

26.3.10 立面图(五)

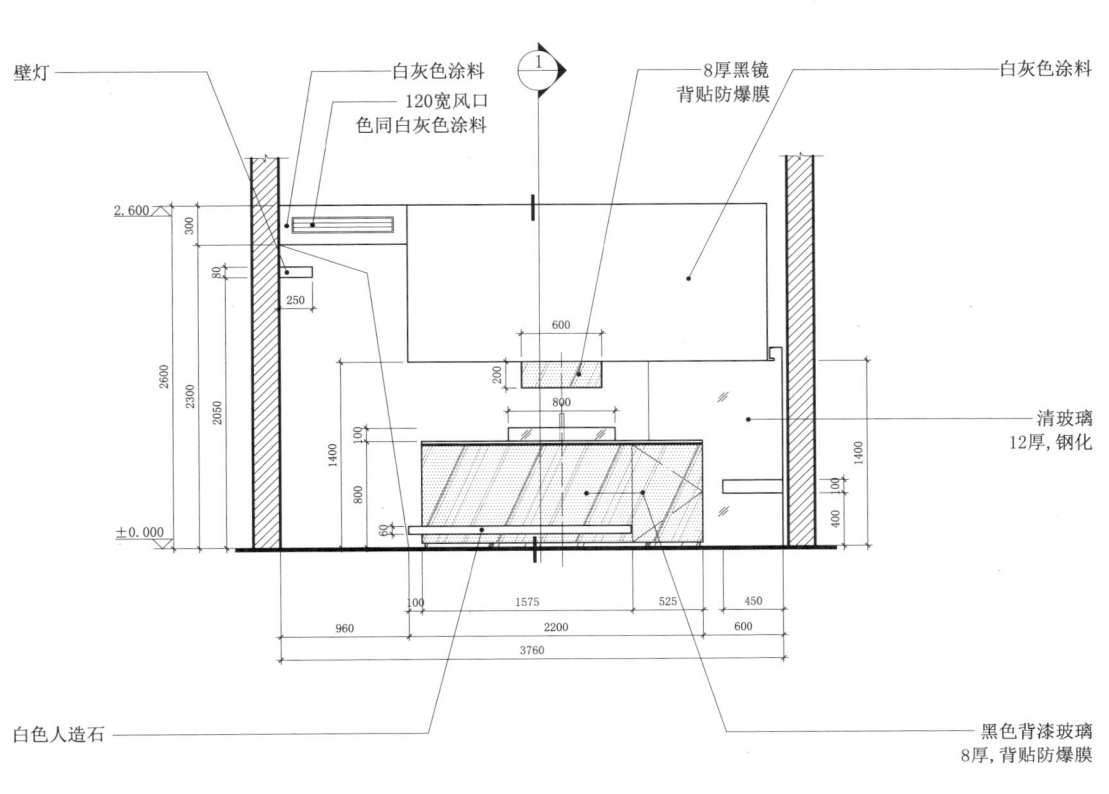

J剖立面图

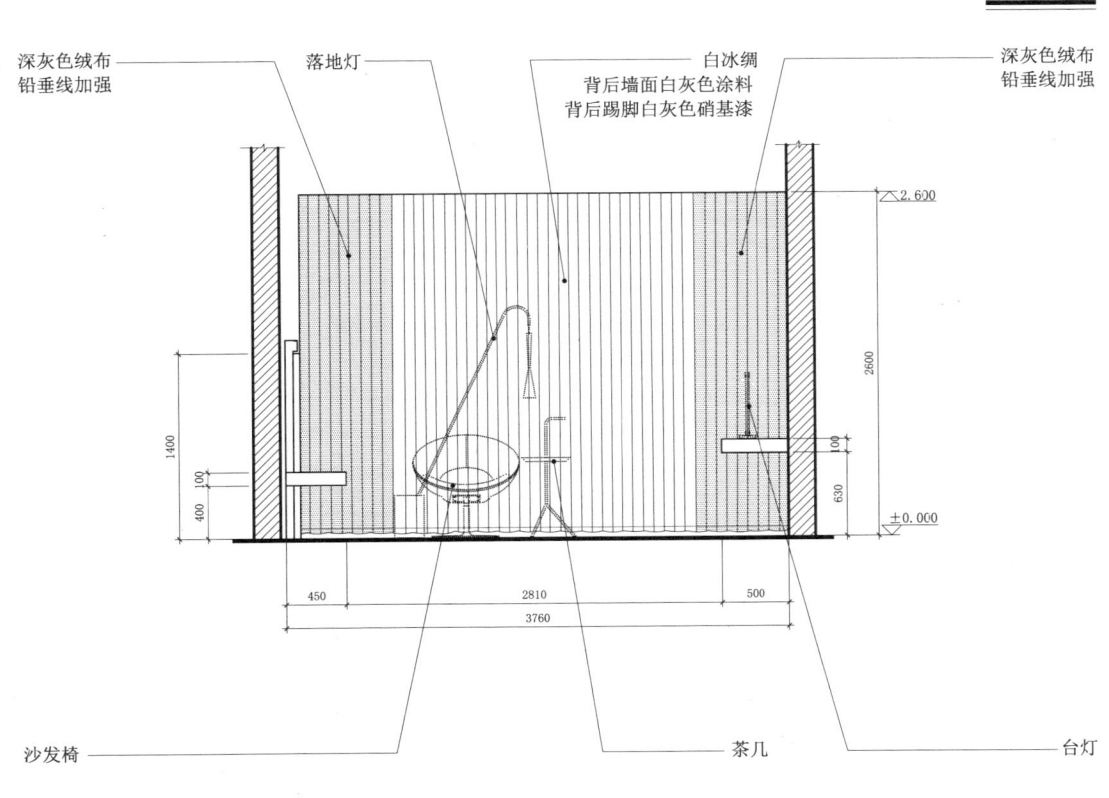

K剖立面图

26.4 经济型酒店大床房模式

26.4.1 平面、索引图

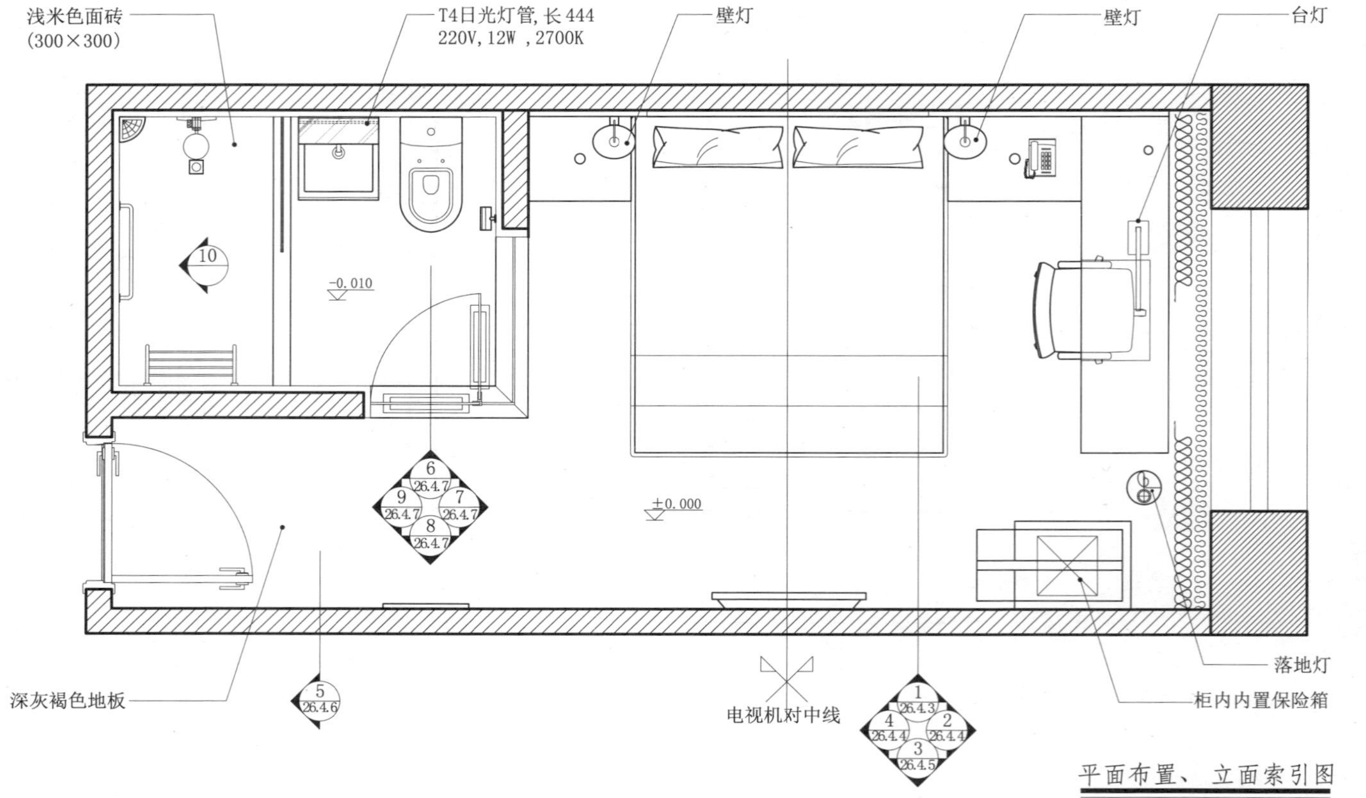

平面布置、立面索引图

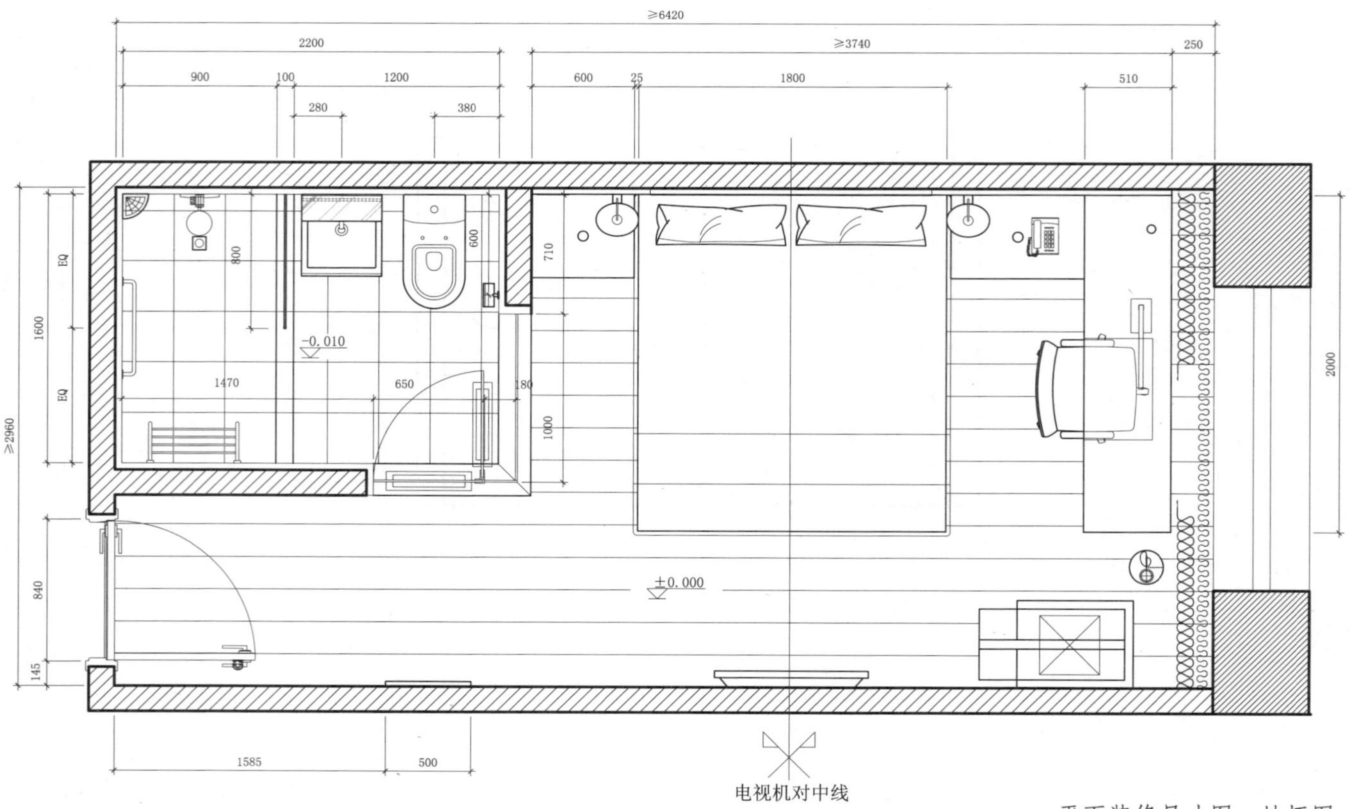

平面装修尺寸图、地坪图

26.4 经济型酒店大床房模式

26.4.2 平顶、配电图

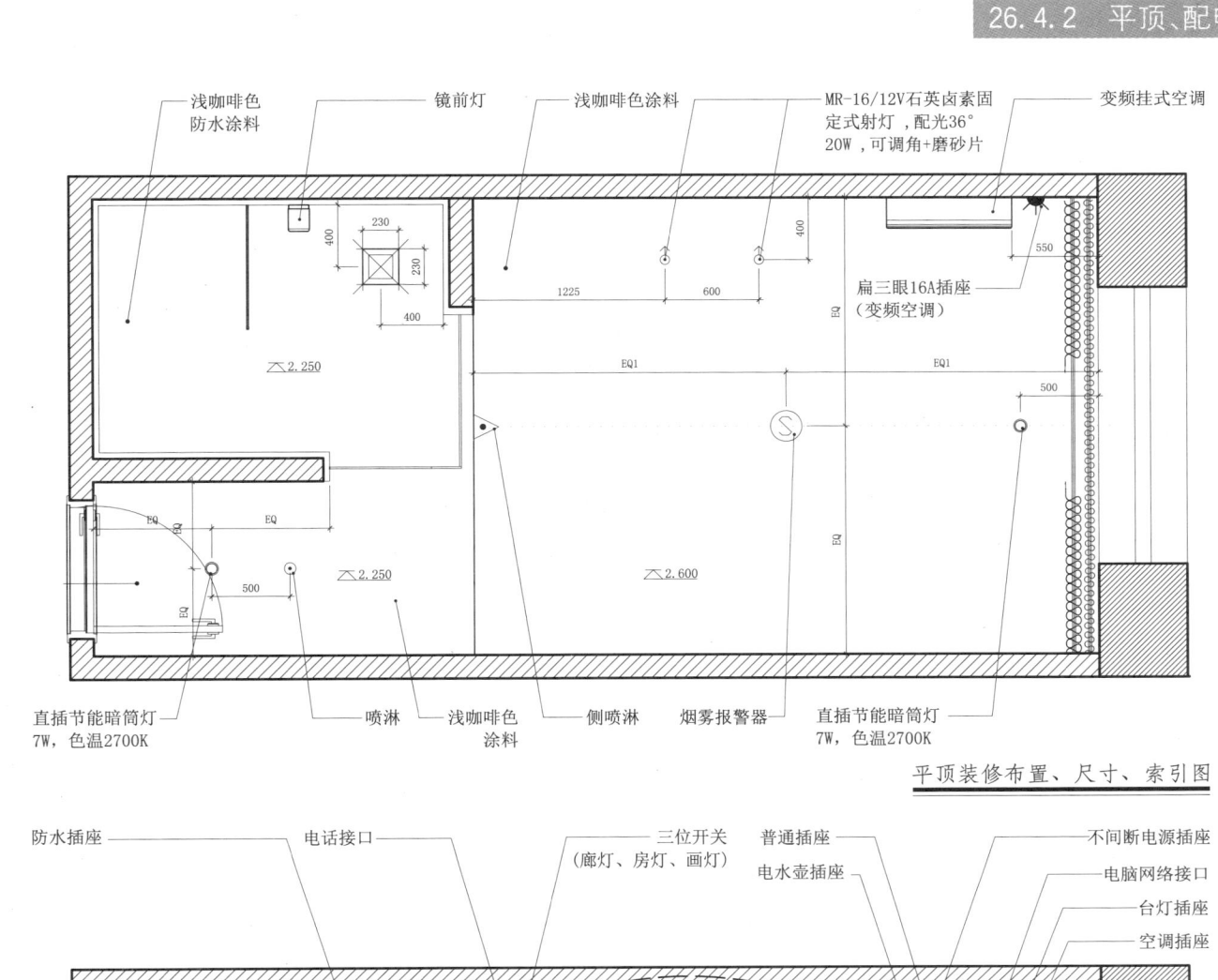

平顶装修布置、尺寸、索引图

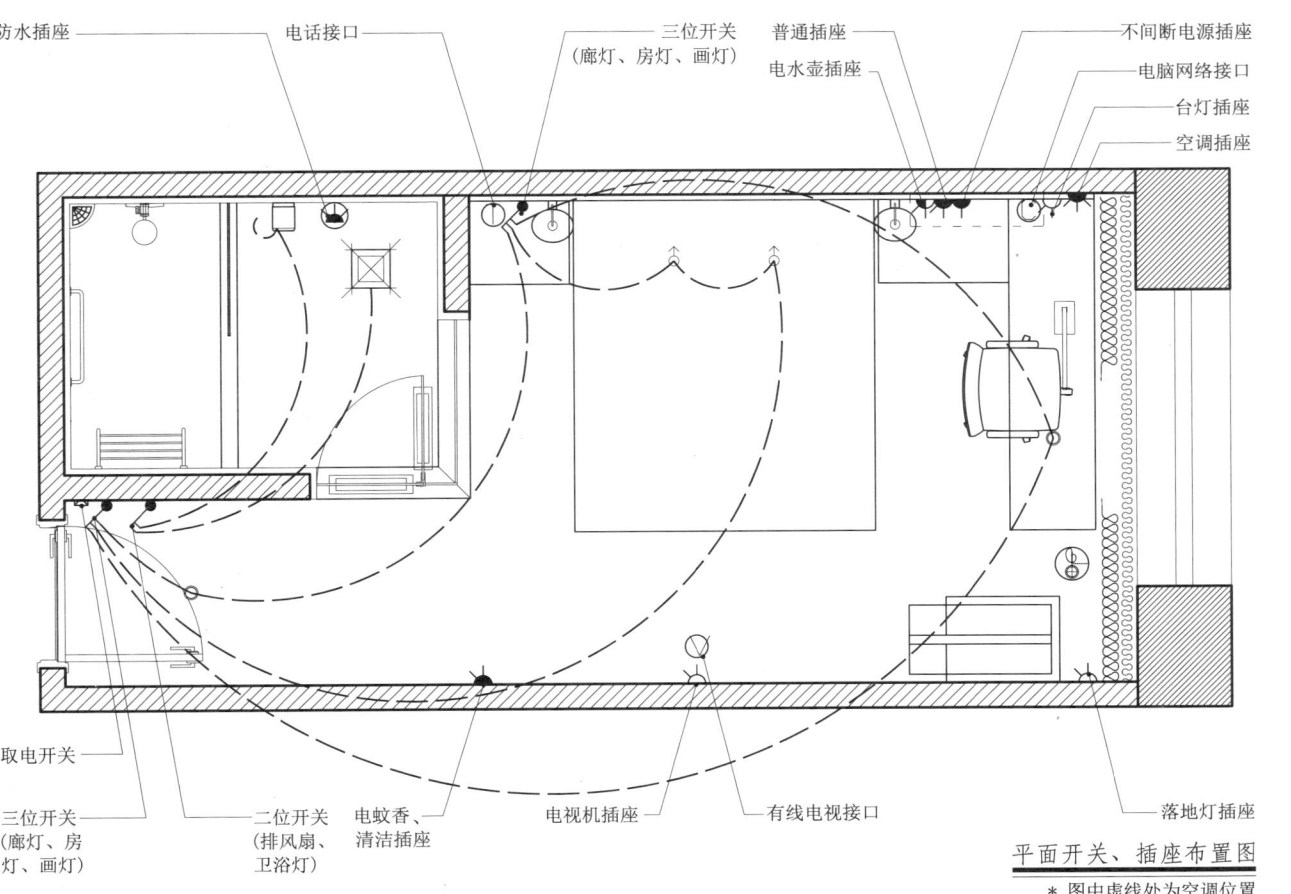

平面开关、插座布置图

* 图中虚线处为空调位置

26.4 经济型酒店大床房模式

26.4.3 立面图(一)

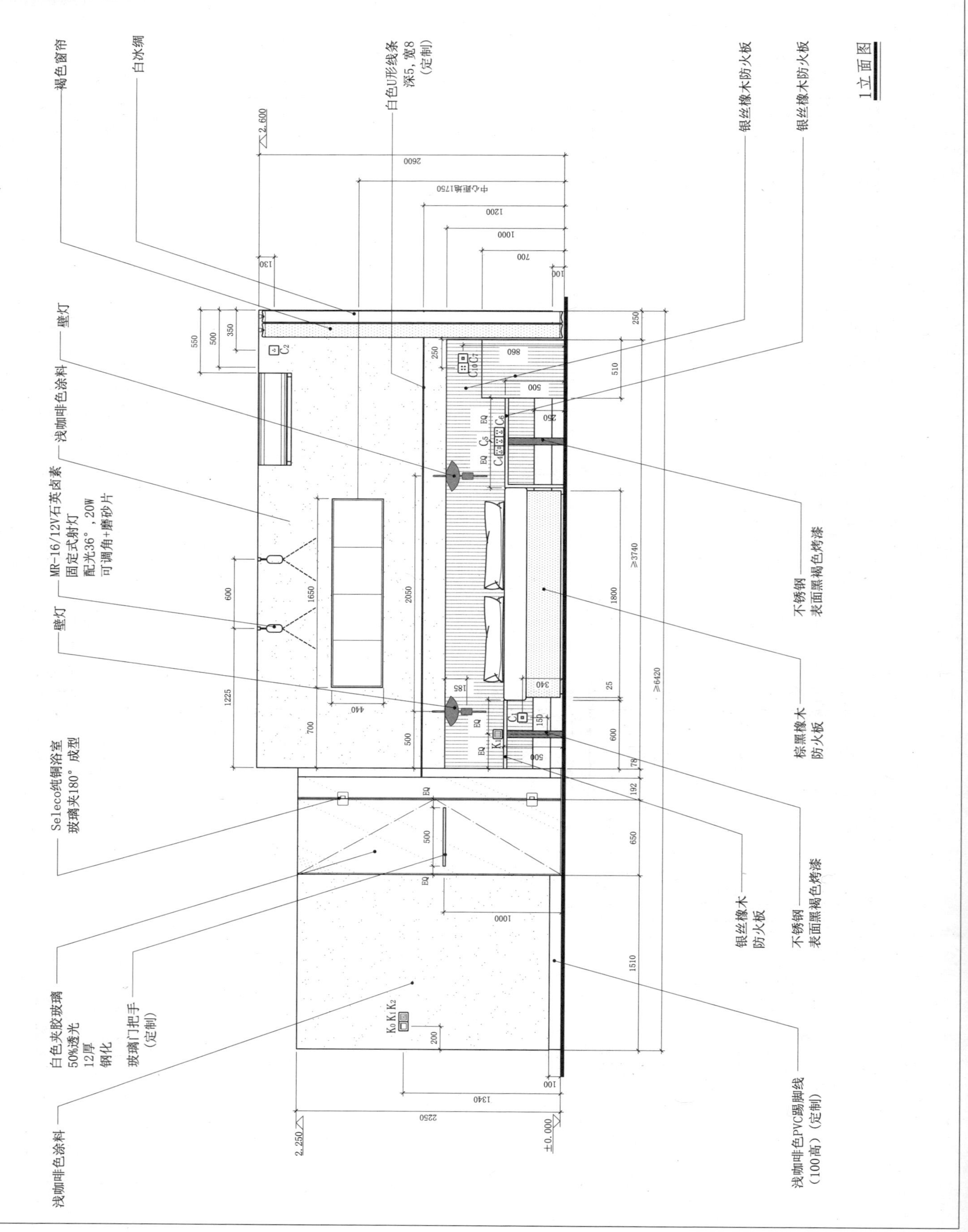

26.4.4 立面图(二)

26.4 经济型酒店大床房模式

26 客房模式

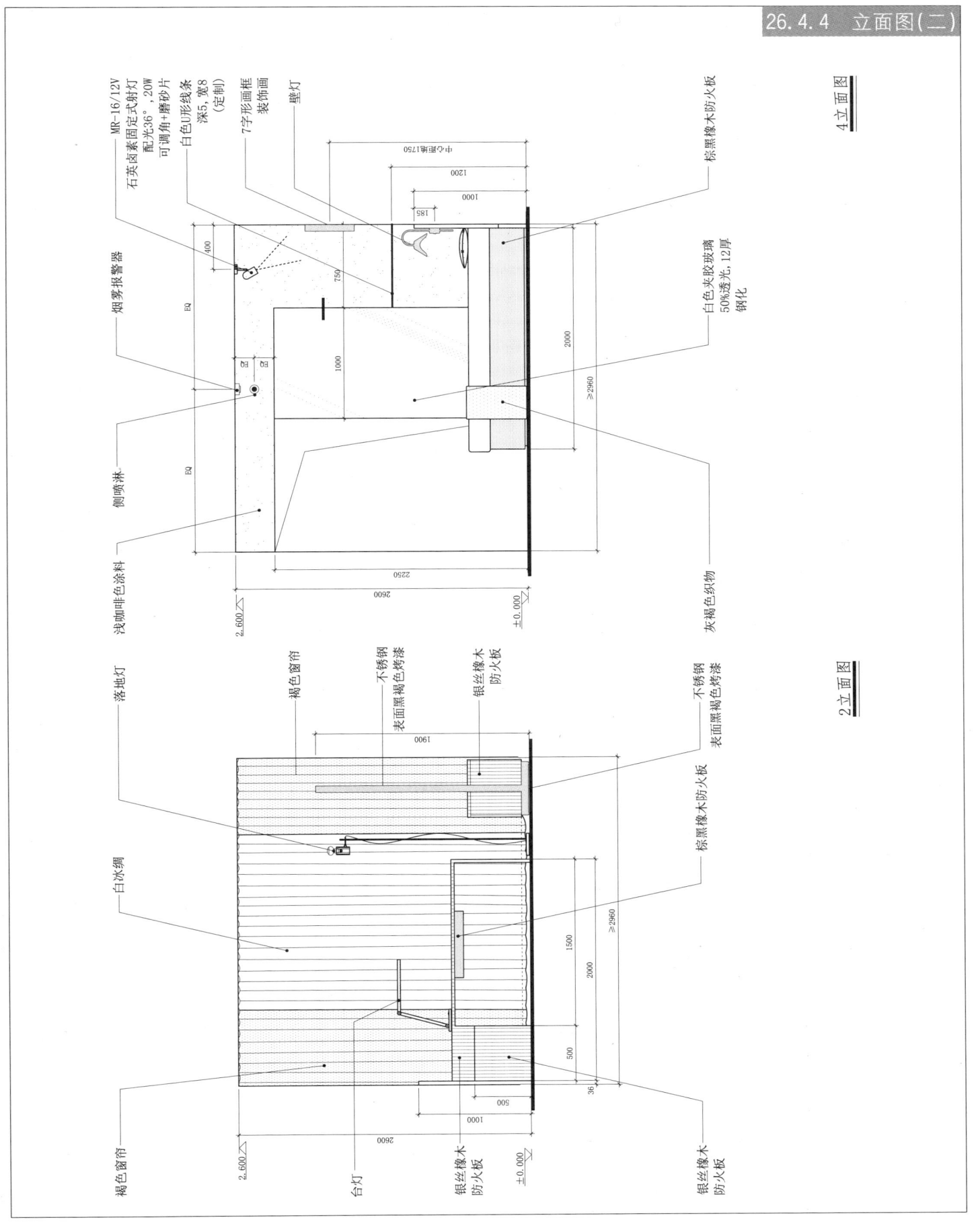

4 立面图

2 立面图

26.4 经济型酒店大床房模式

26.4.5 立面图(三)

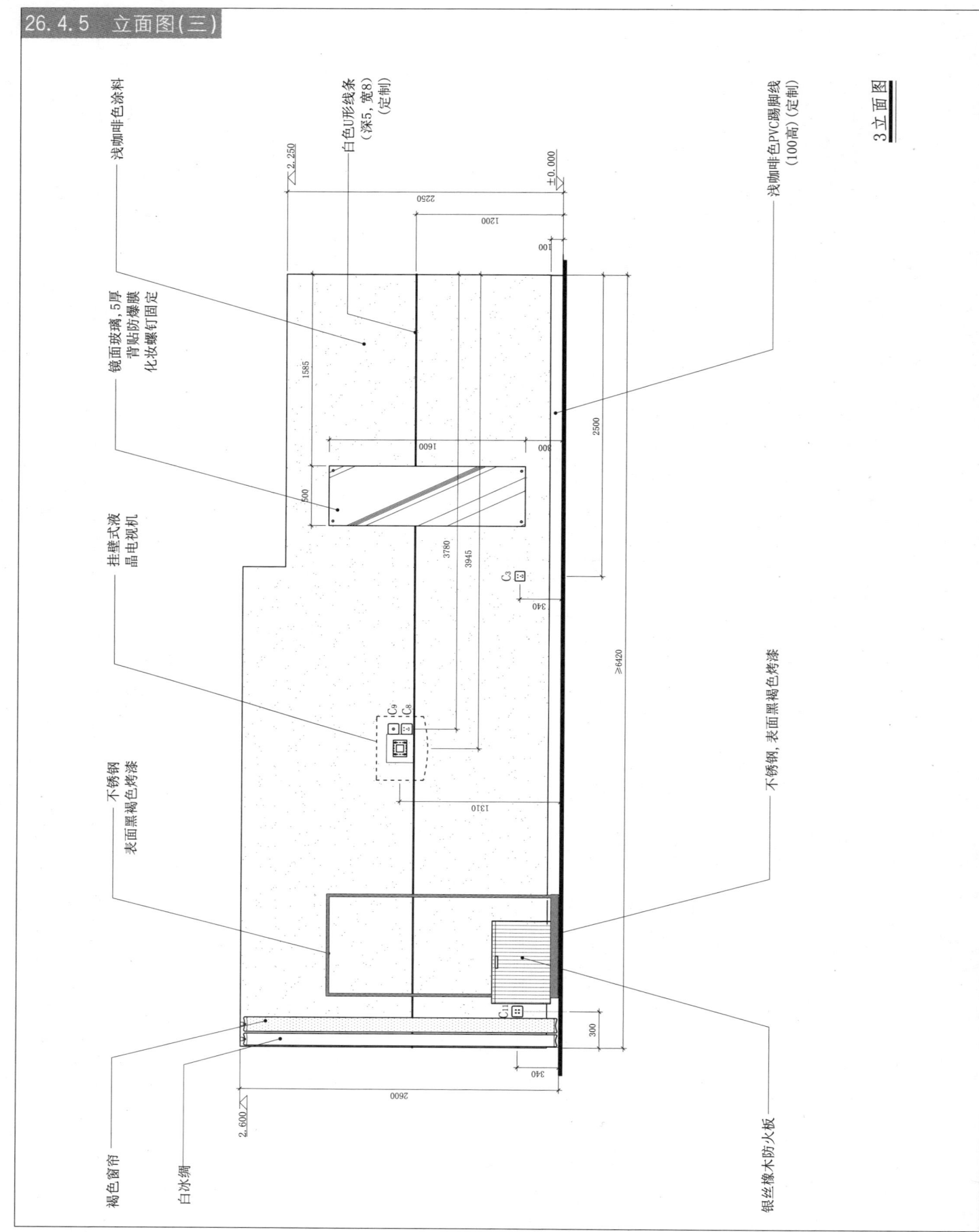

3 立面图

26.4.6 立面图（四）

26.4 经济型酒店大床房模式

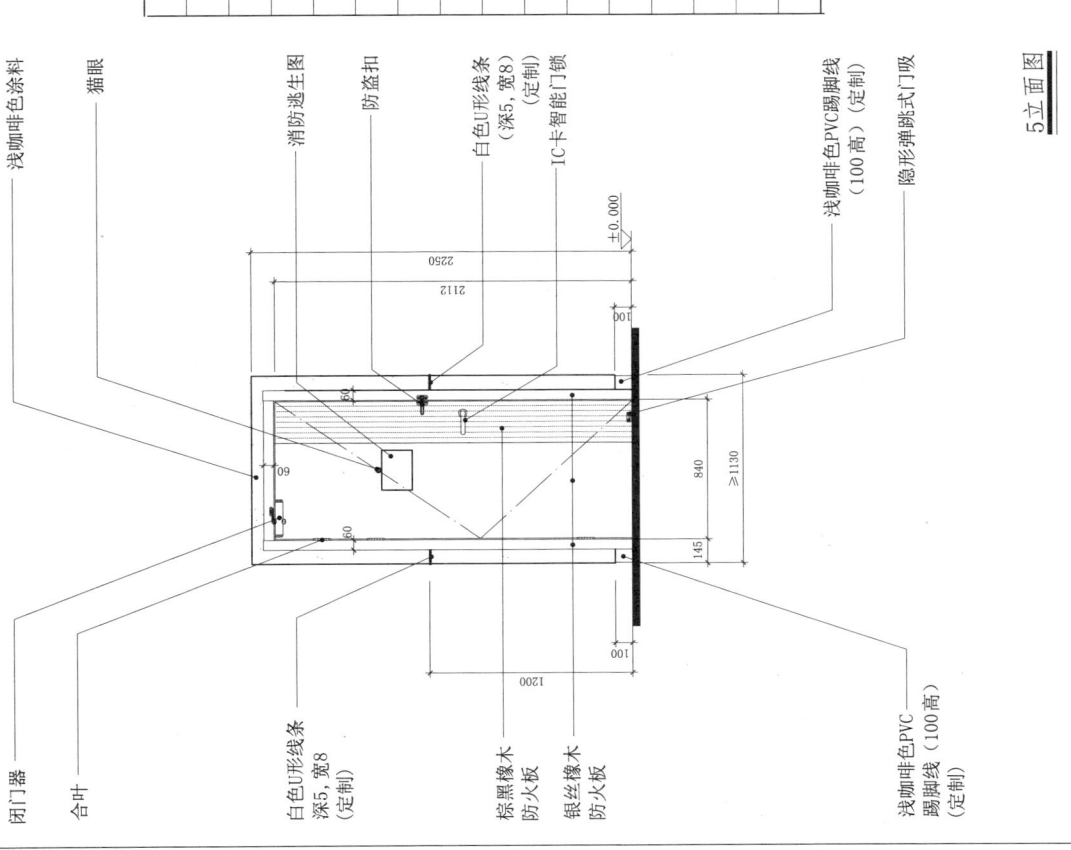

立面编号		备注	平面图例
K_0	取电开关		
K_1	三位开关	廊灯、房灯、画灯	
K_2	二位开关	排风扇、卫浴灯	
C_1	电话接口	单孔	
C_2	变频挂壁式空调插座	扁三眼16A插座	
C_3	电蚊香、清洁插座	多功能插座	
C_4	电水壶插座	3×2扁眼插座（带开关）	
C_5	普通插座	多功能插座	
C_6	不间断电源插座	不间断电源插座	
C_7	电脑网络接口	单孔	
C_8	电视机接口	专用	
C_9	有线电视接口	3×2扁眼插座	
C_{10}	台灯插座	2×2眼插座	
C_{11}	落地灯插座	2×2眼插座	
C_{12}	卫生间插座	3×2扁眼三眼防水插座	

5 立面图

26.4 经济型酒店大床房模式

26.4.7 立面图(五)

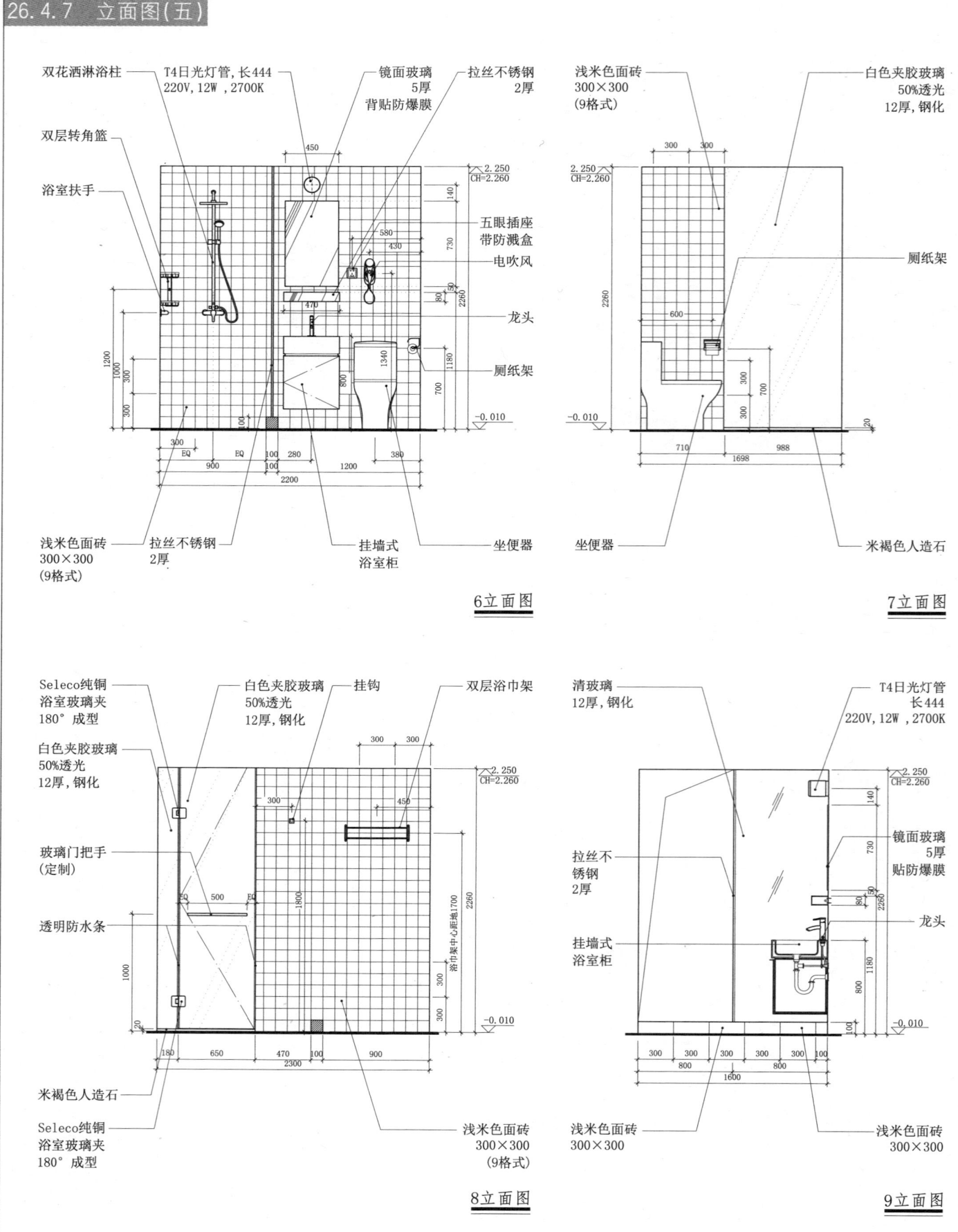

6立面图　7立面图　8立面图　9立面图

26.5 商务型酒店客房模式

26.5.1 平面图

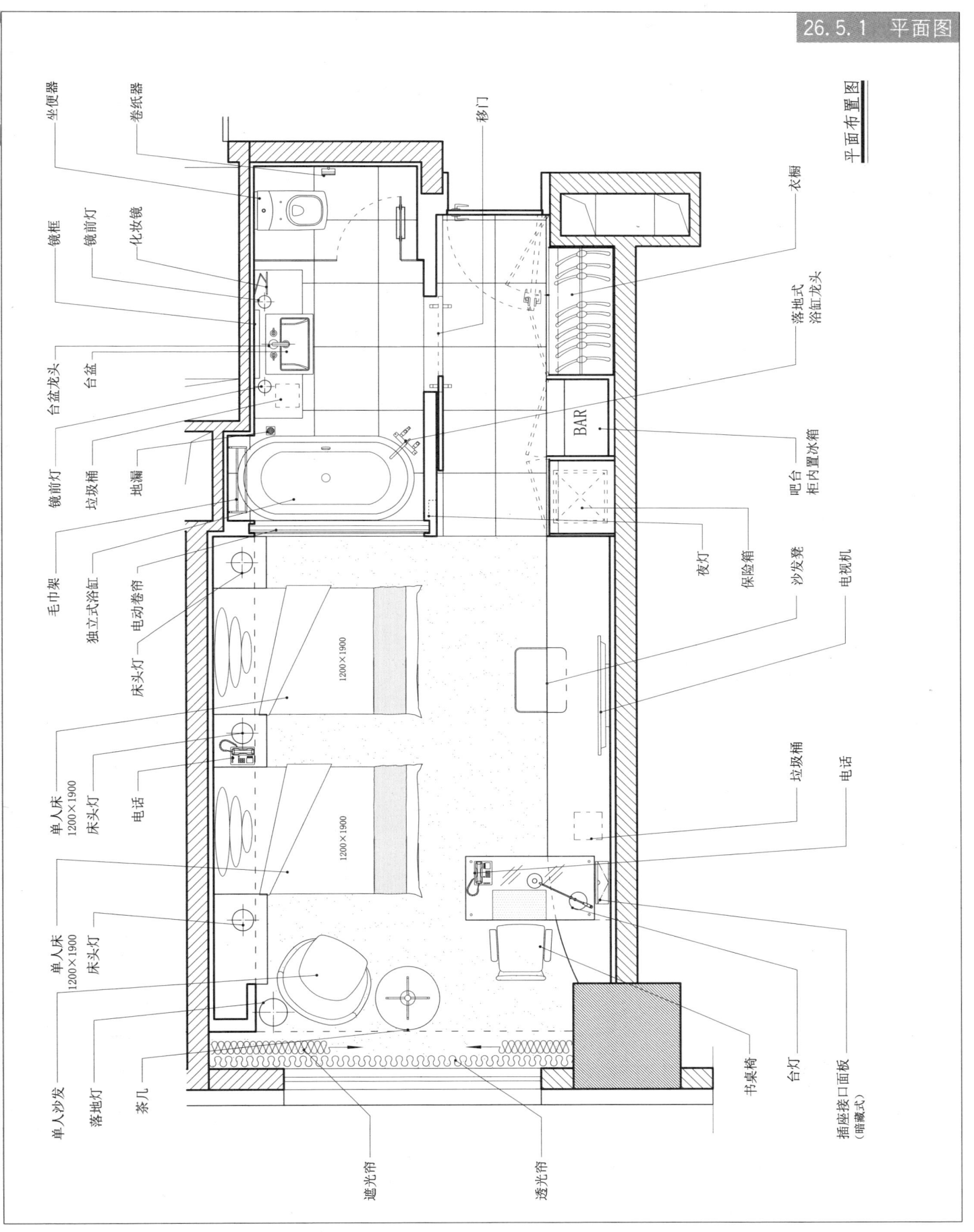

平面布置图

26.5 商务型酒店客房模式

26.5.2 索引图

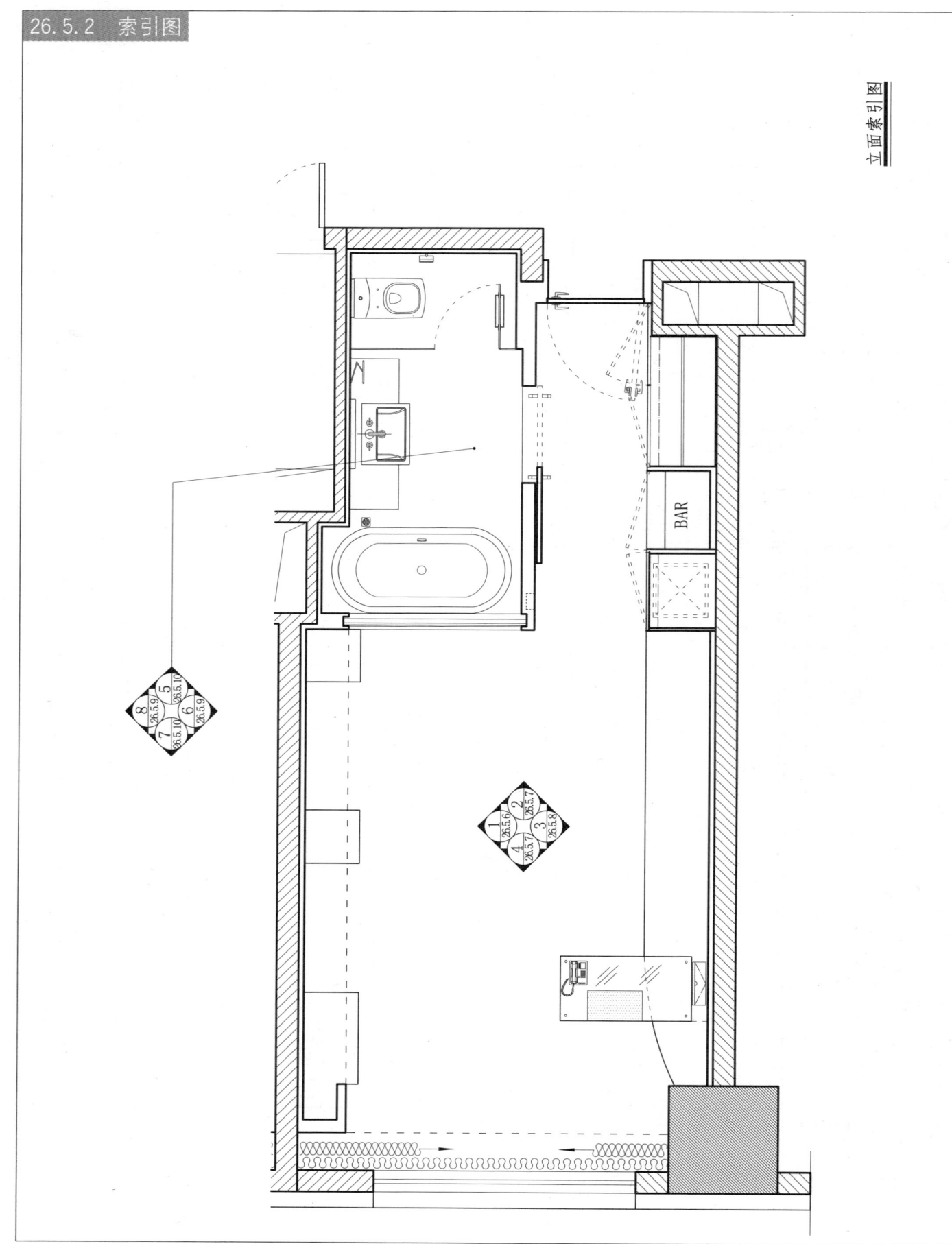

26.5 商务型酒店客房模式

26.5.3 平顶图

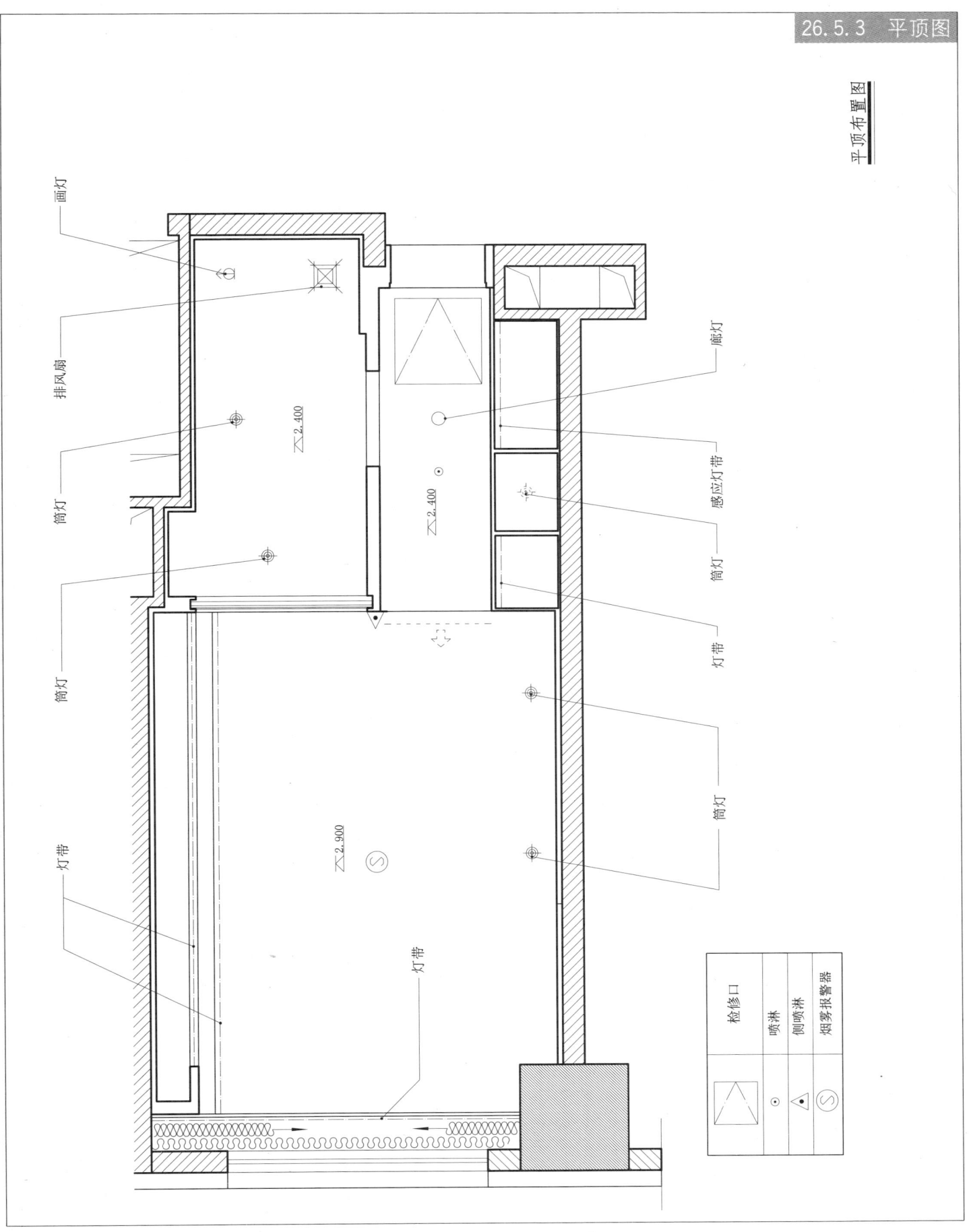

平顶布置图

26.5 商务型酒店客房模式

26.5.4 开关插座图

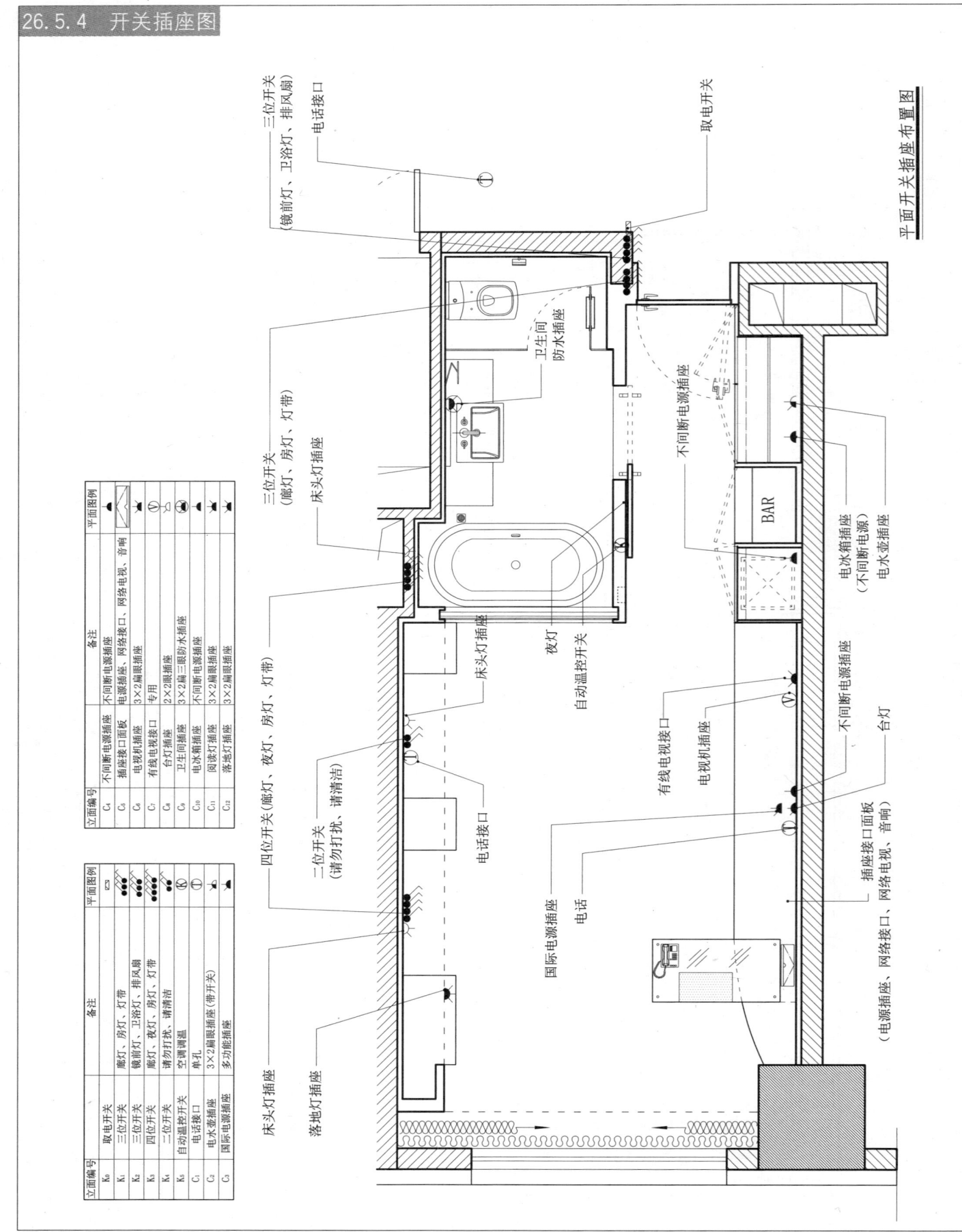

平面开关插座布置图

26.5 商务型酒店客房模式

26.5.5 配电图

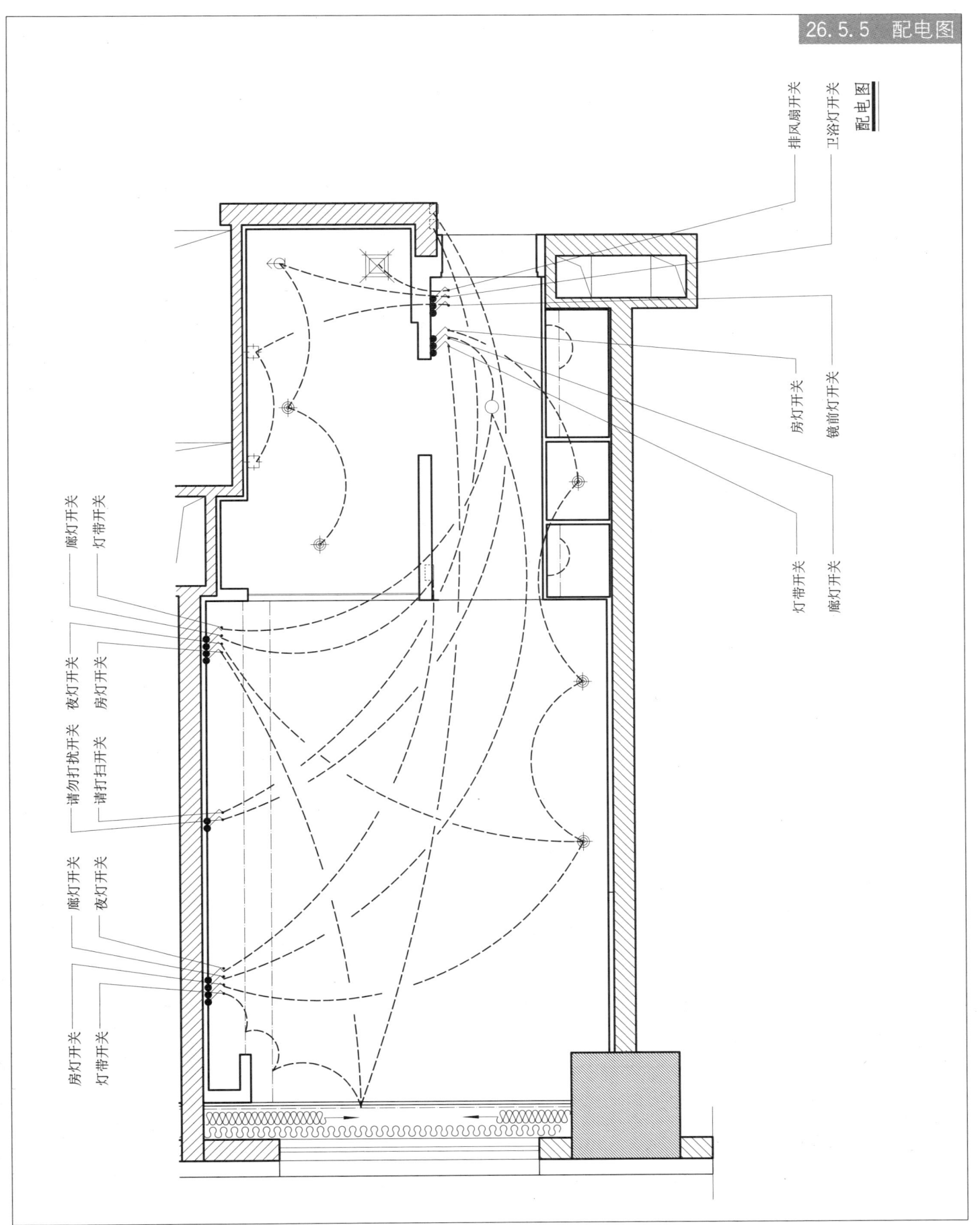

配电图

26.5 商务型酒店客房模式

26.5.6 立面图（一）

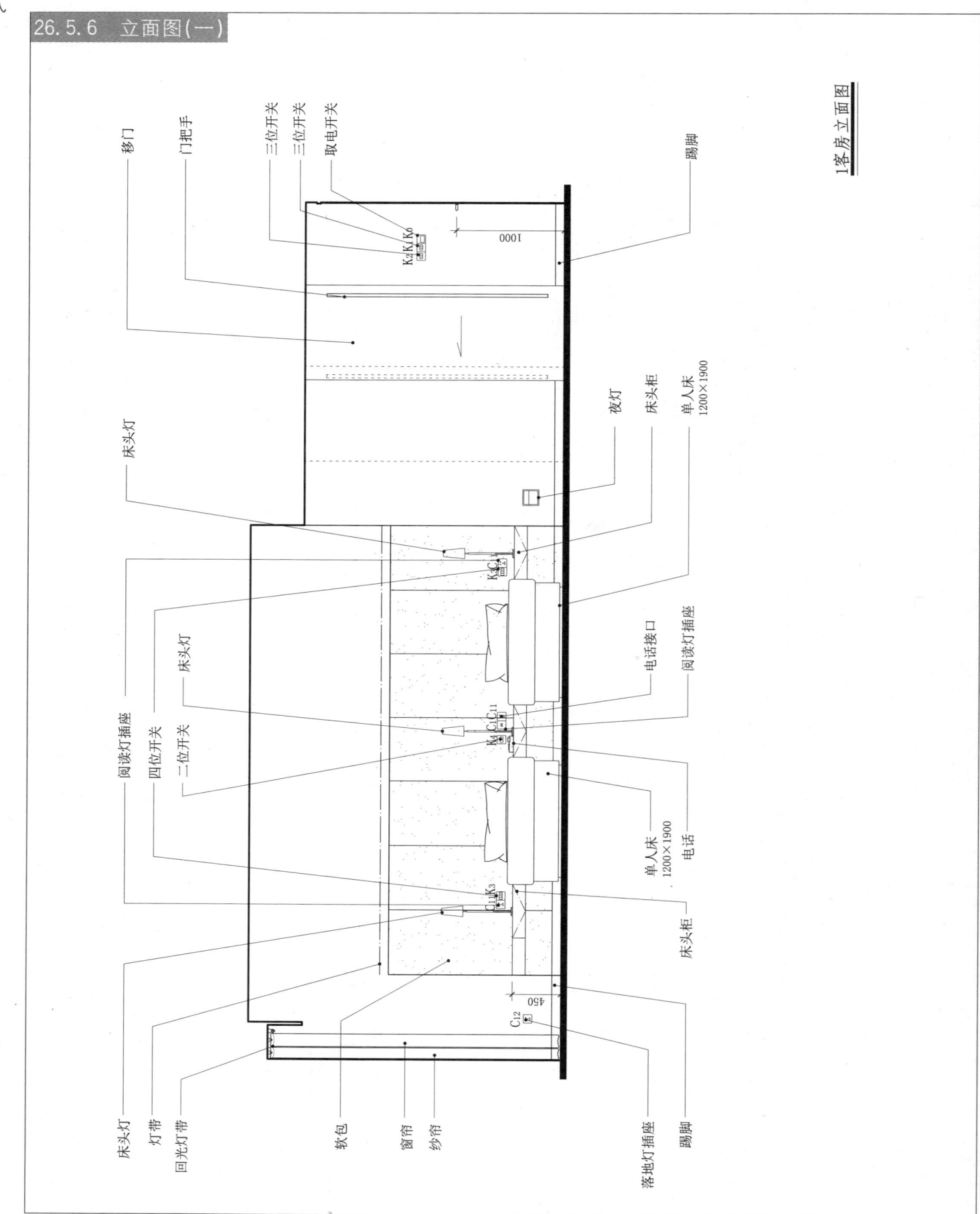

1客房立面图

26.5.7 立面图(二)

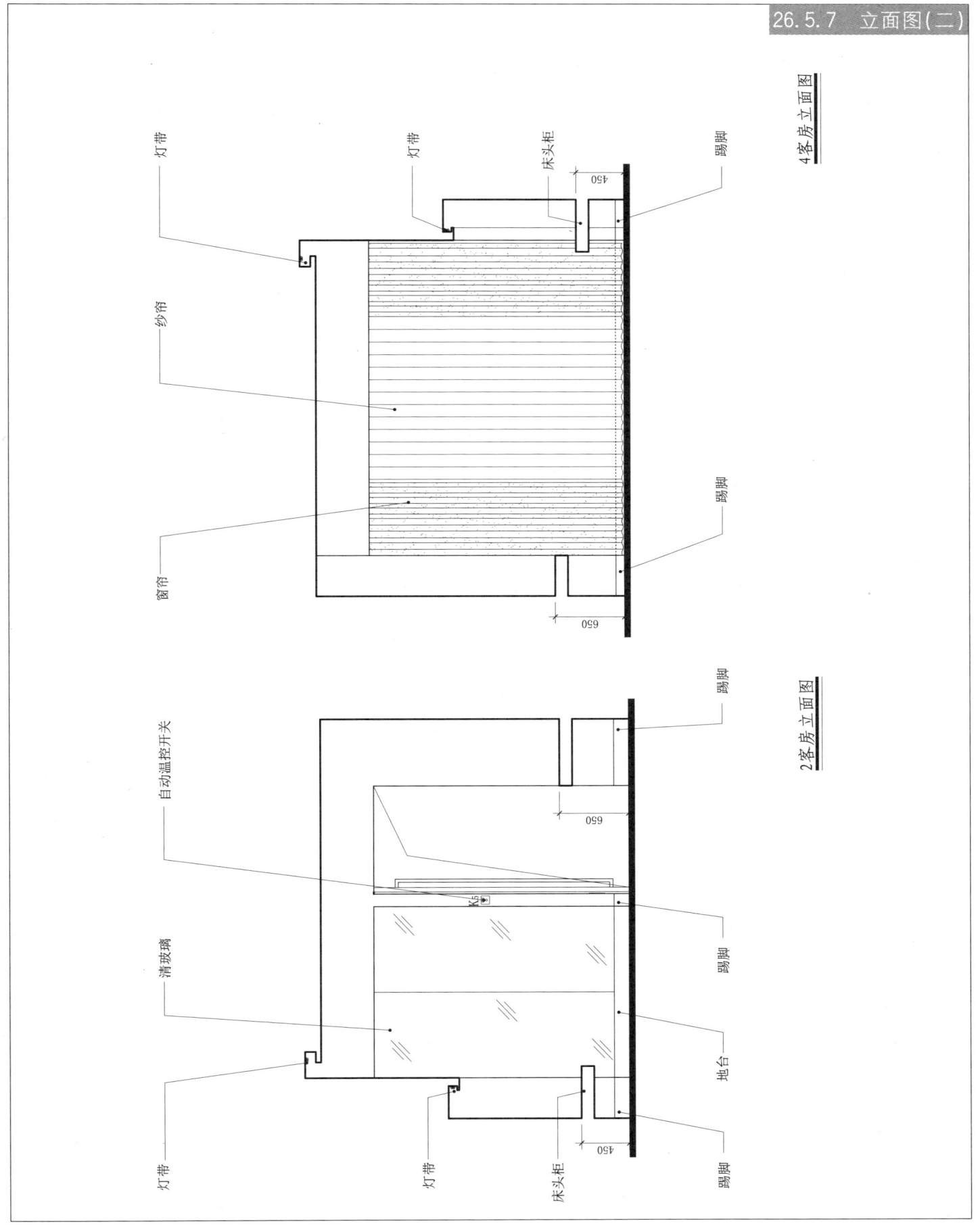

26.5 商务型酒店客房模式

26.5.8 立面图(三)

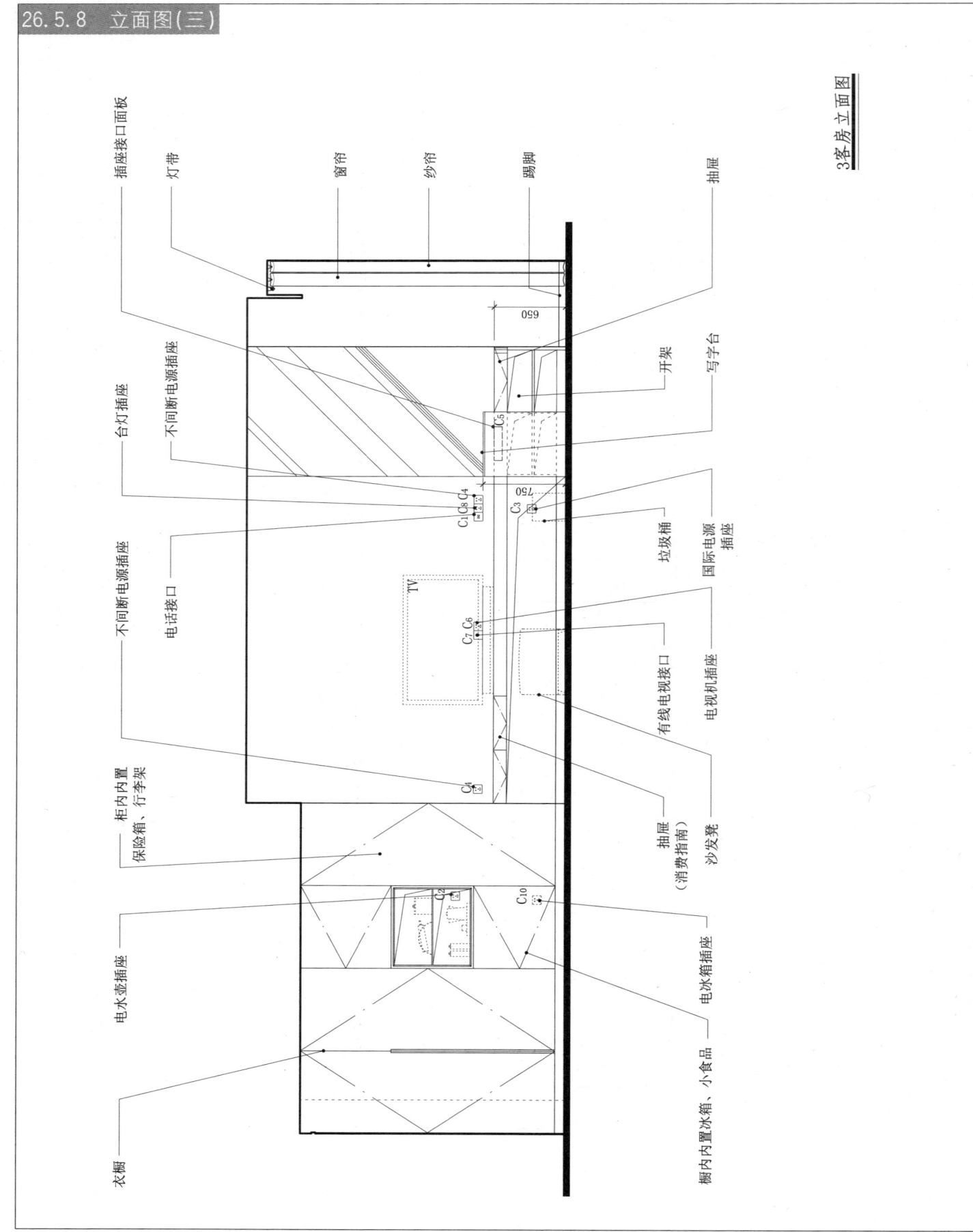

3 客房立面图

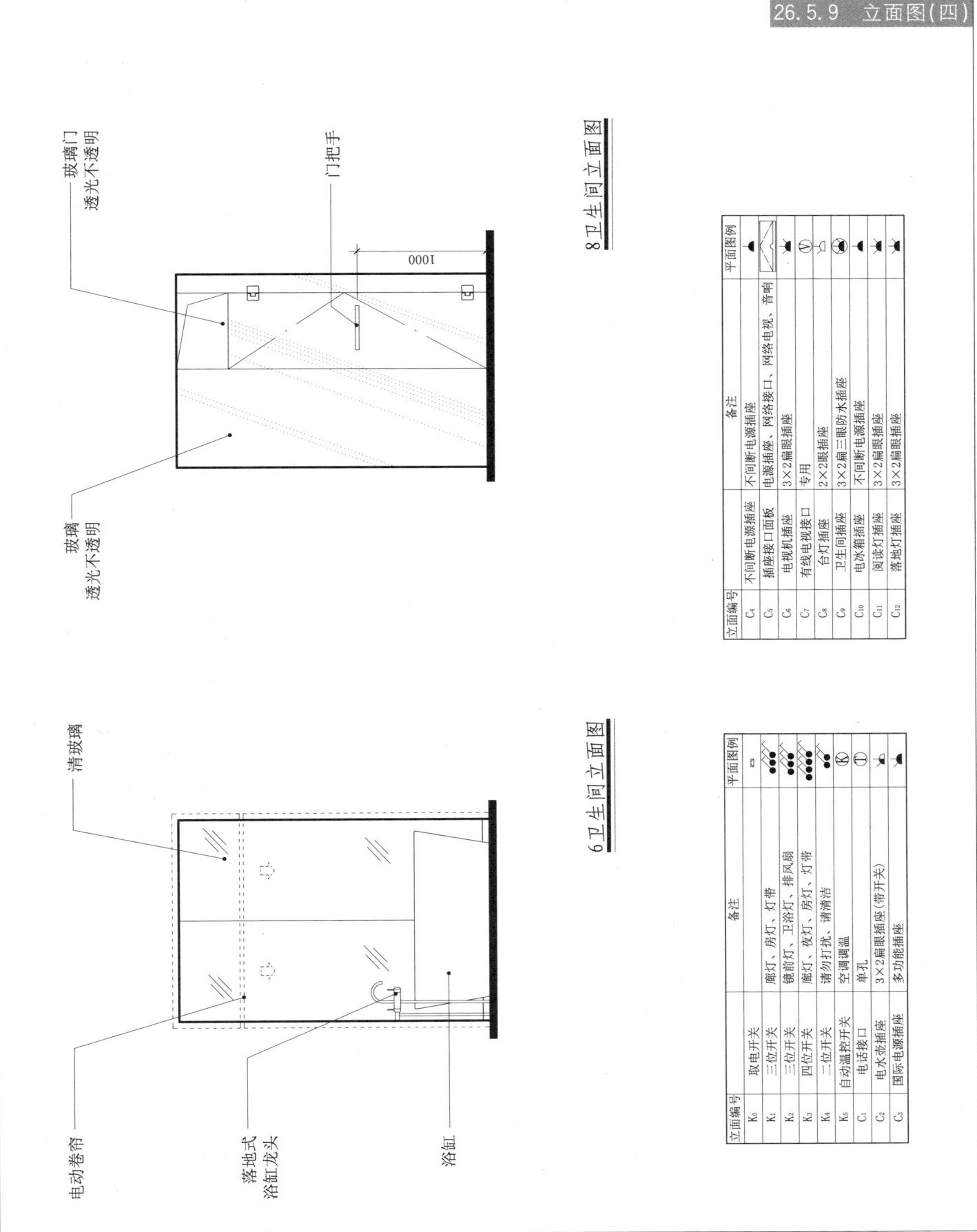

26.5 商务型酒店客房模式

26.5.10 立面图(五)

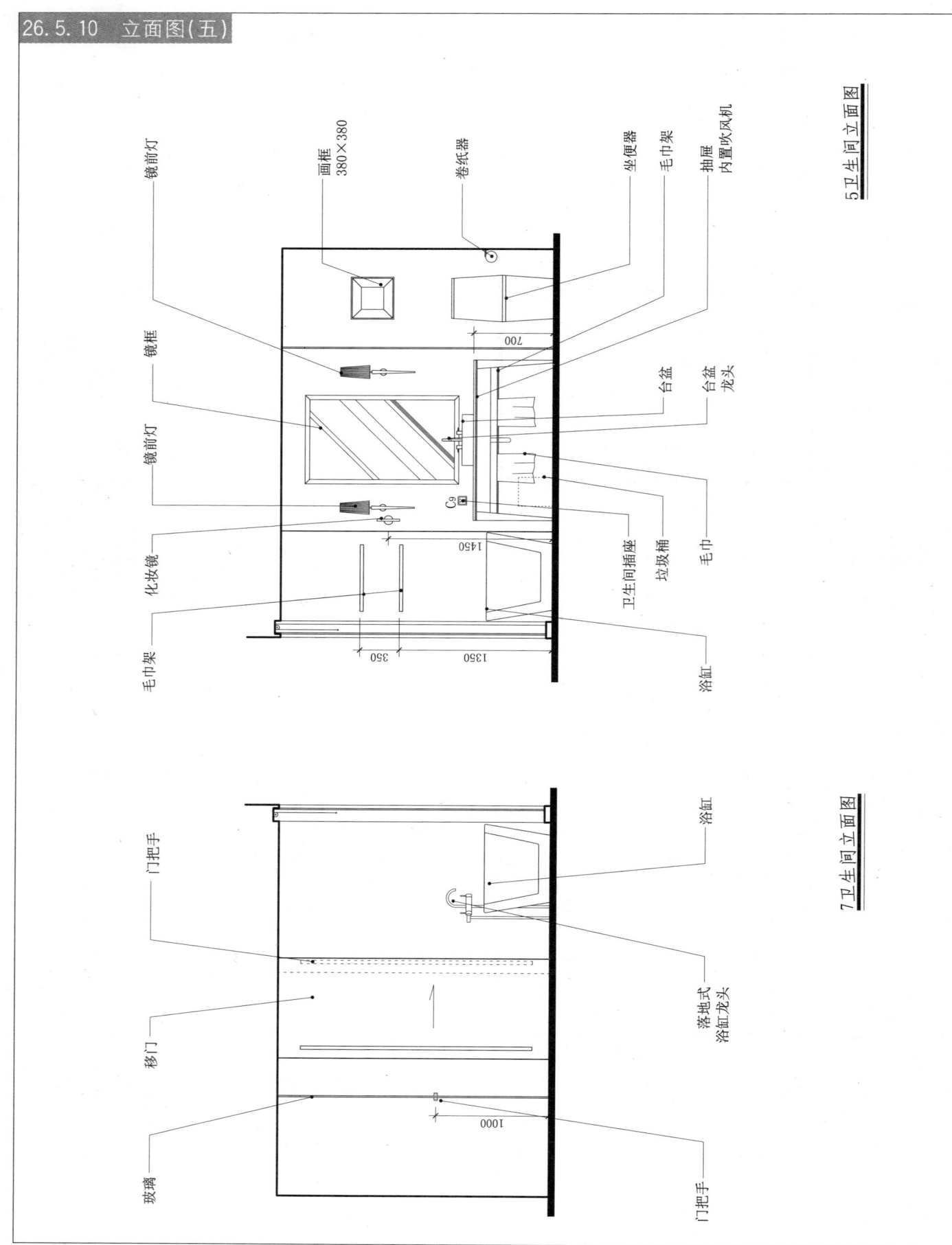

26.5.11 衣柜、迷你吧组合大样节点（一）

26.5 商务型酒店客房模式

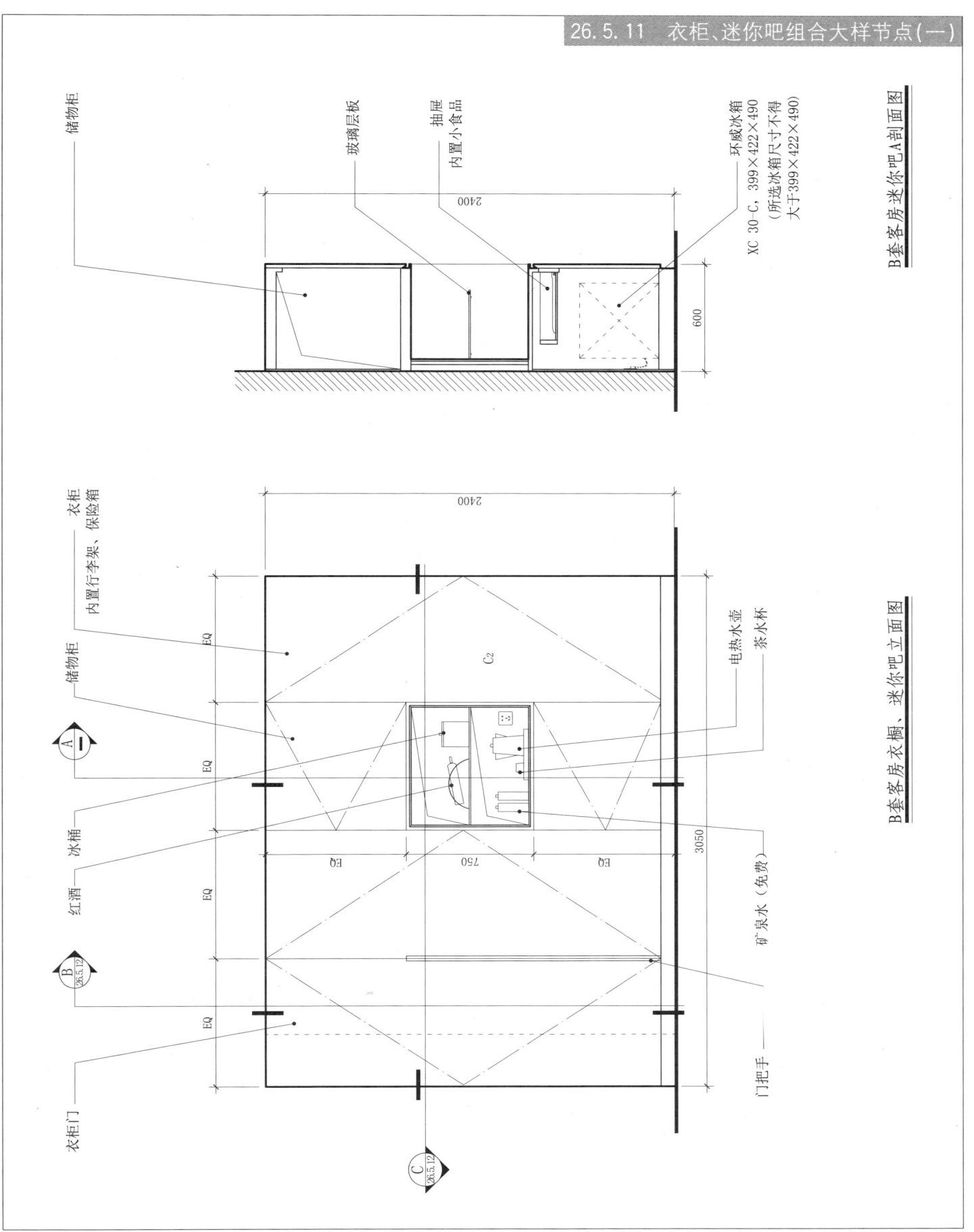

26.5 商务型酒店客房模式

26.5.12 衣柜、迷你吧组合大样节点（二）

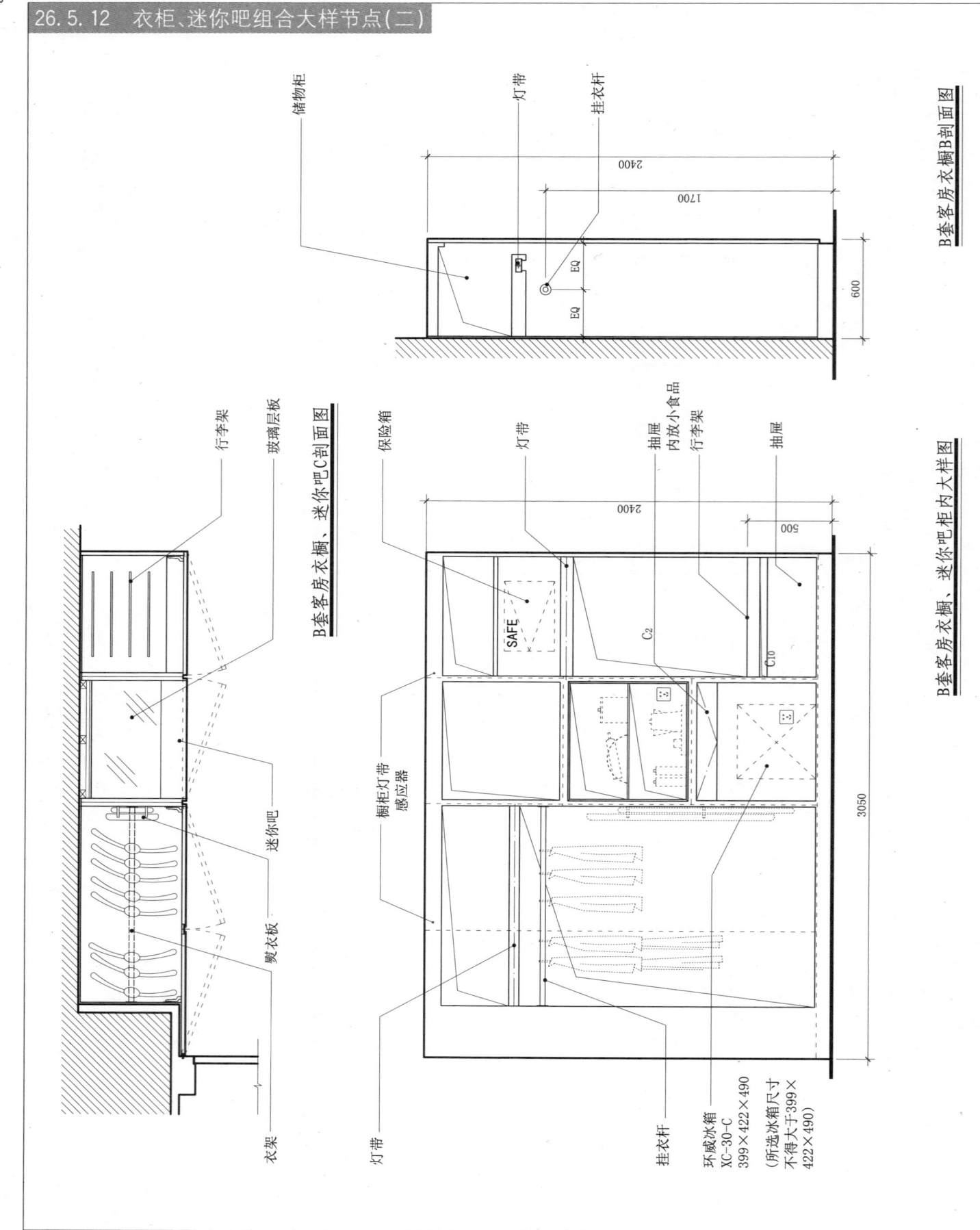

26.5 商务型酒店客房模式

26.5.13 书桌插座接口面板节点(一)

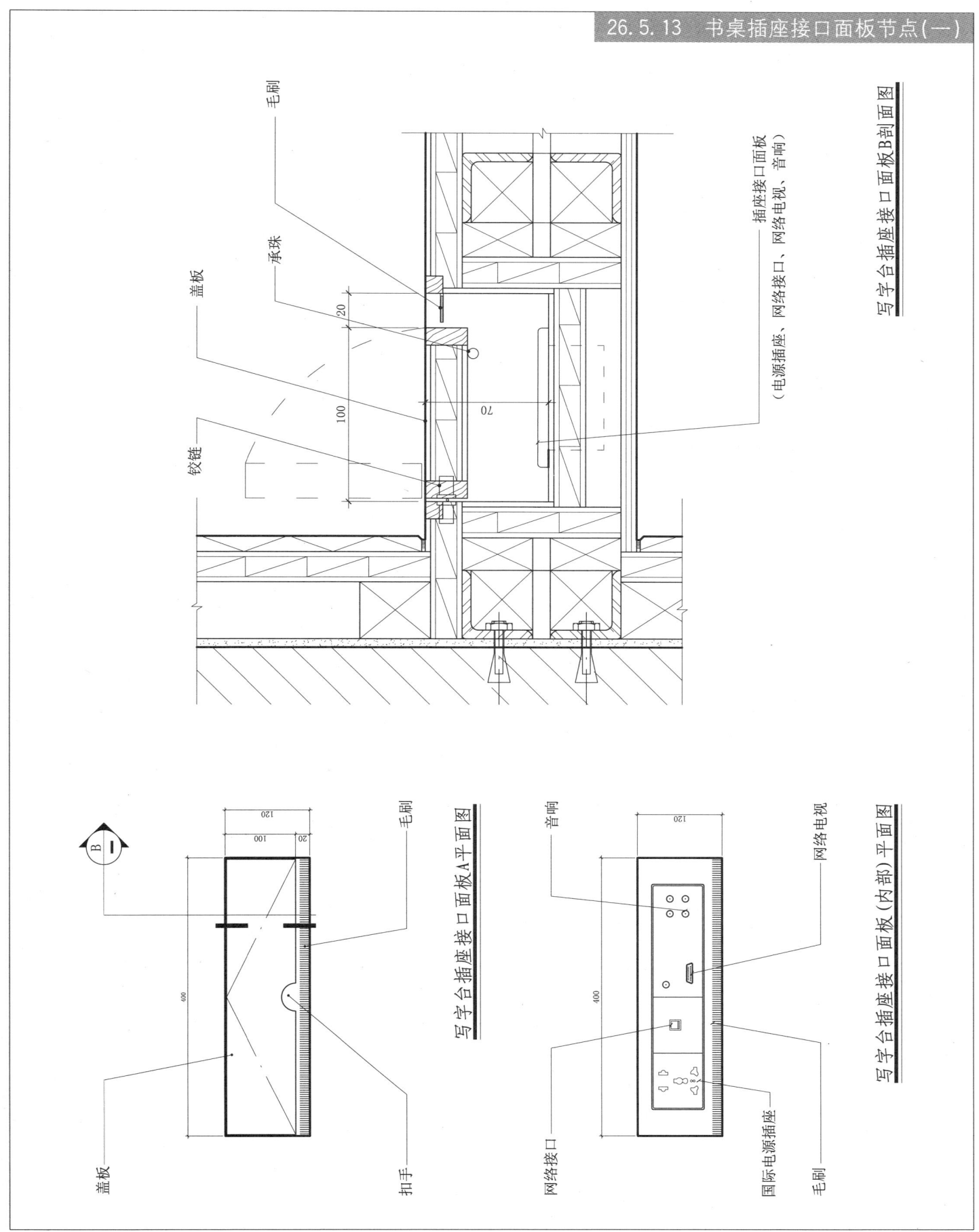

26.5 商务型酒店客房模式

26.5.14 书桌插座接口面板节点(二)

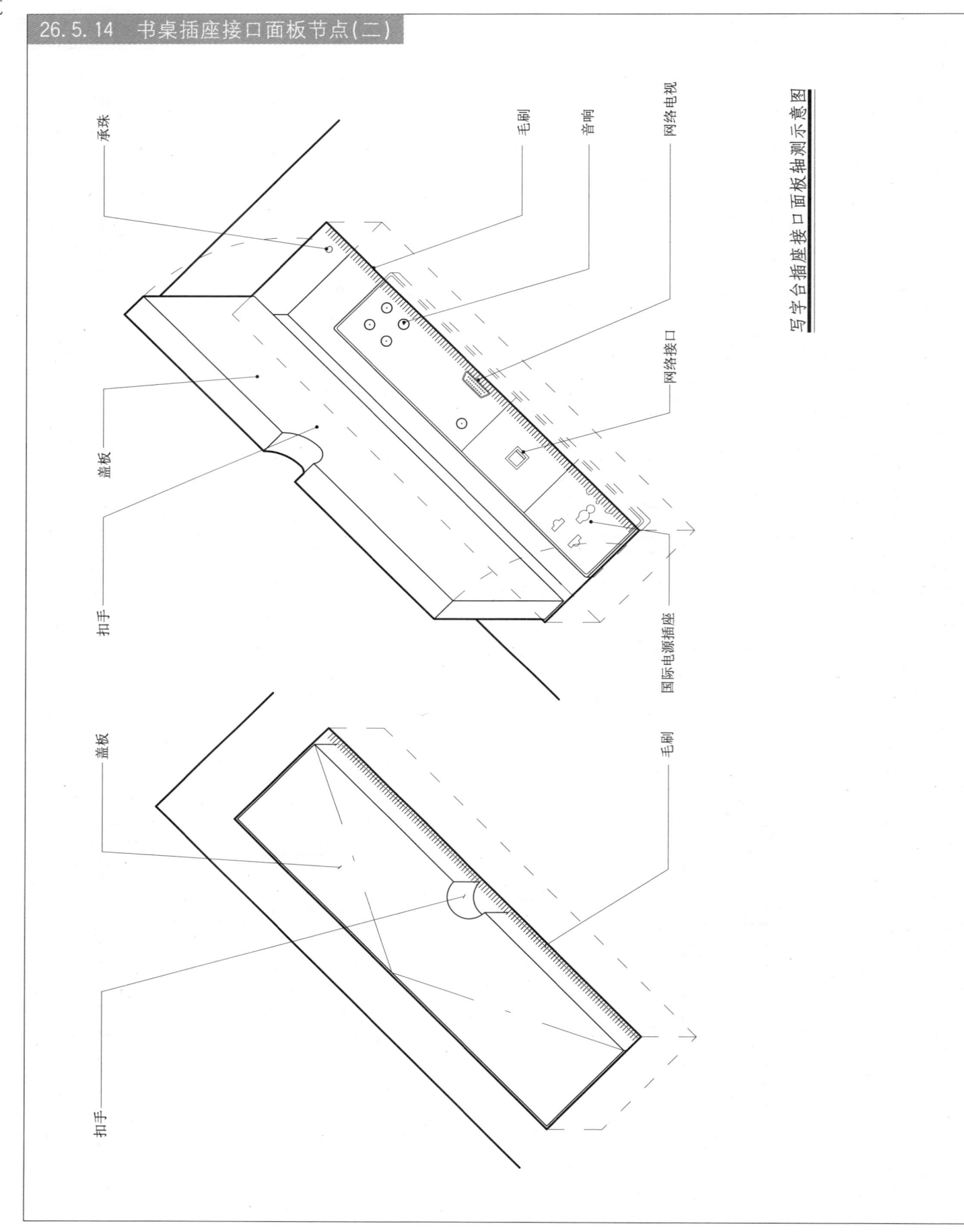

写字台插座接口面板轴测示意图

26.6 公寓式酒店客房模式

26.6.1 平面图

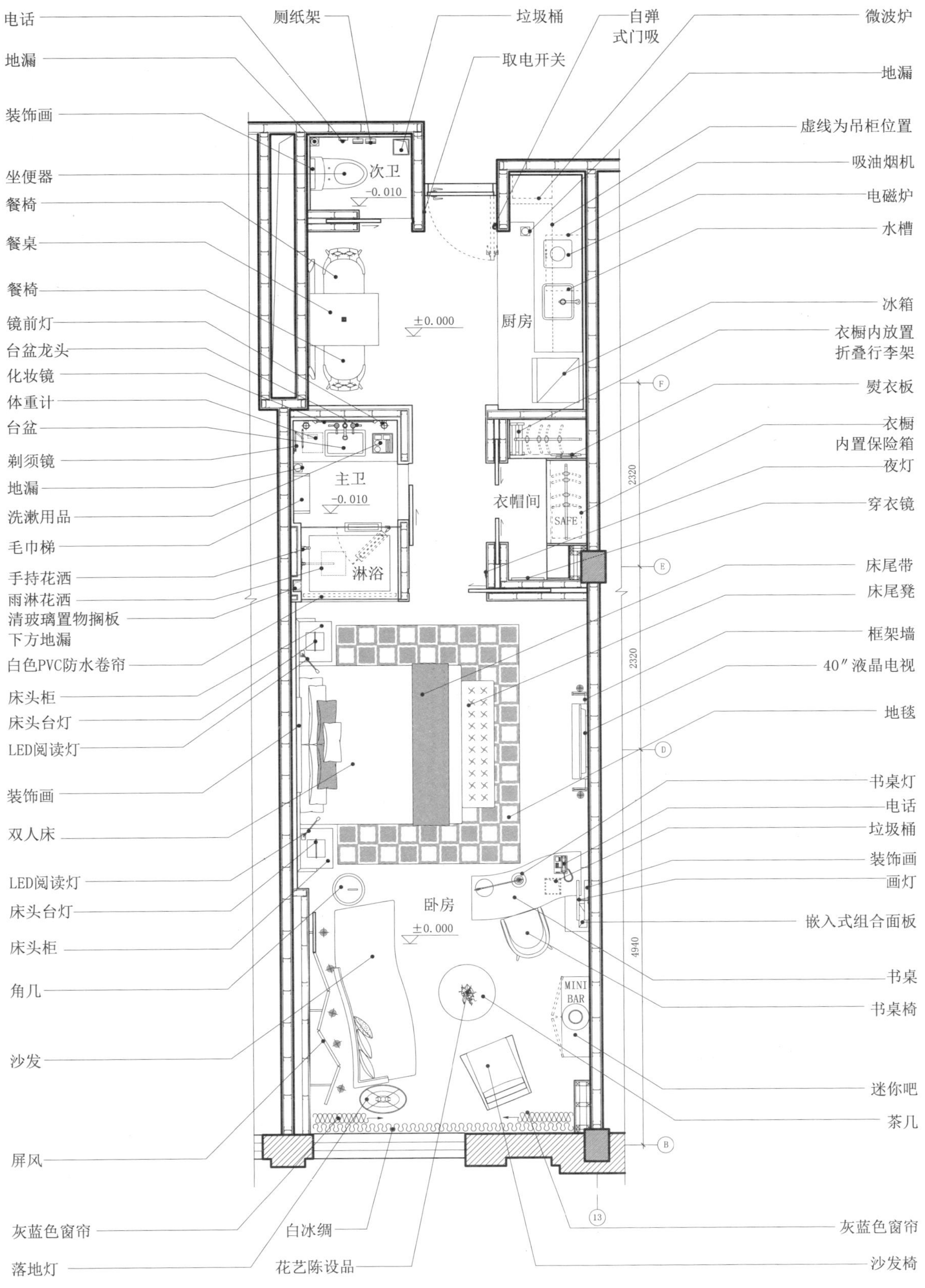

平面布置图

标注（自上而下，左侧）：电话、地漏、装饰画、坐便器、餐椅、餐桌、餐椅、镜前灯、台盆龙头、化妆镜、体重计、台盆、剃须镜、地漏、洗漱用品、毛巾梯、手持花洒、雨淋花洒、清玻璃置物搁板下方地漏、白色PVC防水卷帘、床头柜、床头台灯、LED阅读灯、装饰画、双人床、LED阅读灯、床头台灯、床头柜、角几、沙发、屏风、灰蓝色窗帘、落地灯

标注（顶部及右侧）：厕纸架、垃圾桶、自弹式门吸、取电开关、微波炉、地漏、虚线为吊柜位置、吸油烟机、电磁炉、水槽、冰箱、衣橱内放置折叠行李架、熨衣板、衣橱内置保险箱、夜灯、穿衣镜、床尾带、床尾凳、框架墙、40″液晶电视、地毯、书桌灯、电话、垃圾桶、装饰画、画灯、嵌入式组合面板、书桌、书桌椅、迷你吧、茶几、灰蓝色窗帘、沙发椅

房间标注：次卫 -0.010、厨房、主卫 -0.010、衣帽间 SAFE、卧房 ±0.000、±0.000

尺寸：2320、2320、4940

26 客房模式

26.6 公寓式酒店客房模式

26.6.2 索引图

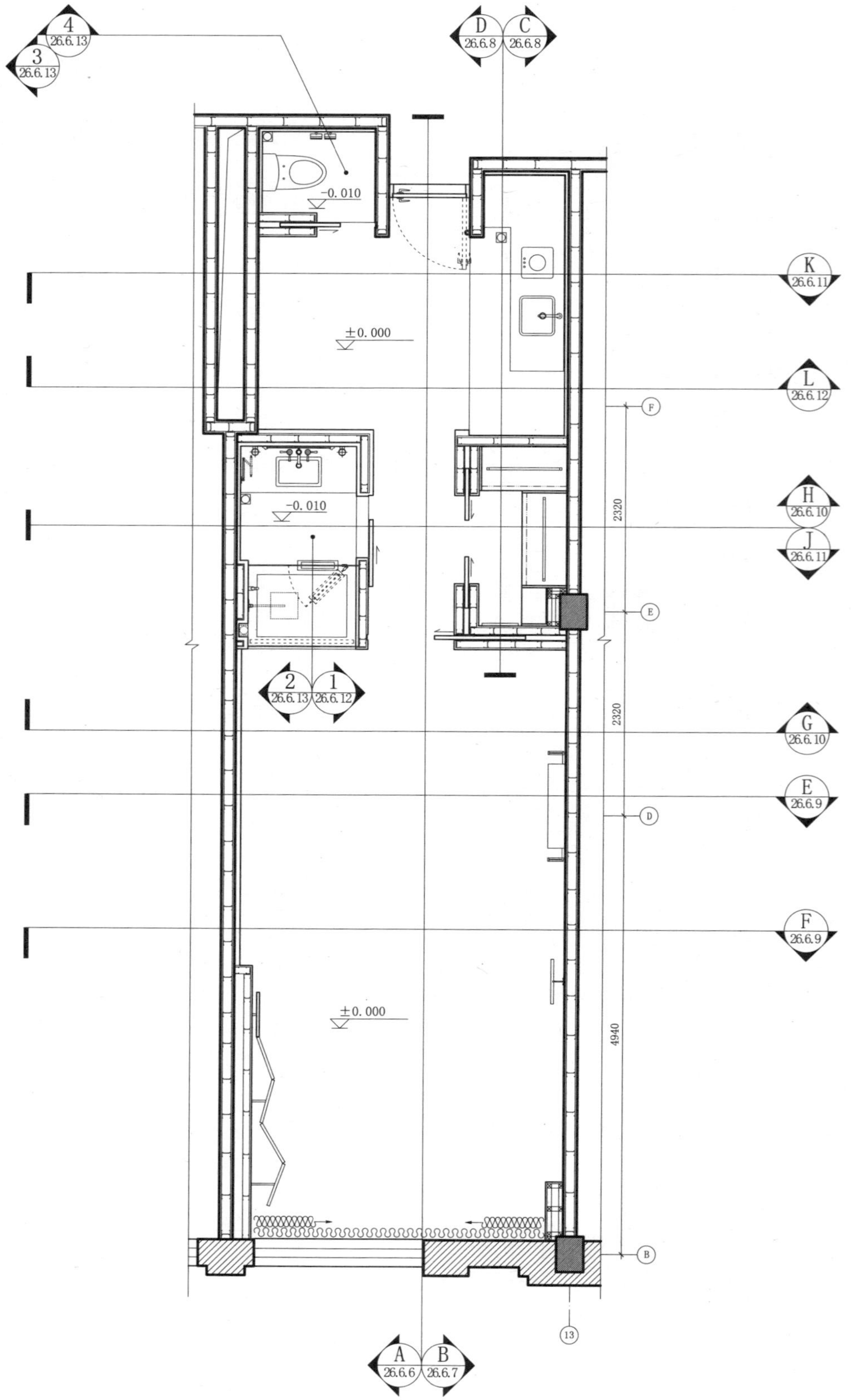

平面装修立面索引图

26.6 公寓式酒店客房模式

26.6.3 平顶图

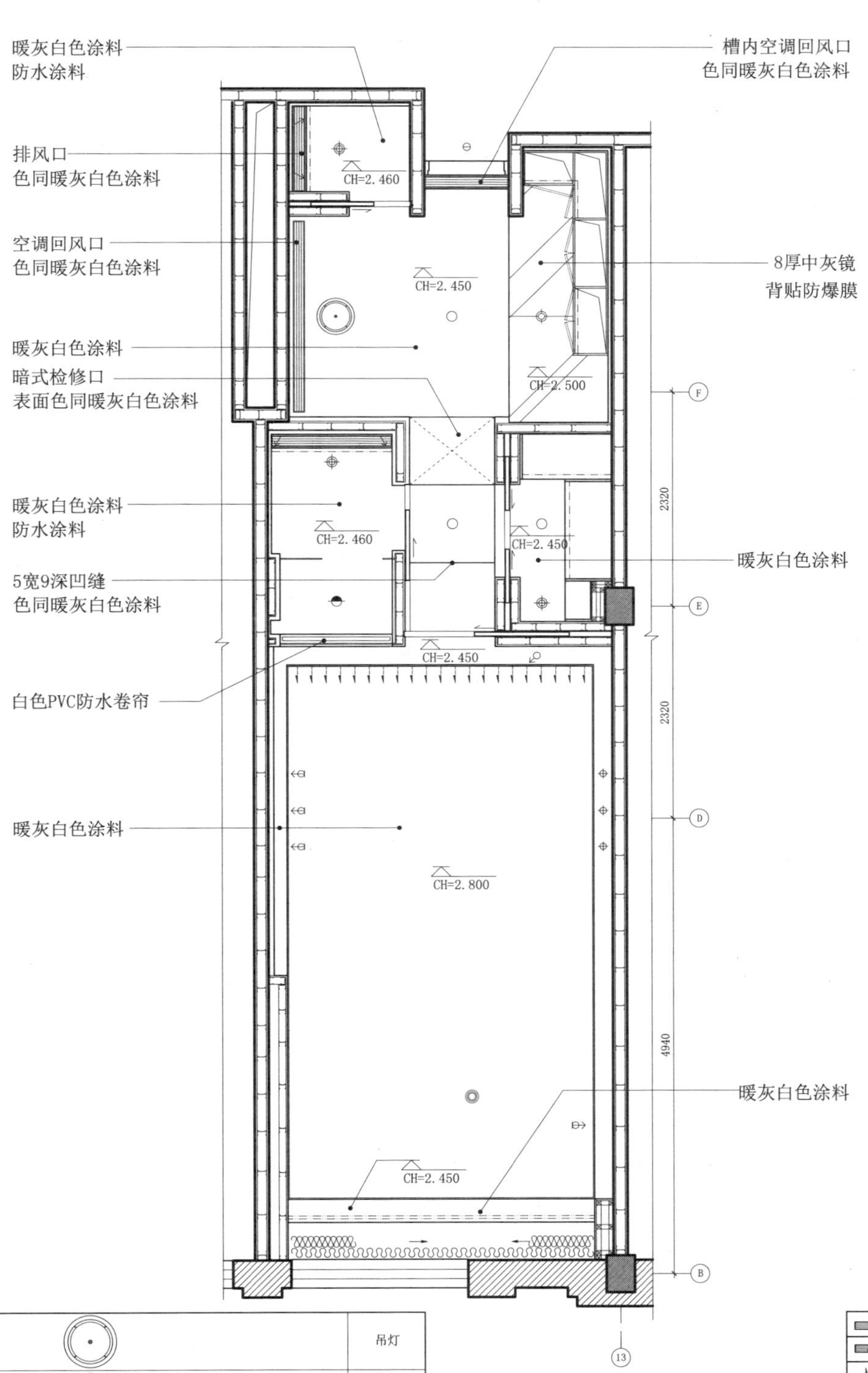

标注说明：
- 暖灰白色涂料 防水涂料
- 排风口 色同暖灰白涂料
- 空调回风口 色同暖灰白涂料
- 暖灰白色涂料
- 暗式检修口 表面色同暖灰白色涂料
- 暖灰白色涂料 防水涂料
- 5宽9深凹缝 色同暖灰白色涂料
- 白色PVC防水卷帘
- 暖灰白色涂料
- 槽内空调回风口 色同暖灰白色涂料
- 8厚中灰镜 背贴防爆膜
- 暖灰白色涂料
- 暖灰白色涂料

标高： CH=2.460、CH=2.450、CH=2.500、CH=2.460、CH=2.450、CH=2.450、CH=2.800、CH=2.450

尺寸： 2320、2320、4940

图例：
		120宽条形空调回风口
		排风口
		条形空调侧送风口
		暗式检修口

灯具表：

编号	图例	说明	型号
LL-03	●	吊灯	
LL-11	◎	吊灯	
LT-02	—	LED灯带，0.1W/颗,90颗/m,12V,9W,2400K	ZY-RL2435B
LT-06	⊕	MR-11/12V石英卤素暗筒灯，配光36°,20W,浅孔+蜂窝片	ZY-AM3211
LT-07	⊕	MR-11/12V石英卤素暗筒灯，配光36°,20W,浅孔+磨砂片	ZY-AM3211
LT-09	⊖	MR-11/12V石英卤素暗筒灯，配光36°,35W,浅孔+磨砂片	ZY-AM1811
LT-11	↑	MR-11/12V石英卤素固定式射灯（加长型），配光36°,20W	ZY-SP1811
LT-27	⊕	MR-16/12V石英卤素暗筒灯，配光36°,35W,偏口,可调角+散光片	ZY-SM1916
LT-29	⊕	MR-16/12V石英卤素暗筒灯，配光36°,35W,深孔+磨砂片	ZY-AM3915
LT-31	↑	MR-16/12V石英卤素固定式射灯（加长型），配光36°,35W+散光	ZY-SP1516A
LT-35	⊕	MR-16/12V石英卤素暗筒灯，配光36°,50W,深孔+磨砂片	ZY-AM3915
LT-47	○	GLS/220V ELG-A标准型节能灯泡,E27,7W,2700K,暗筒灯	ZY-AE2703
LT-49	●	GLS/220V ELG-A标准型节能灯泡,E27,10W,2700K,防雾筒灯	ZY-AE2793

平顶布置图

26.6 公寓式酒店客房模式

26.6.4 配电图

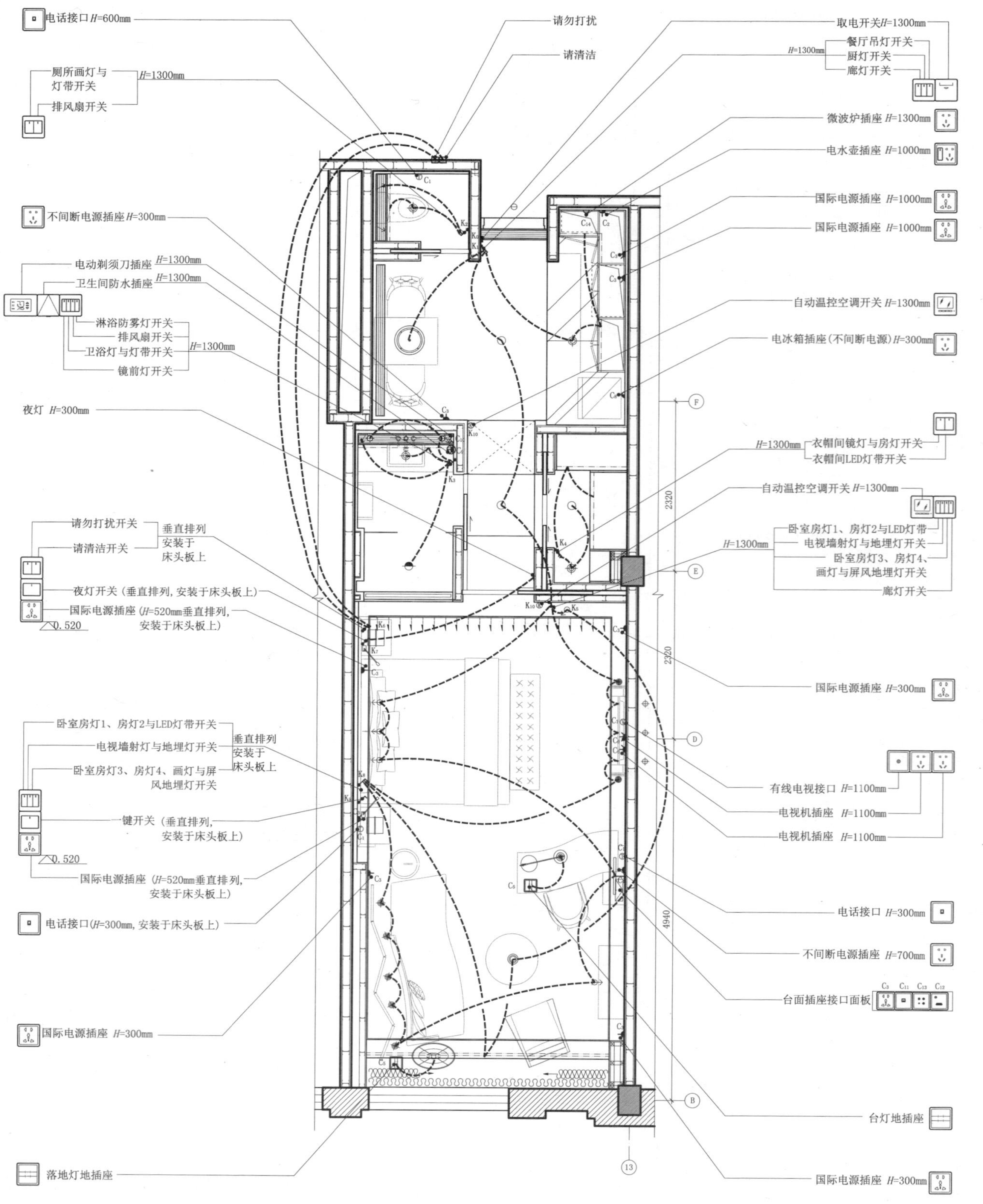

配电图

注：H为离地高度

26.6 公寓式酒店客房模式

26.6.5 配电图表

立面编号	名称	备注	平面图例	立面图例
K_0	取电开关			
K_1	三联开关	餐厅吊灯；厨灯与橱柜LED灯带；廊灯		
K_2	双联开关	厕所画灯与灯带；排风扇		
K_3	四联开关	镜前灯；卫浴灯与灯带；防雾灯；排风扇		
K_4	双联开关	衣帽间镜灯与房灯；衣帽间LED灯带		
K_5	四联开关	卧室房灯1、房灯2与LED灯带；电视墙射灯与地埋灯；卧室房灯3、房灯4、画灯与屏风地埋灯；廊灯		
K_6	双联开关	请勿打扰；请清洁		
K_7	单联开关	夜灯		
K_8	三联开关	卧室房灯1、房灯2与LED灯带；电视墙射灯与地埋灯；卧室房灯3、房灯4、画灯与屏风地埋灯		
K_9	单联开关	一键开关		
K_{10}	自动温控空调开关	空调调温		

立面编号	名称	备注	平面图例	立面图例
C_1	电话接口	单孔		
C_2	电水壶插座	3×2扁眼插座（带开关）		
C_3	国际电源插座	多功能插座		
C_4	不间断电源插座	不间断电源插座		
C_5	地插座	地插座		
C_6	电视机插座	3×2扁眼插座		
C_7	有线电视接口	专用		
C_8	电冰箱插座	不间断电源插座		
C_9	卫生间插座	3×2扁眼防水插座		
C_{10}	电动剃须刀插座	电动剃须刀 110V/220V插座		
C_{11}	网络接口	网络接口		
C_{12}	网络电视接口	网络电视接口		
C_{13}	音响接口	音响接口		
C_{14}	微波炉插座	3×2扁眼插座		

配电图表

26.6.6 立面图(一)

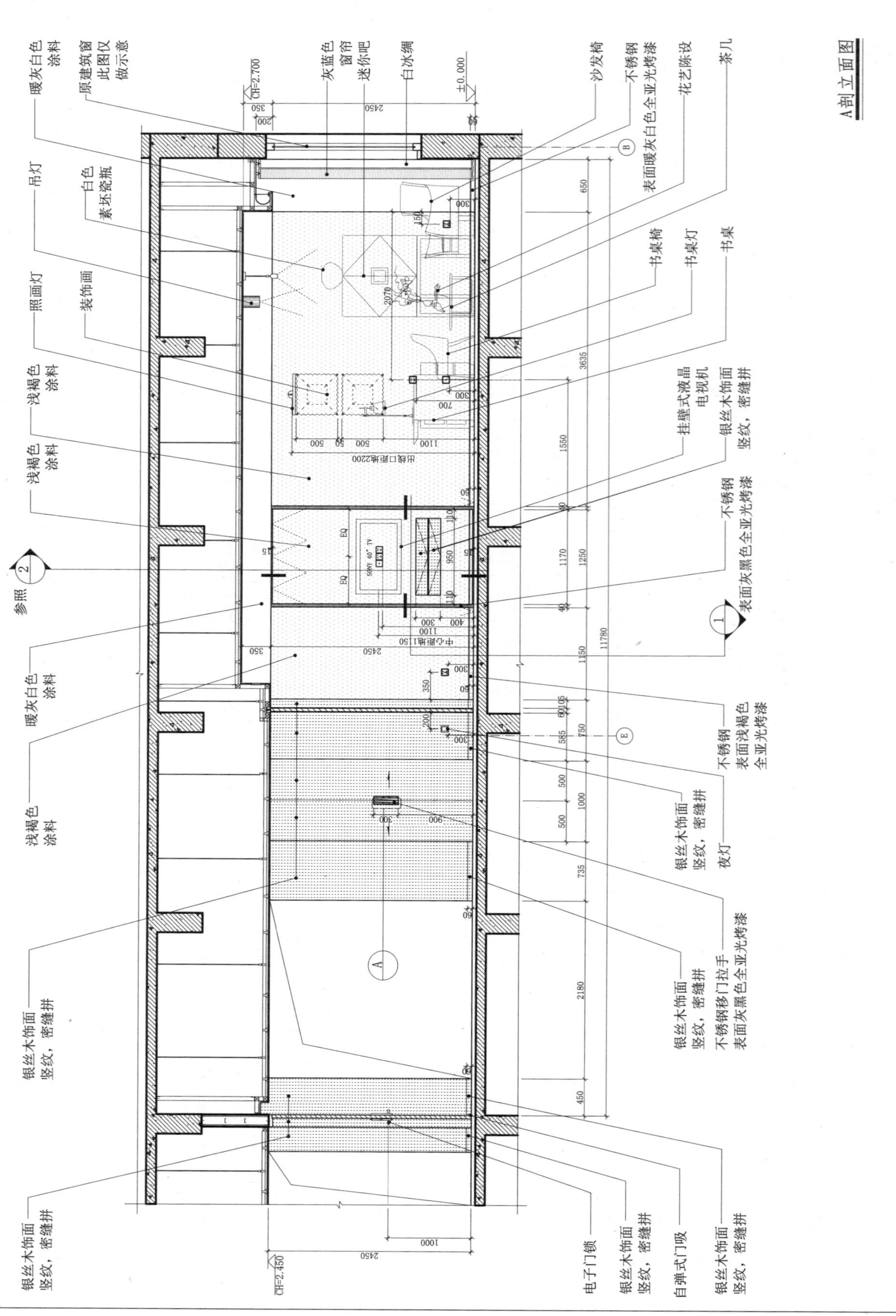
A剖立面图
暖灰白色涂料
原建筑窗此图仅做示意
灰蓝色窗帘迷你吧
白冰绸
沙发椅
不锈钢表面暖灰白色全亚光烤漆
花艺陈设
茶几
吊灯
白色素坯瓷瓶
照画灯
装饰画
书桌椅
书桌灯
书桌
浅褐色涂料
浅褐色涂料
挂壁式液晶电视机
银丝木饰面竖纹，密缝拼
不锈钢表面灰黑色全亚光烤漆
参照
暖灰白色涂料
不锈钢表面浅褐色全亚光烤漆
浅褐色涂料
银丝木饰面竖纹，密缝拼
夜灯
银丝木饰面竖纹，密缝拼
银丝木饰面竖纹，密缝拼
不锈钢移门拉手表面灰黑色全亚光烤漆
银丝木饰面竖纹，密缝拼
电子门锁
银丝木饰面竖纹，密缝拼
自弹式门吸
银丝木饰面竖纹，密缝拼

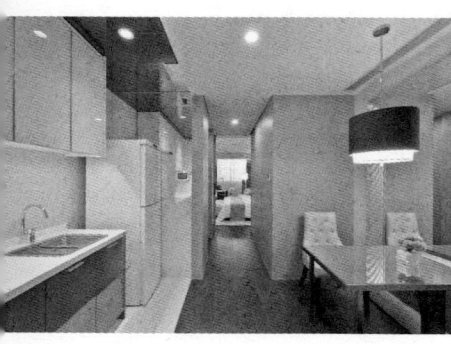

26.6.7 立面图(二)

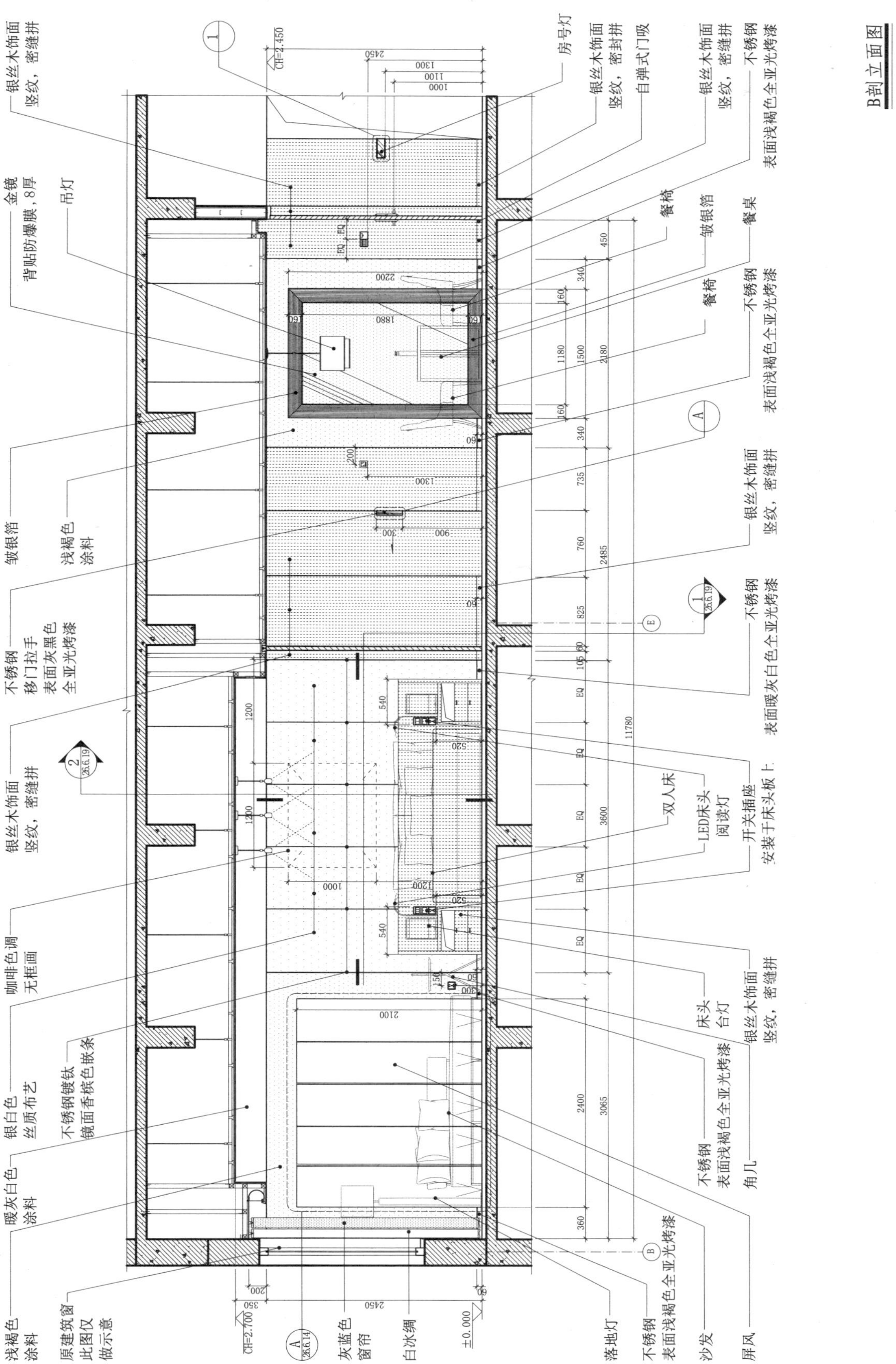
B剖立面图
银丝木饰面 竖纹，密缝拼
金镜 背贴防爆膜，8厚
吊灯
皱银箔
浅褐色 涂料
不锈钢 移门拉手 表面灰黑色 全亚光烤漆
银丝木饰面 竖纹，密缝拼
咖啡色调 无框画
银白色 丝质布艺
不锈钢镀钛 镜面香槟色嵌条
暖灰白色 涂料
浅褐色 涂料
原建筑窗 此图仅 做示意
灰蓝色 窗帘
白冰绸
落地灯
不锈钢 表面浅褐色全亚光烤漆
沙发
屏风
角几
不锈钢 表面浅褐色全亚光烤漆
床头 台灯
银丝木饰面 竖纹，密缝拼
开关插座 安装于床头板上
LED床头 阅读灯
双人床
不锈钢 表面暖灰白色全亚光烤漆
银丝木饰面 竖纹，密缝拼
不锈钢 表面浅褐色全亚光烤漆
餐椅
餐桌
皱银箔
餐椅
银丝木饰面 竖纹，密缝拼
不锈钢 表面浅褐色全亚光烤漆
自弹式门吸
银丝木饰面 竖纹，密封拼
房号灯

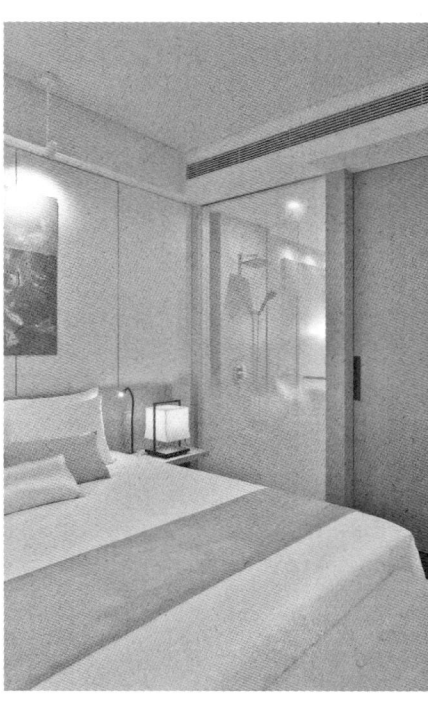

26 客房模式

26.6 公寓式酒店客房模式

26.6.8 立面图(三)

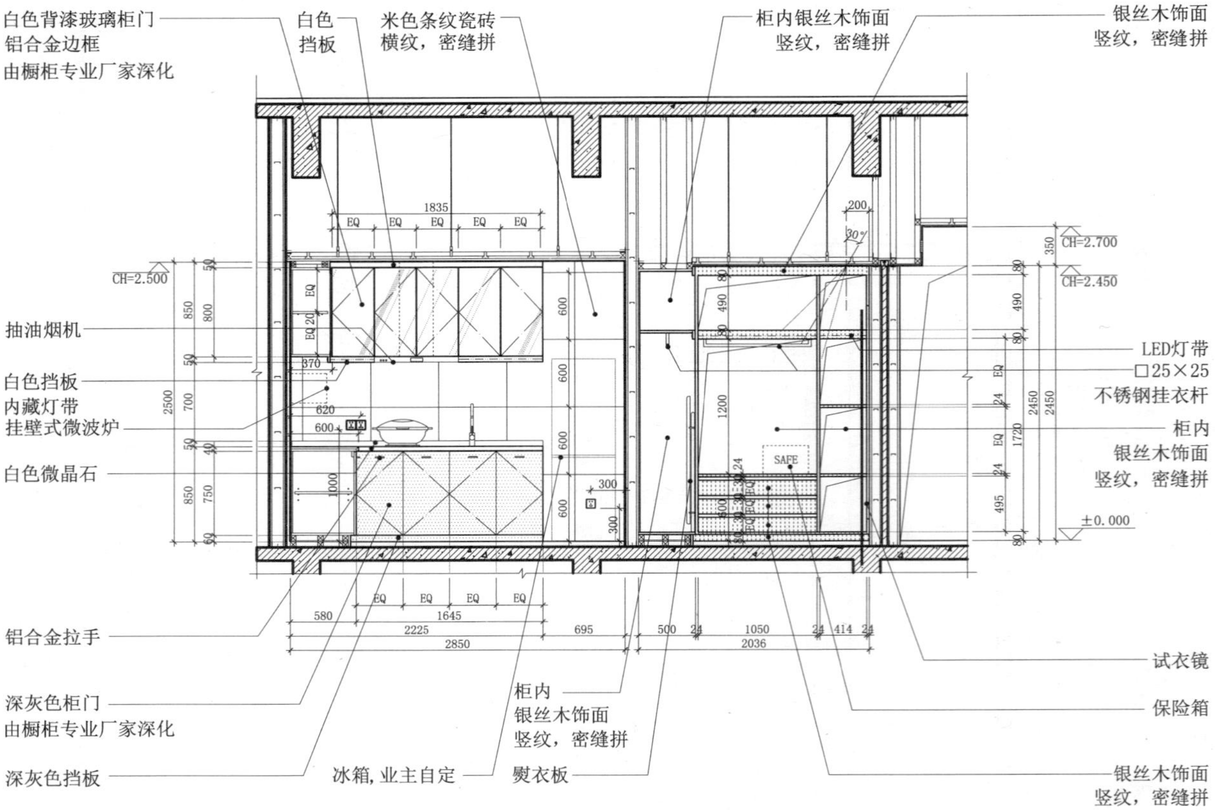

C剖立面图

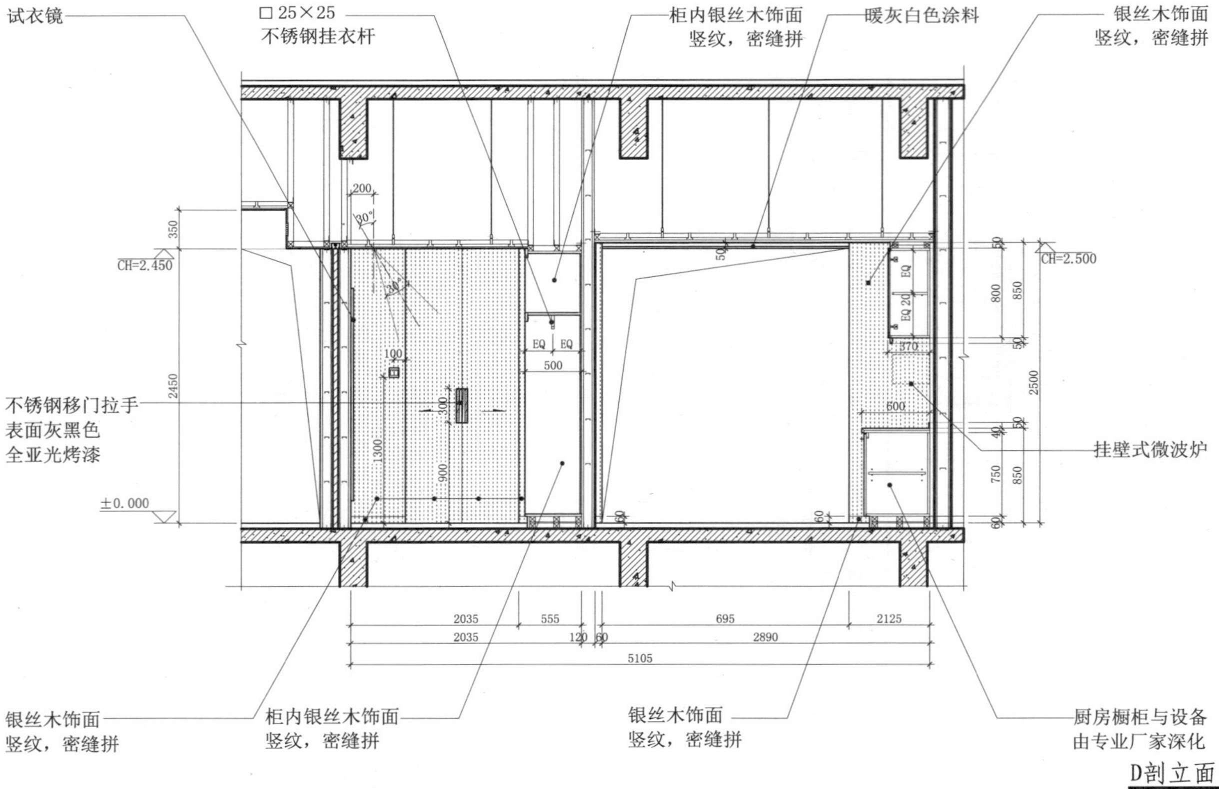

D剖立面图

26.6 公寓式酒店客房模式

26.6.9 立面图(四)

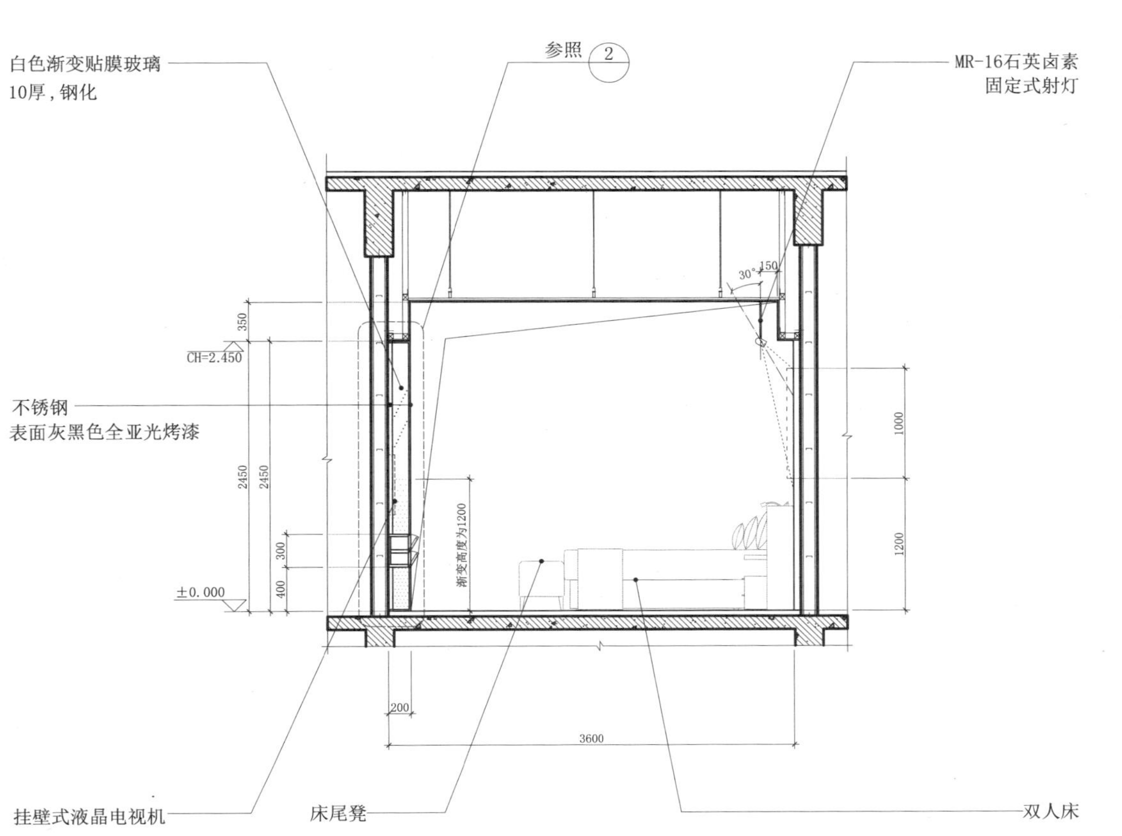

E剖立面图

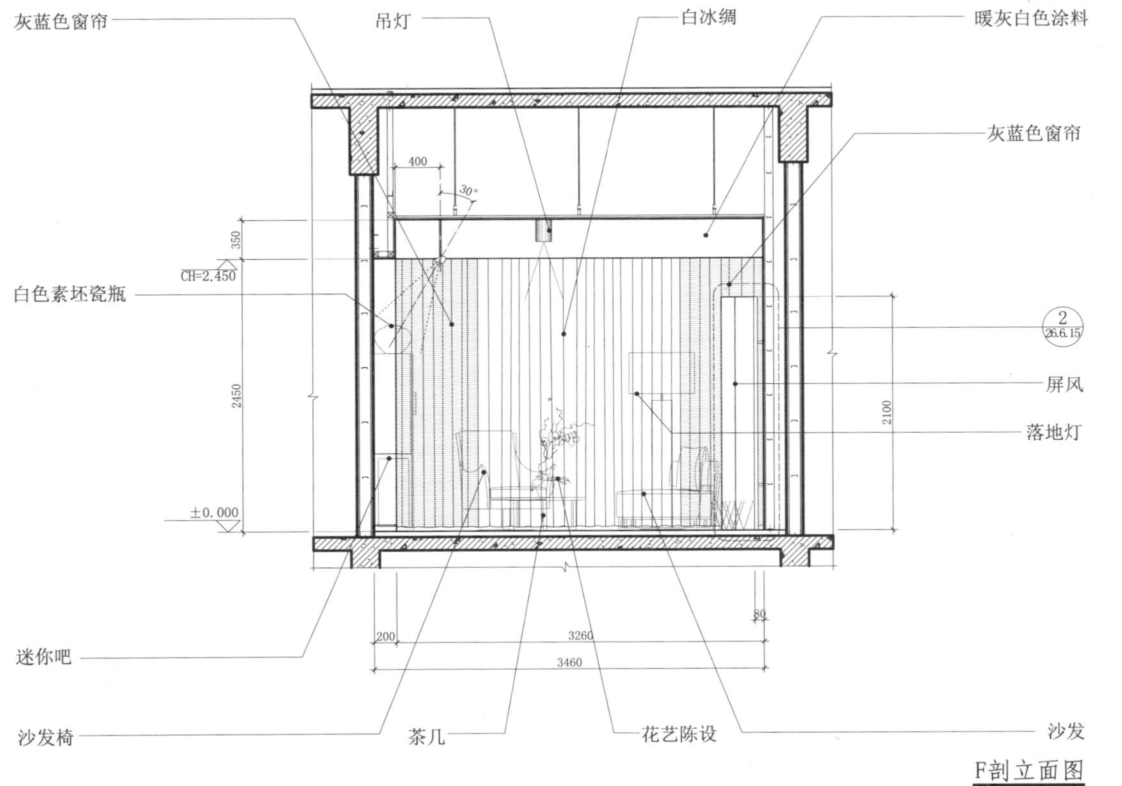

标注：
- 白色渐变贴膜玻璃 10厚，钢化
- 参照 ②
- MR-16石英卤素 固定式射灯
- 不锈钢 表面灰黑色全亚光烤漆
- 挂壁式液晶电视机
- 床尾凳
- 双人床
- 渐变高度为1200
- CH=2.450
- 尺寸：350、2450、400、300、200、3600、1000、1200

F剖立面图

标注：
- 灰蓝色窗帘
- 吊灯
- 白冰绸
- 暖灰白色涂料
- 灰蓝色窗帘
- 白色素坯瓷瓶
- 屏风
- 落地灯
- 迷你吧
- 茶几
- 花艺陈设
- 沙发
- 沙发椅
- CH=2.450
- 尺寸：400、350、2450、200、3260、3460、80、2100

26.6 公寓式酒店客房模式

26.6.10 立面图(五)

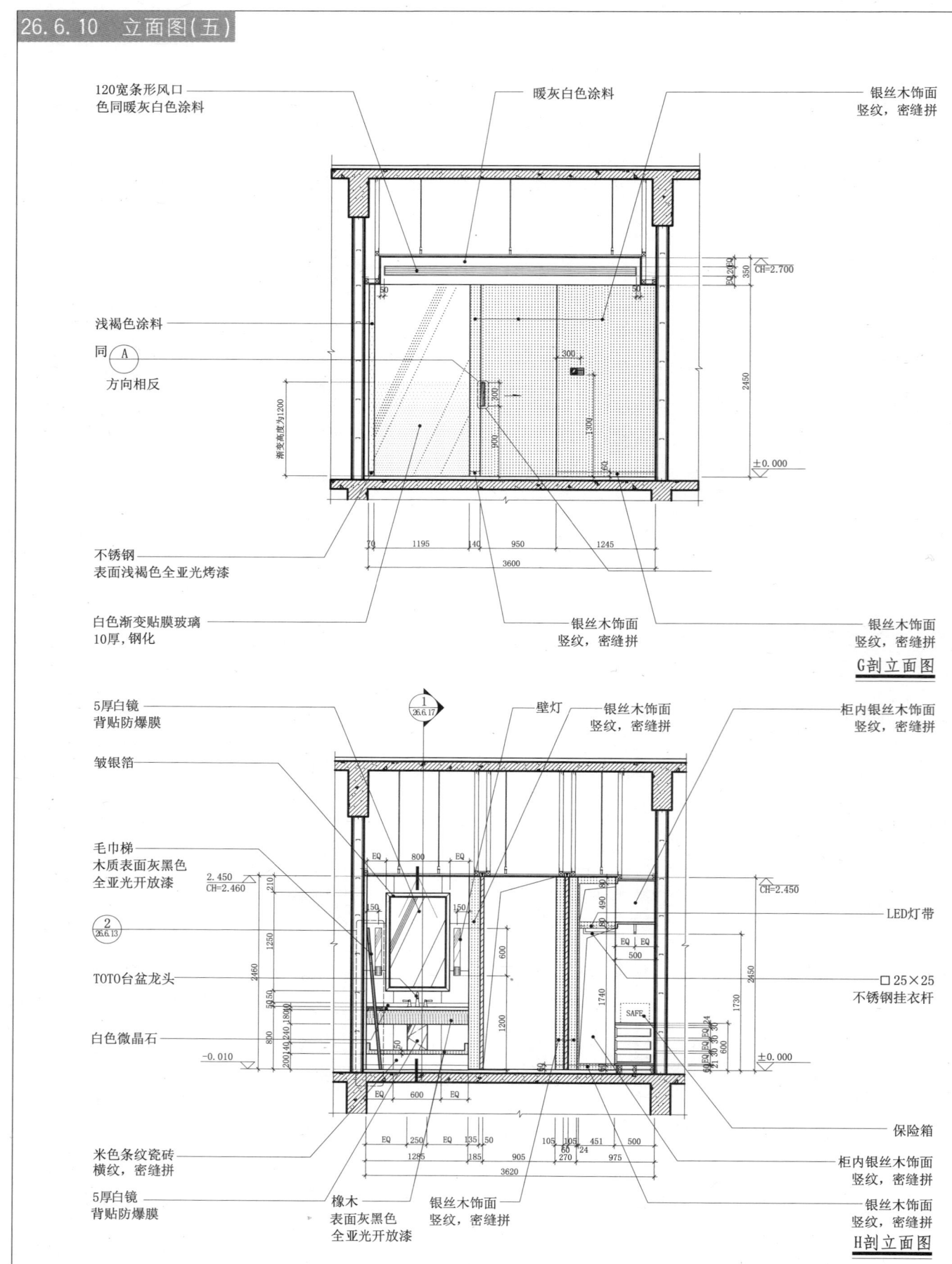

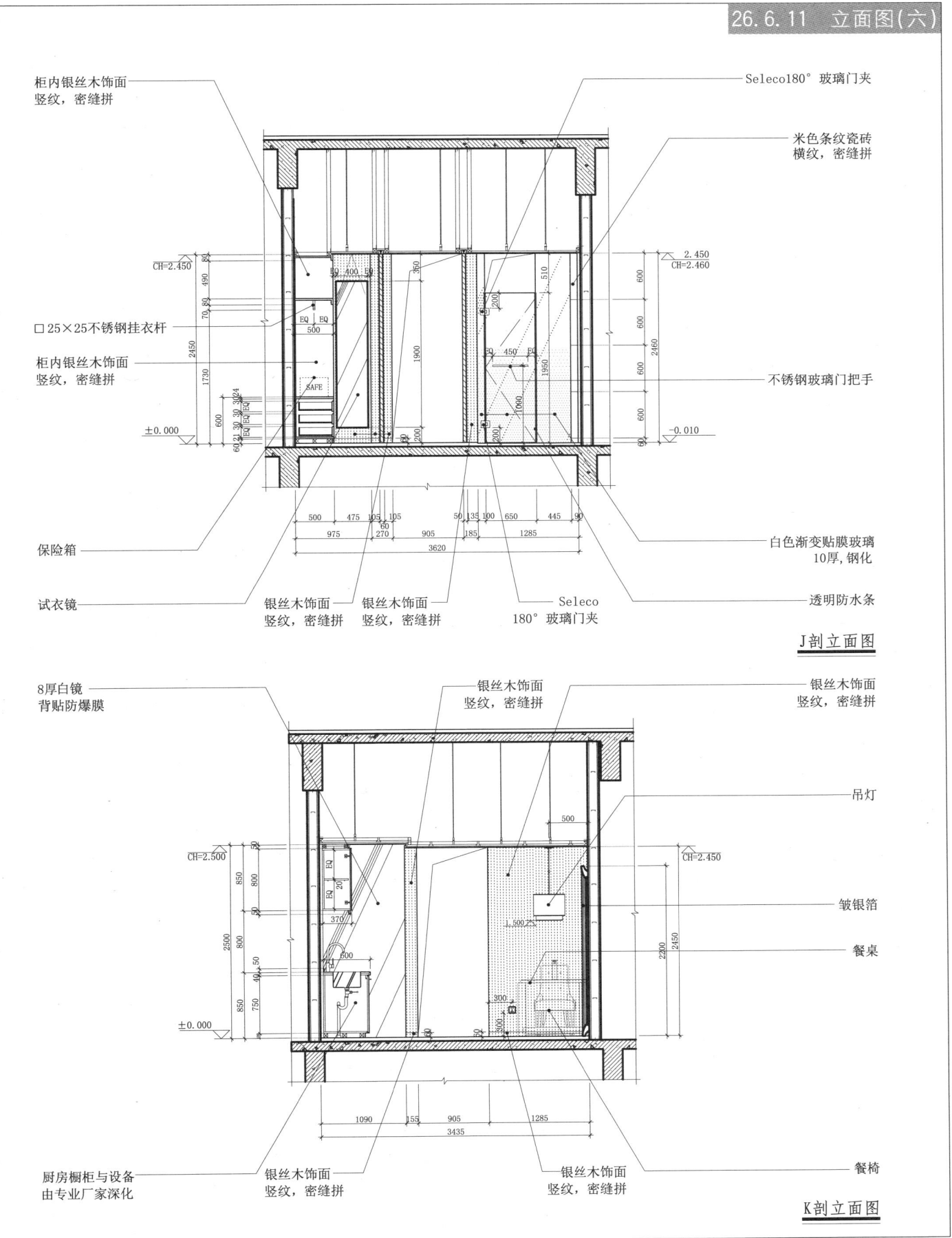

26 客房模式

26.6 公寓式酒店客房模式

26.6.12 立面图(七)

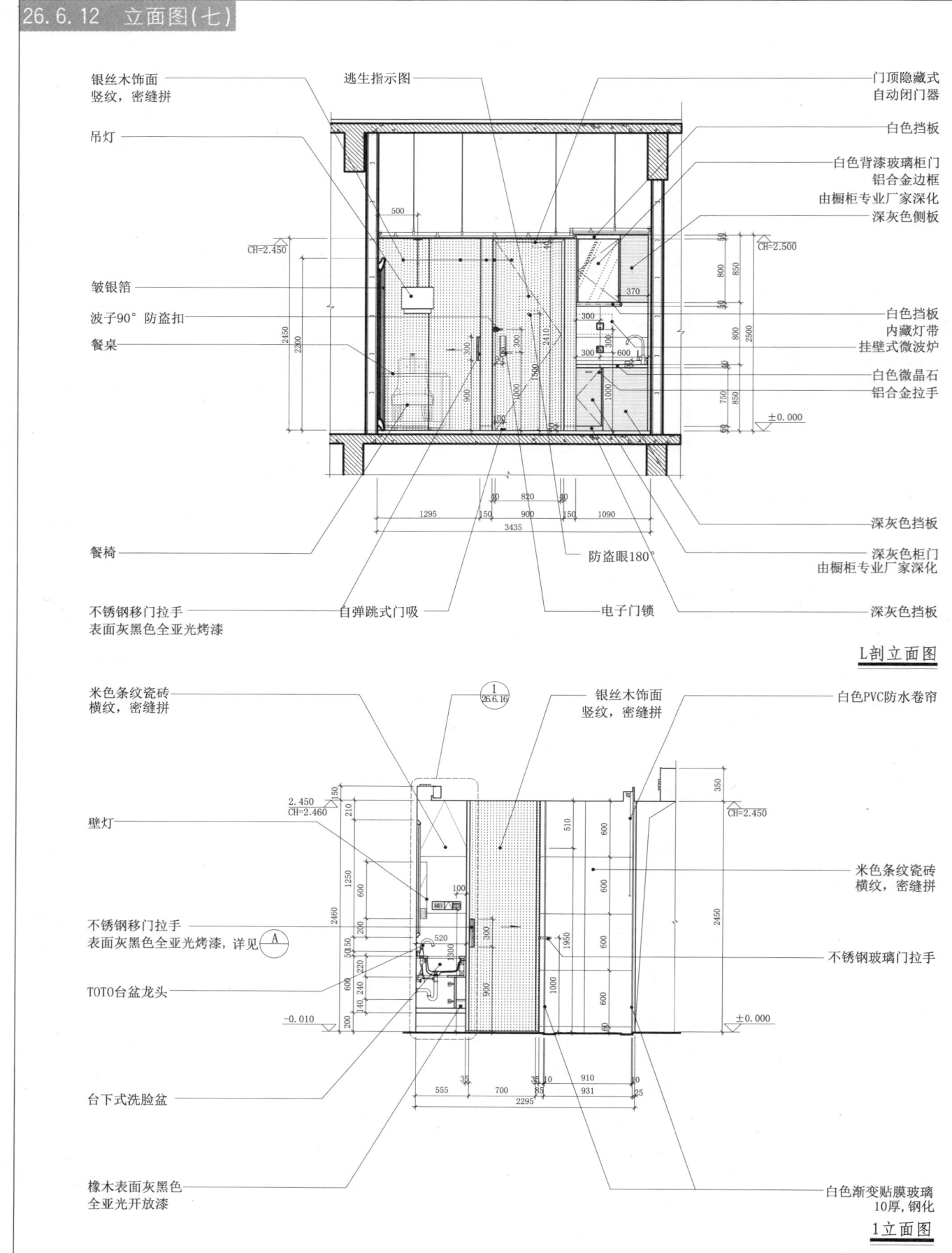

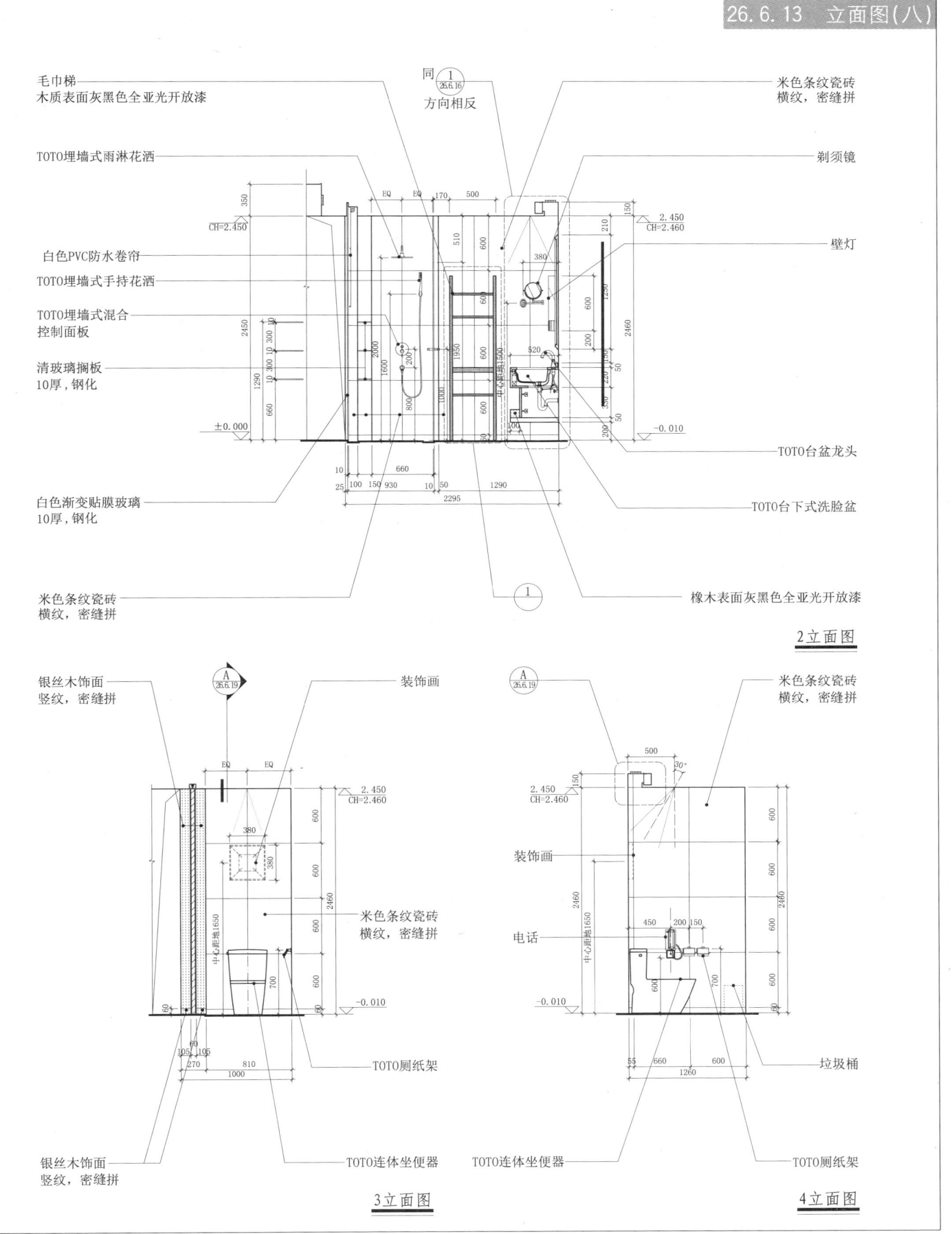

26 客房模式·固定式家具

26.6 公寓式酒店客房模式

26.6.14 屏风(一)

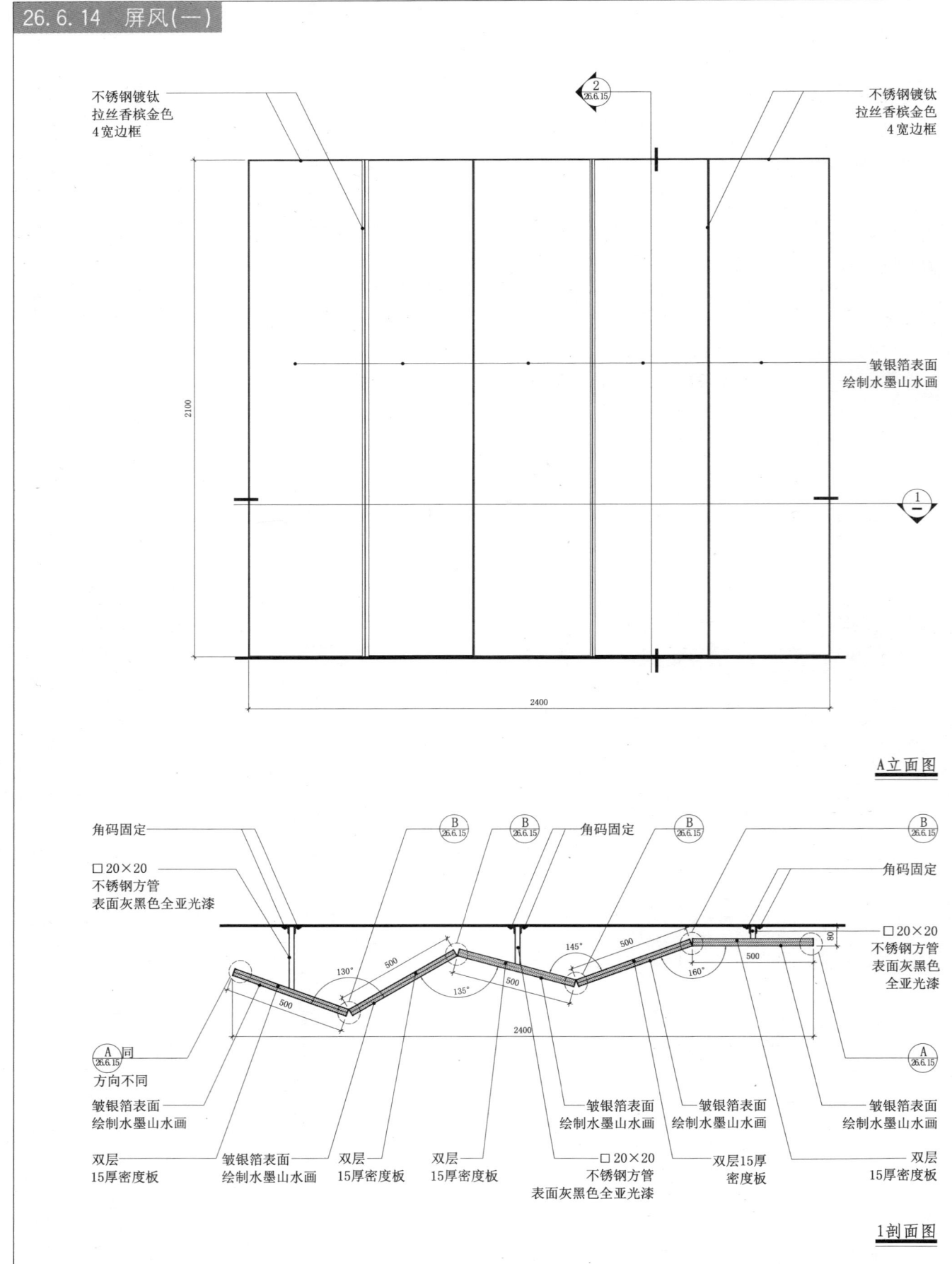

A立面图

1剖面图

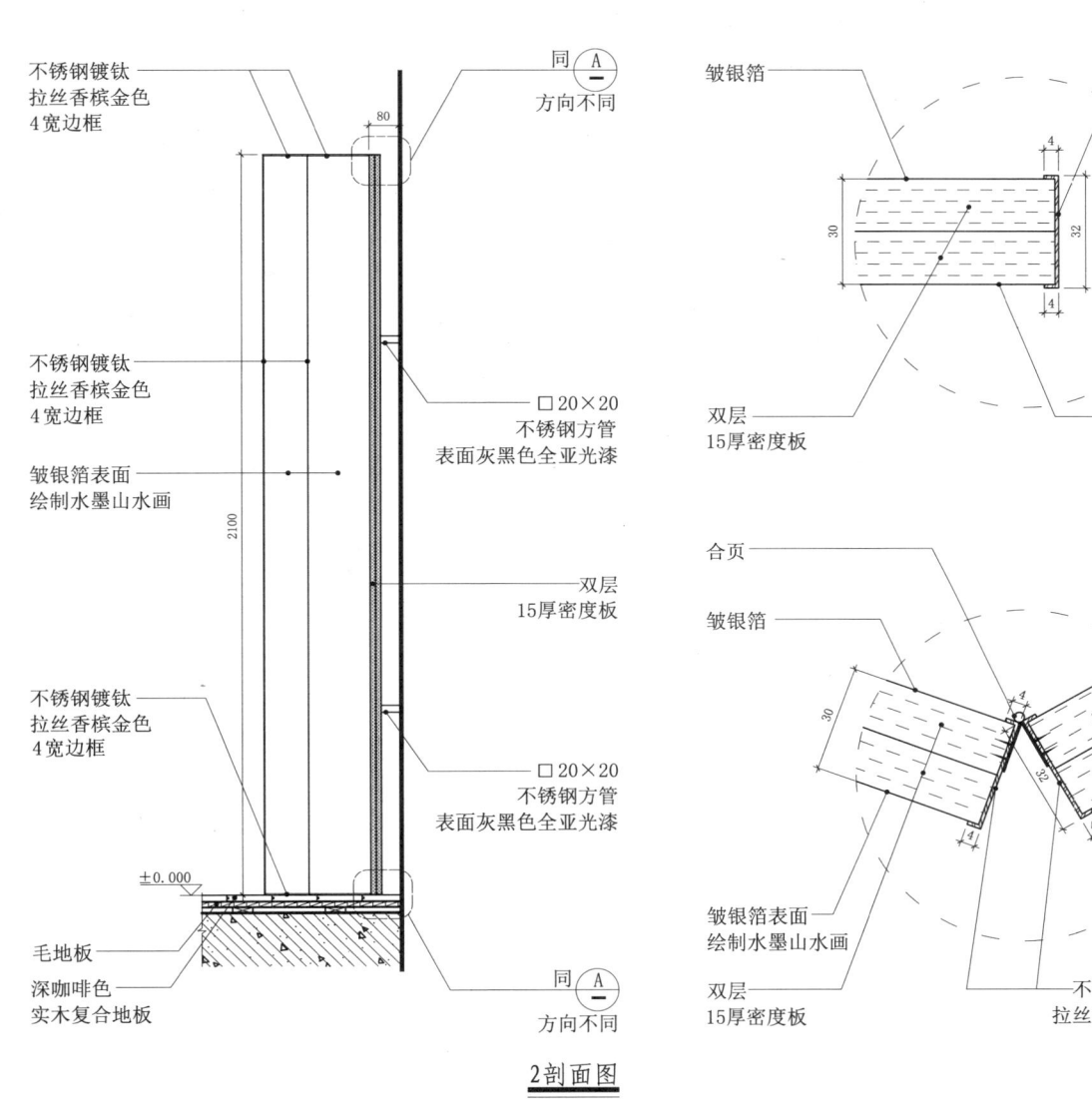

26 客房模式·卫浴构造

26.6 公寓式酒店客房模式

26.6.16 卫生间洗手台(一)

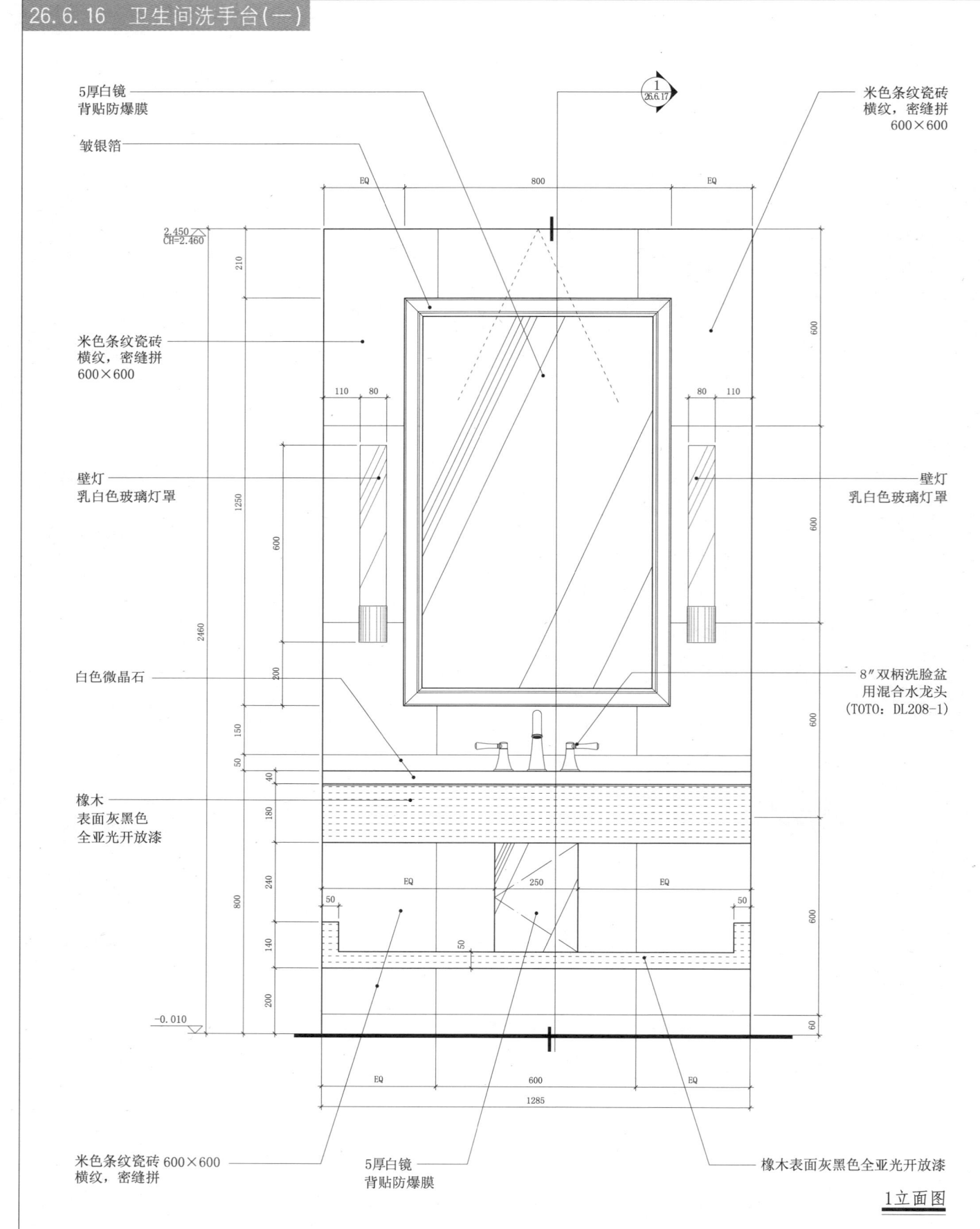

1 立面图

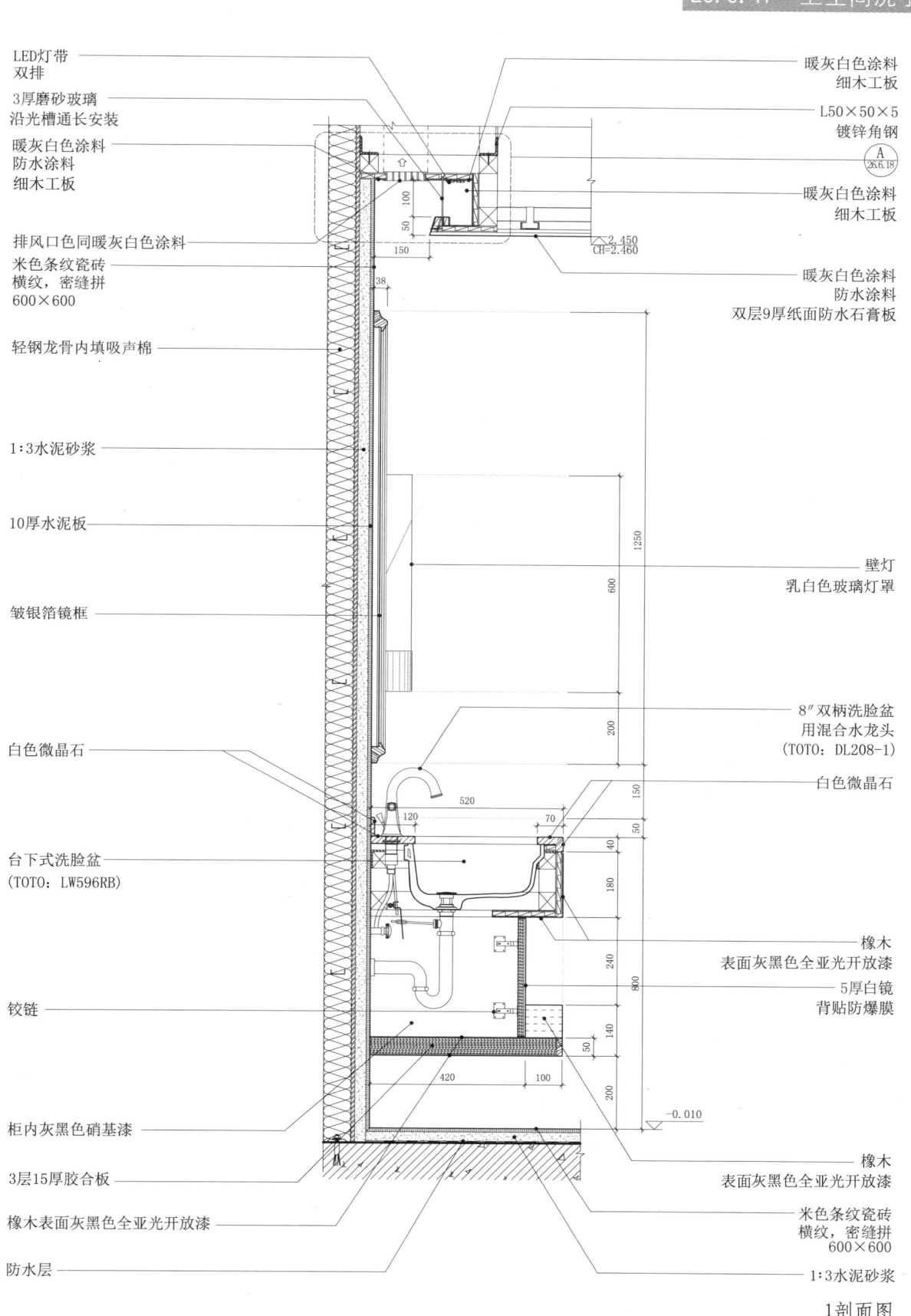

26.6.17 卫生间洗手台(二)

1剖面图

26.6 公寓式酒店客房模式

26.6.18 卫生间排风口灯槽节点

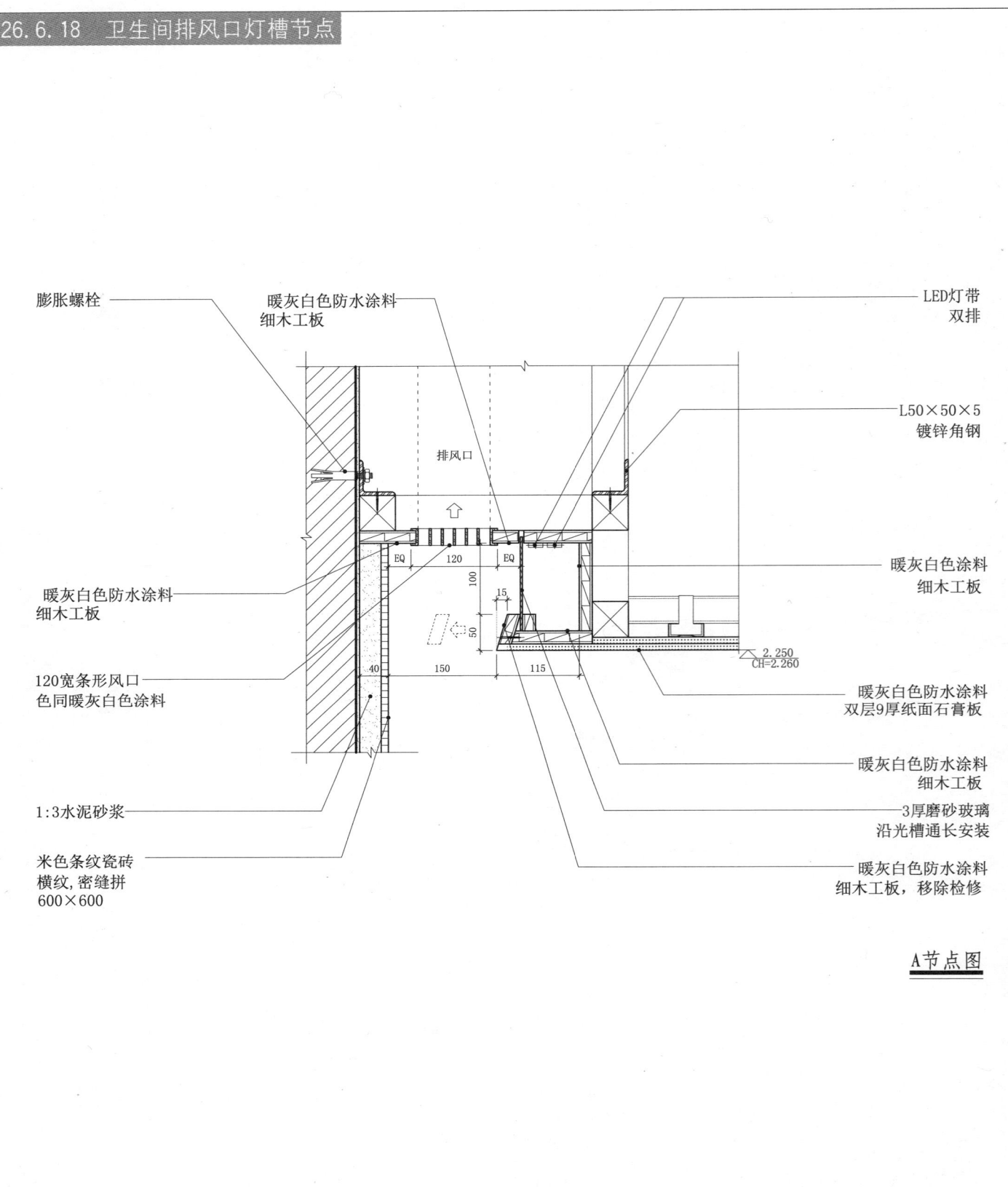

A节点图

26.6.19 墙面软包节点(一)

1节点图

2节点图

A大样图

B大样图

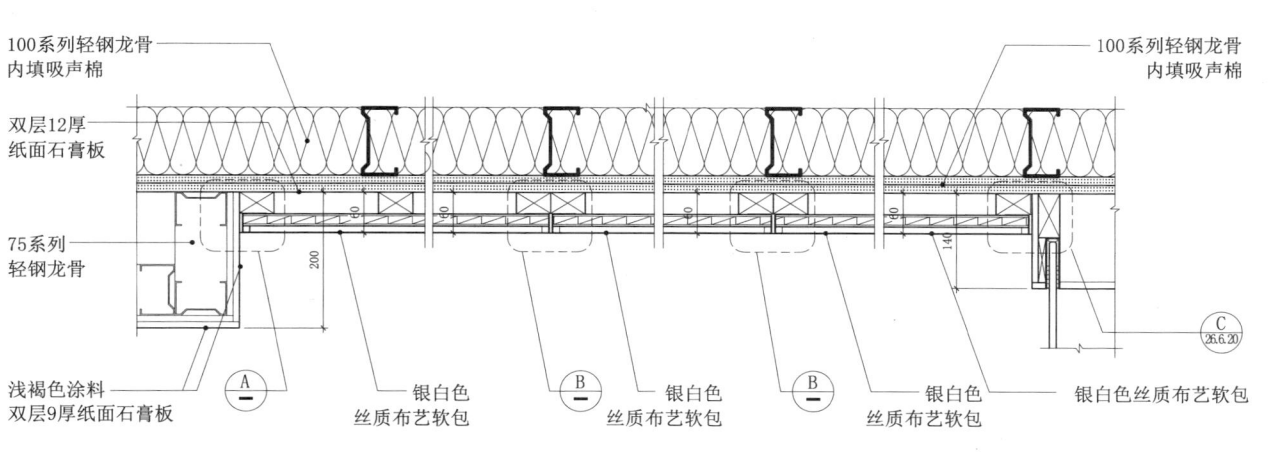

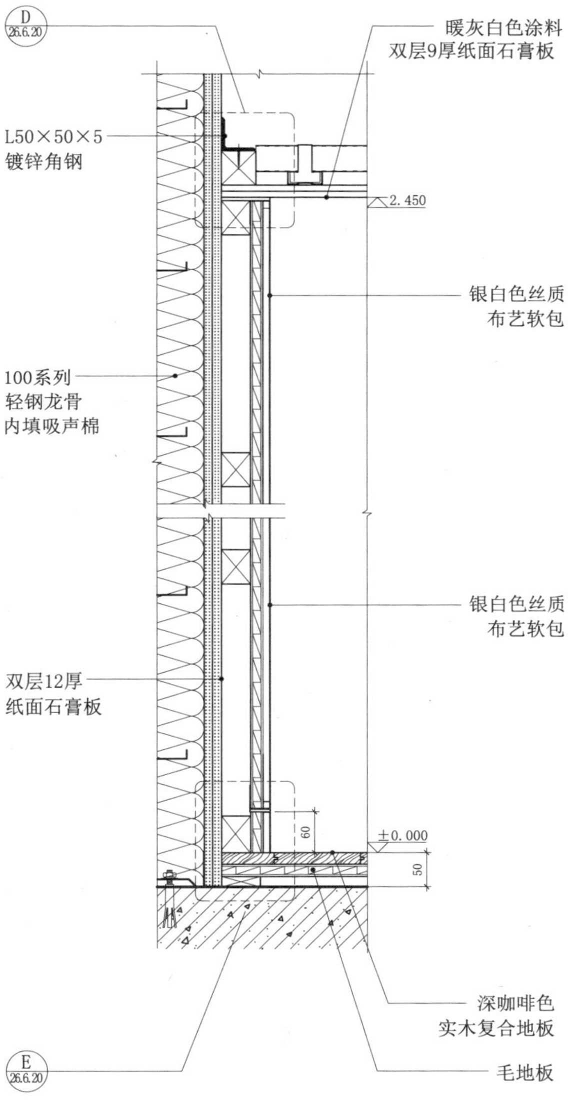

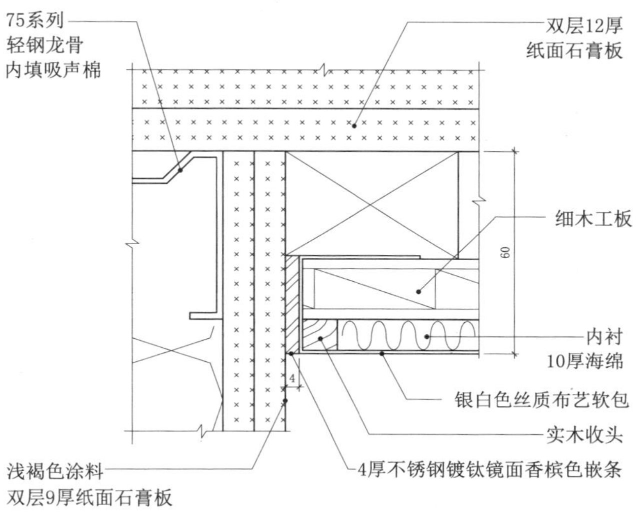

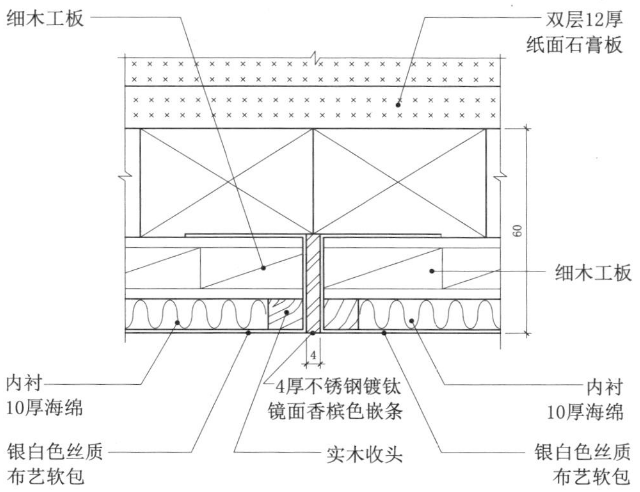

26.6 公寓式酒店客房模式

26.6.20 墙面软包节点(二)

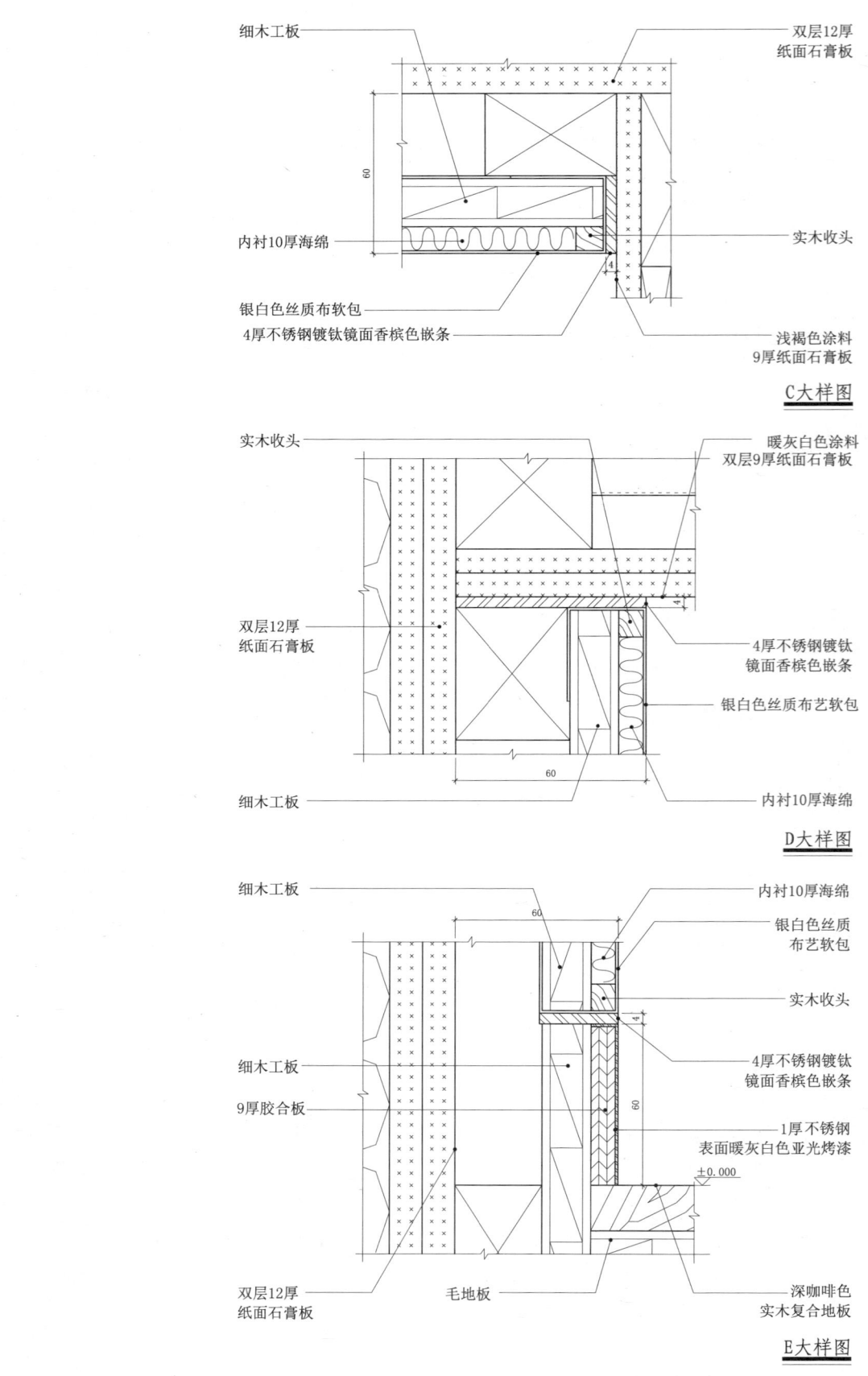

26.7 商务型精品酒店大床房模式

26.7.1 平面图

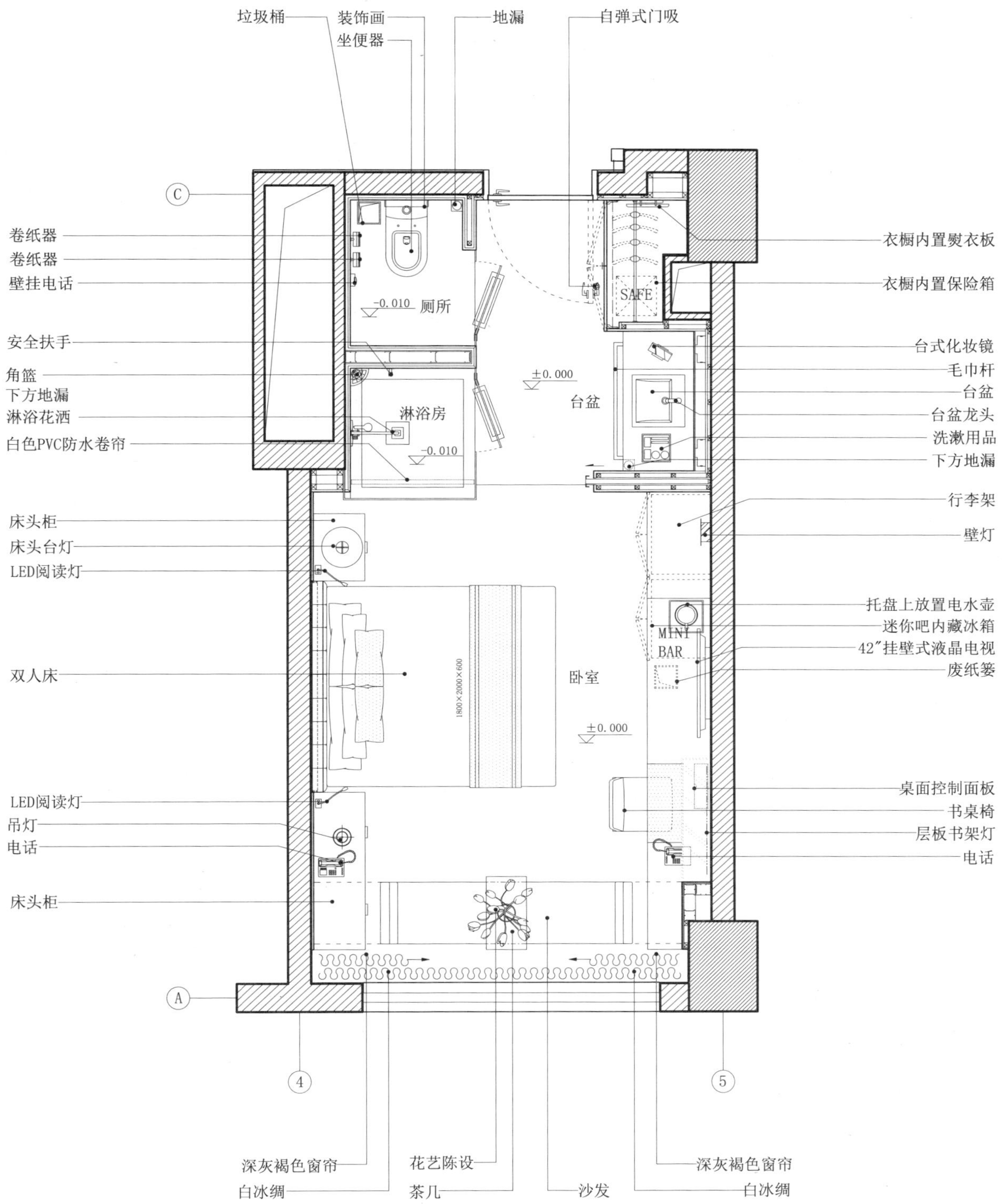

垃圾桶
装饰画
坐便器
地漏
自弹式门吸
卷纸器
卷纸器
壁挂电话
安全扶手
角篮
下方地漏
淋浴花洒
白色PVC防水卷帘
厕所
淋浴房
台盆
-0.010
-0.010
±0.000
SAFE
衣橱内置熨衣板
衣橱内置保险箱
台式化妆镜
毛巾杆
台盆
台盆龙头
洗漱用品
下方地漏
行李架
壁灯
床头柜
床头台灯
LED阅读灯
双人床
1800×2000×600
卧室
±0.000
MINI BAR
托盘上放置电水壶
迷你吧内藏冰箱
42″挂壁式液晶电视
废纸篓
桌面控制面板
书桌椅
层板书架灯
电话
LED阅读灯
吊灯
电话
床头柜
C
A
4
5
深灰褐色窗帘
白冰绸
花艺陈设
茶几
沙发
深灰褐色窗帘
白冰绸

平面布置图

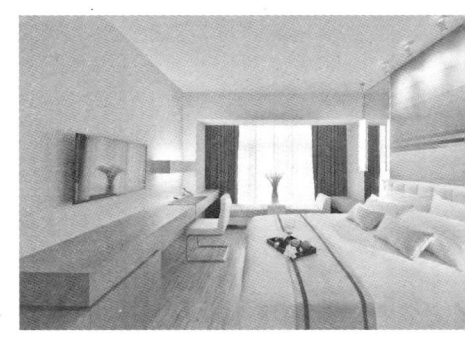

26 客房模式

26.7 商务型精品酒店大床房模式

26.7.2 索引图

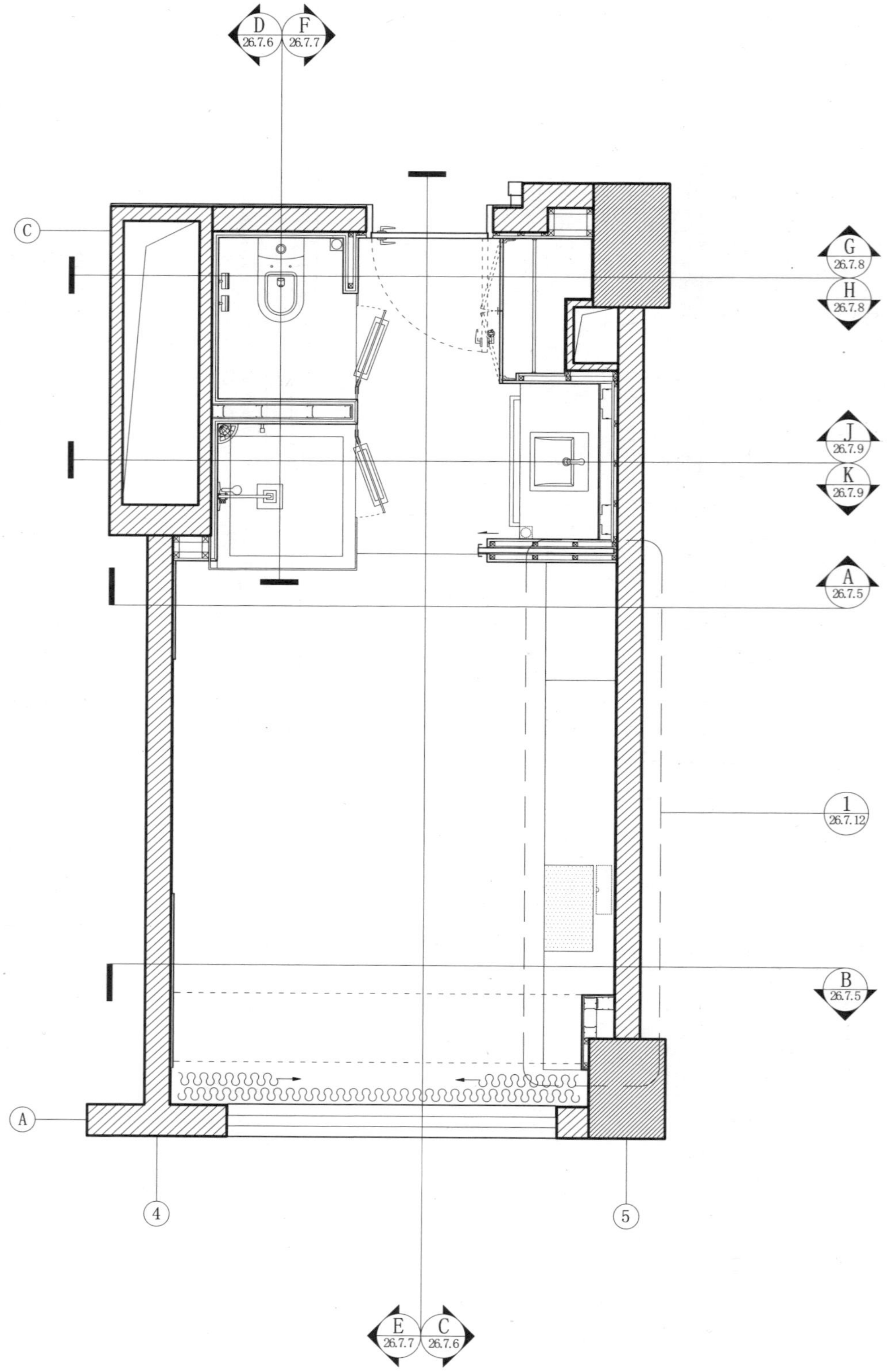

平面装修立面索引图

26.7 商务型精品酒店大床房模式

26.7.3 平顶图

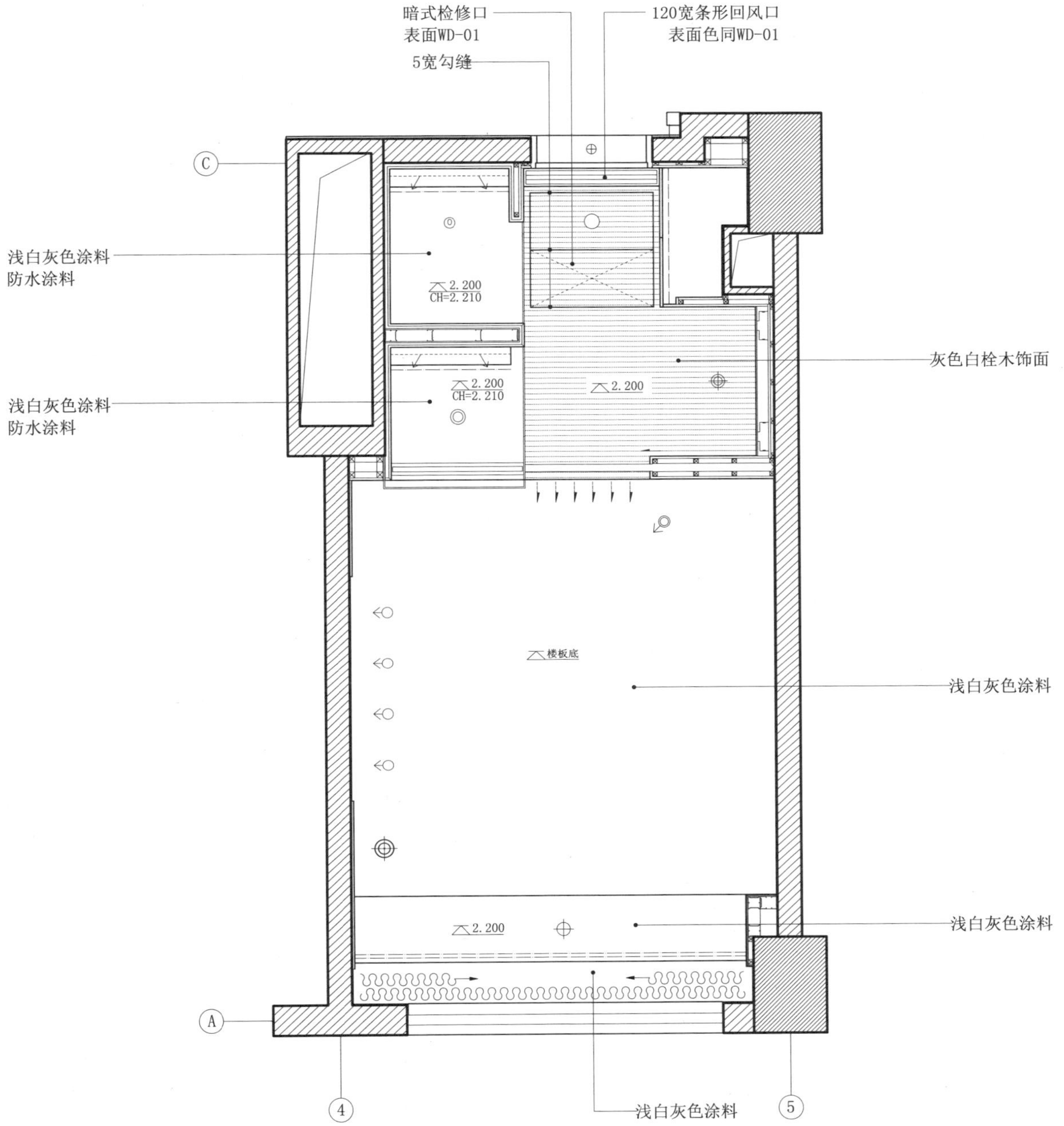

标注：
- 暗式检修口 表面WD-01
- 120宽条形回风口 表面色同WD-01
- 5宽勾缝
- 浅白灰色涂料 防水涂料
- 浅白灰色涂料 防水涂料
- 灰色白栓木饰面
- 浅白灰色涂料
- 浅白灰色涂料
- 浅白灰色涂料

标高：2.200 CH=2.210；楼板底

编号	图例	规格	型号
LT-01	—	LED软管灯带，0.1W/颗，60颗/m，12V，6W，2400K	ZY-TD2824A
LT-04	⊕	MR-11/12V石英卤素浅孔暗筒灯，配光36°，20W，+磨砂片	ZY-DZ4311
LT-11	⊕	MR-16/12V石英卤素深孔暗筒灯，配光36°，20W，+磨砂片	ZY-ME4022
LT-13	⊙	MR-16/12V石英卤素浅孔暗筒灯，配光36°，20W，偏口，可调角，+磨砂片	ZY-BP5917
LT-16	⊕	MR-16/12V石英卤素深孔暗筒灯，配光36°，35W+散光片	ZY-ME4022
LT-24	☉	MR-16/12V固定式射灯，配光36°，20W+散光片	ZY-CK6101
LT-25	☉	MR-16/12V固定式射灯，配光36°，20W+磨砂片	ZY-CK6101
LT-30	○	GLS暗筒灯 标准型节能灯泡，E27，8W，2700K	ZY-BD2309
LT-32	◎	GLS防雾暗筒灯 标准型节能灯泡，E27，8W，2700K	ZY-BD2208
LT-35	—	T5荧光灯管，21W，长859，2700K	ZY-TL5233

图例	名称
	空调回风口
↓↓↓↓↓↓	空调侧出风口
⌃⌃⌃	排风口

平顶布置图

26.7 商务型精品酒店大床房模式

26.7.4 配电图

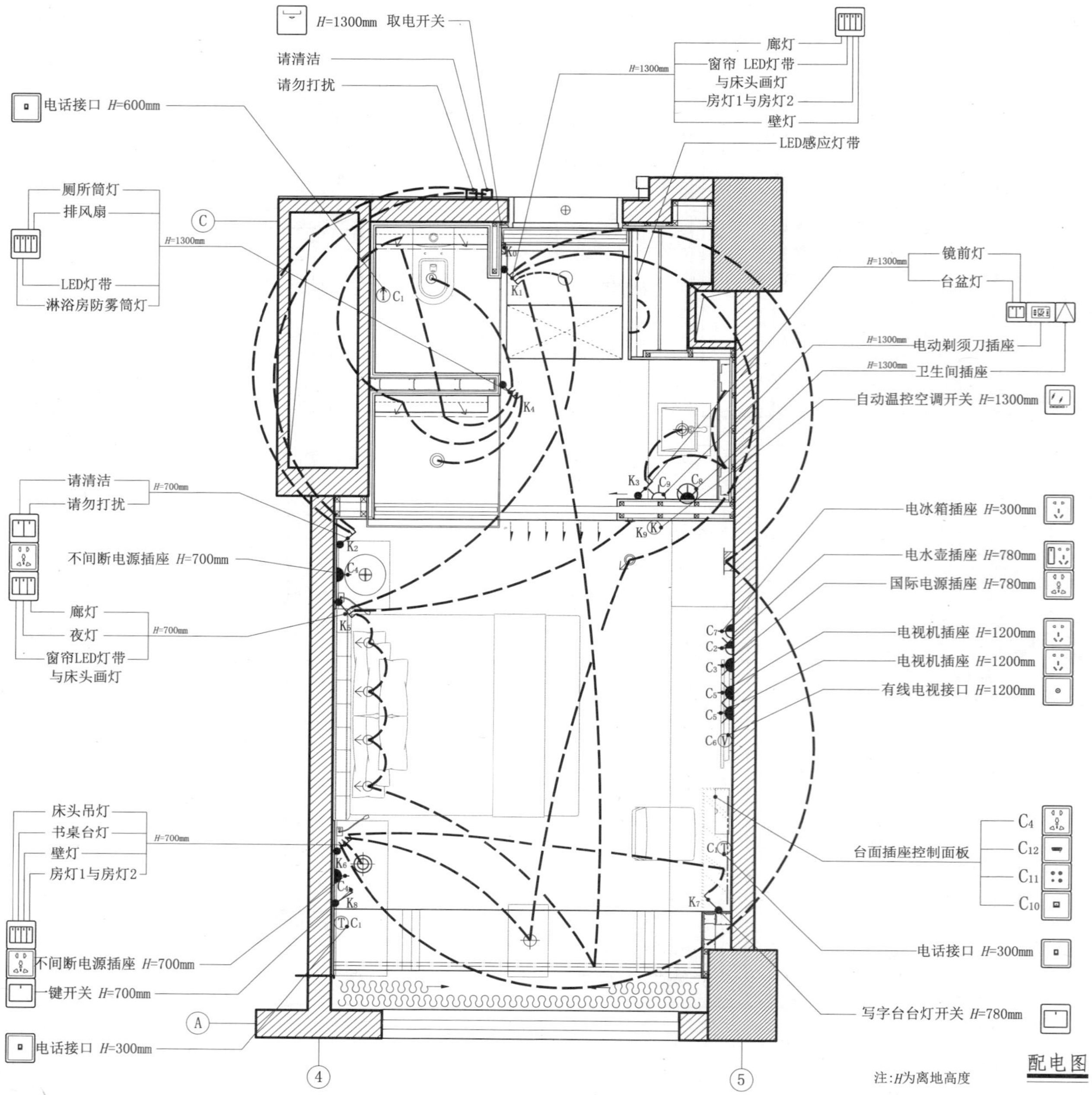

配电图

注：H为离地高度

	电话接口	单孔
C_1	电话接口	单孔
C_2	电水壶插座	3×2扁眼插座（带开关）
C_3	国际电源插座	多功能插座
C_4	不间断电源插座	不间断电源插座
C_5	电视机插座	3×2扁眼插座
C_6	有线电视接口	专用
C_7	电冰箱插座	不间断电源插座
C_8	卫生间插座	3×2扁眼防水插座
C_9	电动剃须刀插座	电动剃须刀 110V/220V插座
C_{10}	网络接口	网络接口
C_{11}	音响接口	音响接口
C_{12}	网络电视接口	网络电视接口

立面编号	名称	备注
K_0	取电开关	
K_1	四联开关	廊灯、房灯1与房灯2、LED灯带与床头画灯、壁灯
K_2	双联开关	请勿打扰、请清洁
K_3	双联开关	台盆灯、镜前灯
K_4	四联开关	厕所筒灯、淋浴房防雾筒灯、LED灯带、排风扇
K_5	三联开关	窗帘LED灯带与床头画灯、夜灯、廊灯
K_6	四联开关	床头吊灯、书桌台灯、房灯1与房灯2、壁灯
K_7	单联开关	写字台台灯开关
K_8	一键开关	
K_9	自动温控空调开关	空调调温

配电图表

26.7 商务型精品酒店大床房模式

26.7.5 立面图（一）

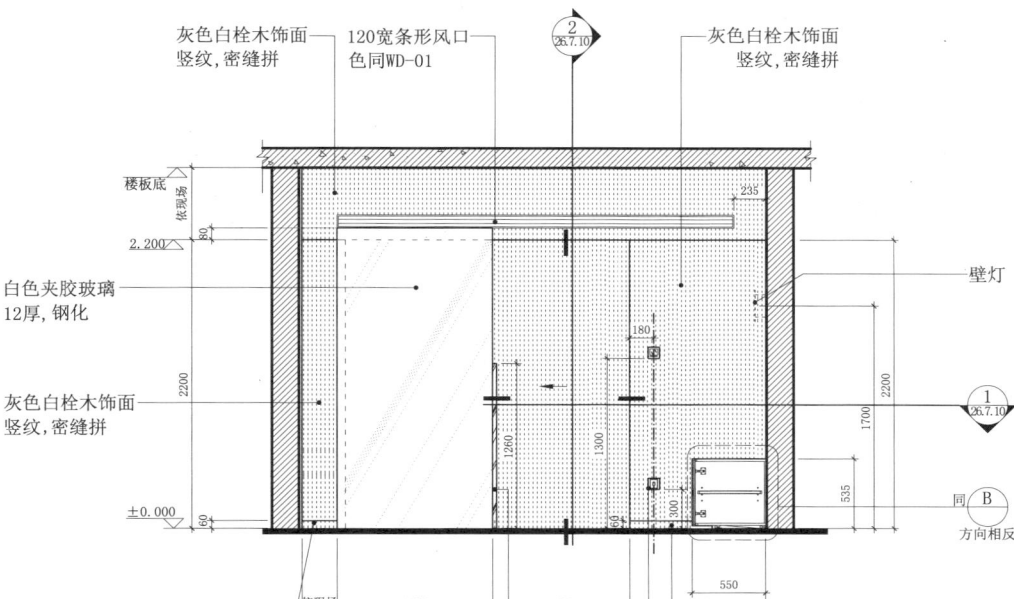

A剖立面图

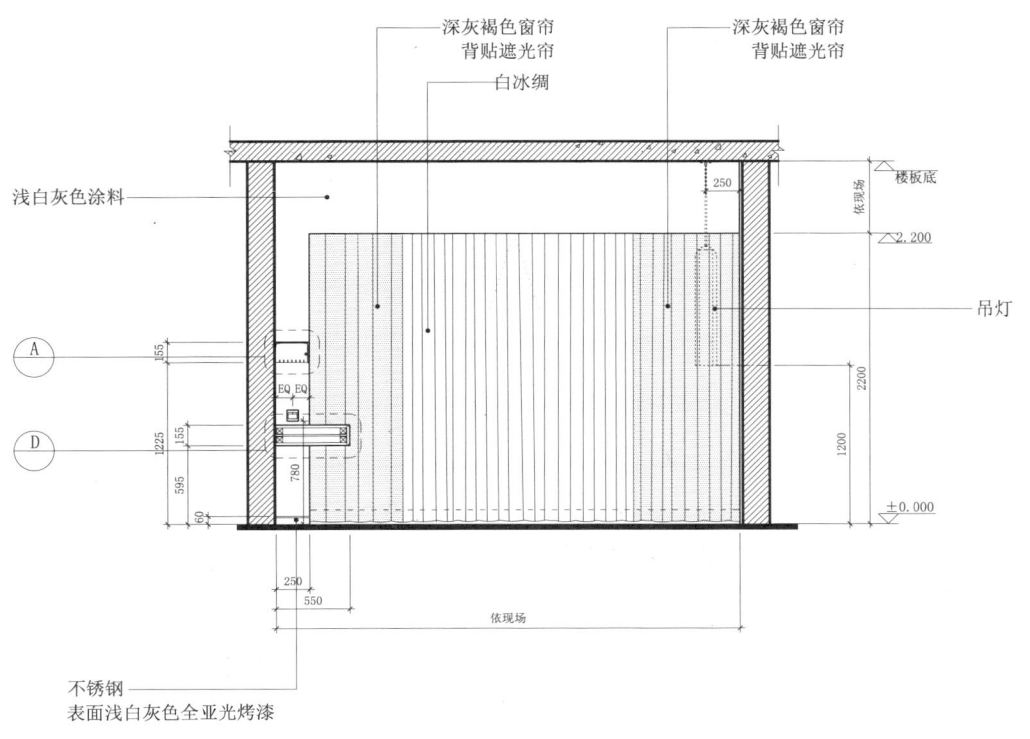

B剖立面图

26.7 商务型精品酒店大床房模式

26.7.6 立面图(二)

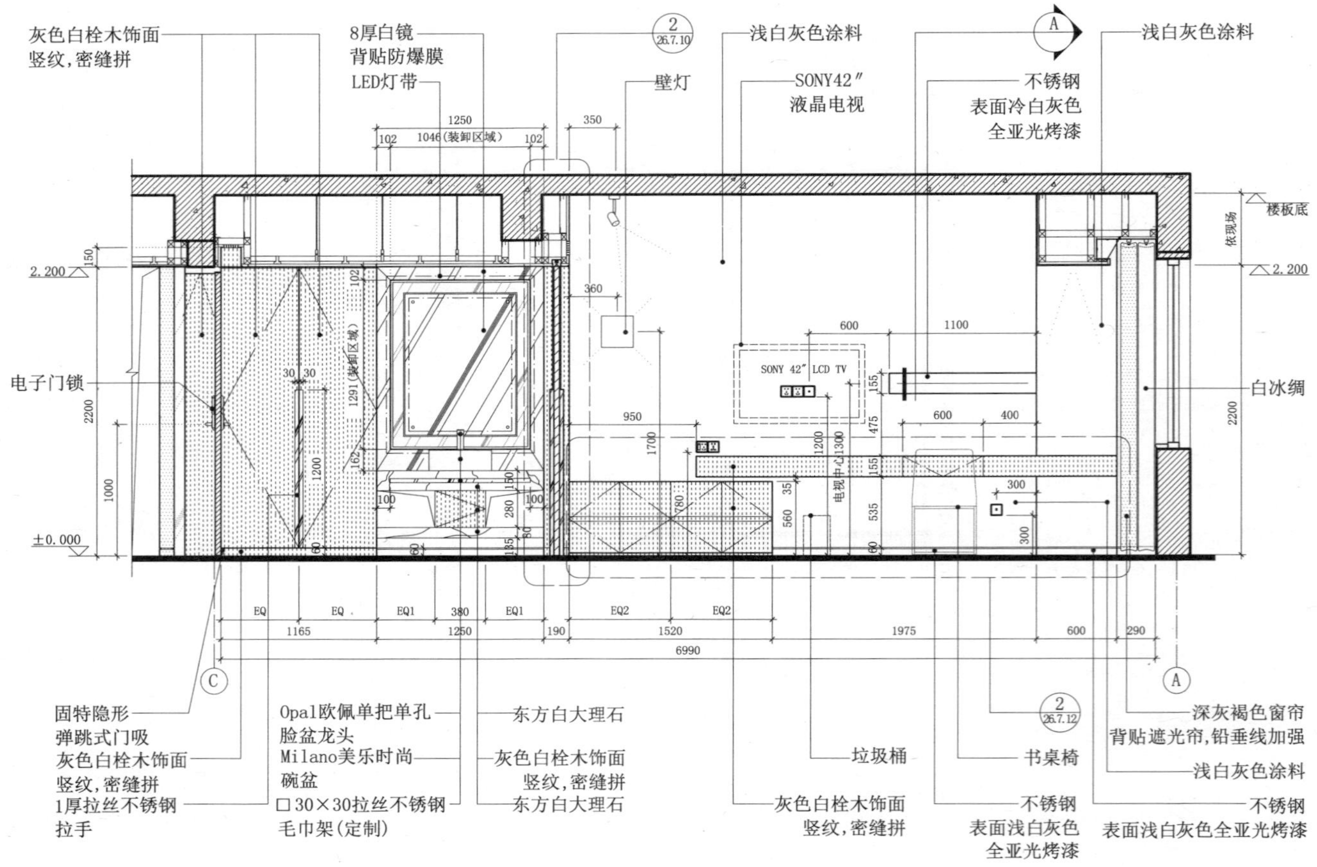

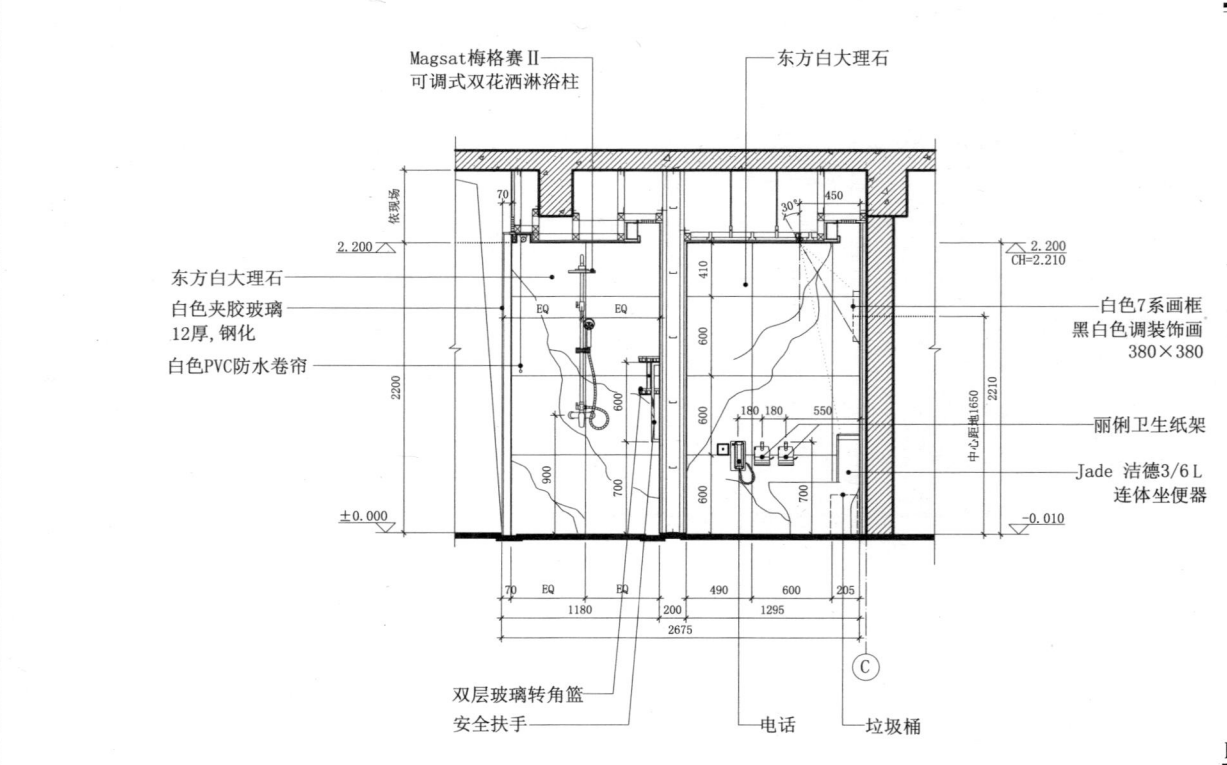

C剖立面图

D剖立面图

26.7 商务型精品酒店大床房模式

26.7.7 立面图(三)

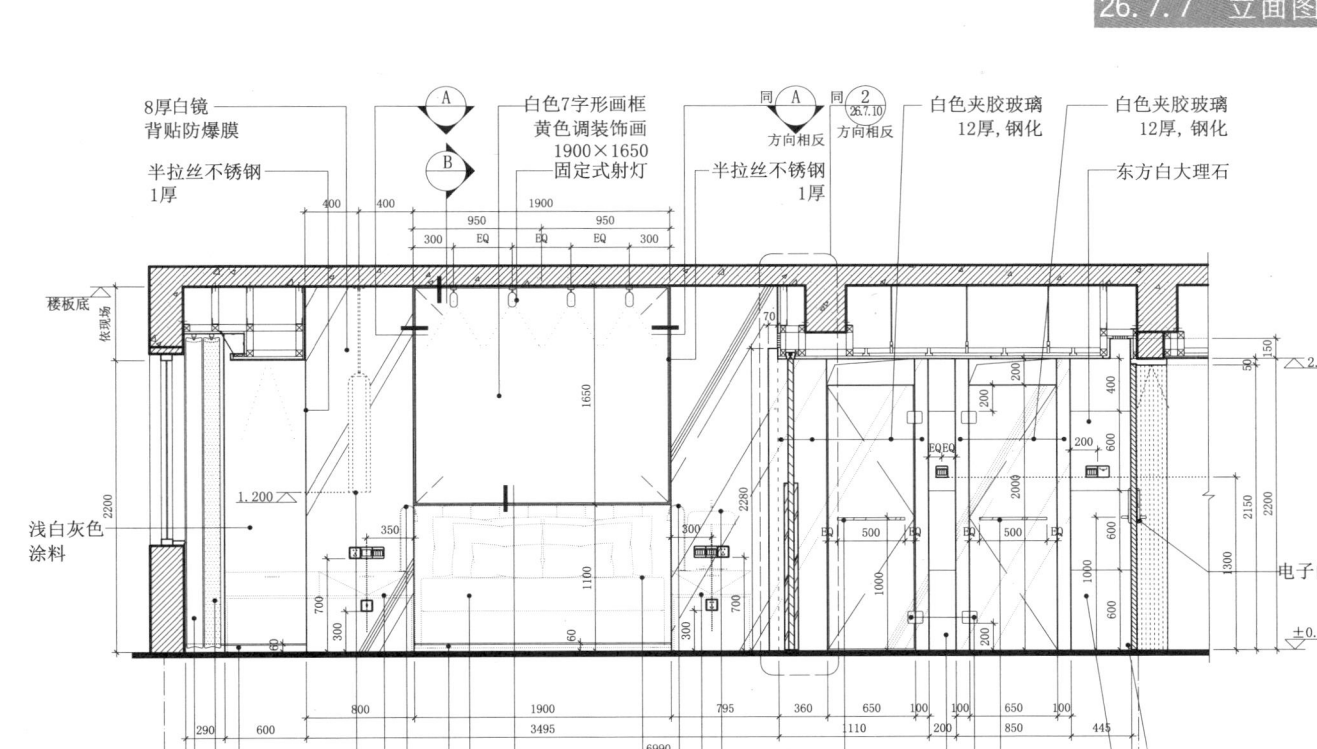

E剖立面图

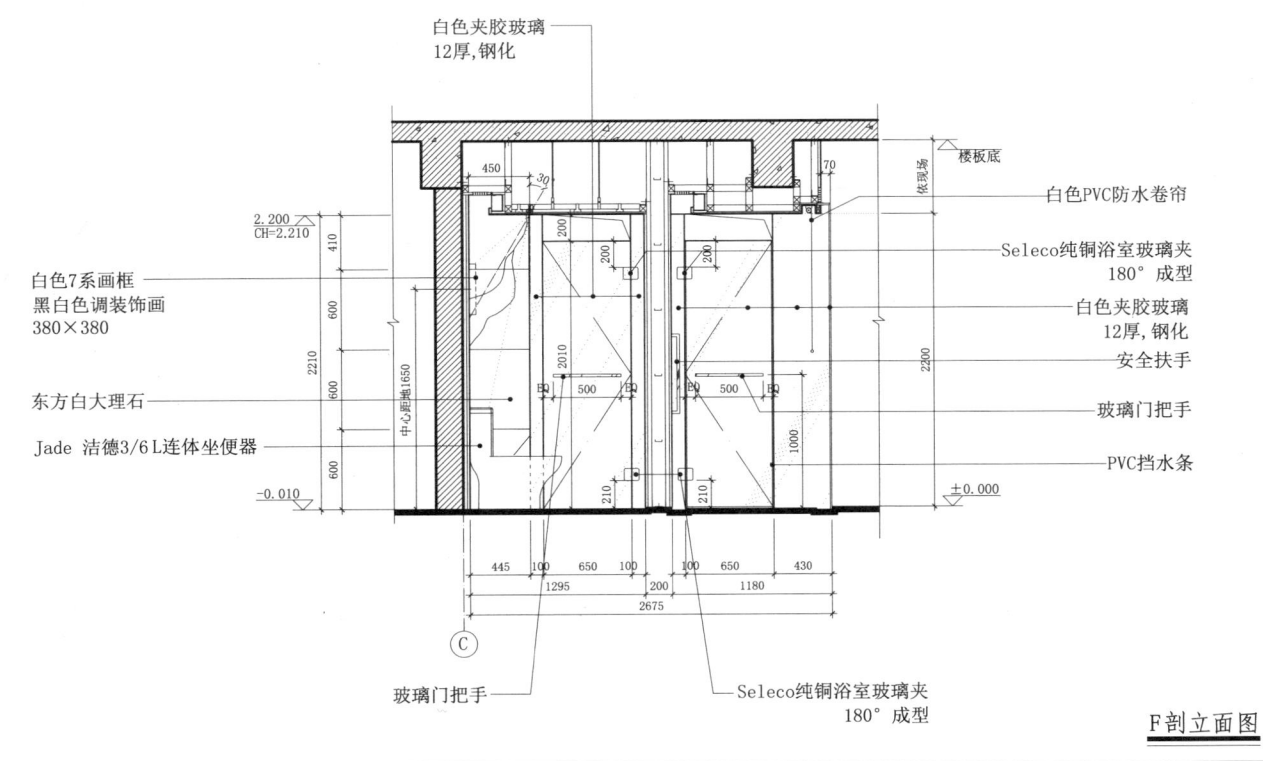

F剖立面图

26.7 商务型精品酒店大床房模式

26.7.8 立面图(四)

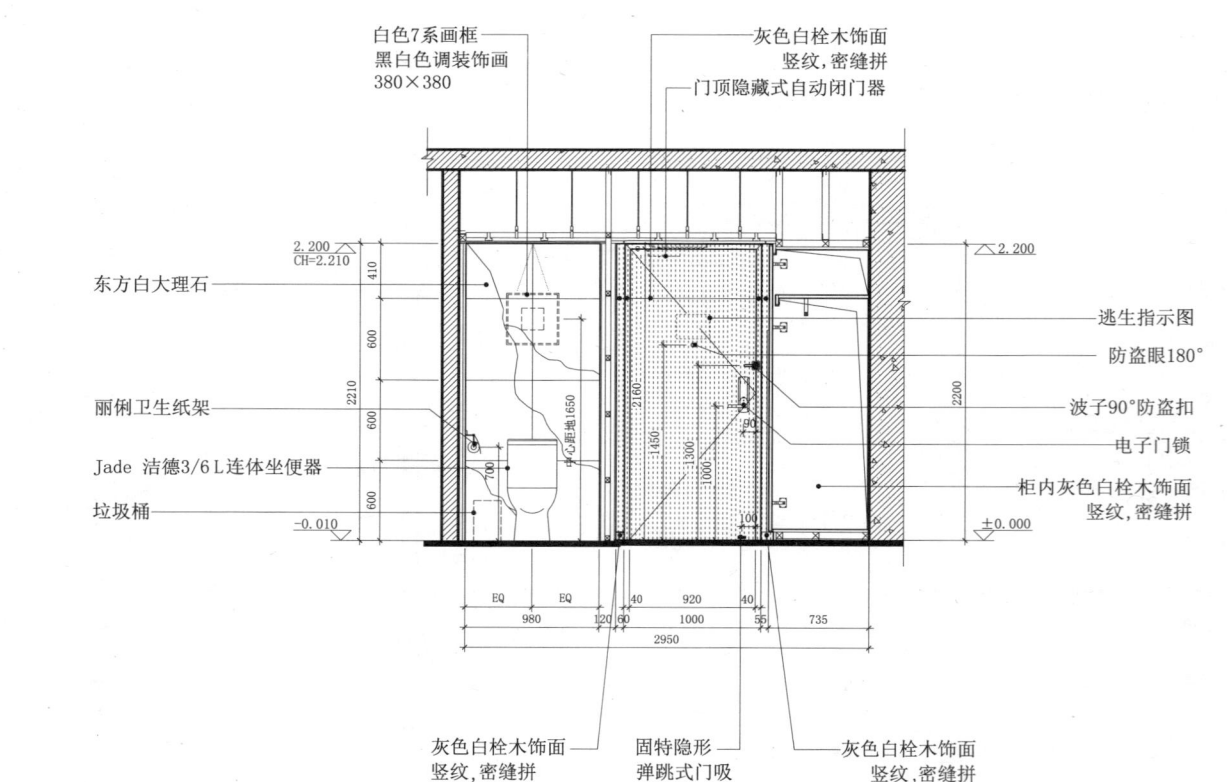

G剖立面图

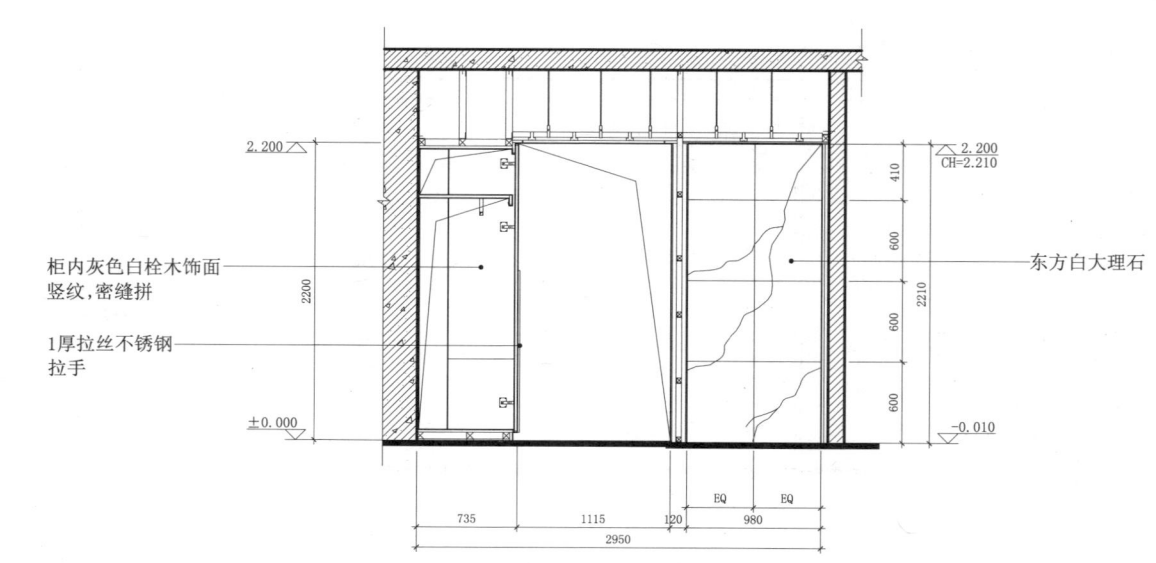

H剖立面图

26.7.9 立面图(五)

26.7 商务型精品酒店大床房模式

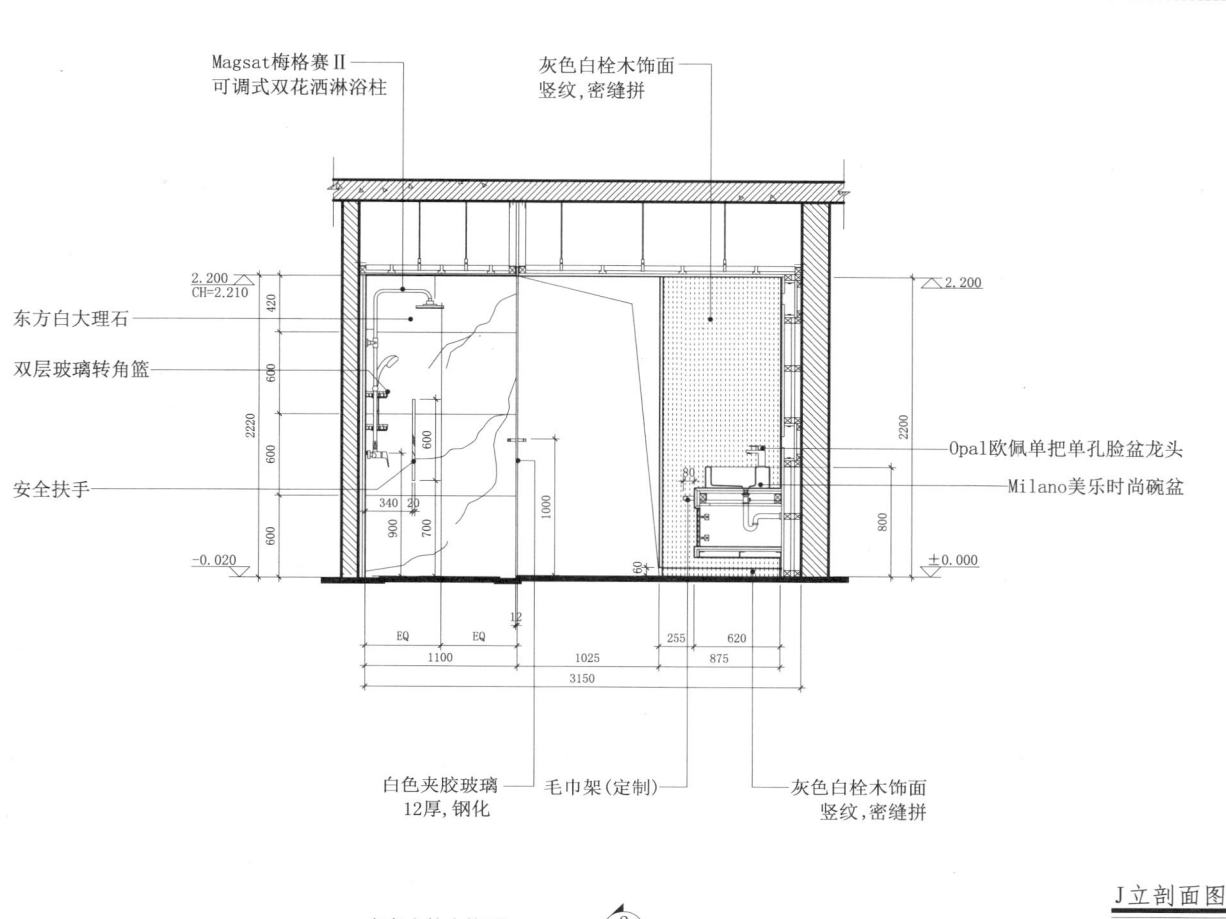

J立剖面图

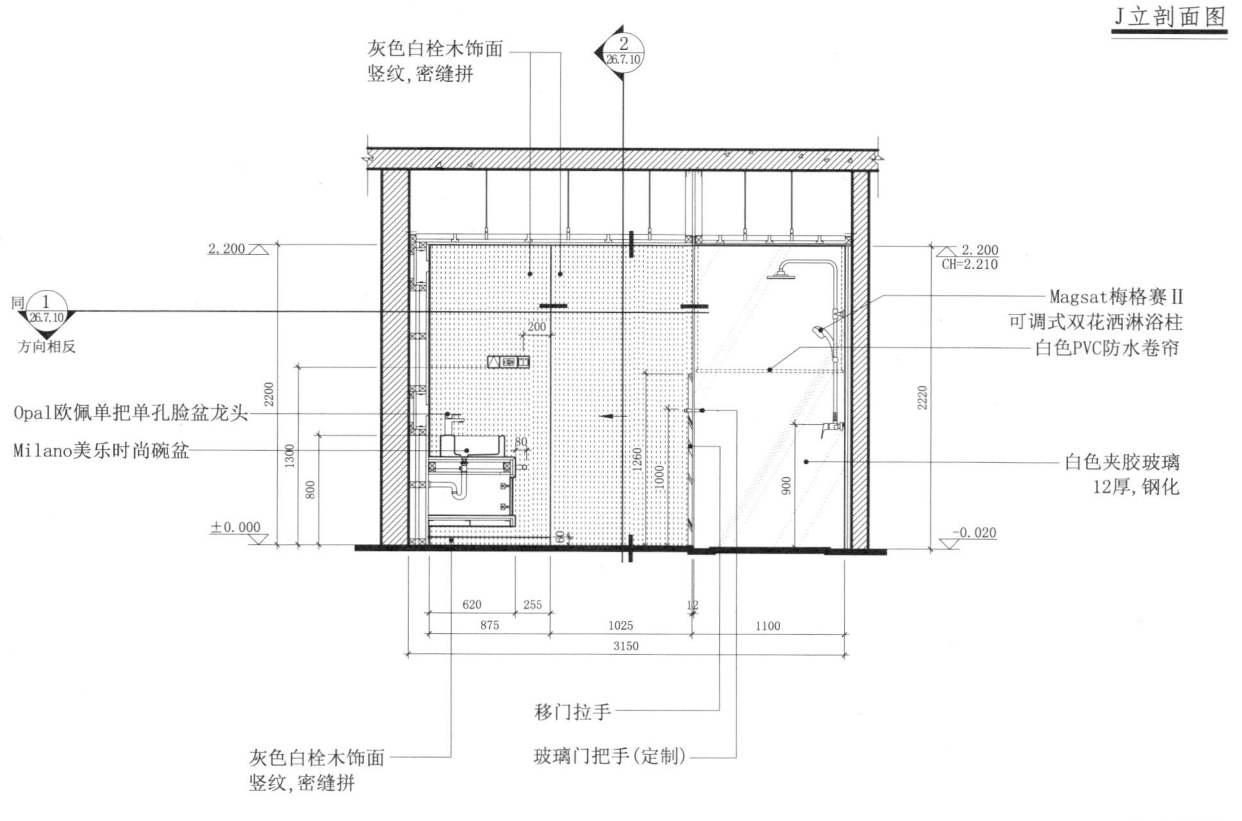

K立剖面图

26.7 商务型精品酒店大床房模式

26.7.10 移门节点(一)

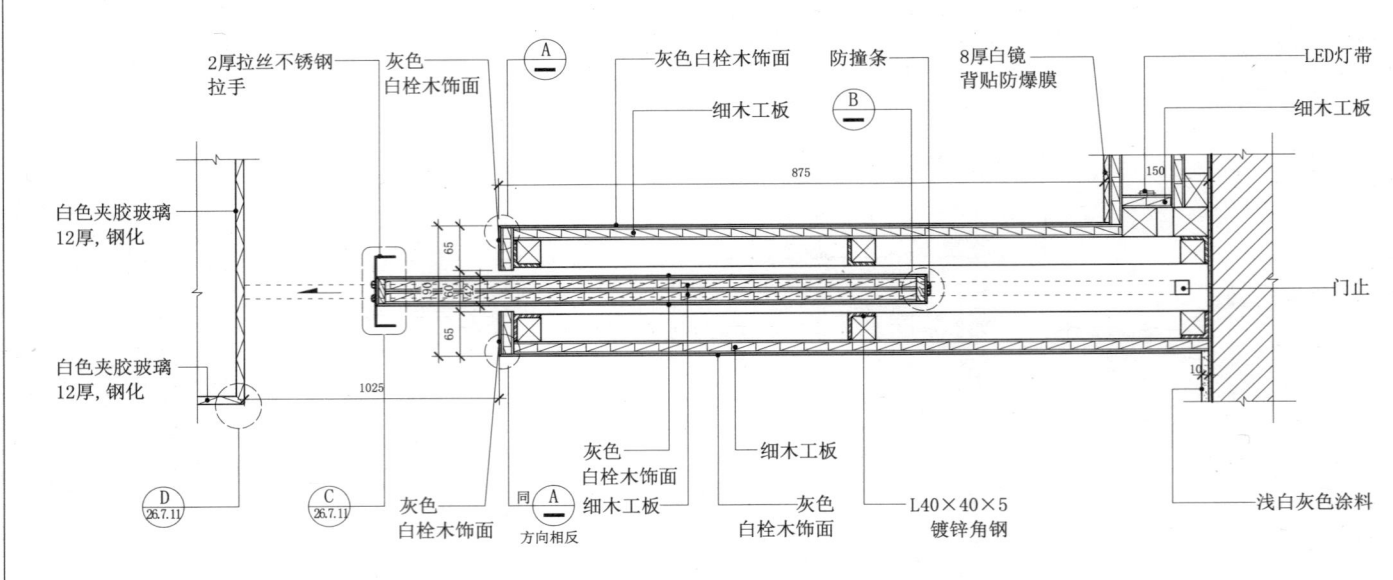

1节点图

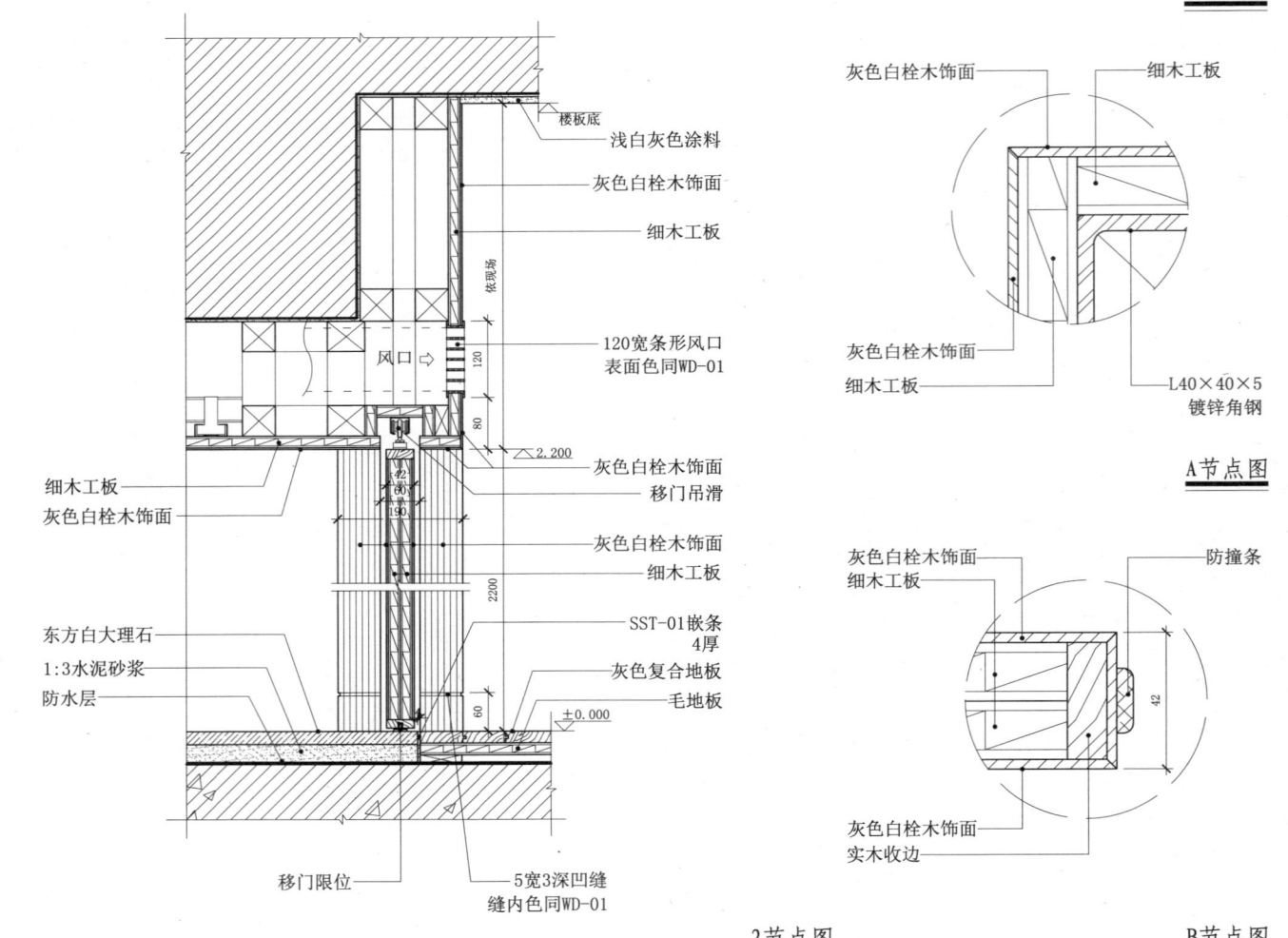

2节点图　　A节点图　　B节点图

26.7.11 移门节点(二)

26.7 商务型精品酒店大床房模式

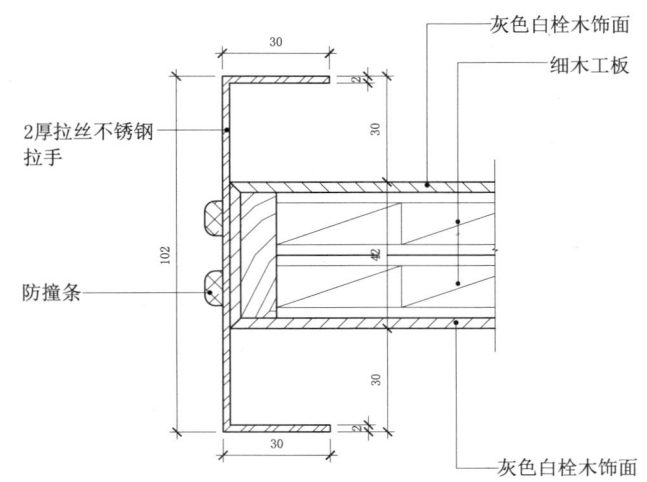

C节点图

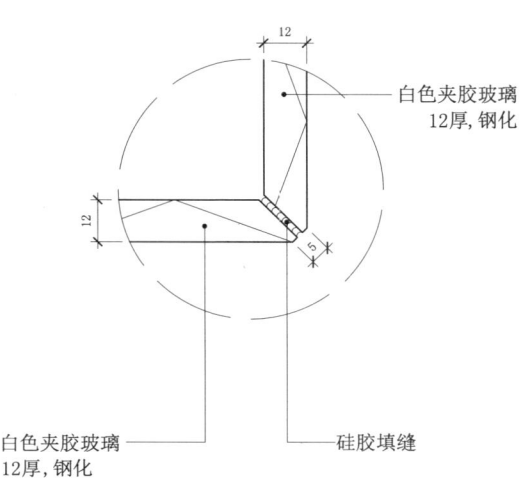

D节点图

26.7 商务型精品酒店大床房模式

26.7.12 书桌、行李架节点(一)

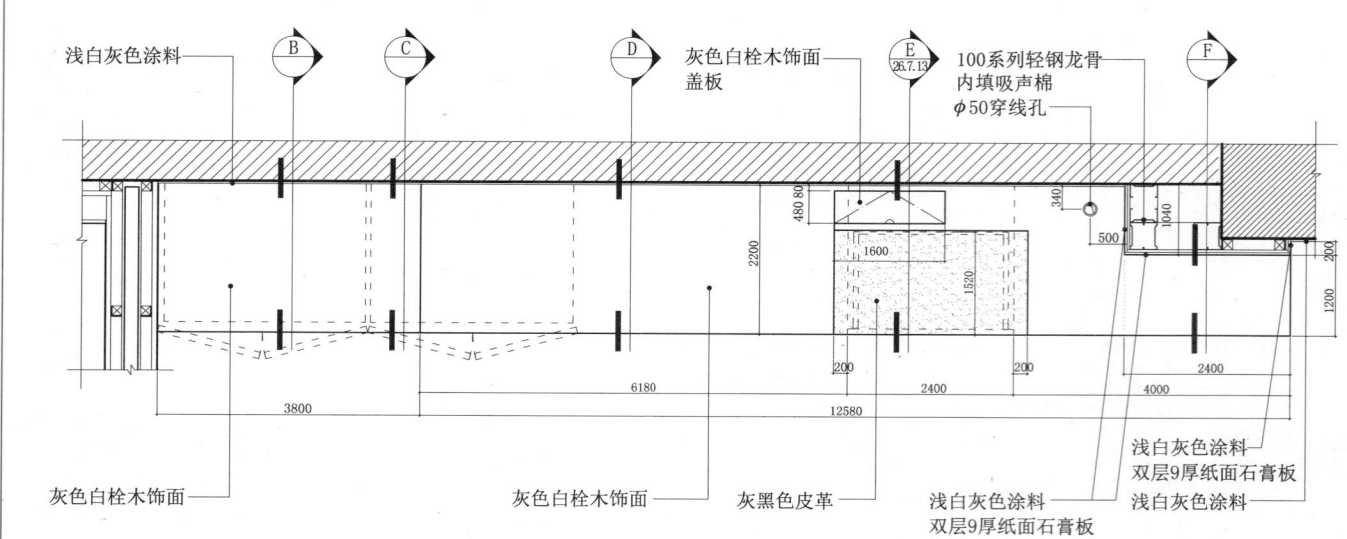

1 书桌行李架平面图

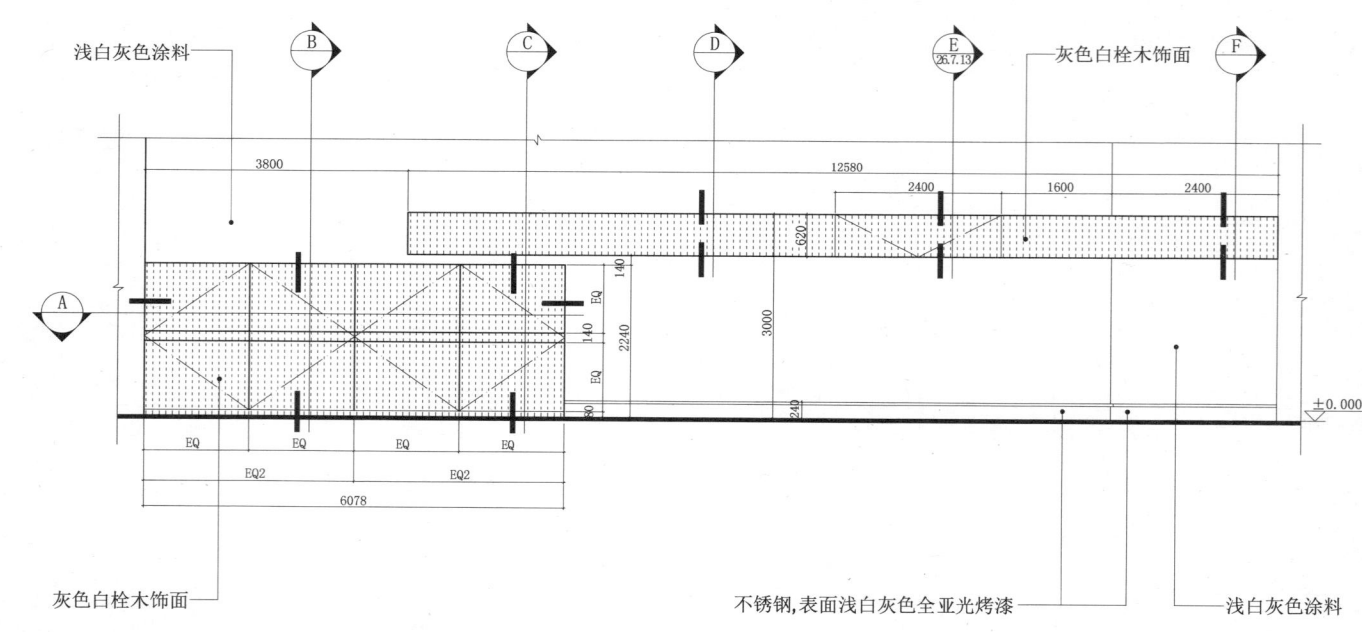

2 书桌行李架立面图

26.7.13 书桌、行李架节点(二)

26.7 商务型精品酒店大床房模式

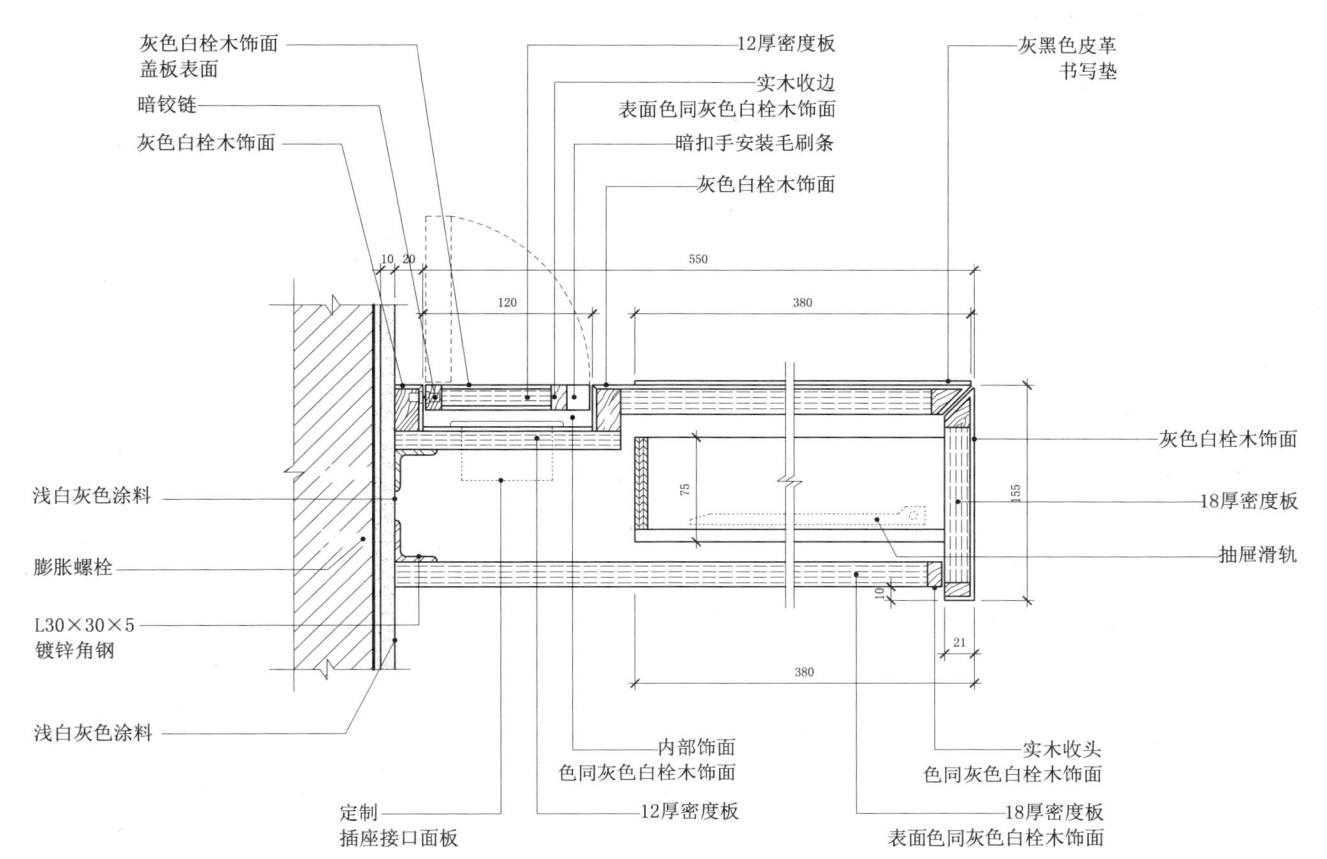

E节点图

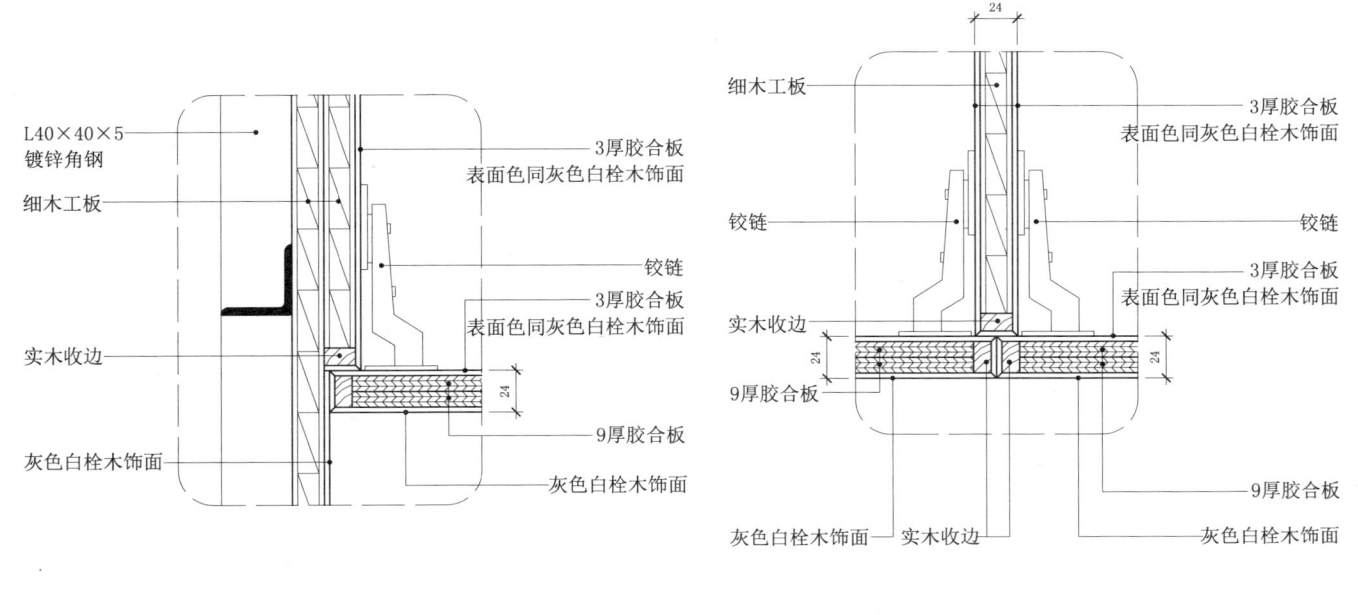

G节点图   J节点图

26 客房模式

26.7 商务型精品酒店大床房模式

非透光照明构造
透光照明构造

26.7.14 书桌灯节点

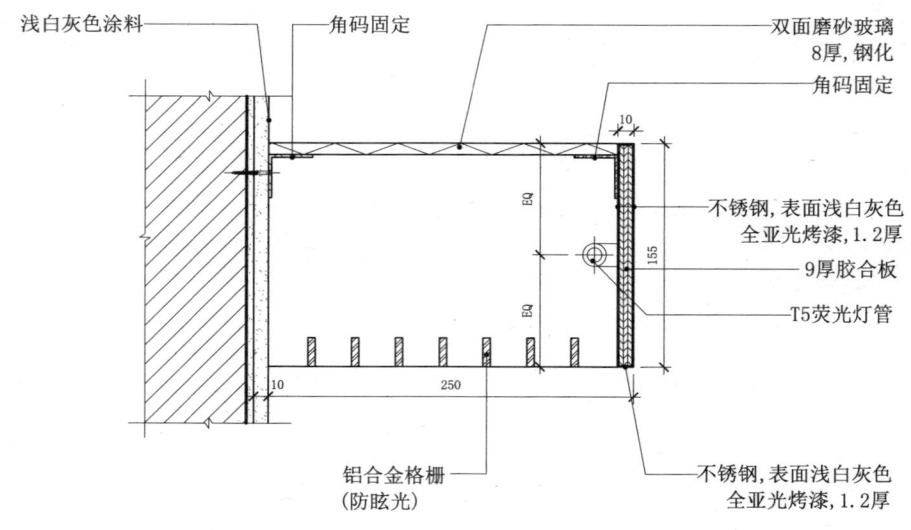

书桌灯立面图

书桌灯平面图

A节点图

标注说明：
- T5荧光灯管
- 不锈钢，表面冷白灰色全亚光烤漆
- 不锈钢，表面浅白灰色全亚光烤漆
- 双面磨砂玻璃 8厚，钢化
- 浅白灰色涂料
- 角码固定
- 不锈钢，表面浅白灰色全亚光烤漆，1.2厚
- 9厚胶合板
- 铝合金格栅（防眩光）

26.8 商务型精品酒店双拼房模式

26.8.1 平面图

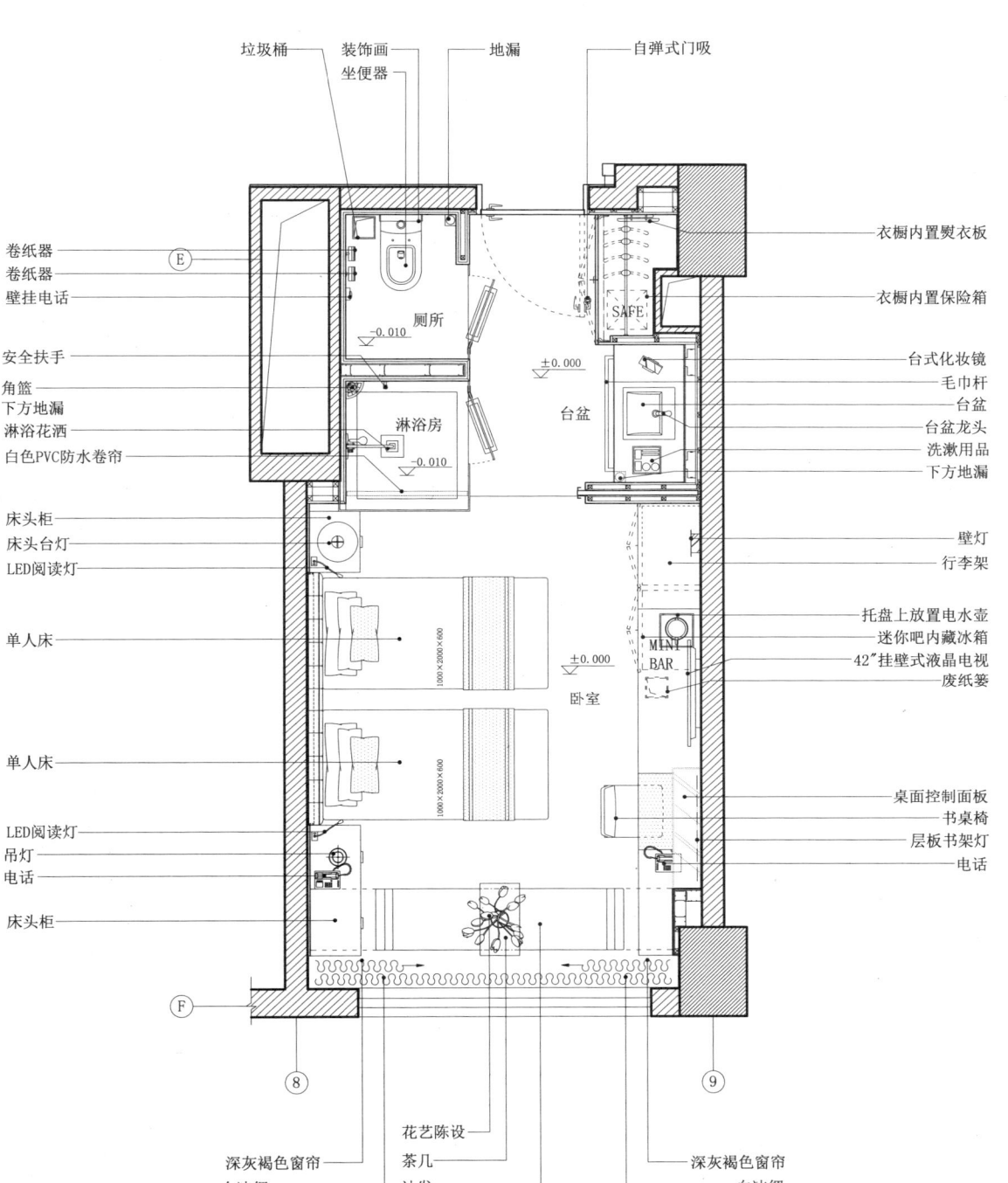

平面布置图

26 客房模式

26.8 商务型精品酒店双拼房模式

26.8.2 索引图

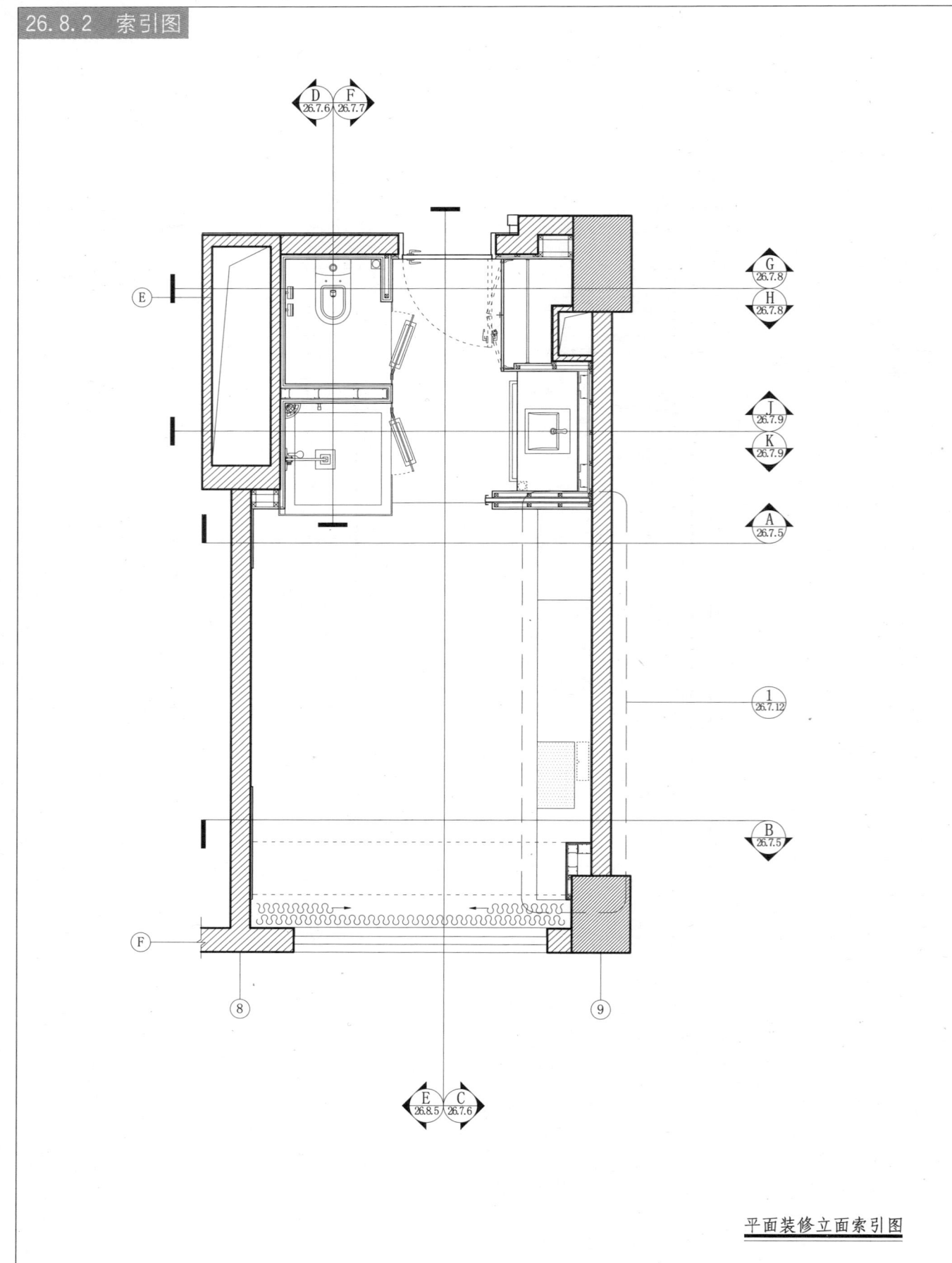

平面装修立面索引图

26.8 商务型精品酒店双拼房模式

26.8.3 平顶图

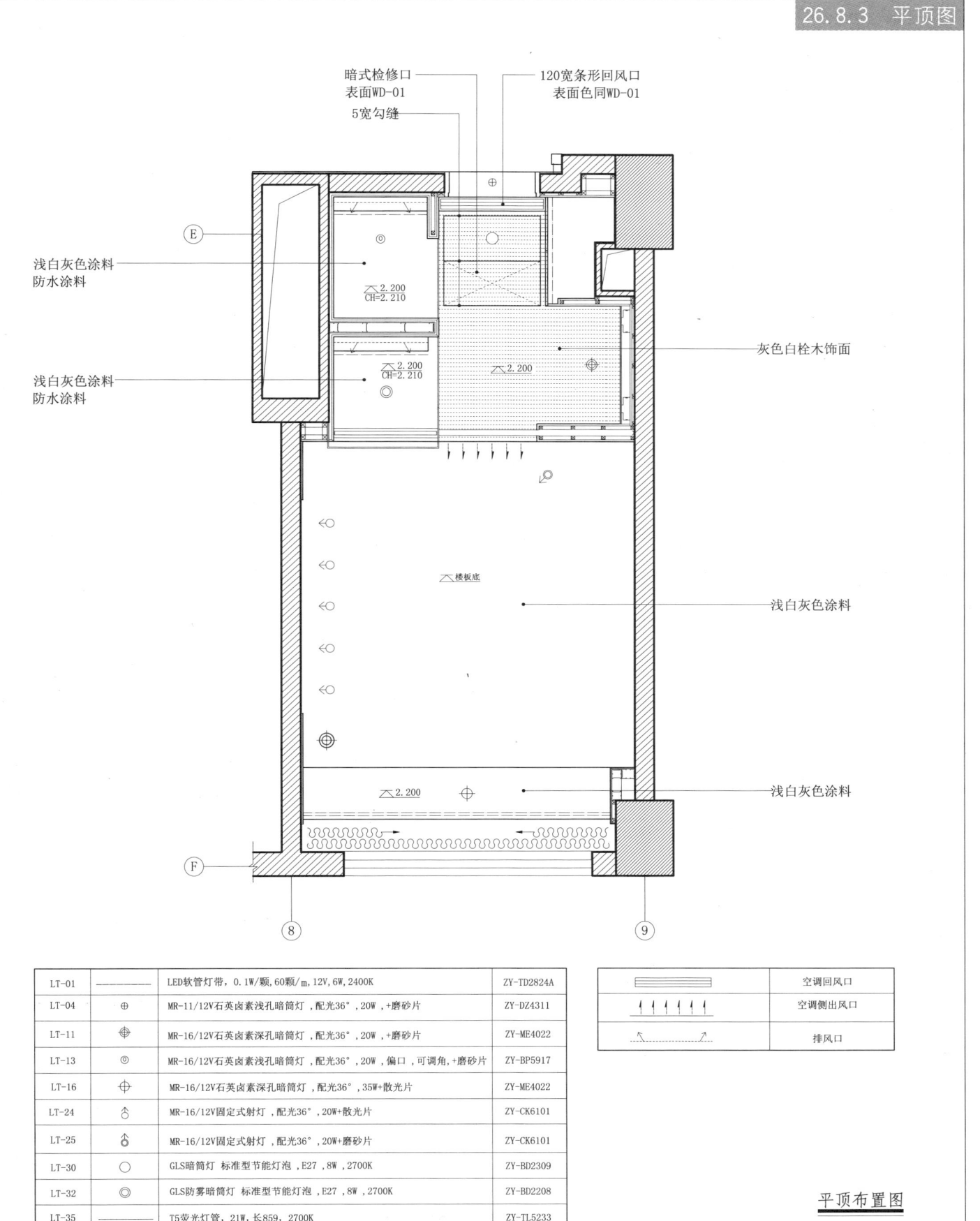

平顶布置图

26.8 商务型精品酒店双拼房模式

26.8.4 配电图

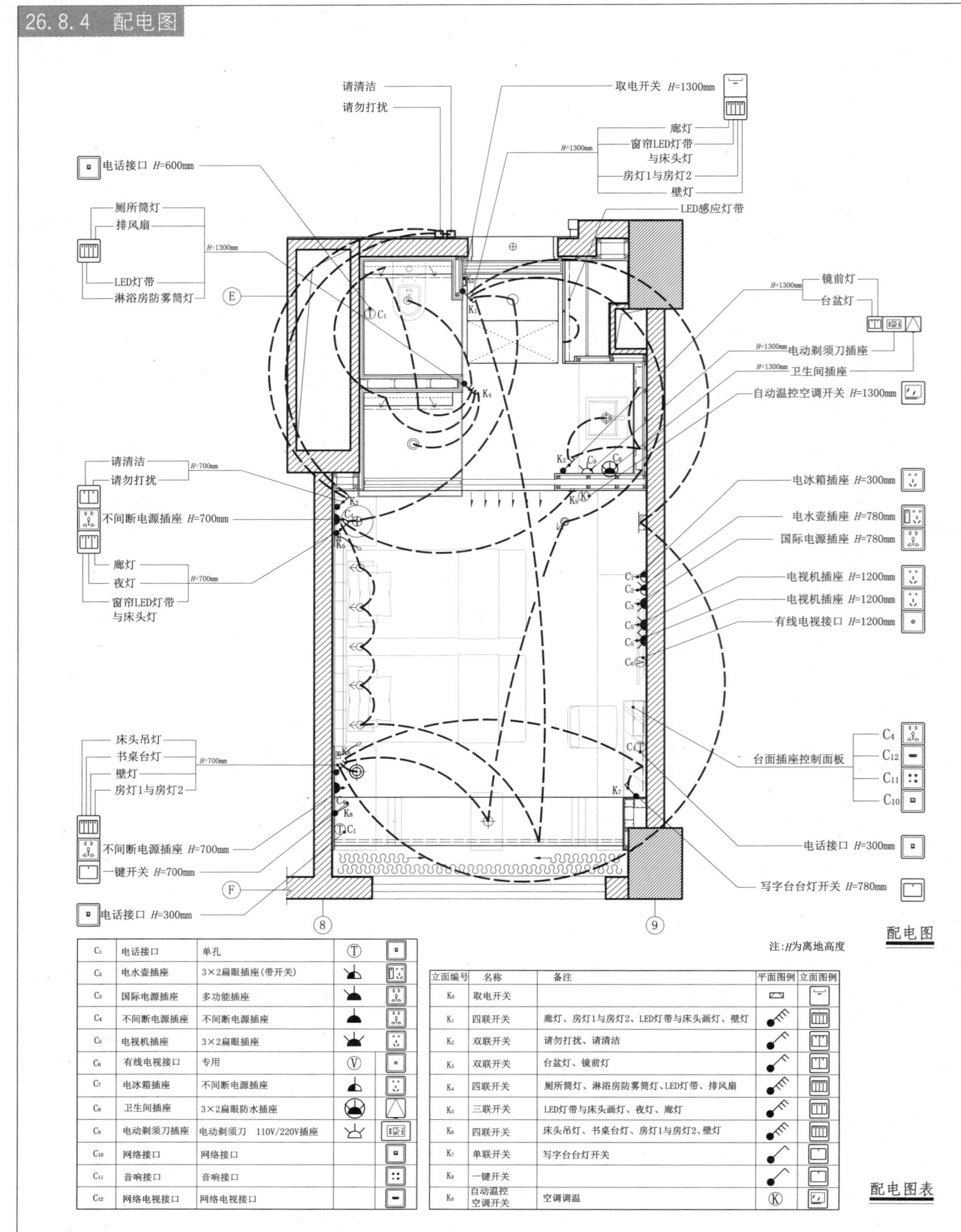

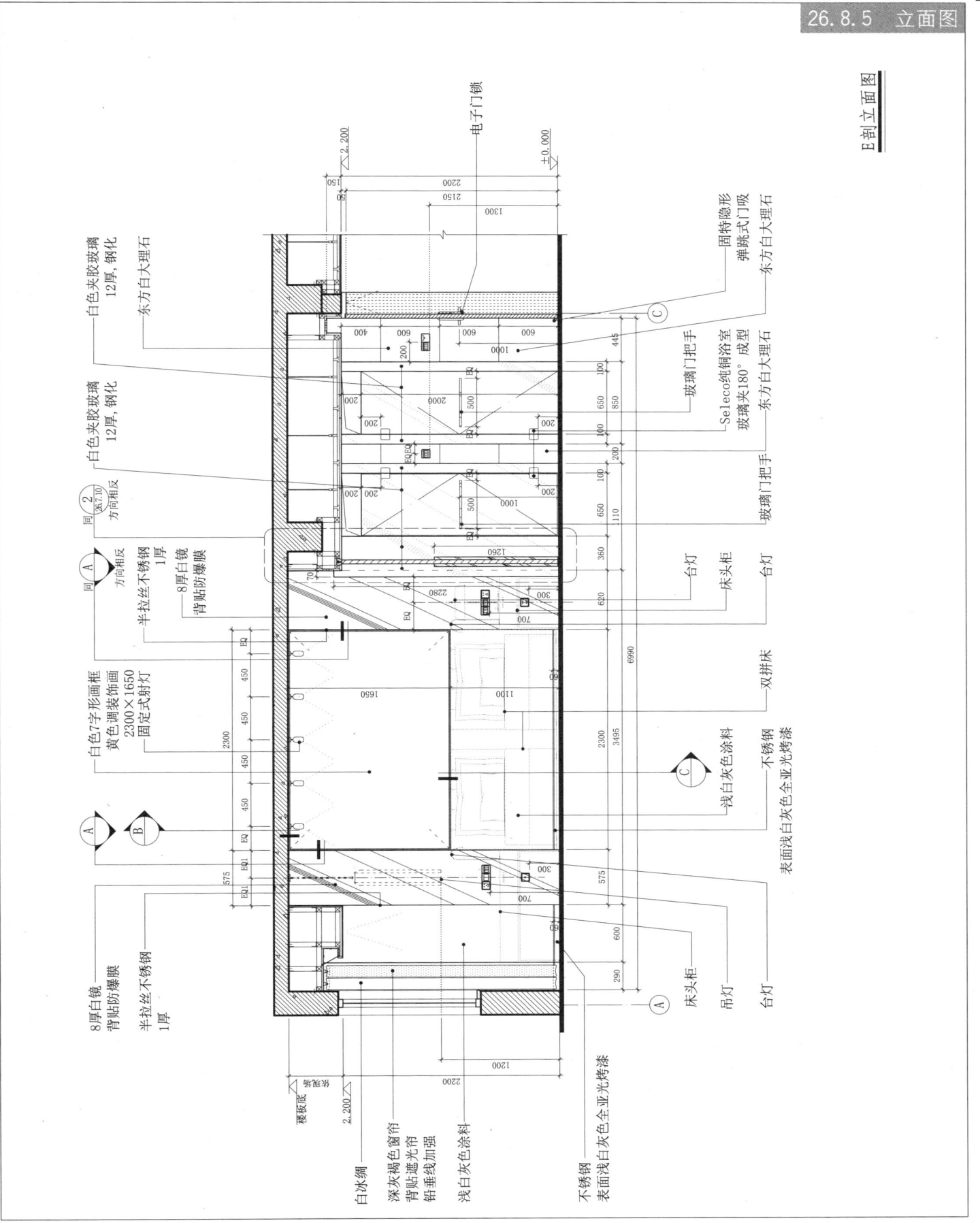

26.9 商务型精品酒店双床房模式

26.9.1 平面图

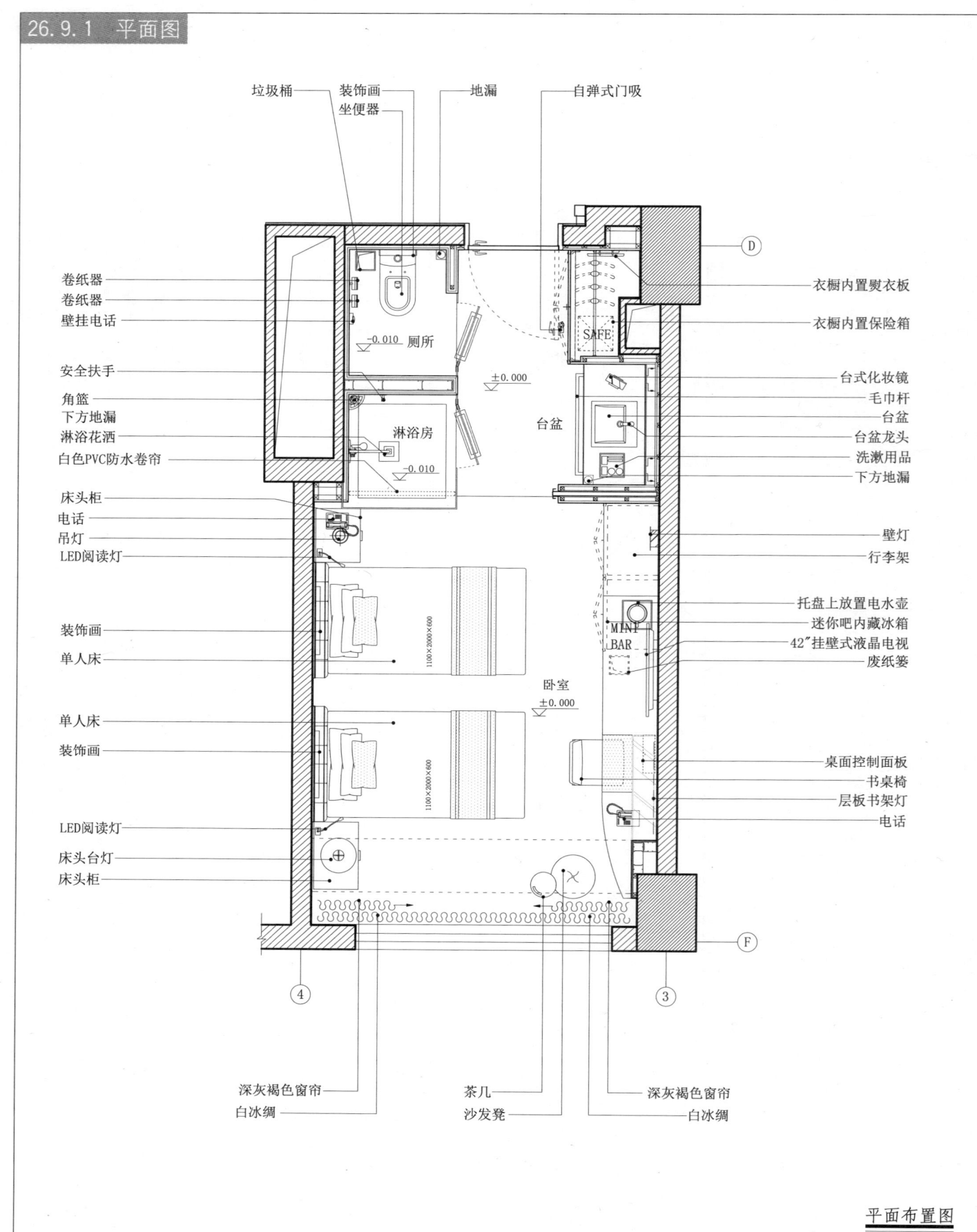

平面布置图

26.9.2 索引图

26.9 商务型精品酒店双床房模式

26 客房模式

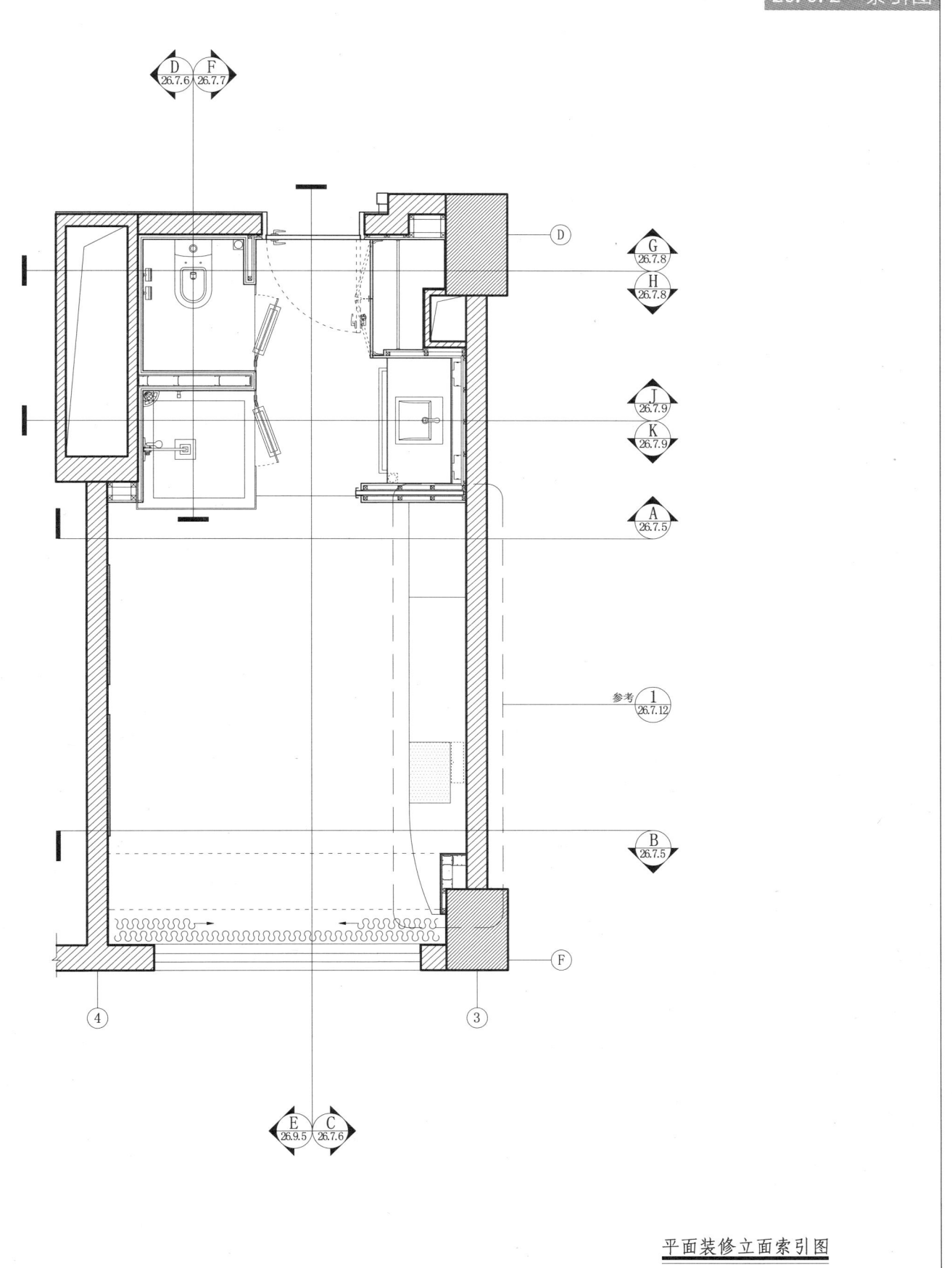

平面装修立面索引图

26 客房模式

26.9 商务型精品酒店双床房模式

26.9.3 平顶图

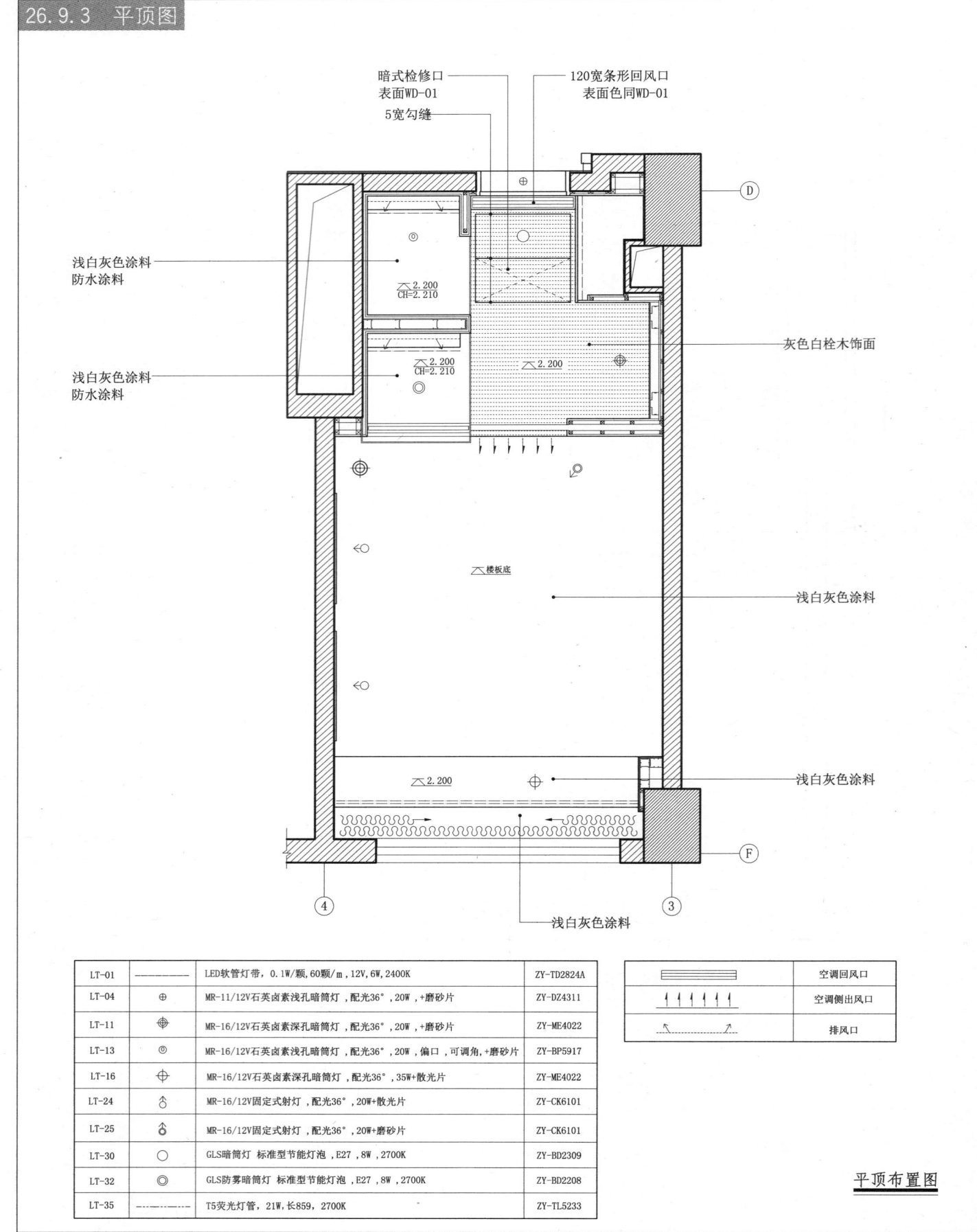

平顶布置图

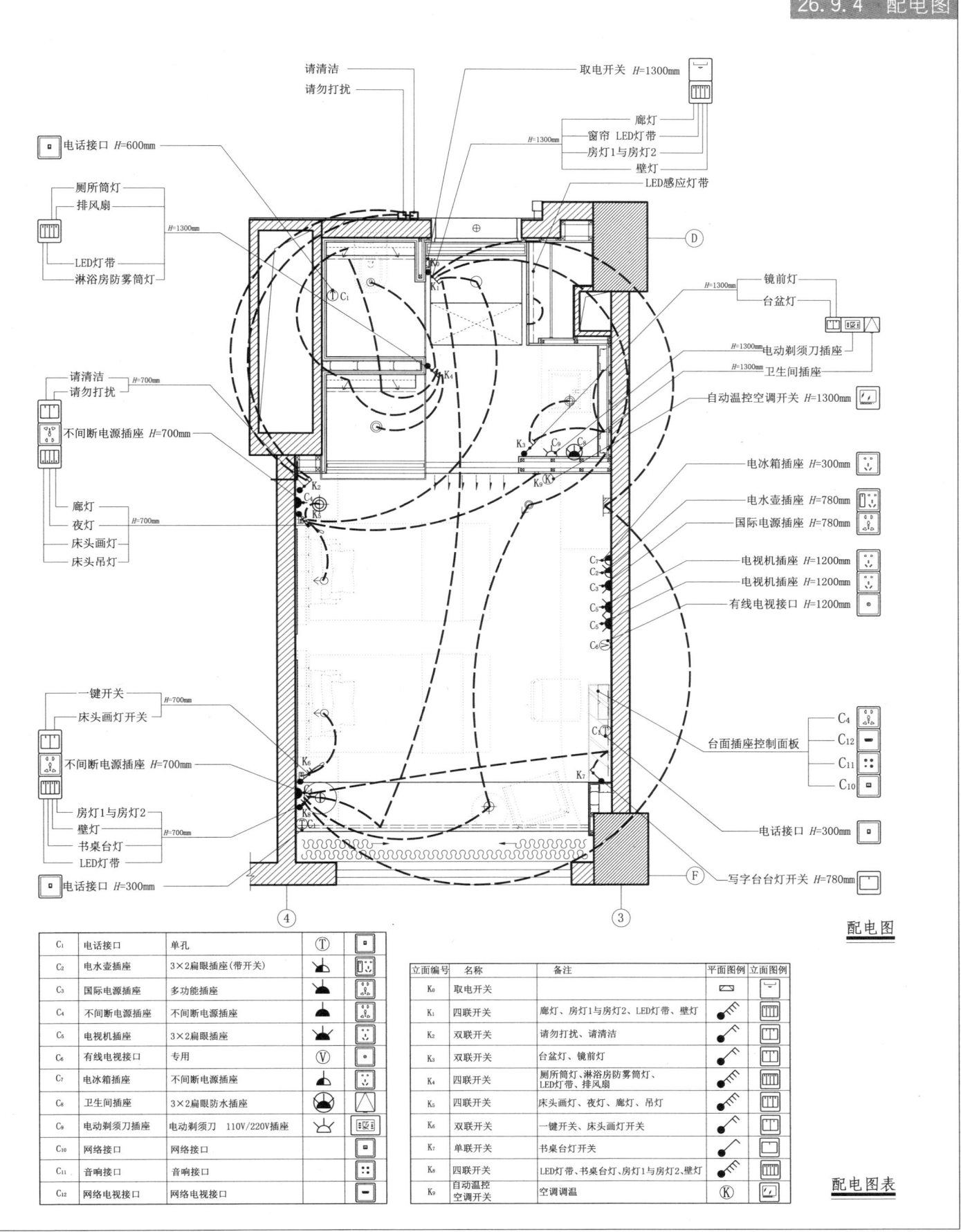

26 客房模式

26.9 商务型精品酒店双床房模式

26.9.5 平面图

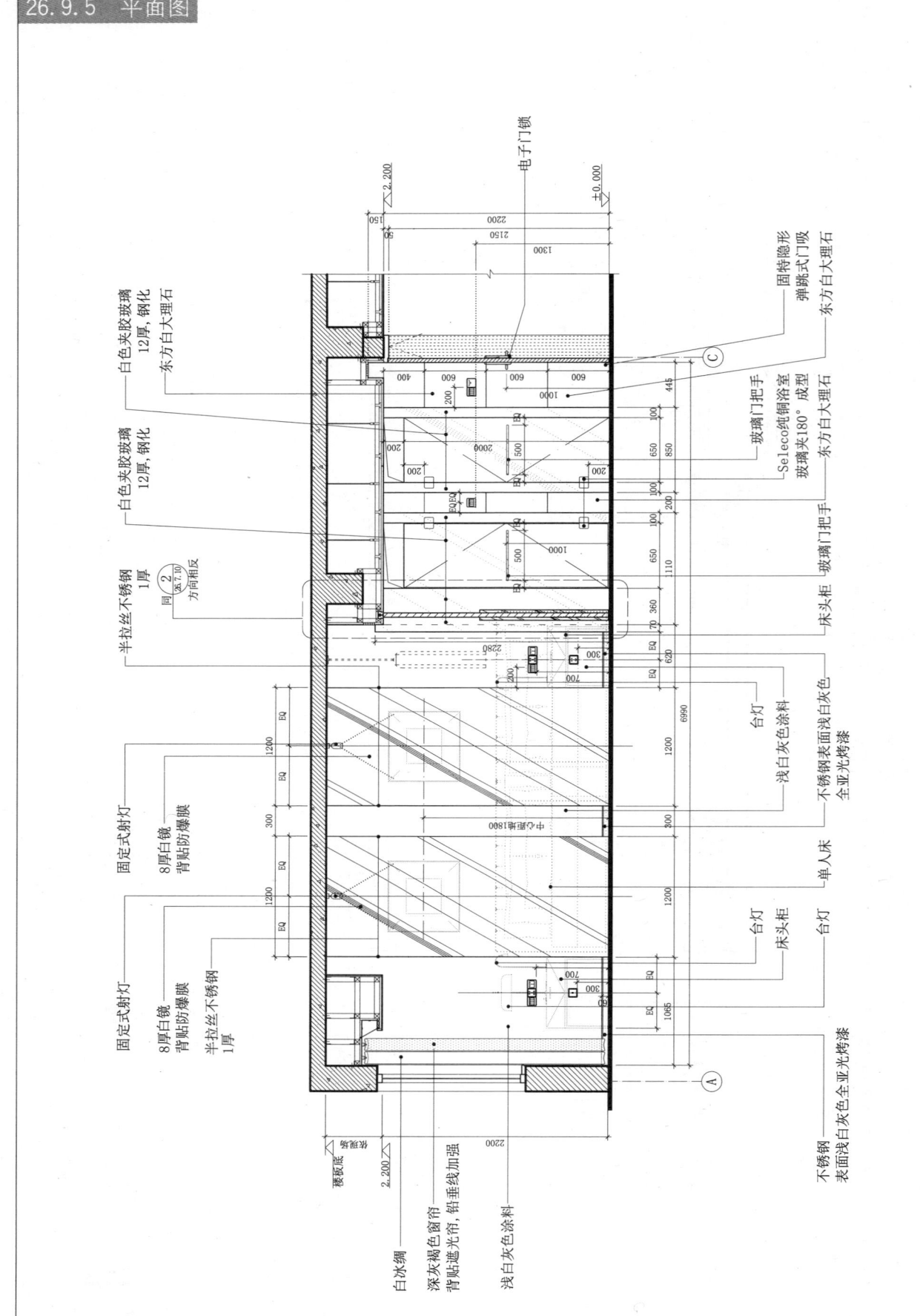

26.10 商务型精品酒店套房模式

26.10.1 平面图

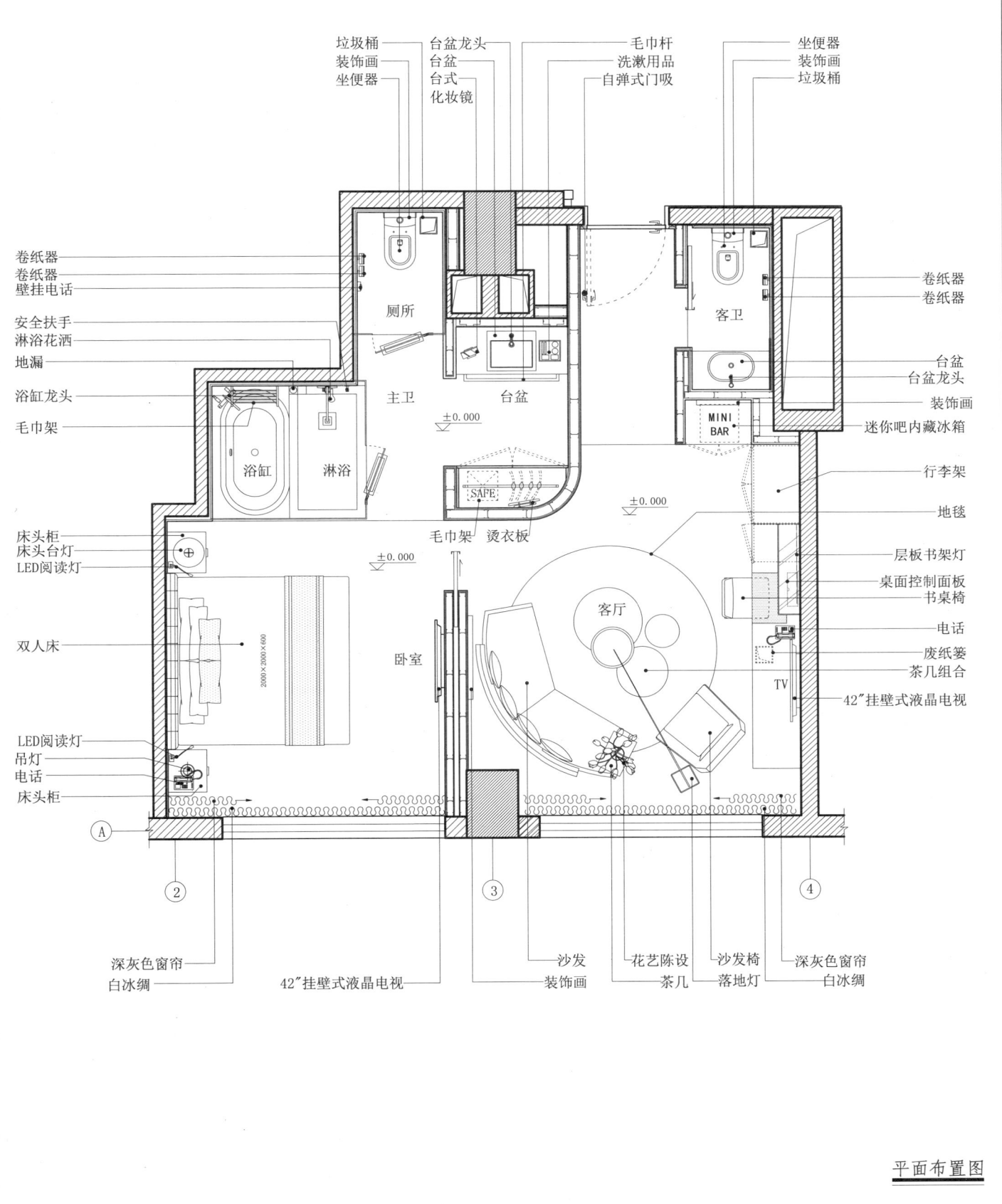

平面布置图

26 客房模式

26.10 商务型精品酒店套房模式

26.10.2 索引图

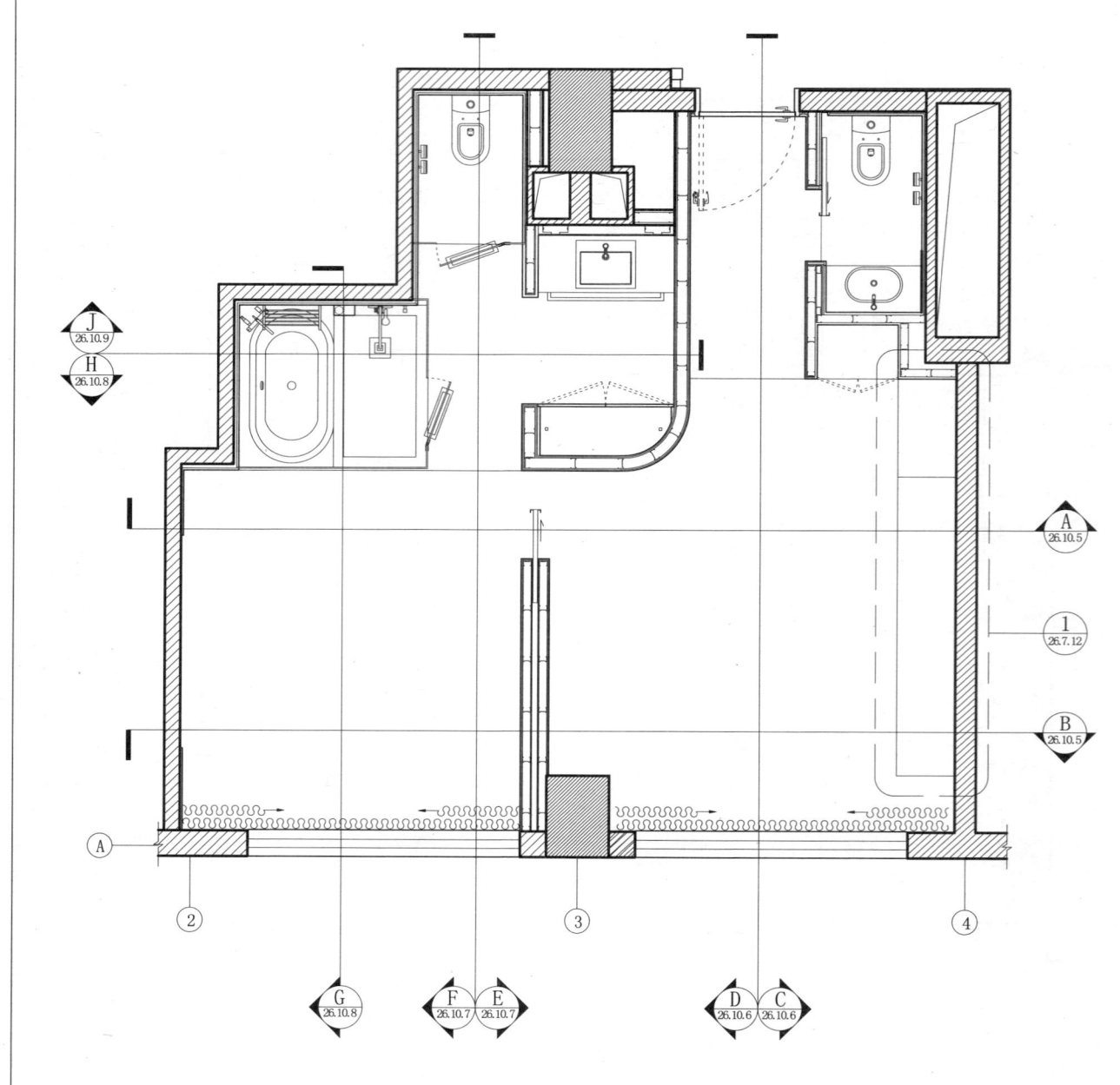

平面装修立面索引图

26.10 商务型精品酒店套房模式

26.10.3 平顶图

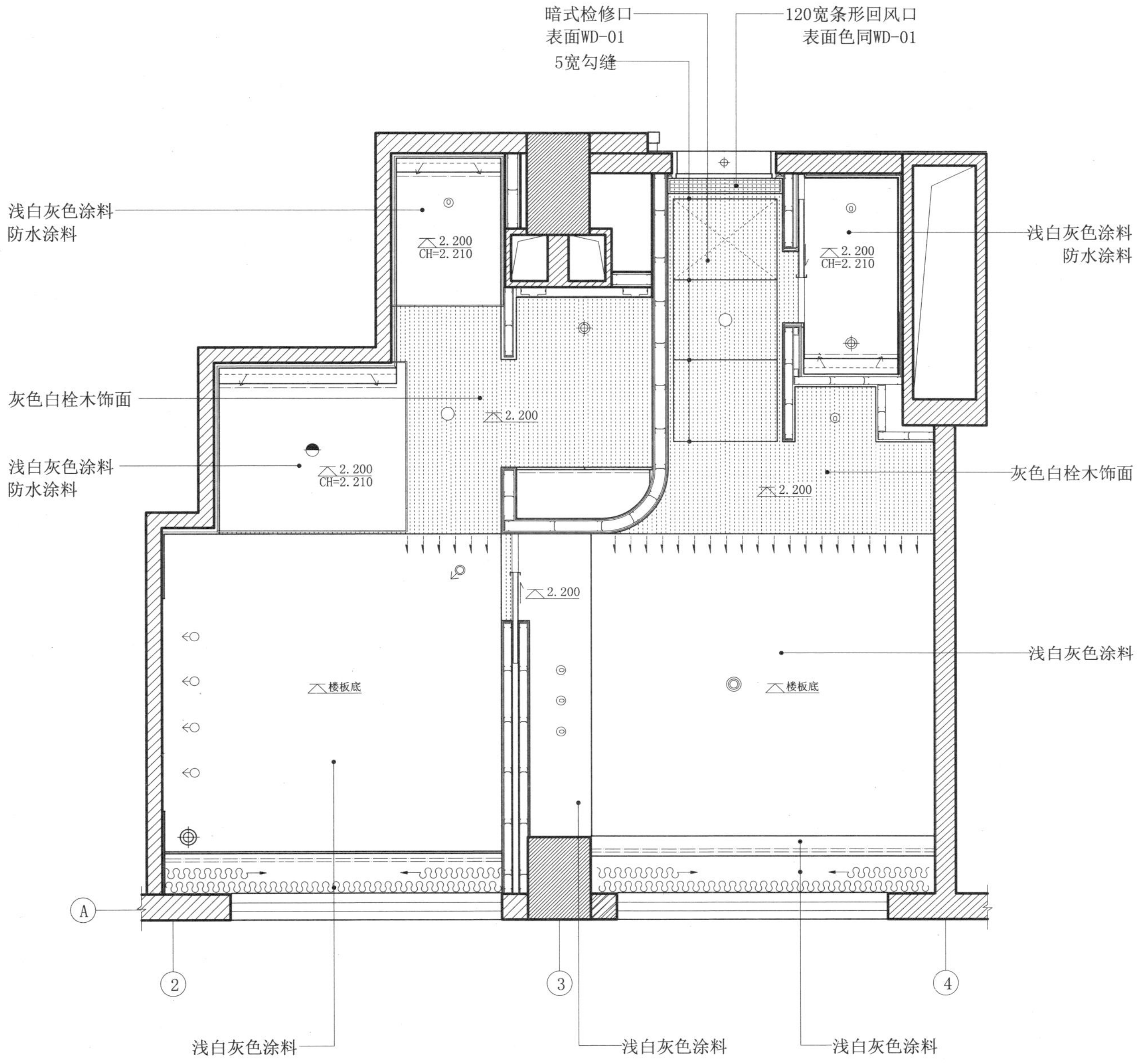

26 客房模式

平顶布置图

LT-01	-----	LED软管灯带，0.1W/颗，60颗/m，12V，6W，2400K	ZY-TD2824A
LT-04	⊕	MR-11/12V石英卤素浅孔暗筒灯，配光36°，20W，+磨砂片	ZY-DZ4311
LT-11	⊕	MR-16/12V石英卤素深孔暗筒灯，配光36°，20W，+磨砂片	ZY-ME4022
LT-18	⊙	MR-16/12V石英卤素浅孔暗筒灯，配光36°，35W，偏口，可调角，+散光片	ZY-BP5917
LT-24	↑	MR-16/12V固定式射灯，配光36°，20W+散光片	ZY-CK6101
LT-25	↑	MR-16/12V固定式射灯，配光36°，20W+磨砂片	ZY-CK6101
LT-30	○	GLS暗筒灯 标准型节能灯泡，E27，8W，2700K	ZY-BD2309
LT-33	●	GLS防雾暗筒灯 标准型节能灯泡，E27，11W，2700K	ZY-BD2208

	空调回风口
↑↑↑↑↑↑	空调侧出风口
↙ --- ↘	排风口

室内构造节点与专项模式图集 | 1197

26.10 商务型精品酒店套房模式

26.10.4 配电图

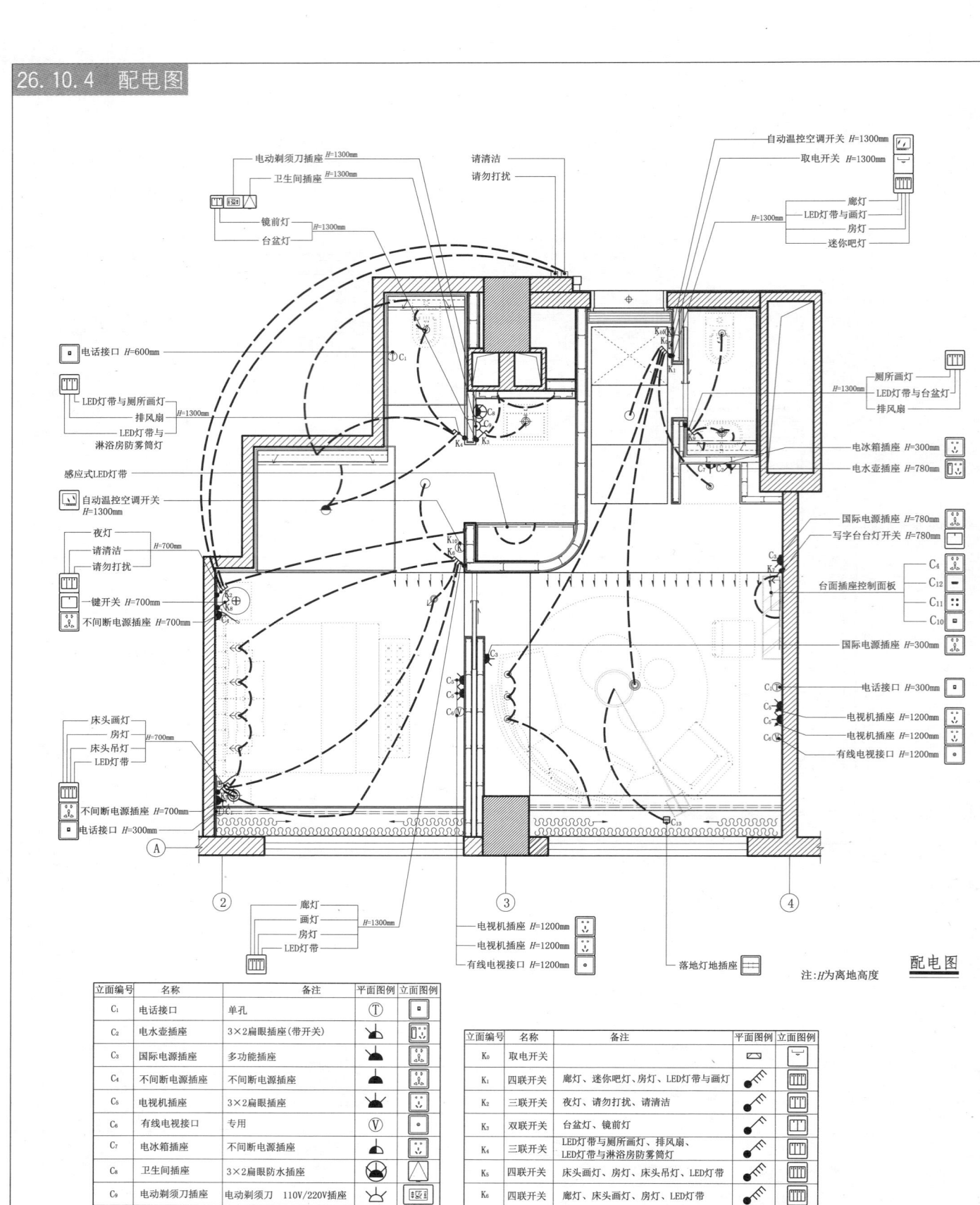

配电图

26.10 商务型精品酒店套房模式

26.10.5 立面图（一）

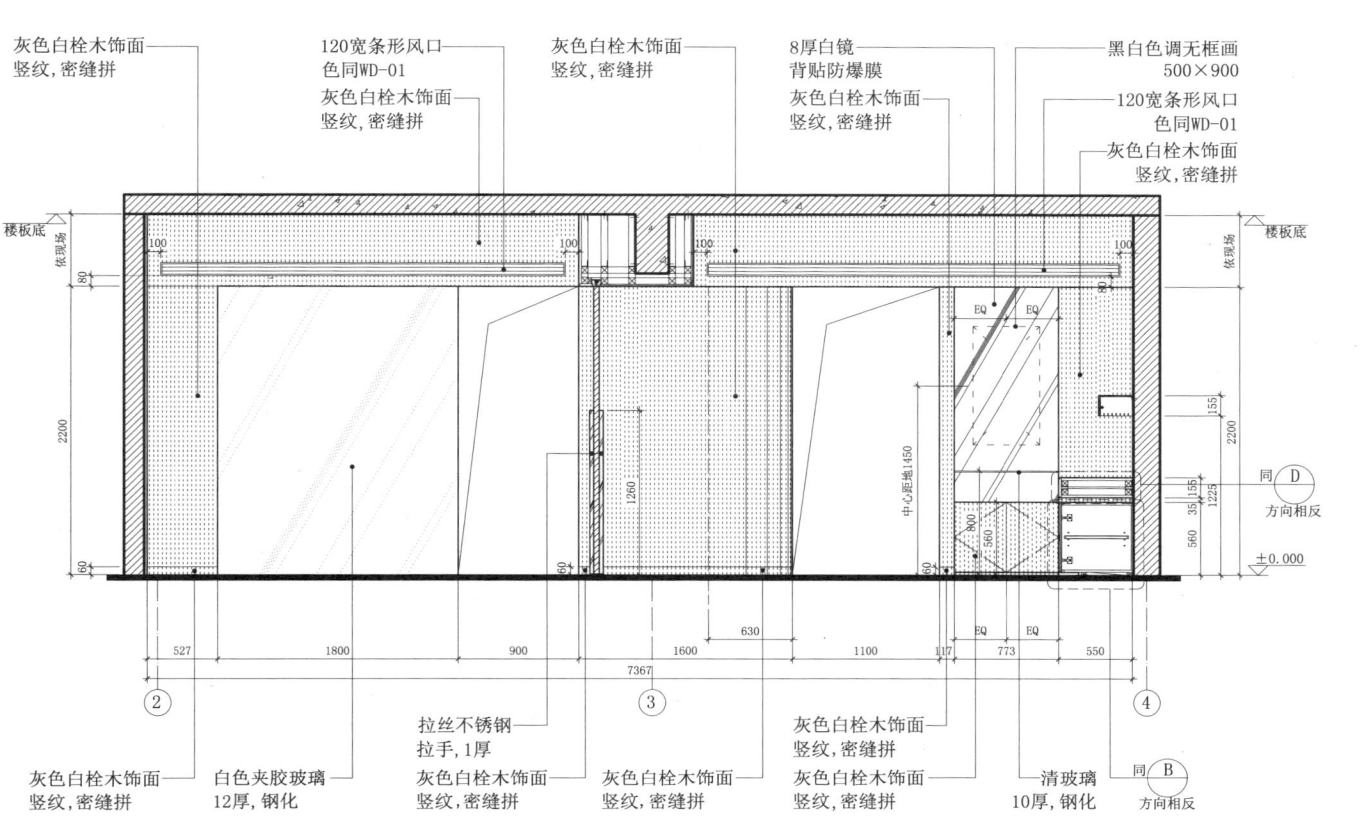

A 剖立面图

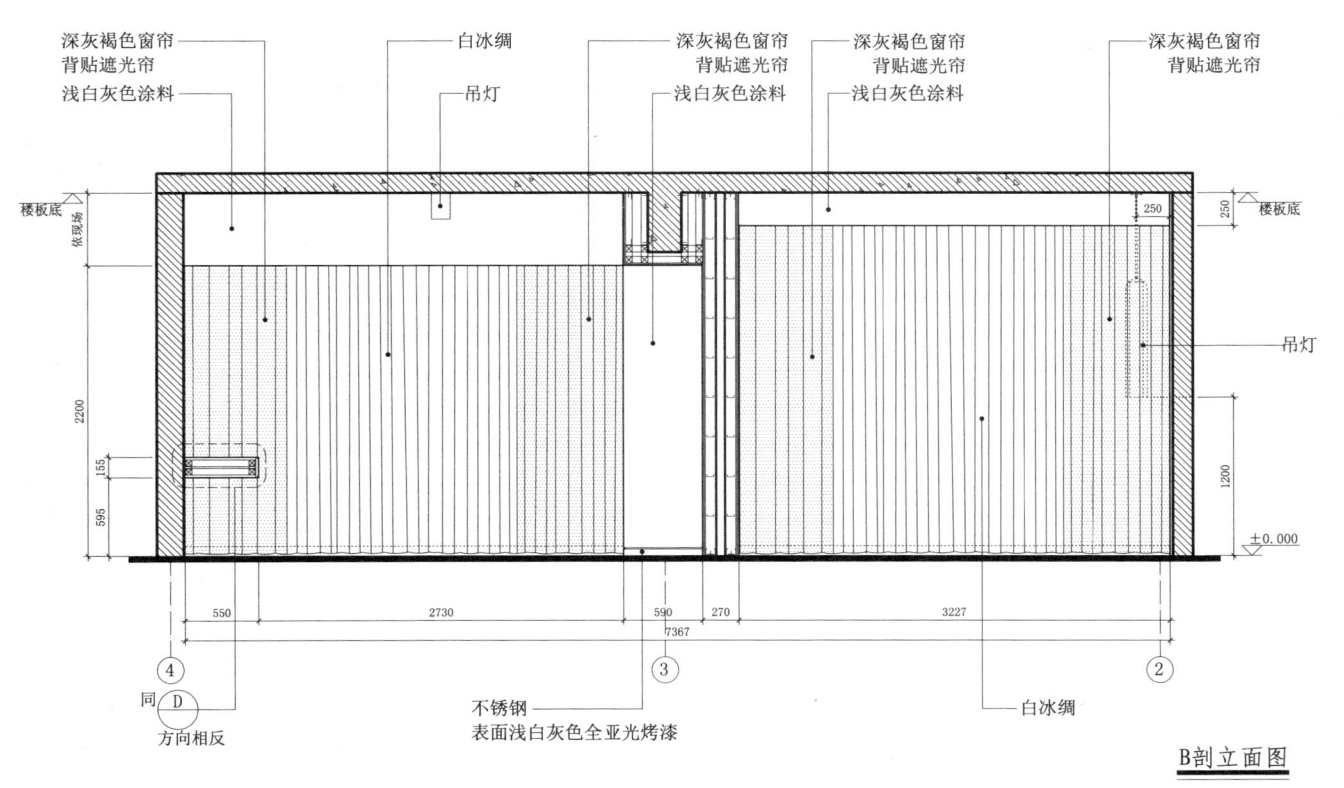

B 剖立面图

26.10 商务型精品酒店套房模式

26.10.6 立面图(二)

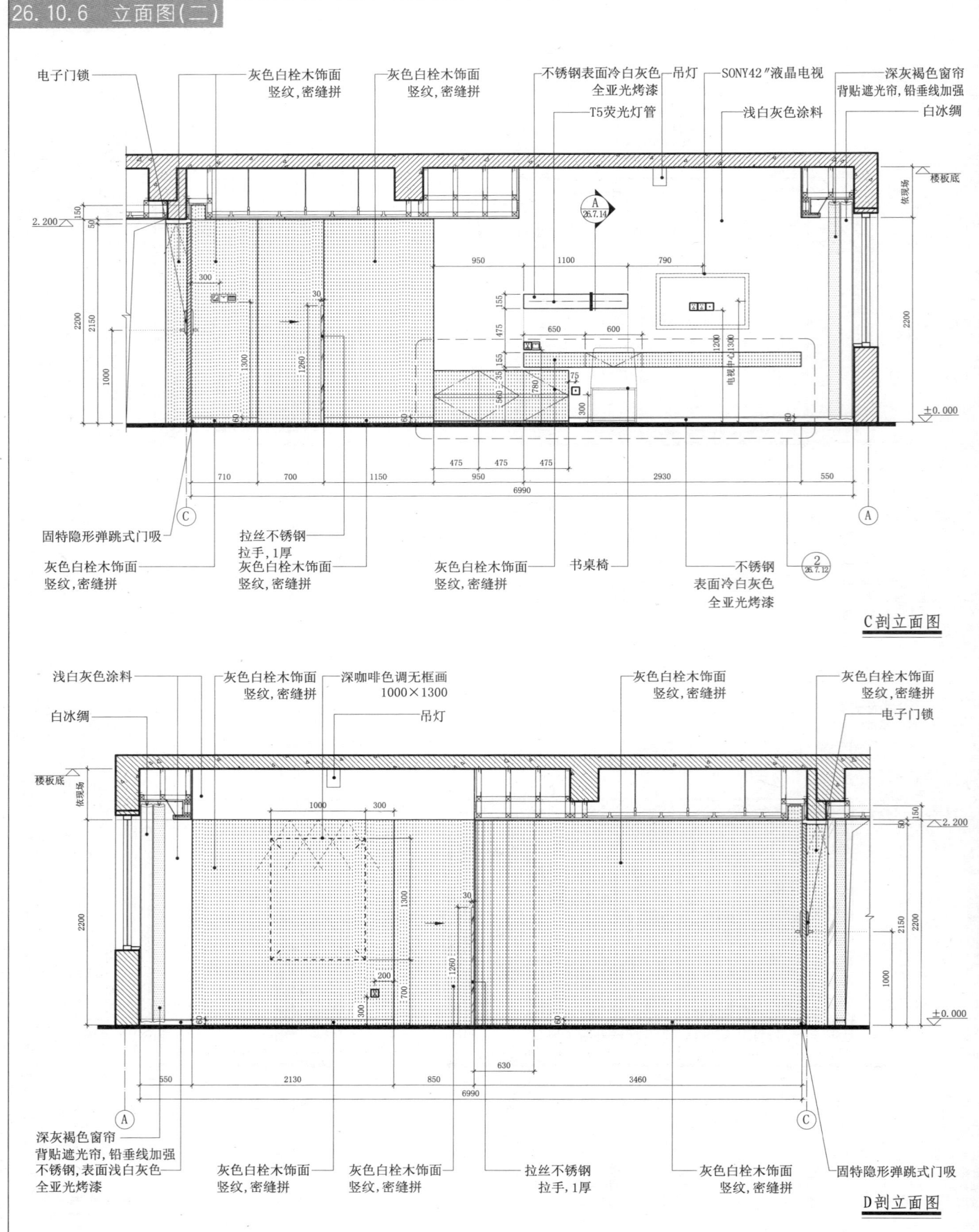

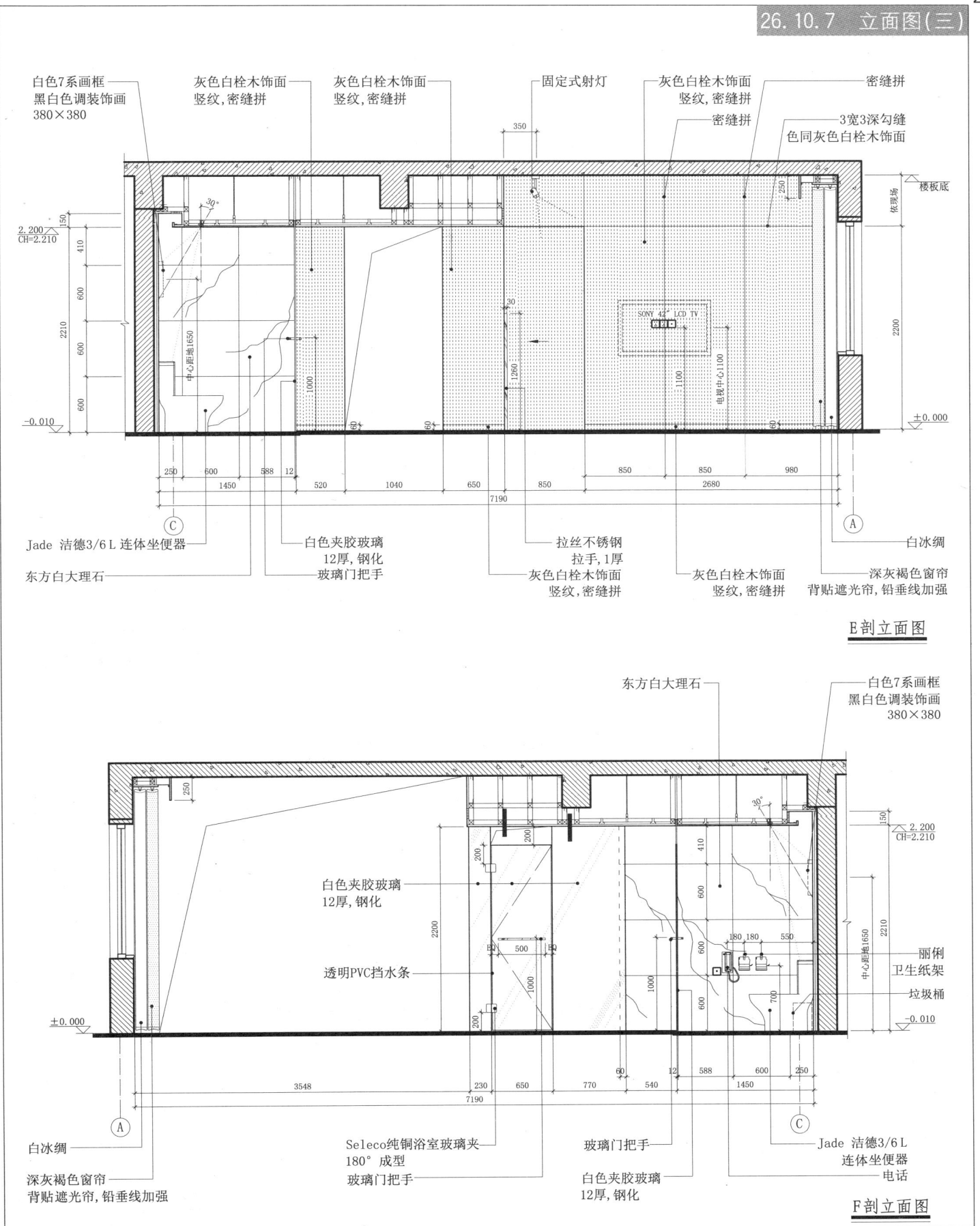

26.10 商务型精品酒店套房模式

26.10.7 立面图(三)

E剖立面图

F剖立面图

26 客房模式

26.10 商务型精品酒店套房模式

26.10.8 立面图(四)

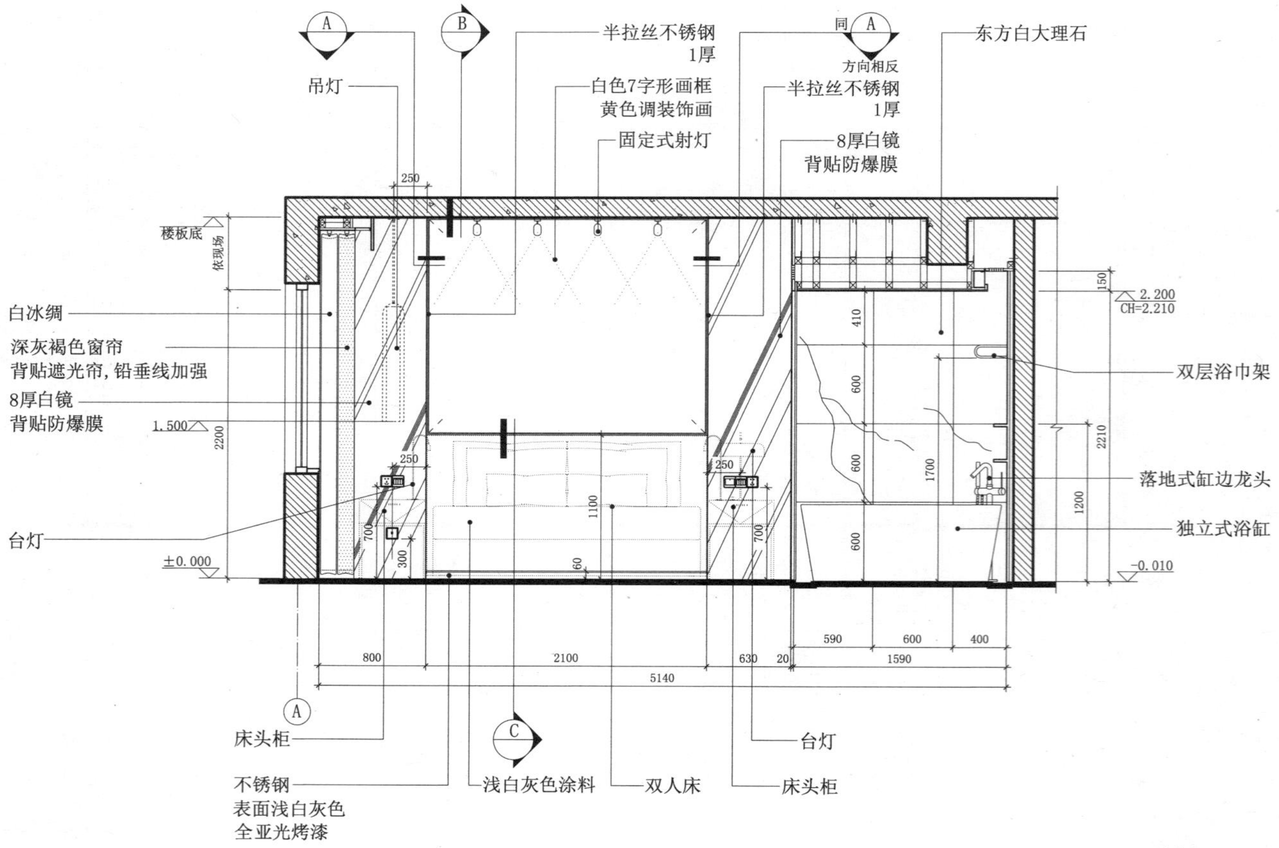

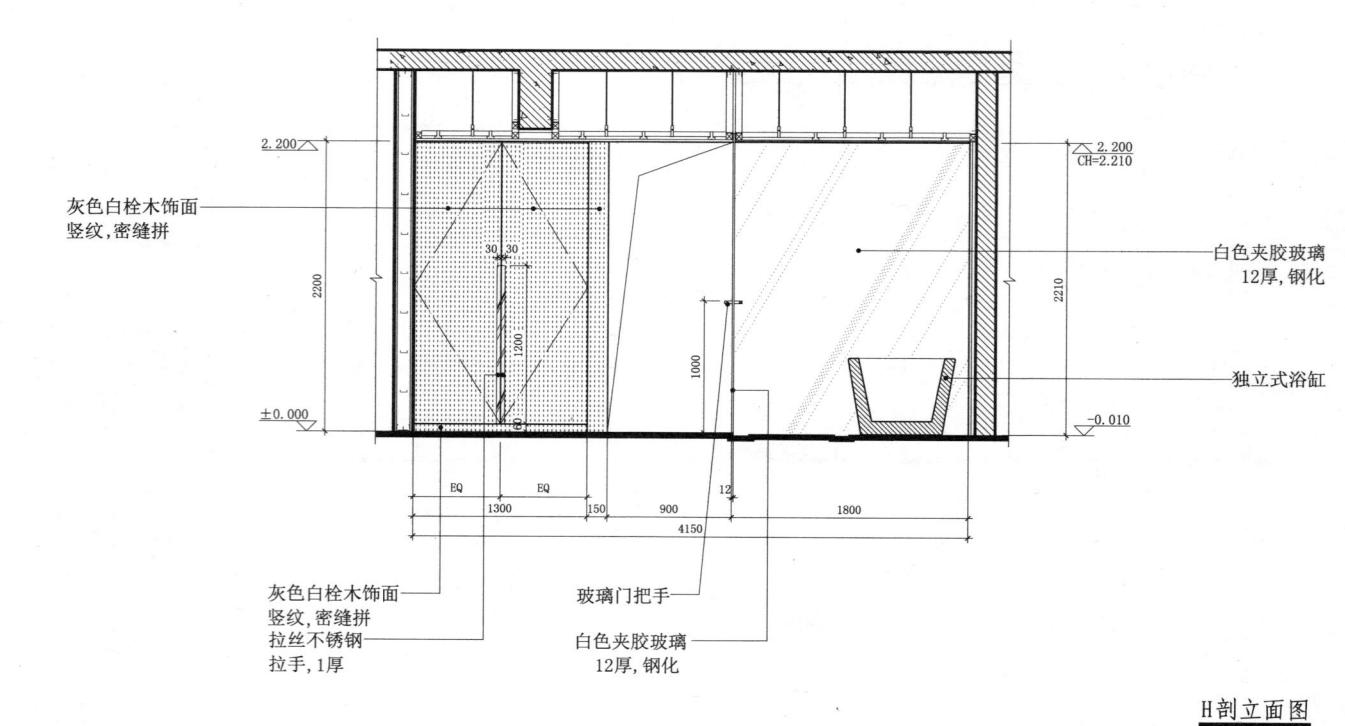

G剖立面图

H剖立面图

26.10.9 立面图(五) | 26.10 商务型精品酒店套房模式 | 26 客房模式

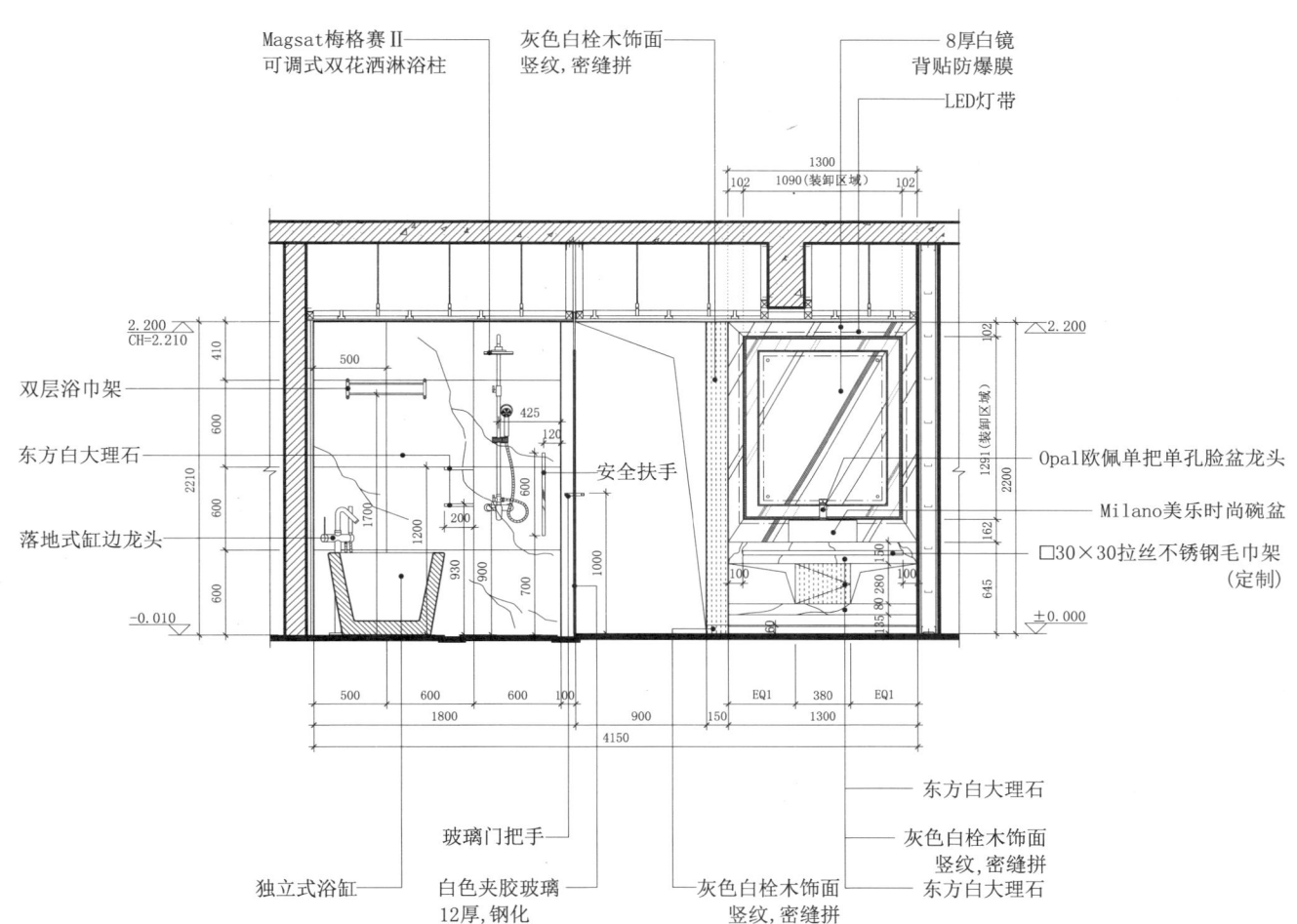

J剖立面图

26.11 酒店标间大床房模式（一）

26.11.1 平面图

平面布置图

26.11 酒店标间大床房模式（一）

26.11.2 索引图

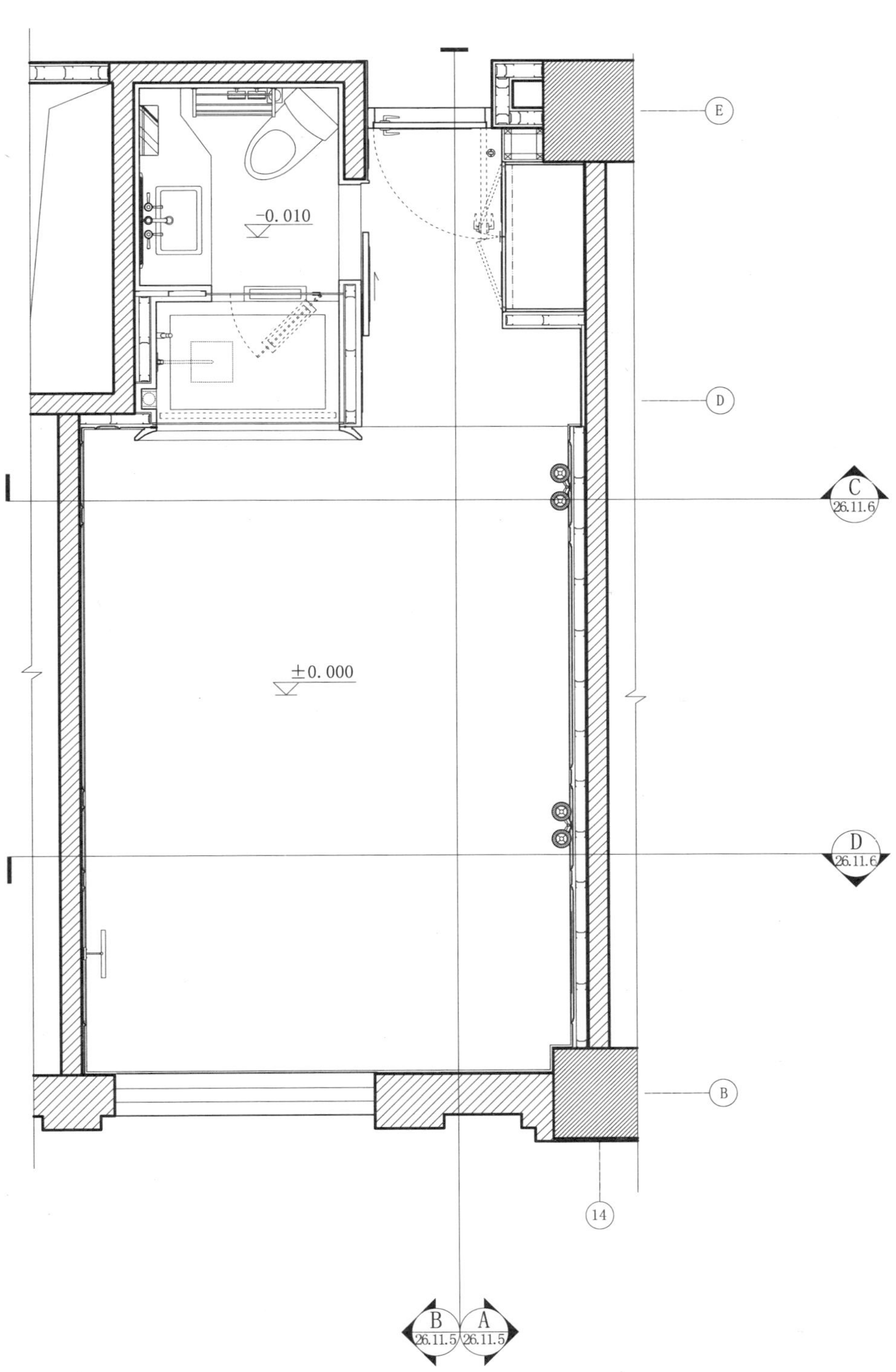

平面装修立面索引图

26 客房模式

26.11 酒店标间大床房模式（一）

26.11.3 平顶图

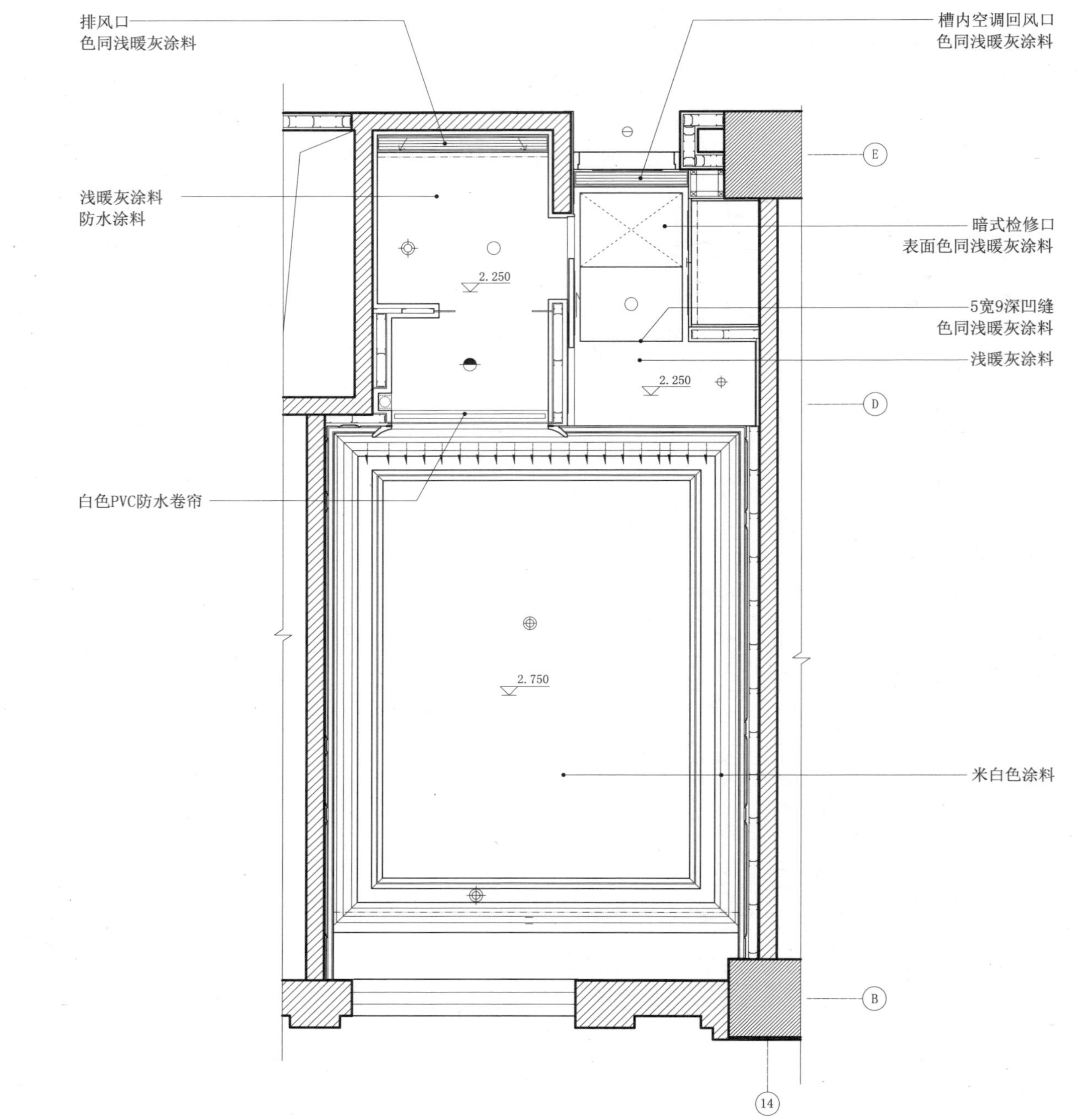

标注说明：
- 排风口 色同浅暖灰涂料
- 槽内空调回风口 色同浅暖灰涂料
- 浅暖灰涂料 防水涂料
- 暗式检修口 表面色同浅暖灰涂料
- 5宽9深凹缝 色同浅暖灰涂料
- 浅暖灰涂料
- 白色PVC防水卷帘
- 米白色涂料

标高：2.250、2.250、2.750

图例：
- 120宽条形空调回风口
- 排风口
- 条形空调侧送风口
- 暗式检修口

编号	图例	说明	型号
LT-02	——	LED灯带，0.1W/颗,90颗/m,12V,9W,2400K	ZY-RL2435B
LT-06	⊕	MR-11/12V石英卤素暗筒灯,配光36°,20W,浅孔+蜂窝片	ZY-AM3211
LT-09	⊖	MR-11/12V石英卤素暗筒灯,配光36°,35W,浅孔+磨砂片	ZY-AM1811
LT-25	⊕	MR-16/12V石英卤素暗筒灯,配光36°,20W,深孔+磨砂片	ZY-AM3915
LT-28	⊕	MR-16/12V石英卤素暗筒灯,配光36°,35W,深孔+蜂窝片	ZY-AM3915
LT-29	⊕	MR-16/12V石英卤素暗筒灯,配光36°,35W,深孔+磨砂片	ZY-AM3915
LT-47	○	GLS/220V ELG-A标准型节能灯泡,E27,7W,2700K,暗筒灯	ZY-AE2703
LT-49	●	GLS/220V ELG-A标准型节能灯泡,E27,10W,2700K,防雾筒灯,磨砂片	ZY-AE2793

平顶布置图

26.11 酒店标间大床房模式（一）

26.11.4 配电图

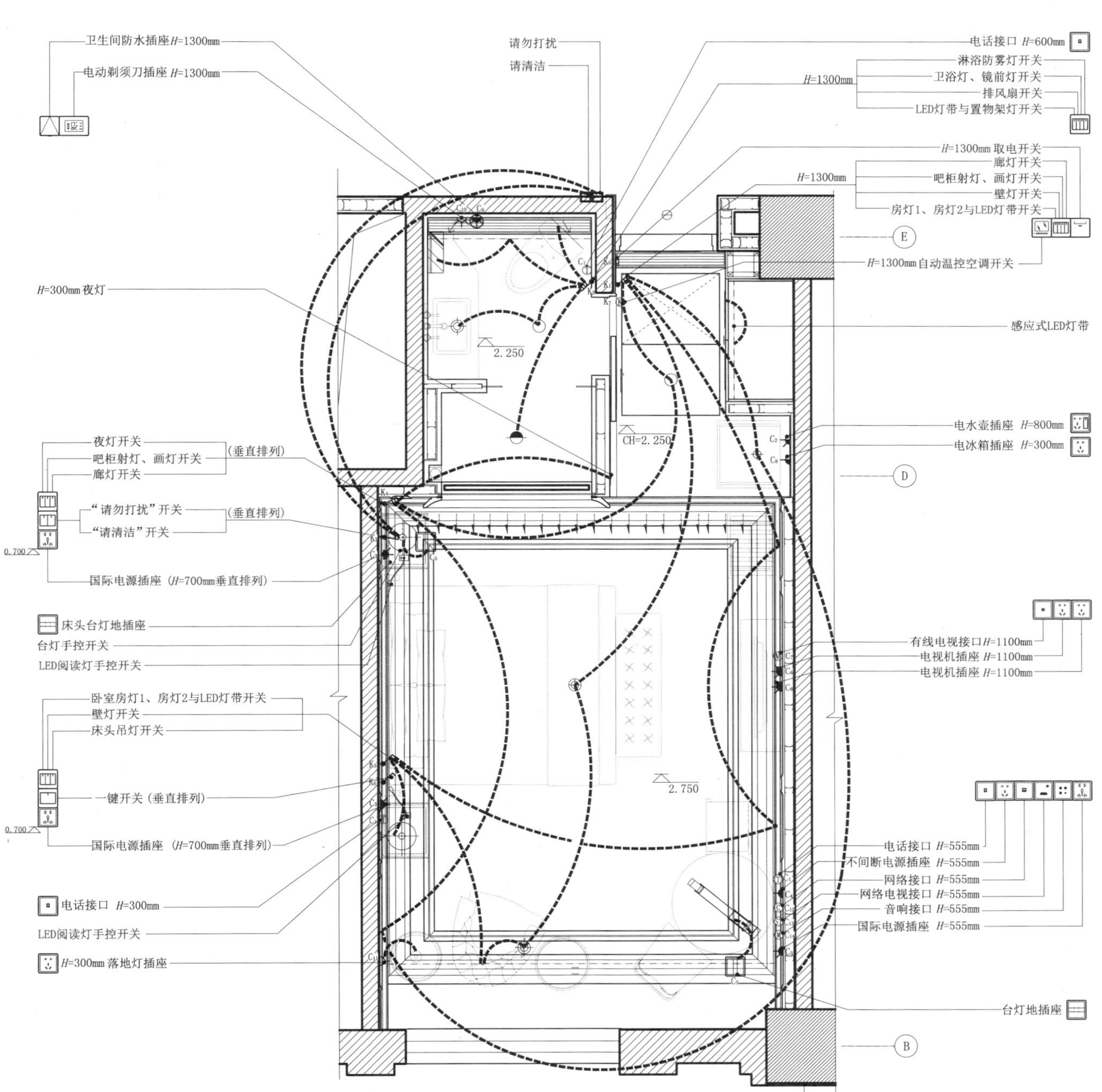

配电图

配电图表

平面编号	名称	备注	平面图例	立面图例	平面编号	名称	备注	平面图例	立面图例
K_0	取电开关				K_4	三联开关	夜灯；吧柜射灯、画灯；廊灯		
K_1	四联开关	廊灯；吧柜射灯、画灯开关；房灯1、房灯2与LED灯带；壁灯开关			K_5	三联开关	卧室房灯1、房灯2与LED灯带；壁灯开关；床头吊灯		
K_2	四联开关	卫浴灯与镜前灯；LED灯带与置物架灯；防雾；排风扇			K_6	单联开关	一键开关		
K_3	双联开关	请勿打扰；请清洁			K_7	自动温控空调开关	空调调温		

平面编号	名称	备注	平面图例	立面图例	平面编号	名称	备注	平面图例	立面图例	平面编号	名称	备注	平面图例	立面图例
C_1	电话接口	单孔			C_6	电视机插座	3×2扁眼插座			C_{11}	落地灯插座	3×2扁眼插座		
C_2	电水壶插座	3×2扁眼插座（带开关）			C_7	有线电视接口	专用			C_{12}	网络接口	网络接口		
C_3	国际电源插座	多功能插座			C_8	电冰箱插座	不间断电源插座			C_{13}	网络电视接口	网络电视接口		
C_4	不间断电源插座	不间断电源插座			C_9	卫生间插座	3×2扁眼防水插座			C_{14}	音响接口	音响接口		
C_5	地插座	地插座			C_{10}	电动剃须刀插座	电动剃须刀110V/220V插座							

26.11 酒店标间大床房模式（一）

26.11.5 立面图（一）

A剖立面图

B剖立面图

26.11 酒店标间大床房模式（一）

26.11.6 立面图（二）

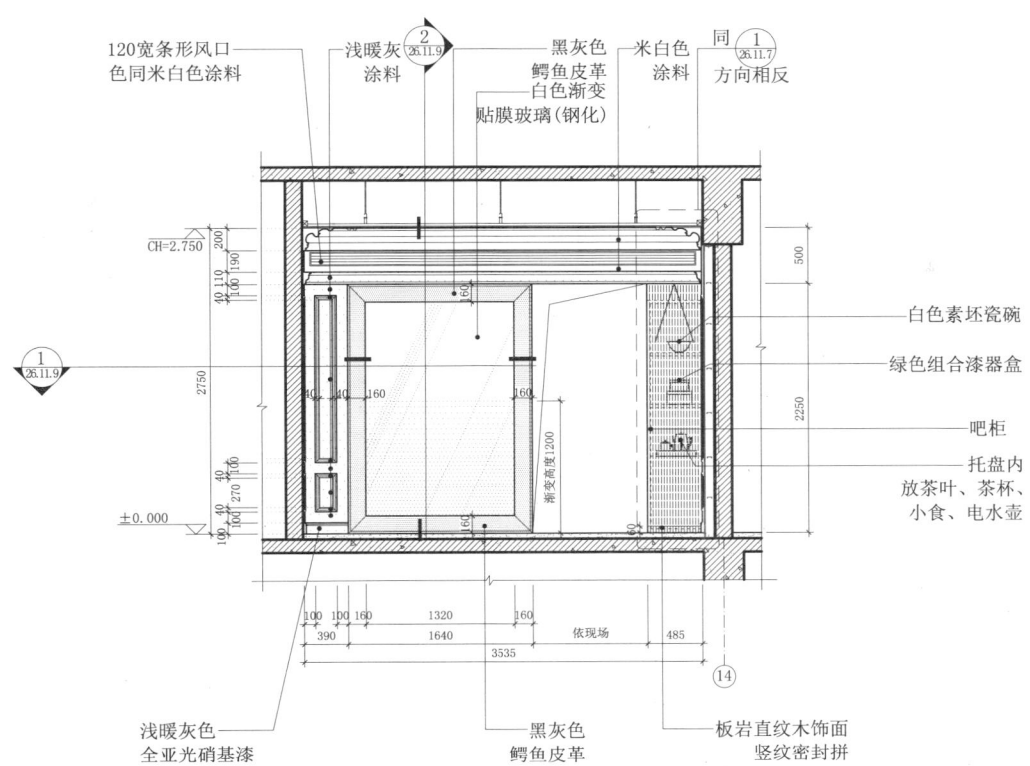

C剖立面图

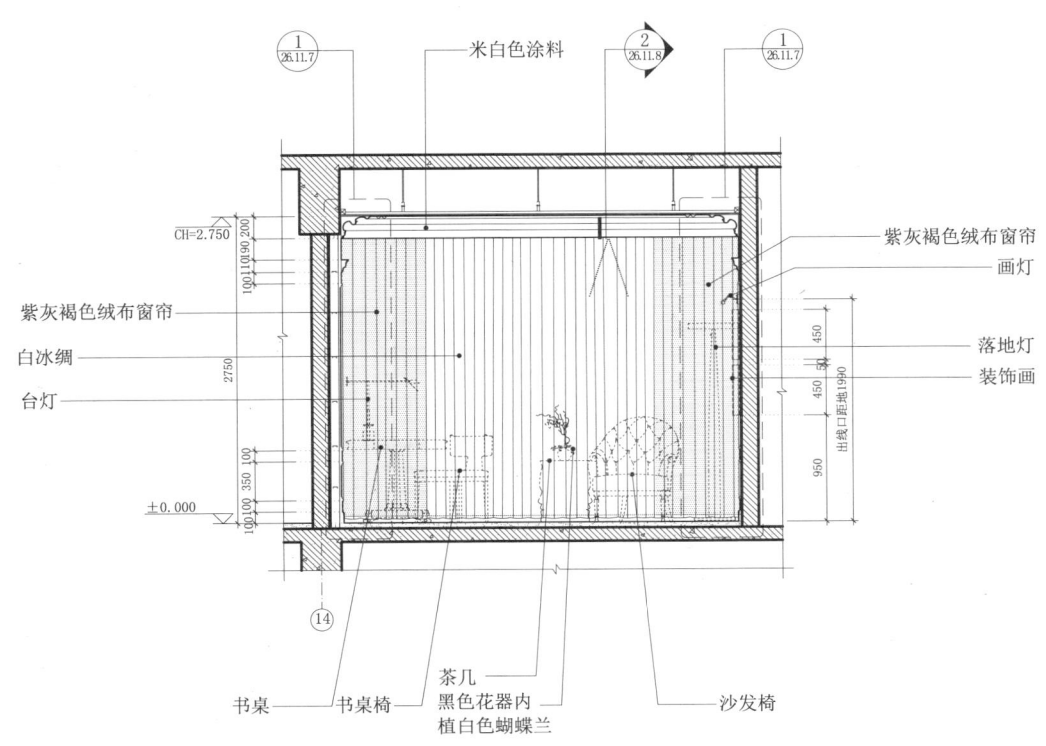

D剖立面图

26.11 酒店标间大床房模式（一）

26.11.7 墙面节点

26.11 酒店标间大床房模式（一）

26.11.8 墙面、天花节点

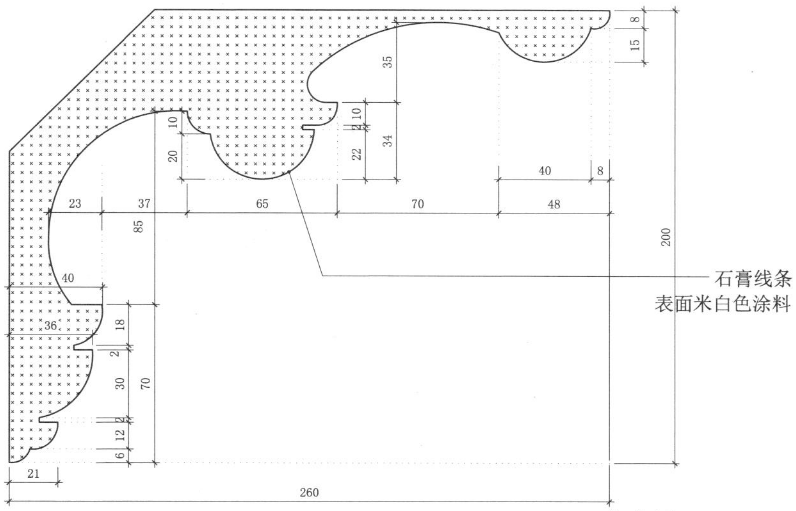

客房模式·西方古典风格

E节点图

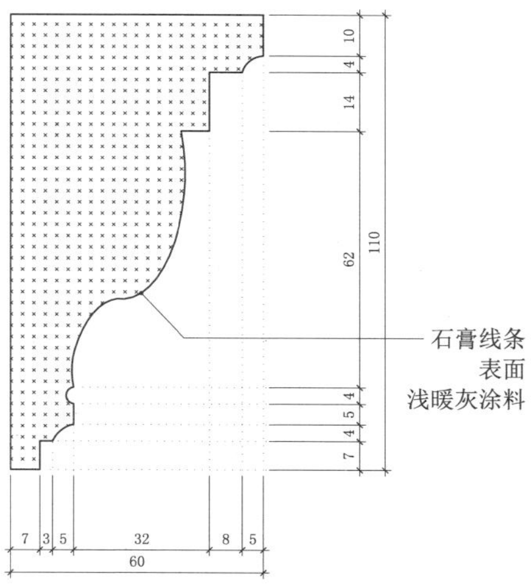

F节点图

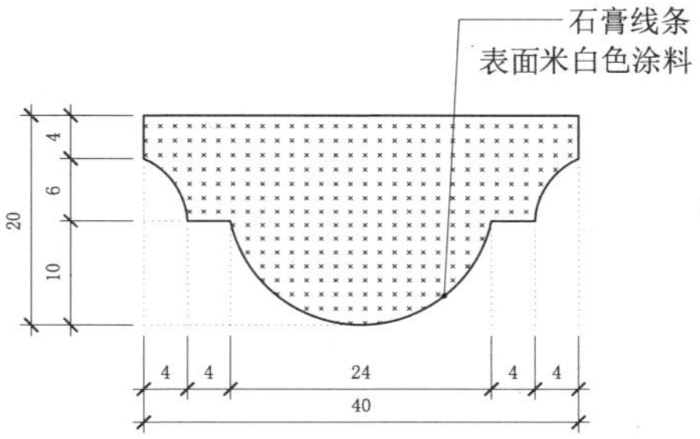

G节点图 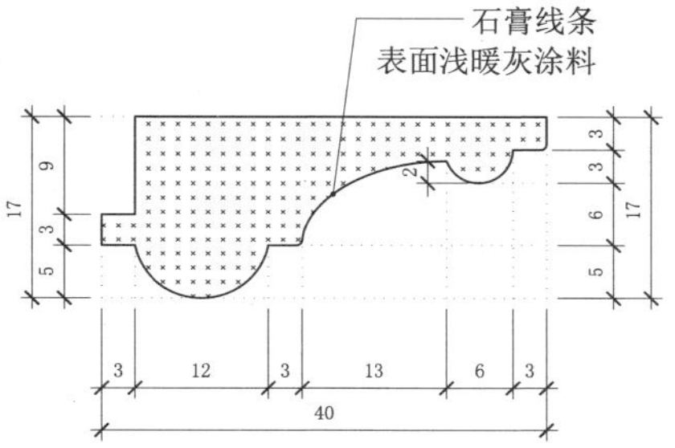　　H节点图 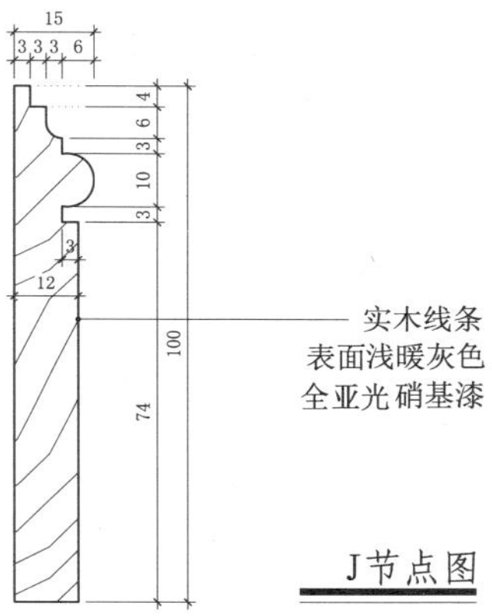　　J节点图

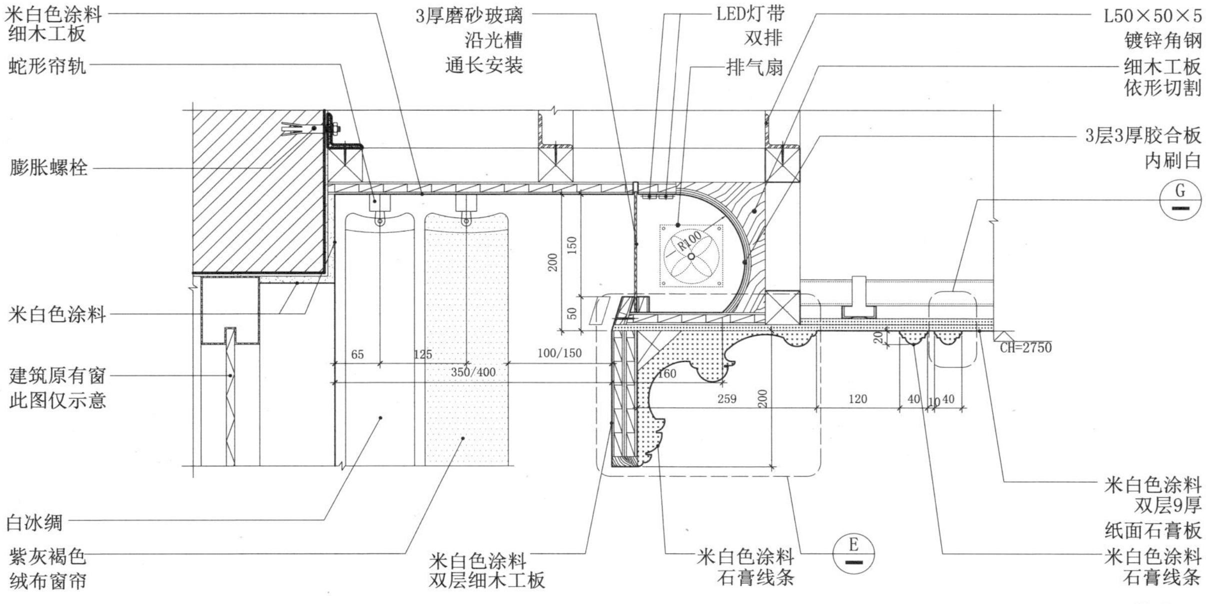

2节点图

26.11 酒店标间大床房模式（一）

26.11.9 淋浴房镜框节点

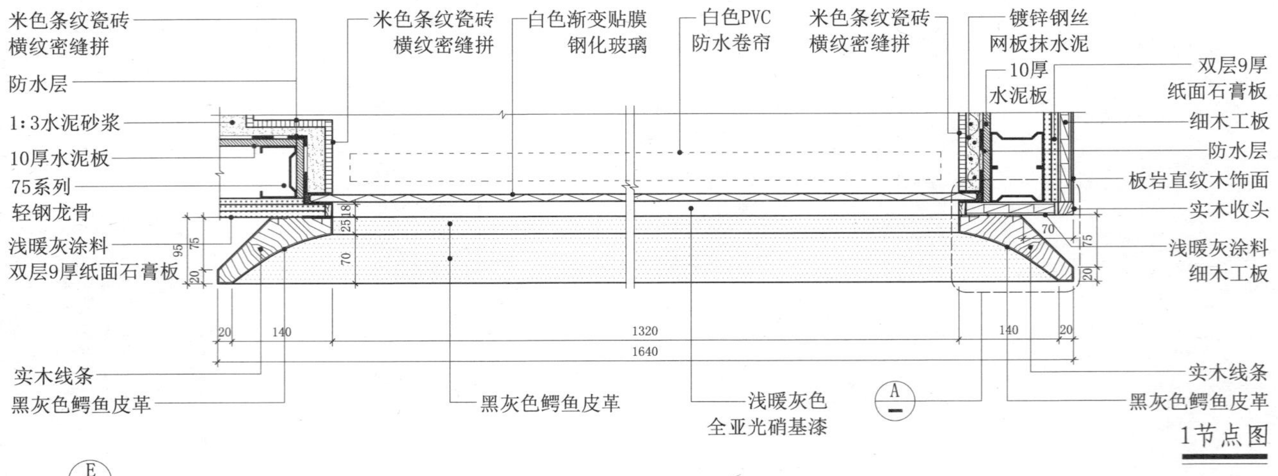

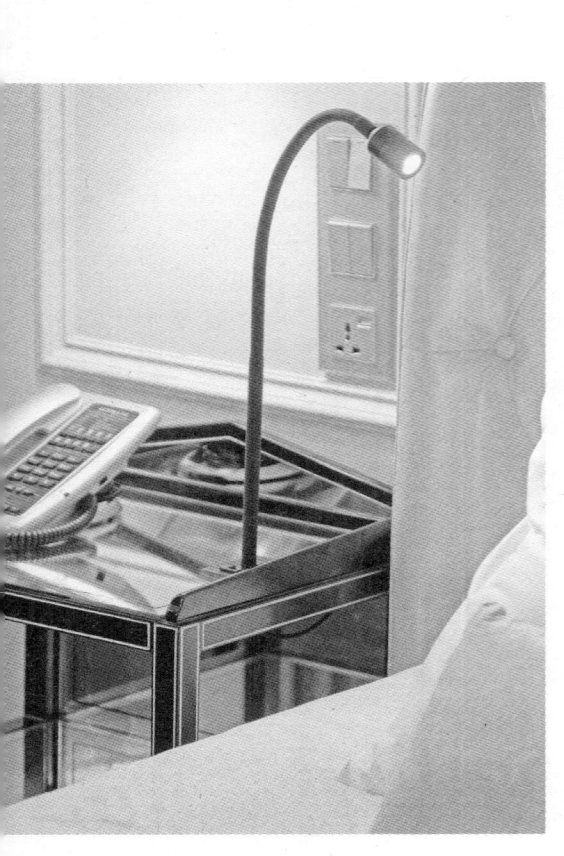

1节点图

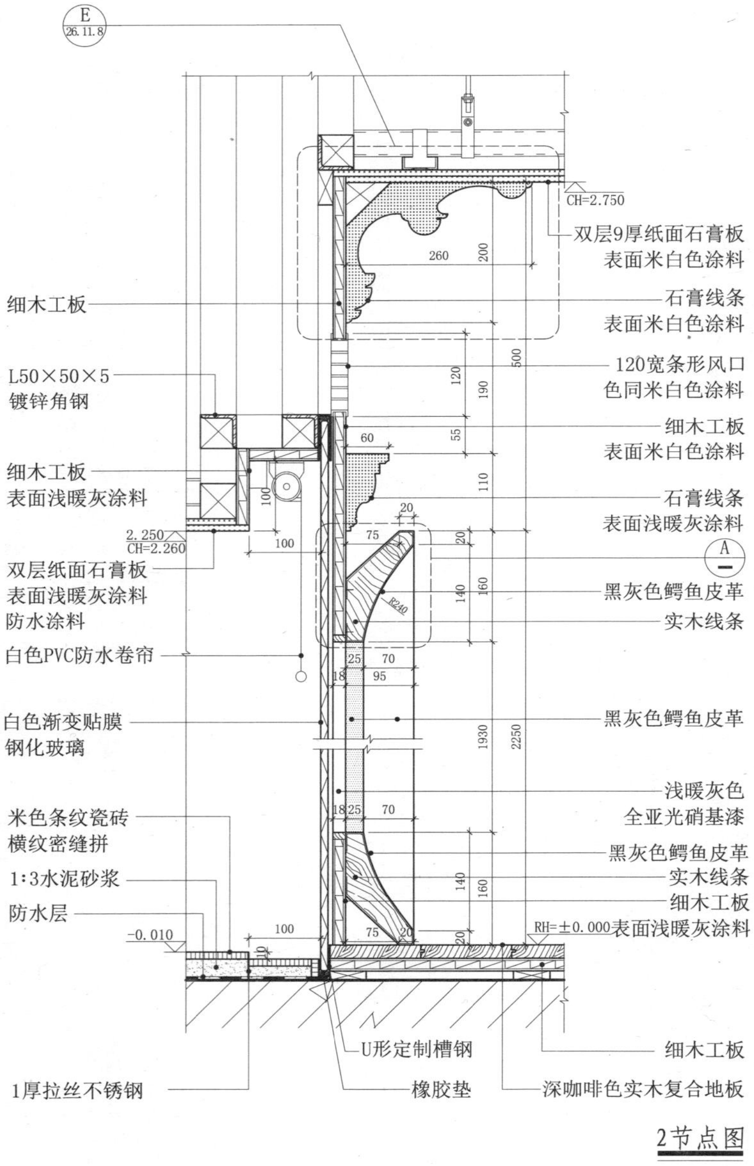

标注：
- 米色条纹瓷砖 横纹密缝拼
- 防水层
- 1:3水泥砂浆
- 10厚水泥板
- 75系列 轻钢龙骨
- 浅暖灰涂料 双层9厚纸面石膏板
- 米色条纹瓷砖 横纹密缝拼
- 白色渐变贴膜 钢化玻璃
- 白色PVC防水卷帘
- 米色条纹瓷砖 横纹密缝拼
- 镀锌钢丝网板抹水泥
- 10厚水泥板
- 双层9厚纸面石膏板
- 细木工板
- 防水层
- 板岩直纹木饰面
- 实木收头
- 浅暖灰涂料 细木工板
- 实木线条
- 黑灰色鳄鱼皮革
- 黑灰色鳄鱼皮革
- 浅暖灰色 全亚光硝基漆
- 实木线条
- 黑灰色鳄鱼皮革

2节点图

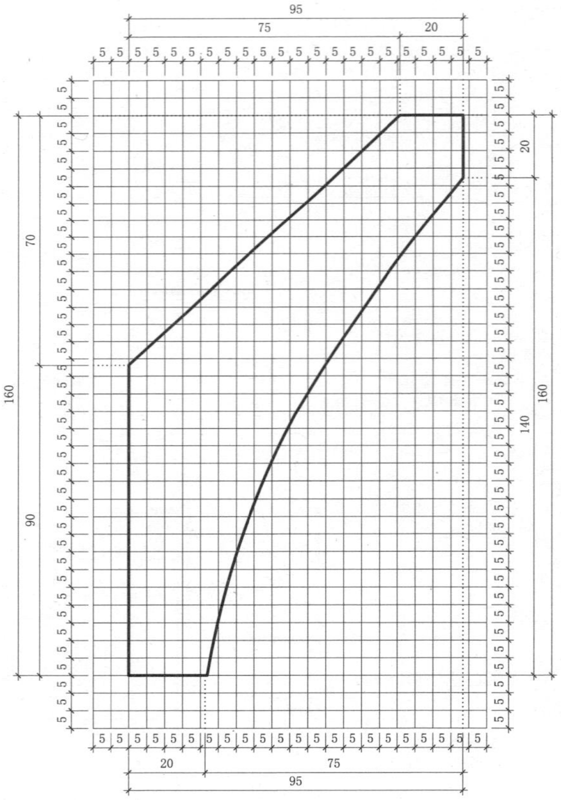

标注：
- 双层9厚纸面石膏板 表面米白色涂料
- 石膏线条 表面米白色涂料
- 120宽条形风口 色同米白色涂料
- 细木工板 表面米白色涂料
- 石膏线条 表面浅暖灰涂料
- 黑灰色鳄鱼皮革
- 实木线条
- 黑灰色鳄鱼皮革
- 浅暖灰色 全亚光硝基漆
- 黑灰色鳄鱼皮革
- 实木线条
- 细木工板 RH=±0.000 表面浅暖灰涂料
- 细木工板
- 深咖啡色实木复合地板
- 细木工板
- L50×50×5 镀锌角钢
- 细木工板 表面浅暖灰涂料
- 双层纸面石膏板 表面浅暖灰涂料 防水涂料
- 白色PVC防水卷帘
- 白色渐变贴膜 钢化玻璃
- 米色条纹瓷砖 横纹密缝拼
- 1:3水泥砂浆
- 防水层
- U形定制槽钢
- 橡胶垫
- 1厚拉丝不锈钢

A节点图

客房模式·西方古典风格 立面构造 玻璃构造

26.11 酒店标间大床房模式（一）

26.11.10 迷你吧柜节点（一）

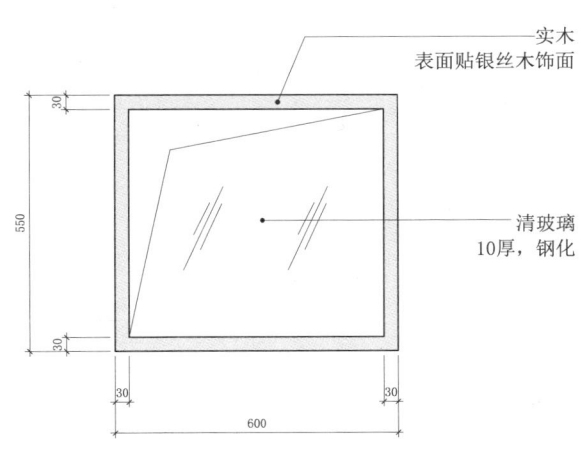

迷你吧柜平面图

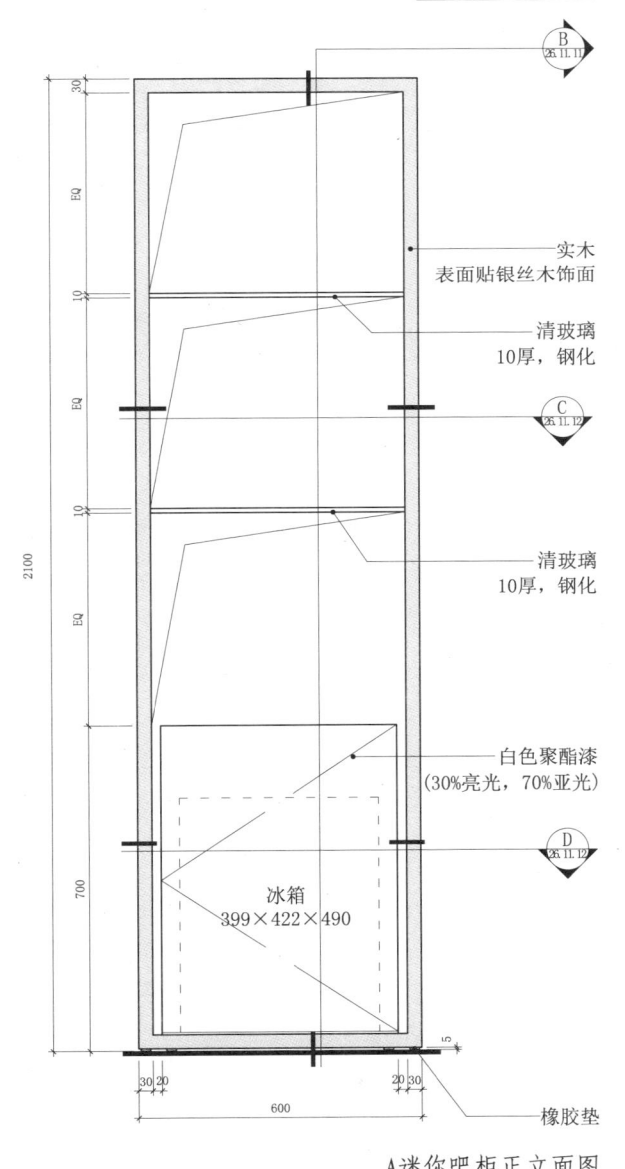

A 迷你吧柜正立面图

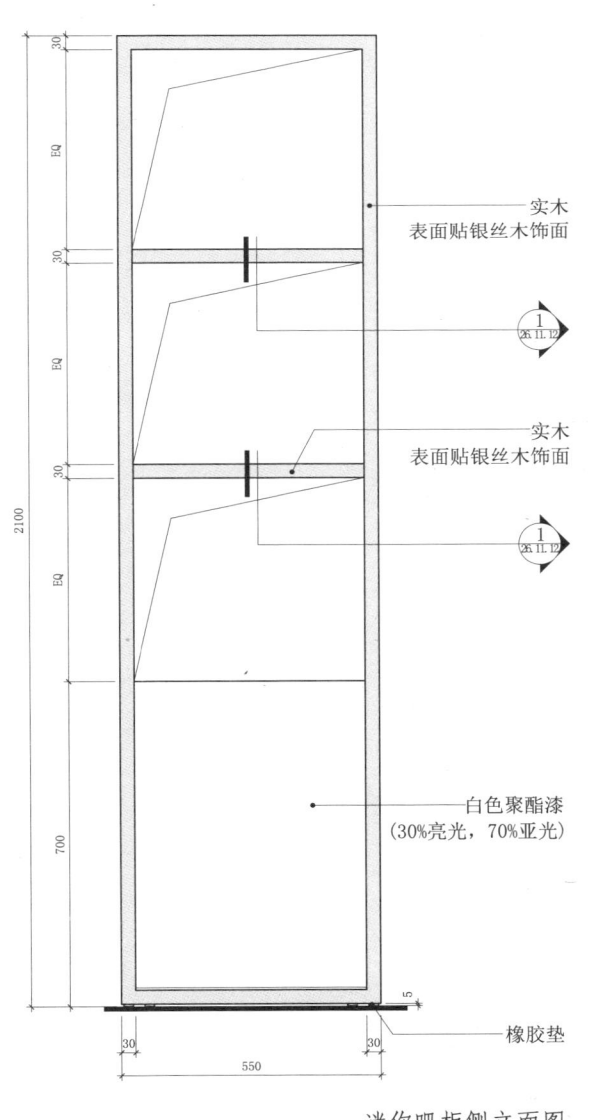

迷你吧柜侧立面图

26.11 酒店标间大床房模式（一）

26.11.11 迷你吧柜节点（二）

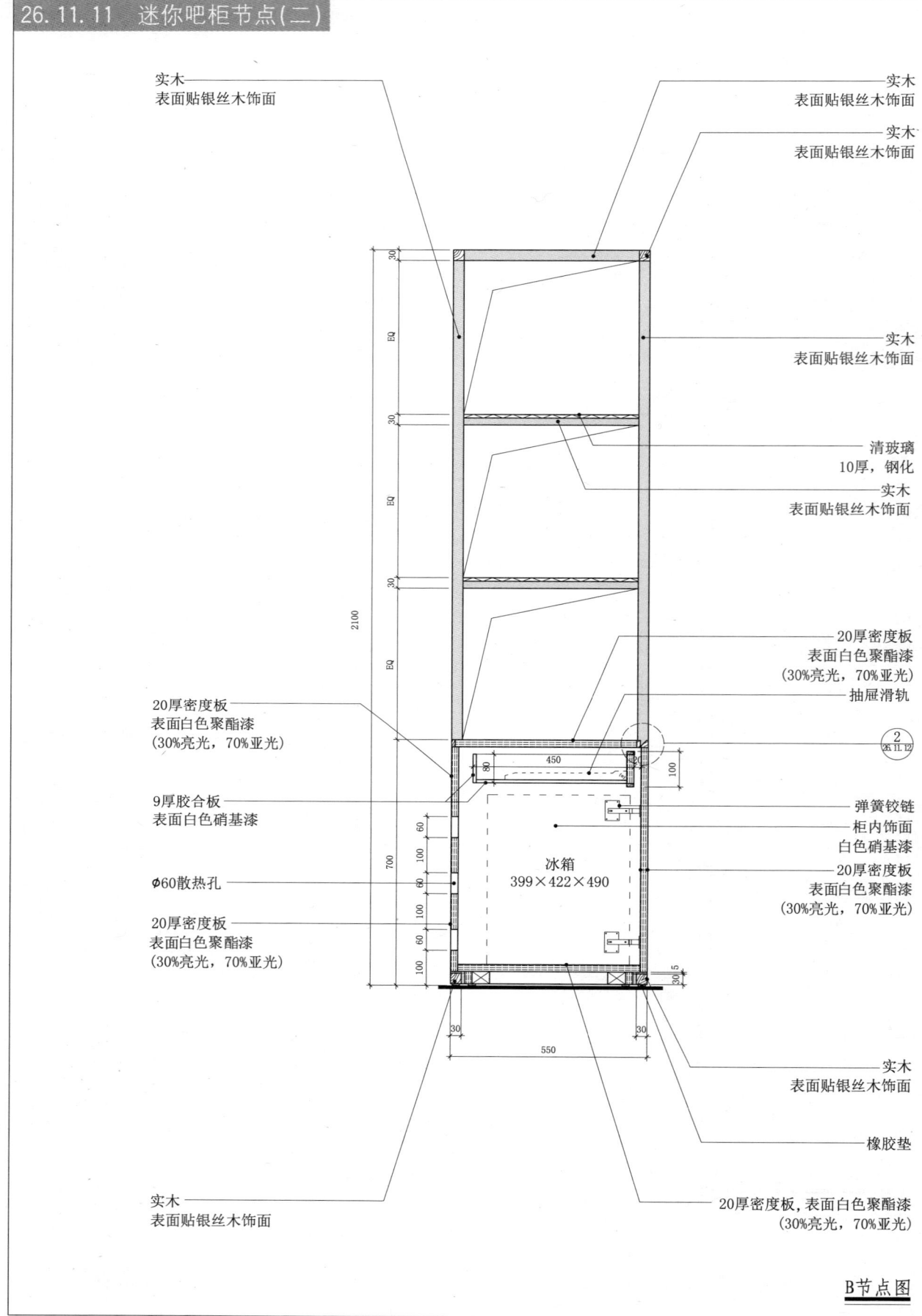

B节点图

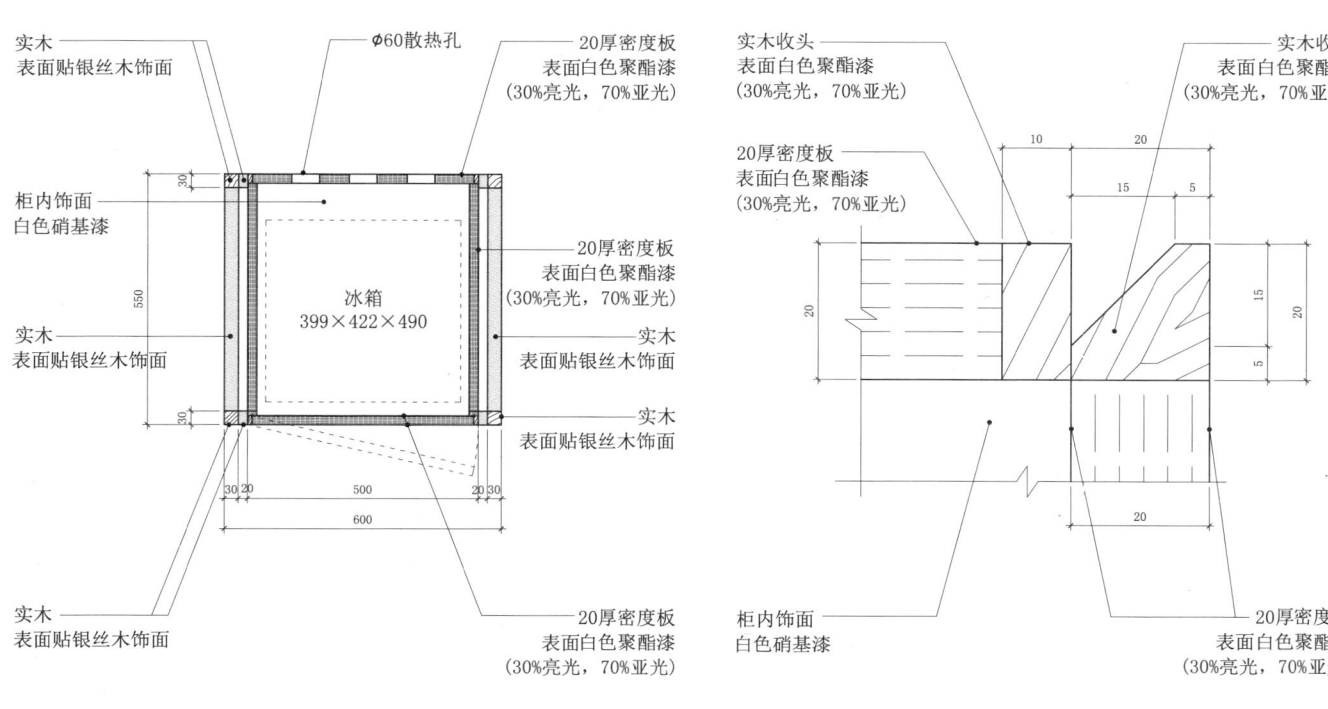

26.11 酒店标间大床房模式（一）

26.11.13 卫生间淋浴地坪节点

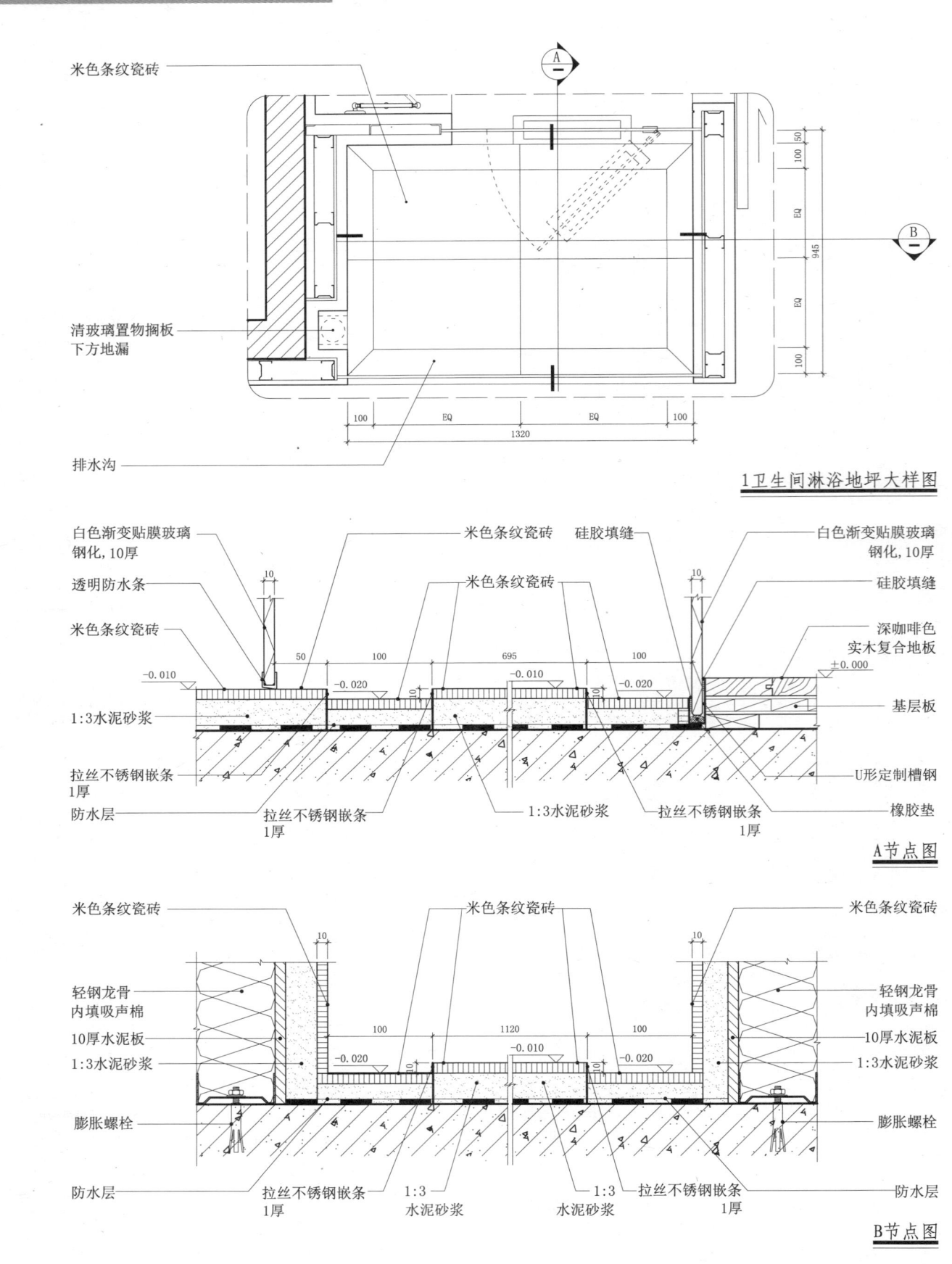

26.12 酒店标间大床房模式（二）

26.12.1 平面图

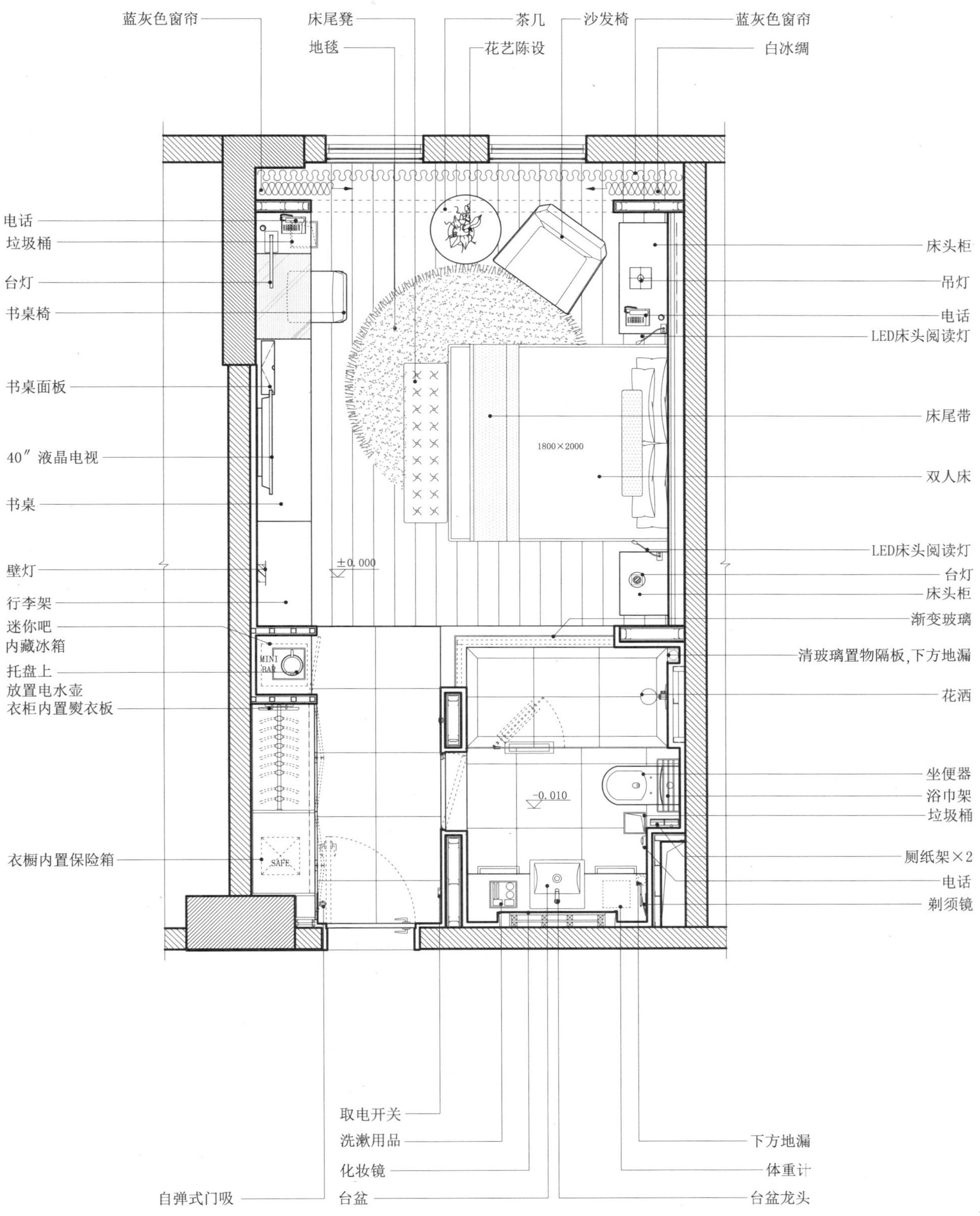

左侧标注（自上而下）：
- 蓝灰色窗帘
- 电话
- 垃圾桶
- 台灯
- 书桌椅
- 书桌面板
- 40″液晶电视
- 书桌
- 壁灯
- 行李架
- 迷你吧
- 内藏冰箱
- 托盘上
- 放置电水壶
- 衣柜内置熨衣板
- 衣橱内置保险箱

上方标注：
- 床尾凳
- 地毯
- 茶几
- 花艺陈设
- 沙发椅
- 蓝灰色窗帘
- 白冰绸

右侧标注（自上而下）：
- 床头柜
- 吊灯
- 电话
- LED床头阅读灯
- 床尾带
- 双人床 1800×2000
- LED床头阅读灯
- 台灯
- 床头柜
- 渐变玻璃
- 清玻璃置物隔板，下方地漏
- 花洒
- 坐便器
- 浴巾架
- 垃圾桶
- 厕纸架×2
- 电话
- 剃须镜

下方标注：
- 取电开关
- 洗漱用品
- 化妆镜
- 自弹式门吸
- 台盆
- 下方地漏
- 体重计
- 台盆龙头

±0.000 −0.010

平面布置图

室内构造节点与专项模式图集 | 1217

26.12 酒店标间大床房模式（二）

26.12.2 索引图

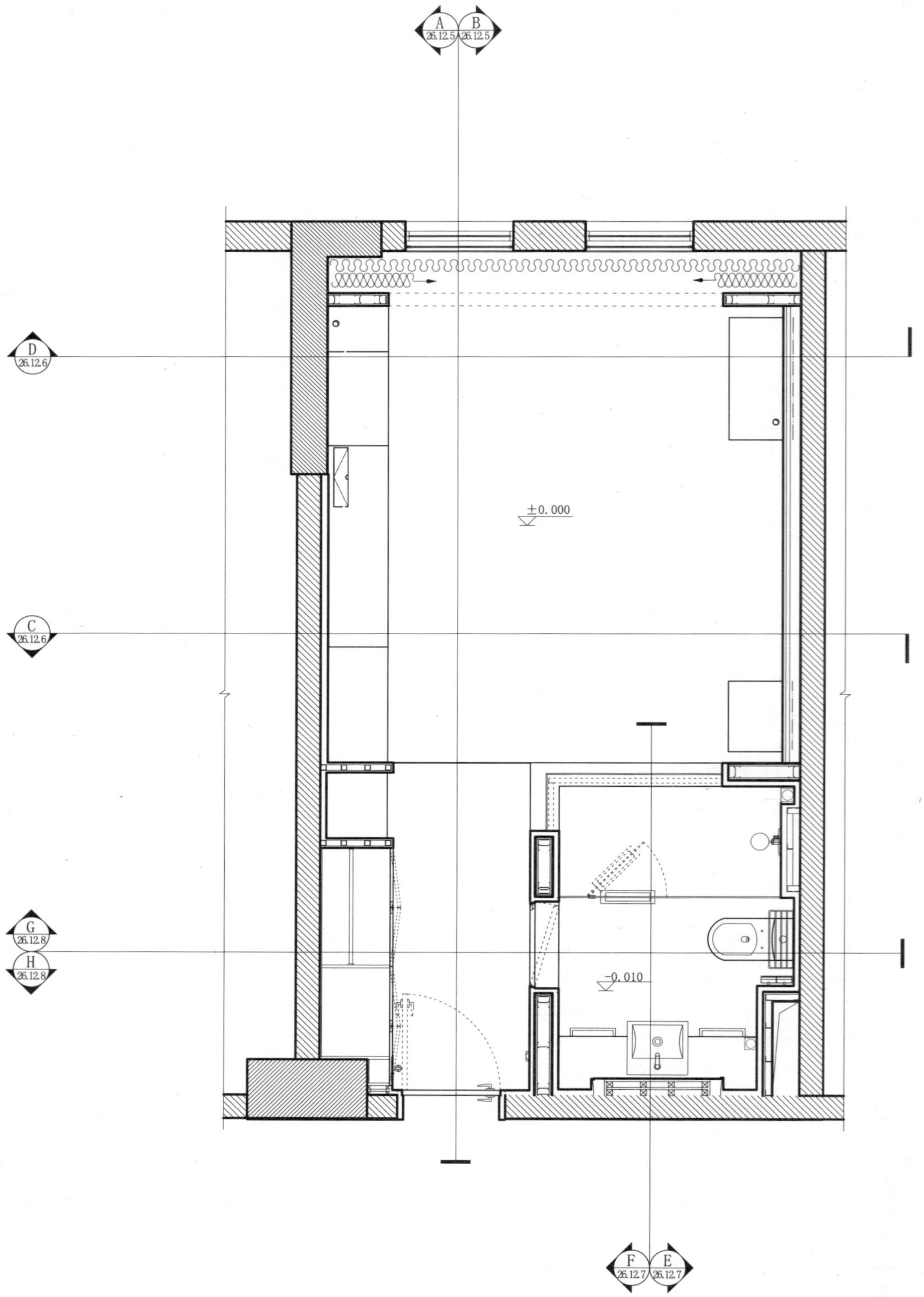

平面装修立面索引图

26.12 酒店标间大床房模式（二）

26.12.3 平顶图

26 客房模式

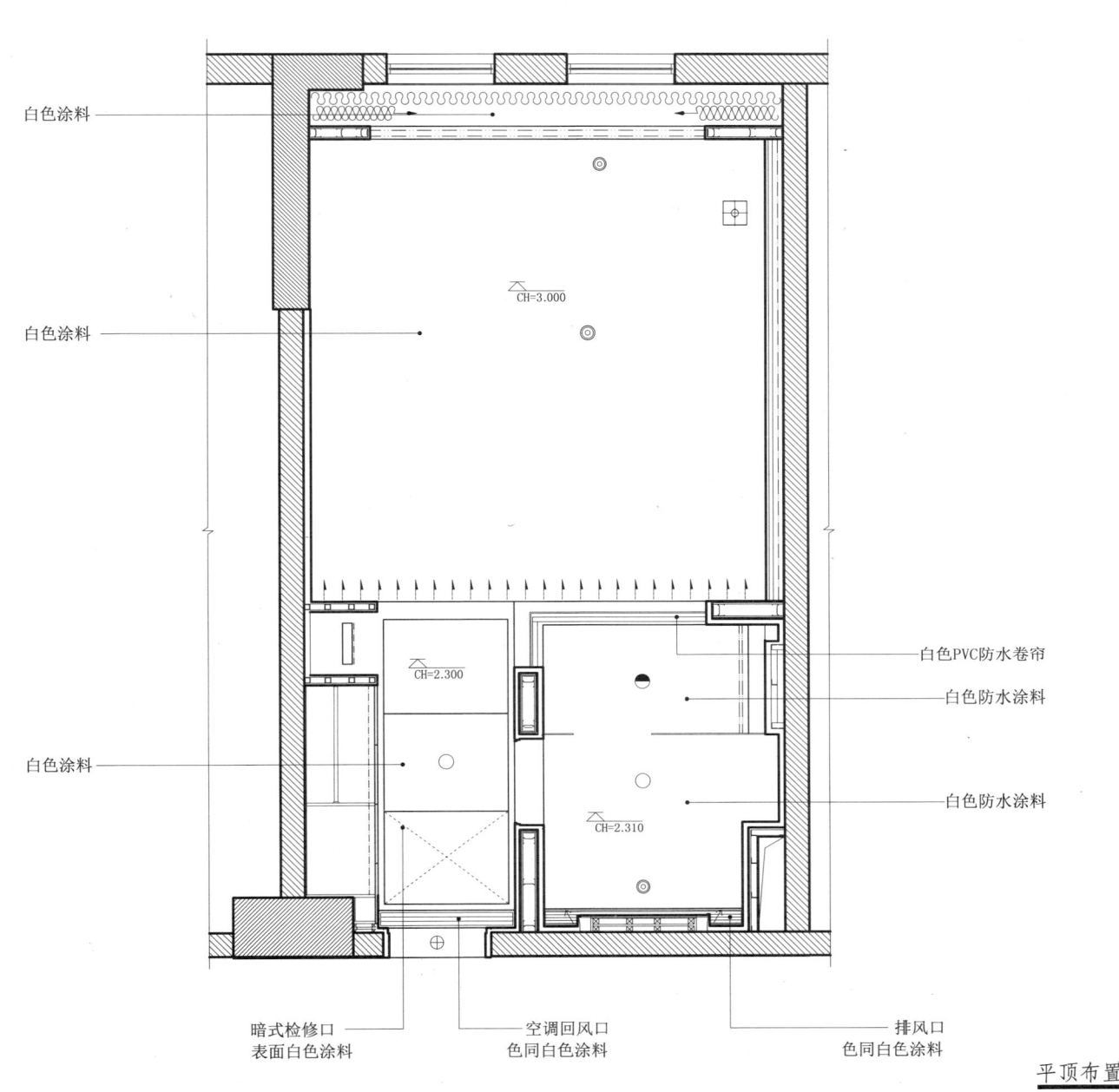

平顶布置图

		120宽条形空调回风口
		排风口
		条形空调侧送风口
		暗式检修口

| LL-01 | | 吊灯 | 详见灯施-01 |

LT-01	-----	LED灯带，0.1W/颗,60颗/m，12V,6W,2400K	ZY-TD2824A	LT-20	◉	MR-16/12V石英卤素暗筒灯，配光36°,50W，浅孔+磨砂片	ZY-SM3215
LT-02	-----	LED灯带，0.1W/颗,90颗/m，12V,9W,2400K	ZY-TD2824B	LT-33	○	GLS/220V ELG-A标准型节能灯泡，E27,7W，2700K 暗筒灯	ZY-AE2703
LT-03	-----	LED灯带，0.1W/颗,120颗/m，12V,12W,2400K	ZY-TD2824C	LT-36	○	GLS/220V ELG-A标准型节能灯泡，E27,15W，2700K 暗筒灯	ZY-AE2703
LT-15	◉	MR-16/12V石英卤素暗筒灯，配光36°,20W，浅孔+磨砂片	ZY-SM3215	LT-37	◐	GLS/220V ELG-A标准型节能灯泡，E27,10W，2700K 防雾筒灯	ZY-AE2793
LT-18	◉	MR-16/12V石英卤素暗筒灯，配光36°,35W，浅孔+蜂窝片	ZY-SM3215	LT-41	⊕	MR-11/LED暗筒灯，2700K，配光45°,3W	ZY-TM2011

26.12 酒店标间大床房模式（二）

26.12.4 配电图

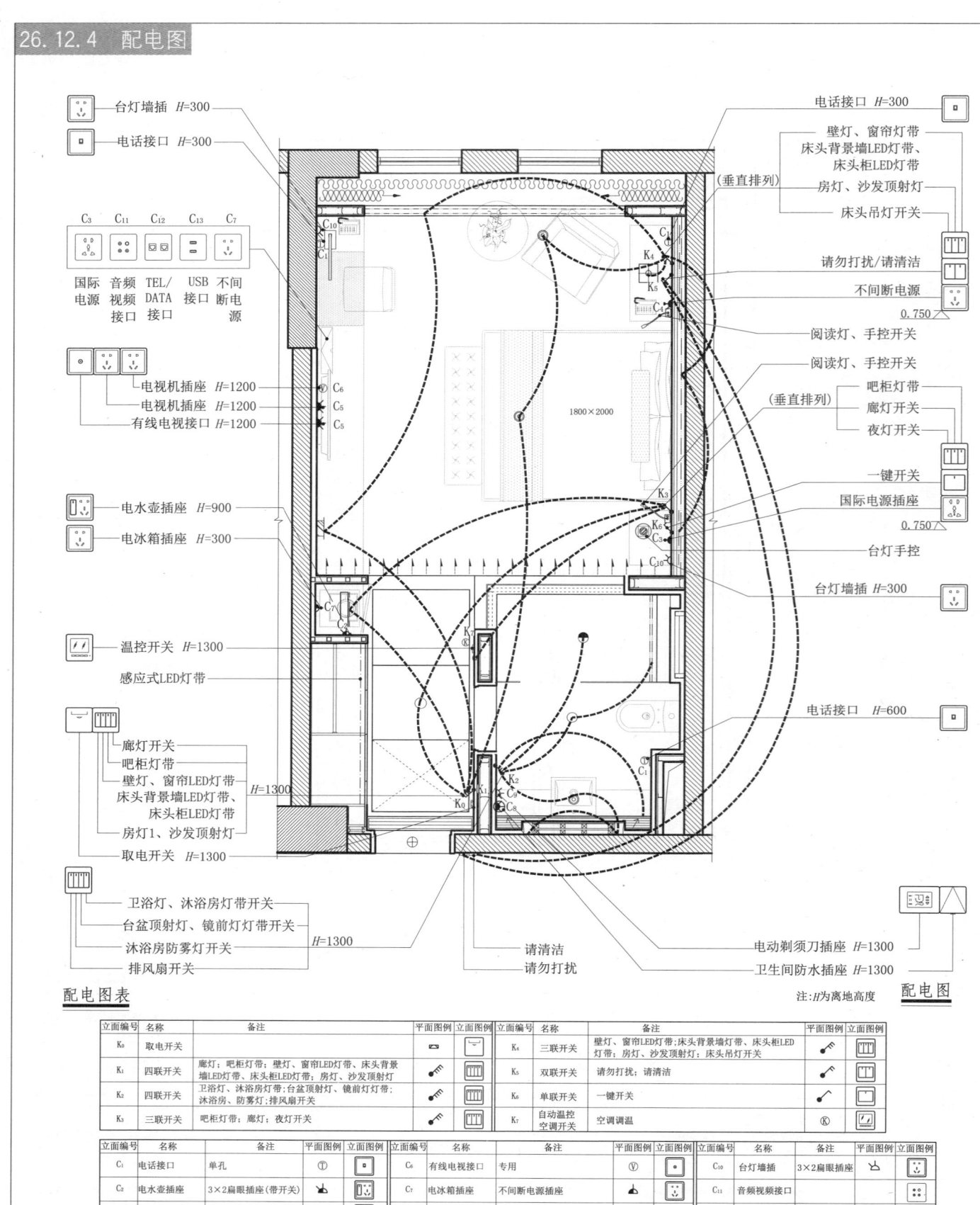

配电图

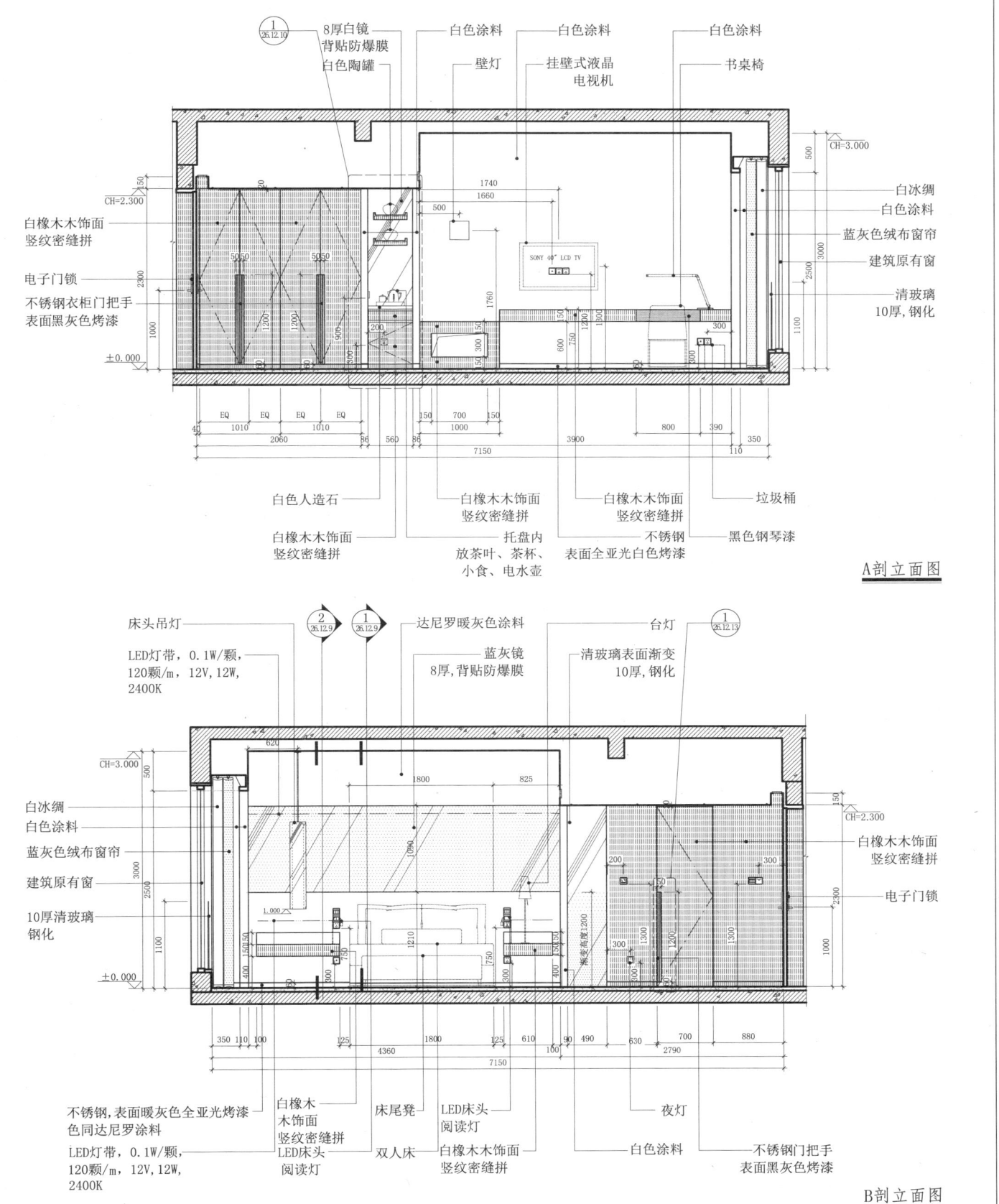

26.12 酒店标间大床房模式（二）

26.12.6 立面图（二）

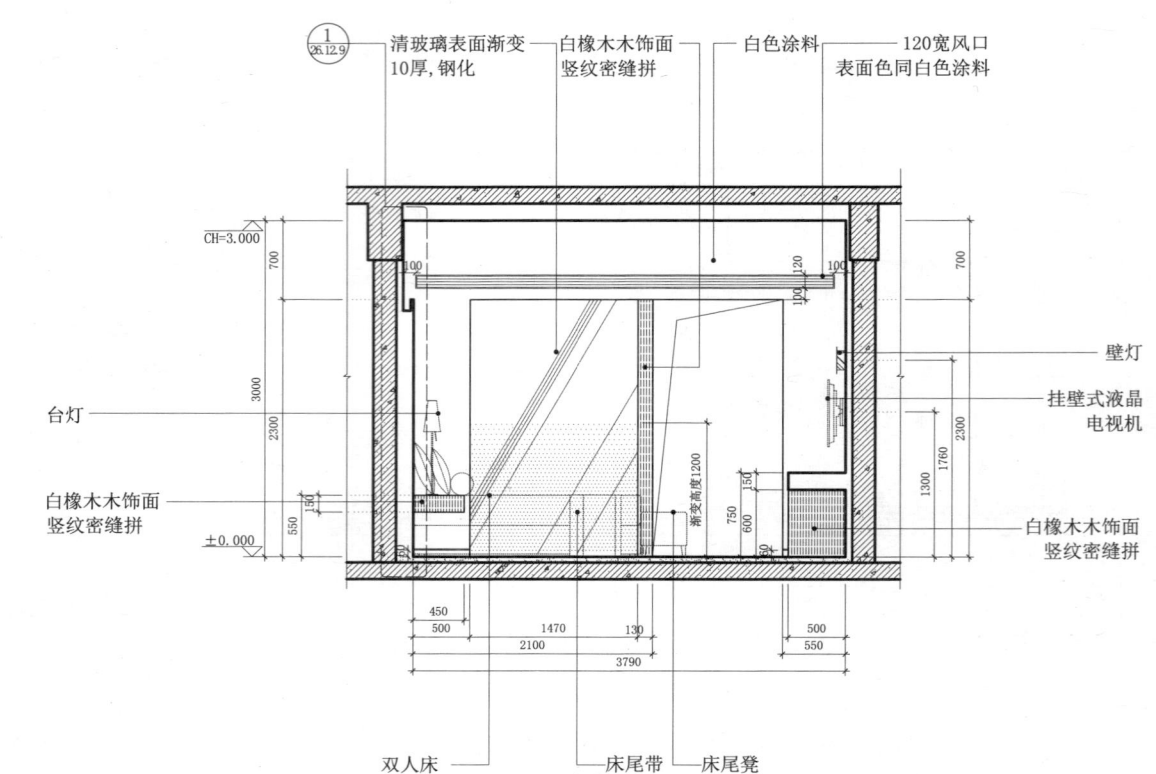

C剖立面图

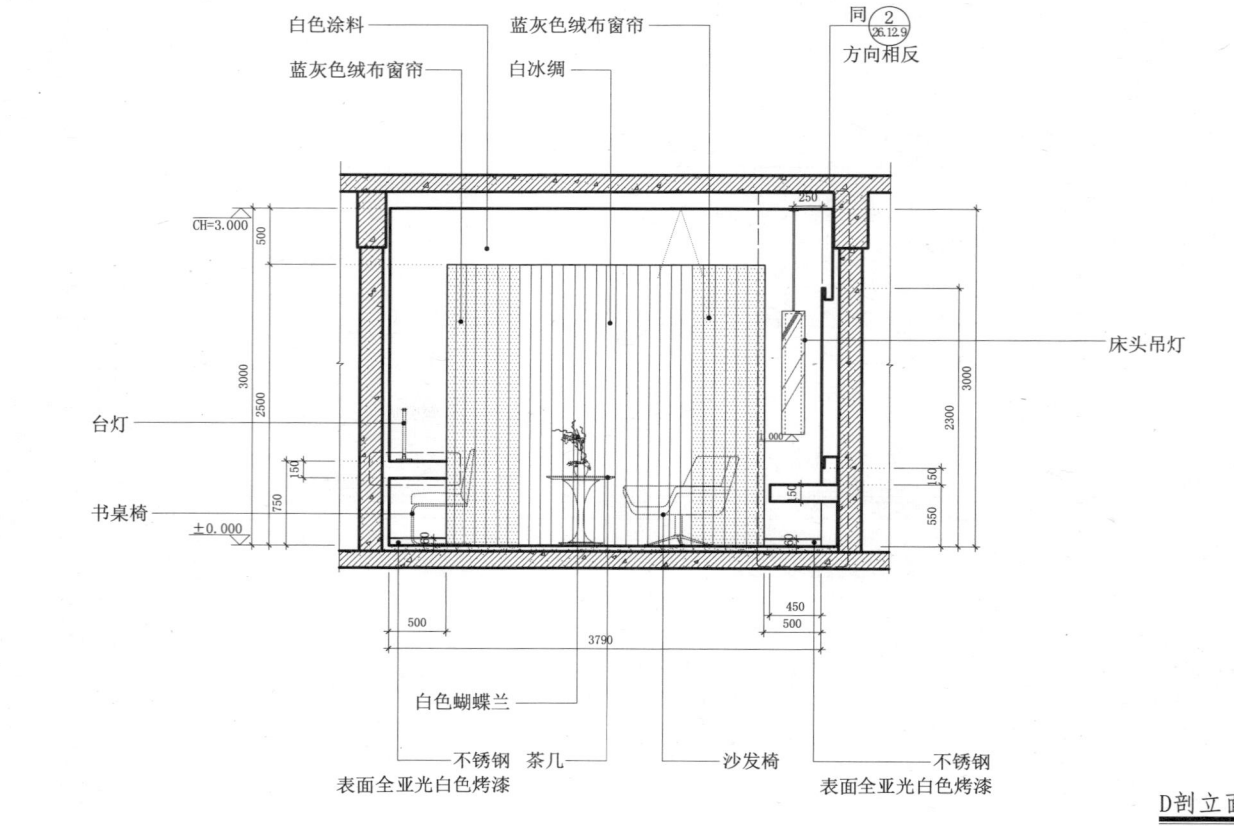

D剖立面图

26.12.7 立面图(三) 　　26.12 酒店标间大床房模式(二)

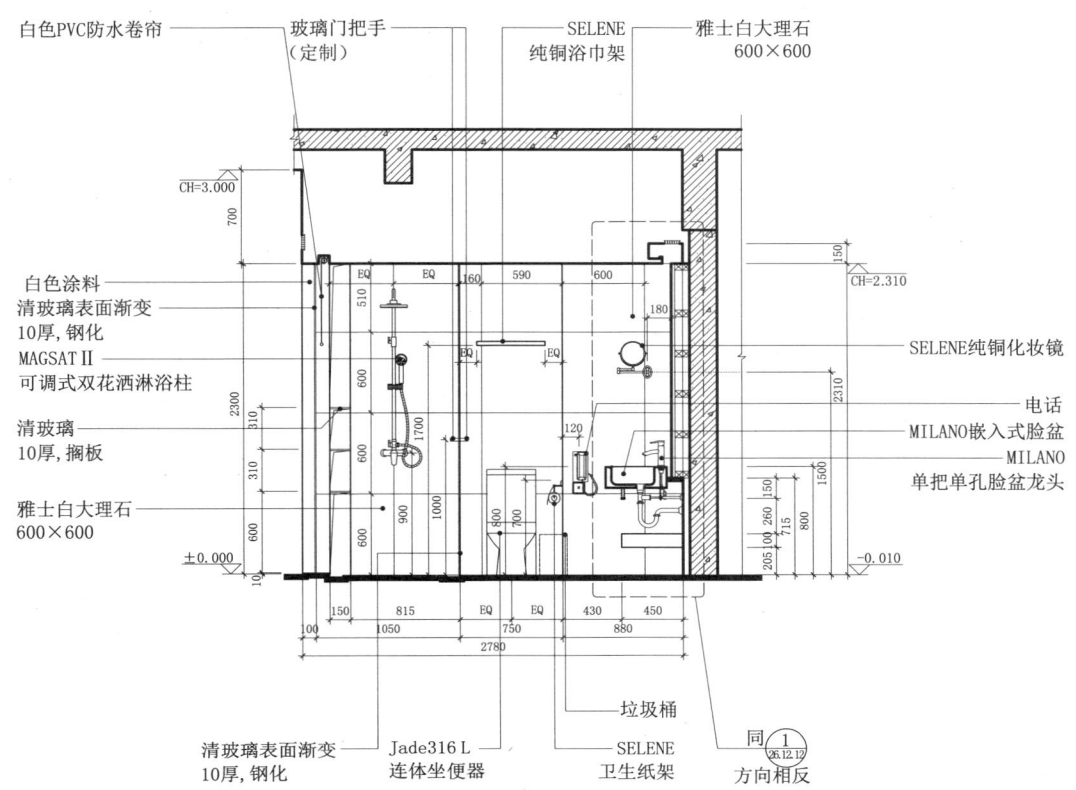

E剖立面图

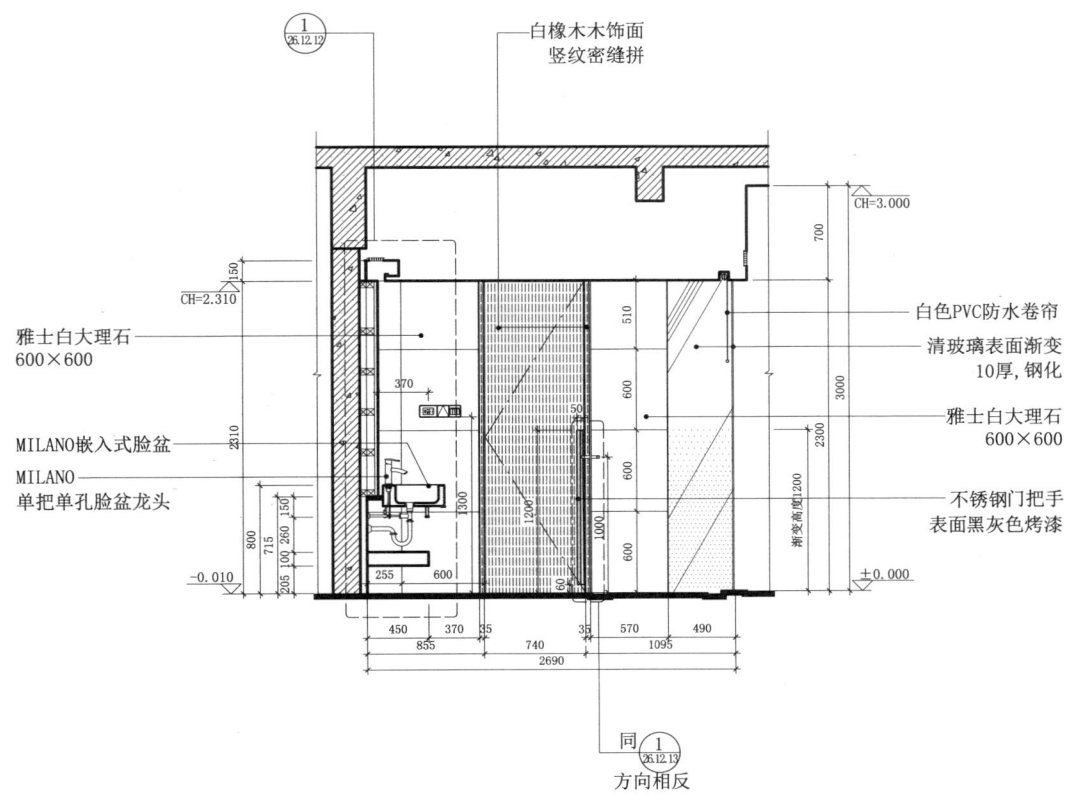

F剖立面图

26.12 酒店标间大床房模式（二）

26.12.8 立面图（四）

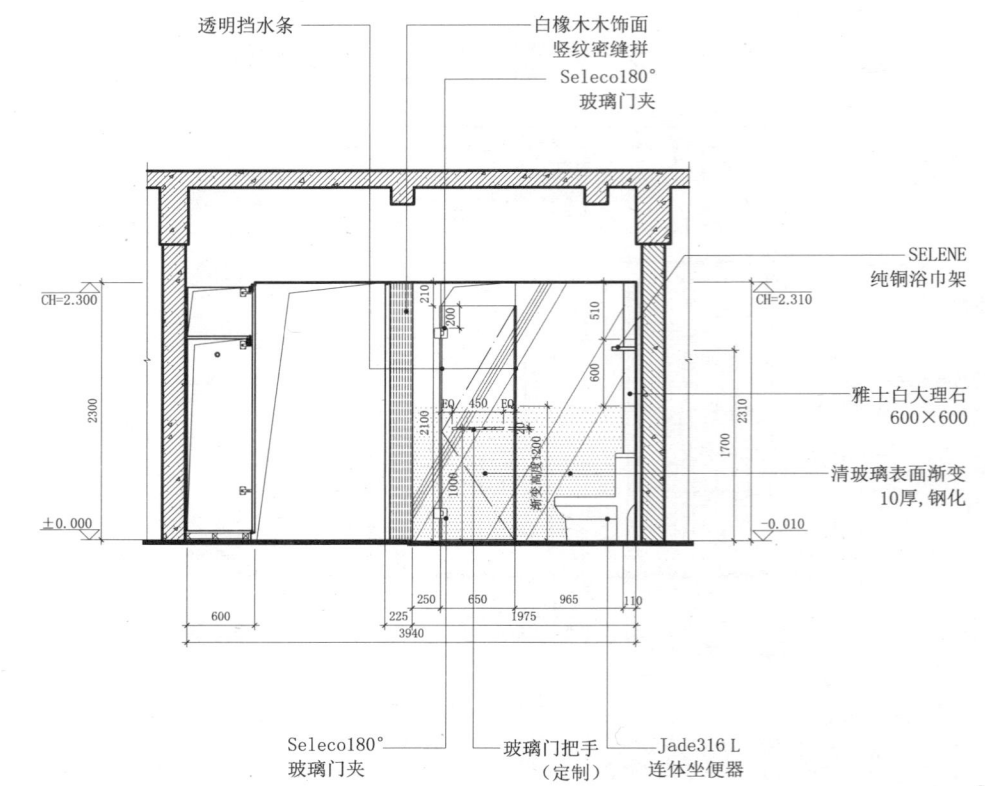

G剖立面图

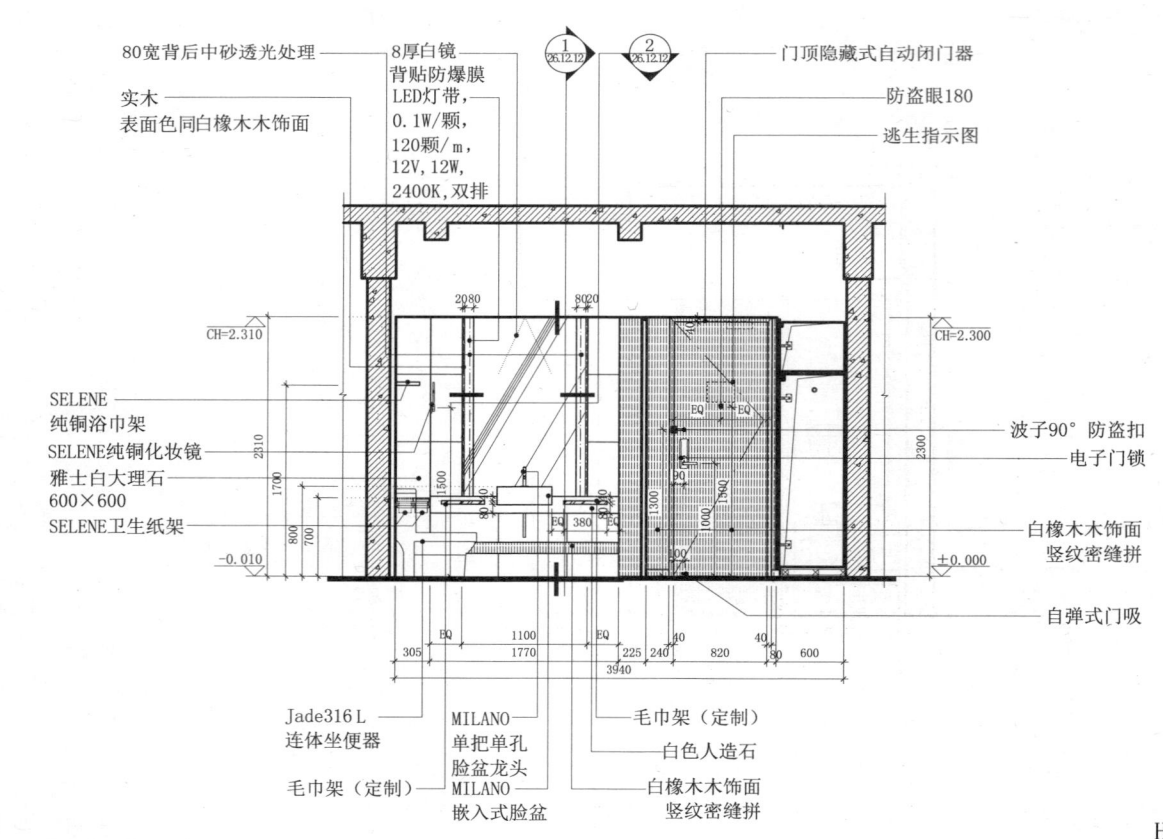

H剖立面图

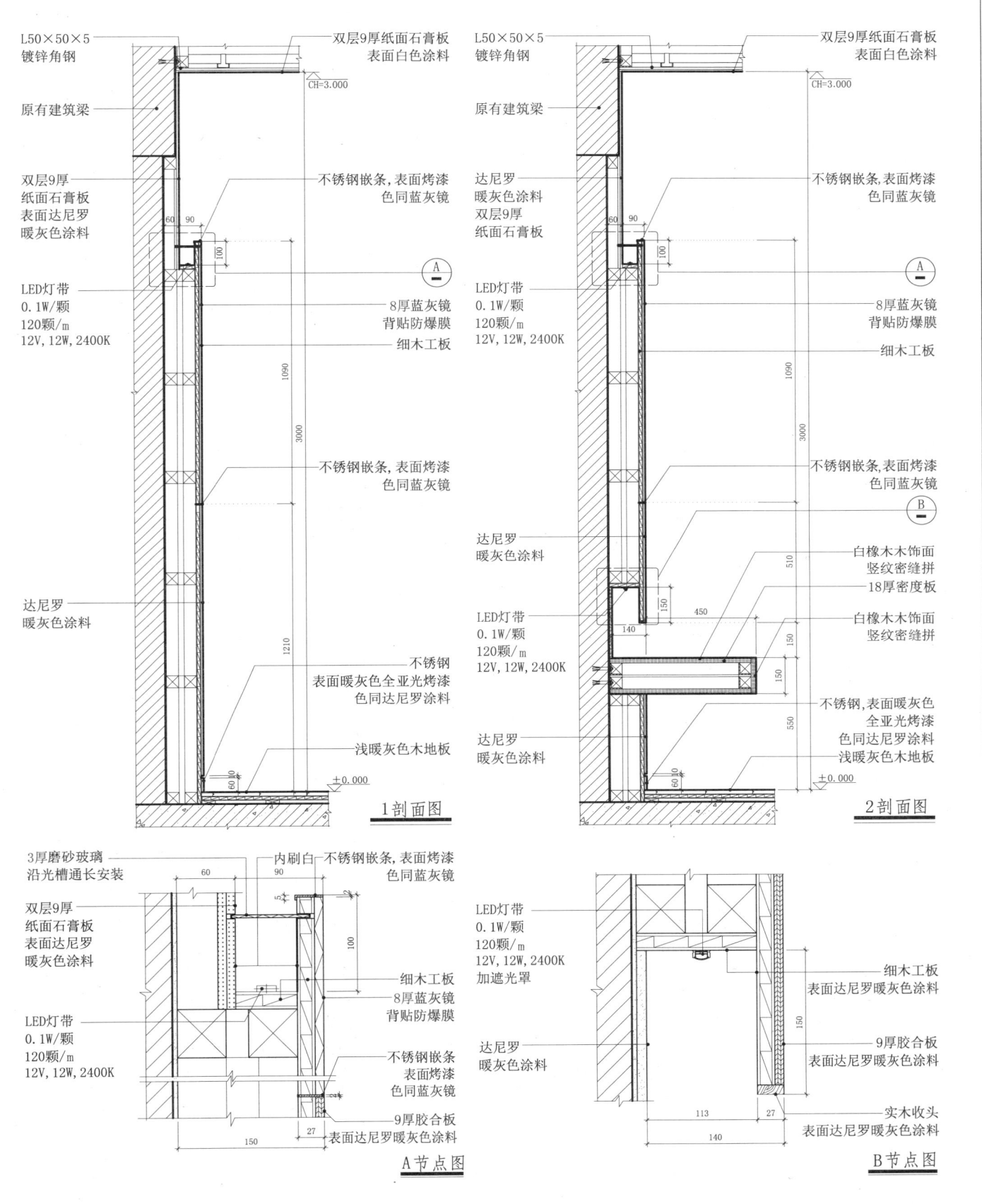

26.12 酒店标间大床房模式（二）

26.12.10 迷你吧节点（一）

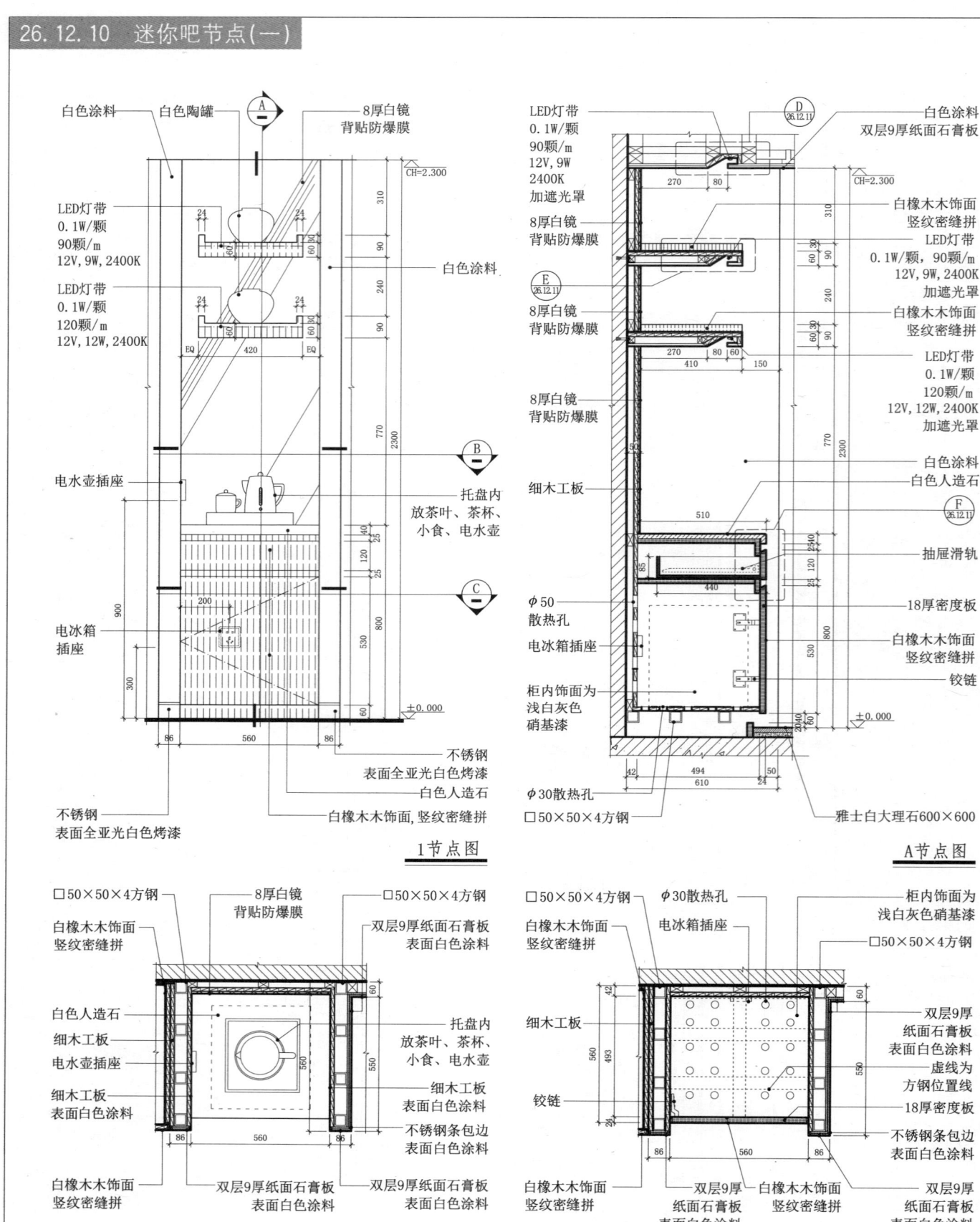

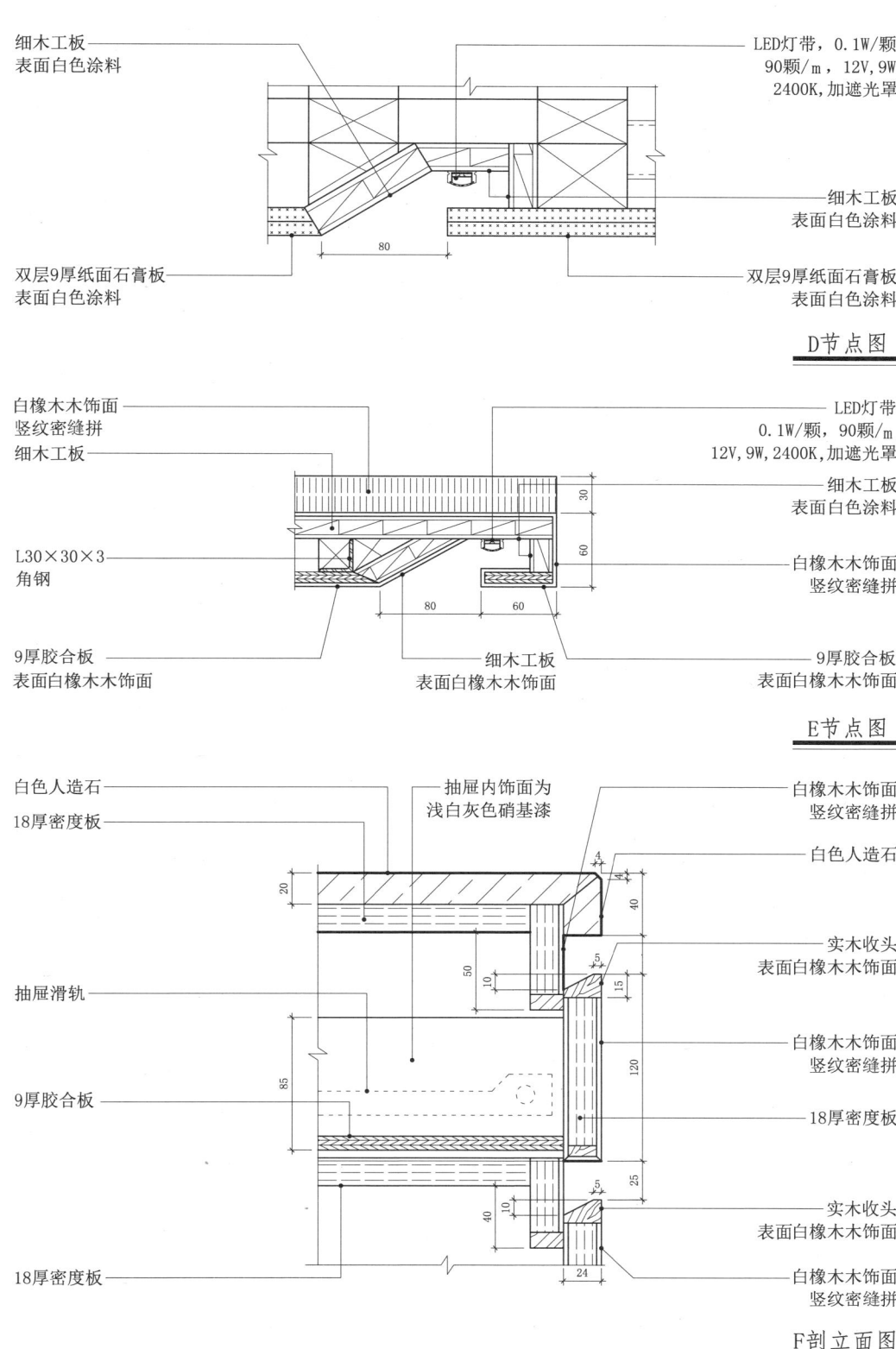

26

26.12 酒店标间大床房模式（二）

客房模式
- 玻璃构造
- 检修构造
- 透光照明构造

26.12.12 洗手台节点

1节点图

标注：
- 120宽条形风口 表面色同白色涂料
- 细木工板 表面白色防水涂料
- 双层9厚纸面石膏板 表面白色防水涂料
- 雅士白大理石 600×600
- 细木工板 表面白色硝基漆
- L50×50×5 镀锌角钢
- 8厚白镜 背贴防爆膜
- 细木工板
- MILANO 单把单孔脸盆龙头
- MILANO 嵌入式脸盆
- 白色人造石
- L40×40×5 镀锌角钢
- 白色人造石
- 白橡木木饰面 竖纹密缝拼
- 雅士白大理石 600×600
- L50×50×5 镀锌角钢
- 1:3水泥砂浆
- 雅士白大理石 600×600
- 防潮层
- 雅士白大理石 600×600
- CH=2.310

A节点图

标注：
- 120宽条形风口 表面色同白色涂料
- 细木工板 表面白色防水涂料
- 细木工板 表面白色防水涂料
- 1:3水泥砂浆
- 雅士白大理石 600×600
- 细木工板 表面白色防水涂料
- 双层9厚纸面石膏板 表面白色防水涂料
- CH=2.310

2节点图

标注：
- 雅士白大理石 600×600
- LED灯带，0.1W/颗 120颗/m，12V，12W 2400K 双排
- 细木工板
- 暗铰链
- 灯槽内刷白
- 实木 表面色同白橡木木饰面
- 橡胶垫
- 80宽 背后中砂透光处理
- 8厚白镜 背贴防爆膜

26.12 酒店标间大床房模式（二）

26.12.13 门把手节点

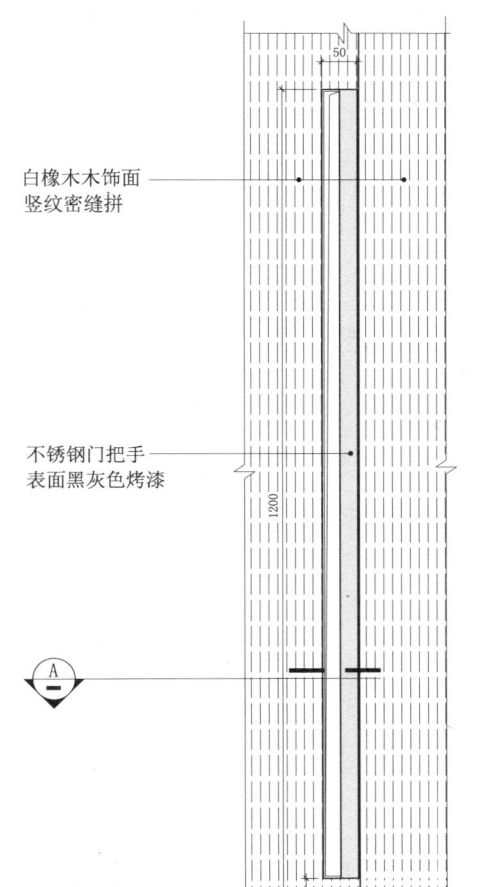

1 门把手节点图

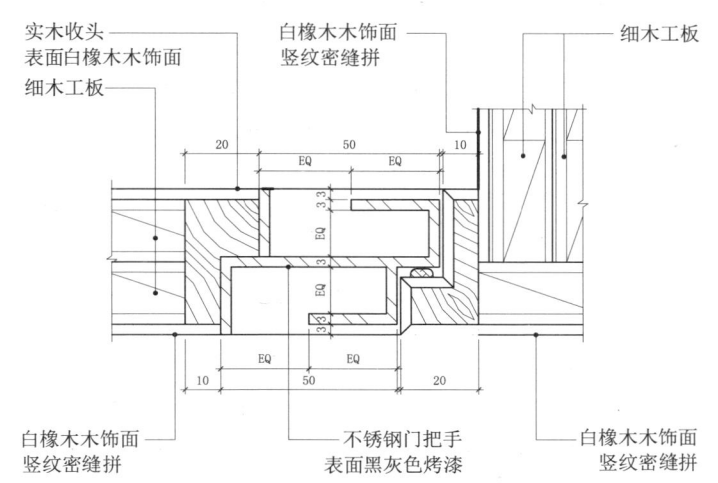

A 门把手节点图

26.13 酒店标间双拼房模式

26.13.1 平面图

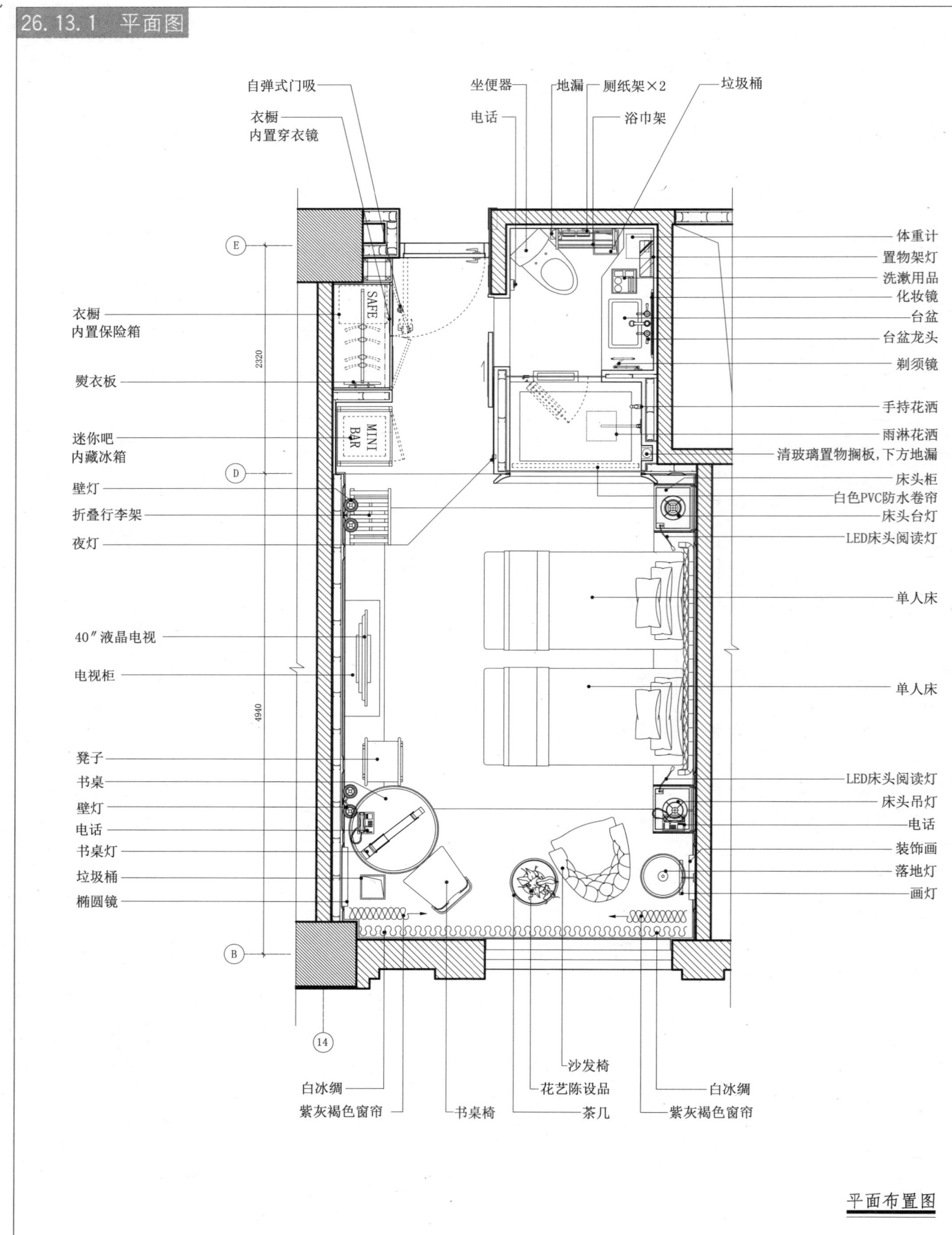

平面布置图

26.13 酒店标间双拼房模式

26.13.2 平顶图

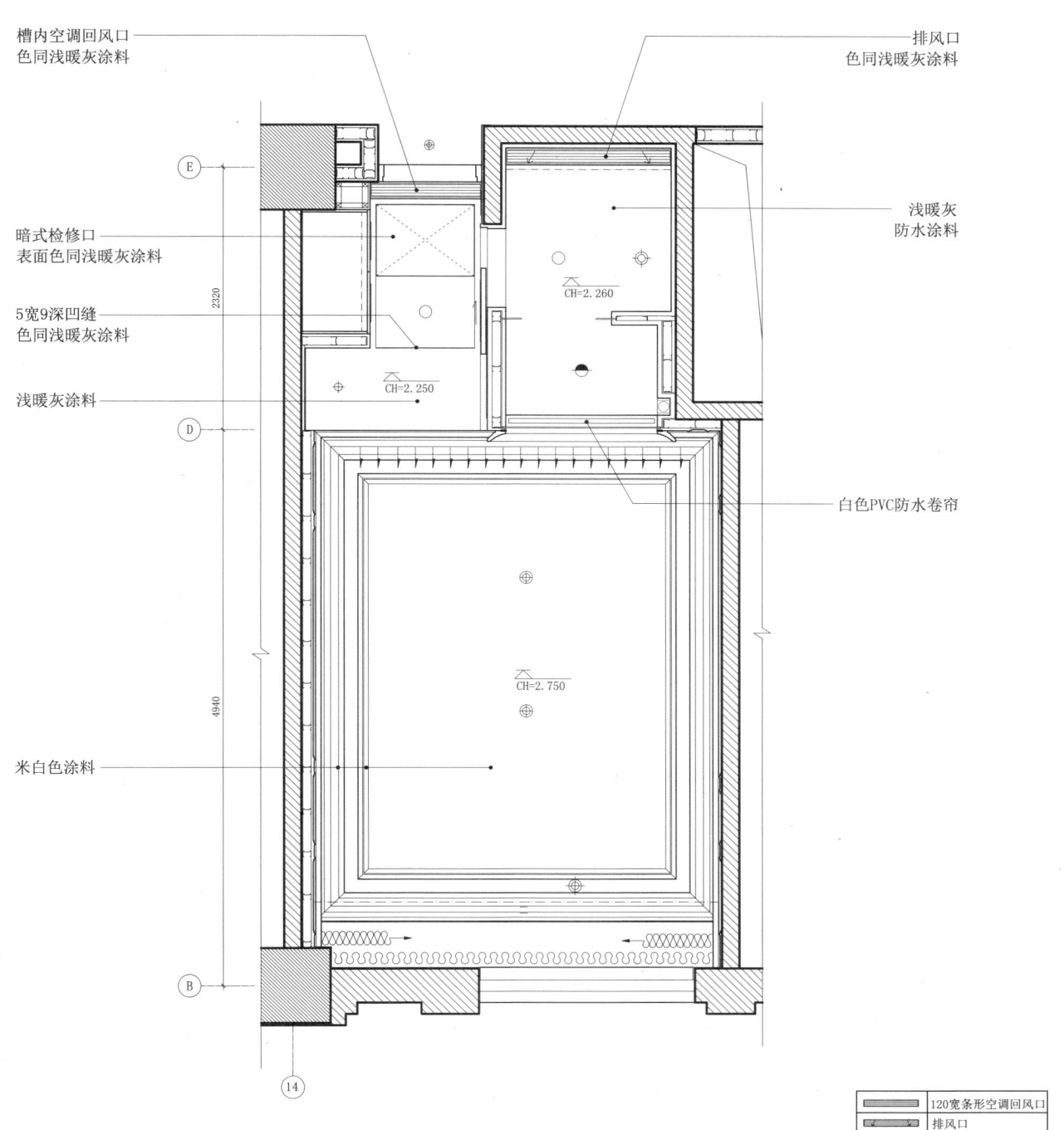

平顶布置图

26.13 酒店标间双拼房模式

26.13.3 配电图

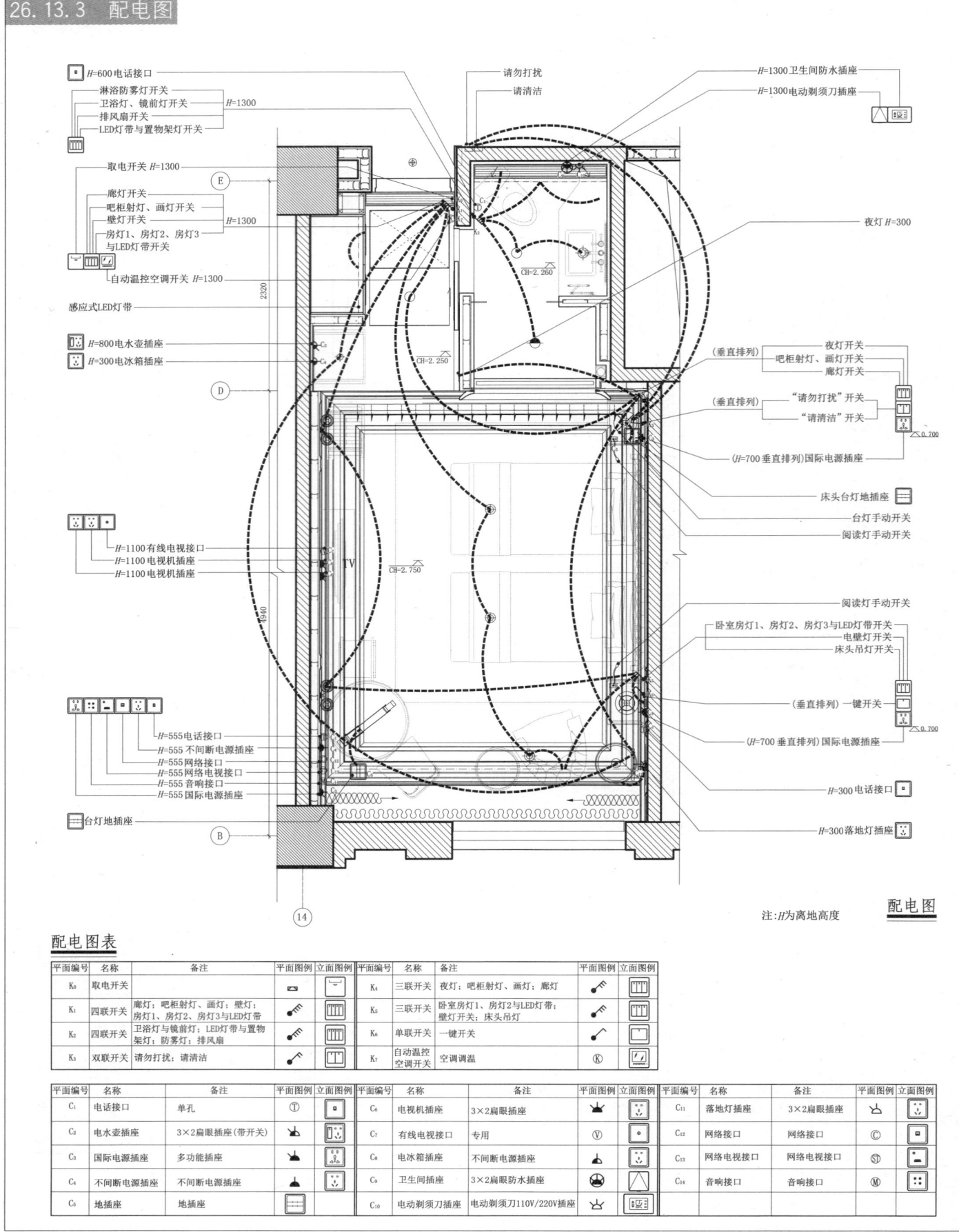

配电图

26.13 酒店标间双拼房模式

26.13.4 立面图

26 客房模式

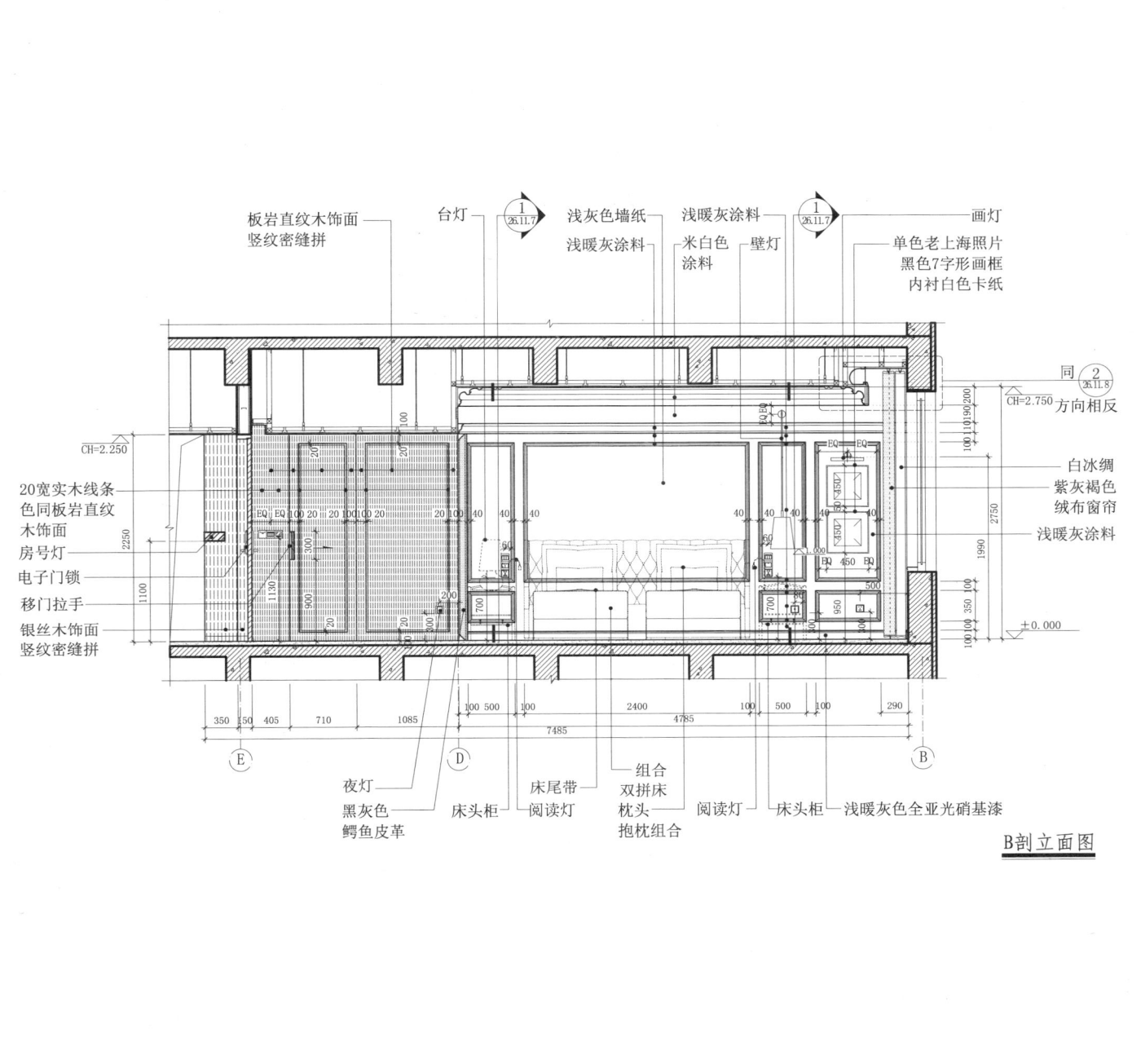

B剖立面图

室内构造节点与专项模式图集 | 1233

26.14 酒店标间双床房模式

26.14.1 平面图

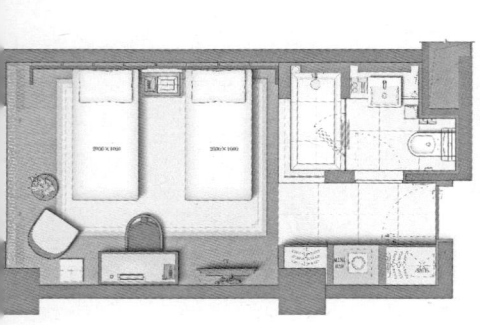

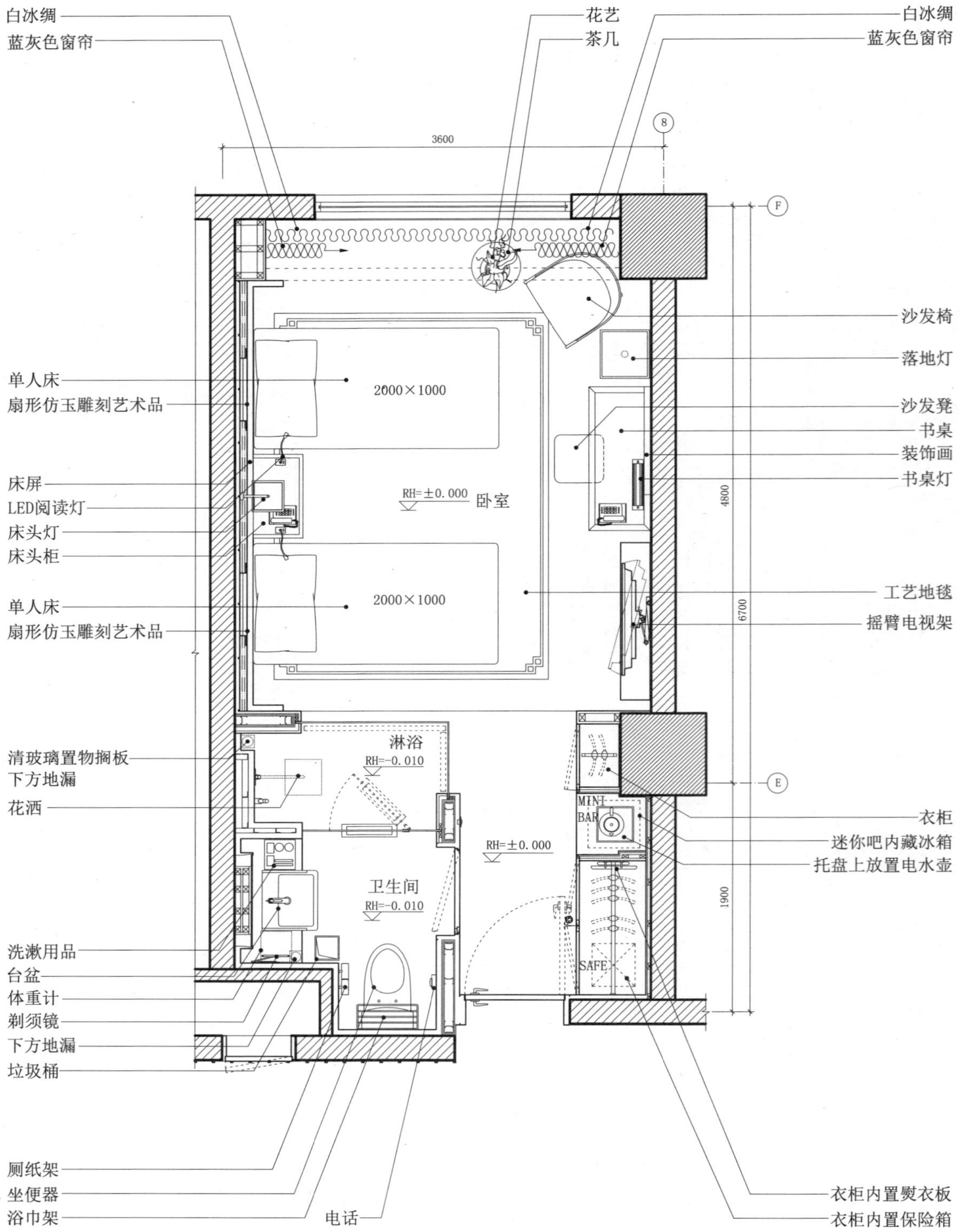
白冰绸
蓝灰色窗帘
花艺
茶几
白冰绸
蓝灰色窗帘
3600
8
F
E
沙发椅
落地灯
沙发凳
书桌
装饰画
书桌灯
工艺地毯
摇臂电视架
单人床
扇形仿玉雕刻艺术品
床屏
LED阅读灯
床头灯
床头柜
单人床
扇形仿玉雕刻艺术品
2000×1000
2000×1000
RH=±0.000
卧室
4800
6700
1900
淋浴
RH=-0.010
卫生间
RH=-0.010
RH=±0.000
MINI BAR
SAFE
清玻璃置物搁板
下方地漏
花洒
洗漱用品
台盆
体重计
剃须镜
下方地漏
垃圾桶
厕纸架
坐便器
浴巾架
电话
衣柜
迷你吧内藏冰箱
托盘上放置电水壶
衣柜内置熨衣板
衣柜内置保险箱

平面布置图

26.14 酒店标间双床房模式

26.14.2 索引图

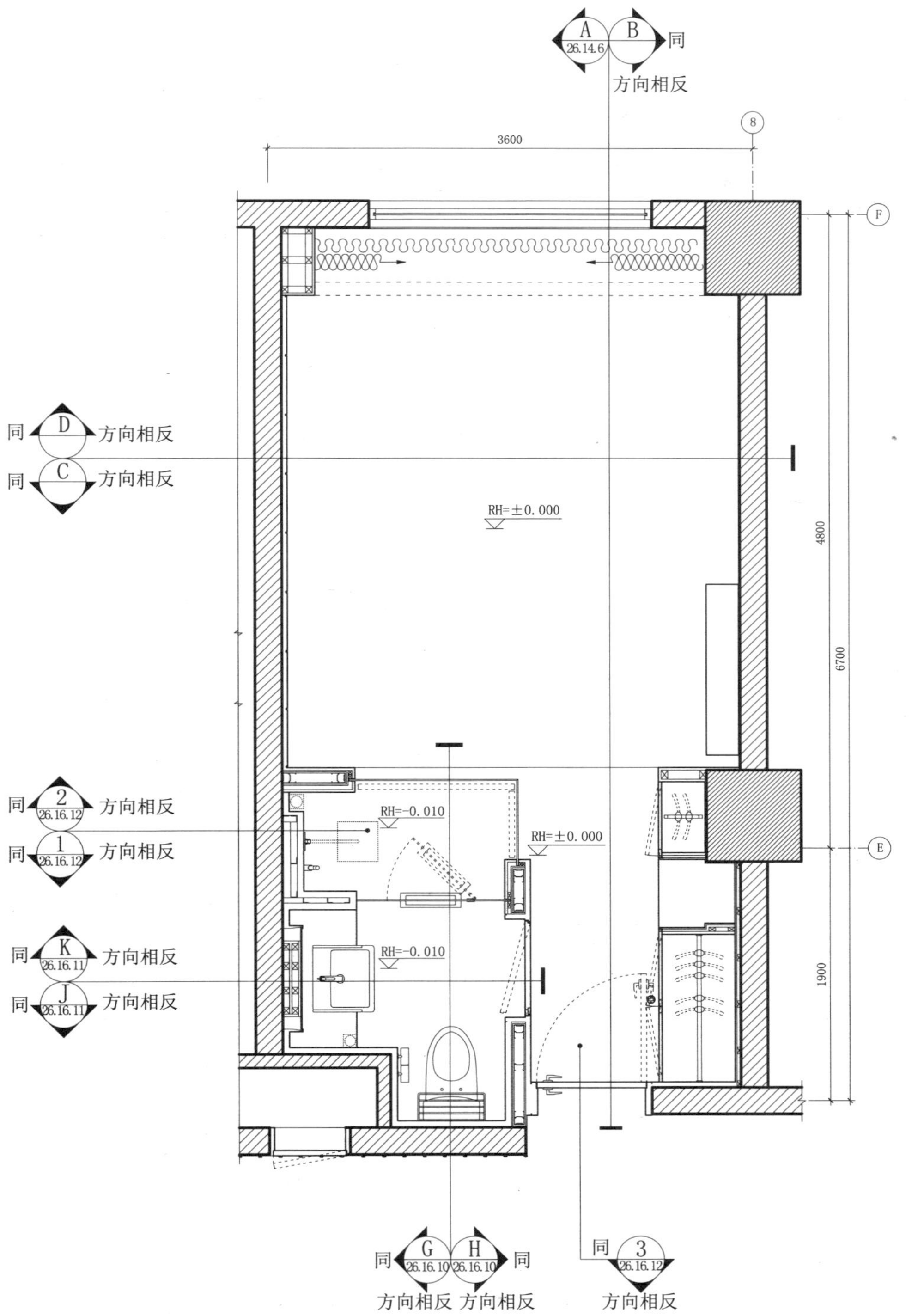

平面装修立面索引图

26.14 酒店标间双床房模式

26.14.3 平顶图

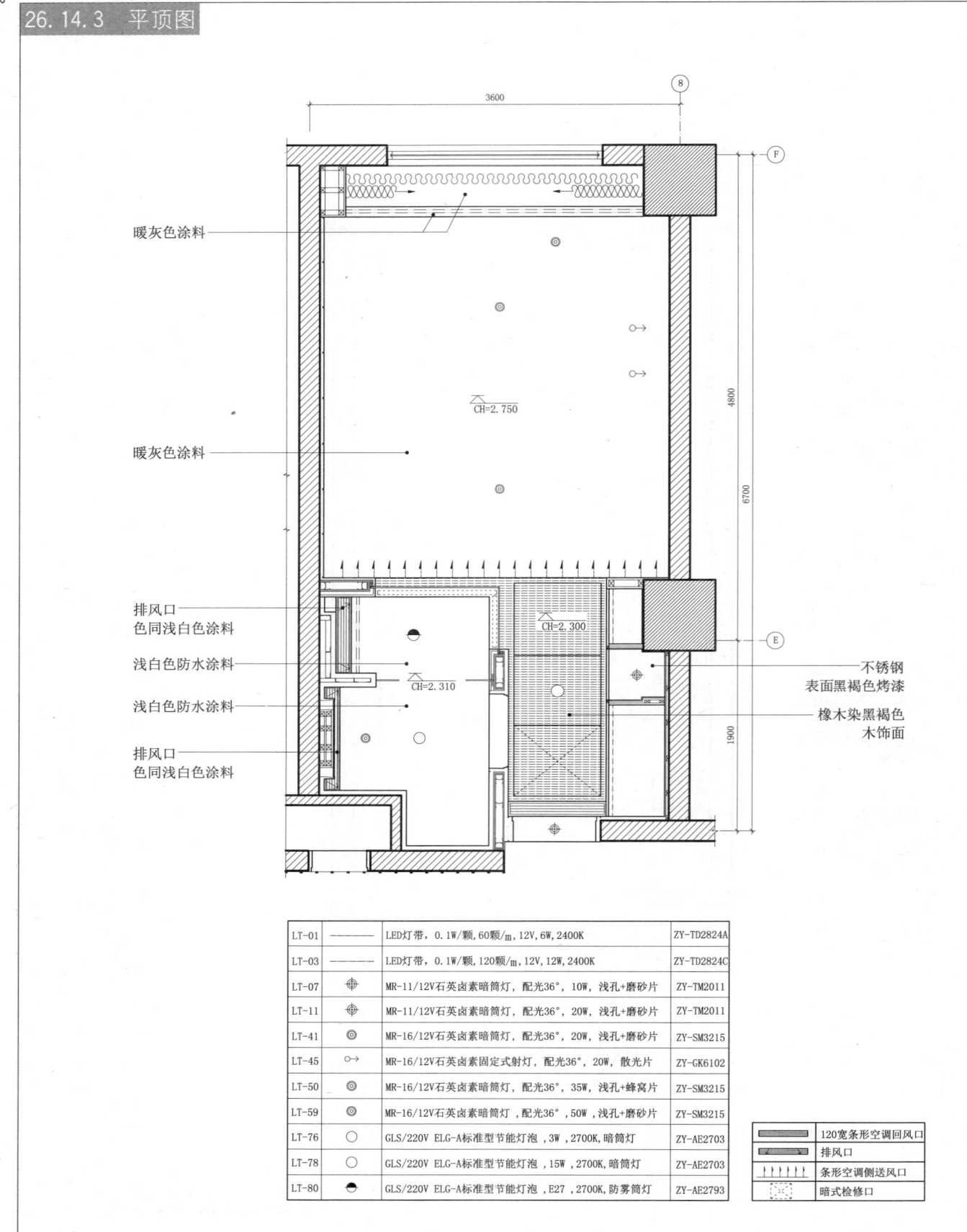

平顶布置图

26.14 酒店标间双床房模式

26.14.4 配电图

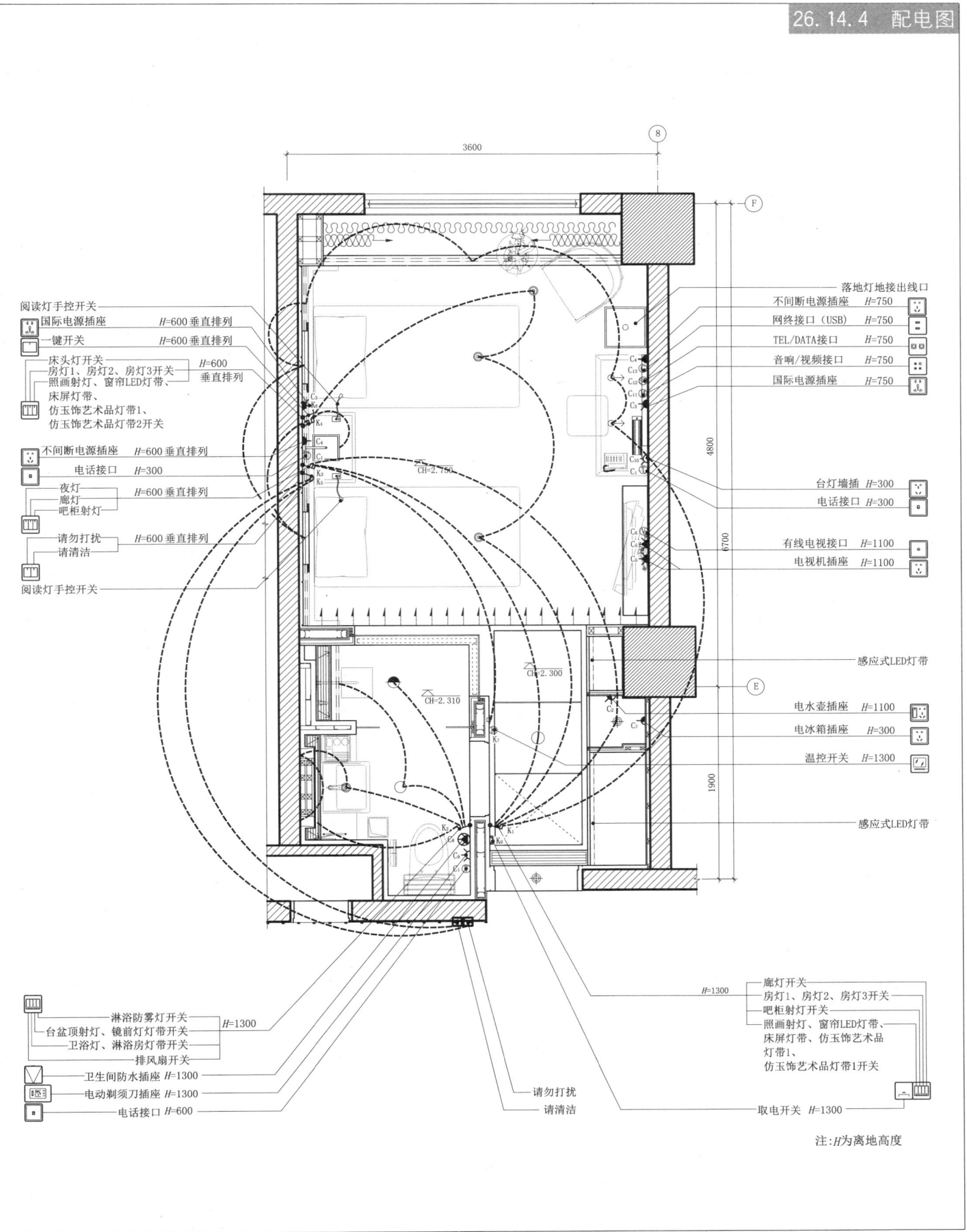

26.14 酒店标间双床房模式

26.14.5 配电图表

立面编号	名称	备注	平面图例	立面图例
K_0	取电开关			
K_1	四联开关	照画射灯、窗帘LED灯带、床屏灯带、仿玉饰艺术品灯带1、仿玉饰艺术品灯带2开关；吧柜射灯开关；房灯1、房灯2、房灯3开关、廊灯开关		
K_2	四联开关	排风扇开关；台盆顶射灯、镜前灯灯带开关；卫浴灯、淋浴房灯带开关；淋浴防雾灯开关		
K_3	三联开关	夜灯、廊灯、吧柜射灯		
K_4	三联开关	床头灯开关；房灯1、房灯2、房灯3开关；照画灯开关、窗帘LED灯带、床屏LED灯带、仿玉饰艺术品灯带1、仿玉饰艺术品灯带2开关		
K_5	双联开关	请勿打扰；请清洁		
K_6	单联开关	一键开关		
K_7	自动温控空调开关	空调调温		
C_1	电话接口	单孔		
C_2	电水壶插座	3×2扁眼插座（带开关）		
C_3	国际电源插座	多功能插座		
C_4	不间断电源插座	不间断电源插座		
C_5	电视机插座	3×2扁眼插座		
C_6	有线电视接口	专用		
C_7	电冰箱插座	不间断电源插座		
C_8	卫生间插座	3×2扁眼防水插座		
C_9	电动剃须刀插座	电动剃须刀 110V/220V插座		
C_{10}	台灯插座	3×2扁眼插座		
C_{11}	音频视频接口			
C_{12}	TEL/DATA接口			
C_{13}	USB接口			

注：1. 配电图仅供业主与电气工程师参考，不作为施工最终依据。
2. 所有光源均按手控调光开关（卫生间除外）。
3. 图中所示开关插座面板高度均为开关插座面板下沿至地面高度。
4. 一键开关可控制除落地灯、夜灯、书桌台灯及LED阅读灯外的所有灯光。
5. 书桌内插座面板由甲方定制，由管理方确认，并与家具生产厂商预先商定、协调。

26.14 酒店标间双床房模式

26.14.6 立面图

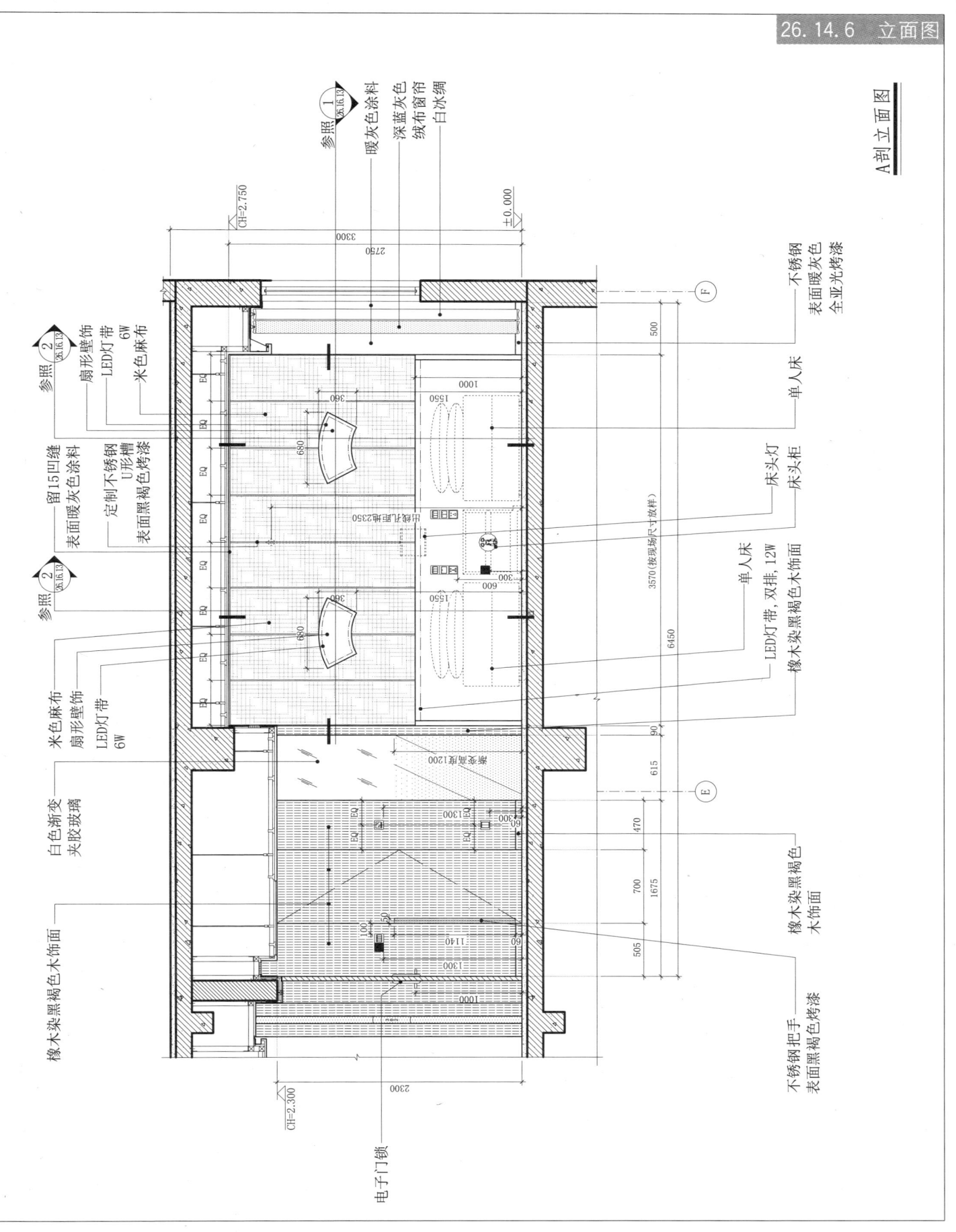

A剖立面图

26.15 酒店豪华大床房模式（一）

26.15.1 平面图

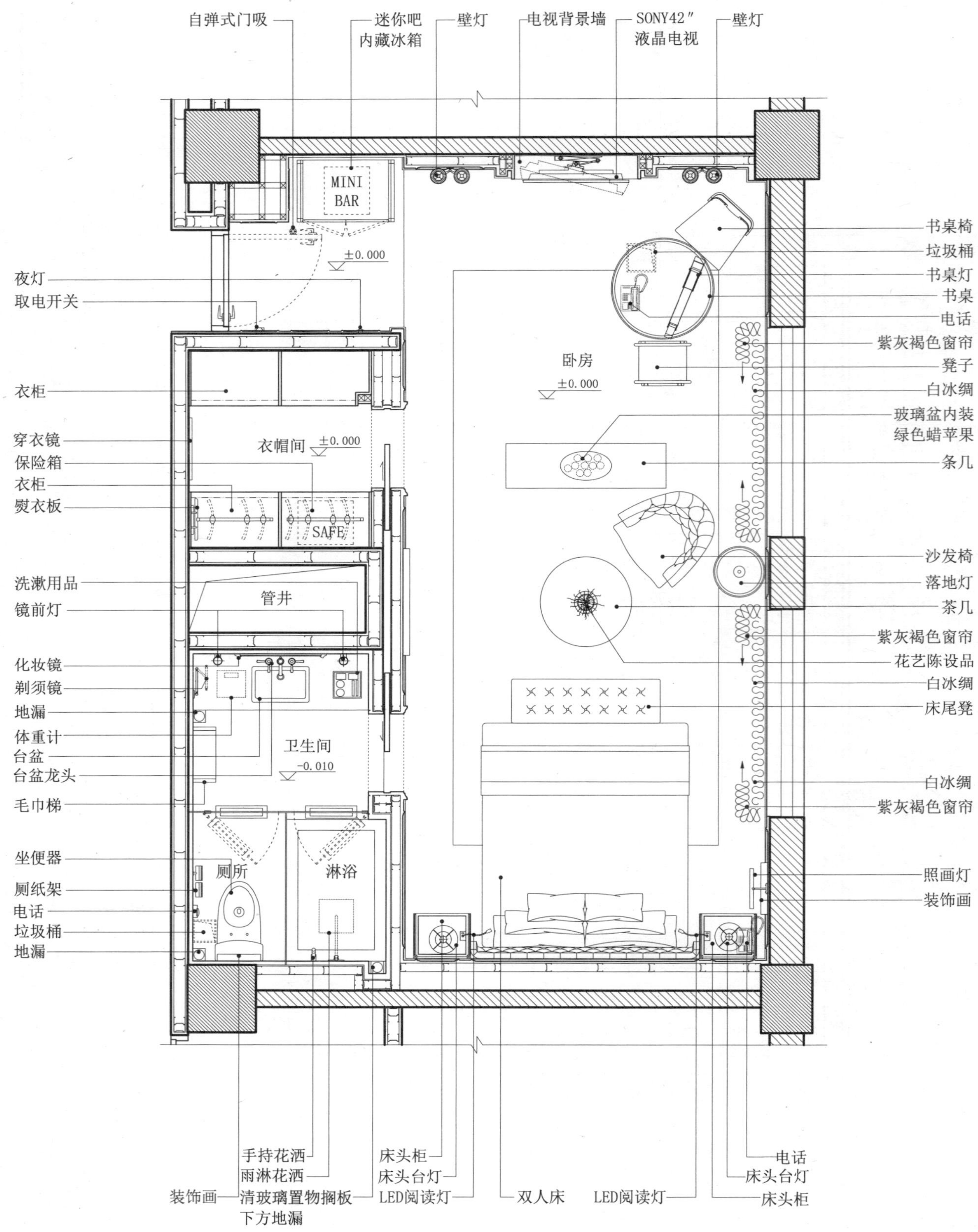

平面布置图

26.15 酒店豪华大床房模式（一）

26.15.2 索引图

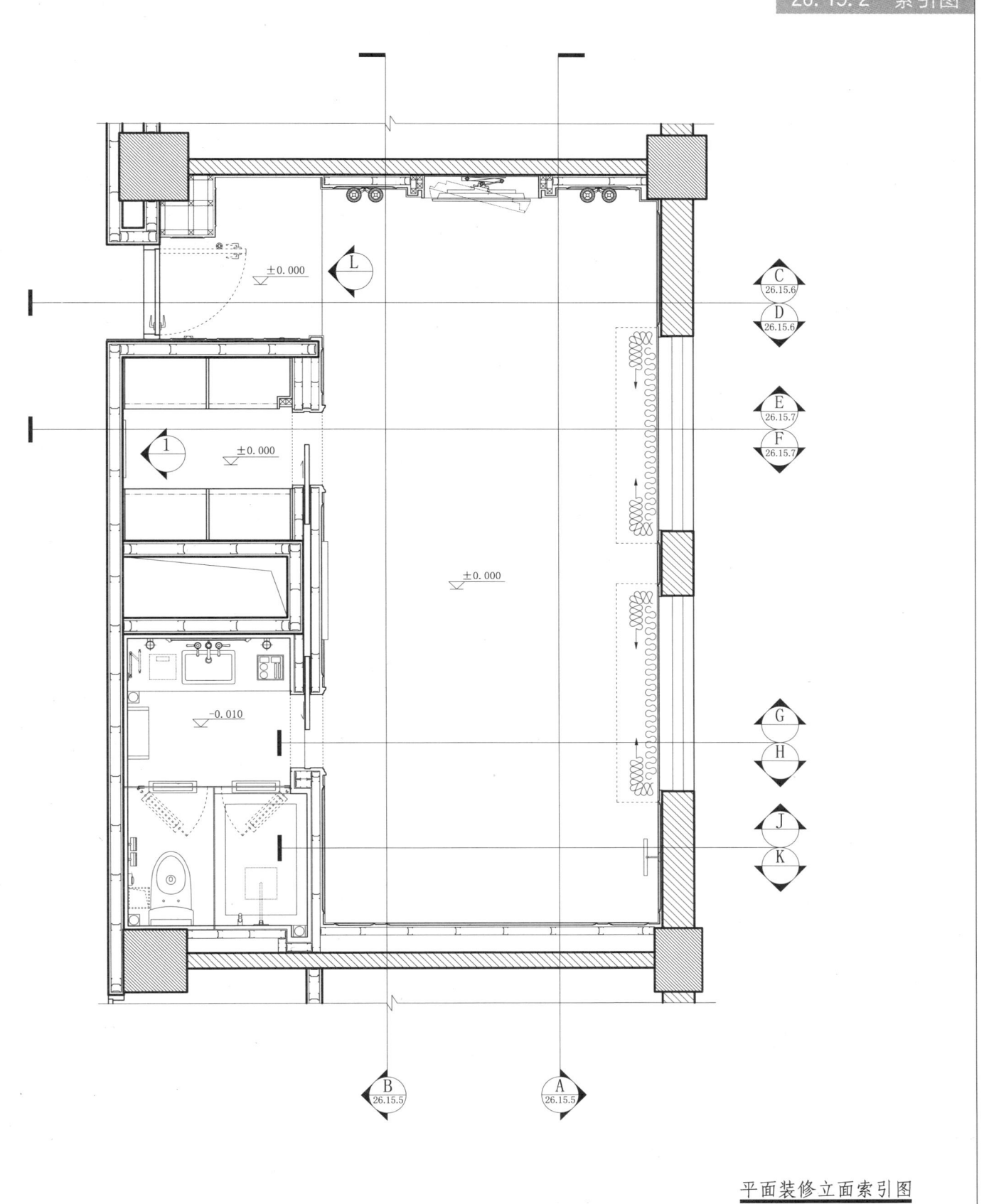

平面装修立面索引图

26 客房模式

26.15 酒店豪华大床房模式（一）

26.15.3 平顶图

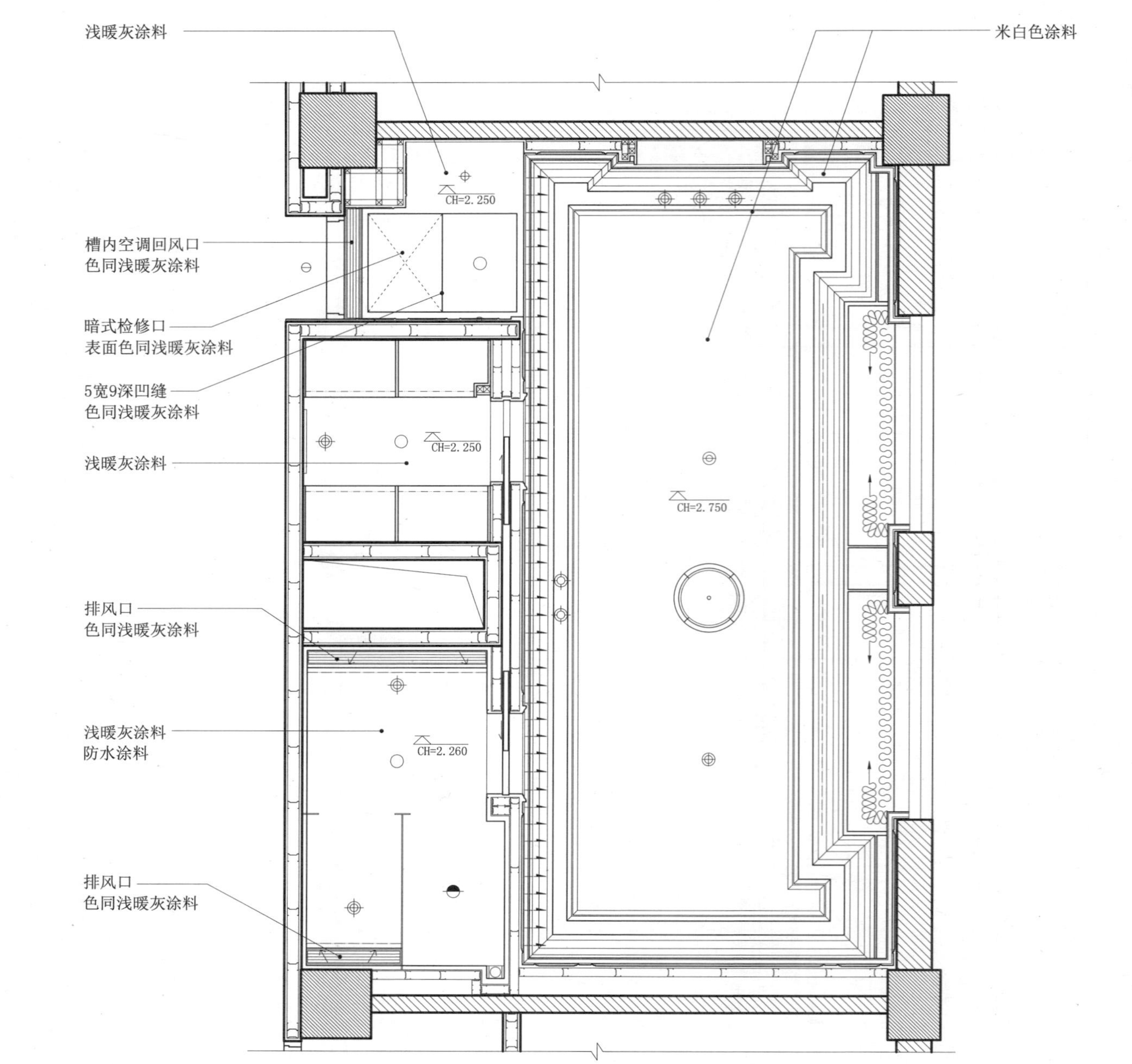

标注：
- 浅暖灰涂料
- 米白色涂料
- 槽内空调回风口 色同浅暖灰涂料
- 暗式检修口 表面色同浅暖灰涂料
- 5宽9深凹缝 色同浅暖灰涂料
- 浅暖灰涂料
- 排风口 色同浅暖灰涂料
- 浅暖灰涂料 防水涂料
- 排风口 色同浅暖灰涂料

标高：CH=2.250、CH=2.250、CH=2.750、CH=2.260

图例：
- 120宽条形空调回风口
- 排风口
- 条形空调侧送风口
- 暗式检修口

编号	图例	说明	型号
LL-49	○	吊灯	
LT-02	—	LED灯带，0.1W/颗,90颗/m,12V,9W,2400K	ZY-RL2435B
LT-06	⊕	MR-11/12V石英卤素暗筒灯，配光36°,20W,浅孔+蜂窝片	ZY-AM3211
LT-09	⊖	MR-11/12V石英卤素暗筒灯，配光36°,35W,浅孔+磨砂片	ZY-AM1811
LT-20	⊕	MR-16/12V石英卤素暗筒灯，配光24°,35W,深孔+散光片	ZY-AM3915
LT-25	⊕	MR-16/12V石英卤素暗筒灯，配光36°,20W,深孔+磨砂片	ZY-AM3915
LT-27	⊕	MR-16/12V石英卤素暗筒灯，配光36°,35W,偏口,可调角+散光片	ZY-SM1916
LT-29	⊕	MR-16/12V石英卤素暗筒灯，配光36°,35W,深孔+磨砂片	ZY-AM3915
LT-33	⊕	MR-16/12V石英卤素暗筒灯，配光36°,50W,偏口,可调角+散光片	ZY-SM1916
LT-47	○	GLS/220V ELG-A标准型节能灯泡,E27,7W,2700K,暗灯	ZY-AE2703
LT-49	●	GLS/220V ELG-A标准型节能灯泡,E27,10W,2700K,防雾筒灯	ZY-AE2793

平顶布置图

26.15 酒店豪华大床房模式（一）

26.15.4 配电图

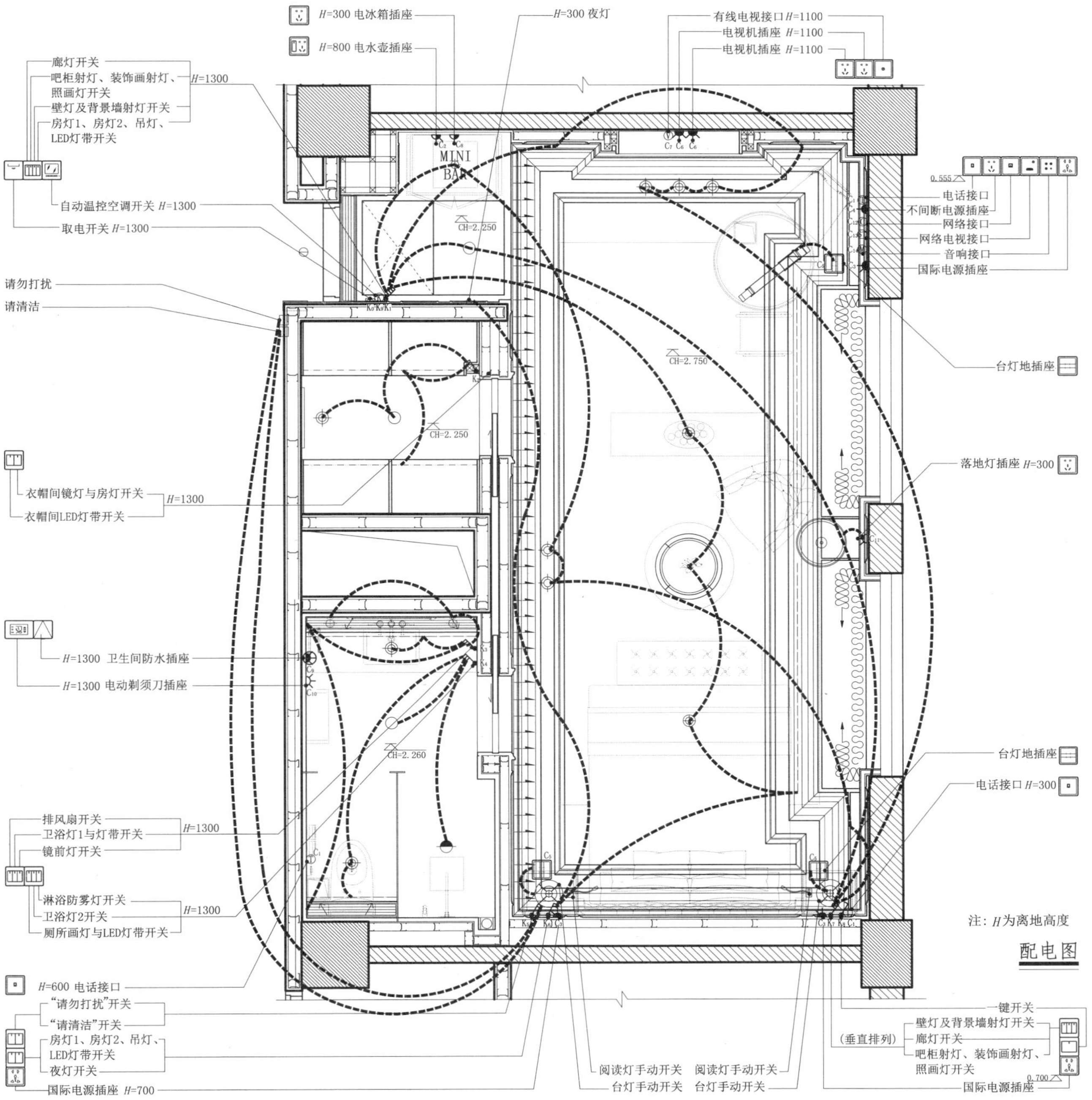

配电图

注：H为离地高度

标注说明：
- H=300 电冰箱插座
- H=800 电水壶插座
- H=300 夜灯
- 有线电视接口 H=1100
- 电视机插座 H=1100
- 电视机插座 H=1100
- 廊灯开关
- 吧柜射灯、装饰画射灯、照画灯开关
- 壁灯及背景墙射灯开关
- 房灯1、房灯2、吊灯、LED灯带开关
- 自动温控空调开关 H=1300
- 取电开关 H=1300
- 电话接口
- 不间断电源插座
- 网络接口
- 网络电视接口
- 音响接口
- 国际电源插座
- 请勿打扰
- 请清洁
- 台灯地插座
- 衣帽间镜灯与房灯开关
- 衣帽间LED灯带开关 H=1300
- 落地灯插座 H=300
- H=1300 卫生间防水插座
- H=1300 电动剃须刀插座
- 排风扇开关
- 卫浴灯1与灯带开关
- 镜前灯开关
- 淋浴防雾灯开关
- 卫浴灯2开关
- 厕所画灯与LED灯带开关 H=1300
- 台灯地插座
- 电话接口 H=300
- H=600 电话接口
- "请勿打扰"开关
- "请清洁"开关
- 房灯1、房灯2、吊灯、LED灯带开关
- 夜灯开关
- 国际电源插座 H=700
- 阅读灯手动开关
- 台灯手动开关
- 一键开关
- 壁灯及背景墙射灯开关
- 廊灯开关
- 吧柜射灯、装饰画射灯、照画灯开关
- （垂直排列）
- 国际电源插座 H=700

平面编号	名称	备注	平面图例	立面图例	平面编号	名称	备注	平面图例	立面图例	平面编号	名称	备注	平面图例	立面图例
K0	取电开关				K4	三联灯	卫浴灯2；厕所画灯与灯带；防雾灯			K8	单联开关	一键开关		
K1	四联开关	廊灯；吧柜射灯、装饰画射灯、照画灯；壁灯及背景墙射灯；房灯1、房灯2、吊灯、LED灯带			K5	双联开关	请勿打扰；请清洁			K9	自动温控空调开关	空调调温		
K2	双联开关	衣帽间镜灯与房灯；衣帽间LED灯带			K6	双联开关	房灯1、房灯2、吊灯、LED灯带开关；夜灯							
K3	三联开关	镜前灯；卫浴灯1与灯带；排风扇			K7	三联开关	壁灯及背景墙射灯；廊灯；吧柜射灯、装饰画射灯、照画灯							

平面编号	名称	备注	平面图例	立面图例	平面编号	名称	备注	平面图例	立面图例	平面编号	名称	备注	平面图例	立面图例
C1	电话接口	单孔			C6	电视机插座	3×2扁眼插座			C11	落地灯插座	3×2扁眼插座		
C2	电水壶插座	3×2扁眼插座(带开关)			C7	有线电视接口	专用			C12	网络接口	网络接口		
C3	国际电源插座	多功能插座			C8	电冰箱插座	不间断电源插座			C13	网络电视接口	网络电视接口		
C4	不间断电源插座	不间断电源插座			C9	卫生间插座	3×2扁眼防水插座			C14	音响接口	音响接口		
C5	地插座	地插座			C10	电动剃须刀插座	电动剃须刀110V/220V插座							

26.15 酒店豪华大床房模式（一）

26.15.5 立面图（一）

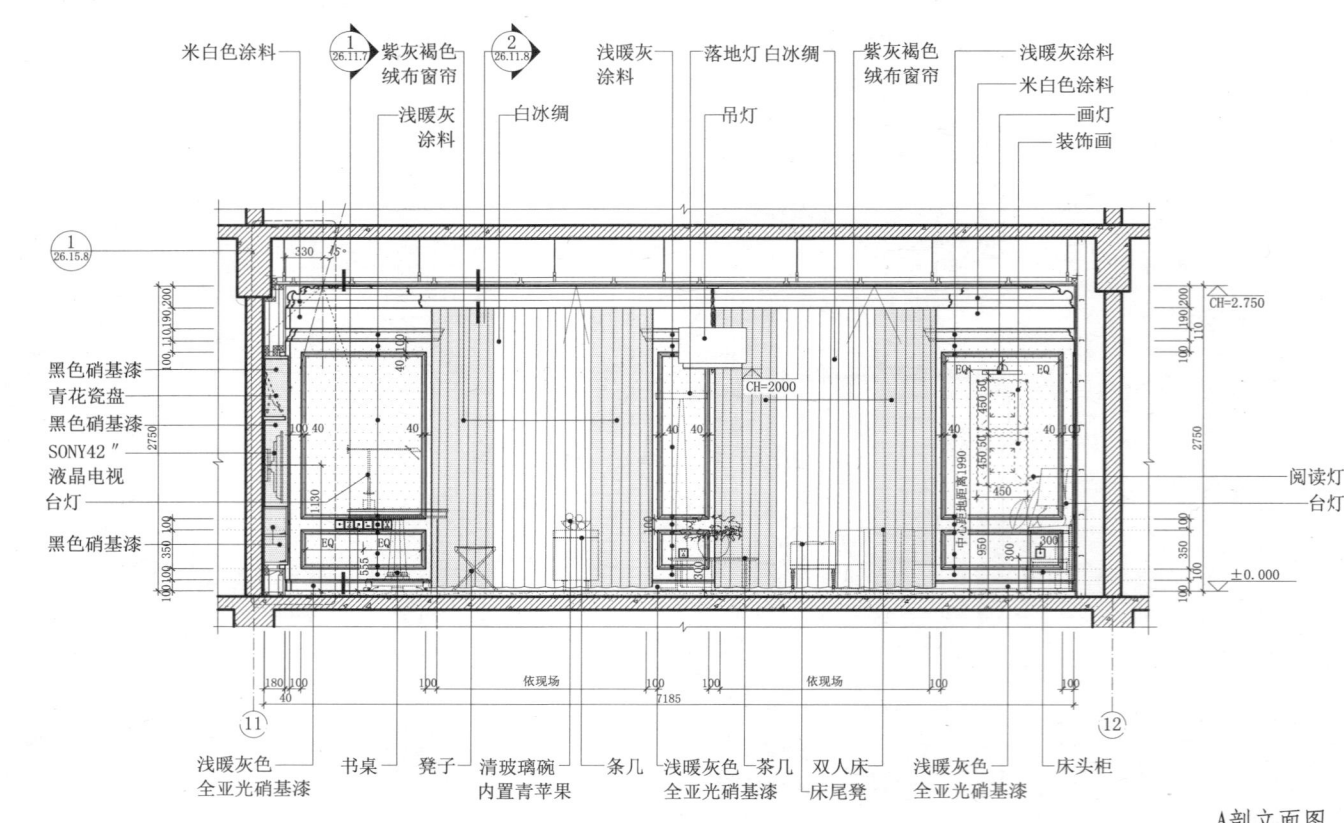

A剖立面图

B剖立面图

26.15 酒店豪华大床房模式（一）

26.15.6 立面图（二）

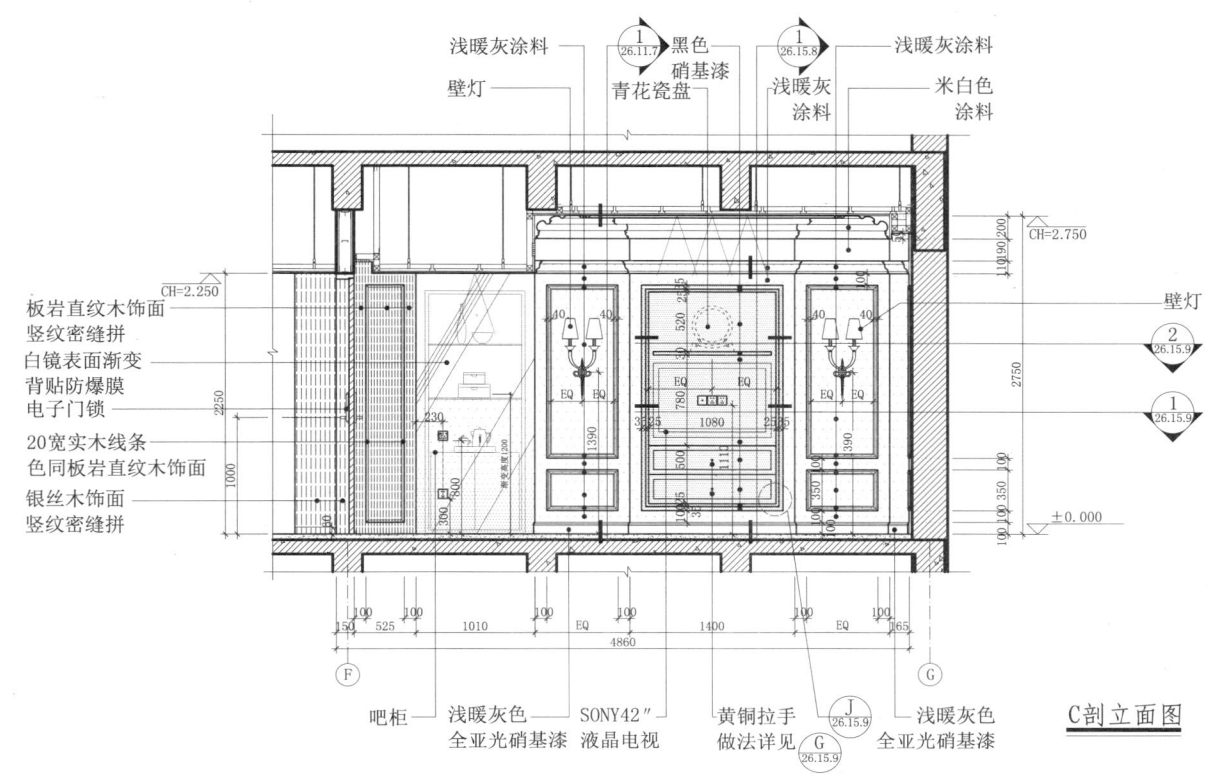

C剖立面图

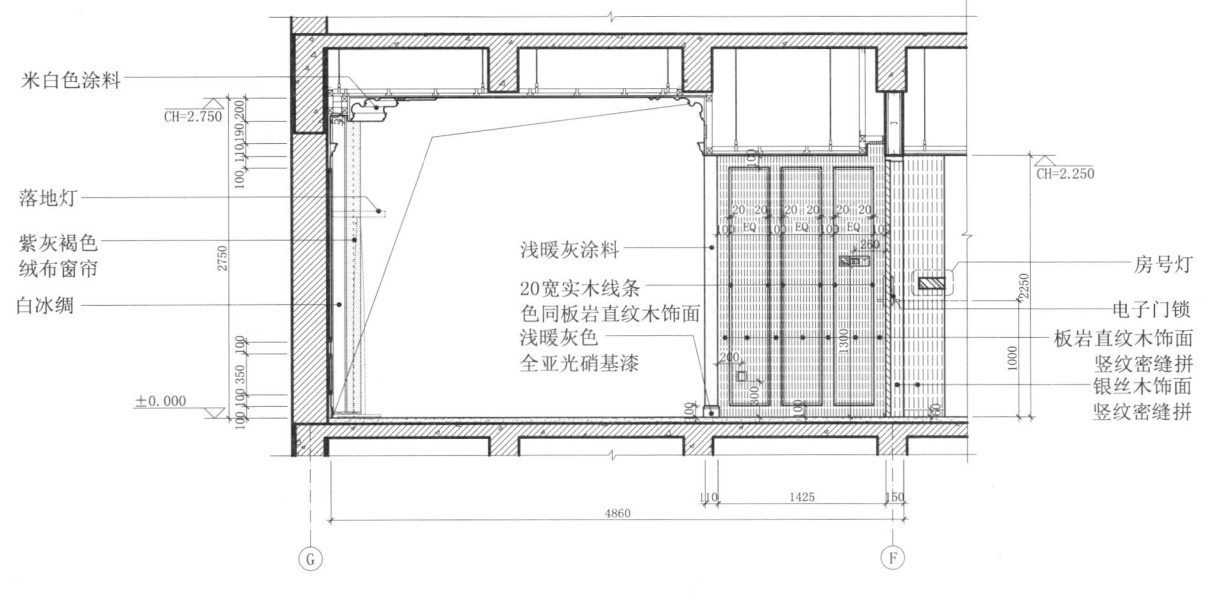

D剖立面图

26 客房模式

26.15 酒店豪华大床房模式（一）

26.15.7 立面图（三）

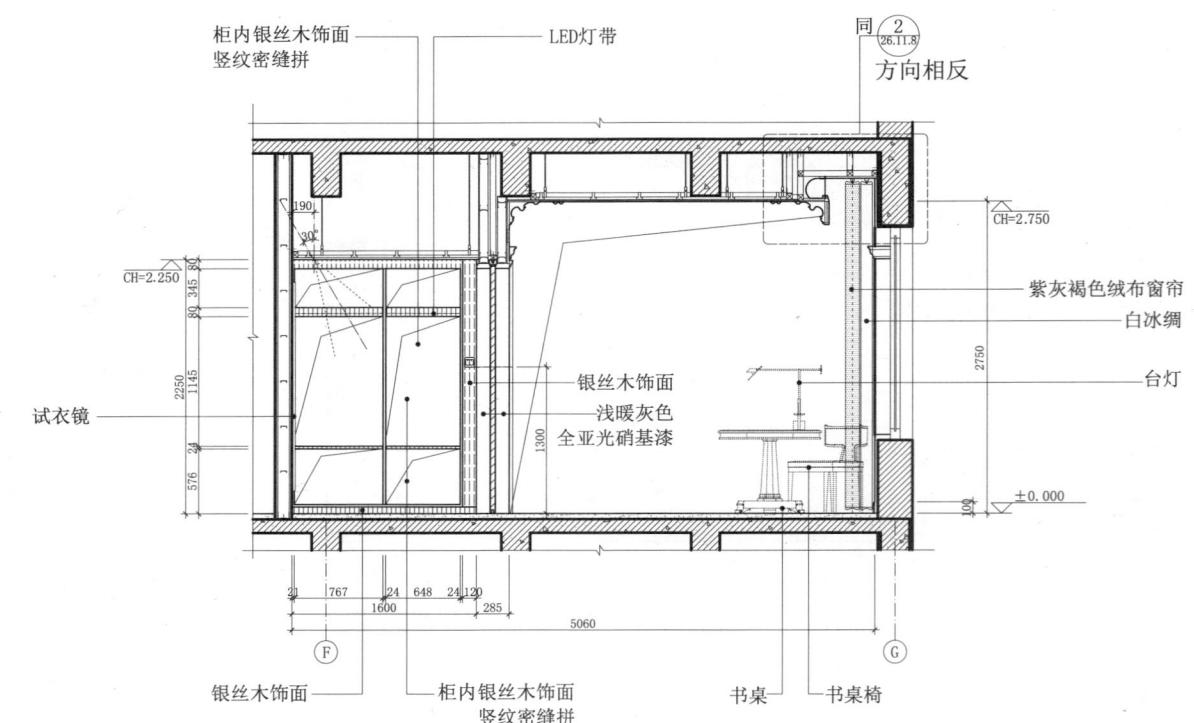

E剖立面图

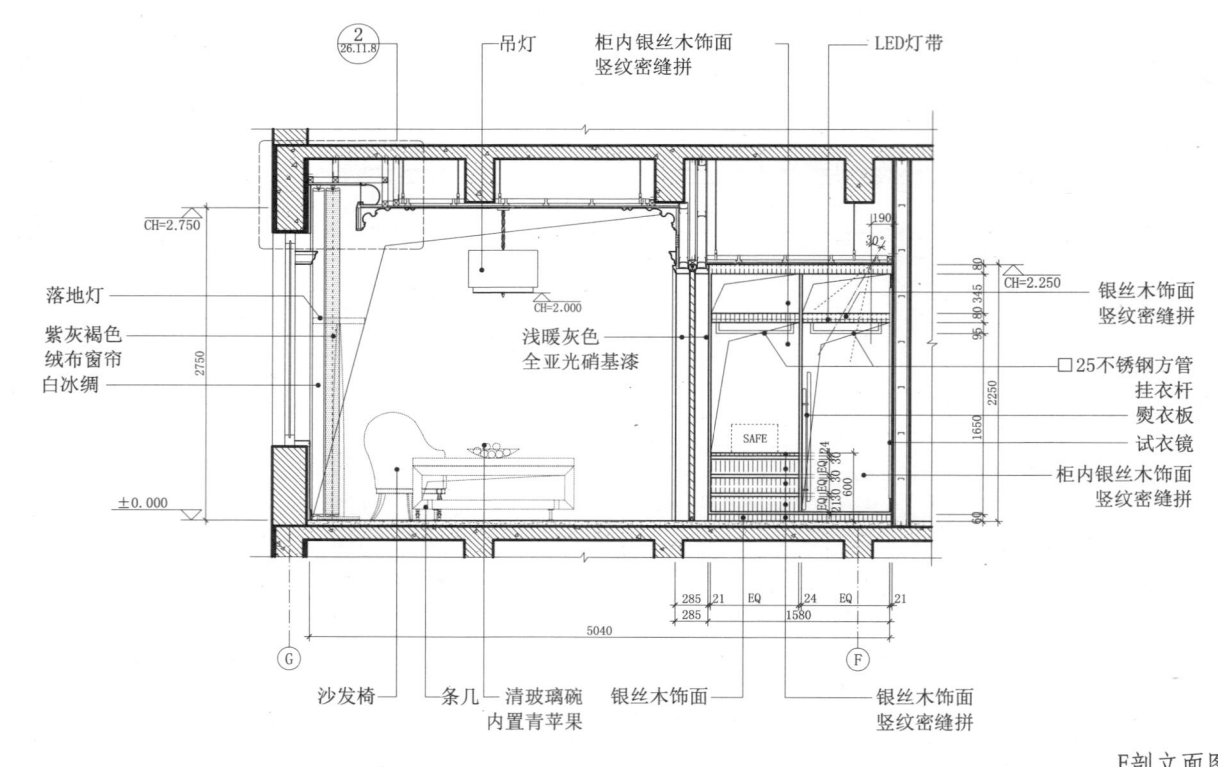

F剖立面图

26.15.8 电视背景墙节点(一)

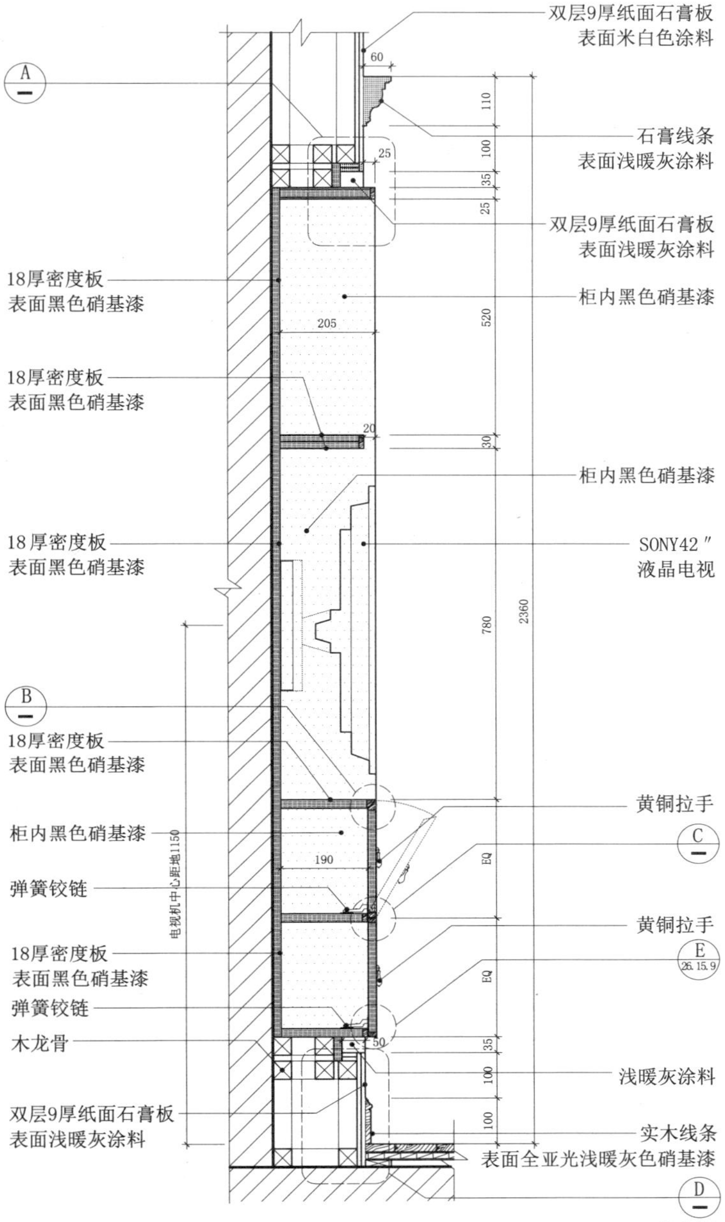
双层9厚纸面石膏板
表面米白色涂料
石膏线条
表面浅暖灰涂料
双层9厚纸面石膏板
表面浅暖灰涂料
柜内黑色硝基漆
柜内黑色硝基漆
SONY42″
液晶电视
黄铜拉手
黄铜拉手
浅暖灰涂料
实木线条
表面全亚光浅暖灰色硝基漆
18厚密度板
表面黑色硝基漆
18厚密度板
表面黑色硝基漆
18厚密度板
表面黑色硝基漆
18厚密度板
表面黑色硝基漆
柜内黑色硝基漆
弹簧铰链
18厚密度板
表面黑色硝基漆
弹簧铰链
木龙骨
双层9厚纸面石膏板
表面浅暖灰涂料
电视机中心距地1150
A
B
C
D
E
26.15.9
60
110
100
25
35
25
205
520
20
30
780
2360
190
EQ
EQ
50
35
100
100
1节点图

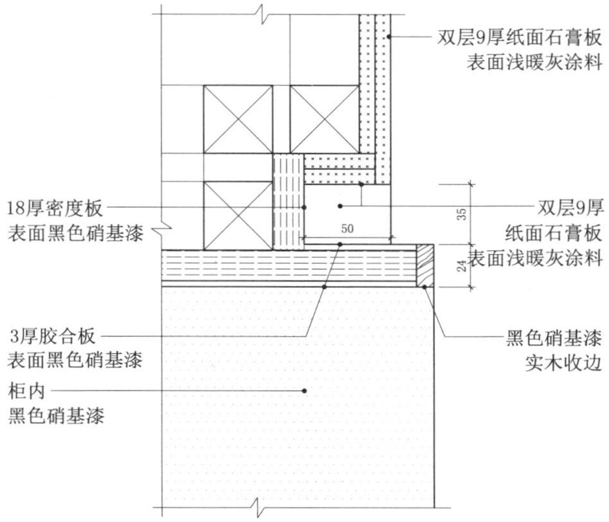
双层9厚纸面石膏板
表面浅暖灰涂料
18厚密度板
表面黑色硝基漆
双层9厚
纸面石膏板
表面浅暖灰涂料
3厚胶合板
表面黑色硝基漆
黑色硝基漆
实木收边
柜内
黑色硝基漆
50
35
24
A节点图

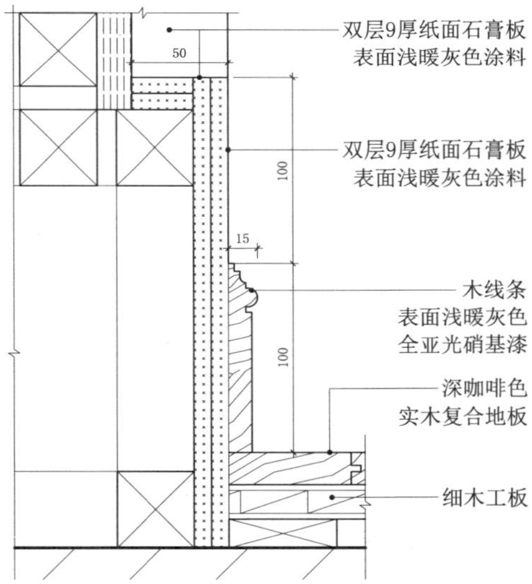
双层9厚纸面石膏板
表面浅暖灰色涂料
双层9厚纸面石膏板
表面浅暖灰色涂料
木线条
表面浅暖灰色
全亚光硝基漆
深咖啡色
实木复合地板
细木工板
50
100
15
100
D节点图

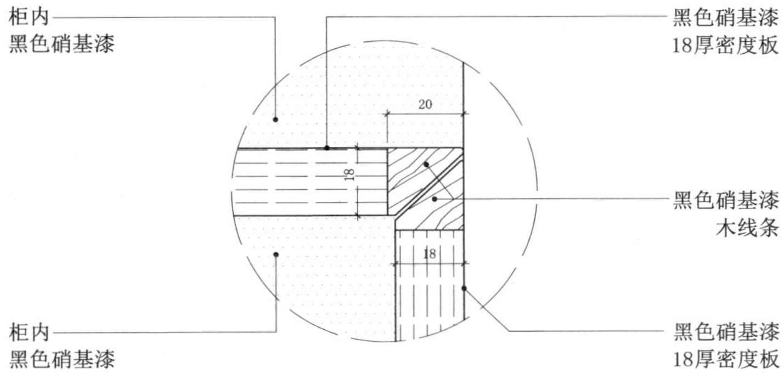
柜内
黑色硝基漆
黑色硝基漆
18厚密度板
黑色硝基漆
木线条
柜内
黑色硝基漆
黑色硝基漆
18厚密度板
20
18
18
B节点图

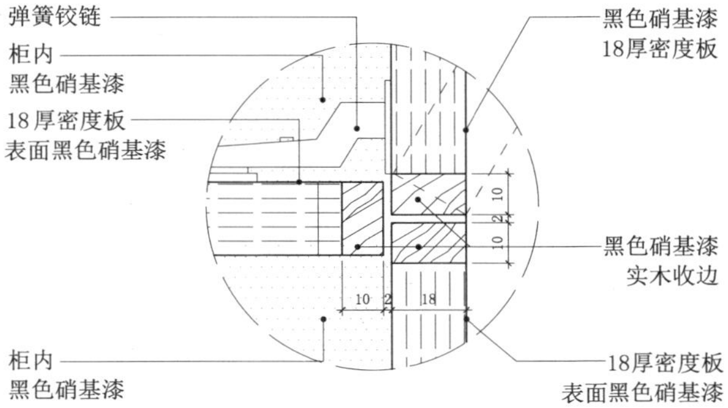
弹簧铰链
柜内
黑色硝基漆
18厚密度板
表面黑色硝基漆
柜内
黑色硝基漆
黑色硝基漆
18厚密度板
黑色硝基漆
实木收边
18厚密度板
表面黑色硝基漆
10
2
10
10
2
18
C节点图

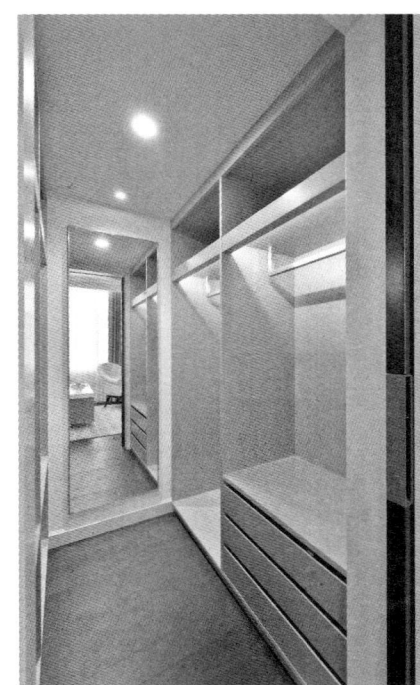

26.15 酒店豪华大床房模式（一）

26.15.9 电视背景墙节点（二）

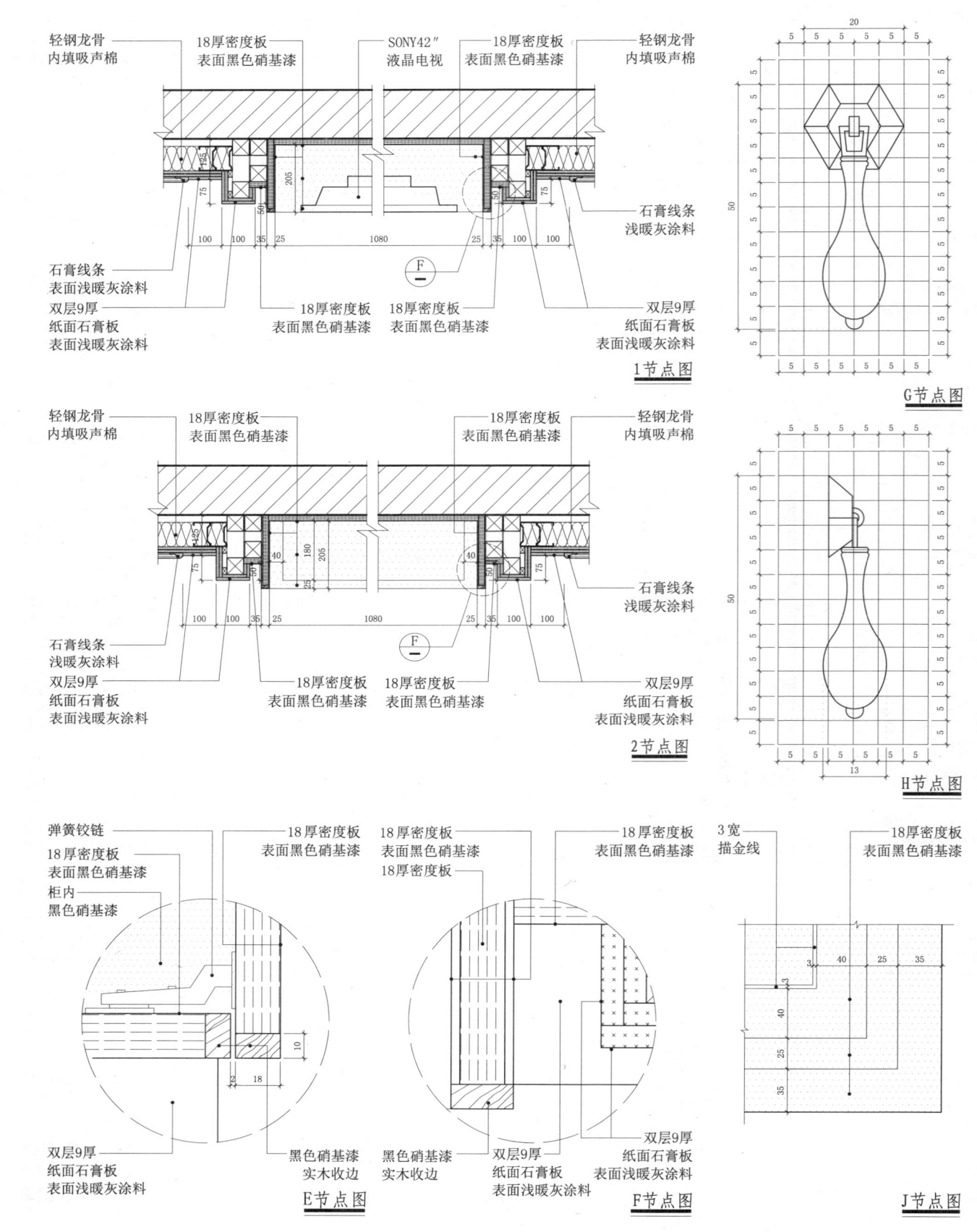

26.15 酒店豪华大床房模式（一）

26.15.10 毛巾梯（一）

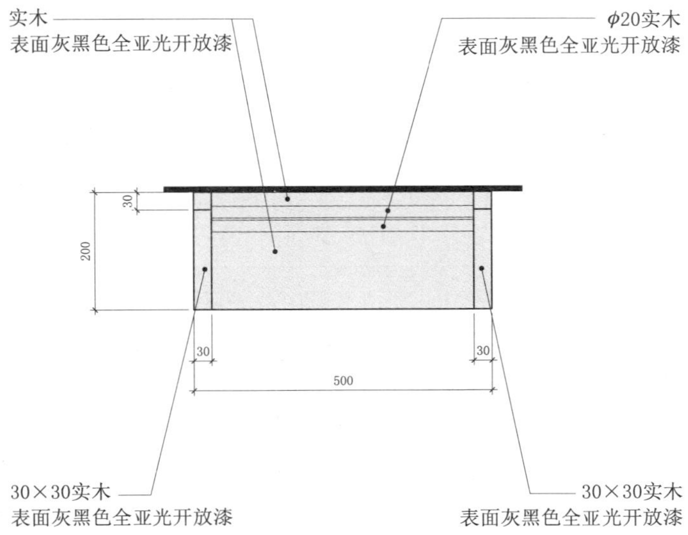

26 客房模式·卫浴设施

实木 表面灰黑色全亚光开放漆
φ20实木 表面灰黑色全亚光开放漆
30×30实木 表面灰黑色全亚光开放漆
30×30实木 表面灰黑色全亚光开放漆

毛巾梯平面图

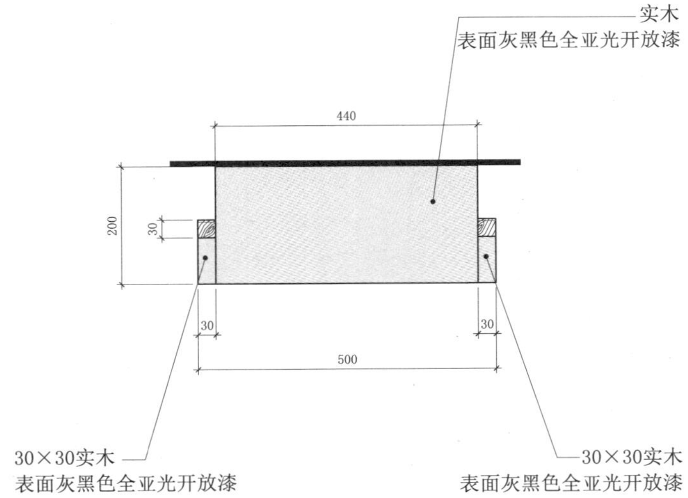

φ20实木 表面灰黑色全亚光开放漆
φ20实木 表面灰黑色全亚光开放漆
30×30实木 表面灰黑色全亚光开放漆
实木 表面灰黑色全亚光开放漆
φ20实木 表面灰黑色全亚光开放漆

实木 表面灰黑色全亚光开放漆
30×30实木 表面灰黑色全亚光开放漆
30×30实木 表面灰黑色全亚光开放漆

A剖面图

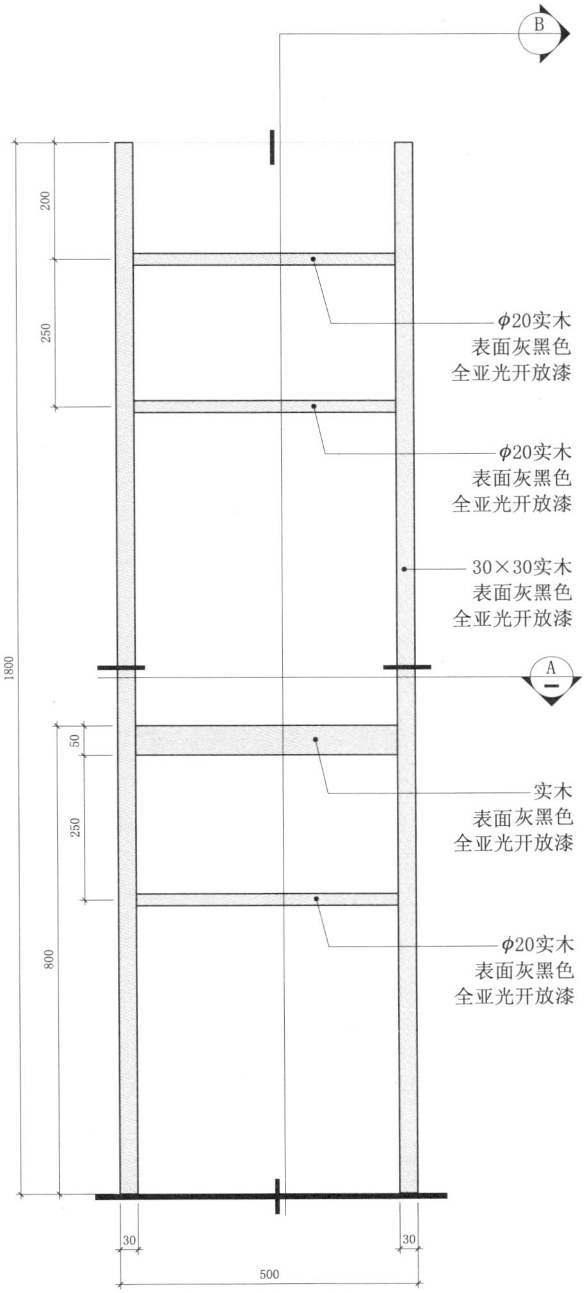

1立面图

室内构造节点与专项模式图集 | 1249

26.15 酒店豪华大床房模式（一）

26.15.11 毛巾梯(二)

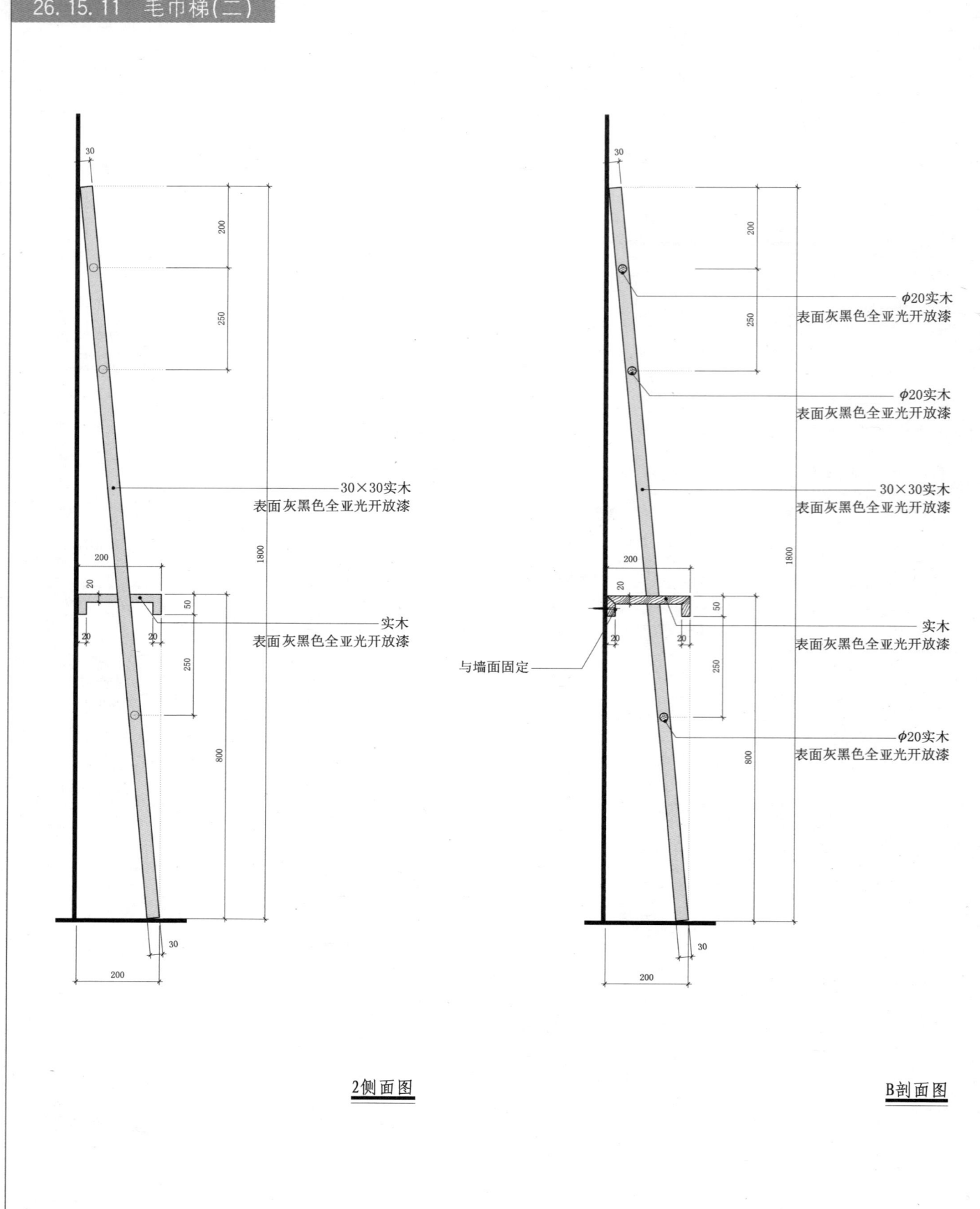

2侧面图　　　B剖面图

26.16 酒店豪华大床房模式（二）

26.16.1 平面图

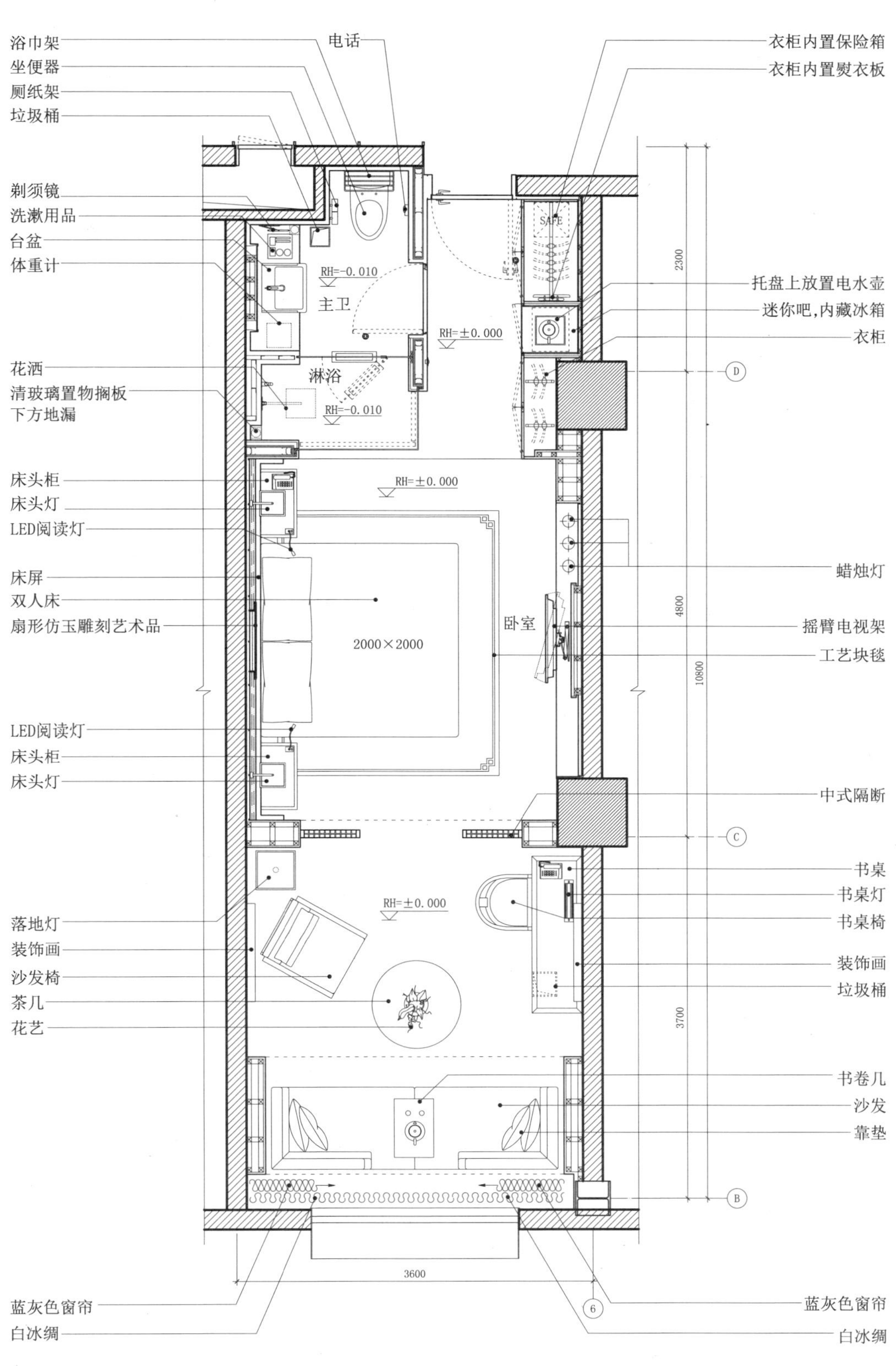

平面布置图

标注：
- 浴巾架
- 坐便器
- 厕纸架
- 垃圾桶
- 剃须镜
- 洗漱用品
- 台盆
- 体重计
- 花洒
- 清玻璃置物搁板
- 下方地漏
- 床头柜
- 床头灯
- LED阅读灯
- 床屏
- 双人床
- 扇形仿玉雕刻艺术品
- LED阅读灯
- 床头柜
- 床头灯
- 落地灯
- 装饰画
- 沙发椅
- 茶几
- 花艺
- 蓝灰色窗帘
- 白冰绸
- 电话
- 衣柜内置保险箱
- 衣柜内置熨衣板
- 托盘上放置电水壶
- 迷你吧，内藏冰箱
- 衣柜
- 蜡烛灯
- 摇臂电视架
- 工艺块毯
- 中式隔断
- 书桌
- 书桌灯
- 书桌椅
- 装饰画
- 垃圾桶
- 书卷几
- 沙发
- 靠垫
- 蓝灰色窗帘
- 白冰绸

主卫 / 淋浴 / 卧室

RH=-0.010 / RH=±0.000

2000×2000

尺寸：2300 / 4800 / 10800 / 3700 / 3600

26 客房模式

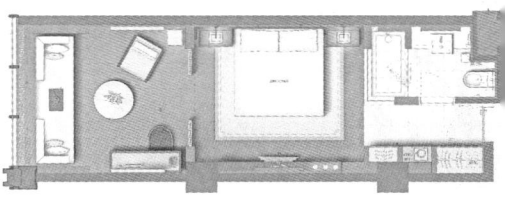

室内构造节点与专项模式图集 | 1251

26 客房模式

26.16 酒店豪华大床房模式（二）

26.16.2 索引图

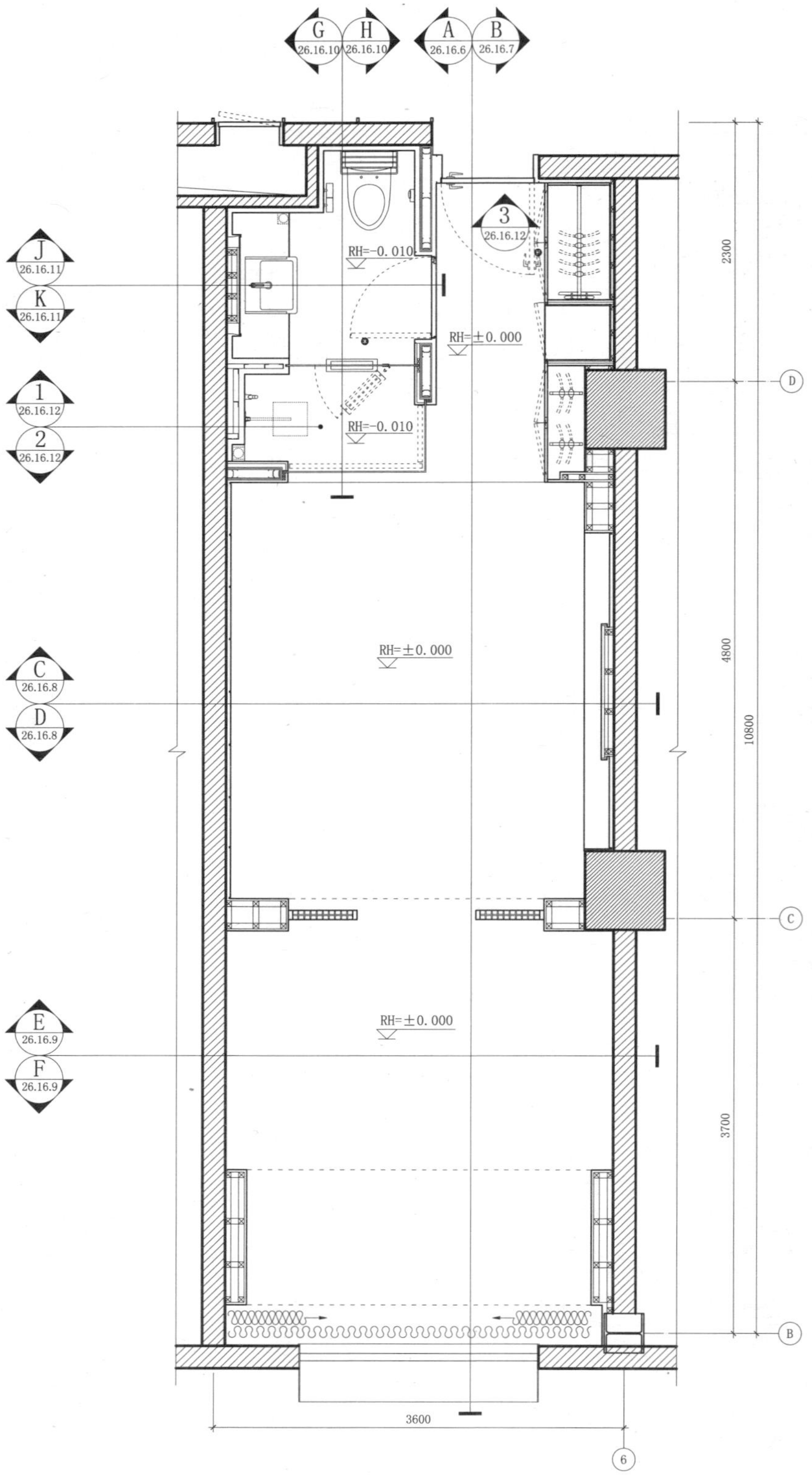

平面装修立面索引图

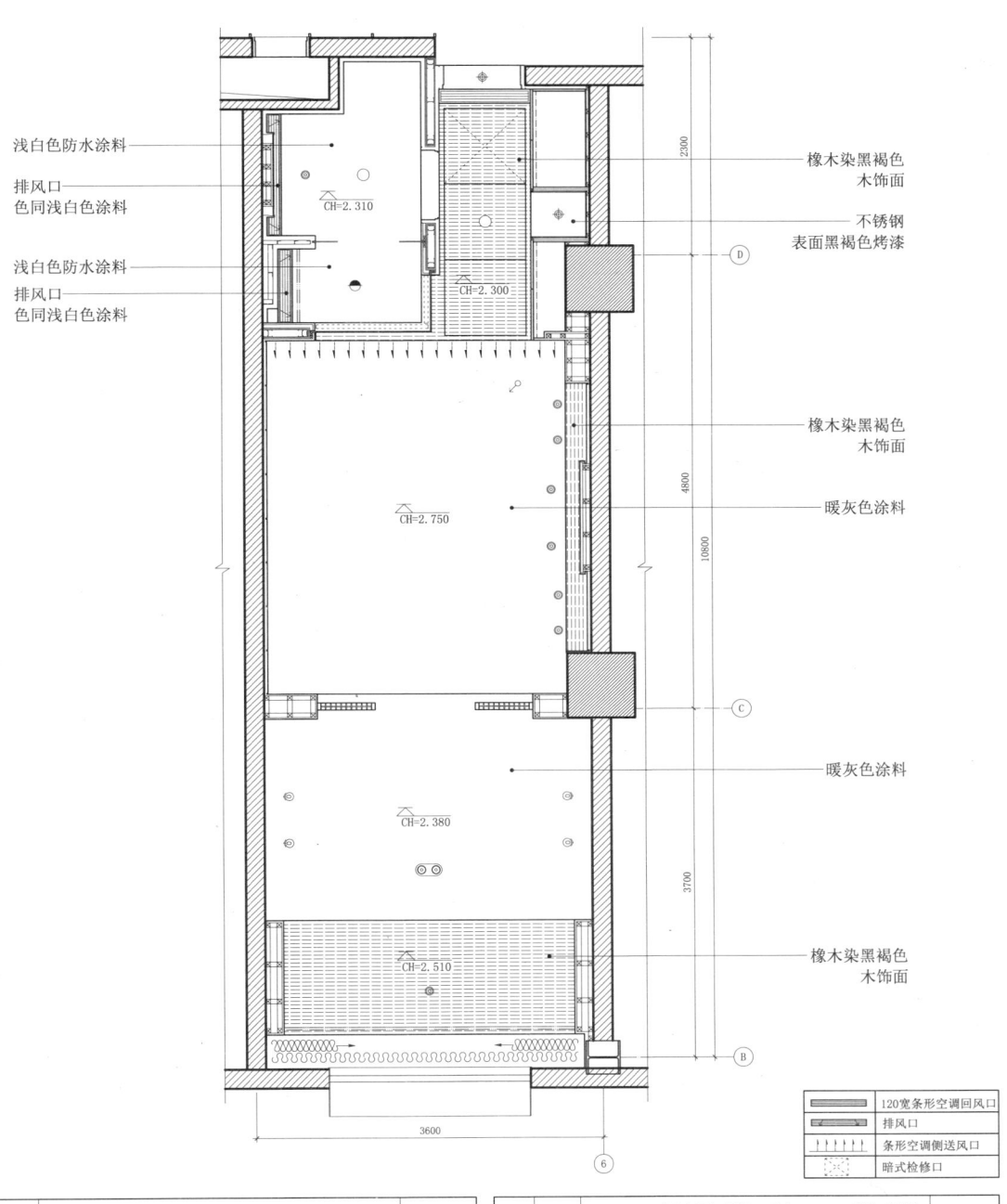

26.16 酒店豪华大床房模式（二）

26.16.4 配电图

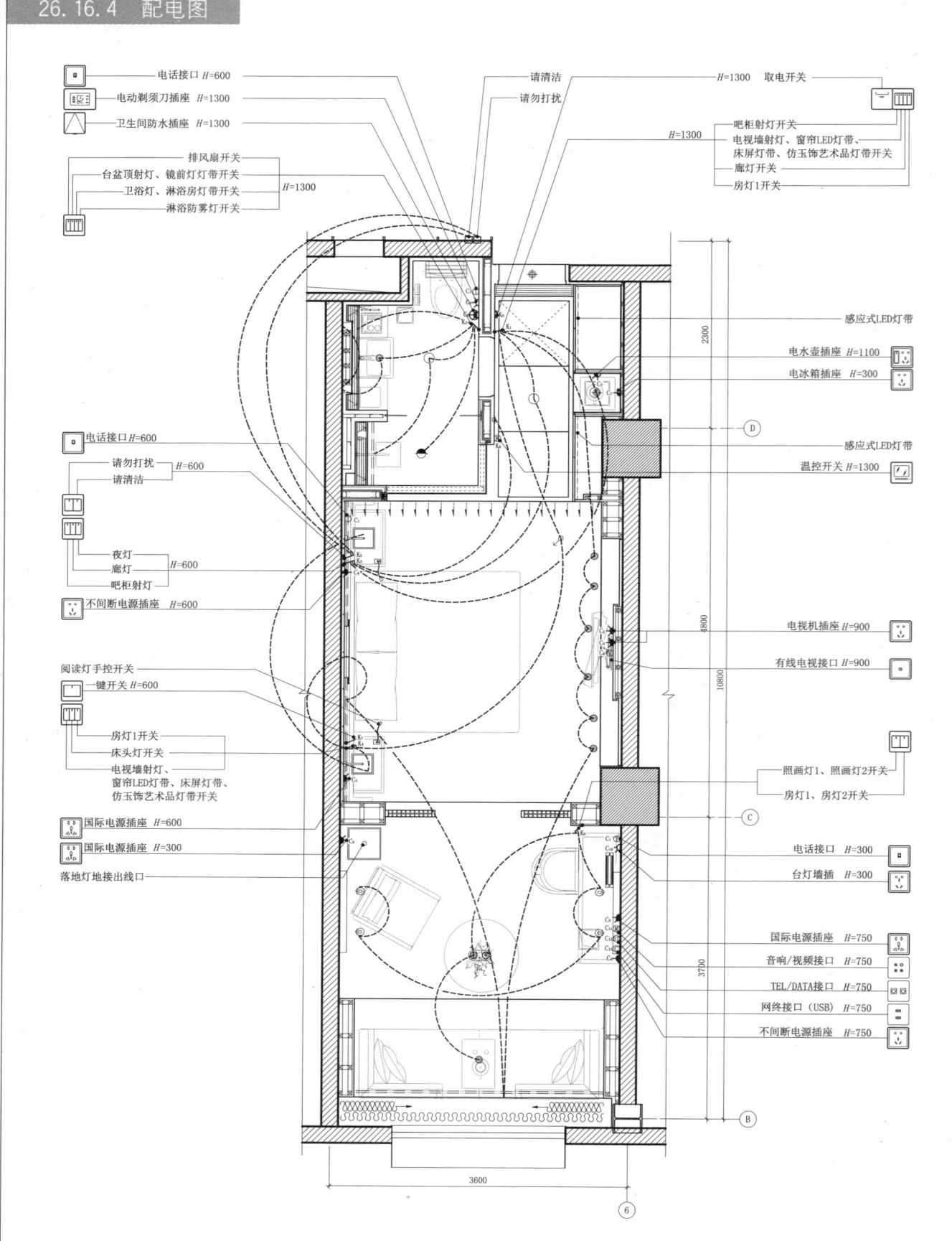

配电图

26.16 酒店豪华大床房模式（二）

26.16.5 配电图表

立面编号	名称	备注	平面图例	立面图例
K_0	取电开关			
K_1	四联开关	吧柜射灯开关；电视机背景墙射灯、窗帘LED灯带、床屏灯带、仿玉饰艺术品灯带开关；廊灯、房灯1开关		
K_2	四联开关	排风扇开关；台盆顶射灯、镜前灯灯带开关；卫浴灯、淋浴房灯带开关；淋浴防雾灯开关		
K_3	三联开关	夜灯、廊灯、吧柜射灯		
K_4	三联开关	房灯1开关；床头灯开关；电视机背景墙射灯、窗帘LED灯带、床屏LED灯带、仿玉饰艺术品灯带开关		
K_5	双联开关	请勿打扰；请清洁		
K_6	双联开关	照画灯1、照画灯2开关；房灯2、房灯3开关		
K_7	单联开关	一键开关		
K_8	自动温控空调开关	空调调温		
C_1	电话接口	单孔		
C_2	电水壶插座	3×2扁眼插座（带开关）		
C_3	国际电源插座	多功能插座		
C_4	不间断电源插座	不间断电源插座		
C_5	电视机插座	3×2扁眼插座		
C_6	有线电视接口	专用		
C_7	电冰箱插座	不间断电源插座		
C_8	卫生间插座	3×2扁眼防水插座		
C_9	电动剃须刀插座	电动剃须刀 110V/220V插座		
C_{10}	台灯插座	3×2扁眼插座		
C_{11}	音频视频接口			
C_{12}	TEL/DATA接口			
C_{13}	USB接口			

注：1. 配电图仅供业主与电气工程师参考，不作为施工最终依据。
2. 所有光源均按手控调光开关（卫生间除外）。
3. 图中所示开关插座面板高度均为开关插座面板下沿至地面高度。
4. 一键开关可控制除落地灯、夜灯、书桌台灯及LED阅读灯外的所有灯光。
5. 书桌内插座面板由甲方定制，由管理方确认，并与家具生产厂商预先商定、协调。

26.16 酒店豪华大床房模式（二）

26.16.6 立面图（一）

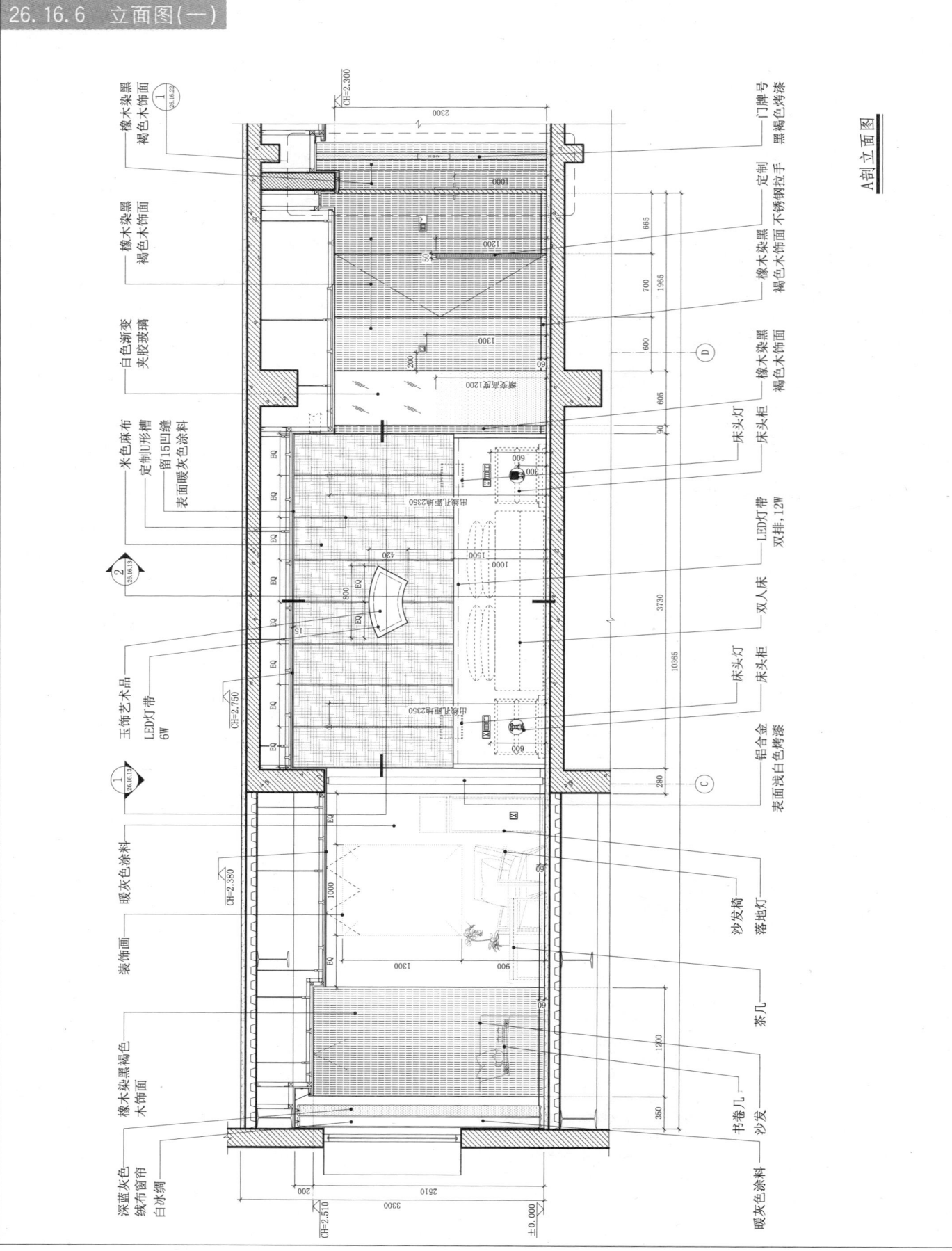

26.16 酒店豪华大床房模式（二）

26.16.7 立面图（二）

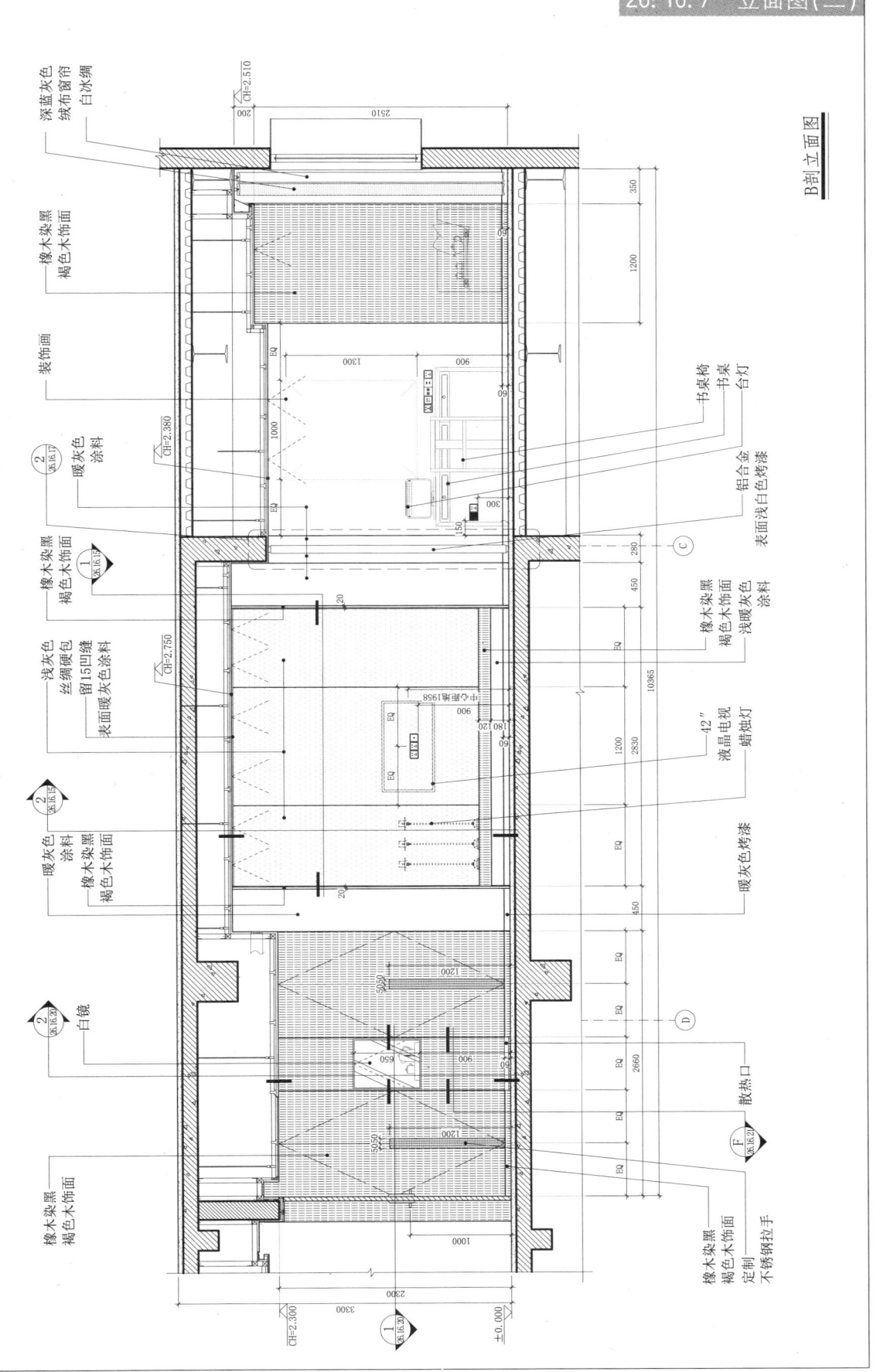

26 客房模式

26.16 酒店豪华大床房模式（二）

26.16.8 立面图（三）

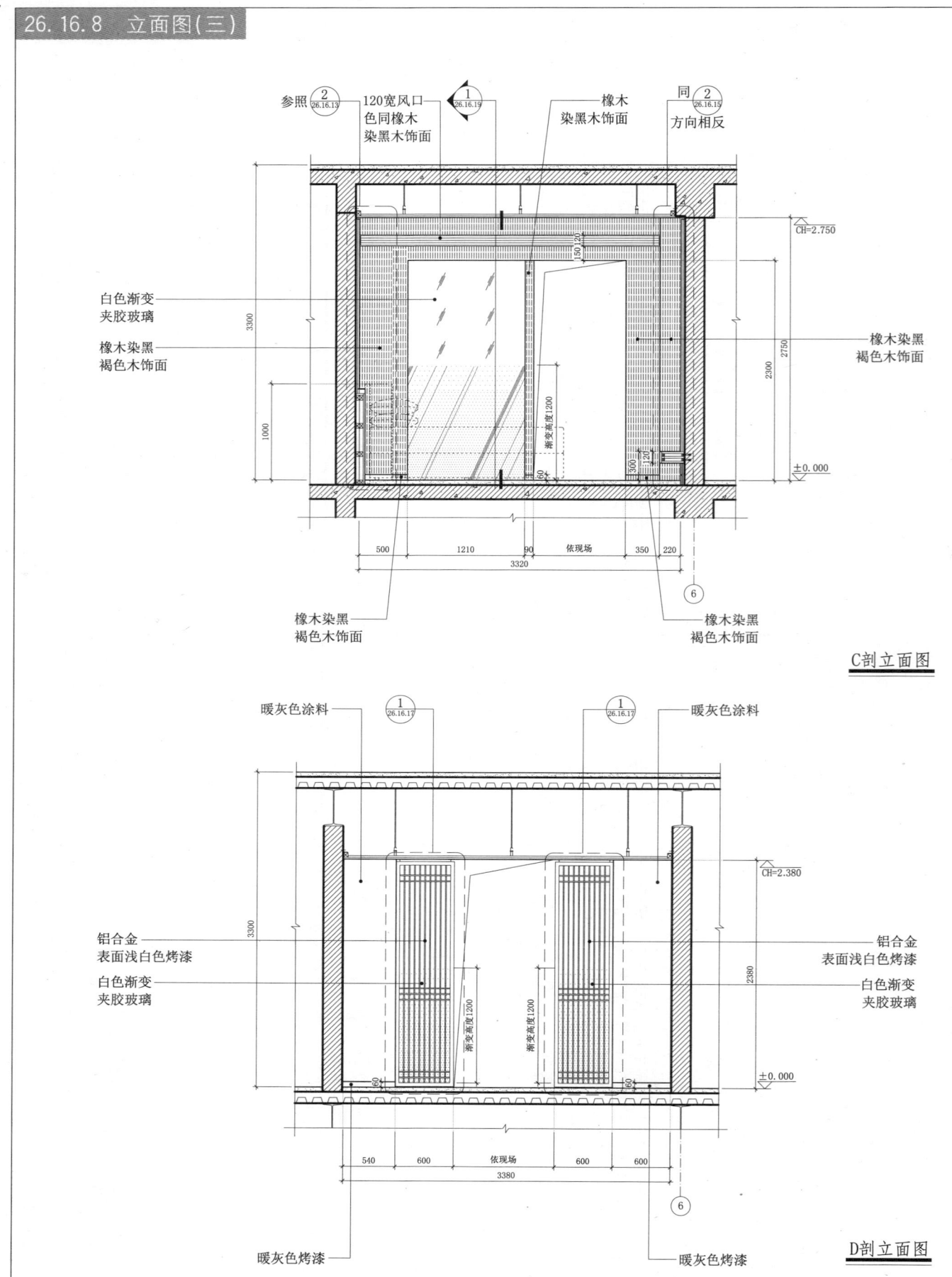

C剖立面图

D剖立面图

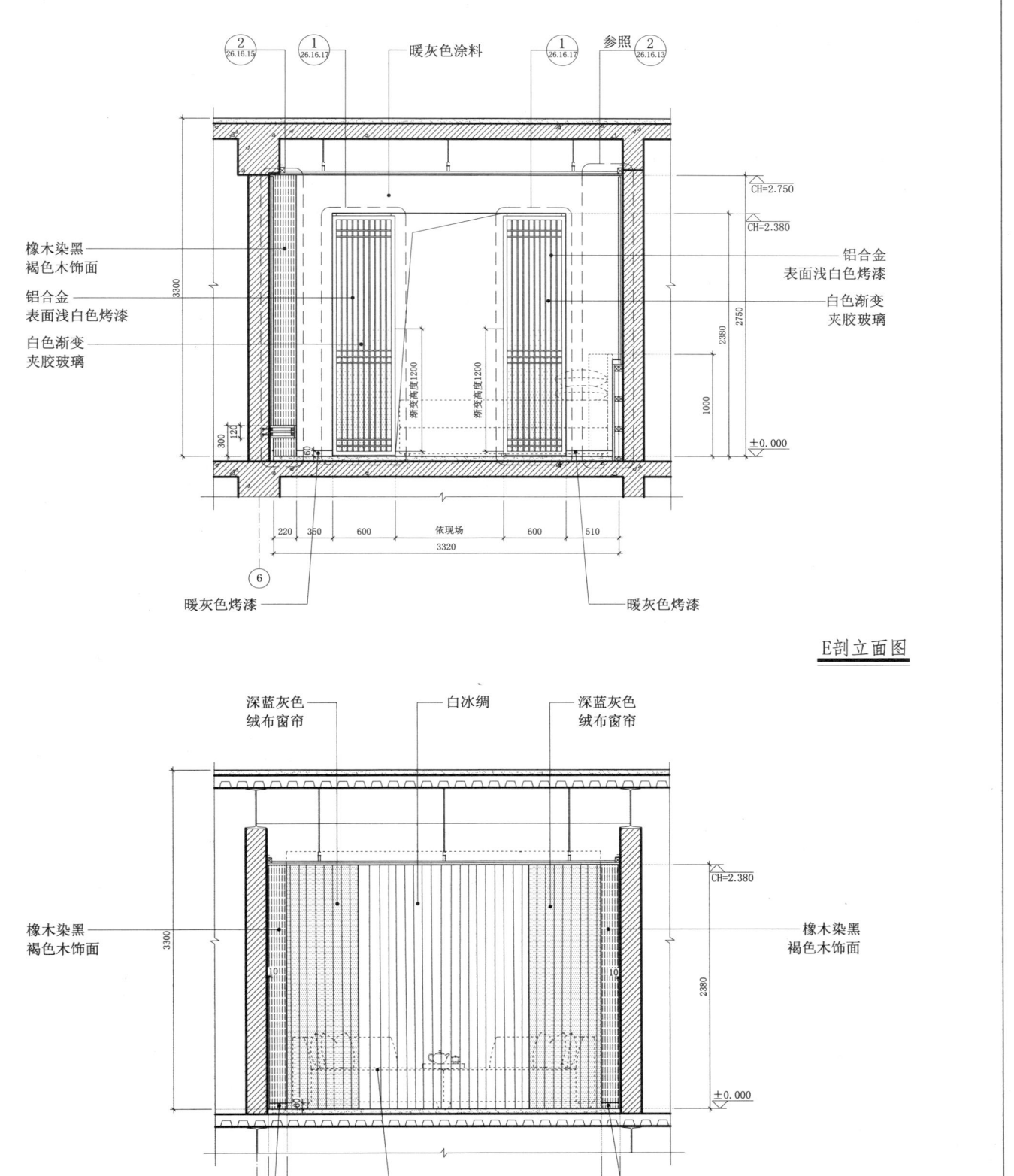

26.16 酒店豪华大床房模式（二）

26.16.9 立面图（四）

E剖立面图

F剖立面图

26.16 酒店豪华大床房模式（二）

26.16.10 立面图（五）

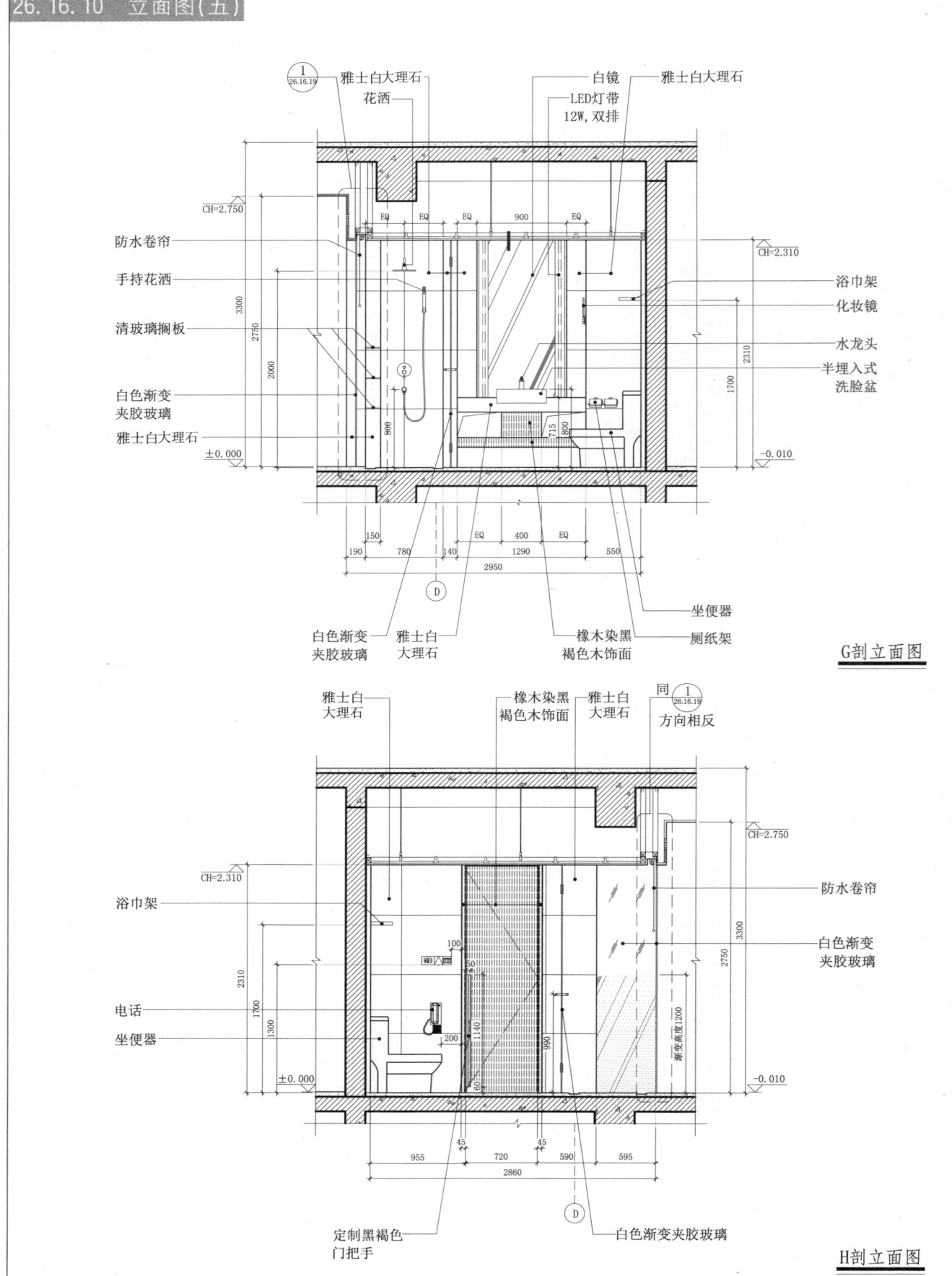

G剖立面图

H剖立面图

26.16 酒店豪华大床房模式（二）

26.16.11 立面图（六）

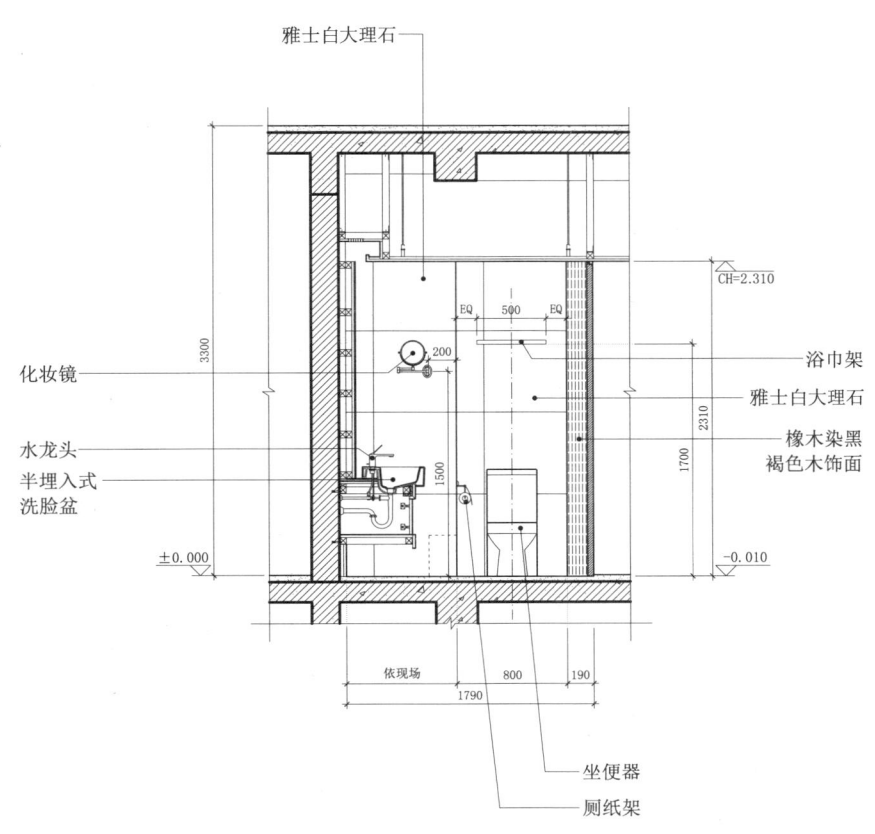

J剖立面图

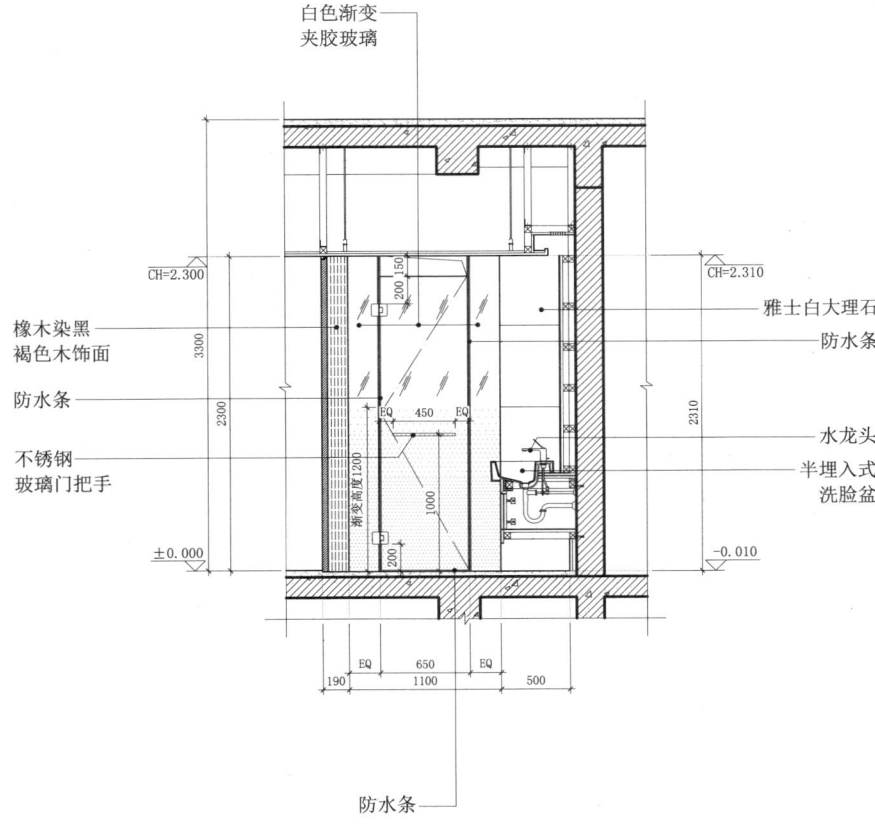

K剖立面图

26.16 酒店豪华大床房模式（二）

26.16.12 立面图（七）

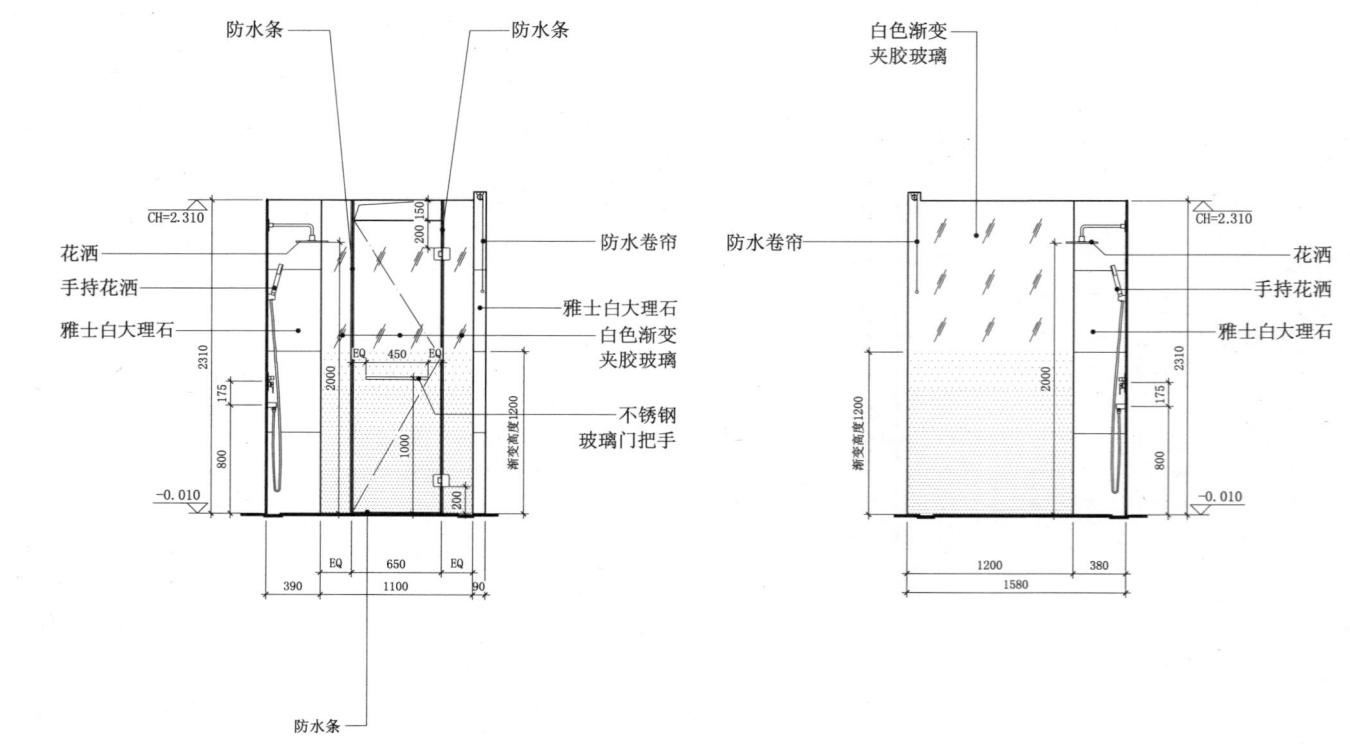

1立面图　　2立面图

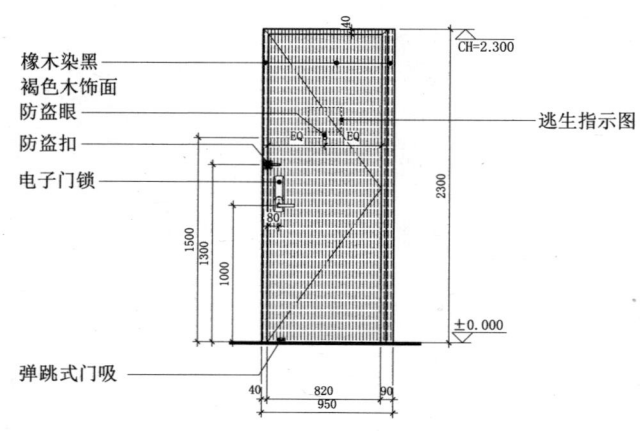

3立面图

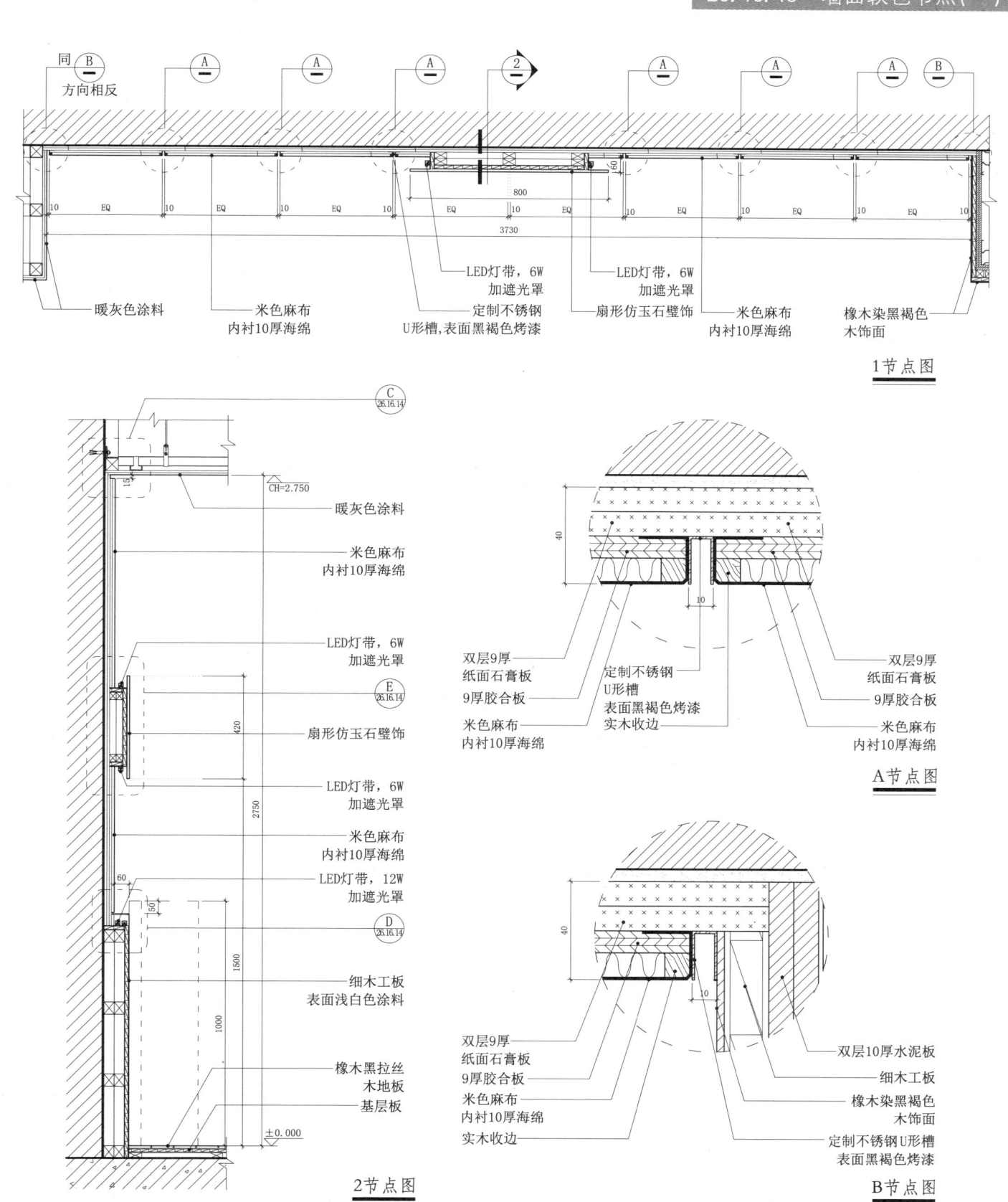

26.16 酒店豪华大床房模式（二）

26.16.14 墙面软包节点（二）

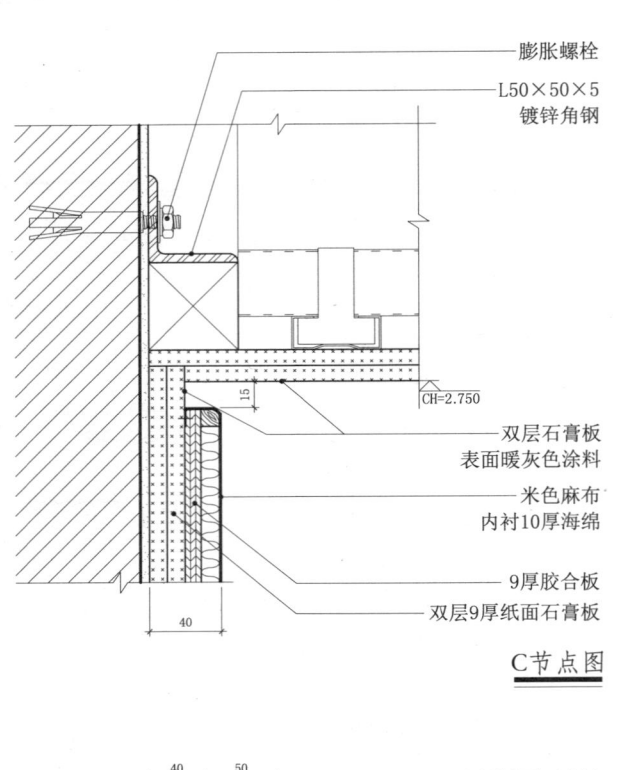

C节点图

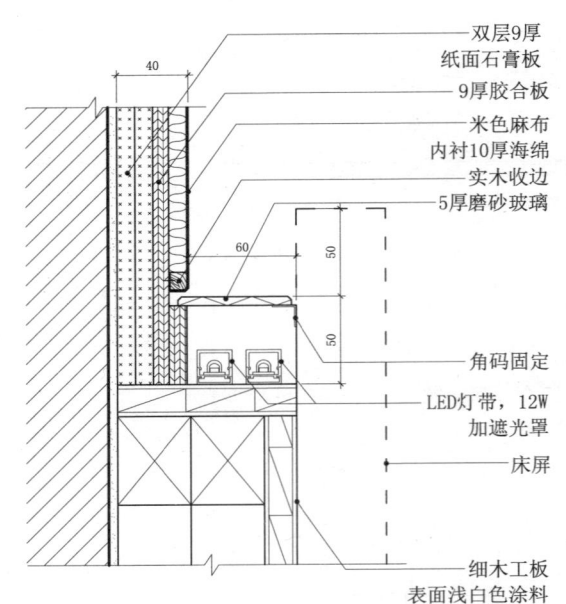

D节点图

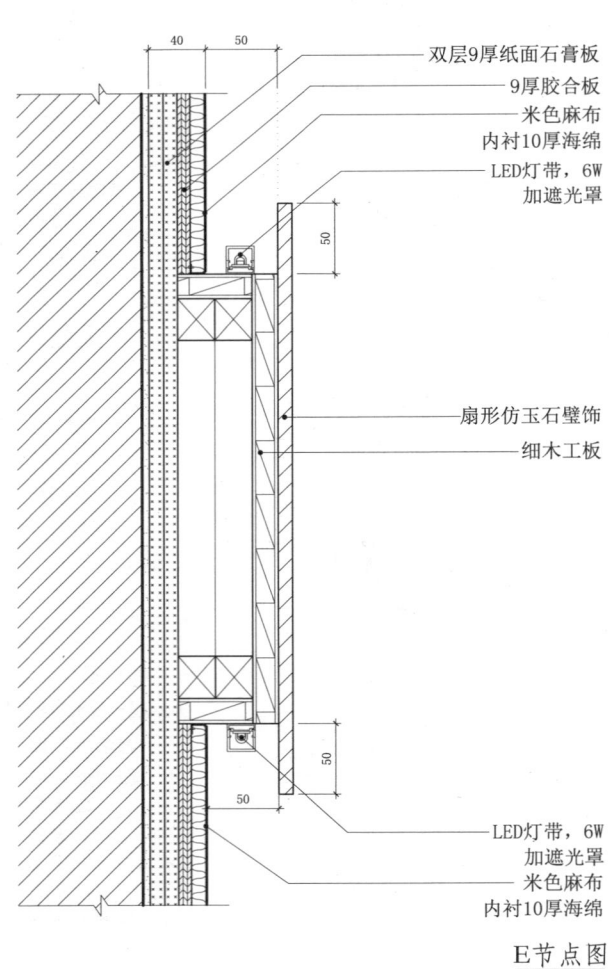

E节点图

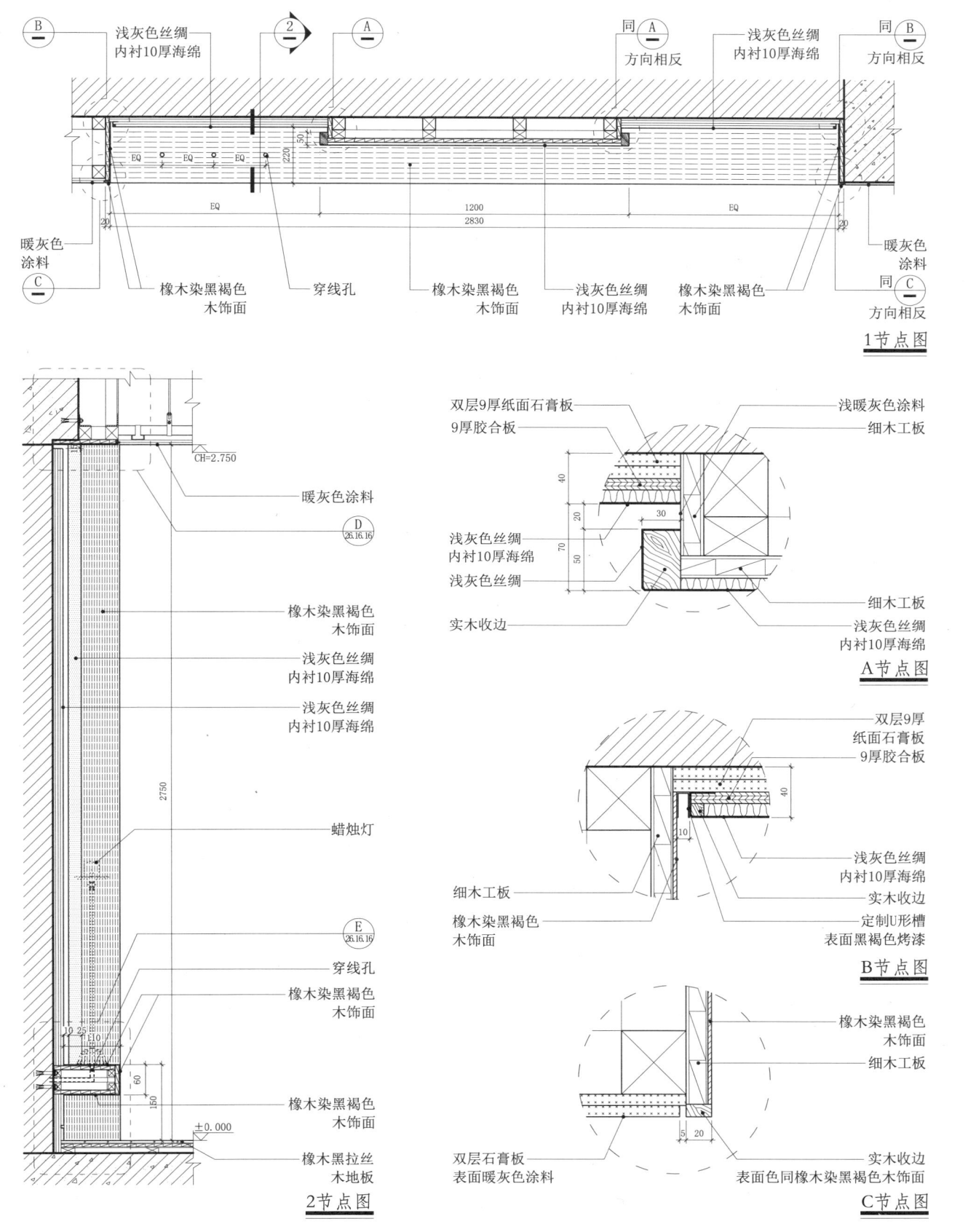

26.16 酒店豪华大床房模式（二）

26.16.16 墙面软包节点（四）

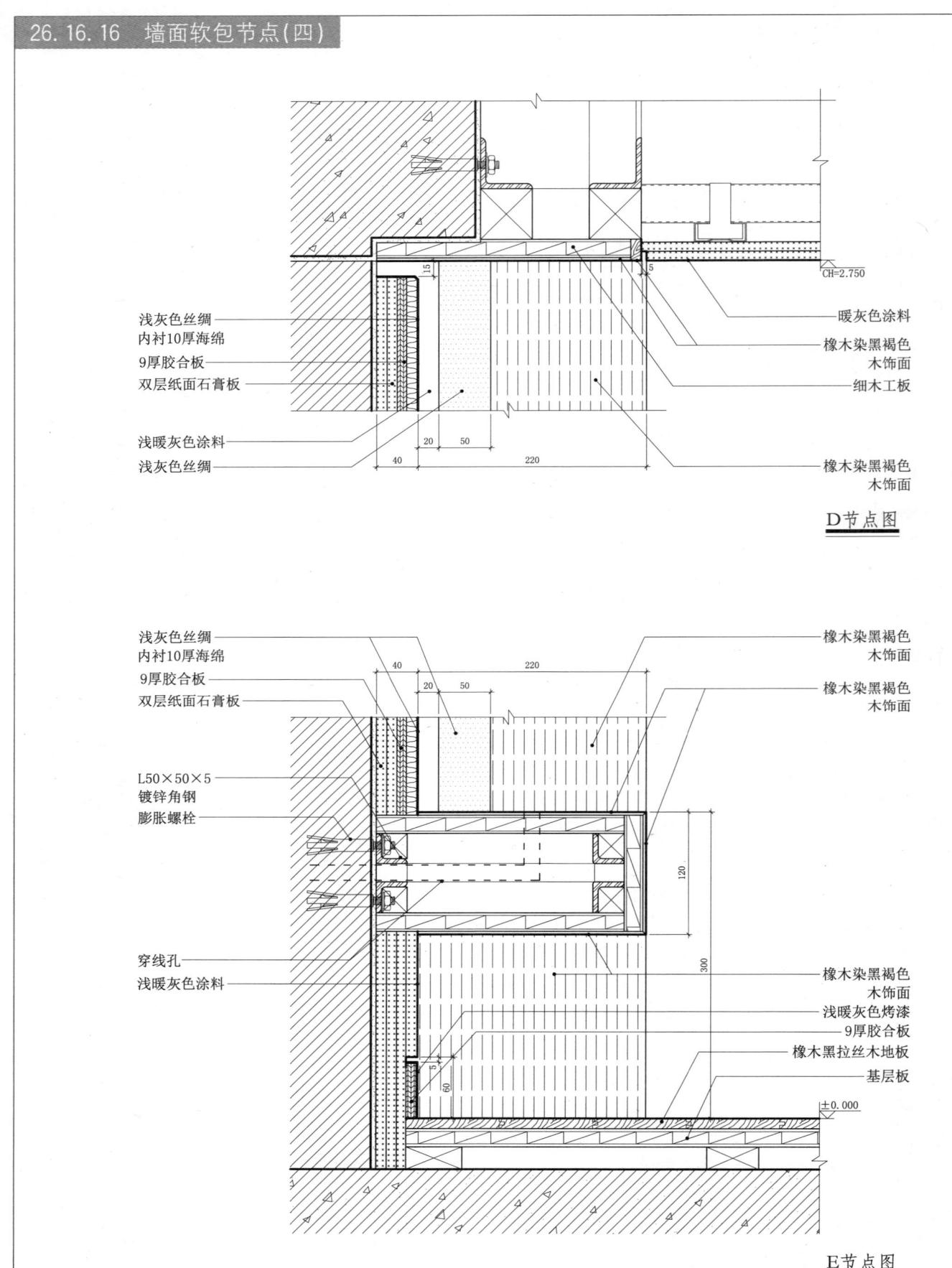

D节点图

E节点图

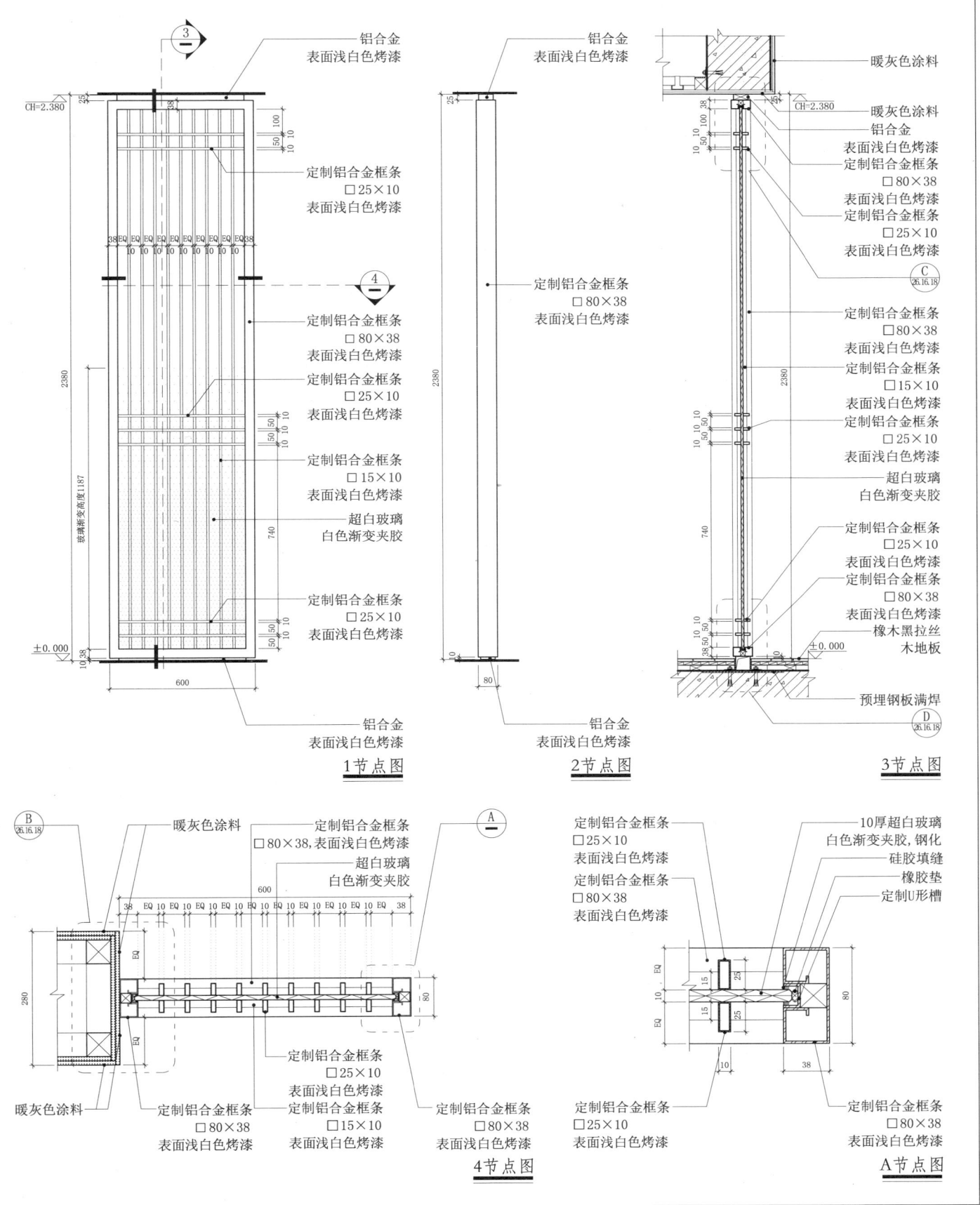

26.16 酒店豪华大床房模式（二）

26.16.18 中式隔断节点（二）

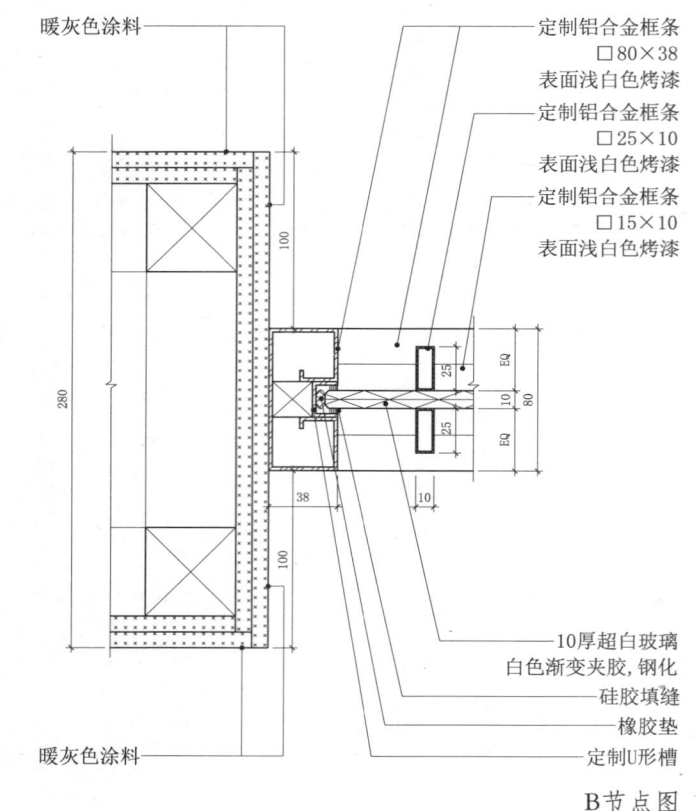

B节点图

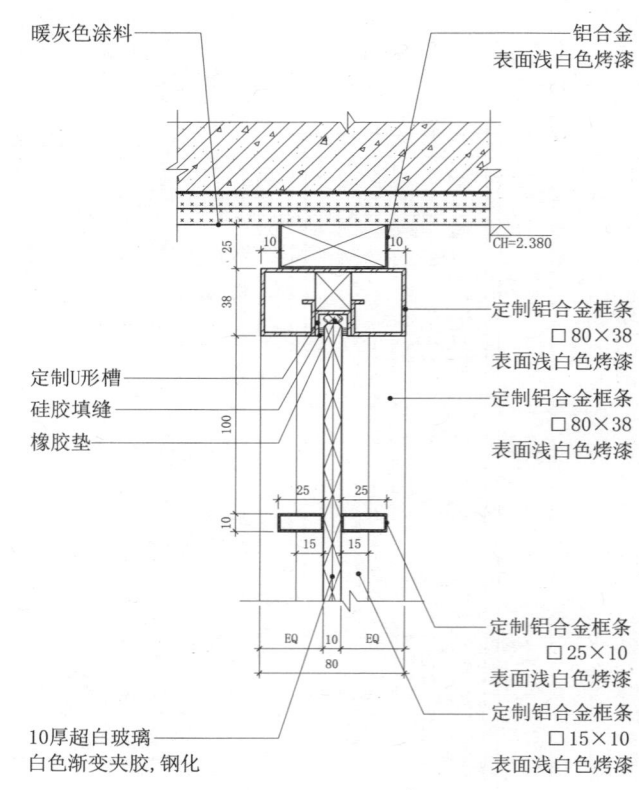

C节点图

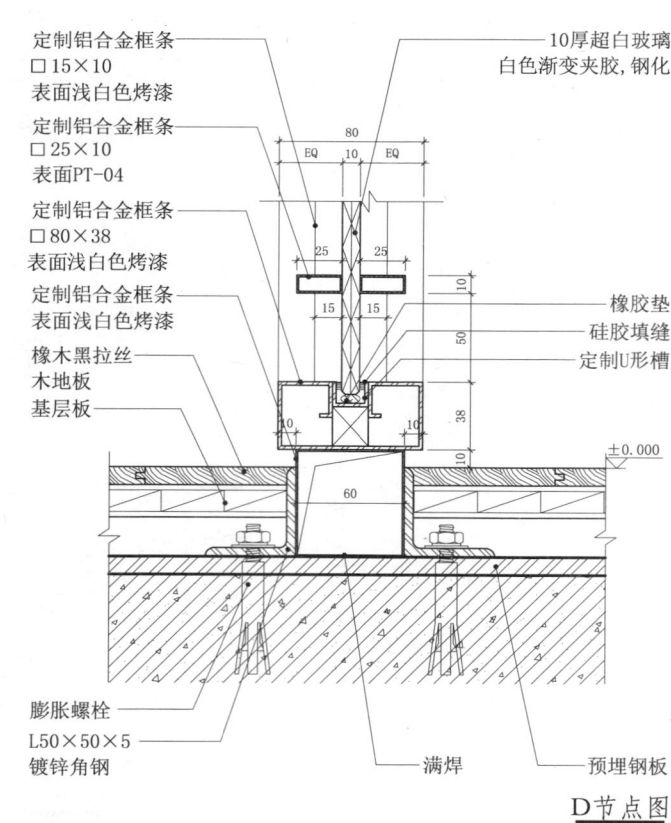

D节点图

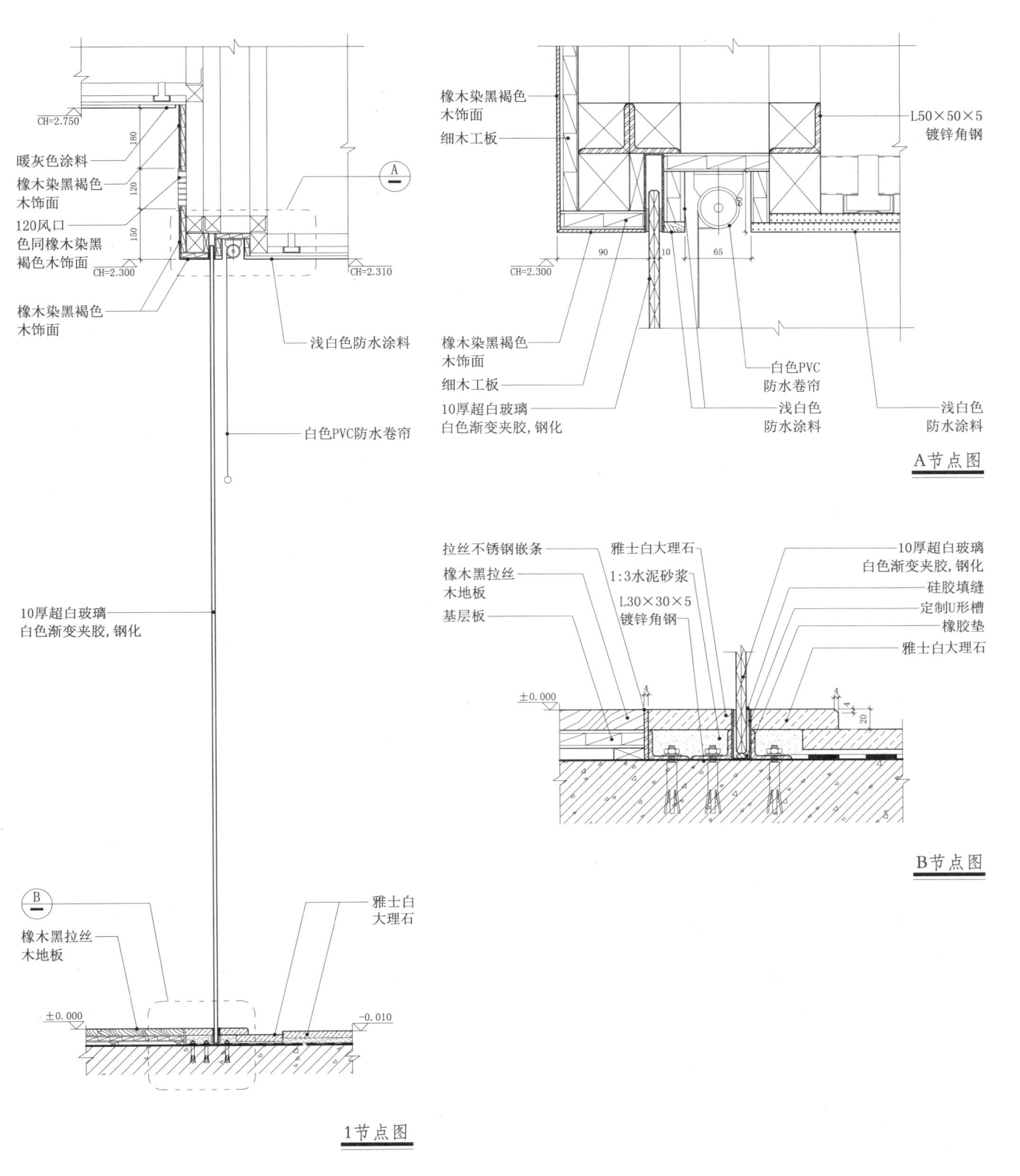

26.16 酒店豪华大床房模式（二）

26.16.20 迷你吧节点（一）

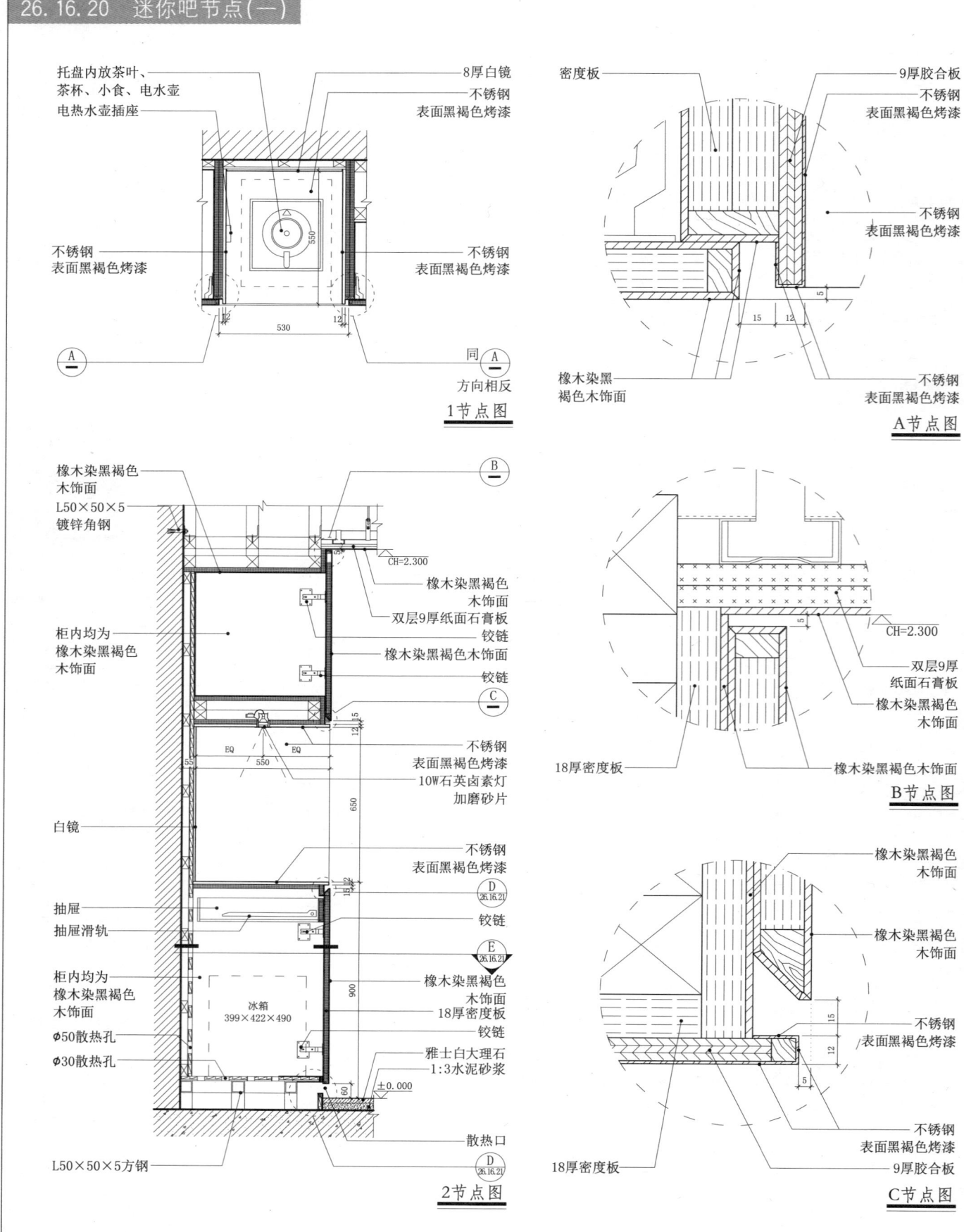

26.16.21 迷你吧节点(二)　　26.16 酒店豪华大床房模式(二)

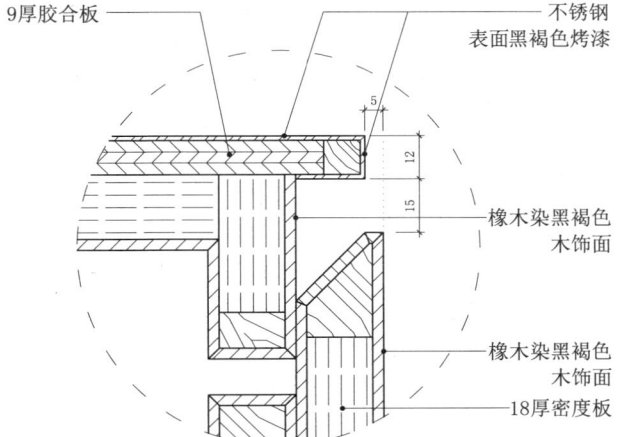

D节点图

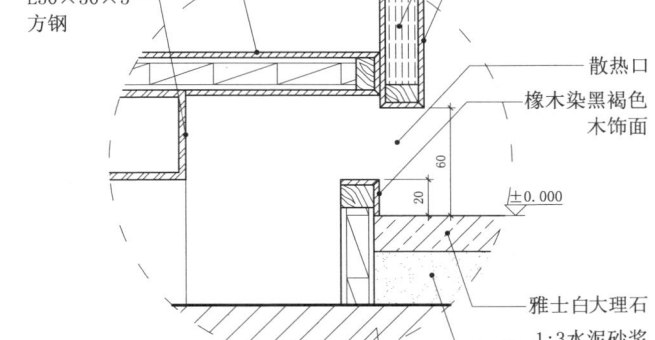

E节点图

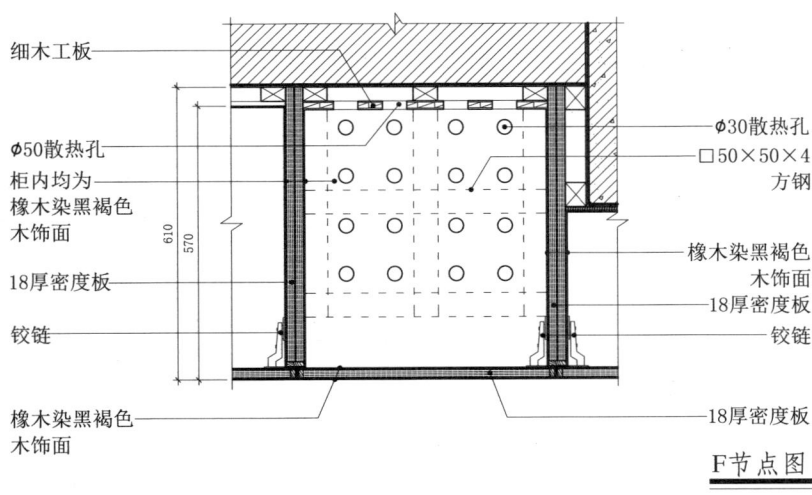

F节点图

26.16 酒店豪华大床房模式（二）

26.16.22 门牌号节点（一）

客房模式 · 透光照明构造　立面构造

1 节点图

- MR-11石英卤素灯 20W，加磨砂片
- 橡木染黑褐色木饰面
- 不锈钢 表面黑褐色烤漆
- 不锈钢 表面黑褐色烤漆
- 不锈钢 表面黑褐色烤漆
- 白沙米黄（亚光面）
- 1:3水泥砂浆
- 拉丝不锈钢 8嵌条
- 雅士白大理石
- 客房　走道
- CH=2.400
- CH=2.300
- ±0.000

A大样图

- 不锈钢 表面黑褐色烤漆
- φ5对穿螺栓（沉头）表面黑褐色烤漆
- MR-11/LED,3W 60°,2700K
- 不锈钢 表面黑褐色烤漆
- 字体镂空
- MR-11/LED,1W 60°,2700K
- φ5对穿螺栓（沉头）表面黑褐色烤漆
- 不锈钢 表面黑褐色烤漆

B大样图

- 内刷白
- 9厚胶合板
- 橡木染黑褐色木饰面
- LED,1W,60°
- φ5对穿螺栓（沉头）表面黑褐色烤漆
- 字体镂空
- 不锈钢 表面黑褐色烤漆
- 地中海涂料
- 橡木染黑褐色木饰面
- 9厚胶合板
- 橡木染黑褐色木饰面
- 实木收头

26.16 酒店豪华大床房模式（二）

26.16.23 门牌号节点（二）

26 客房模式·透光照明构造 立面构造

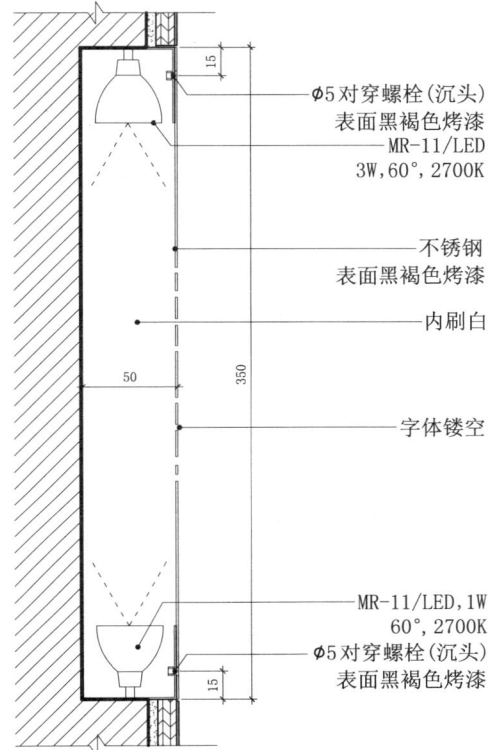

C节点图

- ⌀5对穿螺栓（沉头）表面黑褐色烤漆
- MR-11/LED 3W, 60°, 2700K
- 不锈钢 表面黑褐色烤漆
- 内刷白
- 字体镂空
- MR-11/LED, 1W 60°, 2700K
- ⌀5对穿螺栓（沉头）表面黑褐色烤漆

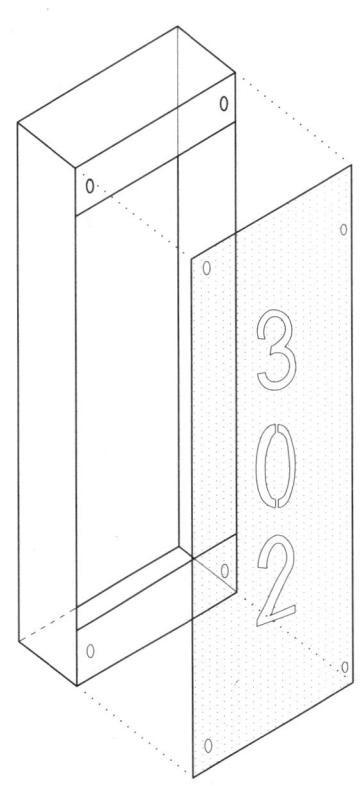

安装示意图

26.17 酒店豪华套房模式（一）

26.17.1 平面图

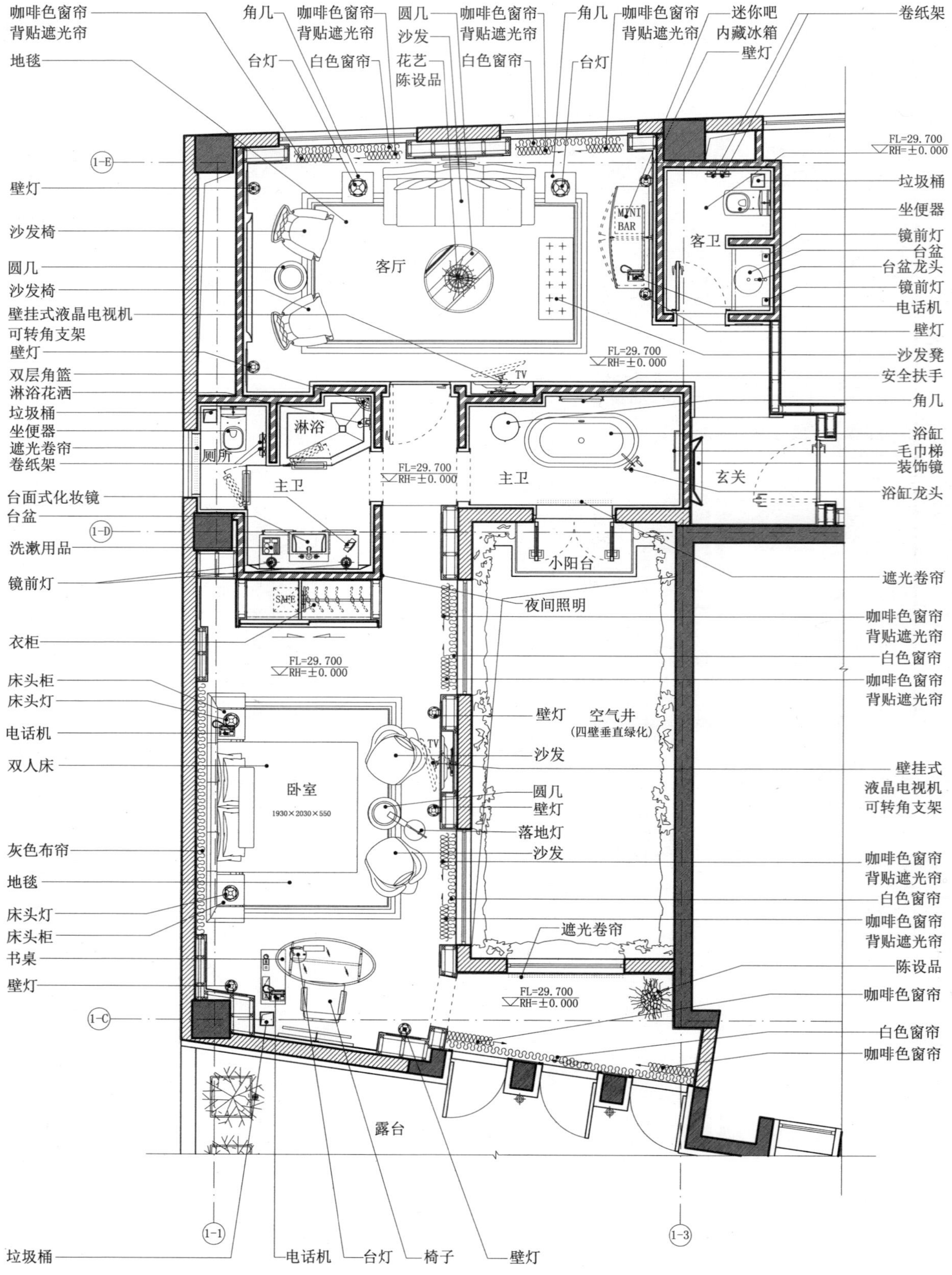

套间(A)平面布置图

26.17 酒店豪华套房模式（一）

26.17.2 索引图

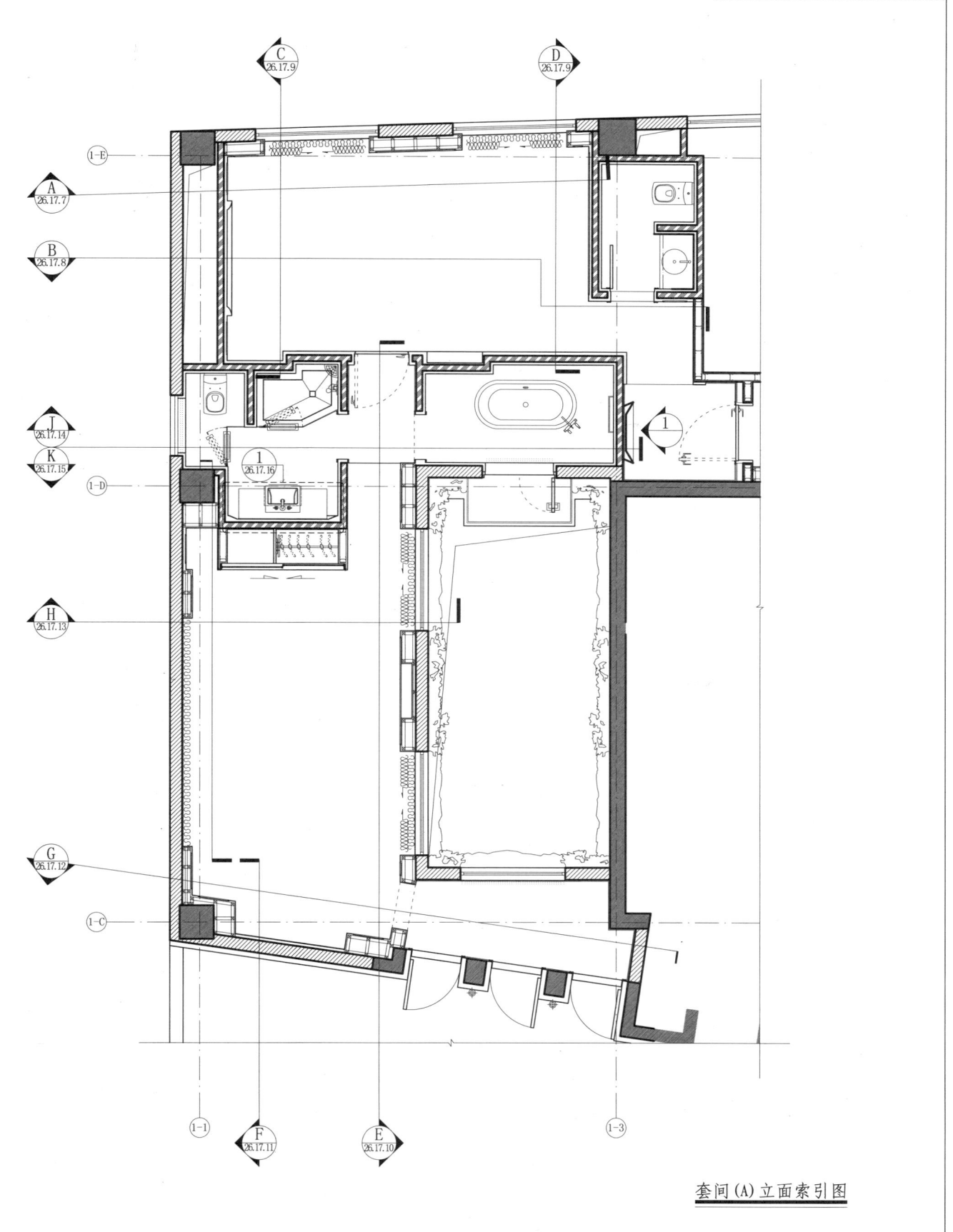

套间(A)立面索引图

26 客房模式

26.17 酒店豪华套房模式（一）

26.17.3 地坪图

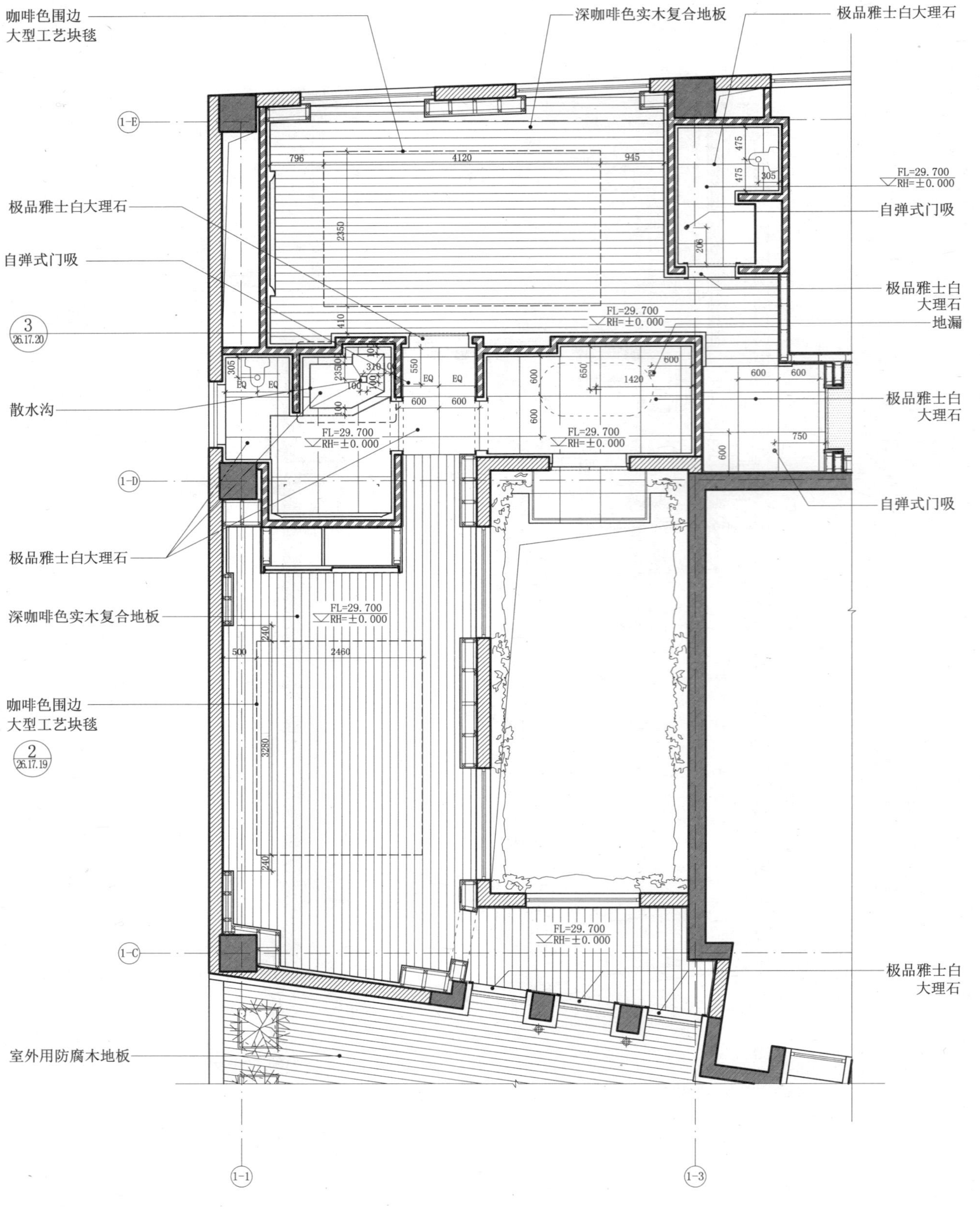

标注：
- 咖啡色围边大型工艺块毯
- 深咖啡色实木复合地板
- 极品雅士白大理石
- 极品雅士白大理石
- 自弹式门吸
- 自弹式门吸
- 极品雅士白大理石
- 地漏
- 极品雅士白大理石
- 自弹式门吸
- 散水沟
- 极品雅士白大理石
- 深咖啡色实木复合地板
- 咖啡色围边大型工艺块毯
- 极品雅士白大理石
- 室外用防腐木地板

<u>套间(A)地坪图</u>

26.17 酒店豪华套房模式（一）

26.17.4 平顶图

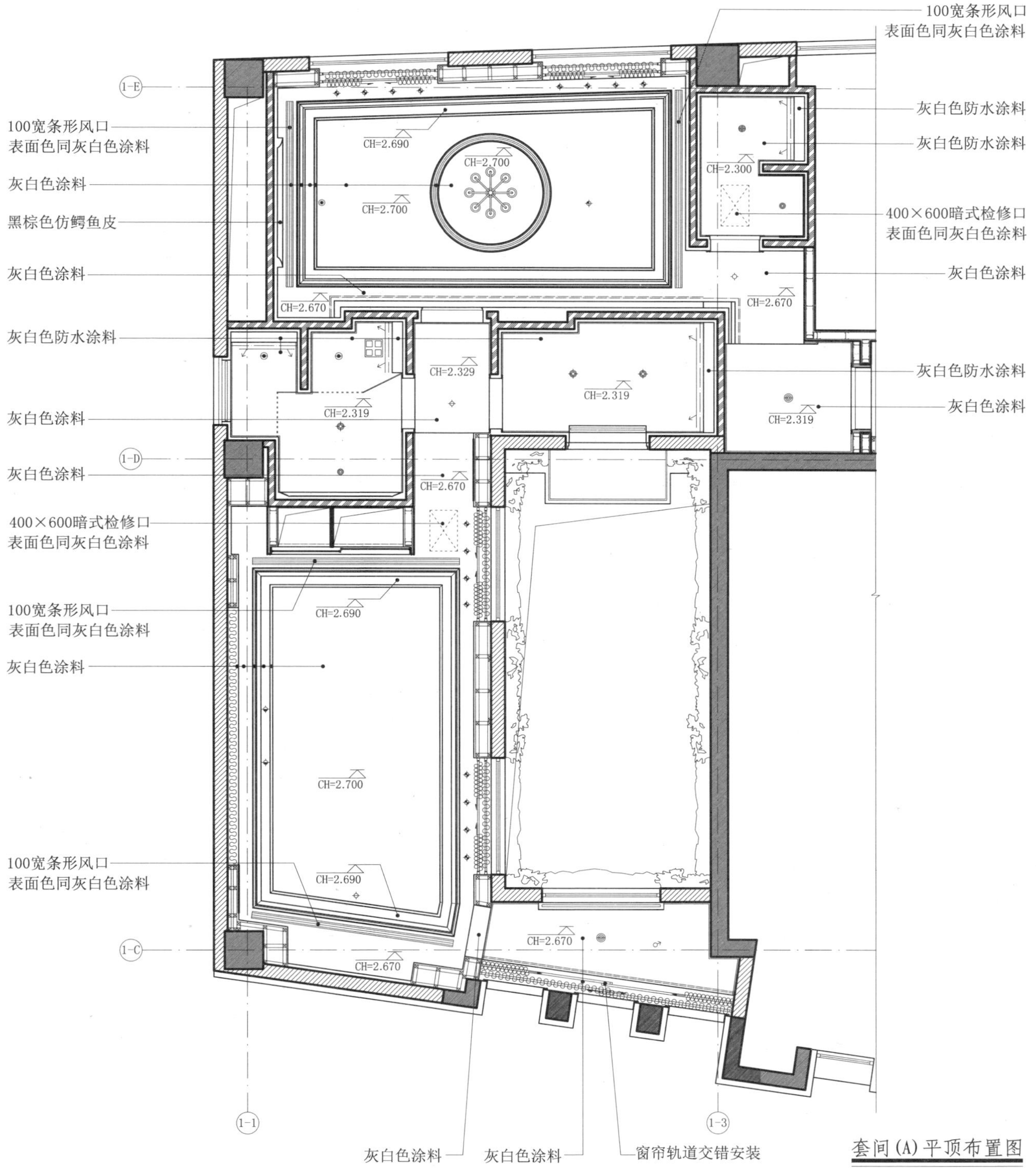

客房模式·西方古典风格

标注说明：
- 100宽条形风口 表面色同灰白色涂料
- 灰白色防水涂料
- 灰白色防水涂料
- 400×600暗式检修口 表面色同灰白色涂料
- 灰白色涂料
- 灰白色防水涂料
- 灰白色涂料
- 100宽条形风口 表面色同灰白色涂料
- 灰白色涂料
- 黑棕色仿鳄鱼皮
- 灰白色涂料
- 灰白色防水涂料
- 灰白色涂料
- 400×600暗式检修口 表面色同灰白色涂料
- 100宽条形风口 表面色同灰白色涂料
- 灰白色涂料
- 100宽条形风口 表面色同灰白色涂料
- 灰白色涂料
- 灰白色涂料
- 窗帘轨道交错安装

标高：CH=2.690、CH=2.700、CH=2.300、CH=2.670、CH=2.329、CH=2.319、CH=2.670、CH=2.690、CH=2.700、CH=2.690、CH=2.670

<u>套间(A)平顶布置图</u>

编号	图例	说明	型号
LT-02	— —	LED软管灯带，2400K，24V，0.25W/颗，12W	ZY-RL2002B
LT-08	◇	MR-11/12V石英卤素暗筒灯，配光36°，10W，浅孔	ZY-SM1811
LT-09	✦	MR-11/12V石英卤素暗筒灯，配光36°，10W，浅孔+散光片	ZY-SM1811
LT-12	✧	MR-11/12V石英卤素暗筒灯，配光36°，20W，浅孔	ZY-SM1811
LT-13	✦	MR-11/12V石英卤素暗筒灯，配光36°，20W，浅孔+散光片	ZY-SM1811
LT-16	✧	MR-11/12V石英卤素暗筒灯，配光36°，35W，浅孔	ZY-SM1811
LT-19	●	MR-16/12V石英卤素暗筒灯，配光24°，35W，浅孔+散光片	ZY-SM3815
LT-25	●	MR-16/12V石英卤素暗筒灯，配光36°，35W，防水防雾	ZY-SM2110
LT-33	⊘	MR-16/12V石英卤素固定式射灯(加长型)，配光36°，35W	ZY-SP1516A
LT-42	⊙	GLS，E27，磨砂泡，220V，25W，防雾暗筒灯	ZY-AE2792
LT-43	⊚	GLS，E27，磨砂泡，220V，40W，暗筒灯	ZY-AE2703
LT-44	⊕	GLS，E27，磨砂泡，220V，40W，防雾暗筒灯	ZY-AE2792
LT-45	✧	GLS，E27，磨砂泡，220V，60W，防雾暗筒灯	ZY-AE2792

- 条形侧排风口
- 400×600暗式检修口
- 长条形空调顶式风口

26.17 酒店豪华套房模式（一）

26 客房模式·西方古典风格

26.17.5 配电图

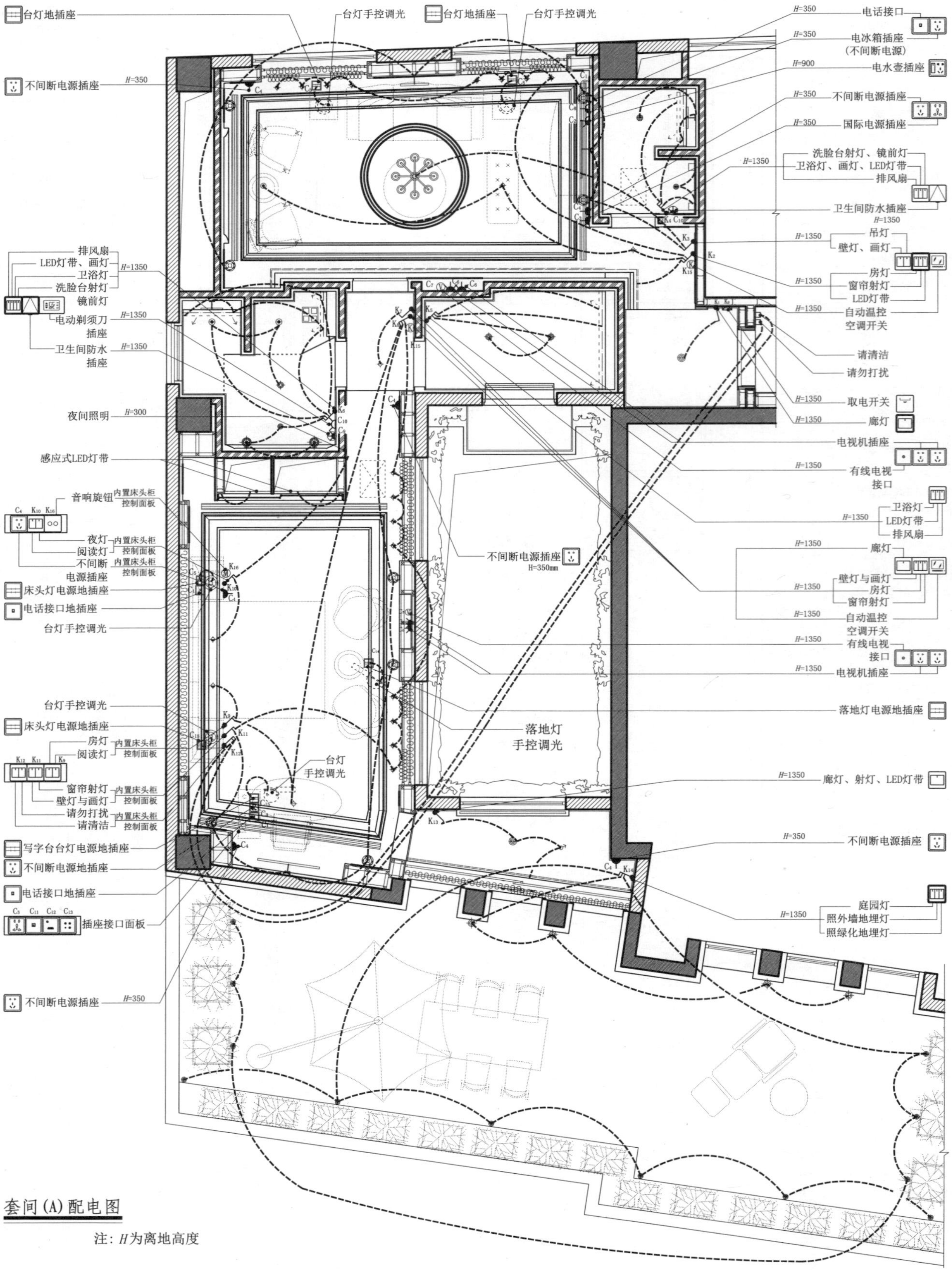

套间(A)配电图

注：H为离地高度

26.17 酒店豪华套房模式（一）

26.17.6 配电图表

立面编号	名称	备注	平面图例	立面图例
K_0	取电开关			
K_1	单联开关	廊灯		
K_2	三联开关	房灯、窗帘射灯、LED灯带		
K_3	双联开关	吊灯、壁灯与画灯		
K_4	四联开关	洗脸台射灯、镜前灯、LED灯带；坐便器顶灯、画灯、LED灯带；排风扇		
K_5	三联开关	卫浴灯、LED灯带、排风扇		
K_6	四联开关	排风扇、LED灯带与画灯、卫浴灯、洗脸台射灯与镜前灯		
K_7	单联开关	廊灯		
K_8	双联双控开关	窗帘射灯、壁灯与画灯		
K_9	双联双控开关	阅读灯、房灯		
K_{10}	双联开关	阅读灯、夜灯		
K_{11}	三联双控开关	房灯、窗帘射灯、壁灯与画灯		
K_{12}	双联开关	请勿打扰、请清洁		
K_{13}	单联开关	廊灯、射灯、LED灯带		
K_{14}	三联开关	庭园灯、照外墙地埋灯、照绿化地埋灯		
K_{15}	自动温控空调开关	空调调温		
K_{16}	音响控制旋钮	音响调节		
C_1	电话接口	单孔		
C_2	电水壶插座	3×2扁眼插座（带开关）		
C_3	国际电源插座	多功能插座		
C_4	不间断电源插座	不间断电源插座		
C_5	台灯插座	地插座		
C_6	电视机插座	3×2扁眼插座		
C_7	有线电视接口	专用		
C_8	电冰箱插座	不间断电源插座		
C_9	卫生间插座	3×2扁眼防水插座		
C_{10}	电动剃须刀插座	电动剃须刀 110V/220V插座		
C_{11}	网络接口	网络接口		
C_{12}	网络电视接口	网络电视接口		
C_{13}	音响接口	音响接口		
C_{14}	落地灯插座	地插座		

套间（A）配电图表

26 客房模式·西方古典风格

26.17 酒店豪华套房模式（一）

26.17.7 立面图（一）

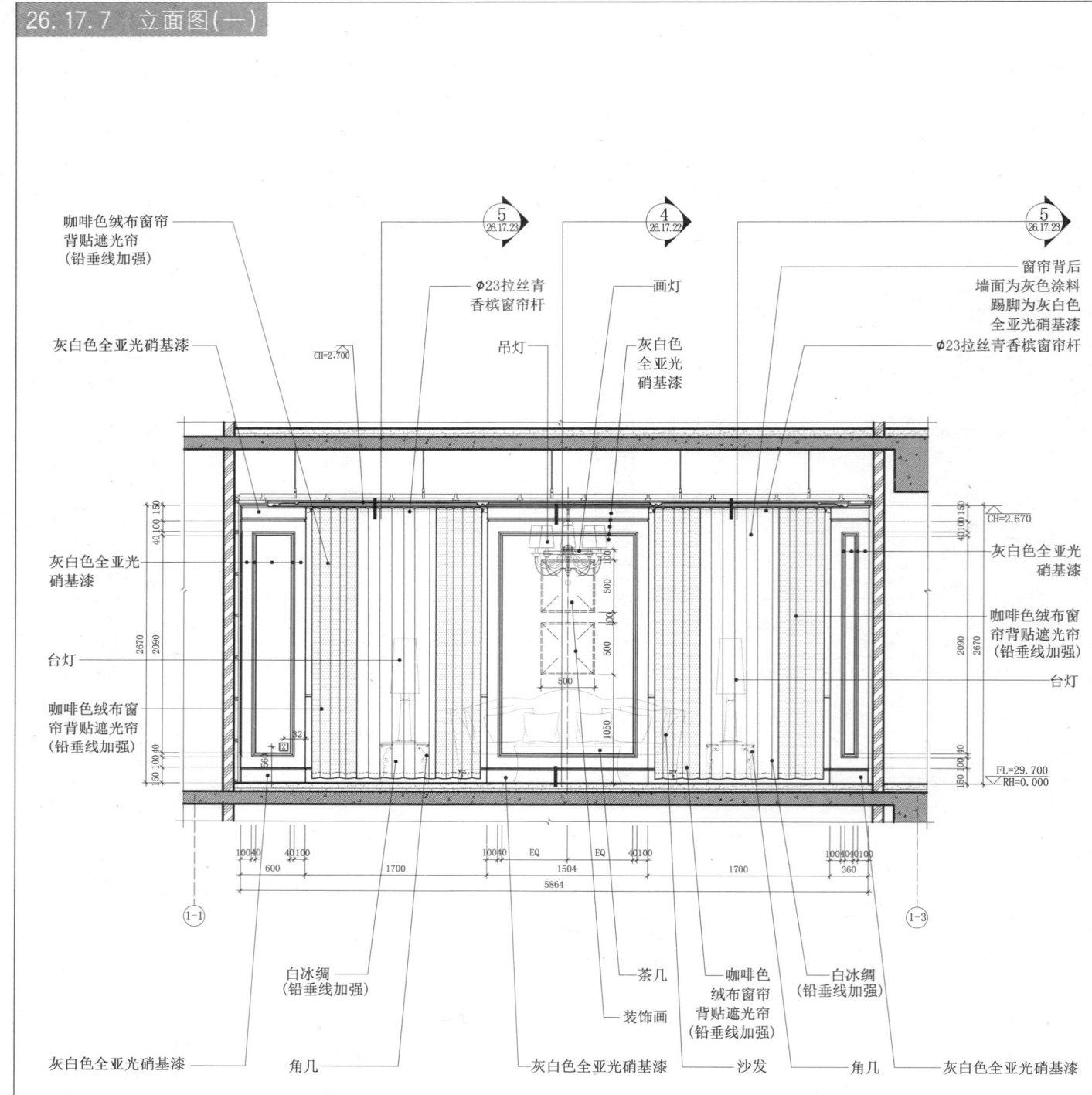

A立面图

26.17 酒店豪华套房模式（一）

26.17.8 立面图（二）

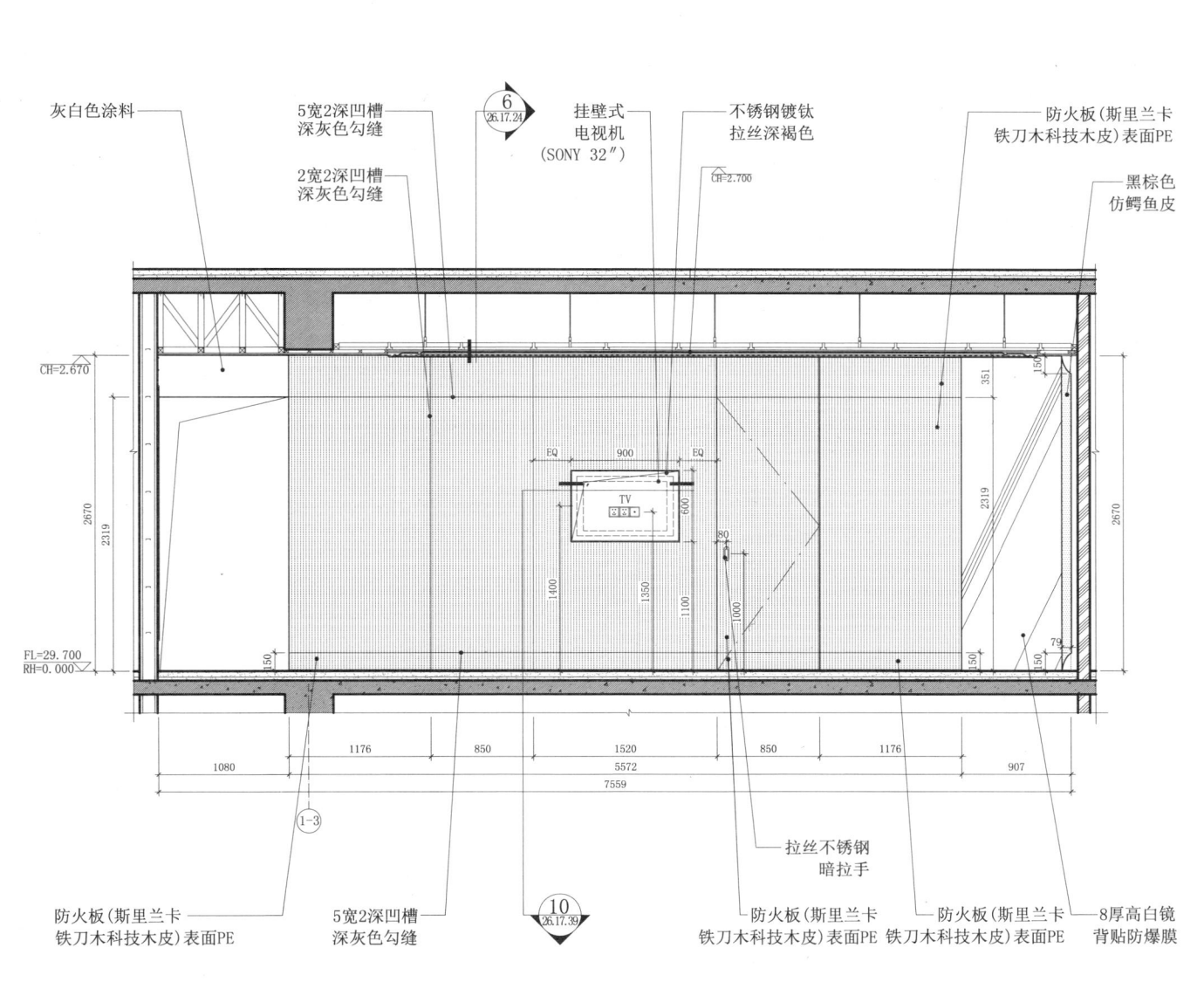

B立面图

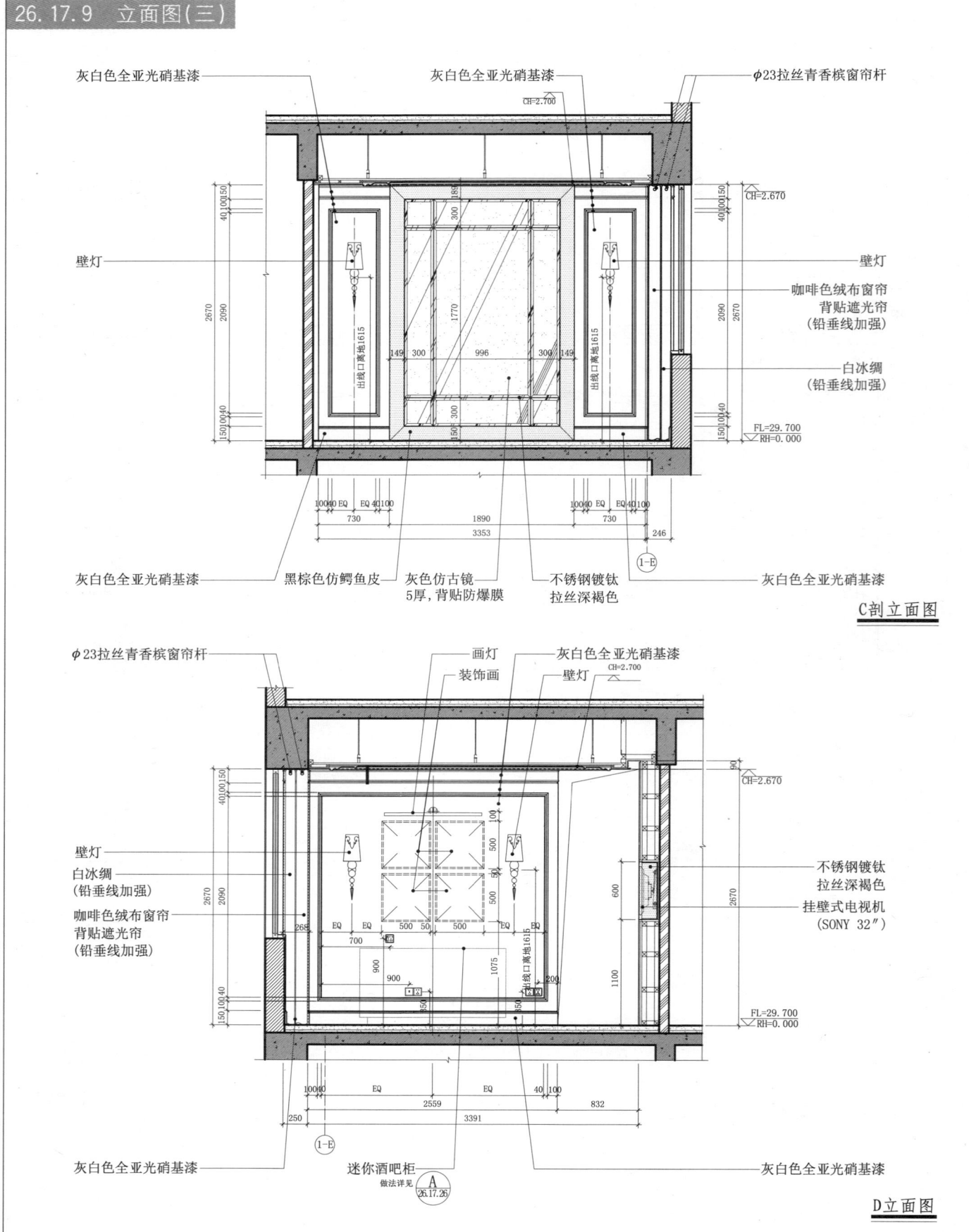

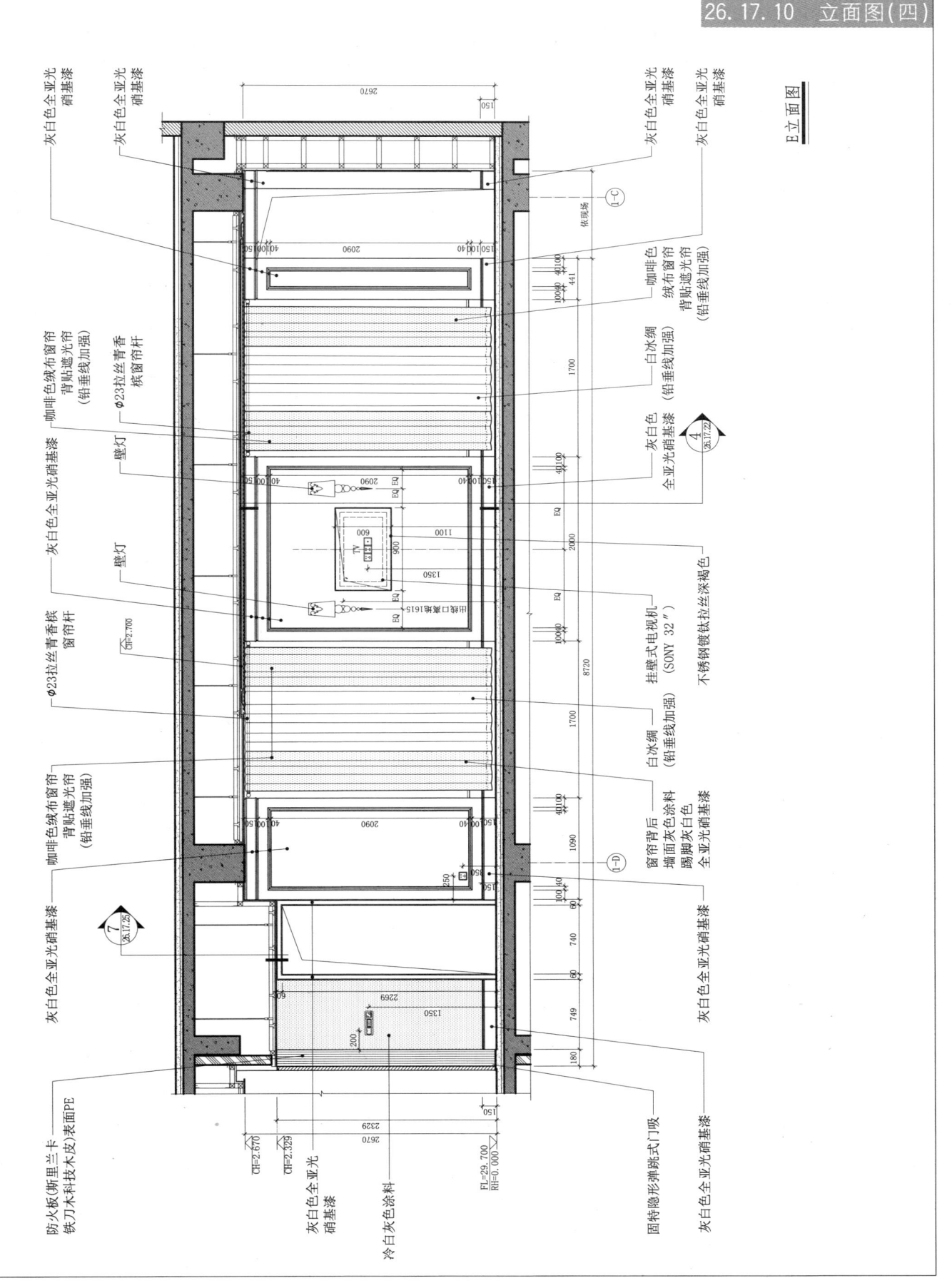

26.17 酒店豪华套房模式（一）

26.17.11 立面图（五）

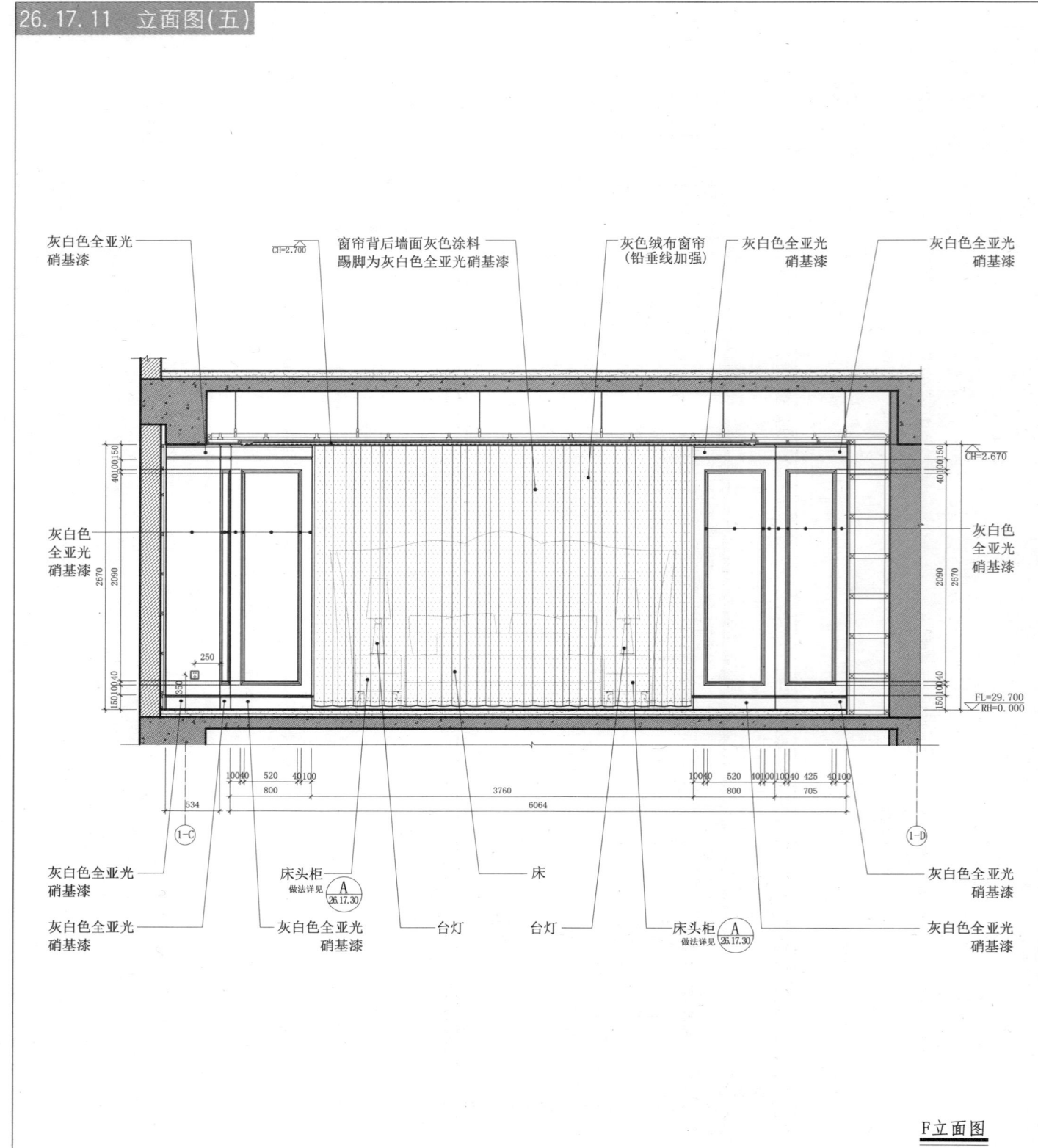

F立面图

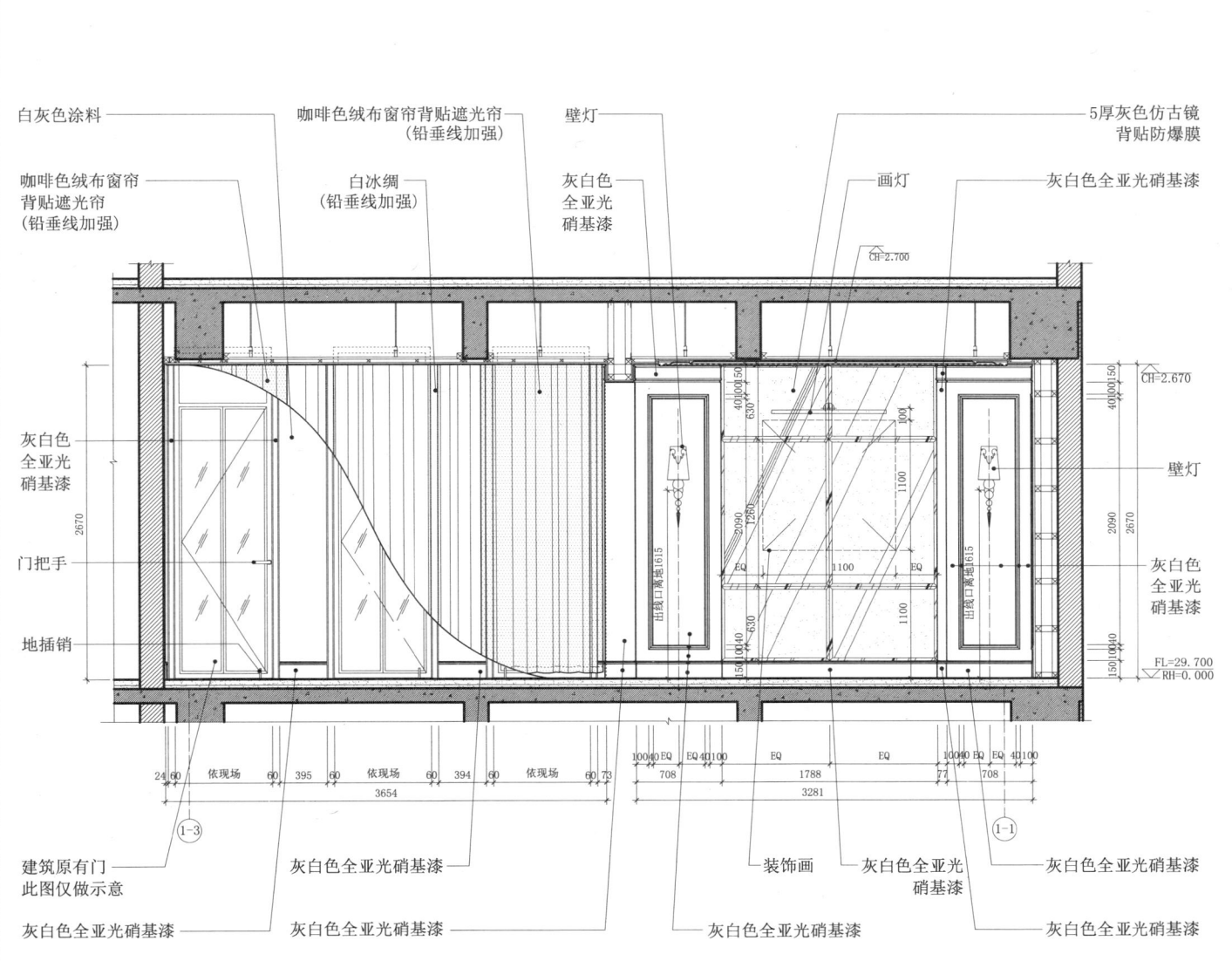

G立面图

26.17 酒店豪华套房模式（一）

26.17.13 立面图（七）

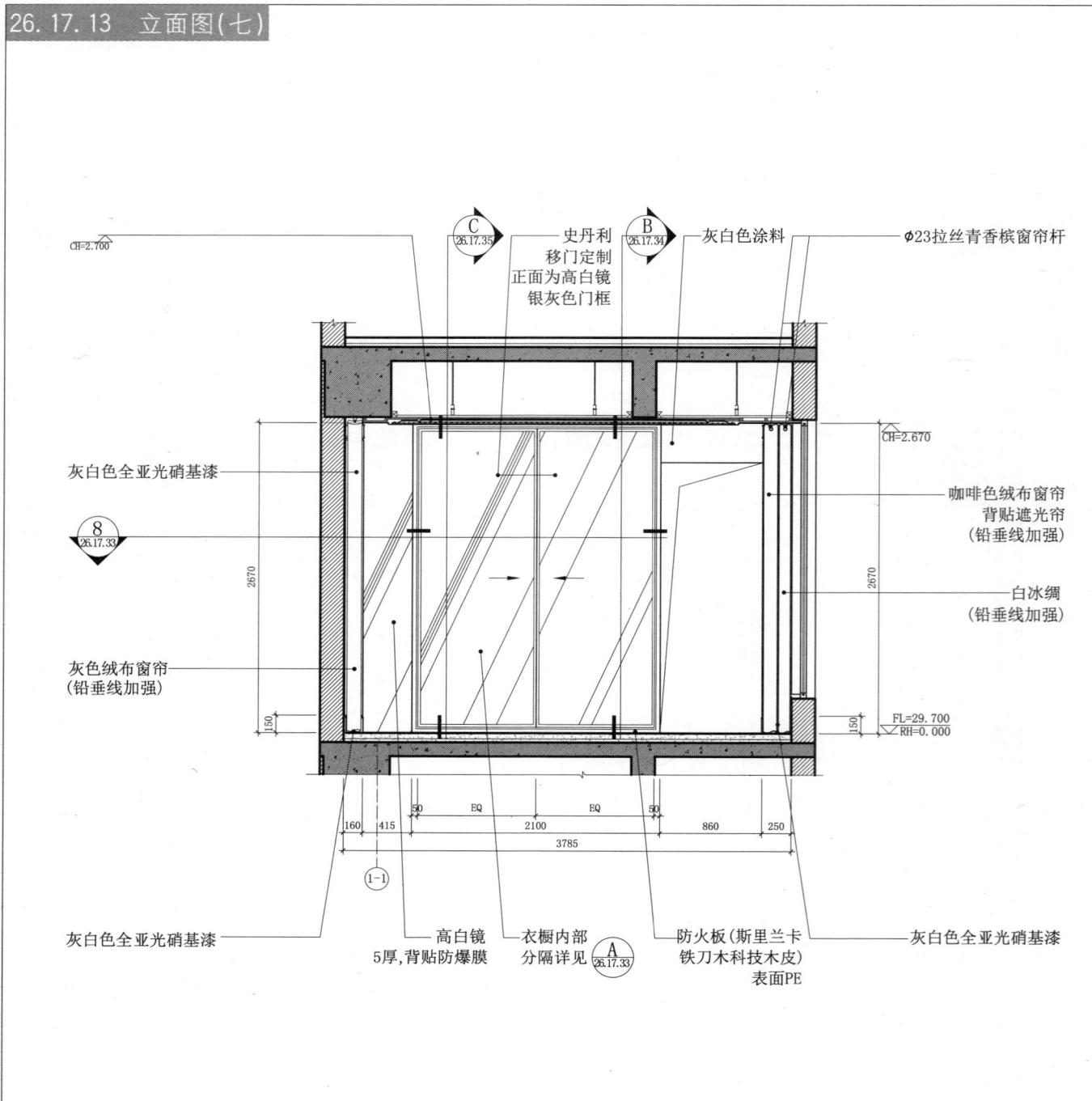

H立面图

26.17 酒店豪华套房模式（一）

26.17.14 立面图（八）

26 客房模式·西方古典风格

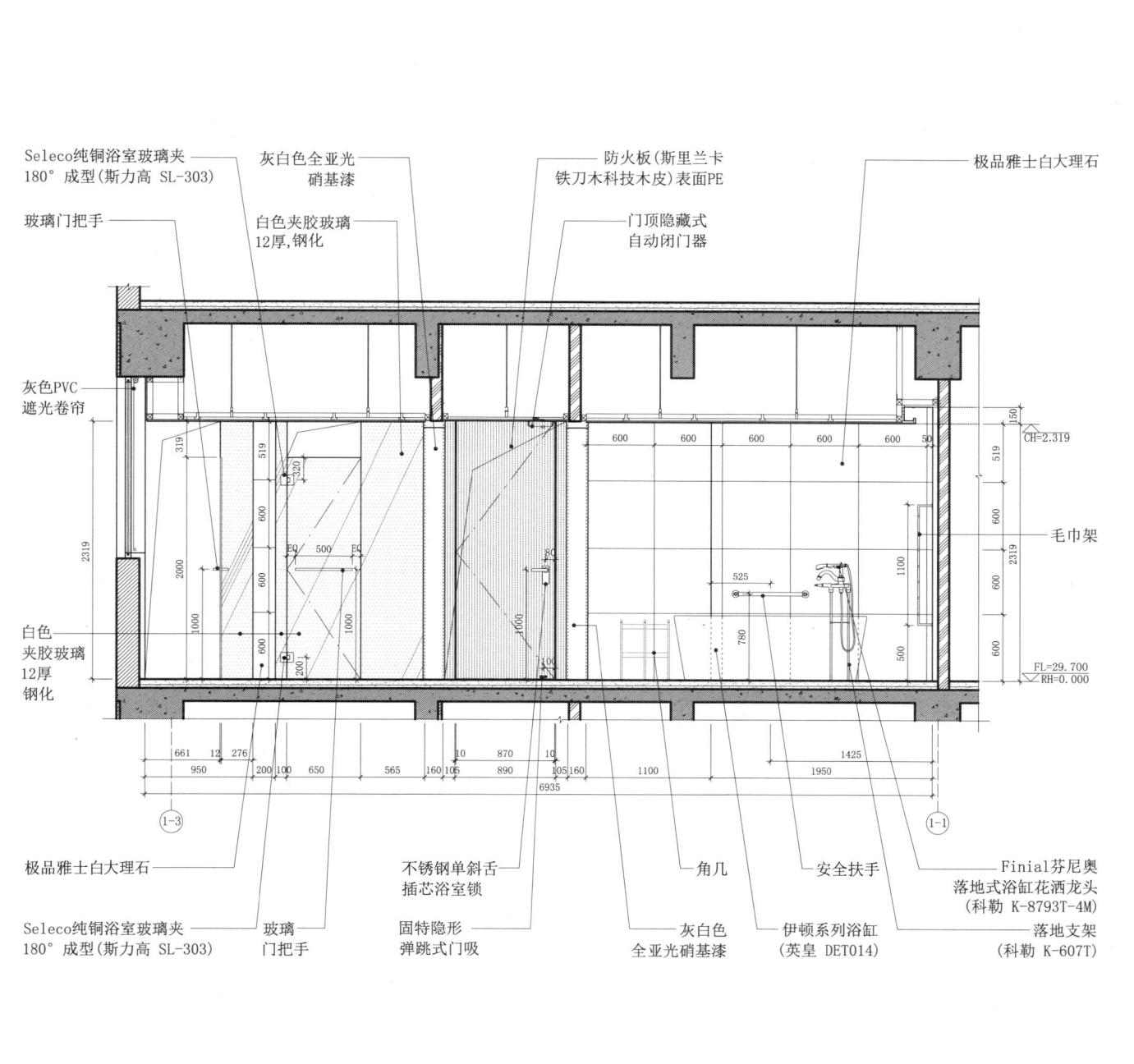

J立面图

26.17 酒店豪华套房模式(一)

26.17.15 立面图(九)

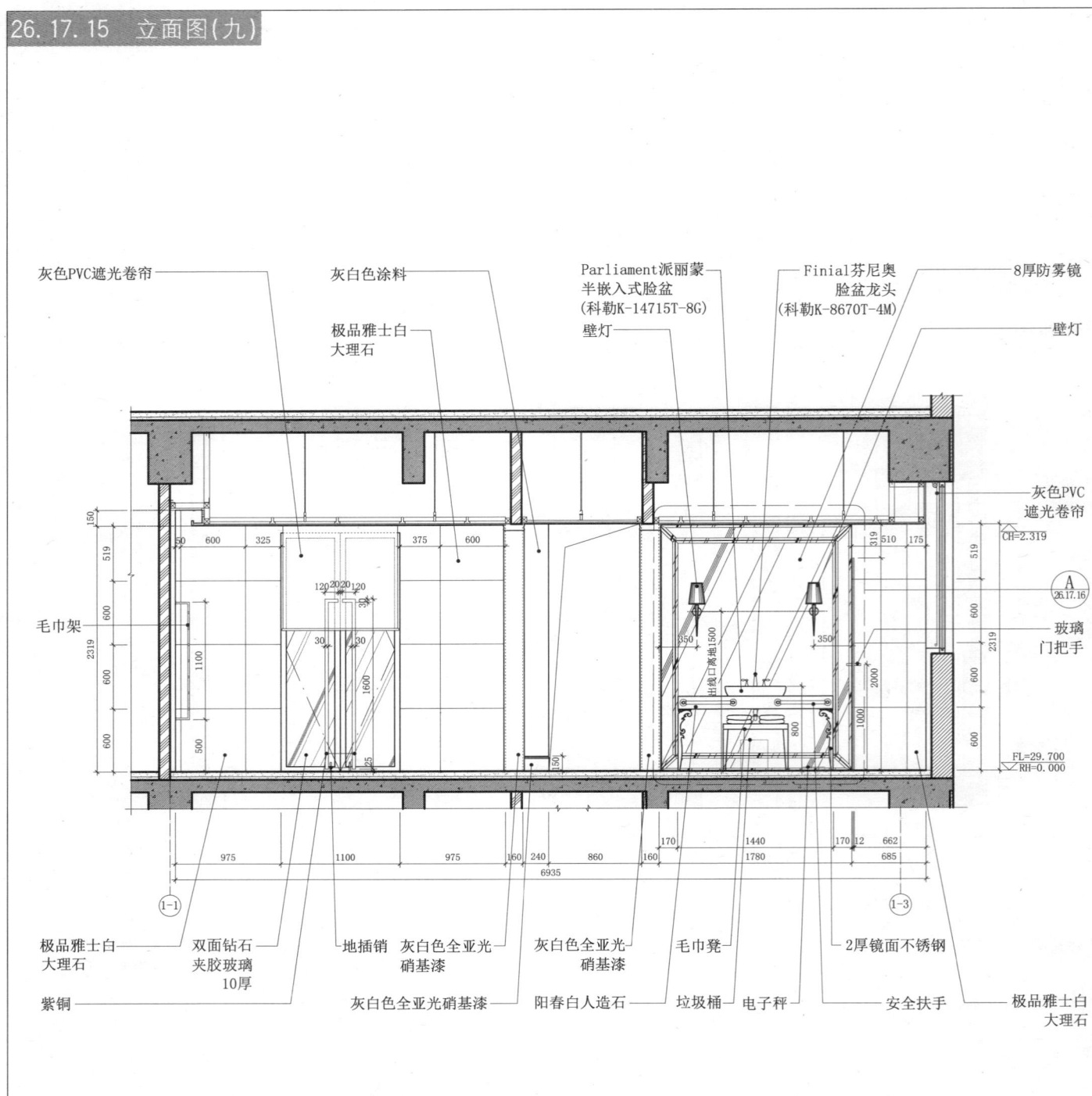

K立面图

26.17 酒店豪华套房模式（一）

26.17.16 洗手台节点（一）

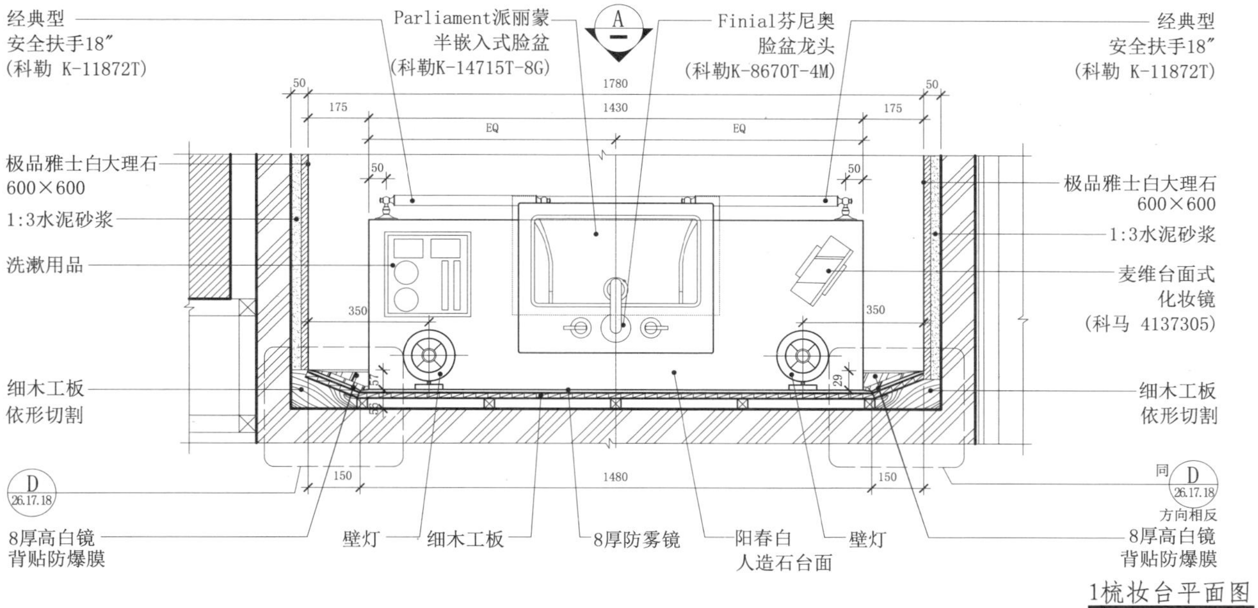

客房模式·西方古典风格

1 梳妆台平面图

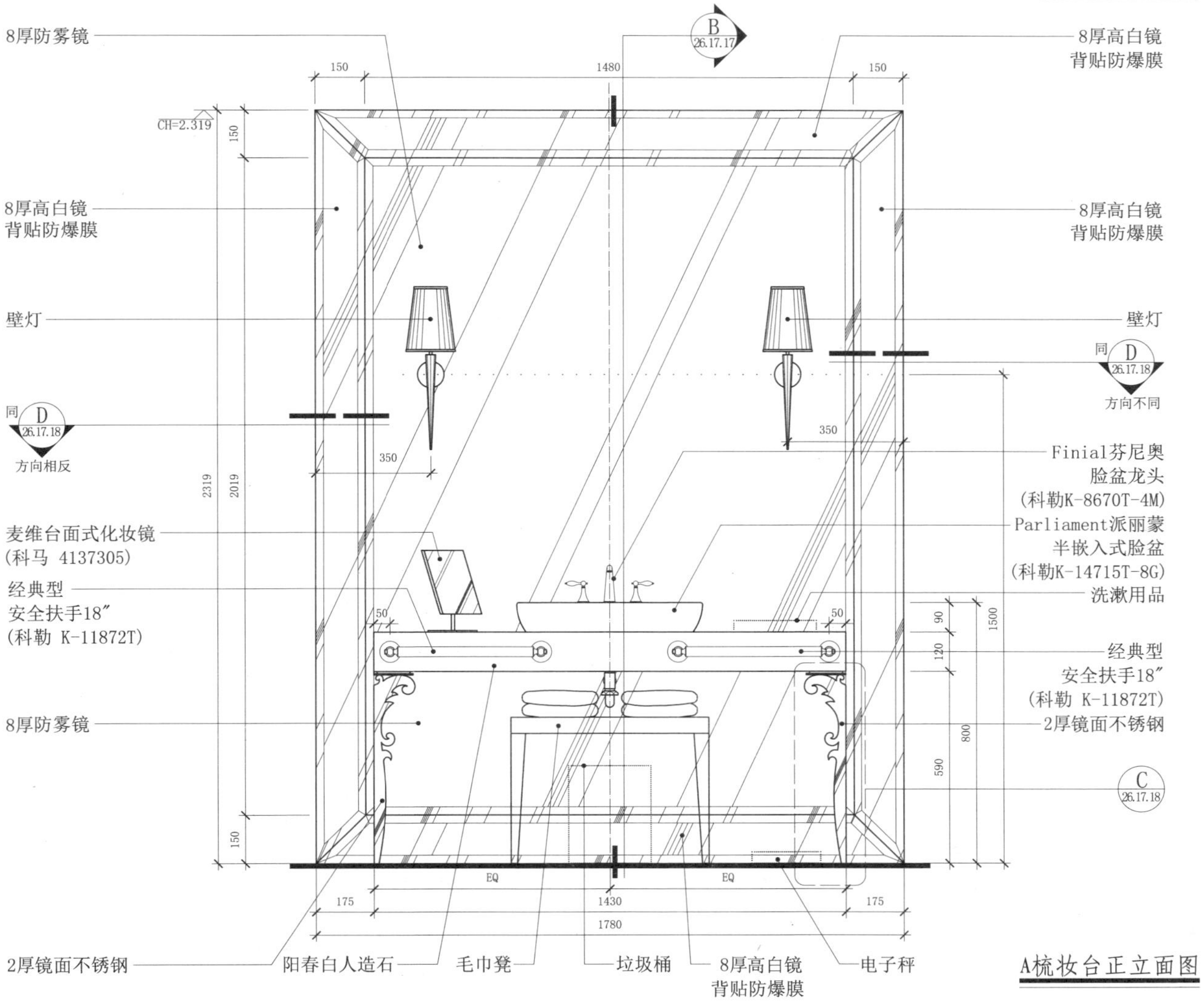

A 梳妆台正立面图

26.17 酒店豪华套房模式（一）

26.17.17 洗手台节点（二）

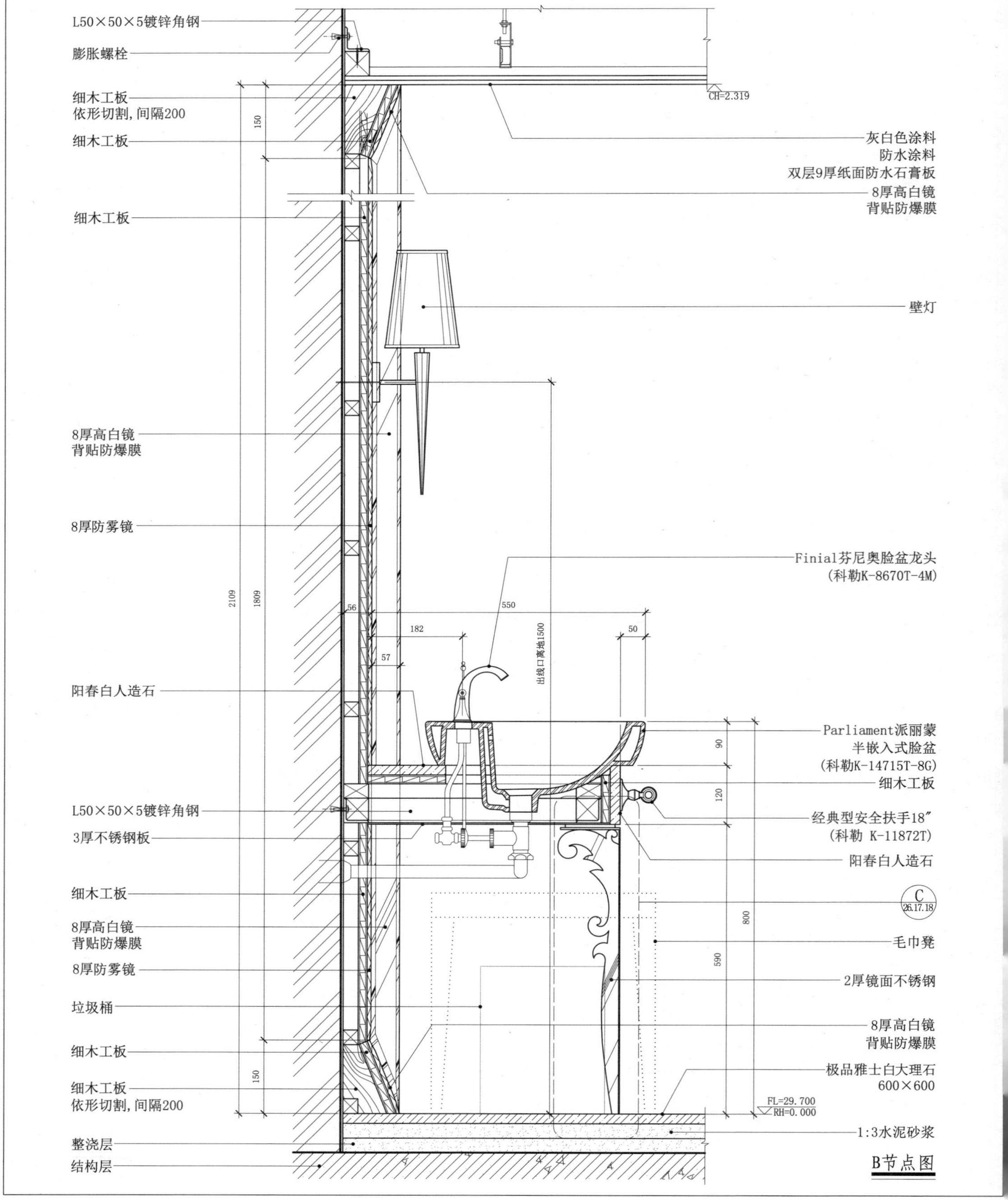

B节点图

标注：
- L50×50×5镀锌角钢
- 膨胀螺栓
- 细木工板依形切割，间隔200
- 细木工板
- 细木工板
- 8厚防雾镜
- 阳春白人造石
- L50×50×5镀锌角钢
- 3厚不锈钢板
- 细木工板
- 8厚高白镜 背贴防爆膜
- 8厚防雾镜
- 垃圾桶
- 细木工板
- 细木工板依形切割，间隔200
- 整浇层
- 结构层

- 灰白色涂料 防水涂料
- 双层9厚纸面防水石膏板
- 8厚高白镜 背贴防爆膜
- 壁灯
- Finial芬尼奥脸盆龙头（科勒K-8670T-4M）
- Parliament派丽蒙 半嵌入式脸盆（科勒K-14715T-8G）
- 细木工板
- 经典型安全扶手18″（科勒 K-11872T）
- 阳春白人造石
- 毛巾凳
- 2厚镜面不锈钢
- 8厚高白镜 背贴防爆膜
- 极品雅士白大理石 600×600
- 1:3水泥砂浆

尺寸：CH=2.319，150，2109，1809，56，57，182，出镜口离地1500，550，50，90，120，800，590，150，FL=29.700，RH=0.000

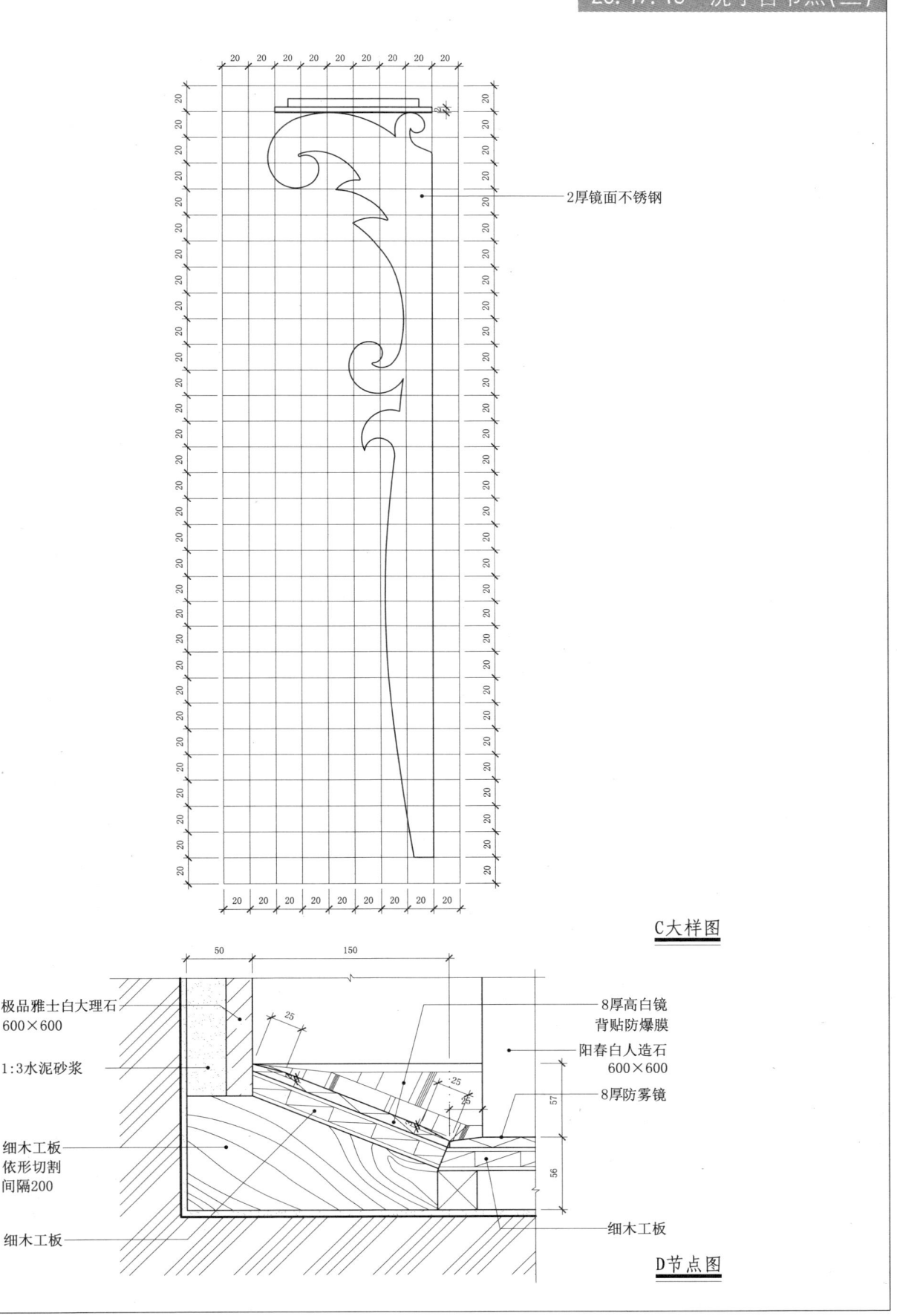

26 客房模式·西方古典风格

26.17 酒店豪华套房模式（一）

26.17.19 卧室地毯大样

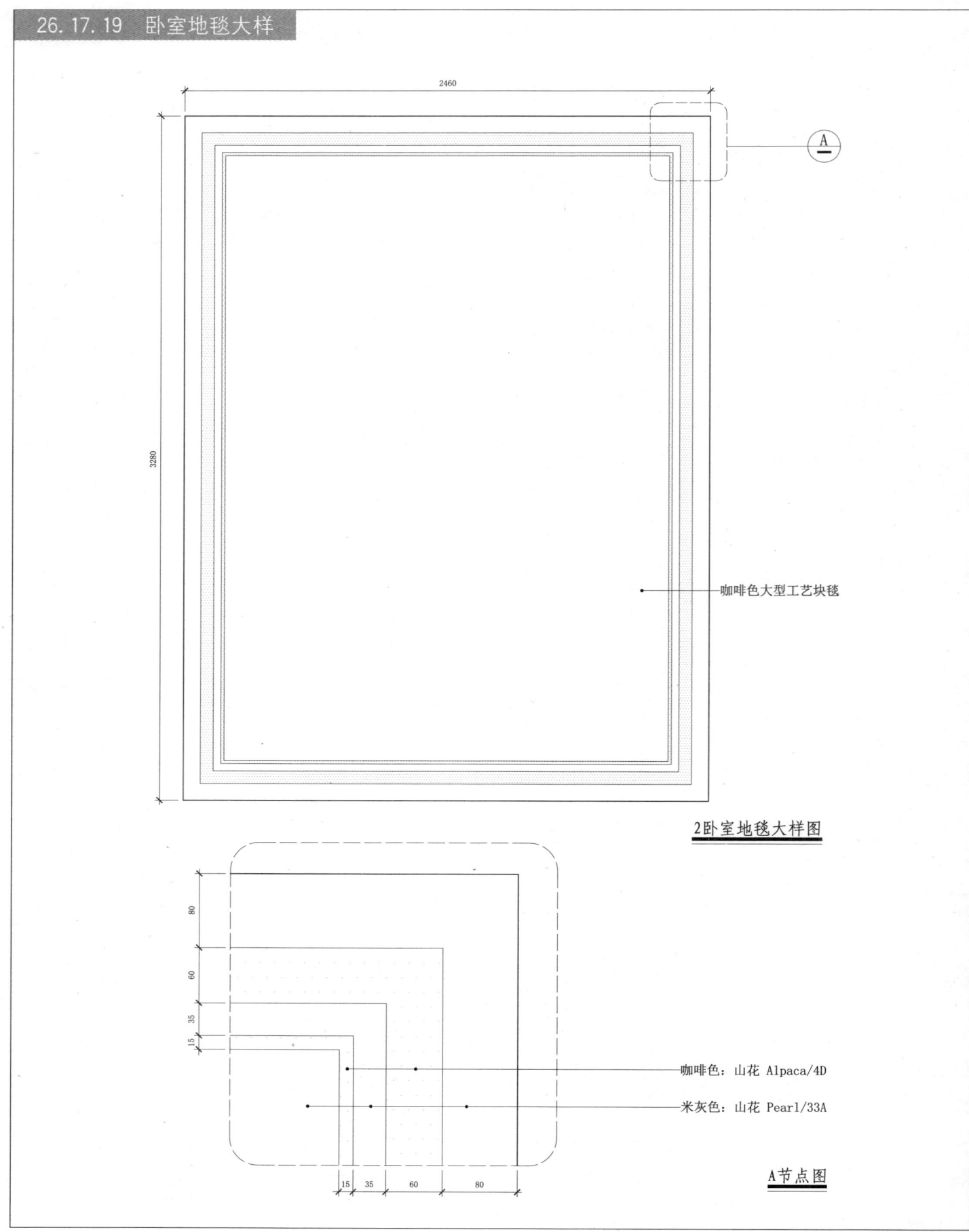

2 卧室地毯大样图

A 节点图

- 咖啡色大型工艺块毯
- 咖啡色：山花 Alpaca/4D
- 米灰色：山花 Pearl/33A

26.17.20 淋浴间地坪节点（一）

26.17 酒店豪华套房模式（一）

26 客房模式·西方古典风格

标注说明：
- 极品雅士白大理石
- 1:3水泥砂浆
- 极品雅士白大理石
- 极品雅士白大理石
- 1:3水泥砂浆
- 灰白色全亚光硝基漆细木工板
- 灰白色全亚光硝基漆实木
- 白色夹胶玻璃 12厚，钢化
- 极品雅士白大理石
- 1:3水泥砂浆
- 白色夹胶玻璃 12厚，钢化
- Seleco纯铜浴室玻璃夹 180°成型（斯力高 SL-303）
- 玻璃门把手
- 白色夹胶玻璃 12厚，钢化

FL=29.700 RH=0.000
FL=29.680 -0.0200

3 淋浴间地坪大样图

26.17 酒店豪华套房模式（一）

26.17.21 淋浴间地坪节点（二）

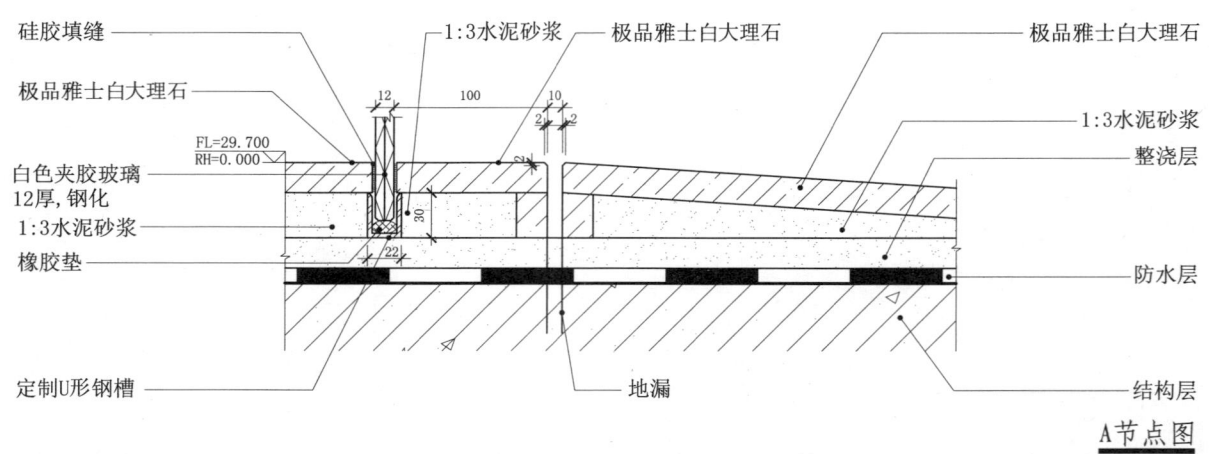

A节点图

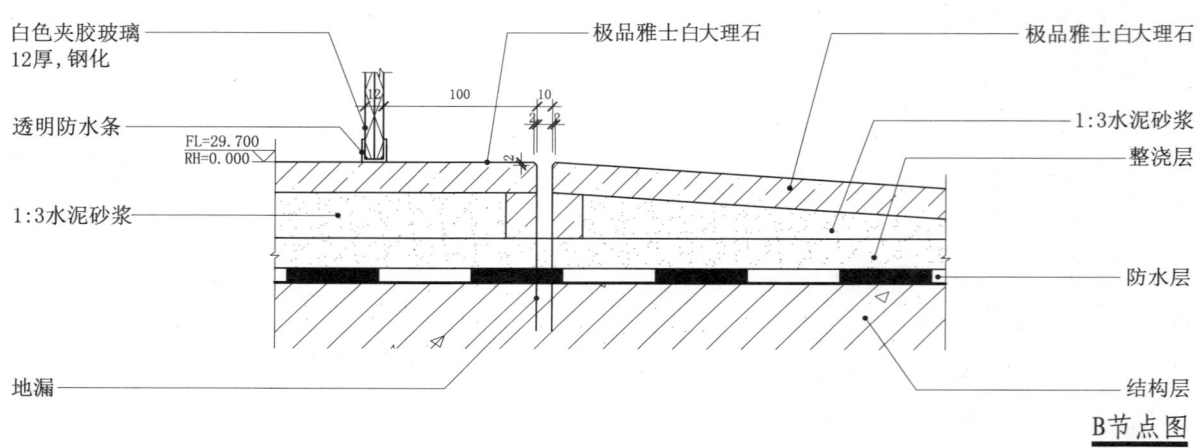

B节点图

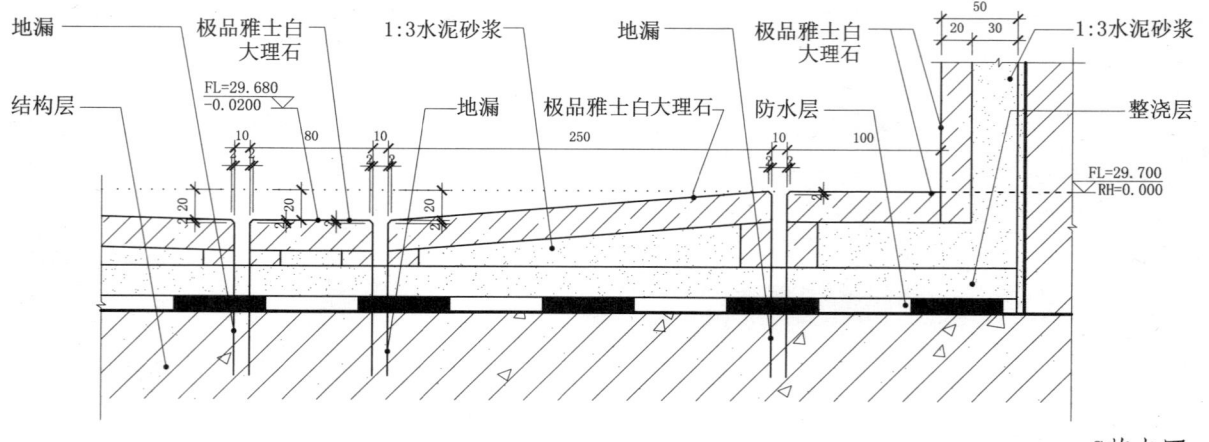

C节点图

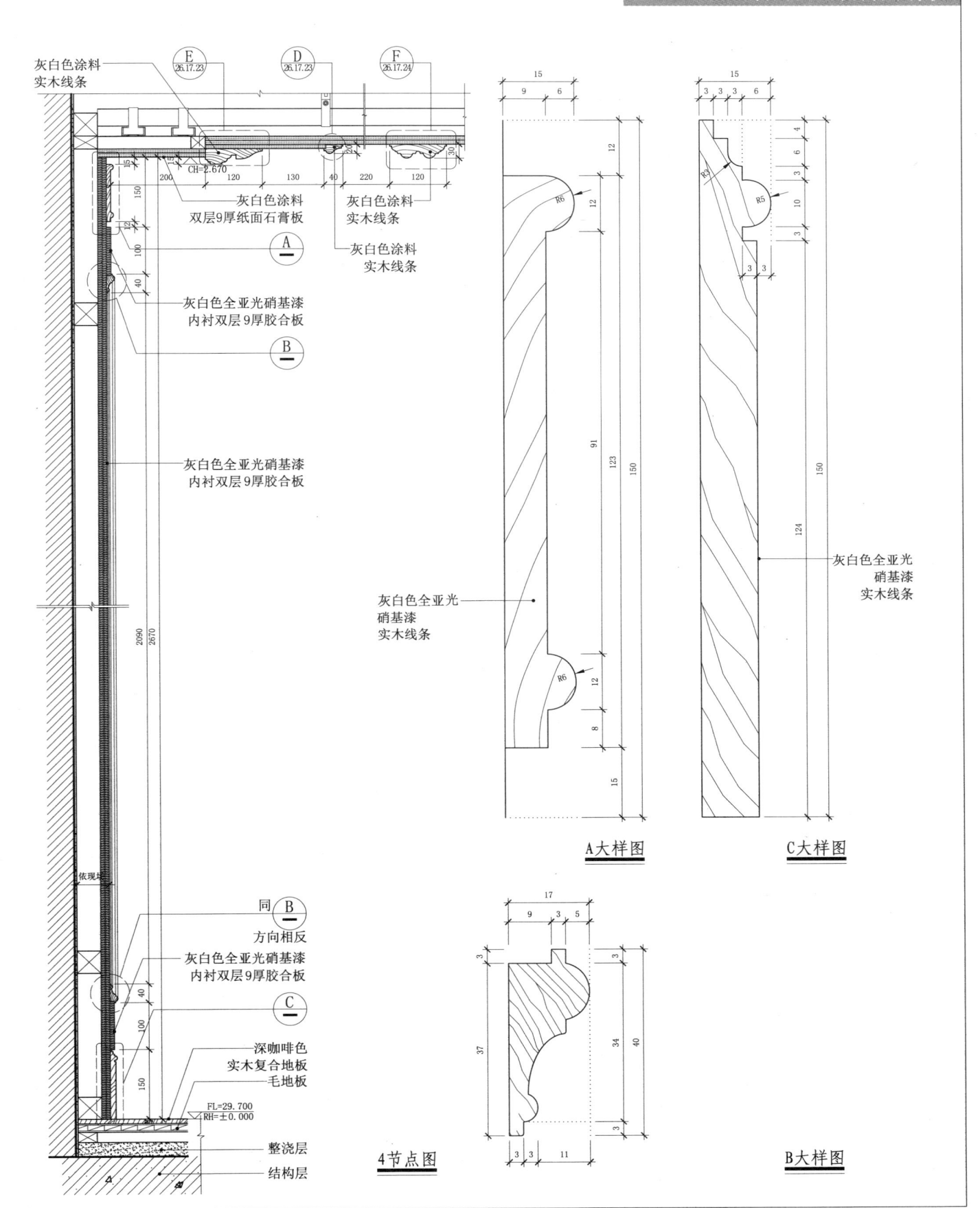

26.17 酒店豪华套房模式（一）

26.17.23 天花古典线条（一）

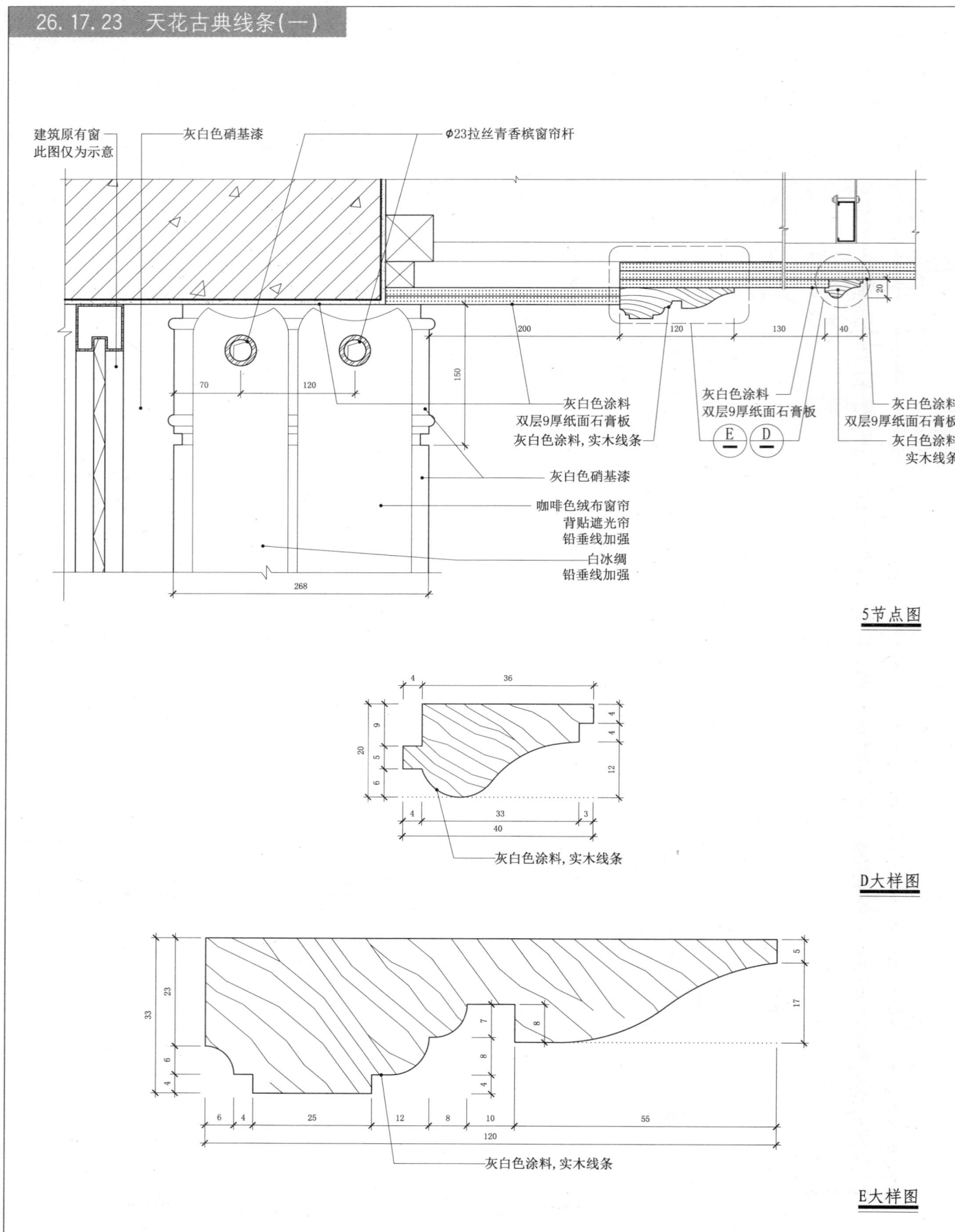

26.17.24 天花古典线条(二)

26.17 酒店豪华套房模式（一）

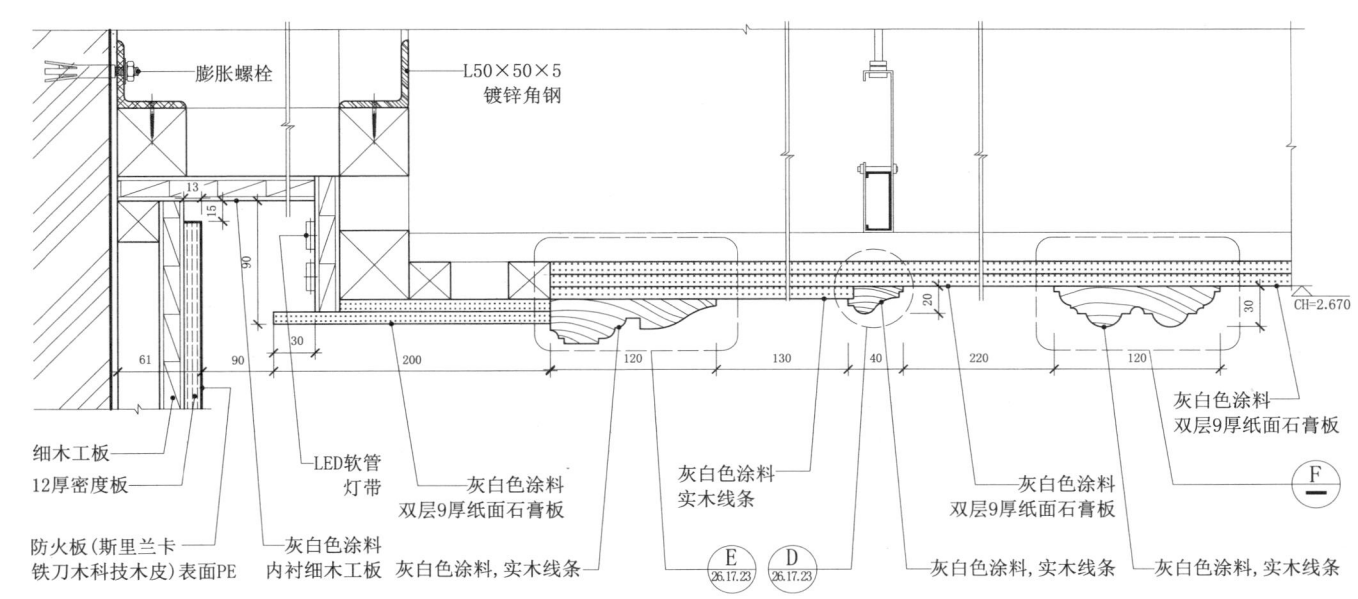

6节点图

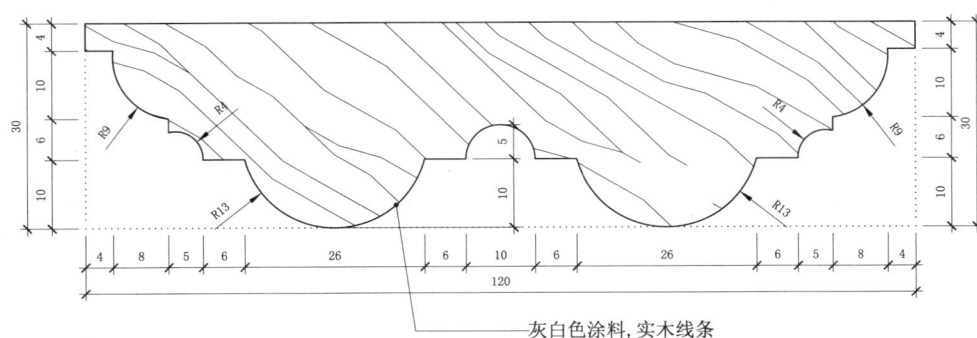

F大样图

26.17 酒店豪华套房模式（一）

26.17.25 门套古典线条

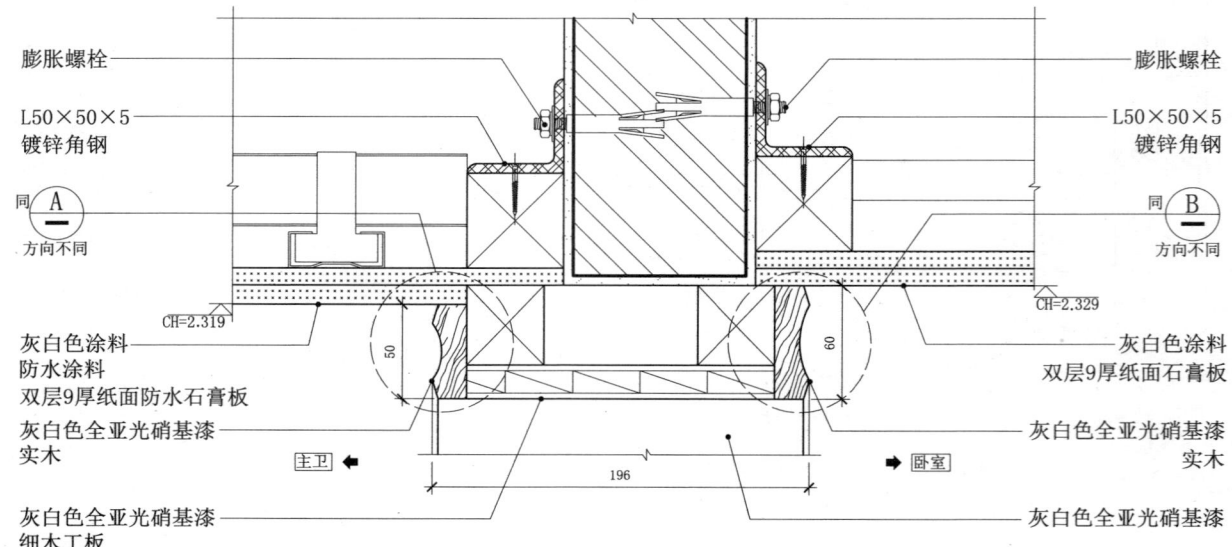

7节点图

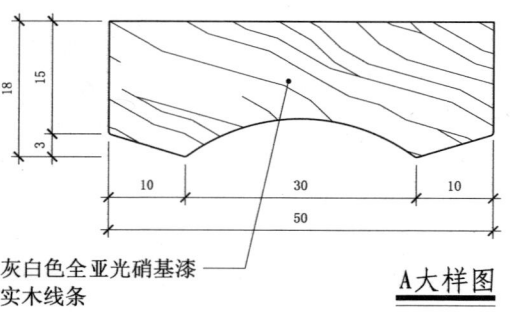

A大样图

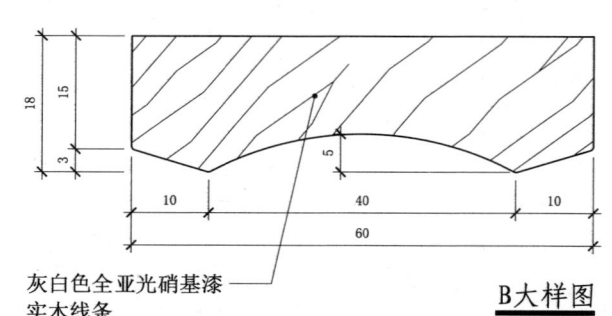

B大样图

26.17.26 迷你酒吧柜节点(一)

26.17 酒店豪华套房模式(一)

26 客房模式·室内设施

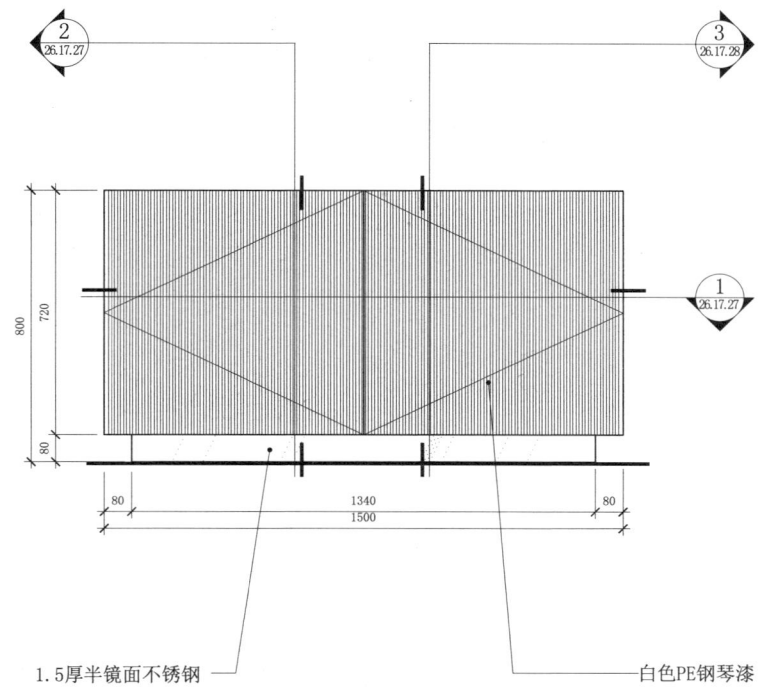

A 迷你酒吧柜正立面图

B 迷你酒吧柜侧立面图

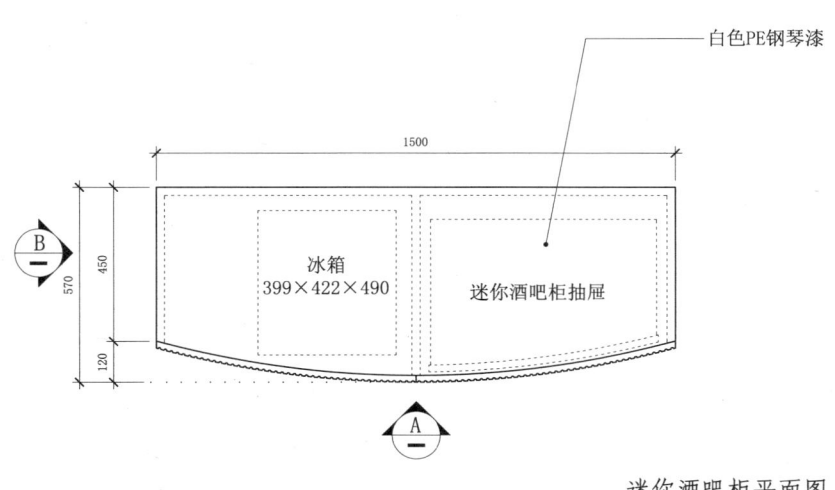

迷你酒吧柜平面图

26.17 酒店豪华套房模式（一）

26.17.27 迷你酒吧柜节点（二）

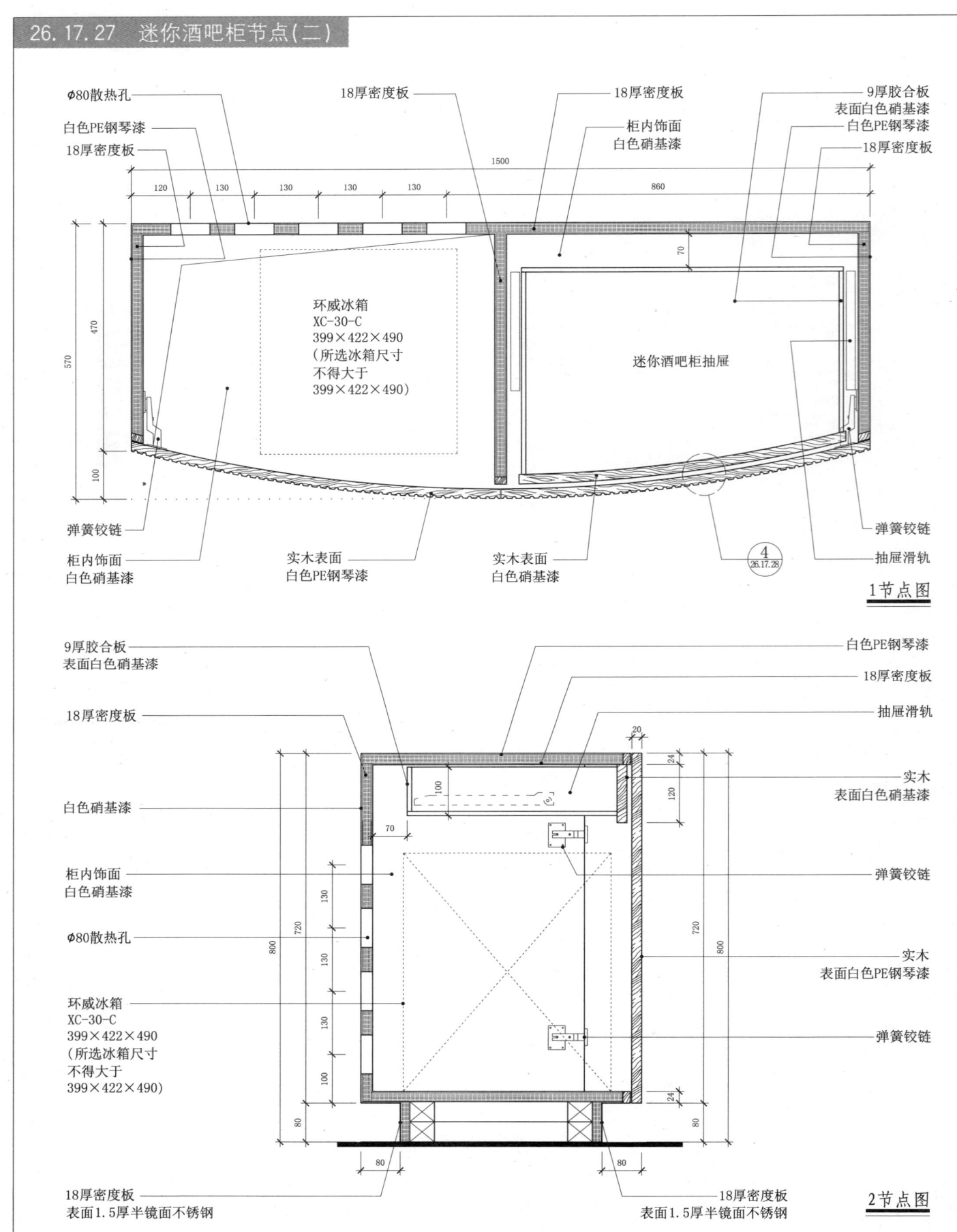

26.17.28 迷你酒吧柜节点(三)

26.17 酒店豪华套房模式(一)

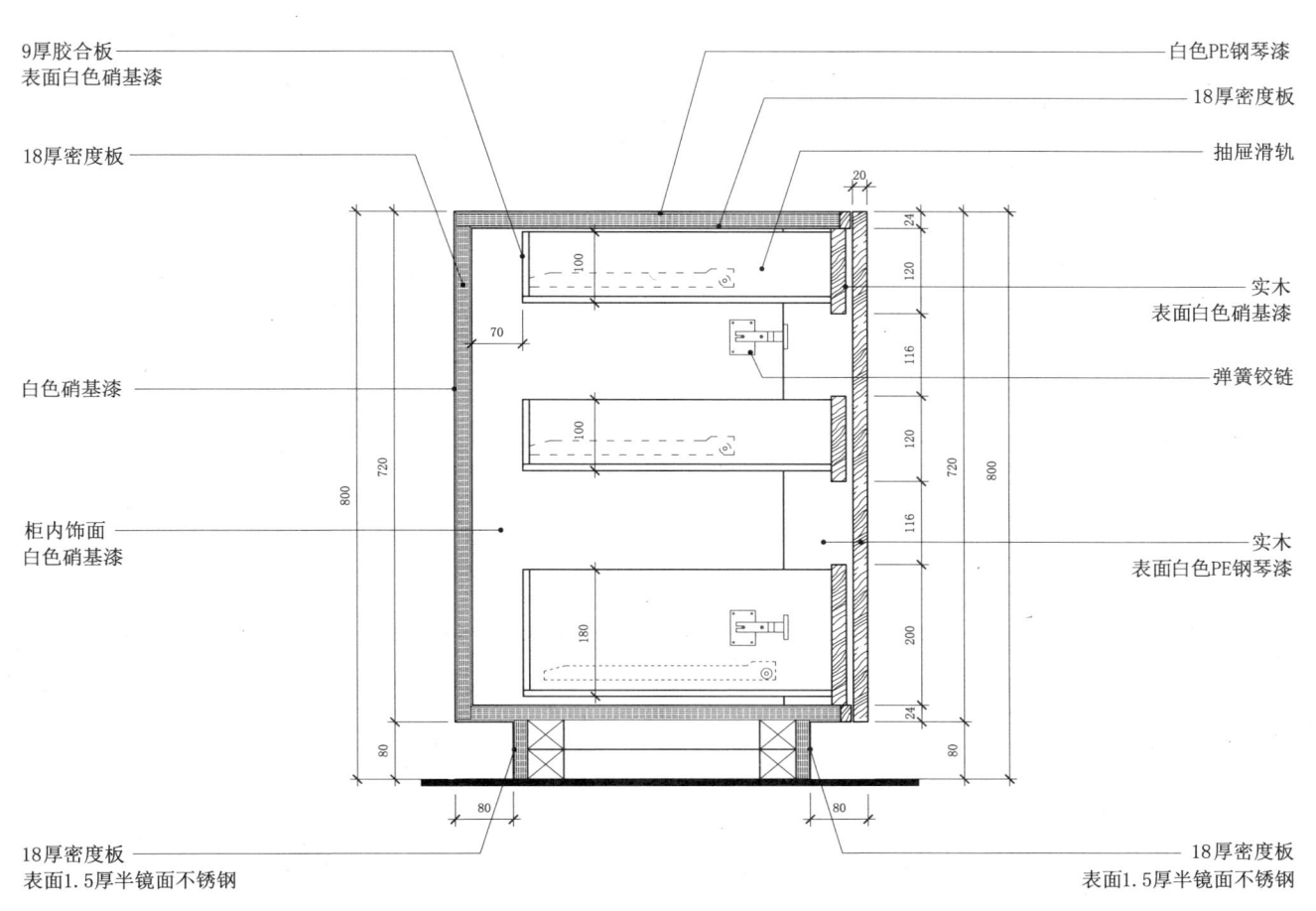

3节点图

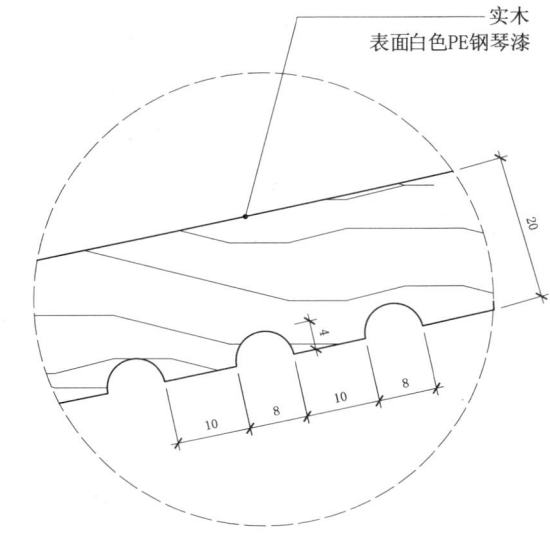

4节点图

26.17 酒店豪华套房模式（一）

26.17.29 迷你酒吧柜节点（四）

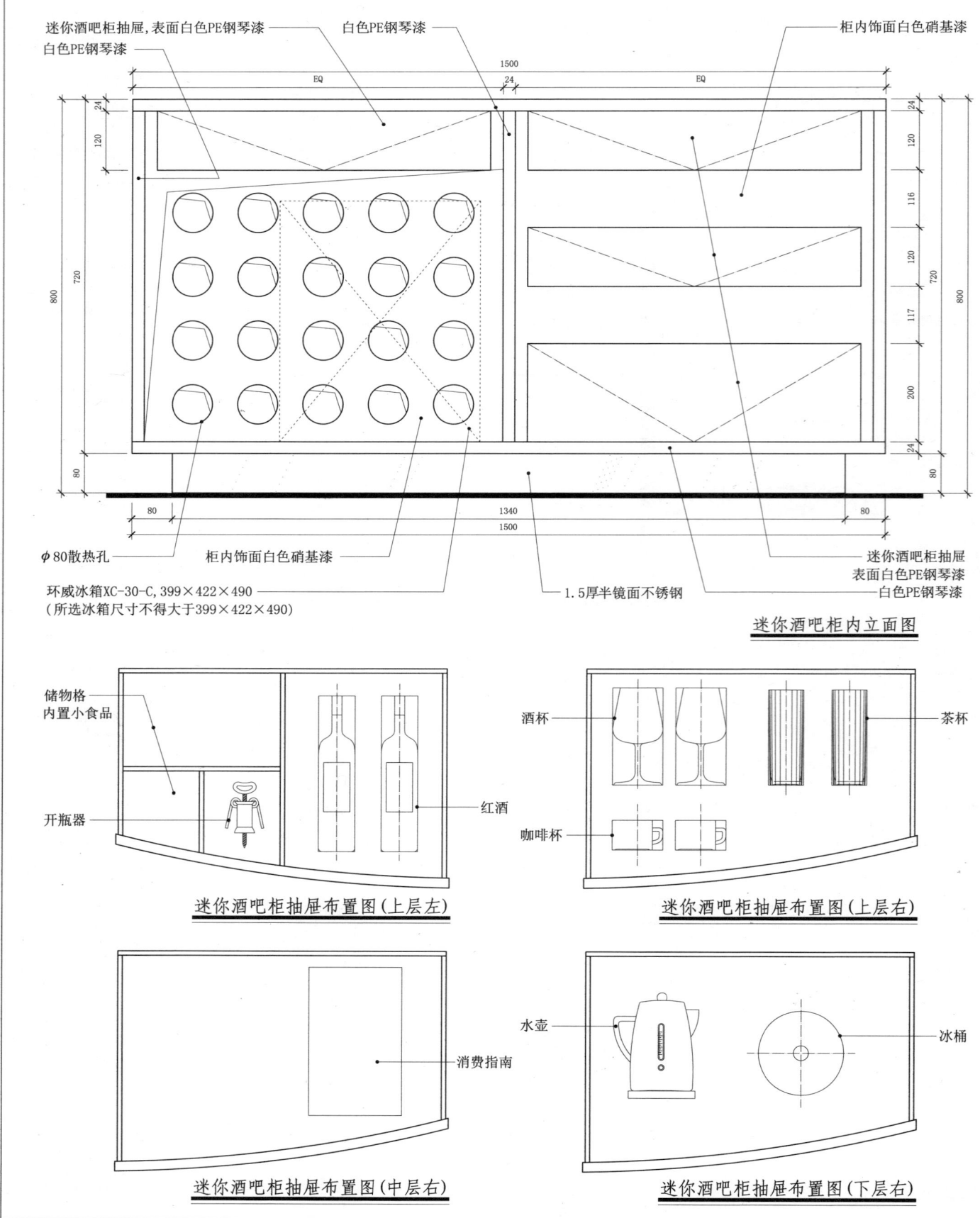

26.17 酒店豪华套房模式（一）

26.17.30 床头柜节点（一）

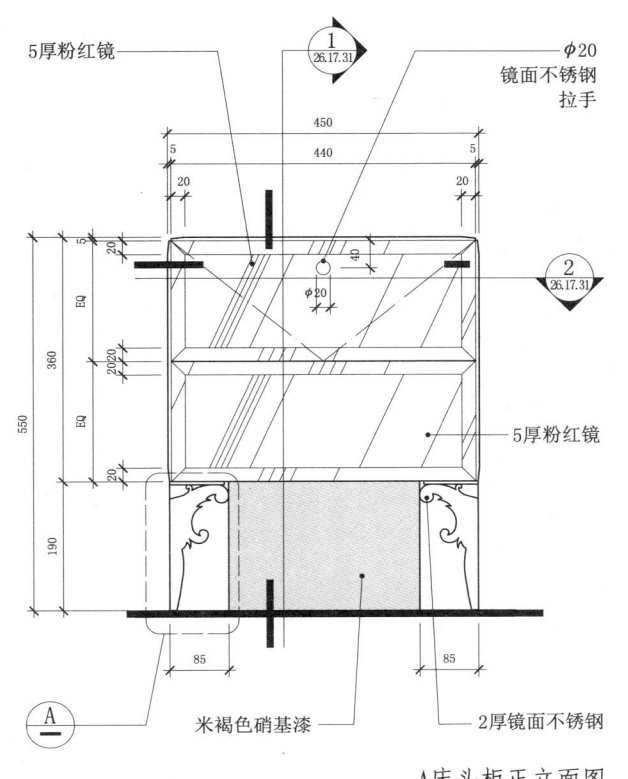

A床头柜正立面图

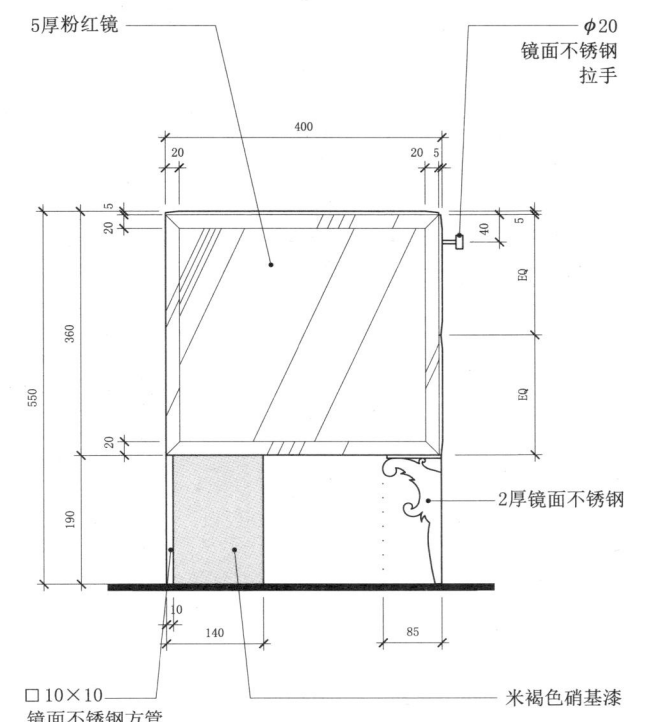

B床头柜侧立面图

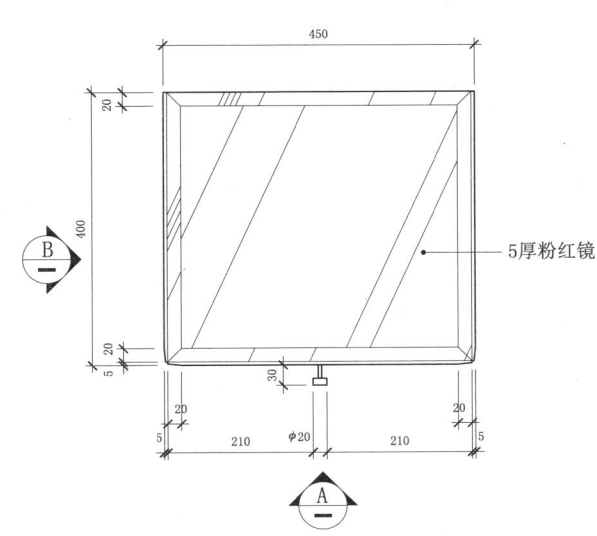

床头柜平面图

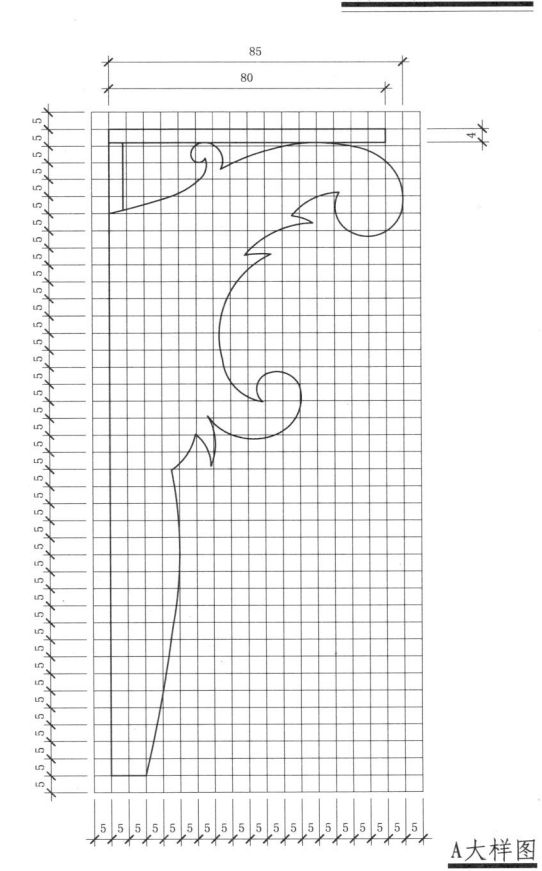

A大样图

26.17 酒店豪华套房模式（一）

26.17.31 床头柜节点（二）

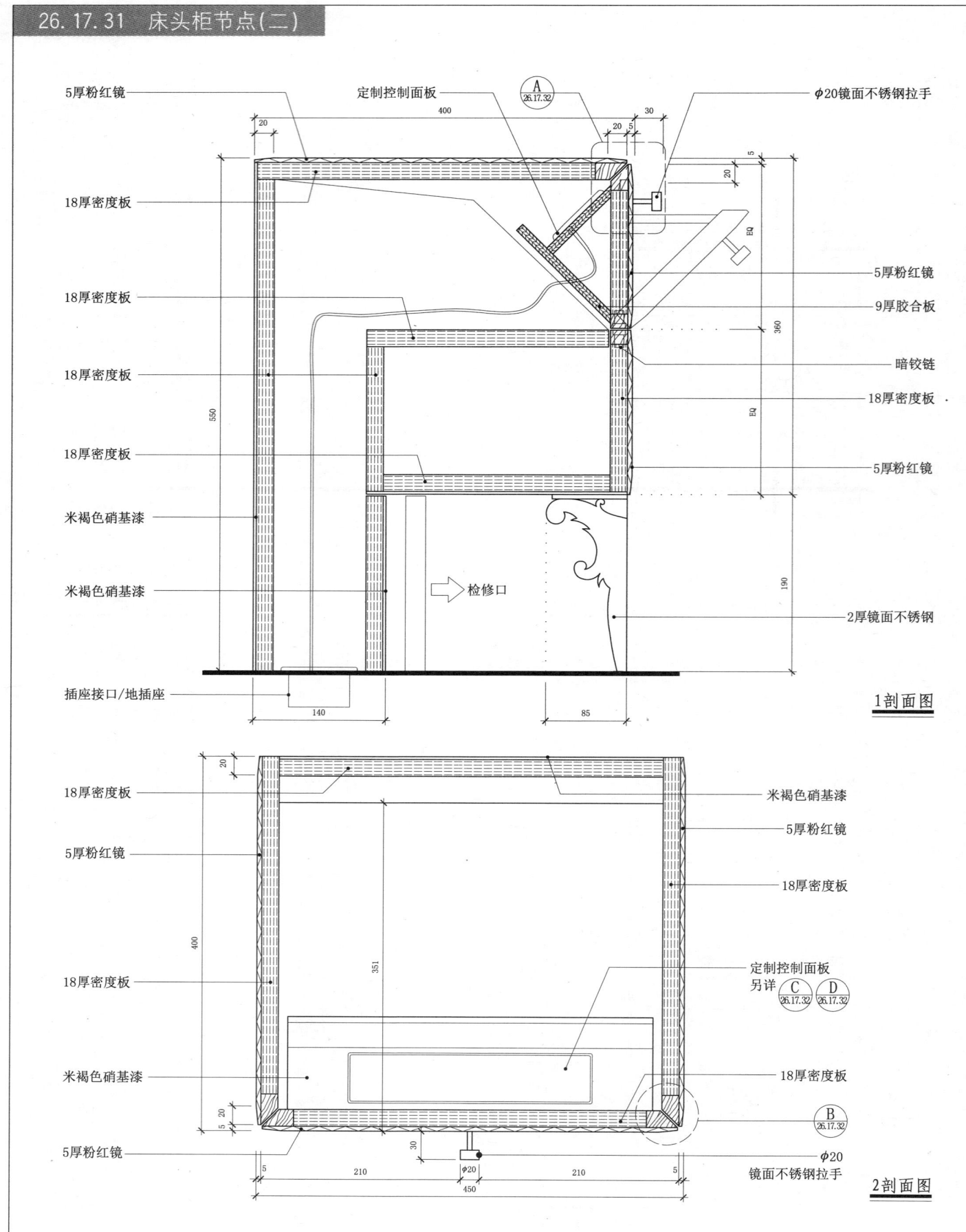

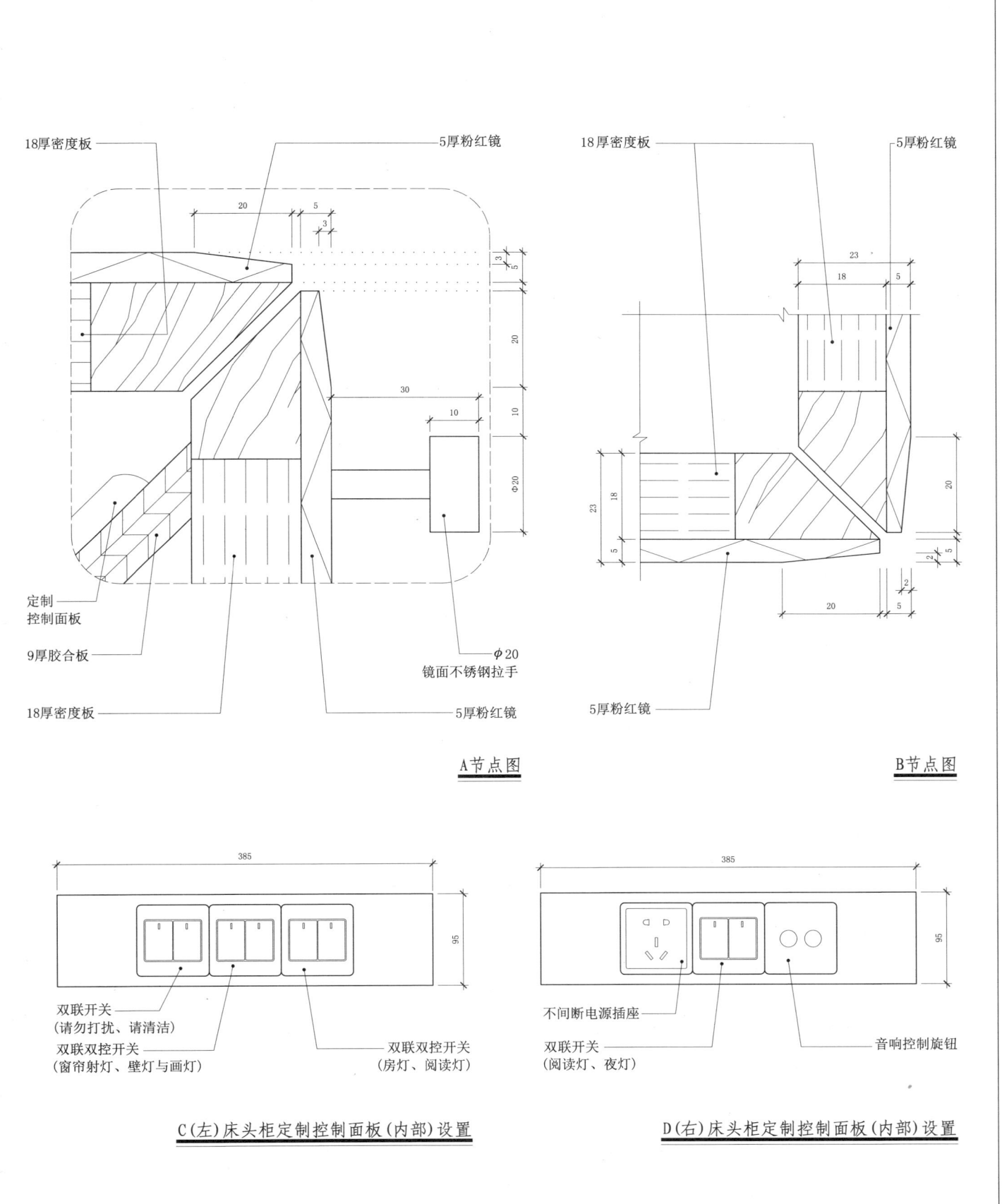

26.17 酒店豪华套房模式（一）

26.17.33 衣柜节点（一）

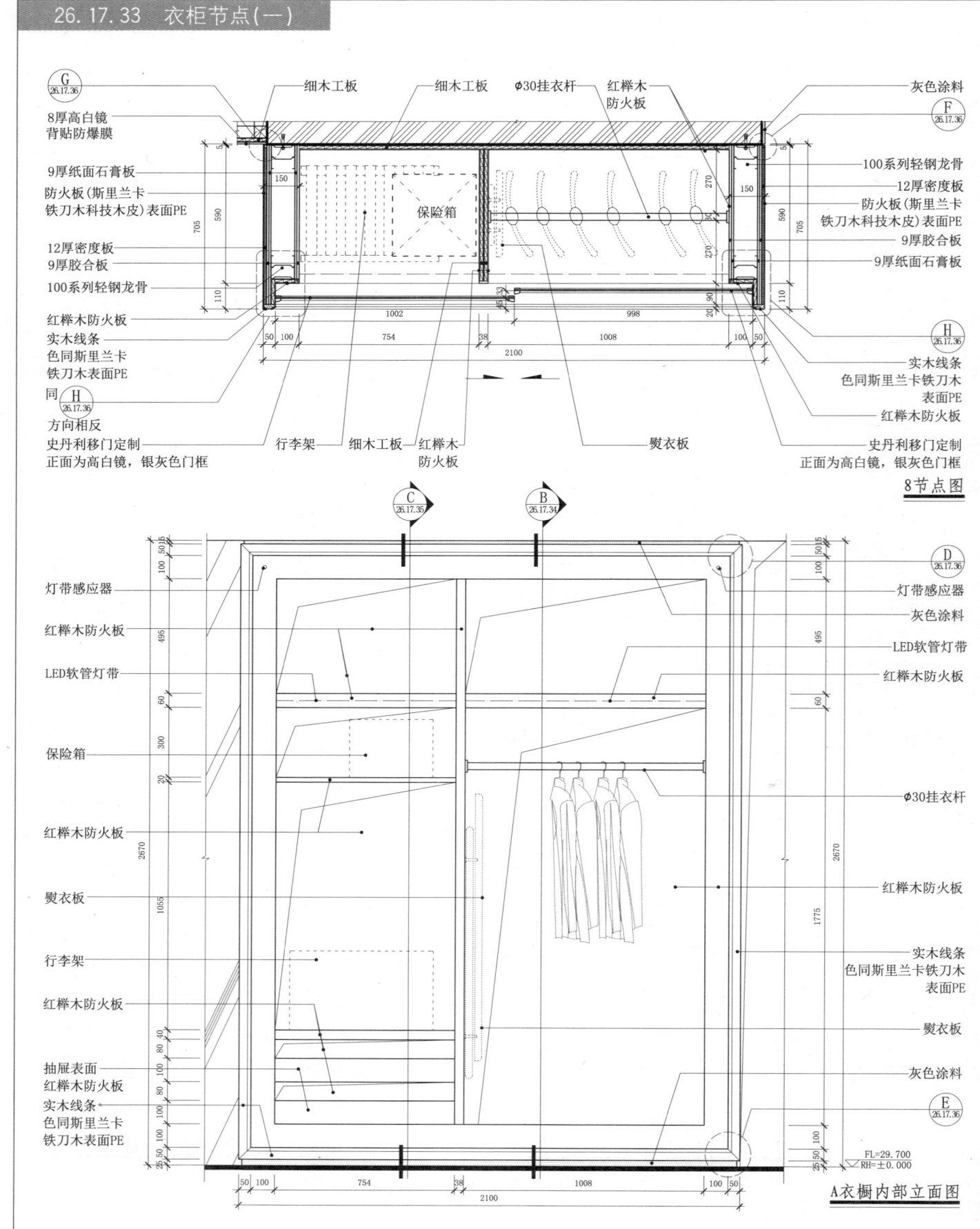

8节点图

A衣橱内部立面图

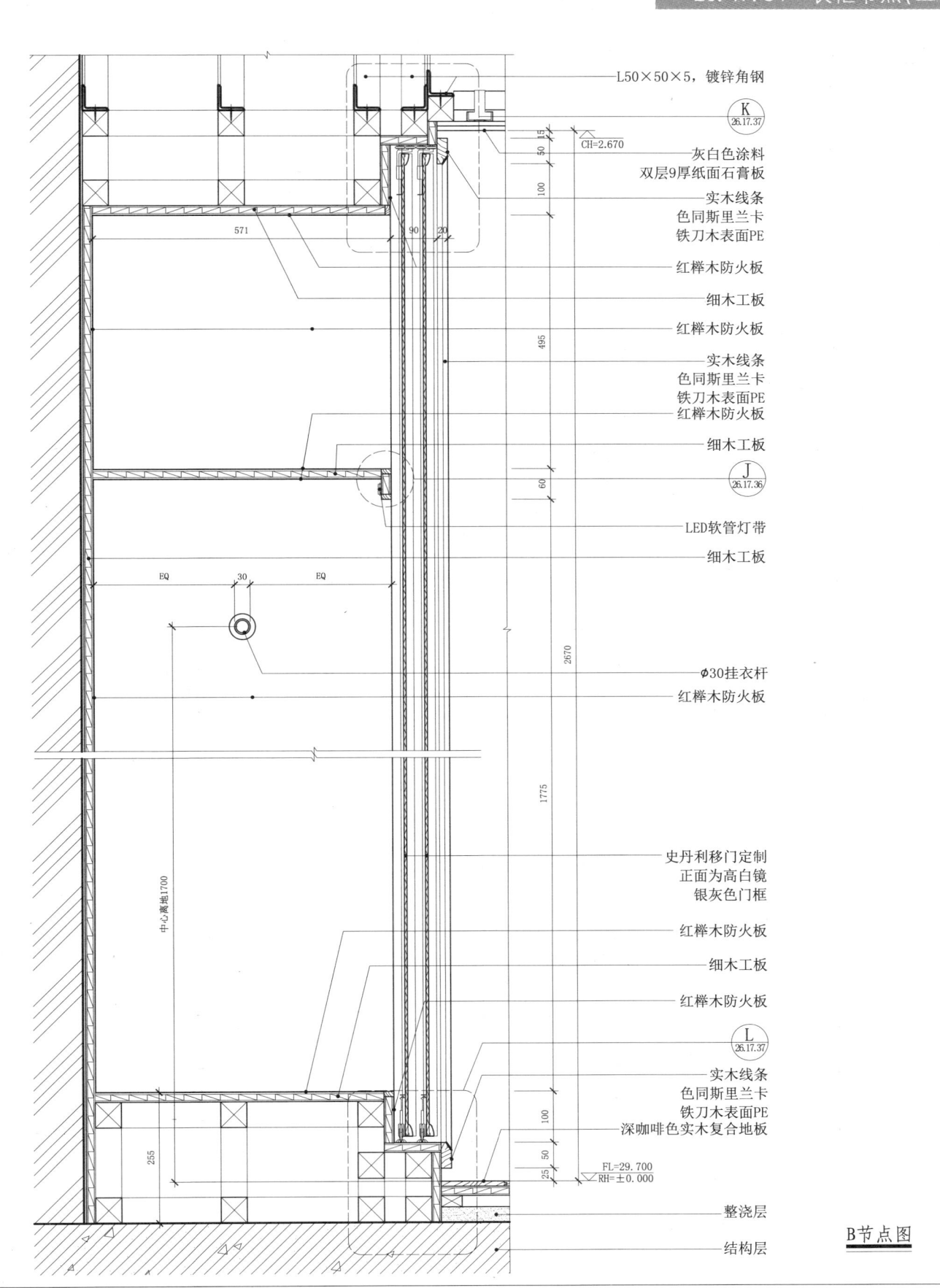

26.17 酒店豪华套房模式（一）

26.17.35 衣柜节点（三）

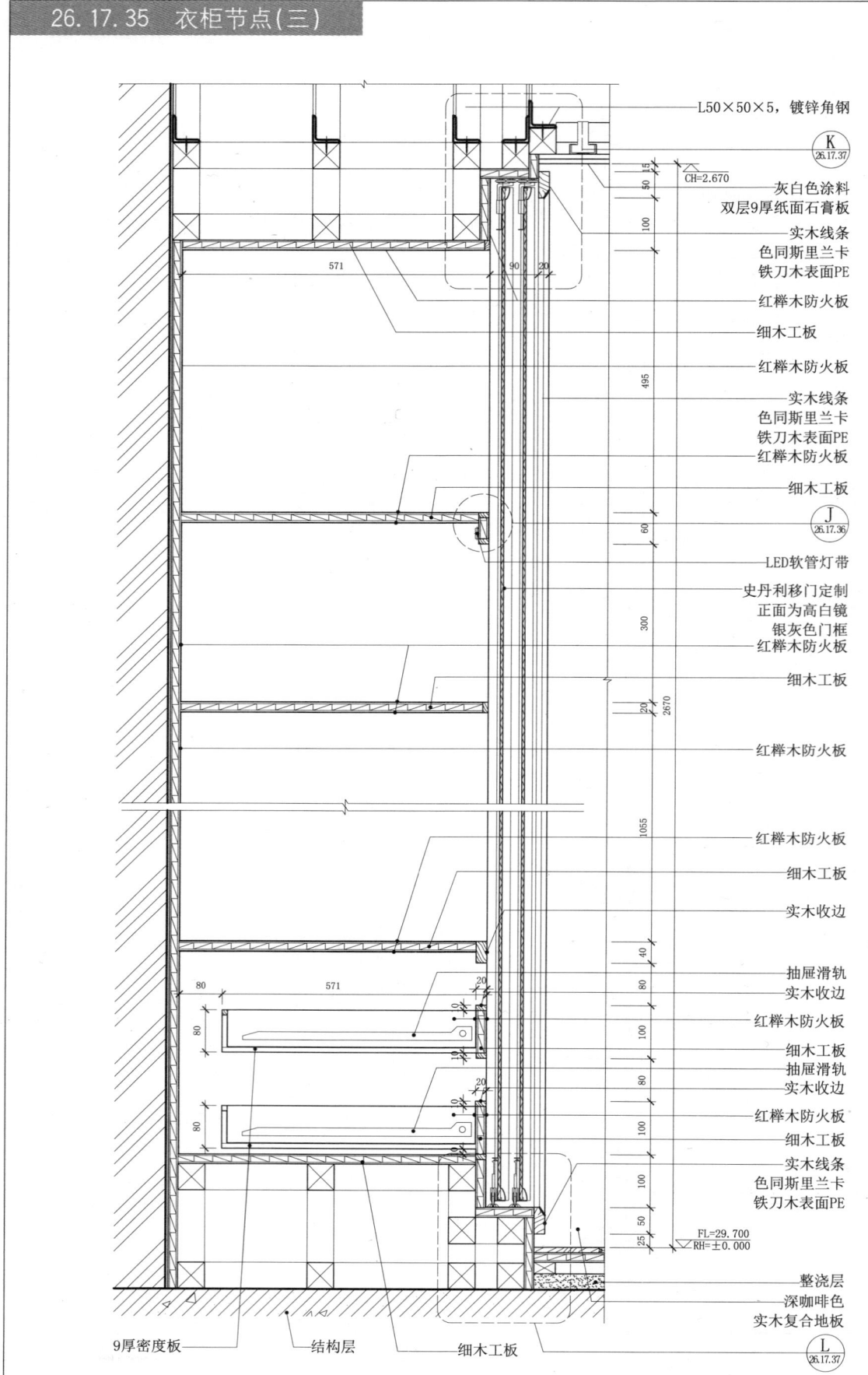

C节点图

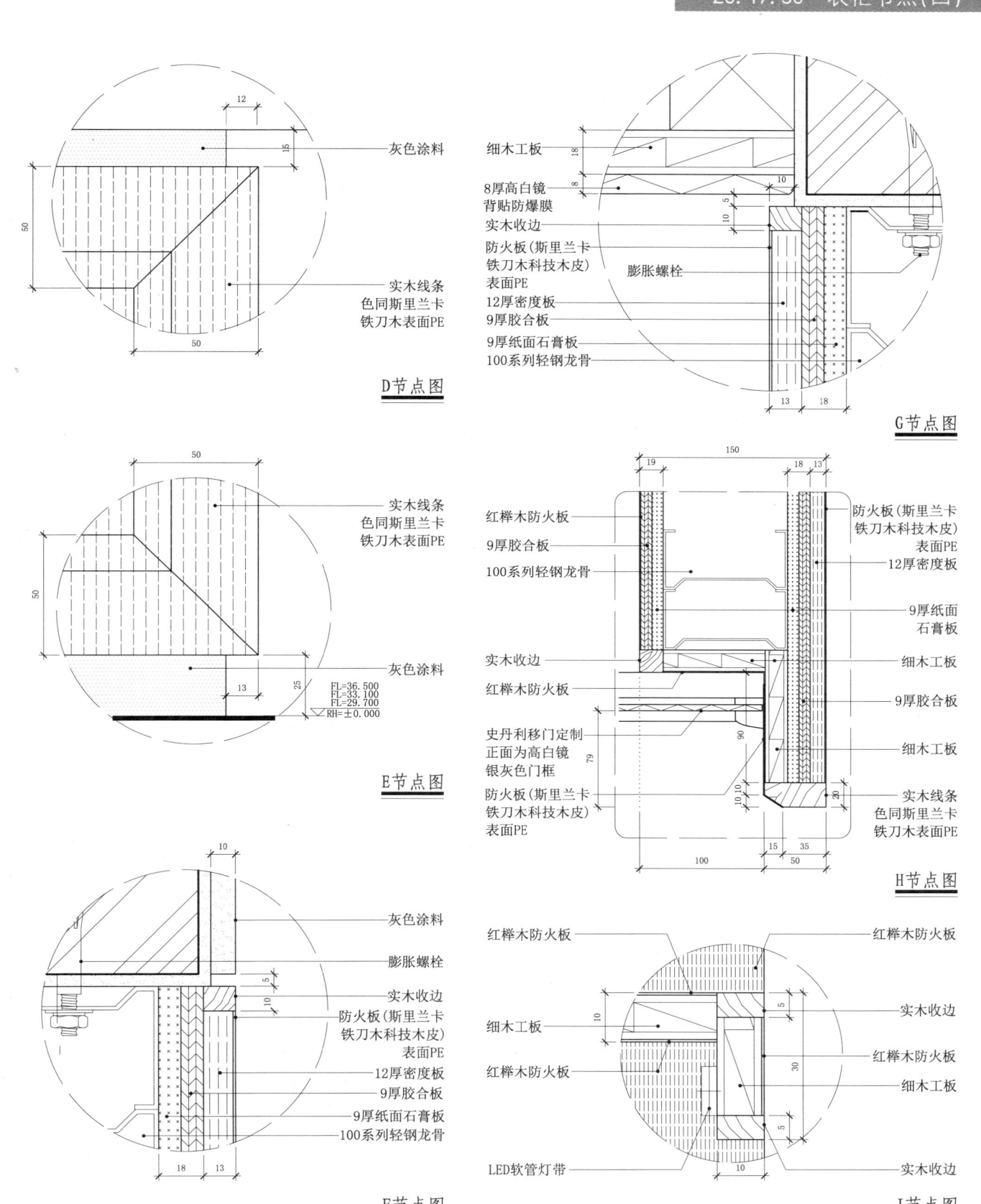

26.17 酒店豪华套房模式（一）

26.17.37 衣柜节点（五）

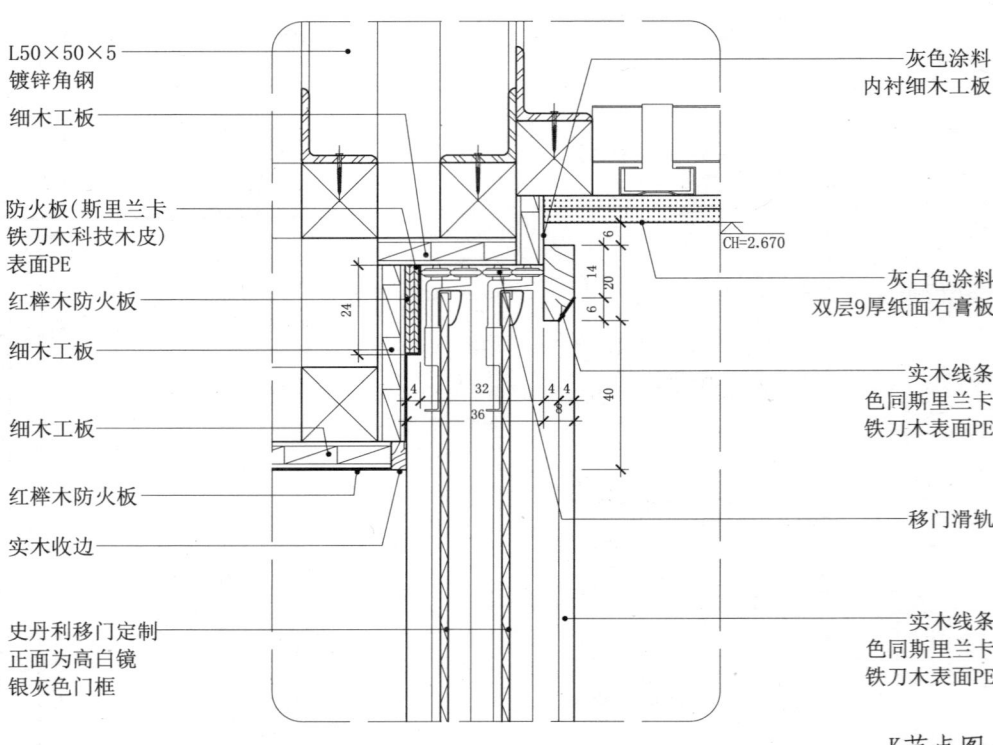

K节点图

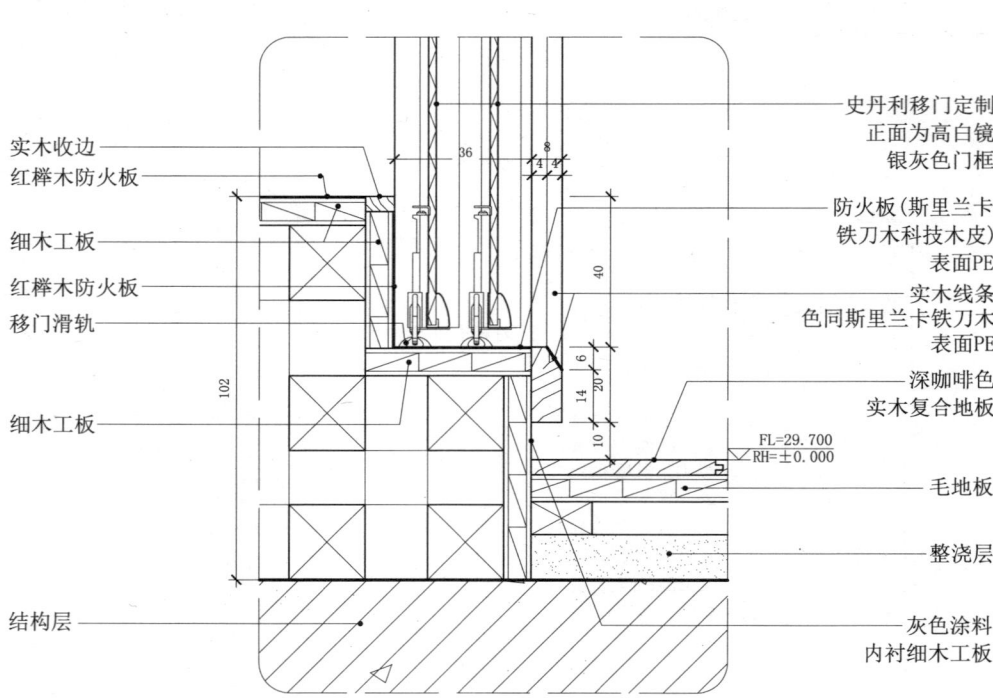

L节点图

26.17 酒店豪华套房模式（一）

26.17.38 装饰镜节点

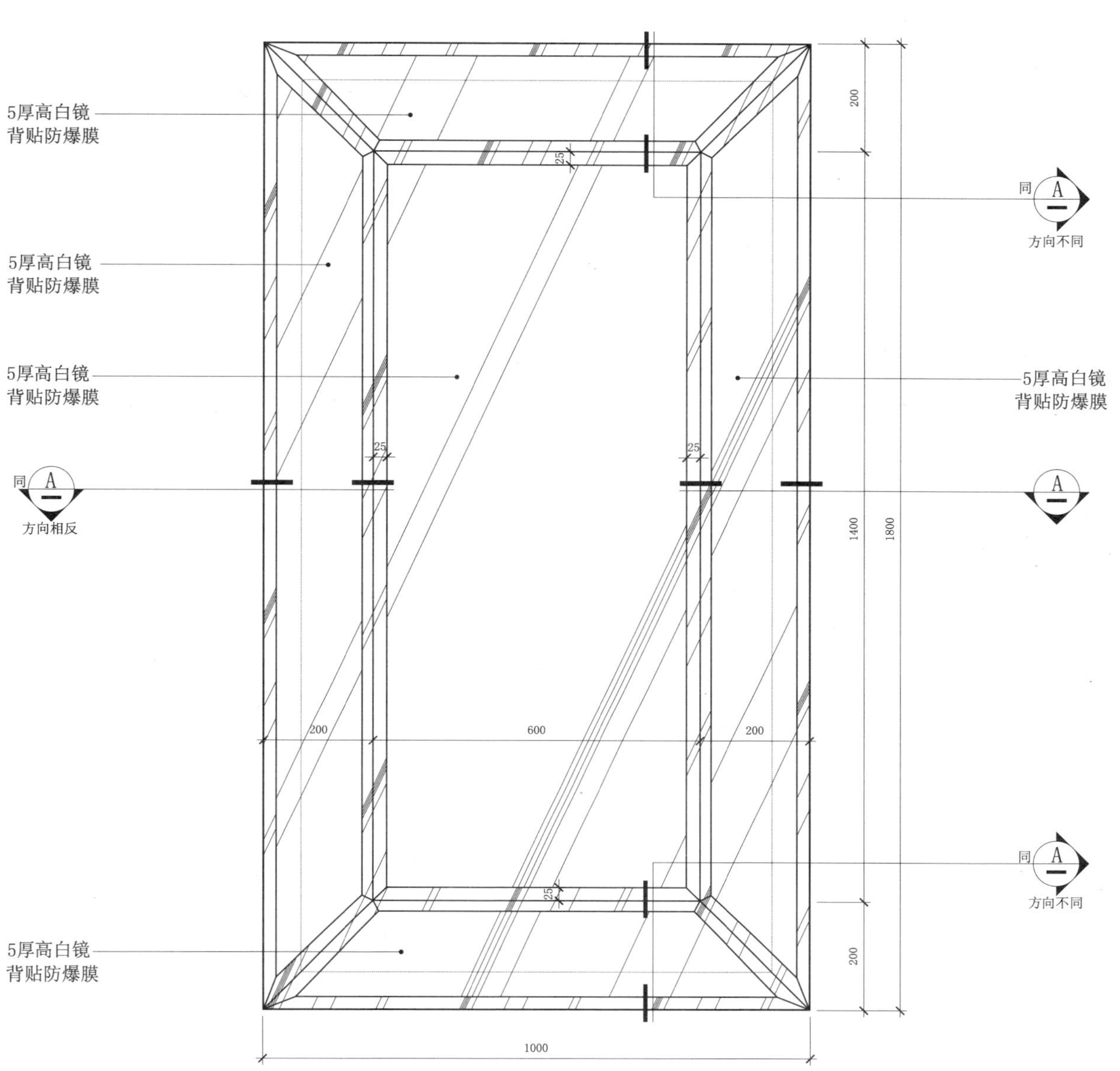

客房模式 · 玻璃构造 立面构造

5厚高白镜背贴防爆膜

5厚高白镜背贴防爆膜

5厚高白镜背贴防爆膜

5厚高白镜背贴防爆膜

5厚高白镜背贴防爆膜

9 装饰镜大样图

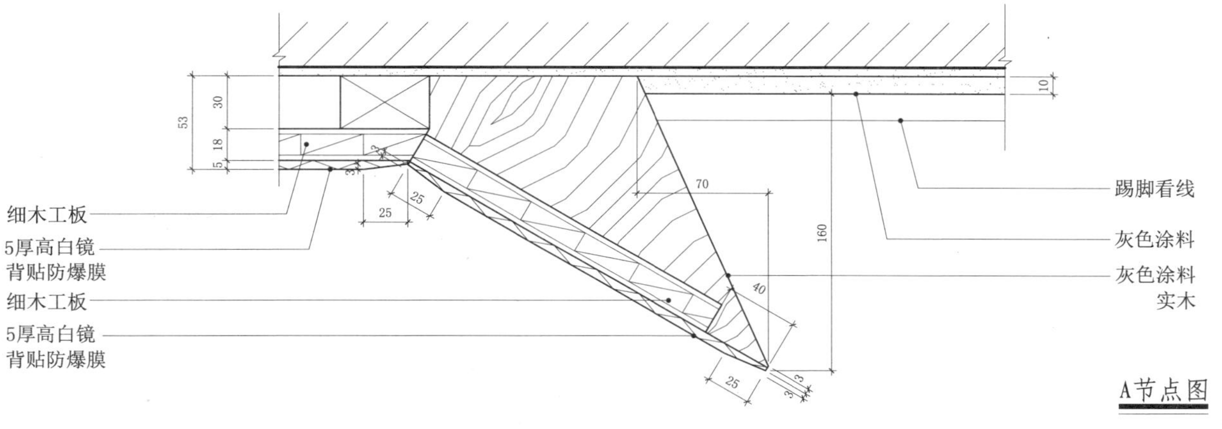

细木工板
5厚高白镜背贴防爆膜
细木工板
5厚高白镜背贴防爆膜

踢脚看线
灰色涂料
灰色涂料 实木

A节点图

室内构造节点与专项模式图集 | 1311

26.17 酒店豪华套房模式（一）

26.17.39 电视机壁龛节点

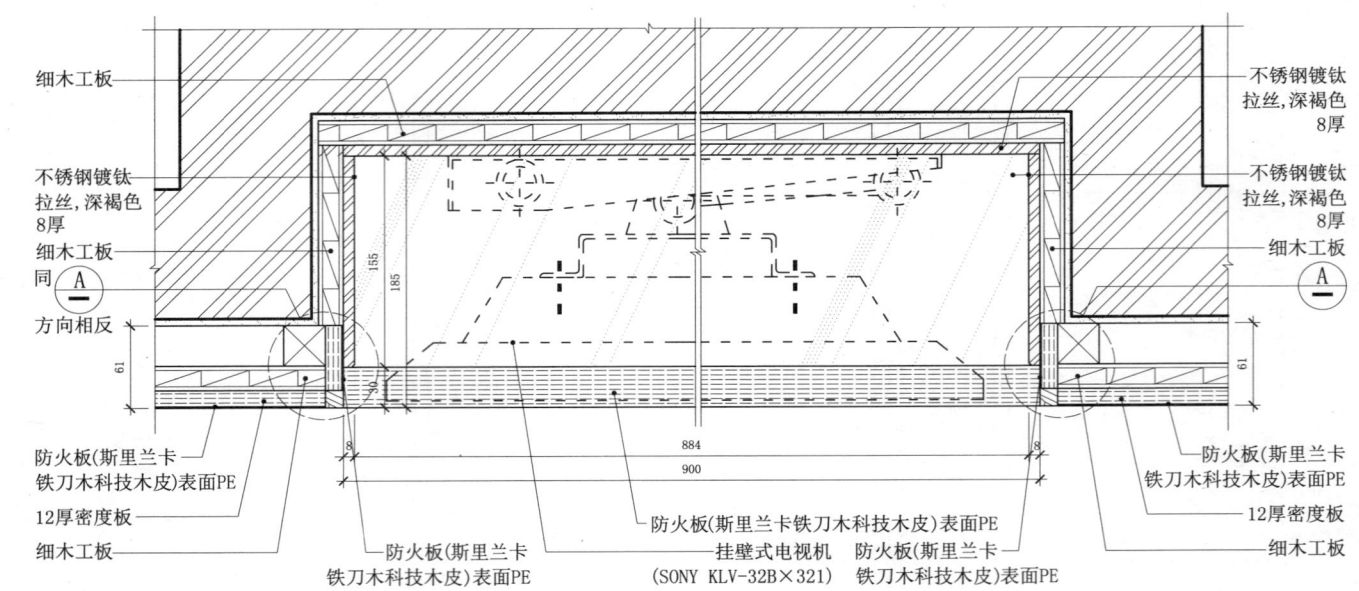

10节点图

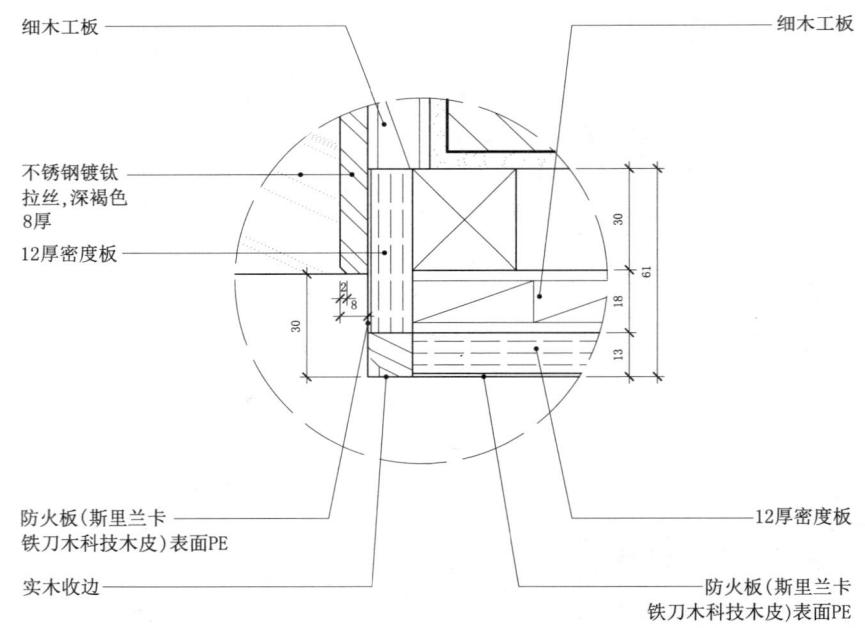

A节点图

26.18 酒店豪华套房模式（二）

26.18.1 平面图

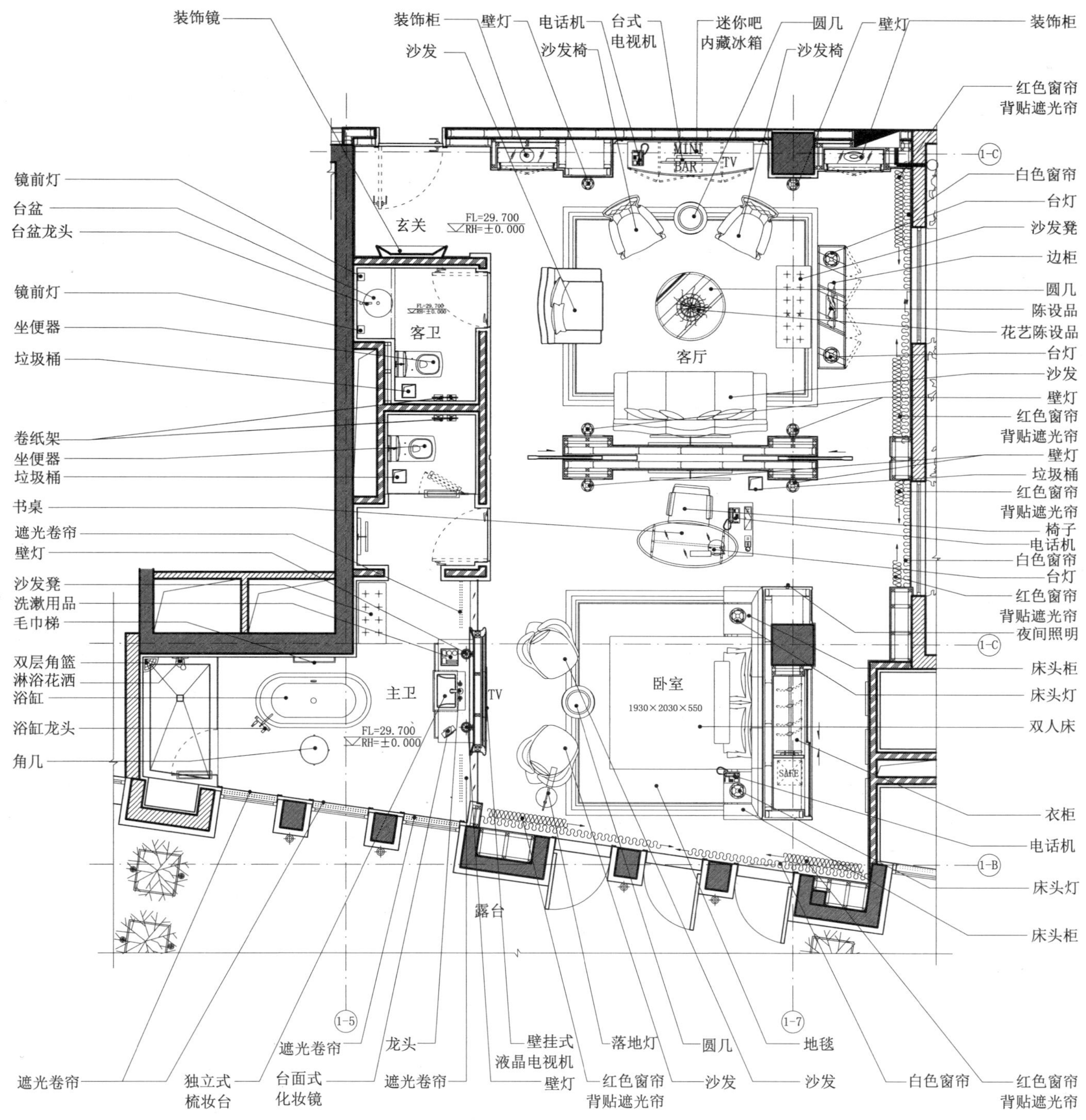

套间(B)平面布置图

图中标注（自左上顺时针）：装饰镜、装饰柜、壁灯、电话机、台式电视机、迷你吧内藏冰箱、圆几、壁灯、装饰柜、红色窗帘背贴遮光帘、白色窗帘、台灯、沙发凳、边柜、圆几、陈设品、花艺陈设品、台灯、沙发、壁灯、红色窗帘背贴遮光帘、壁灯、垃圾桶、红色窗帘背贴遮光帘、椅子、电话机、白色窗帘、台灯、红色窗帘背贴遮光帘、夜间照明、床头柜、床头灯、双人床、衣柜、电话机、床头灯、床头柜、红色窗帘背贴遮光帘、白色窗帘、沙发、沙发、圆几、地毯、落地灯、壁灯、壁挂式液晶电视机、遮光卷帘、龙头、台面式化妆镜、独立式梳妆台、遮光卷帘、沙发凳、壁灯、遮光卷帘、书桌、垃圾桶、坐便器、卷纸架、垃圾桶、坐便器、镜前灯、台盆龙头、台盆、镜前灯、玄关、客卫、主卫、客厅、卧室 1930×2030×550、露台、浴缸、浴缸龙头、角几、双层角篮、淋浴花洒、洗漱用品、毛巾梯

FL=29.700 RH=±0.000

26.18 酒店豪华套房模式（二）

26.18.2 索引图

套间(B)立面索引图

26.18 酒店豪华套房模式（二）

26.18.3 地坪图

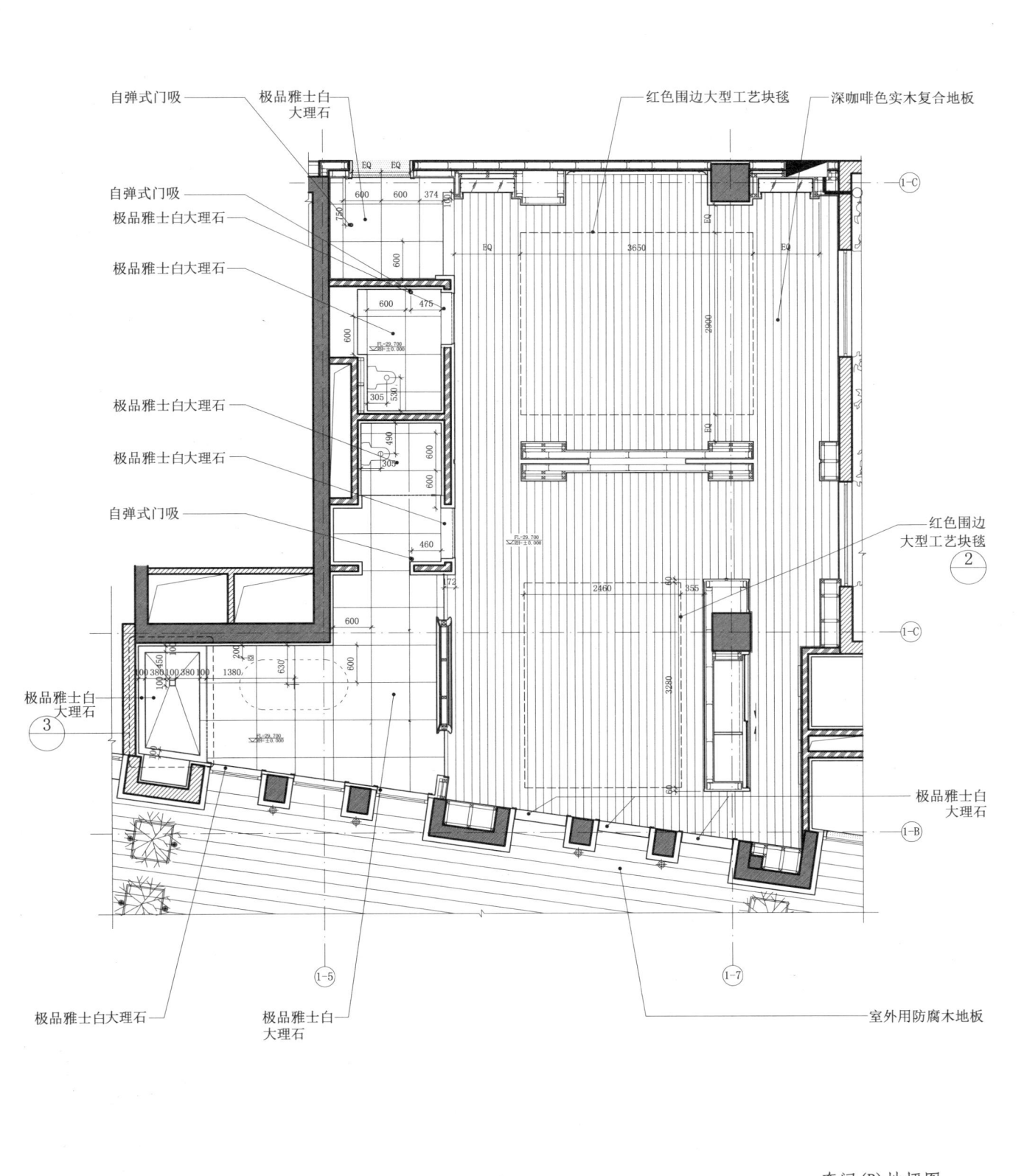

套间(B)地坪图

26.18 酒店豪华套房模式（二）

26.18.4 平顶图

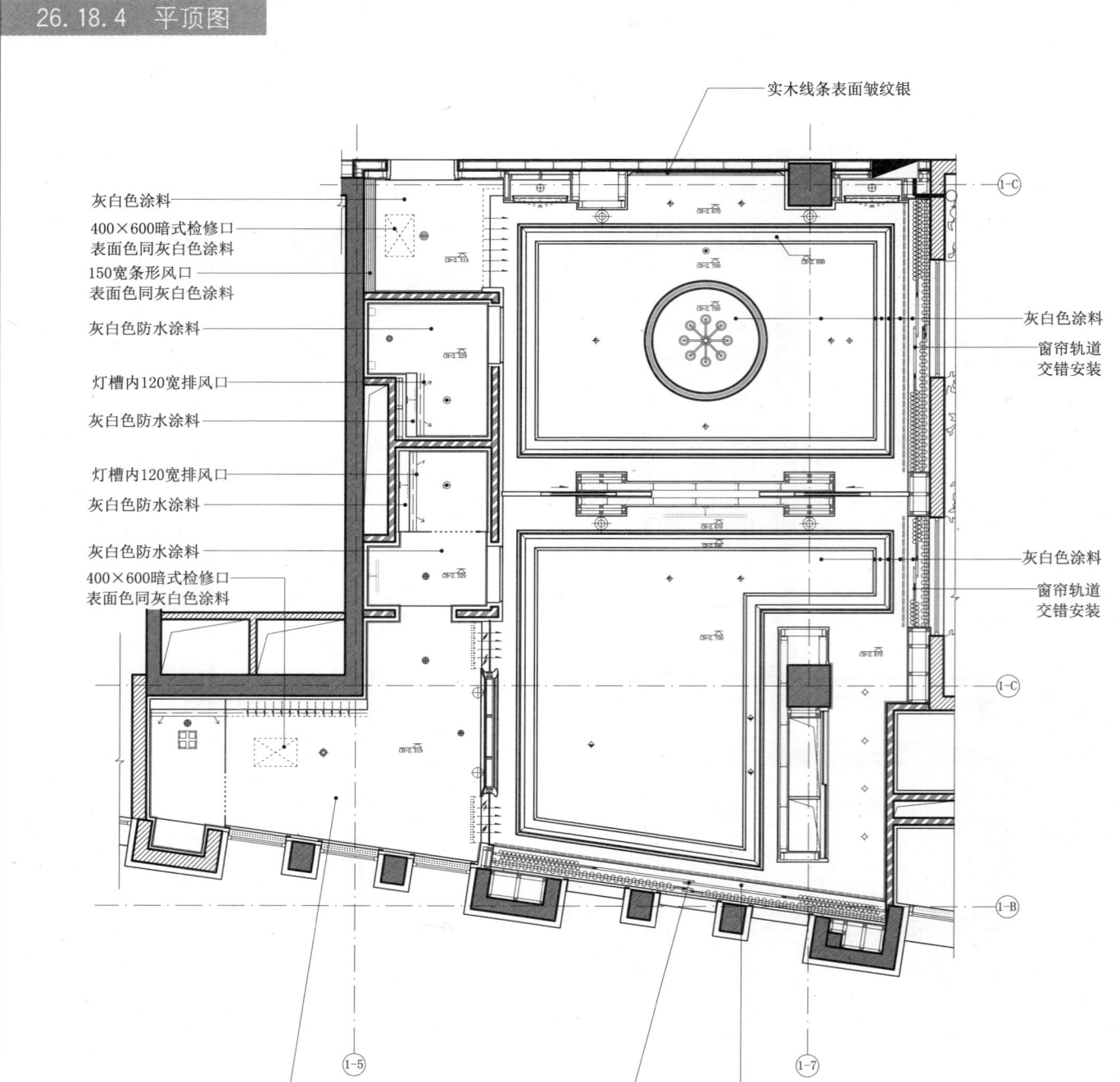

套间（B）平面布置图

26.18 酒店豪华套房模式（二）

26 客房模式·西方古典风格

26.18.5 配电图

套间(B)配电图

注：H为离地高度

26.18 酒店豪华套房模式（二）

26.18.6 配电图表

立面编号	名称	备注	平面图例	立面图例
K_0	取电开关			
K_1	三联开关	廊灯、房灯、吊灯		
K_2	三联开关	橱柜灯、壁灯、画灯、LED灯带		
K_3	三联开关	洗脸台射灯、镜前灯、LED灯带、排风扇、坐便器顶灯		
K_4	三联双控开关	房灯、LED灯带、壁灯与画灯		
K_5	双联开关	阅读灯、夜灯		
K_6	双联双控开关	阅读灯、房灯		
K_7	双联双控开关	LED灯带、壁灯与画灯		
K_8	双联开关	请勿打扰、请清洁		
K_9	单联开关	卫浴灯		
K_{10}	三联开关	排风扇、LED灯带与画灯、坐便器顶灯		
K_{11}	三联开关	排风扇、LED灯带、洗脸台射灯、镜前灯		
K_{12}	三联开关	庭园灯、照外墙地埋灯、照绿化地埋灯		
K_{13}	自动温控空调开关	空调调温		
K_{14}	音响控制旋钮	音响调节		

立面编号	名称	备注	平面图例	立面图例
C_1	电话接口	单孔		
C_2	电水壶插座	3×2扁眼插座（带开关）		
C_3	国际电源插座	多功能插座		
C_4	不间断电源插座	不间断电源插座		
C_5	台灯插座	地插座		
C_6	电视机插座	3×2扁眼插座		
C_7	有线电视接口	专用		
C_8	电冰箱插座	不间断电源插座		
C_9	卫生间插座	3×2扁眼防水插座		
C_{10}	电动剃须刀插座	电动剃须刀 110V/220V插座		
C_{11}	网络接口	网络接口		
C_{12}	网络电视接口	网络电视接口		
C_{13}	音响接口	音响接口		
C_{14}	落地灯插座	地插座		

套间（B）配电图表

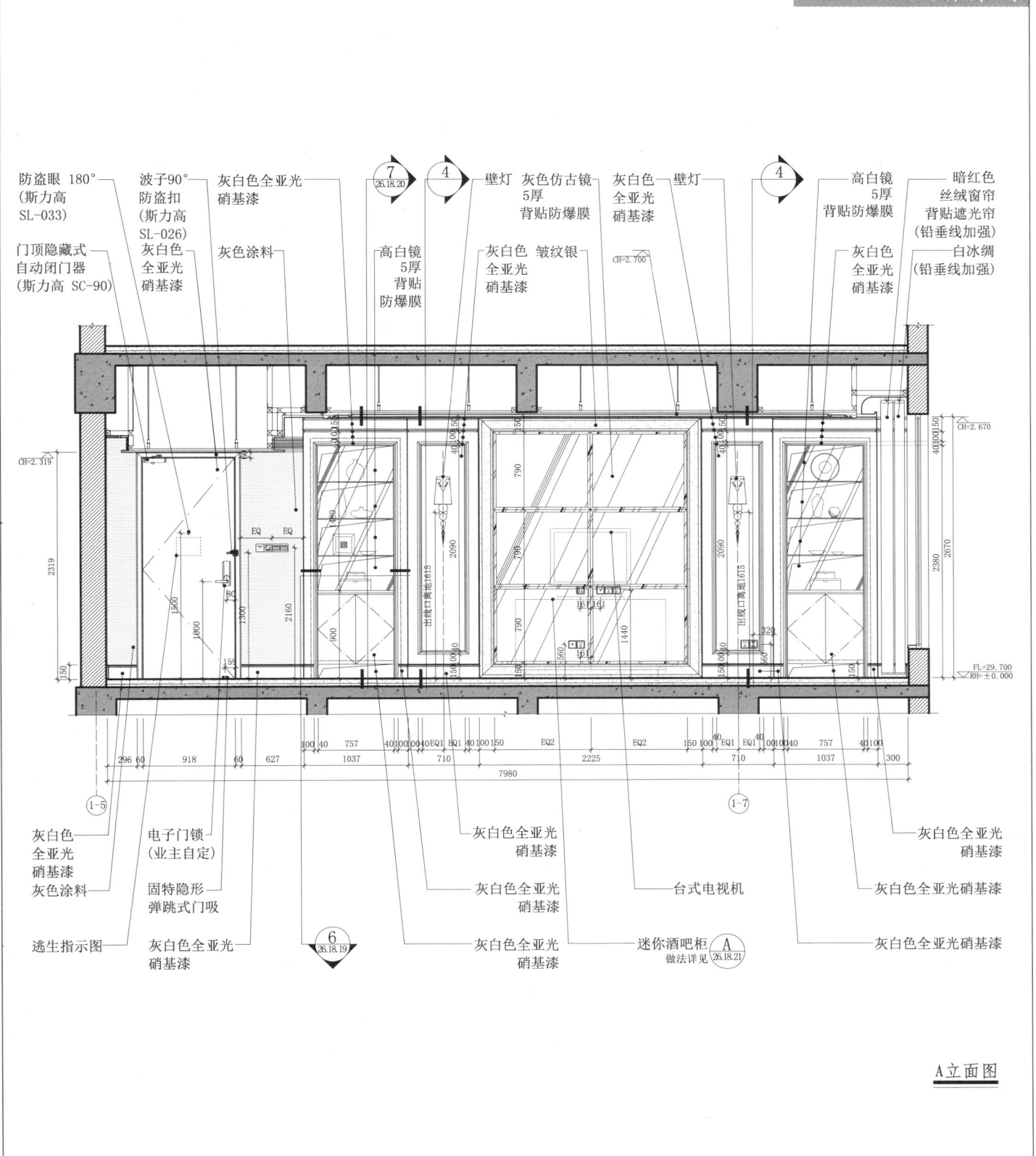

26 客房模式·西方古典风格

26.18 酒店豪华套房模式（二）

26.18.8 立面图（二）

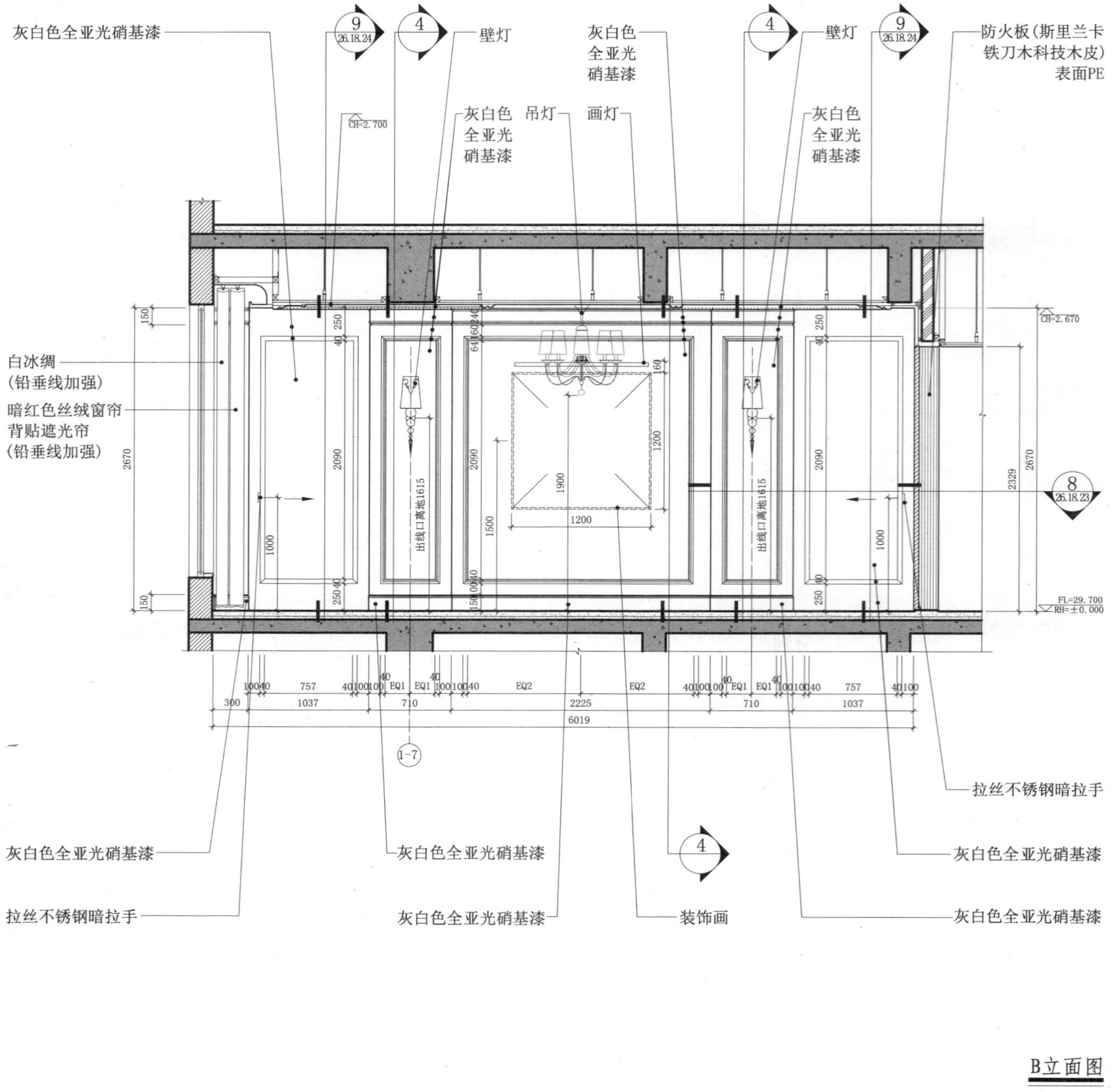

B立面图

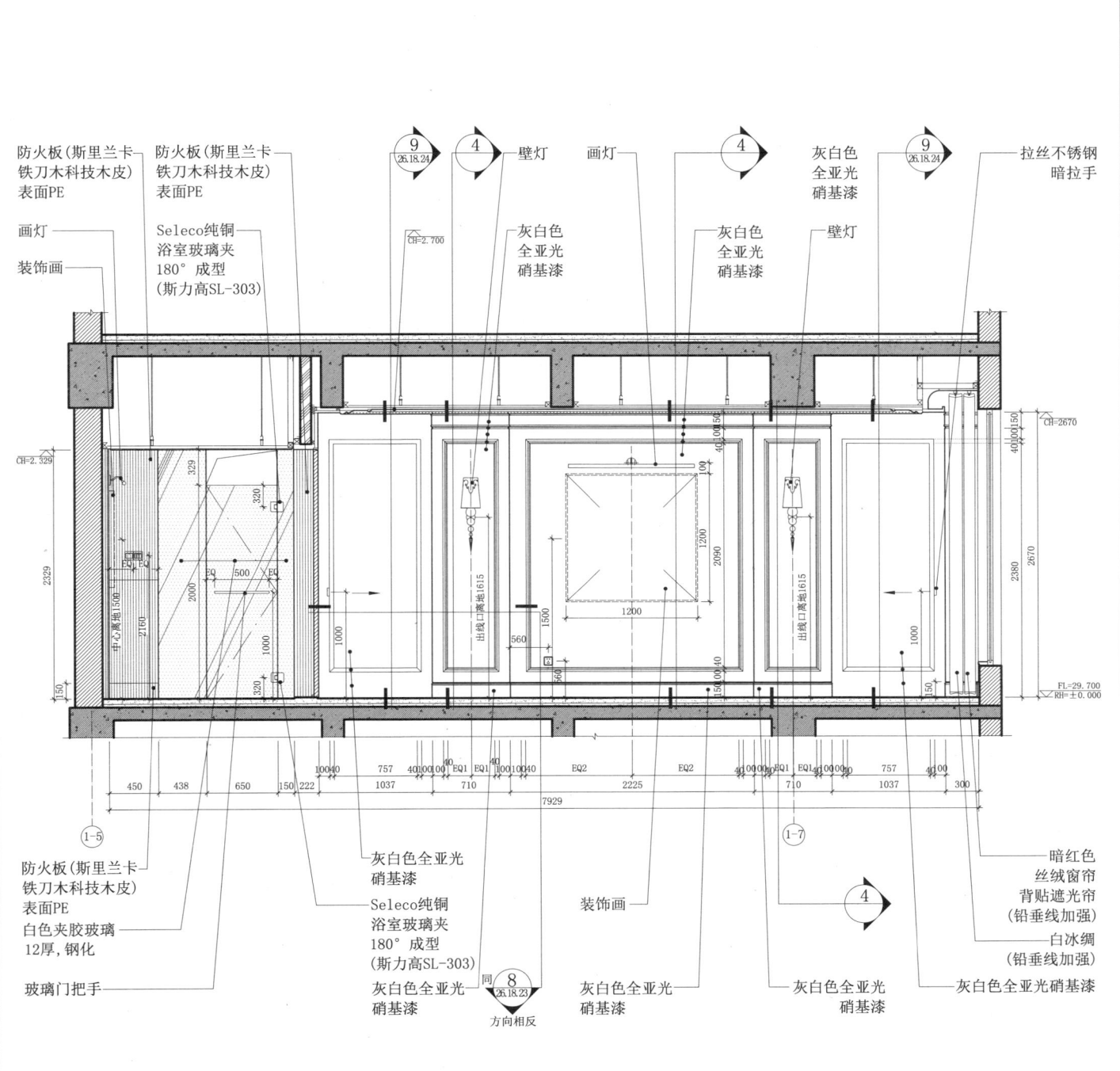

26.18 酒店豪华套房模式（二）

26.18.10 立面图（四）

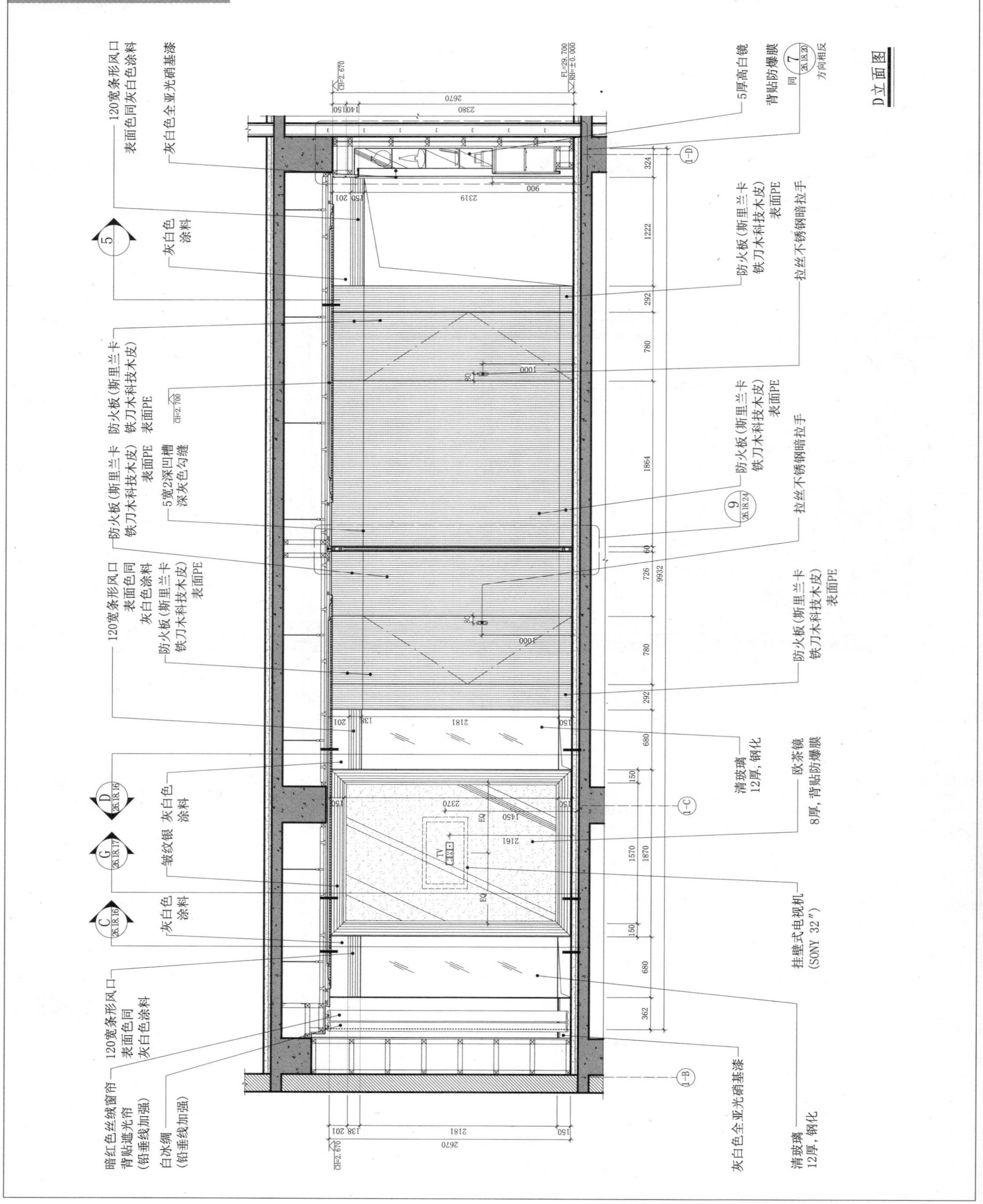

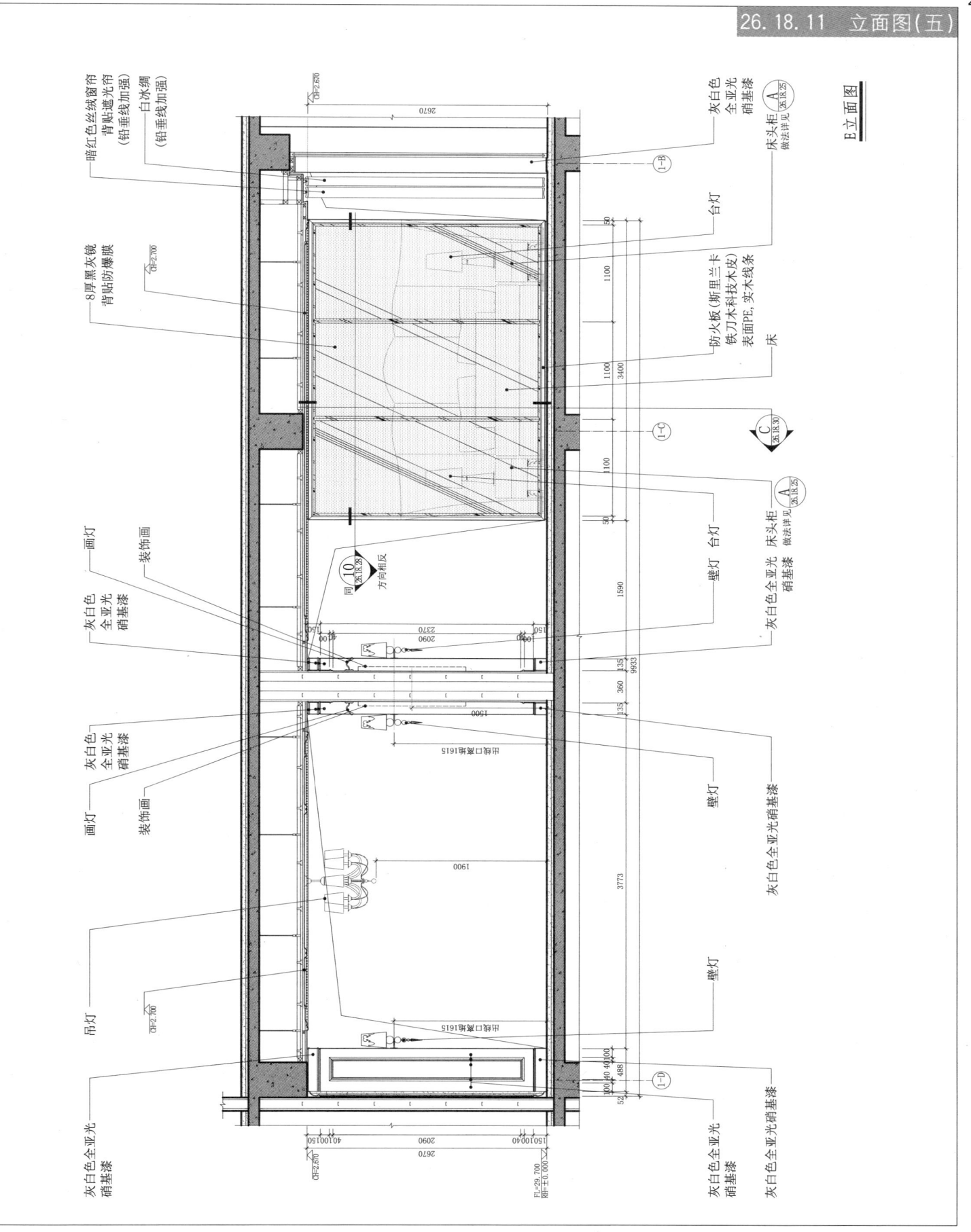

26.18 酒店豪华套房模式（二）

26.18.12 立面图（六）

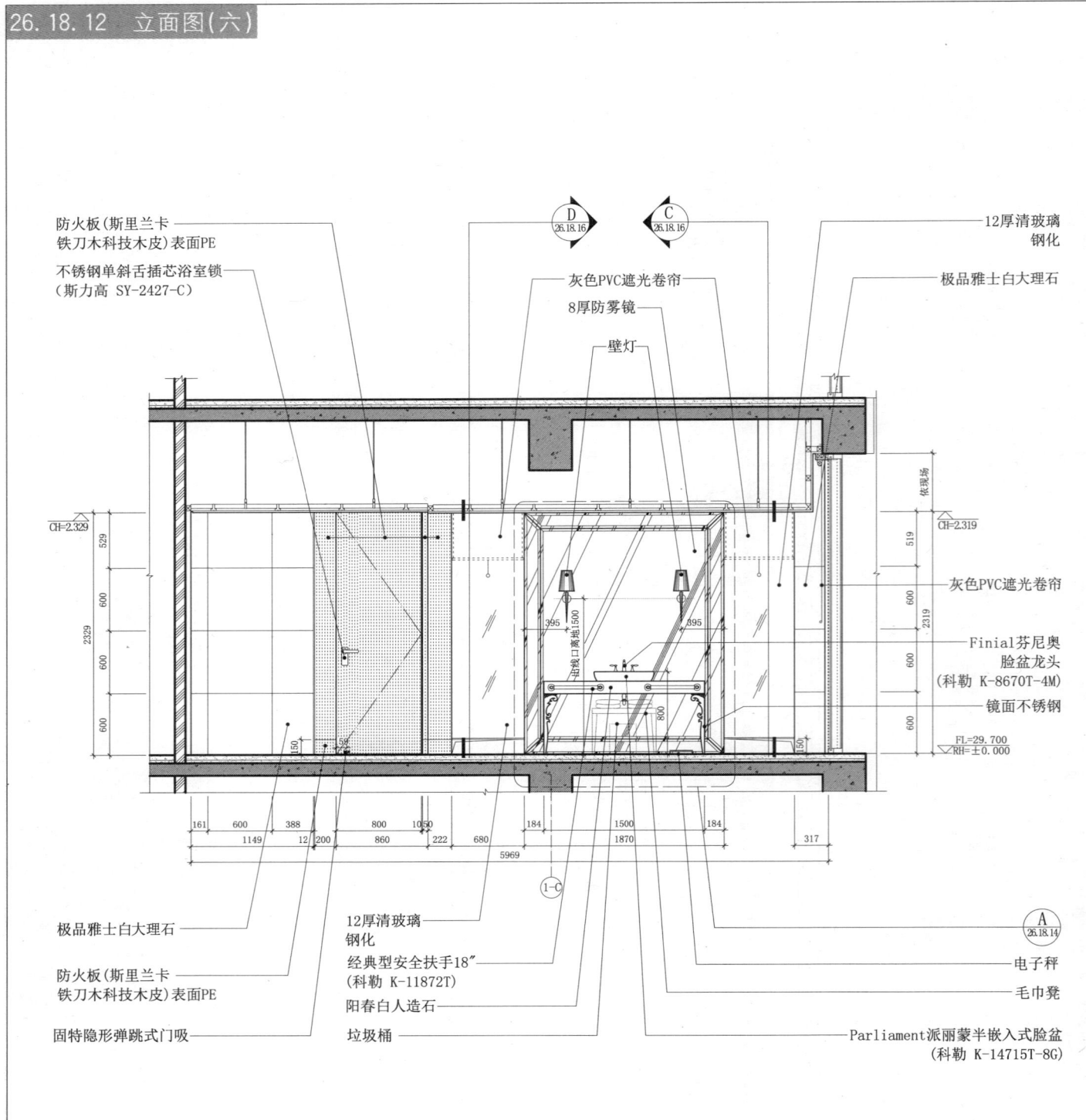

H立面图

26.18 酒店豪华套房模式（二）

26.18.13 立面图（七）

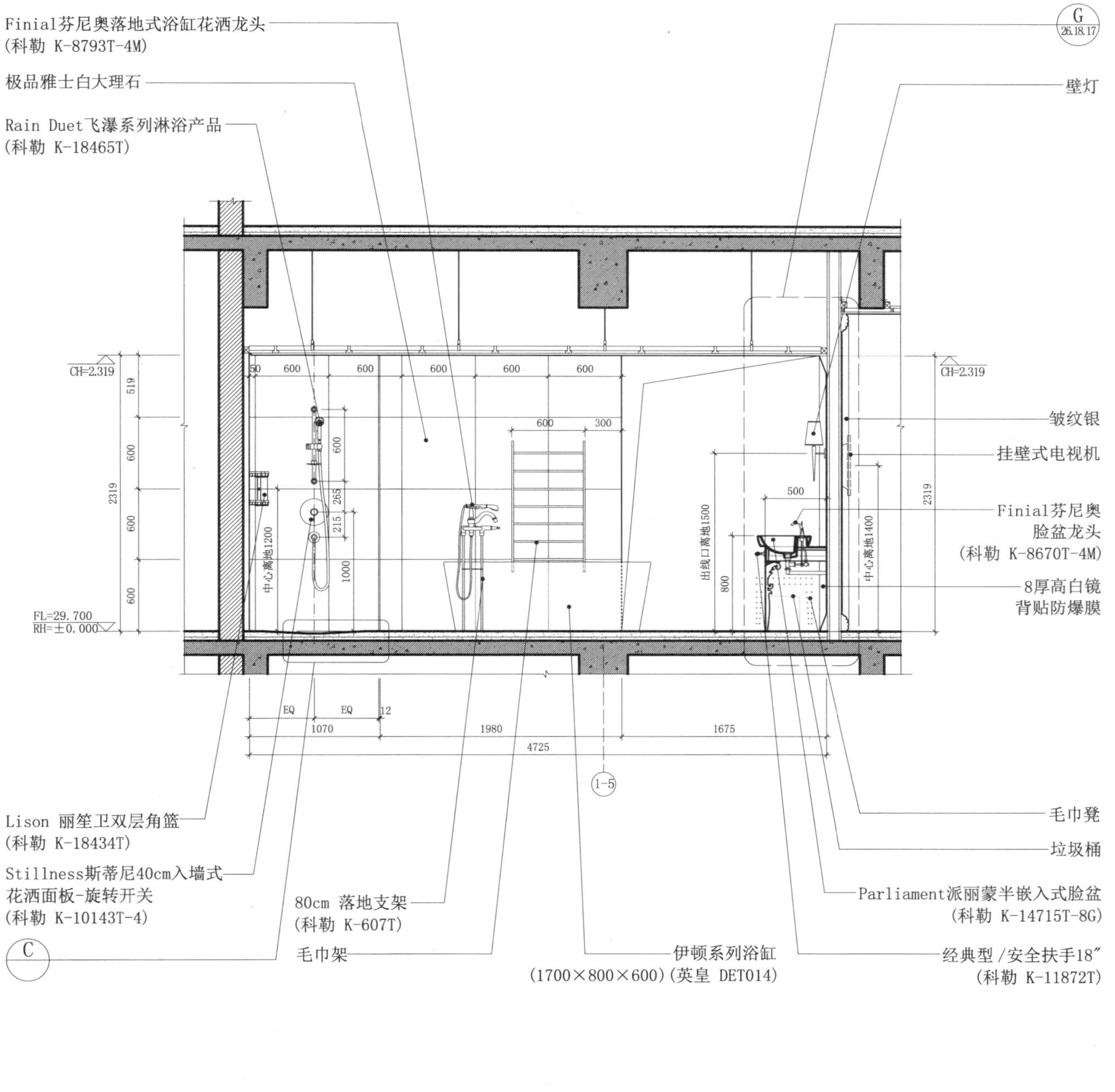

客房模式·西方古典风格

标注说明：
- Finial芬尼奥落地式浴缸花洒龙头（科勒 K-8793T-4M）
- 极品雅士白大理石
- Rain Duet飞瀑系列淋浴产品（科勒 K-18465T）
- 壁灯
- 皱纹银
- 挂壁式电视机
- Finial芬尼奥脸盆龙头（科勒 K-8670T-4M）
- 8厚高白镜背贴防爆膜
- Lison丽笙卫双层角篮（科勒 K-18434T）
- Stillness斯蒂尼40cm入墙式花洒面板-旋转开关（科勒 K-10143T-4）
- 毛巾架
- 80cm落地支架（科勒 K-607T）
- 伊顿系列浴缸（1700×800×600）（英皇 DET014）
- 毛巾凳
- 垃圾桶
- Parliament派丽蒙半嵌入式脸盆（科勒 K-14715T-8G）
- 经典型/安全扶手18"（科勒 K-11872T）

K立面图

26.18 酒店豪华套房模式（二）

26 客房模式·西方古典风格

26.18.14 洗手台节点（一）

1 梳妆台平面图

A 梳妆台立面图

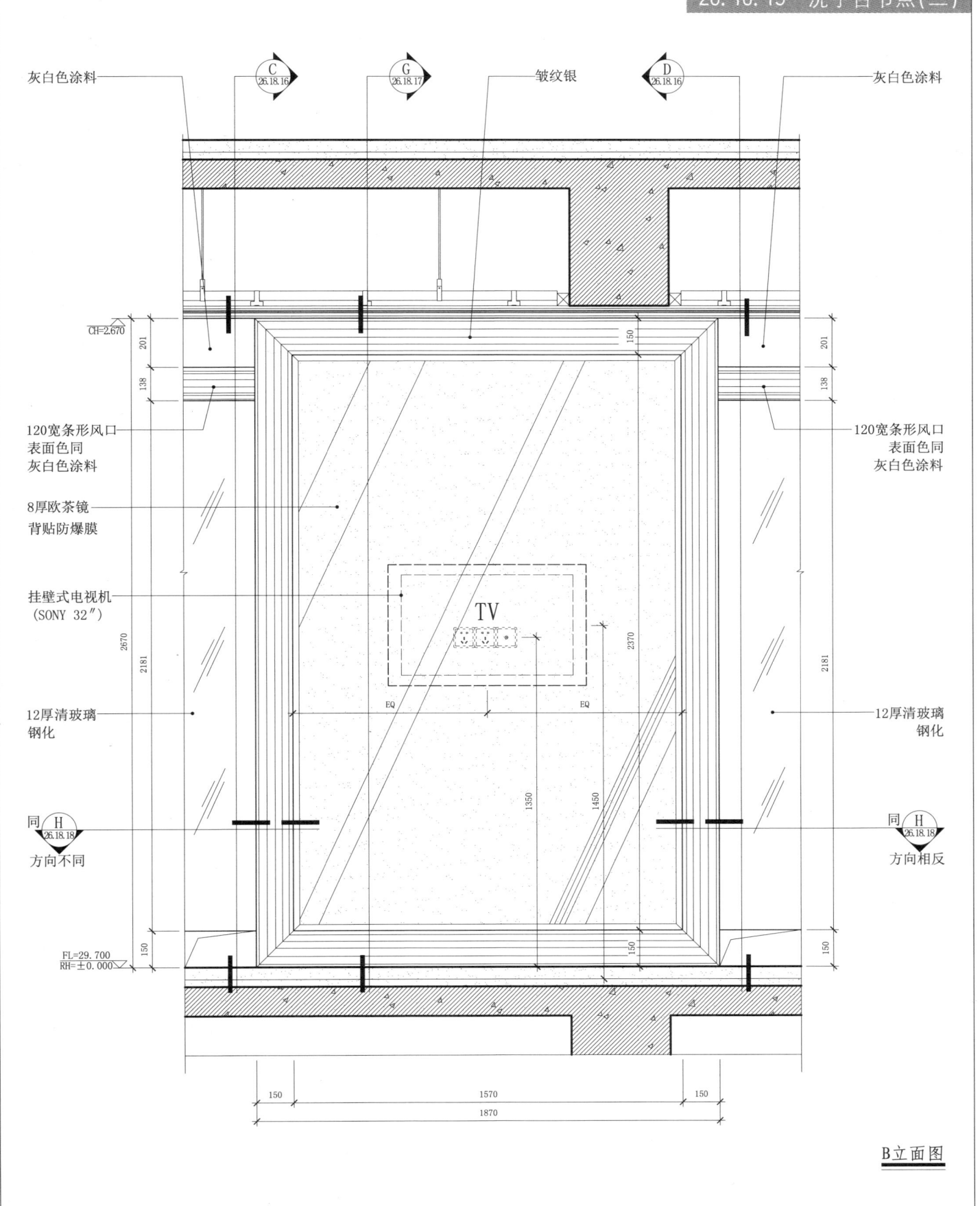

26.18 酒店豪华套房模式（二）

26.18.16 洗手台节点（三）

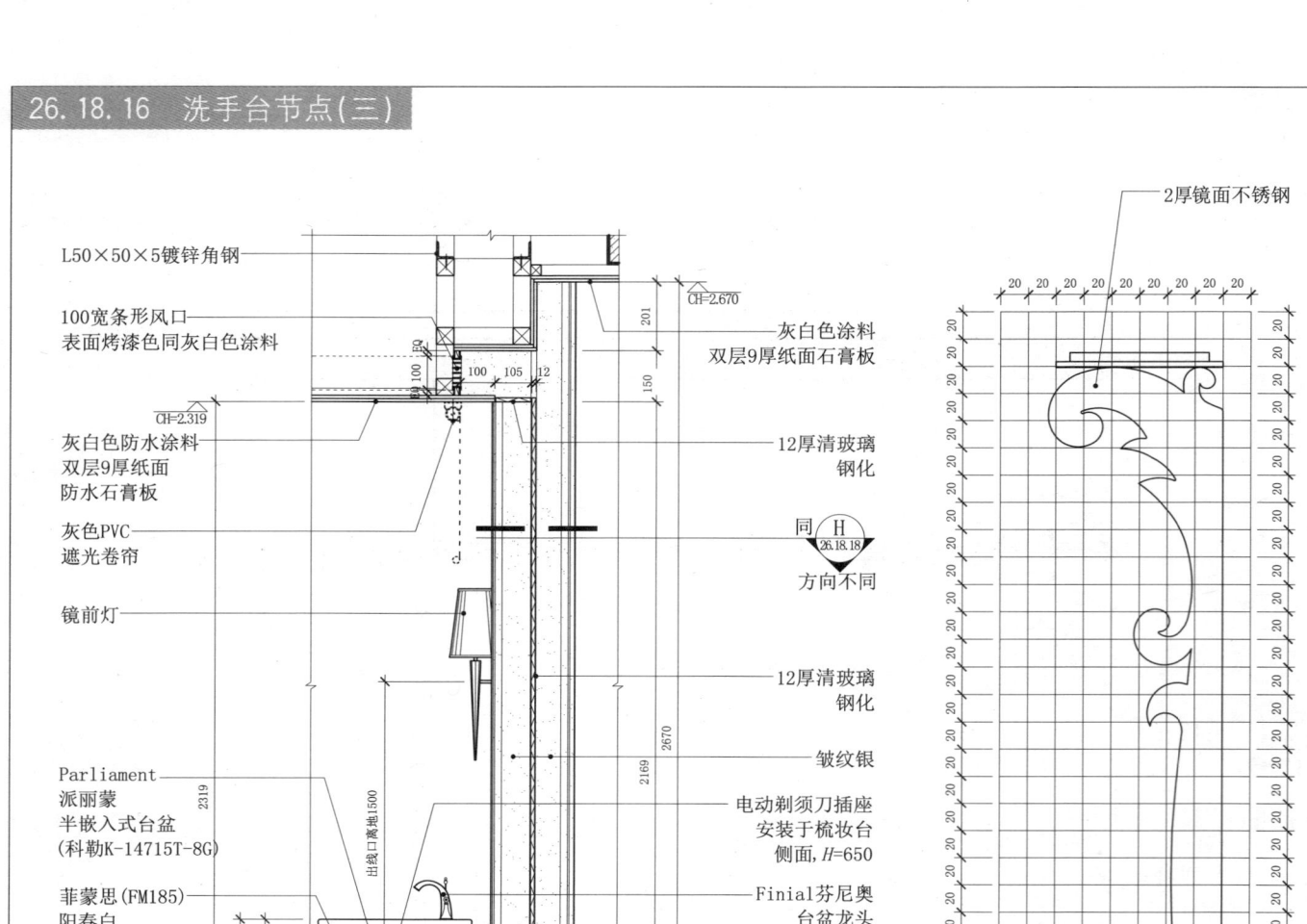

C立面图（C立面与D立面设计相同、方向相反，无插座）

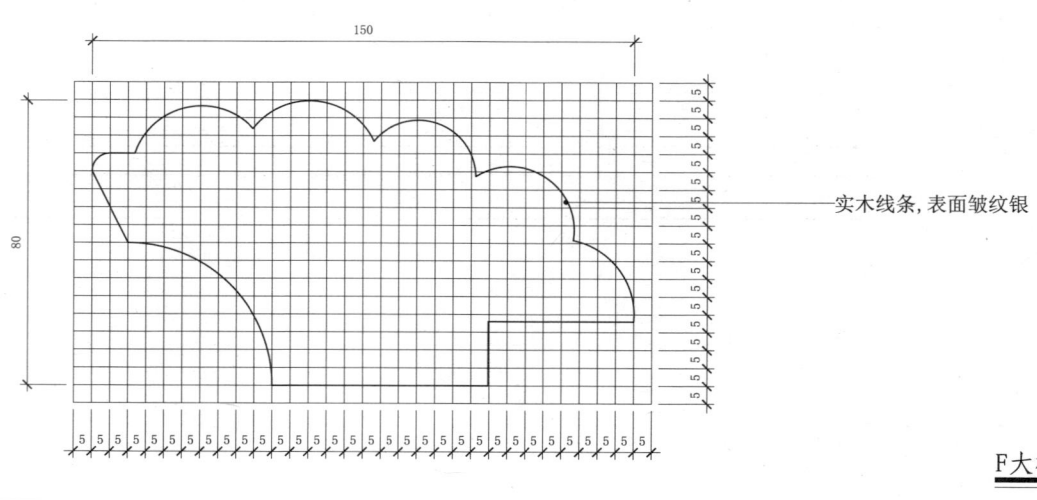

E大样图

F大样图

26.18 酒店豪华套房模式（二）

26.18.17 洗手台节点（四）

客房模式·西方古典风格

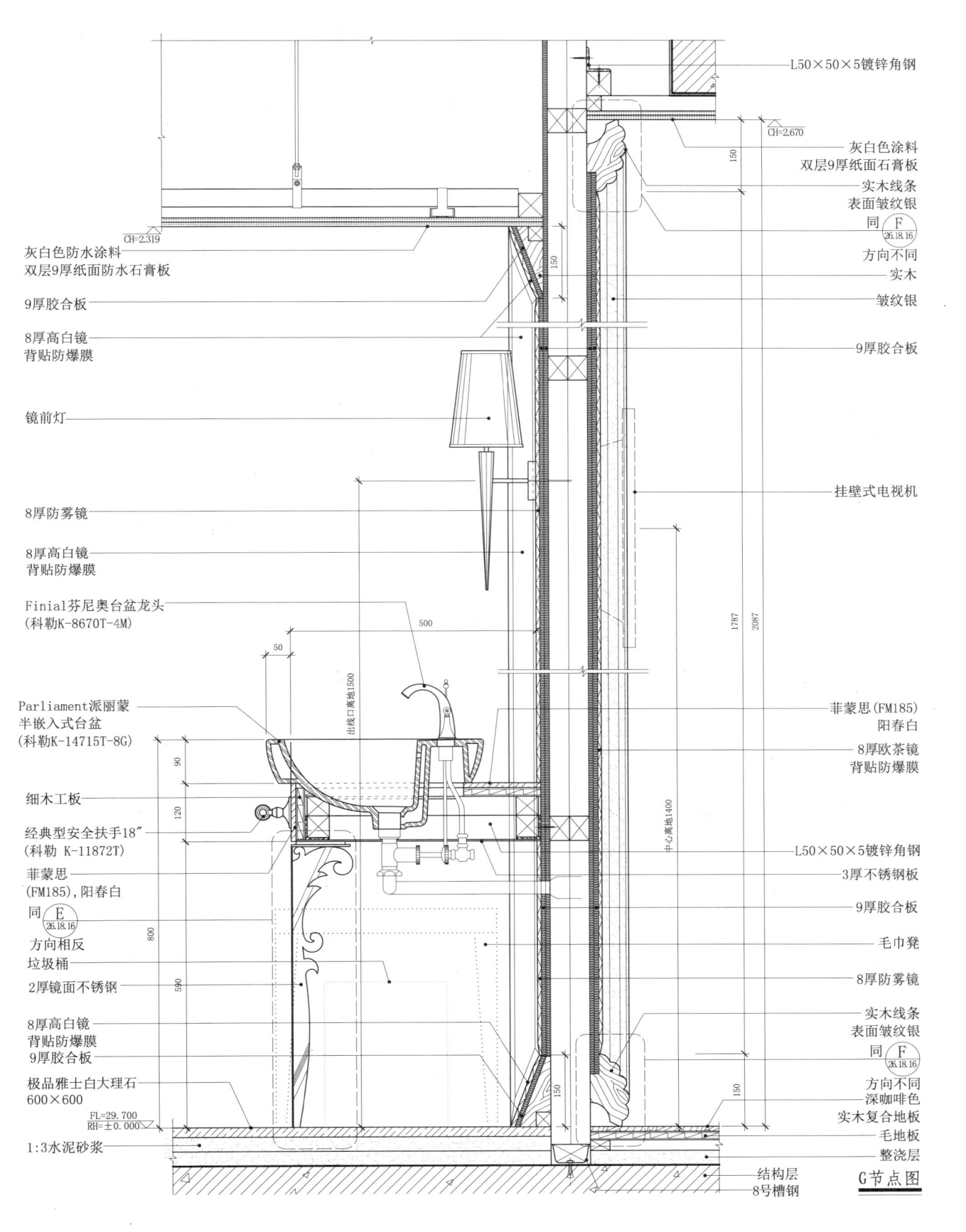

G节点图

26.18 酒店豪华套房模式（二）

26.18.18 洗手台节点（五）

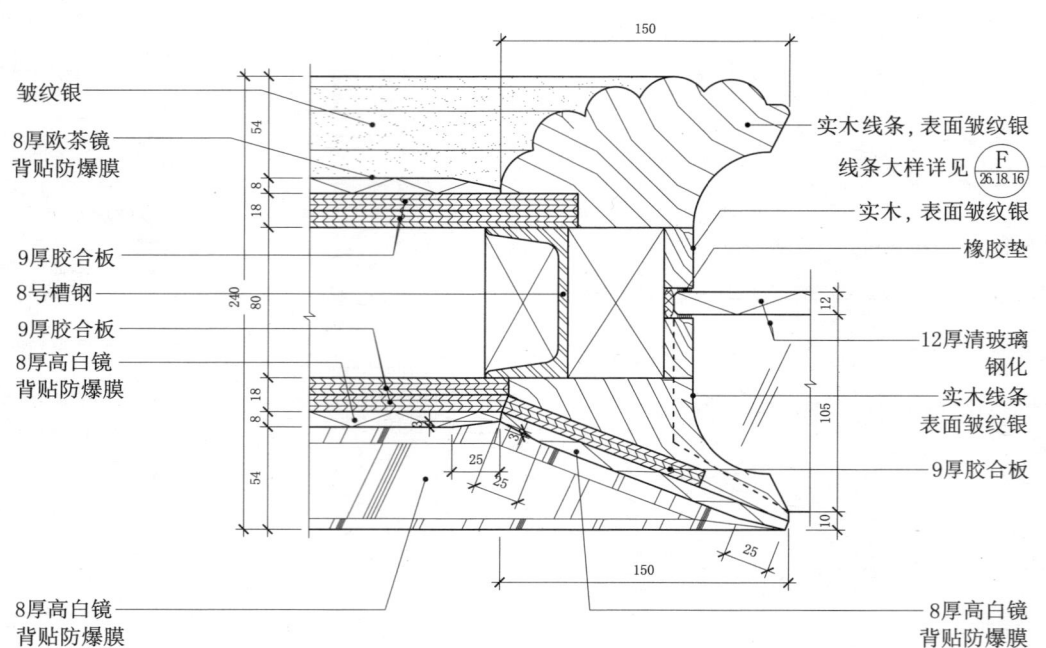

H节点图

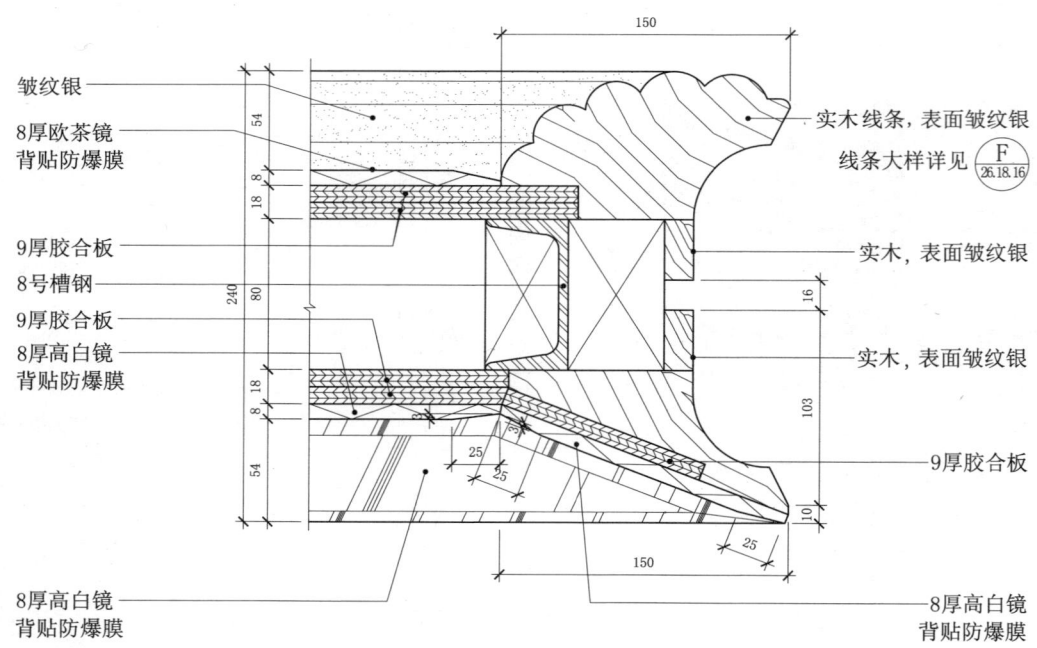

J节点图

26.18.19 装饰柜节点(一)

26.18 酒店豪华套房模式(二)

客房模式·西方古典风格 固定家具 透光照明构造

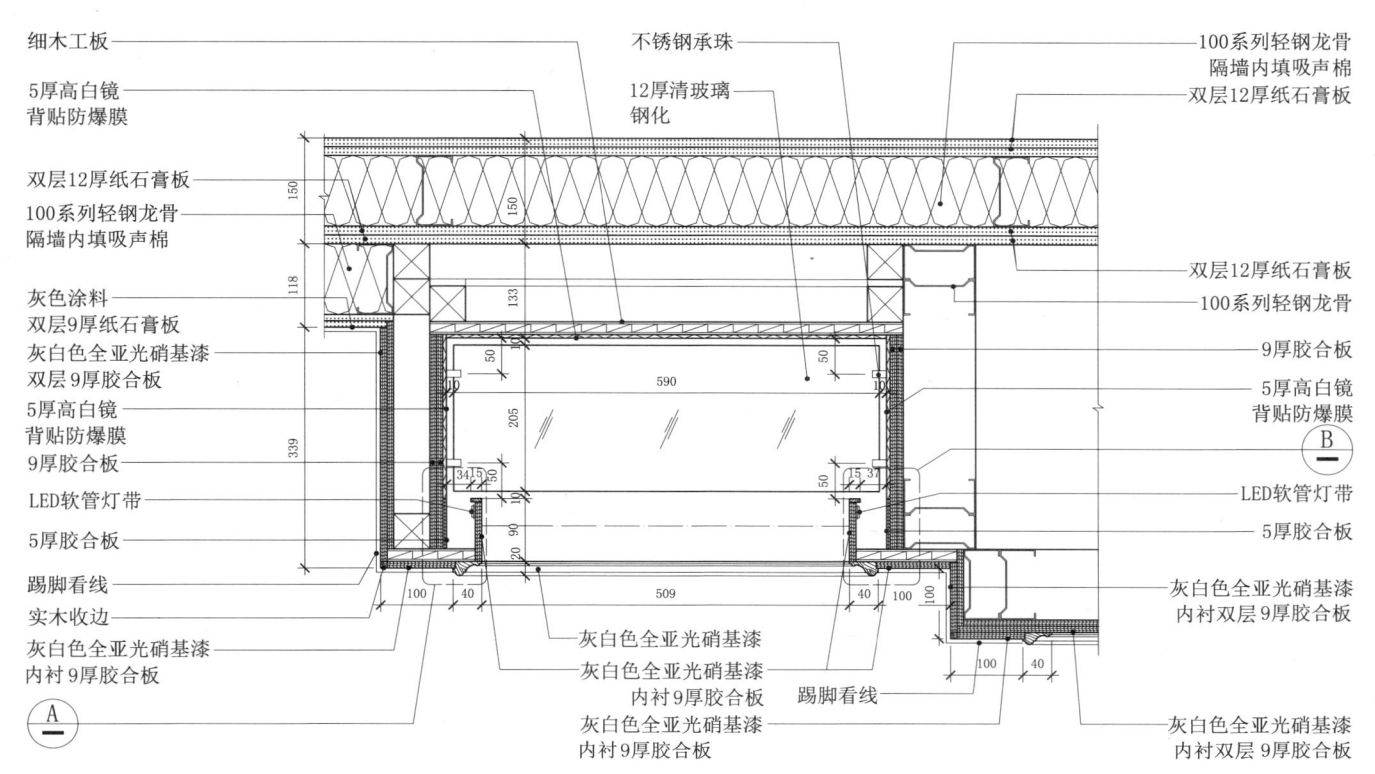

6 装饰柜横剖面图

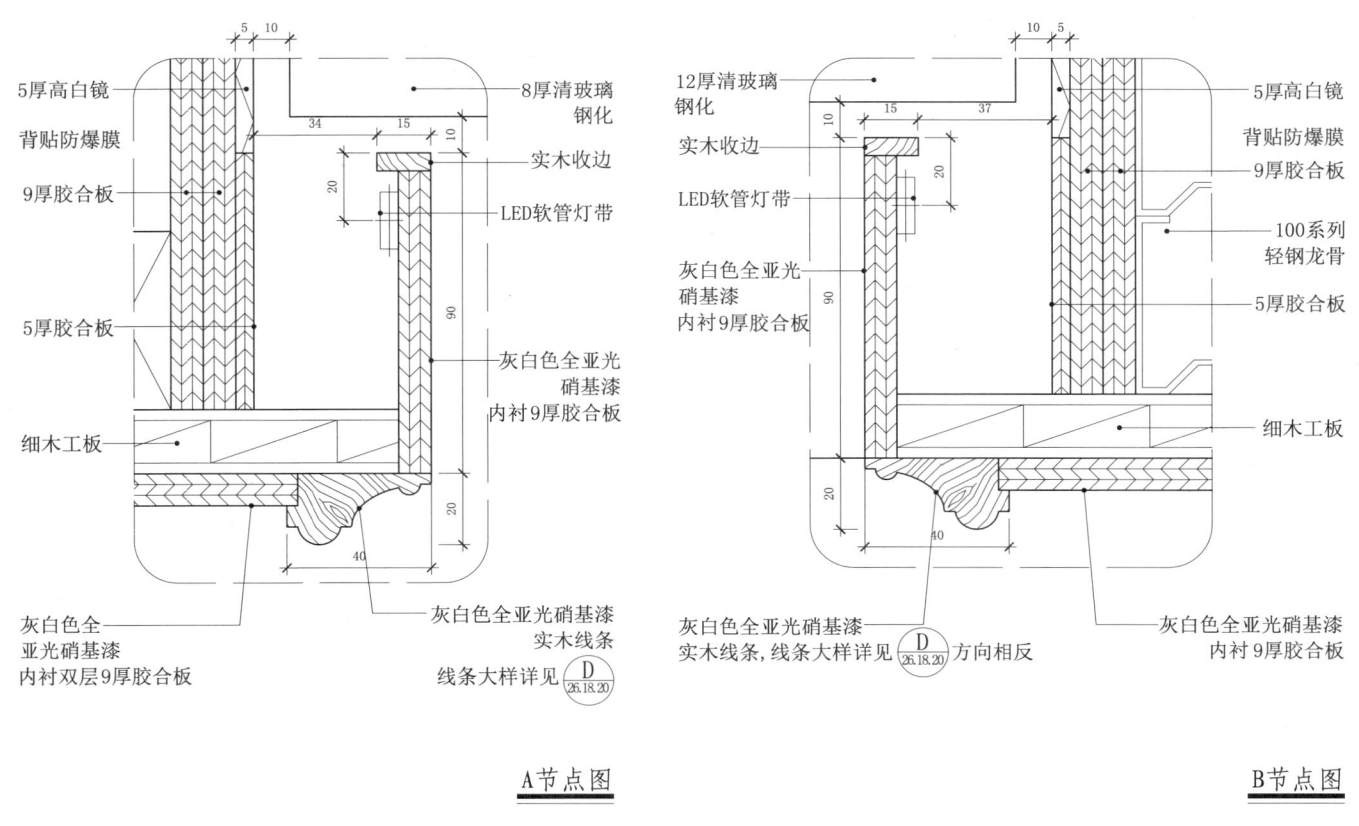

A节点图　　　　　B节点图

26.18 酒店豪华套房模式（二）

26.18.20 装饰柜节点（二）

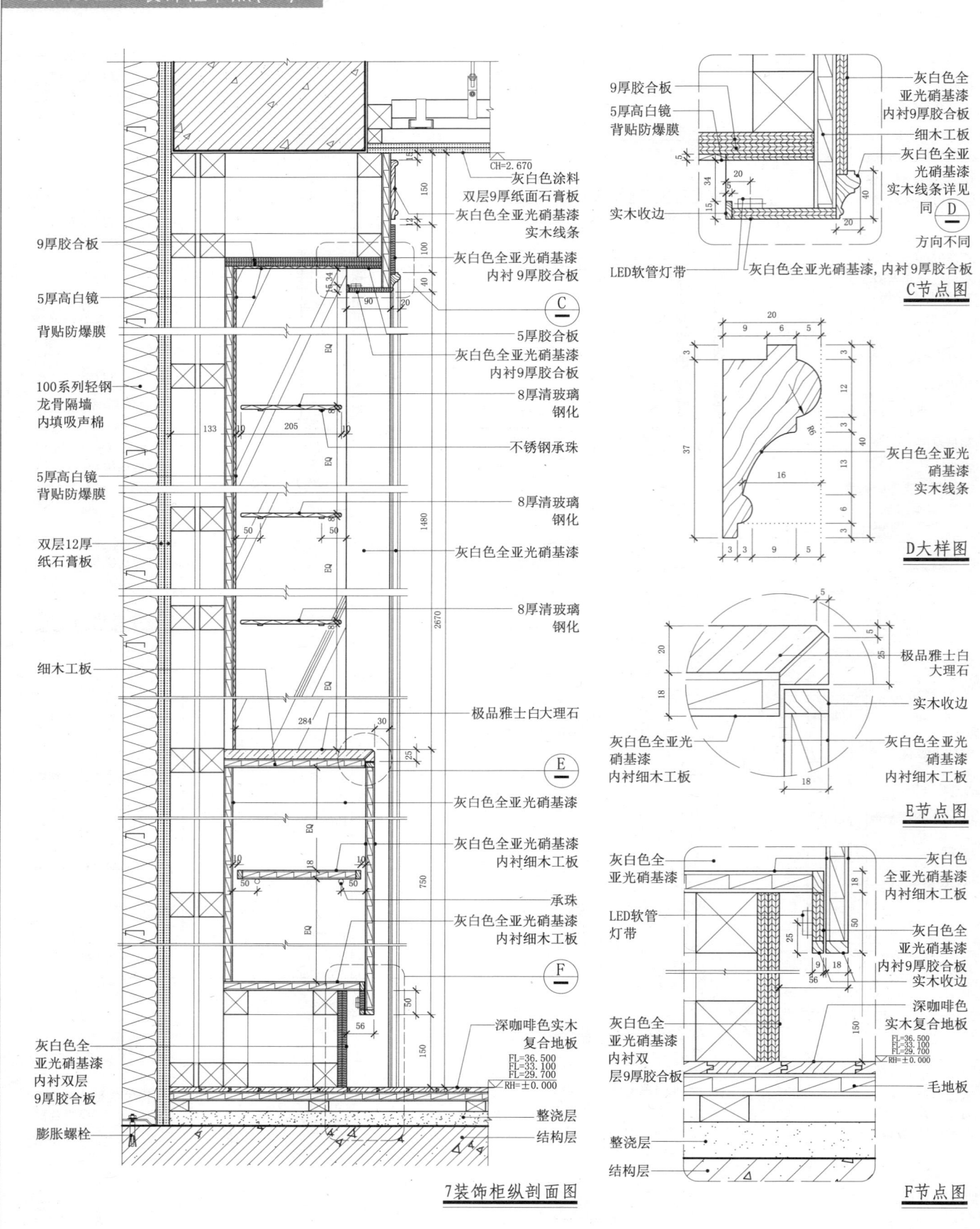

26.18.21 迷你酒吧柜节点(一)

26.18 酒店豪华套房模式(二)

26 客房模式·室内设施

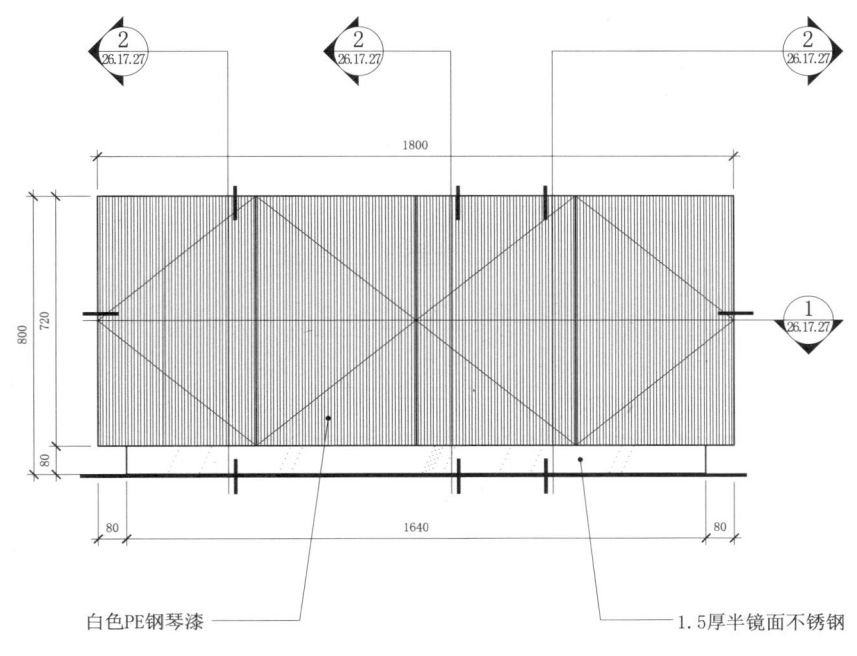

A 迷你酒吧柜正立面图

B 迷你酒吧柜侧立面图

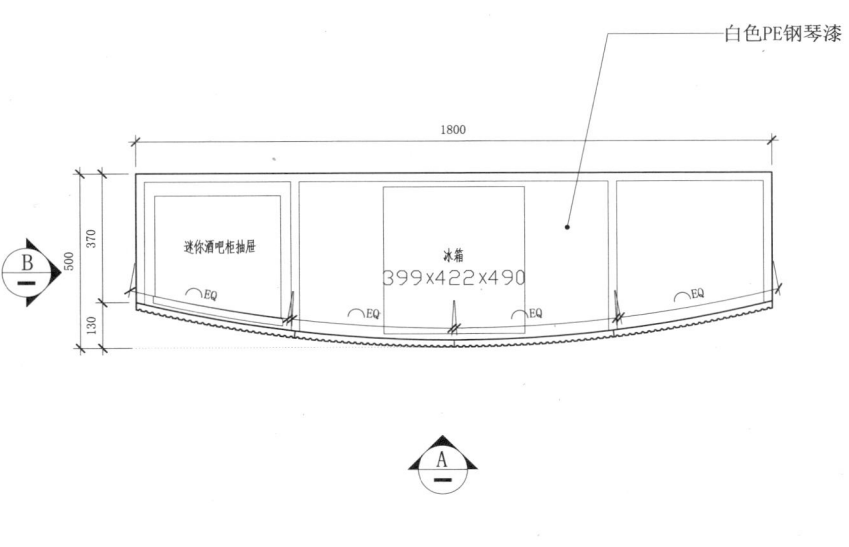

迷你酒吧柜平面图

26.18 酒店豪华套房模式（二）

26.18.22 迷你酒吧柜节点（二）

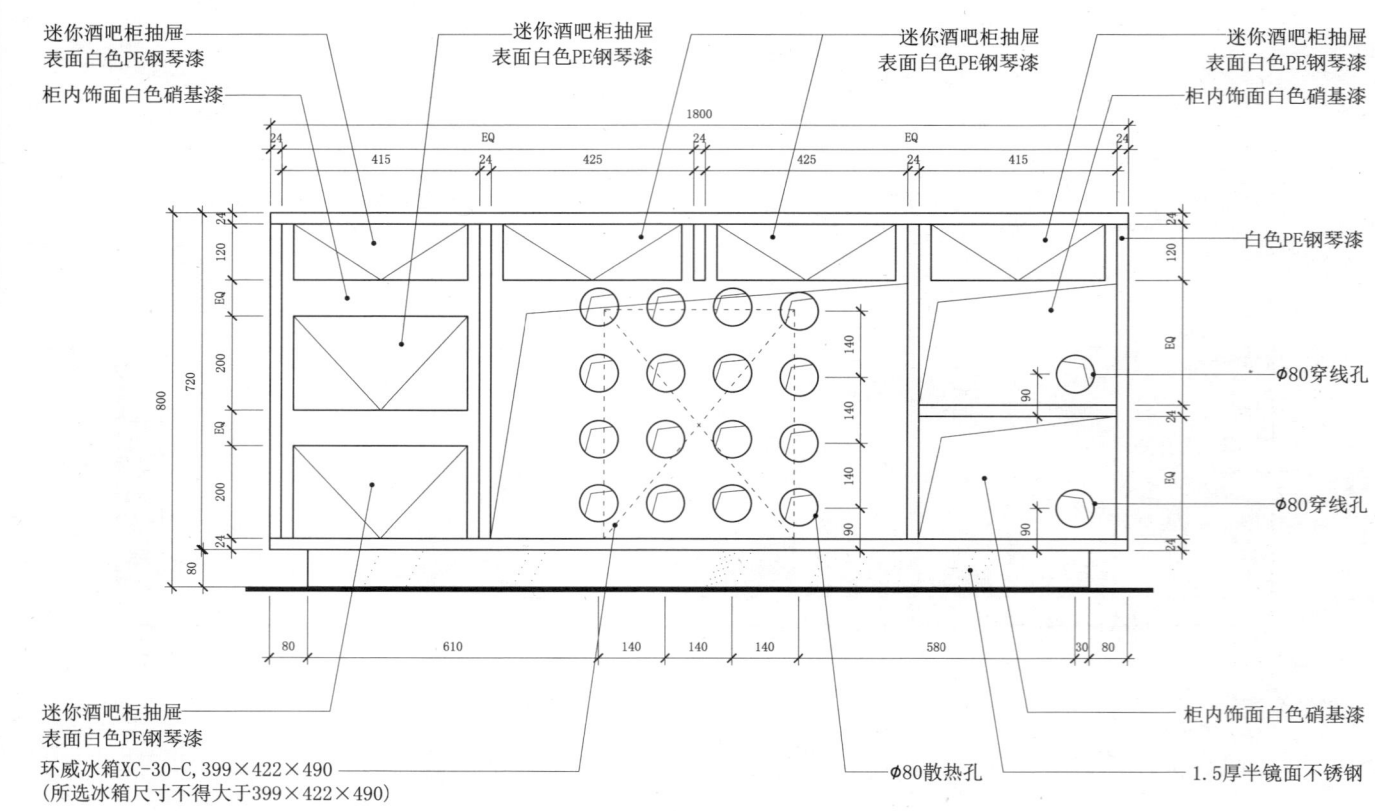

迷你酒吧柜内立面图

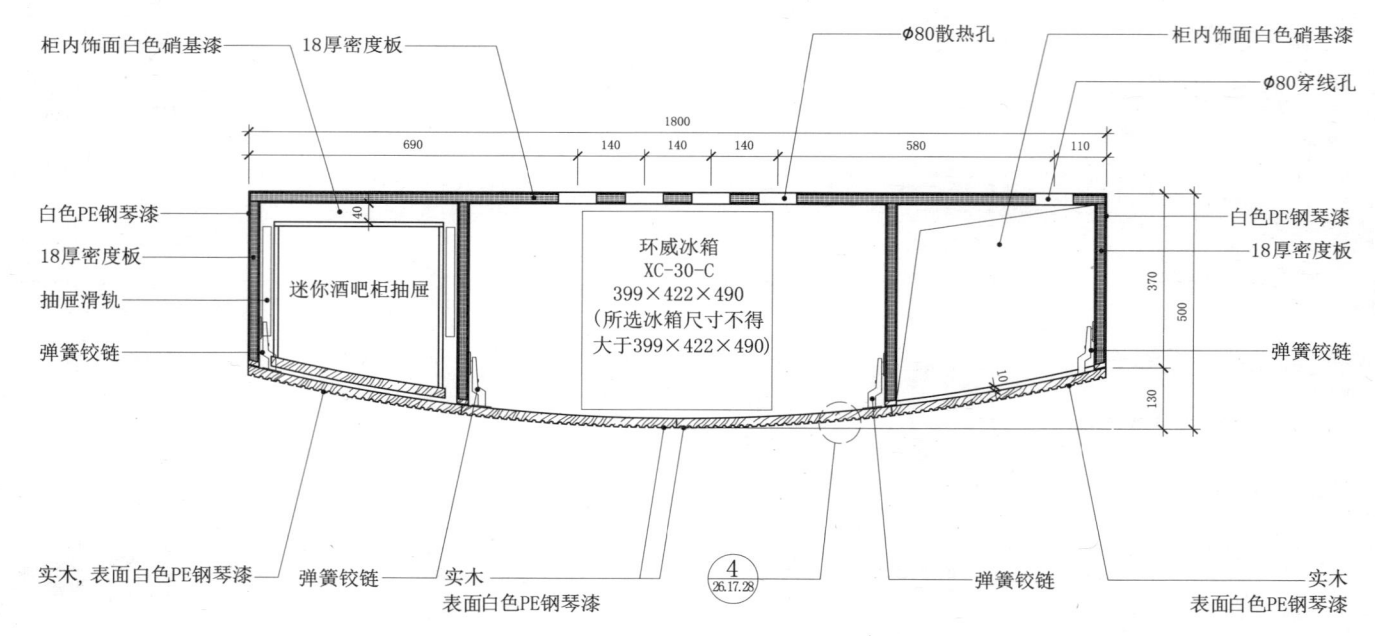

1 节点图

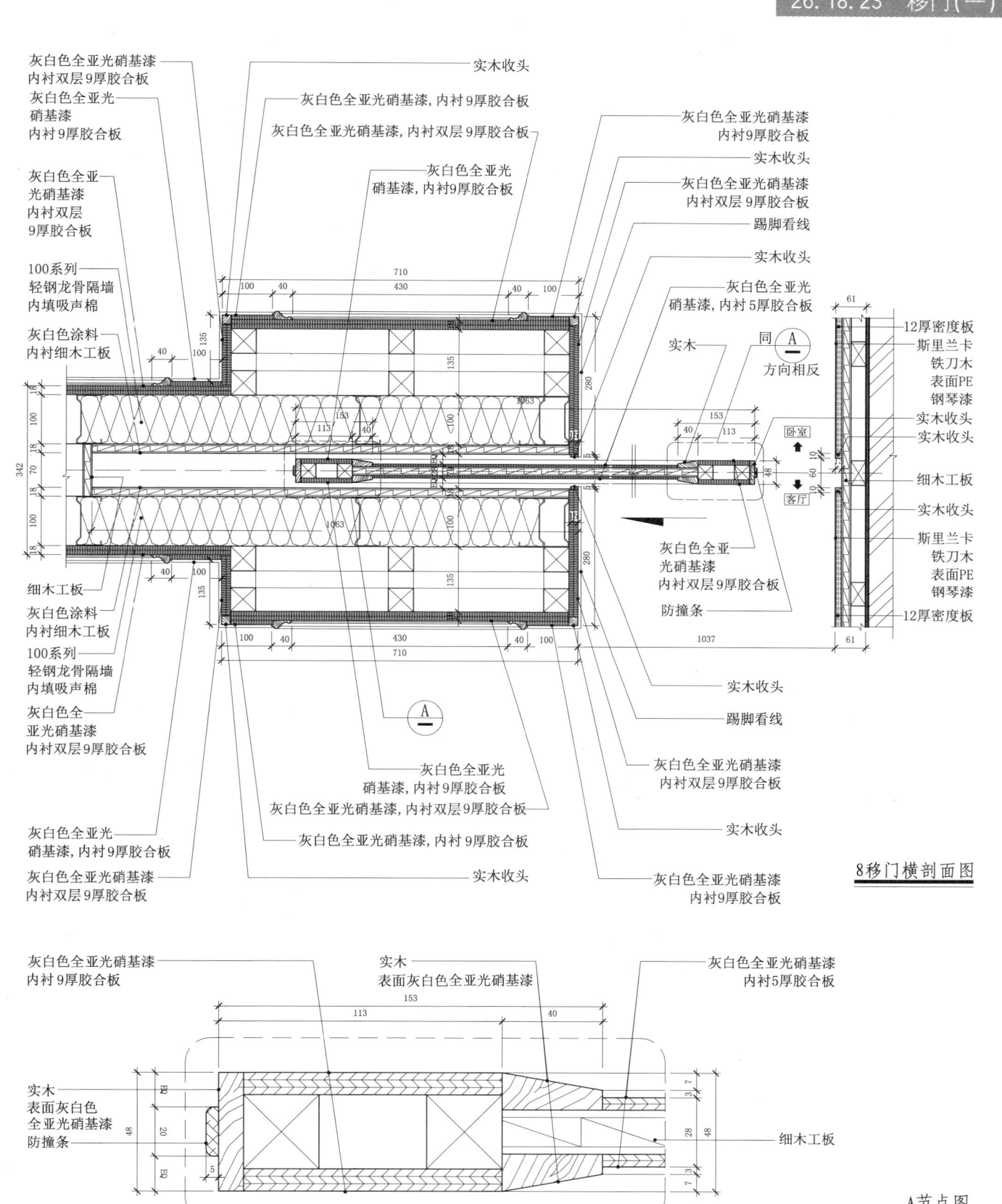

26.18 酒店豪华套房模式（二）

26.18.24 移门（二）

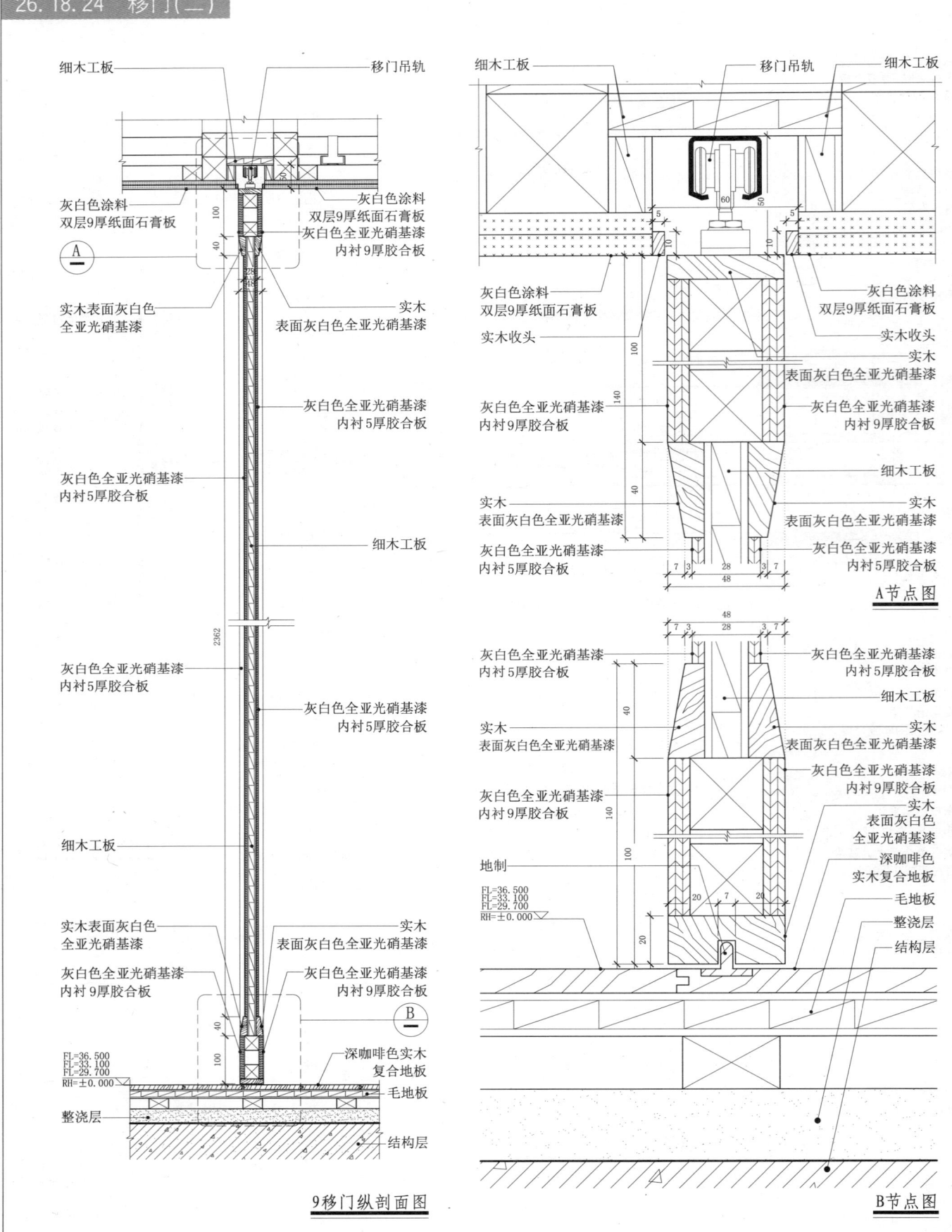

26.18.25 床头柜节点(一)

26.18 酒店豪华套房模式(二)

26 客房模式·门窗构造

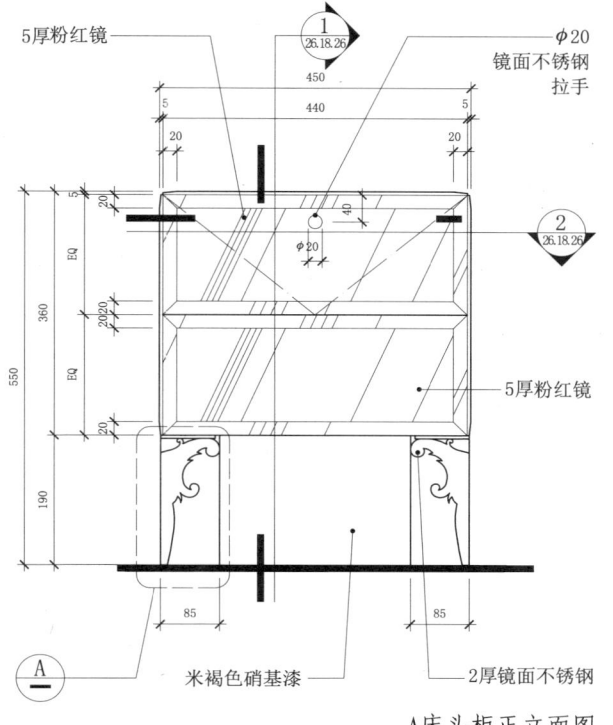

A 床头柜正立面图

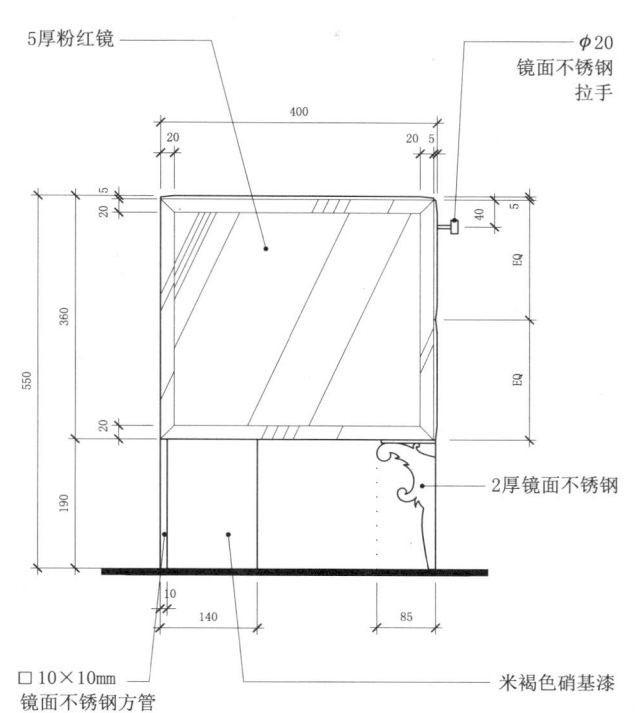

B 床头柜侧立面图

床头柜平面图

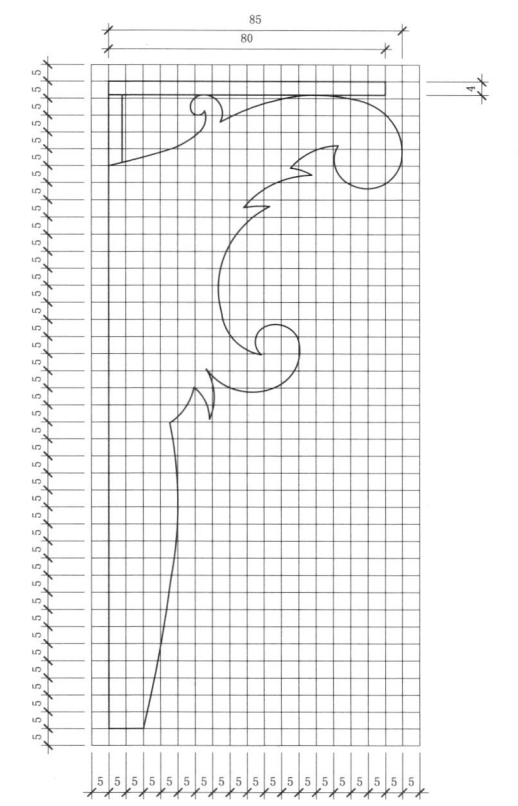

A 大样图

26.18 酒店豪华套房模式（二）

26.18.26 床头柜节点（二）

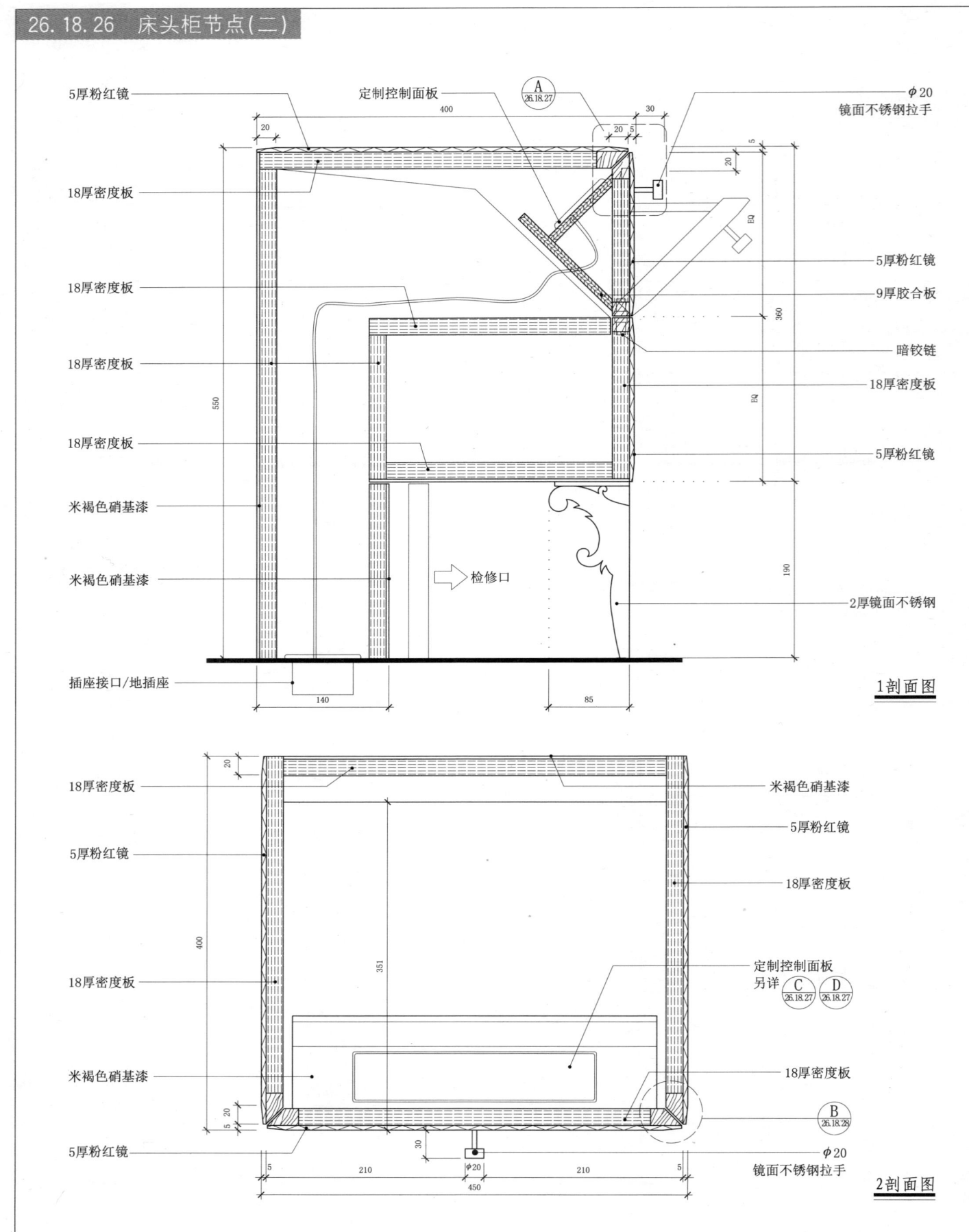

1剖面图

2剖面图

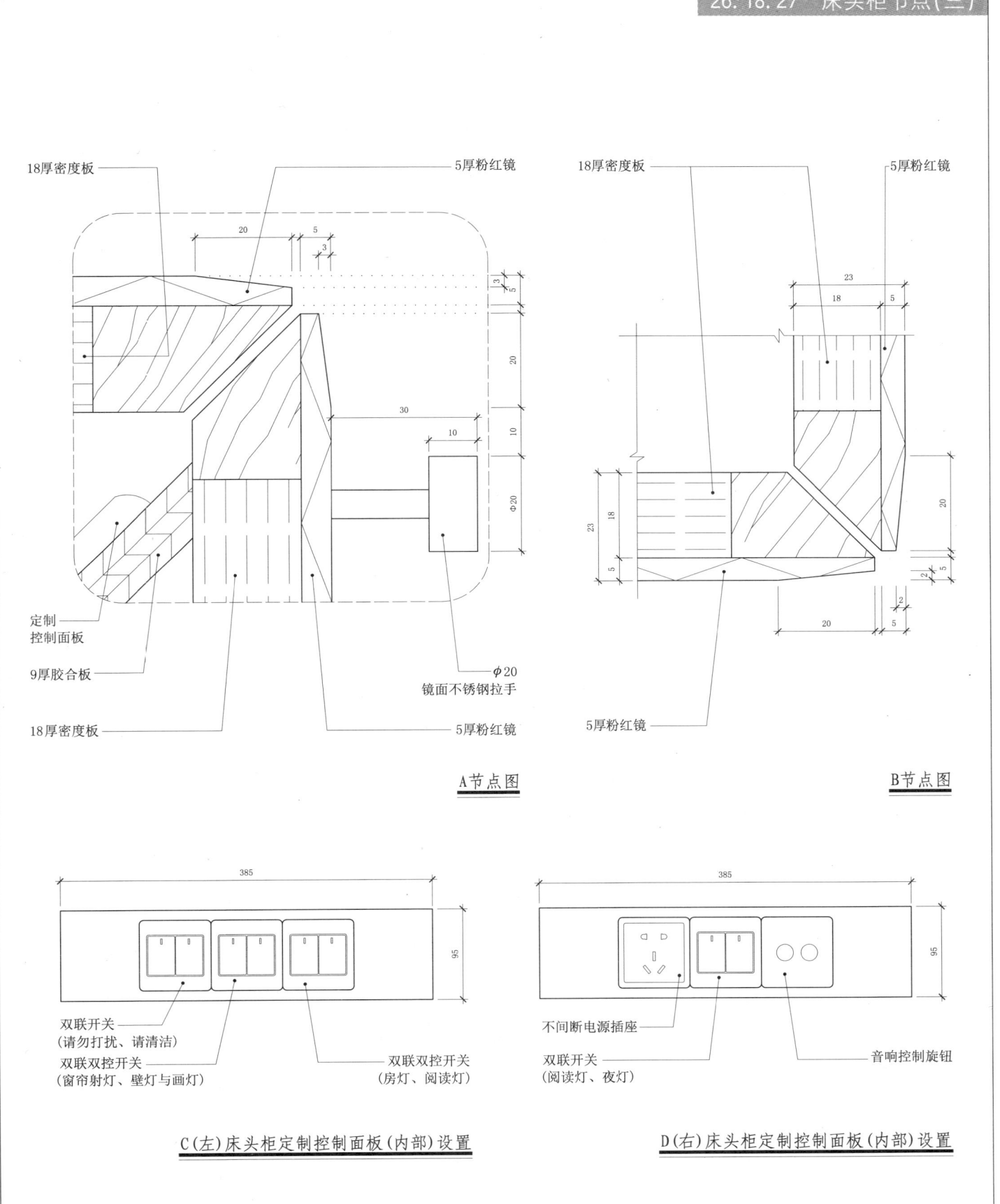

26.18 酒店豪华套房模式（二）

26.18.28 衣柜节点（一）

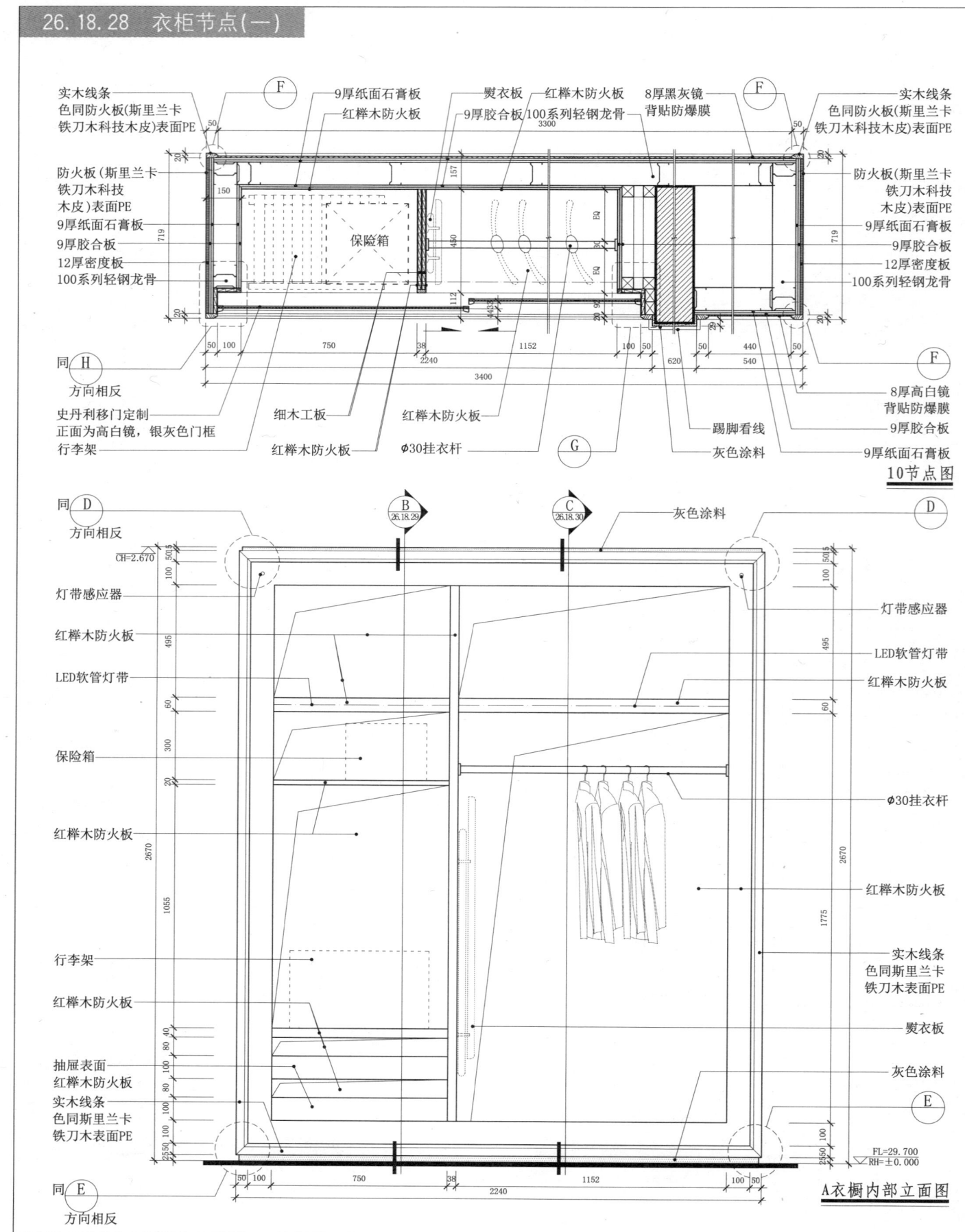

26.18 酒店豪华套房模式（二）

26.18.29 衣柜节点（二）

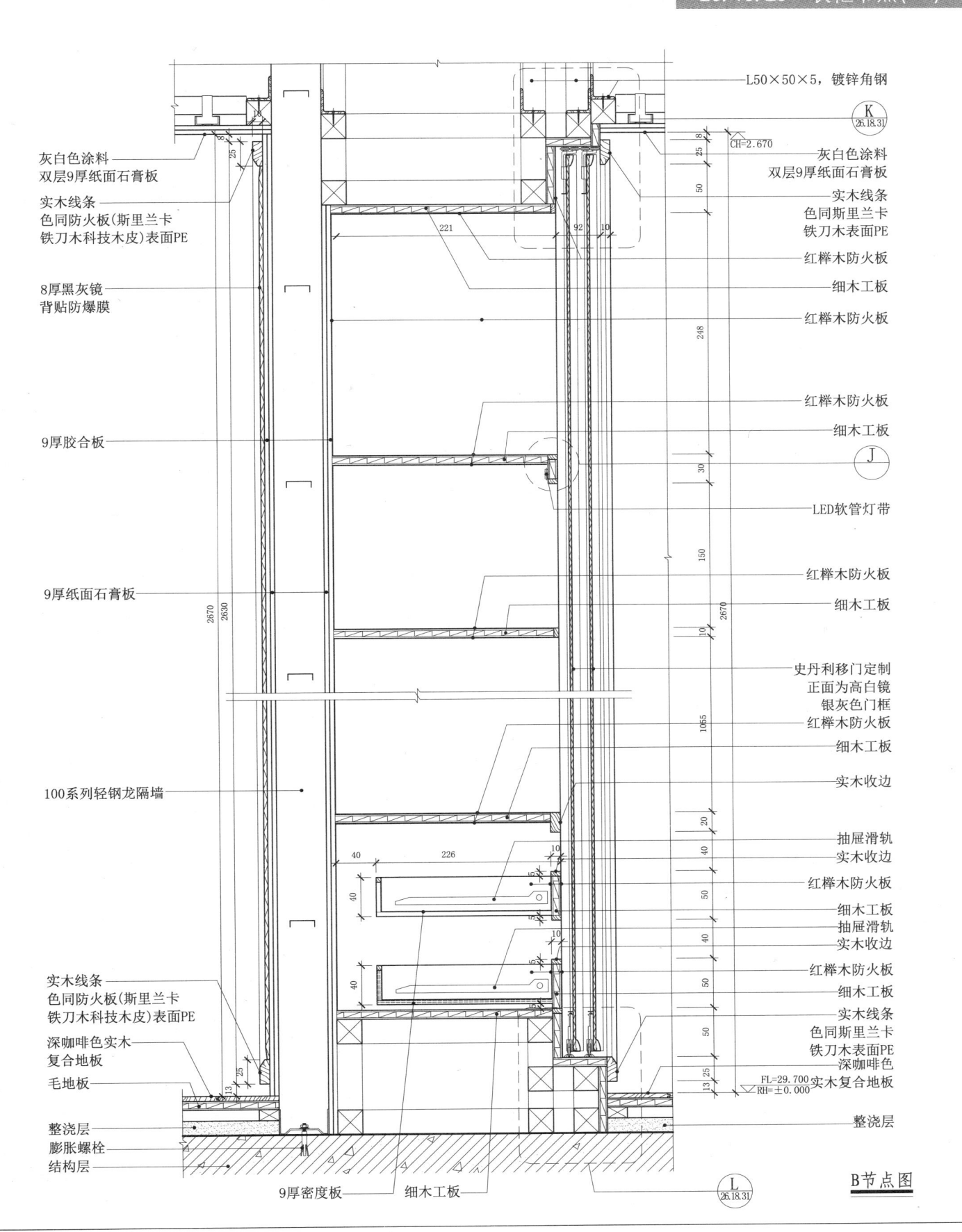

B节点图

26.18 酒店豪华套房模式（二）

26.18.30 衣柜节点（三）

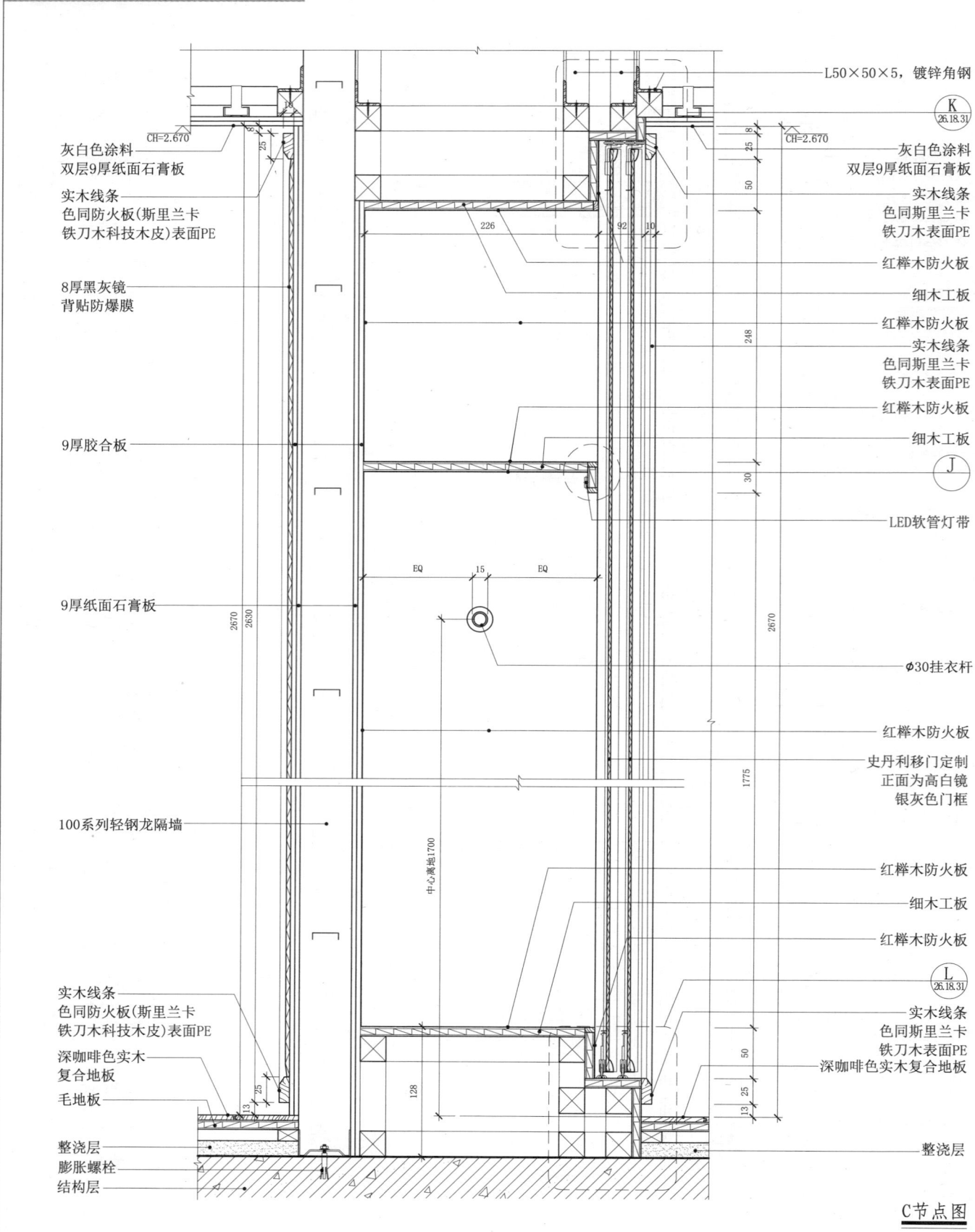

C节点图

26.18.31 衣柜节点(四)

26.18 酒店豪华套房模式(二)

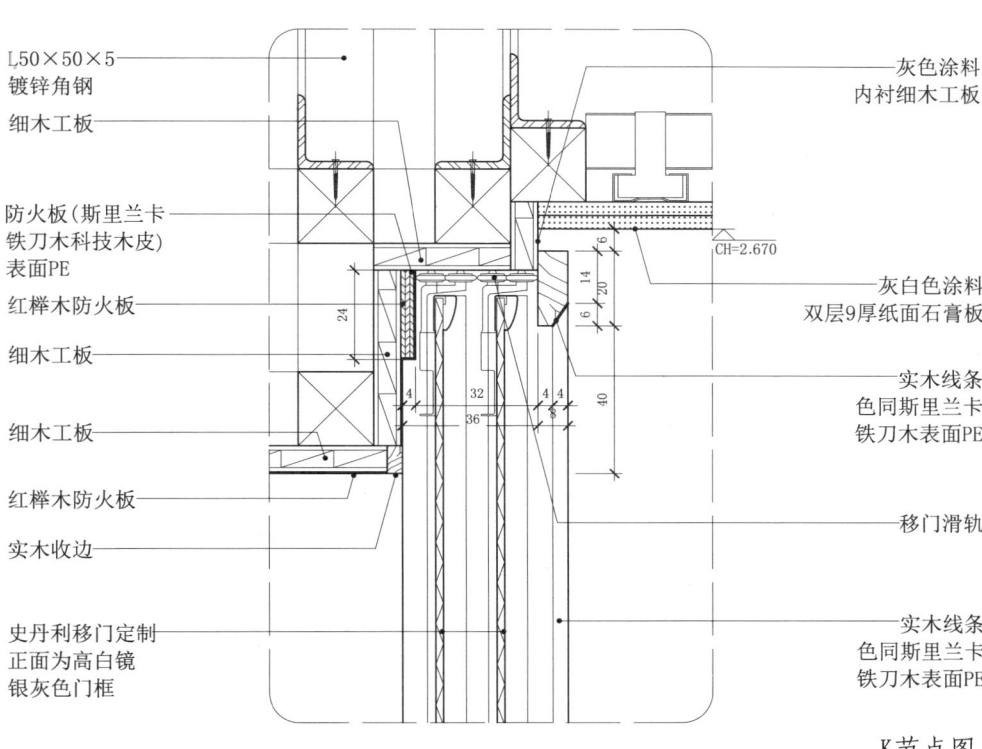

K 节 点 图

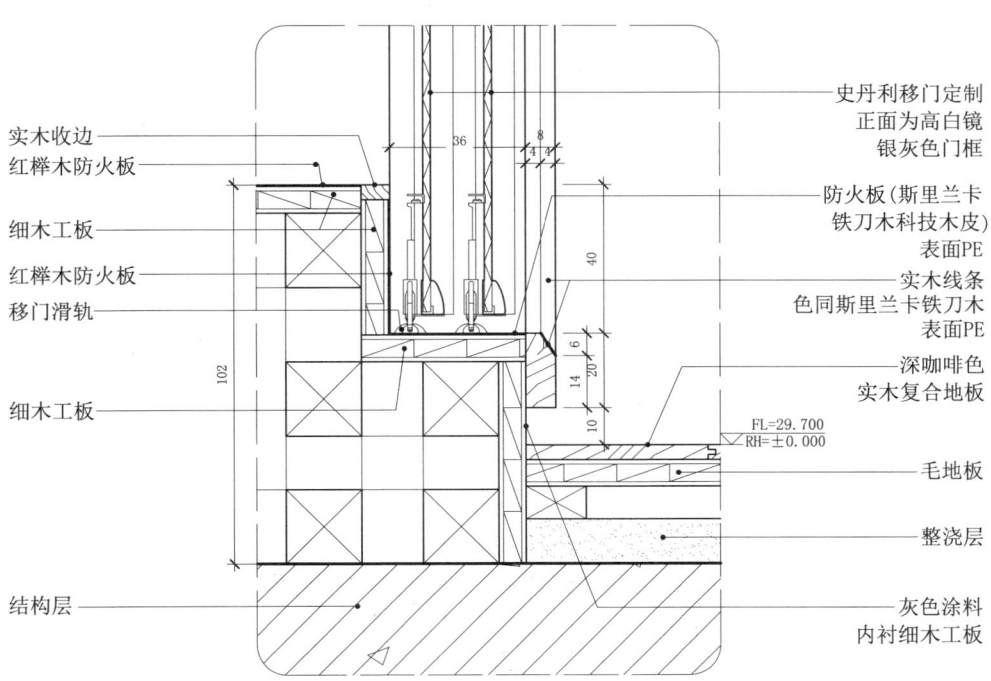

L 节 点 图

26.19 酒店豪华套房模式（三）

26.19.1 平面图

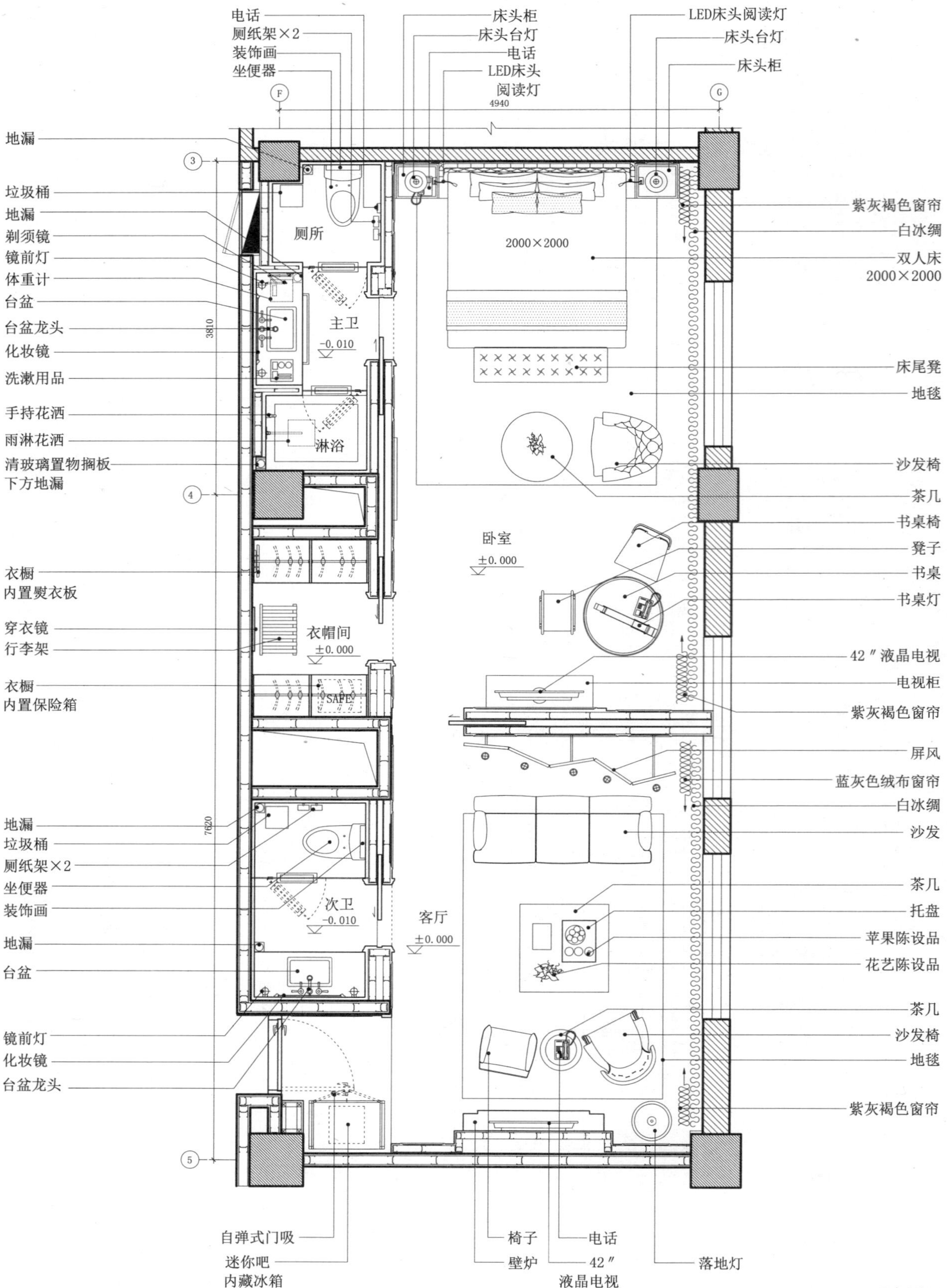

平面布置图

26.19 酒店豪华套房模式（三）

26.19.2 索引图

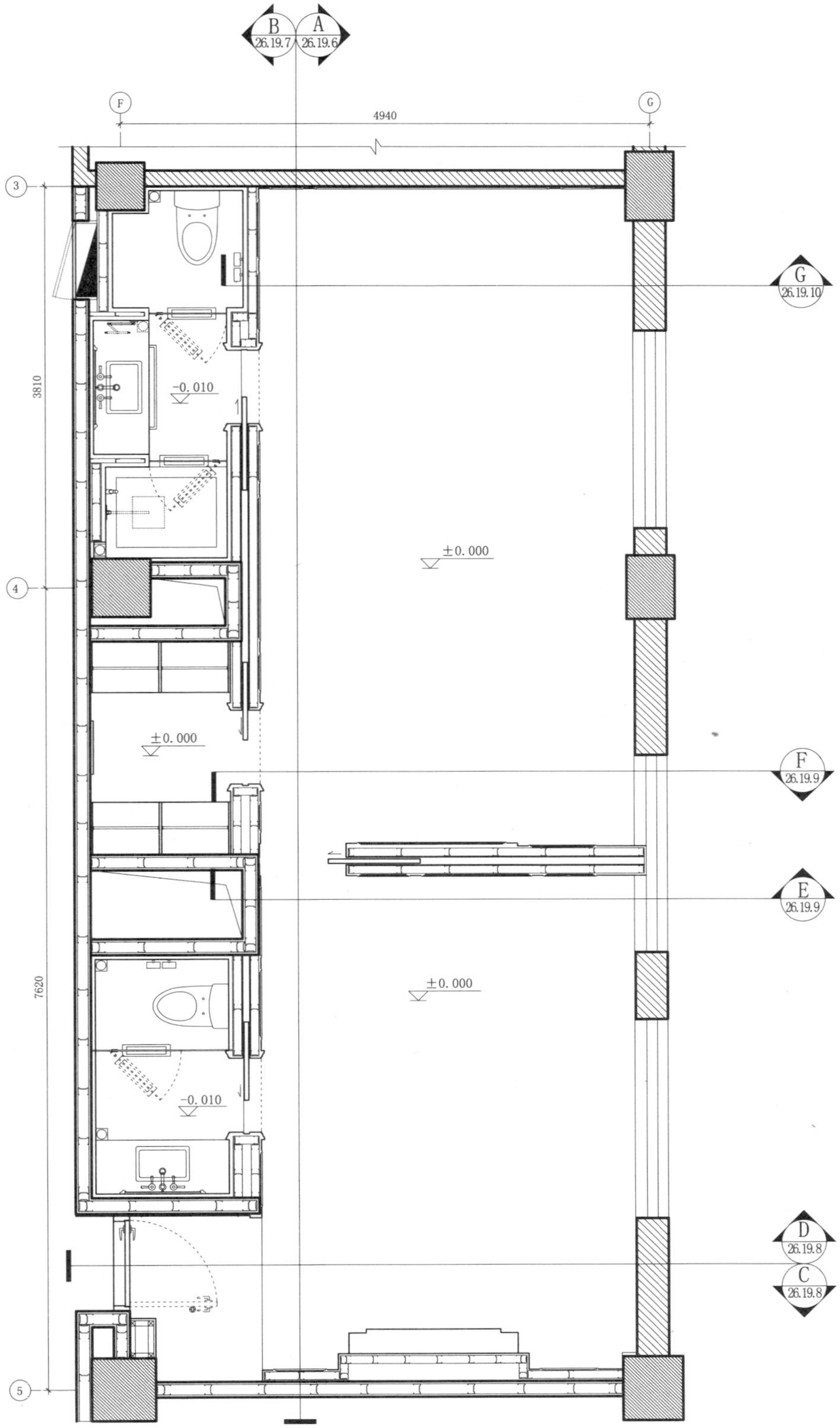

平面装修立面索引图

26.19 酒店豪华套房模式（三）

26.19.3 平顶图

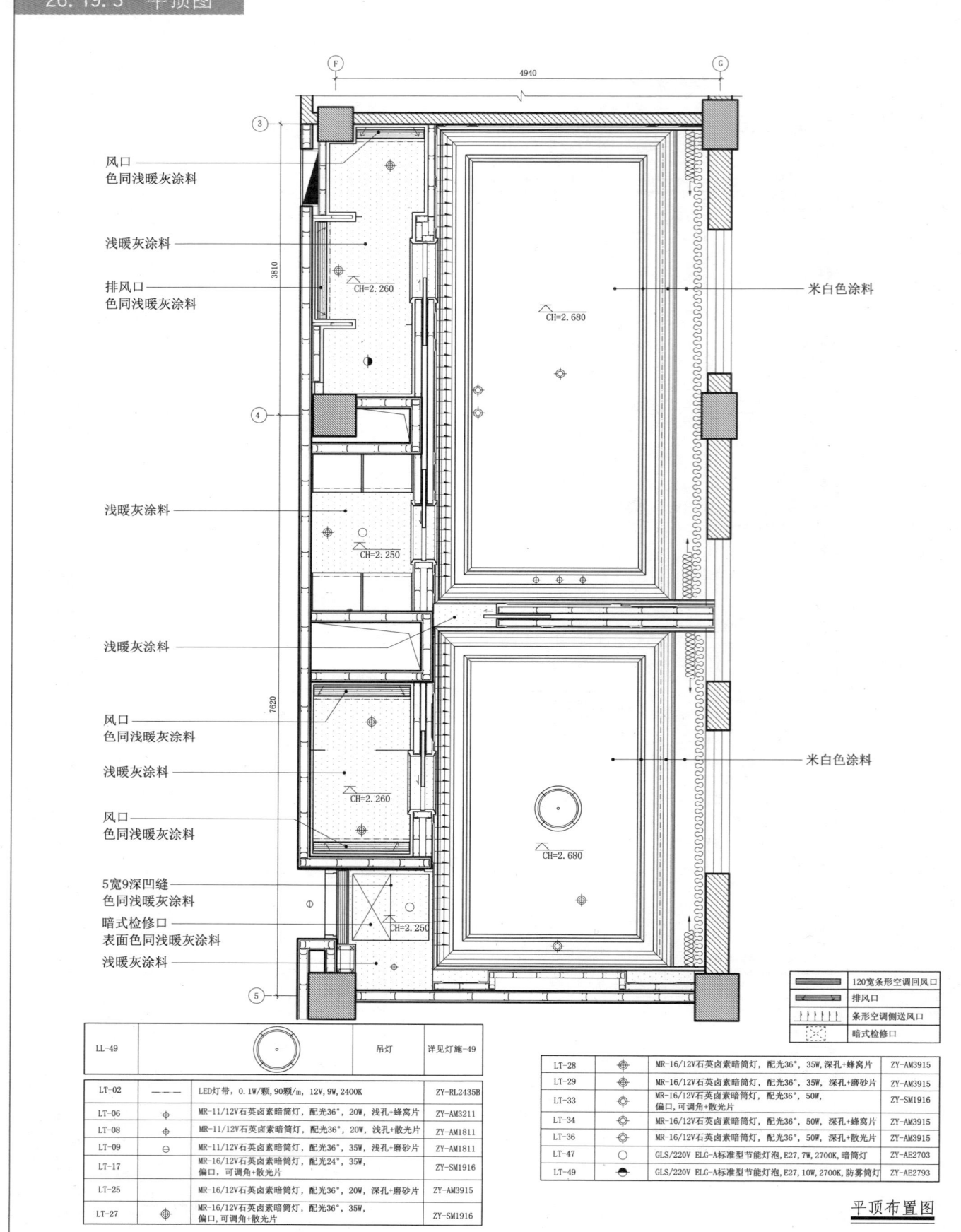

平顶布置图

26.19 酒店豪华套房模式（三）

26.19.4 配电图

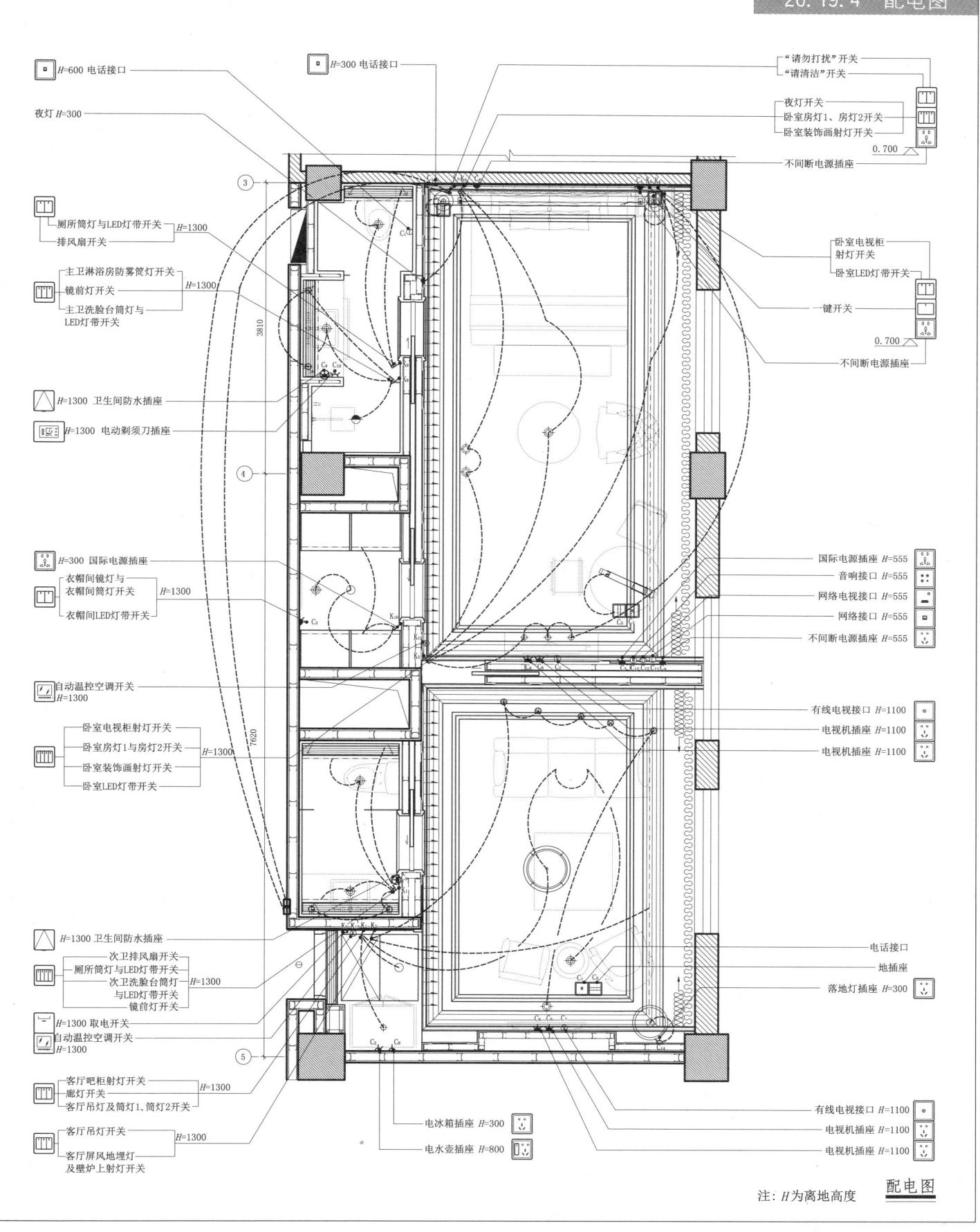

配电图

注：H为离地高度

26.19 酒店豪华套房模式（三）

26.19.5 配电图表

立面编号	名称	备注	平面图例	立面图例
K_0	取电开关			
K_1	三联开关	客厅吧柜射灯；廊灯；客厅吊灯及筒灯1、筒灯2		
K_2	二联开关	客厅LED灯带；客厅屏风地埋灯及壁炉上射灯		
K_3	四联开关	卧室电视柜射灯；卧室房灯1与房灯2；卧室装饰画射灯；卧室LED灯带		
K_4	双联开关	卧室电视柜射灯开关；卧室LED灯带		
K_5	单联开关	一键开关		
K_6	三联开关	夜灯；卧室房灯1、房灯2；卧室装饰画射灯		
K_7	双联开关	请勿打扰；请清洁		
K_8	三联开关	主卫淋浴房防雾筒灯；镜前灯；主卫洗脸台筒灯与LED灯带		
K_9	双联开关	厕所筒灯与LED灯带；排风扇		
K_{10}	双联开关	衣帽间镜灯与筒灯；衣帽间LED灯带		
K_{11}	四联开关	次卫排风扇；厕所筒灯与LED灯带；洗脸台筒灯与LED灯带；镜前灯		
K_{12}	自动温控空调开关	空调调温		
C_1	电话接口	单孔		
C_2	电水壶插座	3×2扁眼插座(带开关)		
C_3	国际电源插座	多功能插座		
C_4	不间断电源插座	不间断电源插座		
C_5	地插座	地插座		
C_6	电视机插座	3×2扁眼插座		
C_7	有线电视接口	专用		
C_8	电冰箱插座	不间断电源插座		
C_9	卫生间防水插座	3×2扁眼防水插座		
C_{10}	电动剃须刀插座	电动剃须刀 110V/220V插座		
C_{11}	网络接口	网络接口		
C_{12}	网络电视接口	网络电视接口		
C_{13}	音响接口	音响接口		
C_{14}	落地灯插座	3×2扁眼插座		

注：1. 配电图仅供业主与电气工程师参考，不作为施工最终依据。
2. 所有光源均按手控调光开关（卫生间除外）。
3. 图中所示开关插座面板高度均为开关插座面板下沿至地面高度。
4. 一键开关可控制除落地灯、夜灯、书桌台灯及LED阅读灯外的所有灯光。
5. 套房一键开关可控范围是否包括客厅部分由业主定。

* 图中顶棚所用纸面石膏板均为双层

26.19 酒店豪华套房模式（三）

26.19.6 立面图（一）

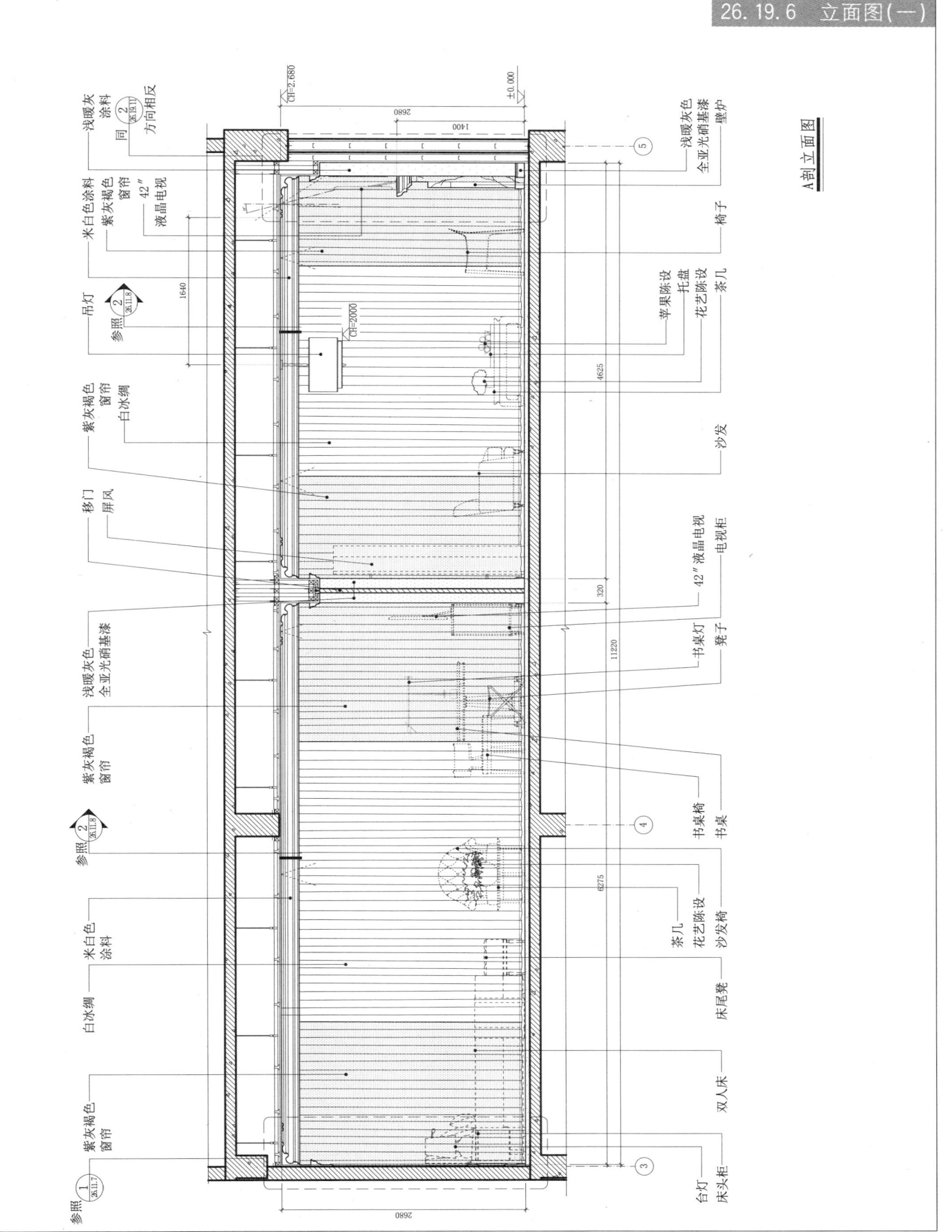

A剖立面图

26 客房模式

26.19 酒店豪华套房模式（三）

26.19.7 立面图（二）

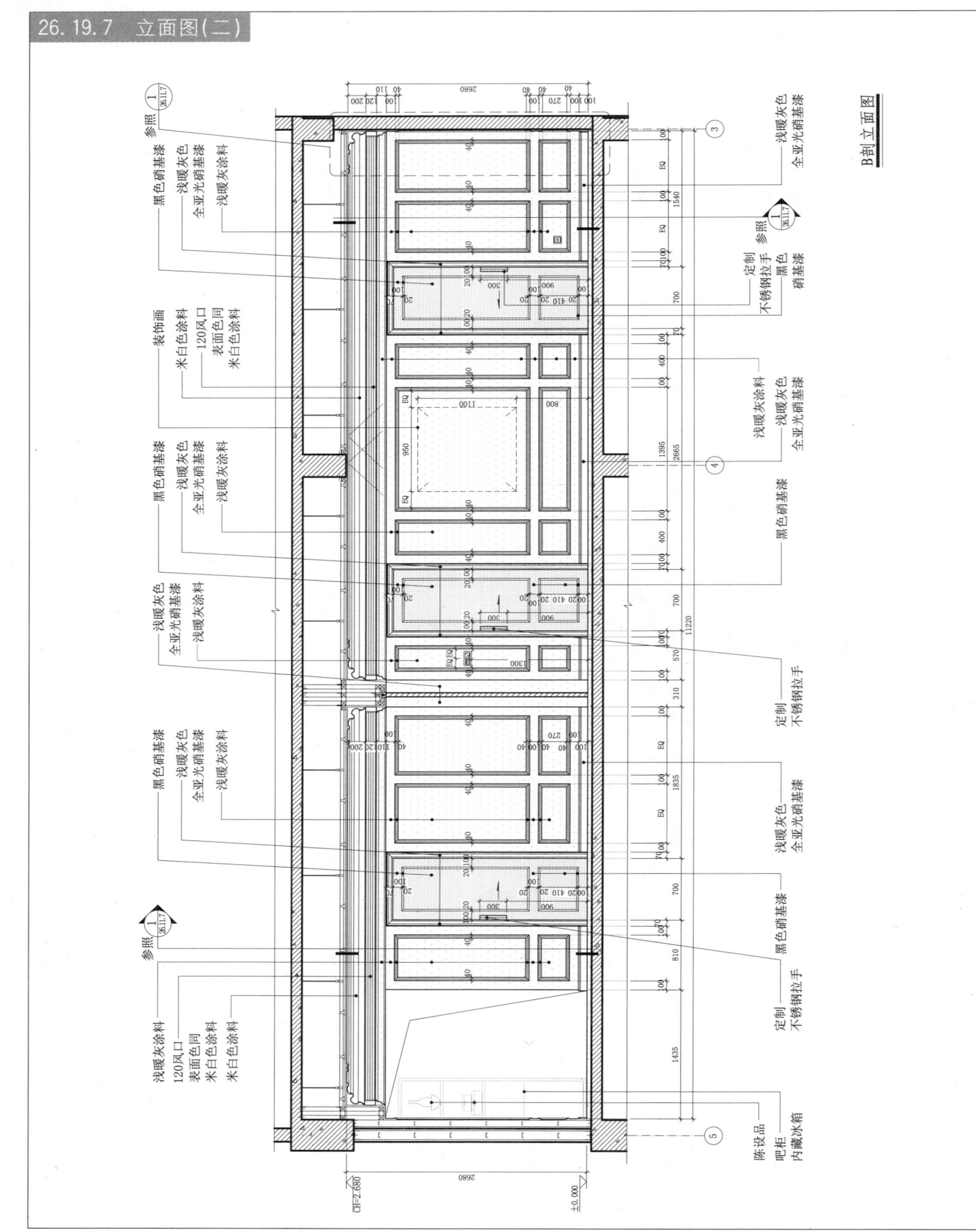

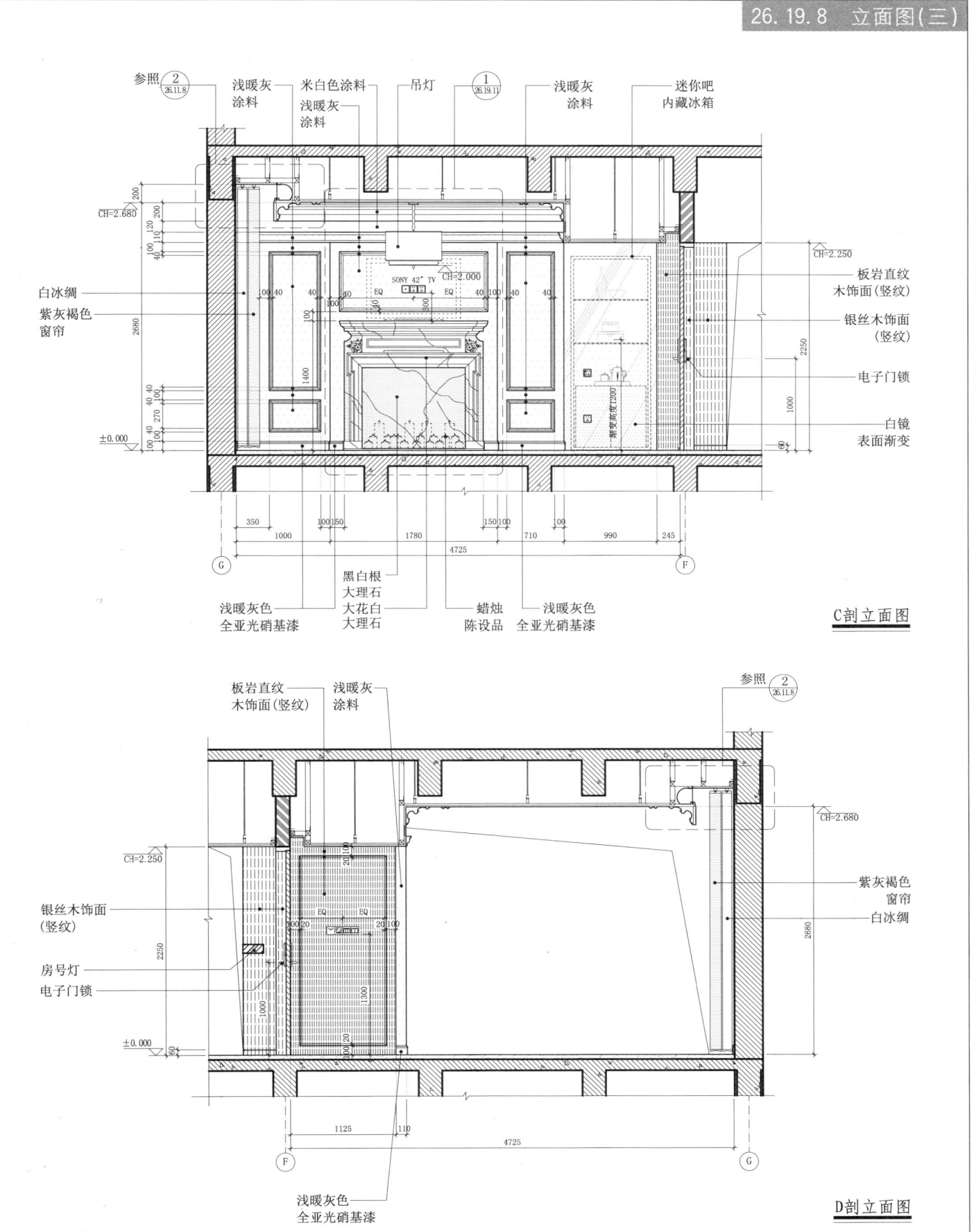

26.19.8 立面图(三)

26.19 酒店豪华套房模式(三)

C剖立面图

D剖立面图

26.19 酒店豪华套房模式（三）

26.19.9 立面图（四）

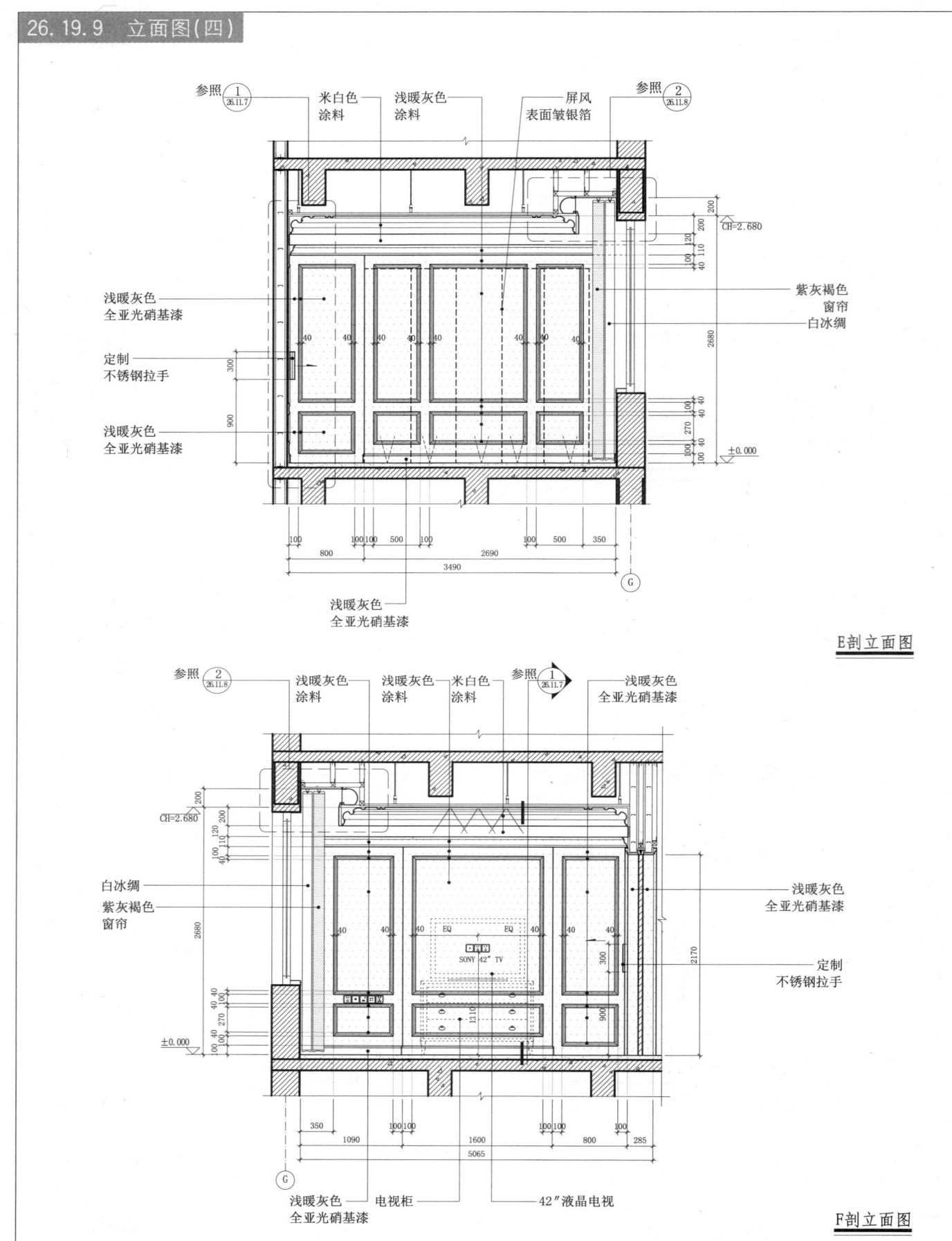

E剖立面图

F剖立面图

26.19.10 立面图(五) | 26.19 酒店豪华套房模式(三)

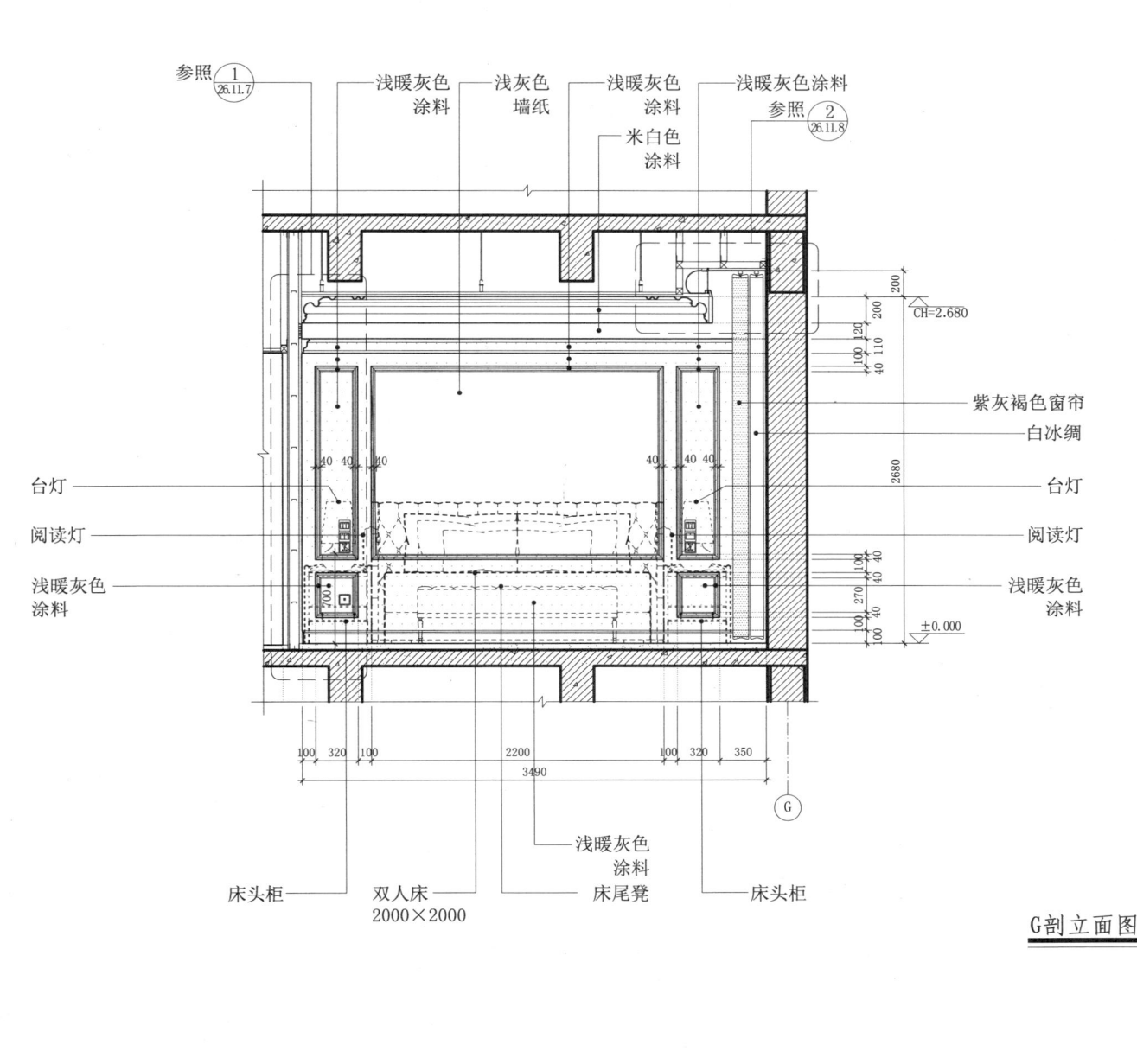

G剖立面图

26.19 酒店豪华套房模式（三）

26.19.11 壁炉节点

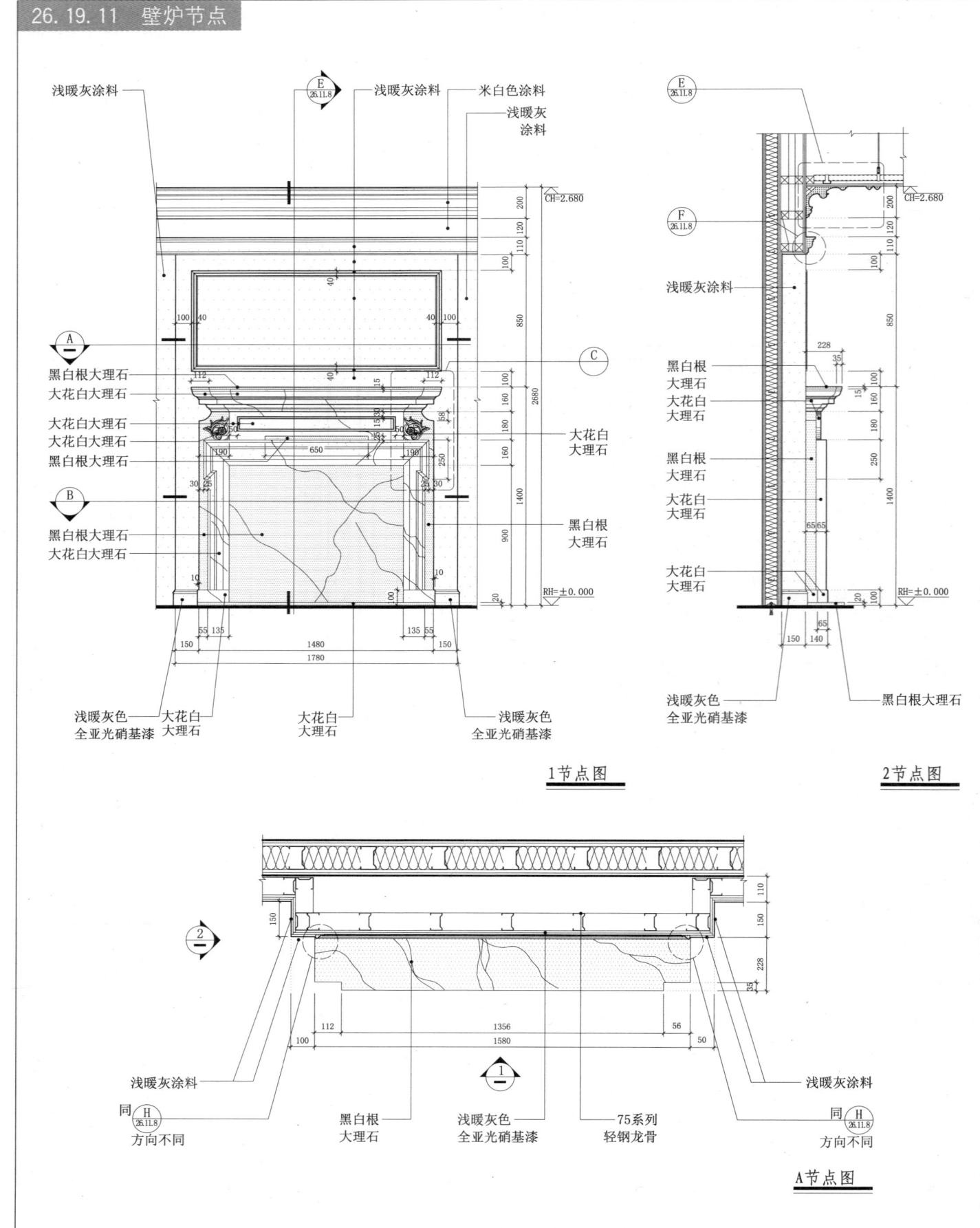

26.20 老饭店精品房模式（一）

26.20.1 平面图

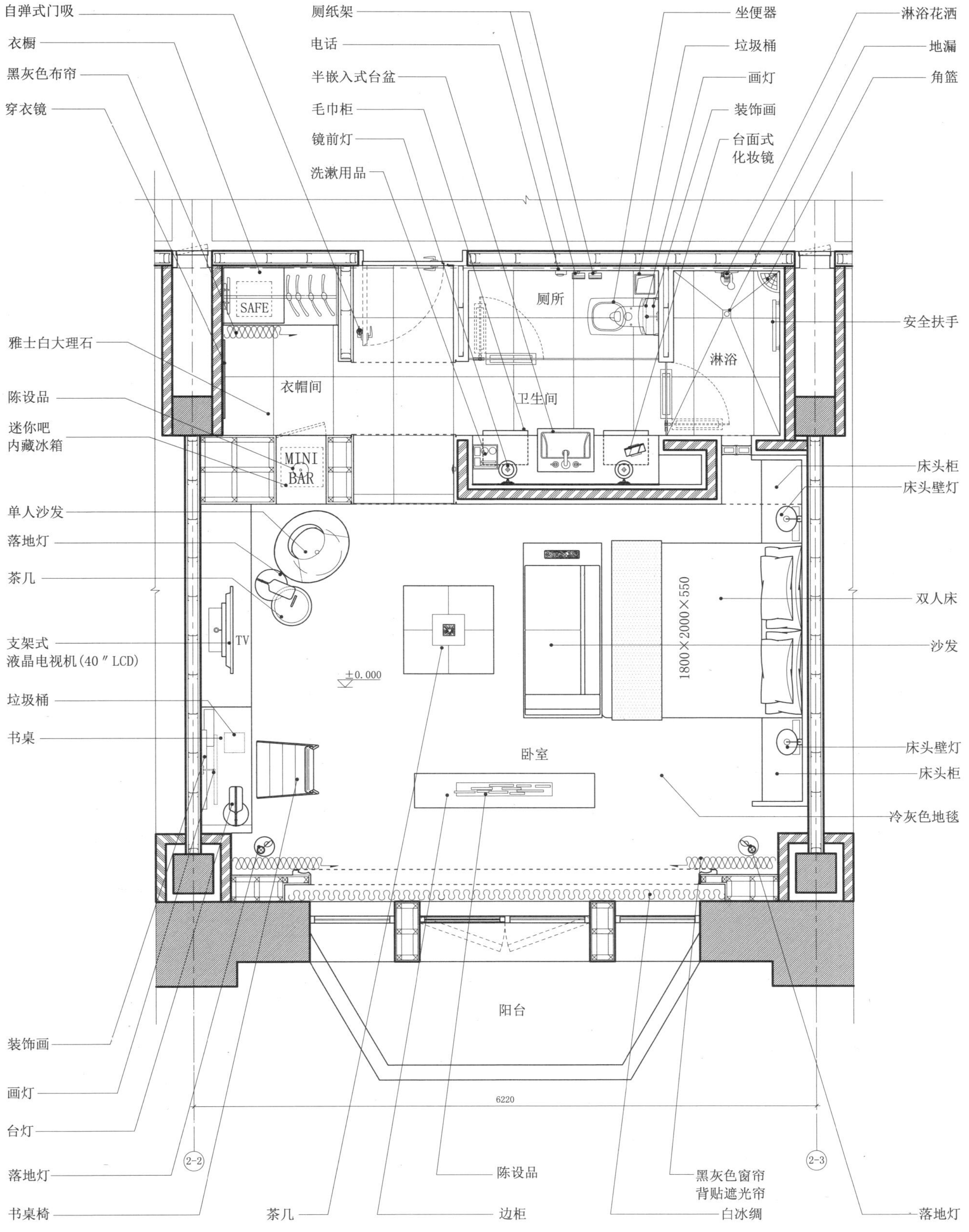

平面布置图

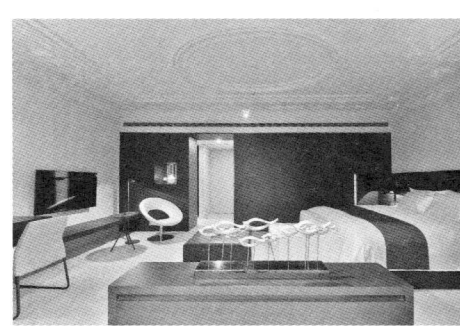

26 客房模式

26.20 老饭店精品房模式（一）

26.20.2 索引图

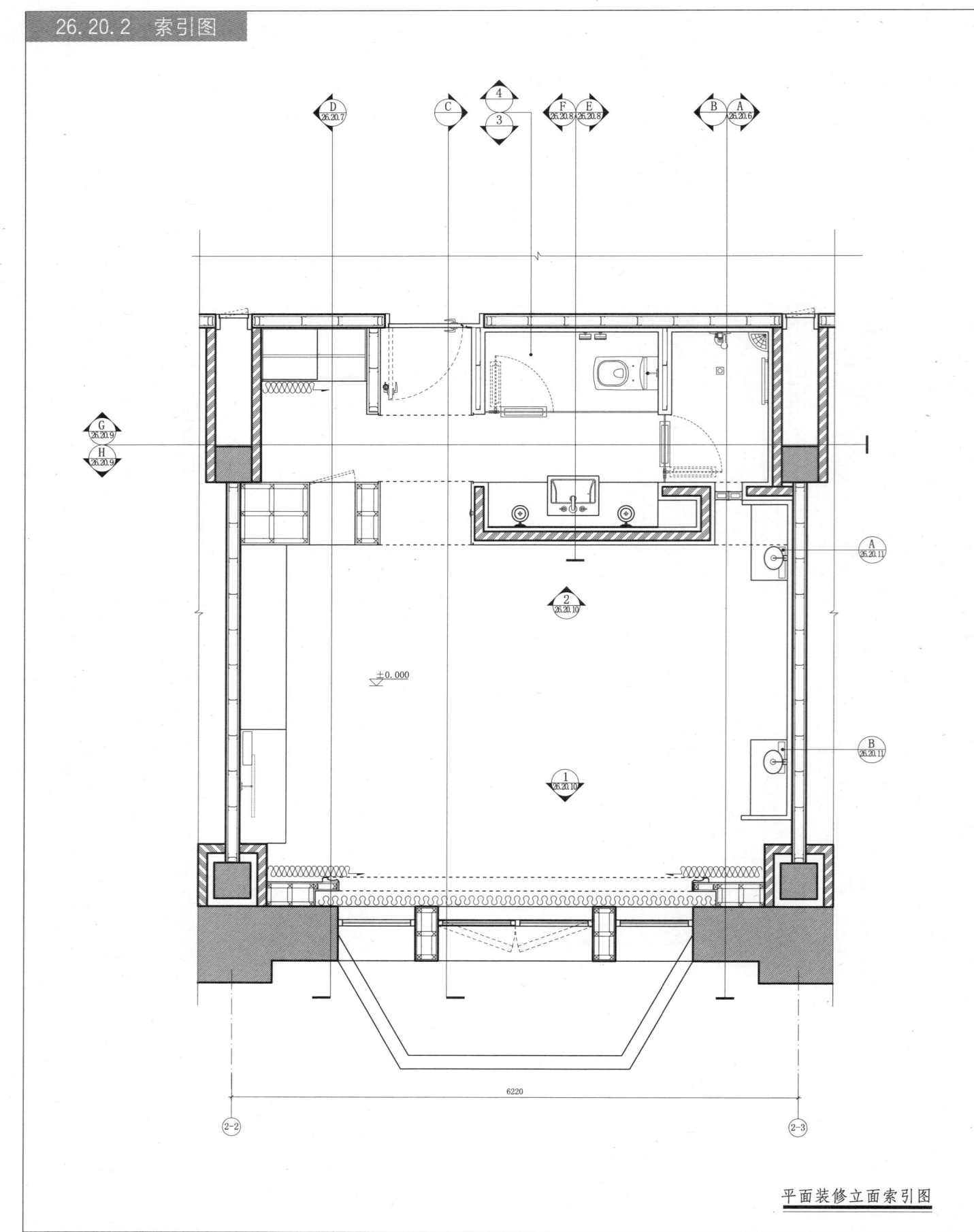

平面装修立面索引图

26.20 老饭店精品房模式（一）

26.20.3 平顶图

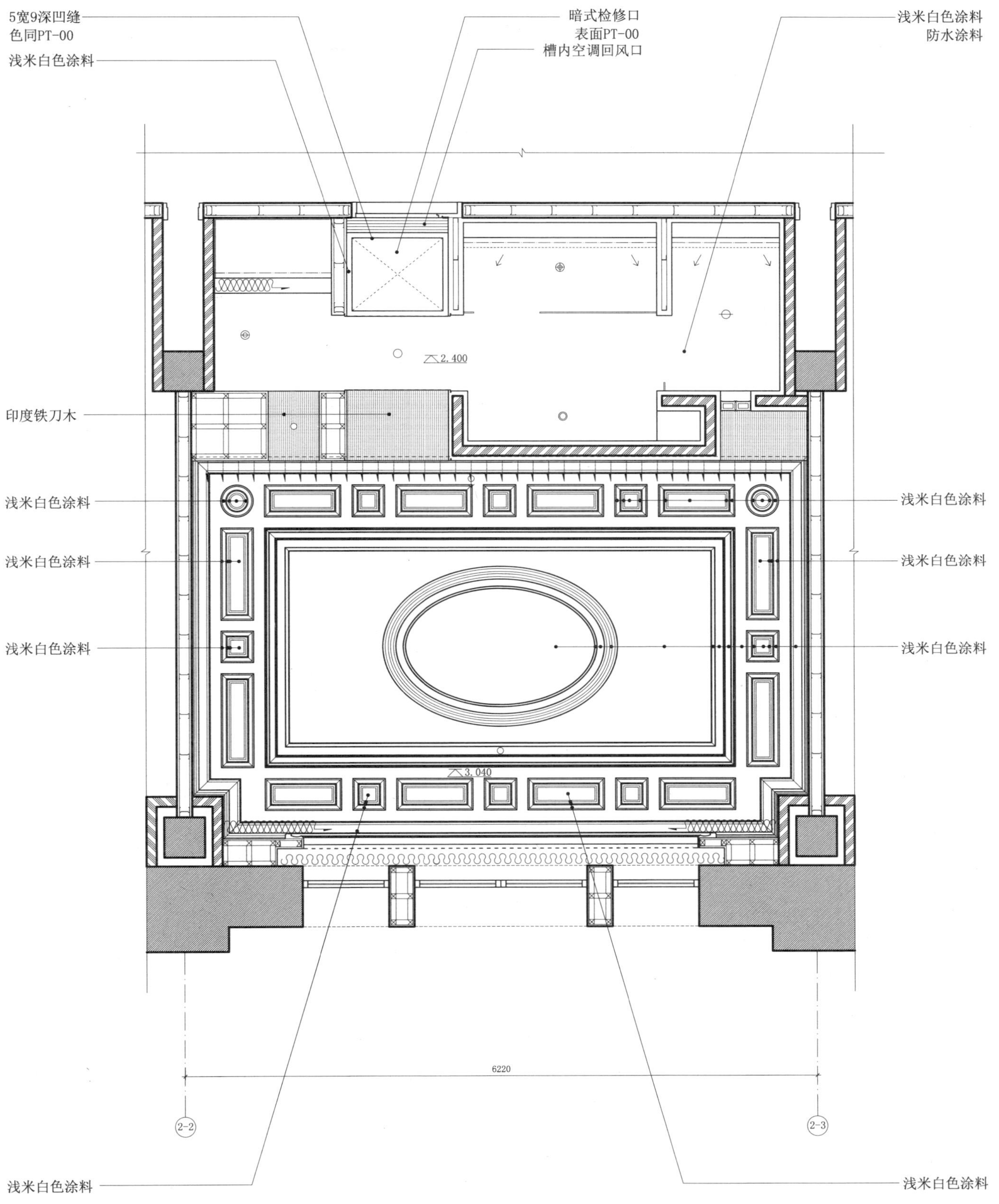

- 5宽9深凹缝 色同PT-00
- 浅米白色涂料
- 暗式检修口 表面PT-00
- 槽内空调回风口
- 浅米白色涂料 防水涂料
- 印度铁刀木
- 浅米白色涂料
- 浅米白色涂料
- 浅米白色涂料
- 浅米白色涂料
- 浅米白色涂料
- 浅米白色涂料
- 浅米白色涂料

平顶布置图

26 客房模式

26.20 老饭店精品房模式（一）

26.20.4 配电图

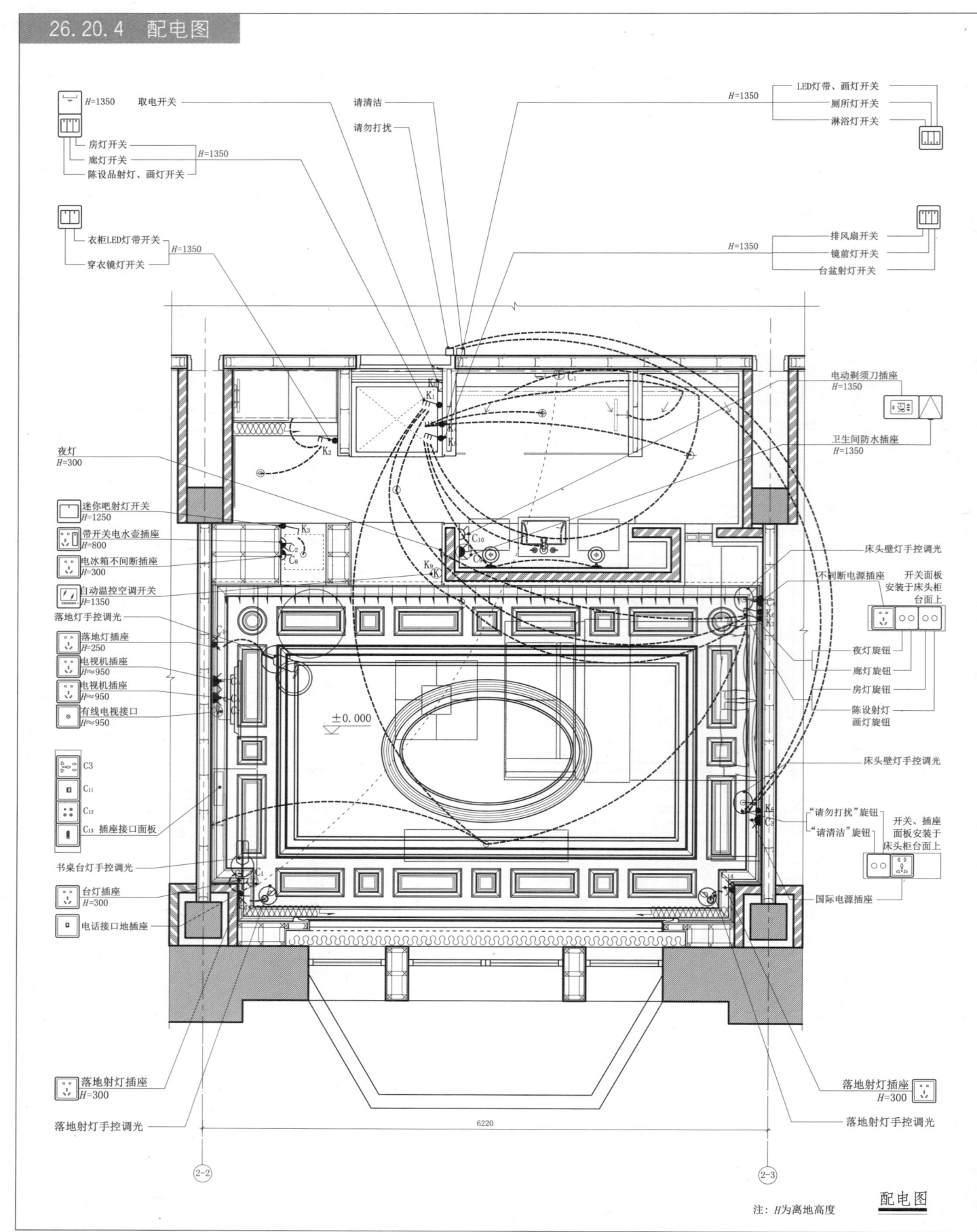

配电图

注：H 为离地高度

26.20 老饭店精品房模式（一）

26.20.5 配电图表

平面编号	名称	备注	平面图例	立面图例
K_0	取电开关			
K_1	三联双控开关	房灯、廊灯、陈设品射灯与画灯		
K_2	双联开关	衣柜LED灯带、穿衣镜灯		
K_3	单联开关	迷你吧射灯		
K_4	三联开关	LED灯带与画灯、厕所灯、淋浴灯		
K_5	三联开关	排风扇、镜前灯、台盆射灯		
K_6	双联双控旋钮	夜灯、廊灯		
K_7	双联双控旋钮	房灯、陈设射灯与画灯		
K_8	双联旋钮	请勿打扰、请清洁		
K_9	自动温控空调开关	空调调温		
C_1	电话接口	单孔		
C_2	带开关电水壶插座	3×2扁眼插座（带开关）		
C_3	国际电源插座	多功能插座		
C_4	不间断电源插座	不间断电源插座		
C_5	台灯插座	3×2扁眼插座		
C_6	电视机插座	3×2扁眼插座		
C_7	有线电视接口	专用		
C_8	不间断电冰箱插座	不间断电源插座		
C_9	卫生间插座	3×2扁眼防水插座		
C_{10}	电动剃须刀插座	电动剃须刀 110V/220V插座		
C_{11}	网络接口	网络接口		
C_{12}	音响接口	音响接口		
C_{13}	网络电视接口	网络电视接口		
C_{14}	落地灯插座	3×2扁眼插座		

注：1. 配电图仅供业主与电气工程师参考，不作为施工最终依据。
2. 所有光源均按手控调光开关（卫生间除外）。
3. 书桌上、床头柜上插座、开关面板由甲方定制，管理方确认。

配电图表

26 客房模式

26.20 老饭店精品房模式（一）

26.20.6 立面图（一）

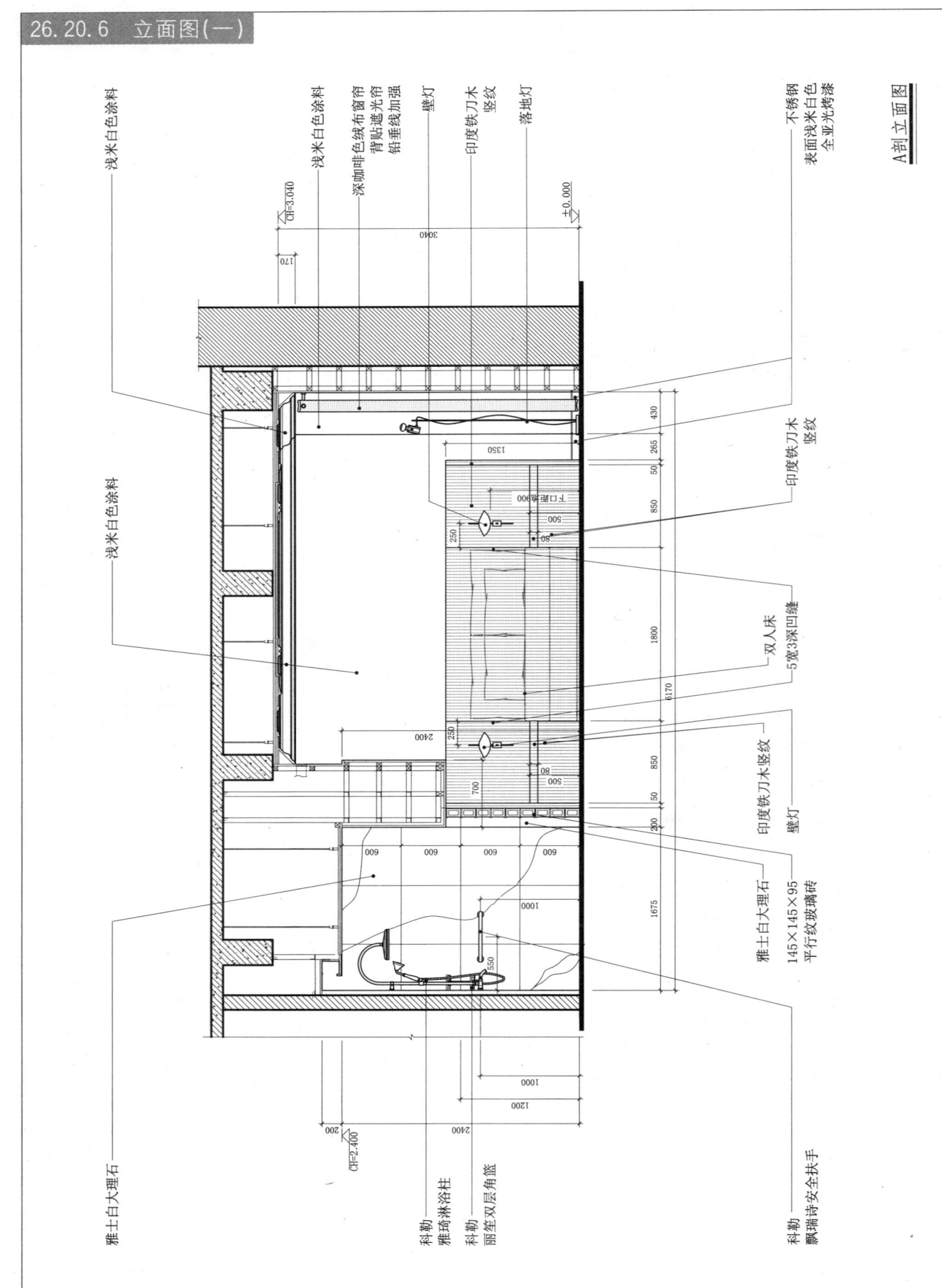

26.20 老饭店精品房模式（一）

26.20.7 立面图（二）

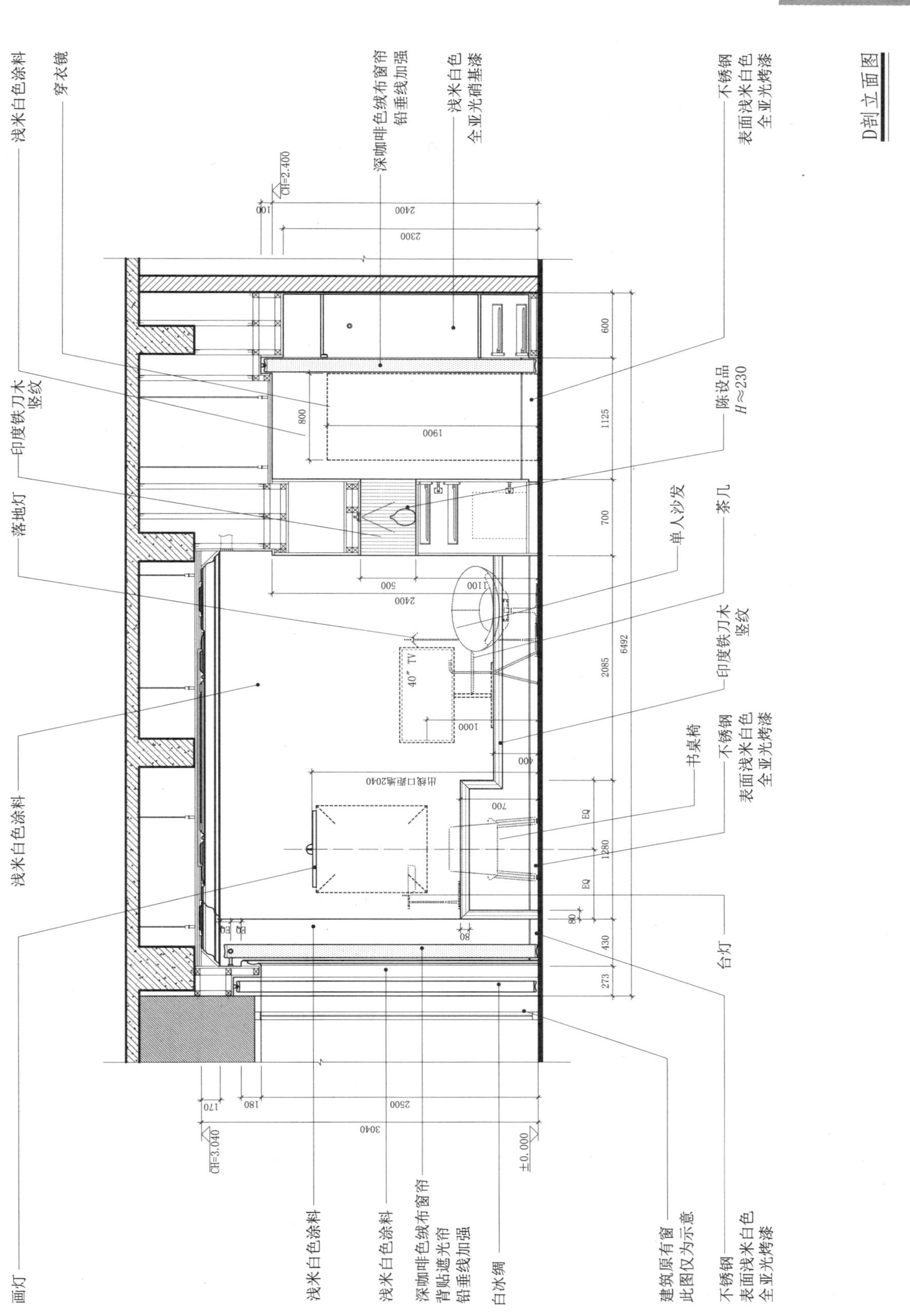

D剖立面图

26.20 老饭店精品房模式（一）

26.20.8 立面图（三）

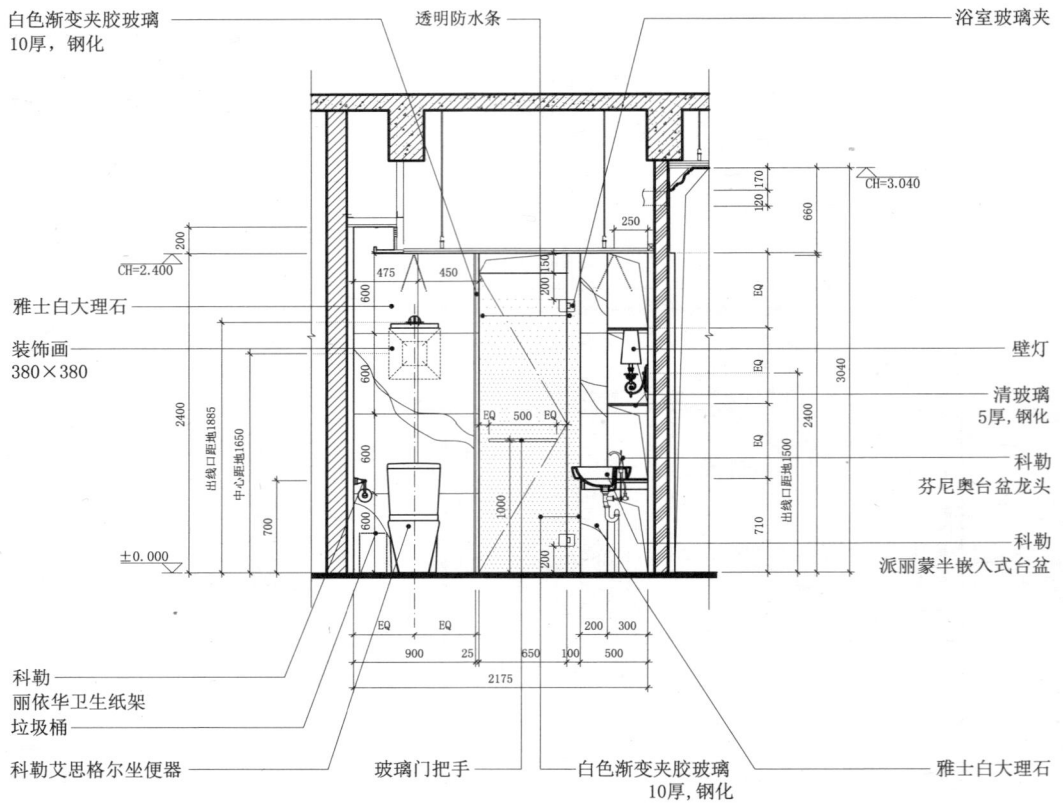

E 剖立面图

F 剖立面图

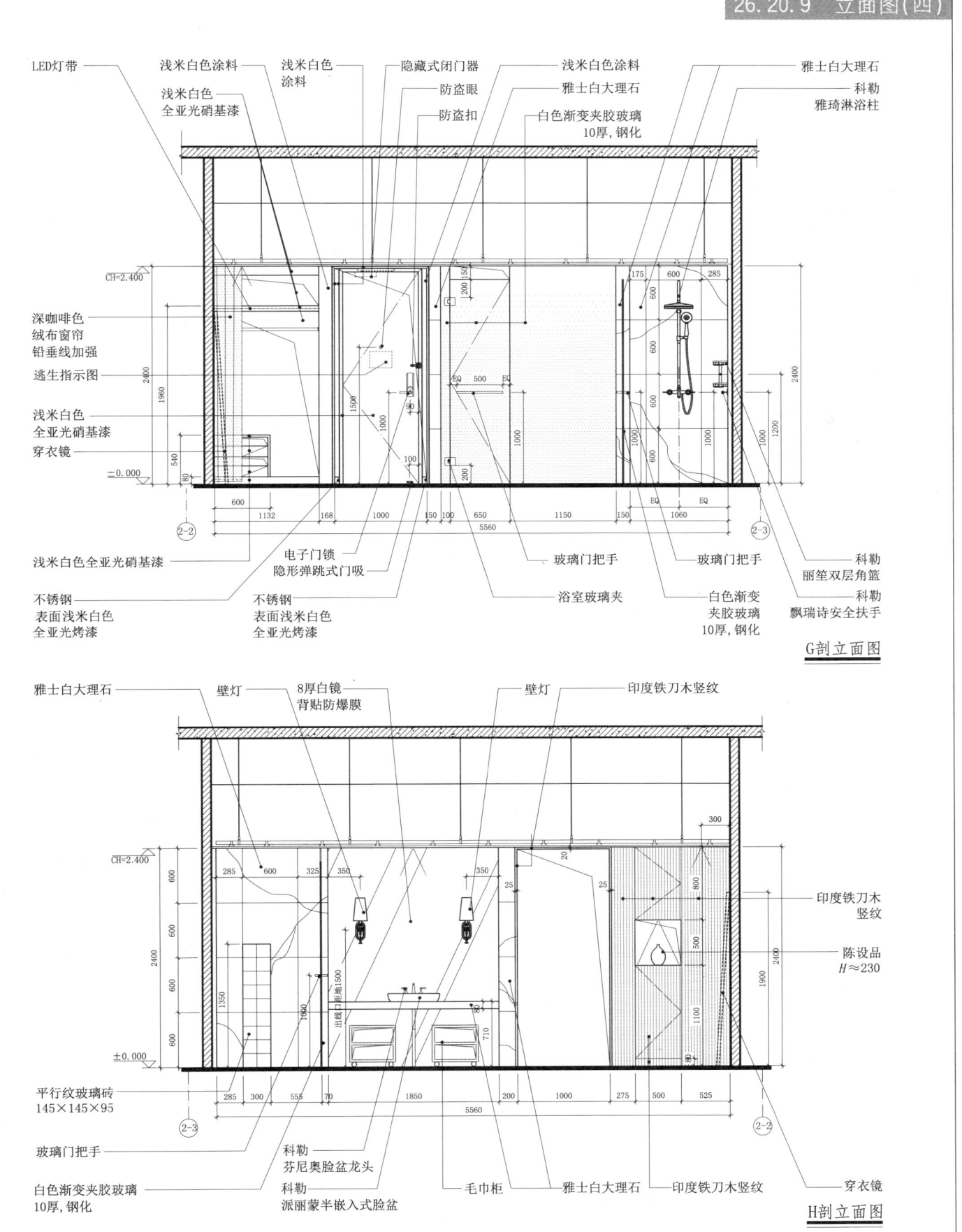

26.20 老饭店精品房模式（一）

26.20.10 立面图（五）

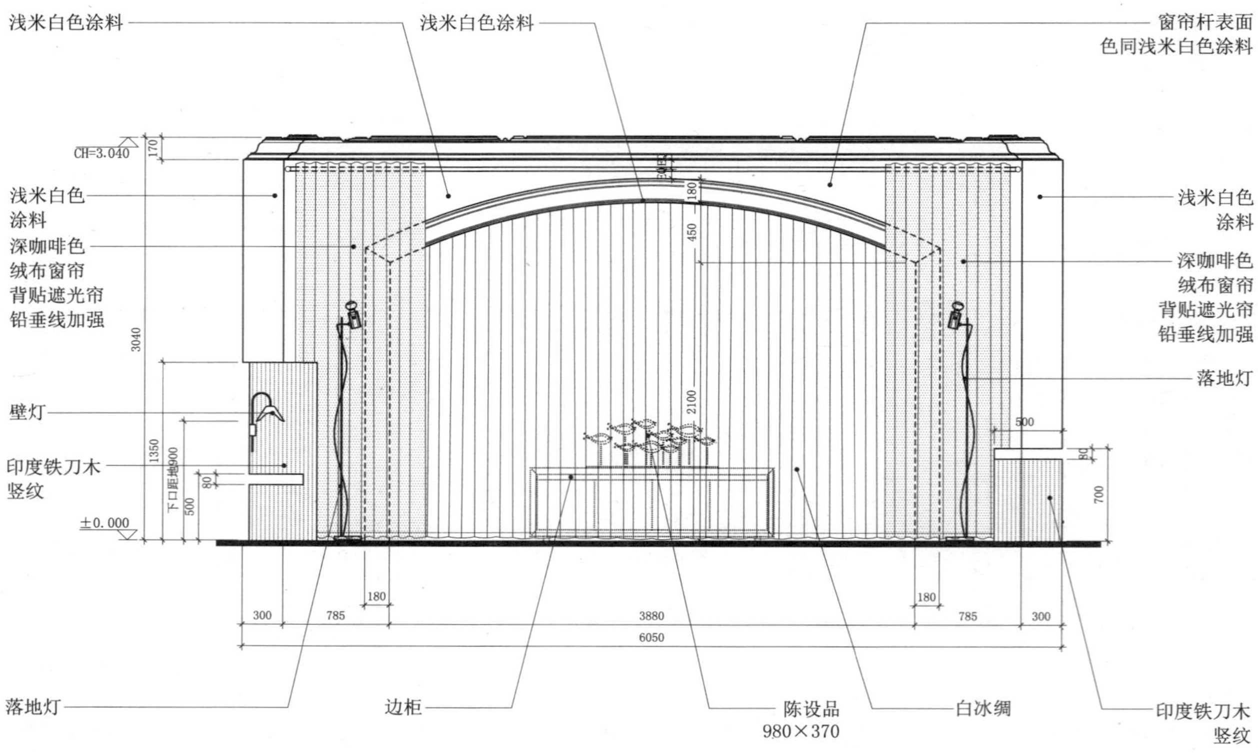

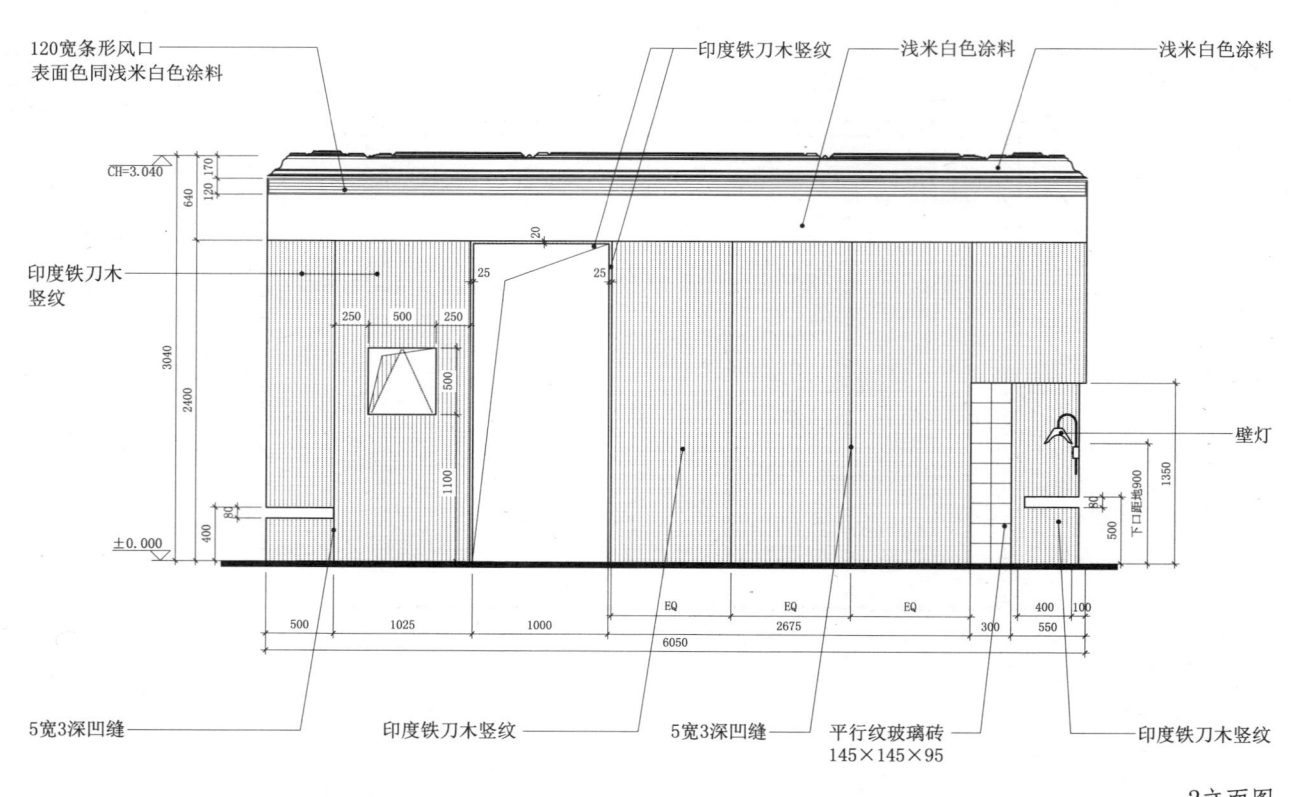

1立面图

2立面图

26.20.11 床头柜开关、插座接口面板大样(一)

26.20 老饭店精品房模式(一)

26 客房模式

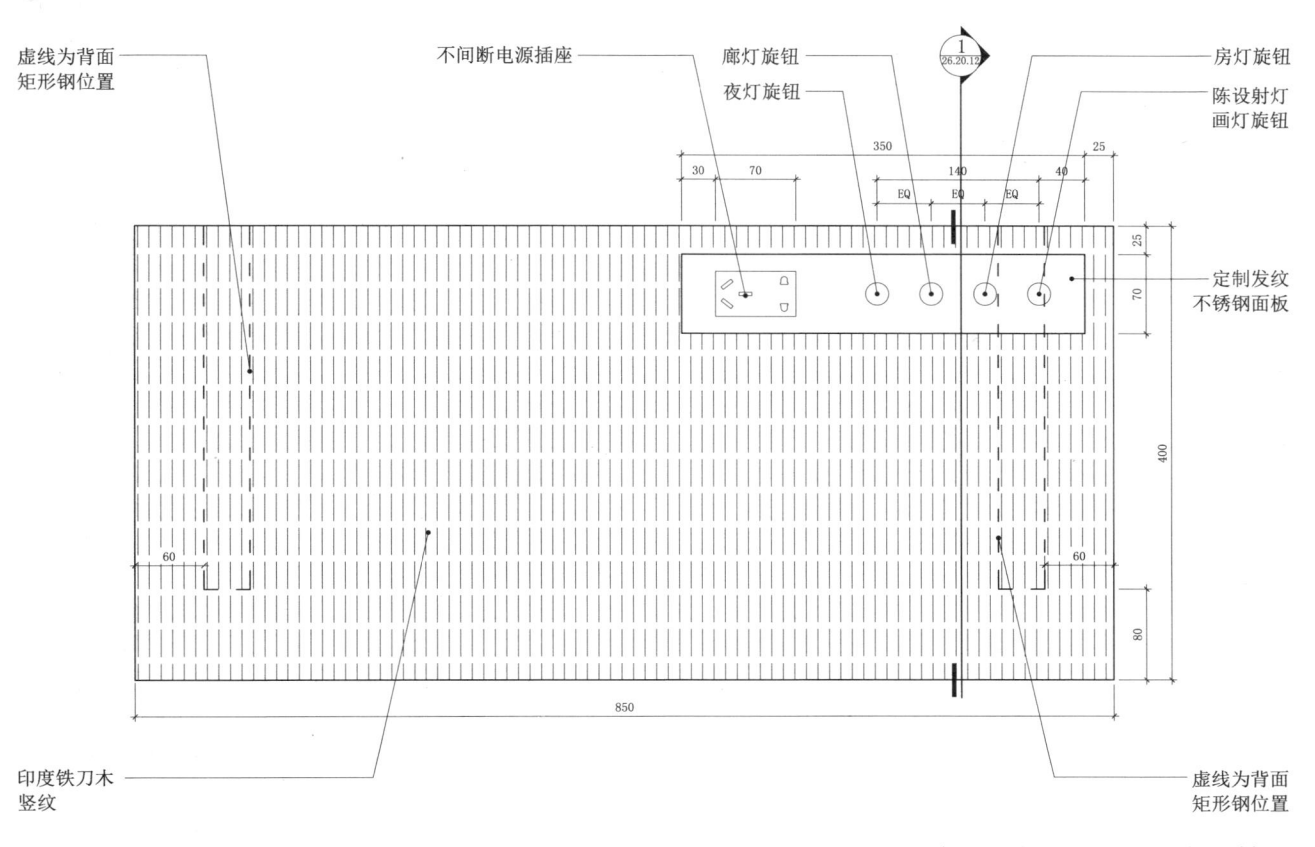

A床头开关、插座接口面板大样图

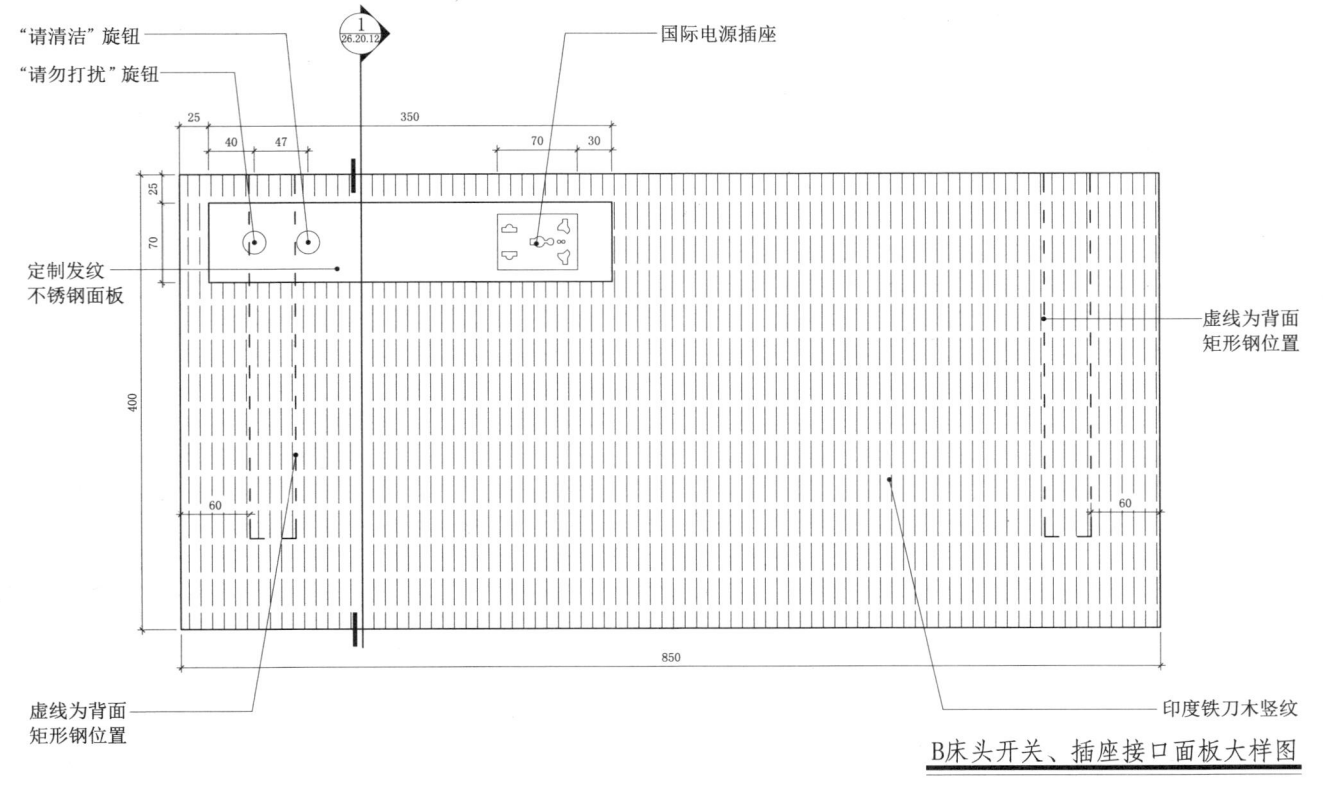

B床头开关、插座接口面板大样图

26 客房模式

26.20 老饭店精品房模式（一）

26.20.12 床头柜开关、插座接口面板大样（二）

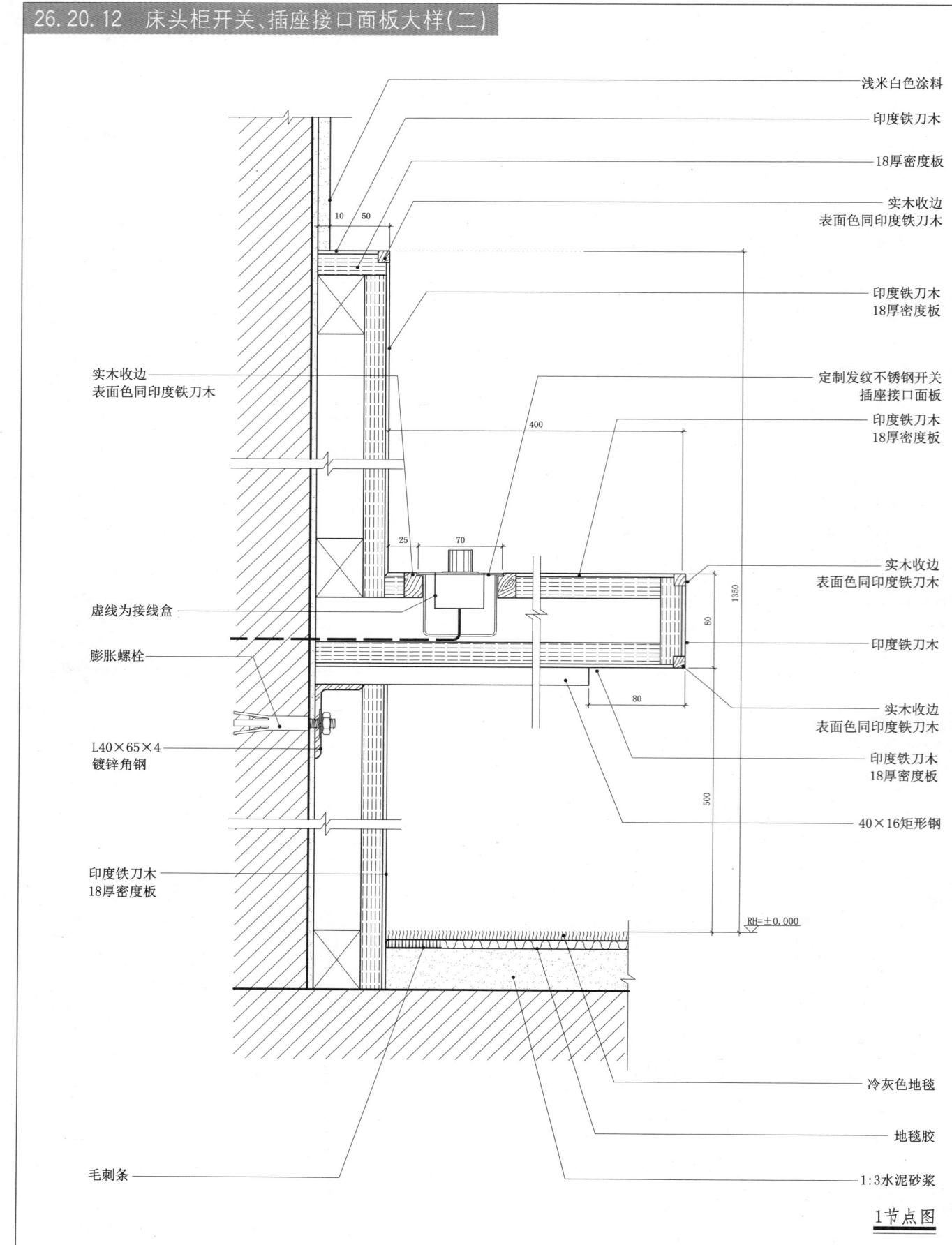

1节点图

26.21 老饭店精品房模式（二）

26.21.1 平面图

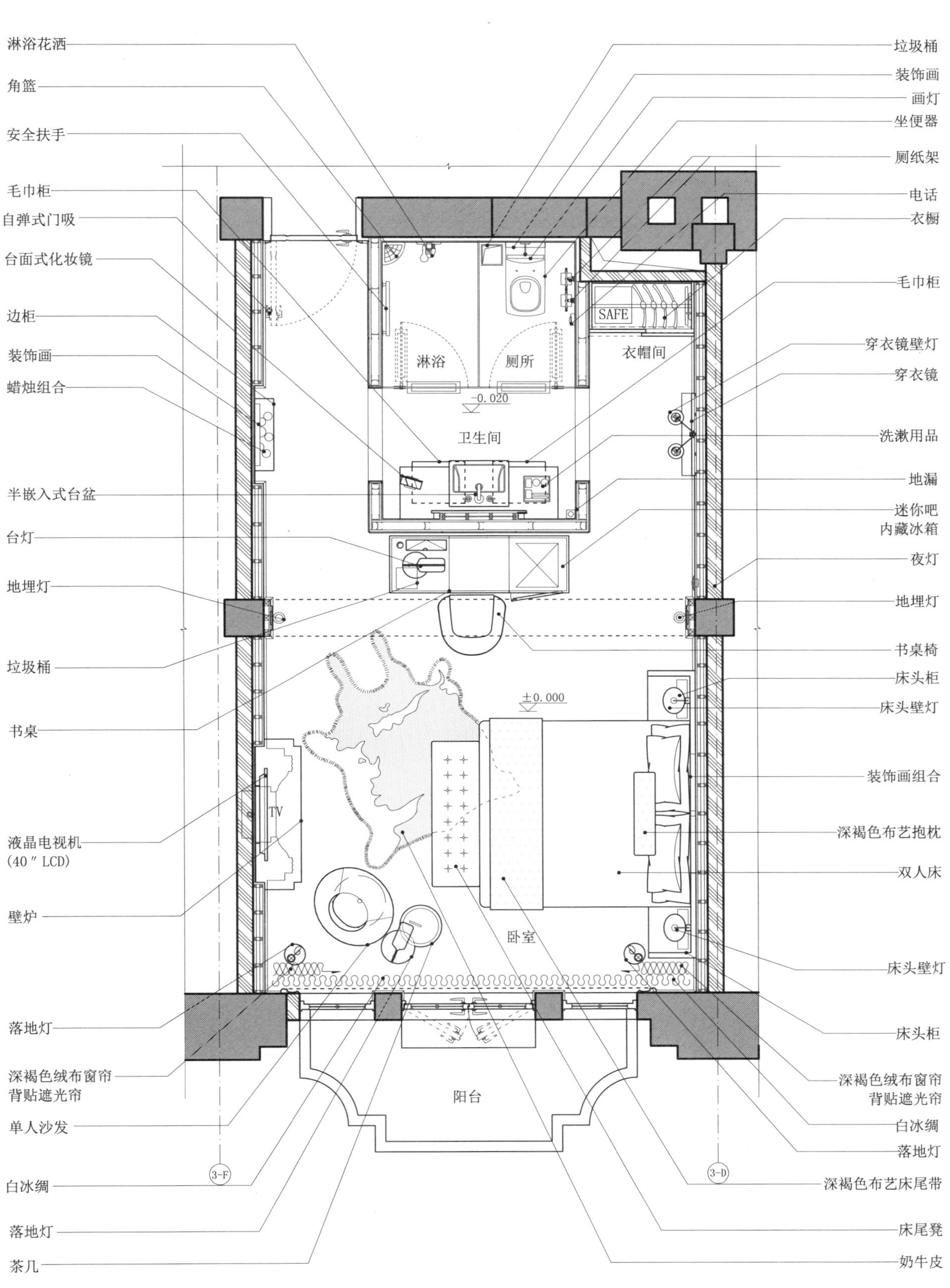

左侧标注（从上至下）：
- 淋浴花洒
- 角篮
- 安全扶手
- 毛巾柜
- 自弹式门吸
- 台面式化妆镜
- 边柜
- 装饰画
- 蜡烛组合
- 半嵌入式台盆
- 台灯
- 地埋灯
- 垃圾桶
- 书桌
- 液晶电视机（40″LCD）
- 壁炉
- 落地灯
- 深褐色绒布窗帘 背贴遮光帘
- 单人沙发
- 白冰绸
- 落地灯
- 茶几

右侧标注（从上至下）：
- 垃圾桶
- 装饰画
- 画灯
- 坐便器
- 厕纸架
- 电话
- 衣橱
- 毛巾柜
- 穿衣镜壁灯
- 穿衣镜
- 洗漱用品
- 地漏
- 迷你吧内藏冰箱
- 夜灯
- 地埋灯
- 书桌椅
- 床头柜
- 床头壁灯
- 装饰画组合
- 深褐色布艺抱枕
- 双人床
- 床头壁灯
- 床头柜
- 深褐色绒布窗帘 背贴遮光帘
- 白冰绸
- 落地灯
- 深褐色布艺床尾带
- 床尾凳
- 奶牛皮

区域标注：卫生间、淋浴、厕所、衣帽间、SAFE、卧室、阳台

平面布置图

26.21 老饭店精品房模式（二）

26.21.2 索引图

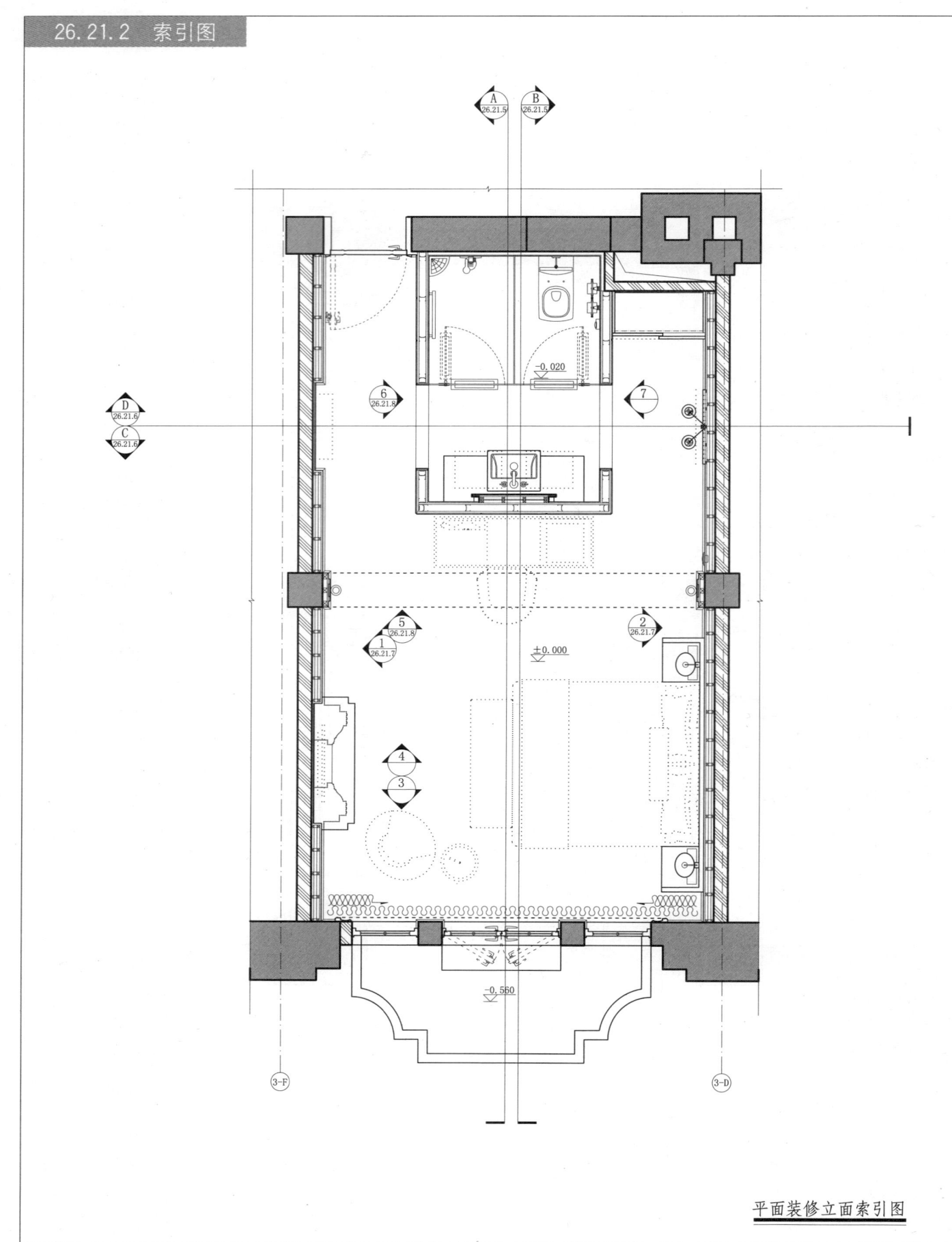

平面装修立面索引图

26.21 老饭店精品房模式（二）

26.21.3 配电图

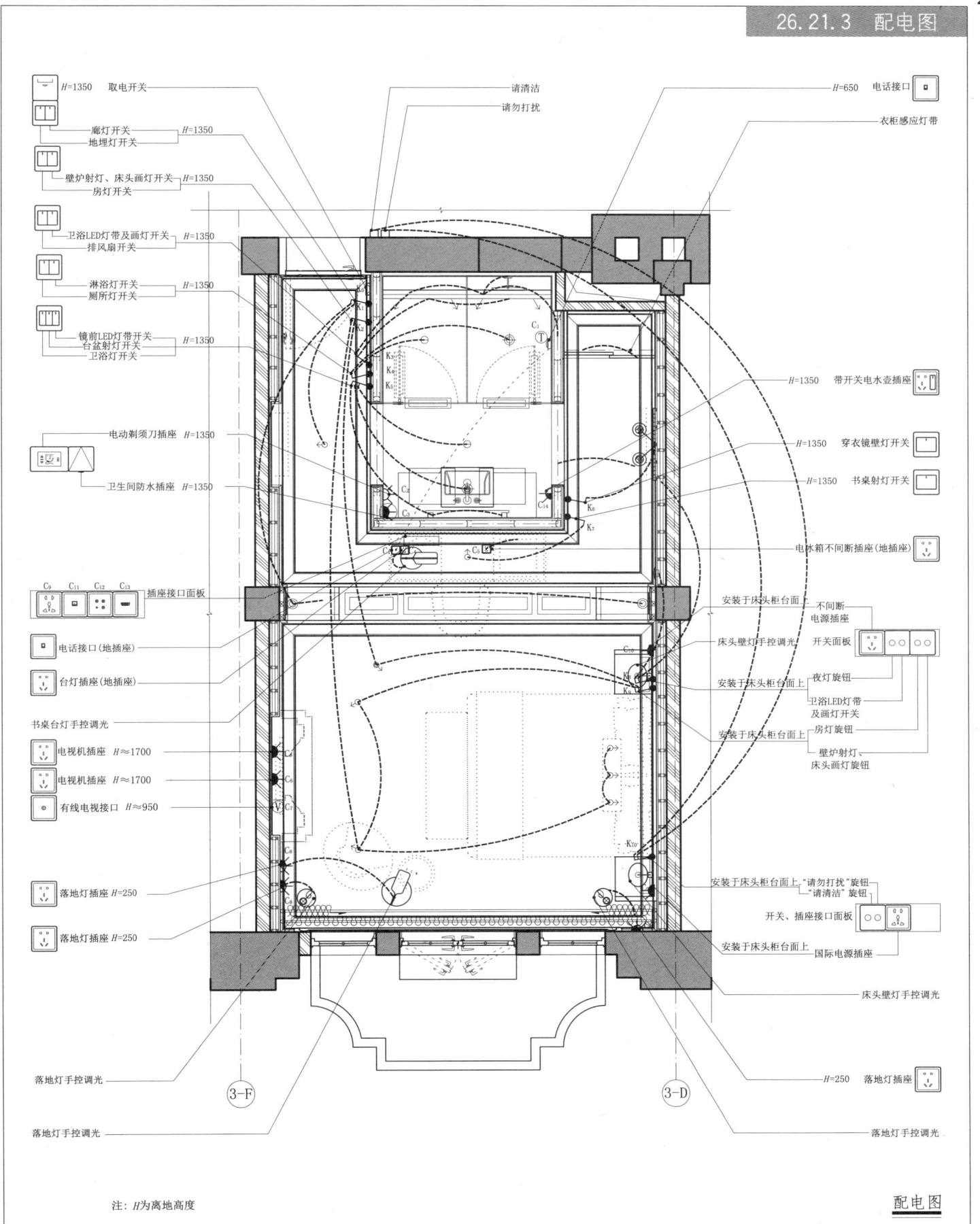

注：H为离地高度

配电图

26.21 老饭店精品房模式（二）

26.21.4 配电图表

平面编号	名称	备注	平面图例	立面图例
K_0	取电开关			
K_1	双联开关	廊灯、地埋灯		
K_2	双联开关	壁炉射灯、床头画灯、房灯		
K_3	双联开关	卫浴LED灯带与画灯、排风扇		
K_4	双联开关	淋浴灯、厕所灯		
K_5	三联开关	镜前LED灯带、台盆射灯、卫浴灯		
K_6	单联开关	穿衣镜壁灯		
K_7	单联开关	书桌射灯		
K_8	双联双控旋钮	夜灯、卫浴LED灯带与画灯		
K_9	双联双控旋钮	房灯、壁炉射灯、床头画灯		
K_{10}	双联旋钮	请勿打扰、请清洁		

平面编号	名称	备注	平面图例	立面图例
C_1	电话接口	单孔		
C_2	电动剃须刀插座	电动剃须刀 110V/220V插座		
C_3	卫生间插座	3×2扁眼防水插座		
C_4	台灯插座	3×2扁眼插座（地插座）		
C_5	不间断电冰箱插座	不间断电源插座		
C_6	电视机插座	3×2扁眼插座		
C_7	有线电视接口	专用		
C_8	落地灯插座	3×2扁眼插座		
C_9	国际电源插座	多功能插座		
C_{10}	不间断电源插座	不间断电源插座		
C_{11}	网络接口	网络接口		
C_{12}	音响接口	音响接口		
C_{13}	网络电视接口	网络电视接口		
C_{14}	带开关电水壶插座	3×2扁眼插座(带开关)		

注：1. 配电图仅供业主与电气工程师参考，不作为施工最终依据。
2. 所有光源均按手控调光开关（卫生间除外）。
3. 空调形式由业主自定。

配电图表

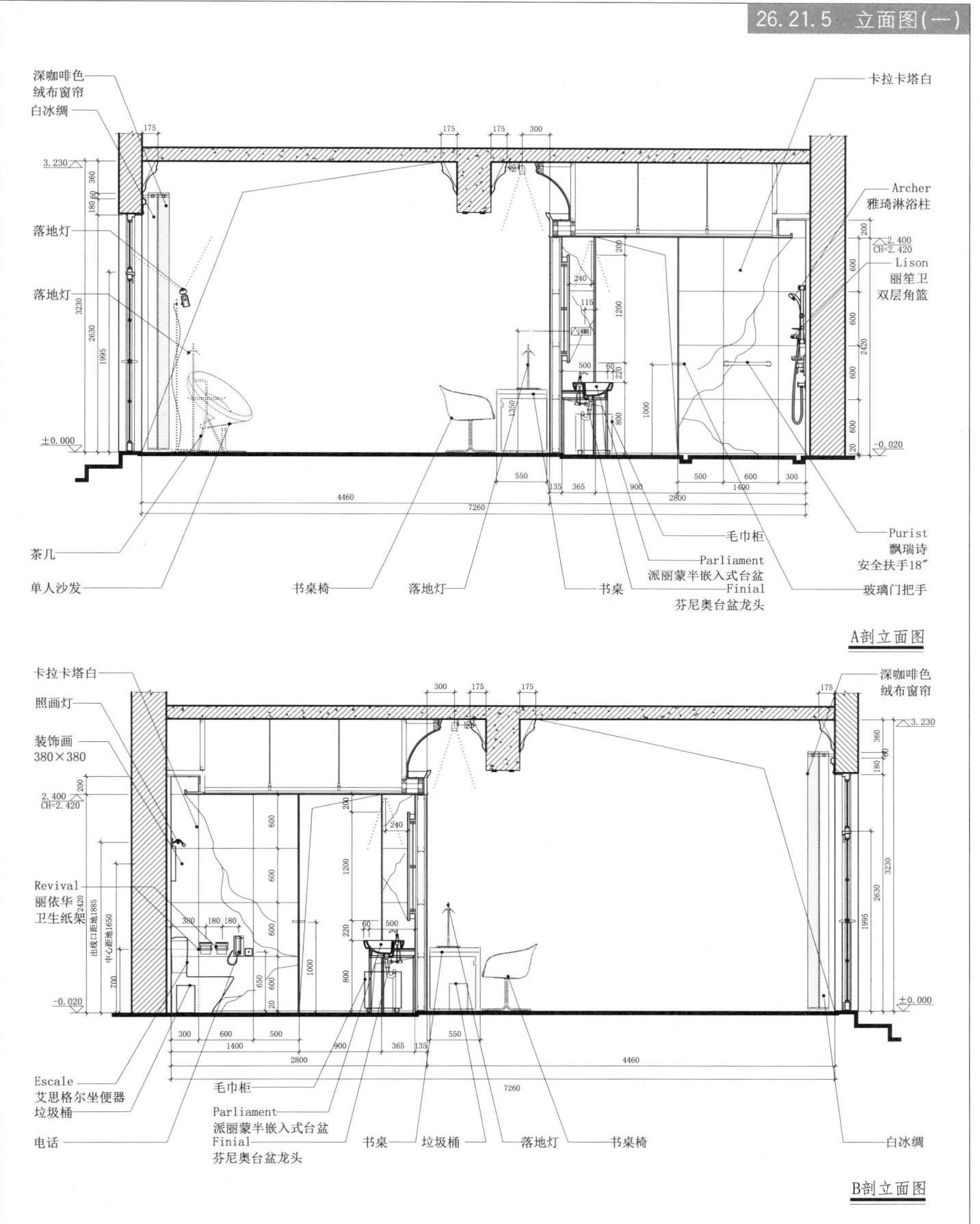

26.21 老饭店精品房模式（二）

26.21.6 立面图（二）

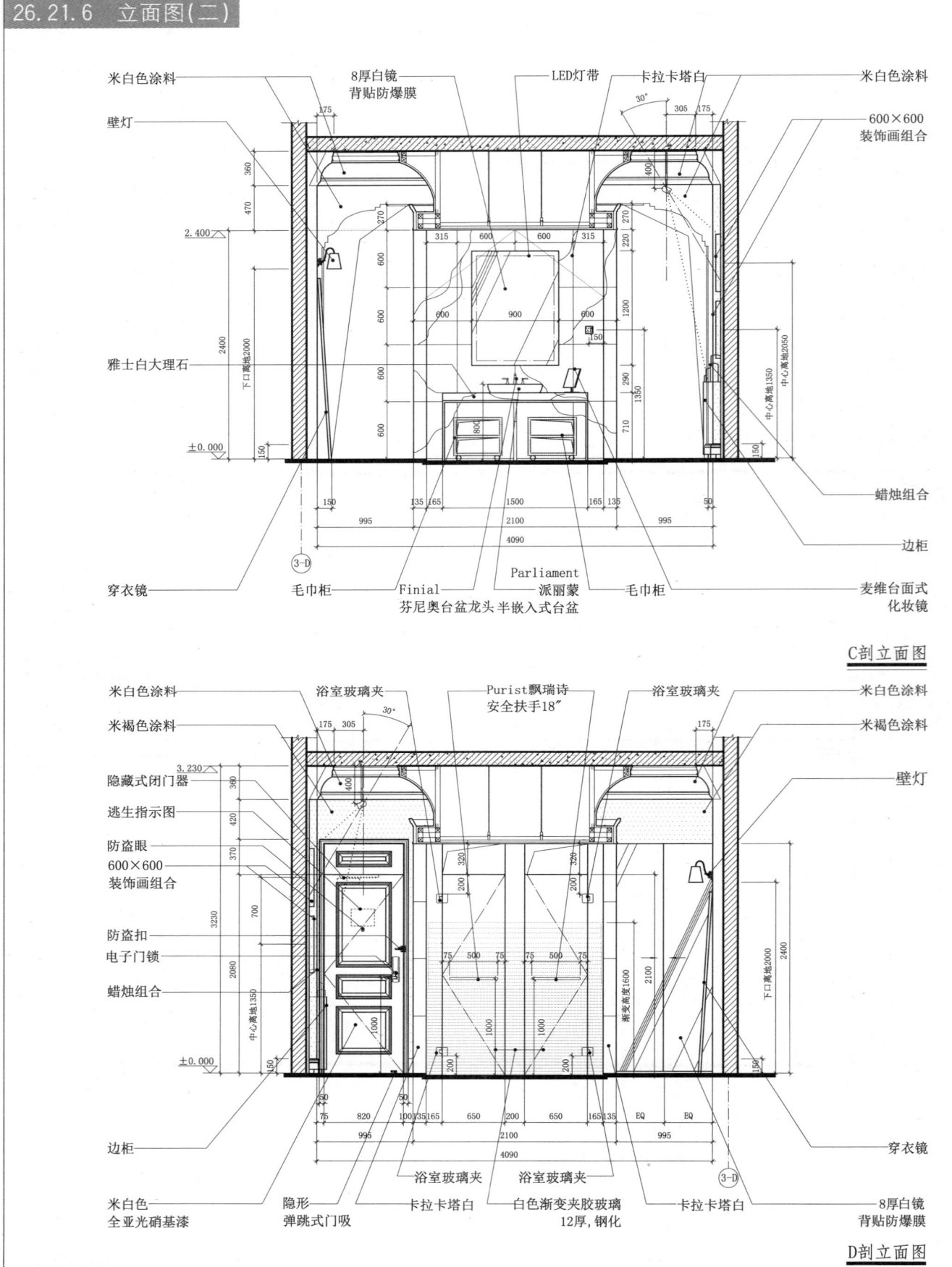

26.21 老饭店精品房模式（二）

26.21.7 立面图（三）

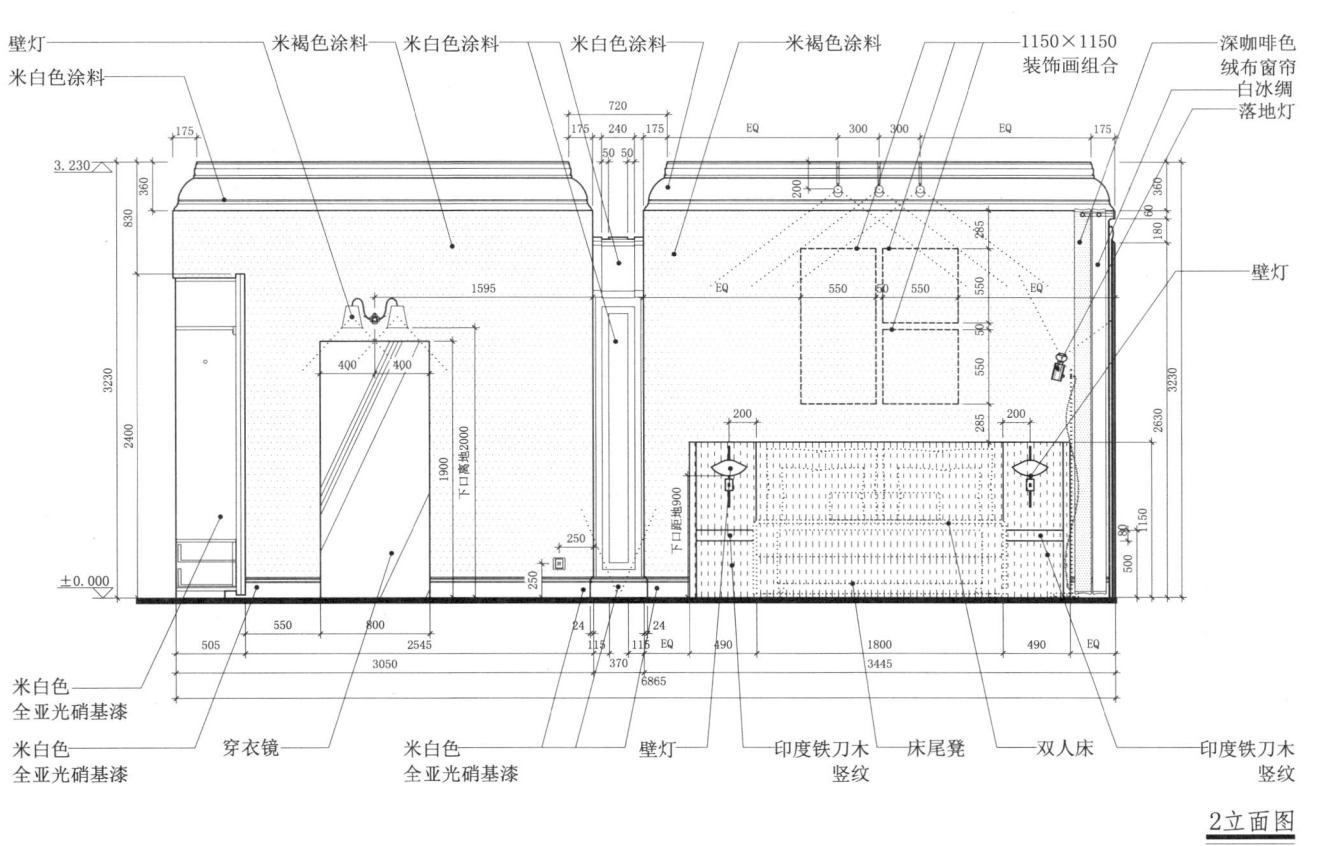

1立面图

2立面图

26.21 老饭店精品房模式（二）

26.21.8 立面图（四）

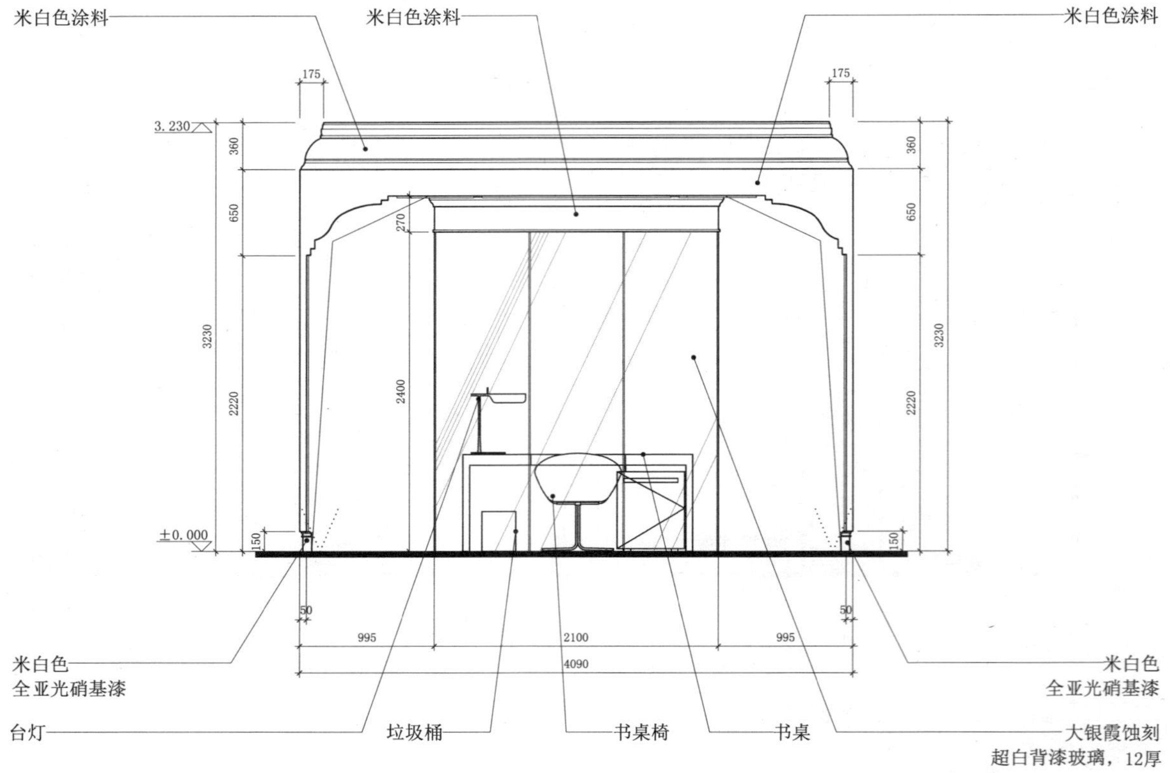

5立面图

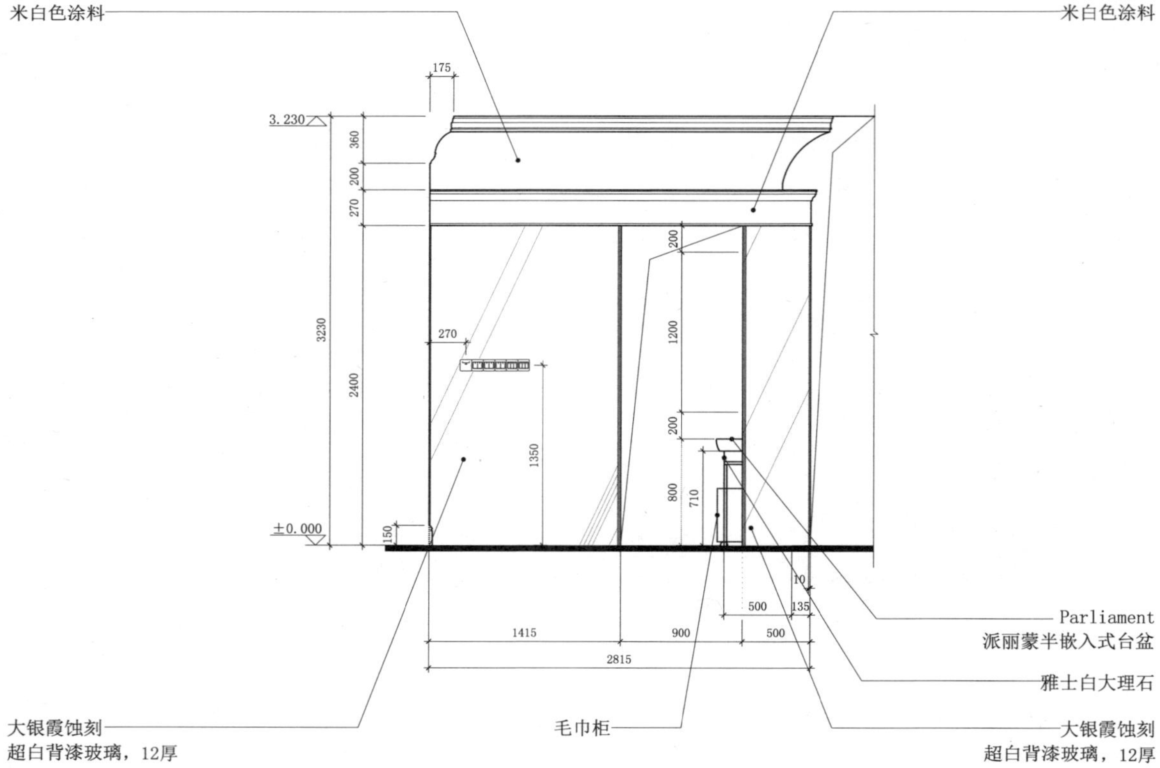

6立面图

26.21.9 书桌、迷你吧组合大样节点(一)

26.21 老饭店精品房模式(二)

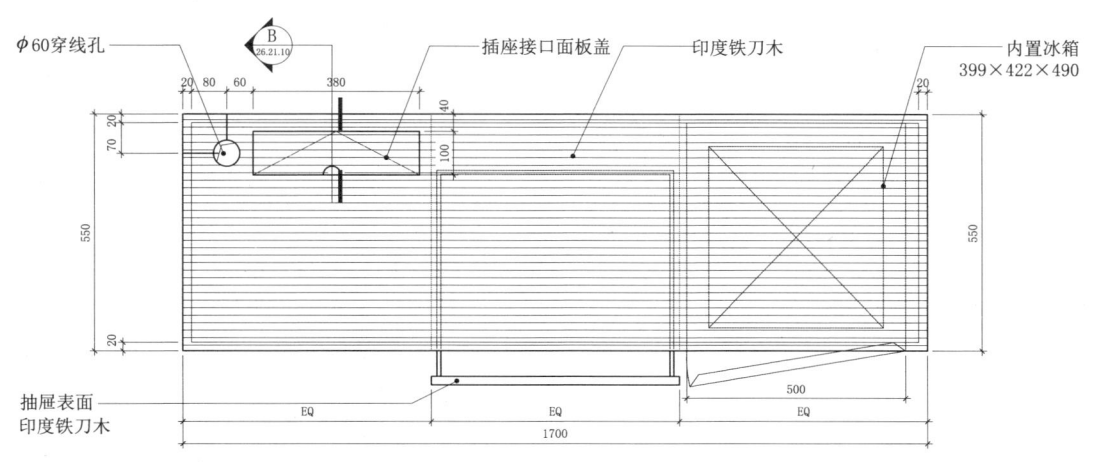

书桌平面图

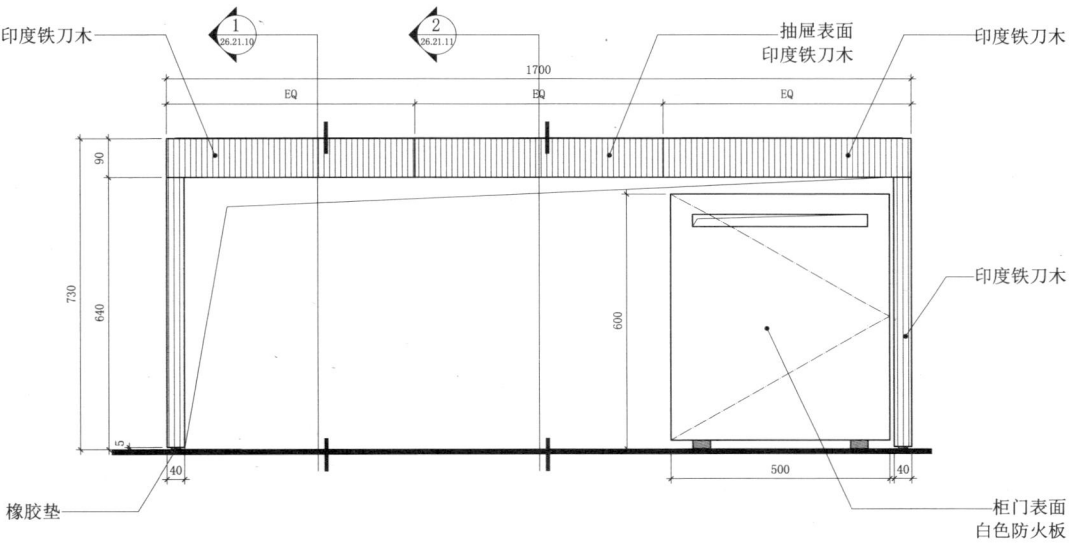

书桌正立面图

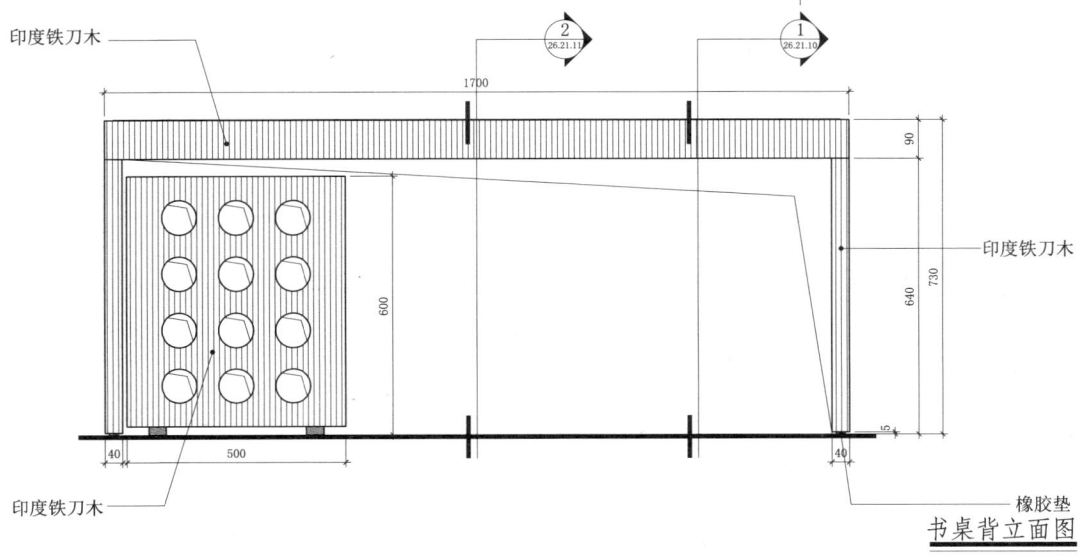

书桌背立面图

26.21 老饭店精品房模式（二）

26.21.10 书桌、迷你吧组合大样节点（二）

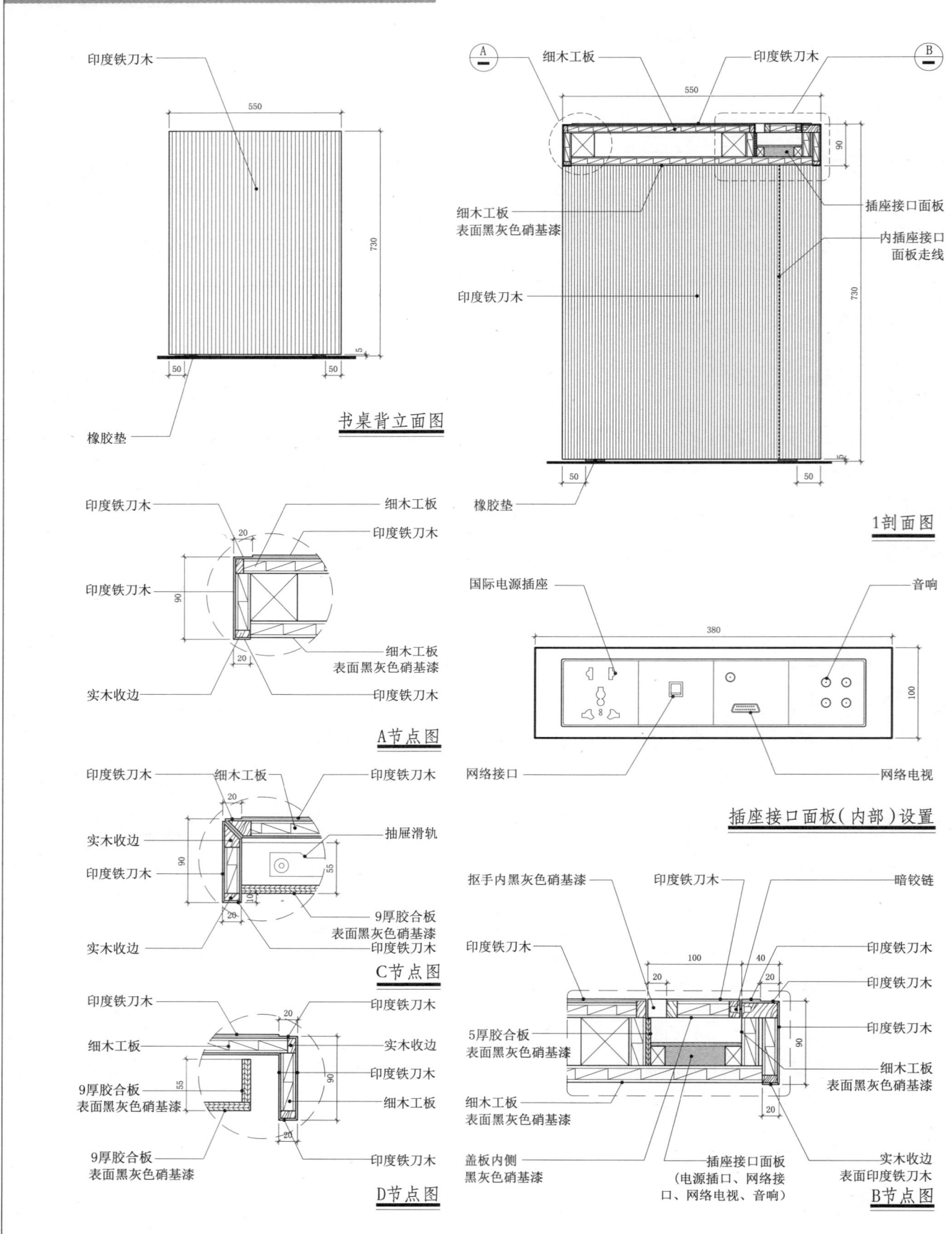

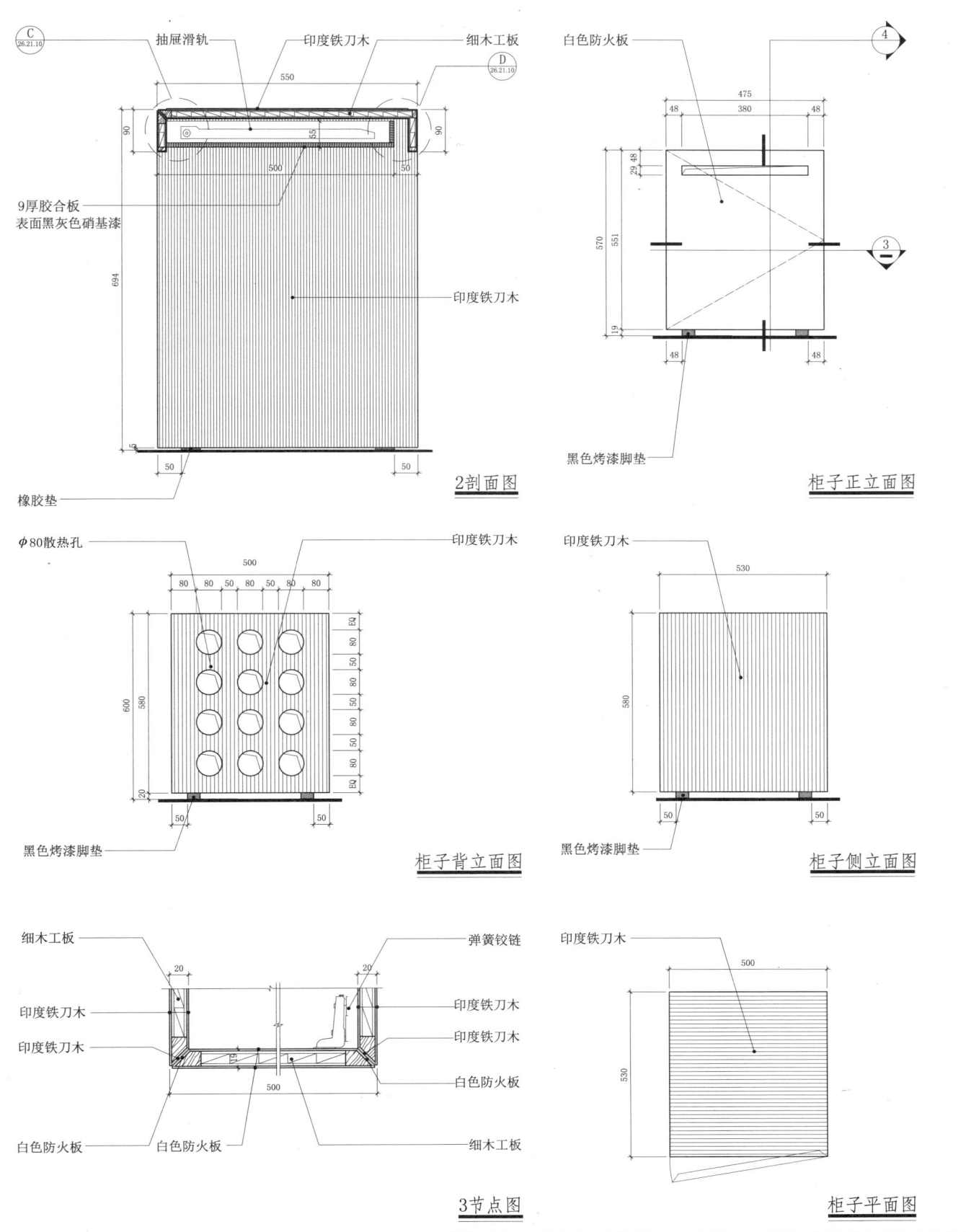

27 健身房模式

27.1 酒店小型健身房模式

27.1.1 平面图

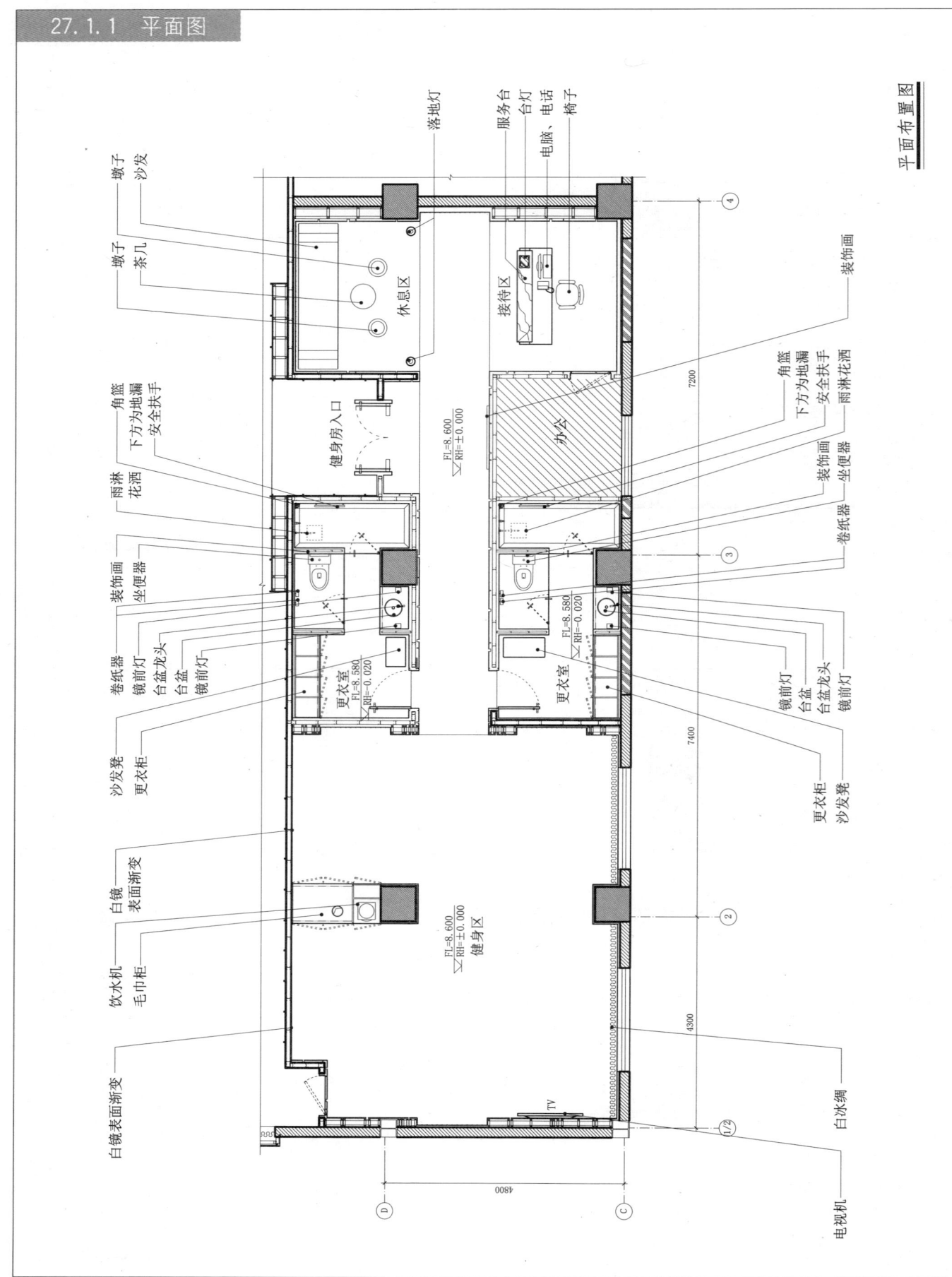

平面布置图

27.1 酒店小型健身房模式

27.1.2 索引图

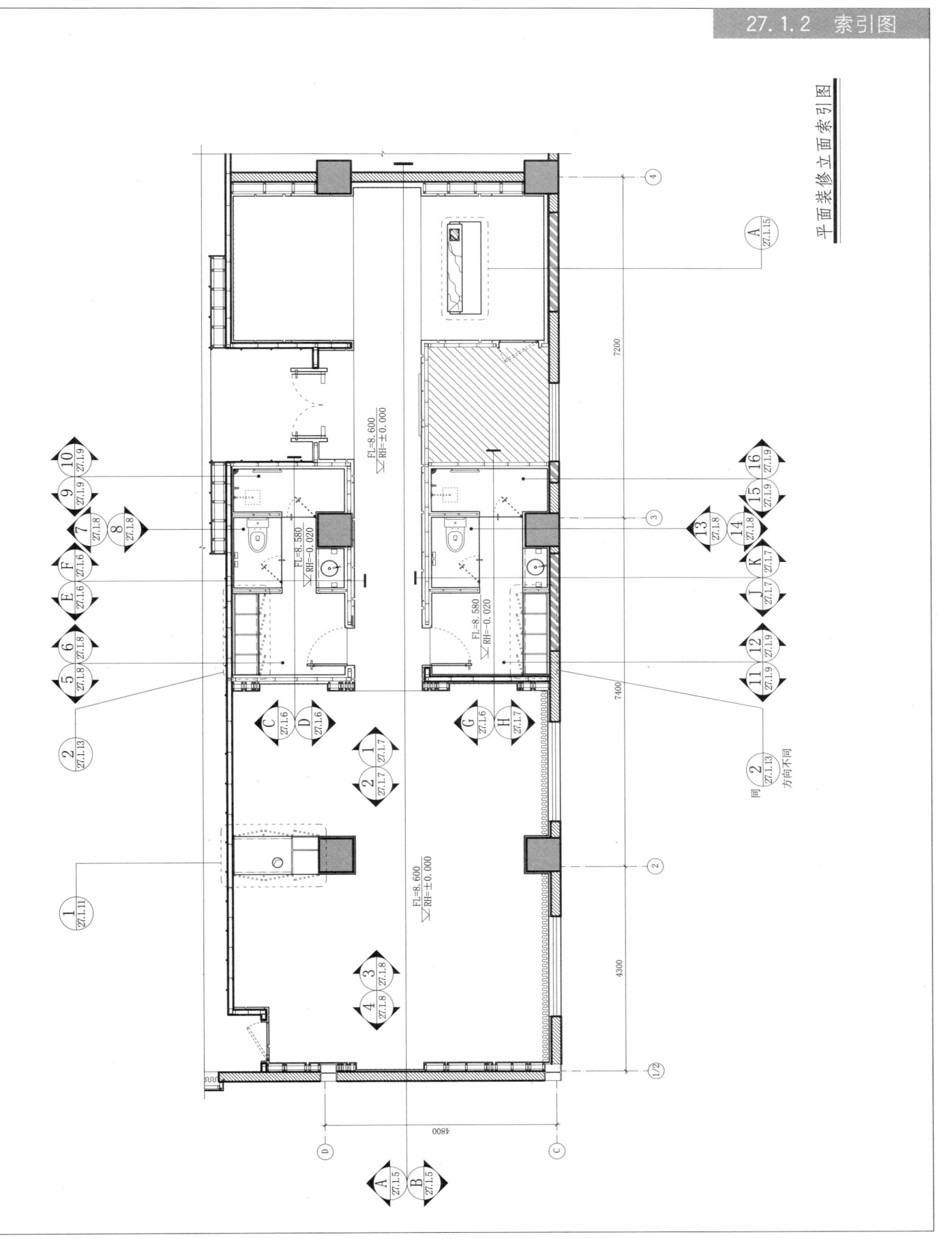

平面装修立面索引图

27 健身房模式

27.1 酒店小型健身房模式

27.1.3 平顶图

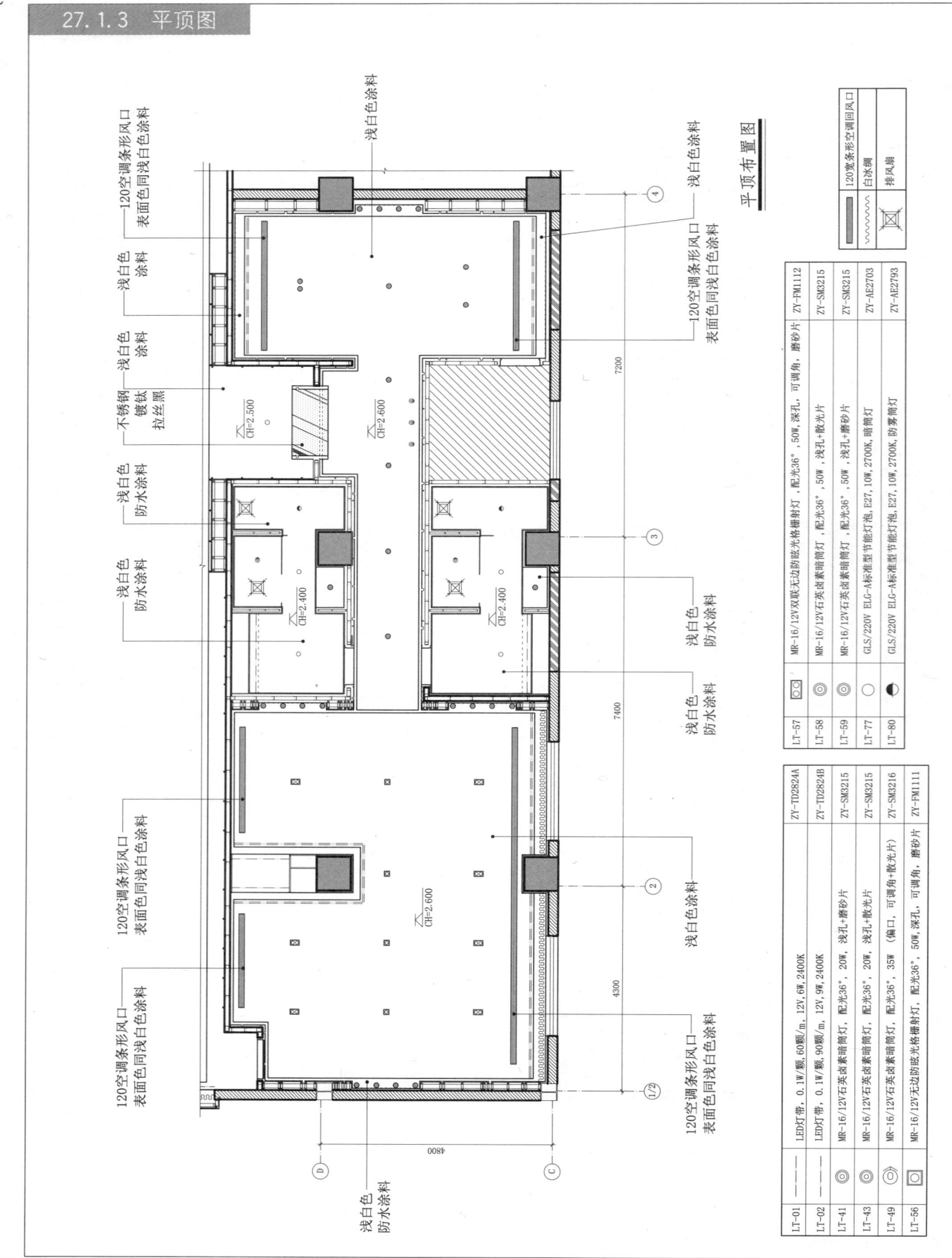

27.1 酒店小型健身房模式

27.1.4 配电图

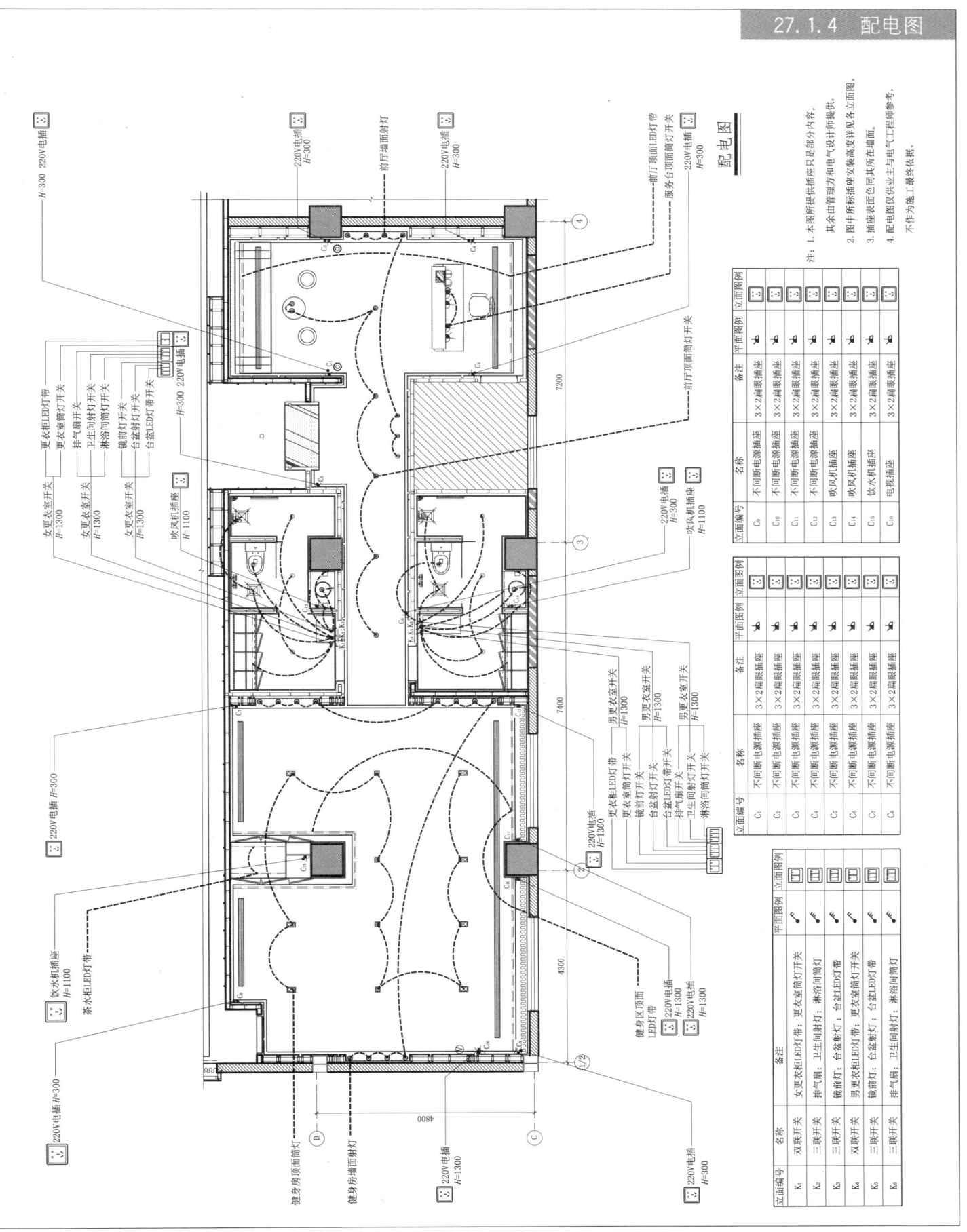

27 健身房模式

27.1 酒店小型健身房模式

27.1.5 立面图(一)

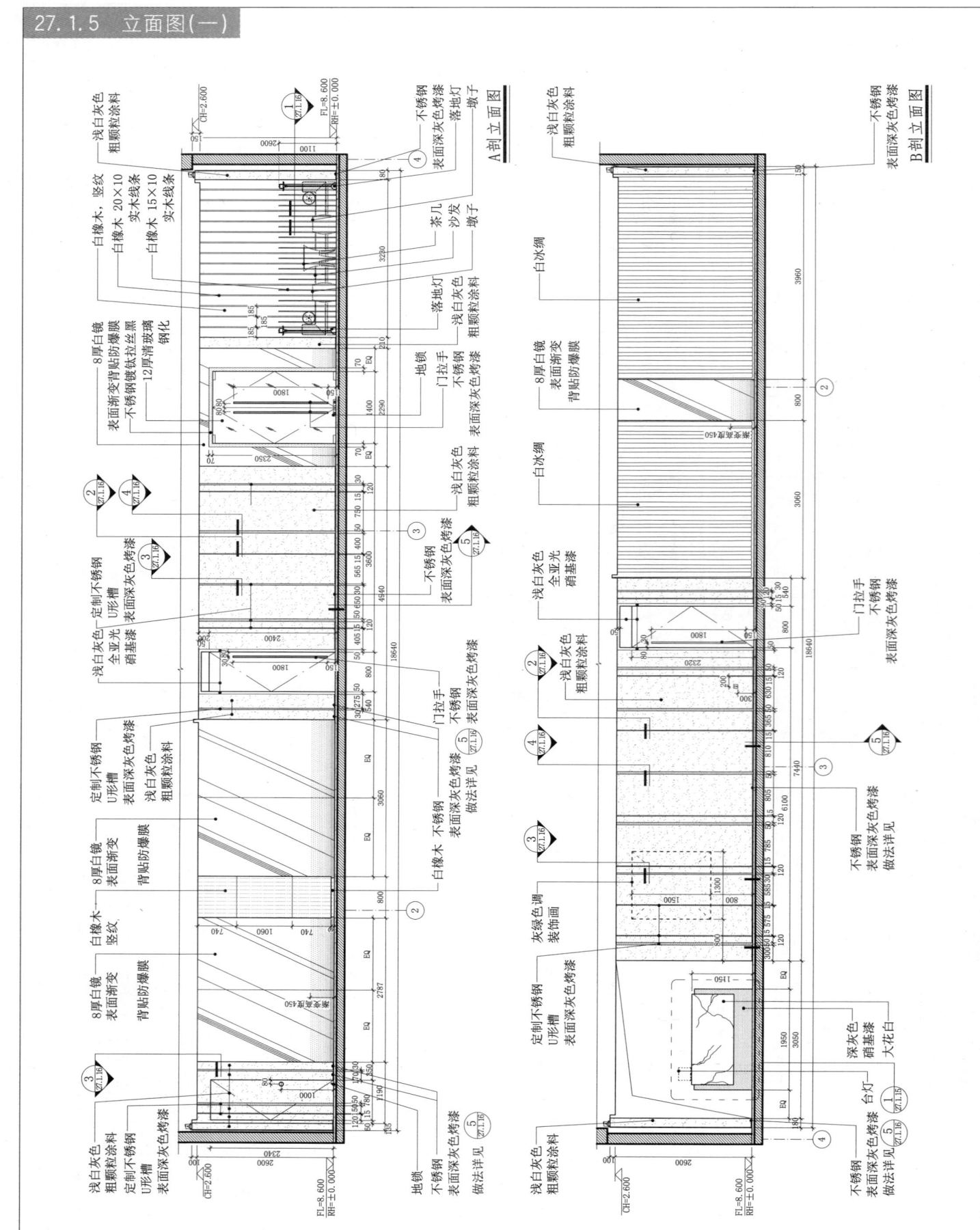

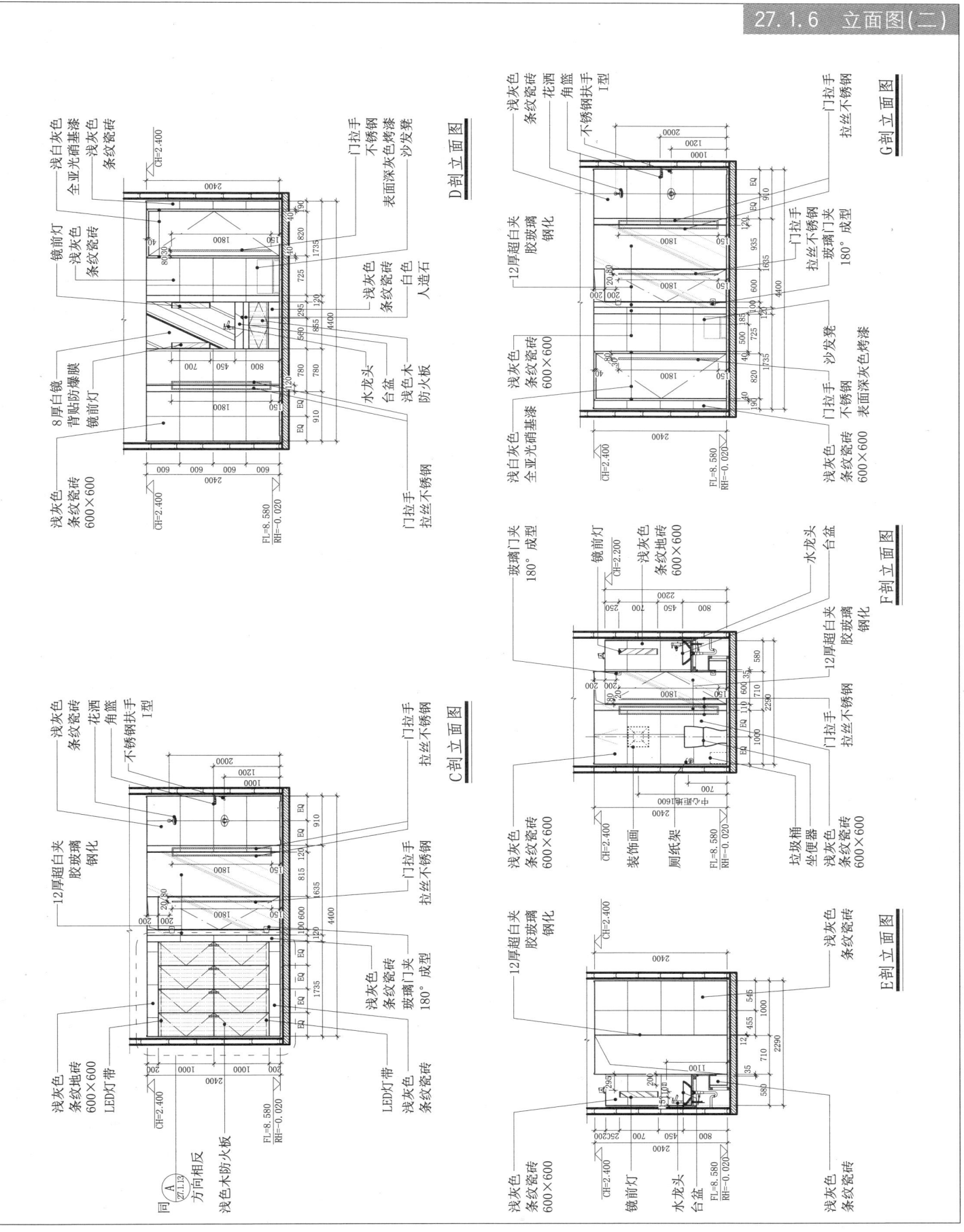

27 健身房模式

27.1 酒店小型健身房模式

27.1.7 立面图(三)

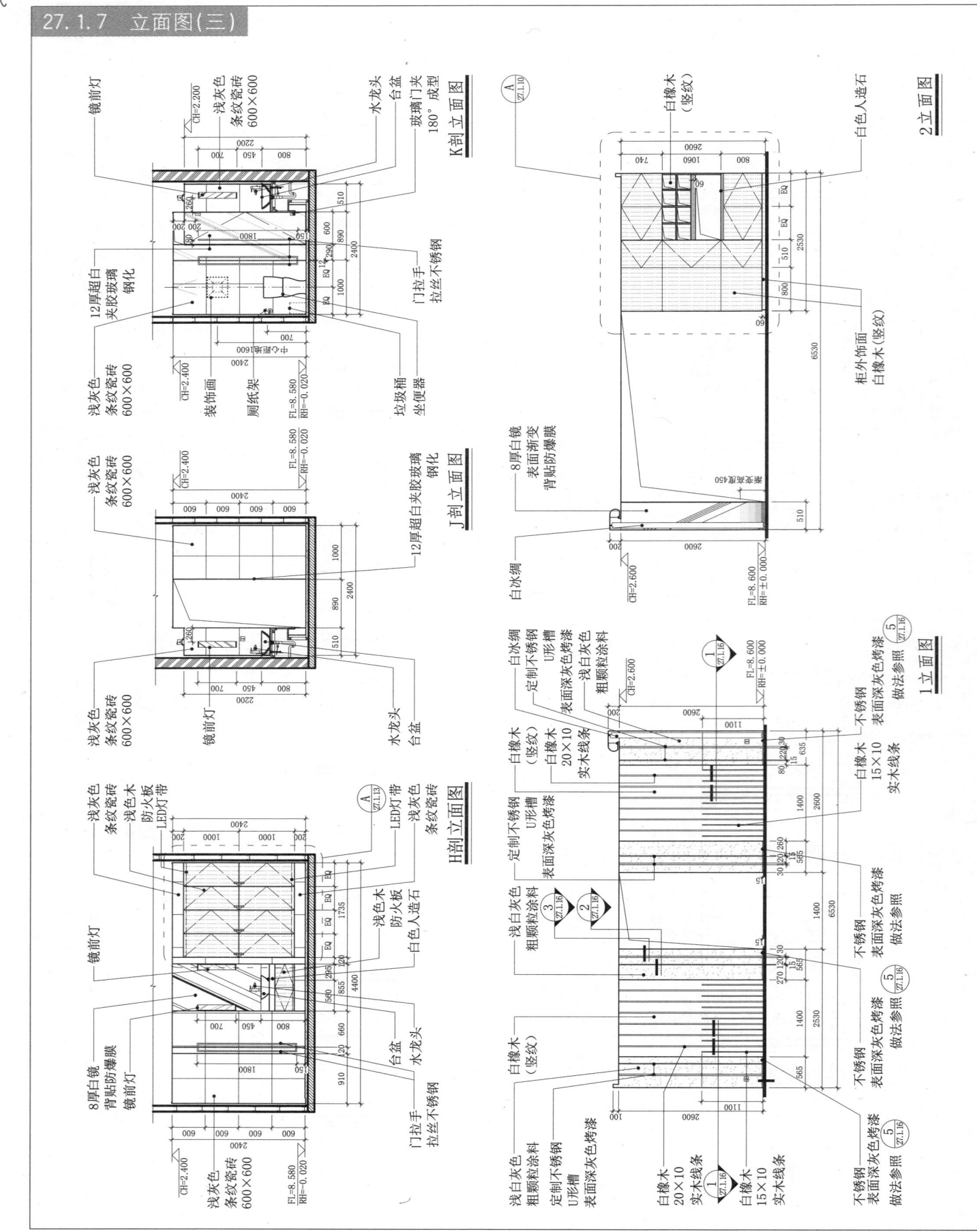

27.1 酒店小型健身房模式

27.1.8 立面图（四）

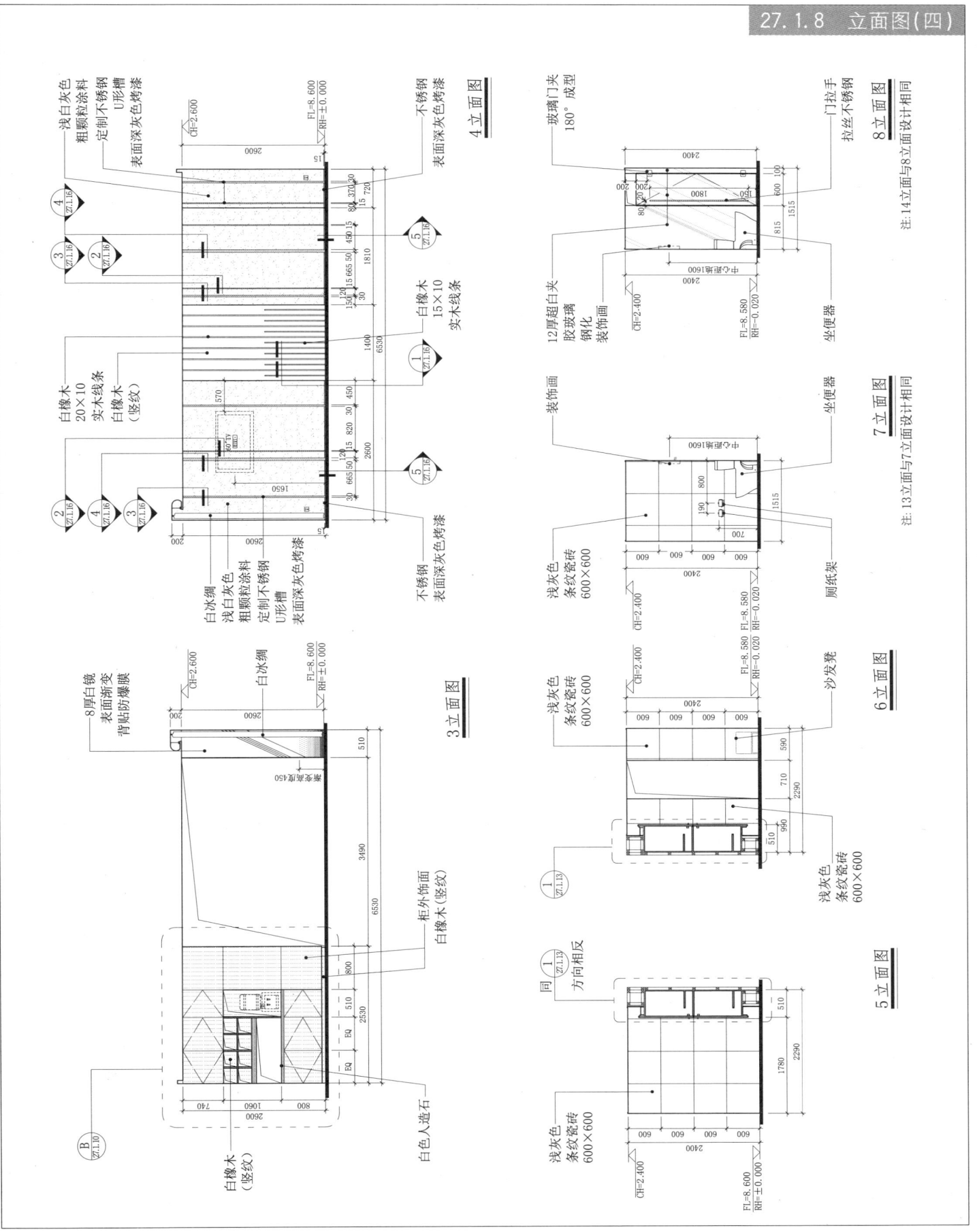

27.1 酒店小型健身房模式

27.1.9 立面图(五)

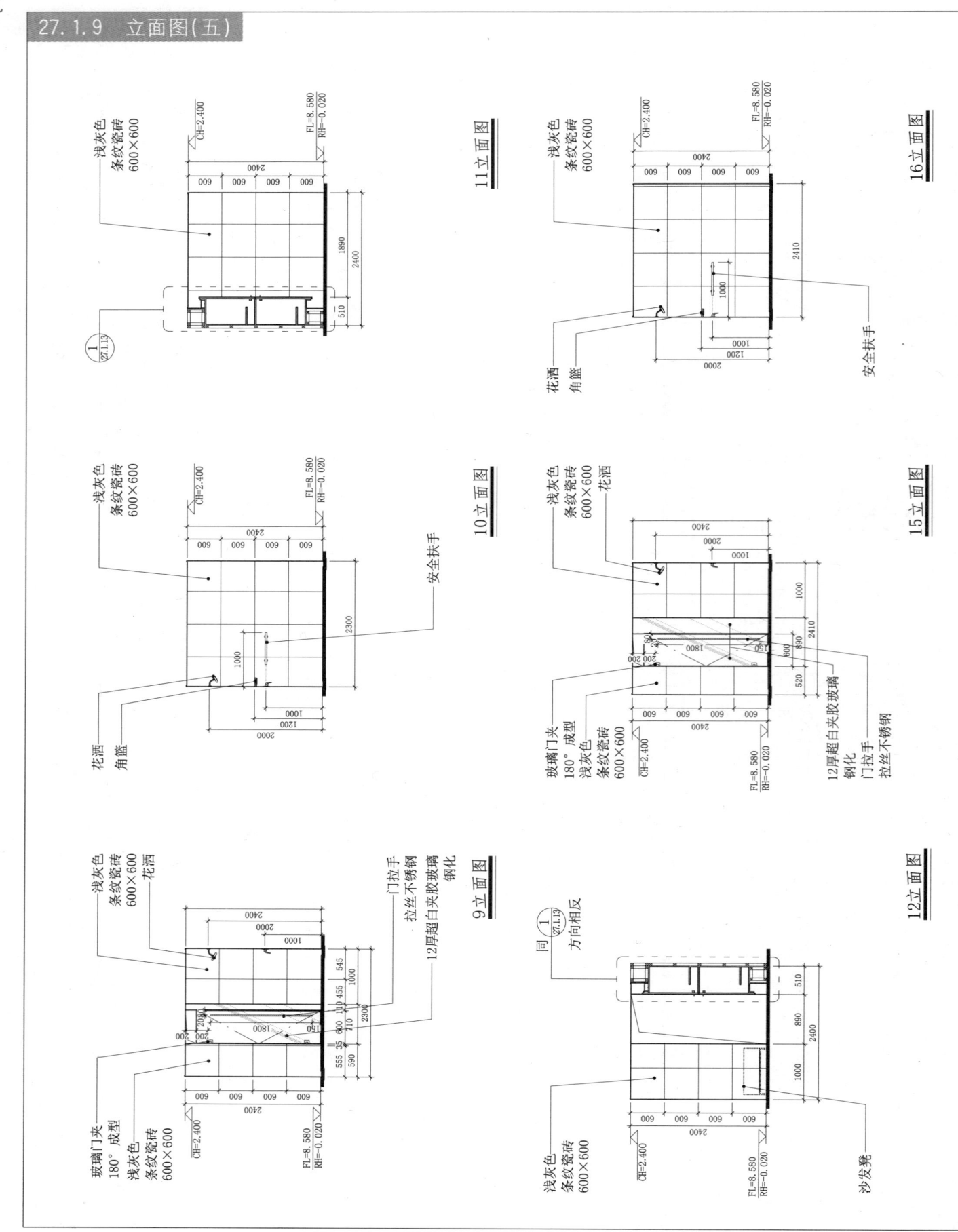

27.1.10 毛巾柜节点(一)

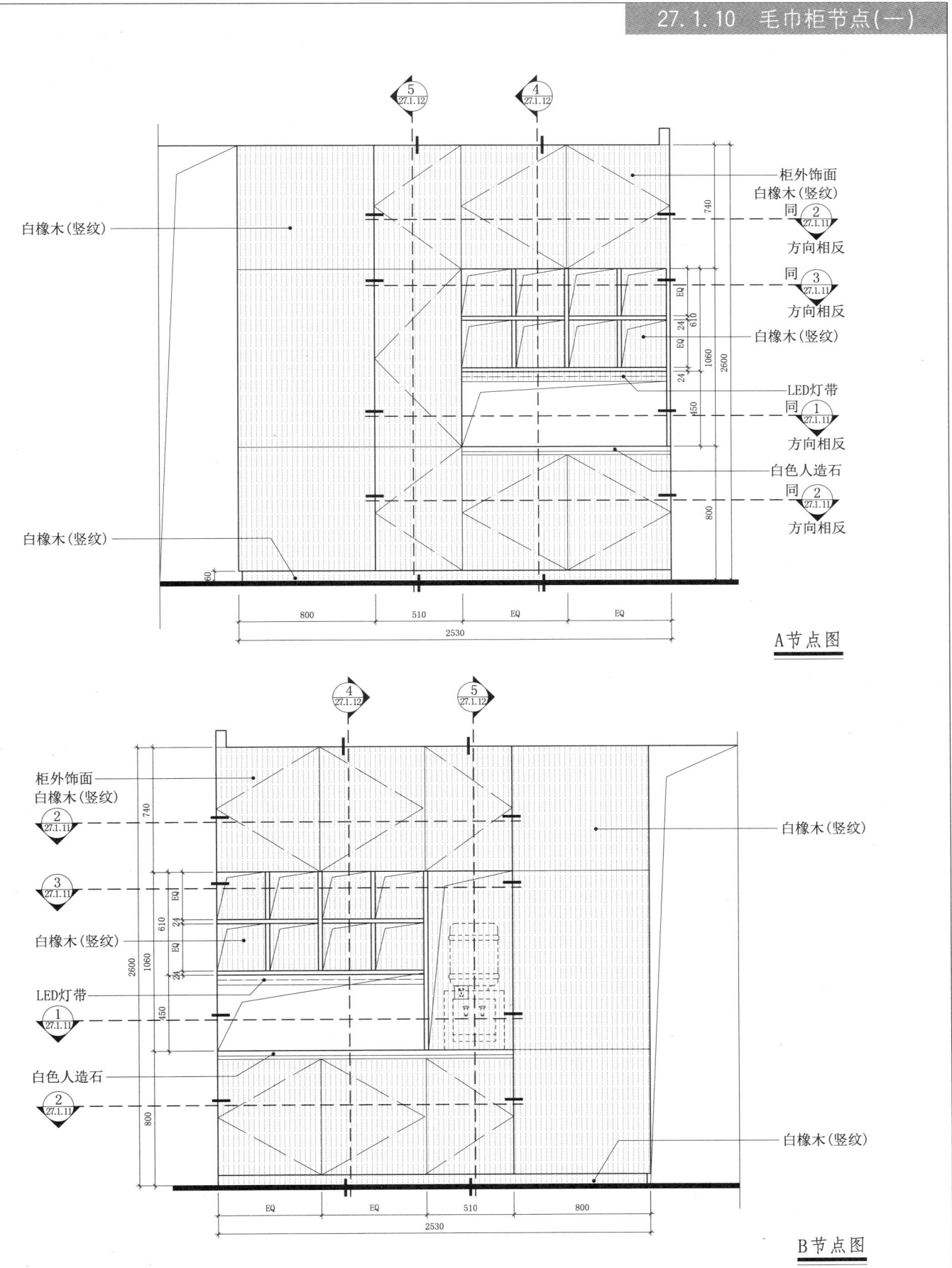

A节点图

B节点图

27 27.1 酒店小型健身房模式

27.1.11 毛巾柜节点(二)

1节点图

- 8厚白镜 表面渐变 背贴防爆膜
- 白橡木
- 柜内饰面 硝基漆色同 白橡木
- 白橡木
- 75系列 轻钢龙骨 内填吸声棉
- 白橡木
- 细木工板
- 白橡木
- 同 A 方向相反
- 白色人造石
- 毛巾丢弃口 拉丝不锈钢
- 白色人造石
- 饮水机
- 饮水机插座
- 白橡木

2剖面图

- 8厚白镜 表面渐变 背贴防爆膜
- 白橡木
- 参照 D
- 铰链
- 白橡木
- 75系列 轻钢龙骨 内填吸声棉
- 白橡木
- 细木工板
- 白橡木
- 同 B 方向相反
- 同 C 方向相反
- 内部置毛巾丢弃桶
- 柜内饰面 硝基漆色同 白橡木
- 参照 D
- 白橡木

3剖面图

- 8厚白镜 表面渐变 背贴防爆膜
- 白橡木
- 柜内饰面 硝基漆色同 白橡木
- 白橡木
- 75系列 轻钢龙骨 内填吸声棉
- 白橡木
- 细木工板
- 白橡木
- 饮水机
- 饮水机插座
- 同 A 方向相反
- 白橡木
- 白色人造石
- 白橡木

A节点图

- 75系列 轻钢龙骨 内填吸声棉
- 细木工板
- 8厚白镜 表面渐变 背贴防爆膜
- 白橡木
- 细木工板
- 9厚胶合板

B节点图

- 白橡木
- 细木工板
- 白橡木
- 细木工板
- 铰链

C节点图

- 8厚白镜 表面渐变 背贴防爆膜
- 75系列 轻钢龙骨 内填吸声棉
- 白橡木
- 白橡木
- 细木工板
- 细木工板
- 9厚胶合板
- 铰链

D节点图

- 白橡木
- 白橡木
- 拉手
- 白橡木
- 细木工板
- 拉手
- 细木工板
- 磁吸
- 白橡木

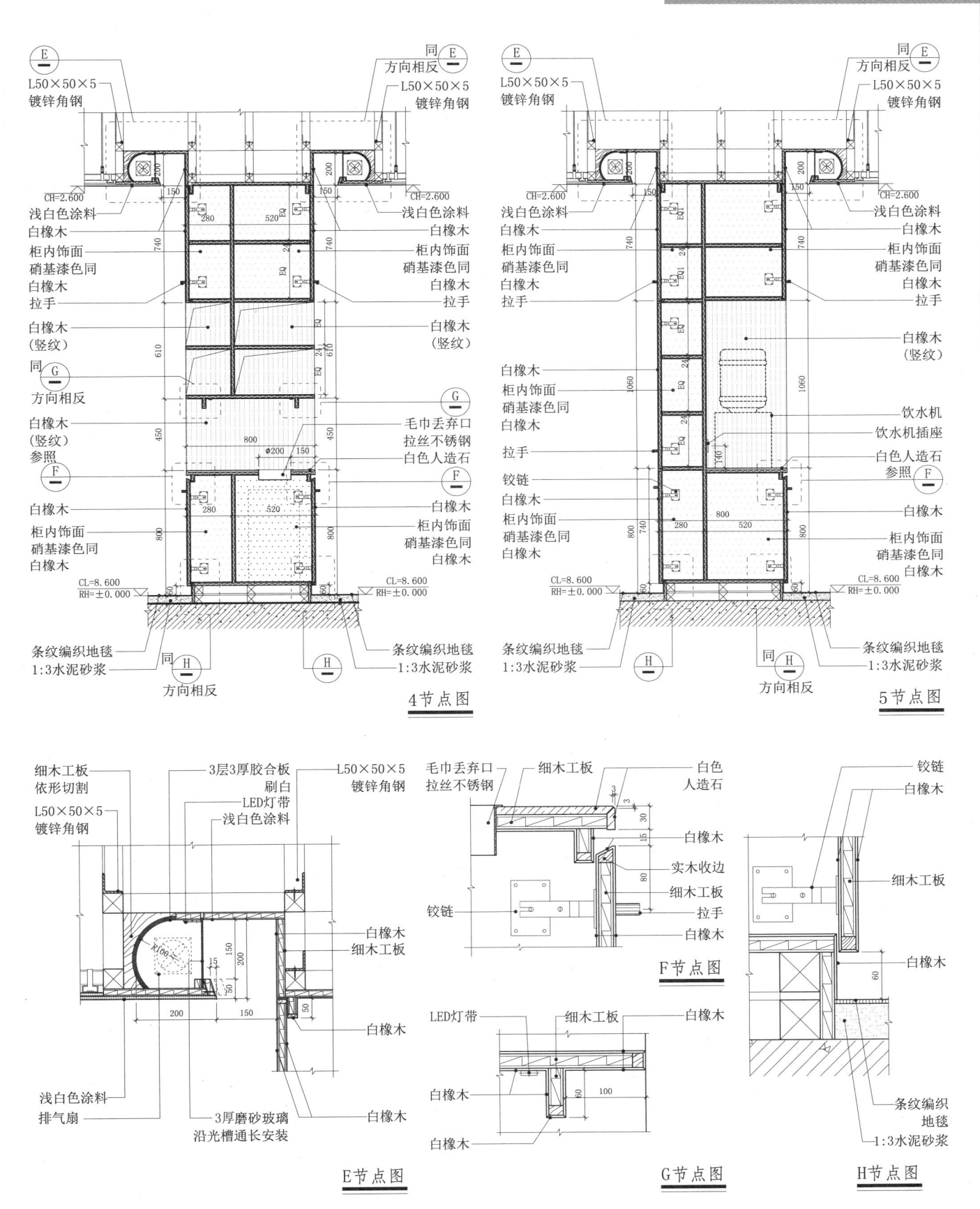

27.1 酒店小型健身房模式

27.1.13 更衣柜节点(一)

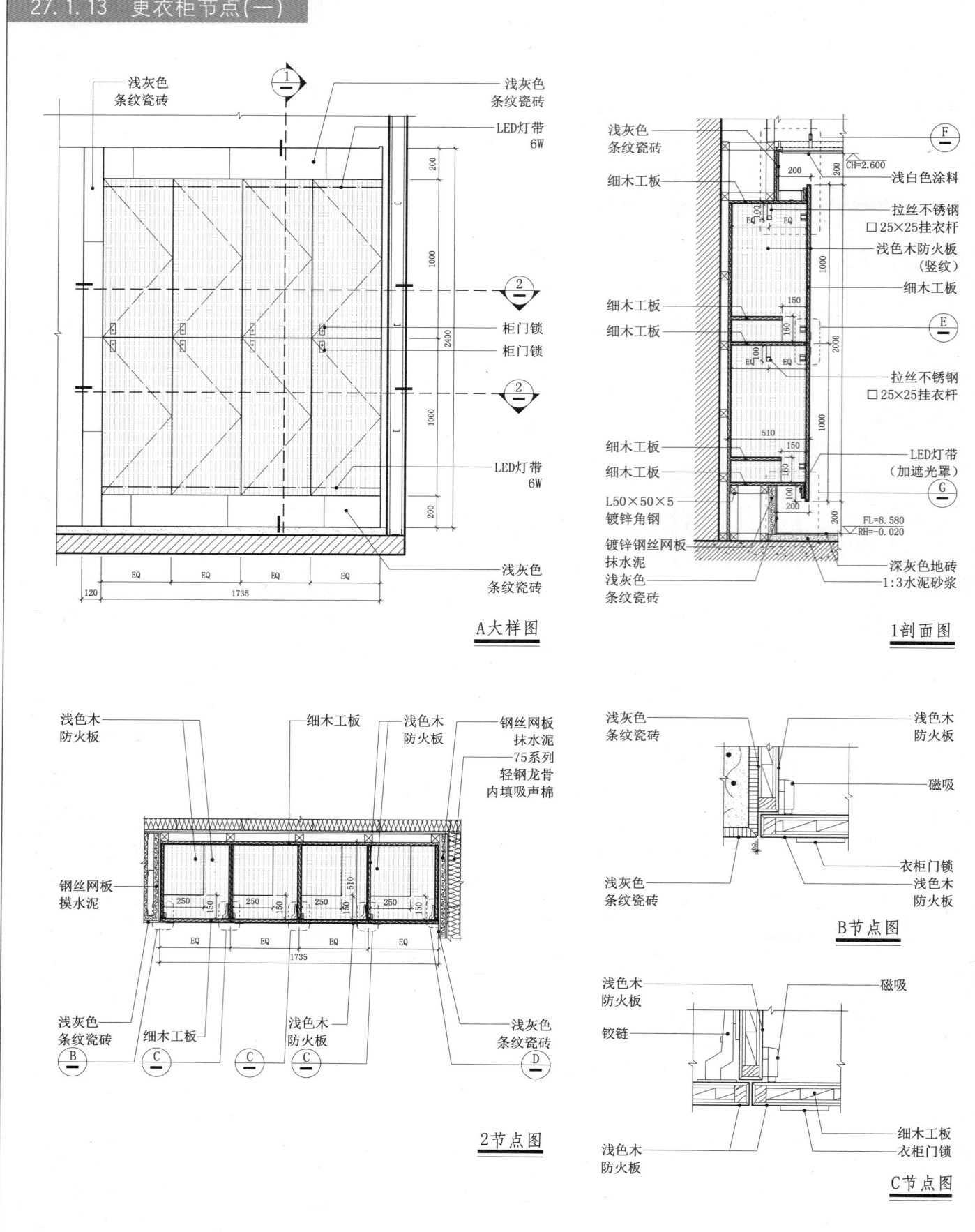

27.1.14 更衣柜节点(二)

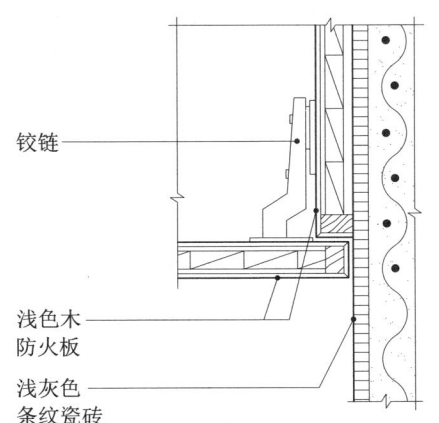

D节点图

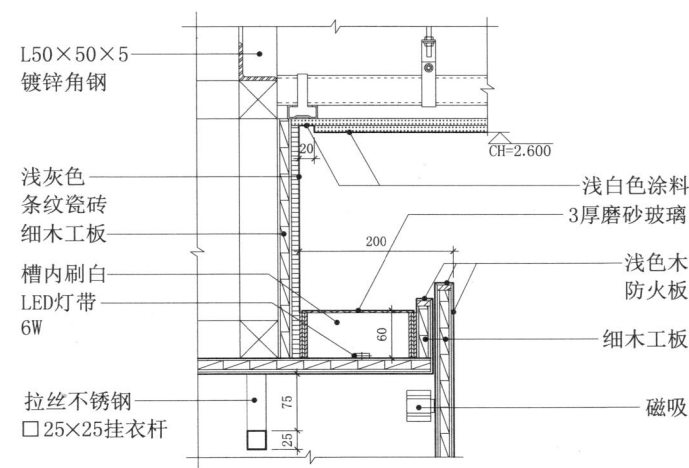

F节点图

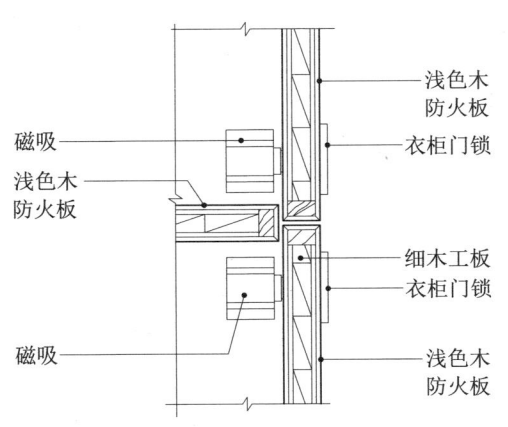

E节点图

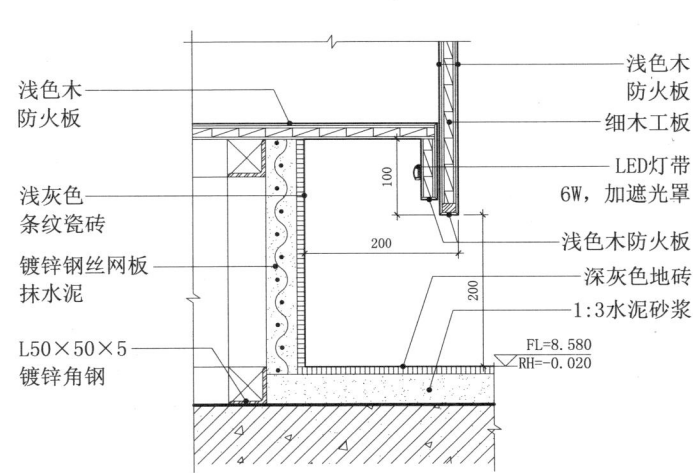

G节点图

27 健身房模式·固定家具 室内设施

27.1 酒店小型健身房模式

27.1.15 服务台节点

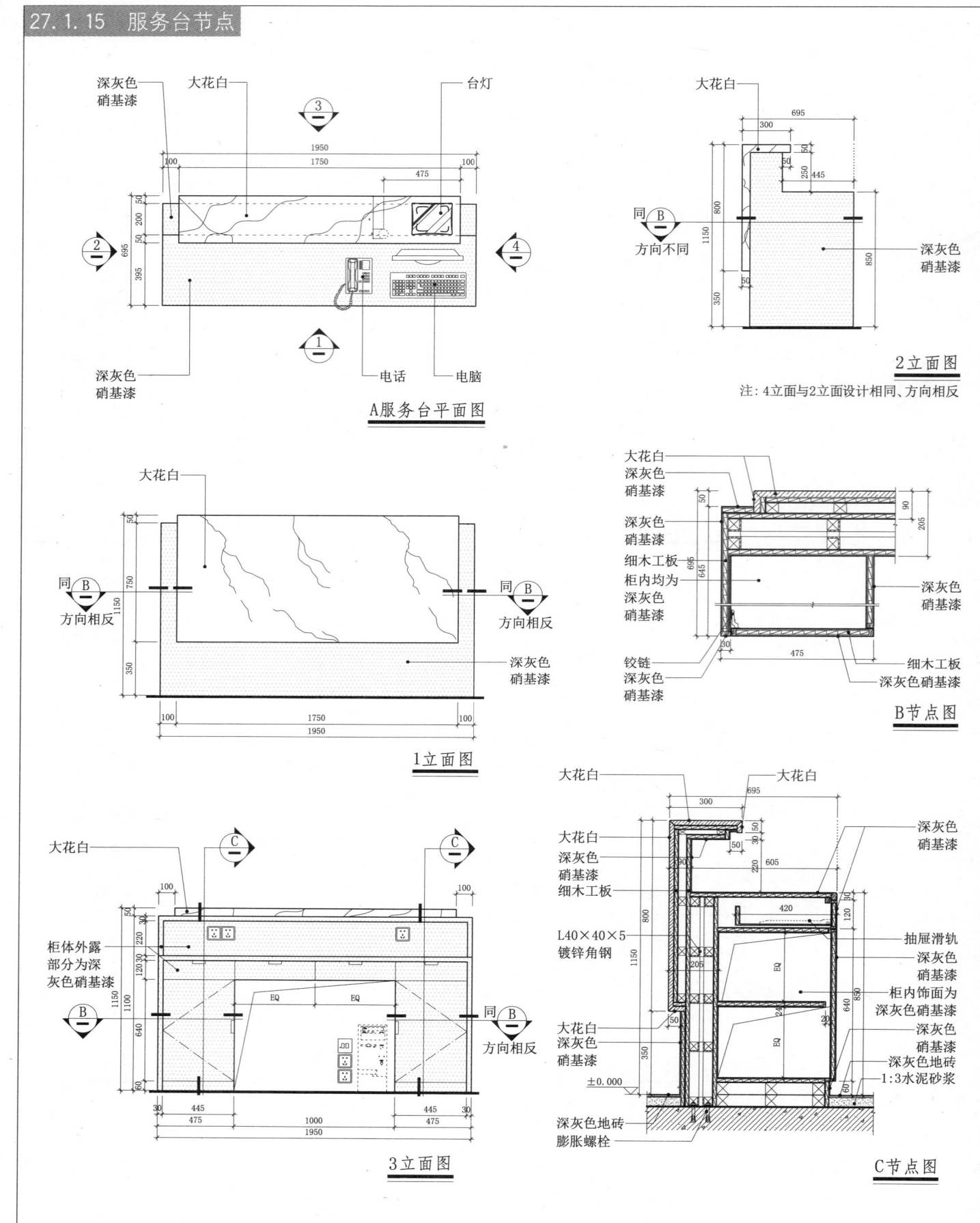

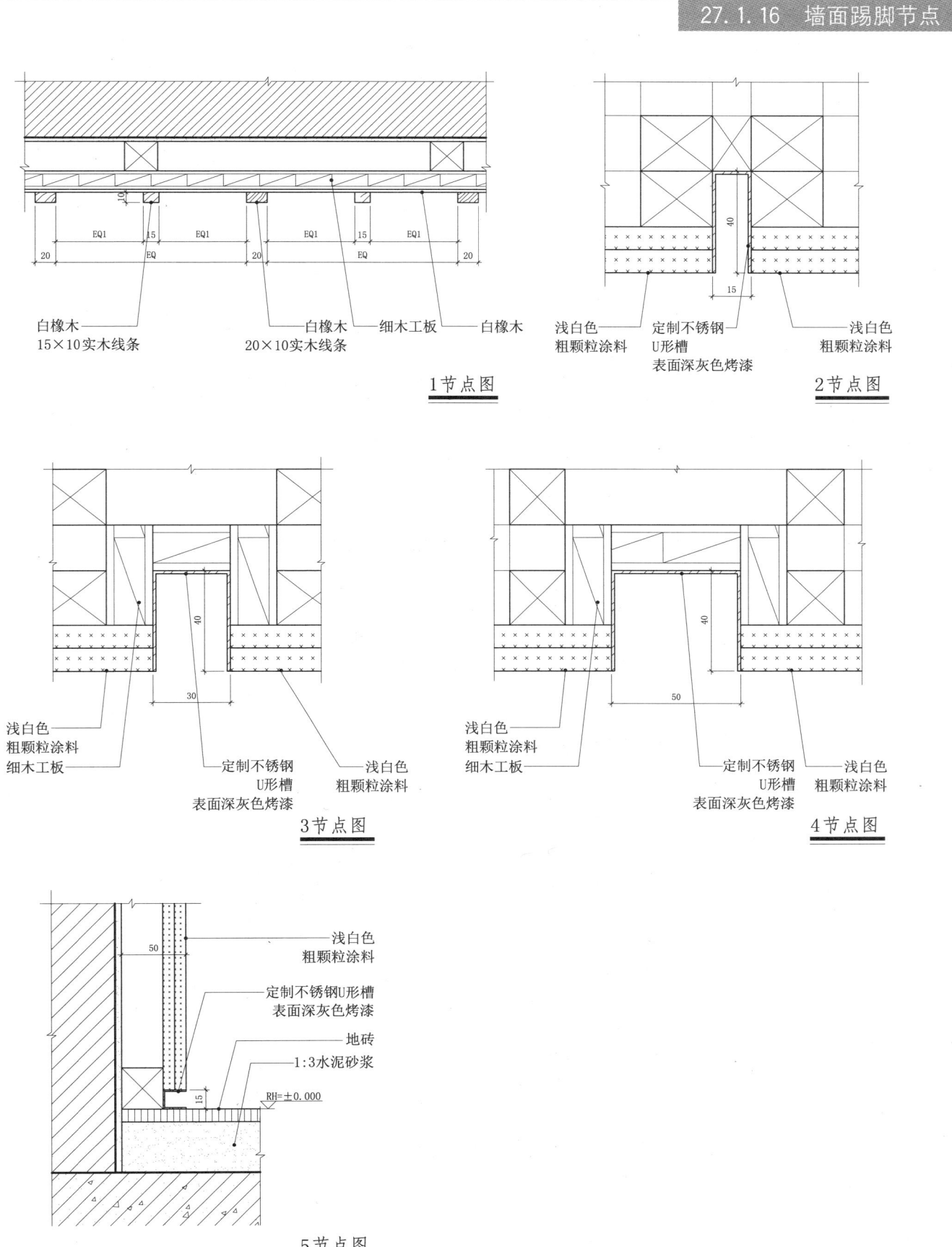

27.2 酒店简易健身房模式

27.2.1 平面图

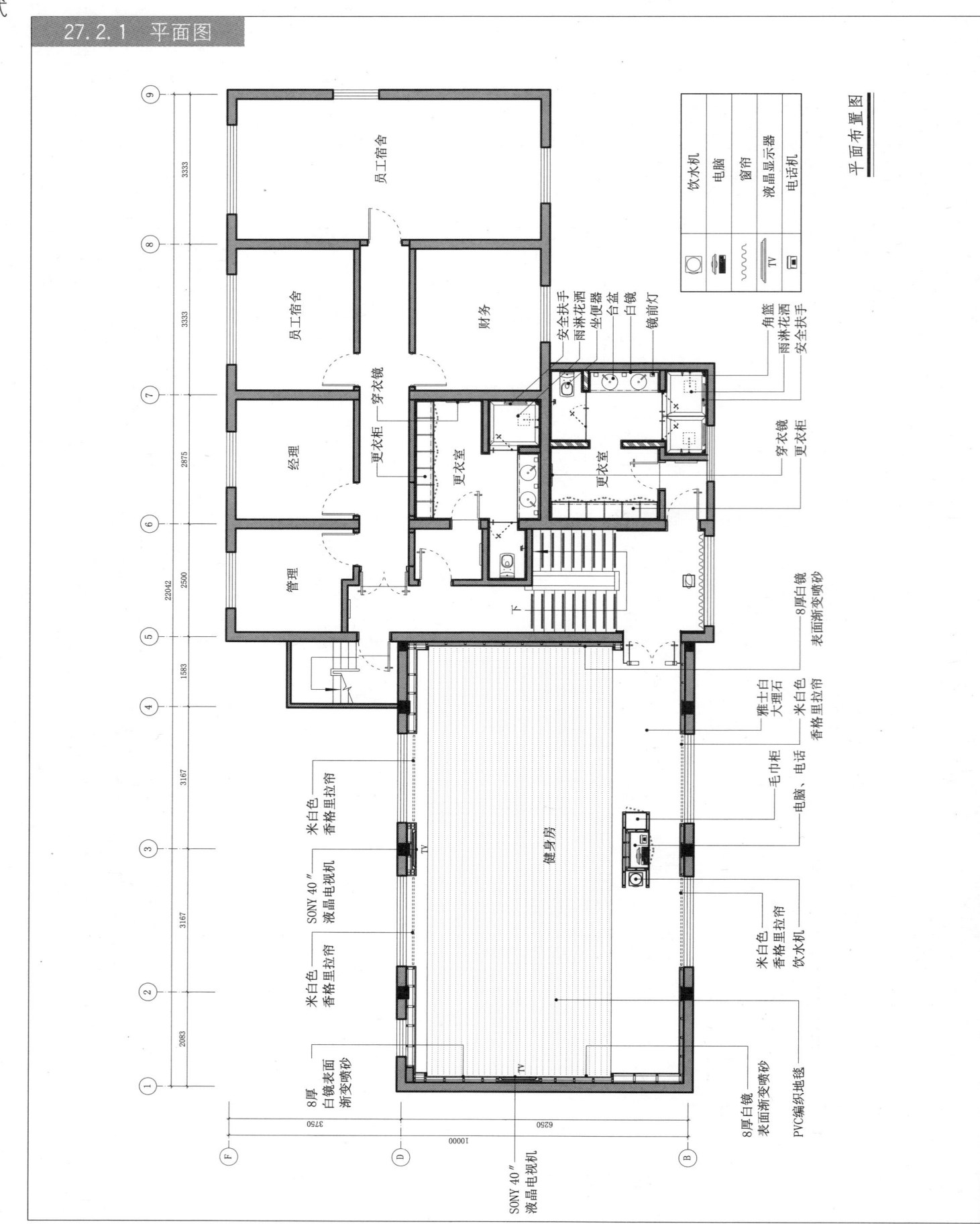

平面布置图

27.2 酒店简易健身房模式

27.2.2 索引图

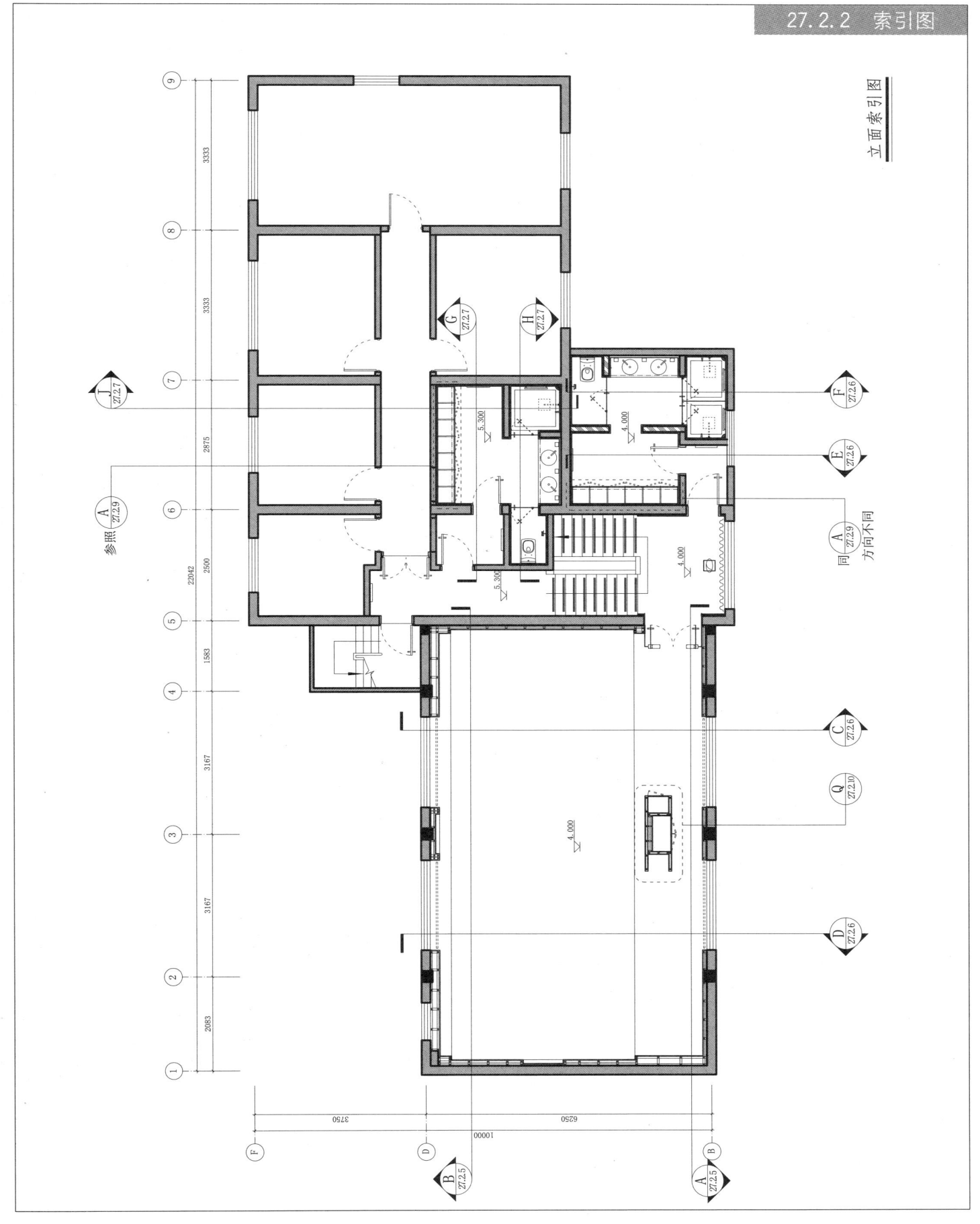

27 健身房模式

27.2 酒店简易健身房模式

27.2.3 平顶图

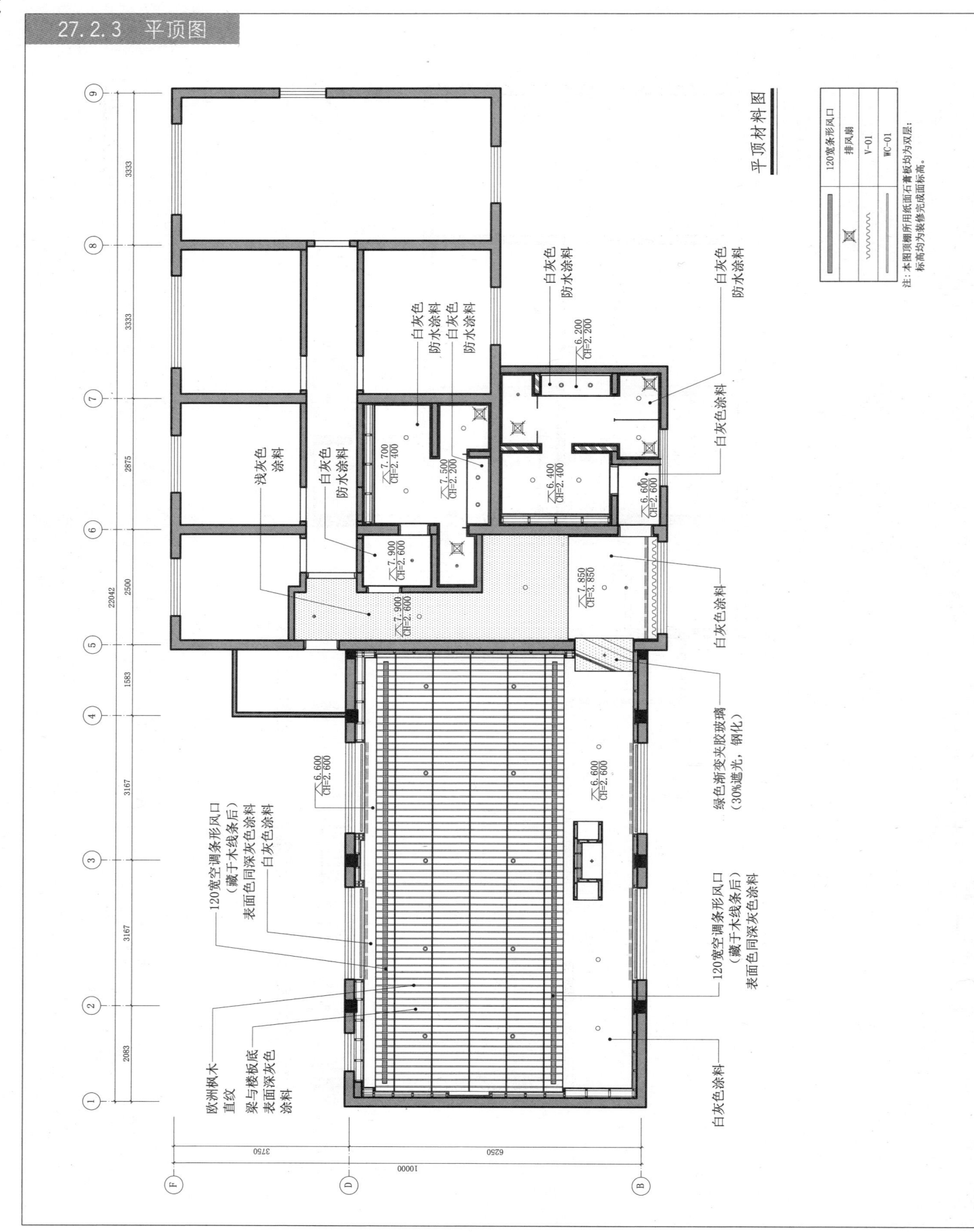

27.2 酒店简易健身房模式

27.2.4 平顶灯位图

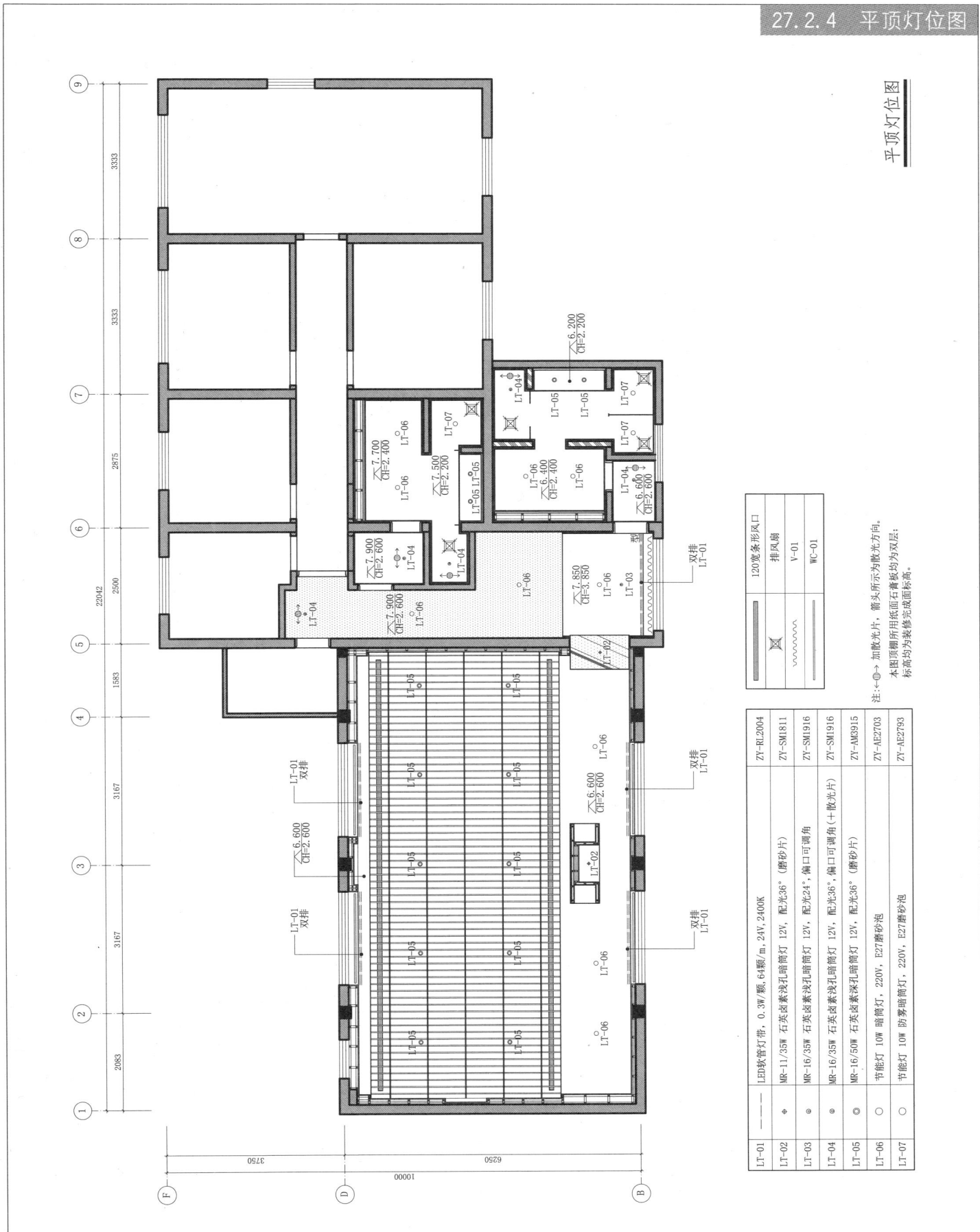

平顶灯位图

27.2 酒店简易健身房模式

27.2.5 立面图(一)

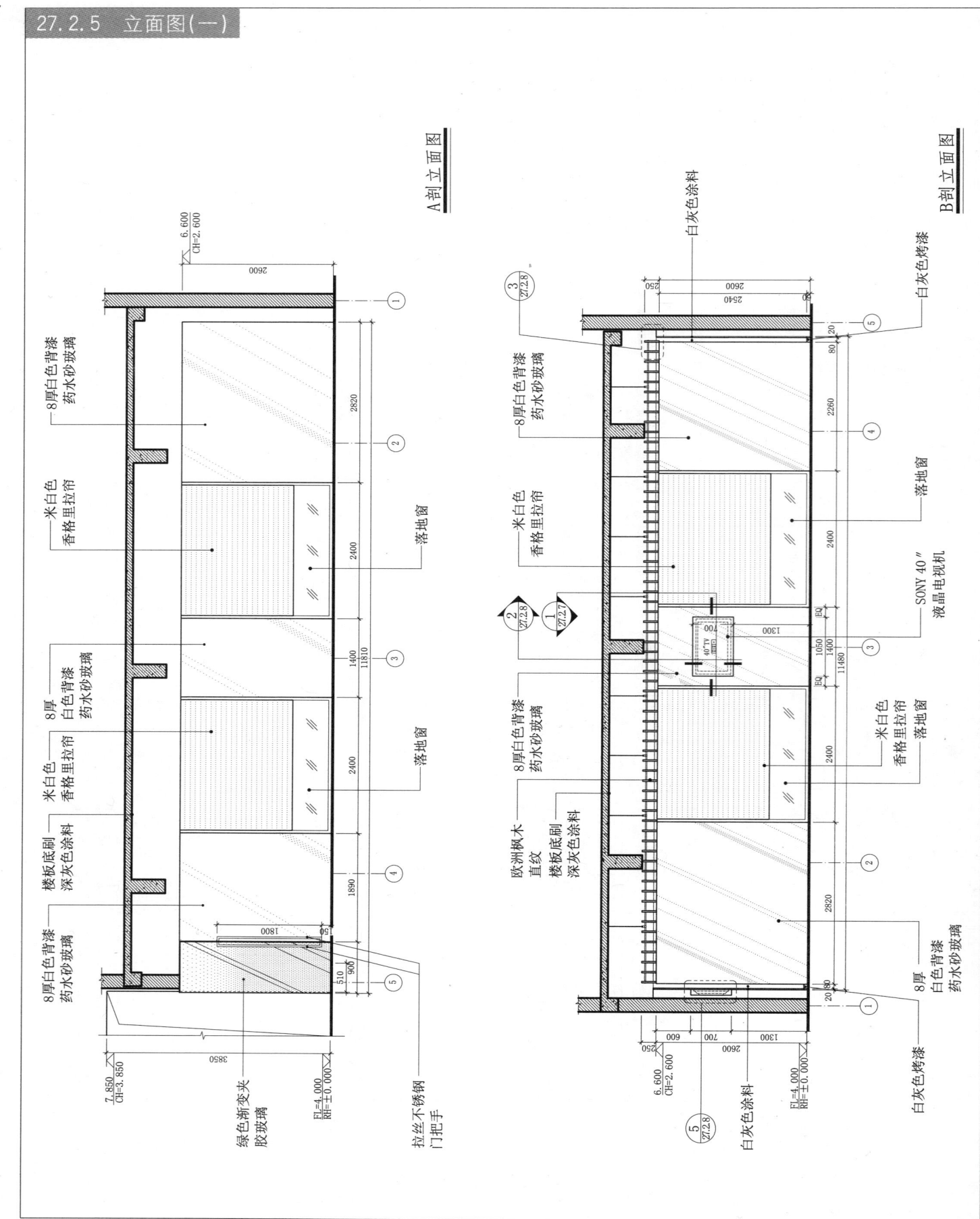

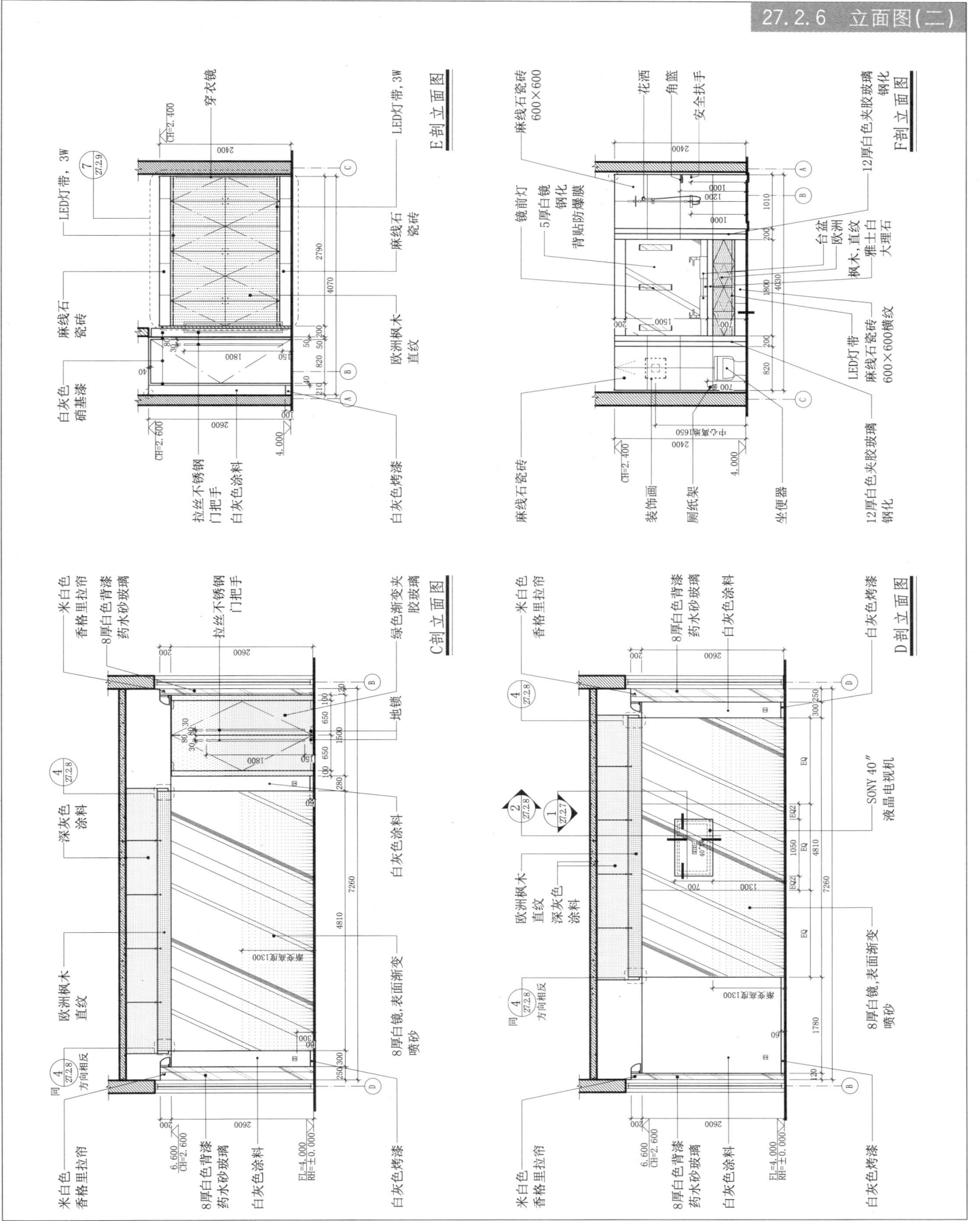

27.2 酒店简易健身房模式

27.2.7 立面图（三）

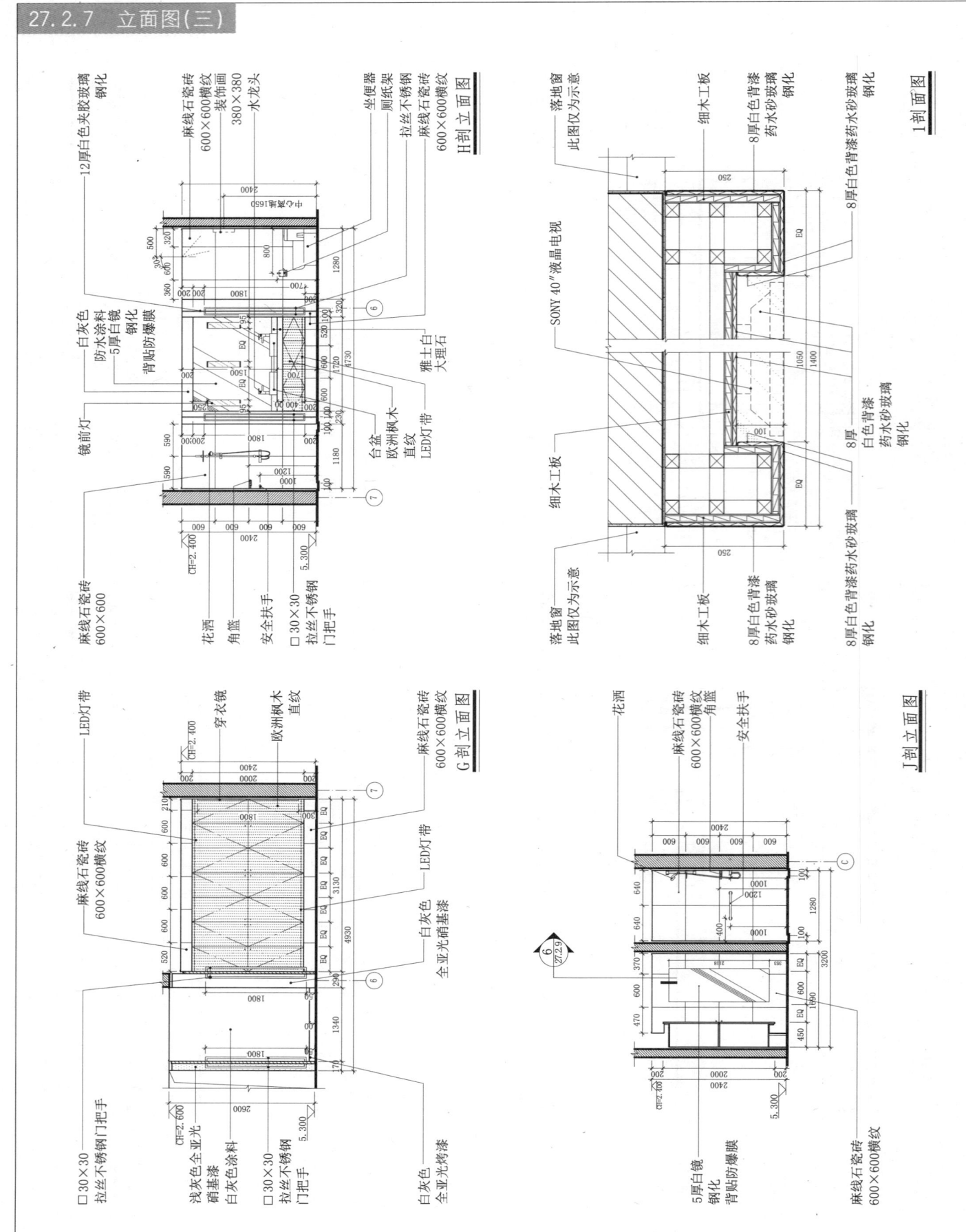

27.2.8 立面图(四)

27.2 酒店简易健身房模式

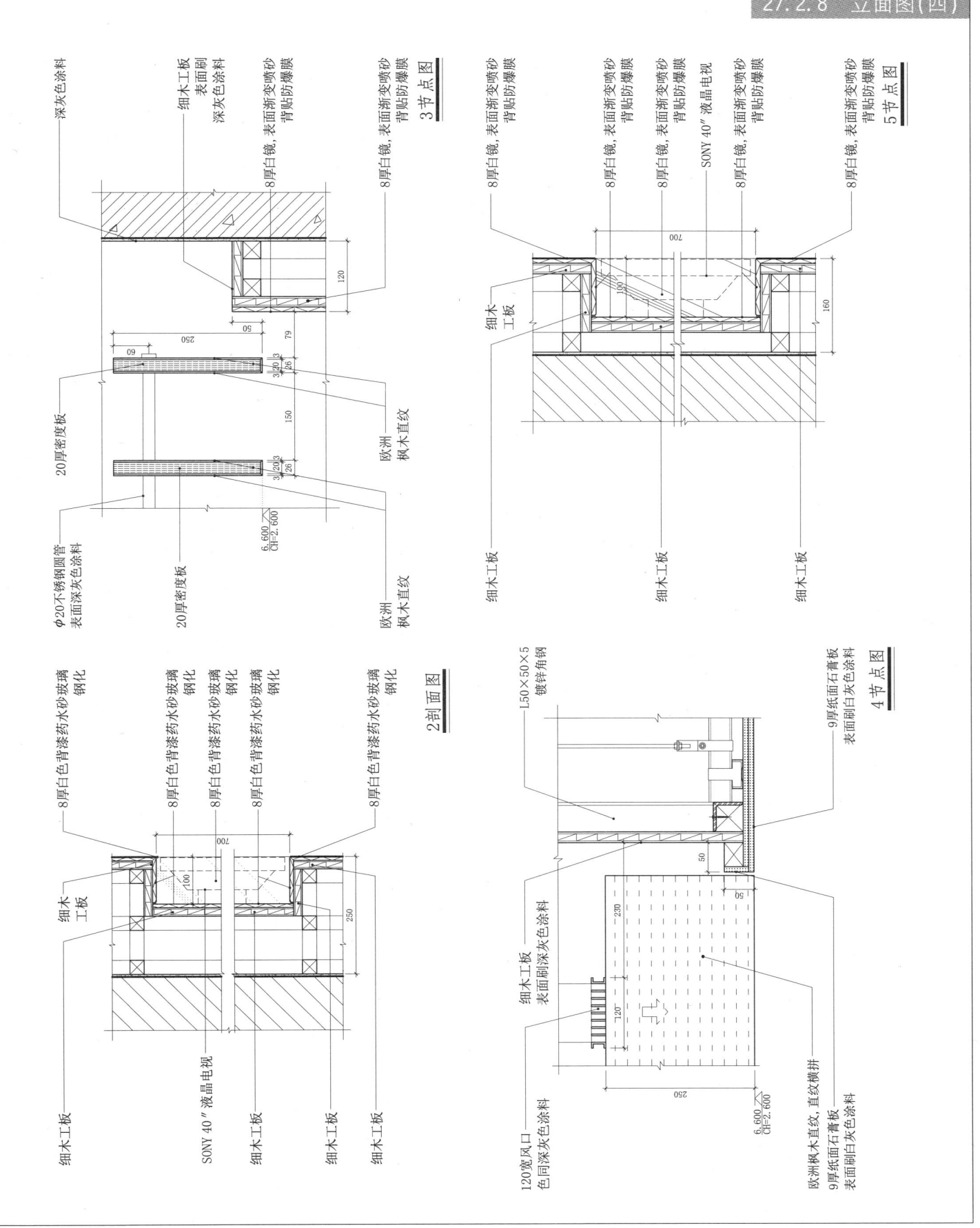

27 健身房模式

27.2 酒店简易健身房模式

27.2.9 更衣柜节点

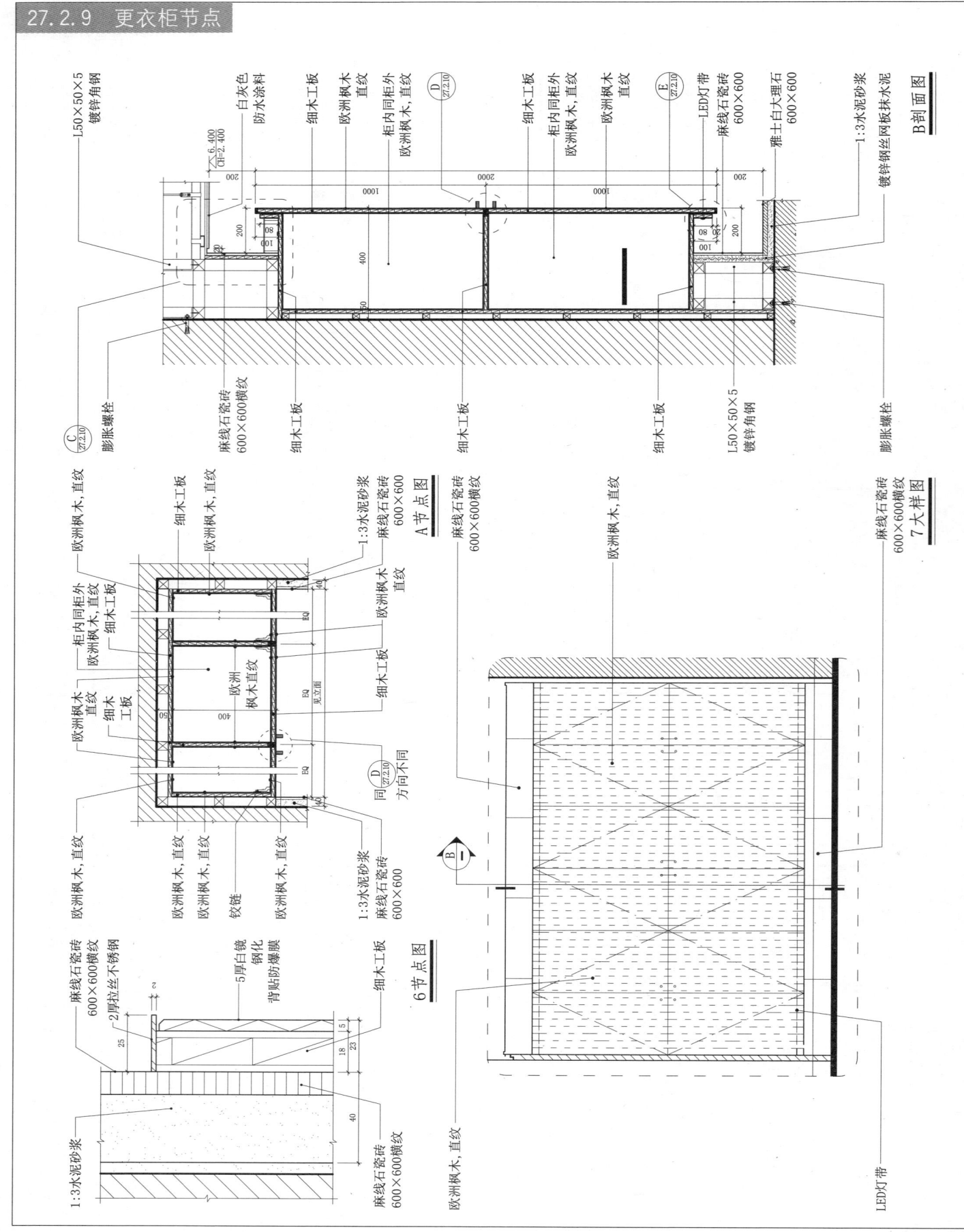

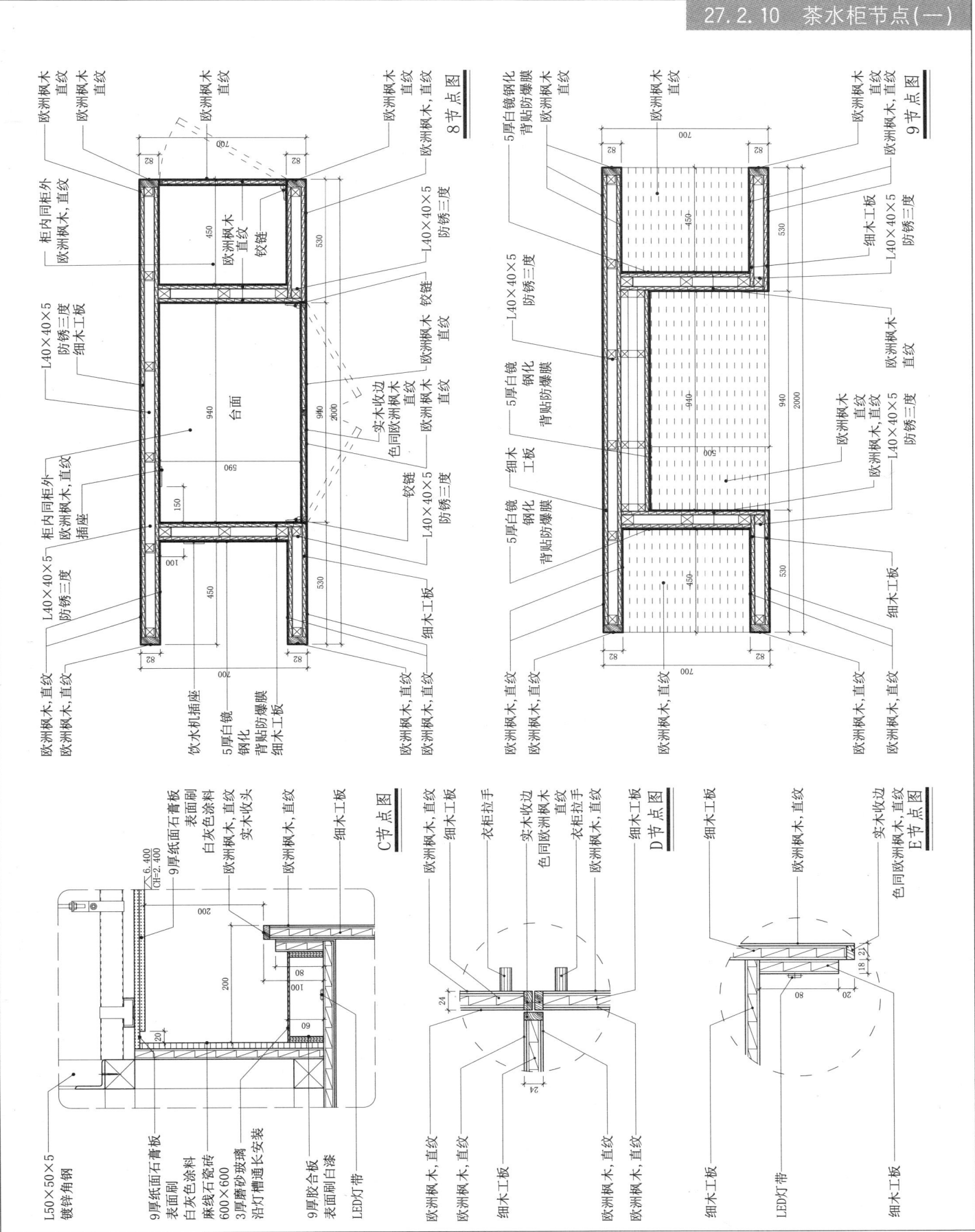

27.2.10 茶水柜节点(一)

27.2 酒店简易健身房模式

27.2.11 茶水柜节点(二)

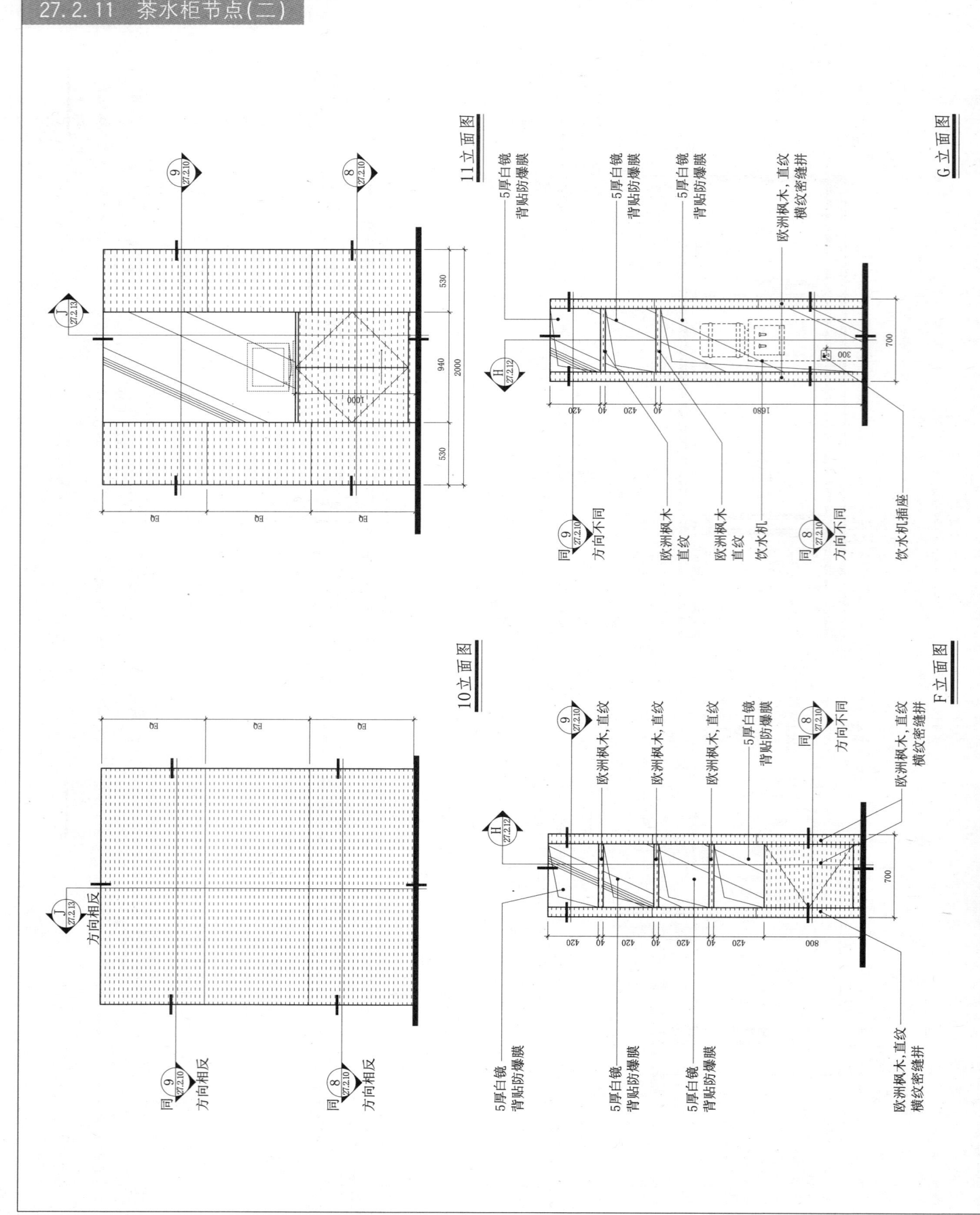

27.2.12 茶水柜节点(三)

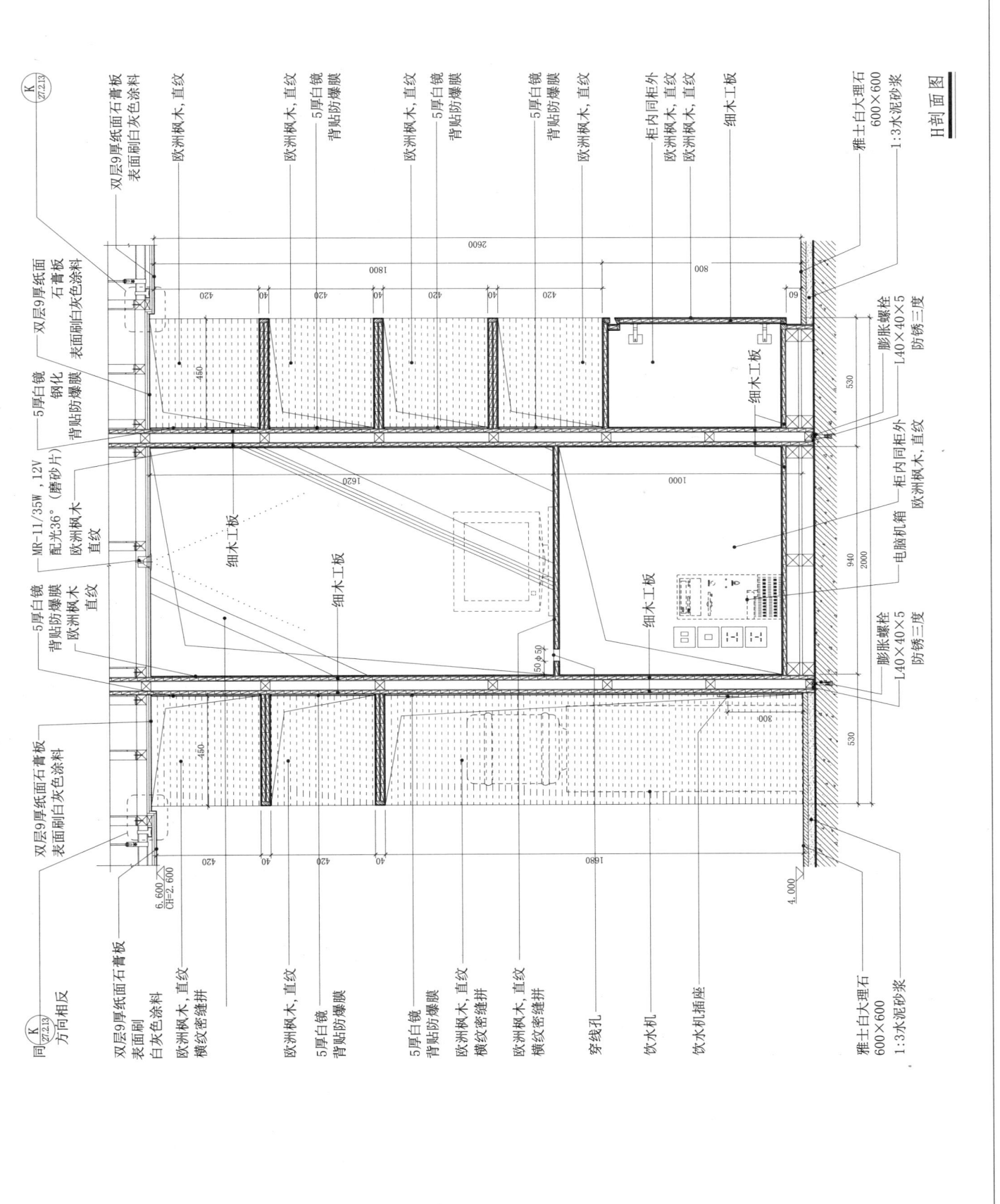

27.2 酒店简易健身房模式

27.2.13 茶水柜节点(四)

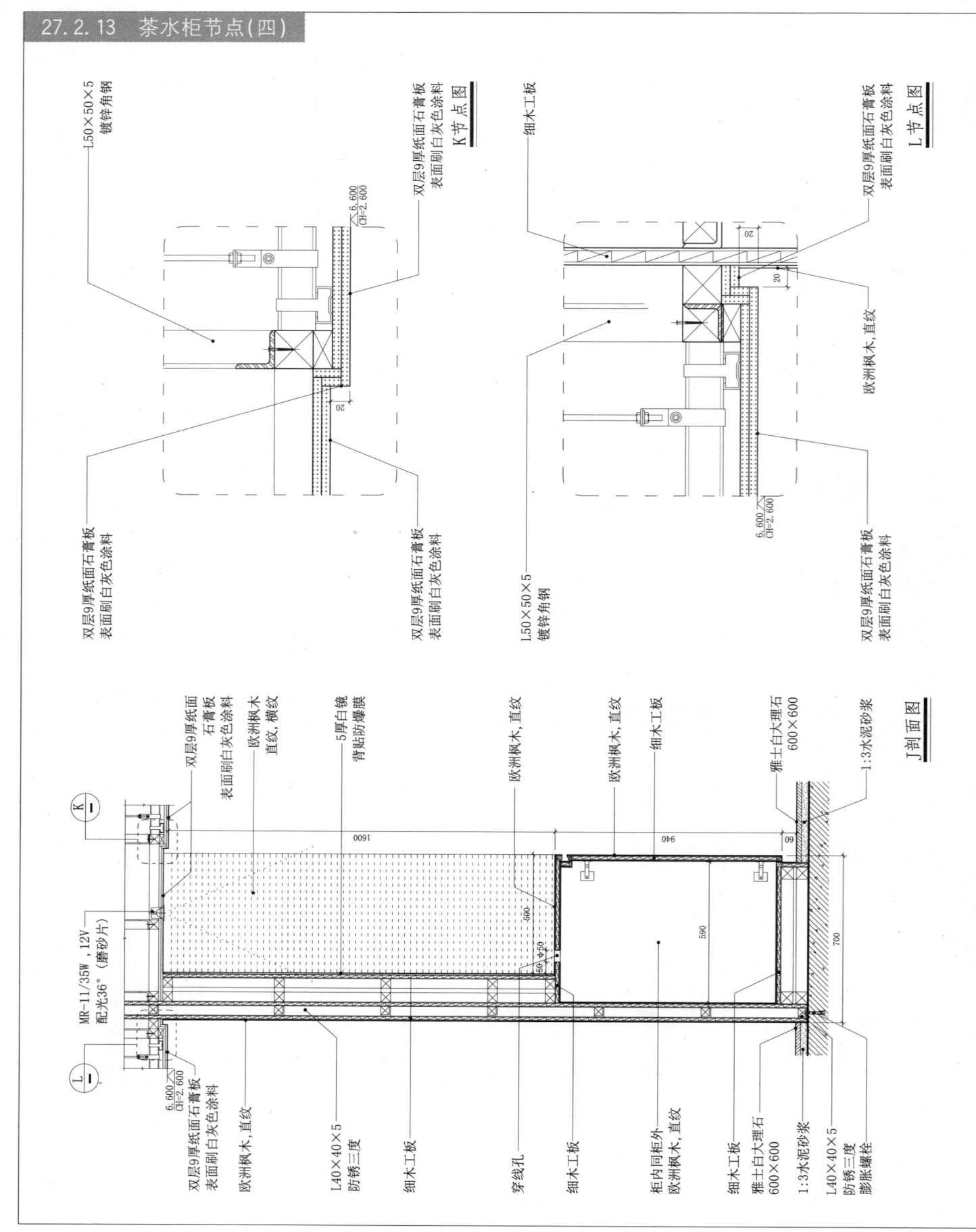

28.1 酒店宴会厅模式（一）

28.1.1 总平面图

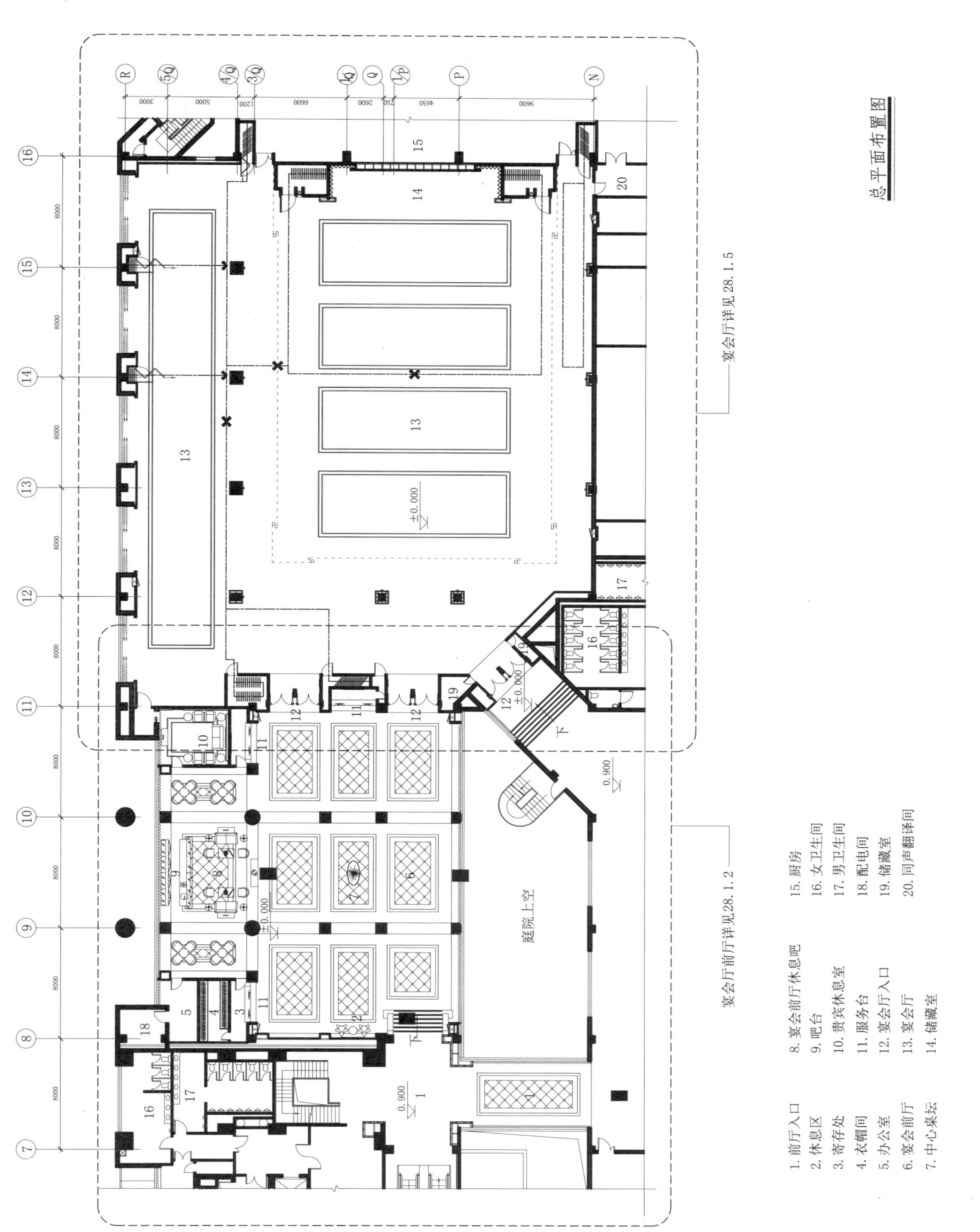

总平面布置图

宴会厅详见28.1.5
宴会厅前厅详见28.1.2

1. 前厅入口
2. 休息区
3. 寄存处
4. 衣帽间
5. 办公室
6. 宴会前厅
7. 中心桌坛
8. 宴会前厅休息吧
9. 吧台
10. 贵宾休息室
11. 服务台
12. 宴会厅入口
13. 宴会厅
14. 储藏室
15. 厨房
16. 女卫生间
17. 男卫生间
18. 配电间
19. 储藏室
20. 同声翻译间

室内构造节点与专项模式图集 | 1407

28 宴会厅模式

28.1 酒店宴会厅模式（一）

28.1.2 前厅分平面图

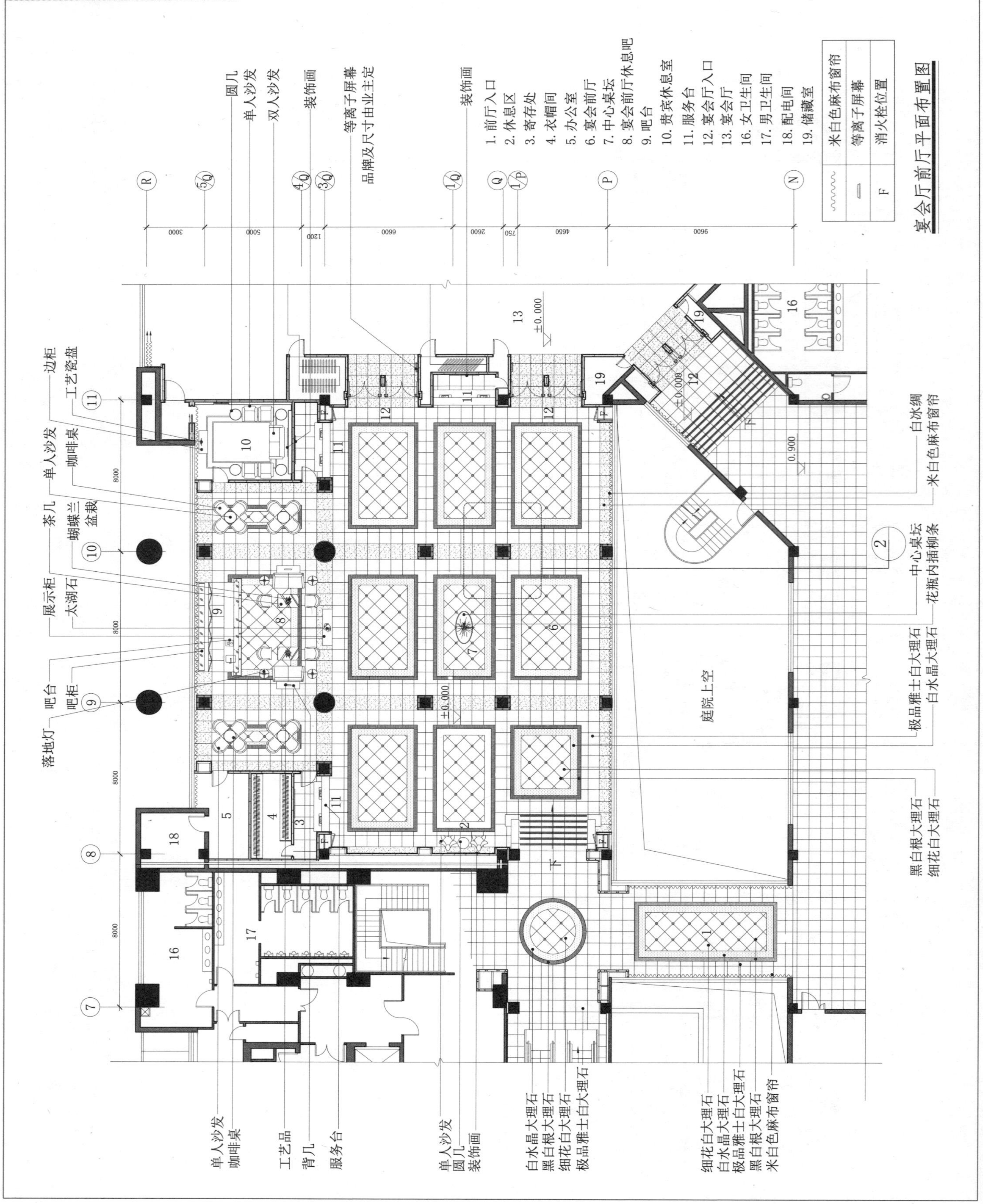

图例：
- 米白色麻布窗帘
- 等离子屏幕
- F 消火栓位置

宴会厅前厅平面布置图

标注说明：
1. 前厅入口
2. 休息区
3. 寄存处
4. 衣帽间
5. 办公室
6. 宴会前厅
7. 中心桌坛
8. 宴会前厅休息吧
9. 吧台
10. 贵宾休息室
11. 服务台
12. 宴会厅入口
13. 宴会厅
16. 女卫生间
17. 男卫生间
18. 配电间
19. 储藏室

1408 | 室内构造节点与专项模式图集

28.1 酒店宴会厅模式（一）

28.1.3 前厅立面索引图

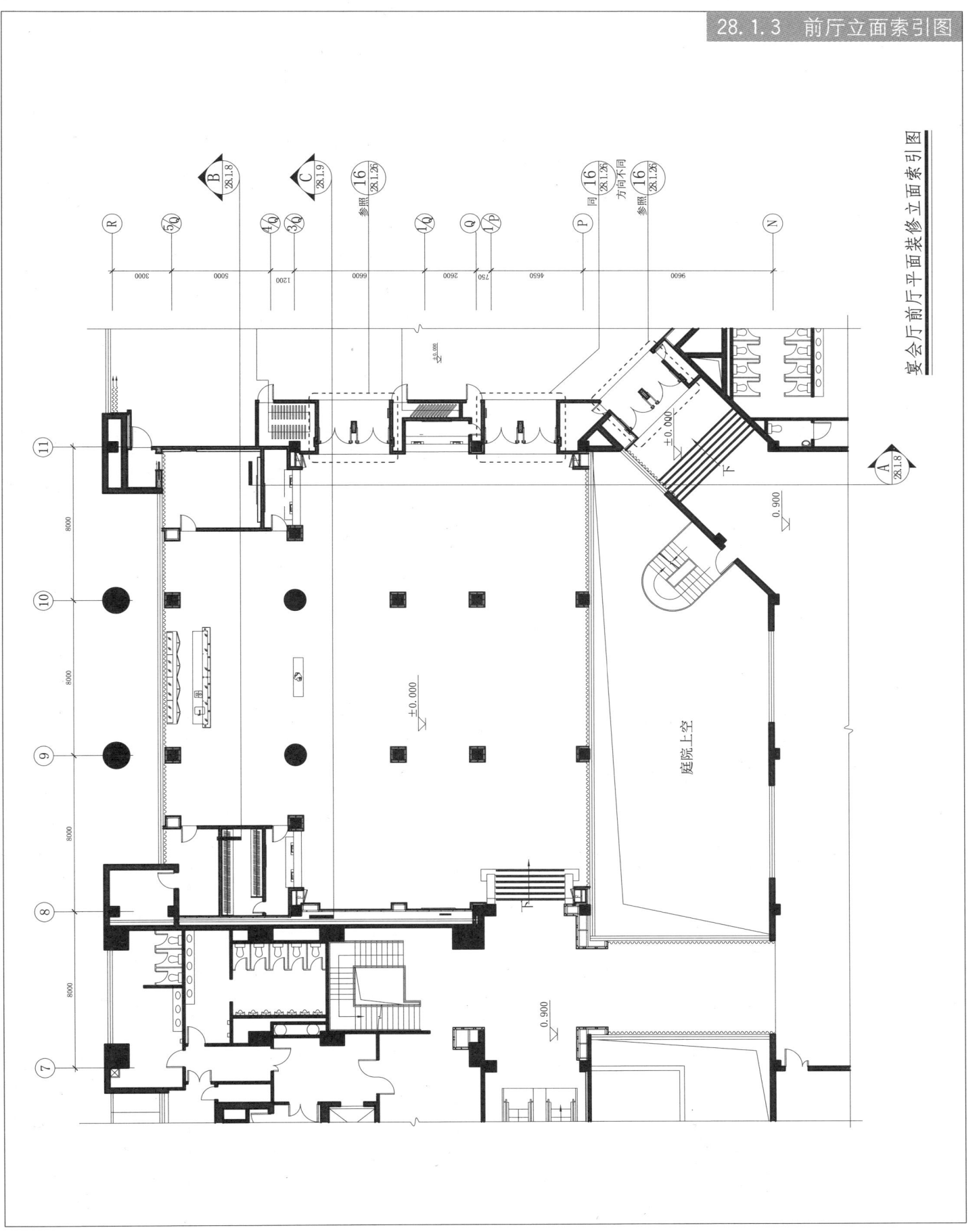

28 宴会厅模式

28.1 酒店宴会厅模式(一)

28.1.4 前厅分平顶图

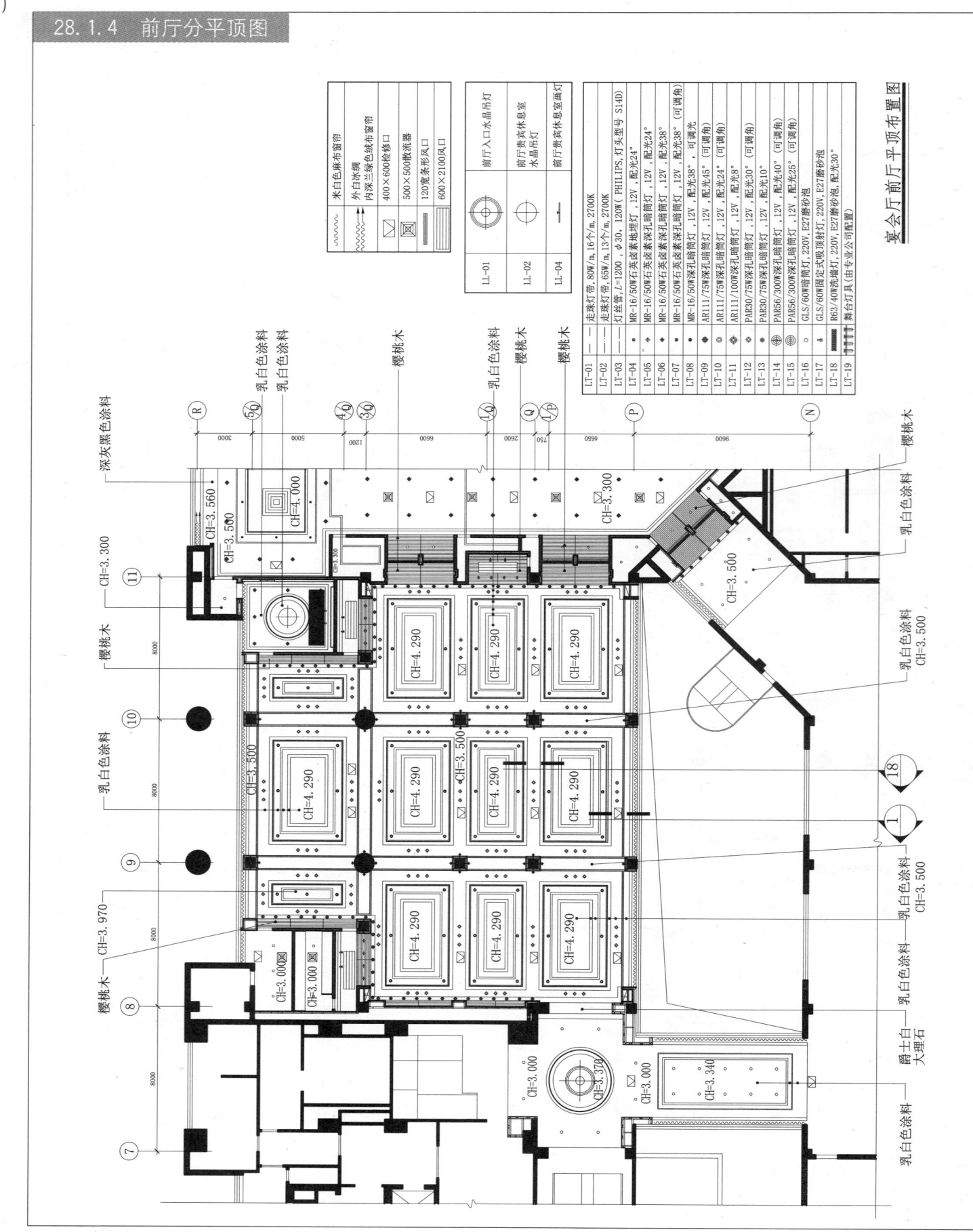

宴会厅前厅平顶布置图

28.1 酒店宴会厅模式(一)

28.1.5 宴会厅分平面图

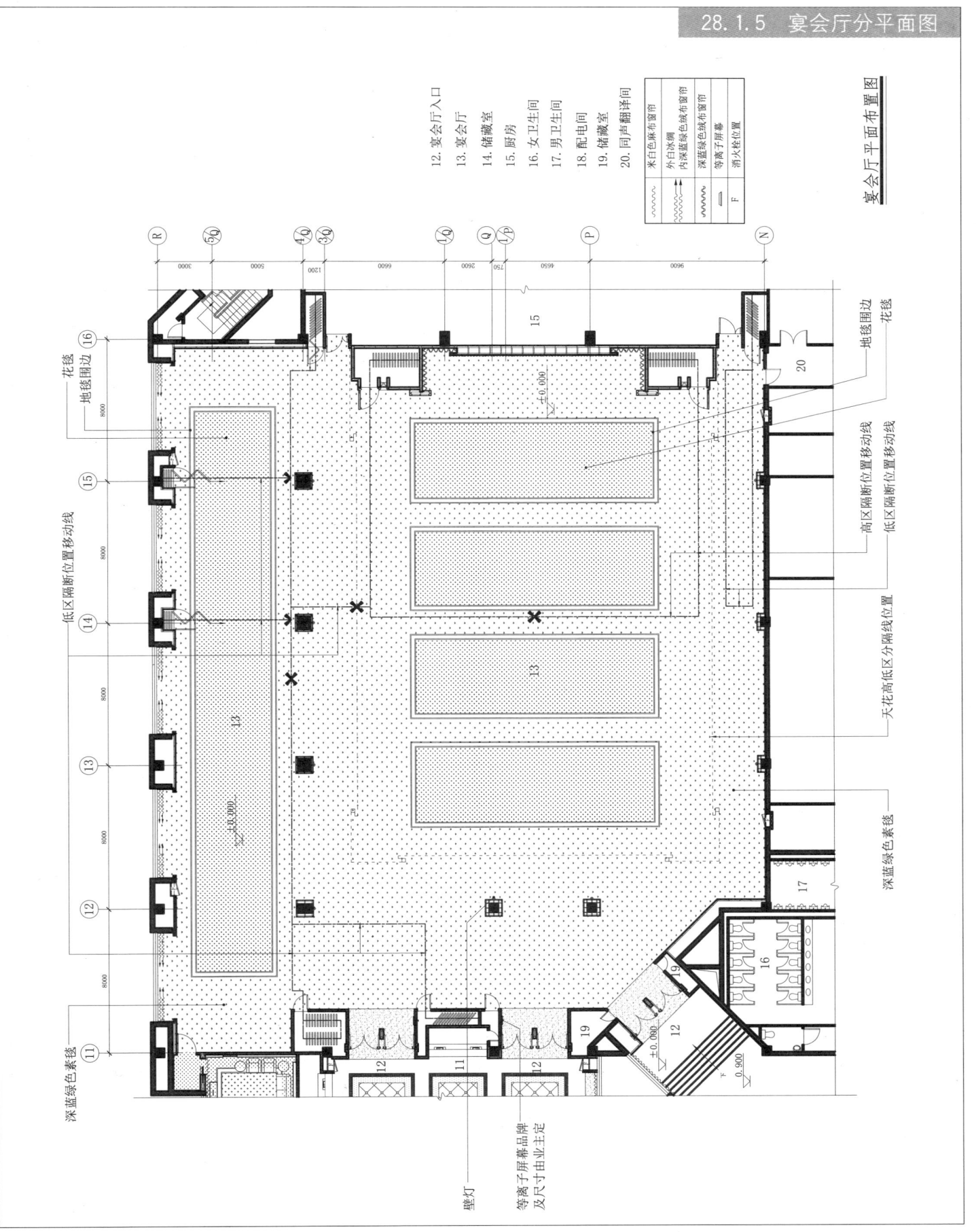

宴会厅平面布置图

28 宴会厅模式

28.1 酒店宴会厅模式（一）

28.1.6 宴会厅立面索引图

宴会厅平面装修立面索引图

28.1 酒店宴会厅模式（一）

28.1.7 宴会厅分平顶图

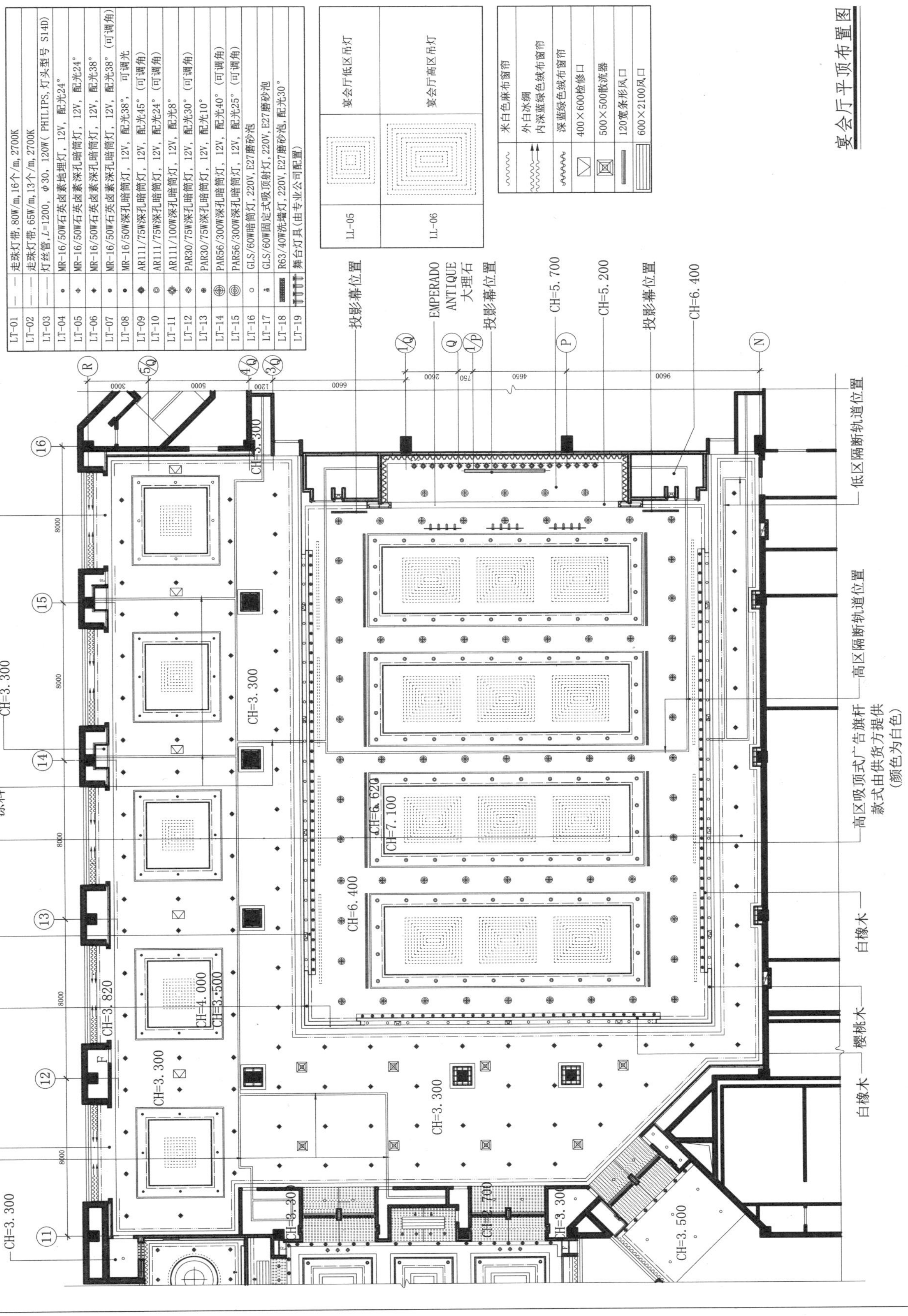

宴会厅平顶布置图

28 宴会厅模式

28.1 酒店宴会厅模式（一）

28.1.8 前厅剖立面图（一）

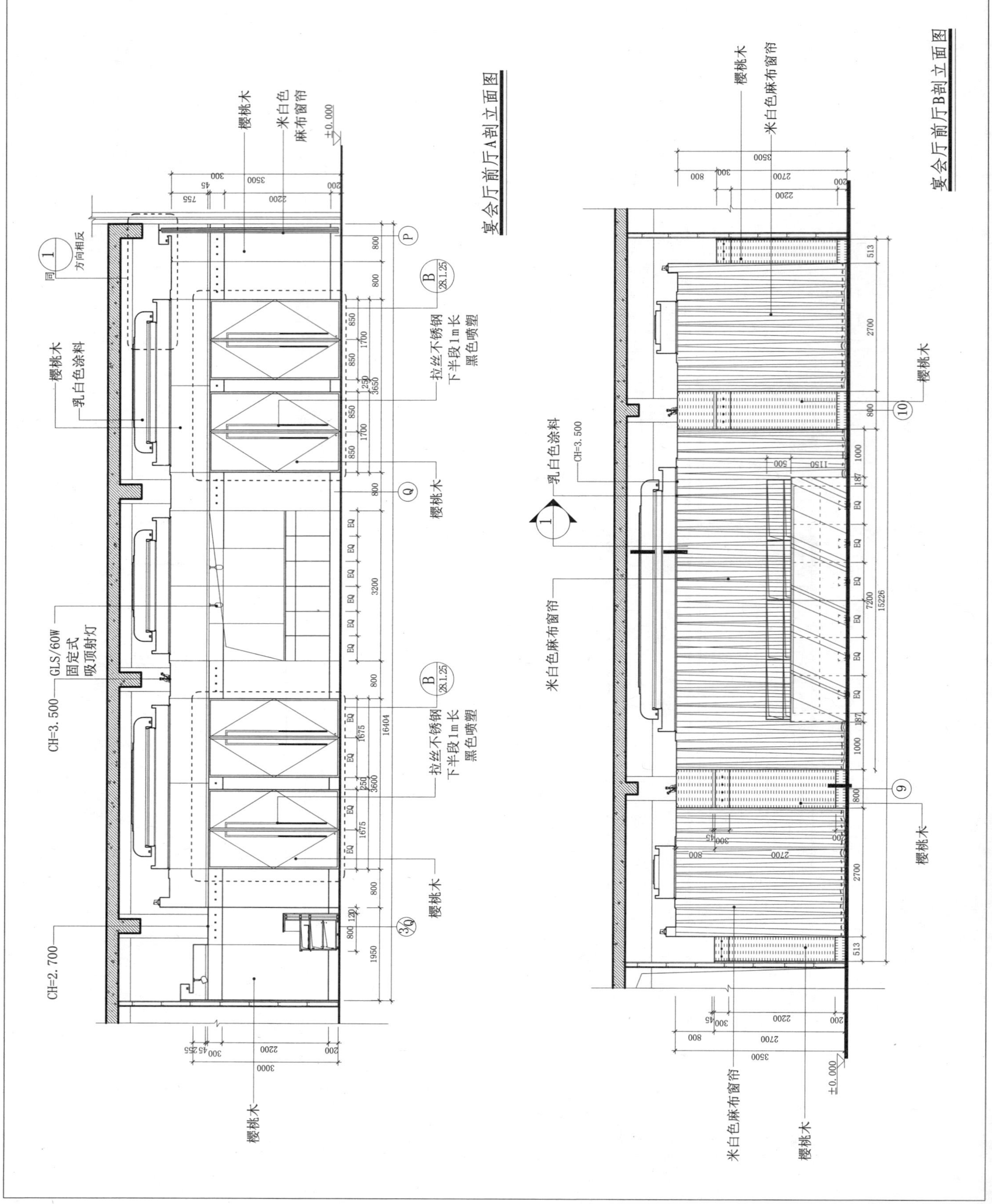

宴会厅前厅A剖立面图

宴会厅前厅B剖立面图

28.1 酒店宴会厅模式(一)

28.1.9 前厅剖立面图(二)

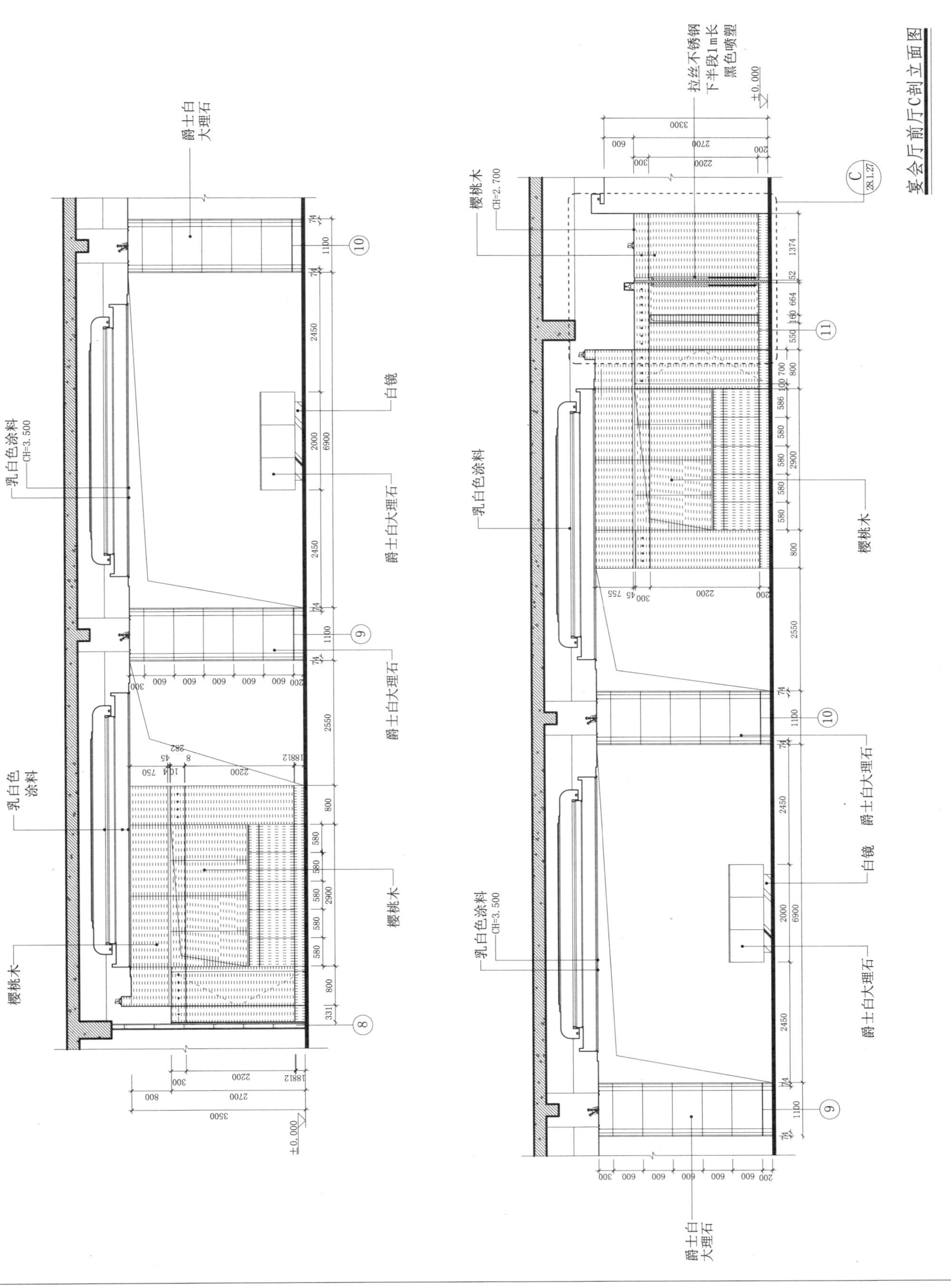

宴会厅前厅C剖立面图

28 宴会厅模式

28.1 酒店宴会厅模式（一）

28.1.10 宴会厅剖立面图（一）

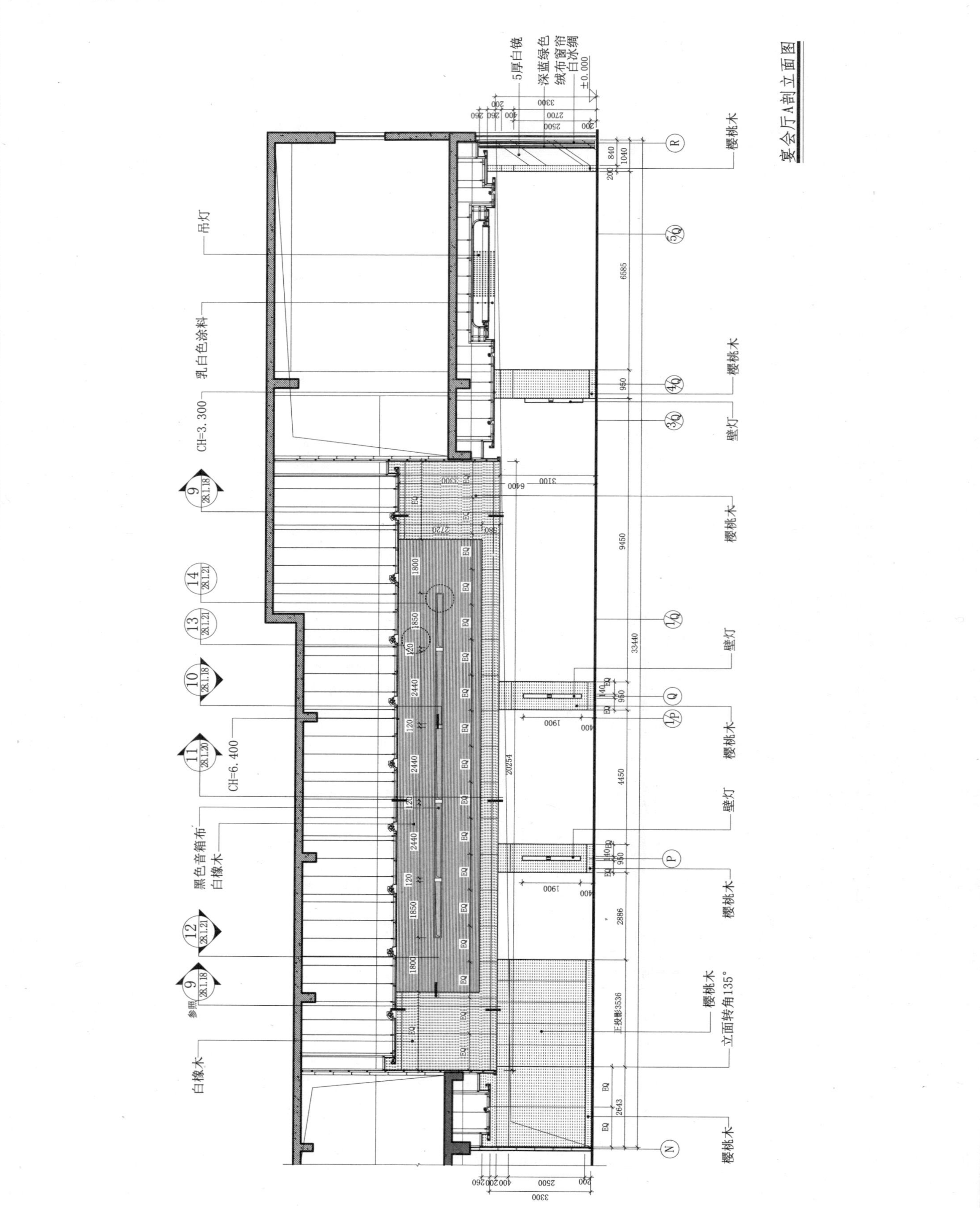

28.1 酒店宴会厅模式（一）

28.1.11 宴会厅剖立面图（二）

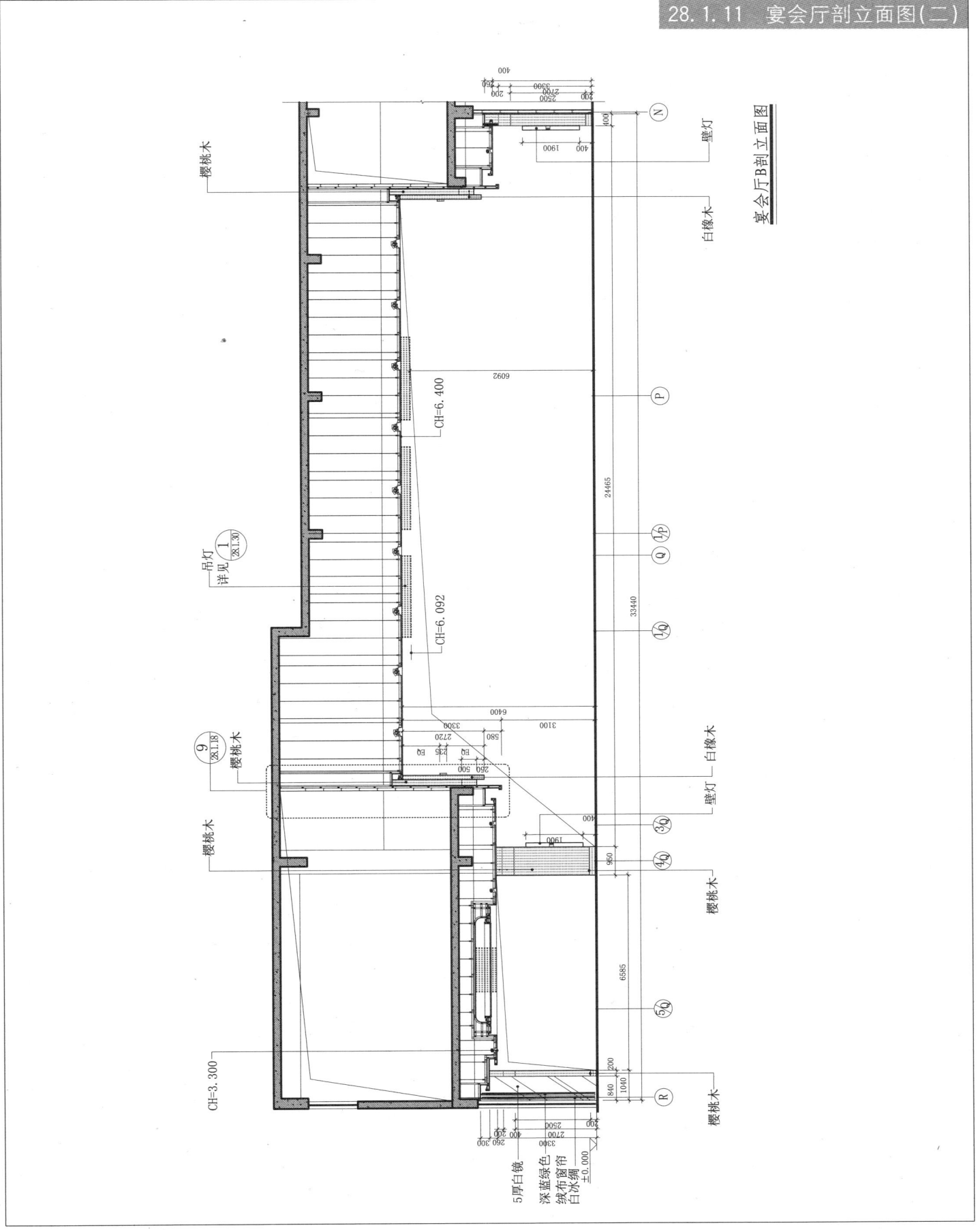

28.1 酒店宴会厅模式（一）

28.1.12 宴会厅剖立面图（三）

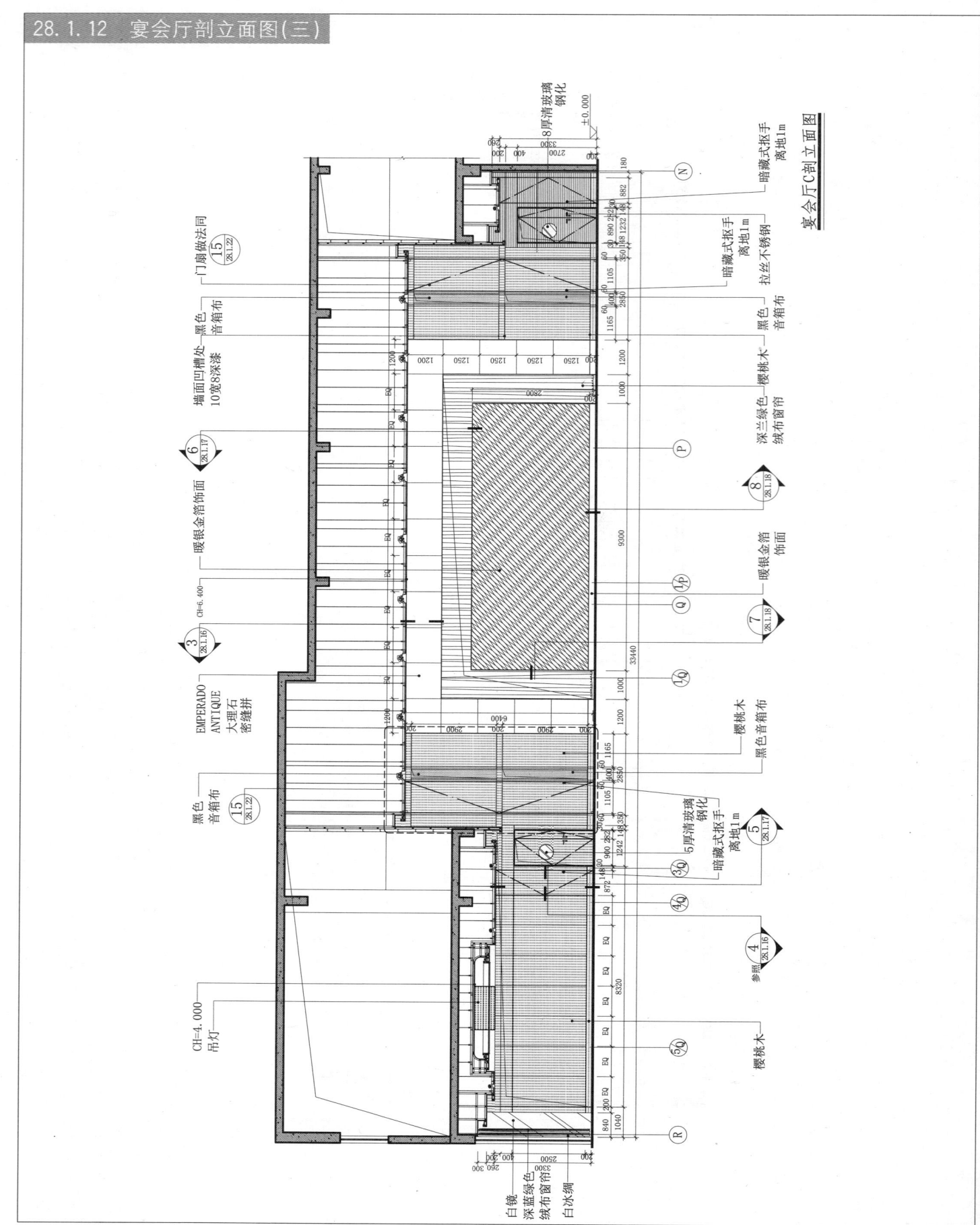

28.1 酒店宴会厅模式(一)

28.1.13 宴会厅剖立面图(四)

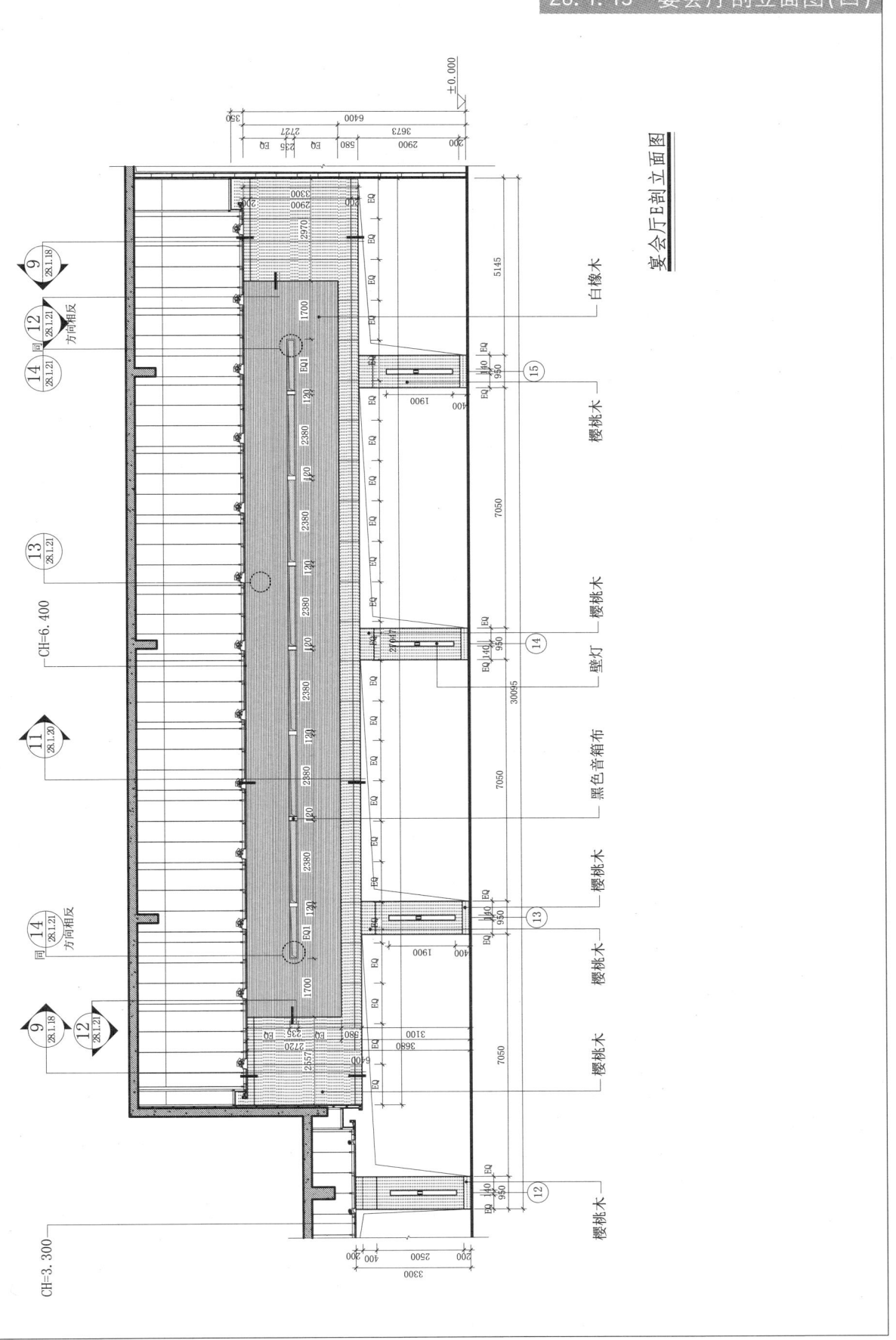

28.1 酒店宴会厅模式（一）

28.1.14 宴会厅剖立面图（五）

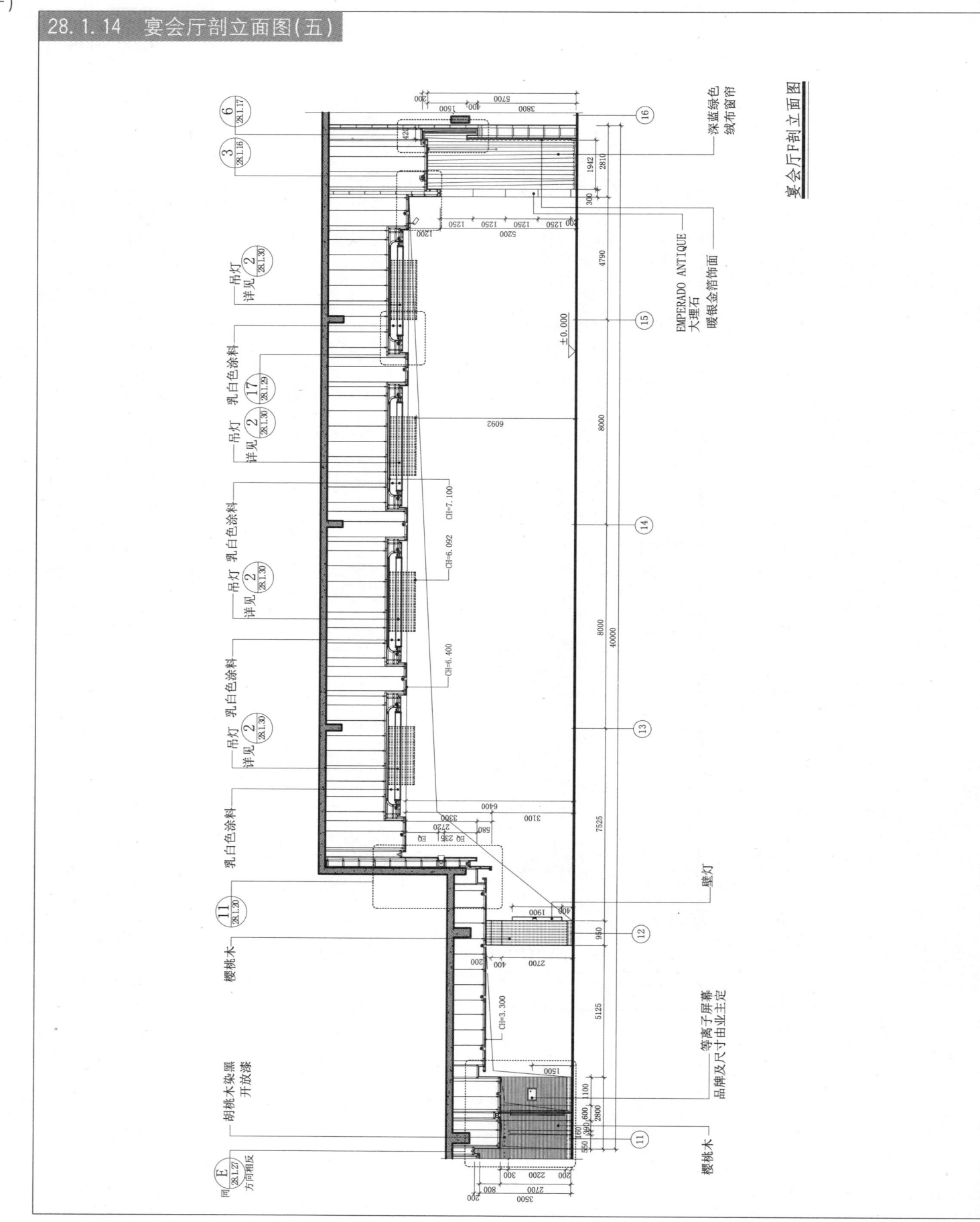

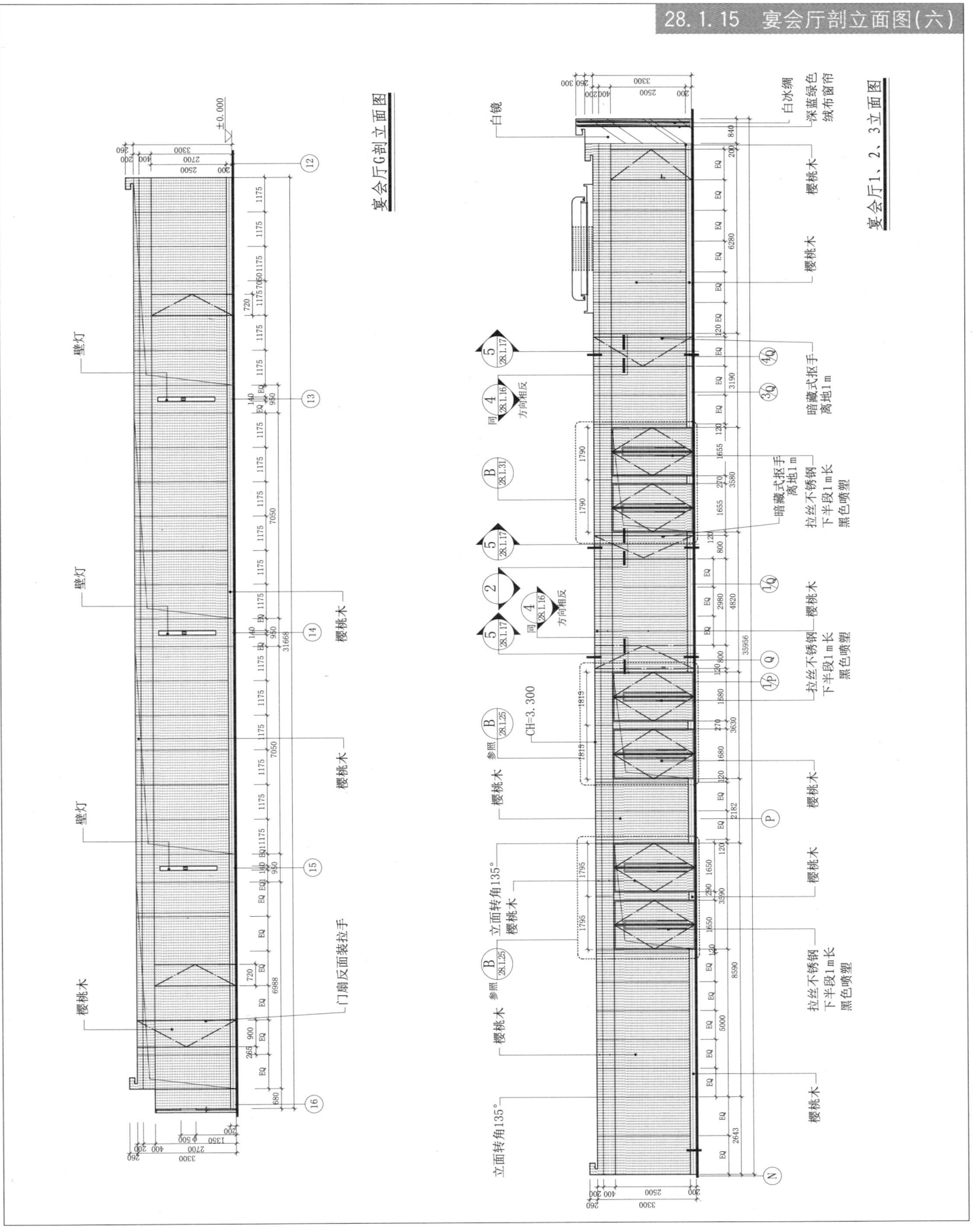

28.1 酒店宴会厅模式（一）

28.1.15 宴会厅剖立面图（六）

28.1 酒店宴会厅模式（一）

28.1.16 节点（一）

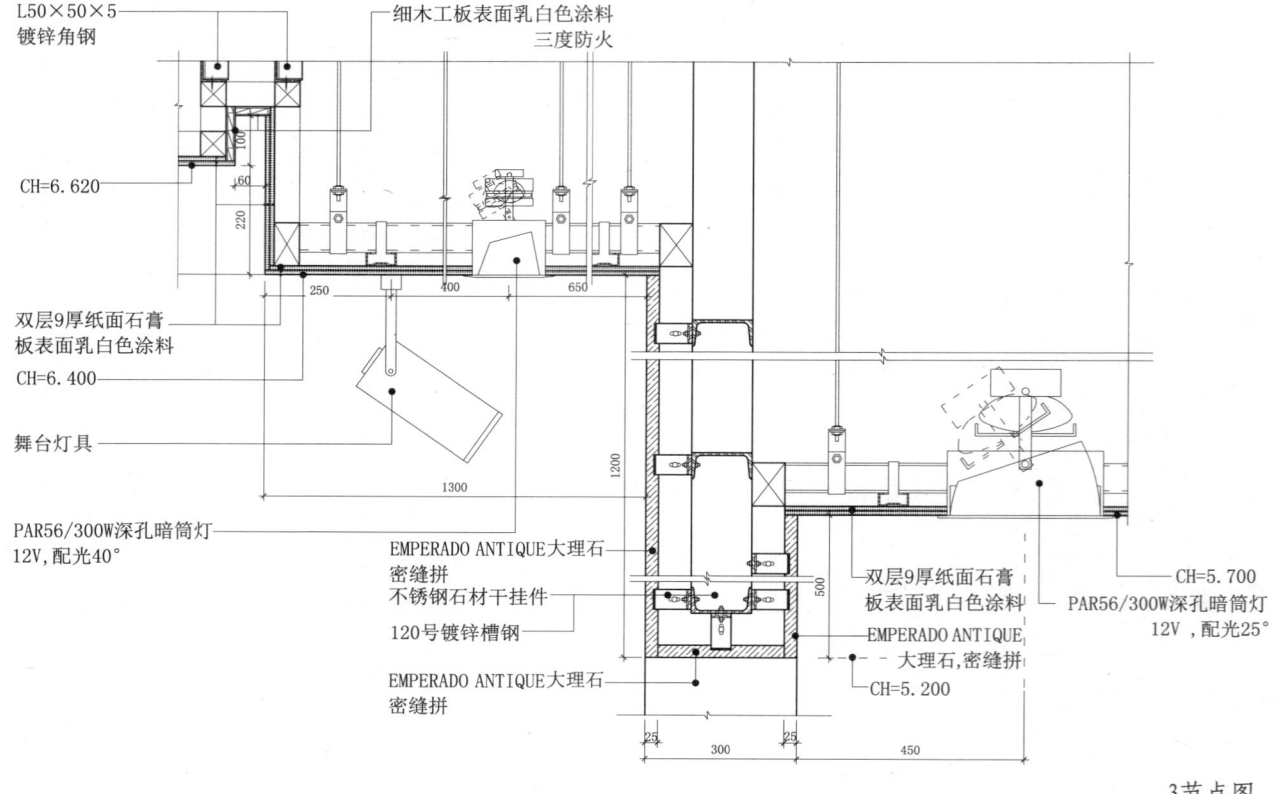

3节点图

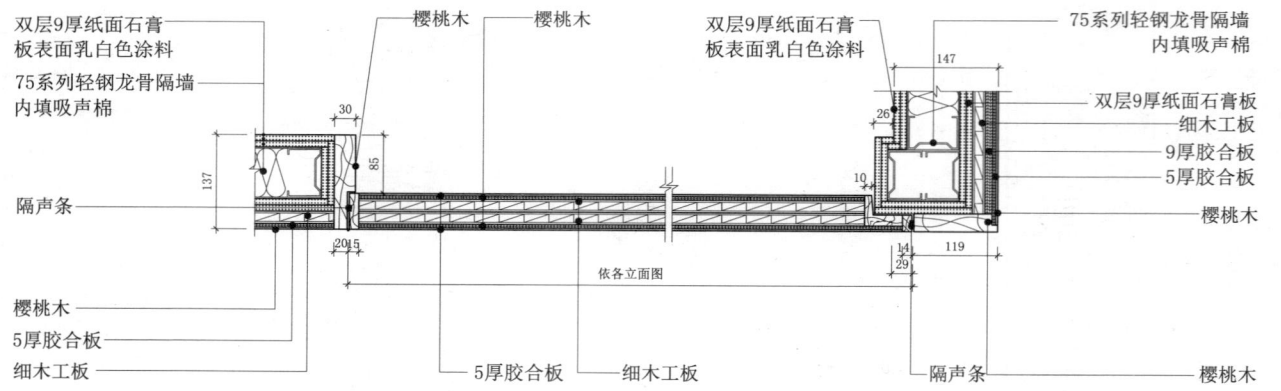

4节点图

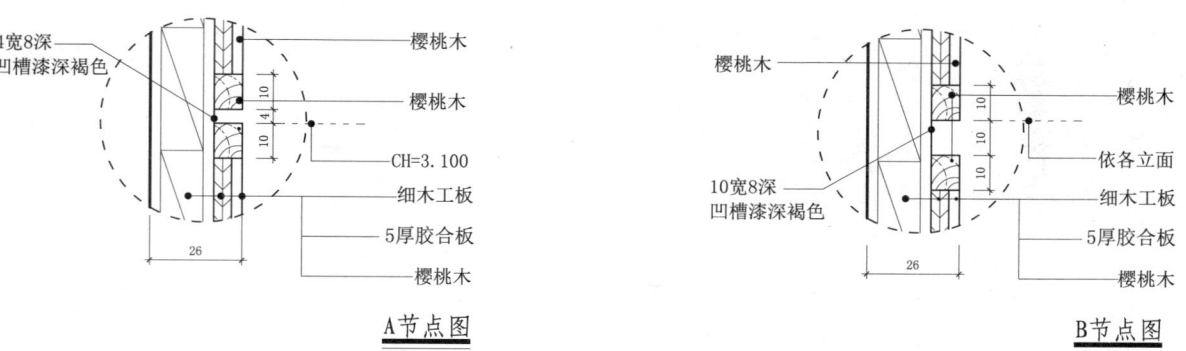

A节点图　　　　　B节点图

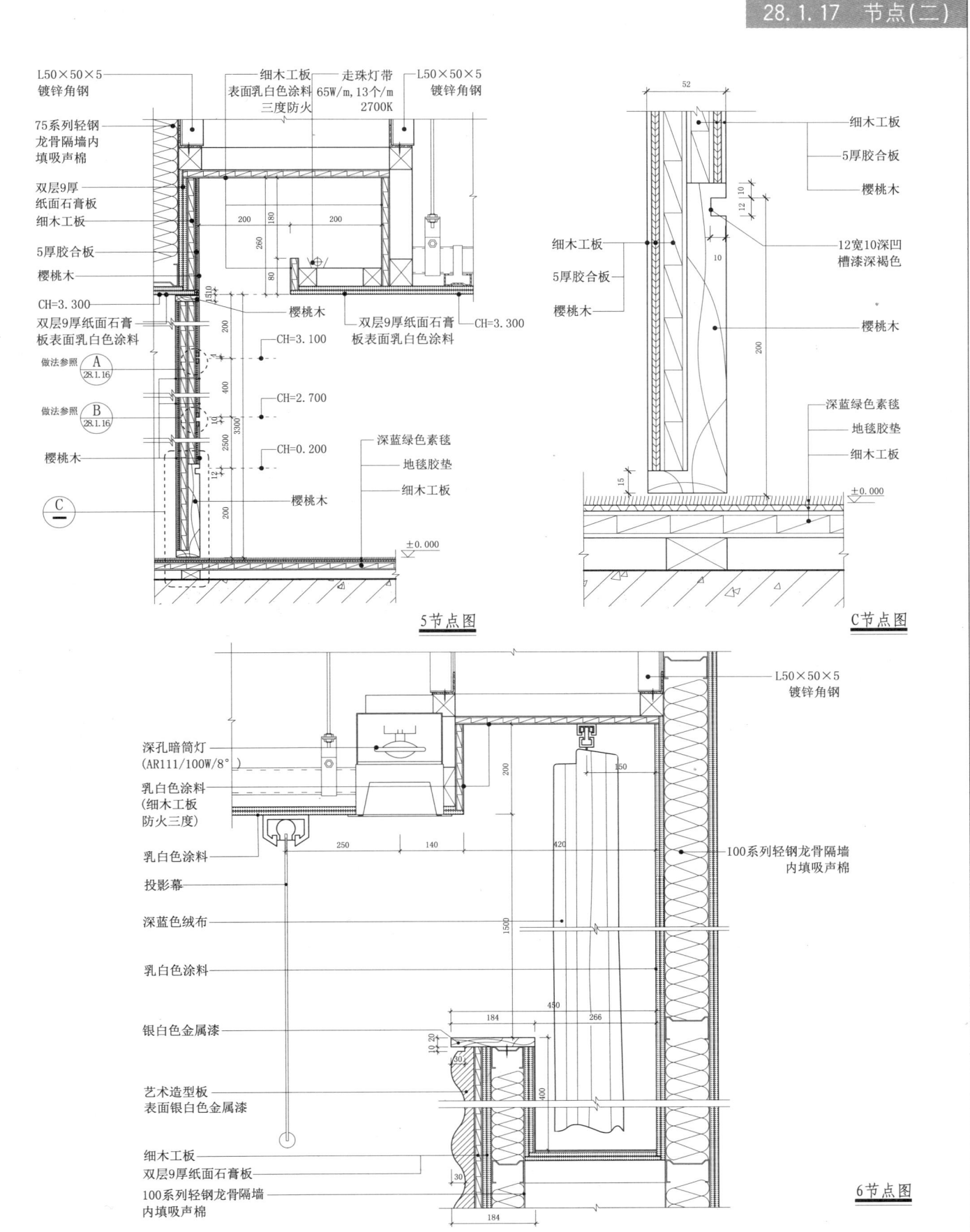

28.1 酒店宴会厅模式（一）

28.1.17 节点（二）

28.1 酒店宴会厅模式(一)

28.1.18 节点(三)

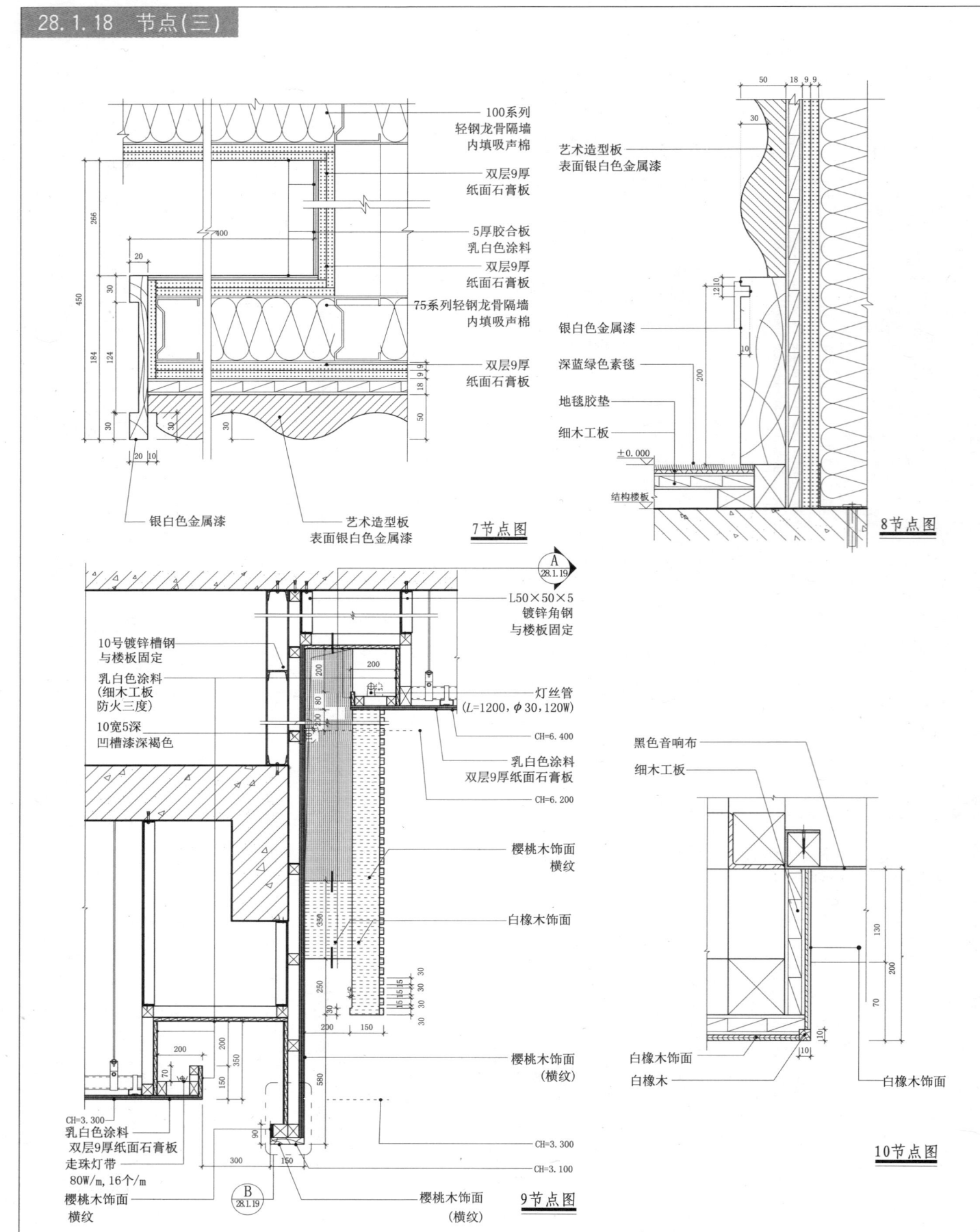

28.1 酒店宴会厅模式（一）

28.1.19 节点（四）

宴会厅模式

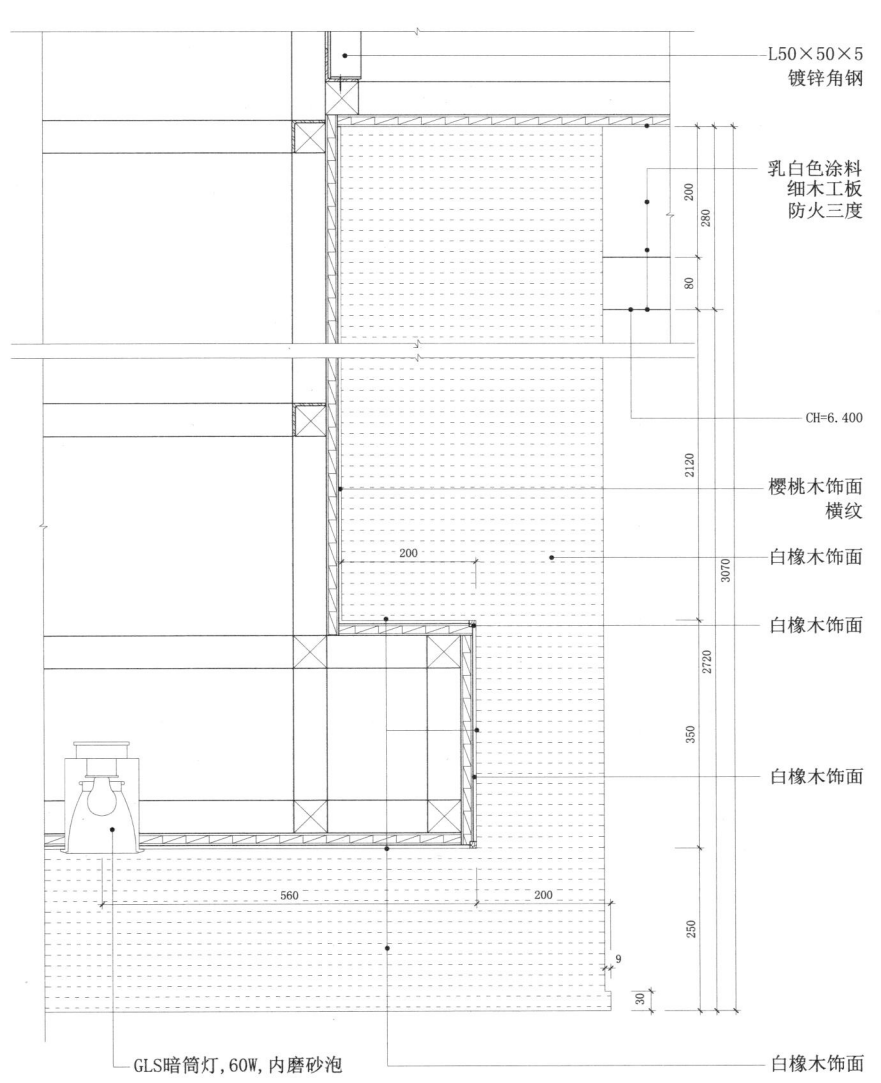

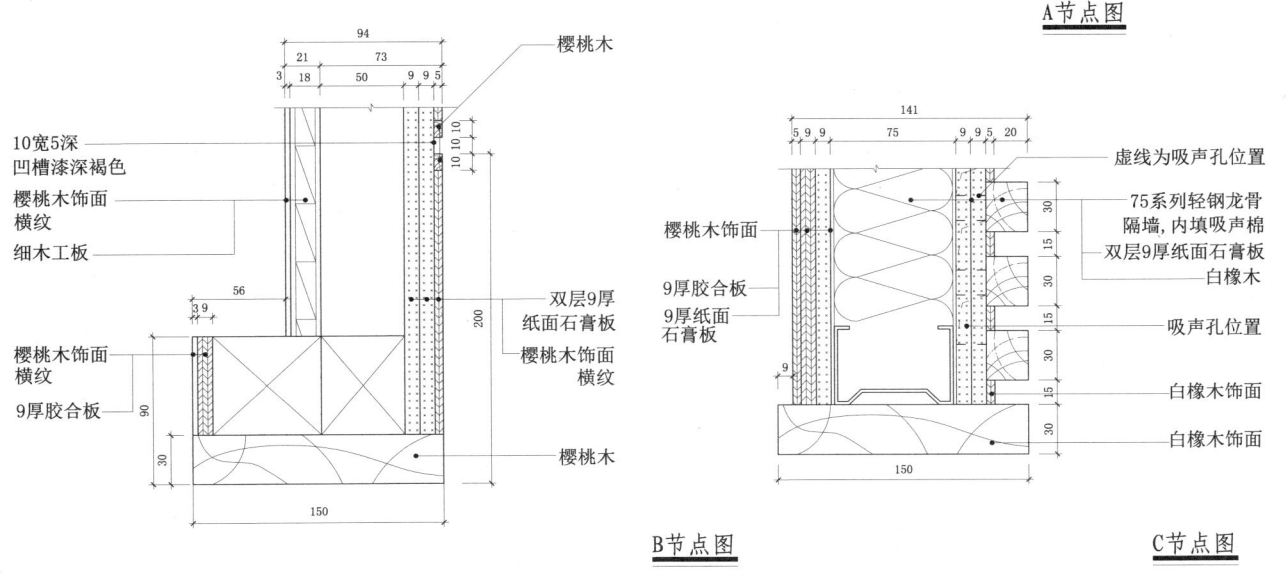

A节点图　　B节点图　　C节点图

28.1 酒店宴会厅模式（一）

28.1.20 吸声立面构造节点（一）

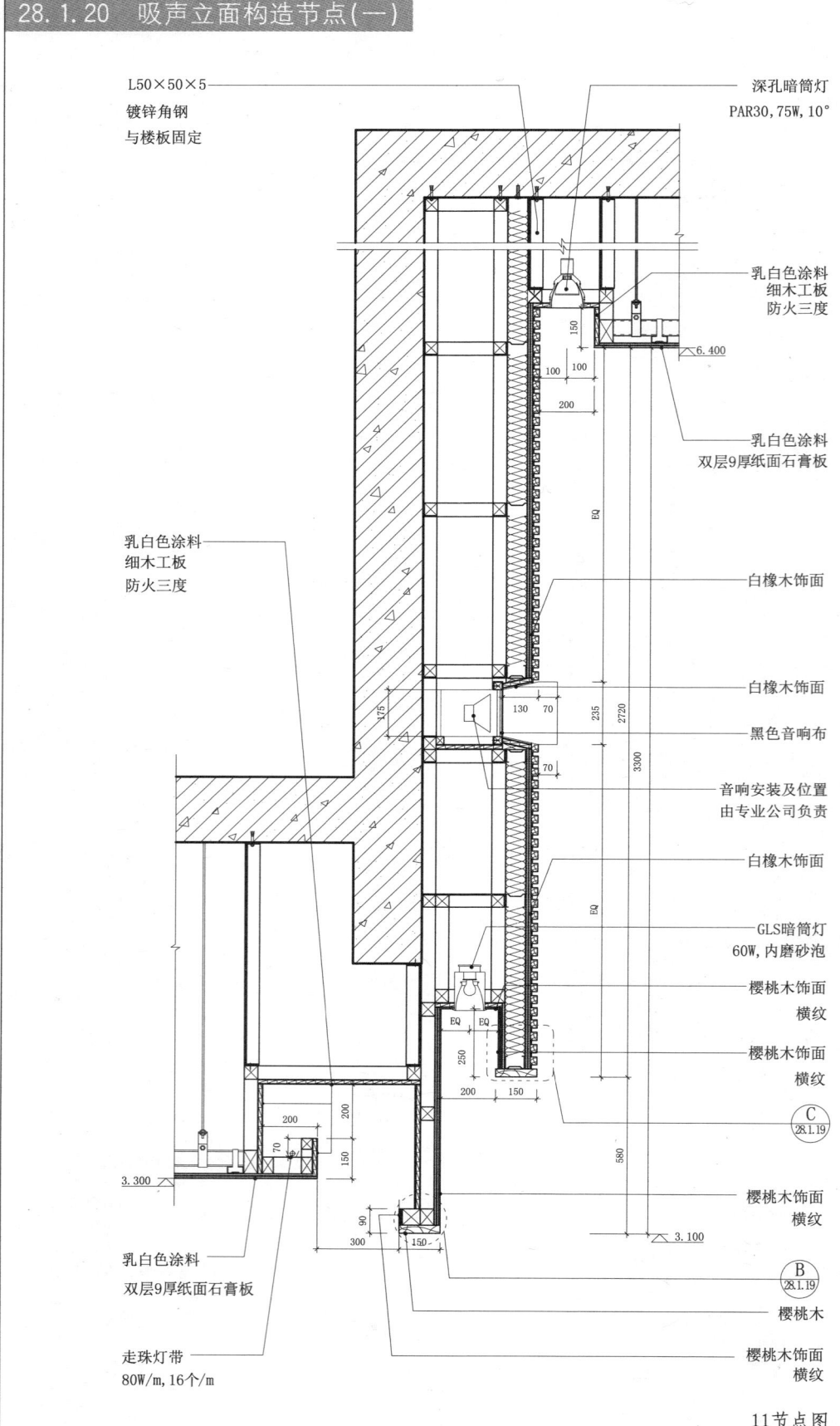

11节点图

28.1 酒店宴会厅模式（一）

28.1.21 吸声立面构造节点（二）

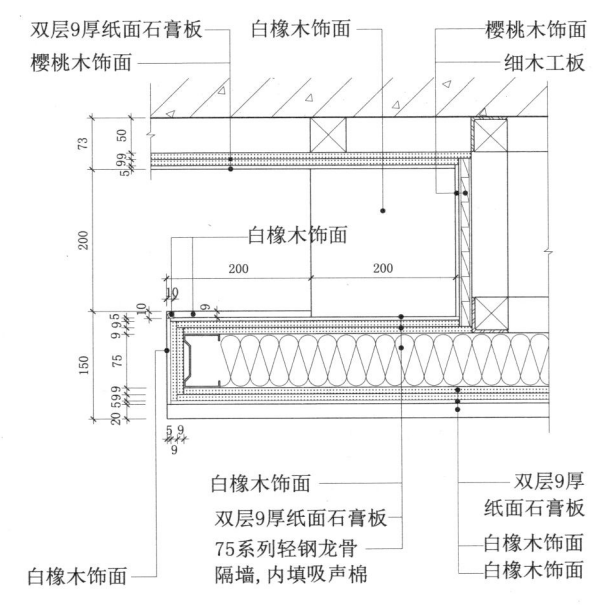

12节点图

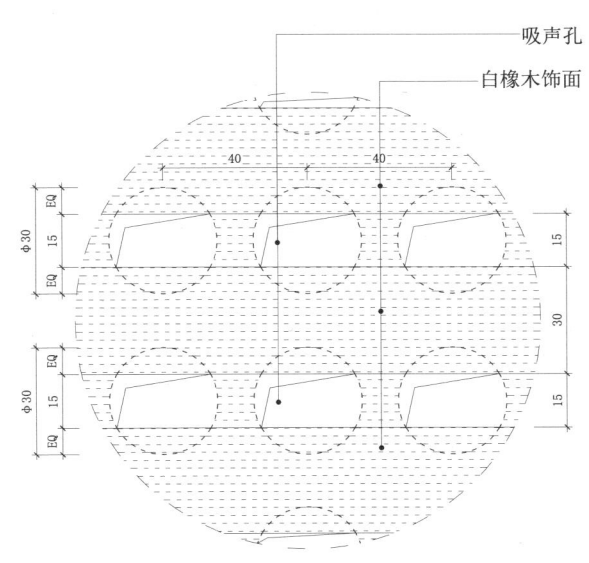

13节点图

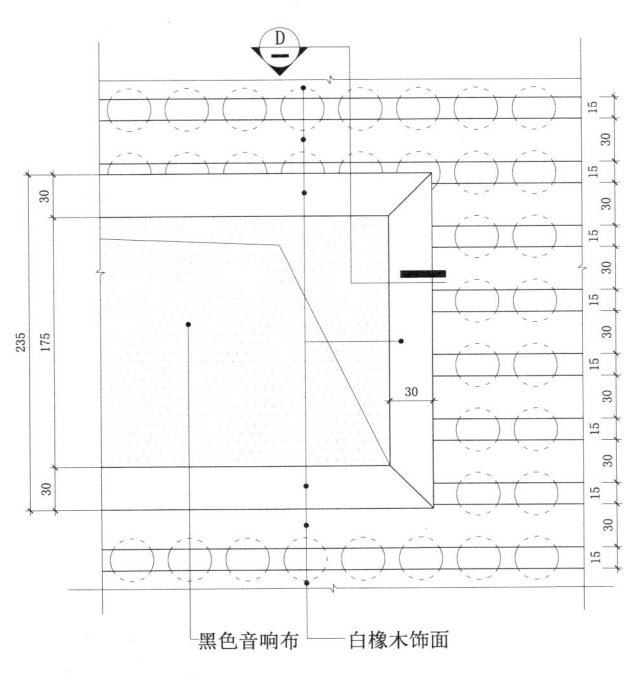

14节点图

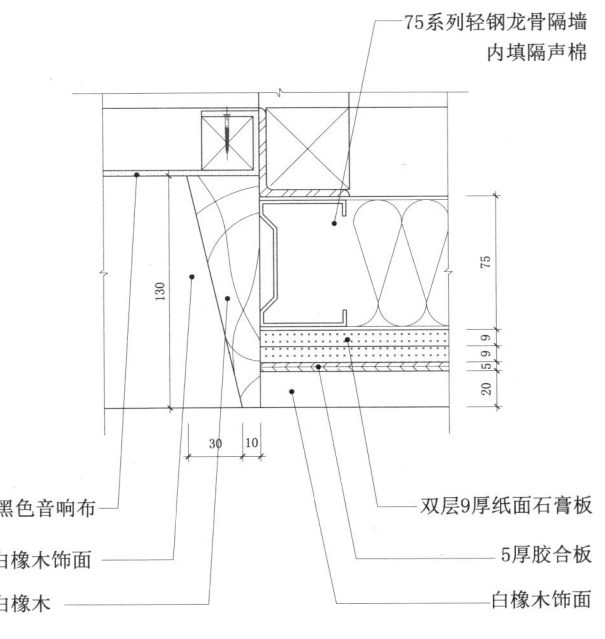

D节点图

28 宴会厅模式

28.1 酒店宴会厅模式(一)

28.1.22 活动隔断收藏室暗门(一)

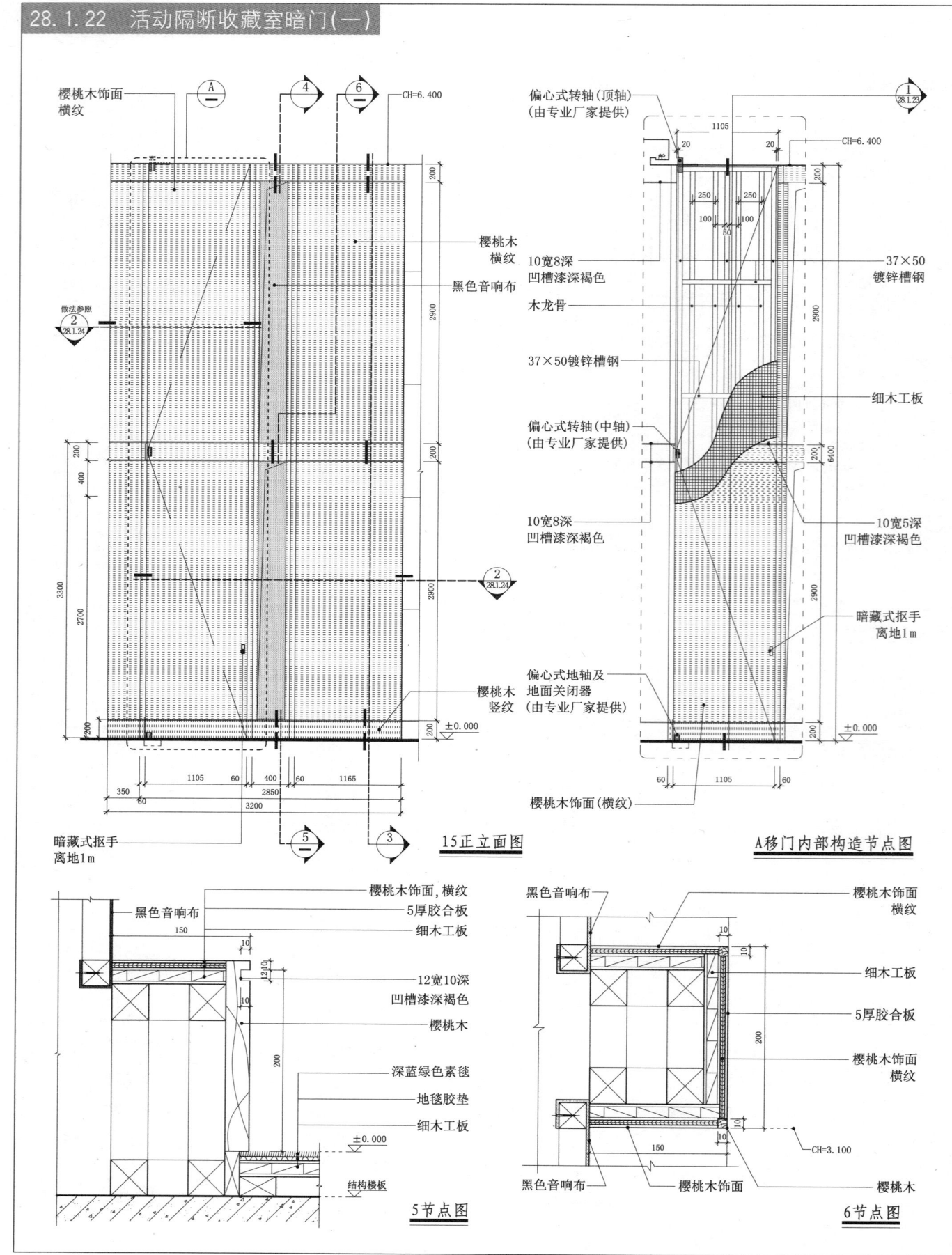

28.1.23 活动隔断收藏室暗门（二）

28.1 酒店宴会厅模式（一）

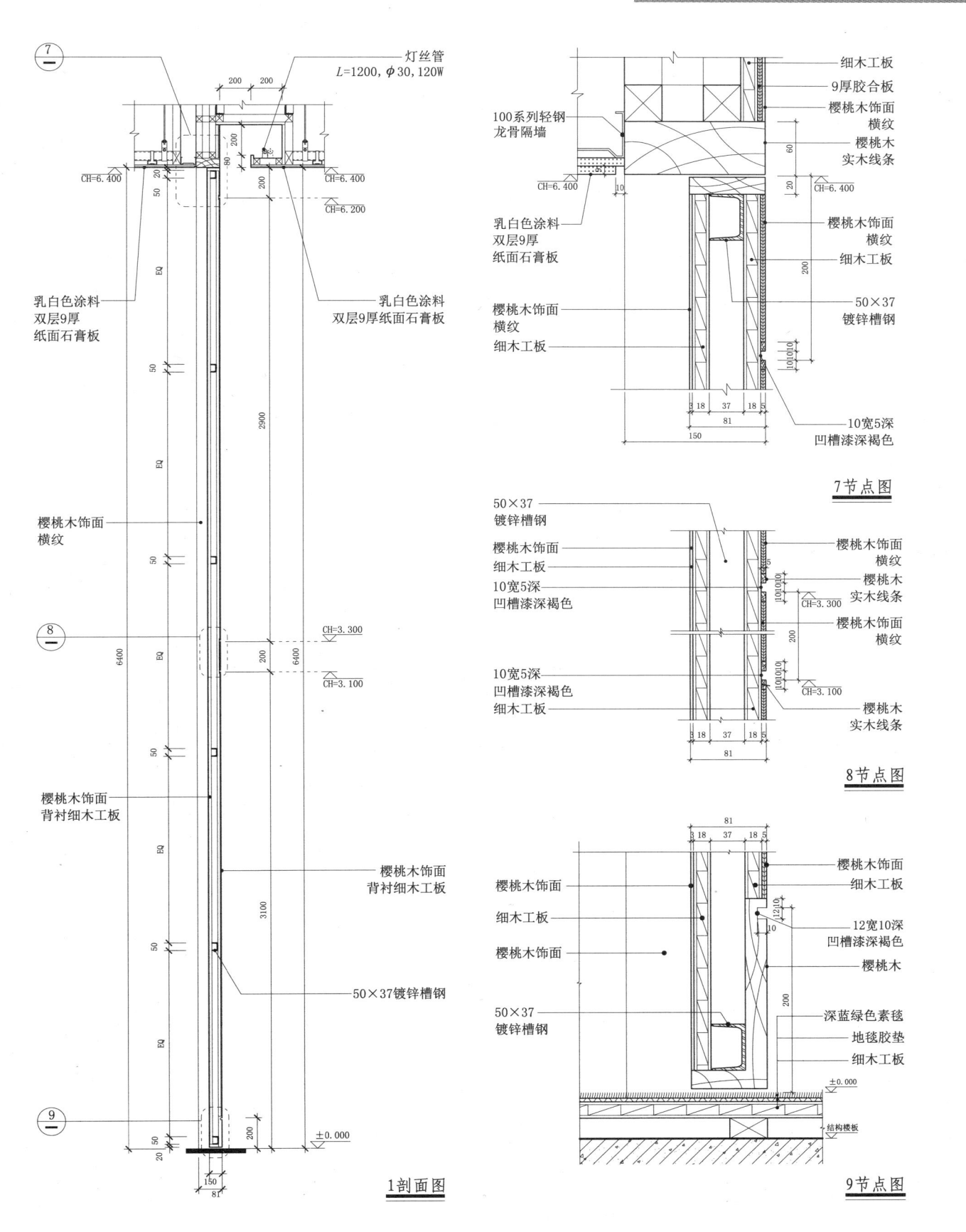

28 宴会厅模式

28.1 酒店宴会厅模式(一)

28.1.24 暗藏式音箱节点

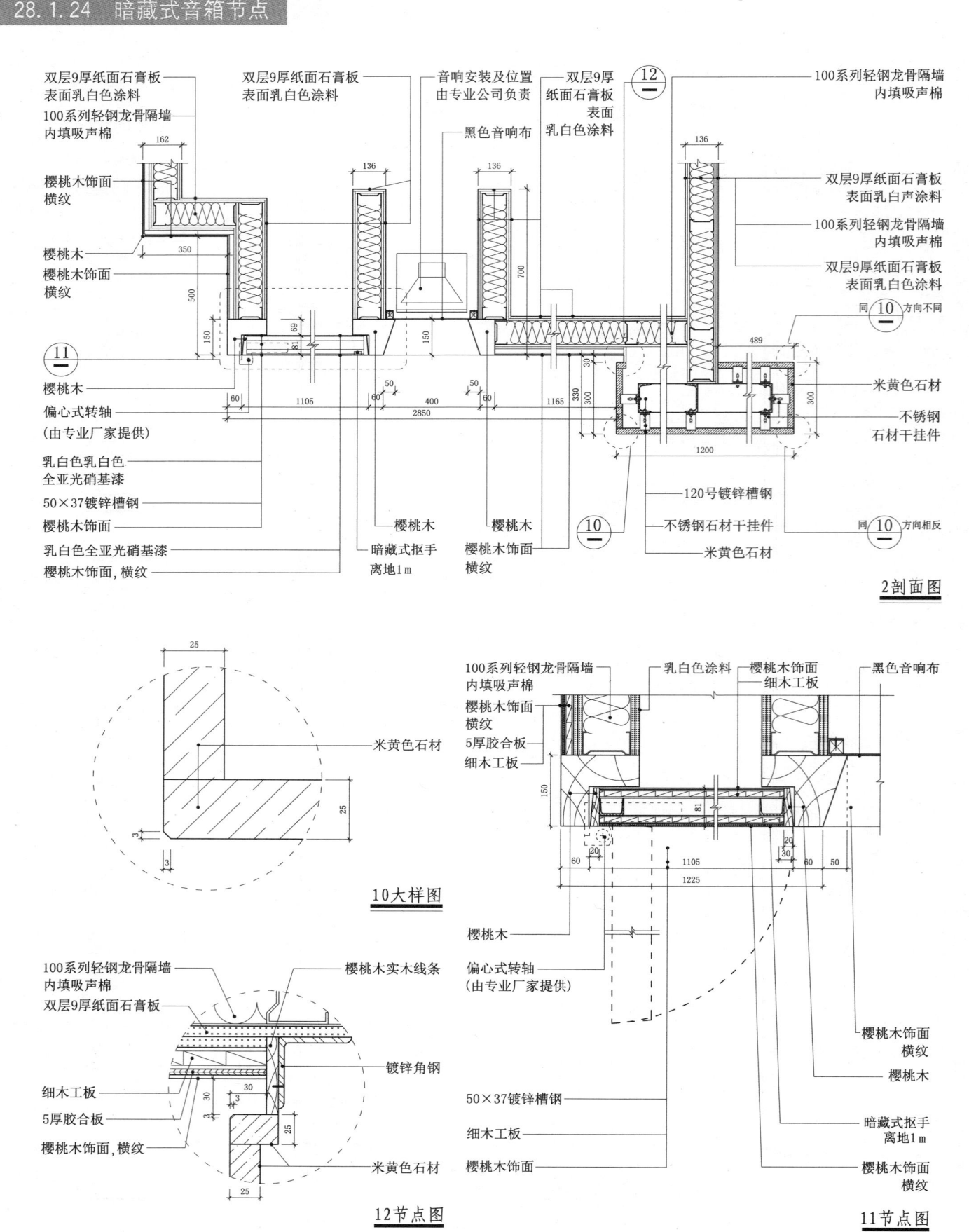

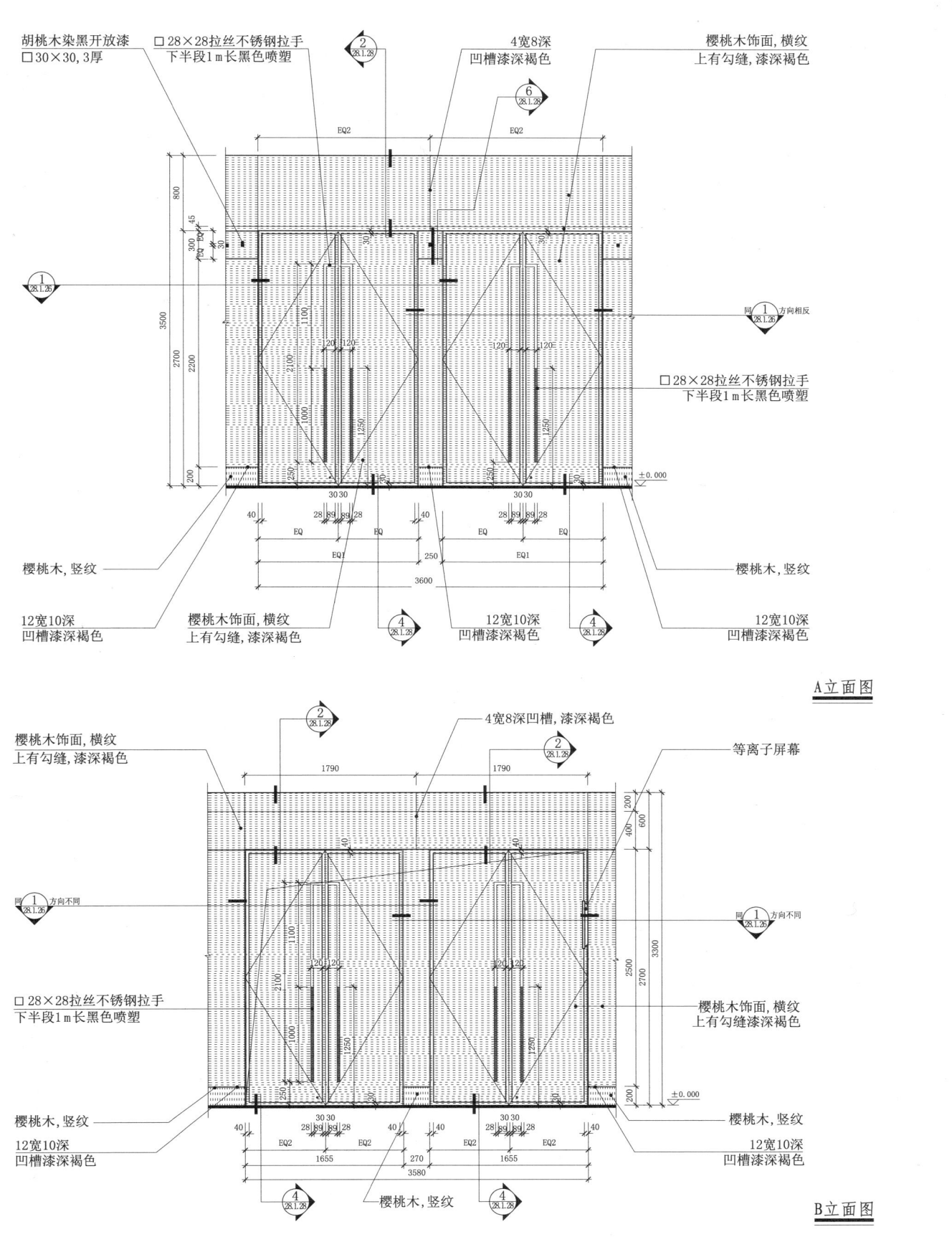

28.1 酒店宴会厅模式(一)

28.1.26 大门节点大样(二)

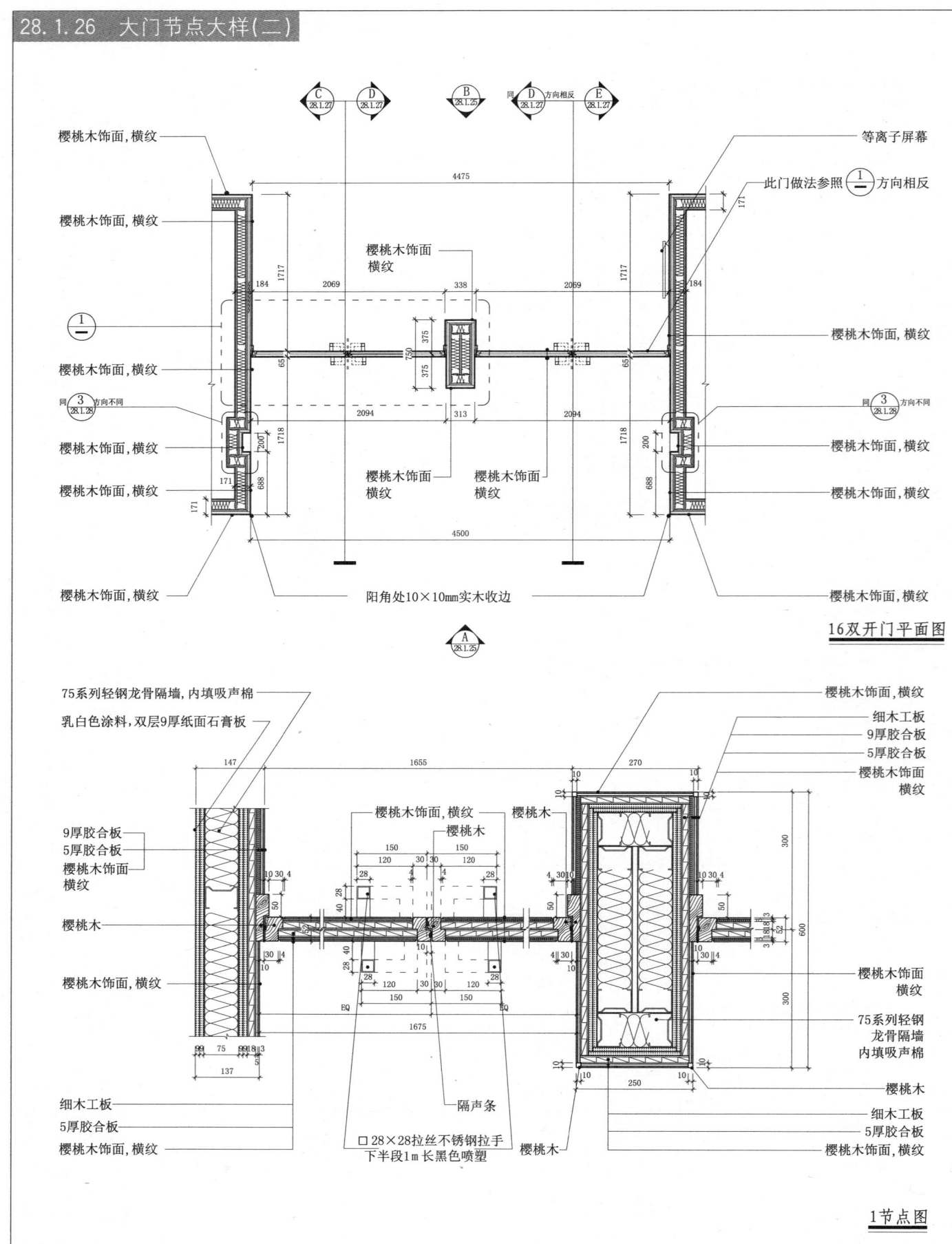

28.1.27 大门节点大样(三) 28.1 酒店宴会厅模式(一)

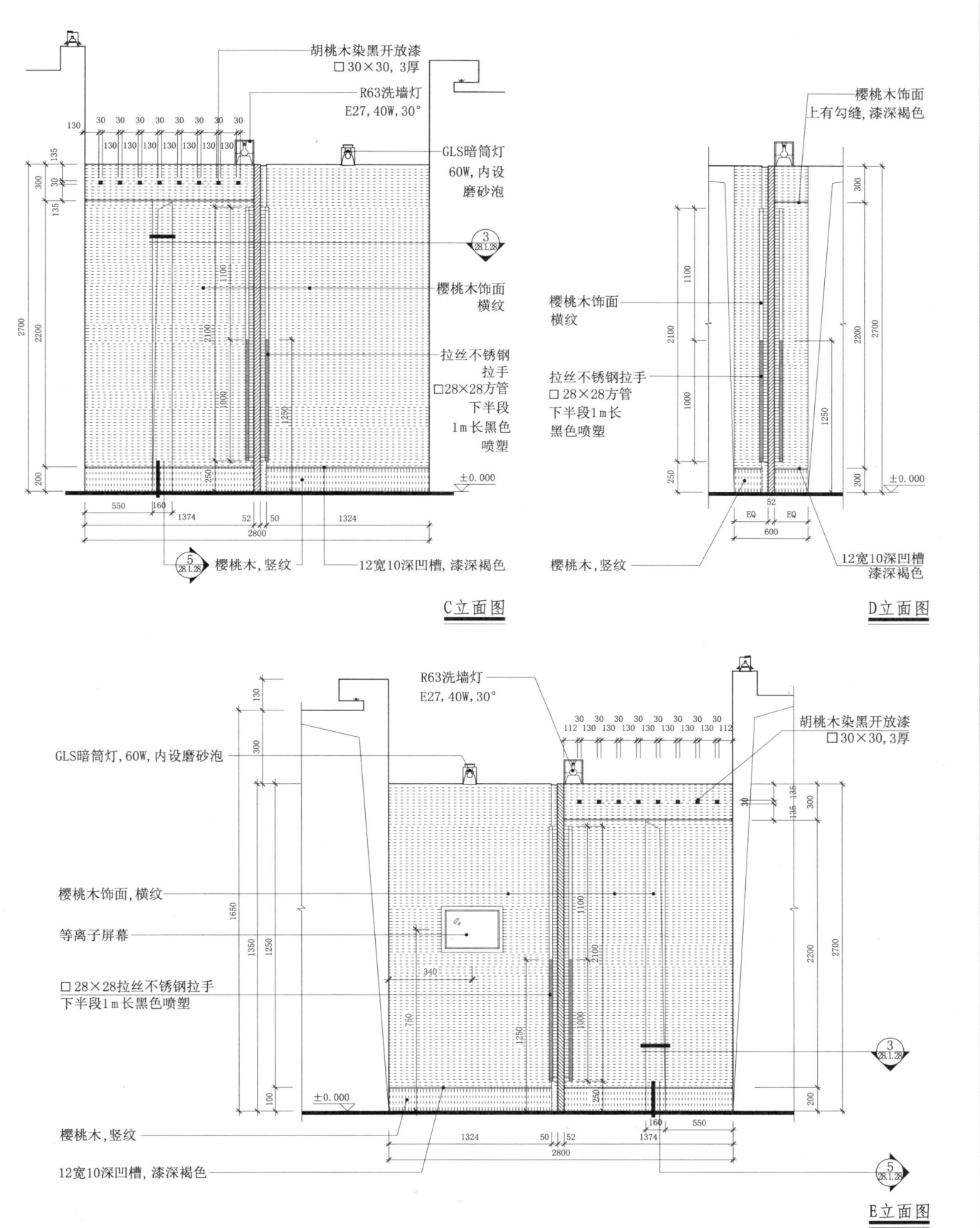

28.1 酒店宴会厅模式(一)

28.1.28 大门节点大样(四)

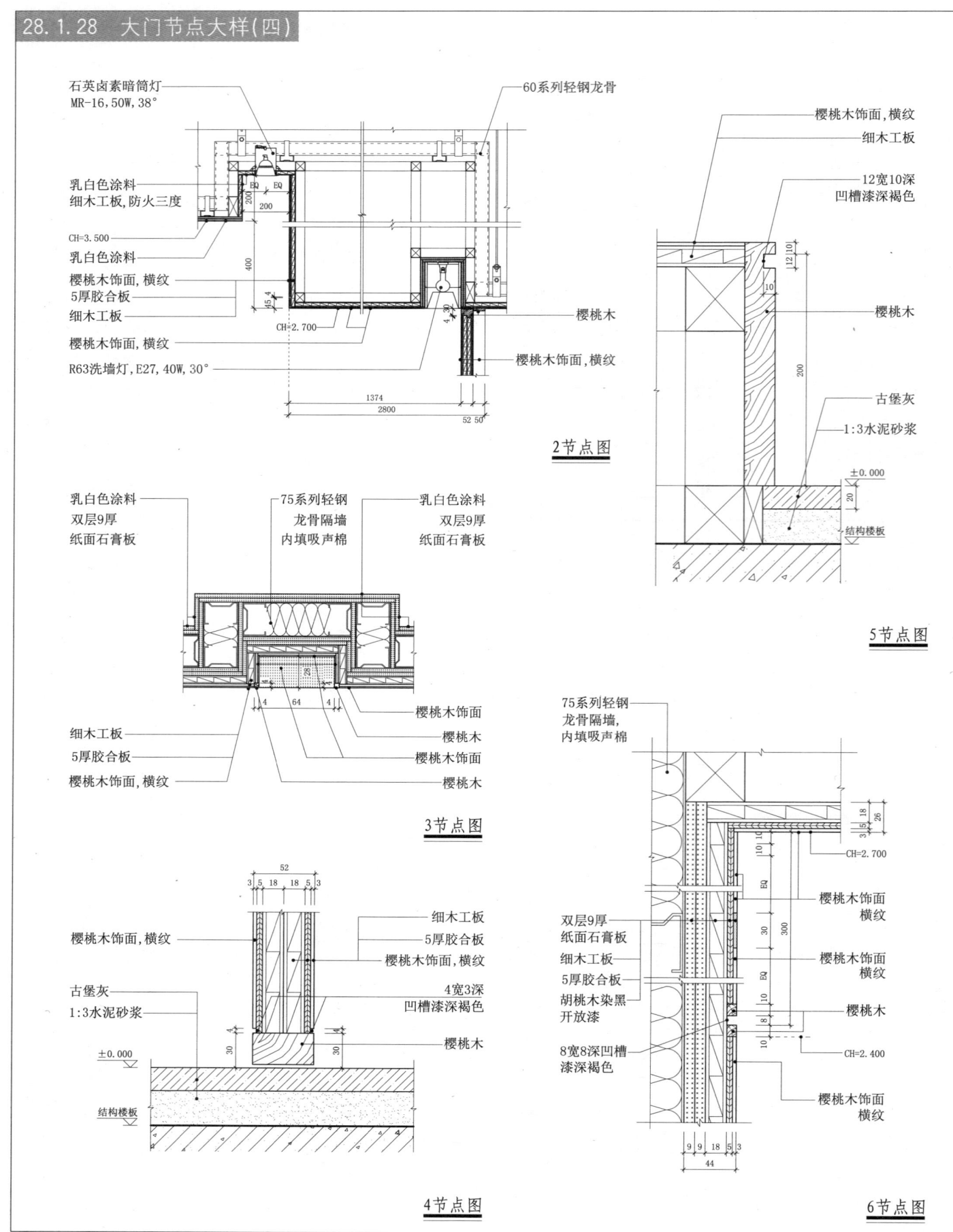

28.1 酒店宴会厅模式(一) | 28 宴会厅模式

28.1.29 天花灯槽照明节点

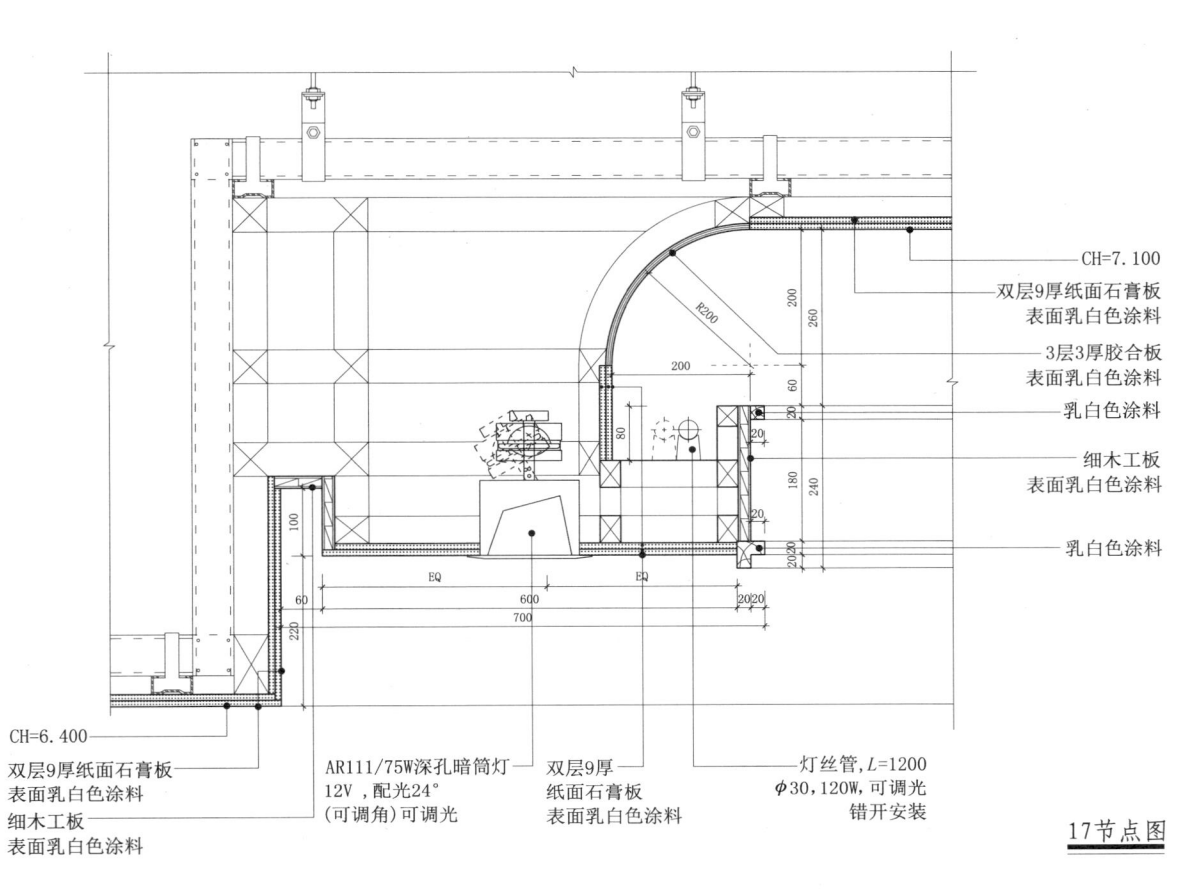

CH=7.100
双层9厚纸面石膏板 表面乳白色涂料
3层3厚胶合板 表面乳白色涂料
乳白色涂料
细木工板 表面乳白色涂料
乳白色涂料

CH=6.400
双层9厚纸面石膏板 表面乳白色涂料
细木工板 表面乳白色涂料

AR111/75W深孔暗筒灯 12V，配光24° (可调角)可调光

双层9厚 纸面石膏板 表面乳白色涂料

灯丝管，L=1200 φ30,120W,可调光 错开安装

<u>17节点图</u>

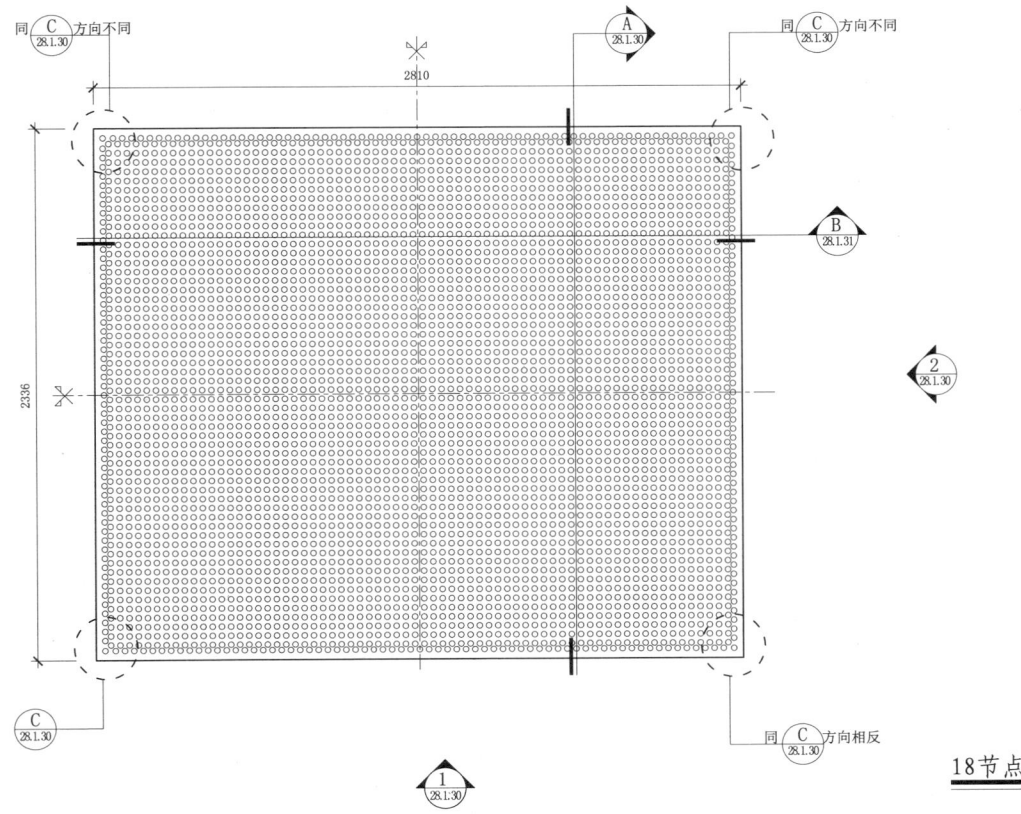

<u>18节点图</u>

室内构造节点与专项模式图集 | 1435

28.1 酒店宴会厅模式(一)

28.1.30 宴会厅波纹管大吊灯节点(一)

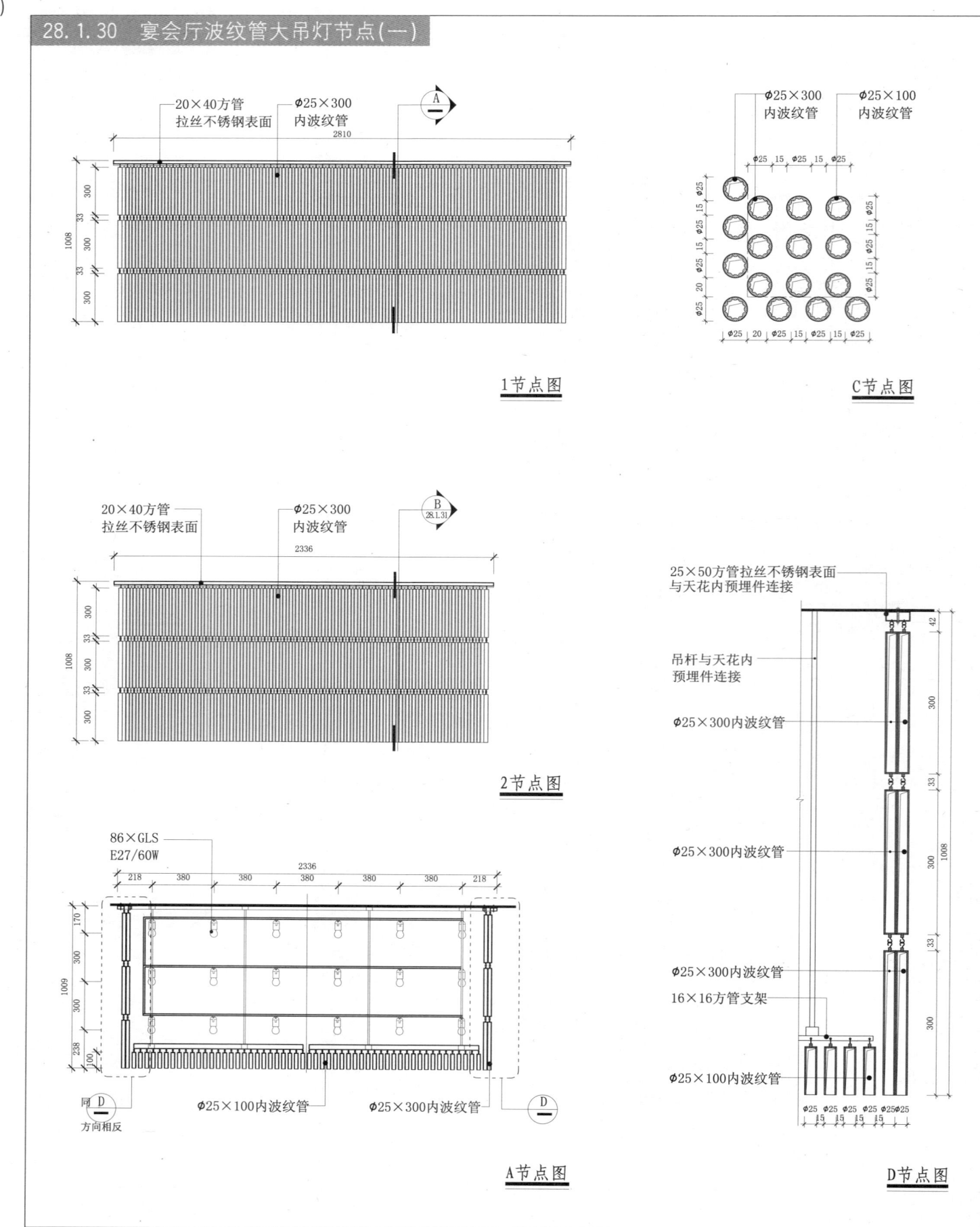

28.1.31 宴会厅波纹管大吊灯节点(二)

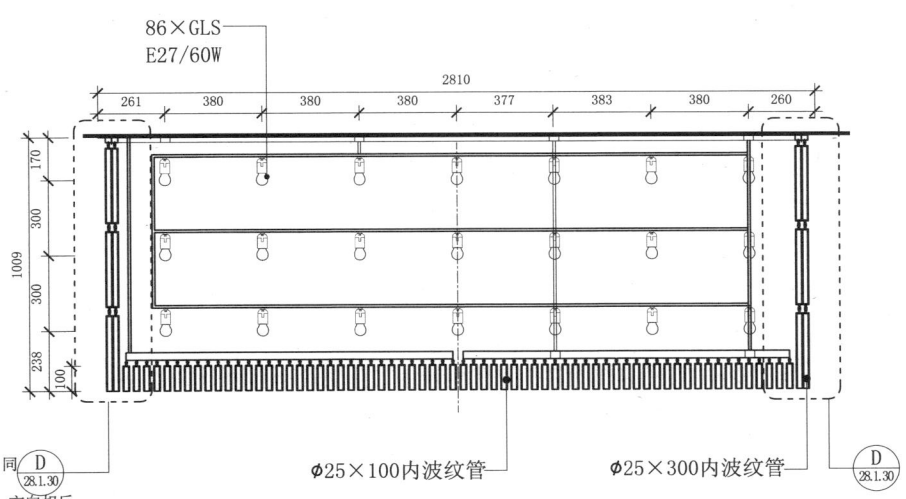

B节点图

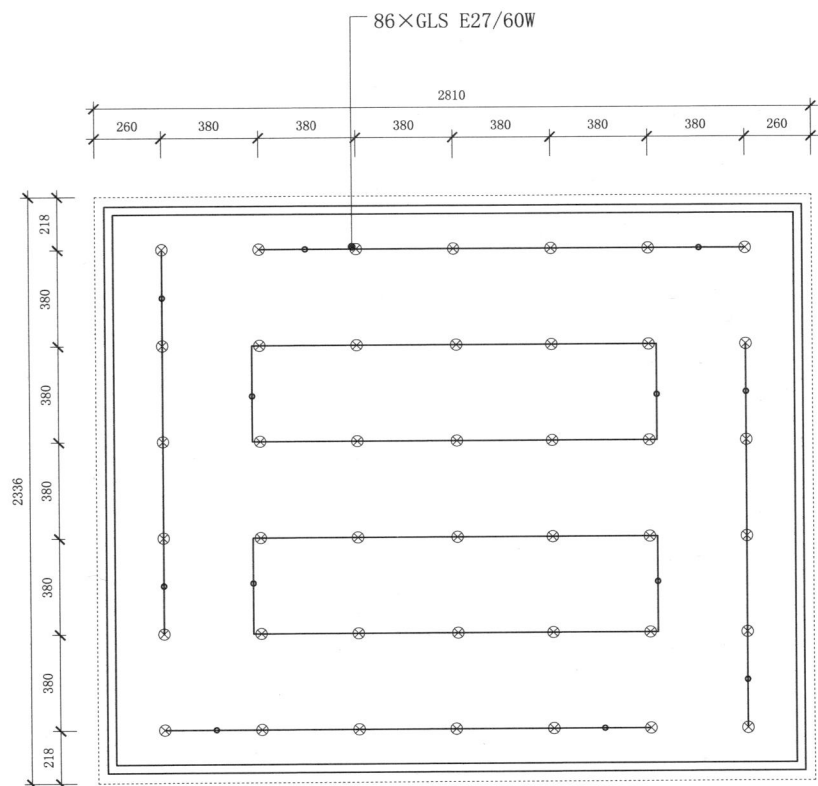

吊灯光源平面布置图

28.2 酒店宴会厅模式(二)

28.2.1 平面图

平面布置图

1. 前厅
2. 服务台
3. 走道
4. 储藏室
5. 多功能厅
6. 茶歇
7. 音控室
8. 衣帽寄存间
9. 配电间
10. 男卫生间
11. 女卫生间
12. 厨房
13. 仓库
14. 前室
15. 厨房/库房

28.2 酒店宴会厅模式（二）

28.2.2 索引图

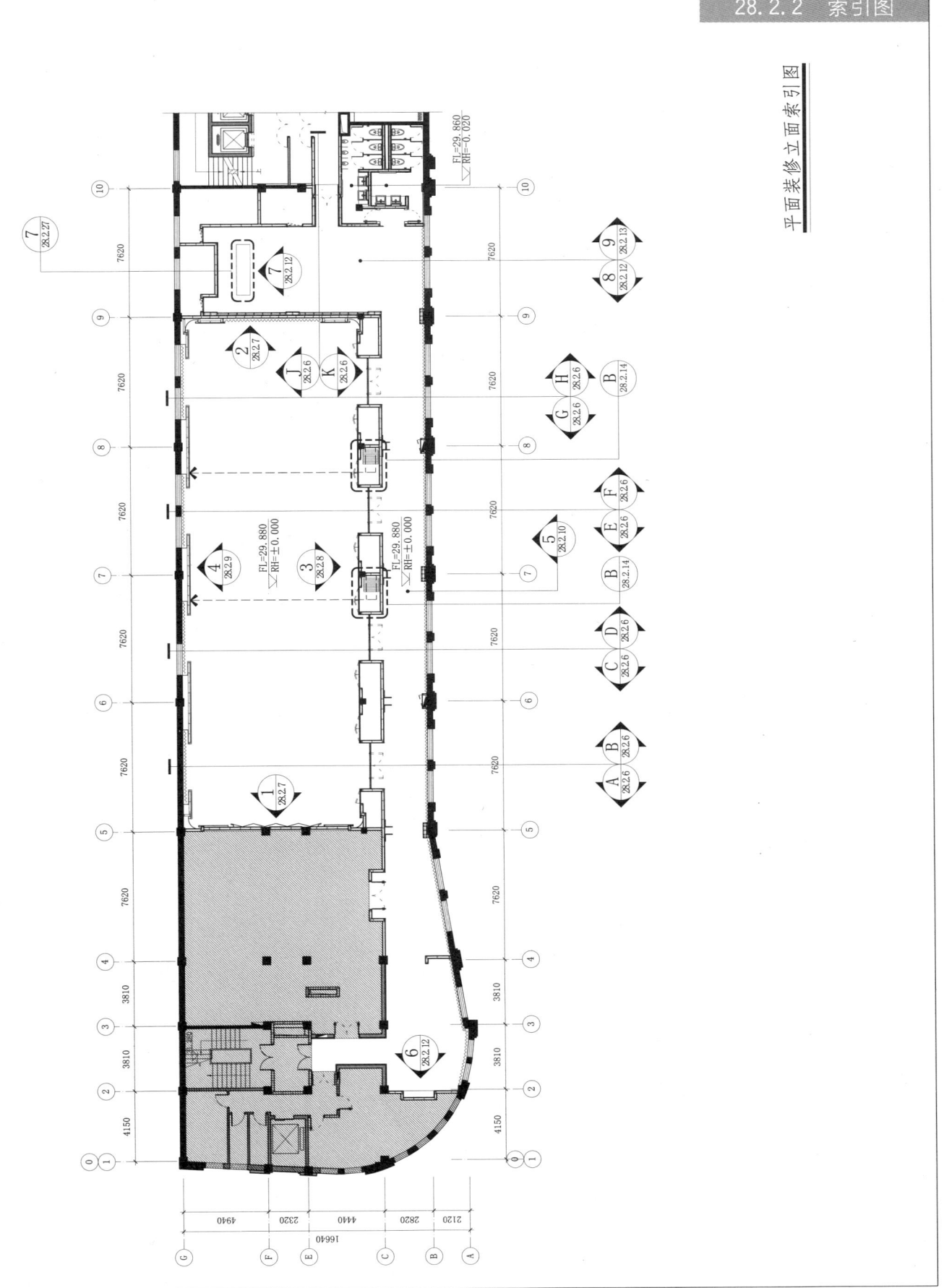

平面装修立面索引图

28.2.3 地坪图

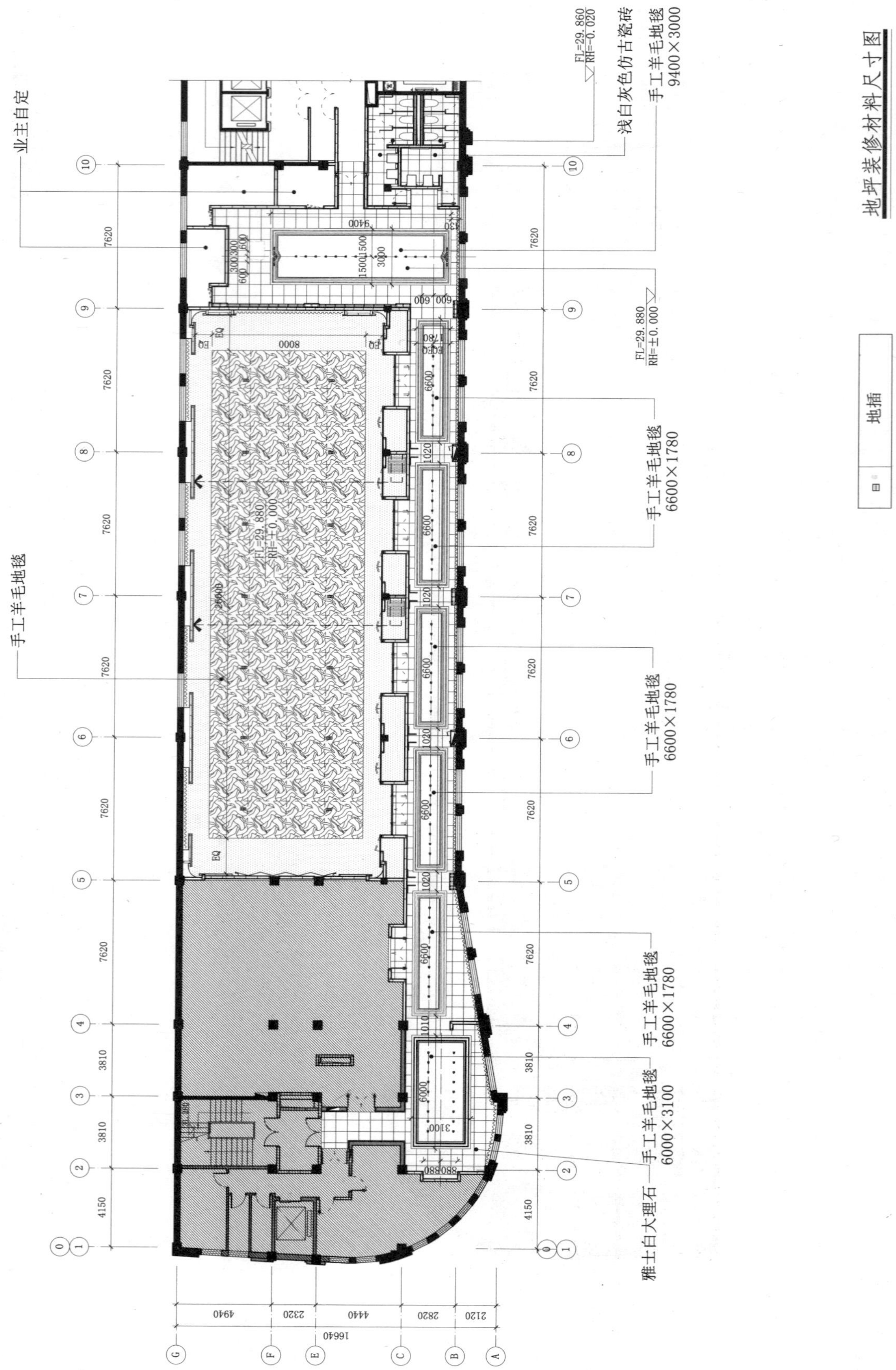
地坪装修材料尺寸图
地插
业主自定
手工羊毛地毯
浅白灰色仿古瓷砖
手工羊毛地毯
9400×3000
手工羊毛地毯
6600×1780
手工羊毛地毯
6600×1780
手工羊毛地毯
6600×1780
手工羊毛地毯
6000×3100
雅士白大理石

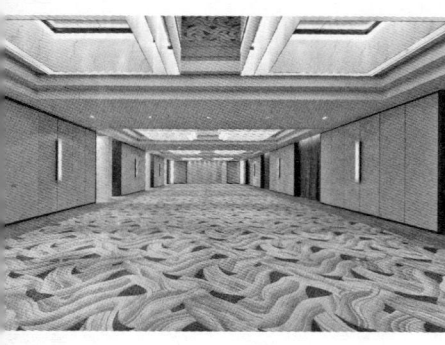

28.2 酒店宴会厅模式（二）

28.2.4 平顶图

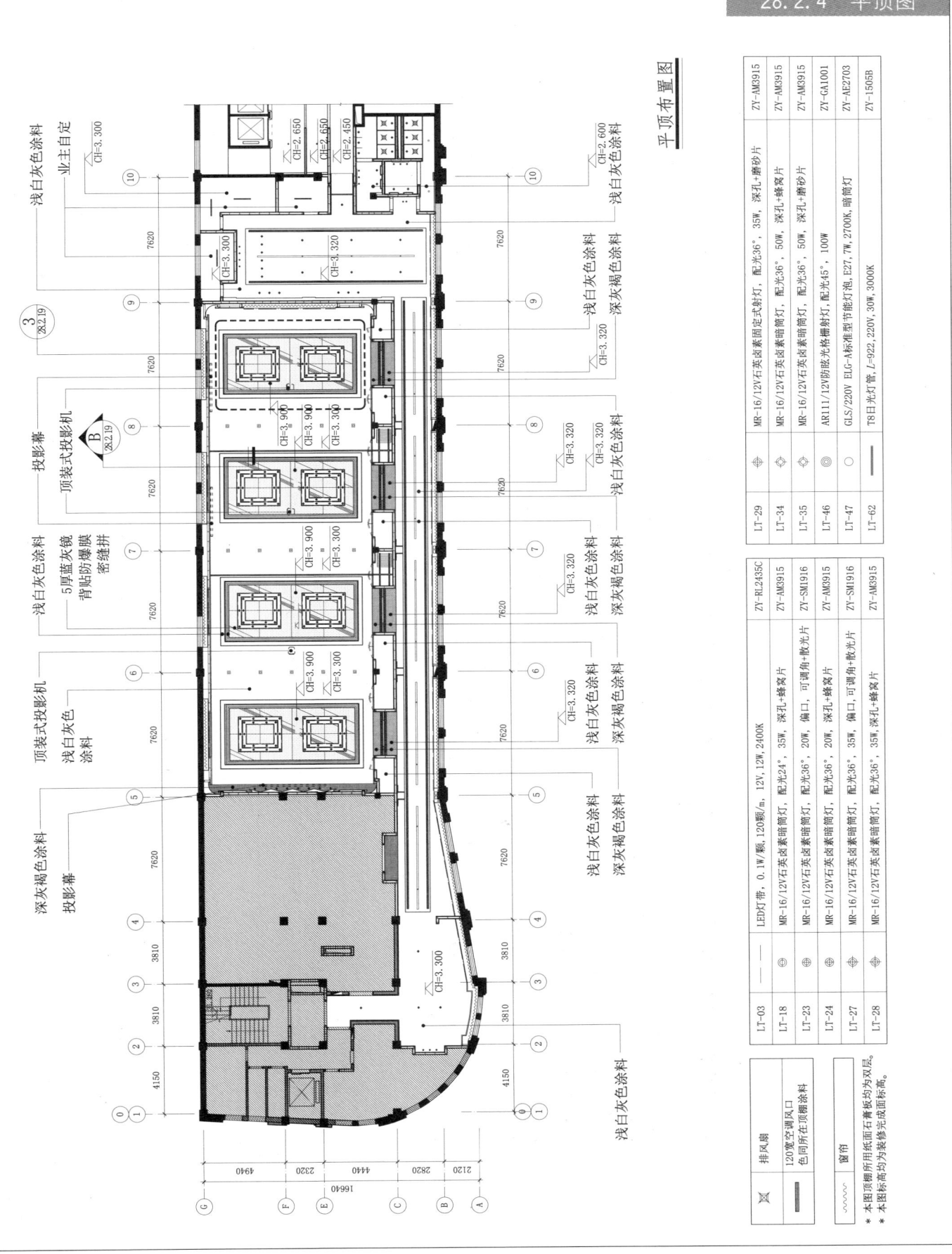

平顶布置图

28.2 酒店宴会厅模式(二)

28.2.5 配电图

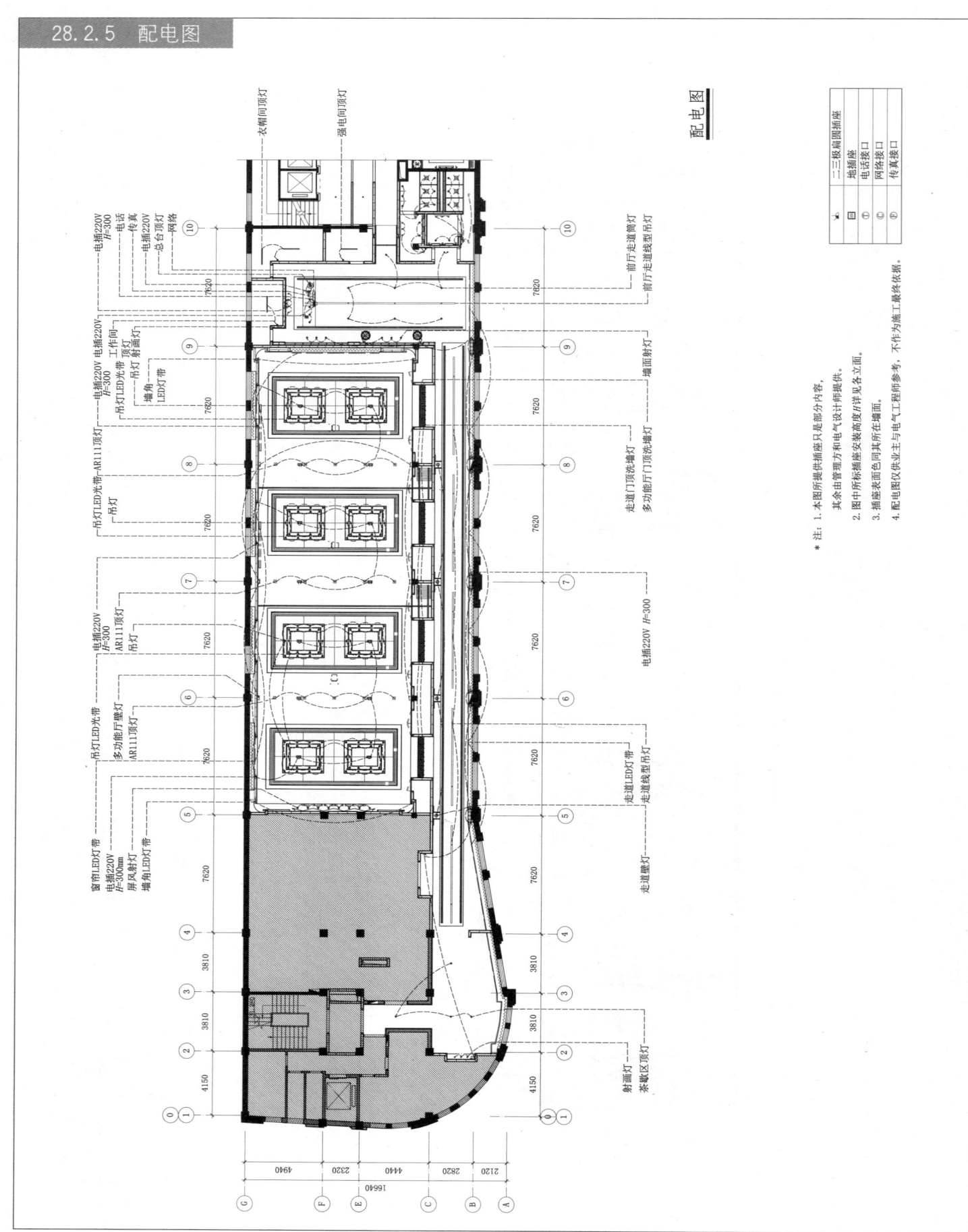

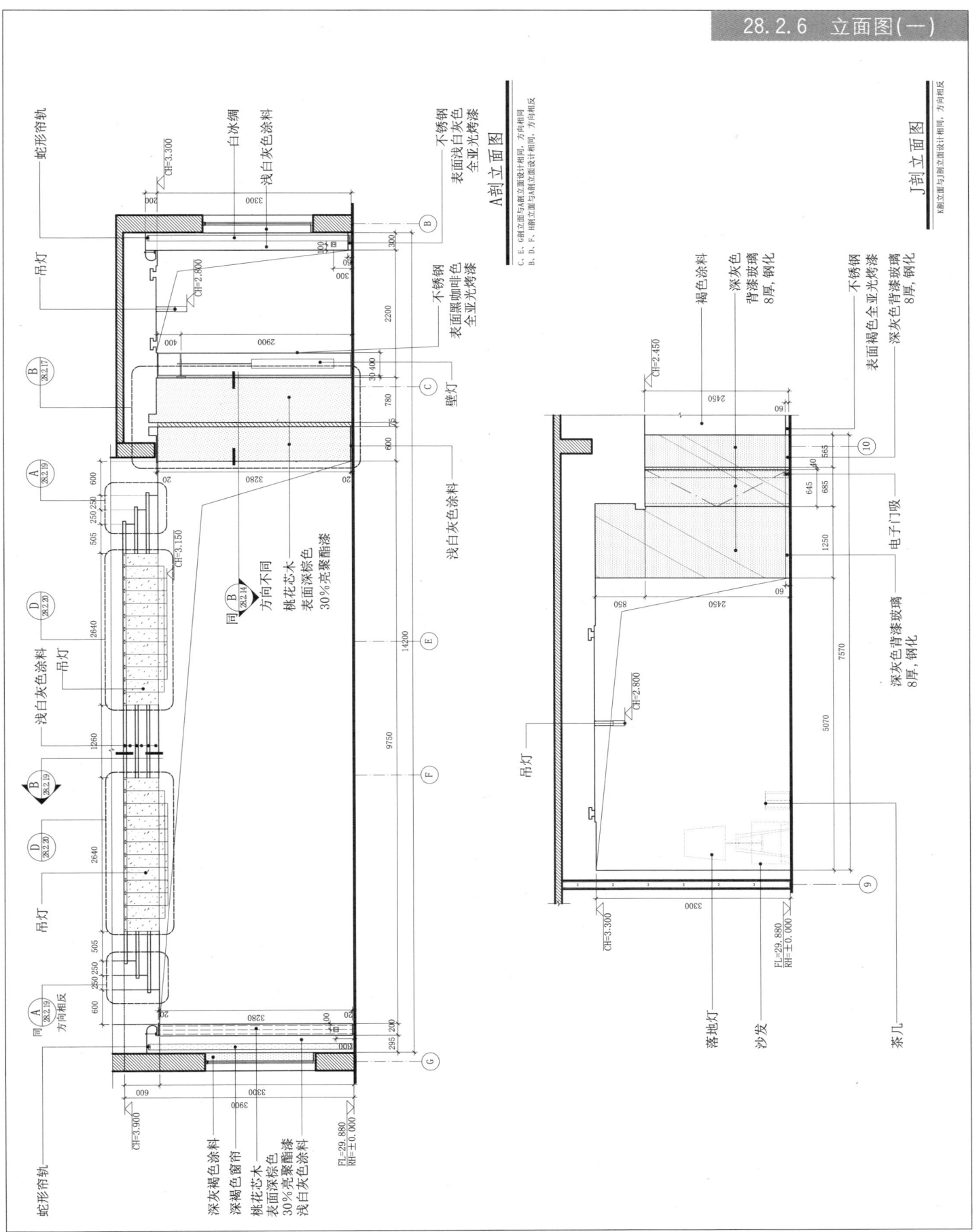

28.2 酒店宴会厅模式（二）

28.2.7 立面图（二）

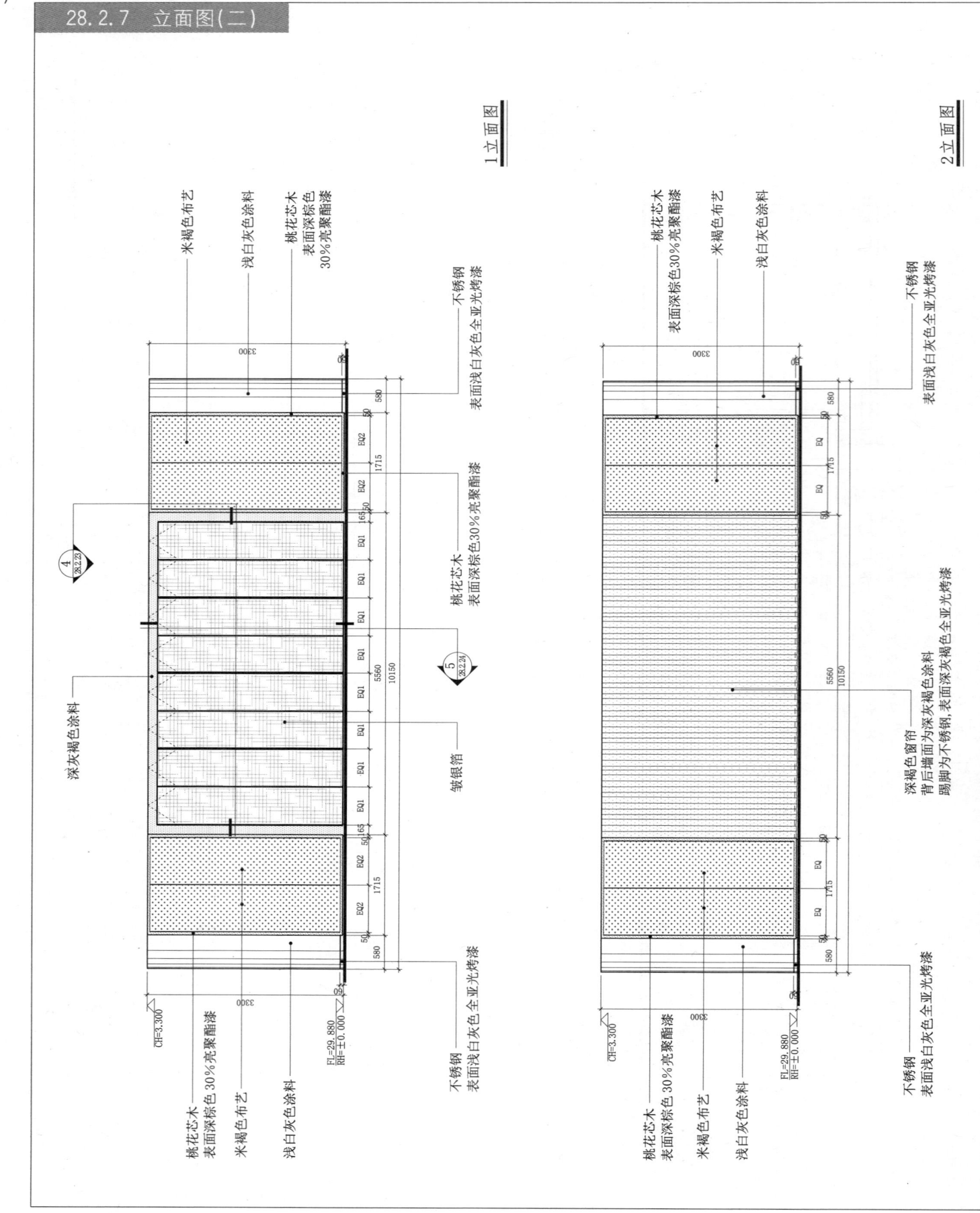

28.2.8 立面图(三)

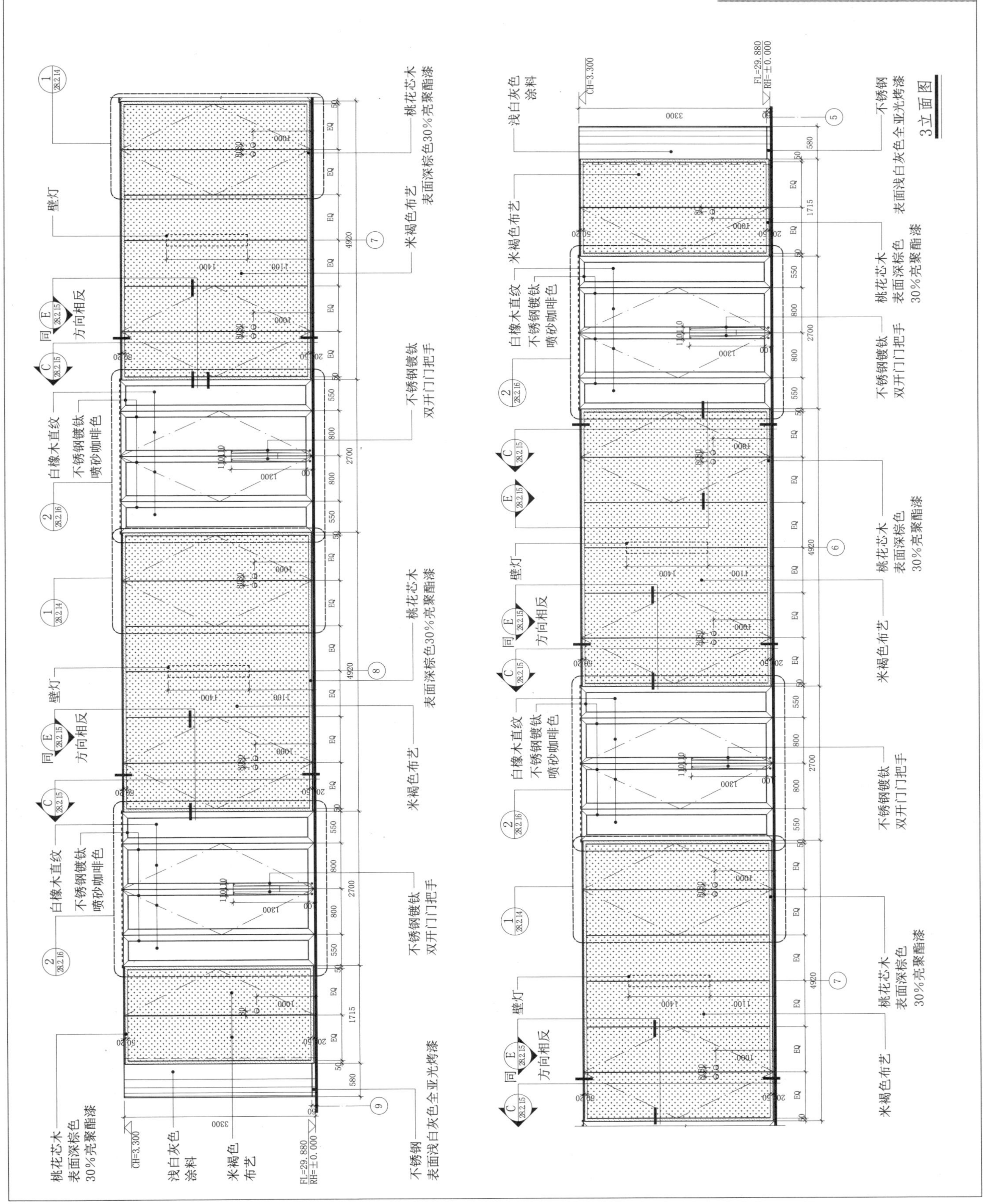
3立面图
桃花芯木
表面深棕色30%亮聚酯漆
米褐色布艺
壁灯
不锈钢镀钛
双开门门把手
白橡木直纹
不锈钢镀钛
喷砂咖啡色
同方向相反
浅白灰色
涂料
不锈钢
表面浅白灰色全亚光烤漆
CH=3.300
FL=29.880
RH=±0.000

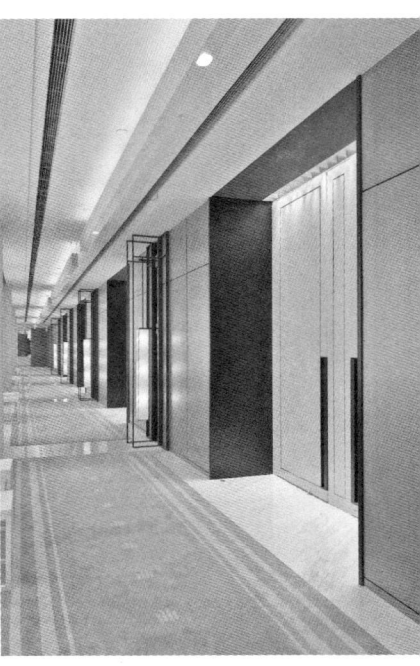

28.2 酒店宴会厅模式(二)

28.2.9 立面图(四)

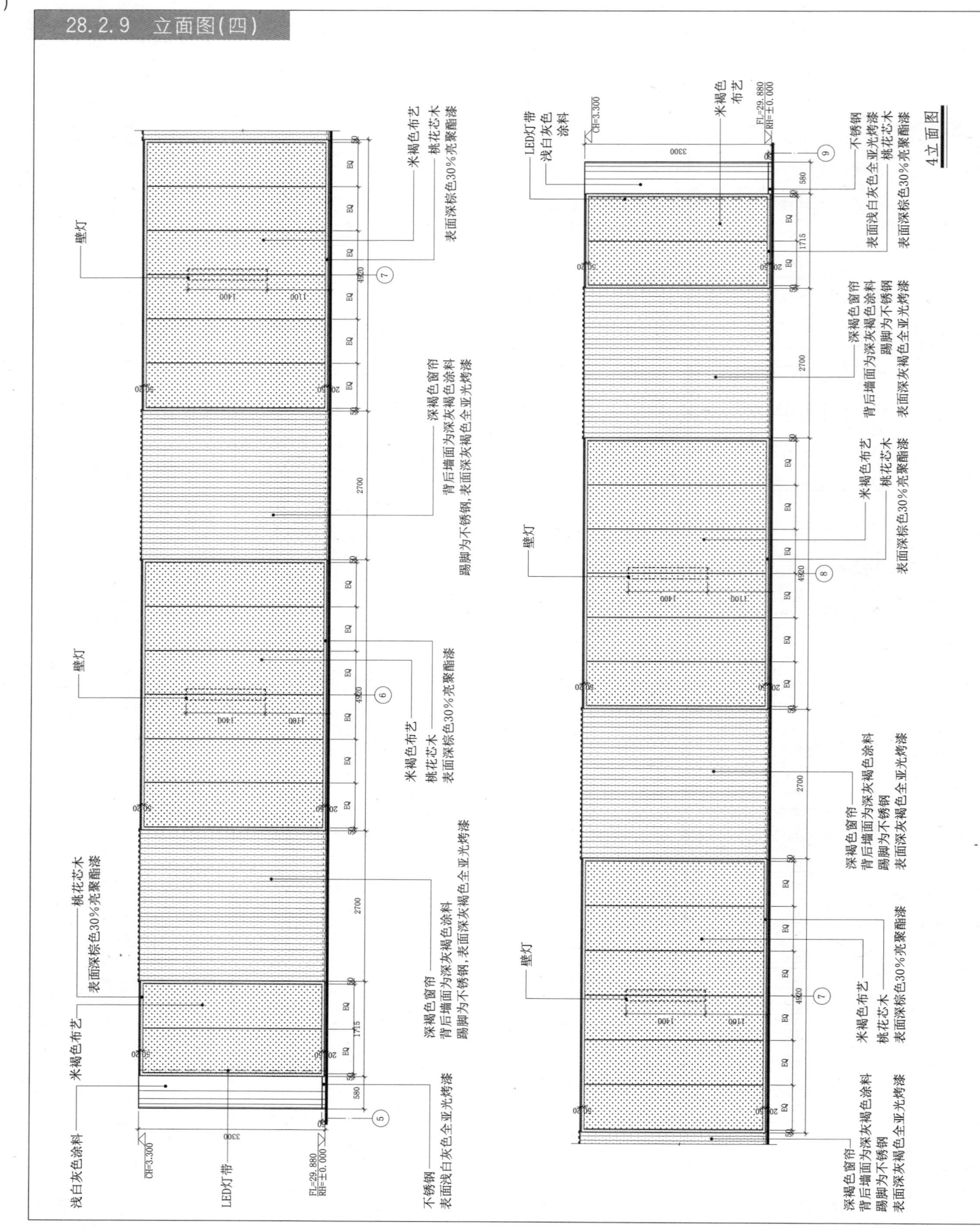

28.2.10 立面图(五)

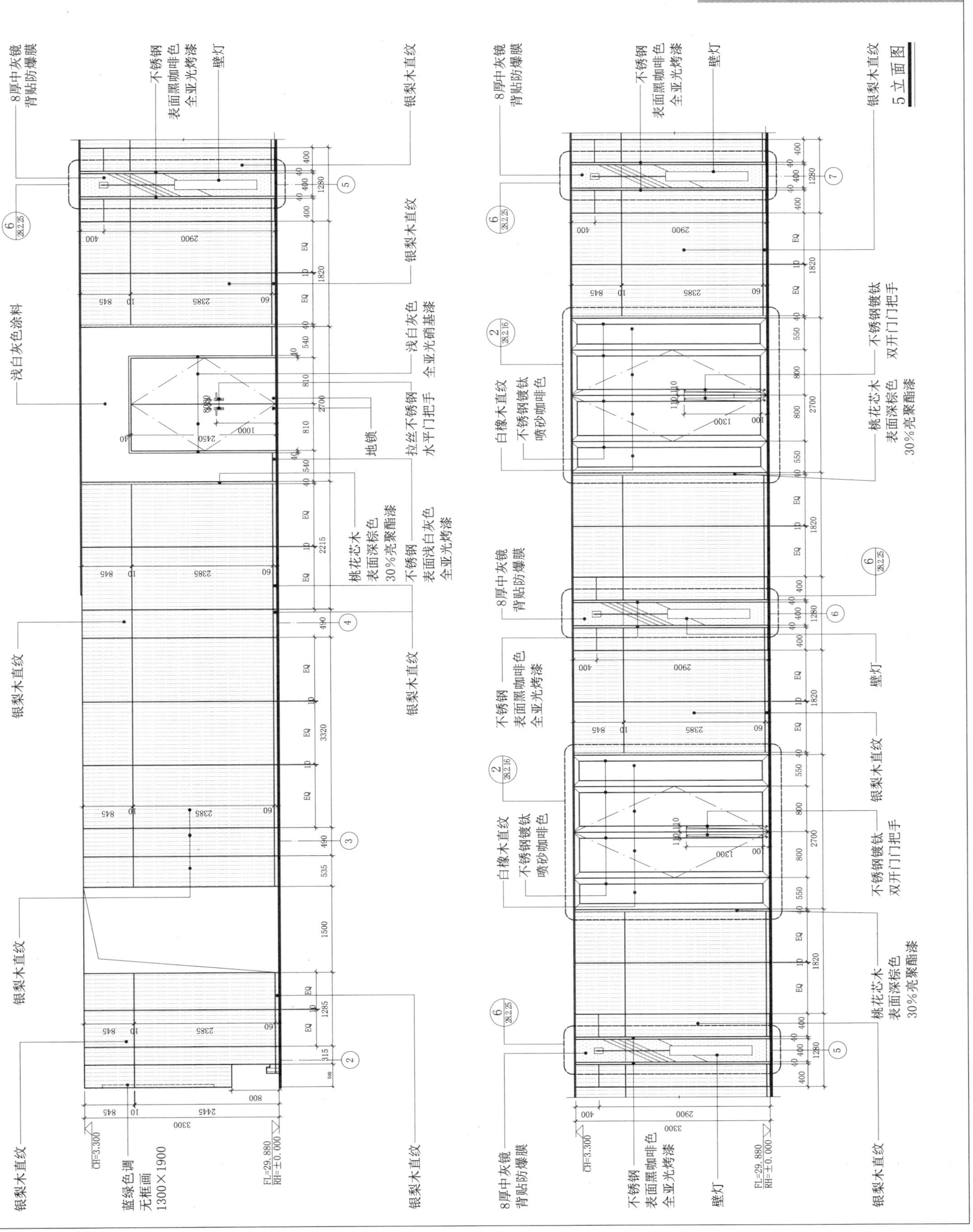
8厚中灰镜
背贴防爆膜
不锈钢
表面黑咖啡色
全亚光烤漆
壁灯
银梨木直纹
浅白灰色涂料
浅白灰色
全亚光硝基漆
拉丝不锈钢
水平门把手
地锁
桃花芯木
表面深棕色
30%亮聚酯漆
不锈钢
表面浅白灰色
全亚光烤漆
蓝绿色调
无框画
1300×1900
CH=3.300
FL=29.880
RH=±0.000
5立面图
白橡木直纹
不锈钢镀钛
喷砂咖啡色
不锈钢镀钛
双开门把手

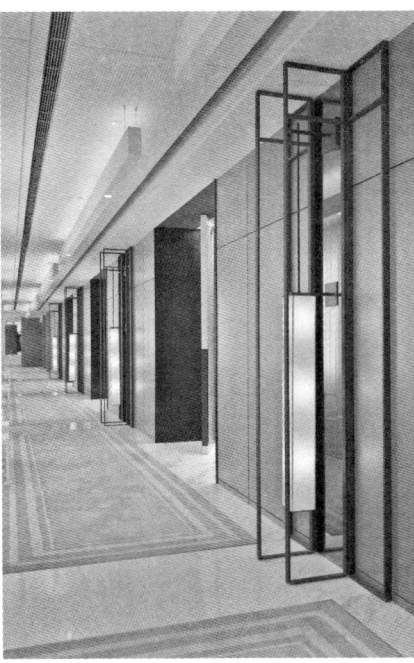

28 宴会厅模式

28.2 酒店宴会厅模式（二）

28.2.11 立面图（六）

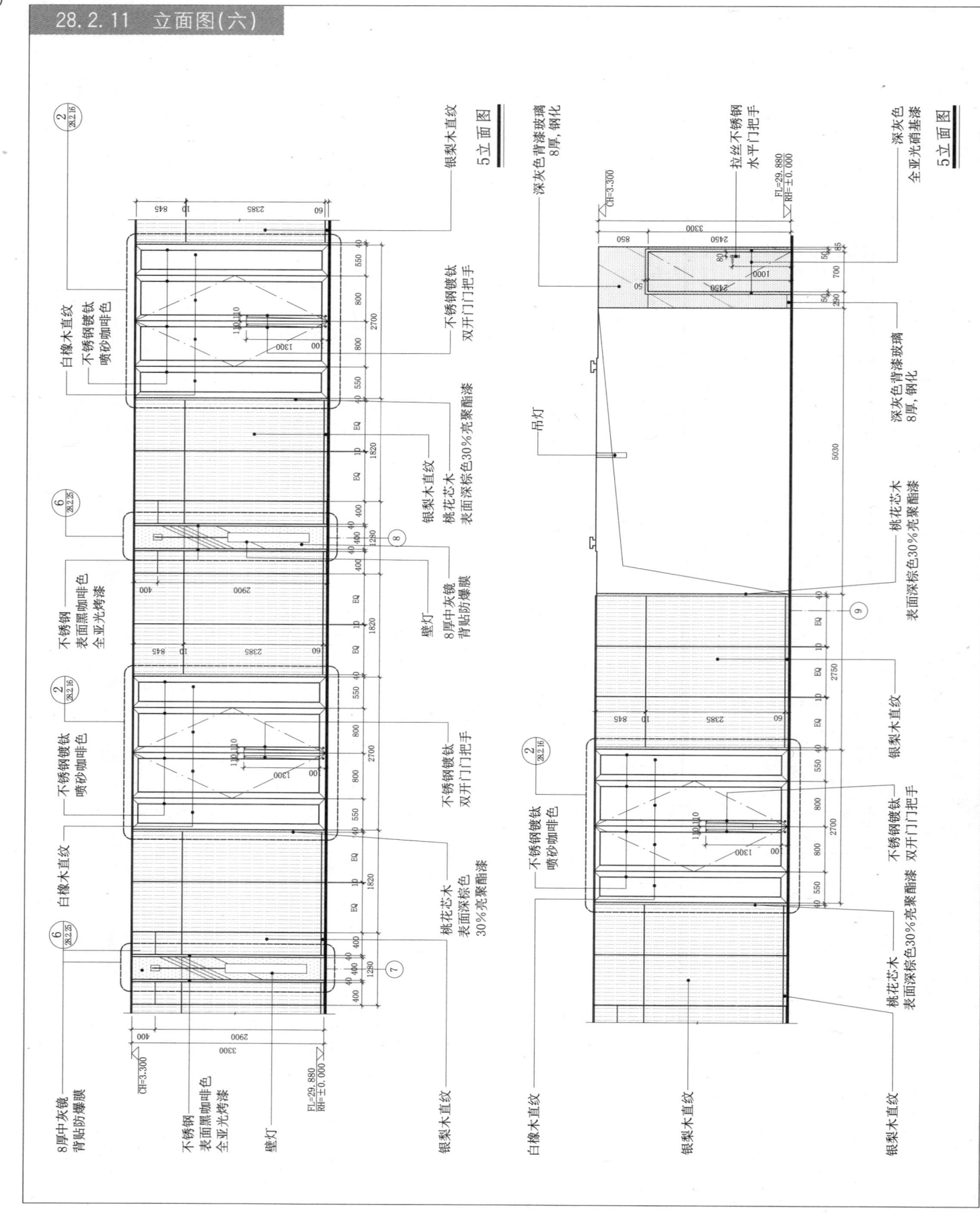

28.2 酒店宴会厅模式（二）

28.2.12 立面图（七）

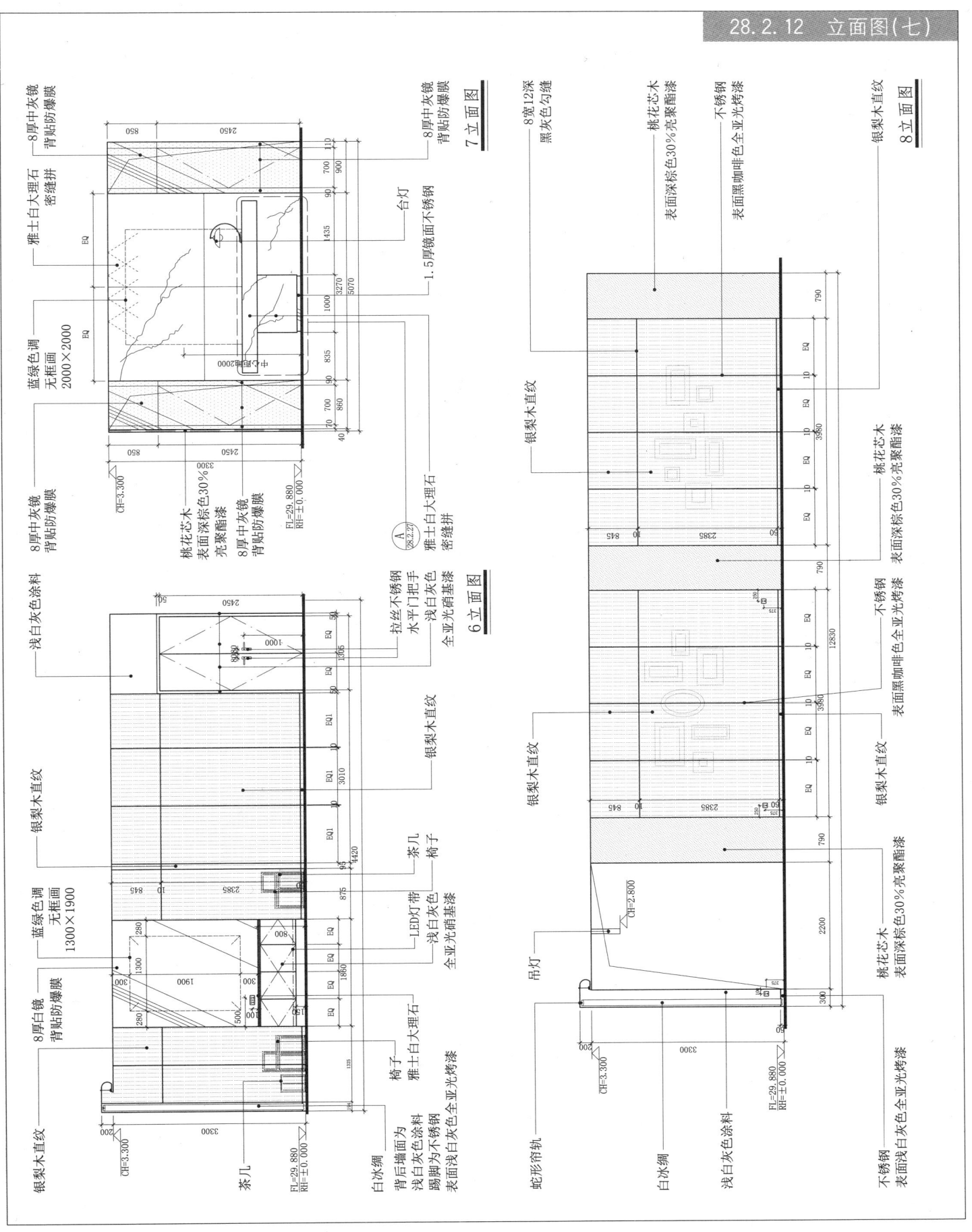

28.2 酒店宴会厅模式(二)

28.2.13 立面图(八)

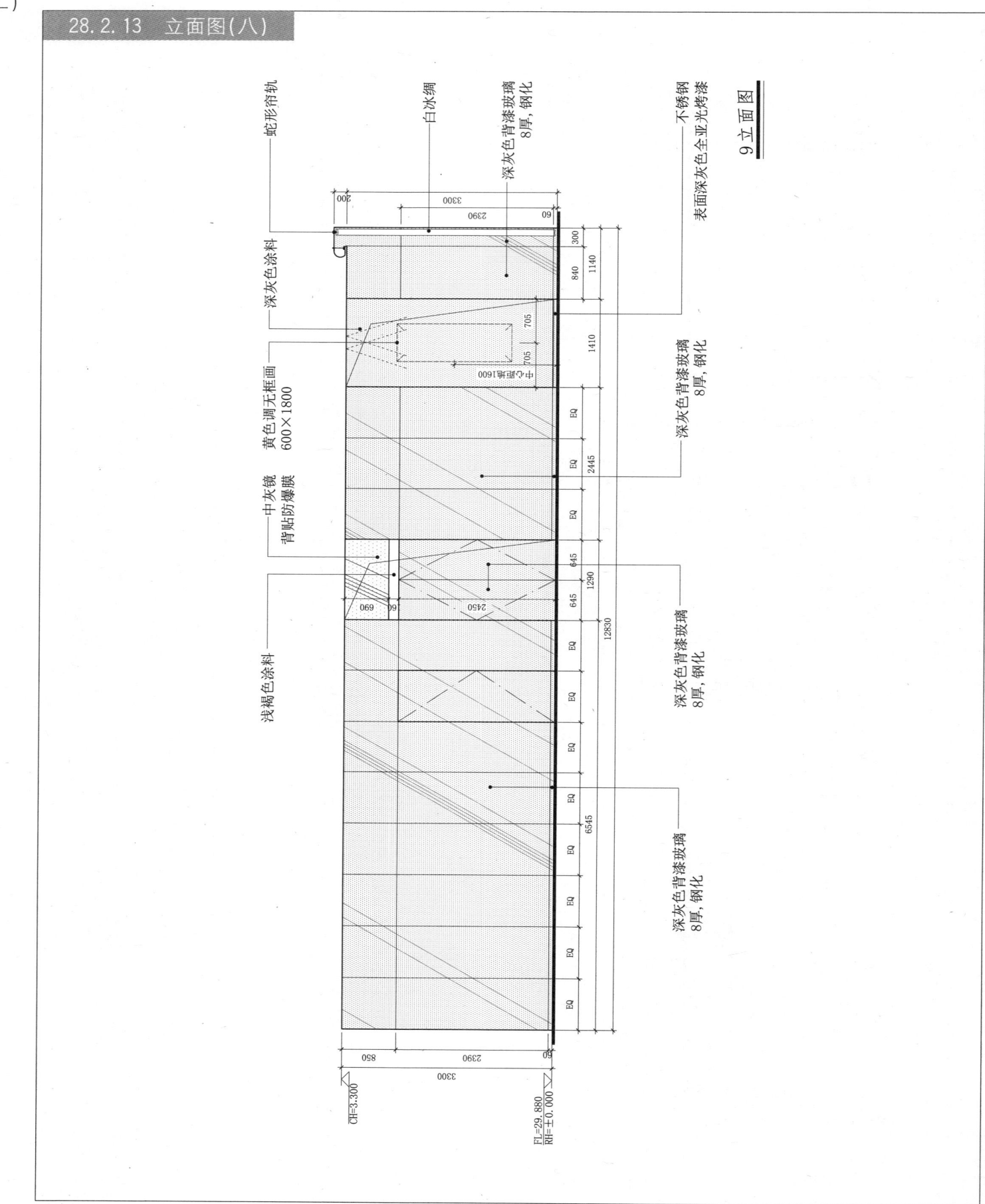

9 立面图

28.2.14 暗藏式活动隔断门（一）

28.2 酒店宴会厅模式（二）

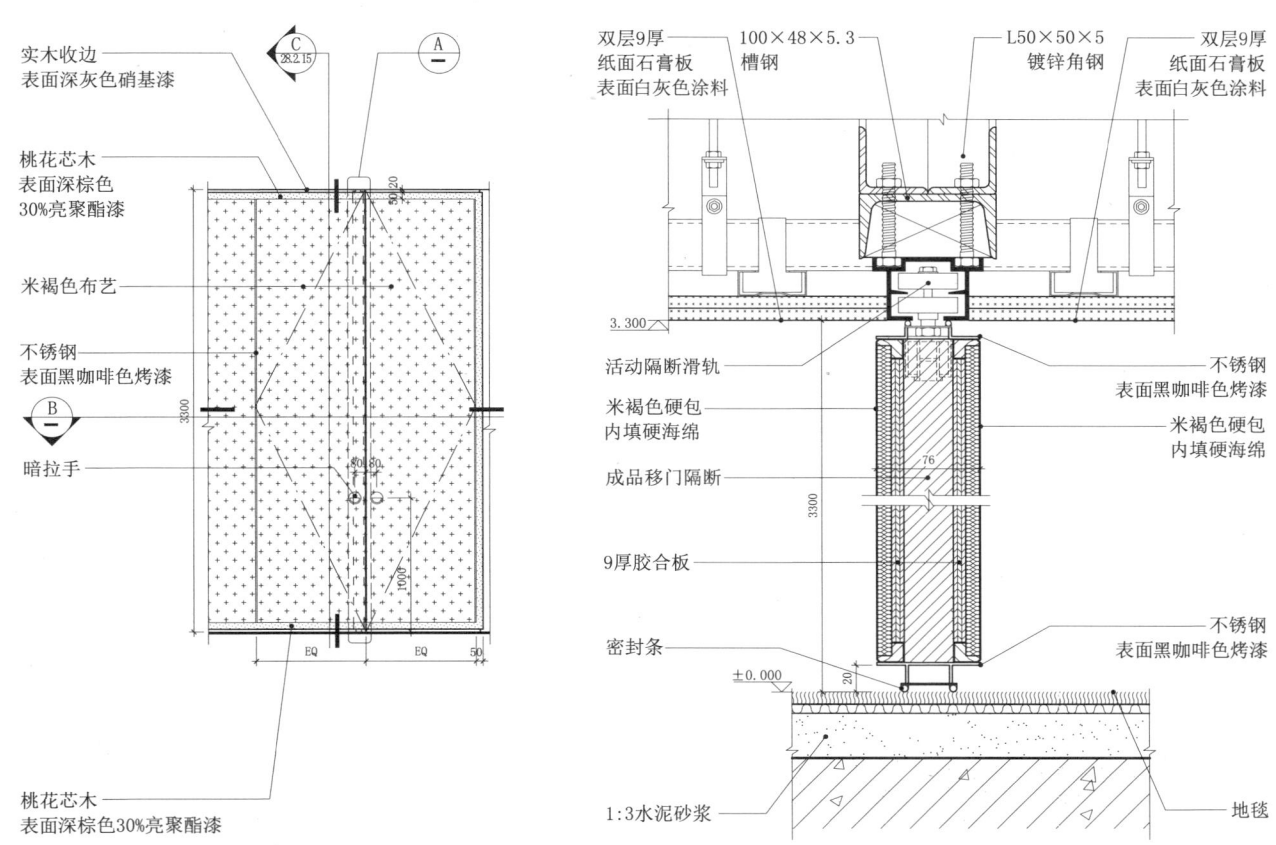

1 隐藏式活动隔断立面图

A 活动隔断纵剖面图

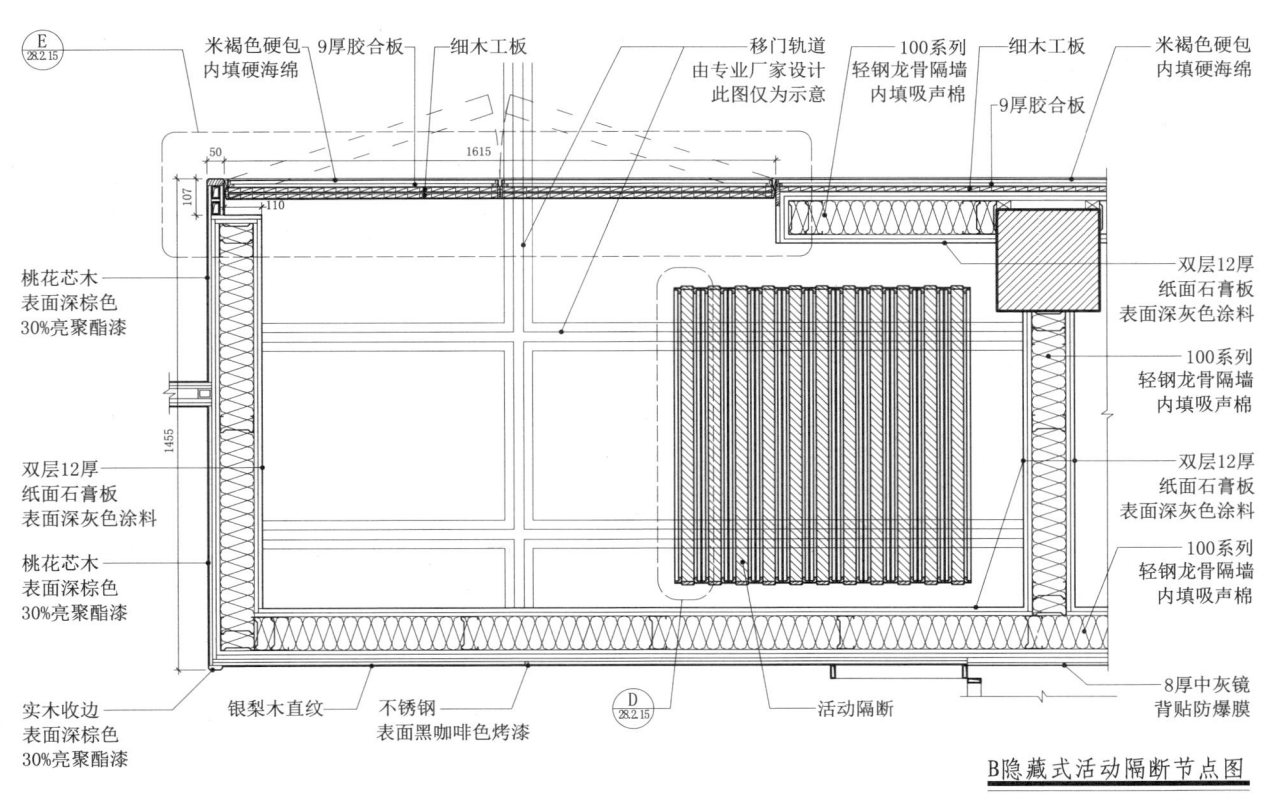

B 隐藏式活动隔断节点图

28.2 酒店宴会厅模式(二)

28.2.15 暗藏式活动隔断门(二)

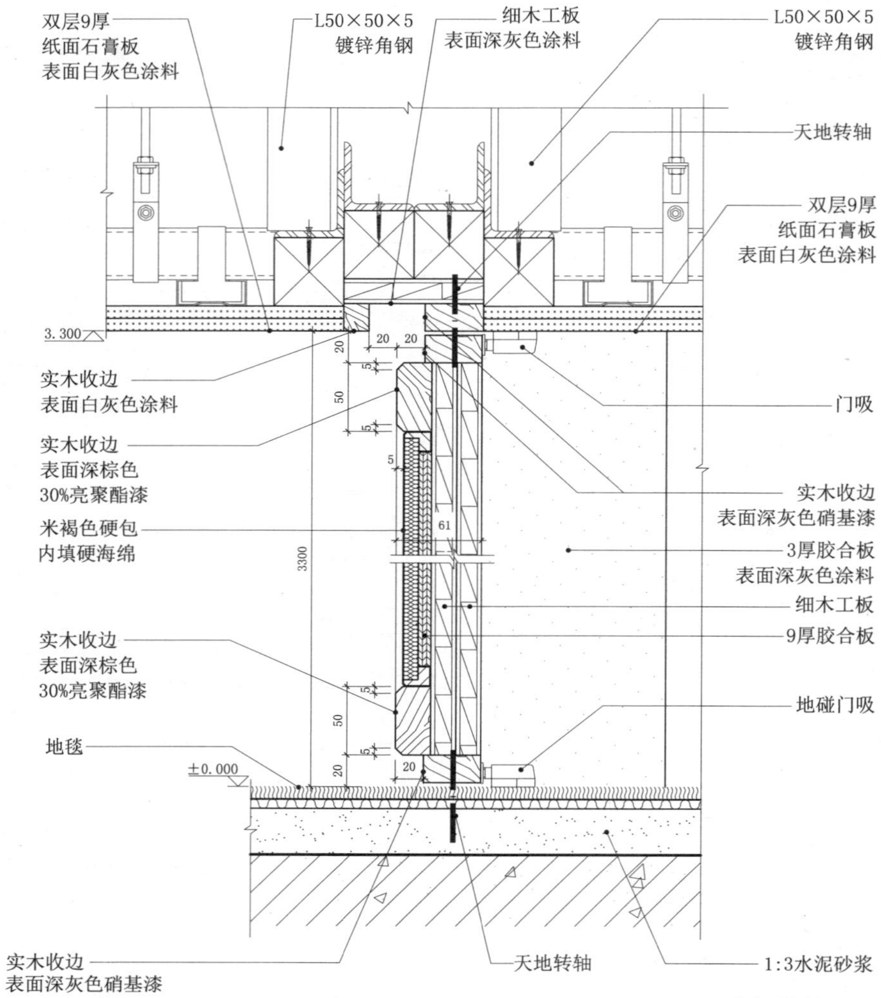

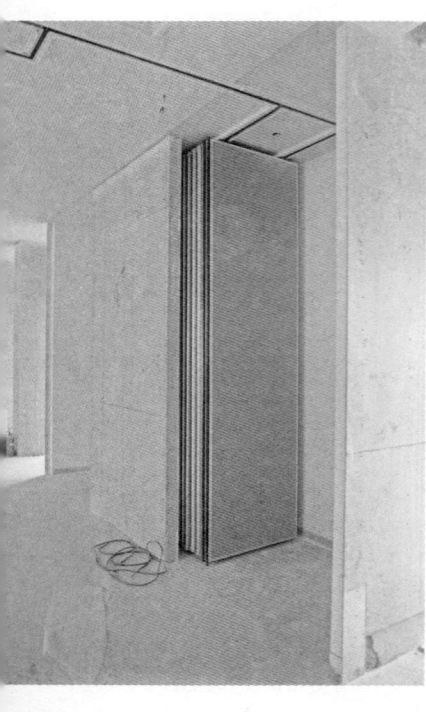

C 暗门纵剖面图

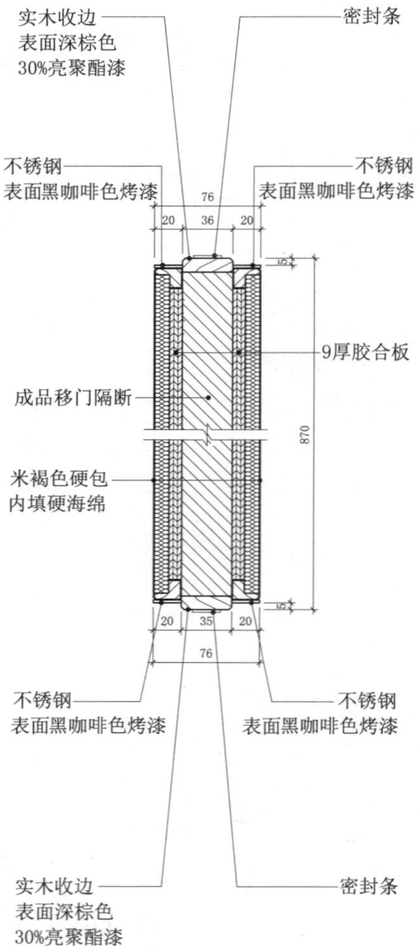

D 活动隔断横剖面图

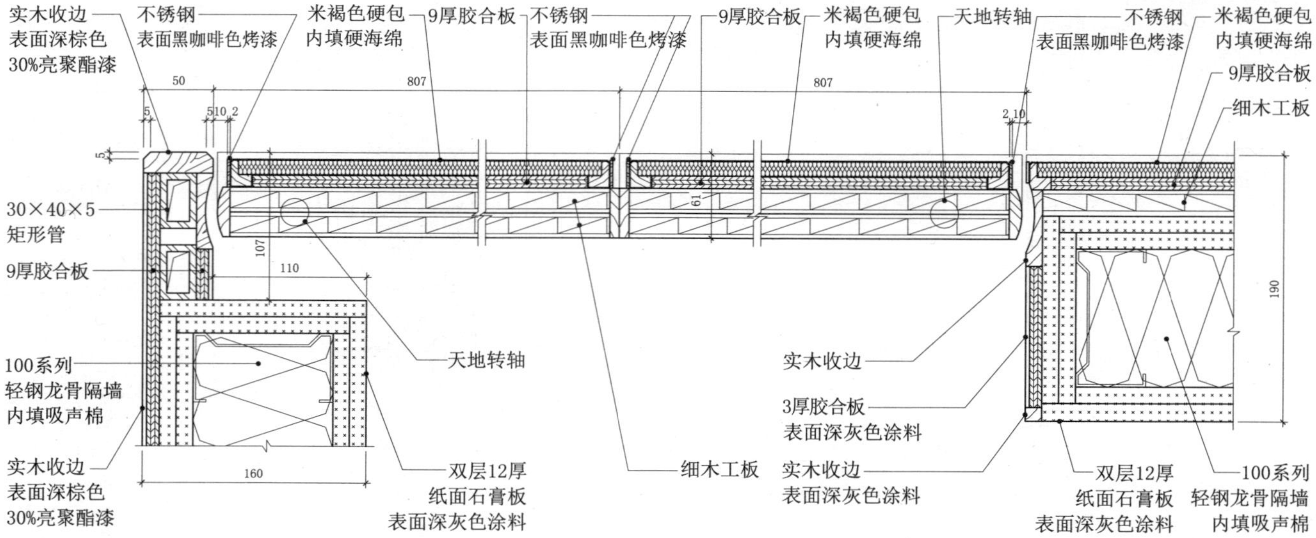

E 暗门横剖面图

28.2.16 大门节点详图(一)

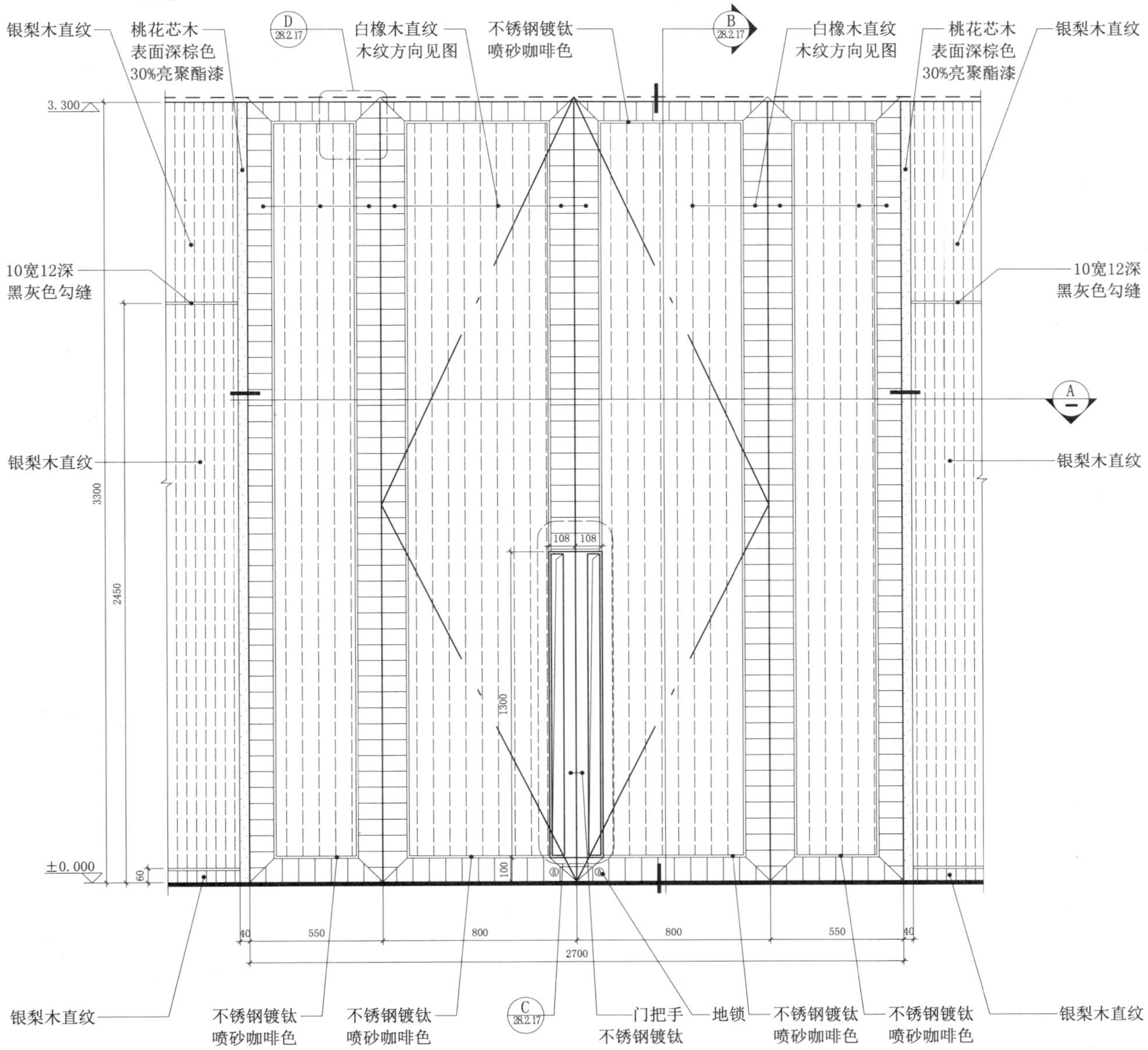

28.2 酒店宴会厅模式(二)

28 宴会厅模式

2立面图

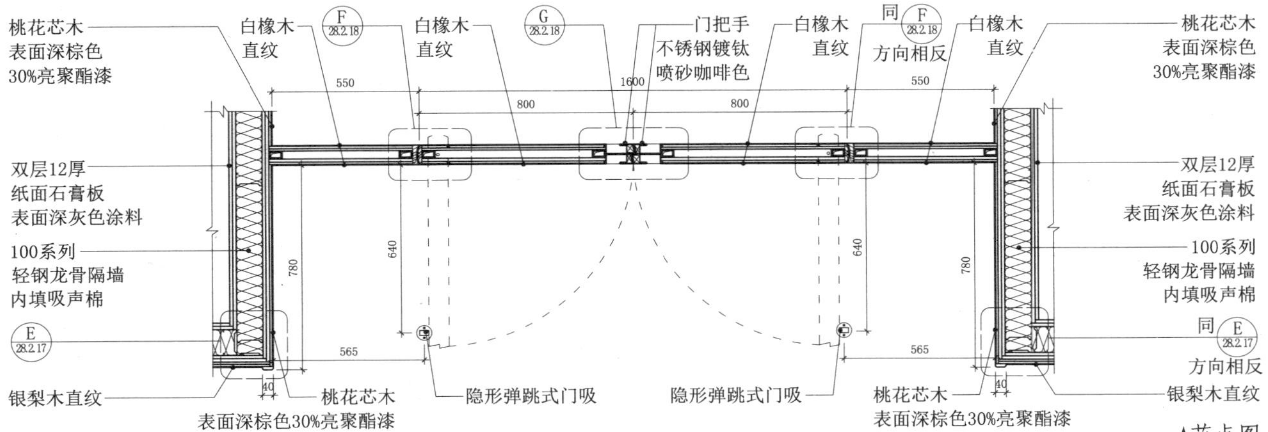

A节点图

室内构造节点与专项模式图集 | 1453

28.2 酒店宴会厅模式(二)

28.2.17 大门节点详图(二)

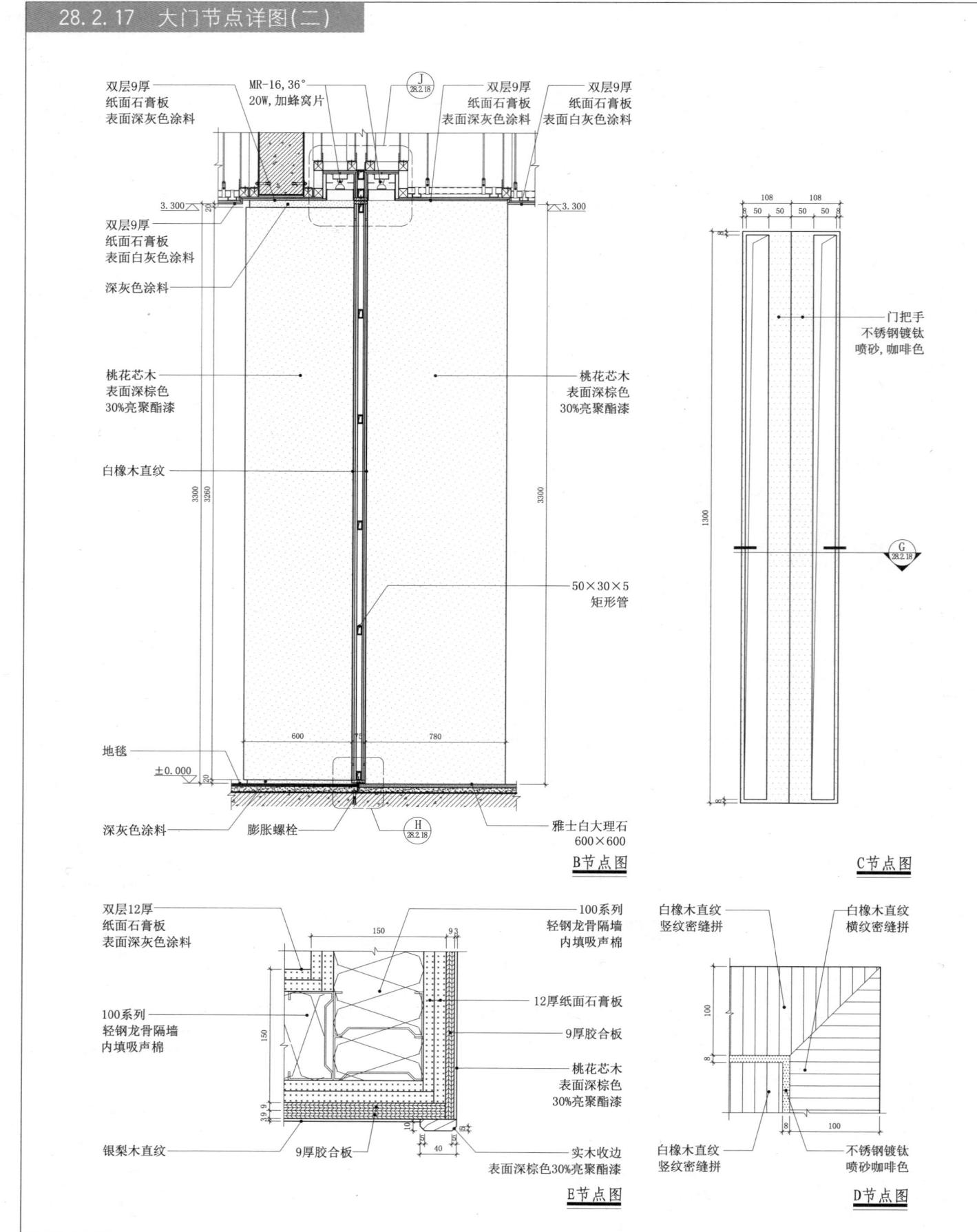

28.2.18 大门节点详图(三)

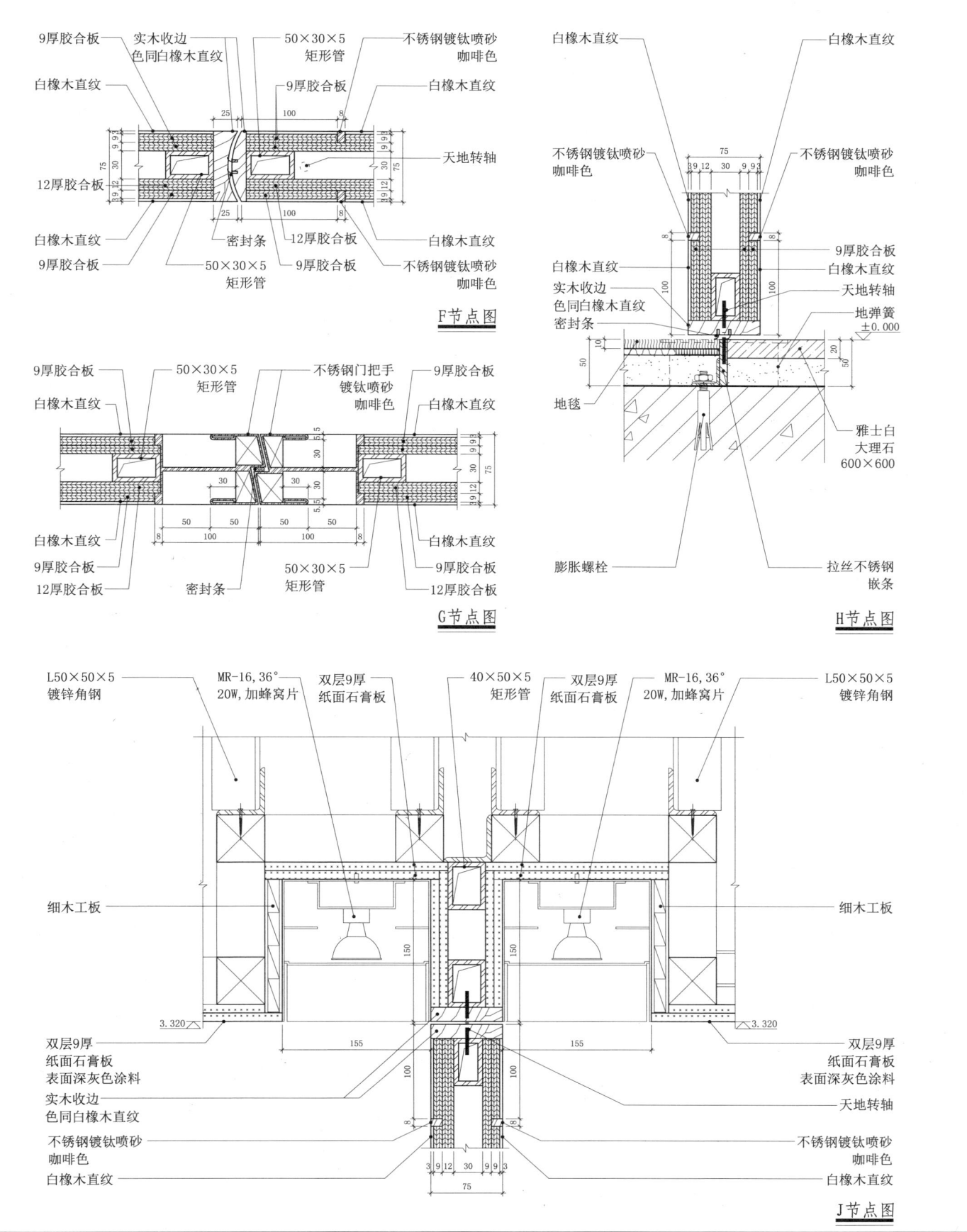

28.2 酒店宴会厅模式(二)

28.2.19 透光石大吊灯详图(一)

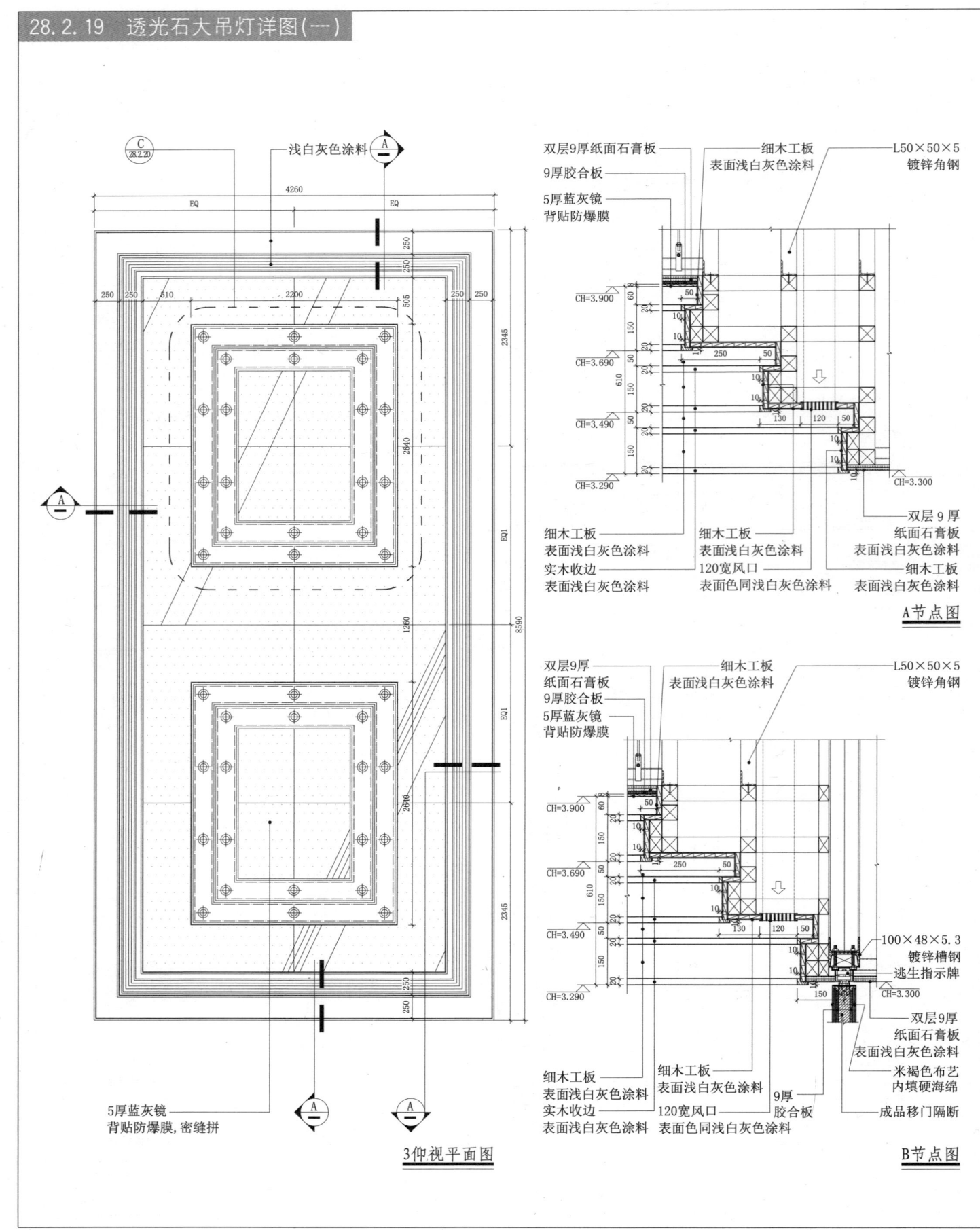

28.2 酒店宴会厅模式(二)

28.2.20 透光石大吊灯详图(二)

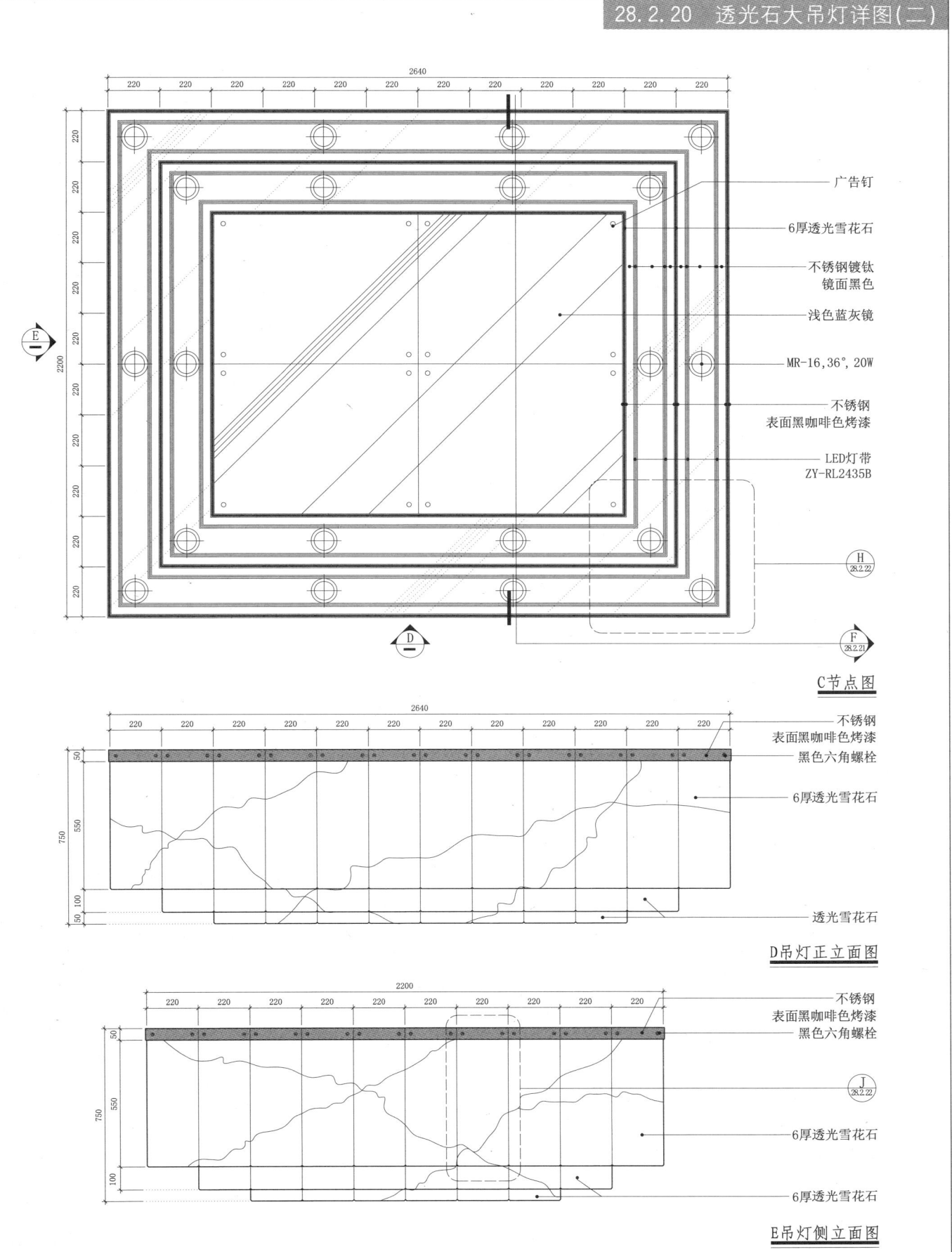

C节点图

D吊灯正立面图

E吊灯侧立面图

28.2 酒店宴会厅模式（二）

28.2.21 透光石大吊灯详图（三）

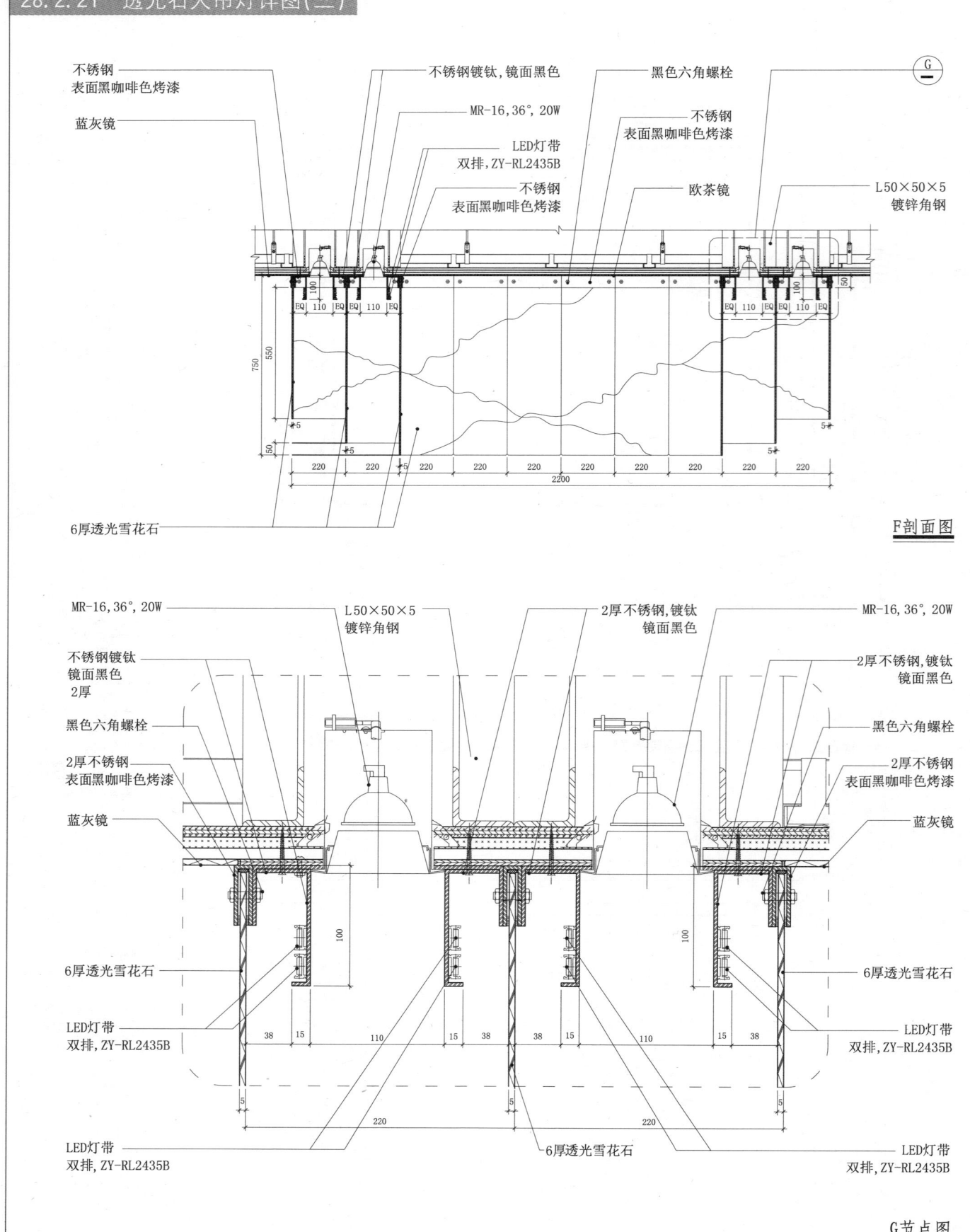

28.2.22 透光石大吊灯详图(四)

28.2 酒店宴会厅模式(二)

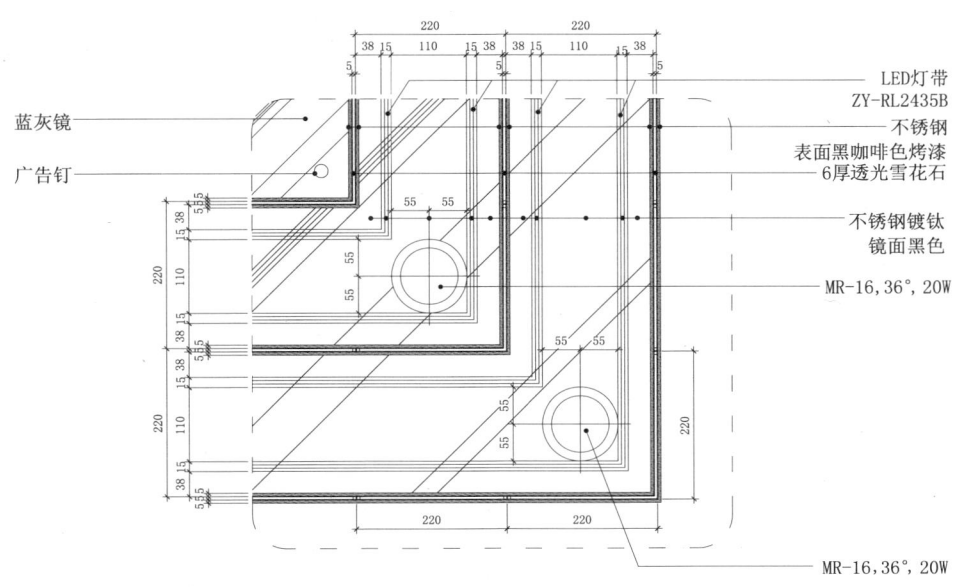

H节点图

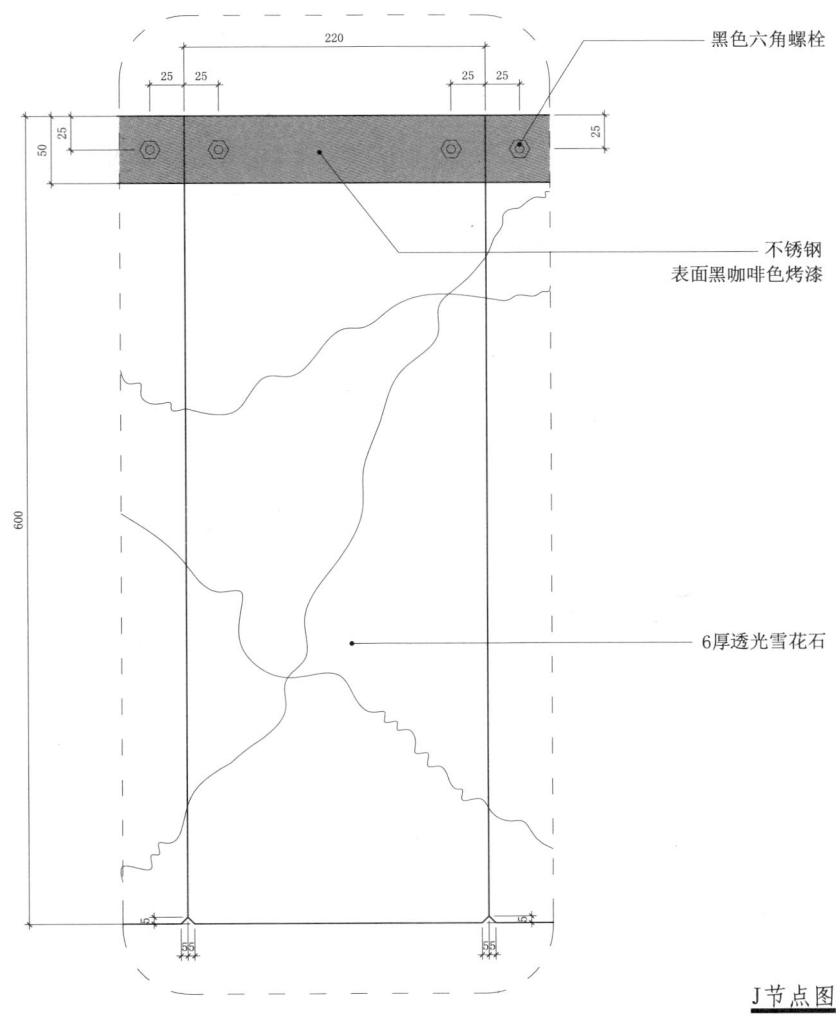

J节点图

28.2 酒店宴会厅模式(二)

28.2.23 节点(一)

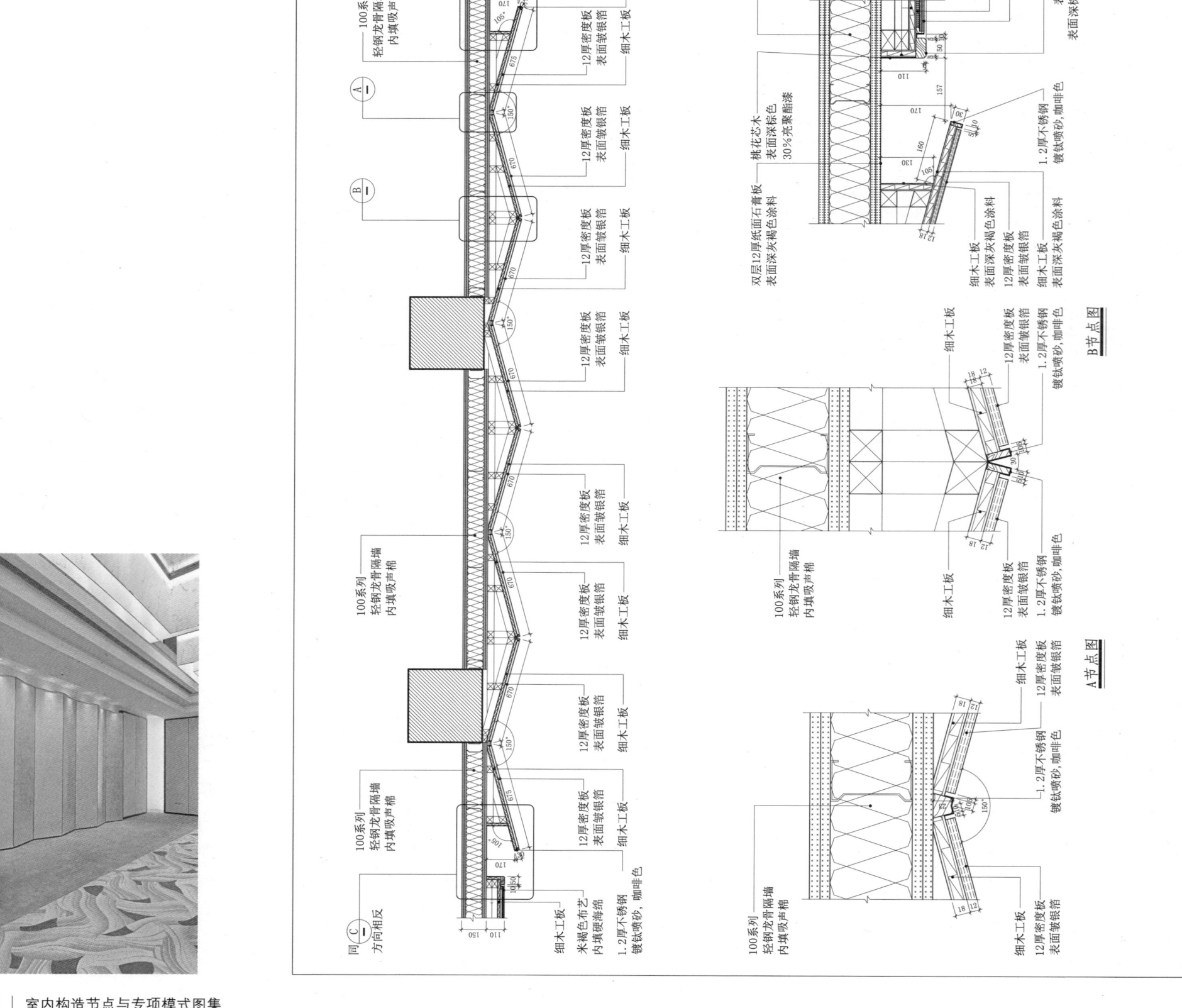

28.2.24 节点(二)

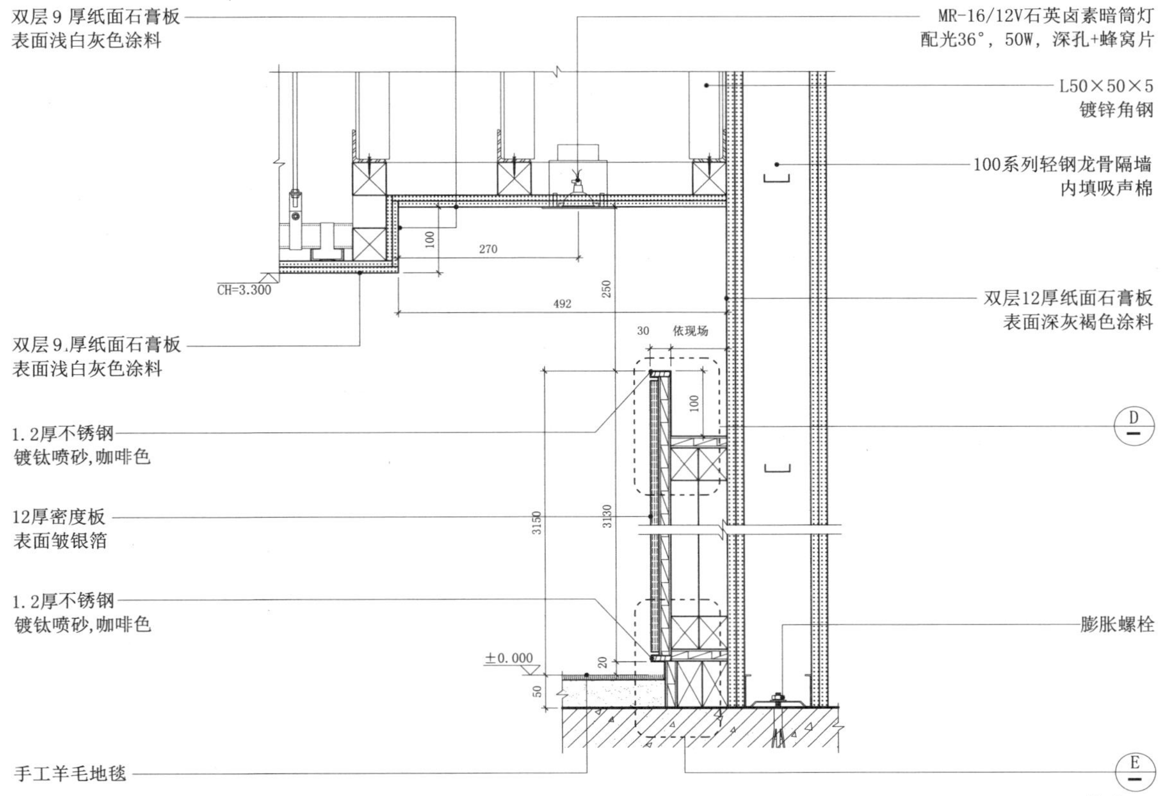
双层9厚纸面石膏板
表面浅白灰色涂料
MR-16/12V石英卤素暗筒灯
配光36°，50W，深孔+蜂窝片
L50×50×5
镀锌角钢
100系列轻钢龙骨隔墙
内填吸声棉
CH=3.300
100
270
492
250
双层12厚纸面石膏板
表面深灰褐色涂料
双层9.厚纸面石膏板
表面浅白灰色涂料
30
依现场
100
1.2厚不锈钢
镀钛喷砂,咖啡色
D
12厚密度板
表面皱银箔
3150
3130
1.2厚不锈钢
镀钛喷砂,咖啡色
膨胀螺栓
±0.000
20
50
手工羊毛地毯
E

5节点图

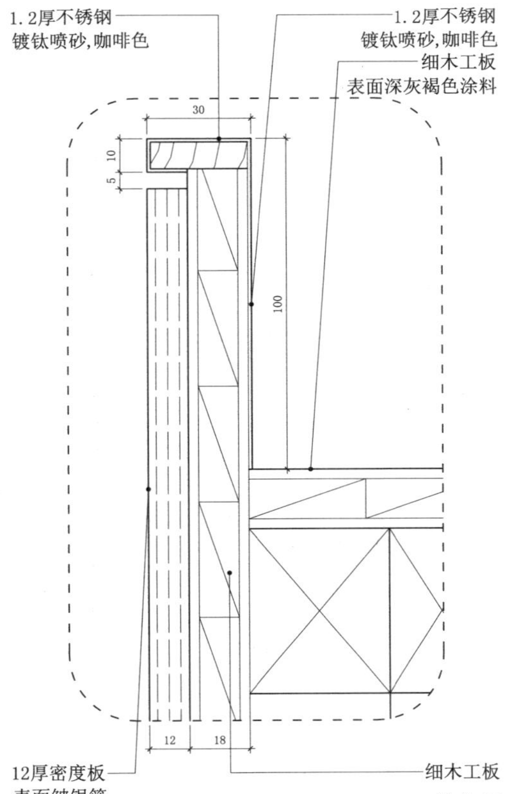
1.2厚不锈钢
镀钛喷砂,咖啡色
1.2厚不锈钢
镀钛喷砂,咖啡色
细木工板
表面深灰褐色涂料
30
10
5
100
12
18
12厚密度板
表面皱银箔
细木工板

D节点图

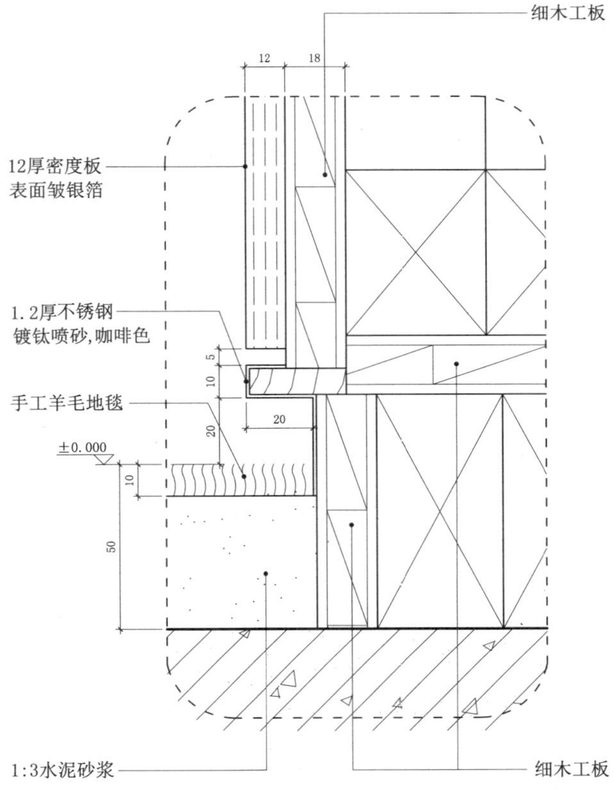
细木工板
12
18
12厚密度板
表面皱银箔
1.2厚不锈钢
镀钛喷砂,咖啡色
5
10
20
手工羊毛地毯
20
±0.000
10
50
1:3水泥砂浆
细木工板

E节点图

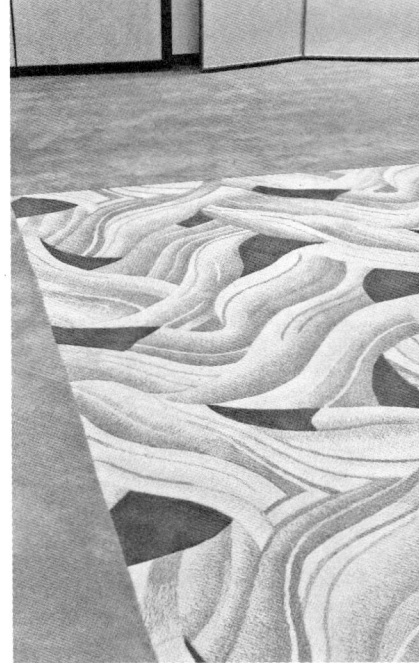

28 宴会厅模式

28.2 酒店宴会厅模式(二)

28.2.25 前厅走道壁灯详图(一)

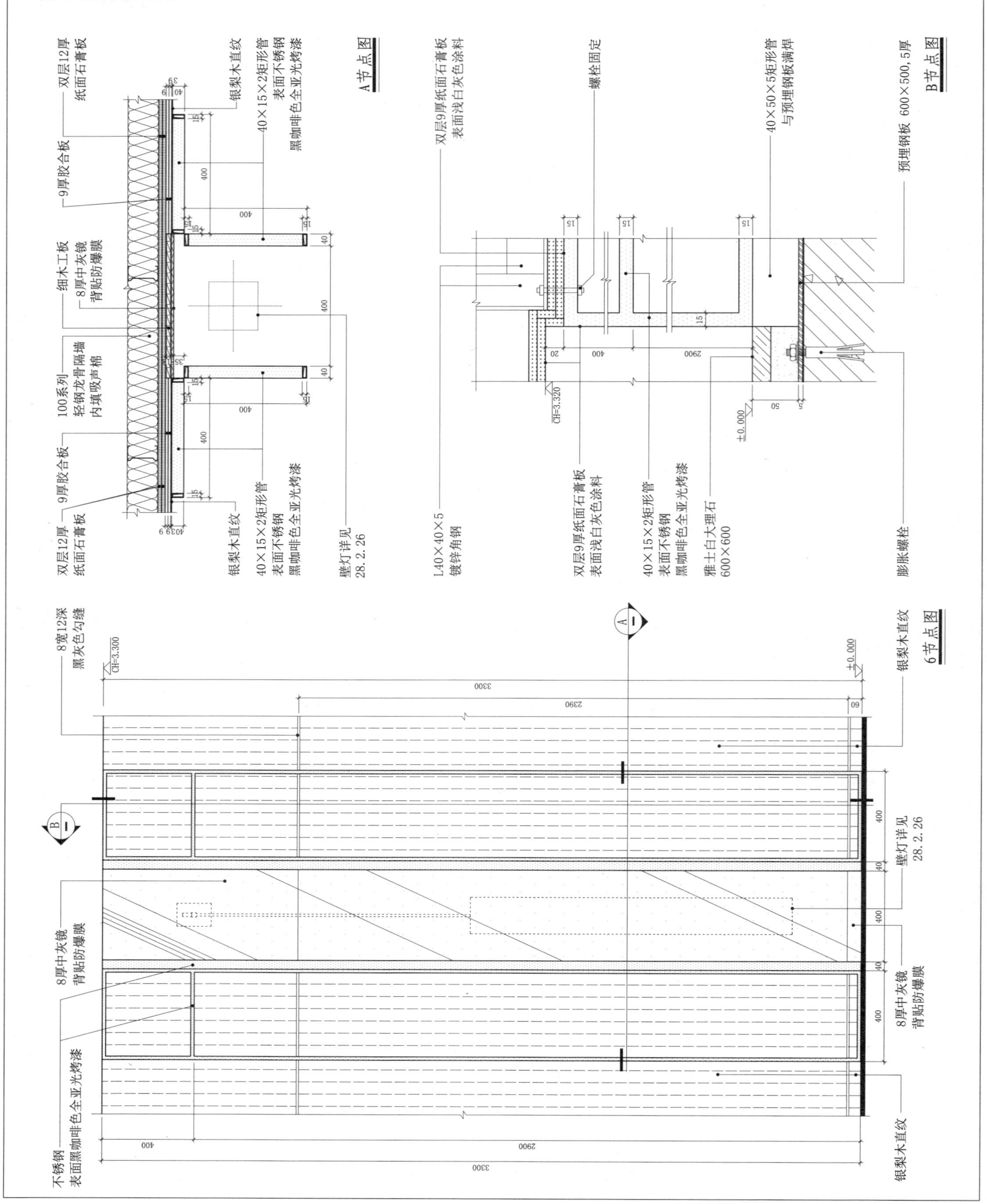

28.2 酒店宴会厅模式(二)

28.2.26 前厅走道壁灯详图(二)

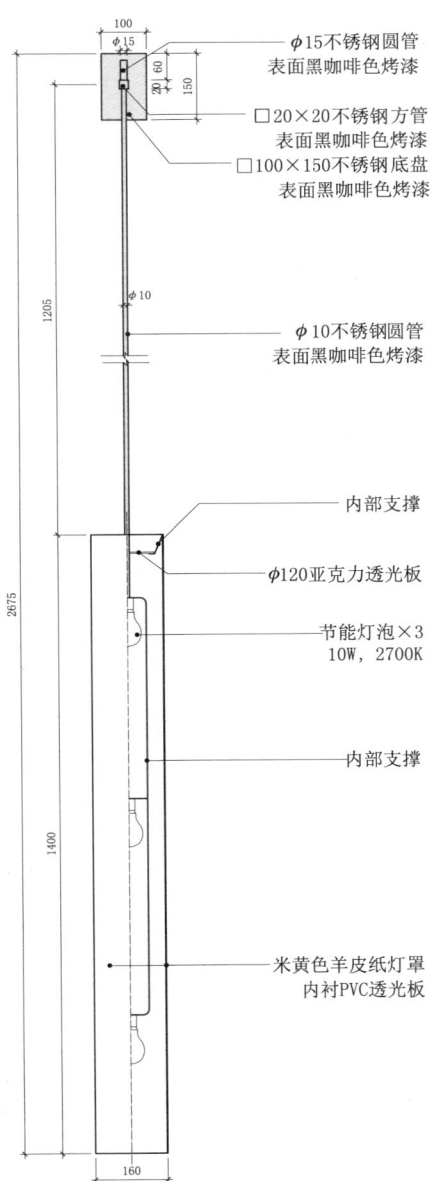

壁灯正立面图

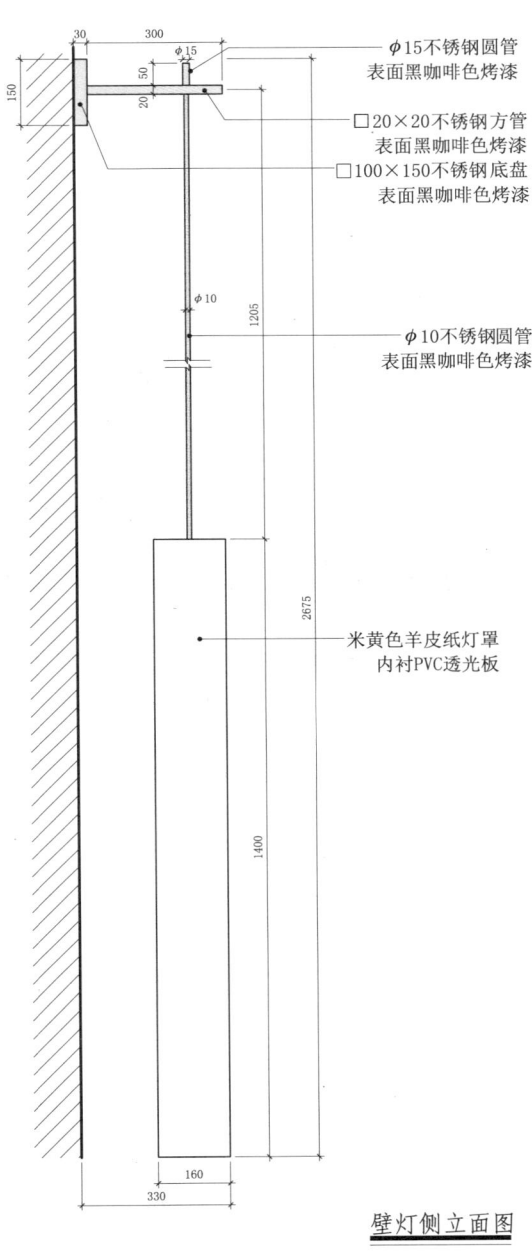

壁灯侧立面图

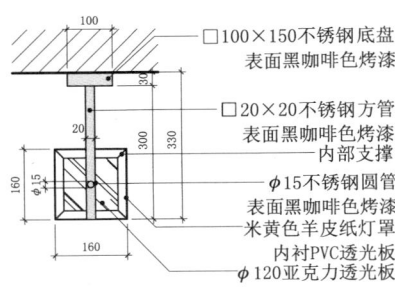

壁灯俯视平面图

28.2 酒店宴会厅模式(二)

28.2.27 前厅服务台(一)

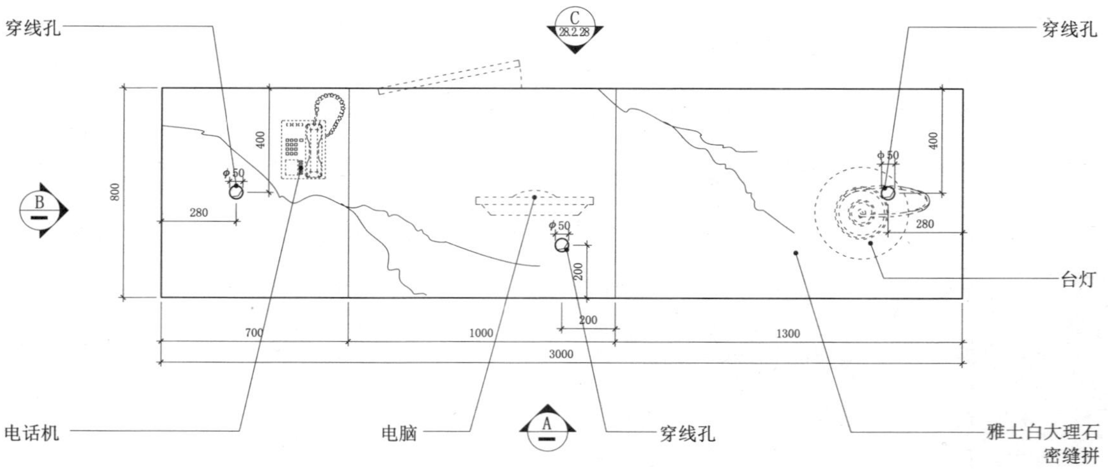

7 服务台平面图

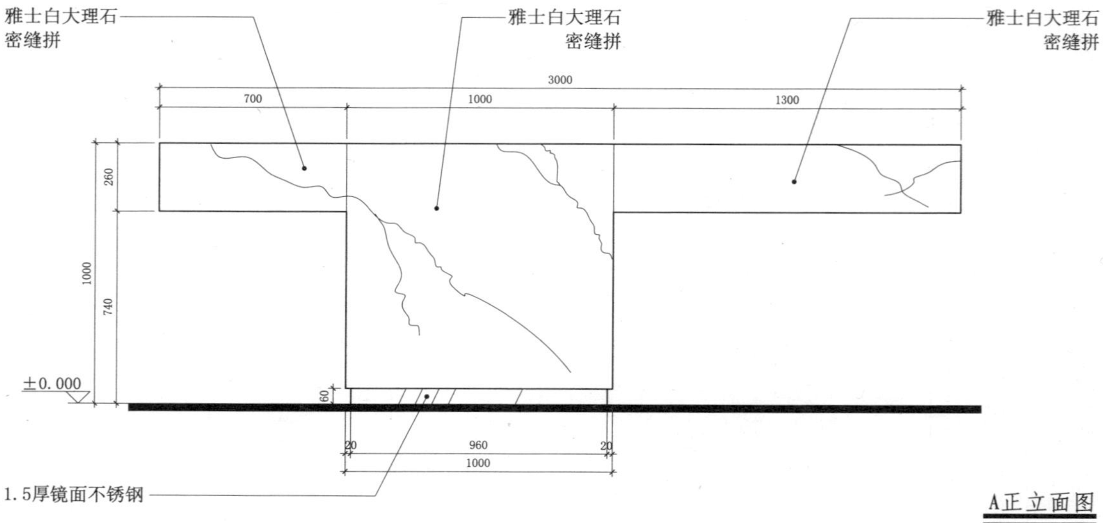

A 正立面图

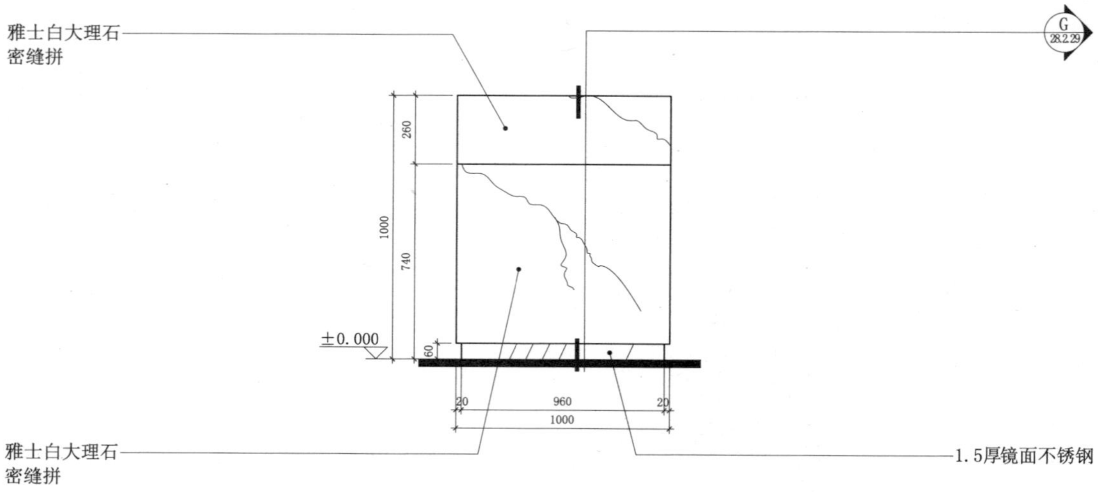

B 侧立面图

标注：穿线孔、电话机、电脑、穿线孔、台灯、雅士白大理石密缝拼、1.5厚镜面不锈钢

28.2 酒店宴会厅模式(二)

28.2.28 前厅服务台(二)

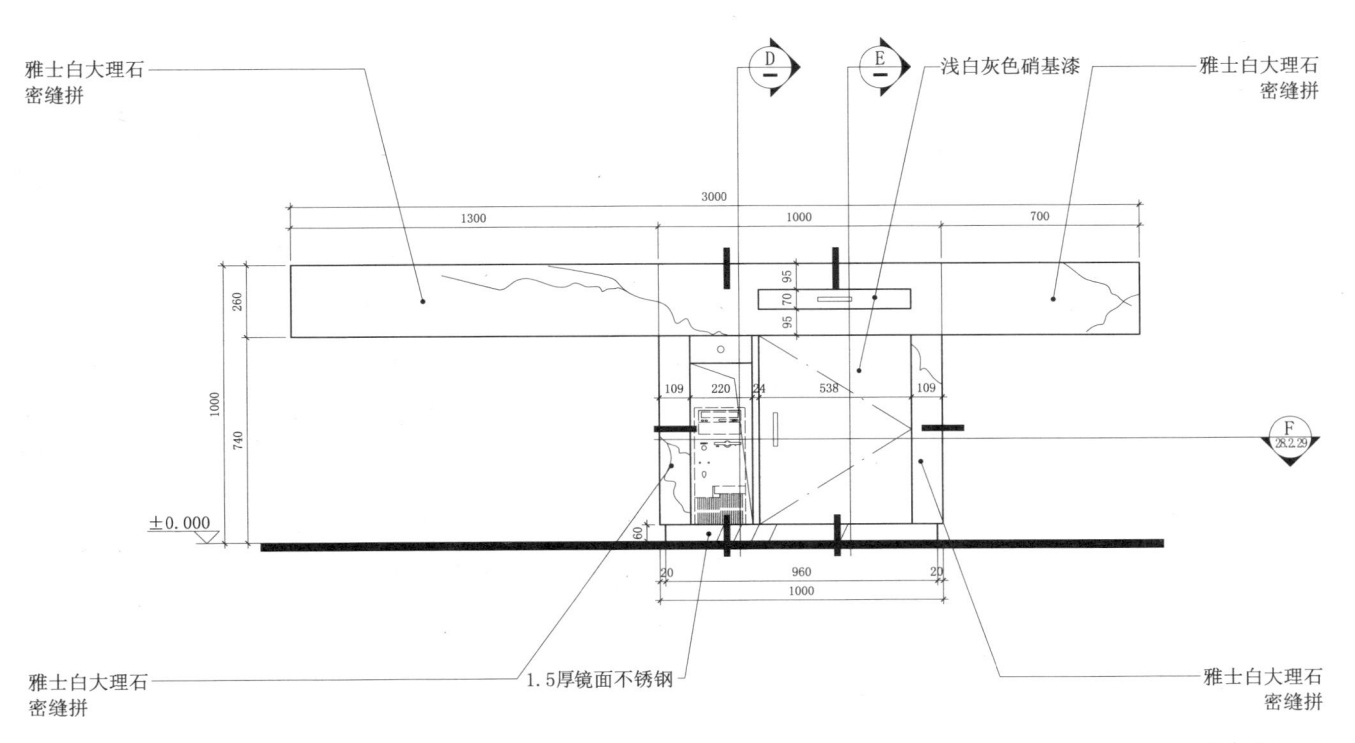

C背立面图

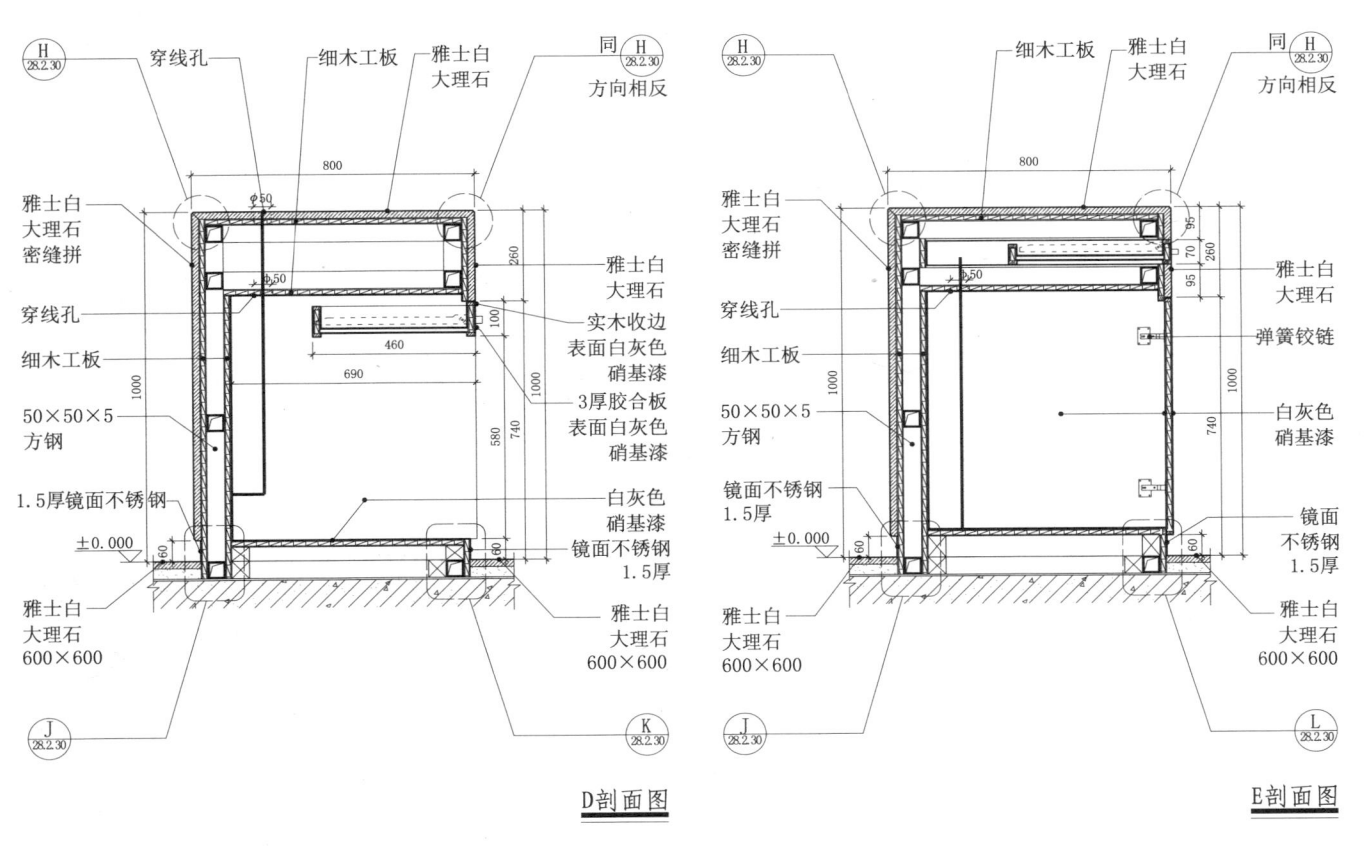

D剖面图　　　　E剖面图

28.2 酒店宴会厅模式(二)

28.2.29 前厅服务台(三)

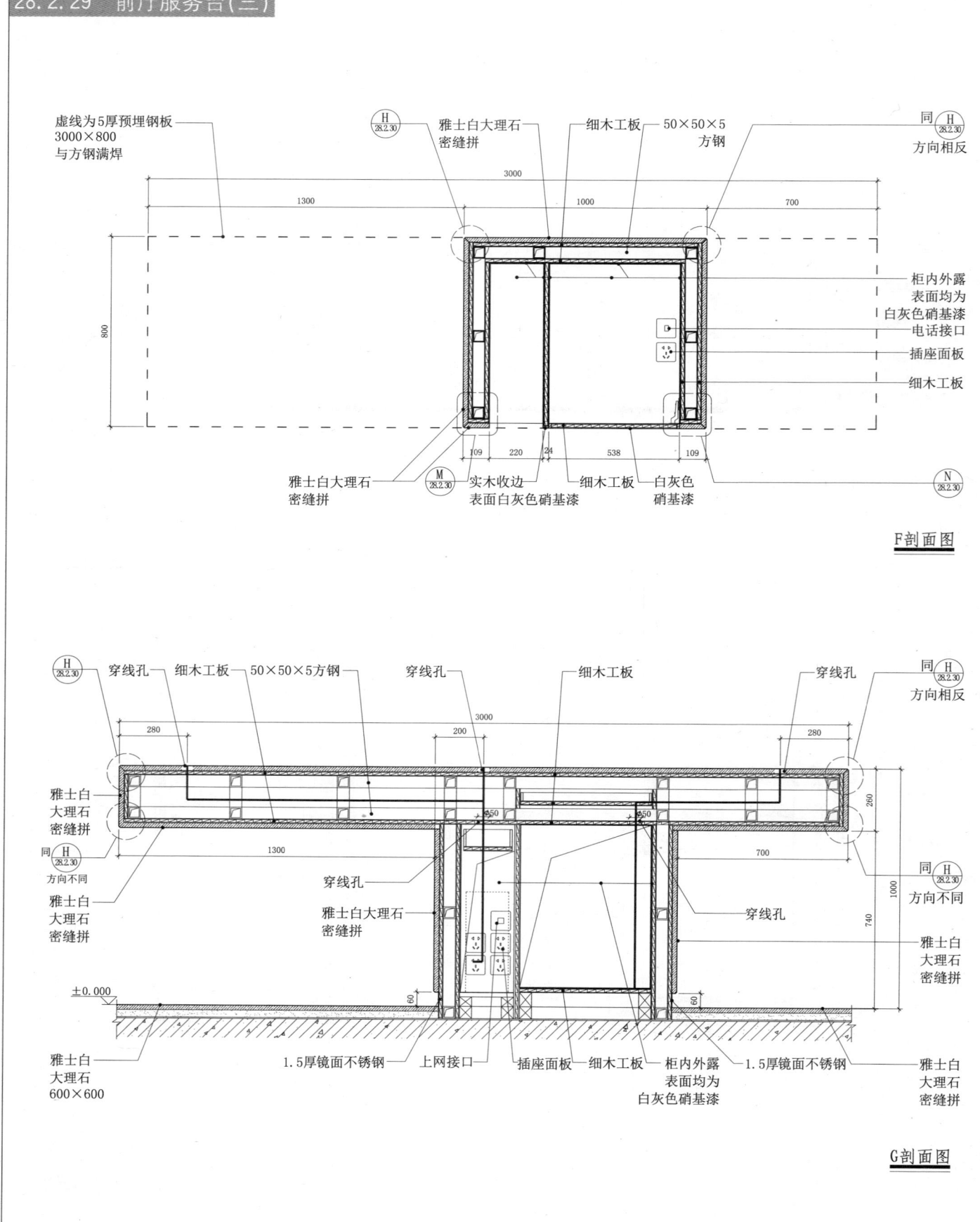

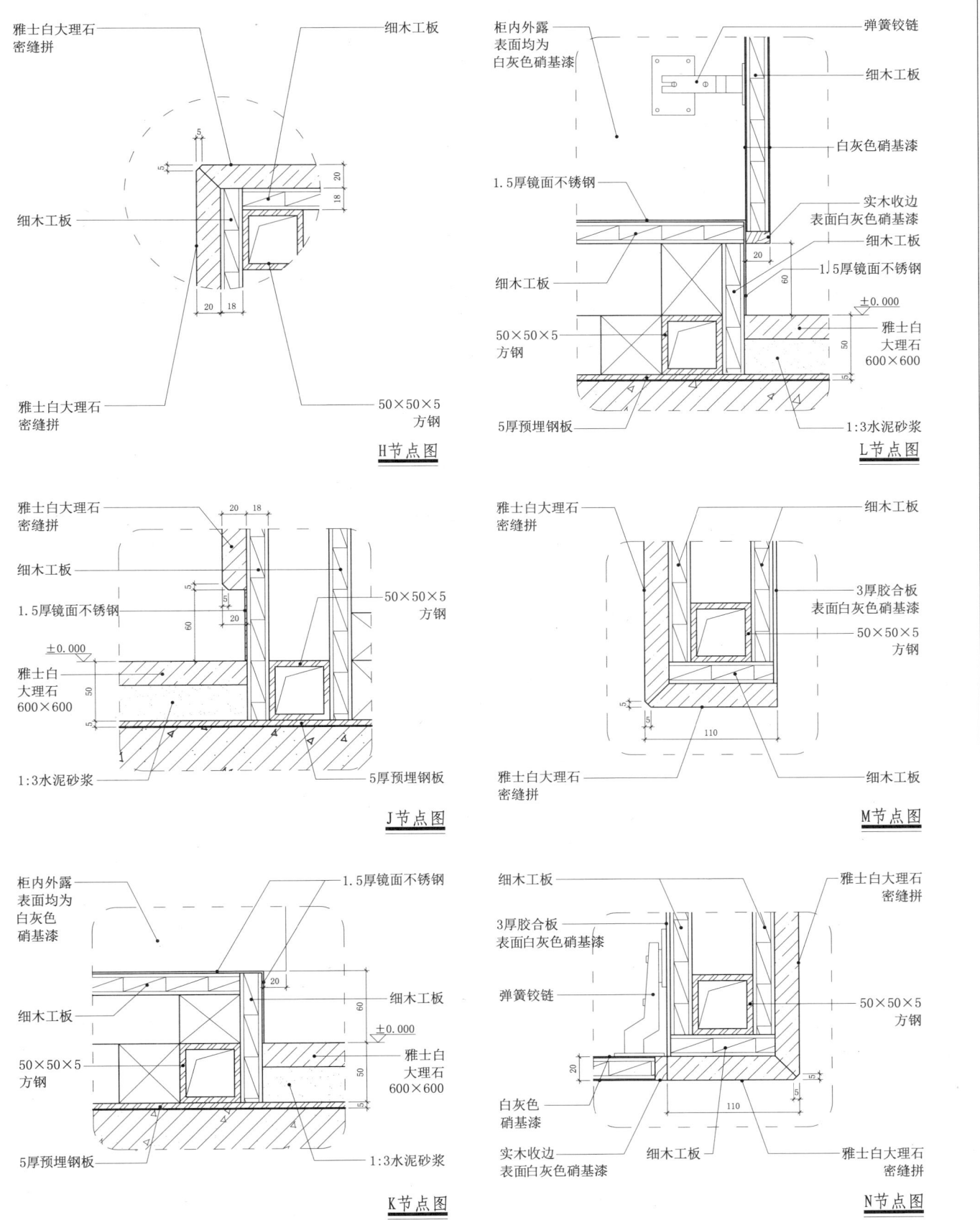

28.2 酒店宴会厅模式（二）

28.2.31 服务台骨架结构

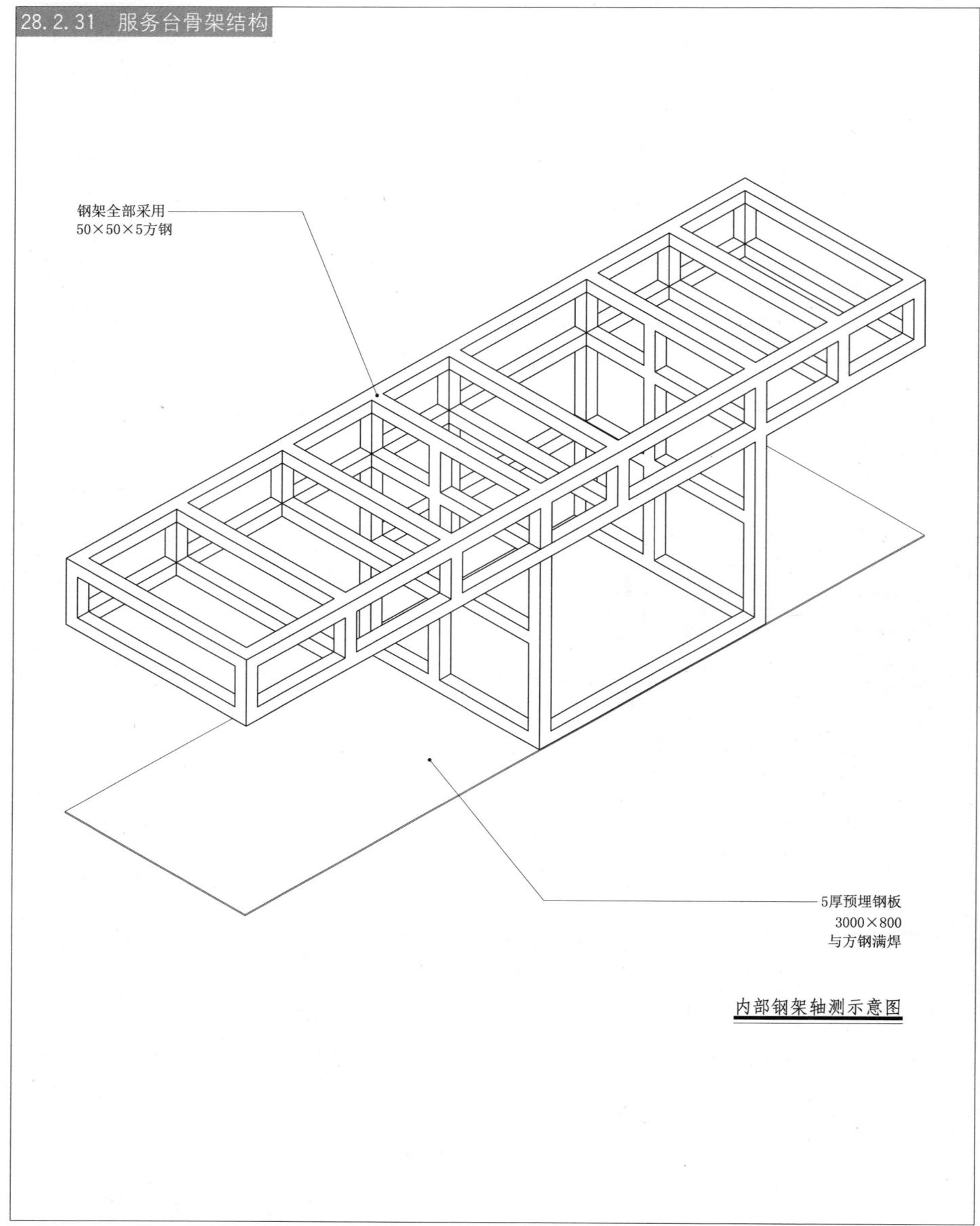

内部钢架轴测示意图

28.3 酒店宴会厅模式（三）

28.3.1 总平面图

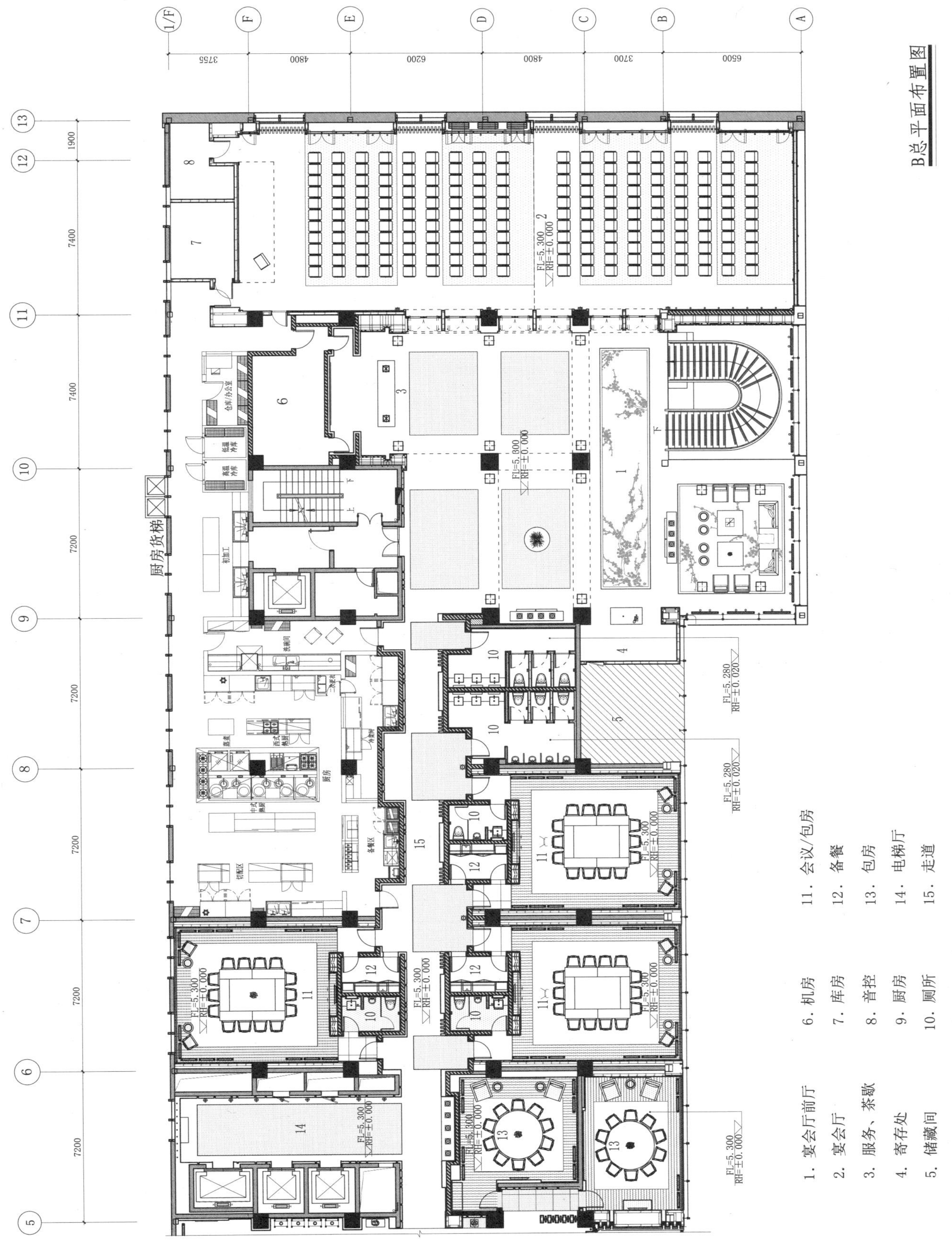

B 总平面布置图

1. 宴会厅前厅
2. 宴会厅
3. 服务、茶歇
4. 寄存处
5. 储藏间
6. 机房
7. 库房
8. 音控
9. 厨房
10. 厕所
11. 会议/包房
12. 备餐
13. 包房
14. 电梯厅
15. 走道

28.3 酒店宴会厅模式（三）

28.3.2 分平面图

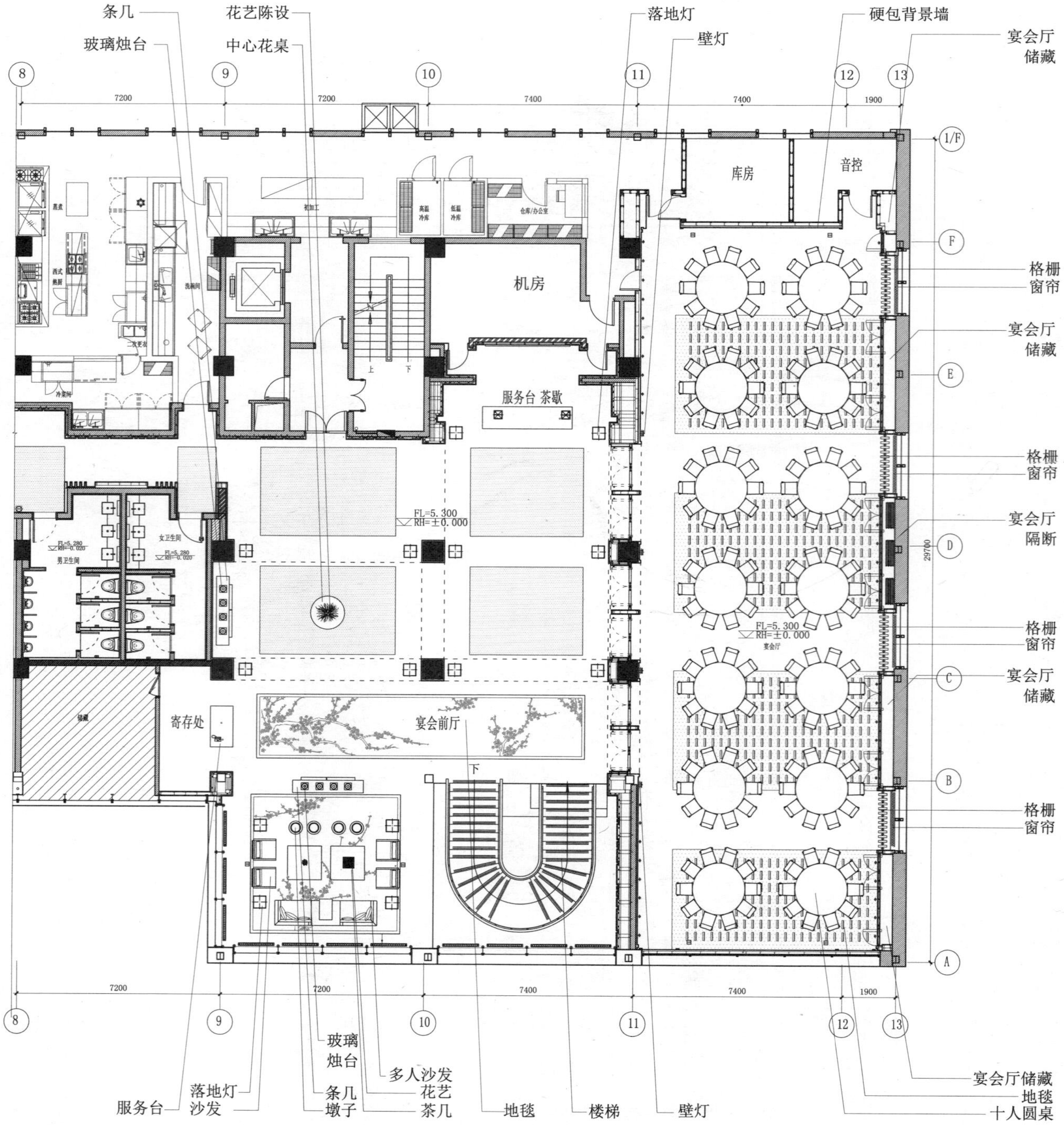

28.3 酒店宴会厅模式（三）

28.3.3 立面索引图

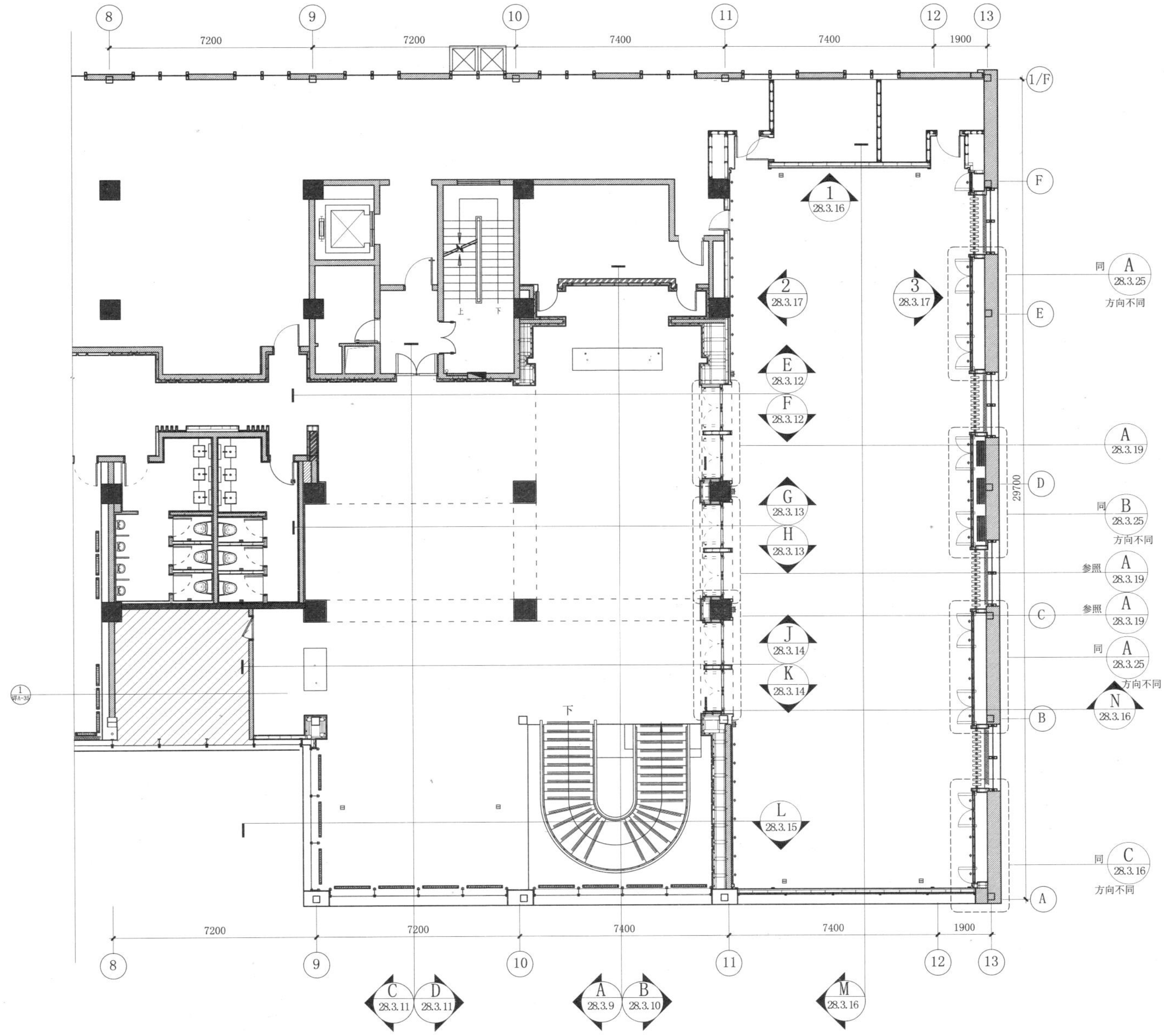

室内构造节点与专项模式图集 | 1471

28 宴会厅模式

28.3 酒店宴会厅模式(三)

28.3.4 立面灯位图

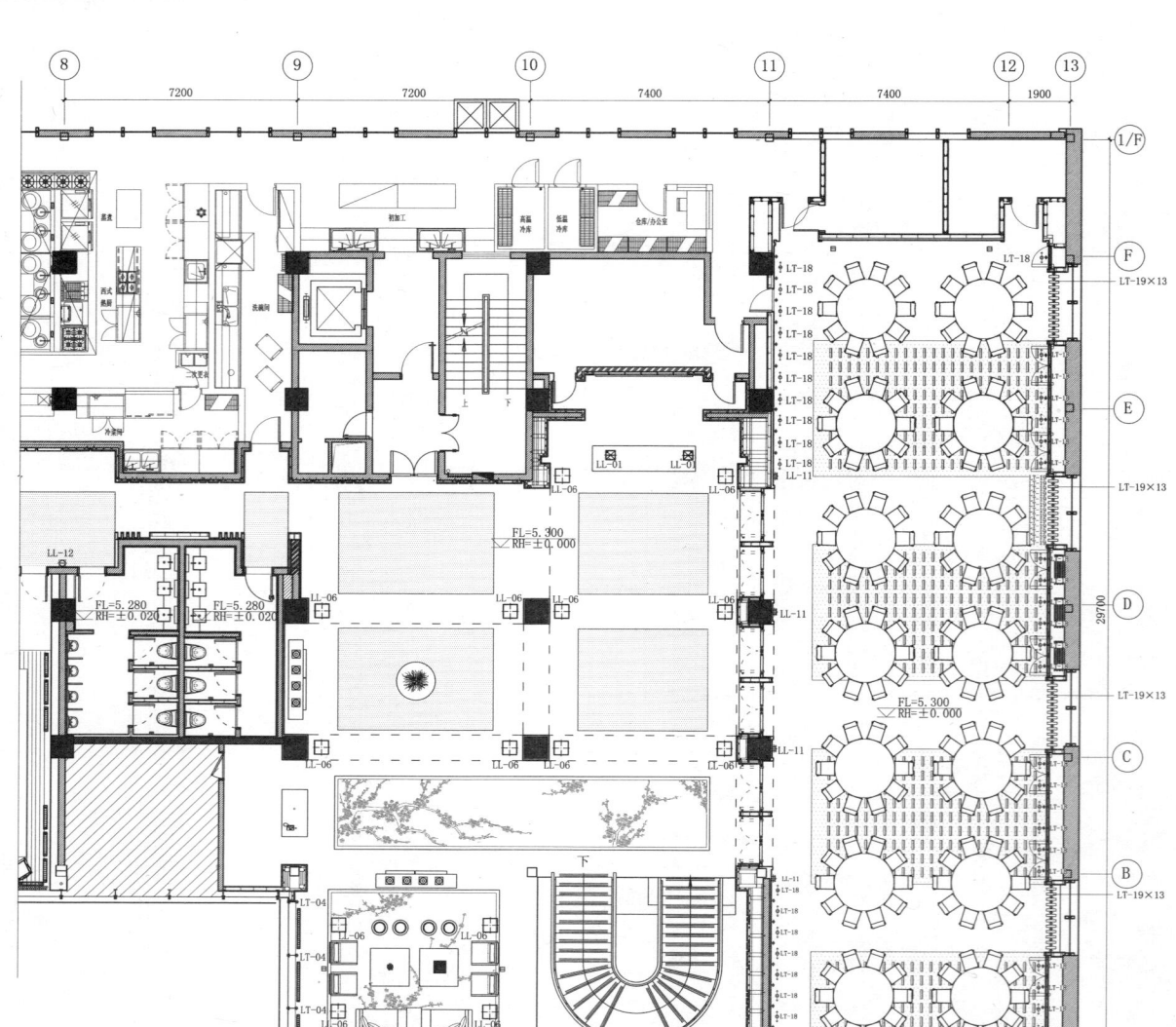

	散光片（箭头所示为散光方向）
	蜂窝片
	磨砂片

LL-01	⊠	台灯	详见灯施LL-01
LL-06		落地灯	详见灯施LL-06
LL-11		壁灯	详见灯施LL-11
LL-12		壁灯	详见灯施LL-12

LT-01		LED灯带，0.1W/颗,60颗/m, 12V, 6W, 2400K	ZY-TD2824A
LT-02		LED灯带，0.1W/颗,90颗/m, 12V, 9W, 2400K	ZY-TD2824B
LT-03		LED灯带，0.1W/颗,120颗/m, 12V, 12W, 2400K	ZY-TD2824C
LT-12	⊕	MR-11/12V石英卤素暗筒灯，配光36°，20W，深孔+散光片	ZY-AM1115
LT-14	⊕	MR-11/12V石英卤素暗筒灯，配光36°，35W，深孔+散光片	ZY-AM1115
LT-46		MR-16/12V直线型洗墙灯，配光36°，20W	ZY-LQ8616
LT-56		MR-16/12V无边防眩光格栅射灯，配光36°，50W，深孔，可调角，磨砂片	ZY-FM1111

28.3 酒店宴会厅模式（三）

28.3.5 低区平顶灯位图

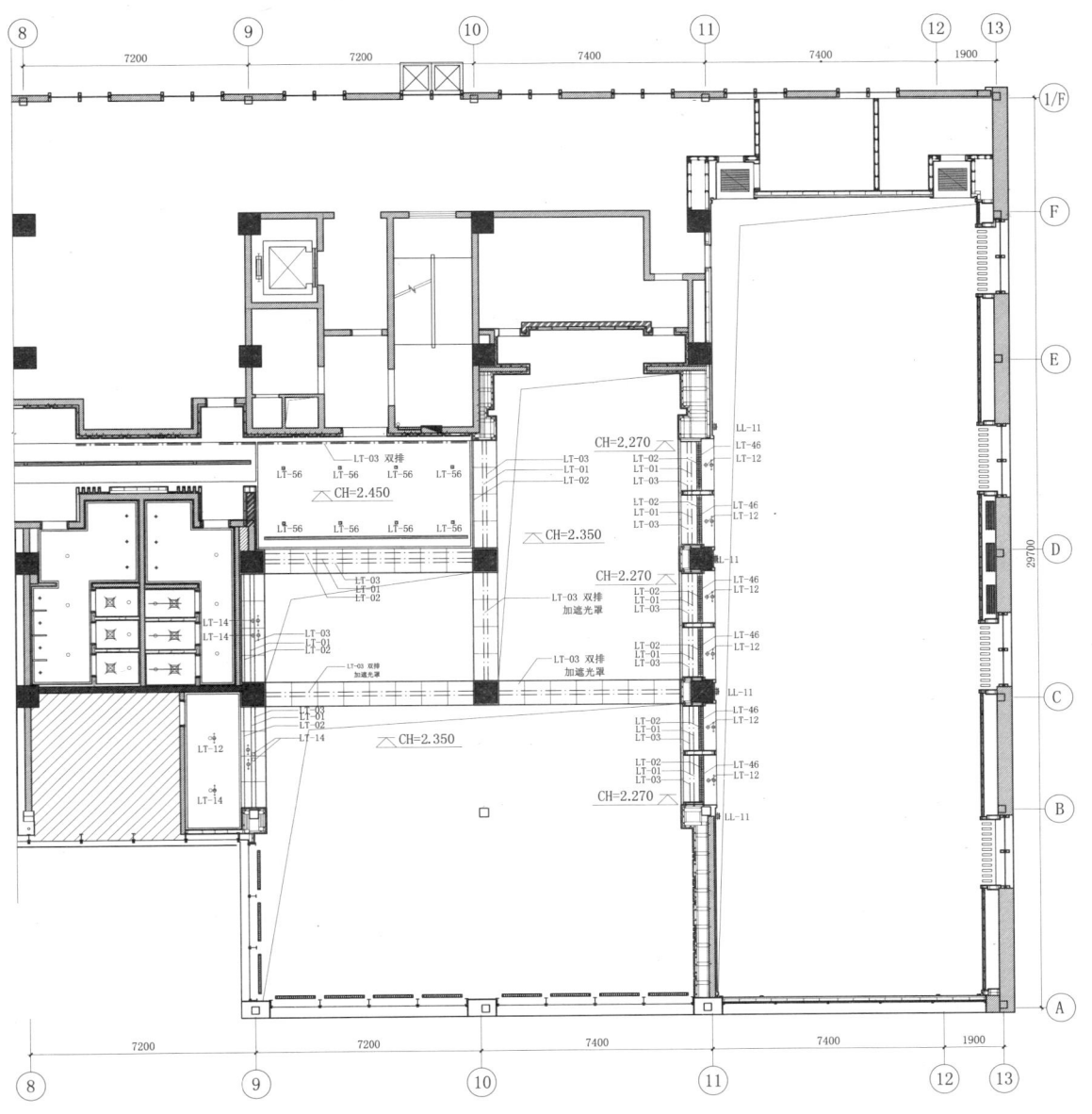

LT-01	——————	LED灯带，0.1W/颗，60颗/m，12V，6W，2400K	ZY-TD2824A
LT-02	——————	LED灯带，0.1W/颗，90颗/m，12V，9W，2400K	ZY-TD2824B
LT-03	——————	LED灯带，0.1W/颗，120颗/m，12V，12W，2400K	ZY-TD2824C
LT-12	⊕	MR-11/12V石英卤素暗筒灯，配光36°，20W，深孔+散光片	ZY-AM1115
LT-14	⊕	MR-11/12V石英卤素暗筒灯，配光36°，35W，深孔+散光片	ZY-AM1115
LT-46	⊞⊞	MR-16/12V直线型洗墙灯，配光36°，20W	ZY-LQ8616
LT-56	▣	MR-16/12V无边防眩光格栅射灯，配光36°，50W，深孔，可调角，磨砂片	ZY-FM1111

28.3 酒店宴会厅模式(三)

28.3.6 高区平顶灯位图

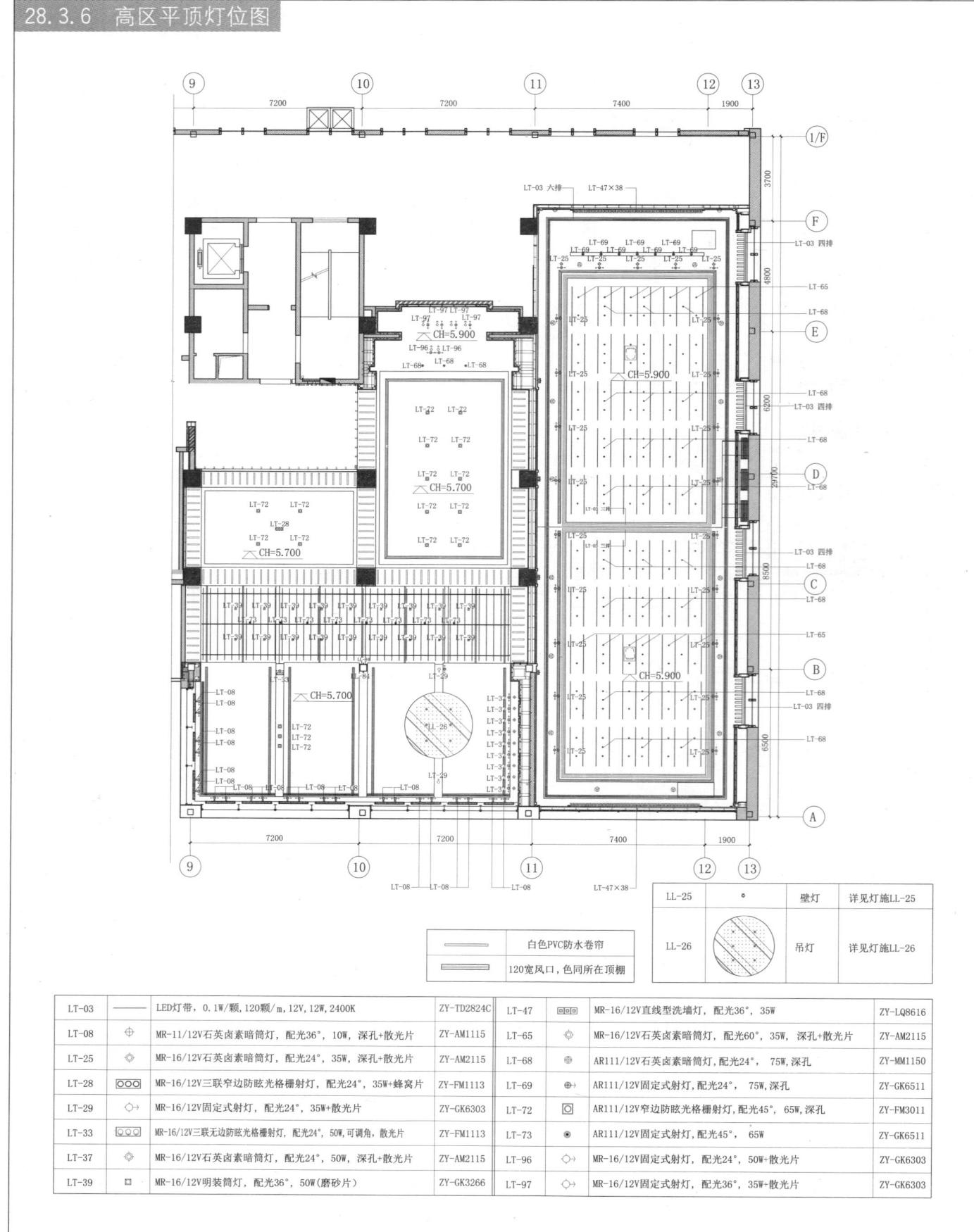

28.3 酒店宴会厅模式(三)

28.3.7 低区配电图

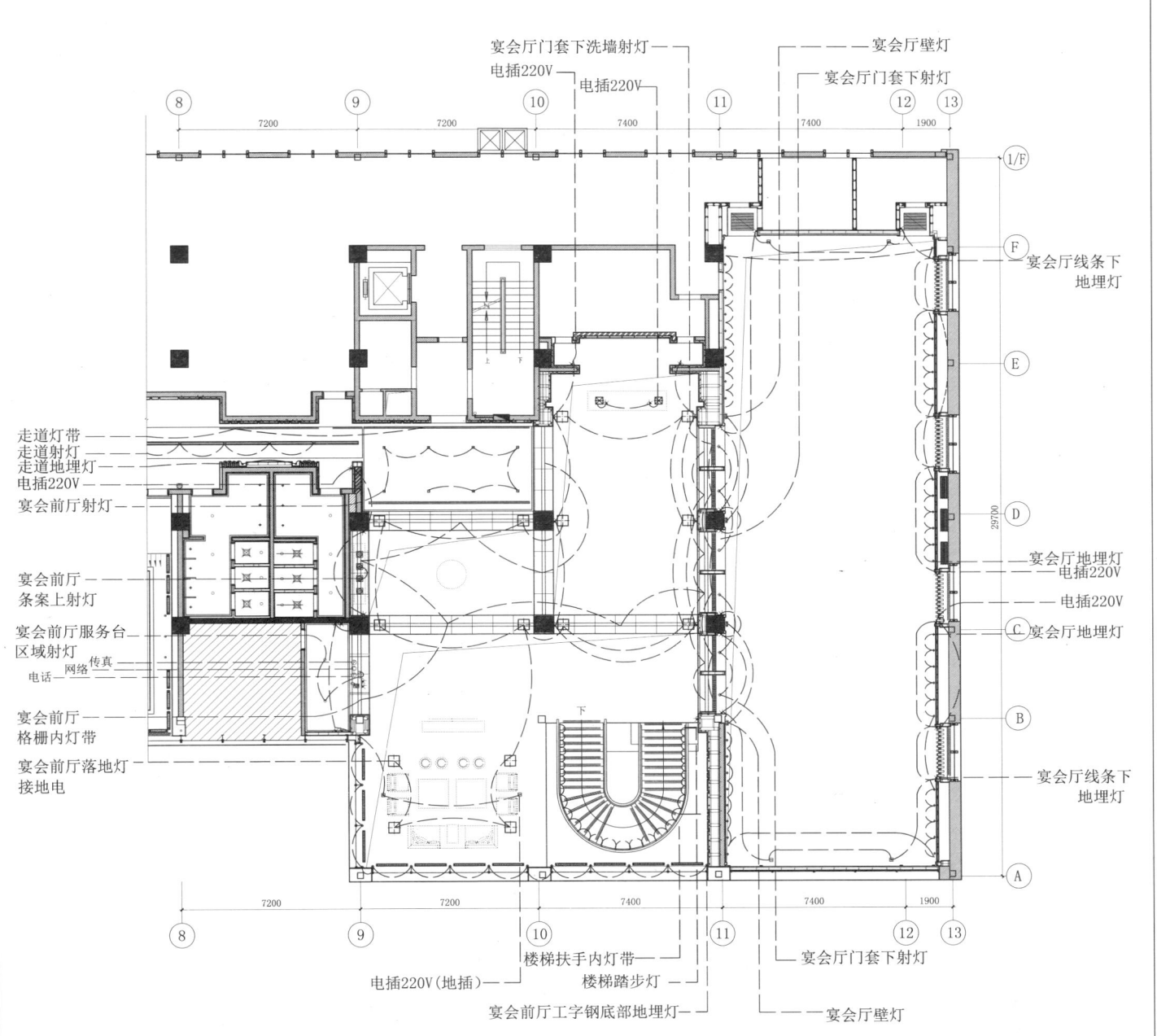

▬	二三极扁圆插座
▫	地插座

注: 1. 本图所提供插座只是部分内容,
其余由管理方和电气设计师提供。
2. 图中所标插座安装高度详见各立面。
3. 插座表面色同其所在墙面。
4. 配电图仅供参考,具体根据管理公司按需调整。

28.3 酒店宴会厅模式(三)

28.3.8 高区配电图

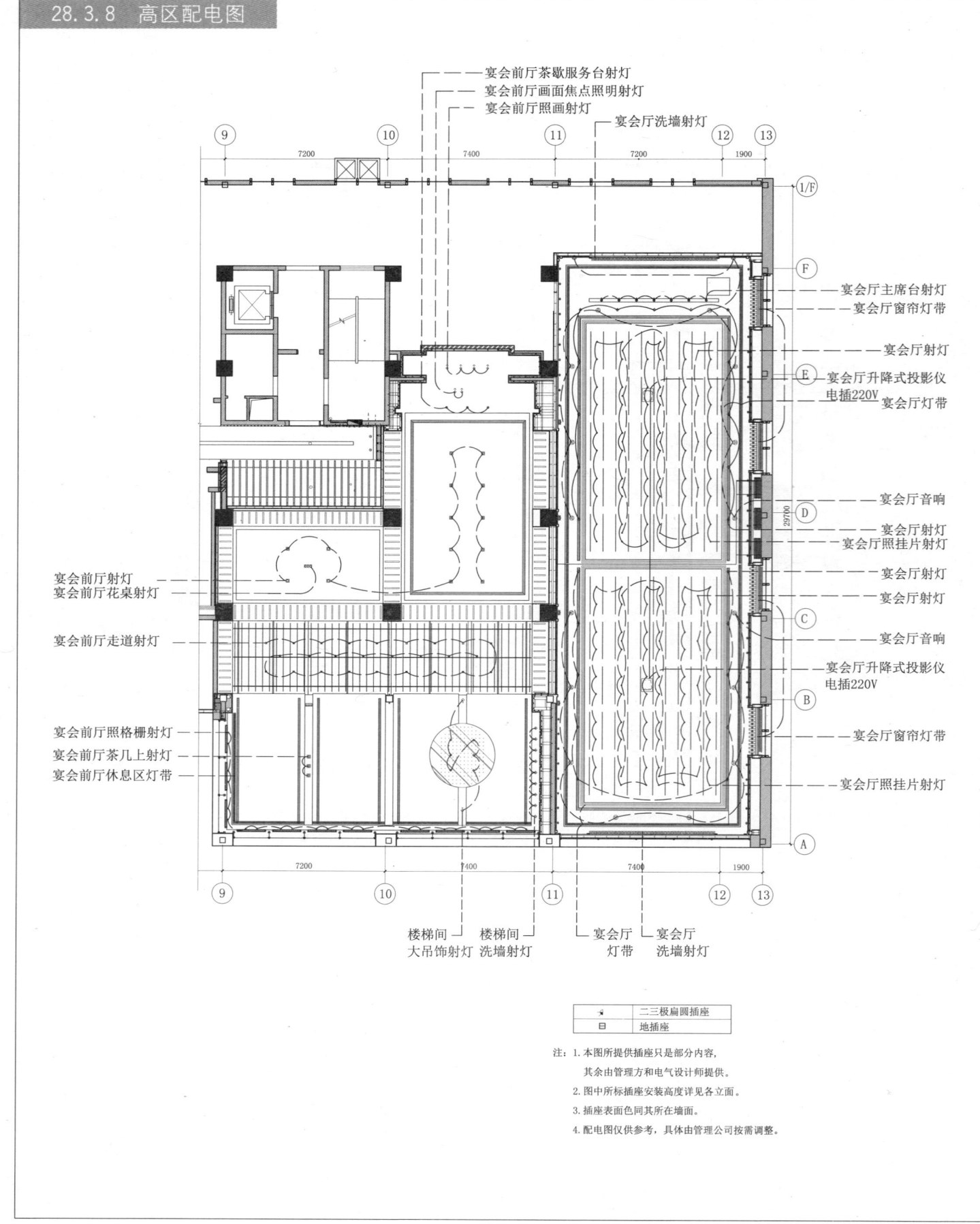

28.3.9 剖立面图(一)

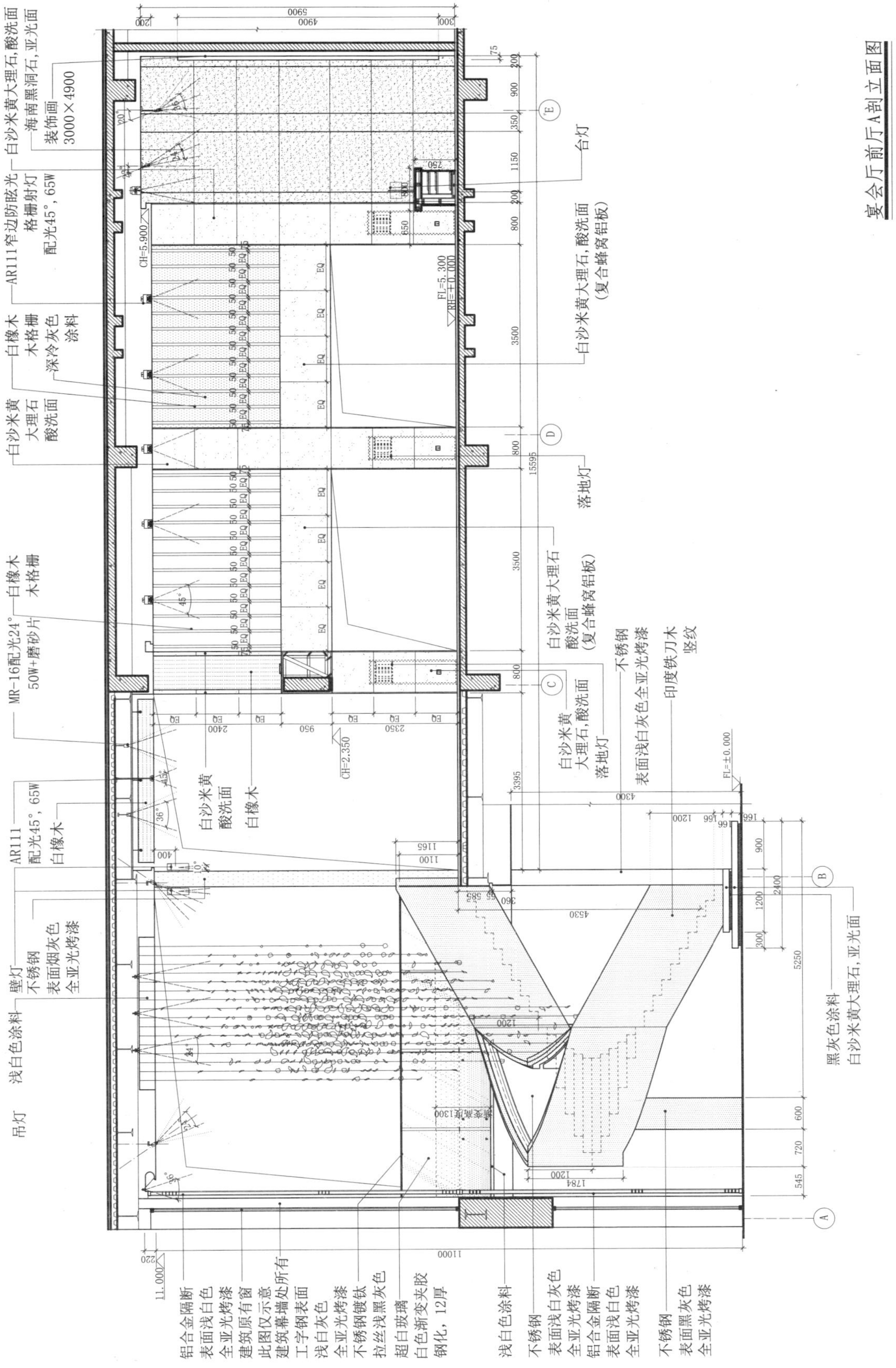
宴会厅前厅A剖立面图
白沙米黄大理石,酸洗面
海南黑洞石,亚光面
装饰画
3000×4900
AR111窄边防眩光
格栅射灯
配光45°, 65W
白橡木
木格栅
深冷灰色
涂料
白沙米黄
大理石
酸洗面
白橡木
木格栅
MR-16配光24°
50W+磨砂片
AR111
配光45°, 65W
白橡木
白沙米黄
酸洗面
白橡木
壁灯
不锈钢
表面烟灰色
全亚光烤漆
浅白色涂料
吊灯
台灯
白沙米黄大理石,酸洗面
(复合蜂窝铝板)
落地灯
白沙米黄大理石
酸洗面
(复合蜂窝铝板)
不锈钢
表面浅白灰色全亚光烤漆
印度铁刀木
竖纹
白沙米黄
大理石,酸洗面
落地灯
黑灰色涂料
白沙米黄大理石,亚光面
铝合金隔断
表面浅白色
全亚光烤漆
建筑原有窗
此图仅示意
建筑幕墙处所有
工字钢表面
浅白灰色
全亚光烤漆
不锈钢镀钛
拉丝浅黑灰色
超白玻璃
白色渐变夹胶
钢化,12厚
浅白色涂料
不锈钢
表面浅白灰色
全亚光烤漆
铝合金隔断
表面浅白色
全亚光烤漆
不锈钢
表面黑灰色
全亚光烤漆

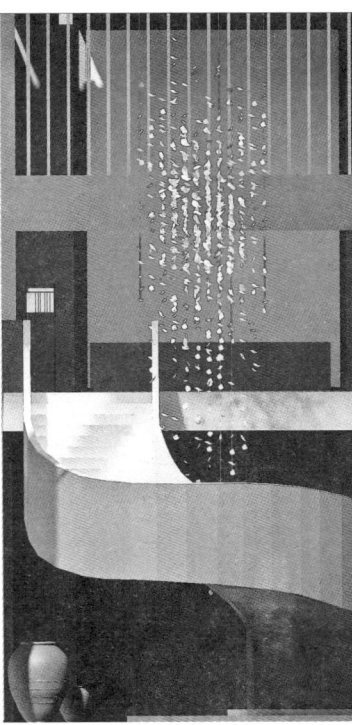

28.3.10 剖立面图(二)

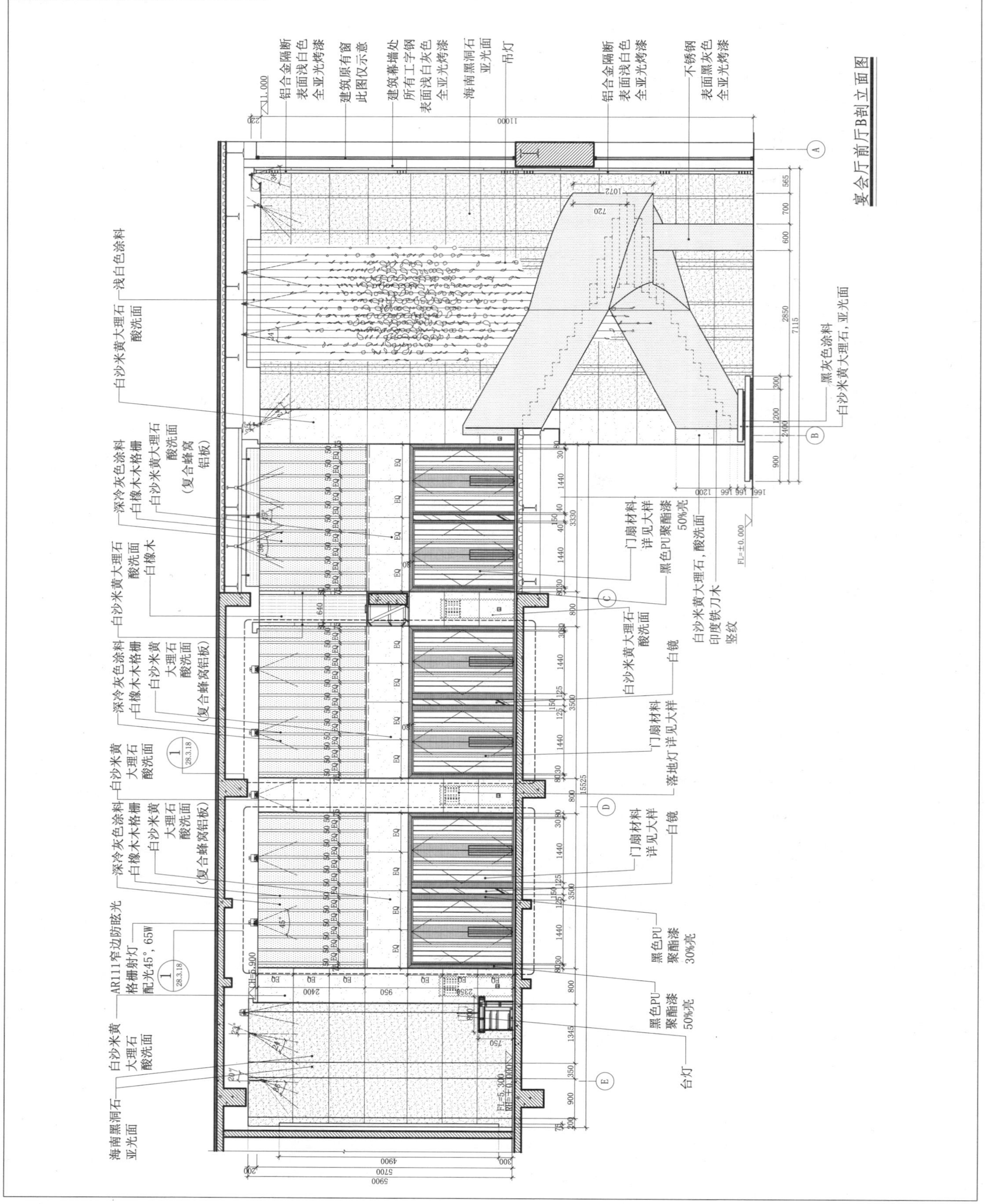
宴会厅前厅B剖立面图
铝合金隔断
表面浅白色
全亚光烤漆
建筑原有窗
此图仅示意
建筑幕墙处
所有工字钢
表面浅白灰色
全亚光烤漆
海南黑洞石
亚光面
吊灯
不锈钢
表面黑灰色
全亚光烤漆
黑灰色涂料
白沙米黄大理石，亚光面
浅白色涂料
白沙米黄大理石
酸洗面
深冷灰色涂料
白橡木木格栅
白沙米黄大理石
酸洗面
(复合蜂窝铝板)
白沙米黄大理石
酸洗面
白橡木
门扇材料
详见大样
黑色PU聚酯漆
50%亮
白沙米黄大理石，酸洗面
印度铁刀木
竖纹
白镜
门扇材料详见大样
落地灯详见大样
AR111窄边防眩光
格栅射灯
配光45°，65W
黑色PU
聚酯漆
30%亮
黑色PU
聚酯漆
50%亮
台灯
海南黑洞石
亚光面
FL=±0.000
11000
15525
5900
5700
4900

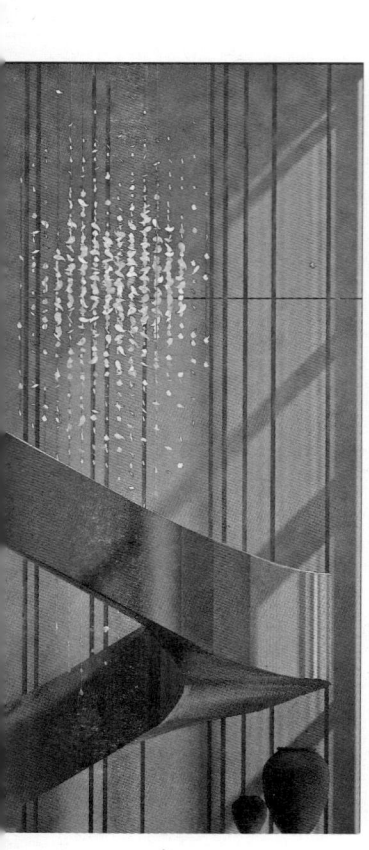

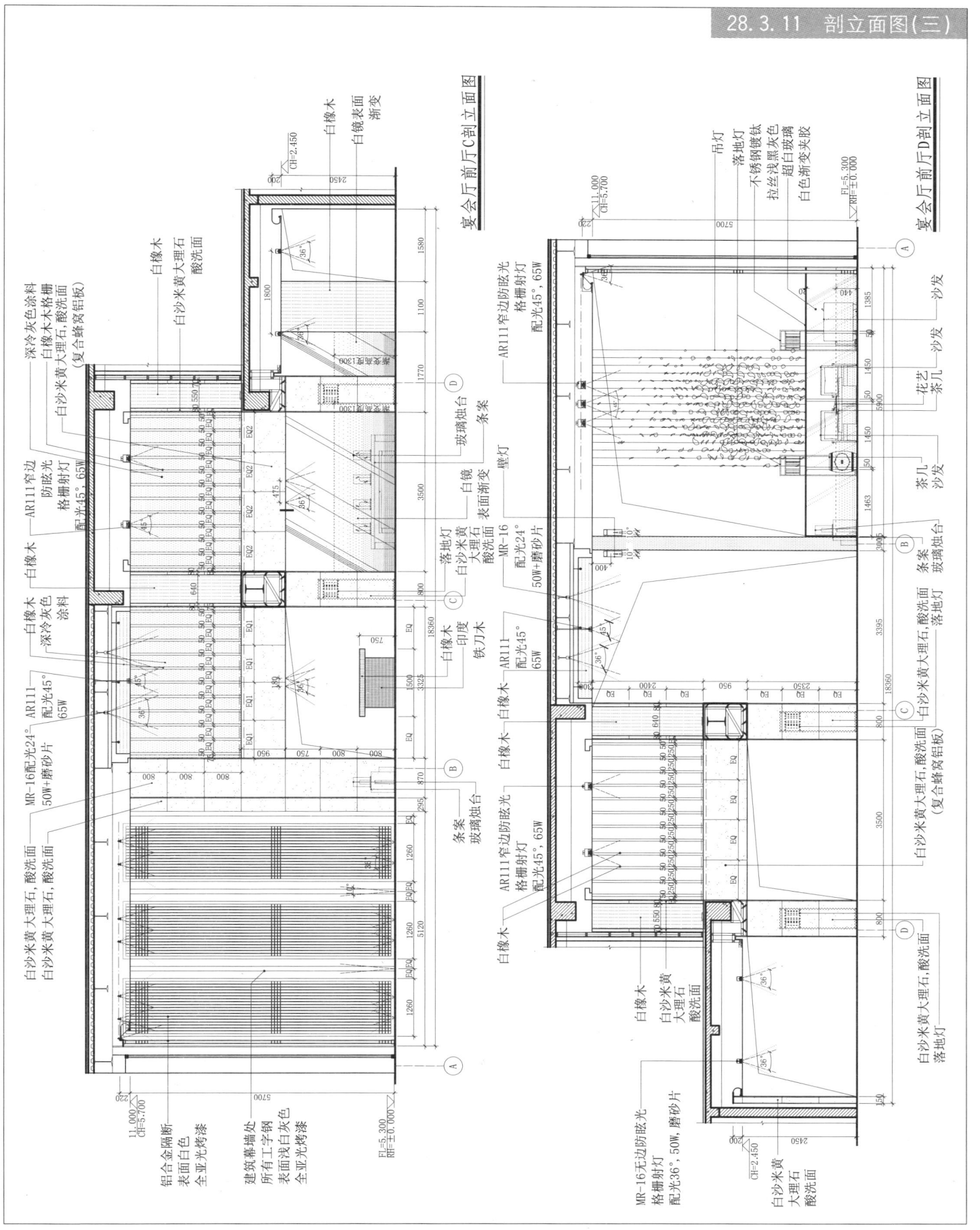

28.3 酒店宴会厅模式(三)

28.3.12 剖立面图(四)

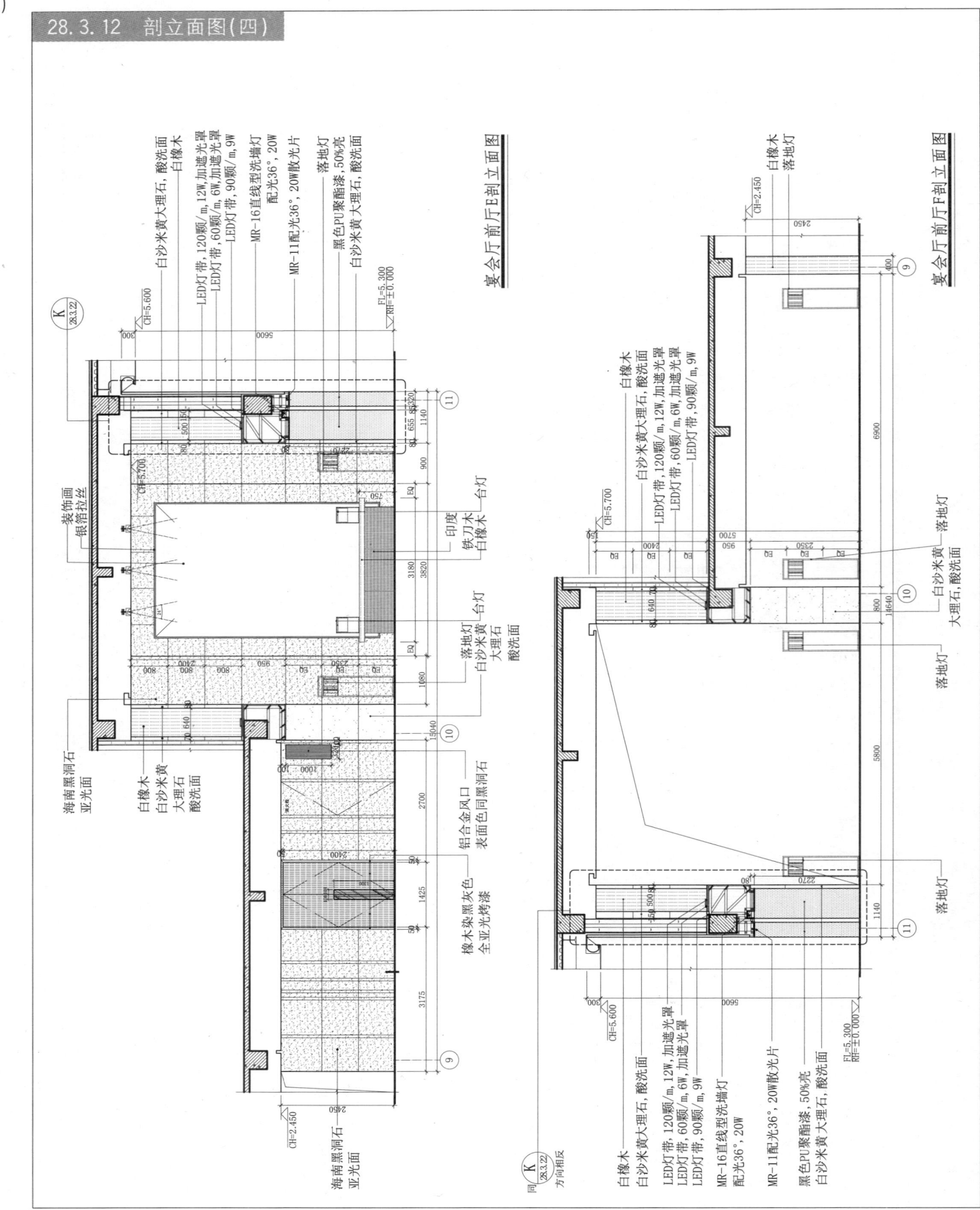

28.3.13 剖立面图(五)

28.3 酒店宴会厅模式(三)

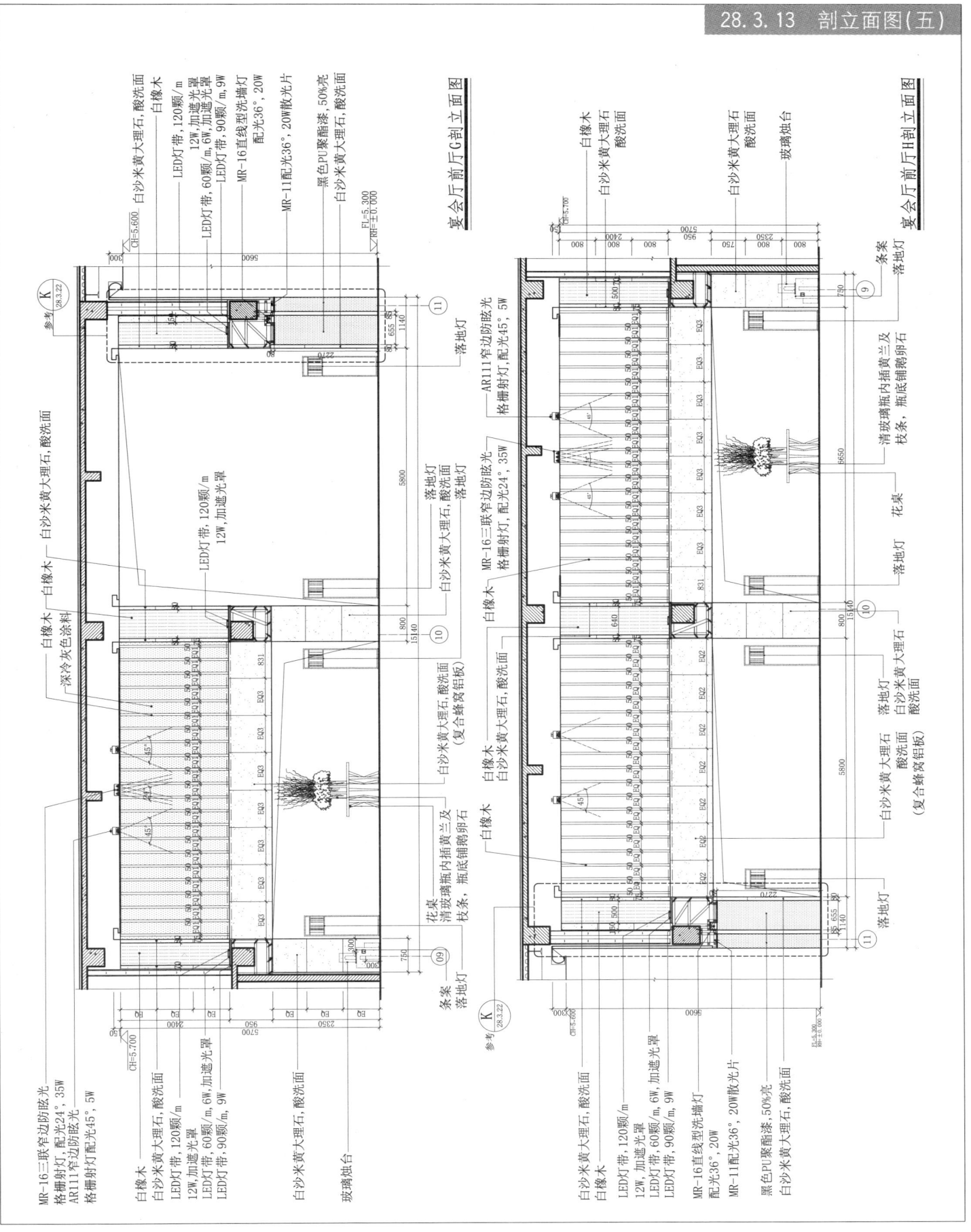

宴会厅前厅G剖立面图

宴会厅前厅H剖立面图

28.3 酒店宴会厅模式（三）

28.3.14 剖立面图（六）

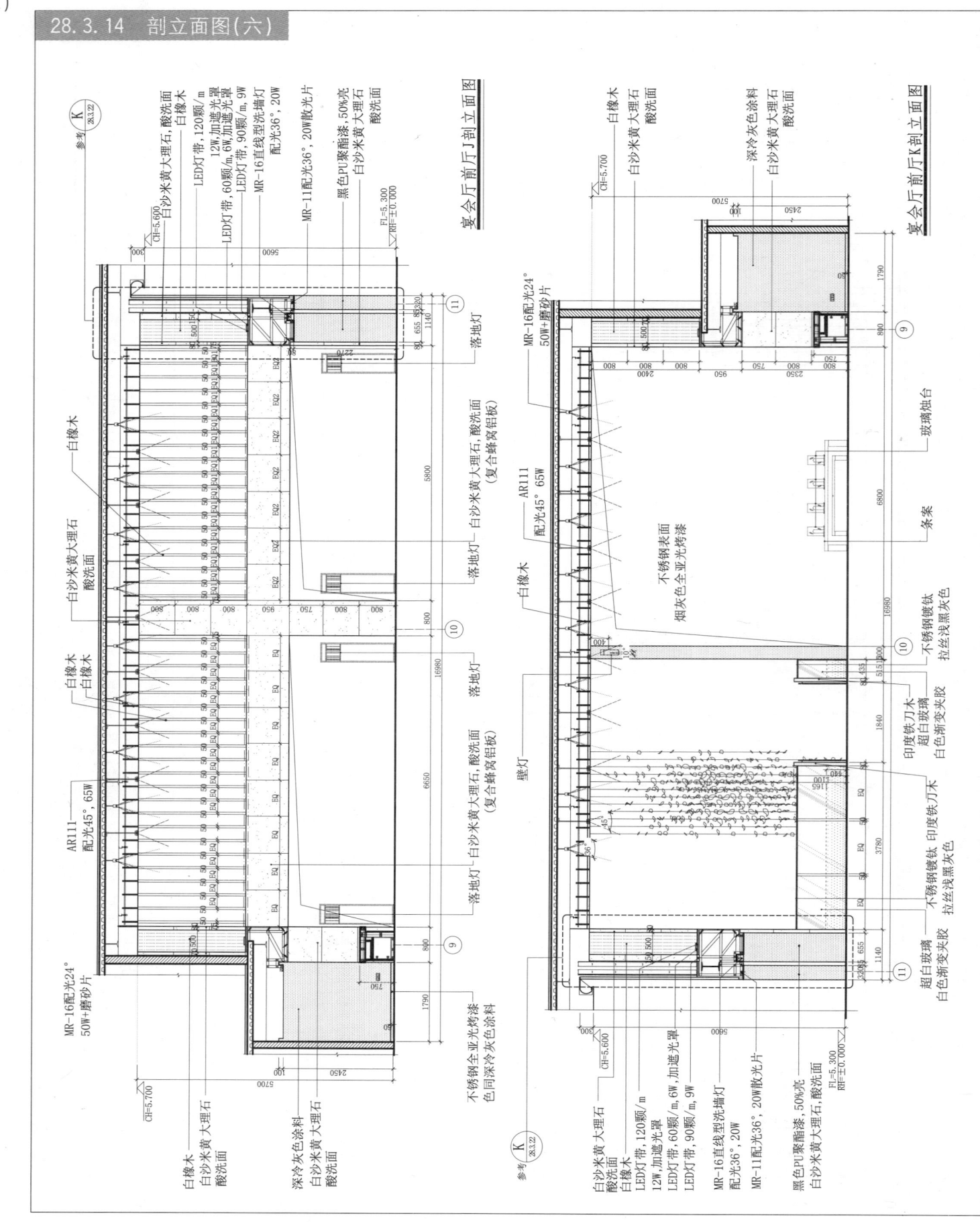

28.3 酒店宴会厅模式（三）

28.3.15 剖立面图（七）

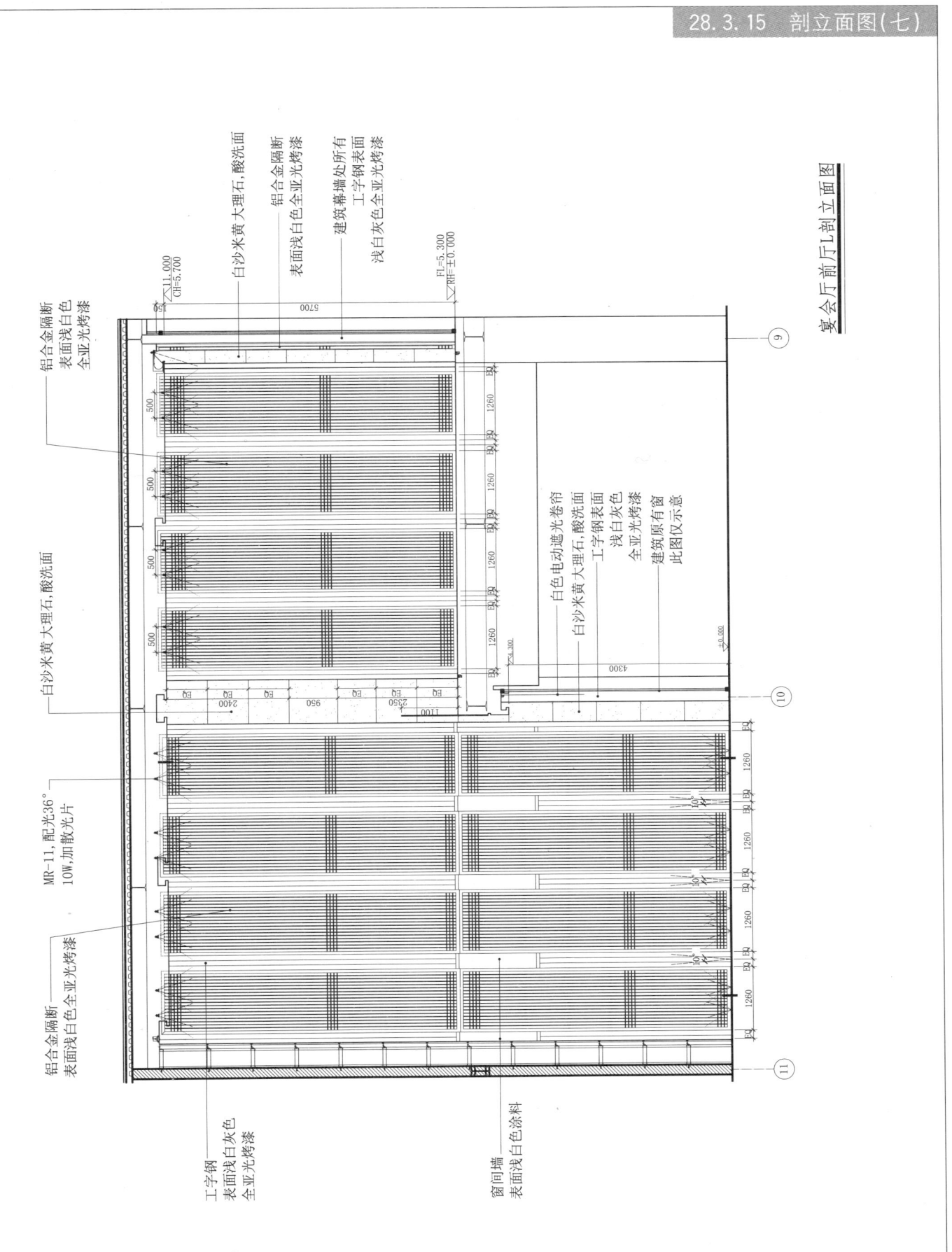

28.3 酒店宴会厅模式(三)

28.3.16 剖立面图(八)

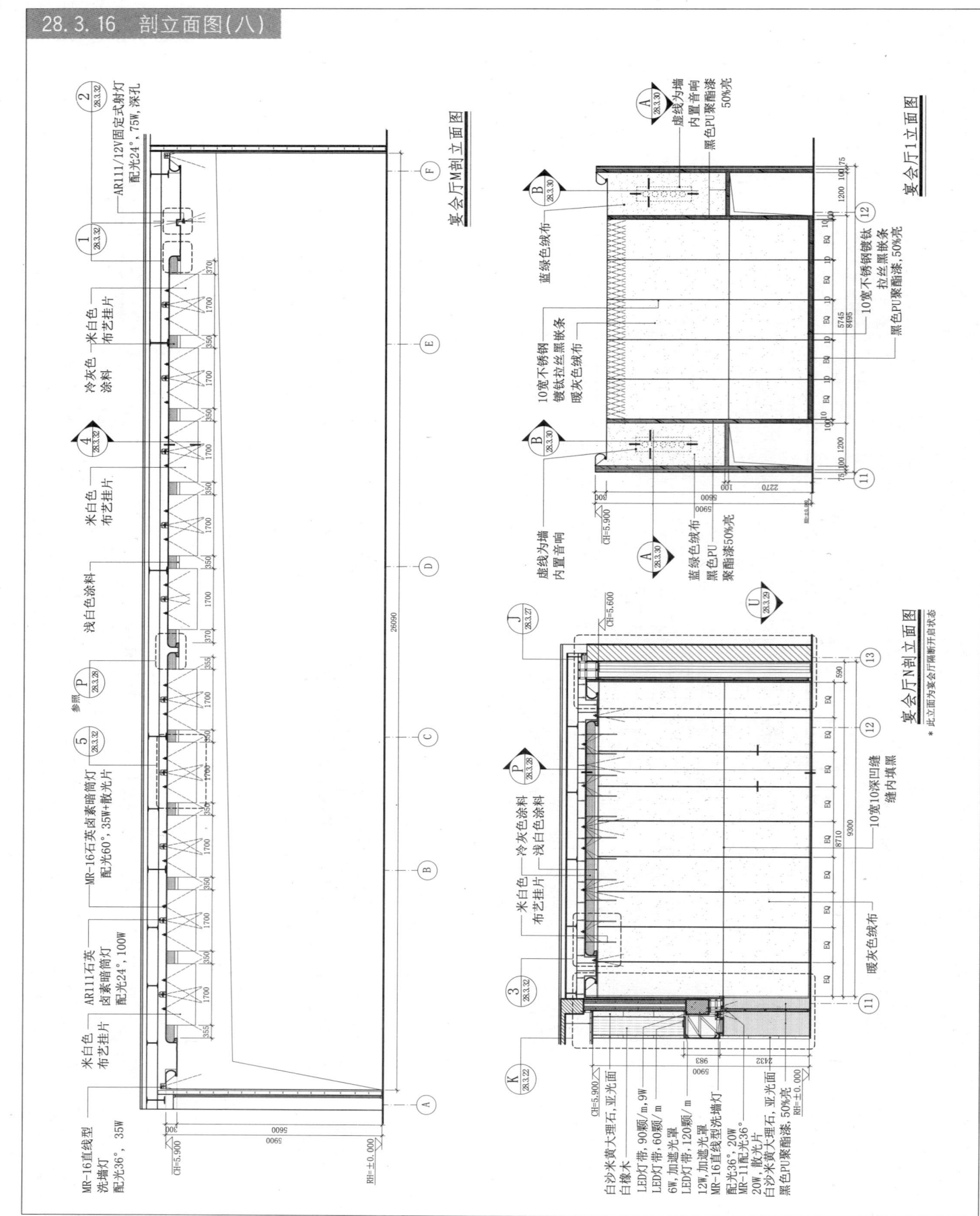

28.3.17 剖立面图(九)

宴会厅2立面图
宴会厅3立面图
湖绿色涂料
铝合金表面
湖绿色全亚光烤漆
黑色PU
聚酯漆,50%亮
蓝绿色绒布
浅白色涂料
暖灰色绒布
冷灰色涂料
10宽不锈钢镀钛拉丝黑嵌条
白镜
壁灯
铝合金隔断
表面湖绿色
全亚光烤漆
CH=5.900
RH=±0.000

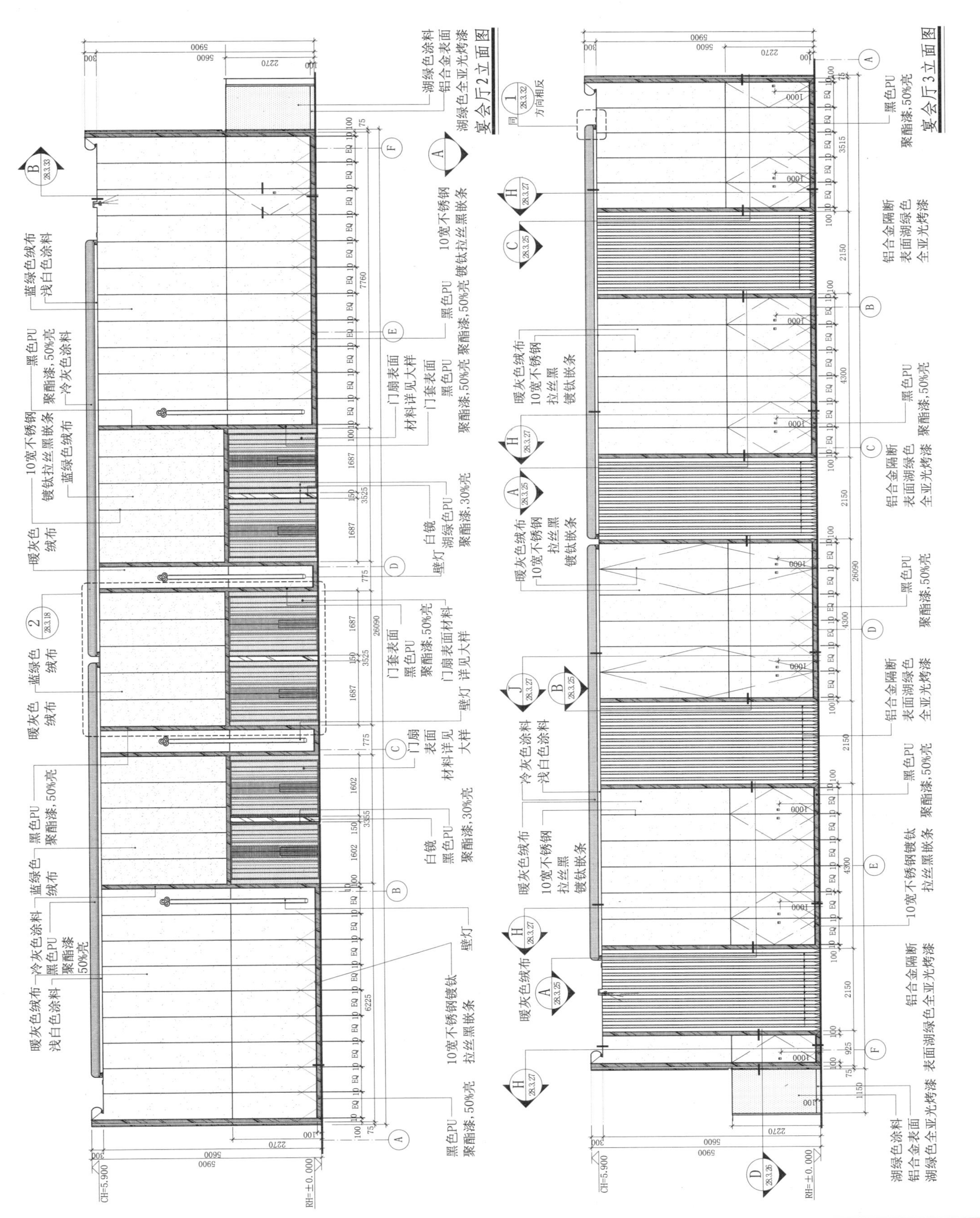

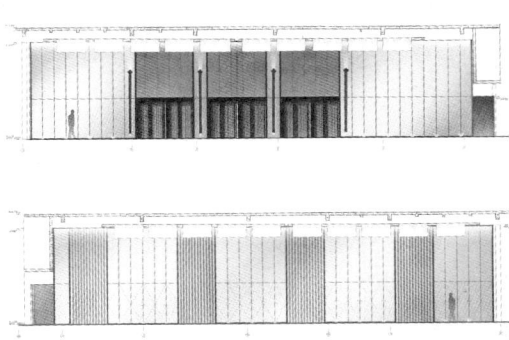

28.3 酒店宴会厅模式(三)

28.3.18 宴会厅入口大门(一)

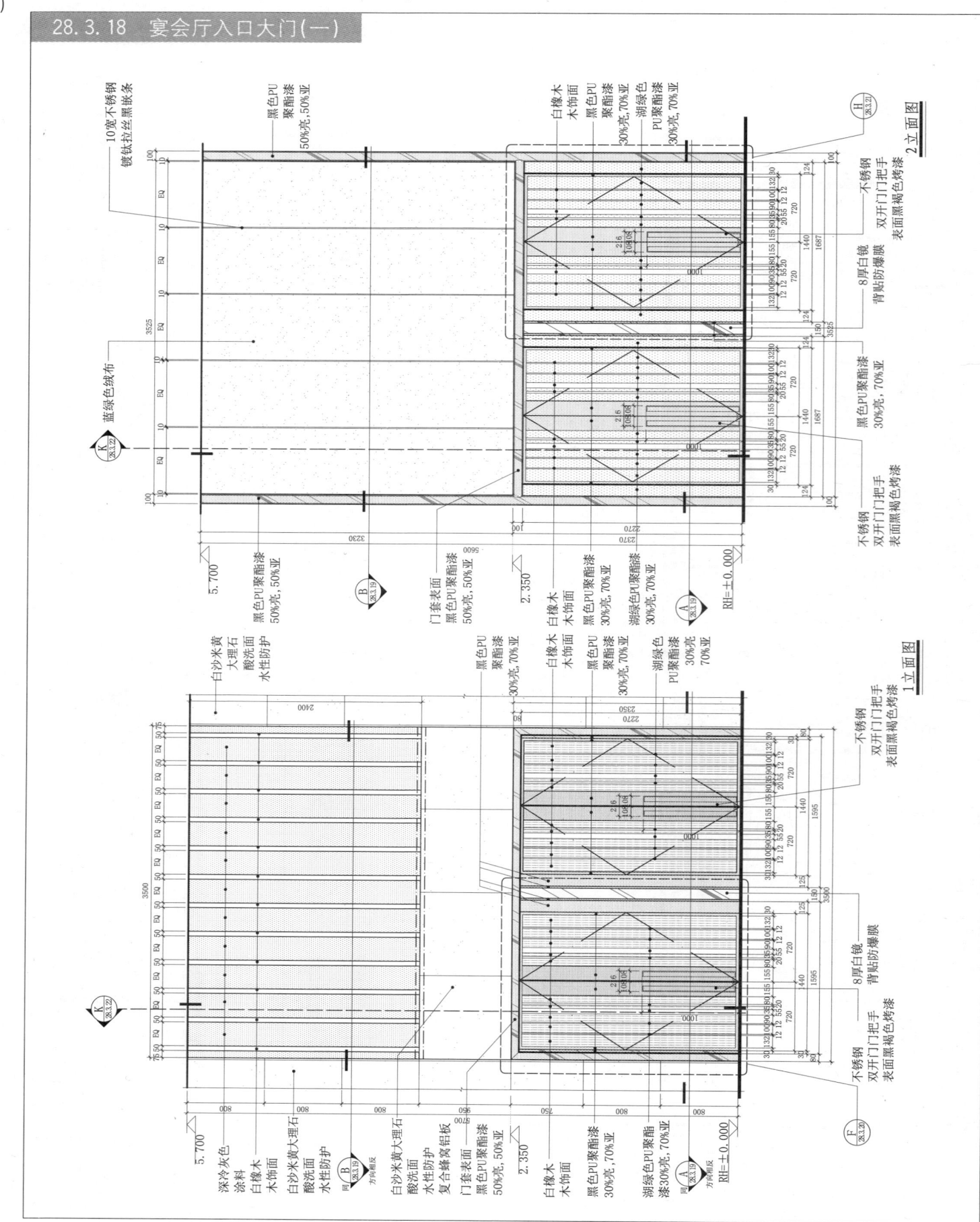

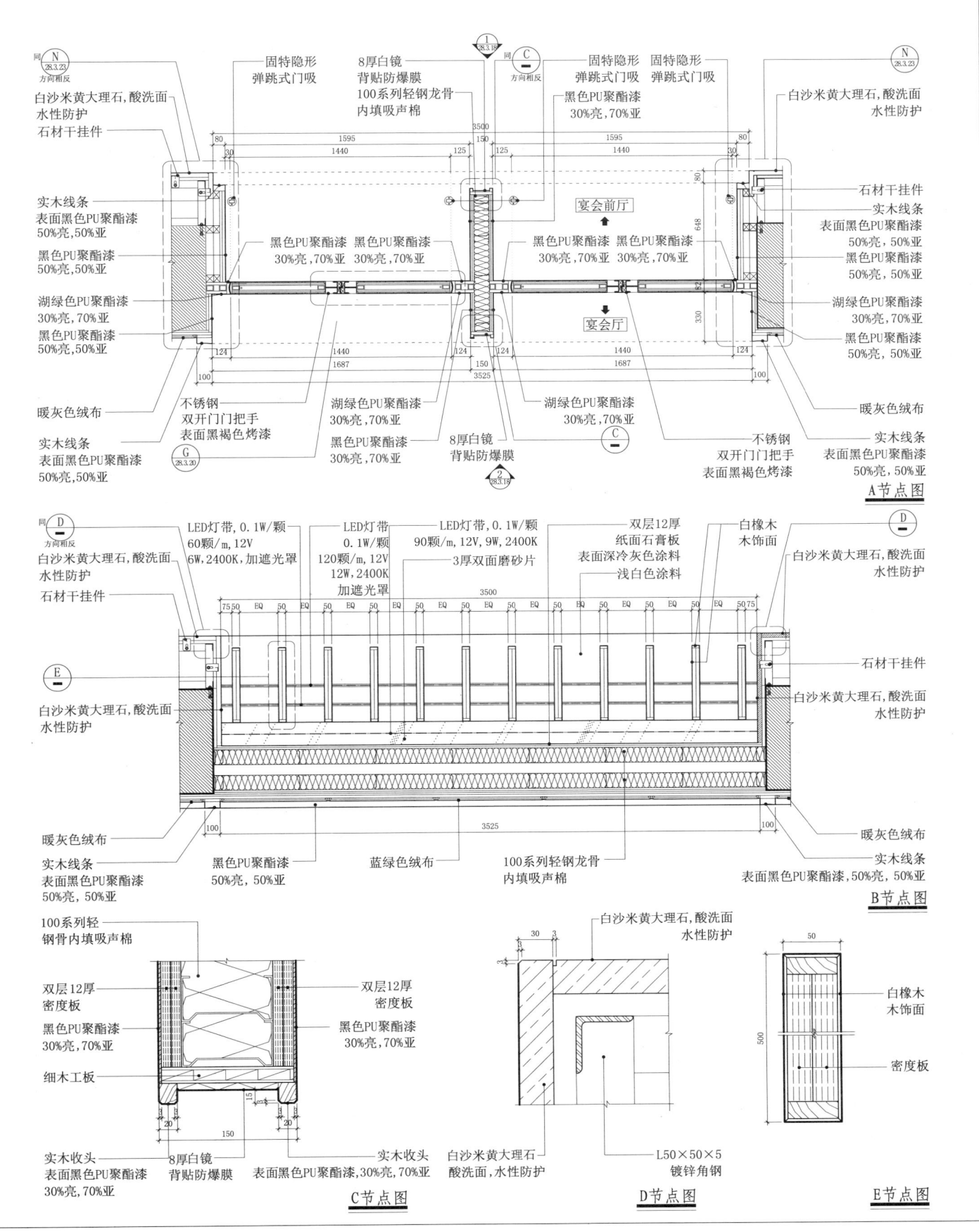

28.3.19 宴会厅入口大门（二）

28.3 酒店宴会厅模式（三）

28.3.20 宴会厅入口大门（三）

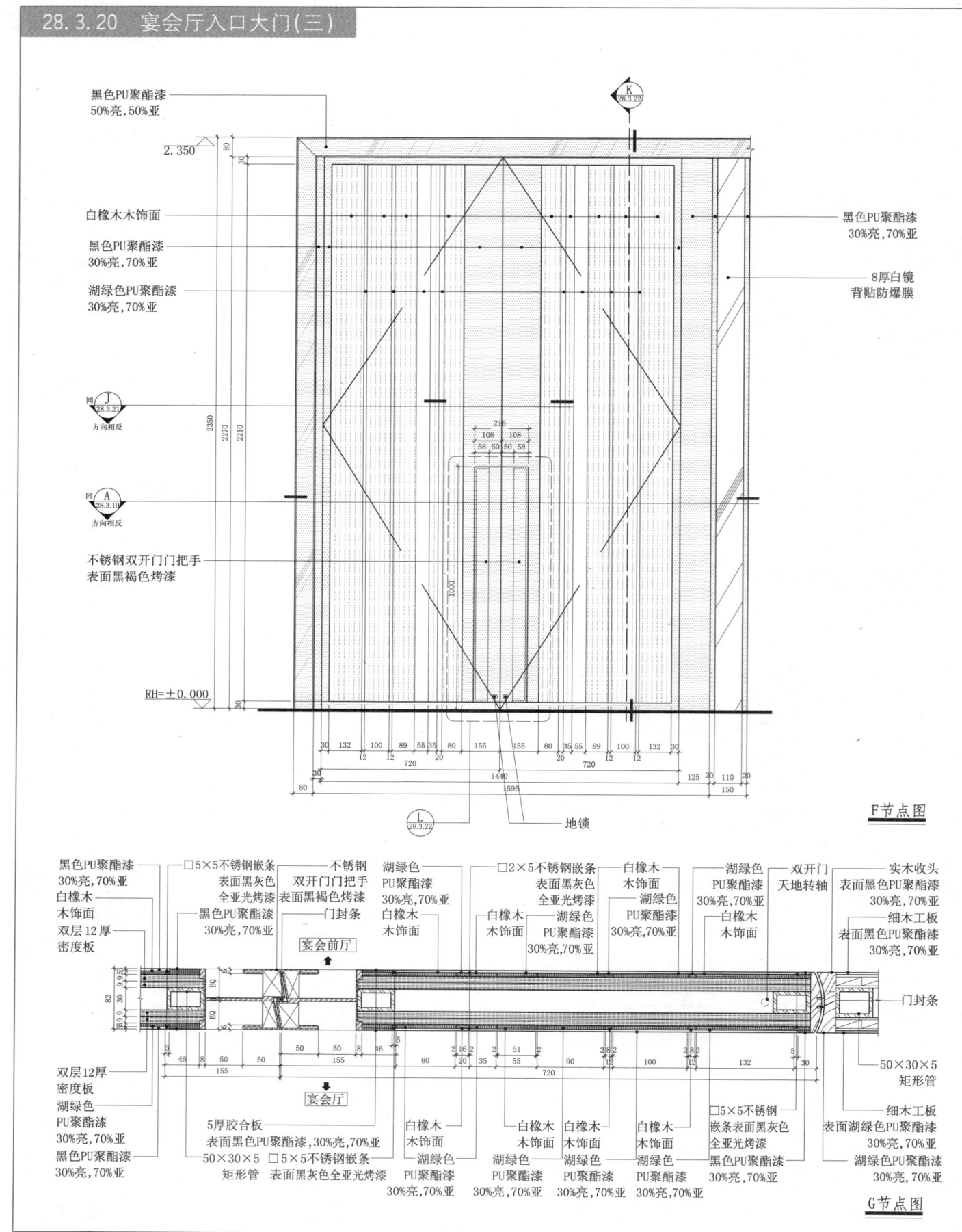

F节点图

G节点图

28.3 酒店宴会厅模式(三)

28.3.21 宴会厅入口大门(四)

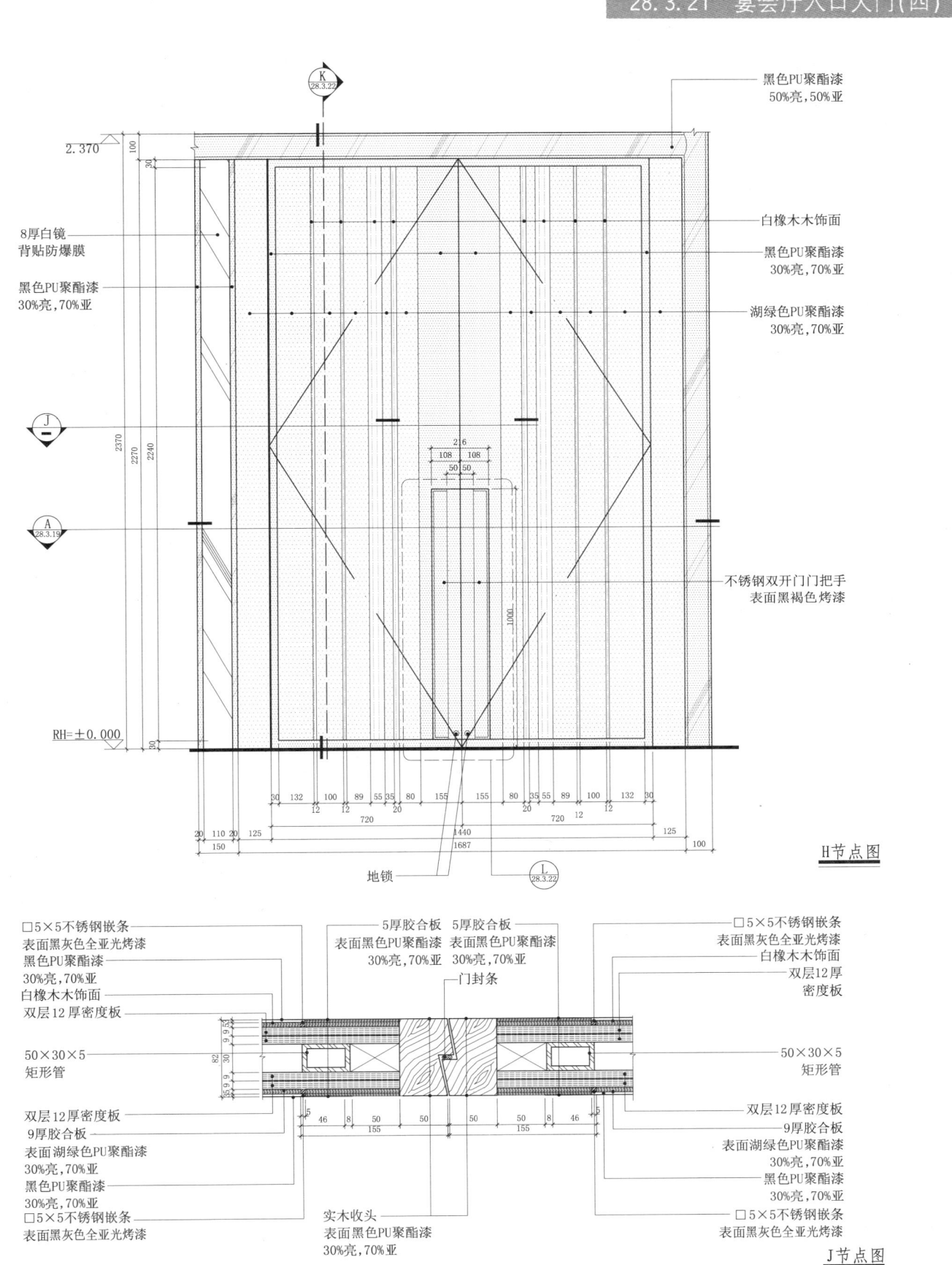

28.3 酒店宴会厅模式(三)

28.3.22 宴会厅入口大门(五)

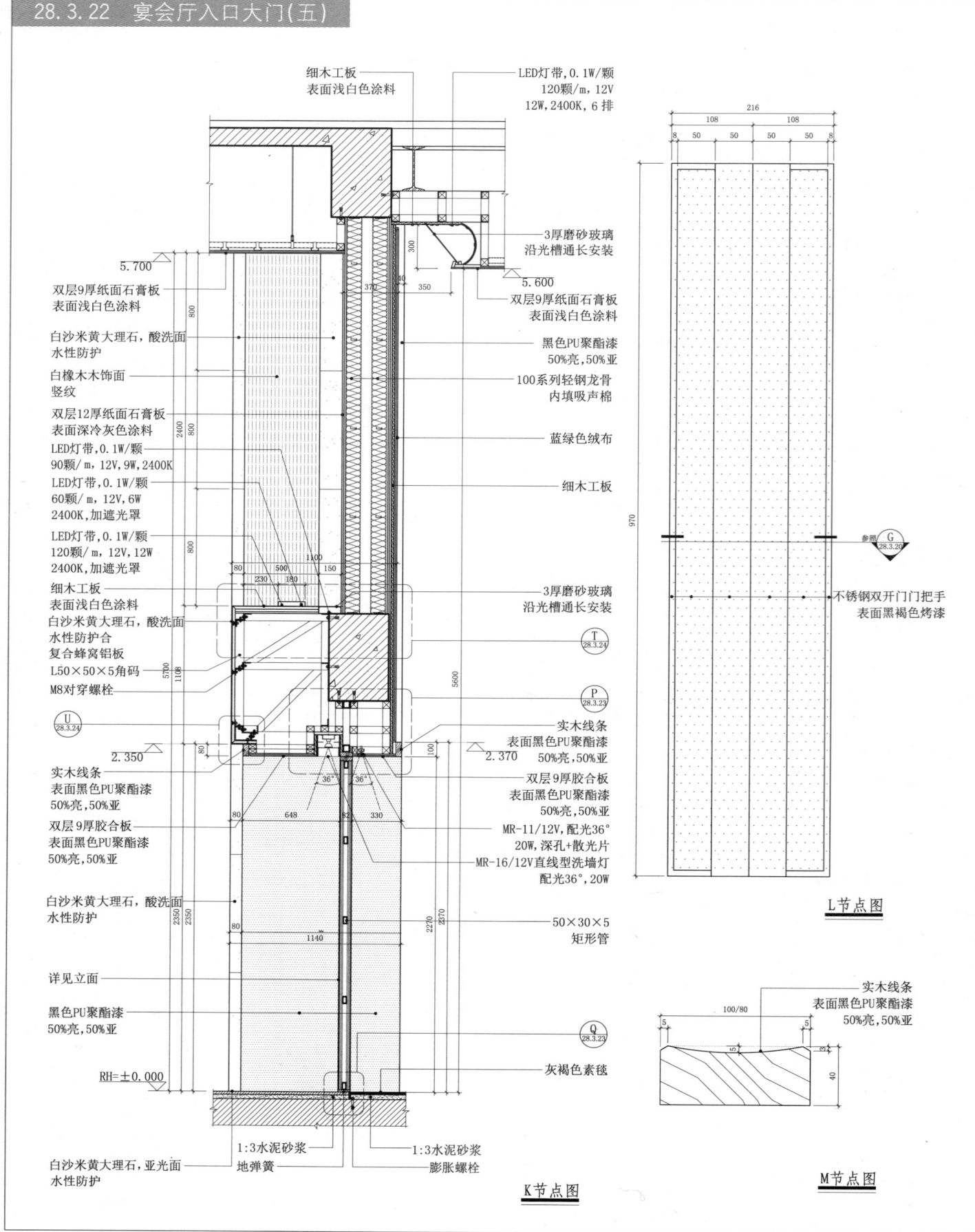

K节点图

L节点图

M节点图

28.3 酒店宴会厅模式（三）

28.3.23 宴会厅入口大门（六）

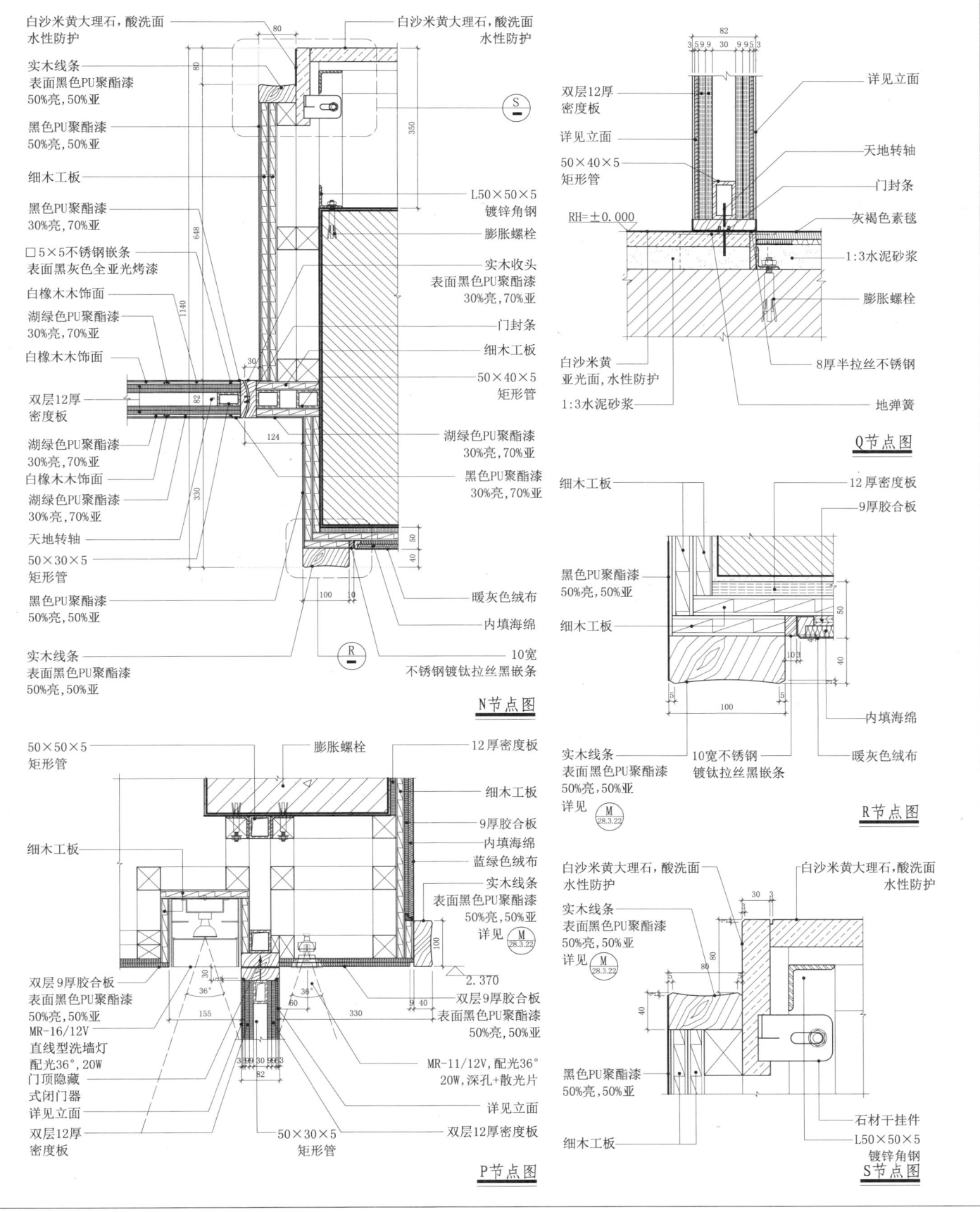

28.3 酒店宴会厅模式（三）

28.3.24 宴会厅入口大门（七）

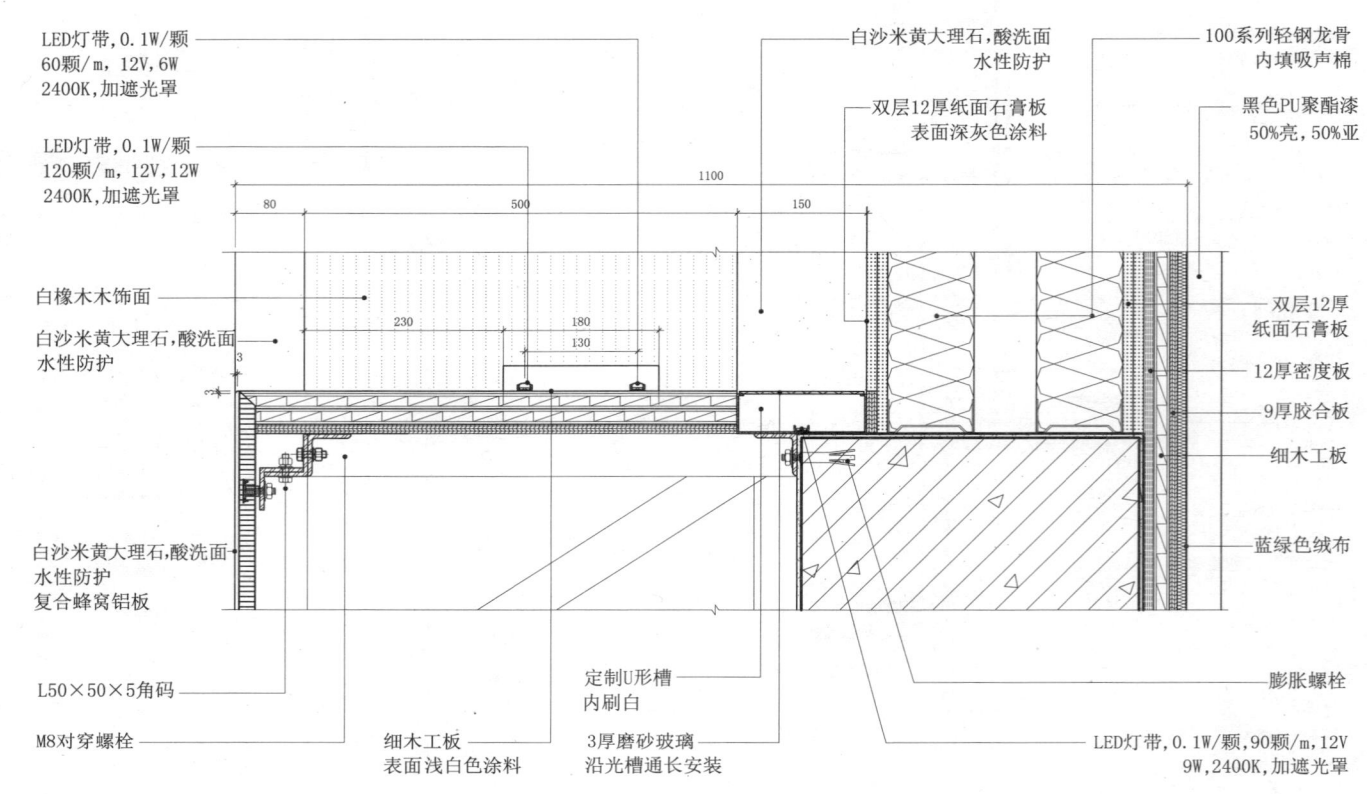

T节点图

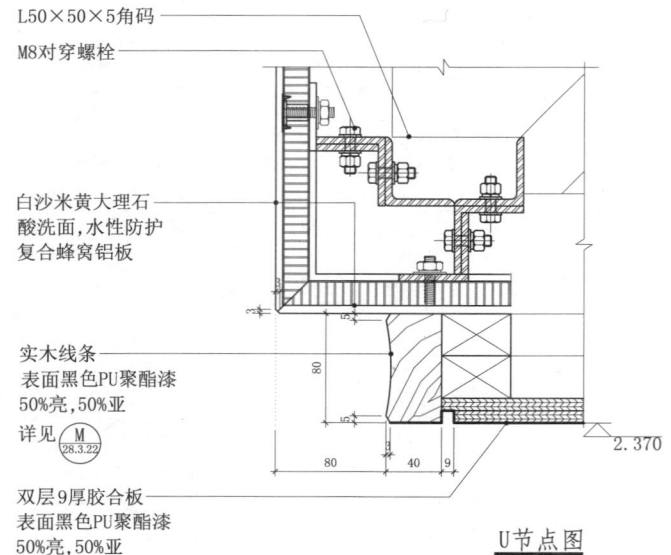

U节点图

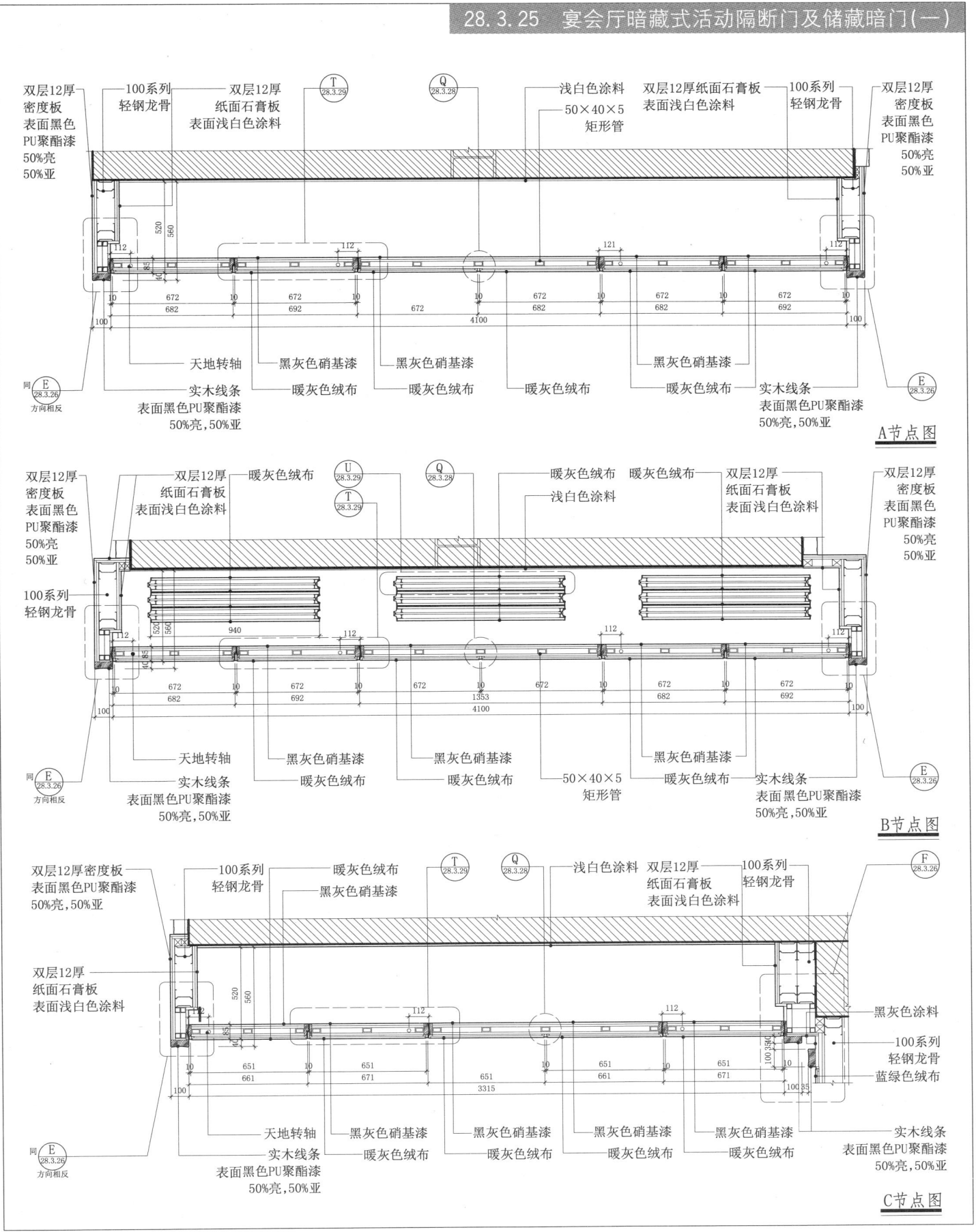

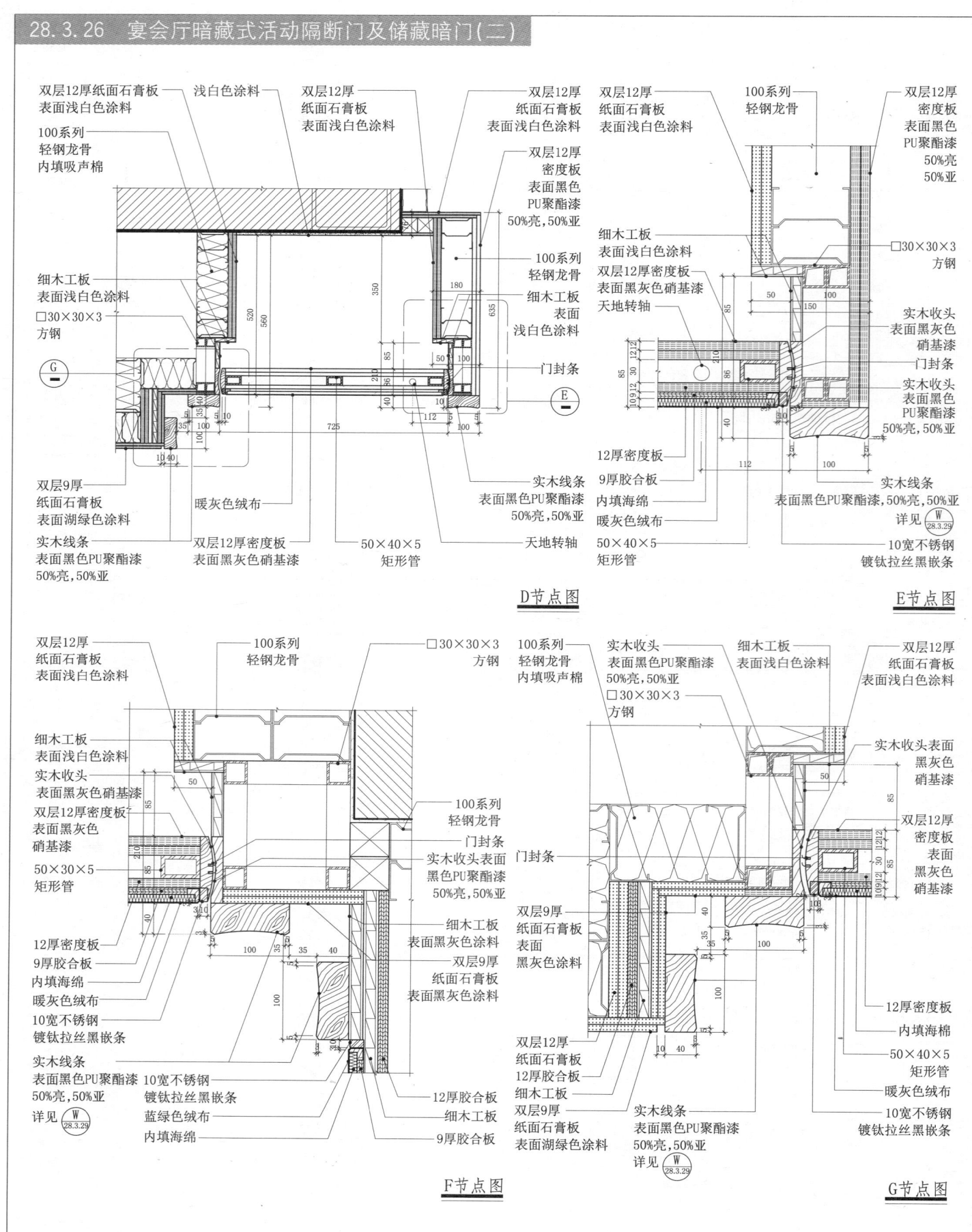

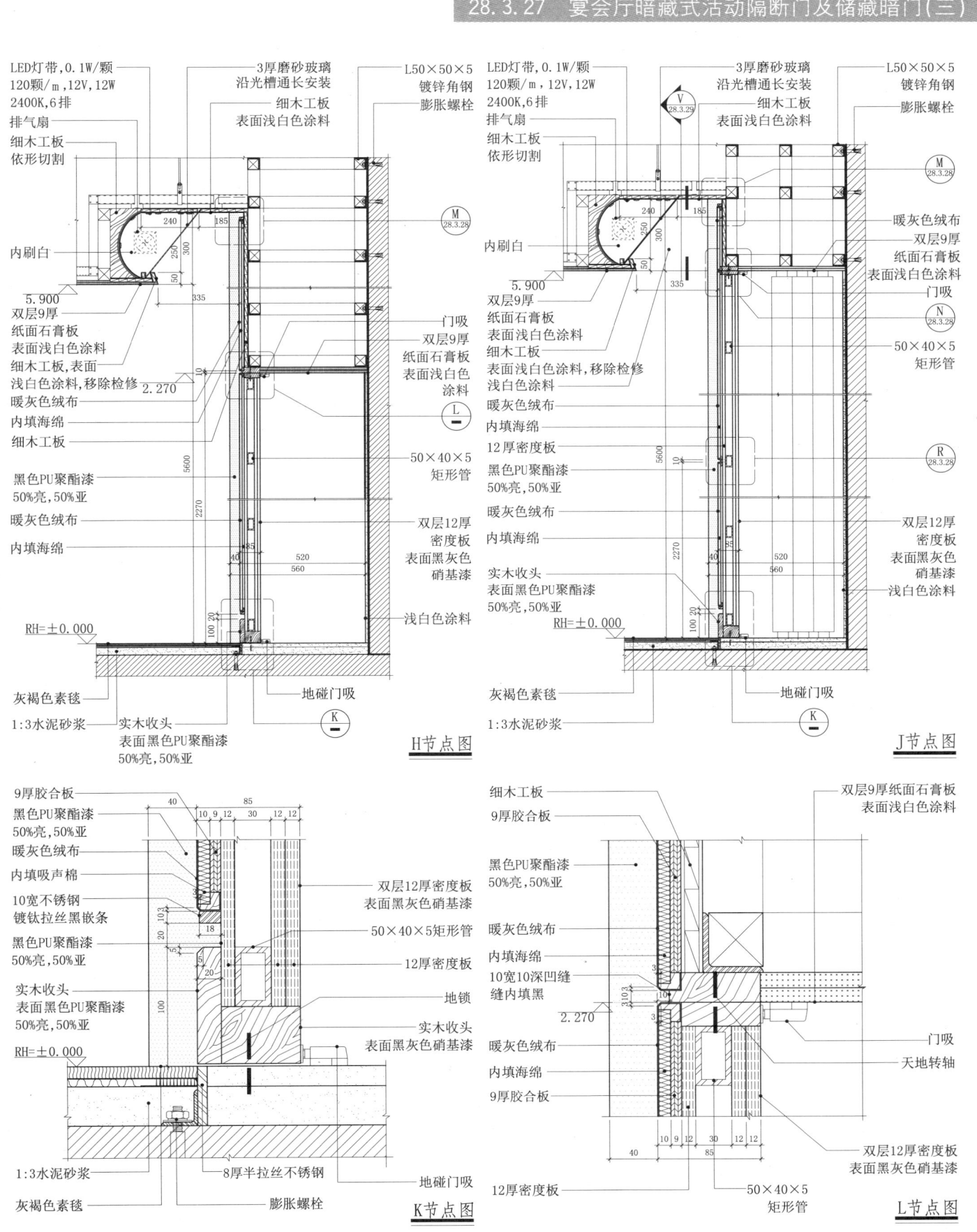

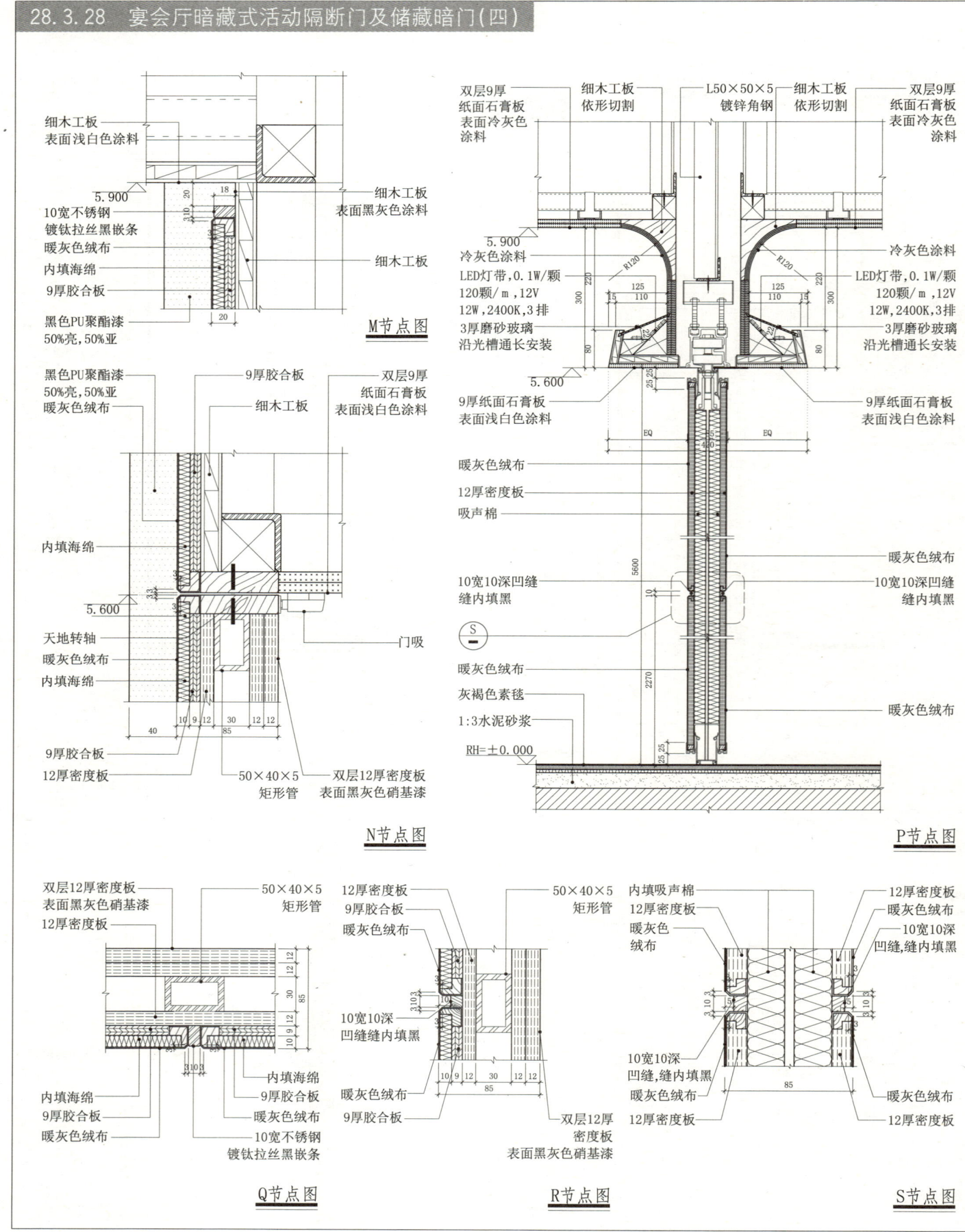

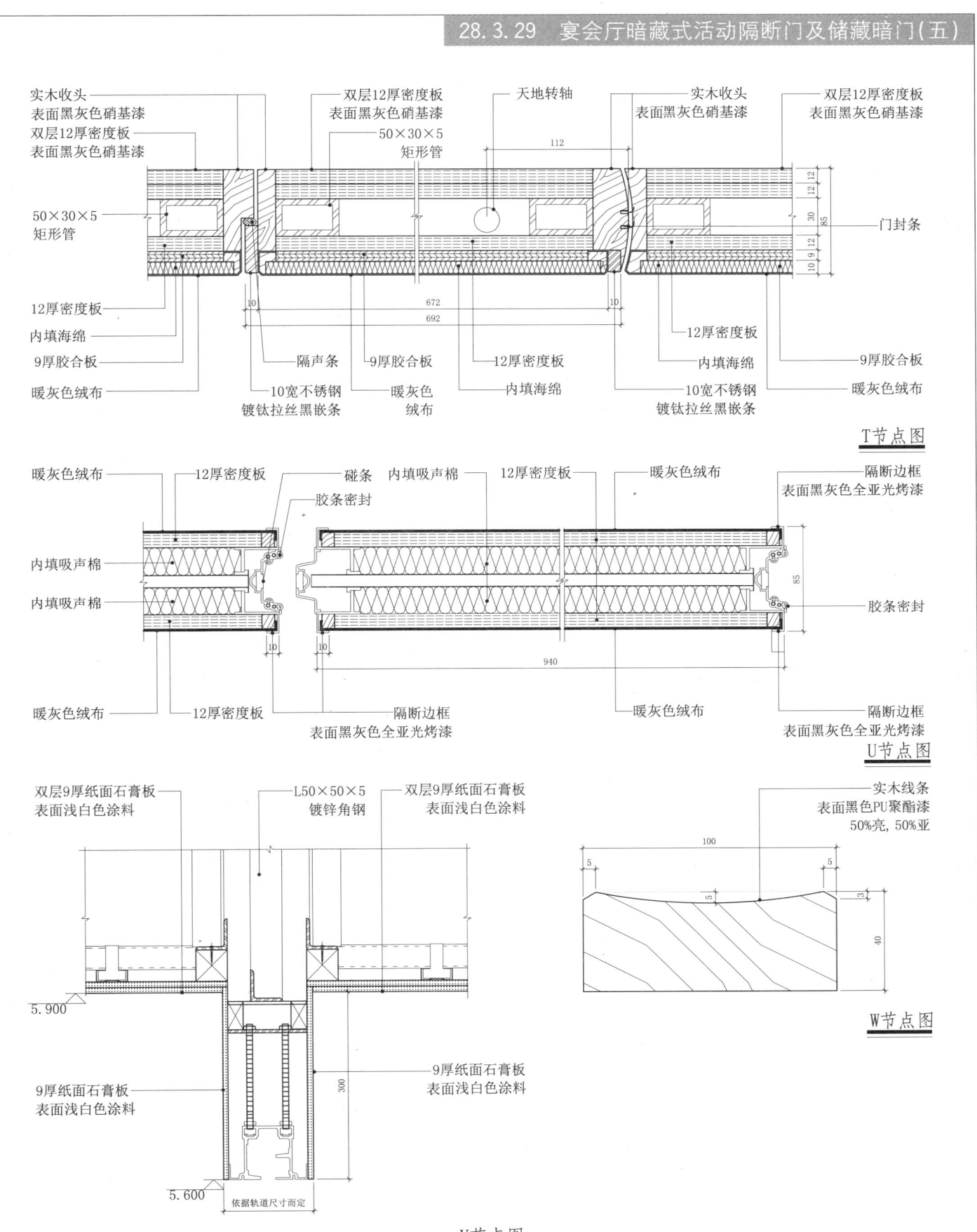

28.3 酒店宴会厅模式（三）

28.3.30 暗藏音响背景墙

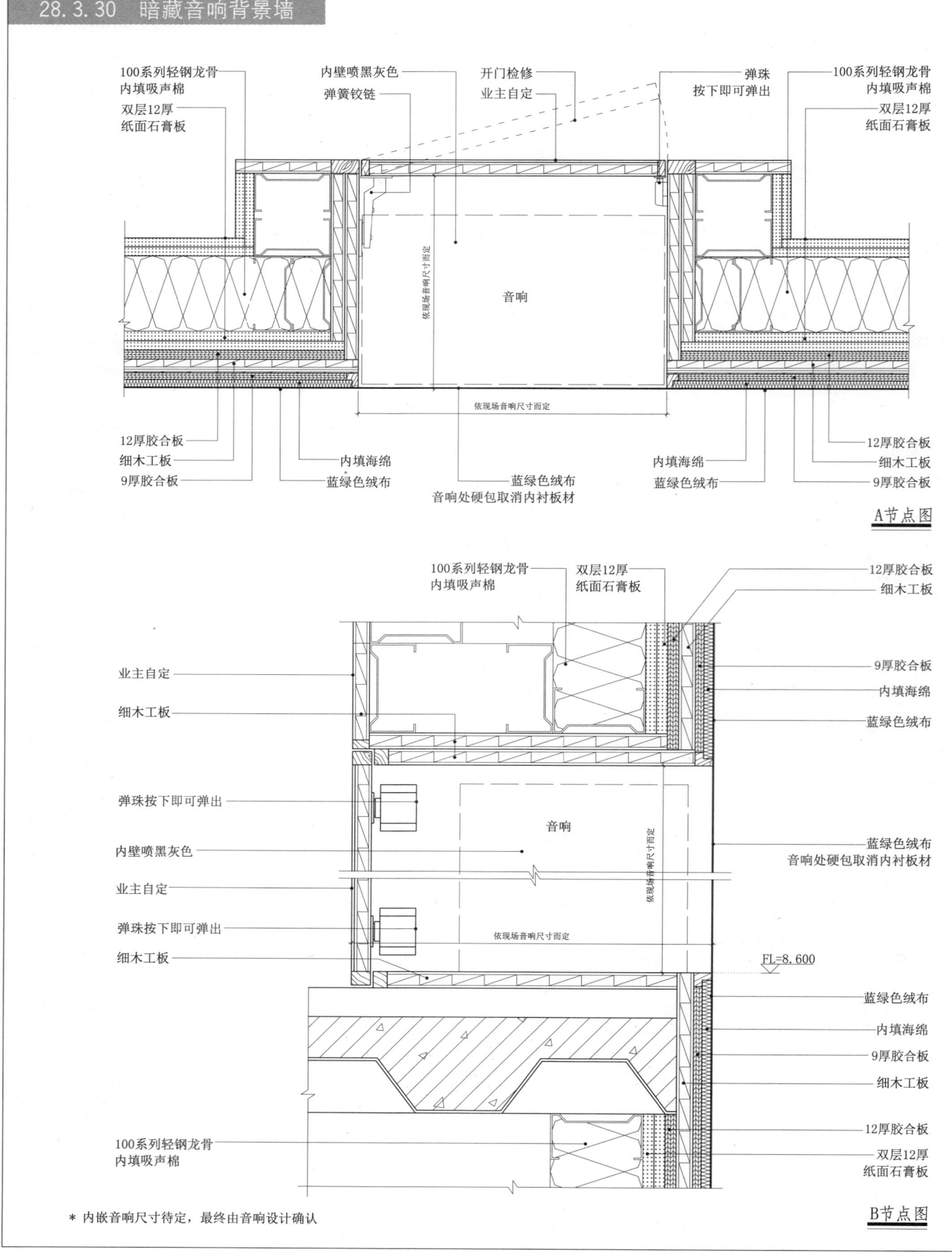

28.3 酒店宴会厅模式（三）

28.3.31 升降式投影仪

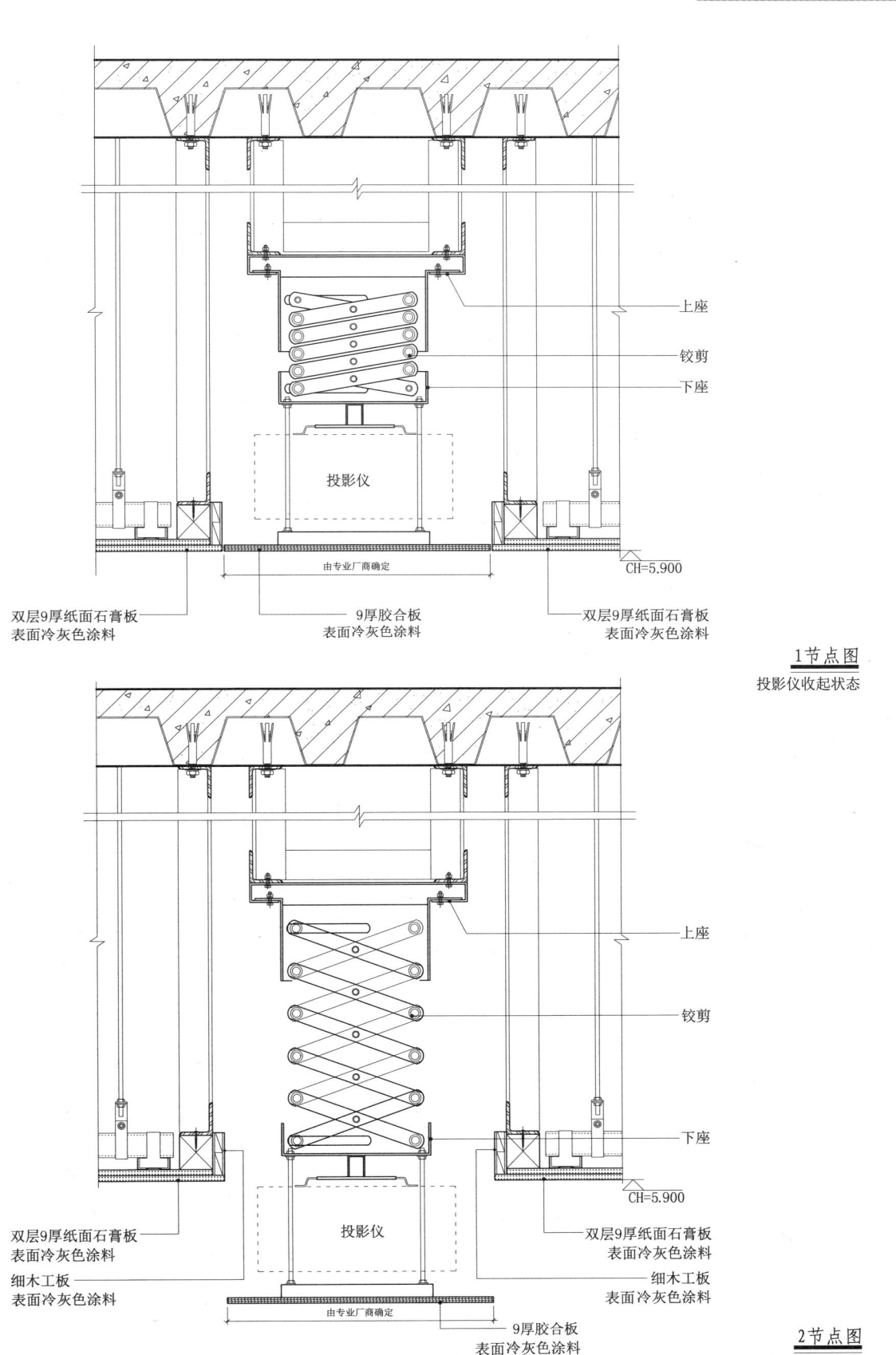

28.3 酒店宴会厅模式(三)

28.3.32 顶棚照明节点

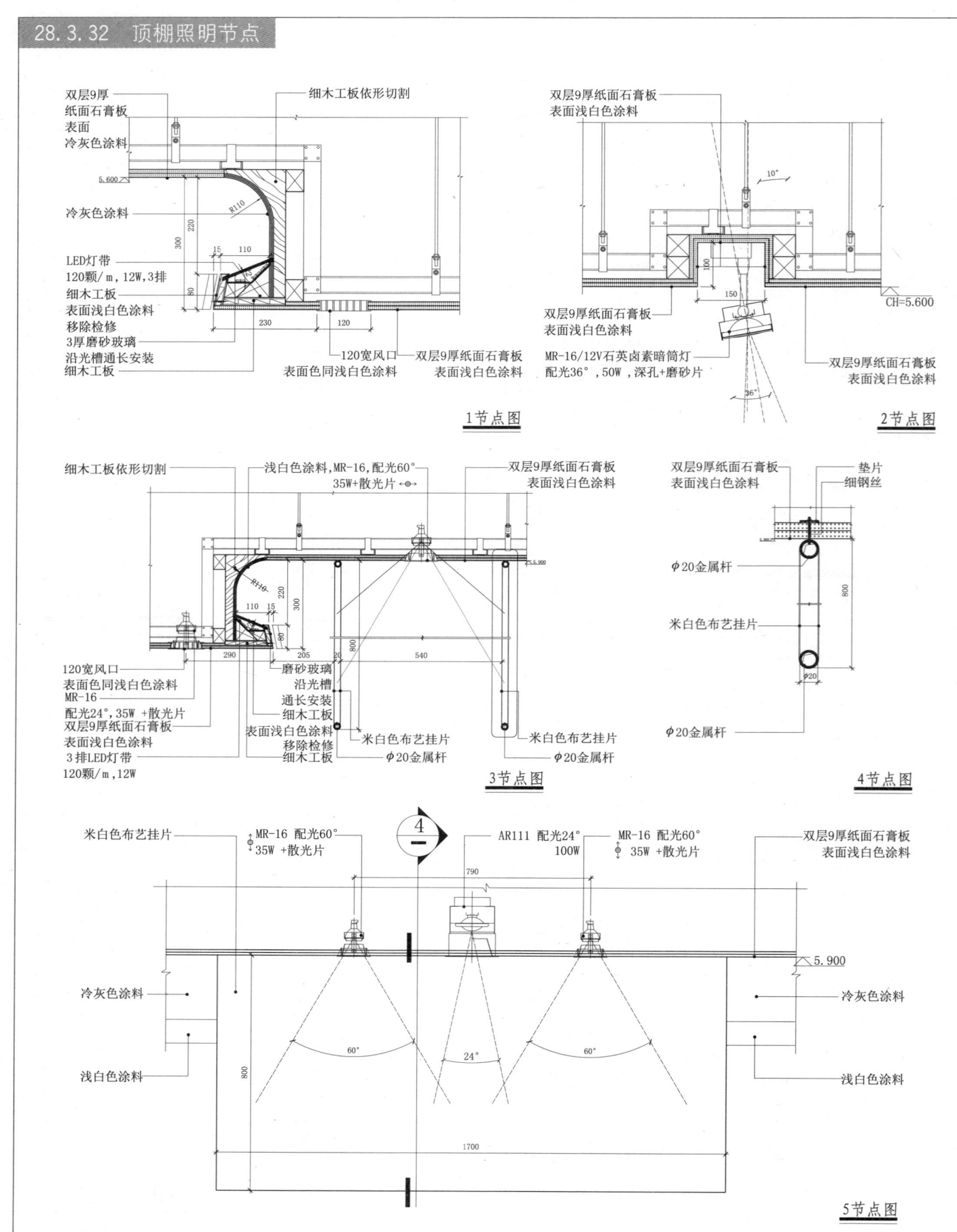

28.3 酒店宴会厅模式（三）

28.3.33 暗门节点（一）

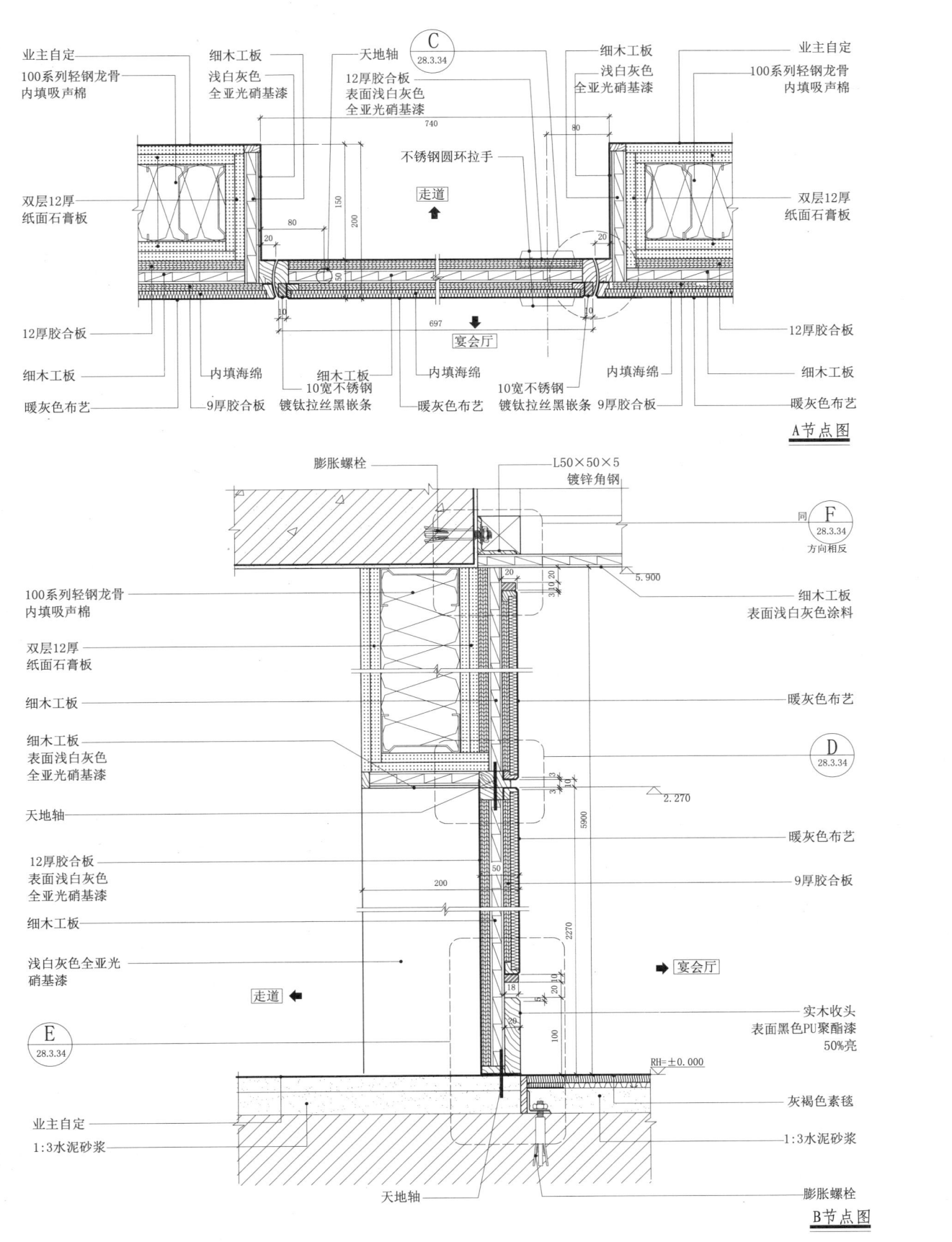

28.3 酒店宴会厅模式(三)

28.3.34 暗门节点(二)

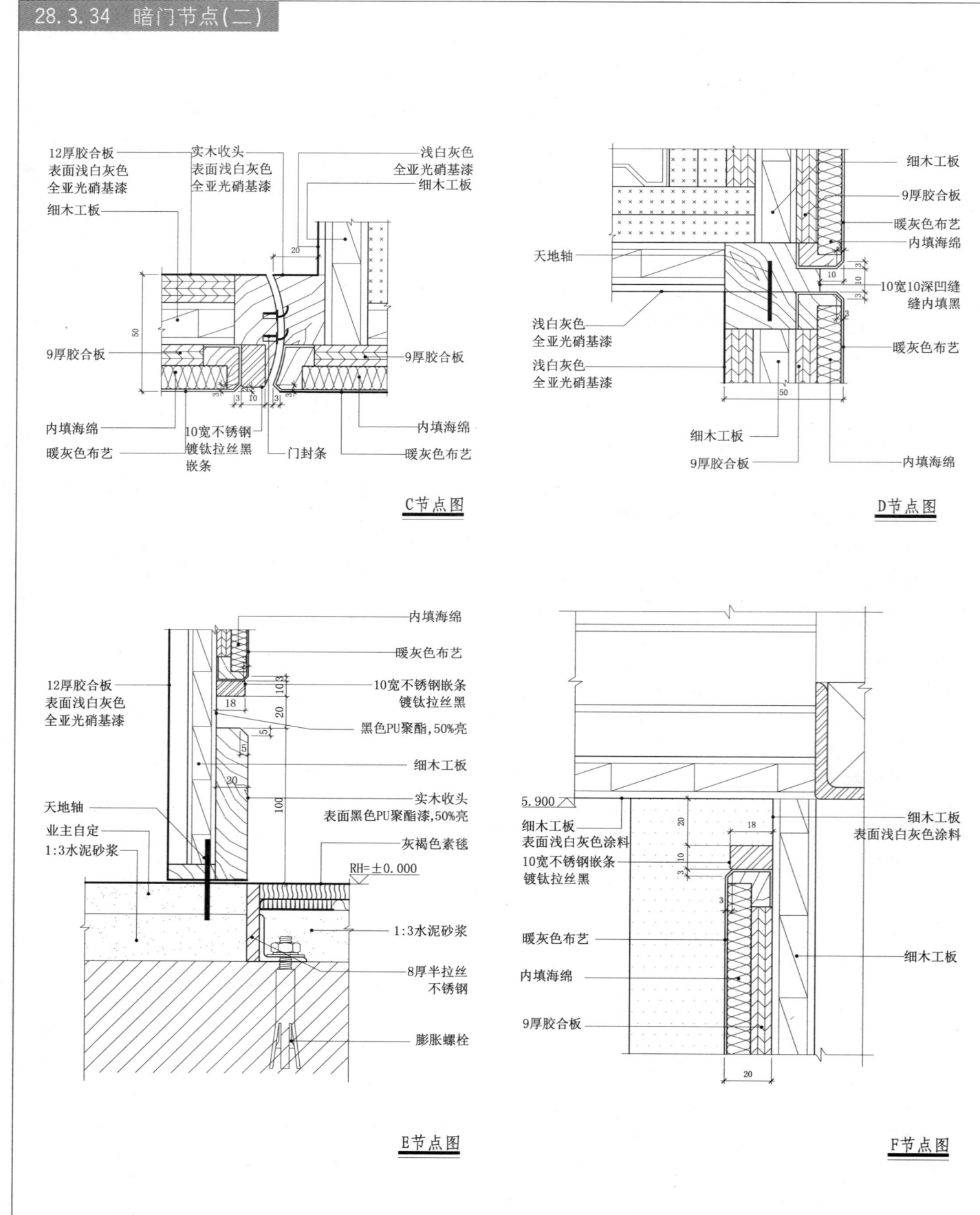

29.1 酒店客房走道模式（一）

29.1.1 索引图

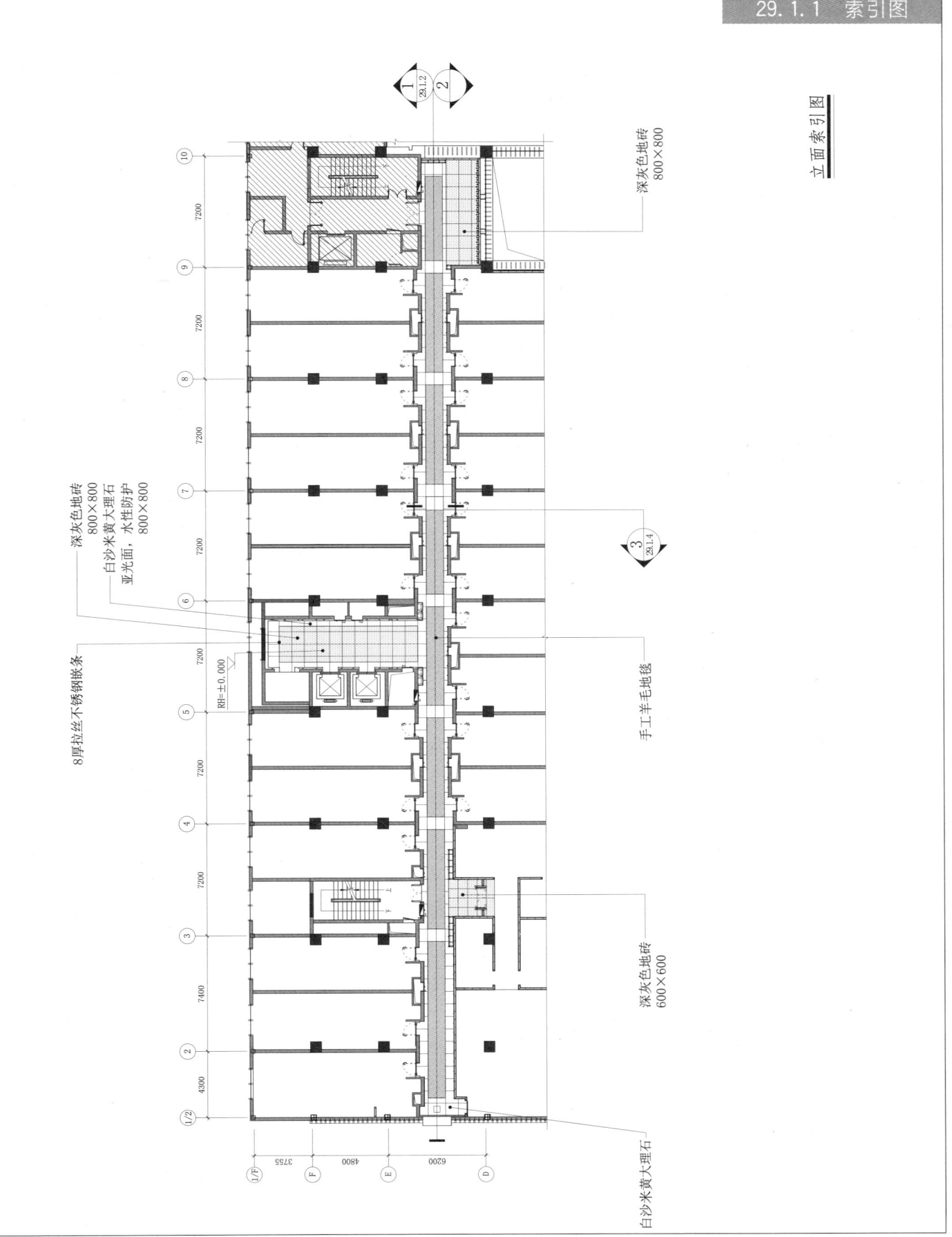

立面索引图

29.1 酒店客房走道模式（一）

29.1.2 立面图（一）

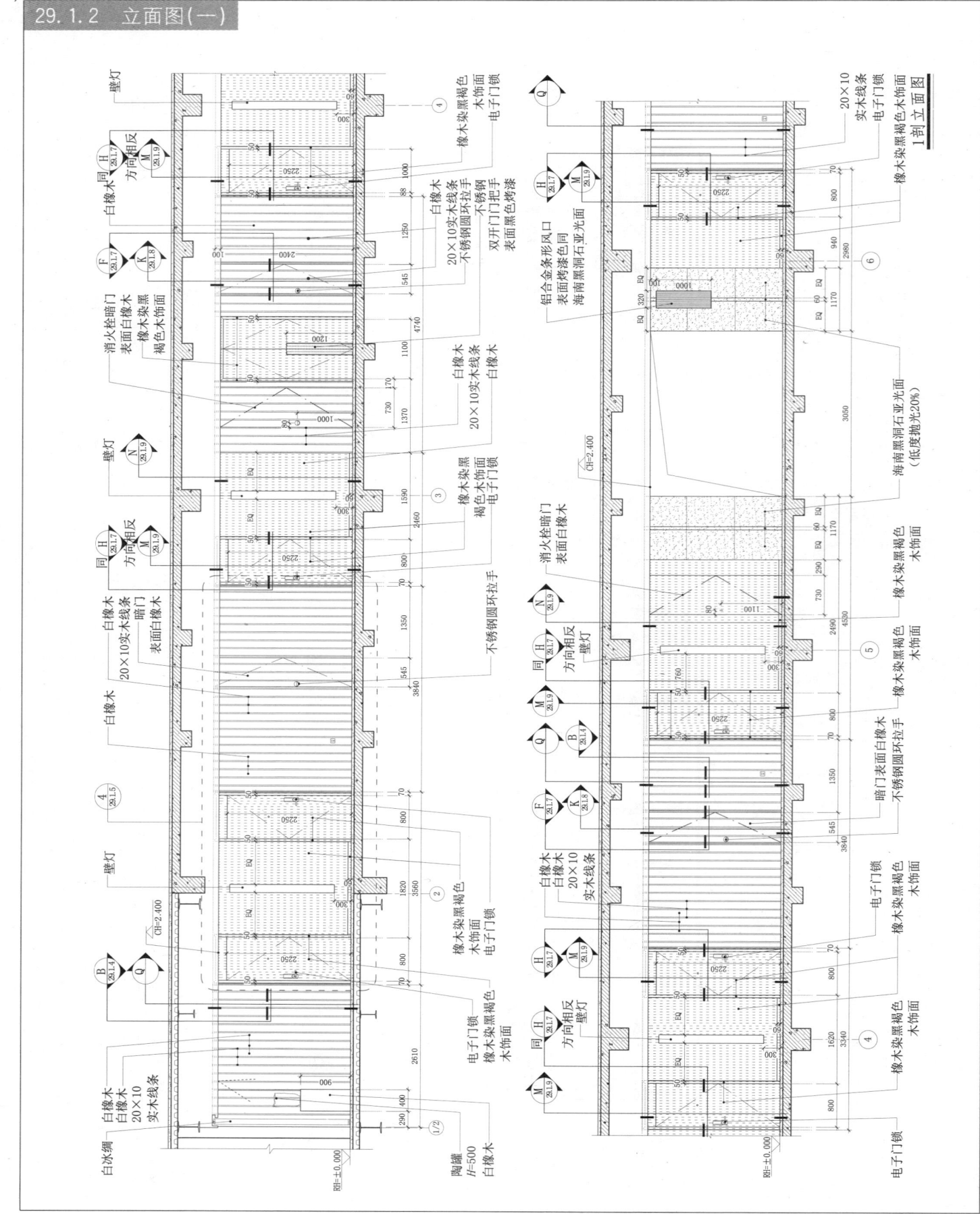

29.1 酒店客房走道模式（一）

29.1.3 立面图（二）

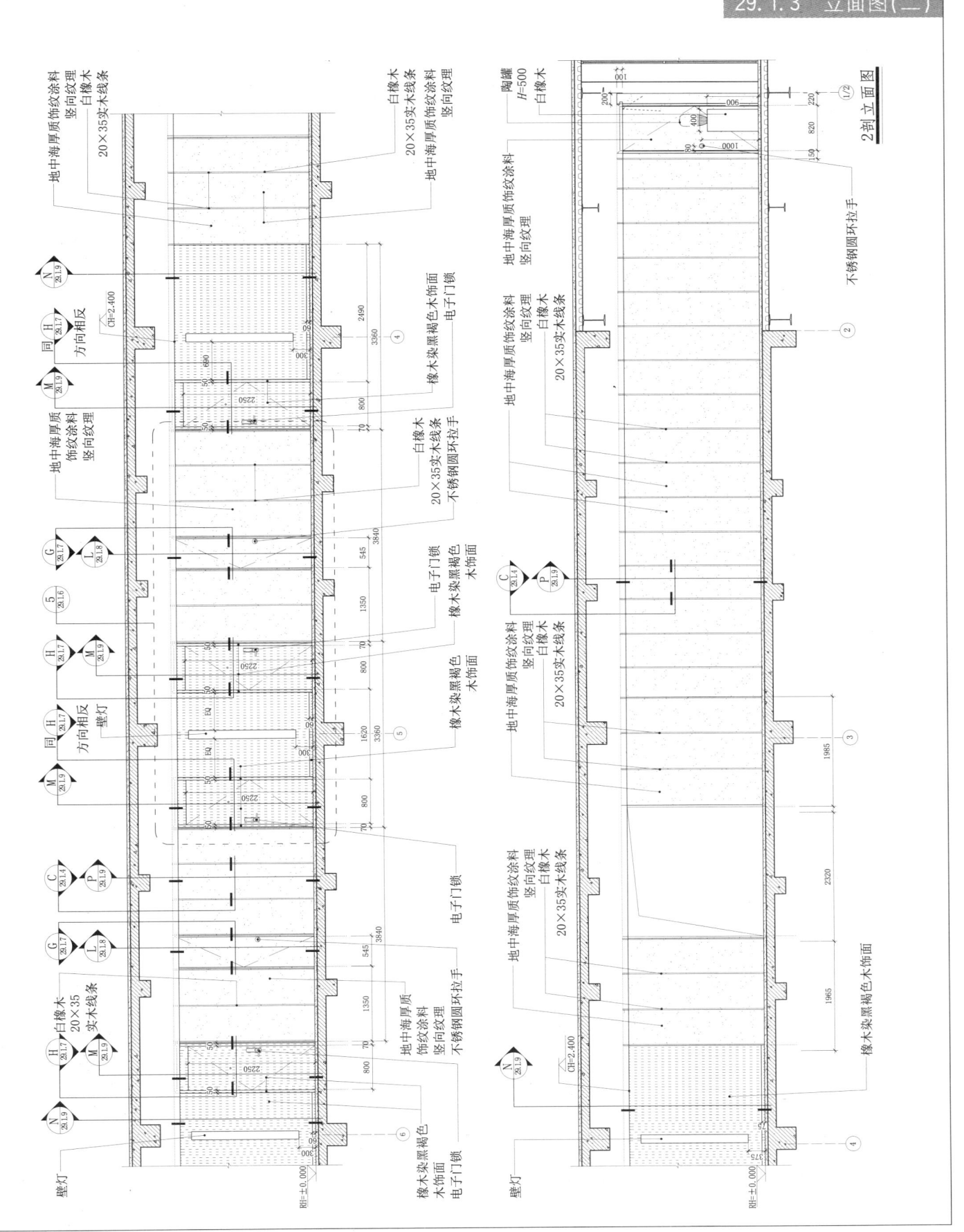

29 客房走道模式

29.1 酒店客房走道模式（一）

29.1.4 墙面节点（一）

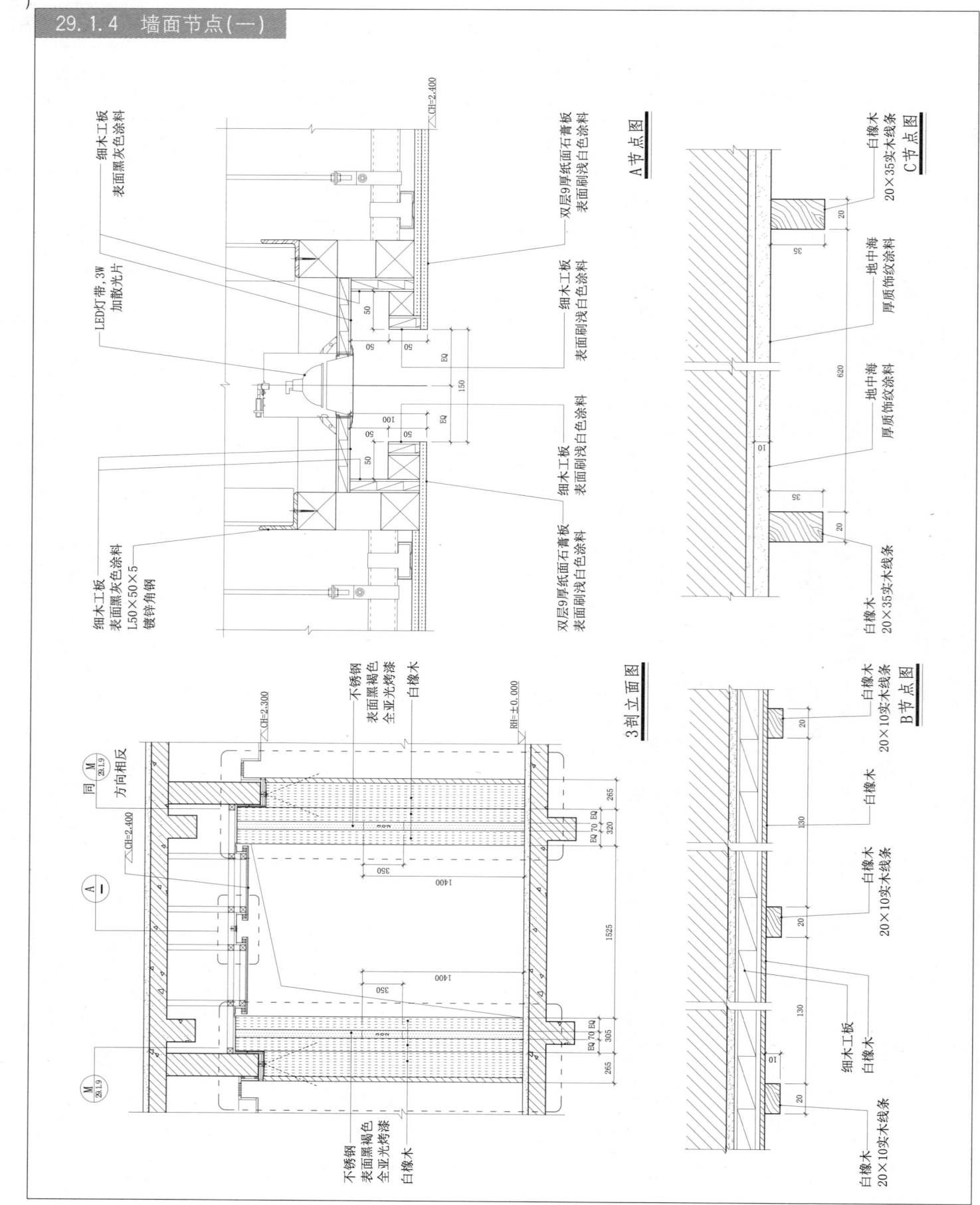

29.1 酒店客房走道模式(一)

29.1.5 墙面节点(二)

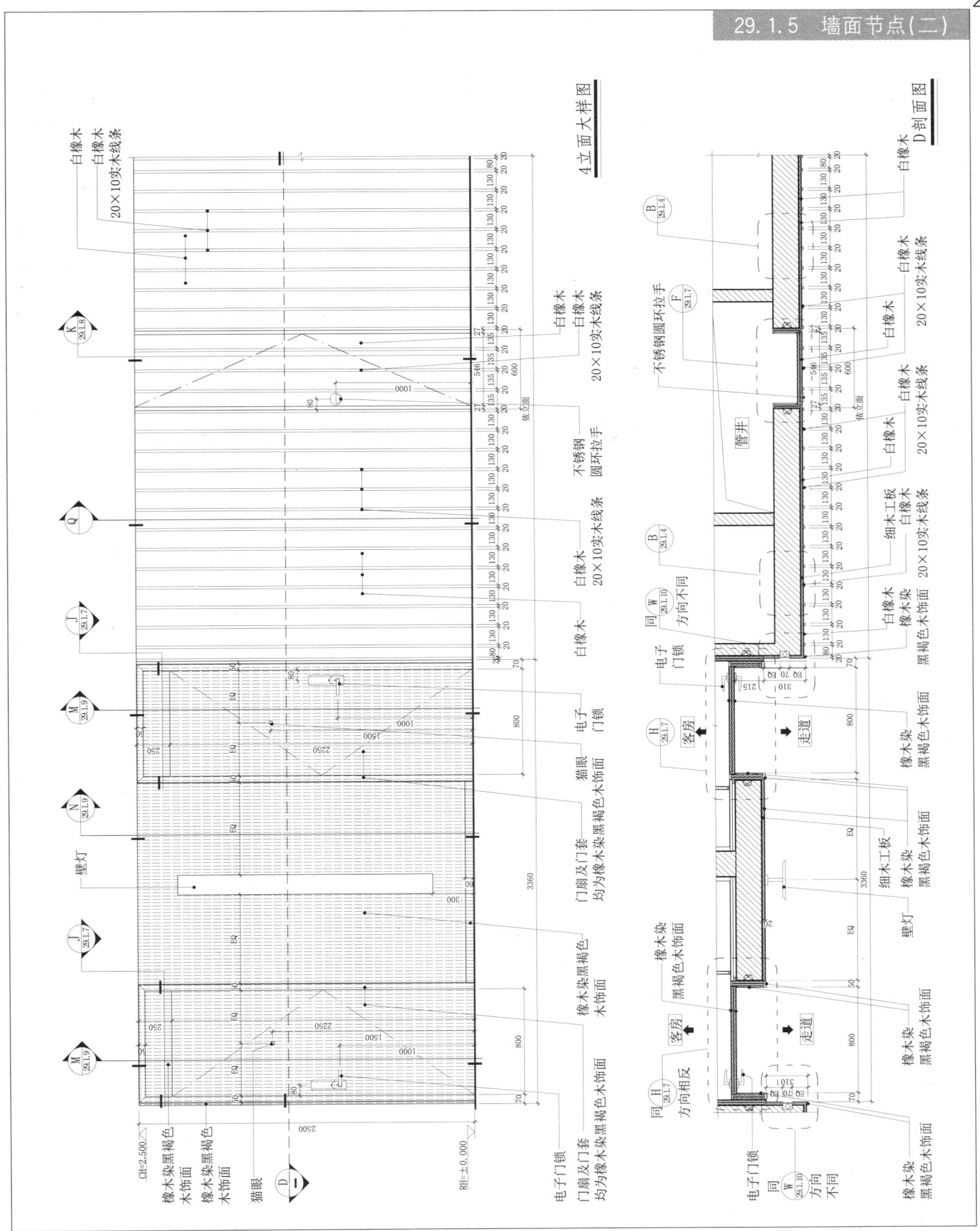

29.1 酒店客房走道模式(一)

29.1.6 墙面节点(三)

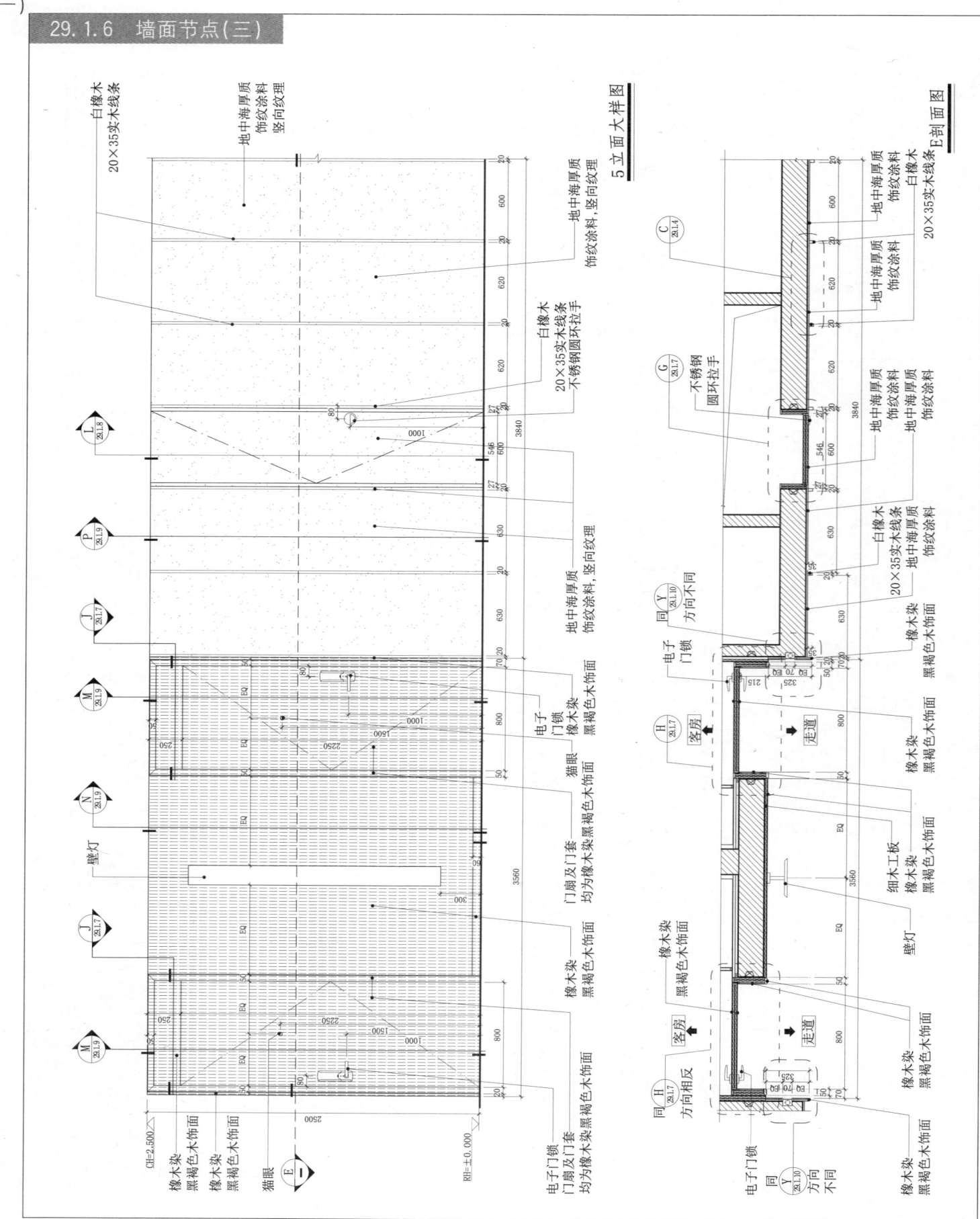

29.1 酒店客房走道模式(一)

29.1.7 门套节点(一)

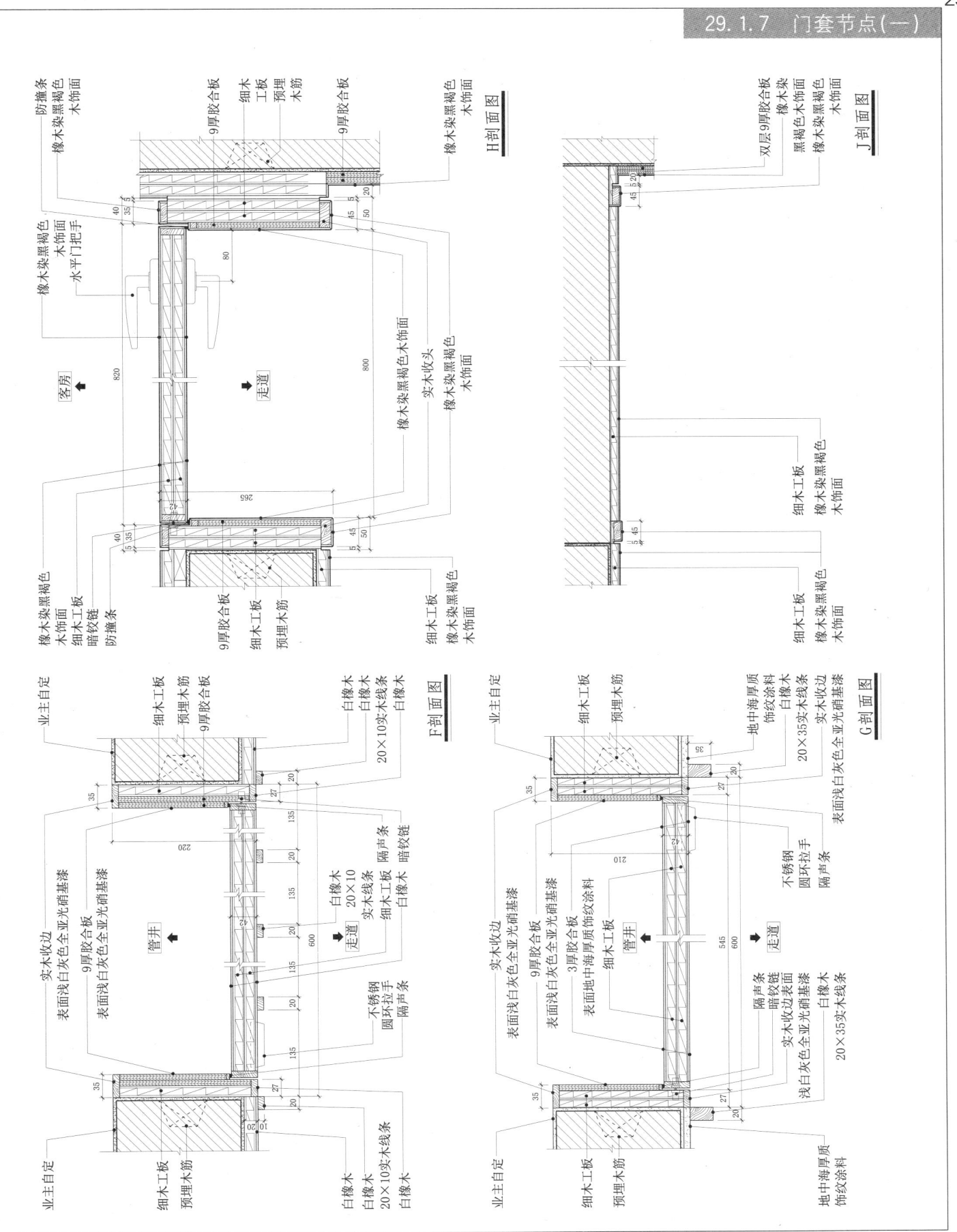

29.1 酒店客房走道模式(一)

29.1.8 门套节点(二)

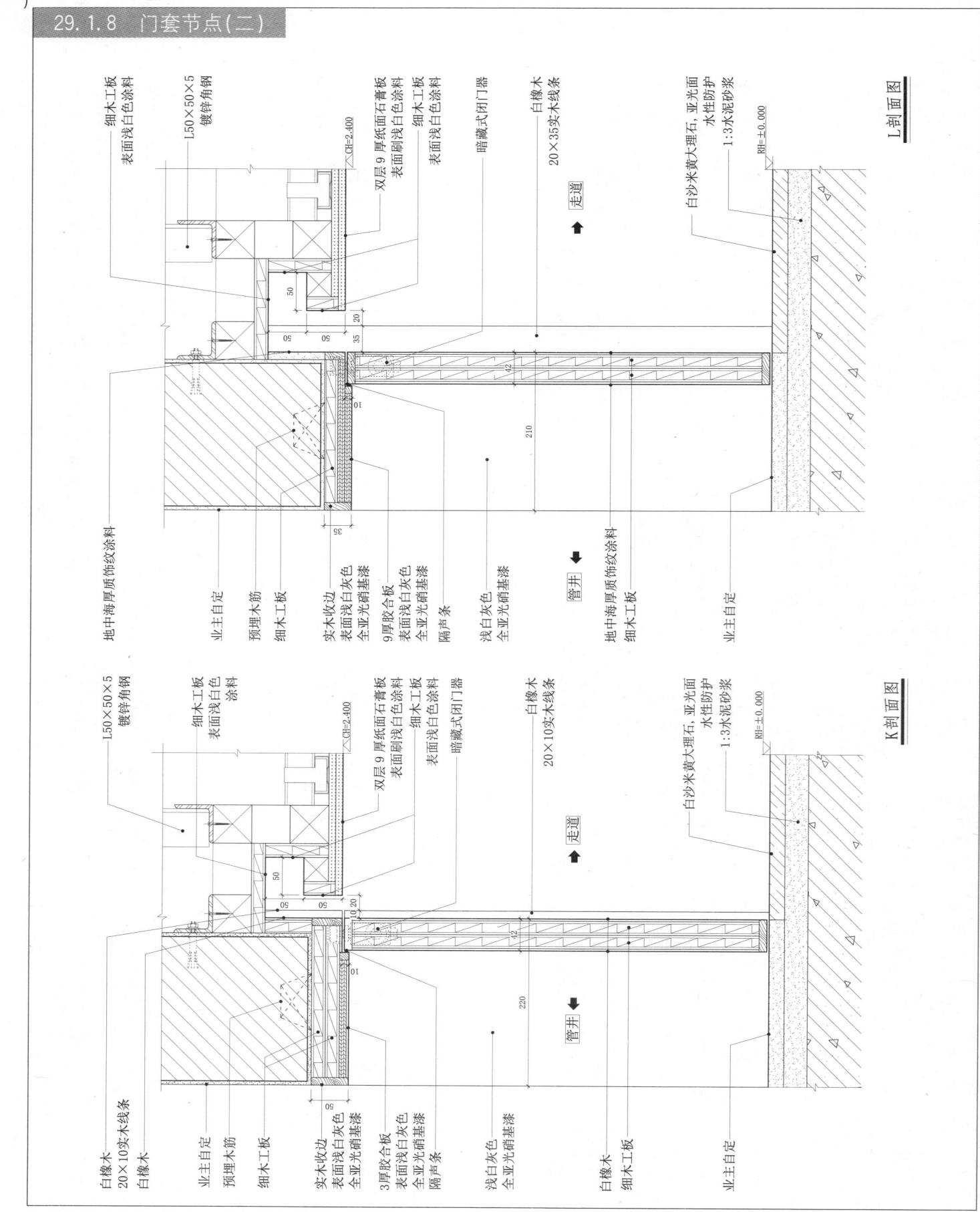

29.1 酒店客房走道模式（一）
29.1.9 墙面节点

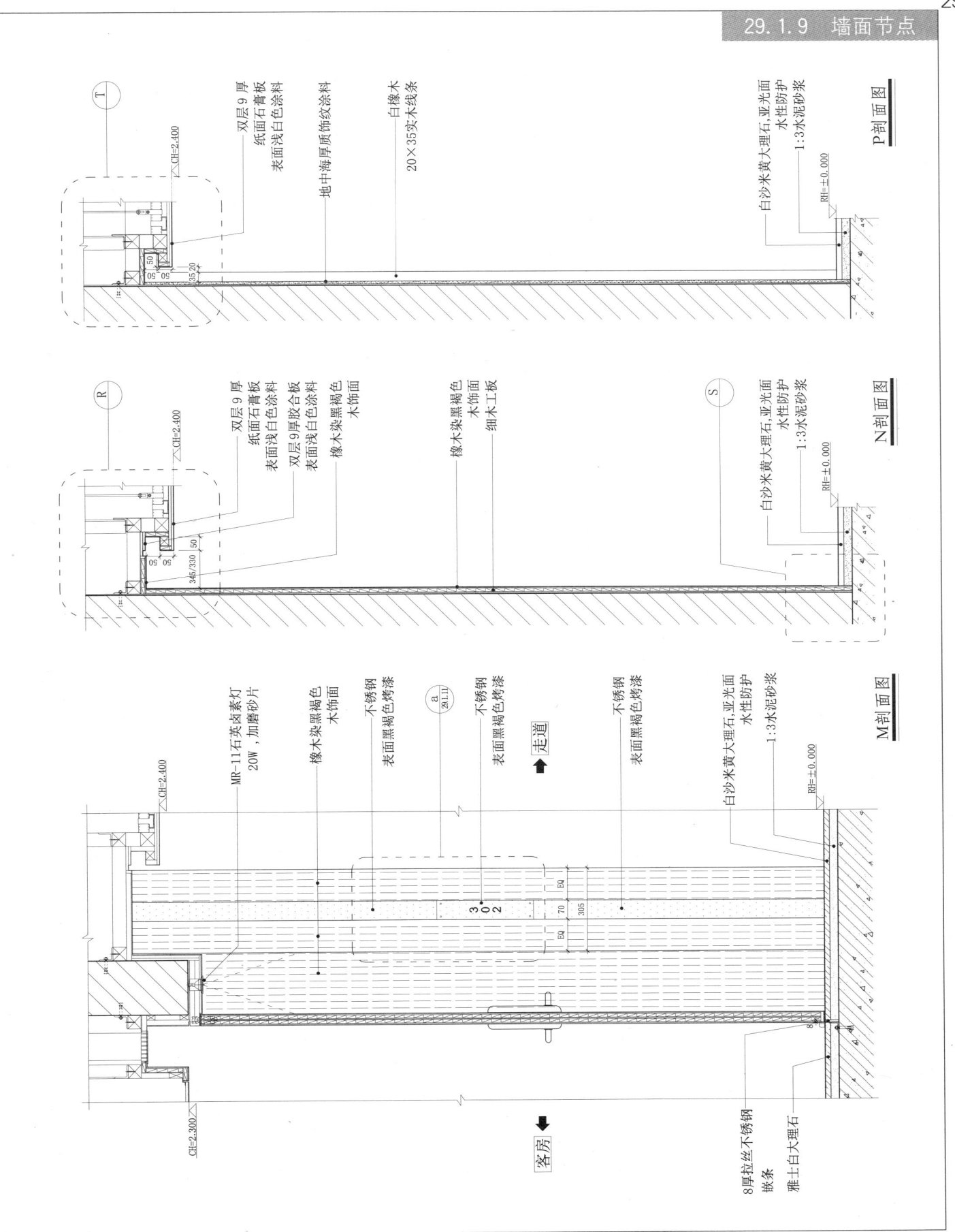

29 客房走道模式

29.1 酒店客房走道模式(一)

29.1.10 门牌号节点(一)

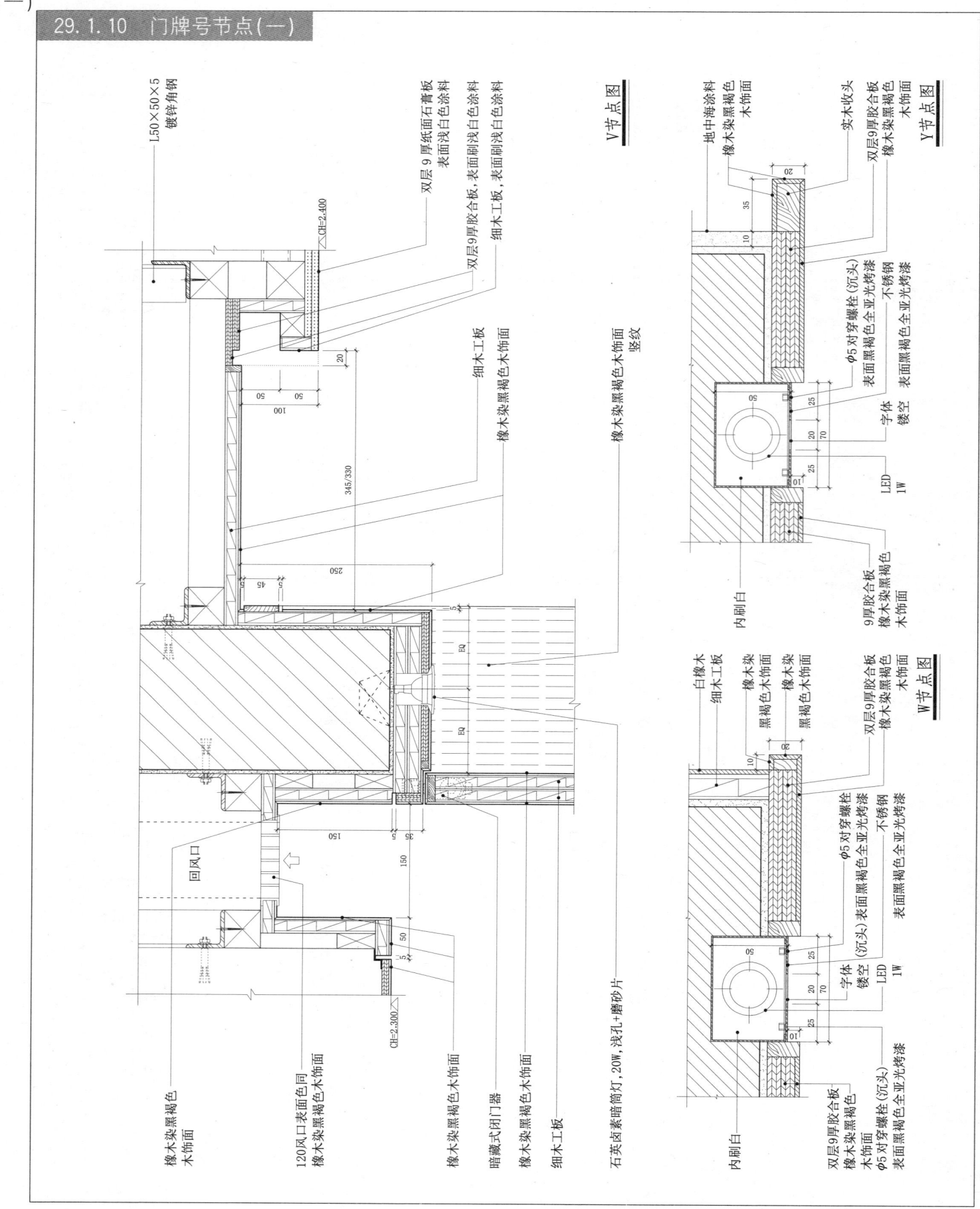

29.1 酒店客房走道模式（一）

29.1.11 门牌号节点（二）

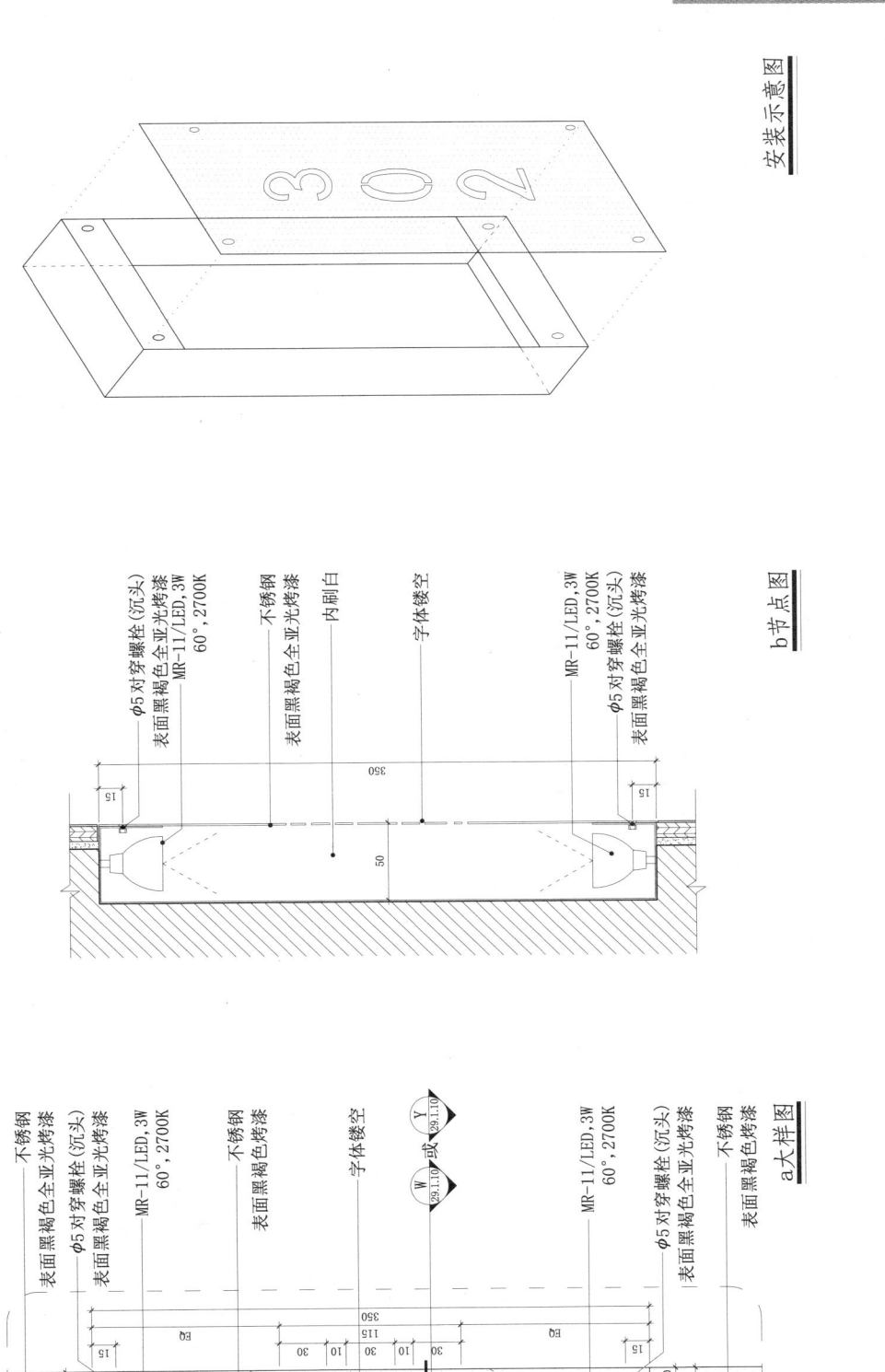

安装示意图

b节点图

a大样图

29.1 酒店客房走道模式（一）

29.1.12 地毯节点

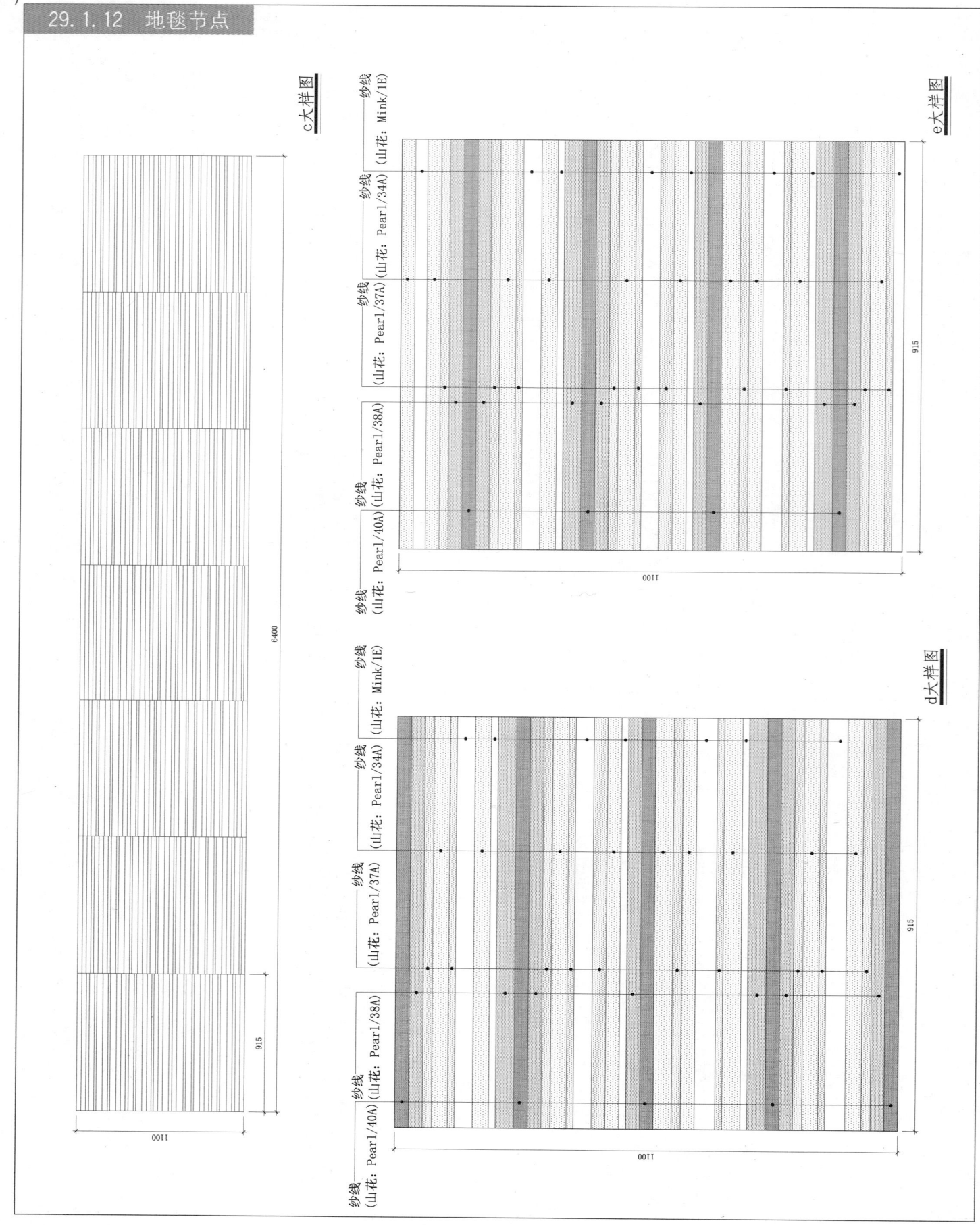

29.2 酒店客房走道模式(二)

29.2.1 平面、顶面、立面图

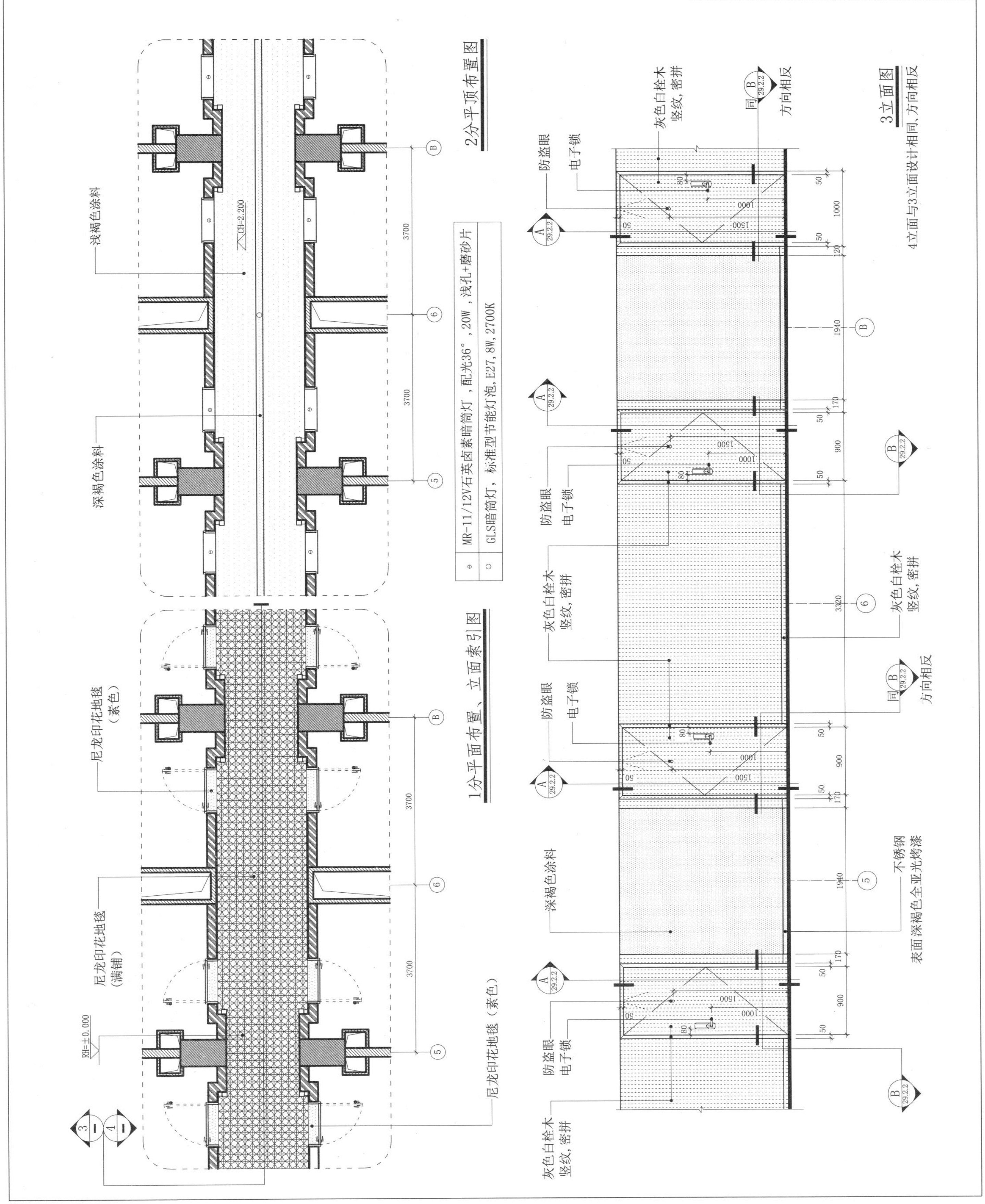

2 分平顶布置图

1 分平面布置、立面索引图

3 立面图

29.2 酒店客房走道模式（二）

29.2.2 透光门牌号节点

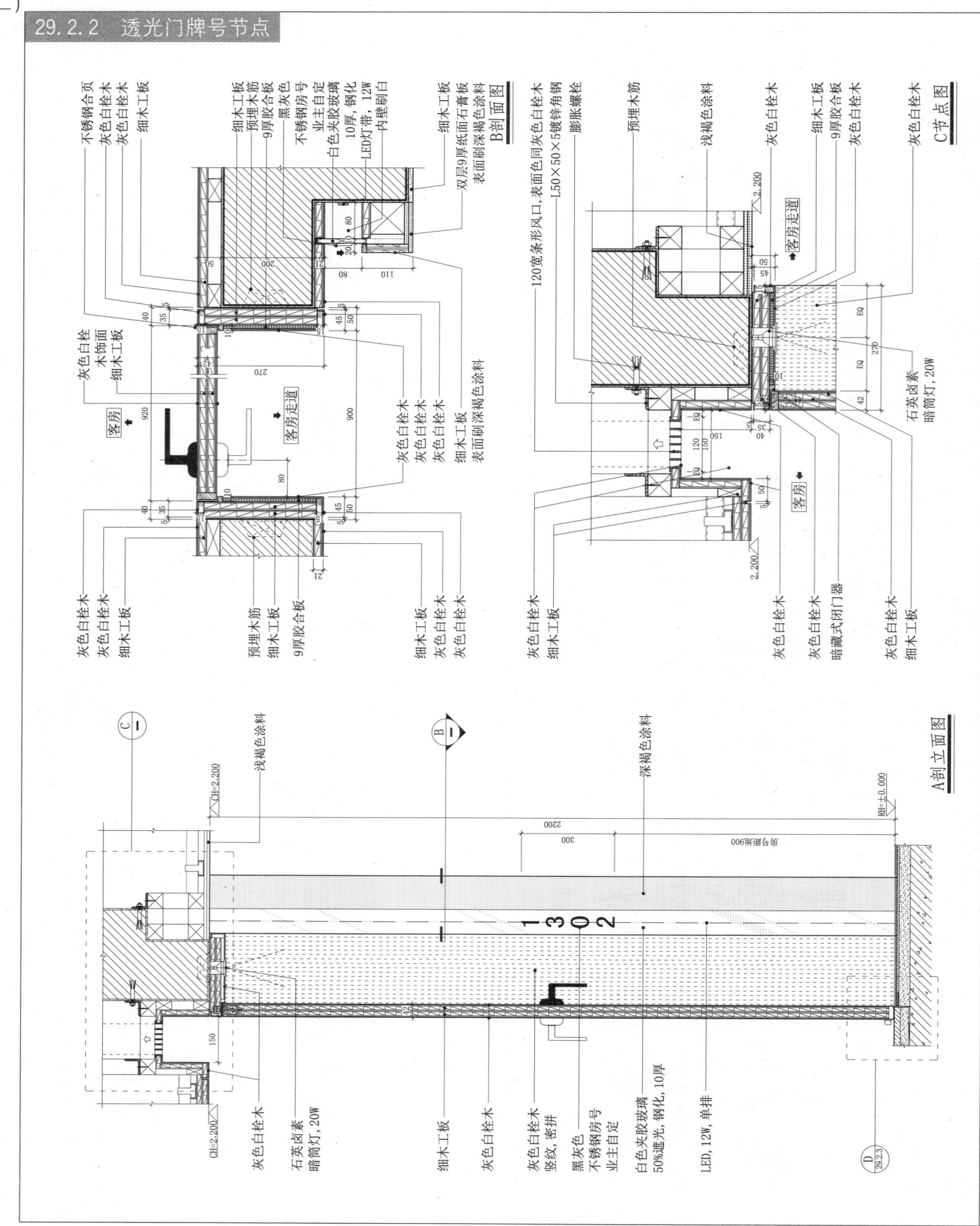

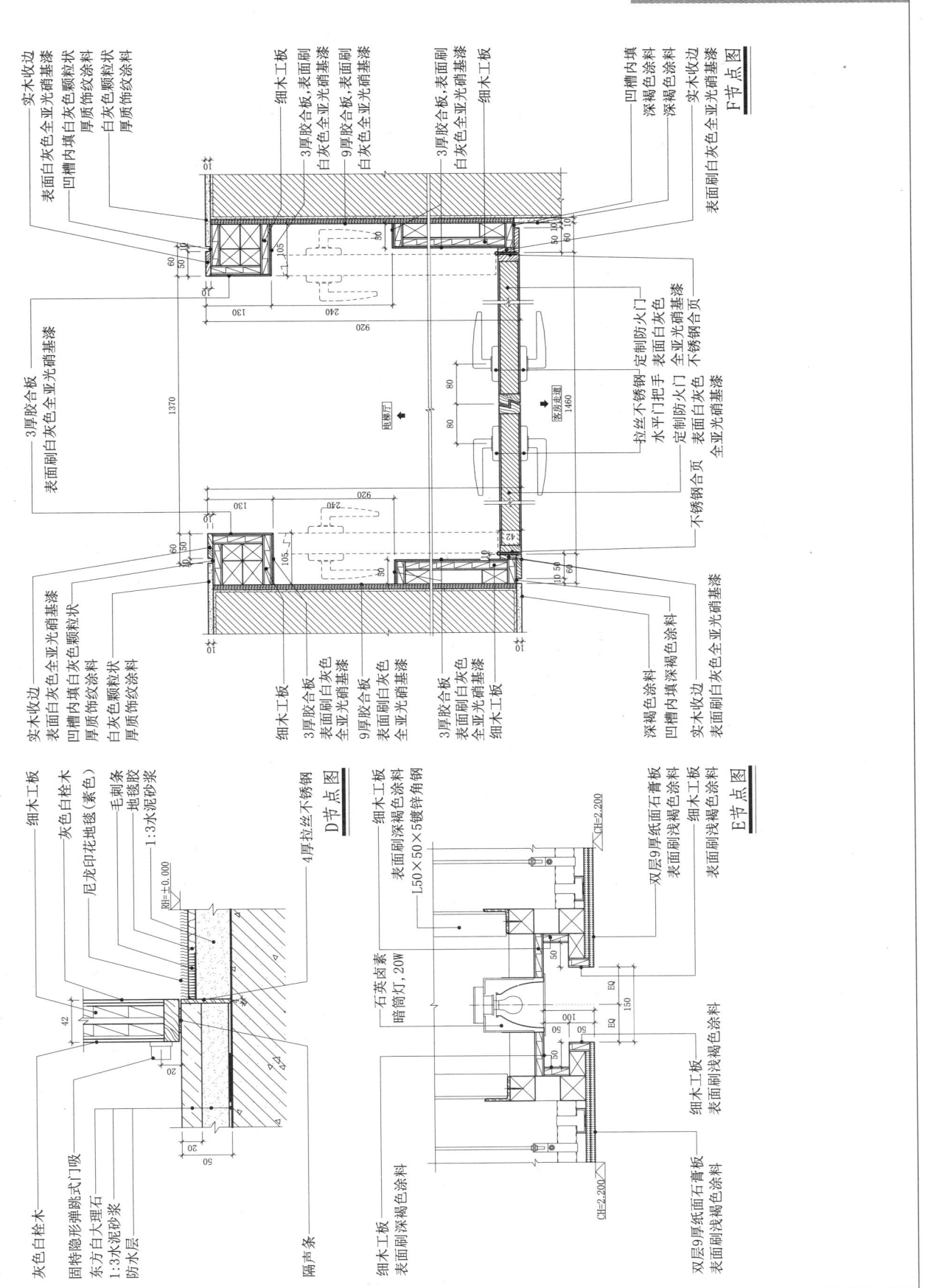

29.2 酒店客房走道模式（二）

29.2.4 门套节点

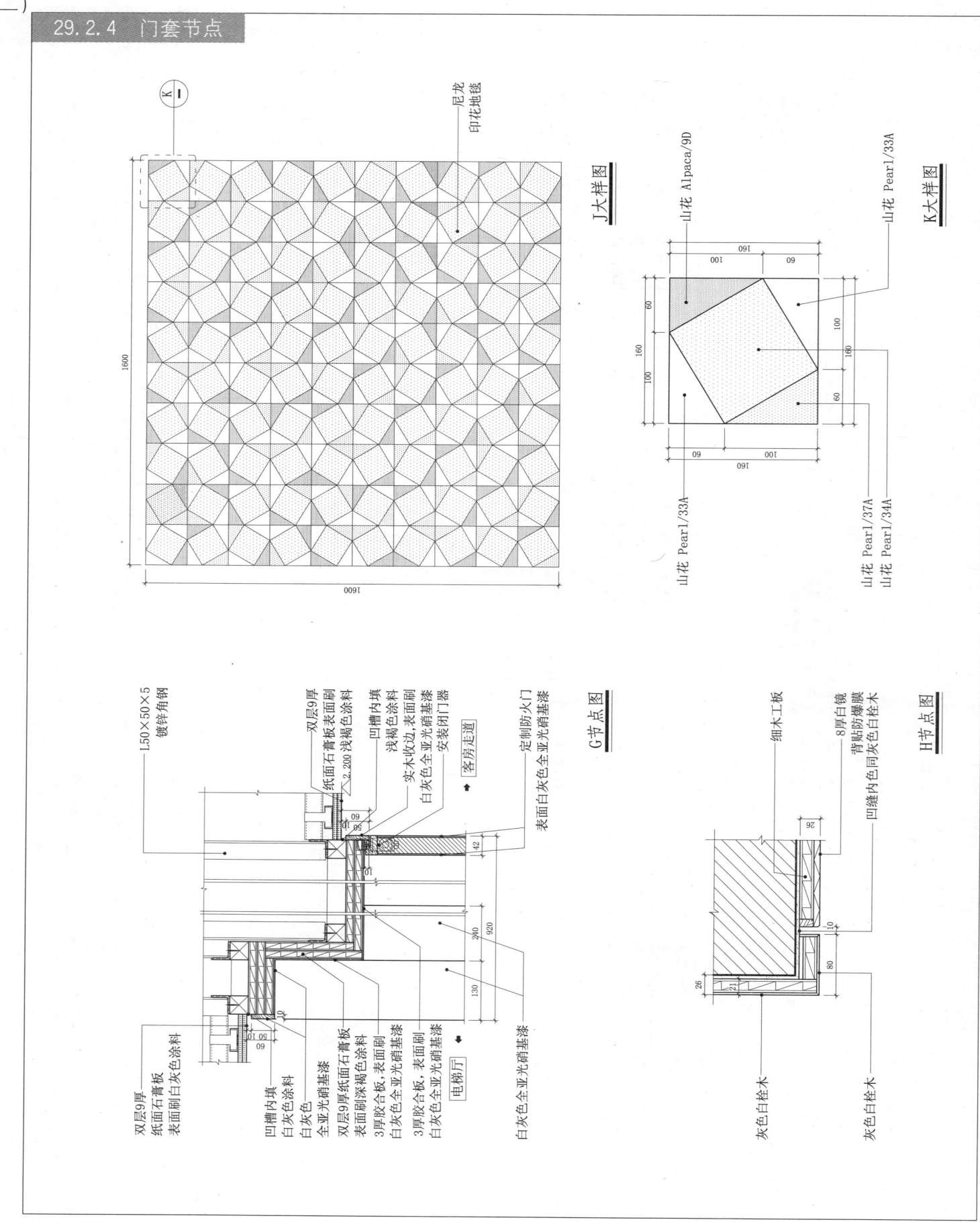

29.3 酒店客房走道模式（三）

29.3.1 分平面平顶图

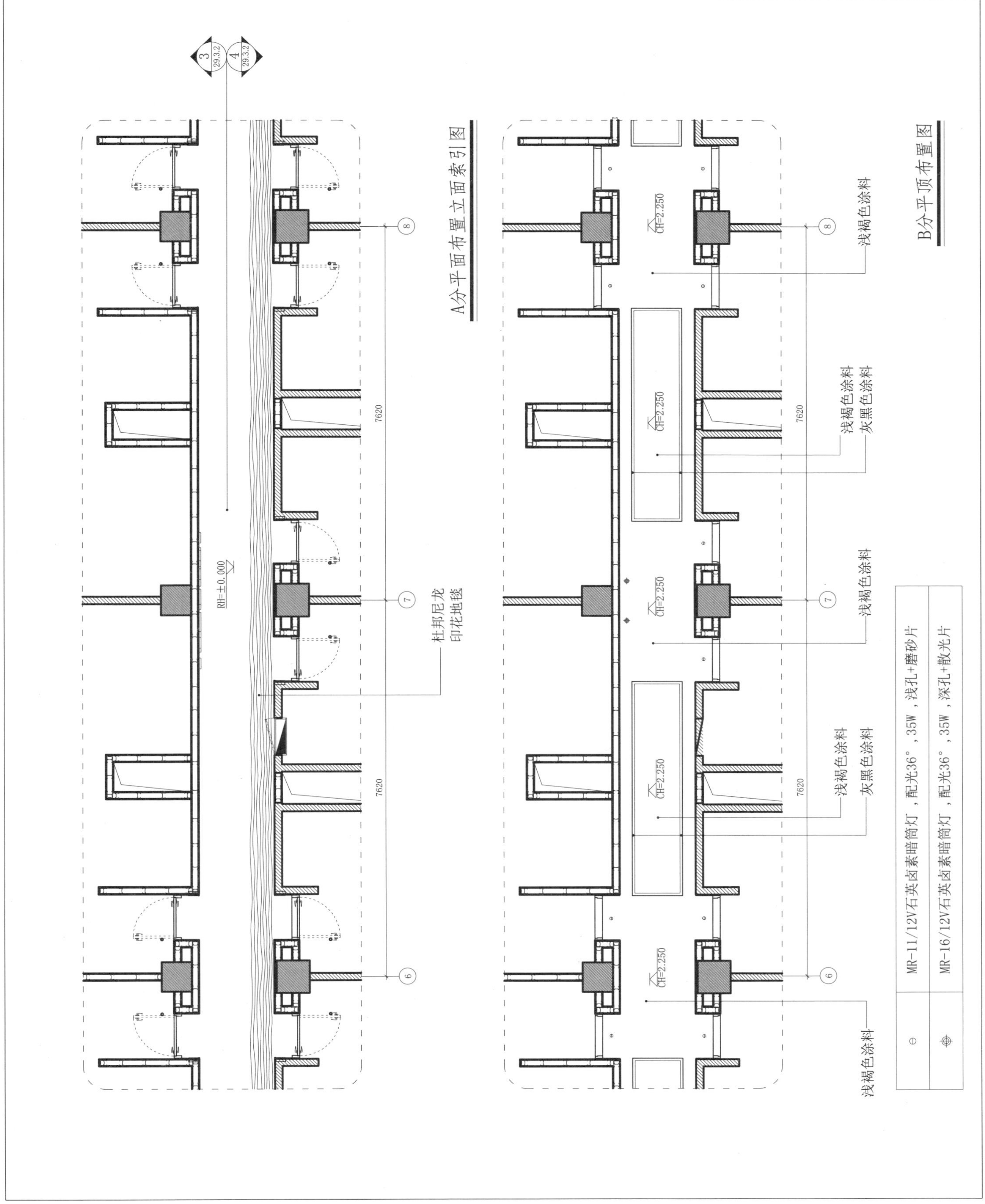

A分平面布置立面索引图

B分平顶布置图

29.3 酒店客房走道模式（三）

29.3.2 立面图

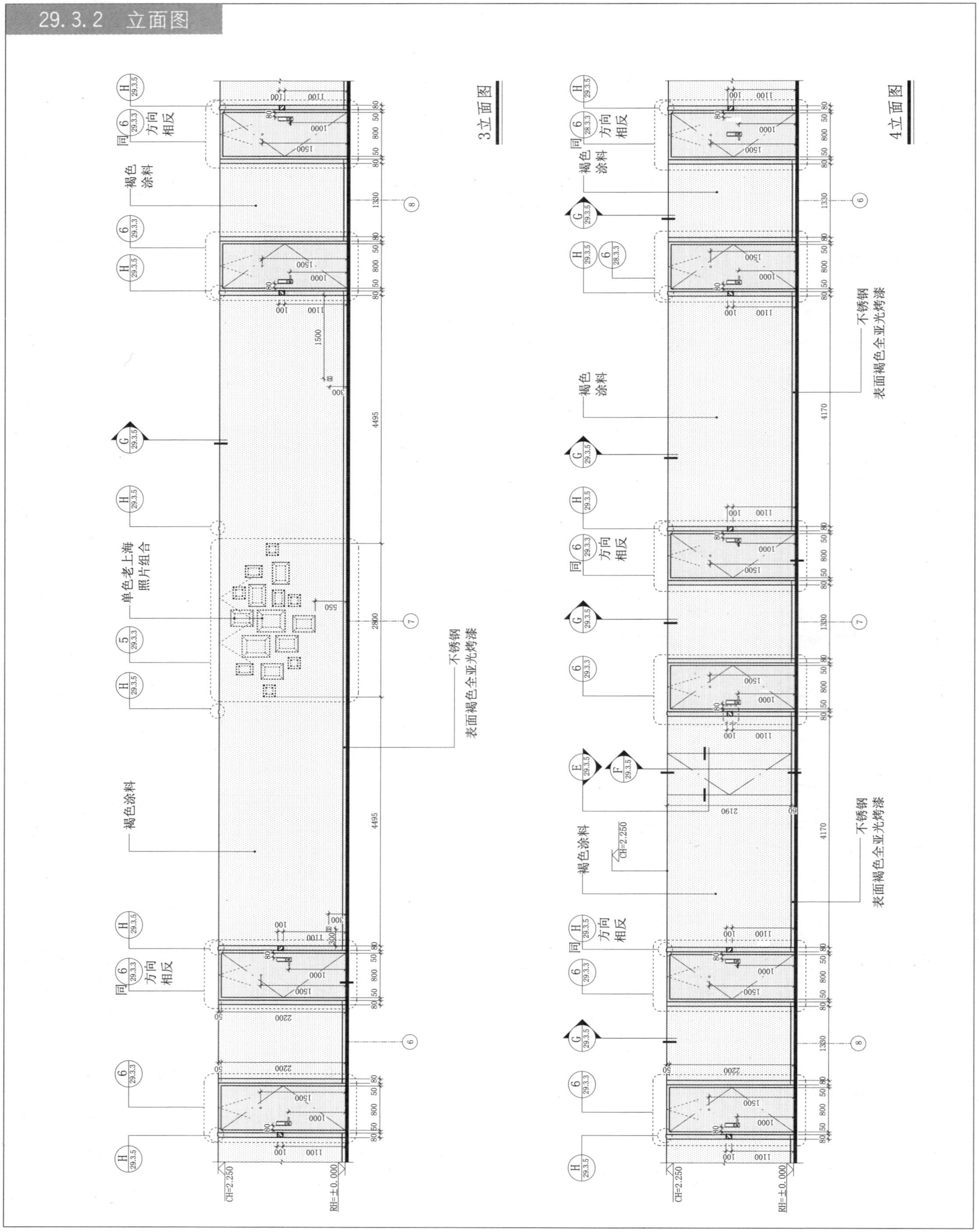

29.3 酒店客房走道模式（三）

29.3.3 立面大样

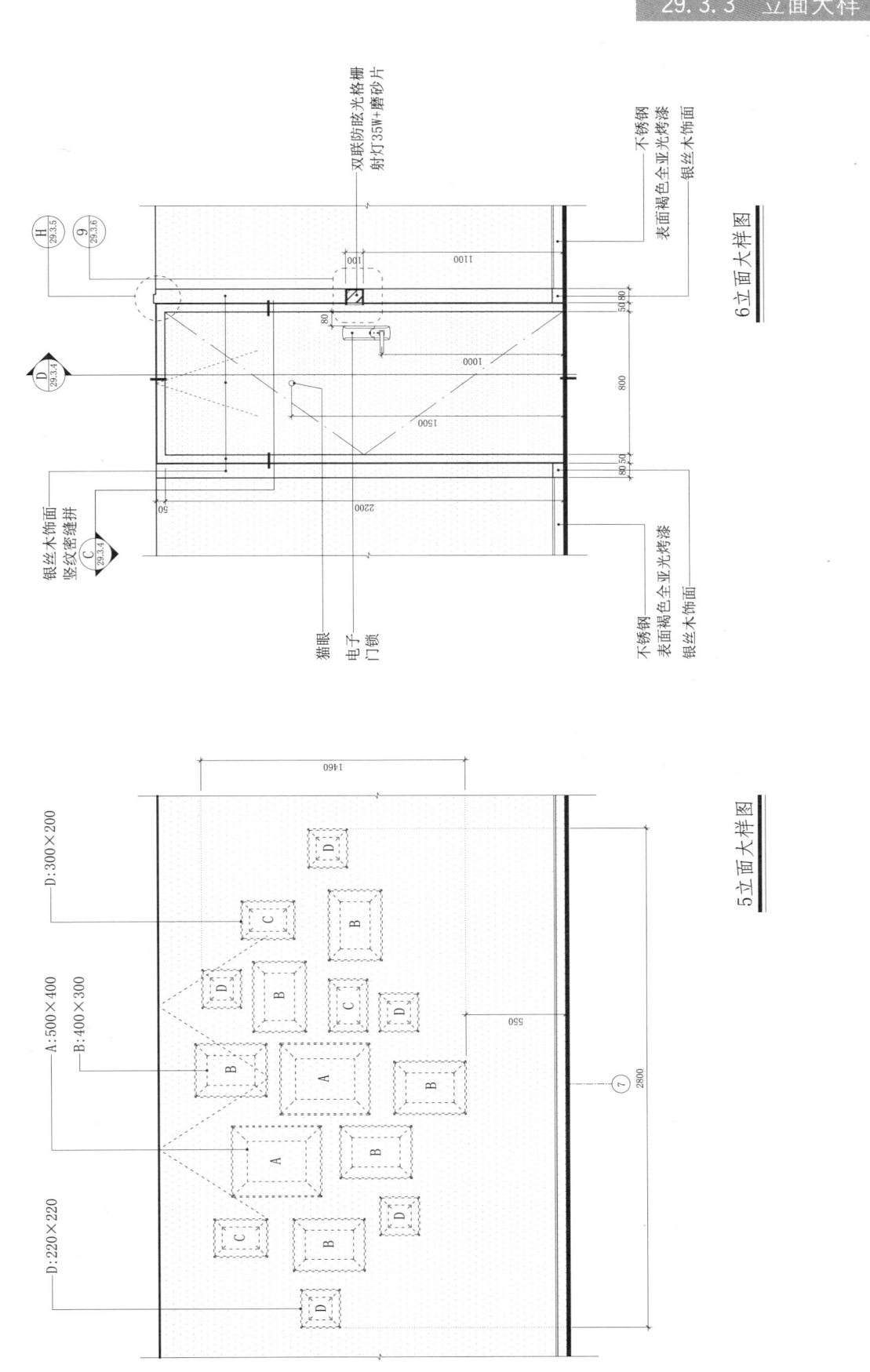

29.3 酒店客房走道模式(三)

29.3.4 客房门节点

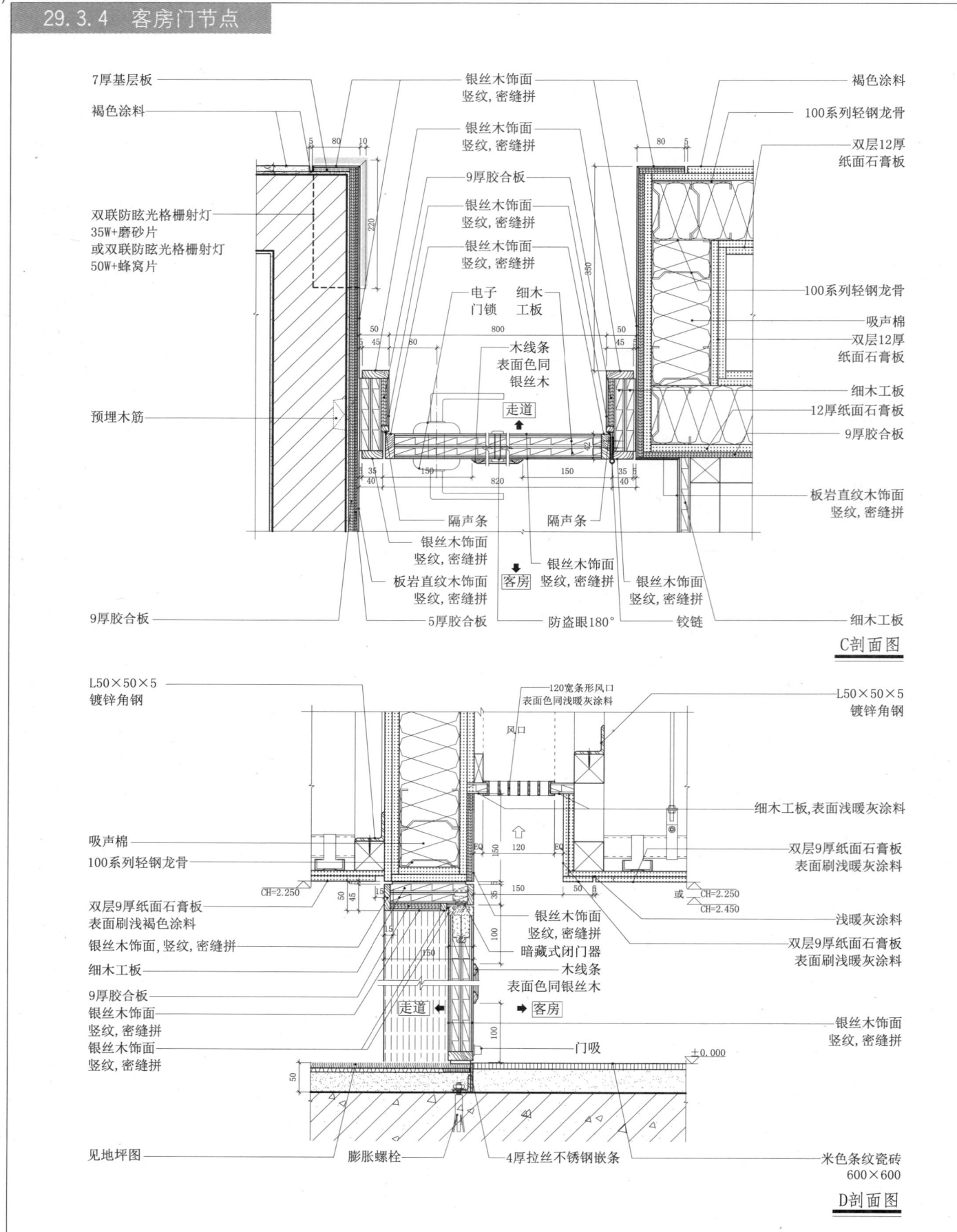

29.3 酒店客房走道模式(三)

29.3.5 节点

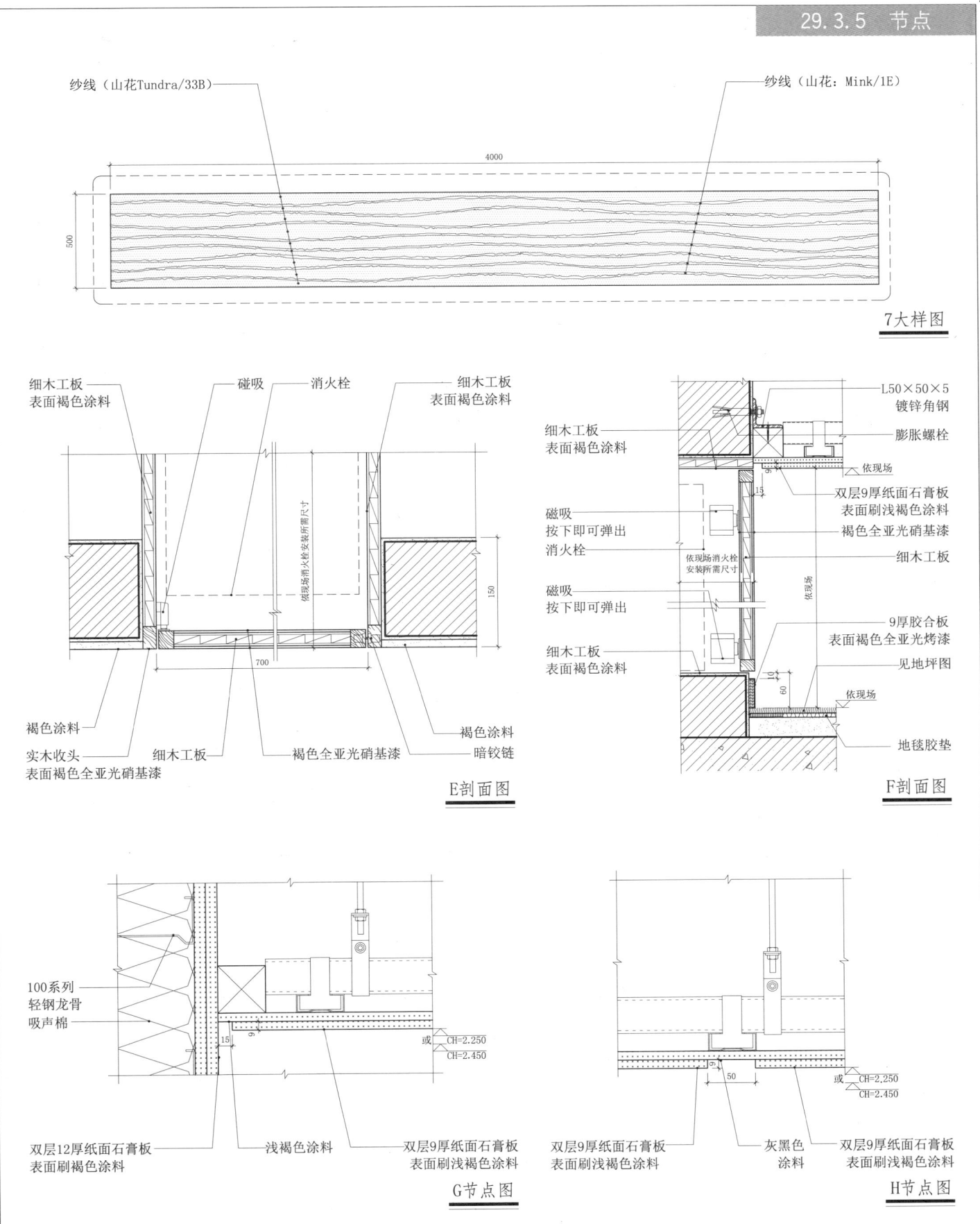

29.3 酒店客房走道模式(三)

29.3.6 透光门牌号节点

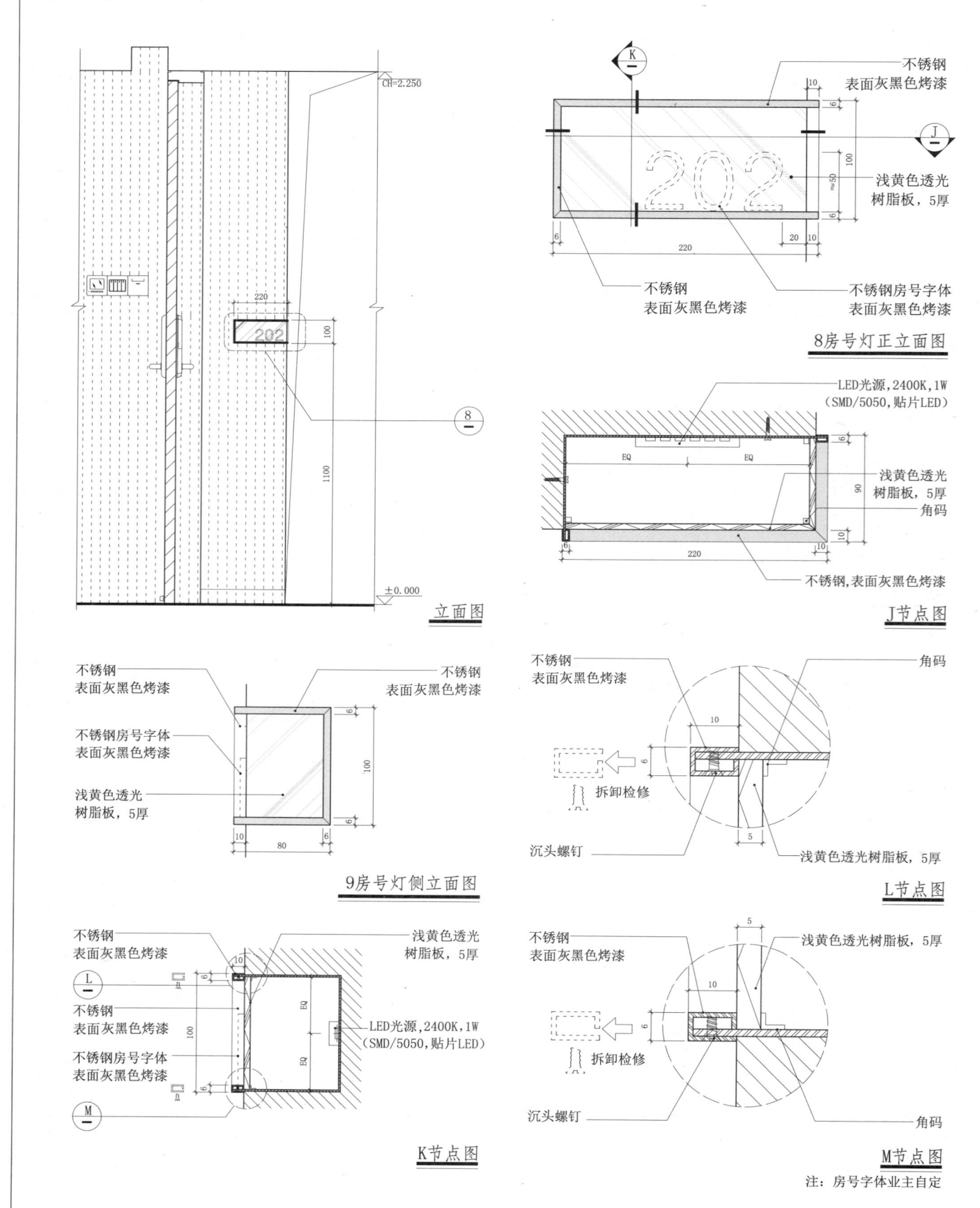

附录一 "泓叶设计"室内节点构造分类归档标准

　　本图集的编制时间跨度较大，因不断扩充内容，以及前后涉及不同人员参与绘制，所以形成一个反映汇编宗旨又前后统一的归档标准成为必须，因此HYID上海泓叶室内设计咨询有限公司从2012年制定完成第一稿"泓叶构造归档标准"开始，期间经过多次调整，至2016年初步形成目前的分类与编制框架，并对类别的归档内容做出简单规定，同时对如何从施工图中选取，以及选取后如何归入"泓叶构造"资料库均有具体细则。

　　其实，资料归档不仅是一个单纯的归档问题，更是工作方式与专业思维轨迹的体现，故而本书在编辑整理过程中，将原有36个类别，重新合并成29类，而图版仍保留原有的编制格式。

　　为方便读者更详细了解本书的归档分类，特附上"泓叶设计"室内节点构造分类归档标准（2016年5月26日，第8版），供业内人士参考借鉴。

一、归档节点类别（36个）

001 骨架构造：以支撑、构件、龙骨为主要形式的构造。

002 立面构造：反映各类立面的构造节点。

003 顶面构造：反应各类顶面的构造节点。

004 门窗构造：反映各类不同开启形式及材质的门窗构造节点。

005 楼梯及栏杆构造：反映各类不同形式及材质的楼梯、栏杆、扶手构造节点。

006 隔断构造：反应不同隔断的形式、材质、固定方式的构造节点。

007 地坪构造：反应地坪的各类构造节点。

008 室外构造：以雨篷、道路、围墙、护栏、室外水池、绿化、旗杆、大门等内容为主的构造。

009 幕墙构造：以室内的玻璃幕墙、铝板幕墙、石材幕墙等内容为主的构造。

010 室内设施：安装在家具上或室内的电器、卫生洁具及技术设备等形式的节点构造（如：总台、吧台、自助餐台、卫浴柜、酒柜等）。

011 固定式家具：固定安装在室内的家具，通常在现场施工（如：总台、吧台、自助餐台、卡座、衣橱等）。

012 照明构造（一）：除透光形式以外的其他类型的灯光照明节点。

013 照明构造（二）（透光）：以各种透光形式为主的灯光照明节点。

014 水池构造：各类观赏性水池构造。

015 玻璃构造：反映玻璃的固定及连接方式的构造节点。

016 石材构造：反映石材拼接及支撑骨架的构造节点。

017 金属构造：反映各种金属材料的表面处理、安装、连接及异型设计的节点构造。

018 西方古典风格：反映具有西方传统风格的各类造型、线脚、界面等形式。

019 东方古典风格：反映具有东方风格的各类界面形式。

020 检修构造：各种暗藏检修的构造方式。

021 连续界面构造：平面、顶面、立面之间无明确的界面分割转折，呈自然过渡延伸的界面形式。

022 技术设备构造：表现技术设备的节点构造及资料。

023 沉降缝构造:室内顶面与地界面的伸缩缝构造。

024 吸声构造:会议室、宴会厅等空间中的普通立面吸声构造。

025 防水构造:与卫浴、水池构造为一体的防水处理。

026 餐饮设施:餐饮空间中常见的吧台配置、酒柜、自助餐台、明档、固定家具等形式的构成。

027 办公及会议构造:一些常见的办公及会议专项功能性节点。

028 卫浴构造:反映卫浴功能特质的专项构造节点。

029 客房构造:与客房相关的专项功能性节点构造。

030 五金:室内五金件的节点构造。

031 客房模式:含客房专项功能节点在内,集整体空间布置及配电方式为一体的设计参考。

032 平行线构造:主要以平行线之间的比例尺度为参考。

033 景观构造:主要以水池、绿化、山石、围墙、道路为主的构造。

034 健身房模式:含酒店健身房专项功能节点在内,集整体空间布置与配电方式为一体的设计参考。

035 宴会厅模式:含酒店宴会厅专项功能节点在内,集整体空间布置与配电方式为一体的设计参考。

036 客房走道模式:含客房走道专项功能节点在内,集整体空间布置与配电方式为一体的设计参考。

二、归档需知

1. 施工图完成后,项目负责人应在熟悉已有归档节点基础上,从构造的典型性、功能的资料性、造型的创新性等方面判断哪些节点具有归档的价值。

2. 引出的归档节点或详图需进行取舍,将设计中有代表性的部分加以存档。选取部分能充分表达设计意图的节点,避免与以往已归档节点无效重复。可参照以下两点作为选取依据:

(1) 与以往已归档节点有大量重复内容,且不能典型反映设计意图与构造的节点无需归档。

(2) 虽与以往节点有重复,但设计中经过反复推敲,并能有效反映设计意图的构造节点,可进行归档。

3. 经筛选后的一系列相关平面图、立面图、详图需进行重新编制,详图图号与索引号一一对应,整合为系统完整的图组编制。

4. 归档节点应正确归属构造类别。同一构造节点的内容,可同时归属不同类别,并需在标题中一一注写。当一个大节点(如客房模式)中有部分小节点内容归属不同类别时,该部分节点无需另外编号。

5. 归档节点均以竖版为主,特殊情况可采用横版,横版时标题栏置于图纸右,文字均转成横版形式。

6. 排版:图面所表达内容应清晰、整齐,在常规比例无法满足需求时,可不按常规比例排版。

7. 标题栏格式:构造类别 ＼ 模式名称 ＼ 大类图名(参见文末图例-1)

　　　　　　　　↑　　　　　　　↑
　　　(可有多个类别选项) (仅作为模式归档时出现)

例: ① 顶面构造、照明构造\顶棚灯槽节点

　　② 客房模式\豪华套房模式\梳妆台节点

注:在多个构造类别同时出现时,不同构造类别间用顿号间隔。

8. 图框、比例、文字、尺寸、符号等的设定(图例-1):

(1) 图框:所有归档节点均使用 A4、1∶100 的节点归档图框。

(2) 图面比例设定以 A4 打印后视图清晰、排版整齐为原则,可不按常规比例。

确定比例后应将原 1∶1 绘制的图形缩放,缩放方式为:设定比例×100。

例:设定比例为 1∶5 的节点,应将图放大 20 倍,即:$\frac{1}{5} \times 100 = 20$。

(3) 图面中标题栏字高为 5 mm,节点编号字高为 5 mm。

(4) 图面文字说明字高为 2 mm。

(5) 引出线设置:索引点为 $\phi 0.7$ mm。

(6) 索引圈(节点、大样)设置:

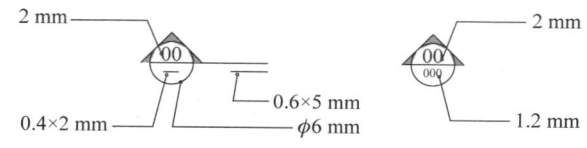

(7) 图名、比例表述、下划线设置：

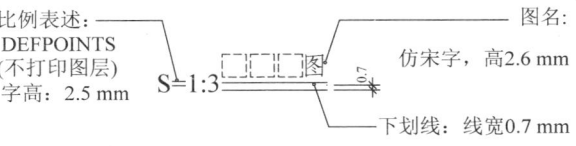

(8) 图面尺寸标注设定：

① 文字字高 1.3 mm，从尺寸线偏移 0.7 mm。

② 直线：超出标记 0.7 mm。

③ 符号和箭头"/"建筑标记，尺寸：0.7 mm。

④ 使用全局比例 100，线性标注比例因子设定：$\frac{1}{100}$ ÷ 设定比例。

例：设定比例为 1∶5 的节点，比例因子设定为 0.05，即：$\frac{1}{100} \div \frac{1}{5} = 0.05$。

(9) 轴线符号：

(10) 标高符号：

9. 线型设置：图面中常用三种线型，即：红色线型、绿色线型、白色线型。

(1) 红色线型：除白、绿色线型外其余均为红色线型。

(2) 绿色线型：包括主要可见线、剖切外轮廓线、材质分层断面线、次要可见线、龙骨断面线、立面外轮廓线（即：施工图中灰、绿、黄色线均统一为绿色线）。

(3) 白色线型：包括土建结构墙、柱、结构楼板的断面线。

注：所有文字、填充点为黄色。

打印输出时：红色线型宽为 0.09 mm；绿色线型宽为 0.2 mm；白色线型宽为 0.4 mm。

(4) 灰面填充：通常以 254 号为主。

10. 节点归档时应将原施工图中的代号转换为具体文字描述。

例如："GL-01"为"清玻璃，t=10 mm，钢化"。

所有光源代号转换为具体光源名称参数。

例如："LT-01"为"LED 灯带，0.1W/颗，60 颗/m，12V，6W，2400K"。

11. 归档节点绘制完成后，应将 CAD 与 JPG 两种格式电子文件与一份打印稿一并存入"泓叶构造"归档资料库。

12. 归档节点应在 JPG 文件及打印稿右下部写明该节点构造的施工图项目名称。

13. 归档节点分 CAD 与 JPG 电子文件，分别存放于以下路径文件夹内。

(1) CAD 文件：

Vip18\E\泓叶构造集\汇总节点排列\cad

Vip18\E\泓叶构造集\泓叶分类构造 CAD\构造类别

Vip19\D\02 图块\02 施工图块\泓叶构造集\汇总节点排列\cad

Vip19\D\02 图块\02 施工图块\泓叶构造集\泓叶分类构造 CAD\构造类别

(2) JPG 文件：

Vip18\E\泓叶构造集\汇总节点排列\JPG

Vip18\E\泓叶构造集\泓叶分类构造 JPG

Vip19\D\02 图块\02 施工图块\泓叶构造集\汇总节点排列\jpg

Vip19\D\02 图块\02 施工图块\泓叶构造集\泓叶分类构造 JPG\构造类别

注：当节点归属多个构造类别时，需分别对应各类别重复存放。

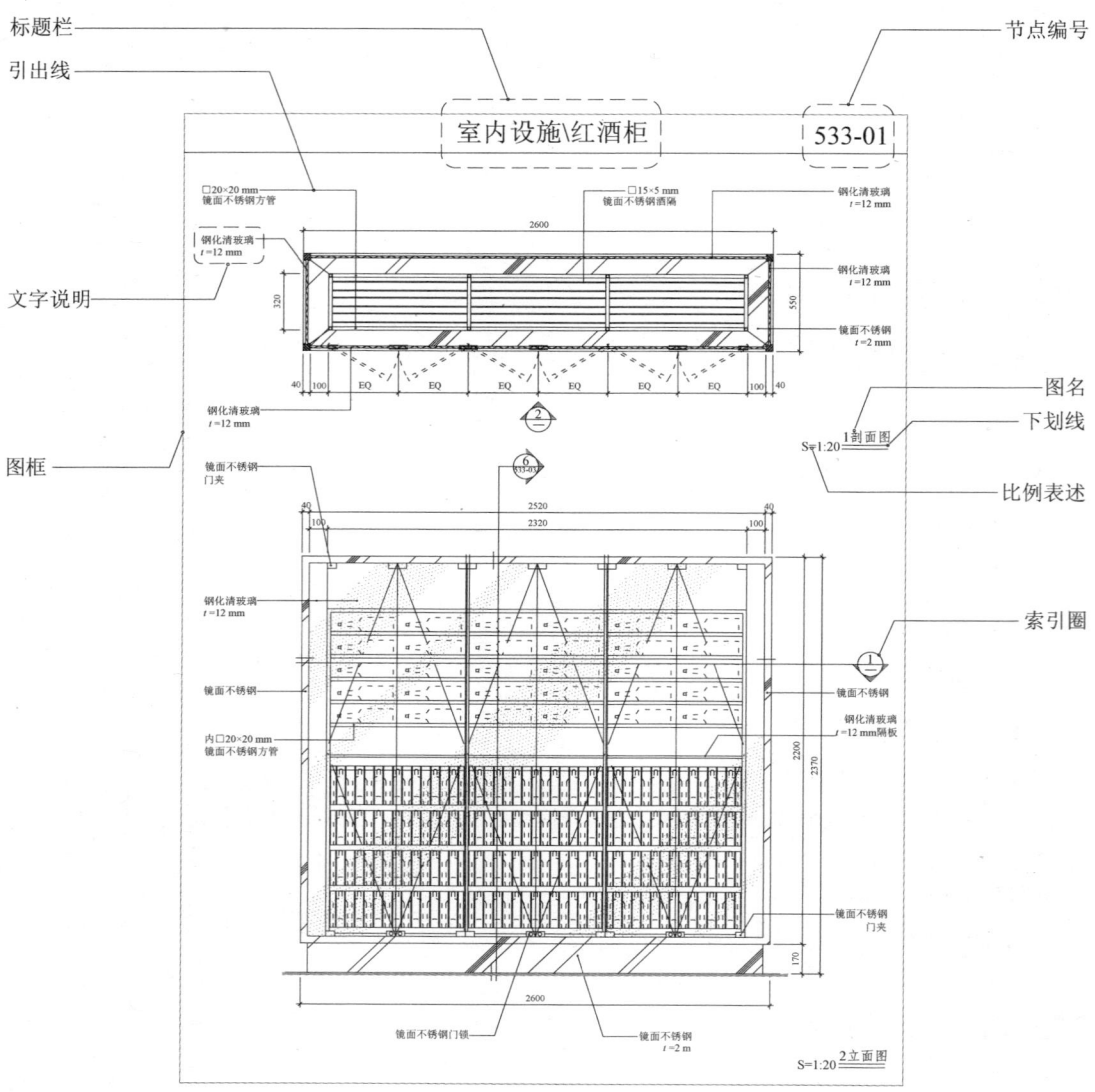

图例-1

附录二 节点构造分类索引

骨架构造

1.1	透光石材吧台	3
1.2	透光石材墙面	6
1.3	波浪式造型墙面	9
1.4	轻钢龙骨隔墙	12
1.5	木龙骨做法布置	17
1.6	YT砖固定节点	21
1.7	吧台透光背景墙	22
1.8	透光玻璃墙构造	28
1.9	倾斜造型墙面固定	34
1.10	造型墙面	36
1.11	酒吧固定式长桌构造	37
3.10	铝合金吊顶节点	145
4.2	架空地坪	156
5.17	宴会前厅造型立面	207
7.1	玻璃结构楼梯	301
7.2	钢结构楼梯	303
8.12	木框隔断与地坪固定节点	404
9.5	室内观景电梯幕墙节点	415
9.6	玻璃门厅节点	420
10.3	点式透光墙	426
10.6	总服务台（二）	432
10.7	透光玻璃隔断	435
12.1	云石灯柱	497
12.2	透光石材空挂	498
12.4	石材干挂节点（二）	500
12.5	圆柱石材干挂	502
12.6	石材贴墙干挂	503
12.7	石材离墙干挂	507
12.8	石材干挂幕墙	511
12.10	石材干挂接缝节点	518
12.11	外墙石材幕墙节点	519
13.6	透光玻璃天桥	539
13.8	钢木结构楼梯	544
13.9	钢木结构玻璃围墙	546
13.10	雨篷节点	547
14.5	室内玻璃幕墙节点	568
16.4	仿云石透光墙面	622
16.7	透光墙	628
17.3	壁炉（三）	661
20.6	户外灯柱固定节点	822
28.1.22/28.1.13	活动隔断收藏室暗门	1428/1429
28.2.27—28.2.31	前厅服务台	1464-1468
28.3.25/28.3.29	宴会厅暗藏式活动隔断门及储藏暗门	1493/1497

立面构造

1.2	透光石材墙面	6
1.3	波浪式造型墙面	9
1.9	倾斜造型墙面固定	34
1.10	造型墙面	36
2.1	墙面不同材质相接	44
2.2	墙面节点（一）	46
2.3	墙面节点（二）	48
2.4	墙面转角及踢脚	49
2.5	屏风及硬包墙面	50
2.6	木丝吸声板造型墙	53
2.7	镜面玻璃造型墙	59
2.8	造型墙面节点（一）	61
2.9	造型墙面节点（二）	64
2.10	造型墙面节点（三）	66
2.11	造型墙面节点（四）	69
2.12	造型墙面节点（五）	71
2.13	折墙立面造型	74
2.14	立面构造节点	79
2.15	西餐厅墙面组合线脚	88
2.16	古典风格踢脚	93
2.17	咖啡厅立面造型节点（一）	94
2.18	咖啡厅立面造型节点（二）	100
2.19	造型立面节点	103
2.20	电梯厅立面	104
2.21	自动感应门立面	110
2.22	立柱节点	113
2.23	画框装置立面节点	114
2.24	组合镜框立面节点	117
2.25	连续界面（一）	118
2.26	连续界面（二）	119
2.27	连续界面（三）	120
2.28	连续界面卷片节点	121
2.29	连续界面卷片构造	122
2.30	马赛克连续界面卷片节点（一）	124
2.32	窗帘盒、窗台构造	128
4.4	踢脚节点	164
5.1	铝合金栅格镜面墙	174
5.2	平行线节点（一）	175
5.3	平行线节点（二）	176
5.4	平行线节点（三）	178
5.5	平行线节点（四）	180
5.6	平行线节点（五）	182
5.7	平行线节点（六）	183
5.8	彩色平行线	185
5.9	铝合金线条	187
5.11	平行线立面构造	191
5.14	造型墙面节点	200
5.15	不等距等宽平行线节点	202
5.17	宴会前厅造型立面	207
5.18	走道立面	210
6.30	室内观景挑台与移门构造	260
6.33	中式木质花格门	271
7.4	旋转楼梯	308
8.1	中式花格隔断	375
9.1	瓷板幕墙节点	405
9.2	氟维特板节点	406
10.3	点式透光墙	426
11.2	玻璃墙节点	457
11.7	导光玻璃柱	462
11.16	立面出挑玻璃盒构造	478
11.18	室内外玻璃幕墙	484
11.21	玻璃砖立面节点	489
12.1	云石灯柱	497
12.3	石材干挂节点（一）	499
12.4	石材干挂节点（二）	500
12.9	黑洞石墙面节点	515
12.12	氟维特板节点	520
13.5	圆弧形金属网隔断	536
13.7	铝板墙节点	543
13.13	金属框架节点	553
13.14	幕墙立面	558
14.5	室内玻璃幕墙节点	568
15.7	造型墙面	593
15.8	玻璃墙面泛光金属装饰条	595
15.9	墙面光槽	598
15.10	泛光墙	599
15.11	长廊书架构造	602
16.4	仿云石透光墙面	622
16.5	光龛背景墙节点	624
16.6	透光造型墙面节点	626
16.7	透光墙	628
17.10	总服务台及吧台一体化组合	686
18.10	装饰架	749
18.12	造型立面	754
18.23	立面卷盒造型	788
21.3	墙面线脚	856
21.4	墙面组合线脚	858
21.17	墙面组合线条及卡座	893
21.18	古典柱式	898
21.19	柱子节点	899
21.20	ART-DECO壁雕背景墙	902
22.3	透光隔断	908
22.4	木质花格隔断	911
22.8	中式木质花格门（一）	920

22.9	中式木质花格门(二) … 923	3.14	古典顶棚线脚节点 … 153	2.21	自动感应门立面 … 110	6.13	木质双扇移门 … 226
22.11	平行线节点(一) … 929	5.16	造型顶棚 … 205	3.13	平行线木格栅吊顶 … 152	6.14	自动移门 … 227
22.12	平行线节点(二) … 931	5.17	宴会前厅造型立面 … 207	5.1	铝合金栅格镜面墙 … 174	6.15	电子感应无框玻璃移门 … 229
22.13	平行线节点(三) … 932	7.4	旋转楼梯 … 308	5.2	平行线节点(一) … 175	6.16	手动无框玻璃移门 … 232
22.14	壁龛、平行线节点 … 933	10.10	客房顶棚检修口 … 447	5.3	平行线节点(二) … 176	6.17	铝合金推拉门 … 235
23.7	酒吧装饰壁柜 … 966	11.9	雨篷组合吊灯 … 465	5.4	平行线节点(三) … 178	6.18	移门节点 … 237
23.10	金属储酒架 … 990	12.17	石材复合铝蜂窝板吊顶节点 … 528	5.5	平行线节点(四) … 180	6.19	会议室移门节点 … 239
24.8	木丝吸声板背景墙 … 1030	12.18	石材吊顶节点 … 529	5.6	平行线节点(五) … 182	6.20	残疾人卫生间移门 … 242
25.9	客房卫生间构造(一) … 1058	14.5	室内玻璃幕墙节点 … 568	5.7	平行线节点(六) … 183	6.21	暗门节点(一) … 244
26.7	商务型精品酒店大床房模式 … 1171	15.3	顶棚照明灯具节点 … 587	5.8	彩色平行线 … 185	6.22	暗门节点(二) … 245
26.11	酒店标间大床房模式(一) … 1204	15.4	顶棚节点 … 588	5.9	铝合金线条 … 187	6.23	弧形暗门 … 246
26.15.6	淋浴房镜框立面 … 1245	15.6	顶面造型 … 592	5.10	渐变玻璃隔断节点 … 190	6.24	逃生门节点 … 247
26.16	酒店豪华大床房模式(二) … 1251	16.8	弧形发光装置 … 633	5.11	平行线立面构造 … 191	6.25	会议厅节点详图 … 249
26.19.11	壁炉 … 1354	16.9	透光软膜顶棚 … 636	5.12	铝合金装饰条 … 194	6.26	客房进户门节点 … 252
28.2.25	前厅走道壁灯详图 … 1462	16.10	透光软膜盒子 … 638	5.13	造型顶棚及平行线节点 … 196	6.27	客房连通门节点 … 253
28.3.18/28.3.24	宴会厅入口大门 … 1486/1492	21.6	檐口节点 … 863	5.14	造型墙面节点 … 200	6.28	仿透光落地门窗 … 255
		21.7	线脚大样 … 864	5.15	不等距等宽平行线节点 … 202	6.29	180°平开门 … 259
29.1.2/29.1.3	客房走道立面 连续界面构造 … 1504/1505	21.8	顶棚线脚大样 … 865	5.16	造型顶棚 … 205	6.30	室内观景挑台与移门构造 … 260
2.25	连续界面(一) … 118	21.9	大堂空间顶面、立面节点 … 866	5.17	宴会前厅造型立面 … 207	6.31	暗藏式双开门节点 … 267
2.26	连续界面(二) … 119	21.11	顶棚镜框节点 … 877	5.18	走道立面 … 210	6.32	露台铝合金中空玻璃门 … 268
2.27	连续界面(三) … 120	25.9	客房卫生间构造(一) … 1058	8.3	矮隔断 … 380	6.33	中式木质花格门 … 271
2.28	连续界面卷片节点 … 121	26.17.23/26.17.24	顶棚古典线条 … 1296/1297	8.7	玻璃隔断(一) … 396	6.34	360°中心旋转地轴 … 275
2.29	连续界面卷片构造 … 122	28.1.29	顶棚灯槽照明节点 … 1435	8.11	金属门框隔断 … 402	6.35	天地轴门扇节点 … 278
2.30	马赛克连续界面卷片节点(一) … 124			11.14	玻璃隔断(二) … 474	6.36	大堂入口玻璃盒 … 281
2.31	马赛克连续界面卷片节点(二) … 126	**地坪构造**		13.12	平行线节点 … 551	6.37	大堂入口玻璃旋转门 … 286
		4.1	不同材料相接 … 154	15.10	泛光墙 … 599	6.38	侧轴折叠门 … 290
16.9	透光软膜顶棚 … 636	4.2	架空地坪 … 156	15.15	平行线照明节点 … 611	6.39	半侧轴折叠门 … 293
		4.3	门槛节点 … 161	16.7	透光墙 … 628	6.40	中轴折叠门 … 296
顶面构造		4.4	踢脚节点 … 164	22.11	平行线节点(一) … 929	9.4	入口门厅玻璃盒 … 408
1.4	轻钢龙骨隔墙 … 12	4.5	踏步、旋转舞台节点 … 166	22.12	平行线节点(二) … 931	11.11	玻璃门洞 … 468
3.1	顶棚节点(一) … 129	4.6	台阶节点 … 167	22.13	平行线节点(三) … 932	11.12	吊夹玻璃移门 … 471
3.2	顶棚节点(二) … 130	4.7	地暖节点 … 169	22.14	壁龛、平行线节点 … 933	12.14	石材暗门(一) … 522
3.3	顶棚节点(三) … 132	4.8	石材拼花地坪(一) … 170			12.15	石材暗门(二) … 524
3.4	顶棚节点(四) … 134	4.9	石材拼花地坪(二) … 171	**门窗构造**		12.16	金属玻璃构造 … 525
3.5	古典顶面大样 … 135	4.10	地坪透光槽节点 … 172	2.20	电梯厅立面 … 104	13.11	铝合金门框 … 549
3.6	顶棚大样 … 137	4.11	地坪图 … 173	2.21	自动感应门立面 … 110	14.4	前厅防火门节点 … 565
3.7	穹顶 … 140	20.1	室外路面构造 … 810	6.1	门节点 … 212	18.5	移门衣柜 … 737
3.8	建筑沉降缝干挂石材节点 … 143	25.9	客房卫生间构造(一) … 1058	6.2	木门节点(一) … 213	19.2	电子感应无框玻璃移门 … 801
3.9	顶棚伸缩缝节点 … 144	26.1.21/26.1.22	卫生间淋浴房散水 … 1106/1107	6.3	木门节点(二) … 214	21.14	双开移门 … 881
3.10	铝合金吊顶节点 … 145	26.11.13	卫生间淋浴地坪 … 1216	6.4	门套节点(一) … 215	21.15	拱形铝合金露台门 … 884
3.11	顶棚照明节点 … 148			6.5	门套节点(二) … 216	21.16	金属框架玻璃门 … 887
3.12	渐变灯槽节点 … 150	**平行线构造**		6.6	门套节点(三) … 217	22.8	中式木质花格门(一) … 920
3.13	平行线木格栅吊顶 … 152	2.11	造型墙面节点(四) … 69	6.7	门套节点(四) … 218	22.9	中式木质花格门(二) … 923
		2.17	咖啡厅立面造型节点(一) … 94	6.8	防火板弯曲木门套 … 219	22.10	中式花格移门墙 … 926
		2.19	造型立面节点 … 103	6.9	电梯门套 … 221	24.5	暗藏投影屏移门 … 1021
				6.10	窗台、窗帘盒节点 … 222	25.9	客房卫生间构造(一) … 1058
				6.11	无框玻璃门 … 224	26.17.25	门套古典线条 … 1297
				6.12	玻璃移门滑轨 … 225	26.18.23	移门 … 1335

28.1.25—28.1.28	大门节点大样图
	……………… 1431/1434
28.2.14/28.2.18	大门节点详图
	……………… 1451/1455
28.2.14/28.2.15	暗藏式活动隔断门
	……………… 1451/1452
28.2.16—28.2.18	大门节点详图
	……………… 1453-1455
28.3.18/28.3.24	宴会厅入口大门
	……………… 1486/1492
28.3.25/28.3.29	宴会厅暗藏式活动隔断门及储藏暗门 1493/1497
29.3.4	客户门节点 …………… 1522

扶梯及扶手、栏杆构造

4.5	踏步、旋转舞台节点	166
4.6	台阶节点	167
7.1	玻璃结构楼梯	301
7.2	钢结构楼梯	303
7.3	大理石楼梯	305
7.4	旋转楼梯	308
7.5	西方古典风格楼梯	329
7.6	三跑楼梯	337
7.7	双跑楼梯	349
7.8	金属栏杆扶手	353
7.9	玻璃接驳点栏板扶手	354
7.10	楼梯转角扶手	356
7.11	楼梯透光栏板节点	358
7.12	楼梯扶手及踏步	363
7.13	金属扶手	368
7.14	铁艺栏杆扶手	370
7.15	栏杆扶手	373
7.16	玻璃栏杆	374
10.1	玻璃楼梯	421
10.8	透光楼梯扶手	440
11.10	玻璃栏杆	467
11.23	安全扶手节点	496
13.1	金属栏杆扶手	530
13.2	钢结构栏杆节点	533
13.3	玻璃栏板扶手节点	534
13.6	透光玻璃天桥	539
13.8	钢木结构楼梯	544
20.2	室外木栏杆	813

隔断构造

2.10	造型墙面节点(三)	66
2.18	咖啡厅立面造型节点(二)	100
8.1	中式花格隔断	375
8.2	古典低隔断	378
8.3	矮隔断	380
8.4	透光玻璃屏风	382
8.5	透光玻璃隔断	384
8.6	透光隔断	386
8.7	玻璃隔断(一)	396
8.8	玻璃隔断(二)	398
8.9	隔屏	400
8.10	达尼罗涂料仿锈板隔断	401
8.11	金属门框隔断	402
8.12	木框隔断与地坪固定节点	404
11.13	玻璃隔断(一)	473
13.4	网板不锈钢隔断	535
13.5	圆弧形金属网隔断	536
13.14	幕墙立面	558
16.1	导光玻璃隔断	615
16.2	LED玻璃隔断装置	616
16.3	透光玻璃隔断	619
22.2	木隔断	905
22.3	透光隔断	908
22.5	中式花格隔断	915
22.6	中式屏风	916
24.4	隔屏	1019
26.16.17/26.16.18	中式隔断 1267/1268

幕墙构造

1.8	透光玻璃墙构造	28
6.36	大堂入口玻璃盒	281
6.37	大堂入口玻璃旋转门	286
9.1	瓷板幕墙节点	405
9.2	氟维特板节点	406
9.3	玻璃节点	407
9.4	入口门厅玻璃盒	408
9.5	室内观景电梯幕墙节点	415
9.6	玻璃门厅节点	420
11.18	室内外玻璃幕墙	484
12.3	石材干挂节点(一)	481
12.17	石材复合铝蜂窝板吊顶节点	528
13.7	铝板墙节点	543
14.5	室内玻璃幕墙节点	568

检修构造

1.1	透光石材吧台	3
1.2	透光石材墙面	6
1.7	吧台透光背景墙	22
1.8	透光玻璃墙构造	28
2.31	马赛克连续界面卷片节点(二)	126
5.12	铝合金装饰条	194
8.4	透光玻璃屏风	382
8.5	透光玻璃隔断	384
8.6	透光隔断	386
10.1	玻璃楼梯	421
10.2	透光玻璃柱	422
10.3	点式透光墙	426
10.4	吧台	428
10.5	总服务台(一)	431
10.6	总服务台(二)	432
10.7	透光玻璃隔断	435
10.8	透光楼梯扶手	440
10.9	透光玻璃装饰墙面	444
10.10	客房顶棚检修口	447
10.11	墙面嵌入式电视机检修节点	448
10.12	洗手台透光化妆镜节点	452
11.7	导光玻璃柱	462
11.15	透光玻璃盒	477
11.19	弧形玻璃透光墙	485
12.15	石材暗门(二)	524
16.1	导光玻璃隔断	615
16.2	LED玻璃隔断装置	616
16.4	仿云石透光墙面	622
16.5	光龛背景墙节点	624
16.7	透光墙	628
16.10	透光软膜盒子	638
16.12	总服务台节点	645
16.13	透光树脂总服务台	651
17.8	总服务台(一)	679
17.9	总服务台(二)	682
17.10	总服务台及吧台一体化组合	686
18.17	总服务台(一)	767
18.20	透光吧台	781
22.3	透光隔断	908
25.4	洗手台(三)	1044
25.7	按摩浴缸(一)	1050
25.8	按摩浴缸(二)	1053
25.10.12	洗手台	1081
28.1.24	暗藏式音箱节点	1430

玻璃构造

1.7	吧台透光背景墙	22
1.8	透光玻璃墙构造	28
5.10	渐变玻璃隔断节点	190
5.11	平行线立面构造	191
6.11	无框玻璃门	224
6.12	玻璃移门滑轨	225
6.14	自动移门	227
6.15	电子感应无框玻璃移门	229
6.16	手动无框玻璃移门	232
6.17	铝合金推拉门	235
6.20	残疾人卫生间移门	242
6.36	大堂入口玻璃盒	281
6.37	大堂入口玻璃旋转门	286
7.1	玻璃结构楼梯	301
7.4	旋转楼梯	308
7.9	玻璃接驳点栏板扶手	354
7.15	栏杆扶手	373
7.16	玻璃栏杆	374
8.4	透光玻璃屏风	382
8.5	透光玻璃隔断	384
8.6	透光隔断	386
8.7	玻璃隔断(一)	396
8.8	玻璃隔断(二)	398
8.9	隔屏	400
9.3	玻璃节点	407
9.4	入口门厅玻璃盒	408
9.5	室内观景电梯幕墙节点	415
9.6	玻璃门厅节点	420
10.1	玻璃楼梯	421
10.2	透光玻璃柱	422
10.4	吧台	428
10.5	总服务台(一)	431
10.7	透光玻璃隔断	435
10.8	透光楼梯扶手	440
10.9	透光玻璃装饰墙面	444
10.12	洗手台透光化妆镜节点	452
11.1	透光玻璃	455
11.2	玻璃墙节点	457
11.3	玻璃层板节点	458
11.4	玻璃酒柜架	459
11.5	玻璃层板酒杯架	460
11.6	玻璃节点	461
11.7	导光玻璃柱	462
11.8	透光玻璃柱	463
11.9	雨篷组合吊灯	465
11.10	玻璃栏杆	467
11.11	玻璃门洞	468
11.12	吊夹玻璃移门	471
11.13	玻璃隔断(一)	473
11.14	玻璃隔断(二)	474
11.15	透光玻璃盒	477
11.16	立面出挑玻璃盒构造	478

室内构造节点与专项模式图集 | 1531

11.17 灯具玻璃盒 …… 483	7.4 旋转楼梯 …… 308	6.41 金属框玻璃门 …… 299	详图 …… 1458/1459
11.18 室内外玻璃幕墙 …… 484	8.6 透光隔断 …… 386	7.1 玻璃结构楼梯 …… 301	28.2.25/28.2.26 前厅走道壁灯
11.19 弧形玻璃透光墙 …… 485	9.1 瓷板幕墙节点 …… 405	7.2 钢结构楼梯 …… 303	详图 …… 1462/1463
11.20 固定式镜框节点 …… 487	9.2 氟维特板节点 …… 406	7.8 金属栏杆扶手 …… 353	
11.21 玻璃砖立面节点 …… 489	12.1 云石灯柱 …… 497	7.9 玻璃接驳点栏板扶手 …… 354	**五金**
11.22 总服务台 …… 493	12.2 透光石材空挂 …… 498	7.15 栏杆扶手 …… 373	6.8 防火板弯曲木门套 …… 219
11.23 安全扶手节点 …… 496	12.3 石杠干挂节点(一) …… 499	8.7 玻璃隔断(一) …… 396	14.1 家具五金铰链 …… 559
13.6 透光玻璃天桥 …… 539	12.4 石杠干挂节点(二) …… 500	8.8 玻璃隔断(二) …… 398	14.2 弹跳式门吸 …… 561
13.8 钢木结构楼梯 …… 544	12.5 圆柱石材干挂 …… 502	8.9 隔屏 …… 400	14.3 爪点式驳接件节点 …… 562
14.5 室内玻璃幕墙节点 …… 568	12.6 石材贴墙干挂 …… 503	8.11 金属门框隔断 …… 402	14.4 前厅防火门节点 …… 565
15.6 顶面造型 …… 592	12.7 石材离墙干挂 …… 507	9.5 室内观景电梯幕墙节点 …… 415	14.5 室内玻璃幕墙节点 …… 568
16.2 LED玻璃隔断装置 …… 616	12.8 石材干挂幕墙 …… 511	11.5 玻璃层板酒杯架 …… 460	28.2.17/28.2.18 大门节点详图
16.3 透光玻璃隔断 …… 619	12.9 黑洞石墙面节点 …… 515	11.7 导光玻璃柱 …… 462	…… 1454/1455
16.5 光龛背景墙节点 …… 624	12.10 石材干挂接缝节点 …… 518	11.9 雨篷组合吊灯 …… 465	
16.6 透光造型墙面节点 …… 626	12.11 外墙石材幕墙节点 …… 519	12.1 云石灯柱 …… 497	**伸缩缝构造**
16.8 弧形发光装置 …… 633	12.12 氟维特板节点 …… 520	12.17 石材复合铝蜂窝板吊顶	3.8 建筑沉降缝干挂石材节点 …… 143
16.14 透光圆弧咖啡吧台节点 …… 654	12.13 花岗石地坪伸缩缝 …… 521	节点 …… 528	3.9 顶棚伸缩缝节点 …… 144
17.5 天幕帘 …… 671	12.14 石材暗门(一) …… 522	13.1 金属栏杆扶手 …… 530	12.13 花岗石地坪伸缩缝 …… 521
17.6 酒柜 …… 672	12.15 石材暗门(二) …… 524	13.2 钢结构栏杆节点 …… 533	
17.7 红酒陈列柜 …… 675	12.16 金属玻璃门构造 …… 525	13.3 玻璃栏杆扶手节点 …… 534	**非透光照明构造**
17.9 总服务台(二) …… 682	12.17 石材复合铝蜂窝板吊顶节点	13.4 网板不锈钢隔断 …… 535	2.7 镜面玻璃造型墙 …… 59
17.10 总服务台及吧台一体化组合	…… 528	13.5 圆弧形金属网隔断 …… 536	2.10 造型墙面节点(三) …… 66
…… 686	12.18 石材吊顶节点 …… 529	13.6 透光玻璃天桥 …… 539	2.11 造型墙面节点(四) …… 69
17.13 吧台及玻璃酒柜 …… 709	20.12 叠水池(四) …… 829	13.7 铝板墙节点 …… 543	2.17 咖啡厅立面造型节点(一) …… 94
18.7 木制橱柜 …… 742	20.13 室内景观水池 …… 830	13.8 钢木结构楼梯 …… 544	3.7 穹顶 …… 140
18.20 透光吧台 …… 781	20.14 室内假山石组合 …… 833	13.9 钢木结构玻璃围墙 …… 546	3.11 顶棚照明节点 …… 148
19.2 电子感应无框玻璃移门 …… 801	20.15 室内装饰花坛 …… 835	13.10 雨篷节点 …… 547	4.5 踏步、旋转舞台节点 …… 166
20.11 叠水池(三) …… 827	21.9 大堂空间顶面、立面节点 …… 866	13.11 铝合金门框 …… 549	4.6 台阶节点 …… 167
21.16 金属框架玻璃门 …… 887	24.8 木丝吸声板背景墙 …… 1030	13.12 平行线节点 …… 551	5.2 平行线节点(一) …… 175
22.3 透光隔断 …… 908	25.9 客房卫生间构造(一) …… 1058	13.13 金属框架节点 …… 553	5.8 彩色平行线 …… 185
23.6 酒柜配置及构造 …… 959	26.19.11 壁炉 …… 1354	13.14 幕墙立面 …… 558	5.10 渐变玻璃隔断节点 …… 190
23.7 酒吧装饰壁柜 …… 966	28.2.27—28.2.30 前厅服务台	15.6 顶面造型 …… 592	5.13 造型顶棚及平行线节点 …… 196
23.8 红酒柜(一) …… 973	…… 1464-1467	15.13 陈设吊架 …… 607	5.15 不等距等宽平行线节点 …… 202
23.9 红酒柜(二) …… 979	28.3.18/28.3.19,28.3.22—28.3.24	17.6 酒柜 …… 672	5.16 造型顶棚 …… 205
24.4 隔屏 …… 1019	宴会厅入口大门	17.7 红酒陈列柜 …… 675	7.4 旋转楼梯 …… 308
25.9 客房卫生间构造(一) …… 1058	…… 1486/1487,1490-1492	18.11 陈设架 …… 751	8.11 金属门框隔断 …… 402
25.10 客房卫生间构造(二) …… 1070		18.15 接待台 …… 764	11.17 灯具玻璃盒 …… 483
26.11.9 淋浴房镜框 …… 1212	**金属构造**	20.21 室外咖啡吧服务亭 …… 845	13.14 幕墙立面 …… 558
26.12.12 洗手台 …… 1228	1.8 透光玻璃墙构造 …… 28	21.15 拱形铝合金露台门 …… 884	15.1 照明方式(一) …… 576
26.16.19 淋浴房玻璃隔断 …… 1269	3.10 铝合金吊顶节点 …… 145	21.16 金属框架玻璃门 …… 887	15.2 照明方式(二) …… 584
26.17.38 装饰镜 …… 1311	5.1 铝合金栅格镜面墙 …… 174	22.5 中式花格隔断 …… 915	15.3 顶棚照明灯具节点 …… 587
	6.12 玻璃移门滑轨 …… 225	23.6 酒柜配置及构造 …… 959	15.4 顶棚节点 …… 588
石材构造	6.32 露台铝合金中空玻璃门 …… 268	23.8 红酒柜(一) …… 973	15.5 吊灯组合 …… 590
1.2 透光石材墙面 …… 6	6.36 大堂入口玻璃盒 …… 281	23.10 金属储酒架 …… 990	15.6 顶面造型 …… 592
2.14 立面构造节点 …… 79	6.37 大堂入口玻璃旋转门 …… 286	24.4 隔屏 …… 1019	15.7 造型墙面 …… 593
3.8 建筑沉降缝干挂石材节点 …… 143	6.38 侧轴折叠门 …… 290	26.12.13 门把手 …… 1229	15.8 玻璃墙面泛光金属装饰条 …… 595
4.8 石材拼花地坪(一) …… 170	6.39 半侧轴折叠门 …… 293	26.16.17/26.16.18 中式隔断	15.9 墙面光槽 …… 598
4.9 石材拼花地坪(二) …… 171	6.40 中轴折叠门 …… 296	…… 1267/1268	15.10 泛光墙 …… 599
		28.2.21/28.2.22 透光石大吊灯	

15.11	长廊书架构造 …… 602	10.7	透光玻璃隔断 …… 435	28.2.25/28.2.26	前厅走道壁灯	18.22	自助餐台(二) …… 784
15.12	陈列架 …… 605	10.8	透光楼梯扶手 …… 440		详图 …… 1462/1463	19.1	电梯轿箱节点 …… 796
15.13	陈设吊架 …… 607	10.9	透光玻璃装饰墙面 …… 444	29.1.10/29.1.11	门牌号节点	19.3	挂壁式电视架 …… 802
15.14	LED窗帘盒灯带 …… 610	10.12	洗手台透光化妆镜节点 …… 452		…… 1512/1513	20.16	人防垂直绿化墙 …… 836
15.15	平行线照明节点 …… 611	11.1	透光玻璃 …… 455	29.2.2	透光门牌号节点 …… 1516	21.9	大堂空间顶面、立面节点 …… 866
15.16	装饰酒柜隔断 …… 613	11.7	导光玻璃柱 …… 462	29.3.6	透光门牌号节点 …… 1524	23.1	餐饮家具尺寸模式简图 …… 937
17.4	壁炉(四) …… 663	11.8	透光玻璃柱 …… 463			23.2	吧台功能模式简图 …… 942
17.7	红酒陈列柜 …… 675	11.9	雨篷组合吊灯 …… 465		**室内设施**	23.3	酒吧台配置及构造节点(一)
18.10	装饰架 …… 749	11.15	透光玻璃盒 …… 477	1.1	透光石材吧台 …… 3		…… 943
18.14	装饰壁炉 …… 760	11.19	弧形玻璃透光墙 …… 485	1.7	吧台透光背景墙 …… 22	23.4	酒吧台配置及构造节点(二)
18.17	总服务台(一) …… 767	11.22	总服务台 …… 493	4.7	地暖节点 …… 169		…… 946
18.22	自助餐台(二) …… 784	12.1	云石灯柱 …… 497	10.4	吧台 …… 428	23.5	吧台及陈设架 …… 950
21.6	檐口节点 …… 863	13.6	透光玻璃天桥 …… 539	10.5	总服务台(一) …… 431	23.6	酒柜配置及构造 …… 959
21.20	ART-DECO壁雕背景墙 …… 902	14.5	室内玻璃幕墙节点 …… 568	10.6	总服务台(二) …… 432	23.8	红酒柜(一) …… 973
22.4	木质花格隔断 …… 911	15.16	装饰酒柜隔断 …… 613	10.11	墙面嵌入式电视机检修节点	23.9	红酒柜(二) …… 979
23.5	吧台及陈设架 …… 950	16.1	导光玻璃隔断 …… 615		…… 448	23.11	自助餐台(一) …… 992
23.9	红酒柜(二) …… 979	16.2	LED玻璃隔断装置 …… 616	11.4	玻璃酒柜架 …… 459	23.12	自助餐台(二) …… 994
25.9	客房卫生间构造(一) …… 1058	16.3	透光玻璃隔断 …… 619	11.5	玻璃层板酒杯架 …… 460	23.13	自助餐台(三) …… 998
26.7.14	书桌灯 …… 1184	16.4	仿云石透光墙面 …… 622	11.22	总服务台 …… 493	23.14	自助餐台(四) …… 1001
26.12.9	墙面节点 …… 1225	16.5	光龛背景墙节点 …… 624	15.13	陈设吊架 …… 607	23.15	自助餐台(经济型) …… 1003
26.16	酒店豪华大床房模式(二)	16.6	透光造型墙面节点 …… 626	15.16	装饰酒柜隔断 …… 613	23.16	明厨、自助餐台 …… 1005
	…… 1251	16.7	透光墙 …… 628	16.11	透光演艺吧台节点 …… 642	23.17	餐厅明档装饰节点 …… 1011
28.1.29	顶棚灯槽照明节点 …… 1435	16.8	弧形发光装置 …… 633	16.12	总服务台节点 …… 645	24.2	会议室写字板(一) …… 1016
28.2.16—28.2.18	大门节点详图	16.9	透光软膜顶棚 …… 636	16.14	透光圆弧咖啡吧台节点 …… 654	24.3	会议室写字板(二) …… 1018
	…… 1453-1455	16.10	透光软膜盒子 …… 638	17.1	壁炉(一) …… 658	24.5	暗藏投影屏移门 …… 1021
28.3.32	顶棚照明节点 …… 1500	16.11	透光演艺吧台节点 …… 642	17.2	壁炉(二) …… 659	24.6	投影屏移门及茶水柜 …… 1024
		16.12	总服务台节点 …… 645	17.3	壁炉(三) …… 661	24.7	升降式投影仪 …… 1029
	透光照明构造	16.13	透光树脂总服务台 …… 651	17.4	壁炉(四) …… 663	25.2	洗手台(一) …… 1040
1.1	透光石材吧台 …… 3	16.14	透光圆弧咖啡吧台节点 …… 654	17.5	天幕帘 …… 671	25.3	洗手台(二) …… 1041
1.2	透光石材墙面 …… 6	17.8	总服务台(一) …… 679	17.6	酒柜 …… 672	25.5	半嵌入式台盆 …… 1047
1.7	吧台透光背景墙 …… 22	17.9	总服务台(二) …… 682	17.7	红酒陈列柜 …… 675	25.6	淋浴花洒组合 …… 1048
1.8	透光玻璃墙构造 …… 28	17.10	总服务台及吧台一体化组合	17.8	总服务台(一) …… 679	25.7	按摩浴缸(一) …… 1050
2.9	造型墙面节点(二) …… 64		…… 686	17.9	总服务台(二) …… 682	25.8	按摩浴缸(二) …… 1053
2.21	自动感应门立面 …… 110	17.13	吧台及玻璃酒柜 …… 709	17.10	总服务台及吧台一体化组合	25.9	客房卫生间构造(一) …… 1058
2.31	马赛克连续界面卷片节点	18.20	透光吧台 …… 781		…… 686	25.10	客房卫生间构造(二) …… 1070
	(二) …… 126	20.11	叠水池(三) …… 827	17.11	行政酒廊接待台 …… 699	26.5.11/26.5.12	衣柜、迷你吧
4.10	地坪透光槽节点 …… 172	20.21	室外咖啡吧服务亭 …… 845	17.13	吧台及玻璃酒柜 …… 709		组合 …… 1147/1148
5.11	平行线立面构造 …… 191	22.3	透光隔断 …… 908	17.14	服务台POS收银系统 …… 718	26.6	公寓式酒店客房模式 …… 1151
5.14	造型墙面节点 …… 200	22.10	中式花格移门墙 …… 926	17.16	台盆 …… 721	26.7.12/26.7.13	书桌、行李架
8.4	透光玻璃屏风 …… 382	23.7	酒吧装饰壁柜 …… 966	18.8	电视柜 …… 745		…… 1182/1183
8.5	透光玻璃隔断 …… 384	25.4	洗手台(三) …… 1044	18.14	装饰壁炉 …… 760	26.11.10—26.11.12	迷你吧柜
8.6	透光隔断 …… 386	25.10	客房卫生间构造(二) …… 1070	18.15	接待台 …… 764		…… 1213-1215
10.1	玻璃楼梯 …… 421	26.1.16—26.1.20	独立式台盆柜	18.16	服务台 …… 765	26.12.10/26.12.11	迷你吧
10.2	透光玻璃柱 …… 422		…… 1101-1105	18.17	总服务台(一) …… 767		…… 1226-1227
10.3	点式透光墙 …… 426	26.7.14	书桌灯 …… 1184	18.18	总服务台(二) …… 770	26.15.10/26.15.11	毛巾梯
10.4	吧台 …… 428	26.12.12	洗手台 …… 1228	18.19	贵宾接待台 …… 775		…… 1249/1250
10.5	总服务台(一) …… 431	26.16.13/26.16.14	墙面软包	18.20	透光吧台 …… 781	26.16.20/26.16.21	迷你吧
10.6	总服务台(二) …… 432		…… 1263/1264	18.21	自助餐台(一) …… 782		…… 1270/1271
		28.1.29	顶棚灯槽照明节点 …… 1435			26.17.26—26.17.29	迷你酒吧柜

室内构造节点与专项模式图集 | 1533

	………… 1299-1302	17.9	总服务台(二) …… 682	24.5	暗藏投影屏移门 …… 1021	20.1	室外路面构造 …… 810
26.17.30—26.17.32	床头柜	17.11	行政酒廊接待台 …… 699	24.6	投影屏移门及茶水柜 …… 1024	20.2	室外木栏杆 …… 813
	………… 1303-1305	17.12	吧台 …… 704	25.2	洗手台(一) …… 1040	20.3	排水边沟 …… 814
26.17.39	电视机壁龛 …… 1312	17.13	吧台及玻璃酒柜 …… 709	25.5	半嵌入式台盆 …… 1047	20.4	挡土墙 …… 815
26.19.11	壁炉 …… 1354	17.14	服务台 POS 收银系统 …… 718	26.1.23—26.1.25	衣柜 … 1108-1110	20.5	围墙 …… 818
26.20.11/26.20.12	床头柜开关、	18.1	迷你吧、衣柜组合(一) …… 724	26.6.14/26.6.15	屏风 …… 1164/1165	20.6	户外灯柱固定节点 …… 822
插座接口面板大样图 …… 1365/1366		18.2	迷你吧、衣柜组合(二) …… 730	26.7.12/26.7.13	书桌、行李架	20.7	喷水池 …… 823
27.1.15	服务台 …… 1392	18.3	行李柜 …… 732		………… 1182/1183	20.8	水盘 …… 824
27.2.9	更衣柜 …… 1402	18.4	衣柜 …… 733	26.11.10—26.11.12	迷你吧柜	20.9	叠水池(一) …… 825
27.2.10—27.2.13	茶水柜	18.5	移门衣柜 …… 737		………… 1213-1215	20.10	叠水池(二) …… 826
	………… 1403-1406	18.6	书柜 …… 740	26.12.10/26.12.11	迷你吧	20.12	叠水池(四) …… 829
28.1.24	暗藏式音箱节点 …… 1430	18.7	木制橱柜 …… 742		………… 1226/1127	20.16	人防垂直绿化墙 …… 836
28.1.30/28.1.31	宴会厅波纹管大	18.8	电视柜 …… 745	26.16.20/26.16.21	迷你吧	20.17	墙体种植袋绿植墙 …… 838
吊灯 …… 1436/1437		18.9	包房陈列架 …… 748		………… 1270/1271	20.18	垂直绿化墙(一) …… 839
28.2.14/28.2.15	暗藏式活动隔断门	18.10	装饰架 …… 749	26.17.26—26.17.29	迷你酒吧柜	20.19	垂直绿化墙(二) …… 840
	………… 1451/1452	18.11	陈设架 …… 751		………… 1299-1302	20.20	垂直绿化墙(三) …… 843
28.2.27—28.2.30	前厅服务台	18.12	造型立面 …… 754	26.17.30—26.17.32	床头柜	20.21	室外咖啡吧服务亭 …… 845
	………… 1464-1267	18.13	固定式镜框 …… 757		………… 1303-1305		
29.1.10/29.1.11	门牌号节点	18.14	装饰壁炉 …… 760	26.17.33—26.17.37	衣柜	**水池构造**	
	………… 1512/1513	18.15	接待台 …… 764		………… 1306-1310	20.2	室外木栏杆 …… 813
29.2.2	透光门牌号节点 …… 1516	18.16	服务台 …… 765	26.17.39	电视机壁龛 …… 1312	20.7	喷水池 …… 823
29.3.4	客房门节点 …… 1522	18.17	总服务台(一) …… 767	27.1.10—27.1.12	毛巾柜	20.8	水盘 …… 824
29.3.6	透光门牌号节点 …… 1524	18.18	总服务台(二) …… 770		………… 1387-1389	20.9	叠水池(一) …… 825
		18.19	贵宾接待台 …… 775	27.1.13—27.1.14	更衣柜	20.10	叠水池(二) …… 826
固定家具		18.20	透光吧台 …… 781		………… 1390-1391	20.11	叠水池(三) …… 827
1.1	透光石材吧台 …… 3	18.21	自助餐台(一) …… 782	27.2.9	更衣柜 …… 1402	20.12	叠水池(四) …… 829
1.11	酒吧固定式长桌构造 …… 37	18.22	自助餐台(二) …… 784	27.2.10—27.2.13	茶水柜	20.13	室内景观水池 …… 830
2.17	咖啡厅立面造型节点(一) …… 94	18.23	立面卷盒造型 …… 788		………… 1403-1406	25.1	浴池 …… 1039
2.31	马赛克连续界面卷片节点	18.24	弧形沙发卡座组合 …… 790			25.9	客房卫生间构造(一) …… 1058
(二) …… 126		18.25	沙发卡座 …… 793	**技术设备**			
10.4	吧台 …… 428	21.17	墙面组合线条及卡座 …… 893	6.15	电子感应无框玻璃移门 …… 229	**景观构造**	
10.5	总服务台(一) …… 431	23.1	餐饮家具尺寸模式简图 …… 937	16.5	光龛背景墙节点 …… 624	13.9	钢木结构玻璃围墙 …… 546
10.6	总服务台(二) …… 432	23.3	酒吧台配置及构造节点	19.1	电梯轿箱节点 …… 796	19.7	容器植物墙、藤蔓植物墙 … 809
11.4	玻璃酒柜架 …… 459	(一) …… 943		19.2	电子感应无框玻璃移门 …… 801	20.1	室外路面构造 …… 810
11.5	玻璃层板酒杯架 …… 460	23.4	酒吧台配置及构造节点	19.3	挂壁式电视架 …… 802	20.2	室外木栏杆 …… 813
11.20	固定式镜框节点 …… 487	(二) …… 946		19.4	立轴电视旋转支架 …… 803	20.3	排水边沟 …… 814
11.22	总服务台 …… 493	23.5	吧台及陈设架 …… 950	19.6	防火卷帘 …… 808	20.4	挡土墙 …… 815
15.11	长廊书架构造 …… 602	23.6	酒柜配置及构造 …… 959	19.7	容器植物墙、藤蔓植物墙 …… 809	20.5	围墙 …… 818
15.12	陈列架 …… 605	23.8	红酒柜(一) …… 973	20.20	垂直绿化墙(三) …… 843	20.6	户外灯柱固定节点 …… 822
15.13	陈设吊架 …… 607	23.9	红酒柜(二) …… 979	28.1.24	暗藏式音箱节点 …… 1430	20.7	喷水池 …… 823
16.11	透光演艺吧台节点 …… 642	23.11	自助餐台(一) …… 992	28.3.31	升降式投影仪 …… 1499	20.8	水盘 …… 824
16.12	总服务台节点 …… 645	23.12	自助餐台(二) …… 994			20.9	叠水池(一) …… 825
17.1	壁炉(一) …… 658	23.13	自助餐台(三) …… 998	**室外构造**		20.10	叠水池(二) …… 826
17.2	壁炉(二) …… 659	23.14	自助餐台(四) …… 1001	6.32	露台铝合金中空玻璃门 …… 268	20.13	室内景观水池 …… 830
17.3	壁炉(三) …… 661	23.15	自助餐台(经济型) …… 1003	9.6	玻璃门厅节点 …… 420	20.14	室内假山石组合 …… 833
17.6	酒柜 …… 672	23.16	明厨、自助餐台 …… 1005	13.9	钢木结构玻璃围墙 …… 546	20.15	室内装饰花坛 …… 835
17.7	红酒陈列柜 …… 675	23.17	餐厅明档装饰节点 …… 1011	13.10	雨篷节点 …… 547	20.16	人防垂直绿化墙 …… 836
17.8	总服务台(一) …… 679	23.18	固定式沙发 …… 1014	19.7	容器植物墙、藤蔓植物墙 …… 809	20.17	墙体种植袋绿植墙 …… 838
		24.2	会议室写字板(一) …… 1016				

20.18	垂直绿化墙(一) …… 839	21.20	ART-DECO 壁雕背景墙 …… 902	18.20	透光吧台 …… 781		动隔断门及暗门 …… 1494/1497
20.19	垂直绿化墙(二) …… 840	25.3	洗手台(二) …… 1041	18.21	自助餐台(一) …… 782		
20.20	垂直绿化墙(三) …… 843	26.11	酒店标间大床房模式(一)	18.22	自助餐台(二) …… 784	**卫浴设施**	
26.17	酒店豪华套房模式(一) …… 1274		…… 1204	18.24	弧形沙发卡座组合 …… 790	6.20	残疾人卫生间移门 …… 242
		26.17	酒店豪华套房模式(一) …… 1274	18.25	沙发卡座 …… 793	10.12	洗手台透光化妆镜节点 …… 452
西方古典风格		26.18	酒店豪华套房模式(二) …… 1313	20.21	室外咖啡吧服务亭 …… 845	17.16	台盆 …… 721
2.14	立面构造节点 …… 79	26.19.11	壁炉 …… 1354	21.17	墙面组合线条及卡座 …… 893	25.1	浴池 …… 1039
2.15	西餐厅墙面组合线脚 …… 88			23.1	餐饮家具尺寸模式简图 …… 937	25.2	洗手台(一) …… 1040
2.16	古典风格踢脚 …… 93	**东方古典风格**		23.2	吧台功能模式简图 …… 942	25.3	洗手台(二) …… 1041
2.20	电梯厅立面 …… 104	2.18	咖啡厅立面造型节点(二) …… 100	23.3	酒吧台配置及构造节点(一)	25.4	洗手台(三) …… 1044
3.1	顶棚节点(一) …… 129	5.2	平行线节点(一) …… 175		…… 943	25.5	半嵌入式台盆 …… 1047
3.5	古典顶面大样 …… 135	5.6	平行线节点(五) …… 182	23.4	酒吧台配置及构造节点(二)	25.6	淋浴花洒组合 …… 1048
3.6	顶棚大样 …… 137	5.15	不等距等宽平行线节点 …… 202		…… 946	25.7	按摩浴缸(一) …… 1050
3.14	古典顶棚线脚节点 …… 153	6.33	中式木质花格门 …… 271	23.5	吧台及陈设架 …… 950	25.8	按摩浴缸(二) …… 1053
6.7	门套节点(四) …… 218	8.1	中式花格隔断 …… 375	23.6	酒柜配置及构造 …… 959	25.9	客房卫生间构造(一) …… 1058
6.13	木质双扇移门 …… 226	13.14	幕墙立面 …… 558	23.7	酒吧装饰壁柜 …… 966	25.10	客房卫生间构造(二) …… 1070
6.24	逃生门节点 …… 247	22.1	中式花格 …… 904	23.8	红酒柜(一) …… 973	26.1.15—26.1.20	独立式台盆柜
6.28	仿透光落地门窗 …… 255	22.2	木隔断 …… 905	23.9	红酒柜(二) …… 979		…… 1100-1105
6.41	金属框玻璃门 …… 299	22.3	透光隔断 …… 908	23.10	金属储酒架 …… 990	26.1.21/26.1.22	客房卫生间构造
7.5	西方古典风格楼梯 …… 329	22.4	木质花格隔断 …… 911	23.11	自助餐台(一) …… 992		…… 1106/1107
7.10	楼梯转角扶手 …… 356	22.5	中式花格隔断 …… 915	23.12	自助餐台(二) …… 994	26.6.16—26.6.18	卫生间洗手台、
8.2	古典低隔断 …… 378	22.6	中式屏风 …… 916	23.13	自助餐台(三) …… 998		卫生间排风口灯槽 …… 1166-1168
12.16	金属玻璃门构造 …… 525	22.7	木质装饰架 …… 918	23.14	自助餐台(四) …… 1001	26.11.13	卫生间淋浴地坪 …… 1216
17.2	壁炉(二) …… 659	22.8	中式木质花格门(一) …… 920	23.15	自助餐台(经济型) …… 1003	26.15.10/26.15.11	毛巾梯
17.3	壁炉(三) …… 661	22.9	中式木质花格门(二) …… 923	23.16	明厨、自助餐台 …… 1005		…… 1249/1250
17.9	总服务台(二) …… 682	22.10	中式花格移门墙 …… 926	23.17	餐厅明档装饰节点 …… 1011	26.16.19	淋浴房玻璃隔断 …… 1269
18.13	固定式镜框 …… 757	22.12	平行线节点(二) …… 931	23.18	固定式沙发 …… 1014	26.17.17/26.17.18	洗手台
18.19	贵宾接待台 …… 775	22.13	平行线节点(三) …… 932				…… 1290/1291
20.5	围墙 …… 818	22.14	壁龛、平行线节点 …… 933	**办公及会议设施**		26.17.20/26.17.21	淋浴间地坪
21.1	装饰线脚 …… 852	26.16.17/26.16.18	中式隔断	18.15	接待台 …… 764		…… 1293/1294
21.2	立面线脚 …… 854		…… 1267/1268	24.1	办公模式 …… 1015	26.18.14/26.18.16/26.18.17	
21.3	墙面线脚 …… 856			24.2	会议室写字板(一) …… 1016	洗手台	…… 1326/1328/1329
21.4	墙面组合线脚 …… 858	**餐饮设施**		24.3	会议室写字板(二) …… 1018		
21.5	顶面线脚 …… 861	1.1	透光石材吧台 …… 3	24.4	隔屏 …… 1019	**防水构造**	
21.6	檐口节点 …… 863	1.7	吧台透光背景墙 …… 22	24.5	暗藏投影屏移门 …… 1021	17.16	台盆 …… 721
21.7	线脚大样 …… 864	1.11	酒吧固定式长桌构造 …… 37	24.6	投影屏移门及茶水柜 …… 1024	20.2	室外木栏杆 …… 813
21.8	顶棚线脚大样 …… 865	10.4	吧台 …… 428	24.7	升降式投影仪 …… 1029	20.8	水盘 …… 824
21.9	大堂空间顶面、立面节点 …… 866	11.4	玻璃酒柜架 …… 459			20.10	叠水池(二) …… 826
21.10	古典顶角线 …… 874	11.5	玻璃层板酒杯架 …… 460	**吸声构造**		20.11	叠水池(三) …… 827
21.11	顶棚镜框节点 …… 877	15.12	陈列架 …… 605	24.8	木丝吸声板背景墙 …… 1030	20.12	叠水池(四) …… 829
21.12	门套线脚 …… 878	15.16	装饰酒柜隔断 …… 613	24.9	会议厅立面吸声构造 …… 1034	20.13	室内景观水池 …… 830
21.13	踢脚线 …… 880	16.14	透光圆弧咖啡吧台节点 …… 654	24.10	会议厅立面吸声构造节点	25.1	浴池 …… 1039
21.14	双开移门 …… 881	17.6	酒柜 …… 672		…… 1038	25.6	淋浴花洒组合 …… 1048
21.15	拱形铝合金露台门 …… 884	17.7	红酒陈列柜 …… 675	28.1.20/28.1.21	吸声立面构造	25.7	按摩浴缸(一) …… 1050
21.16	金属框架玻璃门 …… 887	17.10	总服务台及吧台一体化组合		…… 1426/1427	25.8	按摩浴缸(二) …… 1053
21.17	墙面组合线条及卡座 …… 893		…… 686	28.3.19/28.3.22	宴会厅入口大门	25.9	客房卫生间构造(一) …… 1058
21.18	古典柱式 …… 898	17.12	吧台 …… 704		…… 1484/1490	25.10.14	客房卫生间构造(二)
21.19	柱子节点 …… 899	17.13	吧台及玻璃酒柜 …… 709	28.3.26/28.3.29	宴会厅暗藏式活		…… 1083

室内构造节点与专项模式图集 | 1535

| 26.11.13 | 卫生间淋浴地坪 | 1216 |
| 26.17.21 | 淋浴间地坪 | 1294 |

客房构造

6.26	客房进户门节点	252
6.27	客房连通门节点	253
10.10	客房顶棚检修口	447
10.12	洗手台透光化妆镜节点	452
17.15	走道暗藏音响	719
18.1	迷你吧、衣柜组合（一）	724
18.2	迷你吧、衣柜组合（二）	730
18.3	行李柜	732
18.4	衣柜	733
18.8	电视柜	745
19.3	挂壁式电视架	802
19.4	立轴电视旋转支架	803
25.9	客房卫生间构造（一）	1058
26.1	精品酒店大床房模式	1086
26.6	公寓式酒店客房模式	1151
26.7	商务型精品酒店大床房模式	1171
26.11	酒店标间大床房模式（一）	1204
26.12	酒店标间大床房模式（二）	1217
26.15	酒店豪华大床房模式（一）	1240
26.16	酒店豪华大床房模式（二）	1251
26.17	酒店豪华套房模式（一）	1274
26.18	酒店豪华套房模式（二）	1313
26.21	老饭店精品房模式（二）	1367

客房模式

26.1	精品酒店大床房模式	1086
26.2	精品酒店大床房模式（二）	1111
26.3	普及型精品酒店大床房模式	1120
26.4	经济型酒店大床房模式	1130
26.5	商务型酒店客房模式	1137
26.6	公寓式酒店客房模式	1151
26.7	商务型精品酒店大床房模式	1171
26.8	商务型精品酒店双拼房模式	1185
26.9	商务型精品酒店双床房模式	1190
26.10	商务型精品酒店套房模式	1195
26.11	酒店标间大床房模式（一）	1204
26.12	酒店标间大床房模式（二）	1217
26.13	酒店标间双拼房模式	1230
26.14	酒店标间双床房模式	1232
26.15	酒店豪华大床房模式（一）	1240
26.16	酒店豪华大床房模式（二）	1251
26.17	酒店豪华套房模式（一）	1274
26.18	酒店豪华套房模式（二）	1313
26.19	酒店豪华套房模式（三）	1344
26.20	老饭店精品房模式（一）	1355
26.21	老饭店精品房模式（二）	1367

健身房模式

| 27.1 | 酒店小型健身房模式 | 1378 |
| 27.2 | 酒店简易健身房模式 | 1394 |

宴会厅模式

28.1	酒店宴会厅模式（一）	1407
28.2	酒店宴会厅模式（二）	1438
28.3	酒店宴会厅模式（三）	1469

客房走道模式

29.1	酒店客房走道模式（一）	1503
29.2	酒店客房走道模式（二）	1515
29.3	酒店客房走道模式（三）	1519

致谢

首先感谢历年来泓叶设计团队的每一位同仁，正是他（她）们在泓叶工作期间，为公司各项技术资料的研究总结和梳理归档，花费了大量辛勤的劳动和时间，正因为泓叶具有如此长期的努力付出，又不计较经济回报的非功利性公司文化，凭借我们对专业的执着态度，这本《室内构造节点与专项模式图集》才得以诞生。在此对以往各位泓叶员工深表谢意，尤其是项目负责人及对口归档的负责人，主要参与者有：陈佳君、熊锋、蔡斌、翁雯君、罩璐、陈颖、李媛媛、陈佳玲、邓秋红、朱文韬、郑凯元、王滢菲、姚晨亮、张巍、周刚、邹俊波、郑思南、杨越等。

感谢陈颖、李媛媛两位青年设计师，如果没有她们在2016年底道别前，曾表示希望日后能出版"泓叶构造"资料库的愿望，也许此书的问世将会被搁置。恰是以她俩为代表的泓叶员工的心愿所提供的信心与动力，才促使和加快了本书的整理出版工作。

感谢多年来为我们的设计档案收集整理工作提供各类资讯帮助的业主方、施工企业、材料供应商等各方人士，他们的一手资料成为这本书部分内容的重要来源。由于时间久远而无法一一对应出具体的提供名录，谨在此一并深表感谢！正因为他（她）们无私的专业奉献精神，才使本书的内容更为丰富殷实。

非常感谢中国建筑工业出版社各位同仁，在纸媒相对势弱的背景下，他们本着对专业的坚守与信念，不忘初心，不断为行业和社会推送专业能量。特别是上海地区的华东分社徐纺社长的支持鼓励，责任编辑郑紫嫣女士的心细付出，尤其是胡毅编辑对本书的编制，以及对图版中索引编号按出版要求重新梳理，投入了大量的时间和精力，成为本书得以顺利出版的不可或缺的因素。

感谢我家人在本书最后成稿前所做的大量繁杂工作及图文处理，并保障了完稿提交的时间。

最后特别感谢上海市设计学IV类高峰学科建设项目对本书研究整理工作的关心和支持。

叶铮

2018年3月于上海